Symbole und Abkürzungen bei den Merkmalsangaben und Blütenformeln

♂	männlich
♀	weiblich
⚥	zwittrig
*	radiärsymmetrische Blüte
↓	zygomorphe Blüte
↯	asymmetrische Blüte
⟳	Blüte mit spiralig angeordneten Blütenblättern
P	Perigonblätter
K	Kelchblätter
C	Kronblätter
A	Staubblätter
G	Fruchtblätter
$G\underline{5}$	oberständiger Fruchtknoten
$G\overline{5}$	unterständiger Fruchtknoten
$G\underline{\overline{5}}$	mittelständiger Fruchtknoten
()	Verwachsungen innerhalb eines Kreises von Blütenblättern
[]	Verwachsungen zwischen verschiedenen Kreisen von Blütenblättern

Abkürzungen zur Gefährdung der Arten in Deutschland

RL 0	ausgestorben oder verschollen
RL 1	vom Aussterben bedroht
RL 2	stark gefährdet
RL 3	gefährdet
RL G	Gefährdung unbekannten Ausmaßes
RL R	extrem selten
RL V	zurückgehend (Vorwarnliste)

Abkürzungen zum gesetzlichen Schutz in Deutschland

§	gesetzlich geschützte Art
WA I	Schutz nach Washingtoner Artenschutzabkommen, Anhang 1
WA II	Schutz nach Washingtoner Artenschutzabkommen, Anhang 2
WA III	Schutz nach Washingtoner Artenschutzabkommen, Anhang 3
EG A	Schutz nach EG-VO 338/97, Anhang A
EG B	Schutz nach EG-VO 338/97, Anhang B
EG C	Schutz nach EG-VO 338/97, Anhang C
EG D	Schutz nach EG-VO 338/97, Anhang D
BNatG b	besonders geschützte Art nach Bundesnaturschutzgesetz
BNatG s	streng geschützte Art nach Bundesnaturschutzgesetz
FFH II	Schutz nach FFH-Richtlinie, Anhang II
FFH IV	Schutz nach FFH-Richtlinie, Anhang IV
IAS IV	Invasive Art nach EU-VO 1143/2014

Auf einen Blick

deutscher Name

Blütenformel

Enziangewächse — deutscher Name der Familie*

Gentiana lutea L. — wissenschaftlicher Name

Gelber Enzian

Gentianaceae — wissenschaftlicher Name der Familie

∗ K(5) [C(5–9) A5] G(2)

giftig — Giftigkeit

RL 3 — Rote Liste Status

§ EG D, BNatG b — gesetzlicher Schutz

40–180 cm hoch. PFLANZEN: mehrjährig. BLÜTENSTAND: **knäuelig**, in ährenartigem Gesamtblütenstand. BLÜTEN: **offen ausgebreitet bis glockig-trichterförmig, gelblich**. KRONE: ***ohne* deutlich entwickelte Kronröhre**. KRONBLÄTTER: **nur basal verwachsen**. SCHLUND: *nicht* behaart o. gefranst. KELCH: **tief zerteilt.** GRIFFEL: allmählich in den Fruchtknoten verschmälert. FRÜCHTE: Kapseln. BLÄTTER: blau- bzw. graugrün, 5–9-nervig.

Bestimmungsmerkmale, Unterscheidungsmerkmale zu ähnlichen Arten sind Fett gedruckt

Status — Höhenstufen — Lebensräume

- einheimisch
- montan bis alpin
- Extensivgrünland u. Magerrasen, Staudenfluren, Gehölze, Wälder, Zier- bzw. Nutzpflanze
- an nährstoffarmen Standorten

J F M A **M J J A** S O N D

Blütezeit — Standorte

Verbreitung in Deutschland

Gentianaceae · Gentiana sect. *Gentiana*

wissenschaftlicher Name der Familie und weitere Angaben zur Systematik (z. B. Unterfamilien, Sektionen etc.)*

*Wenn die vier auf der Seite dargestellten Arten zu verschiedenen Familien (Unterfamilien etc.) gehören, werden Angaben zur ersten und letzten Art gemacht

wichtige Bestimmungsmerkmale

Die Abbildungen zu den Arten befinden sich an derselben Position wie der Text auf der linken Seite

Die Flora von Deutschland

Alle heimischen Arten

FAVORITEN PRESSE

Inhalt

Vorwort

Seit dem Erscheinen der iFlora-App zum Bestimmen der in Deutschland vorkommenden Pflanzenarten im Jahr 2016 gab es immer wieder die Bitte, das Werk auch in gedruckter Form herauszugeben. Insbesondere die Abbildungen der Pflanzen aus historischen Florenwerken wurden sowohl als wissenschaftlich nützlich als auch ästhetisch ansprechend charakterisiert. In den letzten beiden Jahren sind dann zunächst zwei Bücher zu Bäumen und Frühblühern erschienen, die es nun möglich machen, eine umfassende illustrierte Flora herauszugeben, welche die heimischen Arten, wichtige Nutz- und Zierpflanzen sowie etablierte Neophyten umfasst.

In der Flora werden insgesamt mehr als 3200 Taxa beschrieben und 2638 Taxa mit Bildern und Verbreitungskarten vorgestellt. Bei taxonomisch problematischen Artengruppen wie *Rubus* – Brombeere, *Alchemilla* – Frauenmantel, *Sorbus* – Mehlbeere und *Taraxacum* – Löwenzahn werden Sektionen bzw. Untergattungen aufgeführt und bei *Hieracium* – Habichtskraut und *Pilosella* – Mausohr-Habichtskraut die ›Hauptarten‹ vorgestellt.

Die Abbildungen der Pflanzenarten wurden aus mehr als 140 historischen Florenwerken und wissenschaftlichen Publikationen zusammengetragen und stammen häufig von den führenden WissenschaftlerInnen und IllustratorInnen des 17., 18., 19. und frühen 20. Jahrhunderts. Ihnen, aber auch den Privatpersonen und Organisationen, welche diese Abbildungen der Öffentlichkeit zugänglich gemacht haben, gilt mein ganz besonderer Dank, denn ohne sie wäre dieses Buch nicht realisierbar gewesen. In Einzelfällen, wenn keine historischen Abbildungen zur Verfügung standen, wurden Fotografien lebender Pflanzen bzw. von Herbarmaterial verwendet. Die Quellen bzw. BildautorInnen sind im Einzelnen im Bildquellenverzeichnis aufgeführt, an dieser Stelle sollen die wichtigsten historischen Florenwerke aber trotzdem kurz genannt werden:

von Schlechtendal, D. F. L. (1840ff): Flora von Deutschland. Jena: Mauke. – Abbildungen überwiegend aus der von E. Hallier herausgebenen 5. Auflage (1880ff). Gera: Köhler.

Sturm, J. (1796ff): Flora von Deutschland in Abbildungen nach der Natur. Nürnberg: Sturm. – Abbildungen überwiegend aus der 2. Auflage (1900ff). Stuttgart: Lutz.

Sowerby, J. E. (1790ff): English Botany. London: Hardwicke.

Kops, J. (1800ff): Flora Batava. Amsterdam: Sepp en Zoon.

Lindman, C. A. M. (1901ff): Bilder ur Nordens Flora. Stockholm: Wahlström & Widstrand.

Thomé, O. W. (1885ff): Flora von Deutschland, Österreich und der Schweiz. Gera: Zezschwitz.

Oeder, G. C. (1766ff): Flora Danica. Kopenhagen: Möller.

In der iFlora-App kann man die Pflanzen bestimmen, indem man die Bestimmungsmerkmale in einer beliebigen Reihenfolge angibt. Ein solcher ›Mehrkriterienschlüssel‹ lässt sich in einem gedruckten Buch aber nicht darstellen. Die Bestimmung bis zur Gattung erfolgt hier deshalb mit Hilfe klassischer Bestimmungstabellen, bei denen man sich bei jedem Bestimmungsschritt zwischen zwei Antworten eines Fragepaares entscheiden kann. Die Arten (und Unterarten) können dann anhand der Abbildungen und Merkmalstexte, in denen die wesentlichen Bestimmungsmerkmale hervorgehoben sind, identifiziert werden. Eine weitere Hilfe beim Bestimmen sind auch die Verbreitungskarten, die auf Daten der Floristischen Kartierung Deutschlands beruhen, die über Jahrzehnte von zahlreichen, meist ehrenamtlichen MitarbeiterInnen durchgeführt wurde.

Schließlich gilt mein Dank dem Verlag Favoritenpresse für die immer angenehme und unkomplizierte Zusammenarbeit, insbesondere Frau Christin Albert für Design und Layout und Herrn Bodo von Hodenberg, ohne den es diese Flora nicht gäbe.

Oliver Tackenberg

Einleitung

Auswahl der Arten

In dieser Flora werden die in Deutschland wild vorkommenden Gefäßpflanzen, also Bärlappe, Farn- und Samenpflanzen vorgestellt. Die Auswahl der insgesamt mehr als 3200 Taxa berücksichtigt alle klar abgegrenzten einheimischen Arten und Archaeophyten sowie die etablierten Neophyten (vgl. Netzwerk Phytodiversität Deutschland & Bundesamt für Naturschutz 2013). Darüberhinaus werden Zier- und Nutzpflanzen sowie ausgewählte unbeständige bzw. in Einbürgerung befindliche Neophyten vorgestellt. Bei den sich meist ungeschlechtig fortpflanzenden, taxonomisch problematischen und in der Bestimmung schwierigen Artengruppen wie *Rubus* – Brombeere, *Alchemilla* – Frauenmantel, *Sorbus* – Mehlbeere und *Taraxacum* – Löwenzahn werden nur Sektionen oder Untergattungen aufgeführt. Bei *Hieracium* – Habichtskraut und *Pilosella* – Mausohr-Habichtskraut werden nur die ›Hauptarten‹ vorgestellt. Hybridogene Taxa wurden bei der Auswahl in der Regel nicht berücksichtigt.

Gliederung des Pflanzenreichs

Nomenklatur und Systematik

Die wissenschaftliche Benennung der pflanzlichen Sippen (Taxa) erfolgt gemäß den Regeln der binären Nomenklatur, deren Grundzüge im 18. Jahrhundert von Carl von Linné (vgl. Turland et al. 2018) aufgestellt wurden (vgl. McNeill et al. 2012). Der Name einer Art besteht demnach aus zwei Teilen: dem Namen der Gattung (z. B. *Quercus* für die Gattung der Eichen) und einem Art-Epitheton (z. B. *petraea* für die Traubeneiche). Außerdem wird ein Autoren-Name angegeben, mit dem die Wissenschaftler benannt werden, welche die Art unter diesem Namen beschrieben haben (z. B. ›Liebl.‹ für Franz Kaspar Lieblein). Der vollständige gültige wissenschaftliche Name der Trauben-Eiche ist demnach *Quercus petraea* Liebl. Der Autorenname wird zuweilen auch weggelassen.

Die meisten Arten wurden im Laufe der Zeit unter verschiedenen Namen (Synonymen) beschrieben. So wurde die Traubeneiche auch als *Quercus robur* var. *petraea* Matt. beschrieben. Die in dieser Flora verwendeten wissenschaftlichen Namen orientieren sich an den Angaben der Euro+Med Datenbank (Euro+Med 2006ff).

Die deutschen Namen orientieren sich an den in der Roten Liste der Pflanzen (Metzing et al. 2018) benutzten Namen. Bei dort nicht aufgeführten Arten wurde der im Wissenschaftlichen Informationssystem zum Internationalen Artenschutz (BfN 2020ff) verwendete Name benutzt. Für auch dort nicht aufgeführte Arten wurde ein Name aus einem der gängigen Florenwerke (z. B. Rothmaler 1987ff, Schmeil & Fitschen 2000ff) übernommen.

Im Register sind neben den gültigen Namen auch die gebräuchlichsten Synonyme (nach Euro+Med 2006ff, WFO 2020ff) und Deutsche Namen (nach EPPO 2018ff, Rothmaler 1987ff, Schmeil & Fitschen 2000ff) aufgeführt.

Die Art stellt die Grundeinheit der biologischen Systematik dar. Um die Vielzahl der Arten zu ordnen, wird ein hierarchisches System verwendet, dessen wichtigste in der Botanik gebräuchliche Rangstufen im Folgenden am Beispiel der Traubeneiche aufgeführt werden:

Abteilung – *Tracheophyta* (Gefäßpflanzen)
– die wissenschaftlichen Namen enden auf *-phyta*

- **Unterabteilung** – *Spermatophytina* (Samenpflanzen)
  – die wissenschaftlichen Namen enden auf *-phytina*
  - **Klasse** – *Magnoliopsida II* (Zweikeimblättrige)
    – die wissenschaftlichen Namen enden auf *-opsida*
    - **Ordnung** – *Fagales* (Buchenartige)
      – die wissenschaftlichen Namen enden auf *-ales*
      - **Familie** – *Fagaceae* (Buchengewächse)
        – die wissenschaftlichen Namen enden auf *-ceae*
        - **Gattung** – *Quercus* (Eichen)
          - **Sektion** – *Quercus* sect. *Quercus*
            - **Art** – *Quercus petraea* Liebl. (Traubeneiche)
              – binäre Nomenklatur
              - **Unterart** – *Quercus petraea* subsp. *petraea* Liebl.
                – Artname und Name der Unterart
                - **Zuchtform** – *Quercus petraea* ›Laciniata‹ (Traubeneiche ›Lacinita‹)
                  – die Namen von Zuchtformen werden in Anführungsstrichen gesetzt

Zur Untergliederung von artenreichen Familien oder Gattungen werden außerdem weitere taxonomische Stufen (Triben, Untergattungen, Sektionen und Aggregate) verwendet, die aus detaillierten Studien zu diesen Artengruppen (vgl. Kapitel ›Literatur‹) zusammengestellt wurden. Die wesentlichen Rangstufen werden in der Kopfzeile angezeigt. Innerhalb dieses Systems sind Gattungen bzw. Arten alphabetisch sortiert.

Über die Grundzüge dieses hierarchischen Systems besteht, vor allem aufgrund molekularer Untersuchungen, mittlerweile in vielen Punkten Einigkeit. Zur Zuordnung und Untergliederung einzelner Gruppen gibt es aber weiterhin unterschiedliche Auffassungen und Klassifikationen. Die Einordnung der Taxa in das pflanzensystematische System folgt bis zu den Familien weitestgehend den Angaben der Euro+Med Datenbank (Euro+Med 2006ff). Die Anordnung der Familien und höheren taxonomischen Einheiten orientiert sich für die Bedecktsamer am APG IV System (Angiosperm Phylogeny Group 2016). Darin wird die Rangstufe der ›Klasse‹ nicht verwendet, sondern ›Klade‹ benutzt. Dabei handelt es sich um ranglose monophyletische Abstammungsgemeinschaften. Für die Nacktsamer wird das System von Christenhusz et al. (2011) verwendet und für die Farne das System der Pteridophyte Phylogeny Group (2016).

Übersicht der Familien und höheren Rangstufen

- Abteilung *Tracheophyta* - Gefäßpflanzen
  - Unterabteilung *Lycopodiophytina* - Bärlappe
    - Klasse *Lycopodiopsida* - Bärlappflanzen
      - Ordnung *Lycopodiales* - Bärlappartige
        - Familie *Lycopodiaceae* - Bärlappgew.
      - Ordnung *Isoetales* - Brachsenkrautartige
        - Familie *Isoetaceae* - Brachsenkrautgew.
      - Ordnung *Selaginellales* - Moosfarnartige
        - Familie *Selaginellaceae* - Moosfarngew.
  - Unterabteilung *Pteridophytina* - Farnpflanzen
    - Klasse *Polypodiopsida* - Tüpfelfarnähnliche
      - Unter-Klasse *Equisetidae*
        - Ordnung *Equisetales* - Schachtelhalmartige
          - Familie *Equisetaceae* - Schachtelhalmgew.
      - Unter-Klasse *Ophioglossidae*
        - Ordnung *Ophioglossales* - Natternzungenartige
          - Familie *Ophioglossaceae* - Natternzungenfarngew.
      - Unter-Klasse *Polypodiidae*
        - Ordnung *Osmundales* - Rispenfarnartige
          - Familie *Osmundaceae* - Königsfarngew.
        - Ordnung *Hymenophyllales* - Hautfarnartige
          - Familie *Hymenophyllaceae* - Hautfarngew.
        - Ordnung *Salviniales* - Schwimmfarnartige
          - Familie *Salviniaceae* - Algenfarngew.
          - Familie *Marsileaceae* - Kleefarngew.
        - Ordnung *Polypodiales* - Tüpfelfarnartige
          - Familie *Pteridaceae* - Saumfarngew.
          - Familie *Dennstaedtiaceae* - Adlerfarngew.
          - Familie *Cystopteridaceae* - Blasenfarngew.
          - Familie *Aspleniaceae* - Streifenfarngew.
          - Familie *Woodsiaceae* - Wimperfarngew.
          - Familie *Onocleaceae* - Straußenfarngew.
          - Familie *Blechnaceae* - Rippenfarngew.
          - Familie *Athyriaceae* - Frauenfarngew.
          - Familie *Thelypteridaceae* - Sumpffarngew.
          - Familie *Dryopteridaceae* - Wurmfarngew.
          - Familie *Polypodiaceae* - Tüpfelfarngew.
  - Unterabteilung *Spermatophytina* - Samenpflanzen
    - Klade *Acrogymnospermae*
      - Unter-Klasse *Ginkgoidae*
        - Ordnung *Ginkgoales* - Ginkgoartige
          - Familie *Ginkgoaceae* - Ginkgogew.
      - Unter-Klasse *Pinidae*
        - Ordnung *Pinales* - Kiefernartige
          - Familie *Pinaceae* - Kieferngew.
        - Ordnung *Araucariales* - Araukarienartige
          - Familie *Araucariaceae* - Araukariengew.
        - Ordnung *Cupressales* - Zypressenartige
          - Familie *Cupressaceae* - Zypressengew.
          - Familie *Taxaceae* - Eibengew.
    - Klade *Angiosperms*
      - Ordnung *Nymphaeales* - Seerosenartige
        - Familie *Nymphaeaceae* - Seerosengew.
      - Klade *Core Angiosperms*
        - Klade *Magnoliids*
          - Ordnung *Piperales* - Pfefferartige
            - Familie *Aristolochiaceae* - Osterluzeigew.
          - Ordnung *Magnoliales* - Magnolienartige
            - Familie *Magnoliaceae* - Magnoliengew.
        - Klade *Monocots* - Einkeimblättrige
          - Ordnung *Acorales* - Kalmusartige
            - Familie *Acoraceae* - Kalmusgew.
          - Ordnung *Alismatales* - Froschlöffelartige
            - Familie *Araceae* - Aronstabgew.
            - Familie *Tofieldiaceae* - Simsenliliengew.
            - Familie *Alismataceae* - Froschlöffelgew.
            - Familie *Butomaceae* - Schwanenblumengew.
            - Familie *Hydrocharitaceae* - Froschbissgew.
            - Familie *Scheuchzeriaceae* - Blumenbinsengew.
            - Familie *Juncaginaceae* - Dreizackgew.
            - Familie *Zosteraceae* - Seegrasgew.
            - Familie *Potamogetonaceae* - Laichkrautgew.
            - Familie *Ruppiaceae* - Saldengew.
          - Ordnung *Dioscoreales* - Schmerwurzartige
            - Familie *Nartheciaceae* - Beinbrechgew.
            - Familie *Dioscoreaceae* - Schmerwurzgew.
          - Ordnung *Liliales* - Lilienartige
            - Familie *Melanthiaceae* - Germergew.
            - Familie *Colchicaceae* - Zeitlosengew.
            - Familie *Liliaceae* - Liliengew.
          - Ordnung *Asparagales* - Spargelartige
            - Familie *Orchidaceae* - Knabenkrautgew.
            - Familie *Iridaceae* - Schwertliliengew.
            - Familie *Asparagaceae* - Spargelgew.
            - Familie *Amaryllidaceae* - Amaryllisgew.
          - Klade *Commelinids*
            - Ordnung *Poales* - Grasartige
              - Familie *Typhaceae* - Rohrkolbengew.
              - Familie *Juncaceae* - Binsengew.
              - Familie *Cyperaceae* - Sauergräser
              - Familie *Poaceae* - Süßgräser

→ *Fortsetzung auf der nächsten Seite*

Klade *Dicots*
Ordnung *Ceratophyllales* - Hornblattartige
Familie *Ceratophyllaceae* - Hornblattgew.
Klade *Eudicots*
Ordnung *Ranunculales* - Hahnenfußartige
Familie *Papaveraceae* - Mohngew.
Familie *Berberidaceae* - Berberitzengew.
Familie *Ranunculaceae* - Hahnenfußgew.
Ordnung *Proteales* - Silberbaumartige
Familie *Platanaceae* - Platanengew.
Ordnung *Buxales* - Buchsbaumartige
Familie *Buxaceae* - Buchsbaumgew.
Klade *Core Eudicots*
Klade *Pentapetalae*
Klade *Superrosids*
Ordnung *Saxifragales* - Steinbrechartige
Familie *Paeoniaceae* - Pfingstrosengew.
Familie *Grossulariaceae* - Stachelbeergew.
Familie *Saxifragaceae* - Steinbrechgew.
Familie *Crassulaceae* - Dickblattgew.
Familie *Haloragaceae* - Seebeerengew.
Klade *Rosids*
Ordnung *Vitales* - Weinartige
Familie *Vitaceae* - Weinrebengew.
Klade *Eurosids*
Klade *Fabids*
Ordnung *Fabales* - Schmetterlingsblütige
Familie *Fabaceae* - Schmetterlingsblütengew.
Familie *Polygalaceae* - Kreuzblumengew.
Ordnung *Rosales* - Rosenartige
Familie *Rosaceae* - Rosengew.
Familie *Elaeagnaceae* - Ölweidengew.
Familie *Rhamnaceae* - Kreuzdorngew.
Familie *Ulmaceae* - Ulmengew.
Familie *Cannabaceae* - Hanfgew.
Familie *Moraceae* - Maulbeergew.
Familie *Urticaceae* - Brennnesselgew.
Ordnung *Fagales* - Buchenartige
Familie *Fagaceae* - Buchengew.
Familie *Myricaceae* - Gagelstrauchgew.
Familie *Juglandaceae* - Walnussgew.
Familie *Betulaceae* - Birkengew.
Ordnung *Cucurbitales* - Kürbisartige
Familie *Cucurbitaceae* - Kürbisgew.
Ordnung *Celastrales* - Baumwürgerartige
Familie *Celastraceae* - Spindelbaumgew.
Ordnung *Oxalidales* - Sauerkleeartige
Familie *Oxalidaceae* - Sauerkleegew.
Ordnung *Malpighiales* - Malpighienartige
Familie *Hypericaceae* - Hartheugew.
Familie *Elatinaceae* - Tännelgew.
Familie *Violaceae* - Veilchengew.
Familie *Salicaceae* - Weidengew.
Familie *Euphorbiaceae* - Wolfsmilchgew.
Familie *Linaceae* - Leingew.
Klade *Malvids*
Ordnung *Geraniales* - Storchschnabelartige
Familie *Geraniaceae* - Storchschnabelgew.
Ordnung *Myrtales* - Myrtenartige
Familie *Lythraceae* - Blutweiderichgew.
Familie *Onagraceae* - Nachtkerzengew.
Ordnung *Crossosomatales* - Pimpernussartige
Familie *Staphyleaceae* - Pimpernussgew.
Ordnung *Sapindales* - Spindelbaumartige
Familie *Anacardiaceae* - Sumachgew.
Familie *Sapindaceae* - Seifenbaumgew.
Familie *Rutaceae* - Rautengew.
Familie *Simaroubaceae* - Bittereschengew.
Ordnung *Malvales* - Malvenartige
Familie *Malvaceae* - Malvengew.
Familie *Thymelaeaceae* - Spatzenzungengew.
Familie *Cistaceae* - Zistrosengew.
Ordnung *Brassicales* - Kreuzblütenartige
Familie *Resedaceae* - Resedagew.
Familie *Brassicaceae* - Kreuzblütengew.
Klade *Superasterids*
Ordnung *Santalales* - Sandelartige
Familie *Santalaceae* - Sandelgew.
Familie *Loranthaceae* - Mistelgew.
Ordnung *Caryophyllales* - Nelkenartige
Familie *Tamaricaceae* - Tamariskengew.
Familie *Plumbaginaceae* - Bleiwurzgew.
Familie *Polygonaceae* - Knöterichgew.
Familie *Droseraceae* - Sonnentaugew.
Familie *Caryophyllaceae* - Nelkengew.
Familie *Amaranthaceae* - Fuchsschwanzgew.
Familie *Phytolaccaceae* - Kermesbeerengew.
Familie *Montiaceae* - Quellkrautgew.
Familie *Portulacaceae* - Portulakgew.
Klade *Asterids*
Ordnung *Cornales* - Hartriegelartige
Familie *Cornaceae* - Hartriegelgew.
Ordnung *Ericales* - Heidekrautartige
Familie *Balsaminaceae* - Springkrautgew.
Familie *Polemoniaceae* - Himmelsleitergew.
Familie *Primulaceae* - Primelgew.
Familie *Ericaceae* - Heidekrautgew.
Klade *Lamiids*
Ordnung *Gentianales* - Enzianartige
Familie *Rubiaceae* - Rötegew.
Familie *Gentianaceae* - Enziangew.
Familie *Apocynaceae* - Hundsgiftgew.
Ordnung *Boraginales* - Raublattartige
Familie *Boraginaceae* - Raublattgew.
Ordnung *Solanales* - Windenartige
Familie *Convolvulaceae* - Windengew.
Familie *Solanaceae* - Nachtschattengew.
Ordnung *Lamiales* - Lippenblütlerartige
Familie *Oleaceae* - Ölbaumgew.
Familie *Plantaginaceae* - Wegerichgew.
Familie *Scrophulariaceae* - Braunwurzgew.
Familie *Linderniaceae* - Büchsenkrautgew.
Familie *Bignoniaceae* - Bignoniengew.
Familie *Lentibulariaceae* - Wasserschlauchgew.
Familie *Verbenaceae* - Eisenkrautgew.
Familie *Lamiaceae* - Lippenblütengew.
Familie *Phrymaceae* - Gauklerblumengew.
Familie *Paulowniaceae* - Blauglockenbaumgew.
Familie *Orobanchaceae* - Sommerwurzgew.
Klade *Campanulids*
Ordnung *Aquifoliales* - Stechpalmenartige
Familie *Aquifoliaceae* - Stechpalmengew.
Ordnung *Asterales* - Asternartige
Familie *Campanulaceae* - Glockenblumengew.
Familie *Menyanthaceae* - Fieberkleegew.
Familie *Asteraceae* - Korbblütengew.
Ordnung *Dipsacales* - Kardenartige
Familie *Adoxaceae* - Moschuskrautgew.
Familie *Caprifoliaceae* - Geißblattgew.
Ordnung *Apiales* - Doldenblütlerartige
Familie *Araliaceae* - Efeugew.
Familie *Apiaceae* - Doldengew.

Floristischer Status und Herkunft

In diesem Buch werden sowohl einheimische als auch vom Menschen nach Deutschland eingeschleppte Taxa berücksichtigt. Die vor 1492 eingeschleppten Taxa werden als Archäophyten bezeichnet, die ab 1492 eingeschleppten als Neophyten. Die Angaben zum Floristischen Status stammen überwiegend aus der Datenbank FlorKart des Bundesamtes für Naturschutz (siehe auch Netzwerk Phytodiversität Deutschland & Bundesamt für Naturschutz 2013). In Einzelfällen wurden die Daten basierend auf Angaben aus Wisskirchen & Haeupler (1998), Klotz et al. (2002), Jäger et al. (2008) und Euro+Med (2006ff) verändert bzw. ergänzt.

Die Archaeophyten stammen überwiegend aus den angrenzenden Ländern und dem südlichen Europa und gelangten durch die Landwirtschaft nach Deutschland. Für Neophyten wird das ursprüngliche Verbreitungsgebiet angegeben, welches vor allem basierend auf Angaben aus Euro+Med (2006ff), Jäger et al. (2008), Info Flora (2012ff) und Flora of North America Editorial Committee (1993ff) zusammengestellt wurde.

Verbreitung

Die Verbreitung und Häufigkeit der Taxa in Deutschland werden in 82 Naturräumen dargestellt, wobei die Farbintensität die Häufigkeit der Arten widergespiegelt (vgl. Abbildung 2-1, Abbildung 2-2).

Die Verbreitungskarten basieren auf Daten aus der Datenbank FlorKart des Bundesamtes für Naturschutz und wurden im Rahmen der Floristischen Kartierung Deutschlands, die über Jahrzehnte von zahlreichen, meist ehrenamtlichen Mitarbeiterinnen und Mitarbeitern durchgeführt wurde, erhoben (siehe auch Netzwerk Phytodiversität Deutschland & Bundesamt für Naturschutz 2013). Dargestellt sind nur natürliche und verwilderte Vorkommen, die nach 1950 erfasst wurden. Seitdem sind die Populationen vieler Arten allerdings zurückgegangen und sie sind in manchen Gebieten seltener geworden oder sogar komplett verschwunden. Angepflanzte Nutz- und Zierpflanzen können in Gärten, Forsten oder auf landwirtschaftlichen Nutzflächen auch außerhalb des auf den Karten dargestellten Gebietes angetroffen werden.

Vorkommen

Die Angaben, in welchen Lebensräumen und unter welchen Standort- bzw. Umweltbedingungen eine Pflanze vorkommt, liefern wichtige Hinweise zur Biologie und Ökologie der Taxa, können aber auch bei der Bestimmung helfen.

Lebensraum

Die Angaben beschreiben das Vorkommen der Taxa in 13 Lebensraumtypen:

- Gewässer
- trockenfallende Ufer: regelmäßig trockenfallende Uferbereiche, die neu besiedelt werden; z. B. Schlammfluren an abgelassenen Teichen, Schwemmflächen von (alpinen) Fließgewässern
- Röhrichte
- Moore u. Seggenriede
- Staudenfluren (inkl. Brachflächen): von hohen (i. d. R. mehrjährigen) krautigen Pflanzen (inkl. Gräsern) dominierte Vegetation
- Gehölze: Gebüsche, Hecken, Waldränder u. -schläge
- Wälder
- Intensivgrünland
- Extensivgrünland u. Magerrasen (inkl. alpiner Matten)
- Zwergstrauchheiden
- Schutt u. Felsfluren: z. B. Felsen, Schutt- u. Geröllhalden, Schotterfluren entlang von Fließgewässsern
- Ruderalvegetation: an ± regelmäßig vom Menschen gestörten Standorten, v. a. im Siedlungsbereich und auf Sonderkulturen wie Weinbau
- Äcker

Die Angaben decken sowohl Haupt- als auch Nebenvorkommen ab, vereinzelt können Taxa aber auch in weiteren Lebensräumen angetroffen werden. Für die Zusammenstellung der Lebensräume wurden neben eigenen Beobachtungen vor allem Angaben aus Ellenberg et al. (1992), Korneck et al. (1998), Klotz et al. (2002) und Rothmaler (1987ff) ausgewertet.

Außerdem wird angegeben, ob es sich um eine Zier- bzw. Nutzpflanze handelt. Hierzu wurden Angaben aus Jäger et al. (2008) und Diazgranados et al. (2020) ausgewertet.

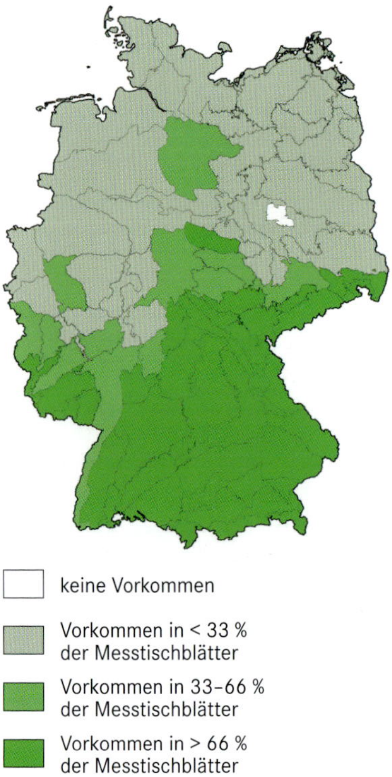

Abbildung 2-1:
Verbreitung von *Abies alba* (Weiß-Tanne) in Deutschland

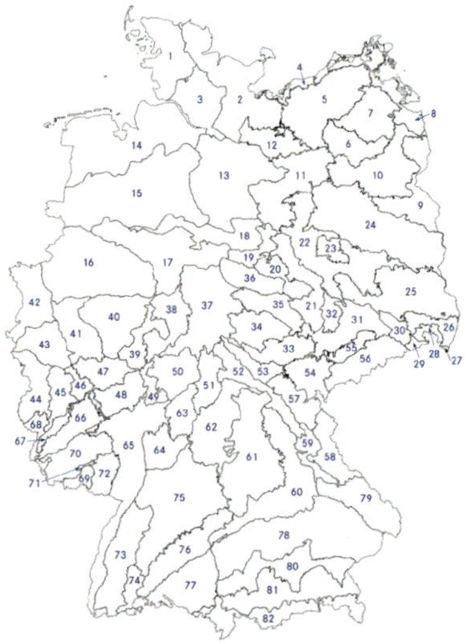

Abbildung 2-2:
Naturräumliche Gliederung Deutschlands (Waldwuchsgebiete nach Gauer & Kroiher 2012)

1 Schleswig-Holstein Nordwest
2 Jungmoränenlandschaft Schleswig-Holstein Ost / Nordwest-Mecklenburg
3 Schleswig-Holstein Südwest
4 Mecklenburg-Westvorpommersches Küstenland
5 Ostholsteinisch-Westmecklenburger Jungmoränenland
6 (Mittel-) Mecklenburger Jungmoränenland
7 Ostmecklenburg-Vorpommersches Jungmoränenland
8 Ostvorpommersches Küstenland
9 Nordostbrandenburger Jungmoränenland
10 Ostmecklenburg-Nordbrandenburger Jungmoränenland
11 Ostniedersächsisch-Altmärkisches Altmoränenland
12 Südost-Holsteinisch-Südwestmecklenburger Altmoränenland
13 Ostniedersächsisches Tiefland
14 Niedersächsischer Küstenraum
15 Mittelwestniedersächsisches Tiefland
16 Westfälische Bucht
17 Weserbergland
18 Nordwestdeutsche Berglandschwelle
19 Nordwestliches Harzvorland
20 Nordöstliche Harzvorländer
21 Sachsen-Anhaltinische Löss-Ebene
22 Mittleres nordostdeutsches Altmoränenland
23 Hoher Fläming
24 Mittelbrandenburger Talsand- und Moränenland
25 Düben-Niederlausitzer Altmoränenland
26 Lausitzer Löss-Hügelland
27 Zittauer Gebirge
28 Oberlausitzer Bergland
29 Elbsandsteingebirge
30 Westlausitzer Platte und Elbtalzone
31 Sächsisch-Thüringisches Löss-Hügelland
32 Leipziger Sandlöss-Ebene
33 Ostthüringisches Trias-Hügelland
34 Thüringer Becken
35 Nordthüringisches Trias-Hügelland
36 Harz
37 Mitteldeutsches Trias-Berg- und Hügelland
38 Nordwesthessisches Bergland
39 Nördliches hessisches Schiefergebirge
40 Sauerland
41 Bergisches Land
42 Niederrheinisches Tiefland
43 Niederrheinische Bucht
44 Nordwesteifel
45 Osteifel
46 Mittelrheintal
47 Westerwald
48 Taunus
49 Wetterau und Gießener Becken
50 Vogelsberg und östlich angrenzende Sandsteingebiete
51 Rhön
52 Südthüringisches-Oberfränkisches Trias-Hügelland
53 Thüringer Gebirge
54 Vogtland
55 Erzgebirgsvorland
56 Erzgebirge
57 Frankenwald, Fichtelgebirge und Steinwald
58 Oberpfälzer Wald
59 Oberpfälzer Becken- und Hügelland
60 Frankenalb und Oberpfälzer Jura
61 Fränkischer Keuper und Albvorland
62 Fränkische Platte
63 Spessart
64 Odenwald
65 Oberrheinisches Tiefland und Rhein-Main-Ebene
66 Hunsrück
67 Moseltal
68 Gutland
69 Saarländisch-Pfälzisches Muschelkalkgebiet
70 Saar-Nahe Bergland
71 Westricher Moorniederung
72 Pfälzerwald
73 Schwarzwald
74 Baar-Wutach
75 Neckarland
76 Schwäbische Alb
77 Südwestdeutsches Alpenvorland
78 Tertiäres Hügelland
79 Bayerischer Wald
80 Schwäbisch-Bayerische Schotterplatten- und Altmoränenlandschaft
81 Schwäbisch-Bayerische Jungmoräne und Molassevorberge
82 Bayerische Alpen

Standort

Die Angaben zum Standort führen wichtige Umweltbedingungen der Standorte auf, an denen die Taxa typischerweise vorkommen. Berücksichtigt werden dabei Nährstoffgehalt, pH-Wert bzw. Kalkgehalt und Feuchte des Bodens. Wenn relevant, werden auch Angaben zu Salz- und Schwermetallgehalten der Standorte gemacht.

Um diese Angaben möglichst übersichtlich zu halten, werden nur Besonderheiten (z. B. ›an trockenen Standorten‹) aufgeführt. Kommen die Taxa hingegen auf mittleren Standorten vor oder haben eine breite ökologische Amplitude, wird dies nicht gesondert aufgeführt. Für die Zusammenstellung der Standortangaben wurden neben eigenen Beobachtungen vor allem Angaben aus Ellenberg et al. (1992), Dierschke & Briemle (2002), Klotz et al. (2002) und Rothmaler (1987ff) ausgewertet.

Höhenstufe

Die Angaben zu Höhenstufen in dieser Flora beschreiben den Verbreitungsschwerpunkt von Wildvorkommen der Arten in Mitteleuropa. Die Arten können somit auch außerhalb der aufgeführten Höhenstufen angetroffen werden, z. B. finden sich viele alpine Arten auch in den Schotterfluren alpiner Wildflüsse in tieferen Lagen. Für die Zusammenstellung der Angaben wurden neben eigenen Beobachtungen vor allem Angaben aus Adler et al. (1994ff), Ellenberg et al. (1992), Info Flora (2012ff), Oberdorfer (1994ff), Rothmaler (1987ff) sowie Daten aus FlorKart ausgewertet und den folgenden Höhenstufen zugeordnet:

planar: die Höhenstufe des Flachlandes. Außerhalb der Alpen reicht sie in Mitteleuropa bis ca. 150 m, im Alpenraum bis ca. 300 m.

collin: die Höhenstufe des Hügellandes. Außerhalb der Alpen reicht sie in Mitteleuropa von etwa 150 m bis 300 m, in den Alpen von etwa 300 m bis 800 m.

montan: die Höhenstufe des Berglandes, in der natürlicherweise Wälder dominieren. Sie reicht (inkl. der submontanen Stufe) in den mitteleuropäischen Mittelgebirgen von etwa 300 m bis 1500 m und in den Alpen von etwa 700 m bis 1850 m.

subalpin: die Höhenstufe im Bereich der Waldgrenze, in der oft Zwergsträucher dominieren. Sie ist in den Alpen zwischen etwa 1500 m und 2500 m zu finden, in den Mittelgebirgen ist sie nur in den höchsten Gipfelregionen ausgebildet.

alpin: die Höhenstufe oberhalb der geschlossenen Waldgrenze. Sie ist in den Alpen oberhalb von etwa 1800 m bis 2500 m zu finden.

Naturschutz

Gefährdung

In Roten Listen wird die Gefährdungssituation von Tier- und Pflanzenarten (sowie von Lebensräumen und Biotopen) aufgrund menschlicher Aktivitäten wie Veränderungen der Landnutzung, Biotopzerstörung oder Klimawandel eingeschätzt. In Deutschland gibt es Rote Listen für den Bund, die Bundesländer und auch für einige kleinere Gebiete wie Kreise oder Naturräume.

In diesem Buch wird die Gefährdung nach der bundesweiten Roten Liste der Pflanzen (Metzing et al. 2018) angegeben. Bundesweit gelten mehr als ein Drittel der Arten als gefährdet, dabei werden die folgenden Kategorien unterschieden:

0: Ausgestorben oder verschollen (76 Taxa – 2,0 %)
1: Vom Aussterben bedroht (212 Taxa – 5,5 %)
2: Stark gefährdet (378 Taxa – 9,7 %)
3: Gefährdet (454 Taxa – 11,7 %)
G: Gefährdung unbekannten Ausmaßes (24 Taxa – 0,6 %)
R: Extrem selten (342 Taxa – 8,8 %)
V: Zurückgehend (Vorwarnliste) (272 Taxa – 7,0 %)
D: Mangelhafte Daten (494 Taxa – 12,7 %)
U: Nicht gefährdet (1658 Taxa – 41,9 %)

Gesetzlicher Schutz

Laut Bundesnaturschutzgesetz unterliegen alle wildlebenden Tier- und Pflanzenarten sowie ihre Lebensstätten einem allgemeinen Schutz. Beispielsweise ist es verboten, wildlebende Pflanzen ohne vernünftigen Grund von ihrem Standort zu entnehmen, zu nutzen, ihre Bestände niederzuschlagen oder auf sonstige Weise zu verwüsten oder ihre Lebensstätten ohne vernünftigen Grund zu beeinträchtigen oder zu zerstören.

Für eine ganze Reihe von Arten gibt es darüberhinausgehende, oft sehr weitreichende Schutzvorschriften. Die nach einer gesetzlichen Vorschrift bundesweit geschützten Arten sind in diesem Buch mit dem Zeichen § gekennzeichnet. Die spezifische Regelung, nach der die jeweilige Art geschützt ist (Daten nach BfN 2020ff), wird durch Abkürzungen angegeben.

WA Das Washingtoner Artenschutzübereinkommen (WA; international bekannt als Convention on International Trade in Endangered Species, CITES) listet in den Anhängen I, II und III mehr als 29 000 Pflanzenarten auf, für die Handelsbeschränkungen gelten.

I: Anhang I enthält unmittelbar bedrohte Arten, für die ein weltweites Handelsverbot besteht.
II: Anhang II enthält schutzbedürftige Arten, für die Handel unter strengen Auflagen erlaubt ist.
III: Anhang III enthält Arten, für die in einzelnen Ländern Sonderregeln gelten.

EG Die EG-Verordnung Nr. 338/97 setzt das WA in deutsches Recht um. Arten der Anhänge A bis D dürfen in der Regel nicht oder nur mit einem CITES-Dokument ein- und ausgeführt werden.

A: Anhang A enthält Arten, bei denen jeglicher Handel das Überleben der Art gefährden würde (u. a. die meisten Arten des Anhangs I des WA).
B: Anhang B enthält Arten, bei denen internationaler Handel das Überleben in bestimmten Ländern gefährden würde (u. a. die meisten Arten des Anhangs II des WA).
C: Anhang C enthält Arten des Anhangs III des WA, insofern diese nicht bereits in den Anhängen A und B gelistet sind.
D: Anhang D enthält Arten, die in einem Umfang in die EU importiert werden, der eine mengenmäßige Überwachung rechtfertigt.

BNatG b Besonders geschützte Pflanzenarten nach Bundesnaturschutzgesetz. Diese dürfen nicht aus der Natur entnommen werden und es ist verboten sie oder ihre Standorte zu beschädigen oder zu zerstören. Außerdem bestehen Besitz- und Gewahrsamsverbote.

BNatG s Streng geschützte Arten nach Bundesnaturschutzgesetz.

FFH Die Fauna-Flora-Habitat (FFH-Richtlinie) enthält als wichtigste EU-Naturschutzverordnung zentrale Regelungen zum Arten- und Gebietsschutz.

II: Anhang II enthält Arten, für deren Erhaltung besondere Schutzgebiete ausgewiesen werden müssen.
IV: Anhang IV enthält Arten, die in ganz Europa gefährdet und schützenswert sind. Diese sind nach Bundesnaturschutzgesetz besonders und streng geschützt.

IAS Bei den in der EU-Verordnung zu Gebietsfremden Arten (Invasive Alien Species, EU-VO 1143/2014) gelisteten Arten handelt es sich um invasive gebietsfremde Arten von unionsweiter Bedeutung, deren weitere Ausbreitung in der EU verhindert werden soll.

Angaben zur Giftigkeit

Sind Sie nicht ganz sicher, dass eine Pflanze ungiftig ist, sollten Sie diese nicht verzehren und im Zweifelsfall auch Berührungen vermeiden. In diesem Buch sind giftige Arten zwar – soweit bekannt – als solche gekennzeichnet (vgl. Frohne & Pfänder 2004, GIZ Bonn 2020ff, Institut für Veterinärpharmakologie und -toxikologie 2020ff), von vielen Arten liegen allerdings kaum belastbare Informationen zu ihrer Giftigkeit vor. Deshalb bedeutet ein fehlender Hinweis auf die Giftigkeit nicht unbedingt, dass die betreffende Art tatsächlich ungiftig ist. Bei manchen Pflanzen sind auch nur Teile giftig, während andere Teile per se oder nach Erhitzen ungiftig sind, beispielsweise bei der Kartoffel. Sollten sie vermuten, giftige Teile einer Pflanze gegessen zu haben, können Sie sich an einen der bundesweit eingerichteten Giftnotrufe wenden, wo Ihnen speziell ausgebildete Mediziner weiterhelfen.

Morphologie der Pflanzen

Grundbauplan

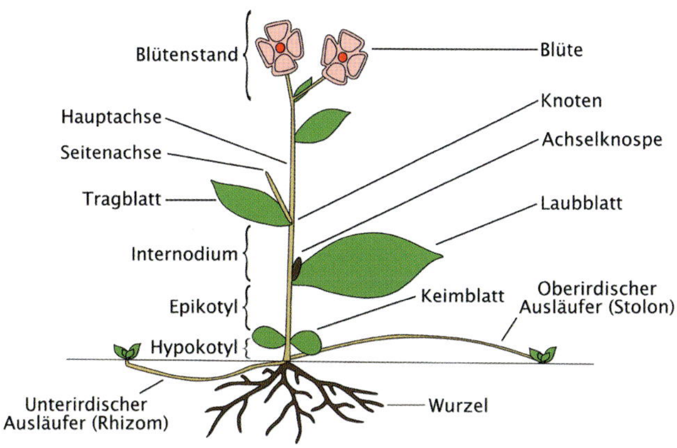

Abbildung 3-1: **Bau der Blütenpflanzen**

Die Gefäßpflanzen *(Tracheophyta)* werden auch als **Kormophyten** bezeichnet, da sie nach einem einheitlichen Grundbauplan, dem **Kormus**, organisiert sind. Der Kormus ist aus den drei Grundorganen **Sprossachse, Wurzel** und **Blatt** aufgebaut (Abbildung 3-1).

Im Gegensatz dazu sind die **Thallophyten** (Algen, Moose, aber auch die Gametophyten der Bärlappe und Farnpflanzen) einfacher organisiert und insbesondere nicht in Sprossachse, Blatt und Wurzel gegliedert.

Die Sprossachse der Kormophyten kann sich verzweigen oder aus Wurzeln sprossen. Wurzeln können sowohl an der Sprossachse entspringen (sprossbürtige Wurzeln) als auch als Seitenwurzeln an älteren Wurzeln gebildet werden. Blätter sitzen immer an der Sprossachse, während Wurzeln blattlos sind. Blüten zählen damit nicht zu den drei Grundorganen von Pflanzen i. e. S., sondern sind aus Blättern aufgebaute Kurzsprosse.

Durch Variationen des Grundbauplans können Kormophyten unterschiedlichste Wuchsformen realisieren, die von wenigen Millimeter großen Wasserlinsen bis hin zu 100 m hohen Mammutbäumen reichen.

Sprossachse

Die Sprossachse ist eines der drei Grundorgane der Kormophyten. Die **Hauptachse** wird auch als Stängel, Schaft oder in verholztem Zustand als **Stamm** bezeichnet. Die **Seitenachsen** werden als Zweige oder Äste bezeichnet. In Bodennähe wachsende Sprossachsen, die überwiegend horizontal wachsen, sind **Ausläufer** (Abbildung 3-1). Wachsen die Ausläufer oberhalb der Erdoberfläche, handelt es sich um **Stolone** (z. B. bei *Fragaria* – Erdbeere), während unterirdisch wachsende Ausläufer als **Rhizome** bezeichnet werden (z. B. bei *Anemone nemorosa* – Buschwindröschen).

Bei einigen Gehölzarten lassen sich Kurztriebe und Langtriebe unterscheiden (Abbildung 3-2). Als **Kurztrieb** wird dabei der Sprossabschnitt bezeichnet, dessen Längenwachstum im Vergleich zum **Langtrieb** stark reduziert ist (z. B. bei *Ginkgo* oder *Prunus* – Kirsche). Blätter bzw. Blüten stehen an Kurztrieben deshalb dicht gedrängt.

Bei den Samenpflanzen erfolgt die Verzweigung der Sprossachse aus den Achseln von Tragblättern (**axilläre Verzweigung**), sodass **Hauptachse** und **Seitenachse** unterschieden werden können. Wird das Wachstum durch die Hauptachse (bzw. Endknospe) fortgesetzt, spricht man von **monopodialem Wachstum** (z. B. bei *Fagus* – Buche oder *Picea* – Fichte). Setzen die Seitenzweige (bzw. Seitenknospen) das Wachstum fort, handelt es sich um **sympodiales Wachstum** (z. B. bei *Tilia* – Linde).

Abbildung 3-2:
Kurz- und Langtriebe

Blätter und Samen stehen bei *Ginkgo* dicht gedrängt an den verdickten Kurztrieben, die dünneren Langtriebe sind weitgehend unbeblättert.

Wuchsform

Bäume haben eine verholzte, aufrecht wachsende Sprossachse, den **Stamm**, der sich erst im oberen Bereich verzweigt und eine **Krone** ausbildet (z. B. bei *Fagus* – Buche). Im Gegensatz dazu sind Sträucher von Grund an verzweigt oder wachsen mit mehreren Stämmen, sodass eine Gliederung in Stamm und Krone nicht erkennbar ist (z. B. bei *Corylus avellana* – Gewöhnliche Hasel). Wenn die Wuchshöhe unter ca. 100 cm bleibt, handelt es sich um **Zwergsträucher.** **Halbsträucher** sind nur an der Basis verholzt. Ihre oberen, endständigen Sprossabschnitte sterben während der ungünstigen Jahreszeit ab und werden in der nächsten Vegetationsperiode neu gebildet (z. B. bei *Vaccinium myrtillus* – Blaubeere). **Krautige Pflanzen** sind oberirdisch nicht verholzt, haben zum Teil aber unterirdische verholzte Organe.

Kletterpflanzen stützen sich mithilfe von speziellen Organen wie Ranken (z. B. bei *Vitis* – Wein), Haftwurzeln (z. B. bei *Hedera* – Efeu), Kletterhaaren (z. B. bei *Humulus lupulus* – Gewöhnlicher Hopfen) oder einer windenden Sprossachse (z. B. bei *Calystegia* – Zaunwinde) an anderen Pflanzen ab, um in die Höhe zu wachsen. Verholzende Kletterpflanzen werden als Lianen bezeichnet (z. B. *Clematis vitalba* – Gewöhnliche Waldrebe).

Horstpflanzen sind durch zahlreiche, aufrecht wachsende Sprossachsen gekennzeichnet, die dicht gedrängt zusammenstehen. Meist handelt es sich dabei um grasartige Pflanzen (z. B. *Festuca ovina* – Schafschwingel oder *Carex paniculata* – Rispen-Segge). **Polsterpflanzen** sind niedrigwüchsige Pflanzen, deren Sprossachsen dicht gedrängt stehen und eine kompakte Einheit bilden, die insbesondere unter extremem Klima Schutz bietet (z. B. *Saxifraga oppositifolia* – Roter Steinbrech). Rasig wachsende Pflanzen (z. B. *Deschampsia flexuosa* – Rasenschmiele) haben eine niederliegende Sprossachse oder Ausläufer.

Von Rosetten spricht man, wenn die Laubblätter dicht gedrängt am Grunde der Sprossachse angeordnet sind. Die Blattstellung in der Rosette ist meist wechsel- oder gegenständig, durch das unterdrückte Längenwachstum der Sprossachse stehen die Blätter allerdings häufig scheinbar wirtelig (siehe auch Abbildung 3-4). Bei den **Rosettenpflanzen** i. e. S. ist nur eine grundständige Rosette vorhanden und die Sprossachse ist, bis auf zuweilen vorhandene Hochblätter, blattlos (z. B. bei *Taraxacum* – Löwenzahn). Bei den **Halbrosettenpflanzen** ist eine Rosette vorhanden, zudem aber auch die Sprossachse beblättert (z. B. bei *Verbascum* – Königskerze).

Lebensform

Pflanzen haben eine Reihe von Anpassungen entwickelt, um die ungünstige Jahreszeit, in Mitteleuropa ist das der Winter, zu überdauern (Abbildung 3-3). Nach Raunkiær unterscheidet man hierbei die folgenden Lebensformen:

Phanerophyten: Die Erneuerungsknospen befinden sich mehr als 25–50 cm über dem Erdboden und damit in der Regel oberhalb einer winterlichen Schneedecke. Es handelt es sich um verholzte Pflanzen, also Bäume (z. B. *Fagus sylvatica* – Rotbuche), Sträucher (z. B. *Corylus avellana* – Gewöhnliche Hasel) oder Lianen (z. B. *Hedera helix* – Gewöhnlicher Efeu).
Chamaephyten: Die Erneuerungsknospen befinden sich oberhalb des Erdbodens, aber unterhalb von 25–50 cm und sind damit an entsprechenden Standorten zumindest zeitweise durch eine Schneedecke vor extremen Frost geschützt. Die Pflanzen haben ein zumindest teilweise ausdauerndes Sprosssystem, das entweder komplett verholzt ist (Zwergsträucher: z. B. *Erica* – Heide), nur an der Basis verholzt ist (Halbsträucher: z. B. *Vaccinium myrtillus* – Blaubeere) oder krautig bleibt (krautige Chamaephyten: z. B. *Galeobdolon luteum* – Goldnessel).
Hemikryptophyten: Die Erneuerungsknospen befinden sich am Erdboden und sind in der Regel durch Blatt- und Sprossreste sowie eine Streuschicht geschützt. Es handelt sich um ausdauernde (zwei- bis mehrjährige) krautige Pflanzen, deren oberirdische Sprossabschnitte während der ungünstigen Jahreszeit absterben (z. B. *Alopecurus pratensis* – Wiesen-Fuchsschwanzgras).
Geophyten: Die Erneuerungsknospen befinden sich im Erdboden. Es handelt sich um ausdauernde (zwei- bis mehrjährige) krautige Pflanzen, deren oberirdische Sprossabschnitte während der ungünstigen Jahreszeit absterben (z. B. *Anemone nemorosa* – Buschwindröschen).
Therophyten: Diese Pflanzen überdauern die ungünstige Jahreszeit als Same, während die Mutterpflanzen komplett absterben. Es handelt sich um kurzlebige bis einjährige, auch überwinternd einjährige Pflanzen (z. B. *Hordeum* – Gerste).
Hydrophyten: Es handelt sich um Wasserpflanzen, die entweder frei im Wasser schwimmen (z. B. *Lemna* – Wasserlinse) oder im Boden verankert sind (z. B. *Nymphaea* – Seerose). Die Überdauerungsknospen befinden sich im oder am Gewässerboden.

Abbildung 3-3: **Lebensformen nach Raunkiær. Die Erneuerungsknospen sind rot eingezeichnet.**

Speicherorgane

Viele mehrjährige Pflanzen bilden spezielle Speicherorgane aus, in die am Ende der Vegetationsperiode Nährstoffe eingelagert werden, sodass diese am Anfang der nächsten Vegetationsperiode schnell mobilisiert werden können. Die Speicherorgane können von allen Grundorganen (Wurzeln, Sprossachsen, Blättern) gebildet werden.

Die **Knollen** von *Orchis* – Knabenkraut und Speicherwurzeln von *Ficaria* – Scharbockskraut sind umgewandelte Wurzeln, die der Nährstoffspeicherung und vegetativen Vermehrung dienen. Sind sowohl Wurzeln als auch Sprossachse an der Ausbildung der Speicherorgane beteiligt, spricht man von **Rüben**, z. B. bei *Daucus* – Möhre oder *Beta vulgaris* subsp. *vulgaris* – Futterrübe. Ist das Hypokotyl (der Sprossabschnitt zwischen Wurzel und Keimblättern) als Speicherorgan angelegt, spricht man von einer **Hypokotylknolle** (z. B. *Beta vulgaris* subsp. *rapaceae* – Rote Beete). **Sprossknollen** findet man bei *Brassica oleracea* var. *gongylodes* – Kohlrabi und als Speicherorgane ausgebildete Ausläufer bei *Iris* – Schwertlilie oder *Solanum tuberosum* – Kartoffel.

Zur Nährstoffspeicherung umgewandelte Blätter findet man in **Zwiebeln**. Sind die verdickten Blätter an einer verkürzten Sprossachse in konzentrischen Ringen angeordnet, handelt es sich um eine **Schalenzwiebel** (z. B. bei *Allium cepa* – Küchenzwiebel), überdecken sie sich dachziegelartig um eine **Schuppenzwiebel** (z. B. bei *Lilium martagon* – Türkenbund).

Schuppen, Haare, Stacheln & Dornen

An Sprossachsen und Blättern, seltener an Wurzeln, findet man häufig Auswüchse der Epidermis. Sind diese flächig ausgebildet, werden sie als **Schuppen** oder **Spreuschuppen** bezeichnet (z. B. an den Rhizomen und Blattstielen von *Dryopteris* – Wurmfarn), während lang gestreckte Auswüchse als **Haare** bezeichnet werden. **Einfache Haare** bestehen aus einer Zelle, die weder geteilt noch untergegliedert ist. Steif von der Spreite abstehende Haare werden häufig als **Borsten** bezeichnet (z. B. an der Sprossachse von *Heracleum sphondylium* – Wiesenbärenklau). Als **Wimpern** bezeichnet man elastische Haare, die mehr oder weniger gerade vom Blattrand abstehen (z. B. bei *Bromus erectus* – Aufrechte Trespe). Krause Haare werden auch **Wollhaare** genannt (z. B. an den Blättern von *Potentilla collina* – Hügel-Fingerkraut). **Gliederhaare** bestehen aus mehreren Zellen (z. B. im Blütenstand von *Medicago arabica* – Arabischer Schneckenklee). **Gabelhaare** sind an der Spitze gabelig geteilt (z. B. bei *Camelina microcarpa* – Kleinfrüchtiger Leindotter). **Sternhaare** sind an ihrem Ende in mehrere Abschnitte aufgespalten (z. B. an den Blättern von *Quercus* – Eiche oder bei *Hippophaë* – Sanddorn).

Drüsenhaare bestehen meist aus einem Stiel und einem sekretgefüllten Köpfchen (z. B. bei *Drosera* – Sonnentau), seltener handelt es sich um stiellose Drüsenhaare (z. B. bei *Primula glutinosa* – Klebrige Primel). **Brennhaare** verursachen durch Freisetzung chemischer Wirkstoffe oder Widerhaken ein Jucken oder Brennen auf der Haut: sie dienen vor allem dem Schutz vor Pflanzenfressern (z. B. bei *Urtica* – Brennnessel).

Bei spitzen, harten Auswüchsen handelt es sich um Stacheln oder Dornen. **Stacheln** werden von der Epidermis und subepidermalen Schichten gebildet (z. B. bei *Rosa* – Rose), während **Dornen** komplett umgewandelte Organe oder Organteile sind (z. B. Sprossdornen bei *Prunus spinosa* – Schlehe oder (Neben-) Blattdornen bei *Robinia* – Robinie).

Wurzeln

Wurzeln sind nicht beblättert. Sie dienen primär der Aufnahme von Wasser und Nährstoffen sowie der Verankerung der Pflanzen im Boden. Hierzu ist die Wurzeloberfläche oft enorm vergrößert, was zum einen durch zahlreiche **Wurzelhaare**, zum anderen durch die feine Verzweigung der Wurzeln erreicht wird.

Blattstellung und -anordnung

Die Blattstellung beschreibt die Anordnung der Blätter an der Sprossachse (Abbildung 3-4).

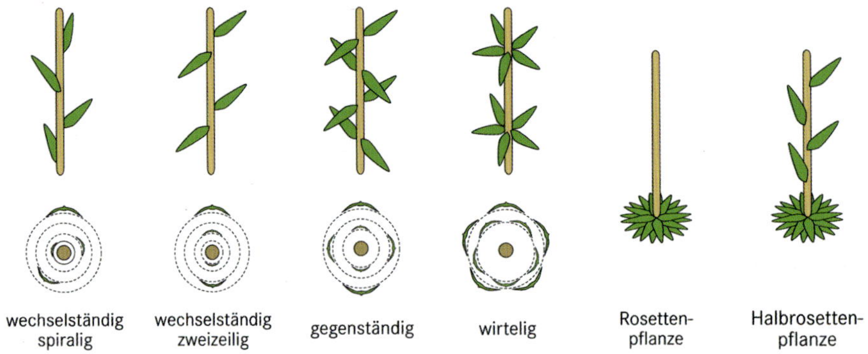

Abbildung 3-4: **Blattstellung**

Bei der **wechselständigen Blattstellung** steht an jedem Knoten nur ein Blatt. Dabei wird unterschieden zwischen der **spiraligen Blattstellung** (z. B. bei *Salix* – Weide), bei der die Blätter in Spiralen an der Sprossachse angeordnet sind, und der **zweizeiligen Blattstellung**, bei der die Blätter in zwei Zeilen am Spross stehen (z. B. bei *Taxus* – Eibe). Bei der **gegenständigen Blattstellung** (dekussierte Blattstellung) stehen sich an jedem Knoten zwei Blätter in einem 180° Winkel gegenüber, die Blätter an aufeinanderfolgenden Knoten stehen meist in einem 90° Winkel zueinander (**gekreuzt-gegenständige Blattstellung**, z. B. bei *Lamium* – Taubnessel). Bei der **wirteligen Blattstellung** (quirlige Blattstellung) stehen an jedem Knoten mehr als zwei Blätter (z. B. bei *Galium odoratum* – Waldmeister).

Die Ansatzstellen der Blätter an der Sprossachse werden als **Knoten (Nodien)** bezeichnet und die dazwischenliegenden Abschnitte als **Internodien** (Abbildung 3-5). Diese Gliederung ist z. B. bei den **Halmen** der *Poaceae* – Süßgräser besonders deutlich ausgebildet: hier sind die Knoten verdickt und das Internodium hohl.

Blätter

Blätter treten in einer großen morphologischen Vielfalt auf und übernehmen neben ihrer primären Funktion, der Fotosynthese, eine Vielzahl weiterer Aufgaben. Die Blätter werden dabei in einer charakteristischen **Blattfolge** gebildet (Tabelle 3-1, Abbildung 3-5).

Blätter, in deren Achsel ein Seitenspross steht, werden als **Tragblätter** bezeichnet, Tragblätter von Blüten nennt man auch **Deckblätter**.

Vorblätter sind die ersten Blätter an einem Seitenspross, die sich oft durch eine charakteristische Blattstellung auszeichnen. Bei den meisten Einkeimblättrigen findet sich nur ein Vorblatt, das an der dem Hauptspross zugewandten Seite des Seitensprosses steht (**adossiertes Vorblatt**), bei Zweikeimblättrigen finden sich meist zwei Vorblätter, die gegenständig angeordnet sind und seitlich am Seitenspross stehen (**transversale Vorblätter**).

Tabelle 3-1: **Blatttypen der Blattfolge**

Keimling	**Keimblätter**	Keimblätter (Kotyledonen) sind die ersten Blätter einer Pflanze, die bereits im Embryo angelegt werden. Sie sind meist einfacher gebaut als die folgenden Blätter und dienen bei einigen Arten der Nährstoffspeicherung (z. B. als Speicherkotyledonen bei *Vicia faba* – Saubohne). Bei den Einkeimblättrigen ist meist ein Keimblatt entwickelt, bei den Zweikeimblättrigen sind es typischerweise zwei.
vegetative Zone	**Primärblätter**	Als Primärblätter werden die ersten, auf das Keimblatt folgenden, oft einfach gebauten Laubblätter bezeichnet.
	Folgeblätter	Als Folgeblätter (Laubblätter) werden die ›normal‹ entwickelten Laubblätter bezeichnet, die sich nach den Keimblättern und Primärblättern entwickeln und die normalerweise vornehmlich der Fotosynthese dienen.
	Niederblätter	Als Niederblätter werden einfach gebaute, oft schuppenartige Blätter außerhalb des Blütenstandes bezeichnet, z. B. an Ausläufern (z. B. bei *Fragaria* – Erdbeere) oder in Zwiebeln (z. B. bei *Allium* – Lauch)
	Knospenschuppen	Knospenschuppen sind die meist kleinen, schuppenförmigen Blätter, welche Knospen vor Kälte, Trockenheit und mechanischen Belastungen schützen.
Blütenstand	**Hochblätter**	Hochblätter (Brakteen) sind Blätter im Bereich der Blüten oder Blütenstände, die sich in Farbe, Größe oder Morphologie deutlich von den Laubblättern unterscheiden. Hochblätter können klein und einfach gebaut sein (z. B. die Hüllchenblätter bei vielen *Apiaceae* – Doldengewächsen) aber auch groß und auffällig gefärbt (z. B. die weiße Spatha um den Blütenstand von *Arum* – Aronstab).
Blüten	**Perigonblätter**	Wenn der innere und äußere Kreis der Blütenhüllblätter gleich gestaltet sind oder nur ein Kreis von Blütenhüllblättern vorhanden ist, werden die Blütenhüllblätter als Perigonblätter (Tepalen) bezeichnet (z. B. bei *Lilium* – Lilie).
	Kelchblätter	Als Kelchblätter (Sepalen) werden die äußeren, meist grünen und unauffälligen Blütenhüllblätter bezeichnet, wenn die inneren und äußeren Blütenhüllblätter unterschiedlich gestaltet sind (z. B. bei *Rosa* – Rose).
	Kronblätter	Als Kronblätter (Petalen) werden die inneren, meist auffällig gefärbten Blütenhüllblätter bezeichnet, wenn die inneren und äußeren Blütenhüllblätter unterschiedlich gestaltet sind (z. B. bei *Rosa* – Rose).
	Staubblätter	Ein Staubblatt (Stamen) ist ein hochspezialisiertes Blatt innerhalb der Blüte von Samenpflanzen, in welchem sich die Pollen entwickeln. Es ist typischerweise in Staubfaden (Filament) und Staubbeutel (Anthere) gegliedert.
	Fruchtblätter	Das Fruchtblatt (Karpell) ist ein schlauchförmig verwachsenes Blatt innerhalb der Blüte von Bedecktsamern, in dessen Inneren die Samenanlagen entstehen. Bei den Nacktsamern fehlen Fruchtblätter, die Samen werden auf der Oberfläche von Samenschuppen gebildet.

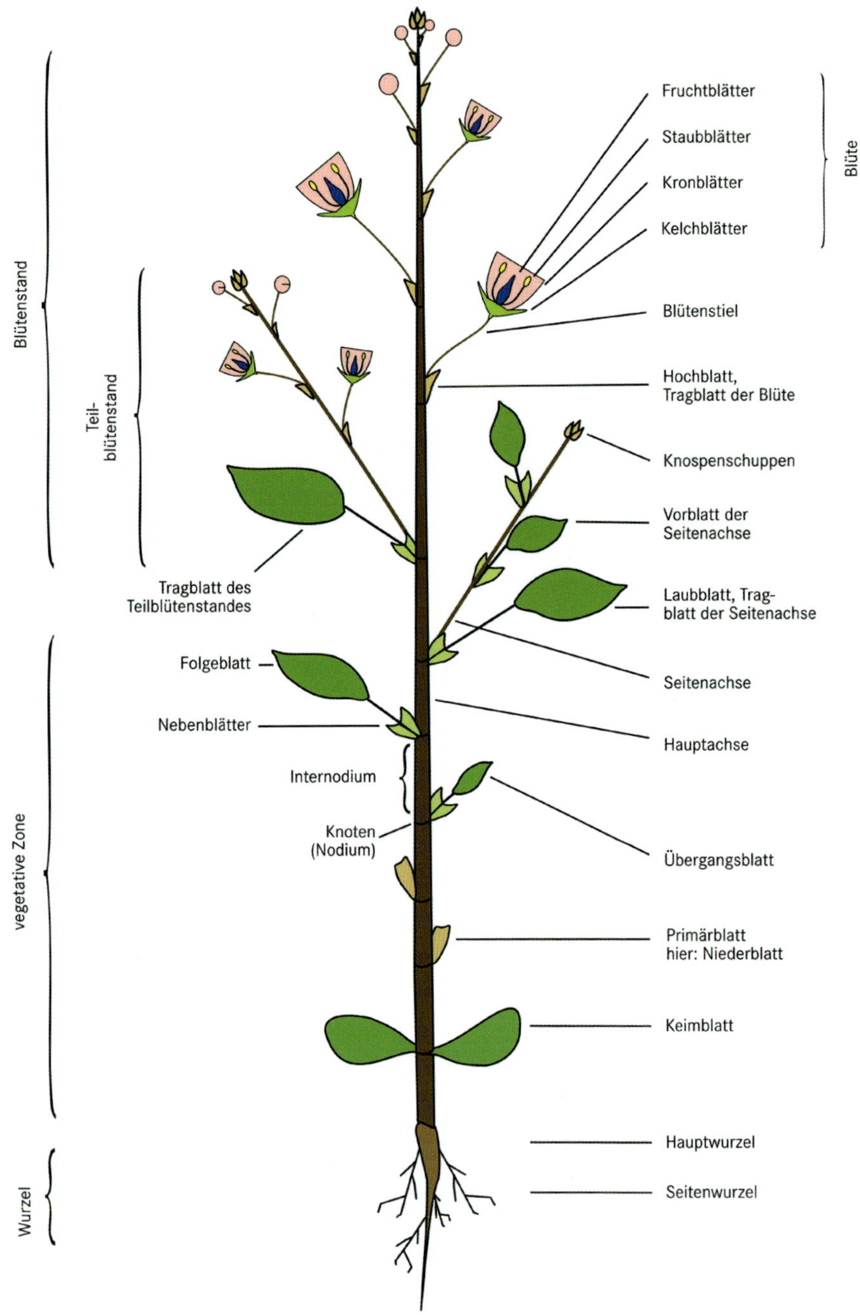

Abbildung 3-5: **Stellung von Blättern und Sprossachsen (Blattfolge)**

Morphologie der Blätter

Bei vielen Blättern lassen sich zwei Abschnitte unterscheiden, die als **Unterblatt** und **Oberblatt** bezeichnet werden (Tabelle 3-2, Abbildung 3-6). Das Oberblatt umfasst den **Blattstiel** (der bei vielen Arten fehlt) sowie die **Blattspreite**. Das Unterblatt umfasst den **Blattgrund**, der als die Sprossachse umfassende **Blattscheide** ausgebildet sein kann, und die nur bei manchen Artengruppen vorhandenen **Nebenblätter (Stipeln)**.

Tabelle 3-2: **Grundbauplan von Blättern**

Oberblatt	**Blattspreite**	Als Spreite bezeichnet man den flächig ausgebildeten Abschnitt von Laubblättern, welcher vor allem der Fotosynthese dient.
	Blattstiel	Der Blattstiel befindet sich zwischen Sprossachse bzw. Blattgrund und Spreite und ist meist schmal-lineal und deutlich von der Spreite abgesetzt (z. B. bei *Acer* – Ahorn). Bei anderen Arten geht der Blattstiel allmählich in die Spreite über (z. B. bei *Taraxacum* – Löwenzahn) oder fehlt komplett (z. B. bei den *Poaceae* – Süßgräsern).
Unterblatt	**Blattgrund**	Als Blattgrund wird der basale Abschnitt von Blättern bezeichnet, der den Übergang zur Sprossachse bildet (Abbildung 3-7). Der Blattgrund kann an der Sprossachse **herablaufen** (z. B. bei *Echium* – Natternkopf und anderen *Boraginaceae* – Raublattgewächsen) oder mit dem gegenüberliegenden Blatt **verwachsen** sein (z. B. bei *Lonicera caprifolium* – Echtes Geißblatt). Ist der Blattgrund mit der Sprossachse verwachsen und umgibt sie allseitig, spricht man von **durchwachsenen Blättern** (z. B. bei *Bupleurum rotundifolium* – Rundblättriges Hasenohr). Umgibt der Blattgrund zumindest teilweise die Sprossachse, ist aber nicht mit dieser verwachsen, handelt es sich um **Öhrchen** (z. B. bei *Triticum* – Weizen).
	Blattscheide	Eine Blattscheide umgibt die Sprossachse als häutige Scheide. Sie ist nur bei manchen Artengruppen ausgebildet, so z. B. den *Poaceae* – Süßgräsern.
	Ligula	Bei den meisten *Poaceae* – Süßgräsern findet sich am Übergang zwischen Blattscheide und Spreite ein **Blatthäutchen**, das als Ligula bezeichnet wird.
	Nebenblätter	Nebenblätter sind (meist) blattartige Auswüchse am Übergang zur Sprossachse. Sie werden nur bei einigen Artengruppen ausgebildet (z. B. bei *Salix* – Weide oder vielen *Fabaceae* – Schmetterlingsblütlern). Zuweilen sind die Nebenblätter auch zu **Dornen** umgewandelt (z. B. bei *Robinia* – Robinie).

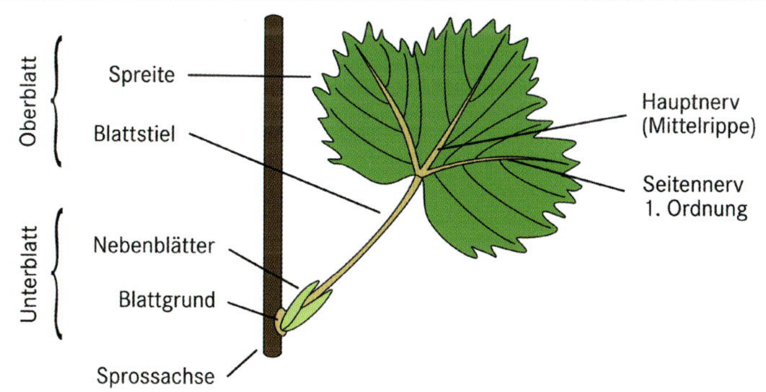

Abbildung 3-6: **Grundbauplan von Blättern**

Abbildung 3-7: **Blattgrund**

Spreite

Abbildung 3-8 und Tabelle 3-3 geben eine Übersicht der wichtigsten Begriffe, die in den Artbeschreibungen verwendet werden, um die Blätter zu beschreiben.

Bei **ungeteilten (einfachen) Blättern** besteht die Spreite aus einem zusammenhängenden flächigen Abschnitt (z. B. bei *Tulipa* – Tulpe), der bei manchen Arten gelappt ist (z. B. bei *Quercus* – Eiche). Bei **geteilten** bzw. **zusammengesetzten Blättern** besteht sie aus mehreren flächigen Abschnitten (**Fiederblättchen**), welche durch die stielartige **Blattspindel (Rhachis)** miteinander verbunden sind (z. B. bei *Rosa* – Rose). **Fiederspaltige (fiederteilige)** Blätter bilden eine Übergangsform zwischen ungeteilten und geteilten Blättern.

Eine Übersicht der wichtigsten Begriffe zur Beschreibung der Form der Spreite gibt Abbildung 3-9. Die wichtigsten Merkmale des Querschnittes der Spreite werden in Abbildung 3-10 dargestellt.

Abbildung 3-8: **Blattmorphologie**

Tabelle 3-3: **Blattmorphologie**

ungeteilt (einfach)	**ganzrandig**	Bei einem ganzrandigen Blatt ist der Rand glatt, es fehlen Zähne oder tiefere Einschnitte (z. B. bei *Fagus* - Buche).
ungeteilt (einfach)	**gezähnt**	Ein gezähnter Blattrand hat Einschnitte, die nicht tiefer als ca. 25 % der Breite der Spreite reichen. Es wird unterschieden zwischen **gekerbtem Blattrand** (mit stumpfen bzw. abgerundeten Zähnen, z. B. bei *Glechoma hederacea* - Efeu-Gunderman) und **gesägtem Blattrand** (mit spitzen Zähnen, z. B. bei *Carpinus* - Hainbuche). Bei unterschiedlich großen Zähnen spricht man von einem **doppelt gezähnten Blattrand** (z. B. bei *Corylus avellana* - Gewöhnliche Hasel).
ungeteilt (einfach)	**gelappt**	Eine gelappte Spreite ist durch Buchten oder Einschnitte gegliedert. Die Spreite bildet dabei eine zusammenhängende Einheit und ist nicht in separate Fiederblättchen unterteilt (z. B. bei *Quercus robur* - Stiel-Eiche). Im Unterschied zu Blättern mit gezähntem Rand, sind die Einschnitte tiefer und erreichen mindestens ca. 25 % der Spreitenbreite. Eine **handförmig (fingerförmig) gelappte Spreite** ist durch Buchten gegliedert, die wie die Finger einer Hand von einem Punkt ausgehen. Die Spreite bildet eine zusammenhängende Einheit und ist nicht in separate Fiederblättchen aufgeteilt (z. B. bei *Acer campestre* - Feldahorn).
fiederspaltig - fiederteilig		Als **fiederspaltig** oder **fiederteilig** werden Blätter bezeichnet, deren Einschnitte (fast) bis zur Blattmitte reichen, die aber keine deutliche Gliederung in Fiederblättchen erkennen lassen. Die Rhachis unterscheidet sich nicht (kaum) von der Spreite (z. B. bei *Artemisia campestris* - Feld-Beifuß). Die Übergänge zu gelappten und gefiederten Blättern sind fließend.
geteilt (zusammengesetzt)	**gefiedert**	Eine gefiederte Spreite ist in separate Fiederblättchen aufgeteilt, die an einer länglich entwickelten Rhachis stehen. Bei einer **unpaarig gefiederten Spreite** ist die Endfieder vorhanden (z. B. bei *Fraxinus* - Esche), während bei einer **paarig gefiederten Spreite** die Endfieder fehlt oder zu Ranken oder Dornen umgewandelt ist (z. B. bei *Vicia* - Wicke).
geteilt (zusammengesetzt)	**unterbrochen gefiedert**	Bei einer unterbrochen gefiederten Spreite sind große und kleine Fiederblättchen abwechselnd an der Rhachis angeordnet (z. B. bei *Filipendula* - Mädesüß oder *Agrimonia* - Odermennig).
geteilt (zusammengesetzt)	**gefingert**	Bei fingerförmig (handförmig) geteilten (gefingerten) Spreiten gehen die Fiederblättchen wie die Finger einer Hand strahlig von einem Punkt aus (z. B. bei *Aesculus* - Rosskastanie).
geteilt (zusammengesetzt)	**mehrfach gefiedert**	Bei mehrfach gefiederten Spreiten sind die Fiederblättchen erster Ordnung mindestens ein weiteres Mal gefiedert. Z. B. hat *Chaerophyllum temulum* - Hecken-Kälberkropf 2–3-fach gefiederte Blätter.

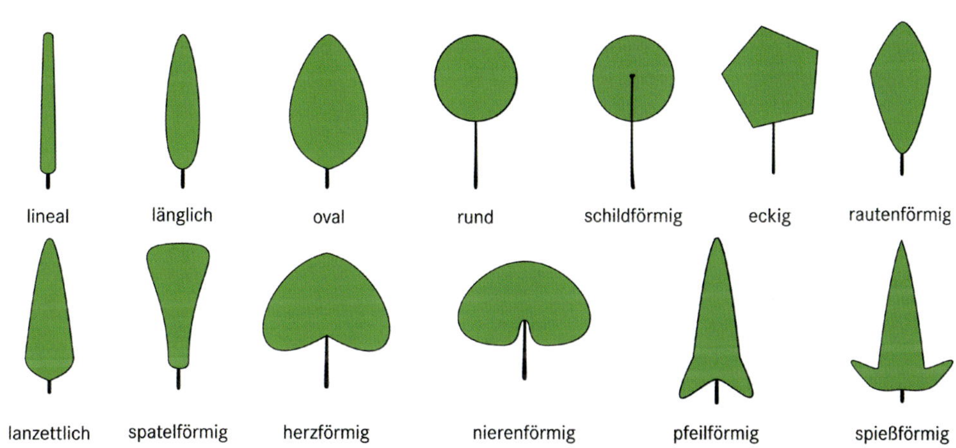

Abbildung 3-9: Blattformen

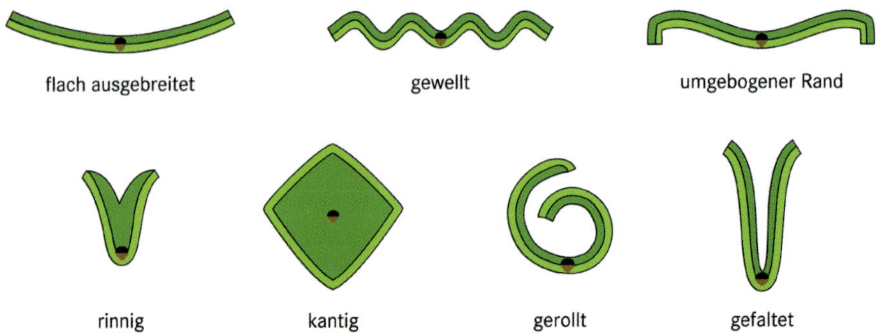

Abbildung 3-10: **Blattquerschnitte**. Die Unter- bzw. Außenseite der Blätter ist hellgrün und die Mittelrippe bzw. der Hauptnerv als schwarz-braune Kreise dargestellt

Nervatur

Als Nervatur wird die Gesamtheit der **Nerven (Adern)** eines Blattes bezeichnet (Abbildung 3-11). In den Nerven verlaufen die **Leitbündel**. Man unterscheidet Blätter mit **Fiedernervatur** (bei den meisten Zweikeimblättrigen), **Parallelnervatur** (bei den meisten Einkeimblättrigen) und **dichotomer Nervatur** (bei vielen Farnen und Nacktsamern).

Bei der **Parallelnervatur** sind die Nerven des Blattes zueinander parallel ausgerichtet und haben keine (sichtbaren) Verzweigungen oder Querverbindungen. Bei der **Fiedernervatur** sind die Nerven des Blattes ein- bis mehrfach verzweigt (bei vielen Zweikeimblättrigen, z. B. *Quercus* – Eiche). Wenn betont werden soll, dass deutliche Querverbindungen zwischen den Nerven erkennbar sind, verwendet man den Begriff **Netznervatur**. Der mittlere Blattnerv ist in der Regel größer als die übrigen, weist Festigungsgewebe auf und wird als **Mittelrippe** bezeichnet.

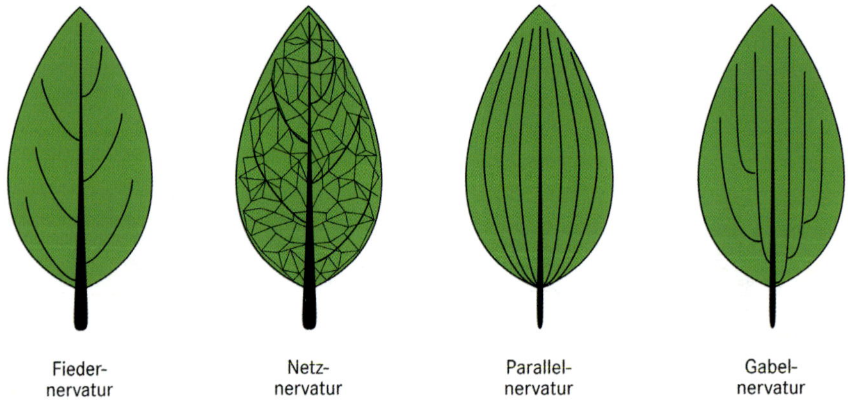

Abbildung 3-11: **Blattnervatur**

Blüten

Farben

Viele Pflanzenarten haben eine charakteristische Blütenfarbe, die das Erkennen der Art erleichtert. Das Verwenden der Blütenfarbe als sicheres Bestimmungsmerkmal ist allerdings problematisch, weil die Farbe je nach Lichtverhältnissen unterschiedlich auf den Betrachter wirken kann und die Benennung feiner Farbunterschiede, im Gegensatz zu den meisten anderen Bestimmungsmerkmalen, kaum standardisierbar ist. Beispielsweise sind die Grenzen zwischen dunkelgelb, goldgelb, dottergelb, grünlich-gelb, beige, gelb, hellgelb, weißlich-gelblich (alles Begriffe, die in Bestimmungsbüchern verwendet werden, um Gelbtöne zu beschreiben) fließend und werden von verschiedenen Betrachtern unterschiedlich aufgefasst.

Die Blütenfarben werden in diesem Buch deshalb mit möglichst wenigen Farbnamen beschrieben. So werden mit ›gelblich‹ beispielsweise alle Farbtöne zusammengefasst, die eine gelbe Farbkomponente enthalten. Nur wenn es für die Unterscheidung nahe verwandter Taxa notwendig ist, werden auch genauere Bezeichnungen verwendet, z. B. um den Unterschied zwischen dunkelgelb und hellgelb anzusprechen. Im Einzelnen werden die folgenden Begriffe für Farben verwendet, die sich in der Regel auf die Farbe der Kron- bzw. Perigonblätter beziehen:

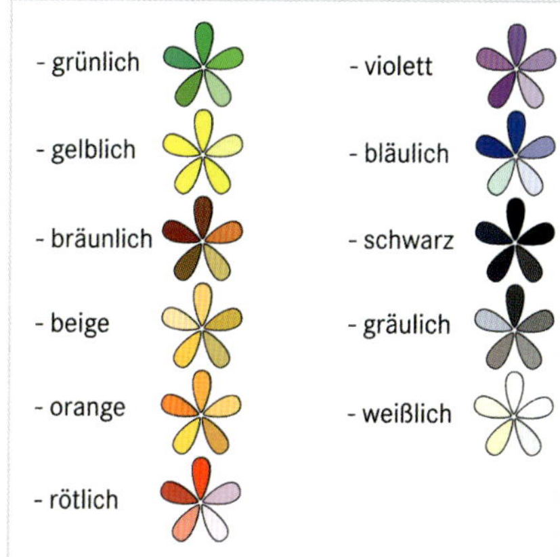

Morphologie der Blüten

Die Blüten der Samenpflanzen sind Kurzsprosse, also Sprossachsen mit reduziertem Längenwachstum, die der sexuellen Reproduktion und Vermehrung dienen. Sie bestehen typischerweise aus einer sterilen **Blütenhülle** sowie **Staubblättern** und **Fruchtblättern**.

Die Blütenblätter sind dabei immer in der gleichen Reihenfolge an der **Blütenachse** angeordnet (Abbildung 3-12): an der Basis (außen) stehen zunächst die Kelchblätter, gefolgt von den Kronblättern und den Staubblättern, während die Fruchtblätter im Zentrum der Blüte (distal) stehen. In reduzierten bzw. eingeschlechtigen Blüten fehlen einzelne oder mehrere der Organkreise.

Die Blütenblätter stehen bei den meisten Pflanzenarten **wirtelig** an der Blütenachse, insbesondere bei ursprünglichen Gruppen können aber auch alle (z. B. bei *Magnolia* – Magnolie) oder einige Blütenblätter (z. B. die Fruchtblätter bei *Sagittaria* – Pfeilkraut) **spiralig** angeordnet sein.

Der **Blütenboden** (auch **Blütenachse**) ist meist kurz und tritt kaum in Erscheinung. Bei einigen Arten ist er aber krug- bis becherförmig ausgebildet und wird dann als **Blütenbecher**, **Achsenbecher** oder **Hypanthium** bezeichnet (z. B. bei *Prunus* – Kirsche oder *Rosa* – Rose) (siehe auch Abbildung 3-18). Bei anderen Arten ist er verlängert (z. B. bei *Myosurus* – Mäuseschwänzchen) oder kegelförmig und fleischig (z. B. bei *Fragaria* – Erdbeere).

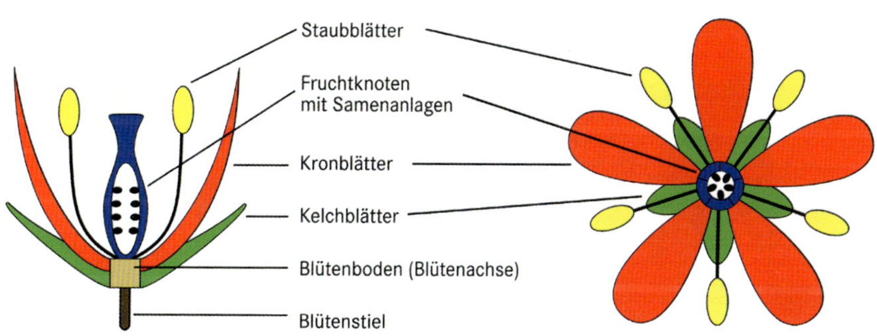

Abbildung 3-12: Bauplan von Blüten in Längsschnitt (links) und Aufsicht (rechts)

Durch **radiärsymmetrische Blüten** (Abbildung 3-13) lassen sich mehr als zwei Symmetrieebenen legen (z. B. bei *Lilium* – Lilie), **disymmetrische Blüten** haben zwei senkrecht zueinanderstehende Symmetrieebenen (z. B. bei *Erysimum* – Schöterich und anderen *Brassicaceae* – Kreuzblütlern). **Zygomorphe Blüten** weisen genau eine Symmetrieebene auf (z. B. bei *Lamium* – Taubnessel). Drehsymmetrische Blüten haben asymmetrische Blütenblätter, sodass sie sich nur durch Drehen zur Deckung bringen lassen (z. B. *Vinca* – Immergrün).

Asymmetrische Blüten, die keine Symmetrie aufweisen, sind relativ selten (z. B. bei *Valeriana officinalis* – Arznei-Baldrian, aufgrund eines seitlichen, sackartigen Sporns).

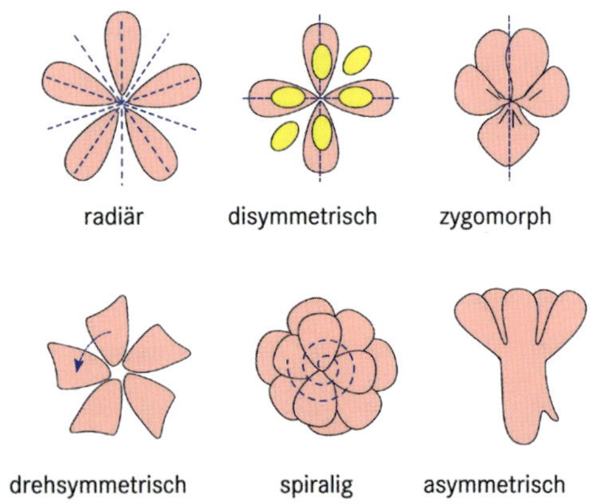

Abbildung 3-13: **Symmetrie von Blüten**

Blütenhülle

Die Blütenhülle (Perianth) wird von den **Blütenhüllblättern** gebildet; das sind die sterilen, äußeren Blütenblätter (Abbildung 3-12, Abbildung 3-15).

Wenn die Blütenhülle aus sich farblich oder morphologisch unterscheidenden **Kelchblättern** (meist grünlich) *und* **Kronblättern** (meist auffallend gefärbt) aufgebaut ist, spricht man von einem **heterochlamydeischen Perianth** (z. B. bei *Rosa* – Rose). Um ein **Perigon** handelt es sich hingegen, wenn Kelch- und Kronblätter gleichartig gestaltet sind (**homochlamydeisches Perianth,** z. B. bei *Tulipa* – Tulpe) oder wenn nur ein Kreis von Blütenhüllblättern vorhanden ist (**haplochlamydeisches** bzw. **einfaches Perianth**, z. B. bei *Scleranthus* – Knäuel). Die **Perigonblätter** (Tepalen) sind dann entweder alle kronblattartig gefärbt oder kelchblattartig.

Insbesondere bei windbestäubten Arten kann die Blütenhülle komplett fehlen (z. B. bei *Populus* – Pappel) oder zu kleinen Schuppen oder Spelzen reduziert sein (z. B. bei *Quercus* – Eiche oder den *Poaceae* – Süßgräsern). Zuweilen sind auch kronblattartige, sterile Staubblätter (**Staminodien**) oder Nektarblätter am Aufbau der Blütenhülle beteiligt (z. B. bei einigen *Ranunculaceae* – Hahnenfußgewächsen).

Um die große Vielfalt an Formen und Spezialisierungen im Bereich der Blütenhülle zu beschreiben, existiert eine Vielzahl von Fachbegriffen (vgl. Abbildung 3-14):

Abbildung 3-14: **Blütenmorphologie. Erläuterungen im Text**

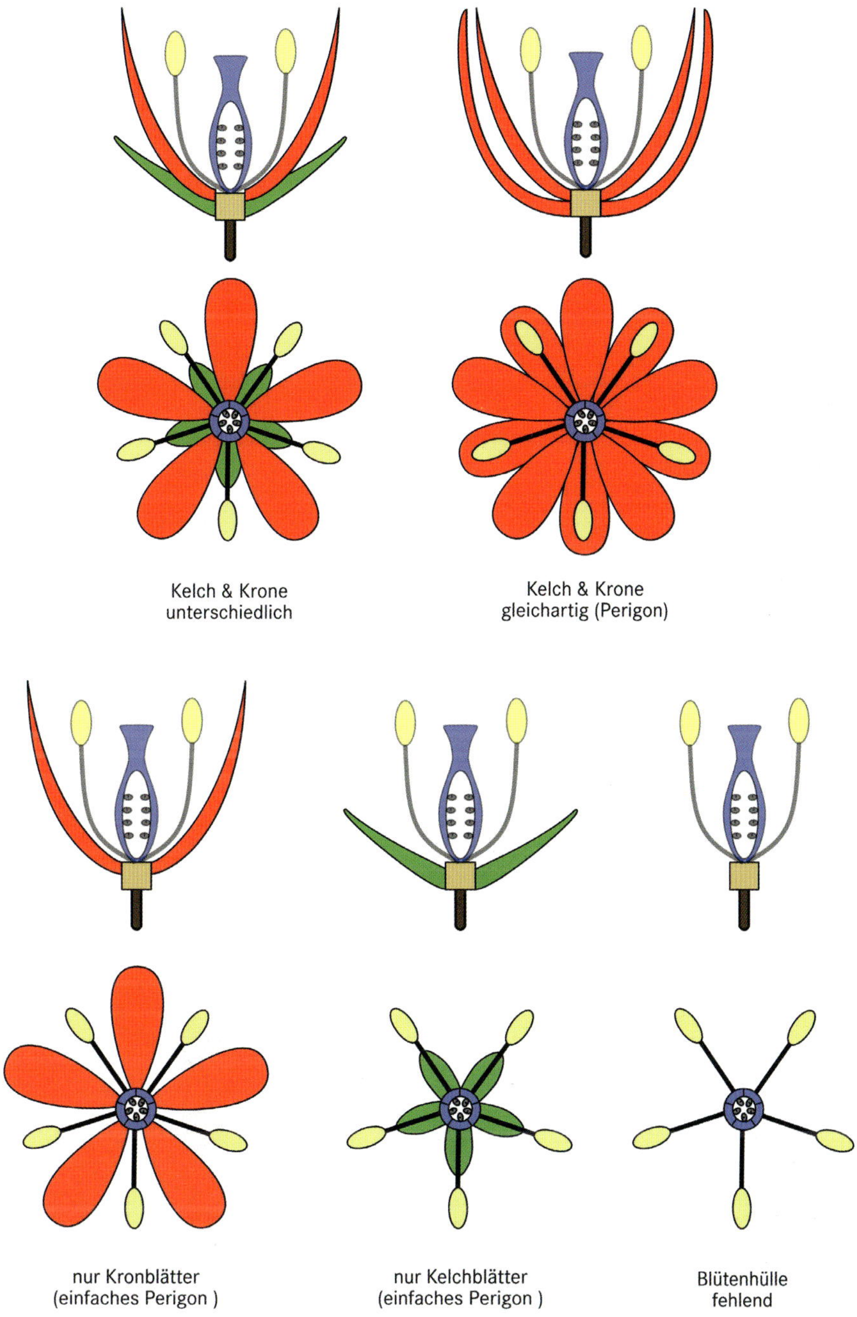

Abbildung 3-15: **Blütenhülle. Symbole und Farben wie in Abbildung 3-12.**

Die Blütenhüllblätter können **frei**, das heißt *nicht* miteinander verwachsen (z. B. bei *Saxifraga* – Steinbrech) oder miteinander verwachsen (z. B. bei *Campanula* – Glockenblume) sein. Oft umfasst die Verwachsung dabei nur einen Teil der Blütenhüllblätter, sodass basal eine **Röhre** und distal freie **Zipfel** entstehen (z. B. bei *Gentiana* – Enzian).

Blütenblätter, die Nektar produzieren, werden als **Nektarblätter (Honigblätter)** bezeichnet. Sie können von verschiedenen Blütenorganen gebildet werden und unterschiedlich aussehen: so sind die Nektarblätter z. B. bei *Ranunculus* – Hahnenfuß flach und kronblattartig, während sie bei *Helleborus* – Nieswurz schüsselförmig vertieft und spatelförmig sind. Als **Sporn** bezeichnet man eine fadenförmige bis sackartige Ausstülpung an der Basis von Blütenblättern, an deren Grund meist Nektardrüsen sitzen (z. B. bei *Linaria* – Leinkraut).

Den Übergangsbereich zwischen **Kronröhre** und **Kronzipfeln** bezeichnet man als **Schlund**. Bei einer **maskierten Röhrenblüte** ist der Schlund durch Auswüchse der Kronblätter verschlossen, sodass der Nektar nicht direkt zugänglich ist (z. B. bei *Linaria* – Leinkraut). Als **Gaumen** wird eine Aufwölbung der Unterlippe bezeichnet, die den Schlund komplett (z. B. bei *Linaria vulgaris* – Gewöhnliches Leinkraut) oder teilweise (z. B. bei *Chaenorhinum minus* – Kleines Leinkraut) verschließt. Schuppenartige Strukturen, Haare, Falten oder Auswüchse am Übergangsbereich zwischen Kronröhre und Kronzipfeln werden als **Schlundschuppen** bezeichnet (z. B. bei *Anchusa* – Ochsenzunge).

Wenn die Zipfel in einem 90° Winkel von der Kronröhre abstehen, sodass eine ebene ›Landefläche‹ für bestäubende Insekten entsteht, spricht man von **Stieltellerblüten** (z. B. bei *Gentiana verna* – Frühlings-Enzian).

Als **genagelt** bezeichnet man Blütenhüllblätter, deren basales Ende, der **Nagel**, schmal und lang gezogen ist und dadurch stielartig wirkt, während das distale Ende, die **Platte**, breit und flächig ausgebildet ist (z. B. bei *Erysimum* – Schöterich).

Als **Nebenkrone** werden Auswüchse der Oberseite der Kronblätter bezeichnet. Man findet sie am Übergang zwischen Nagel und Platte (z. B. bei *Narcissus* – Narzisse).

Bei vielen zygomorphen Blüten bilden die Kron- bzw. Perigonblätter eine **Lippenblüte**. Dabei sind die oberen Blütenhüllblätter zur **Oberlippe** und die unteren zur **Unterlippe** verwachsen (z. B. bei *Salvia* – Taubnessel). Als **Helm** bezeichnet man eine deutlich gewölbte Oberlippe, die über den anderen Blütenorganen steht (z. B. bei *Aconitum* – Eisenhut).

Eine **Schmetterlingsblüte** ist eine zygomorphe Blüte, bei der die Flügel (seitliche Kronblätter) seitlich vom **Schiffchen** (unteres Kronblatt) und der **Fahne** (dem oberen Kronblatt) abstehen (z. B. bei *Cytisus scoparius* – Besenginster).

Spelzen sind kleine, trockene, pergamentartige Blätter im Bereich der Blüten (z. B. die Perigonblätter bei *Luzula* – Hainsimse) oder des Blütenstandes (z. B. die Hüllspelzen an der Basis der Ährchen der *Poaceae* – Süßgräser).

Staubblätter

Das **Staubblatt (Stamen)** ist ein von einem Blatt abzuleitendes Organ innerhalb der Blüte, in welchem sich die Pollen entwickeln (Abbildung 3-16). Ein Staubblatt ist typischerweise in **Staubfaden (Filament)** und **Staubbeutel (Antheren)** gegliedert. Die Staubbeutel bestehen aus zwei **Theken**, welche durch ein steriles Mittelstück (**Konnektiv**) miteinander verbunden sind. Jede Theka besteht wiederum aus 2 **Pollensäcken**.

Staminodien sind sterile Staubblätter, in denen sich kein Pollen entwickelt. Die Staubbeutel können dabei verkümmert sein oder komplett fehlen (z. B. bei *Parnassia palustris* – Sumpf-Herzblatt). Staminodien, die Nektar produzieren, werden auch als **Nektarblätter** bezeichnet.

Die Gesamtheit der Staubblätter einer Blüte wird als **Androeceum** bezeichnet. Bei den meisten Pflanzenarten sind die Staubblätter frei (d. h. nicht miteinander verwachsen), sie können aber auch miteinander oder mit anderen Blütenorganen **verwachsen** sein. Bei *Malva* – Malve

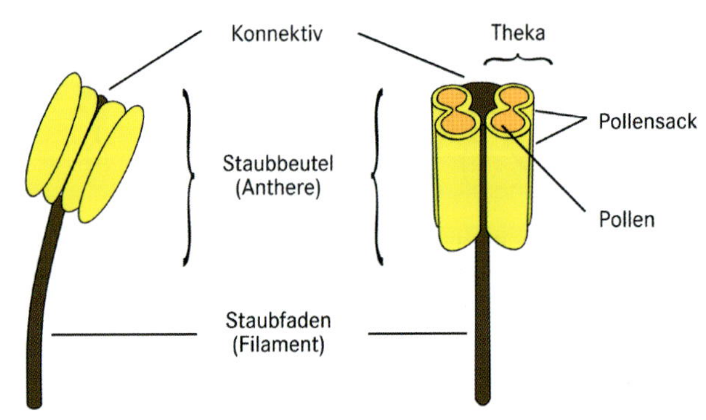

Abbildung 3-16: **Staubblätter**

sind z. B. die Staubfäden miteinander verwachsen, während bei den *Asteraceae* – Korbblütengewächsen die Staubbeutel zu einer Röhre verkleben. Die Staubfäden können auch mit den Kronblättern verwachsen (z. B. bei *Gentiana* – Enzian).

Bei den *Orchidaceae* – Orchideengewächsen verwachsen Staubblätter und Fruchtblätter zu einem säulenartigen Gebilde, dem **Gymnostemium**. Der Pollen verklebt hier zu einem **Pollinium** genannten Paket, welches meist zusammen mit Stiel und einem Klebkörper von Insekten ausgebreitet wird.

Fruchtblätter

Das **Fruchtblatt (Karpell, Carpell)** ist ein schlauchförmig verwachsenes, von einem Blatt abzuleitendes Organ innerhalb der Blüte von Bedecktsamern, in dessen Inneren die **Samenanlagen** entstehen. Ein Fruchtblatt oder mehrere miteinander verwachsene Fruchtblätter bilden den **Stempel (Pistill)**, der meist in Fruchtknoten, Griffel und Narbe differenziert ist (Abbildung 3-17).

Der **Fruchtknoten** ist der basale, bauchige Abschnitt, in dem sich die **Plazenta** mit den **Samenanlagen** befindet. Als **Griffel** wird ein verlängerter Abschnitt zwischen Fruchtknoten und Narbe bezeichnet (z. B. bei *Crocus* – Krokus), der aber auch fehlen oder sehr kurz und unscheinbar sein kann (z. B. bei *Tulipa* – Tulpe). Die **Narbe** ist der (fast immer) distale Abschnitt des Stempels, welcher der Aufnahme der Pollen dient. Narbe oder Griffel sind häufig in mehrere Äste geteilt, die in der Regel der Anzahl der beteiligten Fruchtblätter entsprechen (z. B. bei *Tulipa* – Tulpe).

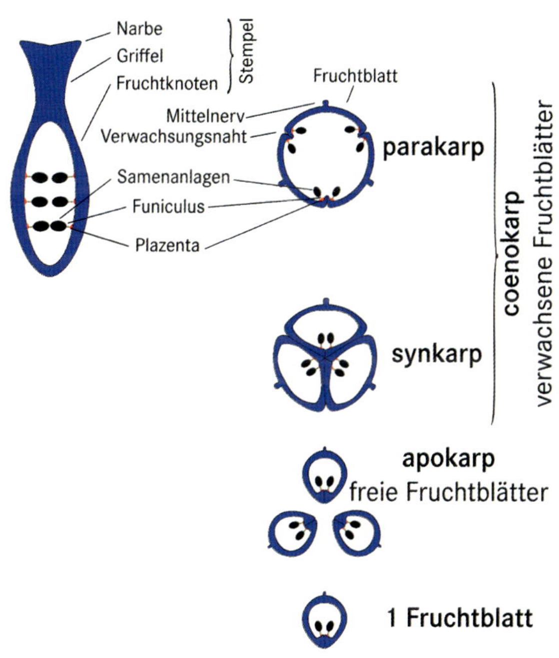

Abbildung 3-17:
Fruchtknoten. Längsschnitt (links), Querschnitte (rechts)

Die Gesamtheit der Fruchtblätter einer Blüte wird als **Gynoeceum** bezeichnet. Blüten können nur **ein Fruchtblatt** enthalten (z. B. bei den *Fabaceae* – Schmetterlingsblütlern oder bei *Consolida* – Rittersporn), bei den meisten Arten sind aber mehrere Fruchtblätter in einer Blüte zu finden (Abbildung 3-17). Die Fruchtblätter können frei, das heißt nicht miteinander verwachsen sein (**apokarpes** bzw. **chorikarpes Gynoeceum**, z. B. bei *Geum* – Nelkenwurz) oder sie sind miteinander verwachsen und bilden ein **mehrblättriges (coenokarpes) Gynoeceum** aus. Dieses kann **einfächrig (parakarp)** (z. B. bei *Viola* – Veilchen) oder **mehrfächrig (synkarp)** (z. B. bei *Allium* – Lauch) sein. Sind mehrere Fächer vorhanden, entspricht die Anzahl der Fächer meist der Anzahl der beteiligten Fruchtblätter. Bei einigen Artengruppen werden in die Fruchtknoten während der Fruchtreife allerdings **falsche Scheidewände** eingezogen (z. B. bei den *Lamiaceae* – Lippenblütengewächsen). In diesen Fällen ist die Anzahl der Fruchtfächer doppelt so hoch wie die Anzahl der Fruchtblätter.

Bei einem **oberständigen Fruchtknoten** (Abbildung 3-18) liegt die Basis des Fruchtknotens oberhalb der Ansatzstelle der Blütenhüllblätter (z. B. bei *Lilium* – Lilie).

Bei einem **unterständigen Fruchtknoten** liegt die Ansatzstelle der Blütenhüllblätter oberhalb des Fruchtknotens (z. B. bei *Galanthus* – Schneeglöckchen). Bei einem **mittelständigen Fruchtknoten** ist der Fruchtknoten teilweise in den Blütenboden eingesenkt (z. B. bei *Saxifraga bryoides* – Moos-Steinbrech). Zuweilen werden auch Fruchtknoten, die von einer krugförmigen Blütenachse umgeben sind, als mittelständig bezeichnet (z. B. bei *Prunus* – Kirsche). Ist der Blütenboden röhrenförmig verlängert und ragt deutlich über den Fruchtknoten hinaus, spricht man von einem **Hypanthium** (z. B. bei *Epilobium* – Weidenröschen).

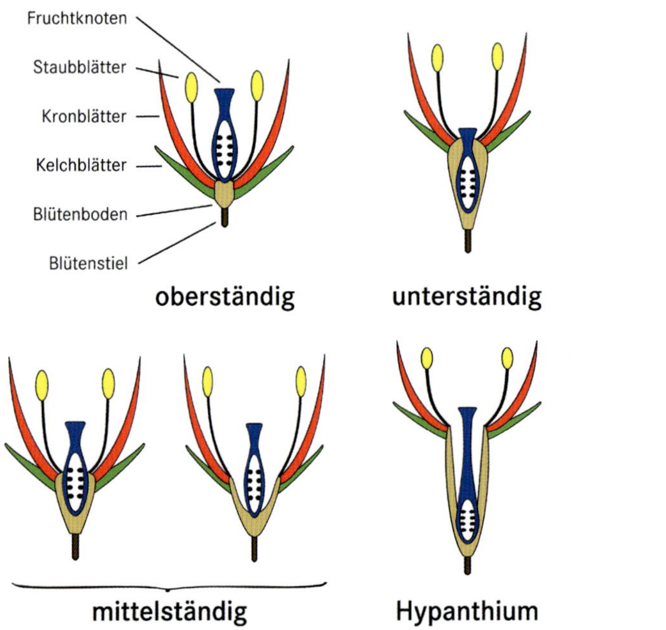

Abbildung 3-18:
Stellung des Fruchtknotens

Blütenformeln

Die für die Bestimmung wichtigsten Merkmale einer Blüte der Bedecktsamer werden in einer Blütenformel zusammengefasst. Beispielsweise lautet die Blütenformel eines typischen Lippenblütlers:

↓ K(5) [C(5) A4] G($\underline{2}$)

Dabei wird als erstes die Symmetrie der Blüten angegeben:

*: radiärsymmetrische Blüte, mit mehr als 2 Symmetrieachsen
✝: disymmetrische Blüte, mit 2 Symmetrieachsen
↓: zygomorphe Blüte, mit 1 Symmetrieachse
@: Blüte mit spiraliger Anordnung der Organe
↯: asymmetrische Blüten

Bei stark reduzierten Blüten wird die Angabe der Symmetrie häufig weggelassen. Anschließend werden die Organkreise der Blüte von außen nach innen mit einem Großbuchstaben aufgeführt.

K: Kelch
C: Krone (Corolla)
P: Perigon (Blütenhülle *nicht* in Kelch und Krone gegliedert)
A: Androeceum (Gesamtheit der Staubblätter)
G: Gynoeceum (Gesamtheit der Fruchtblätter)

Hinter dem Buchstaben jedes Organkreises steht eine Zahl, die angibt, aus wie vielen Blättern der jeweilige Organkreis gebildet wird. K5 bedeutet also, dass der Kelch von 5 Blättern gebildet wird. Bei mehr als 10 Blättern pro Organkreis wird das Symbol ∞ verwendet. Ist die Anzahl der Blätter nicht fixiert, wird eine Spanne angegeben, z. B. P7–9. Fehlt ein Organkreis komplett oder sind die Organe sehr stark abgewandelt (z. B. die zu einem Pappus umgewandelten Kelchblätter bei vielen *Asteraceae* – Korbblütlern, wird der betreffende Buchstabe in der Blütenformel weggelassen.

Verwachsungen werden mit Klammern angezeigt. Sind die Organe eines Blütenkreises untereinander verwachsen, wird die betreffende Zahl mit runden Klammern umgeben. Bei G(5) handelt es sich also um einen verwachsenen Fruchtknoten, der von 5 Fruchtblättern gebildet wird. Sind mehrere Organkreise miteinander verwachsen, wird dies durch eckige Klammern angezeigt. Bei [P(4) A4] sind also 4 Perigonblätter untereinander und zusätzlich mit den 4 untereinander Staubblättern verwachsen, die untereinander nicht verwachsen sind.

Für den Fruchtknoten wird zusätzlich die Stellung durch Unter- bzw. Überstreichungen angegeben, z. B.

$G\overline{6}$: unterständiger Fruchtknoten aus 6 freien Fruchtblättern
$G(\underline{2})$: oberständiger Fruchtknoten aus 2 verwachsenen Fruchtblättern
$G(\overline{\underline{5}})$: mittelständiger Fruchtknoten aus 5 verwachsenen Fruchtblättern

Bei eingeschlechtigen Blüten wird die Blütenformel getrennt für die männlichen (♂) und weiblichen (♀) Blüten angegeben. Beispielsweise hat *Corylus avellana* – Hasel die Blütenformel:

♂ A4 | ♀ P(2–4) $G(\overline{2})$

Blütenstände

Wenn die Tragblätter der Blüten laubblattartig entwickelt sind, stehen die Blüten **einzeln in der Achsel von Laubblättern**. Die Pflanze kann dabei durchaus mehrblütig sein.

Tabelle 3-4: **Blütenstände**
Stehen die **Blüten einzeln in den Achseln von Laubblättern** (z. B. bei *Papaver* - Mohn) oder hat die ganze Pflanze nur **eine Blüte** (z. B. bei *Tulipa* – Tulpe) handelt es sich um keinen Blütenstand i. e. S.
Blütenstände mit ungestielten (sitzenden) Blüten.
In **Ähren** sitzen die Blüten einzeln und ungestielt an der unverzweigten Hauptachse (z. B. bei *Plantago major* – Breit-Wegerich). Bei **Ährengräsern** stehen an Stelle der Blüten Ährchen (z. B. bei *Elymus* – Quecke).
In **Kolben** sitzen die Blüten ungestielt an einer verdickten Hauptachse (z. B. bei *Zea* – Mais).
Zapfen sind ährenartige Fruchtstände, bei denen die Früchte ungestielt an einer holzigen, meist verdickten Hauptachse sitzen (z. B. bei *Alnus* – Erle)
Köpfchen sind dichtblütige, oft kugelige bis eiförmige Blütenstände, die meist endständig an der Sprossachse stehen (z. B. bei *Jasione* – Sandglöckchen).
Als **Körbchen** werden dichtblütige, scheiben- bis köpfchenförmige Blütenstände bezeichnet, bei denen die Blüten von einer gemeinsamen Hülle aus meist grünlichen, dicht stehenden Hochblättern (**Hüllkelch**) umgeben sind (z. B. bei *Helianthus* – Sonnenblume und anderen *Asteraceae* – Korbblütengewächsen).
Bei **Blütenständen mit gestielten Blüten** sind zwischen den (zuweilen fehlenden) Tragblättern und den untersten Blütenblättern (typischerweise Kelchblätter) Blütenstiele ausgebildet.
Monopodiale (racemöse) Blütenstände haben eine durchgehende Hauptachse.
Bei **einfachen Blütenständen** ist nur die Hauptachse des Blütenstands verzweigt, sodass neben der Hauptachse nur Seitenachsen erster Ordnung (die Blütenstiele) zu finden sind.
Trauben sind endständige, einfache, racemöse Blütenstände, bei denen die Blüten gestielt und einzeln an der unverzweigten Hauptachse stehen (z. B. bei *Sinapis* – Senf). Bei **Traubengräsern** stehen an Stelle der Blüten Ährchen (zuweilen bei *Bromus hordeaceus* – Weiche Trespe).
Dolden sind endständige, racemöse, einfach verzweigte Blütenstände, bei denen mehrere gestielte Blüten in den Achseln von (zuweilen fehlenden) wirteligen Hochblättern stehen (z. B. bei *Hedera* – Efeu).
Bei **zusammengesetzten Blütenständen** sind die Seitenachsen erster Ordnung wiederum verzweigt, sodass Seitenachsen höherer Ordnung existieren.
Rispen sind mehrfach verzweigte, racemöse Blütenstände mit gestielten Blüten (z. B. bei *Syringa* – Flieder). Bei **Rispengräsern** stehen an Stelle der Blüten Ährchen (z. B. bei *Poa* – Rispengras). Bei **Ährenrispengräsern** ist die Rispe sehr dicht und kurzästig (z. B. bei *Alopecurus* – Fuchsschwanzgras). **Spirren (Trichterrispen)** sind rispig verzweigte Blütenstände, bei denen die unteren Seitenachsen des Blütenstandes verlängert sind und die oberen deutlich überragen, sodass ein Trichter entsteht (z. B. bei *Filipendula* – Mädesüß oder vielen *Juncaceae* – Binsengewächsen). **Schirmrispen** sind rispig verzweigte Blütenstände, die durch Streckung der Seitenachsen eine ebene bis leicht gewölbte Oberfläche aufweisen (z. B. bei *Sambucus nigra* – Schwarzer Holunder oder *Achillea* – Schafgarbe).

→ *Fortsetzung auf der nächsten Seite*

Doppeldolden (zusammengesetzte Dolden) sind mehrfach verzweigte Blütenstände, die aus Dolden aufgebaut sind, bei denen an Stelle der Blüten Dolden (Döldchen), stehen (z. B. bei den meisten *Apiaceae* - Doldengewächsen).

Bei **sympodialen Blütenständen (Zymen)** endet die Hauptachse mit einer Blüte, während das Wachstum des Blütenstandes von Seitenachsen fortgesetzt wird.

Bei **Monochasien** wird das Wachstum von einer Seitenachse fortgesetzt.

Bei **Wickeln** stehen die Seitenachsen abwechselnd links und rechts von der Hauptachse (z. B. bei *Echium* - Natternkopf).

Bei **Schraubeln** stehen die Seitenachsen immer auf einer Seite der Hauptachse, sodass meist ein einseitig überhängender Blütenstand entsteht (z. B. bei *Myosotis* - Vergissmeinnicht).

Bei **Dichasien** wird das Wachstum von zwei Seitenachsen fortgesetzt (z. B. bei *Stellaria* - Sternmiere).

Bei **Pleiochasien** wird das Wachstum von mehreren Seitenachsen fortgesetzt (z. B. bei *Euphorbia* - Wolfsmilch).

Thyrsen sind zusammengesetzte Blütenstände, bei denen mehrere Zymen an einer monopodial wachsenden Hauptachse stehen (z. B. bei *Salvia* - Salbei und anderen Lippenblütengewächsen)

Besitzt eine Pflanze mehrere Blüten *und* sind ihre Tragblätter nicht laubblattartig ausgebildet, spricht man von **Blütenständen**. Zur Charakterisierung und Typisierung der Blütenstände wird vor allem der Verzweigungstyp der Sprossachse im Bereich des Blütenstandes herangezogen, es werden aber auch die Längen von Haupt- und Seitenachsen bzw. Blütenstielen berücksichtigt (Abbildung 3-19, Tabelle 3-4). Im Rahmen der Artbeschreibungen wird außerdem der Begriff **Knäuel** für dicht stehende, meist blattachselständige Blütenstände verwendet. Tatsächlich handelt es sich dabei häufig um Zymen oder Thyrsen.

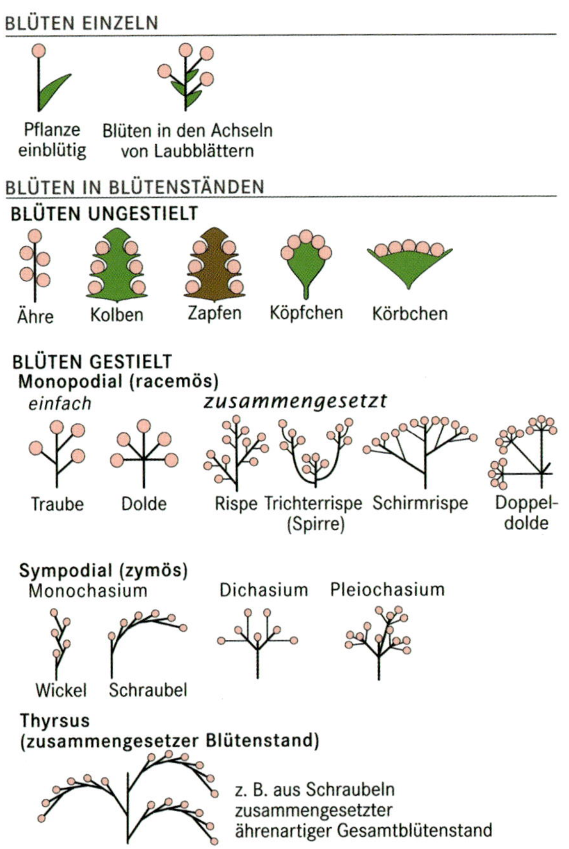

Abbildung 3-19: **Blütenstände**

Früchte

Die Blüte von Bedecktsamern im Zustand der Samenreife bezeichnet man als **Frucht**: sie enthält die **Samen**, welche von der **Fruchtwand (Perikarp)** umgeben sind. Das Perikarp lässt sich häufig in ein innen gelegenes **Endokarp**, ein in der Mitte gelegenes **Mesokarp** und ein außen liegendes **Exokarp** gliedern.

Um die Vielfalt der unterschiedlichen Früchte zu beschreiben, werden Morphologie und Öffnungsverhalten der Fruchtwand sowie Anzahl und Verwachsung der Fruchtblätter herangezogen (Abbildung 3-20, Tabelle 3-5).

Entwickelt sich die Frucht aus einem apokarpen Gynoeceum zu mehreren nicht fest miteinander verbundenen und sich unabhängig ausbreitenden Teilen (z. B. bei *Geum* – Nelkenwurz) oder zerfällt die Frucht während der Fruchtreife in mehrere Teile (**Spaltfrüchte** bzw. **Zerfallsfrüchte**, z. B. bei den *Apiaceae* – Doldengewächsen oder *Malva* – Malve) werden die einzelnen Teile als **Früchtchen**, **Teilfrüchte** oder **Einzelfrüchte** bezeichnet. Basierend auf der Morphologie der Fruchtwand werden **Nüsschen** (z. B. bei Fragaria – *Erdbeere*), **Steinfrüchtchen** (z. B. bei *Rubus* – Brombeere) oder **Beerchen** (z. B. bei *Phytolacca* – Kermesbeere) unterschieden.

Tabelle 3-5: **Früchte**

Öffnungsfrüchte: Bei Öffnungsfrüchten (Streufrüchten) öffnet sich während der Reifung die Fruchtwand und die Samen werden freigesetzt.

- **Balg:** Ein Balg wird aus einem Fruchtblatt gebildet und öffnet sich nur an der Bauchnaht. Dabei kann es sich sowohl um die Öffnungsfrucht eines einblättrigen Gynoeceums (z. B. bei *Consolida* – Rittersporn) als auch um die Teilfrucht eines apokarpen Gynoeceums (z. B. bei *Trollius* – Trollblume) handeln.
- **Hülse:** Eine Hülse wird von einem Fruchtblatt gebildet, welches sich an Bauchnaht und Rückennaht öffnet (z. B. bei Robinie und anderen *Fabaceae* – Schmetterlingsblütlern).
- **Schote:** Als Schote wird die Öffnungsfrucht bei den *Brassicaceae* – Kreuzblütlern bezeichnet. Diese besteht aus vier Fruchtblättern: zwei schmale Fruchtblätter sind fertil und bilden einen Rahmen (Rapellum), an dem die Plazenta mit den Samenanlagen sitzt. Die zwei breiten Fruchtblätter sind steril und lösen sich zur Fruchtreife meist als Klappen von der Frucht. Die meistens ausgebildete Scheidewand wird nicht von einem Fruchtblatt gebildet und deshalb als falsche Scheidewand bezeichnet. Es wird zwischen der Schote i. e. S. (Frucht mindestens 3-mal so lang wie breit, z. B. bei *Erysimum* – Schöterich) und dem Schötchen (Frucht höchstens 3-mal so lang wie breit, z. B. bei *Thlaspi* – Hellerkraut) unterschieden.
- **Kapsel:** Kapseln sind Öffnungsfrüchte, die aus mehreren Fruchtblättern bestehen und sich öffnen.
  - **Spaltkapsel:** Bei Spaltkapseln entstehen während der Fruchtreife an den Seiten der Fruchtwand Spalten bzw. Risse (z. B. bei *Iris* – Iris).
  - **Deckelkapsel:** Deckelkapseln öffnen sich, indem der obere Teil der Kapsel, meist entlang einer vordefinierten Naht, abfällt (z. B. bei *Anagallis* – Gauchheil).
  - **Porenkapsel:** Bei Porenkapseln entstehen Löcher in der Fruchtwand (z. B. bei *Papaver* – Mohn) oder *Campanula* – Glockenblume.

Schließfrüchte: Bei Schließfrüchten bleiben die Samen von der Fruchtwand eingeschlossen. Die Samen werden zusammen mit der Frucht ausgebreitet.

- **Nuss:** Eine Nuss ist eine Frucht mit hartem (holzigem) Perikarp (z. B. die Eichel bei *Quercus* – Eiche). Auch bei den **Karyopsen** der *Poaceae* – Süßgräser und den **Achänen** der *Asteraceae* – Korbblütengewächse handelt es sich fast immer um Nüsse.
- **Steinfrucht:** Eine Steinfrucht hat ein häutchenartiges Exokarp, ein fleischiges Mesokarp und ein hartes Endokarp. Der zentrale Kern, der aus Endokarp und dem Samen besteht, wird als **Steinkern** bezeichnet (z. B. bei *Prunus* – Kirsche und anderem Steinobst).
- **Beere:** Eine Beere ist eine Schließfrucht mit fleischig-saftigem Fruchtfleisch (z. B. bei *Ribes* – Johannisbeere). Ist die äußere Schicht der Fruchtwand derb, spricht man von **Panzerbeeren** oder Kürbisfrüchten (z. B. bei vielen *Cucurbitaceae* – Kürbisgewächsen).

Spaltfrüchte: Bei einer Spaltfrucht (Zerfallsfrucht) zerfällt die zunächst zusammenhängende Frucht bei der Fruchtreife in mehrere Teilfrüchte, die in der Regel unabhängig voneinander ausgebreitet werden. Man unterscheidet **Spaltfrüchte** (z. B. bei den *Apiaceae* – Doldengewächsen oder *Acer* – Ahorn), **Klausen** (z. B. bei den *Lamiaceae* – Lippenblütengewächsen), **Gliederhülsen** (z. B. bei *Coronilla* – Kronwicke) und **Gliederschoten** (z. B. bei *Raphanus raphanistrum* – Acker-Rettich).

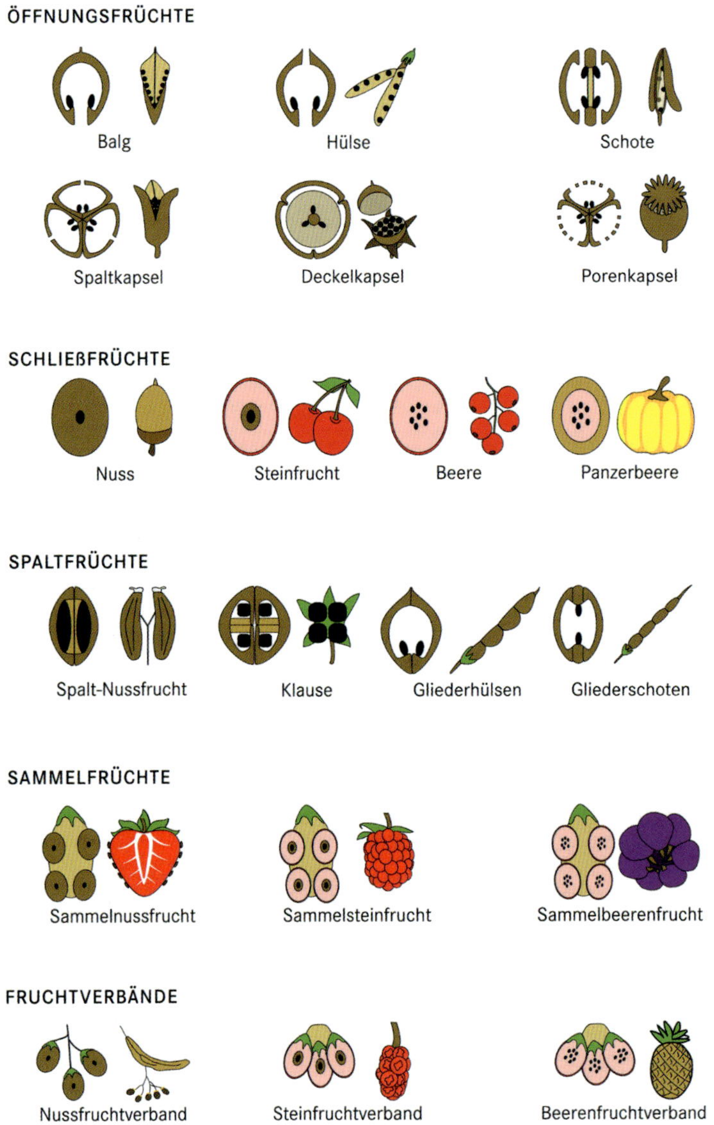

Abbildung 3-20: **Früchte**

Sind an der Ausbildung einer Frucht weitere Blütenteile beteiligt (z. B. der fleischige Blütenboden bei *Malus* – Apfel) spricht man von **Scheinfrüchten**. Bei **Sammelfrüchten** verwachsen die zunächst freien Fruchtblätter während der Fruchtreife miteinander, sodass sie eine strukturelle Einheit bilden und in der Regel gemeinsam ausgebreitet werden (z. B. **Sammelnussfrucht** bei *Fragaria* – Erdbeere, **Sammelsteinfrucht** bei *Rubus* – Brombeere oder **Sammelbeerenfrucht** bei *Phytolacca* – Kermesbeere). Bilden die Früchte mehrerer Blüten eine strukturelle Einheit, handelt es sich um einen **Fruchtverband** (z. B. Nussfruchtverband bei *Tilia* – Linde, **Steinfruchtverband** bei *Morus* – Maulbeere oder **Beerenfruchtverband** bei *Ananas* – Ananas).

Samen

Samen sind typischerweise aus **Embryo**, **Nährgewebe** und **Samenschale (Testa)** aufgebaut. Sie entwickeln sich nach Bestäubung und Befruchtung aus der Samenanlage, die sich bei den Bedecktsamern im Fruchtblatt und bei den Nacktsamern auf der Samenschuppe befindet. Die Ansatzstelle des **Samenstiels (Funiculus)** am Samen wird als **Nabel (Hilum)** bezeichnet. Bei vielen Arten ist der Nabel auch noch an ausgestreuten Samen durch eine andere Farbe oder Oberflächenstruktur gut erkennbar (z. B. bei *Brassica napus* – Raps).

Die Schale der Samen wird als **Testa** bezeichnet. Meist ist sie hart und schützt den Samen. Nur bei wenigen Arten ist sie in morphologisch unterscheidbare Schichten gegliedert, die dann als **Sarcotesta** (fleischige Schicht) und **Sklerotesta** (verholzte Schicht) bezeichnet werden (z. B. bei *Ginkgo*).

Der Embryo besteht aus **Keimblättern (Kotyledonen)**, Keimstängel (**Hypokotyl**) und Keimwurzel (**Radicula**).

Bei den meisten Arten ist das Nährgewebe als **Endosperm** anzusprechen, welches genetische Information von beiden Eltern enthält, also aus befruchteten Zellen entstanden ist. Wird das Nährgewebe nur von Zellen der Mutterpflanze (genauer des Nucellus) gebildet, spricht man von **Perisperm** (z. B. bei vielen *Caryophyllaceae* – Nelkengewächsen). Das Nährgewebe kann auch komplett fehlen, vor allem bei winzigen windausgebreiteten Samen (z. B. bei den *Orchidaceae* – Orchideengewächsen).

Morphologie spezieller Artengruppen

Grasartige

Der Verwandtschaftskreis der Grasartigen (*Poales*) wird überwiegend von drei großen Pflanzenfamilien gebildet: den *Poaceae* – Süßgräsern, *Cyperaceae* – Sauergräsern und *Juncaceae* – Binsengewächsen. Außerdem gehören die *Typhaceae* – Rohrkolbengewächse (inkl. *Sparganiaceae* – Igelkolbengewächse) zu diesem Verwandtschaftskreis, der durch unauffällige, windbestäubte Blüten und ungeteilte Blätter mit einer ± linealen Spreite gekennzeichnet ist. Solche ›grasartigen‹ Merkmale weisen allerdings auch einige weitere Pflanzengruppen auf, die nicht näher mit den *Poales* verwandt sind: z. B. einige *Plantago*-Arten – Wegeriche. Die wichtigsten Unterscheidungsmerkmale der Süßgräser, Sauergräser und Binsengewächse sind in Tabelle 3-6 zusammengefasst.

Tabelle 3-6: **Merkmale von Gräsern, Sauergräsern und Binsen**

	Juncaceae **Binsengewächse**	*Cyperaceae* **Sauergräser**	*Poaceae* **Süßgräser**
Stängel	rund ohne Knoten	3-kantig ohne Knoten	rund mit Knoten; Internodien: hohl
Blätter	*Juncus*: borstig, kahl *Luzula*: flach, behaart	± flach bis doppelt gefaltet	± flach, gefaltet o. borstig
Blattstellung	2-zeilig	3-zeilig	2-zeilig
Früchte	3- bis vielsamige Kapsel	1-samige Nuss, bei *Carex* mit Hülle (Utriculus)	1-samige Nuss (Karyopse)
Blüten	6-zähliges Perigon zwittrig $* \ P6 \ A6 \ G(\underline{3})$	ohne Blütenhülle 1-geschlechtig o. zwittrig ♂ $* \ A2–3$ | ♀ $* \ G(\underline{2–3})$	stark umgewandelt meist zwittrig ↯ $P(2)+2 \ A2–3 \ G(\underline{2–3})$
Teilblütenstände	Blüten einzeln o. knäuelig genähert	Blüten in Ährchen	Blüten in Ährchen
Blütenstände	Rispen (bzw. Spirren)	Trauben o. Ähren	meist Rispen o. Ähren

Die Blüten der *Poaceae* – Süßgräser (Abbildung 3-21) sind windbestäubt und weichen als reduzierte und hochspezialisierte Blüten stark vom ›normalen‹ Blütenbauplan ab. Nach einer gängigen Interpretation steht an der Basis der Süßgrasblüte die **Deckspelze**, die als Tragblatt der Blüte gedeutet wird und damit nicht zur Blüte im engeren Sinne gehört. Das unterste Blütenorgan ist eine (meist zweispitzige) **Vorspelze**, die als zwei miteinander verwachsene Perigonblätter des äußeren Kreises gedeutet wird. Das dritte Perigonblatt fehlt. Als nächste Organe kommen 2 (3) **Schwellkörper (Lodiculae)**, die durch Aufnahme bzw. Abgabe von Wasser das Öffnen und Schließen der Blüten bewirken. Die Schwellkörper werden als umgewandelte Perigonblätter des inneren Kreises gedeutet. Darüber folgen 3 (2) Staubblätter und ein oberständiger, einsamiger Fruchtknoten, der aus 2 (3) Fruchtblättern gebildet wird und 2 (3) endständige Narben aufweist. Die Blüten sind in **Ährchen** angeordnet, an deren Basis 2 (1) Hüllspelzen stehen. Die Ährchen sind wiederum in Blütenständen höherer Ordnung angeordnet, meist handelt es sich um Ähren oder Rispen.

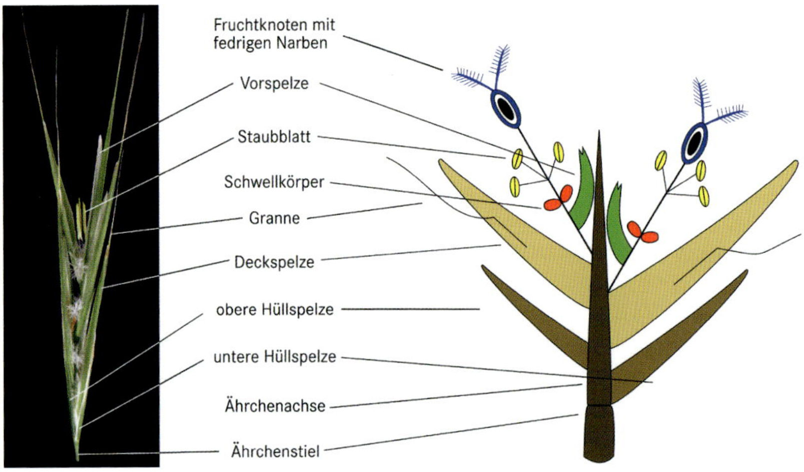

Abbildung 3-21 **Blüten und Ährchen der Süßgräser.** Foto eines 4-blütigen *Bromus*-Ährchens und Schemazeichnung eines 2-blütigen Ährchen

Bärlappe und Farnpflanzen

Lycopodiophytina – Bärlappe und *Pteridophytina* – Farnpflanzen zählen zu den Sporenpflanzen, die sich durch Sporen vermehren. Sporen sind Zellen, aus denen ohne Befruchtung ein Nachkomme entstehen kann. Die Sporen werden in mehrzelligen Behältern, den Sporangien gebildet, die an Blättern entstehen (Abbildung 3-22).

Bei den Farnen i. e. S. sind die **Sporangien** meist auf der Blattunterseite, seltener am Rand von Blättern angeordnet. Bei den Schwimmfarnen befinden sich die Sporangien in Sporokarpien, die an der Basis der Blätter sitzen. Bei den Schachtelhalmen finden sich die Sporangien an den Enden der Sprossachsen auf der Unterseite von tischförmigen Sporophyllen. Bei den Bärlappgewächsen sitzen die Sporangien auf der Oberseite von blättchenartigen **Sporophyllen**, die meist in endständigen Sporophyllständen (die einer Blüte entsprechen) angeordnet sind.

Wenn die sporenproduzierenden Blätter in nennenswertem Umfang Fotosynthese betreiben, werden sie als **Sporo-Trophophylle** bezeichnet. Tritt die Fotosynthese in den Hintergrund handelt es sich um **Sporophylle** i. e. S. und bei den Fotosynthese-betreibenden Blättern um **Trophophylle**.

Bei den meisten Sporenpflanzen sind alle Sporen gleich gebaut (Isosporie), bei anderen (z. B. *Selaginella* – Moosfarn und *Lycopodium* – Bärlapp) gibt es hingegen zwei Typen von Sporen (Heterosporie). Die größeren Sporen nennt man Makro- oder Megasporen. Die kleinen Sporen heißen Mikrosporen.

Aus den Sporen keimt die nächste Generation, der **Gametophyt**. Die Gametophyten sind meist klein und als Thallus organisiert. Sie bilden Gameten, das sind Zellen, aus denen nach einer Befruchtung ein Nachkomme entsteht. Dieser Nachkomme ist die eigentliche Farnpflanze, die als **Sporophyt** wieder Sporen produziert. Bei den Bärlappen und Farnpflanzen wechseln sich damit zwei Generationen ab, es liegt ein **Generationswechsel** vor. Die dominierende Generation ist der als Kormus organisierte Sporophyt.

Ein ähnlicher Generationswechsel liegt prinzipiell auch bei den Samenpflanzen vor, die Nachkommen ursprünglicher Farnpflanzen sind. Der Gametophyt tritt bei den Samenpflanzen aber nicht mehr als eigenständige Generation in Erscheinung, sondern ist auf wenige Zellen im Pollen bzw. Nucellus des Fruchtblattes reduziert.

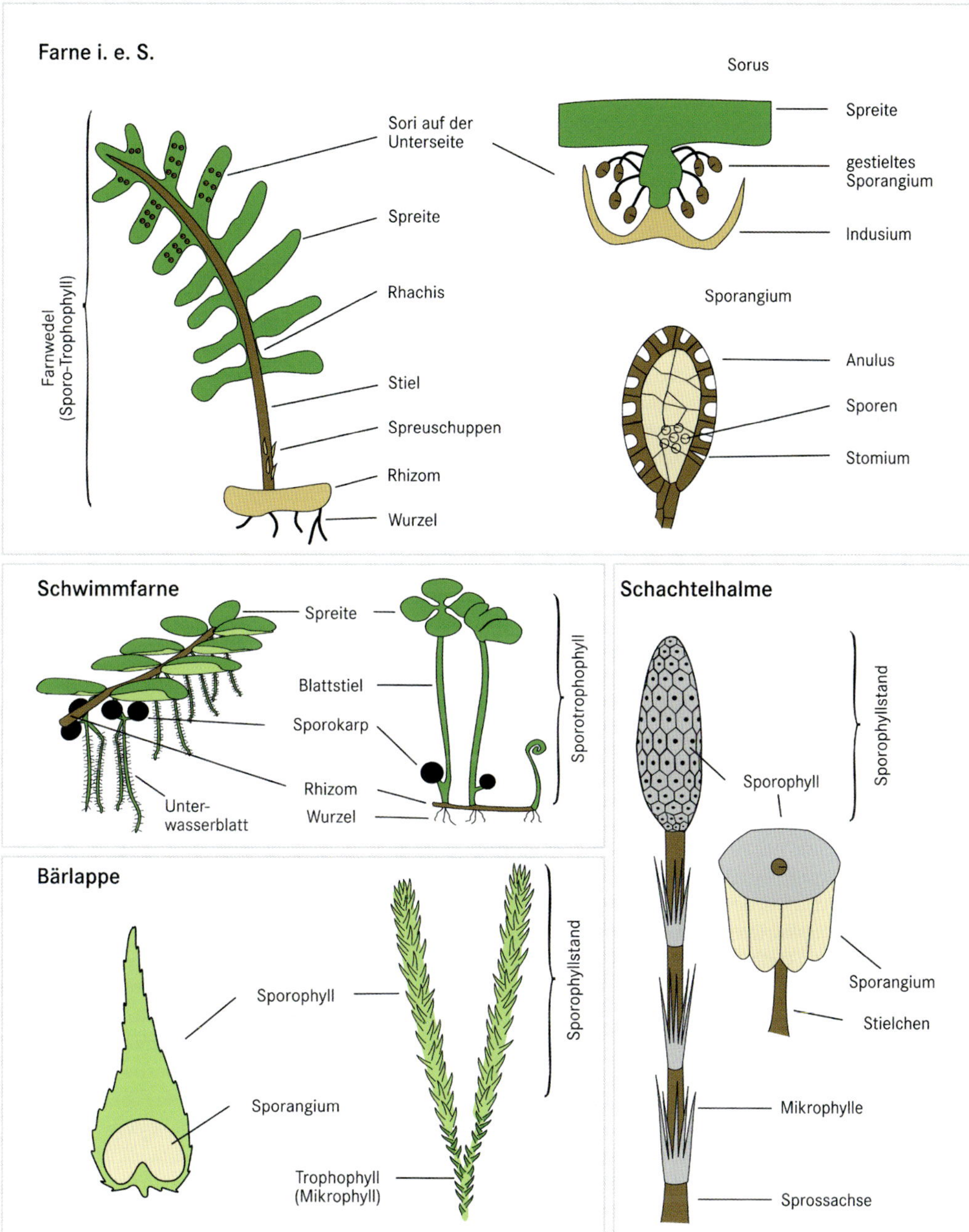

Abbildung 3-22: **Bärlappe und Farnpflanzen**

Hinweise zum Bestimmen

Die im Bestimmungsschlüssel und den Texten aufgeführten Merkmale beziehen sich auf ›**typische**‹ **Individuen zum Zeitpunkt der Blüte oder Fruchtreife.** Auf Extremstandorten, bei geschädigten Pflanzen oder früh in der Vegetationsperiode kann es zu starken Abweichungen in der Wuchsform kommen. Deshalb ist es wichtig, wenn möglich immer mehrere Individuen zu untersuchen und sich an blühenden bis fruchtenden und typisch entwickelten Individuen zu orientieren.

Die in Monaten angegebene **Blühperiode** spiegelt die Hauptblütezeit wider, einzelne Individuen können auch außerhalb dieser Zeit blühen. Die angegebene **Wuchshöhe** gibt die maximale Höhe der Pflanzen inklusive von Blüten- bzw. Fruchtständen an. Der Begriff **Blätter** bezieht sich i. d. R. auf die Laubblätter. Angaben zur **Größe und Morphologie der Blätter** beziehen sich, soweit nicht anders angegeben, auf die mittleren Stängelblätter. Die **Anzahl der Stängelblätter** gibt die Anzahl der normal entwickelten Laubblätter am Stängel an. Blätter der grundständigen Blattrosette oder Schuppenblätter sind dabei in der Regel nicht inbegriffen. Blätter oder Blüten haben bei einigen Pflanzenarten einen charakteristischen **Geruch.** Um Blätter auf ihren Geruch zu überprüfen, kann man ein Blatt vorsichtig zwischen den Fingern zerreiben.

Die **Anzahl der Fruchtblätter** ist bei verwachsenblättrigen Fruchtknoten nicht immer leicht zu erkennen. Wenn mehrere Griffel, Griffeläste oder Narben vorhanden sind, entspricht deren Anzahl fast immer der Anzahl der Fruchtblätter. Wenn nur ein Griffel vorhanden ist, sollte man den Fruchtknoten bzw. die Frucht quer durchschneiden. Sind im Querschnitt mehrere Kammern bzw. Zwischenwände ausgebildet, entspricht deren Anzahl meist der Anzahl der Fruchtblätter. Allerdings werden bei einigen Familien (z. B. den *Lamiaceae* – Lippenblütengewächsen), falsche Scheidewände in den Fruchtknoten eingezogen, sodass die Anzahl der Fruchtblätter dann nur halb so groß wie die Anzahl der Kammern ist.

Um Merkmale wie z. B. die Form von Haaren oder das Vorhandensein von Papillen sicher beurteilen zu können, wird eine Lupe mit mindestens 10-facher Vergrößerung benötigt.

Artbeschreibungen

Bei der Beschreibung der Arten werden möglichst wenig Abkürzungen und Fachbegriffe verwendet. Alle verwendeten Fachbegriffe werden im Kapitel ›**Morphologie der Pflanzen**‹ erläutert und sind in einem umfangreichen **Glossar** erläutert, in dem die Begriffe anhand bekannter Pflanzenarten veranschaulicht werden. Weiterhin stehen **Verbreitungskarten, Angaben zu typischen Lebensräumen und Standorten, Blütezeitpunkten** und **Angaben zu Schutz, Gefährdung und Giftigkeit** zur Verfügung.

Für jede Art der Bedecktsamer wird die **Blütenformel** angegeben, die in der Regel ein wichtiges Merkmal der jeweiligen Familie bzw. Gattung ist. Um die beschreibenden Texte möglichst übersichtlich zu gestalten, werden darin nicht alle Merkmale der Art aufgeführt, sondern nur die wichtigsten Bestimmungsmerkmale. Diese ermöglichen das Identifizieren der Arten innerhalb der jeweiligen Gattung und Familie. Bei artenreichen Gattungen werden die gemeinsamen Merkmale in einem separaten Absatz vor der ersten Art genannt.

Besonders **charakteristische Merkmale (Differentialmerkmale)**, welche eine Art von nahe verwandten Sippen unterscheiden, sind durch Fettdruck hervorgehoben. In der Regel sind das die Differentialmerkmale zu Arten in derselben Gattung. Bei artenarmen Gattungen können zusätzlich Differentialmerkmale zu nahe verwandten Gattungen aufgeführt sein. Bei artenreichen Gattungen werden oft nur ausgewählte Differentialmerkmale aufgeführt und hervorgehoben, um die Texte übersichtlich zu halten. Wenn beispielsweise die meisten Arten einer Gattung kahle Blütenblätter haben und nur wenige Arten behaarte, ist das Merkmal ›behaart‹ fett gedruckt.

In den Texten werden die Merkmale immer in der gleichen Reihenfolge aufgeführt: Zunächst werden die Merkmale genannt, die sich auf die ganze Pflanze beziehen, gefolgt von Merkmalen des Blütenstandes, der Blüten, der Sprossachse, und sofern relevant, der unterirdischen Speicherorgane und Wurzeln. Den Abschluss bilden Merkmale der Blätter. Für die Erstellung der Merkmalstexte wurde neben eigenen Beobachtungen an lebenden Pflanzen und Herbarmaterial eine Vielzahl von Florenwerken sowie Spezialliteratur herangezogen (siehe Kapitel ›Literatur‹). Die Texte wurden anschließend mithilfe von Fotos und Abbildungen der Arten überprüft.

Eine wichtige Hilfe beim Bestimmen sind auch die **wissenschaftliche Zeichnungen.** Die historischen Abbildungen basieren auf Illustrationen aus aufwändig bebilderten wissenschaftlichen Floren und Zeitschriften des 17., 18., 19. und frühen 20. Jahrhunderts. Die als Grundlage der Abbildungen verwendeten Werke sind im

Bildquellenverzeichnis aufgelistet. Alle historischen Abbildungen wurden überprüft, an die aktuelle Nomenklatur angepasst, bearbeitet und gesäubert. Einige Abbildungen wurden neu zusammengestellt und angeordnet. Außerdem wurden wichtige **Erkennungsmerkmale der Arten** mit roten Pfeilen markiert. Merkmale der Blattunterseite sind mit der Abkürzung ›*US*‹ gekennzeichnet, ›*OS*‹ bezeichnet die Blattoberseite.

Verwendung der Bestimmungsschlüssel

Die Bestimmungsschlüssel ermöglichen das Bestimmen der Gattungen aller in dieser Flora enthaltenen Taxa. Die Schlüssel sind dichotom aufgebaut, das heißt, man muss bei jedem Bestimmungsschritt zwischen zwei Antworten eines Fragepaares wählen. Die beiden Alternativen stehen immer direkt untereinander, die erste Frage ist mit einer vorangestellten fettgedruckten Zahl (der Schlüsselnummer) und die dazugehörige Alternative mit einem vorangestellten Strich (–) gekennzeichnet.

Um die Entscheidung für eine der beiden Alternativen zu erleichtern, werden bei den meisten Fragepaaren mehrere Pflanzenmerkmale genannt. Die wichtigen Merkmale stehen dabei am Anfang und Hilfsmerkmale sind grau gedruckt. Bevor man sich entscheidet, sollte man beide Alternativen komplett durchlesen, da die gegensätzlichen Formulierungen oft verdeutlichen, auf was es genau ankommt.

Wenn man sich für eine der beiden Auswahlmöglichkeiten entschieden hat, wird man mit dem rechts angeordneten Hinweis zum nächsten Bestimmungsschritt weitergeleitet. Steht am rechten Seitenrand der gewählten Alternative eine fettgedruckte Zahl, fährt man bei der entsprechenden Schlüsselnummer fort. Steht am rechten Rand der Hinweis auf eine andere Tabelle, beantwortet man als nächstes die erste Schlüsselnummer der betreffenden Tabelle. Steht dort ein fettgedruckter Gattungsname mit Seitenangabe, hat man die Gattung bestimmt und kann sich die zugehörigen Arten ab der betreffenden Seite anschauen. Ein normalgedruckter Pflanzenname ohne Seitenzahl verweist auf eine Pflanzengruppe, die nicht in den Artbeschreibungen dieser Flora enthalten ist.

Um das ›Zurückgehen‹ im Schlüssel zu erleichtern, finden sich in Klammern gesetzte Rücklaufnummern hinter der Schlüsselnummer, wenn der Verweis nicht von der unmittelbar vorangehenden Schlüsselnummer erfolgte.

Bestimmungsschlüssel

Bestimmung der Grossgruppen u. Familien, Sonderschlüssel

Tabelle 1: Hauptgruppen

1	Pflanze *ohne* Blüten, *ohne* Staub- u. Fruchtblätter. Vermehrung durch wenigzellige Sporen (Farne, Schachtelhalme u. Bärlappe). Pflanze krautig **Farnpflanzen – Tabelle 2 – S. 38**	
-	Pflanze mit Staub- u. Fruchtblättern in Blüten. Vermehrung durch Samen (Blütenpflanzen)	2
2	Stängel durchgehend verholzt	3
-	Stängel meist krautig, zuweilen basal verholzt	5
3	Nadelbaum bzw. -strauch. Samen *nicht* von Fruchtblättern eingeschlossen, in verholzten, seltener fleischigen Zapfen. Blätter lineal o. schuppenförmig; seltener gabelig *oder* 3-eckig derb u. den Stamm bedeckend **Nacktsamer – Tabelle 3 – S. 40, 134**	
-	Laubbaum, Strauch o. Liane mit in Fruchtblättern gebildeten Samen. Samen nur selten in verholzten Zapfen (*Alnus*)	4
4	In Stamm u. Krone gegliederter Laubbaum **Laubbäume – Tabelle 4 – S. 40**	
-	Strauch o. Liane mit mehreren Stämmen o. sich basal verzweigend **Bedecktsamige Gehölze – Tabelle 5 – S. 43**	
5	(2) Wasserpflanze mit Schwimm- o. Tauchblättern (freischwimmend o. unter Wasser wurzelnd) **Wasserpflanzen – Tabelle 6 – S. 48**	
-	Pflanze terrestrisch wachsend; wenn im Uferbereich: *ohne* Schwimm- o. Tauchblätter	6
6	Blätter ungeteilt, parallel-nervig. Krautige Pflanze mit 1 Keimblatt. Blüten fast immer mit 3-zähligen Blütenblattkreisen o. stark reduziert **Einkeimblättrige – Tabelle 7 – S. 51, 154**	
-	Blätter meist fiedernervig. Pflanze meist mit 2 Keimblättern. Blüten meist mit > 3-zähligen Blütenblattkreisen; wenn 3-zählig: Blätter *nicht* parallelnervig (**Basale Bedecktsamer u. krautige Zweikeimblättrige**)	7
7	Blütenhülle aus Kelch- *oder* Kronblättern *oder* fehlend **Tabelle 8 – S. 53**	
-	Blütenhülle in Kelch *und* Krone gegliedert	8
8	Kronblätter frei, sich einzeln von der Blütenachse lösend **Tabelle 9 – S. 55**	
-	Kronblätter miteinander verwachsen, Krone als Ganzes abfallend **Tabelle 10 – S. 57**	

Tabelle 2: Farnpflanzen – Bestimmung der Gattungen

Siehe auch Hinweise auf Seite 34.

1	Blättchen < 1 cm lang, 1-nervig, ungeteilt	2
-	Blätter > 1 cm lang, mit mehreren Nerven, häufig gelappt bis gefiedert	7
2	Sporangien auf der Unterseite von schildförmigen Sporophyllen in endständigen Sporophyllständen. Quirlige, schuppenförmige Blättchen zu einer die Basis der grünen, rutenartigen Sprosse umgebenden Hülle verwachsen ***Equisetum* S. 104**	
-	Sporangien auf der Oberseite von blättchenartigen Sporophyllen. Habitus andersartig	3
3	Blättchen 1–3 mm lang. Pflanze zart, moosartig, < 10 (15) cm hoch. Sporen heterospor ***Selaginella* S. 102**	
-	Blättchen > 3 mm lang. Pflanze derber, *nicht* moosartig, bis 30 cm hoch. Sporen isospor	4
4	Sporophyllstände durchwachsen, diese unter- *und* oberhalb mit Trophophyllen. Pflanze *ohne* kriechende Grundachse, alle Sprosse ± aufrecht. Blättchen wechselständig, bis 10 mm lang ***Huperzia* S. 102**	
-	Sporophyllstände am Ende der Sprosse. Pflanze mit kriechender Grundachse, diese zuweilen unterirdisch	5
5	Blättchen gegenständig, 4-zeilig angeordnet, dem Stängel ± anliegend ***Lycopodium* (*L.* sect. *Complanata*) S. 100**	
-	Blättchen wechselständig, spiralig angeordnet, vom Stängel ± abstehend	6
6	Grundachse meist > 10 cm lang kriechend, meist stark verzweigt. Sporophylle am ganzen Rand gezähnt, < 6 mm lang. Aufrechte Sprosse mit 1–4 Sporophyllständen. Sporophyllstände ± deutlich vom Stiel bzw. den Trophophyllen abgesetzt ***Lycopodium* S. 100**	
-	Grundachse < 10 cm lang kriechend, oft wenig verzweigt. Sporophylle nur basal gezähnt, bis 9 mm lang. Aufrechte Sprosse mit 1 Sporophyllstand. Sporophyllstand undeutlich vom Stiel bzw. den Trophophyllen abgesetzt. ***Lycopodiella* S. 100**	
7	(1) Blätter schmal-lineal, binsenartig	8
-	Blätter meist gelappt bis gefiedert; wenn ungeteilt: *nicht* binsenartig	9
8	Pflanze mit lang kriechendem Rhizom. Blätter jung gerollt, basal mehrnervig, *nicht* hohl. Sporangien in kugeligen bis bohnenförmigen Sporokarpien nahe der Basis der Blätter ***Pilularia* S. 114**	
-	Pflanze ohne Rhizome, horstförmig. Blätter *nicht* gerollt, auch basal 1-nervig, im QS meist mit mehreren Hohlräumen. Sporangien einzeln nahe der Basis der Blätter ***Isoetes* S. 102**	
9	(7) Freischwimmende Wasserpflanze mit Schwimmblättern	10
-	Im Boden wurzelnde Pflanze *ohne* Schwimmblätter	11
10	Schwimmblätter dicht stehend, an gestauchten Sprossen, wechselständig, mit zahlreichen sich überlappenden Blattlappen ***Azolla* S. 112**	

-	Schwimmblätter an verlängerten Sprossen, gegenständig, ungelappt, oval, > 1 cm lang. Tauchblätter fein-verzweigt, wurzelartig *Salvinia* S. 114	
11	(9) Blätter 4-teilig, glückskleeartig *Marsilea* S. 114	
-	Blätter *nicht* glückskleeartig	12
12	Sporangien an rispen- o. ährenartigem Abschnitt an der Spitze von Sporotrophophyllen	13
-	Sporangien auf der Unterseite (seltener am Rand) von Sporotrophophyllen o. von Sporophyllen	15
13	Vegetativer Wedelteil ganzrandig, oval- bis herzförmig. Sporentragender Abschnitt ährenartig *Ophioglossum* S. 108	
-	Vegetativer u. sporentragender Wedelteil je 1–2-fach gefiedert	14
14	Pflanze < 30 (60) cm hoch. Blätter 1–3-fach gefiedert. Blattabschnitte halbmond- bis nierenförmig *oder* unregelmäßig gelappt bis fiederspaltig *Botrychium* S. 108	
-	Pflanze 50–180 cm hoch. Blätter 2-fach gefiedert, mit länglichen ± parallelrandigen Fiederblättchen *Osmunda* S. 112	
15	(12) Sporentragende u. sterile Wedel deutlich unterschiedlich	16
-	Sporentragende u. sterile Wedel kaum unterschiedlich	19
16	Sporophylle bräunlich, 30–150 cm lang, aufrecht, von den grünlichen Trophophyllen trichterförmig umgeben *Onoclea* S. 126	
-	Sporophylle grünlich, *nicht* von trichterförmigen Trophophyllen umgeben	17
17	Sporophylle deutlich länger gestielt als die Trophophylle. Sori ± vollständig vom umgerollten Blattrand bedeckt, rund bis oval *Cryptogramma* S. 114	
-	Sporophylle *nicht* deutlich länger gestielt als die Trophophylle. Sori *nicht* vom Blattrand bedeckt	18
18	Sori rund bis nierenförmig. Tropho- u. Sporophylle aufrecht, 1–2-fach gefiedert, am Rand gezähnt. Sporophylle größer als die Trophophylle *Dryopteris* S. 130	
-	Sori länglich. Trophophylle niederliegend, tief gelappt bis 1-fach gefiedert, ganzrandig. Sporophylle aufrecht, mit schmäleren Fiederblättchen als die Trophophylle *Blechnum* S. 126	
19	(15) Sporangien an der Basis der Fiederblättchen, randständig. Pflanze zart, < 10 cm hoch. Indusien gewimpert o. gerollt bis 2-klappig	20
-	Sori auf der Unterseite der Wedel; wenn randständig: Pflanze > 10 cm hoch	21
20	Grundachse kriechend, sehr dünn (0,2–0,6 mm ⌀). Wedel 2-fach fiederspaltig bis gefiedert. Indusien 2-klappig, bewimpert *Hymenophyllum* S. 112	
-	Grundachse > 1 mm ⌀. Wedel ungeteilt bis fiederspaltig. Indusien gerollt, ganzrandig *Trichomanes* S. 112	
21	(19) Indusien nierenförmig, bleibend *Dryopteris* S. 130	
-	Indusien *nicht* nierenförmig	22
22	Sori vom nach unten umgerollten Blattrand bedeckt	23
-	Sori *nicht* vom Blattrand bedeckt	24
23	Sporophylle 15–30 cm lang, länger gestielt als die Trophophylle, mit schmäleren Fiederblättchen *Cryptogramma* S. 114	
-	Wedel 50–200 cm lang, Sporophylle u. Trophophylle *nicht* unterschiedlich *Pteridium* S. 116	
24	(22) Indusien seitlich inseriert	25
-	Indusien zentral inseriert o. fehlend	28
25	Sori u. Indusien schmal-lineal, meist > 5-mal so lang wie breit. Spreite meist < 30 cm lang; wenn länger: Blätter ungeteilt *Asplenium* S. 118	
-	Sori länglich, kommaförmig *oder* oval bis rund; meist < 5-mal so lang wie breit. Spreite meist > 30 cm lang, 2–3-fach gefiedert	26
26	Sori länglich bis kommaförmig. Wedel 2–3-fach gefiedert, 30–100 cm lang *Athyrium* S. 126	
-	Sori oval bis rund	27
27	Sori u. Indusien oval. Wedel < 50 cm lang *Cystopteris* S. 116	
-	Sori länglich bis rund; Indusien früh abfallend. Wedel 50–150 cm lang, 2-fach gefiedert *Athyrium* S. 126	
28	(24) Indusien zentral inseriert, bleibend	29
-	Indusien fehlend bzw. früh abfallend	32
29	Indusien schildförmig, kreisrund, kahl. Basales Fiederpaar asymmetrisch, die zur Blattspitze gerichtete basale Fieder (leicht) vergrößert) *Polystichum* S. 132	
-	Indusien nierenförmig o. fransig bewimpert	30
30	Indusien bewimpert, Unterseite des Wedels dadurch ± behaart. Wedel < 20 cm lang *Woodsia* S. 124	
-	Indusien *nicht* bewimpert. Wedel > 20 cm lang	31
31	Rand der sporentragenden Fiederblättchen nach unten gebogen. Wedel fiederspaltig bis 1-fach gefiedert. Indusien früh abfallend (nierenförmig) *Thelypteris* S. 128	
-	Rand der sporentragenden Fiederblättchen *nicht* nach unten gebogen. Wedel 1–2-fach gefiedert. Indusien bleibend, nierenförmig *Dryopteris* S. 130	
32	(28) Wedel (tief) gelappt, derb, überwinternd grün. Sori groß, rund *Polypodium* S. 134	
-	Wedel fiederspaltig o. 1–3-fach gefiedert, sommergrün	33
33	Wedel fiederspaltig bis 1-fach gefiedert. Fiederblättchen ganzrandig. Rand der sporentragenden Fiederblättchen nach unten gebogen *Thelypteris* S. 128	
-	Wedel 1–3-fach gefiedert. Fiederblättchen am Rand gezähnt bis buchtig	34
34	Wedel 2–3-fach gefiedert. Unterste Fieder deutlich größer als die folgenden *Gymnocarpium* S. 118	
-	Wedel 1-fach gefiedert. Unterste Fieder kaum größer als die folgenden *Phegopteris* S. 128	

Tabelle 3: Nacktsamer - Bestimmung der Gattungen

1	Blätter gestielt, > 3 cm breit, meist dichotom gelappt, sommergrün. 2-häusiger Baum. Samen fleischig, zu zweit, auf 1-2 cm langem, gabelig verzweigtem Stiel	*Ginkgo* S. 134
-	Blätter ungestielt, *nicht* gelappt; wenn > 2 cm breit: immergrün, 3-eckig	2
2	Blätter 3-eckig, 1-3 cm breit, immergrün, sehr derb, die Äste anfangs ± komplett bedeckend. Zapfen kugelig bis eiförmig, > 5 cm ⌀	*Araucaria* S. 144
-	Blätter schmäler, schmal-lineal o. schuppenförmig	3
3	Blätter überwiegend gegenständig	4
-	Blätter wechselständig *oder* (fast) quirlig an Kurztrieben	10
4	Blätter sommergrün, schmal-lineal, im Herbst zusammen mit den Kurztrieben abfallend	*Metasequoia* S. 148
-	Blätter immergrün, schuppenförmig, die Äste ± bedeckend	5
5	Zapfen fleischig, ± beerenartig, gräulich bis bläulich überlaufen	*Juniperus* S. 148
-	Zapfen verholzend	6
6	Zapfen 30-60-schuppig. Samenschuppen in der Mitte vertieft. Auffallend großer Baum mit dickem Stamm u. rotbrauner Borke	*Sequoiadendron* S. 150
-	Zapfen < 20-schuppig. Samenschuppen in der Mitte *nicht* vertieft	7
7	Zapfen 4-6-schuppig, kugelig bis eiförmig, 0,8-1 cm ⌀, gräulich bis bläulich. Blätter *ohne* weißliche Musterung	*Xanthocyparis* - Nootka-Scheinzypresse
-	Zapfen 6-12-schuppig	8
8	Samen geflügelt. Zapfen eiförmig bis länglich, schuppig, beige bis bräunlich	*Thuja* S. 146
-	Samen ungeflügelt. Zapfen kugelig bis eiförmig	9
9	Zapfen 2-3 cm lang, 6-8-schuppig, zunächst blaugrün, später rotbraun. Samenschuppen mit hakenförmigem Dorn	*Platycladus* S. 146
-	Zapfen < 1 cm lang, 8-12-schuppig, meist bräunlich. Samenschuppen *ohne* Dorn	*Chamaecyparis* S. 146
10	(3) Blätter sommergrün	11
-	Blätter immergrün	12
11	Kurztriebe < 1 cm lang, mit > 15 (fast) quirligen Nadeln	*Larix* S. 138
-	Kurztriebe > 3 cm lang, mit wechselständigen Nadeln, die im Herbst zusammen mit den Kurztrieben abfallen. Stamm mit bis zu 40 cm hohen Atemwurzeln	*Taxodium* S. 150
12	(10) Gehölz mit beblätterten Kurz- u. Langtrieben	13
-	Nadeln nur an Langtrieben	14
13	Blätter die Kurztriebe komplett bedeckend, < 1,5 cm lang, wechselständig. Auffallend großer Baum mit dickem Stamm u. rotbrauner Borke	*Sequoiadendron* S. 150
-	Blätter > 2 cm lang, die Äste *nicht* bedeckend, zu 2-5 in gemeinsamer Scheide	*Pinus* S. 136
14	(12) Samen einzeln, endständig, von einer roten, becherförmigen u. fleischigen Hülle umgeben. Blätter im QS *ohne* Harzgänge, mit stark hervortretendem Mittelnerv	*Taxus* S. 150
-	Samen *ohne* rote Hülle, in Zapfen, auf der Oberseite von verholzten o. fleischigen Samenblättern. Blätter im QS mit Harzgängen	15
15	Zapfen fleischig, ± beerenartig, meist bläulich überlaufen. Blätter derb, stechend, meist zu dritt	*Juniperus* S. 148
-	Zapfen verholzend. Blätter wechselständig	16
16	Zapfen aufrecht, am Baum zerfallend, nur die Spindel stehen bleibend. Blätter basal scheibenförmig verbreitert	*Abies* S. 142
-	Zapfen hängend, als Ganzes abfallend. Blätter *ohne* scheibenförmig verbreiterten Blattgrund	17
17	Blätter die Kurztriebe komplett bedeckend, < 1,5 cm lang. Auffallend großer Baum mit dickem Stamm u. rotbrauner Borke	*Sequoiadendron* S. 150
-	Blätter die Äste *nicht* bedeckend	18
18	Zapfen 1-3 cm lang, länglich, zugespitzt. Blätter 0,5-1,8 cm lang, im QS ± flach, unterseits mit hellen Wachsstreifen, am Rand meist gezähnt	*Tsuga* S. 144
-	Zapfen > 3 cm lang. Blätter > 1,8 cm lang	19
19	Deckschuppen weit aus dem Zapfen ragend, 3-spitzig. Nadeln *ohne* am Ast herablaufenden Stiel. Blätter im QS ± flach, 1,8-4 cm lang, oft nach Orangen riechend	*Pseudotsuga* S. 140
-	Deckschuppen *nicht* aus dem Zapfen ragend. Blätter mit kurzem am Ast herablaufenden Stiel	*Picea* S. 140

Tabelle 4: Laubbäume - Bestimmung der Gattungen

In der Tabelle sind auch einige Gehölze aufgelistet, die normalerweise als Strauch anzusprechen sind, zuweilen aber auch baumförmig wachsen.

1	Samen in verholzten, seltener fleischigen Zapfen, *nicht* von Fruchtblättern eingeschlossen. Blätter lineal o. schuppenförmig; seltener gabelig geteilt *oder* 3-eckig derb u. den Stamm bedeckend (**Nadelbäume**)	Nacktsamer - **Tabelle 3 - S. 40**
-	Samen von Fruchtblättern umhüllt. Blätter fiedernervig, fast immer mit flächig entwickelter Spreite (**Bedecktsamer**)	2
2	Strauch mit mehreren Stämmen o. sich basal verzweigend	Bedecktsamige Gehölze - **Tabelle 5 - S. 43**
-	In Stamm u. Krone gegliederter Laubbaum	3
3	Blätter überwiegend gegenständig	4
-	Blätter überwiegend wechselständig o. quirlig	19
4	Blätter ungeteilt, zuweilen gelappt	5

\- Blätter mit deutlich voneinander getrennten Fiederblättchen … 14

5 Blüten mit Kronblättern (meist auffällig gefärbt) *und* Kelchblättern (meist grünlich) … 6

\- Blütenhüllblätter alle ± gleichgestaltet (kron- *oder* kelchblattartig) *oder* fehlend … 12

6 Kronblätter verwachsen (Krone fällt als Ganzes ab) … 7

\- Kronblätter frei, sich einzeln von der Blütenachse lösend … 10

7 Blüten zygomorph. Blätter > 10 cm breit, herzförmig … 8

\- Blüten radiär. Blätter < 10 cm breit … 9

8 Blüten hellviolett, innen mit dunkler Zeichnung. Kapseln herz- bis eiförmig. Kelch bräunlich, samtig behaart. Blätter bis 60 cm breit *Paulownia* **S. 1148**

\- Blüten weißlich, innen mit gelblicher bis rötlicher Zeichnung. Kapseln schmal-zylindrisch. Blätter bis 30 cm breit *Catalpa* **S. 1106**

9 (7) Blüten mit 4 Kelchblättern, 4 Kronblättern u. 2 Staubblättern, in länglich-kegelförmigen Rispen. Blätter ganzrandig, herzförmig. Kapseln *Syringa* **S. 1064**

\- Blüten mit 5 Kelch-, Kron- u. Staubblättern, in schirmförmigen Rispen. Blätter am Rand gezähnt, oval *oder* 3–5-teilig gelappt. Rötliche o. schwarze Steinfrüchte *Viburnum* **S. 1350**

10 (6) Blätter handförmig gelappt. 2-teilige geflügelte Spaltfrüchte *Acer* **S. 762**

\- Blätter ungeteilt, *nicht* gelappt. Kapseln o. Steinfrüchte *ohne* Flügel … 11

11 Blätter beidseits mit je ≥ 6 deutlichen Seitennerven. Fruchtknoten oberständig, 4-blättrig. Früchte kapselartig, kantig, rötlich bis orange *Euonymus* **S. 680**

\- Blätter beidseits mit je < 6 deutlichen Seitennerven. Fruchtknoten unterständig, 2-blättrig. Steinfrüchte kugelig, schwarz o. rötlich *Cornus* **S. 962**

12 (5) Blätter sommergrün, handförmig gelappt. 2-teilige geflügelte Spaltfrüchte *Acer* **S. 762**

\- Blätter immergrün, ganzrandig, *nicht* gelappt. Früchte ungeflügelt … 13

13 Blätter länglich-oval, 1–4 cm lang. Blüten gelblich bis weißlich. Fruchtknoten 3-fächrig. Kapseln mit 3 je 2-hörnigen Klappen *Buxus* **S. 496**

\- Blätter schuppenförmig, die Äste ± bedeckend. Samen in ± fleischigen Zapfen *Juniperus* **S. 148**

14 (4) Blüten mit 4–6 freien Fruchtblättern. Nüsschen, breit geflügelt. Spreite 30–150 cm lang, > 11-teilig gefiedert *Ailanthus* **S. 768**

\- Blüten mit 1 verwachsenen Fruchtknoten. Kapseln, Nüsse o. Spaltfrüchte … 15

15 Blätter 5–7-teilig gefingert. Blüten zygomorph, weißlich o. rötlich, in aufrechten Rispen. Kapseln mit derben Stacheln. Samen > 1 cm ⌀, bräunlich *Aesculus* **S. 766**

\- Blätter gefiedert, selten 3-teilig gefingert … 16

16 Blütenhülle aus 2 je 5-blättrigen Kreisen. Blüten gelblich-weißlich, in überhängenden trauben- bis rispenartigen Blütenständen. Kapseln häutig, aufgeblasen, 20–50 mm ⌀, gelblich bis grünlich. Blätter 5–7-teilig gefiedert *Staphylea* **S. 762**

\- Habitus andersartig … 17

17 Blüten 1-geschlechtig. Perigon frei, 4–5-blättrig. Blätter 3–9-teilig gefiedert. 2-teilige geflügelte Spaltfrüchte *Acer* **S. 762**

\- Blüten zwittrig. Blütenhülle verwachsen o. fehlend … 18

18 Blütenhülle fehlend o. 4-zählig. Fruchtknoten oberständig, 2-blättrig. Geflügelte Nüsse. Blätter ≥ 7-teilig gefiedert. Meist baumförmig *Fraxinus* **S. 1062**

\- Blüten mit Kelch- u. Krone, 5-blättrig. Fruchtknoten unterständig, 3-blättrig. Rötliche o. schwarze Beeren. Blätter ≤ 7-teilig gefiedert. Meist strauchförmig *Sambucus* **S. 1350**

19 (3) Blätter 3-teilig, lang gestielt. Blüten gelblich, in überhängenden Trauben. Pflanze < 6 m hoch *Laburnum* **S. 530**

\- Blätter ungeteilt *oder* > 3-teilig gefiedert … 20

20 Blätter gefiedert … 21

\- Blätter ungeteilt, zuweilen gelappt … 26

21 Blüten mit unscheinbarem grünlichem 2–4-blättrigem Perigon, 1-geschlechtig. Blätter > 7-teilig gefiedert. Nüsse mit dicker, faseriger Fruchthülle *Juglans* **S. 670**

\- Blüten mit Kronblättern (meist auffällig gefärbt) *und* Kelchblättern (meist grünlich) … 22

22 Blüten zygomorph … 23

\- Blüten radiär … 24

23 Blüten gelblich, zuweilen mit rötlicher Zeichnung. Hülsen aufgeblasen, 20–40 mm ⌀. Strauch *ohne* Dornen *Colutea* **S. 544**

\- Blüten weißlich bis rosa. Hülsen 5–15 cm lang, ± abgeflacht. Pflanze meist mit paarigen Dornen, meist baumförmig *Robinia* **S. 540**

24 (22) Blüten weißlich. Fruchtknoten unterständig. Apfelartige Scheinfrüchte *Sorbus* **S. 652**

\- Blüten rötlich o. grünlich-gelblich. Fruchtknoten oberständig. Früchte *nicht* fleischig … 25

25 Blüten 1-geschlechtig, ♀ rötlich, ♂ gelblich bis grünlich. Staubblätter 5. Äste bräunlich behaart, *ohne* Dornen *Rhus* **S. 762**

\- Blüten zwittrig, grünlich-gelblich, mit > 10 Staubblättern. Äste (u. Stamm) mit Dornen, *nicht* bräunlich behaart *Gleditsia* **S. 526**

26 (20) Blüten mit Kronblättern (meist auffällig gefärbt) *und* Kelchblättern (meist grünlich) … 27

\- Blütenhüllblätter alle ± gleichgestaltet (kron- *oder* kelchblattartig) *oder* fehlend … 39

27 Kronblätter verwachsen. Blätter immergrün, am Rand stachelig. Blüten weißlich. Kugelige rote Steinfrüchte. Bis 12 m hoher Strauch o. Baum *Ilex* **S. 1176**

\- Kronblätter frei. Blätter sommergrün, *nicht* stachelig … 28

28 Kelch 4-blättrig … 29

\- Kelch > 4-blättrig … 30

29 Bis 6 m hoher Strauch (selten baumförmig). Blätter oval, ungelappt. Kugelige dunkelblau bis schwarze Steinfrüchte *Rhamnus* S. 658

\- Bis 35 m hoher Baum. Blätter handförmig gelappt. Lang behaarte Nüsse in kugeligen (Teil-) Fruchtständen. Borke sich schuppig lösend *Platanus* S. 494

30 (28) Blüten mit 5 Staubblättern, in wenigblütigen, blattachselständigen Dolden. Fruchtknoten oberständig. 1-kernige Steinfrüchte. Blätter ganzrandig *Frangula* S. 656

\- Blüten mit 10 Staubblättern 31

31 Blätter schuppenförmig, die diesjährigen Äste bedeckend, sommergrün. Blüten weißlich bis rosa. Samen mit gestieltem Schopf aus langen Haaren. 60–200 cm hoher Strauch (sehr selten baumförmig) *Myricaria* S. 856

\- Blätter *nicht* schuppenförmig 32

32 Blätter herzförmig. Mehrere Nüsse werden gemeinsam mit dem flügelartigen Stiel des Blütenstandes ausgebreitet. Blüten grünlich-gelblich o. gelblich-weißlich, < 1 (2) cm ⌀ *Tilia* S. 770

\- Blätter *nicht* herzförmig. Früchte mit Fruchtfleisch. Blüten weißlich o. rötlich 33

33 Blüten mit oberständigem 1-blättrigen Fruchtknoten. Blütenachse krug- bis röhrenförmig, bei der Fruchtreife abfallend. Steinfrüchte. Blätter ungeteilt, meist gezähnt *Prunus* S. 632

\- Blüten mit (1) 2–5 unterständigen Fruchtblättern. Apfelartige Scheinfrüchte; wenn 1 Fruchtblatt: Blätter gelappt 34

34 Blätter gelappt 35

\- Blätter ganzrandig o. gezähnt, *nicht* gelappt 36

35 Pflanze mit Kurztriebsdornen *Crataegus* S. 648

\- Pflanze *ohne* Dornen *Sorbus* S. 652

36 (34) Blüten einzeln 37

\- Blüten zu mehreren an Kurztrieben *oder* in seitenständigen trauben- bis doldenartigen Blütenständen 38

37 Kelchblätter länger als die Kronblätter, zusammenneigend. Apfelartige Scheinfrüchte bräunlich, distal ± gerade. Blätter länglich bis lanzettlich *Crataegus* S. 648

\- Kelchblätter kürzer als die Kronblätter. Apfelartige Scheinfrüchte gelblich, kugelig bis birnenförmig, oft dicht kraushaarig. Blätter (breit-) oval *Cydonia* S. 650

38 (36) Staubbeutel rötlich. Griffel bis zur Basis frei. Blätter ganzrandig, zuweilen fein gezähnt, unterseits blaugrün. Früchte meist ± birnenförmig *Pyrus* S. 652

\- Staubbeutel gelblich. Griffel basal verwachsen. Blätter am Rand gezähnt, jung meist filzig behaart. Früchte meist ± kugelig *Malus* S. 650

39 (26) Blüten zwittrig 40

\- Blüten 1-geschlechtig 43

40 Blätter 3–5-lappig *Liriodendron* S. 154

\- Blätter ungeteilt, *nicht* gelappt, allenfalls gezähnt 41

41 Blüten gelblich. Blätter mit silbrigen Schuppenhaaren, länglich-lanzettlich, 6–30 mm breit, ganzrandig. Steinfrüchte eiförmig, meist gelblich. Perigon 4-blättrig, verwachsen *Elaeagnus* S. 656

\- Blüten *nicht* gelblich. Blätter *ohne* silbrige Schuppenhaare 42

42 Bis 40 m hoher Baum. Nüsse, abgeflacht, breit geflügelt. Blätter beidseits mit je ≥ 6 Seitennerven, basal oft asymmetrisch *Ulmus* S. 658

\- Bis 6 m hoher Strauch (selten baumförmig). Steinfrüchte, kugelig, dunkelblau bis schwarz. Blätter beidseits mit je 2–5 deutlichen Seitennerven *Rhamnus* S. 658

43 (39) ♀ Blüten in langen zylindrischen ährenartigen Kätzchen. Pflanze 2-häusig. Samen lang behaart. Kapseln .. 44

\- ♀ Blüten *nicht* in ährenartigen Kätzchen. Samen *nicht* lang behaart. Schließfrüchte 45

44 Deckblätter gezähnt bis zerschlitzt. Blüten mit ≥ 5 Staubblättern, in meist überhängenden Kätzchen. Winterknospen mehrschuppig. Blattstiel meist > 2 cm lang. Blätter basal gerade bis schwach herzförmig. Baum *Populus* S. 704

\- Deckblätter ± ganzrandig, meist behaart. Blüten meist mit 2 Staubblättern (selten mehr), in aufrechten bis abstehenden Kätzchen. Winterknospen meist 1-schuppig (selten 2–3 schuppig). Blattstiel meist < 2 cm lang. Blätter basal ± keilförmig verschmälert bis abgerundet, ± ganzrandig. Baum o. Strauch *Salix* S. 706

45 (43) Perigon mit den 4 Staubblättern verwachsen, 2–4-blättrig. Blätter zumindest unterseits mit silbrigen Schuppenhaaren, länglich, ungeteilt, ganzrandig. Steinfrüchte, gelblich bis orange 46

\- Perigon *nicht* mit den Staubblättern verwachsen. Blätter meist *ohne* silbrige Schuppenhaare; wenn silbrig behaart: Blätter gelappt 47

46 Blüten ♂ o. zwittrig, gelblich. Blätter länglich-lanzettlich, 6–30 mm breit, beidseits mit silbrigen Schuppenhaaren. Äste zuweilen mit wenigen Dornen *Elaeagnus* S. 656

\- Alle Blüten 1-geschlechtig, Pflanze 2-häusig. Blätter länglich, 3–10 mm breit, v. a. unterseits mit silbrigen Schuppenhaaren. Äste mit zahlreichen Dornen *Hippophaë* S. 656

47 (45) Früchte mit Fruchtfleisch (Steinfrüchte o. beerenartige Fruchtverbände) 48

\- Früchte *ohne* Fruchtfleisch (Nüsse) 49

48 Pflanze mit Milchsaft, *ohne* Dornen. Blätter herzförmig bis gelappt, Seitennerven handförmig verzweigt, mehrere Nerven direkt am Spreitengrund beginnend. Beerenartige Fruchtverbände, rötlich bis schwarz *oder* weißlich-gelblich *Morus* S. 662

\- Pflanze *ohne* Milchsaft, meist mit Dornen. Blätter ± oval, beidseits mit je 2–5 deutlichen, über dem Spreitengrund beginnenden Seitennerven. Steinfrüchte, kugelig, dunkelblau bis schwarz *Rhamnus* S. 658

49 (47) Blätter handförmig gelappt. ♀ Blüten in kugeligen Teilblütenständen. Nüsse, lang behaart. Borke sich schuppig ablösend *Platanus* S. 494

\- Blätter *nicht* handförmig gelappt. Teilblütenstände *nicht* kugelig 50

50 Blätter oval, ganzrandig. ♂ Blüten in kugeligen Teilblütenständen. ♀ Blüten meist zu zweit. Im QS scharf 3-kantige Nüsse (Bucheckern), je zu zweit von stacheliger Fruchthülle eingehüllt. Borke glatt, grau *Fagus* S. 666

- Blätter gelappt bis gezähnt. ♂ Blüten in länglichen, eiförmigen bis ährenartigen Blütenständen. Früchte u. Fruchthülle andersartig ... 51

51 Blätter am Rand stachelspitzig, sommergrün, länglich-oval, > 10 cm lang. Fruchthülle je 2–3 Früchte umschließend, lang-stachelig. ♀ Blüten meist zu dritt *Castanea* S. 666

- Blätter am Rand *nicht* stachelspitzig. Fruchthülle je 1 Frucht umschließend, *nicht* lang stachelig; wenn stachelig: Blätter < 10 cm lang ... 52

52 Blätter gelappt, mit (zumindest einigen) abgerundeten Buchten. Nüsse (Eicheln) basal von verholzter Fruchthülle umgeben. ♀ Blüten einzeln o. zu wenigen *Quercus* S. 666

- Blätter *ohne* abgerundete Buchten. Früchte u. Fruchthülle andersartig ... 53

53 ♀ Blütenstände eiförmig, sitzend. Blätter lange nach den Blüten erscheinend, rund bis herzförmig, am Rand scharf doppelt gesägt. Fruchthülle sack- bis becherförmig, zerschlitzt, je 1 Frucht (Haselnuss) basal umgebend *Corylus* S. 676

- ♀ Blüten in ährenartigem (kätzchenartigem) Blütenstand ... 54

54 Nüsse > 2 mm dick, ungeflügelt, von Hülle aus Vorblättern zumindest basal bedeckt. Staubbeutel distal behaart. Blütenhülle bei ♀ Blüten mit unscheinbarem Perigon, bei ♂ Blüten fehlend. Blätter in Knospenlage am Mittelnerv *und* den Seitennerven gefaltet ... 55

- Nüsse < 2 mm dick, geflügelt, *nicht* von den Vorblättern bedeckt, in ähren- bis. zapfenartigem Fruchtständen. Staubbeutel kahl. Blütenhülle bei ♀ fehlend; bei ♂ unscheinbares Perigon. Blätter nur am Mittelnerv gefaltet .. 56

55 Nüsse vollständig von einer sackartigen Vorblatthülle eingehüllt. ♀ Blüten im Herbst erscheinend. In Mitteleuropa selten verwilderter Zierbaum *Ostrya* S. 676

- Nüsse basal von einer 3-lappigen Vorblatthülle bedeckt. ♀ Blüten ± gleichzeitig mit den Blättern erscheinend *Carpinus* S. 674

56 (54) Nüsse in der Achsel von 3-lappigen *nicht* verholzten Schuppen. Ährenartige Fruchtstände *nicht* verholzt, zerfallend. Staubblätter gespalten *Betula* S. 672

- Früchte in der Achsel von 4–5-lappigen verholzenden Schuppen. Zapfen verholzt, *nicht* zerfallend. Staubblätter *nicht* gespalten *Alnus* S. 672

Tabelle 5: Bedecktsamige Gehölze – Bestimmung der Gattungen

In der Tabelle sind durchgehend verholzte Bedecktsamer, also Bäume, Sträucher u. Lianen aufgeführt. Halbsträucher u. nur undeutlich verholzte Pflanzen werden nur in Einzelfällen genannt u. sind nach den Tabellen 7–10 zu bestimmen.

1 Strauch mit fleischigen ± beerenartigen Zapfen. Blätter schmal, stechend *oder* schuppenförmig, die Äste ± bedeckend *Juniperus* S. 148

- Laubbaum, Strauch o. Liane mit in Fruchtblättern gebildeten Samen. Blätter fiedernervig, meist mit flächig entwickelter Spreite ... 2

2 Blätter (meist) gegenständig ... 3

- Blätter (meist) wechselständig o. quirlig ... 37

3 Blätter ungeteilt, zuweilen (tief) gelappt ... 4

- Blätter gefiedert o. gefingert, mit deutlich voneinander getrennten Fiederblättchen ... 31

4 Blüten mit Kronblättern (meist auffällig gefärbt) *und* Kelchblättern (meist grünlich) ... 5

- Blütenhüllblätter alle ± gleichgestaltet (kron- *oder* kelchblattartig) *oder* fehlend ... 27

5 Kronblätter verwachsen (Krone fällt als Ganzes ab) ... 6

- Kronblätter frei, sich einzeln von der Blütenachse lösend ... 22

6 Blüten zygomorph ... 7

- Blüten radiär ... 12

7 Staubblätter: 2 ... 8

- Staubblätter: > 2 ... 10

8 Bis 1,5 m hoher Strauch. Blätter immergrün, lineal bis länglich, unterseits weißfilzig behaart *Rosmarinus* S. 1136

- Baum. Blätter sommergrün, herzförmig ... 9

9 Blüten hellviolett, innen mit dunkler Zeichnung. Kapseln herz- bis eiförmig. Kelch bräunlich, samtig behaart. Blätter bis 60 cm breit *Paulownia* S. 1148

- Blüten weißlich, innen mit gelblicher bis rötlicher Zeichnung. Kapseln schmal-zylindrisch. Blätter bis 30 cm breit *Catalpa* S. 1106

10 (7)Blätter sommergrün. > 1 m hoher Strauch o. Liane. Staubblätter: 5. Fruchtknoten unterständig. Doppelbeeren (2 o. mehrere zumindest basal verwachsene Beeren) *Lonicera* S. 1364

- Blätter immergrün. < 1 m hoher Strauch. Staubblätter: 4. Fruchtknoten oberständig, in 4 nussartige Teilfrüchte zerfallend ... 11

11 Blätter lineal, am Rand deutlich nach unten gerollt, fein gezähnt. Staubblätter kürzer als die Kronröhre. 20–80 cm hoher Strauch o. Halbstrauch *Lavandula* S. 1142

- Blätter oval bis länglich, der Rand allenfalls undeutlich nach unten gerollt. Zumindest die längeren Staubblätter länger als die Kronröhre. < 20 (40) cm hoher Strauch *Thymus* S. 1138

12 (6)Blüten mit 2 Staubblättern, 4 Kelchblättern u. 4 Kronblättern. Staubblätter mit den Kronblättern verwachsen bzw. an diesen ansetzend. Bis 8 m hoher Strauch ... 13

- Blüten mit > 2 Staubblättern ... 15

13 Blätter länglich-lanzettlich, > 3-mal so lang wie breit. Schwarze Beeren. Blüten weißlich. Staubblätter länger als die Kronröhre *Ligustrum* S. 1064

- Blätter herzförmig o. oval, < 3-mal so lang wie breit. Kapseln ... 14

14 Blätter herzförmig, vor den Blüten erscheinend. Blüten rötlich bis violett *oder* weißlich *Syringa* S. 1064

- Blätter oval, lange nach den Blüten erscheinend. Blüten gelblich *Forsythia* S. 1062

15 (12) Blüten mit 8–10 Staubblättern ... 16

- Blüten mit 4–5 Staubblättern ... 17

16 Staubblätter: 8. Kelch u. Krone 4-blättrig. Blätter 0,1–0,4 cm lang *Calluna* S. 992

- Staubblätter: 10. Kelch u. Krone 5-blättrig. Blätter 2–8 cm lang *Kalmia* S. 990

17 (15) Bis 50 cm hoher niederliegender Strauch (bzw. Halbstrauch) ... 18

- > 1 m hoher aufrechter Strauch, Baum o. Liane ... 20

18 Blüten > 20 mm ⌀, mit schief gestellten (asymmetrischen) Kronblattzipfeln, bläulich bis violett. Blätter 2–4 cm lang *Vinca* S. 1026

- Blüten kleiner. Kronblattzipfel symmetrisch. Blätter < 1,5 cm lang ... 19

19 Blüten einzeln o. zu zweit, lang gestielt, überhängend, 6–14 mm lang. Kronzipfel ± bis zur Mitte eingeschnitten. Blätter > 2 mm breit, rund bis oval *Linnaea* S. 1364

- Blüten zu mehreren, kurz gestielt, ± aufrecht, 4–8 mm lang. Kronzipfel fast bis zur Basis eingeschnitten. Blätter < 2 mm breit, oval bis länglich *Loiseleuria* S. 990

20 (17) Kronröhre > 4-mal so lang wie breit. Kapseln. Blüten rosa bis hellviolett, in länglichem Blütenstand. Blätter länglich bis lanzettlich, unterseits weißlich-gräulich filzig behaart *Buddleja* S. 1096

- Kronröhre < 3-mal so lang wie breit. Früchte mit Fruchtfleisch ... 21

21 Blüten weißlich, in schirmförmigen Rispen. Rötliche o. schwarze Steinfrüchte. Blätter am Rand gezähnt, o. 3–5-teilig gelappt *Viburnum* S. 1350

- Blüten rötlich (später weißlich), einzeln bis knäuelig, in ährenartigem Gesamtblütenstand. Weißliche Beeren. Blätter ganzrandig, ungeteilt *Symphoricarpos* S. 1368

22 (5) Blätter handförmig gelappt. 2-teilige geflügelte Spaltfrüchte *Acer* S. 762

- Blätter ungeteilt, *nicht* gelappt. Kapseln o. Steinfrüchte *ohne* Flügel ... 23

23 Blätter immergrün, schuppenförmig, 0,1–0,4 cm lang. Blüten glockenförmig *Calluna* S. 992

- Blätter meist sommergrün; wenn winter- o. immergrün: Blätter *nicht* schuppenförmig, > 0,5 cm lang ... 24

24 Bis 30 cm hoher Strauch ... 25

- > 1 m hoher Baum o. Strauch ... 26

25 Bis 10 cm hohe Polsterpflanze. Kronblätter klein, fädlich o. fehlend, kürzer als die Kelchblätter. Blüten meist weißlich. Blätter lineal bis länglich *Minuartia* S. 898

- Bis 30 cm hoher Strauch. Kronblätter breit-oval, länger als die Kelchblätter. Blüten gelblich o. weißlich. Blätter länglich bis oval *Helianthemum* S. 778

26 (24) Blätter beidseits mit je ≥ 6 deutlichen Seitennerven. Fruchtknoten oberständig, 4-blättrig. Früchte kapselartig, kantig, rötlich bis orange *Euonymus* S. 680

- Blätter beidseits mit je 2–4 deutlichen Seitennerven. Fruchtknoten unterständig, 2-blättrig. Steinfrüchte kugelig, schwarz o. rötlich *Cornus* S. 962

27 (4) Auf Bäumen wachsender Halbparasit ... 28

- Im Boden wurzelndes Gehölz ... 29

28 Mehrjährige Äste grünlich. Blätter wintergrün. Blüten sitzend, 1-geschlechtig. Auf Laubbäumen, Tannen o. Kiefern *Viscum* S. 856

- Mehrjährige Äste grau bis bräunlich. Blätter sommergrün. Blüten in Trauben, zwittrig. Meist auf Eichen, selten auf Ess-Kastanien *Loranthus* S. 856

29 (27) Blätter sommergrün, handförmig gelappt. 2-teilige geflügelte Spaltfrüchte *Acer* S. 762

- Blätter immergrün. Kapseln o. Zapfen ... 30

30 Blätter länglich-oval, 1–4 cm lang. Kapseln mit 3 je 2-hörnigen Klappen *Buxus* S. 496

- Blätter schuppenförmig, die Ästen bedeckend. Samen in fleischigen ± beerenartigen Zapfen *Juniperus* S. 148

31 (3) Blüten mit mehreren Fruchtknoten. Fruchtblätter frei ... 32

- Blüten mit 1 Fruchtknoten aus mehreren verwachsenen Fruchtblättern ... 33

32 Strauch o. verholzende Liane. Blüten mit 4-zähligem Perigon, mit > 10 Fruchtblättern. Nussfrüchtchen mit verlängertem Griffel, lang behaart. Blätter meist < 30 cm lang, mit < 10 Fiederblättchen *Clematis* S. 472

- Meist baumförmig. Blüten mit 2 je 5-zähligen Kreisen, mit 4–6 Fruchtblättern. Nüsschen, breit geflügelt. Blätter > 11-teilig gefiedert, 30–150 cm lang *Ailanthus* S. 768

33 (31) Blätter 5–7-teilig gefingert. Blüten zygomorph, in aufrechten Rispen. Kapseln, mit derben Stacheln. Samen > 1 cm ⌀, bräunlich *Aesculus* S. 766

- Blätter gefiedert, zuweilen 3-teilig gefingert ... 34

34 Blütenhülle aus 2 je 5-blättrigen Kreisen. Blüten gelblich-weißlich, in überhängenden Blütenständen. Kapseln häutig, aufgeblasen, 20–50 mm ⌀, gelblich bis grünlich. Blätter 5–7-teilig gefiedert *Staphylea* S. 762

- Habitus andersartig ... 35

35 Blüten 1-geschlechtig, mit 4–5-blättrigem freiem Perigon. Blätter 3–9-teilig gefiedert. 2-teilige geflügelte Spaltfrüchte *Acer* S. 762

- Blüten zwittrig. Blütenhülle fehlend o. verwachsen ... 36

36 Blütenhülle fehlend o. 4-zählig. Fruchtknoten oberständig, 2-blättrig. Geflügelte Nüsse. Blätter > 7-teilig gefiedert. Meist baumförmig *Fraxinus* S. 1062

- Kelch- u. Krone 5-blättrig. Fruchtknoten unterständig, 3-blättrig. Rötliche o. schwarze Beeren. Blätter ≤ 7-teilig gefiedert. Meist strauchförmig *Sambucus* S. 1350

37 (2) Blätter ≥ 3-teilig gefingert ... 38

- Blätter ungeteilt, gelappt *oder* ≥ 5-teilig gefiedert (*nicht* gefingert) ... 43

38 Blüten in kugeligen Knäulen. Gesamtblütenstand rispenartig, oben ♀, unten ♂. Blätter 5–13-teilig, handförmig gelappt bis gefingert, 30–100 cm lang. Stachelige Kapseln *Ricinus* S. 732

- Blüten einzeln *oder* in trauben- bis rispenartigen Blütenständen. Blätter andersartig, kleiner ... 39

39 Mit Sprossranken kletternde verholzte Liane, Stängel *ohne* Stacheln. Beeren *Parthenocissus* **S. 524**

\- Stängel aufrecht bis bogig; wenn kletternd: mit Stacheln ... 40

40 Blüten radiär, weißlich bis rötlich, mit zahlreichen freien Staub- u. Fruchtblättern. Sammelsteinfrüchte. Blätter 3-7-teilig. Äste meist 2-jährig, schwach verholzt, fast immer mit Stacheln *Rubus* **S. 602**

\- Zygomorphe Schmetterlingsblüten, gelb, mit verwachsenen Staub- u. Fruchtblättern. Öffnungsfrüchte *ohne* Fruchtfleisch ... 41

41 Blütenstand überhängend. Blätter lang gestielt, 3-teilig. Bis 6 m hoher Strauch o. Baum *Laburnum* **S. 530**

\- Blütenstand abstehend bis aufrecht. Blätter kurz gestielt bis sitzend. < 2 m hoher Strauch ... 42

42 Blütenstände seitenständig, < 9-blütig. Pflanze meist mit ungeteilten *und* 3-teiligen Blättern *Cytisus* **S. 526**

\- Blütenstand endständig, *ohne* Laubblätter, > 15-blütig. Alle Laubblätter 3-teilig, beim Trocknen schwarz anlaufend *Lembotropis* **S. 530**

43 (37) Blätter gefiedert ... 44

\- Blätter ungeteilt o. gelappt ... 58

44 Blüten mit unscheinbarem, grünlichem 2-4-blättrigem Perigon, 1-geschlechtig. Blätter 7-25-teilig gefiedert. Nüsse mit dicker, faseriger Fruchthülle *Juglans* **S. 670**

\- Blüten mit Kronblättern (meist auffällig gefärbt) *und* Kelchblättern (meist grünlich) ... 45

45 Blüten zygomorph ... 46

\- Blüten radiär ... 49

46 Quer zur Längsachse zerfallende Spaltfrüchte. Blüten in 2-5-blütigen doldenartigen Blütenständen, gelblich. < 2 m hoher Strauch. Blätter 5-13-teilig gefiedert *Hippocrepis* **S. 536**

\- Hülsen o. Nüsschen. Blüten in einer Traube; wenn gelb: Pflanze > 2 m hoch ... 47

47 Krone 1-blättrig, nur aus der Fahne bestehend, bläulich- bis bräunlich-violett. Nüsschen. Blätter aromatisch riechend *Amorpha* **S. 532**

\- Krone 5-blättrig, gelblich o. weißlich bis rosa. Öffnungsfrüchte ... 48

48 Blüten gelblich, zuweilen mit rötlicher Zeichnung, in < 9-blütigen Trauben. Hülsen aufgeblasen, 20-40 mm ⌀. Strauch *ohne* Dornen *Colutea* **S. 544**

\- Blüten weißlich bis rosa, in > 10-blütigen Trauben. Hülsen abgeflacht, 5-15 cm lang. Pflanze meist mit paarigen Dornen, meist baumförmig *Robinia* **S. 540**

49 (45) Fruchtknoten unterständig. Hagebutten o. apfelartige Scheinfrüchte ... 50

\- Fruchtknoten oberständig ... 51

50 Nebenblätter mit dem Blattstiel verwachsen. Strauch, fast immer mit Stacheln. Blütenachse schüssel- bis krugförmig, die Fruchtknoten umwachsend. Hagebutten *Rosa* **S. 592**

\- Nebenblätter frei o. fehlend. Strauch o. Baum, *ohne* Stacheln. Apfelartige Scheinfrüchte *Sorbus* **S. 652**

51 (49) Krone 1-blättrig, nur aus der Fahne bestehend, bläulich- bis bräunlich-violett. Blätter aromatisch riechend *Amorpha* **S. 532**

\- Krone > 1-blättrig, *nicht* bläulich- bis bräunlich-violett ... 52

52 Blätter immergrün, am Rand stachelig (zumindest bei einigen Blättern). Blüten gelblich. Bläuliche Beeren *Mahonia* **S. 458**

\- Blätter sommer- o. überwinternd grün, am Rand *nicht* stachelig, zuweilen mit Stacheln an Blattstiel o. Nerven.. 53

53 Blüten 1-geschlechtig, ♀ rötlich, ♂ gelblich bis grünlich. Staubblätter 5. Äste bräunlich behaart, *ohne* Dornen o. Stacheln *Rhus* **S. 762**

\- Blüten zwittrig, mit > 5 Staubblättern. Äste *nicht* bräunlich behaart ... 54

54 Äste mit Dornen. Blüten grünlich-gelblich *Gleditsia* **S. 526**

\- Äste *ohne* Dornen ... 55

55 Spreite > 11-teilig gefiedert, 30-150 cm lang. Pflanze *ohne* Stacheln, meist baumförmig. Nüsschen, breit geflügelt *Ailanthus* **S. 768**

\- Spreite meist < 9-teilig gefiedert, kleiner; wenn > 9-teilig: Strauch mit Stacheln ... 56

56 Blütenachse schüssel- bis krugförmig, die Fruchtknoten umwachsend. Hagebutten. Nebenblätter mit dem Blattstiel verwachsen. Pflanze fast immer mit Stacheln *Rosa* **S. 592**

\- Blütenachse ± flach o. nach oben gewölbt ... 57

57 Blüten mit Außenkelch, mit flacher bis undeutlich gewölbter Blütenachse. Einsamige Nüsschen. Oberstes Fiederblättchen an der Rhachis herablaufend. Pflanze *ohne* Stacheln *Dasiphora* **S. 616**

\- Blüten *ohne* Außenkelch, mit kegelförmig gewölbter Blütenachse. Sammelsteinfrüchte. Äste meist 2-jährig, schwach verholzt, meist mit Stacheln *Rubus* **S. 602**

58 (43) Blüten mit Kronblättern (meist auffällig gefärbt) *und* Kelchblättern (meist grünlich) ... 59

\- Blütenhüllblätter alle ± gleichgestaltet (kron- *oder* kelchblattartig) *oder* fehlend ... 104

59 Kronblätter verwachsen (Krone fällt als Ganzes ab) ... 60

\- Kronblätter frei, sich einzeln von der Blütenachse lösend) ... 76

60 Staubblätter: 10. Blätter meist immergrün; wenn sommergrün: Halbstrauch mit grünen, im QS scharfkantigen Ästen ... 61

\- Staubblätter: < 10 ... 67

61 Fruchtknoten unterständig. Blütenhülle 4-5-blättrig. Staubblätter 8-10 Beeren *Vaccinium* **S. 996**

\- Fruchtknoten oberständig ... 62

62 Blüten kugelig bis krugförmig. Kronblätter nur distal eingeschnitten (< ca. 20 % tief) ... 63

\- Blüten offen o. schüsselförmig bis glockig. Kronblätter tiefer eingeschnitten (> ca. 20 % tief) ... 65

63 Blätter länglich-lanzettlich, 1-4 mm breit, am Rand nach unten gerollt, unterseits gräulich bis weißlich. Sprosse kriechend, < 30 cm hoch. Blüten überhängend, lang gestielt. Kapseln *Andromeda* **S. 996**

\- Blätter länglich bis oval, > 4 mm breit, unterseits grünlich o. bräunlich. Sprosse *nicht* kriechend ... 64

64 Blätter unterseits meist mit (abwischbaren) bräunlichen Schuppenhaaren. Kapseln *Chamaedaphne* **S. 996**

\- Blätter unterseits grünlich, (fast) kahl. Rötliche o. schwarze Steinfrüchte *Arctostaphylos* **S. 990**

65 (62) Blätter quirlig o. gegenständig. Blüten glockig bis trichterförmig, rötlich *Kalmia* S. 990

- Blätter wechselständig (selten quirlig genähert) ... 66

66 Kronzipfel fast bis zur Basis eingeschnitten. Spreite 0,5–1,2 cm lang, länglich-oval. 20–40 cm hoher Strauch *Rhodothamnus* S. 992

- Kronzipfel ± 30 % tief eingeschnitten. Spreite meist 2–4 cm lang, Pflanze meist größer *Rhododendron* S. 994

67 (60) Kelch 3–4-blättrig ... 68

- Kelch 5-blättrig ... 69

68 Bis 12 m hoher Strauch o. Baum. Blätter ± oval, am Rand stachelig, immergrün, > 2 cm lang. Blüten weißlich. Steinfrüchte, rötlich *Ilex* S. 1176

- Bis 60 cm hoher Strauch. Blätter schmal-lineal, < 1 cm lang, ganzrandig, immergrün. Blüten rosa bis rötlich. Kapseln *Erica* S. 992

69 (67) Blüten zygomorph. Krone 3-blättrig. Obere Kronblätter weißlich, unteres Kronblatt 4-lappig, gelblich *Polygala* S. 588

- Blüten radiär. Krone > 3-blättrig ... 70

70 Blätter immergrün ... 71

- Blätter sommergrün ... 73

71 Liane, mit Haftwurzeln, zuweilen am Boden kriechend. Blüten in doldenartigen Teilblütenständen. Blätter 3–5-lappig o. oval. Kugelige, schwarze Beeren mit festem Fruchtfleisch *Hedera* S. 1370

- *Nicht* kletternder Strauch. Blätter *nicht* gelappt. Blütenstand andersartig ... 72

72 Aufrechter Strauch, *ohne* Grundblattrosette. Blüten rötlich o. gelblich. Schwarze, gelbliche o. rötliche Steinfrüchte *Daphne* S. 776

- Niederliegender Zwerg- o. Halbstrauch, mit Grundblattrosette. Blüten in endständigen gestielten köpfchenartigen Blütenständen, bläulich. Nüsse *Globularia* S. 1096

73 (70) Liane, mit Sprossranken kletternd. Blätter 3–5-lappig. Kronblätter nur distal verwachsen. Grünlich-gelbliche o. bläuliche Beeren *Vitis* S. 524

- *Nicht* kletternder Strauch. Blätter *nicht* gelappt ... 74

74 Bis 3 m hoher Strauch, meist mit Dornen. Eiförmig-längliche rötliche Beeren. Blüten violett, lang gestielt *Lycium* S. 1062

- Bis 1,2 m hoher Strauch, *ohne* Dornen. Kugelige Beeren o. Steinfrüchte ... 75

75 Stark verzweigter (Halb-) Strauch mit grünen, im QS scharfkantigen Seitenästen. Blüten zu 1–2 in den Achseln der Laubblätter. Beeren, bläulich bis schwarz *Vaccinium* S. 996

- Wenig verzweigter Strauch. Blüten zu 1–7 in den Achseln der Blattnarben der vorjährigen Blätter. Steinfrüchte, rötlich *Daphne* S. 776

76 (59) Kelch 3-blättrig. Krone 3-blättrig. < 50 hoher Strauch. Blätter immergrün, lineal, 0,3–1 cm lang, < 2 mm breit, unterseits mit weißer Furche *Empetrum* S. 994

- Kelch > 3-blättrig ... 77

77 Kelch 4-blättrig ... 78

- Kelch > 4-blättrig ... 81

78 Blüten mit ≤ 4 Staubblättern. Meist > 1 m hoher Strauch o. Baum; wenn niedriger: Blüten gelblich-grünlich u. Blätter am Rand gekerbt ... 79

- Blüten mit ≥ 5 Staubblättern. < 1 m hoher Strauch ... 80

79 Bis 6 m hoher Strauch (selten baumförmig). Blätter oval, ungelappt. Steinfrüchte, kugelig, dunkelblau bis schwarz *Rhamnus* S. 658

- Bis 35 m hoher Baum. Blätter handförmig gelappt. Nüsse, lang behaart, in kugeligen (Teil-) Fruchtständen. Borke sich schuppig lösend *Platanus* S. 494

80 (78) Fruchtknoten oberständig. Kapseln. Blätter schmal-lineal, < 0,4 cm lang, basal mit 2 abwärts-gerichteten Öhrchen. Blüten kurz gestielt, in traubenartigem Blütenstand *Calluna* S. 992

- Fruchtknoten unterständig. Beeren. Blätter länglich-oval bis 3-eckig, *ohne* Öhrchen, 0,3–2 cm lang. Blüten einzeln, lang gestielt *Vaccinium* S. 996

81 (77) Zygomorphe Schmetterlingsblüten. Staubblätter 10, verwachsen. Hülsen ... 82

- Blüten radiär ... 84

82 Blätter zu Dornen umgewandelt. Bis 2 m hoher Strauch. Blüten gelb, mit bräunlich-rötlichen Vorblättern *Ulex* S. 532

- Blätter *nicht* zu Dornen umgewandelt ... 83

83 Blütenstiele viel kürzer als der Kelch. Alle Laubblätter ungeteilt *Genista* S. 528

- Blütenstiele mindestens so lang wie der Kelch. Pflanze meist mit ungeteilten *und* 3-teiligen Blättern *Cytisus* S. 526

84 (81) Staubblätter: 5 ... 85

- Staubblätter: > 5 ... 88

85 Mit Sprossranken kletternde verholzte Liane *Parthenocissus* S. 524

- Stängel aufrecht bis bogig ... 86

86 Blütenstand stark verzweigt, rispenartig. Blütenstiele lang behaart. Nüsse. Blätter oval bis rund, ganzrandig. Seitennerven (fast) rechtwinklig vom Mittelnerv abzweigend *Cotinus* S. 762

- Blütenstand wenig verzweigt, dolden- o. traubenartig. Blütenstiele *nicht* lang behaart. Beeren o. Steinfrüchte. Blätter andersartig ... 87

87 Blüten einzeln o. in ± überhängenden Trauben. Fruchtknoten unterständig. Mehrsamige Beeren. Blätter gelappt o. gezähnt *Ribes* S. 496

- Blüten in wenigblütigen, blattachselständigen Dolden. Fruchtknoten oberständig. Steinfrüchte. Blätter ganzrandig *Frangula* S. 656

88 (84) Blätter schuppenförmig, die diesjährigen Äste bedeckend, sommergrün. Blüten weißlich bis rosa. Samen mit gestieltem Schopf aus langen Haaren *Myricaria* S. 856

– Blätter *nicht* schuppenförmig, *nicht* die Äste bedeckend … 89

89 Staubblätter: 10. Pflanze mit Grundblattrosette. Stängelblätter fehlen o. viel kleiner als die Rosettenblätter. < 25 cm hoher Zwerg- o. Halbstrauch … 90

– Staubblätter: > 10. Pflanze *ohne* Grundblattrosette, Äste mit Laubblättern … 91

90 Blüten gelblich-grünlich, in traubenartigem, einseitswendigem Blütenstand. Krone 4–8 mm ⌀. Blätter 1–2-mal so lang wie breit, ganzrandig bis seicht gekerbt *Orthilia* S. 986

– Blüten weißlich, oft rötlich überlaufen, in (fast) doldenartiger Traube. Krone 10–15 mm ⌀. Blätter 2–4-mal so lang wie breit, am Rand spitz gesägt *Chimaphila* S. 984

91 (89) Krone 7–9-blättrig. Niederliegender Strauch. Blätter immergrün, länglich-oval, am Rand gekerbt, unterseits dicht weiß-filzig behaart. Blüten weißlich, lang gestielt, mit zahlreichen freien Fruchtblättern. Griffel zur Fruchtzeit verlängert, dicht u. lang behaart *Dryas* S. 632

– Krone 5-blättrig. Meist aufrechter Strauch o. Baum; wenn niederliegend: Blätter schmal-lineal … 92

92 Blätter schmal-lineal, < 1,5 mm breit, immergrün. < 20 cm hoher Strauch. Kapseln. Blüten einzeln, gelblich *Fumana* S. 778

– Blätter *nicht* schmal-lineal, > 5 mm breit. > 50 cm hoher Strauch o. Baum … 93

93 Blätter herzförmig. Nüsse, die in wenigblütigem Fruchtstand mit dem flügelartigen Blütenstandsstiel ausgebreitet werden. Blüten grünlich-gelblich bis weißlich, < 1 (2) cm ⌀ *Tilia* S. 770

– Blätter *nicht* herzförmig. Bälge o. Früchte mit Fruchtfleisch. Blüten weißlich bis rötlich … 94

94 Blüten mit > 10 freien Fruchtblättern. Blütenachse kegelförmig gewölbt. Sammelsteinfrüchte. Äste meist 2-jährig, schwach verholzt, meist mit Stacheln *Rubus* S. 602

– Blüten mit 1–5 Fruchtblättern. Blütenachse *nicht* kegelförmig gewölbt. Bälge, Steinfrüchte o. apfelartige Scheinfrüchte. Pflanze durchgehend verholzt, *ohne* Stacheln (zuweilen aber mit Dornen) … 95

95 Blüten mit 1 oberständigem Fruchtknoten. Blütenachse krug- bis röhrenförmig, bei der Fruchtreife abfallend. Steinfrüchte. Blätter ungeteilt *Prunus* S. 632

– Blüten mit (1) 2–5 Fruchtknoten. Bälge o. Apfelartige Scheinfrüchte; wenn 1 Fruchtknoten: Blätter gelappt … 96

96 Strauch mit Bälgen *Spiraea* S. 640

– Strauch o. Baum mit apfelartigen Scheinfrüchten … 97

97 Blätter gelappt … 98

– Blätter ganzrandig o. gezähnt, *nicht* gelappt … 99

98 Pflanze mit Kurztriebsdornen *Crataegus* S. 648

– Pflanze *ohne* Dornen *Sorbus* S. 652

99 (97) Blüten < 10 mm ⌀. Kronblätter nach innen gebogen. Fruchtwand verholzend. Blätter ganzrandig. < 3 m hoher Strauch. Früchte rötlich, 2–5 samig *Cotoneaster* S. 646

– Blüten > 10 mm ⌀. Kronblätter *nicht* nach innen gebogen. Fruchtwand ± pergamentartig … 100

100 Blüten einzeln … 101

– Blüten zu mehreren an Kurztrieben, in trauben- bis doldenartigen Blütenständen … 102

101 Kelchblätter länger als die Kronblätter, ± zusammenneigend. Apfelartige Scheinfrüchte bräunlich, distal ± gerade. Blätter länglich bis lanzettlich *Crataegus* S. 648

– Kelchblätter kürzer als die Kronblätter. Apfelartige Scheinfrüchte gelblich, kugelig bis birnenförmig, oft dicht mit langen krausen Haaren bedeckt. Blätter (breit-) oval *Cydonia* S. 650

102 (100) Strauch. Kronblätter 2–5-mal so lang wie breit. Blütenstände traubenartig. Frucht < 1,5 cm ⌀, zunächst rötlich, später bläulich *Amelanchier* S. 644

– Baum. Kronblätter < 2-mal so lang wie breit. Blüten in doldenartigen Trauben an Kurztrieben. Früchte meist > 1,5 cm ⌀ … 103

103 Staubbeutel rötlich, Griffel bis zur Basis frei. Blätter ganzrandig, zuweilen fein gezähnt, unterseits grau- bis blaugrün. Früchte meist birnenförmig *Pyrus* S. 652

– Staubbeutel gelblich, Griffel basal verwachsen. Blätter am Rand gezähnt, jung meist filzig behaart. Früchte meist kugelig *Malus* S. 650

104 (58) Blätter immergrün, derb … 105

– Blätter sommergrün … 106

105 Liane, mit Haftwurzeln, zuweilen am Boden kriechend. Blätter seicht 3–5-lappig o. oval, ganzrandig. Blüten in Dolden. Schwarze Beeren mit festem Fruchtfleisch *Hedera* S. 1370

– Bis 1,5 m hoher Strauch. Spreite am Rand stachelig (zumindest einige). Blüten in Trauben. Bläuliche, saftige Beeren *Mahonia* S. 458

106 (104) Blüten zwittrig … 107

– Blüten 1-geschlechtig … 110

107 Blüten gelb, mit zwei 5–6-zähligen Kreisen von Blütenhüllblättern, mit 6 Staubblättern, in traubenartigem Blütenstand. Eiförmige, rote Beeren. Langtriebe mit zu paarigen Dornen umgewandelten Nebenblättern *Berberis* S. 456

– Blüten u. Früchte andersartig. Äste *ohne* paarige Nebenblattdornen, zuweilen mit Kurztriebsdornen … 108

108 Blüten gelblich. Blätter mit silbrigen Schuppenhaaren, länglich-lanzettlich, 6–30 mm breit, ganzrandig. Perigon 4-zählig. Steinfrüchte, eiförmig, meist gelblich, 8-25 mm lang *Elaeagnus* S. 656

– Blüten *nicht* gelblich. Blätter *ohne* silbrige Schuppenhaare … 109

109 Bis 40 m hoher Baum. Blätter beidseits mit je ≥ 6 Seitennerven, basal oft asymmetrisch, am Rand doppelt gesägt. Nüsse, abgeflacht, breit geflügelt *Ulmus* S. 658

– Bis 6 m hoher Strauch. Blätter beidseits mit je 2–5 Seitennerven. Steinfrüchte, kugelig, dunkelblau bis schwarz *Rhamnus* S. 658

110 (106) Stängel allenfalls basal verholzt. Blüten in Knäulen. Gesamtblütenstand rispenartig, oben ♀, unten ♂. Blätter 5-13-teilig, handförmig gelappt bis gefingert. Stachelige Kapseln *Ricinus* **S. 732**

\- Stängel durchgehend verholzt ... **111**

111 ♀ Blüten in dichten ährenartigen Kätzchen. Kapseln. Samen lang behaart ... **112**

\- ♀ Blüten *nicht* in dichten ährenartigen Kätzchen. Nüsse, Steinfrüchte *oder* beerenartige Fruchtverbände. Samen *nicht* lang behaart ... **113**

112 Deckblätter gezähnt bis zerschlitzt. Blüten mit ≥ 5 Staubblättern, in meist überhängenden Kätzchen. Winterknospen mehrschuppig. Blattstiel meist > 2 cm lang. Blätter basal gerade bis schwach herzförmig. Baum *Populus* **S. 704**

\- Deckblätter ± ganzrandig. Blüten meist mit 2 Staubblättern (selten mehr), in meist aufrechten bis abstehenden Kätzchen. Winterknospen meist 1-schuppig (selten 2-3 schuppig). Blätter basal ± keilförmig verschmälert bis abgerundet, ± ganzrandig. Baum o. Strauch *Salix* **S. 706**

113 (111) Perigon mit den 4 Staubblättern verwachsen. Blätter zumindest unterseits mit silbrigen Schuppenhaaren. Steinfrüchte, eiförmig, gelblich bis orange ... **114**

\- Perigon *nicht* mit den Staubblättern verwachsen. Blätter *ohne* silbrige Schuppenhaare ... **115**

114 Blüten ♂ o. zwittrig, gelblich, mit 4-blättrigen, verwachsenem Perigon. Steinfrüchte gelblich bis rötlich, 8-25 mm lang. Blätter länglich-lanzettlich, 6-30 mm breit, beidseits mit silbrigen Schuppenhaaren. Äste zuweilen mit (wenigen) Dornen *Elaeagnus* **S. 656**

\- Blüten alle 1-geschlechtig, Pflanze 2-häusig. Steinfrüchte orange, 5-10 mm lang. Blätter länglich, 3-10 mm breit, v. a. unterseits mit silbrigen Schuppenhaaren. Äste mit zahlreichen Dornen *Hippophaë* **S. 656**

115 (113) Früchte mit Fruchtfleisch (Steinfrüchte o. beerenartige Fruchtverbände) ... **116**

\- Früchte *ohne* Fruchtfleisch (Nüsse) ... **117**

116 Baum o. Strauch mit Milchsaft, *ohne* Dornen. Blätter herzförmig bis gelappt, Seitennerven handförmig verzweigt, mehrere Nerven direkt am Spreitengrund beginnend. Beerenartige Fruchtverbände, rötlich bis schwarz *oder* weißlich-gelblich *Morus* **S. 662**

\- Bis 6 m hoher Strauch *ohne* Milchsaft, meist mit Dornen. Blätter ± oval, beidseits mit je 2-5 über dem Spreitengrund beginnenden Seitennerven. Steinfrüchte, kugelig, dunkelblau bis schwarz *Rhamnus* **S. 658**

117 (115) Blätter handförmig gelappt. ♀ Blüten in kugeligen Teilblütenständen. Nüsse, lang behaart. Baum mit sich schuppig lösender Borke *Platanus* **S. 494**

\- Blätter *nicht* handförmig gelappt ... **118**

118 Blätter mit aromatischem Geruch, drüsig behaart, länglich, basal ± keilförmig verschmälert. < 2,5 m hoher, meist 2-häusiger Strauch *Myrica* **S. 670**

\- Blätter *nicht* aromatisch. Meist 1-häusiger > 1,5 m hoher Strauch o. Baum; wenn kleiner: Blätter oval bis rund **119**

119 Blätter oval, ganzrandig. ♂ Blüten in ± kugeligen Teilblütenständen. Nüsse (Bucheckern) im QS scharf 3-kantig, je zu zweit von stacheliger Fruchthülle eingehüllt. Rinde glatt, gräulich *Fagus* **S. 666**

\- Blätter gelappt bis gezähnt. ♂ Blüten in länglichen, eiförmigen bis ährenartigen Blütenständen ... **120**

120 Blätter am Rand stachelspitzig, 10-30 cm lang. Fruchthülle lang stachelig, je 2-3 Früchte umschließend. ♀ Blüten meist zu dritt *Castanea* **S. 666**

\- Blätter am Rand *nicht* stachelspitzig. Fruchthülle *nicht* lang stachelig; wenn stachelig: Blätter meist < 10 cm lang, Fruchthülle je 1 Frucht umschließend ... **121**

121 Blätter gelappt, mit (zumindest einigen) abgerundeten Buchten. Nüsse (Eicheln) basal von vielblättriger, verholzter Fruchthülle umgeben. ♀ Blüten einzeln o. zu wenigen *Quercus* **S. 666**

\- Blätter *ohne* abgerundeten Buchten ... **122**

122 ♀ Blütenstände eiförmig, sitzend. Blätter lange nach den Blüten erscheinend, rund bis herzförmig, am Rand scharf doppelt gesägt. Fruchthülle sack- bis becherförmig, zerschlitzt, je 1 Frucht (Haselnuss) basal umgebend *Corylus* **S. 676**

\- ♀ Blüten in ährenartigem (kätzchenartigem) Blütenstand ... **123**

123 Nüsse > 2 mm dick, ungeflügelt, von Hülle aus Vorblättern zumindest basal bedeckt. Staubbeutel distal behaart. Blätter länglich bis oval, am Rand scharf doppelt gesägt, zugespitzt. Blütenhülle bei ♀ Blüten mit unscheinbarem Perigon, bei ♂ Blüten fehlend ... **124**

\- Nüsse < 2 mm dick, geflügelt, *nicht* von den Vorblättern bedeckt, in ähren- o. zapfenartigen Fruchtständen. Staubbeutel kahl. Blütenhülle bei ♀ fehlend; bei ♂ mit unscheinbarem Perigon ... **125**

124 Nüsse vollständig von einer sackartigen Vorblatthülle eingehüllt. ♀ Blüten im Herbst erscheinend. In Mitteleuropa selten verwilderter Zierbaum *Ostrya* **S. 676**

\- Nüsse basal von einer 3-lappigen Vorblatthülle umgeben. ♀ Blüten ± gleichzeitig mit den Blättern erscheinend *Carpinus* **S. 674**

125 (123) Nüsse in der Achsel von 3-lappigen *nicht* verholzten Schuppen. Ährenartige Fruchtstände *nicht* verholzt, reif zerfallend. Staubblätter gespalten *Betula* **S. 672**

\- Früchte in der Achsel von 4-5-lappigen verholzenden Schuppen. Zapfen verholzt, reif *nicht* zerfallend. Staubblätter *nicht* gespalten *Alnus* **S. 672**

Tabelle 6: Wasserpflanzen - Bestimmung der Gattungen

In der Tabelle werden Wasserpflanzen mit spezialisierten Schwimm- o. Tauchblättern aufgeführt. Außerdem werden im Uferbereich wachsende Pflanzen aufgeführt, die mit Wasserpflanzen i. e. S. verwechselt werden können.

1 Pflanze *ohne* Blüten, Vermehrung durch Sporen (Farne). Schwimmblätter < 5 cm lang; ± dichotom gelappt *oder* oval, sehr dicht behaart u. durch Sprosse verbunden. Tauchblätter wurzelartig ... **2**

\- Pflanze mit Blüten (Blütenpflanzen), zuweilen aber steril bleibend. Wenn Schwimmblätter < 5 cm lang: Blätter (eigentlich Stängelglieder) einzeln, *nicht* durch Sprosse verbunden ... 3

2 Schwimmblätter dicht stehend, an gestauchten Sprossen, wechselständig, mit zahlreichen sich überlappenden Blattlappen *Azolla* S. 112

\- Schwimmblätter an verlängerten Sprossen, gegenständig, oval, 1-3 cm lang *Salvinia* S. 114

3 (1) Sehr kleine Wasserpflanze, die nur aus an der Oberfläche schwimmenden blattartigen Stängelgliedern besteht. Stängelglieder < 10 mm lang. Fast nur mit vegetativer Vermehrung ... 4

\- Pflanze größer, Habitus anders artig ... 6

4 Pflanze *ohne* Wurzeln *Wolffia* S. 158

\- Pflanze mit Wurzeln ... 5

5 Pflanze mit mehreren Hauptwurzeln *Spirodela* S. 158

\- Pflanze mit einer Hauptwurzel *Lemna* S. 154

6 (3) Stängel aufrecht, mit wenigen, sparrig abstehenden Seitenästen, durch dicht anliegende sukkulente Blätter sukkulent, scheinbar blattlos, an den Knoten eingeschnürt *Salicornia* S. 958

\- Habitus andersartig ... 7

7 Blütenstand kolbenartig, von 1 großem weißem Hochblatt umgeben. Blüten eingeschlechtig. Beeren rötlich. Blätter herzförmig *Calla* S. 158

\- Blütenstand anders, *ohne* weißliches spathaförmiges Hochblatt ... 8

8 Blüten mit Kronblättern (meist auffällig gefärbt) *und* Kelchblättern (meist grünlich) ... 9

\- Blütenhüllblätter alle ± gleichgestaltet (kron- *oder* kelchblattartig) *oder* fehlend ... 39

9 Krone 5-blättrig ... 10

\- Krone *nicht* 5-blättrig ... 19

10 Fruchtknoten unterständig ... 11

\- Fruchtknoten oberständig ... 13

11 Blätter fiederspaltig bis gefiedert. Blüten in (zusammengesetzten) Dolden *Apiaceae* (*Helosciadium, Cicuta, Sium, Oenanthe*) S. 96, 1370

\- Blätter ungeteilt ... 12

12 Blätter im Umriss kreisrund. Blattstiel ± der Mitte der Spreitenunterseite entspringend. Blüten radiär, < 0,5 cm ⌀, in einfachen köpfchenförmigen Dolden *Hydrocotyle* S. 1370

\- Blätter länglich-lineal, im QS mit 2 Hohlräumen. Blüten zygomorph, > 0,5 cm ⌀, in Trauben *Lobelia* S. 1176

13 (10) Kronblätter verwachsen (Krone fällt als Ganzes ab) ... 14

\- Kronblätter frei, sich einzeln von der Blütenachse lösend ... 18

14 Blüten zygomorph, gelblich. Tauchblätter fiederspaltig, mit Fangblasen an schmal-linealen Blattlappen *Utricularia* S. 1106

\- Blüten radiär. Habitus andersartig ... 15

15 Blätter mit 3 ganzrandigen, ovalen Fiederblättchen an langem Blattstiel. Blüten in Trauben. Kronblätter weißlich, zuweilen rosa überlaufen, oberseits dicht behaart *Menyanthes* S. 1190

\- Blätter *nicht* 3-teilig geteilt ... 16

16 Schwimmblätter nieren- bis herzförmig, 5-12 cm breit, dunkelgrün glänzend. Blüten gelb, 15-40 mm ⌀. Kronblätter bewimpert *Nymphoides* S. 1192

\- Blätter *nicht* nieren- bis herzförmig ... 17

17 Blätter kammförmig gefiedert, meist untergetaucht, quirlig. Blüten quirlig, in aufrechtem bis 50 cm hohem Gesamtblütenstand *Hottonia* S. 968

\- Blätter ungeteilt, spatelig. Blüten einzeln, lang gestielt. Pflanze < 10 cm hoch *Limosella* S. 1098

18 (13) Blüten mit zahlreichen freien Fruchtblättern. Blätter wechselständig. Krone meist weißlich (oft mit gelben Grund); wenn einheitlich gelb: im Uferbereich wachsend *Ranunculus* S. 482

\- Blüten mit 3 verwachsenen Fruchtblättern. Blätter quirlig, mit mehreren Fühlborsten u. Fangblase (insektivor) *Aldrovanda* S. 880

19 (9) Blätter parallel- o. 1-nervig ... 20

\- Blätter fiedernervig ... 34

20 Fruchtknoten oberständig ... 21

\- Fruchtknoten unterständig ... 28

21 Blätter schmal-lineal bis länglich, < 4 mm breit. Pflanze < 15 cm hoch ... 22

\- Blätter *nicht* schmal-lineal; wenn länglich: Blätter breiter u. Pflanze größer ... 23

22 Blüten zwittrig, mit 6 Staubblättern, in wenigblütigem traubenartigem Blütenstand. Schötchen, mehrsamig *Subularia* S. 840

\- Blüten 1-geschlechtig. ♂ mit 4 Staubblättern, lang gestielt. ♀ Blüten zu 2-3 an der Basis des Stiels der ♂ Blüten. Nüsse, 1-samig *Plantago* S. 1064

23 (21) Überwasserblätter mit pfeilförmiger Spreite, gestielt. Blüten 1-geschlechtig, mit zahlreichen Staubblättern *Sagittaria* S. 164

\- Blätter *nicht* pfeilförmig. Blüten zwittrig ... 24

24 Blätter herzförmig. Pflanze < 30 cm hoch. Blüten weißlich, mit > 10 Staubblättern *Caldesia* S. 162

\- Blätter *nicht* herzförmig ... 25

25 Blätter länglich-lineal, ungestielt, basal 3-kantig. Blüten mit 8-10 Staubblättern, in vielblütigen Dolden *Butomus* S. 164

\- Blätter länglich-lanzettlich bis oval, gestielt. Staubblätter: 6 ... 26

26 Fruchtknoten > 12, an ± gewölbtem Blütenboden. Blätter länglich-lanzettlich. Blüten in endständigen Dolden *Baldellia* S. 162

\- Fruchtknoten 6-12, an ± flachem Blütenboden. Wenn Blätter länglich-lanzettlich: Blüten quirlig, in trauben- bis rispenartigem Gesamtblütenstand ... 27

27 Blüten einzeln. Schwimmblätter gestielt, breit-oval. Tauchblätter (zuweilen fehlend) mit schmal-linealer Spreite *Luronium* S. 164
\- Blüten quirlig, in trauben- bis rispenartigem Gesamtblütenstand. Blätter andersartig *Alisma* S. 160
28 (20) Pflanze mit Schwimmblättern ... 29
\- Pflanze *ohne* Schwimmblätter ... 30
29 Schwimmblätter flach auf der Wasseroberfläche schwimmend, lang gestielt, rund bis herz- o. nierenförmig, ganzrandig *Hydrocharis* S. 164
\- Blätter ± aufrecht aus dem Wasser ragend, sitzend, lanzettlich bis 3-eckig, am Rand grob gezähnt *Stratiotes* S. 166
30 (28) Alle Laubblätter in basaler Rosette, breit-lineal, verdreht, am Rand (schwach) gezähnt *Vallisneria* - Wasserschraube
\- Stängel mit Laubblättern ... 31
31 Unter Blätter wechselständig, obere wechselständig bis quirlig *Lagarosiphon* - Wechselblatt-Wasserpest
\- Blätter quirlig o. (fast) gegenständig ... 32
32 Stängelglieder 8–30 mm lang. Blätter in 4–6-zähligen Quirlen, am Rand scharf gezähnt. Griffel ungeteilt *Hydrilla* - Grundnessel
\- Stängelglieder < 8 mm lang. Blätter in 3–4-zähligen Quirlen, am Rand fein gesägt. Griffel 2-lappig ... 33
33 Blätter überwiegend in 3-zähligen Quirlen. Blüten 3–10 mm ⌀, einzeln von einem Hochblatt umgeben *Elodea* S. 166
\- Blätter überwiegend in 4-zähligen Quirlen. Blüten 10–20 mm ⌀, je 2–4 von einem Hochblatt umgeben *Egeria* - Dichte Wasserpest
34 (19) Pflanze mit Schwimmblättern ... 35
\- Pflanze *ohne* Schwimmblätter ... 37
35 Schwimmblätter rautenförmig, distal gezähnt, mit bauchig aufgeblasenem Stiel. Krone 4-blättrig *Trapa* S. 748
\- Schwimmblätter basal herzförmig ausgerandet, ganzrandig. Blüten mit > 10 Kronblättern ... 36
36 Blütenhüllblätter gelblich; äußerer Kreis aus 5 größeren, innerer aus 10–18 kleineren Blättern; letztere mit Nektardrüsen. Blattnerven am Rand *nicht* verbunden *Nuphar* S. 150
\- Kronblätter > 10, weißlich, zuweilen rötlich-violett überlaufen. Blattnerven am Rand verbunden *Nymphaea* S. 152
37 (34) Stängelblätter kammförmig gefiedert, quirlig *Myriophyllum* S. 522
\- Stängelblätter ungeteilt, gegen- o. wechselständig ... 38
38 Krone u. Kelch je 3–4-blättrig. Blütenboden ± flach. Blätter gegenständig o. quirlig *Elatine* S. 688
\- Krone u. Kelch je 6-blättrig. Blütenboden krugförmig bis röhrig. Blätter gegen- o. wechselständig *Lythrum* S. 748
39 (8) Blüten mit mehreren freien Fruchtblättern ... 40
\- Blüten mit 1 Fruchtblatt bzw. Fruchtknoten ... 45
40 Staubblätter: 4 ... 41
\- Staubblätter: 1–2 (3) ... 44
41 Tauchblätter schmal-lineal ... 42
\- Tauchblätter länglich-lanzettlich bis eiförmig ... 43
42 Blätter mit langröhrig verwachsenen Nebenblättern *Stuckenia* S. 180
\- Nebenblätter nur basal verwachsen *Potamogeton* S. 172
43 (41) Blätter überwiegend wechselständig (im Blütenstand auch fast gegenständig), mit aus den Nebenblättern gebildeter Blattscheide. Fruchtwand derb, Blütenstand meist > 6-blütig *Potamogeton* S. 172
\- Blätter meist gegenständig, ± stängelumfassend, *ohne* Blattscheide. Fruchtwand dünn. Blütenstand 1–6-blütig *Groenlandia* S. 172
44 (40) Blütenstand ährenartig, 2-blütig. Blüten zwittrig, mit 2 geteilten Staubblättern. Im Salz- u. Brackwasser *Ruppia* S. 184
\- Blüten zu wenigen, 1-geschlechtig, mit 1–2 Staubblättern. Im Süß- u. Brackwasser *Zannichellia* S. 182
45 (39) Fruchtknoten unterständig ... 46
\- Fruchtknoten oberständig ... 48
46 Blätter fiederspaltig bis gefiedert. Blüten in (zusammengesetzten) Dolden *Apiaceae* (*Helosciadium, Cicuta, Sium, Oenanthe*) S. 96, 1370
\- Blätter ungeteilt. Blüten in Trauben, Rispen o. einfachen Dolden ... 47
47 Spreite kreisrund. Blattstiel der Mitte der Spreitenunterseite entspringend. Blüten < 0,5 cm ⌀, grünlich-gelblich bis weißlich, in köpfchenförmigen Dolden *Hydrocotyle* S. 1370
\- Spreite länglich-lineal, im QS trapezförmig. Blüten > 1 cm ⌀, kräftig gelb *Iris* S. 222
48 (45) Pflanze mit Schwimmblättern ... 49
\- Pflanze *ohne* Schwimmblätter ... 52
49 Blätter gegenständig, < 2 cm lang. Blüten 1-geschlechtig, mit 1 Staubblatt *Callitriche* S. 1076
\- Blätter wechselständig, > 2 cm lang. Blüten zwittrig, mit ≥ 3 Staubblättern ... 50
50 Schwimmblätter basal herzförmig ausgerandet. Alle Blütenhüllblätter gelblich; äußerer Kreis aus 5 größeren, innerer aus 10–18 kleineren Blättern; letztere mit Nektardrüsen. Fruchtknoten ≥ 5-blättrig *Nuphar* S. 150
\- Schwimmblätter basal *nicht* herzförmig. Blüten *nicht* gelblich. Fruchtknoten ≤ 3-blättrig ... 51
51 Blätter länglich-oval. Blüten zwittrig, weißlich bis rötlich, mit 5 Perigonblättern, in ährenartigen Blütenständen *Persicaria* S. 862
\- Blätter länglich-lineal. Blüten 1-geschlechtig, grünlich, mit 3 Perigonblättern, in aus übereinanderstehenden, kugeligen Teilblütenständen gebildeten Ähren o. Trauben *Sparganium* S. 248
52 (48) Blätter überwiegend quirlig ... 53
\- Allenfalls einzelne Knoten mit quirligen Blättern ... 57

53 Blätter kammförmig gefiedert *Myriophyllum* **S. 522**
\- Blätter *nicht* kammförmig gefiedert … 54
54 Blätter 1- bis mehrfach gefiedert, am Rand gezähnt. Blüten mit > 10 Staubblättern *Ceratophyllum* **S. 444**
\- Blätter ungeteilt. Blüten mit 1–2 Staubblättern … 55
55 Blätter am Rand grob gezähnt. Blüten 1-geschlechtig, *ohne* Blütenhülle *Najas* **S. 168**
\- Blätter ganzrandig … 56
56 Stängel 10–50 cm weit aus dem Wasser ragend. Überwasserblätter schmal-lineal, in 5–20-zähligen Quirlen. Blüten zwittrig, mit unscheinbarem Perigon *Hippuris* **S. 1078**
\- Stängel kaum aus dem Wasser ragend. Blätter länglich bis oval, basal meist verschmälert, gegenständig, distal (scheinbar) quirlig. Blüten 1-geschlechtig, *ohne* Blütenhülle *Callitriche* **S. 1076**
57 (52) Blätter gegenständig o. quirlig, am Rand grob gezähnt *Najas* **S. 168**
\- Blätter wechselständig, ganzrandig o. (sehr) fein gezähnt … 58
58 Stängel in hohle Internodien u. verdickte Knoten gegliedert, oben im QS rund. Blüten in zahlreichen Ährchen in rispenartigem Gesamtblütenstand. Blütenhüllblätter fehlend bzw. spelzenartig. Blätter lineal, mit Haarkranz o. Blatthäutchen (*Poaceae*) … 59
\- Habitus andersartig … 61
59 Stängel (inkl. Blattscheiden) unten ± abgeflacht . Blätter in Knospenlage gefaltet. Ährchen 4–15-blütig *Glyceria* **S. 408**
\- Stängel (inkl. Blattscheiden) unten ± rund. Blätter in Knospenlage gerollt. Ährchen 3–5-blütig … 60
60 Blatthäutchen häutig. Ährchen in einer knäueligen Rispe, 1-blütig, basal mit 2 sterilen, behaarten Schuppen. Ährenachse kahl bis kurz behaart *Phalaroides* **S. 378**
\- Blatthäutchen als Haarkranz. Ährchen in einer lockeren o. zusammengezogenen Rispe, *nicht* knäuelig, 3-blütig. Ährenachse lang behaart *Phragmites* **S. 432**
61 (58) Blüten in aus übereinanderstehenden, kugeligen Teilblütenständen gebildeten Ähren o. Trauben, 1-geschlechtig, grünlich, mit 3 Perigonblättern *Sparganium* **S. 248**
\- Blütenstände anders. Blüten mit 5 Perigonblättern *oder* Blütenhülle fehlend … 62
62 Blüten mit 5 Perigonblättern, zwittrig, weißlich bis rötlich, in ährenartigen Blütenständen. Blätter länglich-oval *Persicaria* **S. 862**
\- Blütenhüllblätter fehlend. Blätter länglich-lineal … 63
63 Blätter mit Blattscheide. Blüten mit 1 Staubblatt. Im Salz- u. Brackwasser *Zostera* **S. 170**
\- Blätter *ohne* Blattscheide. Staubblätter: 2–3. Im Süßwasser *Isolepis* **S. 276**

Tabelle 7: Einkeimblättrige – Bestimmung der Familien

1 Freischwimmende o. am Gewässergrund wurzelnde Wasserpflanze mit an der Oberfläche schwimmenden Blättern … 2
\- Pflanze terrestrisch wachsend *oder* Wasserpflanze *ohne* Schwimmblätter … 7
2 Sehr kleine Wasserpflanze, die nur aus an der Oberfläche schwimmenden blattartigen Stängelgliedern besteht. Stängelglieder < 10 mm lang *Araceae* (*Lemnoideae*) **S. 62, 154**
\- Größere Wasserpflanze mit deutlicher Gliederung in Stängel u. Blätter … 3
3 Blüten- bzw. Fruchtstände kolben- bis ährenartig … 4
\- Blüten einzeln, quirlig bis doldig *oder* in kugeligen Teilblütenständen … 5
4 Blütenstand von großem weißlichem Hochblatt umgeben. Schwimmblätter herzförmig. Tauchblätter fehlen. Beeren, rot bis orange *Araceae* (*Calla*) **S. 62, 154**
\- Blütenstand *ohne* weißliches Hochblatt. Pflanze meist mit Schwimm- *und* immer mit Tauchblättern. Schwimmblätter *nicht* herzförmig, oft mit Verbindungsnerven *Potamogetonaceae* **S. 63, 172**
5 (3) Blütenstand endständig, aus übereinanderstehenden, kugeligen Teilblütenständen gebildete Ähre o. Traube. Obere Köpfchen ♂, untere ♀. Schwimmblätter lineal, > 10 cm lang *Typhaceae* (*Sparganium*) **S. 66, 248**
\- Blüten quirlig bis doldig *oder* einzeln; wenn Schwimmblätter lineal: < 10 cm lang … 6
6 Blütenstand quirlig bis doldig. Blüten mit ≥ 6 oberständigen, allenfalls basal verwachsenen Fruchtblättern *Alismataceae* **S. 63, 160**
\- Blüten einzeln o. zu wenigen in den Achseln von Laubblättern. Fruchtknoten 3–6-blättrig, unterständig, verwachsen *Hydrocharitaceae* **S. 63, 164**
7 (1) Wasserpflanze mit Tauchblättern, allenfalls die Blüten aus dem Wasser ragend … 8
\- Pflanze terrestrisch wachsend; wenn im Wasser wurzelnd: *ohne* spezialisierte Schwimm- o. Tauchblätter, zumindest die blühenden Sprosse aus dem Wasser ragend … 11
8 Blätter meist < 2 mm breit, schmal-lineal, ganzrandig. Pflanze im Salz- u. Brackwasser. Blüten u. Früchte sich unter Wasser entwickelnd … 9
\- Blätter > 2 mm breit. Pflanze meist im Süßwasser, selten im Brackwasser … 10
9 Blätter meist 1–3 mm breit; wenn schmäler: distal eingeschnitten. Blütenstand ährenartig, ≥ 5-blütig, ± abgeflacht, mit 1 laubblattartigen Hochblatt verwachsen. Blüten mit 1 Staubblatt u. 1–2 Fruchtblättern *Zosteraceae* (*Zostera*) **S. 170**
\- Blätter fadenförmig, < 1 mm breit, abgerundet bis spitz. Blütenstand 2-blütig, in der Achsel von mehreren laubblattartigen Hochblättern, *nicht* mit diesen verwachsen. Blüten mit 2 Staubblättern u. 4 Fruchtblättern *Ruppiaceae* (*Ruppia*) **S. 184**
10 (8) Blüten- bzw. Fruchtstände kolben- bis ährenartig *Potamogetonaceae* **S. 63, 172**
\- Blüten einzeln *Hydrocharitaceae* **S. 63, 164**
11 (7) Blütenhülle fehlend o. stark reduziert. Blüten unscheinbar, *ohne* auffällig gefärbte Hochblätter … 12
\- Blüten meist mit ± auffällig gefärbten Blütenhüllblättern; wenn fehlend: mit auffällig gefärbten Hochblättern … 19

12 Stängel im QS rund, meist in hohle Internodien u. verdickte Knoten gegliedert. Blüten in mehreren Ährchen (Süßgräser). Blütenhüllblätter fehlend o. spelzenartig. Spreitenbasis meist mit Haarkranz o. Blatthäutchen *Poaceae* **S. 67, 342**

\- Habitus andersartig ... 13

13 Blütenstand (scheinbar) seitenständig, in der Achsel eines stängelartigen Hochblattes, kolbenartig. Blätter 2-zeilig angeordnet, unangenehm riechend *Acoraceae* (*Acorus*) **S. 154**

\- Habitus andersartig ... 14

14 Blütenstand endständig, aus übereinanderstehenden, kugeligen Teilblütenständen gebildete Ähre o. Traube. Obere Köpfchen ♂, untere ♀. Im Wasser o. Uferbereich *Typhaceae* (*Sparganium*) **S. 66, 248**

\- Blütenstand andersartig ... 15

15 Blütenstand endständig, kolbenartig, zylinderförmig. ♂ Teilblütenstand oberhalb des meist dunkelbraunen bis schwarzen ♀ Teilblütenstandes. Früchte < 1 mm lang, lang behaart. Im Uferbereich wachsend *Typhaceae* (*Typha*) **S. 66, 248**

\- Blütenstand andersartig ... 16

16 Blüten *ohne* Blütenhülle. Stängel im QS meist 3-kantig. Blätter 3-zeilig angeordnet. 1-samige Nüsse. Blüten in Ährchen, meist in traubenartigem Gesamtblütenstand *Cyperaceae* **S. 66, 274**

\- Blüten mit 6 Perigonblättern. Stängel im QS meist rund. Blätter *nicht* 3-zeilig angeordnet. Kapseln, Bälge o. Spaltfrüchte ... 17

17 Blüten einzeln o. in Knäueln, in rispenartigem Gesamtblütenstand *Juncaceae* **S. 66, 252**

\- Blütenstand trauben- bis ährenartig ... 18

18 Staubblätter *ohne* Staubfäden. Bälge o. Spaltfrüchte, kugelig o. länglich-lineal. Blütenstiele meist kürzer als die Perigonblätter *Juncaginaceae* (*Triglochin*) **S. 170**

\- Staubblätter mit Staubfäden. Kapseln, eiförmig, aufgeblasen, kurz geschnäbelt. Blütenstiele länger als die Perigonblätter *Scheuchzeriaceae* (*Scheuchzeria*) **S. 168**

19 (11) Blüten zygomorph ... 20

\- Blüten radiär ... 22

20 Griffeläste kronblattartig, auffällig gefärbt, länger als die Perigonblätter. Blätter derb, im QS trapezförmig. Rhizom dick, meist quer-gegliedert *Iridaceae* (*Iris*) **S. 65, 220**

\- Griffeläste *nicht* kronblattartig ... 21

21 Staubblätter (1–2) u. Griffel zu säulenartigem Organ verwachsen. Samen wenigzellig, meist < 0,5 cm lang *Orchidaceae* **S. 64, 194**

\- Staubblätter: 3, frei. Samen größer *Iridaceae* (*Gladiolus*) **S. 65, 220**

22 (19) Fruchtknoten unterständig ... 23

\- Fruchtknoten oberständig ... 25

23 Blätter fiedernervig, herz- bis pfeilförmig. Mehrjährige Kletterpflanze, mit dornenartigen hakenförmigen Nebenblättern *Dioscoreaceae* (*Dioscorea*) **S. 184**

\- Blätter parallelnervig, lineal bis länglich. Pflanze *ohne* Dornen ... 24

24 Blüten mit 6 Staubblättern, weißlich o. gelblich *Amaryllidaceae* (*Leucojum, Narcissus*) **S. 66, 236**

\- Staubblätter: 3 *Iridaceae* **S. 65, 220**

25 (22) Blätter fiedernervig ... 26

\- Blätter parallelnervig ... 27

26 Blätter pfeil- bis spießförmig, lang gestielt, in basaler Rosette. Blütenstand kolbenartig, von 1 großem weißem Hochblatt eingehüllt. Rötliche Beeren *Araceae* (*Arum*) **S. 62, 154**

\- Blätter länglich-oval, kurz gestielt bis sitzend, in *einem* 4-blättrigem Wirtel. Blüten einzeln, endständig, gelblich bis grünlich. Schwarze Beeren *Melanthiaceae* (*Paris*) **S. 64, 186**

27 (25) Blüten in Quirlen, Dolden o. kugeligen Köpfchen ... 28

\- Blüten einzeln o. in ähren-, trauben- o. rispenartigen Blütenständen ... 30

28 Blütenstände kugelig bis doldenartig, oft auf langem Schaft, anfangs von 2 häutigen Tragblättern umhüllt. Blätter mit auffälligem Geruch. Zwiebelgeophyt, an frischen bis trockenen Standorten *Amaryllidaceae* (*Allium*) **S. 66, 236**

\- Blütenstände *ohne* häutige Tragblätter. Blätter *ohne* auffallenden Geruch. Rhizomgeophyt, im Wasser o. Uferbereich ... 29

29 Staubblätter: 9. Vielsamige Bälge. Blätter länglich-lineal, 30–100 cm lang, basal 3-kantig. Blütenstand endständig, doldenartig, vielstrahlig *Butomaceae* (*Butomus*) **S. 164**

\- Staubblätter: 6, 12 o. viele. 1-samige Nussfrüchtchen; wenn Blütenstand endständig u. doldenartig: wenigstrahlig *Alismataceae* **S. 63, 160**

30 (27) Perigonröhre > 2 cm lang, aus der Zwiebel entspringend. Stängel 1-blütig, zur Blütezeit komplett unterirdisch ... 31

\- Blüten allenfalls mit kurzer Röhre. Stängel meist mehrblütig, auch während der Blütezeit oberirdisch ... 32

31 Pflanze im Herbst blühend, die Blätter im Frühsommer zusammen mit im Vorjahr angelegten Kapseln erscheinend. Staubblätter: 6. Blätter länglich bis oval *Colchicaceae* (*Colchicum*) **S. 186**

\- Pflanze im Frühjahr blühend. Blätter u. Blüten gleichzeitig entwickelt. Staubblätter: 3. Blätter lineal *Iridaceae* (*Crocus*) **S. 65, 220**

32 (30) Staubblätter: 4. Stängel mit 1–3 gestielten, herzförmigen Blättern. Blüten weißlich, in endständiger Traube. Rötliche Beeren *Asparagaceae* (*Maianthemum*) **S. 66, 226**

\- Staubblätter: 6. Stängelblätter *nicht* herzförmig ... 33

33 Blätter im QS trapezförmig, 2-zeilig angeordnet ... 34

\- Blätter im QS *nicht* trapezförmig, *nicht* 2-zeilig angeordnet ... 35

34 Blüten goldgelb bis gelblich-grünlich, mit 1 Griffel u. 1 Narbe. Staubfäden behaart *Nartheciaceae* (*Narthecium*) **S. 184**

-	Blüten weißlich bis gelblich, mit 3 Griffeln u. Narben. Staubfäden kahl *Tofieldiaceae* (*Tofieldia*) S. 160	
35	(33) Seitenzweige letzter Ordnung quirlig, laubblattartig, ihre Tragblätter zu Dornen umgewandelt. Blüten meist 1-geschlechtig, glockig-trichterförmig, grünlich-gelblich o. weißlich. Rötliche Beeren *Asparagaceae* (*Asparagus*) S. 66, 226	
-	Pflanze *ohne* laubblattartige Seitenäste o. Dornen	36
36	Alle Laubblätter in basaler Rosette *Asparagaceae* S. 66, 226	
-	Stängel mit Laubblättern	37
37	Blüten mit 3 Griffeln, in endständigem, trauben- bis rispenartigem Blütenstand, gelblich-grünlich o. weißlich, 6–18 mm lang. Blätter > 5 cm breit. Kapseln *Melanthiaceae* (*Veratrum*) S. 64, 186	
-	Blüten mit 1 (zuweilen undeutlichem) Griffel	38
38	Perigonblätter bis über die Hälfte verwachsen. Beeren. Blüten weißlich *Asparagaceae* (*Polygonatum, Convallaria*) S. 66, 226	
-	Perigonblätter frei o. nur basal verwachsen. Kapseln *Liliaceae* S. 64, 188	

Tabelle 8: Krautige Zweikeimblättrige u. Basale Bedecktsamer mit Perigon o. fehlender Blütenhülle (inkl. Halbsträucher) – Bestimmung der Familien

1	Wasserpflanze mit spezialisierten Schwimm- o. Tauchblättern Wasserpflanzen – Tabelle 6 – S. 48	
-	Pflanze terrestrisch wachsend; wenn im Uferbereich: *ohne* spezialisierte Schwimm- o. Tauchblätter	2
2	Fruchtknoten oberständig	3
-	Fruchtknoten unterständig	39
3	Pflanze mit Milchsaft	4
-	Pflanze *ohne* Milchsaft	5
4	Blüten 1-geschlechtig, *ohne* Blütenhülle, gemeinsam mit Hoch- u. Nektarblättern Scheinblüten bildend. Scheinblüten meist in doldenartigen (pleiochasialen) Blütenständen. Fruchtknoten 3-blättrig *Euphorbiaceae* (*Euphorbia*) S. 78, 720	
-	Blüten zwittrig, mit auffällig gefärbten Kronblättern (Kelch 2-blättrig, früh abfallend), einzeln o. in traubenartigen Blütenständen. Fruchtknoten > 3-blättrig *Papaveraceae* (*Papaveroideae*) S. 71, 446	
5	(3) Blüten überwiegend zwittrig	6
-	Blüten (meist) 1-geschlechtig	32
6	Perigonblätter verwachsen	7
-	Perigonblätter frei	12
7	Perigon 3-blättrig. Fruchtknoten 6-blättrig. Pflanze niederliegend mit nierenförmigen Blättern u. glockig-trichterförmigen bräunlich-rötlichen Blüten *oder* Kletterpflanze mit herzförmigen Blättern u. gelblichen Blüten mit bauchig erweiterter Röhre *Aristolochiaceae* S. 62, 152	
-	Perigon 4–5-blättrig. Fruchtknoten ≤ 5-blättrig	8
8	Fruchtknoten 1-blättrig. Blüten grünlich bis rötlich, in Knäueln *Urticaceae* (*Parietaria*) S. 77, 662	
-	Fruchtknoten aus mehreren Fruchtblättern	9
9	Fruchtknoten mit 2–3 Griffeln. Stängel mit häutiger Blattscheide *Polygonaceae* (*Polygonum*) S. 83, 858	
-	Fruchtknoten mit 1 Griffel. Stängel *ohne* Blattscheide	10
10	Pflanze 2- bis mehrjährig. Stängel niederliegend, < 10 (20) cm hoch. Kapseln. Blätter lanzettlich bis oval, 1-nervig. Blüten rosa bis rötlich *Primulaceae* (*Glaux*) S. 86, 968	
-	Pflanze 1-jährig. Stängel ± aufrecht, > 10 cm hoch. Nüsse	11
11	Blätter rautenförmig bis 3-eckig, buchtig gezähnt, > 2 cm lang, gestielt *Amaranthaceae* (*Oxybasis*) S. 84, 934	
-	Blätter lineal bis lanzettlich, < 2 cm lang, sitzend. Blüten gelblich-grünlich *Thymelaeaceae* (*Thymelaea*) S. 79, 776	
12	(6) Blüten gespornt. Staubblätter verwachsen *Papaveraceae* (*Fumarioideae*) S. 71, 446	
-	Blüten *ohne* Sporn. Staubblätter frei	13
13	Alle Laubblätter in *einem* 4-blättrigem Wirtel. Blüten einzeln, endständig, radiär, gelblich bis grünlich. Schwarze Beeren *Melanthiaceae* (*Paris*) S. 64, 186	
-	Blätter *nicht* in *einem* 4-blättrigem Wirtel	14
14	Blüten mit 4 Kelch-, 4 Kron- u. 6 Staubblättern. Fruchtknoten meist 2-fächrig. Meist Öffnungsfrüchte mit (falscher) Scheidewand *Brassicaceae* S. 79, 782	
-	Blüten u. Früchte andersartig	15
15	Blüten zygomorph	16
-	Blüten radiär	17
16	Blätter *ohne* Chlorophyll, bleich, schuppenförmig *Ericaceae* (*Hypopitys*) S. 86, 984	
-	Blätter mit Chlorophyll, grünlich, gelappt, fiederspaltig bis gefiedert *Ranunculaceae* S. 72, 458	
17	(15) Blüten mit mehreren freien Fruchtblättern	18
-	Blüten mit 1 Fruchtblatt bzw. Fruchtknoten	19
18	Fruchtblätter zunächst frei, später verwachsen. Beerenartige Früchte, schwarz bis violett. Blüten weißlich, in Trauben. Blätter ungeteilt *Phytolaccaceae* (*Phytolacca*) S. 960	
-	Fruchtblätter auch zur Fruchtreife frei, allenfalls basal verwachsen. Bälge o. Nüsschen. Blätter meist gelappt bis fiederteilig *Ranunculaceae* S. 72, 458	
19	(17) Blätter mit Nebenblättern	20
-	Nebenblätter fehlen	22
20	Blätter gegenständig *Caryophyllaceae* S. 83, 882	
-	Blätter wechselständig	21

21 Nebenblätter als den Stängel umgebende, häutige Blattscheide ausgebildet. Spreite im Umriss *nicht* kreisrund **Polygonaceae S. 83, 858**
\- Nebenblätter *nicht* scheidig verwachsen **Rosaceae** (*Alchemilla, Aphanes, Sanguisorba*) **S. 75, 592**
22 (19) Blüten mit ≥ 12 Staubblättern ... 23
\- Blüten mit < 12 Staubblättern ... 24
23 Staubblätter in Kreisen. Blätter gegenständig, länglich bis spatelförmig, oft sukkulent **Portulacaceae** (*Portulaca*) **S. 962**
\- Staubblätter ± spiralig angeordnet. Blätter wechselständig **Ranunculaceae S. 72, 458**
24 (22) Blätter *ohne* Chlorophyll, bleich, schuppenförmig **Ericaceae** (*Hypopitys*) **S. 86, 984**
\- Blätter mit Chlorophyll, grünlich ... 25
25 Blüten mit 5–12 Fruchtblättern, diese zunächst frei, später verwachsen. Beerenartige Früchte, schwarz bis violett. Blüten weißlich, in Trauben. Blätter ungeteilt, länglich bis oval, 10–50 cm lang **Phytolaccaceae** (*Phytolacca*) **S. 960**
\- Habitus andersartig. Fruchtknoten von Anfang an verwachsen (oder nur 1 Fruchtblatt vorhanden) ... 26
26 Blätter überwiegend wechselständig o. wirtelig ... 27
\- Blätter überwiegend gegenständig ... 29
27 Stängel mit häutiger Blattscheide **Polygonaceae S. 83, 858**
\- Stängel *ohne* häutige Blattscheide ... 28
28 Blüten > 0,5 mm ⌀. Perigon kronblattartig, gelblich. Fruchtknoten 2-blättrig. Blätter 1–2-fach gefiedert **Berberidaceae** (*Epimedium*) **S. 72, 456**
\- Blüten < 0,5 mm ⌀. Perigon spelzenartig. Fruchtknoten 1-blättrig. Blätter ungeteilt bis gelappt **Amaranthaceae S. 84, 934**
29 (26) Perigonblätter kronblattartig, weißlich o. gelblich. Mit 2 kelchblattartigen Vorblättern direkt unterhalb der Blüten ... 30
\- Perigon aus grünlichen Kelchblättern ... 31
30 Blüten mit ≥ 8 Staubblättern, gelblich. Blätter oft sukkulent **Portulacaceae** (*Portulaca*) **S. 962**
\- Blüten mit 3–5 Staubblättern, weißlich o. grünlich **Montiaceae S. 85, 960**
31 (29) Blätter mit deutlicher Fiedernervatur, länglich bis oval, gestielt **Urticaceae** (*Parietaria*) **S. 77, 662**
\- Blätter 1- o. wenignervig, (scheinbar) parallelnervig, länglich bis lineal, ungestielt **Caryophyllaceae** (*Minuartia, Sagina, Scleranthus*) **S. 83, 882**
32 (5) Blätter gefingert o. handförmig gelappt ... 33
\- Blätter ungeteilt, gefiedert o. gelappt (aber *nicht* handförmig) ... 34
33 Blüten mit 3 je 2-lappigen Narben. Fruchtknoten 3-blättrig. Stachelige Kapseln. Blüten in Knäulen. Gesamtblütenstand rispenartig, oben ♀, unten ♂ **Euphorbiaceae** (*Ricinus*) **S. 78, 720**
\- Blüten mit 2 Narben. Fruchtknoten 2-blättrig. Nüsse, vom bleibenden Perigon umschlossen. Pflanze meist 2-häusig **Cannabaceae S. 76, 660**
34 (32) Blütenstand kolbenartig, von großem weißlichem Hochblatt umgeben. Blätter pfeil- bis spießförmig, lang gestielt. Rötliche Beeren **Araceae** (*Arum*) **S. 62, 154**
\- Blütenstand *nicht* kolbenartig, *ohne* weißliches Hochblatt ... 35
35 Blätter gefiedert. Blütenstand köpfchenartig, obere Blüten ♀, mittlere zwittrig, untere ♂ **Rosaceae** (*Sanguisorba*) **S. 75, 592**
\- Blätter ungeteilt *oder* gelappt ... 36
36 Blätter meist gegenständig. Pflanze oft mit Brennhaaren **Urticaceae S. 77, 662**
\- Blätter meist wechselständig o. quirlig. Pflanze *ohne* Brennhaare ... 37
37 Stängel mit häutiger Blattscheide **Polygonaceae S. 83, 858**
\- Stängel *ohne* häutige Blattscheide ... 38
38 ♂ Blüten mit 8–12 Staubblättern. Pflanze meist 2-häusig **Euphorbiaceae** (*Mercurialis*) **S. 78, 720**
\- ♂ Blüten 3–5 Staubblättern. Pflanze meist 1-häusig **Amaranthaceae S. 84, 934**
39 (2) Blätter überwiegend gegenständig ... 40
\- Blätter überwiegend wechselständig o. quirlig ... 44
40 Blüten mit 8 Staubblättern, grünlich-gelblich, Pflanze < 15 cm hoch. Blätter rund bis nierenförmig, am Rand gekerbt **Saxifragaceae** (*Chrysosplenium*) **S. 73, 500**
\- Staubblätter: 2–5 ... 41
41 Perigonblätter frei, grünlich bis gelblich. Blüten 4-zählig. Pflanze niederliegend o. im Wasser flutend. Blätter ungeteilt, ganzrandig **Onagraceae** (*Ludwigia*) **S. 78, 750**
\- Perigonblätter verwachsen ... 42
42 Blütenstand ± würfelförmig, 4–5-blütig. Blüten grünlich-gelblich. Pflanze < 15 cm hoch. Blätter 1–2-fach gefiedert, frühsommergrün **Adoxaceae** (*Adoxa*) **S. 96, 1348**
\- Habitus andersartig ... 43
43 Staubblätter: 5. Staubbeutel den Griffel röhrenförmig umgebend, sich nach innen öffnend **Asteraceae S. 92, 1192**
\- Staubblätter: 2–4. Staubbeutel *nicht* röhrenförmig **Caprifoliaceae S. 96, 1352**
44 (39) Perigonblätter verwachsen ... 45
\- Perigonblätter frei ... 49
45 Staubbeutel den Griffel röhrenförmig umgebend, sich nach innen öffnend. Blüten in von Hüllkelch umgebenem Köpfchen. Fruchtknoten mit 2 Narben **Asteraceae S. 92, 1192**
\- Staubblätter frei. Staubbeutel *nicht* röhrenförmig ... 46
46 Perigon 3-blättrig. Fruchtknoten 6-blättrig. Niederliegende Pflanze mit nierenförmigen Blättern u. glockig-trichterförmigen, bräunlichen bis rötlichen Blüten *oder* Kletterpflanze mit herzförmigen Blättern u. gelblichen Blüten mit bauchig erweiterter Röhre **Aristolochiaceae S. 62, 152**

- Perigon 4-5-blättrig. Fruchtknoten 2-3-blättrig. Habitus andersartig 47

47 Blüten in (zusammengesetzten) Dolden. Fruchtknoten 2-blättrig, mit 2 Griffeln. Früchte meist in 2 Teilfrüchte zerfallend **Apiaceae S. 96, 1370**

- Blüten in (meist) rispenförmigen Di- u. Pleiochasien. Fruchtknoten 3-blättrig, mit 1 Griffel. Früchte *nicht* in Teilfrüchte zerfallend 48

48 Staubblätter: 3. Kelchblätter zu gefiederten Haaren umgewandelt. Fedrig behaarte Nüsse. Untere Stängelblätter länglich-oval, gelappt bis gefiedert **Caprifoliaceae** (*Valeriana*) **S. 96, 1352**

- Staubblätter: 4-5. Kelchblätter fehlend. Nüsse *ohne* Haarkrone. Blätter länglich-lineal **Santalaceae** (*Thesium*) **S. 854**

49 (44) Staubblätter: 8. grünlich-gelblich. Pflanze < 15 cm hoch. Blätter rund bis nierenförmig, am Rand gekerbt **Saxifragaceae** (*Chrysosplenium*) **S. 73, 500**

- Blüten mit 3-6 Staubblättern. Blätter andersartig 50

50 Blätter quirlig, ungeteilt, meist lineal bis länglich-lanzettlich **Rubiaceae S. 87, 1000**

- Blätter wechselständig 51

51 Mehrjährige Kletterpflanze, > 3 m hoch, mit dornenartigen, hakenförmigen Nebenblättern. Blüten mit 6 Perigon- u. 6 Staubblättern **Dioscoreaceae** (*Dioscorea*) **S. 184**

- Aufrechte Pflanze mit Rüben, < 1,5 m hoch. Nebenblätter fehlend. Blüten mit 5 Perigon- u. 5 Staubblättern **Amaranthaceae** (*Beta*) **S. 84, 934**

Tabelle 9: Krautige Zweikeimblättrige mit Kelchblättern u. freien Kronblättern (inkl. Halbsträucher) - Bestimmung der Familien

1 Wasserpflanze mit spezialisierten Schwimm- o. Tauchblättern **Wasserpflanzen - Tabelle 6 - S. 48**

- Pflanze terrestrisch wachsend; wenn im Uferbereich: *ohne* spezialisierte Schwimm- o. Tauchblätter 2

2 Staubblätter miteinander o. mit den Kronblättern verwachsen (bzw. an diesen entspringend) 3

- Staubblätter frei 10

3 Fruchtknoten unterständig. Blätter quirlig, ungeteilt, meist lineal bis länglich-lanzettlich. Blüten radiär, mit 3-5 Staubblättern **Rubiaceae S. 87, 1000**

- Fruchtknoten oberständig. Blätter *nicht* quirlig 4

4 Blüten mit 4 Staubblättern, radiär. Blätter länglich-lineal, sitzend, ganzrandig, mit wenigen Nerven **Linaceae S. 78, 734**

- Blüten mit > 4 Staubblättern 5

5 Blüten mit 5 Staubblättern, zygomorph 6

- Blüten mit > 5 Staubblättern 7

6 Blätter mit Nebenblättern. Blüten mit 5 meist grünen, ± gleich großen Kelchblättern. Fruchtknoten 3-blättrig. Eiförmige bis kurz-zylindrische Kapseln. Pflanze meist < 30 cm hoch **Violaceae** (*Viola*) **S. 690**

- Nebenblätter fehlend. Blüten mit 2 kleinen u. 1 großem, kronblattartig gefärbten u. gespornten Kelchblatt. Fruchtknoten 5-blättrig. Länglich-zylindrische Kapseln die sich explosionsartig öffnend. Pflanze meist > 30 cm hoch **Balsaminaceae** (*Impatiens*) **S. 964**

7 (5) Blüten mit 6 Staubblättern, gespornt **Papaveraceae** (*Fumarioideae*) **S. 71, 446**

- Blüten mit > 6 Staubblättern, *ohne* Sporn 8

8 Zygomorphe Schmetterlingsblüten mit Fahne, Flügel u. Schiffchen. Fruchtknoten 1-blättrig. Blätter mit Nebenblättern, meist gefiedert **Fabaceae S. 74, 526**

- Blüten ± radiär; wenn (undeutlich) zygomorph: *keine* Schmetterlingsblüten. Fruchtknoten aus mehreren Fruchtblättern 9

9 Blätter 3-teilig gefingert. Staubblätter: 10, allenfalls basal verwachsen **Oxalidaceae** (*Oxalis*) **S. 682**

- Blätter ungeteilt, gelappt bis fiederspaltig. Staubblätter: > 10, röhrig verwachsen **Malvaceae S. 79, 770**

10 (2) Blüten mit mehreren freien Fruchtblättern 11

- Blüten mit 1 Fruchtknoten 15

11 Blüten sehr groß, 4-14 cm ⌀, in Knospe ± kugelig, meist rötlich bis violett, mit < 5 Bälgen. Pflanze 50-100 cm hoch. Blätter tief gelappt bis gefiedert **Paeoniaceae** (*Paeonia*) **S. 496**

- Blüten kleiner; wenn ± kugelig: gelb, < 4 cm ⌀, mit > 12 Bälgen 12

12 Blätter sukkulent, ungeteilt. Blüten mit 1-mal *oder* 2-mal vielen Staubblättern wie Kronblättern. Fruchtknoten basal meist mit schuppenförmigen Nektardrüsen **Crassulaceae S. 73, 510**

- Blätter *nicht* deutlich sukkulent; wenn schwach sukkulent: alpine Pflanze mit gelappten bis gefiederten Blättern 13

13 Blätter mit Nebenblättern **Rosaceae S. 75, 592**

- Blätter *ohne* Nebenblätter 14

14 Blüten 1-geschlechtig, Pflanze 2-häusig, 80-150 cm hoch. Blüten weißlich bis gelblich, in endständigen, rispenartigen Blütenständen. Blätter 2-3-fach gefiedert. Bälge **Rosaceae** (*Aruncus*) **S. 75, 592**

- Blüten zwittrig **Ranunculaceae S. 72, 458**

15 (10) Fruchtknoten unterständig 16

- Fruchtknoten oberständig 22

16 Basal verholzter Halbstrauch. Blätter wechselständig **Ericaceae** (*Vaccinium*) **S. 86, 984**

- Pflanze krautig, allenfalls unterirdische Organe verholzt 17

17 Rhizom unterirdisch kriechend. Stängel mit < 4 gegenständigen Blattpaaren, mit 4 weißen Hochblättern unter dem knäueligen bis doldenartigen Blütenstand **Cornaceae S. 962**

- Habitus andersartig 18

18 Staubblätter: 10. Fruchtknoten mit 2 Griffeln *Saxifragaceae* (*Saxifraga*) S. 73, 500

\- Staubblätter: 2-8 19

19 Staubblätter: 2-4. Nüsse o. Spaltfrüchte 20

\- Staubblätter: 5 o. 8. Kapseln 21

20 Blätter quirlig, ungeteilt, meist lineal bis länglich-lanzettlich. Kelch u. Krone 3-6-blättrig *Rubiaceae* S. 87, 1000

\- Blätter gegenständig, herzförmig. Kelch u. Krone 2-blättrig. Birnenförmige Nüsse mit hakigen Borsten *Onagraceae* (*Circaea*) S. 78, 750

21 (19) Blüten mit 5 Kelch-, 5 Kron- u. 5 Staubblättern. Fruchtknoten 2-3-blättrig *Campanulaceae* S. 91, 1176

\- Blüten mit 4 Kelch-, 4 Kron- u. 8 Staubblättern. Fruchtknoten 4-blättrig *Onagraceae* (*Epilobium, Oenothera*) S. 78, 750

22 (15) Kelch 2-blättrig 23

\- Kelch > 2-blättrig 25

23 Pflanze mit Milchsaft. Blätter wechselständig, gelappt bis fiederspaltig. Krone 4-blättrig. Kelchblätter meist früh abfallend *Papaveraceae* (*Papaveroideae*) S. 71, 446

\- Pflanze *ohne* Milchsaft (zuweilen sukkulent). Blätter (fast) gegenständig, ungeteilt, ganzrandig 24

24 Blüten mit ≥ 8 Staubblättern *Portulacaceae* (*Portulaca*) S. 962

\- Blüten mit 3-5 Staubblättern *Montiaceae* S. 85, 960

25 (22) Blätter ungeteilt, zuweilen am Rand gesägt, gekerbt o. seicht gebuchtet 26

\- Blätter gelappt, fiederspaltig *oder* gefiedert 46

26 Blüten mit 6 Kelch- u. 6 Kronblättern. Blütenboden krugförmig bis röhrig vertieft *Lythraceae* (*Lythrum*) S. 78, 748

\- Kelch 3-5-blättrig 27

27 Blätter *ohne* Chlorophyll, bleich, schuppenförmig *Ericaceae* (*Hypopitys*) S. 86, 984

\- Blätter mit Chlorophyll, grünlich 28

28 Blüten mit 4 Kronblättern 29

\- Krone *nicht* 4-blättrig 33

29 Blätter wechselständig 30

\- Blätter gegenständig o. quirlig 31

30 Blüten mit > 8 Staubblättern. Fruchtknoten 1-fächrig *Resedaceae* (*Reseda*) S. 782

\- Blüten mit 6 Staubblättern. Fruchtknoten 2-fächrig *Brassicaceae* S. 79, 782

31 (29) Alle Laubblätter in *einem* 4-blättrigem Wirtel, meist > 10 cm lang. Blüten einzeln, gelblich bis grünlich. Schwarze Beeren *Melanthiaceae* (*Paris*) S. 64, 186

\- Stängel mit mehreren Knoten. Blätter meist gegenständig, meist < 10 cm lang 32

32 Kelchblätter distal 2-3-zähnig. Blätter *ohne* Blattscheide *Linaceae* (*Radiola*) S. 78, 734

\- Kelchblätter spitz o. abgerundet, *nicht* gezähnt. Blätter meist mit kurzer Blattscheide *Caryophyllaceae* (*Minuartia, Cerastium, Moenchia, Sagina*) S. 83, 882

33 (28) Fruchtknoten 2-blättrig 34

\- Fruchtknoten > 2-blättrig 35

34 Staubblätter 2-10. Blätter gegenständig, ungeteilt, ganzrandig *Caryophyllaceae* S. 83, 882

\- Staubblätter 10. Blätter meist wechselständig, meist gelappt bis gezähnt, oft sukkulent; wenn gegenständig: alpine Polsterpflanze, Blätter mit Kalkdrüsen, Blüten rötlich-violett *Saxifragaceae* (*Saxifraga*) S. 73, 500

35 (33) Fruchtknoten 3-blättrig 36

\- Fruchtknoten > 3-blättrig 42

36 Blüten mit > 10 Staubblättern. Blätter gegenständig 37

\- Blüten mit < 10 Staubblättern 38

37 Kelch aus 5 ± gleich großen Kelchblättern. Fruchtknoten mit 3 Griffeln. Blüten gelblich. Blätter oft drüsig punktiert *Hypericaceae* (*Hypericum*) S. 684

\- Kelch aus 3 größeren u. 2 kleineren Kelchblättern. Fruchtknoten mit 1 Griffel. Blüten weißlich o. gelblich *Cistaceae* S. 79, 778

38 (36) Blätter gegenständig 39

\- Blätter wechselständig o. (scheinbar) quirlig 40

39 Kelch aus 3 größeren u. 2 kleineren Kelchblättern. Staubblätter büschelig o. in > 2 Kreisen. Blätter *ohne* Blattscheide. Blüten gelb, > 0,5 cm ⌀ *Cistaceae* (*Tuberaria*) S. 79, 778

\- Kelch aus 5 ± gleich großen Kelchblättern. Staubblätter in 1-2 Kreisen. Blätter meist mit Blattscheide. Wenn Blüten gelb: < 0,5 cm ⌀ *Caryophyllaceae* S. 83, 882

40 (38) Insektivore Pflanze mit roten klebrigen Drüsen auf den Blättern. Alle Laubblätter in basaler Rosette *Droseraceae* (*Drosera*) S. 83, 880

\- Blätter *ohne* rote klebrige Drüsen 41

41 Stängel niederliegend, < 10 cm hoch. Kronblätter weißlich, oft rötlich überlaufen, *ohne* Knorpel. Blätter länglich-lineal, < 2 cm lang *Caryophyllaceae* (*Corrigiola*) S. 83, 882

\- Stängel aufrecht, > 10 cm hoch. Innere Perigonblätter grünlich, oft rötlich überlaufen, meist mit knorpelartigen Verdickungen (Schwielen); wenn Blätter länglich-lineal: > 2 cm lang *Polygonaceae* (*Rumex*) S. 83, 858

42 (35) Blätter gegenständig 43

\- Blätter wechselständig o. in basaler Rosette 44

43 Kapseln 8-10-fächrig. Blüten weißlich, basal gelblich. Kelch drüsig bewimpert *Linaceae* (*Linum*) S. 78, 734

\- Kapseln 2-5-fächrig; wenn Blüten weißlich: basal *nicht* gelblich *Caryophyllaceae* S. 83, 882

44 (42) Blätter herzförmig, meist in basaler Rosette. Blüten einzeln, lang gestielt, weißlich, mit auffallender Aderung *Celastraceae* (*Parnassia*) S. 77, 680

\- Blätter *nicht* herzförmig 45

45 Staubblätter 5. Stängel ± gleichmäßig bis zur Spitze beblättert *Linaceae* (*Linum*) S. 78, 734

- Staubblätter 10. Blätter überwiegend an der Stängelbasis, oft in basaler Rosette ***Ericaceae*** (*Monotropoideae*) **S. 86, 984**

46 (25) Blüten mit 4 Kelch-, 4 Kron- u. 6 Staubblättern. Fruchtknoten 2-fächrig. Öffnungsfrüchte ***Brassicaceae*** **S. 79, 782**

- Blüten andersartig … 47

47 Blätter 1-fach 3-teilig gefiedert; Fiederblättchen (fast) sitzend. Blüten weißlich (mit gelblicher Basis) o. gelblich. Kapseln zylinderförmig ***Oxalidaceae*** (*Oxalis*) **S. 682**

- Blätter *nicht* 3-teilig gefiedert … 48

48 Blätter 2-fach 3-teilig gefiedert; Fiederblättchen deutlich gestielt. Blüten gelblich, Kelch oft gelblich o. rötlich gefärbt ***Berberidaceae*** (*Epimedium*) **S. 72, 456**

- Blätter *nicht* 2-fach 3-teilig gefiedert … 49

49 Blätter unterbrochen gefiedert. Blütenachse krug- bis becherförmig, die Frucht umschließend. Blüten gelblich ***Rosaceae*** (*Agrimonia, Aremonia*) **S. 75, 592**

- Blätter *nicht* unterbrochen gefiedert … 50

50 Kelch 4-blättrig. Kronblätter weißlich, länglich-schmal, kürzer als die Staubblätter. Blätter 2-fach gefiedert. Schwarze Beeren ***Ranunculaceae*** (*Actaea*) **S. 72, 458**

- Kelch 5-6-blättrig … 51

51 Kelch meist 6-blättrig. Blüten mit > 10-Staubblättern, leicht zygomorph, gelblich, kurz gestielt, in ähren- bis traubenartigem Blütenstand. Blätter gelappt bis fiederspaltig. Zylindrische Kapseln ***Resedaceae*** (*Reseda*) **S. 782**

- Kelch 5-blättrig. Blüten mit < 10 Staubblättern. Wenn Kapseln: *nicht* zylindrisch … 52

52 Fruchtknoten mit 2 deutlich voneinander getrennten Griffeln ***Saxifragaceae*** (*Saxifraga*) **S. 73, 500**

- Fruchtknoten mit 1 Griffel, dieser allenfalls distal etwas eingeschnitten … 53

53 Griffel sich reif verlängernd. Blätter mit Nebenblättern, im Umriss rund bis handförmig gelappt *oder* gefiedert. Blüten bläulich- bis rötlich-violett ***Geraniaceae*** **S. 78, 738**

- Griffel sich *nicht* verlängernd. Blätter *ohne* Nebenblätter, gefiedert, durch Öldrüsen punktiert, aromatisch riechend. Blüten gelblich o. rötlich-violett ***Rutaceae*** **S. 79, 768**

Tabelle 10: Krautige Zweikeimblättrige mit Kelchblättern u. verwachsenen Kronblättern (inkl. Halbsträucher) – Bestimmung der Familien

1 Wasserpflanze mit spezialisierten Schwimm- o. Tauchblättern Wasserpflanzen – **Tabelle 6 – S. 48**

- Pflanze terrestrisch wachsend; wenn im Uferbereich: *ohne* spezialisierte Schwimm- o. Tauchblätter … 2

2 Blüten zygomorph, zuweilen durch basale Aussackung asymmetrisch … 3

- Blüten radiär … 22

3 Krone 3-blättrig. Unteres Kronblatt distal gezähnt bis gelappt. Blüten bläulich bis rötlich-violett. Blätter ungeteilt ***Polygalaceae*** (*Polygala*) **S. 588**

- Krone 4- o. 5-blättrig … 4

4 Fruchtknoten unterständig. Staubblätter *nicht* mit der Blütenhülle verwachsen … 5

- Fruchtknoten oberständig. Staubblätter mit der Blütenhülle verwachsen bzw. an dieser entspringend … 7

5 Blüten in (zusammengesetzten) Dolden, radiär, Randblüten zuweilen vergrößert. Fruchtknoten 2-blättrig, mit 2 Griffeln. Früchte meist in 2 Teilfrüchte zerfallend ***Apiaceae*** **S. 96, 1370**

- Blüten *nicht* in Dolden … 6

6 Blätter gegenständig. 1-samige Nüsse. Fruchtknoten meist mit 1-kopfiger Narbe ***Caprifoliaceae*** **S. 96, 1352**

- Blätter wechselständig bzw. in basaler Rosette. Kapseln. Fruchtknoten mit 2–3 fädlichen Narben ***Campanulaceae*** (*Phyteuma*) **S. 91, 1176**

7 (4) Blätter *ohne* Chlorophyll, bleich o. rötlich bis bläulich, schuppenförmig ***Orobanchaceae*** (*Orobanche, Lathraea*) **S. 91, 1150**

- Blätter mit Chlorophyll, grünlich … 8

8 Blätter ± klebrig-drüsig, breit-oval, alle in basaler Rosette, außer den Drüsen unbehaart. Blüten gespornt, einzeln, lang gestielt ***Lentibulariaceae*** (*Pinguicula*) **S. 90, 1106**

- Blätter meist *nicht* klebrig-drüsig; wenn klebrig: borstig behaart, Stängel mit Blättern … 9

9 Blätter fiederspaltig, zumindest einige mit Fangblasen, meist rosettig in feuchtem Boden o. unter Wasser. Blüten gespornt, gelblich ***Lentibulariaceae*** (*Utricularia*) **S. 90, 1106**

- Blätter *ohne* Fangblasen … 10

10 Fruchtknoten 2-blättrig, zumindest reif 4-fächrig, in 4 nussartige Teilfrüchte zerfallend … 11

- Fruchtknoten 2-fächrig (selten 1- o. 3-fächrig). Mehrsamige Kapseln … 13

11 Blätter überwiegend wechselständig ***Boraginaceae*** **S. 87, 1028**

- Blätter gegenständig … 12

12 Griffel an der Spitze der Frucht entspringend. Fruchtknoten unreif 1–2-fächrig; reif 4-fächrig. Blüten hellrosa bis hellviolett, in schmal-zylindrischen Teilblütenständen ***Verbenaceae*** (*Verbena*) **S. 1108**

- Griffel an der Basis der vertieften Scheidewände entspringend. Fruchtknoten von Anfang an 4-fächrig. Blütenstände andersartig ***Lamiaceae*** **S. 90, 1108**

13 (10) Blüten gespornt ***Plantaginaceae*** **S. 89, 1064**

- Blüten *ohne* Sporn … 14

14 Staubblätter: 5, davon mindestens 3 dicht kraushaarig. Pflanze meist 2-jährig. Blätter wechselständig ***Scrophulariaceae*** (*Verbascum*) **S. 89, 1096**

- Staubblätter: 2–4, *nicht* kraushaarig … 15

15 Blüten mit 2 fertilen Staubblättern, zuweilen zusätzlich mit 2 Staminodien … 16

- Blüten mit 4 (selten 3) fertilen Staubblättern … 17

16 Blüten deutlich 2-lippig, mit 2 fertilen Staubblättern u. 2 Staminodien. Krone rosa bis weißlich, *ohne* gelblichen Gaumen, 6–10 mm lang. Blätter oval, < 3 cm lang, mit 3–5 gebogenen Nerven **_Linderniaceae_** *(Lindernia)* **S. 1104**

\- Blüten fast radiär, bläulich bis violett *oder* Blüten 2-lippig, rosa bis weißlich, mit gelblichem Gaumen, 8–18 mm lang **_Plantaginaceae_** *(Gratiola, Veronica)* **S. 89, 1064**

17 (15) Blätter wechselständig, ungeteilt. Blüten > 15 mm lang, mit breiter Kronröhre, undeutlich zygomorph, in endständigem, ähren- bis traubenartigem Blütenstand **_Plantaginaceae_** *(Digitalis)* **S. 89, 1064**

\- Zumindest einige Blätter gegenständig *oder* gelappt bis fiederspaltig. Wenn mit breiter Kronröhre: Blüten < 15 mm lang 18

18 Blüten mit bauchig erweiterter breit-glockiger Kronröhre **_Scrophulariaceae_** *(Scrophularia)* **S. 89, 1096**

\- Blüten mit schmaler o. trichterförmiger Kronröhre 19

19 Blätter fiederteilig bis gefiedert **_Orobanchaceae_** *(Pedicularis)* **S. 91, 1150**

\- Blätter ungeteilt, allenfalls gezähnt o. gelappt 20

20 Kelch 4-blättrig **_Orobanchaceae_** **S. 91, 1150**

\- Kelch 5-blättrig 21

21 Krone undeutlich 2-lippig, 6–10 mm lang, rosa bis weißlich **_Linderniaceae_** *(Lindernia)* **S. 1104**

\- Krone deutlich 2-lippig, 15–50 mm lang, gelblich, innen oft mit rötlicher Zeichnung **_Phrymaceae_** *(Mimulus)* **S. 1148**

22 (2) Fruchtknoten unterständig 23

\- Fruchtknoten oberständig 30

23 Blätter überwiegend gegenständig 24

\- Blätter überwiegend wechselständig, selten quirlig 26

24 Blütenstand ± würfelförmig, 4–5-blütig. Blüten grünlich-gelblich. Pflanze < 15 cm hoch. Blätter 1–2-fach gefiedert, frühsommergrün **_Adoxaceae_** *(Adoxa)* **S. 96, 1348**

\- Habitus andersartig 25

25 Blüten mit 5 Staubblättern. Steinfrüchte. Blätter gefiedert, mit großen fiederblattähnlichen Nebenblättern **_Adoxaceae_** *(Sambucus)* **S. 96, 1348**

\- Blüten mit 2–4 Staubblättern. Nüsse **_Caprifoliaceae_** **S. 96, 1352**

26 (23) Basal verholzter Halbstrauch. Blüten mit 8–10 Staubblättern **_Ericaceae_** *(Vaccinium)* **S. 86, 984**

\- Pflanze krautig. Blüten mit 5 Staubblättern 27

27 Fruchtknoten mit 2 deutlich voneinander getrennten Griffeln. Blüten offen, mit ± ausgebreiteten Kronblättern, in (zusammengesetzten) Dolden. Spaltfrüchte o. Nüsse **_Apiaceae_** **S. 96, 1370**

\- Fruchtknoten mit 1 *oder* 3–5 Griffeln. Blüten glocken- bis trichterförmig, *nicht* in Dolden. Kapseln *oder* Früchte mit Fruchtfleisch 28

28 Früchte mit Fruchtfleisch u. derber verdickter Fruchtwand **_Cucurbitaceae_** **S. 77, 676**

\- Früchte *ohne* Fruchtfleisch 29

29 Fruchtknoten 5-blättrig, mit 1 Narbe. Kelchblätter einen den Fruchtknoten umgebenden Achsenbecher bildend. Deckelkapseln. Blätter ganzrandig, kahl **_Primulaceae_** *(Samolus)* **S. 86, 968**

\- Fruchtknoten 2–3-blättrig, mit 2–3 Narben. Kapseln, sich mit Poren o. an der Seite öffnend **_Campanulaceae_** **S. 91, 1176**

30 (22) Auf anderen Pflanzen windender Parasit, (fast) *ohne* Chlorophyll. Laubblätter fehlen **_Convolvulaceae_** *(Cuscuta)* **S. 88, 1050**

\- Pflanze mit Chlorophyll u. grünen Blättern 31

31 Fruchtblätter 2, basal frei, distal zu einem Griffel- u. Narbenkopf verwachsen. 2-fächrige Bälge **_Apocynaceae_** **S. 87, 1026**

\- Fruchtblätter ± vollständig verwachsen, allenfalls distal frei 32

32 Fruchtknoten 2-blättrig 33

\- Fruchtknoten > 2-blättrig 41

33 Fruchtknoten zumindest reif 4-fächrig, in vier 1-samige (selten in zwei 2-samige) Teilfrüchte zerfallend 34

\- Fruchtknoten 2-fächrig (selten 1- o. 3-fächrig). Kapseln 35

34 Blätter überwiegend wechselständig **_Boraginaceae_** **S. 87, 1028**

\- Blätter überwiegend gegenständig **_Lamiaceae_** **S. 90, 1108**

35 (33) Blüten in kugeligen Köpfchen auf langem Stiel, bläulich. Blätter immergrün. Stängel überwiegend basal beblättert, mit Grundblattrosette **_Plantaginaceae_** *(Globularia)* **S. 89, 1064**

\- Blüten *nicht* in kugeligen Köpfchen auf langem Stiel 36

36 Blätter lang gestielt, mit 3 ganzrandigen, ovalen Fiederblättchen. Kronblätter weißlich, zuweilen rosa überlaufen, oberseits dicht behaart, in Trauben. An nassen o. überfluteten Standorten **_Menyanthaceae_** *(Menyanthes)* **S. 92, 1190**

\- Habitus andersartig 37

37 Stängel windend bzw. lang über den Boden kriechend. Blütenstiele mit gegenständigen Vorblättern. Blüten einzeln **_Convolvulaceae_** **S. 88, 1050**

\- Stängel weder windend noch lang über den Boden kriechend. Blütenstiele *ohne* gegenständige Vorblätter 38

38 Blätter wechselständig **_Solanaceae_** **S. 88, 1054**

\- Blätter gegenständig 39

39 Blätter ganzrandig **_Gentianaceae_** **S. 87, 1012**

\- Blätter am Rand (entfernt) gezähnt 40

40 Krone rosa bis weißlich. Kelch 5-blättrig **_Linderniaceae_** *(Lindernia)* **S. 1104**

\- Krone gelblich mit rötlichen Punkten. Kelch 4-blättrig **_Orobanchaceae_** *(Tozzia)* **S. 91, 1150**

41 (32) Krone 4-blättrig. Blüten mit 8 Staubblättern, 2–4 mm lang, grünlich-gelblich **_Thymelaeaceae_** *(Thymelaea)* **S. 79, 776**

- Krone ≥ 5-blättrig. Staubblätter: meist 5 (selten 4–7) 42
42 Alle Laubblätter in basaler Rosette. Stängel allenfalls mit kleinen Hochblättern 43
- Stängel mit Laubblättern 44
43 Fruchtknoten mit 5 fadenförmigen Griffeln bzw. Narben. Nüsse, 1-samig, behaart, vom bleibendem Kelch umgeben *Plumbaginaceae* **S. 83, 858**
- Fruchtknoten mit 1 Griffel mit kopfiger Narbe. Kapseln, vielsamig *Primulaceae* **S. 86, 968**
44 (42) Fruchtknoten mit 1 Griffel u. kopfiger Narbe 45
- Fruchtknoten mit mehreren fädlichen Narben 46
45 Blüten 20–40 mm ⌀. Beeren, bräunlich, hartschalig, vom aufgeblasenem Fruchtkelch umschlossen. Blüten hellblau bis violett, mit weißlicher Basis. Blätter grob gezähnt bis gelappt *Solanaceae* (*Nicandra*) **S. 88, 1054**
- Blüten < 20 mm ⌀. Kapseln *Primulaceae* (*Trientalis, Lysimachia, Anagallis, Samolus*) **S. 86, 968**
46 (44) Stängel niederliegend, mit einwurzelnden Ausläufern. Pflanze < 30 cm hoch. Blätter ungeteilt, rund-oval, am Rand grob gezähnt bis seicht gebuchtet. Blüten einzeln, lang gestielt, hellblau bis violett *Campanulaceae* (*Wahlenbergia*) **S. 91, 1176**
- Stängel aufrecht. Pflanze > 30 cm hoch. Blätter gefiedert *oder* länglich-oval, (fast) ganzrandig *Polemoniaceae* **S. 85, 966**

Bestimmung der Gattungen

Abteilung *Tracheophyta* – Gefäßpflanzen

Unterabteilung *Lycopodiophytina* – Bärlappe

Klasse *Lycopodiopsida* – Bärlappflanzen

Ordnung *Lycopodiales*

Familie *Lycopodiaceae* – Bärlappgewächse

1 Sporophyllstände durchwachsen, unter- *und* oberhalb mit Trophophyllen. Pflanze *ohne* kriechende Grundachse, alle Sprosse bogig aufsteigend bis aufrecht. Blättchen wechselständig, bis 10 mm lang *Huperzia* **S. 102**
- Sporophyllstände am Ende der Sprosse. Pflanze mit kriechender Grundachse, diese zuweilen unterirdisch 2
2 Blättchen gegenständig, 4-zeilig angeordnet, dem Stängel ± anliegend *Lycopodium* (*L.* sect. *Complanata*) **S. 100**
- Blättchen wechselständig, spiralig angeordnet, vom Stängel ± abstehend 3
3 Grundachse meist > 10 cm lang kriechend, meist stark verzweigt. Sporophylle am ganzen Rand gezähnt, < 6 mm lang. Aufrechte Sprosse mit 1–4 Sporophyllständen. Sporophyllstände ± deutlich vom Stiel bzw. den Trophophyllen abgesetzt *Lycopodium* **S. 100**
- Grundachse < 10 cm lang kriechend, oft wenig verzweigt. Sporophylle nur basal gezähnt, bis 9 mm lang. Aufrechte Sprosse mit 1 Sporophyllstand. Sporophyllstand undeutlich vom Stiel bzw. den Trophophyllen abgesetzt. *Lycopodiella* **S. 100**

Ordnung *Isoetales*

Familie *Isoetaceae* – Brachsenkrautgewächse

Isoetes **S. 102**

Ordnung *Selaginellales*

Familie *Selaginellaceae* – Moosfarngewächse

Selaginella **S. 102**

Unterabteilung *Pteridophytina* – Farnpflanzen

Klasse *Polypodiopsida*

Unterklasse *Equisetidae*

Ordnung *Equisetales*

Familie *Equisetaceae* – Schachtelhalmgewächse

Equisetum **S. 104**

Unterklasse *Ophioglossidae*

Ordnung *Ophioglossales*

Familie *Ophioglossaceae* – Natternzungenfarngewächse

1 Vegetativer Wedelteil ganzrandig, oval- bis herzförmig. Sporentragender Abschnitt ährenartig *Ophioglossum* **S. 108**
- Vegetativer u. sporentragender Wedelteil je 1–2-fach gefiedert *Botrychium* **S. 108**

Unterklasse *Polypodiidae*

Ordnung *Osmundales*

Familie *Osmundaceae* - Königsfarngewächse

Osmunda S. 112

Ordnung *Hymenophyllales*

Familie *Hymenophyllaceae* - Hautfarngewächse

1 Kriechende Grundachse sehr dünn, 0,2–0,6 mm ⌀. Wedel 2-fach fiederspaltig bis gefiedert. Indusien 2-klappig, bewimpert *Hymenophyllum* S. 112
– Kriechende Grundachse > 1 mm ⌀. Wedel ungeteilt bis 1-fach fiederspaltig. Indusien gerollt, ganzrandig *Trichomanes* S. 112

Ordnung *Salviniales*

Familie *Salviniaceae* - Algenfarngewächse

1 Schwimmblätter dicht stehend, an gestauchten Sprossen, wechselständig, mit zahlreichen sich überlappenden Blattlappen *Azolla* S. 112
– Schwimmblätter an verlängerten Sprossen, gegenständig, oval, 1–3 cm lang *Salvinia* S. 114

Familie *Marsileaceae* - Kleefarngewächse

1 Blätter schmal-lineal, binsenartig *Pilularia* S. 114
– Blätter 4-teilig, glückskleeartig *Marsilea* S. 114

Ordnung *Polypodiales* - Echte Farne

Familie *Pteridaceae* - Saumfarngewächse

Cryptogramma S. 114

Familie *Dennstaedtiaceae* - Adlerfarngewächse

Pteridium S. 116

Familie *Cystopteridaceae* - Blasenfarngewächse

1 Indusien fehlend bzw. früh abfallend. Unterste Fieder der Wedel deutlich größer als die folgenden *Gymnocarpium* S. 118
– Indusien seitlich inseriert, oval. Unterste Fieder der Wedel kaum größer als die folgenden *Cystopteris* S. 116

Familie *Aspleniaceae* - Streifenfarngewächse

Asplenium S. 118

Familie *Woodsiaceae* - Wimperfarngewächse

Woodsia S. 124

Familie *Onocleaceae* - Straußenfarngewächse

Onoclea S. 126

Familie *Blechnaceae* - Rippenfarngewächse

Blechnum S. 126

Familie *Athyriaceae* - Frauenfarngewächse

Athyrium S. 126

Familie *Thelypteridaceae* - Sumpffarngewächse

1 Wedel fiederspaltig bis 1-fach gefiedert. Fiederblättchen ganzrandig. Rand der sporentragenden Fiederblättchen nach unten gebogen *Thelypteris* S. 128
– Wedel 1–3-fach gefiedert. Fiederblättchen tief buchtig, am Rand bewimpert. Unterste Fieder rückwärts gerichtet *Phegopteris* S. 128

Familie *Dryopteridaceae* - Wurmfarngewächse

1 Indusien nierenförmig *Dryopteris* S. 130
- Indusien schildförmig, kreisrund *Polystichum* S. 132

Familie *Polypodiaceae* - Tüpfelfarngewächse

Polypodium S. 134

Unterabteilung *Spermatophytina* - Samenpflanzen

Klade *Acrogymnospermae*

Unterklasse *Ginkgoidae*

Ordnung *Ginkgoales*

Familie *Ginkgoaceae* - Ginkgogewächse

Ginkgo S. 134

Unterklasse *Pinidae*

Ordnung *Pinales*

Pinaceae

1 Nadeln sommergrün. Kurztriebe < 1 cm lang, mit > 15 (fast) quirligen Nadeln *Larix* S. 138
- Nadeln wintergrün. Nadeln wechselständig *oder* Kurztriebe mit bis zu 5 Nadeln in gemeinsamer Scheide 2

2 Nadeln zu 2-5 in gemeinsamer Scheide *Pinus* S. 136
- Nadeln wechselständig, an Langtrieben 3

3 Zapfen aufrecht, am Baum zerfallend, nur die Spindel stehen bleibend. Nadeln basal scheibenförmig verbreitert *Abies* S. 142
- Zapfen hängend, als Ganzes abfallend. Nadeln *ohne* scheibenförmig verbreiterten Blattgrund 4

4 Zapfen 1-3 cm lang, länglich, zugespitzt. Nadeln 0,5-1,8 cm lang, ± flach, unterseits mit hellem Wachsstreifen, am Rand meist gezähnt *Tsuga* S. 144
- Zapfen > 3 cm lang. Nadeln > 1,8 cm lang 5

5 Nadeln mit kurzem am Ast herablaufendem Stiel. Deckschuppen *nicht* aus dem Zapfen ragend *Picea* S. 140
- Nadeln *ohne* am Ast herablaufenden Stiel. Deckschuppen weit aus dem Zapfen ragend, 3-spitzig. Nadeln ± flach, 1,8-4 cm lang, nach Orangen riechend *Pseudotsuga* S. 140

Ordnung *Araucariales*

Familie *Araucariaceae* - Araukariengewächse

Araucaria S. 144

Ordnung *Cupressales*

Familie *Cupressaceae* - Zypressengewächse

1 Blätter gegenständig 2
- Blätter wechselständig o. (fast) quirlig, zu dritt 8

2 Blätter sommergrün, schmal-lineal, die Äste *nicht* bedeckend, im Herbst zusammen mit den Kurztrieben abfallend *Metasequoia* S. 148
- Blätter immergrün, schuppenförmig, die Äste ± bedeckend 3

3 Zapfen fleischig, ± beerenartig, gräulich bis bläulich. < 4 m hoher Strauch *Juniperus* S. 148
- Zapfen verholzend. Meist baumförmig 4

4 Zapfen 30-60-schuppig. Samenschuppen in der Mitte vertieft. Auffallend großer Baum mit dickem Stamm u. rotbrauner Borke *Sequoiadendron* S. 150
- Zapfen < 20-schuppig 5

5 Zapfen 4-6-schuppig, kugelig bis eiförmig, 0,8-1 cm ⌀, gräulich bis bläulich. Blätter *ohne* weißliche Musterung *Xanthocyparis* - Nootka-Scheinzypresse
- Zapfen ≥ 6-schuppig 6

6 Samen geflügelt. Zapfen eiförmig bis kurz-zylindrisch, schuppig, beige bis bräunlich *Thuja* S. 146
- Samen ungeflügelt. Zapfen kugelig bis eiförmig 7

7 Zapfen 2-3 cm lang, 6-8-schuppig, zunächst gräulich bis bläulich, später rotbraun. Samenschuppen mit hakenförmigem Dorn *Platycladus* S. 146
- Zapfen < 1 cm lang, 8-12-schuppig, meist bräunlich. Samenschuppen *ohne* Dorn *Chamaecyparis* S. 146

8 (1) Zapfen fleischig, ± beerenartig, meist bläulich überlaufen. Nadeln derb, stechend, meist zu dritt *Juniperus* S. 148
- Zapfen verholzend. Blätter wechselständig an Kurztrieben 9

9 Blätter sommergrün, die Kurztriebe *nicht* bedeckend, im Herbst zusammen mit diesen abfallend. Stamm basal mit bis zu 40 cm hohen Atemwurzeln *Taxodium* S. 150
- Blätter immergrün, die Kurztriebe ± komplett bedeckend. Auffallend großer Baum mit dickem Stamm u. rotbrauner Borke *Sequoiadendron* S. 150

Familie *Taxaceae* - Eibengewächse

Taxus S. 150

Klade *Angiosperms*

Ordnung *Nymphaeales*

Familie *Nymphaeaceae* - Seerosengewächse

1 Alle Blütenhüllblätter gelblich; äußerer Kreis aus 5 größeren, innerer aus 10–18 kleineren Blättern; letztere mit Nektardrüsen. Blattnerven am Rand *nicht* verbunden *Nuphar* S. 150
- Blüten mit weißlichen Kronblättern u. grünlichen Kelchblättern. Krone zuweilen rötlich-violett überlaufen. Blattnerven am Rand verbunden *Nymphaea* S. 152

Klade *Core Angiosperms*

Klade *Magnoliids*

Ordnung *Piperales*

Familie *Aristolochiaceae* - Osterluzeigewächse

1 Pflanze < 10 cm hoch. Stängel niederliegend. Blüten glockig-trichterförmig, bräunlich bis rötlich. Blätter nierenförmig *Asarum* S. 152
- Pflanze > 30 cm hoch. Stängel aufrecht. Blüten mit langer, weit geöffneter Röhre, diese bauchig erweitert, gelblich. Blätter herzförmig *Aristolochia* S. 154

Ordnung *Magnoliales*

Familie *Magnoliaceae* - Magnoliengewächse

Liriodendron S. 154

Klade *Monocots* - Einkeimblättrige

Ordnung *Acorales*

Familie *Acoraceae* - Kalmusgewächse

Acorus S. 154

Ordnung *Alismatales*

Familie *Araceae* - Aronstabgewächse

1 Sehr kleine Wasserpflanze, die nur aus an der Oberfläche schwimmenden blattartigen Stängelgliedern besteht 2
- Größere Pflanze mit deutlicher Gliederung in Blätter u. Stängel. Aquatisch *oder* terrestrisch wachsend 4
2 Pflanze *ohne* Wurzeln. Stängelglieder < 1 mm lang *Wolffia* S. 158
- Wurzeln vorhanden. Stängelglieder > 1 mm lang 3
3 Stängelglieder mit mehreren Hauptwurzeln *Spirodela* S. 158
- Stängelglieder mit 1 Hauptwurzel *Lemna* S. 154
4 (1) Wasserpflanze. Blätter herzförmig, sommergrün. Hochblatt ± flach bis gewölbt, den Blütenstand *nicht* einhüllend *Calla* S. 158
- Pflanze terrestrisch wachsend. Blätter pfeil- bis spießförmig, vorsommergrün. Hochblatt eingerollt bis tütenförmig, den Blütenstand einhüllend *Arum* S. 158

Familie *Tofieldiaceae* - Simsenliliengewächse

Tofieldia S. 160

Familie *Alismataceae* - Froschlöffelgewächse

1 Schwimmblätter pfeilförmig. Blüten 1-geschlechtig *Sagittaria* S. 164
- Schwimmblätter länglich bis breit-oval o. herzförmig. Blüten zwittrig 2
2 Schwimmblätter herzförmig *Caldesia* S. 162
- Schwimmblätter länglich bis breit-oval 3
3 Blüten einzeln. Schwimmblätter breit-oval *Luronium* S. 164
- Blüten in Dolden o. Quirlen. Schwimmblätter länglich-oval 4
4 Blütenboden gewölbt. Blütenstand meist endständig, doldenartig *Baldellia* S. 162
- Blütenboden ± flach. Quirlige Teilblütenstände seitenständig, in ähren- bis traubenartigem Gesamtblütenstand *Alisma* S. 160

Familie *Butomaceae* – Schwanenblumengewächse

Butomus S. 164

Familie *Hydrocharitaceae* – Froschbissgewächse

1 Blätter lang gestielt, herzförmig, flach auf der Wasseroberfläche schwimmend *Hydrocharis* S. 164
– Blätter sitzend, lineal bis länglich; komplett untergetaucht, flutend *oder* ± aufrecht aus dem Wasser ragend 2
2 Blätter ± aufrecht aus dem Wasser ragend, rosettig, sitzend, lanzettlich bis 3-eckig, am Rand grob gezähnt *Stratiotes* S. 166
– Wasserpflanze *ohne* Schwimmblätter; mit Tauchblättern, diese zuweilen flutend 3
3 Alle Laubblätter in basaler Rosette, breit-lineal, verdreht, am Rand (schwach) gezähnt *Vallisneria* – Wasserschraube
– Stängel mit mehreren Laubblättern 4
4 Unter Blätter wechselständig, obere wechselständig bis quirlig *Lagarosiphon* – Wechselblatt-Wasserpest
– Blätter quirlig o. (fast) gegenständig 5
5 Blätter (fast) gegenständig o. in 3-zähligen Quirlen, basal (schwach) scheidenartig verbreitert, starr, zerbrechlich, scharf gesägt *Najas* S. 168
– Blätter in 3–6-zähligen Quirlen, basal *nicht* scheidenartig verbreitert 6
6 Stängelglieder 8–30 mm lang. Blätter meist in 4–6-zähligen Quirlen, am Rand scharf gezähnt. Griffel ungeteilt *Hydrilla* – Grundnessel
– Stängelglieder < 8 mm lang. Blätter meist in 3-zähligen Quirlen, am Rand fein gesägt. Griffel 2-lappig 7
7 Blätter meist in 3-zähligen Quirlen. Blüten 3–10 mm ⌀, einzeln vom Hochblatt umgeben *Elodea* S. 166
– Blätter meist in 4-zähligen Quirlen. Blüten 10–20 mm ⌀, zu 2–4 vom Hochblatt umgeben *Egeria* – Dichte Wasserpest

Familie *Scheuchzeriaceae* – Blumenbinsengewächse

Scheuchzeria S. 168

Familie *Juncaginaceae* – Dreizackgewächse

Triglochin S. 170

Familie *Zosteraceae* – Seegrasgewächse

Zostera S. 170

Familie *Potamogetonaceae* – Laichkrautgewächse

1 Blätter meist gegenständig (selten in 3-zähligen Quirlen) 2
– Blätter meist wechselständig, im Blütenstand auch (fast) gegenständig. Nebenblätter zumindest basal verwachsen 3
2 Blätter oval bis länglich. Blüten zwittrig *Groenlandia* S. 172
– Blätter schmal-lineal. Blüten 1-geschlechtig *Zannichellia* S. 182
3 (1) Nebenblätter lang-röhrig verwachsen *Stuckenia* S. 180
– Nebenblätter nur basal verwachsen *Potamogeton* S. 172

Familie *Ruppiaceae* – Saldengewächse

Ruppia S. 184

Ordnung *Dioscoreales*

Familie *Nartheciaceae* – Beinbrechgewächse

Narthecium S. 184

Familie *Dioscoreaceae* – Schmerwurzgewächse

Dioscorea S. 184

Ordnung *Liliales*

Familie *Melanthiaceae* – Germergewächse

1 Blätter fiedernervig, in *einem* 4-blättrigen Quirl. Pflanze mit 1 zwittrigen Blüte. Kugelige, schwarze Beeren *Paris* S. 186
– Blätter parallelnervig. Blüten 1-geschlechtig, in vielblütigem rispenartigem Blütenstand. Kapseln *Veratrum* S. 186

Familie *Colchicaceae* - Zeitlosengewächse

Colchicum S. 186

Familie *Liliaceae* - Liliengewächse

1 Blüten mit geknicktem Stiel, unter den Laubblättern hängend. Rötliche Beeren. Rhizomgeophyt *Streptopus* S. 194
- Blüten *nicht* unter den Laubblättern hängend. Kapseln. Zwiebelgeophyt ... 2
2 Griffel kurz bis fehlend. Blüten einzeln, selten zu zweit *Tulipa* S. 192
- Griffel deutlich entwickelt ... 3
3 Perigonblätter > 3 cm lang ... 4
- Perigonblätter < 2,5 cm lang ... 5
4 Staubfäden an der Basis der Staubbeutel ansetzend. Blätter lineal-lanzettlich. Blüten bräunlich bis rötlich, schachbrettartig gemustert *Fritillaria* S. 188
- Staubfäden in der Mitte der Staubbeutel ansetzend. Blätter länglich-oval bis lanzettlich. Blüten *nicht* schachbrettartig gemustert *Lilium* S. 192
5 (3) Perigonblätter gelblich, unterseits zuweilen grünlich *Gagea* S. 188
- Perigonblätter weißlich, zuweilen rötlich überlaufen o. gestreift *Lloydia* S. 192

Ordnung *Asparagales*

Familie *Orchidaceae* - Knabenkrautgewächse

1 Pflanze *ohne* Chlorophyll, bleich bis bräunlich-gelblich o. rötlich-violett überlaufen, schuppenförmig ... 2
- Pflanze mit Chlorophyll u. grünen Blättern ... 5
2 Blüten mit Sporn ... 3
- Blüten *ohne* Sporn ... 4
3 Pflanze u. Blüten bläulich bis violett. Sporn > 12 mm lang, schlank, abwärts gekrümmt. Lippe ungeteilt *Limodorum* S. 198
- Pflanze u. Blüten weißlich-gelblich, meist rötlich-violett überlaufen bzw. gestreift. Sporn < 8 mm lang, dicklich, gerade bis aufwärts gekrümmt. Lippe 3-lappig *Epipogium* S. 200
4 (2) Pflanze u. Blüten bräunlich-gelblich. Blütenstand > 20-blütig. Lippe 2-lappig, länger als die übrigen Perigonblätter *Neottia* S. 200
- Pflanze u. Blüten grünlich-gelblich. Blütenstand < 20-blütig. Lippe ungeteilt, ± so lang wie die übrigen Perigonblätter *Corallorhiza* S. 202
5 (1) Lippe stark aufgeblasen, > 4 cm ⌀, gelblich, übrige Perigonblätter bräunlich *Cypripedium* S. 194
- Lippe *nicht* vergrößert, viel kleiner. Seitliche Blütenhüllblätter *nicht* verwachsen ... 6
6 Blüten mit Sporn ... 7
- Blüten *ohne* Sporn ... 21
7 Fruchtknoten *nicht* gedreht, Lippe nach oben gerichtet. Blätter meist < 5 mm breit, schmal-lineal. Blüten in dichtem ± kugeligem Blütenstand, meist dunkel-rot *Gymnadenia* (*G.* sect. *Nigritella*) S. 214
- Fruchtknoten gedreht, Lippe dadurch nach unten gerichtet. Blätter > 5 mm breit ... 8
8 Lippe ungeteilt ... 9
- Lippe 2-4-lappig ... 11
9 Lippe länglich-schmal. Sporn ± fadenförmig (zuweilen am Ende verdickt), deutlich länger als der Fruchtknoten. Blüten (grünlich-) weißlich. Stängel mit 2-3 basalen Laubblättern, darüber nur reduzierte Schuppenblätter *Platanthera* S. 218
- Lippe breit-oval bis rund. Sporn kurz, dick, ± so lang wie der Fruchtknoten. Blüten rötlich o. gelblich, meist mit dunkler Zeichnung. Stängel meist mit > 3 Laubblättern ... 10
10 Zumindest die unteren Deckblätter krautig, mit Netznervatur, grünlich, zuweilen rötlich überlaufen *Dactylorhiza* S. 212
- Alle Deckblätter häutig-dünn, meist durchgehend rötlich gefärbt, meist kürzer als der Fruchtknoten, meist *ohne* Verbindungsnerven *Orchis* S. 204
11 (8) Perigonblätter (außer der Lippe) mit keulenförmiger Spitze. Blüten rosa, mit dunkler Zeichnung in dichtem ± kugelförmigem Blütenstand *Traunsteinera* S. 220
- Perigonblätter distal *nicht* keulenförmig verdickt ... 12
12 Lippe lineal, 5-12 mm lang, 3-lappig; ihre Seitenlappen 3-eckig, spitz, mindestens so lang wie der Mittellappen *Dactylorhiza* S. 212
- Lippe *nicht* lineal; ihre Seitenlappen meist (etwas) kürzer als der Mittellappen ... 13
13 Lippe 3-7 cm lang; ihr Mittelappen lineal, schraubig verdreht, distal 2-lappig gespalten *Himantoglossum* S. 216
- Lippe < 2 cm lang; ihr Mittellappen weder lineal noch schraubig verdreht ... 14
14 Sporn länger als der Fruchtknoten, fadenförmig ... 15
- Sporn maximal so lang wie der Fruchtknoten, *nicht* fadenförmig ... 16
15 Lippe mit 2 kleinen zahnartigen Auswüchsen auf der Oberseite nahe der Basis der Seitenlappen *Anacamptis* S. 210
- Lippe *ohne* Auswüchse auf der Oberseite *Gymnadenia* (*G.* sect. *Gymnadenia*) S. 214
16 (14) Sporn 0,3-0,5-mal so lang wie der Fruchtknoten. Blüten gelblich- o. grünlich-weißlich. Perigonblätter 2-6 mm lang *Pseudorchis* S. 220
- Sporn > 0,5-mal so lang wie der Fruchtknoten ... 17
17 Perigonblätter 2-6 mm lang. Blüten mit deutlichem Geruch, weißlich *Gymnadenia* (*G.* sect. *Gymnadenia*) S. 214

- Perigonblätter 5–14 mm lang. Blüten *ohne* Geruch, meist rosa, rötlich o. violett, seltener gelblich o. weißlich .. 18

18 Zumindest die unteren Deckblätter krautig, mit Netznervatur, grünlich, zuweilen rötlich überlaufen. Stängel auch oben beblättert, meist *ohne* Grundblattrosette *Dactylorhiza* S. 212

- Alle Deckblätter dünn, häutig, meist durchgehend rötlich gefärbt, meist kürzer als der Fruchtknoten, meist *ohne* Verbindungsnerven 19

19 Lippe mit 2 kleinen zahnartigen Auswüchsen auf der Oberseite nahe der Basis der Seitenlappen. Blätter ± gleichmäßig am Stängel verteilt, lineal bis länglich, in der basalen Hälfte am breitesten *Anacamptis* S. 210

- Lippe *ohne* Auswüchse auf der Oberseite. Stängel überwiegend basal beblättert, oft *mit* Grundblattrosette. Blätter länglich bis oval, in o. oberhalb der Mitte am breitesteten 20

20 Deckblätter > 0,5-mal so lang wie der Fruchtknoten. Blätter meist grau- bis blaugrün. Helm meist dunkler als die übrigen Perigonblätter *Neotinea* S. 208

- Deckblätter < 0,3-mal so lang wie der Fruchtknoten. Blätter meist frischgrün; wenn grau- bis blaugrün: Blüten mit weißlichem bis hellrosa Helm *Orchis* S. 204

21 (6) Lippe oberseits samtartig behaart *Ophrys* S. 216

- Lippe *nicht* samtartig behaart 22

22 Lippe durch eine Einschnürung in Vorder- u. Hinterglied gegliedert 23

- Lippe *ohne* Einschnürung bzw. Gliederung in Vorder- u. Hinterglied 24

23 Blüten gestielt, abstehend bis überhängend. Vorderes Lippenglied sichtbar. Äußere Perigonblätter *nicht* zusammenneigend *Epipactis* S. 196

- Blüten sitzend, ± aufrecht. Vorderes Lippenglied meist von den zusammenneigenden äußeren Perigonblättern verdeckt *Cephalanthera* S. 194

24 (22) Lippe herabhängend, tief 2-spaltig, viel länger als die übrigen Perigonblätter. Stängel mit 2 (fast) gegenständigen ovalen bis herzförmigen Laubblättern *Neottia* S. 200

- Lippe u. Stängelblätter andersartig 25

25 Lippe mit 4 linealen ± gleichgroßen Lappen, grünlich-gelblich. Übrige Perigonblätter grünlich, oft bräunlich-rötlich überlaufen bzw. geadert *Orchis* S. 204

- Lippe andersartig 26

26 Blätter schmal-lineal, < 3 mm breit. Blüten grünlich bis gelblich. < 10 cm hohe alpine Pflanze *Chamorchis* S. 212

- Blätter breiter 27

27 Lippe deutlich 3-lappig; ihr Mittellappen > 2 -mal so lang wie die Seitenlappen. Blüten grünlich bis gelblich. Stängel mit 2–3 basalen Laubblättern *Herminium* S. 216

- Lippe ungeteilt, allenfalls gezähnt 28

28 Perigonblätter weißlich, zuweilen grünlich geadert o. überlaufen, außen behaart. Stängel oben kurz drüsig behaart. Blütenstand einseitswendig o. spiralig gedreht 29

- Perigonblätter grünlich bis gelblich, kahl. Stängel oben kahl 30

29 Blütenstand einseitswendig. Blätter netznervig, kurz gestielt *Goodyera* S. 204

- Blütenstand spiralig gedreht. Blätter parallelnervig, sitzend *Spiranthes* S. 204

30 (28) Blütenstand ≤ 10-blütig, kaum länger als die Laubblätter. Perigonblätter ± 5 mm lang, gelblich. Stängel mit 2 (3) Laubblättern in basaler Rosette *Liparis* S. 202

- Blütenstand > 10-blütig, viel länger als die Laubblätter. Perigonblätter meist < 4 mm lang, gelblich-grünlich 31

31 Pflanze meist 1-blättrig. Größtes Blatt 3–10 cm lang u. 15–50 mm breit. Blattscheiden u. -rand zuweilen mit winzigen Brutknospen *Malaxis* S. 202

- Pflanze meist 2–4-blättrig. Größtes Blatt 0,8–3 cm lang u. 5–12 mm breit *Hammarbya* S. 202

Familie *Iridaceae* – Schwertliliengewächse

1 Pflanze *ohne* oberirdischen Stängel. Perigonröhre > 2 cm lang, aus der Zwiebel entspringend. Alle Laubblätter in basaler Rosette, schmal-lineal *Crocus* S. 220

- Pflanze mit oberirdisch entwickeltem Stängel. Perigonröhre fehlend o. < 2 cm lang 2

2 Griffeläste kronblattartig, auffällig gefärbt, länger als die Perigonblätter. Blätter im QS trapezförmig. Rhizom dick, meist quer-gegliedert *Iris* S. 222

- Griffel *nicht* kronblattartig. Rhizom mit faseriger Hülle. Blüten rötlich bis violett *Gladiolus* S. 222

Familie *Asparagaceae* – Spargelgewächse

1 Blüten mit 4 Perigonblättern, 4 Staubblättern, weißlich, in > 10-blütiger Traube. Stängel mit 1–3 herzförmigen, gestielten Blättern. Rötliche Beeren *Maianthemum* S. 234

- Blüten mit 6 Perigonblättern, 6 Staubblättern 2

2 Stängel mit kleinen Dornen, *ohne* ›typische‹ Laubblätter. Seitenzweige abgeflacht, laubblattartig. Blüten grünlich-gelblich. Rötliche Beeren *Asparagus* S. 234

- Stängel *ohne* Dornen, mit ›typisch‹ entwickelten Laubblättern 3

3 Pflanze mit Rhizomen. Blätter sommergrün. Blüten weißlich 4

- Pflanze mit Zwiebeln. Blätter oft im Frühsommer vergilbend 6

4 Perigonblätter frei, allenfalls basal kurz verwachsen. Laubblätter schmal-lineal. Kapseln *Anthericum* S. 232

- Perigonblätter deutlich verwachsen. Blätter länglich-oval o. herzförmig. Beeren 5

5 Alle Laubblätter in basaler Rosette. Stängel von den Blattscheiden umschlossen. Blüten in *einer* > 6-blütigen endständigen Traube. Beeren rötlich *Convallaria* S. 234

- Stängel mit Laubblättern, *nicht* von den Blattscheiden umschlossen. Blüten einzeln o. in mehreren 2–6-blütigen Trauben. Beeren bläulich bis schwarz *Polygonatum* S. 234

6 (3) Mittlere Deckblätter > 8 mm lang ... 7
- Mittlere Deckblätter fehlend o. < 5 mm lang ... 8
7 Blüten weißlich o. gelblich-grünlich *Ornithogalum* S. 226
- Blüten bläulich o. violett *Hyacinthoides* S. 228
8 (6) Perigonblätter frei *Scilla* S. 232
- Perigonblätter verwachsen ... 9
9 Obere u. untere Blüten unterschiedlich; untere in lockerblütiger verlängerter Traube, obere dicht stehend *Leopoldia* S. 230
- Obere u. untere Blüten kaum unterschiedlich, in dichtblütiger ± kompakter Traube *Muscari* S. 230

Familie *Amaryllidaceae* - Amaryllisgewächse

1 Blüten mit Nebenkrone. Perigonblätter basal zu einer Röhre verwachsen *Narcissus* S. 238
- Blüten *ohne* Nebenkrone. Perigonblätter frei ... 2
2 Fruchtknoten oberständig. Blüten in meist > 10-blütigen Dolden; wenn Dolden < 10-blütig: Blütenstand mit Bulbillen. Blätter oft mit auffallendem Geruch *Allium* S. 238
- Fruchtknoten unterständig. Blüten einzeln o. in < 10-blütigen Dolden o. Trauben. Blätter *ohne* auffallenden Geruch ... 3
3 Äußere Perigonblätter ± 2-mal so lang wie die inneren. Blätter grau- bis blaugrün *Galanthus* S. 236
- Äußere u. innere Perigonblätter ± gleich lang. Blätter frischgrün *Leucojum* S. 236

Klade *Commelinids*

Ordnung *Poales* - Grasartige

Familie *Typhaceae* - Rohrkolbengewächse

1 Gesamtblütenstand aus übereinanderstehenden, kugeligen Teilblütenständen gebildet. Obere Köpfchen ♀, untere ♂. Nüsse kahl bis kurz behaart, ei- bis kegelförmig, > 1 mm *Sparganium* S. 248
- Gesamtblütenstand kolbenartig, zylinderförmig. ♀ Blüten im unteren Abschnitt, ♂ im oberen. Früchte lang behaart, < 1 mm lang, mehrere 10 000 pro Blütenstand *Typha* S. 250

Familie *Juncaceae* - Binsengewächse

Siehe auch Hinweise ab Seite 33.

1 Kapseln 3-samig. Blätter zumindest am Übergang zwischen Spreite u. Blattscheide lang behaart, ± flach ausgebreitet *Luzula* S. 264
- Kapseln > 5-samig. Blätter kahl, im QS oft rinnig, rund o. stängelartig *Juncus* S. 252

Familie *Cyperaceae* - Sauergräser

Siehe auch Hinweise ab Seite 33.

1 Blüten 1-geschlechtig ... 2
- Blüten zwittrig ... 3
2 Fruchtknoten u. Frucht von einer Hülle (Utriculus) eingehüllt. Blüten in mehreren Ähren (zuweilen 1 endständige Ähre). Stängel u. Blattscheiden meist deutlich 3-kantig *Carex* S. 286
- Fruchtknoten u. Frucht in der Achsel von Tragblättern, *ohne* Hülle. Blüten in 1 endständigen Ähre aus 1-2-blütigen Ährchen. Stängel rund bis undeutlich 3-kantig. Alpine Horstpflanze *Kobresia* S. 334
3 (1) Pflanze mit 1 endständigem, ähren- bis köpfchenartigem Blütenstand ... 4
- Pflanze mit mehreren Ähren o. Köpfchen ... 7
4 Blüten mit ≥ 4 Perigonborsten an der Basis des Fruchtknotens. Perigonborsten mehrfach länger als der Fruchtknoten, weißlich ... 5
- Blüten *ohne* o. mit ≤ 6 Perigonborsten. Perigonborsten kürzer o. wenig länger als der Fruchtknoten, bräunlich-gräulich ... 6
5 Blüten mit > 10 Perigonborsten. Ähren (ohne Borsten) > 1 cm lang. Zumindest einige Laubblätter mit deutlich entwickelter Spreite *Eriophorum* S. 338
- Blüten mit 4-6 Perigonborsten. Ähren (ohne Borsten) < 1 cm lang. Laubblätter allenfalls mit kurzer Spreite *Trichophorum* S. 342
6 (4) Oberstes Laubblatt *ohne* Spreite, nur mit Blattscheide *Eleocharis* S. 280
- Oberstes Laubblatt mit kurzer Spreite *Trichophorum* S. 342
7 (3) Perigon borsten- o. schuppenförmig ... 8
- Blüten *ohne* Perigonborsten o. -schuppen ... 15
8 Blüten mit > 10 weißlichen Perigonborsten, diese mehrfach länger als der Fruchtknoten *Eriophorum* S. 338
- Blüten mit ≤ 6 schuppenförmigen Spelzen o. bräunlich-gräulichen Perigonborsten, diese kürzer o. wenig länger als der Fruchtknoten ... 9
9 Perigon spelzen- bzw. schuppenförmig *Scirpus* S. 340
- Perigon borstenförmig ... 10
10 Ähren 2-3-blütig, basal mit ≥ 3 leeren Tragblättern ... 11
- Ähren > 4-blütig, basal *ohne* o. mit < 3 leeren Tragblättern ... 12

11 Pflanze mit Ausläufern, rasig wachsend. Stängel mit Laubblättern. Fruchtknoten mit 2 Narben. Ähren weißlich o. bräunlich *Rhynchospora* S. 284

\- Pflanze *ohne* Ausläufer, horstförmig. Stängel blattlos. Fruchtknoten mit 3 Narben. Ähren schwarz- o. dunkelrotbraun *Schoenus* S. 336

12 (10) Blüten 2-zeilig angeordnet ... 13

\- Blüten 3-zeilig angeordnet ... 14

13 Stängel im QS ± abgeflacht. Blätter ± flach ausgebreitet, 2–4 mm breit, frischgrün *Blysmus* S. 338

\- Stängel im QS ± rund. Blätter rinnig, 1–2 mm breit, grau- bis blaugrün *Blysmopsis* S. 338

14 (12) Alle Laubblätter in basaler Rosette. Blütenstand mit mehreren Tragblättern *Bolboschoenus* S. 278

\- Stängel mit Laubblättern. Blütenstand mit 1 (oft stängelartigem) Tragblatt *Schoenoplectus* S. 278

15 (7) Ähren meist mit 2–3 fertilen Blüten, basal mit ≥ 3 leeren Tragblättern. Blätter am Rand schneidend scharf gesägt *Cladium* S. 336

\- Ähren mit > 4 fertilen Blüten, basal *ohne* o. mit < 3 leeren Tragblättern. Blätter ganzrandig, seltener seicht gezähnt ... 16

16 Blüten in 2–3 (selten mehr) vielblütigen kugeligen Köpfchen *Scirpoides* S. 276

\- Blüten *nicht* in vielblütigen kugeligen Köpfchen ... 17

17 Blüten an der Ährenachse spiralig angeordnet. Pflanze < 30 cm hoch *Isolepis* S. 276

\- Blüten an der Ährenachse 2–3-zeilig. Pflanze meist > 30 cm hoch *Cyperus* S. 274

Familie *Poaceae* – Süßgräser

Siehe auch Hinweise ab Seite 33.

1 Pflanze mit *mehreren* Ähren, die an einer (oft gestauchten) Hauptachse entspringen (›Fingergräser‹) ... 2

\- Blütenstand andersartig ... 7

2 Hüllspelzen mit ± 0,5 mm langen hakig gekrümmten Haaren. Obere Deckspelze mit häutiger, behaarter Spitze, meist mit geknieter Granne. Ligula fehlend bzw. < 1 mm lang *Echinochloa* S. 438

\- Hüllspelzen kahl o. mit geraden Haaren. Deckspelzen unbegrannt. Ligula als Haarkranz *oder* häutig u. > 1 mm lang ... 3

3 Alle Ähren wirtelig an 1 Punkt entspringend ... 4

\- Ähren *nicht* an 1 Punkt entspringend, meist aber genähert ... 5

4 Ligula als Haarkranz ausgebildet. Ährchen einzeln an der Ährchenachse sitzend *Cynodon* S. 436

\- Ligula als häutiger Saum ausgebildet. Ährchen paarweise an der Ährchenachse sitzend *Digitaria* S. 436

5 (3) Ährchen einzeln an der Ährchenachse sitzend. Deckspelzen *ohne* Granne. Stängel zumindest basal niederliegend. An küstennahen wechselfeuchten, salzigen Standorten *Spartina* S. 430

\- Ährchen paarweise an der Ährchenachse sitzend ... 6

6 Deckspelzen unbegrannt. Pflanze 1-jährig *Digitaria* S. 436

\- Deckspelzen mit geknieter > 6 mm langer Granne. Pflanze mehrjährig *Bothriochloa* S. 442

7 (1) Pflanze mit *einer* endständigen Ähre (›Ährengräser‹) ... 8

\- Blütenstand andersartig ... 28

8 Blätter der Erneuerungssprosse borstenförmig, *nicht* entfaltbar ... 9

\- Blätter der Erneuerungssprosse ± flach ausgebreitet o. eingerollt, *ohne* Beschädigung entfaltbar, ausgebreitet meist > 2 mm breit ... 10

9 Ähre eiförmig bis kurz-zylindrisch, < 2 cm lang. Ährchen 2-zeilig angeordnet, 3–5-blütig. Spreiten behaart *Oreochloa* S. 380

\- Ähre schmal-zylindrisch, 2–12 cm lang. Ährchen einseitswendig, 1-blütig. Spreiten kahl *Nardus* S. 342

10 (8) Blattscheiden (fast) bis oben verwachsen. Deckspelzen behaart. Pflanze < 15 cm hoch *Mibora* S. 394

\- Blattscheiden offen, allenfalls basal verwachsen. Pflanze meist > 15 cm hoch ... 11

11 Ährchen mit der schmalen Seite an der Ährchenachse sitzend, mit 1 Hüllspelze *Lolium* S. 392

\- Ährchen mit der breiten Seite an der Ährchenachse sitzend, mit 2 Hüllspelzen ... 12

12 Blätter mit Öhrchen ... 13

\- Blätter *ohne* Öhrchen ... 22

13 Ährchen 1-blütig ... 14

\- Ährchen mehrblütig ... 15

14 Pflanze 1-jährig. Äcker u. Ruderalstandorte *Hordeum* S. 424

\- Pflanze mehrjährig. Wälder *Hordelymus* S. 424

15 (13) Deckspelzen mit Granne ... 16

\- Deckspelzen *ohne* Granne ... 20

16 Hüllspelzen 1-nervig, länglich. Ährchen meist 2-blütig ... 17

\- Hüllspelzen 3–11-nervig, lanzettlich bis oval. Ährchen 3–8-blütig ... 18

17 Deckspelzen 5-nervig, am Rand und Kiel bewimpert. Grannen bis 10 cm lang *Secale* S. 428

\- Deckspelzen 7-nervig, dicht behaart. Grannen fehlend *oder* < 10 cm lang *X Triticosecale* S. 428

18 (16) Pflanze 1-jährig. Ährenachse nach der Fruchtreife stehen bleibend. Ähren und Ährchen dick. Kulturpflanze. Öhrchen meist bewimpert *Triticum* S. 428

\- Pflanze 2- bis mehrjährig. Ährenachse zerfallend. Ähren und Ährchen dünner. Wildpflanze ... 19

19 Ähre oval bis kurz-zylindrisch, < 5 cm lang, 0,5–1,5 cm ⌀ *Agropyron* S. 452

\- Ähre lang-zylindrisch, meist > 5 cm lang, viel länger als breit *Elytrigia* S. 420

20 (15) Blütenstand im oberen Teil oft ährenartig, darunter rispenartig *X Schedolium* S. 392

\- Blütenstand: 1 Ähre ... 21

21 Ährchen einzeln an der Ährenachse *Elytrigia* S. 420

\- Ährchen paarweise o. in 3er-Gruppen an der Ährenachse. Blätter derb, grau- bis blaugrün, 8–12 mm breit *Leymus* S. 428

22 (12) Ährchen in 3er-Gruppen an der Ährenachse *Hordeum* S. 424

\- Ährchen einzeln an der Ährenachse 23

23 Ährchen meist 1-blütig. < 20 cm hohes Gras. An salzigen Standorten in Küstennähe *Parapholis* S. 408

\- Ährchen mehrblütig 24

24 Stängelblätter < 2 mm breit, borstenartig. An trockenen Ruderalstandorten *Micropyrum* S. 394

\- Stängelblätter > 2 mm breit, ± flach ausgebreitet 25

25 Pflanze 1-jährig. Deckspelzen mit 6–12 mm langer, geknieter Granne. Granne im basalen Drittel der Spelze inseriert. Ährchen 4–10-blütig, 10–20 mm lang *Gaudinia* S. 366

\- Pflanze 2- bis mehrjährig. Deckspelzen unbegrannt o. mit gerader Granne. Granne in der distalen Hälfte der Spelze inseriert 26

26 Deckspelzen unbegrannt *Elytrigia* S. 420

\- Deckspelzen mit Granne 27

27 Pflanze horstförmig, *ohne* Ausläufer. Ährchen 2-6-blütig, 10–14 mm lang. Ährchenachse von hakig gekrümmten Haaren rau *Elymus* S. 420

\- Pflanze rasig wachsend, mit Ausläufern. Ährchen 6–20-blütig, 20–35 mm lang. Ährchenachse glatt *Brachypodium* S. 410

28 (7) Pflanze mit 1 endständigen Ährenrispe (Rispe, mit *sehr* kurzen Seitenästen, in der die Ährchen *sehr* dicht u. kompakt stehen (›Ährenrispengräser‹) 29

\- Pflanze mit Rispe o. Traube mit deutlich entwickelten Seitenästen (›Rispen- und Traubengräser‹) 44

29 Blätter der Erneuerungssprosse < 2 mm breit, borstenförmig, *nicht* entfaltbar. Ährchen 2–4-blütig. Hüllspelzen fast so lang wie das Ährchen. Deckspelzen spitz, 3-nervig, unbegrannt *Koeleria* S. 370

\- Blätter der Erneuerungssprosse ± flach ausgebreitet o. eingerollt, *ohne* Beschädigung entfaltbar, ausgebreitet meist > 2 mm breit 30

30 Ährchen 1-blütig 31

\- Ährchen 2- bis mehrblütig 38

31 Ligula als Haarkranz *Setaria* S. 440

\- Ligula häutig o. fehlend 32

32 Deckspelzen mit Granne *Alopecurus* S. 350

\- Deckspelzen unbegrannt 33

33 Pflanze 1-jährig 34

\- Pflanze 2- bis mehrjährig 35

34 Ährchen 6–8 mm lang, mit 1 fertilen Blüte u. 2 schuppenförmigen sterilen Blüten. Hüllspelzen kahl, kurz zugespitzt, mit breit geflügeltem Kiel *Phalaris* S. 378

\- Ährchen 1–3 mm lang, mit 1 Blüte, *ohne* sterile schuppenförmige Blüten. Hüllspelzen bewimpert, mit (kurzer) Grannenspitze. Ährchen stiefelknechtförmig *Phleum* S. 372

35 (33) Ährchen distal mit 1–3 sterilen zu lang gestielten Keulen umgewandelten Blüten. Blattscheiden (fast) bis oben verwachsen *Melica* S. 344

\- Ährchen distal *ohne* keulenartige, sterile Blüten. Blattscheiden offen 36

36 Hüllspelzen bewimpert, mit (kurzer) Grannenspitze. Ährchen stiefelknechtförmig *Phleum* S. 372

\- Hüllspelzen u. Ährchen andersartig 37

37 Blätter ± flach ausgebreitet, 4–12 mm breit. Staubbeutel weißlich, mit leeren Pollenkörnern. Blütenstand meist mit deutlich entwickelten Seitenästen. Kallus nur bis über die Mitte der Deckspelze behaart *X Calammophila* S. 354

\- Blätter zusammengerollt, ausgebreitet 3–6 mm breit. Staubbeutel gelblich, mit fertilen Pollenkörnern. Blütenstand mit (sehr) kurzen Seitenästen. Kallus bis oben dicht behaart *Ammophila* S. 354

38 (30) Ligula als Haarkranz *Setaria* S. 440

\- Ligula häutig o. fehlend 39

39 Blattscheiden (fast) bis oben verwachsen 40

\- Blattscheiden offen, allenfalls in der basalen Hälfte verwachsen 41

40 Blätter mit gefalteter Knospenlage. Ligula < 1 mm lang. Blütenstand < 3 cm lang. Deckspelzen 3-5-spitzig, kahl bis kurz behaart *Sesleria* S. 380

\- Blätter mit gerollter Knospenlage. Ligula 1–4 mm lang. Blütenstand 3–15 cm lang. Deckspelzen 1-spitzig, lang behaart. Ährchen distal mit 1–3 sterilen zu lang gestielten Keulen umgewandelten Blüten *Melica* S. 344

41 (39) Blätter in Knospenlage gefaltet 42

\- Blätter in Knospenlage gerollt 43

42 Ährchen mit kammförmigem Fächer aus leeren Hüllspelzen. Pflanze > 20 cm hoch, aufrecht. Blätter frischgrün *Cynosurus* S. 384

\- Ährchen *ohne* kammförmigen Fächer. Pflanze < 15 cm hoch, meist niederliegend. Blätter grau- bis blaugrün *Sclerochloa* S. 406

43 (41) Ährchen 2–3-blütig, alle Blüten zwittrig. Grannen im distalen Drittel der Deckspelze entspringend. Ligula < 1 mm lang. Pflanze < 20 cm hoch *Trisetum* S. 376

\- Ährchen 3-blütig; die oberste Blüte zwittrig, die unteren ♂. Grannen ± in der Mitte der Spelze entspringend. Ligula 1–4 mm lang *Anthoxanthum* S. 354

44 (28) Ligula als Haarkranz 45

\- Ligula häutig o. fehlend 52

45 Blätter mit gefalteter Knospenlage *Danthonia* S. 430

\- Blätter mit gerollter Knospenlage 46

46 Ährchenachse mit langen Haaren. > 1,5 m hohes, röhrichtbildendes Gras. Rhizom mehrere Zentimeter dick *Phragmites* S. 432

– Ährchenachse kahl bis kurz behaart. Pflanze kleiner. Rhizom dünner o. fehlend 47

47 Ährchen 1-blütig, mit hakig gekrümmten Haaren *Tragus* S. 436

– Ährchen mehrblütig, *ohne* hakig gekrümmte Haare 48

48 Untere Blattscheiden behaart 49

– Untere Blattscheiden kahl 51

49 Blätter 4–8 cm breit. ♀ Blüten in seitenständigen kolbenförmigen Blütenständen; ♂ Blüten in Rispen. Stängel 15–40 mm ⌀ *Zea* S. 444

– Blätter < 4 cm breit. ♂ *und* ♀ Blüten in Rispen o. Trauben. Stängel < 30 mm ⌀ 50

50 Ährchen 2-blütig. Obere Deckspelzen verhärtet, glänzend; untere häutig *Panicum* S. 438

– Ährchen ≥ 3-blütig. Beide Deckspelzen häutig *Eragrostis* S. 434

51 (48) Ährchenstiele kurz behaart. Stängel (scheinbar) *ohne* Knoten *Molinia* S. 432

– Ährchenstiele kahl. Stängel mit Knoten *Eragrostis* S. 434

52 (44) Ährchen 1-blütig 53

– Ährchen mehrblütig 70

53 Hüllspelzen fehlend 54

– Ährchen mit 2 Hüllspelzen 55

54 Pflanze < 10 cm hoch. Stängel meist niederliegend. Blätter in Knospenlage gefaltet, 1–2 mm breit, am Rand *nicht* auffallend rau *Coleanthus* S. 382

– Pflanze 50–150 cm hoch. Stängel aufrecht. Blätter in Knospenlage gerollt, 4–8 mm breit, am Rand sehr rau *Leersia* S. 430

55 (53) Blattscheiden (fast) bis oben verwachsen 56

– Blattscheiden offen, allenfalls basal etwas verwachsen 58

56 Blätter in Knospenlage gefaltet *Catabrosa* S. 382

– Blätter in Knospenlage gerollt 57

57 Deckspelzen behaart. Pflanze < 15 cm hoch *Mibora* S. 394

– Deckspelzen kahl. Pflanze 30–60 cm hoch. Ährchen distal mit 1–3 sterilen zu lang gestielten Keulen umgewandelten Blüten *Melica* S. 344

58 (55) Deckspelzen *ohne* Granne 59

– Deckspelzen begrannt 63

59 Blätter der Erneuerungssprosse < 2 mm breit, borstenförmig, *nicht* entfaltbar *Agrostis* S. 346

– Blätter der Erneuerungssprosse ± flach ausgebreitet o. eingerollt, *ohne* Beschädigung entfaltbar, ausgebreitet meist > 2 mm breit 60

60 Staubbeutel weißlich, mit leeren Pollenkörnern. Blütenstand ährenrispenartig, mit sehr kurzen Seitenästen. Ährchen basal mit langen Haaren. Blätter 6–10 mm breit. Blattscheiden kahl *X Calammophila* S. 354

– Staubbeutel gelblich, mit fertilen Pollenkörnern. Blütenstand rispenartig, mit deutlich entwickelten Seitenästen 61

61 Ährchen genähert in Knäueln, in rispenartigem Gesamtblütenstand, mit 1 fertilen Blüte u. 2 schuppenartigen sterilen Blüten. Hüllspelzen kahl, kurz zugespitzt, mit breit geflügeltem Kiel *Phalaroides* S. 378

– Ährchen einzeln, *nicht* in Knäueln 62

62 Blätter 6–15 mm breit, allenfalls undeutlich gerippt. Hüllspelzen breit-lanzettlich. Deckspelzen verhärtend. Kallus kahl *Milium* S. 382

– Blätter 1–8 mm breit, oberseits (deutlich) gerippt. Hüllspelzen schmal-lanzettlich. Deckspelzen häutig. Kallus behaart *Agrostis* S. 346

63 (58) Blätter der Erneuerungssprosse < 2 mm breit, borstenförmig, *nicht* entfaltbar 64

– Blätter der Erneuerungssprosse ± flach ausgebreitet o. eingerollt, *ohne* Beschädigung entfaltbar, ausgebreitet meist > 2 mm breit 65

64 Deckspelzen mit in Reihen angeordneten kurzen Haaren. Grannen > 5 cm lang *Stipa* S. 410

– Deckspelzen kahl. Grannen fehlend *oder* < 1 cm lang *Agrostis* S. 346

65 (63) Deckspelzen mit in Reihen angeordneten kurzen Haaren. Grannen > 5 cm lang *Stipa* S. 410

– Grannen fehlend *oder* < 2 cm lang 66

66 Deckspelzen dicht weißfilzig behaart *Achnatherum* S. 410

– Deckspelzen kahl o. behaart, aber *nicht* dicht weißfilzig 67

67 Ährchenachse unterhalb der Blüte mit lang behaartem Fortsatz *Calamagrostis* S. 360

– Ährchenachse *ohne* lang behaarten Fortsatz 68

68 Grannen > 2-mal so lang wie die Deckspelze, gerade o. geschlängelt, *nicht* gekniet *Apera* S. 356

– Grannen meist < 2-mal so lang wie die Deckspelze; wenn länger: gekniet 69

69 Blätter > 2 cm breit. Pflanze meist > 1,5 m hoch *Sorghum* S. 442

– Blätter < 2 cm breit. Pflanze < 1,5 m hoch *Agrostis* S. 346

70 (52) Blätter mit gefalteter Knospenlage 71

– Blätter mit gerollter Knospenlage 82

71 Blattscheiden (fast) bis oben verwachsen 72

– Blattscheiden offen, allenfalls basal verwachsen 73

72 Ährchen 1–2-blütig. Deckspelzen 3-nervig *Catabrosa* S. 382

– Ährchen > 3-blütig. Deckspelzen 5-nervig *Puccinellia* S. 404

73 (71)Deckspelzen mit Granne 74

– Deckspelzen unbegrannt 77

74 Blätter der Erneuerungssprosse < 2 mm breit, borstenförmig, *nicht* entfaltbar 75

- Blätter der Erneuerungssprosse ± flach ausgebreitet o. eingerollt, *ohne* Beschädigung entfaltbar, ausgebreitet meist > 2 mm breit ... 76

75 Ährchen > 3-blütig. Grannen fehlend o. gerade, an der Spitze der Deckspelze inseriert *Festuca* S. 386

- Ährchen 1–3-blütig. Grannen gekniet, in der Mitte o. unteren Hälfte der Deckspelze inseriert *Aristavena* S. 364

76 (74) Unterer Knoten der Rispe meist mit ≥ 4 Ästen. Ährchenachse mit 3–6 mm langen Haaren. Ährchen 2–3-blütig. Blattunterseite meist behaart *Avenula* S. 368

- Unterer Knoten der Rispe mit < 4 Ästen. Ährchenachse mit < 3 mm langen Haaren. Ährchen 3–6-blütig. Blattunterseite kahl *Helictochloa* S. 366

77 (73) Blattgrund mit Öhrchen ... 78

- Blattgrund *ohne* Öhrchen ... 79

78 Blätter der Erneuerungssprosse ± flach ausgebreitet o. eingerollt, *ohne* Beschädigung entfaltbar, ausgebreitet meist > 2 mm breit. Öhrchen sichelförmig, ± waagerecht ausgerichtet *Leucopoa* S. 394

- Blätter der Erneuerungssprosse < 2 mm breit, borstenförmig, *nicht* entfaltbar. Öhrchen nach oben gerichtet *Festuca* S. 386

79 (77) Ährchen im QS ± U-förmig, *nicht* seitlich zusammengedrückt *Glyceria* S. 408

- Ährchen im QS ± V-förmig, seitlich zusammengedrückt ... 80

80 Ährchen genähert in Knäueln, in rispenartigem Gesamtblütenstand. Deckspelzen am Kiel lang behaart. Ligula 5–10 mm lang *Dactylis* S. 384

- Ährchen meist einzeln; wenn in Knäueln: Ligula < 5 mm lang ... 81

81 Unterster Rispenast unverzweigt *oder* mit 1 Seitenast. Untere Hüllspelze 1-nervig, obere 3-nervig. Pflanze meist 1-jährig; wenn mehrjährig: Blätter < 10 cm lang, Ligula 1–2 mm lang, Deckspelze kahl *Ochlopoa* S. 396

- Unterster Rispenast mit 2–4 Seitenästen. Beide Hüllspelzen 3-nervig. Pflanze mehrjährig *Poa* S. 396

82 (70) Blattgrund mit ± waagerecht ausgerichteten Öhrchen ... 83

- Blattgrund *ohne* Öhrchen ... 85

83 Untere Blattscheiden behaart. Blattscheiden (fast) bis oben verwachsen *Bromopsis* S. 414

- Untere Blattscheiden (fast) kahl. Blattscheiden offen, allenfalls basal etwas verwachsen ... 84

84 Blütenstand rispenartig *Schedonorus* S. 390

- Blütenstand im oberen Teil oft ährenartig, darunter rispenartig. Rispe am untersten Knoten mit 1–2 Seitenzweigen. Blätter 6–10 mm breit. Öhrchen sichelförmig, kahl. Blattscheiden dünn, oft zerreißend *X Schedolium* S. 392

85 (82) Blattscheiden (fast) bis oben verwachsen ... 86

- Blattscheiden aufreißend o. offen, allenfalls basal verwachsen ... 90

86 Deckspelzen unbegrannt. Ährchen 1–3-blütig, distal mit 1–3 sterilen zu lang gestielten Keulen umgewandelten Blüten *Melica* S. 344

- Deckspelzen meist begrannt. Ährchen > 3-blütig, *ohne* zu Keulen umgewandelten Blüten ... 87

87 Ährchen im ± QS V-förmig. Hüllspelzen gekielt *Ceratochloa* S. 420

- Ährchen im QS ± U-förmig. Hüllspelzen im QS abgerundet ... 88

88 Hüllspelzen oval; die untere 3–5-nervig, ± so lang wie die obere *Bromus* S. 416

- Hüllspelzen lanzettlich; die untere 1-nervig, kürzer als die obere ... 89

89 Pflanze mehrjährig. Grannen fehlend o. kürzer als die Deckspelzen. Ährchen zur Spitze verschmälert *Bromopsis* S. 414

- Pflanze 1-jährig. Grannen mindestens so lang wie die Deckspelzen. Ährchen zur Spitze verbreitert *Anisantha* S. 412

90 (85) Blätter > 2 cm breit. Pflanze meist > 1,5 m hoch *Sorghum* S. 442

- Blätter < 2 cm breit. Pflanze meist < 1,5 m hoch ... 91

91 Ährchen genähert in Knäueln, in rispenartigem Gesamtblütenstand, mit 1 fertilen Blüte u. 2 schuppenförmigen sterilen Blüten *Phalaroides* S. 378

- Ährchen einzeln, *nicht* in Knäueln, mehrblütig ... 92

92 Blätter der Erneuerungssprosse < 2 mm breit, borstenförmig, *nicht* entfaltbar ... 93

- Blätter der Erneuerungssprosse ± flach ausgebreitet o. eingerollt, *ohne* Beschädigung entfaltbar, ausgebreitet meist > 2 mm breit ... 99

93 Deckspelze 4-spitzig ... 94

- Deckspelze 1–2-spitzig ... 96

94 Blätter der Erneuerungssprosse im QS 2-furchig, auffallend glatt. Stängelblätter borstenförmig. Rispenäste geschlängelt *Avenella* S. 364

- Blätter der Erneuerungssprosse im QS 4–6-furchig, rau ... 95

95 Stängelblätter ± flach ausgebreitet. Rispenäste gerade, mit ≥ 2 basalen Seitenzweigen *Deschampsia* S. 364

- Stängelblätter borstenförmig. Rispenäste geschlängelt, mit 1 (selten 2) basalen Seitenzweigen *Aristavena* S. 364

96 (93) Deckspelzen 2-spitzig *Aira* S. 350

- Deckspelzen 1-spitzig ... 97

97 Grannen distal an der Deckspelze entspringend. Pflanze 1-jährig. Blüten oft mit 1 Staubblatt *Vulpia* S. 406

- Grannen ± in der Mitte der Spitze der Deckspelze entspringend. Pflanze mehrjährig. Staubblätter: 2 ... 98

98 Untergranne distal mit Stachelkranz. Obergranne keulenförmig verdickt *Corynephorus* S. 362

- Untergranne *ohne* Stachelkranz. Obergranne *nicht* keulenförmig *Helictotrichon* S. 366

99 (92) Deckspelze der basalen Blüte des Ährchens mit 2–5 mm langer Grannenspitze, die übrigen 2-spitzig *und* mit 10–15 mm langer geknieter Granne *Ventenata* S. 378

- Deckspelzen u. Grannen andersartig ... 100

100 *Alle* Deckspelzen *ohne* Granne ... 101

- Zumindest einige Deckspelzen mit (zuweilen kurzer) Granne ... 104

101 Deckspelzen basal mit Haarbüschel, 3-spitzig *Scolochloa* S. 378

\- Deckspelzen kahl, distal abgerundet o. 1-spitzig … 102

102 Ährchen breit-herzförmig. Hüllspelzen breit, distal abgerundet, im QS stark gewölbt. Blattscheiden aufreißend. Rispenäste meist geschlängelt *Briza* S. 382

\- Ährchen lanzettlich. Hüllspelzen lanzettlich, spitz, im QS *nicht* auffallend gewölbt. Blattscheiden offen. Rispenäste gerade … 103

103 Pflanze mehrjährig, meist > 60 cm hoch. Blätter 5–15 mm breit. Ährchen u. Hüllspelzen breit-lanzettlich *Drymochloa* S. 386

\- Pflanze 1-jährig, < 30 cm hoch. Blätter < 3 mm breit. Ährchen u. Hüllspelzen schmal-lanzettlich, spitz *Catapodium* S. 384

104 (100) Begrannung der Deckspelzen der beiden Blüten des 2-blütigen Ährchens deutlich unterschiedlich … 105

\- *Alle* Blüten des Ährchens mit ± gleich begrannten Deckspelzen. Ährchen meist > 2-blütig; wenn 2-blütig: Deckspelzen 4-spitzig. Blätter (sehr) rau … 106

105 Untere Blüte des Ährchens mit geknieter > 2 mm langer Granne; die obere unbegrannt o. mit kurzer Granne. Ährchen 7–10 mm lang *Arrhenatherum* S. 358

\- Untere (zwittrige) Blüte des Ährchens unbegrannt; die obere mit < 2 mm langer hakenförmiger Granne. Ährchen 3–6 mm lang *Holcus* S. 368

106 (104) Deckspelzen 4-spitzig; Pflanze horstförmig. Blätter (sehr) rau *Deschampsia* S. 364

\- Deckspelzen 1–2-spitzig … 107

107 Deckspelze 2-spitzig. Grannen ± in der Mitte der Spitze der Deckspelze entspringend … 108

\- Deckspelze 1-spitzig. Grannen nahe der Spitze der Deckspelze entspringend … 109

108 Ährchen 4–10 mm lang. Grannen 3–8 mm lang. Pflanze 2- bis mehrjährig. Untere Hüllspelze 1–3-nervig; obere 3–5-nervig. Deckspelze 4–6 mm lang *Trisetum* S. 376

\- Ährchen 15–50 mm lang. Grannen 20–40 mm lang. Pflanze 1-jährig. Untere Hüllspelze 5–7-nervig; obere 7–11-nervig. Deckspelze 12–40 mm lang *Avena* S. 358

109 (107) Blütenstand eine Traube, selten (fast) ährenartig *Brachypodium* S. 410

\- Blütenstand eine (zuweilen zusammengezogene) Rispe mit (zuweilen kurzen) verzweigten Seitenästen … 110

110 Grannen im basalen Drittel der Deckspelze entspringend *Hierochloë* S. 368

\- Grannen an der Spitze der Deckspelze entspringend … 111

111 Blätter 5–15 mm breit. Pflanze meist > 60 cm hoch. Rispe meist ausgebreitet *Drymochloa* S. 386

\- Blätter < 3 mm breit. Pflanze < 60 cm hoch. Rispe meist zusammengezogen. Blüten oft mit 1 Staubblatt *Vulpia* S. 406

Klade *Dicots*

Ordnung *Ceratophyllales*

Familie *Ceratophyllaceae* – Hornblattgewächse

Ceratophyllum S. 444

Klade *Eudicots*

Ordnung *Ranunculales*

Familie *Papaveraceae* – Mohngewächse

1 Blätter mit Ranken. Blüten zygomorph, gelblich bis weißlich *Ceratocapnos* S. 446

\- Blätter *ohne* Ranken, zuweilen mit rankenden Blattstielen … 2

2 Blüten radiär. Pflanze mit Milchsaft … 3

\- Blüten zygomorph. Pflanze *ohne* Milchsaft … 5

3 Blüten mit ≥ 4 Fruchtblättern. Kapsel mit ≥ 4 Fächern. Narben ≥ 4, sternförmig *Papaver* S. 454

\- Blüten mit 2 Fruchtblättern. Fruchtknoten mit 1–2 Fächern. Narben 1–2, *nicht* sternförmig … 4

4 Früchte 8–20 cm lang, mit schwammiger (falscher) Scheidewand. Blüten 2–5 cm ⌀, rötlich o. gelblich-orange. Pflanze 1-jährig *Glaucium* S. 452

\- Früchte < 6 cm lang, *ohne* Scheidewand. Blütenstand doldenartig. Blüten 1–2,5 cm ⌀, gelb. Pflanze mehrjährig *Chelidonium* S. 452

5 (2) Pflanze mit unterirdischen Knollen. Stängel einfach, unverzweigt, mit 2–3 Laubblättern. Mehrsamige Spaltkapseln. Blüten weißlich o. rötlich-violett *Corydalis* S. 446

\- Pflanze *ohne* Knollen. Stängel verzweigt, meist mit > 3 Laubblättern … 6

6 Blüten gelblich o. weißlich. Spaltkapseln, länglich-oval, mehrsamig. Pflanze mehrjährig *Pseudofumaria* S. 450

\- Blüten rosa bis rötlich, oft mit dunkler Spitze. Nüsse, ± kugelig, einsamig. Pflanze 1-jährig *Fumaria* S. 448

Familie *Berberidaceae* – Berberitzengewächse

1 Pflanze krautig. Blüten mit 4-zähligen Organkreisen, grünlich bis gelblich, basal o. randlich meist rötlich *Epimedium* S. 456

\- Strauch. Blüten mit 5–6-zähligen Organkreisen, gelb … 2

2 Stängel *ohne* Dornen. Blätter meist stachelig, immergrün. Beeren bläulich *Mahonia* S. 458

\- Langtriebe mit zu Dornen umgewandelten Nebenblättern. Blätter *nicht* stachelig, sommergrün. Beeren rötlich *Berberis* S. 456

Familie *Ranunculaceae* - Hahnenfußgewächse

Die Hahnenfußgewächse zeichnen sich durch ein große Vielfalt im Blütenbau aus. Bei einigen Gruppen gibt es fließende Übergänge zwischen Hoch- und Blütenhüllblättern sowie zwischen Kelch- und Kronblättern. Zwischen den Kron- und Staubblättern finden sich häufig Nektarblätter.

1 Blüten zygomorph ... 2

\- Blüten radiär ... 5

2 Blüten mit 1 Fruchtblatt. Pflanze 1-jährig *Consolida* S. 466

\- Blüten mit mehreren freien Fruchtblättern. Pflanze mehrjährig ... 3

3 Perigon aus 2-blättrigem Helm, 1 Sporn, u. 2 seitlichen in den Helm ragenden Nektarblättern bestehend *Aconitum* S. 464

\- Perigon *nicht* helmförmig ... 4

4 Perigon mit 5 Spornen, 10-blättrig *Aquilegia* S. 458

\- Perigon mit 1 Sporn *Delphinium* S. 468

5 (1) Blätter gegenständig, gefiedert. Blüten mit 4-zähligem Perigon. Nussfrüchtchen > 10, mit verlängertem Griffel, lang behaart. Strauch o. Liane, seltener krautig *Clematis* S. 472

\- Blätter wechselständig, seltener quirlig. Pflanze krautig, allenfalls basal verholzt ... 6

6 Blüten mit Kronblättern (meist auffällig gefärbt) *und* Kelchblättern (meist grünlich) ... 7

\- Blütenhüllblätter alle ± gleichgestaltet, kronblatt- *oder* kelchblattartig, zuweilen fehlend ... 12

7 Blätter im Umriss herz- bis nierenförmig, mit 3 ganzrandigen Blattlappen. Pflanze < 10 cm hoch. Blüten violett, mit 6-10 Perigonblättern *Hepatica* S. 476

\- Blätter andersartig ... 8

8 Schwarze Beeren, bei Zierpflanze auch Bälge. Blüten in trauben- bis rispenartigen Blütenständen, aus 4-zähligen Organkreisen bestehend. Blätter meist 2-fach gefiedert *Actaea* S. 470

\- Nüsschen ... 9

9 Früchte lang geschnäbelt. Schnabel 2-3-mal so lang wie der Fruchtknoten. Blütenstände köpfchenartig, lang gestielt *Ceratocephala* S. 480

\- Schnabel fehlend o. kürzer als der Fruchtknoten. Blütenstände *nicht* köpfchenartig ... 10

10 Blätter 2-3-fach fiederteilig, mit schmal-linealen Blattlappen. Kronblätter *ohne* basale Nektardrüse *Adonis* S. 462

\- Blätter ungeteilt, gelappt bis 1-fach gefiedert. Spreite bzw. Blattlappen breiter. Kronblätter auf der Oberseite mit basaler Nektardrüse ... 11

11 Blüten mit 6-15 Kronblättern. Blätter herz- bis nierenförmig, (fast) ganzrandig. Pflanze < 20 cm hoch, meist mit Bulbillen in den Blattachseln. Wurzeln meist keulenförmig verdickt *Ficaria* S. 480

\- Blüten mit 5 Kronblättern. Blätter meist gelappt bis fiederteilig *Ranunculus* S. 482

12 (6) Blüten kugelig, 15-40 mm ⌀. Kronblätter mit basaler Nektardrüse, gelb. Blätter handförmig gelappt bis gefingert *Trollius* S. 464

\- Blüten *nicht* kugelig. Kronblätter *ohne* Nektardrüse ... 13

13 Blüten mit 1 Fruchtknoten aus mehreren ± verwachsenen Fruchtblättern. Pflanze 1-jährig. Blätter mehrfach fiederteilig mit linealen Zipfeln. Blüten mit 5-10 2-lippigen Nektarblättern, weißlich-bläulich *Nigella* S. 468

\- Blüten mit mehreren freien Fruchtblättern. Pflanze mehrjährig. Nektarblätter becherförmig bis röhrig *oder* fehlend ... 14

14 Blätter ungeteilt, herz- bis nierenförmig, ganzrandig bis seicht gekerbt, glänzend, kahl. Blüten *ohne* Nektarblätter *Caltha* S. 472

\- Blätter gelappt bis gefiedert *oder* handförmig gelappt bis gefingert ... 15

15 Blütenboden verlängert, länglich-zylindrisch. Perigonblätter 5, mit je 1 kleinem hakenförmigem Sporn. Staubblätter: 5-10. Blüten < 0,5 mmm ⌀, grünlich. Pflanze < 10 cm hoch *Myosurus* S. 480

\- Blütenboden *nicht* verlängert. Perigonblätter *ohne* Sporn. Staubblätter: > 10 ... 16

16 Blüten einzeln, endständig, (fast) sitzend über einem Wirtel aus 3 laubblattartigen tief gelappten Hochblättern, kräftig gelb. Pflanze < 15 cm hoch *Eranthis* S. 472

\- Pflanze *ohne* Hochblattwirtel *oder* Hochblattwirtel deutlich von den Blüten entfernt. Blüten weißlich, gelblich o. grünlich-gelblich. Pflanze meist > 15 cm hoch ... 17

17 Bälge: < 6, > 1,5 cm ⌀. Nektarblätter becherförmig bis röhrig. Blätter tief handförmig-gelappt bis gefingert mit flächig entwickelten Blattlappen *Helleborus* S. 470

\- Nüsschen: meist > 6, < 1,5 cm ⌀. Nektarblätter staubblattartig o. fehlend ... 18

18 Blätter gegenständig, 1-fach gefiedert. Blüten mit 4-zähligem Perigon, mit > 10 Staubblättern. Früchte lang geschnäbelt, dicht behaart *Clematis* S. 472

\- Blätter wechselständig ... 19

19 Blütenstände rispenartig. Pflanze *ohne* laubblattartige Hochblätter *Thalictrum* S. 460

\- Blüten lang gestielt, einzeln o. in Dolden. Pflanze mit 3 ± laubblattartigen Hochblättern unter dem Blütenstand ... 20

20 Nüsschen > 1 cm lang, lang geschnäbelt, dicht u. lang behaart *Pulsatilla* S. 476

\- Nüsschen < 1 cm lang, kurz geschnäbelt, kahl o. kurz behaart ... 21

21 Hochblätter gestielt. Blüten meist einzeln *Anemone* S. 474

\- Hochblätter sitzend. Blüten in > 3-blütigen Dolden *Anemonastrum* S. 474

Ordnung *Proteales*

Familie *Platanaceae* - Platanengewächse

Platanus S. 494

Ordnung *Buxales*

Familie *Buxaceae* - Buchsbaumgewächse

Buxus S. 496

Klade *Core Eudicots*

Klade *Pentapetalae*

Klade *Superrosids*

Ordnung *Saxifragales*

Familie *Paeoniaceae* - Pfingstrosengewächse

Paeonia S. 496

Familie *Grossulariaceae* - Stachelbeergewächse

Ribes S. 496

Familie *Saxifragaceae* - Steinbrechgewächse

1	Blüten mit 4-blättrigem Perigon u. 8 Staubblättern, grünlich-gelblich	*Chrysosplenium* S. 500
-	Blüten mit 5 Kelchblättern, 5 Kronblättern u. 10 Staubblättern	*Saxifraga* S. 502

Familie *Crassulaceae* - Dickblattgewächse

1	Blüten 1-geschlechtig. Pflanze 2-häusig. Blätter sitzend, ± flach ausgebreitet, länglich-oval bis rautenförmig, distal meist gesägt	*Rhodiola* S. 522
-	Blüten zwittrig	2
2	Pflanze mit Grundblattrosette	3
-	Pflanze *ohne* Grundblattrosette	4
3	Blüten mit 8–20 Kronblättern	*Sempervivum* S. 520
-	Blüten mit 6 Kronblättern	*Jovibarba* S. 520
4	(2) Blüten mit 3 o. 4-zähligen Organkreisen	*Crassula* S. 510
-	Blüten mit 5-zähligen Organkreisen	5
5	Blätter im QS rund o. halbrund, ganzrandig. Pflanze < 10 cm hoch	*Sedum* S. 512
-	Blätter im QS ± flach, am Rand gezähnt. Meist > 10 cm hoch	*Hylotelephium* S. 512

Familie *Haloragaceae* - Seebeerengewächse

Myriophyllum S. 522

Klade *Rosids*

Ordnung *Vitales*

Familie *Vitaceae* - Weinrebengewächse

1	Kronblätter distal verwachsen. Rinde längsfaserig. Blätter gelappt. Ranken *ohne* Haftscheiben	*Vitis* S. 524
-	Kronblätter frei. Rinde *nicht* längsfaserig. Blätter gelappt o. gefingert. Ranken mit *oder* ohne Haftscheiben	*Parthenocissus* S. 524

Klade *Eurosids*

Klade *Fabids*

Ordnung *Fabales*

Familie *Fabaceae* - Schmetterlingsblütengewächse

1	Baum	2
-	Krautige Pflanze o. Strauch	6
2	Blätter mit 3 Fiederblättchen, lang gestielt	*Laburnum* S. 530
-	Blätter mit > 5 Fiederblättchen	3
3	Baum mit Dornen an den Ästen o. am Übergang zwischen Blättern u. Sprossachse	4
-	Baum *ohne* Dornen	5
4	Äste mit paarigen Nebenblatt-Dornen	*Robinia* S. 540

- Baum mit oft verzweigten Kurztriebdornen *Gleditsia* S. 526

5 (3) Früchte ± kugelig, aufgeblasen, 20–40 mm ⌀. Blüten gelblich, zuweilen mit rötlicher Zeichnung, in < 9-blütigen Trauben *Colutea* S. 544

- Früchte länglich, abgeflacht, 5–15 cm lang. Blüten weißlich bis rosa, in > 9-blütigen Trauben *Robinia* S. 540

6 (1) Strauch (seltener Halbstrauch), zumindest basal verholzt ... 7

- Krautige Pflanze ... 17

7 Laubblätter ± komplett zu Dornen umgewandelt *Ulex* S. 532

- Laubblätter mit flächig entwickelter Spreite. Äste zuweilen mit Sprossdornen o. zu gegenständigen Dornen umgewandelten Nebenblättern ... 8

8 Blattunterseite kahl ... 9

- Blattunterseite behaart ... 14

9 Nebenblätter fehlen ... 10

- Nebenblätter vorhanden, zuweilen zu Dornen umgewandelt ... 11

10 Blüten in endständigen, aufrechten > 12-blütigen blattlosen Trauben. Äste im QS rund *Lembotropis* S. 530

- Blüten seitenständig, einzeln o. in < 9-blütigen Trauben *Cytisus* S. 526

11 (9) Pflanze meist > 2 m hoch ... 12

- Pflanze < 1,5 m hoch ... 13

12 Früchte ± kugelig, aufgeblasen, 20–40 mm ⌀. Blüten gelblich, zuweilen mit rötlicher Zeichnung, in < 9-blütigen Trauben *Colutea* S. 544

- Früchte ± abgeflacht, 50–150 mm lang. Blüten weißlich bis rosa, in > 9-blütigen Trauben *Robinia* S. 540

13 (11) Hülsenglieder hufeisenförmig gebogen. Stängel im QS kantig *Hippocrepis* S. 536

- Hülsenglieder gerade bis schwach gebogen. Stängel im QS ± rund *Coronilla* S. 534

14 (8) Kelch radiär, 5-zipfelig ... 15

- Kelch 2-lippig ... 16

15 Blüten 1-blättrig, nur aus der Fahne bestehend, bläulich- bis bräunlich-violett. Stängelblätter > 5-teilig gefiedert. Fiederblättchen (fast) ganzrandig. Pflanze meist > 1 m hoch *Amorpha* S. 532

- Blüten 5-blättrig, aus Fahne, Flügel u. Schiffchen bestehend, rötlich o. gelblich. Stängelblätter 3-teilig gefiedert, durch 2 große Nebenblätter scheinbar 5-teilig. Fiederblättchen am Rand gezähnt. Pflanze < 1,2 m hoch *Ononis* S. 554

16 (14) Kelchzipfel kürzer als die Kelchröhre. Blütenstand hängend. Pflanze meist > 2 m hoch *Laburnum* S. 530

- Kelchzipfel kürzer als die Kelchröhre. Pflanze < 1 m hoch *Genista* S. 528

17 (6) Blätter paarig gefiedert, letztes Fiederblatt in Granne o. Ranke umgewandelt ... 18

- Blätter unpaarig gefiedert, letztes Fiederblatt flächig; seltener ungeteilt ... 21

18 Staubfadenröhre schief abgeschnitten (Filamente unterschiedlich lang verwachsen) ... 19

- Staubfadenröhre gerade (alle Filamente gleich lang verwachsen) ... 20

19 Kelchzipfel deutlich länger als die Kelchröhre. Früchte 1–2-samig. Blüten einzeln o. in wenigblütigen Blütenständen, weißlich, zuweilen mit dunklen Adern *Lens* S. 576

- Kelchzipfel kürzer als die Kelchröhre. Früchte meist mehrsamig *Vicia* S. 576

20 (18) Nebenblätter größer als die Fiederblättchen, > 3 cm lang, > 5 cm breit *Pisum* S. 576

- Nebenblätter *nicht* größer als die Fiederblättchen *oder* nur die Nebenblätter entwickelt *Lathyrus* S. 568

21 (17) Alle 10 Staubfäden röhrig verwachsen ... 22

- Blüten mit 1 freien u. 9 röhrig verwachsenen Staubfäden ... 25

22 Kelch 2-lippig. Blätter gefingert, 10–20-teilig *Lupinus* S. 530

- Kelch radiär, 5-zipfelig. Blätter gefiedert, 3-teilig o. selten ungeteilt ... 23

23 Stängelblätter 3-teilig gefiedert, durch 2 große Nebenblätter scheinbar 5-teilig *Ononis* S. 554

- Zumindest einige Stängelblätter mit > 5 Fiederblättchen ... 24

24 Fiederblättchen mit kurzer Grannenspitze. Endfieder *nicht* vergrössert. Blüten meist hellviolett *Galega* S. 546

- Fiederblättchen *ohne* Grannenspitze. Endfieder zumindest an den Grundblättern deutlich grösser als die Seitenfiedern. Blüten gelblich *Anthyllis* S. 532

25 (21) Blätter mit 3 Fiederblättchen, zuweilen außerdem mit 2 großen basalen Nebenblättern ... 26

- Blätter mit ≥ 5 Fiederblättchen ... 31

26 Nebenblätter > 0,5-mal so lang wie die Fiederblättchen ... 27

- Nebenblätter < 0,5-mal so lang wie die Fiederblättchen ... 28

27 Fiederblättchen und Nebenblätter (fast) fingerförmig angeordnet, Rhachis sehr kurz. Blüten weißlich bis rosa. Hülsen eiförmig-länglich, 3–15 mm lang *Dorycnium* S. 534

- Fiederblättchen durch (kurze) Rhachis deutlich von den Nebenblättern abgesetzt. Blüten gelblich. Hülsen länglich-lineal, > 15 mm lang *Lotus* S. 536

28 (26) Blätter > 10 cm breit. Blütenstand ≤ 4-blütig. Stängel meist windend. Griffel u. Staubblätter (u. Schiffchen) 1–2-fach gewunden *Phaseolus* S. 566

- Blätter < 10 cm breit. Blütenstand meist > 4-blütig. Stängel aufrecht o. niederliegend ... 29

29 Pflanze 40–150 cm hoch. Blätter mit starkem heuartigem Geruch *Melilotus* S. 552

- Pflanze meist < 40 cm hoch. Blätter *ohne* heuartigen Geruch ... 30

30 Früchte eiförmig bis zylindrisch. Kronblätter (scheinbar) miteinander u. mit den Staubblätter verwachsen, die reifen Früchte einhüllend, nach dem Verblühen *nicht* abfallend *Trifolium* S. 556

- Früchte nierenförmig, sichelförmig o. schneckenförmig eingerollt. Kronblätter frei, nach dem Verblühen abfallend, die reifen Früchte *nicht* einhüllend *Medicago* S. 548

31 (25) Früchte mit deutlicher Quergliederung, meist in Teilfrüchte zerfallend ... 32

- Früchte *ohne* deutliche Quergliederung, *nicht* in Teilfrüchte zerfallend ... 35

32 Blüten in einer verlängerten Traube. Nebenblätter zu blattgegenständigen Blättchen verwachsen. Fruchtglieder im QS ± abgeflacht *Hedysarum* S. 546
- Blüten in gestauchter ± doldenartiger Traube. Nebenblätter *nicht* miteinander (zuweilen aber mit dem Blattstiel) verwachsen 33
33 Blüten gelblich. Hülsenglieder hufeisenförmig gebogen *Hippocrepis* S. 536
- Blüten weißlich bis rötlich. Hülsenglieder *nicht* hufeisenförmig gebogen 34
34 Kronblätter > 10 mm lang. Fruchtglieder im QS 4-kantig bis geflügelt *Securigera* S. 540
- Kronblätter 2–10 mm lang. Fruchtglieder im QS ± rund *Ornithopus* S. 538
35 (31) Kelchzähne fast 2-mal so lang wie die Kelchröhre *Onobrychis* S. 548
- Kelchzähne kaum länger als die Kelchröhre 36
36 Schiffchenspitze abrupt zugespitzt, mit schmaler abgesetzter Spitze *Oxytropis* S. 546
- Schiffchen abgerundet o. spitz, aber *nicht* abrupt zugespitzt *Astragalus* S. 540

Familie *Polygalaceae* – Kreuzblumengewächse

Polygala S. 588

Ordnung *Rosales*

Familie *Rosaceae* – Rosengewächse

1 Stängel verholzt. Baum u. Strauch 2
- Stängel krautig 16
2 Blüten mit mehreren freien Fruchtblättern (selten bei der Fruchtreife miteinander verwachsend 3
- Blüten mit 1 Fruchtknoten (dieser 1-blättrig *oder* aus mehreren verwachsenen Fruchtblättern bestehend 7
3 Niederliegender Zwergstrauch, < 20 cm hoch. Blätter immergrün, am Rand gekerbt; unterseits dicht weißlich behaart. Blüten lang gestielt, weißlich. Griffel zur Fruchtzeit verlängert, dicht u. lang behaart *Dryas* S. 632
- Aufrechter Strauch, > 20 cm hoch. Blätter sommergrün o. überwinternd grün 4
4 Bälge. Stängel *ohne* Stacheln. Blüten weißlich o. rötlich *Spiraea* S. 640
- Nüsse o. Früchte mit Fruchtfleisch (Hagebutten o. Sammelsteinfrüchte). Sträucher meist mit Stacheln; wenn *ohne* Stacheln: Blüten gelb 5
5 Blütenachse schüssel- bis krugförmig. Sammelnussfrucht (Hagebutte), mit von fleischiger, krugförmiger Blütenachse umgebenen Nüsschen. Nebenblätter mit dem Blattstiel verwachsen *Rosa* S. 592
- Blütenachse flach bis gewölbt. Nüsschen o. Sammelsteinfrüchte. Nebenblätter *nicht* mit dem Blattstiel verwachsen 6
6 Blüten mit Außenkelch. Mehrere einsamige Nüsschen. Distales Fiederblättchen an der Rhachis herablaufend. Pflanze *ohne* Stacheln. Blüten gelblich, einzeln *Dasiphora* S. 616
- Blüten *ohne* Außenkelch. Sammelsteinfrüchte mit Fruchtfleisch. Distales Fiederblatt *nicht* an der Rhachis herablaufend. Pflanze fast immer mit Stacheln. Blüten weißlich o. rötlich *Rubus* S. 602
7 (2) Fruchtknoten aus 1 Fruchtblatt bestehend, ober- o. mittelständig. Steinfrüchte o. Nüsse 8
- Fruchtknoten aus mehreren Fruchtblättern, unterständig, mit der fleischig werdenden Blütenachse verwachsen. Apfelfrüchte 9
8 > 1 m hoher Strauch o. Baum. Blüten weißlich o. rötlich, > 1 cm ⌀. Steinfrüchte *Prunus* S. 632
- Bis 0,5 m hoher Strauch. Blüten grünlich-gelblich, < 0,5 cm ⌀. Nüsse *Alchemilla* S. 608
9 (7) Blätter gelappt 10
- Blätter *nicht* gelappt (Spreite ganzrandig o. gezähnt) 11
10 Pflanze mit Kurztriebsdornen *Crataegus* S. 648
- Pflanze *ohne* Dornen *Sorbus* S. 652
11 (9) Blüten < 10 mm ⌀. Kronblätter nach innen gebogen. Fruchtwand verholzend. Blätter ganzrandig. < 3 m hoher Strauch. Früchte rötlich, 2–5 samig *Cotoneaster* S. 646
- Blüten > 10 mm ⌀. Kronblätter *nicht* nach innen gebogen. Fruchtwand ± pergamentartig 12
12 Blüten einzeln 13
- Blüten zu mehreren an Kurztrieben *oder* in seitenständigen trauben- bis doldenartigen Blütenständen 14
13 Kelchblätter länger als die Kronblätter. Früchte bräunlich, distal ± gerade, mit zusammenneigenden Kelchblättern. Blätter länglich bis lanzettlich *Crataegus* S. 648
- Kelchblätter kürzer als die Kronblätter. Früchte gelblich, kugelig bis birnenförmig, oft lang behaart. Blätter (breit-) oval *Cydonia* S. 650
14 (12) Strauch. Kronblätter 2–5 mal so lang wie breit. Blütenstände traubenartig. Fruchtblätter durch falsche Scheidewand 2-fächrig; Früchte 4–10-fächrig, < 1,5 cm ⌀, zunächst rötlich, später bläulich *Amelanchier* S. 644
- Baum. Kronblätter < 2-mal so lang wie breit. Blüten in doldenartigen Trauben an Kurztrieben. Früchte meist 5-fächrig, meist > 1,5 cm ⌀ 15
15 Staubbeutel rötlich, Griffel bis zur Basis frei. Früchte meist birnenförmig. Blätter ganzrandig, selten fein gezähnt, unterseits blaugrün *Pyrus* S. 652
- Staubbeutel gelblich, Griffel basal verwachsen. Früchte meist kugelig. Blätter am Rand gezähnt, jung meist filzig behaart *Malus* S. 650
16 (1) Blüten mit mehreren freien Fruchtblättern 17
- Blüten mit 1 Fruchtknoten 28
17 Blüten *ohne* Außenkelch 18
- Blüten mit Außenkelch 21

18 Blätter unterbrochen gefiedert ... 19

\- Blätter *nicht* unterbrochen gefiedert ... 20

19 Blüten sitzend, in kopfigen Blütenständen, rötlich o. grünlich. Perigon aus Kelchblättern *Sanguisorba* S. 608

\- Blüten gestielt, in rispenartigen Blütenständen, weißlich, mit Kelch- *und* Kronblättern *Filipendula* S. 592

20 (18) Blätter gelappt bis 1-fach gefiedert. Blüten > 1 cm ⌀, zwittrig. Sammelsteinfrüchte mit Fruchtfleisch *Rubus* S. 602

\- Blätter 2–3-fach gefiedert. Blüten < 0,5 cm ⌀, 1-geschlechtig. Bälge *Aruncus* S. 640

21 (17) Griffel zur Fruchtzeit verlängert, lang behaart. Blätter mit vergrößertem Endabschnitt, gelappt bis gefiedert. Blüten gelblich *Geum* S. 630

\- Griffel zur Fruchtzeit *nicht* verlängert. Endabschnitt der Blätter *nicht* vergrößert ... 22

22 Sammelnussfrucht mit Fruchtfleisch *Fragaria* S. 628

\- Nüsschen ... 23

23 Staubblätter: 4–10. Kronblätter 1–3 mm lang, kürzer als der Kelch, früh abfallend, gelblich-grünlich. < 5 cm hohe alpine Pflanze *Sibbaldia* S. 628

\- Staubblätter: > 10. Kronblätter > 3 mm lang ... 24

24 Kron- u. Kelchblätter dunkelrot bis bräunlich. Kronblätter lanzettlich, spitz, kürzer als die Kelchblätter. Grundblätter gefiedert, 3–7-teilig *Comarum* S. 616

\- Blüten andersartig, meist gelblich o. weißlich ... 25

25 Grundblätter 5–21-teilig gefiedert ... 26

\- Grundblätter handförmig gelappt bis gefingert ... 27

26 Grundblätter 9–21-teilig unterbrochen gefiedert. Blüten gelblich *Argentina* S. 614

\- Grundblätter 5–9-teilig (*nicht* unterbrochen) gefiedert. Blüten weißlich *Drymocallis* S. 616

27 (25) Blüten mit (schwach) gewölbtem Blütenboden, meist mit > 8 Fruchtknoten. Griffel > 2-mal so lang wie der Fruchtknoten. Grundblätter 3–7-teilig *Potentilla* S. 616

\- Blüten mit schüssel- bis becherförmigem Blütenboden, meist mit 2–8 Fruchtknoten. Griffel < 1,5-mal so lang wie der Fruchtknoten. Grundblätter 3-teilig *Waldsteinia* – Waldsteinie

28 (16) Grundblätter im Umriss rund; buchtig bis handförmig gelappt *oder* gefingert *Alchemilla* S. 608

\- Grundblätter im Umriss *nicht* rund; fiederspaltig bis gefiedert ... 29

29 Grundblätter fiederspaltig. Pflanze 1-jährig. Blüten in Knäulen, sitzend < 3 mm lang gestielt, grünlich-gelblich, 1–2 mm lang. Perigon aus Kelchblättern *Aphanes* S. 614

\- Grundblätter unterbrochen gefiedert. Pflanze mehrjährig. Blüten *nicht* in Knäulen, gelb ... 30

30 Außenkelch zu widerhakigen Borsten umgewandelt. Blüten (fast) sitzend, in länglichen ährenartigen Blütenständen *Agrimonia* S. 606

\- Außenkelch blattartig. Blüten gestielt, in trauben- bis rispenartigen Blütenständen *Aremonia* S. 606

Familie *Elaeagnaceae* – Ölweidengewächse

1 Blüten ♂ o. zwittrig, gelblich, mit 4-blättrigen, verwachsenem Perigon. Pflanze meist baumförmig, zuweilen mit wenigen Dornen. Blätter 6–30 mm breit, beidseits mit silbrigen Schuppenhaaren *Elaeagnus* S. 656

\- Blüten alle 1-geschlechtig, Pflanze 2-häusig, mit vielen Dornen, meist strauchförmig. Blätter < 12 mm breit, v. a. unterseits mit silbrigen Schuppenhaaren *Hippophaë* S. 656

Familie *Rhamnaceae* – Kreuzdorngewächse

1 Blätter ganzrandig. Blüten weißlich. Griffel allenfalls distal gespalten. Kelch 5-blättrig, länger als die Krone. Steinfrüchte, zunächst rötlich, später schwarz *Frangula* S. 656

\- Blätter gekerbt. Blüten grünlich-gelblich. Griffel in 2–5 Äste gespalten. Kelch 4-blättrig o. fehlend. Steinfrüchte, dunkelblau bis schwarz *Rhamnus* S. 658

Familie *Ulmaceae* – Ulmengewächse

Ulmus S. 658

Familie *Cannabaceae* – Hanfgewächse

1 Mehrjährige Kletterpflanze. Blätter gebuchtet bis gelappt. Stängel mit nach unten gerichteten hakigen Haaren *Humulus* S. 660

\- Bis 4 m hohes, 1-jähriges Kraut. Blätter gefingert *Cannabis* S. 660

Familie *Moraceae* – Maulbeergewächse

Morus S. 662

Familie *Urticaceae* – Brennnesselgewächse

1 Blätter am Rand grob gesägt, mit Nebenblättern. Stängel mit Brennhaaren *Urtica* S. 664

\- Blätter ganzrandig, *ohne* Nebenblätter. Stängel *ohne* Brennhaare *Parietaria* S. 662

Ordnung *Fagales*

Familie *Fagaceae* – Buchengewächse

1 Spreite oval, ganzrandig. ♂ Blüten in kugeligen Teilblütenständen. Nüsse (Bucheckern) im QS scharf 3-kantig, je zu zweit von stacheliger Fruchthülle eingehüllt. Stamm mit bleibender glatter Rinde *Fagus* **S. 666**

– Spreite gelappt bis gezähnt. ♂ Blüten in länglichen, eiförmigen bis ährenartigen Blütenständen 2

2 Nüsse (Esskastanien) zu 2–3 von gemeinsamer stacheliger Fruchthülle eingehüllt. Blätter am Rand stachelspitzig, sommergrün, länglich-oval, 10–30 mm lang *Castanea* **S. 666**

– Nüsse (Eicheln) einzeln, basal von *nicht* lang-stacheliger Fruchthülle bedeckt; wenn Fruchthülle kurz-stachelig: Blätter winter- bis immergrün, < 10 mm lang. Blätter gelappt, mit (zumindest einigen) abgerundeten Buchten, *selten* stachelspitzig *Quercus* **S. 666**

Familie *Myricaceae* – Gagelstrauchgewächse

Myrica **S. 670**

Familie *Juglandaceae* – Walnussgewächse

Juglans **S. 670**

Familie *Betulaceae* – Birkengewächse

1 ♀ Blütenstände eiförmig, sitzend. Blätter lange nach den Blüten erscheinend, rund bis herzförmig, beidseits behaart, am Rand scharf doppelt gesägt. Fruchthülle sack- bis becherförmig, zerschlitzt, je 1 Frucht (Haselnuss) bedeckend *Corylus* **S. 676**

– ♀ Blüten in ährenartigem (kätzchenartigem) Blütenstand 2

2 Nüsse > 2 mm ⌀, ungeflügelt, von einer Hülle aus Vorblättern (zumindest teilweise) bedeckt. Staubbeutel distal behaart. Blütenhülle bei ♀ Blüten als unscheinbares Perigon, bei ♂ Blüten fehlend 3

– Nüsse < 2 mm ⌀, geflügelt, *nicht* von den Vorblättern bedeckt, in ähren- o. zapfenartigen Fruchtständen. Staubbeutel kahl. Blütenhülle bei ♀ fehlend; bei ♂ unscheinbares Perigon 4

3 Nuss vollständig von der sackartigen Vorblatthülle eingehüllt. ♀ Blüten im Herbst des Vorjahres erscheinend. In Mitteleuropa selten verwilderter Zierbaum *Ostrya* **S. 676**

– Nuss nur basal von der 3-lappigen Vorblatthülle bedeckt. ♀ Blüten ± gleichzeitig mit den Blättern erscheinend *Carpinus* **S. 674**

4 (2) Fruchtstände *nicht* verholzt, zylindrisch, bei der Samenausbreitung zerfallend, aus 3-lappigen Schuppen bestehend. Staubblätter gespalten *Betula* **S. 672**

– Verholzte Zapfen, kugelig bis eiförmig, bei der Samenausbreitung *nicht* zerfallend, aus 4–5-lappigen Schuppen bestehend. Staubblätter *nicht* gespalten *Alnus* **S. 672**

Ordnung *Cucurbitales*

Familie *Cucurbitaceae* – Kürbisgewächse

1 Pflanze mit verzweigten Ranken 2

– Ranken einfach *oder* fehlend 4

2 Früchte meist > 10 cm ⌀. Blüten meist > 6 cm ⌀, gelblich bis orange *Cucurbita* **S. 678**

– Früchte u. Blüten kleiner 3

3 Perigon weißlich o. gelblich-grünlich, 6-blättrig. Früchte meist einzeln, 4–5 cm lang, meist 2-fächrig, mit je 1 Samen pro Fach *Echinocystis* **S. 680**

– Perigon grünlich-weißlich o. gelblich, 5-blättrig. Früchte meist zu mehreren, 1-samig *Sicyos* – Haargurke

4 (1) Blüten klein, meist < 5 cm ⌀, < 5 cm lang, meist in seitenständigen Trauben 5

– Blüten groß, meist > 5 cm ⌀, > 5 cm lang, meist einzeln 6

5 Früchte kugelig, sich *nicht* öffnend, mit ± glatter Fruchtwand. Mehrjährige Kletterpflanze mit Ranken *Bryonia* **S. 676**

– Früchte länglich-eiförmig, oft mit warziger Fruchtwand, sich explosionsartig öffnend. Pflanze 1-jährig, krautig, meist *ohne* Ranken *Ecballium* **S. 680**

6 (4) Staubblätter: 3. Pflanze 1-häusig *Cucumis* **S. 678**

– Staubblätter: 5. Pflanze 2-häusig *Thladiantha* – Quetschgurke

Ordnung *Celastrales*

Familie *Celastraceae* – Spindelbaumgewächse

1 Pflanze krautig. Blüten lang gestielt, weißlich, mit auffallender dunklerer Aderung. Blätter ± herzförmig *Parnassia* **S. 682**

– Strauch o. kleiner Baum. Kapseln im QS kantig, rötlich bis orange, mit (schwach) fleischigen Wänden *Euonymus* **S. 680**

Ordnung *Oxalidales*

Familie *Oxalidaceae* - Sauerkleegewächse

Oxalis S. 682

Ordnung *Malpighiales*

Familie *Hypericaceae* - Hartheugewächse

Hypericum S. 684

Familie *Elatinaceae* - Tännelgewächse

Elatine S. 688

Familie *Violaceae* - Veilchengewächse

Viola S. 690

Familie *Salicaceae* - Weidengewächse

1 Deckblätter gezähnt bis zerschlitzt. Blüten mit ≥ 5 Staubblättern in meist hängenden Kätzchen. Blattstiel meist > 2 cm lang. Spreite basal gerade bis schwach herzförmig. Baum *Populus* S. 704
- Deckblätter ± ganzrandig. Blüten meist mit 2 Staubblättern (selten > 5), in meist aufrechten bis abstehenden Kätzchen. Spreite basal ± keilförmig verschmälert bis abgerundet, ± ganzrandig. Zwergstrauch, Strauch o. Baum *Salix* S. 706

Familie *Euphorbiaceae* - Wolfsmilchgewächse

1 Blätter gefingert. Spreite 30-100 cm lang. Pflanze bis 1-3 m hoch *Ricinus* S. 732
- Blätter ungeteilt. Spreite < 20 cm lang. Pflanze < 1 m hoch 2
2 Pflanze mit Milchsaft. Blüten in Cyathien (Scheinblüten) mit Hochblättern (Hüllchenblättern) u. Nektardrüsen, diese in doldenartigen (Teil-) Blütenständen *Euphorbia* S. 720
- Pflanze *ohne* Milchsaft. Blüten in Knäueln, diese in ähren- bis rispenartigem Gesamtblütenstand *Mercurialis* S. 732

Familie *Linaceae* - Leingewächse

1 Blüten mit 5-zähligen Organkreisen. Kronblätter 3-20 mm lang. Kelchblätter 1-spitzig *Linum* S. 734
- Blüten mit 4-zähligen Organkreisen. Kronblätter 1-2 mm lang. Kelchblätter 3-spitzig *Radiola* S. 738

Klade *Malvids*

Ordnung *Geraniales*

Familie *Geraniaceae* - Storchschnabelgewächse

1 Schnabel der Früchte nach der Ausstreu aufwärts gebogen. Grundblätter handförmig gelappt bis handförmig fiederspaltig *Geranium* S. 740
- Schnabel der Früchte sich korkenzieherartig einrollend. Grundblätter gefiedert *Erodium* S. 738

Ordnung *Myrtales*

Familie *Lythraceae* - Blutweiderichgewächse

1 An der Oberfläche schwimmende Wasserpflanze. Kelch u. Krone 4-blättrig *Trapa* S. 748
- Pflanze im Boden wurzelnd. Kelch u. Krone 6-blättrig *Lythrum* S. 748

Familie *Onagraceae* - Nachtkerzengewächse

1 Blüten mit 2-zähligen Organkreisen, weißlich. Nüsse mit hakenförmigen Borsten *Circaea* S. 750
- Blüten mit 4-5-zähligen Organkreisen, rötlich, gelblich o. grünlich. Früchte *ohne* hakenförmige Borsten. Meist Kapseln, sehr selten Schließfrüchte 2
2 Blüten mit einfachem Perigon, grünlich-gelblich *Ludwigia* S. 760
- Blüten mit Kelch *und* Krone, rötlich o. gelblich 3
3 Samen mit langem Haarschopf. Kapseln lineal. Blüten rötlich-violett *Epilobium* S. 750
- Samen kahl. Kapseln länglich. Blüten meist gelblich *Oenothera* S. 760

Ordnung *Crossosomatales*

Familie *Staphyleaceae* - Pimpernussgewächse

Staphylea S. 762

Ordnung *Sapindales*

Familie *Anacardiaceae* - Sumachgewächse

1 Blätter oval bis rund, ganzrandig. Blütenstiele lang, lang behaart *Cotinus* S. 762
\- Blätter unpaarig gefiedert. Blütenstiele kurz, kahl bis kurz behaart *Rhus* S. 762

Familie *Sapindaceae* - Seifenbaumgewächse

1 Blätter handförmig gelappt bis gefiedert. Blüten radiär, < 1 cm ⌀. 2-teilige geflügelte Spaltfrüchte *Acer* S. 762
\- Blätter 5-7-teilig handförmig geteilt. Blüten zygomorph, > 1 cm ⌀. Kapseln, oft mit derben Stacheln. Samen kugelig, > 1 cm ⌀, bräunlich *Aesculus* S. 766

Familie *Rutaceae* - Rautengewächse

1 Blüten radiär, gelblich. Blätter 2-3-fach gefiedert. Basal verholzter Halbstrauch *Ruta* S. 768
\- Blüten zygomorph, rötlich. Blätter 1-fach gefiedert. Pflanze krautig *Dictamnus* S. 768

Familie *Simaroubaceae* - Bittereschengewächse

Ailanthus S. 768

Ordnung *Malvales*

Familie *Malvaceae* - Malvengewächse

1 Baum. Nüsse, die in wenigblütigem Fruchtstand mit dem flügelartigen Blütenstandsstiel ausgebreitet werden. Blätter herzförmig *Tilia* S. 770
\- Pflanze krautig. Spaltfrüchte o. Kapseln 2
2 Außenkelch fehlend. Teilfrüchte mehrsamig. Blüten gelblich bis orange. Grundblätter ungeteilt, am Rand seicht gekerbt, herzförmig *Abutilon* S. 770
\- Außenkelch vorhanden. Teilfrüchte 1-samig. Blüten rötlich. Grundblätter am Rand doppelt gesägt *oder* gelappt bis fiederspaltig 3
3 Außenkelch 3-blättrig *Malva* S. 772
\- Außenkelch 6-9-blättrig 4
4 Blüten in länglichen Ähren, 5-10 cm ⌀. Pflanze 1-3 m hoch *Alcea* S. 772
\- Blüten einzeln o. in Knäueln in den Blattachseln, 2-5 cm ⌀. Pflanze < 1,2 m hoch *Althaea* S. 772

Familie *Thymelaeaceae* - Spatzenzungengewächse

1 Strauch mit Steinfrüchten *Daphne* S. 776
\- 1-jährige krautige Pflanze mit Nüssen *Thymelaea* S. 778

Familie *Cistaceae* - Zistrosengewächse

1 Blätter schmal-lineal, < 1,5 mm breit. Alle Blätter wechselständig *Fumana* S. 778
\- Blätter oval bis länglich, breiter. Zumindest die unteren Stängelblätter gegenständig 2
2 Stängel zumindest basal verholzt. Untere Stängelblätter gestielt, fiedernervig. Griffel deutlich entwickelt. Blütenstand mit Vorblättern *Helianthemum* S. 778
\- Stängel krautig. Untere Stängelblätter sitzend, 3-nervig. Griffel (fast) fehlend. Blütenstand *ohne* Vorblätter *Tuberaria* S. 780

Ordnung *Brassicales*

Familie *Resedaceae* - Resedengewächse

Reseda S. 782

Familie *Brassicaceae* - Kreuzblütengewächse

1 Grundblätter 15-60 cm lang, länglich bis oval, 5-15 cm breit, ungeteilt, am Rand kraus gewellt, bis 60 cm lang gestielt. Pflanze oft *ohne* Blüten *Armoracia* S. 828
\- Grundblätter kleiner *oder* gelappt 2
2 Früchte > 3-mal so lang wie breit 3
\- Früchte < 3-mal so lang wie breit 47

3 Unterste Blätter gelappt, fiederspaltig, gefiedert o. gefingert 4

\- Unterste Blätter ungeteilt, ganzrandig *oder* gezähnt bis seicht gebuchtet 31

4 Früchte durch 1 o. mehrere deutliche Quergliederungen perlschnurartig gegliedert 5

\- Früchte *nicht* perlschnurartig gegliedert, allenfalls mit etwas hervortretenden Samen 7

5 Früchte mit 1 Einschnürung, meist < 5-mal so lang wie breit, < 5-samig. Grundblätter fiederspaltig, mit (fast) rechtwinklig abstehenden Abschnitten *Rapistrum* S. 802

\- Früchte mit mehreren Einschnürungen, > 5-mal so lang wie breit, meist > 5-samig 6

6 Früchte sich öffnend (Schotten), Schnabel meist (etwas) länger als der Fruchtknoten *Sinapis* S. 802

\- Früchte zerfallend (Spaltfrüchte); Schnabel meist (etwas) kürzer als der Fruchtknoten. Blüten meist mit dunkler Aderung *Raphanus* S. 800

7 (4) Kronblätter kräftig gelb, *ohne* dunkle Aderung 8

\- Kronblätter *nicht* kräftig gelb; zuweilen fehlend 21

8 Reife Schoten höchstens so lang wie die Fruchtstiele, < 1 (1,5) cm lang, *ohne* Schnabel *Rorippa* S. 838

\- Reife Schoten meist länger als die Fruchtstiele, meist > 1 cm lang; wenn kürzer: geschnäbelt 9

9 Mittlere Stängelblätter basal herz- bis pfeilförmig, ± stängelumfassend, sitzend 10

\- Mittlere Stängelblätter *nicht* stängelumfassend 11

10 Obere Stängelblätter ganzrandig bis gelappt. Schote meist > 3,5 mm lang geschnäbelt. Pflanze oft graugrün *Brassica* S. 794

\- Obere Stängelblätter buchtig gelappt bis fiederspaltig. Schote < 3,5 mm lang geschnäbelt. Pflanze frischgrün *Barbarea* S. 828

11 (9) Blätter 2–3-fach gefiedert bis fiederspaltig. Blattlappen lineal. Blüten hellgelblich bis grünlich *Descurainia* S. 820

\- Blätter 1-fach gefiedert, fiederspaltig o. buchtig gelappt 12

12 Schoten eng an der Hauptachse des Blütenstandes anliegend, aufrecht 13

\- Schoten (etwas) von der Hauptachse abstehend 15

13 Kronblätter 2–3 mm lang *Sisymbrium* S. 790

\- Kronblätter > 5 mm lang 14

14 Schoten 10–25 mm lang. Mittelnerv der Fruchtklappen kielartig hervorstehend *Brassica* S. 794

\- Schoten 8–12 mm lang. Fruchtklappen *ohne* Kiel *Hirschfeldia* S. 800

15 (12) Schoten mit > 5 mm langem Schnabel 16

\- Schnabel der Schoten < 5 mm lang o. fehlend 18

16 Schnabel 5–12 mm lang, ± kegelförmig *Brassica* S. 794

\- Schnabel > (10) 12 mm lang, *nicht* kegelförmig 17

17 Kelchblätter ± aufrecht, 2 mit kleiner Aussackung an der Basis *Coincya* S. 796

\- Kelchblätter ± waagerecht abstehend, *ohne* Aussackung *Sinapis* S. 802

18 (15) Samen innerhalb jedes Fruchtfaches 2-reihig angeordnet 19

\- Samen innerhalb jedes Fruchtfaches 1-reihig angeordnet 20

19 Schoten im QS ± abgeflacht. Fruchtklappen 1-nervig *Diplotaxis* S. 798

\- Schoten im QS rund bis kantig. Fruchtklappen 3–5-nervig *Sisymbrium* S. 790

20 (18) Schoten oberhalb des Kelchs 1–3 mm lang gestielt. Schnabel fehlend bzw. *ohne* Samen *und* alle Blüten *ohne* Tragblätter *Brassica* S. 794

\- Schoten oberhalb des Kelchs *nicht* gestielt. Schnabel mit ≥ 1 Samen *oder* unterste Blüten mit Tragblättern *Erucastrum* S. 800

21 (7) Blätter 2–3-fach gefiedert bis fiederspaltig. Blattlappen lineal. Blüten hellgelblich bis grünlich *Descurainia* S. 820

\- Blätter 1-fach gefiedert, fiederspaltig o. buchtig gelappt 22

22 Krone weißlich-gelblich o. hellgelb 23

\- Krone reinweiß *oder* rötlich-violett, selten fehlend 26

23 Blätter handförmig gelappt bis gefingert, 3–5-teilig. Stängel mit 1 Knoten mit (fast) wirtelig angeordneten Stängelblättern. Blüten in überhängender Traube *Cardamine* S. 830

\- Blätter *nicht* handförmig gelappt o. gefingert. Stängel mit mehreren beblätterten Knoten 24

24 Kronblätter mit dunkler Nervatur. Samen in den Fruchtfächern je 2-reihig *Eruca* S. 798

\- Kronblätter *nicht* dunkel geadert 25

25 Mittlere Stängelblätter ganzrandig, ungeteilt, basal herz- bis pfeilförmig, ± stängelumfassend, kahl *Turritis* S. 810

\- Mittlere Stängelblätter gezähnt, gelappt bis gefiedert *Rorippa* S. 838

26 (22) Grundblätter aus deutlich voneinander getrennten Fiederblättchen bestehend, gefiedert o. gefingert 27

\- Grundblätter mit ± zusammenhängender Spreite, ungeteilt, buchtig gelappt *oder* fiederspaltig 28

27 Stängel im QS hohl, *ohne* Grundblattrosette. Krone weißlich. Pflanze kahl, an nassen Standorten *Nasturtium* S. 836

\- Stängel im QS meist markig; wenn hohl: mit Grundblattrosette *Cardamine* S. 830

28 (26) Blätter (etwas) sukkulent. Früchte durch Quergliederung (undeutlich) 2-gliedrig, trapezförmig, 8–25 mm lang, 4–6 mm breit, spitz *Cakile* S. 796

\- Blätter *nicht* sukkulent. Früchte *nicht* 2-gliedrig 29

29 Kronblätter < 9 mm lang. Schotten < 2 mm breit *Arabidopsis* S. 822

\- Kronblätter > 9 mm lang. Schotten > 2 mm breit 30

30 Früchte aufgeblasen, ± fleischig, ± kegelförmig. Narben kopfig bis 2-teilig, *nicht* gelappt. Blüten meist dunkler geadert *Raphanus* S. 800

\- Früchte länglich-lineal. Narben deutlich 2-lappig, Narbenlappen ± flach, aneinanderliegend. Blüten *nicht* dunkler geadert, wohlriechend *Hesperis* S. 818

31 (3) Früchte 15–70 mm breit, von der Seite rund bis länglich-oval, im QS abgeflacht, hängend, lang gestielt. Blüten hellviolett. Grundblätter lang gestielt, herzförmig *Lunaria* S. 804
\- Früchte < 15 mm breit, länglich bis lineal ... 32
32 Mittlere Stängelblätter basal herz- bis pfeilförmig, ± stängelumfassend, sitzend ... 33
\- Mittlere Stängelblätter *nicht* stängelumfassend *und* sitzend; zuweilen mit kleinen Öhrchen an der Basis des Stiels; wenn sitzend: basal ± keilförmig verschmälert, gerade o. schwach eingeschnitten ... 40
33 Blüten kräftig gelb ... 34
\- Blüten weiß o. weißlich-gelblich ... 35
34 Früchte überhängend, breit geflügelt, meist 1-samige Nüsse *Isatis* S. 788
\- Schoten aufrecht, im QS rund, *nicht* geflügelt *Brassica* S. 794
35 (33) Blüten weißlich-gelblich ... 36
\- Blüten rein weiß ... 37
36 Blätter ganzrandig, bläulich bereift, kahl. Schotten ± aufrecht *Conringia* S. 782
\- Blätter gezähnt, grünlich, mit Sternhaaren. Schotten überhängend *Pseudoturritis* S. 852
37 (35) Blätter herz- bis nierenförmig, am Rand grob gekerbt, stark nach Knoblauch riechend *Alliaria* S. 784
\- Blätter *nicht* herz- bis nierenförmig u. Rand grob gekerbt, nicht nach Knoblauch riechend ... 38
38 Samen innerhalb jedes Fruchtfaches 2-reihig angeordnet *Turritis* S. 810
\- Samen innerhalb jedes Fruchtfaches 1-reihig angeordnet ... 39
39 Stängelblätter ganzrandig, kahl, bläulich bereift *Fourraea* S. 816
\- Stängelblätter am Rand gezähnt, (spärlich) behaart, *nicht* bläulich bereift *Arabis* S. 806
40 (32) Blüten gelb o. (selten) orange ... 41
\- Blüten weißlich *oder* rötlich-bläulich ... 44
41 Samen innerhalb jedes Fruchtfaches 2-reihig angeordnet. Fruchtklappen 3–5-nervig. Seitenäste aufrecht. Obere Stängelblätter breit lanzettlich bis oval, 15–35 mm breit, behaart, oft grob gezähnt, unterseits dicht weichhaarig *Sisymbrium* S. 790
\- Samen innerhalb jedes Fruchtfaches 1-reihig angeordnet ... 42
42 Blätter mit 2–4-teiligen Gabelhaaren. Kelchblätter steif aufrecht *Erysimum* S. 844
\- Blätter kahl o. mit einfachen Haaren. Kelchblätter abstehend o. den Kronblättern anliegend ... 43
43 Fruchtklappen 1-nervig. Schoten 1–3 cm lang, im QS rund bis 3-kantig *Brassica* S. 794
\- Fruchtklappen 3–5-nervig. Schoten 2,5–4 cm lang, im QS etwas abgeflacht *Sinapis* S. 802
44 (40) Blätter (etwas) sukkulent. Früchte durch Quergliederung (undeutlich) 2-gliedrig, trapezförmig, 8–25 mm lang, 4–6 mm breit, spitz *Cakile* S. 796
\- Blätter *nicht* sukkulent. Früchte *nicht* 2-gliedrig ... 45
45 Fruchtwand über den Samen glatt *oder* Schotten < 2 mm breit *Arabidopsis* S. 822
\- Fruchtwand über den Samen deutlich höckrig ... 46
46 Fruchtklappen mit deutlich hervorstehendem Mittelnerv. Grundblätter mit (wenigen) Gabelhaaren *und* einfachen Haaren, in einen kurzen Stiel verschmälert *Arabidopsis* S. 822
\- Fruchtklappen *ohne* deutlich hervorstehenden Mittelnerv. Grundblätter nur mit einfachen Haaren, gestielt o. in einen langen Stiel verschmälert *Cardamine* S. 830
47 (2) Kronblätter gelb, *ohne* dunklere Nervatur ... 48
\- Kronblätter meist weißlich o. rötlich-violett; selten grünlich-gelblich *oder* Krone fehlend; wenn gelblich: mit dunklerer Nervatur ... 65
48 Unterste Blätter ungeteilt. Spreite ganzrandig *oder* gezähnt bis seicht gebuchtet ... 55
\- Unterste Blätter gelappt, fiederspaltig, gefiedert o. gefingert ... 49
49 Mittlere Stängelblätter basal herz- bis pfeilförmig, ± stängelumfassend, sitzend ... 50
\- Mittlere Stängelblätter *nicht* stängelumfassend; wenn sitzend: basal ± keilförmig verschmälert, gerade o. abgerundet; wenn gestielt: Stiel zuweilen mit Öhrchen ... 53
50 Grundblätter 2-fach fiederspaltig. Früchte 4-samig, geflügelt, kugelig bis eiförmig, 1–4 mm lang. Blätter behaart *Lepidium* S. 846
\- Grundblätter gezähnt bis gelappt. Früchte 1-samig, im QS rund bis kantig, meist eiförmig, 3-fächrig, obere Fächer leer. Pflanze kahl ... 51
51 Pflanze kahl. Schötchen 1-samig, meist eiförmig, im QS rund bis kantig, 3-fächrig, obere Fächer leer *Myagrum* S. 788
\- Pflanze behaart. Schötchen > 5-samig, kugelig bis eiförmig-länglich o. 3-eckig ... 52
52 Obere Stängelblätter mit herzförmiger Basis. Blätter kahl o. mit (wenigen) einfachen Haaren. Schötchen kugelig bis länglich-eiförmig *Rorippa* S. 838
\- Obere Stängelblätter mit pfeilförmiger Basis. Blätter mit zumindest einigen Stern- o. Gabelhaaren. Schötchen 3-eckig bis birnenförmig, am Rand geflügelt *Camelina* S. 824
53 (49) Früchte höckrig, schief-eiförmig, meist 1-samig *Bunias* S. 784
\- Früchte glatt, zuweilen eingeschnürt; kugelig bis eiförmig, 1–4-samig ... 54
54 Früchte mit (undeutlicher) Einschnürung, reif (fast) 1-gliedrig; das untere Fruchtglied mit Samen, das obere < 5-samig. Grundblätter meist gelappt *Rapistrum* S. 802
\- Früchte *ohne* Einschnürung. Grundblätter länglich, basal ± keilförmig verschmälert, am Rand gezähnt *Aurinia* S. 842
55 (48) Früchte im QS ± abgeflacht ... 56
\- Früchte im QS rund bis kantig ... 61
56 Früchte im QS abgeflacht, von der Seite gesehen brillenförmig, meist in 2 Teilfrüchte zerfallend *Biscutella* S. 804
\- Schötchen o. Nüsse, von der Seite gesehen oval bis breit lanzettlich ... 57

57 Früchte überhängend, breit geflügelt, meist 1-samige Nüsse *Isatis* S. 788
- Früchte *nicht* überhängend, meist ≥ 2-samig ... 58
58 Alle Laubblätter in basaler Rosette. < 10 cm hohe alpine Polsterpflanze *Draba* S. 812
- Stängel mit Laubblättern. Pflanze meist > 10 cm hoch, *nicht* polsterförmig ... 59
59 Früchte kahl *Aurinia* S. 842
- Früchte mit Sternhaaren ... 60
60 Kronblätter distal abgerundet, 2–3 (4) mm lang. Blütenstand meist aus mehreren Trauben bestehend *Odontarrhena* S. 844
- Kronblätter distal eingeschnitten, 3–6 mm lang. Blüten meist in einfachen Trauben *Alyssum* S. 840
61 (55) Früchte höckrig, schief-eiförmig *Bunias* S. 784
- Früchte glatt, kugelig bis eiförmig, zuweilen eingeschnürt ... 62
62 Früchte mit (undeutlicher) horizontaler Einschnürung, reif (scheinbar) 1-gliedrig; das untere Fruchtglied mit Samen, das obere < 4-samig. Grundblätter meist gelappt *Rapistrum* S. 802
- Früchte *ohne* horizontale Einschnürung, zuweilen mit 2 nebeneinander angeordneten Fächern ... 63
63 Pflanze kahl. Früchte 3-fächrig, obere Fächer leer, unteres 1-samig *Myagrum* S. 788
- Stängel o. Blätter behaart, zumindest mit einigen Gabel- o. Sternhaaren- Früchte andersartig ... 64
64 Stängelblätter ganzrandig. Nüsse, kugelig, mit aufgesetzter Spitze, 1–2-samig *Neslia* S. 826
- Stängelblätter gezähnt, gelappt o. gefiedert. Schötchen, eiförmig bis länglich, > 5-samig *Rorippa* S. 838
65 (47) Unterste Blätter gelappt, fiederspaltig, gefiedert o. gefingert ... 66
- Unterste Blätter ungeteilt, ganzrandig bis seicht gebuchtet ... 73
66 Grundblätter 20–60 cm lang, grau- bis blaugrün, gelappt. Früchte 1–2-gliedrig: unteres Fruchtglied leer, stielartig; oberes groß, kugelig *Crambe* S. 796
- Blätter < 20 cm lang ... 67
67 Bis 10 cm hohe alpine Polsterpflanze. Blätter < 8 mm lang, gelappt bis fiederspaltig, 3–5-teilig. Blüten rötlich-violett *Petrocallis* S. 784
- Pflanze meist > 10 cm hoch; wenn kleiner: Blüten weißlich u. Pflanze *nicht* polsterförmig ... 68
68 Schötchen 1–2-samig. Pflanze meist > 15 cm; wenn niedriger: an ruderalen Standorten, planar bis montan ... 69
- Schötchen meist > 2-samig; wenn 2-samig: < 15 cm hohe alpine Pflanze ... 71
69 Schotten 1-fächrig, 1-samig *Calepina* S. 806
- Schotten 2-fächrig, ≥ 2-samig ... 70
70 Schotten kugelig, ± 6-samig *Kernera* S. 784
- Schotten im QS ± abgeflacht, 2–3-samig *Lepidium* S. 846
71 (68) Schötchen 3-eckig bis herzförmig. Stängel aufrecht, meist > 15 cm hoch. Obere Stängelblätter ungeteilt, ganzrandig *Capsella* S. 826
- Schoten eiförmig bis breit lanzettlich ... 72
72 Kronblätter ungleich lang. Staubfäden basal verbreitert. Alle Laubblätter in basaler Rosette, selten 1–2 kleine Stängelblätter. An trockenen, nährstoffarmen Standorten, planar u. collin *Teesdalia* S. 820
- Alle Kronblätter ± gleich lang. Staubfäden *nicht* verbreitert *Hornungia* S. 822
73 (65) Kronblätter distal tief eingeschnitten bis geteilt ... 74
- Kronblätter distal *nicht* tief eingeschnitten ... 75
74 Pflanze 30–80 cm hoch. Stängel mit Laubblättern *Berteroa* S. 842
- Pflanze < 15 cm hoch. Alle Laubblätter in basaler Rosette *Erophila* S. 816
75 (73) Kronblätter deutlich ungleich lang *Iberis* S. 820
- Alle Kronblätter ± gleich lang ... 76
76 Grundblätter 15–60 cm lang, 5–15 cm breit, ungeteilt, am Rand kraus gewellt, bis 60 cm lang gestielt *Armoracia* S. 828
- Grundblätter kleiner *oder* gelappt ... 77
77 Krone rötlich bis violett ... 78
- Krone weiß ... 80
78 Obere Stängelblätter basal herz- bis pfeilförmig, ± stängelumfassend *Noccaea* S. 786
- Obere Stängelblätter basal ± keilförmig verschmälert o. abgerundet, *nicht* stängelumfassend ... 79
79 Blätter kahl. Früchte geflügelt *Aethionema* S. 782
- Blätter mit 2-teiligen Gabelhaaren. Früchte ungeflügelt *Lobularia* S. 818
80 (77) Alle Laubblätter in basaler Rosette ... 81
- Stängel mit Laubblättern ... 82
81 Blätter lineal bis länglich-lanzettlich, mit langer Spitze. Wasserpflanze *Subularia* S. 840
- Blätter oval, länglich o. lanzettlich. Terrestrisch wachsend *Draba* S. 812
82 (80) Pflanze kahl ... 83
- Pflanze behaart ... 87
83 Schötchen distal eingeschnitten, im QS ± abgeflacht, Scheidewand schmal (senkrecht zu den breiten Seiten der Frucht), meist geflügelt ... 84
- Schötchen abgerundet o. zugespitzt, im QS rund o. abgeflacht; wenn ± abgeflacht: Scheidewand breit (senkrecht zu den schmalen Seiten der Frucht) ... 86
84 Pflanze mehrjährig. Stängelbasis meist mit sterilen Rosettentrieben *Noccaea* S. 786
- Pflanze 1-jährig, *ohne* sterile Rosettentriebe ... 85
85 Stängel im QS ± rund. Samen gelblich bis orange, glatt. Pflanze < 20 cm hoch *Microthlaspi* S. 786
- Stängel im QS ± kantig. Samen dunkelbraun bis schwarz, grubig bis runzelig *Thlaspi* S. 786
86 (83) Schötchen ± kugelig. Obere Stängelblätter basal herz- bis pfeilförmig, ± stängelumfassend, *Cochlearia* S. 816
- Schötchen im QS deutlich abgeflacht *Lepidium* S. 846

87 (82) Schötchen kugelig. Grundblätter meist gelappt bis fiederspaltig *Kernera* **S. 784**
- Schötchen eiförmig, ± abgeflacht. Grundblätter ungeteilt 88
88 Stängel *ohne* Grundblattrosette *Lobularia* **S. 818**
- Stängel mit Grundblattrosette 89
89 Kronblätter 1-2 mm lang. Stängel mit Grundblattrosette u. 3-4 Stängelblättern, meist einzeln *Drabella* **S. 816**
- Kronblätter 4-5 mm lang. Stängel mit Grundblattrosette u. > 4 Stängelblättern. Pflanze meist rasig wachsend *Draba* **S. 812**

Klade *Superasterids*

Ordnung *Santalales*

Familie *Santalaceae* - Sandelgewächse

Thesium **S. 854**

Familie *Loranthaceae* - Mistelgewächse

1 Mehrjährige Äste grünlich. Blätter wintergrün. Blüten sitzend, 1-geschlechtig. Auf Laubäumen, Tannen o. Kiefern *Viscum* **S. 856**
- Mehrjährige Äste grau bis bräunlich. Blätter sommergrün. Blüten in Trauben, zwittrig. Meist auf Eichen, selten auf Ess-Kastanien *Loranthus* **S. 856**

Ordnung *Caryophyllales*

Familie *Tamaricaceae* - Tamariskengewächse

Myricaria **S. 856**

Familie *Plumbaginaceae* - Bleiwurzgewächse

1 Stängel unverzweigt, mit Grundblattrosette, *ohne* Stängelblätter. Blütenstand köpfchenartig *Armeria* **S. 858**
- Stängel verzweigt, mit Stängelblättern. Blütenstand rispenartig *Limonium* **S. 858**

Familie *Polygonaceae* - Knöterichgewächse

1 Pflanze 1-jährige Kletterpflanze mit windendem Stängel. Blätter herzförmig *Fallopia* **S. 860**
- Pflanze *nicht* kletternd 2
2 Perigon 4-blättrig 3
- Perigon 5-6-blättrig 4
3 Pflanze mit Grundblattrosette. Stängel meist unbeblättert, < 15 cm hoch. Blätter lang gestielt, nierenförmig. Früchte breit geflügelt. Alpin *Oxyria* **S. 862**
- Pflanze *ohne* Grundblattrosette *Persicaria* **S. 862**
4 (2) Perigon 6-blättrig 5
- Perigon 5-blättrig 6
5 Staubblätter: 6. Innere Perigonblätter größer als die äußeren, oft mit knorpelartigen Verdickungen (Schwielen) *Rumex* **S. 870**
- Staubblätter: 9. Innere Perigonblätter höchstens so groß wie die äußeren, ohne Schwielen. Spreite der Grundblätter herzförmig; Stiele > 25 cm lang, 15-45 mm ⌀ *Rheum* **S. 868**
6 (4) Pflanze > 0,8 m hoch. Spreite meist > 15 cm lang, > 5 cm breit. Blüten 1-geschlechtig. Narben pinselförmig *Reynoutria* **S. 868**
- Pflanze u. Blätter kleiner. Blüten zwittrig. Narben kopfig 7
7 Blüten einzeln o. zu wenigen knäuelig. Perigonblätter verwachsen *Polygonum* **S. 866**
- Blüten in länglichen ährenartigen Blütenständen. Perigonblätter frei 8
8 Spreite herz- bis spießförmig, ± so lang wie breit. Früchte > 2-mal so lang wie das Perigon *Fagopyrum* **S. 860**
- Spreite oval bis länglich, länger als breit. Früchte < 1,5-mal so lang wie das Perigon 9
9 Pflanze mit Grundblattrosette. Stängel mit wenigen, vor allem unten angeordneten Laubblättern, meist mit 1 endständigem ährenartigem Blütenstand *Bistorta* **S. 858**
- Pflanze *ohne* Grundblattrosette. Stängel ± gleichmäßig beblättert, meist im mehreren ährenartigen Blütenständen *Persicaria* **S. 862**

Familie *Droseraceae* - Sonnentaugewächse

1 Insektivore Wasserpflanze. Blätter fiederspaltig, mit Fühlborsten u. Fangblase *Aldrovanda* **S. 880**
- Insektivore Pflanze terrestrischer Standort. Blätter ungeteilt, drüsig-klebrig. Drüsen gestielt, mit rötlichem Köpfchen *Drosera* **S. 880**

Familie *Caryophyllaceae* - Nelkengewächse

1 Blätter mit Nebenblättern 2
- Nebenblätter fehlen 7

2 Blüten knäuelig in den Blattachseln. Stängel zumindest basal niederliegend. Kronblätter klein o. fehlend. 1-samige Nüsse … 3
- Blüten *nicht* knäuelig in den Blattachseln … 4
3 Kelchblätter knorpelig verdickt, mit hakiger Granne, weißlich *Illecebrum* S. 882
- Kelchblätter *nicht* knorpelig verdickt, *ohne* Granne, meist grünlich *Herniaria* S. 882
4 (2) Blätter wechselständig. Stängel niederliegend, meist stark verzweigt *Corrigiola* S. 882
- Blätter quirlig o. gegenständig … 5
5 Blätter gegenständig *Spergularia* S. 886
- Blätter (scheinbar) quirlig. Knoten ≥ 4-blättrig … 6
6 Knoten ≥ 6-blättrig. Blätter schmal-lineal. Fruchtknoten 5-blättrig. Kapseln 5-zähnig *Spergula* S. 884
- Knoten 4–6-blättrig. Blätter breit-oval bis rund. Fruchtknoten 3-blättrig. Kapseln 3-zähnig *Polycarpon* S. 884
7 (1) Schwarze Beeren. Blüten weißlich, distal eingeschnitten *Silene* S. 922
- Kapseln o. 1-samige Nüsse … 8
8 1-samige Nüsse. Perigon aus 5 Kelchblättern, gemeinsam mit der Nuss abfallend. Blütenboden röhren- bis becherförmig. Blüten mit 2 Fruchtblättern *Scleranthus* S. 888
- Kapseln. Blüten andersartig … 9
9 Blüten mit 2 Griffeln (bzw. Fruchtblättern) … 10
- Blüten mit 3–5 Griffeln (bzw. Fruchtblättern) … 15
10 Kelch u. Krone 4-blättrig. Staubblätter: 8 *Moehringia* S. 902
- Kelch u. Krone 5-blättrig. Staubblätter: 5 o. 10 … 11
11 Pflanze mit (oft außenkelchartigen) Hochblättern unterhalb der Blüten … 12
- Pflanze *ohne* Hochblätter unterhalb der Blüten … 13
12 Kelchblätter mit weißlichen trockenhäutigen Streifen *Petrorhagia* S. 920
- Kelch *ohne* trockenhäutige Streifen *Dianthus* S. 912
13 (11) Kelchblätter mit weißlichen trockenhäutigen Streifen. Platte der Kronblätter allmählich in den Nagel übergehend *Gypsophila* S. 916
- Kelch *ohne* trockenhäutige Streifen. Platte der Kronblätter abrupt in den Nagel verschmälert … 14
14 Blüten mit Nebenkrone. Kelch im QS rund bis kantig, *nicht* aufgeblasen *Saponaria* S. 920
- Blüten *ohne* Nebenkrone. Kelch im QS geflügelt, aufgeblasen *Vaccaria* S. 922
15 (9) Blüten mit 3 Griffeln (bzw. Fruchtblättern) … 16
- Blüten mit 4–5 Griffeln (bzw. Fruchtblättern) … 24
16 Kronblätter 2-spaltig, mindestens bis zur Mitte eingeschnitten … 17
- Kronblätter distal ganzrandig o. gezähnt, aber *nicht* tief eingeschnitten … 19
17 Kelchblätter röhrig verwachsen *Silene* S. 922
- Kelchblätter frei … 18
18 Früchte kugelig bis eiförmig. Kronblätter fast bis zur Basis 2-spaltig; Krone dadurch scheinbar 10-teilig (selten fehlend). Pflanze *ohne* Drüsenhaare *Stellaria* S. 908
- Früchte länglich bis zylindrisch. Kronblätter höchstens bis zur Mitte eingeschnitten. Zumindest die Blütenstiele mit (wenigen) Drüsenhaaren *Cerastium* S. 890
19 (16) Blütenstände lang gestielt, doldenartig. Kronblätter distal gezähnt *Holosteum* S. 896
- Blütenstände *nicht* doldenartig … 20
20 Kelchblätter röhrig verwachsen *Silene* S. 922
- Kelchblätter frei … 21
21 Blätter sukkulent, 4-zeilig angeordnet. An salzigen Standorten an der Küste *Honckenya* S. 898
- Blätter *nicht* sukkulent … 22
22 Früchte mit so vielen Kapselzähnen wie Griffeln. Kelch meist mit Hautrand. Blätter schmal-lineal, lang-zugespitzt *Minuartia* S. 898
- Früchte mit 2-mal so vielen Kapselzähnen wie Griffeln … 23
23 Samen schwarz-glänzend, glatt, mit Elaiosom. Kapselzähne > 0,3-mal so lang wie die Kapsel *Moehringia* S. 902
- Samen matt, gekörnt, *ohne* Elaiosom. Kapselzähne < 0,3-mal so lang wie die Kapsel *Arenaria* S. 000
24 (15) Kelchblätter röhrig verwachsen … 25
- Kelchblätter frei … 26
25 Kelchzipfel länger als die Krone. Kronblätter 20–50 mm lang. Blüten einzeln, rötlich bis violett *Agrostemma* S. 922
- Kelchzipfel kürzer als die Krone *Silene* S. 922
26 (24) Kronblätter > 30 % tief eingeschnitten … 27
- Kronblätter ungeteilt, distal zuweilen etwas eingeschnitten o. gezähnt … 28
27 Kronblätter fast bis zur Basis eingeschnitten. Kapseln kugelig bis eiförmig *Myosoton* S. 904
- Kronblätter höchstens bis zur Mitte eingeschnitten. Kapseln ± zylindrisch *Cerastium* S. 890
28 (26) Kelchblätter breit-hautrandig, lang zugespitzt. Blätter lanzettlich. Blüten 4-zählig *Moenchia* S. 904
- Kelchblätter *nicht* hautrandig, distal abgerundet o. kurz zugespitzt. Blätter lineal. Blüten 4–5-zählig; Kronblätter zuweilen fehlend *Sagina* S. 906

Familie *Amaranthaceae* – Fuchsschwanzgewächse

1 Stängel durch dicht anliegende sukkulente Blätter scheinbar sukkulent, an den Knoten eingeschnürt, (scheinbar) blattlos. Im Gezeitenbereich an der Küste, selten an salzigen Standorten im Binnenland *Salicornia* S. 958
- Habitus andersartig, terrestrisch wachsend … 2
2 Blätter (zumindest kurz) gestielt. Spreite > 5 mm breit … 3
- Blätter sitzend. Spreite < 5 mm breit, lineal … 15

3 Pflanze mit vielblättriger Grundblattrosette. Blätter am Rand meist gewellt, mit Stiel 20–50 cm lang. Pflanze kahl, *nicht* mehlig bestäubt *Beta* S. 938

- Pflanze *ohne* vielblättrige Grundblattrosette; wenn mit Rosettenblättern: Blätter kleiner ... 4

4 Pflanze mit gelblichen Drüsenhaaren, mit aromatischem Geruch *Dysphania* S. 942

- Pflanze *ohne* gelbliche Drüsenhaare, zuweilen mehlig bestäubt ... 5

5 Blüten meist 1-geschlechtig ... 6

- Blüten meist zwittrig ... 8

6 Blüten mit 3 Vorblättern unter den Blüten, welche die reifen Früchte *nicht* einhüllen. Perigon spitz, ± frei, trockenhäutig, bei ♀ Blüten meist 2–5-blättrig *Amaranthus* S. 934

- Blüten mit 2 Vorblättern unter den Blüten, welche die reifen Früchte komplett einhüllen. Perigon abgerundet, bei ♀ Blüten meist fehlend ... 7

7 Fruchthülle (fast) bis zur Spitze verwachsen, nahe der Spitze am breitesten. Blätter meist grünlich, am Rand gezähnt bis gelappt *Atriplex* S. 944

- Fruchthülle höchstens bis zur Mitte verwachsen, in o. unterhalb der Mitte breitesten. Blätter gräulich, meist ganzrandig *Halimione* S. 954

8 (5) Blätter basal deutlich spießförmig *Blitum* S. 938

- Blätter basal ± keilförmig verschmälert, gerade *oder* seicht herzförmig ... 9

9 Nüsse, vom bleibenden rötlichen ± fleischigem Perigon umschlossen. Blüten in ± kugeligen Knäueln *Blitum* S. 938

- Nüsse. Perigon *nicht* fleischig o. rötlich. Blütenstände *nicht* kugelig ... 10

10 Blätter ganzrandig, selten mit 1–2 Zähnen am Spreitengrund ... 11

- Blätter gelappt bis am Rand gezähnt ... 12

11 Blätter unangenehm riechend. Spreite 1–3 cm lang, 10–20 mm breit. Blütenstand mehlig bestäubt *Chenopodium* S. 950

- Blätter *ohne* unangenehmen Geruch. Spreite 3–12 cm lang, 15–60 mm breit. Blütenstand *nicht* mehlig bestäubt *Lipandra* S. 940

12 (10) Blütenstand *nicht* mehlig bestäubt ... 13

- Blütenstand mehlig bestäubt ... 14

13 Spreite basal seicht herzförmig *Chenopodiastrum* S. 950

- Spreite basal ± keilförmig verschmälert *Oxybasis* S. 940

14 (12) Ältere Blätter oberseits kahl, glänzend. Samen vom bleibenden Perigon umschlossen, gekielt bis geflügelt, matt, fein-höckrig *Chenopodiastrum* S. 950

- Auch die älteren Blätter oberseits mehlig bestäubt, matt. Samen *nicht* komplett vom Perigon umschlossen, abgerundet bis kantig, glänzend, glatt *oder* grubig punktiert *Chenopodium* S. 950

15 (2) Blätter abgerundet o. kurz zugespitzt; *nicht* steif u. stechend ... 16

- Blätter mit steifer u. stechender Spitze ... 17

16 Pflanze kahl *Suaeda* S. 960

- Pflanze zumindest oben behaart *Bassia* S. 956

17 (15) Vorblätter unter den Blüten starr, stechend. Perigonblätter unterseits mit Höckern *Salsola* S. 956

- Vorblätter *nicht* stechend. Perigonblätter unterseits glatt ... 18

18 Spreite basal gerade bis ± keilförmig verschmälert Blüten *ohne* Vorblätter. Perigon 1–3-blättrig, schuppenförmig, früh abfallend *Corispermum* S. 954

- Spreite mit verbreiterter Basis. Blüten mit 2 Vorblättern. Perigon 5-blättrig, bleibend *Polycnemum* S. 934

Familie *Phytolaccaceae* – Kermesbeerengewächse

Phytolacca S. 960

Familie *Montiaceae* – Quellkrautgewächse

1 Grundblätter lang gestielt. Obere Stängelblätter breit miteinander verwachsen, herzförmig-oval bis rund *Claytonia* S. 960

- Grundblätter sitzend bis kurz gestielt. Obere Stängelblätter länglich bis spatelförmig *Montia* S. 960

Familie *Portulacaceae* – Portulakgewächse

Portulaca S. 962

Klade *Asterids*

Ordnung *Cornales*

Familie *Cornaceae* – Hartriegelgewächse

Cornus S. 962

Ordnung *Ericales*

Familie *Balsaminaceae* – Springkrautgewächse

Impatiens S. 964

Familie *Polemoniaceae* - Himmelsleitergewächse

1 Blätter gefiedert. Krone mit kurzer Röhre *Polemonium* S. 966
- Blätter ungeteilt. Krone mit langer Röhre. Blüten stieltellerförmig ... 2
2 Staubblätter länger als die Kronröhre. Blütenstand köpfchenartig. Blüten orange bis rötlich *Collomia* S. 966
- Staubblätter kürzer als die Kronröhre. Blütenstand rispenartig. Blüten rötlich bis violett *Phlox* S. 966

Familie *Primulaceae* - Primelgewächse

1 Im Boden wurzelnde Wasserpflanze. Tauchblätter kammförmig gefiedert *Hottonia* S. 968
- Pflanze terrestrisch wachsend. Spreite ungeteilt ... 2
2 Stängel *ohne* Laubblätter. Alle Laubblätter in basaler Rosette ... 3
- Stängel mit Laubblättern ... 7
3 Wurzelstock knollig verdickt. Spitze der Kronblätter lang umgebogen. Blüten einzeln, lang gestielt *Cyclamen* S. 980
- Wurzelstock *nicht* knollig verdickt. Spitze der Kronblätter *nicht* umgebogen ... 4
4 Kronzipfel mit mehreren Fransen bzw. Lappen. Deckelkapseln. Spreite rund o. herz- bis nierenförmig, ganzrandig bis seicht gekerbt. Blüten glockig-trichterförmig, meist bläulich bis violett *Soldanella* S. 972
- Kronzipfel distal stumpf o. spitz, allenfalls kurz gezähnt. Spaltkapseln. Spreite meist lineal-länglich, oval o. spatelig; wenn rundlich: am Rand grob gezähnt bis gelappt ... 5
5 Spreite rund, am Rand grob gezähnt bis gelappt, 3,5-8 cm lang, 4-8 cm breit. Blüten glockig, rötlich bis violett, 6-15 mm lang *Cortusa* S. 968
- Spreite lineal, länglich, oval o. spatelig ... 6
6 Blüten mit Schlundschuppen. Kronröhre kürzer als die Kronzipfel *Androsace* S. 974
- Blüten *ohne* Schlundschuppen. Kronröhre länger als die Kronzipfel *Primula* S. 968
7 (2) Blätter (fast) quirlig, an der Stängelspitze gehäuft. Krone meist 7-blättrig. Blüten lang gestielt, weiß *Trientalis* S. 984
- Habitus andersartig ... 8
8 Blätter wechselständig ... 9
- Blätter (zumindest unten) gegenständig o. quirlig ... 10
9 Blüten aus 4-blättrigen Organkreisen bestehend. Deckelkapseln. Blätter *nicht* sukkulent *Anagallis* S. 978
- Blüten aus 5-blättrigen Organkreisen bestehend. Spaltkapseln. Blätter sukkulent *Samolus* S. 968
10 (8) Blüten mit 5-zähligem Perigon, rosa *Glaux* S. 982
- Blüten mit Kelch *und* Krone, diese jeweils 5-blättrig ... 11
11 Blüten rötlich o. bläulich. Deckelkapseln *Anagallis* S. 978
- Blüten gelblich. Spaltkapseln *Lysimachia* S. 982

Familie *Ericaceae* - Heidekrautgewächse

1 Blätter *ohne* Chlorophyll, gelblich. Blätter schuppenförmig *Hypopitys* S. 988
- Pflanze mit Chlorophyll u. grünen Blättern ... 2
2 Blätter gegenständig o. quirlig ... 3
- Blätter wechselständig ... 6
3 Spreite > 5 mm breit *Kalmia* S. 990
- Spreite < 2 mm breit, schmal-lineal o. schuppenförmig ... 4
4 Blätter (fast) quirlig, Knoten 3-4-blättrig. Kronblätter bis weit über die Mitte verwachsen *Erica* S. 992
- Blätter gegenständig. Kronblätter (fast) frei ... 5
5 Blätter schuppenförmig, mit 2 abwärts gerichteten Öhrchen am Blattgrund, am Rand *nicht* umgerollt. Blüten mit 4 Kron- u. Kelchblättern sowie grünem Aussenkelch. Kelchblätter rosa, ± so lang wie die Krone *Calluna* S. 992
- Blätter oval, *ohne* Öhrchen, am Rand nach unten gerollt. Blüten mit 5 Kron- u. Kelchblättern, *ohne* Aussenkelch. Kelchblätter grünlich, kürzer als die Krone *Loiseleuria* S. 990
6 (2) Spreite < 1 cm lang, < 2 mm breit, lineal ... 7
- Spreite größer, *nicht* lineal ... 8
7 Zwergstrauch mit niederliegenden bis aufrechten Trieben. Krone u. Kelch 2-3-blättrig. Fruchtknoten oberständig. Blätter lineal *Empetrum* S. 994
- Zwergstrauch mit lang kriechenden Trieben. Krone u. Kelch 4-5-blättrig. Fruchtknoten unterständig. Blätter oval bis lanzettlich *Vaccinium* S. 996
8 (6) Fruchtknoten unterständig. Beeren *Vaccinium* S. 996
- Fruchtknoten oberständig. Kapseln o. Steinfrüchte ... 9
9 Blüten in einer (fast) doldenartigen Traube. Blüten offen ausgebreitet, weißlich, 1-3 cm ⌀. Blätter immergrün, 2-4-mal so lang wie breit, am Rand spitz gesägt *Chimaphila* S. 984
- Blüten einzeln o. in verlängerten Trauben ... 10
10 Kronblätter (fast) komplett frei ... 11
- Kronblätter zu mehr als dem 0,3-fachen ihrer Länge verwachsen ... 14
11 Blüten einzeln, offen ausgebreitet, 12-25 mm ⌀ ... 12
- Blüten in Trauben, glockig bis trichterförmig, meist <15 mm ⌀ ... 13
12 Pflanze nur mit grundständiger Blattrosette. Stängel *ohne* Laubblätter, 1-blütig *Rhodothamnus* S. 992
- Stängel mit Laubblättern. Blüten in mehrblütigen doldenartigen Blütenständen *Moneses* S. 986
13 (11) Stängel mit kleinen Laubblättern. Blüten einseitswendig *Orthilia* S. 986

\- Stängel *ohne* Laubblätter. Blüten allseitwendig *Pyrola* **S. 986**

14 (10) Blüten kugelig bis krugförmig. Kronblätter < 8 mm lang, fast bis zur Spitze verwachsen 15

\- Blüten radförmig ausgebreitet bis trichterförmig. Kronblätter > 8 mm lang, zumindest das distale Drittel frei ... 16

15 Blätter am Rand nach unten gerollt, unterseits weißlich-filzig, länglich bis lanzettlich, 1–4 mm breit. Blüten rosa *Andromeda* **S. 996**

\- Blätter am Rand *nicht* nach unten gerollt, unterseits grünlich o. bräunlich behaart, oval bis länglich, > 4 mm breit. Blüten weißlich *Chamaedaphne* **S. 996**

16 (14) 20–40 cm hoher Zwergstrauch. Blätter 0,5–1,2 cm lang. Staubblätter länger als die Krone *Rhodothamnus* **S. 992**

\- Meist > 40 cm hoher Strauch. Blätter > 2 cm lang. Staubblätter höchstens so lang wie die Krone *Rhododendron* **S. 994**

Klade *Lamiids*

Ordnung *Gentianales*

Familie *Rubiaceae* – Rötegewächse

1 Kelch deutlich entwickelt, (4-) 6-zipfelig. Blüten in endständigen Köpfchen. Köpfchen mit einer Hülle aus 6–12 Tragblättern, hell-violett *Sherardia* **S. 1012**

\- Kelch undeutlich entwickelt o. fehlend. Blütenstände ± locker verzweigt; wenn köpfchenartig: *ohne* Hülle 2

2 Blütenstände blattachselständig, gedrängt. Blüten gelblich-grünlich. Blätter in 4-zähligen Quirlen, länglich bis oval, 3-nervig *Cruciata* **S. 1002**

\- Blütenstände meist endständig; wenn blattachselständig: Blüten weißlich 3

3 Kronröhre kürzer als die Kronzipfel. Blüten ± offen ausgebreitet *Galium* **S. 1002**

\- Kronröhre ± so lang wie die Kronzipfel. Blüten glockig-trichterförmig 4

4 Krone weißlich o. gelblich, 4-blättrig *Galium* **S. 1002**

\- Krone meist bläulich o. rötlich; wenn weißlich: Krone 3-blättrig *Asperula* **S. 1000**

Familie *Gentianaceae* – Enziangewächse

1 Fruchtknoten abrupt in den Griffel verschmälert 2

\- Griffel allmählich in den Fruchtknoten verschmälert *oder* fehlend 4

2 Blüten rosa bis rötlich, selten weißlich. Blüten mit 5-zähligen Organkreisen, endständig, in dichasialen Blütenständen *Centaurium* **S. 1014**

\- Blüten gelb 3

3 Stängelblätter mit dem gegenüberliegendem Blatt verwachsen. Pflanze > 10 cm hoch. Blüten mit 4-zähligen Organkreisen *Cicendia* **S. 1014**

\- Stängelblätter *nicht* miteinander verwachsen. Pflanze > 10 cm hoch. Blüten mit 6–8-zähligen Organkreisen *Blackstonia* **S. 1012**

4 (1) Blüte *ohne* Kronröhre. Kronblätter fast bis zur Basis geteilt 5

\- Blüten mit deutlich entwickelter Kronröhre. Kronblätter < 30 % geteilt 6

5 Pflanze > 15 cm hoch. Blütenstand trauben- bis rispenartig. Blüten 20–30 mm ⌀ *Swertia* **S. 1026**

\- Pflanze < 15 cm hoch. Blüten einzeln, lang gestielt, 10–18 mm ⌀ *Lomatogonium* **S. 1026**

6 (4) Kronzipfel basal lang gefranst. Blüten bläulich, mit 4-zähligen Organkreisen *Gentianella* **S. 1022**

\- Kronzipfel basal *nicht* gefranst. Blüten zuweilen im Schlund bärtig behaart 7

7 Schlund bärtig behaart *Gentianella* **S. 1022**

\- Schlund *nicht* bärtig behaart *Gentiana* **S. 1016**

Familie *Apocynaceae* – Hundsgiftgewächse

1 Blütenstand doldenartig. Blüten rötlich, mit zurückgeschlagenen Kronzipfeln und nebenkronenartigen Staubblättern *Asclepias* **S. 1026**

\- Blüten einzeln o. in seitenständigen Trauben o. Rispen. Blüten andersartig 2

2 Blüten > 20 mm ⌀, bläulich bis violett, seltener rötlich. Kronblätter schief *Vinca* **S. 1026**

\- Blüten < 20 mm ⌀, weißlich bis gelblich. Kronblätter symmetrisch *Vincetoxicum* **S. 1028**

Ordnung *Boraginales*

Familie *Boraginaceae* – Raublattgewächse

1 Pflanze kahl *Cerinthe* **S. 1030**

\- Pflanze behaart 2

2 Blätter 1–2-fach gefiedert *Phacelia* **S. 1048**

\- Blätter ungeteilt 3

3 Blüten *ohne* Schlundschuppen, behaarte Leisten o. Falten 4

\- Blüten mit Schlundschuppen, behaarten Leisten o. Falten 8

4 Fruchtknoten zur Blütezeit ungeteilt, erst später in 4 Teile zerfallend. Griffel endständig. Blüten weißlich, seltener hellblau. Blätter gestielt *Heliotropium* **S. 1048**

- Fruchtknoten schon zur Blütezeit in 4 Teile geteilt. Griffel zwischen den Segmenten des Fruchtknotens inseriert. Blüten meist gelblich o. bläulich; wenn weißlich: Blätter sitzend ... 5
5 Blüten gelblich. Kronröhre länger als die Kronzipfel *Onosma* S. 1032
- Blüten bläulich bis rötlich, seltener weißlich ... 6
6 Blüte durch ungleich große Kronzipfel schwach zygomorph, 15–40 mm lang. Staubblätter gebogen, aus der Kronröhre ragend. Staubfäden u. Krone rötlich-violett *Echium* S. 1030
- Blüte radiär, < 20 mm lang. Staubblätter kürzer als die Kronröhre ... 7
7 Klausen bräunlich bis schwärzlich, matt, runzelig. Blätter unterseits 1-nervig *Buglossoides* S. 1028
- Klausen weißlich, glänzend, glatt. Blätter unterseits meist mit Hauptnerv und Seitennerven *Aegonychon* S. 1028
8 (3) Klausen mit hakig gekrümmten Stacheln ... 9
- Klausen *ohne* hakig gekrümmte Stacheln ... 11
9 Klausen ± abgeflacht. Stacheln ± auf der gesamten Oberfläche der Klausen. Blüten bläulich- bis bräunlich-violett *Cynoglossum* S. 1040
- Klausen 3-kantig. Stacheln nur an den Kanten der Klausen. Blüten hellblau ... 10
10 Stängel u. Blätter anliegend behaart. Fruchtstiele aufrecht-abstehend. Kanten der Klausen mit 2 Stachelreihen *Lappula* S. 1040
- Stängel u. Blätter abstehend behaart. Fruchtstiele meist zurückgebogen. Kanten der Klausen mit Stachelreihe *Hackelia* S. 1040
11 (8) Kronröhre gebogen. Blätter stark gewellt bis gezähnt, länglich bis lanzettlich. Blüten hellblau. Schlundschuppen weißlich *Lycopsis* S. 1034
- Kronröhre gerade. Blätter ganzrandig ... 12
12 Fruchtkelch deutlich aufgeblasen, ± abgeflacht, gezähnt. Stängel zumindest unten mit hakig gekrümmten Haaren *Asperugo* S. 1038
- Fruchtkelch *nicht* aufgeblasen. Stängel *ohne* hakig gekrümmten Haare ... 13
13 Staubblätter kegelförmig zusammenneigend. Kronröhre kurz, < 3 mm lang *Borago* S. 1034
- Staubblätter *nicht* kegelförmig zusammenneigend ... 14
14 Grundblätter 5–25 cm lang, ± so breit wie lang, herzförmig *Brunnera* – Kaukasus-Vergissmeinnicht
- Grundblätter kleiner, länger als breit ... 15
15 Schlundschuppen deutlich entwickelt ... 16
- Schlundschuppen fehlend, undeutlich o. als Haarbüschel bzw. -leiste ... 19
16 Schlundschuppen behaart ... 17
- Schlundschuppen kahl ... 18
17 Schlundschuppen spitz. Blüten glockig-trichterförmig bis langröhrig. Kronröhre > 3-mal so lang wie die Kronzipfel, > 12 mm lang *Symphytum* S. 1036
- Schlundschuppen distal abgerundet. Blüten stieltellerförmig. Kronröhre < 3-mal so lang wie als die Kronzipfel, < 12 mm lang. Kronblätter bläulich bis rötlich *Anchusa* S. 1032
18 (16) Grundblätter gegenständig *oder* basal seicht herzförmig *Omphalodes* S. 1042
- Alle Blätter wechselständig. Grundblätter *nicht* herzförmig *Myosotis* S. 1042
19 (15) Kelchblätter (fast) bis zur Basis eingeschnitten, zur Fruchtzeit *kaum* aufgeblasen. Klausen weißlich *Lithospermum* S. 1032
- Kelchblätter höchstens bis zur Mitte eingeschnitten, zur Fruchtzeit aufgeblasen. Klausen bräunlich bis schwärzlich ... 20
20 Klausen gerippt. Kelch *nicht* kantig. Pflanze mit Pfahlwurzel, im Sommer blühend *Nonea* S. 1034
- Klausen glatt. Kelch kantig. Im Frühjahr blühender Rhizomgeophyt *Pulmonaria* S. 1034

Ordnung *Solanales*

Familie *Convolvulaceae* – Windengewächse

1 Auf anderen Pflanzen windender Parasit, (fast) *ohne* Chlorophyll. Laubblätter fehlen *Cuscuta* S. 1052
- Pflanze mit Chlorophyll u. grünen Blättern ... 2
2 Vorblätter der Blütenstiele ± lineal, den Kelch *nicht* einhüllend, deutlich von den Blüten entfernt *Convolvulus* S. 1050
- Vorblätter der Blütenstiele oval bis rund, den Kelch zumindest teilweise einhüllend, direkt unter den Blüten sitzend *Calystegia* S. 1050

Familie *Solanaceae* – Nachtschattengewächse

1 Stängel durchgehend verholzt. Blüten rosa bis rötlich. Strauch o. kleiner Baum mit rötlichen eiförmigen Beeren *Lycium* S. 1062
- Stängel krautig, allenfalls basal schwach verholzt ... 2
2 Staubblätter kegelförmig zusammenneigend ... 3
- Staubblätter *nicht* kegelförmig zusammenneigend ... 4
3 Blüten gelblich *Lycopersicon* S. 1056
- Blüten weißlich o. violett *Solanum* S. 1056
4 (2) Staubbeutel etwas kürzer oder länger als die Staubfäden. Hohle Beeren *Capsicum* S. 1058
- Staubbeutel viel kürzer als die Staubfäden. Kapseln ... 5
5 Blüten (schwach) zygomorph, mit ungleich großen Kronzipfeln, weißlich-gelblich, dunkler geadert. Kapseln vom bleibendem Kelch eingehüllt *Hyoscyamus* S. 1060

- Blüten radiär, anders gefärbt ... 6

6 Blüten in endständigen verzweigten Blütenständen, gelblich o. rosa bis rötlich. Blätter ungeteilt, (fast) ganzrandig. Spaltkapseln *ohne* Stacheln *Nicotiana* **S. 1054**

- Blüten einzeln o. zu wenigen in den Achseln von Laubblättern ... 7

7 Fruchtkelch stark aufgeblasen, die Beeren vollständig umschließend ... 8

- Fruchtkelch *nicht* stark aufgeblasen ... 9

8 Blüten grünlich bis weißlich. Beeren rötlich bis orange. Fruchtkelch gelblich bis rötlich. Blätter ungeteilt, ganzrandig bis seicht gekerbt *Physalis* **S. 1058**

- Blüten hellblau-violett. Beeren bräunlich. Fruchtkelch bräunlich. Blätter grob gezähnt bis gelappt *Nicandra* **S. 1060**

9 (7) Krone gräulich-violett, 10–50 mm lang. Schwarze, glänzende Beeren *Atropa* **S. 1060**

- Krone meist weißlich, selten bläulich, 50–300 mm lang. Stachelige Kapseln *Datura* **S. 1060**

Ordnung *Lamiales*

Familie *Oleaceae* – Ölbaumgewächse

1 Blätter gefiedert. Geflügelte Nüsse. Meist baumförmig *Fraxinus* **S. 1062**

- Blätter ungeteilt. Kapseln o. Beeren. Meist strauchförmig ... 2

2 Blätter länglich-lanzettlich, > 3-mal so lang wie breit. Schwarze Beeren. Blüten weißlich. Staubblätter länger als die Kronröhre *Ligustrum* **S. 1064**

- Blätter herzförmig o. oval, > 3-mal so lang wie breit. Kapseln ... 3

3 Blätter herzförmig, vor den Blüten erscheinend. Blüten rötlich bis violett *oder* weißlich *Syringa* **S. 1064**

- Blätter oval, lange nach den Blüten erscheinend. Blüten gelblich *Forsythia* **S. 1062**

Familie *Plantaginaceae* – Wegerichgewächse

1 Stängelblätter in > 4-zähligen Quirlen. Wasserpflanze *Hippuris* **S. 1078**

- Stängelblätter wechselständig o. gegenständig, selten in ≤ 4-zähligen Quirlen. Meist terrestrisch wachsend ... 2

2 Blüten in gestielten, dichtblütigen, meist endständigen Köpfchen o. Ähren. Blüten < 15 mm lang, (fast) radiär ... 3

- Blütenstände andersartig ... 4

3 Pflanze mit Hochblättern unter den Köpfchen. Kronblätter bläulich. 1-samige Nüsse *Globularia* **S. 1096**

- Pflanze *ohne* Hochblätter unter den Köpfchen. Kronblätter *nicht* auffällig gefärbt, meist trockenhäutig. Deckelkapseln *Plantago* **S. 1064**

4 (2) Blüten 1-geschlechtig, *ohne* Blütenhülle, nur aus 1 Staubblatt bzw. dem 2-blättrigen Fruchtknoten bestehend, einzeln. Blätter gegenständig, länglich. Wasser- o. Sumpfpflanze *Callitriche* **S. 1076**

- Staubblätter: 2–4. Blüten u. Habitus andersartig ... 5

5 Kronblätter mit Sporn bzw. sackartiger Ausstülpung an der Basis ... 6

- Kronblätter *ohne* Sporn o. basale Ausstülpung ... 13

6 Kronblätter mit deutlich entwickeltem Sporn ... 7

- Kronblätter mit kurzer sackartiger Ausstülpung ... 11

7 Schlund durch Ausstülpungen der Unterlippe vollständig geschlossen ... 8

- Schlund *nicht* vollständig geschlossen ... 10

8 Blüten gelblich, mit violetter bis schwarzer Oberlippe. Blattunterseite behaart *Kickxia* **S. 1072**

- Blüten anders gefärbt. Blattunterseite kahl ... 9

9 Blätter rund bis nierenförmig. lang gestielt. Blüten violett bis rosa, Unterlippe meist heller, mit gelblichem Gaumen *Cymbalaria* **S. 1072**

- Blätter länglich-lineal, ungestielt. Blüten anders gefärbt *Linaria* **S. 1072**

10 (7) Blüten hellviolett, mit gelblichem Gaumen. Deckelkapseln mit verschieden großen Fruchtfächern. Pflanze < 25 cm hoch *Microrrhinum* **S. 1076**

- Blüten hellviolett o. weißlich. Spaltkapseln. Pflanze > 25 cm hoch *Anarrhinum* **S. 1070**

11 (6) Blätter oval- bis herzförmig, < 2-mal so lang wie breit. Blüten einzeln, meist gelblich. Stängel meist niederliegend *Asarina* **S. 1070**

- Blätter länglich, > 3-mal so lang wie breit. Blüten in trauben- bis ährenartigen Blütenständen, meist rötlich o. weißlich, Gaumen zuweilen gelblich. Stängel meist aufrecht ... 12

12 Blüten > 20 mm lang, viel länger als ihre Tragblätter. Kelchblätter länglich-oval, distal abgerundet, kürzer als die Kapsel *Antirrhinum* **S. 1070**

- Blüten < 20 mm lang, kaum länger als ihre Tragblätter. Kelchblätter lineal-lanzettlich, spitz, länger als die Kapsel *Misopates* **S. 1076**

13 (5) Blüten mit 2 Staubblättern, *ohne* Staminodien. Blüten bläulich bis rötlich-violett *Veronica* **S. 1080**

- Blüten mit 4 Staubblättern, davon 2 zuweilen *ohne* Staubbeutel (Staminodien) ... 14

14 Blüten mit 2 Staubblättern mit Staubbeuteln u. 2 sterilen Staminodien. Blüten kurz gestielt, hellrötlich bis weißlich, mit gelblichem Gaumen *Gratiola* **S. 1070**

- Alle 4 Staubblätter mit Staubbeuteln ... 15

15 Blüten in ähren- bis traubenartigen Blütenständen, glockig-trichterförmig, mit langer Kronröhre. Krone 18–50 mm lang, rötlich o. gelblich *Digitalis* **S. 1078**

- Blüten einzeln o. in endständigen Köpfchen o. Ähren, offen ausgebreitet. Kronröhre fehlend o. sehr kurz. Krone < 10 mm lang, trockenhäutig, *nicht* auffällig gefärbt *Plantago* **S. 1064**

Familie *Scrophulariaceae* - Braunwurzgewächse

1 Strauch. Blütenstand rispenartig, dichtblütig, langkegelig. Blüten rosa bis hellviolett *Buddleja* S. 1096

- Pflanze krautig ... 2

2 Wasserpflanze, auch auf trockengefallenen Ufern, < 10 cm hoch. Alle Laubblätter in Grundblattrosette, spatelförmig, in einen langen Stiel verschmälert *Limosella* S. 1098

- Pflanze terrestrisch wachsend. Stängel mit Laubblättern, > 10 cm hoch ... 3

3 Blätter gegenständig. Krone glockig bis schüsselförmig, undeutlich 2-lippig. Blüten mit 4 Staubblättern *Scrophularia* S. 1098

- Blätter wechselständig. Krone trichterförmig bis radförmig ausgebreitet. Blüten mit 5 Staubblättern *Verbascum* S. 1100

Familie *Linderniaceae* - Büchsenkrautgewächse

Lindernia S. 1104

Familie *Bignoniaceae* - Bignoniengewächse

Catalpa S. 1106

Familie *Lentibulariaceae* - Wasserschlauchgewächse

1 Insektivore Wasserpflanze mit Fangblasen an fiederspaltigen Blättern. Blüten gelblich *Utricularia* S. 1106

- Insektivore terrestrische Pflanze mit klebrigen ungeteilten Blättern. Blüten violett o. weißlich *Pinguicula* S. 1106

Familie *Verbenaceae* - Eisenkrautgewächse

Verbena S. 1108

Familie *Lamiaceae* - Lippenblütengewächse

1 Krone (scheinbar) 1-lippig: Unterlippe deutlich entwickelt; Oberlippe fehlend *oder* sehr kurz u. unscheinbar ... 2

- Krone mit deutlich entwickelter Ober- u. Unterlippe *oder* (fast) radiär ... 3

2 Kronröhre innen mit Haarring. Unterlippe 3-lappig *Ajuga* S. 1142

- Kronblätter *ohne* Haarring. Unterlippe (scheinbar) 5-lappig (Oberlippe klein, tief zweispaltig, der Unterlippe genähert) *Teucrium* S. 1144

3 (1) Staubblätter: 2 fertile (zuweilen außerdem 2 Staminoiden) ... 4

- Staubblätter: 4 fertile ... 7

4 Blüten (fast) radiär, mit 5 ± gleich großen Kronblattzipfeln, weißlich mit roten Punkten. Blätter ungeteilt bis gelappt, am Rand grob gekerbt *Lycopus* S. 1128

- Blüten deutlich 2-lippig ... 5

5 Spreite am Rand deutlich gesägt o. gekerbt. Oberlippe meist helmförmig *Salvia* S. 1136

- Spreite ganzrandig. Oberlippe ± flach *oder* deutlich kürzer als die Unterlippe ... 6

6 Blüten gelblich mit rötlich-bräunlichem Rand. Pflanze krautig, < 30 cm hoch *Sideritis* S. 1112

- Blüten weißlich bis rötlich. Strauch, bis 1,5 m hoch *Rosmarinus* S. 1136

7 (3) Staubblätter deutlich länger als die kurze Oberlippe *bzw.* weit aus der ± radiären Blüte ragend ... 8

- Staubblätter *nicht* länger als die Oberlippe ... 9

8 Blüten weißlich bis rötlich, 2-lippig, mit kurzer Oberlippe. Strauch *Rosmarinus* S. 1136

- Blüten bläulich bis violett, fast radiär. Pflanze krautig *Mentha* S. 1130

9 (7) Staubblätter kürzer als die Kronröhre, kaum sichtbar ... 10

- Staubblätter länger als die Kronröhre, deutlich sichtbar ... 12

10 Blüten bläulich bis violett, Blätter immergrün, lineal, < 5 mm breit, kahl bis kurz behaart *Lavandula* S. 1142

- Blüten gelblich o. weißlich. Blätter sommergrün, oval-länglich, > 5 mm breit, lang behaart ... 11

11 Pflanze < 30 cm hoch, 1-jährig. Blätter ganzrandig. Blüten gelblich mit rötlich-bräunlichem Rand *Sideritis* S. 1112

- Pflanze meist > 30 cm hoch, mehrjährig. Blätter am Rand gezähnt. Blüten weißlich *Marrubium* S. 1120

12 (9) Kelch zygomorph, 2-lippig ... 13

- Kelch radiär, 5-zipfelig ... 19

13 Zumindest basal verholzter Zwergstrauch. Blätter immergrün, < 8 mm breit *Thymus* S. 1138

- Pflanze *nicht* verholzt. Blätter sommergrün o. überwinternd grün, > 8 mm breit ... 14

14 Kelch-Oberlippe mit schild- bis schüsselförmigem Anhängsel *Scutellaria* S. 1146

- Kelch-Oberlippe *ohne* solches Anhängsel ... 15

15 Tragblätter der Quirle viel kleiner als die Laubblätter ... 16

- Tragblätter der Quirle ± so groß wie die Laubblätter *oder* Blüten einzeln ... 17

16 Blätter der Grundblattrosette viel größer als die Stängelblätter. Zumindest einige Quirle des länglichen Gesamtblütenstandes mit deutlichem Abstand zu den anderen. Krone mit ± flacher Oberlippe *Horminum* S. 1126

- Grundblattrosette fehlend *oder* deren Blätter kaum größer als die Stängelblätter. Quirle dicht gedrängt, in kurzem fast köpfchenartigem Gesamtblütenstand *Prunella* S. 1134

17 (15) Blüten > 2 cm lang, > 3 cm ⌀, weißlich bis rosa, mit rötlicher Unterlippe *Melittis* S. 1112

\- Blüten kleiner, anders gefärbt ... 18

18 Zerriebene Blätter mit auffallendem Zitronengeruch. Seitenlappen der Unterlippe kürzer als der Mittellappen *Melissa* S. 1128

\- Zerriebene Blätter *ohne* Zitronengeruch. Seitenlappen der Unterlippe ± so lang wie der Mittellappen *Clinopodium* S. 1124

19 (12) Längere Staubblätter länger als die Oberlippe ... 20

\- Alle Staubblätter kürzer als die Oberlippe ... 21

20 Blüten (fast) sitzend, in ± einseitswendigen länglichen ährenartigen Gesamtblütenständen *Hyssopus* S. 1128

\- Blüten gestielt, in rispenartigen Gesamtblütenständen *Origanum* S. 1134

21 (19) Staubblätter kürzer als die Kronröhre, kaum sichtbar ... 22

\- Staubblätter länger als die Kronröhre, deutlich sichtbar ... 23

22 Pflanze < 40 cm hoch, mit langen Ausläufern. Blätter nierenförmig, grob gekerbt *Glechoma* S. 1126

\- Pflanze > 50 cm hoch, *ohne* Ausläufer. Blätter länglich, ungeteilt bis buchtig gelappt *Chaiturus* S. 1118

23 (21) Untere Stängelblätter 3-7-teilig handförmig gelappt *Leonurus* S. 1118

\- Untere Stängelblätter ungeteilt ... 24

24 Unterlippe am Schlund mit nach oben aufgewölbtem Höcker *Galeopsis* S. 1108

\- Unterlippe *ohne* Höcker ... 25

25 Blätter ganzrandig, 2-5 mm breit *Dracocephalum* S. 1126

\- Blätter am Rand gezähnt, > 8 mm breit ... 26

26 Unterlippe mit kleinen fädlichen spitzen (zuweilen fehlenden) Seitenlappen; ihr Mittellappen 2-lappig *Lamium* S. 1120

\- Unterlippe mit breiten distal abgerundeten Seitenlappen; ihr Mittellappen ungeteilt *oder* 2-lappig ... 27

27 Blüten gelblich (zumindest der Mittelappen), mit großer helmförmiger Oberlippe, 10-30 mm lang. Blätter oft mit silbrigen bis weißlichen Flecken *Lamium* S. 1120

\- Blüten andersfarbig; wenn gelblich-weißlich: Oberlippe *nicht* helmförmig ... 28

28 Kelch 15-nervig. Mittlere Quirle länger als ihre Tragblätter *Nepeta* S. 1132

\- Kelch 5-10-nervig. Mittlere Quirle kürzer als ihre Tragblätter ... 29

29 Halbquirle 1-10 mm lang gestielt. Kelch mit 10 deutlich hervortretenden Nerven. Blüten rosa bis rötlich, Unterlippe weißlich gemustert *Ballota* S. 1118

\- Halbquirle sitzend. Kelch mit 5-10 Nerven; wenn 10-nervig: 5 stärkere u. 5 schwächere Nerven *Stachys* S. 1114

Familie *Phrymaceae* - Gauklerblumengewächse

Mimulus S. 1148

Familie *Paulowniaceae* - Blauglockenbaumgewächse

Paulownia S. 1148

Familie *Orobanchaceae* - Sommerwurzgewächse

1 Blätter *ohne* Chlorophyll, bleich, schuppenförmig ... 2

\- Pflanze mit Chlorophyll u. grünen Blättern ... 4

2 Blüten in einseitswendigen Trauben. Ausläufer dicht mit 4-reihig angeordneten schuppigen Niederblättern bedeckt *Lathraea* S. 1160

\- Blüten in allseitswendigen Ähren. Pflanze *ohne* Ausläufer ... 3

3 Kelch ± radiär. Blüten kurz gestielt; Stiel mit 2 Vorblättern *Phelipanche* S. 1158

\- Kelch 2-lippig. Blüten (fast) sitzend, *ohne* Vorblätter *Orobanche* S. 1150

4 (1) Blätter fiederspaltig bis gefiedert, meist wechselständig *Pedicularis* S. 1172

\- Spreite aus 1 Teil bestehend, zuweilen am Rand gezähnt, gegenständig ... 5

5 Spreite ganzrandig, basal selten mit wenigen kleinen Zähnen *Melampyrum* S. 1160

\- Spreite am Rand gezähnt ... 6

6 Kelch zur Fruchtreife vergrößert, ± abgeflacht, distal verengt. Samen geflügelt *Rhinanthus* S. 1162

\- Kelch *nicht* vergrößert. Samen ungeflügelt ... 7

7 Kronzipfel ± senkrecht von der Kronröhre abstehend; Blüten dadurch undeutlich 2-lippig, gelblich, mit rötlichen-bräunlichen Punkten. 1-samige Nüsse *Tozzia* S. 1170

\- Kronzipfel *nicht* von der Kronröhre abstehend, flach bis helmförmig. Blüten deutlich 2-lippig, andersfarbig. Kapseln ... 8

8 Blüten trübviolett. Krone langröhrig mit kurzen Kronzipfeln, dicht drüsig behaart. Pflanze mehrjährig *Bartsia* S. 1166

\- Blüten andersfarbig. Krone mit Kronröhre u. freien Kronzipfeln. Pflanze 1-jährig ... 9

9 Oberlippe kürzer als die Unterlippe. Unterlippe eingeschnitten bis 2-lappig. Stängelblätter grob gesägt o. gezähnt *Euphrasia* S. 1166

\- Oberlippe mindestens so lang wie die Unterlippe. Unterlippe ungeteilt. Stängelblätter ganzrandig o. seicht gezähnt *Odontites* S. 1170

Klade *Campanulids*
Ordnung *Aquifoliales*
Familie *Aquifoliaceae* - Stechpalmengewächse

Ilex S. 1176

Ordnung *Asterales*
Familie *Campanulaceae* - Glockenblumengewächse

1	Wasserpflanze. Spreite länglich-lineal, im QS mit 2 Hohlräumen. Alle Laubblätter in basaler Rosette. Blüten zygomorph, untere Kronzipfel größer als die oberen *Lobelia* S. 1176	
-	Pflanze terrestrisch wachsend, mit andersartigen Blättern	2
2	Kronzipfel schmal lineal, distal anfangs miteinander verklebt. Blüten in dichtblütigen Ähren o. Köpfchen	3
-	Kronzipfel oval bis 3-eckig, *nicht* miteinander verklebt. Blütenstand lockerblütig	4
3	Blüten mit Tragblättern, in halbkugeligen bis länglichen Ähren, meist > 1,5 cm lang *Phyteuma* S. 1188	
-	Blüten *ohne* Tragblätter, in kugeligen Köpfchen, meist < 1,5 cm lang *Jasione* S. 1186	
4	(2) Blüten radförmig bis stieltellerförmig. Kronblätter kürzer als der Fruchtknoten. Pflanze 1-jährig *Legousia* S. 1186	
-	Blüten glockig-trichterförmig. Kronblätter mindestens so lang wie der Fruchtknoten. Pflanze mehrjährig	5
5	Griffel deutlich länger als die Kronblätter, basal mit kleinem becherförmigen Drüsenring *Adenophora* S. 1176	
-	Griffel kürzer o. wenig länger als die Kronblätter, *ohne* Drüsenring	6
6	Kapseln sich mit seitlichen Löchern öffnend. Staubfäden basal deutlich verbreitert. Blüten meist > 10 mm lang, in Trauben o. Ähren *Campanula* S. 1178	
-	Kapseln sich mit Längsspalten öffnend. Staubfäden basal kaum verbreitert. Blüten < 10 mm lang, einzeln, lang gestielt. Blätter lang gestielt, rund bis herzförmig, grob gezähnt bis buchtig *Wahlenbergia* S. 1190	

Familie *Menyanthaceae* - Fieberkleegewächse

1	Wasserpflanze mit nieren- bis herzförmigen Schwimmblättern. Blüten gelblich *Nymphoides* S. 1192	
-	Wasserpflanze mit 3-teiligen Blättern. Blüten weißlich, zuweilen rötlich überlaufen *Menyanthes* S. 1190	

Familie *Asteraceae* - Korbblütengewächse

Die Länge der Achänen wird *ohne* Pappus angegeben. Größenangaben für das Köpfchen beziehen sich das gesamte Köpfchen inkl. Blüten u. Hüllkelch.

1	Köpfchen *nur* mit zygomorphen Zungenblüten. Zungen 5-zähnig (selten ± ganzrandig). Jüngere Organe mit bei Verletzungen austretendem Milchsaft	81
-	Zentrale Blüten des Köpfchens als radiäre trichter- bis röhrenförmige Röhrenblüten ausgebildet; wenn mit randlichen Zungenblüten: diese mit 3-zähniger Zunge. Pflanze selten mit Milchsaft	2
2	Randblüten des Köpfchens als Zungenblüten ausgebildet	41
-	Alle Blüten des Köpfchens als Röhrenblüten ausgebildet	3
3	Untere Stängelblätter gegenständig	4
-	Untere Stängelblätter wechselständig	5
4	Frucht mit 2–5 widerhakigen Grannen. Blüten gelblich bis bräunlich *Bidens* S. 1332	
-	Frucht mit Pappus aus vielen langen Haaren. Blüten rosa bis rötlich, selten weißlich *Eupatorium* S. 1330	
5	(3) Äußere Hüllblätter distal mit trockenhäutigem Anhängsel	6
-	Äußere Hüllblätter *ohne* trockenhäutiges Anhängsel	8
6	Anhängsel der Hüllblätter fast ganzrandig. Randblüten *nicht* vergrößert, fertil *Rhaponticum* S. 1210	
-	Anhängsel der Hüllblätter gezähnt, gelappt bis gefranst. Randblüten oft deutlich größer als die zentralen Blüten, meist steril	7
7	Randblüten blau, zentrale Blüten blau o. violett. Mittlere u. obere Stängelblätter ungeteilt *Cyanus* S. 1208	
-	Randblüten violett, rötlich o. weißlich-gelblich, ± gleich gefärbt wie die zentralen Blüten *Centaurea* S. 1204	
8	(5) Früchte *ohne* Pappus aus vielen langen Haaren; zuweilen mit wenigen kurzen Borsten	9
-	Früchte mit Pappus aus vielen langen Haaren	17
9	Früchte distal mit wenigzackigem Krönchen. Blüten u. Köpfchen 1-geschlechtig. ♀ Köpfchen 1-blütig, in den Achseln von Tragblättern, ♂ Köpfchen mehrblütig, hängend, in aufrechtem rispen- bis traubenförmigem Gesamtblütenstand *Ambrosia* S. 1332	
-	Früchte *ohne* wenigzackiges Krönchen. Köpfchen meist zwittrig; wenn 1-geschlechtig: Hüllblätter mit stechender o. hakig gekrümmter Spitze	10
10	Hüllblätter mit stechender o. hakig gekrümmter Spitze	11
-	Hüllblätter *ohne* stechende Spitze	12
11	Blüten u. Köpfchen zwittrig. Köpfchen > 10-blütig, ± kugelig *Arctium* S. 1192	
-	Blüten u. Köpfchen 1-geschlechtig. ♀ Köpfchen 2-blütig, länglich-oval *Xanthium* S. 1340	
12	(10) Blüten 1-geschlechtig. Köpfchen zentral mit 6–25 ♂ Blüten; randlich mit < 6 ♀ Blüten *Iva* S. 1338	
-	Blüten zwittrig	13
13	Blüten stark nach Kamille riechend. Blätter 2–3-fach fiederspaltig mit schmal-linealen Blattlappen. Zungenblüten weißlich, Röhrenblüten gelblich *Matricaria* S. 1304	

– Pflanze *ohne* nach Kamillegeruch. Blätter meist ungeteilt, gelappt bis gefiedert; wenn fiederspaltig: Blattlappen länglich-lanzettlich bis oval 14

14 Köpfchen einzeln o. zu wenigen. Pflanze 1-jährig, < 20 cm hoch. Blätter gelappt bis fiederspaltig, den Stängel basal scheidig umgebend. Zungen- u. Röhrenblüten gelblich 15

– Köpfchen in vielköpfigen rispenartigen Blütenständen 16

15 Pflanze < 20 cm hoch. Köpfchen aufrecht, 8–12 mm ⌀. Blätter gelappt bis fiederspaltig, den Stängel basal scheidig umgebend *Cotula* S. 1302

– Pflanze > 20 cm hoch. Köpfchen überhängend, 10–25 mm ⌀. Blätter ungeteilt bis gelappt, den Stängel *nicht* scheidig umgebend *Carpesium* S. 1342

16 (14) Köpfchen in schirmförmigem Gesamtblütenstand, 7–12 mm ⌀. Zungen- u. Röhrenblüten gelblich *Tanacetum* S. 1306

– Köpfchen in länglichem Gesamtblütenstand, 2–6 mm ⌀ *Artemisia* S. 1292

17 (8) Pflanze distelartig. Stängel o. Blätter stachelig 18

– Pflanze *nicht* distelartig; allenfalls die Hüllblätter stechend 23

18 Köpfchen kugelig, von oben nach unten aufblühend, 2,5–6 cm ⌀, aus sehr vielen 1-blütigen Köpfchen bestehend. Blüten bläulich-gräulich *Echinops* S. 1212

– Köpfchen walzig, eiförmig o. halbkugelig, von außen nach innen aufblühend 19

19 Pappus mit verzweigten Haaren *Cirsium* S. 1196

– Pappus mit einfachen Haaren 20

20 Blätter glänzend, weißlich geadert o. gefleckt. Äußere Hüllblätter, mit langer meist zurückgebogener stechender Spitze *Silybum* S. 1214

– Blätter *nicht* weißlich geadert o. gefleckt 21

21 Hüllblätter gelblich *oder* silbrig bis gräulich-weißlich; trockenhäutig. Innere Hüllblätter strahlig ausgebreitet, länger als die äußeren *Carlina* S. 1202

– Hüllblätter grünlich, *nicht* trockenhäutig. Innere Hüllblätter *nicht* strahlig ausgebreitet 22

22 Köpfchenboden mit kleinen ± kugeligen Vertiefungen, *ohne* Spreublätter bzw. -borsten. Köpfchen 25–55 mm ⌀, aufrecht. Stängel sehr breit stachelig geflügelt *Onopordum* S. 1214

– Köpfchenboden *ohne* kugelige Vertiefungen, mit Spreublättern bzw. -borsten. Köpfchen meist < 30 mm ⌀; wenn größer: Köpfchen überhängend *Carduus* S. 1194

23 (17) Pappus mit verzweigten Borsten. Blüten rötlich bis violett. In Deutschland nur in den Alpen *Saussurea* S. 1212

– Pappus mit einfachen Borsten 24

24 Köpfchen *ohne* Spreublätter o. -borsten 25

– Köpfchen mit Spreublättern o. -borsten 40

25 Blätter länglich bis lineal, ungeteilt, ganzrandig 26

– Blätter *nicht* länglich bis lineal; am Rand gesägt bis fiederspaltig 35

26 Blätter wenigstens unterseits dicht filzig behaart 27

– Blätter kahl o. behaart, aber *nicht* filzig 32

27 Köpfchen von sternförmig ausgebreiteten dicht weißfilzigen Hochblättern umgeben, dicht gedrängt am Stängelende, (fast) sitzend *Leontopodium* S. 1330

– Köpfchen *nicht* von sternförmig ausgebreiteten dicht weißfilzigen Hochblättern umgeben 28

28 Pflanze nur mit 1 endständigem Blütenstand, dieser schirmförmig o. knäuelig. Köpfchen bzw. Köpfchenknäuel (kurz) gestielt 29

– Köpfchen in 1 o. mehreren meist länglichen, ährenartigen Blütenständen. Köpfchen bzw. Köpfchenknäuel sitzend 31

29 Blüten 1-geschlechtig, Pflanze 1-häusig *Antennaria* S. 1322

– Blüten zwittrig 30

30 Köpfchen deutlich gestielt, in schirmförmigen Rispen. Hüllblätter gelb o. orange. Pflanze mehrjährig *Helichrysum* S. 1328

– Köpfchen kurz gestielt, meist knäuelig. Hüllblätter gelblich-weißlich. Pflanze 1-jährig *Laphangium* S. 1330

31 (28) Hüllblätter krautig, nur am Rand u. der Spitze trockenhäutig, filzig behaart. Pflanze 1-jährig, an trockenen Standorten *Filago* S. 1324

– Hüllblätter breit trockenhäutig, allenfalls basal filzig behaart. Meist mehrjährig; wenn 1-jährig: an feuchten bis nassen Standorten *Gnaphalium* S. 1326

32 (26) Blätter 1–4 mm breit *Galatella* S. 1310

– Blätter > 5 mm breit 33

33 Pflanze stark klebrig, mit zahlreichen Drüsen *Dittrichia* S. 1342

– Pflanze *nicht* drüsig-klebrig 34

34 Köpfchen 8–14 mm ⌀. Hüllblätter in mehreren Reihen angeordnet, sich überlappend, die äußeren kürzer als die inneren *Pulicaria* S. 1348

– Köpfchen 2–6 mm ⌀. Hüllblätter 2- bis mehrreihig angeordnet: innere u. äußere (fast) gleich lang *Erigeron* S. 1314

35 (25) Blätter herz- bis nierenförmig. Blüten rötlich, violett o. weißlich 36

– Blätter *nicht* herz- o. nierenförmig. Blüten gelblich 38

36 Stängel zur Blütezeit mit normal entwickelten Laubblättern *Adenostyles* S. 1270

– Stängel zur Blütezeit nur mit Schuppenblättern o. mit kleinen ganzrandigen Hochblättern. Laubblätter später erscheinend *oder* in basaler Rosette 37

37 Köpfchen in vielköpfiger Rispe oder Ähre. Grundblätter > 10 cm breit, mit oder nach den Blüten erscheinend *Petasites* S. 1274

– Pflanze mit 1 Köpfchen. Grundblätter < 5 cm breit, vor den Blüten erscheinend *Homogyne* S. 1274

38 (35) Köpfchen *ohne* Außenhülle. Köpfchen > 15 mm ⌀. Hüllblätter meist mit abstehender bis zurückgebogener Spitze *Inula* S. 1344

- Köpfchen *mit* Außenhülle. Köpfchen < 12 mm ⌀. Hüllblätter mit anliegender Spitze … 39

39 Untere Stängelblätter ungeteilt, länglich-lanzettlich, am Rand grob doppelt gesägt. Hüllblätter mit weißlichem Hautsaum, oft bräunlich bis rötlich überlaufen *Erechtites* S. 1272

- Untere Stängelblätter buchtig gelappt, am Rand gezähnt, in den Buchten ± ganzrandig. Hüllblätter mit schwarzer Spitze *Senecio* S. 1280

40 (24) Köpfchen einzeln. Blätter unterseits weißlich filzig behaart *Jurinea* S. 1212

- Köpfchen in wenigköpfigen Rispen. Blätter *nicht* weißlich filzig behaart *Serratula* S. 1210

41 (2) Stängel *ohne* Laubblätter, zuweilen mit kleinen Hochblättern. Alle Laubblätter in basaler Rosette … 42

- Stängel mit Laubblättern … 44

42 Zungenblüten gelblich. Köpfchenstiel mit zahlreichen Schuppenblättern. Grundblätter nach den Blüten erscheinend, rund bis nierenförmig *Tussilago* S. 1288

- Zungenblüten weißlich, zuweilen rötlich-violett überlaufen. Köpfchenstiel blattlos. Grundblätter zur Blütezeit vorhanden, lanzettlich bis spatelförmig … 43

43 Achäne *mit* Pappus aus vielen langen Haaren, 2–3 mm lang. Hüllblätter spitz *Bellidiastrum* S. 1308

- Achäne *ohne* Pappus, 1–2 mm lang. Hüllblätter abgerundet *Bellis* S. 1308

44 (41) Untere Stängelblätter gegenständig … 45

- Untere Stängelblätter wechselständig … 50

45 Früchte distal mit 2–5 widerhakigen Grannen. Blüten gelblich bis bräunlich *Bidens* S. 1332

- Früchte *ohne* widerhakige Grannen … 46

46 Äußere Hüllblätter lineal, distal spatelig verbreitert, viel länger als die länglich-ovalen inneren, drüsig behaart *Sigesbeckia* S. 1340

- Äußere Hüllblätter *weder* lineal *noch* viel länger als die inneren … 47

47 Frucht mit Pappus aus vielen langen Haaren. Pflanze mit Grundblattrosette *und* mit 2 (fast) gegenständigen Stängelblättern. Zungen- u. Röhrenblüten gelblich. Köpfchen 40–90 mm ⌀ *Arnica* S. 1330

- Frucht *ohne* Pappus aus vielen langen Haaren. Pflanze *ohne* basale Grundblattrosette … 48

48 Obere Stängelblätter wechselständig *Helianthus* S. 1336

- Obere Stängelblätter gegenständig … 49

49 Zungenblüten weißlich. Köpfchen < 15 mm ⌀ *Galinsoga* S. 1336

- Zungenblüten gelblich. Köpfchen > 15 mm ⌀ *Coreopsis* S. 1336

50 (44) Röhrenblüten gräulich bis weißlich *Achillea* S. 1290

- Röhrenblüten gelblich o. bräunlich … 51

51 Pflanze stark klebrig, mit zahlreichen Drüsen *Dittrichia* S. 1342

- Pflanze *nicht* drüsig-klebrig … 52

52 Pflanze distelartig. Blätter stachelig, weißlich geadert, glänzend *Silybum* S. 1214

- Pflanze *nicht* distelartig, Blätter *weder* stachelig *noch* weißlich geadert … 53

53 Zumindest die zentralen Früchte des Köpfchens mit Pappus aus vielen langen Haaren … 54

- Alle Früchte *ohne* Pappus aus vielen langen Haaren; zuweilen mit wenigen kurzen Borsten … 67

54 Zungenblüten gelblich, bräunlich o. orange … 55

- Zungenblüten weißlich o. rötlich bis bläulich … 63

55 Hüllblätter 1-reihig, zuweilen mit Außenhülle … 56

- Hüllblätter mehrreihig … 58

56 Köpfchen *ohne* Außenhülle. Hüllblätter *ohne* schwarze Spitze. Blätter ungeteilt *Tephroseris* S. 1286

- Köpfchen mit ≥ 2-blättriger Außenhülle. Hüllblätter oft mit schwarzer Spitze … 57

57 Spreite meist ungeteilt, *nicht* deutlich gestielt (Spreite zur Basis allenfalls verschmälert); wenn gelappt: Früchte anliegend behaart *oder* Zungenblüten zurückgerollt *Senecio* S. 1280

- Spreite meist tief gelappt bis fiederspaltig; wenn ungeteilt: Blätter lang gestielt, herzförmig *oder* Blattzähne zur Blattspitze gebogen u. mit Köpfchen mit 10–22 Zungenblüten. Früchte *nicht* anliegend behaart. Zungenblüten *nicht* zurückgerollt *Jacobaea* S. 1276

58 (55) Zungenblüten aufrecht, zunächst gelblich, später violett überlaufen, < 1,5-mal so lang wie die Röhrenblüten *Erigeron* S. 1314

- Zungenblüten ± ausgebreitet, gelblich, > 1,5 mal so lang wie die Röhrenblüten … 59

59 Köpfchen mit > 12 Zungenblüten … 60

- Köpfchen mit < 12 Zungenblüten … 62

60 Früchte distal mit Schuppen, außerdem mit < 12 (kurzen) Pappusborsten *Pulicaria* S. 1348

- Früchte mit > 12 (langen) Pappushaaren, *ohne* Schuppen … 61

61 Hüllblätter in mehreren Reihen angeordnet, sich überlappend, die äußeren kürzer als die inneren. Staubblätter basal mit borstlichen Anhängseln *Inula* S. 1344

- Hüllblätter 2–3-reihig; äußere u. innere ± gleich lang. Staubblätter *ohne* borstliche Anhängsel *Doronicum* S. 1270

62 (59) Köpfchen in schirmförmigen Rispen. Stängelblätter ganzrandig *Euthamia* S. 1320

- Köpfchen in länglichen überhängenden Rispen. Stängelblätter am Rand gezähnt *Solidago* S. 1320

63 (54) Zungenblüten < 1 mm breit, schmal-lineal, mehrreihig *oder* kürzer als die Hülle *Erigeron* S. 1314

- Zungenblüten > 1 mm breit, länglich-lanzettlich, 1-reihig … 64

64 Hüllblätter < 1,5 mm breit, ± spitz. Untere Stängelblätter zur Blütezeit vergilbt o. abgestorben *Symphyotrichum* S. 1312

- Hüllblätter > 1,5 mm breit, distal ± abgerundet. Untere Stängelblätter zur Blütezeit meist grün … 65

65 Blätter (schwach) sukkulent, Nerven undeutlich entwickelt. Innere Hüllblätter distal bräunlich, hautrandig, abgerundet. Stängelblätter lineal bis länglich-lanzettlich. An periodisch überfluteten, meist salzhaltigen Standorten *Tripolium* S. 1310

- Blätter *nicht* sukkulent, Nerven gut sichtbar. Hüllblätter grünlich, krautig, meist spitz. Stängelblätter lanzettlich bis länglich-oval 66

66 Grundblätter basal herzförmig, deutlich gestielt *Eurybia* S. 1314

- Grundblätter basal ± keilförmig verschmälert, spatelförmig bis länglich-lanzettlich *Aster* S. 1310

67 (53) Zungenblüten weißlich, zuweilen rötlich überlaufen 68

- Zungenblüten gelblich o. orange 74

68 Köpfchenboden mit Spreublättern bzw. -borsten 69

- Köpfchenboden *ohne* Spreublätter bzw. -borsten 70

69 Köpfchenboden halbkugelig. Früchte im QS ± abgeflacht, schief 4-kantig. Blätter 2-fach gefiedert, mit regelmäßig ± rechtwinkelig abstehenden Fiederblättchen *Cota* S. 1302

- Köpfchenboden kegelig bis zylindrisch. Früchte im QS rund bis 4-kantig. Blätter 2-fach fiederschnittig bis gefiedert, Fiederblättchen *nicht* regelmäßig rechtwinkelig abstehend *Anthemis* S. 1300

70 (68) Blätter 2–3-fach gefiedert bis fiederteilig. Blattlappen schmal-lineal 71

- Blätter meist ungeteilt bis 1-fach gefiedert; wenn 2–3-fach gefiedert bis fiederteilig: Blattlappen länglich-lanzettlich bis oval 72

71 Köpfchenboden kegelförmig, innen hohl. Köpfchen meist 10–25 mm ⌀. Blüten stark nach Kamille riechend. Früchte *ohne* Öldrüsen auf der Rückseite *Matricaria* S. 1304

- Köpfchenboden halbkugelig, innen markig. Köpfchen meist > 25 mm ⌀. Blüten kaum nach Kamille riechend. Früchte mit Öldrüsen auf der Rückseite *Tripleurospermum* S. 1308

72 (70) Obere Stängelblätter ganzrandig, lineal-lanzettlich. Pflanze < 15 cm hoch, alpin *Leucanthemopsis* S. 1304

- Obere Stängelblätter gezähnt, gelappt o. gefiedert. Pflanze meist > 15 cm hoch 73

73 Blätter 1–2-fach fiederteilig bis gefiedert. Pflanze meist mit > 8 Köpfchen, diese ± schirmförmig angeordnet *Tanacetum* S. 1306

- Blätter grob gezähnt bis gelappt. Pflanze mit < 8 Köpfchen *Leucanthemum* S. 1304

74 (67) Untere Stängelblätter fiederteilig o. gefiedert 75

- Untere Stängelblätter ungeteilt 77

75 Blätter unterseits gräulich bis weißlich, dicht filzig *Cota* S. 1302

- Blätter unterseits grünlich, kahl o. behaart aber *nicht* dicht filzig 76

76 Blätter 2–3-fach fiederspaltig. Köpfchen < 0,5 cm ⌀ *Achillea* S. 1290

- Blätter gelappt bis 1-fach fiederspaltig. Köpfchen > 1 cm ⌀ *Glebionis* S. 1302

77 (74) Köpfchenboden *ohne* Spreublätter o. -borsten. Zumindest einige Früchte deutlich gekrümmt bis eingerollt, grob warzig bis stachelig *Calendula* S. 1322

- Köpfchenboden mit Spreublättern o. -borsten. Früchte *nicht* gekrümmt o. grob warzig 78

78 Köpfchenboden steil kegelförmig gewölbt. Röhrenblüten dunkelbraun *Rudbeckia* S. 1338

- Köpfchenboden flach bis schwach gewölbt 79

79 Stängelblätter länglich-lanzettlich. Röhrenblüten gelblich *Buphthalmum* S. 1342

- Stängelblätter breit oval o. herzförmig. Röhrenblüten bräunlich 80

80 Zungenblüten < 30 mm lang, < 3 mm breit. Köpfchen 2–8 cm ⌀ *Telekia* S. 1348

- Zungenblüten > 30 mm lang, > 3 mm breit. Köpfchen 4–50 cm ⌀ *Helianthus* S. 1336

81 (1) Früchte *ohne* Pappus, zuweilen mit wenigen Borsten 82

- Früchte mit Pappus aus vielen langen Haaren 85

82 Blüten bläulich, selten weißlich. Früchte distal mit Schuppen *Cichorium* S. 1218

- Blüten gelblich 83

83 Stängel mit zahlreichen Laubblättern *Lapsana* S. 1250

- Stängel *ohne* Laubblätter, alle Laubblätter in basaler Rosette 84

84 Blätter ungeteilt, am Rand gezähnt. Köpfchenstiele keulenförmig verdickt *Arnoseris* S. 1216

- Blätter gelappt. Köpfchenstiele *nicht* verdickt *Aposeris* S. 1216

85 (81) Zumindest einige Früchte deutlich geschnäbelt 86

- Früchte *nicht* geschnäbelt 93

86 Pappus mit verzweigten Borsten 87

- Pappus mit einfachen Borsten 89

87 Blätter ganzrandig, parallelnervig. Hüllblätter 1-reihig, lang zugespitzt, fast so lang wie o. länger als die Blüten *Tragopogon* S. 1268

- Blätter fiedernervig, (zumindest basal) am Rand gesägt o. gelappt 88

88 Stängel u. Blätter mit widerhakigen Borsten. Köpfchenboden *ohne* Spreublätter bzw. -borsten *Helminthotheca* S. 1226

- Pflanze *ohne* widerhakige Borsten. Köpfchenboden mit Spreublättern bzw. -borsten *Hypochaeris* S. 1242

89 (86) Stängel hohl, unverzweigt, *ohne* Laub- o. Schuppenblätter. Pflanze mit 1 Köpfchen. Alle Laubblätter in basaler Rosette *Taraxacum* S. 1260

- Stängel markig, verzweigt, mit Laub- o. Schuppenblätter. Pflanze meist mit mehreren Köpfchen 90

90 Früchte unter dem Schnabel mit wenigen krönchenartigen Zähnen 91

- Früchte *ohne* krönchenartige Zähne 92

91 Stängel oben schwärzlich behaart *Willemetia* S. 1268

- Stängel oben kahl *Chondrilla* S. 1216

92 (90) Köpfchen < 20-blütig. Früchte im QS etwas abgeflacht, dunkelbraun bis schwarz *Lactuca* S. 1244

- Köpfchen > 20-blütig. Früchte im QS rund bis 4-kantig, meist bräunlich *Crepis* S. 1218

93 (85) Pappus mit verzweigten Haaren ... 94

\- Pappus mit einfachen Haaren ... 98

94 Blätter ganzrandig, lineal bis länglich, (scheinbar) parallelnervig. Pappushaare benachbarter Früchte miteinander verflochten *Scorzonera* **S. 1254**

\- Blätter gezähnt bis fiederteilig, netznervig. Pappushaare benachbarter Früchte *nicht* miteinander verflochten ... 95

95 Stängel *ohne* Laubblätter (allenfalls mit kleinen Hochblättern). Alle Laubblätter in basaler Rosette ... 96

\- Stängel mit Laubblättern ... 97

96 Hüllblätter u. Laubblätter mit einfachen Haaren *oder* kahl. Pflanze mit 1-8 Köpfchen. Köpfchen in Knospe ± aufrecht *Scorzoneroides* **S. 1256**

\- Hüllblätter u. Laubblätter mit mehrästigen Gabel- u. Sternhaaren, meist auch mit einfachen Haaren. Pflanze mit 1-2 Köpfchen. Köpfchen in Knospe ± überhängend *Leontodon* **S. 1250**

97 (95) Blätter ungeteilt bis gelappt, am Rand gezähnt *Picris* **S. 1252**

\- Blätter tief-buchtig bis fiederspaltig, obere Stängelblätter auch ungeteilt. Blattlappen länglich-lineal *Podospermum* **S. 1254**

98 (93) Früchte im QS ± abgeflacht ... 99

\- Früchte im QS rund bis 4-kantig ... 100

99 Blüten gelblich. Blätter am Rand borstig-stachelig gezähnt *Sonchus* **S. 1258**

\- Blüten rötlich, violett o. bläulich. Blätter *nicht* borstig-stachelig gezähnt *Lactuca* **S. 1244**

100 (98) Hüllblätter in mehreren Reihen angeordnet, sich überlappend, die äußeren kürzer als die inneren. Pappushaare spröde, leicht abbrechend, oft gräulich ... 101

\- Hüllblätter in 1-2 Reihen angeordnet. Pappushaare meist biegsam, reinweiß ... 103

101 Achäne (ohne Pappus) 1-3 mm lang; distal (kurz) gezähnt. Blätter ganzrandig bis schwach gezähnt, allmählich verschmälert. Pflanze oft mit oberirdischen Ausläufern *Pilosella* **S. 1236**

\- Achäne (ohne Pappus) meist 3-5 mm lang, distal ± gerade. Blätter gezähnt bis gelappt. Pflanze *ohne* oberirdische Ausläufer ... 102

102 Pflanze klebrig-drüsig behaart. Blüten hellgelb. Stängelblätter *ohne* Öhrchen *Schlagintweitia* **S. 1242**

\- Pflanze meist *nicht* klebrig-drüsig; wenn (schwach) klebrig-drüsig: Stängelblätter mit großen Öhrchen. Blüten gelb, seltener orange-rötlich *Hieracium* **S. 1228**

103 (100) Blüten rötlich. Köpfchen 4-6-blütig, überhängend. Grundblätter mit großem 3-eckigem bis spießförmigem Endlappen u. wenigen kleineren Seitenlappen *Prenanthes* **S. 1254**

\- Blüten gelblich. Köpfchen > 10-blütig, aufrecht ... 104

104 Früchte distal ± gerade, mit ringförmigen Wulst. Pflanze blaugrün bereift. Blüten hellgelb *Tolpis* **S. 1266**

\- Früchte distal verschmälert *Crepis* **S. 1218**

Ordnung *Dipsacales*

Familie *Adoxaceae* - Moschuskrautgewächse

1 Pflanze < 15 cm hoch, krautig. Blüten grünlich. Blätter 1-2-fach 3-teilig gefiedert *Adoxa* **S. 1348**

\- Pflanze > 40 cm hoch; meist verholzt; wenn krautig: Blüten weißlich, zuweilen rötlich bis violett überlaufen. Blätter 5-11-teilig gefiedert, Fiederblättchen länglich, 5-15 cm lang ... 2

2 Blätter gefiedert, mit großen, fiederblattähnlichen Nebenblättern *Sambucus* **S. 1350**

\- Blätter oval o. 3-5-teilig gelappt. Nebenblätter fädlich o. fehlend *Viburnum* **S. 1350**

Familie *Caprifoliaceae* - Geißblattgewächse

1 Blüten einzeln o. zu zweit, überhängend, auf langem aufrechten Stiel. Niederliegender Halbstrauch, < 15 cm hoch *Linnaea* **S. 1364**

\- Blüten *nicht* auf langem aufrechtem Stiel überhängend. Krautige Pflanze *oder* > 15 cm hoher Strauch ... 2

2 Strauch o. verholzte Liane ... 3

\- Krautige Pflanze ... 4

3 Blüten glockig-trichterförmig, 4-8 mm lang. Beeren, weißlich, zuweilen rötlich überlaufen; *nicht* miteinander verwachsen *Symphoricarpos* **S. 1368**

\- Blüten 2-lippig, > 10 mm lang. Beeren, bläulich, schwarz o. rötlich; zumindest basal miteinander verwachsen *Lonicera* **S. 1364**

4 (2) Krone mit langem gebogenem Sporn. Blüten mit 1 Staubblatt, rötlich, bei Kulturformen auch weißlich *Centranthus* **S. 1358**

\- Krone *ohne* langen Sporn, basal zuweilen mit kurzer Aussackung ... 5

5 Stängel derb-borstig bis stachelig *Dipsacus* **S. 1352**

\- Stängel *ohne* derbe Borsten o. Stacheln ... 6

6 Blüten mit 3 Staubblättern, in lockerblütigen verzweigten Blütenständen. Krone basal ausgesackt ... 7

\- Blüten mit 4 Staubblättern, in dichtblütigen Köpfchen o. Ähren. Krone *nicht* ausgesackt ... 8

7 Früchte *ohne* fedrige Haarkrone. Pflanze 1-jährig. Stängel von Grund an mehrfach dichotom verzweigt *Valerianella* **S. 1362**

\- Früchte *mit* fedriger Haarkrone. Pflanze mehrjährig. Stängel *nicht* von Grund an dichotom verzweigt *Valeriana* **S. 1358**

8 (6) Früchte mit 8-16 Kelchborsten. Köpfchenboden *ohne* Spreublätter, mit Haaren *Knautia* **S. 1354**

\- Früchte mit 4-5 Kelchborsten o. -zähnen. Köpfchenboden mit Spreublättern ... 9

9 Blüten mit 5 Kronblättern. Randblüten des Blütenstandes vergrößert *Scabiosa* **S. 1356**

\- Blüten mit 4 Kronblättern. Randblüten des Blütenstandes *nicht* vergrößert ... 10

10 Früchte *ohne* Kelchborsten. Außenkelch im QS 8-furchig, kahl *Succisella* S. 1358
- Früchte mit 4–5 Kelchborsten. Außenkelch im QS 4-furchig, kurz behaart *Succisa* S. 1358

Ordnung *Apiales*

Familie *Araliaceae* – Efeugewächse

1 Verholzte Liane, meist mit Haftwurzeln kletternd, zuweilen am Boden kriechend. Blätter immergrün, derb, 3–5-lappig *oder* oval bis 3-eckig *Hedera* S. 1370
- Pflanze krautig. Blätter sommergrün, kreisrund, der Blattstiel der Mitte der Spreitenunterseite entspringend *Hydrocotyle* S. 1370

Familie *Apiaceae* – Doldengewächse

1 Pflanze distelartig. Blätter am Rand stachelig. Blüten in von stacheligen Hochblättern umgebenen Köpfchen *Eryngium* S. 1372
- Pflanze *nicht* distelartig ... 2
2 Alle Laubblätter ungeteilt. Spreite ganzrandig *Bupleurum* S. 1374
- Zumindest die mittleren Stängelblätter gelappt bis fiederspaltig *oder* gefiedert ... 3
3 Spreite handförmig gelappt, zusammenhängend ... 4
- Blätter fiederspaltig *oder* 1- bis mehrfach gefiedert ... 6
4 Krone gelblich bis grünlich. Blüten in von laubblattartigen Hüllblättern umgebenen köpfchenartigen Dolden. Blätter handförmig gelappt *Hacquetia* S. 1372
- Krone weißlich bis rötlich ... 5
5 Blüten lang gestielt, in einfacher Dolde. Dolde von > 7 auffällig gefärbten Hochblätter umgeben. Teilfrüchte länglich-eiförmig, auf dem Rücken gerippt *Astrantia* S. 1370
- Blüten (fast) sitzend, in köpfchenartigen Dolden. Hüllblätter < 7, grünlich. Teilfrüchte mit langen stachelartigen Borsten *Sanicula* S. 1374
6 (3) Teilfrüchte mit stachelartigen Borsten ... 7
- Teilfrüchte *ohne* stachelartigen Borsten ... 12
7 Grundblätter 1-fach gefiedert ... 8
- Grundblätter 2–3-fach gefiedert ... 9
8 Teilfrüchte geflügelt, mit kurzen stachelartigen Borsten. Hüllchenblätter *nicht* breit-hautrandig. Stängel mit steifen nach unten gerichteten Borsten *Tordylium* S. 1418
- Teilfrüchte ungeflügelt, mit langen stachelartigen Borsten. Hüllchenblätter breit-hautrandig. Stängel *ohne* Borsten *Turgenia* S. 1404
9 (7) Hüllblätter 3-lappig bis fiederspaltig. Fruchtstände nach der Blüte zusammenneigend u. sich bei trockener Witterung öffnend *Daucus* S. 1398
- Hüllblätter ungeteilt *oder* fehlend ... 10
10 Randblüten > 3-mal so lang wie als die zentralen Blüten. Hüllblätter mit weißlichem Hautrand. Borsten auf den Teilfrüchten in Reihen angeordnet *Orlaya* S. 1402
- Randblüten meist so lang wie die zentralen Blüten; wenn 2–3-mal länger: Hüllblätter *ohne* weißlichem Hautrand, Borsten auf den Teilfrüchten unregelmäßig angeordnet ... 11
11 Borsten auf den Teilfrüchten je 1-reihig auf den Haupt- u. Nebenrippen angeordnet. Dolden 2–5-strahlig *Caucalis* S. 1394
- Borsten auf den Teilfrüchten unregelmäßig angeordnet. Dolden ≥ 4-strahlig *Torilis* S. 1402
12 (6) Krone gelblich o. grünlich-gelblich ... 13
- Krone weißlich o. rötlich ... 27
13 Kelch deutlich entwickelt, an den Blüten 5-zähnig, an den Teilfrüchten 2–3-zähnig ... 14
- Kelch fehlend bzw. als schmaler ± gerader Saum ... 19
14 Hülle ≥ 3-blättrig ... 15
- Hülle fehlend o. 1–2-blättrig, selten zusätzlich mit 1–2 deutlich kleineren Blättern ... 17
15 Blätter schwach sukkulent. Teilfrüchte ungeflügelt. An Küstenfelsen *Crithmum* S. 1392
- Blätter *nicht* sukkulent. Teilfrüchte geflügelt ... 16
16 Blätter 2-fach 3-teilig gefiedert. Blattlappen > 5 mm breit, länglich-oval bis (schwach) herzförmig *Laserpitium* S. 1400
- Blätter 2–4-fach gefiedert, mehrteilig. Blattlappen 1–5 mm breit, lineal bis länglich *Peucedanum* S. 1408
17 (14) Blattlappen lineal bis länglich, 1–5 mm breit. Blätter 2–4-fach gefiedert *Peucedanum* S. 1408
- Blattlappen lanzettlich bis oval, > 5 mm breit. Blätter 1–3-fach gefiedert ... 18
18 Stängel kahl; im QS rund, oft mit feinen Rillen. Doppeldolde ± kugelig. Blätter 2–3-fach gefiedert *Angelica* S. 1406
- Stängel mit steifen Borsten; im QS kantig, gefurcht. Doppeldolde ± schirmförmig. Blätter gelappt bis gefiedert *Heracleum* S. 1416
19 (13) Blattlappen lineal. Blätter 2–4-fach gefiedert ... 20
- Blattlappen lanzettlich bis oval. Blätter 1–2-fach gefiedert ... 21
20 Blattlappen länglich-lineal, 1–5 mm breit. Hüllchen ≥ 3-blättrig. Kelch deutlich entwickelt, an den Blüten 5-zähnig, an den Teilfrüchten 2–3-zähnig *Peucedanum* S. 1408
- Blattlappen lineal, haarfein-fadenförmig, meist < 2 mm breit. Hüllchen fehlend o. ≤ 2-blättrig. Kelch fehlend bzw. als schmaler ± gerader Saum *Foeniculum* S. 1378

21	(19) Hülle ≥ 3-blättrig	*Levisticum* S. 1414	
-	Hülle fehlend o. 1-2-blättrig, selten zusätzlich mit 1-2 deutlich kleineren Blättern		22
22	Hüllchen ≥ 3-blättrig		23
-	Hüllchen fehlend o. 1-2-blättrig		25
23	Teilfrüchte geflügelt. Doppeldolde ± kugelig	*Angelica* S. 1406	
-	Teilfrüchte ungeflügelt		24
24	Krone grünlich-gelblich. Blattlappen lanzettlich bis oval, distal oft weißlich. Blätter nach Petersilie riechend	*Petroselinum* S. 1408	
-	Krone gelblich-weißlich. Blattlappen lineal bis lanzettlich, distal oft rötlich. Blätter *ohne* auffallenden Geruch	*Silaum* S. 1414	
25	(22) Blattlappen lineal, haarfein-fadenförmig	*Dichoropetalum* S. 1406	
-	Blattlappen lanzettlich bis oval o. herzförmig		26
26	(Obere) Stängelblätter basal herzförmig, den Stängel umfassend, ungeteilt	*Smyrnium* S. 1416	
-	Stängelblätter *nicht* stängelumfassend, 1-fach gefiedert	*Pastinaca* S. 1418	
27	(12) Blätter überwiegend 1-fach gefiedert o. 1-fach fiederspaltig		28
-	Blätter überwiegend 2-3-fach gefiedert bis fiederspaltig		33
28	Teilfrüchte deutlich geflügelt	*Heracleum* S. 1416	
-	Teilfrüchte ungeflügelt, zuweilen gerippt		29
29	Hüllchen fehlend o. 1-2-blättrig		30
-	Hüllchen meist >; 3-blättrig		31
30	Kronblätter < 1 mm lang. Teilfrüchte 1-2,5 mm lang. Blätter nach Sellerie riechend	*Apium* S. 1378	
-	Längere Kronblätter > 1 mm lang. Teilfrüchte 2-6 mm lang. Blätter *ohne* Selleriegeruch	*Pimpinella* S. 1390	
31	(29) Stängel niederliegend bzw. flutend. Ausläufer einwurzelnd	*Helosciadium* S. 1384	
-	Stängel aufrecht, *ohne* einwurzelnde Ausläufer		32
32	Doppeldolden endständig. Teilfrüchte im QS mit deutlich vorspringenden Rippen. Stängel im QS kantig, gefurcht. Dolden 15-40-strahlig	*Sium* S. 1390	
-	Zumindest einige Doppeldolden in den Achseln von Laubblättern. Teilfrüchte im QS mit wenig vorspringenden Rippen. Stängel im QS ± rund, meist mit feinen Rillen. Dolden 8-25-strahlig	*Berula* S. 1384	
33	(27) Fruchtknoten behaart. Früchte behaart, im Alter zuweilen verkahlend		34
-	Fruchtknoten u. Frucht kahl		39
34	Hülle fehlend o. 1-2-blättrig, selten zusätzlich mit 1-2 deutlich kleineren Hüllblättern		35
-	Hülle ≥ 3-blättrig		37
35	Teilfrüchte 15-30 mm lang, zylindrisch, oben verschmälert. Blätter nach Anis riechend	*Myrrhis* S. 1402	
-	Teilfrüchte < 10 mm lang, eiförmig. Blätter *ohne* Anisgeruch		36
36	Hüllchen ≥ 2-blättrig. Hüllchenblätter kelchartig verwachsen, länger als die Fruchtstiele. Doldenstrahlen behaart	*Seseli* S. 1412	
-	Hüllchen fehlend o. 1-2-blättrig. Hüllchenblätter *nicht* miteinander verwachsen. Doldenstrahlen kahl	*Pimpinella* S. 1390	
37	(34) Teilfrüchte deutlich geflügelt	*Heracleum* S. 1416	
-	Teilfrüchte ungeflügelt, zuweilen gerippt		38
38	Dolden 4-15-strahlig. Kronblätter behaart. Früchte lang behaart	*Athamanta* S. 1394	
-	Dolden 15-50-strahlig. Kronblätter kahl. Früchte jung behaart, später verkahlend	*Seseli* S. 1412	
39	(33) Hülle fehlend o. 1-2-blättrig, selten zusätzlich mit 1-2 deutlich kleineren Hüllblättern		40
-	Hülle ≥ 3-blättrig		58
40	Hüllchenblätter nur auf der Außenseite des Döldchens		41
-	Hüllchenblätter allseitswendig		43
41	Dolden 8-25-strahlig. Früchte länglich-oval, gerippt. Griffel < 1,2 mm lang. Pflanze *ohne* unangenehmen Geruch	*Aethusa* S. 1404	
-	Dolden 3-8 (10)-strahlig. Früchte kugelig o. 2-knotig. Griffel 1,5-2,5 mm lang. Pflanze unangenehm riechend		42
42	Alle Laubblätter mit schmal-linealen Blattlappen. Früchte 2-knotig, in 2 kugelige Teilfrüchte zerfallend. Kelch fehlend bzw. als schmaler ± gerader Saum	*Bifora* S. 1382	
-	Blattlappen an den Stängelblättern schmal-lineal, an den Grundblätter breit-oval bis keilförmig. Früchte kugelig bis breit eiförmig, *nicht* in Teilfrüchte zerfallend. Kelch deutlich entwickelt, an den Blüten 5-zähnig, an den Teilfrüchten 2-3-zähnig	*Coriandrum* S. 1382	
43	(40) Fruchtschnabel 20-90 mm lang, mehrfach länger als die Frucht	*Scandix* S. 1402	
-	Fruchtschnabel fehlend o. < 10 mm lang		44
44	Teilfrüchte mit 1-4 mm langem geripptem Fruchtschnabel (der basale Teil des Fruchtknoten ist *nicht* gerippt)	*Anthriscus* S. 1392	
-	Teilfrüchte *ohne* gerippten Fruchtschnabel		45
45	Blüten meist 1-geschlechtig, meist mit grünlichem o. rötlichem Mittelstreif. Pflanze grau- bis blaugrün, kahl. Stängelbasis von abgestorbener Blattscheide umgeben	*Trinia* S. 1414	
-	Blüten zwittrig		46
46	Blattlappen haarfein-fadenförmig, < 0,5 mm breit. Blätter intensiv aromatisch riechend	*Meum* S. 1382	
-	Blattlappen > 0,5 mm breit		47
47	Blattlappen lineal, meist < 2 mm breit		48
-	Blattlappen *nicht* lineal, meist > 2 mm breit		49
48	Stängel markig, basal *ohne* Knolle. Blätter basal mit nebenblattartig abgesetztem, vielzipfeligem Fiederabschnitt, nach Kümmel riechend	*Carum* S. 1378	

\- Stängel hohl, basal mit bis 4 cm breiter kugeliger Knolle. Blätter *ohne* abgesetzte basale Fiederabschnitte, *ohne* Kümmelgeruch *Conopodium* S. 1398

49 (47) Blätter 2-fach gefiedert, meist doppelt 3-teilig. Blattlappen oval, gezähnt. Basale Fieder an ihrer Basis oft mit tiefem asymmetrischem Einschnitt. Stängel im QS kantig, gefurcht *Aegopodium* S. 1378

\- Blätter 2–3-fach gefiedert; wenn 3-teilig: basale Fieder *ohne* asymmetrischen Einschnitt u. Stängel im QS stielrund ... 50

50 Kelch deutlich entwickelt, an den Blüten 5-zähnig, an den Teilfrüchten 2–3-zähnig ... 51

\- Kelch fehlend bzw. als schmaler ± gerader Saum ... 54

51 Blätter 1–2-fach 3-teilig gefiedert. Blattlappen oval bis rund, am Rand gekerbt bis gelappt, unterseits grau- bis blaugrün bereift *Laser* S. 1400

\- Blätter *nicht* 3-teilig gefiedert ... 52

52 Blattlappen < 10 mm breit, lineal bis länglich-lanzettlich *Oenanthe* S. 1386

\- Blattlappen > 10 mm breit, länglich bis oval ... 53

53 Teilfrüchte geflügelt. Blattscheiden aufgeblasen. Blattlappen oval bis länglich-oval. Rhizom markig *Angelica* S. 1406

\- Teilfrüchte ungeflügelt. Blattscheiden *nicht* aufgeblasen. Blattlappen länglich. Rhizom hohl, durch Querwände gekammert *Cicuta* S. 1384

54 (50) Blätter 1–2-fach 3-teilig gefiedert. Blattlappen länglich bis oval, am Rand gekerbt bis gelappt. Dolde 20–50-strahlig. Teilfrüchte breit geflügelt *Peucedanum* S. 1408

\- Blätter *nicht* 3-teilig gefiedert ... 55

55 Teilfrüchte > 3-mal so lang wie breit, länglich-lineal *Chaerophyllum* S. 1396

\- Teilfrüchte < 2-mal so lang wie breit, eiförmig bis kugelig ... 56

56 Blattlappen > 10 mm breit, oval, am Rand gesägt. Blattscheiden aufgeblasen *Angelica* S. 1406

\- Blattlappen < 10 mm breit, schmal-lineal bis länglich-lanzettlich ... 57

57 Teilfrüchte ungeflügelt, Rippen schwach hervortretend. Stängel mit < 3 Stängelblättern. Hüllchenblätter meist mit Hautrand. Blüten meist rötlich überlaufen. Alpin *Ligusticum* S. 1380

\- Teilfrüchte am Rand geflügelt *oder* deutlich gerippt. Stängel meist mit > 3 Stängelblättern. Planar bis montan *Selinum* S. 1410

58 (39) Blattlappen haarfein-fadenförmig, < 0,5 mm breit. Blätter stark aromatisch riechend *Meum* S. 1382

\- Blattlappen > 0,5 mm breit ... 59

59 Wenigstens einige Hüllblätter 3-lappig bis fiederspaltig ... 60

\- Hüllblätter ungeteilt ... 62

60 Kelch deutlich entwickelt, an den Blüten 5-zähnig, an den Teilfrüchten 2–3-zähnig. Kronblätter distal *nicht* eingeschnitten *Pleurospermum* S. 1392

\- Kelch fehlend bzw. als schmaler ± gerader Saum. Kronblätter distal eingeschnitten ... 61

61 Pflanze 30–100 cm hoch, 1-jährig, meist mit zahlreichen Doppeldolden *Ammi* S. 1376

\- Pflanze < 15 cm hoch, mehrjährig, meist mit nur 1 Doppeldolde *Ligusticum* S. 1380

62 (59) Hüllchenblätter nur auf der Außenseite des Döldchens. Hüllblätter breit-lanzettlich *Conium* S. 1382

\- Hüllchenblätter allseitswendig ... 63

63 Blattlappen am Rand knorpelig gesägt, länglich-lineal *Falcaria* S. 1380

\- Blattlappen am Rand *nicht* knorpelig gesägt ... 64

64 Stängel mit bis 4 cm breiter kugeliger Knolle. Kelch fehlend bzw. als schmaler ± gerader Saum. Blätter 2–3-fach fiederspaltig. Blattlappen länglich-lineal *Bunium* S. 1392

\- Stängel *ohne* Knolle. Kelch deutlich entwickelt, an den Blüten 5-zähnig, an den Teilfrüchten 2–3-zähnig. Blattlappen *nicht* länglich-lineal *Laserpitium* S. 1400

Lycopodiella inundata (L.) Holub

Gewöhnlicher Moorbärlapp *Lycopodiaceae*

RL 3 § BNatG b

Bis 10 cm hoch. Sporophyllstände: **einzeln**, kurz gestielt. Sporophylle: **herzförmig, lang zugespitzt, < 9 mm lang, mindestens so lang wie die Trophophylle, nur basal gezähnt**. Sporangien: einzeln, auf der Oberseite der Sporophylle. Stängel: gabelig verzweigt. Blattstellung: vielzeilig bis spiralig. Blätter: länglich bis lanzettlich, 1-nervige Mikrophylle, 0,5–0,7 cm lang.

- einheimisch
- planar bis subalpin
- Gewässer, Moore u. Seggenriede, Dünentäler, Zier- bzw. Nutzpflanze
- an nährstoffarmen, sauren, nassen, zuweilen überfluteten Standorten

Lycopodium clavatum L.

Keulen-Bärlapp *Lycopodiaceae*

giftig RL 3 § EG D, BNatG b

Bis 30 cm hoch. Sporophyllstände: **in Gruppen von 2–4 pro Spross, gestielt**. Sporophylle: **herzförmig, lang zugespitzt, < 6 mm lang, kürzer als die Trophophylle, am ganzen Rand gezähnt**. Sporangien: einzeln, auf der Oberseite der Sporophylle. Stängel: gabelig verzweigt. Blattstellung: vielzeilig bis spiralig. Blätter: länglich bis lanzettlich, 1-nervige Mikrophylle, 0,6–0,8 cm lang, **mit langer Haarspitze**.

- einheimisch
- planar bis montan
- Extensivgrünland u. Magerrasen, Zwergstrauchheiden, Wälder, Zier- bzw. Nutzpflanze
- an nährstoffarmen, sauren Standorten

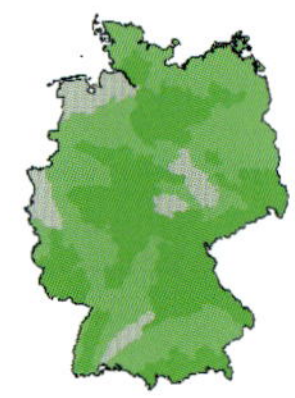

Lycopodium annotinum L.

Sprossender Bärlapp *Lycopodiaceae*

RL V § BNatG b

Bis 30 cm hoch. Sporophyllstände: **einzeln**, ungestielt. Sporophylle: **breit-herzförmig, kurz zugespitzt, < 4 mm lang, kürzer als die Trophophylle, am ganzen Rand gezähnt**. Sporangien: einzeln, auf der Oberseite der Sporophylle. Stängel: bis 3 m lang, kriechend, gabelig verzweigt. Blattstellung: vielzeilig bis spiralig. Blätter: länglich bis lanzettlich, 1-nervige Mikrophylle, 0,7–0,9 cm lang, *ohne* Haarspitze.

- einheimisch
- planar bis subalpin
- Moore u. Seggenriede, Zwergstrauchheiden, Gehölze, Wälder, Zier- bzw. Nutzpflanze
- an nährstoffarmen, sauren Standorten

Lycopodium sect. *Complanata* nom prov.

Flachbärlappe *Lycopodiaceae*

RL 2 § BNatG b

Meist bis 25 cm hoch. Sporophyllstände: **gestielt**. Sporophylle: **klein, schuppenartig**. Sporangien: einzeln, auf der Oberseite der Sporophylle. Stängel: gabelig verzweigt, **im QS oft abgeflacht**. Blattstellung: **4-zeilig**. Blätter: **dem Stängel anliegend**, 1-nervige Mikrophylle, bis 0,3 cm lang.

In Deutschland kommen 6 Arten der Sektion *Complanata* vor: *L. complanatum*, *L. alpinum*, *L. issleri*, *L. oellgaardii*, *L. tristachyum* und *L. zeilleri* (vgl. S. 1420).

- einheimisch
- montan bis alpin
- Extensivgrünland u. Magerrasen, Zwergstrauchheiden, Wälder, Ruderalvegetation, Zier- bzw. Nutzpflanze

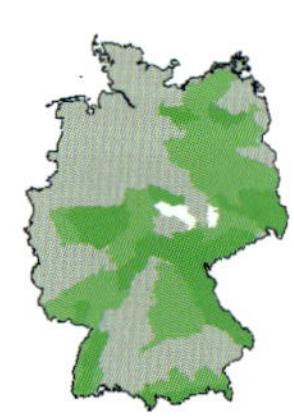

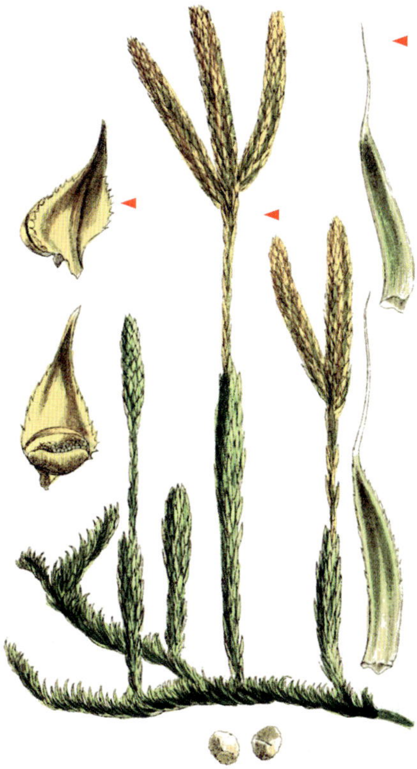

Huperzia selago (L.) Schrank & Mart.

Tannen-Teufelsklaue *Lycopodiaceae*

giftig RL V § BNatG b

Bis 30 cm hoch. Sporophyllstände: **durchwachsen, einzeln, ungestielt**. Sporophylle: **länglich-lanzettlich, ganzrandig, den Trophophyllen ähnlich**. Sporangien: einzeln, auf der Oberseite der Sporophylle. Stängel: gabelig verzweigt. Blattstellung: vielzeilig bis spiralig. Blätter: länglich bis lanzettlich, 1-nervige Mikrophylle, 0,8–1 cm lang.

- einheimisch
- collin bis alpin
- Zwergstrauchheiden, Staudenfluren, Gehölze, Wälder, Schutt- u. Felsfluren, Zier- bzw. Nutzpflanze
- an sauren Standorten

Isoetes echinospora Durieu

Igelsporiges Brachsenkraut *Isoetaceae*

RL 1

Sumpf- o. Wasserpflanze, **bis 15 cm hoch**. Sporangien: einzeln, auf der Oberseite nahe der Basis der Sporophylle. Sporen: heterospor, **Megasporen stachelig**. Blätter: 1-nervige, binsenartige Mikrophylle, > 3 cm lang, **meist mit mehreren Hohlräumen, steif, frischgrün, (etwas) durchsichtig**.

- einheimisch
- planar bis subalpin
- Gewässer, trockenfallende Ufer
- an nährstoffarmen, dauerhaft überfluteten Standorten

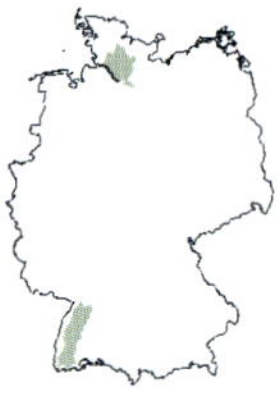

Isoetes lacustris L.

Gewöhnliches Brachsenkraut *Isoetaceae*

RL 2 § BNatG b

Sumpf- o. Wasserpflanze, **bis 40 cm hoch**. Sporangien: einzeln, auf der Oberseite nahe der Basis der Sporophylle. Sporen: heterospor, **Megasporen meist mit Leisten o. Höckern**. Blätter: 1-nervige, binsenartige Mikrophylle, > 3 cm lang, **meist mit mehreren Hohlräumen, biegsam, dunkelgrün, ± undurchsichtig**.

- einheimisch
- planar bis alpin
- Gewässer, trockenfallende Ufer
- an nährstoffarmen, zuweilen trockenfallenden Standorten

Selaginella helvetica (L.) Spring

Schweizer Moosfarn *Selaginellaceae*

RL V

Bis 10 cm hoch. Sporophyllstände: einzeln, ungestielt. Sporophylle: **oval bis lanzettlich, abgerundet bis kurz zugespitzt, ± ganzrandig**, am Rand *nicht* bewimpert. Sporangien: einzeln, auf der Oberseite der Sporophylle. Sporen: heterospor, in Mega- u. Mikrosporen differenziert. Blattstellung: **4-zeilig**. Blätter: lanzettlich bis oval, **± ganzrandig**.

- einheimisch
- montan bis subalpin
- Moore u. Seggenriede, Extensivgrünland u. Magerrasen, Schutt- u. Felsfluren
- an nährstoffarmen, basenreichen Standorten

Selaginella selaginoides (L.) Schrank & Mart.

Dorniger Moosfarn *Selaginellaceae*

Bis 15 cm hoch. SPOROPHYLLSTÄNDE: einzeln, ungestielt. SPOROPHYLLE: **lanzettlich, lang zugespitzt, am Rand gesägt bis bewimpert**. SPORANGIEN: einzeln, auf der Oberseite der Sporophylle. SPOREN: heterospor, in Mega- u. Mikrosporen differenziert. BLATTSTELLUNG: **vielzeilig bis spiralig**. BLÄTTER: lanzettlich bis oval, **am Rand bewimpert**.

- einheimisch
- montan bis alpin
- trockenfallende Ufer, Moore u. Seggenriede, Extensivgrünland u. Magerrasen, Zwergstrauchheiden
- an nährstoffarmen, kalkreichen Standorten

Equisetum arvense L.

Acker-Schachtelhalm *Equisetaceae*

schwach giftig

15–50 cm hoch. PFLANZEN: **mit verschieden gestalteten generativen u. vegetativen Sprossen, sporentragende Sprosse zuerst erscheinend, bleich bis bräunlich bleibend**. SPOROPHYLLSTÄNDE: endständig, einzeln, **distal abgerundet**. SPORANGIEN: in kleinen Gruppen, auf der Unterseite der schildartigen Sporophylle. STÄNGEL: mit quirlig angeordneten Seitenästen, **8–12-rippig, 2–5 mm ⌀**. ZENTRALHÖHLE: **klein, < 70 % des Stängeldurchmessers einnehmend, deutlich größer als die randlichen Höhlen**. SEITENÄSTE: **meist 4-rippig**, *nicht* verzweigt.

- einheimisch
- planar bis montan
- trockenfallende Ufer, Extensivgrünland u. Magerrasen, Staudenfluren, Wälder, Äcker, Ruderalvegetation, Trittfluren, Zier- bzw. Nutzpflanze

Equisetum fluviatile L.

Teich-Schachtelhalm *Equisetaceae*

giftig

50–150 cm hoch. PFLANZEN: **mit gleich gestalteten generativen u. vegetativen Sprossen**, beide Sprosstypen schnell ergrünend, gleichzeitig erscheinend. SPOROPHYLLSTÄNDE: endständig, einzeln, **distal abgerundet**. SPORANGIEN: in kleinen Gruppen, auf der Unterseite der schildartigen Sporophylle. STÄNGEL: mit quirlig angeordneten Seitenästen, **10–30-rippig, 4–12 mm ⌀**. ZENTRALHÖHLE: **> 70 % des Stängeldurchmessers einnehmend, viel größer als die randlichen Höhlen**. SEITENÄSTE: **≥ 4-rippig**, *nicht* verzweigt.

- einheimisch
- planar bis subalpin
- Gewässer, Röhrichte, Moore u. Seggenriede, Wälder, Zier- bzw. Nutzpflanze
- an nassen, zuweilen trockenfallenden Standorten

Equisetum hyemale L.

Winter-Schachtelhalm *Equisetaceae*

schwach giftig

40–140 cm hoch. PFLANZEN: **mit gleich gestalteten generativen u. vegetativen Sprossen**, beide Sprosstypen schnell ergrünend, gleichzeitig erscheinend. SPOROPHYLLSTÄNDE: endständig, einzeln, **meist spitz**. SPORANGIEN: in kleinen Gruppen, auf der Unterseite der schildartigen Sporophylle. STÄNGEL: ***ohne* quirlige Seitenäste, vor allem basal verzweigt, 15–25-rippig, 3–6 mm ⌀**. ZENTRALHÖHLE: **> 60 % des Stängeldurchmessers einnehmend, deutlich größer als die randlichen Höhlen**.

- einheimisch
- planar bis montan
- Moore u. Seggenriede, Gehölze, Wälder, Quellfluren, Zier- bzw. Nutzpflanze
- an basenreichen Standorten

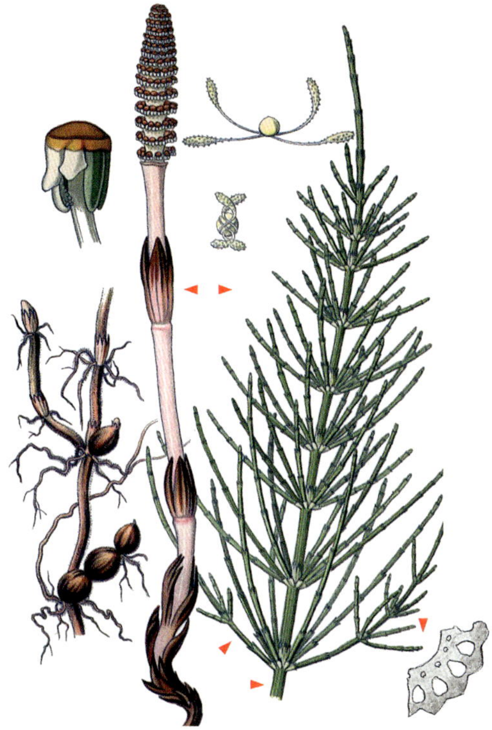

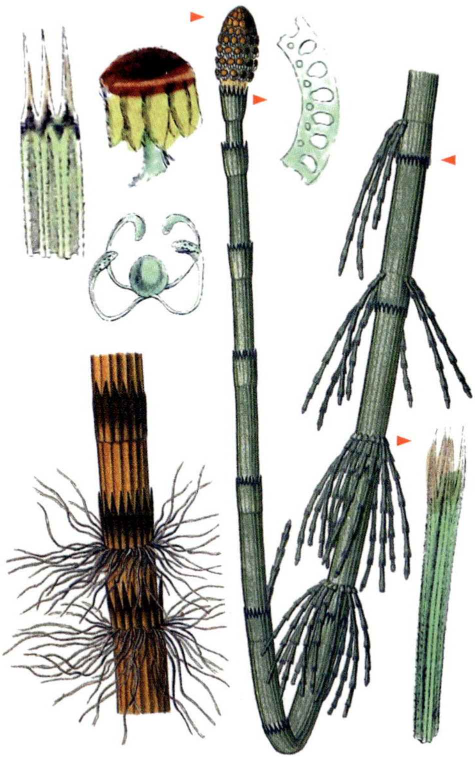

Equisetum palustre L.

Sumpf-Schachtelhalm *Equisetaceae*

giftig

10–80 cm hoch. Pflanzen: **mit gleich gestalteten generativen u. vegetativen Sprossen**, beide Sprosstypen schnell ergrünend, gleichzeitig erscheinend. Sporophyllstände: endständig, einzeln, **distal abgerundet**. Sporangien: in kleinen Gruppen, auf der Unterseite der schildartigen Sporophylle. Stängel: mit quirlig angeordneten Seitenästen, **5–10-rippig, 1–3 mm ⌀**. Zentralhöhle: **klein, < 50 % des Stängeldurchmessers einnehmend, kaum größer als die randlichen Höhlen**. Seitenäste: **≥ 4-rippig**, *nicht* verzweigt.

- einheimisch
- planar bis subalpin
- Gewässer, Moore u. Seggenriede, Extensivgrünland u. Magerrasen, Wälder, Zier- bzw. Nutzpflanze
- an nährstoffarmen, feuchten bis nassen Standorten

Equisetum pratense Ehrh.

Wiesen-Schachtelhalm *Equisetaceae*

schwach giftig RL V

15–50 cm hoch. Pflanzen: **mit verschieden gestalteten generativen u. vegetativen Sprossen, sporentragende Sprosse zuerst erscheinend**. Sporophyllstände: endständig, einzeln, **distal abgerundet**. Sporangien: in kleinen Gruppen, auf der Unterseite der schildartigen Sporophylle. Stängel: mit quirlig angeordneten Seitenästen, **10–15-rippig, 2–5 mm ⌀**. Zentralhöhle: **< 70 % des Stängeldurchmessers einnehmend, deutlich größer als die randlichen Höhlen**. Seitenäste: **3-rippig**, *nicht* verzweigt.

- einheimisch
- planar bis montan
- Extensivgrünland u. Magerrasen, Gehölze, Wälder, Zier- bzw. Nutzpflanze
- an nährstoffarmen, basenreichen Standorten

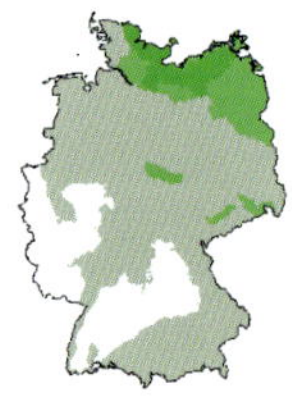

Equisetum ramosissimum Desf.

Ästiger Schachtelhalm *Equisetaceae*

schwach giftig RL 3

80–100 cm hoch. Pflanzen: **mit gleich gestalteten generativen u. vegetativen Sprossen**, beide Sprosstypen schnell ergrünend, gleichzeitig erscheinend. Sporophyllstände: endständig, einzeln, **spitz**. Sporangien: in kleinen Gruppen, auf der Unterseite der schildartigen Sporophylle. Stängel: mit quirlig angeordneten Seitenästen, **auch basal verzweigt, 8–16-rippig, 3–6 mm ⌀**. Zentralhöhle: **50–80 % des Stängeldurchmessers einnehmend, deutlich größer als die randlichen Höhlen**. Seitenäste: **≥ 4-rippig**, *nicht* verzweigt.

- einheimisch
- planar bis montan
- trockenfallende Ufer, Extensivgrünland u. Magerrasen, Staudenfluren, Ruderalvegetation, Zier- bzw. Nutzpflanze
- an nährstoffarmen, basenreichen Standorten

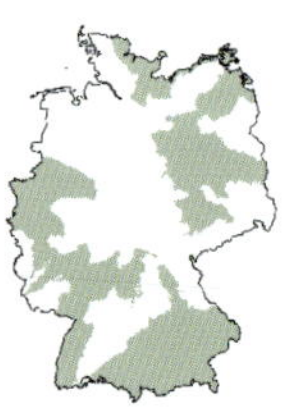

Equisetum sylvaticum L.

Wald-Schachtelhalm *Equisetaceae*

schwach giftig

15–50 cm hoch. Pflanzen: **mit verschieden gestalteten generativen u. vegetativen Sprossen, sporentragende Sprosse zuerst erscheinend**. Sporophyllstände: endständig, einzeln, **distal abgerundet**. Sporangien: in kleinen Gruppen, auf der Unterseite der schildartigen Sporophylle. Stängel: mit quirlig angeordneten Seitenästen, **8–16-rippig, 2–5 mm ⌀**. Zentralhöhle: **< 70 % des Stängeldurchmessers einnehmend, deutlich größer als die randlichen Höhlen**. Seitenäste: **meist 4-rippig, verzweigt**.

- einheimisch
- planar bis montan
- Moore u. Seggenriede, Grünland, Wälder, Zier- bzw. Nutzpflanze

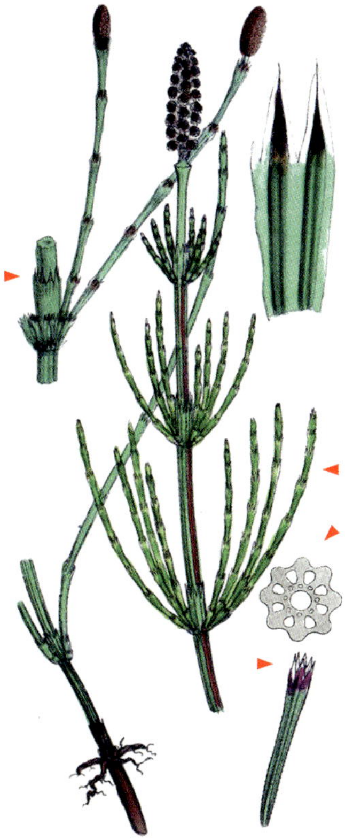

Equisetum telmateia Ehrh.

Riesen-Schachtelhalm *Equisetaceae*
schwach giftig

50–200 cm hoch. Pflanzen: **mit verschieden gestalteten generativen u. vegetativen Sprossen, sporentragende Sprosse zuerst erscheinend, bleich bis bräunlich bleibend**. Sporophyllstände: endständig, einzeln, **distal abgerundet**. Sporangien: in kleinen Gruppen, auf der Unterseite der schildartigen Sporophylle. Stängel: mit quirlig angeordneten Seitenästen, Internodien 10–30 mm lang, **20–35 (70) -rippig, 5–15 mm ⌀**. Zentralhöhle: **> 70 % des Stängeldurchmessers einnehmend, viel größer als die randlichen Höhlen**. Seitenäste: **4–8-rippig, verzweigt**.

- einheimisch
- planar bis montan
- Gewässer, Moore u. Seggenriede, Wälder, Zier- bzw. Nutzpflanze
- an basenreichen, feuchten bis nassen Standorten

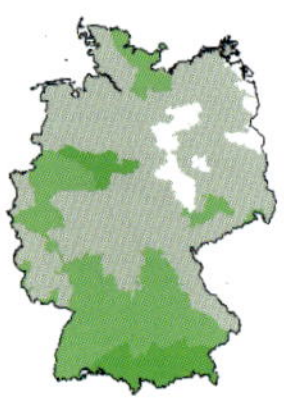

Equisetum variegatum F. Weber & D. Mohr

Bunter Schachtelhalm *Equisetaceae*
schwach giftig RL 2

10–30 cm hoch. Pflanzen: **mit gleich gestalteten generativen u. vegetativen Sprossen**, beide Sprosstypen schnell ergrünend, gleichzeitig erscheinend. Sporophyllstände: endständig, einzeln, **spitz**. Sporangien: in kleinen Gruppen, auf der Unterseite der schildartigen Sporophylle. Stängel: ***ohne* quirlige Seitenäste, vor allem basal verzweigt, 8–16-rippig, 1–2 mm ⌀**. Zentralhöhle: **klein, < 60 % des Stängeldurchmessers einnehmend**. Blätter: **zu oben erweiterter Scheide verwachsen, plötzlich in eine kurze Spitze verjüngt**.

- einheimisch
- montan bis alpin
- trockenfallende Ufer, Moore u. Seggenriede, Staudenfluren
- an nährstoffarmen, basenreichen, nassen, meist überfluteten Standorten

Ophioglossum vulgatum L.

Gewöhnliche Natternzunge *Ophioglossaceae*
RL 3

Bis 30 cm hoch. Pflanzen: **mit Sporo-Trophophyllen mit deutlich voneinander getrennten generativen u. vegetativen Abschnitten**. Sporangien: **an einem ährenartigen Abschnitt an der Spitze der Wedel**. Blätter: **vegetativer Wedelteil ungeteilt, oval bis herzförmig**, bis 20 cm lang.

- einheimisch
- planar bis montan
- Extensivgrünland u. Magerrasen, Wälder, Zier- bzw. Nutzpflanze
- an nährstoffarmen, basenreichen, auch salzhaltigen Standorten

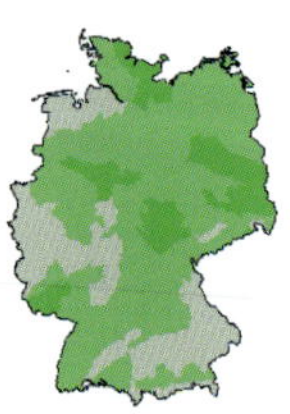

Botrychium lunaria (L.) Sw.

Mond-Rautenfarn *Ophioglossaceae*
RL 3 § BNatG b

Bis 30 cm hoch. Pflanzen: mit Sporo-Trophophyllen mit deutlich voneinander getrennten generativen u. vegetativen Abschnitten. Sporangien: an einem rispenartigen Abschnitt an der Spitze der Wedel. Blätter: **vegetativer Wedelteil 1-fach gefiedert**, in *oder* oberhalb der Mitte des Stängels abzweigend, bis 30 cm lang, länger als breit, kahl. Fiederblättchen: **halbmond- bis nierenförmig**.

- einheimisch
- planar bis alpin
- Extensivgrünland u. Magerrasen, Zwergstrauchheiden, Staudenfluren, Gehölze, Wälder, Zier- bzw. Nutzpflanze
- an nährstoffarmen Standorten

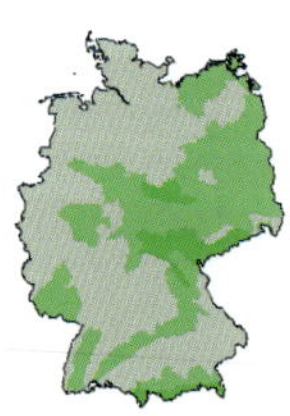

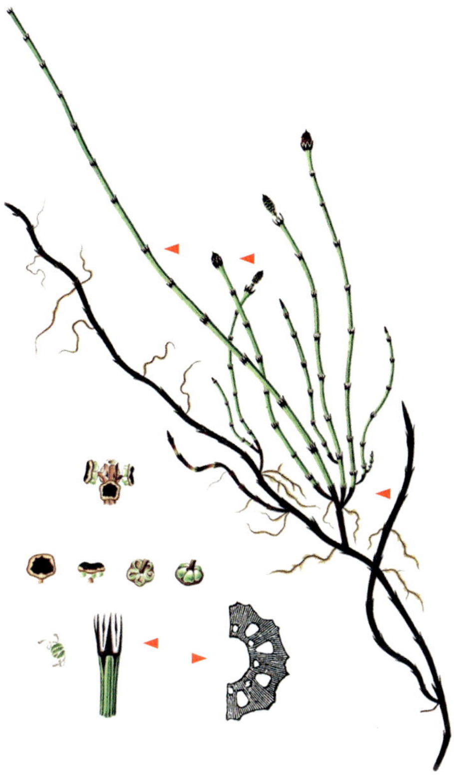

Botrychium matricariifolium W. D. J. Koch

Ästiger Rautenfarn *Ophioglossaceae*

RL 2 § BNatG s

10–20 cm hoch. PFLANZEN: mit Sporo-Trophophyllen mit deutlich voneinander getrennten generativen u. vegetativen Abschnitten. SPORANGIEN: an einem rispenartigen Abschnitt an der Spitze der Wedel. BLÄTTER: **vegetativer Wedelteil 2-fach gefiedert**, in *oder* oberhalb der Mitte des Stängels abzweigend, bis 30 cm lang, **länger als breit**, kahl. FIEDERBLÄTTCHEN: unregelmäßig geformt.

- einheimisch
- planar bis montan
- Extensivgrünland u. Magerrasen, Zwergstrauchheiden, Wälder
- an nährstoffarmen, sauren Standorten

Botrychium multifidum (S. G. Gmel.) Rupr.

Vielteiliger Rautenfarn *Ophioglossaceae*

RL 1 § BNatG s

10–25 cm hoch. PFLANZEN: mit Sporo-Trophophyllen mit deutlich voneinander getrennten generativen u. vegetativen Abschnitten. SPORANGIEN: an einem rispenartigen Abschnitt an der Spitze der Wedel. BLÄTTER: **vegetativer Wedelteil 2–3-fach gefiedert, oval-rundlich**, **unterhalb der Mitte des Stängels abzweigend**, bis 8 cm lang gestielt, 3-eckig, bis 30 cm lang, **breiter als lang**, zunächst behaart, später verkahlend.

- einheimisch
- planar bis subalpin
- Extensivgrünland u. Magerrasen, Zwergstrauchheiden, Wälder, Zier- bzw. Nutzpflanze
- an nährstoffarmen Standorten

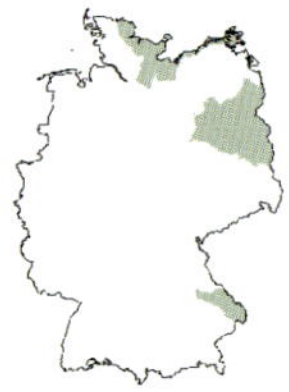

Botrychium simplex E. Hitchc.

Einfacher Rautenfarn *Ophioglossaceae*

RL 1 § FFH IV, BNatG s

Bis 15 cm hoch. PFLANZEN: mit Sporo-Trophophyllen mit deutlich voneinander getrennten generativen u. vegetativen Abschnitten. SPORANGIEN: an einem rispenartigen Abschnitt an der Spitze der Wedel. BLÄTTER: **vegetativer Wedelteil 1-fach gefiedert**, in *oder* oberhalb der Mitte des Stängels abzweigend, **bis 15 cm lang**, **länger als breit**, kahl. FIEDERBLÄTTCHEN: unregelmäßig geformt.

- einheimisch
- planar bis collin
- Extensivgrünland u. Magerrasen, Zwergstrauchheiden
- an nährstoffarmen, sauren Standorten

Botrychium virginianum (L.) Sw.

Virginischer Rautenfarn *Ophioglossaceae*

RL 1 § BNatG b

10–80 cm hoch. PFLANZEN: mit Sporo-Trophophyllen mit deutlich voneinander getrennten generativen u. vegetativen Abschnitten. SPORANGIEN: an einem rispenartigen Abschnitt an der Spitze der Wedel. BLÄTTER: **vegetativer Wedelteil 2–4-fach gefiedert, länglich**, in *oder* oberhalb der Mitte des Stängels abzweigend, 3-eckig, **bis 80 cm lang**, **breiter als lang**, zunächst behaart, später verkahlend.

- einheimisch
- montan
- Extensivgrünland u. Magerrasen, Wälder, Zier- bzw. Nutzpflanze
- an nährstoffarmen Standorten

Osmunda regalis L.

Königs-Rispenfarn *Osmundaceae*

RL 3 § BNatG b

50–180 cm hoch. PFLANZEN: **mit Sporo-Trophophyllen mit deutlich voneinander getrennten generativen u. vegetativen Abschnitten**. SPORANGIEN: **an einem rispenartigen Abschnitt an der Spitze der Wedel**. ANULUS: einseitig, nur schwach ausgebildet. BLÄTTER: **vegetativer Wedelteil 2-fach fiederspaltig, bis 180 cm lang**. FIEDERBLÄTTCHEN: **sitzend**, lineal bis länglich.

- einheimisch
- planar bis collin
- Wälder, Zier- bzw. Nutzpflanze
- an feuchten bis nassen Standorten

Trichomanes speciosum Willd.

Prächtiger Dünnfarn *Hymenophyllaceae*

§ FFH IV, BNatG s

Bis 10 cm hoch. PFLANZEN: in Deutschland nur als Gametophyt, keine Sporophyten ausbildend. SPORANGIEN: randständig, an der Basis der Fiederblättchen. ANULUS: diagonal verlaufend. INDUSIUM: **seitlich inseriert, zylindrisch, gerollt, ganzrandig**. STÄNGEL: > 1 mm ⌀, behaart, **Haare schwarz, dicht stehend.** BLÄTTER: **sehr dünn, nur aus 1 Zellschicht bestehend, ± durchsichtig**, gelappt bis gefiedert.

- einheimisch
- collin bis montan
- Schutt- u. Felsfluren, Höhlen
- an sauren Standorten

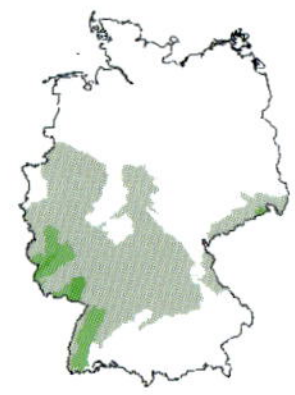

Hymenophyllum tunbrigense (L.) Sm.

Englischer Hautfarn *Hymenophyllaceae*

RL 1 § BNatG s

Bis 10 cm hoch. SPORANGIEN: randständig, an der Basis der Fiederblättchen. ANULUS: diagonal verlaufend. INDUSIUM: **seitlich inseriert, 2-klappig, gezähnt bis bewimpert**. STÄNGEL: **0,2–0,6 mm ⌀**, behaart, später verkahlend, **Haare braun**. BLÄTTER: **sehr dünn, nur aus 1 Zellschicht bestehend, ± durchsichtig**, gelappt bis 2-fach gefiedert.

- einheimisch
- planar bis montan
- Schutt- u. Felsfluren
- an sauren Standorten

Azolla filiculoides Lam.

Großer Algenfarn *Salviniaceae*

Freischwimmende Wasserpflanze, meist 1–3 cm groß, zuweilen größer. SPORANGIEN: in eiförmigen Sporokarpien, **an der Basis der untergetauchten Blattlappen**. SPOREN: heterospor, in Mega- u. Mikrosporen differenziert. WURZELN: fein verzweigt, mehrere Zentimeter lang. STÄNGEL: < 10 cm lang. BLATTSTELLUNG: **wechselständig, 2-zeilig**. BLÄTTER: sich am Rand überlappend, **blau- bzw. graugrün, oft rötlich-bräunlich überlaufen**, gelappt, **obere Blattlappen mit breitem Hautrand, 0,2–0,3 cm lang**, distal rundlich; OBERSEITS: behaart.

- eingebürgerter Neophyt, urspr. aus Amerika
- planar bis collin
- Gewässer, Zier- bzw. Nutzpflanze
- an nährstoffreichen, dauerhaft überfluteten Standorten

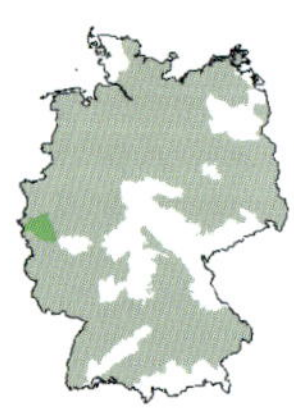

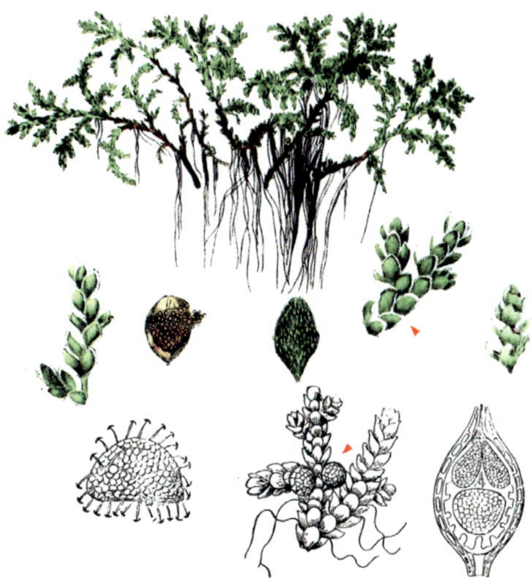

Salvinia natans (L.) All.

Gewöhnlicher Schwimmfarn *Salviniaceae*

RL 2 § BNatG b

Freischwimmende Wasserpflanze. Sporangien: **in kugeligen Sporokarpien, an der Basis der Tauchblätter**. Sporen: heterospor, in Mega- u. Mikrosporen differenziert. Stängel: **bis 15 cm lang**. Blattstellung: Schwimmblätter gegenständig, an den meisten Knoten zusätzlich wurzelartig verzweigte Tauchblätter. Schwimmblätter: 1–2,5 cm lang, dicht behaart. Tauchblätter: wurzelartig, fein zerschlitzt.

- einheimisch
- planar
- Gewässer, Zier- bzw. Nutzpflanze
- an dauerhaft überfluteten Standorten

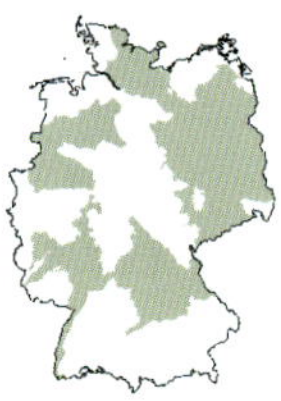

Marsilea quadrifolia L.

Vierblättriger Kleefarn *Marsileaceae*

RL 1 § FFH IV, BNatG s

Wasser- o. Sumpfpflanze, bis 15 cm hoch. Sporangien: **in 2 rundlichen bis bohnenförmigen Sporokarpien, an der Basis des Blattstiels**. Sporen: heterospor, in Mega- u. Mikrosporen differenziert. Ausläufer: lang kriechend, einwurzelnd. Blätter: **lang gestielt, glückskleeartig, 4-teilig**.

- einheimisch
- planar bis collin
- Gewässer, trockenfallende Ufer, Moore u. Seggenriede, Zier- bzw. Nutzpflanze
- an nassen, zuweilen überfluteten Standorten

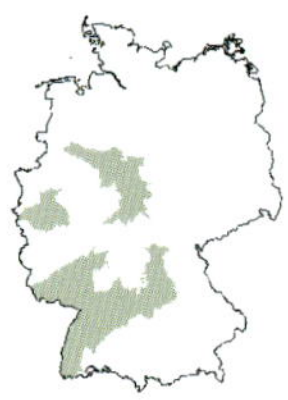

Pilularia globulifera L.

Gewöhnlicher Pillenfarn *Marsileaceae*

RL 2

Wasser- o. Sumpfpflanze, bis 10 cm hoch. Sporangien: **in 2 rundlichen bis bohnenförmigen Sporokarpien, an der Basis der binsenförmigen Blätter**. Sporen: heterospor, in Mega- u. Mikrosporen differenziert. Ausläufer: lang kriechend, einwurzelnd. Blätter: **binsenartig, in Knospenlage gerollt**, bis 10 cm lang.

- einheimisch
- planar bis collin
- Gewässer, trockenfallende Ufer, Moore u. Seggenriede
- an nährstoffarmen, nassen, zuweilen trockenfallenden Standorten

Cryptogramma crispa (L.) Hook.

Krauser Rollfarn *Pteridaceae*

RL 2 § BNatG b

15–30 cm hoch. Pflanzen: **mit unterschiedlich gestalteten Sporo- u. Trophophyllen**. Sporophylle: lang gestielt, mit schmalen Fiederblättchen. Sporangien: auf der Unterseite der Wedel, **oft vom nach unten umgerollten Blattrand bedeckt**. Indusium: **seitlich inseriert**. Blätter: **2–4-fach gefiedert**. Fiederblättchen: **der Trophophylle oval bis rautenförmig, der Sporophylle lineal bis länglich**.

- einheimisch
- montan bis subalpin
- Schutt- u. Felsfluren
- an nährstoffarmen, sauren Standorten

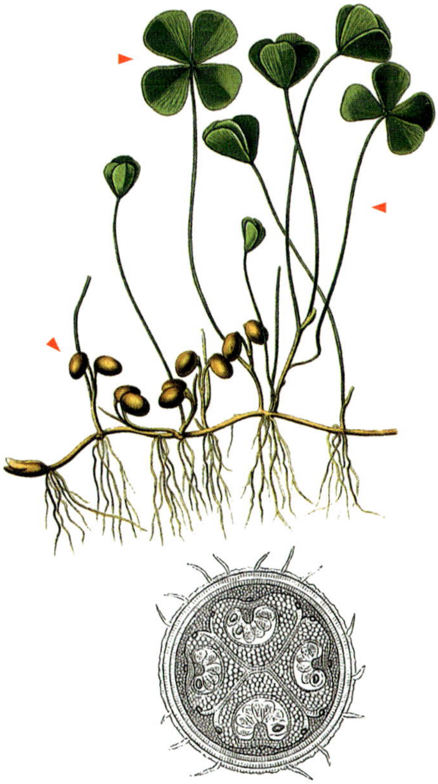

Pteridium aquilinum **agg.**

Adlerfarn *Dennstaedtiaceae*

30–200 cm hoch. SPORANGIEN: auf der Unterseite der Wedel, **vom nach unten umgerollten Blattrand bedeckt**. INDUSIUM: **seitlich inseriert**. AUSLÄUFER: unterirdisch, lang. BLÄTTER: **2–4-fach gefiedert**. FIEDERBLÄTTCHEN: **3–4-eckig, ganzrandig, zuweilen basal gelappt, distal breit abgerundet**.

P. aquilinum (Adlerfarn): meist 50–200 cm hoch, Wedel dicht stehend, oft große Klone bildend. BLÄTTER: dunkelgrün, meist matt, 3–4-fach gefiedert, am Rand bewimpert. RHACHIS: meist behaart.
P. pinetorum (Kiefernwald-Adlerfarn): 30–100 cm hoch, Wedel meist einzeln stehend. BLÄTTER: frischgrün, meist glänzend, 2–3-fach gefiedert, am Rand kahl. RHACHIS: meist kahl.

- einheimisch
- planar bis montan
- Extensivgrünland u. Magerrasen, Zwergstrauchheiden, Gehölze, Wälder, Zier- bzw. Nutzpflanze
- an sauren Standorten

Cystopteris fragilis (L.) Bernh.

Zerbrechlicher Blasenfarn *Cystopteridaceae*

Bis 60 cm hoch. SPORANGIEN: auf der Unterseite der Wedel. INDUSIUM: seitlich inseriert, am Rand umgebogen. AUSLÄUFER: unterirdisch, **kurz**, **Wedel dadurch rosettig genähert**. BLATTSTIELE: **kürzer als die Spreite**. BLÄTTER: 2–3-fach gefiedert, bis 50 cm lang.

subsp. *fragilis* (Gewöhnlicher Zerbrechlicher Blasenfarn): SPOREN: stachelig. BLÄTTER: bis 50 cm lang. FIEDERBLÄTTCHEN: letzter Ordnung oval bis lanzettlich, distal gezähnt.
subsp. *alpina* (Alpen-Blasenfarn): SPOREN: stachelig. BLÄTTER: bis 40 cm lang. FIEDERBLÄTTCHEN: letzter Ordnung länglich-lineal, ganzrandig, basal abgerundet bis ausgerandet.
subsp. *dickieana* (Runzelsporiger Blasenfarn): SPOREN: mit Leisten. BLÄTTER: bis 30 cm lang. FIEDERBLÄTTCHEN: letzter Ordnung oval bis lanzettlich, distal gezähnt.

- einheimisch
- planar bis alpin
- Wälder, Schutt- u. Felsfluren, Ruderalvegetation, an Mauern, Zier- bzw. Nutzpflanze
- an kalkreichen Standorten

Cystopteris montana (Lam.) Desv.

Berg-Blasenfarn *Cystopteridaceae*
§ BNatG b

15–50 cm hoch. SPORANGIEN: auf der Unterseite der Wedel. INDUSIUM: seitlich inseriert, am Rand umgebogen, kahl. AUSLÄUFER: unterirdisch, **lang kriechend, Wedel dadurch voneinander entfernt**. BLATTSTIELE: **± so lang wie die Spreite**. BLÄTTER: 2–4-fach gefiedert, lanzettlich bis oval, bis 50 cm lang. RHACHIS: **mit kurzen Drüsen u. Haaren**. FIEDERBLÄTTCHEN: **asymmetrisch: unterstes Blättchen der untersten Fieder deutlich größer als die folgenden**.

- einheimisch
- montan bis alpin
- Staudenfluren, Wälder, Schutt- u. Felsfluren
- an nährstoffarmen, kalkreichen Standorten

Cystopteris sudetica A. Braun & Milde

Sudeten-Blasenfarn *Cystopteridaceae*
RL R § BNatG b

20–40 cm hoch. SPORANGIEN: auf der Unterseite der Wedel. INDUSIUM: seitlich inseriert, am Rand umgebogen, dicht fein-drüsig. AUSLÄUFER: unterirdisch, **lang kriechend, Wedel dadurch voneinander entfernt**. BLATTSTIELE: **± so lang wie die Spreite**. BLÄTTER: 2–3-fach gefiedert, länglich-lanzettlich bis rautenförmig, bis 50 cm lang. RHACHIS: **kahl**. FIEDERBLÄTTCHEN: **schwach asymmetrisch: unterstes Blättchen der untersten Fieder nur wenig größer als die folgenden**.

- einheimisch
- montan
- Wälder, Schutt- u. Felsfluren
- an nährstoffarmen, kalkreichen Standorten

Gymnocarpium dryopteris (L.) Newman

Eichenfarn *Cystopteridaceae*

10–40 cm hoch. SPORANGIEN: auf der Unterseite der Wedel. SORI: zuweilen randständig, **deutlich voneinander getrennt, rund bis oval**. INDUSIUM: **fehlend**. BLATTSTIELE: **2–3-mal so lang wie die Spreite, kahl**. BLÄTTER: 2–3-fach gefiedert, bis 50 cm lang, **kahl**.

- einheimisch
- planar bis montan
- Wälder, Schutt- u. Felsfluren, Zier- bzw. Nutzpflanze

Gymnocarpium robertianum (Hoffm.) Newman

Ruprechtsfarn *Cystopteridaceae*

10–40 cm hoch. SPORANGIEN: auf der Unterseite der Wedel. SORI: zuweilen randständig, **genähert, sich oft ± berührend, rund bis oval**. INDUSIUM: **fehlend**. BLATTSTIELE: **± 1,5-mal so lang wie die Spreite, mit kurzen Drüsenhaaren**. BLÄTTER: 2–3-fach gefiedert, bis 50 cm lang; UNTERSEITS: **kurz drüsig behaart**.

- einheimisch
- collin bis alpin
- Wälder, Schutt- u. Felsfluren, Zier- bzw. Nutzpflanze
- an basenreichen Standorten

Asplenium adiantum-nigrum L.

Schwarzstieliger Streifenfarn *Aspleniaceae*

schwach giftig | RL 3

15–50 cm hoch. SPORANGIEN: auf der Unterseite der Wedel. SORI: länglich. INDUSIUM: seitlich inseriert, am Rand umgebogen. BLATTSTIELE: **mindestens so lang wie die Spreite, basal braun, oberseits auch grün**. BLÄTTER: dunkelgrün, glänzend, **2–4-fach gefiedert**, gesägt. RHACHIS: **überwiegend grünlich**.

subsp. *adiantum-nigrum* (Schwarzstieliger Streifenfarn): BLÄTTER: überwinternd, derb, dunkelgrün, glänzend, scharf gesägt. RHACHIS: überwiegend grünlich. FIEDERBLÄTTCHEN: gerade abstehend, selten zusammenneigend, mit oval bis länglichen Abschnitten.

subsp. *serpentini* (Serpentin-Streifenfarn): BLÄTTER: sommergrün, weich, frischgrün, matt, stumpf gezähnt. RHACHIS: grünlich. FIEDERBLÄTTCHEN: mit lanzettlichen bis keilförmigen Abschnitten.

- einheimisch
- planar bis montan
- Wälder, Schutt- u. Felsfluren, an Mauern, Zier- bzw. Nutzpflanze
- an nährstoffarmen, sauren Standorten

Asplenium adulterinum Milde

Braungrüner Streifenfarn *Aspleniaceae*

schwach giftig | RL 2 | § FFH IV, BNatG s

Bis 20 cm hoch. SPORANGIEN: auf der Unterseite der Wedel. SORI: länglich. INDUSIUM: seitlich inseriert, am Rand umgebogen. BLATTSTIELE: **deutlich kürzer als die Spreite**, *nicht* geflügelt, **rotbraun bis dunkelbraun *oder* schwarz**. BLÄTTER: **1-fach gefiedert**. RHACHIS: **basal bräunlich, distal grünlich**.

- einheimisch
- collin bis montan
- Schutt- u. Felsfluren
- an nährstoffarmen, serpentinhaltigen Standorten

Asplenium fissum Willd.

Zerschlitzter Streifenfarn *Aspleniaceae*

schwach giftig | RL 2 | § BNatG b

10–25 cm hoch. Sporangien: auf der Unterseite der Wedel. Sori: länglich. Indusium: seitlich inseriert, am Rand umgebogen. Blattstiele: **mindestens so lang wie die Spreite, basal braun, darüber grün**. Blätter: **3–4-fach gefiedert, tief gabelteilig gelappt, mit linealen bis keilförmigen < 1 mm breiten Blattlappen**. Rhachis: **grünlich**. Fiederblättchen: **ganzrandig bis stumpf gekerbt**.

- einheimisch
- montan bis subalpin
- Schutt- u. Felsfluren
- an nährstoffarmen, basenreichen Standorten

Asplenium fontanum (L.) Bernh.

Jura-Streifenfarn *Aspleniaceae*

schwach giftig | RL R | § BNatG b

Bis 30 cm hoch. Sporangien: auf der Unterseite der Wedel. Sori: länglich. Indusium: seitlich inseriert, am Rand umgebogen. Blattstiele: **deutlich kürzer als die Spreite, basal braun, darüber grün**, zunächst mit Spreuschuppen besetzt, später zuweilen verkahlend. Blätter: **2-fach gefiedert**. Rhachis: **grünlich**. Fiederblättchen: **lanzettlich bis oval, am Rand spitz gesägt**.

- einheimisch
- collin bis montan
- Schutt- u. Felsfluren, an Mauern
- an nährstoffarmen, kalkreichen Standorten

Asplenium obovatum Viv.

Lanzettblättriger Streifenfarn *Aspleniaceae*

schwach giftig | RL R | § BNatG b

15–40 cm hoch. Sporangien: auf der Unterseite der Wedel. Sori: dem Rand genähert, länglich. Indusium: seitlich inseriert, am Rand umgebogen. Blattstiele: **deutlich kürzer als die Spreite, oberseits ± vollständig rötlich bis bräunlich, glänzend**. Blätter: **2-fach gefiedert**, länglich. Rhachis: **basal meist rötlich bis bräunlich, distal meist grünlich**, zunächst mit Spreuschuppen besetzt, später zuweilen verkahlend. Fiederblättchen: **lanzettlich bis oval, ganzrandig bis stumpf gekerbt**.

- einheimisch
- collin bis montan
- Schutt- u. Felsfluren, an Mauern

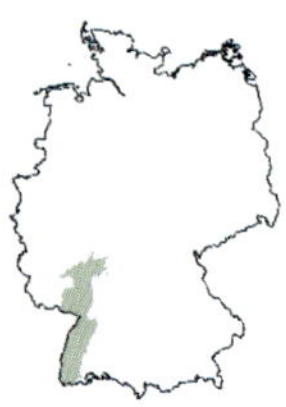

Asplenium ruta-muraria L.

Mauerraute *Aspleniaceae*

schwach giftig

Bis 15 cm hoch. Sporangien: auf der Unterseite der Wedel. Sori: länglich. Indusium: seitlich inseriert, am Rand umgebogen. Blattstiele: **mindestens so lang wie die Spreite**, überwiegend grün, nur basal braun. Blätter: **2–3-fach gefiedert**. Rhachis: **grünlich**. Fiederblättchen: **oval bis keilförmig, Zipfel letzter Ordnung > 3 mm breit**.

- einheimisch
- planar bis alpin
- Extensivgrünland u. Magerrasen, Schutt- u. Felsfluren, an Mauern, Zier- bzw. Nutzpflanze
- an nährstoffarmen, kalkreichen, meist trockenen Standorten

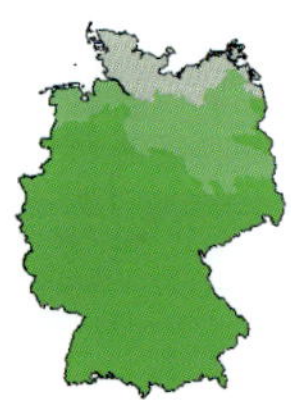

Asplenium seelosii Leyb.

Dolomit-Streifenfarn *Aspleniaceae*

schwach giftig RL R

Bis 10 cm hoch. Sporangien: auf der Unterseite der Wedel. Sori: länglich. Indusium: seitlich inseriert, am Rand umgebogen. Blattstiele: **viel länger als die Spreite**, überwiegend grün. Blätter: **gelappt bis 1-fach gefiedert, mit länglich-lanzettlichen Blattlappen, 3-teilig**, behaart. Blattlappen: distal gezähnt bis gelappt. Rhachis: grünlich.

- einheimisch
- montan
- Schutt- u. Felsfluren
- an nährstoffarmen, kalkreichen, meist trockenen Standorten

Asplenium septentrionale (L.) Hoffm.

Nördlicher Streifenfarn *Aspleniaceae*

schwach giftig RL V

Bis 15 cm hoch. Sporangien: auf der Unterseite der Wedel. Sori: länglich. Indusium: seitlich inseriert, am Rand umgebogen. Blattstiele: **viel länger als die Spreite, allmählich in die Spreite übergehend**, basal braun, darüber grün. Blätter: **tief gabelteilig gelappt, mit lineal-lanzettlichen Blattlappen**. Blattlappen: distal gezähnt bis gelappt. Rhachis: grünlich.

- einheimisch
- planar bis subalpin
- Extensivgrünland u. Magerrasen, Schutt- u. Felsfluren, an Mauern, Zier- bzw. Nutzpflanze
- an nährstoffarmen, sauren, meist trockenen Standorten

Asplenium trichomanes L.

Braunstieliger Streifenfarn *Aspleniaceae*

schwach giftig

Bis 30 cm hoch. Sporangien: auf der Unterseite der Wedel. Sori: länglich. Indusium: seitlich inseriert, am Rand umgebogen. Blattstiele: **deutlich kürzer als die Spreite, schmal geflügelt, oberseits auf ganzer Länge rotbraun bis schwarz**. Blätter: überwinternd grün, **1-fach gefiedert**. Rhachis: **auf ganzer Länge rotbraun bis schwarz**.

Im Gebiet kommen 4 Unterarten vor: subsp. *trichomanes*, subsp. *hastatum*, subsp. *pachyrachis* und subsp. *quadrivalens* (vgl. S. 1420).

- einheimisch
- planar bis alpin
- Schutt- u. Felsfluren, an Mauern, Zier- bzw. Nutzpflanze

Asplenium viride Huds.

Grünstieliger Streifenfarn *Aspleniaceae*

schwach giftig RL V

Bis 20 cm hoch. Sporangien: auf der Unterseite der Wedel. Sori: länglich. Indusium: seitlich inseriert, am Rand umgebogen, bewimpert. Blattstiele: **deutlich kürzer als die Spreite**, *nicht* geflügelt, **oberseits überwiegend grün, allenfalls basal braun**. Blätter: **1-fach gefiedert**. Rhachis: **überwiegend grünlich**. Fiederblättchen: lanzettlich bis oval.

- einheimisch
- montan bis alpin
- Schutt- u. Felsfluren, an Mauern, Zier- bzw. Nutzpflanze
- an kalkreichen Standorten

Asplenium ceterach L.

Milzfarn *Aspleniaceae*

schwach giftig | RL 3 | § BNatG b

Bis 20 cm hoch. SPORANGIEN: auf der Unterseite der Wedel. SORI: länglich. INDUSIUM: seitlich inseriert, am Rand umgebogen, früh abfallend. BLATTSTIELE: deutlich kürzer als die Spreite, überwiegend grün. BLÄTTER: **gelappt bis fiederspaltig**; UNTERSEITS: **dicht mit bräunlichen Spreuschuppen bedeckt**. RHACHIS: grünlich.

- einheimisch
- planar bis montan
- Schutt- u. Felsfluren, an Mauern, Zier- bzw. Nutzpflanze
- an nährstoffarmen, kalkreichen, meist trockenen Standorten

Asplenium scolopendrium L.

Hirschzunge *Aspleniaceae*

schwach giftig | § BNatG b

15–50 cm hoch. SPORANGIEN: auf der Unterseite der Wedel. SORI: länglich-lineal. INDUSIUM: seitlich inseriert, am Rand umgebogen. BLATTSTIELE: deutlich kürzer als die Spreite, überwiegend grün. BLÄTTER: **ungeteilt, breit-lineal, bis 50 cm lang**. RHACHIS: grünlich, zunächst mit Spreuschuppen besetzt, später zuweilen verkahlend.

- einheimisch
- collin bis montan
- Wälder, Schutt- u. Felsfluren, an Mauern, Zier- bzw. Nutzpflanze
- an kalkreichen Standorten

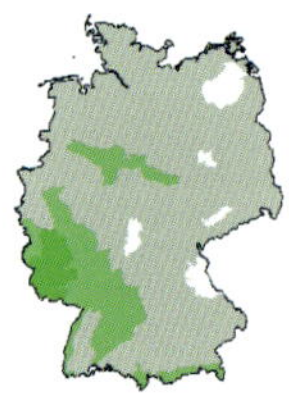

Woodsia alpina (Bolton) Gray

Alpen-Wimperfarn *Woodsiaceae*

RL R | § BNatG b

Bis 15 cm hoch. SPORANGIEN: auf der Unterseite der Wedel. SORI: zuweilen randständig, oval. INDUSIUM: zentral inseriert, fransig-wimpernartig. BLATTSTIELE: kürzer als die Spreite, **rötlich bis bräunlich, mit Spreuschuppen u. Haaren**. BLÄTTER: 1–2-fach gefiedert, bis 20 cm lang, **spärlich behaart u. mit Spreuschuppen, *ohne* Drüsenhaare**. FIEDERBLÄTTCHEN: abgerundet.

- einheimisch
- subalpin bis alpin
- Schutt- u. Felsfluren
- an nährstoffarmen Standorten

Woodsia ilvensis (L.) R. Br.

Rostroter Wimperfarn *Woodsiaceae*

schwach giftig | RL 2 | § BNatG b

10–20 cm hoch. SPORANGIEN: auf der Unterseite der Wedel. SORI: zuweilen randständig, oval. INDUSIUM: zentral inseriert, fransig-wimpernartig. BLATTSTIELE: kürzer als die Spreite, **rötlich bis bräunlich, mit Spreuschuppen u. Haaren**. BLÄTTER: 1–2-fach gefiedert, bis 20 cm lang, **dicht behaart u. mit Spreuschuppen, *ohne* Drüsenhaare**. FIEDERBLÄTTCHEN: distal abgerundet bis abgerundet *oder* spitz.

- einheimisch
- collin bis alpin
- Schutt- u. Felsfluren, Zier- bzw. Nutzpflanze
- an nährstoffarmen, sauren Standorten

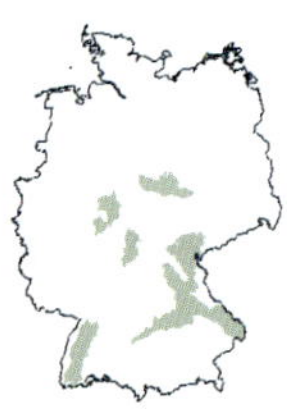

us

Woodsia pulchella Bertol.

Zierlicher Wimperfarn *Woodsiaceae*

RL 1 § BNatG b

Bis 15 cm hoch. Sporangien: auf der Unterseite der Wedel. Sori: zuweilen randständig, oval. Indusium: zentral inseriert, fransig-wimpernartig. Blattstiele: kürzer als die Spreite, **überwiegend gelblich o. grünlich, nur basal bräunlich**, ***ohne*** **Spreuschuppen, kahl bis zerstreut behaart**. Blätter: 1–2-fach gefiedert, bis 15 cm lang, **kahl bis zerstreut behaart**, Spreuschuppen nur an der Basis, **mit Drüsenhaaren**.

- einheimisch
- montan bis alpin
- Schutt- u. Felsfluren
- an nährstoffarmen, kalkreichen Standorten

Onoclea struthiopteris (L.) Roth

Straußenfarn *Onocleaceae*

RL V § BNatG b

30–150 cm hoch. Pflanzen: **mit unterschiedlich gestalteten Sporo- u. Trophophyllen**. Sporophylle: **so lang gestielt wie die Trophophylle, aufrecht, bräunlich**. Sporangien: auf der Unterseite der Wedel, vom nach unten umgerollten Blattrand bedeckt. Indusium: seitlich inseriert. Blattstiele: kürzer als die Spreite. Blätter: **Trophophylle aufrecht, einen Trichter um die Sporophylle bildend, sommergrün, 1–2-fach gefiedert**, länglich bis lanzettlich, bis 150 cm lang. Fiederblättchen: ganzrandig.

- einheimisch
- planar bis montan
- Gehölze, Wälder, Zier- bzw. Nutzpflanze
- an basenreichen, feuchten bis nassen Standorten

Blechnum spicant (L.) Roth

Rippenfarn *Blechnaceae*

15–50 cm hoch. Pflanzen: **mit unterschiedlich gestalteten Sporo- u. Trophophyllen**. Sporophylle: **aufrecht, grün**. Sporangien: auf der Unterseite der Wedel. Sori: länglich. Indusium: seitlich inseriert. Blattstiele: kürzer als die Spreite. Blätter: **Trophophylle niederliegend, überwinternd grün, gelappt bis 1-fach gefiedert**, länglich bis lanzettlich, bis 50 cm lang. Fiederblättchen: ganzrandig.

- einheimisch
- planar bis subalpin
- Zwergstrauchheiden, Wälder, Zier- bzw. Nutzpflanze
- an nährstoffarmen, sauren Standorten

Athyrium distentifolium Opiz

Gebirgs-Frauenfarn *Athyriaceae*

50–150 cm hoch. Sporangien: auf der Unterseite der Wedel. Sori: **zunächst länglich bis oval, später rundlich**. Indusium: seitlich inseriert, **früh abfallend**. Blattstiele: kürzer als die Spreite. Blätter: **2-fach gefiedert**, bis 150 cm lang. Rhachis: **mit schmalen Spreuschuppen**.

- einheimisch
- montan bis alpin
- Zwergstrauchheiden, Staudenfluren, Gehölze, Wälder

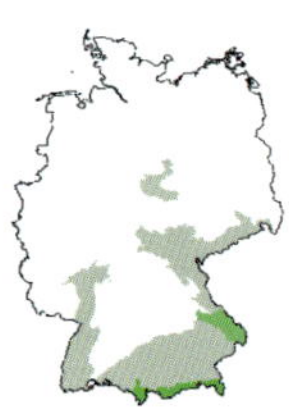

Athyrium filix-femina (L.) Roth

Gewöhnlicher Frauenfarn *Athyriaceae*

30–100 cm hoch. Sporangien: auf der Unterseite der Wedel. Sori: **länglich bis kommaförmig**. Indusium: seitlich inseriert, **bis zur Sporenreife erhalten bleibend**. Blattstiele: kürzer als die Spreite. Blätter: frischgrün, **2–3-fach gefiedert**, bis 100 cm lang. Rhachis: **mit breiten Spreuschuppen**.

- einheimisch
- planar bis subalpin
- Intensivgrünland, Staudenfluren, Gehölze, Wälder, Zier- bzw. Nutzpflanze

Phegopteris connectilis (Michx.) Watt

Buchenfarn *Thelypteridaceae*

15–30 cm hoch. Sporangien: auf der Unterseite der Wedel. Sori: meist randständig. Indusium: **fehlend**. Ausläufer: **lang, Wedel einzeln stehend**. Blattstiele: **länger als die Spreite**. Blätter: **1-fach gefiedert, mit fiederspaltigen Fiederblättchen**, bis 40 cm lang, **meist < 2-mal so lang wie breit, basal breiter o. wenig schmäler als in der Mitte**, behaart.

- einheimisch
- planar bis montan
- Staudenfluren, Gehölze, Wälder

Thelypteris limbosperma (All.) H. P. Fuchs

Berg-Lappenfarn *Thelypteridaceae*

40–120 cm hoch. Sporangien: auf der Unterseite der Wedel. Sori: meist randständig, **deutlich voneinander getrennt**. Indusium: zentral inseriert, nierenförmig, früh abfallend. Ausläufer: **kurz, Wedel rosettig angeordnet**. Blattstiele: **kürzer als die Spreite**, *ohne* Spreuschuppen. Blätter: **1-fach gefiedert, mit tief fiederspaltigen Fiederblättchen, meist > 3-mal so lang wie breit, basal viel schmäler als in der Mitte**, zunächst spärlich behaart, verkahlend; unterseits: **mit gelben Drüsen**. Fiederblättchen: Rand der sporentragenden Fiederblätter (undeutlich) nach unten geschlagen.

- einheimisch
- planar bis montan
- Grünland, Staudenfluren, Gehölze, Wälder, Zier- bzw. Nutzpflanze
- an sauren Standorten

Thelypteris palustris Schott

Sumpf-Lappenfarn *Thelypteridaceae* RL V

30–80 cm hoch. Sporangien: auf der Unterseite der Wedel. Sori: meist randständig, **genähert, sich oft ± berührend**. Indusium: zentral inseriert, nierenförmig, früh abfallend. Ausläufer: **lang, Wedel einzeln stehend**. Blattstiele: **± so lang wie die Spreite**, basal mit kleinen Spreuschuppen. Blätter: **1-fach gefiedert, mit tief fiederspaltigen Fiederblättchen**, bis 60 cm lang, **meist > 3-mal so lang wie breit, basal schmäler als in der Mitte**, zunächst spärlich behaart, verkahlend; unterseits: **mit gelben Drüsen**. Fiederblättchen: Rand der sporentragenden Fiederblätter (undeutlich) nach unten geschlagen.

- einheimisch
- planar bis montan
- Gewässer, Moore u. Seggenriede, Wälder, Zier- bzw. Nutzpflanze
- an feuchten bis nassen Standorten

Dryopteris affinis agg.

Spreuschuppiger Wurmfarn *Dryopteridaceae*

60–180 cm hoch. Sporangien: auf der Unterseite der Wedel. Indusium: zentral inseriert, nierenförmig. Blattstiele: kürzer als die Spreite. Blätter: meist überwinternd grün, **1-2-fach gefiedert, basal schmäler als in der Mitte**. Fiederblättchen: **Stiele basal meist dunkler**.

In Deutschland kommen 6 Arten der Artengruppe *Dryopteris affinis* agg. vor: *D. affinis*, *D. borreri*, *D. cambrensis*, *D. lacunosa*, *D. pseudodisjuncta* und *D. oreades* (vgl. S. 1420).

- einheimisch
- collin bis montan
- Gehölze, Wälder, Schutt- u. Felsfluren, Zier- bzw. Nutzpflanze

Dryopteris carthusiana agg.

Dorniger Wurmfarn *Dryopteridaceae*

15–180 cm hoch. Sporangien: auf der Unterseite der Wedel. Indusium: zentral inseriert, nierenförmig. Blattstiele: kürzer als die Spreite. Blätter: **2-3-fach gefiedert**, bis 150 cm lang, **basal mindestens so breit wie in der Mitte**.

In Deutschland kommen 4 Arten der Artengruppe *Dryopteris carthusiana* agg. vor: *D. carthusiana*, *D. dilatata*, *D. expansa* und *D. remota* (vgl. S. 1420).

- einheimisch
- planar bis alpin
- Moore u. Seggenriede, Staudenfluren, Gehölze, Wälder, Zier- bzw. Nutzpflanze

Dryopteris filix-mas (L.) Schott

Gewöhnlicher Wurmfarn *Dryopteridaceae*

40–120 cm hoch. Sporangien: auf der Unterseite der Wedel. Indusium: zentral inseriert, nierenförmig. Blattstiele: kürzer als die Spreite, basal bräunlich, **basal dicht mit einfarbigen Spreuschuppen besetzt**. Blätter: meist sommergrün, **1-2-fach gefiedert**, bis 150 cm lang, **basal schmäler als in der Mitte**. Rhachis: **mit wenigen, einfarbigen Spreuschuppen**.

- einheimisch
- planar bis subalpin
- Grünland, Zwergstrauchheiden, Staudenfluren, Wälder, Zier- bzw. Nutzpflanze

Dryopteris cristata (L.) A. Gray

Kamm-Wurmfarn *Dryopteridaceae*

RL 3 § BNatG b

30–80 cm hoch. Pflanzen: mit (etwas) unterschiedlich gestalteten Sporo- u. Trophophyllen. Sporophylle: **aufrecht, lang gestielt, doppelt so groß wie die Trophophylle, grün**. Sporangien: auf der Unterseite der Wedel. Indusium: zentral inseriert, nierenförmig. Blattstiele: kürzer als die Spreite. Blätter: **1-2-fach gefiedert**, < 20-teilig, bis 90 cm lang, **basal schmäler als in der Mitte**.

- einheimisch
- planar bis montan
- Moore u. Seggenriede, Wälder, Zier- bzw. Nutzpflanze
- an nassen, zuweilen überfluteten Standorten

Dryopteris villarii (Bellardi) Schinz & Thell.

Starrer Wurmfarn *Dryopteridaceae*

15–60 cm hoch. SPORANGIEN: auf der Unterseite der Wedel. INDUSIUM: zentral inseriert, nierenförmig. BLATTSTIELE: kürzer als die Spreite, basal bräunlich, **basal dicht mit einfarbigen (rotbraunen) Spreuschuppen besetzt, außerdem mit gelben Drüsen**. BLÄTTER: meist sommergrün, **2-fach gefiedert**, bis 90 cm lang, **mit vielen gelben Drüsen**. RHACHIS: **mit einfarbigen Spreuschuppen**. FIEDERBLÄTTCHEN: **symmetrisch, zum Grund gerichtete Blättchen (etwa) so groß wie die zur Spitze gerichteten, (tief) gelappt**, am Rand meist spitz gesägt.

- einheimisch
- subalpin bis alpin
- Staudenfluren, Schutt- u. Felsfluren
- an kalkreichen Standorten

Polystichum aculeatum (L.) Roth

Dorniger Schildfarn *Dryopteridaceae*
§ BNatG b

60–100 cm hoch. SPORANGIEN: auf der Unterseite der Wedel. SORI: **sich zuweilen ± berührend**. INDUSIUM: zentral inseriert, schildartig, groß, **bleibend**. BLATTSTIELE: 5–40 cm lang, locker mit Spreuschuppen besetzt. BLÄTTER: **überwinternd grün, derb, 2-fach gefiedert**, bis 90 cm lang, **basal schmäler als in der Mitte**; OBERSEITS: kahl. FIEDERBLÄTTCHEN: **alle grannenspitzig**.

- einheimisch
- collin bis subalpin
- Wälder, Zier- bzw. Nutzpflanze

Polystichum braunii (Spenn.) Fée

Weicher Schildfarn *Dryopteridaceae*
RL 2 § BNatG b

50–60 cm hoch. SPORANGIEN: auf der Unterseite der Wedel. INDUSIUM: zentral inseriert, schildartig, klein, **früh abfallend**. BLATTSTIELE: 5–40 cm lang. BLÄTTER: **sommergrün**, frischgrün, **2-fach gefiedert**, bis 100 cm lang, **basal schmäler als in der Mitte**, mit Spreuschuppen. FIEDERBLÄTTCHEN: **die unteren abgerundet, die oberen kurz zugespitzt**.

- einheimisch
- collin bis montan
- Wälder, Schutt- u. Felsfluren, Zier- bzw. Nutzpflanze

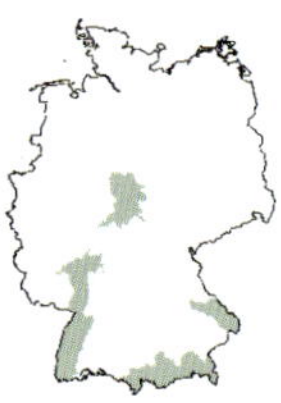

Polystichum setiferum (Forssk.) Woyn.

Grannen-Schildfarn *Dryopteridaceae*
RL 3 § BNatG b

60–100 cm hoch. SPORANGIEN: auf der Unterseite der Wedel. SORI: **meist deutlich voneinander getrennt**. INDUSIUM: zentral inseriert, schildartig, groß, **bleibend**. BLATTSTIELE: 5–40 cm lang, **sehr dicht mit Spreuschuppen besetzt**. BLÄTTER: **sommergrün, weich, 2-fach gefiedert**, bis 120 cm lang, **basal so breit wie o. etwas schmäler als in der Mitte**; OBERSEITS: ± kahl. FIEDERBLÄTTCHEN: **alle grannenspitzig**.

- einheimisch
- planar bis montan
- Wälder

Polystichum lonchitis (L.) Roth

Lanzen-Schildfarn *Dryopteridaceae*

RL V § BNatG b

10–50 cm hoch. SPORANGIEN: auf der Unterseite der Wedel. SORI: in 2 Reihen angeordnet, sich zuweilen ± berührend. INDUSIUM: zentral inseriert, schildartig. BLATTSTIELE: < 7 cm lang. BLÄTTER: **überwinternd grün, derb, 1-fach gefiedert**, bis 65 cm lang, basal schmäler als in der Mitte. FIEDERBLÄTTCHEN: **stachelig gezähnt**.

- einheimisch
- montan bis alpin
- Staudenfluren, Gehölze, Wälder, Schutt- u. Felsfluren
- an basenreichen Standorten

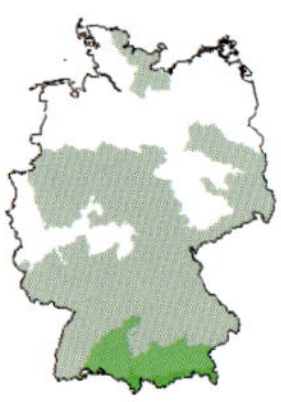

Polypodium interjectum Shivas

Gesägter Tüpfelfarn *Polypodiaceae*

10–50 cm hoch. SPORANGIEN: auf der Unterseite der Wedel. ANULUS: **7–12-zellig**. SORI: zunächst oval, später rundlich. INDUSIUM: fehlend. BLÄTTER: überwinternd grün, **im Sommer erscheinend**, gelappt bis fiederspaltig, lanzettlich bis oval, bis 50 cm lang, **Blattbuchten den Mittelnerv meist *nicht* erreichend, deshalb normales Blattgewebe zwischen Knorpelrand u. Mittelnerv, Seitennerven des untersten Fiederblattes 3–4-mal gegabelt**. FIEDERBLÄTTCHEN: am Rand ± stumpf gekerbt.

- einheimisch
- planar bis montan
- Wälder, Schutt- u. Felsfluren, an Mauern

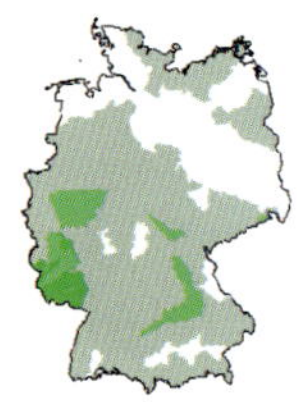

Polypodium vulgare L.

Gewöhnlicher Tüpfelfarn *Polypodiaceae*

10–50 cm hoch. SPORANGIEN: auf der Unterseite der Wedel. ANULUS: **11–15-zellig**. SORI: rund. INDUSIUM: fehlend. BLÄTTER: überwinternd grün, **im Frühsommer erscheinend**, gelappt bis fiederspaltig, länglich-lanzettlich bis oval, bis 30 cm lang, **Blattbuchten den Mittelnerv meist erreichend, Knorpelrand u. Mittelnerv sind deshalb direkt miteinander verbunden, Seitennerven des untersten Fiederblattes 1–3-mal gegabelt**. FIEDERBLÄTTCHEN: am Rand ± spitz gesägt.

- einheimisch
- planar bis subalpin
- Wälder, Schutt- u. Felsfluren, Ruderalvegetation, Dünen, an Mauern, auch epiphytisch, Zier- bzw. Nutzpflanze
- an nährstoffarmen, sauren Standorten

Ginkgo biloba L.

Ginkgo *Ginkgoaceae*

schwach giftig

Bis 30 m hoher sommergrüner Baum. PFLANZEN: **2-häusig**. ♀ BLÜTEN: paarweise, gestielt. ♂ BLÜTEN: mit zahlreichen Staubblättern, in trauben- bis kätzchenförmigen Blütenständen. SAMEN: **zu zweit, auf einem 1–2 cm langem gabeligem Stiel, fleischig**. STÄNGEL: mit Kurz- u. Langtrieben. BLATTSTELLUNG: wechselständig, an Kurztrieben scheinbar wirtelig. BLÄTTER: **mit flächig entwickelter Spreite, sommergrün, meist gabelig geteilt bis fächerförmig, gabelnervig**.

- in Einbürgerung befindlicher Neophyt, urspr. aus Ostasien
- planar bis montan
- Zier- bzw. Nutzpflanze

J F M **A M J** J A S O N D

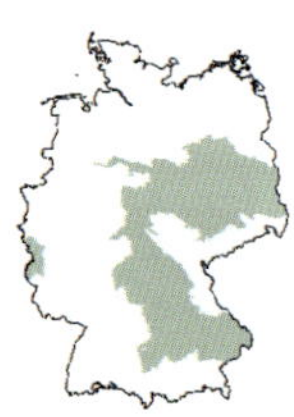

Pinus cembra L.

Zirbel-Kiefer *Pinaceae*

schwach giftig RL 3

Bis 30 m hoher Nadelbaum. Pflanzen: 1-häusig. Zapfen: **abstehend bis aufrecht, 5–10 cm lang.** Samen: ***ohne* Flügel.** Stängel: mit Kurz- u. Langtrieben. Jungtriebe: **dicht bräunlich bis gelblich behaart.** Blattstellung: **3–5 Nadeln in gemeinsamer Scheide.** Blätter: nadelförmig, immergrün, im QS kantig, **steif, 5–10 cm lang.**

- einheimisch
- montan bis alpin
- Wälder, Schutt- u. Felsfluren, Zier- bzw. Nutzpflanze

J F M A **M J J A** S O N D

Pinus contorta Loudon

Küsten-Kiefer *Pinaceae*

schwach giftig

Bis 20 m hoher Nadelbaum. Pflanzen: 1-häusig. Zapfen: **± sitzend,** Stiel < 5 mm lang, **2–6 cm lang.** Samen: geflügelt. Stängel: mit Kurz- u. Langtrieben. Blattstellung: **2 Nadeln in gemeinsamer Scheide.** Blätter: nadelförmig, immergrün, im QS halbrund, **4–8 cm lang.**

- in Einbürgerung befindlicher Neophyt, urspr. aus Nordamerika
- planar bis collin
- Wälder, Zier- bzw. Nutzpflanze

J F **M A M J J** A S O N D

Pinus mugo Turra

Krummholz-Kiefer *Pinaceae*

schwach giftig

Bis 15 m hoch. Pflanzen: 1-häusig. Zapfen: **± sitzend,** Stiel < 5 mm lang, **symmetrisch bis schwach asymmetrisch,** glänzend, **2–8 cm lang.** Samen: geflügelt. Stängel: mit Kurz- u. Langtrieben. Borke: einfarbig, gräulich bis dunkelbraun *oder* schwarz. Blattstellung: **2 Nadeln in gemeinsamer Scheide.** Blätter: nadelförmig, immergrün, im QS halbrund, **Nadeln zunächst allseits dunkelgrün, 1–8 cm lang.** – Vgl. auch die nahe verwandte *P. uncinata*.

Im Gebiet kommen 2 Unterarten vor: subsp. *mugo* und subsp. *rotundata* (vgl. S. 1421).

- einheimisch
- montan bis subalpin
- Moore u. Seggenriede, Zwergstrauchheiden, Gehölze, Wälder, Zier- bzw. Nutzpflanze
- an nährstoffarmen Standorten

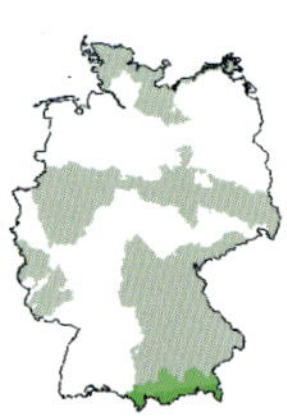

J F M **A M J J** A S O N D

Pinus uncinata DC.

Aufrechte Berg-Föhre *Pinaceae*

schwach giftig

Bis 15 m hoch, strauch- o. baumförmig, 1-häusig. Zapfen: **± sitzend, Stiel gekrümmt u. exzentrisch inseriert,** Stiel < 5 mm lang, **deutlich asymmetrisch, schief,** glänzend, **2–8 cm lang.** Samenschuppen: **verdickt, Schild mit deutlich hakenförmig gekrümmtem Fortsatz.** Samen: geflügelt. Stängel: mit Kurz- u. Langtrieben. Borke: einfarbig, gräulich bis dunkelbraun *oder* schwarz. Blattstellung: **2 Nadeln in gemeinsamer Scheide.** Blätter: nadelförmig, immergrün, im QS halbrund, **Nadeln zunächst allseits dunkelgrün, 1–8 cm lang.** – Vgl. auch die nahe verwandte *P. mugo*.

- einheimisch
- montan bis subalpin
- Gehölze, Wälder, Schutt- u. Felsfluren, Zier- bzw. Nutzpflanze
- an nährstoffarmen Standorten

J F M A **M J J A** S O N D

Pinus nigra J. F. Arnold

Schwarz-Kiefer *Pinaceae*

schwach giftig

Bis 60 m hoher Nadelbaum. Pflanzen: 1-häusig. Zapfen: **± sitzend**, Stiel < 5 mm lang, **6–10 cm lang**. Samen: geflügelt. Stängel: mit Kurz- u. Langtrieben. Borke: einfarbig, gräulich bis dunkelbraun *oder* schwarz. Blattstellung: **2 Nadeln in gemeinsamer Scheide**. Blätter: nadelförmig, immergrün, im QS halbrund, **Nadeln zunächst allseits dunkelgrün, 6–20 cm lang**.

- eingebürgerter Neophyt, urspr. aus Südeuropa
- planar bis montan
- Gehölze, Wälder, Zier- bzw. Nutzpflanze
- an nährstoffarmen, kalkreichen, meist trockenen Standorten

J F M **A M J** J A S O N D

Pinus strobus L.

Weymouth-Kiefer *Pinaceae*

schwach giftig

Bis 40 m hoher Nadelbaum. Pflanzen: 1-häusig. Zapfen: **überhängend, deutlich gestielt, Stiel > 5 mm lang, 7–20 cm lang**. Samen: geflügelt. Stängel: mit Kurz- u. Langtrieben. Jungtriebe: kahl bis spärlich behaart. Blattstellung: **3–5 Nadeln in gemeinsamer Scheide**. Blätter: nadelförmig, immergrün, im QS kantig, **biegsam, 8–15 cm lang**, 0,6–0,8 mm ⌀.

- eingebürgerter Neophyt, urspr. aus Nordamerika
- planar bis montan
- Wälder, Zier- bzw. Nutzpflanze
- an sauren Standorten

J F **M A M J** J A S O N D

Pinus sylvestris L.

Gewöhnliche Kiefer *Pinaceae*

schwach giftig

Bis 40 m hoher Nadelbaum. Pflanzen: 1-häusig. Zapfen: **deutlich gestielt, Stiel > 5 mm lang, matt, 3–8 cm lang**. Samen: geflügelt. Stängel: mit Kurz- u. Langtrieben. Borke: **unten schwarz, oben rötlich bis gelblich-bräunlich**. Blattstellung: **2 Nadeln in gemeinsamer Scheide**. Blätter: nadelförmig, immergrün, im QS halbrund, **Nadeln zunächst auf der flachen Seite blau- bzw. graugrün, 2–10 cm lang**.

- einheimisch
- planar bis montan
- Moore u. Seggenriede, Wälder, Schutt- u. Felsfluren, Dünen, Zier- bzw. Nutzpflanze

J F M **A M J** J A S O N D

Larix decidua Mill.

Europäische Lärche *Pinaceae*

Bis 35 m hoher sommergrüner Nadelbaum. Pflanzen: 1-häusig. Zapfen: **2–4 cm lang**. Samenschuppen: **am Rand *nicht* nach unten gewölbt**. Stängel: mit Kurz- u. Langtrieben. Borke: gräulich bis bräunlich. Jungtriebe: gelblich bis bräunlich. Blattstellung: **Nadeln an Langtrieben wechselständig, an Kurztrieben (scheinbar) quirlig, Kurztriebe mit 20–50 Nadeln**. Blätter: nadelförmig, **sommergrün**, 1–3,5 cm lang.

- einheimisch
- planar bis subalpin
- Gehölze, Wälder, Zier- bzw. Nutzpflanze
- an nährstoffarmen Standorten

J **F M A M J J** A S O N D

Larix kaempferi (Lamb.) Carrière

Japanische Lärche *Pinaceae*

Bis 35 m hoher sommergrüner Nadelbaum. Pflanzen: 1-häusig. Zapfen: **1,5–3,5 cm lang**. Samenschuppen: **mit nach unten gewölbtem Rand**. Stängel: mit Kurz- u. Langtrieben. Borke: rötlich bis bräunlich. Jungtriebe: rötlich. Blattstellung: **Nadeln an Langtrieben wechselständig, an Kurztrieben (scheinbar) quirlig, Kurztriebe mit 30–80 Nadeln**. Blätter: nadelförmig, **sommergrün**, 2–4 cm lang.

- in Einbürgerung befindlicher Neophyt, urspr. aus Japan
- planar bis montan
- Wälder, Zier- bzw. Nutzpflanze

J F **M A M J** J A S O N D

Pseudotsuga menziesii (Mirb.) Franco

Douglastanne *Pinaceae*
schwach giftig

Bis 50 m hoher Nadelbaum. Pflanzen: 1-häusig. Zapfen: überhängend, 5–10 cm lang, als Ganzes abfallend. Deckschuppen: **aus dem Zapfen ragend, 3-spitzig**. Blattstellung: wechselständig, Nadeln nur an Langtrieben. Blätter: immergrün, **im QS flach ausgebreitet**, aromatisch riechend, lineal, 1,8–4 cm lang; unterseits: **mit hellen Wachsstreifen**.

subsp. *menziesii* (Douglastanne): Zapfen: 6–10 cm lang. Deckschuppen: von der oberen Schuppe abstehend bis zurückgebogen. Blätter: frischgrün bis dunkelgrün.
subsp. *glaucescens* (Kolorado-Douglasie): Zapfen: 5–6 cm lang. Deckschuppen: der oberen Schuppe anliegend. Blätter: blau- bzw. graugrün.

- in Einbürgerung befindlicher Neophyt, urspr. aus Nordamerika
- planar bis montan
- Wälder, Zier- bzw. Nutzpflanze

J F **M A M J** J A S O N D

Picea abies (L.) H. Karst.

Gewöhnliche Fichte *Pinaceae*
schwach giftig

Bis 50 m hoher Nadelbaum. Pflanzen: 1-häusig. Zapfen: überhängend, zylindrisch bis länglich-zugespitzt, **8–18 cm lang**, als Ganzes abfallend. Deckschuppen: **gezähnt**. Blattstellung: wechselständig, Nadeln nur an Langtrieben. Blattstiele: **verholzend, am Zweig verbleibend**. Blätter: immergrün, **im QS kantig**, blau- bzw. graugrün bis dunkelgrün, lineal, 1–3 cm lang, basal verschmälert, spitz; unterseits: ***ohne* auffallende Wachsstreifen**.

- einheimisch
- planar bis subalpin
- Moore u. Seggenriede, Zwergstrauchheiden, Gehölze, Wälder, Zier- bzw. Nutzpflanze

J F **M A M J** J A S O N D

Picea omorika (Pancic) Purk.

Serbische Fichte *Pinaceae*
schwach giftig

Bis 40 m hoher Nadelbaum. Zapfen: überhängend, **3–6 cm lang**, als Ganzes abfallend. Blattstellung: wechselständig, Nadeln nur an Langtrieben. Blattstiele: **verholzend, am Zweig verbleibend**. Blätter: immergrün, **im QS ± flach ausgebreitet**, blau- bzw. graugrün, lineal, 1–2 cm lang, basal verschmälert, distal meist abgerundet; unterseits: **mit hellen Wachsstreifen**.

- in Einbürgerung befindlicher Neophyt, urspr. aus Serbien
- planar bis montan
- Wälder, Zier- bzw. Nutzpflanze

J F M **A M J** J A S O N D

US

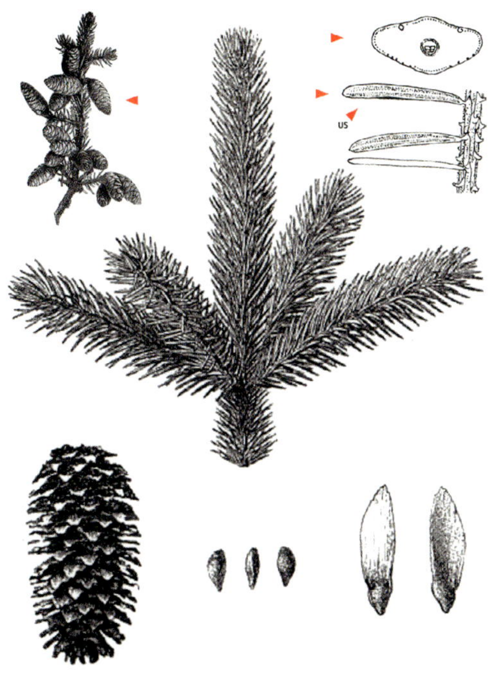
US

Picea pungens Engelm.

Stech-Fichte *Pinaceae*

schwach giftig

Bis 40 m hoher Nadelbaum. Zapfen: überhängend, **5–10 cm lang**, als Ganzes abfallend. Blattstellung: wechselständig, Nadeln nur an Langtrieben. Blattstiele: **verholzend, am Zweig verbleibend**. Blätter: immergrün, **im QS kantig**, blau- bzw. graugrün, lineal, 1–3 cm lang, basal verschmälert, spitz; unterseits: ***ohne* auffallende Wachsstreifen**. – Oft als Blaufichte (var. *glauca*) kultiviert.

- in Einbürgerung befindlicher Neophyt, urspr. aus Nordamerika
- planar bis collin
- Wälder, Zier- bzw. Nutzpflanze

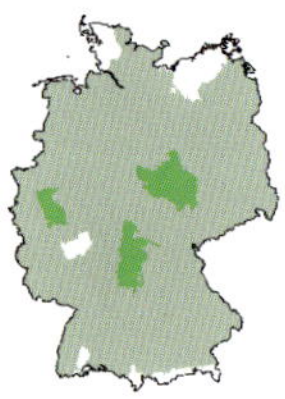

J F M A M J J A S O N D

Picea sitchensis (Bong.) Carrière

Sitka-Fichte *Pinaceae*

schwach giftig

Bis 60 m hoher Nadelbaum. Zapfen: überhängend, **6–10 cm lang**, als Ganzes abfallend. Blattstellung: wechselständig, Nadeln nur an Langtrieben. Blattstiele: **verholzend, am Zweig verbleibend**. Blätter: immergrün, **im QS ± flach ausgebreitet**, blau- bzw. graugrün, lineal, 1–3 cm lang, basal verschmälert, spitz; unterseits: **mit hellen Wachsstreifen**.

- in Einbürgerung befindlicher Neophyt, urspr. aus Nordamerika
- planar bis collin
- Wälder, Zier- bzw. Nutzpflanze

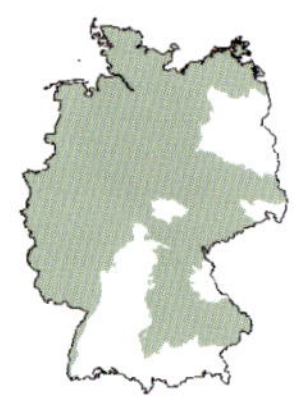

J F M A M J J A S O N D

Abies alba Mill.

Weiß-Tanne *Pinaceae*

schwach giftig

Bis 50 m hoher Nadelbaum. Pflanzen: 1-häusig. Zapfen: aufrecht, schlank, zur Spitze allmählich verschmälert, **10–20 cm lang**, am Baum zerfallend, nur die Spindel stehen bleibend. Deckschuppen: **aus dem Zapfen ragend**. Borke: **hellgrau bis weißlich**. Jungtriebe: behaart. Blattstellung: wechselständig, Nadeln nur an Langtrieben. Blätter: immergrün, **im QS flach ausgebreitet bis kantig**, dunkelgrün, lineal, 1–3 cm lang, **basal scheibenförmig verbreitert**, distal abgerundet bis ausgerandet; unterseits: **mit hellen Wachsstreifen**.

- einheimisch
- collin bis montan
- Wälder, Zier- bzw. Nutzpflanze

J F M A M J J A S O N D

Abies concolor (Gordon) Hildebr.

Kolorado-Tanne *Pinaceae*

schwach giftig

V. a. in Parks, bis 40 m hoher Nadelbaum. Zapfen: aufrecht, dick zylindrisch, distal abgerundet, **8–15 cm lang**, am Baum zerfallend, nur die Spindel stehen bleibend. Deckschuppen: *nicht* aus dem Zapfen ragend. Borke: gräulich bis bräunlich. Blattstellung: wechselständig, Nadeln nur an Langtrieben. Blätter: immergrün, **im QS kantig**, blau- bzw. graugrün, lineal, **meist sichelförmig aufwärts gebogen, 3,5–8 cm lang, basal scheibenförmig verbreitert**, distal abgerundet bis spitz; oberseits: **mit feinen weißlichen Linien**; unterseits: ***ohne* auffallende Wachsstreifen**.

- in Einbürgerung befindlicher Neophyt, urspr. aus Nordamerika
- planar bis montan
- Wälder, Zier- bzw. Nutzpflanze

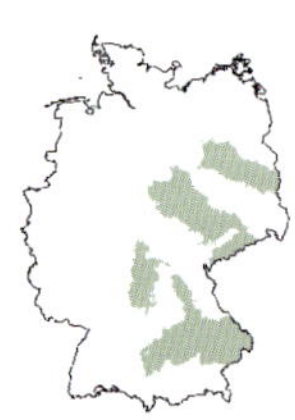

J F M A M J J A S O N D

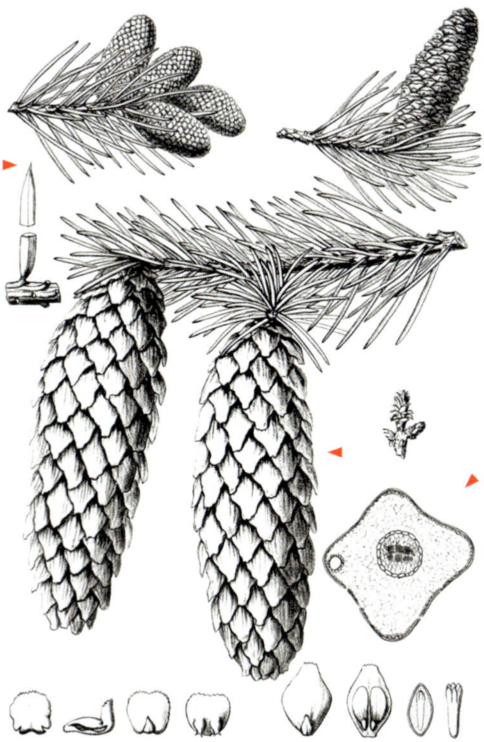

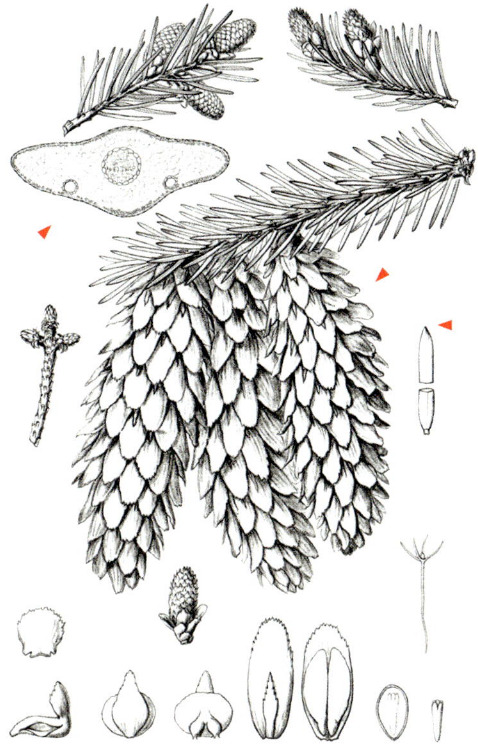

us

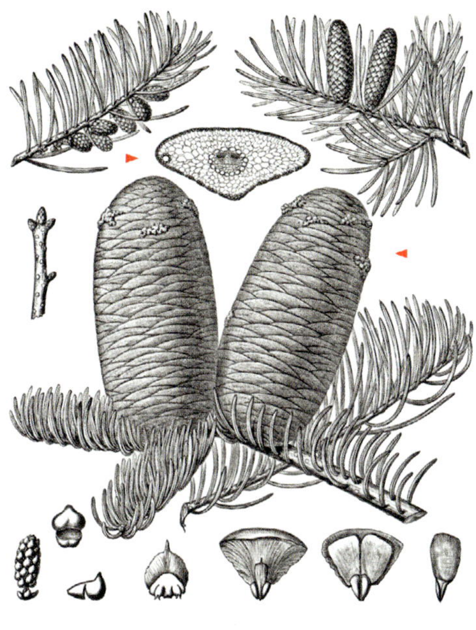

Abies grandis (D. Don) Lindl.

Große Tanne *Pinaceae*

schwach giftig

Park- u. Forstbaum, bis 70 m hoch. Pflanzen: 1-häusig. Zapfen: aufrecht, länglich-eiförmig bis zylindrisch, distal abgerundet, **5–12 cm lang**, am Baum zerfallend, nur die Spindel stehen bleibend. Deckschuppen: *nicht* aus dem Zapfen ragend. Borke: dunkelbraun. Jungtriebe: feindrüsig behaart. Blattstellung: wechselständig, Nadeln nur an Langtrieben. Blätter: immergrün, **im QS flach ausgebreitet**, dunkelgrün, lineal, **2,5–6 cm lang, Nadeln an einem Zweig oft unterschiedlich lang, basal scheibenförmig verbreitert**, distal meist ausgerandet; unterseits: **mit hellen Wachsstreifen**.

- in Einbürgerung befindlicher Neophyt, urspr. aus Nordamerika
- planar bis montan
- Wälder, Zier- bzw. Nutzpflanze

J F M **A M J** J A S O N D

Abies nordmanniana (Steven) Spach

Nordmann-Tanne *Pinaceae*

schwach giftig

Park- u. Forstbaum, Weihnachtsbaumplantagen, bis 35 m hoch. Pflanzen: 1-häusig. Zapfen: aufrecht, dick zylindrisch, distal abgerundet, **8–16 cm lang**, am Baum zerfallend, nur die Spindel stehen bleibend. Deckschuppen: **aus dem Zapfen ragend**. Borke: dunkelgrau. Blattstellung: wechselständig, Nadeln nur an Langtrieben. Blätter: immergrün, **im QS flach ausgebreitet**, dunkelgrün, lineal, 1,5–3 cm lang, **basal scheibenförmig verbreitert**, distal abgerundet bis ausgerandet; unterseits: **mit hellen Wachsstreifen**.

- in Einbürgerung befindlicher Neophyt, urspr. aus dem Kaukasus
- planar bis montan
- Wälder, Zier- bzw. Nutzpflanze

J F M **A M J** J A S O N D

Tsuga canadensis (L.) Carrière

Kanadische Hemlocktanne *Pinaceae*

Bis 30 m hoher Nadelbaum. Pflanzen: 1-häusig. Zapfen: **überhängend**, länglich-zugespitzt, **1–3 cm lang**, als Ganzes abfallend. Blattstellung: wechselständig, Nadeln nur an Langtrieben. Blätter: immergrün, **im QS flach ausgebreitet**, lineal, **0,5–1,8 cm lang**; unterseits: **mit hellen Wachsstreifen**.

- unbeständiger Neophyt, urspr. aus Nordamerika
- planar bis montan
- Wälder, Zier- bzw. Nutzpflanze

J F **M A M J** J A S O N D

Araucaria araucana (Molina) K. Koch

Andentanne *Araucariaceae*

§ WA I, EG A, BNatG s

Bis 40 m hoher Baum. Pflanzen: 1-häusig. Zapfen: überhängend, ± **kugelig**, > **5 cm** ⌀, von > 100 Samenschuppen gebildet. Blattstellung: wechselständig. Blätter: immergrün, **sehr derb, breit auf dem Stängel aufsitzend, abstehend, Äste zunächst komplett bedeckend**, 2–4 cm lang, **10–30 mm breit, starr, stechend**.

- in Einbürgerung befindlicher Neophyt, urspr. aus Südamerika
- planar bis montan
- Zier- bzw. Nutzpflanze

J F M A **M J J** A S O N D

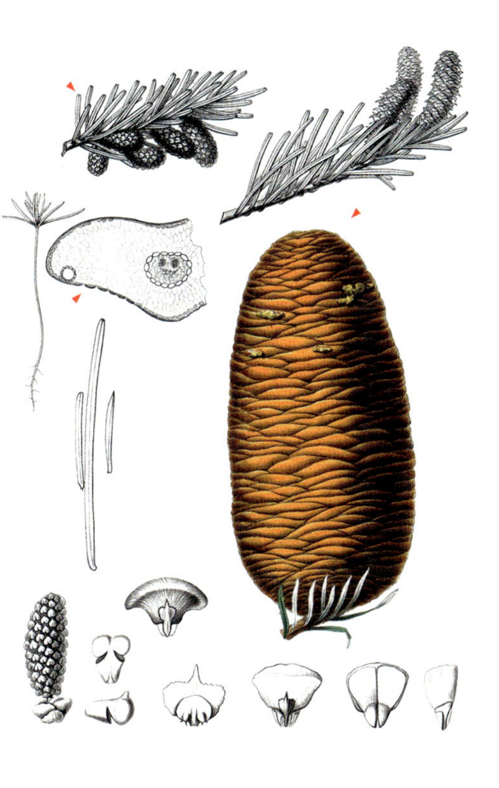

US

Chamaecyparis lawsoniana (A. Murray) Parl.

Lawsons Scheinzypresse *Cupressaceae*

giftig

Bis 30 m hoher Baum. PFLANZEN: 1-häusig. ZAPFEN: **± kugelig**, 0,6–1 cm ⌀, **von 8 Samenschuppen gebildet**. SAMENSCHUPPEN: sich randlich überlappend. SEITENÄSTE: im QS abgeflacht. BLATTSTELLUNG: gegenständig. BLÄTTER: schuppenförmig, **seitenständige größer als die flächenständigen**, immergrün, den Stängel komplett bedeckend, grünlich, **mit (oft schwach ausgeprägten) weißlichen Wachsstreifen, distal abgerundet**.

- in Einbürgerung befindlicher Neophyt, urspr. aus Nordamerika
- planar bis collin
- Wälder, Zier- bzw. Nutzpflanze

J F M A M J J A S O N D

Chamaecyparis pisifera (Siebold & Zucc.) Endl.

Sawara-Scheinzypresse *Cupressaceae*

giftig

Bis 25 m hoher Baum. PFLANZEN: 1-häusig. ZAPFEN: **± kugelig**, 0,4–0,8 cm ⌀, **von 8–12 Samenschuppen gebildet**. SAMENSCHUPPEN: sich randlich überlappend. SEITENÄSTE: im QS abgeflacht. BLATTSTELLUNG: gegenständig. BLÄTTER: schuppenförmig, **flächen- u. seitenständige ± gleich groß**, immergrün, den Stängel komplett bedeckend, grünlich, **an der Zweigunterseite mit weißlichen Flecken u. Linien, spitz**.

- in Einbürgerung befindlicher Neophyt, urspr. aus Japan
- planar
- Gehölze, Zier- bzw. Nutzpflanze

J F M A M J J A S O N D

Platycladus orientalis (L.) Franco

Morgenländischer Lebensbaum *Cupressaceae*

stark giftig

Bis 10 m hoher Baum o. Strauch. PFLANZEN: 1-häusig. ZAPFEN: **kugelig-eiförmig, zunächst blau- bzw. graugrün, später rotbraun, 2–3 cm lang**, 0,3–0,8 cm ⌀, **von 6–8 Samenschuppen gebildet**. SAMENSCHUPPEN: sich randlich überlappend, **Schild mit hakenförmigem Dorn**. SAMEN: ***ohne* flügelartigen Saum**. SEITENÄSTE: ± aufrecht stehend, im QS abgeflacht. BLATTSTELLUNG: gegenständig. BLÄTTER: schuppenförmig, immergrün, den Stängel komplett bedeckend, dunkelgrün, **matt**.

- in Einbürgerung befindlicher Neophyt, urspr. aus Ostasien
- planar bis montan
- Gehölze, Zier- bzw. Nutzpflanze

J F M A M J J A S O N D

Thuja occidentalis L.

Abendländischer Lebensbaum *Cupressaceae*

stark giftig

Bis 20 m hoher Baum. PFLANZEN: 1-häusig. ZAPFEN: **eiförmig-länglich, gelb- bis rotbraun, 0,6–1,4 cm lang, von 8–10 Samenschuppen gebildet**. SAMENSCHUPPEN: sich randlich überlappend, Schild mit gekrümmtem aber *nicht* hakenförmigem Dorn. SAMEN: **mit breitem flügelartigem Saum**. SEITENÄSTE: ± waagerecht ausgebreitet, im QS abgeflacht. BLATTSTELLUNG: gegenständig. BLÄTTER: schuppenförmig, immergrün, den Stängel komplett bedeckend, dunkelgrün, **matt, Flächenblätter mit deutlich entwickelter, länglicher Drüse**.

- in Einbürgerung befindlicher Neophyt, urspr. aus Nordamerika
- planar bis montan
- Gehölze, Zier- bzw. Nutzpflanze

J F M A M J J A S O N D

Thuja plicata D. Don

Riesen-Lebensbaum *Cupressaceae*

stark giftig

Bis 60 m hoher Baum. PFLANZEN: 1-häusig. ZAPFEN: **eiförmig-länglich, hellbraun, 0,6–1,4 cm lang, von 8–12 Samenschuppen gebildet.** SAMENSCHUPPEN: sich randlich überlappend, Schild mit gekrümmtem aber *nicht* hakenförmigem Dorn. SAMEN: **mit breitem flügelartigem Saum.** SEITENÄSTE: ± waagerecht ausgebreitet, im QS abgeflacht. BLATTSTELLUNG: gegenständig. BLÄTTER: schuppenförmig, immergrün, den Stängel komplett bedeckend, dunkelgrün, **glänzend**, Flächenblätter *ohne* o. mit undeutlicher Drüse.

- in Einbürgerung befindlicher Neophyt, urspr. aus Nordamerika
- planar bis montan
- Wälder, Zier- bzw. Nutzpflanze

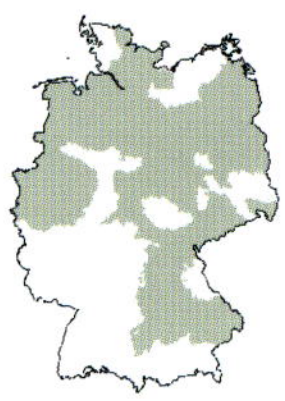

J F M A M J J A S O N D

Juniperus communis L.

Gewöhnlicher Wacholder *Cupressaceae*

giftig RL V

PFLANZEN: 1-häusig. ZAPFEN: **fleischig, bläulich.** SAMENSCHUPPEN: miteinander verwachsen. SAMEN: auf der Oberseite der fleischigen verwachsenen Schuppenblätter. BLATTSTELLUNG: **überwiegend wirtelig.** BLÄTTER: nadelförmig, immergrün, blau- bzw. graugrün, **starr, stechend.**

subsp. *communis* (Gewöhnlicher Wacholder): planar bis subalpin, bis 20 m hoch, meist strauchförmig. ZAPFEN: kürzer als die Blätter. STÄNGEL: aufrecht. BLÄTTER: ± gerade abstehend.

subsp. *nana* (Zwerg-Wacholder): subalpin bis alpin, bis 1 m hoher Zwergstrauch. ZAPFEN: ± so lang wie die Blätter. STÄNGEL: niederliegend. BLÄTTER: meist aufwärts gebogen.

- einheimisch
- planar bis alpin
- Moore u. Seggenriede, Extensivgrünland u. Magerrasen, Zwergstrauchheiden, Gehölze, Wälder, Schutt- u. Felsfluren, Zier- bzw. Nutzpflanze

J F M A M J J A S O N D

Juniperus sabina L.

Sadebaum *Cupressaceae*

stark giftig RL 3

Bis 4 m hoher Strauch. ZAPFEN: **fleischig, bläulich, länger als die schuppenförmigen Blätter.** SAMENSCHUPPEN: miteinander verwachsen. SAMEN: auf der Oberseite der fleischigen verwachsenen Schuppenblätter. BLATTSTELLUNG: **gegenständig.** BLÄTTER: immergrün, **den Stängel komplett bedeckend**, dunkelgrün, **am Stängel herablaufend.**

- einheimisch
- collin bis subalpin
- Extensivgrünland u. Magerrasen, Gehölze, Wälder, Zier- bzw. Nutzpflanze
- an nährstoffarmen, basenreichen, meist trockenen Standorten

J F M A M J J A S O N D

Metasequoia glyptostroboides Hu & W. C. Cheng

Urweltmammutbaum *Cupressaceae*

Bis 35 m hoher sommergrüner Baum. ZAPFEN: Stiel 2–4 mm lang, **± kugelig, 2–4 cm ⌀,** von 20–25 Samenschuppen gebildet. SAMENSCHUPPEN: Schild *ohne* Dorn. SAMEN: mit breitem flügelartigem Saum. STÄNGEL: mit Kurz- u. Langtrieben, **Kurztriebe im Herbst zusammen mit den Blättern abfallend.** BLATTSTELLUNG: gegenständig. BLÄTTER: nadelförmig, **sommergrün.**

- in Einbürgerung befindlicher Neophyt, urspr. aus Ostasien
- planar bis montan
- Zier- bzw. Nutzpflanze

J F M A M J J A S O N D

Sequoiadendron giganteum (Lindl.) J. Buchholz

Riesenmammutbaum *Cupressaceae*

Bis 80 m hoch. PFLANZEN: 1-häusig. ZAPFEN: **eiförmig**, **4–8 cm lang**, von 30–60 Samenschuppen gebildet. SAMENSCHUPPEN: **Schild *ohne* Dorn, in der Mitte etwas vertieft.** SAMEN: mit breitem flügelartigem Saum. STÄNGEL: mit Kurz- u. Langtrieben, **Kurztriebe nach einigen Jahren zusammen mit den Blättern abfallend.** BLATTSTELLUNG: wechselständig. BLÄTTER: **immergrün**, den Stängel komplett bedeckend, lineal, spitz.

- in Einbürgerung befindlicher Neophyt, urspr. aus Nordamerika
- planar bis montan
- Wälder, Zier- bzw. Nutzpflanze

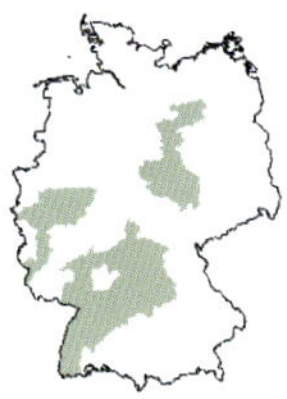

J F M **A M J** J A S O N D

Taxodium distichum (L.) Rich.

Zweizeilige Sumpfzypresse *Cupressaceae*

Bis 50 m hoher sommergrüner Baum. PFLANZEN: 1-häusig. ZAPFEN: Stiel < 2 mm lang, ± **kugelig**, **2–4 cm lang**, von 15–30 Samenschuppen gebildet. SAMENSCHUPPEN: **Schild mit kleinem dornartigem Fortsatz.** STÄNGEL: **basal mit bis 40 cm hohen Atemwurzeln**, mit Kurz- u. Langtrieben, **Kurztriebe im Herbst zusammen mit den Blättern abfallend.** BLÄTTER: schuppenförmig, spitz, 6–8 mm lang (var. *imbricarium*) *oder* nadelförmig, 8–12 mm lang, 2 mm breit, distal ausgerandet u. auf der Unterseite mit 2 hellen Streifen (var. *distichum*), **sommergrün.**

- in Einbürgerung befindlicher Neophyt, urspr. aus Nordamerika
- planar bis collin
- Wälder, Zier- bzw. Nutzpflanze
- an feuchten bis nassen Standorten

J F M **A M J** J A S O N D

Taxus baccata L.

Gewöhnliche Eibe *Taxaceae*

stark giftig | RL V | § BNatG b

Bis 20 m hoher Nadelbaum. PFLANZEN: meist 2-häusig. SAMEN: **einzeln, endständig, von einer roten, becherförmigen u. fleischigen Hülle (Arillus) umgeben.** BLATTSTELLUNG: wechselständig. BLÄTTER: immergrün, ***ohne* Harzgänge**, mit stark hervortretendem Mittelnerv, **am Stängel herablaufend**, *ohne* aromatischen Geruch.

- einheimisch
- planar bis montan
- Gehölze, Wälder, Zier- bzw. Nutzpflanze
- an basenreichen Standorten

J **F M A M J** J A S O N D

Nuphar lutea (L.) Sm.

Große Teichrose *Nymphaeaceae*

⊛ P4–8 A∞ G(10–25)

giftig | § BNatG b

Im Boden wurzelnde Wasserpflanze mit Schwimmblättern. BLÜTEN: **30–80 mm ⌀, mit ± fließenden Übergängen zwischen Kelch- u. Kronblättern, gelblich.** NEKTARBLÄTTER: 10–18, gelblich, bis 0,5-mal so lang wie die Blütenhüllblätter. NARBEN: schildförmig, **vertieft, 10–25-strahlig, ganzrandig bis seicht gezähnt.** FRÜCHTE: beerenartig. BLATTSTIELE: 50–250 cm lang, im QS oval. BLÄTTER: Nerven am Rand *nicht* miteinander verbunden. SCHWIMMBLÄTTER: herzförmig bis oval, **12–50 cm lang, 8–40 cm breit.**

- einheimisch
- planar bis montan
- Gewässer, Zier- bzw. Nutzpflanze
- an dauerhaft überfluteten Standorten

J F M A **M J J A S** O N D

us

Nuphar pumila (Timm) DC.

Zwerg-Teichrose *Nymphaeaceae*
⑥ P4–8 A∞ G(5–15) giftig RL 1 § BNatG s

Im Boden wurzelnde Wasserpflanze mit Schwimmblättern. BLÜTEN: **10–40 mm ⌀, mit ± fließenden Übergängen zwischen Kelch- u. Kronblättern, gelblich.** NEKTARBLÄTTER: 10–18, gelblich, bis 0,5-mal so lang wie die Blütenhüllblätter. NARBEN: schildförmig, **meist flach, 5–15-strahlig, am Rand gebuchtet.** FRÜCHTE: beerenartig. BLATTSTIELE: 60–150 cm lang, im QS oval. BLÄTTER: Nerven am Rand *nicht* miteinander verbunden. SCHWIMMBLÄTTER: herzförmig bis oval, **4–18 cm lang, 3–14 cm breit.**

- einheimisch
- planar bis montan
- Gewässer, Zier- bzw. Nutzpflanze
- an nährstoffarmen, dauerhaft überfluteten Standorten

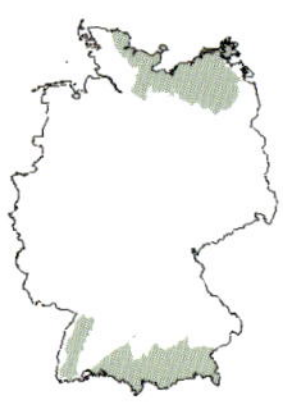

J F M A M **J J A** S O N D

Nymphaea alba L.

Weiße Seerose *Nymphaeaceae*
⑥ K4–5 C20–30 A∞ G(8–30) giftig § BNatG b

Im Boden wurzelnde Wasserpflanze mit Schwimmblättern. BLÜTEN: **50–180 mm ⌀, weißlich.** BLÜTENBODEN: **rundlich.** KRONE: **20–30-blättrig.** KELCH: meist 4-blättrig. KELCHBLÄTTER: meist grünlich. STAUBFÄDEN: **an den zentralen Staubblättern lineal, höchstens so breit wie die Staubbeutel.** NARBEN: schildförmig, **flach, > 0,75-mal so breit wie die Frucht,** 8–30-strahlig. FRÜCHTE: beerenartig. SAMEN: **2–3 mm lang.** BLATTSTIELE: 50–250 cm lang, im QS rundlich. BLÄTTER: Nerven am Rand miteinander verbunden, **Hauptnerv der basalen Seitenlappen gerade.** SCHWIMMBLÄTTER: herzförmig bis rundlich, 10–25 cm lang.

- einheimisch
- planar bis montan
- Gewässer, Zier- bzw. Nutzpflanze
- an dauerhaft überfluteten Standorten

J F M A **M J J A S** O N D

Nymphaea candida J. Presl & C. Presl

Kleine Seerose *Nymphaeaceae*
⑥ K4–5 C15–20 A∞ G(5–14) giftig RL 2 § BNatG b

Im Boden wurzelnde Wasserpflanze mit Schwimmblättern. BLÜTEN: **40–100 mm ⌀, weißlich.** BLÜTENBODEN: **4-kantig.** KRONE: **15–20-blättrig.** KELCH: meist 4-blättrig. KELCHBLÄTTER: meist grünlich. STAUBFÄDEN: **an den zentralen Staubblättern lanzettlich, breiter als die Staubbeutel.** NARBEN: schildförmig, **vertieft, < 0,5-mal so breit wie die Frucht,** 5–14-strahlig. FRÜCHTE: beerenartig. SAMEN: **3–5 mm lang.** BLATTSTIELE: 50–180 cm lang, im QS rundlich. BLÄTTER: Nerven am Rand miteinander verbunden, **Hauptnerv der basalen Seitenlappen gebogen.** SCHWIMMBLÄTTER: herzförmig bis rundlich, 10–25 cm lang.

- einheimisch
- planar bis montan
- Gewässer, Zier- bzw. Nutzpflanze
- an dauerhaft überfluteten Standorten

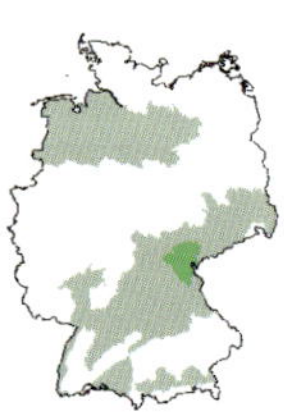

J F M A **M J J A S** O N D

Asarum europaeum L.

Europäische Haselwurz *Aristolochiaceae*
∗ P(3) A12 G(5–6) giftig

Bis 10 cm hoch. BLÜTEN: **glockig-trichterförmig, bräunlich bis rötlich.** FRÜCHTE: Kapseln. STÄNGEL: niederliegend, **mit ± sukkulenten Niederblättern.** BLÄTTER: lang gestielt, **herz- bis nierenförmig;** UNTERSEITS: behaart.

subsp. *europaeum* (Europäische Haselwurz): BLÄTTER: nierenförmig, distal meist abgerundet; OBERSEITS: glänzend.
subsp. *caucasicum* (Kaukasische Haselwurz): BLÄTTER: herzförmig, zugespitzt; OBERSEITS: matt.

- einheimisch
- collin bis montan
- Gehölze, Wälder, Zier- bzw. Nutzpflanze
- an basenreichen Standorten

J **F M A M J** J A S O N D

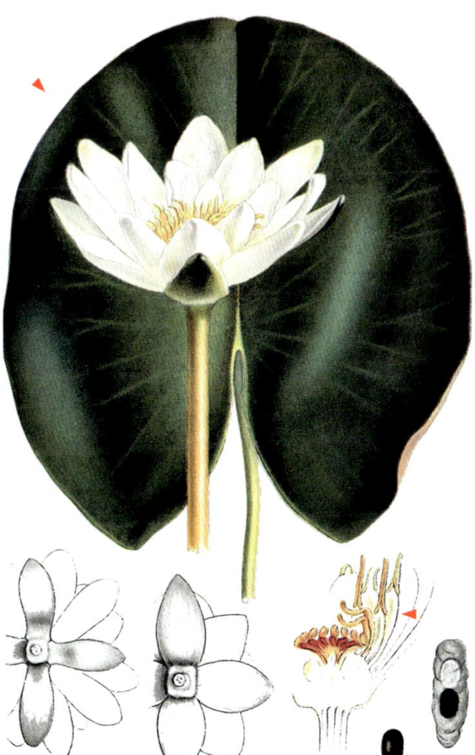

Aristolochia clematitis L.

Osterluzei *Aristolochiaceae*
↓ P(3) [A(12) G(5–6)]
giftig RL V

30–80 cm hoch. BLÜTEN: **mit langer, weit geöffneter Röhre, diese basal bauchig erweitert, gelblich**. STAUBBLÄTTER: mit den Fruchtblättern verwachsen. FRÜCHTE: Kapseln. STÄNGEL: aufrecht. BLÄTTER: **herzförmig**.

- Archaeophyt
- planar bis montan
- Intensivgrünland, Staudenfluren, Gehölze, Ruderalvegetation, an Mauern, Zier- bzw. Nutzpflanze
- an nährstoffreichen, basenreichen Standorten

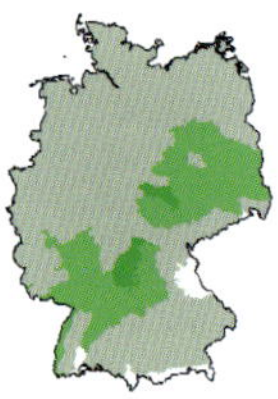

J F M **A M J J** A S O N D

Liriodendron tulipifera L.

Tulpenbaum *Magnoliaceae*
* P6–9 A∞ G∞

Bis 40 m hoher Baum. BLÜTENSTAND: Blüten einzeln o. zu wenigen. BLÜTEN: **glockig-trichterförmig, > 5 ⌀**. STAUBBLÄTTER: **3–5 cm lang**. FRÜCHTE: 1–2-samige Nüsschen, **30–60 mm lang, einseitig geflügelt**. BLATTSTIELE: 5–15 cm lang. BLÄTTER: **im Umriss ± 4-eckig, mit 4–6 Lappen, Spreite 10–15 cm lang**, 10–20 cm breit, basal gestutzt o. seicht geschwungen, Blattlappen kurz zugespitzt.

- unbeständiger Neophyt, urspr. aus Nordamerika
- planar bis montan
- Zier- bzw. Nutzpflanze

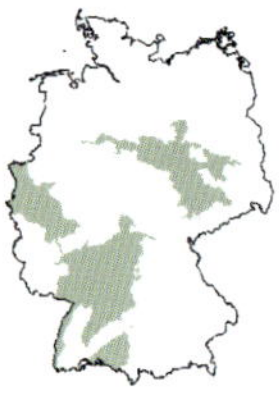

J F M **A M J** J A S O N D

Acorus calamus L.

Kalmus *Acoraceae*
* P6 A6 G(2–3)
giftig

Im Boden wurzelnde Wasserpflanze, seltener terrestrisch, 50–150 cm hoch. BLÜTENSTAND: **(scheinbar) seitenständig, kolbenartig**. HOCHBLÄTTER UNTER DEN BLÜTEN: 1, **den Stängel fortsetzend**, grünlich, länglich-lineal. FRÜCHTE: Beeren, in Mitteleuropa nur selten fertil. STÄNGEL: mit grundständiger Blattrosette. BLATTSTELLUNG: 2-zeilig. BLÄTTER: sitzend, **im QS V-förmig gefaltet**, unangenehm riechend, lineal bis länglich.

- eingebürgerter Neophyt, urspr. aus Ostasien
- planar bis montan
- Gewässer, Röhrichte, Moore u. Seggenriede, Zier- bzw. Nutzpflanze
- an nassen, zuweilen trockenfallenden Standorten

J F M A **M J J A** S O N D

Lemna gibba L.

Buckel-Wasserlinse *Araceae*
♂ ∗ A2 | ♀ ∗ G(3)

Sehr kleine freischwimmende Wasserpflanze, die nur aus schwimmenden blattartigen Stängelgliedern besteht. PFLANZEN: überwiegend mit vegetativer Vermehrung durch Sprossung u. Turionen. BLÜTENSTAND: Blüten winzig (in Mitteleuropa meist komplett fehlend), in einer Vertiefung am Rand der Stängelglieder. FRÜCHTE: in Deutschland *nicht* fertil. STÄNGEL: mit *einer* Hauptwurzel. STÄNGELGLIEDER: an der Oberfläche schwimmend, rundlich bis oval, distal ± abgerundet, **3–6 mm lang, 2–5 mm breit, unterseits meist stark gewölbt**, oberseits *ohne* Höcker, beidseits grünlich.

- einheimisch
- planar bis collin
- Gewässer, Zier- bzw. Nutzpflanze
- an nährstoffreichen, basenreichen, dauerhaft überfluteten, auch salzhaltigen Standorten

J F **M A M J J** A S O N D

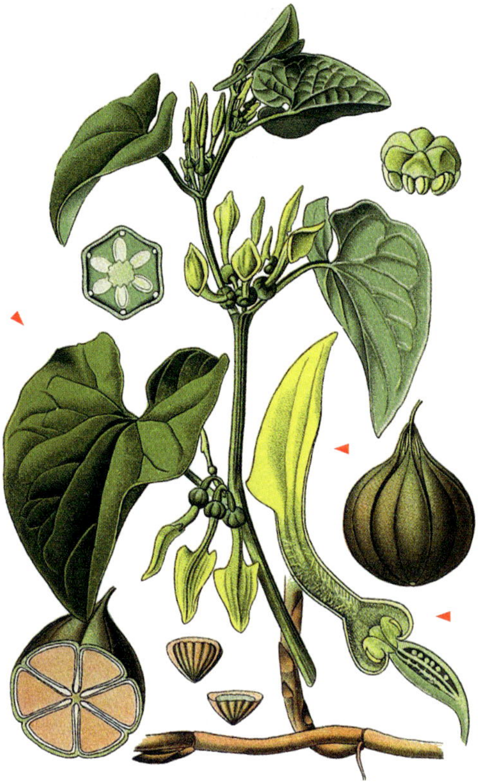

Lemma minor L.

Kleine Wasserlinse *Araceae*
♂ ∗ A2 | ♀ ∗ G(3)

Sehr kleine freischwimmende Wasserpflanze, die nur aus schwimmenden blattartigen Stängelgliedern besteht. PFLANZEN: überwiegend mit vegetativer Vermehrung durch Sprossung u. Turionen. BLÜTENSTAND: Blüten winzig (in Mitteleuropa meist komplett fehlend), in einer Vertiefung am Rand der Stängelglieder. FRÜCHTE: in Deutschland *nicht* fertil. STÄNGEL: mit *einer* Hauptwurzel. STÄNGELGLIEDER: an der Oberfläche schwimmend, rundlich bis oval, distal ± abgerundet, **2–4 (6) mm lang**, **unterseits flach, oberseits mit 1–2 größeren Höckern über den Wurzeln**, beidseits grünlich, *ohne* Überdauerungsknospen.

- einheimisch
- planar bis montan
- Gewässer, Zier- bzw. Nutzpflanze
- an dauerhaft überfluteten, auch salzhaltigen Standorten

J F M A M J J A S O N D

Lemna minuta Kunth

Zierliche Wasserlinse *Araceae*
♂ ∗ A2 | ♀ ∗ G(3)

Sehr kleine freischwimmende Wasserpflanze, die nur aus schwimmenden blattartigen Stängelgliedern besteht. PFLANZEN: überwiegend mit vegetativer Vermehrung durch Sprossung u. Turionen. BLÜTENSTAND: Blüten winzig (in Mitteleuropa meist komplett fehlend), in einer Vertiefung am Rand der Stängelglieder. FRÜCHTE: in Deutschland *nicht* fertil. STÄNGEL: mit *einer* Hauptwurzel. STÄNGELGLIEDER: an der Oberfläche schwimmend, rundlich bis oval, distal ± spitz, **1–2 (4) mm lang**, **unterseits flach, oberseits mit 1–2 größeren Höcker über den Wurzeln**, beidseits grünlich, meist mit Überdauerungsknospen.

- eingebürgerter Neophyt, urspr. aus Nordamerika
- planar bis collin
- Gewässer
- an dauerhaft überfluteten Standorten

J F M A M J J A S O N D

Lemna trisulca L.

Untergetauchte Wasserlinse *Araceae*
♂ ∗ A2 | ♀ ∗ G(3)

Sehr kleine freischwimmende Wasserpflanze, die nur aus schwimmenden blattartigen Stängelgliedern besteht. PFLANZEN: überwiegend mit vegetativer Vermehrung durch Sprossung u. Turionen. BLÜTENSTAND: Blüten winzig (in Mitteleuropa meist komplett fehlend), in einer Vertiefung am Rand der Stängelglieder. FRÜCHTE: in Deutschland *nicht* fertil. STÄNGEL: mit *einer* Hauptwurzel. STÄNGELGLIEDER: **meist (etwas) untergetaucht, kreuzweise verbunden, länglich-lanzettlich, 7–10 mm lang.**

- einheimisch
- planar bis montan
- Gewässer, Zier- bzw. Nutzpflanze
- an dauerhaft überfluteten, auch salzhaltigen Standorten

J F M A M J J A S O N D

Lemna turionifera Landolt

Rote Wasserlinse *Araceae*
♂ ∗ A2 | ♀ ∗ G(3)

Sehr kleine freischwimmende Wasserpflanze, die nur aus schwimmenden blattartigen Stängelgliedern besteht. PFLANZEN: überwiegend mit vegetativer Vermehrung durch Sprossung u. Turionen. BLÜTENSTAND: Blüten winzig (in Mitteleuropa meist komplett fehlend), in einer Vertiefung am Rand der Stängelglieder. FRÜCHTE: in Deutschland *nicht* fertil. STÄNGEL: mit *einer* Hauptwurzel. STÄNGELGLIEDER: an der Oberfläche schwimmend, rundlich bis oval, distal ± abgerundet, **2–3 mm lang**, **unterseits flach, oberseits mit mehreren Höckern über den Wurzeln, oberseits meist grünlich, unterseits oft rötlich.**

- eingebürgerter Neophyt, urspr. aus Nordeuropa, Asien u. Nordamerika
- planar bis collin
- Gewässer
- an dauerhaft überfluteten Standorten

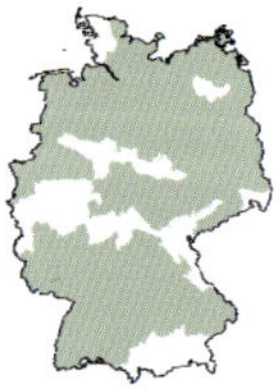

J F M A M J J A S O N D

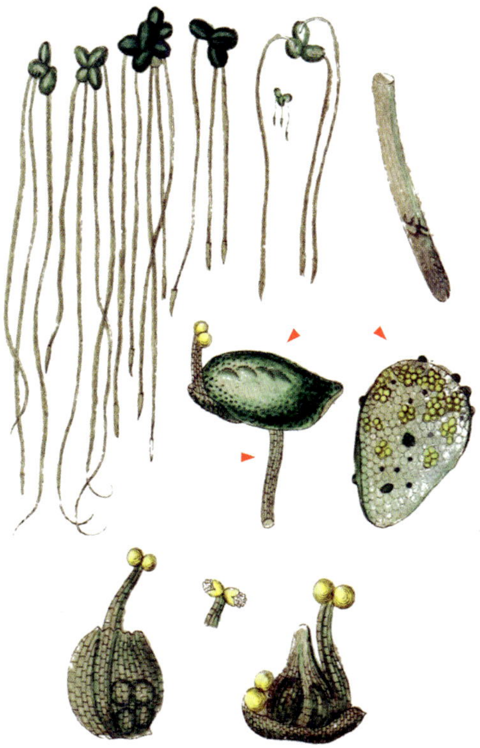

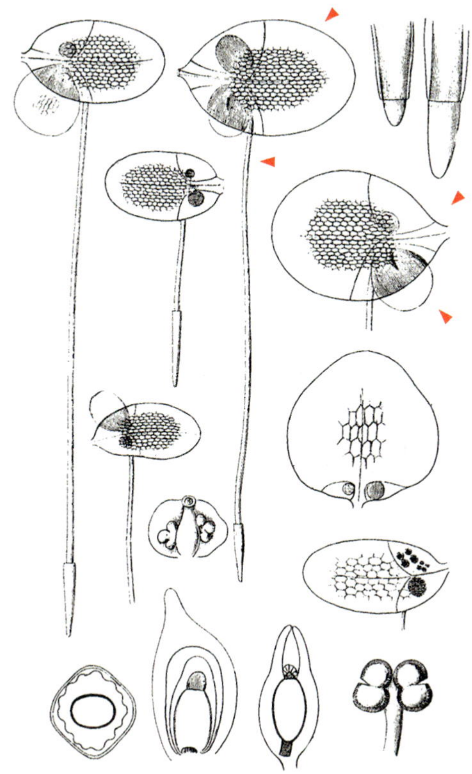

Spirodela polyrhiza (L.) Schleid.

Vielwurzlige Teichlinse *Araceae*
♂ ∗ A2 | ♀ ∗ G(3)

Sehr kleine freischwimmende Wasserpflanze, die nur aus schwimmenden blattartigen Stängelgliedern besteht. PFLANZEN: überwiegend mit vegetativer Vermehrung durch Sprossung u. Turionen. BLÜTENSTAND: Blüten winzig (in Mitteleuropa meist komplett fehlend), in einer Vertiefung am Rand der Stängelglieder. FRÜCHTE: in Deutschland *nicht* fertil. STÄNGEL: **mit *mehreren* Hauptwurzeln**. STÄNGELGLIEDER: rundlich bis oval, distal ± abgerundet, meist 4–7 mm lang, unterseits flach, **oberseits zuweilen rötlich, unterseits meist rötlich**, meist mit Überdauerungsknospen.

- einheimisch
- planar bis montan
- Gewässer, Zier- bzw. Nutzpflanze
- an dauerhaft überfluteten, auch salzhaltigen Standorten

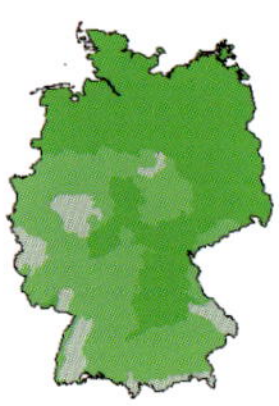

J F M **A M J J** A S O N D

Wolffia arrhiza (L.) Wimm.

Zwergwasserlinse *Araceae*
♂ ∗ A2 | ♀ ∗ G(3) RL 3

Sehr kleine freischwimmende Wasserpflanze, die nur aus schwimmenden blattartigen Stängelgliedern besteht. PFLANZEN: überwiegend mit vegetativer Vermehrung durch Sprossung u. Turionen. BLÜTENSTAND: Blüten winzig (in Mitteleuropa meist komplett fehlend), in einer Vertiefung am Rand der Stängelglieder. FRÜCHTE: in Deutschland *nicht* fertil. WURZELN: **fehlen**. STÄNGELGLIEDER: rundlich bis oval, distal ± abgerundet, **< 1,5 mm lang**, unterseits flach.

- einheimisch
- planar
- Gewässer, Zier- bzw. Nutzpflanze
- an dauerhaft überfluteten Standorten

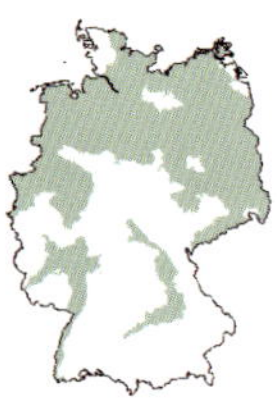

J F M A M J J A S O N D

Calla palustris L.

Sumpf-Schlangenwurz *Araceae*
∗ A(6–12) G(3) giftig RL V § BNatG b

Im Boden wurzelnde Wasserpflanze, seltener terrestrisch, 15–30 cm hoch. BLÜTENSTAND: **kolbenartig**, obere Blüten oft ♂. HOCHBLÄTTER UNTER DEN BLÜTEN: 1, **spathaförmig, weißlich, im QS gebogen**. FRÜCHTE: Beeren, rötlich. STÄNGEL: mit grundständiger Blattrosette. BLÄTTER: gestielt, **herzförmig**.

- einheimisch
- planar bis montan
- Gewässer, Röhrichte, Moore u. Seggenriede, Wälder, Zier- bzw. Nutzpflanze
- an nassen, zuweilen überfluteten Standorten

J F M **A M J J A S O** N D

Arum cylindraceum Gasp.

Südöstlicher Aronstab *Araceae*
♂ ∗ A(3–4) | ♀ ∗ G(3) stark giftig RL R

15–50 cm hoch. BLÜTENSTAND: **kolbenartig, oben bräunlich bis dunkelrot**, untere Blüten ♀, mittlere Blüten ♂, obere Blüten steril; STIEL: **± so lang wie die Blattstiele**. HOCHBLÄTTER UNTER DEN BLÜTEN: 1, **spathaförmig, eingerollt u. den Blütenstand einhüllend, weißlich-grünlich, zuweilen rötlich überlaufen, meist 8–15 cm lang, 1–2-mal so lang wie der Kolben**. FRÜCHTE: Beeren, rötlich. BLATTSTELLUNG: mit 2 grundständigen Blättern. BLÄTTER: lang gestielt, ***nicht* gefleckt, pfeil- bzw. spießförmig**.

- einheimisch
- planar
- Wälder

J F **M A M J** J A S O N D

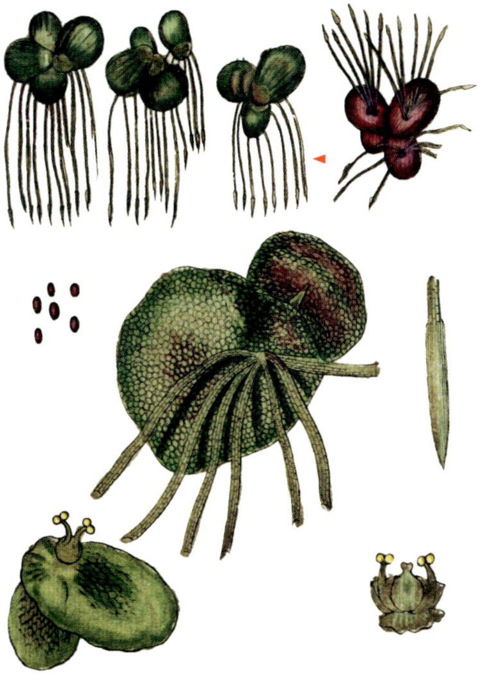

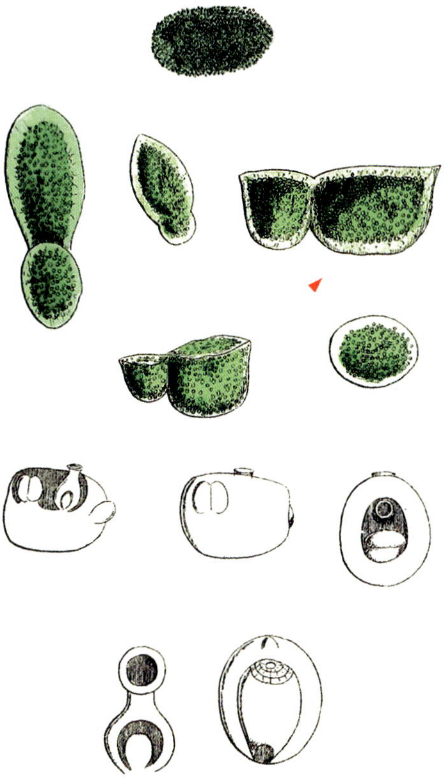

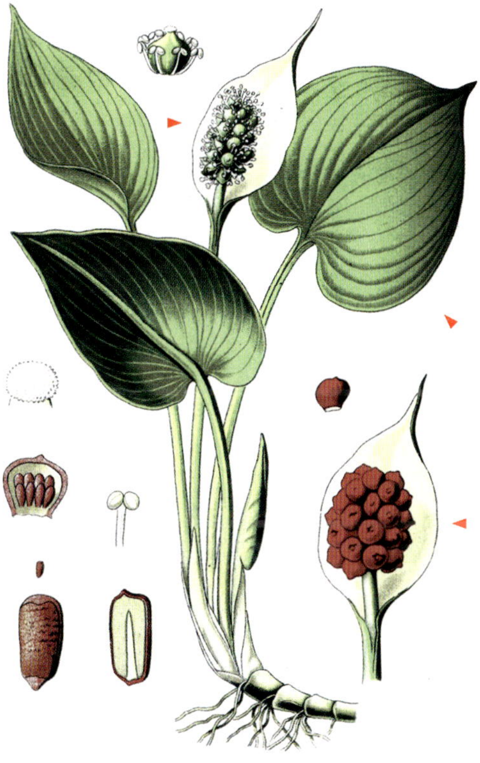

Arum maculatum L.

Gefleckter Aronstab *Araceae*
♂ ∗ A(3–4) | ♀ ∗ G(3) stark giftig

15–50 cm hoch. Blütenstand: **kolbenartig, oben bräunlich bis dunkelrot**, untere Blüten ♀, mittlere Blüten ♂, obere Blüten steril; Stiel: **0,5–0,75-mal so lang wie die Blattstiele**. Hochblätter unter den Blüten: 1, **spathaförmig, eingerollt u. den Blütenstand einhüllend, weißlich bis grünlich, zuweilen rötlich überlaufen, meist 12–30 cm lang, 2–3-mal so lang wie der Kolben**. Früchte: Beeren, rötlich. Blattstellung: mit 2 grundständigen Blättern. Blätter: lang gestielt, **oft schwarz gefleckt, pfeil- bzw. spießförmig**.

- einheimisch
- planar bis montan
- Wälder, Zier- bzw. Nutzpflanze
- an nährstoffreichen Standorten

J F M A M J J A S O N D

Tofieldia calyculata (L.) Wahlenb.

Kelch-Simsenlilie *Tofieldiaceae*
∗ P6 A6 G1 RL 3

15–30 cm hoch. Blütenstand: meist traubenartig, **zylindrisch-länglich**. Tragblätter der Blüten: **lanzettlich, distal ganzrandig**. Vorblätter unter den Blüten: **3-lappig, außenkelchartig**. Blüten: **gelblich-grünlich**. Perigonblätter: 1–4 mm lang. Fruchtblätter: allenfalls basal verwachsen. Früchte: Kapseln. Speicherorgane: Rhizome. Stängel: mit grundständiger Blattrosette. Blattstellung: wechselständig, Blätter 2-zeilig angeordnet. Blätter: im QS schwertförmig, lineal bis lanzettlich, **Spreite 2–16 cm lang**. Grundblätter: **≥ 4-nervig**.

- einheimisch
- collin bis alpin
- Moore u. Seggenriede, Extensivgrünland u. Magerrasen, Zier- bzw. Nutzpflanze
- an nährstoffarmen, basenreichen, feuchten bis nassen Standorten

J F M A M J J A S O N D

Tofieldia pusilla (Michx.) Pers.

Zwerg-Simsenlilie *Tofieldiaceae*
∗ P6 A6 G1 RL R

Bis 15 cm hoch. Blütenstand: meist traubenartig, **kurz eiförmig**. Tragblätter der Blüten: **klein, 3-lappig**. Vorblätter unter den Blüten: **fehlen**. Blüten: **weißlich**. Perigonblätter: 1–4 mm lang. Fruchtblätter: allenfalls basal verwachsen. Früchte: Kapseln. Speicherorgane: Rhizome. Stängel: mit grundständiger Blattrosette. Blattstellung: wechselständig, Blätter 2-zeilig angeordnet. Blätter: im QS schwertförmig, lineal bis lanzettlich, **Spreite 1–6 cm lang**. Grundblätter: **3–4-nervig**.

- einheimisch
- subalpin bis alpin
- trockenfallende Ufer, Moore u. Seggenriede, Schutt- u. Felsfluren, Zier- bzw. Nutzpflanze
- an nährstoffarmen, kalkreichen, feuchten bis nassen Standorten

J F M A M J J A S O N D

Alisma gramineum Lej.

Grasblättriger Froschlöffel *Alismataceae*
∗ K3 C3 A6 G10–30 schwach giftig RL 3

Wasser- o. Sumpfpflanze, meist 10–30 cm hoch. Blütenstand: quirlig, in ähren- bis traubenartigem Gesamtblütenstand. Blüten: weißlich bis rosa. Staubbeutel: ± kugelig. Fruchtblätter: allenfalls basal verwachsen. Griffel: **hakenförmig gekrümmt, kürzer als der Fruchtknoten**. Früchte: Nüsschen, 10–30 Teilfrüchte pro Blüte. Fruchtwand: dünn. Teilfrüchte: 1–2-samig. Stängel: *ohne* Laubblätter. Blätter: **ungestielt, der Landformen länglich bis oval, submerse lineal, länglich-lineal, ungestielt**.

- einheimisch
- planar bis collin
- Gewässer
- an nassen, zuweilen trockenfallenden Standorten

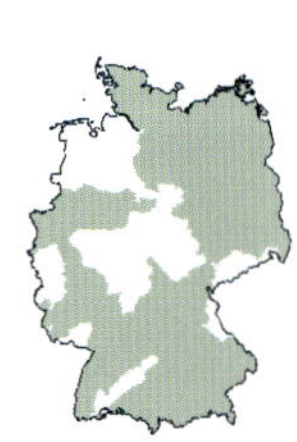

J F M A M J J A S O N D

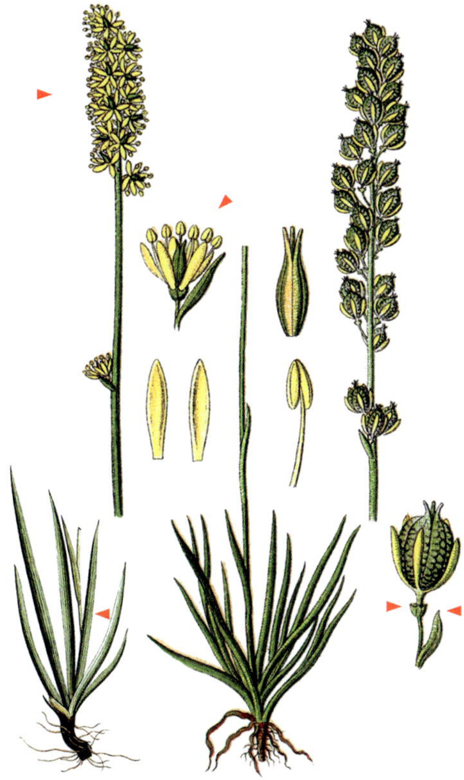

Alisma lanceolatum With.

Lanzett-Froschlöffel *Alismataceae*
∗ K3 C3 A6 G10–30 schwach giftig

20–80 cm hoch. Blütenstand: quirlig, in ähren- bis traubenartigem Gesamtblütenstand. Blüten: rosa. Perigonblätter: **spitz**. Staubbeutel: länglich. Fruchtblätter: allenfalls basal verwachsen. Griffel: **± gerade, mindestens so lang wie der Fruchtknoten**. Früchte: Nüsschen, 10–30 Teilfrüchte pro Blüte. Fruchtwand: dünn. Teilfrüchte: 1–2-samig. Stängel: *ohne* Laubblätter. Blätter: **gestielt, länglich-lanzettlich, gestielt, basal gerade bis verschmälert**.

- einheimisch
- planar bis montan
- Gewässer, trockenfallende Ufer, Röhrichte, Moore u. Seggenriede, Zier- bzw. Nutzpflanze
- an nassen, zuweilen trockenfallenden Standorten

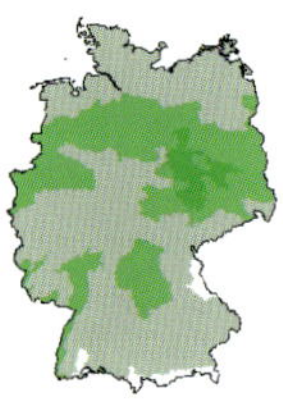

J F M A **M J J A** S O N D

Alisma plantago-aquatica L.

Gewöhnlicher Froschlöffel *Alismataceae*
∗ K3 C3 A6 G10–30 schwach giftig

25–100 cm hoch. Blütenstand: quirlig, in ähren- bis traubenartigem Gesamtblütenstand. Blüten: weißlich bis hellrosa. Perigonblätter: **distal abgerundet**. Staubbeutel: länglich. Fruchtblätter: allenfalls basal verwachsen. Griffel: **± gerade, mindestens so lang wie der Fruchtknoten**. Früchte: Nüsschen, 10–30 Teilfrüchte pro Blüte. Fruchtwand: dünn. Teilfrüchte: 1–2-samig. Stängel: *ohne* Laubblätter. Blätter: **gestielt, länglich-oval bis herzförmig, gestielt, basal abgerundet bis schwach ausgerandet**.

- einheimisch
- planar bis montan
- Gewässer, trockenfallende Ufer, Röhrichte, Moore u. Seggenriede, Zier- bzw. Nutzpflanze
- an nährstoffreichen, nassen, zuweilen trockenfallenden Standorten

J F M A **M J J A** S O N D

Baldellia ranunculoides (L.) Parl.

Igelschlauch *Alismataceae*
∗ K3 C3 A6 G10–30 RL 2

Wasser- o. Sumpfpflanze Blütenstand: **doldenartig**, Blüten: weißlich o. rosa. Fruchtblätter: allenfalls basal verwachsen. Fruchtknoten: **± spiralig an gewölbter Blütenachse**. Früchte: Nüsschen, ≥ 6 Teilfrüchte pro Blüte. Teilfrüchte: 1–2-samig. Stängel: *ohne* Laubblätter. Blätter: gestielt, **länglich bis lanzettlich**, 3-nervig.

subsp. *ranunculoides* (Gewöhnlicher Igelschlauch): bis 60 cm hoch. Blütenstand: Dolden an aufrechten *nicht* einwurzelnden Stielen, 6–30-blütig. Blüten: meist weißlich. Früchte: glatt. Ausläufer: fehlend.

subsp. *repens* (Kriechender Igelschlauch): bis 20 cm hoch. Blütenstand: Dolden an niederliegenden einwurzelnden Stielen, meist 2–5-blütig. Blüten: meist rosa. Früchte: mit Papillen. Ausläufer: lang kriechend.

- einheimisch
- planar
- Gewässer, trockenfallende Ufer, Dünentäler
- an nährstoffarmen, nassen, zuweilen trockenfallenden, auch salzhaltigen Standorten

J F M A M **J J A S O** N D

Caldesia parnassifolia (L.) Parl.

Herzlöffel *Alismataceae*
∗ K3 C3 A6 G8–16 RL 1 § FFH IV, BNatG s

Im Boden wurzelnde Wasserpflanze, 10–30 cm hoch. Blütenstand: **quirlig, in ähren- bis traubenartigem Gesamtblütenstand**. Blüten: **weißlich**. Blütenboden: **flach**. Fruchtblätter: allenfalls basal verwachsen. Früchte: Nüsschen, 8–16 Teilfrüchte pro Blüte. Fruchtwand: dick, verholzt. Teilfrüchte: 1–2-samig. Stängel: *ohne* Laubblätter. Schwimmblätter: gestielt, **herzförmig**.

- einheimisch
- planar bis montan
- Gewässer, Röhrichte, Zier- bzw. Nutzpflanze
- an basenreichen, nassen, zuweilen trockenfallenden Standorten

J F M A M **J J A S O** N D

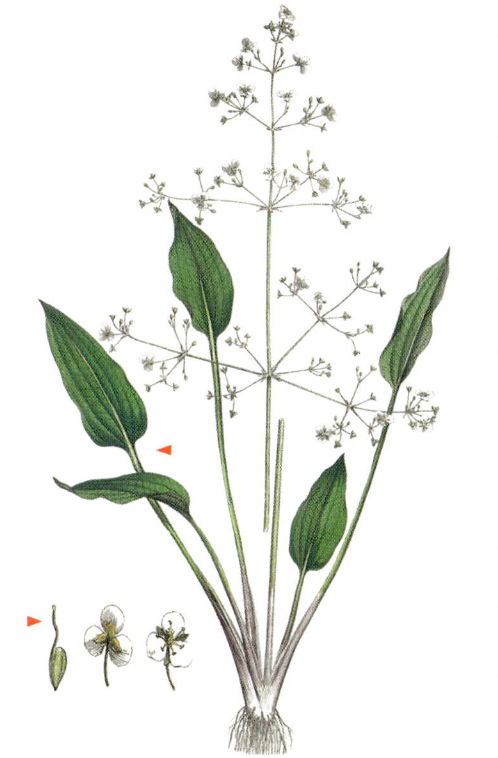

Luronium natans (L.) Raf.

Schwimmendes Froschkraut *Alismataceae*
∗ K3 C3 A6 G6–15 RL 2 § FFH IV, BNatG s

Im Boden wurzelnde Wasserpflanze, 10–50 cm hoch. BLÜTEN: **weißlich**. BLÜTENBODEN: **flach**. FRUCHTBLÄTTER: allenfalls basal verwachsen. FRUCHTKNOTEN: **± spiralig angeordnet**. FRÜCHTE: Nüsschen, 6–15 Teilfrüchte pro Blüte. TEILFRÜCHTE: 1–2-samig. SCHWIMMBLÄTTER: gestielt, **breit-oval, basal abgerundet**. TAUCHBLÄTTER: **schmal-lineal bis lanzettlich**.

- einheimisch
- planar bis collin
- Gewässer, trockenfallende Ufer
- an nährstoffarmen, dauerhaft überfluteten Standorten

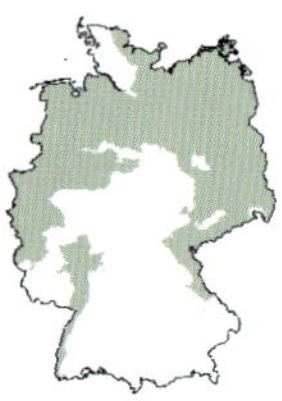

J F M A M J J A S O N D

Sagittaria sagittifolia L.

Gewöhnliches Pfeilkraut *Alismataceae*
♂ ∗ K3 C3 A∞ | ♀ ∗ K3 C3 G∞

Im Boden wurzelnde Wasserpflanze, 25–100 cm hoch. PFLANZEN: 1-häusig. BLÜTENSTAND: **quirlig, in ähren- bis traubenartigem Gesamtblütenstand, obere Blüten ♂, untere ♀**. BLÜTEN: **weißlich**, basal meist rötlich. BLÜTENBODEN: **gewölbt**. FRUCHTBLÄTTER: allenfalls basal verwachsen. FRUCHTKNOTEN: **± spiralig angeordnet**. FRÜCHTE: Nüsschen, ≥ 12 Teilfrüchte pro Blüte. TEILFRÜCHTE: 1–2-samig. STÄNGEL: *ohne* Laubblätter. BLÄTTER: **pfeilförmig**. TAUCHBLÄTTER: **lineal-bandförmig**, bis 300 cm lang.

- einheimisch
- planar bis collin
- Gewässer, Röhrichte, Zier- bzw. Nutzpflanze
- an nassen, zuweilen trockenfallenden Standorten

J F M A M J J A S O N D

Butomus umbellatus L.

Schwanenblume *Butomaceae*
∗ K3 C3 A9 G6–8

Im Boden wurzelnde Wasserpflanze, 50–150 cm hoch. BLÜTENSTAND: endständig, **doldenartig**; STIEL: im QS rund. BLÜTEN: **weißlich, meist rötlich überlaufen**. FRUCHTBLÄTTER: allenfalls basal verwachsen. FRÜCHTE: Bälge, **≤ 8 Teilfrüchte pro Blüte**, ≥ 10-samig, Plazentation laminal. STÄNGEL: mit grundständiger Blattrosette, *ohne* Laubblätter. BLÄTTER: **im QS basal 3-kantig, länglich-lineal, 30–100 cm lang**.

- einheimisch
- planar bis montan
- Gewässer, Röhrichte, Zier- bzw. Nutzpflanze
- an nassen, zuweilen trockenfallenden Standorten

J F M A M J J A S O N D

Hydrocharis morsus-ranae L.

Europäischer Froschbiss *Hydrocharitaceae*
♂ ∗ K3 C3 A5–15 | ♀ ∗ K3 C3 G(6) RL V

Freischwimmende Wasserpflanze. PFLANZEN: meist 2-häusig. BLÜTENSTAND: ♂ Blüten einzeln, lang gestielt, ♀ Blüten sitzend. HOCHBLÄTTER UNTER DEN BLÜTEN: **2, spathaförmig, einige Zentimeter unter den ♂ Blüten**, grünlich. BLÜTEN: **15–30 mm ⌀, weiß, basal oft gelblich**. STAUBBLÄTTER: ♀ Blüten meist mit einigen Staminodien. FRUCHTKNOTEN: 6–15 mm lang. ♀ BLÜTEN: meist mit einigen sterilen Staubblättern. STÄNGEL: mit grundständiger Blattrosette. BLATTSTIELE: < 30 cm lang. NEBENBLÄTTER: **2. häutig, an der Basis des Blattstiels**. SCHWIMMBLÄTTER: **rundlich bis herz- o. nierenförmig**.

- einheimisch
- planar bis montan
- Gewässer
- an dauerhaft überfluteten Standorten

J F M A M J J A S O N D

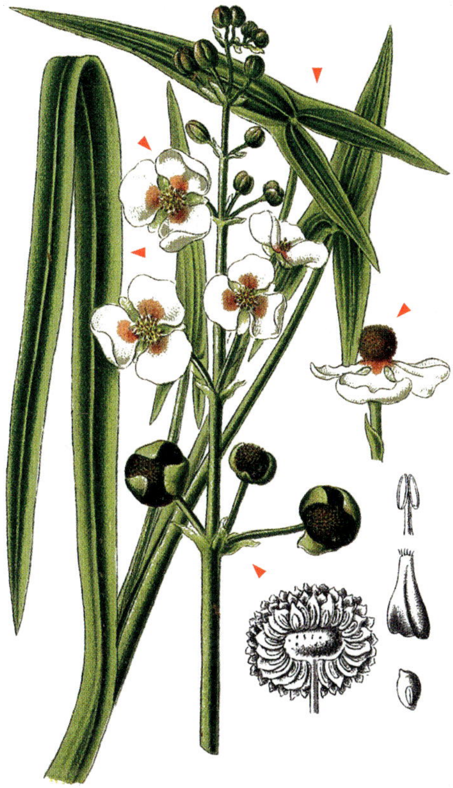

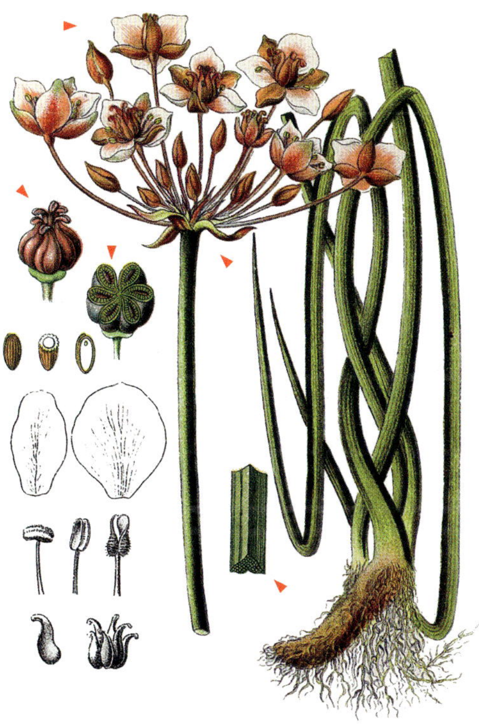

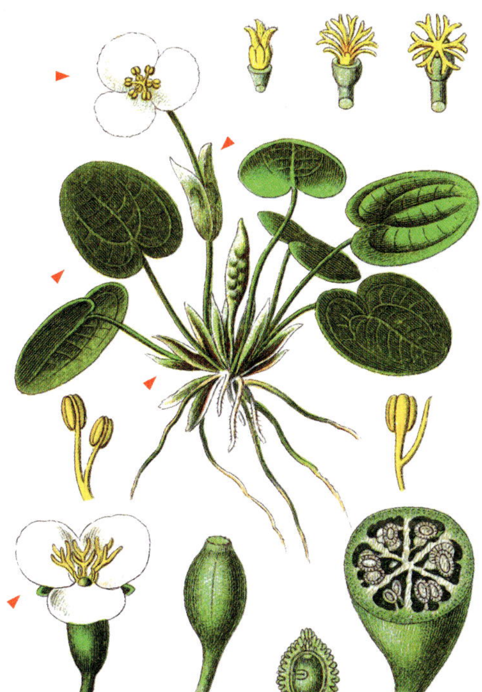

Stratiotes aloides L.

Krebsschere *Hydrocharitaceae*
♂ * K3 C3 A5–12 | ♀ * K3 C3 G(6) RL 3 § BNatG b

Freischwimmende Wasserpflanze, bis 50 cm hoch. Blütenstand: Blüten einzeln o. zu wenigen. Blüten: **weiß**. Staubblätter: ♀ Blüten meist mit einigen Staminodien. Fruchtknoten: 6–15 mm lang. ♀ Blüten: meist mit einigen sterilen Staubblättern. Stängel: mit grundständiger Blattrosette. Ausläufer: flutend. Schwimmblätter: **meist halb untergetaucht**, sitzend, **breit-lineal bis 3-eckig, am Rand gezähnt bis stachelig, im QS 3-kantig bis trapezförmig (schwertförmig)**.

- einheimisch
- planar bis collin
- Gewässer, Zier- bzw. Nutzpflanze
- an basenreichen, dauerhaft überfluteten Standorten

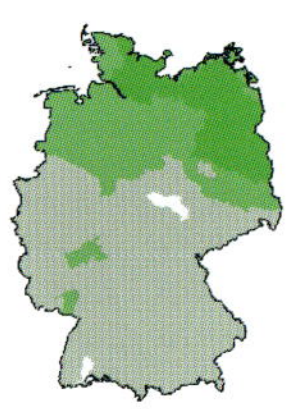

J F M **A M J J A S** O N D

Elodea callitrichoides (Rich.) Casp.

Argentinische Wasserpest *Hydrocharitaceae*
♂ * K3 C3 A3–6 | ♀ * K3 C3 G(3–6)

Im Boden wurzelnde Wasserpflanze, allenfalls die Blüten aus dem Wasser ragend. Pflanzen: **in Deutschland fast nur ♂ Individuen**. Blütenstand: Blüten einzeln o. zu wenigen, lang gestielt. Blüten: ♀ sich von der Pflanze lösend, **5–10 mm** ⌀; **Kronblätter weißlich**. Kronblätter: **± so lang wie die Kelchblätter**. Kelchblätter: **grünlich**. Stängel: **10–200 cm lang**, Internodien 30–80 mm lang. Knoten: **grünlich**, 2-4-blättrig. Blätter: **frischgrün**, lineal bis länglich, 0,5–1,5 cm lang, 1–2 mm breit, **lang zugespitzt**.

- eingebürgerter Neophyt, urspr. aus Südamerika
- planar
- Gewässer, Zier- bzw. Nutzpflanze
- an nassen Standorten

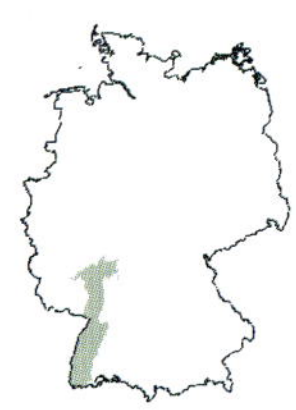

J F M A M **J J A S O** N D

Elodea canadensis Michx.

Kanadische Wasserpest *Hydrocharitaceae*
♂ * K3 C3 A3–9 | ♀ * K3 C3 G(3–6)

Im Boden wurzelnde Wasserpflanze, allenfalls die Blüten aus dem Wasser ragend. Pflanzen: **in Deutschland fast nur ♀ Individuen**. Blütenstand: Blüten einzeln o. zu wenigen, lang gestielt. Blüten: ♀ sich von der Pflanze lösend, **4–6 mm** ⌀; **Kronblätter weißlich**. Kronblätter: **± so lang wie die Kelchblätter**. Kelchblätter: grünlich *oder* rötlich. Stängel: **meist 30–60 cm lang**, Internodien 30–80 mm lang. Knoten: 2-4-blättrig. Blätter: **meist dunkelgrün**, länglich-lanzettlich bis oval, 0,5–1,5 cm lang, 2–3 mm breit, **kurz zugespitzt**.

- eingebürgerter Neophyt, urspr. aus Nordamerika
- planar bis montan
- Gewässer, Zier- bzw. Nutzpflanze
- an dauerhaft überfluteten Standorten

J F M **A M J J A S** O N D

Elodea nuttallii (Planch.) H. St. John

Nuttalls Wasserpest *Hydrocharitaceae*
♂ * K3 C3 A3–9 | ♀ * K3 C3 G(3–6) § IAS

Im Boden wurzelnde Wasserpflanze, allenfalls die Blüten aus dem Wasser ragend. Blütenstand: Blüten einzeln o. zu wenigen, lang gestielt. Blüten: ♀ sich von der Pflanze lösend, **2–4 mm** ⌀; **Kronblätter farblos**. Kronblätter: **viel kürzer als die Kelchblätter**. Kelchblätter: **unterseits grünlich, mit violetter Spitze, oberseits braun mit grünem Rand**. Stängel: **meist 30–60 cm lang**, Internodien 30–80 mm lang. Knoten: **rötlich**, 2-4-blättrig. Blätter: **oft verdreht o. zurückgebogen**, **frischgrün**, lineal bis länglich, 0,3–1,5 cm lang, 1–3 mm breit, **lang zugespitzt**.

- eingebürgerter Neophyt, urspr. aus Nordamerika
- planar bis collin
- Gewässer, Zier- bzw. Nutzpflanze
- an dauerhaft überfluteten Standorten

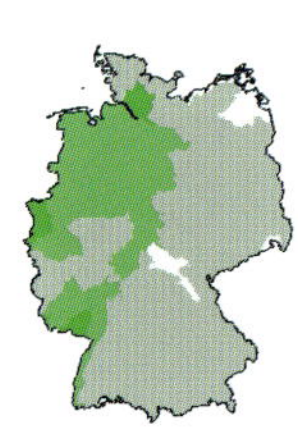

J F M A **M J J A S** O N D

Najas flexilis (Willd.) Rostk. & W. L. E. Schmidt

Biegsames Nixkraut *Hydrocharitaceae*
♂ ∗ A1 | ♀ ∗ G(2) RL 0 § FFH IV, BNatG s

Komplett untergetaucht wachsende Wasserpflanze. BLÜTEN: einzeln. BLÜTENHÜLLE: fehlend bzw. zu kleinen Schuppen reduziert. FRUCHTKNOTEN: **2-blättrig.** NARBEN: **2.** STÄNGEL: 10–30 cm lang, **biegsam, nicht zerbrechlich,** ***ohne*** **Stacheln,** gleichmäßig beblättert. BLATTSTELLUNG: quirlig *oder* gegenständig. TAUCHBLÄTTER: **Spreite allmählich in die Blattscheiden übergehend, am Rand fein gezähnt.**

- ausgestorben
- planar bis montan
- Gewässer
- an basenreichen, dauerhaft überfluteten Standorten

J F M A M J J A S O N D

Najas marina L.

Großes Nixkraut *Hydrocharitaceae*
♂ ∗ A1 | ♀ ∗ G(3)

Komplett untergetaucht wachsende Wasserpflanze. BLÜTEN: einzeln. BLÜTENHÜLLE: fehlend bzw. zu kleinen Schuppen reduziert. FRUCHTKNOTEN: **3-blättrig.** NARBEN: **3.** STÄNGEL: bis 60 cm lang, **meist mit Stacheln besetzt,** gleichmäßig beblättert. BLATTSTELLUNG: quirlig *oder* gegenständig. TAUCHBLÄTTER: **am Rand grob gezähnt bis stachelig.**

- einheimisch
- planar bis collin
- Gewässer
- an kalkreichen, dauerhaft überfluteten, auch salzhaltigen Standorten

J F M A M J J A S O N D

Najas minor All.

Kleines Nixkraut *Hydrocharitaceae*
♂ ∗ A1 | ♀ ∗ G(2) RL 3

Komplett untergetaucht wachsende Wasserpflanze. BLÜTEN: einzeln. BLÜTENHÜLLE: fehlend bzw. zu kleinen Schuppen reduziert. FRUCHTKNOTEN: **2-blättrig.** NARBEN: **2.** STÄNGEL: < 20 cm lang, **starr, leicht zerbrechlich,** ***ohne*** **Stacheln,** gleichmäßig beblättert. BLATTSTELLUNG: quirlig *oder* gegenständig. TAUCHBLÄTTER: **Spreite deutlich von den Blattscheiden abgesetzt, am Rand fein gezähnt.**

- einheimisch
- planar bis collin
- Gewässer, Zier- bzw. Nutzpflanze
- an basenreichen, dauerhaft überfluteten Standorten

J F M A M J J A S O N D

Scheuchzeria palustris L.

Blasenbinse *Scheuchzeriaceae*
∗ P6 A6 G3–6 RL 2 § BNatG b

10–20 cm hoch. BLÜTENSTAND: **traubenartig, ≤ 10-blütig.** BLÜTEN: **grünlich bis gelblich.** BLÜTENSTIELE: länger als die Blüten. PERIGONBLÄTTER: **basal kurz verwachsen.** FRUCHTBLÄTTER: allenfalls basal verwachsen. FRUCHTKNOTEN: **meist 3-blättrig, zuweilen 6-blättrig.** GRIFFEL: kurz bis fehlend. NARBEN: **meist 3.** FRÜCHTE: Bälge, **meist 3 Teilfrüchte pro Blüte,** zuweilen 6, < 7 mm lang. TEILFRÜCHTE: **schief-eiförmig.** BLATTSTELLUNG: wechselständig.

- einheimisch
- planar bis subalpin
- Gewässer, Moore u. Seggenriede
- an nährstoffarmen, sauren, nassen, zuweilen überfluteten Standorten

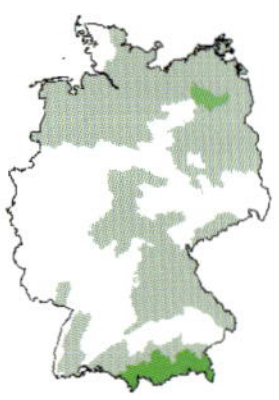

J F M A M J J A S O N D

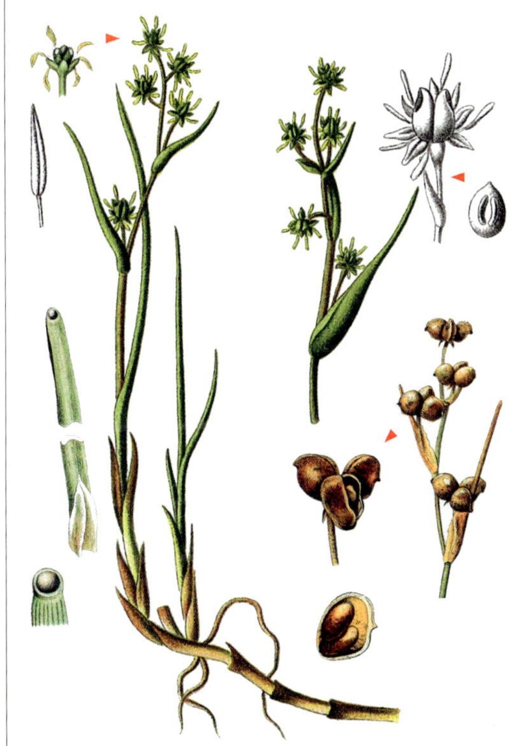

Triglochin maritima L.

Strand-Dreizack *Juncaginaceae*
∗ P6 A6 G(6) RL V

15–80 cm hoch. Blütenstand: traubenartig, **dichtblütig**, ≥ 10-blütig. Blüten: grünlich bis gelblich, **oft rötlich überlaufen**. Blütenstiele: kürzer als die Blüten. Staubfäden: fehlend, Staubbeutel dadurch sitzend. Griffel: kurz bis fehlend. Narben: **6**. Früchte: **6 Teilfrüchte pro Blüte, kugelig bis eiförmig**. Stängel: *ohne* Laubblätter.

- einheimisch
- planar bis collin
- Ruderalvegetation, Salzwiesen, Zier- bzw. Nutzpflanze
- an feuchten, zuweilen überfluteten, meist salzhaltigen Standorten

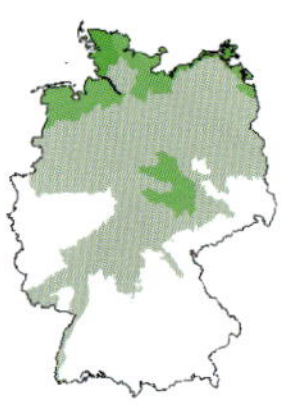

J F M A **M J J A S O** N D

Triglochin palustris L.

Sumpf-Dreizack *Juncaginaceae*
∗ P6 A6 G(3) RL 3

15–40 cm hoch. Blütenstand: traubenartig, **lockerblütig**, ≥ 10-blütig. Blüten: grünlich bis gelblich, ***nicht* rötlich überlaufen**. Blütenstiele: kürzer als die Blüten. Staubfäden: fehlend, Staubbeutel dadurch sitzend. Griffel: kurz bis fehlend. Narben: **3**. Früchte: **3 Teilfrüchte pro Blüte, länglich-lineal**. Stängel: *ohne* Laubblätter.

- einheimisch
- planar bis subalpin
- Moore u. Seggenriede, Extensivgrünland u. Magerrasen, Zier- bzw. Nutzpflanze
- an nährstoffarmen, nassen, zuweilen überfluteten, oft salzhaltigen Standorten

J F M **A M J J A S** O N D

Zostera marina L.

Echtes Seegras *Zosteraceae*
∗ A1 G(1–2) RL 3

Komplett untergetaucht wachsende Wasserpflanze, im Salz- u. Brackwasser. Blütenstand: ährenartig, ≥ 5-blütig; Hauptachse: im QS abgeflacht, mit einem laubblattartigen Hochblatt verwachsen. Stängel: **30–120 cm lang**. Blattstellung: wechselständig. Blätter: sitzend, lineal bis länglich, **bis 120 cm lang, 3–9 mm breit**, distal abgerundet, **3–7-nervig**. Blattscheiden: vorhanden.

- einheimisch
- planar
- Gewässer, Salzwiesen, Zier- bzw. Nutzpflanze
- an dauerhaft überfluteten, meist salzhaltigen Standorten

J F M A **M J J A S** O N D

Zostera noltii Hornem.

Zwerg-Seegras *Zosteraceae*
∗ A1 G(1–2) RL 3

Komplett untergetaucht wachsende Wasserpflanze, im Salz- u. Brackwasser. Blütenstand: ährenartig, ≥ 5-blütig; Hauptachse: im QS abgeflacht, mit einem laubblattartigen Hochblatt verwachsen. Stängel: **20–40 cm lang**. Blattstellung: wechselständig. Blätter: sitzend, lineal bis länglich, **bis 50 cm lang, 0,5–3 mm breit, distal ausgerandet**, **1–3-nervig**. Blattscheiden: vorhanden.

- einheimisch
- planar
- Gewässer, Salzwiesen, Zier- bzw. Nutzpflanze
- an dauerhaft überfluteten, meist salzhaltigen Standorten

J F M A **M J J A** S O N D

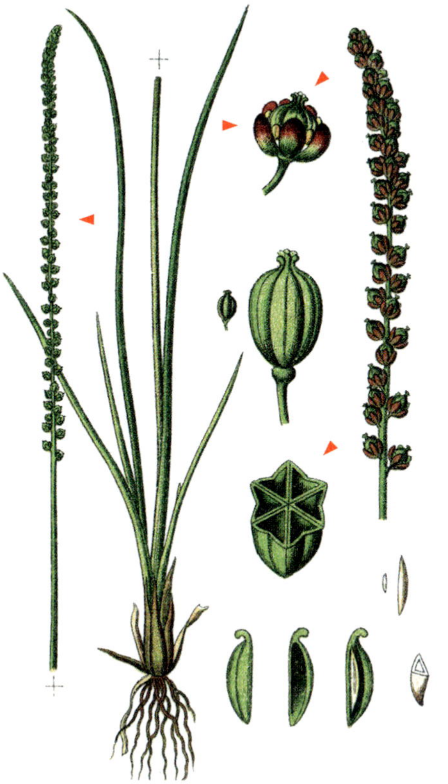

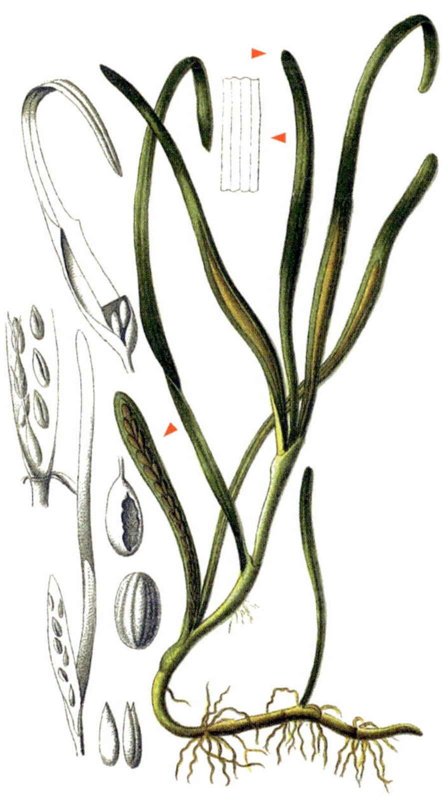

Groenlandia densa (L.) Fourr.

Dichtes Fischkraut *Potamogetonaceae*
∗ A4 G4 RL 2

Im Boden wurzelnde Wasserpflanze, allenfalls die Blüten aus dem Wasser ragend. Blütenstand: **(scheinbar) seitenständig, 1-6-blütig.** Blüten: allseitswendig. Blütenhülle: durch 4 kronblattartige Staubblattanhängsel ersetzt. Staubfäden: fehlend, Staubbeutel dadurch sitzend. Fruchtwand: **dünn.** Teilfrüchte: **im QS gekielt, mit langem Schnabel.** Stängel: 30–50 cm lang, **meist verzweigt.** Blattstellung: quirlig *oder* gegenständig. Blätter: **meist (halb-) stängelumfassend.** Blattscheiden: **fehlend.** Tauchblätter: **sitzend, länglich bis eiförmig-lanzettlich.**

- einheimisch
- planar bis montan
- Gewässer
- an basenreichen, dauerhaft überfluteten Standorten

J F M A **M J J A S** O N D

Potamogeton: Wasserpflanzen. Blütenstand: ähren- bis kolbenartig. Blütenhülle: durch 4 kronblattartige Staubblattanhängsel ersetzt. Blätter: zumindest unten wechselständig. Spreite: ungeteilt, oft netznervig. Blattscheiden: vorhanden, mit 1-spitziger Ligula.

Potamogeton acutifolius Link

Spitzblättriges Laichkraut *Potamogetonaceae*
∗ A4 G4 RL 3

Blütenstand: **eiförmig-rundlich,** 4–6-blütig; Stiel: < **1,5-mal so lang wie die Ähre.** Teilfrüchte: **im QS rundlich,** ***mit*** **1–2 dunklen Höckern,** 3–5 mm lang, **mit langem Schnabel.** Stängel: 30–60 cm lang, meist verzweigt, im QS abgeflacht. Schwimmblätter: **lineal bis länglich-lanzettlich.** Tauchblätter: sitzend bis kurz gestielt, **lineal bis länglich-lanzettlich, 2–4 mm breit,** ganzrandig, mit lang ausgezogener Spitze, **mit 3 Hauptnerven** ***und*** **Zwischennerven.**

- einheimisch
- planar bis collin
- Gewässer
- an dauerhaft überfluteten Standorten

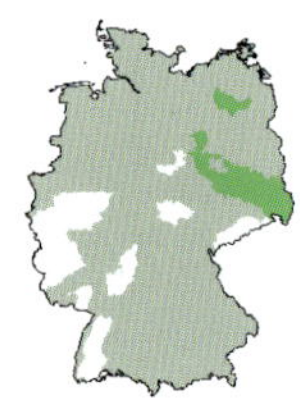

J F M A **M J J A** S O N D

Potamogeton alpinus Balb.

Alpen-Laichkraut *Potamogetonaceae*
∗ A4 G4 RL 3

Teilfrüchte: *nicht* verwachsen, **im QS gekielt,** mit kurzem Schnabel. Stängel: 30–80 cm lang, meist unverzweigt. Schwimmblätter: zuweilen fehlend, derb, **zuweilen rötlich,** länglich-lanzettlich bis oval, **basal in den kurzen Stiel verschmälert.** Tauchblätter: sitzend bis kurz gestielt, **lineal bis länglich-lanzettlich, > 5 mm breit,** ganzrandig, distal abgerundet. Stiel der Tauchblätter: < **10 cm lang.**

- einheimisch
- planar bis montan
- Gewässer
- an dauerhaft überfluteten Standorten

J F M A **M J J A** S O N D

Potamogeton coloratus Hornem.

Gefärbtes Laichkraut *Potamogetonaceae*
∗ A4 G4 RL 2

Teilfrüchte: *nicht* verwachsen, **im QS stumpf gekielt,** 1,5–2 mm lang, mit kurzem Schnabel. Stängel: 30–60 cm lang, meist unverzweigt. Schwimmblätter: **häutig, durchscheinend, oft bräunlich bis rötlich,** länglich-lanzettlich bis oval, **basal abgerundet bis ausgerandet.** Stiel der Schwimmblätter: **± 0,5-mal so lang wie die Spreite.** Tauchblätter: **gestielt, länglich bis eiförmig-lanzettlich.** Stiel der Tauchblätter: > **12 cm lang.**

- einheimisch
- planar bis montan
- Gewässer, Grünland
- an nährstoffreichen, basenreichen, dauerhaft überfluteten Standorten

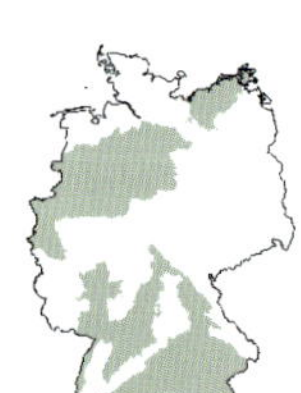

J F M A **M J J A S** O N D

Potamogeton compressus L.

Flachstängliges Laichkraut *Potamogetonaceae*
* A4 G4 RL 2

BLÜTENSTAND: **zylindrisch-länglich**, 5–16-blütig; STIEL: > **2-mal so lang wie die Ähre**. TEILFRÜCHTE: **± halbkreisförmig, im QS gekielt**, mit kurzem Schnabel. STÄNGEL: 50–150 cm lang, meist verzweigt, im QS abgeflacht. SCHWIMMBLÄTTER: **lineal bis länglich-lanzettlich**. TAUCHBLÄTTER: sitzend bis kurz gestielt, **lineal, 2–5 mm breit**, ganzrandig, distal abgerundet, meist mit aufgesetzter Stachelspitze, **mit 5 Hauptnerven *und* Zwischennerven**.

- einheimisch
- planar bis collin
- Gewässer
- an basenreichen, dauerhaft überfluteten Standorten

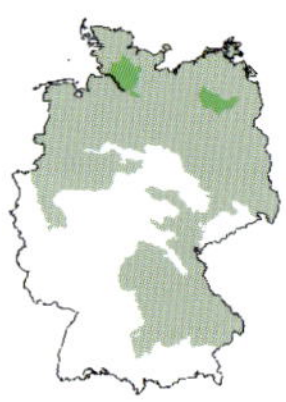

J F M A M **J J A** S O N D

Potamogeton crispus L.

Krauses Laichkraut *Potamogetonaceae*
* A4 G4

TEILFRÜCHTE: **basal verwachsen, mit langem Schnabel**. STÄNGEL: 30–200 cm lang, meist verzweigt, im QS abgeflacht bis kantig. SCHWIMMBLÄTTER: länglich-lanzettlich. TAUCHBLÄTTER: sitzend bis kurz gestielt, **länglich bis eiförmig-lanzettlich, 0,5–18 mm breit, am Rand deutlich gezähnt**, oft wellig.

- einheimisch
- planar bis montan
- Gewässer, Zier- bzw. Nutzpflanze
- an dauerhaft überfluteten, auch salzhaltigen Standorten

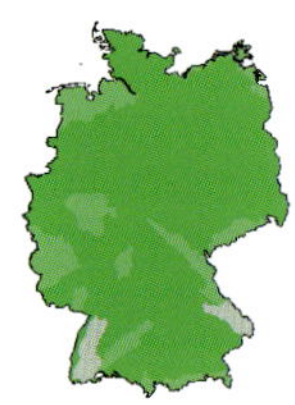

J F M **A M J J A S** O N D

Potamogeton friesii Rupr.

Stachelspitziges Laichkraut *Potamogetonaceae*
* A4 G4 RL 3

BLÜTENSTAND: ≥ 5-blütig; STIEL: > **2-mal so lang wie die Ähre**. TEILFRÜCHTE: **schief-eiförmig, im QS gekielt**. STÄNGEL: 30–100 cm lang, meist verzweigt, im QS abgeflacht bis rundlich. BLATTSCHEIDEN: **zu > 50 % verwachsen**. SCHWIMMBLÄTTER: **lineal bis länglich-lanzettlich**. TAUCHBLÄTTER: sitzend bis kurz gestielt, **lineal bis länglich-lanzettlich, 2–4 mm breit**, ganzrandig, distal abgerundet, meist mit aufgesetzter Stachelspitze, **meist mit 5 Hauptnerven, *ohne* Zwischennerven**.

- einheimisch
- planar bis collin
- Gewässer
- an dauerhaft überfluteten Standorten

J F M A **M J J A** S O N D

Potamogeton gramineus L.

Gras-Laichkraut *Potamogetonaceae*
* A4 G4 RL 2

TEILFRÜCHTE: *nicht* verwachsen, **im QS rundlich**, 2–3 mm lang, mit kurzem Schnabel. STÄNGEL: 30–120 cm lang, meist verzweigt. SCHWIMMBLÄTTER: zuweilen fehlend, zuweilen durchscheinend, länglich-lanzettlich bis oval. TAUCHBLÄTTER: sitzend bis kurz gestielt, **häutig, durchscheinend, lineal bis länglich-lanzettlich, 5–15 mm breit**, am Rand zuweilen gezähnt, spitz. STIEL DER TAUCHBLÄTTER: < **10 cm lang**.

- einheimisch
- planar bis montan
- Gewässer, Zier- bzw. Nutzpflanze
- an dauerhaft überfluteten Standorten

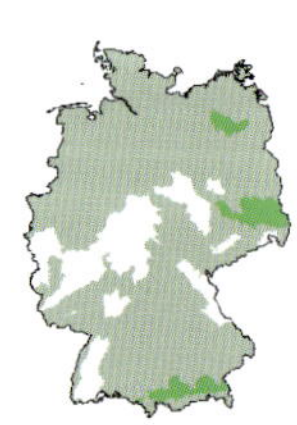

J F M A **M J J A** S O N D

Potamogeton lucens L.

Spiegelndes Laichkraut *Potamogetonaceae*
∗ A4 G4 RL V

Teilfrüchte: *nicht* verwachsen, **± kreisrund, im QS rundlich**, 3–4 mm lang, mit kurzem Schnabel. Stängel: 60–300 cm lang, meist verzweigt. Schwimmblätter: zuweilen fehlend, länglich-lanzettlich bis oval. Tauchblätter: sitzend bis kurz gestielt, **obere *nicht* länger gestielt als die unteren, lineal bis länglich-lanzettlich, 25–60 mm breit**, am Rand zuweilen gezähnt, distal abgerundet, meist mit aufgesetzter Stachelspitze. Stiel der Tauchblätter: im QS *nicht* o. kaum abgeflacht.

- einheimisch
- planar bis montan
- Gewässer, Zier- bzw. Nutzpflanze
- an dauerhaft überfluteten Standorten

J F M A **M J J A** S O N D

Potamogeton natans L.

Schwimmendes Laichkraut *Potamogetonaceae*
∗ A4 G4

Teilfrüchte: *nicht* verwachsen, **im QS stumpf gekielt**, 3–5 mm lang, mit kurzem Schnabel. Stängel: 60–150 cm lang, meist unverzweigt. Schwimmblätter: derb, länglich-lanzettlich bis oval, **basal abgerundet bis ausgerandet, im QS neben der Rhachis gefaltet**. Stiel der Schwimmblätter: **länger als die Spreite, oft mit auffällig gefärbtem Gelenk am Übergang zwischen Stiel u. Spreite**, oberseits schwach rinnig. Tauchblätter: **gestielt, Spreite früh abfallend, oft auf den Blattstiel reduziert, lineal bis länglich-lanzettlich**. Stiel der Tauchblätter: **> 12 cm lang.**

- einheimisch
- planar bis montan
- Gewässer, Zier- bzw. Nutzpflanze
- an dauerhaft überfluteten Standorten

J F M A **M J J A** S O N D

Potamogeton nodosus Poir.

Knoten-Laichkraut *Potamogetonaceae*
∗ A4 G4 RL V

Ährchenstiele: **distal verdickt**. Teilfrüchte: *nicht* verwachsen, **im QS gekielt**, 3–4 mm lang, mit kurzem Schnabel. Stängel: 150–300 cm lang, meist unverzweigt. Schwimmblätter: derb, länglich-lanzettlich bis oval, **basal verschmälert bis abgerundet**, im QS flach, *nicht* gefaltet. Stiel der Schwimmblätter: ± so lang wie die Spreite. Tauchblätter: **gestielt, länglich bis eiförmig-lanzettlich, basal allmählich in den Stiel verschmälert, am Rand fein gezähnt**. Stiel der Tauchblätter: **> 12 cm lang**.

- einheimisch
- planar bis montan
- Gewässer, Zier- bzw. Nutzpflanze
- an basenreichen, dauerhaft überfluteten Standorten

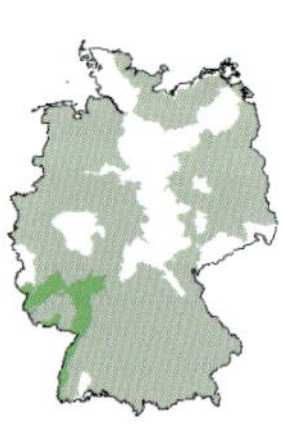

J F M A **M J J A** S O N D

Potamogeton obtusifolius Mert. & W. D. J. Koch

Stumpfblättriges Laichkraut *Potamogetonaceae*
∗ A4 G4 RL 3

Blütenstand: 5–12-blütig; Stiel: **< 1,5-mal so lang wie die Ähre**. Teilfrüchte: **im QS gekielt**, 3–4 mm lang. Stängel: 30–60 cm lang, meist verzweigt, im QS abgeflacht bis rundlich. Schwimmblätter: **lineal bis länglich-lanzettlich**. Tauchblätter: sitzend bis kurz gestielt, **lineal bis länglich-lanzettlich, 2–4 mm breit**, ganzrandig, distal abgerundet, meist mit aufgesetzter Stachelspitze, mit 3–5 Hauptnerven, *ohne* Zwischennerven.

- einheimisch
- planar bis montan
- Gewässer
- an dauerhaft überfluteten Standorten

J F M A **M J J A** S O N D

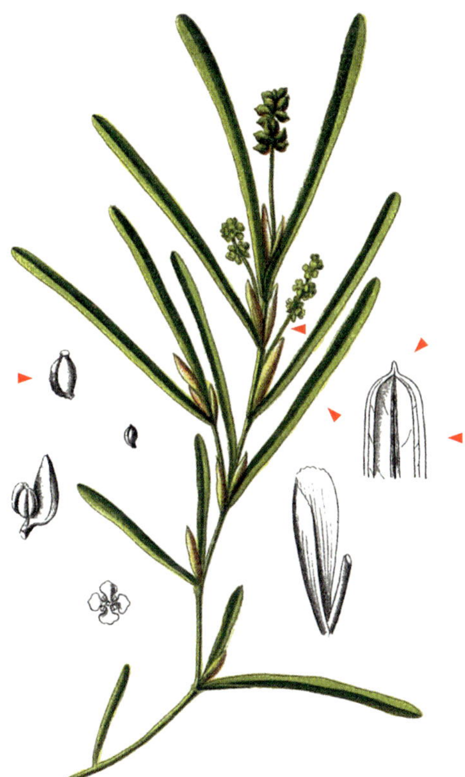

Potamogeton perfoliatus L.

Durchwachsenes Laichkraut *Potamogetonaceae*
∗ A4 G4 RL V

Teilfrüchte: *nicht* verwachsen, **im QS stumpf gekielt**, 3–4 mm lang, mit kurzem Schnabel. Stängel: 30–100 cm lang, meist verzweigt, im QS rundlich. Schwimmblätter: länglich-lanzettlich bis oval. Tauchblätter: sitzend bis kurz gestielt, **länglich bis eiförmig-lanzettlich**, **> 5 mm breit**, distal abgerundet.

- einheimisch
- planar bis montan
- Gewässer
- an dauerhaft überfluteten, auch salzhaltigen Standorten

J F M A **M J J A** S O N D

Potamogeton polygonifolius Pourr.

Knöterich-Laichkraut *Potamogetonaceae*
∗ A4 G4 RL 3

Teilfrüchte: *nicht* verwachsen, **im QS stumpf gekielt**, 2–3 mm lang, mit kurzem Schnabel. Stängel: 30–60 cm lang, meist unverzweigt. Schwimmblätter: derb, **breit-lanzettlich bis oval**, **basal abgerundet bis ausgerandet**, im QS flach, *nicht* gefaltet. Stiel der Schwimmblätter: ± so lang wie die Spreite. Tauchblätter: **gestielt**, **lineal bis länglich-lanzettlich**, ganzrandig. Stiel der Tauchblätter: **> 12 cm lang**.

- einheimisch
- planar bis collin
- Gewässer, trockenfallende Ufer
- an nährstoffarmen, sauren, nassen, zuweilen trockenfallenden Standorten

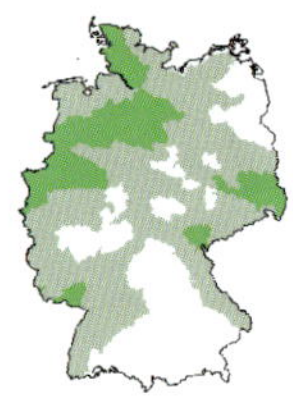

J F M A **M J J A** S O N D

Potamogeton praelongus Wulfen

Gestrecktes Laichkraut *Potamogetonaceae*
∗ A4 G4 RL 2

Teilfrüchte: *nicht* verwachsen, **im QS gekielt**, 4–5 mm lang, mit kurzem Schnabel. Stängel: 80–300 cm lang, meist verzweigt, im QS rundlich. Schwimmblätter: länglich-lanzettlich. Tauchblätter: sitzend bis kurz gestielt, **länglich bis eiförmig-lanzettlich**, **5–15 mm breit**, **basal abgerundet bis schwach ausgerandet**, **zuweilen (halb) stängelumfassend**, ganzrandig, distal abgerundet.

- einheimisch
- planar bis montan
- Gewässer
- an basenreichen, dauerhaft überfluteten Standorten

J F M A **M J J A** S O N D

Potamogeton pusillus L.

Zwerg-Laichkraut *Potamogetonaceae*
∗ A4 G4 RL V

Blütenstand: 2–8-blütig; Stiel: **> 2-mal so lang wie die Ähre**. Teilfrüchte: **schief-eiförmig**, **im QS gekielt**, 2–3 mm lang. Stängel: 20–100 cm lang, meist verzweigt, im QS rundlich. Blattscheiden: **zu > 50 % verwachsen**. Schwimmblätter: **lineal bis länglich-lanzettlich**. Tauchblätter: sitzend bis kurz gestielt, **lineal**, **0,5–3 mm breit**, ganzrandig, **meist mit 3 Hauptnerven**, ***ohne* o. mit wenigen Zwischennerven**, **Seitennerven ± 2 mm unterhalb der Blattspitze spitzwinklig in den Mittelnerv mündend**.

- einheimisch
- planar bis montan
- Gewässer
- an dauerhaft überfluteten Standorten

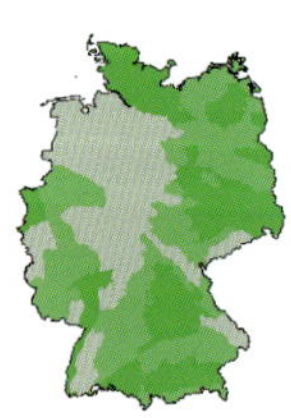

J F M A **M J J A S** O N D

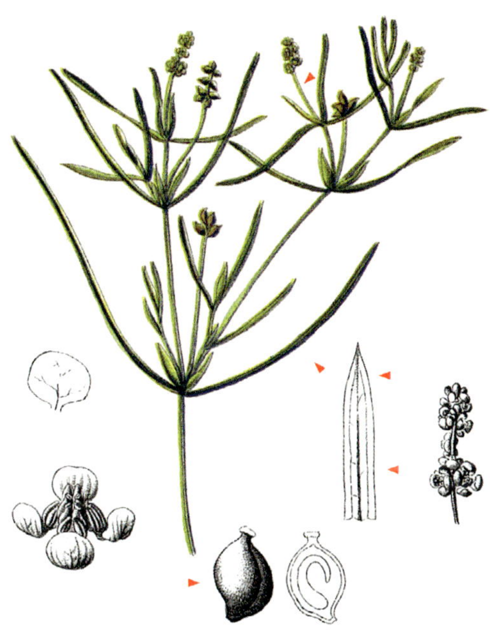

Potamogeton berchtoldii Fieber

Berchtolds Laichkraut *Potamogetonaceae*
∗ A4 G4 RL V

Blütenstand: ähren- bis kolbenartig; Stiel: **> 2-mal so lang wie die Ähre**. Teilfrüchte: **schief-eiförmig, im QS rundlich**, 2–3 mm lang. Stängel: 10–100 cm lang, meist verzweigt, im QS rundlich. Blattscheiden: **offen**. Schwimmblätter: **lineal bis länglich-lanzettlich**. Tauchblätter: sitzend bis kurz gestielt, **im Wasser ausgebreitet, außerhalb des Wassers schlaff, zusammenfallend, lineal, 1–3 mm breit**, spitz, **meist mit 3 Hauptnerven, *ohne* o. mit wenigen Zwischennerven, Seitennerven ± 1 mm unterhalb der Blattspitze rechtwinklig in den Mittelnerv mündend**.

- einheimisch
- planar bis montan
- Gewässer
- an dauerhaft überfluteten, auch salzhaltigen Standorten

J F M A M J J A S O N D

Potamogeton rutilus Wolfg.

Rötliches Laichkraut *Potamogetonaceae*
∗ A4 G4 RL 1

Blütenstand: 5–8-blütig; Stiel: > **2-mal so lang wie die Ähre**. Teilfrüchte: **schief-eiförmig, im QS rundlich**. Stängel: 20–60 cm lang, meist verzweigt, im QS abgeflacht bis rundlich. Blätter: **basal mit ± gewölbter Drüse**. Blattscheiden: **zu > 50 % verwachsen**. Schwimmblätter: **lineal bis länglich-lanzettlich**. Tauchblätter: sitzend bis kurz gestielt, **lineal, 0,4–2 mm breit**, ganzrandig, **meist mit 3 Hauptnerven, *ohne* Zwischennerven**.

- einheimisch
- planar bis collin
- Gewässer
- an basenreichen, dauerhaft überfluteten Standorten

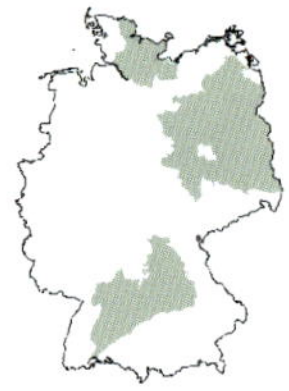

J F M A M J J A S O N D

Potamogeton trichoides Cham. & Schltdl.

Haarblättriges Laichkraut *Potamogetonaceae*
∗ A4 G4 RL V

Blütenstand: ≥ 5-blütig; Stiel: > **2-mal so lang wie die Ähre**. Teilfrüchte: **± halbkreisförmig, im QS gekielt, oft mit Höckern**, 2,5–3,5 mm lang. Stängel: 30–50 cm lang, meist verzweigt, im QS rundlich. Blattscheiden: **offen**. Schwimmblätter: **lineal bis länglich-lanzettlich**. Tauchblätter: sitzend bis kurz gestielt, **borstenförmig, außerhalb des Wassers spreizend, lineal, 0,5–1,5 mm breit**, ganzrandig, spitz, **meist mit 1 Hauptnerv u. 2 schwach ausgebildeten Seitennerven**.

- einheimisch
- planar bis montan
- Gewässer
- an dauerhaft überfluteten Standorten

J F M A M J J A S O N D

Stuckenia filiformis (Pers.) Börner

Faden-Laichkraut *Potamogetonaceae*
∗ A4 G4 RL 2

Im Boden wurzelnde Wasserpflanze, allenfalls die Blüten aus dem Wasser ragend. Blütenstand: ähren- bis kolbenartig. Blüten: allseitswendig. Blütenhülle: durch 4 kronblattartige Staubblattanhängsel ersetzt. Staubfäden: fehlend, Staubbeutel dadurch sitzend. Teilfrüchte: (schief)-eiförmig bis kugelig, im QS rundlich, **2–3 mm lang**, *ohne* o. mit kurzem Schnabel. Stängel: 50–150 cm lang, meist verzweigt. Blattscheiden: **zu > 50 % verwachsen**. Schwimmblätter: **lineal bis länglich-lanzettlich**. Tauchblätter: **sitzend, lineal, 0,1–1,5 mm breit**, distal abgerundet, **meist mit 1 Hauptnerv (selten zusätzlich 2 schwach ausgebildete Seitennerven)**.

- einheimisch
- collin bis subalpin
- Gewässer
- an dauerhaft überfluteten Standorten

J F M A M J J A S O N D

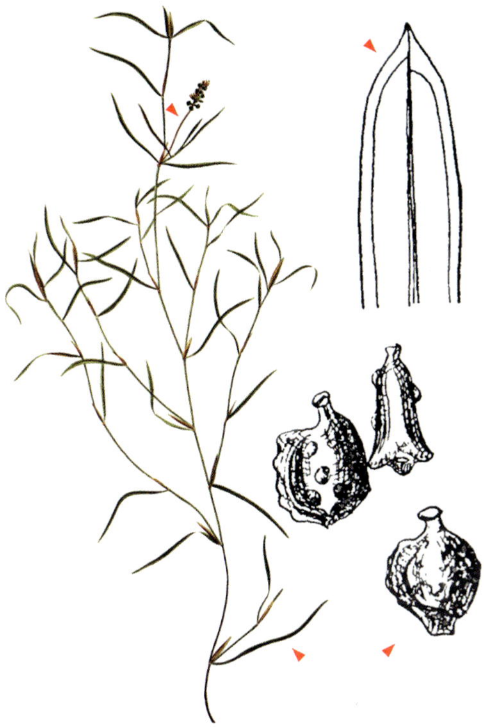

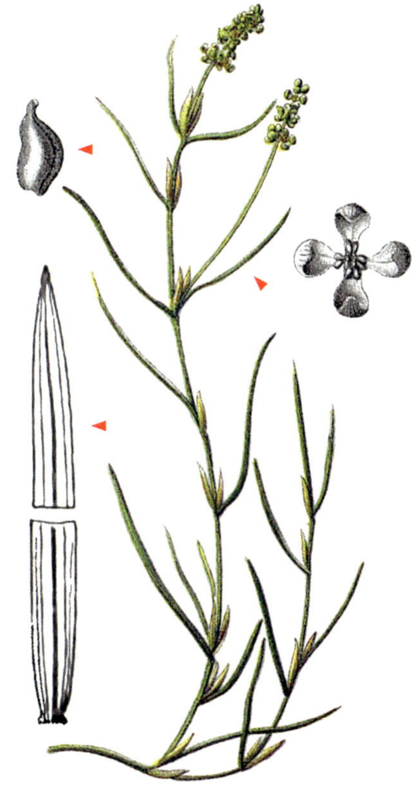

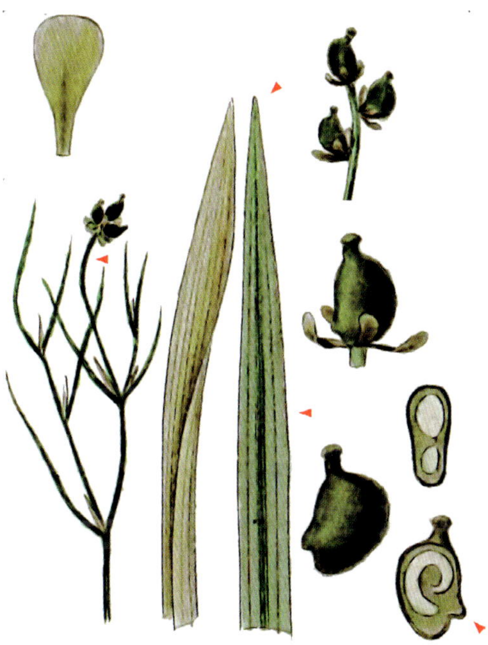

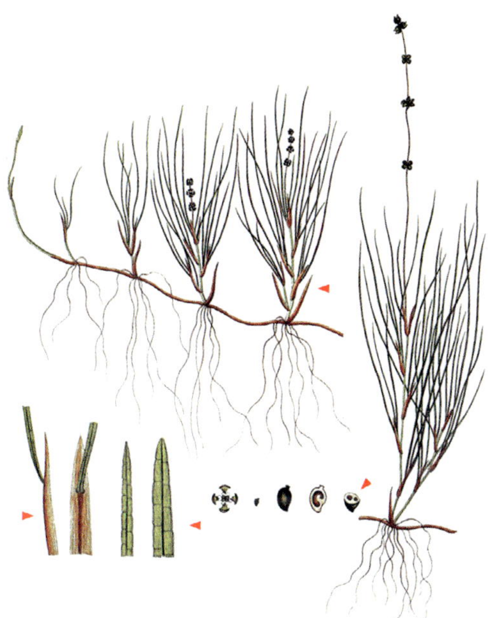

Stuckenia pectinata (L.) Börner

Schweizer Laichkraut *Potamogetonaceae*
∗ A4 G4

Im Boden wurzelnde Wasserpflanze, allenfalls die Blüten aus dem Wasser ragend. BLÜTENSTAND: ähren- bis kolbenartig. BLÜTEN: allseitswendig. BLÜTENHÜLLE: durch 4 kronblattartige Staubblattanhängsel ersetzt. STAUBFÄDEN: fehlend, Staubbeutel dadurch sitzend. TEILFRÜCHTE: (schief)-eiförmig bis kugelig, im QS rundlich, **3–5 mm lang**, mit kurzem Schnabel. STÄNGEL: 30–300 cm lang, meist verzweigt. AUSLÄUFER: meist vorhanden, zuweilen knollig verdickt. BLATTSCHEIDEN: **offen**. SCHWIMMBLÄTTER: **lineal bis länglich-lanzettlich**. TAUCHBLÄTTER: **sitzend, lineal, 0,5–4 mm breit**, distal abgerundet, meist mit aufgesetzter Stachelspitze, **mit 3–5 Hauptnerven**.

- einheimisch
- planar bis montan
- Gewässer, Zier- bzw. Nutzpflanze
- an nährstoffreichen, basenreichen, dauerhaft überfluteten, auch salzhaltigen Standorten

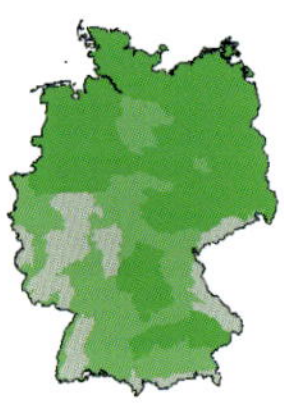

J F M A M J J A S O N D

Zannichellia palustris L.

Sumpf-Teichfaden *Potamogetonaceae*
♂ ∗ A1–2 | ♀ ∗ P(4) G4

Komplett untergetaucht wachsende Wasserpflanze. BLÜTENSTAND: **blattachselständig, auch während der Blüte untergetaucht**, zu 1–2 in den Blattachseln, oft auch *ohne* Blüten. GRIFFEL: **1–2 mm lang, < 0,3-mal so lang wie die Teilfrüchte.** ♀ BLÜTEN: becherförmig. FRÜCHTE: 2–4 Teilfrüchte pro Blüte. TEILFRÜCHTE: **meist 0,3–0,6 mm lang gestielt**, im QS gekielt, Kiel gezähnt, **2–3 mm lang**. STÄNGEL: 10–50 cm lang, biegsam, nicht zerbrechlich, gleichmäßig beblättert. BLATTSTELLUNG: 2-zeilig. BLÄTTER: **fadenförmig**, Spreite 3–12 cm lang. BLATTSCHEIDEN: groß, (halb-) stängelumfassend.

- einheimisch
- planar bis montan
- Gewässer, Salzwiesen, Zier- bzw. Nutzpflanze
- an nährstoffreichen, basenreichen, dauerhaft überfluteten, auch salzhaltigen Standorten

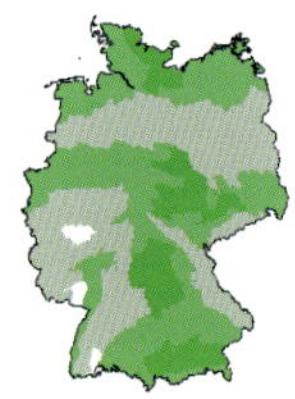

J F M A M J J A S O N D

Zannichellia pedunculata Rchb.

Gestielter Sumpf-Teichfaden *Potamogetonaceae*
♂ ∗ A1–2 | ♀ ∗ P(4) G4 RL 3

Komplett untergetaucht wachsende Wasserpflanze. BLÜTENSTAND: **blattachselständig, auch während der Blüte untergetaucht**, zu 1–2 in den Blattachseln, oft auch *ohne* Blüten. GRIFFEL: **< 0,5 mm lang, > 0,5-mal so lang wie die Teilfrüchte.** ♀ BLÜTEN: becherförmig. FRÜCHTE: 2–4 Teilfrüchte pro Blüte. TEILFRÜCHTE: **0,8–2,2 mm lang gestielt**, im QS gekielt, Kiel gezähnt, **2–4 mm lang**. STÄNGEL: 10–50 cm lang, biegsam, nicht zerbrechlich, gleichmäßig beblättert. BLATTSTELLUNG: 2-zeilig. BLÄTTER: **fadenförmig**, Spreite 3–12 cm lang. BLATTSCHEIDEN: groß, (halb-) stängelumfassend.

- einheimisch
- planar bis collin
- Gewässer
- an dauerhaft überfluteten, auch salzhaltigen Standorten

J F M A M J J A S O N D

Zannichellia major (Hartm.) Rchb.

Vielfrüchtiger Sumpf-Teichfaden *Potamogetonaceae*
♂ ∗ A1–2 | ♀ ∗ P(4) G4

Komplett untergetaucht wachsende Wasserpflanze. BLÜTENSTAND: **blattachselständig, auch während der Blüte untergetaucht**, zu 1–2 in den Blattachseln, oft auch *ohne* Blüten. GRIFFEL: **1–2 mm lang, < 0,5-mal so lang wie die Teilfrüchte.** ♀ BLÜTEN: becherförmig. FRÜCHTE: 2–4 Teilfrüchte pro Blüte. TEILFRÜCHTE: **meist < 0,3 mm lang gestielt**, im QS gekielt, Kiel gezähnt, **3–5 mm lang**. STÄNGEL: 10–50 cm lang, biegsam, nicht zerbrechlich, gleichmäßig beblättert. BLATTSTELLUNG: 2-zeilig. BLÄTTER: **fadenförmig**, Spreite 3–12 cm lang. BLATTSCHEIDEN: groß, (halb-) stängelumfassend.

- einheimisch
- planar bis collin
- Gewässer
- an dauerhaft überfluteten, auch salzhaltigen Standorten

J F M A M J J A S O N D

Ruppia cirrhosa (Petagna) Grande

Strand-Salde *Ruppiaceae*
∗ A2 G4 RL 3

Komplett untergetaucht wachsende Wasserpflanze. BLÜTENSTAND: ährenartig, **in doldenartigem** Gesamtblütenstand, **Stiel der Dolden spiralig gedreht**; STIEL: **40–120 cm lang**, nach der Blüte verlängert. BLÜTEN: gestielt. STÄNGEL: 15–60 cm lang. BLÄTTER: fadenförmig, **< 1 mm breit**, distal abgerundet. LIGULA: 2-spitzig.

- einheimisch
- planar
- Gewässer, unterseeische Wiesen
- an basenreichen, dauerhaft überfluteten, meist salzhaltigen Standorten

J F M A **M J J A S O** N D

Ruppia maritima L.

Meeres-Salde *Ruppiaceae*
∗ A2 G4 RL 2

Komplett untergetaucht wachsende Wasserpflanze. BLÜTENSTAND: ährenartig, **in doldenartigem** Gesamtblütenstand, **Stiel der Dolden *nicht* spiralig gedreht**; STIEL: **5–35 cm lang**, nach der Blüte verlängert. BLÜTEN: gestielt. STÄNGEL: 15–40 cm lang. BLÄTTER: fadenförmig, **< 0,5 mm breit**, meist spitz. LIGULA: 2-spitzig.

- einheimisch
- planar
- Gewässer, unterseeische Wiesen, Salzwiesen, Zier- bzw. Nutzpflanze
- an basenreichen, nassen, zuweilen trockenfallenden, meist salzhaltigen Standorten

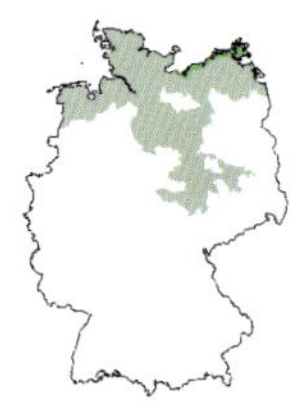

J F M A M **J J A S O** N D

Narthecium ossifragum (L.) Huds.

Moor-Ährenlilie *Nartheciaceae*
∗ P6 A6 G(3) RL 3 § BNatG b

10–30 cm hoch. BLÜTENSTAND: **traubenartig**. BLÜTEN: offen ausgebreitet bis glockig-trichterförmig, **gelblich, oft mit grünlichem Mittelstreif**. STAUBFÄDEN: **behaart**. GRIFFEL: 1. NARBEN: kopfig. FRÜCHTE: **Kapseln**. AUSLÄUFER: unterirdisch, dünn. BLATTSTELLUNG: ± 2-zeilig. BLÄTTER: lineal bis länglich.

- einheimisch
- planar
- Moore u. Seggenriede, Zwergstrauchheiden, Zier- bzw. Nutzpflanze
- an nährstoffarmen, sauren, nassen Standorten

J F M A M **J J A** S O N D

Dioscorea communis (L.) Caddick & Wilkin

Gewöhnliche Schmerwurz *Dioscoreaceae*
♂ ∗ P6 A6 | ♀ ∗ P6 G(3) RL V

Bis 3 m hoch. PFLANZEN: **mit dornenartigen, hakenförmigen Nebenblättern**. BLÜTENSTAND: **traubenartig**. BLÜTEN: 1-geschlechtig, offen ausgebreitet bis glockig-trichterförmig, **gelblich-grünlich**. GRIFFEL: 1. NARBEN: fädlich. FRÜCHTE: **Beeren**, ± kugelig, **rot**. BLÄTTER: **herz- bis pfeilförmig, fiedernervig**.

- einheimisch
- planar bis montan
- Gehölze, Wälder, Zier- bzw. Nutzpflanze
- an basenreichen Standorten

J F M **A M J** J A S O N D

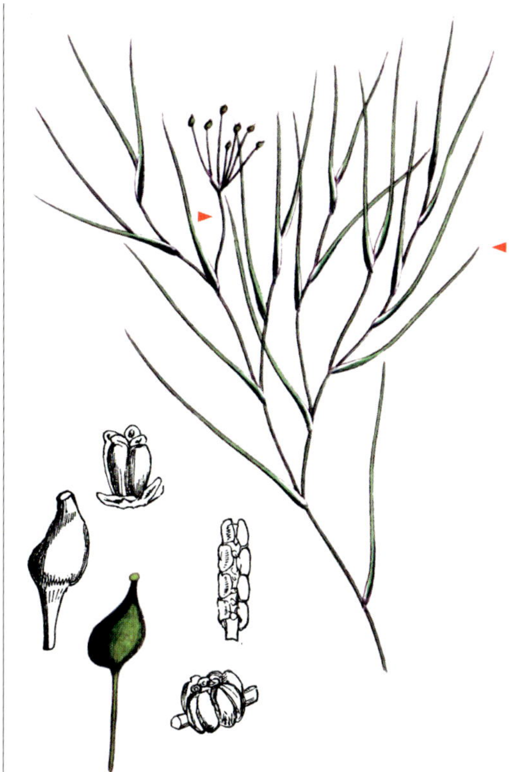

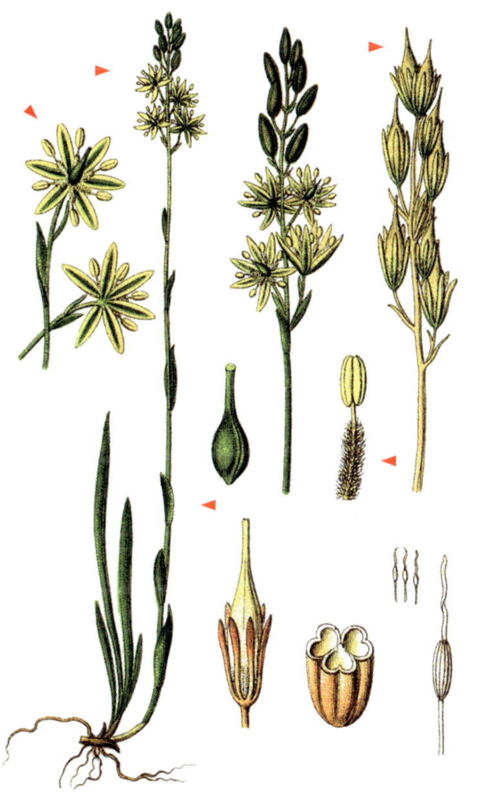

Paris quadrifolia L.

Vierblättrige Einbeere *Melanthiaceae*
∗ K4 C4 A6–10 G(3–5) giftig

10–40 cm hoch. Blüten: **offen ausgebreitet, gelblich-grünlich.** Blütenhülle: Kelch- u. Kronblätter nur wenig unterschiedlich. Staubblätter: meist 8. Staubfäden: **über die seitlich sitzenden Staubbeutel hinaus um 5–10 mm verlängert**. Griffel: 3–5. Narben: fädlich. Früchte: **Beeren**, ± kugelig, **schwarz**. Speicherorgane: Rhizome. Blattstellung: ***ein* 4-blättriger Quirl**. Blätter: **fiedernervig**.

- einheimisch
- planar bis montan
- Wälder, Zier- bzw. Nutzpflanze
- an basenreichen Standorten

J F M **A M J** J A S O N D

Veratrum album L.

Weißer Germer *Melanthiaceae*
∗ P6 A6 G(3) stark giftig

50–150 cm hoch. Blütenstand: rispenartig. Blüten: 1-geschlechtig *oder* ⚥, offen ausgebreitet bis schüsselförmig; außen gelblich-grünlich; **innen weißlich**. Blütenstiele: **viel kürzer als ihr Tragblatt.** Perigonblätter: basal kurz verwachsen, **6–18 mm lang**. Griffel: 1. Narben: fädlich. Früchte: Kapseln, behaart. Speicherorgane: Rhizome. Blattstellung: **wechselständig**. Blätter: länglich bis oval; unterseits: behaart. – Zuweilen wird *V. lobelianum* als Unterart einbezogen.

- einheimisch
- montan bis alpin
- Grünland, Staudenfluren, Gehölze, Wälder, Zier- bzw. Nutzpflanze

J F M A **M J J A** S O N D

Veratrum lobelianum Bernh.

Grüner Germer *Melanthiaceae*
∗ P6 A6 G(3) stark giftig

50–180 cm hoch. Blütenstand: rispenartig. Blüten: 1-geschlechtig *oder* ⚥, offen ausgebreitet bis schüsselförmig, **gelblich-grünlich**. Blütenstiele: **etwas kürzer als die Tragblätter.** Perigonblätter: basal kurz verwachsen, **6–18 mm lang**. Griffel: 1. Narben: fädlich. Früchte: Kapseln, behaart. Speicherorgane: Rhizome. Blattstellung: **wechselständig**. Blätter: länglich bis oval; unterseits: behaart. – Auch als Unterart von *V. album* aufgefasst.

- einheimisch
- collin bis alpin
- Grünland, Staudenfluren, Gehölze, Wälder, Zier- bzw. Nutzpflanze

J F M A **M J J A** S O N D

Colchicum autumnale L.

Herbst-Zeitlose *Colchicaceae*
∗ P(6) A6 G(3) stark giftig

Bis 40 cm hoch. Pflanzen: **im Herbst blühend, die Blätter im Frühsommer zusammen mit im Vorjahr angelegten Kapseln erscheinend, Früchte im Juni reif**. Blüten: **mit mehrere Zentimeter langer, im Boden beginnender Röhre**, rötlich bis weißlich. Griffel: 1. Narben: fädlich. Früchte: Kapseln. Knollen: länglich-eiförmig, 3–7 cm lang, 2–5 cm ⌀. Stängel: **mit grundständiger Blattrosette**. Blätter: länglich bis lanzettlich.

- einheimisch
- planar bis montan
- Grünland, Wälder, Zier- bzw. Nutzpflanze
- an basenreichen Standorten

J F M A M J J **A S O N** D

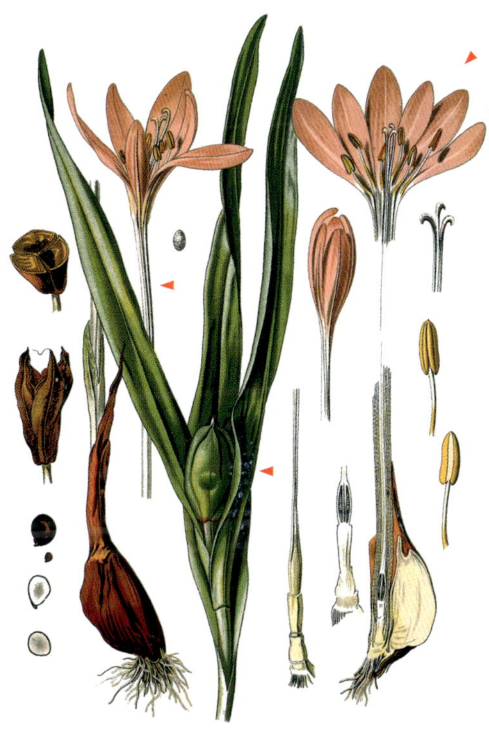

Fritillaria meleagris L.

Schachblume *Liliaceae*
∗ P6 A6 G(3) giftig RL 3 § BNatG b

15–50 cm hoch. Blüten: **überhängend**, glockig-trichterförmig, **bräunlich bis rötlich**, **schachbrettartig gemustert**. Perigonblätter: basal kurz verwachsen, mit Nektardrüse, 25–40 mm lang. Staubbeutel: Staubfäden basal inseriert. Griffel: deutlich vom Fruchtknoten abgesetzt. Narben: fädlich. Früchte: Kapseln. Speicherorgane: Zwiebeln. Blätter: **lineal bis länglich**.

- Archaeophyt
- planar bis collin
- Grünland, Zier- bzw. Nutzpflanze
- an basenreichen, feuchten bis nassen, zuweilen überfluteten Standorten

J F **M A M J** J A S O N D

Gagea pratensis agg.

Wiesen-Goldstern *Liliaceae*
∗ P6 A6 G(3)

Bis 20 cm hoch. Blütenstand: meist doldenartig, 1–10-blütig; Tragblätter: laubblattartig. Blüten: offen ausgebreitet bis glockig-trichterförmig; außen gelblich-grünlich; innen gelblich. Blütenstiele: ± kahl. Perigonblätter: kahl. Griffel: deutlich vom Fruchtknoten abgesetzt. Narben: kopfig. Früchte: Kapseln. Zwiebeln: **meist 2–3 pro Stängel**. Grundblätter: 1–2, meist länger als der Blütenstand, **meist 3–16 mm breit**, **distal kapuzenförmig**, **im QS flach ausgebreitet bis rinnig**.

In Deutschland kommen 3 Arten der Artengruppe *Gagea pratensis* agg. vor: *G. pratensis*, *G. marchica* und *G. megapolitana* (vgl. S. 1421).

- einheimisch
- planar bis montan
- Grünland, Staudenfluren, Äcker, Ruderalvegetation, Zier- bzw. Nutzpflanze

J **F M A M** J J A S O N D

Gagea bohemica (Zauschn.) Schult. & Schult. f.

Felsen-Goldstern *Liliaceae*
∗ P6 A6 G(3) RL 3

Bis 10 cm hoch. Blütenstand: 1-4-blütig; Tragblätter: laubblattartig. Blüten: offen ausgebreitet bis glockig-trichterförmig; außen gelblich-grünlich; innen gelblich. Blütenstiele: 5–22 mm lang, **behaart**. Perigonblätter: **außen behaart**, 10–20 mm lang, distal ± abgerundet. Griffel: deutlich vom Fruchtknoten abgesetzt. Narben: kopfig. Früchte: Kapseln. Zwiebeln: **2 pro Stängel**. Grundblätter: **meist 2**, **< 2 mm breit**, **im QS schwach rinnig bis rundlich**.

- einheimisch
- planar bis collin
- Grünland, Staudenfluren, Schutt- u. Felsfluren, Ruderalvegetation
- an nährstoffarmen, trockenen Standorten

J **F M A** M J J A S O N D

Gagea liotardii (Sternb.) Schult. & Schult. f.

Röhriger Goldstern *Liliaceae*
∗ P6 A6 G(3) RL R

Bis 20 cm hoch. Blütenstand: Tragblätter: laubblattartig. Blüten: offen ausgebreitet bis glockig-trichterförmig; außen gelblich-grünlich; innen gelblich. Blütenstiele: **behaart**. Perigonblätter: 8–25 mm lang, distal ± abgerundet. Griffel: deutlich vom Fruchtknoten abgesetzt. Narben: kopfig. Früchte: Kapseln. Zwiebeln: **2 pro Stängel**. Stängel: **mit 2 Laubblättern**. Grundblätter: 1–2, **2–4 mm breit**, **im QS halbrund**, **hohl**.

- einheimisch
- subalpin bis alpin
- Grünland, Staudenfluren, Ruderalvegetation

J F M A **M J J A** S O N D

Gagea lutea (L.) Ker Gawl.

Wald-Goldstern *Liliaceae*
∗ P6 A6 G(3)

10–30 cm hoch. Blütenstand: meist doldenartig; Tragblätter: laubblattartig. Blüten: offen ausgebreitet bis glockig-trichterförmig; außen gelblich-grünlich; innen gelblich. Blütenstiele: ± kahl. Perigonblätter: kahl, 15–22 mm lang, distal ± abgerundet. Griffel: deutlich vom Fruchtknoten abgesetzt. Narben: kopfig. Früchte: Kapseln. Zwiebeln: **1 pro Stängel**. Grundblätter: 1, **5–16 mm breit, distal kapuzenförmig**; unterseitig: **deutlich gekielt**.

- einheimisch
- planar bis montan
- Grünland, Staudenfluren, Gehölze, Wälder, Äcker, Ruderalvegetation
- an basenreichen Standorten

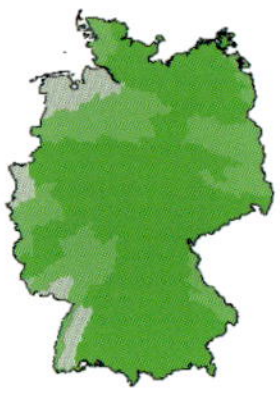

J F **M A M** J J A S O N D

Gagea minima (L.) Ker Gawl.

Zwerg-Goldstern *Liliaceae*
∗ P6 A6 G(3) RL 3

Bis 15 cm hoch. Blütenstand: Tragblätter: laubblattartig. Blüten: offen ausgebreitet bis glockig-trichterförmig; außen gelblich-grünlich; innen gelblich. Blütenstiele: ± kahl. Perigonblätter: **kahl**, 10–18 mm lang, ± spitz. Griffel: deutlich vom Fruchtknoten abgesetzt. Narben: kopfig. Früchte: Kapseln. Zwiebeln: **2 pro Stängel**. Grundblätter: 1, frischgrün, **1–3 mm breit**, *ohne* Kapuzenspitze, **im QS rundlich, am Grunde rinnig, hohl**.

- einheimisch
- planar bis montan
- Grünland, Staudenfluren, Wälder, Ruderalvegetation
- an basenreichen Standorten

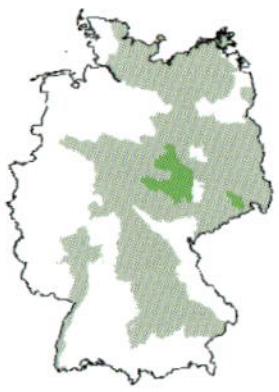

J **F M A M** J J A S O N D

Gagea spathacea (Hayne) Salisb.

Scheiden-Goldstern *Liliaceae*
∗ P6 A6 G(3)

10–20 cm hoch. Blütenstand: Tragblätter: laubblattartig. Blüten: offen ausgebreitet bis glockig-trichterförmig; außen gelblich-grünlich; innen gelblich. Blütenstiele: ± kahl. Perigonblätter: 8–25 mm lang, ± spitz. Griffel: deutlich vom Fruchtknoten abgesetzt. Narben: kopfig. Früchte: Kapseln. Zwiebeln: **2 pro Stängel**. Stängel: **mit 1 Laubblatt**. Grundblätter: 2, **1–3 mm breit, distal kapuzenförmig, im QS rundlich, zunächst markig, später hohl**.

- einheimisch
- planar
- Wälder
- an basenreichen Standorten

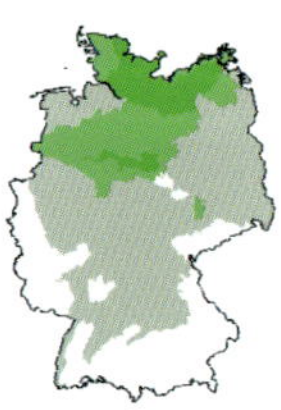

J F **M A M** J J A S O N D

Gagea villosa (M. Bieb.) Sweet

Acker-Goldstern *Liliaceae*
∗ P6 A6 G(3) RL V

Bis 15 cm hoch. Blütenstand: 5–15-blütig; Tragblätter: laubblattartig. Blüten: offen ausgebreitet bis glockig-trichterförmig; außen gelblich-grünlich; innen gelblich. Blütenstiele: 18–35 mm lang, **behaart**. Perigonblätter: **außen behaart**, 10–18 mm lang, ± spitz. Griffel: deutlich vom Fruchtknoten abgesetzt. Narben: kopfig. Früchte: Kapseln. Zwiebeln: **2 pro Stängel**. Grundblätter: **meist 2**, basal oft violett überlaufen, **< 2 mm breit, im QS rundlich bis oval**; oberseitig: **flachrinnig**.

- Archaeophyt
- planar bis montan
- Grünland, Äcker, Ruderalvegetation, Zier- bzw. Nutzpflanze

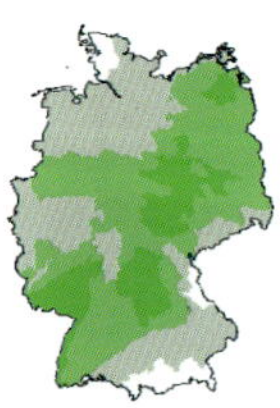

J **F M A M J** J A S O N D

Lilium bulbiferum L.

Feuer-Lilie *Liliaceae*
∗ P6 A6 G(3) giftig RL 3 § BNatG b

50–100 cm hoch. PFLANZEN: **meist mit Bulbillen in den Blattachseln**. BLÜTENSTAND: 1–5-blütig. BLÜTEN: **aufrecht**, offen ausgebreitet bis glockig-trichterförmig, Perigonblätter allenfalls distal etwas zurückgekrümmt, **orange bis rötlich**. PERIGONBLÄTTER: > 25 mm lang. STAUBBEUTEL: **Staubfäden mittig inseriert**. GRIFFEL: deutlich vom Fruchtknoten abgesetzt. NARBEN: kopfig. FRÜCHTE: Kapseln. SPEICHERORGANE: Zwiebeln. BLATTSTELLUNG: **wechselständig, seltener quirlig genähert**.

- Archaeophyt
- planar bis montan
- Extensivgrünland u. Magerrasen, Staudenfluren, Schutt- u. Felsfluren, Ruderalvegetation, Zier- bzw. Nutzpflanze
- an basenreichen Standorten

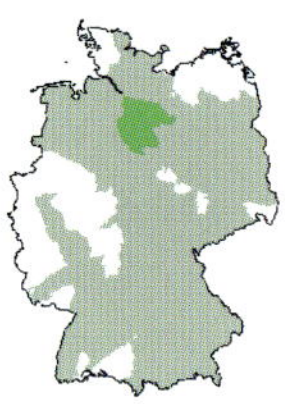

J F M A **M J J A** S O N D

Lilium martagon L.

Türkenbund-Lilie *Liliaceae*
∗ P6 A6 G(3) stark giftig § BNatG b

40–150 cm hoch. BLÜTENSTAND: Blüten zu wenigen o. traubenartig, 2–20-blütig. BLÜTEN: **überhängend**, offen ausgebreitet bis glockig-trichterförmig, **Perigonblätter zu > 50 % zurückgerollt, bräunlich bis rötlich, mit dunklen Flecken**. PERIGONBLÄTTER: > 25 mm lang. STAUBBEUTEL: **Staubfäden mittig inseriert**. GRIFFEL: deutlich vom Fruchtknoten abgesetzt. NARBEN: kopfig. FRÜCHTE: Kapseln. SPEICHERORGANE: Zwiebeln. BLATTSTELLUNG: **meist quirlig, seltener wechselständig**.

- einheimisch
- collin bis subalpin
- Grünland, Staudenfluren, Gehölze, Wälder, Zier- bzw. Nutzpflanze
- an basenreichen Standorten

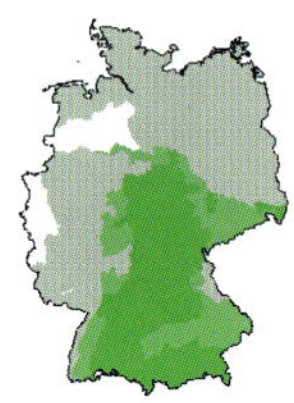

J F M A **M J J A** S O N D

Lloydia serotina (L.) Rchb.

Späte Faltenlilie *Liliaceae*
∗ P6 A6 G(3) RL R § BNatG b

Bis 20 cm hoch. BLÜTENSTAND: Blüten einzeln o. zu wenigen. BLÜTEN: aufrecht, **offen ausgebreitet, weißlich**. PERIGONBLÄTTER: 8–25 mm lang. STAUBBEUTEL: Staubfäden basal inseriert. GRIFFEL: deutlich vom Fruchtknoten abgesetzt. NARBEN: kopfig. FRÜCHTE: **Kapseln**. SPEICHERORGANE: Zwiebeln. STÄNGEL: **mit ≥ 2 Laubblättern**. GRUNDBLÄTTER: **1–3**, lineal, **2–10 mm breit**. MITTLERE STÄNGELBLÄTTER: länglich-lanzettlich, 10–20 mm breit.

- einheimisch
- subalpin bis alpin
- Extensivgrünland u. Magerrasen, Schutt- u. Felsfluren, Zier- bzw. Nutzpflanze
- an nährstoffarmen Standorten

J F M A M **J J A** S O N D

Tulipa gesneriana L.

Garten-Tulpe *Liliaceae*
∗ P6 A6 G(3) giftig § BNatG b

30–80 cm hoch. BLÜTEN: aufrecht, einzeln, glockig-trichterförmig, oft rötlich, Zuchtformen mit unterschiedlichen Farben u. Mustern. PERIGONBLÄTTER: **innere am Grund kahl**, > 30 mm lang, distal oft abgerundet. STAUBFÄDEN: **kahl**. STAUBBEUTEL: Staubfäden basal inseriert. GRIFFEL: allmählich in den Fruchtknoten übergehend bzw. fehlend. FRÜCHTE: Kapseln. SPEICHERORGANE: Zwiebeln. STÄNGEL: **mit 1–2 Laubblättern**. BLÄTTER: **am Rand meist gewellt, länglich-lanzettlich, > 15 mm breit**. – Formenreiche Gruppe, umfasst zahlreiche Hybriden u. Zuchtformen.

- in Einbürgerung befindlicher Neophyt, urspr. aus West- o. Zentralasien
- planar bis montan
- Grünland, Staudenfluren, Äcker, Ruderalvegetation, Zier- bzw. Nutzpflanze

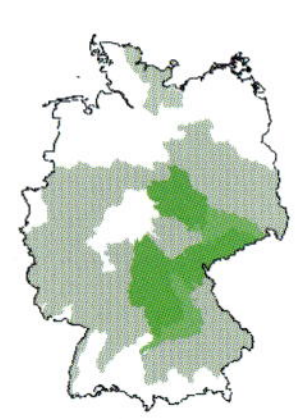

J F **M A M J** J A S O N D

Tulipa sylvestris L.

Wilde Tulpe *Liliaceae*
∗ P6 A6 G(3) giftig RL 3 § BNatG b

20–50 cm hoch. Blüten: aufrecht, einzeln, glockig-trichterförmig, **gelblich**. Perigonblätter: **innere am Grund behaart**, > 20 mm lang, **spitz**. Staubfäden: **basal dicht behaart**. Staubbeutel: Staubfäden basal inseriert. Griffel: allmählich in den Fruchtknoten übergehend bzw. fehlend. Früchte: Kapseln. Speicherorgane: Zwiebeln. Stängel: **mit 3–4 Laubblättern**. Blätter: **am Rand *nicht* gewellt, länglich-lineal, < 20 mm breit**.

- Archaeophyt
- planar bis collin
- Grünland, Äcker, Ruderalvegetation
- an basenreichen Standorten

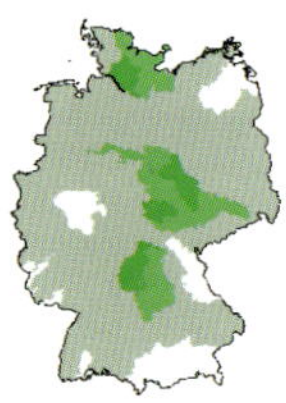

J F **M A M J** J A S O N D

Streptopus amplexifolius (L.) DC.

Stängelumfassender Knotenfuß *Liliaceae*
∗ P6 A6 G(3)

30–100 cm hoch. Blüten: offen ausgebreitet bis glockig-trichterförmig, **weißlich bis gelblich**. Blütenstiele: **mit den Laubblättern verwachsen**, Blüten unter den Blättern hängend. Narben: kopfig. Früchte: **Beeren, rötlich**, glänzend. Speicherorgane: Rhizome. Stängel: **meist bogig überhängend**. Blattstellung: wechselständig, ± 2-zeilig. Blätter: sitzend, **(halb-) stängelumfassend, oval bis herzförmig**, spitz.

- einheimisch
- montan bis subalpin
- Staudenfluren, Gehölze, Wälder, Zier- bzw. Nutzpflanze

J F M A **M J J A** S O N D

Cypripedium calceolus L.

Frauenschuh *Orchidaceae*
↓ P6 [A2 G(3)] RL 3 § WA II, EG A, FFH IV, BNatG s

15–60 cm hoch. Blüten: **40–100 mm ⌀, bräunlich bis rötlich, Lippe gelblich**. Lippe: **stark aufgeblasen, ungeteilt**. Staubblätter: **2**. Pollinium: Pollen einzeln, *nicht* verklebt. Rostellum: klein bzw. fehlend. Narben: 3-lappig, alle Lappen ± gleich groß u. fertil. Blätter: breit-eiförmig bis länglich, meist 4–6-mal so lang wie breit, **meist mit deutlicher Nervatur**.

- einheimisch
- collin bis montan
- Staudenfluren, Gehölze, Wälder, Zier- bzw. Nutzpflanze
- an basenreichen Standorten

J F M **A M J J** A S O N D

Cephalanthera damasonium (Mill.) Druce

Bleiches Waldvöglein *Orchidaceae*
↓ P6 [A1 G(3)] § WA II, EG B, BNatG b

30–60 cm hoch. Blütenstand: **Stängel 3–8-blütig**. Blüten: aufrecht, sitzend, **gelblich-weißlich**. Lippe: durch eine Einschnürung 2-teilig; vorderes Lippenglied: meist von den äußeren Blütenhüllblättern bedeckt, länglich. Gymnostemium: länglich, basal von der Lippe umschlossen. Tragblätter der mittleren Blüten: **länger als der Fruchtknoten**. Stängel: **kahl**. Blätter: **länglich bis lanzettlich, 2–6-mal so lang wie breit**.

- einheimisch
- planar bis montan
- Gehölze, Wälder
- an basenreichen Standorten

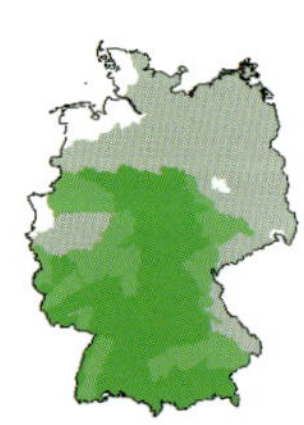

J F M **A M J** J A S O N D

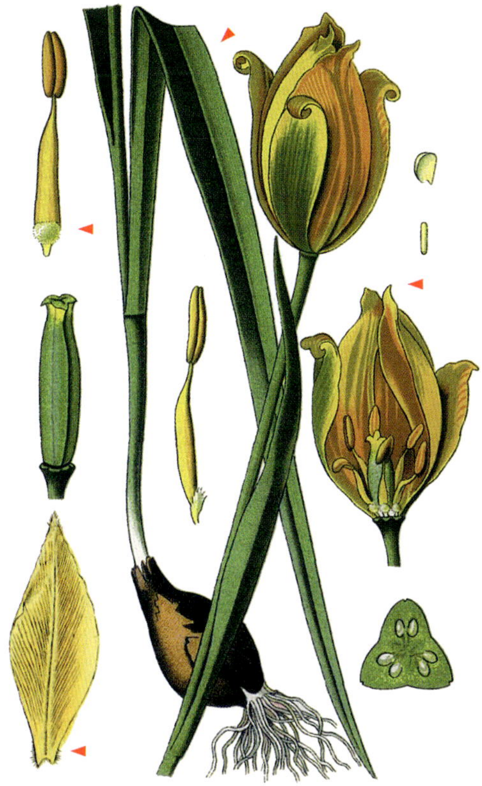

Cephalanthera longifolia (L.) Fritsch

Langblättriges Waldvöglein *Orchidaceae*
↓ P6 [A1 G(3)] RL V § WA II, EG B, BNatG b

15–50 cm hoch. Blütenstand: **Stängel 5–20-blütig**. Blüten: aufrecht, sitzend, **rein weiß**. Lippe: durch eine Einschnürung 2-teilig; vorderes Lippenglied: meist von den äußeren Blütenhüllblättern bedeckt, länglich. Gymnostemium: länglich, basal von der Lippe umschlossen. Tragblätter der mittleren Blüten: **kürzer als der Fruchtknoten**. Stängel: **kahl**. Blätter: **lineal bis länglich-lanzettlich, > 8-mal so lang wie breit**.

- einheimisch
- collin bis montan
- Grünland, Gehölze, Wälder, Zier- bzw. Nutzpflanze

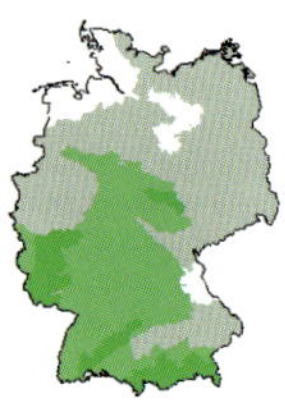

J F M **A M J** J A S O N D

Cephalanthera rubra (L.) Rich.

Rotes Waldvöglein *Orchidaceae*
↓ P6 [A1 G(3)] RL V § WA II, EG B, BNatG b

30–50 cm hoch. Blüten: aufrecht, sitzend, **rötlich**, sehr selten weißlich. Lippe: durch eine Einschnürung 2-teilig; vorderes Lippenglied: meist von den äußeren Blütenhüllblättern bedeckt, länglich. Gymnostemium: länglich, basal von der Lippe umschlossen. Tragblätter der mittleren Blüten: **länger als der Fruchtknoten**. Stängel: **oben behaart**. Blätter: länglich bis lanzettlich.

- einheimisch
- collin bis montan
- Gehölze, Wälder
- an basenreichen, meist trockenen Standorten

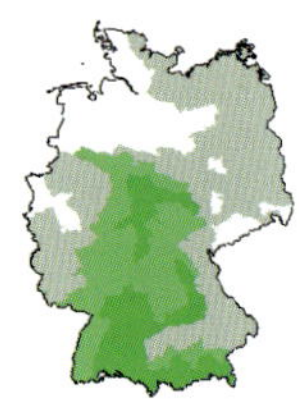

J F M A **M J J A** S O N D

Epipactis palustris (L.) Crantz

Sumpf-Ständelwurz *Orchidaceae*
↓ P6 [A1 G(3)] RL 3 § WA II, EG B, BNatG b

30–50 cm hoch. Blüten: überhängend, gestielt; **äußere Perigonblätter grünlich u. oft rötlich überlaufen; innere Perigonblätter weißlich**. Lippe: durch eine Einschnürung 2-teilig, **Einschnürung gelenkartig, vorderes Glied dadurch beweglich**; vorderes Lippenglied: breit-oval, **gezähnt**; hinteres Lippenglied: **mit Seitenlappen**. Staubfäden: **kurz aber deutlich entwickelt**. Gymnostemium: kugelig-eiförmig, freistehend. Tragblätter der mittleren Blüten: länger als der Fruchtknoten.

- einheimisch
- planar bis montan
- Moore u. Seggenriede, Extensivgrünland u. Magerrasen, Dünentäler, Zier- bzw. Nutzpflanze
- an nährstoffarmen, kalkreichen, wechselnassen Standorten

J F M A **M J J A** S O N D

Epipactis helleborine agg.

Breitblättrige Ständelwurz *Orchidaceae*
↓ P6 [A1 G(3)] § WA II, EG B, BNatG b

10–100 cm hoch. Blütenstand: Hauptachse: **meist behaart, Haare dunkel**. Blüten: überhängend, gestielt, grünlich bis bräunlich, oft rötlich überlaufen. Lippe: durch eine Einschnürung 2-teilig; vorderes Lippenglied: distal ganzrandig; hinteres Lippenglied: ***ohne* Seitenlappen**. Staubfäden: sehr kurz bis fehlend. Fruchtknoten: ± kahl. Gymnostemium: kugelig-eiförmig, freistehend. Tragblätter der mittleren Blüten: länger als der Fruchtknoten.

In Deutschland kommen 6 Arten der Artengruppe *Epipactis helleborine* agg. vor: *E. helleborine*, *E. albensis*, *E. bugacensis*, *E. phyllanthes*, *E. leptochila* und *E. muelleri* (vgl. S. 1421).

- einheimisch
- planar bis montan
- Extensivgrünland u. Magerrasen, Staudenfluren, Gehölze, Wälder, Dünen, Zier- bzw. Nutzpflanze

J F M A **M J J A S** O N D

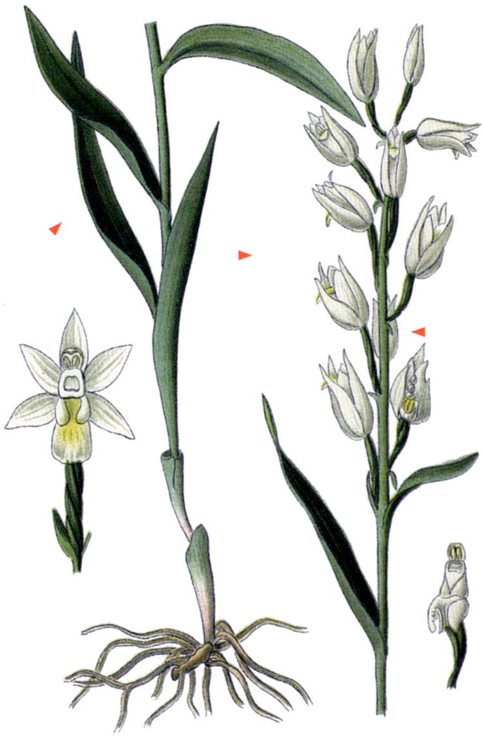

Epipactis purpurata Sm.

Violette Ständelwurz *Orchidaceae*
↓ P6 [A1 G($\overline{3}$)] RL V § WA II, EG B, BNatG b

15–60 cm hoch. Blüten: überhängend, gestielt; äußere Perigonblätter grünlich; innere Perigonblätter weißlich; Lippe rötlich. Lippe: durch eine Einschnürung 2-teilig; vorderes Lippenglied: breit-oval, distal ganzrandig; hinteres Lippenglied: ***ohne* Seitenlappen**. Staubfäden: mit der Säule (Gymnostemium) verwachsen, sehr kurz bis fehlend. Fruchtknoten: ± kahl. Gymnostemium: kugelig-eiförmig, freistehend. Tragblätter der mittleren Blüten: länger als der Fruchtknoten. Stängel: unten: **violett überlaufen**. Blätter: länglich bis oval, das größte 5–7 cm lang; unterseits: **violett überlaufen**.

- einheimisch
- planar bis montan
- Wälder
- an basenreichen Standorten

J F M A M J J A S O N D

Epipactis atrorubens (Hoffm.) Besser

Braunrote Ständelwurz *Orchidaceae*
↓ P6 [A1 G($\overline{3}$)] RL V § WA II, EG B, BNatG b

30–60 cm hoch. Blütenstand: Hauptachse: **dicht kraushaarig, Haare weißlich**. Blüten: überhängend, gestielt, **nach Vanille duftend, rotbraun**. Lippe: durch eine Einschnürung 2-teilig; vorderes Lippenglied: breit-oval, distal ganzrandig; hinteres Lippenglied: ***ohne* Seitenlappen**. Staubfäden: **kurz aber deutlich entwickelt**. Fruchtknoten: **lang behaart**. Gymnostemium: kugelig-eiförmig, freistehend. Tragblätter der mittleren Blüten: länger als der Fruchtknoten.

- einheimisch
- planar bis alpin
- Extensivgrünland u. Magerrasen, Gehölze, Wälder, Dünen
- an nährstoffarmen, basenreichen, meist trockenen Standorten

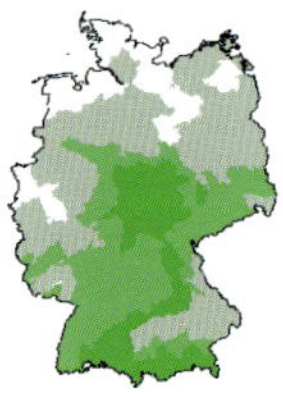

J F M A M J J A S O N D

Epipactis microphylla (Ehrh.) Sw.

Kleinblättrige Ständelwurz *Orchidaceae*
↓ P6 [A1 G($\overline{3}$)] RL 3 § WA II, EG B, BNatG b

10–30 cm hoch. Blüten: überhängend, gestielt. Lippe: durch eine Einschnürung 2-teilig; vorderes Lippenglied: breit-oval, distal ganzrandig; hinteres Lippenglied: ***ohne* Seitenlappen**. Staubfäden: sehr kurz bis fehlend. Gymnostemium: kugelig-eiförmig, freistehend. Tragblätter der mittleren Blüten: **kürzer als der Fruchtknoten**. mittlere Stängelblätter: **meist kürzer als die Stängelglieder**.

- einheimisch
- planar bis montan
- Gehölze, Wälder
- an basenreichen Standorten

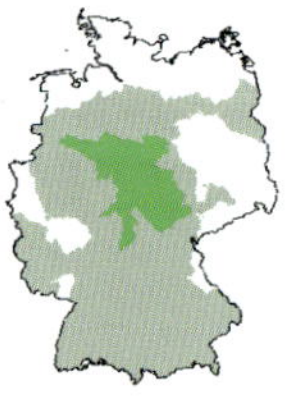

J F M A M J J A S O N D

Limodorum abortivum (L.) Sw.

Violetter Dingel *Orchidaceae*
↓ P6 [A1 G($\overline{3}$)] RL 3 § WA II, EG B, BNatG b

± chlorophyllloser Epi-Parasit, 20–50 cm hoch. Pflanzen: **bläulich bis violett**. Blütenstand: traubenartig. Blüten: **gespornt**, **rötlich**. Lippe: **ungeteilt**. Sporn: **nach unten gerichtet, lang, fadenförmig, 12–25 mm lang**, mindestens so lang wie der Fruchtknoten. Blätter: **nur ± spreitenlose Schuppenblätter, Schuppenblätter bis zum Blütenstand reichend**.

- einheimisch
- planar bis montan
- Gehölze, Wälder
- an basenreichen Standorten

J F M A M J J A S O N D

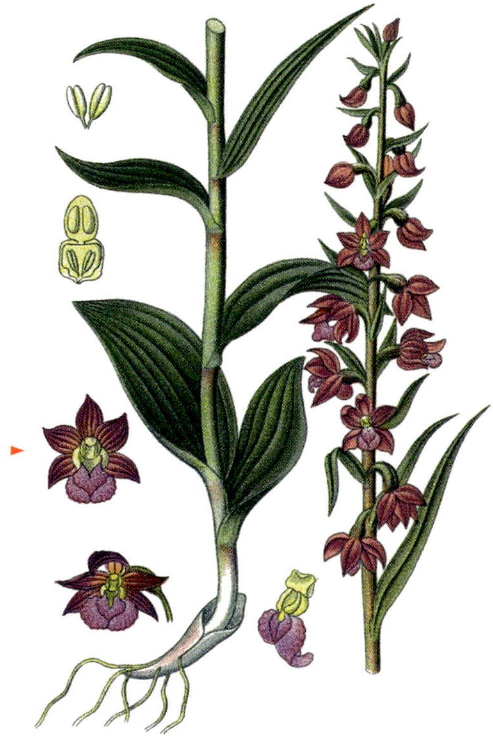

Neottia nidus-avis (L.) Rich.

Vogel-Nestwurz *Orchidaceae*
↓ P6 [A1 $G(\overline{3})$] § WA II, EG B, BNatG b

± chlorophyllloser Epi-Parasit, 25–50 cm hoch. PFLANZEN: bräunlich-gelblich. BLÜTENSTAND: traubenartig, > **20-blütig**. BLÜTEN: **8–12 mm ∅, beige bis bräunlich**. LIPPE: **2-lappig**. STÄNGEL: **mit ≥ 5 Schuppenblättern**. BLÄTTER: **nur ± spreitenlose Schuppenblätter**, **Schuppenblätter bis zum Blütenstand reichend**.

- einheimisch
- planar bis montan
- Wälder
- an basenreichen Standorten

J F M A M J J A S O N D

Neottia cordata (L.) Rich.

Kleines Zweiblatt *Orchidaceae*
↓ P6 [A1 $G(\overline{3})$] RL 3 § WA II, EG B, BNatG b

Grüne Pflanzen, mit Chlorophyll, **bis 20 cm hoch**. BLÜTENSTAND: traubenartig, **5–12-blütig**. BLÜTEN: gestielt; **äußere Perigonblätter grünlich**; **innere Perigonblätter rötlich**; **Lippe rötlich**. LIPPE: flach, länglich-lineal, **mit Seitenlappen**, **4-lappig**. STÄNGEL: mit 2 Laubblättern. BLATTSTELLUNG: ± gegenständig. BLÄTTER: **zart**, **herzförmig**.

- einheimisch
- collin bis montan
- Moore u. Seggenriede, Zwergstrauchheiden, Wälder
- an nährstoffarmen, sauren Standorten

J F M A M J J A S O N D

Neottia ovata (L.) Bluff & Fingerh.

Großes Zweiblatt *Orchidaceae*
↓ P6 [A1 $G(\overline{3})$] § WA II, EG B, BNatG b

Grüne Pflanzen, mit Chlorophyll, **20–50 cm hoch**. BLÜTENSTAND: traubenartig, **12–60-blütig**. BLÜTEN: gestielt, grünlich; **Lippe weißlich-gelblich**. LIPPE: flach, länglich-lineal, ***ohne* Seitenlappen**, **2-lappig**. STÄNGEL: mit 2 Laubblättern. BLATTSTELLUNG: ± gegenständig. BLÄTTER: **derb**, **breit-oval**.

- einheimisch
- planar bis alpin
- Extensivgrünland u. Magerrasen, Gehölze, Wälder
- an basenreichen Standorten

J F M A M J J A S O N D

Epipogium aphyllum Sw.

Blattloser Widerbart *Orchidaceae*
↓ P6 [A1 $G(\overline{3})$] RL 2 § WA II, EG B, BNatG b

± chlorophyllloser Epi-Parasit, 10–20 cm hoch. PFLANZEN: weißlich-gelblich *oder* rötlich. BLÜTEN: **gelblich-weißlich bis grünlich**; **Lippe mit rötlicher Zeichnung**. LIPPE: **nach oben gerichtet**, **3-lappig**. SPORN: **seitwärts o. nach oben gerichtet**, **< 8 mm lang**. BLÄTTER: **nur ± spreitenlose Schuppenblätter**, **Schuppenblätter vor allem an der Stängelbasis**.

- einheimisch
- planar bis montan
- Wälder
- an basenreichen Standorten

J F M A M J J A S O N D

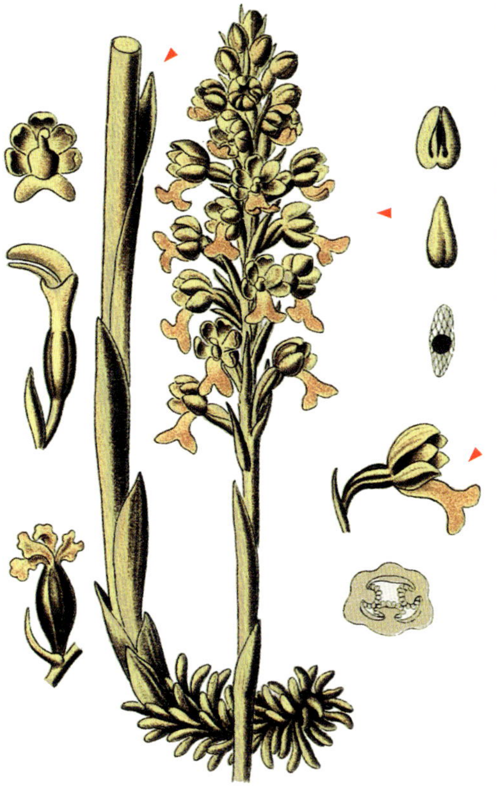

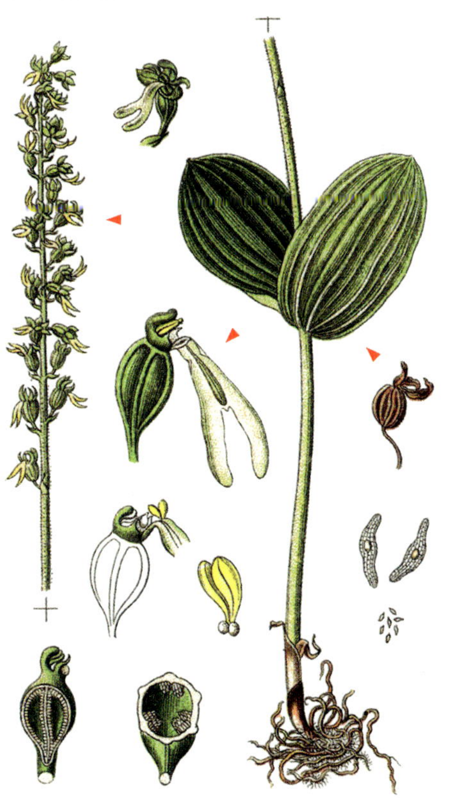

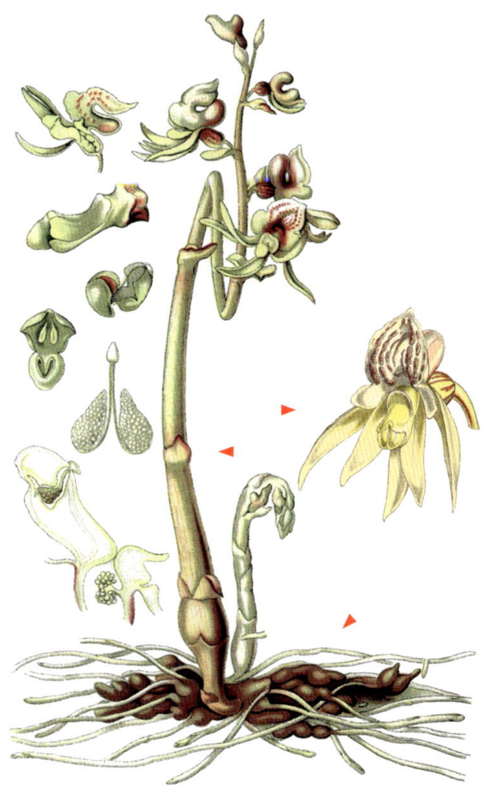

Hammarbya paludosa (L.) Kuntze

Sumpf-Weichwurz *Orchidaceae*
↓ P6 [A1 G($\bar{3}$)] RL 2 § WA II, EG B, BNatG b

Bis 20 cm hoch. BLÜTENSTAND: meist > 3-mal so lang wie die Blätter. BLÜTEN: gestielt, 3–6 mm ⌀, meist < 4 mm lang, **gelblich-weißlich bis grünlich**. INNERE PERIGONBLÄTTER: **seitliche länglich**. ÄUSSERE PERIGONBLÄTTER: **oval bis lanzettlich**. LIPPE: **herzförmig, nach oben gerichtet**, flach, ***nicht* länger als die übrigen Blütenhüllblätter, ungeteilt, allenfalls seicht gezähnt**. POLLINIUM: wachsartig, *nicht* gekörnt. GYMNOSTEMIUM: kugelig-eiförmig. STÄNGEL: mit 2–4 Laubblättern. BLÄTTER: am Rand zuweilen mit Brutknospen. GRUNDBLÄTTER: das größte < 3 cm lang u. 5–12 mm breit.

- einheimisch
- planar bis montan
- Gewässer, Moore u. Seggenriede, Dünen
- an nährstoffarmen, sauren, nassen, zuweilen überfluteten Standorten

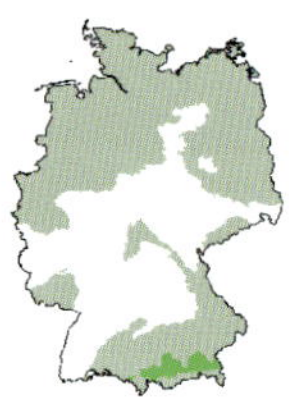

J F M A M **J J A** S O N D

Liparis loeselii (L.) Rich.

Sumpf-Glanzkraut *Orchidaceae*
↓ P6 [A1 G($\bar{3}$)] RL 2 § WA II, EG A, FFH IV, BNatG s

Bis 20 cm hoch. BLÜTENSTAND: meist < 3-mal so lang wie die Blätter, ≤ **10-blütig**. BLÜTEN: gestielt, 6–15 mm ⌀, ± 5 mm lang, **gelblich-weißlich bis grünlich**. INNERE PERIGONBLÄTTER: **seitliche lineal**. ÄUSSERE PERIGONBLÄTTER: **seitliche lineal, oberes oval u. gewölbt**. LIPPE: nach unten gerichtet, **rinnenförmig, sichelförmig gebogen, ungeteilt, allenfalls seicht gezähnt**. POLLINIUM: wachsartig, *nicht* gekörnt. GYMNOSTEMIUM: länglich. STÄNGEL: mit 2–3 Laubblättern.

- einheimisch
- planar bis montan
- Moore u. Seggenriede, Zier- bzw. Nutzpflanze
- an nährstoffarmen, kalkreichen, nassen, zuweilen überfluteten Standorten

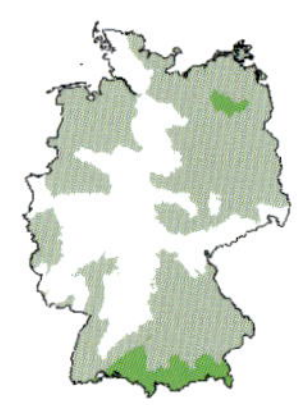

J F M A **M J J** A S O N D

Malaxis monophyllos (L.) Sw.

Kleinblütiges Einblatt *Orchidaceae*
↓ P6 [A1 G($\bar{3}$)] RL 3 § WA II, EG B, BNatG b

Bis 30 cm hoch. BLÜTENSTAND: meist > 3-mal so lang wie die Blätter, ≥ **10-blütig**. BLÜTEN: gestielt, 3–6 mm ⌀, meist < 4 mm lang, **gelblich-weißlich bis grünlich**. INNERE PERIGONBLÄTTER: **seitliche lineal**. ÄUSSERE PERIGONBLÄTTER: **oval bis lanzettlich**. LIPPE: **nach oben gerichtet, flach, mindestens so lang wie die übrigen Blütenhüllblätter, ungeteilt, allenfalls seicht gezähnt**. POLLINIUM: wachsartig, *nicht* gekörnt. GYMNOSTEMIUM: kugelig-eiförmig. STÄNGEL: **meist mit 1 Laubblatt**. GRUNDBLÄTTER: das größte 3–10 cm lang u. 15–50 mm breit.

- einheimisch
- montan bis subalpin
- Moore u. Seggenriede, Extensivgrünland u. Magerrasen, Wälder, Zier- bzw. Nutzpflanze
- an feuchten bis nassen Standorten

J F M A **M J J A** S O N D

Corallorhiza trifida Châtel.

Korallenwurz *Orchidaceae*
↓ P6 [A1 G($\bar{3}$)] RL 3 § WA II, EG B, BNatG b

± chlorophyllloser Epi-Parasit, bis 25 cm hoch. PFLANZEN: grünlich-gelblich. BLÜTENSTAND: **5–15-blütig**. BLÜTEN: 4–8 mm ⌀, **grünlich bis gelblich**. LIPPE: nach unten gerichtet, **ungeteilt**. POLLINIUM: wachsartig, *nicht* gekörnt. GYMNOSTEMIUM: länglich. BLÄTTER: **nur 2–4 spreitenlose Schuppenblätter**.

- einheimisch
- montan
- Moore u. Seggenriede, Zwergstrauchheiden, Wälder
- an sauren Standorten

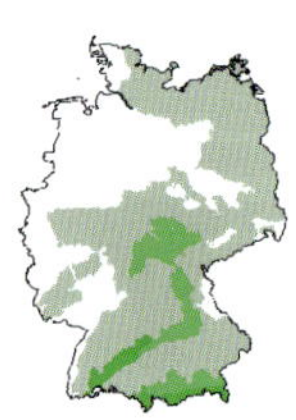

J F M **A M J J A** S O N D

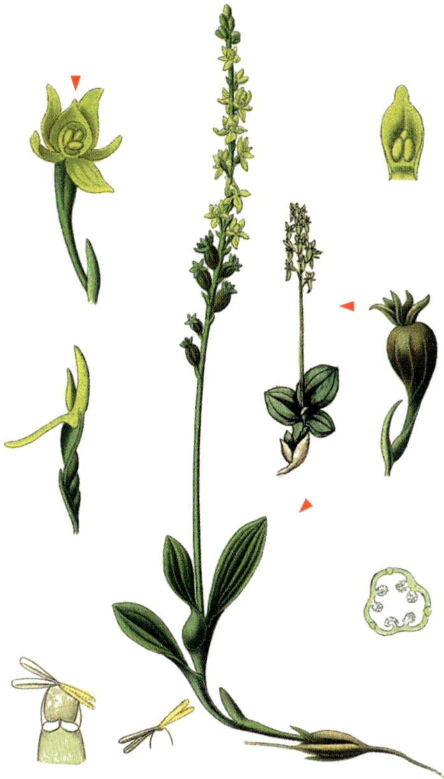

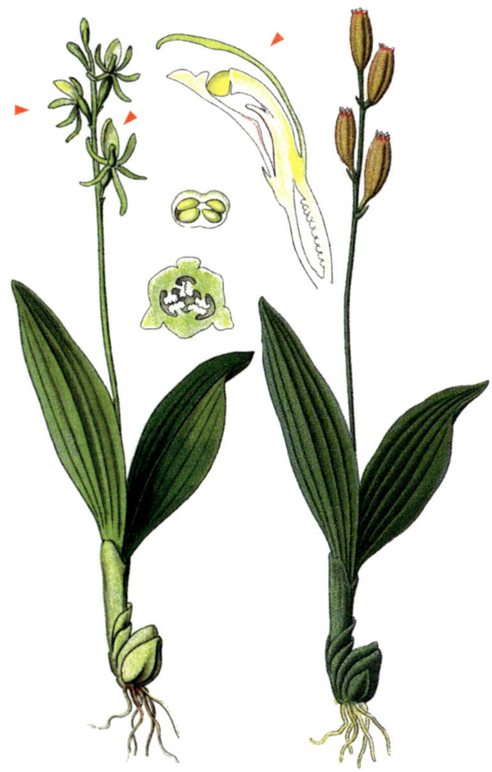

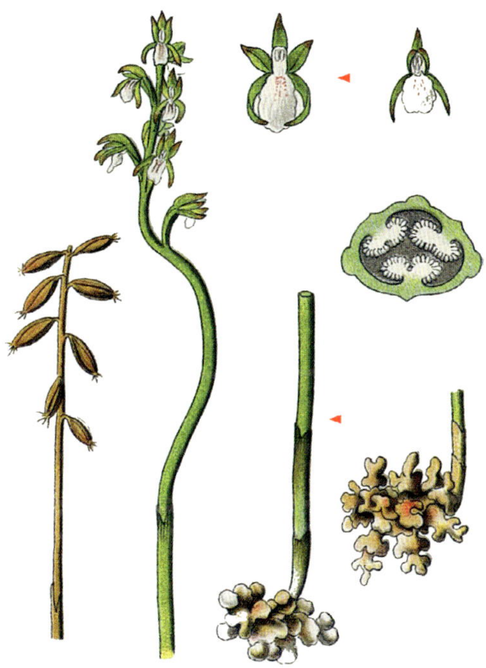

Goodyera repens (L.) R. Br.

Kriechendes Netzblatt *Orchidaceae*
↓ P6 [A1 G($\overline{3}$)] RL 3 § WA II, EG B, BNatG b

10–30 cm hoch. BLÜTENSTAND: **einseitswendig, ≥ 10-blütig**. BLÜTEN: **meist weißlich**; außen oft grünlich. LIPPE: nach unten gerichtet, **ungeteilt, allenfalls seicht gezähnt**. STÄNGEL: mit ausläuferartigen Seitentrieben. BLÄTTER: **winter - bis immergrün**, meist mit Verbindungsnerven. GRUNDBLÄTTER: **kurz gestielt**.

- einheimisch
- collin bis montan
- Gehölze, Wälder, Zier- bzw. Nutzpflanze
- an nährstoffarmen Standorten

J F M A M **J J A** S O N D

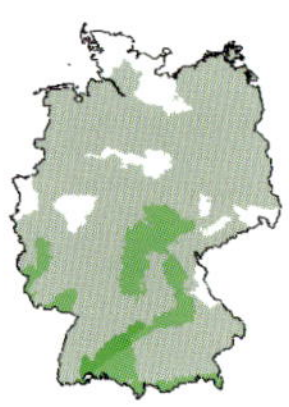

Spiranthes aestivalis (Poir.) Rich.

Sommer-Wendelorchis *Orchidaceae*
↓ P6 [A1 G($\overline{3}$)] RL 2 § WA II, EG A, FFH IV, BNatG s

10–40 cm hoch. BLÜTENSTAND: ährenartig, **meist um die Längsachse gedreht, lockerblütig**, drüsig behaart. BLÜTEN: sitzend, 4–8 mm ⌀, weißlich. LIPPE: nach unten gerichtet, **ungeteilt, allenfalls seicht gezähnt**. STÄNGEL: **zur Blütezeit mit Laubblättern, meist auch mit grundständiger Rosette**.

- einheimisch
- collin bis montan
- Moore u. Seggenriede, Extensivgrünland u. Magerrasen, Quellfluren
- an nährstoffarmen, kalkreichen, feuchten bis nassen Standorten

J F M A M **J J A** S O N D

Spiranthes spiralis (L.) Chevall.

Herbst-Wendelorchis *Orchidaceae*
↓ P6 [A1 G($\overline{3}$)] RL 2 § WA II, EG B, BNatG b

Bis 25 cm hoch. BLÜTENSTAND: ährenartig, **meist um die Längsachse gedreht, dichtblütig**, drüsig behaart. BLÜTEN: sitzend, 4–8 mm ⌀, weißlich, **außen zuweilen grünlich-gelblich**. LIPPE: nach unten gerichtet, **ungeteilt, allenfalls seicht gezähnt**. STÄNGEL: **zur Blütezeit nur mit Schuppenblättern o. kleinen Laubblättern mit reduzierter Spreite, voll entwickelte Laubblätter nur in grundständiger Rosette**.

- einheimisch
- planar bis montan
- Moore u. Seggenriede, Extensivgrünland u. Magerrasen, Wälder, Ruderalvegetation, Zier- bzw. Nutzpflanze
- an nährstoffarmen Standorten

J F M A M J **J A S O** N D

Orchis: mehrjährige Geophyten. BLÜTENSTAND: traubenartig. TRAGBLÄTTER DER BLÜTEN: häutig, meist kürzer als der Fruchtknoten, oft auffallend gefärbt. LIPPE: nach unten gerichtet, breit-oval bis rund. STAUBFÄDEN: kurz bis fehlend. KNOLLEN: rundlich bis eiförmig, ungeteilt.

Orchis anthropophora (L.) All.

Ohnhorn-Knabenkraut *Orchidaceae*
↓ P6 [A1 G($\overline{3}$)] RL 3 § WA II, EG B, BNatG b

20–40 cm hoch. TRAGBLÄTTER DER BLÜTEN: meist kürzer als der Fruchtknoten. BLÜTEN: **mit Helm, grünlich bis gelblich; Lippe gelblich bis bräunlich**. HELM: **kugelig bis eiförmig**. LIPPE: **4-lappig**; MITTELLAPPEN: **länger als die Seitenlappen, 2-spaltig, mittig zuweilen mit kleinem Zahn**. SPORN: fehlend.

- einheimisch
- planar bis montan
- Extensivgrünland u. Magerrasen, Staudenfluren, Wälder, Zier- bzw. Nutzpflanze
- an basenreichen Standorten

J F M **A M J** J A S O N D

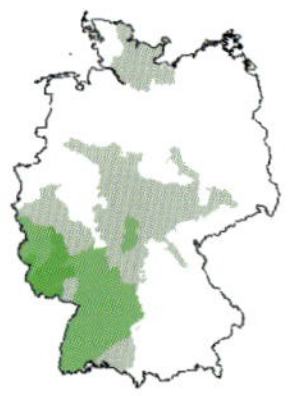

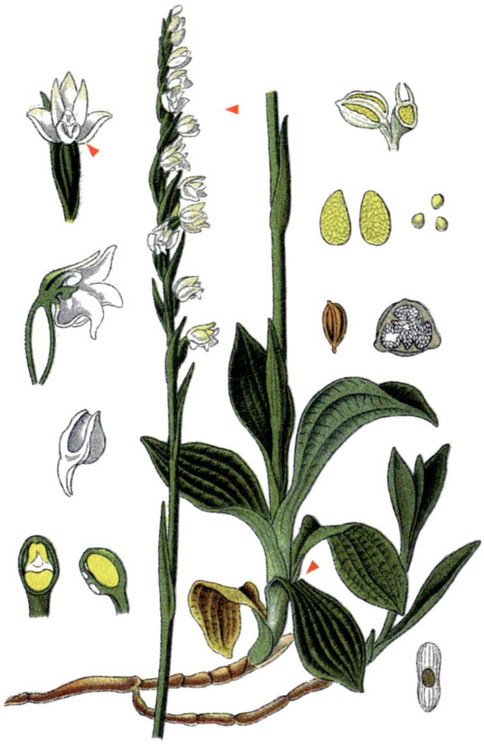

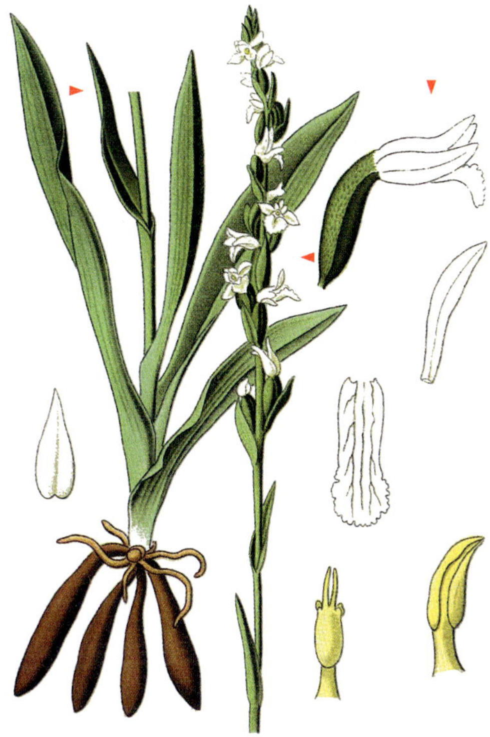

Orchis mascula (L.) L.

Stattliches Knabenkraut *Orchidaceae*
↓ P6 [A1 G($\overline{3}$)] RL V § WA II, EG B, BNatG b

15–50 cm hoch. TRAGBLÄTTER DER BLÜTEN: meist kürzer als der Fruchtknoten, **1-nervig**. BLÜTEN: ***ohne* Helm**, rötlich-violett; **Lippe meist gemustert**. LIPPE: **3–4-lappig**; MITTELLAPPEN: (undeutlich) 2-spaltig, mittig zuweilen mit kleinem Zahn. SPORN: waagerecht bis nach oben gerichtet, zylindrisch-länglich, **11–20 mm lang**. STÄNGEL: mit grundständiger Blattrosette.

subsp. *mascula* (Stattliches Knabenkraut): ÄUSSERE PERIGONBLÄTTER: distal abgerundet bis kurz zugespitzt. LIPPE: MITTELLAPPEN: ± so lang wie die Seitenlappen.
subsp. *speciosa* (Prächtiges Knabenkraut): ÄUSSERE PERIGONBLÄTTER: lang zugespitzt. LIPPE: MITTELLAPPEN: 1,5–2-mal so lang wie die Seitenlappen.

- einheimisch
- planar bis subalpin
- Extensivgrünland u. Magerrasen, Gehölze, Ruderalvegetation, Zier- bzw. Nutzpflanze
- an basenreichen Standorten

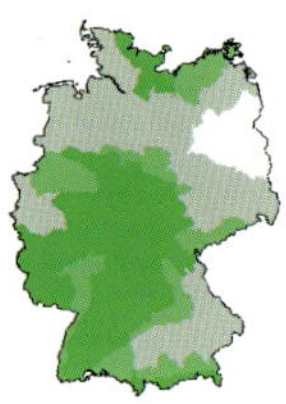

J F M **A M J** J A S O N D

Orchis militaris L.

Helm-Knabenkraut *Orchidaceae*
↓ P6 [A1 G($\overline{3}$)] RL 3 § WA II, EG B, BNatG b

25–50 cm hoch. TRAGBLÄTTER DER BLÜTEN: < 0,5-mal so lang wie der Fruchtknoten. BLÜTEN: **mit Helm**, weißlich bis rötlich-violett; **Helm weißlich bis hellrosa**. HELM: **länglich-eiförmig**. LIPPE: **3–4-lappig**; MITTELLAPPEN: **länger als die Seitenlappen, 2-spaltig, mittig zuweilen mit kleinem Zahn, Seitenlappen oval-länglich**. SPORN: zylindrisch, 4–8 mm lang. STÄNGEL: mit grundständiger Blattrosette.

- einheimisch
- planar bis montan
- Extensivgrünland u. Magerrasen, Wälder, Zier- bzw. Nutzpflanze
- an nährstoffarmen, kalkreichen, meist trockenen Standorten

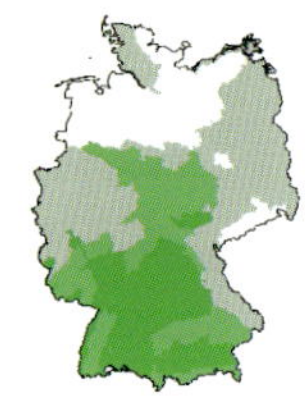

J F M **A M J** J A S O N D

Orchis pallens L.

Blasses Knabenkraut *Orchidaceae*
↓ P6 [A1 G($\overline{3}$)] RL 3 § WA II, EG B, BNatG b

20–40 cm hoch. TRAGBLÄTTER DER BLÜTEN: ± so lang wie der Fruchtknoten, ± so lang wie der Fruchtknoten, **1-nervig**. BLÜTEN: ***ohne* Helm**, **gelblich**, *ohne* rötliche Zeichnung. LIPPE: **gezähnt bis 4-lappig**; MITTELLAPPEN: **(undeutlich) 2-spaltig, mittig zuweilen mit kleinem Zahn**. SPORN: meist aufwärts gebogen, zylindrisch. STÄNGEL: mit grundständiger Blattrosette.

- einheimisch
- collin bis montan
- Extensivgrünland u. Magerrasen, Wälder, Zier- bzw. Nutzpflanze
- an basenreichen Standorten

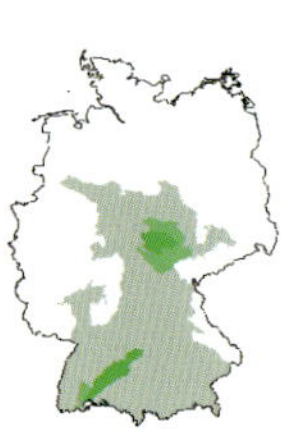

J F **M A M J** J A S O N D

Orchis purpurea Huds.

Purpur-Knabenkraut *Orchidaceae*
↓ P6 [A1 G($\overline{3}$)] RL V § WA II, EG B, BNatG b

30–80 cm hoch. TRAGBLÄTTER DER BLÜTEN: < 0,5-mal so lang wie der Fruchtknoten. BLÜTEN: **mit Helm**, weißlich bis rötlich-violett; **Lippe meist gemustert**; **Helm bräunlich bis rötlich, dunkler als die Lippe**. HELM: **kugelig bis eiförmig**. LIPPE: **3–4-lappig**; MITTELLAPPEN: **länger als die Seitenlappen, 2-spaltig, mittig zuweilen mit kleinem Zahn**. SPORN: kurz. STÄNGEL: mit grundständiger Blattrosette.

- einheimisch
- planar bis montan
- Extensivgrünland u. Magerrasen, Staudenfluren, Gehölze, Wälder, Zier- bzw. Nutzpflanze
- an basenreichen Standorten

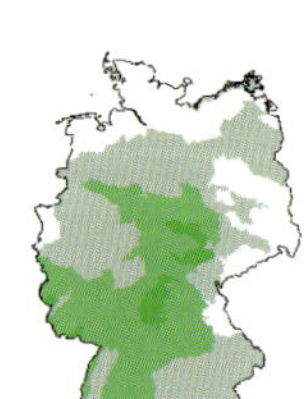

J F M **A M J J** A S O N D

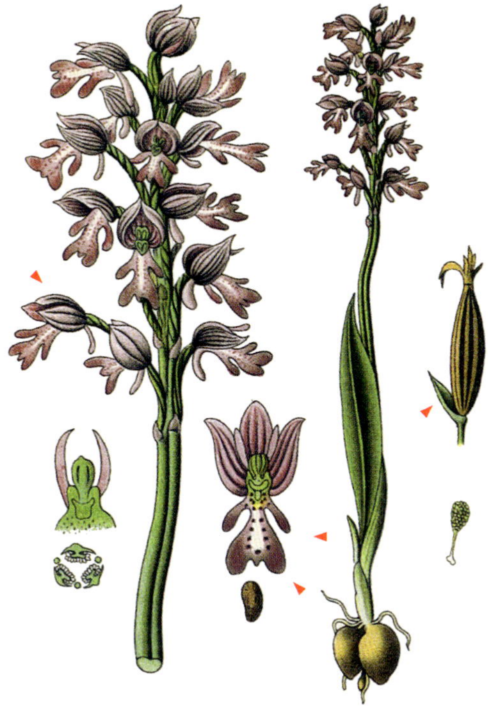

Orchis simia Lam.

Affen-Knabenkraut *Orchidaceae*
↓ P6 [A1 G(3̄)] RL 2 § WA II, EG B, BNatG b

20–40 cm hoch. Tragblätter der Blüten: < 0,5-mal so lang wie der Fruchtknoten. Blüten: **mit Helm**, weißlich bis rötlich-violett; **Helm gräulich bis violett, mit dunklen Nerven**. Helm: **länglich-eiförmig**. Lippe: **3–4-lappig, Seitenlappen lineal**; Mittellappen: **länger als die Seitenlappen, 2-spaltig, mittig zuweilen mit kleinem Zahn, Seitenlappen schmal lineal**. Sporn: kurz. Stängel: mit grundständiger Blattrosette.

- einheimisch
- planar bis collin
- Extensivgrünland u. Magerrasen, Zier- bzw. Nutzpflanze
- an nährstoffarmen, basenreichen, meist trockenen Standorten

J F M **A M J J** A S O N D

Orchis spitzelii Saut. ex W. D. J. Koch

Spitzels Knabenkraut *Orchidaceae*
↓ P6 [A1 G(3̄)] RL 0 § WA II, EG B, BNatG b

10–40 cm hoch. Tragblätter der Blüten: ± so lang wie der Fruchtknoten, **3–7-nervig**. Blüten: ***ohne* Helm; außen rötlich-violett bis grünlich; innen grünlich mit roten Punkten**. Lippe: **3–4-lappig**; Mittellappen: **(undeutlich) 2-spaltig, mittig zuweilen mit kleinem Zahn**. Sporn: meist abwärts gebogen, zylindrisch, **mit 2 Schwielen am Schlund**, 5–10 mm lang. Stängel: mit grundständiger Blattrosette.

- ausgestorben
- collin bis montan
- Extensivgrünland u. Magerrasen, Schutt- u. Felsfluren, Zier- bzw. Nutzpflanze
- an basenreichen, trockenen Standorten

J F M **A M J J** A S O N D

Neotinea tridentata (Scop.) R. M. Bateman, Pridgeon & M. W. Chase

Dreizähniges Knabenkraut *Orchidaceae*
↓ P6 [A1 G(3̄)] RL 3 § WA II, EG B, BNatG b

15–30 cm hoch. Blütenstand: **kegelförmig bis kurz-zylindrisch**. Tragblätter der Blüten: ± häutig, dünn, 0,5–1,2-mal so lang wie der Fruchtknoten, zuweilen rötlich-violett überlaufen. Blüten: **mit Helm**; äußere Perigonblätter rötlich-violett; Lippe meist weißlich; **Helm rötlich, meist dunkler als die Lippe**. Lippe: breit-oval bis rund, **3–4-lappig**; Mittellappen: **länger als die Seitenlappen, (undeutlich) 2-spaltig, mittig zuweilen mit kleinem Zahn**. Sporn: zylindrisch, < 8 mm lang. Stängel: oben markig.

- einheimisch
- planar bis montan
- Extensivgrünland u. Magerrasen, Gehölze, Zier- bzw. Nutzpflanze
- an nährstoffarmen, kalkreichen, meist trockenen Standorten

J F M **A M J** J A S O N D

Neotinea ustulata (L.) R. M. Bateman, Pridgeon & M. W. Chase

Brand-Knabenkraut *Orchidaceae*
↓ P6 [A1 G(3̄)] RL 2 § WA II, EG B, BNatG b

20–30 cm hoch. Blütenstand: **zylindrisch-länglich**. Tragblätter der Blüten: ± häutig, dünn, 0,5–1,2-mal so lang wie der Fruchtknoten, zuweilen rötlich-violett überlaufen. Blüten: **mit Helm**; äußere Perigonblätter rötlich-violett; Lippe meist weißlich; **Helm schwarz bis dunkelrötlich**. Lippe: breit-oval bis rund, **3–4-lappig**; Mittellappen: **länger als die Seitenlappen, (undeutlich) 2-spaltig, mittig zuweilen mit kleinem Zahn**. Sporn: kurz-zylindrisch, < 8 mm lang. Stängel: oben markig.

- einheimisch
- collin bis montan
- Extensivgrünland u. Magerrasen, Zier- bzw. Nutzpflanze

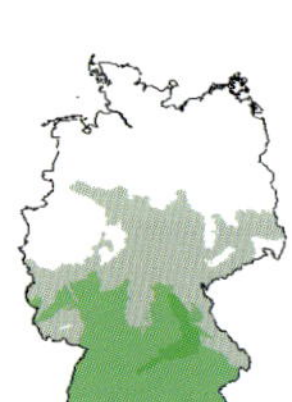

J F M **A M J J** A S O N D

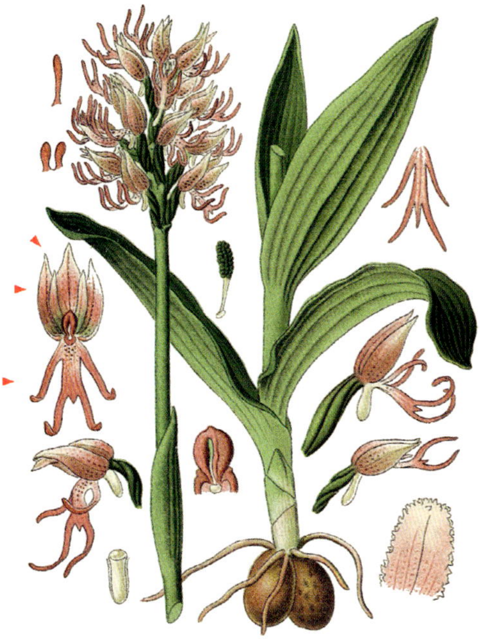

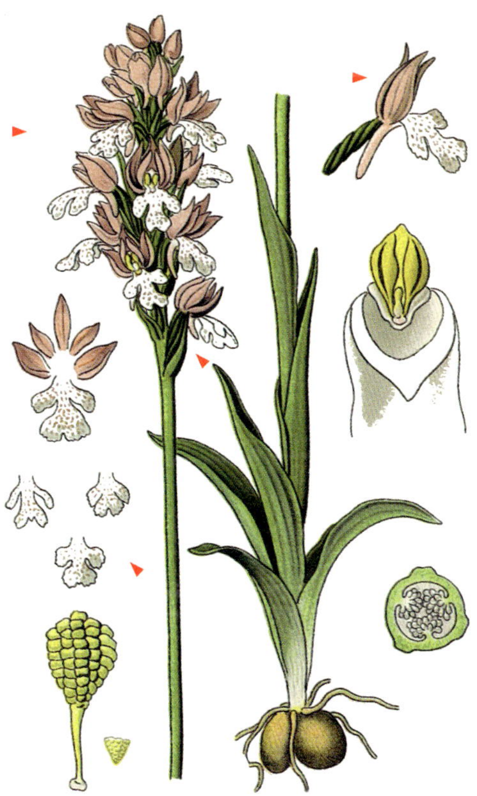

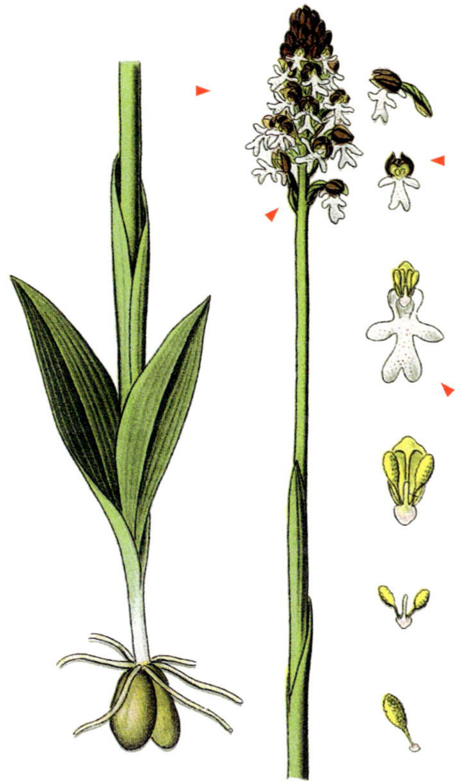

Anacamptis coriophora
(L.) R. M. Bateman, Pridgeon & M. W. Chase

Wanzen-Knabenkraut *Orchidaceae*
↓ P6 [A1 G($\overline{3}$)] RL 1 § WA II, EG B, BNatG b

15–30 cm hoch. Blütenstand: länglich-zylindrisch. Tragblätter der Blüten: ± häutig, dünn, 0,5–1,2-mal so lang wie der Fruchtknoten, zuweilen rötlich-violett überlaufen. Blüten: gespornt, **mit Helm**, rötlich bis violett. Lippe: mit 2 kleinen Zähnchen am Sporneingang, **3-lappig**; Mittellappen: **mindestens so lang wie die Seitenlappen**, ungeteilt. Sporn: **nach unten gebogen**, < 8 mm lang, meist kürzer als der Fruchtknoten. Stängel: oben markig, mit grundständiger Blattrosette, **mit ≥ 4 Laubblättern**. Blätter: lineal bis länglich, in der basalen Hälfte am breitesten.

- einheimisch
- planar bis montan
- Extensivgrünland u. Magerrasen, Schutt- u. Felsfluren, Zier- bzw. Nutzpflanze
- an nährstoffarmen Standorten

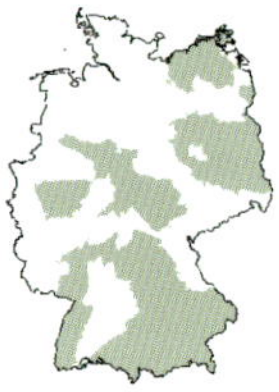

J F M A **M J J** A S O N D

Anacamptis morio
(L.) R. M. Bateman, Pridgeon & M. W. Chase

Kleines Knabenkraut *Orchidaceae*
↓ P6 [A1 G($\overline{3}$)] RL 2 § WA II, EG B, BNatG b

Bis 40 cm hoch. Blütenstand: länglich-zylindrisch. Tragblätter der Blüten: ± häutig, dünn, meist kürzer als der Fruchtknoten, zuweilen rötlich-violett überlaufen. Blüten: gespornt, **mit Helm**, rötlich bis violett, selten weißlich, **mit grünen Nerven**. Lippe: mit 2 kleinen Zähnchen am Sporneingang, **gezähnt bis 4-lappig**; Mittellappen: **± so lang wie die Seitenlappen, meist 2-spaltig**. Sporn: **waagerecht bis aufrecht gebogen**, < 8 mm lang, meist kürzer als der Fruchtknoten. Stängel: oben markig, mit grundständiger Blattrosette, **mit ≤ 3 Laubblättern**. Blätter: lineal bis länglich, in der basalen Hälfte am breitesten.

- einheimisch
- planar bis montan
- Extensivgrünland u. Magerrasen, Ruderalvegetation, Zier- bzw. Nutzpflanze
- an basenreichen Standorten

J F **M A M J J** A S O N D

Anacamptis palustris
(Jacq.) R. M. Bateman, Pridgeon & M. W. Chase

Sumpf-Knabenkraut *Orchidaceae*
↓ P6 [A1 G($\overline{3}$)] RL 1 § WA II, EG B, BNatG b

30–50 cm hoch. Blütenstand: länglich-zylindrisch. Tragblätter der Blüten: ± häutig, dünn, meist kürzer als der Fruchtknoten, zuweilen rötlich-violett überlaufen, **≥ 3-nervig**. Blüten: gespornt, ***ohne* Helm**, rötlich bis violett. Lippe: mit 2 kleinen Zähnchen am Sporneingang, **ungeteilt bis 4-lappig**; Mittellappen: **mindestens so lang wie die Seitenlappen**. Sporn: **am Ende *nicht* verdickt**, ± so lang wie der Fruchtknoten. Stängel: oben markig, ***ohne* grundständige Blattrosette, gleichmäßig beblättert, mit ≥ 4 Laubblättern**. Blätter: lineal bis länglich, in der basalen Hälfte am breitesten.

Im Gebiet kommen 2 Unterarten vor: subsp. *palustris* und subsp. *elegans* (vgl. S. 1421).

- einheimisch
- planar bis collin
- Moore u. Seggenriede, Extensivgrünland u. Magerrasen, Zier- bzw. Nutzpflanze
- an nährstoffarmen, kalkreichen, feuchten bis nassen Standorten

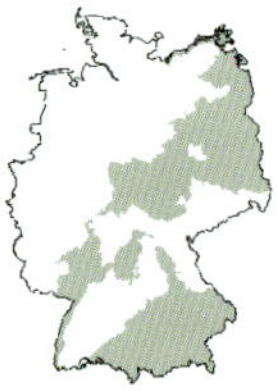

J F M **A M J J** A S O N D

Anacamptis pyramidalis (L.) Rich.

Pyramiden-Knabenkraut *Orchidaceae*
↓ P6 [A1 G($\overline{3}$)] RL 3 § WA II, EG B, BNatG b

25–50 cm hoch. Blütenstand: **ei- bis kegelförmig, breiter als lang**, dichtblütig. Tragblätter der Blüten: ± häutig, dünn, meist kürzer als der Fruchtknoten, zuweilen rötlich-violett überlaufen. Blüten: gespornt, **mit Helm**, weißlich bis rötlich-violett. Lippe: mit 2 kleinen Zähnchen am Sporneingang, **breiter als lang, 3-lappig**; Mittellappen: **mindestens so lang wie die Seitenlappen**, ungeteilt. Sporn: **lang, fadenförmig, 8–20 mm lang**, meist länger als der Fruchtknoten. Knollen: rundlich bis eiförmig, ungeteilt. Stängel: oben markig. Blätter: lineal bis länglich, in der basalen Hälfte am breitesten.

- einheimisch
- planar bis montan
- Extensivgrünland u. Magerrasen, Zier- bzw. Nutzpflanze
- an nährstoffarmen, kalkreichen, meist trockenen Standorten

J F M A **M J J A** S O N D

Chamorchis alpina (L.) Rich.

Zwergorchis *Orchidaceae*
↓ P6 [A1 G($\bar{3}$)] § WA II, EG B, BNatG b

Bis 10 cm hoch. BLÜTEN: **grünlich bis gelblich; Helm oft rötlich überlaufen**. LIPPE: **ungeteilt bis 3-lappig**, Seitenlappen zuweilen (fast) fehlend; MITTELLAPPEN: **viel länger u. breiter als die Seitenlappen**.

- einheimisch
- subalpin bis alpin
- Extensivgrünland u. Magerrasen, Schutt- u. Felsfluren
- an nährstoffarmen, kalkreichen Standorten

J F M A M **J J A S** O N D

Dactylorhiza maculata agg.

Gefleckte Fingerwurz *Orchidaceae*
↓ P6 [A1 G($\bar{3}$)] RL V § WA II, EG B, BNatG b

10–80 cm hoch. TRAGBLÄTTER DER BLÜTEN: zumindest die unteren krautig, mit ± deutlicher Nervatur, länger als der Fruchtknoten, meist grünlich. BLÜTEN: mit Helm, rötlich bis violett. LIPPE: breit-oval bis rund, **ungeteilt bis 3-lappig**. SPORN: meist kürzer als der Fruchtknoten. KNOLLEN: länglich, verzweigt. STÄNGEL: **oben meist markig**, meist *ohne* grundständige Blattrosette, gleichmäßig beblättert, **mit 4–12 Laubblättern**. BLÄTTER: **oft schwarz-violett gefleckt, meist in der distalen Hälfte am breitesten**. OBERE STÄNGELBLÄTTER: **den Blütenstand *nicht* erreichend**.

In Deutschland kommen 2 Arten der Artengruppe *Dactylorhiza maculata* agg. vor: *D. maculata* und *D. fuchsii* (vgl. S. 1421).

- einheimisch
- planar bis subalpin
- Moore u. Seggenriede, Extensivgrünland u. Magerrasen, Wälder, Zier- bzw. Nutzpflanze
- an nährstoffarmen, sauren, feuchten bis nassen Standorten

J F M **A M J J A S** O N D

Dactylorhiza majalis agg.

Breitblättrige Fingerwurz *Orchidaceae*
↓ P6 [A1 G($\bar{3}$)] RL V § WA II, EG B, BNatG b

10–100 cm hoch. TRAGBLÄTTER DER BLÜTEN: zumindest die unteren krautig, mit ± deutlicher Nervatur, länger als der Fruchtknoten, meist grünlich. BLÜTEN: mit Helm, meist rötlich-violett, selten gelb o. weißlich. LIPPE: breit-oval bis rund. SPORN: 5–16 mm lang, meist kürzer als der Fruchtknoten. KNOLLEN: länglich, verzweigt. STÄNGEL: **oben meist hohl**, meist *ohne* grundständige Blattrosette, gleichmäßig beblättert. BLÄTTER: **oft schwarz-violett gefleckt**. OBERE STÄNGELBLÄTTER: **den Blütenstand meist erreichend**.

In Deutschland kommen 6 Arten der Artengruppe *Dactylorhiza majalis* agg. vor: *D. majalis*, *D. incarnata*, *D. lapponica*, *D. praetermissa*, *D. russowii* und *D. traunsteineri* (vgl. S. 1421).

- einheimisch
- planar bis alpin
- Moore u. Seggenriede, Extensivgrünland u. Magerrasen, Dünen
- an basenreichen, wechselfeuchten bis nassen Standorten

J F M **A M J J** A S O N D

Dactylorhiza viridis (L.) R. M. Bateman, Pridgeon & M. W. Chase

Grüne Hohlzunge *Orchidaceae*
↓ P6 [A1 G($\bar{3}$)] RL 2 § WA II, EG B, BNatG b

10–25 cm hoch. TRAGBLÄTTER DER BLÜTEN: zumindest die unteren krautig, mit ± deutlicher Nervatur, meist grünlich. BLÜTEN: mit Helm, **grünlich bis gelblich**, zuweilen rötlich überlaufen. LIPPE: **länglich-lineal**, 5–15 mm lang, **ungeteilt bis 3-zähnig**. SPORN: < 5 mm lang, meist kürzer als der Fruchtknoten. STÄNGEL: meist *ohne* grundständige Blattrosette, gleichmäßig beblättert.

- einheimisch
- collin bis alpin
- Extensivgrünland u. Magerrasen, Zwergstrauchheiden, Zier- bzw. Nutzpflanze
- an nährstoffarmen Standorten

J F M **A M J J** A S O N D

Dactylorhiza sambucina (L.) Soó

Holunder-Fingerwurz *Orchidaceae*
↓ P6 [A1 G($\overline{3}$)] RL 2 § WA II, EG B, BNatG b

15–25 cm hoch. Tragblätter der Blüten: zumindest die unteren krautig, mit ± deutlicher Nervatur, länger als der Fruchtknoten, meist grünlich. Blüten: **gesport**, mit Helm, **gelblich *oder* rötlich-violett**, wenn gelblich: mit rötlicher Musterung, wenn rötlich: Lippe mit gelblicher Basis. Lippe: breit-oval bis rund, **ungeteilt bis gezähnt**. Sporn: 10–18 mm lang, mindestens so lang wie der Fruchtknoten. Knollen: länglich, verzweigt. Stängel: meist *ohne* grundständige Blattrosette, gleichmäßig beblättert. Blätter: **in der distalen Hälfte am breitesten**.

- einheimisch
- collin bis montan
- Extensivgrünland u. Magerrasen, Zwergstrauchheiden, Wälder
- an nährstoffarmen Standorten

J F **M A M J** J A S O N D

Gymnadenia odoratissima (L.) Rich.

Duft-Händelwurz *Orchidaceae*
↓ P6 [A1 G($\overline{3}$)] RL 3 § WA II, EG B, BNatG b

10–30 cm hoch. Blütenstand: **länglich-zylindrisch**, > 3-mal so lang wie breit, **Stängel 30–50-blütig**. Blüten: gespornt, **mit Helm**, 2–6 mm lang, **intensiv duftend**, rötlich bis weißlich. Helm: distal abgerundet. Lippe: nach unten gerichtet, **3-lappig**; Mittellappen: **deutlich länger als die Seitenlappen**. Sporn: **4–8 mm lang, 0,5–1-mal so lang wie der Fruchtknoten**.

- einheimisch
- collin bis alpin
- Moore u. Seggenriede, Extensivgrünland u. Magerrasen, Gehölze, Wälder, Schutt- u. Felsfluren, Zier- bzw. Nutzpflanze
- an nährstoffarmen, kalkreichen Standorten

J F M A **M J J A** S O N D

Gymnadenia conopsea (L.) R. Br.

Große Händelwurz *Orchidaceae*
↓ P6 [A1 G($\overline{3}$)] RL V § WA II, EG B, BNatG b

20–100 cm hoch. Blütenstand: **länglich-zylindrisch**, 4–12 cm lang, > 3-mal so lang wie breit, **Stängel 30–50-blütig**. Blüten: gespornt, **mit Helm**, 2–6 mm lang, schwach duftend, **rötlich-violett**. Helm: distal abgerundet. Lippe: nach unten gerichtet, **3-lappig**; Mittellappen: **± so lang wie die Seitenlappen**. Sporn: **lang, fadenförmig, 10–25 mm lang, ± 2-mal so lang wie der Fruchtknoten**. Blätter: lineal, **meist 5–12 mm breit**, distal abgerundet.

- einheimisch
- planar bis alpin
- Extensivgrünland u. Magerrasen, Gehölze, Zier- bzw. Nutzpflanze
- an basenreichen Standorten

J F M **A M J J A** S O N D

Gymnadenia densiflora (Wahlenb.) A. Dietr.

Dichtblütige Händelwurz *Orchidaceae*
↓ P6 [A1 G($\overline{3}$)] RL 3 § WA II, EG B, BNatG b

50–100 cm hoch. Blütenstand: **länglich-zylindrisch**, 11–18 cm lang, > 3-mal so lang wie breit, **Stängel meist 50–100-blütig**. Blüten: gespornt, **mit Helm**, 2–6 mm lang, **rötlich-violett** bis weißlich. Helm: distal abgerundet. Lippe: nach unten gerichtet, **3-lappig**; Mittellappen: **± so lang wie die Seitenlappen**. Sporn: **lang, 10–18 mm lang, 0,5–1-mal so lang wie der Fruchtknoten**. Blätter: länglich bis lanzettlich, **meist 15–40 mm breit**, spitz.

- einheimisch
- planar bis montan
- Moore u. Seggenriede, Grünland

J F M A M **J J A S** O N D

Gymnadenia sect. *Nigritella* (Rich.) O. Gerbaud & P. Quentin

Kohlröschen *Orchidaceae*
↓ P6 [A1 G($\overline{3}$)] RL R § WA II, EG B, BNatG b

Bis 25 cm hoch. BLÜTENSTAND: dichtblütig. BLÜTEN: ***ohne* Helm, rötlich**. LIPPE: **nach oben gerichtet, ungeteilt**. SPORN: **< 5 mm lang, meist kürzer als der Fruchtknoten**.

In Deutschland kommen 5 Arten der Sektion *Nigritella* vor: *G. austriaca*, *G. nigra*, *G. rhellicani*, *G. rubra* und *G. widderi* (vgl. S. 1422).

- einheimisch
- subalpin bis alpin
- Extensivgrünland u. Magerrasen, Schutt- u. Felsfluren, Zier- bzw. Nutzpflanze
- an nährstoffarmen Standorten

J F M A M J J A S O N D

Herminium monorchis (L.) R. Br.

Einknollige Honigorchis *Orchidaceae*
↓ P6 [A1 G($\overline{3}$)] RL 2 § WA II, EG B, BNatG b

Bis 30 cm hoch. BLÜTEN: **grünlich bis gelblich**. LIPPE: **deutlich 3-lappig**; MITTELLAPPEN: **< 2-mal so lang wie die Seitenlappen**. SPORN: < 5 mm lang. STÄNGEL: mit 2–3 Laubblättern. BLATTSTELLUNG: untere Stängelblätter ± gegenständig.

- einheimisch
- collin bis subalpin
- Moore u. Seggenriede, Extensivgrünland u. Magerrasen, Zier- bzw. Nutzpflanze
- an nährstoffarmen, basenreichen Standorten

J F M A M J J A S O N D

Himantoglossum hircinum (L.) Spreng.

Bocks-Riemenzunge *Orchidaceae*
↓ P6 [A1 G($\overline{3}$)] § WA II, EG B, BNatG b

30–60 cm hoch. BLÜTEN: **grünlich bis gelblich**; Lippe bräunlich, mit farblich abweichender Zeichnung. LIPPE: **30–80 mm lang**, 3–4-lappig; MITTELLAPPEN: **zungenförmig, viel länger als die Seitenlappen, gedreht, distal gezähnt bis gelappt**. SPORN: < 5 mm lang.

- einheimisch
- planar bis montan
- Extensivgrünland u. Magerrasen, Staudenfluren, Ruderalvegetation
- an nährstoffarmen, kalkreichen, meist trockenen Standorten

J F M A M J J A S O N D

Ophrys apifera Huds.

Bienen-Ragwurz *Orchidaceae*
↓ P6 [A1 G($\overline{3}$)] § WA II, EG B, BNatG b

20–40 cm hoch. BLÜTENSTAND: lockerblütig. BLÜTEN: **äußere Perigonblätter rötlich bis weißlich**; Lippe bräunlich, mit farblich abweichender Zeichnung. LIPPE: **stark gewölbt**, samtig behaart, **ungeteilt bis seicht 3-lappig, mit grünlich-gelblichem Anhängsel, Anhängsel nach unten gebogen**. UNTERLIPPE: SEITENLAPPEN: **viel kleiner als der Mittellappen**.

- einheimisch
- planar bis montan
- Extensivgrünland u. Magerrasen, Gehölze, Zier- bzw. Nutzpflanze
- an nährstoffarmen, kalkreichen Standorten

J F M A M J J A S O N D

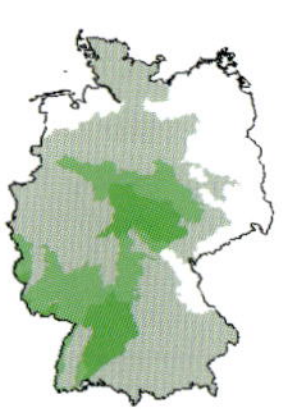

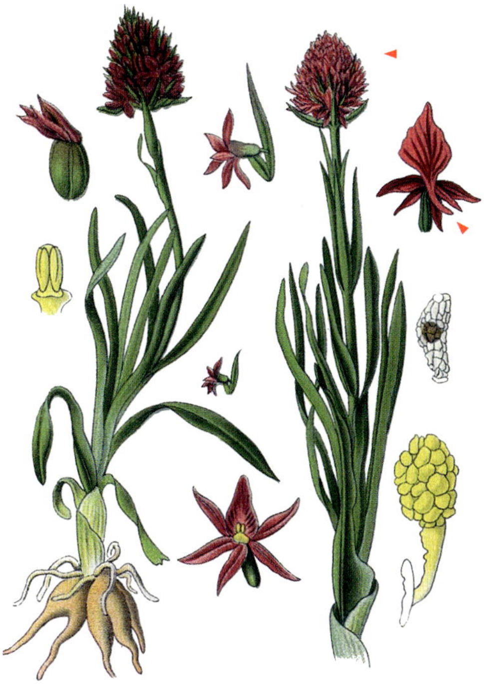

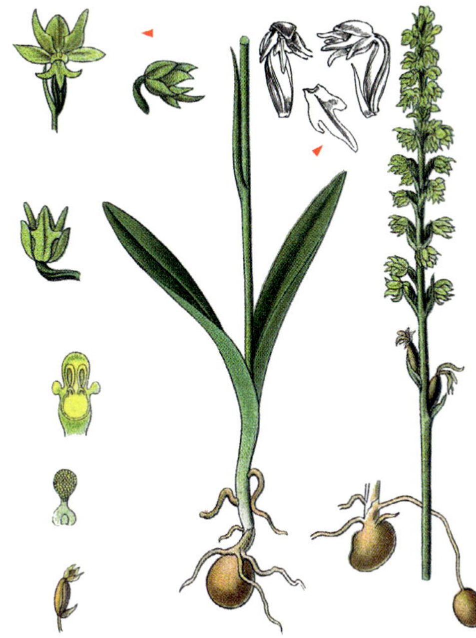

Ophrys holoserica (Burm. f.) Greuter

Hummel-Ragwurz *Orchidaceae*
↓ P6 [A1 G($\overline{3}$)] RL 3 § WA II, EG B, BNatG b

15–90 cm hoch. BLÜTENSTAND: lockerblütig. BLÜTEN: **äußere Perigonblätter rötlich bis weißlich**; Lippe bräunlich, mit farblich abweichender Zeichnung. LIPPE: **schwach gewölbt**, ± 4-eckig, samtig behaart, **ungeteilt, mit grünlich-gelblichem Anhängsel, Anhängsel gerade bis nach oben gebogen**.

subsp. *holoserica* (Hummel-Ragwurz): 15–30 cm hoch, Blütezeit 5–6. LIPPE: 8,5–13 mm lang, 10–18 mm breit.
subsp. *elatior* (Hohe Hummel-Ragwurz): 20–90 cm hoch, Blütezeit 7–9. LIPPE: 6–10 mm lang, 5–10 mm breit.

- einheimisch
- collin bis montan
- Extensivgrünland u. Magerrasen, Zier- bzw. Nutzpflanze
- an nährstoffarmen, kalkreichen Standorten

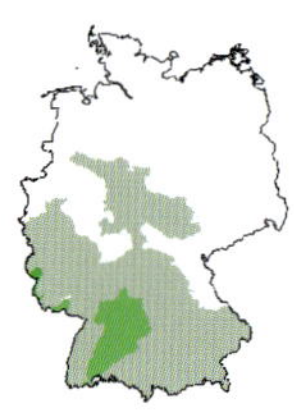

J F M **A M J J** A S O N D

Ophrys insectifera L.

Fliegen-Ragwurz *Orchidaceae*
↓ P6 [A1 G($\overline{3}$)] RL 3 § WA II, EG B, BNatG b

15–40 cm hoch. BLÜTENSTAND: lockerblütig. BLÜTEN: **äußere Perigonblätter gelblich-grünlich; innere Perigonblätter rötlich-bräunlich**; Lippe bräunlich, mit farblich abweichender Zeichnung, **Zeichnung ± rechteckig**. INNERE PERIGONBLÄTTER: **die beiden seitlichen schmal-lineal, behaart**. LIPPE: schwach gewölbt, samtig behaart, **3–4-lappig, *ohne* Anhängsel**. UNTERLIPPE: SEITENLAPPEN: **etwas kleiner als der Mittellappen**.

- einheimisch
- collin bis montan
- Extensivgrünland u. Magerrasen, Gehölze
- an nährstoffarmen, kalkreichen Standorten

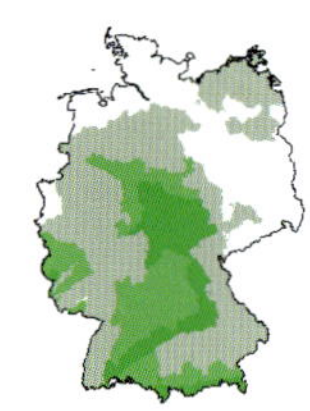

J F M **A M J J** A S O N D

Ophrys sphegodes Mill.

Spinnen-Ragwurz *Orchidaceae*
↓ P6 [A1 G($\overline{3}$)] RL 2 § WA II, EG B, BNatG b

15–40 cm hoch. BLÜTENSTAND: lockerblütig. BLÜTEN: **äußere Perigonblätter gelblich-grünlich; innere seitliche Perigonblätter grünlich**; Lippe rötlich bis bräunlich-schwarz, mit farblich abweichender Zeichnung, **Zeichnung kahl u. ± H-förmig**. INNERE PERIGONBLÄTTER: **die beiden seitlichen lanzettlich, kahl**. LIPPE: **stark gewölbt**, samtig behaart, **ungeteilt bis seicht 3-lappig, *ohne* Anhängsel**.

subsp. *sphegodes* (Spinnen-Ragwurz): BLÜTEN: Lippe rötlich bis bräunlich, mit hellerem Rand. LIPPE: 9–14 mm lang, 10–18 mm breit.
subsp. *litigiosa* (Kleine Spinnen-Ragwurz): BLÜTEN: Lippe rötlich *oder* schwarz bis bräunlich, mit gelblichem Rand. LIPPE: 6–10 mm lang, 7–12 mm breit.

- einheimisch
- collin bis montan
- Extensivgrünland u. Magerrasen
- an nährstoffarmen, basenreichen, trockenen Standorten

J F **M A M J J** A S O N D

Platanthera bifolia (L.) Rich.

Weiße Waldhyazinthe *Orchidaceae*
↓ P6 [A1 G($\overline{3}$)] RL 3 § WA II, EG B, BNatG b

15–50 cm hoch. BLÜTENSTAND: lockerblütig. BLÜTEN: gespornt, grünlich bis gelblich *oder* weißlich. LIPPE: länglich-schmal, ungeteilt. SPORN: **lang, fadenförmig, spitz**, 10–40 mm lang, mindestens so lang wie der Fruchtknoten. STAUBBEUTEL: **Fächer parallel angeordnet o. unten enger zusammenstehend**. STÄNGEL: mit 2 (selten 3) Laubblättern. BLÄTTER: spatelförmig bis oval.

- einheimisch
- planar bis subalpin
- Extensivgrünland u. Magerrasen, Wälder, Zier- bzw. Nutzpflanze
- an basenreichen Standorten

J F M **A M J J A** S O N D

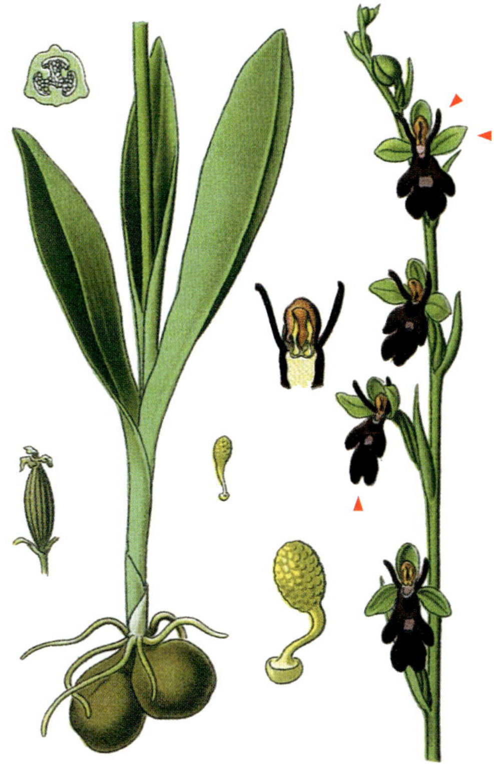

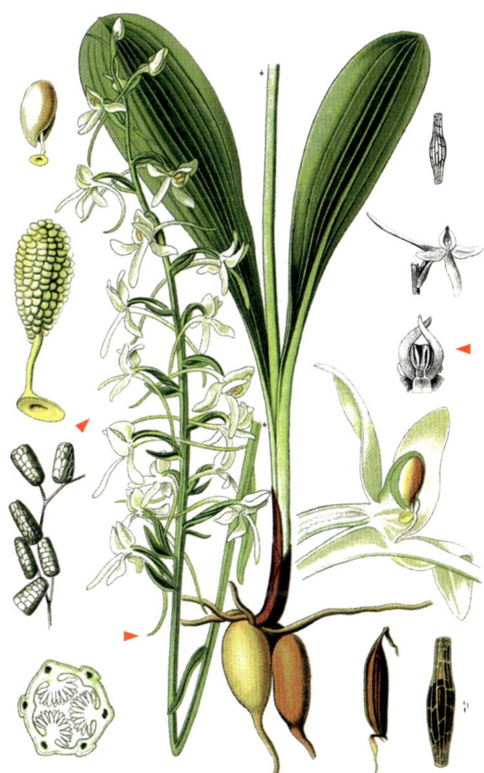

Platanthera chlorantha (Custer) Rchb.

Grünliche Waldhyazinthe *Orchidaceae*
↓ P6 [A1 G($\overline{3}$)] RL 3 § WA II, EG B, BNatG b

20–60 cm hoch. Blütenstand: lockerblütig. Blüten: gespornt, grünlich bis gelblich *oder* weißlich. Lippe: länglich-schmal, ungeteilt. Sporn: **lang, fadenförmig, am Ende oft verdickt**, 20–40 mm lang, mindestens so lang wie der Fruchtknoten. Staubbeutel: **Fächer oben enger zusammenstehend**. Stängel: mit 2 (selten 3) Laubblättern. Blätter: spatelförmig bis oval.

- einheimisch
- planar bis subalpin
- Moore u. Seggenriede, Extensivgrünland u. Magerrasen, Wälder, Quellfluren, Zier- bzw. Nutzpflanze
- an basenreichen Standorten

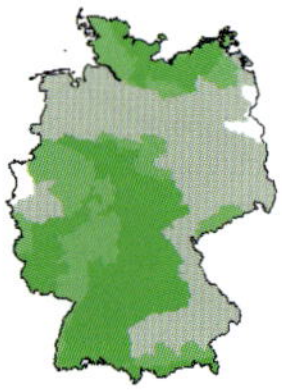

J F M **A M J J A** S O N D

Pseudorchis albida (L.) Á. Löve & D. Löve

Gewöhnliche Weißzunge *Orchidaceae*
↓ P6 [A1 G($\overline{3}$)] RL 3 § WA II, EG B, BNatG b

10–30 cm hoch. Blüten: **gespornt, mit Helm, 3–6 mm ⌀, 2–6 mm lang, gelblich-grünlich bis weißlich**. Helm: distal abgerundet. Lippe: **3-zähnig bis 3-lappig**. Sporn: 2–3 mm lang, 0,3–0,5-mal so lang wie der Fruchtknoten.

subsp. *albida* (Gewöhnliche Weißzunge): Tragblätter der Blüten: deutlich länger als der Fruchtknoten. Blüten: überhängend, gelblich-grünlich bis weißlich, Sporn weiß. Unterlippe: Mittellappen: deutlich länger als die Seitenlappen, ± 1,3 mm lang; Seitenlappen: ± 0,7 mm lang. Stängel: gleichmäßig beblättert, mit 4–8 Blättern.
subsp. *tricuspis* (Dreizipflige Weißzunge): sehr selten. Tragblätter der Blüten: so lang bis wenig länger als der Fruchtknoten. Blüten: ± waagerecht, gelblich-weißlich bis weißlich, Sporn gelb. Unterlippe: Mittellappen: ± so lang wie die Seitenlappen, ± 1,5 mm lang; Seitenlappen: ± 1,4 mm lang; Stängel: vor allem unten beblättert, mit 3–4 Blättern.

- einheimisch
- subalpin bis alpin
- Extensivgrünland u. Magerrasen, Schutt- u. Felsfluren
- an nährstoffarmen Standorten

J F M A **M J J A** S O N D

Traunsteinera globosa (L.) Rchb.

Rote Kugelorchis *Orchidaceae*
↓ P6 [A1 G($\overline{3}$)] RL 3 § WA II, EG B, BNatG b

30–60 cm hoch. Blütenstand: **(halb-) kugelig**, oft breiter als lang. Blüten: **gespornt**, rosa bis rötlich, mit dunklen Flecken. Lippe: **zur Spitze hin plötzlich verschmälert**, 3-lappig. Sporn: < 15 mm lang, ± so lang wie der Fruchtknoten. Früchte: Kapseln. Blätter: länglich-lanzettlich.

- einheimisch
- montan bis alpin
- Extensivgrünland u. Magerrasen, Staudenfluren, Gehölze, Schutt- u. Felsfluren, Ruderalvegetation, Zier- bzw. Nutzpflanze
- an basenreichen Standorten

J F M A **M J J A** S O N D

Crocus tommasinianus Herb.

Tommasinis Krokus *Iridaceae*
∗ P(6) A3 G($\overline{3}$) giftig § BNatG b

Bis 15 cm hoch. Blüten: **Perigonröhre u. Schlund weißlich, Perigonzipfel einheitlich violett**. Perigonblätter: mit mehrere Zentimeter langer Röhre; Zipfel 20–50 mm lang; Zipfel 8–20 mm breit. Früchte: Kapseln. Knollen: ± kugelig, < 3 cm ⌀. Stängel: fast nur unterirdisch entwickelt. Blätter: **kürzer als die Blüten, 2–3 mm breit**.

- eingebürgerter Neophyt, urspr. aus Südosteuropa
- planar bis montan
- Wälder, Ruderalvegetation, Zier- bzw. Nutzpflanze

J F M A M J J A S O N D

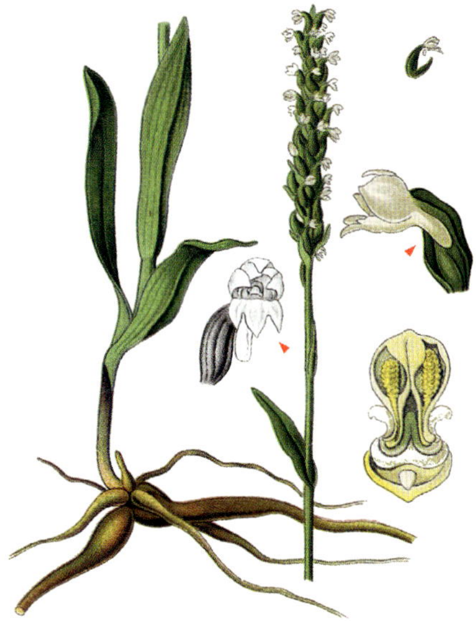

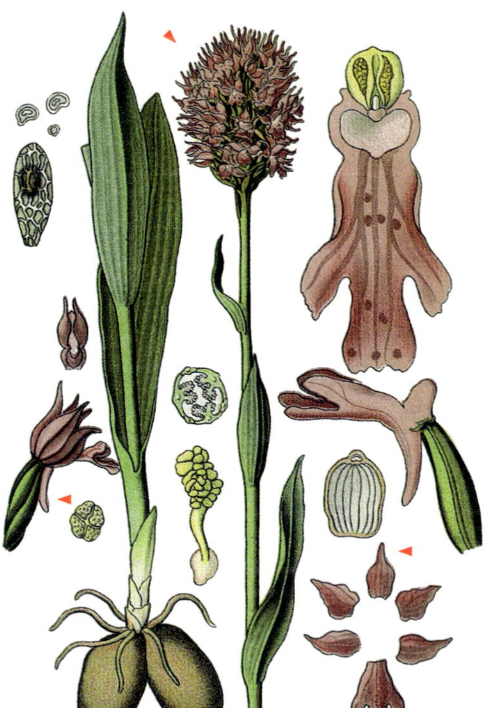

Crocus vernus (L.) Hill

Frühlings-Krokus *Iridaceae*
∗ P(6) A3 G($\overline{3}$) giftig § BNatG b

Bis 15 cm hoch. Blüten: **weißlich bis dunkelviolett, zuweilen gestreift**. Perigonblätter: mit mehrere Zentimeter langer Röhre; Zipfel 15–60 mm lang; Zipfel 5–15 mm breit. Früchte: Kapseln. Knollen: ± kugelig, < 3 cm ⌀. Stängel: fast nur unterirdisch entwickelt. Blätter: **± so lang wie die Blüten, meist 4–8 mm breit**.

subsp. *vernus* (Gewöhnlicher Frühlings-Krokus): Blüten: meist rötlich bis violett, zuweilen gestreift. Perigonblätter: Zipfel: 5–15 mm breit. Griffel: meist mindestens so lang wie die Staubblätter.
subsp. *albiflorus* (Weißer Krokus): Blüten: Perigonröhre u. Schlund weißlich, Perigonzipfel weißlich, zuweilen hellviolett o. gestreift. Perigonblätter: Zipfel: 5–15 mm breit. Griffel: meist kürzer als die Staubblätter.

- einheimisch
- planar bis montan
- Grünland, Ruderalvegetation, Zier- bzw. Nutzpflanze
- an nährstoffarmen, sauren Standorten

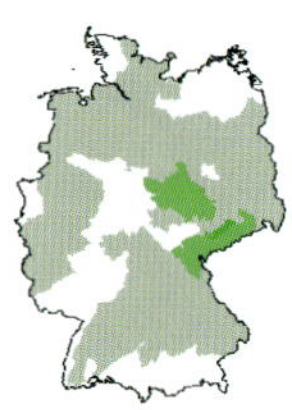

J F M A M J J A S O N D

Gladiolus imbricatus L.

Dachzieglige Siegwurz *Iridaceae*
↓ P(6) A3 G($\overline{3}$) RL 1 § BNatG b

30–60 cm hoch. Blütenstand: ährenartig, einseitswendig, **dichtblütig**, **5–10-blütig**. Blüten: rötlich bis violett. Perigonblätter: zumindest basal verwachsen, Perigonröhre gekrümmt; Zipfel 6–16 mm breit. Staubbeutel: mindestens so lang wie die Staubfäden. Früchte: Kapseln. Samen: *nicht* geflügelt. Speicherorgane: Rhizome, mit längsfaseriger Hülle. Blätter: **8–18 mm breit**.

- einheimisch
- planar bis collin
- Extensivgrünland u. Magerrasen, Gehölze

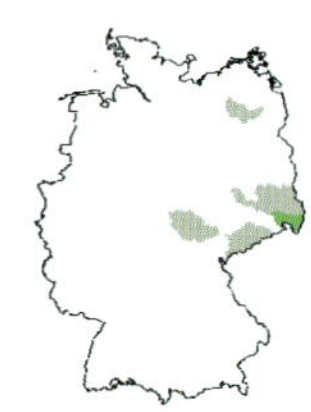

J F M A M J J A S O N D

Gladiolus palustris Gaudin

Sumpf-Siegwurz *Iridaceae*
↓ P(6) A3 G($\overline{3}$) RL 2 § FFH IV, BNatG s

30–60 cm hoch. Blütenstand: ährenartig, einseitswendig, **lockerblütig**, **2–6-blütig**. Blüten: rötlich bis violett. Perigonblätter: zumindest basal verwachsen, Perigonröhre gekrümmt; Zipfel 6–16 mm breit. Staubbeutel: mindestens so lang wie die Staubfäden. Früchte: Kapseln. Samen: *nicht* geflügelt. Speicherorgane: Rhizome, mit längsfaseriger Hülle. Blätter: **4–10 mm breit**.

- einheimisch
- collin bis montan
- Extensivgrünland u. Magerrasen, Zier- bzw. Nutzpflanze
- an nährstoffarmen, basenreichen Standorten

J F M A M J J A S O N D

Iris: mehrjährige Geophyten. Blüten: groß, auffällig gefärbt. Perigonblätter: die Zipfel der äußeren und inneren unterschiedlich gestaltet, von den kronblattartigen auffällig gefärbten Griffelästen überragt. Früchte: Kapseln. Speicherorgane: dicke unterirdische Ausläufer. Blätter: im Querschnitt meist trapez- bzw. schwertförmig. Es werden zahlreiche Zuchtformen kultiviert.

Iris aphylla L.

Nacktstängel-Schwertlilie *Iridaceae*
∗ P(6) A3 G($\overline{3}$) RL 2 § BNatG b

10–40 cm hoch. Hochblätter unter den Blüten: **distal u. am Rand trockenhäutig**. Blüten: überwiegend bläulich bis violett. Äussere Perigonblätter: **auf der Oberseite mit dicht behaartem Streifen**. Stängel: meist verzweigt. Blätter: > 20 mm breit.

- einheimisch
- planar bis collin
- Extensivgrünland u. Magerrasen, Staudenfluren, Gehölze, Schutt- u. Felsfluren, Zier- bzw. Nutzpflanze
- an nährstoffarmen, meist trockenen Standorten

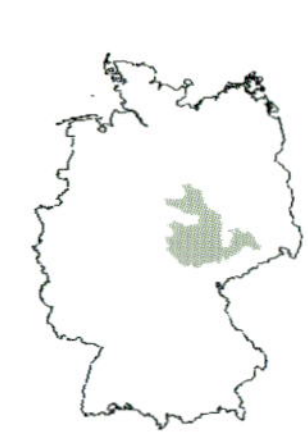

J F M A M J J A S O N D

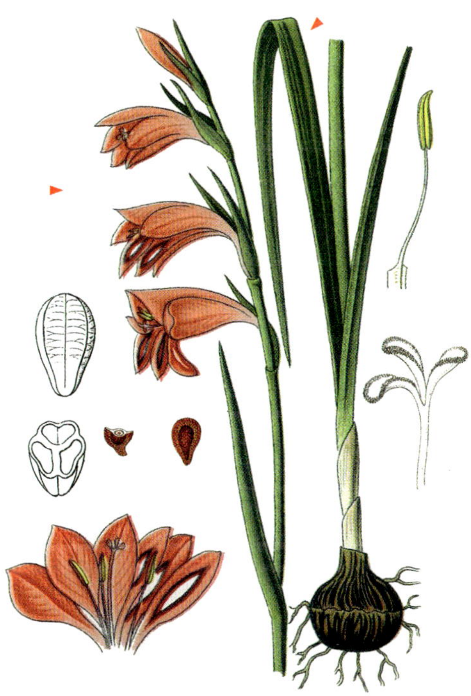

Iris germanica L.

Deutsche Schwertlilie *Iridaceae*
∗ P(6) A3 $G(\overline{3})$ § BNatG b

30–100 cm hoch. Blütenstand: 2–12-blütig. Hochblätter unter den Blüten: **zur Blütezeit allenfalls in der distalen Hälfte trockenhäutig**. Blüten: **äußere Perigonblätter bläulich-violett, mit gelblichem bis weißlichem Bart, mit violetten Zipfeln; innere Perigonblätter violett, selten gelblich**. Äussere Perigonblätter: **auf der Oberseite mit dicht behaartem Streifen**. Staubbeutel: **± so lang wie die Staubfäden**. Stängel: meist verzweigt. Blätter: 18–40 mm breit.

- Archaeophyt
- planar bis collin
- Extensivgrünland u. Magerrasen, Ruderalvegetation, Zier- bzw. Nutzpflanze
- an nährstoffarmen, basenreichen, meist trockenen Standorten

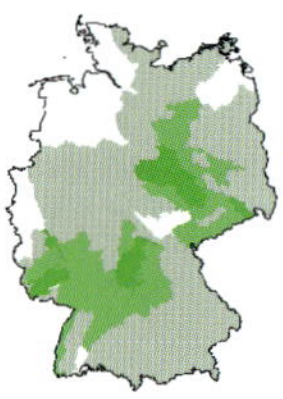

J F M **A M J J** A S O N D

Iris pseudacorus L.

Wasser-Schwertlilie *Iridaceae*
∗ P(6) A3 $G(\overline{3})$ giftig § BNatG b

Im Boden wurzelnde Wasserpflanze, seltener terrestrisch, **50–120 cm hoch**. Blüten: **gelblich, mit dunkler Aderung**. Äussere Perigonblätter: **auf der Oberseite kahl bis spärlich kurz behaart**. Stängel: meist verzweigt. Blätter: 10–40 mm breit.

- einheimisch
- planar bis montan
- Gewässer, Röhrichte, Moore u. Seggenriede, Wälder, Zier- bzw. Nutzpflanze
- an nassen, meist überfluteten Standorten

J F M **A M J J** A S O N D

Iris pumila L.

Zwerg-Schwertlilie *Iridaceae*
∗ P(6) A3 $G(\overline{3})$ RL G § BNatG b

Bis 15 cm hoch. Blütenstand: **1–2-blütig**. Hochblätter unter den Blüten: **zur Blütezeit am Rand breit trockenhäutig**. Blüten: meist überwiegend blau, selten gelblich *oder* rötlich. Äussere Perigonblätter: **auf der Oberseite mit dicht behaartem Streifen**. Stängel: **unverzweigt**. Blätter: 4–20 mm breit.

- eingebürgerter Neophyt, urspr. aus Südosteuropa u. Westasien
- planar bis collin
- Ruderalvegetation, Zier- bzw. Nutzpflanze

J F **M A M J** J A S O N D

Iris sibirica L.

Sibirische Schwertlilie *Iridaceae*
∗ P(6) A3 $G(\overline{3})$ RL 3 § BNatG b

40–100 cm hoch. Blütenstand: 2–12-blütig. Blüten: **äußere Perigonblätter hellblau u. basal bräunlich-gelblich; innere Perigonblätter bläulich-violett**. Äussere Perigonblätter: **mit ovaler Platte, diese allmählich in den Nagel verschmälert, auf der Oberseite kahl bis spärlich kurz behaart**. Fruchtknoten: **oberer Abschnitt fertil u. *nicht* schnabelartig verschmälert**. Früchte: **distal abgerundet o. < 1 cm lang geschnäbelt**. Stängel: meist verzweigt, im QS rund, **hohl**. Blätter: 2–10 mm breit.

- einheimisch
- planar bis montan
- Extensivgrünland u. Magerrasen, Wälder, Zier- bzw. Nutzpflanze
- an nährstoffarmen, wechselfeuchten bis nassen Standorten

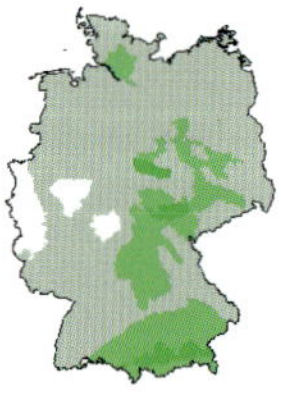

J F M **A M J J** A S O N D

Iris spuria L.

Wiesen-Schwertlilie *Iridaceae*
∗ P(6) A3 G($\overline{3}$) RL 2 § BNatG s

30–80 cm hoch. Blütenstand: 2–12-blütig. Blüten: überwiegend bläulich bis weißlich. Äussere Perigonblätter: **mit rundlicher Platte, diese plötzlich in den Nagel verschmälert, Übergang oft eingeschnürt, auf der Oberseite kahl bis spärlich kurz behaart**. Fruchtknoten: **oberer Abschnitt steril u. schnabelartig verschmälert**. Früchte: **1–4 cm lang geschnäbelt**. Stängel: meist verzweigt, im QS rund, markig. Blätter: 4–18 mm breit.

- einheimisch
- planar bis collin
- Extensivgrünland u. Magerrasen, Ruderalvegetation, Zier- bzw. Nutzpflanze
- an basenreichen, auch salzhaltigen Standorten

J F M **A M J J** A S O N D

Iris variegata L.

Bunte Schwertlilie *Iridaceae*
∗ P(6) A3 G($\overline{3}$) RL 1 § BNatG s

10–20 cm hoch. Blütenstand: 2–12-blütig. Hochblätter unter den Blüten: **± vollständig krautig (allenfalls mit schmalem Hautrand)**. Blüten: **äußere Perigonblätter mit gelblichen bis weißlichen Zipfeln mit dunkler Aderung; innere Perigonblätter mit rein-gelben Zipfeln**. Äussere Perigonblätter: **auf der Oberseite mit dicht behaartem Streifen**. Stängel: meist verzweigt. Blätter: 5–35 mm breit.

- einheimisch
- planar bis montan
- Extensivgrünland u. Magerrasen, Staudenfluren, Ruderalvegetation, an Mauern, Zier- bzw. Nutzpflanze
- meist an trockenen Standorten

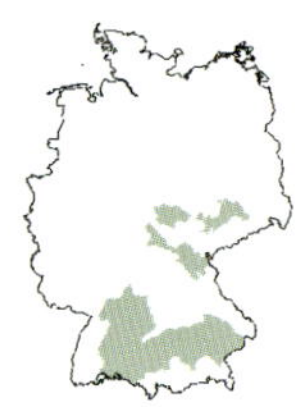

J F M **A M J J** A S O N D

Ornithogalum boucheanum (Kunth) Asch.

Bouchés Milchstern *Asparagaceae*
∗ P6 A6 G($\underline{3}$) giftig

10–60 cm hoch. Blütenstand: eine verlängerte Traube, alle Blütenstiele ± gleich lang, < **20-blütig**. Blüten: weißlich, außen meist mit grünlichem Mittelstreif. Staubfäden: **distal gelappt bis gezähnt**. Griffel: **± so lang wie die Kapsel**. Fruchtstiele: **überhängend**. Früchte: Kapseln. Speicherorgane: Zwiebeln. Stängel: mit grundständiger Blattrosette, mit Laubblättern. Blätter: 5–15 mm breit. Grundblätter: zur Blütezeit meist grünlich.

- eingebürgerter Neophyt, urspr. aus Südosteuropa
- planar bis collin
- Staudenfluren, Äcker, Ruderalvegetation, Zier- bzw. Nutzpflanze
- an nährstoffreichen Standorten

J F **M A M J** J A S O N D

Ornithogalum nutans L.

Nickender Milchstern *Asparagaceae*
∗ P6 A6 G($\underline{3}$) giftig

10–50 cm hoch. Blütenstand: eine verlängerte Traube, alle Blütenstiele ± gleich lang, < **15-blütig**. Blüten: weißlich, außen meist mit grünlichem Mittelstreif. Blütenstiele: **± 0,5-mal so lang wie ihr Tragblatt**. Staubfäden: **distal gelappt bis gezähnt**. Griffel: **(etwas) länger als die Kapsel**. Fruchtstiele: **überhängend**. Früchte: Kapseln. Speicherorgane: Zwiebeln. Stängel: mit grundständiger Blattrosette, mit Laubblättern. Blätter: 5–15 mm breit. Grundblätter: zur Blütezeit meist grünlich.

- einheimisch
- planar bis collin
- Grünland, Staudenfluren, Ruderalvegetation, Zier- bzw. Nutzpflanze

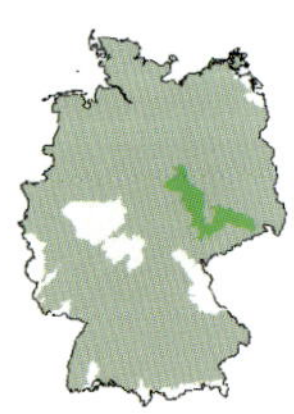

J F **M A M J** J A S O N D

Ornithogalum pyrenaicum L.

Pyrenäen-Milchstern *Asparagaceae*
∗ P6 A6 G(3) giftig RL 3

30–90 cm hoch. Blütenstand: eine verlängerte Traube, alle Blütenstiele ± gleich lang, **15–50-blütig**. Blüten: **gelblich-grünlich**. Blütenstiele: mindestens so lang wie ihr Tragblatt. Perigonblätter: 1–3 mm breit. Staubfäden: distal *ohne* Zähne. Griffel: **kürzer als die Kapsel**. Fruchtstiele: **aufrecht, der Hauptachse anliegend**. Früchte: Kapseln. Speicherorgane: Zwiebeln. Stängel: mit grundständiger Blattrosette, mit Laubblättern. Blätter: 4–12 mm breit. Grundblätter: **4–12**, zur Blütezeit meist vergilbend.

- einheimisch
- planar bis montan
- Grünland, Gehölze, Wälder, Äcker, Zier- bzw. Nutzpflanze

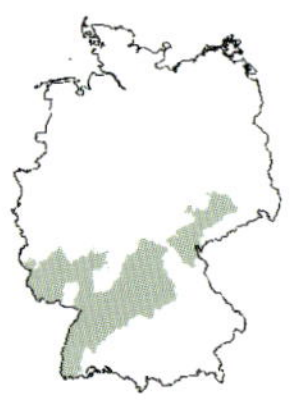

J F M **A M J J** A S O N D

Ornithogalum umbellatum L.

Dolden-Milchstern *Asparagaceae*
∗ P6 A6 G(3) giftig

10–30 cm hoch. Blütenstand: **eine doldig wirkende Traube, Stiele der unteren Blüten länger als die der oberen**, **< 25-blütig**. Blüten: weißlich, außen meist mit grünlichem Mittelstreif. Blütenstiele: mindestens so lang wie ihr Tragblatt. Perigonblätter: **4–10 mm breit**. Staubfäden: **distal *ohne* Zähne**. Griffel: **länger als die Kapsel**. Fruchtstiele: **aufrecht abstehend**. Früchte: Kapseln. Zwiebeln: **meist mit zahlreichen Tochterzwiebeln**. Stängel: mit grundständiger Blattrosette, mit Laubblättern. Blätter: 2–10 mm breit. Grundblätter: **meist 4–5**, zur Blütezeit meist vergilbend.

- Archaeophyt
- planar bis montan
- Grünland, Äcker, Ruderalvegetation, Zier- bzw. Nutzpflanze
- an kalkreichen Standorten

J F M **A M J J** A S O N D

Hyacinthoides hispanica (Mill.) Rothm.

Spanisches Hasenglöckchen *Asparagaceae*
∗ [P6 A6] G(3) § BNatG b

15–60 cm hoch. Blütenstand: allseitswendig, 5–15-blütig. Vorblätter unter den Blüten: **< 0,5 cm lang**. Blüten: **überhängend, offen ausgebreitet bis glockig-trichterförmig**, *ohne* auffälligen Geruch, meist hellblau bis violett, selten weißlich o. rötlich. Blütenstiele: **< 10 mm lang**. Perigonblätter: **> 10 mm lang**. Staubblätter: **im basalen Drittel der Kronblätter inseriert**. Tragblätter der mittleren Blüten: > 10 mm lang. Früchte: Kapseln. Speicherorgane: Zwiebeln. Stängel: mit grundständiger Blattrosette, *ohne* Laubblätter.

- in Einbürgerung befindlicher Neophyt, urspr. aus dem westlichen Mittelmeergebiet
- planar bis collin
- Ruderalvegetation, Zier- bzw. Nutzpflanze

J F **M A M J** J A S O N D

Hyacinthoides non-scripta (L.) Chouard ex Rothm.

Englisches Hasenglöckchen *Asparagaceae*
∗ [P6 A6] G(3) RL R § BNatG b

15–50 cm hoch. Blütenstand: etwas einseitswendig, 5–15-blütig. Vorblätter unter den Blüten: **< 0,5 cm lang**. Blüten: **± abstehend, offen ausgebreitet bis glockig-trichterförmig**, duftend, meist bläulich, selten weißlich o. violett. Blütenstiele: **< 10 mm lang**. Perigonblätter: **> 10 mm lang**. Staubblätter: **± in der Mitte der Kronblätter inseriert**. Staubbeutel: gelblich-weißlich. Tragblätter der mittleren Blüten: > 10 mm lang. Früchte: Kapseln. Speicherorgane: Zwiebeln. Stängel: mit grundständiger Blattrosette, *ohne* Laubblätter.

- einheimisch
- planar bis montan
- Gehölze, Wälder, Ruderalvegetation, Zier- bzw. Nutzpflanze
- an nährstoffreichen Standorten

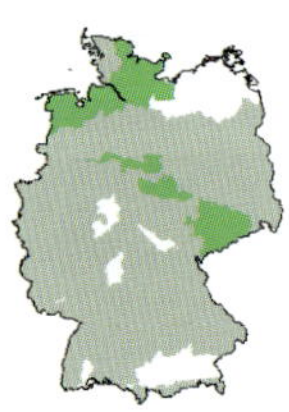

J F **M A M** J J A S O N D

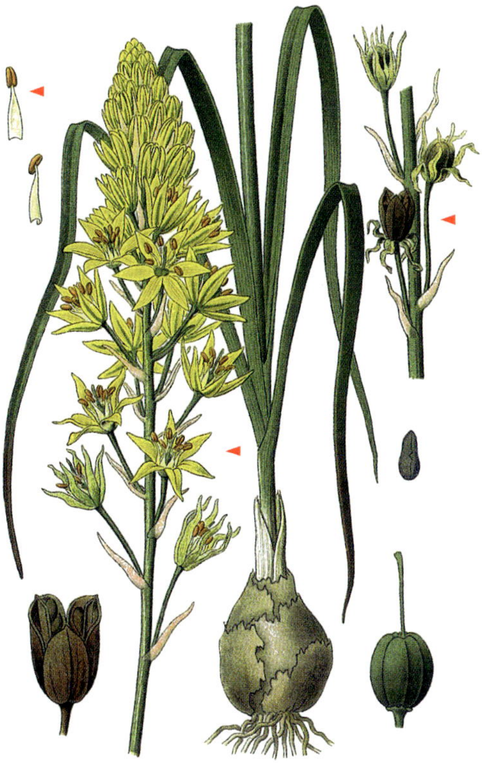

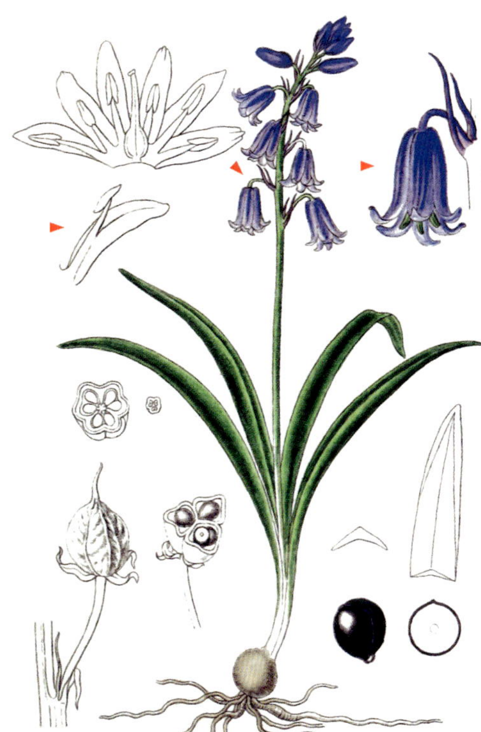

Leopoldia comosa (L.) Parl.

Schopf-Träubel *Asparagaceae*
∗ [P(6) A6] G(3) RL 3 § BNatG b

30–80 cm hoch. Blütenstand: eine verlängerte Traube, **10–30 cm lang, lockerblütig, die oberen Blüten dichtblütig u. ± wirtelig geordnet**. Blüten: **aufrecht**, glockig-trichterförmig bis langröhrig, **obere unfruchtbar, bläulich bis violett, untere bräunlich o. grünlich**, distal auch weißlich o. grünlich, obere violett. Blütenstiele: **an den oberen Blüten 3–6-mal so lang wie diese**. Perigonblätter: ± bis zur Spitze verwachsen. Früchte: Kapseln. Speicherorgane: Zwiebeln. Stängel: mit grundständiger Blattrosette, *ohne* Laubblätter. Grundblätter: lineal bis länglich.

- Archaeophyt
- planar bis montan
- Extensivgrünland u. Magerrasen, Staudenfluren, Ruderalvegetation, Zier- bzw. Nutzpflanze
- an basenreichen, meist trockenen Standorten

J F M A M J J A S O N D

Leopoldia tenuiflora (Tausch) Heldr.

Schmalblütiges Träubel *Asparagaceae*
∗ [P(6) A6] G(3) RL 3 § BNatG b

25–50 cm hoch. Blütenstand: eine verlängerte Traube, **10–30 cm lang, lockerblütig, die oberen Blüten dichtblütig u. ± wirtelig geordnet**. Blüten: **überhängend**, glockig-trichterförmig bis langröhrig, **obere unfruchtbar, bläulich bis violett, untere grünlich bis weißlich**. Blütenstiele: **an den oberen Blüten < 2-mal so lang wie diese**. Perigonblätter: ± bis zur Spitze verwachsen. Früchte: Kapseln. Speicherorgane: Zwiebeln. Stängel: mit grundständiger Blattrosette, *ohne* Laubblätter. Grundblätter: lineal bis länglich.

- einheimisch
- planar bis collin
- Extensivgrünland u. Magerrasen
- an nährstoffarmen, basenreichen, meist trockenen Standorten

J F M A M J J A S O N D

Muscari botryoides (L.) Mill.

Kleines Träubel *Asparagaceae*
∗ [P(6) A6] G(3) RL 3 § BNatG b

10–20 cm hoch. Blütenstand: eine kurze, gedrungene Traube, **2–8 cm lang, dichtblütig**. Blüten: glockig-trichterförmig bis langröhrig, **alle fertil**, *ohne* auffälligen Geruch, **meist (hell-) blau**, seltener violett. Perigonblätter: ± bis zur Spitze verwachsen. Früchte: Kapseln. Speicherorgane: Zwiebeln. Stängel: mit grundständiger Blattrosette, *ohne* Laubblätter. Grundblätter: **2–3**, länglich bis lanzettlich, **etwas kürzer als der Blütenstand, 4–13 mm breit, oberhalb der Mitte am breitesten, oberhalb der Mitte deutlich verschmälert**.

- einheimisch
- planar bis montan
- Extensivgrünland u. Magerrasen, Wälder, Ruderalvegetation, Zier- bzw. Nutzpflanze

J F M A M J J A S O N D

Muscari neglectum Guss. ex Ten.

Weinbergs-Träubel *Asparagaceae*
∗ [P(6) A6] G(3) RL 3 § BNatG b

10–40 cm hoch. Blütenstand: eine kurze, gedrungene Traube, **2–8 cm lang, dichtblütig**. Blüten: glockig-trichterförmig bis langröhrig, **alle fertil**, duftend, **bläulich bis dunkel-violett**. Perigonblätter: ± bis zur Spitze verwachsen. Früchte: Kapseln. Speicherorgane: Zwiebeln. Stängel: mit grundständiger Blattrosette, *ohne* Laubblätter. Grundblätter: **3–7**, lineal bis länglich, **zumindest einige länger als der Blütenstand**, 1–6 mm breit, **oberhalb der Mitte wenig verschmälert**.

- Archaeophyt
- planar bis montan
- Extensivgrünland u. Magerrasen, Gehölze, Äcker, Ruderalvegetation, Zier- bzw. Nutzpflanze
- an basenreichen, meist trockenen Standorten

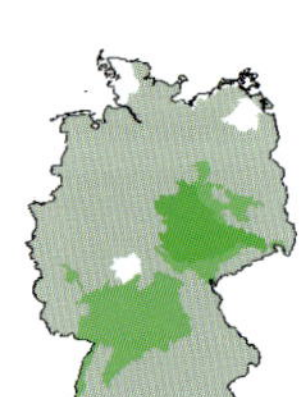

J F M A M J J A S O N D

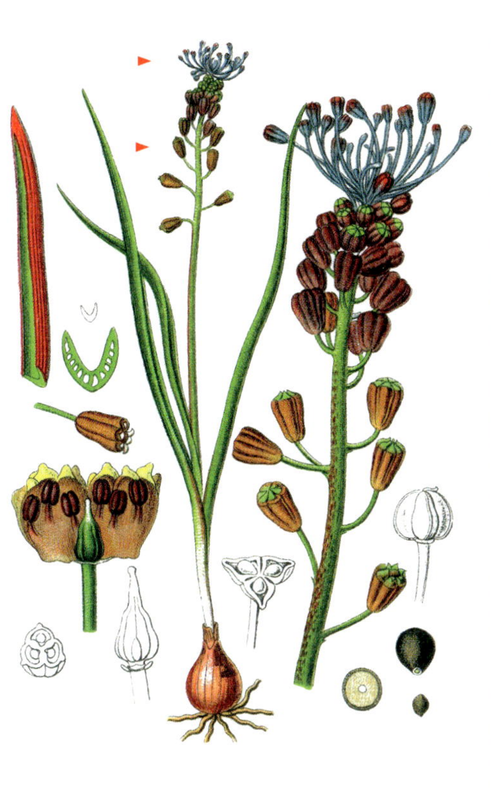

Scilla bifolia agg.

Zweiblättriger Blaustern *Asparagaceae*
∗ [P6 A6] G(3) giftig § BNatG b

Bis 20 cm hoch. Blütenstand: **2–10-blütig**, meist 1 pro Zwiebel. Tragblätter der Blüten: fehlend o. sehr klein. Vorblätter unter den Blüten: fehlen. Blüten: aufrecht abstehend, bläulich bis violett. Blütenstiele: länger als die Blüten. Perigonblätter: **7–9 mm lang**. Staubbeutel: rötlich-violett. Griffel: **allmählich in den Fruchtknoten übergehend, < 4 mm lang**. Früchte: Kapseln. Speicherorgane: Zwiebeln. Stängel: **im QS rundlich**, mit grundständiger Blattrosette, *ohne* Laubblätter, **meist mit < 2 Schuppenblättern**. Grundblätter: **meist 2**.

S. bifolia (Zweiblättriger Blaustern): Blütenknospen: gräulich bis bläulich. Samen: dunkelbraun, 2,3–2,8 mm ⌀.
S. vindobonensis (Wiener Blaustern): Blütenknospen: grünlich. Samen: hellbraun bis gelblich, 1,8–2,4 mm ⌀.

- einheimisch
- planar bis montan
- Grünland, Gehölze, Wälder, Ruderalvegetation, Zier- bzw. Nutzpflanze
- an basenreichen Standorten

J **F M A M** J J A S O N D

Scilla siberica Haw.

Sibirischer Blaustern *Asparagaceae*
∗ [P6 A6] G(3) giftig § BNatG b

10–25 cm hoch. Blütenstand: **meist 1–2-blütig, selten bis 4-blütig, zuweilen mit mehreren Stängeln pro Zwiebel**. Tragblätter der Blüten: **breit kragenförmig**. Vorblätter unter den Blüten: **mit dem Tragblatt verwachsen**. Blüten: **abstehend bis überhängend**, bläulich bis violett. Blütenstiele: **2–5 mm lang**, (etwas) kürzer als die Blüten. Perigonblätter: **12–18 mm lang**. Griffel: **deutlich vom Fruchtknoten abgesetzt, 4–8 mm lang**. Blütenknospen: grünlich-bläulich. Früchte: Kapseln. Samen: mit Elaiosom. Speicherorgane: Zwiebeln. Stängel: **im QS halbrund**, mit grundständiger Blattrosette, *ohne* Laubblätter, **mit 2–4 Schuppenblättern**. Grundblätter: **2–4**.

- eingebürgerter Neophyt, urspr. aus Osteuropa u. Asien
- planar bis montan
- Grünland, Gehölze, Wälder, Ruderalvegetation, Zier- bzw. Nutzpflanze

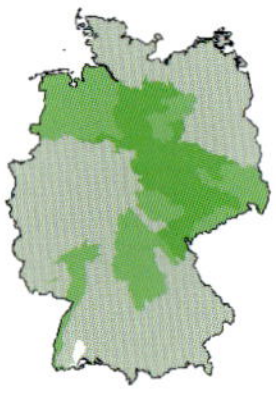

J **F M A M** J J A S O N D

Anthericum liliago L.

Trauben-Graslilie *Asparagaceae*
∗ P6 A6 G(3) giftig RL V § BNatG b

30–60 cm hoch. Blütenstand: **meist traubenartig**, ≤ 12-blütig. Blüten: offen ausgebreitet, weißlich. Blütenstiele: meist mit verdicktem Vorblattknoten. Perigonblätter: **15–30 mm lang, > 5 mm länger als die Staubblätter, innere u. äußere gleich breit**. Griffel: **meist gekrümmt**. Früchte: Kapseln, **eiförmig, spitz**. Speicherorgane: Rhizome. Stängel: mit grundständiger Blattrosette, mit Laubblättern. Blätter: lineal, 2–10 mm breit.

- einheimisch
- planar bis montan
- Extensivgrünland u. Magerrasen, Staudenfluren, Gehölze, Schutt- u. Felsfluren, Zier- bzw. Nutzpflanze
- an nährstoffarmen, meist trockenen Standorten

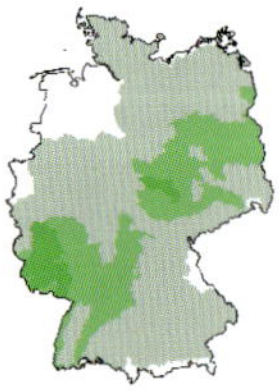

J F M **A M J** J A S O N D

Anthericum ramosum L.

Ästige Graslilie *Asparagaceae*
∗ P6 A6 G(3) giftig RL V § BNatG b

30–80 cm hoch. Blütenstand: **meist rispenartig**, ≤ 12-blütig. Blüten: offen ausgebreitet, weißlich. Blütenstiele: meist mit verdicktem Vorblattknoten. Perigonblätter: **8–15 mm lang, < 3 mm länger als die Staubblätter, innere breiter als die äußeren**. Griffel: **± gerade**. Früchte: Kapseln, **± kugelig, distal abgerundet, zuweilen mit aufgesetzter Spitze**. Speicherorgane: Rhizome. Stängel: mit grundständiger Blattrosette, mit Laubblättern. Blätter: lineal, 2–10 mm breit.

- einheimisch
- planar bis montan
- Extensivgrünland u. Magerrasen, Staudenfluren, Gehölze, Wälder, Schutt- u. Felsfluren, Zier- bzw. Nutzpflanze
- an basenreichen, meist trockenen Standorten

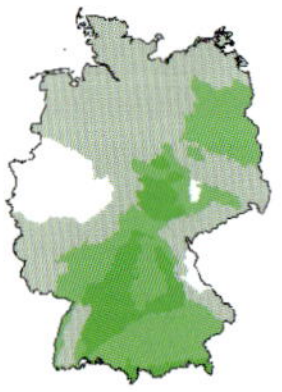

J F M A **M J J A** S O N D

Asparagus officinalis L.

Gemüse-Spargel *Asparagaceae*
♂ ∗ [P6 A6] | ♀ ∗ P6 G(3) schwach giftig

Bis 180 cm hoch. Pflanzen: meist zweihäusig. Blütenstand: Blüten einzeln o. zu wenigen. Tragblätter der Blüten: klein, schuppenartig. Blüten: meist 1-geschlechtig, **glockig-trichterförmig, grünlich bis gelblich**. Perigonblätter: basal zuweilen kurz verwachsen. Früchte: **Beeren, rötlich**, meist 1–3-samig. Speicherorgane: Rhizome. Stängel: **Seitenzweige letzter Ordnung zu abgeflachten laubblattartigen Organen (Phyllokladien) umgewandelt, Tragblätter der Phyllokladien zu Dornen umgewandelt**. Blattstellung: quirlig.

- Archaeophyt
- planar bis collin
- Extensivgrünland u. Magerrasen, Staudenfluren, Äcker, Ruderalvegetation, Dünen, Zier- bzw. Nutzpflanze
- meist an trockenen Standorten

J F M **A M J J** A S O N D

Convallaria majalis L.

Maiglöckchen *Asparagaceae*
∗ [P(6) A6] G(3) stark giftig

10–20 cm hoch. Blütenstand: **endständig, traubenartig**, ≥ 4-blütig. Blüten: **einseitswendig, glockig-trichterförmig**, duftend, **weißlich**. Früchte: **Beeren, rötlich**. Speicherorgane: Rhizome. Stängel: **mit 2–3 Laubblättern**. Blattstellung: wechselständig, die Blattscheiden der grundständigen Blätter bilden einen Scheinstängel aus. Blätter: länglich bis lanzettlich, spitz.

- einheimisch
- planar bis montan
- Extensivgrünland u. Magerrasen, Staudenfluren, Gehölze, Wälder, Schutt- u. Felsfluren, Zier- bzw. Nutzpflanze

J F M **A M J** J A S O N D

Maianthemum bifolium (L.) F. W. Schmidt

Zweiblättrige Schattenblume *Asparagaceae*
∗ [P4 A4] G(2–3) stark giftig

Bis 20 cm hoch. Blütenstand: **endständig, traubenartig, ≥ 10-blütig**. Blüten: **offen ausgebreitet, weißlich**. Blütenhülle: **4-blättrig**. Fruchtknoten: meist 3-blättrig. Früchte: **Beeren, rötlich**. Speicherorgane: Rhizome. Stängel: **mit 1–3 Laubblättern**. Blattstellung: wechselständig. Blätter: gestielt, **herzförmig**, spitz.

- einheimisch
- planar bis montan
- Extensivgrünland u. Magerrasen, Wälder
- an sauren Standorten

J F M **A M J** J A S O N D

Polygonatum multiflorum (L.) All.

Vielblütige Weißwurz *Asparagaceae*
∗ [P(6) A6] G(3) giftig

30–80 cm hoch. Blütenstand: **achselständige Trauben 2–6-blütig**. Tragblätter der Blüten: laubblattartig. Blüten: überhängend, glockig-trichterförmig bis langröhrig, *ohne* auffälligen Geruch, gelblich bis weißlich. Staubfäden: **behaart**. Früchte: **Beeren**, bläulich bis schwarz. Speicherorgane: Rhizome. Stängel: **bogig überhängend, im QS unten rundlich**. Blattstellung: **wechselständig, 2-zeilig**. Blätter: sitzend, **lanzettlich bis oval**.

- einheimisch
- planar bis montan
- Staudenfluren, Gehölze, Wälder, Zier- bzw. Nutzpflanze

J F M **A M J J** A S O N D

Polygonatum odoratum (Mill.) Druce

Duftende Weißwurz *Asparagaceae*
∗ [P(6) A6] G($\underline{3}$) giftig RL V

15–50 cm hoch. Blütenstand: **achselständige Trauben 1-2-blütig**. Tragblätter der Blüten: laubblattartig. Blüten: überhängend, glockig-trichterförmig bis langröhrig, duftend, gelblich bis weißlich. Staubfäden: **kahl**. Früchte: **Beeren**, bläulich bis schwarz. Speicherorgane: Rhizome. Stängel: **bogig überhängend, im QS unten scharfkantig bis geflügelt**. Blattstellung: **wechselständig, 2-zeilig**. Blätter: sitzend, **lanzettlich bis oval**.

- einheimisch
- planar bis montan
- Staudenfluren, Gehölze, Schutt- u. Felsfluren, Zier- bzw. Nutzpflanze
- an basenreichen, meist trockenen Standorten

J F M **A M J** J A S O N D

Polygonatum verticillatum (L.) All.

Quirl-Weißwurz *Asparagaceae*
∗ [P(6) A6] G($\underline{3}$) giftig

30–80 cm hoch. Blütenstand: **achselständige Trauben 2–7-blütig**. Tragblätter der Blüten: laubblattartig. Blüten: überhängend, glockig-trichterförmig bis langröhrig, *ohne* auffälligen Geruch, gelblich bis weißlich. Früchte: **Beeren, zunächst rötlich, dann bläulich**. Speicherorgane: Rhizome. Stängel: **aufrecht**. Knoten: **3–7-blättrig**. Blätter: sitzend, **länglich bis lanzettlich**.

- einheimisch
- collin bis subalpin
- Staudenfluren, Gehölze, Wälder, Zier- bzw. Nutzpflanze

J F M **A M J J** A S O N D

Galanthus nivalis L.

Gewöhnliches Schneeglöckchen *Amaryllidaceae*
∗ P6 A6 G($\overline{3}$) giftig RL V § WA II, EG B, BNatG b

Bis 20 cm hoch. Blüten: offen ausgebreitet bis glockig-trichterförmig, weißlich. Perigonblätter: **nur die *inneren* distal mit grünem Fleck, äußere ± 2-mal so lang wie die inneren**. Früchte: Kapseln, **ei- bis birnenförmig**. Speicherorgane: Zwiebeln. Stängel: mit grundständiger Blattrosette, *ohne* Laubblätter. Blätter: **in Knospenlage gefaltet, blau- bzw. graugrün**, Spreite meist 4–15 cm lang, meist 3–8 mm breit. Grundblätter: 2–3.

- einheimisch
- planar bis montan
- Grünland, Wälder, Ruderalvegetation, Zier- bzw. Nutzpflanze
- an basenreichen Standorten

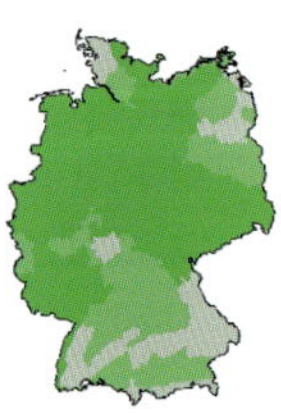

J F M A M J J A S O N D

Leucojum aestivum L.

Sommer-Knotenblume *Amaryllidaceae*
∗ P6 A6 G($\overline{3}$) giftig RL 3 § BNatG b

30–100 cm hoch. Pflanzen: **im Frühsommer blühend**. Blütenstand: **2–10-blütig**. Blüten: weißlich. Perigonblätter: ***alle* distal mit gelblichem bis grünlichem Fleck, innere u. äußere ± gleich lang**. Früchte: Kapseln, **± kugelig**. Samen: *ohne* Elaiosom. Speicherorgane: Zwiebeln. Stängel: mit grundständiger Blattrosette, *ohne* Laubblätter. Blätter: frischgrün. Grundblätter: 3–5.

- eingebürgerter Neophyt, urspr. aus Südosteuropa u. Westasien
- planar bis montan
- Gewässer, Grünland, Wälder, Zier- bzw. Nutzpflanze
- an nährstoffreichen, basenreichen, nassen, zuweilen überfluteten Standorten

J F M **A M J** J A S O N D

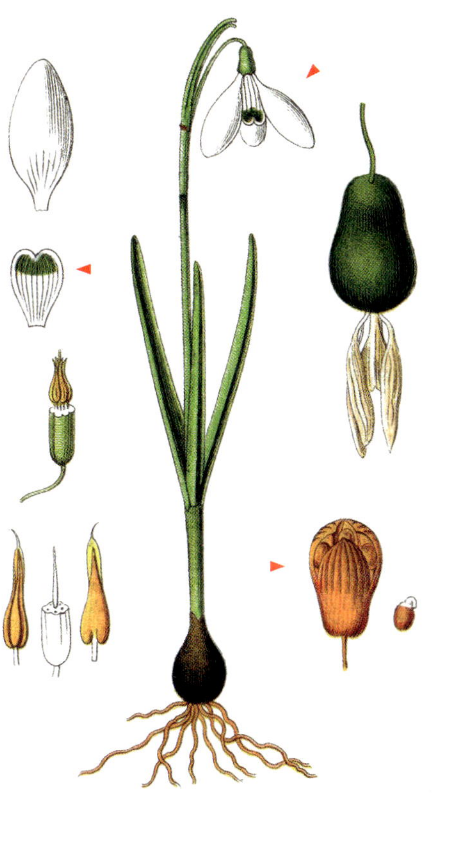

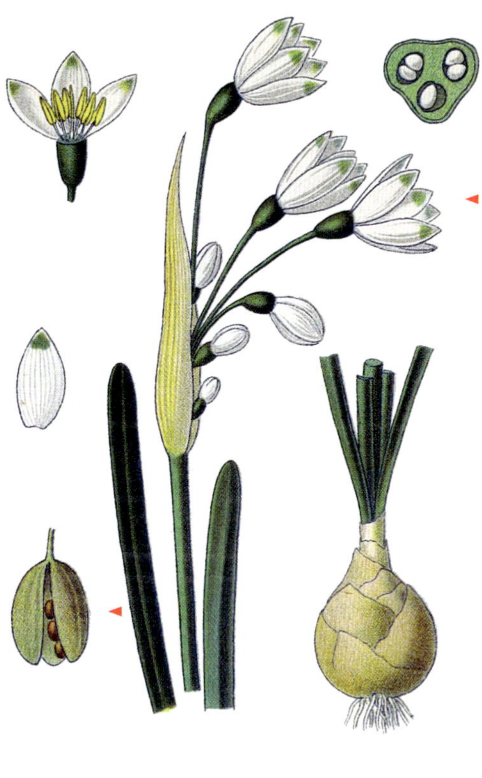

Leucojum vernum L.

Frühlings-Knotenblume *Amaryllidaceae*
∗ P6 A6 G($\overline{3}$) giftig RL V § BNatG b

10–30 cm hoch. PFLANZEN: **im Vorfrühling u. Frühling blühend**. BLÜTENSTAND: **1-2-blütig**. BLÜTEN: weißlich. PERIGONBLÄTTER: ***alle*** **distal mit gelblichem bis grünlichem Fleck, innere u. äußere ± gleich lang**. FRÜCHTE: Kapseln, **ei- bis birnenförmig**. SAMEN: **mit weißlichem Elaiosom**. SPEICHERORGANE: Zwiebeln. STÄNGEL: mit grundständiger Blattrosette, *ohne* Laubblätter. BLÄTTER: frischgrün. GRUNDBLÄTTER: 3–5.

- einheimisch
- planar bis montan
- Grünland, Wälder, Zier- bzw. Nutzpflanze
- an nährstoffreichen, basenreichen Standorten

J F M A M J J A S O N D

Narcissus poeticus L.

Weiße Narzisse *Amaryllidaceae*
∗ P(6) A6 G($\overline{3}$) giftig § BNatG b

15–60 cm hoch. BLÜTEN: langröhrig, **weißlich**; **Nebenkrone meist hellgelb, rötlich berandet**. NEBENKRONE: **schüsselförmig, gleichmäßig erweitert**. FRÜCHTE: Kapseln. SPEICHERORGANE: Zwiebeln. STÄNGEL: mit grundständiger Blattrosette, *ohne* Laubblätter.

subsp. *poeticus* (Weiße Narzisse): 25–60 cm hoch. PERIGONBLÄTTER: am Rand überlappend, 20–26 mm lang, basal nur wenig verschmälert. STAUBBLÄTTER: innere u. äußere auf unterschiedlicher Höhe inseriert. BLÄTTER: 5–12 mm breit. In Einbürgerung befindlicher Neophyt, urspr. aus dem Mittelmeergebiet.
subsp. *radiiflorus* (Stern-Narzisse): sehr selten, collin bis montan, 15–30 cm hoch. PERIGONBLÄTTER: am Rand *nicht* o. kaum überlappend, 22–35 mm lang, basal deutlich verschmälert. STAUBBLÄTTER: alle ± auf der gleichen Höhe inseriert. BLÄTTER: 2–8 mm breit. Einheimisch, vom Aussterben bedroht (RL 1).

- einheimisch
- planar bis montan
- Grünland, Gehölze, Wälder, Ruderalvegetation, Zier- bzw. Nutzpflanze

J F M A M J J A S O N D

Narcissus pseudonarcissus L.

Gelbe Narzisse *Amaryllidaceae*
∗ P(6) A6 G($\overline{3}$) giftig RL 3 § FFH IV, BNatG s

10–40 cm hoch. BLÜTEN: langröhrig, **gelblich**; **Nebenkrone gelblich**. PERIGONBLÄTTER: breitlanzettlich bis oval. NEBENKRONE: **zylindrisch, röhrig verwachsen**. STAUBBLÄTTER: **± gerade**. FRÜCHTE: Kapseln. SPEICHERORGANE: Zwiebeln. STÄNGEL: mit grundständiger Blattrosette, *ohne* Laubblätter. BLÄTTER: **5–18 mm breit**.

subsp. *pseudonarcissus* (Gelbe Narzisse): 15–40 cm hoch.
subsp. *minor* (Kleine Narzisse): 10–30 cm hoch.

- einheimisch
- planar bis montan
- Grünland, Zwergstrauchheiden, Wälder, Ruderalvegetation, Zier- bzw. Nutzpflanze

J F M A M J J A S O N D

Allium: Zwiebelgeophyten. BLÜTENSTAND: doldenartig, oft auf langem Schaft, mit 1–2 häutigen Tragblättern unter den Dolden, häufig mit Brutzwiebeln. BLÜTEN: offen ausgebreitet bis glockig-trichterförmig. FRÜCHTE: 3-fächrige Spaltkapseln. SAMEN: schwarz. STÄNGEL: mit grundständiger Blattrosette.

Allium ampeloprasum L.

Acker-Knoblauch *Amaryllidaceae*
∗ P(6) A6 G($\underline{3}$)

40–100 cm hoch. BLÜTENSTAND: ≥ 10-blütig, ***ohne*** **Bulbillen**. BLÜTEN: gräulich bis weißlich. PERIGONBLÄTTER: 3–8 mm lang. STAUBBLÄTTER: **± so lang wie die Perigonblätter**. STAUBFÄDEN DES INNEREN KREISES: **gezähnt, die Zähne mindestens so lang wie der Staubbeutel**. ZWIEBELN: *ohne* Tochterzwiebeln; HÜLLE: weißlich. STÄNGEL: **(mit Blattscheiden) > 10 mm** ⌀. BLÄTTER: **im QS flach ausgebreitet bis rinnig**, > 4 mm breit; UNTERSEITS: gekielt.

- in Einbürgerung befindlicher Neophyt, urspr. aus dem Mittelmeergebiet
- planar bis collin
- Ruderalvegetation, Zier- bzw. Nutzpflanze

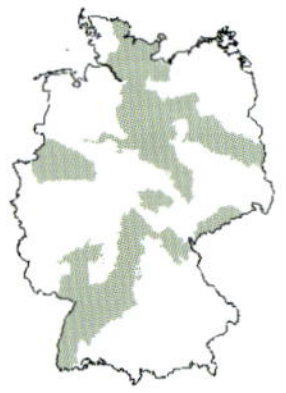

J F M A M J J A S O N D

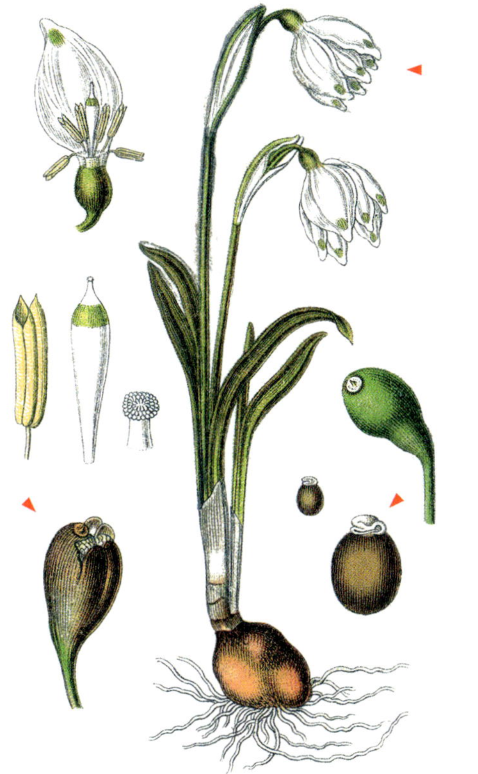

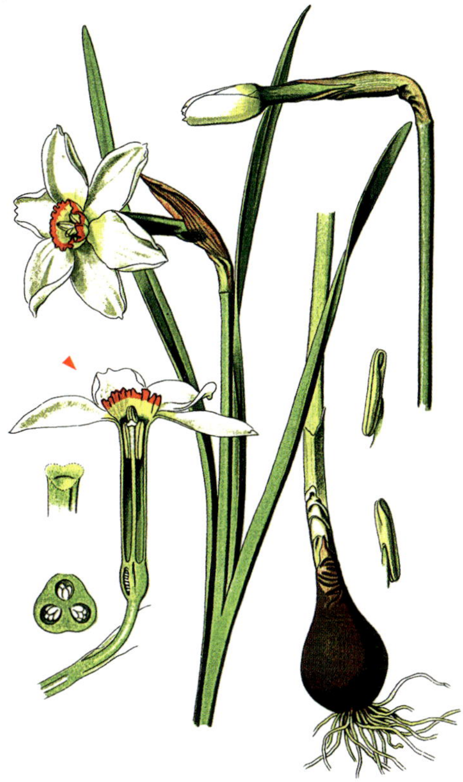

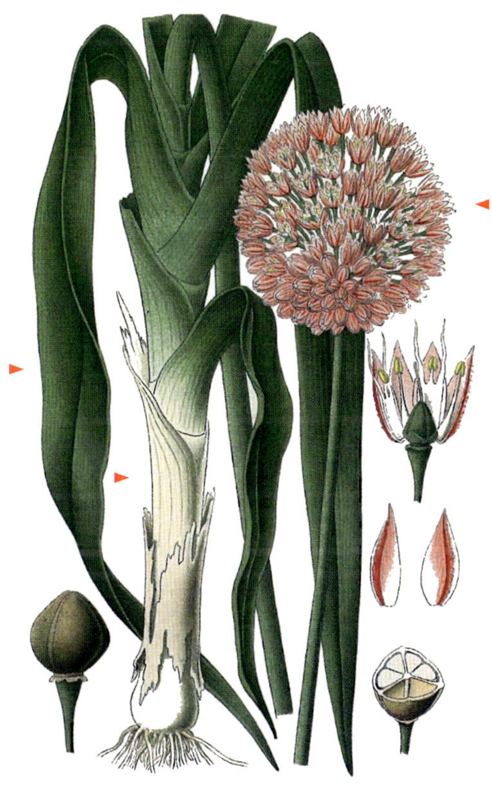

Allium carinatum L.

Gekielter Lauch *Amaryllidaceae*
∗ P(6) A6 G(3) RL 3

20–60 cm hoch. Hochblätter unter den Blüten: lang zugespitzt, zuweilen verschieden lang. Blüten: rötlich bis weißlich. Staubblätter: **deutlich länger als die Perigonblätter**. Staubfäden des inneren Kreises: ***ohne* Zähne**. Zwiebeln: fleischig, breit eiförmig bis kugelig, 8–18 mm lang, meist mit Tochterzwiebeln; Hülle: dunkelrot bis schwarz. Tochterzwiebeln: klein. Stängel: mit 2–5 Laubblättern. Blätter: **im QS flach ausgebreitet bis rinnig**, 1–3 mm breit; unterseits: **gekielt**.

subsp. *carinatum* (Gekielter Lauch): Blütenstand: mit Brutzwiebeln, Blüten steril o. fehlend. Blütenstiele: 4–6-mal so lang wie die Blüten.
subsp. *pulchellum* (Schöner Lauch): selten, in Bayern. Blütenstand: *ohne* Brutzwiebeln, mit fertilen Blüten. Blütenstiele: 2–4-mal so lang wie die Blüten.

- einheimisch
- collin bis montan
- Extensivgrünland u. Magerrasen
- an nährstoffarmen, basenreichen, meist trockenen Standorten

J F M A **M J J A** S O N D

Allium cepa L.

Küchen-Zwiebel *Amaryllidaceae*
∗ P(6) A6 G(3) giftig

15–120 cm hoch. Blüten: weißlich. Perigonblätter: 3–8 mm lang. Staubblätter: **deutlich länger als die Perigonblätter**. Staubfäden des inneren Kreises: **gezähnt, die Zähne mindestens so lang wie der Staubbeutel**. Zwiebeln: meist symmetrisch, 8–60 mm ⌀. Stängel: **hohl**. Blätter: **im QS halbrund bis rundlich, hohl, aufgeblasen**, lineal, > 5 mm breit.

- in Einbürgerung befindlicher Neophyt, urspr. aus Westasien
- planar bis collin
- Äcker, Ruderalvegetation, Zier- bzw. Nutzpflanze

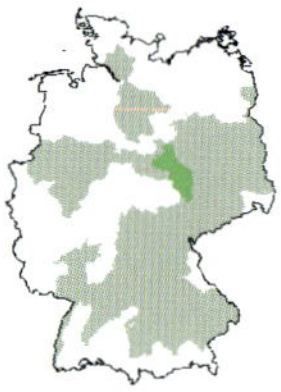

J F M A **M J J A S** O N D

Allium oleraceum L.

Gemüse-Lauch *Amaryllidaceae*
∗ P(6) A6 G(3)

30–60 cm hoch. Blütenstand: **meist mit Bulbillen**. Hochblätter unter den Blüten: lang zugespitzt, zuweilen verschieden lang (oder nur 1 entwickelt). Blüten: meist rötlich-bräunlich gestreift. Staubblätter: **± so lang wie die Perigonblätter**. Staubfäden des inneren Kreises: ***ohne* Zähne**. Zwiebeln: fleischig, breit eiförmig bis kugelig, 6–14 mm lang; Hülle: dunkelrot bis schwarz. Stängel: mit 2–5 Laubblättern. Blätter: sitzend, **im QS rinnig bis rundlich, mit (undeutlich) gekammertem Mark**, lineal, 1–5 mm breit.

- einheimisch
- planar bis montan
- Extensivgrünland u. Magerrasen, Staudenfluren, Gehölze, Äcker, Ruderalvegetation, Zier- bzw. Nutzpflanze
- an kalkreichen, meist trockenen Standorten

J F M A M **J J A S** O N D

Allium rotundum L.

Runder Lauch *Amaryllidaceae*
∗ P(6) A6 G(3) RL 3

30–90 cm hoch. Blütenstand: ***ohne* Bulbillen**. Blüten: rötlich bis weißlich. Perigonblätter: 3–8 mm lang. Staubblätter: **deutlich kürzer als die Perigonblätter**. Staubfäden des inneren Kreises: **gezähnt, die Zähne mindestens so lang wie der Staubbeutel**. Zwiebeln: meist mit Tochterzwiebeln; Hülle: dunkelrot bis schwarz. Tochterzwiebeln: kugelig, mit kurzer Spitze, klein. Stängel: mit 3–6 Laubblättern. Blätter: **im QS flach ausgebreitet bis rinnig**, lineal, 3–12 mm breit, **am Rand glatt bis etwas rau**; unterseits: gekielt; Mittelrippe: **± glatt**.

- einheimisch
- planar bis collin
- Äcker, Ruderalvegetation
- an kalkreichen Standorten

J F M A **M J J A** S O N D

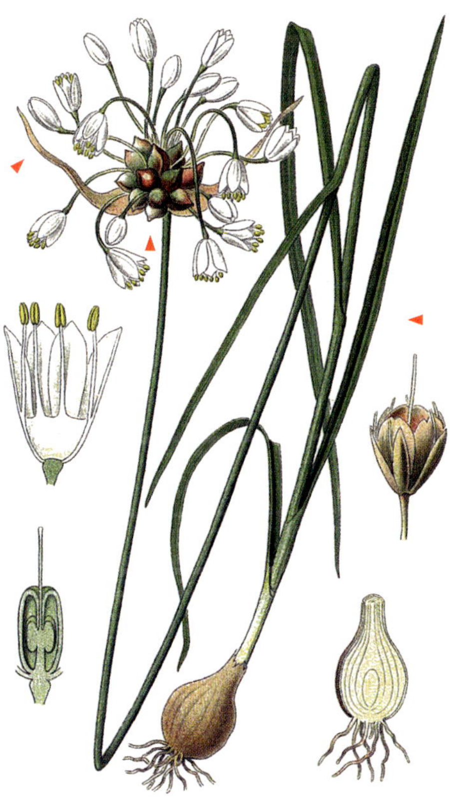

Allium sativum L.

Knoblauch *Amaryllidaceae*
∗ P(6) A6 G(3) stark giftig

25–80 cm hoch. Blütenstand: **auch nur mit Bulbillen**. Hochblätter unter den Blüten: **verschieden lang (oder nur 1 entwickelt), die Spitze des längeren bis 10 cm lang**. Blüten: weißlich. Perigonblätter: 3–8 mm lang. Staubblätter: **± so lang wie die Perigonblätter**. Staubfäden des inneren Kreises: **gezähnt, die Zähne mindestens so lang wie der Staubbeutel**. Zwiebeln: meist mit Tochterzwiebeln; Hülle: weißlich. Tochterzwiebeln: groß. Stängel: mit 5–15 Laubblättern. Blätter: sitzend, **im QS flach ausgebreitet bis rinnig**, nach Knoblauch riechend, lineal, > 4 mm breit.

- eingebürgerter Neophyt, urspr. aus Asien
- planar bis montan
- Äcker, Ruderalvegetation, Zier- bzw. Nutzpflanze

J F M A M **J J A S** O N D

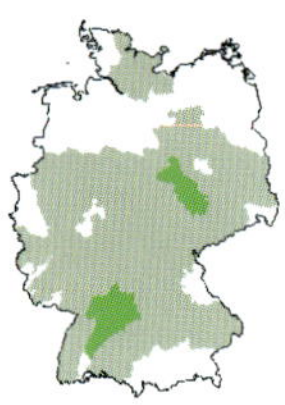

Allium scorodoprasum L.

Schlangen-Lauch *Amaryllidaceae*
∗ P(6) A6 G(3)

40–80 cm hoch. Blütenstand: **auch nur mit Bulbillen**. Blüten: rötlich bis weißlich. Perigonblätter: 3–8 mm lang. Staubblätter: **deutlich kürzer als die Perigonblätter**. Staubfäden des inneren Kreises: **gezähnt, die Zähne mindestens so lang wie der Staubbeutel**. Zwiebeln: meist mit Tochterzwiebeln; Hülle: dunkelrot bis schwarz. Tochterzwiebeln: länglich, mit lang ausgezogener Spitze, klein. Stängel: mit 3–6 Laubblättern. Blätter: sitzend, **im QS flach ausgebreitet bis rinnig**, lineal, 5–20 mm breit, **am Rand kurz bewimpert**; unterseits: gekielt; Mittelrippe: **rau bis kurz behaart**.

- einheimisch
- planar bis collin
- Staudenfluren, Gehölze, Wälder, Ruderalvegetation, Zier- bzw. Nutzpflanze
- an basenreichen Standorten

J F M A **M J J A** S O N D

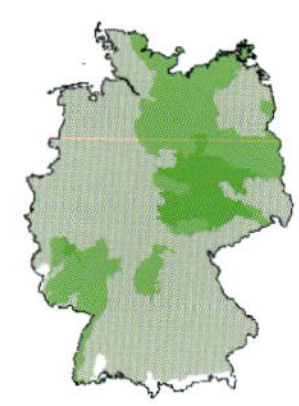

Allium sphaerocephalon L.

Kugelköpfiger Lauch *Amaryllidaceae*
∗ P(6) A6 G(3) RL 3

30–80 cm hoch. Pflanzen: einzeln wachsend. Blütenstand: ***ohne* Bulbillen**. Hochblätter unter den Blüten: meist bleibend, die Spitze < 1 Zentimeter lang. Blüten: rötlich bis weißlich. Perigonblätter: 3–8 mm lang. Staubblätter: **deutlich länger als die Perigonblätter**. Staubfäden des inneren Kreises: **gezähnt, die Zähne mindestens so lang wie der Staubbeutel**. Speicherorgane: Zwiebeln. Blätter: sitzend, **überwinternd grün, im QS rinnig bis rundlich, hohl, im Herbst erscheinend**, lineal, 3–12 mm breit; unterseits: gekielt.

- einheimisch
- planar bis collin
- Extensivgrünland u. Magerrasen, Schutt- u. Felsfluren, Zier- bzw. Nutzpflanze
- an nährstoffarmen, basenreichen, meist trockenen Standorten

J F M A **M J J A** S O N D

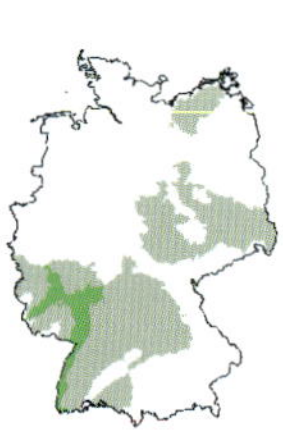

Allium vineale L.

Weinberg-Lauch *Amaryllidaceae*
∗ P(6) A6 G(3)

30–80 cm hoch. Pflanzen: in kleinen Gruppen wachsend. Blütenstand: **auch nur mit Bulbillen**. Hochblätter unter den Blüten: **meist früh abfallend, verschieden lang (oder nur 1 entwickelt)**, die Spitze des längeren 1,5–3 Zentimeter lang. Blüten: rötlich bis weißlich. Perigonblätter: 3–8 mm lang. Staubblätter: **deutlich länger als die Perigonblätter**. Staubfäden des inneren Kreises: **gezähnt, die Zähne mindestens so lang wie der Staubbeutel**. Speicherorgane: Zwiebeln. Blätter: sitzend, sommergrün, **im QS rinnig bis rundlich, hohl, im zeitigen Frühjahr erscheinend**, lineal, 1–4 mm breit; unterseits: ***nicht* gekielt**.

- einheimisch
- planar bis montan
- Intensivgrünland, Staudenfluren, Gehölze, Äcker, Ruderalvegetation, Dünen, Zier- bzw. Nutzpflanze
- an kalkreichen Standorten

J F M A **M J J A S** O N D

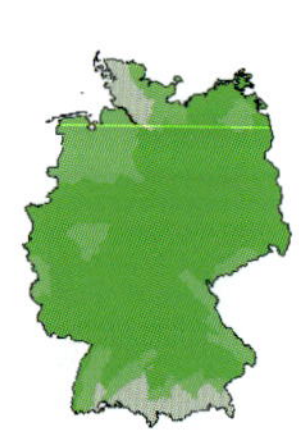

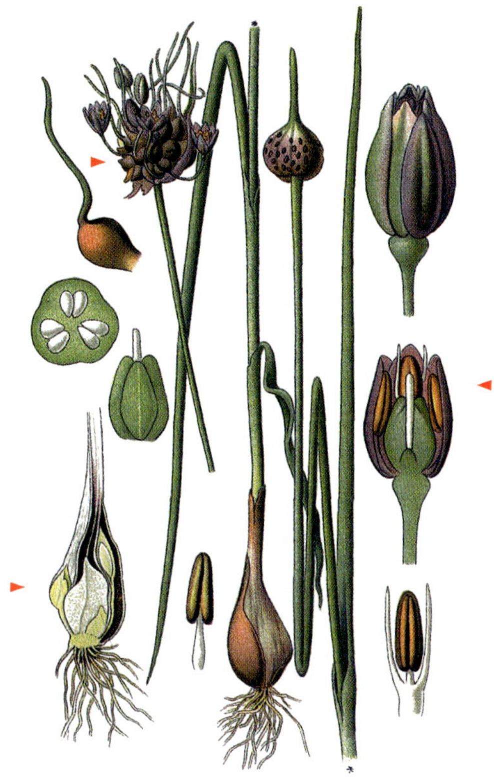

Allium paradoxum (M. Bieb.) G. Don

Wunder-Lauch *Amaryllidaceae*
∗ P(6) A6 G(3)

20–40 cm hoch. Blütenstand: **stets mit Bulbillen, meist 1–3-blütig, selten bis 10-blütig**. Blüten: weißlich. Perigonblätter: 6–20 mm lang, distal abgerundet. Staubblätter: deutlich kürzer als die Perigonblätter. Zwiebeln: 3–12 mm ⌀; Hülle: hellbraun, dünn, häutig. Stängel: im QS 3-kantig, *ohne* Laubblätter. Blätter: sitzend, im QS flach ausgebreitet bis rinnig, lineal, 4–25 mm breit.

- eingebürgerter Neophyt, urspr. aus dem Kaukasus
- planar bis collin
- Staudenfluren, Ruderalvegetation, Zier- bzw. Nutzpflanze
- an basenreichen Standorten

J F **M A M J** J A S O N D

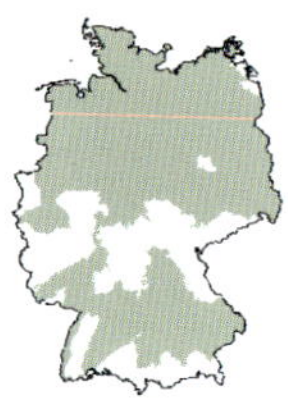

Allium ursinum L.

Bär-Lauch *Amaryllidaceae*
∗ P(6) A6 G(3) giftig

20–50 cm hoch. Pflanzen: in großen Gruppen wachsend. Blütenstand: 5–25-blütig, ***ohne* Bulbillen**. Blüten: **weiß**. Perigonblätter: **6–20 mm lang**, spitz. Staubblätter: deutlich kürzer als die Perigonblätter. Staubfäden des inneren Kreises: *ohne* Zähne. Zwiebeln: 30–50 mm lang, 6–15 mm ⌀; Hülle: dünn, häutig. Stängel: im QS 3-kantig, ***ohne* Laubblätter**. Blätter: **gestielt, Stiele 5–25 cm lang, im QS flach ausgebreitet, länglich bis oval, 20–100 mm breit**.

- einheimisch
- planar bis montan
- Wälder, Zier- bzw. Nutzpflanze
- an nährstoffreichen, basenreichen Standorten

J F M **A M J J** A S O N D

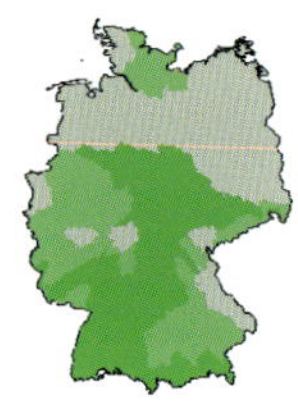

Allium victorialis L.

Allermannsharnisch *Amaryllidaceae*
∗ P(6) A6 G(3)

40–60 cm hoch. Blüten: **grünlich bis gelblich *oder* weißlich**. Perigonblätter: 3–8 mm lang. Staubblätter: **deutlich länger als die Perigonblätter**. Staubfäden des inneren Kreises: **gezähnt, die Zähne kürzer als der Staubbeutel**. Früchte: Fruchtfächer mit je 1 Samen. Zwiebeln: 35–70 mm lang; Hülle: dick, netzfaserig. Blätter: **mit Blattstiel bzw. stielartig verjüngter Spreite, Stiele 8–25 cm lang, im QS flach ausgebreitet, länglich bis oval, 20–100 mm breit**.

- einheimisch
- subalpin bis alpin
- Extensivgrünland u. Magerrasen, Staudenfluren, Gehölze, Schutt- u. Felsfluren, Zier- bzw. Nutzpflanze

J F M A M **J J A S** O N D

Allium schoenoprasum L.

Schnittlauch *Amaryllidaceae*
∗ P(6) A6 G(3) giftig RL V

15–50 cm hoch. Blüten: meist hellrot bis rosa, selten weißlich. Perigonblätter: **6–20 mm lang**. Staubblätter: **deutlich kürzer als die Perigonblätter**. Staubfäden des inneren Kreises: ***ohne* Zähne**. Zwiebeln: < 6 mm ⌀. Stängel: **im QS rundlich**. Blätter: sitzend, **im QS halbrund bis rundlich, hohl**, *nicht* aufgeblasen, lineal, 1–6 mm breit.

- einheimisch
- planar bis alpin
- Moore u. Seggenriede, Extensivgrünland u. Magerrasen, Schutt- u. Felsfluren, Ruderalvegetation, an Mauern, Zier- bzw. Nutzpflanze
- an nährstoffarmen, basenreichen Standorten

J F M A **M J J A S** O N D

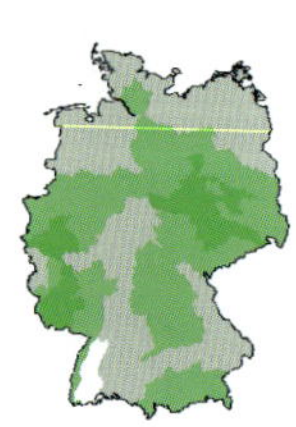

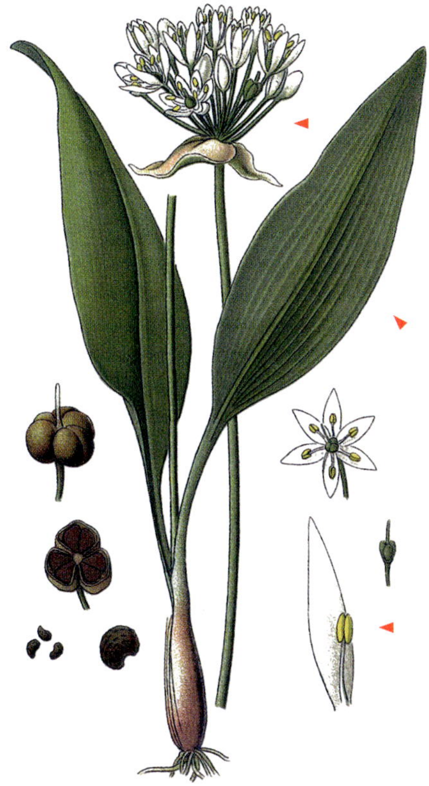

Allium suaveolens Jacq.

Duft-Lauch *Amaryllidaceae*
∗ P(6) A6 G(3) RL 3

20–40 cm hoch. Blütenstand: **auch nur mit Bulbillen**. Blüten: rötlich bis weißlich, mit rötlichem Mittelnerv. Perigonblätter: 2–5 mm lang. Staubblätter: **deutlich länger als die Perigonblätter**. Staubfäden des inneren Kreises: ***ohne* Zähne**. Früchte: Fruchtfächer mit je 2 Samen. Zwiebeln: *nicht* fleischig, schmal-länglich, meist mit Tochterzwiebeln; Hülle: dunkelrot bis schwarz, dünn, häutig, längsfaserig. Tochterzwiebeln: klein. Stängel: **im QS rundlich**. Blätter: sitzend, **im QS flach ausgebreitet bis rinnig**, lineal, < 6 mm breit; unterseits: **gekielt**.

- einheimisch
- collin bis montan
- Extensivgrünland u. Magerrasen
- an nährstoffarmen, kalkreichen, wechselfeuchten bis nassen Standorten

J F M A M **J J A S O** N D

Allium strictum Schrad.

Steifer Lauch *Amaryllidaceae*
∗ P(6) A6 G(3) RL 2

15–50 cm hoch. Blüten: rötlich. Perigonblätter: 4–6 mm lang. Staubblätter: **deutlich länger als die Perigonblätter**. Staubfäden des inneren Kreises: **gezähnt, die Zähne kürzer als der Staubbeutel**. Früchte: Fruchtfächer mit je 2 Samen. Zwiebeln: *nicht* fleischig, schmal-länglich, meist mit Tochterzwiebeln; Hülle: dunkelrot bis schwarz, dick, netzfaserig. Tochterzwiebeln: klein. Stängel: **im QS rundlich**, mit 2–5 Laubblättern. Blätter: sitzend, **im QS flach ausgebreitet bis rinnig**, lineal, 2,5–5 mm breit; unterseits: **gekielt**.

- einheimisch
- planar bis collin
- Extensivgrünland u. Magerrasen, Schutt- u. Felsfluren
- an nährstoffarmen, trockenen Standorten

J F M A **M J J A S** O N D

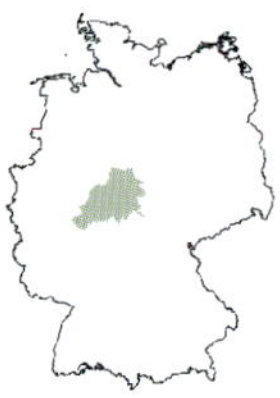

Allium angulosum L.

Kantiger Lauch *Amaryllidaceae*
∗ P(6) A6 G(3) RL 3 § BNatG b

30–60 cm hoch. Blüten: rötlich bis weißlich. Perigonblätter: 2–7 mm lang. Staubblätter: **etwas kürzer bis ± so lang wie die Perigonblätter**. Staubfäden des inneren Kreises: ***ohne* Zähne**. Früchte: Fruchtfächer mit je 2 Samen. Zwiebeln: 3–12 mm ⌀, **auf einem Wurzelstock sitzend**, meist mit Tochterzwiebeln; Hülle: dunkelrot bis schwarz. Tochterzwiebeln: klein. Stängel: **im QS abgeflacht, 2-kantig**, mit 4–6 Laubblättern. Blätter: sitzend, **im QS flach ausgebreitet bis rinnig**, lineal, < 6 mm breit; unterseits: **gekielt**. Untere Blattscheiden: < 25 % des Stängels bedeckend.

- einheimisch
- planar bis collin
- Extensivgrünland u. Magerrasen, Zier- bzw. Nutzpflanze
- an nährstoffarmen, basenreichen, wechselfeuchten bis nassen Standorten

J F M A M **J J A** S O N D

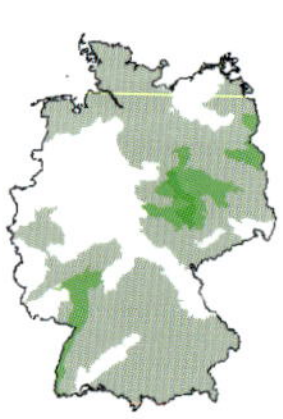

Allium lusitanicum Lam.

Berg-Lauch *Amaryllidaceae*
∗ P(6) A6 G(3) RL 3

15–30 cm hoch. Blüten: rötlich bis violett. Perigonblätter: 4–7 mm lang. Staubblätter: **deutlich länger als die Perigonblätter**. Staubfäden des inneren Kreises: ***ohne* Zähne**. Früchte: Fruchtfächer mit je 2 Samen. Zwiebeln: 7–14 mm ⌀, **auf einem Wurzelstock sitzend**, meist mit Tochterzwiebeln; Hülle: dunkelrot bis schwarz. Tochterzwiebeln: klein. Stängel: **im QS abgeflacht, 2-kantig**, mit 4–10 Laubblättern. Blätter: sitzend, **im QS flach ausgebreitet bis rinnig**, lineal, < 6 mm breit; unterseits: *nicht* gekielt, **zuweilen aber mit 2 randständigen Leisten**. Untere Blattscheiden: < 25 % des Stängels bedeckend.

- einheimisch
- collin bis montan
- Extensivgrünland u. Magerrasen, Wälder, Schutt- u. Felsfluren
- an nährstoffarmen, kalkreichen, trockenen Standorten

J F M A M **J J A S** O N D

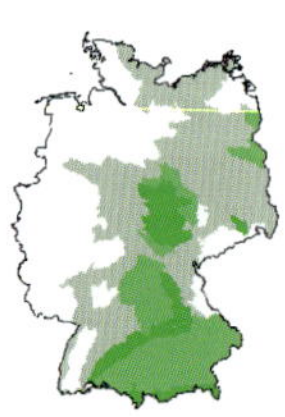

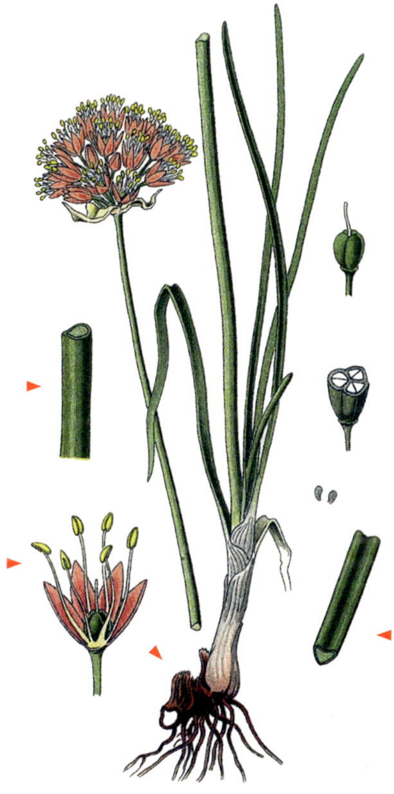

Sparganium erectum agg.

Ästiger Igelkolben *Typhaceae*
♂ * P3 A2–10 | ♀ * P3 G(1–2)

30–100 cm hoch. BLÜTENSTAND: endständig, aus übereinanderstehenden, kugeligen Teilblütenständen gebildete **Doppeltraube, oben meist mit > 5 ♂ Köpfchen**, untere Köpfchen ♀. PERIGONBLÄTTER: **dick, derb**, faden- bis schuppenförmig. STÄNGEL: **meist verzweigt**. BLATTSTELLUNG: wechselständig. BLÄTTER: **meist aufrecht**, selten flutend, **im QS basal rinnig bis kantig, distal gekielt**, lineal.

In Deutschland kommen 3 Arten der Artengruppe *Sparganium erectum* agg. vor: *S. erectum*, *S. microcarpum* und *S. neglectum* (vgl. S. 1422).

- einheimisch
- planar bis collin
- Gewässer, Röhrichte, Zier- bzw. Nutzpflanze
- an nassen, zuweilen trockenfallenden Standorten

J F M A **M J J A S** O N D

Sparganium angustifolium Michx.

Schmalblättriger Igelkolben *Typhaceae*
♂ * P3 A2–10 | ♀ * P3 G(1–2) RL 2

Im Boden wurzelnde Wasserpflanze, 10–100 cm hoch, **flutende Stängel bis 180 cm lang**. BLÜTENSTAND: endständig, aus übereinanderstehenden, kugeligen Teilblütenständen gebildete **Ähre o. Traube, oben mit 2–6 ♂ Köpfchen**, untere Köpfchen ♀. PERIGONBLÄTTER: **dünn**, faden- bis schuppenförmig. NARBEN: **fädlich**. STEINKERN: **glatt**. STÄNGEL: **meist unverzweigt**. BLATTSTELLUNG: wechselständig. BLÄTTER: **meist flutend, im QS basal ± flach ausgebreitet, distal *ohne* Kiel**, lineal.

- einheimisch
- planar bis subalpin
- Gewässer, trockenfallende Ufer, Zier- bzw. Nutzpflanze
- an nährstoffarmen, sauren, nassen, zuweilen trockenfallenden Standorten

J F M A **M J J A S** O N D

Sparganium emersum Rehmann

Einfacher Igelkolben *Typhaceae*
♂ * P3 A2–10 | ♀ * P3 G(1–2)

Wasser- o. Sumpfpflanze, 20–60 cm hoch. BLÜTENSTAND: endständig, aus übereinanderstehenden, kugeligen Teilblütenständen gebildete **Ähre o. Traube, oben mit 2–10 ♂ Köpfchen, untere Köpfchen** ♀, untere Köpfchen ♀. PERIGONBLÄTTER: **dünn**, faden- bis schuppenförmig. STEINKERN: **glatt**. STÄNGEL: meist unverzweigt. BLATTSTELLUNG: wechselständig. BLÄTTER: aufrecht o. flutend, **wenn flutende: Stängel bis 180 cm lang; im QS basal rinnig bis kantig, distal gekielt**, lineal.

- einheimisch
- planar bis montan
- Gewässer, trockenfallende Ufer, Röhrichte, Zier- bzw. Nutzpflanze
- an nassen, zuweilen trockenfallenden Standorten

J F M A **M J J A** S O N D

Sparganium natans L.

Zwerg-Igelkolben *Typhaceae*
♂ * P3 A2–10 | ♀ * P3 G(1–2) RL 2

Im Boden wurzelnde Wasserpflanze, 10–30 cm hoch, flutende Stängel bis 80 cm lang. BLÜTENSTAND: endständig, aus übereinanderstehenden, kugeligen Teilblütenständen gebildete **Ähre o. Traube, oben mit 1–2 ♂ Köpfchen**, untere Köpfchen ♀. PERIGONBLÄTTER: **dünn**, faden- bis schuppenförmig. NARBEN: **abgeflacht bis kugelig**. STEINKERN: **glatt**. STÄNGEL: meist unverzweigt. BLATTSTELLUNG: wechselständig. BLÄTTER: **meist flutend, im QS basal ± flach ausgebreitet, distal *ohne* Kiel**, lineal.

- einheimisch
- planar bis montan
- Gewässer, Moore u. Seggenriede
- an nährstoffarmen, dauerhaft überfluteten Standorten

J F M A M **J J A S** O N D

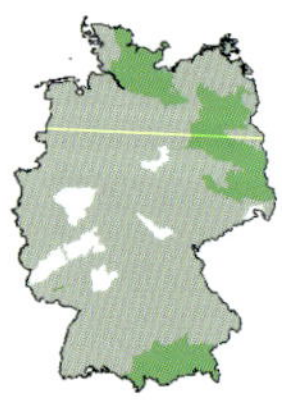

US

US

Typha angustifolia L.

Schmalblättriger Rohrkolben *Typhaceae*
♂ * A3 | ♀ * G(1–2)

100–220 cm hoch. Blütenstand: endständig, kolbenartig, oben mit ♂ Blüten, unten mit ♀ Blüten, ♀ **Kolbenabschnitt > 1 cm vom ♂ abgesetzt u. 10–35 cm lang, ♂ Kolbenabschnitt meist 0,75–1,5-mal so lang wie der ♀.** Blütenhülle: borsten- bis haarartig. Tragblätter der ♀ Blüten: **schmal-lineal**. Blattstellung: wechselständig, 2-zeilig. Blätter: lineal, **5–10 mm breit**.

- einheimisch
- planar bis montan
- Gewässer, Röhrichte, Zier- bzw. Nutzpflanze
- an nassen, zuweilen trockenfallenden, auch salzhaltigen Standorten

J F M A M **J J A S** O N D

Typha latifolia L.

Breitblättriger Rohrkolben *Typhaceae*
♂ * A2 | ♀ * G(1–2)

100–220 cm hoch. Blütenstand: endständig, kolbenartig, oben mit ♂ Blüten, unten mit ♀ Blüten, ♀ **Kolbenabschnitt < 1 cm vom ♂ entfernt u. 5–20 cm lang, ♂ Kolbenabschnitt meist 0,75–1,5-mal so lang wie der ♀.** Blütenhülle: borsten- bis haarartig. Tragblätter der ♀ Blüten: **fehlen**. Fruchtstand: **schwarz bis dunkelbraun**. Blattstellung: wechselständig, 2-zeilig. Blätter: lineal, **8–20 mm breit**.

- einheimisch
- planar bis montan
- Gewässer, Röhrichte, Zier- bzw. Nutzpflanze
- an nährstoffreichen, nassen, zuweilen trockenfallenden, auch salzhaltigen Standorten

J F M A M **J J A S** O N D

Typha minima Hoppe

Zwerg-Rohrkolben *Typhaceae*
♂ * A3 | ♀ * G(1–2) RL 0

30–80 cm hoch. Blütenstand: endständig, kolbenartig, oben mit ♂ Blüten, unten mit ♀ Blüten, ♀ **Kolbenabschnitt > 1 cm vom ♂ abgesetzt u. < 5 cm lang, ♂ Kolbenabschnitt meist 0,75–1,5-mal so lang wie der ♀.** Blütenhülle: borsten- bis haarartig. Blattstellung: wechselständig, 2-zeilig. Blätter: lineal, **1–3 mm breit**.

- ausgestorben
- collin bis montan
- trockenfallende Ufer, Moore u. Seggenriede
- an nährstoffarmen, kalkreichen, nassen, meist überfluteten Standorten

J F M **A M J J** A S O N D

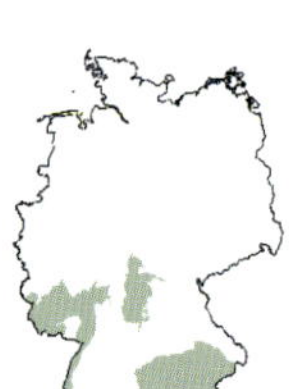

Typha shuttleworthii W. D. J. Koch & Sond.

Shuttleworths Rohrkolben *Typhaceae*
♂ * A2 | ♀ * G(1–2) RL 2

80–160 cm hoch. Blütenstand: endständig, kolbenartig, oben mit ♂ Blüten, unten mit ♀ Blüten, ♀ **Kolbenabschnitt < 1 cm vom ♂ u. entfernt 10–40 cm lang, ♂ Kolbenabschnitt < 0,75-mal so lang wie der ♀**. Blütenhülle: borsten- bis haarartig. Tragblätter der ♀ Blüten: **fehlen**. Fruchtstand: **zunächst schwarz bis dunkelbraun, später ausbleichend, graulich**. Blattstellung: wechselständig, 2-zeilig. Blätter: lineal, **5–15 mm breit**.

- einheimisch
- collin bis montan
- Gewässer, trockenfallende Ufer, Röhrichte
- an nährstoffarmen, basenreichen, nassen, zuweilen trockenfallenden Standorten

J F M A **M J J A S** O N D

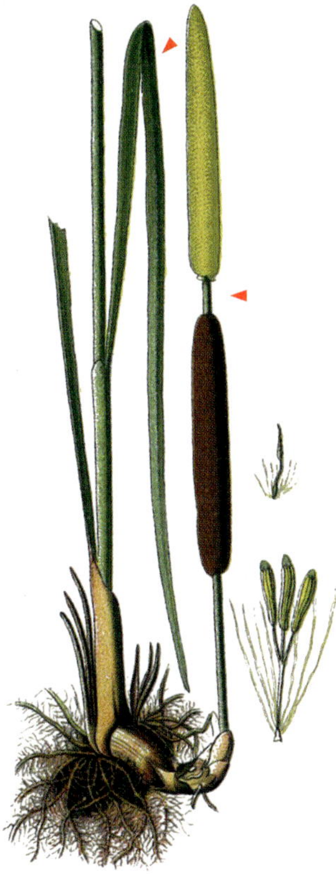

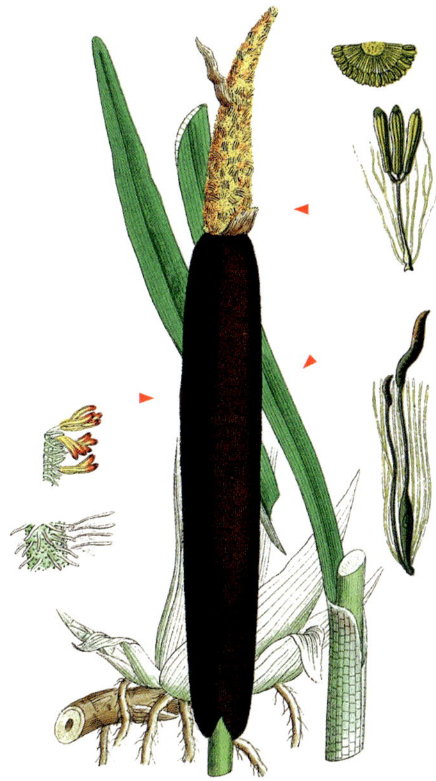

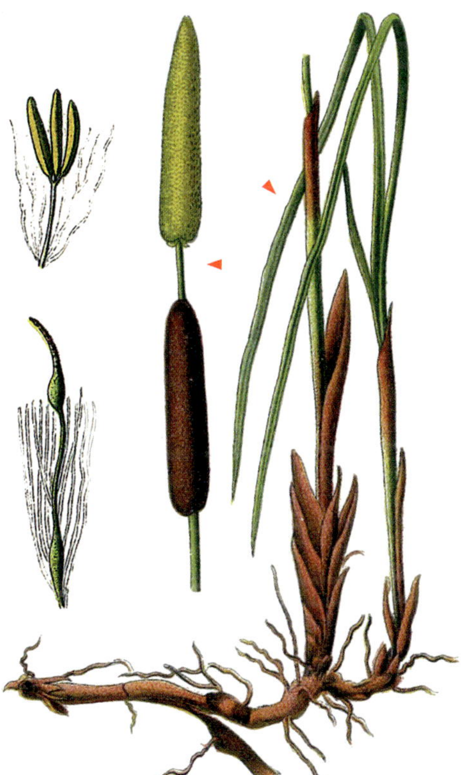

Juncus: grasartig. Blüten: einzeln *oder* in Knäueln, in rispen- bzw. spirrenartigem Gesamtblütenstand. Früchte: Spaltkapseln, vielsamig, meist 3-fächrig. Stängel: rundlich. Knoten: fehlen. Blätter: wechselständig, oft stängelartig, im Querschnitt oft rundlich, kahl.

Juncus monanthos Jacq.

Einblütige Binse *Juncaceae*
∗ P6 A6 G(3)

Bis 25 cm hoch. Blütenstand: **(scheinbar) seitenständig, Blüten in Köpfchen**; Tragblätter: 2–3, **wenig länger als der Blütenstand**, borstenförmig. Köpfchen: **1-3-blütig**. Perigonblätter: **4–5 mm lang, spitz**. Früchte: **allmählich zugespitzt**, 3-fächrig. Stängel: im QS rundlich. Blätter: **im QS zusammengerollt bis rinnig**. Öhrchen: **lang, spitz, oft zerschlitzt**. Grundblätter: **mit 5–10 cm langer borstenförmiger Spreite**.

- einheimisch
- subalpin bis alpin
- Extensivgrünland u. Magerrasen, Schutt- u. Felsfluren
- an nährstoffarmen, basenreichen Standorten

J F M A M **J J A S** O N D

Juncus trifidus L.

Dreiblatt-Binse *Juncaceae*
∗ P6 A6 G(3) RL 1

Bis 25 cm hoch. Blütenstand: **(scheinbar) seitenständig, Blüten in meist mehreren Köpfchen, die in einer Spirre angeordnet sind**; Tragblätter: 2–3, **deutlich länger als der Blütenstand**, borstenförmig. Köpfchen: **2-4-blütig**. Perigonblätter: **2–4 mm lang, spitz**. Früchte: **plötzlich zugespitzt**, 3-fächrig. Stängel: im QS rundlich. Blätter: **im QS zusammengerollt bis rinnig**. Öhrchen: **lang, spitz, oft zerschlitzt**. Grundblätter: **spreitenlos *oder* mit bis 2 cm langer Stachelspitze reduzierter Spreite**.

- einheimisch
- subalpin bis alpin
- Extensivgrünland u. Magerrasen, Schutt- u. Felsfluren
- an nährstoffarmen, sauren Standorten

J F M A M **J J A S** O N D

Juncus maritimus Lam.

Strand-Binse *Juncaceae*
∗ P6 A6 G(3)

30–100 cm hoch. Pflanzen: **1-jährig**. Blütenstand: **(scheinbar) seitenständig, Blüten einzeln in meist ± lockerer Spirre**; Tragblätter: **den Stängel fortsetzend**, bis 2-mal so lang wie der Blütenstand. Spirren: ≥ 12-blütig. Tragblätter der Blüten: starr, stechend. Perigonblätter: **innere kürzer als die äußeren u. distal abgerundet bis kurz zugespitzt, äußere länger als die Kapsel u. lang zugespitzt**. Früchte: eiförmig bis kurz zylindrisch, **spitz**, 3-fächrig. Samen: mit häutigen Anhängseln. Stängel: im QS rundlich. Blätter: **im QS rinnig bis rundlich**. Öhrchen: **spitz**. Grundblätter: aufrecht, derb, starr.

- einheimisch
- planar
- Salzwiesen, Dünentäler, Zier- bzw. Nutzpflanze
- an feuchten, zuweilen überfluteten, meist salzhaltigen Standorten

J F M A M **J J A S** O N D

Juncus stygius L.

Moor-Binse *Juncaceae*
∗ P6 A6 G(3) RL 1 § BNatG s

10–25 cm hoch. Köpfchen: 2-4-blütig. Perigonblätter: grünlich, distal zuweilen rötlich, **kürzer als die Kapsel, spitz**. Früchte: eiförmig bis kurz zylindrisch, 3-fächrig. Samen: eiförmig-länglich, 2–3 mm lang, mit häutigen Anhängseln. Stängel: aufrecht, im QS rundlich. Blätter: **im QS zusammengerollt bis rinnig**. Öhrchen: **abgerundet**.

- einheimisch
- collin bis montan
- Moore u. Seggenriede
- an nährstoffarmen, nassen, zuweilen überfluteten Standorten

J F M A M **J J A S** O N D

Juncus triglumis L.

Dreiblütige Binse *Juncaceae*
∗ P6 A6 G(3)

Bis 15 cm hoch. Blütenstand: **Blüten in *einem* Köpfchen.** Köpfchen: 2–5-blütig, dichtblütig. Perigonblätter: bräunlich-rötlich, **kürzer als die Kapsel, distal abgerundet.** Früchte: eiförmig bis kurz zylindrisch, 3-fächrig. Samen: eiförmig-länglich, 2–3 mm lang, mit häutigen Anhängseln. Stängel: aufrecht, im QS rundlich. Blätter: **im QS zusammengerollt bis rinnig.** Öhrchen: **abgerundet.**

- einheimisch
- subalpin bis alpin
- trockenfallende Ufer, Moore u. Seggenriede, Schutt- u. Felsfluren
- an nährstoffarmen, nassen, zuweilen überfluteten Standorten

J F M A M **J J A S** O N D

Juncus capitatus Weigel

Kopf-Binse *Juncaceae*
∗ P6 A6 G(3) RL 2

Bis 10 cm hoch. Pflanzen: **1-jährig.** Blütenstand: **(scheinbar) seitenständig, Blüten in einem o. mehreren Köpfchen;** Tragblätter: **den Stängel fortsetzend, bis 2-mal so lang wie der Blütenstand.** Köpfchen: **1–4-blütig.** Blütenstiele: kurz bis fehlend. Perigonblätter: **länger als die Kapsel, spitz.** Früchte: eiförmig bis kurz zylindrisch, **distal abgerundet, zuweilen mit aufgesetzter Spitze,** 3-fächrig. Samen: ± kugelig, < 0,5 mm lang. Stängel: aufrecht, im QS rundlich. Blätter: **im QS meist zusammengerollt bis rinnig.**

- einheimisch
- planar bis collin
- trockenfallende Ufer, Äcker, Ruderalvegetation
- an nährstoffarmen, sauren, feuchten bis nassen, zuweilen überfluteten Standorten

J F M A **M J J A S O** N D

Juncus acutiflorus Ehrh. ex Hoffm.

Spitzblütige Binse *Juncaceae*
∗ P6 A6 G(3)

30–100 cm hoch. Blütenstand: **Blüten in Köpfchen, die in einer Spirre angeordnet sind.** Köpfchen: meist entfernt stehend. Perigonblätter: bräunlich-rötlich, **innere deutlich länger als die äußeren, kürzer als die Kapsel, spitz.** Früchte: eiförmig bis kurz zylindrisch, **spitz,** 1–3-fächrig. Stängel: aufrecht, im QS rundlich. Blätter: **im QS rinnig bis rundlich, mit quer gekammertem Mark.**

- einheimisch
- planar bis montan
- Moore u. Seggenriede, Extensivgrünland u. Magerrasen, Wälder
- an feuchten bis nassen Standorten

J F M A M **J J A S O** N D

Juncus alpinoarticulatus Chaix

Alpen-Binse *Juncaceae*
∗ P6 A6 G(3) RL V

20–50 cm hoch. Blütenstand: **Blüten in Köpfchen, die in einer Spirre angeordnet sind.** Köpfchen: meist entfernt stehend. Perigonblätter: innere u. äußere ± gleich lang, **kürzer als die Kapsel, distal abgerundet.** Früchte: eiförmig bis kurz zylindrisch, glänzend, **distal abgerundet, zuweilen mit aufgesetzter Spitze,** 3-fächrig. Stängel: aufrecht, im QS rundlich. Blätter: **im QS meist rundlich, mit quer gekammertem Mark.**

- einheimisch
- planar bis alpin
- trockenfallende Ufer, Moore u. Seggenriede, Extensivgrünland u. Magerrasen
- an nährstoffarmen, basenreichen, nassen, zuweilen überfluteten Standorten

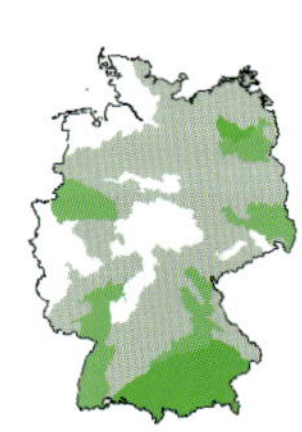

J F M A M **J J A S** O N D

Juncus anceps Laharpe

Zweischneidige Binse *Juncaceae*
∗ P6 A6 G(3)

20–50 cm hoch. Blütenstand: **Blüten in Köpfchen, die in einer Spirre angeordnet sind**. Köpfchen: meist entfernt stehend, 3–6-blütig. Perigonblätter: innere u. äußere ± gleich lang, **± so lang wie die Kapsel**. Äussere Perigonblätter: **distal abgerundet**. Früchte: eiförmig bis kurz zylindrisch, **spitz**, 3-fächrig. Stängel: aufrecht, **im QS (undeutlich) abgeflacht, schmal geflügelt**. Blätter: **im QS rinnig bis rundlich, mit quer gekammertem Mark**.

- einheimisch
- planar
- Grünland, Salzwiesen, Dünentäler
- an feuchten, zuweilen überfluteten, meist salzhaltigen Standorten

J F M A M **J J A S** O N D

Juncus articulatus L.

Glieder-Binse *Juncaceae*
∗ P6 A6 G(3)

20–50 cm hoch. Blütenstand: **Blüten in Köpfchen, die in einer Spirre angeordnet sind**. Köpfchen: meist entfernt stehend. Perigonblätter: innere u. äußere ± gleich lang, **kürzer als die Kapsel**. Äussere Perigonblätter: spitz. Früchte: eiförmig bis kurz zylindrisch, **spitz**, 1–3-fächrig. Stängel: aufrecht, im QS rundlich. Blätter: **im QS rinnig bis rundlich, mit quer gekammertem Mark**.

- einheimisch
- planar bis montan
- trockenfallende Ufer, Moore u. Seggenriede, Extensivgrünland u. Magerrasen, Zier- bzw. Nutzpflanze
- an nährstoffarmen, basenreichen, nassen, zuweilen überfluteten, auch salzhaltigen Standorten

J F M A M **J J A S** O N D

Juncus atratus Krock.

Schwarzblütige Binse *Juncaceae*
∗ P6 A6 G(3) RL 1

30–100 cm hoch. Blütenstand: **Blüten in Köpfchen, die in einer Spirre angeordnet sind**. Köpfchen: meist entfernt stehend. Perigonblätter: **schwarz, glänzend**, innere u. äußere ± gleich lang, **± so lang wie die Kapsel, spitz**. Früchte: 1–3-fächrig. Stängel: aufrecht, im QS rundlich. Blätter: **im QS rinnig bis rundlich**, mit (undeutlich) gekammertem Mark. Grundblätter: 5–9-rippig.

- einheimisch
- planar
- trockenfallende Ufer, Grünland
- an basenreichen, wechselnassen Standorten

J F M A M **J J A S O** N D

Juncus bulbosus L.

Zwiebel-Binse *Juncaceae*
∗ P6 A3–6 G(3)

Bis 30 cm hoch. Blütenstand: **Blüten in Köpfchen, die in einer Spirre angeordnet sind**. Köpfchen: meist entfernt stehend, 2–15-blütig. Perigonblätter: **± so lang wie die Kapsel**. Staubblätter: **meist 3**. Früchte: 3-fächrig. Stängel: **niederliegend**, im QS rundlich. Ausläufer: **oft einwurzelnd**. Blätter: **im QS rinnig bis rundlich**, mit (undeutlich) gekammertem Mark. Öhrchen: **abgerundet**.

- einheimisch
- planar bis montan
- Gewässer, trockenfallende Ufer, Moore u. Seggenriede
- an nährstoffarmen, nassen, zuweilen trockenfallenden Standorten

J F M A M **J J A S O** N D

Juncus pygmaeus Rich. ex Thuill.

Zwerg-Binse *Juncaceae*
∗ P6 A6 G(3) RL 1

Bis 10 cm hoch. PFLANZEN: 1-jährig. BLÜTENSTAND: **Blüten in Köpfchen, die in einer Spirre angeordnet sind, Spirre aus 1 sitzendem *und* wenigen gestielten Köpfchen gebildet**. KÖPFCHEN: **meist dicht stehend**, ≤ 12-blütig. PERIGONBLÄTTER: **etwas länger als die Kapsel, spitz**. FRÜCHTE: eiförmig bis kurz zylindrisch, **spitz**, 1–3-fächrig. STÄNGEL: aufrecht, im QS rundlich. BLÄTTER: **im QS rinnig bis rundlich, mit quer gekammertem Mark**. ÖHRCHEN: **spitz**.

- einheimisch
- planar
- trockenfallende Ufer, Dünen
- an nährstoffarmen, feuchten bis nassen, auch salzhaltigen Standorten

J F M A M J J A S O N D

Juncus subnodulosus Schrank

Stumpfblütige Binse *Juncaceae*
∗ P6 A6 G(3) RL 3

50–120 cm hoch. BLÜTENSTAND: **Blüten in Köpfchen, die in einer Spirre angeordnet sind**. KÖPFCHEN: meist entfernt stehend, **2–8-blütig**. PERIGONBLÄTTER: bräunlich bis weißlich, **± so lang wie die Kapsel, distal abgerundet**. FRÜCHTE: eiförmig bis kurz zylindrisch, **spitz**, 3-fächrig. STÄNGEL: aufrecht, im QS rundlich. BLÄTTER: **im QS rinnig bis rundlich, mit quer *und* längs gekammertem Mark**. GRUNDBLÄTTER: *ohne* Spreite.

- einheimisch
- planar bis montan
- Moore u. Seggenriede, Grünland, Quellfluren
- an kalkreichen, feuchten bis nassen, auch salzhaltigen Standorten

J F M A M J J A S O N D

Juncus bufonius agg.

Kröten-Binse *Juncaceae*
∗ P6 A6 G(3)

Bis 25 cm hoch. PFLANZEN: **1-jährig**. BLÜTENSTAND: **Blüten einzeln in meist ± lockerer Spirre**. PERIGONBLÄTTER: **der Frucht anliegend**. INNERE PERIGONBLÄTTER: **distal abgerundet bis kurz zugespitzt**. ÄUSSERE PERIGONBLÄTTER: **lang zugespitzt, länger als die Kapsel**. FRÜCHTE: eiförmig bis kurz zylindrisch, 3-fächrig. STÄNGEL: im QS rundlich. BLÄTTER: **im QS meist rundlich**.

J. bufonius (Kröten-Binse): INNERE PERIGONBLÄTTER: spitz, länger als die Kapsel. UNTERE BLATTSCHEIDEN: meist hellbraun bis gelblich.
J. ranarius (Frosch-Binse): INNERE PERIGONBLÄTTER: distal abgerundet bis kurz zugespitzt, ± so lang wie die Kapsel. UNTERE BLATTSCHEIDEN: meist rötlich bis bräunlich.

- einheimisch
- planar bis montan
- trockenfallende Ufer, Äcker, Ruderalvegetation, Zier- bzw. Nutzpflanze

J F M A M J J A S O N D

Juncus sphaerocarpus Nees

Kugelfrucht-Binse *Juncaceae*
∗ P6 A6 G(3) RL 2

Bis 20 cm hoch. PFLANZEN: **1-jährig**. BLÜTENSTAND: **Blüten einzeln in meist ± lockerer Spirre**. PERIGONBLÄTTER: **von der Frucht abstehend, die inneren u. äußeren deutlich länger als die Kapsel, spitz**. ÄUSSERE PERIGONBLÄTTER: kurz zugespitzt. FRÜCHTE: ± kugelig, oft mit aufgesetzter Spitze, 3-fächrig. STÄNGEL: im QS rundlich. BLÄTTER: **im QS meist rundlich**.

- einheimisch
- planar bis collin
- trockenfallende Ufer
- an nährstoffarmen, basenreichen, wechselfeuchten bis nassen Standorten

J F M A M J J A S O N D

Juncus tenageia Ehrh. ex L. f.

Sand-Binse *Juncaceae*
∗ P6 A6 G(3) RL 2

Bis 30 cm hoch. PFLANZEN: **1-jährig**. BLÜTENSTAND: **Blüten einzeln in meist ± lockerer Spirre, zumindest einige Blüten lang gestielt**; TRAGBLÄTTER: **viel kürzer als der Blütenstand**. PERIGONBLÄTTER: **höchstens so lang wie die Kapsel**. FRÜCHTE: ± kugelig, **distal abgerundet *oder* ausgerandet**, 3-fächrig. STÄNGEL: im QS rundlich. BLÄTTER: **im QS meist rundlich**. ÖHRCHEN: **abgerundet**.

- einheimisch
- planar bis collin
- trockenfallende Ufer, Moore u. Seggenriede
- an feuchten bis nassen Standorten

J F M A M J J A S O N D

Juncus compressus Jacq.

Zusammengedrückte Binse *Juncaceae*
∗ P6 A6 G(3)

10–40 cm hoch. BLÜTENSTAND: **Blüten einzeln in meist ± lockerer Spirre**; TRAGBLÄTTER: meist länger als der Blütenstand. SPIRREN: ≥ 5-blütig. PERIGONBLÄTTER: bräunlich-beige, mit andersfarbigem Mittelnerv, 2–3 mm lang, **bis 0,6-mal so lang wie die Kapsel, distal abgerundet**. FRÜCHTE: kugelig bis kurz eiförmig, **bräunlich bis gelblich, zuweilen mit aufgesetzter Spitze**, 3-fächrig. STÄNGEL: **im QS (undeutlich) abgeflacht, blau- bzw. graugrün**, mit 1–2 Laubblättern. BLÄTTER: **im QS rinnig bis rundlich**.

- einheimisch
- planar bis montan
- Grünland, Ruderalvegetation, Trittfluren
- an basenreichen, feuchten bis nassen, zuweilen überfluteten, auch salzhaltigen Standorten

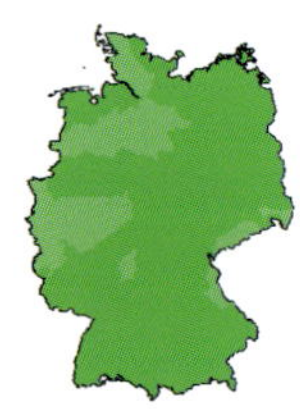

J F M A M J J A S O N D

Juncus filiformis L.

Faden-Binse *Juncaceae*
∗ P6 A6 G(3) RL V

15–50 cm hoch. BLÜTENSTAND: **(scheinbar) seitenständig, Blüten einzeln in meist ± lockerer Spirre**; TRAGBLÄTTER: **den Stängel fortsetzend, > 2-mal so lang wie der Blütenstand**. SPIRREN: **≤ 12-blütig**. FRÜCHTE: **distal abgerundet, zuweilen mit aufgesetzter Spitze**, 3-fächrig. STÄNGEL: im QS rundlich, **1–2 mm** ⌀. AUSLÄUFER: unterirdisch, **lang**, kaum verzweigt, **Stängel in einer Reihe angeordnet**. BLÄTTER: **im QS meist rundlich**.

- einheimisch
- planar bis alpin
- Moore u. Seggenriede, Extensivgrünland u. Magerrasen, Dünen
- an nährstoffarmen, nassen, zuweilen überfluteten Standorten

J F M A M J J A S O N D

Juncus gerardii Loisel.

Salz-Binse *Juncaceae*
∗ P6 A6 G(3)

15–50 cm hoch. BLÜTENSTAND: **Blüten einzeln in meist ± lockerer Spirre**; TRAGBLÄTTER: **höchstens so lang wie der Blütenstand**. SPIRREN: ≥ 5-blütig. PERIGONBLÄTTER: 2–4 mm lang, **± so lang wie die Kapsel, distal abgerundet**. NARBEN: rötlich. FRÜCHTE: eiförmig bis kurz zylindrisch, **rot- bis dunkelbraun**, 3-fächrig. STÄNGEL: im QS rundlich, frischgrün, mit 1–2 Laubblättern. BLÄTTER: aufrecht, **im QS zusammengerollt bis rinnig**.

- einheimisch
- planar bis collin
- Salzwiesen
- an feuchten, zuweilen überfluteten, meist salzhaltigen Standorten

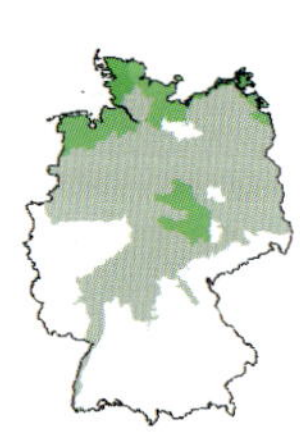

J F M A M J J A S O N D

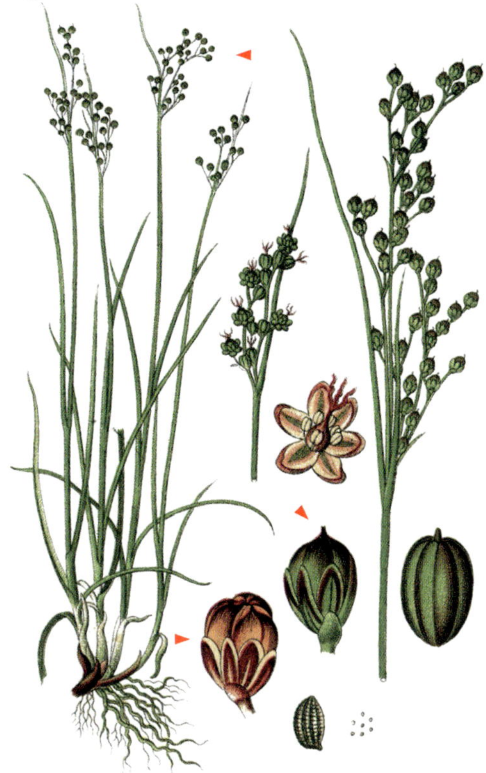

Juncus squarrosus L.

Sparrige Binse *Juncaceae*
∗ P6 A6 G(3) RL V

15–30 cm hoch. PFLANZEN: rasig wachsend. BLÜTENSTAND: **Blüten einzeln in meist ± lockerer Spirre**. SPIRREN: ≥ 5-blütig. PERIGONBLÄTTER: **± so lang wie die Kapsel, distal abgerundet**. FRÜCHTE: eiförmig bis kurz zylindrisch, **zuweilen mit aufgesetzter Spitze**, 3-fächrig. STÄNGEL: im QS rundlich. BLÄTTER: **derb, starr abstehend, im QS zusammengerollt bis rinnig**.

- einheimisch
- planar bis montan
- Moore u. Seggenriede, Extensivgrünland u. Magerrasen, Zwergstrauchheiden, Ruderalvegetation, Trittfluren
- an nährstoffarmen, sauren Standorten

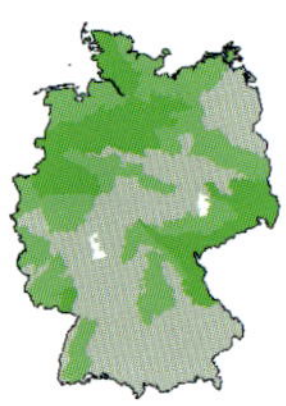

J F M A M J J A S O N D

Juncus tenuis Willd.

Zarte Binse *Juncaceae*
∗ P6 A6 G(3)

15–40 cm hoch. BLÜTENSTAND: **Blüten einzeln in meist ± lockerer Spirre**; TRAGBLÄTTER: **deutlich länger als der Blütenstand**. SPIRREN: ≥ 5-blütig. PERIGONBLÄTTER: **± so lang wie die Kapsel, spitz**. STAUBBEUTEL: deutlich kürzer als die Staubfäden. FRÜCHTE: eiförmig bis kurz zylindrisch, 3-fächrig. STÄNGEL: im QS rundlich, vor allem unten beblättert. BLÄTTER: **im QS zusammengerollt bis rinnig**. ÖHRCHEN: **abgerundet**. GRUNDBLÄTTER: weich.

- eingebürgerter Neophyt, urspr. aus Nordamerika
- planar bis montan
- Grünland, Ruderalvegetation, Trittfluren, Zier- bzw. Nutzpflanze

J F M A M J J A S O N D

Juncus balticus Willd.

Baltische Binse *Juncaceae*
∗ P6 A6 G(3) RL 1

30–80 cm hoch. BLÜTENSTAND: **(scheinbar) seitenständig, Blüten einzeln in meist ± lockerer Spirre**; TRAGBLÄTTER: **den Stängel fortsetzend**. SPIRREN: ≥ 12-blütig. ÄUSSERE PERIGONBLÄTTER: spitz. FRÜCHTE: eiförmig bis kurz zylindrisch, **distal abgerundet, meist mit aufgesetzter Spitze**, 3-fächrig. STÄNGEL: im QS rundlich, **glatt**, > 25-rippig, **Rippen sehr fein, mit (undeutlich) gekammertem Mark**. AUSLÄUFER: unterirdisch, **lang**, kaum verzweigt, **Stängel in einer Reihe angeordnet**. BLÄTTER: **im QS meist rundlich**. UNTERE BLATTSCHEIDEN: (hell-) bräunlich bis schwarz, **glänzend**.

- einheimisch
- planar
- trockenfallende Ufer, Moore u. Seggenriede, Dünentäler, Zier- bzw. Nutzpflanze
- an nährstoffarmen, sauren, feuchten bis nassen, zuweilen überfluteten, auch salzhaltigen Standorten

J F M A M J J A S O N D

Juncus conglomeratus L.

Knäuel-Binse *Juncaceae*
∗ P6 A3–6 G(3)

20–100 cm hoch. PFLANZEN: **horstförmig**. BLÜTENSTAND: **(scheinbar) seitenständig, Blüten einzeln in dichter köpfchenartiger Spirre**; TRAGBLÄTTER: **den Stängel fortsetzend, > 2-mal so lang wie der Blütenstand, Blattscheide deutlich aufgeblasen**. SPIRREN: ≥ 12-blütig. BLÜTENSTIELE: kurz bis fehlend. STAUBBLÄTTER: **meist 3**. FRÜCHTE: eiförmig bis kurz zylindrisch, 3-fächrig. STÄNGEL: im QS rundlich, **15–25-rippig, Rippen deutlich ausgebildet**, mit zusammenhängendem Mark, frischgrün, **matt**. AUSLÄUFER: kurz bis fehlend. BLÄTTER: **im QS meist rundlich**. UNTERE BLATTSCHEIDEN: **hellbraun bis rotbraun, matt**.

- einheimisch
- planar bis montan
- Moore u. Seggenriede, Extensivgrünland u. Magerrasen, Staudenfluren, Ruderalvegetation, Dünen

J F M A M J J A S O N D

Juncus effusus L.

Flatter-Binse *Juncaceae*
∗ P6 A3–6 G(3)

30–150 cm hoch. PFLANZEN: **horstförmig**. BLÜTENSTAND: **(scheinbar) seitenständig, Blüten einzeln in meist ± lockerer Spirre**; TRAGBLÄTTER: **den Stängel fortsetzend**. SPIRREN: ≥ 12-blütig. STAUBBLÄTTER: **meist 3**. FRÜCHTE: eiförmig bis kurz zylindrisch, **distal abgerundet *oder* ausgerandet**, 3-fächrig. STÄNGEL: im QS rundlich, **glatt**, > 25-rippig, **Rippen sehr fein**, mit zusammenhängendem Mark, frischgrün, **glänzend**. AUSLÄUFER: kurz bis fehlend. BLÄTTER: **im QS meist rundlich**. UNTERE BLATTSCHEIDEN: **hellbraun bis rotbraun, matt**.

- einheimisch
- planar bis montan
- Moore u. Seggenriede, Grünland, Staudenfluren, Gehölze, Ruderalvegetation, Zier- bzw. Nutzpflanze
- an sauren, feuchten bis nassen Standorten

J F M A **M J J A S** O N D

Juncus inflexus L.

Blaugrüne Binse *Juncaceae*
∗ P6 A6 G(3)

30–60 cm hoch. BLÜTENSTAND: **(scheinbar) seitenständig, Blüten einzeln in meist ± lockerer Spirre**; TRAGBLÄTTER: **den Stängel fortsetzend, > 2-mal so lang wie der Blütenstand**. SPIRREN: ≥ 12-blütig. FRÜCHTE: eiförmig bis kurz zylindrisch, **spitz**, 3-fächrig. STÄNGEL: im QS rundlich, **10–16-rippig, Rippen deutlich ausgebildet, mit gekammertem Mark, blau- bzw. graugrün**. AUSLÄUFER: kurz bis fehlend. BLÄTTER: **im QS meist rundlich**. UNTERE BLATTSCHEIDEN: **schwarz bis dunkelbraun, glänzend**.

- einheimisch
- planar bis montan
- Moore u. Seggenriede, Grünland, Gehölze, Ruderalvegetation, Trittfluren, Zier- bzw. Nutzpflanze
- an basenreichen, feuchten bis nassen, zuweilen überfluteten, auch salzhaltigen Standorten

J F M A **M J J A S** O N D

Juncus jacquinii L.

Jacquins Binse *Juncaceae*
∗ P6 A6 G(3)

10–25 cm hoch. BLÜTENSTAND: **(scheinbar) seitenständig, Blüten in einer köpfchenartigen Spirre, mit dicht stehenden Blüten, Spirre gestielt**, (scheinbar) gestielt; TRAGBLÄTTER: **den Stängel fortsetzend**. SPIRREN: **4–15-blütig**. PERIGONBLÄTTER: **4–10 mm lang, länger als die Kapsel, spitz**. FRÜCHTE: 3-fächrig. STÄNGEL: im QS rundlich. BLÄTTER: **im QS meist rundlich**.

- einheimisch
- subalpin bis alpin
- Extensivgrünland u. Magerrasen, Schutt- u. Felsfluren
- an nährstoffarmen, sauren Standorten

J F M A M **J J A S O** N D

> *Luzula*: grasartig. BLÜTEN: einzeln *oder* in Knäueln, in rispen- bzw. spirrenartigem Gesamtblütenstand. FRÜCHTE: Spaltkapseln, 3-samig, 1-fächrig. SAMEN: mit Elaiosom. BLÄTTER: wechselständig, meist 3-zeilig angeordnet, im Querschnitt flach ausgebreitet bis rinnig, zumindest an der Blattbasis behaart, mit geschlossener Blattscheide.

Luzula alpinopilosa (Chaix) Breistr.

Braunblütige Hainsimse *Juncaceae*
∗ P6 A6 G(3)

10–50 cm hoch. BLÜTENSTAND: **Blüten in wenigblütigen Köpfchen, die in einer mehrfach verzweigten Rispe stehen**, oft überhängend; TRAGBLÄTTER: **kürzer als die Rispe**. KÖPFCHEN: 2–6-blütig. PERIGONBLÄTTER: bräunlich, 2–3 mm lang. SAMEN: 1,1–1,5 mm lang. ELAIOSOM: < 0,3 mm lang. BLÄTTER: **am Rand kahl bis spärlich bewimpert**. GRUNDBLÄTTER: **1–8 mm breit**.

- einheimisch
- subalpin bis alpin
- Extensivgrünland u. Magerrasen, Schutt- u. Felsfluren, Schneetälchen

J F M A **M J J A** S O N D

Luzula desvauxii Kunth

Desvaux Hainsimse *Juncaceae*
∗ P6 A6 G(3) RL R

30–60 cm hoch. Blütenstand: **Blüten in wenigblütigen Köpfchen, die in einer mehrfach verzweigten Rispe stehen**, aufrecht; Tragblätter: **kürzer als die Rispe**. Köpfchen: 2–6-blütig. Perigonblätter: bräunlich, 1–3 mm lang. Früchte: ± eiförmig. Samen: 0,8–1,2 mm lang. Elaiosom: < 0,3 mm lang. Blätter: **am Rand kahl bis spärlich bewimpert**. Grundblätter: **4–8 mm breit**.

- einheimisch
- subalpin
- Staudenfluren, Gehölze, Schutt- u. Felsfluren, Schneetälchen

J F M A **M J J** A S O N D

Luzula glabrata (Hoppe) Desv.

Kahle Hainsimse *Juncaceae*
∗ P6 A6 G(3) RL R

15–30 cm hoch. Blütenstand: **Blüten in wenigblütigen Köpfchen, die in einer mehrfach verzweigten Rispe stehen**, aufrecht; Tragblätter: **kürzer als die Rispe**. Köpfchen: 2–6-blütig. Perigonblätter: bräunlich, 3–4 mm lang. Früchte: ± kugelig, zuweilen mit aufgesetzter Spitze. Samen: 1–2 mm lang. Elaiosom: < 0,3 mm lang. Blätter: **am Rand kahl bis spärlich bewimpert**. Grundblätter: **6–10 mm breit**.

- einheimisch
- subalpin bis alpin
- Extensivgrünland u. Magerrasen, Schutt- u. Felsfluren
- an basenreichen Standorten

J F M A **M J J** A S O N D

Luzula luzuloides (Lam.) Dandy & Wilmott

Schmalblättrige Hainsimse *Juncaceae*
∗ P6 A6 G(3)

30–80 cm hoch. Blütenstand: **Blüten in wenigblütigen Köpfchen, die in einer mehrfach verzweigten Rispe stehen**; Tragblätter: **mindestens so lang wie die Rispe**. Köpfchen: 2–12-blütig, **Blüten dicht stehend**. Perigonblätter: 2–4 mm lang, **± so lang wie die Kapsel**. Samen: 1–1,4 mm lang. Elaiosom: < 0,3 mm lang. Ausläufer: unterirdisch. Grundblätter: **3–6 mm breit**.

subsp. *luzuloides* (Schmalblättrige Hainsimse): Blüten: schmutzig weiß. Perigonblätter: meist 2–3 mm lang. Früchte: (hell-) braun. Ausläufer: ± 5 cm lang.
subsp. *rubella* (Kupferfarbene Schmalblättrige Hainsimse): Blüten: bräunlich bis rötlich. Perigonblätter: meist 3–4 mm lang. Früchte: dunkelbraun. Ausläufer: 3–4 cm lang.

- einheimisch
- planar bis montan
- Grünland, Staudenfluren, Gehölze, Wälder, Zier- bzw. Nutzpflanze
- an sauren Standorten

J F M A **M J J A** S O N D

Luzula nivea (Nathh.) DC.

Schneeweiße Hainsimse *Juncaceae*
∗ P6 A6 G(3) RL 3

40–100 cm hoch. Blütenstand: **Blüten in Köpfchen, die in einer mehrfach verzweigten Rispe stehen**; Tragblätter: **mindestens so lang wie die Rispe**. Köpfchen: 6–25-blütig, **Blüten dicht stehend**. Perigonblätter: **reinweiß, zuweilen mit grünlichem Mittelnerv**, 4–6 mm lang, **± 2-mal so lang wie die Kapsel**. Samen: 1,2–1,8 mm lang. Elaiosom: < 0,3 mm lang. Ausläufer: unterirdisch, lang.

- einheimisch
- collin bis montan
- Wälder, Zier- bzw. Nutzpflanze
- an sauren Standorten

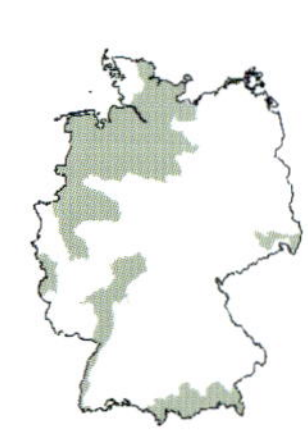

J F M A **M J J A** S O N D

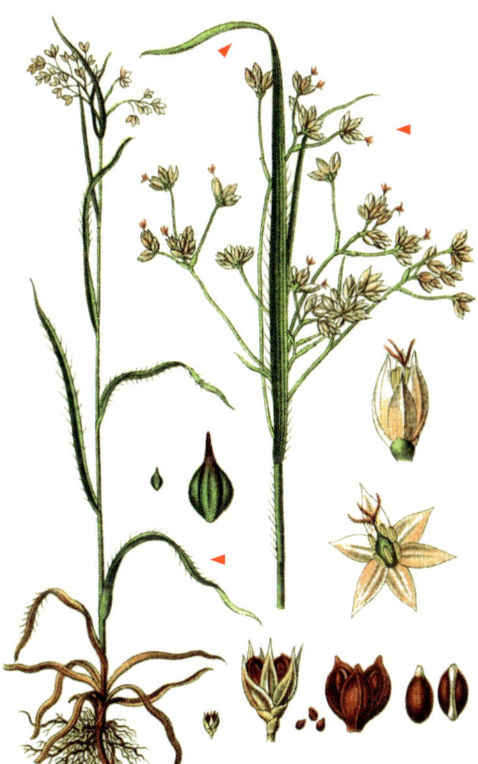

Luzula sylvatica (Huds.) Gaudin

Wald-Hainsimse *Juncaceae*
∗ P6 A6 G(3)

20–100 cm hoch. Blütenstand: **Blüten in wenigblütigen Köpfchen, die in einer mehrfach verzweigten Rispe stehen**; Tragblätter: **kürzer als die Rispe**. Köpfchen: 2–6-blütig. Perigonblätter: bräunlich. Samen: 1,2–2 mm lang. Elaiosom: < 0,3 mm lang. Blätter: am Rand dicht u. lang bewimpert. Grundblätter: **4–20 mm breit**.

subsp. *sylvatica* (Wald-Hainsimse): 30–100 cm hoch. Perigonblätter: innere ± so lang wie die Kapsel. Grundblätter: 8–20 mm breit.
subsp. *sieberi* (Siebers Wald-Hainsimse): in den Alpen, hochmontan bis subalpin. 20–60 cm hoch. Perigonblätter: innere länger als die Kapsel. Grundblätter: 4–8 mm breit.

- einheimisch
- collin bis subalpin
- Grünland, Zwergstrauchheiden, Staudenfluren, Gehölze, Wälder

J F M A M J J A S O N D

Luzula alpina Hoppe

Alpen-Hainsimse *Juncaceae*
∗ P6 A6 G(3)

10–40 cm hoch. Pflanzen: **horstförmig**. Blütenstand: **Blüten in dichten, kugeligen bis kurz-zylindrischen Köpfchen**, Köpfchen rispen- bis spirrenartig angeordnet, aufrecht. Köpfchen: **5–8 pro Stängel**, 6–15-blütig. Perigonblätter: meist hellbraun, 2–4 mm lang, **innere u. äußere ± gleich lang**, allmählich zugespitzt. Staubbeutel: **< 2,5-mal so lang wie die Staubfäden**. Früchte: 2–3,5 mm lang. Samen: **eiförmig-länglich**, 0,8–1,4 mm lang. Elaiosom: 0,3–0,4 mm lang. Grundblätter: **4–8 mm breit**.

- einheimisch
- subalpin bis alpin
- Extensivgrünland u. Magerrasen, Schutt- u. Felsfluren
- an sauren Standorten

J F M A M J J A S O N D

Luzula spicata (L.) DC.

Ähren-Hainsimse *Juncaceae*
∗ P6 A6 G(3)

Bis 30 cm hoch. Blütenstand: **Blüten in dichten, kugeligen bis kurz-zylindrischen Köpfchen**, Köpfchen rispen- bis spirrenartig angeordnet, oft überhängend; Tragblätter: **mit lang gewimperter Spreite**. Köpfchen: 6–12-blütig. Perigonblätter: bräunlich, 2–3 mm lang. Früchte: 1–3 mm lang. Samen: 1–1,2 mm lang. Elaiosom: < 0,3 mm lang. Grundblätter: **1–3 mm breit, rinnig bis gefaltet**.

subsp. *spicata* (Ähren-Hainsimse): 10–30 cm hoch. Staubfäden: meist 0,5–0,8 mm lang. Früchte: 2–2,6 mm lang.
subsp. *conglomerata* (Geknäuelte Ähren-Hainsimse): bis 15 cm hoch. Staubfäden: 0,3–0,6 mm lang. Früchte: 1,5–2 mm lang.

- einheimisch
- subalpin bis alpin
- Extensivgrünland u. Magerrasen, Schutt- u. Felsfluren
- an nährstoffarmen Standorten

J F M A M J J A S O N D

Luzula campestris (L.) DC.

Gewöhnliche Hainsimse *Juncaceae*
∗ P6 A6 G(3)

10–40 cm hoch. Pflanzen: **lockerrasig**. Blütenstand: **Blüten in dichten, kugeligen bis kurz-zylindrischen Köpfchen**, Köpfchen rispen- bis spirrenartig angeordnet, zuweilen überhängend. Köpfchen: **3–6 pro Stängel**, 6–12-blütig, **± kugelig**. Perigonblätter: bräunlich-rötlich, 3–4 mm lang, **innere u. äußere ± gleich lang**. Staubbeutel: **> 2-mal so lang wie die Staubfäden**. Samen: **± kugelig**, 0,8–1,2 mm lang. Elaiosom: 0,4–0,8 mm lang. Ausläufer: lang. Grundblätter: **2–6 mm breit**, ± flach ausgebreitet.

- einheimisch
- planar bis montan
- Extensivgrünland u. Magerrasen, Zwergstrauchheiden, Zier- bzw. Nutzpflanze
- meist an nährstoffarmen, sauren Standorten

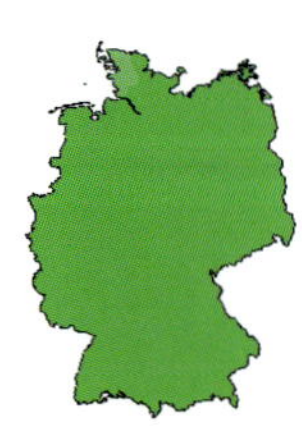

J F M A M J J A S O N D

Luzula congesta (Thuill.) Lej.

Gedrängte Hainsimse *Juncaceae*
∗ P6 A6 G(3) RL 3

20–60 cm hoch. PFLANZEN: **dichtrasig**. BLÜTENSTAND: **Blüten in dichten, kugeligen bis kurzzylindrischen Köpfchen**, Köpfchen rispen- bis spirrenartig angeordnet, aufrecht. KÖPFCHEN: **5–8 pro Stängel**, 6–12-blütig, **eiförmig-länglich**. PERIGONBLÄTTER: rötlich bis bräunlich, 3–5 mm lang, **innere etwas kürzer als die äußeren**, allmählich zugespitzt. STAUBBEUTEL: **< 2,5-mal so lang wie die Staubfäden**. FRÜCHTE: 2–3,5 mm lang. SAMEN: **eiförmig-länglich**, 1–1,8 mm lang. ELAIOSOM: 0,3–0,4 mm lang. GRUNDBLÄTTER: **2–5 mm breit.**

- einheimisch
- planar bis montan
- Extensivgrünland u. Magerrasen, Gehölze
- an nährstoffarmen, sauren Standorten

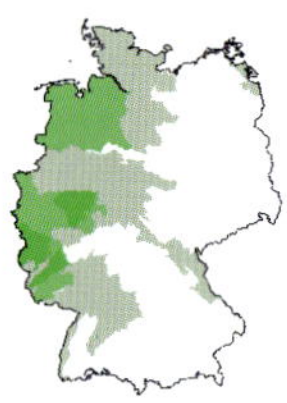

J **F M A M J** J A S O N D

Luzula divulgata Kirschner

Trockenwald-Hainsimse *Juncaceae*
∗ P6 A6 G(3)

10–40 cm hoch. PFLANZEN: **dichtrasig**. BLÜTENSTAND: **Blüten in dichten, kugeligen bis kurz-zylindrischen Köpfchen**, Köpfchen rispen- bis spirrenartig angeordnet, aufrecht. KÖPFCHEN: **3–6 pro Stängel**, 6–12-blütig, **± kugelig**. PERIGONBLÄTTER: braun bis dunkelbraun, 2–3 mm lang, **innere u. äußere ± gleich lang**. STAUBBEUTEL: **> 2-mal so lang wie die Staubfäden**. SAMEN: **± kugelig**, 0,8–1,2 mm lang. ELAIOSOM: 0,4–0,8 mm lang. GRUNDBLÄTTER: **2–5 mm breit**, ± flach ausgebreitet.

- einheimisch
- planar bis montan
- Staudenfluren, Wälder
- an nährstoffarmen, sauren, trockenen Standorten

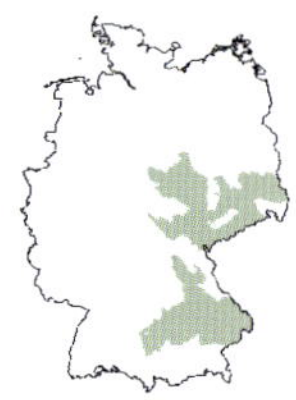

J **F M A M J** J A S O N D

Luzula multiflora (Ehrh.) Lej.

Vielblütige Hainsimse *Juncaceae*
∗ P6 A6 G(3)

15–40 cm hoch. PFLANZEN: dichtrasig. BLÜTENSTAND: **Blüten in dichten, kugeligen bis kurzzylindrischen Köpfchen**, Köpfchen rispen- bis spirrenartig angeordnet, zuweilen überhängend. KÖPFCHEN: **5–12 pro Stängel**, 6–20-blütig, **eiförmig-länglich**. PERIGONBLÄTTER: gelbbraun bis hellbraun, 2–4 mm lang, **innere u. äußere ± gleich lang**. STAUBBEUTEL: **< 2,5-mal so lang wie die Staubfäden**. FRÜCHTE: 2–3,5 mm lang. SAMEN: **eiförmig-länglich**, 0,8–1,4 mm lang. ELAIOSOM: 0,3–0,4 mm lang. GRUNDBLÄTTER: **3–5 mm breit**.

- einheimisch
- planar bis alpin
- Extensivgrünland u. Magerrasen, Zwergstrauchheiden, Zier- bzw. Nutzpflanze
- meist an sauren Standorten

J F **M A M J J A S** O N D

Luzula pallescens Sw.

Bleiche Hainsimse *Juncaceae*
∗ P6 A6 G(3) RL 2

10–30 cm hoch. PFLANZEN: dichtrasig. BLÜTENSTAND: **Blüten in dichten, kugeligen bis kurz-zylindrischen Köpfchen**, Köpfchen rispen- bis spirrenartig angeordnet, aufrecht. KÖPFCHEN: **5–12 pro Stängel**, 6–20-blütig. PERIGONBLÄTTER: gelblichgrünlich o. hellbraun, 1–3 mm lang, **innere meist etwas kürzer o. anders geformt als die äußeren**. STAUBBEUTEL: **< 2,5-mal so lang wie die Staubfäden**. FRÜCHTE: 1,5–2,2 mm lang. SAMEN: **kugelig bis kurz eiförmig**, 0,5–0,8 mm lang. ELAIOSOM: 0,2–0,3 mm lang. GRUNDBLÄTTER: **2–5 mm breit**.

- einheimisch
- planar bis montan
- Extensivgrünland u. Magerrasen, Zwergstrauchheiden, Ruderalvegetation
- an nährstoffarmen, sauren Standorten

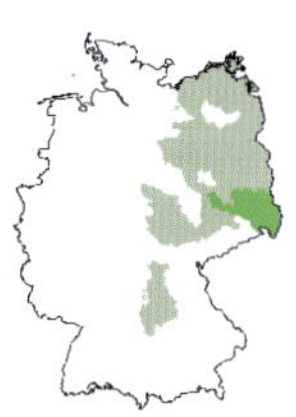

J F M A **M J J A S** O N D

Luzula sudetica (Willd.) Schult.

Sudeten-Hainsimse *Juncaceae*
∗ P6 A6 G(3) RL 3

10–40 cm hoch. Pflanzen: dichtrasig. Blütenstand: **Blüten in dichten, kugeligen bis kurzzylindrischen Köpfchen**, Köpfchen rispen- bis spirrenartig angeordnet, aufrecht. Köpfchen: **2–6 pro Stängel**, 6–15-blütig. Perigonblätter: bräunlich bis schwarz, 1–3 mm lang, **innere meist etwas kürzer o. anders geformt als die äußeren**. Staubbeutel: **< 2,5-mal so lang wie die Staubfäden**. Früchte: 1,5–2,2 mm lang. Samen: **± kugelig**, 0,8–1,2 mm lang. Elaiosom: 0,1–0,2 mm lang. Grundblätter: **2–4 mm breit.**

- einheimisch
- montan bis alpin
- Moore u. Seggenriede, Extensivgrünland u. Magerrasen, Zwergstrauchheiden
- an nährstoffarmen, sauren Standorten

J F M A **M J J A S** O N D

Luzula forsteri (Sm.) DC.

Forsters Hainsimse *Juncaceae*
∗ P6 A6 G(3)

15–30 cm hoch. Pflanzen: **horstförmig**. Blütenstand: **Blüten einzeln in einer wenig verzweigten kurzen Rispe**. Perigonblätter: bräunlich-rötlich, mit schmalem Hautrand. Samen: 1,2–1,8 mm lang. Elaiosom: **meist gerade**, 0,5–1 mm lang, **breiter als lang**. Blätter: **mit kurzer gelblicher Stachelspitze**. Grundblätter: **1–4 mm breit**. untere Blattscheiden: **rotbraun bis violett**.

- einheimisch
- planar bis collin
- Wälder
- an nährstoffarmen Standorten

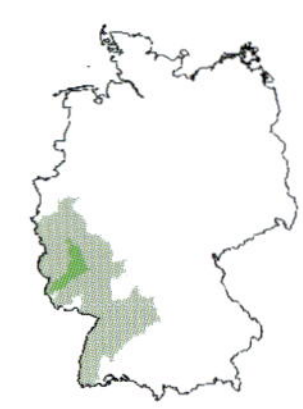

J F **M A M J** J A S O N D

Luzula luzulina (Vill.) Racib.

Gelbliche Hainsimse *Juncaceae*
∗ P6 A6 G(3)

10–25 cm hoch. Pflanzen: rasig wachsend. Blütenstand: **Blüten einzeln in einer wenig verzweigten kurzen Rispe**. Perigonblätter: bräunlich bis gelblich, **mit breitem weißlichem Hautrand**. Samen: 1–1,8 mm lang. Elaiosom: **meist gebogen**, 1–2 mm lang, **länger als breit**. Ausläufer: unterirdisch, lang. Blätter: **mit kurzer gelblicher Stachelspitze**. Grundblätter: **1–4 mm breit**. untere Blattscheiden: **gelblich bis bräunlich**.

- einheimisch
- montan bis subalpin
- Zwergstrauchheiden, Wälder
- an nährstoffarmen Standorten

J F M A **M J J A** S O N D

Luzula pilosa (L.) Willd.

Haar-Hainsimse *Juncaceae*
∗ P6 A6 G(3)

15–30 cm hoch. Blütenstand: **Blüten einzeln in einer wenig verzweigten kurzen Rispe**. Perigonblätter: bräunlich-rötlich. Samen: 1–2 mm lang. Elaiosom: **meist gebogen**, 1–2 mm lang, **länger als breit**. Ausläufer: unterirdisch. Blätter: *ohne* Stachelspitze. Grundblätter: **5–12 mm breit**.

- einheimisch
- planar bis montan
- Wälder, Zier- bzw. Nutzpflanze

J F **M A M J** J A S O N D

Cyperus esculentus L.

Erdmandel *Cyperaceae*
∗ A3 G(3)

20–60 cm hoch. Pflanzen: mehrjährig. Blütenstand: mehrere Ährchen, diese in einer Traube o. Ähre angeordnet; Seitenäste: **bis 15 cm lang**. Ährchen: **gestielt**. Tragblätter der Blüten: **hellbraun**, Mittelnerv auffällig gefärbt. Blüten: 2-zeilig angeordnet. Staubblätter: **3**. Narben: 3. Ausläufer: **unterirdisch, am Ende knollig verdickt**.

- eingebürgerter Neophyt, urspr. aus dem Mittelmeergebiet o. Westasien
- planar bis montan
- Staudenfluren, Äcker, Ruderalvegetation, Zier- bzw. Nutzpflanze
- an sauren Standorten

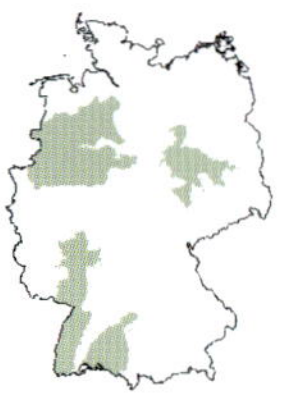

J F M A M **J J A S** O N D

Cyperus flavescens L.

Gelbliches Zypergras *Cyperaceae*
∗ A3 G(2) RL 1

Bis 30 cm hoch. Pflanzen: 1-jährig. Blütenstand: mehrere Ährchen, diese in einer Traube o. Ähre angeordnet; Seitenäste: **< 5 cm lang**. Ährchen: **sitzend o. kurz gestielt, 5–12 mm lang**. Tragblätter der Blüten: **hellbraun**, Mittelnerv auffällig gefärbt. Blüten: 2-zeilig angeordnet. Staubblätter: **3**. Narben: **2**. Früchte: **im QS stumpf-3-kantig bis rundlich**. Stängel: **im QS stumpf 3-kantig**. Ausläufer: fehlend.

- einheimisch
- planar bis montan
- trockenfallende Ufer, Zier- bzw. Nutzpflanze
- an nassen, zuweilen überfluteten Standorten

J F M A M **J J A S O** N D

Cyperus fuscus L.

Braunes Zypergras *Cyperaceae*
∗ A2 G(3) RL 3

Bis 25 cm hoch. Pflanzen: 1-jährig. Blütenstand: mehrere Ährchen, diese in einer Traube o. Ähre angeordnet; Seitenäste: **< 5 cm lang**. Ährchen: **sitzend o. kurz gestielt**. Tragblätter der Blüten: **rotbraun bis schwarz**, Mittelnerv auffällig gefärbt. Blüten: 2-zeilig angeordnet. Staubblätter: **2**. Narben: 3. Früchte: **im QS scharf 3-kantig**. Stängel: **im QS scharf 3-kantig**. Ausläufer: fehlend.

- einheimisch
- planar bis montan
- trockenfallende Ufer
- an nassen, zuweilen überfluteten Standorten

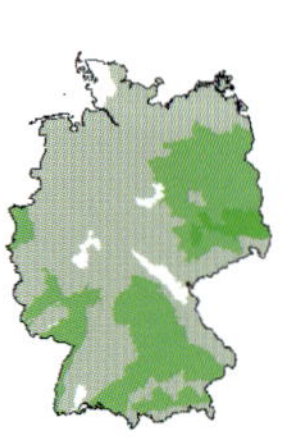

J F M A **M J J A S O** N D

Cyperus longus L.

Kastanienbraunes Zypergras *Cyperaceae*
∗ A3 G(3) RL 1

20–120 cm hoch. Pflanzen: mehrjährig. Blütenstand: mehrere Ährchen, diese in einer Traube o. Ähre angeordnet; Seitenäste: **bis 30 cm lang**. Ährchen: **gestielt**. Tragblätter der Blüten: **rotbraun bis schwarz**, Mittelnerv auffällig gefärbt. Blüten: 2-zeilig angeordnet. Narben: 3. Ausläufer: **unterirdisch, 3–10 mm** ⌀.

- einheimisch
- planar bis collin
- Gewässer, Moore u. Seggenriede, Grünland, Zier- bzw. Nutzpflanze
- an nassen, zuweilen überfluteten Standorten

J F M A M **J J A S O** N D

Cyperus michelianus (L.) Link

Zwerg-Zypergras *Cyperaceae*
∗ A3 G(2–3) RL 1

Bis 10 cm hoch. PFLANZEN: 1-jährig. BLÜTENSTAND: mehrere Ährchen, diese in einer Traube o. Ähre angeordnet; SEITENÄSTE: **< 5 cm lang**. ÄHRCHEN: **sitzend o. kurz gestielt, 3–5 mm lang**. TRAGBLÄTTER DER BLÜTEN: **weißlich bis hellbraun**, Mittelnerv auffällig gefärbt. BLÜTEN: ≥ 3-zeilig angeordnet. NARBEN: 2–3. AUSLÄUFER: fehlend.

- einheimisch
- planar bis collin
- trockenfallende Ufer
- an basenreichen, feuchten bis nassen, zuweilen überfluteten Standorten

J F M A M **J J A S O** N D

Isolepis fluitans (L.) R. Br.

Flutende Schuppensimse *Cyperaceae*
∗ A2–3 G(2) RL 2

Wasser- o. Sumpfpflanze, 15–30 cm hoch. PFLANZEN: **mit im Wasser flutenden Stängeln**. BLÜTENSTAND: **endständig, 1 o. mehrere Ährchen, Ährchenstiele viel länger als die Ährchen**. ÄHRCHEN: 3–5 mm lang. TRAGBLÄTTER DER BLÜTEN: weißlich bis hellbraun, Mittelnerv auffällig gefärbt. STAUBBLÄTTER: 2–3. NARBEN: **2**. AUSLÄUFER: oberirdisch, einwurzelnd. OBERE STÄNGELBLÄTTER: mit deutlich entwickelter Spreite.

- einheimisch
- planar
- Gewässer, trockenfallende Ufer, Zier- bzw. Nutzpflanze
- an nährstoffarmen, sauren, nassen, zuweilen trockenfallenden Standorten

J F M A M **J J A S** O N D

Isolepis setacea (L.) R. Br.

Borstige Schuppensimse *Cyperaceae*
∗ A2–3 G(3) RL V

Bis 10 cm hoch. PFLANZEN: **horstförmig, Stängel ± aufrecht**. BLÜTENSTAND: **scheinbar seitenständig, mehrere Ährchen, Ährchen ± sitzend, in ovalen dichtblütigen Köpfchen**. ÄHRCHEN: 1–4, 2–5 mm lang. TRAGBLÄTTER DER BLÜTEN: bräunlich, Mittelnerv auffällig gefärbt. STAUBBLÄTTER: 2–3. NARBEN: **3**. AUSLÄUFER: unterirdisch. OBERE STÄNGELBLÄTTER: mit deutlich entwickelter Spreite.

- einheimisch
- planar bis montan
- trockenfallende Ufer, Grünland, Ruderalvegetation
- an nassen, zuweilen überfluteten Standorten

J F M A M **J J A S O** N D

Scirpoides holoschoenus (L.) Soják

Gewöhnliche Kugelsimse *Cyperaceae*
∗ A3 G(3) RL 2

30–160 cm hoch. BLÜTENSTAND: mehrere Ährchen, diese in kugeligen, dichtblütigen Köpfchen. KÖPFCHEN: **meist 2–5 (selten bis 20), 1 sitzend, die übrigen gestielt**.

- einheimisch
- planar bis collin
- Grünland, Trittfluren, Zier- bzw. Nutzpflanze
- an nährstoffreichen, basenreichen, wechselfeuchten bis nassen Standorten

J F M A **M J J A S** O N D

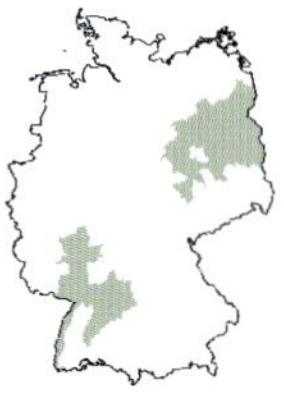

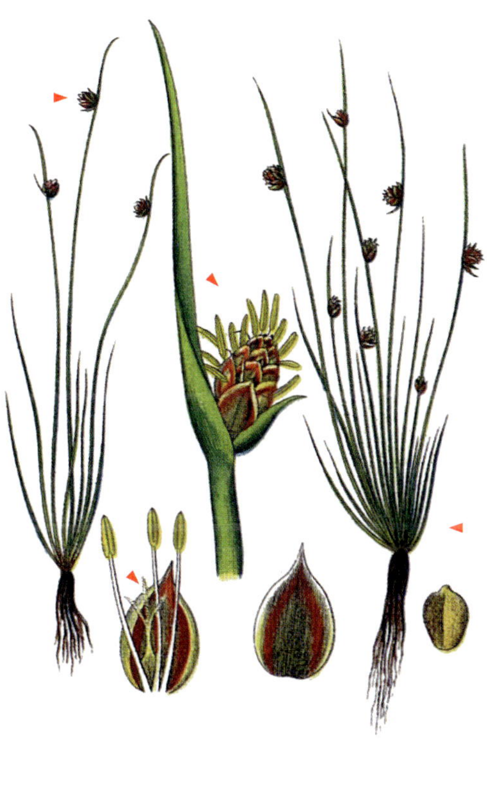

Bolboschoenus maritimus agg.

Gewöhnliche Strandsimse *Cyperaceae*
∗ A3 G(2–3)

30–160 cm hoch. Blütenstand: mehrere Ährchen, diese in einer einfachen, zuweilen kopfigen Spirre angeordnet; Tragblätter: **viel länger als der Blütenstand**. Ährchen: **10–20 mm lang**. Tragblätter der Blüten: 6–8 mm lang. Früchte: geschnäbelt, 2,5–3,5 mm lang. Stängel: **mit Laubblättern**.

In Deutschland kommen 4 Arten der Artengruppe *Bolboschoenus maritimus* agg. vor: *B. maritimus*, *B. laticarpus*, *B. planiculmis* und *B. yagara* (vgl. S. 1422).

- einheimisch
- planar bis collin
- Gewässer, trockenfallende Ufer, Röhrichte, Moore u. Seggenriede, Ruderalvegetation, Salzwiesen, Zier- bzw. Nutzpflanze
- an feuchten bis nassen, oft salzhaltigen Standorten

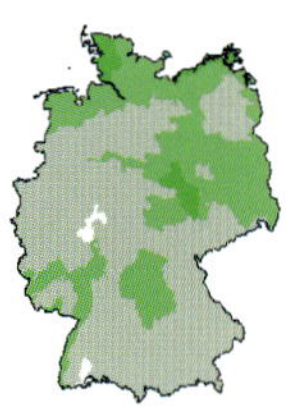

J F M **A M J J A S O** N D

Schoenoplectus lacustris (L.) Palla

Gewöhnliche Teichsimse *Cyperaceae*
∗ A3 G(2–3)

Pflanzen: horstförmig. Blütenstand: **mehrere Ährchen, diese meist zu 2–3 genähert in gestielten Köpfchen**. Ährchen: 5–12 mm lang. Perigonborsten: **4–6, ± so lang wie die Frucht**. Früchte: glatt bis schwach warzig. Stängel: **im QS oben rundlich**, Laubblätter ± grundständig o. reduziert. Ausläufer: **unterirdisch**.

subsp. *lacustris* (Gewöhnliche Teichsimse): 1–3 m hoch. Tragblätter der Blüten: auf der Fläche glatt, allenfalls auf dem Mittelnerv mit wenigen Warzen. Narben: 3. Früchte: 2,5–3 mm lang. Stängel: < 10 mm ⌀, frischgrün. **subsp. *glaucus*** (Salz-Teichsimse): auch an salzhaltigen Standorten. 0,5–1,5 m hoch. Tragblätter der Blüten: auf der Fläche mit zahlreichen dunklen Warzen. Narben: 2. Früchte: 2–2,5 mm lang. Stängel: bis 15 mm ⌀, blau- bzw. graugrün.

- einheimisch
- planar bis montan
- Gewässer, Röhrichte, Zier- bzw. Nutzpflanze
- an dauerhaft überfluteten bis zuweilen trockenfallenden, auch salzhaltigen Standorten

J F M **A M J J A** S O N D

Schoenoplectus mucronatus (L.) Palla

Stachelspitzige Teichsimse *Cyperaceae*
∗ A3 G(3) RL 1

50–100 cm hoch. Pflanzen: horstförmig. Blütenstand: **mehrere Ährchen, diese genähert, in eiförmigen bis kugeligen, dichtblütigen Köpfchen**, mit 1–2 Seitenästen; Seitenäste: < 2-mal so lang wie die Ährchen. Ährchen: 5–12 mm lang. Perigonborsten: **6, ± so lang wie die Frucht**. Narben: **3**. Früchte: deutlich runzelig-warzig. Stängel: im QS oben 3-kantig, 5–20 mm ⌀, Laubblätter ± grundständig o. reduziert. Ausläufer: **fehlend**.

- einheimisch
- planar bis montan
- Gewässer, trockenfallende Ufer, Röhrichte, Moore u. Seggenriede
- an nährstoffreichen, nassen, zuweilen trockenfallenden Standorten

J F M A M J **J A S O** N D

Schoenoplectus pungens (Vahl) Palla

Amerikanische Teichsimse *Cyperaceae*
∗ A3 G(2) RL 1

30–60 cm hoch. Pflanzen: horstförmig. Blütenstand: **mehrere Ährchen, diese genähert, in eiförmigen bis kugeligen, dichtblütigen Köpfchen**, mit 1–2 Seitenästen; Seitenäste: < 2-mal so lang wie die Ährchen. Ährchen: 5–12 mm lang. untere Ährchen: sitzend bis kurz gestielt. Perigonborsten: **≤ 6**, zuweilen fehlend, **viel kürzer als die Frucht**, distal *nicht* spatelförmig verbreitert. Narben: **2**. Früchte: glatt bis schwach warzig. Stängel: im QS oben 3-kantig, 5–20 mm ⌀, **mit 2–3 Laubblättern**. Ausläufer: **unterirdisch**. Blätter: 3–20 cm lang.

- einheimisch
- planar bis collin
- Gewässer, trockenfallende Ufer, Röhrichte, Salzwiesen, Zier- bzw. Nutzpflanze
- an nassen, zuweilen trockenfallenden, meist salzhaltigen Standorten

J F M A M **J J A** S O N D

Schoenoplectus supinus (L.) Palla

Liegende Teichsimse *Cyperaceae*
∗ A3 G(2–3) RL 2

Bis 15 cm hoch. Pflanzen: horstförmig. Blütenstand: **mehrere Ährchen, diese genähert, in eiförmigen bis kugeligen, dichtblütigen Köpfchen**, mit 1–2 Seitenästen; Seitenäste: < 2-mal so lang wie die Ährchen. Ährchen: 5–12 mm lang. Perigonborsten: meist fehlend u. viel kürzer als die Frucht. Narben: 2–3. Früchte: deutlich runzelig-warzig. Stängel: **0,5–1,5 mm ⌀**, Laubblätter ± grundständig o. reduziert. Ausläufer: **fehlend**.

- einheimisch
- planar bis collin
- trockenfallende Ufer, Zier- bzw. Nutzpflanze
- an basenreichen, feuchten bis nassen, zuweilen überfluteten Standorten

J F M A M J J A S O N D

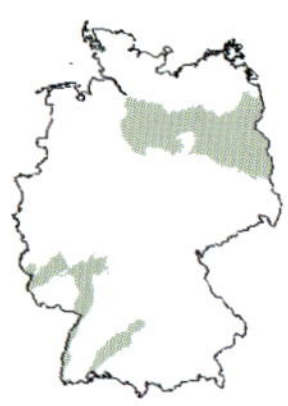

Schoenoplectus triqueter (L.) Palla

Dreikant-Teichsimse *Cyperaceae*
∗ A3 G(2) RL 2

50–150 cm hoch. Pflanzen: horstförmig. Blütenstand: **mehrere Ährchen, diese genähert, in eiförmigen bis kugeligen, dichtblütigen Köpfchen**, mit 1–5 Seitenästen; Seitenäste: < 2-mal so lang wie die Ährchen. Ährchen: 5–10 mm lang. Perigonborsten: **4–6, ± so lang wie die Frucht**, distal *nicht* spatelförmig verbreitert. Narben: **2**. Früchte: glatt bis schwach warzig. Stängel: im QS oben 3-kantig, 5–20 mm ⌀, Laubblätter ± grundständig o. reduziert, **mit 1–3 Laubblättern**. Ausläufer: **unterirdisch**. Blätter: 2–6 cm lang.

- einheimisch
- planar bis collin
- Gewässer, trockenfallende Ufer, Röhrichte, Salzwiesen, Zier- bzw. Nutzpflanze
- an nassen, zuweilen trockenfallenden, oft salzhaltigen Standorten

J F M A M J J A S O N D

Eleocharis acicularis (L.) Roem. & Schult.

Nadel-Sumpfsimse *Cyperaceae*
∗ A3 G(3) RL V

Bis 10 cm hoch. Pflanzen: horstförmig. Blütenstand: 1 endständiges Ährchen. Ährchen: **4–11-blütig**, **2–4 mm lang**. Perigonborsten: meist 4–6. Narben: **3**. Früchte: **0,8–1,2 mm lang, mit Längsrippen**. Stängel: **im QS 4-kantig, 0,3–0,5 mm ⌀**. Obere Stängelblätter: *ohne* o. mit kurzer Spreite.

- einheimisch
- planar bis montan
- Gewässer, trockenfallende Ufer, Zier- bzw. Nutzpflanze
- an nährstoffarmen, nassen, zuweilen trockenfallenden Standorten

J F M A M J J A S O N D

Eleocharis mamillata (H. Lindb.) H. Lindb.

Zitzen-Sumpfsimse *Cyperaceae*
∗ A3 G(2)

15–40 cm hoch. Blütenstand: 1 endständiges Ährchen. Tragblätter der Ährchen: spelzenartig, den Stängel zu 50–75 % umfassend. Ährchen: **20–30-blütig**, **5–15 mm lang**, **die beiden untersten Hüllspelzen** ***ohne*** **Blütchen**. Tragblätter der Blüten: **zur Fruchtzeit abgefallen**. Perigonborsten: **die Basis des Griffels** ***nicht*** **überragend**. Griffel: **allmählich in den Fruchtknoten übergehend**. Narben: **2**. Früchte: **1,2–1,5 mm lang**. Stängel: **2–5 mm ⌀**, **frischgrün**. Obere Stängelblätter: *ohne* o. mit kurzer Spreite.

Im Gebiet kommen 2 Unterarten vor: subsp. *mamillata* und subsp. *austriaca* (vgl. S. 1422).

- einheimisch
- collin bis montan
- Gewässer, Moore u. Seggenriede
- an nährstoffarmen, nassen, zuweilen trockenfallenden Standorten

J F M A M J J A S O N D

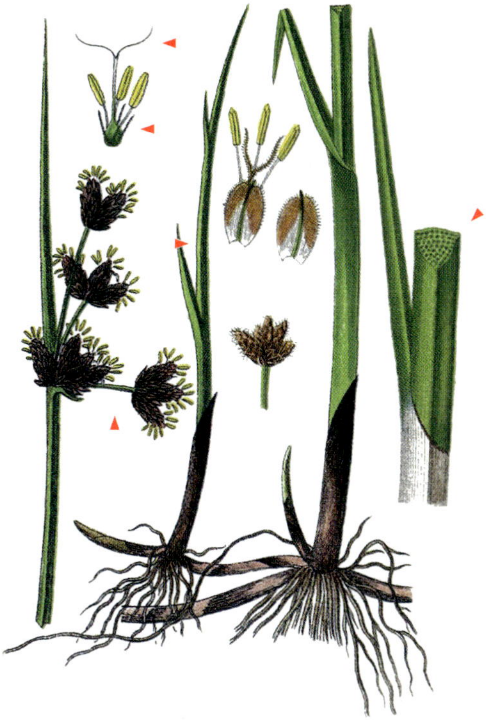

Eleocharis multicaulis (Sm.) Desv.

Vielstänglige Sumpfsimse *Cyperaceae*
∗ A3 G(3) RL 2

15–50 cm hoch. PFLANZEN: horstförmig. BLÜTENSTAND: 1 endständiges Ährchen. ÄHRCHEN: **15–35-blütig**, **4–13 mm lang**. PERIGONBORSTEN: 4–6. NARBEN: **3**. FRÜCHTE: **1,2–1,5 mm lang**. STÄNGEL: 0,5–1,5 mm ⌀. OBERE STÄNGELBLÄTTER: *ohne* o. mit kurzer Spreite.

- einheimisch
- planar
- Gewässer, trockenfallende Ufer, Moore u. Seggenriede, Dünentäler
- an nährstoffarmen, nassen, zuweilen trockenfallenden, auch salzhaltigen Standorten

J F M A **M J J A** S O N D

Eleocharis ovata (Roth) Roem. & Schult.

Ei-Sumpfsimse *Cyperaceae*
∗ A3 G(2) RL 3

Bis 50 cm hoch. PFLANZEN: horstförmig. BLÜTENSTAND: 1 endständiges Ährchen. ÄHRCHEN: **20–30-blütig**, **2–8 mm lang**. PERIGONBORSTEN: meist 6–8. NARBEN: **2**. FRÜCHTE: **0,8–1,2 mm lang**. STÄNGEL: 0,5–2 mm ⌀. OBERE STÄNGELBLÄTTER: *ohne* o. mit kurzer Spreite.

- einheimisch
- planar bis montan
- trockenfallende Ufer, Moore u. Seggenriede
- an feuchten bis nassen, zuweilen überfluteten Standorten

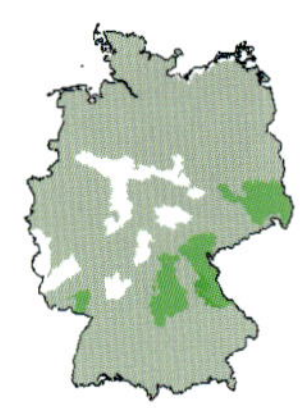

J F M A M **J J A S O** N D

Eleocharis palustris (L.) R. Br.

Echte Sumpfsimse *Cyperaceae*
∗ A3 G(2)

10–50 cm hoch. BLÜTENSTAND: 1 endständiges Ährchen. TRAGBLÄTTER DER ÄHRCHEN: spelzenartig, den Stängel zu 50–75 % umfassend. ÄHRCHEN: **20–40-blütig**, **5–20 mm lang**, **die beiden untersten Hüllspelzen *ohne* Blütchen**. TRAGBLÄTTER DER BLÜTEN: **zur Fruchtzeit vorhanden**, Mittelnerv meist auffällig gefärbt. PERIGONBORSTEN: meist 4, zuweilen fehlend, **die Basis des Griffels *nicht* überragend**. GRIFFEL: **basal eingeschnürt**. NARBEN: **2**. FRÜCHTE: **1,2–2 mm lang**. STÄNGEL: **2–5 mm** ⌀, **mit > 16 Leitbündeln, blau- bzw. graugrün**. OBERE STÄNGELBLÄTTER: *ohne* o. mit kurzer Spreite.

- einheimisch
- planar bis montan
- Gewässer, Röhrichte, Moore u. Seggenriede, Zier- bzw. Nutzpflanze
- an nassen, zuweilen trockenfallenden Standorten

J F M **A M J J A S** O N D

Eleocharis parvula (Roem. & Schult.) Bluff & al.

Kleine Sumpfsimse *Cyperaceae*
∗ A3 G(3) RL 2

Bis 10 cm hoch. PFLANZEN: **rasig wachsend**. BLÜTENSTAND: 1 endständiges Ährchen. ÄHRCHEN: **3–5-blütig**, **2–3 mm lang**. PERIGONBORSTEN: meist 4. NARBEN: **3**. FRÜCHTE: **0,8–1,2 mm lang**. STÄNGEL: **im QS rundlich**, 0,5–1,5 mm ⌀. AUSLÄUFER: **am Ende knotig verdickt**. OBERE STÄNGELBLÄTTER: *ohne* o. mit kurzer Spreite.

- einheimisch
- planar
- Gewässer, Salzwiesen, Zier- bzw. Nutzpflanze
- an nassen, zuweilen trockenfallenden, meist salzhaltigen Standorten

J F M A **M J J A S O** N D

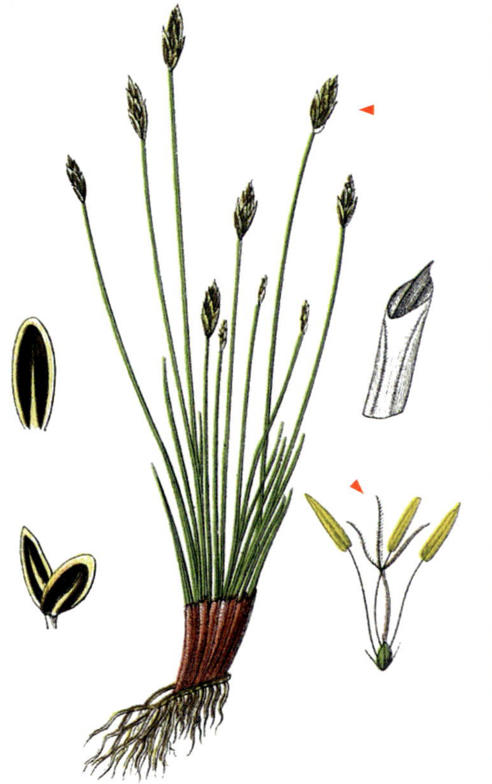

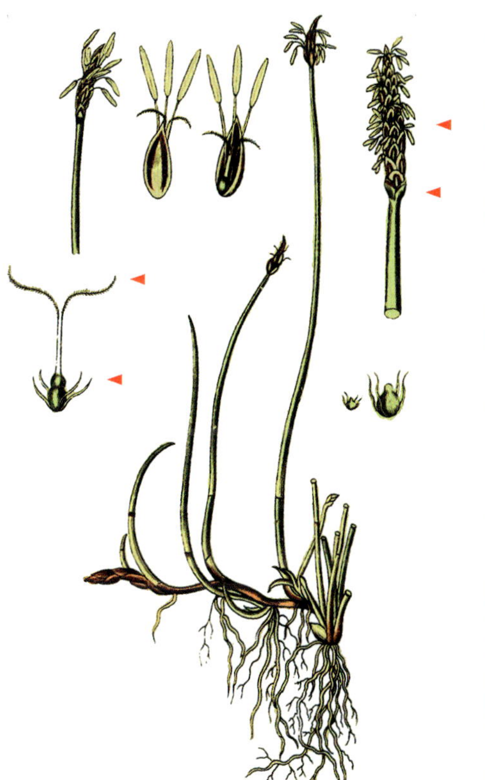

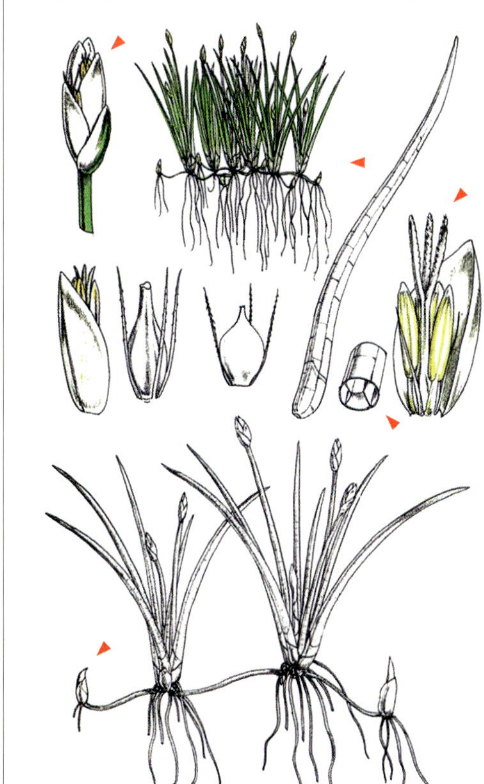

Eleocharis quinqueflora (Hartmann) O. Schwarz

Wenigblütige Sumpfsimse *Cyperaceae*
∗ A3 G(3) RL 2

Bis 15 cm hoch. Blütenstand: 1 endständiges Ährchen. Ährchen: **3–7-blütig, 4–8 mm lang.** Perigonborsten: 4–6. Narben: **3.** Früchte: **1,8–2,2 mm lang, mit Längsrippen.** Stängel: **im QS rundlich, ≤ 4-rippig,** 0,5–1,5 mm ⌀. Obere Stängelblätter: *ohne* o. mit kurzer Spreite.

- einheimisch
- planar bis subalpin
- Gewässer, trockenfallende Ufer, Moore u. Seggenriede, Quellfluren, Dünentäler
- an nährstoffarmen, kalkreichen, nassen, zuweilen überfluteten, auch salzhaltigen Standorten

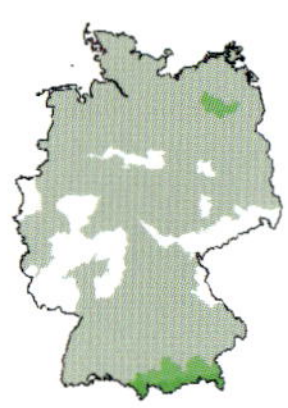

J F M **A M J J** A S O N D

Eleocharis uniglumis (Link) Schult.

Einspelzige Sumpfsimse *Cyperaceae*
∗ A3 G(2) RL V

Bis 40 cm hoch. Blütenstand: 1 endständiges Ährchen. Tragblätter der Ährchen: spelzenartig, **den Stängel ± komplett umfassend.** Ährchen: **10–30-blütig, 5–20 mm lang, nur die unterste Hüllspelze *ohne* Blütchen.** Tragblätter der Blüten: **zur Fruchtzeit vorhanden.** Perigonborsten: meist 4, zuweilen fehlend, **die Basis des Griffels meist überragend.** Narben: **2.** Früchte: **1,4–2,2 mm lang.** Stängel: **0,5–1,5 mm ⌀, frischgrün.** Obere Stängelblätter: *ohne* o. mit kurzer Spreite.

- einheimisch
- planar bis montan
- Gewässer, Moore u. Seggenriede, Grünland
- an nassen, zuweilen trockenfallenden, oft salzhaltigen Standorten

J F M **A M J J A S** O N D

Rhynchospora alba (L.) Vahl

Weißes Schnabelried *Cyperaceae*
∗ A3 G(2) RL 3

15–40 cm hoch. Blütenstand: mehrere Ährchen, diese in eiförmigen bis kugeligen, dichtblütigen Köpfchen; Tragblätter: **± so lang wie der Blütenstand.** Köpfchen: < 10 mm lang. Ährchen: 2–3-blütig, basal mit 3–6 leeren Tragblättern. Tragblätter der Blüten: **meist weißlich,** seltener hellbraun *oder* rötlich. Perigonborsten: meist ≥ 4, **mit zur Basis gerichteten Häkchen, höchstens so lang wie die Frucht.** Narben: **2.** Ausläufer: kurz bis fehlend. Blätter: im QS rinnig bis rundlich, 1–2 mm breit.

- einheimisch
- planar bis montan
- Gewässer, Moore u. Seggenriede, Extensivgrünland u. Magerrasen
- an nährstoffarmen, sauren, nassen, zuweilen überfluteten Standorten

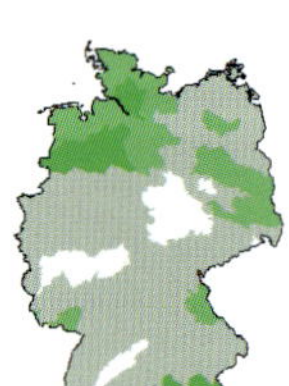

J F M A M **J J A S** O N D

Rhynchospora fusca (L.) W. T. Aiton

Braunes Schnabelried *Cyperaceae*
∗ A3 G(2) RL 2

10–30 cm hoch. Blütenstand: mehrere Ährchen, diese in eiförmigen bis kugeligen, dichtblütigen Köpfchen; Tragblätter: **2–4-mal so lang wie der Blütenstand.** Köpfchen: < 15 mm lang. Ährchen: 2–3-blütig, basal mit 3–6 leeren Tragblättern. Tragblätter der Blüten: **hell- bis rotbraun.** Perigonborsten: meist 3–4, **rau, mit zur Spitze gerichteten Häkchen, meist deutlich länger als die Frucht.** Narben: **2.** Ausläufer: lang. Blätter: im QS rinnig bis rundlich, 1–2 mm breit.

- einheimisch
- planar bis montan
- Gewässer, Moore u. Seggenriede, Extensivgrünland u. Magerrasen
- an nährstoffarmen, sauren, nassen, zuweilen überfluteten Standorten

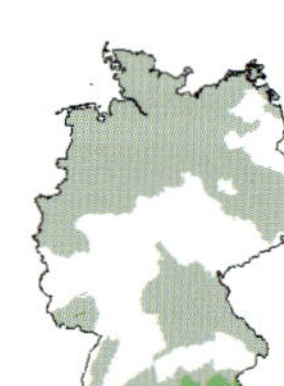

J F M A **M J J A** S O N D

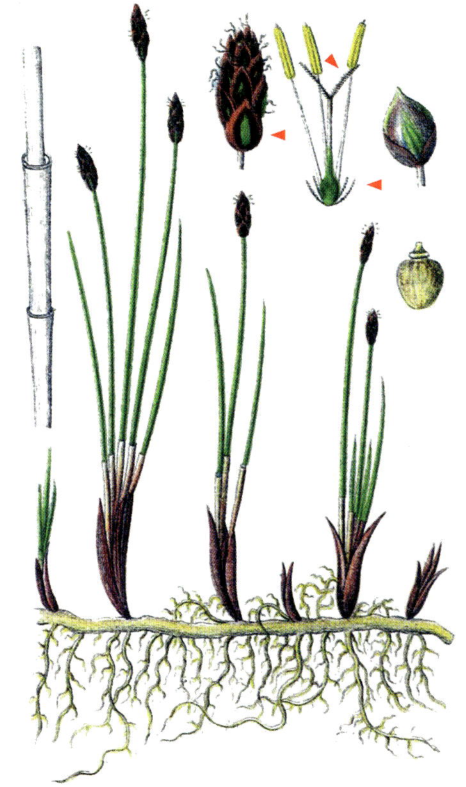

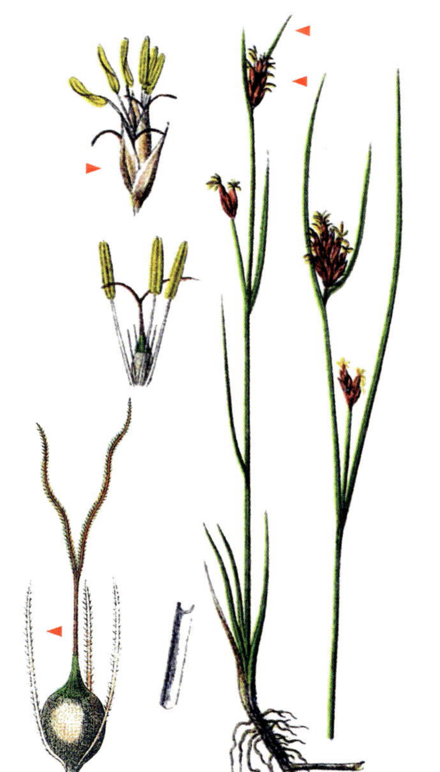

Carex microglochin Wahlenb.

Kleingrannige Segge *Cyperaceae*
♂ ∗ A3 | ♀ ∗ G(3) RL 0

Bis 15 cm hoch. Blütenstand: **1 endständiges Ährchen**, distal mit ♂ Blüten, basal mit ♀ Blüten. Ährchen: **5–12-blütig, Achse verlängert u. grannenartig aus dem Utriculus ragend**. Tragblätter der Blüten: **früher als die nach unten abstehenden Schläuche abfallend**. Narben: **3**. Tragblätter der ♀ Blüten: bräunlich. Utriculus: **im LS länglich-oval**, 3–5 mm lang. Stängel: **im QS rundlich;** Ausläufer: **lang**. Blätter: im QS rinnig bis rundlich, höchstens so lang wie der Blütenstand.

- ausgestorben
- montan bis alpin
- trockenfallende Ufer, Moore u. Seggenriede, Extensivgrünland u. Magerrasen, Staudenfluren
- an nährstoffarmen, basenreichen, nassen, zuweilen überfluteten Standorten

J F M A M J J A S O N D

Carex pauciflora Lightf.

Wenigblütige Segge *Cyperaceae*
♂ ∗ A3 | ♀ ∗ G(3) RL 3

Bis 15 cm hoch. Blütenstand: **1 endständiges Ährchen, mit nach unten abstehenden Früchten**, distal mit ♂ Blüten, basal mit ♀ Blüten, **0,5–1 cm lang**. Ährchen: **2–6-blütig**. Tragblätter der Blüten: **früher als die nach unten abstehenden Schläuche abfallend**. Narben: **3**. Tragblätter der ♀ Blüten: hellbraun, Mittelnerv zuweilen grünlich. Utriculus: **im LS länglich, hellbraun, im QS (stumpf) 3-kantig bis rundlich**. Stängel: **im QS stumpf 3-kantig.** Blätter: kürzer als der Blütenstand, **< 1 mm breit**.

- einheimisch
- montan bis subalpin
- Moore u. Seggenriede
- an nährstoffarmen, sauren, nassen Standorten

J F M A M J J A S O N D

Carex pulicaris L.

Floh-Segge *Cyperaceae*
♂ ∗ A3 | ♀ ∗ G(2) RL 2

Bis 15 cm hoch. Blütenstand: **1 endständiges Ährchen, mit nach unten abstehenden Früchten**, distal mit ♂ Blüten, basal mit ♀ Blüten, **1–2 cm lang**. Ährchen: **5–15-blütig**. Tragblätter der Blüten: **früher als die nach unten abstehenden Schläuche abfallend**. Narben: **2**. Utriculus: **im LS länglich-oval**. Blätter: im QS rinnig bis rundlich, kürzer als der Blütenstand.

- einheimisch
- planar bis subalpin
- Moore u. Seggenriede, Extensivgrünland u. Magerrasen
- an nährstoffarmen, nassen, zuweilen überfluteten Standorten

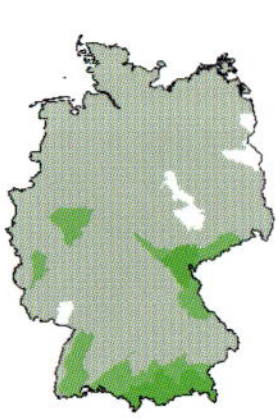

J F M A M J J A S O N D

Carex curvula All.

Krumm-Segge *Cyperaceae*
♂ ∗ A3 | ♀ ∗ G(3) RL 0

Bis 20 cm hoch. Pflanzen: **horstförmig**. Blütenstand: mehrere dichtgedrängte Ährchen, die *einem* endständigen Ährchen ähneln, **gleichährig**, eiförmig bis kurz zylindrisch, **< 2 cm lang**. Narben: **3**. Tragblätter der ♀ Blüten: bräunlich bis gelblich. Utriculus: 5–8 mm lang. Blätter: im QS rinnig bis rundlich, **die Spitze oft gekrümmt u. vertrocknet**.

- ausgestorben
- subalpin bis alpin
- Extensivgrünland u. Magerrasen, Schutt- u. Felsfluren
- an nährstoffarmen Standorten

J F M A M J J A S O N D

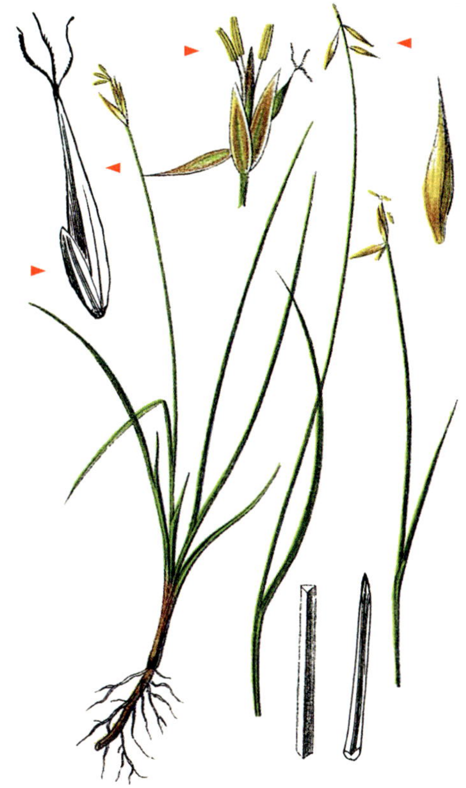

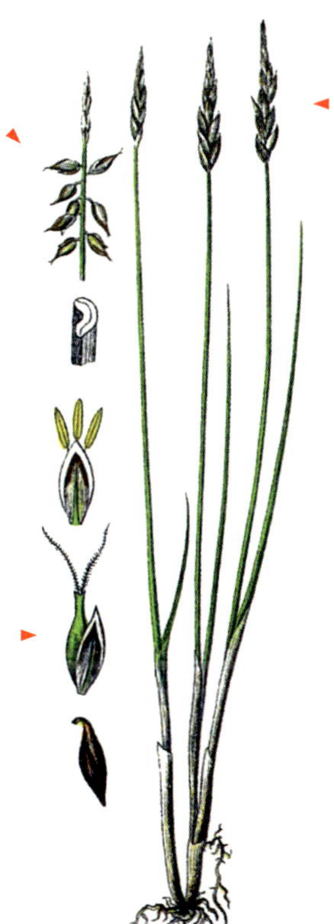

Carex baldensis L.

Monte-Baldo-Segge *Cyperaceae*
♂ * A3 | ♀ * G(3)
RL 2 § BNatG b

15–30 cm hoch. Pflanzen: **horstförmig**. Blütenstand: mehrere dichtgedrängte Ährchen, **gleichährig, kugelig bis köpfchenartig**; Tragblätter: laubblattartig, starr. Ährchen: 1–5, einander genähert, **länglich-lanzettlich**. Narben: **3**. Tragblätter der ♀ Blüten: **weißlich bis hellbraun**. Utriculus: **im LS rundlich bis oval**, 4–5 mm lang, etwas kürzer als das Tragblatt, dunkelbraun.

- einheimisch
- montan bis subalpin
- Extensivgrünland u. Magerrasen, Schutt- u. Felsfluren
- an nährstoffarmen, basenreichen Standorten

J F M A **M J J A** S O N D

Carex rupestris All.

Felsen-Segge *Cyperaceae*
♂ * A3 | ♀ * G(3)
RL 1

Bis 15 cm hoch. Blütenstand: **1 endständiges Ährchen, mit aufrechten bis abstehenden Früchten**, distal mit ♂ Blüten, basal mit ♀ Blüten, eiförmig bis kurz zylindrisch, **1–1,5 cm lang**. Ährchen: **3–10-blütig**. endständiges Ährchen: ♂. Tragblätter der Blüten: **später als die aufrecht abstehenden Schläuche abfallend**. Narben: **3**. Utriculus: **im LS oval**, 2–4 mm lang, höchstens so lang wie sein Tragblatt, ***ohne* bzw. mit ≤ 5 undeutlichen Nerven, im QS (stumpf) 3-kantig**. Blätter: **1–2 mm breit**. untere Blattscheiden: **rötlich bis bräunlich**.

- einheimisch
- subalpin bis alpin
- Extensivgrünland u. Magerrasen, Schutt- u. Felsfluren
- an nährstoffarmen Standorten

J F M A **M J J A** S O N D

Carex obtusata Lilj.

Stumpfe Segge *Cyperaceae*
♂ * A3 | ♀ * G(3)
RL 1

Bis 30 cm hoch. Blütenstand: **1 endständiges Ährchen, mit aufrechten bis abstehenden Früchten**, distal mit ♂ Blüten, basal mit ♀ Blüten, eiförmig bis kurz zylindrisch, **0,5–1,8 cm lang**. Ährchen: **12–30-blütig**. Tragblätter der Blüten: **später als die aufrecht abstehenden Schläuche abfallend**. Narben: **3**. Utriculus: **im LS oval**, < 2-mal so lang wie sein Tragblatt, **≥ 5-nervig**. Ausläufer: **lang**. untere Stängelblätter: **mit reduzierter Spreite**. untere Blattscheiden: **dunkelrot bis bräunlich**.

- einheimisch
- planar
- Extensivgrünland u. Magerrasen
- an nährstoffarmen, trockenen Standorten

J F **M A M J** J A S O N D

Carex capitata L.

Kopf-Segge *Cyperaceae*
♂ * A3 | ♀ * G(2)
RL 0

10–40 cm hoch. Blütenstand: **1 endständiges Ährchen, mit aufrechten bis abstehenden Früchten**, distal mit ♂ Blüten, basal mit ♀ Blüten, eiförmig bis kurz zylindrisch, **< 0,8 cm lang, dichtblütig**. Narben: **2**. Utriculus: **im LS oval**, etwas länger als das Tragblatt, **> 5-nervig**. Blätter: im QS rinnig bis rundlich, kürzer als der Blütenstand.

- ausgestorben
- montan
- Moore u. Seggenriede
- an nährstoffarmen, kalkreichen, wechselfeuchten bis nassen Standorten

J F M **A M J J** A S O N D

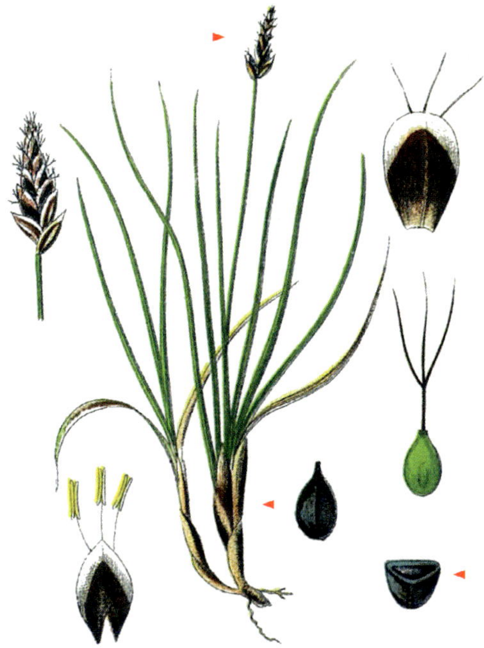

Carex disticha Huds.

Zweizeilige Segge *Cyperaceae*
♂ ∗ A3 | ♀ ∗ G($\underline{2}$)

20–80 cm hoch. Blütenstand: **mehrere Ährchen, die ährenartig angeordnet sind, gleichährig,** 3–10 cm lang. Ährchen: ≥ 10, **kugelig bis länglich-eiförmig**. untere Ährchen: meist ♀. endständiges Ährchen: meist ♀. Narben: **2.** Utriculus: **im LS oval, am Rand rau, zuweilen geflügelt,** 4–5 mm lang, **mit Nerven auf der Innen-** ***und*** **Außenseite, im QS stumpf 3-kantig bis rundlich,** Flügel schmal. Stängel: **oben rau.** Ausläufer: **lang,** > 2 mm ⌀.

- einheimisch
- planar bis montan
- Gewässer, Moore u. Seggenriede, Grünland, Zier- bzw. Nutzpflanze
- an basenreichen, nassen, zuweilen überfluteten Standorten

J F M **A M J J** A S O N D

Carex cuprina (Heuff.) A. Kern.

Hain-Segge *Cyperaceae*
♂ ∗ A3 | ♀ ∗ G($\underline{2}$)

30–80 cm hoch. Pflanzen: **horstförmig**. Blütenstand: **mehrere Ährchen, die ährenartig angeordnet sind, gleichährig,** > 2 cm lang. Ährchen: **kugelig bis länglich-eiförmig**. Narben: **2.** Tragblätter der ♀ Blüten: grünlich bis hellbraun. Utriculus: 5–6 mm lang, **grünlich bis hellbraun, glänzend, mit Nerven auf der Innen-** ***und*** **Außenseite, im QS abgeflacht bis plankonvex**; Schnabel: **auf beiden Seiten gleich tief eingeschnitten.** Stängel: im QS scharf 3-kantig aber *nicht* geflügelt. Blätter: 4–12 mm breit. Ligula: 10–20 mm lang, **länger als breit**. untere Blattscheiden: **hellbraun.**

- einheimisch
- planar bis montan
- Gewässer, Grünland, Wälder, Ruderalvegetation, Trittfluren
- an basenreichen, feuchten bis nassen, auch salzhaltigen Standorten

J F M **A M J J A** S O N D

Carex vulpina L.

Fuchs-Segge *Cyperaceae*
♂ ∗ A3 | ♀ ∗ G($\underline{2}$) RL V

30–100 cm hoch. Pflanzen: **horstförmig**. Blütenstand: **mehrere Ährchen, die ährenartig angeordnet sind, gleichährig,** > 2 cm lang. Ährchen: **kugelig bis eiförmig**. Narben: **2.** Tragblätter der ♀ Blüten: dunkelbraun. Utriculus: 3–5 mm lang, **bräunlich, matt, Nerven nur auf der Außenseite deutlich, im QS abgeflacht bis plankonvex;** Schnabel: **auf der abgerundeten Seite tiefer eingeschnitten.** Stängel: im QS scharf 3-kantig bis geflügelt. Blätter: 4–12 mm breit. Ligula: 2–5 mm lang, breiter als lang. untere Blattscheiden: **netzartig zerfasernd, dunkelbraun.**

- einheimisch
- planar bis montan
- trockenfallende Ufer, Moore u. Seggenriede, Zier- bzw. Nutzpflanze
- an feuchten bis nassen, zuweilen überfluteten Standorten

J F M **A M J J** A S O N D

Carex bohemica Schreb.

Zypergras-Segge *Cyperaceae*
♂ ∗ A3 | ♀ ∗ G($\underline{2}$) RL 3

Bis 30 cm hoch. Pflanzen: **horstförmig**. Blütenstand: **mehrere Ährchen, diese in eiförmigen bis kugeligen, dichtblütigen Köpfchen, gleichährig;** Tragblätter: **viel länger als das Köpfchen.** Narben: **2.** Tragblätter der ♀ Blüten: grünlich bis hellbraun. Utriculus: **im LS länglich, 7–10 mm lang, grünlich bis hellbraun, im QS abgeflacht bis plankonvex;** Schnabel: **lang, tief eingeschnitten.** Stängel: meist hohl. Blätter: 1–4 mm breit.

- einheimisch
- planar bis montan
- trockenfallende Ufer, Moore u. Seggenriede
- an nassen, zuweilen überfluteten Standorten

J F M A **M J J A S O** N D

Carex leporina L.

Hasenpfoten-Segge *Cyperaceae*
♂ * A3 | ♀ * G(2)

20–60 cm hoch. Blütenstand: **mehrere Ährchen, die ährenartig angeordnet sind, gleichährig,** 1–4 cm lang. Ährchen: 3–10, einander genähert, **kugelig bis eiförmig,** 5–12 mm lang. Tragblätter der unteren Ährchen: **kürzer als die Ährchen.** Narben: **2.** Tragblätter der ♀ Blüten: hellbraun, **mit häutigem Rand.** Utriculus: **im LS oval, geflügelt,** 3–6 mm lang, **im QS abgeflacht bis plankonvex.** Blätter: **immergrün bis überwinternd grün,** 1–6 mm breit.

- einheimisch
- planar bis alpin
- Extensivgrünland u. Magerrasen, Zwergstrauchheiden, Gehölze, Wälder, Ruderalvegetation, Zier- bzw. Nutzpflanze
- an sauren Standorten

J F M A **M J J A** S O N D

Carex appropinquata Schumach.

Schwarzschopf-Segge *Cyperaceae*
♂ * A3 | ♀ * G(2) RL 3

30–60 cm hoch. Pflanzen: **horstförmig.** Blütenstand: **mehrere Ährchen, die ährenartig angeordnet sind, gleichährig,** 3–10 cm lang. Ährchen: einander genähert, **zylindrisch.** Narben: **2.** Tragblätter der ♀ Blüten: **(oft) mit schmalem weißlichem Rand.** Utriculus: **im LS rundlich bis oval,** 2–4 mm lang, ± so lang wie sein Tragblatt, **matt, mit deutlicher Nervatur, im QS abgeflacht.** Stängel: **oben rau.** Blätter: 2–5 mm breit. untere Blattscheiden: einen Faserschopf bildend, **netzartig zerfasernd, schwarz bis dunkelbraun.**

- einheimisch
- planar bis montan
- Gewässer, Moore u. Seggenriede, Wälder
- an kalkreichen, nassen, zuweilen überfluteten Standorten

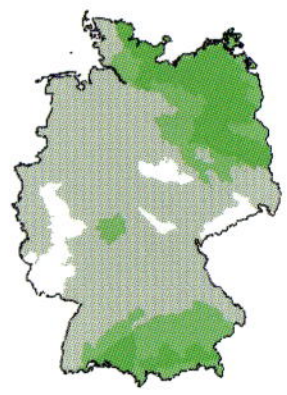

J F M **A M J J** A S O N D

Carex diandra Schrank

Draht-Segge *Cyperaceae*
♂ * A3 | ♀ * G(2) RL 2

20–60 cm hoch. Blütenstand: **mehrere Ährchen, die ährenartig angeordnet sind, gleichährig,** 2–3 cm lang. Ährchen: einander genähert, **eiförmig bis kurz-zylindrisch.** Narben: **2.** Utriculus: **im LS oval,** 2–4 mm lang, **schwarz bis (dunkel-) braun, glänzend, im QS abgeflacht.** Stängel: **oben rau.** Blätter: 1–3 mm breit.

- einheimisch
- planar bis montan
- Moore u. Seggenriede
- an nährstoffarmen, nassen, zuweilen überfluteten Standorten

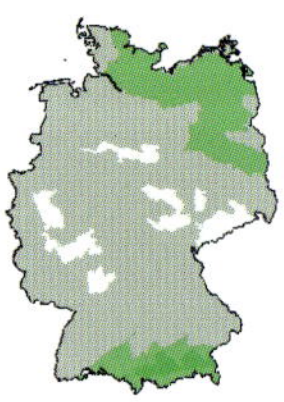

J F M **A M J J** A S O N D

Carex paniculata L.

Rispen-Segge *Cyperaceae*
♂ * A3 | ♀ * G(2)

40–120 cm hoch. Pflanzen: **horstförmig.** Blütenstand: **mehrere Ährchen, die ährenartig angeordnet sind, gleichährig,** 5–15 cm lang. Ährchen: einander genähert. Narben: **2.** Tragblätter der ♀ Blüten: **mit breitem weißlichem Rand.** Utriculus: **im LS oval,** 2–4 mm lang, ± so lang wie sein Tragblatt, **glänzend, *ohne* bzw. mit undeutlicher Nervatur, im QS stumpf 3-kantig bis rundlich.** Stängel: **oben rau.** Blätter: 3–8 mm breit. untere Blattscheiden: bräunlich.

- einheimisch
- planar bis subalpin
- Moore u. Seggenriede, Wälder, Quellfluren, Zier- bzw. Nutzpflanze
- an nassen, zuweilen überfluteten Standorten

J F M **A M J J** A S O N D

Carex elongata L.

Langährige Segge *Cyperaceae*
♂ * A3 | ♀ * G(2)

30–80 cm hoch. Blütenstand: **mehrere Ährchen, die ährenartig angeordnet sind, gleichährig,** 3–10 cm lang. Ährchen: 5–18, einander genähert, **eiförmig bis kurz-zylindrisch,** 5–15 mm lang. Narben: **2.** Tragblätter der ♀ Blüten: dunkelbraun, **mit häutigem Rand.** Utriculus: 3–4 mm lang, länger als das Tragblatt, **mit deutlicher Nervatur, im QS abgeflacht bis plankonvex.** Stängel: im QS scharf 3-kantig, **oben rau.** Blätter: frischgrün, 2–6 mm breit.

- einheimisch
- planar bis montan
- Moore u. Seggenriede, Wälder
- an basenreichen, wechselnassen Standorten

J F M **A M J J** A S O N D

Carex echinata Murray

Stern-Segge *Cyperaceae*
♂ * A3 | ♀ * G(2)

10–40 cm hoch. Blütenstand: **mehrere Ährchen, die ährenartig angeordnet sind, gleichährig, 1–3 cm lang.** Ährchen: 3–5, einander genähert, **eiförmig bis kurz-zylindrisch,** 4–8 mm lang. Narben: **2.** Tragblätter der ♀ Blüten: bräunlich, **mit häutigem Rand.** Utriculus: **im LS oval, im QS abgeflacht bis plankonvex;** Schnabel: **am Rand rau.** Stängel: **oben rau.** Blätter: **< 2 mm breit.**

- einheimisch
- planar bis alpin
- Moore u. Seggenriede, Extensivgrünland u. Magerrasen, Wälder
- an nährstoffarmen, sauren, wechselfeuchten bis nassen Standorten

J F M **A M J J** A S O N D

Carex chordorrhiza L. f.

Fadenwurzlige Segge *Cyperaceae*
♂ * A3 | ♀ * G(2) RL 2

Bis 15 cm hoch. Blütenstand: **mehrere Ährchen, die ährenartig angeordnet sind, gleichährig, eiförmig bis kurz zylindrisch, < 1,5 cm lang.** Ährchen: 3–5, **zylindrisch.** Narben: **2.** Tragblätter der ♀ Blüten: rotbraun. Utriculus: **im LS oval,** dunkelbraun, **im QS stumpf 3-kantig bis rundlich.** Ausläufer: **bis 30 cm lang.** Blätter: **viel kürzer als der Blütenstand.**

- einheimisch
- collin bis montan
- Gewässer, Moore u. Seggenriede
- an nährstoffarmen, feuchten bis nassen Standorten

J F M **A M J J** A S O N D

Carex divulsa Stokes

Unterbrochenährige Segge *Cyperaceae*
♂ * A3 | ♀ * G(2)

20–100 cm hoch. Pflanzen: **horstförmig.** Blütenstand: **mehrere Ährchen, die ährenartig angeordnet sind, gleichährig,** 0,5–20 cm lang, **untere Ährchen locker stehend, > 1 cm voneinander entfernt.** Ährchen: **eiförmig bis kurz-zylindrisch.** Narben: **2.** Utriculus: 3–6 mm lang, **im QS abgeflacht;** Schnabel: meist allmählich verschmälert. Blätter: 2–4 mm breit. Ligula: am Rand verdickt. Obere Stängelblätter: Mündung der Blattscheide länger als breit, am Rand verdickt.

subsp. *divulsa* (Unterbrochenährige Segge): selten. 20–60 cm hoch. Blütenstand: 4–20 cm lang. Utriculus: 3,5–4,5 mm lang, hellbraun. Blätter: 2–3 mm breit.
subsp. *leersii* (Westfälische Segge): 30–100 cm hoch. Blütenstand: 0,5–4 cm lang. Utriculus: 4,5–5,5 mm lang, dunkelbraun. Früchte: den Utriculus komplett ausfüllend. Blätter: 2–4 mm breit.

- einheimisch
- planar bis collin
- Gehölze, Wälder, Ruderalvegetation, an Mauern

J F M **A M J J A S** O N D

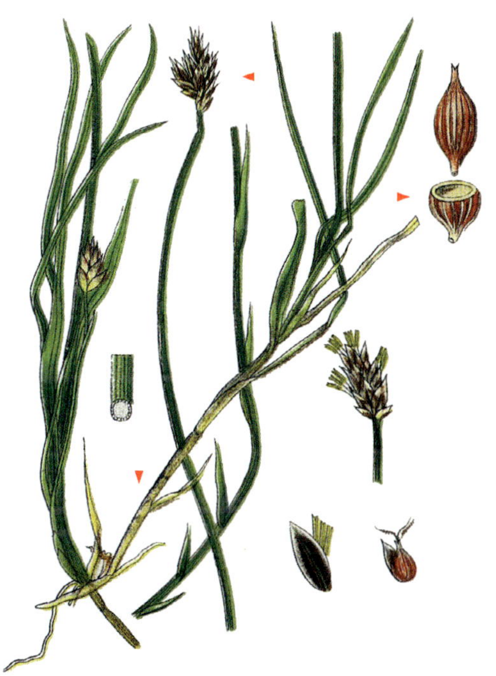

Carex muricata L.

Sparrige Segge *Cyperaceae*
♂ ∗ A3 | ♀ ∗ G(2)

20–60 cm hoch. PFLANZEN: **horstförmig**. BLÜTENSTAND: **mehrere Ährchen, die ährenartig angeordnet sind, gleichährig**, 1,5–8 cm lang, **untere Ährchen dicht stehend, < 1 cm voneinander entfernt**. NARBEN: **2**. UTRICULUS: im LS oval, 3–6 mm lang, **im QS abgeflacht**; SCHNABEL: kurz, meist vom Utriculus ± deutlich abgesetzt. STÄNGEL: oben (undeutlich) rau. BLÄTTER: 2–5 mm breit. OBERE STÄNGELBLÄTTER: Mündung der Blattscheide länger als breit.

subsp. *muricata* (Sparrige Segge): BLÜTENSTAND: 1,5–4 cm lang. UTRICULUS: 3–6 mm lang. STÄNGEL: oben deutlich rau. BLÄTTER: 2–3 mm breit.
subsp. *pairae* (Pairas Segge): BLÜTENSTAND: 3–8 cm lang. UTRICULUS: 4–6 mm lang. FRÜCHTE: den Utriculus *nicht* ausfüllend. STÄNGEL: oben undeutlich rau. BLÄTTER: 2–5 mm breit.

- einheimisch
- planar bis montan
- Staudenfluren, Gehölze, Zier- bzw. Nutzpflanze

J F M **A M J J A S** O N D

Carex spicata Huds.

Dichtährige Segge *Cyperaceae*
♂ ∗ A3 | ♀ ∗ G(2)

20–60 cm hoch. PFLANZEN: **horstförmig**. BLÜTENSTAND: **mehrere Ährchen, die ährenartig angeordnet sind, gleichährig**, 2–5 cm lang. NARBEN: **2**. TRAGBLÄTTER DER ♀ BLÜTEN: bräunlich. UTRICULUS: 4–7 mm lang, ***ohne* bzw. mit undeutlicher Nervatur, im QS abgeflacht**; SCHNABEL: meist allmählich verschmälert. STÄNGEL: **oben rau**. BLÄTTER: 2–4 mm breit. LIGULA: zerreißend, der Rand dünn. OBERE STÄNGELBLÄTTER: Mündung der Blattscheide länger als breit, der Rand *nicht* verdickt.

- einheimisch
- planar bis montan
- Staudenfluren, Gehölze, Ruderalvegetation

J F M **A M J J A S** O N D

Carex davalliana Sm.

Davalls Segge *Cyperaceae*
♂ ∗ A3 | ♀ ∗ G(2) RL 3

10–40 cm hoch. PFLANZEN: **horstförmig, meist 2-häusig**. BLÜTENSTAND: **1 endständiges Ährchen, 1-geschlechtig**, ♂ Ähren selten auch mit einzelnen ♀ Blüten, 1,5 cm lang. NARBEN: **2**. UTRICULUS: **im LS länglich**, 3–5 mm lang. STÄNGEL: **oben rau**.

- einheimisch
- collin bis alpin
- Moore u. Seggenriede
- an nährstoffarmen, kalkreichen, nassen Standorten

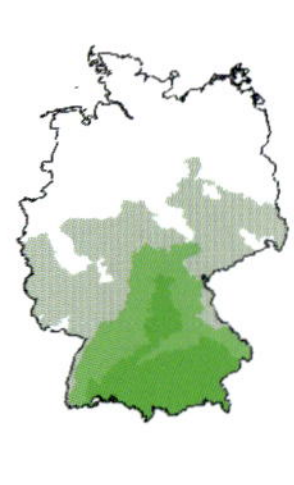

J F M **A M J J** A S O N D

Carex dioica L.

Zweihäusige Segge *Cyperaceae*
♂ ∗ A3 | ♀ ∗ G(2) RL 2

Bis 40 cm hoch. PFLANZEN: 2-häusig. BLÜTENSTAND: **1 endständiges Ährchen, 1-geschlechtig**, < 1,5 cm lang. ÄHRCHEN: einander genähert. NARBEN: **2**. UTRICULUS: **im LS oval**, 3–4 mm lang. BLÄTTER: im QS rinnig bis rundlich.

- einheimisch
- planar bis subalpin
- Moore u. Seggenriede
- an nährstoffarmen, nassen Standorten

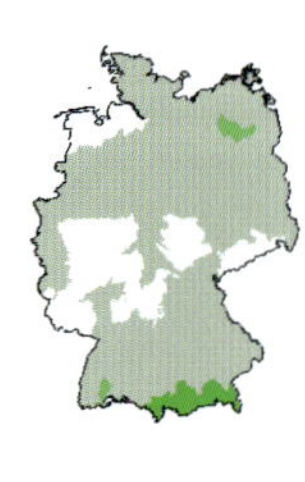

J F M **A M J J** A S O N D

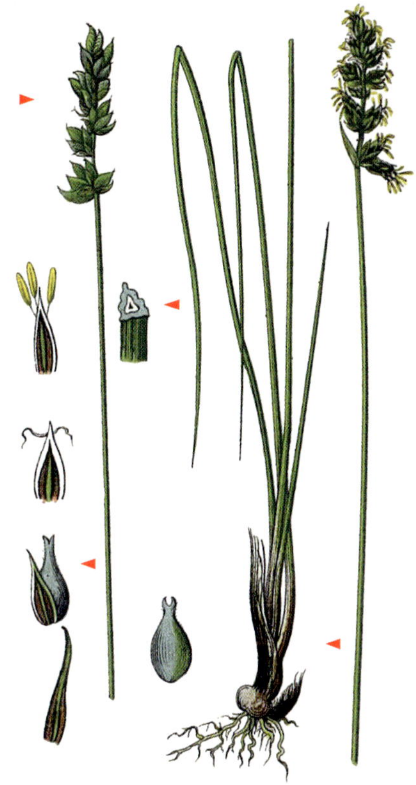

Carex remota L.

Winkel-Segge *Cyperaceae*
♂ ∗ A3 | ♀ ∗ G(2)

30–60 cm hoch. Blütenstand: **mehrere Ährchen, die ährenartig angeordnet sind, gleichährig,** 5–25 cm lang. Ährchen: 5–15, **untere *sehr* weit voneinander entfernt, eiförmig bis kurz-zylindrisch,** 4–9 mm lang. Tragblätter der unteren Ährchen: **länger als der Blütenstand.** Narben: **2.** Tragblätter der ♀ Blüten: **weißlich bis hellbraun.** Utriculus: 2–4 mm lang, deutlich länger als das Tragblatt, **im QS abgeflacht bis plankonvex, gekielt;** Schnabel: **lang.** Stängel: **oben rau.** Ausläufer: **lang.** Blätter: 1–3 mm breit.

- einheimisch
- planar bis montan
- Wälder, Ruderalvegetation, Quellfluren, Zier- bzw. Nutzpflanze
- an feuchten bis nassen Standorten

J F M A **M J J A** S O N D

Carex arenaria L.

Sand-Segge *Cyperaceae*
♂ ∗ A3 | ♀ ∗ G(2)

15–60 cm hoch. Blütenstand: **mehrere Ährchen, die ährenartig angeordnet sind, gleichährig,** < 6 cm lang. Ährchen: 6–16. Narben: **2.** Utriculus: **im LS oval bis länglich, geflügelt,** höchstens so lang wie sein Tragblatt, **7–8-nervig,** Flügel ± in der Mitte beginnend. Stängel: **oben rau.** Ausläufer: **lang,** > 2 mm ⌀. Blätter: **3–4 mm breit.**

- einheimisch
- planar
- Extensivgrünland u. Magerrasen, Schutt- u. Felsfluren, Dünen, Zier- bzw. Nutzpflanze
- an nährstoffarmen, sauren, meist trockenen, auch salzhaltigen Standorten

J F M **A M J J A S O** N D

Carex colchica J. Gay

Französische Segge *Cyperaceae*
♂ ∗ A3 | ♀ ∗ G(2) RL V

15–30 cm hoch. Blütenstand: **mehrere Ährchen, die ährenartig angeordnet sind, gleichährig,** < 4 cm lang. Ährchen: 5–7, einander genähert, **eiförmig.** Endständiges Ährchen: meist ♂. Narben: **2.** Tragblätter der ♀ Blüten: **dunkel- bis rotbraun.** Utriculus: **im LS breit-oval, geflügelt,** mindestens so lang wie sein Tragblatt, **mit deutlicher Nervatur,** Flügel (etwas) unterhalb der Mitte beginnend. Ausläufer: **lang,** > 2 mm ⌀. Blätter: **< 2 mm breit.**

- einheimisch
- planar
- Extensivgrünland u. Magerrasen, Schutt- u. Felsfluren, Dünen
- an nährstoffarmen, sauren, meist trockenen Standorten

J F **M A M J** J A S O N D

Carex praecox Schreb.

Gekrümmte Segge *Cyperaceae*
♂ ∗ A3 | ♀ ∗ G(2)

10–50 cm hoch. Blütenstand: **mehrere Ährchen, die ährenartig angeordnet sind, gleichährig,** < 3 cm lang. Ährchen: 4–6, einander genähert, **eiförmig bis kurz-zylindrisch,** gerade. Narben: **2.** Tragblätter der ♀ Blüten: **dunkelbraun bis rotbraun.** Utriculus: **im LS oval bis länglich,** (undeutlich) geflügelt, 2–3 mm lang, ± so lang wie sein Tragblatt, **im QS abgeflacht bis plankonvex, Flügel fehlend o. oberhalb der Mitte beginnend.** Ausläufer: **lang,** < 2 mm ⌀. Blätter: höchstens so lang wie der Blütenstand, **0,5–2 mm breit.**

- einheimisch
- planar bis montan
- Grünland, Ruderalvegetation
- meist an trockenen Standorten

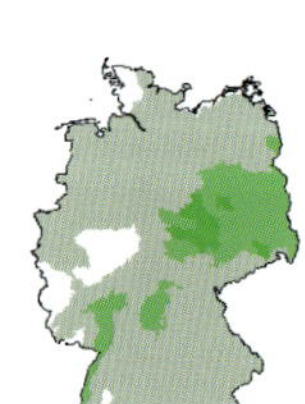

J F M **A M J J** A S O N D

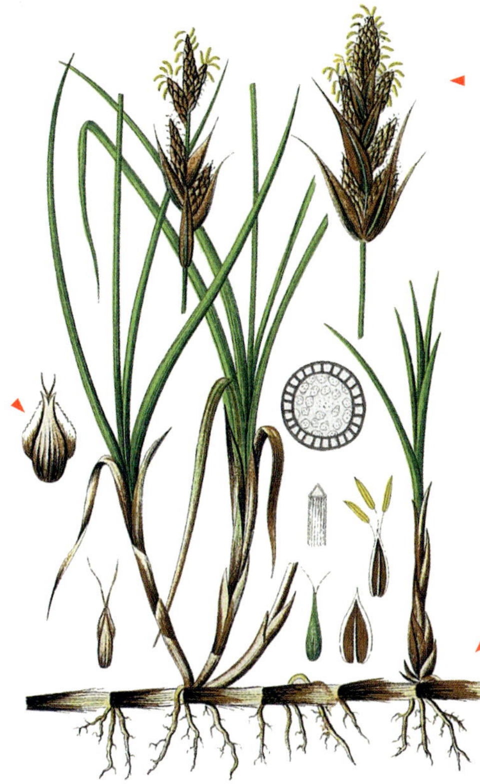

Carex brizoides L.

Zittergras-Segge *Cyperaceae*
♂ * A3 | ♀ * G(2)

30–80 cm hoch. BLÜTENSTAND: **mehrere Ährchen, die ährenartig angeordnet sind, gleichährig,** < 2 cm lang. ÄHRCHEN: einander genähert, **eiförmig bis kurz-zylindrisch, abwärts gekrümmt.** NARBEN: **2.** TRAGBLÄTTER DER ♀ BLÜTEN: **weißlich bis hellbraun.** UTRICULUS: **im LS länglich, geflügelt,** 3–5 mm lang, meist länger als das Tragblatt, **grünlich-gelblich bis (hell) bräunlich, im QS abgeflacht bis plankonvex, Flügel unterhalb der Mitte beginnend.** AUSLÄUFER: **lang,** < 2 mm ⌀. BLÄTTER: höchstens so lang wie der Blütenstand, 1,5–3 mm breit.

- einheimisch
- planar bis montan
- Gehölze, Wälder, Zier- bzw. Nutzpflanze

J F M **A M J J** A S O N D

Carex brunnescens (Pers.) Poir.

Bräunliche Segge *Cyperaceae*
♂ * A3 | ♀ * G(2) RL 3

15–40 cm hoch. BLÜTENSTAND: **mehrere Ährchen, die ährenartig angeordnet sind, gleichährig,** 1–5 cm lang. ÄHRCHEN: 4–10, meist locker stehend, **kugelig bis eiförmig,** 3–5 mm lang. NARBEN: **2.** TRAGBLÄTTER DER ♀ BLÜTEN: bräunlich, **mit häutigem Rand.** UTRICULUS: **im LS oval,** 2–4 mm lang, länger als das Tragblatt, **im QS stumpf 3-kantig bis rundlich;** SCHNABEL: kurz. STÄNGEL: **oben rau,** frischgrün. BLÄTTER: frischgrün, 1–3 mm breit.

- einheimisch
- subalpin bis alpin
- Moore u. Seggenriede, Extensivgrünland u. Magerrasen, Zwergstrauchheiden, Gehölze, Schutt- u. Felsfluren
- an nährstoffarmen, sauren, wechselnassen Standorten

J F M A M **J J A** S O N D

Carex canescens L.

Grau-Segge *Cyperaceae*
♂ * A3 | ♀ * G(2)

20–50 cm hoch. BLÜTENSTAND: **mehrere Ährchen, die ährenartig angeordnet sind, gleichährig.** ÄHRCHEN: 4–8, meist locker stehend, **eiförmig bis kurz-zylindrisch,** 5–9 mm lang. NARBEN: **2.** TRAGBLÄTTER DER ♀ BLÜTEN: **weißlich bis hellbraun.** UTRICULUS: **im LS oval, im QS stumpf 3-kantig bis rundlich;** SCHNABEL: kurz. STÄNGEL: **blau- bzw. graugrün.** BLÄTTER: **blau- bzw. graugrün.**

- einheimisch
- planar bis alpin
- Moore u. Seggenriede, Extensivgrünland u. Magerrasen, Zier- bzw. Nutzpflanze
- an nährstoffarmen, nassen, zuweilen überfluteten Standorten

J F M **A M J J A S** O N D

Carex heleonastes L. f.

Schlenken-Segge *Cyperaceae*
♂ * A3 | ♀ * G(2) RL 1

15–30 cm hoch. BLÜTENSTAND: **mehrere Ährchen, die ährenartig angeordnet sind, gleichährig.** ÄHRCHEN: 3–4, einander genähert, **kugelig bis eiförmig.** NARBEN: **2.** TRAGBLÄTTER DER ♀ BLÜTEN: hellbraun, **mit häutigem Rand.** UTRICULUS: etwas länger als das Tragblatt, (hell) bräunlich, **im QS abgeflacht bis plankonvex;** SCHNABEL: kurz. STÄNGEL: im QS scharf 3-kantig, **oben rau.** BLÄTTER: am Rand rau.

- einheimisch
- collin bis montan
- trockenfallende Ufer, Moore u. Seggenriede
- an nährstoffarmen, nassen, meist überfluteten Standorten

J F M **A M J J** A S O N D

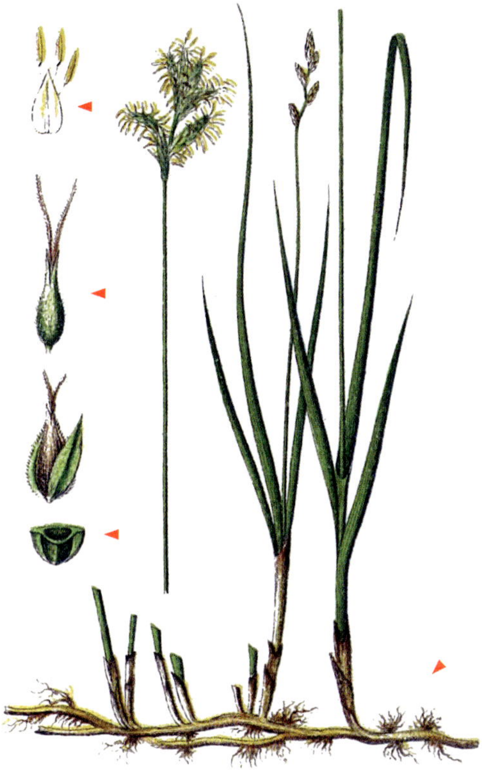

Carex loliacea L.

Lolch-Segge *Cyperaceae*
♂ ∗ A3 | ♀ ∗ G(2) RL 0

20–40 cm hoch. Blütenstand: **mehrere Ährchen, die ährenartig angeordnet sind, gleichährig**. Ährchen: 3–5, **eiförmig bis kurz zylindrisch**. ♀ Ährchen: < 3 mm lang. Narben: **2**. Tragblätter der ♀ Blüten: hellbraun. Utriculus: **im LS oval**. Stängel: **oben rau**. Blätter: **< 2 mm breit**, am Rand rau.

- ausgestorben
- planar bis montan
- Moore u. Seggenriede
- an nährstoffarmen, sauren, feuchten bis nassen Standorten

J F M A M J J A S O N D

Carex alba Scop.

Weiße Segge *Cyperaceae*
♂ ∗ A3 | ♀ ∗ G(3)

10–30 cm hoch. Blütenstand: **mehrere Ährchen, die ährenartig angeordnet sind, verschiedenährig, oberste ♀ Ähre die endständige ♂ Ähre erreichend o. überragend**. Ährchen: locker stehend. ♀ Ährchen: 3–7-blütig, 5–12 mm lang. ♂ Ährchen: gestielt. untere Ährchen: aufrecht bis abstehend, **sitzend bis kurz gestielt**. Tragblätter der unteren Ährchen: ***ohne* Spreite**. Griffel: **basal verdickt**. Narben: **3**. Tragblätter der ♀ Blüten: **oft weißlich**. Utriculus: 3–4 mm lang, kahl. Ausläufer: **lang**. Blätter: **überwinternd grün**, kürzer als der Blütenstand, **1–2 mm breit**.

- einheimisch
- collin bis montan
- Extensivgrünland u. Magerrasen, Gehölze, Wälder
- an nährstoffarmen, kalkreichen Standorten

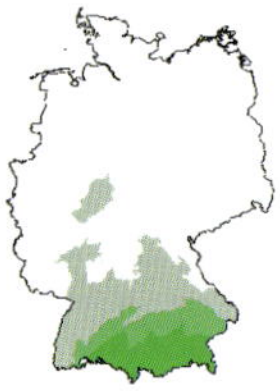

J F M A M J J A S O N D

Carex supina Wahlenb.

Niedrige Segge *Cyperaceae*
♂ ∗ A3 | ♀ ∗ G(3) RL 2

Bis 20 cm hoch. Blütenstand: **mehrere Ährchen, die ährenartig angeordnet sind, verschiedenährig**. Ährchen: einander genähert. ♀ Ährchen: 2–5-blütig, 3–7 mm lang. ♂ Ährchen: eiförmig bis länglich. untere Ährchen: aufrecht bis abstehend, **sitzend bis kurz gestielt**. Tragblätter der unteren Ährchen: *ohne* (halb-) stängelumfassende Blattscheide. Narben: **3**. Tragblätter der ♀ Blüten: **rotbraun**. Utriculus: **im LS oval**, derbwandig, **glänzend**, kahl, **mit deutlicher Nervatur**, **im QS stumpf 3-kantig bis rundlich**; Schnabel: kurz. Ausläufer: **lang**. Blätter: **0,5–2 mm breit**. untere Blattscheiden: **gelblich bis rötlich**.

- einheimisch
- planar bis collin
- Extensivgrünland u. Magerrasen, Zier- bzw. Nutzpflanze
- an nährstoffarmen, basenreichen, trockenen Standorten

J F M A M J J A S O N D

Carex ericetorum Pollich

Heide-Segge *Cyperaceae*
♂ ∗ A3 | ♀ ∗ G(3) RL 3

10–30 cm hoch. Blütenstand: **mehrere Ährchen, die ährenartig angeordnet sind, verschiedenährig**. ♀ Ährchen: 5–15 mm lang. ♂ Ährchen: länglich bis zylindrisch. untere Ährchen: **sitzend bis kurz gestielt**. Tragblätter der unteren Ährchen: **kürzer o. wenig länger als die Ährchen**, überwiegend mit trockenhäutiger Spreite, mit (halb-) stängelumfassender Blattscheide. Narben: **3**. Tragblätter der ♀ Blüten: eiförmig, **distal ausgerandet o. abgerundet**, **meist fransig gewimpert**, **schwarz bis rotbraun**, **mit häutigem Rand**. Utriculus: **im LS oval**, 2–3 mm lang, **behaart**, **2–3-nervig**; Schnabel: kurz. Ausläufer: **lang**. Blätter: 2–4 mm breit.

- einheimisch
- planar bis subalpin
- Extensivgrünland u. Magerrasen, Gehölze, Wälder
- an nährstoffarmen, basenreichen Standorten

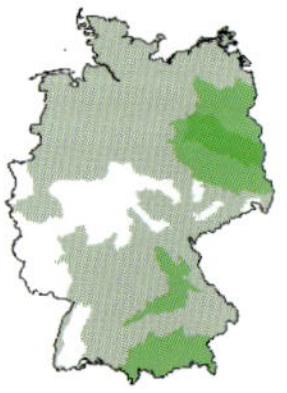

J F M A M J J A S O N D

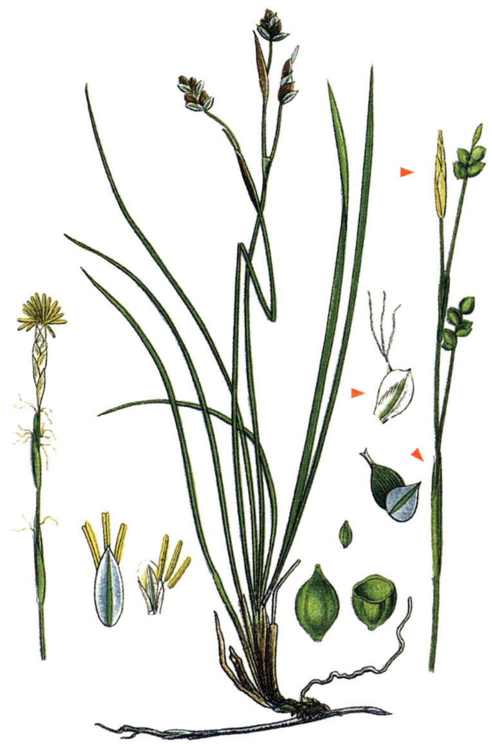

Carex montana L.

Berg-Segge *Cyperaceae*
♂ ∗ A3 | ♀ ∗ G(3)

10–30 cm hoch. Pflanzen: **horstförmig.** Blütenstand: **mehrere Ährchen, die ährenartig angeordnet sind, verschiedenährig.** ♀ Ährchen: 5–12 mm lang. ♂ Ährchen: länglich bis zylindrisch, 10–20 mm lang. untere Ährchen: **sitzend bis kurz gestielt.** Tragblätter der unteren Ährchen: überwiegend mit trockenhäutiger Spreite, mit (halb-) stängelumfassender Blattscheide. Narben: **3.** Tragblätter der ♀ Blüten: spitz, **schwarz bis rotbraun.** Utriculus: **im LS oval, behaart, 3-5-nervig, im QS scharf 3-kantig.** Blätter: 1,5–3 mm breit; oberseits: behaart. untere Blattscheiden: **rötlich bis bräunlich.**

- einheimisch
- collin bis montan
- Extensivgrünland u. Magerrasen, Staudenfluren, Gehölze, Wälder

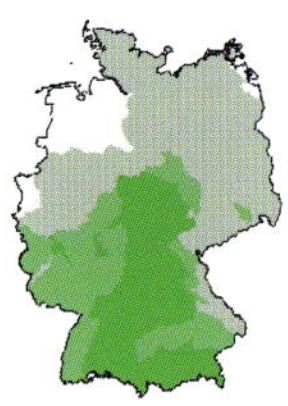

J **F M A M J** J A S O N D

Carex pilulifera L.

Pillen-Segge *Cyperaceae*
♂ ∗ A3 | ♀ ∗ G(3)

10–40 cm hoch. Pflanzen: **horstförmig.** Blütenstand: **mehrere Ährchen, die ährenartig angeordnet sind, verschiedenährig.** Ährchen: einander genähert. ♀ Ährchen: 5–8 mm lang. untere Ährchen: **sitzend bis kurz gestielt.** Tragblätter der unteren Ährchen: mit krautiger Spreite, mit (halb-) stängelumfassender Blattscheide. Narben: **3.** Tragblätter der ♀ Blüten: spitz, bräunlich. Utriculus: **im LS rundlich bis oval,** 1,5–3 mm lang, **behaart, im QS scharf 3-kantig;** Schnabel: kurz. Blätter: 1,5–4 mm breit. untere Blattscheiden: hellbraun.

- einheimisch
- planar bis montan
- Extensivgrünland u. Magerrasen, Zwergstrauchheiden, Gehölze, Wälder, Zier- bzw. Nutzpflanze
- an sauren Standorten

J F M **A M J J** A S O N D

Carex brachystachys Schrank

Kurzährige Segge *Cyperaceae*
♂ ∗ A3 | ♀ ∗ G(3)

15–40 cm hoch. Blütenstand: **mehrere Ährchen, die traubenartig angeordnet sind, verschiedenährig.** Ährchen: locker stehend. ♀ Ährchen: 10–20 mm lang, 2–5 mm ⌀. ♂ Ährchen: länglich bis zylindrisch. untere Ährchen: **oft überhängend,** gestielt. endständiges Ährchen: *♂ oder ⚥*. Narben: **3.** Tragblätter der ♀ Blüten: **dunkel- bis rotbraun.** Utriculus: **im LS länglich,** 3–5 mm lang, kahl, **mit deutlicher Nervatur;** Schnabel: **lang.** Blätter: im QS rinnig bis rundlich, **0,5–2 mm breit.**

- einheimisch
- montan bis subalpin
- Schutt- u. Felsfluren, Ruderalvegetation, Quellfluren
- an nährstoffarmen, kalkreichen Standorten

J F M A **M J J A S** O N D

Carex ferruginea Scop.

Rost-Segge *Cyperaceae*
♂ ∗ A3 | ♀ ∗ G(3)

25–60 cm hoch. Blütenstand: **mehrere Ährchen, die traubenartig angeordnet sind, verschiedenährig.** Ährchen: locker stehend. ♀ Ährchen: lang gestielt, 10–30 mm lang, 2–5 mm ⌀. Narben: **3.** Tragblätter der ♀ Blüten: **rotbraun.** Utriculus: **im LS länglich,** 3–5 mm lang, **oben behaart, unten kahl, im QS scharf 3-kantig;** Schnabel: **lang, am Rand rau bis bewimpert.** Stängel: **die Blattscheiden durchstoßend.** Ausläufer: **lang.** Blätter: 1–3 mm breit. untere Stängelblätter: **mit reduzierter Spreite.** untere Blattscheiden: **rötlich bis bräunlich.**

- einheimisch
- subalpin bis alpin
- Extensivgrünland u. Magerrasen, Schutt- u. Felsfluren
- an basenreichen Standorten

J F M A **M J J A S O** N D

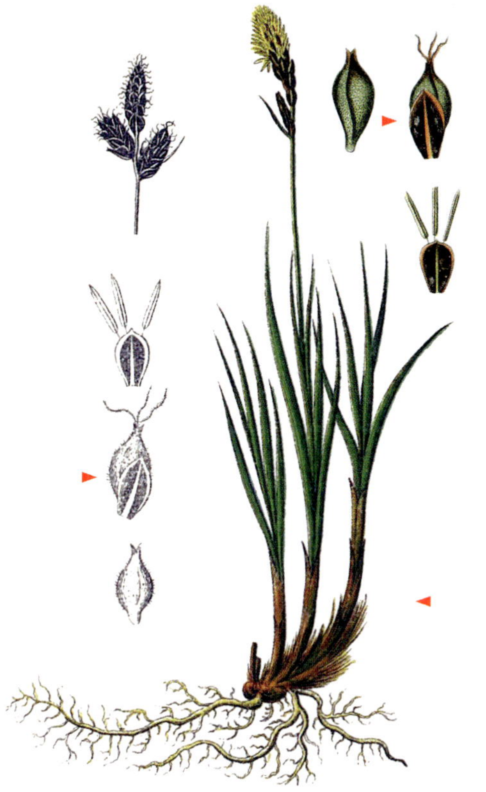

Carex firma Host

Polster-Segge *Cyperaceae*
♂ ∗ A3 | ♀ ∗ G(3̲)

Bis 20 cm hoch. Pflanzen: **polsterförmig**. Blütenstand: **mehrere Ährchen, die traubenartig angeordnet sind, verschiedenährig**. Ährchen: zumindest die untere locker stehend. ♀ Ährchen: 5–10 mm lang. untere Ährchen: aufrecht, gestielt. Narben: **3**. Tragblätter der ♀ Blüten: **(schwarz)-braun bis rötlich**. Utriculus: **im LS länglich**, am Rand rau, 3–5 mm lang, länger als das Tragblatt; Schnabel: **lang, am Rand rau bis bewimpert**. Blätter: **überwinternd grün, starr, stechend, bis 8 cm lang**, kürzer als der Blütenstand, 2–3 mm breit.

- einheimisch
- subalpin bis alpin
- Extensivgrünland u. Magerrasen, Schutt- u. Felsfluren, Zier- bzw. Nutzpflanze
- an nährstoffarmen, kalkreichen Standorten

J F M A **M J J A S** O N D

Carex frigida All.

Eis-Segge *Cyperaceae*
♂ ∗ A3 | ♀ ∗ G(3̲) RL R

10–40 cm hoch. Blütenstand: **mehrere Ährchen, die traubenartig angeordnet sind, verschiedenährig**. Ährchen: locker stehend. ♀ Ährchen: 12–40 mm lang, 5–10 mm ⌀. untere Ährchen: **überhängend**, gestielt. Tragblätter der unteren Ährchen: **länger als die Ährchen**. Narben: **3**. Tragblätter der ♀ Blüten: lanzettlich, **dunkel- bis rotbraun**. Utriculus: **im LS länglich, gekielt**, 5–7 mm lang, **schwarz bis dunkelbraun, am Kiel abstehend behaart**; Schnabel: **lang, am Rand rau bis bewimpert**. Stängel: **oben rau**. Blätter: 2–4 mm breit.

- einheimisch
- subalpin bis alpin
- trockenfallende Ufer, Moore u. Seggenriede, Schutt- u. Felsfluren, Quellfluren
- an nährstoffarmen, basenreichen, feuchten bis nassen, zuweilen überfluteten Standorten

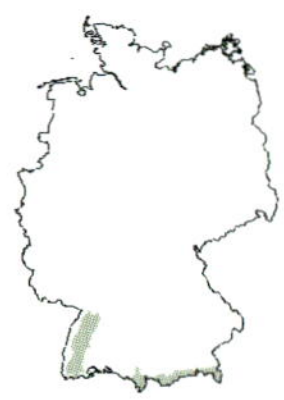

J F M A **M J J A S** O N D

Carex fuliginosa Schkuhr

Ruß-Segge *Cyperaceae*
♂ ∗ A3 | ♀ ∗ G(3̲) RL R

10–30 cm hoch. Blütenstand: **mehrere Ährchen, die traubenartig angeordnet sind, verschiedenährig**. ♀ Ährchen: 10–20 mm lang. ♂ Ährchen: **kegelförmig, distal verbreitert**. untere Ährchen: gestielt. Narben: **3**. Tragblätter der ♀ Blüten: **dunkel- bis rotbraun, mit häutigem Rand**. Utriculus: **im LS länglich**, 4–6 mm lang, **schwarz bis dunkelbraun**; Schnabel: **lang, deutlich vom Fruchtknoten abgesetzt**, allmählich verschmälert, **am Rand rau bis bewimpert**. Blätter: 1–5 mm breit.

- einheimisch
- subalpin bis alpin
- Extensivgrünland u. Magerrasen, Schutt- u. Felsfluren
- an nährstoffarmen, sauren, feuchten bis nassen Standorten

J F M A **M J J A S** O N D

Carex mucronata All.

Stachelspitzige Segge *Cyperaceae*
♂ ∗ A3 | ♀ ∗ G(2̲)

10–30 cm hoch. Blütenstand: **mehrere Ährchen, die ährenartig angeordnet sind, verschiedenährig**. Ährchen: einander genähert. ♀ Ährchen: 3–10-blütig, 5–10 mm lang. untere Ährchen: **sitzend bis kurz gestielt**. Tragblätter der unteren Ährchen: **Blattscheide < 5 mm lang**. Narben: **2**. Tragblätter der ♀ Blüten: **dunkel- bis rotbraun, mit häutigem Rand**. Utriculus: **im LS oval**, 3–5 mm lang, **behaart**; Schnabel: **lang, am Rand rau bis bewimpert**. Blätter: im QS rinnig bis rundlich, **< 1 mm breit**.

- einheimisch
- montan bis alpin
- Extensivgrünland u. Magerrasen, Schutt- u. Felsfluren, Ruderalvegetation
- an nährstoffarmen, kalkreichen, meist trockenen Standorten

J F M **A M J J A S** O N D

Carex sempervirens Vill.

Horst-Segge *Cyperaceae*
♂ ∗ A3 | ♀ ∗ G(3)

15–40 cm hoch. Pflanzen: **horstförmig**. Blütenstand: **mehrere Ährchen, die traubenartig angeordnet sind, verschiedenährig**. Ährchen: locker stehend. ♀ Ährchen: 10–20 mm lang, 2–5 mm ⌀. ♂ Ährchen: 2–6. untere Ährchen: **oft überhängend**, gestielt. Tragblätter der unteren Ährchen: **kürzer als die Ährchen**. Narben: **3**. Tragblätter der ♀ Blüten: **(schwarz)-braun bis rötlich**. Utriculus: **im LS oval bis länglich-lanzettlich, am Rand bewimpert**, 4–6 mm lang, länger als das Tragblatt, **oben behaart, unten kahl**; Schnabel: **lang**, allmählich verschmälert, **am Rand rau bis bewimpert**. Blätter: 1–3 mm breit. untere Blattscheiden: **netzartig zerfasernd**, bräunlich.

- einheimisch
- subalpin bis alpin
- Extensivgrünland u. Magerrasen, Schutt- u. Felsfluren
- an basenreichen Standorten

J F M A **M J J A S** O N D

Carex depauperata With.

Verarmte Segge *Cyperaceae*
♂ ∗ A3 | ♀ ∗ G(3) RL 1

30–60 cm hoch. Blütenstand: mehrere Ährchen, die ähren- bis traubenartig angeordnet sind, **verschiedenährig**. Ährchen: locker stehend. ♀ Ährchen: gestielt, 3–6-blütig. untere Ährchen: aufrecht bis abstehend. Griffel: **basal verdickt, Griffeläste bleibend**. Narben: **3**. Tragblätter der ♀ Blüten: spitz, hellbraun. Utriculus: **im LS oval**, < 8 mm lang, kahl, **mit deutlicher Nervatur, im QS scharf 3-kantig**; Schnabel: **lang, deutlich vom Fruchtknoten abgesetzt**. Stängel: ± kahl. Blätter: 2–4 mm breit.

- einheimisch
- planar bis montan
- Gehölze, Wälder
- an basenreichen Standorten

J F **M A M J** J A S O N D

Carex michelii Host

Michelis Segge *Cyperaceae*
♂ ∗ A3 | ♀ ∗ G(3) RL 1

15–30 cm hoch. Blütenstand: mehrere Ährchen, die ähren- bis traubenartig angeordnet sind, **verschiedenährig**. Ährchen: locker stehend. ♀ Ährchen: 6–15-blütig, 10–20 mm lang. untere Ährchen: aufrecht bis abstehend. Griffel: **basal verdickt, Griffeläste bleibend**. Narben: **3**. Tragblätter der ♀ Blüten: spitz, hellbraun, **mit häutigem Rand**. Utriculus: **im LS oval**, 5–7 mm lang, zumindest zunächst rau, ***ohne* bzw. mit undeutlicher Nervatur, im QS stumpf 3-kantig bis rundlich**; Schnabel: **lang, deutlich vom Fruchtknoten abgesetzt**, spitz. Ausläufer: **lang**. Blätter: 2–3 mm breit.

- einheimisch
- collin bis montan
- Extensivgrünland u. Magerrasen, Staudenfluren
- meist an trockenen Standorten

J F **M A M J** J A S O N D

Carex flacca Schreb.

Blau-Segge *Cyperaceae*
♂ ∗ A3 | ♀ ∗ G(3)

20–60 cm hoch. Blütenstand: **mehrere Ährchen, die traubenartig angeordnet sind, verschiedenährig**. Ährchen: locker stehend. ♀ Ährchen: lang gestielt, > 25-blütig, 12–60 mm lang. ♂ Ährchen: 1–6. untere Ährchen: **überhängend**. Tragblätter der unteren Ährchen: **länger als der Blütenstand**. Narben: **3**. Utriculus: **im LS oval**, 2–3 mm lang, ***ohne* bzw. mit undeutlicher Nervatur**; Schnabel: kurz bis fehlend, vom Utriculus abgesetzt. Ausläufer: **lang**. Blätter: **blau- bzw. graugrün**, 2–6 mm breit, am Rand rau. untere Blattscheiden: **netzartig zerfasernd**.

- einheimisch
- planar bis alpin
- Moore u. Seggenriede, Extensivgrünland u. Magerrasen, Gehölze, Wälder, Dünentäler, Zier- bzw. Nutzpflanze
- an kalkreichen, auch salzhaltigen Standorten

J F M **A M J J A** S O N D

Carex caryophyllea Latourr.

Frühlings-Segge *Cyperaceae*
♂ ∗ A3 | ♀ ∗ G(3) RL V

Bis 30 cm hoch. Blütenstand: **mehrere Ährchen, die traubenartig angeordnet sind**, **verschiedenährig**. Ährchen: einander genähert. ♀ Ährchen: 5–15 mm lang. ♂ Ährchen: kegelförmig. Tragblätter der unteren Ährchen: **kürzer o. wenig länger als die Ährchen, stachelspitzig**. Narben: **3**. Tragblätter der ♀ Blüten: grünlich bis hellbraun, **mit häutigem Rand**. Utriculus: **im LS oval**, 2–3 mm lang, **behaart, im QS scharf 3-kantig**; Schnabel: kurz. Ausläufer: **lang**. Blätter: **überwinternd grün**, kürzer als der Blütenstand, 1–3 mm breit. untere Blattscheiden: bräunlich.

- einheimisch
- planar bis subalpin
- Extensivgrünland u. Magerrasen, Ruderalvegetation, Zier- bzw. Nutzpflanze
- an nährstoffarmen Standorten

J F M A M J J A S O N D

Carex umbrosa Host

Schatten-Segge *Cyperaceae*
♂ ∗ A3 | ♀ ∗ G(3) RL V

15–50 cm hoch. Pflanzen: **horstförmig**. Blütenstand: **mehrere Ährchen, die traubenartig angeordnet sind, verschiedenährig**. Ährchen: einander genähert. ♀ Ährchen: 5–15 mm lang. ♂ Ährchen: kegelförmig. Narben: **3**. Tragblätter der ♀ Blüten: grünlich bis hellbraun. Utriculus: **im LS oval**, **behaart**, **2–3-nervig**, **im QS scharf gekielt**; Schnabel: kurz. Blätter: **überwinternd grün**, **vorjährige meist länger als der Blütenstand**, 1–3 mm breit. untere Blattscheiden: **netzartig zerfasernd**, bräunlich.

- einheimisch
- collin bis montan
- Extensivgrünland u. Magerrasen, Wälder

J F M A M J J A S O N D

Carex digitata L.

Finger-Segge *Cyperaceae*
♂ ∗ A3 | ♀ ∗ G(3)

10–30 cm hoch. Blütenstand: **mehrere Ährchen, die traubenartig angeordnet sind**, **verschiedenährig**, > 2 cm lang, **oberste ♀ Ähre die endständige ♂ Ähre erreichend o. überragend**. ♀ Ährchen: gestielt, 3–10-blütig. ♂ Ährchen: sitzend bis kurz gestielt. Tragblätter der unteren Ährchen: mit (halb-) stängelumfassender Blattscheide. Narben: **3**. Tragblätter der ♀ Blüten: **stachelspitzig**, gekielt, **rotbraun**. Utriculus: 3–5 mm lang, ± so lang wie sein Tragblatt, **behaart**. Stängel: meist an der Seite einer ausdauernden Blattrosette entspringend, basal mit sterilen Rosettentrieben. Blätter: **überwinternd grün**, 2–5 mm breit.

- einheimisch
- planar bis montan
- Gehölze, Wälder

J F M A M J J A S O N D

Carex humilis Leyss.

Erd-Segge *Cyperaceae*
♂ ∗ A3 | ♀ ∗ G(3) RL V

Bis 15 cm hoch. Pflanzen: **horstförmig**. Blütenstand: mehrere Ährchen, die ähren- bis traubenartig angeordnet sind, **verschiedenährig**. ♀ Ährchen: gestielt, 2–6-blütig. untere Ährchen: **unterstes Ährchen (scheinbar) sitzend, Stiel von Blattscheide eingeschlossen**. Tragblätter der unteren Ährchen: mit (halb-) stängelumfassender Blattscheide. Narben: **3**. Tragblätter der ♀ Blüten: **stachelspitzig**. Utriculus: **im LS rundlich bis oval**, 2–3 mm lang, **behaart**. Blätter: **überwinternd grün**, im QS rinnig bis rundlich, **länger als der Blütenstand**, 1–3 mm breit.

- einheimisch
- planar bis montan
- Extensivgrünland u. Magerrasen, Staudenfluren, Gehölze, Schutt- u. Felsfluren
- an nährstoffarmen, basenreichen, trockenen Standorten

J F M A M J J A S O N D

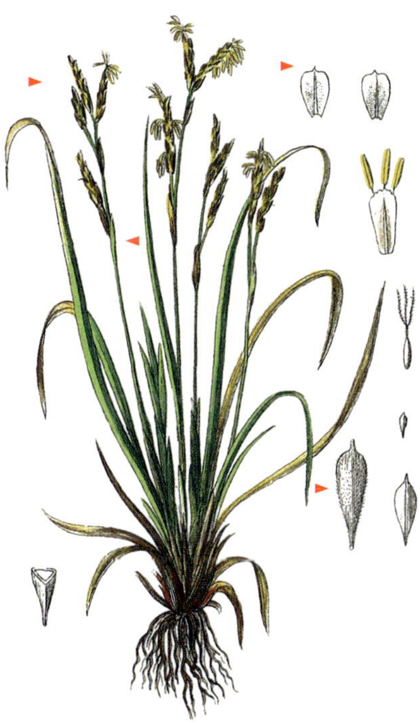

Carex ornithopoda Willd.

Vogelfuß-Segge *Cyperaceae*
♂ ∗ A3 | ♀ ∗ G(3)

Bis 15 cm hoch. Blütenstand: mehrere Ährchen, die ähren- bis traubenartig angeordnet sind, **verschiedenährig, oberste ♀ Ähre die endständige ♂ Ähre erreichend o. überragend**. Ährchen: einander genähert. ♀ Ährchen: kurz gestielt, 2–8-blütig, 5–15 mm lang. ♂ Ährchen: sitzend bis kurz gestielt. Tragblätter der unteren Ährchen: ± ***ohne* Spreite**, mit (halb-) stängelumfassender Blattscheide. Narben: **3**. Tragblätter der ♀ Blüten: distal abgerundet o. etwas ausgerandet. Utriculus: 2–3 mm lang, länger als das Tragblatt, **behaart**. Blätter: **überwinternd grün**.

- einheimisch
- collin bis alpin
- Extensivgrünland u. Magerrasen, Schutt- u. Felsfluren, Schneetälchen, Zier- bzw. Nutzpflanze
- an kalkreichen, meist trockenen Standorten

J F M A M **J J A S** O N D

Carex panicea L.

Hirse-Segge *Cyperaceae*
♂ ∗ A3 | ♀ ∗ G(3) RL V

10–50 cm hoch. Blütenstand: **mehrere Ährchen, die traubenartig angeordnet sind, verschiedenährig**. Ährchen: gestielt, locker stehend. ♀ Ährchen: ≥ 5-blütig, 10–30 mm lang. untere Ährchen: aufrecht bis abstehend. Tragblätter der unteren Ährchen: **meist länger als die Ährchen**. Narben: **3**. Utriculus: 3–5 mm lang, kahl, ***ohne* bzw. mit undeutlicher Nervatur**; Schnabel: kurz. Ausläufer: **lang**. Blätter: **blau- bzw. graugrün**, 2–5 mm breit.

- einheimisch
- planar bis subalpin
- Moore u. Seggenriede, Extensivgrünland u. Magerrasen
- an wechselfeuchten bis nassen, auch salzhaltigen Standorten

J F M **A M J J** A S O N D

Carex pilosa Scop.

Wimper-Segge *Cyperaceae*
♂ ∗ A3 | ♀ ∗ G(3)

30–60 cm hoch. Blütenstand: **mehrere Ährchen, die traubenartig angeordnet sind, verschiedenährig**. Ährchen: gestielt. ♀ Ährchen: ≥ 9-blütig, 20–40 mm lang. untere Ährchen: aufrecht bis abstehend. Griffel: **basal verdickt, Griffeläste bleibend**. Narben: **3**. Tragblätter der ♀ Blüten: grünlich bis hellbraun. Utriculus: **im LS rundlich-oval**, 3–6 mm lang, kahl, **im QS scharf 3-kantig**; Schnabel: **lang**. Stängel: **behaart**. Ausläufer: **lang**. Blätter: 3–10 mm breit, **behaart**.

- einheimisch
- collin bis montan
- Wälder

J F M **A M J J** A S O N D

Carex vaginata Tausch

Scheiden-Segge *Cyperaceae*
♂ ∗ A3 | ♀ ∗ G(3) RL R

25–30 cm hoch. Blütenstand: **mehrere Ährchen, die traubenartig angeordnet sind, verschiedenährig**. Ährchen: gestielt, locker stehend. ♀ Ährchen: < 15-blütig, 10–25 mm lang. untere Ährchen: aufrecht bis abstehend. Tragblätter der unteren Ährchen: **kürzer als die Ährchen**. Narben: **3**. Utriculus: **im LS oval**, 2–4 mm lang, kahl, **mit deutlicher Nervatur**. Stängel: 1–2 mm ⌀. Ausläufer: **lang**. Blätter: frischgrün, 3–6 mm breit.

- einheimisch
- montan bis alpin
- trockenfallende Ufer, Moore u. Seggenriede, Extensivgrünland u. Magerrasen
- an nährstoffarmen, nassen, meist überfluteten Standorten

J F M A **M J J A** S O N D

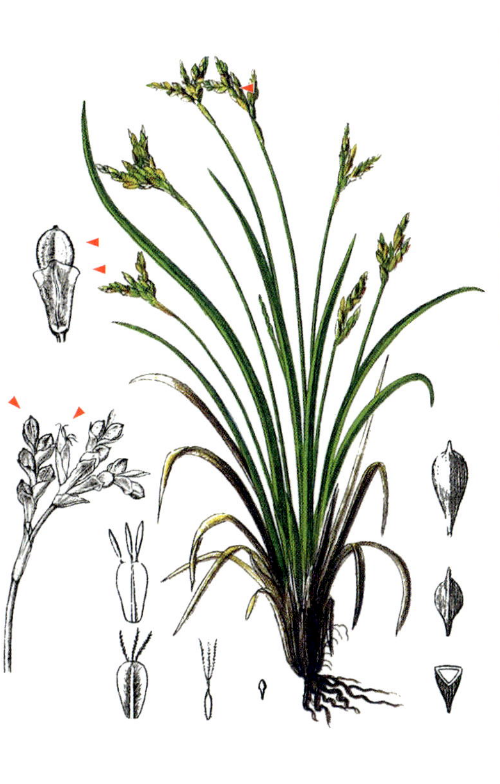

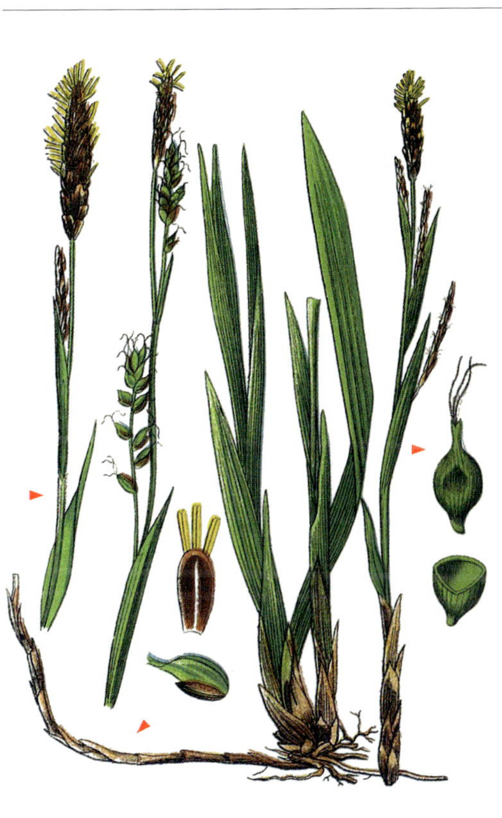

Carex atrata L.

Trauer-Segge *Cyperaceae*
♂ ∗ A3 | ♀ ∗ G(3)

10–60 cm hoch. Blütenstand: **mehrere Ährchen, die traubenartig angeordnet sind, verschiedenährig**. Ährchen: 2–6, untere mit ♀, obere mit ♂ *und* ♀ Blüten. ♀ Ährchen: 10–40 mm lang. untere Ährchen: ♀, gestielt. Narben: **3**. Tragblätter der ♀ Blüten: **schwarz bis rotbraun**. Utriculus: **im LS rundlich bis oval**, 3–5 mm lang, kahl; Schnabel: kurz, **vom Utriculus abgesetzt**. Blätter: 3–12 mm breit.

Im Gebiet kommen 2 Unterarten vor: subsp. *atrata* und subsp. *aterrima* (vgl. S. 1422).

- einheimisch
- subalpin bis alpin
- Extensivgrünland u. Magerrasen, Schutt- u. Felsfluren, Zier- bzw. Nutzpflanze
- an nährstoffarmen Standorten

J F M A **M J J A S** O N D

Carex buxbaumii Wahlenb.

Buxbaums Segge *Cyperaceae*
♂ ∗ A3 | ♀ ∗ G(3)
RL 2

30–80 cm hoch. Blütenstand: mehrere Ährchen, die ähren- bis traubenartig angeordnet sind, **verschiedenährig**. Ährchen: 2–5, untere mit ♀, obere mit ♂ *und* ♀ Blüten. ♀ Ährchen: 10–15 mm lang, 6–10 mm ⌀. untere Ährchen: ♀, aufrecht, gestielt. Tragblätter der unteren Ährchen: **länger als der Blütenstand**. seitenständige Ährchen: alle gleich groß. Narben: **3**. Tragblätter der ♀ Blüten: **schwarz bis rotbraun**. Utriculus: **im LS oval**, 3–5 mm lang, länger als das Tragblatt, **grünlich**, kahl, ***ohne* bzw. mit undeutlicher Nervatur, im QS scharf 3-kantig**; Schnabel: kurz. Früchte: **den Utriculus nur zu ± 75 % ausfüllend**. Stängel: **oben rau**. Blätter: **blau- bzw. graugrün**.

- einheimisch
- planar bis montan
- Moore u. Seggenriede, Extensivgrünland u. Magerrasen
- an nährstoffarmen, kalkreichen, feuchten bis nassen, zuweilen überfluteten Standorten

J F M **A M J J** A S O N D

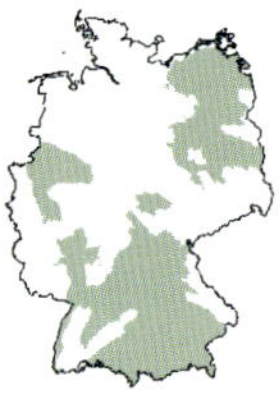

Carex hartmanii Cajander

Hartman'sche Segge *Cyperaceae*
♂ ∗ A3 | ♀ ∗ G(3)
RL 2

30–80 cm hoch. Blütenstand: mehrere Ährchen, die ähren- bis traubenartig angeordnet sind, **verschiedenährig**. Ährchen: 2–5, untere mit ♀, obere mit ♂ *und* ♀ Blüten. ♀ Ährchen: 4–5 mm ⌀. untere Ährchen: ♀, aufrecht, gestielt. Tragblätter der unteren Ährchen: **kürzer als o. so lang wie der Blütenstand**. seitenständige Ährchen: obere kürzer als die unteren. Narben: **3**. Tragblätter der ♀ Blüten: **schwarz bis rotbraun**. Utriculus: **im LS oval**, 2–4 mm lang, ± so lang wie sein Tragblatt, **grünlich**, kahl, **mit deutlicher Nervatur**, **im QS scharf 3-kantig**; Schnabel: kurz. Früchte: **den Utriculus komplett ausfüllend**. Stängel: **oben rau**.

- einheimisch
- planar bis montan
- Moore u. Seggenriede, Extensivgrünland u. Magerrasen
- an nährstoffarmen Standorten

J F M **A M J J** A S O N D

Carex parviflora Host

Kleinblütige Segge *Cyperaceae*
♂ ∗ A3 | ♀ ∗ G(3)

Bis 25 cm hoch. Blütenstand: **mehrere Ährchen, die ähren- bis köpfchenartig angeordnet sind, verschiedenährig**. Ährchen: 2–5, untere mit ♀, obere mit ♂ *und* ♀ Blüten, einander genähert. ♀ Ährchen: 5–10 mm lang. untere Ährchen: ♀, aufrecht, **sitzend bis kurz gestielt**. Tragblätter der unteren Ährchen: **kürzer o. wenig länger als der Blütenstand**. Narben: **3**. Tragblätter der ♀ Blüten: spitz, **schwarz bis rotbraun**. Utriculus: **im LS oval**, 2–4 mm lang, **dunkelrot bis schwarz**, kahl. Stängel: **oben rau**. Blätter: 1–4 mm breit.

- einheimisch
- subalpin bis alpin
- Extensivgrünland u. Magerrasen, Schutt- u. Felsfluren, Schneetälchen
- an kalkreichen Standorten

J F M A M **J J A S** O N D

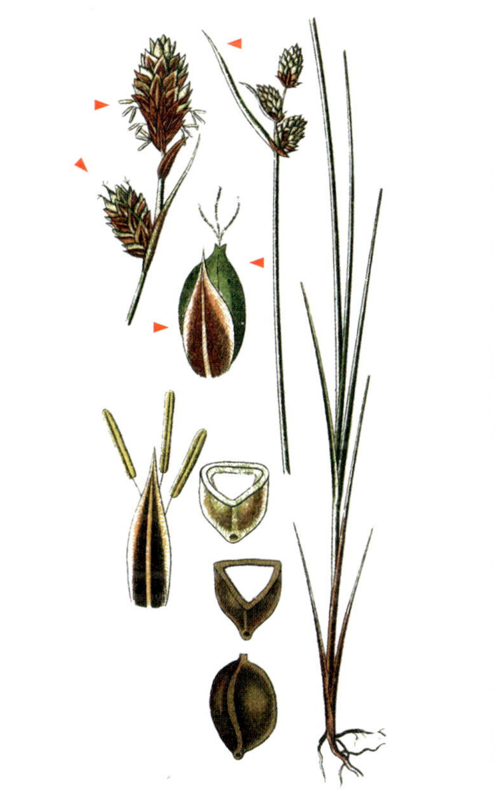

Carex capillaris L.

Haarstiel-Segge *Cyperaceae*
♂ ∗ A3 | ♀ ∗ G(3)

Bis 30 cm hoch. Blütenstand: **mehrere Ährchen, die traubenartig angeordnet sind, verschiedenährig, oberste ♀ Ähre die endständige ♂ Ähre erreichend o. überragend.** ♀ Ährchen: 5–12-blütig, 5–15 mm lang. untere Ährchen: **überhängend**, gestielt. Narben: **3**. Tragblätter der ♀ Blüten: grünlich bis hellbraun. Utriculus: **im LS oval**, 2–4 mm lang; Schnabel: kurz. Stängel: **meist an der Seite einer ausdauernden Blattrosette entspringend**. Blätter: < 2,5 mm breit.

- einheimisch
- subalpin bis alpin
- trockenfallende Ufer, Moore u. Seggenriede, Extensivgrünland u. Magerrasen, Zier- bzw. Nutzpflanze
- an nährstoffarmen, basenreichen, feuchten bis nassen, zuweilen überfluteten Standorten

J F M **A M J J A** S O N D

Carex strigosa Huds.

Dünnährige Segge *Cyperaceae*
♂ ∗ A3 | ♀ ∗ G(3)

40–100 cm hoch. Blütenstand: mehrere Ährchen, die ähren- bis traubenartig angeordnet sind, **verschiedenährig**. Ährchen: locker stehend. ♀ Ährchen: **bis 200 mm lang**, 2–3 mm ⌀. untere Ährchen: gestielt. Tragblätter der unteren Ährchen: **länger als die Ährchen**. Narben: **3**. Tragblätter der ♀ Blüten: grünlich bis hellbraun. Utriculus: **im LS oval**, 3–4 mm lang, **im QS scharf 3-kantig**. Stängel: **meist an der Seite einer ausdauernden Blattrosette entspringend**. Blätter: **überwinternd grün, 6–15 mm breit**; unterseits: frischgrün.

- einheimisch
- planar bis montan
- Wälder
- an basenreichen Standorten

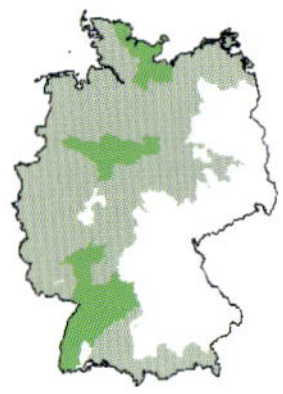

J F M A **M J J A** S O N D

Carex sylvatica Huds.

Wald-Segge *Cyperaceae*
♂ ∗ A3 | ♀ ∗ G(3)

30–80 cm hoch. Blütenstand: **mehrere Ährchen, die traubenartig angeordnet sind, verschiedenährig**. Ährchen: locker stehend. ♀ Ährchen: 20–80 mm lang, 2–5 mm ⌀. untere Ährchen: **überhängend**, gestielt. Narben: **3**. Tragblätter der ♀ Blüten: grünlich bis hellbraun. Utriculus: **im LS oval**, 4–6 mm lang, **im QS scharf 3-kantig**; Schnabel: **lang**. Stängel: **meist an der Seite einer ausdauernden Blattrosette entspringend**. Blätter: 3–10 mm breit, ganzrandig.

- einheimisch
- planar bis montan
- Gehölze, Wälder

J F M A **M J J A** S O N D

Carex pendula Huds.

Hänge-Segge *Cyperaceae*
♂ ∗ A3 | ♀ ∗ G(3)

50–150 cm hoch. Blütenstand: **mehrere Ährchen, die traubenartig angeordnet sind, verschiedenährig**. Ährchen: locker stehend. ♀ Ährchen: **bis 200 mm lang**, 5–7 mm ⌀. untere Ährchen: **überhängend**, gestielt. Tragblätter der unteren Ährchen: **länger als die Ährchen**. Narben: **3**. Utriculus: **im LS oval**, 2–4 mm lang, **im QS scharf 3-kantig**; Schnabel: kurz. Blätter: **überwinternd grün, 8–20 mm breit**; oberseits: rau; unterseits: **blau- bzw. graugrün**. untere Blattscheiden: schwach faserig.

- einheimisch
- planar bis montan
- Wälder, Zier- bzw. Nutzpflanze
- an feuchten bis nassen Standorten

J F M **A M J J** A S O N D

Carex flava L.

Gelb-Segge *Cyperaceae*
♂ ∗ A3 | ♀ ∗ G(3) RL V

Bis 60 cm hoch. Pflanzen: **horstförmig**. Blütenstand: **mehrere Ährchen, die traubenartig angeordnet sind, verschiedenährig**. ♀ Ährchen: 10–15 mm lang, **8–15 mm** ⌀. untere Ährchen: aufrecht bis abstehend. Griffel: Griffeläste früh abfallend. Narben: **3**. Tragblätter der ♀ Blüten: spitz, grünlich bis hellbraun. Utriculus: abstehend o. nach unten gerichtet, **im LS oval**, 5–7 mm lang, **gelblich-grünlich bis hellbraun**; Schnabel: allmählich verschmälert, 0,5–1-mal so lang wie der Utriculus, **distal gekrümmt**. Blätter: 2–7 mm breit. Ligula: 0,5–1 mm lang.

- einheimisch
- collin bis alpin
- trockenfallende Ufer, Moore u. Seggenriede
- an nährstoffarmen, kalkreichen, nassen, zuweilen überfluteten Standorten

J F M **A M J J A S O** N D

Carex demissa Hornem.

Aufsteigende Segge *Cyperaceae*
♂ ∗ A3 | ♀ ∗ G(3) RL V

Bis 20 cm hoch. Pflanzen: **horstförmig**. Blütenstand: mehrere Ährchen, die ähren- bis traubenartig angeordnet sind, **verschiedenährig**. Ährchen: locker stehend. ♀ Ährchen: 7–13 mm lang, 6–8 mm ⌀. untere Ährchen: aufrecht bis abstehend. Griffel: Griffeläste früh abfallend. Narben: **3**. Tragblätter der ♀ Blüten: spitz, grünlich bis hellbraun. Utriculus: abstehend o. nach unten gerichtet, **im LS oval**, 3–6 mm lang; Schnabel: allmählich verschmälert, < 0,5-mal so lang wie der Utriculus, **distal ± gerade**. Blätter: frischgrün, 2–5 mm breit. Ligula: 3-eckig, sehr kurz.

- einheimisch
- planar bis montan
- Moore u. Seggenriede
- an nährstoffarmen, nassen, zuweilen überfluteten Standorten

J F M **A M J J A** S O N D

Carex lepidocarpa Tausch

Schuppenfrüchtige Segge *Cyperaceae*
♂ ∗ A3 | ♀ ∗ G(3) RL 3

Bis 60 cm hoch. Pflanzen: **horstförmig**. Blütenstand: mehrere Ährchen, die ähren- bis traubenartig angeordnet sind, **verschiedenährig**. Ährchen: locker stehend. ♀ Ährchen: 6–13 mm lang, **7–10 mm** ⌀. untere Ährchen: aufrecht bis abstehend. Griffel: Griffeläste früh abfallend. Narben: **3**. Tragblätter der ♀ Blüten: spitz, grünlich bis hellbraun. Utriculus: abstehend o. nach unten gerichtet, **im LS oval**, 3–5 mm lang, **gelblich-grünlich bis hellbraun, im QS stumpf 3-kantig bis rundlich**; Schnabel: allmählich verschmälert, 0,5–1-mal so lang wie der Utriculus, **distal gekrümmt**. Blätter: 2–4 mm breit. Ligula: < 0,5 mm lang.

- einheimisch
- planar bis montan
- Moore u. Seggenriede, Quellfluren
- an nährstoffarmen, kalkreichen, nassen, zuweilen überfluteten Standorten

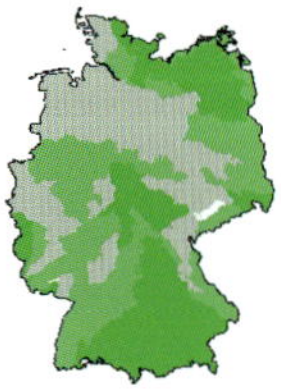

J F M A **M J J A** S O N D

Carex viridula Michx.

Späte Segge *Cyperaceae*
♂ ∗ A3 | ♀ ∗ G(3) RL V

Bis 20 cm hoch. Pflanzen: **horstförmig**. Blütenstand: mehrere Ährchen, die ähren- bis traubenartig angeordnet sind, **verschiedenährig**. Ährchen: einander genähert. ♀ Ährchen: 5–8 mm lang, 4–5 mm ⌀. Griffel: Griffeläste früh abfallend. Narben: **3**. Tragblätter der ♀ Blüten: spitz, grünlich bis hellbraun. Utriculus: abstehend o. nach unten gerichtet, **im LS oval**, 2–3 mm lang, **im QS scharf 3-kantig**; Schnabel: allmählich verschmälert, < 0,5-mal so lang wie der Utriculus, **distal ± gerade**. Früchte: **den Utriculus komplett ausfüllend**. Blätter: 1–3 mm breit.

- einheimisch
- planar bis montan
- Moore u. Seggenriede, Extensivgrünland u. Magerrasen
- an nährstoffarmen, nassen, zuweilen überfluteten, auch salzhaltigen Standorten

J F M **A M J J A S O** N D

Carex hostiana DC.

Saum-Segge *Cyperaceae*
♂ ∗ A3 | ♀ ∗ G(3) RL 2

25–50 cm hoch. Blütenstand: **mehrere Ährchen, die traubenartig angeordnet sind**, **verschiedenährig**. Ährchen: locker stehend. ♀ Ährchen: 5–10-blütig, 20–30 mm lang. untere Ährchen: aufrecht bis abstehend, gestielt. Tragblätter der unteren Ährchen: **länger als die Ährchen**. Griffel: Griffeläste früh abfallend. Narben: **3**. Tragblätter der ♀ Blüten: eiförmig, spitz, bräunlich, **mit breitem häutigem Rand**. Utriculus: abstehend bis aufrecht, **im LS oval**, 3–5 mm lang; Schnabel: allmählich verschmälert, **am Rand rau**. Stängel: ± kahl. Blätter: frischgrün, 2–5 mm breit.

- einheimisch
- collin bis subalpin
- Moore u. Seggenriede, Extensivgrünland u. Magerrasen, Quellfluren
- an nährstoffarmen, nassen, zuweilen überfluteten Standorten

J F M A M J J A S O N D

Carex binervis Sm.

Zweinervige Segge *Cyperaceae*
♂ ∗ A3 | ♀ ∗ G(3) RL 3

30–100 cm hoch. Blütenstand: **mehrere Ährchen, die traubenartig angeordnet sind**, **verschiedenährig**. Ährchen: locker stehend. ♀ Ährchen: 20–30 mm lang. untere Ährchen: aufrecht bis abstehend, gestielt. Tragblätter der Blüten: **grannenspitzig**. Griffel: Griffeläste früh abfallend. Narben: **3**. Tragblätter der ♀ Blüten: **grannenspitzig**, bräunlich. Utriculus: **im LS oval**, **am Rand mit verdickten Nerven**, **rotbraun**, **im QS stumpf 3-kantig bis rundlich**; Schnabel: **lang**, allmählich verschmälert. Blätter: **blau- bzw. graugrün**, 3–8 mm breit.

- einheimisch
- collin bis montan
- Extensivgrünland u. Magerrasen
- an nährstoffarmen, sauren Standorten

J F M A M J J A S O N D

Carex distans L.

Entferntährige Segge *Cyperaceae*
♂ ∗ A3 | ♀ ∗ G(3) RL 3

20–60 cm hoch. Blütenstand: mehrere Ährchen, die ähren- bis traubenartig angeordnet sind, **verschiedenährig**. Ährchen: locker stehend. ♀ Ährchen: 10–40 mm lang. untere Ährchen: aufrecht bis abstehend, gestielt. Tragblätter der unteren Ährchen: **länger als die Ährchen**. Griffel: Griffeläste früh abfallend. Narben: **3**. Tragblätter der ♀ Blüten: eiförmig, spitz, bräunlich, **mit schmalem häutigem Rand**. Utriculus: abstehend bis aufrecht, **im LS oval**, 3–5 mm lang, **grünlich bis graugrün**, **oft punktiert**, **≥ 5-nervig**, **im QS stumpf 3-kantig bis rundlich**; Schnabel: **lang**, **am Rand rau**. Blätter: **blau- bzw. graugrün**, 2–6 mm breit.

- einheimisch
- planar bis montan
- Moore u. Seggenriede, Extensivgrünland u. Magerrasen, Salzwiesen, Dünentäler
- an basenreichen, auch salzhaltigen Standorten

J F M A M J J A S O N D

Carex extensa Gooden.

Strand-Segge *Cyperaceae*
♂ ∗ A3 | ♀ ∗ G(3) RL V

10–30 cm hoch. Blütenstand: mehrere Ährchen, die ähren- bis traubenartig angeordnet sind, **verschiedenährig**. ♀ Ährchen: < 25 mm lang. untere Ährchen: **sitzend bis kurz gestielt**. Griffel: Griffeläste früh abfallend. Narben: **3**. Tragblätter der ♀ Blüten: breit-eiförmig, spitz, grünlich bis hellbraun. Utriculus: **im LS oval**, **matt**, **punktiert**, kahl, **mit deutlicher Nervatur**; Schnabel: kurz. Blätter: **blau- bzw. graugrün**, 1–3 mm breit.

- einheimisch
- planar
- Salzwiesen
- an feuchten, zuweilen überfluteten, meist salzhaltigen Standorten

J F M A M J J A S O N D

Carex laevigata Sm.

Glatte Segge *Cyperaceae*
♂ ∗ A3 | ♀ ∗ G(3) RL 3

60–100 cm hoch. Blütenstand: **mehrere Ährchen, die traubenartig angeordnet sind, verschiedenährig**. Ährchen: locker stehend. ♀ Ährchen: 20–35 mm lang. untere Ährchen: gestielt. Tragblätter der unteren Ährchen: **länger als die Ährchen**. Narben: **3**. Tragblätter der ♀ Blüten: spitz, grünlich bis hellbraun. Utriculus: **im LS oval, mit deutlicher Nervatur**; Schnabel: **lang**. Blätter: **6–10 mm breit**.

- einheimisch
- planar bis montan
- Wälder
- an nassen, zuweilen trockenfallenden Standorten

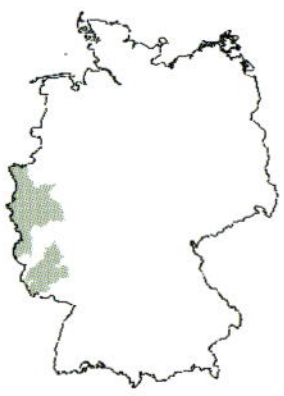

J F **M A M J** J A S O N D

Carex punctata Gaudin

Punktierte Segge *Cyperaceae*
♂ ∗ A3 | ♀ ∗ G(3) RL 1

15–50 cm hoch. Pflanzen: **horstförmig**. Blütenstand: mehrere Ährchen, die ähren- bis traubenartig angeordnet sind, **verschiedenährig**. Ährchen: locker stehend. ♀ Ährchen: 15–25 mm lang. untere Ährchen: aufrecht bis abstehend, gestielt. Tragblätter der unteren Ährchen: **länger als die Ährchen**. Narben: **3**. Tragblätter der ♀ Blüten: eiförmig, spitz, grünlich, **mit breitem häutigem Rand**. Utriculus: **im LS oval, am Rand mit verdickten Nerven**, 3–4 mm lang, **gelblich-grünlich, glänzend, zuweilen punktiert, *ohne* bzw. mit undeutlicher Nervatur, im QS 3-kantig**. Blätter: 2–8 mm breit.

- einheimisch
- planar bis collin
- Moore u. Seggenriede, Extensivgrünland u. Magerrasen, Quellfluren, Salzwiesen
- an nährstoffarmen, feuchten, zuweilen überfluteten, auch salzhaltigen Standorten

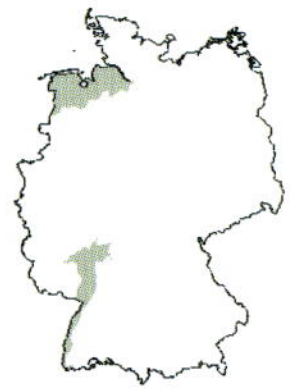

J F M **A M J J A** S O N D

Carex halleriana Asso

Grundstielige Segge *Cyperaceae*
♂ ∗ A3 | ♀ ∗ G(3) RL R

10–30 cm hoch. Blütenstand: mehrere Ährchen, die ähren- bis traubenartig angeordnet sind, **verschiedenährig**. ♀ Ährchen: 4–6-blütig, 3–12 mm lang. ♂ Ährchen: sitzend bis kurz gestielt. untere Ährchen: **unterstes Ährchen ± grundständig, *sehr* lang gestielt**. Tragblätter der unteren Ährchen: mit (halb-) stängelumfassender Blattscheide. Narben: **3**. Tragblätter der ♀ Blüten: bräunlich. Utriculus: **im LS oval**, 4–5 mm lang, zuweilen locker behaart, **mit deutlicher Nervatur, im QS scharf 3-kantig**; Schnabel: kurz. Blätter: höchstens so lang wie der Blütenstand, 1–3 mm breit.

- einheimisch
- planar bis collin
- Extensivgrünland u. Magerrasen, Staudenfluren, Gehölze, Wälder
- an basenreichen, meist trockenen Standorten

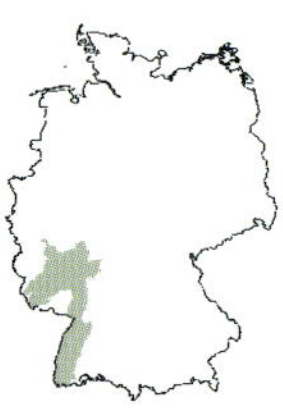

J F **M A M J** J A S O N D

Carex pseudocyperus L.

Scheinzypergras-Segge *Cyperaceae*
♂ ∗ A3 | ♀ ∗ G(3)

40–100 cm hoch. Blütenstand: **mehrere Ährchen, die traubenartig angeordnet sind, verschiedenährig**. ♀ Ährchen: lang gestielt, > 80-blütig, **bis 100 mm lang, 7–15 mm** ⌀. ♂ Ährchen: 1–2. untere Ährchen: **überhängend**. Tragblätter der unteren Ährchen: **länger als die Ährchen**. Narben: **3**. Tragblätter der ♀ Blüten: **grannenspitzig**. Utriculus: **im LS oval bis länglich-lanzettlich, gelblich-grünlich**, kahl, **im QS scharf 3-kantig**; Schnabel: **lang**, die beiden Spitzen nach außen spreizend. Stängel: **oben rau**. Blätter: frischgrün bis gelbgrün, 5–15 mm breit.

- einheimisch
- planar bis montan
- Gewässer, Röhrichte, Moore u. Seggenriede, Grünland, Wälder
- an nassen, zuweilen trockenfallenden Standorten

J F M A **M J J A** S O N D

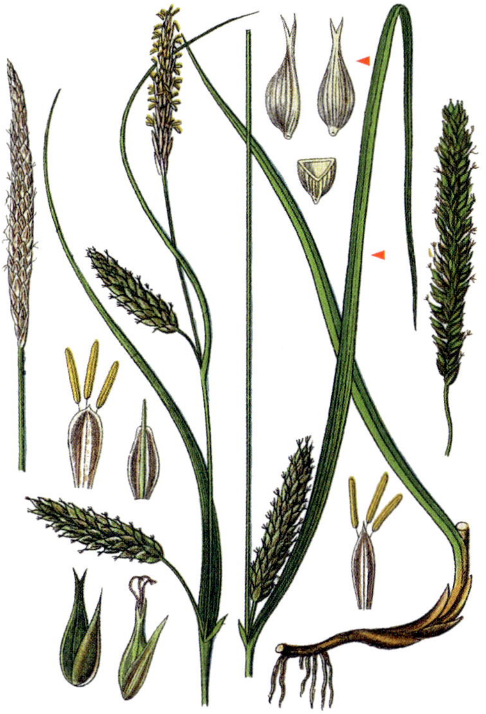

Carex rostrata Stokes

Schnabel-Segge *Cyperaceae*
♂ ∗ A3 | ♀ ∗ G(3)

30–80 cm hoch. Blütenstand: **mehrere Ährchen, die traubenartig angeordnet sind, verschiedenährig.** Ährchen: locker stehend. ♀ Ährchen: kurz gestielt, **bis 100 mm lang, 6–10 mm ⌀.** ♂ Ährchen: 2–4. untere Ährchen: aufrecht bis abstehend. Narben: **3.** Utriculus: **im LS rundlich bis oval, aufgeblasen,** 4–12 mm lang, **gelblich-grünlich,** kahl, **5–9-nervig, im QS stumpf 3-kantig bis rundlich;** Schnabel: **lang,** allmählich verschmälert, die beiden Spitzen nach außen spreizend. Stängel: im QS stumpf 3-kantig. Ausläufer: **lang.** Blätter: **blau- bzw. graugrün, meist so lang wie o. länger als der Blütenstand,** 2–10 mm breit. untere Blattscheiden: **netzartig zerfasernd.**

- einheimisch
- planar bis subalpin
- Gewässer, Moore u. Seggenriede, Wälder
- an nährstoffarmen, sauren, nassen, zuweilen überfluteten Standorten

J F M **A M J J** A S O N D

Carex vesicaria L.

Blasen-Segge *Cyperaceae*
♂ ∗ A3 | ♀ ∗ G(3)

30–80 cm hoch. Blütenstand: **mehrere Ährchen, die traubenartig angeordnet sind, verschiedenährig.** Ährchen: locker stehend. ♀ Ährchen: 20–70 mm lang, **10–15 mm ⌀.** ♂ Ährchen: 2–4. untere Ährchen: gestielt. Narben: **3.** Utriculus: **im LS rundlich bis oval, aufgeblasen,** 6–10 mm lang, **gelblich-grünlich,** kahl; Schnabel: **lang,** allmählich verschmälert, die beiden Spitzen nach außen spreizend. Stängel: im QS scharf 3-kantig, **oben rau.** Ausläufer: **lang.** Blätter: **meist so lang wie o. länger als der Blütenstand,** 3–8 mm breit. untere Blattscheiden: **netzartig zerfasernd.**

- einheimisch
- planar bis montan
- Gewässer, Moore u. Seggenriede, Zier- bzw. Nutzpflanze
- an nassen, zuweilen überfluteten Standorten

J F M **A M J J** A S O N D

Carex acutiformis Ehrh.

Sumpf-Segge *Cyperaceae*
♂ ∗ A3 | ♀ ∗ G(3)

30–120 cm hoch. Blütenstand: **mehrere Ährchen, die traubenartig angeordnet sind, verschiedenährig.** Ährchen: locker stehend. ♀ Ährchen: 20–80 mm lang, 5–8 mm ⌀. ♂ Ährchen: 1–4. untere Ährchen: aufrecht bis abstehend. Narben: **3.** Utriculus: derbwandig, 3–6 mm lang, **dunkelbraun,** kahl, **mit deutlicher Nervatur, im QS 3-kantig bis abgeflacht;** Schnabel: kurz, allmählich verschmälert, die beiden Spitzen nach außen spreizend. Stängel: im QS scharf 3-kantig, **oben rau.** Ausläufer: **lang.** Blätter: **4–20 mm breit.** Ligula: **basal spitz, mindestens so lang wie breit.** untere Blattscheiden: **netzartig zerfasernd.**

- einheimisch
- planar bis subalpin
- Gewässer, Grünland, Wälder
- an basenreichen, nassen, zuweilen überfluteten Standorten

J F M A **M J J A** S O N D

Carex filiformis L.

Filz-Segge *Cyperaceae*
♂ ∗ A3 | ♀ ∗ G(3) RL 3

15–60 cm hoch. Blütenstand: mehrere Ährchen, die ähren- bis traubenartig angeordnet sind, **verschiedenährig.** ♀ Ährchen: 5–20 mm lang. untere Ährchen: aufrecht bis abstehend, **sitzend bis kurz gestielt.** Tragblätter der unteren Ährchen: **deutlich länger als die Ährchen.** Narben: 3. Tragblätter der ♀ Blüten: grünlich bis hellbraun. Utriculus: **im LS rundlich bis oval,** derbwandig, **filzig behaart, *ohne* bzw. mit undeutlicher Nervatur;** Schnabel: kurz. Ausläufer: **lang.** Blätter: **blau- bzw. graugrün,** 1–3 mm breit, **distal im QS 3-kantig.**

- einheimisch
- planar bis montan
- Extensivgrünland u. Magerrasen, Gehölze
- an kalkreichen Standorten

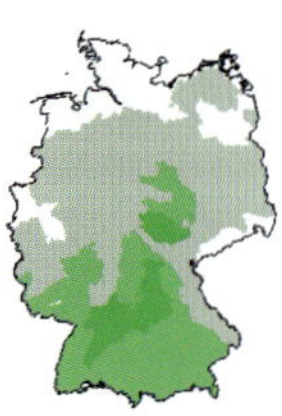

J F M **A M J J** A S O N D

Carex lasiocarpa Ehrh.

Faden-Segge *Cyperaceae*
♂ ∗ A3 | ♀ ∗ G(3) RL 3

30–100 cm hoch. Blütenstand: mehrere Ährchen, die ähren- bis traubenartig angeordnet sind, **verschiedenährig**. Ährchen: locker stehend. ♀ Ährchen: 10–30 mm lang. ♂ Ährchen: 1–3. untere Ährchen: aufrecht bis abstehend. Narben: **3**. Utriculus: **im LS oval bis länglich-lanzettlich, behaart, *ohne* bzw. mit undeutlicher Nervatur, im QS stumpf 3-kantig bis rundlich**; Schnabel: kurz, die beiden Spitzen nach außen spreizend. Stängel: ± kahl. Blätter: **blau- bzw. graugrün, 1–2 mm breit**. untere Blattscheiden: **netzartig zerfasernd**.

- einheimisch
- planar bis montan
- Moore u. Seggenriede, Zier- bzw. Nutzpflanze
- an nährstoffarmen, nassen, meist überfluteten Standorten

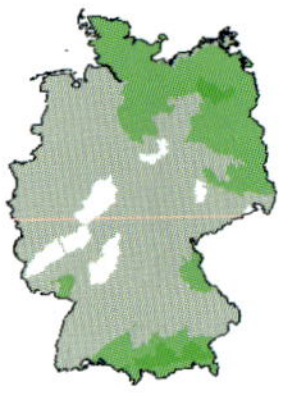

J F M A **M J J A** S O N D

Carex melanostachya Willd.

Schwarzährige Segge *Cyperaceae*
♂ ∗ A3 | ♀ ∗ G(3) RL R

30–50 cm hoch. Blütenstand: mehrere Ährchen, die ähren- bis traubenartig angeordnet sind, **verschiedenährig**. ♀ Ährchen: sitzend bis kurz gestielt, 10–40 mm lang, 5–8 mm ⌀. ♂ Ährchen: 1–5, eiförmig bis länglich. untere Ährchen: aufrecht bis abstehend. Narben: **3**. Utriculus: **im LS oval bis länglich**, derbwandig, 3–5 mm lang, kahl, **mit deutlicher Nervatur**, Nerven eingesenkt, **im QS stumpf 3-kantig bis rundlich**; Schnabel: kurz, allmählich verschmälert, die beiden Spitzen nach außen spreizend. Stängel: im QS stumpf 3-kantig. Ausläufer: **lang**. Blätter: 2–5 mm breit. untere Blattscheiden: **netzartig zerfasernd**.

- einheimisch
- planar
- Gewässer, Extensivgrünland u. Magerrasen
- an feuchten bis nassen Standorten

J F M **A M J J** A S O N D

Carex riparia Curtis

Ufer-Segge *Cyperaceae*
♂ ∗ A3 | ♀ ∗ G(3)

60–180 cm hoch. Blütenstand: mehrere Ährchen, die ähren- bis traubenartig angeordnet sind, **verschiedenährig**. ♀ Ährchen: **bis 100 mm lang, 8–15 mm** ⌀. ♂ Ährchen: 2–6. untere Ährchen: aufrecht bis abstehend. Narben: **3**. Tragblätter der ♀ Blüten: **grannenspitzig**, bräunlich. Utriculus: **im LS oval bis länglich**, derbwandig, 5–8 mm lang, **(hell) bräunlich**, kahl, **mit deutlicher Nervatur, im QS stumpf 3-kantig bis rundlich**; Schnabel: kurz, allmählich verschmälert, die beiden Spitzen nach außen spreizend. Stängel: im QS scharf 3-kantig, **oben rau**. Ausläufer: **lang**. Blätter: **6–25 mm breit**. Ligula: **basal abgerundet**, **breiter als lang**.

- einheimisch
- planar bis montan
- Gewässer, Moore u. Seggenriede, Wälder, Zier- bzw. Nutzpflanze
- an basenreichen, nassen, zuweilen überfluteten Standorten

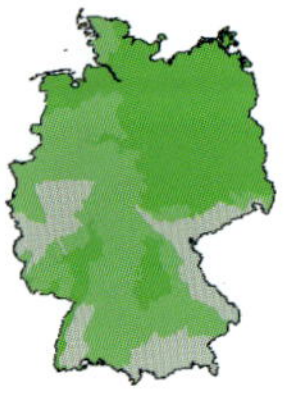

J F **M A M J J A S O** N D

Carex hordeistichos Vill.

Gersten-Segge *Cyperaceae*
♂ ∗ A3 | ♀ ∗ G(3) RL 2

10–30 cm hoch. Pflanzen: **horstförmig**. Blütenstand: mehrere Ährchen, die ähren- bis traubenartig angeordnet sind, **verschiedenährig**. ♀ Ährchen: 20–40 mm lang, 6–10 mm ⌀. ♂ Ährchen: 2–3. untere Ährchen: aufrecht bis abstehend, gestielt. Tragblätter der unteren Ährchen: **länger als der Blütenstand**. Blüten: 4–5-zeilig angeordnet. Narben: **3**. Tragblätter der ♀ Blüten: grünlich bis hellbraun. Utriculus: **im LS oval**, derbwandig, 8–12 mm lang, **(hell) bräunlich**, glänzend, **im QS scharf 3-kantig**; Schnabel: **lang**, allmählich verschmälert. Stängel: im QS stumpf 3-kantig. Blätter: **länger als der Blütenstand**, 3–5 mm breit.

- einheimisch
- planar bis collin
- Grünland, Ruderalvegetation
- an basenreichen, auch salzhaltigen Standorten

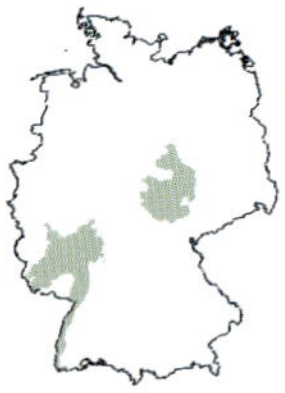

J F M A **M J J** A S O N D

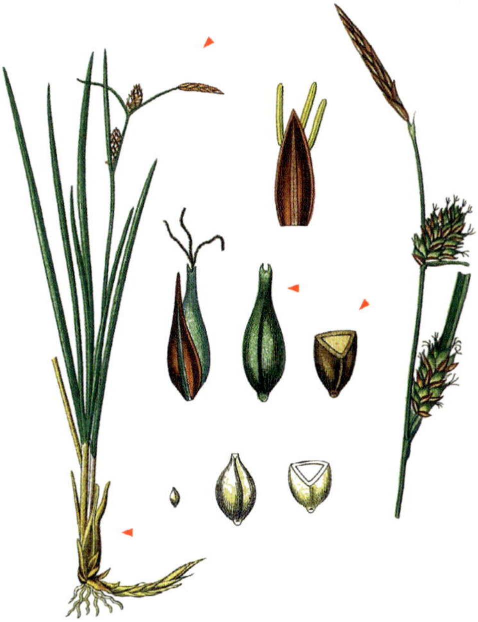

Carex secalina Wahlenb.

Roggen-Segge *Cyperaceae*
♂ ∗ A3 | ♀ ∗ G(3) RL 1

10–30 cm hoch. Pflanzen: **horstförmig**. Blütenstand: mehrere Ährchen, die ähren- bis traubenartig angeordnet sind, **verschiedenährig**. ♀ Ährchen: 10–30 mm lang, 5–7 mm ⌀. ♂ Ährchen: 2–3. untere Ährchen: aufrecht bis abstehend. Tragblätter der unteren Ährchen: **oft kürzer als der Blütenstand**. Narben: **3**. Tragblätter der ♀ Blüten: grünlich bis hellbraun. Utriculus: **im LS oval**, derbwandig, 5–7 mm lang, **(hell) bräunlich**, matt, **im QS scharf 3-kantig**; Schnabel: **lang**, allmählich verschmälert. Blätter: **länger als der Blütenstand**, 2–4 mm breit.

- einheimisch
- planar bis collin
- Grünland, Ruderalvegetation, Salzwiesen
- an zuweilen überfluteten, auch salzhaltigen Standorten

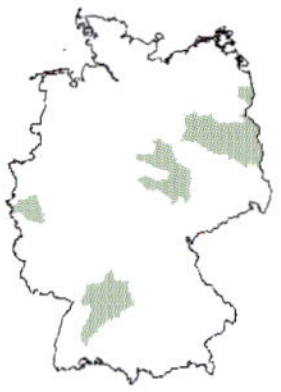

J F M A **M J J** A S O N D

Carex atherodes Spreng.

Grannen-Segge *Cyperaceae*
♂ ∗ A3 | ♀ ∗ G(3) RL R

60–120 cm hoch. Blütenstand: mehrere Ährchen, die ähren- bis traubenartig angeordnet sind, **verschiedenährig**. ♂ Ährchen: 2–4. untere Ährchen: aufrecht bis abstehend. Narben: **3**. Tragblätter der ♀ Blüten: eiförmig-lanzettlich, spitz. Utriculus: **im LS oval bis länglich**, **10–12-nervig**; Schnabel: **lang**, die beiden Spitzen nach außen spreizend. Blätter: **5–8 mm breit**. untere Blattscheiden: **netzartig zerfasernd**, dunkelbraun.

- einheimisch
- planar
- Gewässer, Moore u. Seggenriede, Zier- bzw. Nutzpflanze
- an basenreichen, nassen, zuweilen überfluteten Standorten

J F M **A M J J** A S O N D

Carex hirta L.

Behaarte Segge *Cyperaceae*
♂ ∗ A3 | ♀ ∗ G(3)

10–60 cm hoch. Blütenstand: mehrere Ährchen, die ähren- bis traubenartig angeordnet sind, **verschiedenährig**. Ährchen: locker stehend. ♀ Ährchen: 10–50 mm lang. ♂ Ährchen: 1–4. Tragblätter der ♂ Ährchen: behaart. untere Ährchen: aufrecht bis abstehend. Narben: **3**. Utriculus: **im LS oval**, **gelblich grünlich**, **behaart**, **5–8-nervig**; Schnabel: **lang**, die beiden Spitzen nach außen spreizend. Stängel: **behaart**. Ausläufer: **lang**. Blätter: 2–8 mm breit, **behaart**. untere Blattscheiden: **rötlich bis bräunlich**. obere Blattscheiden: behaart.

- einheimisch
- planar bis montan
- Grünland, Staudenfluren, Ruderalvegetation, Trittfluren, Zier- bzw. Nutzpflanze

J F M **A M J J** A S O N D

Carex pallescens L.

Bleich-Segge *Cyperaceae*
♂ ∗ A3 | ♀ ∗ G(3)

20–50 cm hoch. Blütenstand: mehrere Ährchen, die ähren- bis traubenartig angeordnet sind, **verschiedenährig**. Ährchen: einander genähert. ♀ Ährchen: 5–30 mm lang. untere Ährchen: aufrecht bis abstehend, **sitzend bis kurz gestielt**. Tragblätter der unteren Ährchen: **meist länger als der Blütenstand**. Narben: **3**. Tragblätter der ♀ Blüten: grünlich bis hellbraun. Utriculus: **im LS oval bis länglich**, 2–3 mm lang, **gelblichgrünlich**, kahl, **2–3-nervig**, **im QS scharf 3-kantig**; Schnabel: kurz bis fehlend. Stängel: **oben rau**. Blätter: 2–4 mm breit, **behaart**. untere Blattscheiden: **behaart**.

- einheimisch
- planar bis alpin
- Moore u. Seggenriede, Extensivgrünland u. Magerrasen, Zwergstrauchheiden, Wälder

J F M **A M J J A** S O N D

Carex limosa L.

Schlamm-Segge *Cyperaceae*
♂ ∗ A3 | ♀ ∗ G(3) RL 2

20–50 cm hoch. Blütenstand: **mehrere Ährchen, die traubenartig angeordnet sind, verschiedenährig.** ♀ Ährchen: < 25-blütig, 5–20 mm lang. untere Ährchen: **überhängend**, gestielt. Tragblätter der unteren Ährchen: **länger als die Ährchen**, mit (halb-) stängelumfassender Blattscheide. Narben: **3.** Utriculus: **im LS rundlich bis oval**, 3–5 mm lang, kahl, **≥ 5-nervig, im QS scharf 3-kantig**; Schnabel: kurz bis fehlend. Stängel: **oben rau.** Blätter: **blau- bzw. graugrün**, 1–2 mm breit.

- einheimisch
- planar bis montan
- Moore u. Seggenriede
- an nährstoffarmen, sauren, nassen, zuweilen überfluteten Standorten

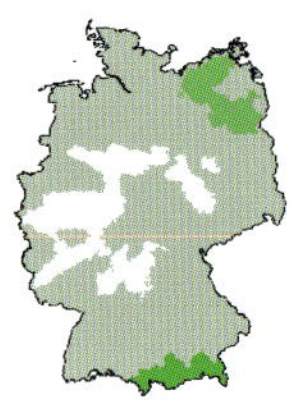

J F M A **M J J A** S O N D

Carex magellanica Lam.

Östliche Riesel-Segge *Cyperaceae*
♂ ∗ A3 | ♀ ∗ G(3) RL 3

10–30 cm hoch. Blütenstand: **mehrere Ährchen, die traubenartig angeordnet sind, verschiedenährig.** ♀ Ährchen: < 25-blütig, 6–15 mm lang. untere Ährchen: **überhängend**, gestielt. Tragblätter der unteren Ährchen: **± so lang wie der Blütenstand**, mit (halb-) stängelumfassender Blattscheide. Narben: **3.** Tragblätter der ♀ Blüten: länglich-lanzettlich, grannenspitzig. Utriculus: **im LS rundlich bis oval**, 2–3 mm lang, kahl, ***ohne* bzw. mit undeutlicher Nervatur, im QS scharf 3-kantig**; Schnabel: kurz. Blätter: frischgrün, 2–4 mm breit.

- einheimisch
- montan bis subalpin
- Moore u. Seggenriede, Quellfluren
- an nährstoffarmen, sauren, nassen Standorten

J F M **A M J J A S** O N D

Carex acuta L.

Schlanke Segge *Cyperaceae*
♂ ∗ A3 | ♀ ∗ G(2)

30–140 cm hoch. Blütenstand: mehrere Ährchen, die ähren- bis traubenartig angeordnet sind, **verschiedenährig**, 8–25 cm lang. ♀ Ährchen: **bis 150 mm lang.** ♂ Ährchen: 1–4. Narben: **2.** Tragblätter der ♀ Blüten: spitz. Utriculus: **im LS oval**, 2–4 mm lang, ***ohne* bzw. mit undeutlicher Nervatur**, **im QS stumpf 3-kantig bis rundlich**; Schnabel: kurz. Stängel: **oben rau.** Ausläufer: **lang.** Blätter: höchstens so lang wie der Blütenstand, 3–10 mm breit; oberseits: **blau- bzw. graugrün**; unterseits: frischgrün, glänzend. untere Blattscheiden: bräunlich.

- einheimisch
- planar bis montan
- Moore u. Seggenriede
- an nassen, zuweilen überfluteten Standorten

J F M **A M J J** A S O N D

Carex randalpina B. Walln.

Inn-Segge *Cyperaceae*
♂ ∗ A3 | ♀ ∗ G(2)

50–120 cm hoch. Blütenstand: mehrere Ährchen, die ähren- bis traubenartig angeordnet sind, **verschiedenährig**, 8–25 cm lang. ♀ Ährchen: **bis 150 mm lang.** ♂ Ährchen: 1–4. Narben: **2.** Utriculus: 2–4 mm lang; Schnabel: kurz. Stängel: **oben rau.** Ausläufer: **lang.** Blätter: höchstens so lang wie der Blütenstand.

- einheimisch
- collin bis montan
- Gewässer, Röhrichte
- an basenreichen, feuchten bis nassen Standorten

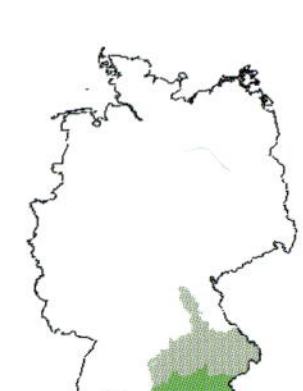

J F **M A M J** J A S O N D

Carex aquatilis Wahlenb.

Wasser-Segge *Cyperaceae*
♂ ∗ A3 | ♀ ∗ G(2) RL 3

60–150 cm hoch. Blütenstand: mehrere Ährchen, die ähren- bis traubenartig angeordnet sind, **verschiedenährig**. ♂ Ährchen: 2–3. untere Ährchen: aufrecht. Tragblätter der unteren Ährchen: **länger als der Blütenstand**. Narben: **2**. Tragblätter der ♀ Blüten: spitz. Utriculus: **im LS oval**, 2–3 mm lang, ± so lang wie sein Tragblatt, **Nerven nur an den Kanten deutlich ausgebildet**, meist 2-nervig, **im QS stumpf 3-kantig bis rundlich**; Schnabel: kurz bis fehlend. Stängel: **oben rau**. Ausläufer: **lang**. Blätter: 3–8 mm breit; oberseits: **blau- bzw. graugrün**; unterseits: frischgrün, glänzend. untere Blattscheiden: **rötlich bis bräunlich**.

- einheimisch
- planar
- Gewässer, Moore u. Seggenriede, Zier- bzw. Nutzpflanze
- an basenreichen, nassen, zuweilen überfluteten Standorten

J F M A **M J J A** S O N D

Carex bigelowii Schwein.

Starre Segge *Cyperaceae*
♂ ∗ A3 | ♀ ∗ G(2) RL 2

10–30 cm hoch. Blütenstand: mehrere Ährchen, die ähren- bis traubenartig angeordnet sind, **verschiedenährig**, 3–12 cm lang. Ährchen: 2–4. ♀ Ährchen: 8–50 mm lang. untere Ährchen: aufrecht. Narben: **2**. Tragblätter der ♀ Blüten: **schwarz, mit grünem Mittelstreif**. Utriculus: **im LS oval**, 2–3 mm lang, kahl, ***ohne* bzw. mit undeutlicher Nervatur, im QS abgeflacht**; Schnabel: kurz bis fehlend. Stängel: 1,5–3 mm ⌀. Ausläufer: **lang**. Blätter: **blau- bzw. graugrün**, kürzer als der Blütenstand, 4–8 mm breit.

- einheimisch
- collin bis subalpin
- Extensivgrünland u. Magerrasen
- an nährstoffarmen, sauren Standorten

J F M A **M J J A** S O N D

Carex buekii Wimm.

Banater Segge *Cyperaceae*
♂ ∗ A3 | ♀ ∗ G(2) RL 3

50–100 cm hoch. Blütenstand: mehrere Ährchen, die ähren- bis traubenartig angeordnet sind, **verschiedenährig**. ♀ Ährchen: 30–100 mm lang. ♂ Ährchen: 1–3. Narben: **2**. Tragblätter der ♀ Blüten: distal abgerundet. Utriculus: **im LS oval**, 2–3 mm lang, kahl, ***ohne* bzw. mit undeutlicher Nervatur, im QS abgeflacht**; Schnabel: kurz. Ausläufer: **lang**. Blätter: 4–10 mm breit; oberseits: rau. untere Stängelblätter: **mit reduzierter Spreite**. untere Blattscheiden: **netzartig zerfasernd, dunkelbraun bis rotbraun**.

- einheimisch
- planar bis montan
- Gewässer, Moore u. Seggenriede
- an basenreichen, feuchten bis nassen Standorten

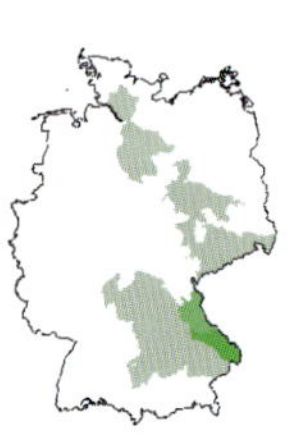

J F M **A M J** J A S O N D

Carex cespitosa L.

Rasen-Segge *Cyperaceae*
♂ ∗ A3 | ♀ ∗ G(2) RL 3

25–50 cm hoch. Pflanzen: **horstförmig**. Blütenstand: mehrere Ährchen, die ähren- bis traubenartig angeordnet sind, **verschiedenährig**. ♀ Ährchen: sitzend bis kurz gestielt, 10–30 mm lang. Narben: **2**. Tragblätter der ♀ Blüten: **schwarz, mit grünem Mittelstreif**. Utriculus: **im LS oval**, 2–3 mm lang, ± so lang wie sein Tragblatt, kahl, ***ohne* bzw. mit undeutlicher Nervatur, im QS abgeflacht**; Schnabel: kurz. Blätter: frischgrün bis gelbgrün, 1–4 mm breit; unterseits: matt. untere Stängelblätter: **mit reduzierter Spreite**. untere Blattscheiden: **netzartig zerfasernd, dunkelbraun bis rotbraun**.

- einheimisch
- planar bis montan
- Gewässer, Moore u. Seggenriede, Grünland, Wälder
- an nassen, zuweilen überfluteten Standorten

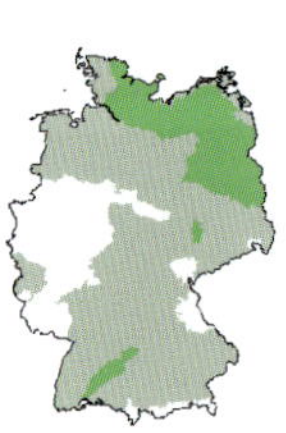

J F M **A M J J** A S O N D

Carex elata All.

Steife Segge *Cyperaceae*
♂ ∗ A3 | ♀ ∗ G(2)

30–120 cm hoch. PFLANZEN: **horstförmig**. BLÜTENSTAND: mehrere Ährchen, die ähren- bis traubenartig angeordnet sind, **verschiedenährig**, 8–25 cm lang. ♀ ÄHRCHEN: sitzend bis kurz gestielt, 20–60 mm lang. ♂ ÄHRCHEN: 1–3. UNTERE ÄHRCHEN: aufrecht. NARBEN: **2**. TRAGBLÄTTER DER ♀ BLÜTEN: **schwarz, mit grünem Mittelstreif**. UTRICULUS: **im LS oval**, 3,5–4 mm lang; SCHNABEL: kurz. STÄNGEL: im QS scharf 3-kantig, **oben rau**. BLÄTTER: **blau- bzw. graugrün**; UNTERSEITS: matt. UNTERE STÄNGELBLÄTTER: **mit reduzierter Spreite**. UNTERE BLATTSCHEIDEN: **netzartig zerfasernd**, hellbraun bis gelblich.

Im Gebiet kommen 2 Unterarten vor: subsp. *elata* und subsp. *omskiana* (vgl. S. 1422).

- einheimisch
- planar bis montan
- Gewässer, Moore u. Seggenriede, Grünland, Wälder, Zier- bzw. Nutzpflanze
- an nassen, zuweilen überfluteten Standorten

J F **M A M J** J A S O N D

Carex nigra (L.) Reichard

Wiesen-Segge *Cyperaceae*
♂ ∗ A3 | ♀ ∗ G(2)

Bis 50 cm hoch. BLÜTENSTAND: mehrere Ährchen, die ähren- bis traubenartig angeordnet sind, **verschiedenährig**, 3–12 cm lang. ÄHRCHEN: 2–6. ♀ ÄHRCHEN: 8–25 mm lang. ♂ ÄHRCHEN: 1–2. UNTERE ÄHRCHEN: aufrecht. TRAGBLÄTTER DER UNTEREN ÄHRCHEN: **kürzer o. wenig länger als der Blütenstand**. NARBEN: **2**. TRAGBLÄTTER DER ♀ BLÜTEN: **schwarz, mit grünem Mittelstreif**. UTRICULUS: **im LS oval**, 2–3 mm lang, kahl, **mit deutlicher Nervatur, im QS abgeflacht**; SCHNABEL: kurz. STÄNGEL: **oben rau**. AUSLÄUFER: **lang**. BLÄTTER: kürzer als der Blütenstand, 1–4 mm breit; OBERSEITS: **blau- bzw. graugrün**, matt; UNTERSEITS: frischgrün, glänzend.

- einheimisch
- planar bis alpin
- Gewässer, Moore u. Seggenriede, Extensivgrünland u. Magerrasen, Wälder, Zier- bzw. Nutzpflanze
- an nährstoffarmen, sauren, wechselfeuchten bis nassen, auch salzhaltigen Standorten

J F M **A M J J** A S O N D

Carex trinervis Degl.

Dreinervige Segge *Cyperaceae*
♂ ∗ A3 | ♀ ∗ G(2) RL 2

20–30 cm hoch. BLÜTENSTAND: **mehrere Ährchen, die ähren- bis köpfchenförmig angeordnet sind, verschiedenährig**. ÄHRCHEN: einander genähert. ♂ ÄHRCHEN: 1–4. UNTERE ÄHRCHEN: aufrecht. TRAGBLÄTTER DER UNTEREN ÄHRCHEN: **länger als der Blütenstand**. ENDSTÄNDIGES ÄHRCHEN: zuweilen rein ♀. NARBEN: **2**. TRAGBLÄTTER DER ♀ BLÜTEN: distal abgerundet. UTRICULUS: **im LS oval**, 3,5–4 mm lang, **mit deutlicher Nervatur, im QS abgeflacht**; SCHNABEL: kurz. AUSLÄUFER: **lang**. BLÄTTER: **blau- bzw. graugrün**, < 3 mm breit. UNTERE BLATTSCHEIDEN: bräunlich.

- einheimisch
- planar
- Moore u. Seggenriede, Extensivgrünland u. Magerrasen, Dünentäler
- an nährstoffarmen, sauren, nassen, auch salzhaltigen Standorten

J F M A **M J J A** S O N D

Kobresia myosuroides (Vill.) Fiori

Ähren-Schuppenried *Cyperaceae*
♂ ∗ A3 | ♀ ∗ G(3)

10–30 cm hoch. PFLANZEN: horstförmig. BLÜTENSTAND: **1 endständige Ähre, länglich, aus ± 10 je 2-blütigen Ährchen bestehend**. ÄHRCHEN: **aus 1 ♂ Blüten u. 1 ♀ Blüte bestehend**. TRAGBLÄTTER DER BLÜTEN: **nicht verwachsen**. NARBEN: **3**. STÄNGEL: im QS rund bis undeutlich 3-kantig. BLÄTTER: **± so lang wie der Blütenstand**.

- einheimisch
- subalpin bis alpin
- Extensivgrünland u. Magerrasen, Schutt- u. Felsfluren
- an nährstoffarmen Standorten

J F M A **M J J A** S O N D

Kobresia simpliciuscula (Wahlenb.) Mack.

Seggen-Schuppenried *Cyperaceae*
♂ ∗ A3 | ♀ ∗ G(3) RL R

Bis 20 cm hoch. Pflanzen: horstförmig. Blütenstand: **1 endständige Ähre, distal mit ♂ Blüten, basal mit ♀ Blüten, 3-eckig, Ähre 4–5-blütig.** Ährchen: **1-blütig**. Tragblätter der Blüten: **basal zu einer kurzen Röhre verwachsen, oben frei.** Narben: **3**. Stängel: im QS rund bis undeutlich 3-kantig. Blätter: im QS rinnig bis rundlich, **kürzer als der Blütenstand.**

- einheimisch
- subalpin bis alpin
- trockenfallende Ufer, Moore u. Seggenriede, Staudenfluren, Schutt- u. Felsfluren
- an nährstoffarmen, basenreichen, nassen, zuweilen überfluteten Standorten

J F M A M **J J A** S O N D

Cladium mariscus (L.) Pohl

Binsen-Schneide *Cyperaceae*
∗ A2–3 G(2–3) RL 3

80–200 cm hoch. Blütenstand: **mehrere Ährchen, diese genähert, in eiförmigen bis kugeligen dichtblütigen Köpfchen, Köpfchen in spirrenartigem GesamtBlütenstand.** Ährchen: **3–10 pro Köpfchen**, 2–3-blütig. Blüten: 2–3-zeilig angeordnet. Narben: **2–3**. Stängel: aufrecht, **im QS rundlich, < 40 mm ⌀.** Blätter: **10–15 mm breit, am Rand sehr rau, distal im QS 3-kantig**; unterseits: **gekielt.**

- einheimisch
- planar bis montan
- Gewässer, Röhrichte, Moore u. Seggenriede, Zier- bzw. Nutzpflanze
- an nährstoffarmen, kalkreichen, nassen, zuweilen trockenfallenden Standorten

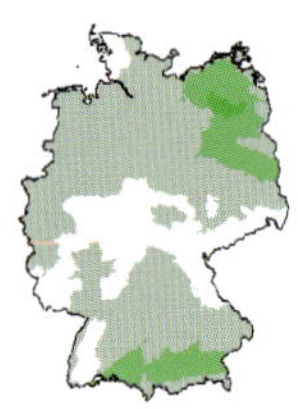

J F M A **M J J** A S O N D

Schoenus ferrugineus L.

Rostrotes Kopfried *Cyperaceae*
∗ A3 G(3) RL 3

10–30 cm hoch. Blütenstand: **mehrere Ährchen, diese in einem dichtblütigen ± eiförmigen Köpfchen angeordnet**; Tragblätter: kaum länger als der Blütenstand. Ährchen: **2–3 pro Köpfchen**, 2–3-blütig, **im QS seitlich zusammengedrückt**, basal mit 3–6 leeren Tragblättern. Tragblätter der Blüten: **dunkel- bis rotbraun.** Perigonborsten: **etwas länger als die Frucht.** Narben: **3**. Blätter: im QS rinnig bis rundlich, **< 0,5-mal so lang wie der Blütenstand.** untere Blattscheiden: **dunkel- bis rotbraun.**

- einheimisch
- collin bis montan
- Moore u. Seggenriede, Extensivgrünland u. Magerrasen
- an nährstoffarmen, kalkreichen, feuchten bis nassen Standorten

J F M **A M J J** A S O N D

Schoenus nigricans L.

Schwarzes Kopfried *Cyperaceae*
∗ A3 G(2–3) RL 2

15–50 cm hoch. Blütenstand: **mehrere Ährchen, diese in einem dichtblütigen ± eiförmigen Köpfchen angeordnet**; Tragblätter: *viel* länger als der Blütenstand. Ährchen: **5–10 pro Köpfchen**, 2–3-blütig, im QS *nicht* zusammengedrückt, basal mit 3–6 leeren Tragblättern. Tragblätter der Blüten: **schwarzbraun.** Perigonborsten: **fehlend o. viel kürzer als die Frucht.** Narben: **2–3**. Blätter: im QS rinnig bis rundlich, **0,5–0,75-mal so lang wie der Blütenstand.** untere Blattscheiden: **schwarzbraun.**

- einheimisch
- planar bis montan
- Moore u. Seggenriede, Extensivgrünland u. Magerrasen, Dünentäler, Zier- bzw. Nutzpflanze
- an nährstoffarmen, kalkreichen, nassen, zuweilen überfluteten, auch salzhaltigen Standorten

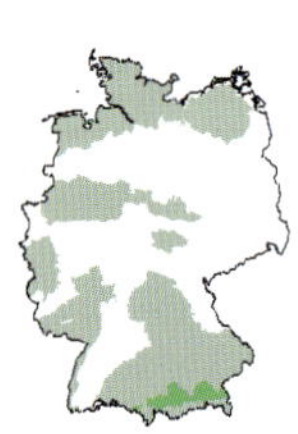

J F M A **M J J A** S O N D

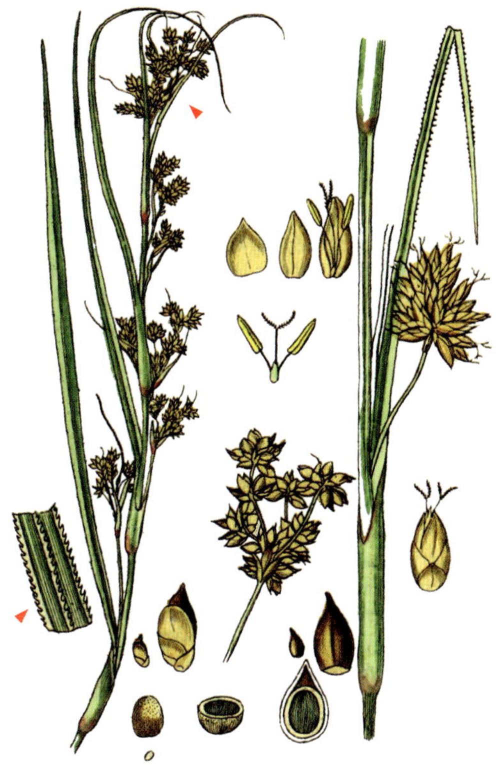

Blysmopsis rufa (Huds.) Oteng-Yeb.

Rotbraunes Quellried *Cyperaceae*
∗ A3 G(2) RL 2

10–25 cm hoch. Blütenstand: mehrere Ährchen, diese in einer dichtblütigen eiförmigen bis kurz zylindrischen Ähre angeordnet, Ährchen 2-zeilig angeordnet. Ährchen: **3–6 pro Ähre, 3–4-blütig**. Tragblätter der Blüten: rötlich bis bräunlich. Perigonborsten: 3–6, **zuweilen fehlend, weichhaarig, mit zur Spitze gerichteten Häkchen**. Narben: 2. Stängel: aufrecht, **im QS rundlich, blau- bzw. graugrün**. Blätter: **im QS rinnig, 1–2 mm breit**, distal glatt; unterseits: ***nicht* gekielt**.

- einheimisch
- planar
- Salzwiesen
- an feuchten, zuweilen überfluteten, meist salzhaltigen Standorten

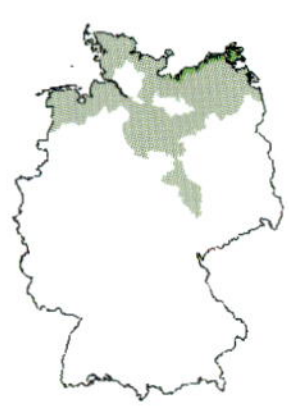

J F M A M J J A S O N D

Blysmus compressus (L.) Link

Platthalm-Quellried *Cyperaceae*
∗ A3 G(2) RL 2

10–40 cm hoch. Blütenstand: mehrere Ährchen, diese in einer dichtblütigen eiförmigen bis kurz zylindrischen Ähre angeordnet, Ährchen 2-zeilig angeordnet. Ährchen: **5–12 pro Ähre, 6–8-blütig**. Tragblätter der Blüten: bräunlich. Perigonborsten: **3–6, mit zur Basis gerichteten Häkchen**. Narben: 2. Stängel: aufrecht, **im QS (undeutlich) abgeflacht, frischgrün**. Blätter: **im QS flach ausgebreitet, 2–4 mm breit**, distal rau; unterseits: **gekielt**.

- einheimisch
- planar bis subalpin
- Moore u. Seggenriede, Extensivgrünland u. Magerrasen, Ruderalvegetation, Salzwiesen, Trittfluren
- an nährstoffarmen, basenreichen, feuchten bis nassen, auch salzhaltigen Standorten

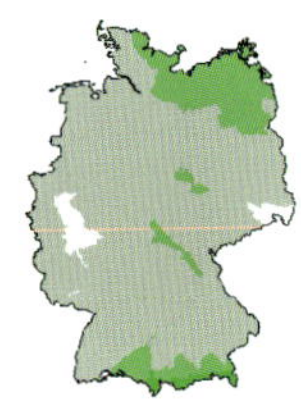

J F M A M J J A S O N D

Eriophorum angustifolium Honck.

Schmalblättriges Wollgras *Cyperaceae*
∗ A3 G(3) RL V

30–60 cm hoch. Pflanzen: **rasig wachsend**. Blütenstand: **mehrere Ährchen, diese in einer einfachen, zuweilen kopfigen Spirre angeordnet**. Ährchenstiele: **glatt**. Ährchen: **3–8**, 10–22 mm lang. Perigonborsten: ≥ 8, als lange, weiße Flughaare ausgebildet. Narben: 3. Stängel: **im QS rundlich**. Blätter: **im QS rinnig bis rundlich, 2–8 mm breit, mit 2–10 cm langer 3-kantiger Spitze**. obere Blattscheiden: **deutlich aufgeblasen**.

- einheimisch
- planar bis subalpin
- Moore u. Seggenriede, Quellfluren, Zier- bzw. Nutzpflanze
- an nährstoffarmen, nassen, meist überfluteten Standorten

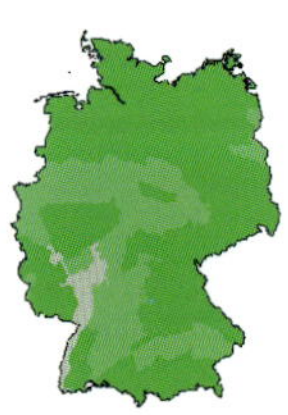

J F M A M J J A S O N D

Eriophorum gracile Roth

Zierliches Wollgras *Cyperaceae*
∗ A3 G(3) RL 1

10–40 cm hoch. Pflanzen: **rasig wachsend**. Blütenstand: **mehrere Ährchen, diese in einer einfachen, zuweilen kopfigen Spirre angeordnet**. Ährchenstiele: **rau**. Ährchen: **2–5**, 5–8 mm lang. Perigonborsten: ≥ 8, als lange, weiße Flughaare ausgebildet. Narben: 3. Stängel: **im QS 3-kantig**. Blätter: **im QS kantig, 1–2 mm breit, vom Grunde an 3-kantig**. obere Blattscheiden: anliegend.

- einheimisch
- planar bis montan
- Moore u. Seggenriede, Zier- bzw. Nutzpflanze
- an nährstoffarmen, nassen, zuweilen überfluteten Standorten

J F M A M J J A S O N D

Eriophorum latifolium Hoppe

Breitblättriges Wollgras *Cyperaceae*
∗ A3 G(3) RL 3

30–60 cm hoch. PFLANZEN: **horstförmig**. BLÜTENSTAND: **mehrere Ährchen, diese in einer einfachen, zuweilen kopfigen Spirre angeordnet**. ÄHRCHENSTIELE: **rau**. ÄHRCHEN: **4–12**, 6–10 mm lang. PERIGONBORSTEN: ≥ 8, als lange, weiße Flughaare ausgebildet. NARBEN: 3. STÄNGEL: **im QS 3-kantig**. BLÄTTER: **im QS flach ausgebreitet, 3–10 mm breit, mit 1–2 cm langer 3-kantiger Spitze**. OBERE BLATTSCHEIDEN: anliegend.

- einheimisch
- planar bis subalpin
- Moore u. Seggenriede, Zier- bzw. Nutzpflanze
- an nährstoffarmen, kalkreichen, nassen, zuweilen überfluteten Standorten

J F M A M J J A S O N D

Eriophorum scheuchzeri Hoppe

Scheuchzers Wollgras *Cyperaceae*
∗ A3 G(3) RL 3

10–30 cm hoch. PFLANZEN: **rasig wachsend**. BLÜTENSTAND: **1 endständiges Ährchen**. PERIGONBORSTEN: ≥ 8, als lange, weiße Flughaare ausgebildet. NARBEN: 3. STÄNGEL: **im QS rundlich**. OBERE STÄNGELBLÄTTER: *ohne* o. mit kurzer Spreite, **am Rand glatt**. OBERE BLATTSCHEIDEN: anliegend.

- einheimisch
- subalpin bis alpin
- Moore u. Seggenriede, Schutt- u. Felsfluren, Zier- bzw. Nutzpflanze
- an nährstoffarmen, nassen, meist überfluteten Standorten

J F M A M J J A S O N D

Eriophorum vaginatum L.

Scheidiges Wollgras *Cyperaceae*
∗ A3 G(3) RL V

30–60 cm hoch. PFLANZEN: **horstförmig**. BLÜTENSTAND: **1 endständiges Ährchen**. PERIGONBORSTEN: ≥ 8, als lange, weiße Flughaare ausgebildet. NARBEN: 3. STÄNGEL: **im QS 3-kantig**. OBERE STÄNGELBLÄTTER: *ohne* o. mit kurzer Spreite, **am Rand rau**. OBERE BLATTSCHEIDEN: **deutlich aufgeblasen**.

- einheimisch
- planar bis alpin
- Moore u. Seggenriede, Zwergstrauchheiden, Wälder, Zier- bzw. Nutzpflanze
- an nährstoffarmen, sauren, nassen, zuweilen überfluteten Standorten

J F M A M J J A S O N D

Scirpus radicans Schkuhr

Wurzelnde Simse *Cyperaceae*
∗ A3 G(3) RL 2

40–100 cm hoch. BLÜTENSTAND: **mehrere Ährchen, diese in einer einfachen, zuweilen kopfigen Spirre angeordnet**; TRAGBLÄTTER: kürzer bis wenig länger als der Blütenstand. ÄHRCHEN: **meist einzeln, selten zu 2–3 genähert**, 2–5 mm lang. TRAGBLÄTTER DER BLÜTEN: 1,5–2,5 mm lang, distal abgerundet, *nicht* stachelspitzig. PERIGONBORSTEN: **glatt, in reifem Zustand meist geschlängelt**. NARBEN: 3. FRÜCHTE: 0,5–1,5 mm lang. STÄNGEL: mit Laubblättern. BLÄTTER: **5–12 mm breit**.

- einheimisch
- planar bis montan
- Gewässer, Röhrichte, Moore u. Seggenriede
- an basenreichen, nassen, zuweilen überfluteten Standorten

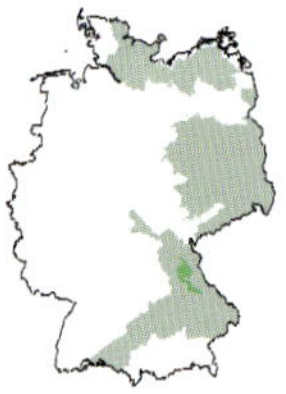

J F M A M J J A S O N D

Scirpus sylvaticus L.

Wald-Simse *Cyperaceae*
∗ A3 G(3)

40–120 cm hoch. BLÜTENSTAND: **mehrere Ährchen, diese in einer einfachen, zuweilen kopfigen Spirre angeordnet**; TRAGBLÄTTER: kürzer bis wenig länger als der Blütenstand. ÄHRCHEN: **zu 2–8**, 2–5 mm lang. TRAGBLÄTTER DER BLÜTEN: 1,5–2,5 mm lang, stachelspitzig. PERIGONBORSTEN: **rau mit zur Basis gerichteten Häkchen, gerade**. NARBEN: 3. FRÜCHTE: 0,5–1,5 mm lang. STÄNGEL: mit Laubblättern. BLÄTTER: **5–18 mm breit**.

- einheimisch
- planar bis montan
- Moore u. Seggenriede, Grünland, Wälder
- an feuchten bis nassen Standorten

J F M **A M J J A** S O N D

Trichophorum alpinum (L.) Pers.

Alpen-Haarsimse *Cyperaceae*
∗ A3 G(3) RL 3

10–30 cm hoch. PFLANZEN: **rasig wachsend**. BLÜTENSTAND: **1 endständiges Ährchen**. ÄHRCHEN: 8–12-blütig. PERIGONBORSTEN: **4–6, weiß, reif viel länger als der Fruchtknoten**. NARBEN: 3. STÄNGEL: **im QS 3-kantig, oben rau**. OBERE STÄNGELBLÄTTER: *ohne* o. mit kurzer Spreite.

- einheimisch
- collin bis subalpin
- Gewässer, trockenfallende Ufer, Moore u. Seggenriede
- an nährstoffarmen, sauren, nassen, zuweilen trockenfallenden Standorten

J F **M A M J** J A S O N D

Trichophorum cespitosum (L.) Hartm.

Rasen-Haarsimse *Cyperaceae*
∗ A3 G(3) RL V

10–40 cm hoch. PFLANZEN: **horstförmig**. BLÜTENSTAND: **1 endständiges Ährchen**. ÄHRCHEN: **3–20-blütig, 4–10 mm lang**. PERIGONBORSTEN: **bräunlich, reif kaum länger als der Fruchtknoten**. NARBEN: 3. STÄNGEL: **im QS rundlich, oben glatt**. OBERE STÄNGELBLÄTTER: *ohne* o. mit kurzer Spreite.

subsp. *cespitosum* (Rasen-Haarsimse): ÄHRCHEN: 3–10-blütig, 4–6 mm lang. PERIGONBORSTEN: meist glatt. BLATTSCHEIDEN: mit ± 1 mm hoher Scheidenöffnung, Scheidenöffnung mit gelblich-weißlichem Rand. UNTERE BLATTSCHEIDEN: glänzend.
subsp. *germanicum* (Deutsche Haarsimse): ÄHRCHEN: 8–20-blütig, 5–10 mm lang. PERIGONBORSTEN: distal rau. BLATTSCHEIDEN: mit ± 3 mm hoher Scheidenöffnung, Scheidenöffnung mit rötlich punktiertem Rand. UNTERE BLATTSCHEIDEN: matt.

- einheimisch
- planar bis subalpin
- Moore u. Seggenriede, Wälder
- an nährstoffarmen, sauren, nassen, zuweilen überfluteten Standorten

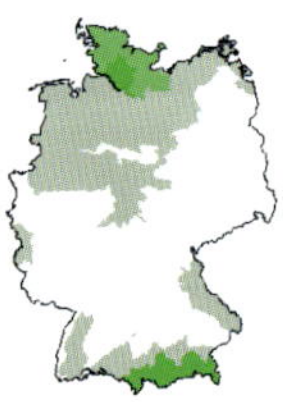

J F M **A M J J** A S O N D

Nardus stricta L.

Borstgras *Poaceae*
♃ A3 G(2) RL V

10–30 cm hoch. BLÜTENSTAND: **ährenartig**, 3–10 cm lang, < 2 cm breit. ÄHRCHEN: **einzeln an der Ährenachse, 1-blütig**, 5–9 mm lang. HÜLLSPELZEN: **1–2, sehr klein, schuppenartig**. DECKSPELZEN: 5–9 mm lang, **mit 10–30 mm langer Grannenspitze**. BLÄTTER: **in Knospenlage gerollt**, bis 15 cm lang, < 2 mm breit. LIGULA: < 3 mm lang. BLÄTTER DER ERNEUERUNGSSPROSSE: **mit borstenförmiger Spreite**. UNTERE BLATTSCHEIDEN: **derb, bleibend**.

- einheimisch
- planar bis alpin
- Extensivgrünland u. Magerrasen, Zwergstrauchheiden, Wälder, Schutt- u. Felsfluren, Dünentäler
- an nährstoffarmen, sauren Standorten

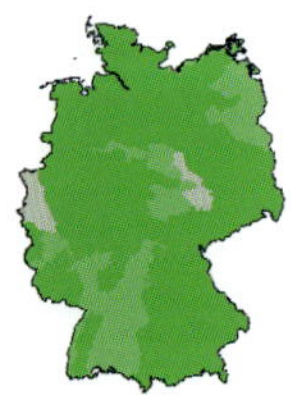

J F M **A M J J** A S O N D

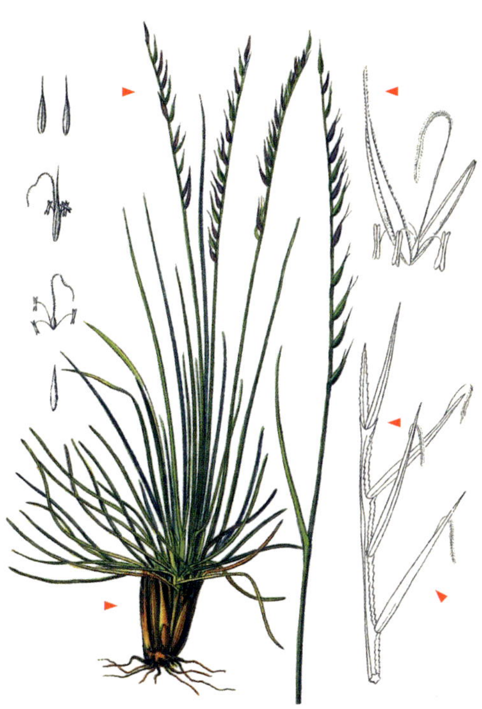

Melica ciliata L.

Wimper-Perlgras *Poaceae*
♃ A3 G(2) RL V

20–80 cm hoch. Pflanzen: **blau- bzw. graugrün.** Blütenstand: **ährenrispenartig**, aufrecht, **5–15 cm lang, lockerblütig, unterer Rispenast mit 6–12 Ährchen**; Hauptachse: **sichtbar.** Ährchen: 1–2-blütig, 6–8 mm lang, **distal außerdem mit 2–3 sterilen, zu lang gestielten Keulen umgewandelten Blüten.** Hüllspelzen: oval, **beide ± gleich lang**; untere: **3–5-nervig**; obere: 5-nervig. Deckspelzen: 5–7 mm lang, spitz, meist 7-nervig, bewimpert, Haare 3–4 mm lang. Blätter: in Knospenlage gerollt, 1–3 mm breit; oberseits: behaart. Blattscheiden: ± bis oben verwachsen. Ligula: 1–4 mm lang. untere Blattscheiden: **meist kahl.**

Im Gebiet kommen 2 Unterarten vor: subsp. *ciliata* und subsp. *glauca* (vgl. S. 1423).

- einheimisch
- planar bis montan
- Extensivgrünland u. Magerrasen, Schutt- u. Felsfluren, Zier- bzw. Nutzpflanze
- an basenreichen, trockenen Standorten

J F M **A M J J** A S O N D

Melica transsilvanica Schur

Siebenbürger Perlgras *Poaceae*
♃ A3 G(2) RL V

30–120 cm hoch. Pflanzen: **frischgrün.** Blütenstand: **ährenrispenartig**, zuweilen überhängend, **5–10 cm lang, dichtblütig, unterer Rispenast mit 10–40 Ährchen**; Hauptachse: **von den Ährchen verdeckt.** Ährchen: 1–2-blütig, 6–8 mm lang, **distal außerdem mit 2–3 sterilen, zu lang gestielten Keulen umgewandelten Blüten.** Hüllspelzen: oval, **untere kürzer als die obere, 5-nervig.** Deckspelzen: 5–7 mm lang, spitz, meist 7-nervig, bewimpert, Haare 3–4 mm lang. Blätter: in Knospenlage gerollt, 2–5 mm breit; oberseits: behaart; unterseits: **gekielt.** Blattscheiden: ± bis oben verwachsen. Ligula: 2–4 mm lang. untere Blattscheiden: **behaart.**

- einheimisch
- planar bis montan
- Extensivgrünland u. Magerrasen, Staudenfluren, Gehölze
- an trockenen Standorten

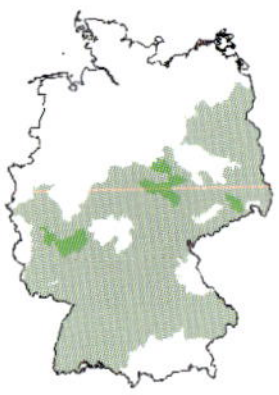

J F M **A M J J** A S O N D

Melica nutans L.

Nickendes Perlgras *Poaceae*
♃ A3 G(2)

30–60 cm hoch. Blütenstand: **trauben- bis rispenartig.** Ährchen: **2–3-blütig, 7–8 mm lang, distal außerdem mit 2–3 sterilen, zu lang gestielten Keulen umgewandelten Blüten.** Hüllspelzen: **(hell-) braun bis rötlich.** Deckspelzen: 5–7 mm lang, meist 7-nervig, kahl. Blätter: in Knospenlage gerollt, **frischgrün**, 2–4 mm breit; oberseits: behaart. Blattscheiden: ± bis oben verwachsen. Ligula: **bräunlich, < 1 mm lang,** *nicht* zahnartig verlängert.

- einheimisch
- planar bis alpin
- Extensivgrünland u. Magerrasen, Gehölze, Wälder

J F M **A M J J** A S O N D

Melica picta K. Koch

Buntes Perlgras *Poaceae*
♃ A3 G(2) RL V

30–60 cm hoch. Blütenstand: **trauben- bis rispenartig.** Ährchen: **2–3-blütig, 6–8 mm lang, distal außerdem mit 2–3 sterilen, zu lang gestielten Keulen umgewandelten Blüten.** Hüllspelzen: **gelblich-grünlich, violett gestreift.** Deckspelzen: 5–8 mm lang, meist 7-nervig, kahl. Blätter: in Knospenlage gerollt, **blau- bzw. graugrün**, 3–5 mm breit; oberseits: behaart. Blattscheiden: ± bis oben verwachsen. Ligula: **weißlich, durchscheinend, 1–3 mm lang,** *nicht* zahnartig verlängert.

- einheimisch
- planar bis montan
- Wälder

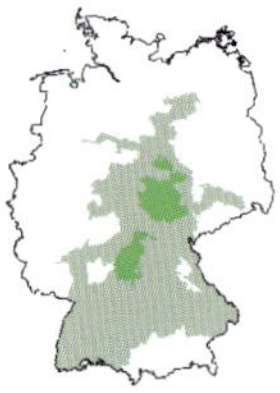

J F M **A M J J** A S O N D

Melica uniflora Retz.

Einblütiges Perlgras *Poaceae*
♄ A3 G(2)

30–50 cm hoch. Blütenstand: **trauben- bis rispenartig**. Ährchen: **1-blütig, 4–7 mm lang, distal außerdem mit 1 sterilen, zu lang gestielter Keule umgewandelten Blüte**. Deckspelzen: 4–6 mm lang, meist 7-nervig, kahl. Blätter: in Knospenlage gerollt, 3–6 mm breit; oberseits: behaart. Blattscheiden: ± bis oben verwachsen. Ligula: **2–8 mm lang, auf der der Spreite abgewandten Seite zahnartig verlängert**.

- einheimisch
- planar bis montan
- Gehölze, Wälder

J F M **A M J J** A S O N D

> *Agrostis*: Blütenstand: rispenartig. Ährchen: 1-blütig. Hüllspelzen: 2, *nicht* verwachsen, lineal-lanzettlich, ± so lang wie das Ährchen. Deckspelzen: lanzettlich, kahl. Blätter: oberseits gerippt.

Agrostis alpina agg.

Alpen-Straußgras *Poaceae*
♄ A3 G(2)

Blütenstand: **unterster Knoten mit 2–3 Seitenästen**. Ährchenstiele: **von hakig gekrümmten Haaren rau**. Hüllspelzen: 3–4 mm lang, **mit zwei Grannenspitzen**; untere: 3–4 mm lang. Deckspelzen: 2–4 mm lang, 2-spitzig, **kurz grannenspitzig bis begrannt**. Kallus: behaart, Haare ± 0,2-mal so lang wie die Deckspelze. Vorspelzen: **bis 0,2-mal so lang wie die Deckspelze**. Blätter: **in Knospenlage gefaltet**, **< 2 mm breit**, kahl. Ligula: **1–3 mm lang**. Blätter der Erneuerungssprosse: **mit borstenförmiger Spreite**.

In Deutschland kommen 2 Arten vor: *A. alpina* und *A. schleicheri* (vgl. S. 1423).

- einheimisch
- subalpin bis alpin
- Extensivgrünland u. Magerrasen, Schutt- u. Felsfluren

J F M A M **J J A S O** N D

Agrostis canina agg.

Hunds-Straußgras *Poaceae*
♄ A3 G(2) RL V

20–60 cm hoch. Blütenstand: **unterster Knoten mit 3–12 Seitenästen**. Hüllspelzen: spitz. Deckspelzen: 1–2 mm lang, 1-spitzig, **meist begrannt**; Granne: **im basalen Drittel der Spelze entspringend**, (undeutlich) gekniet. Kallus: Haare ± 0,2-mal so lang wie die Deckspelze. Vorspelzen: **bis 0,2-mal so lang wie die Deckspelze**. Blätter: in Knospenlage gerollt, **1–3 mm breit**, kahl. Ligula: **2–5 mm lang**. Blätter der Erneuerungssprosse: **mit borstenförmiger Spreite**.

In Deutschland kommen 2 Arten der Artengruppe *Agrostis canina* agg. vor: *A. canina* und *A. vinealis* (vgl. S. 1423).

- einheimisch
- planar bis montan
- Moore u. Seggenriede, Grünland, Wälder, Schutt- u. Felsfluren, Ruderalvegetation, Zier- bzw. Nutzpflanze
- an nährstoffarmen, sauren Standorten

J F M A **M J J A S** O N D

Agrostis stolonifera agg.

Riesen-Straußgras *Poaceae*
♄ A3 G(2)

10–120 cm hoch. Hüllspelzen: spitz. Deckspelzen: 1–3 mm lang, **meist unbegrannt**. Kallus: kahl *oder* behaart, Haare ± 0,2-mal so lang wie die Deckspelze. Vorspelzen: 0,5–1-mal so lang wie die Deckspelze. Blätter: in Knospenlage gerollt, **2–8 mm breit**, kahl. Ligula: **2–6 mm lang**.

A. stolonifera (Weißes Straußgras): Deckspelzen: meist unbegrannt. Kallus: kahl *oder* behaart. Ausläufer: ober- o. unterirdisch. Blätter: 2–6 mm breit; oberseits: kahl bis spärlich behaart, etwas rau. Ligula: 2–6 mm lang.
A. gigantea (Riesen-Straußgras): Deckspelzen: unbegrannt. Kallus: behaart. Ausläufer: unterirdisch. Blätter: 2–8 mm breit, kahl. Ligula: 2–3 mm lang.

- einheimisch
- planar bis subalpin
- Gewässer, Moore u. Seggenriede, Grünland, Staudenfluren, Ruderalvegetation, Zier- bzw. Nutzpflanze
- an feuchten bis nassen Standorten

J F M A **M J J A** S O N D

Agrostis capillaris L.

Rotes Straußgras *Poaceae*
♃ A3 G(2)

20–80 cm hoch. Hüllspelzen: spitz. Deckspelzen: 1–3 mm lang, **unbegrannt bis kurz grannenspitzig**. Kallus: kahl *oder* behaart, Haare ± 0,2-mal so lang wie die Deckspelze. Vorspelzen: **0,5–1-mal so lang wie die Deckspelze**. Ausläufer: unterirdisch. Blätter: in Knospenlage gerollt, **2–5 mm breit**; oberseits: kahl bis spärlich behaart. Ligula: **< 1 mm lang**.

- einheimisch
- planar bis alpin
- Grünland, Zwergstrauchheiden, Staudenfluren, Gehölze, Wälder, Ruderalvegetation, Zier- bzw. Nutzpflanze

J F M A **M J J A** S O N D

Agrostis rupestris All.

Felsen-Straußgras *Poaceae*
♃ A3 G(2)

Bis 20 cm hoch. Ährchenstiele: **kahl, glatt**. Hüllspelzen: spitz. Deckspelzen: 1–3 mm lang, **begrannt**; Granne: **im basalen Drittel der Spelze entspringend**, **2–4 mm lang**, gekniet. Kallus: kahl *oder* behaart, Haare ± 0,2-mal so lang wie die Deckspelze. Vorspelzen: **bis 0,2-mal so lang wie die Deckspelze**. Blätter: in Knospenlage gerollt, **< 1 mm breit**, kahl. Ligula: **1–2 mm lang**. Blätter der Erneuerungssprosse: **mit borstenförmiger Spreite**.

- einheimisch
- subalpin bis alpin
- Extensivgrünland u. Magerrasen, Schutt- u. Felsfluren
- an nährstoffarmen, sauren Standorten

J F M A M **J J A S** O N D

Agrostis scabra Willd.

Raues Straußgras *Poaceae*
♃ A3 G(2)

30–80 cm hoch. Blütenstand: **unterster Knoten mit > 3 Seitenästen, Ährchen nur im letzten Drittel der Rispenäste**. Hüllspelzen: spitz. Deckspelzen: 1–2 mm lang, **1-spitzig, unbegrannt bis kurz grannenspitzig**. Kallus: kahl *oder* behaart, Haare ± 0,2-mal so lang wie die Deckspelze. Vorspelzen: **bis 0,2-mal so lang wie die Deckspelze**. Blätter: in Knospenlage gerollt, **< 3 mm breit**; oberseits: rau. Ligula: **2–3 mm lang**. Blätter der Erneuerungssprosse: **mit borstenförmiger Spreite**.

- eingebürgerter Neophyt, urspr. aus Nordamerika
- planar bis montan
- Grünland, Ruderalvegetation, Zier- bzw. Nutzpflanze
- an wechselfeuchten bis nassen Standorten

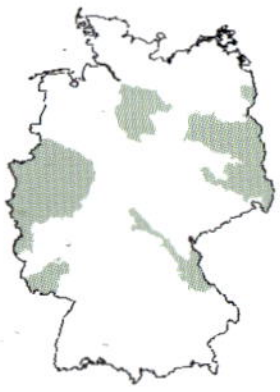

J F M A **M J J A** S O N D

Agrostis schraderiana Bech.

Schilf-Straußgras *Poaceae*
♃ A3 G(2)

40–60 cm hoch. Hüllspelzen: spitz. Deckspelzen: 2–3 mm lang, **unbegrannt bis kurz grannenspitzig**. Kallus: **behaart, Haare 0,3–0,5-mal so lang wie die Deckspelze**. Vorspelzen: **bis 0,2-mal so lang wie die Deckspelze**. Blätter: in Knospenlage gerollt, **2–5 mm breit**, kahl. Ligula: **2–3 mm lang**.

- einheimisch
- subalpin bis alpin
- Grünland, Staudenfluren, Gehölze, Schutt- u. Felsfluren

J F M A M **J J A S** O N D

Aira caryophyllea L.

Nelken-Haferschmiele *Poaceae*
ϟ A3 G(2) RL V

Bis 40 cm hoch. Pflanzen: 1-jährig. Blütenstand: rispenartig, **1–10 cm lang**, **1–8 cm breit**, lockerblütig. Ährchenstiele: **mindestens so lang wie das Ährchen**. Ährchen: 2-blütig, 2–4 mm lang. Hüllspelzen: 2; untere: 1–3-nervig; obere: 3–5-nervig. Deckspelzen: 2–3 mm lang, 2-spitzig, meist 5-nervig; Granne: im basalen Drittel der Spelze entspringend, **2–3 mm lang**, gekniet. Blätter: in Knospenlage gerollt, meist bis 5 cm lang, < 1 mm breit. Ligula: 1–4 mm lang. Blätter der Erneuerungssprosse: mit borstenförmiger Spreite.

Im Gebiet kommen 2 Unterarten vor: subsp. *caryophyllea* und subsp. *plesiantha* (vgl. S. 1423).

- einheimisch
- planar bis montan
- trockenfallende Ufer, Extensivgrünland u. Magerrasen, Schutt- u. Felsfluren, Ruderalvegetation, an Mauern, Zier- bzw. Nutzpflanze
- an nährstoffarmen, trockenen Standorten

J F M A **M J J A** S O N D

Aira praecox L.

Frühe Haferschmiele *Poaceae*
ϟ A3 G(2) RL V

Bis 20 cm hoch. Pflanzen: 1-jährig. Blütenstand: rispen- bis ährenrispenartig, **zur Blüte- u. Fruchtzeit zusammengezogen**, **1–3 cm lang**, **0,5–1 cm breit**. Ährchenstiele: **deutlich kürzer als die Ährchen**. Ährchen: 2-blütig, 2–4 mm lang. Hüllspelzen: 2; untere: 1–3-nervig; obere: 3–5-nervig. Deckspelzen: 2–3 mm lang, 2-spitzig, meist 5-nervig; Granne: im basalen Drittel der Spelze entspringend, **3–5 mm lang**, gekniet. Blätter: in Knospenlage gerollt, meist bis 5 cm lang, < 1 mm breit. Ligula: 1–3 mm lang. Blätter der Erneuerungssprosse: mit borstenförmiger Spreite.

- einheimisch
- planar bis collin
- Extensivgrünland u. Magerrasen, Schutt- u. Felsfluren, Zier- bzw. Nutzpflanze
- an nährstoffarmen, sauren, trockenen Standorten

J F M **A M J J** A S O N D

Alopecurus aequalis Sobol.

Rotgelber Fuchsschwanz *Poaceae*
ϟ A3 G(2)

10–25 cm hoch. Blütenstand: ährenrispenartig, 2–8 cm lang, **0,2–0,5 cm ∅**. Ährchen: 1-blütig, 2–3 mm lang. Hüllspelzen: im unteren Drittel verwachsen, gekielt, **Kiel mit 0,5–1 mm langen Haaren**. Deckspelzen: begrannt; Granne: **± in der Mitte der Spelze entspringend**, **1–2 mm lang**, meist von den Hüllspelzen verdeckt, (undeutlich) gekniet. Staubbeutel: **0,8–1 mm lang**. reife Ährchen: als Ganzes mit den Hüllspelzen abfallend. Stängel: **basal meist niederliegend**. Blätter: in Knospenlage gerollt, bis 10 cm lang, 2–5 mm breit; oberseits: kahl. Ligula: 2–5 mm lang. obere Blattscheiden: zuweilen undeutlich aufgeblasen.

- einheimisch
- planar bis montan
- trockenfallende Ufer, Grünland, Staudenfluren
- an nährstoffreichen, nassen, meist überfluteten Standorten

J F M **A M J J A S O** N D

Alopecurus arundinaceus Poir.

Rohr-Fuchsschwanz *Poaceae*
ϟ A3 G(2) RL 2

60–150 cm hoch. Blütenstand: ährenrispenartig, 2–8 cm lang, **0,8–1,5 cm ∅**. Ährchen: 1-blütig, **am oberen Ende verbreitert**, 4–6 mm lang. Hüllspelzen: im unteren Drittel verwachsen, gekielt, Kiel mit 0,5–1 mm langen Haaren. Deckspelzen: begrannt; Granne: **± in der Mitte der Spelze entspringend**, **3–6 mm lang**, (undeutlich) gekniet. reife Ährchen: als Ganzes mit den Hüllspelzen abfallend. Blätter: in Knospenlage gerollt, bis 40 cm lang, 3–8 mm breit; oberseits: kahl. Ligula: 3–5 mm lang.

- einheimisch
- planar
- Röhrichte, Salzwiesen, Zier- bzw. Nutzpflanze
- an zuweilen überfluteten, auch salzhaltigen Standorten

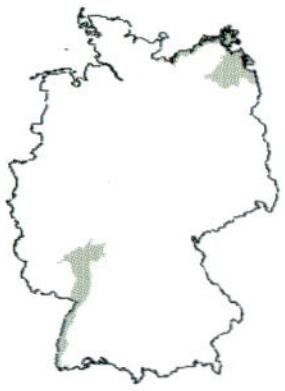

J F M **A M J J** A S O N D

Alopecurus bulbosus Gouan

Zwiebel-Fuchsschwanz *Poaceae*
♃ A3 G(2) RL 2

30–50 cm hoch. BLÜTENSTAND: ährenrispenartig, 2–8 cm lang, **0,4–0,5 cm** ∅. ÄHRCHEN: 1-blütig, 3–4 mm lang. HÜLLSPELZEN: im unteren Drittel verwachsen, gekielt, **Kiel mit 0,5–1 mm langen Haaren**. DECKSPELZEN: begrannt; GRANNE: **im basalen Drittel der Spelze entspringend, 5–8 mm lang**, (undeutlich) gekniet. REIFE ÄHRCHEN: als Ganzes mit den Hüllspelzen abfallend. STÄNGEL: **unten deutlich verdickt**. BLÄTTER: in Knospenlage gerollt, bis 15 cm lang, 1–3 mm breit; OBERSEITS: kahl. LIGULA: 2–4 mm lang.

- einheimisch
- planar
- Salzwiesen
- an feuchten, zuweilen überfluteten, meist salzhaltigen Standorten

J F M **A M J J A** S O N D

Alopecurus geniculatus L.

Knick-Fuchsschwanz *Poaceae*
♃ A3 G(2)

15–40 cm hoch. BLÜTENSTAND: ährenrispenartig, 1–5 cm lang, **0,3–0,5 cm** ∅. ÄHRCHEN: 1-blütig, 2–4 mm lang. HÜLLSPELZEN: im unteren Drittel verwachsen, gekielt, **Kiel mit 0,5–1 mm langen Haaren**. DECKSPELZEN: begrannt; GRANNE: **im basalen Drittel der Spelze entspringend, 3–5 mm lang**, aus den Hüllspelzen ragend, (undeutlich) gekniet. STAUBBEUTEL: **1,2–1,8 mm lang**. REIFE ÄHRCHEN: als Ganzes mit den Hüllspelzen abfallend. STÄNGEL: **basal meist niederliegend**. BLÄTTER: in Knospenlage gerollt, bis 15 cm lang, 2–6 mm breit; OBERSEITS: kahl, gerippt. LIGULA: 2–4 mm lang. OBERE BLATTSCHEIDEN: zuweilen undeutlich aufgeblasen.

- einheimisch
- planar bis montan
- trockenfallende Ufer, Grünland, Ruderalvegetation, Trittfluren, Zier- bzw. Nutzpflanze
- an feuchten bis nassen, zuweilen überfluteten, auch salzhaltigen Standorten

J F M **A M J J A S O** N D

Alopecurus myosuroides Huds.

Acker-Fuchsschwanz *Poaceae*
♃ A3 G(2)

20–50 cm hoch. BLÜTENSTAND: ährenrispenartig, 3–15 cm lang, **0,4–0,6 cm** ∅. ÄHRCHEN: 1-blütig, 4–7 mm lang. HÜLLSPELZEN: im unteren Drittel verwachsen, gekielt, Kiel (undeutlich) geflügelt, **Kiel mit 0,3 mm langen Haaren**. DECKSPELZEN: begrannt; GRANNE: **im basalen Drittel der Spelze entspringend, 8–12 mm lang**, (undeutlich) gekniet. REIFE ÄHRCHEN: als Ganzes mit den Hüllspelzen abfallend. BLÄTTER: in Knospenlage gerollt, bis 15 cm lang, 3–8 mm breit; OBERSEITS: kahl, gerippt. LIGULA: 2–5 mm lang.

- Archaeophyt
- planar bis montan
- Äcker, Ruderalvegetation

J F M **A M J J A S O** N D

Alopecurus pratensis L.

Wiesen-Fuchsschwanz *Poaceae*
♃ A3 G(2)

BLÜTENSTAND: ährenrispenartig, ÄHRCHEN: 1-blütig, **am oberen Ende verschmälert bis gerade**, 4–6 mm lang. HÜLLSPELZEN: im unteren Drittel verwachsen, gekielt, **Kiel mit 0,5–1 mm langen Haaren**. DECKSPELZEN: begrannt; GRANNE: **im basalen Drittel der Spelze entspringend, 6–10 mm lang**, (undeutlich) gekniet. REIFE ÄHRCHEN: als Ganzes mit den Hüllspelzen abfallend. BLÄTTER: in Knospenlage gerollt, bis 40 cm lang, 3–8 mm breit; OBERSEITS: kahl, gerippt. LIGULA: 1–3 mm lang.

subsp. *pratensis* (Wiesen-Fuchsschwanz): 50–100 cm hoch. BLÜTENSTAND: 4–10 cm lang, 0,6–1 cm ∅. ÄHRCHEN: grünlich. AUSLÄUFER: 2–4 cm lang.
subsp. *pseudonigricans* (Dunkler Wiesen-Fuchsschwanz): 40–60 cm hoch. BLÜTENSTAND: 2–5 cm lang, 1–1,5 cm ∅. ÄHRCHEN: schwärzlich. AUSLÄUFER: 4–10 cm lang.

- einheimisch
- planar bis montan
- Grünland, Staudenfluren, Ruderalvegetation, Zier- bzw. Nutzpflanze

J F M **A M J J** A S O N D

Alopecurus rendlei Eig

Aufgeblasener Fuchsschwanz *Poaceae*
♄ A3 G(2) RL 1

10–50 cm hoch. Blütenstand: ährenrispenartig, **eiförmig**, 1–3 cm lang, **0,6–1,2 cm ∅**. Ährchen: 1-blütig, 6–8 mm lang. Hüllspelzen: im unteren Drittel verwachsen, gekielt, **Kiel mit 0,5–1 mm langen Haaren**. Deckspelzen: begrannt; Granne: **im basalen Drittel der Spelze entspringend, 10–20 mm lang**, (undeutlich) gekniet. reife Ährchen: als Ganzes mit den Hüllspelzen abfallend. Blätter: in Knospenlage gerollt, bis 10 cm lang, 2–3 mm breit; oberseits: kahl. Ligula: 1–3 mm lang. obere Blattscheiden: **stark aufgeblasen**.

- einheimisch
- planar bis montan
- Grünland, Ruderalvegetation
- an feuchten bis nassen Standorten

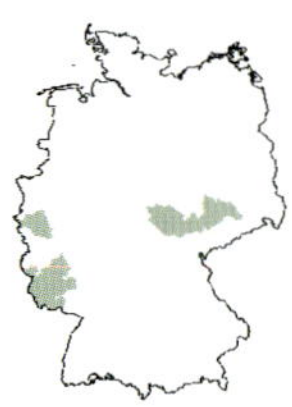

J F M **A M J J** A S O N D

Ammophila arenaria (L.) Link

Gewöhnlicher Strandhafer *Poaceae*
♄ A3 G(2)

60–120 cm hoch. Blütenstand: **ährenrispenartig**, 7,5–25 cm lang. Ährchen: **1-blütig**, 10–14 mm lang. Hüllspelzen: ± so lang wie das Ährchen, spitz. Deckspelzen: 8–12 mm lang, **mit Grannenspitze**. Kallus: behaart, **Haare bis 0,3-mal so lang wie die Deckspelze**. Blätter: in Knospenlage gerollt, **hart u. stechend, bis 60 cm lang**, 3–6 mm breit; oberseits: behaart, **gerippt**. Ligula: **10–25 mm lang**, spitz.

- einheimisch
- planar
- Dünen, Zier- bzw. Nutzpflanze
- auch an salzhaltigen Standorten

J F M A **M J J A** S O N D

X Calammophila baltica (Schrad.) Brand

Baltischer Bastardstrandhafer *Poaceae*
♄ A3 G(2)

Hybridogene Sippe, aus *Ammophila arenaria* u. *Calamagrostis epigejos* entstanden, **60–150 cm hoch**. Blütenstand: **rispen- bis ährenrispenartig**, bräunlich bis violett. Ährchen: **1-blütig**. Deckspelzen: **unbegrannt**. Blätter: **überwinternd grün, in Knospenlage gerollt, blau- bzw. graugrün**, oberseits gerippt, **bis 50 cm lang, 4–12 mm breit**; oberseits: mit 6–16 Rippen. Öhrchen: **fehlen**. Ligula: häutig.

- einheimisch
- planar
- Dünen
- an nährstoffarmen, auch salzhaltigen Standorten

J F M A **M J J A** S O N D

Anthoxanthum odoratum L.

Gewöhnliches Ruchgras *Poaceae*
♄ A2 G(2) schwach giftig

15–50 cm hoch. Pflanzen: **mehrjährig**. Blütenstand: rispen- bis ährenrispenartig, **2–10 cm lang**. Ährchen: 3-blütig, 6–9 mm lang, die oberste Blüte ⚥, die unteren ♂. Deckspelzen: **am unbegrannten Blütchen kahl, die begrannten bis zur Spitze behaart, nur am Rand kahl**; Granne: ± in der Mitte der Spelze entspringend, 2–9 mm lang, **verschieden lang, die längere aus dem Ährchen ragend**, die längere gekniet. Blätter: **im QS flach ausgebreitet**, in Knospenlage gerollt, **bis 30 cm lang, 2–8 mm breit, am Rand behaart**; oberseits: blau- bzw. graugrün, matt; unterseits: **blau- bzw. graugrün, matt**.

- einheimisch
- planar bis alpin
- Moore u. Seggenriede, Grünland, Wälder, Zier- bzw. Nutzpflanze
- auch an salzhaltigen Standorten

J F M **A M J J** A S O N D

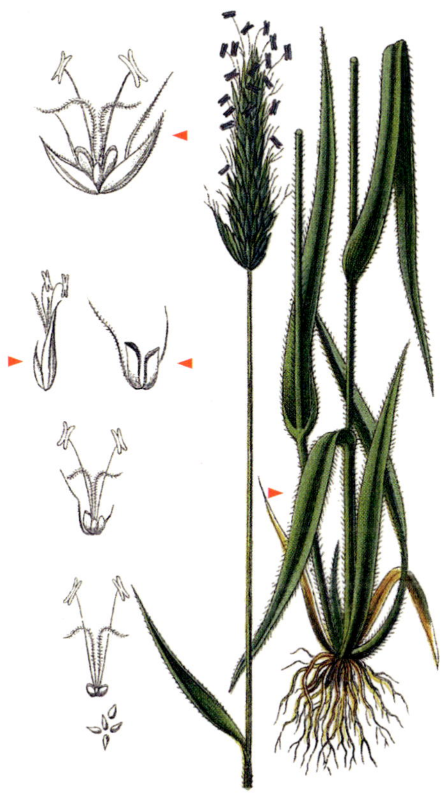

Anthoxanthum alpinum Á. Löve & D. Löve

Alpen-Ruchgras *Poaceae*
ϟ A2 G(2) schwach giftig

20–80 cm hoch. PFLANZEN: **mehrjährig**. BLÜTENSTAND: rispen- bis ährenrispenartig, **1–5 cm lang**. ÄHRCHEN: 3-blütig, 6–9 mm lang, die oberste Blüte ⚥, die unteren ♂. DECKSPELZEN: **am unbegrannten Blütchen distal spärlich behaart, die begrannten distal kahl**; GRANNE: ± in der Mitte der Spelze entspringend, 2–9 mm lang, **verschieden lang, die längere aus dem Ährchen ragend**, die längere gekniet. BLÄTTER: in Knospenlage gerollt, **meist nach oben eingerollt, seltener flach ausgebreitet, bis 10 cm lang, 2–6 mm breit, am Rand kahl**; OBERSEITS: blau- bzw. graugrün, matt; UNTERSEITS: **gelbgrün, glänzend**.

- einheimisch
- subalpin bis alpin
- Extensivgrünland u. Magerrasen, Zwergstrauchheiden
- an nährstoffarmen, sauren Standorten

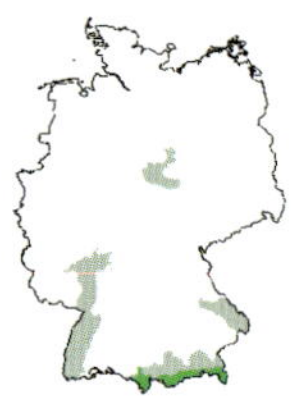

J F **M A M J J A** S O N D

Anthoxanthum aristatum Boiss.

Grannen-Ruchgras *Poaceae*
ϟ A2 G(2) schwach giftig

Bis 30 cm hoch. PFLANZEN: **1-jährig**. BLÜTENSTAND: rispen- bis ährenrispenartig, 1–5 cm lang. ÄHRCHEN: 3-blütig, 5–9 mm lang, die oberste Blüte ⚥, die unteren ♂. DECKSPELZEN: begrannt; GRANNE: ± in der Mitte der Spelze entspringend, 4–10 mm lang, **± gleich lang, *beide* aus dem Ährchen ragend**, (undeutlich) gekniet. BLÄTTER: in Knospenlage gerollt, **bis 10 cm lang, 1–3 mm breit**. BLATTSCHEIDEN: mit einem Haarbüschel am Übergang zur Spreite. LIGULA: **1–3 mm lang**.

- eingebürgerter Neophyt, urspr. aus Nordamerika
- planar
- Äcker, Ruderalvegetation
- an nährstoffarmen, sauren Standorten

J F M **A M J J A** S O N D

Apera interrupta (L.) P. Beauv.

Unterbrochener Windhalm *Poaceae*
ϟ A3 G(2)

20–40 cm hoch. BLÜTENSTAND: rispenartig, **auch während der Blütezeit zusammengezogen, 5–15 cm lang, 0,5–2 cm breit**. ÄHRCHEN: 1-blütig, 2–3 mm lang, Achse unterhalb der Blüte mit kahlem Fortsatz. HÜLLSPELZEN: lineal-lanzettlich, ± so lang wie das Ährchen, spitz. DECKSPELZEN: lanzettlich, 2–3 mm lang, begrannt; GRANNE: im distalen Drittel der Spelzen entspringend, 4–10 mm lang, **gerade *oder* gekniet**. KALLUS: behaart. STAUBBEUTEL: **0,3–0,5 mm lang**. BLÄTTER: in Knospenlage gerollt, meist bis 10 cm lang, 1–2 mm breit; OBERSEITS: gerippt. LIGULA: 2–5 mm lang.

- eingebürgerter Neophyt, urspr. aus dem Mittelmeergebiet u. Westasien
- planar bis collin
- Ruderalvegetation
- an nährstoffarmen, trockenen Standorten

J F M A **M J J A** S O N D

Apera spica-venti (L.) P. Beauv.

Gewöhnlicher Windhalm *Poaceae*
ϟ A3 G(2)

30–100 cm hoch. BLÜTENSTAND: rispenartig, **zur Blütezeit locker u. ausgebreitet, 10–40 cm lang, 5–20 cm breit, später kompakt u. zusammengezogen**. ÄHRCHEN: 1-blütig, 2–3 mm lang, Achse unterhalb der Blüte mit kahlem Fortsatz. HÜLLSPELZEN: lineal-lanzettlich, ± so lang wie das Ährchen, spitz. DECKSPELZEN: lanzettlich, 2–3 mm lang, begrannt; GRANNE: im distalen Drittel der Spelzen entspringend, 5–10 mm lang, **oft geschlängelt**. KALLUS: behaart. STAUBBEUTEL: **1–2 mm lang**. BLÄTTER: in Knospenlage gerollt, meist 10–40 cm lang, meist 2–5 mm breit; OBERSEITS: gerippt. LIGULA: 4–6 mm lang.

- Archaeophyt
- planar bis montan
- Äcker, Ruderalvegetation

J F M A **M J J A** S O N D

Arrhenatherum elatius (L.) J. Presl & C. Presl

Glatthafer *Poaceae*
ϟ A3 G(2)

60–140 cm hoch. BLÜTENSTAND: **rispenartig**. ÄHRCHEN: **2-blütig**, **7–10 mm lang**. HÜLLSPELZEN: länglich-lanzettlich; UNTERE: 1–3-nervig; OBERE: 3–5-nervig. DECKSPELZEN: 7–10 mm lang, **die untere Blüte begrannt, die obere Blüte unbegrannt o. mit kurzer Granne**; GRANNE: **im basalen Drittel der Spelze entspringend**, 10–20 mm lang, **gekniet**. REIFE ÄHRCHEN: **als Ganzes aus den Hüllspelzen fallend**. BLÄTTER: in Knospenlage gerollt, bis 40 cm lang, 4–10 mm breit; OBERSEITS: (schwach) gerippt. LIGULA: 1–3 mm lang. UNTERE BLATTSCHEIDEN: behaart.

subsp. *elatius* (Glatthafer): STÄNGEL: basal *nicht* knollig verdickt.
subsp. *bulbosum* (Knollen-Glatthafer): STÄNGEL: basal mit 2–6 knollig verdickten Stängelgliedern.

- Archaeophyt
- planar bis montan
- Grünland, Staudenfluren, Gehölze, Schutt- u. Felsfluren, Ruderalvegetation, Zier- bzw. Nutzpflanze

J F M A M J J A S O N D

Avena fatua L.

Flug-Hafer *Poaceae*
ϟ A3 G(2)

60–120 cm hoch. PFLANZEN: 1-jährig. BLÜTENSTAND: rispenartig. ÄHRCHEN: 2–3-blütig, *ohne* Grannen 15–20 mm lang. HÜLLSPELZEN: länglich-lanzettlich; UNTERE: 5–7-nervig; OBERE: 7–11-nervig. DECKSPELZEN: knorpelig verdickt, lanzettlich, **15–20 mm lang**, 2-spitzig, meist 7-nervig, **basal lang behaart, Haare 2–4 mm lang**; GRANNE: ± in der Mitte der Spelze entspringend, 15–40 mm lang, **gekniet**. REIFE ÄHRCHEN: **zerfallend, die Blütchen einzeln abfallend, Hüllspelzen an der Pflanze verbleibend**. BLÄTTER: in Knospenlage gerollt, bis 50 cm lang, 4–10 mm breit, basal behaart, am Rand bewimpert. LIGULA: 3–6 mm lang. UNTERE BLATTSCHEIDEN: behaart.

- Archaeophyt
- planar bis montan
- Staudenfluren, Äcker, Ruderalvegetation, Zier- bzw. Nutzpflanze

J F M A M J J A S O N D

Avena sativa L.

Saat-Hafer *Poaceae*
ϟ A3 G(2)

60–180 cm hoch. PFLANZEN: 1-jährig. BLÜTENSTAND: rispenartig. ÄHRCHEN: 2–3-blütig, *ohne* Grannen 15–50 mm lang, **Achse meist kahl**. HÜLLSPELZEN: länglich-lanzettlich; UNTERE: 5–7-nervig; OBERE: 7–11-nervig. DECKSPELZEN: knorpelig verdickt, lanzettlich, **12–24 mm lang**, 2-spitzig, meist 7-nervig, **basal kahl bis kurz behaart**; GRANNE: fehlend o. bis 4 cm lang. REIFE ÄHRCHEN: **als Ganzes (mit den Hüllspelzen) abfallend o. am Stängel bleibend**. BLÄTTER: in Knospenlage gerollt, bis 50 cm lang, 5–15 mm breit. LIGULA: 3–5 mm lang.

subsp. *sativa* (Saat-Hafer): DECKSPELZEN: meist begrannt; GRANNE: bis 40 mm lang. FRÜCHTE: Färbung variabel, basal kahl *oder* behaart.
subsp. *orientalis* (Fahnen-Hafer): DECKSPELZEN: unbegrannt. FRÜCHTE: weißlich, basal kahl.

- in Einbürgerung befindlicher Neophyt, urspr. aus Westasien
- planar bis montan
- Staudenfluren, Äcker, Ruderalvegetation, Zier- bzw. Nutzpflanze

J F M A M J J A S O N D

Avena strigosa Schreb.

Sand-Hafer *Poaceae*
ϟ A3 G(2)

40–100 cm hoch. PFLANZEN: 1-jährig. BLÜTENSTAND: rispenartig. ÄHRCHEN: 2-blütig, *ohne* Grannen 15–25 mm lang, **Achse behaart**. HÜLLSPELZEN: länglich-lanzettlich; UNTERE: 5–7-nervig; OBERE: 7–11-nervig. DECKSPELZEN: knorpelig verdickt, lanzettlich, **12–17 mm lang**, 2-spitzig, meist 7-nervig, **basal kahl bis kurz behaart**; GRANNE: ± in der Mitte der Spelze entspringend, 20–30 mm lang, **gekniet**. REIFE ÄHRCHEN: **als Ganzes (mit den Hüllspelzen) abfallend o. am Stängel bleibend**. BLÄTTER: in Knospenlage gerollt, bis 30 cm lang, 5–10 mm breit. LIGULA: 2–5 mm lang. UNTERE BLATTSCHEIDEN: behaart.

- Archaeophyt
- planar bis montan
- Äcker, Ruderalvegetation, Zier- bzw. Nutzpflanze

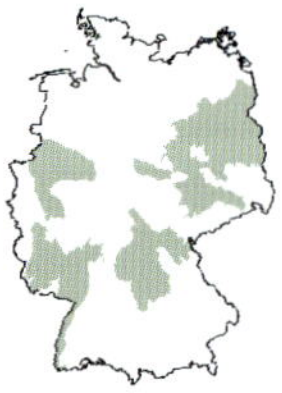

J F M A M J J A S O N D

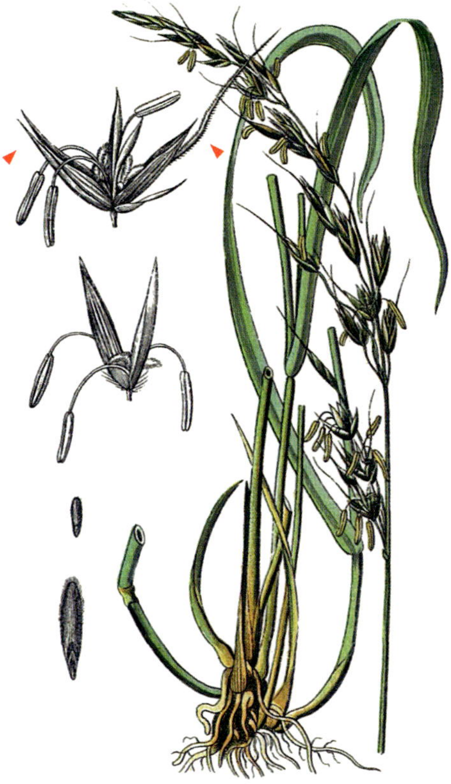

***Calamagrostis*:** Blütenstand: rispenartig. Ährchen: 1-blütig, Ährchenachse unterhalb der Blüte mit einem lang behaarten Fortsatz. Hüllspelzen: 2, *nicht* verwachsen, lineal-lanzettlich, ± so lang wie das Ährchen, spitz. Deckspelzen: kahl, begrannt. Kallus: behaart. Blätter: in Knospenlage gerollt.

Calamagrostis arundinacea (L.) Roth

Wald-Reitgras *Poaceae*
♃ A3 G(2)

60–120 cm hoch. Pflanzen: **horstförmig**. Ährchen: 4–6 mm lang. Deckspelzen: 3–4 mm lang; Granne: **im basalen Drittel der Spelze entspringend, 5–10 mm lang, länger als die Deckspelze, die Hüllspelze um ± 3 mm überragend, gekniet**. Kallus: **Haare < 0,3-mal so lang wie die Deckspelze**. Blätter: bis 50 cm lang, **4–12 mm breit**; oberseits: behaart; unterseits: **dunkelgrün, glänzend**. Blattscheiden: mit einem Haarbüschel am Übergang zur Spreite. Ligula: **1–3 mm lang**.

- einheimisch
- planar bis montan
- Staudenfluren, Gehölze, Wälder, Zier- bzw. Nutzpflanze

J F M A **M J J A** S O N D

Calamagrostis canescens (Weber) Roth

Sumpf-Reitgras *Poaceae*
♃ A3 G(2)

60–120 cm hoch. Ährchen: 4–6 mm lang. Deckspelzen: **häutig, durchscheinend**, 2–3 mm lang; Granne: **im distalen Drittel entspringend**, < 1 mm lang, **kürzer als die Deckspelze**, gerade. Kallus: **Haare höchstens so lang wie die Deckspelze, kürzer als die Hüllspelzen**. Pollen: kugelig, fertil. Stängel: **zuweilen verzweigt**, unter den Knoten kahl. Blätter: bis 40 cm lang, **3–6 mm breit**; oberseits: behaart, gerippt; unterseits: **frischgrün, glänzend**. Blattscheiden: mit einem Haarbüschel am Übergang zur Spreite. Ligula: **2–3 mm lang**.

Im Gebiet kommen 2 Unterarten vor: subsp. *canescens* und subsp. *vilnensis* (vgl. S. 1423).

- einheimisch
- planar bis montan
- Moore u. Seggenriede, Grünland, Wälder, Zier- bzw. Nutzpflanze
- an nassen, zuweilen überfluteten Standorten

J F M A M **J J A S** O N D

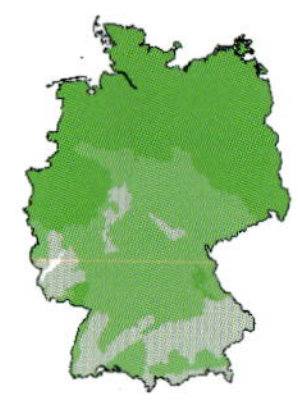

Calamagrostis epigejos (L.) Roth

Sand-Reitgras *Poaceae*
♃ A3 G(2)

60–150 cm hoch. Pflanzen: **horstförmig**. Ährchen: 5–7 mm lang. Deckspelzen: 2–4 mm lang, 3-nervig; Granne: **im basalen Drittel der Spelze entspringend**, 2–3 mm lang, gerade. Kallus: **Haare länger als die Deckspelzen, ± so lang wie die Hüllspelzen**. Blätter: bis 70 cm lang, **4–10 mm breit**. Ligula: **4–8 mm lang**.

- einheimisch
- planar bis montan
- trockenfallende Ufer, Grünland, Staudenfluren, Gehölze, Ruderalvegetation, Dünen, Zier- bzw. Nutzpflanze
- an basenreichen Standorten

J F M A M **J J A S** O N D

Calamagrostis neglecta (Ehrh.) G. Gaertn. & al.

Moor-Reitgras *Poaceae*
♃ A3 G(2) RL 3

40–100 cm hoch. Pflanzen: **horstförmig**. Ährchen: 3–4 mm lang. Deckspelzen: 2–4 mm lang; Granne: **im basalen Drittel der Spelze entspringend**, 2–3 mm lang, **kürzer als die Deckspelze**, gerade. Kallus: **Haare etwas kürzer bis so lang wie die Deckspelze, kürzer als die Hüllspelzen**. Blätter: bis 60 cm lang, **1–5 mm breit**; oberseits: behaart; unterseits: kahl. Blattscheiden: mit einem Haarbüschel am Übergang zur Spreite. Ligula: **2–3 mm lang**.

- einheimisch
- planar
- Gewässer, Röhrichte, Moore u. Seggenriede
- an nährstoffarmen, nassen, zuweilen überfluteten Standorten

J F M A M **J J A S** O N D

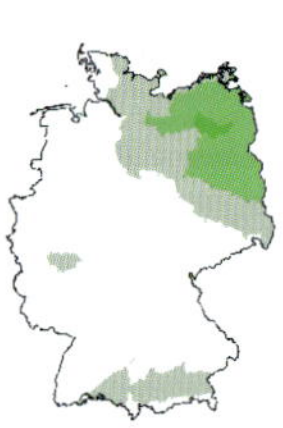

Calamagrostis pseudophragmites (Haller f.) Koeler

Ufer-Reitgras *Poaceae*
♃ A3 G(2) RL 2

60–120 cm hoch. Pflanzen: **horstförmig**. Ährchen: 5–7 mm lang. Deckspelzen: 2–3 mm lang, 3-nervig; Granne: **im distalen Drittel der Spelzen entspringend**, 2–3 mm lang, ± so lang wie die Deckspelze, gerade. Kallus: **Haare länger als die Deckspelzen, ± so lang wie die Hüllspelzen**. Blätter: bis 30 cm lang, **3–8 mm breit**; oberseits: behaart; unterseits: behaart. Ligula: **behaart**, **6–8 mm lang**.

- einheimisch
- collin bis montan
- trockenfallende Ufer, Staudenfluren
- an kalkreichen, feuchten, zuweilen überfluteten Standorten

J F M A **M J J A** S O N D

Calamagrostis varia (Schrad.) Host

Berg-Reitgras *Poaceae*
♃ A3 G(2) RL V

40–100 cm hoch. Pflanzen: **horstförmig**. Ährchen: 4–5 mm lang. Deckspelzen: **derb, grünlich**, 3–4 mm lang; Granne: **im basalen Drittel der Spelze entspringend, 4–5 mm lang, länger als die Deckspelze, die Hüllspelze kaum überragend, gekniet**. Kallus: **Haare etwas kürzer bis so lang wie die Deckspelze, kürzer als die Hüllspelzen**. Blätter: bis 30 cm lang, **3–8 mm breit**; oberseits: kahl; unterseits: **frischgrün**, **matt**, kahl. Blattscheiden: mit einem Haarbüschel am Übergang zur Spreite. Ligula: **2–4 mm lang**.

- einheimisch
- collin bis alpin
- trockenfallende Ufer, Extensivgrünland u. Magerrasen, Staudenfluren, Gehölze
- an basenreichen Standorten

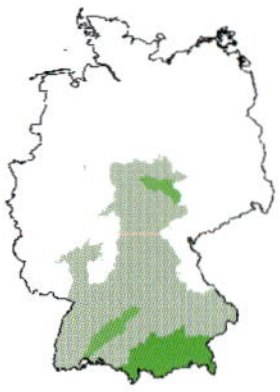

J F M A M **J J A S** O N D

Calamagrostis villosa (Chaix) J. F. Gmel.

Wolliges Reitgras *Poaceae*
♃ A3 G(2)

60–120 cm hoch. Pflanzen: rasig wachsend. Ährchen: 3–5 mm lang. Deckspelzen: **häutig, durchscheinend**, 2–3 mm lang; Granne: **im basalen Drittel der Spelze entspringend**, < 2 mm lang, **kürzer als die Deckspelze**, gerade. Kallus: **Haare etwas kürzer bis so lang wie die Deckspelze, kürzer als die Hüllspelzen**. Stängel: unter den Knoten oft mit Haarbüscheln. Blätter: bis 40 cm lang, **3–8 mm breit**; oberseits: behaart; unterseits: **frischgrün, glänzend**. Blattscheiden: mit einem Haarbüschel am Übergang zur Spreite. Ligula: **2–4 mm lang**.

- einheimisch
- collin bis subalpin
- Extensivgrünland u. Magerrasen, Zwergstrauchheiden, Staudenfluren, Gehölze, Wälder
- an nährstoffarmen, sauren Standorten

J F M A M **J J A S** O N D

Corynephorus canescens (L.) P. Beauv.

Gewöhnliches Silbergras *Poaceae*
♃ A3 G(2)

15–30 cm hoch. Blütenstand: **rispenartig**. Ährchen: **2-blütig**, 3–5 mm lang. Hüllspelzen: 2, lineal-lanzettlich, ± so lang wie das Ährchen, spitz, 1-nervig. Deckspelzen: lanzettlich, 1–2 mm lang, spitz, meist 5-nervig, **begrannt**; Granne: im basalen Drittel der Spelze entspringend, 2–3 mm lang, **gekniet**; Untergranne **am Ende mit Stachelkranz**; Obergranne **keulenförmig verdickt**. Knoten: oft violett gefärbt. Blätter: steif, bis 10 cm lang, < 1 mm breit. Ligula: 2–3 mm lang. Blätter der Erneuerungssprosse: **mit borstenförmiger Spreite**.

- einheimisch
- planar bis collin
- Extensivgrünland u. Magerrasen, Schutt- u. Felsfluren, Dünen
- an nährstoffarmen, sauren, trockenen Standorten

J F M A **M J J A** S O N D

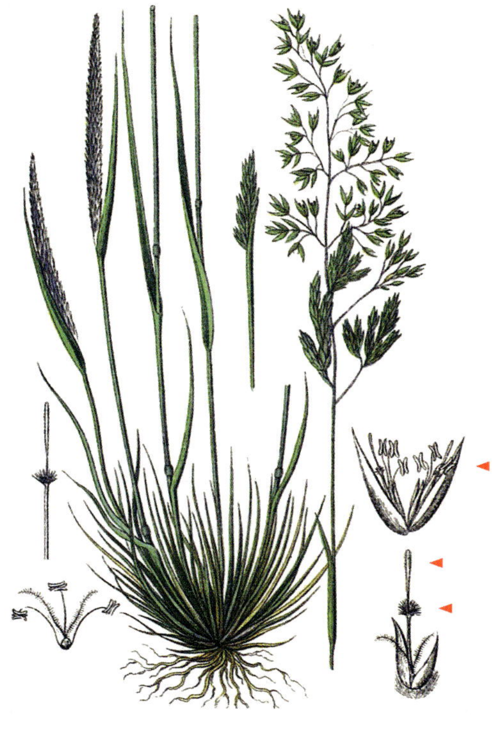

Deschampsia cespitosa (L.) P. Beauv.

Rasen-Schmiele *Poaceae*
♃ A3 G(2)

30–100 cm hoch. Blütenstand: rispenartig. Ährchen: 1–3-blütig, 2–8 mm lang. Hüllspelzen: 2; untere: 1–3-nervig; obere: 3–5-nervig. Deckspelzen: 4-spitzig, meist 5-nervig; Granne: im basalen Drittel der Spelze entspringend, (undeutlich) gekniet. Blätter: bis 60 cm lang, **2–7 mm breit, (sehr) rau**; oberseits: gerippt. Blätter der Erneuerungssprosse: **Furchen oft weiß durchscheinend, 6–10-furchig**, mit ≥ 7 Sklerenchymsträngen, Sklerenchymstränge auch in den Rippen auf der Oberseite der Blätter.

Im Gebiet kommen 4 Unterarten vor: subsp. *cespitosa*, subsp. *paludosa*, subsp. *parviflora* und subsp. *rhenana* (vgl. S. 1423).

- einheimisch
- planar bis subalpin
- Extensivgrünland u. Magerrasen, Wälder, Ruderalvegetation, Zier- bzw. Nutzpflanze

J F M A M J J A S O N D

Deschampsia media (Gouan) Roem. & Schult.

Binsen-Schmiele *Poaceae*
♃ A3 G(2) RL 1

30–60 cm hoch. Blütenstand: rispenartig. Ährchen: 2-blütig, 3–5 mm lang. Hüllspelzen: 2; untere: 1–3-nervig; obere: 3–5-nervig. Deckspelzen: 2–4 mm lang, 4-spitzig, meist 5-nervig; Granne: **± in der Mitte der Spelze entspringend, 1–3 mm lang, die Deckspelze nicht o. < 1 mm überragend**, (undeutlich) gekniet. Blätter: **bis 20 cm lang, < 1 mm breit, rau**; oberseits: gerippt. Ligula: **2–5 mm lang**. Blätter der Erneuerungssprosse: **mit borstenförmiger Spreite, 4–6-furchig, mit 3–7 Leitbündeln, mit durchgehender Sklerenchymscheide**.

- einheimisch
- planar
- Extensivgrünland u. Magerrasen, Ruderalvegetation
- an feuchten bis nassen, zuweilen überfluteten Standorten

J F M A M J J A S O N D

Avenella flexuosa (L.) Drejer

Draht-Schmiele *Poaceae*
♃ A3 G(2)

20–60 cm hoch. Blütenstand: rispenartig. Ährchen: 2-blütig, 3–6 mm lang. Hüllspelzen: 2; untere: 1–3-nervig; obere: 3–5-nervig. Deckspelzen: 3–6 mm lang, 4-spitzig, meist 5-nervig; Granne: im basalen Drittel der Spelze entspringend, **5–8 mm lang, die Deckspelze um 1–3 mm überragend**, (undeutlich) gekniet. Blätter: **bis 20 cm lang, < 1 mm breit, sehr glatt**; oberseits: gerippt. Ligula: **1–3 mm lang, distal gerade bis abgerundet**. Blätter der Erneuerungssprosse: **mit borstenförmiger Spreite, im QS 6-kantig, 2-furchig, mit 3–7 Leitbündeln, mit 5–9 Sklerenchymsträngen**.

- einheimisch
- planar bis subalpin
- Moore u. Seggenriede, Extensivgrünland u. Magerrasen, Staudenfluren, Gehölze, Wälder, Zier- bzw. Nutzpflanze
- an nährstoffarmen, sauren Standorten

J F M A M J J A S O N D

Aristavena setacea (Huds.) F. Albers & Butzin

Borstblatt-Schmiele *Poaceae*
♃ A3 G(2) RL 2

30–50 cm hoch. Blütenstand: rispenartig. Ährchen: 2-blütig, 4–5 mm lang. Hüllspelzen: 2; untere: 1–3-nervig; obere: 3–5-nervig. Deckspelzen: 2–3 mm lang, 4-spitzig, meist 5-nervig; Granne: im basalen Drittel der Spelze entspringend, **4–6 mm lang, die Deckspelze um 1–3 mm überragend**, (undeutlich) gekniet. Blätter: **bis 20 cm lang, < 1 mm breit, rau**; oberseits: gerippt. Ligula: **3–8 mm lang, spitz**. Blätter der Erneuerungssprosse: **mit borstenförmiger Spreite, im QS oval, 4-furchig, mit 3–7 Leitbündeln, mit 5–9 Sklerenchymsträngen**.

- einheimisch
- planar
- Gewässer, trockenfallende Ufer, Dünentäler
- an nährstoffarmen, sauren, nassen, zuweilen überfluteten Standorten

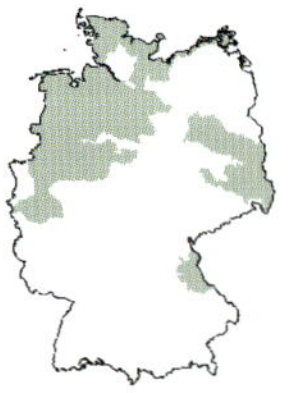

J F M A M J J A S O N D

Gaudinia fragilis (L.) P. Beauv.

Ährenhafer *Poaceae*
♃ A3 G(2)

20–60 cm hoch. Blütenstand: **ährenartig**, 5–20 cm lang. Ährchen: einzeln an der Ährenachse, **die breite Seite zur Ährenachse gerichtet, 4–10-blütig**, 10–20 mm lang. Deckspelzen: 7–11 mm lang, begrannt; Granne: im basalen Drittel der Spelze entspringend, 6–12 mm lang, **gekniet**. Blätter: **in Knospenlage gerollt**, bis 15 cm lang, 3–5 mm breit; oberseits: behaart. Ligula: < 1 mm lang. untere Blattscheiden: behaart.

- in Einbürgerung befindlicher Neophyt, urspr. aus dem Mittelmeergebiet
- planar bis collin
- Intensivgrünland, Ruderalvegetation

J F M A **M J J** A S O N D

Helictochloa pratensis (L.) Romero Zarco

Echter Wiesenhafer *Poaceae*
♃ A3 G(2) RL V

30–80 cm hoch. Blütenstand: rispenartig. Ährchen: **3–5-blütig, 15–30 mm lang, Achse mit 1–2 mm langen Haaren**. Hüllspelzen: länglich-lanzettlich; untere: 1–3-nervig; obere: 3–5-nervig. Deckspelzen: **10–16 mm lang, meist 5-nervig**; Granne: ± in der Mitte der Spelze entspringend, 12–22 mm lang, gekniet. Vorspelzen: **9–12 mm lang, am Rand bewimpert, mit randlichen Kielen**. reife Ährchen: die Blütchen einzeln abfallend. Blätter: in Knospenlage gefaltet, bis 30 cm lang, **2–3 mm breit**; oberseits: **kahl**, meist mit Doppelrinne. Blattscheiden: **offen, kahl**. Ligula: 3–6 mm lang. Blätter der Erneuerungssprosse: im QS V-förmig gefaltet, 2–4 mm ⌀.

- einheimisch
- planar bis montan
- Extensivgrünland u. Magerrasen, Wälder
- an nährstoffarmen, meist trockenen Standorten

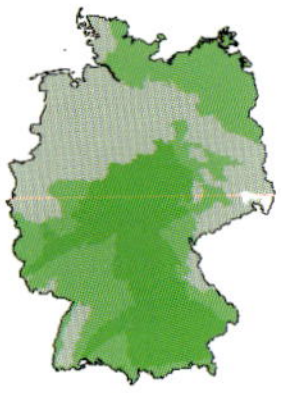

J F M **A M J J** A S O N D

Helictochloa versicolor (Vill.) Romero Zarco

Bunter Wiesenhafer *Poaceae*
♃ A3 G(2)

15–40 cm hoch. Blütenstand: rispenartig. Ährchen: **3–6-blütig, 10–13 mm lang, Achse mit 1–2 mm langen Haaren**. Hüllspelzen: länglich-lanzettlich; untere: 1–3-nervig; obere: 3–5-nervig. Deckspelzen: **8–11 mm lang, meist 5-nervig**; Granne: ± in der Mitte der Spelze entspringend, 10–16 mm lang, gekniet. Vorspelzen: **7–9 mm lang, am Rand bewimpert, mit randlichen Kielen**. reife Ährchen: die Blütchen einzeln abfallend. Blätter: in Knospenlage gefaltet, bis 20 cm lang, **2–4 mm breit**; oberseits: **kahl**, meist mit Doppelrinne. Blattscheiden: **in der basalen Hälfte verwachsen, kahl**. Ligula: 3–6 mm lang. Blätter der Erneuerungssprosse: im QS V-förmig gefaltet, 2–4 mm ⌀.

- einheimisch
- subalpin bis alpin
- Extensivgrünland u. Magerrasen, Zwergstrauchheiden, Schutt- u. Felsfluren
- an nährstoffarmen, sauren Standorten

J F M A M **J J A S** O N D

Helictotrichon parlatorei (Woods) Pilg.

Parlatores Wiesenhafer *Poaceae*
♃ A3 G(2) RL R

40–150 cm hoch. Pflanzen: **horstförmig**. Blütenstand: **rispenartig**. Ährchen: **2–3-blütig, 9–12 mm lang**. Hüllspelzen: länglich-lanzettlich; untere: 1–3-nervig; obere: 3–5-nervig. Deckspelzen: **7–9 mm lang, meist 7-nervig**; Granne: ± in der Mitte der Spelze entspringend, 10–15 mm lang, gekniet. reife Ährchen: die Blütchen einzeln abfallend. Blätter: **in Knospenlage gerollt**, bis 50 cm lang, **< 2 mm breit**; oberseits: kahl, **gerippt**. Blattscheiden: **offen**. Ligula: 3–6 mm lang. Blätter der Erneuerungssprosse: **mit borstenförmiger Spreite, im QS U-förmig gebogen, 1–2 mm** ⌀.

- einheimisch
- subalpin bis alpin
- Extensivgrünland u. Magerrasen, Schutt- u. Felsfluren
- an nährstoffarmen, kalkreichen Standorten

J F M A M **J J A S** O N D

Avenula pubescens (Huds.) Dumort.

Flaumiger Wiesenhafer *Poaceae*
♃ A3 G(2)

30–100 cm hoch. BLÜTENSTAND: rispenartig. ÄHRCHEN: **Achse mit 3–6 mm langen Haaren**. HÜLLSPELZEN: länglich-lanzettlich; UNTERE: 1–3-nervig; OBERE: 3–5-nervig. DECKSPELZEN: **meist 5-nervig**; GRANNE: ± in der Mitte der Spelze entspringend, 10–22 mm lang, gekniet. VORSPELZEN: **kahl, mit mittigen Kielen**. REIFE ÄHRCHEN: die Blütchen einzeln abfallend. BLÄTTER: in Knospenlage gefaltet, bis 40 cm lang, **2–8 mm breit**; OBERSEITS: **behaart**, meist mit Doppelrinne. BLATTSCHEIDEN: **± bis oben verwachsen, meist behaart**. LIGULA: 5–7 mm lang. BLÄTTER DER ERNEUERUNGSSPROSSE: im QS V-förmig gefaltet, 2–4 mm ⌀.

Im Gebiet kommen 2 Unterarten vor: subsp. *pubescens* und subsp. *laevigata* (vgl. S. 1423).

- einheimisch
- planar bis alpin
- Grünland, Schutt- u. Felsfluren, Ruderalvegetation
- meist an trockenen Standorten

J F M **A M J J** A S O N D

Hierochloë odorata agg.

Duft-Mariengras *Poaceae*
♃ A2 G(2) RL 2

20–110 cm hoch. PFLANZEN: **rasig wachsend**. BLÜTENSTAND: rispenartig. ÄHRCHEN: 3-blütig, 3–7 mm lang, die oberste Blüte ⚥, die unteren ♂. DECKSPELZEN: 2–6 mm lang, mit Grannenspitze o. kurz begrannt; GRANNE: < 1 mm lang, gerade. REIFE ÄHRCHEN: als Ganzes aus den Hüllspelzen fallend. BLÄTTER: in Knospenlage gerollt, bis 30 cm lang, 3–6 mm breit; UNTERSEITS: glänzend.

H. odorata (Duft-Mariengras): DECKSPELZEN: der ♂ Blüten spärlich bewimpert, Haare 0,5–0,7 mm lang. BLÄTTER: OBERSEITS: kahl bis spärlich behaart. LIGULA: < 2,5 mm lang.
H. hirta (Raues Mariengras): selten. DECKSPELZEN: der ♂ Blüten dicht bewimpert, Haare 0,5–1 mm lang. BLÄTTER: OBERSEITS: behaart. LIGULA: 2,5–5 mm lang.

- einheimisch
- planar
- Moore u. Seggenriede, Grünland, Wälder, Ruderalvegetation, Zier- bzw. Nutzpflanze
- an feuchten bis nassen, auch salzhaltigen Standorten

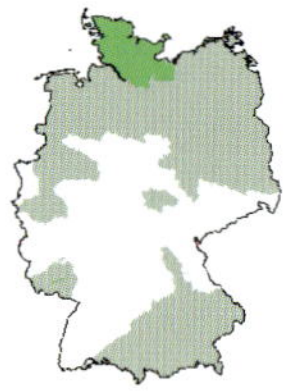

J F **M A M J** J A S O N D

Hierochloë australis (Schrad.) Roem. & Schult.

Südliches Mariengras *Poaceae*
♃ A2 G(2) RL 2

15–50 cm hoch. PFLANZEN: **horstförmig**. BLÜTENSTAND: rispenartig. ÄHRCHEN: 3-blütig, 3–6 mm lang, die oberste Blüte ⚥, die unteren ♂. DECKSPELZEN: 2–6 mm lang, begrannt; GRANNE: im basalen Drittel der Spelze entspringend, **< 4 mm lang**, gekniet. REIFE ÄHRCHEN: als Ganzes aus den Hüllspelzen fallend. BLÄTTER: in Knospenlage gerollt, bis 20 cm lang, 2–6 mm breit, OBERSEITS. **blau- bzw. graugrün**, kahl bis spärlich behaart, mit wenigen langen Haaren. LIGULA: **1–3 mm lang**.

- einheimisch
- collin bis montan
- Gehölze, Wälder
- an nährstoffarmen, basenreichen, meist trockenen Standorten

J F **M A M J** J A S O N D

Holcus lanatus L.

Wolliges Honiggras *Poaceae*
♃ A3 G(2)

30–100 cm hoch. BLÜTENSTAND: rispenartig. ÄHRCHEN: 2-blütig, obere Blüte ♂, untere ⚥, 3–5 mm lang. HÜLLSPELZEN: 2; UNTERE: 1–3-nervig; OBERE: 3–5-nervig. DECKSPELZEN: 2–3 mm lang, untere Blüte unbegrannt; GRANNE: **< 2 mm lang, die Hüllspelzen kaum überragend, hakenförmig gebogen**. REIFE ÄHRCHEN: als Ganzes aus den Hüllspelzen fallend. KNOTEN: **kurz behaart**. BLÄTTER: in Knospenlage gerollt, bis 30 cm lang, 5–10 mm breit; OBERSEITS: behaart. BLATTSCHEIDEN: **mit langen, weichen Haaren**. LIGULA: 3–5 mm lang.

- einheimisch
- planar bis montan
- Moore u. Seggenriede, Grünland, Wälder, Ruderalvegetation, Zier- bzw. Nutzpflanze
- auch an salzhaltigen Standorten

J F M A **M J J A S** O N D

Holcus mollis L.

Weiches Honiggras *Poaceae*
♃ A3 G(2)

30–80 cm hoch. BLÜTENSTAND: rispenartig. ÄHRCHEN: 2-blütig, obere Blüte ♂, untere ⚥, 4–6 mm lang. HÜLLSPELZEN: 2; UNTERE: 1–3-nervig; OBERE: 3–5-nervig. DECKSPELZEN: 2–3 mm lang, untere Blüte unbegrannt; GRANNE: **3–5 mm lang, die Hüllspelzen deutlich überragend, gekniet.** REIFE ÄHRCHEN: als Ganzes aus den Hüllspelzen fallend. KNOTEN: **lang behaart.** AUSLÄUFER: unterirdisch. BLÄTTER: in Knospenlage gerollt, bis 20 cm lang, 3–10 mm breit. BLATTSCHEIDEN: behaart. LIGULA: 1–5 mm lang.

- einheimisch
- planar bis montan
- Extensivgrünland u. Magerrasen, Wälder, Äcker, Ruderalvegetation, Zier- bzw. Nutzpflanze
- an nährstoffarmen, sauren Standorten

J F M A **M J J A S** O N D

Koeleria pyramidata agg.

Großes Schillergras *Poaceae*
♃ A3 G(2) RL V

25–100 cm hoch. PFLANZEN: **horstförmig**. BLÜTENSTAND: rispen- bis ährenrispenartig, 5–15 cm lang. ÄHRCHEN: 2–3-blütig, **4–7 mm lang**. HÜLLSPELZEN: ± so lang wie das Ährchen. DECKSPELZEN: 4–7 mm lang, spitz, 3-nervig, unbegrannt. BLÄTTER: in Knospenlage gerollt, bis 30 cm lang, **1–4 mm breit**; OBERSEITS: gerippt. LIGULA: < 1 mm lang. BLÄTTER DER ERNEUERUNGSSPROSSE: mit borstenförmiger Spreite. UNTERE BLATTSCHEIDEN: kahl bis dicht behaart.

In Deutschland kommen 3 Arten der Artengruppe *Koeleria pyramidata* agg. vor: *K. pyramidata*, *K. grandis* und *K. macrantha* (vgl. S. 1423).

- einheimisch
- planar bis subalpin
- Extensivgrünland u. Magerrasen, Staudenfluren, Gehölze
- an nährstoffarmen, meist trockenen Standorten

J F M A **M J J** A S O N D

Koeleria arenaria (Dumort.) Conert

Weißliches Schillergras *Poaceae*
♃ A3 G(2) RL 3

10–25 cm hoch. PFLANZEN: **rasig wachsend**. BLÜTENSTAND: rispen- bis ährenrispenartig, **2–8 cm lang**. ÄHRCHEN: 2–3-blütig, 3–5 mm lang. HÜLLSPELZEN: ± so lang wie das Ährchen. DECKSPELZEN: 3–5 mm lang, spitz, 3-nervig, **behaart**, unbegrannt. STÄNGEL: **unten (undeutlich) verdickt**. BLÄTTER: in Knospenlage gerollt, **bis 5 cm lang, < 2 mm breit**; OBERSEITS: **behaart**, gerippt. LIGULA: < 1 mm lang. BLÄTTER DER ERNEUERUNGSSPROSSE: mit borstenförmiger Spreite. UNTERE BLATTSCHEIDEN: **mit parallel verlaufenden Fasern, in Längsstreifen zerfasernd**, behaart.

- einheimisch
- planar
- Extensivgrünland u. Magerrasen, Dünen
- an nährstoffarmen, trockenen Standorten

J F M **A M J J** A S O N D

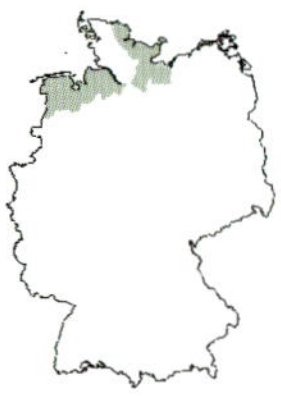

Koeleria glauca (Schrad.) DC.

Blaugrünes Schillergras *Poaceae*
♃ A3 G(2) RL 2

30–60 cm hoch. PFLANZEN: **horstförmig**. BLÜTENSTAND: rispen- bis ährenrispenartig, 2–15 cm lang. ÄHRCHEN: 2–3-blütig, 4–5 mm lang. HÜLLSPELZEN: ± so lang wie das Ährchen. DECKSPELZEN: 3–4 mm lang, 3-nervig, unbegrannt. STÄNGEL: **unten (undeutlich) verdickt**; UNTEN: **von abgestorbener Laubblattscheide umgeben**. BLÄTTER: in Knospenlage gerollt, **bis 5 cm lang, 1–2 mm breit**; OBERSEITS: zuweilen kurz behaart, gerippt; UNTERSEITS: zuweilen kurz behaart. LIGULA: < 1 mm lang. BLÄTTER DER ERNEUERUNGSSPROSSE: mit borstenförmiger Spreite. UNTERE BLATTSCHEIDEN: **mit parallel verlaufenden Fasern, in Längsstreifen zerfasernd**, behaart.

- einheimisch
- planar
- Extensivgrünland u. Magerrasen, Schutt- u. Felsfluren, Dünen
- an nährstoffarmen, basenreichen, meist trockenen Standorten

J F M **A M J J A** S O N D

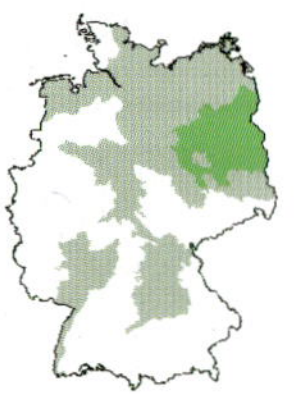

Koeleria vallesiana (Honck.) Gaudin

Walliser Schillergras *Poaceae*
♃ A3 G(2) RL 1

10–40 cm hoch. Pflanzen: **horstförmig**. Blütenstand: rispen- bis ährenrispenartig, **2–8 cm lang**. Ährchen: 2–3-blütig, 4–6 mm lang. Hüllspelzen: ± so lang wie das Ährchen. Deckspelzen: 4–6 mm lang, spitz, 3-nervig, unbegrannt. Stängel: **unten deutlich verdickt**; unten: **von abgestorbener Laubblattscheide umgeben**. Blätter: in Knospenlage gerollt, bis 15 cm lang, **< 2 mm breit**; oberseits: **kahl**, gerippt. Ligula: < 1 mm lang. Blätter der Erneuerungssprosse: mit borstenförmiger Spreite. untere Blattscheiden: **mit sich kreuzenden Fasern, netzartig zerfasernd**, kahl.

- einheimisch
- planar bis collin
- Extensivgrünland u. Magerrasen
- an nährstoffarmen, kalkreichen, trockenen Standorten

J F M **A M J J** A S O N D

Phleum: Blütenstand: ährenrispenartig. Ährchen: 1-blütig. Hüllspelzen: 2, meist grannenspitzig u. stiefelknechtförmig. Deckspelzen: unbegrannt. reife Ährchen: die Blütchen einzeln abfallend. Blätter: in Knospenlage gerollt. Öhrchen: fehlen. Ligula: häutig.

Phleum alpinum L.

Alpen-Lieschgras *Poaceae*
♃ A3 G(2) RL R

10–30 cm hoch. Pflanzen: **mehrjährig**. Blütenstand: **beim Umbiegen *nicht* lückig**, 1–6 cm lang; Seitenäste: mit der Hauptachse verwachsen. Ährchen: **3–6 mm lang**. Hüllspelzen: **mit kurzen Haaren *und* 1 mm langen Wimpern auf dem Kiel**; Grannenspitze: 2–5 mm lang, **rau bzw. mit sehr kurzen Haaren**. Deckspelzen: 2–3 mm lang. Blätter: bis 15 cm lang, 3–8 mm breit. Ligula: 2–3 mm lang. untere Blattscheiden: **kahl**. obere Blattscheiden: **oft aufgeblasen**.

- einheimisch
- subalpin bis alpin
- Moore u. Seggenriede, Extensivgrünland u. Magerrasen, Schneetälchen, Zier- bzw. Nutzpflanze
- an feuchten bis nassen Standorten

J F M A M **J J A S** O N D

Phleum rhaeticum (Humphries) Rauschert

Graubündener Lieschgras *Poaceae*
♃ A3 G(2)

20–50 cm hoch. Pflanzen: **mehrjährig**. Blütenstand: **beim Umbiegen *nicht* lückig, 1–6 cm lang**; Seitenäste: mit der Hauptachse verwachsen. Ährchen: **3–6 mm lang**. Hüllspelzen: **mit kurzen Haaren *und* 1 mm langen Wimpern auf dem Kiel**; Grannenspitze: lang u. allmählich zugespitzt, 2–5 mm lang, **unten dicht mit 0,5–1 mm langen Wimpern besetzt, oben kurz behaart**. Deckspelzen: 2–3 mm lang. Blätter: bis 15 cm lang, 2–8 mm breit. Ligula: 1–2 mm lang. untere Blattscheiden: **kahl**. obere Blattscheiden: **oft aufgeblasen**.

- einheimisch
- montan bis alpin
- Grünland, Staudenfluren

J F M A M **J J A S** O N D

Phleum arenarium L.

Sand-Lieschgras *Poaceae*
♃ A3 G(2) RL 3

Bis 25 cm hoch. Pflanzen: **1-jährig**. Blütenstand: **beim Umbiegen lückig, 1–6 cm lang**. Ährchen: **2–3 mm lang**. Hüllspelzen: **schmal-lanzettlich, mit kurzen Haaren *und* 0,5 mm langen Wimpern auf dem Kiel**; Grannenspitze: lang u. allmählich zugespitzt, < 1 mm lang, mit kurzen Haaren. Deckspelzen: 1–2 mm lang. Blätter: bis 10 cm lang, 2–4 mm breit. Ligula: 2–5 mm lang. untere Blattscheiden: **kahl**.

- einheimisch
- planar
- Extensivgrünland u. Magerrasen, Schutt- u. Felsfluren, Ruderalvegetation, Dünen
- an nährstoffarmen, meist trockenen, auch salzhaltigen Standorten

J F M **A M J J** A S O N D

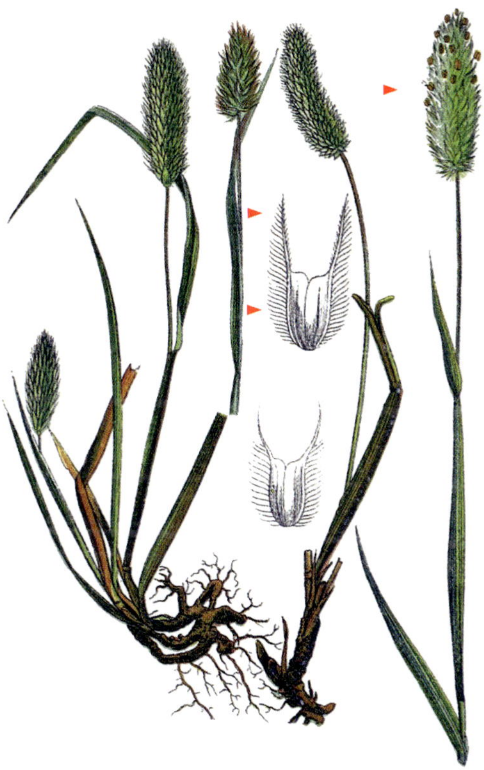

Phleum hirsutum Honck.

Rauhaariges Lieschgras *Poaceae*
♃ A3 G(2)

30–60 cm hoch. Pflanzen: **mehrjährig.** Blütenstand: **beim Umbiegen lückig**, 2–10 cm lang. Ährchen: **3–6 mm lang.** Hüllspelzen: **mit kurzen Haaren *und* 0,3–0,6 mm langen Wimpern auf dem Kiel**; Grannenspitze: **kurz, plötzlich zugespitzt**, 1–2 mm lang, **unten mit längeren Haaren, oben rau.** Deckspelzen: 2–4 mm lang. Blätter: bis 30 cm lang, 2–6 mm breit. Ligula: 1–4 mm lang. untere Blattscheiden: **behaart.**

- einheimisch
- subalpin bis alpin
- Extensivgrünland u. Magerrasen, Schutt- u. Felsfluren
- an basenreichen Standorten

J F M A M **J J A S** O N D

Phleum nodosum L.

Knolliges Lieschgras *Poaceae*
♃ A3 G(2)

50–150 cm hoch. Pflanzen: **rasig wachsend, mehrjährig.** Blütenstand: **beim Umbiegen *nicht* lückig**, 1–10 cm lang, 0,3–0,6 cm breit; Seitenäste: mit der Hauptachse verwachsen. Ährchen: **1–3 mm lang.** Hüllspelzen: **mit kurzen Haaren *und* 0,5 mm langen Wimpern auf dem Kiel**; Grannenspitze: **kurz, plötzlich zugespitzt**, < 1,5 mm lang, mit kurzen Haaren. Deckspelzen: 1–2 mm lang. Blätter: bis 15 cm lang, 2–5 mm breit. Ligula: 1–3 mm lang. untere Blattscheiden: **behaart.**

- einheimisch
- planar bis montan
- Grünland, Staudenfluren, Ruderalvegetation

J F M A **M J J A S** O N D

Phleum paniculatum Huds.

Rispen-Lieschgras *Poaceae*
♃ A3 G(2) RL 2

15–30 cm hoch. Pflanzen: **1-jährig.** Blütenstand: **beim Umbiegen lückig**, 3–10 cm lang. Ährchen: **1–3 mm lang.** Hüllspelzen: **breit-lanzettlich, an den Rändern kurz bewimpert**; Grannenspitze: **kurz, plötzlich zugespitzt**, < 1 mm lang, mit kurzen Haaren. Deckspelzen: 1–2 mm lang. Blätter: bis 15 cm lang, 3–8 mm breit. Ligula: 1–3 mm lang. untere Blattscheiden: **kahl.**

- einheimisch
- planar bis montan
- Grünland, Äcker, Ruderalvegetation
- an kalkreichen, trockenen Standorten

J F M **A M J J A** S O N D

Phleum phleoides (L.) H. Karst.

Steppen-Lieschgras *Poaceae*
♃ A3 G(2) RL V

20–60 cm hoch. Pflanzen: **mehrjährig.** Blütenstand: **beim Umbiegen lückig**, 2–15 cm lang. Ährchen: **2–3 mm lang.** Hüllspelzen: **kurz behaart, oft mit einigen längeren Haaren in der distalen Hälfte**; Grannenspitze: **kurz, plötzlich zugespitzt**, < 1 mm lang, mit kurzen Haaren. Deckspelzen: 1–2 mm lang. reife Ährchen: zuweilen zu Laubsprossen auswachsend. Blätter: bis 20 cm lang, 2–5 mm breit. Ligula: 1–3 mm lang. untere Blattscheiden: **kahl.**

- einheimisch
- planar bis montan
- Extensivgrünland u. Magerrasen, Wälder, Schutt- u. Felsfluren, Zier- bzw. Nutzpflanze
- an nährstoffarmen, basenreichen, meist trockenen Standorten

J F M A **M J J A** S O N D

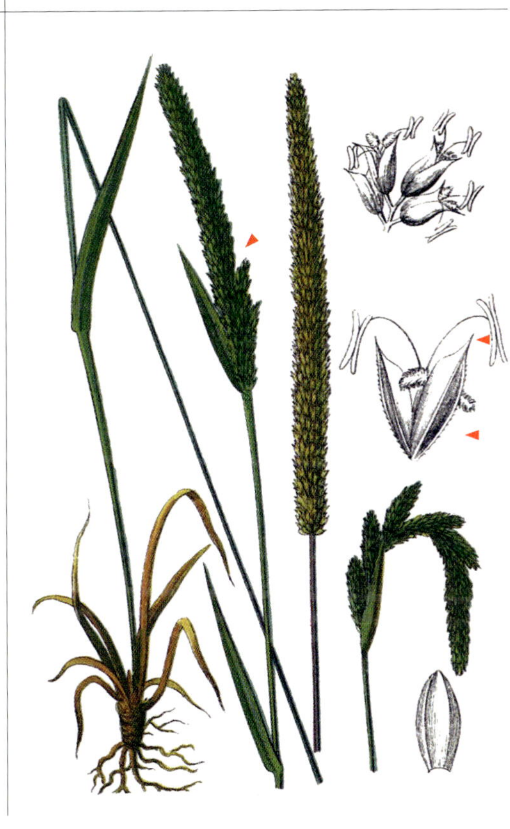

Phleum pratense L.

Wiesen-Lieschgras *Poaceae*
♃ A3 G(2)

20–100 cm hoch. PFLANZEN: **horstförmig, mehrjährig**. BLÜTENSTAND: **beim Umbiegen *nicht* lückig**, 2–20 cm lang, 0,5–1 cm breit; SEITENÄSTE: mit der Hauptachse verwachsen. ÄHRCHEN: **2–5 mm lang**. HÜLLSPELZEN: **in der distalen Hälfte mit kurzen Haaren *und* 0,5–1 mm langen Wimpern auf dem Kiel *und* an den Rändern**; GRANNENSPITZE: **lang, meist ± gerade**, 1–3 mm lang, mit kurzen Haaren. DECKSPELZEN: 2–3 mm lang. BLÄTTER: bis 40 cm lang, 3–10 mm breit. LIGULA: 2–5 mm lang. UNTERE BLATTSCHEIDEN: **kahl**.

- einheimisch
- planar bis montan
- Grünland, Zier- bzw. Nutzpflanze

J F M A **M J J A S** O N D

Trisetum distichophyllum (Vill.) P. Beauv.

Zweizeiliger Grannenhafer *Poaceae*
♃ A3 G(2)

10–20 cm hoch. PFLANZEN: **rasig wachsend**. BLÜTENSTAND: **rispenartig, basal kahl, 2–8 cm lang**. ÄHRCHEN: **3–4-blütig**, 6–9 mm lang. HÜLLSPELZEN: spitz; UNTERE: 1–3-nervig; OBERE: 3–5-nervig. DECKSPELZEN: 5–6 mm lang, 2-spitzig, meist 5-nervig; GRANNE: 5–7 mm lang, **gekniet**. KALLUS: behaart, **Haare 1–3 mm lang**. BLATTSTELLUNG: **auffallend 2-zeilig**. BLÄTTER: in Knospenlage gerollt, bis 10 cm lang, **2–3 mm breit**, basal bewimpert; OBERSEITS: behaart. LIGULA: < 1 mm lang.

- einheimisch
- subalpin bis alpin
- Extensivgrünland u. Magerrasen, Staudenfluren, Schutt- u. Felsfluren
- an nährstoffarmen, kalkreichen Standorten

J F M A M **J J A S** O N D

Trisetum flavescens (L.) P. Beauv.

Gold-Grannenhafer *Poaceae*
♃ A3 G(2)

30–110 cm hoch. BLÜTENSTAND: **rispenartig, basal kahl, 5–20 cm lang**. ÄHRCHEN: 2–3-blütig, 5–8 mm lang. HÜLLSPELZEN: spitz; UNTERE: 1–3-nervig; OBERE: 3–5-nervig. DECKSPELZEN: 4–6 mm lang, 2-spitzig, meist 5-nervig; GRANNE: 5–8 mm lang, **gekniet**. KALLUS: behaart, Haare < 1 mm lang. BLÄTTER: in Knospenlage gerollt, bis 15 cm lang, basal bewimpert; OBERSEITS: behaart. LIGULA: < 2 mm lang.

subsp. *flavescens* (Gold-Grannenhafer): planar bis montan. BLÜTENSTAND: lockerblütig. ÄHRCHEN: zur Fruchtreife beige, selten violett überlaufen. BLÄTTER: meist 2–5 mm breit.
subsp. *purpurascens* (Violetter Gold-Grannenhafer): subalpin u. alpin. BLÜTENSTAND: dichtblütig. ÄHRCHEN: zur Fruchtreife violett. BLÄTTER: 5–10 mm breit.

- einheimisch
- planar bis alpin
- Grünland, Schutt- u. Felsfluren, Ruderalvegetation, Zier- bzw. Nutzpflanze

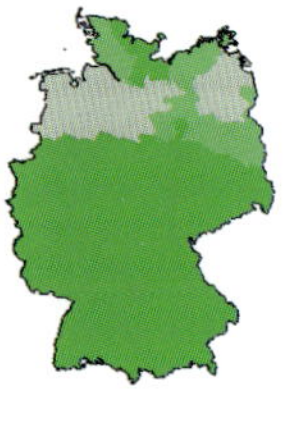

J F M **A M J J** A S O N D

Trisetum spicatum (L.) K. Richt.

Ähren-Grannenhafer *Poaceae*
♃ A3 G(2) RL R

10–20 cm hoch. PFLANZEN: **horstförmig**. BLÜTENSTAND: **ährenrispenartig, basal behaart, 2–3 cm lang**, 0,5–1 cm breit. ÄHRCHEN: 2–3-blütig, 4–7 mm lang. HÜLLSPELZEN: spitz; UNTERE: 1–3-nervig; OBERE: 3–5-nervig. DECKSPELZEN: 3–5 mm lang, 2-spitzig, meist 5-nervig; GRANNE: 3–6 mm lang, **gekniet**. KALLUS: behaart, Haare < 1 mm lang. BLÄTTER: in Knospenlage gerollt, bis 10 cm lang, **1–3 mm breit**. LIGULA: < 1 mm lang.

- einheimisch
- subalpin bis alpin
- Extensivgrünland u. Magerrasen, Schutt- u. Felsfluren, Zier- bzw. Nutzpflanze
- an nährstoffarmen, basenreichen Standorten

J F M A M **J J A S** O N D

Ventenata dubia (Leers) Coss.

Zweifelhafter Schmielenhafer *Poaceae*
ϟ A3 G(2) RL 2

30–60 cm hoch. PFLANZEN: **1-jährig**. BLÜTENSTAND: **rispenartig**. ÄHRCHEN: 2–3-blütig, 8–12 mm lang. HÜLLSPELZEN: 5–10 mm lang; UNTERE: 5–7-nervig; OBERE: 7–11-nervig, mit deutlich hervortretenden Nerven. DECKSPELZEN: lanzettlich, 5–10 mm lang, 5-nervig, **am untersten Blütchen mit 2–5 mm langer Grannenspitze, die übrigen 2-spitzig *und* begrannt**; GRANNE: ± in der Mitte der Spelze entspringend, **10–15 mm lang, gekniet**. REIFE ÄHRCHEN: **das obere (begrannte) Blütchen ausfallend, das untere Blütchen in den Hüllspelzen stehenbleibend**. BLÄTTER: in Knospenlage gerollt, bis 10 cm lang, 1–3 mm breit; OBERSEITS: behaart. LIGULA: 3–9 mm lang.

- einheimisch
- planar bis montan
- Extensivgrünland u. Magerrasen, Äcker, Ruderalvegetation
- an basenreichen, meist trockenen Standorten

J F M A **M J J** A S O N D

Phalaris canariensis L.

Kanariengras *Poaceae*
ϟ A3 G(2)

15–40 cm hoch. PFLANZEN: 1-jährig. BLÜTENSTAND: **ährenrispenartig**. ÄHRCHEN: 1-blütig (eigentlich 3-blütig), 6–8 mm lang, **die beiden unteren sterilen Blüten in kleine Schuppen umgewandelt**. HÜLLSPELZEN: gekielt, **Kiel breit geflügelt**. DECKSPELZEN: **4–6 mm lang**, unbegrannt. BLÄTTER: in Knospenlage gerollt, bis 20 cm lang, **4–8 mm breit**. LIGULA: **3–6 mm lang**. OBERE BLATTSCHEIDEN: aufgeblasen.

- in Einbürgerung befindlicher Neophyt, urspr. aus dem westlichen Mittelmeergebiet
- planar bis montan
- Grünland, Staudenfluren, Ruderalvegetation, Trittfluren, Zier- bzw. Nutzpflanze

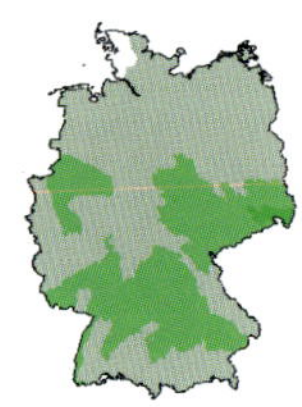

J F M A **M J J A S O** N D

Phalaroides arundinacea (L.) Rauschert

Rohr-Glanzgras *Poaceae*
ϟ A3 G(2)

Bis 2,5 m hoch. PFLANZEN: mehrjährig. BLÜTENSTAND: **rispenartig, mit Knäueln aus mehreren Blüten**. ÄHRCHEN: 1-blütig (eigentlich 3-blütig), 5–7 mm lang, **die beiden unteren sterilen Blüten in kleine lang behaarte Schuppen umgewandelt**. HÜLLSPELZEN: gekielt, **Kiel schmal geflügelt**. DECKSPELZEN: **3–4 mm lang**, unbegrannt. BLÄTTER: in Knospenlage gerollt, bis 30 cm lang, **6–15 mm breit**. LIGULA: **3–10 mm lang**.

- einheimisch
- planar bis montan
- Gewässer, Röhrichte, Moore u. Seggenriede, Grünland, Wälder, Zier- bzw. Nutzpflanze
- an wechselfeuchten bis nassen Standorten

J F M A **M J J A** S O N D

Scolochloa festucacea (Willd.) Link

Gewöhnliches Schwingelschilf *Poaceae*
ϟ A3 G(2) RL 3

80–180 cm hoch. BLÜTENSTAND: rispenartig. ÄHRCHEN: 3–4-blütig, 8–11 mm lang. HÜLLSPELZEN: **untere u. obere unterschiedlich lang**. DECKSPELZEN: **länger als die Hüllspelzen**, **3-spitzig**, basal mit einem Haarbüschel, Haare < 1,5 mm lang, unbegrannt. FRÜCHTE: am oberen Ende behaart. BLÄTTER: in Knospenlage gerollt, bis 50 cm lang, 5–10 mm breit; OBERSEITS: **rau**. LIGULA: 2–6 mm lang.

- einheimisch
- planar
- Gewässer, Röhrichte, Moore u. Seggenriede, Zier- bzw. Nutzpflanze
- an basenreichen, nassen, zuweilen trockenfallenden Standorten

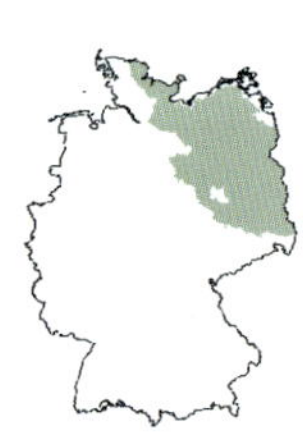

J F M A **M J J A** S O N D

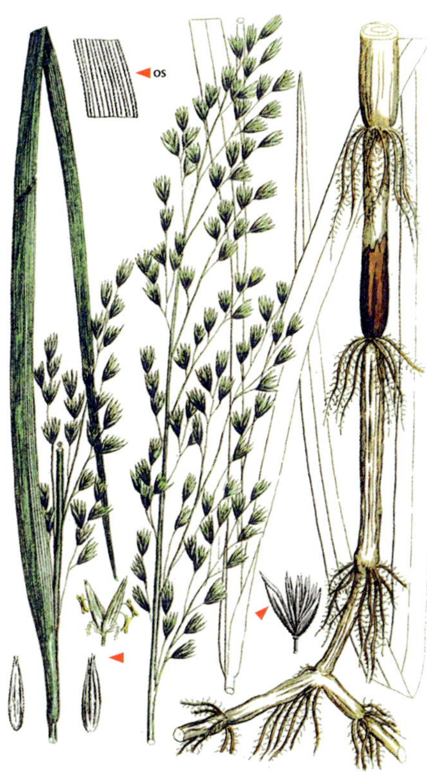
os

Scolochloa marchica Düvel & al.

Märkisches Schwingelschilf *Poaceae*
♃ A3 G(2) RL 2

Bis 200 cm hoch. BLÜTENSTAND: rispenartig. ÄHRCHEN: 3–4-blütig, 8–11 mm lang. HÜLLSPELZEN: **beide ± gleich lang**. DECKSPELZEN: **kürzer als die Hüllspelzen, gezähnt**, basal mit einem Haarbüschel, Haare < 2 mm lang, unbegrannt. FRÜCHTE: am oberen Ende behaart. BLÄTTER: in Knospenlage gerollt, bis 50 cm lang, 5–10 mm breit; OBERSEITS: **± glatt**. LIGULA: 2–6 mm lang.

- einheimisch
- planar
- Röhrichte
- an feuchten bis nassen Standorten

J F M A M J J A S O N D

Oreochloa disticha (Wulfen) Link

Zweizeiliges Kopfgras *Poaceae*
♃ A3 G(2) RL R

10–20 cm hoch. PFLANZEN: **horstförmig**. BLÜTENSTAND: **ährenartig, 0,5–1,5 cm lang**. ÄHRCHEN: **2-zeilig angeordnet, 3–5-blütig, 4–6 mm lang**. DECKSPELZEN: 4–5 mm lang, **mit 0,5 mm langer Grannenspitze**. BLÄTTER: **in Knospenlage gefaltet**, bis 15 cm lang, **< 1 mm breit**; OBERSEITS: behaart. LIGULA: 3–4 mm lang. BLÄTTER DER ERNEUERUNGSSPROSSE: **mit borstenförmiger Spreite**.

- einheimisch
- subalpin bis alpin
- Extensivgrünland u. Magerrasen, Schutt- u. Felsfluren
- an nährstoffarmen, sauren Standorten

J F M A M J J A S O N D

Sesleria caerulea (L.) Ard.

Kalk-Blaugras *Poaceae*
♃ A3 G(2)

Bis 40 cm hoch. BLÜTENSTAND: ährenrispenartig, basal 2 leere Schuppenblätter, **1–3 cm lang**. ÄHRCHEN: 2–3-blütig, **4–7 mm lang**. DECKSPELZEN: **4–5 mm lang, mit 4 Zähnen u. 1 Granne**; GRANNE: < 2 mm lang, gekniet. VORSPELZEN: **mit kurzer Grannenspitze**. BLÄTTER: in Knospenlage gefaltet, bis 30 cm lang, **2–5 mm breit**; OBERSEITS: **kahl**. BLATTSCHEIDEN: ± bis oben verwachsen. LIGULA: < 1 mm lang.

- einheimisch
- collin bis alpin
- Moore u. Seggenriede, Extensivgrünland u. Magerrasen, Staudenfluren, Gehölze, Wälder, Schutt- u. Felsfluren
- an kalkreichen Standorten

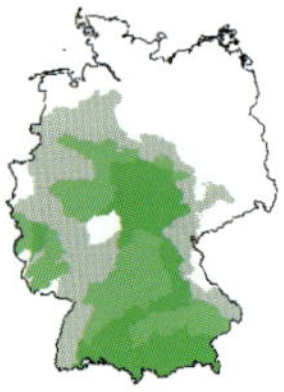

J F M A M J J A S O N D

Sesleria ovata (Hoppe) A. Kern.

Zwerg-Blaugras *Poaceae*
♃ A3 G(2) RL R

Bis 10 cm hoch. BLÜTENSTAND: ährenrispenartig, basal 2 leere Schuppenblätter, **0,5–1 cm lang**. ÄHRCHEN: 2-blütig, **3–4 mm lang**. DECKSPELZEN: **2–2,5 mm lang, 5-grannig**; GRANNE: < 2 mm lang, gekniet. VORSPELZEN: **mit 1–2 mm langer Granne**. BLÄTTER: in Knospenlage gefaltet, bis 15 cm lang, **< 2 mm breit**; OBERSEITS: **mit büschelig angeordneten Haaren**. BLATTSCHEIDEN: ± bis oben verwachsen. LIGULA: < 1 mm lang.

- einheimisch
- alpin
- Schutt- u. Felsfluren
- an nährstoffarmen, basenreichen Standorten

J F M A M J J A S O N D

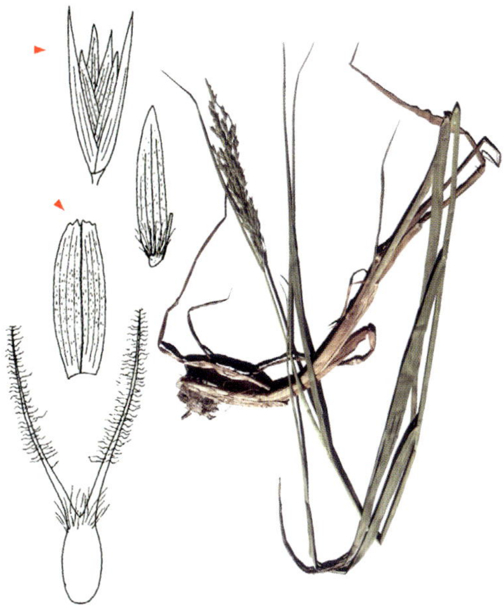

Coleanthus subtilis (Tratt.) Seidl

Scheidenblütgras *Poaceae*
♃ A3 G(2) RL V § FFH IV, BNatG s

Bis 10 cm hoch. BLÜTENSTAND: **rispenartig**. ÄHRCHEN: **1-blütig**, < 2 mm lang. HÜLLSPELZEN: **fehlen**. DECKSPELZEN: < 2 mm lang, mit Grannenspitze, **auf dem Mittelnerv abstehend behaart**. BLÄTTER: **in Knospenlage gefaltet, bis 2 cm lang**, 1–2 mm breit. BLATTSCHEIDEN: **aufgeblasen, in der basalen Hälfte verwachsen**. LIGULA: < 1 mm lang.

- einheimisch
- planar bis montan
- trockenfallende Ufer
- an nährstoffarmen, sauren, feuchten bis nassen, zuweilen überfluteten Standorten

J F M **A M J J A S O** N D

Milium effusum L.

Wald-Flattergras *Poaceae*
♃ A3 G(2)

50–120 cm hoch. BLÜTENSTAND: **rispenartig**. ÄHRCHEN: **1-blütig**, 3–4 mm lang. HÜLLSPELZEN: **breit-lanzettlich, ± so lang wie das Ährchen, spitz**. DECKSPELZEN: **verhärtend, oval**, 2–3 mm lang, kahl, unbegrannt. BLÄTTER: in Knospenlage gerollt, bis 30 cm lang. LIGULA: **3–9 mm lang**.

subsp. *effusum* (Wald-Flattergras): planar bis montan. BLÜTENSTAND: ausgebreitet, sehr lockerblütig, meist 15–30 cm lang, 6–20 cm breit. BLÄTTER: 7–15 mm breit.
subsp. *alpicola* (Alpen-Flattergras): hochmontan bis alpin. BLÜTENSTAND: zusammengezogen, dichtblütig, meist 10–15 cm lang, 2–6 cm breit. BLÄTTER: 5–7 mm breit.

- einheimisch
- planar bis alpin
- Staudenfluren, Gehölze, Wälder, Zier- bzw. Nutzpflanze

J F M **A M J J A** S O N D

Briza media L.

Gewöhnliches Zittergras *Poaceae*
♃ A3 G(2)

20–60 cm hoch. BLÜTENSTAND: **rispenartig, Rispenäste oft geschlängelt**. ÄHRCHEN: **3–15-blütig, ± herzförmig**, 4–7 mm lang. HÜLLSPELZEN: breit, 2–4 mm lang, **abgerundet, stark gewölbt**, 3–5-nervig, kahl. DECKSPELZEN: 3–5 mm lang, 7–9-nervig, unbegrannt. AUSLÄUFER: unterirdisch, lang. BLÄTTER: **in Knospenlage gerollt**, bis 15 cm lang, 2–4 mm breit. BLATTSCHEIDEN: aufreißend. LIGULA: 1–2 mm lang.

- einheimisch
- planar bis alpin
- Moore u. Seggenriede, Extensivgrünland u. Magerrasen, Zwergstrauchheiden, Ruderalvegetation, Zier- bzw. Nutzpflanze
- an nährstoffarmen Standorten

J F M **A M J J** A S O N D

Catabrosa aquatica (L.) P. Beauv.

Quellgras *Poaceae*
♃ A3 G(2) RL 2

Wasser- o. Sumpfpflanze, 20–50 cm hoch. BLÜTENSTAND: **rispenartig**. ÄHRCHEN: **1–2-blütig**, 2–5 mm lang, im QS U-förmig, *nicht* seitlich zusammengedrückt. HÜLLSPELZEN: oval, 0,5-mal so lang wie das Ährchen; UNTERE: ***ohne* sichtbare Nerven**; OBERE: 1-nervig. DECKSPELZEN: 2–3 mm lang, abgerundet bis gezähnt, 3-nervig, unbegrannt. BLÄTTER: **in Knospenlage gefaltet**, bis 30 cm lang, 3–12 mm breit. BLATTSCHEIDEN: **im QS abgeflacht, ± bis oben verwachsen**. LIGULA: 2–4 mm lang.

- einheimisch
- planar bis montan
- trockenfallende Ufer, Röhrichte, Staudenfluren, Zier- bzw. Nutzpflanze
- an nährstoffreichen, nassen, meist überfluteten, auch salzhaltigen Standorten

J F M A **M J J A S O** N D

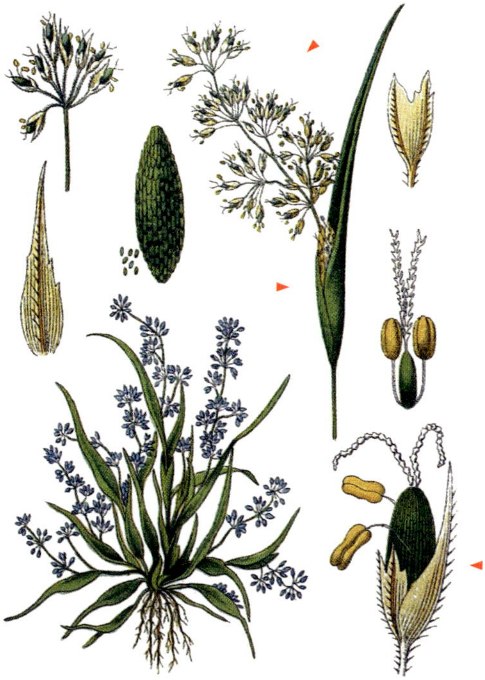

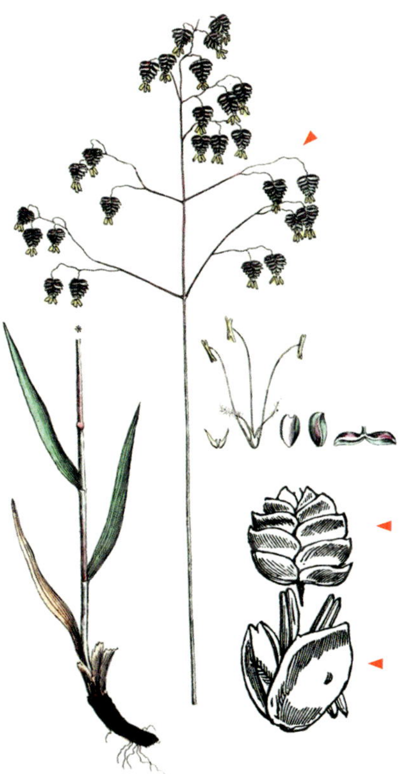

Catapodium rigidum (L.) C. E. Hubb.

Steifgras *Poaceae*
♄ A3 G(2)

Bis 30 cm hoch. PFLANZEN: **1-jährig**. BLÜTENSTAND: **rispen-bis traubenartig**, 2–10 cm lang, 1–3 cm breit; SEITENÄSTE: **2-zeilig angeordnet**, **3-kantig**. ÄHRCHENSTIELE: **dick, starr, mit hakig gekrümmten Haaren**. ÄHRCHEN: **4–10-blütig**, 4–7 mm lang. HÜLLSPELZEN: lanzettlich, **untere u. obere unterschiedlich lang**, spitz; UNTERE: 1,2–1,5 mm lang, 1–3-nervig; OBERE: 1,5–2 mm lang, 3-nervig. DECKSPELZEN: 2–3 mm lang, spitz, meist 5-nervig, unbegrannt. BLÄTTER: **in Knospenlage gerollt, bis 10 cm lang, < 2 mm breit**. LIGULA: 1–3 mm lang.

- eingebürgerter Neophyt, urspr. aus dem Mittelmeergebiet
- planar bis collin
- Extensivgrünland u. Magerrasen, Äcker, Ruderalvegetation, Trittfluren, an Mauern
- an nährstoffarmen, basenreichen, trockenen Standorten

J F M **A M J J A S O** N D

Cynosurus cristatus L.

Weide-Kammgras *Poaceae*
♄ A3 G(2)

30–60 cm hoch. BLÜTENSTAND: **ährenartig**, **meist länglich bis zylindrisch**, 2–15 cm lang, 0,5–1 cm breit. ÄHRCHEN: 2–5-blütig, **3–6 mm lang**, **neben den Blüten mehrere kammförmig angeordnete Hüllspelzen**. HÜLLSPELZEN: lanzettlich, **3–5 mm lang**, spitz, gekielt, 1-nervig, kahl. DECKSPELZEN: schmal-lanzettlich, 3–4 mm lang, **mit Grannenspitze o. kurz begrannt**, meist 5-nervig; GRANNE: **< 2 mm lang**. BLÄTTER: in Knospenlage gefaltet, bis 15 cm lang, **1–2 mm breit**; OBERSEITS: gerippt. LIGULA: **< 2 mm lang**.

- einheimisch
- planar bis montan
- Grünland, Ruderalvegetation, Zier- bzw. Nutzpflanze

J F M A **M J J A** S O N D

Cynosurus echinatus L.

Stacheliges Kammgras *Poaceae*
♄ A3 G(2)

20–60 cm hoch. BLÜTENSTAND: **ährenrispenartig**, **meist eiförmig**, 1–10 cm lang, 1–2 cm breit. ÄHRCHEN: 2–5-blütig, **8–14 mm lang**, **neben den Blüten mehrere kammförmig angeordnete Hüllspelzen**. HÜLLSPELZEN: lanzettlich, **6–15 mm lang**, spitz, gekielt, 1-nervig, kurz bewimpert. DECKSPELZEN: breitlanzettlich, 5–7 mm lang, **1–2-spitzig**, meist 5-nervig, begrannt; GRANNE: **5–15 mm lang**. BLÄTTER: in Knospenlage gefaltet, bis 20 cm lang, **3–9 mm breit**. LIGULA: **5–10 mm lang**. OBERE BLATTSCHEIDEN: schwach aufgeblasen.

- in Einbürgerung befindlicher Neophyt, urspr. aus dem Mittelmeergebiet
- planar bis montan
- Grünland, Äcker, Ruderalvegetation
- an trockenen Standorten

J F M **A M J** J A S O N D

Dactylis glomerata L.

Gewöhnliches Knaulgras *Poaceae*
♄ A3 G(2)

50–150 cm hoch. BLÜTENSTAND: rispenartig, **Ährchen in dichten Knäueln am Ende der Rispenäste**. ÄHRCHEN: **2–5-blütig**, **5–9 mm lang**, im QS V-förmig, seitlich zusammengedrückt. HÜLLSPELZEN: gekielt; OBERE: 3-nervig. DECKSPELZEN: gekielt, 4–7 mm lang, meist 5-nervig, Haare 0,5 mm lang, kurz begrannt. BLÄTTER: in Knospenlage gefaltet, bis 50 cm lang, **2–15 mm breit**. BLATTSCHEIDEN: im QS abgeflacht, aufreißend.

Im Gebiet kommen 4 Unterarten vor: subsp. *glomerata*, subsp. *hispanica*, subsp. *lobata* und subsp. *slovenica* (vgl. S. 1423).

- einheimisch
- planar bis montan
- Grünland, Staudenfluren, Gehölze, Wälder, Äcker, Ruderalvegetation, Zier- bzw. Nutzpflanze

J F M **A M J J A** S O N D

Drymochloa sylvatica (Pollich) Holub

Wald-Schwingel *Poaceae*
♃ A3 G(2)

60–120 cm hoch. PFLANZEN: **horstförmig**, mehrjährig. BLÜTENSTAND: rispenartig. ÄHRCHEN: 2–5-blütig, 5–8 mm lang. DECKSPELZEN: **4–6 mm lang**, spitz, meist 5-nervig, **selten mit kurzer Granne**. AUSLÄUFER: **fehlend**. BLÄTTER: im QS flach ausgebreitet, **in Knospenlage gerollt**, oberseits gerippt, **bis 60 cm lang**, **5–15 mm breit**; OBERSEITS: **blau- bzw. graugrün**; UNTERSEITS: **frischgrün, glänzend**. ÖHRCHEN: fehlen. LIGULA: **3–5 mm lang**. BLÄTTER DER ERNEUERUNGSSPROSSE: **flach ausgebreitet**.

- einheimisch
- planar bis montan
- Wälder

J F M A M J J A S O N D

Festuca: mehrjährig. BLÜTENSTAND: rispenartig. HÜLLSPELZEN: 2. DECKSPELZEN: meist 5-nervig. FRUCHTKNOTEN: *ohne* behaartes Anhängsel. BLÄTTER: oberseits gerippt, meist borstenförmig oder zusammengerollt. ÖHRCHEN: fehlend o. nach oben gerichtet. Zur sicheren Bestimmung müssen Blattquerschnitte angefertigt werden.

Festuca ovina agg.

Schaf-Schwingel *Poaceae*
♃ A3 G(2)

Bis 80 cm hoch. PFLANZEN: **horstförmig**. DECKSPELZEN: **begrannt o. unbegrannt**; GRANNE: gerade. AUSLÄUFER: **fehlend**. BLÄTTER: **< 2 mm breit**. BLATTSCHEIDEN: **allenfalls in der basalen Hälfte verwachsen**. ÖHRCHEN: **abgerundet, nach oben gerichtet**. LIGULA: < 0,3 mm lang. BLÄTTER DER ERNEUERUNGSSPROSSE: **mit 1 durchgehenden Sklerenchymscheide *oder* ≤ 5 (selten 7) Sklerenchymsträngen**.

In Deutschland kommen 14 Arten der Artengruppe *Festuca ovina* agg. vor (vgl. S. 1424).

- einheimisch
- planar bis alpin
- Grünland
- an nährstoffarmen, trockenen Standorten

J F M A M J J A S O N D

Festuca rubra agg.

Rot-Schwingel *Poaceae*
♃ A3 G(2)

15–80 cm hoch. PFLANZEN: **meist rasig wachsend**. DECKSPELZEN: 4–10 mm lang, **begrannt**; GRANNE: gerade. FRÜCHTE: kahl. AUSLÄUFER: **unterirdisch**. BLÄTTER: **< 3 mm breit**. BLATTSCHEIDEN: **bis über die Mitte verwachsen**. ÖHRCHEN: **fehlen**. LIGULA: < 0,3 mm lang. BLÄTTER DER ERNEUERUNGSSPROSSE: **4–6-furchig, mit 7–9 Leitbündeln, mit 5–11 Sklerenchymsträngen**.

In Deutschland kommen 5 Arten der Artengruppe *Festuca rubra* agg. vor: *F. rubra*, *F. arenaria*, *F. heteromalla*, *F. nigrescens* und *F. trichophylla* (vgl. S. 1424).

- einheimisch
- planar bis alpin
- Grünland, Ruderalvegetation, Dünen
- auch an salzhaltigen Standorten

J F M A M J J A S O N D

Festuca violacea agg.

Violett-Schwingel *Poaceae*
♃ A3 G(2)

15–40 cm hoch. PFLANZEN: **horstförmig**. ÄHRCHEN: **meist dunkelviolett**. DECKSPELZEN: 4–7 mm lang, **begrannt**; GRANNE: gerade. FRÜCHTE: **am oberen Ende behaart**. AUSLÄUFER: **fehlend**. BLÄTTER: **< 2 mm breit**. ÖHRCHEN: **fehlen**. LIGULA: < 0,3 mm lang. BLÄTTER DER ERNEUERUNGSSPROSSE: **mit 7–13 Sklerenchymsträngen**.

In Deutschland kommen 2 Arten der Artengruppe *Festuca violacea* agg. vor: *F. melanopsis* und *F. norica* (vgl. S. 1424).

- einheimisch
- subalpin bis alpin
- Extensivgrünland u. Magerrasen, Schutt- u. Felsfluren,

J F M A M J J A S O N D

Festuca alpina Suter

Alpen-Schwingel *Poaceae*
♃ A3 G(2)

Bis 10 cm hoch. Pflanzen: **horstförmig.** Ährchen: 2–4-blütig, 5–6 mm lang. Deckspelzen: 3–5 mm lang, **begrannt**; Granne: 2–4 mm lang, gerade. Staubbeutel: < 1 mm lang. Ausläufer: **fehlend.** Blätter: bis 10 cm lang, **< 2 mm breit.** Blattscheiden: **± bis oben verwachsen.** Öhrchen: **abgerundet, nach oben gerichtet.** Ligula: < 1 mm lang. Blätter der Erneuerungssprosse: **2-furchig, mit 3–5 Leitbündeln, mit 3 Sklerenchymsträngen.**

- einheimisch
- subalpin bis alpin
- Schutt- u. Felsfluren
- an nährstoffarmen, kalkreichen, meist trockenen Standorten

J F M A **M J J A** S O N D

Festuca amethystina L.

Amethyst-Schwingel *Poaceae*
♃ A3 G(2)

50–120 cm hoch. Pflanzen: **horstförmig.** Deckspelzen: 4–6 mm lang, **unbegrannt.** Ausläufer: **fehlend.** Blätter: **< 1 mm breit.** Öhrchen: **abgerundet, nach oben gerichtet.** Ligula: < 0,3 mm lang. Blätter der Erneuerungssprosse: **4-furchig, mit 5 Leitbündeln, mit 7 Sklerenchymsträngen.**

subsp. *amethystina* (Amethyst-Schwingel): in den Alpen u. dem Alpenvorland, in Wäldern, Säumen u. steinigen Rasen. Blütenstand: dichtblütig. Blätter: rau. untere Blattscheiden: den Stängel einhüllend.
subsp. *ritschlii* (Ritschls Amethyst-Schwingel): in Franken, selten, in Kiefernwäldern. Blütenstand: lockerblütig. Blätter: glatt. untere Blattscheiden: zuweilen vom Stängel durchwachsen.

- einheimisch
- collin bis montan
- Gehölze, Wälder, Schutt- u. Felsfluren, Zier- bzw. Nutzpflanze
- an nährstoffarmen, basenreichen, meist trockenen Standorten

J F M A **M J J** A S O N D

Festuca heterophylla Lam.

Verschiedenblättriger Schwingel *Poaceae*
♃ A3 G(2) RL V

60–100 cm hoch. Ährchen: 3–6-blütig, 8–11 mm lang. Deckspelzen: 5–9 mm lang, **begrannt**; Granne: 3–6 mm lang, gerade. Früchte: **am oberen Ende behaart.** Ausläufer: **fehlend.** Blätter: **Stängelblätter ausgebreitet, deutlich von denen der Erneuerungssprosse verschieden,** bis 80 cm lang, **< 4 mm breit.** Blattscheiden: **± bis oben verwachsen.** Öhrchen: **fehlen.** Ligula: < 0,3 mm lang. Blätter der Erneuerungssprosse: **2–4-furchig, mit 3–5 Leitbündeln, mit 3–5 Sklerenchymsträngen.**

- einheimisch
- planar bis montan
- Gehölze, Wälder, Zier- bzw. Nutzpflanze

J F M A **M J J A S** O N D

Festuca quadriflora Honck.

Zwerg-Schwingel *Poaceae*
♃ A3 G(2)

10–25 cm hoch. Pflanzen: **horstförmig.** Ährchen: 3–5-blütig, 7–9 mm lang. Deckspelzen: 4–6 mm lang, begrannt; Granne: < 2 mm lang, gerade. Ausläufer: **fehlend.** Blätter: **frischgrün bis blau- bzw. graugrün,** bis 10 cm lang, **< 1 mm breit.** Blattscheiden: **in der basalen Hälfte verwachsen.** Öhrchen: **fehlen.** Ligula: < 0,3 mm lang. Blätter der Erneuerungssprosse: **2–4-furchig, mit 5 Leitbündeln, mit 5–7 getrennten Sklerenchymsträngen** *oder* **einer durchgehenden Sklerenchymscheide.**

- einheimisch
- subalpin bis alpin
- Extensivgrünland u. Magerrasen, Schutt- u. Felsfluren
- an kalkreichen Standorten

J F M A M **J J A S** O N D

Festuca rupicaprina (Hack.) A. Kern.

Gämsen-Schwingel *Poaceae*
♃ A3 G(2)

10–20 cm hoch. Pflanzen: **horstförmig**. Ährchen: 4–6-blütig, 6–9 mm lang. Deckspelzen: 3–5 mm lang, **begrannt**; Granne: < 2 mm lang, gerade. Staubbeutel: 2–3 mm lang. Früchte: kahl. Ausläufer: **fehlend**. Blätter: bis 30 cm lang, **< 1 mm breit**. Blattscheiden: **± bis oben verwachsen**. Öhrchen: **abgerundet, nach oben gerichtet**. Ligula: < 0,3 mm lasng. Blätter der Erneuerungssprosse: **4–6-furchig, mit 5 Leitbündeln, mit 3 Sklerenchymsträngen**.

- einheimisch
- subalpin bis alpin
- Extensivgrünland u. Magerrasen, Schutt- u. Felsfluren
- an nährstoffarmen, basenreichen Standorten

J F M A **M J J A** S O N D

Schedonorus arundinaceus (Schreb.) Dumort.

Rohr-Schwingel *Poaceae*
♃ A3 G(2)

60–180 cm hoch. Pflanzen: **horstförmig**. Blütenstand: rispenartig. Ährchen: 3–10-blütig, 10–18 mm lang. Deckspelzen: 5–9 mm lang, 1–2-spitzig, meist 5-nervig, unbegrannt o. begrannt; Granne: gerade. Blätter: im QS flach ausgebreitet, **in Knospenlage gerollt**, oberseits gerippt, **bis 60 cm lang, 5–12 mm breit**. Öhrchen: **sichelförmig, bewimpert**. Ligula: **1–2 mm lang**. Blätter der Erneuerungssprosse: **flach ausgebreitet**.

Im Gebiet kommen 3 Unterarten vor: subsp. *arundinaceus*, subsp. *fenas* und subsp. *orientalis* (vgl. S. 1425).

- einheimisch
- planar bis montan
- Grünland, Staudenfluren, Ruderalvegetation
- auch an salzhaltigen Standorten

J F M A **M J J A** S O N D

Schedonorus giganteus (L.) Holub

Riesen-Schwingel *Poaceae*
♃ A3 G(2)

60–150 cm hoch. Pflanzen: **horstförmig**. Blütenstand: rispenartig. Ährchen: 3–9-blütig, 8–20 mm lang. Deckspelzen: 7–9 mm lang, spitz, meist 5-nervig, **begrannt**; Granne: **10–20 mm lang, meist gewellt**. Ausläufer: **fehlend**. Blätter: im QS flach ausgebreitet, **in Knospenlage gerollt**, oberseits gerippt, **bis 60 cm lang, 5–16 mm breit**; oberseits: **blau- bzw. graugrün, matt, glatt**; unterseits: **dunkelgrün, glänzend**. Öhrchen: **sichelförmig**, kahl. Ligula: **1–3 mm lang**. Blätter der Erneuerungssprosse: **flach ausgebreitet**.

- einheimisch
- planar bis montan
- Staudenfluren, Wälder, Ruderalvegetation, Zier- bzw. Nutzpflanze

J F M A M **J J A S** O N D

Schedonorus pratensis (Huds.) P. Beauv.

Wiesen-Schwingel *Poaceae*
♃ A3 G(2)

30–100 cm hoch. Pflanzen: **horstförmig**. Blütenstand: rispenartig. Ährchen: 7–12-blütig, 8–20 mm lang. Deckspelzen: 5–9 mm lang, 1–2-spitzig, meist 5-nervig, unbegrannt o. begrannt; Granne: < 4 mm lang, gerade. Ausläufer: **fehlend**. Blätter: im QS flach ausgebreitet, **in Knospenlage gerollt**, oberseits gerippt, **bis 30 cm lang**; oberseits: mit zahlreichen Rippen. Öhrchen: **sichelförmig**, kahl. Ligula: **< 1 mm lang**. Blätter der Erneuerungssprosse: **flach ausgebreitet**.

Im Gebiet kommen 2 Unterarten vor: subsp. *pratensis* und subsp. *apenninus* (vgl. S. 1425).

- einheimisch
- planar bis montan
- Grünland, Staudenfluren, Gehölze

J F M A **M J J A** S O N D

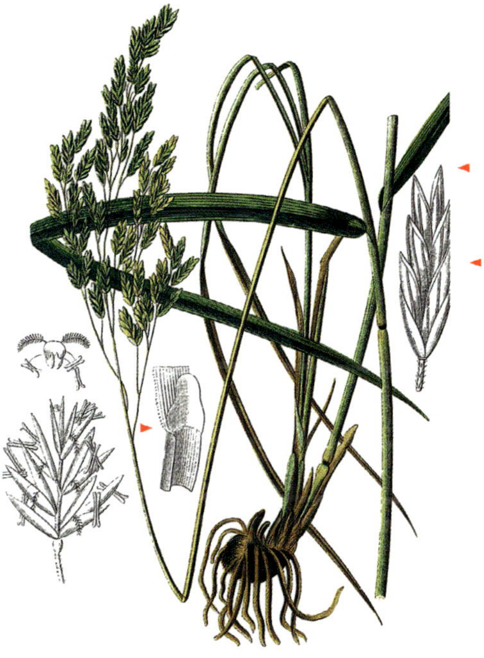

X Schedolium loliaceum (Huds.) Holub

Schwingel-Lolch *Poaceae*
♄ A3 G(2)

Hybridogene Sippe, aus *Festuca pratensis* u. *Lolium perenne* entstanden, **30–160 cm hoch**. BLÜTENSTAND: **ähren- bis traubenartig**, 10–40 cm lang. ÄHRCHEN: 3–12-blütig. DECKSPELZEN: **unbegrannt**. BLÄTTER: **überwinternd grün, in Knospenlage gerollt, bis 50 cm lang, 4–20 mm breit**. ÖHRCHEN: **sichelförmig**. LIGULA: häutig, < 2 mm lang.

- einheimisch
- planar bis montan
- Intensivgrünland, Ruderalvegetation

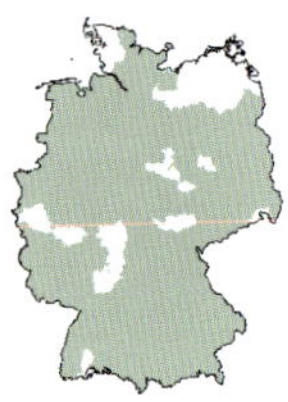

J F M A M J J A S O N D

Lolium multiflorum Lam.

Vielblütiger Lolch *Poaceae*
♄ A3 G(2) giftig

30–100 cm hoch. PFLANZEN: **mehrjährig**. BLÜTENSTAND: ährenartig, 10–30 cm lang. ÄHRCHEN: einzeln an der Ährenachse, **die schmale Seite zur Ährenachse gerichtet, meist 11–20-blütig, 8–30 mm lang**. HÜLLSPELZEN: 1, **< 0,5-mal so lang wie das Ährchen**. DECKSPELZEN: 5–8 mm lang, > 4-mal so lang wie breit, **meist begrannt**; GRANNE: **< 12 mm lang**. REIFE ÄHRCHEN: **die Blütchen einzeln abfallend**. STÄNGEL: **basal mit nichtblühenden Seitentrieben**. BLÄTTER: **in Knospenlage gerollt**, bis 30 cm lang, 3–8 mm breit. ÖHRCHEN: sichelförmig, **(halb-) stängelumfassend**. LIGULA: 1–3 mm lang.

- eingebürgerter Neophyt, urspr. aus dem Mittelmeergebiet u. Asien
- planar bis montan
- Intensivgrünland, Staudenfluren, Ruderalvegetation, Zier- bzw. Nutzpflanze
- an nährstoffreichen Standorten

J F M A M J J A S O N D

Lolium perenne L.

Ausdauernder Lolch *Poaceae*
♄ A3 G(2) giftig

10–60 cm hoch. PFLANZEN: **mehrjährig**. BLÜTENSTAND: ährenartig, 5–30 cm lang. ÄHRCHEN: einzeln an der Ährenachse, **die schmale Seite zur Ährenachse gerichtet, 4–10-blütig, 6–20 mm lang**. HÜLLSPELZEN: 1, **± 0,75-mal so lang wie das Ährchen**. DECKSPELZEN: 4–9 mm lang, > 4-mal so lang wie breit, meist *ohne* Granne. REIFE ÄHRCHEN: **die Blütchen einzeln abfallend**. STÄNGEL: **basal mit nichtblühenden Seitentrieben**. BLÄTTER: **in Knospenlage gefaltet**, bis 30 cm lang, 2–4 mm breit. ÖHRCHEN: meist vorhanden, sichelförmig. LIGULA: 1–2 mm lang.

- einheimisch
- planar bis montan
- Intensivgrünland, Ruderalvegetation, Trittfluren, Zier- bzw. Nutzpflanze

J F M A M J J A S O N D

Lolium remotum Schrank

Lein-Lolch *Poaceae*
♄ A3 G(2) stark giftig RL 0

30–60 cm hoch. PFLANZEN: **1-jährig**. BLÜTENSTAND: ährenartig, 4–20 cm lang. ÄHRCHEN: einzeln an der Ährenachse, **die schmale Seite zur Ährenachse gerichtet, 4–10-blütig, 6–12 mm lang**. HÜLLSPELZEN: 1, **7–10 mm lang, > 0,75-mal so lang wie das Ährchen**. DECKSPELZEN: 3–5 mm lang, < 4-mal so lang wie breit, selten mit kurzer Granne. REIFE ÄHRCHEN: **als Ganzes abfallend**. STÄNGEL: **nur mit blühenden Trieben**. BLÄTTER: **in Knospenlage gerollt**, bis 20 cm lang, **1–4 mm breit**. ÖHRCHEN: meist vorhanden, sichelförmig. LIGULA: 1–2 mm lang.

- ausgestorben
- planar bis montan
- Äcker, Ruderalvegetation, Zier- bzw. Nutzpflanze

J F M A M J J A S O N D

Lolium temulentum L.

Taumel-Lolch *Poaceae*
♃ A3 G(2) stark giftig RL 0

30–100 cm hoch. PFLANZEN: **1-jährig**. BLÜTENSTAND: ährenartig, 4–30 cm lang. ÄHRCHEN: einzeln an der Ährenachse, **die schmale Seite zur Ährenachse gerichtet**, **4–10-blütig**, **12–25 mm lang**. HÜLLSPELZEN: 1, **15–30 mm lang**, **> 0,75-mal so lang wie das Ährchen**. DECKSPELZEN: 2–9 mm lang, < 4-mal so lang wie breit; GRANNE: **5–20 mm lang**. REIFE ÄHRCHEN: **als Ganzes abfallend**. STÄNGEL: **nur mit blühenden Trieben**. BLÄTTER: **in Knospenlage gerollt**, bis 30 cm lang, **3–12 mm breit**. ÖHRCHEN: meist vorhanden, sichelförmig. LIGULA: 1–2 mm lang.

- ausgestorben
- planar bis montan
- Äcker, Ruderalvegetation, Zier- bzw. Nutzpflanze
- an kalkreichen Standorten

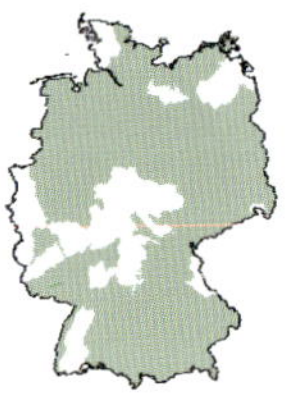

J F M A **M J J A S** O N D

Mibora minima (L.) Desv.

Sand-Zwerggras *Poaceae*
♃ A3 G(2) RL 2

Bis 10 cm hoch. BLÜTENSTAND: **ähren- bis traubenartig, 0,5–2 cm lang**. ÄHRCHEN: kurz gestielt bis sitzend, **einzeln an der Ährenachse, die breite Seite zur Ährenachse gerichtet, 1-blütig, 1–3 mm lang**. DECKSPELZEN: 1–2 mm lang, kurz behaart, unbegrannt. BLÄTTER: **in Knospenlage gerollt, bis 5 cm lang, < 2 mm breit**. BLATTSCHEIDEN: ± bis oben verwachsen. LIGULA: < 1 mm lang.

- einheimisch
- planar bis collin
- Extensivgrünland u. Magerrasen, Schutt- u. Felsfluren, Äcker, Ruderalvegetation
- meist an trockenen Standorten

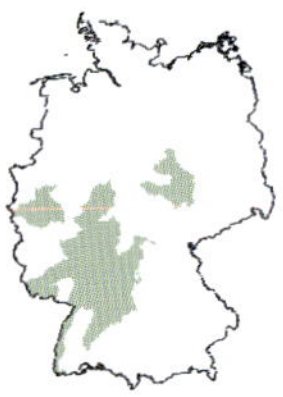

J **F M A M J** J A S O N D

Micropyrum tenellum (L.) Link

Kies-Dünnschwingel *Poaceae*
♃ A3 G(2) RL 0

10–40 cm hoch. BLÜTENSTAND: **ährenartig**, 5–10 cm lang. ÄHRCHEN: **einzeln an der Ährenachse, die breite Seite zur Ährenachse gerichtet, 3–9-blütig**, 5–10 mm lang. DECKSPELZEN: 3–5 mm lang, **meist unbegrannt**. BLÄTTER: **in Knospenlage gerollt**, bis 10 cm lang, < 2 mm breit; OBERSEITS: behaart. LIGULA: < 1 mm lang.

- ausgestorben
- collin bis montan
- Extensivgrünland u. Magerrasen, Schutt- u. Felsfluren
- an nährstoffarmen, trockenen Standorten

J F M **A M J J A** S O N D

Leucopoa pulchella (Schrad.) H. Scholz & Foggi

Zierlicher Schwingel *Poaceae*
♃ A3 G(2)

20–60 cm hoch. PFLANZEN: mehrjährig. BLÜTENSTAND: rispenartig. ÄHRCHEN: **3–5-blütig, 6–8 mm lang**, im QS U-förmig, *nicht* seitlich zusammengedrückt. HÜLLSPELZEN: 4–6 mm lang. DECKSPELZEN: 5–6 mm lang, spitz, meist 5-nervig, **unbegrannt**. AUSLÄUFER: **unterirdisch**. BLÄTTER: oberseits gerippt, bis 30 cm lang, **2–4 mm breit**. BLATTSCHEIDEN: **in der basalen Hälfte verwachsen**. ÖHRCHEN: **sichelförmig**, kahl. LIGULA: < 1 mm lang. BLÄTTER DER ERNEUERUNGSSPROSSE: ≥ **10-furchig**.

Im Gebiet kommen 2 Unterarten vor: subsp. *pulchella* und subsp. *jurana* (vgl. S. 1425).

- einheimisch
- subalpin bis alpin
- Extensivgrünland u. Magerrasen, Schutt- u. Felsfluren
- an basenreichen Standorten

J F M A M **J J A S** O N D

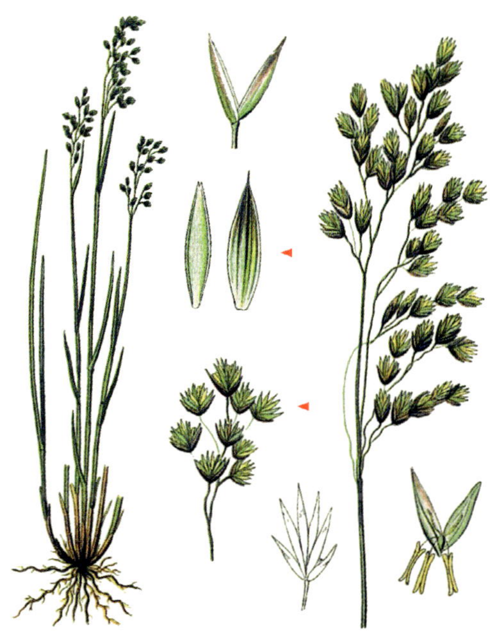

Ochlopoa annua (L.) H. Scholz

Einjähriges Rispengras *Poaceae*
♃ A3 G(2)

Bis 30 cm hoch. PFLANZEN: **1-jährig**. BLÜTENSTAND: rispenartig, **unterster Knoten mit 1–2 Ästen**. ÄHRCHEN: 3–6-blütig, 3–8 mm lang, im QS V-förmig, seitlich zusammengedrückt. HÜLLSPELZEN: gekielt; UNTERE: **1-nervig**; OBERE: 3-nervig, oberhalb der Mitte am breitesten. DECKSPELZEN: 2–4 mm lang, meist 5-nervig, behaart, unbegrannt. KALLUS: **kahl**. VORSPELZEN: **mit 0,2–0,3 mm langen Haaren**. STAUBBEUTEL: **ungeöffnet 0,7–1,2 mm lang, geöffnet 0,4–0,8 mm lang**. BLÄTTER: in Knospenlage gefaltet, 1–4 mm breit, distal oft kahnförmig; OBERSEITS: meist mit Doppelrinne. ÖHRCHEN: fehlen. LIGULA: **an den Rändern der Blattscheiden herablaufend**, 1–3 mm lang, **distal gerade bis abgerundet**.

- einheimisch
- planar bis alpin
- Grünland, Staudenfluren, Ruderalvegetation, Trittfluren, Zier- bzw. Nutzpflanze
- an nährstoffreichen, auch salzhaltigen Standorten

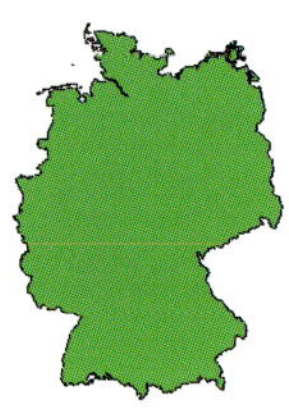

J F M A M J J A S O N D

Ochlopoa supina (Schrad.) H. Scholz & Valdés

Läger-Rispengras *Poaceae*
♃ A3 G(2)

Bis 30 cm hoch. PFLANZEN: **mehrjährig**. BLÜTENSTAND: rispenartig, **unterster Knoten mit 1–2 Ästen**. ÄHRCHEN: 4–7-blütig, 3–6 mm lang, im QS V-förmig, seitlich zusammengedrückt. HÜLLSPELZEN: gekielt; UNTERE: **1-nervig**; OBERE: 3-nervig, oberhalb der Mitte am breitesten. DECKSPELZEN: 2–3 mm lang, meist 5-nervig, behaart, unbegrannt. KALLUS: **kahl**. VORSPELZEN: **mit 0,2–0,3 mm langen Haaren**. STAUBBEUTEL: **ungeöffnet 1,8–2,2 mm lang, geöffnet 1,2–1,6 mm lang**. BLÄTTER: in Knospenlage gefaltet, 2–4 mm breit, distal oft kahnförmig; OBERSEITS: meist mit Doppelrinne. ÖHRCHEN: fehlen. LIGULA: **an den Rändern der Blattscheiden *nicht* herablaufend**, 1–2 mm lang, **distal gerade bis abgerundet**.

- einheimisch
- montan bis alpin
- Grünland, Staudenfluren, Ruderalvegetation, Trittfluren, Schneetälchen, Zier- bzw. Nutzpflanze

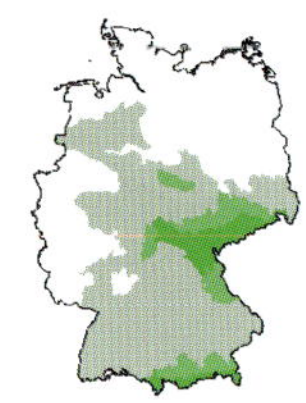

J F **M A M J J** A S O N D

Poa: BLÜTENSTAND: rispenartig. ÄHRCHEN: im Querschnitt V-förmig, seitlich zusammengedrückt. HÜLLSPELZEN: 2, gekielt. DECKSPELZEN: meist 5-nervig, unbegrannt. BLATTSCHEIDEN: aufreißend.

Poa alpina L.

Alpen-Rispengras *Poaceae*
♃ A3 G(2)

20–50 cm hoch. PFLANZEN: **horstförmig**. BLÜTENSTAND: **ausgebreitet, Ährchen in Knäueln, unterster Knoten mit 1–2 Ästen**; SEITENÄSTE: **unterer Rispenast ± waagerecht abstehend**. ÄHRCHEN: 5–10-blütig, 4–7 mm lang. HÜLLSPELZEN: 3-nervig. DECKSPELZEN: 3–5 mm lang, spitz, behaart. KALLUS: **kahl**. VORSPELZEN: **mit 0,1 mm *und* mit 0,2–0,3 mm langen Haaren**. REIFE ÄHRCHEN: **oft zu Laubsprossen auswachsend**. BLÄTTER: 2–4 mm breit, ganzrandig, distal oft kahnförmig; OBERSEITS: meist mit Doppelrinne. LIGULA: **2–4 mm lang, spitz**.

- einheimisch
- montan bis alpin
- Grünland, Staudenfluren, Gehölze, Schutt- u. Felsfluren, Ruderalvegetation, Trittfluren, Zier- bzw. Nutzpflanze

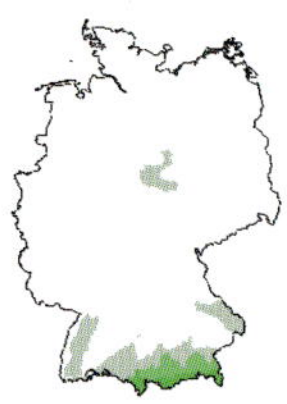

J F M A **M J J A S** O N D

Poa badensis Willd.

Badener Rispengras *Poaceae*
♃ A3 G(2) RL 2

15–40 cm hoch. PFLANZEN: **horstförmig**. BLÜTENSTAND: **ausgebreitet, unterster Knoten mit 1–2 Ästen**; SEITENÄSTE: **unterer Rispenast herabhängend**. ÄHRCHEN: 3–6-blütig, 4–8 mm lang. HÜLLSPELZEN: 3-nervig. DECKSPELZEN: 2–4 mm lang, behaart. KALLUS: **kahl**. VORSPELZEN: mit 0,1 mm langen Haaren. BLÄTTER: **blau- bzw. graugrün**, 2–4 mm breit, **mit weißem Knorpelrand**, distal oft kahnförmig; OBERSEITS: meist mit Doppelrinne. LIGULA: **2–4 mm lang**.

- einheimisch
- planar bis collin
- Extensivgrünland u. Magerrasen, Schutt- u. Felsfluren, Dünen
- an nährstoffarmen, basenreichen, meist trockenen Standorten

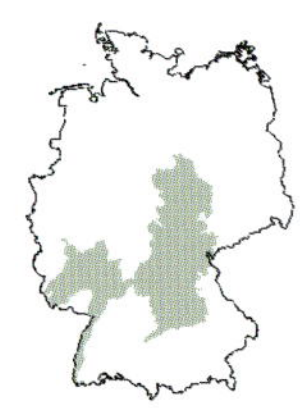

J F M **A M J J A** S O N D

Poa bulbosa L.

Zwiebel-Rispengras *Poaceae*
♄ A3 G(2)

Bis 40 cm hoch. Pflanzen: **1-jährig, bereits im Frühsommer absterbend**. Blütenstand: **unterster Knoten mit 1–2 Ästen**. Ährchen: 2–6-blütig, 3–6 mm lang. Hüllspelzen: 3-nervig. Deckspelzen: 2–4 mm lang, spitz, behaart. Kallus: **mit langen Wollhaaren**. Vorspelzen: mit 0,1 mm langen Haaren. reife Ährchen: **meist zu Laubsprossen auswachsend**. Stängel: **unten deutlich verdickt**. Blätter: < 2 mm breit. Ligula: **3–4 mm lang**. Blätter der Erneuerungssprosse: mit borstenförmiger Spreite.

- einheimisch
- planar bis montan
- Extensivgrünland u. Magerrasen, Schutt- u. Felsfluren, Ruderalvegetation, an Mauern, Zier- bzw. Nutzpflanze
- an nährstoffarmen, meist trockenen Standorten

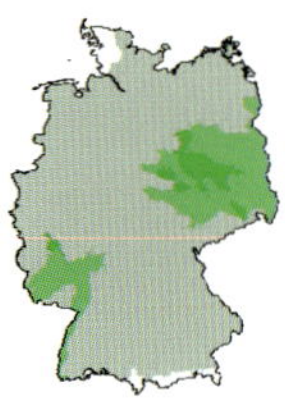

J F M **A M J J** A S O N D

Poa cenisia All.

Mont-Cenis-Rispengras *Poaceae*
♄ A3 G(2)

20–40 cm hoch. Pflanzen: rasig wachsend. Blütenstand: lockerblütig, **unterster Knoten mit 1–2 Ästen**; Seitenäste: lang. Ährchen: 3–5-blütig, 5–6 mm lang. Hüllspelzen: 3-nervig. Deckspelzen: 3–4 mm lang, spitz, behaart. Kallus: **mit langen Wollhaaren**. Vorspelzen: mit 0,1 mm langen Haaren. Blattstellung: 2-zeilig. Blätter: 2–3 mm breit; oberseits: meist mit Doppelrinne. Blattscheiden: im QS rund. Ligula: **< 1 mm lang, distal gerade bis abgerundet**.

- einheimisch
- montan bis alpin
- Staudenfluren, Schutt- u. Felsfluren
- an basenreichen Standorten

J F M A **M J J A S** O N D

Poa chaixii Vill.

Berg-Rispengras *Poaceae*
♄ A3 G(2)

50–120 cm hoch. Blütenstand: dichtblütig, **unterster Knoten mit 2–8 Ästen**; Seitenäste: **kurz**. Ährchen: 3–5-blütig, 6–9 mm lang. Deckspelzen: 3–4 mm lang, spitz, **kahl**. Kallus: **kahl**. Vorspelzen: mit 0,1 mm langen Haaren. Blätter: frischgrün bis dunkelgrün, **5–10 mm breit**, distal kahnförmig; oberseits: meist mit Doppelrinne. Blattscheiden: **im QS abgeflacht, gekielt**. Ligula: **< 1 mm lang, distal gerade bis abgerundet**. obere Blattscheiden: rau.

- einheimisch
- planar bis subalpin
- Grünland, Zwergstrauchheiden, Staudenfluren, Gehölze, Wälder, Ruderalvegetation
- an sauren Standorten

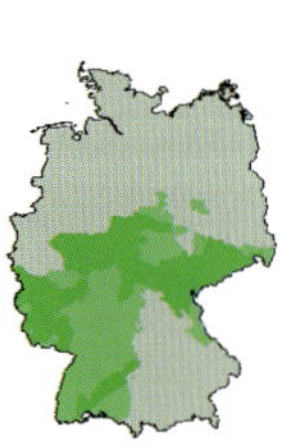

J F M A **M J J A** S O N D

Poa compressa L.

Platthalm-Rispengras *Poaceae*
♄ A3 G(2)

20–80 cm hoch. Blütenstand: **oft ± zusammengezogen, unterster Knoten mit 1–2 Ästen**; Seitenäste: **unterer Rispenast aufrecht**. Ährchen: 3–8-blütig, 4–8 mm lang. Deckspelzen: 2–3 mm lang, behaart. Kallus: **mit kurzen Wollhaaren**. Vorspelzen: mit 0,1 mm langen Haaren. Blätter: **blau bzw. graugrün**, 1–4 mm breit, distal kahnförmig; oberseits: meist mit Doppelrinne. Blattscheiden: **im QS abgeflacht, gekielt**. Ligula: **1–3 mm lang, distal gerade bis abgerundet**.

- einheimisch
- planar bis montan
- Grünland, Staudenfluren, Schutt- u. Felsfluren, Ruderalvegetation, an Mauern, Zier- bzw. Nutzpflanze
- an basenreichen, meist trockenen Standorten

J F M A **M J J A** S O N D

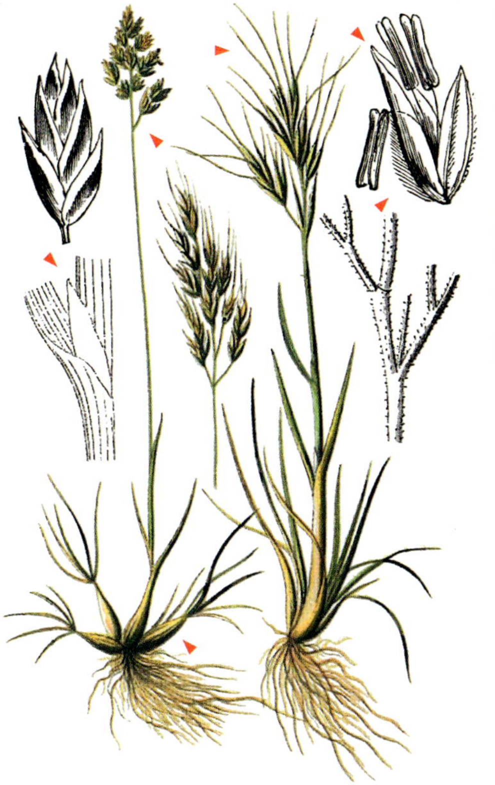

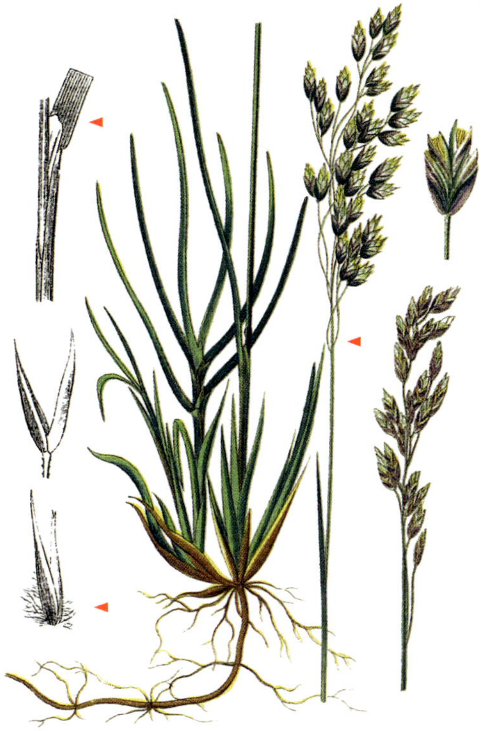

Poa glauca Vahl

Blaugrünes Rispengras *Poaceae*
♃ A3 G(2) RL R

10–80 cm hoch. Blütenstand: ± 2-mal so lang wie breit, lockerblütig, **unterster Knoten mit 2–8 Ästen**; Seitenäste: lang. Ährchen: 2–6-blütig, 4–6 mm lang, **Achse rau**. Deckspelzen: 3–4 mm lang, spitz, behaart. Kallus: **kahl**. Vorspelzen: mit 0,1 mm langen Haaren. Blätter: **blau- bzw. graugrün**, 1–3 mm breit, distal kahnförmig; oberseits: meist mit Doppelrinne. Ligula: **1–2 mm lang, distal gerade bis abgerundet**.

- einheimisch
- subalpin bis alpin
- Extensivgrünland u. Magerrasen, Schutt- u. Felsfluren, Zier- bzw. Nutzpflanze
- an basenreichen Standorten

J F M A M **J J A S** O N D

Poa hybrida Gaudin

Großes Rispengras *Poaceae*
♃ A3 G(2)

50–150 cm hoch. Blütenstand: lockerblütig, **unterster Knoten mit 2–8 Ästen**; Seitenäste: lang. Ährchen: 3–5-blütig, 5–7 mm lang. Deckspelzen: 4–5 mm lang, spitz, behaart. Kallus: **mit wenigen langen Wollhaaren**. Vorspelzen: mit 0,1 mm langen Haaren. Blätter: 4–7 mm breit, distal *nicht* kahnförmig; oberseits: meist mit Doppelrinne. Blattscheiden: **im QS abgeflacht, gekielt**. Ligula: **4–7 mm lang, spitz**.

- einheimisch
- montan bis subalpin
- Staudenfluren, Gehölze, Wälder

J F M A **M J J A** S O N D

Poa langiana Rchb.

Langs Rispengras *Poaceae*
♃ A3 G(2) RL 0

60–120 cm hoch. Blütenstand: **unterster Knoten mit 2–8 Ästen**. Ährchen: 2–6-blütig, 4–8 mm lang. Deckspelzen: 2–3 mm lang, **kahl**. Kallus: **kahl**. Vorspelzen: mit 0,1 mm langen Haaren. Blätter: 1–4 mm breit, distal kahnförmig; oberseits: meist mit Doppelrinne. Ligula: **2–4 mm lang, spitz**.

- ausgestorben
- planar bis collin
- Staudenfluren, Ruderalvegetation
- an basenreichen Standorten

J F M A **M J J A** S O N D

Poa minor Gaudin

Kleines Rispengras *Poaceae*
♃ A3 G(2)

Bis 25 cm hoch. Pflanzen: **horstförmig**. Blütenstand: **unterster Knoten mit 1–2 Ästen**. Ährchen: 4–6-blütig, 4–6 mm lang. Deckspelzen: 3–4 mm lang, spitz, behaart. Kallus: **mit wenigen langen Wollhaaren**. Vorspelzen: mit 0,1 mm langen Haaren. Blätter: **1–2 mm breit**; oberseits: meist mit Doppelrinne. Ligula: **2–3 mm lang, spitz**.

- einheimisch
- subalpin bis alpin
- Schutt- u. Felsfluren
- an basenreichen Standorten

J F M A M **J J A S** O N D

US

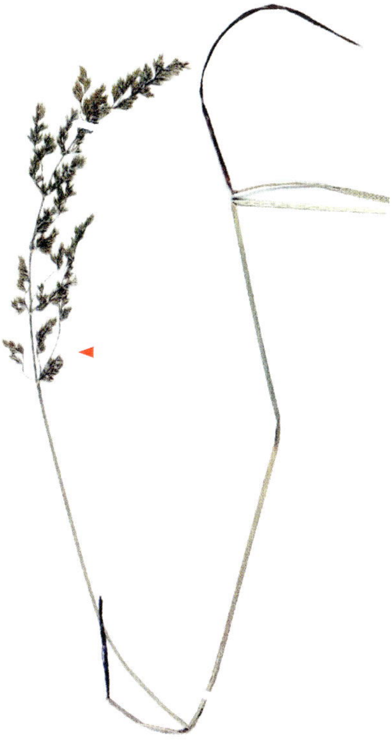

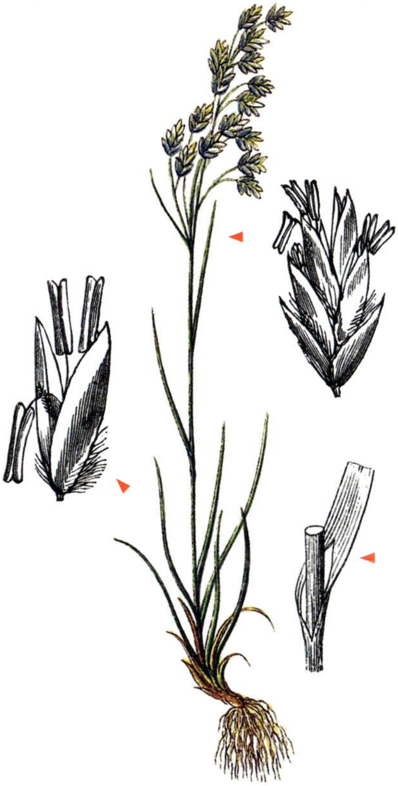

Poa nemoralis L.

Hain-Rispengras *Poaceae*
♃ A3 G(2)

30–80 cm hoch. Blütenstand: **unterster Knoten mit 2–8 Ästen**. Ährchen: 2–5-blütig, 3–5 mm lang, **Achse kurz behaart**. Deckspelzen: 2–4 mm lang, spitz, behaart. Kallus: **mit wenigen langen Wollhaaren**. Vorspelzen: mit 0,1 mm langen Haaren. Blätter: **frischgrün**, 1–3 mm breit; oberseits: meist mit Doppelrinne. Ligula: **< 1 mm lang, distal gerade bis abgerundet**. obere Stängelblätter: **± waagerecht vom Halm abstehend**.

- einheimisch
- planar bis montan
- Wälder, Schutt- u. Felsfluren, Ruderalvegetation, an Mauern, Zier- bzw. Nutzpflanze

J F M A **M J J A** S O N D

Poa palustris L.

Sumpf-Rispengras *Poaceae*
♃ A3 G(2)

30–100 cm hoch. Blütenstand: **unterster Knoten mit 2–8 Ästen**. Ährchen: 2–5-blütig, 3–5 mm lang. Deckspelzen: 2–3 mm lang, behaart. Kallus: **mit langen Wollhaaren**. Vorspelzen: mit 0,1 mm langen Haaren. Blätter: 2–4 mm breit; oberseits: meist mit Doppelrinne; unterseits: matt. Ligula: **2–3 mm lang, distal gerade bis abgerundet**.

- einheimisch
- planar bis montan
- Gewässer, Röhrichte, Moore u. Seggenriede, Grünland, Staudenfluren, Gehölze, Wälder, Ruderalvegetation, Zier- bzw. Nutzpflanze
- an basenreichen, nassen, zuweilen überfluteten Standorten

J F M A **M J J A** S O N D

Poa pratensis L.

Wiesen-Rispengras *Poaceae*
♃ A3 G(2)

Bis 100 cm hoch. Blütenstand: lockerblütig; Seitenäste: lang. Ährchen: 2–5-blütig, 4–7 mm lang. Deckspelzen: 3–5 mm lang, behaart. Kallus: **mit langen Wollhaaren**. Vorspelzen: mit 0,1 mm langen Haaren. Blätter: 2–5 mm breit, distal kahnförmig; oberseits: meist mit Doppelrinne. Blattscheiden: im QS meist ± rund, *nicht* gekielt. Ligula: **1–2 mm lang, distal gerade bis abgerundet**.

Im Gebiet kommen 2 Unterarten vor: subsp. *pratensis* und subsp. *irrigata* (vgl. S. 1425).

- einheimisch
- planar bis alpin
- Grünland, Ruderalvegetation, Trittfluren, Zier- bzw. Nutzpflanze

J F M **A M J J A S** O N D

Poa angustifolia L.

Schmalblättriges Rispengras *Poaceae*
♃ A3 G(2)

15–100 cm hoch. Blütenstand: **oft ± zusammengezogen, unterster Knoten mit 2–8 Ästen**; Seitenäste: **unterer Rispenast aufrecht bis abstehend**. Ährchen: 2–5-blütig, 3–5 mm lang. Hüllspelzen: **untere u. obere unterschiedlich lang**; untere: **1-nervig**. Deckspelzen: 2–3 mm lang, spitz, behaart. Kallus: **mit langen Wollhaaren**. Vorspelzen: mit 0,1 mm langen Haaren. Blätter: < 2 mm breit. Blattscheiden: im QS rund, *nicht* gekielt. Ligula: **1–2 mm lang, distal gerade bis abgerundet**. Blätter der Erneuerungssprosse: **mit borstenförmiger Spreite**, < 2 mm ⌀.

- einheimisch
- planar bis montan
- Extensivgrünland u. Magerrasen, Staudenfluren, Schutt- u. Felsfluren, Ruderalvegetation, Trittfluren
- an nährstoffarmen Standorten

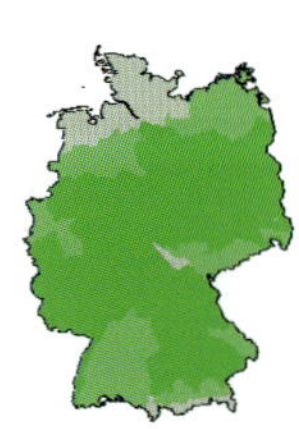

J F **M A M J J** A S O N D

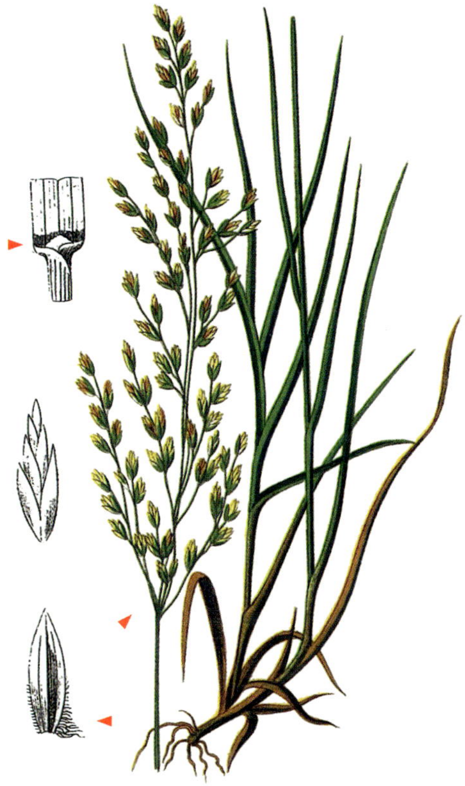

Poa remota Forselles

Entferntähriges Rispengras *Poaceae*
♃ A3 G(2) RL V

60–120 cm hoch. Blütenstand: **unterster Knoten mit 2–8 Ästen**. Ährchen: 3–4-blütig, 6–7 mm lang. Deckspelzen: 3–5 mm lang, **abgerundet, kahl**. Kallus: **mit wenigen langen Wollhaaren**. Blätter: gelbgrün, **7–9 mm breit**, distal (schwach) kahnförmig; oberseits: meist mit Doppelrinne. Ligula: **2–3 mm lang, distal gerade bis abgerundet**. Obere Blattscheiden: rau.

- einheimisch
- planar bis montan
- Moore u. Seggenriede, Wälder
- an basenreichen Standorten

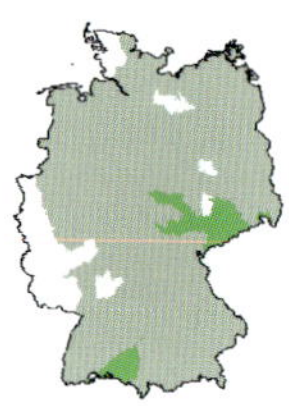

J F M A **M J J A** S O N D

Poa trivialis L.

Gewöhnliches Rispengras *Poaceae*
♃ A3 G(2)

40–100 cm hoch. Blütenstand: **unterster Knoten mit 2–8 Ästen**. Ährchen: 2–4-blütig, 3–4 mm lang. Deckspelzen: 2–4 mm lang, spitz, behaart. Kallus: **mit langen Wollhaaren**. Vorspelzen: mit 0,1 mm langen Haaren. Blätter: 2–5 mm breit, distal kahnförmig; oberseits: meist mit Doppelrinne; unterseits: **glänzend**. Ligula: **5–10 mm lang, spitz**.

- einheimisch
- planar bis montan
- Grünland, Staudenfluren, Wälder, Ruderalvegetation, Zier- bzw. Nutzpflanze
- auch an salzhaltigen Standorten

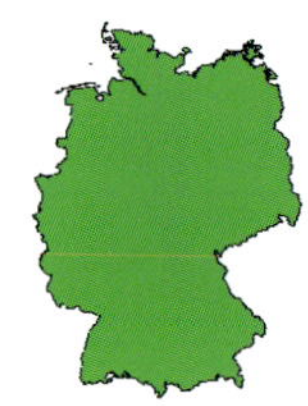

J F M A **M J J A** S O N D

Puccinellia distans (Jacq.) Parl.

Gewöhnlicher Salzschwaden *Poaceae*
♃ A3 G(2)

15–50 cm hoch. Blütenstand: rispenartig, **lockerblütig**, nach der Blüte meist mit abwärts gerichteten Seitenästen, **Rispenäste nur in der distalen Hälfte mit Ährchen**. Ährchenstiele: dünn. Ährchen: im QS U-förmig, *nicht* seitlich zusammengedrückt. Hüllspelzen: lineal-lanzettlich. Deckspelzen: abgerundet, meist 5-nervig, behaart, unbegrannt. Blätter: in Knospenlage gefaltet; oberseits: **behaart, mit Papillen u. hakig gekrümmten Haaren**; unterseits: ***ohne* Papillen**. Ligula: 1–3 mm lang.

Im Gebiet kommen 2 Unterarten vor: subsp. *distans* und subsp. *limosa* (vgl. S. 1425).

- einheimisch
- planar bis collin
- Grünland, Ruderalvegetation, Salzwiesen, Trittfluren, Zier- bzw. Nutzpflanze
- meist an salzhaltigen Standorten

J F M A **M J J A S O** N D

Puccinellia capillaris (Lilj.) Jansen

Haar-Salzschwaden *Poaceae*
♃ A3 G(2) RL 3

10–40 cm hoch. Blütenstand: rispenartig, **lockerblütig, Rispenäste nur in der distalen Hälfte mit Ährchen**. Ährchenstiele: dünn. Ährchen: **3–6-blütig**, 3–9 mm lang, im QS U-förmig, *nicht* seitlich zusammengedrückt. Hüllspelzen: lineal-lanzettlich. Deckspelzen: 2–3 mm lang, meist 5-nervig, behaart, unbegrannt. Staubbeutel: **< 1,5 mm lang**. Blätter: in Knospenlage gefaltet, bis 15 cm lang, **1–3 mm breit**; oberseits: **kahl**; unterseits: ***ohne* Papillen**. Ligula: < 3 mm lang.

- einheimisch
- planar
- Salzwiesen
- an feuchten bis nassen, zuweilen überfluteten, meist salzhaltigen Standorten

J F M A **M J J A** S O N D

Puccinellia maritima (Huds.) Parl.

Strand-Salzschwaden *Poaceae*
♃ A3 G(2)

20–60 cm hoch. Blütenstand: rispenartig, **dichtblütig, Rispenäste auch in der basalen Hälfte mit Ährchen**. Ährchenstiele: dick. Ährchen: **5–7-blütig, 7–12 mm lang**, im QS U-förmig, *nicht* seitlich zusammengedrückt. Hüllspelzen: lineal-lanzettlich. Deckspelzen: 3–5 mm lang, abgerundet, meist 5-nervig, behaart, unbegrannt. Staubbeutel: **2–3 mm lang**. Blätter: in Knospenlage gefaltet, bis 20 cm lang, 1–4 mm breit, distal oft kahnförmig; oberseits: kahl. Ligula: 1–3 mm lang.

- einheimisch
- planar
- Salzwiesen
- an feuchten bis nassen, zuweilen überfluteten, meist salzhaltigen Standorten

J F M A **M J J A S O** N D

Sclerochloa dura (L.) P. Beauv.

Hartgras *Poaceae*
♃ A3 G(2) RL 3

Bis 15 cm hoch. Blütenstand: **trauben bis (ähren-) rispenartig, einseitswendig**, 2–5 cm lang. Ährchenstiele: dick. Ährchen: 3–6-blütig, 6–10 mm lang, **im QS V-förmig, seitlich zusammengedrückt**, die unteren Blüten ⚥, die oberen ♂ *oder* steril. Hüllspelzen: **gekielt**. Deckspelzen: untere größer als die obere, 3–8 mm lang, abgerundet, 5–7-nervig, unbegrannt. Blätter: **in Knospenlage gefaltet, blau- bzw. graugrün**, bis 10 cm lang, 1–4 mm breit. Blattscheiden: **im QS abgeflacht u. gekielt, in der basalen Hälfte verwachsen**.

- einheimisch
- planar bis collin
- Grünland, Ruderalvegetation, Trittfluren
- an basenreichen, auch salzhaltigen Standorten

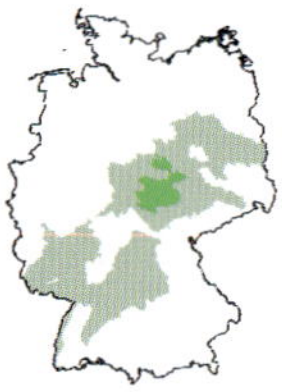

J F **M A M J J A** S O N D

Vulpia bromoides (L.) Gray

Trespen-Federschwingel *Poaceae*
♃ A1 G(2) RL V

10–30 cm hoch. Pflanzen: 1-jährig. Blütenstand: rispenartig, **1–3-mal so lang wie der unterste Seitenast**. Ährchen: 5–10-blütig, 7–15 mm lang. Hüllspelzen: obere Hüllspelze 2–3-mal so lang wie die untere, **Seitennerven bis in die distale Hälfte der Spelze reichend**; obere: **3-nervig**. Deckspelzen: 5–8 mm lang, spitz, meist 5-nervig, begrannt; Granne: **6–12 mm lang**. Blätter: in Knospenlage gerollt, bis 15 cm lang, < 3 mm breit; oberseits: behaart. Ligula: ± 0,5 mm lang.

- einheimisch
- planar bis collin
- Extensivgrünland u. Magerrasen, Schutt- u. Felsfluren, Ruderalvegetation, Zier- bzw. Nutzpflanze
- an nährstoffarmen, meist trockenen Standorten

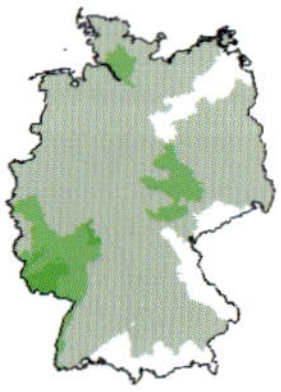

J F M A **M J J A S** O N D

Vulpia myuros (L.) C. C. Gmel.

Mäuseschwanz-Federschwingel *Poaceae*
♃ A1 G(2)

15–60 cm hoch. Pflanzen: 1-jährig. Blütenstand: rispenartig, **3–20-mal so lang wie der unterste Seitenast**. Ährchen: 3–7-blütig, 6–10 mm lang. Hüllspelzen: obere Hüllspelze 2–3-mal so lang wie die untere, **Seitennerven in der basalen Hälfte der Spelze endend**; obere: **1–3-nervig**. Deckspelzen: 4–7 mm lang, spitz, meist 5-nervig, begrannt; Granne: **10–15 mm lang**. Blätter: in Knospenlage gerollt, bis 15 cm lang, < 3 mm breit; oberseits: behaart. Ligula: 0,3–1 mm lang.

- einheimisch
- planar bis montan
- Extensivgrünland u. Magerrasen, Schutt- u. Felsfluren, Ruderalvegetation, Zier- bzw. Nutzpflanze
- an nährstoffarmen, trockenen Standorten

J F M A **M J J A S O** N D

Glyceria fluitans agg.

Flutender Schwaden *Poaceae*
♃ A3 G(2)

Wasser- o. Sumpfpflanze, 10–120 cm hoch. BLÜTENSTAND: rispenartig. ÄHRCHEN: **6–15-blütig, 10–32 mm lang**. DECKSPELZEN: 3–8 mm lang, meist 7-nervig, unbegrannt. STAUBBEUTEL: **< 3 mm lang**. BLÄTTER: in Knospenlage gefaltet, bis 30 cm lang, kahl, distal kahnförmig. BLATTSCHEIDEN: ± bis oben verwachsen.

In Deutschland kommen 4 Arten der Artengruppe *Glyceria fluitans* agg. vor: *G. fluitans*, *G. declinata*, *G. nemoralis* und *G. notata* (vgl. S. 1425).

- einheimisch
- planar bis montan
- Gewässer, Grünland, Wälder, Quellfluren
- an feuchten bis nassen Standorten

J F M **A M J J A S** O N D

Glyceria maxima (Hartm.) Holmb.

Wasser-Schwaden *Poaceae*
♃ A3 G(2)

80–200 cm hoch. BLÜTENSTAND: rispenartig. ÄHRCHEN: **4–8-blütig**, **5–10 mm lang**. DECKSPELZEN: **abgerundet**, meist 7-nervig, unbegrannt. STAUBBEUTEL: 1–2 mm lang. AUSLÄUFER: unterirdisch, lang. BLÄTTER: in Knospenlage gefaltet, bis 60 cm lang, **6–16 mm breit**, kahl, distal kahnförmig. BLATTSCHEIDEN: ± bis oben verwachsen. LIGULA: **2–4 mm lang, distal gerade bis abgerundet**.

subsp. *maxima* (Wasser-Schwaden): HÜLLSPELZEN: untere 2–3 mm lang; obere 3–4 mm lang. DECKSPELZEN: 2,5–4 mm lang.
subsp. *micrantha* (Kleinblütiger Wasser-Schwaden): HÜLLSPELZEN: untere 1,4–2 mm lang; obere 2–2,5 mm lang. DECKSPELZEN: 2,5–3 mm lang.

- einheimisch
- planar bis montan
- Gewässer, Röhrichte, Zier- bzw. Nutzpflanze
- an nährstoffreichen, basenreichen, nassen, zuweilen trockenfallenden Standorten

J F M A M **J J A S** O N D

Glyceria striata (Lam.) Hitchc.

Gestreifter Schwaden *Poaceae*
♃ A3 G(2)

40–100 cm hoch. BLÜTENSTAND: rispenartig. ÄHRCHEN: **4–7-blütig**, **2–3 mm lang**. DECKSPELZEN: 1–2 mm lang, meist 7-nervig, unbegrannt. STAUBBEUTEL: **< 1 mm lang**. AUSLÄUFER: unterirdisch, lang. BLÄTTER: in Knospenlage gefaltet, bis 20 cm lang, **2–6 mm breit**, kahl, distal kahnförmig. BLATTSCHEIDEN: ± bis oben verwachsen. LIGULA: **1–3 mm lang, zunächst röhrenförmig verwachsen, später aufreißend u. zerschlitzt**.

- eingebürgerter Neophyt, urspr. aus Nordamerika
- planar bis collin
- Moore u. Seggenriede, Grünland, Gehölze, Ruderalvegetation, Trittfluren, Zier- bzw. Nutzpflanze

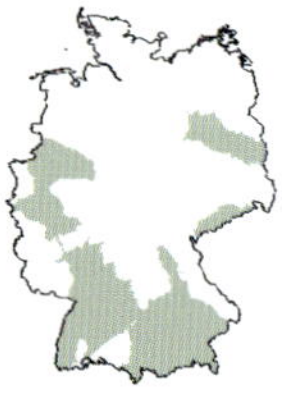

J F M A M **J J A S** O N D

Parapholis strigosa (Dumort.) C. E. Hubb.

Gekrümmter Dünnschwanz *Poaceae*
♃ A3 G(2) RL 3

Bis 20 cm hoch. PFLANZEN: 1-jährig. BLÜTENSTAND: ährenartig, 3–10 cm lang. ÄHRCHEN: **einzeln an der Ährenachse, die breite Seite zur Ährenachse gerichtet**, **1-blütig**, 4–6 mm lang. DECKSPELZEN: 2–5 mm lang, **unbegrannt**. BLÄTTER: **in Knospenlage gerollt**, bis 10 cm lang, 1–3 mm breit. LIGULA: < 1 mm lang.

- einheimisch
- planar
- Salzwiesen
- an feuchten, zuweilen überfluteten, meist salzhaltigen Standorten

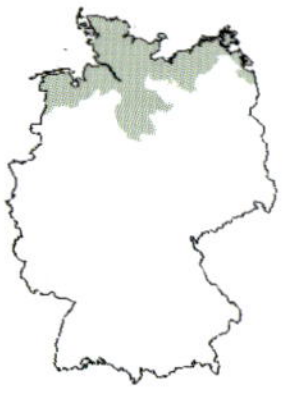

J F M A **M J J A** S O N D

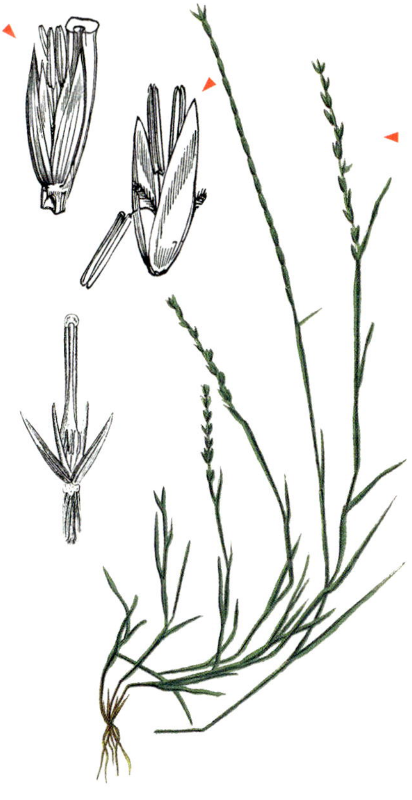

Achnatherum calamagrostis (L.) P. Beauv.

Silber-Raugras *Poaceae*
♃ A3 G(2)

60–120 cm hoch. Blütenstand: **rispenartig**. Ährchen: **1-blütig**, 7–9 mm lang. Hüllspelzen: ± so lang wie das Ährchen. Deckspelzen: **3–5 mm lang**, dicht weißlich behaart, Haare 1,5–2,6 mm lang, begrannt; Granne: **8–12 mm lang, gekniet**. Kallus: **abgerundet, 0,3–0,4 mm lang**, behaart, Haare bis 0,3-mal so lang wie die Deckspelze. Staubbeutel: **distal pinselartig behaart**. Blätter: in Knospenlage gerollt, bis 60 cm lang, **6–10 mm breit**, **kahl**. Blattscheiden: **mit einem Haarbüschel am Übergang zur Spreite**. Ligula: **< 1 mm lang**.

- einheimisch
- montan bis subalpin
- trockenfallende Ufer, Extensivgrünland u. Magerrasen, Staudenfluren, Schutt- u. Felsfluren, Zier- bzw. Nutzpflanze
- an nährstoffarmen, basenreichen, meist trockenen Standorten

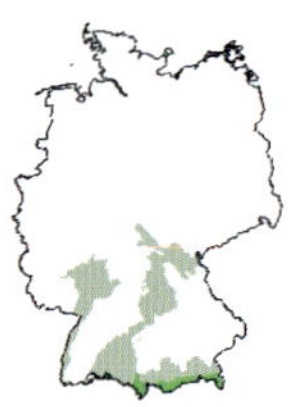

J F M A M J J A S O N D

Stipa pennata agg.

Echtes Federgras *Poaceae*
♃ A3 G(2)
RL 3 § BNatG b

30–120 cm hoch. Blütenstand: rispenartig. Ährchen: 1-blütig, 30–80 mm lang. Hüllspelzen: lineal-lanzettlich, ± so lang wie das Ährchen, spitz. Deckspelzen: **10–26 mm lang**, mit in Reihen angeordneten kurzen Haaren, begrannt; Granne: **bis 50 cm lang**; Obergranne **mit 3–7 mm langen Haaren**. Kallus: spitz, 3–5 mm lang, behaart. Blätter: in Knospenlage gerollt, bis 80 cm lang, **bis 3 mm breit**; oberseits: **behaart**. Ligula: **2–7 mm lang**.

In Deutschland kommen 6 Arten der Artengruppe *Stipa pennata* agg. vor: *S. pennata*, *S. borysthenica*, *S. dasyphylla*, *S. eriocaulis*, *S. pulcherrima* und *S. tirsa* (vgl. S. 1425).

- einheimisch
- planar bis montan
- Extensivgrünland u. Magerrasen, Schutt- u. Felsfluren
- an nährstoffarmen, trockenen Standorten

J F M A M J J A S O N D

Stipa capillata L.

Haar-Pfriemengras *Poaceae*
♃ A3 G(2)
RL 3 § BNatG b

30–100 cm hoch. Blütenstand: rispenartig. Ährchen: 1-blütig, 20–35 mm lang. Hüllspelzen: lineal-lanzettlich, ± so lang wie das Ährchen, spitz. Deckspelzen: **9–16 mm lang**, mit in Reihen angeordneten kurzen Haaren, begrannt; Granne: **bis 18 cm lang**; Obergranne **rau, aber nicht behaart**. Kallus: spitz, 3–5 mm lang, behaart. Blätter: in Knospenlage gerollt, bis 50 cm lang, **< 1 mm breit**, **kahl**; oberseits: **behaart**. Ligula: **5–10 mm lang**. Blätter der Erneuerungssprosse: **mit borstenförmiger Spreite**.

- einheimisch
- planar bis collin
- Extensivgrünland u. Magerrasen, Schutt- u. Felsfluren, Zier- bzw. Nutzpflanze
- an nährstoffarmen, basenreichen, trockenen Standorten

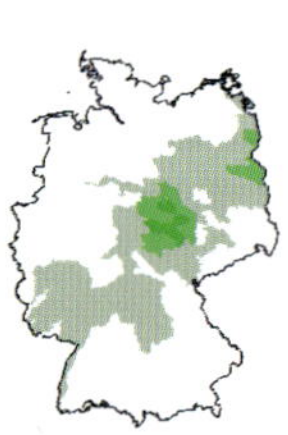

J F M A M J J A S O N D

Brachypodium pinnatum (L.) P. Beauv.

Fieder-Zwenke *Poaceae*
♃ A3 G(2)

60–100 cm hoch. Pflanzen: rasig wachsend. Blütenstand: ähren- bis traubenartig, 7–30 cm lang. Ährchen: einzeln an der Ährenachse, **die breite Seite zur Ährenachse gerichtet**, **10–20-blütig**, 20–35 mm lang. Deckspelzen: 8–11 mm lang, **meist 7-nervig, meist behaart**, begrannt; Granne: **2–5 mm lang**. Ausläufer: **unterirdisch**. Blätter: in Knospenlage gerollt, bis 30 cm lang, 3–6 mm breit, am Rand bewimpert; unterseits: **dunkelgrün, matt, von vielen hakig gekrümmten Haaren *sehr* rau**. Ligula: 1–3 mm lang. untere Blattscheiden: kahl bis spärlich behaart.

- einheimisch
- planar bis subalpin
- Extensivgrünland u. Magerrasen, Wälder, Zier- bzw. Nutzpflanze
- an basenreichen Standorten

J F M A M J J A S O N D

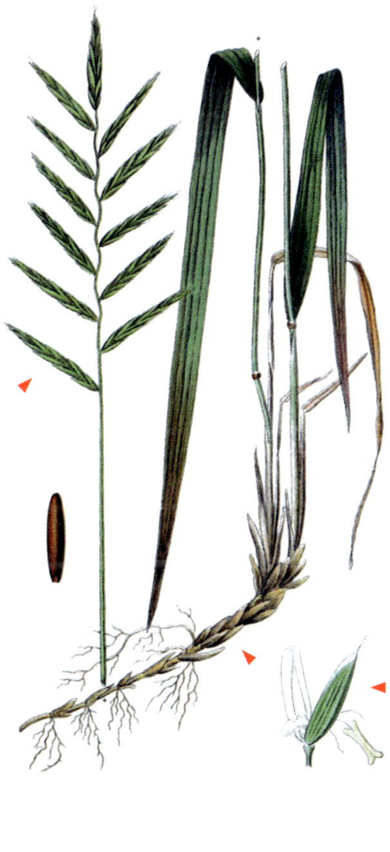

Brachypodium rupestre (Host) Roem. & Schult.

Felsen-Zwenke *Poaceae*
♄ A3 G(2)

50–100 cm hoch. PFLANZEN: rasig wachsend. BLÜTENSTAND: ähren- bis traubenartig, 7–30 cm lang. ÄHRCHEN: einzeln an der Ährenachse, **die breite Seite zur Ährenachse gerichtet, 10–20-blütig,** 20–35 mm lang. DECKSPELZEN: 7–11 mm lang, **5–7-nervig, meist kahl,** begrannt; GRANNE: **2–5 mm lang.** AUSLÄUFER: **unterirdisch.** BLÄTTER: in Knospenlage gerollt, bis 40 cm lang, 2–6 mm breit, am Rand bewimpert; UNTERSEITS: **frischgrün, glänzend, kaum rau, nur vereinzelte hakig gekrümmte Haare an den Nerven.** LIGULA: < 2 mm lang. UNTERE BLATTSCHEIDEN: kahl bis spärlich behaart.

- einheimisch
- collin bis montan
- Extensivgrünland u. Magerrasen, Staudenfluren, Gehölze
- an basenreichen Standorten

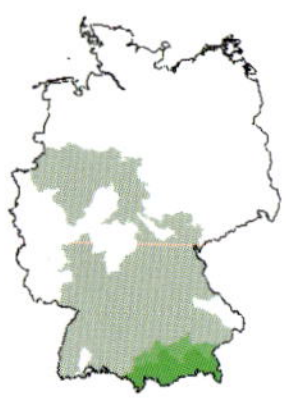

J F M A **M J J A S** O N D

Brachypodium sylvaticum (Huds.) P. Beauv.

Wald-Zwenke *Poaceae*
♄ A3 G(2)

40–120 cm hoch. PFLANZEN: **(locker) horstförmig.** BLÜTENSTAND: ähren- bis traubenartig, 7–20 cm lang. ÄHRCHEN: einzeln an der Ährenachse, **die breite Seite zur Ährenachse gerichtet, 6–12-blütig,** 20–35 mm lang. DECKSPELZEN: 9–12 mm lang, **meist 7-nervig, behaart,** begrannt; GRANNE: **8–15 mm lang.** BLÄTTER: in Knospenlage gerollt, bis 20 cm lang, 4–6 mm breit, am Rand bewimpert. LIGULA: 1–4 mm lang. UNTERE BLATTSCHEIDEN: **dicht behaart.**

- einheimisch
- planar bis montan
- Staudenfluren, Gehölze, Wälder, Ruderalvegetation, Zier- bzw. Nutzpflanze

J F M A M **J J A S** O N D

Anisantha sterilis (L.) Nevski

Taube Trespe *Poaceae*
♄ A3 G(2)

30–60 cm hoch. PFLANZEN: 1-jährig. BLÜTENSTAND: rispenartig, ausgebreitet, **längste Rispenäste mit < 4 Ährchen.** ÄHRCHENSTIELE: mindestens so lang wie die Ährchen. ÄHRCHEN: 4–15-blütig, 25–35 mm lang. HÜLLSPELZEN: lanzettlich, deutlich kürzer als das Ährchen, spitz; UNTERE: 1-nervig; OBERE: 3-nervig. DECKSPELZEN: **14–24 mm lang,** 7-nervig, begrannt; GRANNE: im distalen Drittel der Spelzen entspringend, **15–30 mm lang, mindestens so lang wie die Deckspelze.** FRUCHTKNOTEN: mit dicht behaartem Anhängsel. NARBEN: (scheinbar) seitenständig. BLÄTTER: in Knospenlage gerollt, 2–7 mm breit, behaart. LIGULA: 2–4 mm lang.

- Archaeophyt
- planar bis montan
- Staudenfluren, Äcker, Ruderalvegetation

J F M **A M J J** A S O N D

Anisantha tectorum (L.) Nevski

Dach-Trespe *Poaceae*
♄ A3 G(2)

10–50 cm hoch. PFLANZEN: 1-jährig. BLÜTENSTAND: rispenartig, ausgebreitet, **längste Rispenäste mit 4–8 Ährchen.** ÄHRCHENSTIELE: mindestens so lang wie die Ährchen. ÄHRCHEN: 4–10-blütig, 16–25 mm lang. HÜLLSPELZEN: lanzettlich, deutlich kürzer als das Ährchen, spitz; UNTERE: 1-nervig; OBERE: 3-nervig. DECKSPELZEN: **9–15 mm lang,** 7-nervig, begrannt; GRANNE: im distalen Drittel der Spelzen entspringend, **10–20 mm lang, mindestens so lang wie die Deckspelze.** FRUCHTKNOTEN: mit dicht behaartem Anhängsel. NARBEN: (scheinbar) seitenständig. BLÄTTER: in Knospenlage gerollt, 1–4 mm breit, behaart. LIGULA: 1–4 mm lang. UNTERE BLATTSCHEIDEN: behaart.

- Archaeophyt
- planar bis montan
- Grünland, Staudenfluren, Äcker, Ruderalvegetation, Zier- bzw. Nutzpflanze
- an basenreichen, meist trockenen Standorten

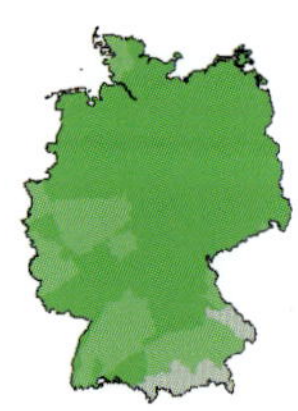

J F M **A M J J** A S O N D

Bromopsis: mehrjährig. BLÜTENSTAND: rispenartig. ÄHRCHEN: ≥ 3-blütig. HÜLLSPELZEN: 2, deutlich kürzer als das Ährchen, lanzettlich, spitz. UNTERE HÜLLSPELZE: 1-nervig. GRANNE: im oberen Drittel der Spelzen entspringend. FRUCHTKNOTEN: mit dicht behaartem Anhängsel. NARBEN: (scheinbar) seitenständig. BLATTSCHEIDEN: (fast) bis oben verwachsen, oft behaart.

Bromopsis erecta (Huds.) Fourr.

Aufrechte Trespe *Poaceae*
♃ A3 G(2)

30–100 cm hoch. BLÜTENSTAND: **meist zusammengezogen**. ÄHRCHENSTIELE: kürzer als die Ährchen. ÄHRCHEN: 4–15-blütig, 18–40 mm lang. DECKSPELZEN: 9–15 mm lang, **meist 7-nervig**, **kahl**, begrannt; GRANNE: **3–10 mm lang**, kürzer o. wenig länger als die Deckspelze. BLÄTTER: **in Knospenlage gefaltet**, 2–6 mm breit, behaart, **am Rand meist gleichmäßig bewimpert**. LIGULA: 1–2 mm lang. UNTERE BLATTSCHEIDEN: zerstreut lang behaart.

- einheimisch
- planar bis montan
- Extensivgrünland u. Magerrasen, Staudenfluren, Gehölze, Ruderalvegetation
- an nährstoffarmen, basenreichen, meist trockenen Standorten

J F M **A M J J A S** O N D

Bromopsis inermis (Leyss.) Holub

Wehrlose Trespe *Poaceae*
♃ A3 G(2)

30–100 cm hoch. BLÜTENSTAND: **meist zusammengezogen**. ÄHRCHENSTIELE: mindestens so lang wie die Ährchen. ÄHRCHEN: 4–10-blütig, 18–30 mm lang. DECKSPELZEN: 7–14 mm lang, **5–7-nervig**, meist begrannt; GRANNE: **< 2 mm lang**, kürzer als die Deckspelze. BLÄTTER: in Knospenlage gerollt, 4–8 mm breit. LIGULA: < 2 mm lang. UNTERE BLATTSCHEIDEN: **meist kahl**, selten kurz behaart.

- einheimisch
- planar bis montan
- Grünland, Staudenfluren, Ruderalvegetation, Zier- bzw. Nutzpflanze
- an basenreichen Standorten

J F M A **M J J A** S O N D

Bromopsis ramosa (Huds.) Holub

Späte Wald-Trespe *Poaceae*
♃ A3 G(2)

50–200 cm hoch. BLÜTENSTAND: ausgebreitet, **untere Äste basal mit bewimperter Schuppe, unterster Knoten 1–2-ästig, untere Äste mit 3–8 Ährchen**. ÄHRCHENSTIELE: mindestens so lang wie die Ährchen. ÄHRCHEN: 4–12-blütig. DECKSPELZEN: 10–15 mm lang, **meist 7-nervig**, **behaart**, begrannt; GRANNE: **4–10 mm lang**, kürzer als die Deckspelze. BLÄTTER: in Knospenlage gerollt, 6–15 mm breit, behaart, am Rand bewimpert. ÖHRCHEN: **sichelförmig**, **kahl**. LIGULA: 3–6 mm lang. UNTERE BLATTSCHEIDEN: mit abstehenden Haaren. OBERE BLATTSCHEIDEN: **dicht mit 3–4 mm langen Haaren besetzt**.

- einheimisch
- planar bis montan
- Staudenfluren, Gehölze, Wälder, Ruderalvegetation, Zier- bzw. Nutzpflanze

J F M A M **J J A S** O N D

Bromopsis benekenii (Lange) Holub

Frühe Wald-Trespe *Poaceae*
♃ A3 G(2)

40–120 cm hoch. BLÜTENSTAND: ausgebreitet, **untere Äste basal mit kahler Schuppe, unterster Knoten 2–5-ästig, die kürzeren Äste nur mit 1 Ährchen**. ÄHRCHENSTIELE: mindestens so lang wie die Ährchen. ÄHRCHEN: 3–8-blütig. DECKSPELZEN: 10–14 mm lang, **5-nervig**, **behaart**, begrannt; GRANNE: **4–8 mm lang**, kürzer als die Deckspelze. BLÄTTER: in Knospenlage gerollt, 4–10 mm breit, behaart, am Rand bewimpert. ÖHRCHEN: **sichelförmig**, **behaart**. LIGULA: 1–2 mm lang. UNTERE BLATTSCHEIDEN: mit abstehenden Haaren. OBERE BLATTSCHEIDEN: **dicht mit 0,1 mm langen Haaren besetzt**.

- einheimisch
- planar bis montan
- Staudenfluren, Gehölze, Wälder, Ruderalvegetation

J F M A **M J J A** S O N D

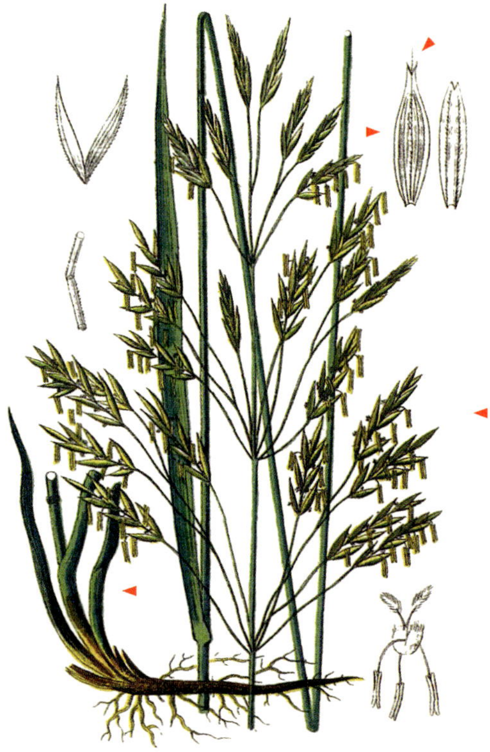

Bromus: BLÜTENSTAND: rispenartig. ÄHRCHEN: ≥ 3-blütig. HÜLLSPELZEN: 2, deutlich kürzer als das Ährchen, oval, spitz. UNTERE HÜLLSPELZE: 3–5-nervig. GRANNE: im oberen Drittel der Spelzen entspringend. FRUCHTKNOTEN: mit dicht behaartem Anhängsel. NARBEN: (scheinbar) seitenständig. BLATTSCHEIDEN: (fast) bis oben verwachsen.

Bromus secalinus agg.

Roggen-Trespe *Poaceae*
♃ A3 G(2) § FFH IV, BNatG s

30–140 cm hoch. BLÜTENSTAND: SEITENÄSTE: **untere < 8 cm lang**. ÄHRCHENSTIELE: mindestens so lang wie die Ährchen. ÄHRCHEN: **Achse von der Seite sichtbar**. DECKSPELZEN: ausgebreitet 4–7 mm breit, meist 7-nervig; GRANNE: < 2 mm unter dem Rand der Spelze entspringend, 2–12 mm lang, meist gerade. STAUBBEUTEL: < 2,5 mm lang. FRÜCHTE: **dick, mit tiefer Furche**. BLÄTTER: behaart. LIGULA: 1–2 mm lang.

In Deutschland kommen 3 Arten der Artengruppe *Bromus secalinus* agg. vor: *B. secalinus*, *B. grossus* und *B. pseudosecalinus* (vgl. S. 1426).

- Archaeophyt
- planar bis montan
- Äcker, Ruderalvegetation, Zier- bzw. Nutzpflanze

J F M A **M J J A** S O N D

Bromus arvensis L.

Acker-Trespe *Poaceae*
♃ A3 G(2) RL V

25–120 cm hoch. BLÜTENSTAND: SEITENÄSTE: **untere bis 15 cm lang**. ÄHRCHENSTIELE: mindestens so lang wie die Ährchen. ÄHRCHEN: 4–12-blütig, **schmallanzettlich**. DECKSPELZEN: **oval bis lanzettlich, der Rand gleichmäßig gebogen, meist 7-nervig, kahl**; GRANNE: < 2 mm unter dem Rand der Spelze entspringend. BLÄTTER: 2–6 mm breit, behaart. LIGULA: 1–3 mm lang. UNTERE BLATTSCHEIDEN: seidenhaarig. OBERE BLATTSCHEIDEN: **kahl**.

Im Gebiet kommen 3 Unterarten vor: subsp. *arvensis*, subsp. *parviflorus* und subsp. *segetalis* (vgl. S. 1426).

- Archaeophyt
- planar bis montan
- Staudenfluren, Äcker, Ruderalvegetation, Zier- bzw. Nutzpflanze

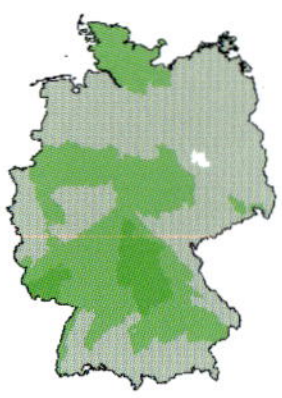

J F M **A M J J A** S O N D

Bromus brachystachys Hornung

Kurzährige Trespe *Poaceae*
♃ A3 G(2) RL 0

20–30 cm hoch. PFLANZEN: 1-jährig. BLÜTENSTAND: SEITENÄSTE: **untere < 8 cm lang**. ÄHRCHENSTIELE: mindestens so lang wie die Ährchen. ÄHRCHEN: 4–10-blütig, **6–9 mm lang**. DECKSPELZEN: **rautenförmig, der Rand mit deutlichem Knick**, 4–5 mm lang, **meist 7-nervig, kahl**; GRANNE: < 2 mm unter dem Rand der Spelze entspringend, 8–15 mm lang. STAUBBEUTEL: 1,5–2,5 mm lang. BLÄTTER: 2–4 mm breit. LIGULA: 1–3 mm lang. UNTERE BLATTSCHEIDEN: seidenhaarig. OBERE BLATTSCHEIDEN: **meist behaart**, selten kahl.

- ausgestorben
- planar bis montan
- Äcker, Ruderalvegetation

J F M A **M J J A** S O N D

Bromus commutatus Schrad.

Verwechselte Trespe *Poaceae*
♃ A3 G(2)

30–120 cm hoch. BLÜTENSTAND: SEITENÄSTE: **untere < 8 cm lang**. ÄHRCHENSTIELE: mindestens so lang wie die Ährchen. ÄHRCHEN: 4–10-blütig, 8–18 mm lang. DECKSPELZEN: **rautenförmig, der Rand mit deutlichem Knick, 7–11-nervig, kahl**; GRANNE: < 2 mm unter dem Rand der Spelze entspringend, 4–12 mm lang. VORSPELZEN: **mit hakig gekrümmten Haaren**. STAUBBEUTEL: < 2,5 mm lang. BLÄTTER: 2–6 mm breit, behaart. LIGULA: 1–3 mm lang. UNTERE BLATTSCHEIDEN: dicht behaart.

subsp. *commutatus* (Verwechselte Trespe): DECKSPELZEN: mit umgebogenen Rand. FRÜCHTE: < 0,4 mm breit, 0,2–0,4 mm ⌀.
subsp. *decipiens* (Täuschende Verwechselte Trespe): DECKSPELZEN: mit ± flachem Rand. FRÜCHTE: 0,4–0,6 mm breit, 0,4–0,6 mm ⌀.

- einheimisch
- planar bis montan
- Extensivgrünland u. Magerrasen, Äcker, Ruderalvegetation, Trittfluren
- an basenreichen Standorten

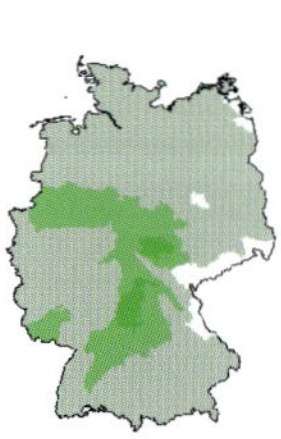

J F M **A M J J** A S O N D

Bromus hordeaceus L.

Flaum-Trespe *Poaceae*
♮ A3 G(2)

Bis 80 cm hoch. Ährchen: 3–12-blütig. Deckspelzen: **7–9-nervig**; Granne: 5–10 mm lang. Vorspelzen: **am Rand bis zur Spitze bewimpert**. Früchte: höchstens so lang wie die Vorspelze. Blätter: < 5 mm breit, behaart. Ligula: behaart, < 3 mm lang. untere Blattscheiden: behaart. obere Blattscheiden: **meist behaart**, selten kahl.

Im Gebiet kommen 5 Unterarten vor: subsp. *hordeaceus*, subsp. *longipedicellatus*, subsp. *mediterraneus*, subsp. *pseudothominei* und subsp. *thominei* (vgl. S. 1426).

- einheimisch
- planar bis montan
- Grünland, Äcker, Ruderalvegetation, Dünen, Zier- bzw. Nutzpflanze
- auch an salzhaltigen Standorten

J F M A M J J A S O N D

Bromus japonicus Thunb.

Japanische Trespe *Poaceae*
♮ A3 G(2)

15–60 cm hoch. Blütenstand: **längste Rispenäste mit 2–4 Ährchen**; Seitenäste: **untere < 8 cm lang**. Ährchenstiele: mindestens so lang wie die Ährchen. Ährchen: 6–12-blütig, 16–30 mm lang. Deckspelzen: **oval bis lanzettlich, der Rand gleichmäßig gebogen**, 7–9 mm lang, **7–9-nervig**; Granne: **2–3 mm unter dem Rand der Spelze entspringend**, 9–12 mm lang. Blätter: 2–5 mm breit; oberseits: behaart. Ligula: 1–3 mm lang. untere Blattscheiden: behaart.

subsp. *japonicus* (Japanische Trespe): Deckspelzen: Obergranne nach außen gebogen.
subsp. *subsquarrosus* (Geradeborstige Japanische Trespe): Deckspelzen: Obergranne ± gerade u. aufrecht.

- eingebürgerter Neophyt, urspr. aus dem Mittelmeergebiet u. Westasien
- planar bis montan
- Äcker, Ruderalvegetation, Zier- bzw. Nutzpflanze

J F M A M J J A S O N D

Bromus lepidus Holmb.

Zierliche Trespe *Poaceae*
♮ A3 G(2)

Bis 80 cm hoch. Ährchenstiele: kürzer als die Ährchen. Ährchen: 4–11-blütig, 10–14 mm lang. Deckspelzen: 4–7 mm lang, **5–7-nervig**; Granne: **2–6 mm lang**. Vorspelzen: **nur in den unteren 66 % am Rand bewimpert**. Früchte: **länger als die Vorspelze**. Blätter: 2–5 mm breit, behaart. Ligula: **< 1 mm lang**. untere Blattscheiden: behaart. obere Blattscheiden: **meist behaart**, selten kahl.

- einheimisch
- planar bis montan
- Äcker, Ruderalvegetation
- an trockenen Standorten

J F M A M J J A S O N D

Bromus racemosus L.

Trauben-Trespe *Poaceae*
♮ A3 G(2) RL 3

20–100 cm hoch. Blütenstand: Seitenäste: **untere < 8 cm lang**. Ährchenstiele: mindestens so lang wie die Ährchen. Ährchen: 4–8-blütig, 12–16 mm lang. Deckspelzen: **oval bis lanzettlich, der Rand gleichmäßig gebogen**, 6–8 mm lang, **7–9-nervig, kahl**; Granne: < 2 mm unter dem Rand der Spelze entspringend, 5–8 mm lang. Staubbeutel: < 2,5 mm lang. Früchte: dünn. Blätter: 2–5 mm breit, behaart, am Rand bewimpert. Ligula: 1–3 mm lang. untere Blattscheiden: dicht behaart.

subsp. *racemosus* (Trauben-Trespe): Deckspelzen: Granne: der untersten Blüte ± so lang wie die der oberen. Früchte: im QS deutlich gebogen.
subsp. *lusitanicus* (Südliche Trauben-Trespe): selten. Deckspelzen: Granne: der untersten Blüte < 6 mm lang, 1–2 mm kürzer als die der oberen. Früchte: im QS undeutlich gebogen.

- einheimisch
- planar bis montan
- Grünland, Ruderalvegetation
- an wechselfeuchten bis nassen Standorten

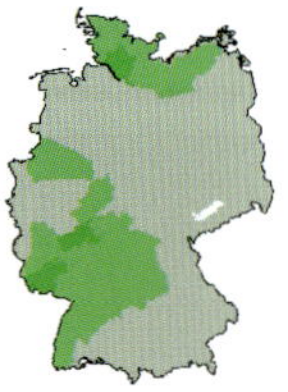

J F M A M J J A S O N D

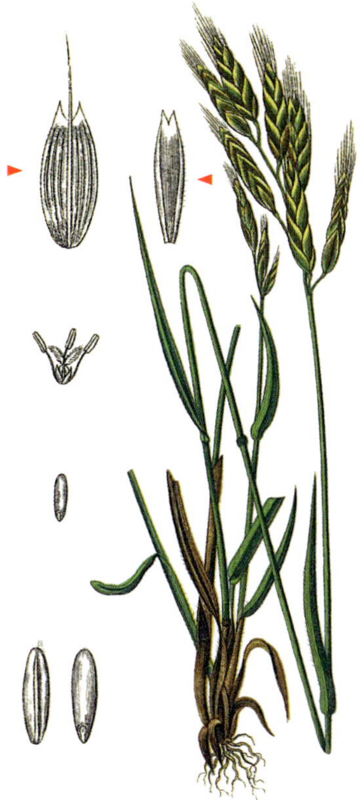

Bromus squarrosus L.

Sparrige Trespe *Poaceae*
♃ A3 G(2)

30–60 cm hoch. BLÜTENSTAND: **längste Rispenäste mit 1 (selten 2) Ährchen**; SEITENÄSTE: **untere < 8 cm lang**. ÄHRCHENSTIELE: mindestens so lang wie die Ährchen. ÄHRCHEN: **8–30-blütig**, 20–55 mm lang. DECKSPELZEN: **rautenförmig, der Rand mit deutlichem Knick**, 8–11 mm lang, **9–11-nervig**; GRANNE: **2–3 mm unter dem Rand der Spelze entspringend**, 10–13 mm lang; UNTERGRANNE **meist gedreht**; OBERGRANNE **nach außen gebogen**. BLÄTTER: bis 15 cm lang, 4–6 mm breit; OBERSEITS: behaart. LIGULA: 1–2 mm lang. UNTERE BLATTSCHEIDEN: behaart.

- eingebürgerter Neophyt, urspr. aus dem Mittelmeergebiet u. Westasien
- planar bis montan
- Grünland, Staudenfluren, Äcker, Ruderalvegetation
- an basenreichen, meist trockenen Standorten

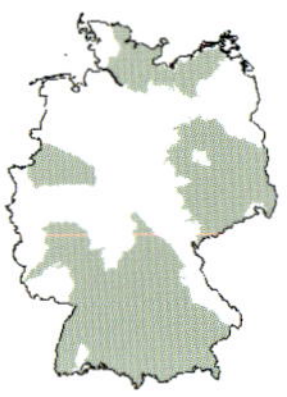

J F M **A M J J** A S O N D

Ceratochloa carinata (Hook. & Arn.) Tutin

Kalifornische Trespe *Poaceae*
♃ A3 G(2)

30–80 cm hoch. BLÜTENSTAND: rispenartig. ÄHRCHEN: 5–11-blütig, 10–35 mm lang, im QS V-förmig, seitlich zusammengedrückt. HÜLLSPELZEN: oval, deutlich kürzer als das Ährchen, spitz, **gekielt**; UNTERE: 3–5-nervig; OBERE: 5–9-nervig. DECKSPELZEN: 11–15 mm lang, **meist 7-nervig**, begrannt; GRANNE: im distalen Drittel der Spelzen entspringend, **4–12 mm lang**. VORSPELZEN: **± so lang wie die Deckspelzen**. FRUCHTKNOTEN: mit dicht behaartem Anhängsel. NARBEN: (scheinbar) seitenständig. BLÄTTER: in Knospenlage gerollt, 3–12 mm breit. LIGULA: 1–3 mm lang.

- eingebürgerter Neophyt, urspr. aus Nordamerika
- planar bis collin
- Grünland, Ruderalvegetation, Zier- bzw. Nutzpflanze

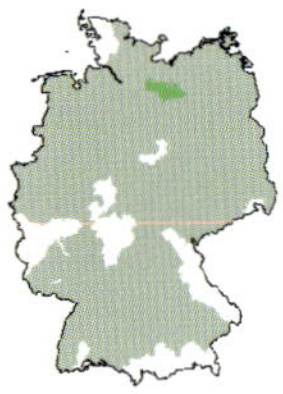

J F M A **M J J A S O** N D

Elymus caninus (L.) L.

Hunds-Quecke *Poaceae*
♃ A3 G(2)

50–120 cm hoch. PFLANZEN: **horstförmig**, mehrjährig. BLÜTENSTAND: ährenartig, 5–20 cm lang, **Ährenachse von hakig gekrümmten Haaren rau**. ÄHRCHEN: **die breite Seite zur Ährenachse gerichtet**, 2–6-blütig, 10–14 mm lang. HÜLLSPELZEN: lanzettlich, 7–10 mm lang, **spitz**, **3–5-nervig**. DECKSPELZEN: 9–12 mm lang, **begrannt**; GRANNE: **6–18 mm lang**. BLÄTTER: in Knospenlage gerollt, bis 30 cm lang, 3–12 mm breit; OBERSEITS: behaart, gerippt; UNTERSEITS: **dunkelgrün**, **glänzend**, kahl. ÖHRCHEN: meist vorhanden, sichelförmig. LIGULA: < 2 mm lang.

- einheimisch
- planar bis montan
- Staudenfluren, Gehölze, Wälder, Schutt- u. Felsfluren, Ruderalvegetation, Zier- bzw. Nutzpflanze
- an nährstoffreichen Standorten

J F M A **M J J A** S O N D

Elytrigia arenosa (Spenn.) H. Scholz

Sand-Quecke *Poaceae*
♃ A3 G(2) RL 2

15–60 cm hoch. PFLANZEN: rasig wachsend, mehrjährig. BLÜTENSTAND: ährenartig, **lockerblütig, mit wenig überlappenden Ährchen**, 4–10 cm lang. ÄHRCHEN: **die breite Seite zur Ährenachse gerichtet**, 4–5-blütig, 10–14 mm lang. HÜLLSPELZEN: lanzettlich, 3–6 mm lang, **± so lang wie die Deckspelzen**, **spitz**, **3–5-nervig**. DECKSPELZEN: 4–8 mm lang, **mit Grannenspitze**. REIFE ÄHRCHEN: **die Blütchen einzeln abfallend**. BLÄTTER: in Knospenlage gerollt, **steif**, 2–3 mm breit; OBERSEITS: behaart, mit durch schmale tiefe Furchen getrennte Rippen; UNTERSEITS: kahl. BLATTSCHEIDEN: mit überlappenden Rändern, **am Rand bewimpert**. ÖHRCHEN: sichelförmig, **(halb-) stängelumfassend**. LIGULA: < 1 mm lang.

- einheimisch
- planar bis collin
- Extensivgrünland u. Magerrasen
- an nährstoffarmen, trockenen Standorten

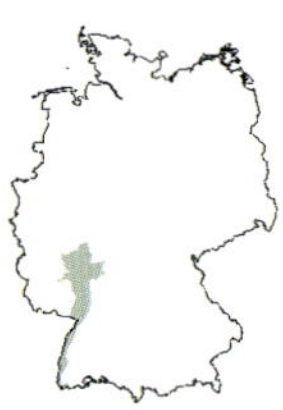

J F M A **M J J A S** O N D

Elytrigia atherica (Link) Kerguélen

Strand-Quecke *Poaceae*
♃ A3 G(2)

30–120 cm hoch. Pflanzen: rasig wachsend, mehrjährig. Blütenstand: ährenartig, **dichtblütig, mit überlappenden Ährchen, 4-kantig**, 5–20 cm lang. Ährchen: **die breite Seite zur Ährenachse gerichtet**, 3–10-blütig, 10–20 mm lang. Hüllspelzen: lanzettlich, 7–10 mm lang, **± so lang wie die Deckspelzen, spitz, 4–7-nervig**. Deckspelzen: 7–11 mm lang, mit kurzer Granne o. Grannenspitze. Reife Ährchen: als Ganzes aus den Hüllspelzen fallend. Blätter: in Knospenlage gerollt, **steif**, 2–6 mm breit; oberseits: behaart, mit durch schmale tiefe Furchen getrennte Rippen; unterseits: kahl. Blattscheiden: mit überlappenden Rändern, **am Rand bewimpert**. Öhrchen: sichelförmig. Ligula: < 1 mm lang.

- einheimisch
- planar bis collin
- Grünland, Salzwiesen
- meist an salzhaltigen Standorten

J F M A **M J J A S** O N D

Elytrigia campestris (Godr. & Gren.) Kerguélen

Feld-Quecke *Poaceae*
♃ A3 G(2)

30–100 cm hoch. Pflanzen: rasig wachsend, mehrjährig. Blütenstand: ährenartig, 5–15 cm lang. Ährchen: **die breite Seite zur Ährenachse gerichtet**, 5–7-blütig, 10–18 mm lang. Hüllspelzen: lanzettlich, 5–10 mm lang, **± so lang wie die Deckspelzen, spitz, 5–7-nervig**. Deckspelzen: 8–11 mm lang; Granne: **< 2 mm lang**. Blätter: in Knospenlage gerollt, bis 40 cm lang, 2–6 mm breit; oberseits: behaart, gerippt; unterseits: kahl. Blattscheiden: am Rand kahl. Öhrchen: sichelförmig. Ligula: < 2 mm lang.

- einheimisch
- planar bis collin
- Grünland, Ruderalvegetation
- meist an trockenen Standorten

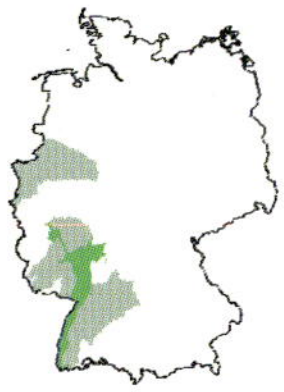

J F M A **M J J A** S O N D

Elytrigia intermedia (Host) Nevski

Graugrüne Quecke *Poaceae*
♃ A3 G(2) RL 3

30–80 cm hoch. Pflanzen: rasig wachsend, mehrjährig. Blütenstand: ährenartig, 10–25 cm lang, **Ährenachse von hakig gekrümmten Haaren rau**. Ährchen: **die breite Seite zur Ährenachse gerichtet**, 4–5-blütig, 10–18 mm lang. Hüllspelzen: lanzettlich, 5–10 mm lang, **kürzer als die Deckspelzen, distal ausgerandet bis abgerundet, 5-nervig**. Deckspelzen: 7–11 mm lang; Granne: **< 10 mm lang, gekniet**. Blätter: in Knospenlage gerollt, **steif**, bis 30 cm lang, 2–4 mm breit; oberseits: behaart, mit durch schmale tiefe Furchen getrennte Rippen. Blattscheiden: mit überlappenden Rändern, **am Rand bewimpert**. Öhrchen: sichelförmig. Ligula: < 1 mm lang.

- einheimisch
- planar bis collin
- Extensivgrünland u. Magerrasen, Staudenfluren, Ruderalvegetation
- an basenreichen, meist trockenen Standorten

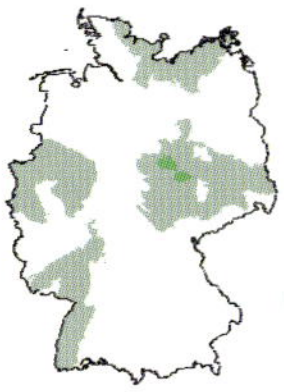

J F M A **M J J A** S O N D

Elytrigia juncea (L.) Nevski

Binsen-Quecke *Poaceae*
♃ A3 G(2)

30–80 cm hoch. Pflanzen: rasig wachsend, mehrjährig, **blau- bzw. graugrün**. Blütenstand: ährenartig, 5–20 cm lang, **Ährenachse kahl, glatt**. Ährchen: **die breite Seite zur Ährenachse gerichtet**, 3–8-blütig, 14–28 mm lang. Hüllspelzen: lanzettlich, 10–20 mm lang, **spitz, 7–11-nervig**. Deckspelzen: **11–20 mm lang, mit Grannenspitze**. Blätter: in Knospenlage gerollt, bis 40 cm lang, 2–6 mm breit; oberseits: behaart, gerippt; unterseits: kahl. Öhrchen: **fehlen**. Ligula: < 1 mm lang.

- einheimisch
- planar
- Extensivgrünland u. Magerrasen, Dünen, Zier- bzw. Nutzpflanze
- an nährstoffarmen, zuweilen überfluteten, meist salzhaltigen Standorten

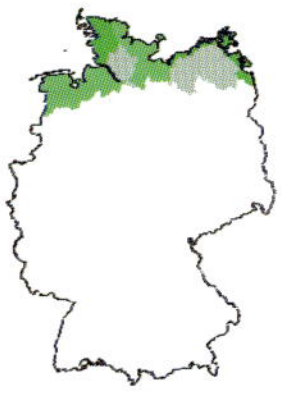

J F M A **M J J A S** O N D

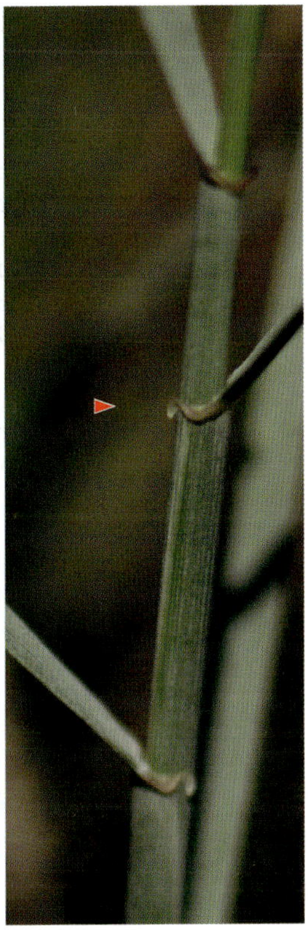

Elytrigia obtusiflora (DC.) Tzvelev

Pontische Quecke *Poaceae*
♃ A3 G(2)

Meist 30–120 cm hoch, selten bis 180 cm. PFLANZEN: **horstförmig**, mehrjährig. BLÜTENSTAND: ährenartig, 10–50 cm lang, **Ährenachse von hakig gekrümmten Haaren rau**. ÄHRCHEN: **die breite Seite zur Ährenachse gerichtet, 7-12-blütig**, 16–30 mm lang. HÜLLSPELZEN: lanzettlich, 8–14 mm lang, **distal eingeschnitten bis abgerundet, 5-9-nervig**. DECKSPELZEN: 8–12 mm lang, unbegrannt. BLÄTTER: in Knospenlage gerollt, bis 30 cm lang, 2–6 mm breit; OBERSEITS: behaart, gerippt. ÖHRCHEN: sichelförmig. LIGULA: < 2 mm lang.

- eingebürgerter Neophyt, urspr. aus Südosteuropa
- planar bis collin
- Grünland, Ruderalvegetation
- an nassen, zuweilen überfluteten Standorten

J F M A M **J J A S** O N D

Elytrigia repens (L.) Nevski

Gewöhnliche Quecke *Poaceae*
♃ A3 G(2)

30–140 cm hoch. PFLANZEN: rasig wachsend, mehrjährig. BLÜTENSTAND: ährenartig, 4–20 cm lang, **Ährenachse von hakig gekrümmten Haaren rau**. ÄHRCHEN: **die breite Seite zur Ährenachse gerichtet**, 3-8-blütig, 10–20 mm lang. HÜLLSPELZEN: lanzettlich, 7–14 mm lang, **spitz, 5-7-nervig**. DECKSPELZEN: 8–12 mm lang, **begrannt**; GRANNE: **2–10 mm lang**. AUSLÄUFER: unterirdisch, lang. BLÄTTER: in Knospenlage gerollt, **weich**, bis 30 cm lang, 3–15 mm breit; OBERSEITS: behaart, mit durch breite flache Furchen getrennte Rippen. BLATTSCHEIDEN: mit überlappenden Rändern, am Rand kahl. ÖHRCHEN: sichelförmig. LIGULA: < 1 mm lang.

- einheimisch
- planar bis montan
- Grünland, Staudenfluren, Äcker, Ruderalvegetation, Dünen, Salzwiesen, Trittfluren, Zier- bzw. Nutzpflanze
- auch an salzhaltigen Standorten

J F M **A M J J A** S O N D

Hordelymus europaeus (L.) Harz

Waldgerste *Poaceae*
♃ A3 G(2)

50–120 cm hoch. PFLANZEN: mehrjährig. BLÜTENSTAND: **ährenartig, 5–15 cm lang**. ÄHRCHEN: **in 3er-Gruppen an der Ährenachse, die breite Seite zur Ährenachse gerichtet, 1-blütig**. DECKSPELZEN: 8–10 mm lang, **begrannt**; GRANNE: **15–30 mm lang**. REIFE ÄHRCHEN: **die Blütchen einzeln abfallend**. BLÄTTER: **in Knospenlage gerollt**, bis 30 cm lang, **5–12 mm breit**, behaart; UNTERSEITS: **glänzend**. ÖHRCHEN: **sichelförmig**. LIGULA: < 1 mm lang. UNTERE BLATTSCHEIDEN: behaart.

- einheimisch
- planar bis montan
- Wälder

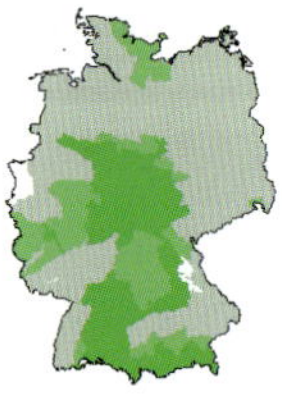

J F M A **M J J A S** O N D

Hordeum jubatum L.

Mähnen-Gerste *Poaceae*
♃ A3 G(2)

20–60 cm hoch. PFLANZEN: 1-jährig. BLÜTENSTAND: ährenartig, **3–30 cm lang**. ÄHRCHEN: in 3er-Gruppen an der Ährenachse, **die breite Seite zur Ährenachse gerichtet**, 1-blütig. HÜLLSPELZEN: **schmal-lanzettlich, 50–60 mm lang**. DECKSPELZEN: 6–7 mm lang, begrannt; GRANNE: **10–60 mm lang**. REIFE ÄHRCHEN: **Ähre so zerfallend, dass jeweils 3 Ährchen gemeinsam ausgebreitet werden**. BLÄTTER: in Knospenlage gerollt, bis 20 cm lang, 2–4 mm breit, behaart. ÖHRCHEN: **fehlen**. LIGULA: **< 1 mm lang**. UNTERE BLATTSCHEIDEN: **behaart**.

- eingebürgerter Neophyt, urspr. aus Nordamerika u. Ostasien
- planar bis montan
- Grünland, Äcker, Ruderalvegetation, Salzwiesen, Zier- bzw. Nutzpflanze
- auch an salzhaltigen Standorten

J F M A **M J J A** S O N D

Hordeum marinum Huds.

Deich-Gerste *Poaceae*
♮ A3 G(2) RL 0

15–50 cm hoch. PFLANZEN: 1-jährig. BLÜTENSTAND: ährenartig, **3–8 cm lang**. ÄHRCHEN: in 3er-Gruppen an der Ährenachse, **die breite Seite zur Ährenachse gerichtet**, 1-blütig. HÜLLSPELZEN: **die innere schmal lanzettlich, die äußere schmal-lineal bis grannenförmig**, 7–30 mm lang, **ungleich lang, rau**. DECKSPELZEN: 7–12 mm lang, begrannt; GRANNE: **< 25 mm lang**. REIFE ÄHRCHEN: **Ähre so zerfallend, dass jeweils 3 Ährchen gemeinsam ausgebreitet werden**. STÄNGEL: **vom Grunde an büschelig verzweigt**. BLÄTTER: in Knospenlage gerollt, bis 20 cm lang, 2–8 mm breit. ÖHRCHEN: **fehlen**. LIGULA: **< 1 mm lang**. OBERE BLATTSCHEIDEN: oft aufgeblasen.

- ausgestorben
- planar bis collin
- Grünland, Ruderalvegetation, Salzwiesen
- oft an salzhaltigen Standorten

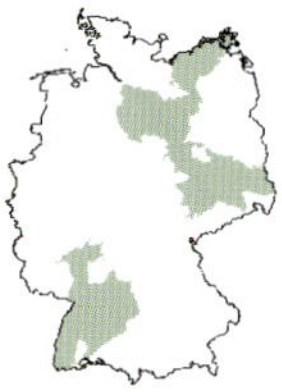

J F M **A M J J A S** O N D

Hordeum murinum L.

Mäuse-Gerste *Poaceae*
♮ A3 G(2)

10–50 cm hoch. PFLANZEN: 1-jährig. BLÜTENSTAND: ährenartig, **3–10 cm lang**. ÄHRCHEN: in 3er-Gruppen an der Ährenachse, **die breite Seite zur Ährenachse gerichtet**, 1-blütig. HÜLLSPELZEN: **schmal-lineal, 7–30 mm lang, ungleich lang, mit abstehenden Wimpern**. DECKSPELZEN: der mittleren Ährchen 10–50 mm lang, begrannt; GRANNE: **10–60 mm lang**. REIFE ÄHRCHEN: **Ähre so zerfallend, dass jeweils 3 Ährchen gemeinsam ausgebreitet werden**. STÄNGEL: **vom Grunde an büschelig verzweigt**. BLÄTTER: in Knospenlage gerollt, bis 20 cm lang, 2–8 mm breit. ÖHRCHEN: **sichelförmig**, (halb-) stängelumfassend. LIGULA: **< 1 mm lang**. OBERE BLATTSCHEIDEN: oft aufgeblasen.

Im Gebiet kommen 2 Unterarten vor: subsp. *murinum* und subsp. *leporinum* (vgl. S. 1426).

- Archaeophyt
- planar bis montan
- Äcker, Ruderalvegetation, Zier- bzw. Nutzpflanze

J F M A **M J J A S O** N D

Hordeum secalinum Schreb.

Roggen-Gerste *Poaceae*
♮ A3 G(2) RL 3

20–80 cm hoch. PFLANZEN: 1-jährig. BLÜTENSTAND: ährenartig, **2–10 cm lang**. ÄHRCHEN: in 3er-Gruppen an der Ährenachse, **die breite Seite zur Ährenachse gerichtet**, 1-blütig. HÜLLSPELZEN: schmal-lineal, 7–30 mm lang, **alle ± gleich lang, kahl**. DECKSPELZEN: der mittleren Ährchen 5–10 mm lang, begrannt; GRANNE: **10–60 mm lang**. REIFE ÄHRCHEN: **Ähre so zerfallend, dass jeweils 3 Ährchen gemeinsam ausgebreitet werden**. STÄNGEL: **wenig verzweigt**. BLÄTTER: in Knospenlage gerollt, bis 10 cm lang, 2–5 mm breit. ÖHRCHEN: **sichelförmig**, (halb-) stängelumfassend. LIGULA: **< 1 mm lang**. UNTERE BLATTSCHEIDEN: **behaart**.

- einheimisch
- planar bis collin
- Grünland, Ruderalvegetation, Salzwiesen, Zier- bzw. Nutzpflanze
- oft an salzhaltigen Standorten

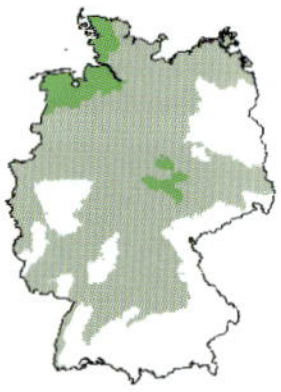

J F M A **M J J A** S O N D

Hordeum vulgare L.

Mehrzeilige Gerste *Poaceae*
♮ A3 G(2)

PFLANZEN: 1-jährig. BLÜTENSTAND: ährenartig, **4–15 cm lang**. ÄHRCHEN: in 3er-Gruppen an der Ährenachse, **die breite Seite zur Ährenachse gerichtet**, 1-blütig. HÜLLSPELZEN: **die innere schmal lanzettlich, die äußere schmal-lineal bis grannenförmig**. DECKSPELZEN: 8–10 mm lang, begrannt; GRANNE: **80–150 mm lang**. REIFE ÄHRCHEN: **als Ganzes am Stängel stehend bleibend**. BLÄTTER: in Knospenlage gerollt, bis 50 cm lang, **5–15 mm breit**. ÖHRCHEN: **sichelförmig**, (halb-) stängelumfassend. LIGULA: **1–3 mm lang**. UNTERE BLATTSCHEIDEN: **kahl**.

subsp. *vulgare* (Saat-Gerste): 60–120 cm hoch. ÄHRCHEN: alle fertil. BLÜTEN: 4–6-zeilig angeordnet.
subsp. *distichon* (Brau-Gerste): 30–60 cm hoch. ÄHRCHEN: nur das mittlere fertil. BLÜTEN: 2-zeilig angeordnet.

- unbeständiger Neophyt, urspr. aus Westasien
- planar bis montan
- Äcker, Ruderalvegetation, Zier- bzw. Nutzpflanze

J F M **A M J J A** S O N D

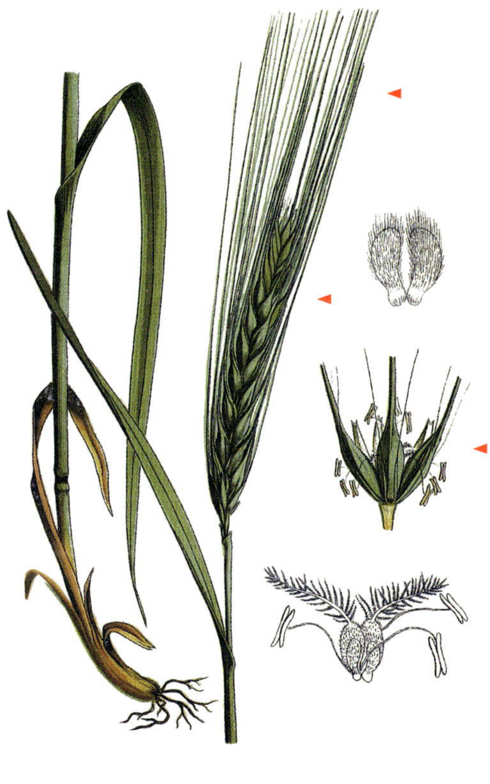

Leymus arenarius (L.) Hochst.

Strandroggen *Poaceae*
♄ A3 G(2)

60–120 cm hoch. PFLANZEN: mehrjährig. BLÜTENSTAND: **ährenartig**, 15–30 cm lang. ÄHRCHEN: **paarweise *oder* in 3er-Gruppen an der Ährenachse, die breite Seite zur Ährenachse gerichtet, 2–6-blütig**, 20–30 mm lang. DECKSPELZEN: 15–25 mm lang, spitz, **unbegrannt**. BLÄTTER: **in Knospenlage gerollt, derb, blau- bzw. graugrün, bis 60 cm lang, 8–12 mm breit**; OBERSEITS: behaart, gerippt. ÖHRCHEN: **sichelförmig, aufwärtsgebogen**. LIGULA: < 1 mm lang.

- einheimisch
- planar
- Röhrichte, Dünen, Zier- bzw. Nutzpflanze
- an zuweilen überfluteten, auch salzhaltigen Standorten

J F M A **M J J A S** O N D

Secale cereale L.

Roggen *Poaceae*
♄ A3 G(2)

80–180 cm hoch. PFLANZEN: 1-jährig. BLÜTENSTAND: **ährenartig**, 5–15 cm lang. ÄHRCHEN: **die breite Seite zur Ährenachse gerichtet, 2-blütig**, 10–16 mm lang. HÜLLSPELZEN: **länglich, 1-nervig**. DECKSPELZEN: 8–15 mm lang, spitz, **begrannt**; GRANNE: bis 10 cm lang. BLÄTTER: **in Knospenlage gerollt**, bis 30 cm lang, 5–10 mm breit, behaart. ÖHRCHEN: sichelförmig, **(halb-) stängelumfassend**. LIGULA: < 1 mm lang.

- in Einbürgerung befindlicher Neophyt, urspr. aus Westasien
- planar bis montan
- Äcker, Ruderalvegetation, Zier- bzw. Nutzpflanze

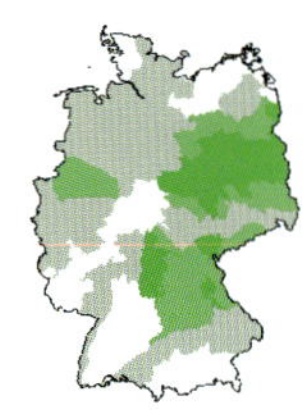

J F M **A M J J** A S O N D

X Triticosecale rimpaui C. Yen & J.L. Yang

Tritikale *Poaceae*
♄ A3 G(2)

Steriler Hybride aus Weizen u. Roggen, 80–200 cm hoch. PFLANZEN: 1-jährig. BLÜTENSTAND: ährenartig. ÄHRCHEN: **die breite Seite zur Ährenachse gerichtet**. HÜLLSPELZEN: oval. BLÄTTER: in Knospenlage gerollt, bis 40 cm lang. ÖHRCHEN: sichelförmig.

- unbeständiger Neophyt, Kulturhybride
- planar bis montan
- Äcker, Ruderalvegetation, Zier- bzw. Nutzpflanze

J F M A **M J J A** S O N D

Triticum aestivum L.

Saat-Weizen *Poaceae*
♄ A3 G(2)

40–150 cm hoch. PFLANZEN: 1-jährig. BLÜTENSTAND: ährenartig. ÄHRCHEN: **die breite Seite zur Ährenachse gerichtet**. HÜLLSPELZEN: oval, 3–11-nervig. DECKSPELZEN: begrannt; GRANNE: bis 16 cm lang. STÄNGEL: **oben hohl u. dünnwandig**. BLÄTTER: in Knospenlage gerollt, bis 40 cm lang, 6–18 mm breit. ÖHRCHEN: sichelförmig. LIGULA: < 2 mm lang. UNTERE BLATTSCHEIDEN: behaart.

Im Gebiet kommen 3 Unterarten vor: subsp. *aestivum*, subsp. *compactum* und subsp. *spelta* (vgl. S. 1426).

- in Einbürgerung befindlicher Neophyt, urspr. aus Westasien
- planar bis montan
- Äcker, Ruderalvegetation, Zier- bzw. Nutzpflanze

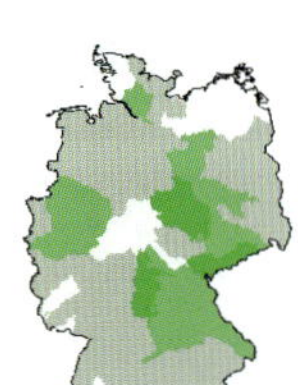

J F M A **M J J A** S O N D

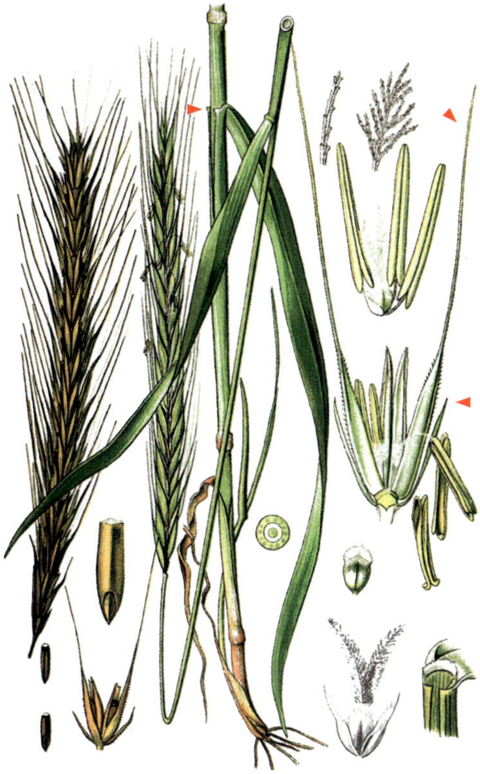

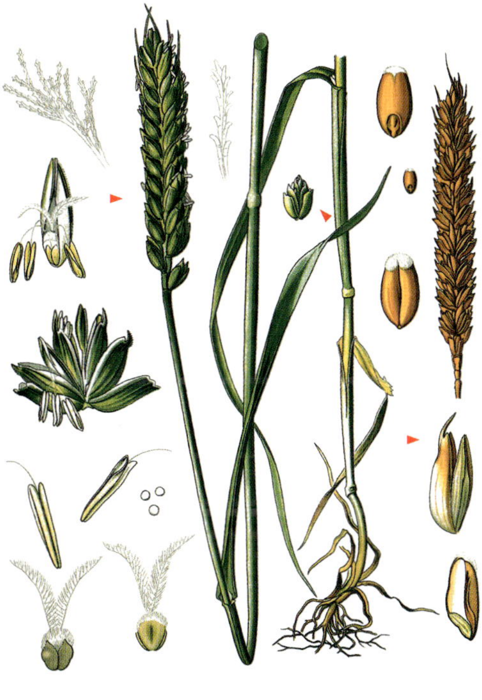

Triticum monococcum L.

Einkorn *Poaceae*
♄ A3 G(2)

60–120 cm hoch. Pflanzen: 1-jährig. Blütenstand: ährenartig, **bei der Reife in einzelne Glieder zerfallend**, im QS abgeflacht, ***ohne* Grannen 4–10 cm lang, dichtblütig**. Hüllblätter: 2-spitzig. Ährchen: **die breite Seite zur Ährenachse gerichtet, 2-3-blütig, mittlere Spindelglieder 2–4 mm lang**. Hüllspelzen: oval, 3–11-nervig. Deckspelzen: Granne: bis 8 cm lang. Früchte: fest von den Vor- u. Deckspelzen eingeschlossen. Stängel: **oben markig bis dickwandig**. Knoten: **behaart**. Blätter: in Knospenlage gerollt, bis 40 cm lang, < 10 mm breit, **die unteren behaart, die oberen kahl**. Öhrchen: sichelförmig. Ligula: < 2 mm lang. untere Blattscheiden: behaart.

- unbeständiger Neophyt, urspr. aus Westasien
- planar bis collin
- Äcker, Ruderalvegetation, Zier- bzw. Nutzpflanze

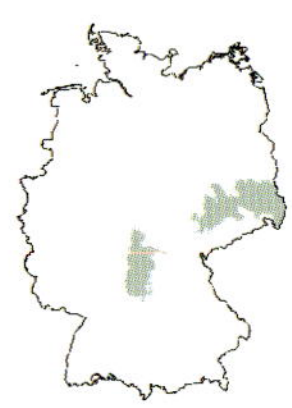

J F M A **M J J A** S O N D

Spartina townsendii agg.

Townsends Schlickgras *Poaceae*
♄ A3 G(2)

15–130 cm hoch. Blütenstand: mehrere Ährchen, rispenartig. Ährchenstiele: 15–20 mm lang. Ährchen: **1-blütig,** 14–21 mm lang. Deckspelzen: unbegrannt. Stängel: niederliegend bis flutend. Blätter: in Knospenlage gerollt, **bis 50 cm lang**; oberseits: gerippt. Ligula: **als Haarkranz ausgebildet**.

S.* x *townsendii (Townsends Schlickgras): steriler Hybride, aus der aus Nordamerika eingeschleppten *S. alterniflora* u. der in Europa einheimischen *S. maritima* entstanden. Staubbeutel: 4–8 mm lang. Pollen: deformiert, steril. Blätter: < 30 cm lang, 4–12 mm breit. Ligula: Haare < 2 mm lang.
S. anglica (Englisches Schlickgras): fertiler Hybride, durch Chromosomenverdopplung aus *S.* x *townsendii* entstanden, häufiger als *S. townsendii*. Staubbeutel: 8–14 mm lang. Pollen: kugelig, fertil. Blätter: bis 50 cm lang, 6–15 mm breit. Ligula: Haare 2–3 mm lang.

- eingebürgerter Neophyt, in der Nordsee neu entstanden
- planar
- Salzwiesen
- an feuchten bis nassen, zuweilen überfluteten, meist salzhaltigen Standorten

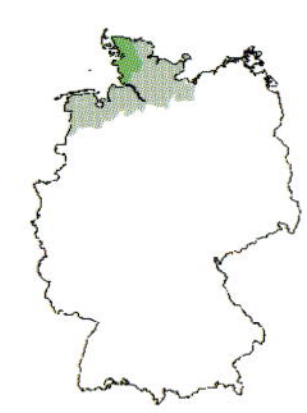

J F M A M **J J A S O** N D

Leersia oryzoides (L.) Sw.

Kleistogamer Queckenreis *Poaceae*
♄ A3 G(2) RL 3

50–150 cm hoch. Blütenstand: **rispenartig, meist von der obersten Blattscheide eingeschlossen.** Ährchen: **1-blütig**, 4–5 mm lang. Hüllspelzen: **fehlen**. Deckspelzen: 4–5 mm lang, **auf den Nerven lang borstig bewimpert**, behaart, unbegrannt. Blätter: **in Knospenlage gerollt**, bis 30 cm lang, 4–8 mm breit, **am Rand sehr rau**. Blattscheiden: sehr rau. Ligula: 1–2 mm lang.

- einheimisch
- planar bis montan
- Gewässer, Röhrichte, Staudenfluren
- an nährstoffreichen, basenreichen, nassen, zuweilen überfluteten Standorten

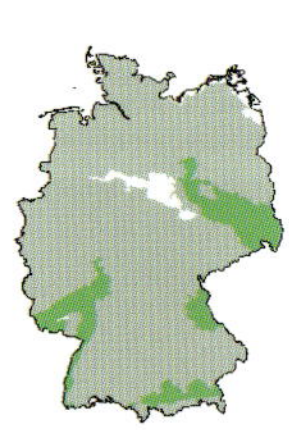

J F M A M J **J A S O** N D

Danthonia alpina Vest

Kelch-Traubenhafer *Poaceae*
♄ A3 G(2) RL 1

30–60 cm hoch. Blütenstand: trauben- bis rispenartig. Ährchen: 3–6-blütig, **15–20 mm lang**, Achse kurz behaart bis kahl. Deckspelzen: häutig, 3–5 mm lang, 2-spitzig, meist 9-nervig, **begrannt**; Granne: **in der Mitte der Spelze zwischen zwei 3–5 mm langen Zähnen entspringend, 11–14 mm lang, gekniet**. Blätter: in Knospenlage gefaltet, bis 20 cm lang, 1–3 mm breit. Ligula: **als Haarkranz ausgebildet**.

- einheimisch
- collin bis montan
- Extensivgrünland u. Magerrasen, Schutt- u. Felsfluren
- an nährstoffarmen, meist trockenen Standorten

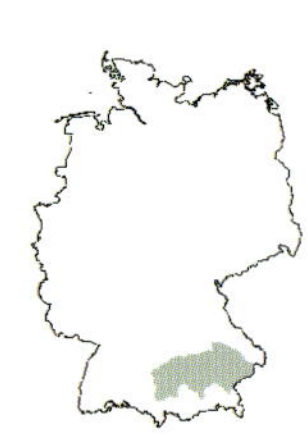

J F M **A M J J** A S O N D

Danthonia decumbens (L.) DC.

Dreizahn *Poaceae*
♃ A3 G(2) RL V

15–50 cm hoch. Blütenstand: trauben- bis rispenartig. Ährchen: 4–7-blütig, **6–12 mm lang**, Achse kurz behaart bis kahl. Deckspelzen: häutig, 4–6 mm lang, **3-spitzig**, meist 9-nervig, **unbegrannt**. Blätter: in Knospenlage gefaltet, bis 15 cm lang, 1–3 mm breit; oberseits: behaart. Ligula: **als Haarkranz ausgebildet**.

subsp. *decumbens* (Dreizahn): auf Silikatgestein, horstförmig.
subsp. *decipiens* (Täuschender Dreizahn): auf Kalk, lockerrasig.

- einheimisch
- planar bis subalpin
- Extensivgrünland u. Magerrasen, Zwergstrauchheiden, Gehölze, Wälder, Ruderalvegetation
- an nährstoffarmen, sauren Standorten

J F M A **M J J A** S O N D

Phragmites australis (Cav.) Steud.

Gewöhnliches Schilf *Poaceae*
♃ A3 G(2)

Im Boden wurzelnde Wasserpflanze, seltener terrestrisch, **bis 5 m hoch**. Blütenstand: rispenartig. Ährchen: 3–5-blütig, 10–16 mm lang, **Achse mit langen Flughaaren**. Deckspelzen: **zusammengerollt**, **9–13 mm lang**, spitz, unbegrannt. Kallus: mit langen Haaren. Ausläufer: unterirdisch, lang, **mehrere Zentimeter dick**. Blätter: in Knospenlage gerollt, bis 50 cm lang, **5–30 mm breit**. Ligula: **als Haarkranz ausgebildet**.

- einheimisch
- planar bis montan
- Gewässer, Röhrichte, Moore u. Seggenriede, Grünland, Wälder, Zier- bzw. Nutzpflanze
- an nassen, zuweilen trockenfallenden Standorten

J F M A M **J J A S O** N D

Molinia arundinacea Schrank

Rohr-Pfeifengras *Poaceae*
♃ A3 G(2)

Bis 2,5 m hoch. Blütenstand: rispenartig. Ährchenstiele: kurz behaart. Ährchen: 2–4-blütig, **meist 6–9 mm lang**, Achse kurz behaart bis kahl. Deckspelzen: **5–7 mm lang**, **spitz**, 3-nervig, unbegrannt. Blätter: in Knospenlage gerollt, bis 60 cm lang, **6–12 mm breit**. Ligula: **als Haarkranz ausgebildet**.

- einheimisch
- collin bis montan
- Moore u. Seggenriede, Extensivgrünland u. Magerrasen, Wälder, Zier- bzw. Nutzpflanze
- an nährstoffarmen Standorten

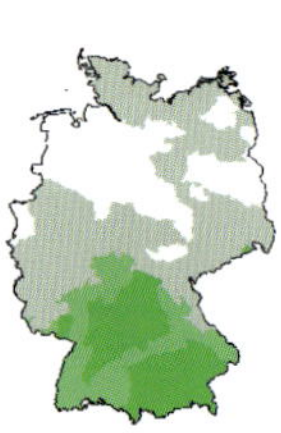

J F M A M **J J A S O** N D

Molinia caerulea (L.) Moench

Gewöhnliches Pfeifengras *Poaceae*
♃ A3 G(2)

Bis 1 m hoch. Blütenstand: rispenartig. Ährchenstiele: kurz behaart. Ährchen: 2–5-blütig, **meist 4–6 mm lang**, Achse kurz behaart bis kahl. Deckspelzen: **3–4 mm lang**, **distal abgerundet**, 3-nervig, unbegrannt. Blätter: in Knospenlage gerollt, bis 50 cm lang, **2–12 mm breit**. Ligula: **als Haarkranz ausgebildet**.

- einheimisch
- planar bis subalpin
- Moore u. Seggenriede, Extensivgrünland u. Magerrasen, Wälder, Zier- bzw. Nutzpflanze
- an nährstoffarmen Standorten

J F M A M **J J A S O** N D

Eragrostis albensis H. Scholz

Elbe-Liebesgras *Poaceae*
♄ A3 G(2)

10–60 cm hoch, selten bis 110 cm. PFLANZEN: 1-jährig. BLÜTENSTAND: rispenartig; SEITENÄSTE: **bis 120 mm lang, längste Äste in der Mitte des Blütenstandes**. ÄHRCHENSTIELE: **< 2,5 mm lang, zumindest einige mindestens so lang wie die Ährchen**. ÄHRCHEN: **4–7-blütig, 2–4 mm lang, im QS V-förmig, seitlich zusammengedrückt**, Achse kurz behaart bis kahl. HÜLLSPELZEN: gekielt. DECKSPELZEN: 1–3 mm lang, **spitz**, 3-nervig, unbegrannt. BLÄTTER: in Knospenlage gerollt, bis 15 cm lang, 1–3 mm breit. LIGULA: **als Haarkranz ausgebildet**.

- einheimisch
- planar bis collin
- trockenfallende Ufer, Ruderalvegetation

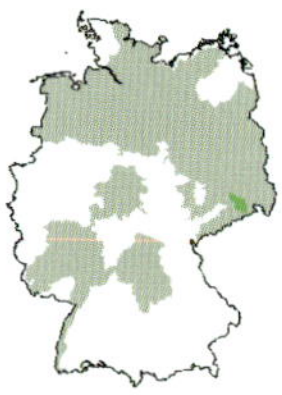

J F M A M J J A S O N D

Eragrostis cilianensis (All.) Janch.

Großes Liebesgras *Poaceae*
♄ A3 G(2)

10–50 cm hoch. PFLANZEN: 1-jährig. BLÜTENSTAND: rispenartig. ÄHRCHEN: **12–30-blütig, 3–20 mm lang, im QS V-förmig, seitlich zusammengedrückt**, Achse kurz behaart bis kahl. HÜLLSPELZEN: gekielt. DECKSPELZEN: 1–3 mm lang, **gezähnt**, 3-nervig, **oft mit kurzer Grannenspitze**. FRÜCHTE: **kugelig bis kurz-eiförmig**. BLÄTTER: in Knospenlage gerollt, bis 15 cm lang, 4–6 mm breit, **am Rand mit grubenförmigen Drüsen**. BLATTSCHEIDEN: am Rand bewimpert. LIGULA: **als Haarkranz ausgebildet**.

- eingebürgerter Neophyt, urspr. aus dem Mittelmeergebiet
- planar bis collin
- Staudenfluren, Äcker, Ruderalvegetation, Zier- bzw. Nutzpflanze
- an kalkreichen, meist trockenen Standorten

J F M A M J J A S O N D

Eragrostis minor Host

Kleines Liebesgras *Poaceae*
♄ A3 G(2)

Bis 40 cm hoch. BLÜTENSTAND: rispenartig. ÄHRCHEN: **3–20-blütig**, 3–10 mm lang, **im QS U-förmig, *nicht* seitlich zusammengedrückt**, Achse kurz behaart bis kahl. HÜLLSPELZEN: gekielt. DECKSPELZEN: 1–3 mm lang, **abgerundet**, 3-nervig, unbegrannt. FRÜCHTE: **kugelig bis kurz-eiförmig**. BLÄTTER: in Knospenlage gerollt, bis 10 cm lang, 2–4 mm breit, **am Rand mit grubenförmigen Drüsen**. LIGULA: **als Haarkranz ausgebildet**. UNTERE BLATTSCHEIDEN: **behaart**.

- eingebürgerter Neophyt, urspr. aus dem Mittelmeergebiet
- planar bis montan
- Grünland, Äcker, Ruderalvegetation, Trittfluren, Zier- bzw. Nutzpflanze
- meist an trockenen Standorten

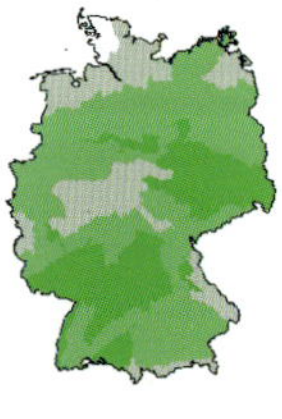

J F M A M J J A S O N D

Eragrostis multicaulis Steud.

Japanisches Liebesgras *Poaceae*
♄ A3 G(2)

Bis 25 cm hoch. BLÜTENSTAND: rispenartig; SEITENÄSTE: **bis 50 mm lang, längste Äste im unteren Viertel des Blütenstandes**. ÄHRCHENSTIELE: **< 1,5 mm lang, kürzer als die Ährchen**. ÄHRCHEN: **4–10-blütig, 3–5 mm lang, im QS V-förmig, seitlich zusammengedrückt**, Achse kurz behaart bis kahl. HÜLLSPELZEN: gekielt. DECKSPELZEN: 1–3 mm lang, **spitz**, 3-nervig, unbegrannt. FRÜCHTE: **länglich-eiförmig**. BLÄTTER: in Knospenlage gerollt, bis 10 cm lang, 1–3 mm breit. LIGULA: **als Haarkranz ausgebildet**.

- eingebürgerter Neophyt, urspr. aus Ostasien
- planar bis collin
- Staudenfluren, Äcker, Ruderalvegetation, Trittfluren
- an trockenen Standorten

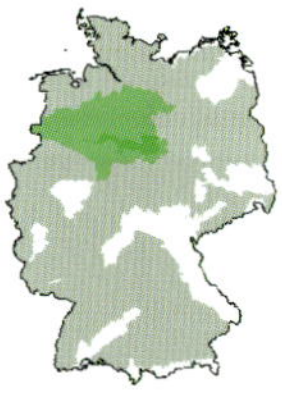

J F M A M J J A S O N D

Eragrostis pilosa (L.) P. Beauv.

Behaartes Liebesgras *Poaceae*
♃ A3 G(2)

10–30 cm hoch. Blütenstand: rispenartig, mittlere Knoten der Rispe mit 3–6 Ästen. Ährchen: **6–15-blütig, 2–8 mm lang, im QS V-förmig, seitlich zusammengedrückt**, Achse kurz behaart bis kahl. Hüllspelzen: gekielt. Deckspelzen: 1–3 mm lang, **spitz**, 3-nervig, unbegrannt. Früchte: **länglich-eiförmig**. Blätter: in Knospenlage gerollt, bis 15 cm lang, 1–3 mm breit. Ligula: **als Haarkranz ausgebildet**.

- eingebürgerter Neophyt, urspr. aus dem Mittelmeergebiet
- planar bis montan
- Äcker, Ruderalvegetation, Zier- bzw. Nutzpflanze
- meist an trockenen Standorten

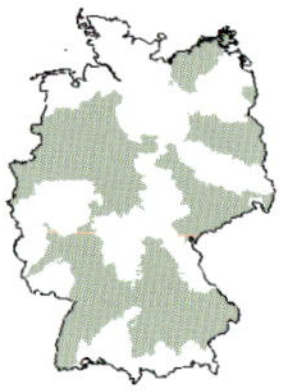

J F M A M **J J A S** O N D

Cynodon dactylon (L.) Pers.

Gewöhnliches Hundszahngras *Poaceae*
♃ A3 G(2)

20–40 cm hoch. Blütenstand: **mehrere Ähren, Ähren ± wirtelig (fingerförmig) angeordnet**. Ährchen: **1-blütig**, 2–4 mm lang. Deckspelzen: 2–3 mm lang, unbegrannt. Blätter: **in Knospenlage gerollt**, bis 15 cm lang, 2–4 mm breit; oberseits: behaart, gerippt. Ligula: **als Haarkranz ausgebildet**. obere Blattscheiden: meist kahl, zuweilen behaart.

- eingebürgerter Neophyt, urspr. aus dem Mittelmeergebiet
- planar bis collin
- Intensivgrünland, Staudenfluren, Ruderalvegetation, Trittfluren, Zier- bzw. Nutzpflanze

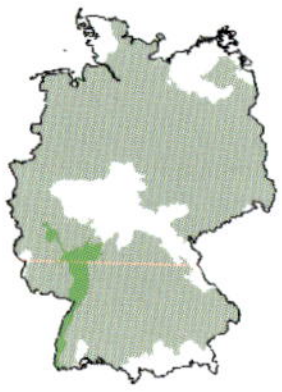

J F M A M **J J A S O** N D

Tragus racemosus (L.) All.

Traubiges Klettengras *Poaceae*
♃ A3 G(2)

10–30 cm hoch. Blütenstand: trauben- bis ährenrispenartig. Ährchenstiele: **mit hakig gekrümmten Haaren**. Ährchen: **1-blütig**, 2–6 mm lang. Hüllspelzen: **mit hakig gekrümmten Haaren**. Deckspelzen: 3–4 mm lang, unbegrannt. Blätter: **in Knospenlage gerollt**, bis 10 cm lang, 2–4 mm breit, **am Rand bewimpert**. Blattscheiden: **im QS abgeflacht**. Ligula: **als Haarkranz ausgebildet**.

- eingebürgerter Neophyt, urspr. aus Südeuropa, Asien u. Afrika
- planar bis collin
- Grünland, Äcker, Ruderalvegetation, Zier- bzw. Nutzpflanze
- an trockenen Standorten

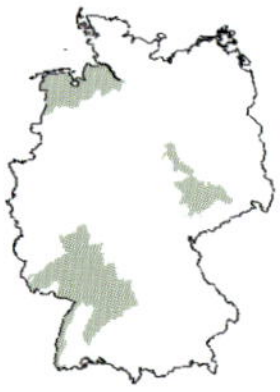

J F M A **M J J A** S O N D

Digitaria ischaemum (Schreb.) Muhl.

Kahle Fingerhirse *Poaceae*
♃ A3 G(2)

10–50 cm hoch. Pflanzen: meist 1-jährig. Blütenstand: mehrere Ähren, **Ähren genähert, zuweilen fast wirtelig (fingerförmig) angeordnet**. Ährchen: 1-blütig, **2–3 mm lang**. Hüllspelzen: behaart; untere: kurz, schuppenförmig; obere: **± so lang wie die Deckspelzen**. Deckspelzen: **meist bräunlich bis schwarz, durch die Hüllspelzen bedeckt, von der Seite *nicht* sichtbar**, 2–3 mm lang, behaart, unbegrannt. Blätter: in Knospenlage gerollt, bis 10 cm lang, 2–7 mm breit, ± kahl. Ligula: 1–2 mm lang. untere Blattscheiden: **± kahl**.

- Archaeophyt
- planar bis montan
- Extensivgrünland u. Magerrasen, Staudenfluren, Äcker, Ruderalvegetation, Zier- bzw. Nutzpflanze
- an nährstoffarmen, sauren Standorten

J F M A M **J J A S O** N D

Digitaria sanguinalis (L.) Scop.

Blutrote Fingerhirse *Poaceae*
♄ A3 G(2)

15–60 cm hoch. Pflanzen: 1-jährig. Blütenstand: mehrere Ähren, **Ähren genähert, zuweilen fast wirtelig (fingerförmig) angeordnet**. Ährchen: 1-blütig, **2–4 mm lang**. Hüllspelzen: behaart; untere: kurz, schuppenförmig; obere: **± 0,5-mal so lang wie die Deckspelzen**. Deckspelzen: **meist grünlich bis hellbraun, *nicht* durch die Hüllspelzen bedeckt, von der Seite sichtbar**, 2–4 mm lang, kurz behaart, unbegrannt. Blätter: in Knospenlage gerollt, bis 10 cm lang, 3–8 mm breit, **(dicht) behaart**. Ligula: 1–2 mm lang. untere Blattscheiden: **(dicht) behaart.**

subsp. *sanguinalis* (Blutrote Fingerhirse): Deckspelzen: am Rand *ohne* längere Haare.
subsp. *pectiniformis* (Kamm-Fingerhirse): Deckspelzen: am Rand mit längeren Haaren.

- Archaeophyt
- planar bis montan
- Grünland, Staudenfluren, Äcker, Ruderalvegetation, Zier- bzw. Nutzpflanze

J F M A M **J J A S O** N D

Echinochloa crus-galli (L.) P. Beauv.

Gewöhnliche Hühnerhirse *Poaceae*
♄ A3 G(2)

30–120 cm hoch, selten bis 150 cm hoch. Blütenstand: mehrere Ähren, in traubenartigem Gesamt-Blütenstand. Ährchen: 1-blütig. Hüllspelzen: behaart. Deckspelzen: **2–3 mm lang, obere mit 0,5 mm langer häutiger u. behaarter Spitze**; Granne: **der unteren Deckspelze bis 20 mm lang**, gekniet. Blätter: in Knospenlage gerollt, bis 30 cm lang, 5–20 mm breit. Ligula: < 1 mm lang.

subsp. *crus-galli* (Gewöhnliche Hühnerhirse): Ährchen: 3–4 mm lang. Hüllspelzen: obere mit 0,5–1 mm langer Granne, mit 0,5 mm langen hakig gekrümmten Haaren.
subsp. *spiralis* (Spiralige Hühnerhirse): Ährchen: 2,5–3,5 mm lang. Hüllspelzen: obere meist unbegrannt, mit borstenartigen ± anliegenden Haaren.

- Archaeophyt
- planar bis montan
- trockenfallende Ufer, Staudenfluren, Äcker, Ruderalvegetation, Zier- bzw. Nutzpflanze
- an nährstoffreichen Standorten

J F M A M **J J A S O** N D

Echinochloa muricata (P. Beauv.) Fernald

Stachel-Hühnerhirse *Poaceae*
♄ A3 G(2)

30–90 cm hoch. Blütenstand: mehrere Ähren, in traubenartigem GesamtBlütenstand. Ährchen: 1-blütig, 3–4 mm lang. Hüllspelzen: **mit 1 mm langen hakig gekrümmten Haaren**. Deckspelzen: **3–4 mm lang, obere mit steifer, kahler Spitze**; Granne: **der unteren Deckspelze bis 20 mm lang**, gekniet. Blätter: in Knospenlage gerollt, bis 30 cm lang, 5–20 mm breit. Ligula: < 1 mm lang.

- eingebürgerter Neophyt, urspr. aus Nordamerika
- planar bis collin
- trockenfallende Ufer, Ruderalvegetation, Zier- bzw. Nutzpflanze
- an nassen, zuweilen überfluteten Standorten

J F M A M **J J A S O** N D

Panicum barbipulvinatum Nash

Ufer-Hirse *Poaceae*
♄ A3 G(2)

30–120 cm hoch. Blütenstand: rispenartig. Ährchenstiele: kurz behaart. Ährchen: 2-blütig, **3–4 mm lang**, Achse kurz behaart bis kahl. Hüllspelzen: 2; untere: **0,25–0,5-mal so lang wie das Ährchen**. Deckspelzen: untere häutig, obere verhärtet, glänzend, **2–3 mm lang, untere 5–7-nervig**, unbegrannt. reife Ährchen: **lange erhalten bleibend**. Blätter: in Knospenlage gerollt, bis 30 cm lang, 4–12 mm breit, behaart. Ligula: **als Haarkranz ausgebildet**. untere Blattscheiden: behaart.

- eingebürgerter Neophyt, urspr. aus Amerika
- planar bis collin
- Äcker, Ruderalvegetation, Zier- bzw. Nutzpflanze
- an trockenen Standorten

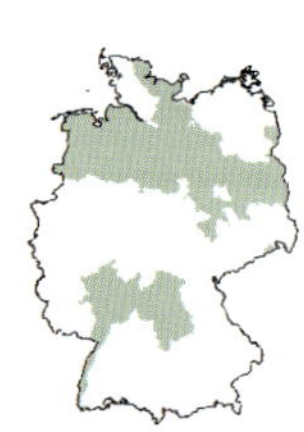

J F M A M **J J A S** O N D

Panicum capillare L.

Haarästige Hirse *Poaceae*
♮ A3 G(2)

20–80 cm hoch. BLÜTENSTAND: rispenartig. ÄHRCHENSTIELE: kurz behaart. ÄHRCHEN: 2-blütig, **2–3 mm lang**, Achse kurz behaart bis kahl. HÜLLSPELZEN: 2; UNTERE: **0,25–0,5-mal so lang wie das Ährchen**. DECKSPELZEN: **hellbraun**, untere häutig, obere verhärtet, glänzend, **2–3 mm lang**, **untere 7-9-nervig**, unbegrannt. VORSPELZEN: **des untersten Blütchens < 0,5 mm lang**. REIFE ÄHRCHEN: **schnell zerfallend**. FRÜCHTE: 1,5–2,5 mm lang, **basal mit sichelförmiger Wulst**. BLÄTTER: in Knospenlage gerollt, bis 30 cm lang, 4–12 mm breit, behaart. LIGULA: **als Haarkranz ausgebildet**. UNTERE BLATTSCHEIDEN: behaart.

- eingebürgerter Neophyt, urspr. aus Nordamerika
- planar bis montan
- Staudenfluren, Äcker, Ruderalvegetation, Zier- bzw. Nutzpflanze

J F M A M **J J A S O** N D

Panicum miliaceum L.

Echte Hirse *Poaceae*
♮ A3 G(2)

30–100 cm hoch. BLÜTENSTAND: rispenartig, meist überhängend. ÄHRCHENSTIELE: kurz behaart. ÄHRCHEN: 2-blütig, **4–5 mm lang**, Achse kurz behaart bis kahl. HÜLLSPELZEN: 2; UNTERE: > **0,5-mal so lang wie das Ährchen**. DECKSPELZEN: untere häutig, obere verhärtet, glänzend, **3–4 mm lang**, **untere 9–11-nervig**, unbegrannt. FRÜCHTE: 2–3 mm lang. BLÄTTER: in Knospenlage gerollt, bis 30 cm lang, 8–16 mm breit, behaart. LIGULA: **als Haarkranz ausgebildet**. UNTERE BLATTSCHEIDEN: behaart.

subsp. *miliaceum* (Echte Hirse): REIFE ÄHRCHEN: *nicht* zerfallend, als Ganzes lange in der Rispe bleibend. FRÜCHTE: gelblich bis rötlich.
subsp. *agricolum* (Rispen-Hirse): REIFE ÄHRCHEN: zerfallend, aus der Rispe fallend. FRÜCHTE: bräunlich bis schwarz.
subsp. *ruderale* (Ruderale Echte Hirse): REIFE ÄHRCHEN: zerfallend, aus der Rispe fallend.

- eingebürgerter Neophyt, urspr. aus Zentralasien
- planar bis collin
- Staudenfluren, Äcker, Ruderalvegetation, Zier- bzw. Nutzpflanze

J F M A M **J J A S O** N D

Setaria italica (L.) P. Beauv.

Große Kolbenhirse *Poaceae*
♮ A3 G(2)

40–100 cm hoch. BLÜTENSTAND: ähren- bis ährenrispenartig, **mit 1–3 langen Borsten unter den Ährchen**, 10–25 cm lang. ÄHRCHENSTIELE: mit hakig gekrümmten Borsten, **Haken zur Spitze gerichtet**. ÄHRCHEN: 1–2-blütig, **3–4 mm lang**, untere Blüte steril o. ♂. HÜLLSPELZEN: 2; OBERE: **± so lang wie die Deckspelze**. DECKSPELZEN: **glatt, glänzend**, meist begrannt. REIFE ÄHRCHEN: **so zerfallend, dass die Hüllspelzen, das sterile Blütchen u. die Borsten stehen bleiben**. BLÄTTER: in Knospenlage gerollt, bis 50 cm lang, **10–30 mm breit**. LIGULA: **als Haarkranz ausgebildet**. UNTERE BLATTSCHEIDEN: **behaart**.

- Archaeophyt
- planar bis montan
- Äcker, Ruderalvegetation, Zier- bzw. Nutzpflanze
- an nährstoffreichen Standorten

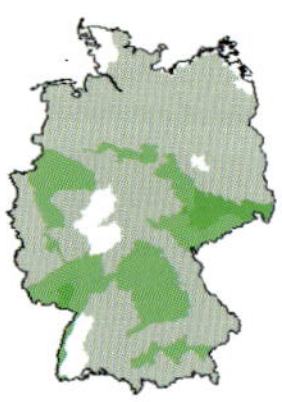

J F M A **M J J A S O** N D

Setaria viridis (L.) P. Beauv.

Grüne Borstenhirse *Poaceae*
♮ A3 G(2)

Bis 60 cm hoch. BLÜTENSTAND: ähren- bis ährenrispenartig, **mit 1–3 langen Borsten unter den Ährchen**, 3–10 cm lang. ÄHRCHENSTIELE: mit hakig gekrümmten Borsten, **Haken zur Spitze gerichtet**. ÄHRCHEN: 1–2-blütig, **< 2 mm lang**, untere Blüte steril o. ♂. HÜLLSPELZEN: 2; OBERE: **± so lang wie die Deckspelze**. DECKSPELZEN: **schwach runzelig**, unbegrannt. REIFE ÄHRCHEN: als Ganzes abfallend, nur die basalen Borsten bleiben stehen. BLÄTTER: in Knospenlage gerollt, bis 10 cm lang, **5–8 mm breit**. LIGULA: **als Haarkranz ausgebildet**. UNTERE BLATTSCHEIDEN: **behaart**.

- Archaeophyt
- planar bis montan
- Äcker, Ruderalvegetation, Zier- bzw. Nutzpflanze

J F M A **M J J A S O** N D

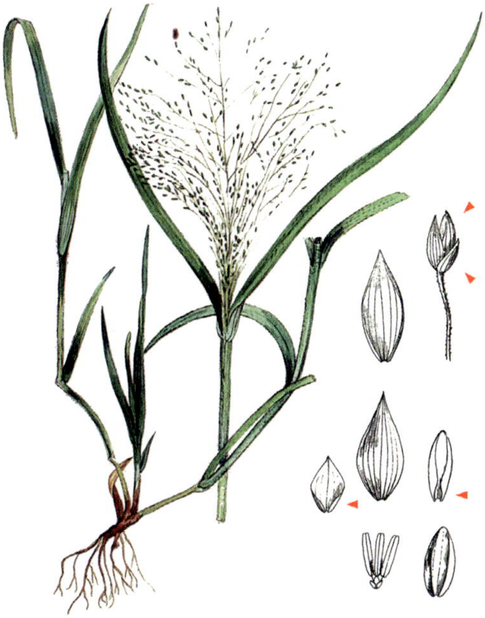

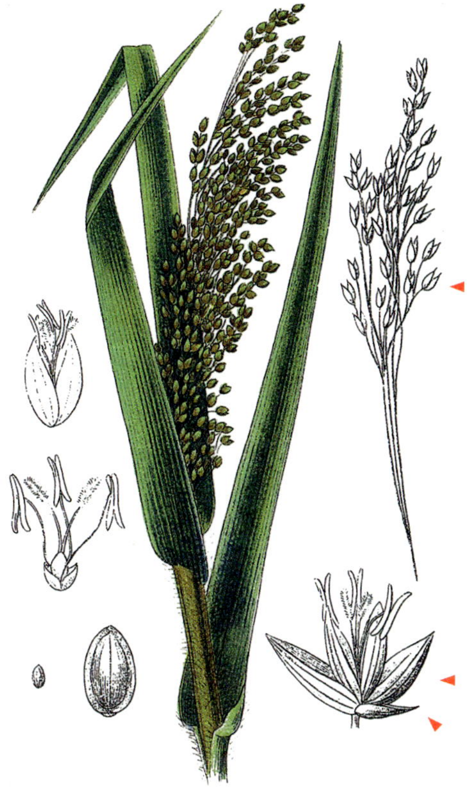

Setaria pumila (Poir.) Roem. & Schult.

Fuchsrote Borstenhirse *Poaceae*
♄ A3 G(2)

10–60 cm hoch. Blütenstand: ähren- bis ährenrispenartig, **mit 4–12 langen Borsten unter den Ährchen**, 2–10 cm lang. Ährchenstiele: **mit zunächst gelben, später roten Borsten**. Ährchen: 1–2-blütig, **3–4 mm lang**, untere Blüte steril o. ♂. Hüllspelzen: 2; obere: **± 0,6-mal so lang wie die Deckspelze**. Deckspelzen: **stark quer-runzelig**, unbegrannt. reife Ährchen: als Ganzes abfallend, nur die basalen Borsten bleiben stehen. Blätter: in Knospenlage gerollt, bis 30 cm lang, **4–10 mm breit**. Blattscheiden: im QS abgeflacht. Ligula: **als Haarkranz ausgebildet**. untere Blattscheiden: **kahl**.

- Archaeophyt
- planar bis montan
- Äcker, Ruderalvegetation, Zier- bzw. Nutzpflanze

J F M A M J J A S O N D

Setaria verticillata (L.) P. Beauv.

Kletten-Borstenhirse *Poaceae*
♄ A3 G(2)

30–60 cm hoch. Blütenstand: ähren- bis ährenrispenartig, **mit 1–3 langen Borsten unter den Ährchen**, 5–15 cm lang. Ährchenstiele: mit hakig gekrümmten Borsten, **Haken zur Basis gerichtet, Blütenstand klettenartig**. Ährchen: 1–2-blütig, **2–3 mm lang**, untere Blüte steril o. ♂. Hüllspelzen: 2; obere: **± so lang wie die Deckspelze**. Deckspelzen: glatt o. schwach runzelig, unbegrannt. reife Ährchen: als Ganzes abfallend, nur die basalen Borsten bleiben stehen. Blätter: in Knospenlage gerollt, bis 30 cm lang, **5–15 mm breit**. Blattscheiden: im QS abgeflacht. Ligula: **als Haarkranz ausgebildet**. untere Blattscheiden: **kahl**.

- Archaeophyt
- planar bis collin
- Staudenfluren, Äcker, Ruderalvegetation, Zier- bzw. Nutzpflanze

J F M A M J J A S O N D

Bothriochloa ischaemum (L.) Keng

Gewöhnliches Bartgras *Poaceae*
♄ A3 G(2) RL 3

15–60 cm hoch. Blütenstand: **mehrere Ähren, in ± dolden- bis traubenartigem GesamtBlütenstand**. Ährchen: 1–2-blütig, 3–5 mm lang. Deckspelzen: 1–2 mm lang, meist 7-nervig, begrannt; Granne: **im distalen Drittel der Spelzen entspringend, 8–16 mm lang, gekniet**. Blätter: in Knospenlage gerollt, bis 20 cm lang, **2–4 mm breit**, behaart. Ligula: **als Haarkranz ausgebildet**.

- einheimisch
- planar bis montan
- Extensivgrünland u. Magerrasen, Schutt- u. Felsfluren, Zier- bzw. Nutzpflanze
- an nährstoffarmen, basenreichen, meist trockenen Standorten

J F M A M J J A S O N D

Sorghum bicolor (L.) Moench

Echte Mohrenhirse *Poaceae*
♄ A3 G(2)

Bis 4 m hoch. Blütenstand: rispenartig. Ährchen: 1–2-blütig, **3–10 mm lang**, untere Blüte ♂. Deckspelzen: begrannt; Granne: im distalen Drittel der Spelzen entspringend, **5–30 mm lang**, gekniet. Blätter: in Knospenlage gerollt, bis 100 cm lang, **> 2 cm breit**. Ligula: **1–3 mm lang**.

- in Einbürgerung befindlicher Neophyt, urspr. aus Ostafrika u. Westasien
- planar bis montan
- Staudenfluren, Äcker, Ruderalvegetation, Zier- bzw. Nutzpflanze

J F M A M J J A S O N D

Sorghum halepense (L.) Pers.

Wilde Mohrenhirse *Poaceae*
↯ A3 G($\underline{2}$)

Bis 4 m hoch. BLÜTENSTAND: rispenartig. ÄHRCHEN: 1–2-blütig, **4–7 mm lang**, untere Blüte ♂. DECKSPELZEN: begrannt; GRANNE: im distalen Drittel der Spelzen entspringend, **3–15 mm lang**, gekniet. BLÄTTER: in Knospenlage gerollt, bis 80 cm lang, **> 2 cm breit**. LIGULA: **1–5 mm lang.**

- in Einbürgerung befindlicher Neophyt, urspr. aus Ostafrika u. Westasien
- planar bis collin
- Staudenfluren, Äcker, Ruderalvegetation, Zier- bzw. Nutzpflanze
- an basenreichen Standorten

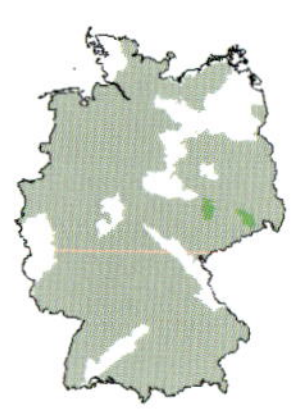

J F M A **M J J A** S O N D

Zea mays L.

Mais *Poaceae*
↯ A3 G($\underline{2}$)

Bis 3 m hoch. BLÜTENSTAND: **♀: ähren- bis kolbenartig, ♂: rispenartig.** ÄHRCHEN: 2-blütig. DECKSPELZEN: unbegrannt. STÄNGEL: **15–40 mm ⌀.** BLÄTTER: **in Knospenlage gerollt, bis 120 cm lang, 4–8 cm breit**; OBERSEITS: behaart. LIGULA: **als Haarkranz ausgebildet.** UNTERE BLATTSCHEIDEN: behaart.

- in Einbürgerung befindlicher Neophyt, urspr. aus Mittelamerika
- planar bis montan
- Äcker, Zier- bzw. Nutzpflanze

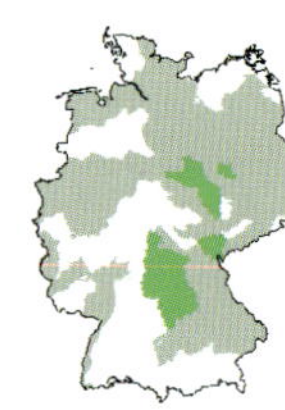

J F M A M **J J A S O** N D

Ceratophyllum demersum L.

Raues Hornblatt *Ceratophyllaceae*
♂ ∗ P12 A10–16 | ♀ ∗ P9–10 G$\underline{1}$

Komplett untergetaucht wachsende Wasserpflanze. PFLANZEN: 1-häusig. FRÜCHTE: Nüsse, **basal mit 2–4 längeren Stacheln, oft mit weiteren kurzen Stacheln**, geschnäbelt. STÄNGEL: 30–80 cm lang, biegsam, *nicht* zerbrechlich, gleichmäßig beblättert. BLATTSTELLUNG: quirlig. BLÄTTER: **1–2-fach gefiedert, 2–4-teilig**, am Rand gezähnt. BLATTLAPPEN: **starr**, stachelig.

- einheimisch
- planar bis montan
- Gewässer, Zier- bzw. Nutzpflanze
- an nährstoffreichen, basenreichen, dauerhaft überfluteten Standorten

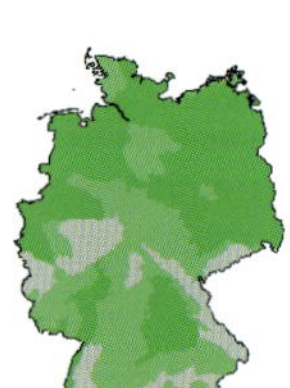

J F M A **M J J A S** O N D

Ceratophyllum submersum L.

Zartes Hornblatt *Ceratophyllaceae*
♂ ∗ P12 A10–16 | ♀ ∗ P9–10 G$\underline{1}$

Komplett untergetaucht wachsende Wasserpflanze. PFLANZEN: 1-häusig. FRÜCHTE: Nüsse, ***ohne* basale Stacheln**, geschnäbelt. STÄNGEL: 30–80 cm lang, biegsam, *nicht* zerbrechlich, gleichmäßig beblättert. BLATTSTELLUNG: quirlig. BLÄTTER: **2–4-fach gefiedert, 4–12-teilig**, am Rand gezähnt. BLATTLAPPEN: **weich**, kaum stachelig.

- einheimisch
- planar bis collin
- Gewässer, Zier- bzw. Nutzpflanze
- an basenreichen, dauerhaft überfluteten Standorten

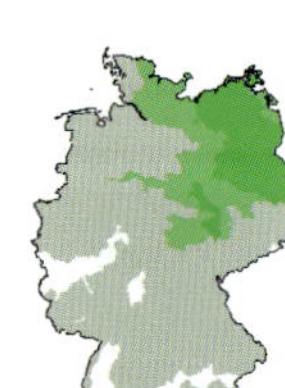

J F M A **M J J A** S O N D

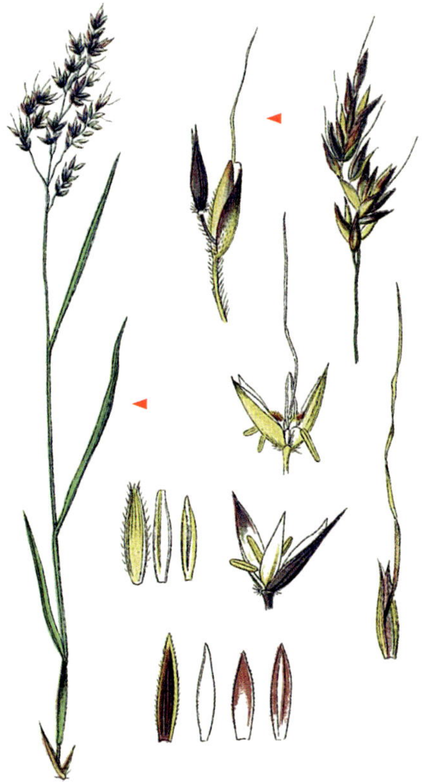

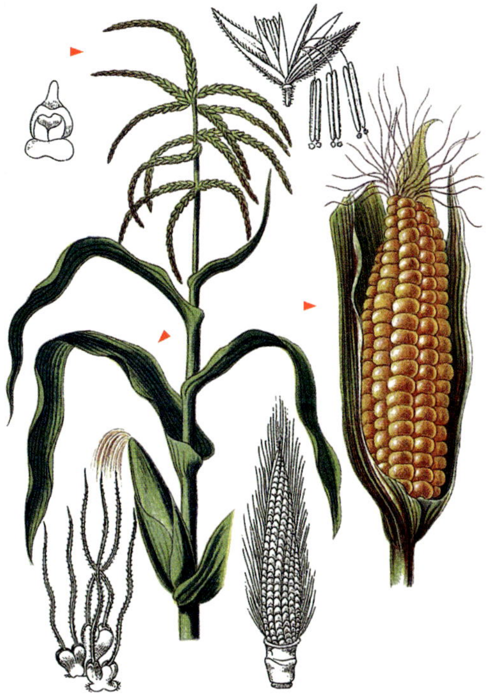

Ceratocapnos claviculata (L.) Lidén

Europäischer Rankenlerchensporn *Papaveraceae*
↓ K2 C4 A(6) G($\underline{2}$)

Mehrjährige Kletterpflanze. Blütenstand: traubenartig. Blüten: **gespornt, 4–7 mm lang, gelblich.** Kelch: früh abfallend. Staubblätter: jeweils 3 miteinander verwachsen. Früchte: 2-klappige Spaltkapseln. Stängel: 40–120 cm lang. Blätter: **Seitenfiedern teilweise zu Ranken umgewandelt,** 1–2-fach gefiedert. Fiederblättchen: länglich-lanzettlich bis oval.

- einheimisch
- planar
- Gehölze, Wälder, Zier- bzw. Nutzpflanze
- an sauren Standorten

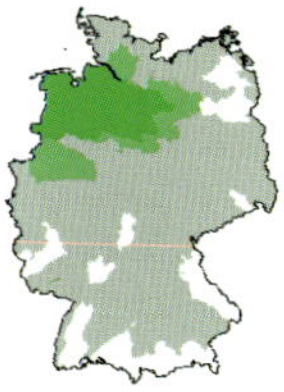

J F M A **M J J A S** O N D

Corydalis cava (L.) Schweigg. & Körte

Hohler Lerchensporn *Papaveraceae*
↓ K2 C4 A(6) G($\underline{2}$) giftig

10–40 cm hoch. Pflanzen: meist 1-stängelig, selten 2-stängelig o. verzweigt. Blütenstand: traubenartig, **4–25-blütig**. Tragblätter der Blüten: **ganzrandig**. Blüten: gespornt, **16–35 mm lang,** weißlich *oder* rötlich bis violett. Sporn: **gebogen.** Kelch: früh abfallend. Staubblätter: jeweils 3 miteinander verwachsen. Fruchtstand: **aufrecht.** Früchte: 2-klappige Spaltkapseln. Stängel: unten: **mit hohler Knolle, *ohne* rinnenförmiges Niederblatt**. Blätter: **größere > 10 cm lang**.

- einheimisch
- planar bis montan
- Gehölze, Wälder, Zier- bzw. Nutzpflanze
- an nährstoffreichen, basenreichen Standorten

J **F M A M J** J A S O N D

Corydalis intermedia (L.) Mérat

Mittlerer Lerchensporn *Papaveraceae*
↓ K2 C4 A(6) G($\underline{2}$) giftig

10–20 cm hoch. Pflanzen: meist 1-stängelig, selten 2-stängelig o. verzweigt. Blütenstand: traubenartig, **1–8-blütig**. Tragblätter der Blüten: **ganzrandig**. Blüten: gespornt, **8–16 mm lang**, weißlich *oder* rötlich bis violett. Kelch: früh abfallend. Staubblätter: jeweils 3 miteinander verwachsen. Fruchtstand: **überhängend**. Früchte: 2-klappige Spaltkapseln. Stängel: unten: **mit markiger Knolle, mit rinnenförmigem Niederblatt**. Blätter: **auch größere < 10 cm lang**.

- einheimisch
- planar bis montan
- Grünland, Gehölze, Wälder, Zier- bzw. Nutzpflanze
- an basenreichen Standorten

J **F M A M** J J A S O N D

Corydalis pumila (Host) Rchb.

Zwerg-Lerchensporn *Papaveraceae*
↓ K2 C4 A(6) G($\underline{2}$) giftig RL V

10–20 cm hoch. Pflanzen: meist 1-stängelig, selten 2-stängelig o. verzweigt. Blütenstand: traubenartig, **1–10-blütig**. Tragblätter der Blüten: **deutlich gelappt**. Blüten: gespornt, **10–18 mm lang**, weißlich *oder* rötlich bis violett. Blütenstiele: **bis 0,25-mal so lang wie der Sporn**. Sporn: **gerade**. Kelch: früh abfallend. Staubblätter: jeweils 3 miteinander verwachsen. Fruchtstand: **überhängend**. Früchte: 2-klappige Spaltkapseln. Stängel: unten: **mit markiger Knolle, mit rinnenförmigem Niederblatt**.

- einheimisch
- planar bis collin
- Wälder, Zier- bzw. Nutzpflanze
- an nährstoffreichen, basenreichen Standorten

J **F M A M** J J A S O N D

Corydalis solida (L.) Clairv.

Finger-Lerchensporn *Papaveraceae*
↓ K2 C4 A(6) G(2) giftig

10–30 cm hoch. PFLANZEN: meist 1-stängelig, selten 2-stängelig o. verzweigt. BLÜTENSTAND: traubenartig, **4–25-blütig**. TRAGBLÄTTER DER BLÜTEN: **deutlich gelappt**. BLÜTEN: gespornt, **10–18 mm lang**, weißlich *oder* rötlich bis violett. BLÜTENSTIELE: **± 0,5-mal so lang wie der Sporn**. SPORN: **gebogen**. KELCH: früh abfallend. STAUBBLÄTTER: jeweils 3 miteinander verwachsen. FRUCHTSTAND: **aufrecht**. FRÜCHTE: 2-klappige Spaltkapseln. STÄNGEL: UNTEN: **mit markiger Knolle, mit rinnenförmigem Niederblatt**.

- einheimisch
- planar bis montan
- Grünland, Staudenfluren, Gehölze, Wälder, Ruderalvegetation, Zier- bzw. Nutzpflanze
- an nährstoffreichen, basenreichen Standorten

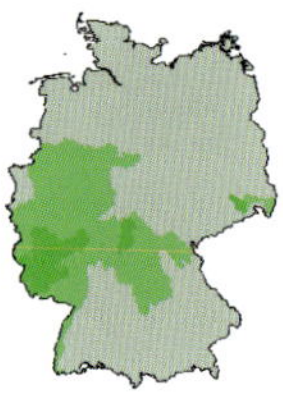

J F M A M J J A S O N D

Fumaria muralis W. D. J. Koch

Mauer-Erdrauch *Papaveraceae*
↓ K2 C4 A(6) G(2)

30–60 cm hoch. BLÜTENSTAND: traubenartig. BLÜTEN: gespornt, **4–9 mm lang**, rötlich bis violett, **distal ± schwarz**. KELCH: früh abfallend. STAUBBLÄTTER: jeweils 3 miteinander verwachsen. FRUCHTBLÄTTER: 1-samig. FRUCHTSTIELE: abstehend. FRÜCHTE: Nüsse, **glatt**. STÄNGEL: **niederliegend o. kletternd**; *ohne* Knolle. BLÄTTER: fiederspaltig bis gefiedert.

- eingebürgerter Neophyt, urspr. aus West- u. Südwesteuropa
- planar bis montan
- Äcker, Ruderalvegetation, an Mauern, Zier- bzw. Nutzpflanze

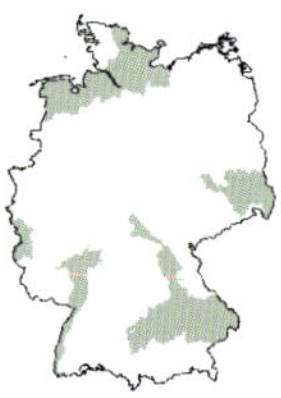

J F M A M J J A S O N D

Fumaria officinalis L.

Gewöhnlicher Erdrauch *Papaveraceae*
↓ K2 C4 A(6) G(2) giftig

10–30 cm hoch. BLÜTENSTAND: traubenartig. BLÜTEN: gespornt, (hell-) rötlich bis violett, distal dunkler. KELCH: früh abfallend. KELCHBLÄTTER: **oval-lanzettlich, > 0,2-mal so lang wie die Kronblätter, schmäler als die Kronblätter**. STAUBBLÄTTER: jeweils 3 miteinander verwachsen. FRUCHTBLÄTTER: 1-samig. FRÜCHTE: Nüsse, glatt bis fein runzelig-warzig, distal ausgerandet, gestutzt o. aufgesetzter Spitze. STÄNGEL: aufrecht; *ohne* Knolle. BLÄTTER: fiederspaltig bis gefiedert.

subsp. *officinalis* (Gewöhnlicher Erdrauch): BLÜTENSTAND: 20–60-blütig. BLÜTEN: 8–9 mm lang, rötlich bis violett. KELCHBLÄTTER: 2–3 mm lang. FRÜCHTE: distal abgerundet.
subsp. *wirtgenii* (Wirtgens Erdrauch): BLÜTENSTAND: 10–40-blütig. BLÜTEN: 7–8 mm lang, hellrot bis violett. KELCHBLÄTTER: 1,5–2,5 mm lang. FRÜCHTE: abgerundet mit aufgesetzter Spitze.

- Archaeophyt
- planar bis collin
- Äcker, Ruderalvegetation, Zier- bzw. Nutzpflanze

J F M A M J J A S O N D

Fumaria parviflora Lam.

Kleinblütiger Erdrauch *Papaveraceae*
↓ K2 C4 A(6) G(2) RL 2

10–30 cm hoch. BLÜTENSTAND: traubenartig. BLÜTEN: gespornt, **4–7 mm lang**, **weißlich**, distal rötlich. KELCH: früh abfallend. KELCHBLÄTTER: **0,25–1,2 mm lang, bis 0,2-mal so lang wie die Kronblätter**. STAUBBLÄTTER: jeweils 3 miteinander verwachsen. FRUCHTBLÄTTER: 1-samig. FRUCHTSTIELE: **< 2-mal so lang wie die Tragblätter**. FRÜCHTE: Nüsse, kugelig-eiförmig, **runzelig-warzig**, **spitz**. STÄNGEL: aufrecht; *ohne* Knolle. BLÄTTER: fiederspaltig bis gefiedert.

- Archaeophyt
- planar bis montan
- Äcker, Ruderalvegetation, Zier- bzw. Nutzpflanze

J F M A M J J A S O N D

Fumaria rostellata Knaf

Schnabel-Erdrauch *Papaveraceae*
↓ K2 C4 A(6) G(2) RL 3

15–50 cm hoch. Blütenstand: traubenartig, 10–30-blütig. Blüten: gespornt, **6–9 mm lang**, rötlich bis violett, distal dunkler. Kronblätter: die äußeren distal geschnäbelt. Kelch: früh abfallend. Kelchblätter: **rundlich-oval, 1,5–3 mm lang, > 0,2-mal so lang wie die Kronblätter, breiter als die Kronblätter**. Staubblätter: jeweils 3 miteinander verwachsen. Fruchtblätter: 1-samig. Früchte: Nüsse, **rau bis glatt, kurz zugespitzt**. Stängel: aufrecht; *ohne* Knolle. Blätter: fiederspaltig bis gefiedert.

- Archaeophyt
- planar bis montan
- Äcker, Ruderalvegetation

J F M A **M J J A S** O N D

Fumaria schleicheri Soy.-Will.

Schleichers Erdrauch *Papaveraceae*
↓ K2 C4 A(6) G(2) RL 3

15–30 cm hoch. Blütenstand: traubenartig. Blüten: gespornt, **4–7 mm lang**, meist rosa, distal dunkler. Kelch: früh abfallend. Kelchblätter: **0,25–1,2 mm lang, bis 0,2-mal so lang wie die Kronblätter**. Staubblätter: jeweils 3 miteinander verwachsen. Fruchtblätter: 1-samig. Fruchtstiele: **2–4-mal so lang wie die Tragblätter**. Früchte: Nüsse, ± kugelig, **runzelig-warzig, kurz zugespitzt**. Stängel: aufrecht; *ohne* Knolle. Blätter: fiederspaltig bis gefiedert.

- Archaeophyt
- planar bis montan
- Staudenfluren, Gehölze, Äcker, Ruderalvegetation
- an kalkreichen Standorten

J F M A **M J J A S O** N D

Fumaria vaillantii Loisel.

Vaillants Erdrauch *Papaveraceae*
↓ K2 C4 A(6) G(2) RL V

Bis 20 cm hoch. Blütenstand: traubenartig. Blüten: gespornt, **4–7 mm lang, weißlich bis hellrosa**, distal dunkler. Kelch: früh abfallend. Kelchblätter: **0,25–1,2 mm lang, bis 0,2-mal so lang wie die Kronblätter**. Staubblätter: jeweils 3 miteinander verwachsen. Fruchtblätter: 1-samig. Fruchtstiele: **< 2-mal so lang wie die Tragblätter**. Früchte: Nüsse, ± kugelig, **runzelig-warzig, distal meist abgerundet, zuweilen mit aufgesetzter Spitze**. Stängel: aufrecht; *ohne* Knolle. Blätter: fiederspaltig bis gefiedert.

Im Gebiet kommen 2 Unterarten vor: subsp. *vaillantii* und subsp. *schrammii* (vgl. S. 1426).

- Archaeophyt
- planar bis montan
- Äcker, Ruderalvegetation, Zier- bzw. Nutzpflanze
- meist an kalkreichen Standorten

J F M **A M J J A S O** N D

Pseudofumaria alba (Mill.) Lidén

Blassgelber Scheinerdrauch *Papaveraceae*
↓ K2 C4 A(6) G(2)

10–40 cm hoch. Pflanzen: meist mehrstängelig bzw. verzweigt. Blütenstand: traubenartig. Tragblätter der Blüten: ungeteilt. Blüten: gespornt, 10–20 mm lang, **hellgelb bis weißlich**. Kelch: früh abfallend. Staubblätter: jeweils 3 miteinander verwachsen. Früchte: 2-klappige Spaltkapseln. Samen: schwarz, **matt**. Stängel: *ohne* Knolle. Blattstiele: **geflügelt**. Blätter: oberseits: **blau- bzw. graugrün**.

- eingebürgerter Neophyt, urspr. aus den Südalpen u. Südeuropa
- planar bis montan
- Ruderalvegetation, an Mauern, Zier- bzw. Nutzpflanze
- an kalkreichen Standorten

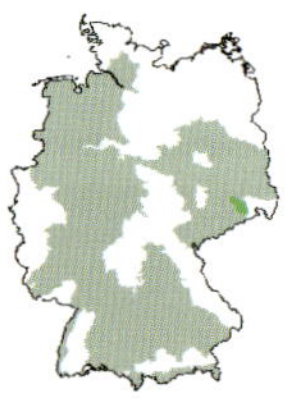

J F M A **M J J A S O** N D

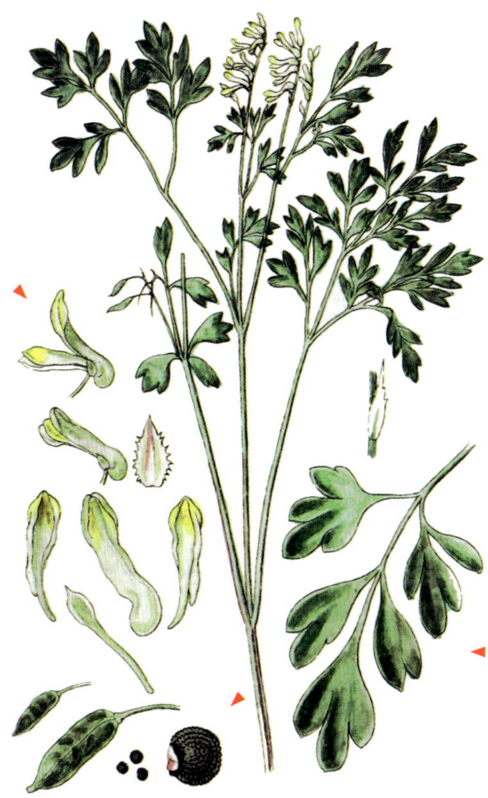

Pseudofumaria lutea (L.) Borkh.

Gelber Scheinerdrauch *Papaveraceae*
↓ K2 C4 A(6) G(2)

10–40 cm hoch. Pflanzen: meist mehrstängelig bzw. verzweigt. Blütenstand: traubenartig. Tragblätter der Blüten: ungeteilt. Blüten: gespornt, 10–25 mm lang, **kräftig gelb**. Kelch: früh abfallend. Staubblätter: jeweils 3 miteinander verwachsen. Früchte: 2-klappige Spaltkapseln. Samen: schwarz, **glänzend**. Stängel: *ohne* Knolle. Blattstiele: ***nicht* geflügelt**. Blätter: oberseits: **frischgrün**.

- eingebürgerter Neophyt, urspr. aus den Südalpen
- planar bis montan
- Schutt- u. Felsfluren, Ruderalvegetation, an Mauern, Zier- bzw. Nutzpflanze
- an kalkreichen Standorten

J F M A M J J A S O N D

Chelidonium majus L.

Schöllkraut *Papaveraceae*
∗ K2 C4 A∞ G(2) stark giftig

30–80 cm hoch. Pflanzen: meist mehrjährig, **mit orangen bis gelblichem Milchsaft, oft abstehend behaart**. Blütenstand: **doldenartig**. Blüten: **8–30 mm ⌀, gelblich**. Kelch: früh abfallend. Narben: über den Klappen stehend. Früchte: 2-klappige Spaltkapseln, **20–50 mm lang**, *ohne* falsche Scheidewand. Blätter: fiederspaltig bis gefiedert, mit breiten gelappten Abschnitten; unterseits: blau- bzw. graugrün.

- einheimisch
- planar bis montan
- Staudenfluren, Gehölze, Ruderalvegetation, an Mauern, Zier- bzw. Nutzpflanze
- an nährstoffreichen Standorten

J F M A M J J A S O N D

Glaucium corniculatum (L.) Rudolph

Roter Hornmohn *Papaveraceae*
∗ K2 C4 A∞ G(2) giftig RL 2

15–50 cm hoch. Pflanzen: 1-jährig, mit weißlichem Milchsaft. Blüten: einzeln, 20–50 mm ⌀, **rötlich bis orange**. Kelch: früh abfallend. Narben: über dem Rahmen stehend, 2-lappig. Früchte: 2-klappige Spaltkapseln, **bis 20 cm lang, borstig behaart**, mit schwammiger falscher Scheidewand. Stängel: **behaart**. Obere Stängelblätter: (halb-) stängelumfassend, **tief gelappt bis fiederspaltig**.

- Archaeophyt
- planar bis collin
- Staudenfluren, Äcker, Ruderalvegetation, Zier- bzw. Nutzpflanze
- an kalkreichen Standorten

J F M A M J J A S O N D

Glaucium flavum Crantz

Gelber Hornmohn *Papaveraceae*
∗ K2 C4 A∞ G(2) giftig RL R

30–80 cm hoch. Pflanzen: 1-jährig, mit weißlichem Milchsaft. Blüten: einzeln, 20–50 mm ⌀, **gelblich**. Kelch: früh abfallend. Narben: über dem Rahmen stehend, 2-lappig. Früchte: 2-klappige Spaltkapseln, **bis 30 cm lang, knotig, rau**, mit schwammiger falscher Scheidewand. Stängel: **± kahl**. Obere Stängelblätter: (halb-) stängelumfassend, **grob gezähnt bis gelappt**, herzförmig.

- einheimisch
- planar bis collin
- trockenfallende Ufer, Staudenfluren, Äcker, Ruderalvegetation, Küstenspülsäume, Zier- bzw. Nutzpflanze
- an basenreichen, auch salzhaltigen Standorten

J F M A M J J A S O N D

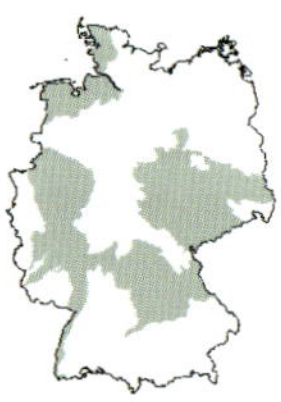

Papaver alpinum agg.

Alpen-Mohn *Papaveraceae*
∗ K2 C4 A∞ G(4–5) RL 3

Bis 30 cm hoch. PFLANZEN: **mehrjährig**, mit Milchsaft. BLÜTENSTAND: **Stängel meist 1-blütig**. BLÜTEN: lang gestielt, **gelblich-orange *oder* weißlich**. KELCH: früh abfallend. KELCHBLÄTTER: borstig behaart. NARBEN: **meist 5**. FRÜCHTE: Porenkapseln. STÄNGEL: **mit grundständiger Blattrosette, *ohne* Laubblätter**.

P. alpinum (Alpen-Mohn): BLÜTEN: meist gelblich-orange.
P. sendtneri (Sendtners Alpen-Mohn): BLÜTEN: meist weißlich.

- einheimisch
- subalpin bis alpin
- Schutt- u. Felsfluren, Zier- bzw. Nutzpflanze

J F M A M **J J A S** O N D

Papaver dubium agg.

Saat-Mohn *Papaveraceae*
∗ K2 C4 A∞ G(4–10)

25–80 cm hoch. PFLANZEN: **1-jährig**. BLÜTENSTAND: Stängel meist mehrblütig. BLÜTEN: lang gestielt, **rötlich**. KELCH: früh abfallend. KELCHBLÄTTER: borstig behaart. STAUBFÄDEN: oben *nicht* verbreitert. NARBEN: **4–10, scheibenartig**. FRÜCHTE: Porenkapseln, **länglich-eiförmig bis keulenförmig, 1,3–4-mal so lang wie breit, kahl**. STÄNGEL: **oben anliegend behaart**. BLÄTTER: gelappt bis fiederspaltig.

In Deutschland kommen 2 Arten der Artengruppe *Papaver dubium* agg. vor: *P. dubium* und *P. lecoqii* (vgl. S. 1426).

- Archaeophyt
- planar bis montan
- Äcker, Ruderalvegetation, Zier- bzw. Nutzpflanze

J F M **A M J J A** S O N D

Papaver argemone L.

Sand-Mohn *Papaveraceae*
∗ K2 C4 A∞ G(4–8)

15–30 cm hoch. PFLANZEN: **1-jährig**, mit Milchsaft. BLÜTENSTAND: Stängel meist mehrblütig. BLÜTEN: lang gestielt, **rötlich**. KELCH: früh abfallend. KELCHBLÄTTER: borstig behaart. STAUBFÄDEN: **oben verbreitert**. NARBEN: 4–8, **kegelförmig gewölbt**. FRÜCHTE: Porenkapseln, **länglich-keulenförmig, abstehend bewimpert**. BLÄTTER: gelappt bis fiederspaltig.

- Archaeophyt
- planar bis montan
- Staudenfluren, Äcker, Ruderalvegetation, Zier- bzw. Nutzpflanze
- an trockenen Standorten

J F M **A M J J A** S O N D

Papaver hybridum L.

Krummborstiger Mohn *Papaveraceae*
∗ K2 C4 A∞ G(5–9) RL 2

20–50 cm hoch. PFLANZEN: **1-jährig**, mit Milchsaft. BLÜTENSTAND: Stängel meist mehrblütig. BLÜTEN: lang gestielt, **rötlich**. KELCH: früh abfallend. KELCHBLÄTTER: borstig behaart. STAUBFÄDEN: **oben verbreitert**. NARBEN: 5–9, **kegelförmig gewölbt**. FRÜCHTE: Porenkapseln, **kugelig bis kurz-eiförmig, abstehend bewimpert**. BLÄTTER: gelappt bis fiederspaltig.

- Archaeophyt
- planar bis collin
- Staudenfluren, Äcker, Ruderalvegetation, Zier- bzw. Nutzpflanze
- an trockenen Standorten

J F M **A M J J** A S O N D

Papaver rhoeas L.

Klatsch-Mohn *Papaveraceae*
∗ K2 C4 A∞ G(8–15) giftig

30–100 cm hoch. Pflanzen: **1-jährig**, mit Milchsaft. Blütenstand: Stängel meist mehrblütig. Blüten: lang gestielt, **rötlich**. Kelch: früh abfallend. Kelchblätter: borstig behaart. Staubfäden: oben *nicht* verbreitert. Narben: **meist 8–15, scheibenartig.** Früchte: Porenkapseln, **kugelig bis kurz-eiförmig, 1–2-mal so lang wie breit, kahl.** Stängel: **oben meist abstehend behaart.** Blätter: gelappt bis fiederspaltig.

- Archaeophyt
- planar bis montan
- Staudenfluren, Äcker, Ruderalvegetation, Zier- bzw. Nutzpflanze

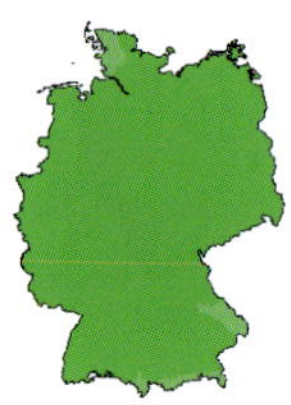

J F M **A M J J A** S O N D

Papaver somniferum L.

Schlaf-Mohn *Papaveraceae*
∗ K2 C4 A∞ G(5–12) stark giftig

30–200 cm hoch. Pflanzen: **1-jährig**, mit Milchsaft. Blütenstand: Stängel meist mehrblütig. Blüten: lang gestielt, **weißlich bis rötlich-violett,** basal meist dunkler. Kelch: früh abfallend. Kelchblätter: **± kahl.** Narben: meist 5–12, **8–20-strahlig**. Früchte: Porenkapseln, **meist kugelig bis kurz-eiförmig**, seltener keulenförmig. Blätter: blau- bzw. graugrün, **ungeteilt.** obere Stängelblätter: **(halb-) stängelumfassend, basal meist ausgerandet.**

- Archaeophyt
- planar bis montan
- Staudenfluren, Ruderalvegetation, Zier- bzw. Nutzpflanze

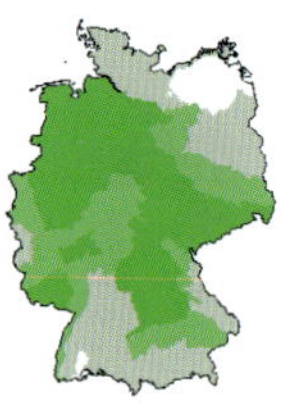

J F M A **M J J A** S O N D

Berberis vulgaris L.

Gewöhnliche Berberitze *Berberidaceae*
∗ K6 C5–6 A6 G(1) schwach giftig

Strauch, bis 3 m hoch. Blütenstand: traubenartig, **meist hängend, meist ≥ 12-blütig.** Blüten: stark riechend, gelblich. Staubblätter: reizbar. Früchte: Beeren, länglich-eiförmig, **rötlich.** Stängel: mit Dornen, **Dornen meist 3-teilig.** Blätter: **sommergrün**, ungeteilt, länglich-oval bis spatelförmig.

- einheimisch
- planar bis subalpin
- Gehölze, Wälder, Schutt- u. Felsfluren, Zier- bzw. Nutzpflanze
- an basenreichen Standorten

J F **M A M J** J A S O N D

Epimedium alpinum L.

Alpen-Sockenblume *Berberidaceae*
∗ K4 C4 A4 G(1)

20–30 cm hoch. Blüten: **Kronblätter rötlich, Kelchblätter grünlich bis rötlich.** Nektarblätter: **4, zwischen den Kron- u. Staubblättern, sackartig bis kurz gespornt, gelblich.** Kelchblätter: grünlich o. rötlich. Früchte: Bälge. Stängel: mit grundständiger Blattrosette, **mit 1 (2) Laubblättern.** Blätter: **meist doppelt 3-zählig gefiedert.** Fiederblättchen: lang gestielt, herzförmig.

- eingebürgerter Neophyt, urspr. aus Südosteuropa
- planar bis montan
- Staudenfluren, Gehölze, Wälder, Ruderalvegetation, Zier- bzw. Nutzpflanze

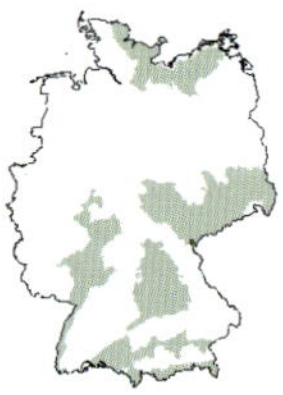

J **F M A M J** J A S O N D

Mahonia aquifolium (Pursh) Nutt.

Gewöhnliche Mahonie *Berberidaceae*
∗ K6 C5–6 A6 G(1) giftig

Strauch, 60–150 cm hoch. BLÜTENSTAND: traubenartig, **meist aufrecht**. BLÜTEN: gelblich. STAUBBLÄTTER: reizbar. FRÜCHTE: Beeren, ± **kugelig, bläulich**. BLÄTTER: **immergrün, meist stachelig**, gefiedert.

- eingebürgerter Neophyt, urspr. aus Nordamerika
- planar bis montan
- Wälder, Zier- bzw. Nutzpflanze

J F M A M J J A S O N D

Aquilegia atrata W. D. J. Koch

Schwarzviolette Akelei *Ranunculaceae*
↓ P10 A∞ G4–6 giftig § BNatG b

30–80 cm hoch. BLÜTENSTAND: **3–10-blütig**. BLÜTEN: gesport, mit 5 Spornen, **meist bräunlich bis rötlich-violett**. SPORN: **deutlich gebogen, am Ende hakenförmig gebogen, 12–25 mm lang, länger als die Platte der Nektarblätter**. NEKTARBLÄTTER: 5, zwischen den Perigon- u. Staubblättern, kronblattartig, gespornt. STAUBBLÄTTER: **> 5 mm länger als die Nektarblätter**. FRÜCHTE: Bälge. STÄNGEL: meist verzweigt; OBEN: ***ohne* Drüsenhaare**. BLÄTTER: gefiedert.

- einheimisch
- montan bis subalpin
- Extensivgrünland u. Magerrasen, Staudenfluren, Gehölze, Wälder, Zier- bzw. Nutzpflanze
- an nährstoffarmen, basenreichen Standorten

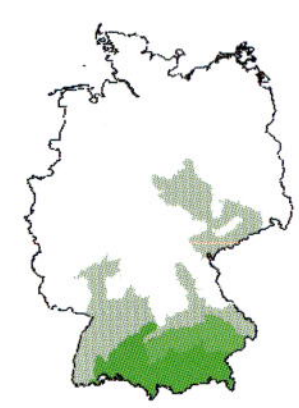

J F M A M J J A S O N D

Aquilegia einseleana F. W. Schultz

Kleinblütige Akelei *Ranunculaceae*
↓ P10 A∞ G4–6 giftig RL R § BNatG b

15–40 cm hoch. BLÜTENSTAND: **1–3-blütig**. BLÜTEN: gespornt, mit 5 Spornen, 20–40 mm ⌀, bläulich bis violett. SPORN: **± gerade, nur am Ende hakenförmig gebogen, 10–15 mm lang, ± so lang wie die Platte der Nektarblätter**. NEKTARBLÄTTER: 5, zwischen den Perigon- u. Staubblättern, kronblattartig, gespornt. FRÜCHTE: Bälge. STÄNGEL: **meist unverzweigt**; OBEN: **mit Drüsenhaaren**. BLÄTTER: gefiedert.

- einheimisch
- montan bis subalpin
- Staudenfluren, Schutt- u. Felsfluren, Zier- bzw. Nutzpflanze
- an kalkreichen Standorten

J F M A M J J A S O N D

Aquilegia vulgaris L.

Gewöhnliche Akelei *Ranunculaceae*
↓ P10 A∞ G4–6 giftig RL V § BNatG b

30–100 cm hoch. BLÜTENSTAND: **3–10-blütig**. BLÜTEN: gespornt, mit 5 Spornen, bläulich bis violett. SPORN: **deutlich gebogen, am Ende hakenförmig gebogen, 12–25 mm lang, länger als die Platte der Nektarblätter**. NEKTARBLÄTTER: 5, zwischen den Perigon- u. Staubblättern, kronblattartig, gespornt. STAUBBLÄTTER: **< 5 mm länger als die Nektarblätter**. FRÜCHTE: Bälge. STÄNGEL: meist verzweigt; OBEN: ***ohne* Drüsenhaare**. BLÄTTER: gefiedert.

- einheimisch
- planar bis montan
- Grünland, Staudenfluren, Gehölze, Wälder, Ruderalvegetation, Zier- bzw. Nutzpflanze
- an basenreichen Standorten

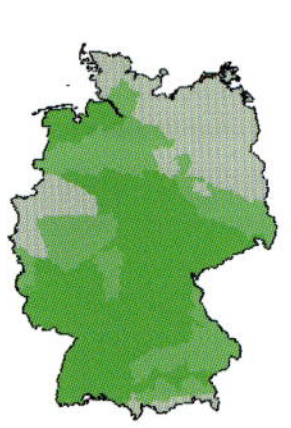

J F M A M J J A S O N D

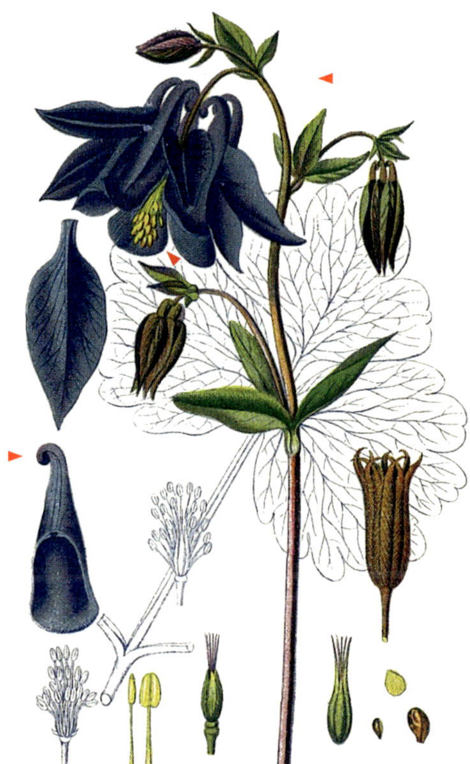

Thalictrum: mehrjährige Kräuter. BLÜTENSTAND: rispenartig. BLÜTEN: radiärsymmetrisch. BLÜTENHÜLLE: unauffällig, 4–10-blättriges Perigon. NEKTARBLÄTTER: fehlen. STAUBBLÄTTER: 5–30, mindestens so lang wie die Perigonblätter, meist auffällig gefärbt. FRÜCHTE: 1-samige Nüsschen, 4–10 pro Blüte. BLÄTTER: wechselständig.

Thalictrum aquilegiifolium L.

Akelei-Wiesenraute *Ranunculaceae*
∗ P4–5 A∞ G4–8

40–120 cm hoch. BLÜTENSTAND: **Blüten gruppenweise genähert**. BLÜTEN: **aufrecht**. STAUBFÄDEN: **violett, distal verdickt**. FRÜCHTE: **überhängend, deutlich gestielt, 5–9 mm lang, im QS 3-kantig geflügelt**. BLÄTTER: **fiederspaltig bis gefiedert**. FIEDERBLÄTTCHEN: **oval bis rundlich**.

- einheimisch
- collin bis alpin
- Grünland, Staudenfluren, Gehölze, Wälder, Zier- bzw. Nutzpflanze
- an basenreichen, feuchten bis nassen, zuweilen überfluteten Standorten

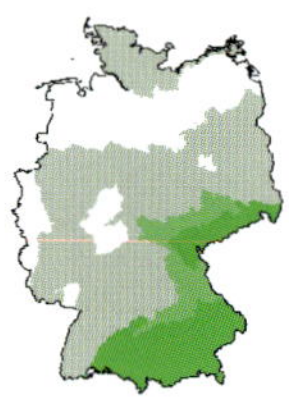

J F M A M J J A S O N D

Thalictrum flavum L.

Gelbe Wiesenraute *Ranunculaceae*
∗ P4–5 A∞ G6–12 RL V

40–100 cm hoch. BLÜTENSTAND: **Blüten gruppenweise genähert, aufrecht**. PERIGONBLÄTTER: 2–4 mm lang. STAUBFÄDEN: **gelblich-grünlich**. STAUBBEUTEL: **distal abgerundet**. FRÜCHTE: aufrecht bis abstehend, ± sitzend, **1–3 mm lang, im QS mit mehreren Rippen**. WURZELSTOCK: kriechend. BLÄTTER: frischgrün, **3–4-fach gefiedert**, basal abgerundet bis keilförmig, allenfalls die Hauptnerven hervortretend. FIEDERBLÄTTCHEN: **länglich-lanzettlich bis oval, an den mittleren Stängelblättern 2–4-mal so lang wie breit**. NEBENBLÄTTER: früh abfallend.

- einheimisch
- planar bis montan
- Gewässer, Grünland, Staudenfluren, Wälder, Zier- bzw. Nutzpflanze
- an basenreichen, wechselfeuchten bis nassen Standorten

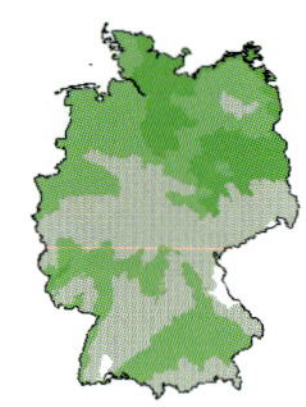

J F M A M J J A S O N D

Thalictrum lucidum L.

Glanz-Wiesenraute *Ranunculaceae*
∗ P4–5 A∞ G5–10 RL 3

60–120 cm hoch. BLÜTENSTAND: **Blüten gruppenweise genähert**. BLÜTEN: **aufrecht**. PERIGONBLÄTTER: 4–6 mm lang. STAUBFÄDEN: **gelblich-grünlich**. FRÜCHTE: aufrecht bis abstehend, ± sitzend, **2–3 mm lang, im QS mit mehreren Rippen**. WURZELSTOCK: aufrecht. AUSLÄUFER: fehlend. BLÄTTER: frischgrün, **3–4-fach gefiedert**, basal abgerundet bis ausgerandet, allenfalls die Hauptnerven deutlich hervortretend; OBERSEITS: **glänzend**. FIEDERBLÄTTCHEN: **lineal bis länglich, an den mittleren Stängelblättern > 4-mal so lang wie breit**. NEBENBLÄTTER: fehlen.

- einheimisch
- planar bis collin
- Grünland, Staudenfluren, Wälder, Zier- bzw. Nutzpflanze
- an feuchten bis nassen Standorten

J F M A M J J A S O N D

Thalictrum minus L.

Kleine Wiesenraute *Ranunculaceae*
∗ P4–5 A∞ G4–8 RL V

30–120 cm hoch. BLÜTENSTAND: **Blüten einzeln, *nicht* gruppenweise genähert**. BLÜTEN: **überhängend**. PERIGONBLÄTTER: 3–6 mm lang. STAUBFÄDEN: **gelblich-grünlich**. FRÜCHTE: aufrecht bis abstehend, ± sitzend, **3–5 mm lang, im QS mit mehreren Rippen**. BLÄTTER: **1–3-fach gefiedert**. FIEDERBLÄTTCHEN: **lanzettlich bis oval, an den mittleren Stängelblättern < 1,5-mal so lang wie breit**.

Im Gebiet kommen 4 Unterarten vor: subsp. *minus*, subsp. *majus*, subsp. *pratense* und subsp. *saxatile* (vgl. S. 1427).

- einheimisch
- planar bis montan
- Grünland, Staudenfluren, Gehölze, Wälder, Schutt- u. Felsfluren, Zier- bzw. Nutzpflanze
- an basenreichen, meist trockenen Standorten

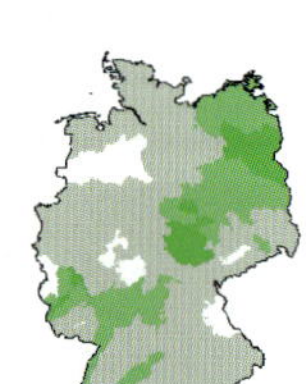

J F M A M J J A S O N D

Thalictrum simplex L.

Einfache Wiesenraute *Ranunculaceae*
* P4–5 A∞ G3–9 RL 2

15–150 cm hoch. BLÜTENSTAND: **Blüten einzeln, *nicht* gruppenweise genähert**. BLÜTEN: **überhängend**. PERIGONBLÄTTER: 3–6 mm lang. STAUBFÄDEN: **gelblich-grünlich**. FRÜCHTE: aufrecht bis abstehend, ± sitzend, **1–3 mm lang, im QS mit mehreren Rippen**. AUSLÄUFER: unterirdisch. BLÄTTER: 2–4-fach gefiedert UNTERSEITS: **blau- bzw. graugrün**. FIEDERBLÄTTCHEN: **lineal bis länglich, an den mittleren Stängelblättern > 4-mal so lang wie breit**.

Im Gebiet kommen 3 Unterarten vor: subsp. *simplex*, subsp. *galioides* und subsp. *tenuifolium* (vgl. S. 1427).

- einheimisch
- planar bis montan
- Extensivgrünland u. Magerrasen, Zier- bzw. Nutzpflanze
- an nährstoffarmen, basenreichen Standorten

J F M A **M J J A** S O N D

Adonis aestivalis L.

Sommer-Adonisröschen *Ranunculaceae*
* K5 C5–8 A∞ G∞ stark giftig RL 2

20–80 cm hoch. PFLANZEN: **1-jährig**. BLÜTEN: **einzeln**, 20–40 mm ⌀, **meist orange-rot**, selten gelblich, basal oft schwarz. NEKTARBLÄTTER: fehlen. KELCHBLÄTTER: **> 0,5-mal so lang wie die Kronblätter, ± kahl**. FRÜCHTE: Nüsschen, kahl; SCHNABEL: **bis zur Spitze grünlich**. BLÄTTER: fiederspaltig bis gefiedert, mit zahlreichen schmal-linealen Blattlappen.

subsp. *aestivalis* (Sommer-Adonisröschen): FRUCHTKNOTEN: Flächen rau, Rand allenfalls undeutlich gezähnt.
subsp. *squarrosa* (Südliches Sommer-Adonisröschen): FRUCHTKNOTEN: Flächen ± glatt, Rand deutlich gezähnt. Neophyt, urspr. aus Südeuropa.

- Archaeophyt
- planar bis montan
- Äcker, Ruderalvegetation, Zier- bzw. Nutzpflanze
- an kalkreichen, trockenen Standorten

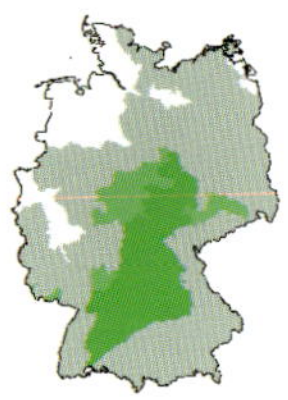

J F M **A M J J A** S O N D

Adonis flammea Jacq.

Flammen-Adonisröschen *Ranunculaceae*
* K5 C5–8 A∞ G∞ stark giftig RL 1

20–80 cm hoch. PFLANZEN: **1-jährig**. BLÜTEN: **einzeln**, 20–40 mm ⌀, **meist rot**, selten gelblich, basal oft schwarz. NEKTARBLÄTTER: fehlen. KELCHBLÄTTER: **< 0,5-mal so lang wie die Kronblätter, behaart (später verkahlend)**. FRÜCHTE: Nüsschen, kahl; SCHNABEL: **distal schwarz**. BLÄTTER: fiederspaltig bis gefiedert, mit zahlreichen schmal-linealen Blattlappen.

- Archaeophyt
- planar bis montan
- Äcker, Ruderalvegetation, Zier- bzw. Nutzpflanze
- an kalkreichen, meist trockenen Standorten

J F M **A M J J A** S O N D

Adonis vernalis L.

Frühlings-Adonisröschen *Ranunculaceae*
* K5 C10–20 A∞ G∞ stark giftig RL 3 § WA II, EG B, BNatG b

10–40 cm hoch. PFLANZEN: **mehrjährig**. BLÜTEN: **einzeln, 40–100 mm ⌀, gelb**. KRONE: **10–20-blättrig**. NEKTARBLÄTTER: fehlen. FRÜCHTE: Nüsschen, **behaart**. BLÄTTER: fiederspaltig bis gefiedert, mit zahlreichen schmal-linealen Blattlappen.

- einheimisch
- planar bis collin
- Extensivgrünland u. Magerrasen, Staudenfluren, Gehölze, Zier- bzw. Nutzpflanze
- an nährstoffarmen, basenreichen, meist trockenen Standorten

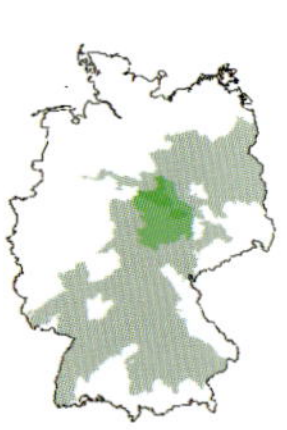

J F **M A M** J J A S O N D

Trollius europaeus L.

Europäische Trollblume *Ranunculaceae*
∗ P6–15 A∞ $G\underline{\infty}$ giftig RL 3 § BNatG b

20–120 cm hoch. Blütenstand: Blüten einzeln o. zu wenigen. Blüten: ± **kugelig, 15–40 mm ⌀, gelb**. Nektarblätter: 5–10, gelb, lanzettlich bis spatelförmig, mit abgesetztem Stiel. Früchte: **Bälge**. Blätter: **handförmig gelappt bis gefingert, kahl**. Grundblätter: lang gestielt.

- einheimisch
- planar bis alpin
- Grünland, Staudenfluren, Gehölze, Wälder, Ruderalvegetation, Zier- bzw. Nutzpflanze
- meist an feuchten bis nassen Standorten

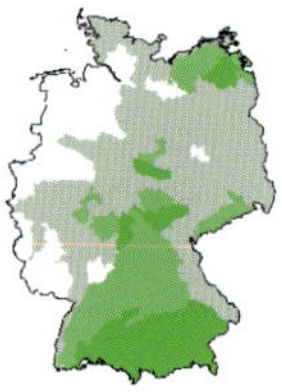

J F M **A M J J** A S O N D

Aconitum napellus agg.

Blauer Eisenhut *Ranunculaceae*
↓ P5 A∞ $G\underline{3\text{–}5}$ stark giftig § FFH IV, BNatG s

20–220 cm hoch. Blütenstand: traubenartig. Blüten: gespornt, mit Helm, **meist bläulich-violett**. Helm: **meist etwas breiter als hoch**. Nektarblätter: 2, kronblattartig, **mit gekrümmtem Stiel**, lang gestielt. Früchte: Bälge. Samen: **schwarz**. Stängel: ± gerade, **geflügelt**. Blätter: unterseits: ***ohne* deutliche Netznervatur**.

A. napellus (Blauer Eisenhut): Vorblätter unter den Blüten: lanzettlich, 1–2 mm lang, behaart. Blütenstiele: dicht behaart. Perigonblätter: außen dicht behaart. Helm: 18–32 mm lang. Staubblätter: dicht behaart.
A. plicatum (Sudeten-Eisenhut): im Erz- & Fichtelgebirge, selten. Vorblätter unter den Blüten: lineal bis 3-eckig, 1–8 mm lang, kahl. Blütenstiele: spärlich behaart o. kahl. Perigonblätter: außen spärlich behaart o. kahl. Helm: 10–24 mm lang. Staubblätter: nur oben dicht behaart.

- einheimisch
- montan bis subalpin
- Staudenfluren, Gehölze, Wälder, Zier- bzw. Nutzpflanze

J F M A **M J J A S O** N D

Aconitum variegatum agg.

Bunter Eisenhut *Ranunculaceae*
↓ P5 A∞ $G\underline{3\text{–}5}$ stark giftig § BNatG b

50–250 cm hoch. Blütenstand: traubenartig. Blüten: gespornt, mit Helm, **meist rötlich-violett**. Helm: **meist höher als breit**. Nektarblätter: 2, kronblattartig, lang gestielt. Früchte: Bälge. Samen: **bräunlich**. Stängel: oft zickzackförmig gebogen, ungeflügelt. Blätter: unterseits: **deutlich netznervig**.

In Deutschland kommen 3 Arten der Artengruppe *Aconitum variegatum* agg. vor: *A. variegatum*, *A. degenii* und *A. pilipes* (vgl. S. 1427).

- einheimisch
- montan bis alpin
- Staudenfluren, Gehölze

J F M A M **J J A S O** N D

Aconitum lycoctonum L.

Gelber Eisenhut *Ranunculaceae*
↓ P5 A∞ $G\underline{3\text{–}5}$ stark giftig § BNatG b

40–150 cm hoch. Blütenstand: traubenartig. Blüten: gespornt, mit Helm, **gelblich**. Helm: **± 3-mal so hoch wie breit**. Nektarblätter: 2, kronblattartig, lang gestielt. Früchte: Bälge.

- einheimisch
- collin bis alpin
- Staudenfluren, Wälder, Zier- bzw. Nutzpflanze
- an nährstoffreichen Standorten

J F M A **M J J A S** O N D

Aconitum tauricum Wulfen

Tauern-Eisenhut *Ranunculaceae*
↓ P5 A∞ G3–5 stark giftig RL R § BNatG b

10–90 cm hoch. BLÜTENSTAND: traubenartig. VORBLÄTTER UNTER DEN BLÜTEN: **lineal, 2–8 mm lang,** kahl *oder* bewimpert. BLÜTEN: gespornt, mit Helm, meist rötlich-violett. BLÜTENSTIELE: kahl. PERIGONBLÄTTER: **außen kahl**. HELM: **meist etwas breiter als hoch**, 12–20 mm lang. NEKTARBLÄTTER: 2, kronblattartig, **mit gekrümmtem Stiel**, behaart, lang gestielt. FRÜCHTE: Bälge. STÄNGEL: ± gerade, **geflügelt**.

- einheimisch
- subalpin bis alpin
- Grünland, Staudenfluren, Schutt- u. Felsfluren, Zier- bzw. Nutzpflanze
- an basenreichen Standorten

J F M A M J **J A S O** N D

Consolida ajacis (L.) Schur

Garten-Rittersporn *Ranunculaceae*
↓ P5 A∞ G1 stark giftig

30–100 cm hoch. BLÜTENSTAND: traubenartig, **8–20-blütig**. TRAGBLÄTTER DER BLÜTEN: **zumindest die unteren ± fiederspaltig**. VORBLÄTTER UNTER DEN BLÜTEN: **die Basis der Blüten *nicht* erreichend**. BLÜTEN: gespornt, bläulich-violett, seltener rötlich bis weißlich. SPORN: **13–20 mm lang**. NEKTARBLÄTTER: 2, miteinander röhrenartig verwachsen. FRÜCHTE: Bälge, **allmählich in den Griffel übergehend, abstehend behaart**. SAMEN: **schwarz**.

- eingebürgerter Neophyt, urspr. aus Südosteuropa u. Westasien
- planar bis collin
- Ruderalvegetation, Zier- bzw. Nutzpflanze

J F M A **M J J A** S O N D

Consolida hispanica (Costa) Greuter & Burdet

Spanischer Rittersporn *Ranunculaceae*
↓ P5 A∞ G1 stark giftig

20–80 cm hoch. BLÜTENSTAND: traubenartig, **8–20-blütig**. TRAGBLÄTTER DER BLÜTEN: **zumindest die unteren ± fiederspaltig**. VORBLÄTTER UNTER DEN BLÜTEN: **die Basis der Blüten erreichend**. BLÜTEN: gespornt, meist rötlich-violett. SPORN: **6–13 mm lang**. NEKTARBLÄTTER: 2, miteinander röhrenartig verwachsen. FRÜCHTE: Bälge, **plötzlich vom Griffel abgesetzt, abstehend behaart**. SAMEN: **rötlich-bräunlich**.

- eingebürgerter Neophyt, urspr. aus dem Mittelmeergebiet u. Asien
- planar bis collin
- Äcker, Ruderalvegetation
- an basenreichen Standorten

J F M A **M J J A S O** N D

Consolida regalis Gray

Feld-Rittersporn *Ranunculaceae*
↓ P5 A∞ G1 stark giftig RL 3

20–110 cm hoch. BLÜTENSTAND: traubenartig, **5–8-blütig**. TRAGBLÄTTER DER BLÜTEN: **alle ungeteilt**. BLÜTEN: gespornt, bläulich-violett. NEKTARBLÄTTER: 2, miteinander röhrenartig verwachsen. FRÜCHTE: Bälge, **kahl o. anliegend behaart**.

subsp. *regalis* (Feld-Ackerrittersporn): 20–50 cm hoch. BLÜTENSTAND: dichtblütig. BLÜTEN: bläulich-violett. PERIGONBLÄTTER: 12–15 mm lang. FRÜCHTE: kahl, ± 3-mal so lang wie breit.

subsp. *paniculata* (Gespreizter Ackerrittersporn): 50–110 cm hoch. BLÜTENSTAND: lockerblütig. BLÜTEN: dunkelblau. PERIGONBLÄTTER: 8–12 mm lang. FRÜCHTE: behaart, ± 2-mal so lang wie breit.

- Archaeophyt
- planar bis montan
- Äcker, Ruderalvegetation, Zier- bzw. Nutzpflanze
- an kalkreichen Standorten

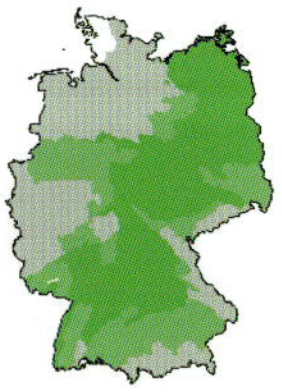

J F M **A M J J A S** O N D

Delphinium elatum L.

Hoher Rittersporn *Ranunculaceae*
↓ P5 A∞ G3–5 schwach giftig § BNatG b

60–150 cm hoch. BLÜTENSTAND: traubenartig. BLÜTEN: gespornt, **mit 2 gespornten Perigonblättern (bzw. Nektarblättern), die ineinander stecken**, kräftig blau. NEKTARBLÄTTER: **4**, davon 2 gespornt, kronblattartig. FRUCHTKNOTEN: **3–5**. FRÜCHTE: Bälge, kahl bis spärlich behaart. BLÄTTER: handförmig gelappt.

- in Einbürgerung befindlicher Neophyt, urspr. aus den Süd- u. Ostalpen, Ost- u. Südosteuropa
- planar bis montan
- Staudenfluren, Ruderalvegetation, Zier- bzw. Nutzpflanze

J F M A **M J J A** S O N D

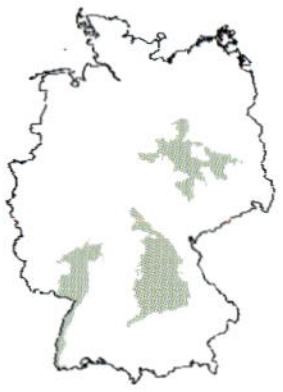

Nigella arvensis L.

Acker-Schwarzkümmel *Ranunculaceae*
∗ P5 A∞ G1 schwach giftig RL 1

10–50 cm hoch. HOCHBLÄTTER UNTER DEN BLÜTEN: **fehlen**. BLÜTEN: einzeln, bläulich bis weißlich; außen grünlich gestreift. NEKTARBLÄTTER: 5–10, zwischen den Perigon- u. Staubblättern, 2-lippig. STAUBBEUTEL: **mit Stachelspitze**. FRUCHTBLÄTTER: **zumindest an der Spitze frei**. GRIFFEL: 5, frei. FRÜCHTE: Bälge, **glatt**. SAMEN: **warzig punktiert**. BLÄTTER: gefiedert.

- Archaeophyt
- planar bis montan
- Staudenfluren, Äcker, Ruderalvegetation, Zier- bzw. Nutzpflanze
- an kalkreichen, meist trockenen Standorten

J F M A M **J J A S O** N D

Nigella damascena L.

Jungfer Im Grünen *Ranunculaceae*
∗ P5 A∞ G(1–5) schwach giftig

15–30 cm hoch. HOCHBLÄTTER UNTER DEN BLÜTEN: wirtelig, **direkt unterhalb der Blüten, laubblattartig, mehrfach fiederteilig**. BLÜTEN: einzeln, bläulich bis weißlich. NEKTARBLÄTTER: 5–10, zwischen den Perigon- u. Staubblättern, 2-lippig. STAUBBEUTEL: *ohne* Stachelspitze. FRUCHTBLÄTTER: **± bis zur Spitze verwachsen**. GRIFFEL: 5, frei. FRÜCHTE: Bälge, **glatt**. SAMEN: **querrunzelig**. BLÄTTER: gefiedert.

- in Einbürgerung befindlicher Neophyt, urspr. aus dem Mittelmeergebiet
- planar bis montan
- Schutt- u. Felsfluren, Ruderalvegetation, Zier- bzw. Nutzpflanze

J F M A **M J J A** S O N D

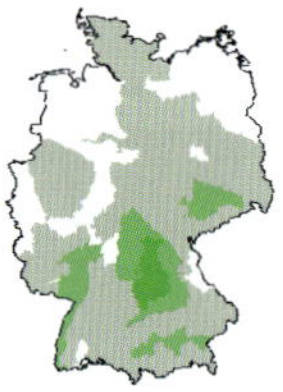

Nigella sativa L.

Echter Schwarzkümmel *Ranunculaceae*
∗ P5 A∞ G(1–5) schwach giftig

20–40 cm hoch. HOCHBLÄTTER UNTER DEN BLÜTEN: **fehlen**. BLÜTEN: einzeln, bläulich bis weißlich, oft mit grünlicher bis bläulicher Spitze; außen grünlich gestreift. NEKTARBLÄTTER: 5–10, zwischen den Perigon- u. Staubblättern, 2-lippig. STAUBBEUTEL: *ohne* Stachelspitze. FRUCHTBLÄTTER: **± bis zur Spitze verwachsen**. GRIFFEL: 5, frei. FRÜCHTE: Bälge, **drüsig-rau**. SAMEN: **querrunzelig**. BLÄTTER: gefiedert.

- in Einbürgerung befindlicher Neophyt, urspr. aus Westasien
- planar bis montan
- Äcker, Ruderalvegetation, Zier- bzw. Nutzpflanze

J F M A **M J J A** S O N D

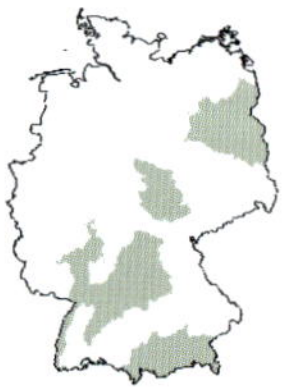

Helleborus foetidus L.

Stinkende Nieswurz *Ranunculaceae*
∗ P5 A∞ G2–5 stark giftig § BNatG b

30–80 cm hoch. Blütenstand: ≥ **5-blütig**; Tragblätter: **ungeteilt**. Blüten: **glockig-trichterförmig, 8–30 mm** ⌀, unangenehm riechend, **grünlichgelblich, distal oft rötlich überlaufen**. Perigonblätter: derb, auch nach dem Blühen bleibend. Nektarblätter: 8–20, zwischen den Perigon- u. Staubblättern, becherförmig bis röhrig. Früchte: Bälge. Stängel: **meist verzweigt**, mit grundständiger Blattrosette, **auch unterhalb der Verzweigung mit Laubblättern**. Blätter: **überwinternd grün**, tief-gelappt bis gefingert o. gefiedert.

- einheimisch
- planar bis montan
- Staudenfluren, Gehölze, Wälder, Zier- bzw. Nutzpflanze
- an basenreichen Standorten

J F M A M J J A S O N D

Helleborus niger L.

Schwarze Nieswurz *Ranunculaceae*
∗ P5 A∞ G2–5 stark giftig RL 3 § BNatG b

15–40 cm hoch. Blütenstand: **1–3-blütig**; Tragblätter: ungeteilt. Blüten: **offen ausgebreitet, 50–80 mm** ⌀**, weißlich**, zuweilen grünlich-gelblich *oder* rötlich überlaufen. Perigonblätter: derb, auch nach dem Blühen bleibend. Nektarblätter: 8–20, zwischen den Perigon- u. Staubblättern, becherförmig bis röhrig. Früchte: Bälge. Stängel: nicht bis wenig verzweigt, mit grundständiger Blattrosette, ***ohne* Laubblätter**. Blätter: **überwinternd grün**, tief-gelappt bis gefingert o. gefiedert.

- einheimisch
- collin bis montan
- Wälder, Zier- bzw. Nutzpflanze
- an basenreichen Standorten

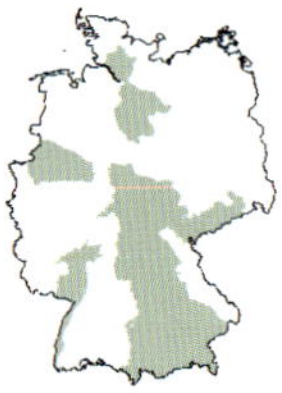

J F M A M J J A S O N D

Helleborus viridis L.

Grüne Nieswurz *Ranunculaceae*
∗ P5 A∞ G2–5 stark giftig § BNatG b

15–40 cm hoch. Blütenstand: **2–3-blütig**; Tragblätter: **gelappt bis gefiedert**. Blüten: **offen ausgebreitet, 30–50 mm** ⌀**, grünlich-gelblich**. Perigonblätter: derb, auch nach dem Blühen bleibend, **breit-oval**. Nektarblätter: 8–20, zwischen den Perigon- u. Staubblättern, becherförmig bis röhrig. Früchte: Bälge. Stängel: **meist verzweigt**, mit grundständiger Blattrosette, **nur oberhalb der Verzweigung mit Laubblättern, darunter nur mit Rosettenblättern**. Blätter: **sommergrün**, tief-gelappt bis gefingert o. gefiedert.

subsp. *viridis* (Grüne Nieswurz): Blüten: 40–50 mm ⌀. Blätter: am Rand fein gesägt; unterseits: behaart.
subsp. *occidentalis* (Westliche Grüne Nieswurz): Blüten: 30–50 mm ⌀. Blätter: am Rand grob bis doppelt gesägt; unterseits: ± kahl.

- einheimisch
- planar bis montan
- Gehölze, Wälder, Zier- bzw. Nutzpflanze
- an basenreichen Standorten

J F M A M J J A S O N D

Actaea spicata L.

Christophskraut *Ranunculaceae*
∗ K4 C4 A∞ G1 schwach giftig

30–60 cm hoch. Blütenstand: **trauben- bis rispenartig, Blüten dicht gedrängt**. Blüten: meist weißlich. Kronblätter: **länglich-schmal, kürzer als die Staubblätter**, mit Nektardrüse. Nektarblätter: zwischen den Perigon- u. Staubblättern. Früchte: **Beeren, schwarz**. Blätter: 2-fach gefiedert.

- einheimisch
- planar bis montan
- Wälder, Zier- bzw. Nutzpflanze

J F M A M J J A S O N D

Eranthis hyemalis (L.) Salisb.

Winterling *Ranunculaceae*
∗ P5–6 A∞ G3–9 stark giftig

Bis 15 cm hoch. Blütenstand: **Blüten meist einzeln**. Hochblätter unter den Blüten: **wirtelig, direkt unterhalb der Blüten, laubblattartig, tief geteilt**. Blüten: **gelb**. Nektarblätter: 8–15, zwischen den Perigon- u. Staubblättern, becherförmig bis röhrig. Früchte: **Bälge**, 2–3 mm lang. Grundblätter: lang gestielt, **tief fingerförmig gelappt, im Umriss rundlich**.

- eingebürgerter Neophyt, urspr. aus Südosteuropa
- planar bis collin
- Gehölze, Wälder, Ruderalvegetation, Zier- bzw. Nutzpflanze

J **F M A M** J J A S O N D

Caltha palustris L.

Sumpf-Dotterblume *Ranunculaceae*
∗ P5 A∞ G∞ giftig RL V

15–40 cm hoch. Blütenstand: Blüten einzeln o. zu wenigen. Blüten: **20–50 mm ⌀, gelb**. Früchte: **Bälge**. Stängel: **hohl**; unten: mit kräftigem Rhizom. Blätter: **glänzend, herz- bis nierenförmig, kahl**. Grundblätter: lang gestielt. Stängelblätter: kurz gestielt bis sitzend.

- einheimisch
- planar bis subalpin
- Gewässer, Grünland, Wälder, Quellfluren
- an nassen, zuweilen überfluteten Standorten

J F **M A M J** J A S O N D

Clematis alpina (L.) Mill.

Alpen-Waldrebe *Ranunculaceae*
∗ P4 A∞ G∞ giftig § BNatG b

Mit Blattstiel u. Spindel kletternde Liane. Blüten: **40–60 mm ⌀, bläulich bis violett**. Nektarblätter: **8–20**, zwischen den Perigon- u. Staubblättern, **staub- bis kronblattartig**, weißlich, sitzend. Früchte: Nüsschen, lang geschnäbelt, vor allem am Schnabel dicht behaart. Stängel: **verholzt**. Blattstellung: gegenständig. Blätter: unpaarig gefiedert, **3-teilig**.

- einheimisch
- montan bis subalpin
- Staudenfluren, Gehölze, Wälder, Schutt- u. Felsfluren, Zier- bzw. Nutzpflanze
- an sauren Standorten

J F M **A M J J A** S O N D

Clematis recta L.

Aufrechte Waldrebe *Ranunculaceae*
∗ P4 A∞ G∞ giftig RL 3

Meist krautig, allenfalls basal verholzt, 50–150 cm hoch. Blüten: **12–25 mm ⌀, weißlich**. Perigonblätter: **nur am Rand behaart**. Nektarblätter: **fehlen**. Früchte: Nüsschen, lang geschnäbelt, vor allem am Schnabel dicht behaart. Blattstellung: gegenständig. Blätter: unpaarig gefiedert.

- einheimisch
- planar bis montan
- Staudenfluren, Gehölze, Wälder, Zier- bzw. Nutzpflanze
- an basenreichen, meist trockenen Standorten

J F M A **M J J A** S O N D

Clematis vitalba L.

Gewöhnliche Waldrebe *Ranunculaceae*
∗ P4 A∞ G∞ giftig

Mit Blattstiel u. Spindel kletternde Liane. BLÜTEN: **12–25 mm ⌀; außen weißlich o. grünlich-gelblich; innen weißlich.** PERIGONBLÄTTER: **beidseits filzig behaart.** NEKTARBLÄTTER: **fehlen.** FRÜCHTE: Nüsschen, lang geschnäbelt, vor allem am Schnabel dicht behaart. STÄNGEL: **verholzt**, 10–80 mm ⌀. BLATTSTELLUNG: gegenständig. BLÄTTER: unpaarig gefiedert.

- einheimisch
- planar bis montan
- Gehölze, Wälder, Zier- bzw. Nutzpflanze

J F M A M **J J A S** O N D

Anemonastrum narcissiflorum (L.) Holub

Alpen-Berghähnlein *Ranunculaceae*
∗ P5–9 A∞ G∞ schwach giftig RL 3 § BNatG b

10–60 cm hoch. BLÜTENSTAND: **doldenartig, 2–8-blütig.** HOCHBLÄTTER UNTER DEN BLÜTEN: wirtelig, **etwas von den Blüten entfernt, sitzend, gefiedert, laubblattartig.** BLÜTEN: lang gestielt, **weißlich.** FRÜCHTE: Nüsschen, < 10 mm lang, kurz geschnäbelt, **kahl.**

- einheimisch
- montan bis alpin
- Extensivgrünland u. Magerrasen, Staudenfluren, Gehölze, Schutt- u. Felsfluren, Zier- bzw. Nutzpflanze
- an basenreichen Standorten

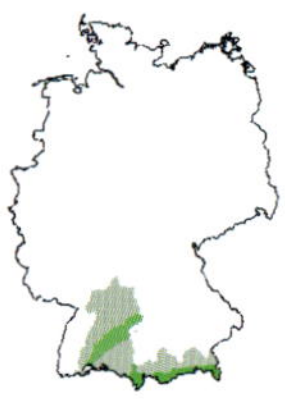

J F M **A M J J A** S O N D

Anemone baldensis L.

Monte-Baldo-Windröschen *Ranunculaceae*
∗ P8–10 A∞ G∞ schwach giftig RL R

Bis 20 cm hoch. BLÜTENSTAND: Blüten meist einzeln. HOCHBLÄTTER UNTER DEN BLÜTEN: wirtelig, etwas von den Blüten entfernt, **gefiedert, laubblattartig,** Stiel ± 0,5-mal so lang wie die Spreite, mit fiederspaltigen Fiederblättchen. BLÜTEN: lang gestielt, **20–40 mm ⌀, weißlich.** PERIGONBLÄTTER: **außen behaart.** FRÜCHTE: Nüsschen, an aufrechtem Stiel, < 10 mm lang, kurz geschnäbelt, **lang behaart.** AUSLÄUFER: unterirdisch, lang kriechend.

- einheimisch
- subalpin bis alpin
- Extensivgrünland u. Magerrasen, Schutt- u. Felsfluren
- an basenreichen Standorten

J F M A **M J J A** S O N D

Anemone nemorosa L.

Busch-Windröschen *Ranunculaceae*
∗ P5–6 A∞ G∞ giftig

10–30 cm hoch. BLÜTENSTAND: Blüten einzeln. HOCHBLÄTTER UNTER DEN BLÜTEN: wirtelig, etwas von den Blüten entfernt, **gefiedert, laubblattartig,** Stiel ± 0,5-mal so lang wie die Spreite, mit fiederspaltigen Fiederblättchen. BLÜTEN: lang gestielt, **10–50 mm ⌀, weißlich,** zuweilen rötlich überlaufen. PERIGONBLÄTTER: **kahl.** FRÜCHTE: Nüsschen, < 10 mm lang, kurz geschnäbelt, **kurzhaarig.** AUSLÄUFER: unterirdisch, lang kriechend.

- einheimisch
- planar bis montan
- Grünland, Staudenfluren, Gehölze, Wälder

J **F M A M J** J A S O N D

Anemone ranunculoides L.

Gelbes Windröschen *Ranunculaceae*
$\ast$ P5–6 A∞ G$\underline{\infty}$ giftig

10–20 cm hoch. BLÜTENSTAND: Blüten meist einzeln. HOCHBLÄTTER UNTER DEN BLÜTEN: wirtelig, etwas von den Blüten entfernt, **gefiedert, laubblattartig, mit kurzem Stiel, dieser < 0,5-mal so lang wie die Spreite,** mit fiederspaltigen Fiederblättchen. BLÜTEN: lang gestielt, **10–20 mm ⌀, gelb**. PERIGONBLÄTTER: **außen behaart**. FRÜCHTE: Nüsschen, < 10 mm lang, kurz geschnäbelt, **kurzhaarig**. AUSLÄUFER: unterirdisch, lang kriechend.

- einheimisch
- planar bis montan
- Gehölze, Wälder
- an nährstoffreichen, basenreichen Standorten

J F **M A M** J J A S O N D

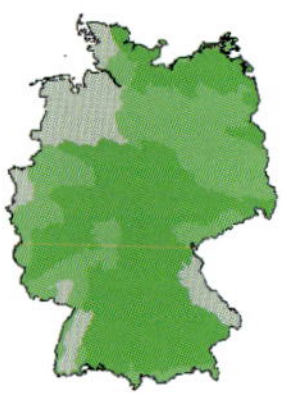

Anemone sylvestris L.

Großes Windröschen *Ranunculaceae*
$\ast$ P5–6 A∞ G$\underline{\infty}$ schwach giftig RL 3 § BNatG b

15–40 cm hoch. BLÜTENSTAND: Blüten einzeln. HOCHBLÄTTER UNTER DEN BLÜTEN: wirtelig, etwas von den Blüten entfernt, **gefiedert, laubblattartig**, Stiel ± 0,5-mal so lang wie die Spreite, mit fiederspaltigen Fiederblättchen. BLÜTEN: lang gestielt, **40–80 mm ⌀, weißlich**. PERIGONBLÄTTER: **außen behaart**. FRÜCHTE: Nüsschen, < 10 mm lang, kurz geschnäbelt, **lang behaart**. AUSLÄUFER: unterirdisch, lang kriechend.

- einheimisch
- planar bis montan
- Staudenfluren, Gehölze, Wälder
- an basenreichen, meist trockenen Standorten

J F **M A M J** J A S O N D

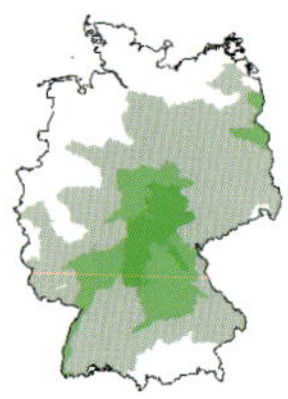

Hepatica nobilis Schreb.

Gewöhnliches Leberblümchen *Ranunculaceae*
$\ast$ P6–10 A∞ G$\underline{\infty}$ giftig § BNatG b

Bis 15 cm hoch. HOCHBLÄTTER UNTER DEN BLÜTEN: wirtelig, **direkt unterhalb der Blüten, sitzend, kelchblattartig**, ungeteilt, **1-spitzig**. BLÜTEN: **violett bis bläulich**. STAUBFÄDEN: **weißlich**. FRÜCHTE: Nüsschen. STÄNGEL: mit grundständiger Blattrosette. AUSLÄUFER: unterirdisch. BLÄTTER: lang gestielt, **herz- u. nierenförmig, 3 lappig, Blattlappen ganzrandig**.

- einheimisch
- planar bis montan
- Gehölze, Wälder, Zier- bzw. Nutzpflanze
- an basenreichen Standorten

J **F M A M** J J A S O N D

Pulsatilla alpina (L.) Delarbre

Alpen-Küchenschelle *Ranunculaceae*
$\ast$ P6 A∞ G$\underline{\infty}$ giftig § BNatG s

HOCHBLÄTTER UNTER DEN BLÜTEN: wirtelig, etwas von den Blüten entfernt, gestielt, **gefiedert, mit reduzierter Spreite**, basal *nicht* zu einer Scheide verwachsen. BLÜTEN: **meist aufrecht, offen ausgebreitet**. NEKTARBLÄTTER: fehlen. FRÜCHTE: Nüsschen, lang geschnäbelt, vor allem am Schnabel dicht behaart. AUSLÄUFER: unterirdisch. GRUNDBLÄTTER: **sommergrün, 3-fach gefiedert, mit zahlreichen schmalen Blattlappen**.

Im Gebiet kommen 3 Unterarten vor: subsp. *alpina*, subsp. *alba* und subsp. *apiifolia* (vgl. S. 1427).

- einheimisch
- subalpin bis alpin
- Extensivgrünland u. Magerrasen, Schutt- u. Felsfluren, Zier- bzw. Nutzpflanze
- an nährstoffarmen Standorten

J F M **A M J J A** S O N D

Pulsatilla patens (L.) Mill.

Finger-Küchenschelle *Ranunculaceae*
∗ P6 A∞ G∞ giftig RL 1 § FFH IV, BNatG s

Bis 50 cm hoch. Hochblätter unter den Blüten: wirtelig, etwas von den Blüten entfernt, sitzend bis kurz gestielt, **gefiedert, mit reduzierter Spreite, mit verwachsener Blattscheide**. Blüten: **meist aufrecht, glockig-trichterförmig bis ausgebreitet, rötlich bis violett**. Nektarblätter: zwischen den Perigon- u. Staubblättern, staubblattartig. Staubblätter: **± 0,5-mal so lang wie die Perigonblätter**. Früchte: Nüsschen, lang geschnäbelt, vor allem am Schnabel dicht behaart. Ausläufer: unterirdisch. Grundblätter: **sommergrün, 2-fach gefiedert, mit 3–5-teiligen Fiederblättern**.

- einheimisch
- planar bis montan
- Extensivgrünland u. Magerrasen, Wälder, Zier- bzw. Nutzpflanze
- an nährstoffarmen, meist trockenen Standorten

J F M A M J J A S O N D

Pulsatilla pratensis (L.) Mill.

Wiesen-Küchenschelle *Ranunculaceae*
∗ P6 A∞ G∞ giftig RL 2 § FFH IV, BNatG s

Bis 50 cm hoch. Hochblätter unter den Blüten: wirtelig, etwas von den Blüten entfernt, sitzend bis kurz gestielt, **gefiedert, mit reduzierter Spreite, mit verwachsener Blattscheide**. Blüten: **meist überhängend, glockig-trichterförmig, rötlich bis violett**, oft dunkel. Nektarblätter: zwischen den Perigon- u. Staubblättern, staubblattartig. Staubblätter: **deutlich kürzer als die Perigonblätter**. Früchte: Nüsschen, lang geschnäbelt, vor allem am Schnabel dicht behaart. Ausläufer: unterirdisch. Grundblätter: **sommergrün, 2–4-fach gefiedert, mit zahlreichen schmalen Blattlappen**.

- einheimisch
- planar bis collin
- Extensivgrünland u. Magerrasen, Zier- bzw. Nutzpflanze
- an nährstoffarmen, trockenen Standorten

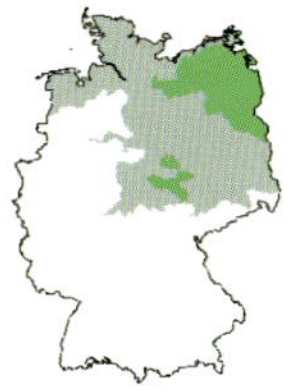

J F M A M J J A S O N D

Pulsatilla vernalis (L.) Mill.

Frühlings-Küchenschelle *Ranunculaceae*
∗ P6 A∞ G∞ giftig RL 2 § BNatG s

Bis 30 cm hoch. Pflanzen: **bronzefarben behaart**. Hochblätter unter den Blüten: wirtelig, etwas von den Blüten entfernt, sitzend bis kurz gestielt, **gefiedert, mit reduzierter Spreite, mit verwachsener Blattscheide**. Blüten: **meist aufrecht, glockig-trichterförmig bis ausgebreitet, innen gelblich-weißlich, außen bronzefarben**. Nektarblätter: zwischen den Perigon- u. Staubblättern, staubblattartig. Früchte: Nüsschen, lang geschnäbelt, vor allem am Schnabel dicht behaart. Ausläufer: unterirdisch. Grundblätter: **überwinternd grün, 1-fach gefiedert, mit wenigen lanzettlichen Blattlappen**.

- einheimisch
- planar bis alpin
- Extensivgrünland u. Magerrasen, Zwergstrauchheiden, Wälder, Schutt- u. Felsfluren, Zier- bzw. Nutzpflanze
- an nährstoffarmen Standorten

J F M A M J J A S O N D

Pulsatilla vulgaris Mill.

Gewöhnliche Küchenschelle *Ranunculaceae*
∗ P6 A∞ G∞ giftig RL 3 § FFH IV, BNatG s

Bis 50 cm hoch. Hochblätter unter den Blüten: wirtelig, etwas von den Blüten entfernt, sitzend bis kurz gestielt, **gefiedert, mit reduzierter Spreite, mit verwachsener Blattscheide**. Blüten: **meist aufrecht, glockig-trichterförmig bis ausgebreitet, hellviolett bis hellrötlich**. Nektarblätter: zwischen den Perigon- u. Staubblättern, staubblattartig. Staubblätter: **deutlich kürzer als die Perigonblätter**. Früchte: Nüsschen, lang geschnäbelt, vor allem am Schnabel dicht behaart. Ausläufer: unterirdisch. Grundblätter: **sommergrün, 2–4-fach gefiedert, mit zahlreichen schmalen Blattlappen**.

Im Gebiet kommen 2 Unterarten vor: subsp. *vulgaris* und subsp. *grandis* (vgl. S. 1427).

- einheimisch
- planar bis montan
- Extensivgrünland u. Magerrasen, Schutt- u. Felsfluren, Zier- bzw. Nutzpflanze
- an nährstoffarmen, trockenen Standorten

J F M A M J J A S O N D

Ceratocephala falcata (L.) Cramer

Sichelfrüchtiges Hornköpfchen *Ranunculaceae*
∗ K4–5 C3–5 A5–15 G$\underline{\infty}$ RL 0

Bis 10 cm hoch. Pflanzen: **1-jährig.** Blüten: gelblich. Kronblätter: mit basaler Nektardrüse. Kelch: meist 5-blättrig. Früchte: Nüsschen, **oberseits mit schmaler Furche, lang geschnäbelt**; Schnabel: **± gerade, 2–3-mal so lang wie der Fruchtknoten.** Stängel: mit grundständiger Blattrosette. Blätter: blau- bzw. graugrün, gelappt bis fiederspaltig, **filzig behaart.** Blattlappen: länglich-lineal bis lanzettlich.

- ausgestorbener Archaeophyt
- planar bis montan
- Äcker, Ruderalvegetation, Zier- bzw. Nutzpflanze

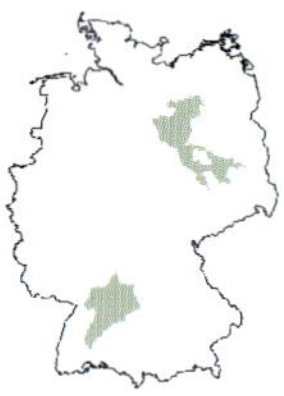

J **F M A M** J J A S O N D

Ficaria calthifolia Rchb.

Scharbockskraut *Ranunculaceae*
∗ K3–5 C6–15 A∞ G$\underline{\infty}$ giftig

Bis 10 cm hoch. Pflanzen: *ohne* Bulbillen in den Blattachseln. Blüten: **gelb.** Kronblätter: **oft breit-oval**, mit basaler Nektardrüse. Nektardrüsen: von einer Schuppe bedeckt. Früchte: **meist ausgebildet**, Nüsschen. Wurzeln: **oft keulenförmig verdickt.** Stängel: vor allem unten beblättert. Ausläufer: ***nicht* einwurzelnd.** Blätter: **herz- o. nierenförmig bis oval**, ± ganzrandig.

- einheimisch
- planar bis collin
- Grünland, Gehölze, Ruderalvegetation, Zier- bzw. Nutzpflanze

J **F M A M** J J A S O N D

Ficaria verna Huds.

Knöllchen-Scharbockskraut *Ranunculaceae*
∗ K3–5 C6–15 A∞ G$\underline{\infty}$ giftig

Bis 20 cm hoch. Pflanzen: **oft mit Bulbillen in den Blattachseln.** Blüten: **gelb.** Kronblätter: **oft schmal-oval**, mit basaler Nektardrüse. Nektardrüsen: von einer Schuppe bedeckt. Früchte: **nur selten ausgebildet, meist verkümmert**, Nüsschen. Wurzeln: **oft keulenförmig verdickt.** Stängel: vor allem unten beblättert. Ausläufer: **an den Knoten oft einwurzelnd.** Blätter: **herz- o. nierenförmig bis rundlich**, am Rand meist gekerbt.

- einheimisch
- planar bis montan
- Grünland, Staudenfluren, Gehölze, Wälder, Ruderalvegetation, Zier- bzw. Nutzpflanze

J **F M A M J** J A S O N D

Myosurus minimus L.

Kleines Mäuseschwänzchen *Ranunculaceae*
∗ P5 A5–10 G$\underline{\infty}$

Bis 10 cm hoch. Pflanzen: **1-jährig.** Blüten: **mit vielen hakenförmigen Spornen, grünlich.** Blütenboden: **verlängert, länglich-zylindrisch, > 1 cm lang.** Früchte: Nüsschen, ≥ 10 Teilfrüchte pro Blüte. Stängel: mit grundständiger Blattrosette. Blätter: **schmal-lineal.**

- Archaeophyt
- planar bis montan
- trockenfallende Ufer, Intensivgrünland, Staudenfluren, Äcker, Ruderalvegetation
- an feuchten, zuweilen überfluteten Standorten

J F **M A M J** J A S O N D

Ranunculus: Kräuter. Blüten: zwittrig, gelb *oder* weißlich, offen ausgebreitet, *nicht* gespornt, ohne Helm. Kronblätter: mit bedeckter (subg. *Ranunculus*) *oder* offener (subg. *Batrachium*) Nektardrüse (Nektarblätter). Früchte: 1-samige Nüsschen. Blätter: meist wechselständig. Die Untergattung *Batrachium* umfasst weißblühende Wasserpflanzen.

***Ranunculus aquatilis* agg.**

Gewöhnlicher Wasser-Hahnenfuß *Ranunculaceae*
∗ K5 C5 A5–40 G∞

Wasser- o. Sumpfpflanze. Blüten: weißlich, **basal oft gelblich**. Blütenboden: behaart. Schwimmblätter: **meist vorhanden**, gegenständig, gestielt, ungeteilt bis gelappt, rundlich bis nierenförmig, am Rand stumpf gekerbt, **oft > 50 % tief eingeschnitten, Blattlappen zum Grund verschmälert**. Tauchblätter: **meist vorhanden**, tief geteilt, mit schmal-linealen Blattlappen.

In Deutschland kommen 7 Arten der Artengruppe *Ranunculus aquatilis* agg. vor (vgl. S. 1427).

- einheimisch
- planar bis montan
- Gewässer, trockenfallende Ufer, Zier- bzw. Nutzpflanze
- an zuweilen trockenfallenden bis dauerhaft überfluteten, auch salzhaltigen Standorten

J F M A M J J A S O N D

***Ranunculus circinatus* Sibth.**

Spreizender Wasser-Hahnenfuß *Ranunculaceae*
∗ K5 C5 A10–30 G∞ RL V

Im Boden wurzelnde Wasserpflanze, allenfalls die Blüten aus dem Wasser ragend. Blüten: **6–20 mm ⌀**, weißlich, **basal gelblich**. Blütenboden: behaart. Kelchblätter: 3–7 mm lang. Früchte: 25–60 Teilfrüchte pro Blüte, **behaart**. Stängel: 10–500 cm lang. Schwimmblätter: **fehlen**. Tauchblätter: tief geteilt, mit schmalen, linealen Blattlappen, **außerhalb des Wassers meist steif, aufrecht, Blattlappen in einer Ebene liegend**.

- einheimisch
- planar bis montan
- Gewässer
- an nährstoffreichen, dauerhaft überfluteten, auch salzhaltigen Standorten

J F M A M J J A S O N D

***Ranunculus fluitans* Lam.**

Flutender Wasser-Hahnenfuß *Ranunculaceae*
∗ K5 C5 A10–30 G∞ RL V

Im Boden wurzelnde Wasserpflanze, allenfalls die Blüten aus dem Wasser ragend. Blüten: **12–40 mm ⌀**, weißlich, **basal gelblich**. Blütenboden: **± kahl**. Nektardrüsen: **birnenförmig**. Kelchblätter: 4–8 mm lang. Früchte: 25–80 Teilfrüchte pro Blüte, 1–3 mm lang, **kahl**. Stängel: 80–600 cm lang. Schwimmblätter: **fehlen**. Tauchblätter: tief geteilt, mit schmal-linealen Blattlappen, **Blattlappen unregelmäßig angeordnet**, 10–50 cm lang, **mindestens so lang wie die Internodien des Stängels**.

- einheimisch
- planar bis montan
- Gewässer
- an nährstoffreichen, dauerhaft überfluteten Standorten

J F M A M J J A S O N D

***Ranunculus hederaceus* L.**

Efeu-Wasser-Hahnenfuß *Ranunculaceae*
∗ K5 C5 A5–15 G∞ RL 2

Wasser- o. Sumpfpflanze. Blüten: **2–10 mm ⌀**, weißlich, **basal *nicht* gelblich**. Blütenboden: **kahl**. Kelchblätter: **1–3 mm lang**. Früchte: 8–50 Teilfrüchte pro Blüte, **kahl**. Stängel: 10–100 cm lang. Schwimmblätter: gegenständig, gestielt, ungeteilt bis gelappt, rundlich bis nierenförmig, **3–5-lappig, < 50 % tief eingeschnitten, Blattlappen basal am breitesten**. Tauchblätter: **fehlen**.

- einheimisch
- planar bis montan
- Gewässer, Quellfluren, Zier- bzw. Nutzpflanze
- an sauren, nassen, meist überfluteten Standorten

J F M A M J J A S O N D

Ranunculus glacialis L.

Gletscher-Hahnenfuß *Ranunculaceae*
∗ K5 C5 A∞ G∞ RL R

Bis 15 cm hoch. BLÜTEN: **weißlich, oft rötlich überlaufen.** KRONE: **auch nach dem Blühen bleibend.** GRUNDBLÄTTER: **fiederspaltig bis 2-fach gefiedert, 3-teilig, glänzend.**

- einheimisch
- subalpin bis alpin
- Schutt- u. Felsfluren, Zier- bzw. Nutzpflanze
- an nährstoffarmen, sauren Standorten

J F M A M **J J A** S O N D

Ranunculus alpestris L.

Alpen-Hahnenfuß *Ranunculaceae*
∗ K5 C5 A∞ G∞

Bis 15 cm hoch. BLÜTEN: **weißlich.** BLÜTENSTIELE: **im QS kantig-gefurcht.** KRONE: nach dem Blühen abfallend. GRUNDBLÄTTER: **gelappt, 3–5-teilig, matt.**

- einheimisch
- subalpin bis alpin
- Extensivgrünland u. Magerrasen, Schutt- u. Felsfluren, Schneetälchen, Zier- bzw. Nutzpflanze
- an kalkreichen Standorten

J F M A **M J J A S** O N D

Ranunculus aconitifolius L.

Eisenhut-Hahnenfuß *Ranunculaceae*
∗ K5 C5 A∞ G∞ schwach giftig

20–60 cm hoch. BLÜTEN: **weißlich.** BLÜTENSTIELE: **meist < 3-mal so lang wie das gegenüberliegende Blatt, meist behaart.** KRONE: nach dem Blühen abfallend. BLÄTTER: handförmig gelappt bis gefingert. GRUNDBLÄTTER: **gefingert.**

- einheimisch
- collin bis alpin
- Grünland, Staudenfluren, Gehölze, Wälder, Zier- bzw. Nutzpflanze
- an feuchten bis nassen Standorten

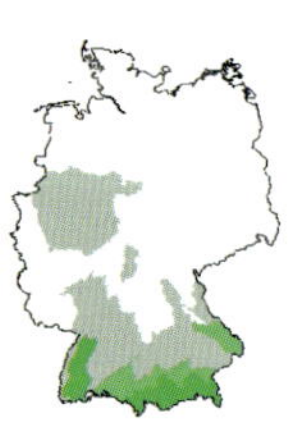

J F M **A M J J A** S O N D

Ranunculus platanifolius L.

Platanen-Hahnenfuß *Ranunculaceae*
∗ K5 C5 A∞ G∞

40–120 cm hoch. BLÜTEN: **weißlich.** BLÜTENSTIELE: **meist > 3-mal so lang wie das gegenüberliegende Blatt, ± kahl.** KRONE: nach dem Blühen abfallend. BLÄTTER: handförmig gelappt bis gefingert. GRUNDBLÄTTER: **gefingert.**

- einheimisch
- collin bis subalpin
- Staudenfluren, Gehölze, Wälder, Zier- bzw. Nutzpflanze

J F M **A M J J A** S O N D

Ranunculus parnassiifolius L.

Herzblättriger Hahnenfuß *Ranunculaceae*
∗ K5 C5 A∞ G∞ RL 1

Bis 40 cm hoch. BLÜTEN: **weißlich**. KRONE: nach dem Blühen abfallend. BLÄTTER: **oval bis herzförmig, ganzrandig**. GRUNDBLÄTTER: lang gestielt, **ungeteilt**. STÄNGELBLÄTTER: sitzend.

- einheimisch
- subalpin bis alpin
- Schutt- u. Felsfluren
- an kalkreichen Standorten

J F M A **M J J A** S O N D

Ranunculus sceleratus L.

Gift-Hahnenfuß *Ranunculaceae*
∗ K5 C5 A∞ G∞ stark giftig

10–60 cm hoch. PFLANZEN: **1-jährig**. BLÜTEN: 3–12 mm ⌀, gelblich. BLÜTENBODEN: **verlängert, länglich-eiförmig bis kurz-zylindrisch, bis 1 cm lang**. NEKTARDRÜSEN: **± unbedeckt (Schuppe sehr klein)**. KELCHBLÄTTER: **± so lang wie die Kronblätter**. FRÜCHTE: SCHNABEL: kurz, gerade bis undeutlich gekrümmt. STÄNGEL: **kahl**. BLÄTTER: **glänzend, handförmig gelappt**, kahl. GRUNDBLÄTTER: **3-teilig, Mittellappen mit den seitlichen verbunden**.

- einheimisch
- planar bis montan
- trockenfallende Ufer, Moore u. Seggenriede, Staudenfluren, Ruderalvegetation, Zier- bzw. Nutzpflanze
- an nährstoffreichen, nassen, zuweilen überfluteten, auch salzhaltigen Standorten

J F M A **M J J A S O** N D

Ranunculus hybridus Biria

Nierenblättriger Hahnenfuß *Ranunculaceae*
∗ K5 C5 A∞ G∞ schwach giftig RL R

Bis 15 cm hoch. BLÜTEN: gelblich. BLÜTENSTIELE: im QS rund, *nicht* gefurcht. KRONE: meist 5-blättrig, zuweilen reduziert. FRÜCHTE: **kahl**. GRUNDBLÄTTER: **ungeteilt bis gelappt, distal gekerbt**. UNTERE STÄNGELBLÄTTER: **herz- o. nierenförmig bis rundlich, etwas derb, bläulich bereift, distal gezähnt**. OBERE STÄNGELBLÄTTER: seicht 3–5-lappig *oder* länglich-lanzettlich.

- einheimisch
- montan bis alpin
- Schutt- u. Felsfluren
- an kalkreichen Standorten

J F M A **M J J A** S O N D

Ranunculus arvensis L.

Acker-Hahnenfuß *Ranunculaceae*
∗ K5 C5 A∞ G∞ schwach giftig RL 3

20–60 cm hoch. PFLANZEN: **1-jährig**. BLÜTEN: **4–12 mm ⌀**, gelblich. FRÜCHTE: **3–8 Teilfrüchte pro Blüte, mit vielen Stacheln**, 4–8 mm lang.

- Archaeophyt
- planar bis montan
- Äcker, Ruderalvegetation, Zier- bzw. Nutzpflanze
- an kalkreichen Standorten

J F M **A M J J A** S O N D

Ranunculus sardous Crantz

Sardischer Hahnenfuß *Ranunculaceae*
∗ K5 C5 A∞ G$\underline{\infty}$ schwach giftig RL 3

10–30 cm hoch. Pflanzen: **1-jährig**. Blüten: 12–25 mm ⌀, gelblich. Blütenstiele: **im QS kantig-gefurcht**. Kelchblätter: **abstehend bis zurückgeschlagen, ± 0,5-mal so lang wie die Kronblätter**. Früchte: **kahl**; Schnabel: gekrümmt. Stängel: **abstehend behaart**. Grundblätter: 1–2-fach gefiedert, **3-teilig, Mittellappen ± 5 mm lang gestielt**.

- einheimisch
- planar bis montan
- Grünland, Äcker, Ruderalvegetation, Trittfluren, Zier- bzw. Nutzpflanze
- an feuchten bis nassen, zuweilen überfluteten, auch salzhaltigen Standorten

J F M **A M J J A** S O N D

Ranunculus illyricus L.

Illyrischer Hahnenfuß *Ranunculaceae*
∗ K5 C5 A∞ G$\underline{\infty}$ schwach giftig RL 2

30–50 cm hoch. Blüten: 20–40 mm ⌀, gelblich. Blütenstiele: **im QS rund, *nicht* gefurcht**. Blütenboden: **verlängert, länglich-eiförmig, bis 1 cm lang**. Kelchblätter: **abstehend bis zurückgeschlagen, grauzottig behaart**. Wurzeln: **knollig verdickt**. Blätter: ungeteilt *oder* tief fiederspaltig, **länglich-lanzettlich *oder* Fiederblättchen länglich-lanzettlich, dicht seidig-filzig behaart**.

- einheimisch
- planar bis collin
- Extensivgrünland u. Magerrasen, Zier- bzw. Nutzpflanze
- meist an nährstoffarmen, meist trockenen Standorten

J F M **A M J** J A S O N D

Ranunculus acris L.

Scharfer Hahnenfuß *Ranunculaceae*
∗ K5 C5 A∞ G$\underline{\infty}$ schwach giftig

30–120 cm hoch. Blüten: 10–40 mm ⌀, gelblich. Blütenstiele: im QS rund, *nicht* gefurcht. Blütenboden: **kahl**. Kelchblätter: behaart. Früchte: **kahl**; Schnabel: gerade bis undeutlich gekrümmt. Stängel: **kahl *oder* anliegend behaart**. Blattstiele: **meist anliegend behaart**. Blätter: meist anliegend behaart. Grundblätter: **gelappt bis fiederspaltig, 3–5-teilig, Mittellappen mit den seitlichen verbunden**.

subsp. *acris* (Scharfer Hahnenfuß): 30–60 cm hoch. Ausläufer: < 1 cm lang. Blätter: Abschnitte > 66 % tief geteilt. Blattlappen der oberen Stängelblätter: lineal lanzettlich.

subsp. *friesianus* (Fries' Hahnenfuß): 50–120 cm hoch. Ausläufer: 3–10 cm lang. Blätter: Abschnitte < 66 % tief geteilt. Blattlappen der oberen Stängelblätter: länglich bis oval.

- einheimisch
- planar bis alpin
- Grünland, Zier- bzw. Nutzpflanze

J F M **A M J J A S O** N D

Ranunculus breyninus Crantz

Gebirgs-Hahnenfuß *Ranunculaceae*
∗ K5 C5 A∞ G$\underline{\infty}$ schwach giftig

10–60 cm hoch. Blüten: 10–40 mm ⌀, gelblich. Blütenstiele: im QS rund, *nicht* gefurcht. Blütenboden: **vollständig behaart**. Kronblätter: **distal meist ausgerandet**. Früchte: **35–80 Teilfrüchte pro Blüte, kahl**; Schnabel: gekrümmt bis hakenförmig, 0,1–0,25-mal so lang wie die Frucht. Wurzelstock: **oben behaart**. Blätter: **Spreite nicht-entfalteter Laubblätter nach unten gebogen, behaart**. Grundblätter: **gelappt bis fiederspaltig, 3–5-teilig**, behaart. obere Stängelblätter: Blattlappen länglich-lineal, > 7-mal so lang wie breit.

- einheimisch
- montan bis alpin
- Extensivgrünland u. Magerrasen, Wälder, Schutt- u. Felsfluren
- an basenreichen Standorten

J F M **A M J J** A S O N D

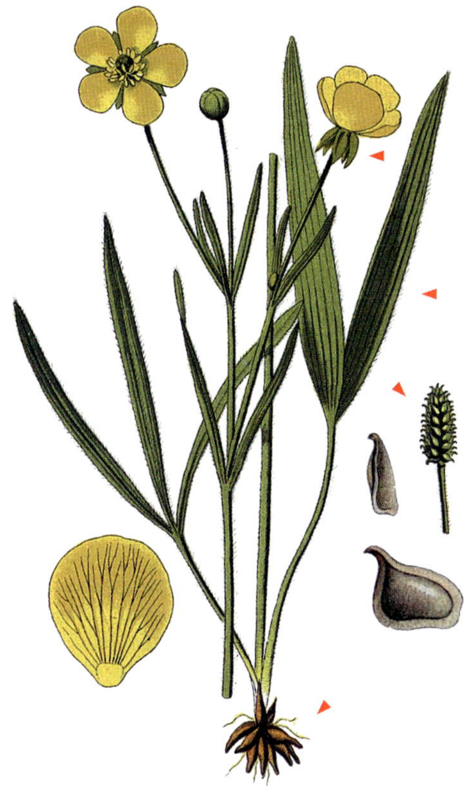

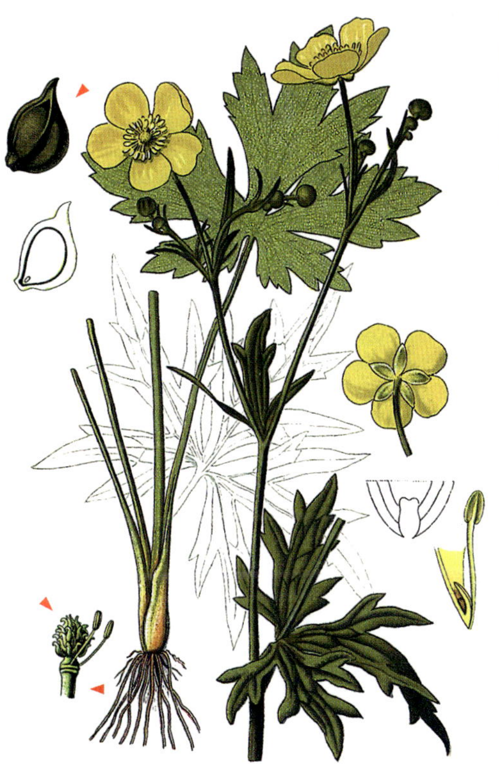

Ranunculus carinthiacus Hoppe

Kärntner Hahnenfuß *Ranunculaceae*
∗ K5 C5 A∞ G∞ schwach giftig RL 2

Bis 20 cm hoch. Blüten: 10–40 mm ⌀, gelblich. Blütenstiele: im QS rund, *nicht* gefurcht. Blütenboden: **nur oben behaart**. Kronblätter: distal meist abgerundet. Früchte: 20–60 Teilfrüchte pro Blüte, **kahl**; Schnabel: gekrümmt bis hakenförmig, **< 0,1-mal so lang wie die Frucht**. Blätter: **Spreite nicht-entfalteter Laubblätter *nicht* nach unten gebogen, kahl**. Grundblätter: **gelappt bis fiederspaltig, Blattlappen > 50 % tief eingeschnitten, 3–5-teilig**, kahl bis locker behaart. obere Stängelblätter: Blattlappen länglich-lineal, > 7-mal so lang wie breit.

- einheimisch
- montan bis alpin
- Extensivgrünland u. Magerrasen, Wälder, Schutt- u. Felsfluren
- an basenreichen Standorten

J F **M A M J J A** S O N D

Ranunculus montanus Willd.

Berg-Hahnenfuß *Ranunculaceae*
∗ K5 C5 A∞ G∞ schwach giftig

Bis 30 cm hoch. Blüten: 10–40 mm ⌀, gelblich. Blütenstiele: im QS rund, *nicht* gefurcht. Blütenboden: **nur oben behaart**. Kronblätter: distal meist abgerundet. Früchte: 20–60 Teilfrüchte pro Blüte, **kahl**; Schnabel: gekrümmt bis hakenförmig, 0,1–0,25-mal so lang wie die Frucht. Blätter: **Spreite nicht-entfalteter Laubblätter *nicht* nach unten gebogen, kahl bis spärlich behaart**. Grundblätter: **gelappt bis fiederspaltig, Blattlappen < 50 % tief eingeschnitten, 3–5-teilig**, kahl bis locker behaart. obere Stängelblätter: Blattlappen länglich-lanzettlich, < 7-mal so lang wie breit, **in o. über der Mitte am breitesten**.

- einheimisch
- montan bis alpin
- Grünland, Zier- bzw. Nutzpflanze
- an basenreichen Standorten

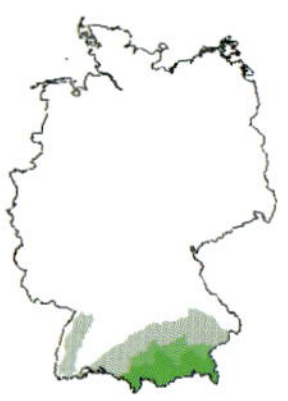

J F M **A M J J A S** O N D

Ranunculus villarsii DC.

Greniers Hahnenfuß *Ranunculaceae*
∗ K5 C5 A∞ G∞ schwach giftig RL R

Bis 20 cm hoch. Blüten: 10–40 mm ⌀, gelblich. Blütenstiele: im QS rund, *nicht* gefurcht. Blütenboden: **nur oben behaart**. Kronblätter: distal meist abgerundet. Früchte: 20–60 Teilfrüchte pro Blüte, **kahl**; Schnabel: gekrümmt bis hakenförmig, 0,1–0,25-mal so lang wie die Frucht. Blätter: **Spreite nicht-entfalteter Laubblätter *nicht* nach unten gebogen, dicht behaart**. Grundblätter: **gelappt bis fiederspaltig, 3–5-teilig**, dicht behaart. obere Stängelblätter: Blattlappen länglich-lanzettlich, < 7-mal so lang wie breit, **in der basalen Hälfte am breitesten**.

- einheimisch
- montan bis alpin
- Extensivgrünland u. Magerrasen, Wälder
- an nährstoffarmen, sauren Standorten

J F M **A M J J A** S O N D

Ranunculus bulbosus L.

Knolliger Hahnenfuß *Ranunculaceae*
∗ K5 C5 A∞ G∞ schwach giftig

10–50 cm hoch. Blüten: gelblich. Blütenstiele: **im QS kantig-gefurcht**. Kelchblätter: **abstehend bis zurückgeschlagen**. Früchte: **kahl**; Schnabel: gekrümmt. Stängel: **unten knollig verdickt**; unten: **abstehend behaart**; oben: **anliegend behaart**. Blätter: meist behaart. Fiederblättchen: **mittleres gestielt**. Grundblätter: **gelappt bis tief-fiederspaltig, 3-teilig, Mittellappen mit den seitlichen (undeutlich) verbunden**.

- einheimisch
- planar bis montan
- Extensivgrünland u. Magerrasen, Ruderalvegetation, Zier- bzw. Nutzpflanze
- meist an trockenen Standorten

J F M **A M J J A** S O N D

Ranunculus lanuginosus L.

Wolliger Hahnenfuß *Ranunculaceae*
∗ K5 C5 A∞ G∞ schwach giftig

30–80 cm hoch. Blüten: 10–40 mm ⌀, gelblich. Blütenstiele: im QS rund, *nicht* gefurcht. Blütenboden: **kahl**. Früchte: **kahl**; Schnabel: hakenförmig. Stängel: **mit abstehenden Haaren**. Blattstiele: **abstehend behaart**. Blätter: **abstehend behaart**. Grundblätter: **gelappt bis fiederspaltig, 3–5-teilig**; Blattlappen: breit oval bis lanzettlich, unregelmäßig gesägt.

- einheimisch
- planar bis montan
- Staudenfluren, Gehölze, Wälder, Zier- bzw. Nutzpflanze
- an basenreichen Standorten

J F M **A M J J A** S O N D

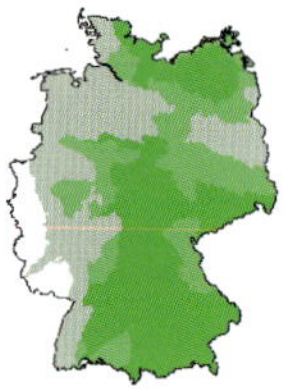

Ranunculus polyanthemos L.

Vielblütiger Hahnenfuß *Ranunculaceae*
∗ K5 C5 A∞ G∞ schwach giftig RL V

Bis 100 cm hoch. Blüten: 10–40 mm ⌀, gelblich. Blütenstiele: **im QS kantig-gefurcht**. Blütenboden: **behaart**. Früchte: **kahl**. Stängel: unten: **abstehend behaart**; oben: **anliegend behaart**. Blätter: meist behaart. Grundblätter: **gelappt bis tief-fiederspaltig, meist 3-teilig, seltener 5-teilig**.

Im Gebiet kommen 5 Unterarten vor: subsp. *polyanthemos*, subsp. *nemorosus*, subsp. *polyanthemoides*, subsp. *polyanthemophyllus* und subsp. *serpens* (vgl. S. 1428).

- einheimisch
- planar bis subalpin
- Moore u. Seggenriede, Grünland, Staudenfluren, Gehölze, Wälder, Ruderalvegetation

J F M **A M J J** A S O N D

Ranunculus repens L.

Kriechender Hahnenfuß *Ranunculaceae*
∗ K5 C5 A∞ G∞ schwach giftig

10–40 cm hoch. Blüten: 10–40 mm ⌀, gelblich. Blütenstiele: **im QS kantig-gefurcht**. Blütenboden: **behaart**. Früchte: **kahl**; Schnabel: gerade bis undeutlich gekrümmt. Stängel: **basal niederliegend**; unten: ± abstehend behaart; oben: ± anliegend behaart. Ausläufer: oberirdisch, lang, **oft einwurzelnd**. Grundblätter. **1–2-fach gefiedert, 3-teilig**, zumindest der mittlere Abschnitt > 0,5 cm lang gestielt.

- einheimisch
- planar bis subalpin
- Grünland, Staudenfluren, Wälder, Schutt- u. Felsfluren, Äcker, Ruderalvegetation, Zier- bzw. Nutzpflanze
- auch an salzhaltigen Standorten

J F M **A M J J A S** O N D

Ranunculus auricomus coll.

Gold-Hahnenfuß *Ranunculaceae*
∗ K5 C5 A∞ G∞ schwach giftig

Bis 80 cm hoch. Blüten: gelblich. Blütenstiele: **im QS rund, *nicht* gefurcht**. Krone: meist 5-blättrig, zuweilen reduziert. Früchte: 3–5 mm lang, **behaart**. Stängel: **kahl *oder* anliegend behaart**. Blätter: **sitzend, Grund- u. Stängelblätter verschieden gestaltet**, kahl o. anliegend behaart. Grundblätter: **lang gestielt, im Umriss meist rundlich bis nierenförmig**.

Die Sammelart umfasst mehrere hundert oft nur schlecht charakterisierte Taxa.

- einheimisch
- planar bis montan
- Moore u. Seggenriede, Grünland, Gehölze, Wälder, Ruderalvegetation

J F **M A M J** J A S O N D

US

Ranunculus flammula L.

Brennender Hahnenfuß *Ranunculaceae*
∗ K5 C5 A∞ G$\underline{\infty}$ schwach giftig

Bis 80 cm hoch. BLÜTEN: **5–20 mm ⌀**, gelblich. FRÜCHTE: **1,5–2 mm lang**; SCHNABEL: gekrümmt bis hakenförmig. STÄNGEL: aufrecht *oder* niederliegend. AUSLÄUFER: oberirdisch, lang, **nur an den unteren Knoten einwurzelnd**. BLÄTTER: **ungeteilt, länglich-lanzettlich bis oval, ganzrandig**. GRUNDBLÄTTER: **ungeteilt, lanzettlich bis spatelförmig, in den Stiel verschmälert**.

- einheimisch
- planar bis montan
- Moore u. Seggenriede, Extensivgrünland u. Magerrasen, Zier- bzw. Nutzpflanze
- an nährstoffarmen, sauren, feuchten bis nassen, zuweilen überfluteten, auch salzhaltigen Standorten

J F M **A M J J A S O** N D

Ranunculus reptans L.

Ufer-Hahnenfuß *Ranunculaceae*
∗ K5 C5 A∞ G$\underline{\infty}$ schwach giftig RL 2

Bis 30 cm hoch. BLÜTEN: **4–12 mm ⌀**, gelblich. FRÜCHTE: **1–1,5 mm lang**; SCHNABEL: ± gerade. STÄNGEL: **niederliegend**. AUSLÄUFER: oberirdisch, lang, **an ± allen Knoten einwurzelnd**. BLÄTTER: **ungeteilt, länglich-lanzettlich bis oval, ganzrandig**. GRUNDBLÄTTER: **ungeteilt, länglich-lanzettlich, in den Stiel verschmälert**.

- einheimisch
- planar bis montan
- Gewässer, trockenfallende Ufer, Extensivgrünland u. Magerrasen
- an nährstoffarmen, basenreichen, nassen, zuweilen überfluteten Standorten

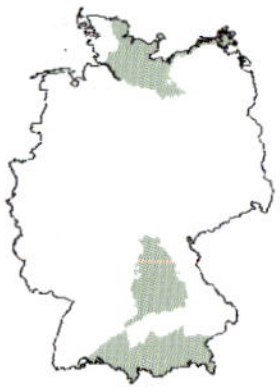

J F M A **M J J A S** O N D

Ranunculus lingua L.

Zungen-Hahnenfuß *Ranunculaceae*
∗ K5 C5 A∞ G$\underline{\infty}$ schwach giftig RL 3 § BNatG b

Im Boden wurzelnde Wasserpflanze, seltener terrestrisch, **50–180 cm hoch**. BLÜTENSTAND: trauben- bis rispenartig. BLÜTEN: **20–50 mm ⌀**, gelblich. FRÜCHTE: SCHNABEL: gekrümmt bis hakenförmig. STÄNGEL: **aufrecht**. AUSLÄUFER: unterirdisch, lang. BLÄTTER: **ungeteilt, länglich-lanzettlich, ganzrandig**. GRUNDBLÄTTER: **ungeteilt, länglich-lanzettlich, ungestielt**.

- einheimisch
- planar bis montan
- Gewässer, Röhrichte, Zier- bzw. Nutzpflanze
- an nassen, zuweilen trockenfallenden Standorten

J F M A **M J J A** S O N D

Platanus hispanica Münchh.

Gewöhnliche Platane *Platanaceae*
♂ ∗ K(3–5) C3–7 A3–8 | ♀ ∗ P(3–4) G$\underline{5–9}$

Hybride aus *P. occidentalis* u. *P. orientalis*, bis 40 m hoher Laubbaum. PFLANZEN: 1-häusig. BLÜTENSTAND: köpfchenartig, in traubenartigem Gesamt-Blütenstand, **meist mit 2 Köpfchen**. KELCHBLÄTTER: meist verwachsen. ♀ BLÜTEN: Blütenhülle zumindest basal verwachsen. ♂ BLÜTEN: Kelchblätter zumindest basal verwachsen. FRUCHTSTAND: ± kugelig, dicht gepackt. FRÜCHTE: Nüsse, behaart. BORKE: **grünlich, gelblich o. gräulich gefleckt, in großen Platten abfallend**. BLATTSTELLUNG: wechselständig. BLÄTTER: **gebuchtet bis seicht handförmig gelappt**, 3–5-teilig, **Einschnitte der Blattlappen < 50 % des Spreitenradius tief**.

- in Einbürgerung befindlicher Neophyt, Kulturhybride
- planar bis montan
- Zier- bzw. Nutzpflanze

J F **M A M J** J A S O N D

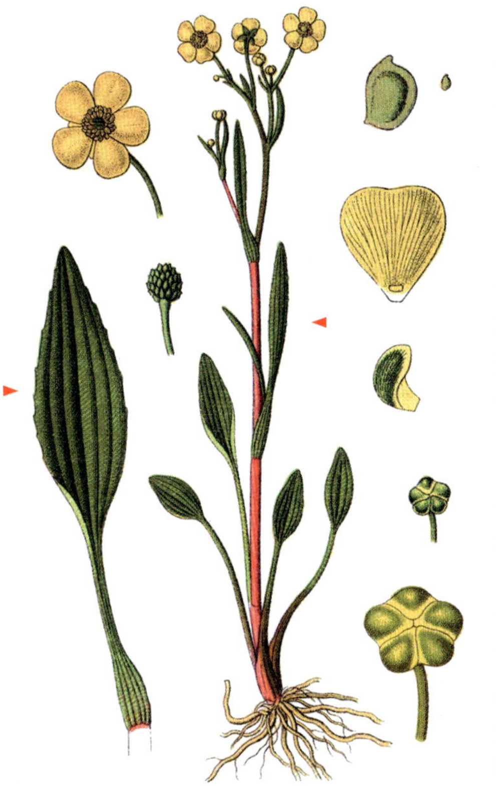

Platanus orientalis L.

Morgenländische Platane *Platanaceae*
♂ ∗ K(3–5) C3–7 A3–8 | ♀ ∗ P(3–4) G5–9

Bis 35 m hoher Laubbaum. PFLANZEN: 1-häusig. BLÜTENSTAND: köpfchenartig, in traubenartigem GesamtBlütenstand, **mit 2–7 Köpfchen**. KELCHBLÄTTER: meist verwachsen. ♀ BLÜTEN: Blütenhülle zumindest basal verwachsen. ♂ BLÜTEN: Kelchblätter zumindest basal verwachsen. FRUCHTSTAND: ± kugelig, dicht gepackt. FRÜCHTE: Nüsse, behaart. BORKE: gräulich bis bräunlich, **in kleinen Platten abfallend**. BLATTSTELLUNG: wechselständig. BLÄTTER: **tief handförmig gelappt**, 3–7-teilig, **Einschnitte der Blattlappen > 50 % des Spreitenradius tief**.

- in Einbürgerung befindlicher Neophyt, urspr. aus Südosteuropa u. Westasien
- planar bis collin
- Wälder, Zier- bzw. Nutzpflanze

J F **M A M J** J A S O N D

Buxus sempervirens L.

Buchsbaum *Buxaceae*
♂ ∗ P4 A4 | ♀ ∗ P4–6 G(3) giftig RL 3 § BNatG b

Bis 4 m hoch. PFLANZEN: meist strauchförmig, 1-häusig. BLÜTENSTAND: knäuelig. BLÜTEN: gelblich bis weißlich. FRÜCHTE: Kapseln, **mit 3 je 2-hörnigen Klappen**. BLATTSTELLUNG: **gegenständig**. BLÄTTER: **immergrün**, ungeteilt, Spreite 1–4 cm lang, **ganzrandig**; OBERSEITS: **dunkelgrün**, **glänzend**; UNTERSEITS: frischgrün, matt.

- einheimisch
- planar bis montan
- Gehölze, Wälder, Zier- bzw. Nutzpflanze
- an basenreichen Standorten

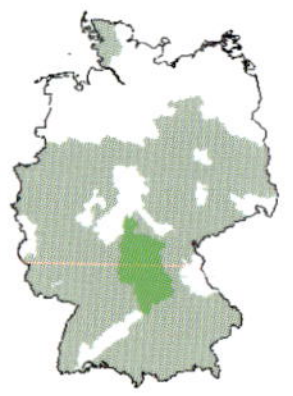

J **F M A M** J J A S O N D

Paeonia officinalis L.

Garten-Pfingstrose *Paeoniaceae*
∗ K5 C5 A∞ G2–3 schwach giftig § FFH IV, BNatG s

50–100 cm hoch. BLÜTEN: **6–14 cm ⌀**, rötlich bis violett. KRONE: meist 5-blättrig. FRUCHTKNOTEN: **2–3**, mit ringförmiger Nektardrüse. FRÜCHTE: Bälge. BLÄTTER: meist 2-fach gefiedert, meist 2–3-teilig.

- eingebürgerter Neophyt, urspr. aus Südosteuropa
- planar bis collin
- Grünland, Staudenfluren, Wälder, Schutt- u. Felsfluren, Zier- bzw. Nutzpflanze

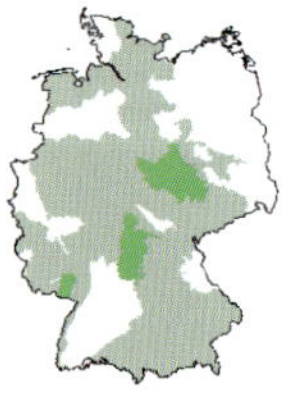

J F M **A M J** J A S O N D

Ribes alpinum L.

Alpen-Johannisbeere *Grossulariaceae*
♂ ∗ K5 C5 A5 | ♀ ∗ K5 C5 G($\bar{2}$)

Strauch, 80–150 cm hoch. PFLANZEN: meist 2-häusig. BLÜTENSTAND: traubenartig, aufrecht. TRAGBLÄTTER DER BLÜTEN: **länger als die Blütenstiele**. BLÜTEN: meist 1-geschlechtig; Kronblätter meist grünlich. ACHSENBECHER: glockig bis schüsselförmig. KRONBLÄTTER: am Rand des Achsenbechers entspringend, deutlich kürzer als die Kelchblätter. KELCHBLÄTTER: **gelblich**, **kahl**. FRÜCHTE: Beeren, < 8 mm ⌀, **rötlich**. BLATTSTELLUNG: wechselständig. BLATTSTIELE: **kürzer als die halbe Spreitenlänge**. BLÄTTER: gelappt; UNTERSEITS: grünlich.

- einheimisch
- planar bis montan
- Gehölze, Wälder, Zier- bzw. Nutzpflanze
- an basenreichen Standorten

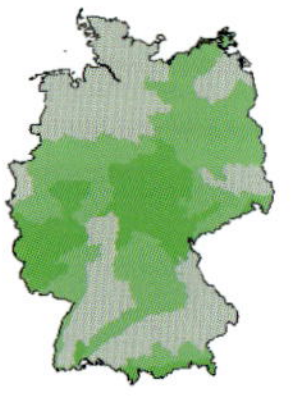

J F **M A M J** J A S O N D

Ribes aureum Pursh

Gold-Johannisbeere *Grossulariaceae*
∗ K5 C5 A5 G($\overline{2}$)

Strauch, 120–300 cm hoch. Blütenstand: traubenartig, überhängend. Blüten: **Kronblätter gelblich, oft rötlich überlaufen**. Achsenbecher: langröhrig. Kronblätter: am Rand des Achsenbechers entspringend, deutlich kürzer als die Kelchblätter. Kelchblätter: **gelblich**, **kahl**. Früchte: Beeren, < 8 mm ⌀, **rötlich-bräunlich bis schwarz**. Blattstellung: wechselständig. Blattstiele: **länger als die halbe Spreitenlänge**. Blätter: gelappt, kahl; unterseits: grünlich.

- in Einbürgerung befindlicher Neophyt, urspr. aus Nordamerika
- planar bis montan
- Zier- bzw. Nutzpflanze

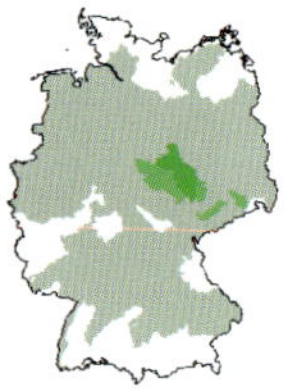

J F **M A M J** J A S O N D

Ribes nigrum L.

Schwarze Johannisbeere *Grossulariaceae*
∗ K5 C5 A5 G($\overline{2}$)

Strauch, 80–150 cm hoch. Blütenstand: traubenartig, überhängend. Tragblätter der Blüten: kürzer als die Blütenstiele. Blüten: Kronblätter meist grünlich. Achsenbecher: glockig bis schüsselförmig. Kronblätter: am Rand des Achsenbechers entspringend, deutlich kürzer als die Kelchblätter. Kelchblätter: **grünlich bis rötlich, (drüsig) behaart**. Früchte: Beeren, < 8 mm ⌀, **schwarz**. Blattstellung: wechselständig. Blattstiele: **länger als die halbe Spreitenlänge**. Blätter: gelappt; unterseits: grünlich, **gelbdrüsig punktiert**.

- einheimisch
- planar bis montan
- Gehölze, Wälder, Zier- bzw. Nutzpflanze
- an nassen, zuweilen überfluteten Standorten

J F **M A M** J J A S O N D

Ribes petraeum Wulfen

Felsen-Johannisbeere *Grossulariaceae*
∗ K5 C5 A5 G($\overline{2}$) RL R

Strauch, 100–200 cm hoch. Blütenstand: traubenartig, überhängend. Tragblätter der Blüten: kürzer als die Blütenstiele. Blüten: Kronblätter meist grünlich. Blütenachse: **glockig**. Achsenbecher: glockig bis schüsselförmig. Kronblätter: am Rand des Achsenbechers entspringend, deutlich kürzer als die Kelchblätter. Kelchblätter: **grünlich bis rötlich, bewimpert**. Früchte: Beeren, < 8 mm ⌀, **rötlich**. Blattstellung: wechselständig. Blattstiele: **länger als die halbe Spreitenlänge**. Blätter: gelappt; oberseits: **mit einzelnen Drüsen**; unterseits: grünlich.

- einheimisch
- montan bis alpin
- Gehölze, Wälder, Schutt- u. Felsfluren, Zier- bzw. Nutzpflanze

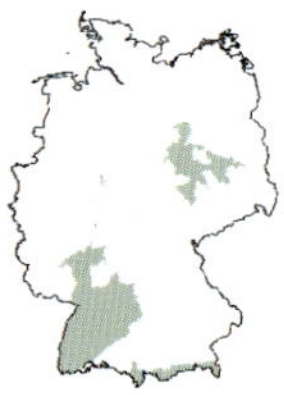

J F **M A M J** J A S O N D

Ribes rubrum L.

Rote Johannisbeere *Grossulariaceae*
∗ K5 C5 A5 G($\overline{2}$)

Strauch, 80–200 cm hoch. Blütenstand: traubenartig, überhängend; Hauptachse: **meist kahl**. Tragblätter der Blüten: kürzer als die Blütenstiele. Blüten: Kronblätter meist grünlich. Blütenachse: **flach**, innen mit hervortretenden Nektardrüsen. Achsenbecher: schüsselförmig bis flach. Kronblätter: am Rand des Achsenbechers entspringend, deutlich kürzer als die Kelchblätter. Kelchblätter: **grünlich bis rötlich, kahl**. Früchte: Beeren, < 8 mm ⌀, **rötlich**. Blattstellung: wechselständig. Blattstiele: **länger als die halbe Spreitenlänge**. Blätter: gelappt; oberseits: *ohne* Drüsen; unterseits: grünlich.

- einheimisch
- planar bis montan
- Gehölze, Wälder, Zier- bzw. Nutzpflanze
- an feuchten bis nassen Standorten

J F **M A M** J J A S O N D

Ribes sanguineum Pursh

Blutrote Johannisbeere *Grossulariaceae*
∗ K5 C5 A5 $G(\overline{2})$

Strauch, 120–300 cm hoch. BLÜTENSTAND: traubenartig, überhängend. BLÜTEN: **rötlich; Kronblätter weißlich**. ACHSENBECHER: glockig bis schüsselförmig. KRONBLÄTTER: am Rand des Achsenbechers entspringend, deutlich kürzer als die Kelchblätter. KELCHBLÄTTER: **rötlich, drüsig behaart**. FRÜCHTE: Beeren, < 8 mm ⌀, **rötlich**. BLATTSTELLUNG: wechselständig. BLÄTTER: gelappt, 3–5-teilig; UNTERSEITS: **graufilzig**.

- unbeständiger Neophyt, urspr. aus Nordamerika
- planar bis montan
- Gehölze, Zier- bzw. Nutzpflanze

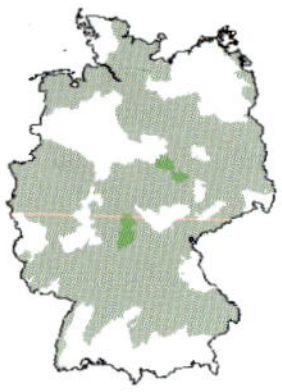

J F **M A M J** J A S O N D

Ribes spicatum E. Robson

Ährige Johannisbeere *Grossulariaceae*
∗ K5 C5 A5 $G(\overline{2})$

Strauch, 80–200 cm hoch. BLÜTENSTAND: traubenartig, überhängend; HAUPTACHSE: **kraus behaart**. TRAGBLÄTTER DER BLÜTEN: kürzer als die Blütenstiele. BLÜTEN: Kronblätter meist grünlich. BLÜTENACHSE: **schüsselförmig**, innen *ohne* auffallende Nektardrüsen. ACHSENBECHER: schüsselförmig bis flach. KRONBLÄTTER: am Rand des Achsenbechers entspringend, deutlich kürzer als die Kelchblätter. KELCHBLÄTTER: **grünlich bis rötlich, kahl**. FRÜCHTE: Beeren, < 8 mm ⌀, **rötlich**. BLATTSTELLUNG: wechselständig. BLATTSTIELE: **länger als die halbe Spreitenlänge**. BLÄTTER: gelappt; OBERSEITS: *ohne* Drüsen; UNTERSEITS: grünlich.

- einheimisch
- planar bis montan
- Wälder, Zier- bzw. Nutzpflanze
- an feuchten bis nassen, zuweilen überfluteten Standorten

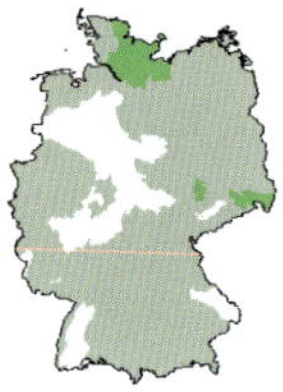

J F **M A M** J J A S O N D

Ribes uva-crispa L.

Stachelbeere *Grossulariaceae*
∗ K5 C5 A5 $G(\overline{2})$

Strauch, 60–120 cm hoch. BLÜTEN: meist einzeln; **Kronblätter weißlich**. ACHSENBECHER: schüsselförmig bis langröhrig. KRONBLÄTTER: am Rand des Achsenbechers entspringend, deutlich kürzer als die Kelchblätter. KELCHBLÄTTER: **grünlich bis rötlichbräunlich, meist behaart**. FRÜCHTE: Beeren, **10–35 mm ⌀, meist gelblich-grünlich**, selten rötlich, weichhaarig (var. *uva-crispa*) *oder* drüsig-borstig u. weichhaarig o. komplett kahl (Zuchtformen: var. *sativa*). STÄNGEL: **mit Dornen unterhalb der Blätter, Dornen oft kräftig u. 1–3-teilig**. BLATTSTELLUNG: wechselständig. BLÄTTER: gelappt; UNTERSEITS: grünlich.

- einheimisch
- planar bis montan
- Gehölze, Wälder, Schutt- u. Felsfluren, Zier- bzw. Nutzpflanze

J F **M A M** J J A S O N D

Chrysosplenium alternifolium L.

Wechselblättriges Milzkraut *Saxifragaceae*
∗ P4 A8 $G(\underline{2})$

10–20 cm hoch. PFLANZEN: mehrjährig. BLÜTEN: grünlich bis gelblich. BLÜTENHÜLLE: von den Kelchblättern gebildetes Perigon. FRUCHTKNOTEN: oberständig. FRÜCHTE: Kapseln. STÄNGEL: **im QS 3-kantig, basal *ohne* niederliegende sterile Triebe**. BLÄTTER: rundlich bis nierenförmig, **am Rand grob gekerbt**. GRUNDBLÄTTER: BLATTSTIELE: **viel länger als die Spreite**. MITTLERE STÄNGELBLÄTTER: **wechselständig**.

- einheimisch
- planar bis subalpin
- Staudenfluren, Wälder, Quellfluren, Zier- bzw. Nutzpflanze
- an feuchten bis nassen, zuweilen überfluteten Standorten

J F **M A M J** J A S O N D

US

Chrysosplenium oppositifolium L.

Gegenblättriges Milzkraut *Saxifragaceae*
∗ P4 A8 G($\underline{2}$)

Bis 15 cm hoch. PFLANZEN: mehrjährig. HOCHBLÄTTER UNTER DEN BLÜTEN: oft gelblich. BLÜTEN: meist ⚥, grünlich bis gelblich. BLÜTENHÜLLE: von den Kelchblättern gebildetes Perigon. FRUCHTKNOTEN: oberständig. FRÜCHTE: Kapseln. STÄNGEL: **im QS 3-kantig, mit zahlreichen niederliegenden sterilen Trieben**. BLÄTTER: rundlich bis nierenförmig, **am Rand seicht gekerbt**. GRUNDBLÄTTER: BLATTSTIELE: **meist kürzer als die Spreite**. MITTLERE STÄNGELBLÄTTER: **gegenständig**.

- einheimisch
- planar bis montan
- Wälder, Quellfluren, Zier- bzw. Nutzpflanze
- an nassen, zuweilen überfluteten Standorten

J F **M A M J** J A S O N D

Saxifraga granulata L.

Körnchen-Steinbrech *Saxifragaceae*
∗ K5 C5 A10 G($\overline{2}$) RL V § BNatG b

15–40 cm hoch. PFLANZEN: mehrjährig, **mit Bulbillen an der Basis des Stängels**. BLÜTEN: **weißlich**, *ohne* Punkte. FRUCHTKELCH: **aufrecht-abstehend**. FRUCHTKNOTEN: meist mittelständig. FRÜCHTE: Kapseln. BLATTSTELLUNG: wechselständig. GRUNDBLÄTTER: **ungeteilt bis gelappt, nierenförmig, am Rand stumpf gekerbt**.

- einheimisch
- planar bis montan
- Grünland, Zwergstrauchheiden, Ruderalvegetation, Zier- bzw. Nutzpflanze

J F M **A M J J** A S O N D

Saxifraga aizoides L.

Fetthennen-Steinbrech *Saxifragaceae*
∗ K5 C5 A10 G($\overline{2}$) § BNatG b

Bis 30 cm hoch. PFLANZEN: mehrjährig. BLÜTENSTAND: **2–10-blütig**. BLÜTEN: **gelblich bis rötlich, mit mehreren rötlichen Punkten auf den Blütenblättern**. FRUCHTKELCH: **aufrecht-abstehend**. FRUCHTKNOTEN: meist mittelständig. FRÜCHTE: Kapseln. BLATTSTELLUNG: wechselständig. GRUNDBLÄTTER: **sukkulent, 1–2,5 cm lang**, lineal bis lanzettlich, 2–4 mm breit, **distal mit einer von einem Wulst umgebener Vertiefung**.

- einheimisch
- collin bis alpin
- trockenfallende Ufer, Moore u. Seggenriede, Staudenfluren, Quellfluren
- an nährstoffarmen, kalkreichen, nassen, zuweilen überfluteten Standorten

J F M A **M J J A S O** N D

Saxifraga biflora All.

Großblütiger Steinbrech *Saxifragaceae*
∗ K5 C5 A10 G($\overline{2}$) RL R § BNatG b

Bis 25 cm hoch. PFLANZEN: **rasig wachsend**, mehrjährig. BLÜTENSTAND: **2–10-blütig**. BLÜTEN: **rötlich bis violett**. KRONBLÄTTER: **breit-oval, deutlich länger als die Laubblätter**. FRUCHTKNOTEN: meist mittelständig. FRÜCHTE: Kapseln. BLATTSTELLUNG: **gegenständig**. GRUNDBLÄTTER: **sukkulent, rundlich, < 0,5 cm lang**, < 5-mal so lang wie breit.

- einheimisch
- subalpin bis alpin
- Schutt- u. Felsfluren
- an basenreichen Standorten

J F M A M **J J A** S O N D

Saxifraga caesia L.

Blaugrüner Steinbrech *Saxifragaceae*
∗ K5 C5 A10 G(2) § BNatG b

Bis 10 cm hoch. PFLANZEN: **polsterförmig**, mehrjährig. BLÜTENSTAND: **1–6-blütig**. BLÜTEN: **weißlich**. KRONBLÄTTER: 3–6 mm lang. FRUCHTKNOTEN: meist mittelständig. FRÜCHTE: Kapseln. BLATTSTELLUNG: wechselständig. BLÄTTER: nur distal zurückgebogen. GRUNDBLÄTTER: **derb, starr**, ungeteilt, **blau- bzw. graugrün**, lineal bis lanzettlich, **0,4–0,6 cm lang, < 2 mm breit, am Rand mit vertieften Kalkdrüsen**.

- einheimisch
- subalpin bis alpin
- Extensivgrünland u. Magerrasen, Schutt- u. Felsfluren
- an nährstoffarmen, kalkreichen, meist trockenen Standorten

J F M A **M J J A S** O N D

Saxifraga mutata L.

Kies-Steinbrech *Saxifragaceae*
∗ K5 C5 A10 G(2) RL 2 § BNatG b

15–30 cm hoch. PFLANZEN: mehrjährig. BLÜTENSTAND: rispenartig, lockerblütig. BLÜTEN: **gelblich bis orange**. FRUCHTKNOTEN: meist mittelständig. FRÜCHTE: Kapseln. STÄNGEL: mit grundständiger Blattrosette, vor allem unten beblättert. BLATTSTELLUNG: wechselständig. GRUNDBLÄTTER: **(undeutlich) sukkulent**, ungeteilt, **länglich bis spatelförmig, 6–14 mm breit, am Rand zuweilen mit undeutlich vertieften Kalkdrüsen**.

- einheimisch
- collin bis alpin
- Moore u. Seggenriede, Schutt- u. Felsfluren
- an nährstoffarmen, kalkreichen, feuchten bis nassen Standorten

J F M A **M J J A** S O N D

Saxifraga oppositifolia L.

Roter Steinbrech *Saxifragaceae*
∗ K5 C5 A10 G(2) § BNatG b

Bis 5 cm hoch. PFLANZEN: **meist polsterförmig**, mehrjährig. BLÜTENSTAND: **1–2-blütig**. BLÜTEN: **rötlich bis violett**. FRUCHTKNOTEN: meist mittelständig. FRÜCHTE: Kapseln. BLATTSTELLUNG: **gegenständig**. BLÄTTER: UNTERSEITS: gekielt. GRUNDBLÄTTER: **3-eckig bis länglich-oval, < 0,5 cm lang, distal verdickt, am Rand mit vertieften Kalkdrüsen**.

subsp. *oppositifolia* (Roter Steinbrech): polsterförmig. KRONBLÄTTER: meist 7–14 mm lang. BLÄTTER: meist mit 1 Kalkdrüse nahe der Spitze, distal kahl, basal bewimpert, meist spitz. GRUNDBLÄTTER: 0,25–0,5 cm lang.
subsp. *amphibia* (Bodensee-Steinbrech): am Bodenseeufer, in Deutschland ausgestorben, rasig wachsend. KRONBLÄTTER: meist 4–7 mm lang. BLÄTTER: meist mit 3 Kalkdrüsen nahe der Spitze, am ganzen Rand bewimpert, distal abgerundet. GRUNDBLÄTTER: < 0,2 cm lang.

- einheimisch
- subalpin bis alpin
- Gewässer, trockenfallende Ufer, Extensivgrünland u. Magerrasen, Schutt- u. Felsfluren

J F M **A M J J** A S O N D

Saxifraga moschata Wulfen

Moschus-Steinbrech *Saxifragaceae*
∗ K5 C5 A10 G(2) § BNatG b

Bis 10 cm hoch. PFLANZEN: mehrjährig. BLÜTENSTAND: **Stängel 2–6-blütig, mit 2–6 kleinen Laubblättern**. BLÜTEN: **grünlich-gelblich**, selten weißlich. KRONBLÄTTER: 3–4 mm lang, 0,6–1,4-mal so breit wie die Kelchblätter. FRUCHTKELCH: **aufrecht-abstehend**. FRUCHTKNOTEN: meist mittelständig, zu > 50 % in den Achsenbecher eingesenkt. FRÜCHTE: Kapseln. BLATTSTELLUNG: wechselständig. GRUNDBLÄTTER: **die meisten gelappt bis fiederspaltig, 2–5-teilig**, länglich bis lanzettlich, basal verschmälert, **Hauptnerv kaum eingesenkt**.

- einheimisch
- subalpin bis alpin
- Extensivgrünland u. Magerrasen, Schutt- u. Felsfluren
- an nährstoffarmen, basenreichen Standorten

J F M A **M J J A** S O N D

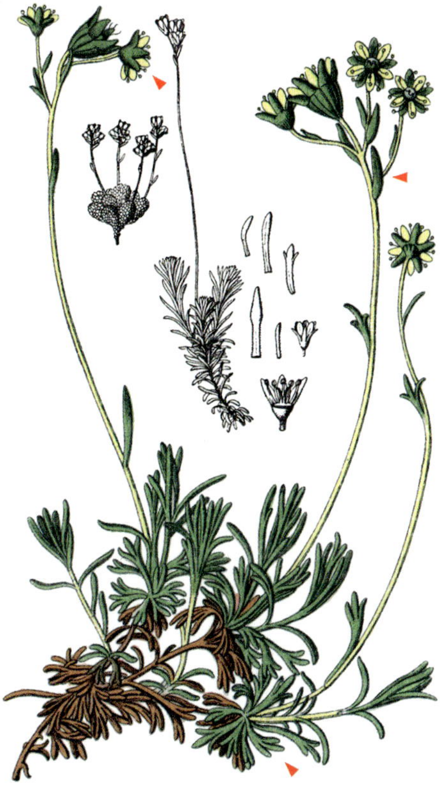

Saxifraga paniculata Mill.

Trauben-Steinbrech *Saxifragaceae*
∗ K5 C5 A10 G($\underline{2}$) § BNatG b

15–30 cm hoch. Pflanzen: mehrjährig. Blütenstand: **Stängel ≥ 12-blütig, Seitenäste 1–6-blütig**. Blüten: **weißlich, oft mit roten Punkten an der Basis der Blütenblätter**. Fruchtknoten: meist mittelständig. Früchte: Kapseln. Stängel: **vor allem in der distalen Hälfte rispenartig verzweigt**, mit grundständiger Blattrosette, vor allem unten beblättert. Blattstellung: wechselständig. Grundblätter: **derb, starr**, gelappt, länglich bis spatelförmig, **2–6 cm lang, 2–8 mm breit, spitz gesägt, am Rand mit vertieften Kalkdrüsen**.

- einheimisch
- montan bis alpin
- Extensivgrünland u. Magerrasen, Schutt- u. Felsfluren, Ruderalvegetation, an Mauern
- an nährstoffarmen, kalkreichen, meist trockenen Standorten

J F M A **M J J A** S O N D

Saxifraga rotundifolia L.

Rundblättriger Steinbrech *Saxifragaceae*
∗ K5 C5 A10 G($\underline{2}$) § BNatG b

15–60 cm hoch. Pflanzen: mehrjährig. Blüten: **weißlich, mit mehreren gelblichen *und* rötlichen Punkten an der Basis der Blütenblätter**. Kronblätter: ± 2-mal so lang wie die Kelchblätter. Fruchtkelch: **aufrecht-abstehend**. Fruchtknoten: meist mittelständig. Früchte: Kapseln. Blattstellung: wechselständig. Grundblätter: **rundlich bis nierenförmig, 3–6 cm breit**, basal ausgerandet.

- einheimisch
- montan bis alpin
- Staudenfluren, Gehölze, Wälder, Zier- bzw. Nutzpflanze
- an basenreichen Standorten

J F M A **M J J A S O** N D

Saxifraga androsacea L.

Mannsschild-Steinbrech *Saxifragaceae*
∗ K5 C5 A10 G($\underline{2}$) § BNatG b

Bis 10 cm hoch. Pflanzen: mehrjährig. Blütenstand: meist mit ≥ 2 Blättern. Blüten: **weißlich**, *ohne* Punkte. Kronblätter: 6–9 mm lang. Fruchtkelch: **aufrecht-abstehend**. Fruchtknoten: meist mittelständig, zu > 50 % in den Achsenbecher eingesenkt. Früchte: Kapseln. Blattstellung: wechselständig. Grundblätter: **ungeteilt**, länglich bis spatelförmig, basal verschmälert, **distal gezähnt**.

- einheimisch
- subalpin bis alpin
- Schutt- u. Felsfluren, Schneetälchen
- an kalkreichen Standorten

J F M A **M J J A** S O N D

Saxifraga aphylla Sternb.

Nacktstängel-Steinbrech *Saxifragaceae*
∗ K5 C5 A10 G($\underline{2}$) § BNatG b

Bis 5 cm hoch. Pflanzen: mehrjährig. Blütenstand: **meist unbeblättert**, selten mit 1–2 Blättern. Blüten: **hellgelb**. Kronblätter: **< 0,5-mal so breit wie die Kelchblätter**. Fruchtkelch: **aufrecht-abstehend**. Fruchtknoten: meist mittelständig. Früchte: Kapseln. Blattstellung: wechselständig. Grundblätter: **gelappt, 3–7-teilig**, basal verschmälert.

- einheimisch
- subalpin bis alpin
- Schutt- u. Felsfluren
- an kalkreichen Standorten

J F M A M **J J A S** O N D

Saxifraga rosacea Moench

Rasen-Steinbrech *Saxifragaceae*
∗ K5 C5 A10 G(2) RL 3 § BNatG b

Bis 25 cm hoch. Pflanzen: mehrjährig. Blüten: **weißlich**, *ohne* Punkte. Fruchtknoten: meist mittelständig. Früchte: Kapseln. Blattstellung: wechselständig. Grundblätter: **gelappt, 3–9-teilig**. Mittlere Stängelblätter: ungeteilt bis gelappt.

subsp. *rosacea* (Rasen-Steinbrech): östlich des Rheins. Blätter: distal abgerundet o. spitz. Grundblätter: 3–9-teilig, Blattlappen genähert, *ohne* Grannenspitze.
subsp. *sternbergii* (Rheinischer Steinbrech): überwiegend westlich des Rheins. Blätter: spitz, zuweilen mit Grannenspitze. Grundblätter: 3–5-teilig, Blattlappen auseinanderspreizend, *mit* Grannenspitze.

- einheimisch
- collin bis montan
- Schutt- u. Felsfluren, Ruderalvegetation, an Mauern, Zier- bzw. Nutzpflanze
- an basenreichen Standorten

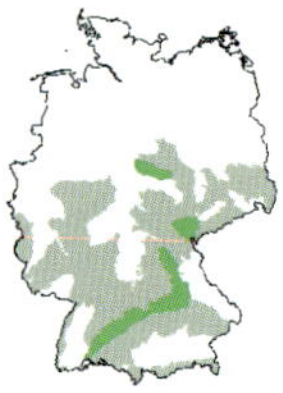

J F M A M J J A S O N D

Saxifraga tridactylites L.

Finger-Steinbrech *Saxifragaceae*
∗ K5 C5 A10 G(2) § BNatG b

Bis 20 cm hoch. Pflanzen: **1–2-jährig**. Blütenstand: **2–10-blütig**. Blüten: **weißlich**, *ohne* Punkte. Kronblätter: 3–5 mm lang. Fruchtkelch: **aufrecht-abstehend**. Fruchtknoten: meist mittelständig. Früchte: Kapseln. Blattstellung: wechselständig. Grundblätter: **gelappt bis fiederspaltig**, meist 3-teilig.

- einheimisch
- planar bis montan
- Extensivgrünland u. Magerrasen, Schutt- u. Felsfluren, Äcker, Ruderalvegetation, an Mauern
- an nährstoffarmen, trockenen Standorten

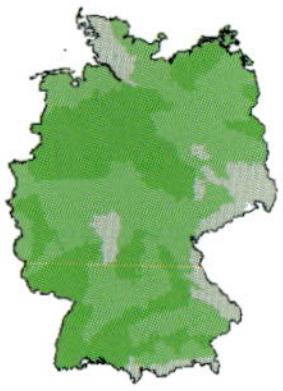

J F M A M J J A S O N D

Saxifraga stellaris L.

Stern-Steinbrech *Saxifragaceae*
∗ K5 C5 A10 G(2) § BNatG b

Meist terrestrisch wachsend, auch komplett untergetaucht (dann nur vegetativ), **bis 10 cm hoch**. Pflanzen: mehrjährig. Blüten: **weißlich, mit 2 gelblichen bis orangen Punkten an der Basis der Blütenblätter**. Fruchtkelch: **zurückgeschlagen**. Fruchtknoten: meist mittelständig. Früchte: Kapseln. Stängel: mit grundständiger Blattrosette, ***ohne* Laubblätter**, allenfalls mit 1–2 kleinen Hochblättern. Blattstellung: wechselständig. Blätter: unterseits: meist grünlich. Grundblätter: sukkulent, spatelförmig bis oval, *ohne* Knorpelrand, spitz gesägt.

- einheimisch
- montan bis alpin
- Gewässer, Moore u. Seggenriede, Quellfluren
- an nassen, zuweilen überfluteten Standorten

J F M A M J J A S O N D

Saxifraga hirculus L.

Moor-Steinbrech *Saxifragaceae*
∗ K5 C5 A10 G(2) RL 0 § FFH IV, BNatG s

10–40 cm hoch. Pflanzen: mehrjährig. Blüten: **gelblich**, oft mit mehreren orangen bis rötlichen Punkten auf den Blütenblättern. Kronblätter: 2–3-mal länger als die Kelchblätter. Fruchtkelch: **zurückgeschlagen**. Fruchtknoten: meist mittelständig. Früchte: Kapseln. Stängel: **mit Laubblättern**. Blattstellung: wechselständig. Grundblätter: länglich bis lanzettlich.

- ausgestorben
- planar bis montan
- Moore u. Seggenriede, Zier- bzw. Nutzpflanze
- an nährstoffarmen, nassen, zuweilen überfluteten Standorten

J F M A M J J A S O N D

Saxifraga bryoides L.

Moos-Steinbrech *Saxifragaceae*
∗ K5 C5 A10 G($\underline{2}$) RL R § BNatG b

Bis 10 cm hoch. PFLANZEN: mehrjährig. BLÜTENSTAND: **Blüten einzeln**. BLÜTEN: **gelblich bis weißlich, mit mehreren orangen bis rötlichen Punkten auf den Blütenblättern**. FRUCHTKELCH: **aufrecht-abstehend**. FRUCHTKNOTEN: meist mittelständig, zu < 30 % in den Achsenbecher eingesenkt. FRÜCHTE: Kapseln. STÄNGEL: basal mit sterilen Rosettentrieben, **Rosettentriebe ± kugelig**. BLATTSTELLUNG: wechselständig. GRUNDBLÄTTER: **0,2–0,6 cm lang**, länglich bis lanzettlich, basal verschmälert, am Rand bewimpert, **grannenartig zugespitzt**.

- einheimisch
- subalpin bis alpin
- Schutt- u. Felsfluren
- an nährstoffarmen, sauren Standorten

J F M A M **J J A** S O N D

Saxifraga burseriana L.

Bursers Steinbrech *Saxifragaceae*
∗ K5 C5 A10 G($\underline{2}$) RL R § BNatG b

Bis 10 cm hoch. PFLANZEN: **polsterförmig**, mehrjährig. BLÜTENSTAND: **meist 1–2-blütig**. BLÜTEN: **weißlich**, oft mit rötlichen Nerven. KRONBLÄTTER: 6–15 mm lang. FRUCHTKNOTEN: meist mittelständig. FRÜCHTE: Kapseln. STÄNGEL: rötlich, drüsig behaart, basal mit sterilen Rosettentrieben. BLATTSTELLUNG: wechselständig. GRUNDBLÄTTER: **derb, starr**, gelappt, **blau- bzw. graugrün**, **0,5–1,4 cm lang**, **< 2 mm breit**, > 5-mal so lang wie breit, **am Rand mit vertieften Kalkdrüsen**.

- einheimisch
- subalpin bis alpin
- Schutt- u. Felsfluren, Ruderalvegetation
- an nährstoffarmen, kalkreichen Standorten

J F M A **M J J A** S O N D

Crassula aquatica (L.) Schönland

Wasser-Dickblatt *Crassulaceae*
∗ K(4) C4 A4 G$\underline{4}$ RL 0

Meist terrestrisch, auch komplett untergetaucht, **bis 5 cm hoch**. PFLANZEN: 1-jährig. BLÜTENSTAND: **Blüten einzeln**. BLÜTEN: rötlich bis weißlich. KRONE: **4-blättrig**. KRONBLÄTTER: **viel länger als die Kelchblätter**. KELCHBLÄTTER: basal meist etwas verwachsen. FRUCHTKNOTEN: meist mit schuppenförmigen Nektardrüsen unter den Fruchtblättern. FRÜCHTE: Bälge. TEILFRÜCHTE: **≥ 5-samig**. BLATTSTELLUNG: **gegenständig**. BLÄTTER: (schwach) sukkulent, länglich, **Spreite 0,5–2 cm lang**, **< 10 mm breit**.

- ausgestorben
- planar bis collin
- trockenfallende Ufer
- an nährstoffarmen Standorten

J F M A M **J J A S** O N D

Crassula tillaea Lest.-Garl.

Moos-Dickblatt *Crassulaceae*
∗ K(3) C3 A3 G$\underline{3}$ RL 2

Bis 5 cm hoch. PFLANZEN: 1-jährig. BLÜTENSTAND: **2–4-blütig**. BLÜTEN: rötlich bis weißlich. KRONE: **3-blättrig**. KRONBLÄTTER: **kürzer bis wenig länger als die Kelchblätter**. KELCHBLÄTTER: basal meist etwas verwachsen. FRUCHTKNOTEN: meist mit schuppenförmigen Nektardrüsen unter den Fruchtblättern. FRÜCHTE: Bälge. TEILFRÜCHTE: **2-samig**. BLATTSTELLUNG: **gegenständig**. BLÄTTER: sukkulent, oval, **Spreite 0,3–0,8 cm lang**, **> 8 mm breit**.

- einheimisch
- planar bis collin
- trockenfallende Ufer, Extensivgrünland u. Magerrasen, Ruderalvegetation

J F M **A M J J A S** O N D

Hylotelephium maximum (L.) Holub

Große Waldfetthenne *Crassulaceae*
∗ K(5) C5 A10 G5

30–80 cm hoch. Pflanzen: kahl. Blütenstand: rispen- bis thyrsenartig. Blüten: **meist grünlich bis gelblich**. Kronblätter: ausgebreitet, 2–6 mm lang. Kelchblätter: basal meist etwas verwachsen. Fruchtknoten: meist mit schuppenförmigen Nektardrüsen unter den Fruchtblättern. Früchte: Bälge. Stängel: aufrecht, mit Laubblättern. Blattstellung: **gegenständig *oder* in 3-zähligen Quirlen**. Blätter: im QS flach ausgebreitet, sukkulent. untere Stängelblätter: **sitzend, basal abgerundet bis (halb-) stängelumfassend**.

- einheimisch
- planar bis montan
- Extensivgrünland u. Magerrasen, Staudenfluren, Schutt- u. Felsfluren, Ruderalvegetation, an Mauern, Zier- bzw. Nutzpflanze
- meist an trockenen Standorten

J F M A M **J J A S O** N D

Hylotelephium telephium (L.) H. Ohba

Purpur-Waldfetthenne *Crassulaceae*
∗ K(5) C5 A10 G5

30–80 cm hoch. Pflanzen: kahl. Blütenstand: rispen- bis thyrsenartig. Blüten: **meist rötlich bis violett**, selten weißlich. Kronblätter: ausgebreitet, 2–6 mm lang. Kelchblätter: basal meist etwas verwachsen. Fruchtknoten: meist mit schuppenförmigen Nektardrüsen unter den Fruchtblättern. Früchte: Bälge. Stängel: aufrecht, mit Laubblättern. Blattstellung: **wechselständig**. Blätter: im QS flach ausgebreitet, sukkulent. untere Stängelblätter: **(undeutlich) gestielt, basal keilförmig verschmälert**. obere Stängelblätter: **sitzend, basal meist abgerundet**.

- einheimisch
- planar bis montan
- Schutt- u. Felsfluren, Ruderalvegetation, an Mauern, Zier- bzw. Nutzpflanze

J F M A M **J J A S O** N D

Hylotelephium vulgare (Haw.) Holub

Berg-Waldfetthenne *Crassulaceae*
∗ K(5) C5 A10 G5

15–30 cm hoch. Pflanzen: kahl. Blütenstand: rispen- bis thyrsenartig. Blüten: **meist rötlich bis violett**, selten weißlich. Kronblätter: ausgebreitet, 2–6 mm lang. Kelchblätter: basal meist etwas verwachsen. Fruchtknoten: meist mit schuppenförmigen Nektardrüsen unter den Fruchtblättern. Früchte: Bälge. Stängel: aufrecht, mit Laubblättern. Blattstellung: **wechselständig**. Blätter: im QS flach ausgebreitet, sukkulent. untere Stängelblätter: **(undeutlich) gestielt, basal keilförmig verschmälert**. obere Stängelblätter: **meist kurz gestielt, basal keilförmig verschmälert**.

- einheimisch
- collin bis montan
- Schutt- u. Felsfluren, Zier- bzw. Nutzpflanze
- an nährstoffarmen, meist trockenen Standorten

J F M A M **J J A S O** N D

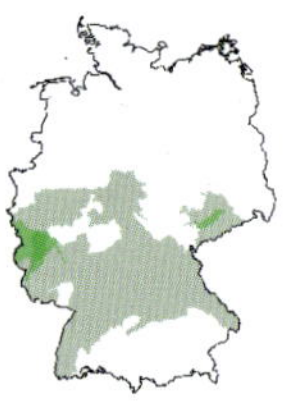

Sedum villosum L.

Behaarte Fetthenne *Crassulaceae*
∗ K5 C5 A10 G5 RL 1

Bis 20 cm hoch. Pflanzen: meist 1–2-jährig, **drüsig behaart**. Blütenstand: rispen- bis thyrsenartig. Blüten: **rötlich**. Kronblätter: **1,5–2-mal so lang wie die Kelchblätter**. Kelchblätter: meist frei. Fruchtknoten: meist mit schuppenförmigen Nektardrüsen unter den Fruchtblättern. Früchte: Bälge. Stängel: aufrecht, basal *ohne* sterile Rosettentriebe. Blattstellung: überwiegend wechselständig. Blätter: **im QS halbrund**, sukkulent, **länglich-zylindrisch, basal gespornt bzw. am Stängel herablaufend, drüsig behaart**.

- einheimisch
- collin bis subalpin
- Moore u. Seggenriede, Extensivgrünland u. Magerrasen, Schutt- u. Felsfluren, Quellfluren
- an nährstoffarmen, nassen Standorten

J F M A **M J J A** S O N D

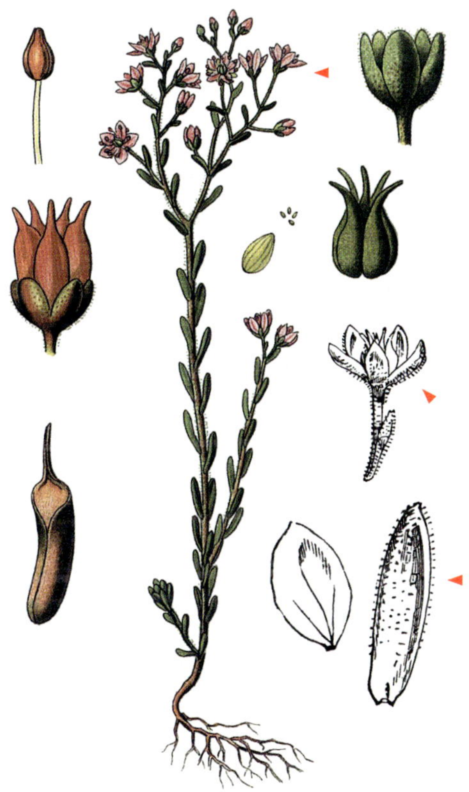

Sedum forsterianum Sm.

Zierliche Fetthenne *Crassulaceae*
∗ K5 C5–9 A10–18 G5 RL 3

15–40 cm hoch. PFLANZEN: mehrjährig. BLÜTENSTAND: rispen- bis thyrsenartig, **in Knospe ± überhängend**. BLÜTEN: **gelblich**. KRONE: **meist 6–7-blättrig**. KRONBLÄTTER: **6–8 mm lang**. KELCHBLÄTTER: meist frei, **2–3 mm lang**. FRUCHTKNOTEN: meist mit schuppenförmigen Nektardrüsen unter den Fruchtblättern. FRÜCHTE: Bälge. STÄNGEL: basal mit sterilen Rosettentrieben. AUSLÄUFER: **distal mit dicht dachziegelartig gehäuften Blättern**. BLATTSTELLUNG: überwiegend wechselständig. BLÄTTER: **im QS halbrund**, sukkulent, **länglich-zylindrisch, basal gespornt bzw. am Stängel herablaufend, kurz stachelspitzig**.

- einheimisch
- planar bis montan
- Extensivgrünland u. Magerrasen, Schutt- u. Felsfluren
- an nährstoffarmen, meist trockenen Standorten

J F M A **M J J A** S O N D

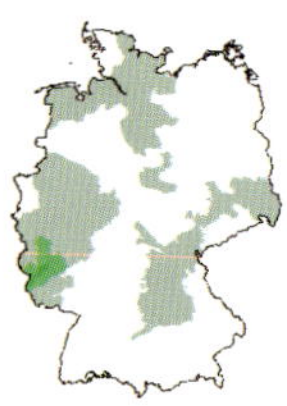

Sedum rupestre L.

Felsen-Fetthenne *Crassulaceae*
∗ K5 C5–9 A10–18 G5

10–40 cm hoch. PFLANZEN: mehrjährig. BLÜTENSTAND: rispen- bis thyrsenartig, **in Knospe ± überhängend**. BLÜTEN: **gelblich**. KRONE: **meist 6–7-blättrig**. KRONBLÄTTER: **6–7 mm lang**. KELCHBLÄTTER: meist frei, **3–4 mm lang**. FRUCHTKNOTEN: meist mit schuppenförmigen Nektardrüsen unter den Fruchtblättern. FRÜCHTE: Bälge. STÄNGEL: basal mit sterilen Rosettentrieben. AUSLÄUFER: *ohne* distal gehäufte Blätter. BLATTSTELLUNG: überwiegend wechselständig. BLÄTTER: **im QS rundlich**, sukkulent, **länglich-zylindrisch, kurz stachelspitzig**.

- einheimisch
- planar bis montan
- Extensivgrünland u. Magerrasen, Schutt- u. Felsfluren, Zier- bzw. Nutzpflanze
- an nährstoffarmen, trockenen Standorten

J F M A **M J J A S** O N D

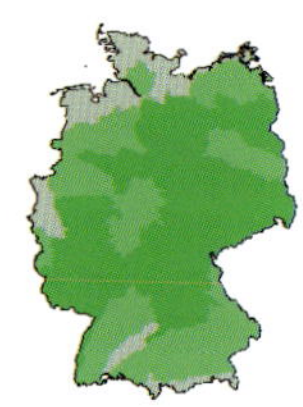

Sedum album L.

Weiße Fetthenne *Crassulaceae*
∗ K5 C5 A10 G5

Bis 20 cm hoch. PFLANZEN: mehrjährig. BLÜTENSTAND: rispen- bis thyrsenartig; HAUPTACHSE: **± kahl**. BLÜTEN: **weißlich**, oft rötlich überlaufen. KRONBLÄTTER: **2–5 mm lang**. KELCHBLÄTTER: meist frei. FRUCHTKNOTEN: meist mit schuppenförmigen Nektardrüsen unter den Fruchtblättern. FRÜCHTE: Bälge. STÄNGEL: basal mit sterilen Rosettentrieben. BLATTSTELLUNG: überwiegend wechselständig. BLÄTTER: **im QS halbrund bis rundlich**, sukkulent, **frischgrün**, oft rötlich überlaufen, **länglich-zylindrisch**.

- einheimisch
- planar bis subalpin
- Extensivgrünland u. Magerrasen, Schutt- u. Felsfluren, Ruderalvegetation, an Mauern, Zier- bzw. Nutzpflanze
- an nährstoffarmen, trockenen Standorten

J F M A **M J J A S O** N D

Sedum atratum L.

Schwärzliche Fetthenne *Crassulaceae*
∗ K5 C5 A10 G5

Bis 10 cm hoch. PFLANZEN: **1-jährig, oft rötlich überlaufen**, kahl. BLÜTENSTAND: rispen- bis thyrsenartig. BLÜTEN: **weißlich bis grünlichgelblich**, meist rötlich überlaufen. KRONBLÄTTER: **3–4 mm lang, 1,5–2-mal so lang wie die Kelchblätter**. KELCHBLÄTTER: meist frei, flach, *nicht* sukkulent, spitz. FRUCHTKNOTEN: meist mit schuppenförmigen Nektardrüsen unter den Fruchtblättern. FRÜCHTE: Bälge. STÄNGEL: aufrecht, basal *ohne* sterile Rosettentriebe. BLATTSTELLUNG: überwiegend wechselständig. BLÄTTER: **im QS rundlich**, sukkulent, **keulenförmig**, kahl.

- einheimisch
- subalpin bis alpin
- Extensivgrünland u. Magerrasen, Schutt- u. Felsfluren
- an nährstoffarmen, basenreichen Standorten

J F M A **M J J A** S O N D

Sedum dasyphyllum L.

Buckel-Fetthenne *Crassulaceae*
∗ K5 C5–6 A10 G5 RL 3

Bis 10 cm hoch. Pflanzen: mehrjährig, **drüsig behaart**. Blütenstand: rispen- bis thyrsenartig. Blüten: **weißlich**, oft rötlich überlaufen. Krone: **5–6-blättrig**. Kelchblätter: meist frei. Fruchtknoten: meist mit schuppenförmigen Nektardrüsen unter den Fruchtblättern. Früchte: Bälge. Stängel: basal mit sterilen Rosettentrieben. Blattstellung: an blühenden Trieben meist gegenständig. Blätter: **im QS halbrund**, sukkulent, **blau- bzw. graugrün**, oft rötlich überlaufen, **kurz-zylindrisch bis eiförmig**.

- einheimisch
- collin bis alpin
- Extensivgrünland u. Magerrasen, Schutt- u. Felsfluren, an Mauern
- an nährstoffarmen, meist trockenen Standorten

J F M A **M J J A** S O N D

Sedum hispanicum L.

Blaugrüne Fetthenne *Crassulaceae*
∗ K5–6 C5–9 A10–18 G5–9

Bis 10 cm hoch. Pflanzen: meist 1–2-jährig. Blütenstand: rispen- bis thyrsenartig; Hauptachse: meist kahl. Blüten: **weißlich, mit rötlichem Mittelnerv**. Krone: **meist 6–7-blättrig**. Kronblätter: **4–6 mm lang, 3–5-mal so lang wie die Kelchblätter**. Kelch: meist 6-blättrig. Kelchblätter: meist frei. Fruchtknoten: meist mit schuppenförmigen Nektardrüsen unter den Fruchtblättern. Früchte: Bälge. Stängel: aufrecht, basal *ohne* sterile Rosettentriebe. Blattstellung: überwiegend wechselständig. Blätter: **im QS halbrund**, sukkulent, **länglich-zylindrisch**.

- eingebürgerter Neophyt, urspr. aus Südosteuropa
- planar bis montan
- Schutt- u. Felsfluren, Ruderalvegetation, an Mauern, Zier- bzw. Nutzpflanze
- an basenreichen Standorten

J F M A **M J J A** S O N D

Sedum acre L.

Scharfer Mauerpfeffer *Crassulaceae*
∗ K5 C5 A10 G5

Bis 15 cm hoch. Pflanzen: mehrjährig, kahl. Blütenstand: rispen- bis thyrsenartig. Blüten: **gelblich**. Kronblätter: **4–9 mm lang, ± 2-mal so lang wie die Kelchblätter, spitz**. Kelchblätter: meist frei. Fruchtknoten: meist mit schuppenförmigen Nektardrüsen unter den Fruchtblättern. Früchte: Bälge. Stängel: basal mit sterilen Rosettentrieben. Blattstellung: überwiegend wechselständig, **an sterilen Trieben 6-zeilig**. Blätter: **im QS halbrund bis rundlich**, sukkulent, scharf schmeckend, **kurz-zylindrisch bis eiförmig**, 2–4 mm breit, kahl, **distal abgerundet**.

- einheimisch
- planar bis montan
- Extensivgrünland u. Magerrasen, Schutt- u. Felsfluren, Ruderalvegetation, an Mauern, Zier- bzw. Nutzpflanze
- an nährstoffarmen, trockenen, auch salzhaltigen Standorten

J F M A **M J J A** S O N D

Sedum alpestre Vill.

Alpen-Fetthenne *Crassulaceae*
∗ K5 C5 A10 G5 RL R

Bis 10 cm hoch. Pflanzen: mehrjährig, **oft rötlich überlaufen**, kahl. Blütenstand: rispen- bis thyrsenartig. Blüten: **gelblich**, oft rötlich überlaufen. Kronblätter: **3–4 mm lang, ± 1,5-mal so lang wie die Kelchblätter, distal abgerundet**. Kelchblätter: meist frei. Fruchtknoten: meist mit schuppenförmigen Nektardrüsen unter den Fruchtblättern. Früchte: Bälge. Stängel: basal mit sterilen Rosettentrieben. Blattstellung: überwiegend wechselständig, ***nicht* in Zeilen angeordnet**. Blätter: **im QS rundlich**, sukkulent, **spatelförmig bis länglich-zylindrisch**, kahl, **distal abgerundet**.

- einheimisch
- subalpin bis alpin
- Extensivgrünland u. Magerrasen, Schutt- u. Felsfluren, Zier- bzw. Nutzpflanze
- an nährstoffarmen Standorten

J F M A **M J J A** S O N D

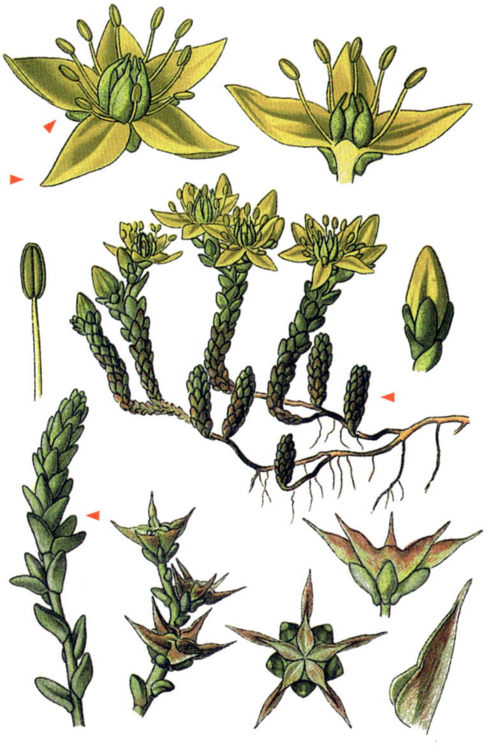

Sedum annuum L.

Einjährige Fetthenne *Crassulaceae*
∗ K5 C5 A10 G5 RL 1

Bis 15 cm hoch. Pflanzen: meist 1–2-jährig, kahl. Blütenstand: rispen- bis thyrsenartig. Blüten: **grünlich-gelblich**. Kronblätter: **1,5–3-mal so lang wie die Kelchblätter**. Kelchblätter: meist frei, **dick, sukkulent**, distal abgerundet. Fruchtknoten: meist mit schuppenförmigen Nektardrüsen unter den Fruchtblättern. Früchte: Bälge. Stängel: aufrecht, basal *ohne* sterile Rosettentriebe. Blattstellung: überwiegend wechselständig. Blätter: **im QS halbrund bis rundlich**, sukkulent, **länglich-zylindrisch**, kahl.

- einheimisch
- collin bis subalpin
- Extensivgrünland u. Magerrasen, Schutt- u. Felsfluren, Ruderalvegetation, an Mauern, Zier- bzw. Nutzpflanze
- an nährstoffarmen, meist trockenen Standorten

J F M A M J J A S O N D

Sedum rubens L.

Rötliche Fetthenne *Crassulaceae*
∗ K5 C5 A5 G5 RL 1

Bis 15 cm hoch. Pflanzen: **1-jährig, oft rötlich überlaufen**. Blütenstand: rispen- bis thyrsenartig; Hauptachse: kahl. Blüten: **rötlich bis weißlich**. Kelchblätter: meist frei. Fruchtknoten: meist mit schuppenförmigen Nektardrüsen unter den Fruchtblättern. Früchte: Bälge. Stängel: basal *ohne* sterile Rosettentriebe. Blattstellung: die unteren gegenständig, die oberen wechselständig. Blätter: **im QS halbrund bis rundlich**, sukkulent, **länglich-zylindrisch**.

- einheimisch
- planar bis montan
- Extensivgrünland u. Magerrasen, Schutt- u. Felsfluren, Äcker, Ruderalvegetation, an Mauern
- meist an trockenen Standorten

J F M A M J J A S O N D

Sedum sexangulare L.

Milder Mauerpfeffer *Crassulaceae*
∗ K5 C5 A10 G5

Bis 15 cm hoch. Pflanzen: mehrjährig, kahl. Blütenstand: rispen- bis thyrsenartig. Blüten: **gelblich**. Kronblätter: **4–6 mm lang, ± 2-mal so lang wie die Kelchblätter, spitz**. Kelchblätter: meist frei. Fruchtknoten: meist mit schuppenförmigen Nektardrüsen unter den Fruchtblättern. Früchte: Bälge. Stängel: basal mit sterilen Rosettentrieben. Blattstellung: überwiegend wechselständig, **an sterilen Trieben 3–6-zeilig**. Blätter: **im QS rundlich**, sukkulent, *ohne* scharfen Geschmack, **länglich-zylindrisch**, 1–2 mm breit, **basal gesporntbzw. am Stängel herablaufend**, kahl, **distal abgerundet**.

- einheimisch
- planar bis montan
- Extensivgrünland u. Magerrasen, Schutt- u. Felsfluren, Ruderalvegetation, an Mauern
- an nährstoffarmen, trockenen Standorten

J F M A M J J A S O N D

Sedum spurium M. Bieb.

Kaukasus-Asienfetthenne *Crassulaceae*
∗ K5 C5 A10 G5

Bis 25 cm hoch. Pflanzen: mehrjährig. Blütenstand: rispen- bis thyrsenartig. Blüten: **weißlich bis rötlich**. Kronblätter: **aufrecht-abstehend, 10–15 mm lang**. Kelchblätter: meist frei. Fruchtknoten: meist mit schuppenförmigen Nektardrüsen unter den Fruchtblättern. Früchte: Bälge. Stängel: basal mit sterilen Rosettentrieben. Blattstellung: gegenständig *oder* wechselständig. Blätter: **überwinternd grün, im QS flach ausgebreitet**, sukkulent.

- eingebürgerter Neophyt, urspr. aus Westasien
- planar bis montan
- Extensivgrünland u. Magerrasen, Schutt- u. Felsfluren, Ruderalvegetation, Dünen, an Mauern, Zier- bzw. Nutzpflanze
- meist an trockenen Standorten

J F M A M J J A S O N D

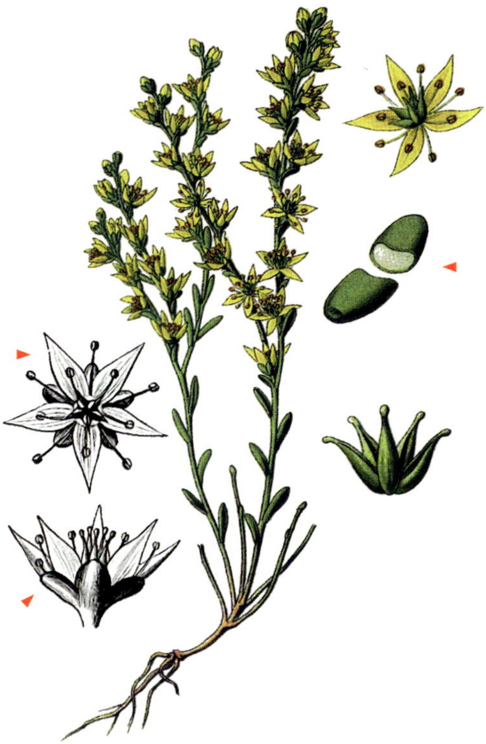

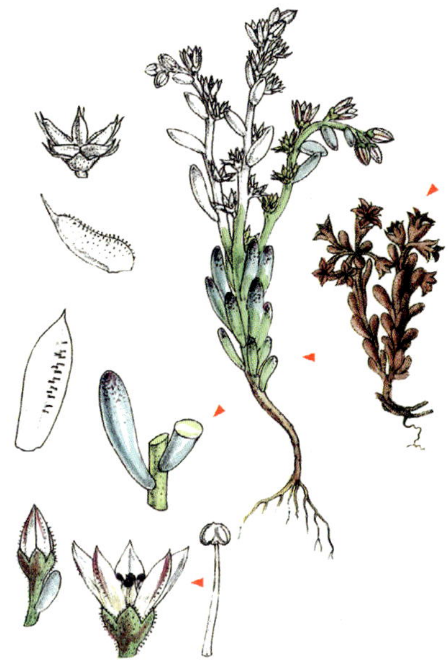

Jovibarba globifera (L.) J. Parn.

Sprossende Fransen-Hauswurz *Crassulaceae*
∗ K6 C6 A∞ G6 RL 3 § BNatG b

10–25 cm hoch. Blütenstand: rispen- bis thyrsenartig. Blüten: **weißlich-gelblich**. Kronblätter: **aufrecht, nur die Zipfel ausgebreitet, am Rand gefranst**. Fruchtknoten: meist mit schuppenförmigen Nektardrüsen unter den Fruchtblättern. Früchte: Bälge. Stängel: mit grundständiger Blattrosette. Blattstellung: wechselständig. Blätter: sukkulent. Grundblätter: auf der Fläche meist kahl, **am Rand bewimpert**. Rosetten: **2–8 cm** ⌀.

Im Gebiet kommen 2 Unterarten vor: subsp. *globifera* und subsp. *arenaria* (vgl. S. 1428).

- einheimisch
- planar bis montan
- Extensivgrünland u. Magerrasen, Wälder, Schutt- u. Felsfluren
- an nährstoffarmen, basenreichen, trockenen Standorten

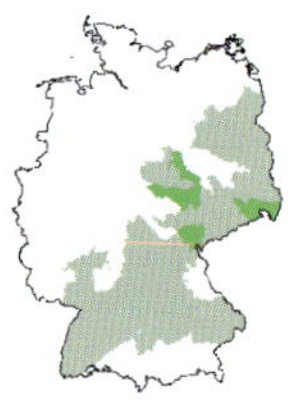

J F M A M **J J A S** O N D

Sempervivum arachnoideum L.

Spinnweben-Hauswurz *Crassulaceae*
∗ K>6 C8–18 A∞ G10–12 RL R § BNatG b

Bis 15 cm hoch. Blütenstand: rispen- bis thyrsenartig. Blüten: **rötlich bis violett, mit dunklerem Mittelnerv**. Kronblätter: **ausgebreitet**, am Rand glatt. Fruchtknoten: meist mit schuppenförmigen Nektardrüsen unter den Fruchtblättern. Früchte: Bälge. Stängel: mit grundständiger Blattrosette. Blattstellung: wechselständig. Blätter: sukkulent. Grundblätter: **zusammenneigend, eine geschlossene bis halboffene Rosette bildend, spinnwebenartig behaart**. Rosetten: **0,5–5 cm** ⌀.

- einheimisch
- collin bis alpin
- Extensivgrünland u. Magerrasen, Schutt- u. Felsfluren, an Mauern, Zier- bzw. Nutzpflanze
- an nährstoffarmen, sauren, trockenen Standorten

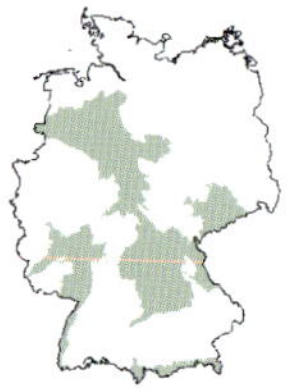

J F M A M **J J A S** O N D

Sempervivum montanum L.

Berg-Hauswurz *Crassulaceae*
∗ K>6 C8–18 A∞ G10–12 RL R § BNatG b

Bis 15 cm hoch. Blütenstand: rispen- bis thyrsenartig. Blüten: **rötlich bis violett**. Kronblätter: **ausgebreitet**, am Rand glatt. Fruchtknoten: meist mit schuppenförmigen Nektardrüsen unter den Fruchtblättern. Früchte: Bälge. Stängel: mit grundständiger Blattrosette. Blattstellung: wechselständig. Blätter: sukkulent, **mit sehr kurzen Drüsenhaaren**. Grundblätter: **zusammenneigend, eine geschlossene bis halboffene Rosette bildend, drüsig behaart**. Rosetten: **2–5 cm** ⌀.

- eingebürgerter Neophyt, urspr. aus Südeuropa u. den Alpen
- montan bis alpin
- Extensivgrünland u. Magerrasen, Schutt- u. Felsfluren, Zier- bzw. Nutzpflanze
- an nährstoffarmen, sauren, meist trockenen Standorten

J F M A **M J J A** S O N D

Sempervivum tectorum L.

Dach-Hauswurz *Crassulaceae*
∗ K>6 C8–18 A∞ G10–12 § BNatG b

15–50 cm hoch. Blütenstand: rispen- bis thyrsenartig. Blüten: **(hell-) rötlich bis violett**. Kronblätter: **ausgebreitet**, am Rand glatt. Fruchtknoten: meist mit schuppenförmigen Nektardrüsen unter den Fruchtblättern. Früchte: Bälge. Stängel: mit grundständiger Blattrosette. Blattstellung: wechselständig. Blätter: sukkulent, **auf der Fläche kahl, am Rand kurz bewimpert**. Grundblätter: **ausgebreitet, eine (halb-) offene Rosette bildend, am Rand bewimpert**. Rosetten: **3–16 cm** ⌀.

- einheimisch
- planar bis alpin
- Extensivgrünland u. Magerrasen, Schutt- u. Felsfluren, an Mauern, Zier- bzw. Nutzpflanze
- meist an nährstoffarmen, trockenen Standorten

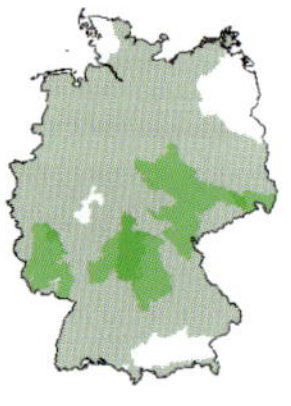

J F M A M **J J A S** O N D

Rhodiola rosea L.

Echte Rosenwurz *Crassulaceae*
♂ ∗ K4 C4 A8 | ♀ ∗ K4 C4 G$\underline{4}$ RL 1

10–40 cm hoch. PFLANZEN: mehrjährig, **2-häusig, ♂ Blüten oft mit verkümmerten Fruchtknoten.** BLÜTENSTAND: rispen- bis thyrsenartig, schirmförmig. BLÜTEN: **zunächst gelblich-grünlich, später rötlich.** BLÜTENHÜLLE: **je Kreis 4-blättrig.** KELCHBLÄTTER: basal meist etwas verwachsen. FRUCHTKNOTEN: meist mit schuppenförmigen Nektardrüsen unter den Fruchtblättern. FRÜCHTE: Bälge. BLATTSTELLUNG: **wechselständig.** BLÄTTER: sitzend, **im QS flach ausgebreitet, sukkulent, länglich-oval bis rautenförmig, distal meist gesägt.**

- einheimisch
- montan bis alpin
- Grünland, Staudenfluren, Gehölze, Schutt- u. Felsfluren, Zier- bzw. Nutzpflanze
- an nährstoffarmen Standorten

J F M A **M J J A** S O N D

Myriophyllum spicatum L.

Ähren-Tausendblatt *Haloragaceae*
♂ ∗ K3–4 C4 A8 | ♀ ∗ K3–4 C3–4 G($\underline{4}$)

Im Boden wurzelnde Wasserpflanze. BLÜTENSTAND: quirlig bis knäuelig, in ährenartigem Gesamtblütenstand, **3–18 cm lang.** TRAGBLÄTTER DER OBEREN KNÄUEL: **ungeteilt, höchstens so lang wie die Blüten.** BLÜTEN: meist 1-geschlechtig. STAUBBEUTEL: gelblich-grünlich. FRÜCHTE: Spaltfrüchte, 4 Teilfrüchte pro Blüte. STÄNGEL: **30–200 cm lang.** KNOTEN: **meist 4-blättrig.**

- einheimisch
- planar bis montan
- Gewässer, Zier- bzw. Nutzpflanze
- an kalkreichen, dauerhaft überfluteten Standorten

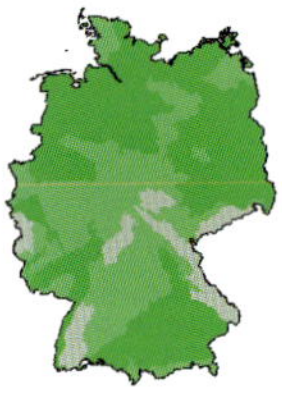

J F M A M **J J A S** O N D

Myriophyllum alterniflorum DC.

Wechselblütiges Tausendblatt *Haloragaceae*
♂ ∗ K3–4 C4 A8 | ♀ ∗ K3–4 C3–4 G($\underline{4}$) RL 2

Im Boden wurzelnde Wasserpflanze. BLÜTENSTAND: quirlig bis knäuelig, zuweilen auch mit einzeln stehenden Blüten, in ährenartigem Gesamtblütenstand, **0,5–3 cm lang.** TRAGBLÄTTER DER OBEREN KNÄUEL: **ungeteilt, höchstens so lang wie die Blüten.** BLÜTEN: meist 1-geschlechtig. STAUBBEUTEL: gelblich mit rötlichen Streifen. FRÜCHTE: Spaltfrüchte, 4 Teilfrüchte pro Blüte. STÄNGEL: **10–50 cm lang.** KNOTEN: **3–4-blättrig.** TAUCHBLÄTTER: kammförmig gefiedert.

- einheimisch
- planar bis montan
- Gewässer
- an nährstoffarmen, dauerhaft überfluteten Standorten

J F M A **M J J A S** O N D

Myriophyllum heterophyllum Michx.

Verschiedenblättriges Tausendblatt *Haloragaceae*
∗ K2–4 C4 A4 G($\underline{4}$) § IAS

Im Boden wurzelnde Wasserpflanze. BLÜTENSTAND: quirlig bis knäuelig, in ährenartigem Gesamtblütenstand. TRAGBLÄTTER DER OBEREN KNÄUEL: **ungeteilt, länger als die Blüten.** BLÜTEN: meist ⚥. FRÜCHTE: Spaltfrüchte, 4 Teilfrüchte pro Blüte. STÄNGEL: **20–180 cm lang.** KNOTEN: **4–5-blättrig.** TAUCHBLÄTTER: kammförmig gefiedert.

- eingebürgerter Neophyt, urspr. aus Nordamerika
- planar bis collin
- Gewässer, Zier- bzw. Nutzpflanze
- an nassen, dauerhaft überfluteten Standorten

J F M A **M J J A S** O N D

Myriophyllum verticillatum L.

Quirl-Tausendblatt *Haloragaceae*
♂ ∗ K3–4 C4 A8 | ♀ ∗ K3–4 C3–4 G(4)

Wasser- o. Sumpfpflanze. BLÜTENSTAND: quirlig bis knäuelig, in ährenartigem Gesamtblütenstand. TRAGBLÄTTER DER OBEREN KNÄUEL: **kammförmig gefiedert.** BLÜTEN: meist 1-geschlechtig. FRÜCHTE: Spaltfrüchte, 4 Teilfrüchte pro Blüte. STÄNGEL: **10–30 cm lang.** KNOTEN: **5–6-blättrig.** TAUCHBLÄTTER: kammförmig gefiedert.

- einheimisch
- planar bis montan
- Gewässer, Zier- bzw. Nutzpflanze
- an nährstoffreichen, dauerhaft überfluteten Standorten

J F M A **M J J A S** O N D

Parthenocissus inserta (A. Kern.) Fritsch

Gewöhnliche Jungfernrebe *Vitaceae*
∗ K(5) C5 A5 G(2)
schwach giftig

Mit Sprossranken kletternde Liane, Ranken mit *oder ohne* Haftscheiben. FRÜCHTE: Beeren. BLÄTTER: beidseits glänzend, **gefingert, 5–7-teilig,** Ranke 2–5-teilig; UNTERSEITS: hellgrün.

- eingebürgerter Neophyt, urspr. aus Nordamerika
- planar bis montan
- Gehölze, Wälder, Zier- bzw. Nutzpflanze

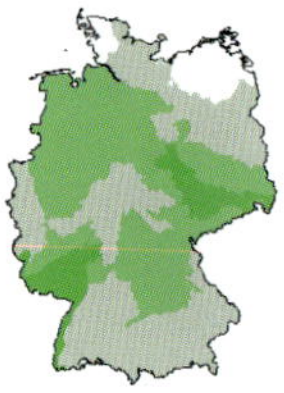

J F M A M **J J A S O** N D

Parthenocissus tricuspidata (Siebold & Zucc.) Planch

Dreilappige Jungfernrebe *Vitaceae*
∗ K(5) C5 A5 G(2)
schwach giftig

Mit Sprossranken kletternde Liane, Ranken *mit* Haftscheiben. FRÜCHTE: Beeren. BLÄTTER: **meist gelappt, selten gefingert, 3-teilig.**

- unbeständiger Neophyt, urspr. aus Ostasien
- planar bis montan
- an Mauern, Zier- bzw. Nutzpflanze

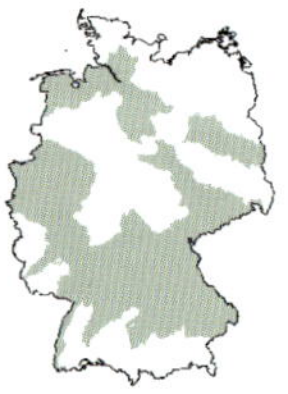

J F M A M **J J A** S O N D

Vitis vinifera L.

Echte Weinrebe *Vitaceae*
∗ K(5) C(5) A5 G(2)
§ BNatG s

Mit Sprossranken kletternde Liane, Ranken *ohne* Haftscheiben. BLÜTEN: **⚥ o. 1-geschlechtig.** KRONBLÄTTER: **distal verwachsen.** FRÜCHTE: Beeren, **6–25 mm lang, grünlich bis gelblich *oder* bläulich bis violett, meist 2-samig, reif süß schmeckend.** SAMEN: **birnenförmig,** 5–8 mm lang, geschnäbelt. BORKE: sich in langen Streifen ablösend. BLATTSTELLUNG: wechselständig. BLÄTTER: **handförmig gelappt, 3–5-teilig,** rundlich bis herzförmig. – Die Wildform (Blüten ⚥, Früchte bläulich-violett) wird zuweilen als subsp. *sylvestris* geführt.

- Archaeophyt
- planar bis collin
- Gehölze, Wälder, Schutt- u. Felsfluren, Zier- bzw. Nutzpflanze

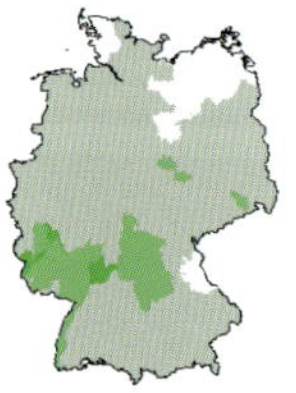

J F M A **M J J** A S O N D

Gleditsia triacanthos L.

Amerikanische Gleditschie *Fabaceae*
∗ K(5) C5 A5–10 G1 giftig

Bis 40 m hoher Laubbaum. Blütenstand: ähren- bis traubenartig. Blüten: offen ausgebreitet bis glockig-trichterförmig, **grünlich bis gelblich.** Kelch: radiärsymmetrisch. Früchte: Hülsen, abgeflacht, 20–50 cm lang. Stängel: **mit bis 20 cm langen einfachen o. verzweigten Dornen.** Blattstellung: wechselständig. Blätter: **einfach o. doppelt gefiedert,** 10–30-teilig; unterseits: **kahl.** Blattlappen: basal abgerundet bis verschmälert.

- in Einbürgerung befindlicher Neophyt, urspr. aus Nordamerika
- planar bis collin
- Gehölze, Zier- bzw. Nutzpflanze

J F M A **M J J** A S O N D

Cytisus hirsutus L.

Kopf-Zwergginster *Fabaceae*
↓ K(5) C5 A(10) G1 giftig RL 3

Zwergstrauch, **20–100 cm hoch.** Pflanzen: **abstehend behaart.** Blütenstand: **endständig, 2–8-blütig.** Blüten: gelblich; **Fahne oft mit rötlich-bräunlicher Zeichnung.** Kelch: 2-lippig, > 1,5-mal so lang wie breit. Kelchzipfel: kürzer als die Kelchröhre. Griffel: gerade bis gebogen. Früchte: Hülsen. Seitenäste: **aufrecht.** Blattstellung: wechselständig. Blätter: ungeteilt o. 3-zählig gefiedert; unterseits: grünlich. Fiederblättchen: ganzrandig.

- einheimisch
- planar bis montan
- Extensivgrünland u. Magerrasen, Gehölze, Wälder, Zier- bzw. Nutzpflanze
- an nährstoffarmen, meist trockenen Standorten

J F M A **M J J A** S O N D

Cytisus ratisbonensis Schaeff.

Zwillings-Zwergginster *Fabaceae*
↓ K(5) C5 A(10) G1 giftig RL 3

Zwergstrauch, **10–60 cm hoch.** Pflanzen: **anliegend behaart.** Blütenstand: **seitenständig, 1–3-blütig.** Blüten: gelblich; **Fahne oft mit rötlich-bräunlicher Zeichnung.** Kelch: 2-lippig, > 1,5-mal so lang wie breit. Kelchzipfel: kürzer als die Kelchröhre. Griffel: gerade bis gebogen. Früchte: Hülsen. Seitenäste: **bogig aufsteigend.** Blattstellung: wechselständig. Blätter: ungeteilt o. 3-zählig gefiedert; unterseits: grünlich. Fiederblättchen: ganzrandig.

- einheimisch
- collin bis montan
- Extensivgrünland u. Magerrasen, Gehölze, Wälder, Zier- bzw. Nutzpflanze
- an nährstoffarmen, basenreichen Standorten

J F M **A M J** J A S O N D

Cytisus scoparius (L.) Link

Gewöhnlicher Besenginster *Fabaceae*
↓ K(5) C5 A(10) G1 giftig

Strauch. Blütenstand: **seitenständig, 1–2-blütig.** Blüten: gelblich. Blütenstiele: mindestens so lang wie der Kelch. Krone: **18–30 mm lang.** Kelch: 2-lippig, glockig, ± so lang wie breit. Kelchzipfel: kürzer als die Kelchröhre. Griffel: **spiralig aufgerollt, sehr lang.** Früchte: Hülsen. Seitenäste: **grünlich, im QS scharfkantig, gefurcht.** Blattstellung: wechselständig. Blätter: ungeteilt o. 3-zählig gefiedert; unterseits: grünlich. Fiederblättchen: ganzrandig.

subsp. *scoparius* (Gewöhnlicher Besenginster): 60–250 cm hoch. Stängel: aufrecht, zunächst dicht seidenhaarig. Blätter: dicht seidenhaarig.
subsp. *maritimus* (Strand-Besenginster): an der Küste, bis 60 cm hoch. Stängel: niederliegend, zunächst kahl bis spärlich seidenhaarig. Blätter: kahl bis spärlich seidenhaarig.

- einheimisch
- planar bis montan
- Grünland, Gehölze, Wälder, Dünentäler, Zier- bzw. Nutzpflanze
- an sauren Standorten

J F M **A M J** J A S O N D

Genista anglica L.

Englischer Ginster *Fabaceae*
↓ K(5) C5 A(10) G1 RL 3

Zwergstrauch, 20–80 cm hoch. BLÜTENSTAND: **traubenartig**. BLÜTEN: gelblich. BLÜTENSTIELE: viel kürzer als der Kelch. KRONE: > 2-mal so lang wie der Kelch. KELCH: 2-lippig. KELCHZIPFEL: länger als die Kelchröhre. FRÜCHTE: Hülsen, **kahl**. STÄNGEL: *nicht* geflügelt, **meist mit Dornen**. SEITENÄSTE: kahl. JUNGTRIEBE: kahl. BLATTSTELLUNG: wechselständig. BLÄTTER: alle ungeteilt, lanzettlich bis oval. NEBENBLÄTTER: fehlen.

- einheimisch
- planar
- Extensivgrünland u. Magerrasen, Zwergstrauchheiden
- an nährstoffarmen, sauren Standorten

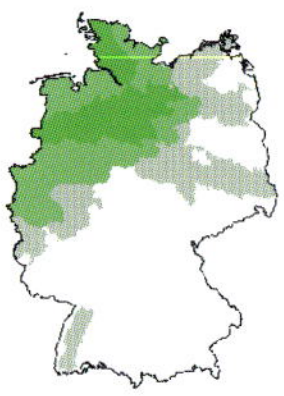

J F M **A M J** J A S O N D

Genista germanica L.

Deutscher Ginster *Fabaceae*
↓ K(5) C5 A(10) G1 giftig RL 3

Zwergstrauch, 20–60 cm hoch. BLÜTENSTAND: **traubenartig**. BLÜTEN: gelblich. BLÜTENSTIELE: viel kürzer als der Kelch. KRONE: > 2-mal so lang wie der Kelch. KELCH: 2-lippig. KELCHZIPFEL: länger als die Kelchröhre. FRÜCHTE: Hülsen, **behaart**. STÄNGEL: *nicht* geflügelt, **meist mit Dornen**. DORNEN: **oft verzweigt**. SEITENÄSTE: **behaart**. BLATTSTELLUNG: wechselständig. BLÄTTER: alle ungeteilt, lanzettlich bis oval. NEBENBLÄTTER: fehlen.

- einheimisch
- planar bis montan
- Extensivgrünland u. Magerrasen, Zwergstrauchheiden, Gehölze, Wälder, Zier- bzw. Nutzpflanze
- an nährstoffarmen, sauren Standorten

J F M **A M J** J A S O N D

Genista pilosa L.

Haar-Ginster *Fabaceae*
↓ K(5) C5 A(10) G1 RL V

Zwergstrauch, 15–30 cm hoch. BLÜTENSTAND: **Blüten einzeln o. zu wenigen**. BLÜTEN: gelblich. BLÜTENSTIELE: viel kürzer als der Kelch. KRONE: > 2-mal so lang wie der Kelch. KRONBLÄTTER: **außen behaart**. KELCH: 2-lippig. KELCHZIPFEL: länger als die Kelchröhre. FRÜCHTE: Hülsen. STÄNGEL: *nicht* geflügelt, ***ohne* Dornen o. Stacheln**. BLATTSTELLUNG: wechselständig. BLÄTTER: alle ungeteilt, lanzettlich bis oval; UNTERSEITS: **seidenhaarig**.

- einheimisch
- planar bis montan
- Extensivgrünland u. Magerrasen, Zwergstrauchheiden, Wälder, Schutt- u. Felsfluren, Zier- bzw. Nutzpflanze
- an nährstoffarmen, sauren Standorten

J F M **A M J J** A S O N D

Genista sagittalis L.

Flügel-Ginster *Fabaceae*
↓ K(5) C5 A(10) G1 schwach giftig RL V

Halbstrauch, 15–25 cm hoch. BLÜTENSTAND: **ähren- bis traubenartig**. BLÜTEN: gelblich. BLÜTENSTIELE: viel kürzer als der Kelch. KRONE: > 2-mal so lang wie der Kelch. KELCH: 2-lippig. KELCHZIPFEL: länger als die Kelchröhre. FRÜCHTE: Hülsen. STÄNGEL: **breit geflügelt, aus wenigen Gliedern bestehend, *ohne* Dornen o. Stacheln**. BLATTSTELLUNG: wechselständig. BLÄTTER: **früh abfallend**, alle ungeteilt, lanzettlich bis oval.

- einheimisch
- collin bis montan
- Extensivgrünland u. Magerrasen, Zwergstrauchheiden, Gehölze, Wälder, Zier- bzw. Nutzpflanze
- an nährstoffarmen Standorten

J F M **A M J J** A S O N D

Genista tinctoria L.

Färber-Ginster *Fabaceae*
↓ K(5) C5 A(10) G1 stark giftig RL V

Zwergstrauch, 30–60 cm hoch. Blütenstand: **traubenartig**. Blüten: gelblich. Blütenstiele: viel kürzer als der Kelch. Krone: > 2-mal so lang wie der Kelch. Kronblätter: kahl. Kelch: 2-lippig. Kelchzipfel: länger als die Kelchröhre. Früchte: Hülsen. Stängel: *nicht* geflügelt, ***ohne* Dornen o. Stacheln**. Blattstellung: wechselständig. Blätter: alle ungeteilt, lanzettlich bis oval. Nebenblätter: **kurz, lineal-lanzettlich**.

- einheimisch
- planar bis montan
- Extensivgrünland u. Magerrasen, Gehölze, Wälder, Ruderalvegetation, Zier- bzw. Nutzpflanze
- an nährstoffarmen Standorten

J F M A **M J J A** S O N D

Laburnum anagyroides Medik.

Gewöhnlicher Goldregen *Fabaceae*
↓ K(5) C5 A(10) G1 stark giftig

Baum- o. strauchförmig, bis 6 m hoch. Blütenstand: **traubenartig, überhängend**. Blüten: **gelblich**, oft mit rötlicher Zeichnung. Kelch: 2-lippig. Kelchzipfel: kürzer als die Kelchröhre. Früchte: Hülsen, oberhalb des Blütenbodens kurz gestielt, **kurz gräulich behaart**. Jungtriebe: kurz gräulich behaart. Blattstellung: wechselständig. Blätter: lang gestielt, **3-teilig**; unterseits: **gräulich**, kurz behaart.

- eingebürgerter Neophyt, urspr. aus dem südlichen Mittel- u. Osteuropa
- planar bis montan
- Gehölze, Wälder, Schutt- u. Felsfluren, Zier- bzw. Nutzpflanze
- an basenreichen, meist trockenen Standorten

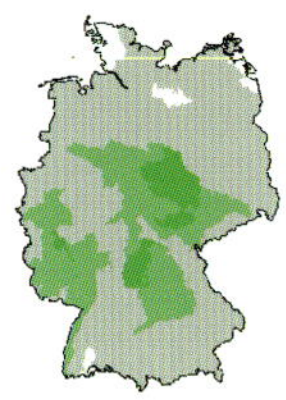

J F M **A M J J** A S O N D

Lembotropis nigricans (L.) Griseb.

Schwarzwerdender Geißklee *Fabaceae*
↓ K(5) C5 A(10) G1 giftig RL 3

Zwergstrauch, 30–120 cm hoch. Blütenstand: **endständig, traubenartig**, ± aufrecht, > **15-blütig**. Blüten: duftend, gelblich. Blütenstiele: mindestens so lang wie der Kelch. Krone: **7–13 mm lang**. Kelch: 2-lippig, glockig, ± so lang wie breit. Kelchzipfel: kürzer als die Kelchröhre. Griffel: gerade bis gebogen. Früchte: Hülsen. Seitenäste: **im QS rund**. Blattstellung: wechselständig. Blätter: **3-teilig**; unterseits: grünlich. Fiederblättchen: ganzrandig.

- einheimisch
- collin bis montan
- Extensivgrünland u. Magerrasen, Gehölze, Wälder, Zier- bzw. Nutzpflanze
- an nährstoffarmen Standorten

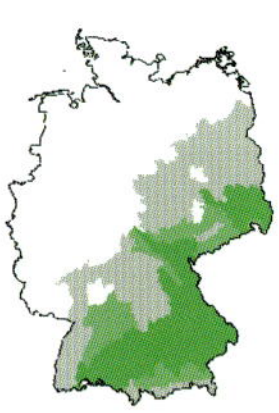

J F M A **M J J A** S O N D

Lupinus angustifolius L.

Schmalblättrige Lupine *Fabaceae*
↓ K(5) C5 A(10) G1 giftig

20–120 cm hoch. Pflanzen: **1-jährig**. Blütenstand: **traubenartig**, < **50-blütig**. Blüten: bläulich. Schiffchen: **lang geschnäbelt.** Kelch: 2-lippig, Oberlippe 2-spaltig. Kelchzipfel: länger als die Kelchröhre. Früchte: Hülsen. Blätter: **gefingert, 5–10-teilig**. Fiederblättchen: **lineal bis länglich**.

- in Einbürgerung befindlicher Neophyt, urspr. aus dem Mittelmeergebiet
- planar bis montan
- Äcker, Ruderalvegetation, Zier- bzw. Nutzpflanze
- an sauren, trockenen Standorten

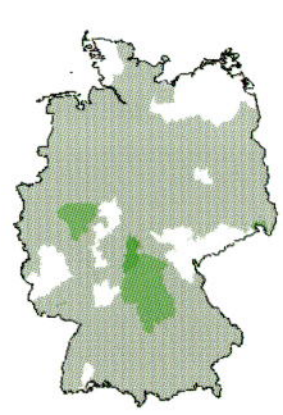

J F M A **M J J A S** O N D

Lupinus polyphyllus Lindl.

Stauden-Lupine *Fabaceae*
↓ K(5) C5 A(10) G$\underline{1}$ stark giftig

80–150 cm hoch. PFLANZEN: **mehrjährig**. BLÜTENSTAND: **traubenartig**, **> 50-blütig**. BLÜTEN: meist bläulich, bei Zuchtformen auch rötlich *oder* weißlich bis gelblich. SCHIFFCHEN: **lang geschnäbelt**. KELCH: 2-lippig. KELCHZIPFEL: länger als die Kelchröhre. FRÜCHTE: Hülsen. BLÄTTER: **gefingert**, **10–16-teilig**. FIEDERBLÄTTCHEN: **lanzettlich**.

- eingebürgerter Neophyt, urspr. aus Nordamerika
- planar bis montan
- Grünland, Staudenfluren, Gehölze, Ruderalvegetation, Zier- bzw. Nutzpflanze

J F M A **M J J A S** O N D

Ulex europaeus L.

Gewöhnlicher Stechginster *Fabaceae*
↓ K(5) C5 A(10) G$\underline{1}$ giftig

Strauch, 80–200 cm hoch. VORBLÄTTER UNTER DEN BLÜTEN: 1, **bräunlich-rötlich**. BLÜTEN: **gelblich**. KRONE: **< 2-mal so lang wie der Kelch**. KELCH: **2-lippig**. KELCHBLÄTTER: behaart. KELCHZIPFEL: länger als die Kelchröhre. FRÜCHTE: Hülsen, **abstehend behaart**. STÄNGEL: **mit Dornen**, Dornen oft verzweigt. SEITENÄSTE: **abstehend behaart**. BLATTSTELLUNG: wechselständig. BLÄTTER: **fehlen**, **zu Dornen umgewandelt**.

- eingebürgerter Neophyt, urspr. aus Westeuropa
- planar bis collin
- Gehölze, Wälder, Zier- bzw. Nutzpflanze
- an nährstoffarmen, sauren Standorten

J F M **A M J J** A S O N D

Amorpha fruticosa L.

Bastardindigo *Fabaceae*
↓ K(5) C5 A(10) G$\underline{1}$

Strauch, bis 4 m hoch. BLÜTENSTAND: **traubenartig**. BLÜTEN: **nur aus der Fahne bestehend**, **bläulich- bis bräunlich-violett**. KELCH: **radiärsymmetrisch**. FRÜCHTE: **Nüsschen**. SEITENÄSTE: im QS rund. BLATTSTELLUNG: wechselständig. BLÄTTER: unpaarig gefiedert, **aromatisch riechend**; UNTERSEITS: **flaumhaarig**. FIEDERBLÄTTCHEN: ± ganzrandig. ENDFIEDER: deutlich gestielt.

- in Einbürgerung befindlicher Neophyt, urspr. aus Nordamerika
- planar bis collin
- Gehölze, Zier- bzw. Nutzpflanze

J F M A **M J J A S** O N D

Anthyllis vulneraria L.

Gewöhnlicher Wundklee *Fabaceae*
↓ K(5) C5 A(10) G$\underline{1}$

Bis 90 cm hoch. BLÜTENSTAND: **dolden- bis köpfchenartig**. BLÜTEN: gelblich, zuweilen rötlich überlaufen. FRÜCHTE: **Hülsen *oder* Nüsschen**, < 20 mm lang, **1–2-samig**. STÄNGEL: krautig o. basal verholzt. BLÄTTER: **Stängelblätter meist gefiedert**, 3–17-teilig. GRUNDBLÄTTER: **ungeteilt *oder* gefiedert, dann oft mit vergrößerter Endfieder**.

Im Gebiet kommen 5 Unterarten vor: subsp. *vulneraria*, subsp. *alpestris*, subsp. *carpatica*, subsp. *maritima* und subsp. *polyphylla* (vgl. S. 1428).

- einheimisch
- planar bis alpin
- trockenfallende Ufer, Extensivgrünland u. Magerrasen, Schutt- u. Felsfluren, Dünen, Zier- bzw. Nutzpflanze
- an nährstoffarmen, basenreichen, meist trockenen Standorten

J F M **A M J J A S** O N D

US

Coronilla coronata L.

Berg-Kronwicke *Fabaceae*
↓ K(5) C5 A(9)+1 G$\underline{1}$ RL 3

30–50 cm hoch. Blütenstand: doldenartig, **10–25-blütig**. Blüten: gelblich. Kronblätter: genagelt; Nagel: ± so lang wie die Kelchblätter. Fahne: ± zurückgeschlagen. Schiffchen: geschnäbelt. Früchte: **quer zerfallende Spaltfrüchte**. Fruchtglieder: zylindrisch, im QS 4-kantig bis geflügelt. Stängel: **krautig**. Blattstellung: wechselständig. Blätter: unpaarig gefiedert, 7–15-teilig. Fiederblättchen: **14–28 mm lang**. Nebenblätter: ***nicht* miteinander verwachsen, ± so groß wie die Fiederblättchen**.

- einheimisch
- collin bis montan
- Staudenfluren, Gehölze, Wälder, Zier- bzw. Nutzpflanze
- an kalkreichen, meist trockenen Standorten

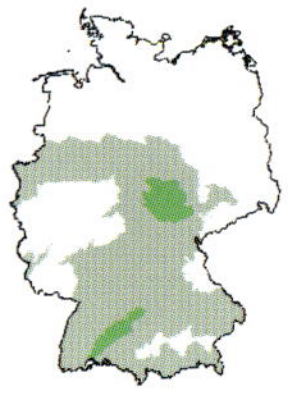

J F M **A M J J** A S O N D

Coronilla vaginalis Lam.

Scheiden-Kronwicke *Fabaceae*
↓ K(5) C5 A(9)+1 G$\underline{1}$ RL 3

Halbstrauch, bis 10 cm hoch. Blütenstand: doldenartig, **3–12-blütig**. Blüten: gelblich. Kronblätter: genagelt; Nagel: ± so lang wie die Kelchblätter. Fahne: ± zurückgeschlagen. Schiffchen: geschnäbelt. Früchte: **quer zerfallende Spaltfrüchte**. Fruchtglieder: zylindrisch, im QS 4-kantig bis geflügelt. Blattstellung: wechselständig. Blätter: unpaarig gefiedert, 5–13-teilig. Fiederblättchen: **3–15 mm lang**. Nebenblätter: **miteinander verwachsen, kleiner als die Fiederblättchen**.

- einheimisch
- montan bis alpin
- Extensivgrünland u. Magerrasen, Gehölze, Wälder, Schutt- u. Felsfluren
- an nährstoffarmen, kalkreichen, meist trockenen Standorten

J F M **A M J J A** S O N D

Dorycnium hirsutum (L.) Ser.

Behaarter Backenklee *Fabaceae*
↓ K(5) C5 A(9)+1 G$\underline{1}$

20–50 cm hoch. Blütenstand: doldenartig, 3–12-blütig. Köpfchen: **kurz gestielt**. Blüten: weißlich bis rosa; Schiffchen mit rötlicher Spitze. Krone: 8–22 mm lang. Flügel: **distal *nicht* verwachsen**. Schiffchen: distal abgerundet. Kelchblätter: **6–14 mm lang**. Früchte: Hülsen, **kurz zylindrisch, 5–14 mm lang**, 2–4 mm ⌀, **2–6-samig**. Stängel: **dicht abstehend behaart**. Blätter: 3-teilig gefiedert, durch 2 große basal stehende Nebenblätter scheinbar 5-teilig, **dicht abstehend behaart**. Nebenblätter: **± so groß wie die Fiederblättchen**.

- eingebürgerter Neophyt, urspr. aus dem Mittelmeergebiet
- collin bis montan
- Extensivgrünland u. Magerrasen, Wälder, Zier- bzw. Nutzpflanze
- an basenreichen, trockenen Standorten

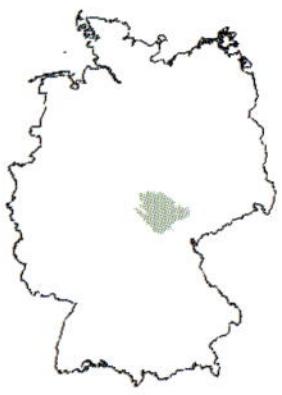

J F M **A M J J** A S O N D

Dorycnium pentaphyllum Scop.

Seidiger Backenklee *Fabaceae*
↓ K(5) C5 A(9)+1 G$\underline{1}$ RL 3

15–60 cm hoch. Blütenstand: doldenartig, 5–30-blütig. Köpfchen: **lang gestielt**. Blüten: weißlich; Schiffchen mit rötlicher Spitze. Krone: 2–9 mm lang. Flügel: **distal verwachsen**. Schiffchen: distal abgerundet. Kelchblätter: **1–5 mm lang**. Früchte: Hülsen *oder* Nüsschen, eiförmig bis kurz zylindrisch, 3–5 mm lang, 1–4 mm ⌀, **1-samig**. Blätter: **3-teilig gefiedert, durch 2 große basal stehende Nebenblätter scheinbar 5-teilig**. Nebenblätter: **± so groß wie die Fiederblättchen**.

Im Gebiet kommen 2 Unterarten vor: subsp. *germanicum* und subsp. *herbaceum* (vgl. S. 1428).

- einheimisch
- collin bis montan
- Extensivgrünland u. Magerrasen, Staudenfluren, Gehölze, Wälder, Zier- bzw. Nutzpflanze
- an nährstoffarmen, basenreichen, trockenen Standorten

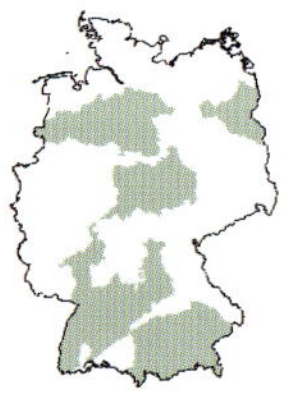

J F M A **M J J A** S O N D

Hippocrepis comosa L.

Hufeisenklee *Fabaceae*

↓ K(5) C5 A(9)+1 G1 RL V

Bis 25 cm hoch. Blütenstand: **doldenartig, 3–14-blütig**. Blüten: gelblich. Kronblätter: genagelt; Nagel: ± 3-mal so lang wie die Kelchblätter. Fahne: ± zurückgeschlagen. Schiffchen: geschnäbelt. Früchte: **meist quer zerfallende Spaltfrüchte, deutlich geschlängelt**. Fruchtglieder: **U-förmig gebogen, im QS abgeflacht**. Stängel: krautig, zuweilen basal verholzt. Blattstellung: wechselständig. Blätter: unpaarig gefiedert, **9–17-teilig**. Fiederblättchen: ± ganzrandig. Nebenblätter: mit dem Blattstiel verwachsen, *nicht* miteinander verwachsen, kleiner als die Fiederblättchen.

- einheimisch
- collin bis alpin
- Extensivgrünland u. Magerrasen, Wälder, Schutt- u. Felsfluren, Zier- bzw. Nutzpflanze
- an nährstoffarmen, basenreichen, meist trockenen Standorten

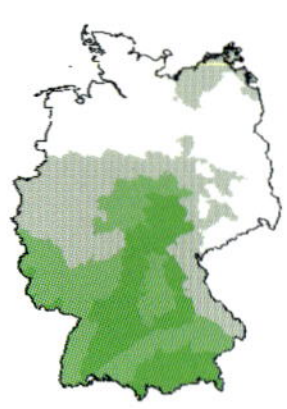

J F M **A M J J** A S O N D

Hippocrepis emerus (L.) Lassen

Strauchwicke *Fabaceae*

↓ K(5) C5 A(9)+1 G1 RL 3

Strauch, 100–200 cm hoch. Blütenstand: **Blüten zu wenigen bis doldenartig, 2–5-blütig**. Blüten: gelblich. Kronblätter: genagelt; Nagel: ± 3-mal so lang wie die Kelchblätter. Fahne: ± zurückgeschlagen. Schiffchen: geschnäbelt. Früchte: **meist quer zerfallende Spaltfrüchte, schwach geschlängelt**, 1–3 mm ⌀. Fruchtglieder: **zylindrisch**, im QS rundlich. Seitenäste: im QS kantig. Blattstellung: wechselständig. Blätter: unpaarig gefiedert, **5–13-teilig**, kahl. Fiederblättchen: ± ganzrandig. Nebenblätter: *nicht* miteinander verwachsen, kleiner als die Fiederblättchen.

- einheimisch
- collin bis montan
- Gehölze, Wälder, Zier- bzw. Nutzpflanze
- an nährstoffarmen, kalkreichen, meist trockenen Standorten

J F **M A M J J** A S O N D

Lotus corniculatus L.

Gewöhnlicher Hornklee *Fabaceae*

↓ K(5) C5 A(9)+1 G1

20–50 cm hoch. Blütenstand: **2–8-blütig**. Blüten: gelblich, oft rötlich überlaufen. Krone: 10–16 mm lang. Schiffchen: geschnäbelt, **plötzlich zugespitzt, rechtwinklig abgewinkelt**. Griffel: distal *nicht* verbreitert. Früchte: Hülsen, im QS rundlich. Stängel: **markig**. Ausläufer: **fehlend**. Blätter: **3-teilig gefiedert, durch 2 große basal stehende Nebenblätter scheinbar 5-teilig**. Fiederblättchen: schief-oval bis lanzettlich, ***ohne* deutliche Seitennerven**. Nebenblätter: **± so groß wie die Fiederblättchen**.

- einheimisch
- planar bis alpin
- Extensivgrünland u. Magerrasen, Zwergstrauchheiden, Zier- bzw. Nutzpflanze

J F M A **M J J A** S O N D

Lotus maritimus L.

Gelbe Spargelerbse *Fabaceae*

↓ K(5) C5 A(9)+1 G1 RL 3

10–25 cm hoch. Blütenstand: **Blüten einzeln**. Blüten: gelblich. Schiffchen: geschnäbelt, **allmählich zugespitzt**. Griffel: **distal verbreitert**. Früchte: Hülsen, 40–50 mm lang, **im QS 4-kantig bis geflügelt**. Blätter: **3-teilig gefiedert, außerdem mit 2 basal stehenden Nebenblättern**. Fiederblättchen: schief-oval bis lanzettlich, ***ohne* deutliche Seitennerven**. Nebenblätter: **± 0,5-mal so groß wie die Fiederblättchen**.

- einheimisch
- planar bis montan
- Extensivgrünland u. Magerrasen, Zier- bzw. Nutzpflanze
- an nährstoffarmen, kalkreichen, auch salzhaltigen Standorten

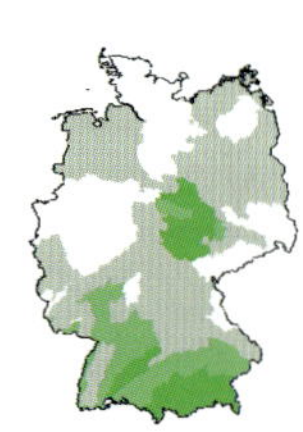

J F M **A M J J** A S O N D

Lotus pedunculatus Cav.

Sumpf-Hornklee *Fabaceae*

↓ K(5) C5 A(9)+1 G$\underline{1}$

20–50 cm hoch. Blütenstand: **meist 4–16-blütig**. Blüten: gelblich. Schiffchen: geschnäbelt, **allmählich zugespitzt**. Griffel: distal *nicht* verbreitert. Früchte: Hülsen, im QS rundlich. Stängel: **meist hohl**. Ausläufer: **unterirdisch**. Blätter: **3-teilig gefiedert, durch 2 große basal stehende Nebenblätter scheinbar 5-teilig**. Fiederblättchen: schief-oval bis breit-lanzettlich, **mit deutlichen Seitennerven**. Nebenblätter: **± so groß wie die Fiederblättchen**.

- einheimisch
- planar bis montan
- Grünland, Wälder, Zier- bzw. Nutzpflanze
- an feuchten bis nassen Standorten

J F M A **M J J A** S O N D

Lotus tenuis Willd.

Schmalblatt-Hornklee *Fabaceae*

↓ K(5) C5 A(9)+1 G$\underline{1}$ RL V

20–60 cm hoch. Blütenstand: **1–4-blütig**. Blüten: gelblich, oft rötlich überlaufen. Krone: 6–12 mm lang. Schiffchen: geschnäbelt, **plötzlich zugespitzt, rechtwinklig abgewinkelt**. Griffel: distal *nicht* verbreitert. Früchte: Hülsen, im QS rundlich. Stängel: **markig**, ± kahl. Ausläufer: **fehlend**. Blätter: **3-teilig gefiedert, durch 2 große basal stehende Nebenblätter scheinbar 5-teilig**. Fiederblättchen: **lineal-lanzettlich, *ohne* deutliche Seitennerven**. Nebenblätter: **± so groß wie die Fiederblättchen**.

- einheimisch
- planar bis collin
- Extensivgrünland u. Magerrasen, Ruderalvegetation, Salzwiesen
- an basenreichen, oft salzhaltigen Standorten

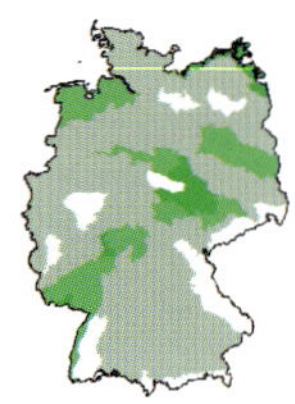

J F M A **M J J A** S O N D

Ornithopus perpusillus L.

Kleiner Vogelfuß *Fabaceae*

↓ K(5) C5 A(9)+1 G$\underline{1}$

Bis 30 cm hoch. Blütenstand: **dolden- bis köpfchenartig, Stiel viel kürzer als das Tragblatt**. Blüten: **weißlich, mit gelblichem Schiffchen u. rot gestreifter Fahne**. Krone: **2–5 mm lang**. Fahne: ± zurückgeschlagen. Schiffchen: distal abgerundet. Kelchzipfel: **< 0,5-mal so lang wie die Kelchröhre**. Früchte: **quer zerfallende Spaltfrüchte**. Fruchtglieder: zylindrisch, im QS rundlich. Blätter: unpaarig gefiedert, 11–31-teilig. Nebenblätter: *nicht* miteinander verwachsen.

- einheimisch
- planar bis collin
- Extensivgrünland u. Magerrasen, Äcker, Ruderalvegetation, Dünen
- an nährstoffarmen, sauren, meist trockenen Standorten

J F M **A M J J** A S O N D

Ornithopus sativus Brot.

Echte Serradella *Fabaceae*

↓ K(5) C5 A(9)+1 G$\underline{1}$

30–60 cm hoch. Blütenstand: **dolden- bis köpfchenartig, Stiel so lang wie o. länger als das gefiedertes Tragblatt**. Blüten: **meist rosa o. rötlich**, seltener weißlich o. beige. Krone: **3–10 mm lang**. Fahne: ± zurückgeschlagen. Schiffchen: distal abgerundet. Kelchzipfel: **± so lang wie die Kelchröhre**. Früchte: **quer zerfallende Spaltfrüchte**. Fruchtglieder: zylindrisch, im QS rundlich. Blätter: unpaarig gefiedert, 9–35-teilig. Nebenblätter: *nicht* miteinander verwachsen.

- eingebürgerter Neophyt, urspr. aus dem Mittelmeergebiet
- planar bis montan
- Extensivgrünland u. Magerrasen, Äcker, Ruderalvegetation, Zier- bzw. Nutzpflanze
- an sauren Standorten

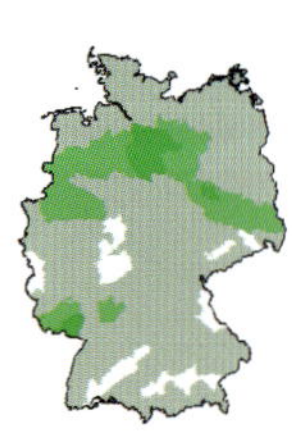

J F M A **M J J A** S O N D

Securigera varia (L.) Lassen

Bunte Beilwicke *Fabaceae*
↓ K(5) C5 A(9)+1 G$\underline{1}$ giftig

30–60 cm hoch. BLÜTENSTAND: doldenartig. BLÜTEN: **weißlich**; **Fahne rötlich**; **Schiffchen meist violett**. KRONBLÄTTER: **genagelt**; NAGEL: **± so lang wie die Kelchblätter**. FAHNE: ± zurückgeschlagen. SCHIFFCHEN: **geschnäbelt**. FRÜCHTE: **quer zerfallende Spaltfrüchte**. FRUCHTGLIEDER: **zylindrisch**, im QS 4-kantig bis geflügelt. STÄNGEL: **krautig**. BLATTSTELLUNG: wechselständig. BLÄTTER: unpaarig gefiedert, **9–25-teilig**. NEBENBLÄTTER: *nicht* miteinander verwachsen, kleiner als die Fiederblättchen.

- einheimisch
- planar bis montan
- Extensivgrünland u. Magerrasen, Staudenfluren, Ruderalvegetation, Zier- bzw. Nutzpflanze
- an kalkreichen Standorten

J F M A **M J J A S** O N D

Robinia pseudoacacia L.

Gewöhnliche Robinie *Fabaceae*
↓ K(5) C5 A(9)+1 G$\underline{1}$ stark giftig

Bis 30 m hoher Laubbaum, selten strauchförmig. BLÜTENSTAND: **traubenartig**, **erst aufrecht, später hängend**. BLÜTEN: **wohlriechend**, **weißlich bis rosa**. KRONE: **10–30 mm lang**. FRÜCHTE: Hülsen, **5–15 cm lang**, kahl, **im QS abgeflacht**. STÄNGEL: **mit paarigen, aus Nebenblättern gebildeten Dornen (Zuchtformen auch *ohne* Dornen)**. DORNEN: 1–2 cm lang. BLATTSTELLUNG: wechselständig. BLÄTTER: unpaarig gefiedert, **9–25-teilig**. FIEDERBLÄTTCHEN: ± ganzrandig. ENDFIEDER: deutlich gestielt.

- eingebürgerter Neophyt, urspr. aus Nordamerika
- planar bis montan
- Gehölze, Wälder, Ruderalvegetation, Zier- bzw. Nutzpflanze
- an nährstoffreichen Standorten

J F M **A M J J** A S O N D

Astragalus alpinus L.

Alpen-Tragant *Fabaceae*
↓ K(5) C5 A(9)+1 G$\underline{1}$ RL 1

Bis 20 cm hoch. BLÜTENSTAND: ähren- bis traubenartig. BLÜTEN: (kurz) gestielt; **Fahne violett, bläulich gestreift**; **Flügel weißlich**; Schiffchen bläulich-violett. KRONE: 8–14 mm lang. FLÜGEL: **distal abgerundet bis (schwach) eingeschnitten**. SCHIFFCHEN: abgerundet o. spitz, *nicht* abrupt zugespitzt. FRÜCHTE. Hülsen, (kurz) gestielt, **behaart**, **im QS etwas aufgeblasen**. STÄNGEL: fast nur mit einfachen Haaren o. kahl. BLATTSTELLUNG: wechselständig. BLÄTTER: unpaarig gefiedert, **9–29-teilig**. FIEDERBLÄTTCHEN: schief-oval bis lanzettlich. NEBENBLÄTTER: allenfalls kurz mit dem Blattstiel verwachsen, **miteinander verwachsen**.

- einheimisch
- subalpin bis alpin
- Extensivgrünland u. Magerrasen, Schutt- u. Felsfluren

J F M A **M J J A** S O N D

Astragalus penduliflorus Lam.

Blasen-Tragant *Fabaceae*
↓ K(5) C5 A(9)+1 G$\underline{1}$ RL R

30–50 cm hoch. BLÜTENSTAND: ähren- bis traubenartig. BLÜTEN: (kurz) gestielt, **gelblich**. SCHIFFCHEN: abgerundet o. spitz, *nicht* abrupt zugespitzt. FRÜCHTE: Hülsen, (kurz) gestielt, **10–15 mm ⌀**, **verkahlend**, **im QS stark aufgeblasen**. STÄNGEL: nur mit einfachen Haaren o. kahl. BLATTSTELLUNG: wechselständig. BLÄTTER: unpaarig gefiedert, **13–33-teilig**. FIEDERBLÄTTCHEN: schief-oval bis lanzettlich. NEBENBLÄTTER: allenfalls kurz mit dem Blattstiel verwachsen, ***nicht* miteinander verwachsen**, **länglich-lanzettlich**, **2–5 mm breit**.

- einheimisch
- subalpin bis alpin
- Extensivgrünland u. Magerrasen, Schutt- u. Felsfluren, Zier- bzw. Nutzpflanze
- an nährstoffarmen Standorten

J F M A M **J J A** S O N D

Astragalus frigidus (L.) A. Gray

Gletscher-Tragant *Fabaceae*
↓ K(5) C5 A(9)+1 G$\underline{1}$

10–40 cm hoch. BLÜTENSTAND: ähren- bis traubenartig. BLÜTEN: (kurz) gestielt, **gelblich**. SCHIFFCHEN: abgerundet o. spitz, *nicht* abrupt zugespitzt. FRÜCHTE: Hülsen, (kurz) gestielt, **5–7 mm ⌀**, **behaart**, **im QS etwas aufgeblasen**. STÄNGEL: nur mit einfachen Haaren o. kahl. BLATTSTELLUNG: wechselständig. BLÄTTER: unpaarig gefiedert, **7–19-teilig**. FIEDERBLÄTTCHEN: schief-oval bis lanzettlich. NEBENBLÄTTER: allenfalls kurz mit dem Blattstiel verwachsen, ***nicht* miteinander verwachsen**, **oval**, **4–12 mm breit**.

- einheimisch
- subalpin bis alpin
- Extensivgrünland u. Magerrasen, Schutt- u. Felsfluren, Schneetälchen
- an nährstoffarmen, kalkreichen Standorten

J F M A M **J J A** S O N D

Astragalus arenarius L.

Sand-Tragant *Fabaceae*
↓ K(5) C5 A(9)+1 G$\underline{1}$ RL 2 § BNatG b

10–30 cm hoch. BLÜTENSTAND: ähren- bis traubenartig *oder* köpfchenartig, **4–8-blütig**. BLÜTEN: (kurz) gestielt, **rötlich**, selten weißlich. SCHIFFCHEN: abgerundet o. spitz, *nicht* abrupt zugespitzt. FRÜCHTE: Hülsen, (kurz) gestielt, **behaart**. STÄNGEL: **mit gabelig geteilten Haaren**. BLATTSTELLUNG: wechselständig. BLÄTTER: unpaarig gefiedert, **5–19-teilig**. FIEDERBLÄTTCHEN: schief-oval bis lanzettlich.

- einheimisch
- planar bis collin
- Extensivgrünland u. Magerrasen, Schutt- u. Felsfluren
- an nährstoffarmen, trockenen Standorten

J F M A **M J J** A S O N D

Astragalus glycyphyllos L.

Süßer Tragant *Fabaceae*
↓ K(5) C5 A(9)+1 G$\underline{1}$

50–150 cm hoch. BLÜTENSTAND: ähren- bis traubenartig *oder* köpfchenartig. BLÜTEN: (kurz) gestielt, **gelblich**. SCHIFFCHEN: abgerundet o. spitz, *nicht* abrupt zugespitzt. FRÜCHTE: Hülsen, ± sitzend, **kahl**. STÄNGEL: nur mit einfachen Haaren o. kahl. BLATTSTELLUNG: wechselständig. BLÄTTER: unpaarig gefiedert, **9–15-teilig**, Spreite 10–20 cm lang. FIEDERBLÄTTCHEN: schief-oval bis lanzettlich. NEBENBLÄTTER: allenfalls kurz mit dem Blattstiel verwachsen.

- einheimisch
- planar bis montan
- Extensivgrünland u. Magerrasen, Staudenfluren, Gehölze, Wälder, Zier- bzw. Nutzpflanze

J F M A **M J J** A S O N D

Astragalus australis (L.) Lam.

Südlicher Tragant *Fabaceae*
↓ K(5) C5 A(9)+1 G$\underline{1}$ RL 1

Bis 20 cm hoch. BLÜTENSTAND: ähren- bis traubenartig. BLÜTEN: (kurz) gestielt, **weißlich-gelblich**; **Schiffchen meist bläulich-violett überlaufen**. KRONE: 8–16 mm lang. FLÜGEL: **tief eingeschnitten bis 2-lappig**. SCHIFFCHEN: abgerundet o. spitz, *nicht* abrupt zugespitzt. FRÜCHTE: Hülsen, (kurz) gestielt, **kahl**, **im QS stark aufgeblasen**. STÄNGEL: nur mit einfachen Haaren o. kahl. BLATTSTELLUNG: wechselständig. BLÄTTER: unpaarig gefiedert, **7–15-teilig**. FIEDERBLÄTTCHEN: schief-oval bis lanzettlich. NEBENBLÄTTER: allenfalls kurz mit dem Blattstiel verwachsen, **miteinander verwachsen**.

- einheimisch
- subalpin bis alpin
- Extensivgrünland u. Magerrasen, Schutt- u. Felsfluren
- an nährstoffarmen Standorten

J F M **A M J J** A S O N D

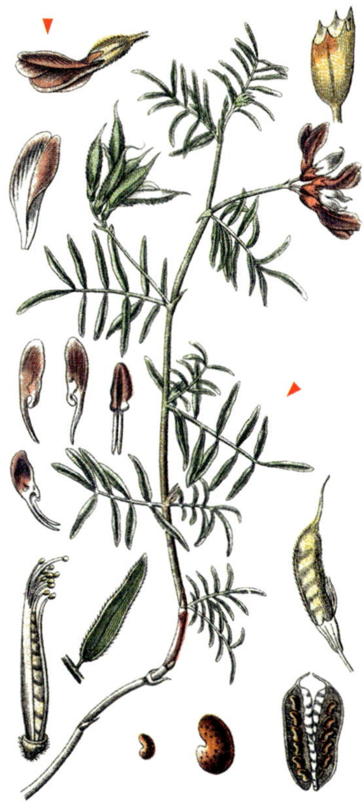

Astragalus cicer L.

Kicher-Tragant *Fabaceae*
↓ K(5) C5 A(9)+1 G$\underline{1}$ RL V

30–60 cm hoch. BLÜTENSTAND: ähren- bis traubenartig *oder* köpfchenartig. BLÜTEN: ± sitzend, **gelblich**. SCHIFFCHEN: abgerundet o. spitz, *nicht* abrupt zugespitzt. FRÜCHTE: Hülsen, ± sitzend, **behaart**. STÄNGEL: nur mit einfachen Haaren o. kahl. BLATTSTELLUNG: wechselständig. BLÄTTER: unpaarig gefiedert, **15–31-teilig**. FIEDERBLÄTTCHEN: schief-oval bis lanzettlich. NEBENBLÄTTER: allenfalls kurz mit dem Blattstiel verwachsen.

- einheimisch
- planar bis montan
- Grünland, Staudenfluren, Gehölze, Zier- bzw. Nutzpflanze
- an nährstoffarmen, kalkreichen Standorten

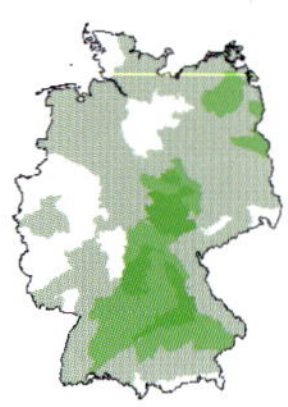

J F M A **M J J A** S O N D

Astragalus danicus Retz.

Dänischer Tragant *Fabaceae*
↓ K(5) C5 A(9)+1 G$\underline{1}$ RL 3

Bis 25 cm hoch. BLÜTENSTAND: ähren- bis traubenartig *oder* köpfchenartig, ≥ **10-blütig**. BLÜTEN: ± sitzend, **violett**, basal oft gelblich. KRONE: 12–20 mm lang. SCHIFFCHEN: abgerundet o. spitz, *nicht* abrupt zugespitzt. FRÜCHTE: Hülsen, ± sitzend, 6–9 mm lang. STÄNGEL: spärlich anliegend behaart, nur mit einfachen Haaren. BLATTSTELLUNG: wechselständig. BLÄTTER: unpaarig gefiedert, **15–29-teilig**. FIEDERBLÄTTCHEN: schief-oval bis lanzettlich.

- einheimisch
- planar bis collin
- Extensivgrünland u. Magerrasen
- an nährstoffarmen, kalkreichen, meist trockenen Standorten

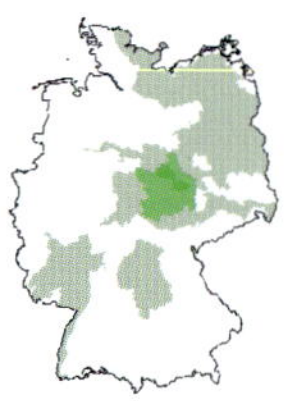

J F M **A M J** J A S O N D

Astragalus exscapus L.

Stängelloser Tragant *Fabaceae*
↓ K(5) C5 A(9)+1 G$\underline{1}$ RL 2

Bis 10 cm hoch. BLÜTENSTAND: ähren- bis traubenartig, 2–10-blütig. BLÜTEN: (kurz) gestielt, **gelblich**. SCHIFFCHEN: abgerundet o. spitz, *nicht* abrupt zugespitzt. FRÜCHTE: Hülsen, (kurz) gestielt, **mit langen Haaren**. STÄNGEL: **fast nur unterirdisch entwickelt**, dicht abstehend behaart, nur mit einfachen Haaren. BLATTSTELLUNG: wechselständig. BLÄTTER: unpaarig gefiedert, **23–43-teilig**. FIEDERBLÄTTCHEN: schief-oval bis lanzettlich. NEBENBLÄTTER: **lang mit dem Blattstiel verwachsen**.

- einheimisch
- planar bis collin
- Extensivgrünland u. Magerrasen, Wälder, Zier- bzw. Nutzpflanze
- an nährstoffarmen, kalkreichen, meist trockenen Standorten

J F M **A M J** J A S O N D

Colutea arborescens L.

Gewöhnlicher Blasenstrauch *Fabaceae*
↓ K(5) C5 A(9)+1 G$\underline{1}$ schwach giftig

Meist strauchförmig, bis 5 m hoch. BLÜTENSTAND: **traubenartig**, oft überhängend. BLÜTEN: **gelblich, oft mit rötlicher Zeichnung**. KRONE: 15–25 mm lang. FRÜCHTE: Hülsen, **20–40 mm ⌀, im QS stark aufgeblasen**. SEITENÄSTE: im QS rund. BLATTSTELLUNG: wechselständig. BLÄTTER: unpaarig gefiedert, **7–13-teilig**. FIEDERBLÄTTCHEN: schief-oval bis lanzettlich.

- einheimisch
- planar bis collin
- Gehölze, Wälder, Schutt- u. Felsfluren, Zier- bzw. Nutzpflanze
- an nährstoffarmen, basenreichen, meist trockenen Standorten

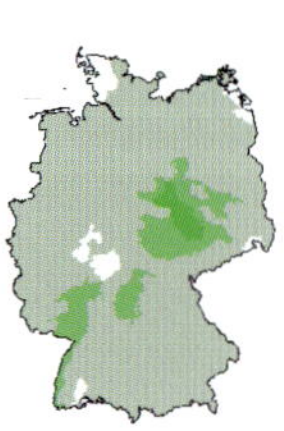

J F M A **M J J A** S O N D

Galega officinalis L.

Echte Geißraute *Fabaceae*
↓ K(5) C5 A(10) G$\underline{1}$ giftig

60–120 cm hoch. BLÜTENSTAND: **traubenartig**, aufrecht. BLÜTEN: **meist hellviolett**. FRÜCHTE: Hülsen, > 20 mm lang, ≥ 3-samig. STÄNGEL: krautig. BLÄTTER: **unpaarig gefiedert, 8–20-teilig**. FIEDERBLÄTTCHEN: **mit kurzer Granne**. NEBENBLÄTTER: frei, klein.

- eingebürgerter Neophyt, urspr. aus dem östlichen Mittelmeergebiet
- planar bis collin
- Staudenfluren, Wälder, Ruderalvegetation, Zier- bzw. Nutzpflanze
- an nährstoffreichen Standorten

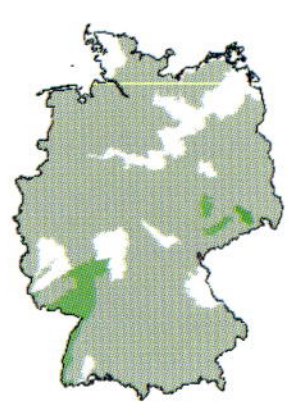

J F M A **M J J A** S O N D

Oxytropis jacquinii Bunge

Berg-Spitzkiel *Fabaceae*
↓ K(5) C5 A(9)+1 G$\underline{1}$

Bis 10 cm hoch. BLÜTENSTAND: ähren- bis traubenartig, 4–18-blütig. BLÜTEN: **rötlich bis violett**. SCHIFFCHEN: abrupt zugespitzt, mit schmaler abgesetzter Spitze. FRÜCHTE: Hülsen, mit Stiel oberhalb des Kelchs, **im QS stark aufgeblasen**. STÄNGEL: mit Laubblättern. BLATTSTELLUNG: wechselständig. BLÄTTER: unpaarig gefiedert, 9–41-teilig. FIEDERBLÄTTCHEN: schief-oval bis lanzettlich.

- einheimisch
- subalpin bis alpin
- Extensivgrünland u. Magerrasen, Schutt- u. Felsfluren, Zier- bzw. Nutzpflanze
- an nährstoffarmen, kalkreichen Standorten

J F M A M **J J A** S O N D

Oxytropis pilosa (L.) DC.

Steppen-Spitzkiel *Fabaceae*
↓ K(5) C5 A(9)+1 G$\underline{1}$ RL 2 § BNatG b

15–30 cm hoch. BLÜTENSTAND: ähren- bis traubenartig. BLÜTEN: **hellgelb**. SCHIFFCHEN: abrupt zugespitzt, mit schmaler abgesetzter Spitze. FRÜCHTE: Hülsen, *ohne* Stiel oberhalb des Kelchs, **im QS etwas aufgeblasen**. STÄNGEL: mit Laubblättern. BLATTSTELLUNG: wechselständig. BLÄTTER: unpaarig gefiedert, meist 15–25-teilig. FIEDERBLÄTTCHEN: schief oval bis lanzettlich.

- einheimisch
- planar bis montan
- Extensivgrünland u. Magerrasen, Wälder
- an nährstoffarmen, basenreichen, trockenen Standorten

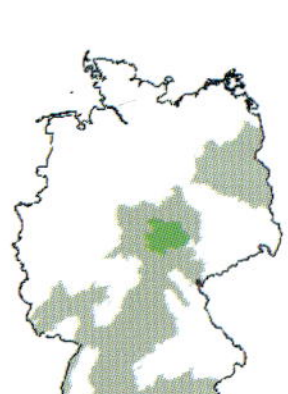

J F M A **M J J A** S O N D

Hedysarum hedysaroides (L.) Schinz & Thell.

Alpen-Süßklee *Fabaceae*
↓ K(5) C5 A(9)+1 G$\underline{1}$

10–40 cm hoch. BLÜTENSTAND: traubenartig, 10–50-blütig. BLÜTEN: **rötlich bis violett**. KRONE: 15–25 mm lang. FAHNE: ± nach vorne gestreckt. SCHIFFCHEN: distal abgerundet. FRÜCHTE: **quer zerfallende Spaltfrüchte**. FRUCHTGLIEDER: **im QS abgeflacht**. BLATTSTELLUNG: wechselständig. BLÄTTER: **unpaarig gefiedert, 9 25 teilig**. FIEDERBLÄTTCHEN: oval, 8–35 mm lang. NEBENBLÄTTER: **zu einem blattgegenständigen Blättchen verwachsen**.

- einheimisch
- subalpin bis alpin
- Extensivgrünland u. Magerrasen, Zwergstrauchheiden, Schutt- u. Felsfluren, Zier- bzw. Nutzpflanze
- an nährstoffarmen, basenreichen Standorten

J F M A M **J J A** S O N D

Onobrychis arenaria (Kit.) DC.

Sand-Esparsette *Fabaceae*
↓ K(5) C5 A(9)+1 G$\underline{1}$ RL 3

10–30 cm hoch. Blütenstand: traubenartig, **von Anfang an schmal u. verlängert**. Tragblätter der Blüten: viel kürzer als der Kelch. Blüten: meist rötlich. Krone: 7–13 mm lang. Fahne: ± nach vorne gestreckt, **mindestens so lang wie das Schiffchen**. Schiffchen: distal abgerundet. Kelchzipfel: 1,5–2,5-mal so lang wie die Kelchröhre. Früchte: Nüsschen, **lang stachelig**, 3–7 mm lang. Stängel: meist niederliegend bis bogig aufsteigend. Blätter: unpaarig gefiedert, 11–29-teilig. Fiederblättchen: lineal bis lanzettlich. untere Nebenblätter: **mit den Blättern abfallend**.

- einheimisch
- planar bis montan
- Extensivgrünland u. Magerrasen, Schutt- u. Felsfluren, Zier- bzw. Nutzpflanze
- an nährstoffarmen, kalkreichen, trockenen Standorten

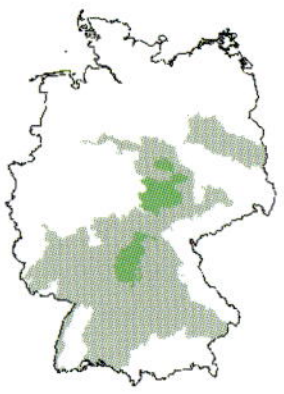

J F M A **M J J A** S O N D

Onobrychis montana DC.

Berg-Esparsette *Fabaceae*
↓ K(5) C5 A(9)+1 G$\underline{1}$ RL 2

Bis 15 cm hoch. Blütenstand: traubenartig, **zunächst eiförmig, später verlängert**. Tragblätter der Blüten: kaum kürzer als der Kelch. Blüten: rötlich. Fahne: ± nach vorne gestreckt, **1–2 mm kürzer als das Schiffchen**. Schiffchen: distal abgerundet. Kelchzipfel: 1,5–3-mal so lang wie die Kelchröhre. Früchte: Nüsschen, **mit gezähnten Leisten**, 5–9 mm lang. Stängel: meist niederliegend bis bogig aufsteigend. Blätter: unpaarig gefiedert, 7–17-teilig. Fiederblättchen: länglich bis oval. untere Nebenblätter: **bleibend**.

- einheimisch
- montan bis subalpin
- Extensivgrünland u. Magerrasen, Schutt- u. Felsfluren, Zier- bzw. Nutzpflanze
- an nährstoffarmen, kalkreichen Standorten

J F M A M **J J A** S O N D

Onobrychis viciifolia Scop.

Saat-Esparsette *Fabaceae*
↓ K(5) C5 A(9)+1 G$\underline{1}$

30–60 cm hoch. Blütenstand: traubenartig, **zunächst eiförmig, später verlängert**. Tragblätter der Blüten: kaum kürzer als der Kelch. Blüten: rötlich. Fahne: ± nach vorne gestreckt, **± so lang wie das Schiffchen**. Schiffchen: distal abgerundet. Kelchzipfel: 2–4-mal so lang wie die Kelchröhre. Früchte: Nüsschen, **kurz stachelig**. Stängel: aufrecht. Blätter: unpaarig gefiedert, 11–29-teilig. Fiederblättchen: länglich bis oval. untere Nebenblätter: **bleibend**.

- Archaeophyt, urspr. aus Ost- u. Südosteuropa
- planar bis montan
- trockenfallende Ufer, Extensivgrünland u. Magerrasen, Staudenfluren, Zier- bzw. Nutzpflanze
- an basenreichen, meist trockenen Standorten

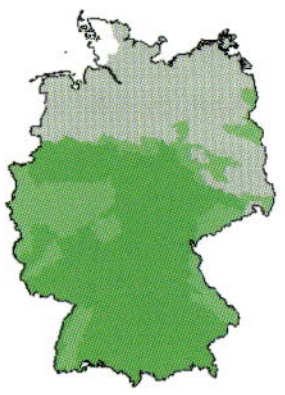

J F M **A M J J** A S O N D

Medicago arabica (L.) Huds.

Arabischer Schneckenklee *Fabaceae*
↓ K(5) C5 A(9)+1 G$\underline{1}$

15–50 cm hoch. Blütenstand: **1–6-blütig**. Blüten: **gelb**. Blütenstiele: **< 4 mm lang**, mit Gliederhaaren. Krone: 2–5 mm lang. Flügel: etwas kürzer als das Schiffchen. Früchte: Hülsen, **schraubenförmig, mit 4–6 Windungen, stachelig**, mit Querwänden. Blätter: 3-teilig, Endfieder distal meist mit kleinem Zahn; oberseits: **mit dunklem Fleck, kahl**. Nebenblätter: **kammförmig gezähnt**.

- eingebürgerter Neophyt, urspr. aus dem Mittelmeergebiet
- planar bis collin
- Staudenfluren, Äcker, Ruderalvegetation, Zier- bzw. Nutzpflanze
- an basenreichen Standorten

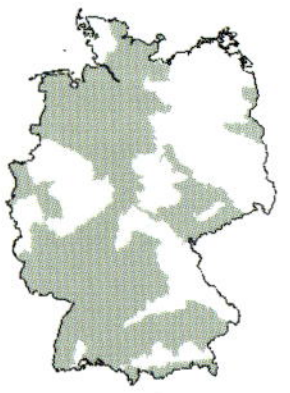

J F **M A M J** J A S O N D

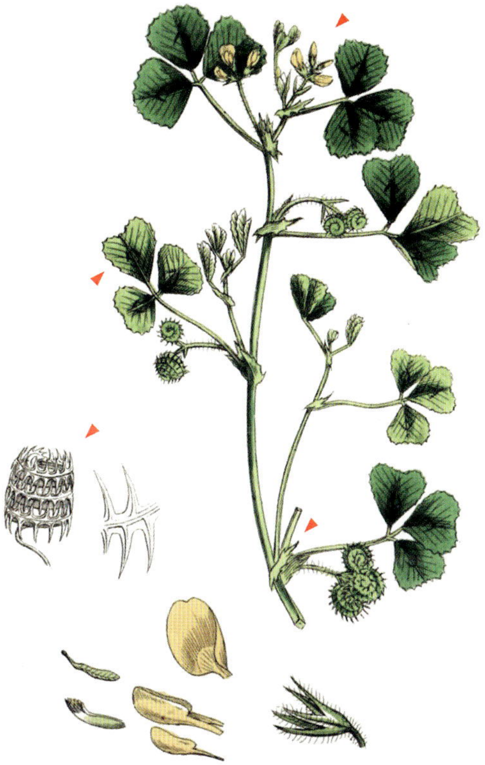

Medicago falcata L.

Sichel-Luzerne *Fabaceae*
↓ K(5) C5 A(9)+1 G$\underline{1}$

20–50 cm hoch. Blütenstand: **8–40-blütig**. Blüten: **gelb**. Blütenstiele: **6–12 mm lang**. Krone: 7–12 mm lang. Griffel: **zur Blütezeit viel kürzer als der Fruchtknoten**. Früchte: Hülsen, **gerade bis sichelförmig, *ohne* Stacheln**. Blätter: 3-teilig, Endfieder distal meist mit kleinem Zahn.

- einheimisch
- planar bis montan
- Extensivgrünland u. Magerrasen, Staudenfluren, Ruderalvegetation, Zier- bzw. Nutzpflanze
- an kalkreichen, meist trockenen Standorten

J F M A M J J A S O N D

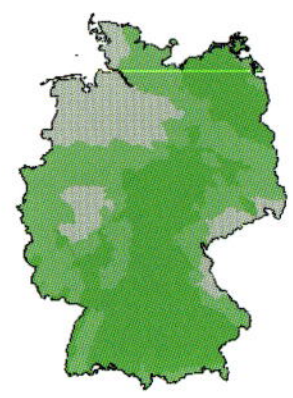

Medicago lupulina L.

Hopfen-Luzerne *Fabaceae*
↓ K(5) C5 A(9)+1 G$\underline{1}$

15–60 cm hoch. Blütenstand: **8–50-blütig**. Blüten: **gelb**. Blütenstiele: **1,5–4 mm lang**. Krone: 2–5 mm lang. Griffel: **zur Blütezeit so lang wie der Fruchtknoten**. Früchte: Hülsen, **nieren- bis sichelförmig, < 1 Windung, *ohne* Stacheln**. Blätter: 3-teilig, Endfieder distal meist mit kleinem Zahn. Nebenblätter: **ganzrandig bis schwach gezähnt**.

- einheimisch
- planar bis montan
- Extensivgrünland u. Magerrasen, Staudenfluren, Äcker, Ruderalvegetation, Zier- bzw. Nutzpflanze
- an basenreichen Standorten

J F M A M J J A S O N D

Medicago minima (L.) L.

Zwerg-Schneckenklee *Fabaceae*
↓ K(5) C5 A(9)+1 G$\underline{1}$ RL V

10–30 cm hoch. Blütenstand: **1–10-blütig**. Blüten: **gelb**. Blütenstiele: **< 4 mm lang**. Krone: 2–5 mm lang. Früchte: Hülsen, **schraubenförmig, mit 3–6 Windungen, stachelig**, *ohne* Querwände. Blätter: 3-teilig, Endfieder distal meist mit kleinem Zahn, behaart; oberseits: **behaart**. Nebenblätter: **ganzrandig, allenfalls basal gezähnt**.

- einheimisch
- planar bis montan
- Extensivgrünland u. Magerrasen, Ruderalvegetation, Zier- bzw. Nutzpflanze
- an nährstoffarmen, basenreichen, meist trockenen Standorten

J F M A M J J A S O N D

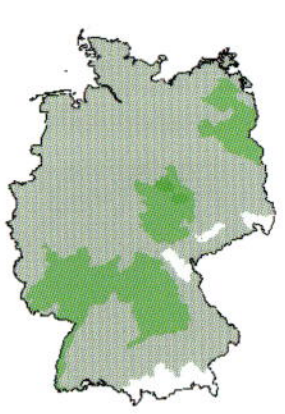

Medicago polymorpha L.

Rauer Schneckenklee *Fabaceae*
↓ K(5) C5 A(9)+1 G$\underline{1}$

15–40 cm hoch. Blütenstand: **meist 6–10-blütig**. Blüten: **gelb**. Blütenstiele: kahl o. mit einfachen Haaren. Krone: 2–5 mm lang. Flügel: etwas länger als das Schiffchen. Früchte: Hülsen, **schraubenförmig, mit 1–6 Windungen, stachelig**, mit Querwänden. Blätter: 3-teilig, Endfieder distal meist mit kleinem Zahn; oberseits: ungefleckt, **kahl**. Nebenblätter: **kammförmig gezähnt**.

- in Einbürgerung befindlicher Neophyt, urspr. aus dem Mittelmeergebiet
- planar bis montan
- Staudenfluren, Ruderalvegetation, Zier- bzw. Nutzpflanze
- meist an trockenen Standorten

J F M A M J J A S O N D

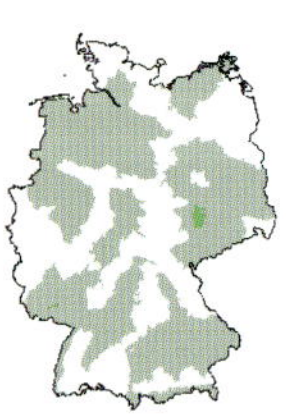

Medicago sativa L.

Saat-Luzerne *Fabaceae*
↓ K(5) C5 A(9)+1 G1

30–80 cm hoch. BLÜTENSTAND: **8–40-blütig**. BLÜTEN: **bläulich bis violett, in Knospe auch gelblich-grünlich**. BLÜTENSTIELE: **5–15 mm lang**. KRONE: 2–8 mm lang. GRIFFEL: **zur Blütezeit viel kürzer als der Fruchtknoten**. FRÜCHTE: Hülsen, **schraubenförmig, mit 2–4 Windungen, *ohne* Stacheln**. BLÄTTER: 3-teilig, Endfieder distal meist mit kleinem Zahn.

- eingebürgerter Neophyt, urspr. aus dem Mittelmeergebiet u. Westasien
- planar bis montan
- Grünland, Staudenfluren, Äcker, Ruderalvegetation, Zier- bzw. Nutzpflanze

J F M A M J J A S O N D

Melilotus albus Medik.

Weißer Steinklee *Fabaceae*
↓ K(5) C5 A(9)+1 G1

40–120 cm hoch. PFLANZEN: meist 2-jährig. BLÜTENSTAND: trauben- bis rispenartig, lang, schmal. BLÜTEN: überhängend, **weißlich**. BLÜTENSTIELE: 4–6 mm lang. KRONE: **4–8 mm lang**. FRÜCHTE: Hülsen *oder* Nüsschen, kugelig-eiförmig. SAMEN: glatt. BLÄTTER: 3-teilig. FIEDERBLÄTTCHEN: **beidseits mit je 6–12 Seitennerven**. NEBENBLÄTTER: meist ganzrandig.

- Archaeophyt
- planar bis montan
- Grünland, Staudenfluren, Ruderalvegetation, Zier- bzw. Nutzpflanze
- meist an trockenen Standorten

J F M A M J J A S O N D

Melilotus altissimus Thuill.

Hoher Steinklee *Fabaceae*
↓ K(5) C5 A(9)+1 G1

60–150 cm hoch. PFLANZEN: meist 2-jährig. BLÜTENSTAND: trauben- bis rispenartig, lang, schmal. BLÜTEN: überhängend, **gelblich**. BLÜTENSTIELE: **5–7 mm lang**. KRONE: **4–8 mm lang**. FRÜCHTE: Hülsen *oder* Nüsschen, kugelig-eiförmig, **zerstreut behaart**. SAMEN: glatt. BLÄTTER: 3-teilig. FIEDERBLÄTTCHEN: **beidseits mit je 6–14 Seitennerven**. NEBENBLÄTTER: meist ganzrandig, basal selten mit 1 Zahn.

- einheimisch
- planar bis montan
- Grünland, Staudenfluren, Äcker, Ruderalvegetation, Zier- bzw. Nutzpflanze
- auch an salzhaltigen Standorten

J F M A M J J A S O N D

Melilotus dentatus (Waldst. & Kit.) Pers.

Salz-Steinklee *Fabaceae*
↓ K(5) C5 A(9)+1 G1 RL 3

15–80 cm hoch. PFLANZEN: meist 2-jährig. BLÜTENSTAND: trauben- bis rispenartig, lang, schmal. BLÜTEN: überhängend, **gelblich**. BLÜTENSTIELE: **2–5 mm lang**. KRONE: **2,5–4 mm lang**. FRÜCHTE: Hülsen *oder* Nüsschen, kugelig-eiförmig, kahl. SAMEN: glatt. BLÄTTER: 3-teilig. FIEDERBLÄTTCHEN: **beidseits mit je 16–25 Seitennerven**. NEBENBLÄTTER: gezähnt.

- einheimisch
- planar bis collin
- Grünland, Ruderalvegetation, Salzwiesen
- auch an salzhaltigen Standorten

J F M A M J J A S O N D

Melilotus indicus (L.) All.

Kleinblütiger Steinklee *Fabaceae*
↓ K(5) C5 A(9)+1 G$\underline{1}$

10–50 cm hoch. PFLANZEN: 1-jährig. BLÜTENSTAND: trauben- bis rispenartig, lang, schmal. BLÜTEN: überhängend, **gelblich**. BLÜTENSTIELE: **2–4 mm lang**. KRONE: **1,5–3,5 mm lang**. FRÜCHTE: Nüsschen, kugelig-eiförmig, kahl. SAMEN: **warzig**. BLÄTTER: 3-teilig. FIEDERBLÄTTCHEN: **beidseits mit je 6–14 Seitennerven**. NEBENBLÄTTER: basal meist mit 1–2 Zähnen.

- in Einbürgerung befindlicher Neophyt, urspr. aus Südosteuropa u. Westasien
- planar bis collin
- Grünland, Staudenfluren, Äcker, Ruderalvegetation, Trittfluren, Zier- bzw. Nutzpflanze
- an trockenen, auch salzhaltigen Standorten

J F M A **M J J A** S O N D

Melilotus officinalis (L.) Lam.

Echter Steinklee *Fabaceae*
↓ K(5) C5 A(9)+1 G$\underline{1}$

40–100 cm hoch. PFLANZEN: meist 2-jährig. BLÜTENSTAND: trauben- bis rispenartig, lang, schmal. BLÜTEN: überhängend, **gelblich**. BLÜTENSTIELE: **5–7 mm lang**. KRONE: **4–8 mm lang**. FRÜCHTE: Hülsen *oder* Nüsschen, kugelig-eiförmig, kahl. SAMEN: glatt. BLÄTTER: 3-teilig. FIEDERBLÄTTCHEN: **beidseits mit je 6–14 Seitennerven**. NEBENBLÄTTER: meist ganzrandig, basal selten mit 1 Zahn.

- Archaeophyt
- planar bis montan
- Intensivgrünland, Staudenfluren, Ruderalvegetation, Zier- bzw. Nutzpflanze
- an basenreichen, meist trockenen Standorten

J F M A **M J J A S O** N D

Ononis natrix L.

Gelbe Hauhechel *Fabaceae*
↓ K(5) C5 A(10) G$\underline{1}$ RL 0

20–50 cm hoch. PFLANZEN: **klebrig-drüsig behaart**. BLÜTEN: einzeln, blattachselständig, **gelblich, mit rötlichem Streifen**. BLÜTENSTIELE: 1–3 mm lang. FRÜCHTE: Hülsen, **überhängend, 10–30 mm lang, länglich-zylindrisch, länger als der Kelch**. STÄNGEL: basal meist verholzt, seltener krautig, *ohne* Dornen. BLATTSTELLUNG: wechselständig. BLÄTTER: **3-teilig gefiedert, durch 2 große basal stehende Nebenblätter scheinbar 5-teilig**. FIEDERBLÄTTCHEN: am Rand gezähnt.

- ausgestorben
- planar bis collin
- Extensivgrünland u. Magerrasen, Schutt- u. Felsfluren
- an nährstoffarmen, basenreichen, meist trockenen Standorten

J F M **A M J J A** S O N D

Ononis spinosa L.

Dornige Hauhechel *Fabaceae*
↓ K(5) C5 A(10) G$\underline{1}$

20–100 cm hoch. BLÜTENSTAND: meist einzeln o. zu zweit. BLÜTEN: **meist rosa bis violett**, selten weißlich. FRÜCHTE: Hülsen, **aufrecht bis abstehend, 5–10 mm lang, eiförmig**. STÄNGEL: basal meist verholzt, seltener krautig, **oft mit Dornen**. BLATTSTELLUNG: wechselständig. BLÄTTER: **3-teilig gefiedert, durch 2 große basal stehende Nebenblätter scheinbar 5-teilig**. FIEDERBLÄTTCHEN: am Rand gezähnt.

Im Gebiet kommen 4 Unterarten vor: subsp. *spinosa*, subsp. *austriaca*, subsp. *hircina* und subsp. *procurrens* (vgl. S. 1428).

- einheimisch
- planar bis montan
- Extensivgrünland u. Magerrasen, Dünen, Zier- bzw. Nutzpflanze
- auch an salzhaltigen Standorten

J F M A **M J J A S O** N D

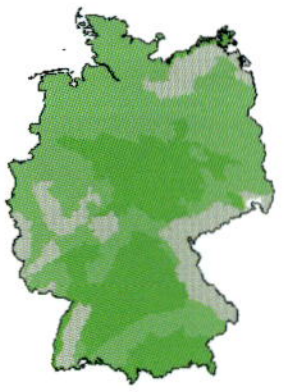

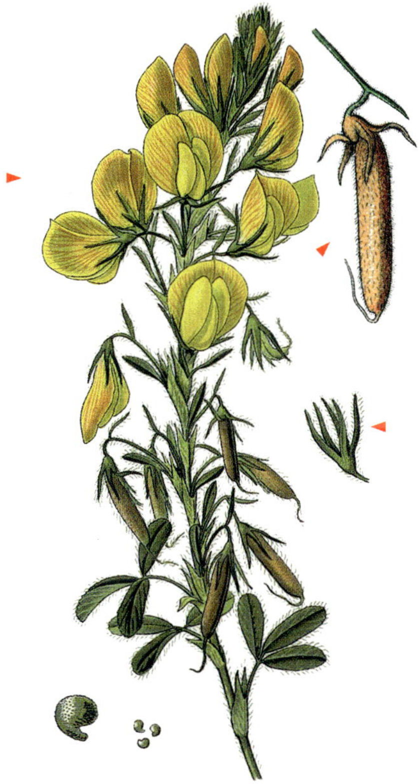

Trifolium: Kräuter. BLÜTENSTAND: köpfchenartig. KRONE: bei der Fruchtreife bleibend. KRONBLÄTTER: (scheinbar) miteinander und mit den Staubblättern verwachsen, die reifen Früchte einhüllend, nach dem Verblühen fast nie abfallend. STAUBFÄDEN: 1 freier und 9 röhrig verwachsene, mit den Nägeln der Kronblätter verwachsen. FRÜCHTE: eiförmige bis zylindrische Hülsen *oder* Nüsschen. BLÄTTER: 3-teilig, Endfieder an der Spitze meist *ohne* kleinem Zahn.

Trifolium aureum Pollich

Gold-Klee *Fabaceae*
↓ K(5) [C5 A(9)+1] G1 RL V

20–40 cm hoch. BLÜTENSTAND: **20–50-blütig**. TRAGBLÄTTER DER BLÜTEN: vorhanden. BLÜTEN: **zunächst gelblich, später bräunlich**. FAHNE: **mit hervortretenden Nerven**, im QS ± gebogen bis gefaltet, < 1,5-mal so lang wie das Schiffchen. SCHIFFCHEN: ungeschnäbelt. KELCH: **5-nervig**. GRIFFEL: so lang wie die Frucht. FRÜCHTE: gestielt, **1-samig**. FIEDERBLÄTTCHEN: **alle kurz gestielt**. NEBENBLÄTTER: basal verschmälert.

- einheimisch
- planar bis montan
- Extensivgrünland u. Magerrasen, Zwergstrauchheiden, Wälder, Ruderalvegetation, Zier- bzw. Nutzpflanze
- an nährstoffarmen Standorten

J F M A M J J A S O N D

Trifolium badium Schreb.

Braun-Klee *Fabaceae*
↓ K(5) [C5 A(9)+1] G1

10–25 cm hoch. PFLANZEN: mehrjährig. BLÜTENSTAND: **kugelig bis eiförmig**. TRAGBLÄTTER DER BLÜTEN: vorhanden. BLÜTEN: **zunächst gelblich, später dunkelbraun**. BLÜTENSTIELE: ± so lang wie die Kelchröhre. KRONE: 5–12 mm lang. FAHNE: **mit hervortretenden Nerven**, im QS ± gebogen bis gefaltet, 2–3-mal so lang wie das Schiffchen. KELCH: **5-nervig**. FRÜCHTE: gestielt, **1-samig**. STÄNGEL: **niederliegend**. NEBENBLÄTTER: oval-lanzettlich. OBERE STÄNGELBLÄTTER: **± gegenständig**.

- einheimisch
- subalpin bis alpin
- Grünland, Schutt- u. Felsfluren, Ruderalvegetation, Quellfluren
- an basenreichen Standorten

J F M A M J J A S O N D

Trifolium campestre Schreb.

Feld-Klee *Fabaceae*
↓ K(5) [C5 A(9)+1] G1

15–30 cm hoch. BLÜTENSTAND: **20–50-blütig**. TRAGBLÄTTER DER BLÜTEN: vorhanden. BLÜTEN: **zunächst gelblich, später bräunlich**. FAHNE: **mit hervortretenden Nerven**, im QS ± gebogen bis gefaltet, < 1,5-mal so lang wie das Schiffchen. SCHIFFCHEN: geschnäbelt, spitz. KELCH: **5-nervig**. FRÜCHTE: gestielt, **1-samig**. FIEDERBLÄTTCHEN: **mittleres länger gestielt als die seitlichen**.

- einheimisch
- planar bis montan
- Extensivgrünland u. Magerrasen, Schutt- u. Felsfluren, Äcker, Ruderalvegetation, Zier- bzw. Nutzpflanze
- an nährstoffarmen Standorten

J F M A M J J A S O N D

Trifolium dubium Sibth.

Kleiner Klee *Fabaceae*
↓ K(5) [C5 A(9)+1] G1

10–30 cm hoch. BLÜTENSTAND: **8–30-blütig**. TRAGBLÄTTER DER BLÜTEN: vorhanden. BLÜTEN: **zunächst gelblich, später bräunlich**. BLÜTENSTIELE: **kürzer als die Kelchröhre**. FAHNE: ± glatt, im QS ± gebogen bis gefaltet, < 1,5-mal so lang wie das Schiffchen. SCHIFFCHEN: ungeschnäbelt. KELCH: **5-nervig**. GRIFFEL: viel kürzer als die Frucht. FRÜCHTE: gestielt, **1-samig**.

- einheimisch
- planar bis montan
- Grünland, Ruderalvegetation, Zier- bzw. Nutzpflanze

J F M A M J J A S O N D

Trifolium micranthum Viv.

Armblütiger Klee *Fabaceae*
↓ K(5) [C5 A(9)+1] G1 RL R

Bis 10 cm hoch. Pflanzen: **1-jährig**. Blütenstand: **2–8-blütig**. Tragblätter der Blüten: vorhanden. Blüten: **zunächst gelblich, später bräunlich**. Blütenstiele: **mindestens so lang wie die Kelchröhre**. Fahne: ± glatt, im QS ± gebogen bis gefaltet, < 1,5-mal so lang wie das Schiffchen. Schiffchen: ungeschnäbelt. Kelch: **5-nervig**. Griffel: viel kürzer als die Frucht. Früchte: gestielt, **1-samig**.

- einheimisch
- planar
- trockenfallende Ufer, Staudenfluren

J F M **A M J J** A S O N D

Trifolium spadiceum L.

Moor-Klee *Fabaceae*
↓ K(5) [C5 A(9)+1] G1 RL 2

10–30 cm hoch. Blütenstand: **eiförmig bis kurzzylindrisch**. Tragblätter der Blüten: vorhanden. Blüten: **zunächst gelblich, später schwarz bis dunkelbraun glänzend**. Blütenstiele: viel kürzer als die Kelchröhre. Krone: 3–7 mm lang. Fahne: **mit hervortretenden Nerven**, 2–3-mal so lang wie das Schiffchen. Kelch: **5-nervig**. Früchte: gestielt, **1-samig**. Stängel: **aufrecht**. Nebenblätter: länglich-lanzettlich. obere Stängelblätter: **± gegenständig**.

- einheimisch
- collin bis montan
- Moore u. Seggenriede, Extensivgrünland u. Magerrasen
- an sauren, feuchten bis nassen Standorten

J F M A M **J J A** S O N D

Trifolium montanum L.

Berg-Klee *Fabaceae*
↓ K(5) [C5 A(9)+1] G1 RL V

15–40 cm hoch. Pflanzen: mehrjährig. Tragblätter der Blüten: vorhanden. Blüten: **(kurz) gestielt, weißlich**. Fahne: ± glatt, **schmal-lanzettlich**. Kelch: **10-nervig**. Kelchblätter: **behaart**. Fruchtknoten: **lang behaart**. Früchte: **2–8-samig**. Stängel: **weiß behaart**.

- einheimisch
- planar bis alpin
- Extensivgrünland u. Magerrasen, Staudenfluren, Wälder, Schutt- u. Felsfluren, Zier- bzw. Nutzpflanze
- an nährstoffarmen, basenreichen, meist trockenen Standorten

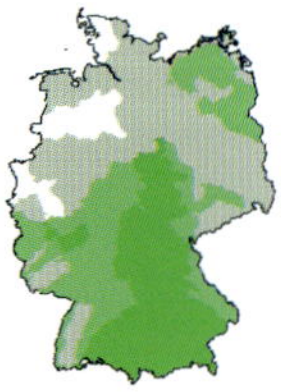

J F M **A M J J A** S O N D

Trifolium repens L.

Weiß-Klee *Fabaceae*
↓ K(5) [C5 A(9)+1] G1

15–50 cm hoch. Pflanzen: mehrjährig. Blütenstand: 20–80-blütig. Tragblätter der Blüten: vorhanden. Blüten: zuletzt herabgebogen, **(kurz) gestielt, weißlich**, zuweilen rosa überlaufen. Blütenstiele: länger als die Kelchröhre. Krone: 4–14 mm lang. Fahne: **mit hervortretenden Nerven**, breit-eiförmig bis lanzettlich. Kelch: **10-nervig**. Kelchblätter: **kahl**. Fruchtknoten: ± kahl. Griffel: in *oder* oberhalb der Mitte des Fruchtknotens inseriert. Früchte: **2–8-samig**. Stängel: **niederliegend**. Ausläufer: **einwurzelnd**.

- einheimisch
- planar bis subalpin
- Grünland, Staudenfluren, Ruderalvegetation, Trittfluren, Zier- bzw. Nutzpflanze
- auch an salzhaltigen Standorten

J F M **A M J J A S O** N D

Trifolium retusum L.

Kleinblütiger Klee *Fabaceae*
↓ K(5) [C5 A(9)+1] G1 RL 1

Bis 30 cm hoch. PFLANZEN: **1-jährig**. TRAGBLÄTTER DER BLÜTEN: vorhanden. BLÜTEN: **(kurz) gestielt, rötlich bis weißlich**. KRONE: **kürzer bis wenig länger als der Kelch**. KELCH: **10-nervig, behaart**. FRÜCHTE: **2–8-samig**. STÄNGEL: **niederliegend**.

- einheimisch
- planar bis collin
- Grünland, Zier- bzw. Nutzpflanze
- an nährstoffarmen, meist trockenen Standorten

J F M **A M J** J A S O N D

Trifolium thalii Vill.

Rasiger Klee *Fabaceae*
↓ K(5) [C5 A(9)+1] G1

Bis 10 cm hoch. PFLANZEN: mehrjährig. TRAGBLÄTTER DER BLÜTEN: vorhanden. BLÜTEN: aufrecht-abstehend, **(kurz) gestielt, rötlich bis weißlich**. BLÜTENSTIELE: höchstens so lang wie die Kelchröhre, **beim Verblühen nicht bis wenig gekrümmt**. KRONE: 4–14 mm lang. FAHNE: **mit hervortretenden Nerven**, breit-eiförmig bis lanzettlich. KELCH: **10-nervig**. KELCHBLÄTTER: **kahl**. FRUCHTKNOTEN: ± kahl. GRIFFEL: auf der Bauchseite des Fruchtknotens inseriert. FRÜCHTE: **2–8-samig**. STÄNGEL: **niederliegend**. AUSLÄUFER: *nicht* einwurzelnd. FIEDERBLÄTTCHEN: **beidseits mit je 5–10 Seitennerven**.

- einheimisch
- subalpin bis alpin
- Grünland, Schutt- u. Felsfluren, Zier- bzw. Nutzpflanze
- an basenreichen Standorten

J F M A M **J J A** S O N D

Trifolium fragiferum L.

Erdbeer-Klee *Fabaceae*
↓ K(5) [C5 A(9)+1] G1 RL V

Bis 20 cm hoch. PFLANZEN: mehrjährig. TRAGBLÄTTER DER BLÜTEN: vorhanden. BLÜTEN: **(kurz) gestielt, rötlich bis weißlich**. KRONE: **1–2-mal so lang wie der Kelch**. KELCH: **netznervig**. KELCHBLÄTTER: **behaart**. FRÜCHTE: **vom aufgeblasenen rosa bis rötlichen Fruchtkelch umschlossen, 1–8-samig**. STÄNGEL: **niederliegend**. AUSLÄUFER: *nicht* einwurzelnd.

- einheimisch
- planar bis montan
- Grünland, Ruderalvegetation, Salzwiesen, Trittfluren, Zier- bzw. Nutzpflanze
- an nährstoffreichen, basenreichen, feuchten, zuweilen überfluteten, auch salzhaltigen Standorten

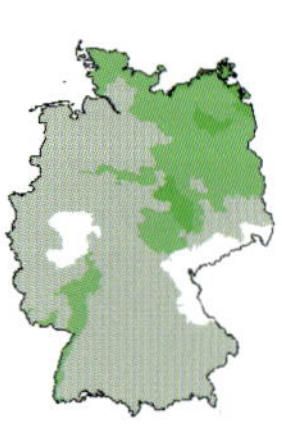

J F M A **M J J A S O** N D

Trifolium hybridum L.

Schweden-Klee *Fabaceae*
↓ K(5) [C5 A(9)+1] G1

30–50 cm hoch. PFLANZEN: mehrjährig. BLÜTENSTAND: **1,4–3 cm breit**. TRAGBLÄTTER DER BLÜTEN: vorhanden. BLÜTEN: **(kurz) gestielt, rötlich bis weißlich**. BLÜTENSTIELE: länger als die Kelchröhre. KRONE: 4–14 mm lang. FAHNE: **mit hervortretenden Nerven**, breit-eiförmig bis lanzettlich. KELCH: **meist 5-nervig**. KELCHBLÄTTER: **kahl**. FRUCHTKNOTEN: ± kahl. FRÜCHTE: **2–8-samig**. FIEDERBLÄTTCHEN: **10-30 mm lang**.

Im Gebiet kommen 2 Unterarten vor: subsp. *hybridum* und subsp. *elegans* (vgl. S. 1429).

- einheimisch
- planar bis montan
- Intensivgrünland, Äcker, Ruderalvegetation, Zier- bzw. Nutzpflanze

J F M **A M J J A S** O N D

Trifolium ornithopodioides L.

Vogelfuß-Klee *Fabaceae*
↓ K(5) [C5 A(9)+1] G$\underline{1}$ RL 1

Bis 10 cm hoch. Blütenstand: **1–5-blütig**. Köpfchen: **sitzend bis kurz gestielt**. Tragblätter der Blüten: vorhanden. Blüten: **rötlich bis weißlich**. Perigonblätter: **die reifen Früchte *nicht* einhüllend, nach dem Verblühen abfallend**. Krone: **< 8 mm lang**. Kelch: **meist 5-nervig**. Früchte: **5–8-samig**.

- einheimisch
- planar
- Grünland, Schutt- u. Felsfluren, Zier- bzw. Nutzpflanze
- meist an trockenen Standorten

J F M A **M J J** A S O N D

Trifolium resupinatum L.

Persischer Klee *Fabaceae*
↓ K(5) [C5 A(9)+1] G$\underline{1}$

10–30 cm hoch. Pflanzen: **1-jährig**. Tragblätter der Blüten: vorhanden. Blüten: **zuletzt um 180° gedreht, Fahne dann seitlich o. nach unten gerichtet, rötlich bis weißlich**. Kelch: **netznervig**. Früchte: **1–8-samig**. Stängel: **niederliegend**. Ausläufer: *nicht* einwurzelnd.

- in Einbürgerung befindlicher Neophyt, urspr. aus dem Mittelmeergebiet
- planar bis montan
- Grünland, Staudenfluren, Äcker, Ruderalvegetation, Zier- bzw. Nutzpflanze
- auch an salzhaltigen Standorten

J F **M A M J** J A S O N D

Trifolium alpestre L.

Hügel-Klee *Fabaceae*
↓ K(5) [C5 A(9)+1] G$\underline{1}$ RL V

10–30 cm hoch. Blütenstand: **Köpfchen kugelig bis kurz-eiförmig, > 1,5 cm breit**. Köpfchen: meist zu zweit, **sitzend bis kurz gestielt**. Tragblätter der Blüten: fehlen. Blüten: **sitzend, rötlich**. Krone: deutlich länger als der Kelch. Kelch: **20-nervig**. Kelchblätter: **außen behaart, Kelchzipfel bewimpert**. Früchte: **1–2-samig**. Nebenblätter: teilweise häutig, ganzrandig.

- einheimisch
- planar bis montan
- Extensivgrünland u. Magerrasen, Staudenfluren, Gehölze, Wälder, Zier- bzw. Nutzpflanze
- meist an trockenen Standorten

J F M A **M J J A** S O N D

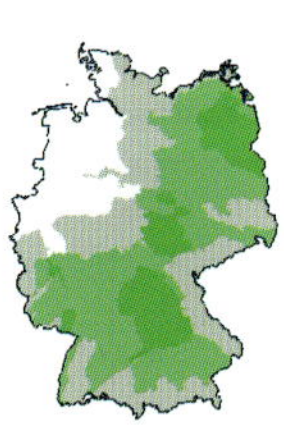

Trifolium arvense L.

Hasen-Klee *Fabaceae*
↓ K(5) [C5 A(9)+1] G$\underline{1}$

Bis 30 cm hoch. Blütenstand: **< 1,2 cm breit**. Köpfchen: **meist zahlreich, gestielt**. Tragblätter der Blüten: fehlen. Blüten: **sitzend, weißlich, Kelchzipfel meist rötlich**. Krone: kaum länger o. kürzer als der Kelch. Kelch: **10-nervig, außen behaart**. Kelchzipfel: **grannenförmig, lang behaart**. Früchte: **1–2-samig**.

- einheimisch
- planar bis montan
- Extensivgrünland u. Magerrasen, Schutt- u. Felsfluren, Äcker, Ruderalvegetation, Zier- bzw. Nutzpflanze
- an nährstoffarmen, sauren, meist trockenen Standorten

J F M A **M J J A S** O N D

Trifolium incarnatum L.

Inkarnat-Klee *Fabaceae*

↓ K(5) [C5 A(9)+1] G$\underline{1}$

20–40 cm hoch. Blütenstand: **Köpfchen eiförmig bis kurz zylindrisch, 3–8 cm lang, > 1,5 cm breit**. Köpfchen: **einzeln, lang gestielt**. Tragblätter der Blüten: fehlen. Blüten: **sitzend, rötlich**. Krone: deutlich länger als der Kelch. Kelch: **10-nervig**. Kelchzipfel: **zur Fruchtzeit weit spreizend**. Früchte: **1–2-samig**.

- in Einbürgerung befindlicher Neophyt, urspr. aus Südeuropa
- planar bis collin
- Grünland, Staudenfluren, Äcker, Ruderalvegetation, Zier- bzw. Nutzpflanze
- an nährstoffreichen Standorten

J F M A **M J J A** S O N D

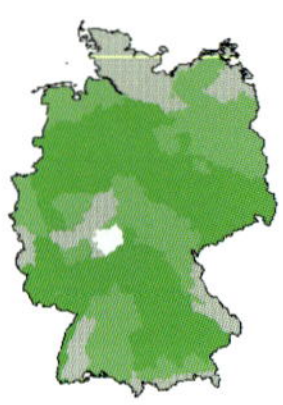

Trifolium medium L.

Zickzack-Klee *Fabaceae*

↓ K(5) [C5 A(9)+1] G$\underline{1}$

10–40 cm hoch. Pflanzen: mehrjährig. Blütenstand: **Köpfchen kugelig bis kurz-eiförmig, 2–4 cm breit**. Köpfchen: **einzeln**. Tragblätter der Blüten: fehlen. Blüten: **sitzend, rötlich**. Krone: deutlich länger als der Kelch. Kelch: **10-nervig**. Kelchblätter: **außen kahl**. Früchte: **1–2-samig**. Stängel: oft zickzackförmig gebogen. Nebenblätter: teilweise häutig, ganzrandig, **bewimpert**.

- einheimisch
- planar bis montan
- Extensivgrünland u. Magerrasen, Staudenfluren, Gehölze, Wälder, Ruderalvegetation, Zier- bzw. Nutzpflanze

J F M A **M J J A** S O N D

Trifolium ochroleucon Huds.

Blassgelber Klee *Fabaceae*

↓ K(5) [C5 A(9)+1] G$\underline{1}$ RL 2

20–40 cm hoch. Pflanzen: mehrjährig. Blütenstand: **1–3 cm breit**. Köpfchen: ≤ 4 pro Stängel, **sitzend bis kurz gestielt**. Tragblätter der Blüten: fehlen. Blüten: **sitzend, weißlich-gelblich**. Krone: 8–20 mm lang, deutlich länger als der Kelch. Kelch: **10-nervig**. Kelchzipfel: **unterer > 2-mal so lang wie die übrigen**. Früchte: **1–2-samig**. Nebenblätter: **mit langen Haaren**.

- einheimisch
- planar bis montan
- Extensivgrünland u. Magerrasen, Staudenfluren, Zier- bzw. Nutzpflanze
- an nährstoffarmen, basenreichen Standorten

J F M A **M J J A** S O N D

Trifolium pratense L.

Rot-Klee *Fabaceae*

↓ K(5) [C5 A(9)+1] G$\underline{1}$

Bis 80 cm hoch. Pflanzen: mehrjährig. Blütenstand: **Köpfchen kugelig bis kurz-eiförmig**, 2–4 cm breit. Köpfchen: meist einzeln o. zu zweit, **sitzend bis kurz gestielt**. Tragblätter der Blüten: fehlen. Blüten: **sitzend, meist rötlich, selten weißlich**. Krone: deutlich länger als der Kelch. Kelch: **10-nervig**. Kelchblätter: **außen behaart**. Früchte: **1–2-samig**. Nebenblätter: **distal pinselartig behaart**.

- einheimisch
- planar bis alpin
- Grünland, Staudenfluren, Salzwiesen, Zier- bzw. Nutzpflanze
- auch an salzhaltigen Standorten

J F M A **M J J A S O** N D

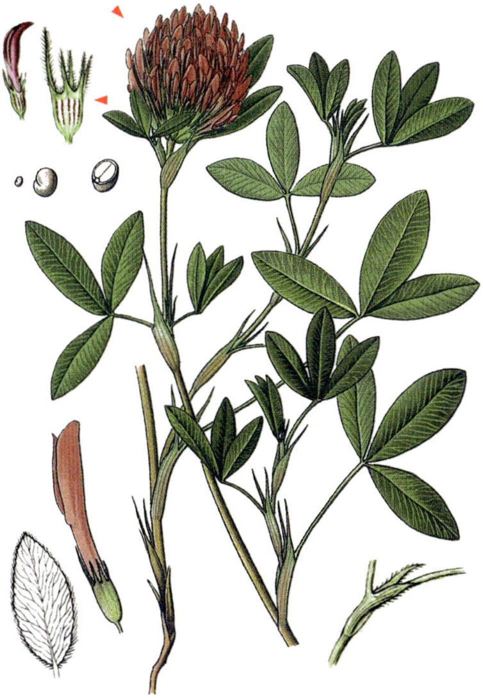

Trifolium rubens L.

Fuchsschwanz-Klee *Fabaceae*
↓ K(5) [C5 A(9)+1] G1 RL 3

30–60 cm hoch. Pflanzen: mehrjährig. Blütenstand: **Köpfchen eiförmig bis kurz zylindrisch,** 3–8 cm lang, > **1,5 cm breit.** Tragblätter der Blüten: fehlen. Blüten: **sitzend, rötlich.** Krone: deutlich länger als der Kelch. Kelch: **20-nervig.** Kelchzipfel: **unterer > 2-mal so lang wie die übrigen.** Früchte: **1–2-samig.** Nebenblätter: krautig, **meist länger als der Blattstiel, am Rand fein gezähnt.**

- einheimisch
- planar bis montan
- Staudenfluren, Gehölze, Zier- bzw. Nutzpflanze
- an nährstoffarmen, basenreichen, meist trockenen Standorten

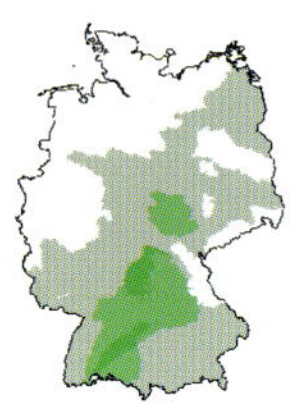

J F M A **M J J A** S O N D

Trifolium scabrum L.

Rauer Klee *Fabaceae*
↓ K(5) [C5 A(9)+1] G1 RL 1

Bis 15 cm hoch. Pflanzen: **1-jährig.** Blütenstand: **< 1,2 cm breit.** Köpfchen: **sitzend.** Tragblätter der Blüten: fehlen. Blüten: **sitzend, weißlich.** Krone: kaum länger o. kürzer als der Kelch. Kelch: **10-nervig.** Fruchtkelch: **mit starren zurückgebogenen Zipfeln.** Früchte: **1–2-samig.** Fiederblättchen: **Seitennerven zur Basis gebogen, am Spreitenrand verdickt.**

- Archaeophyt
- planar bis montan
- Extensivgrünland u. Magerrasen, Schutt- u. Felsfluren, Zier- bzw. Nutzpflanze
- an nährstoffarmen, kalkreichen, trockenen Standorten

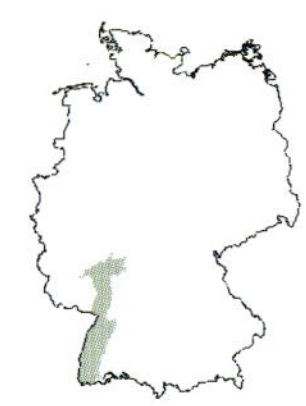

J F M **A M J J A** S O N D

Trifolium striatum L.

Streifen-Klee *Fabaceae*
↓ K(5) [C5 A(9)+1] G1 RL 3

Bis 25 cm hoch. Pflanzen: **1-jährig.** Blütenstand: **< 1,2 cm breit.** Köpfchen: **einzeln, sitzend.** Tragblätter der Blüten: fehlen. Blüten: **sitzend, rosa, mit dunklen Adern.** Krone: kaum länger o. kürzer als der Kelch. Kelch: **10-nervig.** Kelchblätter: **außen behaart.** Fruchtkelch: **mit ± geraden weichen Zipfeln.** Früchte: **1–2-samig.** Fiederblättchen: **Seitennerven gerade, am Spreitenrand kaum verdickt.**

- einheimisch
- planar bis montan
- Extensivgrünland u. Magerrasen, Zwergstrauchheiden, Schutt- u. Felsfluren, Zier- bzw. Nutzpflanze
- an nährstoffarmen, sauren, meist trockenen, auch salzhaltigen Standorten

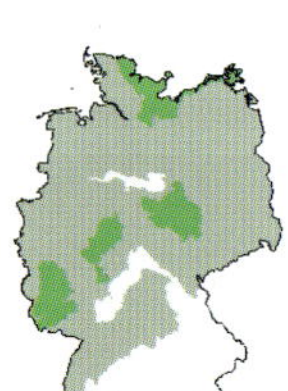

J F M A **M J J A** S O N D

Phaseolus vulgaris L.

Buschbohne *Fabaceae*
↓ K(5) C5 A(9)+1 G1 stark giftig

Bis 4 m hoch. Blütenstand: rispenartig, ≤ 4-blütig. Blüten: **Griffel u. Staubblätter (u. Schiffchen) 1–2-fach gewunden,** meist weißlich, auch bläulich bis rötlich. Früchte: Hülsen. Stängel: **windend,** seltener aufrecht. Blattstellung: wechselständig. Blätter: **3-teilig, > 10 cm breit.** Fiederblättchen: > 25 mm lang. Keimblätter: verdickt.

- in Einbürgerung befindlicher Neophyt, urspr. aus Mittel- u. Südamerika
- planar bis montan
- Äcker, Ruderalvegetation, Zier- bzw. Nutzpflanze

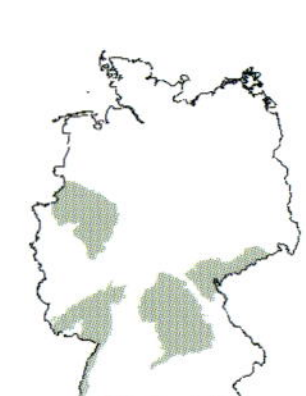

J F M A **M J J A S** O N D

Lathyrus: Kräuter. KELCHZIPFEL: höchstens so lang wie die Kelchröhre. STAUBFÄDEN: 1 freier und 9 röhrig verwachsene, Staubfadenröhre gerade abgeschnitten (alle Filamente gleich lang verwachsen). GRIFFEL: oft verdreht. FRÜCHTE: Hülsen. BLÄTTER: in Knospenlage gerollt, paarig gefiedert, oft mit Ranken.

Lathyrus heterophyllus L.

Verschiedenblättrige Platterbse *Fabaceae*
↓ K(5) C5 A(9)+1 G$\underline{1}$ RL 3

100–200 cm hoch. PFLANZEN: mehrjährig. BLÜTENSTAND: **3–14-blütig**. BLÜTEN: rötlich bis violett. STÄNGEL: **geflügelt**. BLATTSTIELE: geflügelt, **Flügel mindestens so breit wie der des Stängels**. BLÄTTER: paarig gefiedert, **4–6-teilig**, **basale Blätter auch 2-teilig, anstelle der Endfieder eine verzweigte Ranke ausgebildet**. FIEDERBLÄTTCHEN: **länglich bis oval, 50–100 mm lang, 5–40 mm breit, < 8-mal so lang wie breit**.

- einheimisch
- collin bis montan
- Extensivgrünland u. Magerrasen, Staudenfluren, Gehölze, Schutt- u. Felsfluren, Zier- bzw. Nutzpflanze
- an nährstoffarmen, basenreichen Standorten

J F M A M **J J A** S O N D

Lathyrus hirsutus L.

Behaarte Platterbse *Fabaceae*
↓ K(5) C5 A(9)+1 G$\underline{1}$ RL 3

30–80 cm hoch. BLÜTENSTAND: **1–3-blütig**. BLÜTEN: rötlich bis violett; Fahne mit dunklen Adern; Schiffchen weißlich. FRÜCHTE: **behaart**, 2–6-samig. STÄNGEL: **geflügelt**. BLATTSTIELE: geflügelt, **Flügel < 1,5 mm breit**. BLÄTTER: paarig gefiedert, **2-teilig**, **anstelle der Endfieder eine verzweigte Ranke ausgebildet**. FIEDERBLÄTTCHEN: **lineal bis länglich-lanzettlich**, **15–60 mm lang**, **4–10-mal so lang wie breit**.

- Archaeophyt
- planar bis montan
- Äcker, Ruderalvegetation, Zier- bzw. Nutzpflanze

J F M A **M J J A** S O N D

Lathyrus japonicus Willd.

Japanische Platterbse *Fabaceae*
↓ K(5) C5 A(9)+1 G$\underline{1}$ RL 3

15–50 cm hoch. PFLANZEN: mehrjährig. BLÜTENSTAND: **4–18-blütig**. BLÜTEN: bläulich bis rötlich. BLÄTTER: paarig gefiedert, **4–8-teilig**, **anstelle der Endfieder eine verzweigte Ranke ausgebildet**. FIEDERBLÄTTCHEN: **lanzettlich bis oval**, **10–50 mm lang**, **4–20 mm breit**.

- einheimisch
- planar
- Dünen, Zier- bzw. Nutzpflanze
- auch an salzhaltigen Standorten

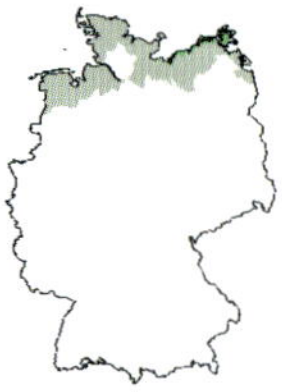

J F M A **M J J A** S O N D

Lathyrus latifolius L.

Breitblättrige Platterbse *Fabaceae*
↓ K(5) C5 A(9)+1 G$\underline{1}$ giftig

80–250 cm hoch. PFLANZEN: mehrjährig. BLÜTENSTAND: mit Stiel länger als das Tragblatt, **4–16-blütig**. BLÜTEN: rötlich bis violett *oder* weißlich. STÄNGEL: **geflügelt**. BLATTSTIELE: geflügelt, **Flügel mindestens so breit wie der des Stängels**. BLÄTTER: paarig gefiedert, **2-teilig**, **anstelle der Endfieder eine verzweigte Ranke ausgebildet**. FIEDERBLÄTTCHEN: **lanzettlich bis oval**, **30–150 mm lang**, **15–50 mm breit**. NEBENBLÄTTER: > **0,5-mal so lang wie die Blattstiele**.

- eingebürgerter Neophyt, urspr. aus Süd- u. Osteuropa
- planar bis montan
- Staudenfluren, Ruderalvegetation, Zier- bzw. Nutzpflanze
- an kalkreichen Standorten

J F M A M **J J A** S O N D

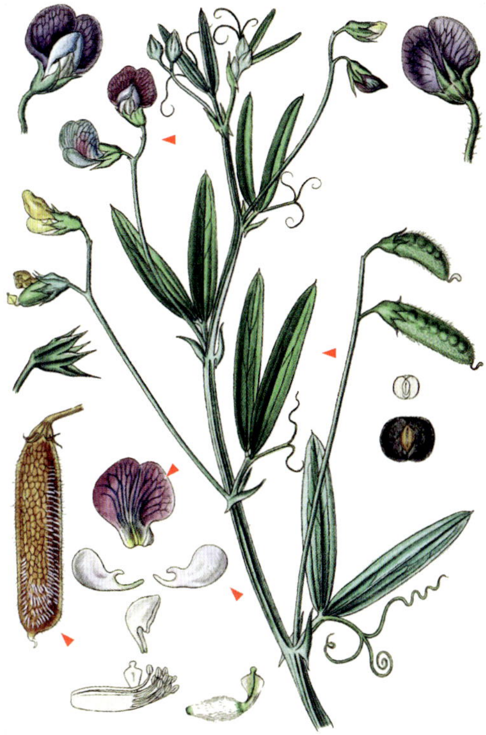

Lathyrus palustris L.

Sumpf-Platterbse *Fabaceae*
↓ K(5) C5 A(9)+1 G$\underline{1}$ RL 3 § BNatG b

30–100 cm hoch. Pflanzen: mehrjährig. Blütenstand: **2–8-blütig**. Blüten: bläulich bis violett; Schiffchen weißlich. Stängel: **geflügelt**. Blattstiele: kaum geflügelt. Blätter: paarig gefiedert, **4–6-teilig, anstelle der Endfieder eine verzweigte Ranke ausgebildet**. Fiederblättchen: **lineal bis länglich-lanzettlich, 30–60 mm lang, 3–18 mm breit.**

- einheimisch
- planar bis collin
- Gewässer, Extensivgrünland u. Magerrasen, Zier- bzw. Nutzpflanze
- an basenreichen, feuchten bis nassen, zuweilen überfluteten Standorten

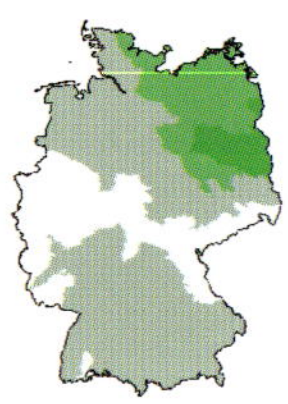

J F M A M **J J A** S O N D

Lathyrus sativus L.

Saat-Platterbse *Fabaceae*
↓ K(5) C5 A(9)+1 G$\underline{1}$ giftig

30–100 cm hoch. Blütenstand: **1–2-blütig**. Blüten: bläulich-rötlich o. weißlich; Fahne mit dunklen Adern; Flügel zuweilen weißlich bis rosa. Früchte: **kahl**, 2–6-samig. Stängel: **geflügelt**. Blätter: paarig gefiedert, **2-teilig, anstelle der Endfieder eine verzweigte Ranke ausgebildet**. Fiederblättchen: **lineal bis länglich-lanzettlich, 25–150 mm lang, 3–8 mm breit, 4–10-mal so lang wie breit.**

- Archaeophyt
- planar bis montan
- Staudenfluren, Äcker, Ruderalvegetation, Zier- bzw. Nutzpflanze

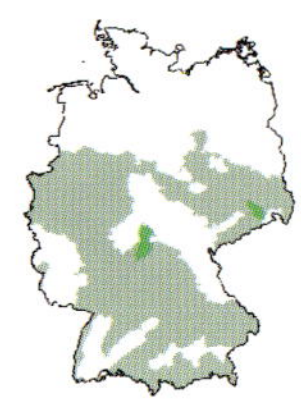

J F M **A M J** J A S O N D

Lathyrus sylvestris L.

Schmalblättrige Wald-Platterbse *Fabaceae*
↓ K(5) C5 A(9)+1 G$\underline{1}$ giftig

100–200 cm hoch. Pflanzen: mehrjährig. Blütenstand: mit Stiel ± so lang wie sein Tragblatt, **2–12-blütig**. Blüten: Färbung sehr variabel, meist rötlich bis bläulich, oft mit grünlich-gelblicher Musterung. Stängel: **geflügelt**. Blattstiele: geflügelt. Blätter: paarig gefiedert, **2-teilig, anstelle der Endfieder eine verzweigte Ranke ausgebildet**. Fiederblättchen: **lineal bis länglich-lanzettlich, 50–150 mm lang, 5–15 mm breit**. Nebenblätter: **viel kürzer als die Blattstiele.**

- einheimisch
- planar bis montan
- Extensivgrünland u. Magerrasen, Staudenfluren, Gehölze, Wälder, Ruderalvegetation, Zier- bzw. Nutzpflanze
- an nährstoffarmen, basenreichen Standorten

J F M A M **J J A** S O N D

Lathyrus tuberosus L.

Knollen-Platterbse *Fabaceae*
↓ K(5) C5 A(9)+1 G$\underline{1}$ giftig

30–100 cm hoch. Pflanzen: mehrjährig. Blütenstand: **2–6-blütig**. Blüten: rötlich. Stängel: **im QS scharfkantig**; unten: **knollig verdickt**. Ausläufer: unterirdisch, **knollig verdickt**. Blätter: paarig gefiedert, **2-teilig, anstelle der Endfieder eine verzweigte Ranke ausgebildet**. Fiederblättchen: **± oval.**

- Archaeophyt
- planar bis montan
- Intensivgrünland, Äcker, Ruderalvegetation, Zier- bzw. Nutzpflanze
- an kalkreichen Standorten

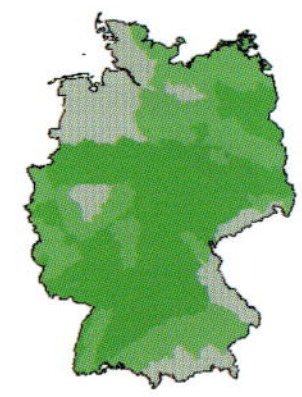

J F M A **M J J A** S O N D

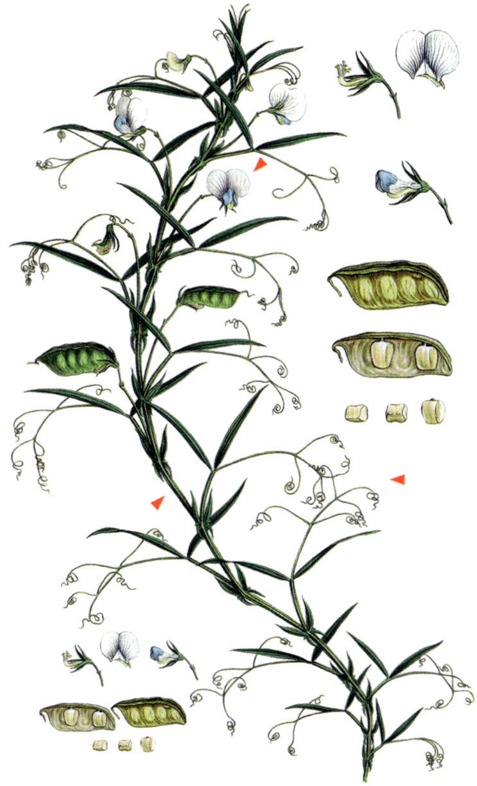

Lathyrus bauhinii P. A. Genty

Schwert-Platterbse *Fabaceae*
↓ K(5) C5 A(9)+1 G1 RL 1 § BNatG b

20–50 cm hoch. PFLANZEN: mehrjährig. BLÜTENSTAND: **3–8-blütig**. BLÜTEN: rötlich bis bläulich o. violett. BLÄTTER: paarig gefiedert, **4–8-teilig, anstelle der Endfieder eine Granne (bzw. kurze ungeteilte Ranke) ausgebildet**. FIEDERBLÄTTCHEN: **lineal bis länglich-lanzettlich, 30–70 mm lang, 2–4 mm breit, > 8-mal so lang wie breit**.

- einheimisch
- collin bis montan
- Extensivgrünland u. Magerrasen, Staudenfluren, Gehölze, Wälder
- an nährstoffarmen, kalkreichen Standorten

J F M A M J J A S O N D

Lathyrus pannonicus (Jacq.) Garcke

Pannonische Platterbse *Fabaceae*
↓ K(5) C5 A(9)+1 G1 RL R § BNatG b

15–60 cm hoch. PFLANZEN: mehrjährig. BLÜTENSTAND: **4–10-blütig**. BLÜTEN: gelblich, weißlich o. rötlich; Fahne meist rötlich. BLATTSTIELE: **geflügelt**. BLÄTTER: paarig gefiedert, **4–8-teilig, anstelle der Endfieder eine Granne (bzw. kurze ungeteilte Ranke) ausgebildet**. FIEDERBLÄTTCHEN: **lineal bis länglich-lanzettlich, 20–70 mm lang, 2–3 mm breit, > 8-mal so lang wie breit**.

- einheimisch
- collin bis montan
- Extensivgrünland u. Magerrasen, Staudenfluren
- an nährstoffarmen, kalkreichen, meist trockenen Standorten

J F M A M J J A S O N D

Lathyrus laevigatus (Waldst. & Kit.) Gren.

Gelbe Platterbse *Fabaceae*
↓ K(5) C5 A(9)+1 G1

20–60 cm hoch. PFLANZEN: mehrjährig. BLÜTENSTAND: **3–15-blütig**. BLÜTEN: **hellgelb, im Alter meist bräunlich bis orange überlaufen**. BLÄTTER: paarig gefiedert, **6–12-teilig, anstelle der Endfieder eine Granne (bzw. kurze ungeteilte Ranke) ausgebildet**. FIEDERBLÄTTCHEN: **länglich-lanzettlich bis oval, 10 30 mm breit**.

subsp. ***laevigatus*** (Gelbe Platterbse): KELCHZIPFEL: ± vollständig reduziert. STÄNGEL: ± kahl. BLÄTTER: UNTERSEITS: ± kahl. FIEDERBLÄTTCHEN: oval.
subsp. ***occidentalis*** (Westliche Gelbe Platterbse): KELCHZIPFEL: deutlich entwickelt. STÄNGEL: ± behaart. BLÄTTER: UNTERSEITS: ± behaart. FIEDERBLÄTTCHEN: länglich-lanzettlich bis oval. – Inkl. *L. scopolii*.

- einheimisch
- montan bis alpin
- Extensivgrünland u. Magerrasen, Wälder, Schutt- u. Felsfluren
- an basenreichen Standorten

J F M A M J J A S O N D

Lathyrus linifolius (Reichard) Bässler

Berg-Platterbse *Fabaceae*
↓ K(5) C5 A(9)+1 G1 RL V

15–30 cm hoch. PFLANZEN: mehrjährig. BLÜTENSTAND: **3–8-blütig**. BLÜTEN: (hell-) rötlich, später dunkler. STÄNGEL: **geflügelt**; UNTEN: **knollig verdickt**. AUSLÄUFER: unterirdisch, **knollig verdickt**. BLÄTTER: paarig gefiedert, **4–8-teilig, anstelle der Endfieder eine Granne (bzw. kurze ungeteilte Ranke) ausgebildet**. FIEDERBLÄTTCHEN: **lineal bis länglich-lanzettlich, 20–50 mm lang, 3–10 mm breit**.

- einheimisch
- planar bis montan
- Extensivgrünland u. Magerrasen, Staudenfluren, Gehölze, Wälder, Ruderalvegetation
- an nährstoffarmen, sauren Standorten

J F M A M J J A S O N D

Lathyrus niger (L.) Bernh.

Schwarze Platterbse *Fabaceae*
↓ K(5) C5 A(9)+1 G$\underline{1}$ RL V

30–80 cm hoch. Pflanzen: mehrjährig. Blütenstand: **3–12-blütig**. Blüten: rötlich, später violett. Krone: 10–15 mm lang. Blätter: paarig gefiedert, **8–12-teilig, anstelle der Endfieder eine Granne (bzw. kurze ungeteilte Ranke) ausgebildet**, Ranke fehlend *oder* unverzweigt; unterseits: frischgrün, **matt**. Fiederblättchen: **länglich-lanzettlich bis oval, 10–40 mm lang**.

- einheimisch
- planar bis montan
- Staudenfluren, Gehölze, Wälder
- meist an trockenen Standorten

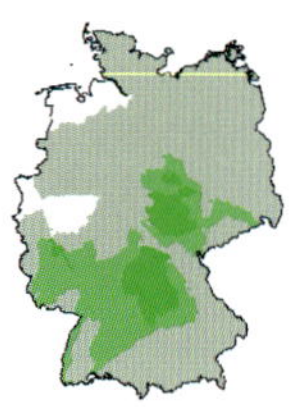

J F M A M J J A S O N D

Lathyrus vernus (L.) Bernh.

Frühlings-Platterbse *Fabaceae*
↓ K(5) C5 A(9)+1 G$\underline{1}$

20–40 cm hoch. Pflanzen: mehrjährig. Blütenstand: **3–10-blütig**. Blüten: zunächst rötlich bis violett, später bläulich bis grünlich. Krone: 15–22 mm lang. Blätter: paarig gefiedert, **4–8-teilig, anstelle der Endfieder eine Granne (bzw. kurze ungeteilte Ranke) ausgebildet**; unterseits: **glänzend**. Fiederblättchen: **länglich-lanzettlich bis oval, 30–80 mm lang, 10–30 mm breit**.

- einheimisch
- planar bis montan
- Staudenfluren, Gehölze, Wälder, Zier- bzw. Nutzpflanze
- an basenreichen Standorten

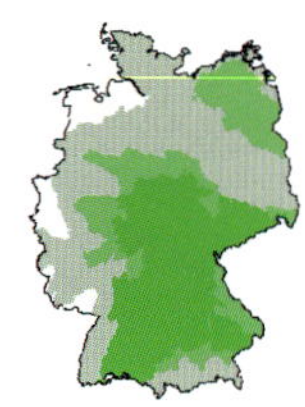

J F M A M J J A S O N D

Lathyrus aphaca L.

Ranken-Platterbse *Fabaceae*
↓ K(5) C5 A(9)+1 G$\underline{1}$ RL 3

15–30 cm hoch. Pflanzen: **1-jährig**. Blütenstand: **Blüten einzeln**. Blüten: **gelb**. Blätter: **durch eine Ranke ersetzt**, Ranke verzweigt o. unverzweigt, Ranke lang. Nebenblätter: **groß, laubblattartig, breit 3-eckig bis pfeilförmig**.

- Archaeophyt
- planar bis montan
- Äcker, Staudenfluren, Ruderalvegetation, Zier- bzw. Nutzpflanze
- an kalkreichen, meist trockenen Standorten

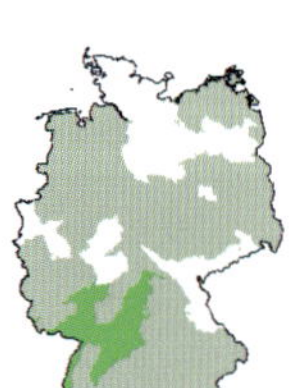

J F M A M J J A S O N D

Lathyrus pratensis L.

Wiesen-Platterbse *Fabaceae*
↓ K(5) C5 A(9)+1 G$\underline{1}$

30–100 cm hoch. Pflanzen: mehrjährig. Blütenstand: **3–14-blütig**. Blüten: **gelb**. Stängel: **im QS 4-kantig**. Blätter: paarig gefiedert, **2-teilig, anstelle der Endfieder eine verzweigte Ranke ausgebildet**. Fiederblättchen: **lineal bis länglich-lanzettlich**. Nebenblätter: **± so groß wie die Fiederblättchen**.

- einheimisch
- planar bis montan
- Grünland, Staudenfluren, Gehölze, Ruderalvegetation, Zier- bzw. Nutzpflanze

J F M A M J J A S O N D

Lathyrus nissolia L.

Gras-Platterbse *Fabaceae*
↓ K(5) C5 A(9)+1 G$\underline{1}$ RL 3

30–50 cm hoch. Pflanzen: **1-jährig**. Blütenstand: **1–2-blütig**. Blüten: rötlich bis violett. Blätter: **Blattstiel spreitenartig verbreitert, lineal bis länglich-lanzettlich, die eigentliche Spreite fehlt, Ranke fehlend**. Nebenblätter: **schmal, klein *oder* fehlend**.

- Archaeophyt
- planar bis montan
- Grünland, Staudenfluren, Äcker, Ruderalvegetation
- auch an salzhaltigen Standorten

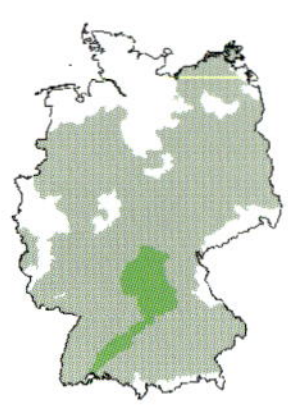

J F M A M J J A S O N D

Lens culinaris Medik.

Linse *Fabaceae*
↓ K(5) C5 A(9)+1 G$\underline{1}$

15–30 cm hoch. Blütenstand: **Blüten einzeln *oder* in einer armblütigen, wenig verzweigten, doldenartigen Rispe**. Blüten: **meist weißlich; Fahne zuweilen mit dunklen Adern**. Krone: kaum länger als der Kelch. Kelchzipfel: > 1,5-mal so lang wie die Kelchröhre. Staubfäden: **Staubfadenröhre schief abgeschnitten (Filamente unterschiedlich lang verwachsen)**. Früchte: Hülsen *oder* Nüsschen, **1–2-samig**. Blätter: **in Knospenlage gerollt**, paarig gefiedert, **meist 10–14-teilig, anstelle der Endfieder eine unverzweigte Ranke ausgebildet**.

- in Einbürgerung befindlicher Neophyt, urspr. aus dem Mittelmeergebiet u. Westasien
- planar bis collin
- Äcker, Ruderalvegetation, Zier- bzw. Nutzpflanze

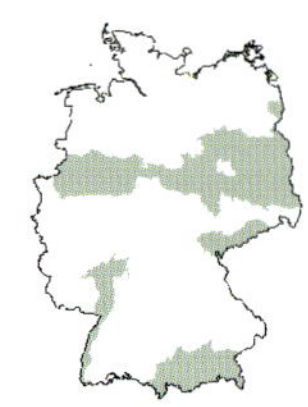

J F M A M J J A S O N D

Pisum sativum L.

Erbse *Fabaceae*
↓ K(5) C5 A(9)+1 G$\underline{1}$

30–100 cm hoch. Pflanzen: **blau- bis graugrün**, kahl. Blütenstand: traubenartig, **meist 1–2-blütig**. Blüten: duftend, Färbung sehr variabel: weißlich *oder* rötlich bis bläulich, basal oft mit dunklem Fleck. Krone: deutlich länger als der Kelch. Kelchzipfel: kürzer als die Kelchröhre. Staubfäden: **Staubfadenröhre gerade abgeschnitten (alle Filamente gleich lang verwachsen)**. Früchte: Hülsen. Blätter: **paarig gefiedert, 2–8-teilig, anstelle der Endfieder eine verzweigte Ranke ausgebildet**. Nebenblätter: **größer als die Fiederblättchen, > 3 cm lang, 2–5 cm breit**.

Im Gebiet kommen 2 Unterarten vor: subsp. *sativum* und subsp. *elatius* (vgl. S. 1429).

- unbeständiger Neophyt, urspr. aus dem Mittelmeergebiet u. Westasien
- planar bis montan
- Gehölze, Äcker, Ruderalvegetation, Zier- bzw. Nutzpflanze
- an trockenen Standorten

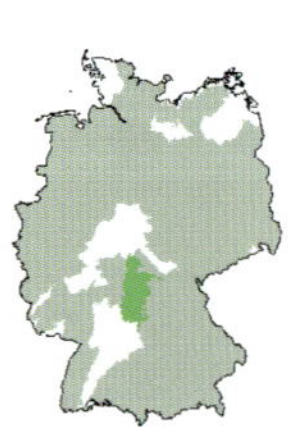

J F M A M J J A S O N D

Vicia: Kräuter. Kelchzipfel: höchstens so lang wie die Kelchröhre. Staubfäden: 1 freier und 9 röhrig verwachsene, Staubfadenröhre schief abgeschnitten (Filamente unterschiedlich lang verwachsen). Griffel: *nicht* verdreht. Früchte: Hülsen. Blätter: in Knospenlage gefaltet, paarig gefiedert, oft mit Ranken.

Vicia lutea L.

Gelbe Wicke *Fabaceae*
↓ K(5) C5 A(9)+1 G$\underline{1}$

30–60 cm hoch. Blütenstand: **kurz gestielt bis sitzend, meist 1-blütig**, selten 2–3-blütig. Blüten: **gelblich**. Blütenstiele: < 2 mm lang. Krone: 18–26 mm lang. Früchte: 20–35 mm lang. Blätter: **6–18-teilig**, anstelle der Endfieder eine verzweigte Ranke ausgebildet. Fiederblättchen: **lineal bis länglich-lanzettlich**. Nebenblätter: **oft mit Nektardrüsen**.

- eingebürgerter Neophyt, urspr. aus dem Mittelmeergebiet
- planar bis collin
- Grünland, Äcker, Ruderalvegetation, Zier- bzw. Nutzpflanze
- auch an salzhaltigen Standorten

J F M A M J J A S O N D

Vicia pannonica Crantz

Pannonische Wicke *Fabaceae*
↓ K(5) C5 A(9)+1 G$\underline{1}$

30–60 cm hoch. Blütenstand: traubenartig, **kurz gestielt bis sitzend, 2–8-blütig**. Blüten: weißlich-gelblich o. violett. Fahne: **dicht anliegend behaart**. Blätter: **12–20-teilig**, anstelle der Endfieder eine verzweigte Ranke ausgebildet. Fiederblättchen: **länglich-lanzettlich bis oval, 8–30 mm lang**. Nebenblätter: **oft mit Nektardrüsen**.

subsp. *pannonica* (Pannonische Wicke): Blüten: weißlich-gelblich. Kronblätter: Nagel: länger als die Platte. Samen: schwarz, kugelig bis kurz pyramidal. Fiederblättchen: 8–30 mm lang.
subsp. *striata* (Streif-Wicke): Blüten: meist violett. Kronblätter: Nagel: ± so lang wie die Platte. Samen: schwarz bis dunkelbraun, kurz pyramidal bis zylindrisch. Fiederblättchen: 8–20 mm lang.

- eingebürgerter Neophyt, urspr. aus dem östlichen Mittelmeergebiet
- planar bis collin
- Staudenfluren, Äcker, Ruderalvegetation, Zier- bzw. Nutzpflanze

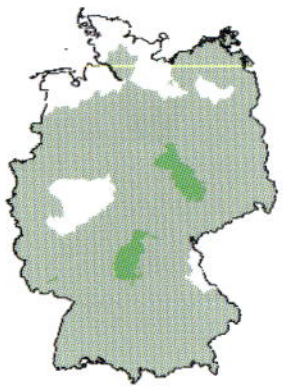

J F M **A M J J A** S O N D

Vicia oroboides Wulfen

Walderbsen-Wicke *Fabaceae*
↓ K(5) C5 A(9)+1 G$\underline{1}$ RL R

20–50 cm hoch. Blütenstand: traubenartig, **kurz gestielt bis sitzend, 2–8-blütig**. Blüten: **hellgelb**. Krone: 13–20 mm lang. Früchte: 25–50 mm lang. Blätter: **2–8-teilig, Endfieder fehlend o. als kurze Granne ausgebildet**. Fiederblättchen: **länglich-lanzettlich bis oval, 30–90 mm lang, 15–45 mm breit**. Nebenblätter: **oft mit Nektardrüsen**.

- einheimisch
- collin bis montan
- Wälder, Zier- bzw. Nutzpflanze
- an basenreichen Standorten

J F M **A M J J** A S O N D

Vicia sepium L.

Zaun-Wicke *Fabaceae*
↓ K(5) C5 A(9)+1 G$\underline{1}$

30–60 cm hoch. Blütenstand: traubenartig, **kurz gestielt bis sitzend, 1–6-blütig**. Blüten: gräulich-violett, auch gelblich-weißlich. Krone: 10–18 mm lang. Früchte: 15–40 mm lang. Blätter: **8–16-teilig**, anstelle der Endfieder eine verzweigte Ranke ausgebildet. Fiederblättchen: **länglich-lanzettlich bis oval, 6–26 mm lang, 6–12 mm breit**, bewimpert. Nebenblätter: **oft mit Nektardrüsen**.

- einheimisch
- planar bis montan
- Intensivgrünland, Staudenfluren, Gehölze, Wälder, Ruderalvegetation

J F M **A M J J** A S O N D

Vicia faba L.

Pferdebohne *Fabaceae*
↓ K(5) C5 A(9)+1 G$\underline{1}$ stark giftig

50–100 cm hoch. Blütenstand: traubenartig, **kurz gestielt bis sitzend, 2–8-blütig**. Blüten: **meist weißlich, Fahne u. Flügel oft dunkel gefleckt o. geadert**. Krone: 18–35 mm lang. Früchte: **7–13 cm lang, > 10 mm ⌀, mit dicken Querwänden**. Blätter: **2–8-teilig, anstelle der Endfieder eine Granne (bzw. kurze ungeteilte Ranke) ausgebildet**. Fiederblättchen: **länglich-lanzettlich bis oval, 30–120 mm lang, 10–40 mm breit**. Nebenblätter: **oft mit Nektardrüsen**.

- in Einbürgerung befindlicher Neophyt, urspr. aus dem Mittelmeergebiet
- planar bis montan
- Äcker, Ruderalvegetation, Zier- bzw. Nutzpflanze
- auch an salzhaltigen Standorten

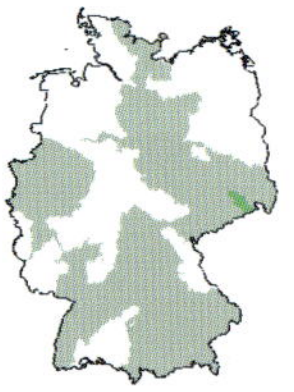

J F M **A M J J A** S O N D

Vicia narbonensis L.

Maus-Wicke *Fabaceae*
↓ K(5) C5 A(9)+1 G1

30–80 cm hoch. BLÜTENSTAND: traubenartig, **kurz gestielt bis sitzend, meist 1-blütig**, selten bis 6-blütig. BLÜTEN: meist violett. FRÜCHTE: **auf den Nähten behaart**. BLÄTTER: **2–8-teilig**, anstelle der Endfieder eine verzweigte Ranke ausgebildet. FIEDERBLÄTTCHEN: **lanzettlich bis oval, 15–70 mm lang, 10–40 mm breit, lang spitz gesägt**. NEBENBLÄTTER: **oft mit Nektardrüsen**.

- eingebürgerter Neophyt, urspr. aus dem Mittelmeergebiet
- planar bis montan
- Staudenfluren, Äcker, Ruderalvegetation, Zier- bzw. Nutzpflanze
- an basenreichen Standorten

J F M **A M J** J A S O N D

Vicia grandiflora Scop.

Großblütige Wicke *Fabaceae*
↓ K(5) C5 A(9)+1 G1

30–60 cm hoch. BLÜTENSTAND: **kurz gestielt bis sitzend, 1–4-blütig**. BLÜTEN: **gelblich**; **Fahne oft rötlich bis grünlich überlaufen**; Schiffchen hellgelb. BLÜTENSTIELE: 2–10 mm lang. KRONE: 22–38 mm lang. FRÜCHTE: 30–60 mm lang. BLÄTTER: **6–16-teilig**, anstelle der Endfieder eine verzweigte Ranke ausgebildet. FIEDERBLÄTTCHEN: **länglich-lanzettlich bis oval**. NEBENBLÄTTER: **oft mit Nektardrüsen**.

- eingebürgerter Neophyt, urspr. aus Südosteuropa
- planar bis montan
- Äcker, Ruderalvegetation, Zier- bzw. Nutzpflanze

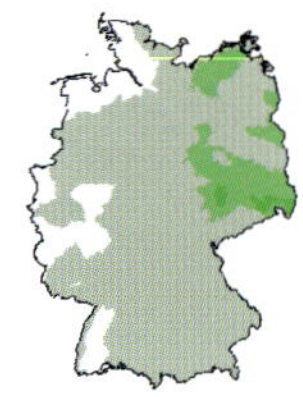

J F M **A M J** J A S O N D

Vicia sativa L.

Getreide-Wicke *Fabaceae*
↓ K(5) C5 A(9)+1 G1

10–120 cm hoch. BLÜTENSTAND: traubenartig, **kurz gestielt bis sitzend, ≤ 6-blütig**. BLÜTEN: meist violett; Schiffchen weißlich bis violett. KRONE: 8–35 mm lang. FRÜCHTE: 30–100 mm lang, 5–12 mm ⌀, **7–9-samig**. BLÄTTER: **8–20-teilig**, anstelle der Endfieder eine verzweigte Ranke ausgebildet. FIEDERBLÄTTCHEN: **lineal bis oval**. NEBENBLÄTTER: **oft mit Nektardrüsen**.

Im Gebiet kommen 3 Unterarten vor: subsp. *sativa*, subsp. *cordata* und subsp. *nigra* (vgl. S. 1429).

- Archaeophyt
- planar bis montan
- Äcker, Ruderalvegetation, Zier- bzw. Nutzpflanze

J F M **A M J J A** S O N D

Vicia lathyroides L.

Platterbsen-Wicke *Fabaceae*
↓ K(5) C5 A(9)+1 G1 RL V

Bis 20 cm hoch. BLÜTENSTAND: **kurz gestielt bis sitzend, 1-blütig**. BLÜTEN: hellviolett; Flügel bläulich. KRONE: 4–9 mm lang. FRÜCHTE: 20–30 mm lang. BLÄTTER: **2–8-teilig**, anstelle der Endfieder eine Granne (bzw. kurze ungeteilte Ranke) ausgebildet. FIEDERBLÄTTCHEN: **länglich-lanzettlich bis oval, 2–14 mm lang, 1–5 mm breit**. NEBENBLÄTTER: **oft mit Nektardrüsen**.

- einheimisch
- planar bis collin
- Extensivgrünland u. Magerrasen, Schutt- u. Felsfluren, Äcker, Ruderalvegetation, an Mauern, Zier- bzw. Nutzpflanze
- an nährstoffarmen, sauren, trockenen Standorten

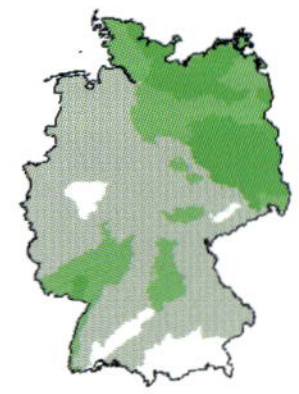

J F **M A M J** J A S O N D

Vicia cassubica L.

Kaschuben-Wicke *Fabaceae*
↓ K(5) C5 A(9)+1 G$\underline{1}$ RL V

30–60 cm hoch. BLÜTENSTAND: traubenartig, **lang gestielt, ≥ 6-blütig**. BLÜTEN: meist violett, selten weißlich; **Fahne mit dunklen Adern**. BLÜTENSTIELE: 7–16 mm lang. KRONE: 7–16 mm lang. FAHNE: **länger als der Nagel**. FRÜCHTE: 10–35 mm lang. BLÄTTER: **12–20-teilig**, anstelle der Endfieder eine verzweigte Ranke ausgebildet. FIEDERBLÄTTCHEN: **länglich-lanzettlich bis oval, 8–30 mm lang, 3–12 mm breit**. NEBENBLÄTTER: ganzrandig.

- einheimisch
- planar bis collin
- Extensivgrünland u. Magerrasen, Staudenfluren, Wälder

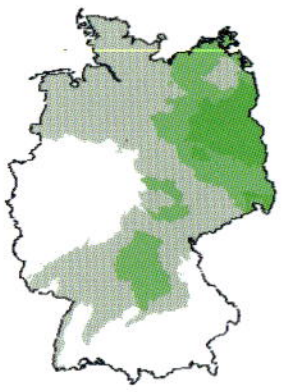

J F M A **M J J** A S O N D

Vicia orobus DC.

Heide-Wicke *Fabaceae*
↓ K(5) C5 A(9)+1 G$\underline{1}$ RL 2

20–50 cm hoch. BLÜTENSTAND: traubenartig, **lang gestielt, ≥ 6-blütig**. BLÜTEN: **meist weißlich**; Fahne oft hell-violett u. mit dunklen Adern. BLÄTTER: **12–26-teilig, Endfieder meist nur als kurze Granne ausgebildet**. FIEDERBLÄTTCHEN: **länglich-lanzettlich bis oval, 8–30 mm lang, 3–12 mm breit**.

- einheimisch
- collin bis montan
- Extensivgrünland u. Magerrasen, Staudenfluren, Gehölze, Wälder

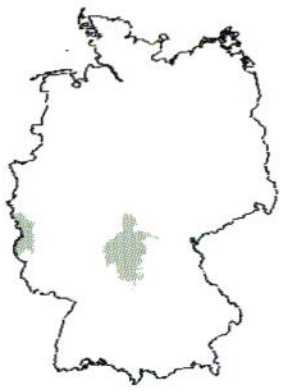

J F M A M **J J A** S O N D

Vicia cracca L.

Vogel-Wicke *Fabaceae*
↓ K(5) C5 A(9)+1 G$\underline{1}$

30–120 cm hoch. BLÜTENSTAND: traubenartig, **lang gestielt, ≥ 6-blütig**. BLÜTEN: meist bläulich bis violett. BLÜTENSTIELE: 6–15 mm lang. KRONE: 6–14 mm lang. FAHNE: **± so lang wie der Nagel**. BLÄTTER: **12–30-teilig**, anstelle der Endfieder eine verzweigte Ranke ausgebildet. FIEDERBLÄTTCHEN: **lineal bis länglich-lanzettlich**.

- einheimisch
- planar bis montan
- Grünland, Ruderalvegetation, Zier- bzw. Nutzpflanze
- auch an salzhaltigen Standorten

J F M A **M J J A** S O N D

Vicia hirsuta (L.) Gray

Behaarte Wicke *Fabaceae*
↓ K(5) C5 A(9)+1 G$\underline{1}$

20–60 cm hoch. BLÜTENSTAND: **lang gestielt, 2–8-blütig**. BLÜTEN: **weißlich**; Fahne meist bläulich-violett u. mit dunklen Adern. KRONE: 2–5 mm lang. FRÜCHTE: **behaart**, 1–3-samig, **meist 2-samig**. BLÄTTER: **8–20-teilig**, anstelle der Endfieder eine verzweigte Ranke ausgebildet. FIEDERBLÄTTCHEN: **lineal bis länglich-lanzettlich, < 12 mm lang**.

- Archaeophyt
- planar bis montan
- Grünland, Staudenfluren, Gehölze, Äcker, Ruderalvegetation, Zier- bzw. Nutzpflanze

J F M A **M J J A** S O N D

Vicia tenuifolia Roth

Schmalblättrige Wicke *Fabaceae*

↓ K(5) C5 A(9)+1 G1

30–150 cm hoch. Blütenstand: traubenartig, **lang gestielt, ≥ 6-blütig**. Blüten: meist bläulich bis violett, selten weißlich. Blütenstiele: 7–16 mm lang. Krone: 6–15 mm lang. Fahne: **± so lang wie der Nagel**. Blätter: **12–20-teilig**, anstelle der Endfieder eine verzweigte Ranke ausgebildet. Fiederblättchen: **lineal bis länglich-lanzettlich, 10–40 mm lang, 0,5–2 mm breit**.

subsp. *dalmatica* (Dalmatiner Wicke): Blütenstand: lockerblütig. Krone: 6–14 mm lang. Früchte: lanzettlich, im distalen Drittel am breitesten. Blätter: 12–30-teilig. Fiederblättchen: lineal-länglich bis lanzettlich, 10–30 mm lang, meist 0,5–2 mm breit.

subsp. *villosa* (Schmalblättrige Wicke): Blütenstand: dichtblütig. Krone: 9–15 mm lang. Früchte: länglich-lineal. Blätter: 12–20-teilig. Fiederblättchen: schmal lineal, 15–40 mm lang, 2–5 mm breit.

- einheimisch
- planar bis montan
- Staudenfluren, Gehölze, Ruderalvegetation, Zier- bzw. Nutzpflanze
- an nährstoffarmen, basenreichen, meist trockenen Standorten

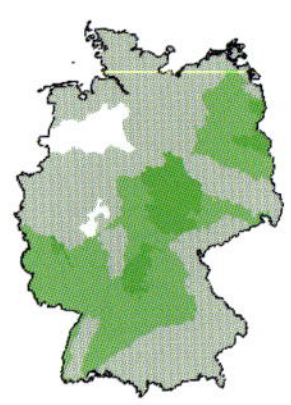

J F M A **M J J A** S O N D

Vicia villosa Roth

Zottel-Wicke *Fabaceae*

↓ K(5) C5 A(9)+1 G1

30–120 cm hoch. Blütenstand: traubenartig, **lang gestielt**. Blüten: meist bläulich bis violett. Blütenstiele: 10–22 mm lang. Fahne: **deutlich kürzer als der Nagel**. Blätter: **12–20-teilig**, anstelle der Endfieder eine verzweigte Ranke ausgebildet. Fiederblättchen: **lineal bis länglich-lanzettlich, 8–35 mm lang**.

subsp. *villosa* (Zottel-Wicke): Blütenstand: 10–40-blütig. Krone: 15–22 mm lang. Kelchzipfel: die unteren lanzettlich, 1–2 mm lang, kürzer als die Kelchröhre, lang behaart. Früchte: 10–30 mm lang. Stängel u. Blätter: dicht abstehend behaart.

subsp. *varia* (Bunte Wicke): Blütenstand: meist 5–15-blütig. Krone: 10–18 mm lang. Kelchzipfel: die unteren lineal, 2–5 mm lang, ± so lang wie die Kelchröhre, kahl bis kurzhaarig. Früchte: 15–50 mm lang. Stängel u. Blätter: kahl bis spärlich anliegend behaart.

- eingebürgerter Neophyt, urspr. aus dem Mittelmeergebiet u. Zentralasien
- planar bis montan
- Äcker, Ruderalvegetation, Zier- bzw. Nutzpflanze

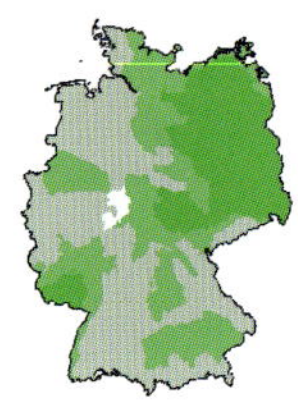

J F M A **M J J A** S O N D

Vicia ervilia (L.) Willd.

Linsen-Wicke *Fabaceae*

↓ K(5) C5 A(9)+1 G1 RL 0

30–60 cm hoch. Blütenstand: **lang gestielt, 1–2-blütig**. Blüten: **hellrosa; Fahne meist gelblich-weißlich u. mit dunklen Adern**. Früchte: **zwischen den Samen eingeschnürt, kahl, 3–6-samig**. Blätter: **12–20-teilig**, anstelle der Endfieder eine Granne (bzw. kurze ungeteilte Ranke) ausgebildet. Fiederblättchen: **lineal bis länglich-lanzettlich**.

- ausgestorben
- planar bis montan
- Äcker, Zier- bzw. Nutzpflanze
- an trockenen Standorten

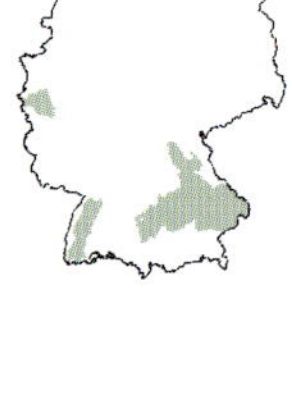

J F M **A M J J** A S O N D

Vicia articulata Hornem.

Einblütige Wicke *Fabaceae*

↓ K(5) C5 A(9)+1 G1

20–60 cm hoch. Blütenstand: **lang gestielt, meist Blüten einzeln**. Blüten: bläulich bis weißlich; **Fahne mit dunklen Adern**. Früchte: **kahl, 3–6-samig**. Blätter: **10–20-teilig**, anstelle der Endfieder eine verzweigte Ranke ausgebildet. Fiederblättchen: **lineal bis länglich-lanzettlich, ≤ 12 mm lang**. Nebenblätter: **verschieden gestaltet: eins klein u. lineal, eins gestielt, breit u. zerschlitzt**.

- in Einbürgerung befindlicher Neophyt, urspr. aus dem Mittelmeergebiet
- planar bis montan
- Äcker, Ruderalvegetation, Zier- bzw. Nutzpflanze
- an nährstoffreichen, sauren Standorten

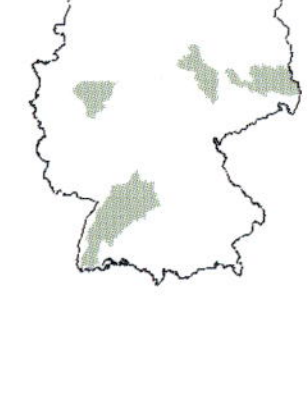

J F M A **M J J A** S O N D

Vicia parviflora Cav.

Zierliche Wicke *Fabaceae*

↓ K(5) C5 A(9)+1 G$\underline{1}$

10–40 cm hoch. BLÜTENSTAND: **lang gestielt, mit Stiel länger als das Tragblatt, 1-5-blütig**; STIEL: **3–8 cm lang**. BLÜTEN: meist hellblau; **Fahne mit dunklen Adern**. KRONE: 5–9 mm lang. FRÜCHTE: 2–4 mm ⌀, **kahl**, 4–8-samig, **meist 5-samig**. BLÄTTER: **4–8-teilig**, anstelle der Endfieder eine verzweigte Ranke ausgebildet. FIEDERBLÄTTCHEN: **lineal bis länglich-lanzettlich**, < **12 mm lang**.

- unbeständiger Neophyt, urspr. aus dem Mittelmeergebiet
- planar bis collin
- Äcker, Ruderalvegetation

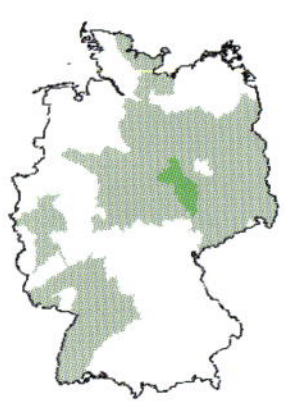

J F M A **M J J** A S O N D

Vicia tetrasperma (L.) Schreb.

Viersamige Wicke *Fabaceae*

↓ K(5) C5 A(9)+1 G$\underline{1}$

15–60 cm hoch. BLÜTENSTAND: **lang gestielt, mit Stiel ± so lang wie das Tragblatt, 1-3-blütig**; STIEL: **2–4 cm lang**. BLÜTEN: meist hellblau-violett; **Fahne mit dunklen Adern**. KRONE: 4–8 mm lang. FRÜCHTE: 4–6 mm ⌀, **kahl**, 4–8-samig, **meist 4-samig**. BLÄTTER: **4–12-teilig**, anstelle der Endfieder eine verzweigte Ranke ausgebildet. FIEDERBLÄTTCHEN: **lineal bis länglich-lanzettlich**, < **12 mm lang**.

- Archaeophyt
- planar bis montan
- Grünland, Staudenfluren, Gehölze, Äcker, Ruderalvegetation, Zier- bzw. Nutzpflanze

J F M A **M J J** A S O N D

Vicia dumetorum L.

Hecken-Wicke *Fabaceae*

↓ K(5) C5 A(9)+1 G$\underline{1}$ RL V

100–200 cm hoch. BLÜTENSTAND: traubenartig, **lang gestielt, ≥ 6-blütig**. BLÜTEN: rötlich bis violett, selten gelblich-weißlich. KRONE: 6–20 mm lang. BLÄTTER: **6–12-teilig**, anstelle der Endfieder eine verzweigte Ranke ausgebildet. FIEDERBLÄTTCHEN: **lanzettlich bis oval, 20–40 mm lang, 8–25 mm breit**.

- einheimisch
- planar bis montan
- Grünland, Staudenfluren, Gehölze, Wälder
- an basenreichen Standorten

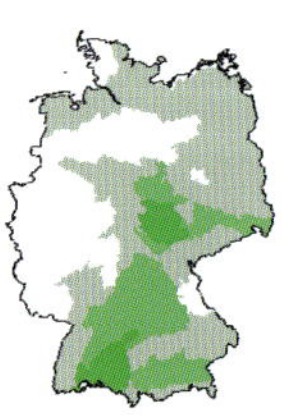

J F M A **M J J A** S O N D

Vicia pisiformis L.

Erbsen-Wicke *Fabaceae*

↓ K(5) C5 A(9)+1 G$\underline{1}$ RL 3

100–200 cm hoch. BLÜTENSTAND: traubenartig, **lang gestielt, ≥ 6-blütig**. BLÜTEN: **gelblich**. KRONE: 6–20 mm lang. BLÄTTER: **6–12-teilig**, anstelle der Endfieder eine verzweigte Ranke ausgebildet. FIEDERBLÄTTCHEN: **unterstes Fiederpaar oft ± senkrecht gedreht, lanzettlich bis oval, 20–60 mm lang**.

- einheimisch
- planar bis montan
- Extensivgrünland u. Magerrasen, Staudenfluren, Gehölze, Wälder, Zier- bzw. Nutzpflanze
- an basenreichen Standorten

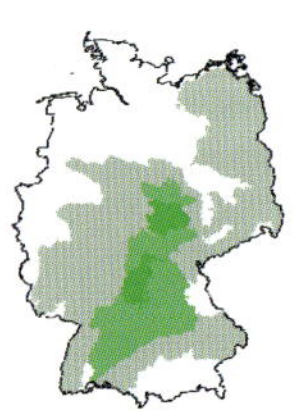

J F M A **M J J A** S O N D

Vicia sylvatica L.

Wald-Wicke *Fabaceae*

↓ K(5) C5 A(9)+1 G1

50–200 cm hoch. Blütenstand: traubenartig, **lang gestielt, ≥ 6-blütig**. Blüten: **weißlich; Fahne mit dunklen Adern**. Krone: 6–20 mm lang. Blätter: **10–20-teilig**, anstelle der Endfieder eine verzweigte Ranke ausgebildet. Fiederblättchen: **länglich-lanzettlich bis oval, 8–30 mm lang, 3–12 mm breit**. Nebenblätter: **gezähnt**.

- einheimisch
- collin bis montan
- Grünland, Staudenfluren, Gehölze, Wälder
- an basenreichen Standorten

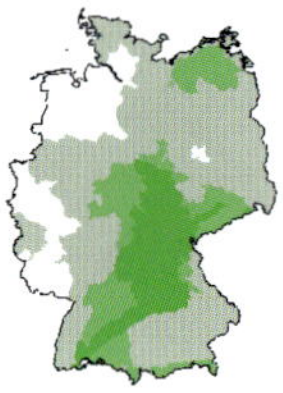

J F M A **M J J A** S O N D

Polygala alpestris Rchb.

Alpen-Kreuzblümchen *Polygalaceae*

↓ K5 [C(3) A(8)] G(2)

Bis 15 cm hoch. Blütenstand: traubenartig, **8–20-blütig**. Tragblätter der Blüten: 0,5–3 mm lang, **zum Zeitpunkt der Blüte ± so lang wie die Blütenstiele**. Blüten: **dunkelblau**. Krone: 3–6 mm lang. Kronblätter: unteres ± kahnförmig, distal viellappig. Flügel: **4–6 mm lang, mit kaum verzweigtem Nerven, Nervatur überwiegend offen**. Früchte: Kapseln. Stängel: ± aufrecht. Blattstellung: wechselständig. Blätter: überwinternd grün. untere Stängelblätter: **kaum genähert**, wechselständig, **kleiner bis wenig größer als die oberen**.

- einheimisch
- subalpin bis alpin
- Extensivgrünland u. Magerrasen, Zwergstrauchheiden, Schutt- u. Felsfluren
- an nährstoffarmen, basenreichen Standorten

J F M A **M J J A** S O N D

Polygala amara L.

Bitteres Kreuzblümchen *Polygalaceae*

↓ K5 [C(3) A(8)] G(2) RL 3

Bis 25 cm hoch. Blütenstand: traubenartig. Blüten: 3–7 mm lang, **meist bläulich-violett bis rötlich**, selten weißlich. Kronblätter: unteres ± kahnförmig, distal viellappig. Flügel: **breit-oval, 5–9 mm lang, 2–6 mm breit, mit kaum verzweigtem Nerven**, Nervatur überwiegend offen. Früchte: Kapseln. Stängel: ± aufrecht. Blattstellung: wechselständig. Blätter: überwinternd grün. untere Stängelblätter: **genähert, ± rosettenartig, deutlich größer als die oberen**.

- einheimisch
- montan bis alpin
- Extensivgrünland u. Magerrasen, Wälder, Schutt- u. Felsfluren, Zier- bzw. Nutzpflanze
- an nährstoffarmen, basenreichen Standorten

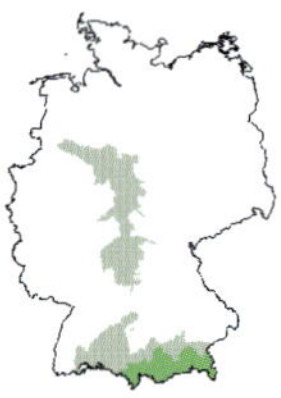

J F M **A M J** J A S O N D

Polygala amarella Crantz

Sumpf-Kreuzblümchen *Polygalaceae*

↓ K5 [C(3) A(8)] G(2) RL V

Bis 30 cm hoch. Blütenstand: traubenartig. Blüten: 2–5 mm lang, **meist bläulich-violett bis rötlich**, selten weißlich. Kronblätter: unteres ± kahnförmig, distal 6–16-lappig. Flügel: **länglich-oval, 3–5 mm lang, 1–2,5 mm breit, mit kaum verzweigtem Nerven**, Nervatur überwiegend offen. Früchte: Kapseln. Stängel: ± aufrecht. Blattstellung: wechselständig. Blätter: überwinternd grün. untere Stängelblätter: **genähert, ± rosettenartig, deutlich größer als die oberen**.

- einheimisch
- collin bis montan
- Moore u. Seggenriede, Extensivgrünland u. Magerrasen, Wälder
- an nährstoffarmen, kalkreichen, nassen, zuweilen überfluteten Standorten

J F **M A M J J** A S O N D

Polygala calcarea F. W. Schultz

Kalk-Kreuzblümchen *Polygalaceae*
↓ K5 [C(3) A(8)] G(2) RL 3

10–25 cm hoch. Blütenstand: traubenartig, **3–10-blütig**. Blüten: **dunkelblau**. Kronblätter: unteres ± kahnförmig, distal viellappig. Flügel: **5–7 mm lang, mit verzweigten Seitennerven**, Nervatur geschlossen, 4–8 Felder bildend. Früchte: Kapseln. Stängel: **basal niederliegend**, niederliegende mit kleinen u. distal mit großen rosettenartig genäherten Blättern. Blattstellung: wechselständig. Blätter: überwinternd grün. untere Stängelblätter: **genähert, ± rosettenartig, deutlich größer als die oberen**.

- einheimisch
- collin bis montan
- Extensivgrünland u. Magerrasen, Schutt- u. Felsfluren, Zier- bzw. Nutzpflanze
- an nährstoffarmen, kalkreichen, meist trockenen Standorten

J F **M A M J** J A S O N D

Polygala chamaebuxus L.

Buchsblättriges Kreuzblümchen *Polygalaceae*
↓ K5 [C(3) A(8)] G(2)

Halbstrauch, 10–30 cm hoch. Blütenstand: **1–3-blütig**. Blüten: 12–18 mm lang, **weißlich-gelblich**, zuweilen rötlich überlaufen. Kronblätter: **unteres ± kahnförmig**, distal 4-lappig. Flügel: **10–16 mm lang**. Früchte: Kapseln. Blattstellung: wechselständig. Blätter: **immergrün, derb**, ungeteilt, ganzrandig.

- einheimisch
- collin bis alpin
- Gehölze, Wälder, Zier- bzw. Nutzpflanze
- an nährstoffarmen, basenreichen, meist trockenen Standorten

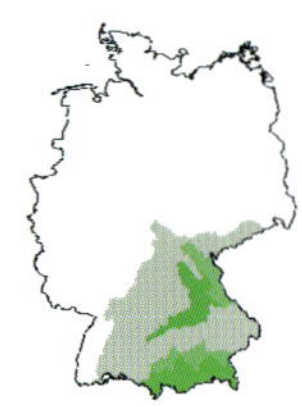

J F **M A M J** J A S O N D

Polygala comosa Schkuhr

Schopf-Kreuzblümchen *Polygalaceae*
↓ K5 [C(3) A(8)] G(2) RL V

15–25 cm hoch. Blütenstand: traubenartig, **8–20-blütig**. Tragblätter der Blüten: **2–6 mm lang, zum Zeitpunkt der Blüte deutlich länger als die Blütenstiele**. Blüten: meist rötlich-violett, seltener bläulich o. weißlich. Kronblätter: unteres ± kahnförmig, distal viellappig. Flügel: **4–8 mm lang, mit kaum verzweigtem Nerven**, Nervatur undeutlich, ± geschlossen, 1–6 Felder bildend. Früchte: Kapseln. Stängel: ± aufrecht. Blattstellung: wechselständig. Blätter: sommergrün. untere Stängelblätter: **kaum genähert**, wechselständig, **kleiner als die oberen**.

- einheimisch
- planar bis montan
- Extensivgrünland u. Magerrasen, Gehölze, Wälder, Zier- bzw. Nutzpflanze
- an nährstoffarmen, basenreichen, meist trockenen Standorten

J F M **A M J J** A S O N D

Polygala serpyllifolia Hosé

Quendel-Kreuzblümchen *Polygalaceae*
↓ K5 [C(3) A(8)] G(2) RL 3

Bis 15 cm hoch. Blütenstand: traubenartig, **3–8-blütig**. Tragblätter der Blüten: 0,5–3 mm lang, **zum Zeitpunkt der Blüte ± 0,5-mal so lang wie die Blütenstiele**. Blüten: **hellblau**. Kronblätter: unteres ± kahnförmig, distal viellappig. Flügel: **5–8 mm lang, mit verzweigten Seitennerven**, Nervatur geschlossen. Früchte: Kapseln. Stängel: **basal niederliegend**. Blattstellung: **untere Stängelblätter gegenständig**. Blätter: überwinternd grün. untere Stängelblätter: **kaum genähert**, ± **gegenständig, kleiner als die oberen**.

- einheimisch
- planar bis montan
- Moore u. Seggenriede, Extensivgrünland u. Magerrasen, Zwergstrauchheiden
- an nährstoffarmen, sauren Standorten

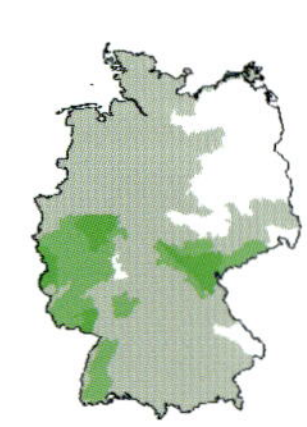

J F M **A M J J A S O** N D

Polygala vulgaris L.

Gewöhnliches Kreuzblümchen *Polygalaceae*
↓ K5 [C(3) A(8)] G(2) RL V

Bis 25 cm hoch. BLÜTENSTAND: traubenartig, **8–20-blütig**. TRAGBLÄTTER DER BLÜTEN: 0,5–3 mm lang, **zum Zeitpunkt der Blüte kürzer bis wenig länger als die Blütenstiele**. BLÜTEN: bläulich bis violett *oder* grünlich bis weißlich. KRONE: 5–10 mm lang. KRONBLÄTTER: unteres ± kahnförmig, distal ≥ 8-lappig. FLÜGEL: **4–9 mm lang, mit verzweigten Seitennerven**, Nervatur geschlossen, > 4 Felder bildend. FRÜCHTE: Kapseln. STÄNGEL: ± aufrecht. BLATTSTELLUNG: wechselständig. BLÄTTER: überwinternd grün. UNTERE STÄNGELBLÄTTER: **kaum genähert**, wechselständig, **(etwas) kleiner als die oberen**.

Im Gebiet kommen 3 Unterarten vor: subsp. *vulgaris*, subsp. *collina* und subsp. *oxyptera* (vgl. S. 1429).

- einheimisch
- planar bis montan
- Extensivgrünland u. Magerrasen, Zwergstrauchheiden, Dünen, Zier- bzw. Nutzpflanze
- an nährstoffarmen, sauren Standorten

J F M **A M J J A** S O N D

Filipendula ulmaria (L.) Maxim.

Echtes Mädesüß *Rosaceae*
∗ K5 C5 A∞ G6–12

50–200 cm hoch. AUSSENKELCH: fehlt. BLÜTEN: beige bis weißlich. BLÜTENACHSE: schüsselförmig. FRÜCHTE: einsamige Nüsschen. WURZELN: *nicht* knollig verdickt. BLÄTTER: **unterbrochen gefiedert, mit 2–6 Paaren großer Fiederblättchen**. FIEDERBLÄTTCHEN: **die größeren > 25 mm lang, doppelt gesägt**. NEBENBLÄTTER: vorhanden.

- einheimisch
- planar bis montan
- Grünland, Staudenfluren, Wälder, Ruderalvegetation, Zier- bzw. Nutzpflanze
- an feuchten bis nassen Standorten

J F M A **M J J A** S O N D

Filipendula vulgaris Moench

Kleines Mädesüß *Rosaceae*
∗ K5 C5 A∞ G6–12 RL 3

30–60 cm hoch. AUSSENKELCH: fehlt. BLÜTEN: weißlich. BLÜTENACHSE: schüsselförmig. FRÜCHTE: einsamige Nüsschen. WURZELN: **knollig verdickt**. BLÄTTER: **unterbrochen gefiedert, mit 5–30 Paaren großer Fiederblättchen**. FIEDERBLÄTTCHEN: **die größeren < 25 mm lang, gelappt bis fiederspaltig**. NEBENBLÄTTER: vorhanden.

- einheimisch
- planar bis montan
- Extensivgrünland u. Magerrasen, Staudenfluren, Wälder, Zier- bzw. Nutzpflanze
- an nährstoffarmen, basenreichen, meist trockenen Standorten

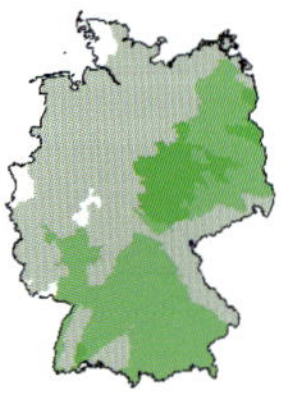

J F M A **M J J A** S O N D

Rosa: überwiegend kletternde oder aufrechte Sträucher, meist mit Stacheln. BLÜTENACHSE: krugförmig bis röhrig. FRUCHT: Sammelnussfrucht (Hagebutte) mit Nussfrüchtchen im Inneren eines fleischigem Achsenbechers. BLÄTTER: wechselständig, gefiedert. FIEDERBLÄTTCHEN: am Rand gesägt. NEBENBLÄTTER: mit dem Blattstiel verwachsen.

Rosa canina agg.

Hunds-Rose *Rosaceae*
∗ K5 C5 A∞ G∞

50–300 cm hoch. BLÜTEN: rötlich bis weißlich. KRONBLÄTTER: 5–30 mm lang. KELCHBLÄTTER: **äußere fiederspaltig**. GRIFFEL: **kaum aus dem Blütenbecher herausragend**. NARBEN: meist ein halbkugeliges ± verwachsenes Köpfchen bildend. STACHELN: **hakig gebogen, basal verbreitert**.

In Deutschland kommen 9 Arten der Artengruppe *Rosa canina* agg. vor (vgl. S. 1429).

- einheimisch
- planar bis subalpin
- Gehölze, Wälder, Schutt- u. Felsfluren, Zier- bzw. Nutzpflanze

J F M A **M J J** A S O N D

Rosa agrestis Savi

Acker-Rose *Rosaceae*
∗ K5 C5 A∞ $G\overline{\underline{\infty}}$ RL 3

100–200 cm hoch. BLÜTEN: fruchtig riechend, rötlich bis weißlich. GRIFFELKANAL: **0,5–1 mm** ⌀. KRONBLÄTTER: 5–30 mm lang. KELCHBLÄTTER: **äußere fiederspaltig**. FRUCHTKELCH: **zurückgeschlagen, früh abfallend**. GRIFFEL: kaum aus dem Blütenbecher herausragend, oben kahl bis spärlich behaart. NARBEN: ein halbkugeliges ± verwachsenes Köpfchen bildend. FRÜCHTE: kahl. STACHELN: **hakig gebogen, basal verbreitert**. BLÄTTER: UNTERSEITS: **dicht drüsig behaart**. FIEDERBLÄTTCHEN: länglich bis oval, basal verschmälert.

- einheimisch
- planar bis montan
- Gehölze, Wälder, Zier- bzw. Nutzpflanze
- an basenreichen, meist trockenen Standorten

J F M A **M J J** A S O N D

Rosa glauca Pourr.

Rotblättrige Rose *Rosaceae*
∗ K5 C5 A∞ $G\overline{\underline{\infty}}$ RL 3

100–300 cm hoch. BLÜTEN: fruchtig riechend, rötlich bis weißlich. KRONBLÄTTER: 5–30 mm lang. KELCHBLÄTTER: 2–3 mm breit, ± **ganzrandig *oder* mit kleinen Zähnen**. FRUCHTKELCH: **aufgerichtet, zur Fruchtreife vorhanden**. GRIFFEL: kaum aus dem Blütenbecher herausragend. NARBEN: ein halbkugeliges ± verwachsenes Köpfchen bildend. FRÜCHTE: kugelig bis kurz-eiförmig, kahl. STACHELN: **gerade bis schwach gekrümmt, basal verbreitert**. SEITENÄSTE: **oft rötlich bis bläulich bereift**. BLÄTTER: meist 7-teilig, am Rand einfach gesägt; OBERSEITS: **blau- bzw. graugrün**, zuweilen rötlich überlaufen; UNTERSEITS: **auf der Fläche ± kahl**.

- einheimisch
- planar bis montan
- Gehölze, Wälder, Zier- bzw. Nutzpflanze
- an nährstoffarmen Standorten

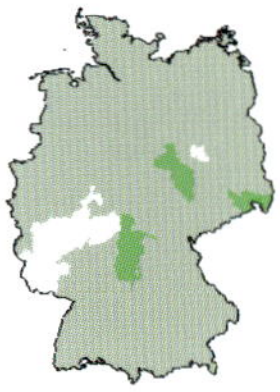

J F M A **M J J A** S O N D

Rosa inodora Fr.

Keilblättrige Rose *Rosaceae*
∗ K5 C5 A∞ $G\overline{\underline{\infty}}$

100–250 cm hoch. BLÜTEN: fruchtig riechend, rötlich bis weißlich. BLÜTENSTIELE: meist *ohne* Drüsenhaare. GRIFFELKANAL: **0,8–2 mm** ⌀. KRONBLÄTTER: 5–30 mm lang. KELCHBLÄTTER: **äußere fiederspaltig**. FRUCHTKELCH: aufgerichtet bis zurückgeschlagen, meist früh abfallend. GRIFFEL: kaum aus dem Blütenbecher herausragend. NARBEN: ein halbkugeliges ± verwachsenes Köpfchen bildend. STACHELN: **hakig gebogen, basal verbreitert**. BLÄTTER: UNTERSEITS: **dicht drüsig behaart**. FIEDERBLÄTTCHEN: länglich bis oval, basal verschmälert.

- einheimisch
- planar bis montan
- Gehölze, Wälder
- an basenreichen, meist trockenen Standorten

J F M A **M J J** A S O N D

Rosa marginata Wallr.

Raublättrige Rose *Rosaceae*
∗ K5 C5 A∞ $G\overline{\underline{\infty}}$ RL 3

100–200 cm hoch. BLÜTEN: bis 70 mm ⌀, **rosa bis dunkelrot**. BLÜTENSTIELE: **12–30 mm lang, drüsig behaart**. GRIFFELKANAL: **meist 1–1,5 mm** ⌀. KRONBLÄTTER: 5–30 mm lang. KELCHBLÄTTER: **äußere fiederspaltig**. FRUCHTKELCH: **zurückgeschlagen, früh abfallend**. GRIFFEL: kaum aus dem Blütenbecher herausragend. STACHELN: **gerade bis schwach gekrümmt**. BLÄTTER: **± derb**; UNTERSEITS: **auf der Fläche ± kahl**, zuweilen mit wenigen Drüsenhaaren.

- einheimisch
- planar bis montan
- Gehölze, Wälder, Zier- bzw. Nutzpflanze
- an basenreichen, meist trockenen Standorten

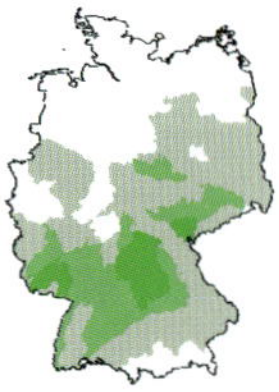

J F M A **M J J A** S O N D

US

US

Rosa micrantha Sm.

Kleinblütige Rose *Rosaceae*
∗ K5 C5 A∞ G$\underline{\infty}$ RL V

80–400 cm hoch. BLÜTEN: fruchtig riechend, weißlich *oder* rosa. BLÜTENSTIELE: **drüsig behaart**. GRIFFELKANAL: **< 1 mm** ⌀. KRONBLÄTTER: 5–30 mm lang. KELCHBLÄTTER: **äußere fiederspaltig**. FRUCHTKELCH: **zurückgeschlagen, früh abfallend**. GRIFFEL: kaum aus dem Blütenbecher herausragend, oben kahl bis spärlich behaart. NARBEN: ein halbkugeliges ± verwachsenes Köpfchen bildend. STACHELN: **hakig gebogen, basal verbreitert**. BLÄTTER: UNTERSEITS: **dicht drüsig behaart**. FIEDERBLÄTTCHEN: oval bis rundlich, basal abgerundet.

- einheimisch
- planar bis montan
- Gehölze, Wälder, Zier- bzw. Nutzpflanze
- an basenreichen, meist trockenen Standorten

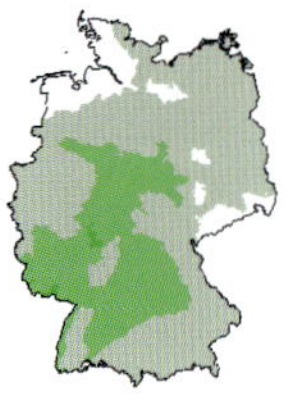

J F M **A M J** J A S O N D

Rosa mollis Sm.

Weiche Rose *Rosaceae*
∗ K5 C5 A∞ G$\underline{\infty}$ RL R

50–150 cm hoch. BLÜTENSTAND: **mit ± geraden Seitenästen**. BLÜTEN: rötlich bis weißlich. BLÜTENSTIELE: spärlich mit Drüsenhaaren besetzt. GRIFFELKANAL: **> 2 mm** ⌀. KRONBLÄTTER: 5–30 mm lang. KELCHBLÄTTER: **kürzer als die Kronblätter, äußere fiederspaltig**. FRUCHTKELCH: **aufgerichtet, zur Fruchtreife vorhanden**. GRIFFEL: kaum aus dem Blütenbecher herausragend. NARBEN: ein halbkugeliges ± verwachsenes Köpfchen bildend. STACHELN: **gerade**. BLÄTTER: UNTERSEITS: **dicht behaart**. ENDFIEDER: oval bis rundlich, 10–30 mm lang.

- einheimisch
- planar bis collin
- Gehölze, Wälder, Schutt- u. Felsfluren, Dünen

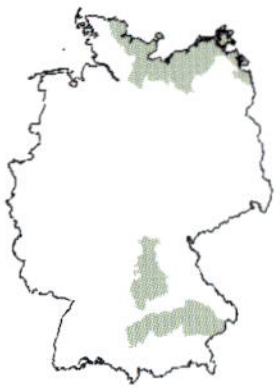

J F M A **M J J** A S O N D

Rosa pseudoscabriuscula (R. Keller) Henker & G. Schulze

Falsche Filz-Rose *Rosaceae*
∗ K5 C5 A∞ G$\underline{\infty}$ RL V

100–300 cm hoch. BLÜTENSTAND: **meist mit zickzackförmig gebogenen Seitenästen**, 1-4-blütig. BLÜTEN: rötlich bis weißlich. GRIFFELKANAL: **0,8–1,5 mm** ⌀. KRONBLÄTTER: 5–30 mm lang. KELCHBLÄTTER: **äußere fiederspaltig**. FRUCHTKELCH: **aufgerichtet, zur Fruchtreife vorhanden**. GRIFFEL: kaum aus dem Blütenbecher herausragend. NARBEN: ein halbkugeliges ± verwachsenes Köpfchen bildend. FRUCHTSTIELE: meist länger als die Frucht. STACHELN: **schwach gekrümmt**. BLÄTTER: UNTERSEITS: **dicht behaart**.

- einheimisch
- planar bis montan
- Gehölze, Wälder

J F M A **M J J** A S O N D

Rosa rubiginosa L.

Gremlis Rose *Rosaceae*
∗ K5 C5 A∞ G$\underline{\infty}$

100–250 cm hoch. BLÜTEN: fruchtig riechend, **rosa**. BLÜTENSTIELE: **drüsig behaart**. GRIFFELKANAL: **meist 1,2–2 mm** ⌀. KRONBLÄTTER: 5–30 mm lang. KELCHBLÄTTER: meist aufrecht, **äußere fiederspaltig**. FRUCHTKELCH: **aufgerichtet, zur Fruchtreife vorhanden**. GRIFFEL: kaum aus dem Blütenbecher herausragend, **oben dicht behaart**. NARBEN: ein halbkugeliges ± verwachsenes Köpfchen bildend. STACHELN: **basal verbreitert, kräftige gekrümmte *sowie* oft dünne borstliche**. BLÄTTER: UNTERSEITS: **dicht drüsig behaart**. FIEDERBLÄTTCHEN: oval bis rundlich, basal abgerundet.

- einheimisch
- planar bis montan
- Extensivgrünland u. Magerrasen, Gehölze, Wälder, Zier- bzw. Nutzpflanze
- an basenreichen, meist trockenen Standorten

J F M A **M J J** A S O N D

US

US

Rosa sherardii Davies

Samt-Rose *Rosaceae*
∗ K5 C5 A∞ G∞ RL V

50–200 cm hoch. Blütenstand: **meist mit zickzackförmig gebogenen Seitenästen**, 1-3-blütig. Blüten: rötlich bis weißlich. Griffelkanal: **1,2–2,5 mm** ⌀. Kronblätter: 5–30 mm lang. Kelchblätter: **äußere fiederspaltig**. Fruchtkelch: **aufgerichtet, zur Fruchtreife vorhanden**. Griffel: kaum aus dem Blütenbecher herausragend, **wollig behaart**. Narben: ein halbkugeliges ± verwachsenes Köpfchen bildend. Fruchtstiele: meist kürzer als die Frucht. Stacheln: **schwach gekrümmt**. Blätter: unterseits: **blau- bzw. graugrün, dicht behaart, mit Drüsenhaaren**.

- einheimisch
- planar bis montan
- Gehölze, Wälder, Schutt- u. Felsfluren, Dünen
- an basenreichen, meist trockenen Standorten

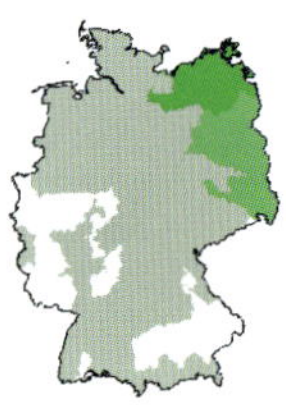

J F M A **M J J** A S O N D

Rosa tomentosa Sm.

Filz-Rose *Rosaceae*
∗ K5 C5 A∞ G∞

100–300 cm hoch. Blütenstand: **meist mit zickzackförmig gebogenen Seitenästen**, 1-4-blütig. Blüten: rötlich bis weißlich. Griffelkanal: **0,5–1,2 mm** ⌀. Kronblätter: 5–30 mm lang. Kelchblätter: **äußere fiederspaltig**. Fruchtkelch: **zurückgeschlagen, früh abfallend**. Griffel: kaum aus dem Blütenbecher herausragend. Narben: ein halbkugeliges ± verwachsenes Köpfchen bildend. Fruchtstiele: meist länger als die Frucht. Stacheln: **schwach gekrümmt**. Blätter: unterseits: **dicht behaart, mit Drüsenhaaren**.

- einheimisch
- planar bis montan
- Gehölze, Wälder, Zier- bzw. Nutzpflanze

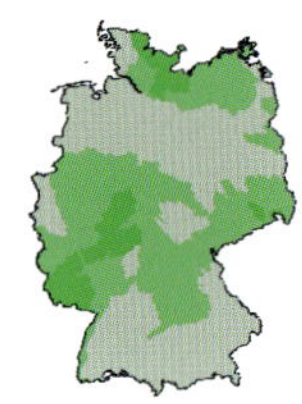

J F M A **M J J** A S O N D

Rosa villosa L.

Apfel-Rose *Rosaceae*
∗ K5 C5 A∞ G∞ RL V

50–200 cm hoch. Blütenstand: **mit geraden Seitenästen**. Blüten: **rosa**. Blütenstiele: **dicht mit Drüsenhaaren u. Stachelborsten besetzt**. Griffelkanal: **> 2 mm** ⌀. Kronblätter: 5–30 mm lang. Kelchblätter: **mindestens so lang wie die Kronblätter, äußere fiederspaltig**. Fruchtkelch: **aufgerichtet, zur Fruchtreife vorhanden**. Griffel: kaum aus dem Blütenbecher herausragend, **wollig behaart**. Narben: ein halbkugeliges ± verwachsenes Köpfchen bildend. Stacheln: **gerade**. Blätter: unterseits: **dicht behaart, mit Drüsenhaaren**. Endfieder: länglich bis oval, 20–50 mm lang.

- einheimisch
- planar bis montan
- Gehölze, Wälder, Schutt- u. Felsfluren, Zier- bzw. Nutzpflanze
- an nährstoffarmen, basenreichen, meist trockenen Standorten

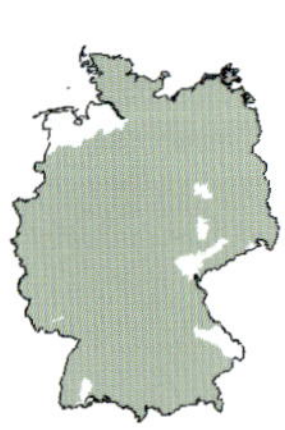

J F M A **M J J** A S O N D

Rosa gallica L.

Essig-Rose *Rosaceae*
∗ K5 C5 A∞ G∞ RL 3

30–150 cm hoch. Blüten: **meist rötlich**. Kronblätter: 25–50 mm lang. Kelchblätter: **äußere fiederspaltig**. Griffel: kaum aus dem Blütenbecher herausragend. Narben: ein halbkugeliges ± verwachsenes Köpfchen bildend. Stacheln: **kräftige gekrümmte *sowie* dünne borstliche**. Blätter: **derb**; unterseits: **± kahl**.

- einheimisch
- planar bis montan
- Gehölze, Wälder, Zier- bzw. Nutzpflanze

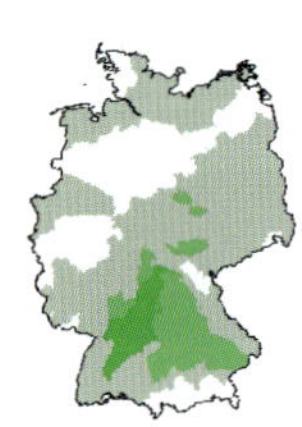

J F M A **M J J** A S O N D

US

US

Rosa spinosissima L.

Pimpinell-Rose *Rosaceae*
$\ast$ K5 C5 A∞ G$\overline{\infty}$ RL 3

20–100 cm hoch. BLÜTEN: fruchtig riechend, **meist weißlich**, selten rosa. KELCHBLÄTTER: **± ganzrandig, allenfalls mit kleinen Zähnen**. FRUCHTKELCH: **aufgerichtet**, **zur Fruchtreife vorhanden**. GRIFFEL: kaum aus dem Blütenbecher herausragend. NARBEN: ein halbkugeliges ± verwachsenes Köpfchen bildend. FRÜCHTE: kugelig bis kurz-eiförmig, kahl. STACHELN: **gerade**, **lange feste *sowie* kürzere weiche**. BLÄTTER: 5–11-teilig, am Rand einfach gesägt; UNTERSEITS: **± kahl**.

- einheimisch
- planar bis montan
- Extensivgrünland u. Magerrasen, Gehölze, Wälder, Schutt- u. Felsfluren, Dünen, Zier- bzw. Nutzpflanze
- an basenreichen Standorten

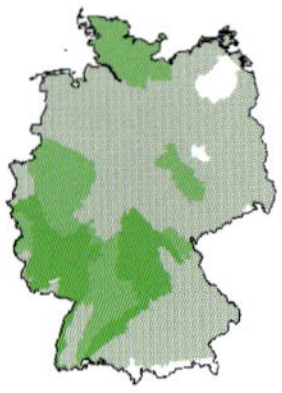

J F M **A M J** J A S O N D

Rosa majalis Herrm.

Zimt-Rose *Rosaceae*
$\ast$ K5 C5 A∞ G$\overline{\infty}$ RL 3

100–150 cm hoch. BLÜTEN: fruchtig riechend, **rosa**. BLÜTENSTIELE: ± kahl. KELCHBLÄTTER: **± ganzrandig, allenfalls mit kleinen Zähnen**. FRUCHTKELCH: **aufgerichtet**, **zur Fruchtreife vorhanden**. GRIFFEL: kaum aus dem Blütenbecher herausragend. NARBEN: ein halbkugeliges ± verwachsenes Köpfchen bildend. FRÜCHTE: kugelig bis kurz-eiförmig. STÄNGEL: *nicht* dicht stachelborstig. STACHELN: **schwach hakig gebogen**. JUNGTRIEBE: kahl. BLÄTTER: meist 5–7-teilig.

- einheimisch
- collin bis montan
- Gehölze, Wälder, Schutt- u. Felsfluren, Zier- bzw. Nutzpflanze
- an basenreichen Standorten

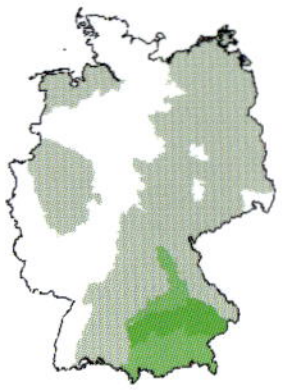

J F M **A M J J A** S O N D

Rosa pendulina L.

Alpen-Rose *Rosaceae*
$\ast$ K5 C5 A∞ G$\overline{\infty}$

50–200 cm hoch. BLÜTEN: fruchtig riechend, **meist dunkelrot**. BLÜTENSTIELE: **drüsig behaart**. KELCHBLÄTTER: **± ganzrandig, allenfalls mit kleinen Zähnen**. FRUCHTKELCH: **aufgerichtet**, **zur Fruchtreife vorhanden**. GRIFFEL: kaum aus dem Blütenbecher herausragend. NARBEN: ein halbkugeliges ± verwachsenes Köpfchen bildend. FRÜCHTE: **länglich, oft flaschenförmig, mit verengtem Hals**, selten kugelig. STÄNGEL: *nicht* dicht stachelborstig. STACHELN: **gerade**. JUNGTRIEBE: kahl. BLÄTTER: 7–11-teilig.

- einheimisch
- montan bis alpin
- Gehölze, Wälder, Schutt- u. Felsfluren, Zier- bzw. Nutzpflanze

J F M A **M J J A** S O N D

Rosa rugosa Thunb.

Kartoffel-Rose *Rosaceae*
$\ast$ K5 C5 A∞ G$\overline{\infty}$

100–150 cm hoch. BLÜTEN: fruchtig riechend, **meist rötlich bis violett**, selten weißlich. KELCHBLÄTTER: **± ganzrandig, allenfalls mit kleinen Zähnen**. FRUCHTKELCH: **aufgerichtet**, **zur Fruchtreife vorhanden**. GRIFFEL: kaum aus dem Blütenbecher herausragend. NARBEN: ein halbkugeliges ± verwachsenes Köpfchen bildend. FRÜCHTE: kahl. STÄNGEL: **dicht stachelborstig**. STACHELN: **gerade**, **behaart**. JUNGTRIEBE: **Triebe dicht behaart**. BLÄTTER: **runzelig, dick**; UNTERSEITS: **filzig behaart**.

- eingebürgerter Neophyt, urspr. aus Ostasien
- planar bis montan
- Extensivgrünland u. Magerrasen, Gehölze, Dünen, Zier- bzw. Nutzpflanze

J F M **A M J J** A S O N D

us

Rosa arvensis Huds.

Kriechende Rose *Rosaceae*
∗ K5 C5 A∞ G$\underline{\infty}$ RL V

50–300 cm hoch. BLÜTEN: meist einzeln, **weißlich**. KELCHBLÄTTER: **± ganzrandig, allenfalls mit kleinen Zähnen**. FRUCHTKELCH: **zurückgeschlagen, früh abfallend**. GRIFFEL: **aus dem Blütenbecher herausragend, mindestens so lang wie die inneren Staubblätter**. NARBEN: frei. STACHELN: **schwach hakig gebogen**. BLÄTTER: UNTERSEITS: **auf der Fläche ± kahl**, zuweilen mit einzelnen Haaren auf den Nerven. NEBENBLÄTTER: ungeteilt.

- einheimisch
- collin bis montan
- Gehölze, Wälder, Zier- bzw. Nutzpflanze

J F M A **M J J** A S O N D

Rubus: überwiegend kriechende bis kletternde Sträucher (bzw. Halbsträucher), fast alle Arten mit Stacheln. FRUCHTBLÄTTER: 2-samig. FRUCHTKNOTEN: an kegelförmig gewölbter Blütenachse. FRÜCHTE: Sammelsteinfrüchte. BLÄTTER: wechselständig, meist zusammengesetzt (selten gelappt). Die Gattung *Rubus* zählt mit ca. 400 Taxa zu den artenreichsten und am schwierigsten zu bestimmenden Gattungen der heimischen Flora. Im Folgenden wird eine Übersicht ausgewählter Arten bzw. Sektionen gegeben.

Rubus odoratus L.

Zimt-Himbeere *Rosaceae*
∗ K5 C5 A∞ G$\underline{\infty}$

100–200 cm hoch. PFLANZEN: ***ohne* Stacheln, dicht drüsig behaart**. BLÜTEN: 40–60 mm ⌀, **meist rötlich**. BLÜTENACHSE: schwach gewölbt. FRÜCHTE: orange. BLÄTTER: **gelappt, 5-teilig**, 10–30 mm breit. NEBENBLÄTTER: fädlich.

- eingebürgerter Neophyt, urspr. aus Nordamerika
- planar bis montan
- Gehölze, Wälder, Ruderalvegetation, Zier- bzw. Nutzpflanze

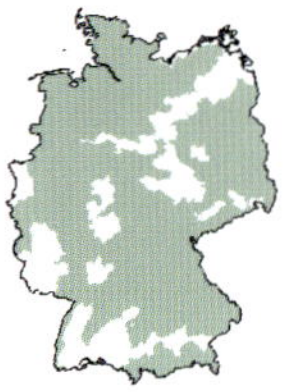

J F M **A M J J A** S O N D

Rubus chamaemorus L.

Moltebeere *Rosaceae*
∗ K5 C5 A∞ G$\underline{\infty}$ RL 1 § BNatG s

Bis 25 cm hoch. PFLANZEN: ***ohne* Stacheln**. BLÜTENSTAND: endständig. BLÜTEN: **meist < 30 mm** ⌀, weißlich. BLÜTENACHSE: kegelförmig gewölbt. FRÜCHTE: **< 25 Teilfrüchte pro Blüte, Teilfrüchte nur basal verwachsen, orange bis bräunlich**. STÄNGEL: **krautig**, Grundachse kriechend, generative Triebe aufrecht. AUSLÄUFER: **unterirdisch**. BLÄTTER: **gelappt**, 3–7-teilig. NEBENBLÄTTER: fädlich.

- einheimisch
- planar bis collin
- Moore u. Seggenriede, Zier- bzw. Nutzpflanze
- an nährstoffarmen, sauren, feuchten bis nassen Standorten

J F M **A M J** J A S O N D

Rubus saxatilis L.

Steinbeere *Rosaceae*
∗ K5 C5 A∞ G$\underline{\infty}$ RL V

10–25 cm hoch. PFLANZEN: ***ohne* Stacheln** *oder* **mit weichen bis 2 mm langen borstenförmigen Stacheln**. BLÜTENSTAND: rispenartig, 2–12-blütig. BLÜTEN: **< 30 mm** ⌀, weißlich. BLÜTENACHSE: kegelförmig gewölbt. KRONBLÄTTER: **meist ± aufrecht, spatelförmig bis lanzettlich, meist < 5 mm lang**. FRÜCHTE: **≤ 6 Teilfrüchte pro Blüte**, rötlich. STÄNGEL: **krautig**, Grundachse kriechend, generative Triebe aufrecht. BLÄTTER: **gefiedert, meist 3-teilig**. NEBENBLÄTTER: **breit-oval, direkt am Stängel bzw. der Basis des Blattstiel entspringend**.

- einheimisch
- planar bis alpin
- Staudenfluren, Gehölze, Wälder, Schutt- u. Felsfluren, Dünentäler, Zier- bzw. Nutzpflanze

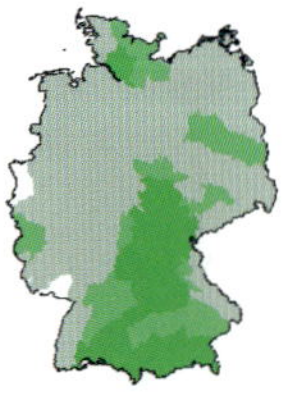

J F M **A M J J A** S O N D

Rubus idaeus L.

Himbeere *Rosaceae*
∗ K5 C5 A∞ G∞

60–180 cm hoch. PFLANZEN: mit Stacheln. BLÜTENSTAND: rispenartig. BLÜTEN: weißlich. BLÜTENACHSE: kegelförmig gewölbt, **an der Pflanze verbleibend, Früchte mit kegelförmigem Hohlraum**. KRONBLÄTTER: **meist ± aufrecht, schmal-oval, 4–6 mm lang, meist 1–3 mm breit**. FRÜCHTE: rötlich, selten gelblich. BLÄTTER: gefiedert, 3–7-teilig; UNTERSEITS: **graugrün, deutlich heller als die Oberseite**. NEBENBLÄTTER: fädlich, 1–3 mm oberhalb der Basis des Blattstiels entspringend.

- einheimisch
- planar bis subalpin
- Staudenfluren, Gehölze, Wälder, Schutt- u. Felsfluren, Ruderalvegetation, Zier- bzw. Nutzpflanze

J F M **A M J J** A S O N D

Rubus allegheniensis Porter

Allegheny-Brombeere *Rosaceae*
∗ K5 C5 A∞ G∞

Bis 4 m hoch. PFLANZEN: mit Stacheln. BLÜTENSTAND: rispenartig. BLÜTEN: rötlich bis weißlich. BLÜTENACHSE: kegelförmig gewölbt, mit der Sammelfrucht abfallend, Früchte *ohne* kegelförmigen Hohlraum. KRONBLÄTTER: > 5 mm breit. FRÜCHTE: dunkelrot bis schwarz. BLÄTTER: gefiedert, selten gelappt, **5-teilig.** NEBENBLÄTTER: fädlich, 1–3 mm oberhalb der Basis des Blattstiels entspringend.

- eingebürgerter Neophyt, urspr. aus Nordamerika
- planar bis montan
- Gehölze, Wälder, Zier- bzw. Nutzpflanze

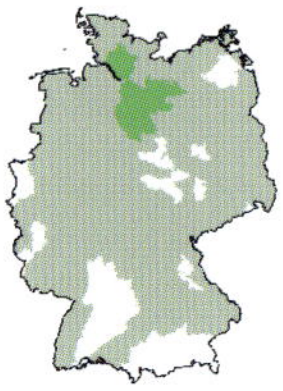

J F M **A M J J A** S O N D

Rubus caesius L.

Kratzbeere *Rosaceae*
∗ K5 C5 A∞ G∞

Bis 4 m hoch. PFLANZEN: mit Stacheln. BLÜTENSTAND: rispenartig. BLÜTEN: rötlich bis weißlich. BLÜTENACHSE: kegelförmig gewölbt, mit der Sammelfrucht abfallend, Früchte *ohne* kegelförmigen Hohlraum. KRONBLÄTTER: > 5 mm breit. FRÜCHTE: schwarz, **bläulich bereift**. BLATTSTIELE: **oberseits durchgehend rinnig**. BLÄTTER: gefiedert, selten gelappt, **überwiegend 3-teilig, einzelne 5-teilig**. FIEDERBLÄTTCHEN: **unteres meist < 2 mm lang gestielt, benachbarte am Rand meist überlappend**. NEBENBLÄTTER: fädlich, 1–3 mm oberhalb der Basis des Blattstiels entspringend, **meist 2–4 mm breit**.

- einheimisch
- planar bis montan
- Staudenfluren, Gehölze, Wälder, Dünen, Zier- bzw. Nutzpflanze
- an basenreichen Standorten

J F M **A M J J A** S O N D

Rubus sect. *Corylifolii* Lindl.

Haselblattbrombeere *Rosaceae*
∗ K5 C5 A∞ G∞

Bis 4 m hoch. PFLANZEN: mit Stacheln. BLÜTENSTAND: rispenartig. BLÜTEN: rötlich bis weißlich. BLÜTENACHSE: kegelförmig gewölbt, mit der Sammelfrucht abfallend, Früchte *ohne* kegelförmigen Hohlraum. KRONBLÄTTER: > 5 mm breit. FRÜCHTE: dunkelrot bis schwarz. BLATTSTIELE: **oberseits durchgehend rinnig**. BLÄTTER: gefiedert, selten gelappt, 3–7-teilig. FIEDERBLÄTTCHEN: **unteres meist < 2 mm lang gestielt, benachbarte am Rand meist überlappend**. NEBENBLÄTTER: **fädlich**, 1–3 mm oberhalb der Basis des Blattstiels entspringend, **meist 1–3 mm breit**.

Die Sektion umfasst mehrere dutzend oft nur schlecht charakterisierte Taxa.

- einheimisch
- planar bis montan
- Gehölze

J F M **A M J J A** S O N D

Rubus sect. *Rubus*

Echte Brombeere *Rosaceae*
∗ K5 C5 A∞ G$\underline{\infty}$

Bis 4 m hoch. Pflanzen: mit Stacheln. Blütenstand: rispenartig. Blüten: rötlich bis weißlich. Blütenachse: kegelförmig gewölbt, mit der Sammelfrucht abfallend, Früchte *ohne* kegelförmigen Hohlraum. Kronblätter: > 5 mm breit. Früchte: rötlich o. schwarz. Blattstiele: **oberseits nur basal rinnig**. Blätter: gefiedert, selten gelappt, 3–7-teilig. Fiederblättchen: **unteres meist 1–8 mm lang gestielt**, benachbarte am Rand meist *nicht* überlappend. Nebenblätter: **fädlich**, 1–3 mm oberhalb der Basis des Blattstiels entspringend, **meist < 1 mm breit**.

Die Sektion umfasst mehrere hundert oft nur schlecht charakterisierte Taxa.

- einheimisch
- planar bis subalpin
- Moore u. Seggenriede, Zwergstrauchheiden, Staudenfluren, Gehölze, Wälder, Schutt- u. Felsfluren, Ruderalvegetation, Dünen, Zier- bzw. Nutzpflanze

J F M **A M J J A** S O N D

Agrimonia eupatoria L.

Kleiner Odermennig *Rosaceae*
∗ K5 C5 A∞ G($\underline{2}$)

30–100 cm hoch. Blütenstand: ährenartig, länglich. Blüten: *ohne* auffälligen Geruch, gelblich. Blütenachse: krugförmig, **distal stachelig, außen über die gesamte Länge gerippt**. Früchte: einsamige Nüsschen, von der verhärtenden Blütenachse umschlossen. Blätter: **unterbrochen gefiedert**; unterseits: **gräulich, dicht filzig behaart, *ohne* Drüsen**.

- einheimisch
- planar bis montan
- Extensivgrünland u. Magerrasen, Staudenfluren, Gehölze, Wälder, Ruderalvegetation, Zier- bzw. Nutzpflanze
- an basenreichen Standorten

J F M A **M J J A S O** N D

Agrimonia procera Wallr.

Großer Odermennig *Rosaceae*
∗ K5 C5 A∞ G($\underline{2}$)

50–180 cm hoch. Blütenstand: ährenartig, länglich. Blüten: gelblich. Blütenachse: krugförmig, **distal stachelig, außen nur in der distalen Hälfte gerippt**. Früchte: einsamige Nüsschen, von der verhärtenden Blütenachse umschlossen. Blätter: **unterbrochen gefiedert**; unterseits: **grünlich bis graugrün, locker behaart, mit zahlreichen sitzenden gelben Drüsen, stark duftend.**

- einheimisch
- planar bis montan
- Grünland, Staudenfluren, Gehölze, Wälder, Ruderalvegetation, Zier- bzw. Nutzpflanze

J F M A **M J J A** S O N D

Aremonia agrimonoides (L.) DC.

Aremonie *Rosaceae*
∗ K5 C5 A5–10 G($\underline{2}$)

Bis 60 cm hoch. Blütenstand: **trauben- bis rispenartig**. Aussenkelch: **blattartig, den Kelch einhüllend**. Blüten: **gelblich**. Blütenachse: **krugförmig**. Krone: 6–8 mm lang. Früchte: **einsamige Nüsschen**, von der verhärtenden Blütenachse umschlossen. Blätter: **unterbrochen gefiedert**.

- eingebürgerter Neophyt, urspr. aus Südosteuropa
- collin bis montan
- Staudenfluren, Wälder, Ruderalvegetation
- an basenreichen Standorten

J F M **A M J** J A S O N D

US

Sanguisorba minor Scop.

Kleiner Wiesenknopf *Rosaceae*
∗ P4 A15–40 G(1–2)

10–80 cm hoch. BLÜTENSTAND: köpfchenartig, **obere Blüten ♀, mittlere ⚥, untere ♂, kugelig bis kurz-eiförmig**. BLÜTEN: **überwiegend windbestäubt, zunächst grünlich, später rötlich**. BLÜTENACHSE: krugförmig. STAUBBLÄTTER: **15–40**. NARBEN: **pinselförmig**. FRÜCHTE: einsamige Nüsschen. BLÄTTER: gefiedert, 7–25-teilig.

subsp. *minor* (Kleiner Wiesenknopf): BLÜTENSTAND: ± kugelig. FRÜCHTE: ± 4 mm lang, am Rand mit 4 geraden Kanten. STÄNGEL: OBEN: oft behaart. FIEDERBLÄTTCHEN: < 2 mm lang gestielt.
subsp. *balearica* (Weichstachliger Wiesenknopf): BLÜTENSTAND: kugelig bis kurz-eiförmig. FRÜCHTE: ± 6 mm lang, grubig vertieft, am Rand mit 4 gebuchteten Flügeln. STÄNGEL: UNTEN: kahl. FIEDERBLÄTTCHEN: 1–4 mm lang gestielt. Neophyt, urspr. aus Süd- u. Osteuropa.

- einheimisch
- planar bis montan
- Extensivgrünland u. Magerrasen, Ruderalvegetation, Zier- bzw. Nutzpflanze
- an nährstoffarmen, basenreichen, meist trockenen Standorten

J F M **A M J J A** S O N D

Sanguisorba officinalis L.

Großer Wiesenknopf *Rosaceae*
∗ P4 A4 G(1–2) RL V

30–150 cm hoch. BLÜTENSTAND: köpfchenartig, **alle Blüten ⚥, kugelig bis kurz-zylindrisch**. BLÜTEN: **überwiegend insektenbestäubt, bräunlich bis rötlich**. BLÜTENACHSE: krugförmig. STAUBBLÄTTER: **4**. NARBEN: **kopfig**. FRÜCHTE: einsamige Nüsschen. BLÄTTER: gefiedert, 7–13-teilig; OBERSEITS: dunkelgrün; UNTERSEITS: blau- bis graugrün.

- einheimisch
- planar bis montan
- Moore u. Seggenriede, Grünland, Staudenfluren, Gehölze, Zier- bzw. Nutzpflanze

J F M A **M J J A S** O N D

Alchemilla: mehrjährige Kräuter oder (Halb-) Sträucher. BLÜTENSTAND: endständig, rispen- bis thyrsenartig. BLÜTENHÜLLE: an Endblüten auch 5-zählig. BLÜTENACHSE: meist becherförmig. FRÜCHTE: einsamige Nüsschen. SPREITE: meist rundlich bis nierenförmig und gelappt, seltener gefingert. Die Gattung *Alchemilla* zählt mit mehreren dutzend Taxa zu den am schwierigsten zu bestimmenden Gattungen der heimischen Flora. Im Folgenden wird eine Übersicht der Sektionen bzw. Arten gegeben.

Alchemilla mollis (Buser) Rothm.

Samt-Frauenmantel *Rosaceae*
∗ P4 A4 G$\overline{1}$

30–80 cm hoch. AUSSENKELCH: mit langen Zipfeln. ACHSENBECHER: kürzer als die Kelchzipfel. SPEICHERORGANE: meist langlebige Rhizome. STÄNGEL: zumindest basal verholzt. NEBENBLÄTTER: **mit dem Blattstiel verwachsen**. PRIMÄRBLATT: **seicht 3-lappig**. GRUNDBLÄTTER: **ältere ± glatt**, buchtig bis gelappt, **7–13-teilig**, Einschnitte der Blattlappen < 25 % des Spreitenradius tief, rundlich; BLATTLAPPEN: meist ringsum gezähnt, **12–30-zähnig**; ZÄHNE: 1–8 % des Spreitenradius lang; BLATTSTIELE: **2-kantig (oberseits flach)**.

- eingebürgerter Neophyt, urspr. aus Südosteuropa u. Westasien
- planar bis montan
- Grünland, Staudenfluren, Ruderalvegetation, Zier- bzw. Nutzpflanze

J F M A **M J J A S** O N D

Alchemilla sect. *Alchemilla* S. E. Fröhner

Gewöhnlicher Frauenmantel *Rosaceae*
∗ P4 A4 G$\overline{1}$

Krautig. ACHSENBECHER: **meist länger als die Kelchzipfel**. SPEICHERORGANE: meist kurzlebige Rhizome. PRIMARBLATT: **seicht 3–5-lappig**. GRUNDBLÄTTER: **auch ältere meist gefaltet**, buchtig bis gelappt, **7–13-teilig**, Einschnitte der Blattlappen 5–66 % des Spreitenradius tief, meist rundlich, seltener herz- bis nierenfömig; BLATTLAPPEN: ringsum gezähnt, **10–30-zähnig**.

Die Sektion umfasst mehrere dutzend oft nur schlecht charakterisierte Taxa.

- einheimisch
- planar bis alpin
- Moore u. Seggenriede, Grünland, Staudenfluren, Gehölze, Schutt- u. Felsfluren, Ruderalvegetation, Quellfluren, Zier- bzw. Nutzpflanze

J F M **A M J J A S O** N D

Alchemilla sect. *Coriaceae* S. E. Fröhner

Ledriger Frauenmantel *Rosaceae*
∗ P4 A4 G$\overline{1}$

Meist krautig, selten Halbstrauch. BLÜTENSTAND: Teilblütenstände zuweilen schirmförmig. SPEICHERORGANE: meist kurzlebige Rhizome. STÄNGEL: **meist kahl o. *nur* mit anliegenden Haaren.** NEBENBLÄTTER: **kaum mit dem Blattstiel verwachsen.** PRIMÄRBLATT: **meist 5-lappig.** GRUNDBLÄTTER: buchtig bis gelappt, Einschnitte der Blattlappen < 66 % des Spreitenradius tief, rundlich; ZÄHNE: **2–10 % des Spreitenradius lang.**

Die Sektion umfasst mehrere dutzend oft nur schlecht charakterisierte Taxa.

- einheimisch
- montan bis alpin
- Moore u. Seggenriede, Grünland, Staudenfluren, Gehölze, Schutt- u. Felsfluren, Quellfluren

J F M **A M J J A S O** N D

Alchemilla fissa Günther & Schummel

Zerschlitzter Frauenmantel *Rosaceae*
∗ P4 A4 G$\overline{1}$

Krautig, bis 30 cm hoch. BLÜTENSTAND: HAUPTACHSE: kahl bis spärlich behaart. BLÜTENSTIELE: **kürzer als der Blüten.** ACHSENBECHER: **kürzer als die Kelchzipfel.** SPEICHERORGANE: meist kurzlebige Rhizome. STÄNGEL: **allenfalls einige Sommerblätter mit abstehenden Haaren;** UNTEN: **kahl.** NEBENBLÄTTER: basal grünlich bis weißlich, **kaum mit dem Blattstiel verwachsen.** PRIMÄRBLATT: **meist 5-lappig.** GRUNDBLÄTTER: **ältere ± glatt,** buchtig bis gelappt, **5–11-teilig, Einschnitte der Blattlappen 33–66 % des Spreitenradius tief,** rundlich; UNTERSEITIG: **auf der Fläche kahl;** BLATTLAPPEN: ringsum gezähnt, **8–15-zähnig;** ZÄHNE: **8–25 % des Spreitenradius lang;** BLATTSTIELE: kahl o. anliegend behaart.

- einheimisch
- subalpin bis alpin
- Extensivgrünland u. Magerrasen, Schutt- u. Felsfluren, Schneetälchen

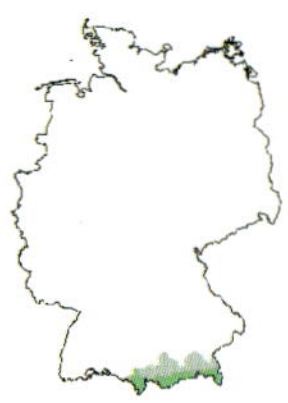

J F M A **M J J A S O** N D

Alchemilla sect. *Decumbentes* S. E. Fröhner

Niederliegender Frauenmantel *Rosaceae*
∗ P4 A4 G$\overline{1}$

Krautig. BLÜTENSTIELE: **länger als der Blüten.** ACHSENBECHER: **meist kürzer als die Kelchzipfel.** SPEICHERORGANE: meist kurzlebige Rhizome. STÄNGEL: **einige mit abstehenden Haaren.** NEBENBLÄTTER: **kaum mit dem Blattstiel verwachsen.** PRIMÄRBLATT: **meist 5-lappig.** GRUNDBLÄTTER: **auch ältere meist gefaltet,** buchtig bis gelappt, **7–13-teilig,** Einschnitte der Blattlappen 5–66 % des Spreitenradius tief, rundlich; BLATTLAPPEN: ringsum gezähnt, **10–30-zähnig;** BLATTSTIELE: > 5 cm lang, kahl o. abstehend behaart, Haare waagerecht bis abwärts abstehend.

Die Sektion umfasst mehrere oft nur schlecht charakterisierte Taxa.

- einheimisch
- montan bis alpin
- Grünland, Staudenfluren, Schutt- u. Felsfluren

J F M A **M J J A S O** N D

Alchemilla sect. *Ultravulgares* S. E. Fröhner

Stumpfzähniger Frauenmantel *Rosaceae*
∗ P4 A4 G$\overline{1}$

Krautig. BLÜTENSTAND: Teilblütenstände zuweilen schirmförmig. AUSSENKELCH: **mit kurzen Zipfeln.** ACHSENBECHER: **länger als die Kelchzipfel.** SPEICHERORGANE: meist kurzlebige Rhizome. STÄNGEL: **einige mit abstehenden Haaren.** NEBENBLÄTTER: basal grünlich bis weißlich, ***nicht* mit dem Blattstiel verwachsen.** PRIMÄRBLATT: **5-lappig.** GRUNDBLÄTTER: **auch ältere meist gefaltet,** buchtig bis gelappt, **7–13-teilig, Einschnitte der Blattlappen 5–40 % des Spreitenradius tief,** rundlich; BLATTLAPPEN: ringsum gezähnt, **10–30-zähnig;** ZÄHNE: **4–8 % des Spreitenradius lang;** BLATTSTIELE: > 5 cm lang, **oberseits gewölbt,** kahl o. abstehend behaart.

Die Sektion umfasst mehrere oft nur schlecht charakterisierte Taxa.

- einheimisch
- planar bis alpin
- Grünland, Staudenfluren, Gehölze, Schutt- u. Felsfluren, Ruderalvegetation, Quellfluren

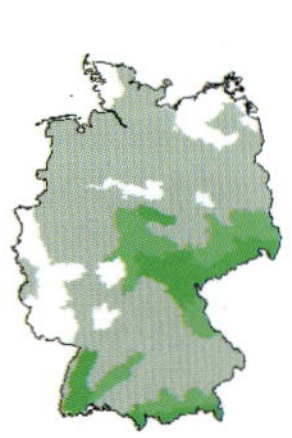

J F M A **M J J A S O** N D

Alchemilla sect. *Plicatae* S. E. Fröhner

Gefalteter Frauenmantel *Rosaceae*
∗ P4 A4 G$\overline{1}$

Krautig. Blütenstand: **Teilblütenstände ± kugelig**. Speicherorgane: meist kurzlebige Rhizome. Stängel: **einige mit abstehenden Haaren**. Nebenblätter: ***nicht* mit dem Blattstiel verwachsen**. Primärblatt: **tief 5-lappig**. Grundblätter: **auch ältere meist gefaltet**, buchtig bis gelappt, **5–13-teilig, Einschnitte der Blattlappen 20–66 % des Spreitenradius tief**, rundlich; Blattlappen: ringsum gezähnt, **8–30-zähnig**; Zähne: **2–15 % des Spreitenradius lang**; Blattstiele: **oberseits rinnig**, abstehend behaart.

Die Sektion umfasst mehrere oft nur schlecht charakterisierte Taxa.

- einheimisch
- planar bis alpin
- Grünland, Zwergstrauchheiden, Staudenfluren, Gehölze, Schutt- u. Felsfluren, Ruderalvegetation, Zier- bzw. Nutzpflanze

J F M A M J J A S O N D

Alchemilla sect. *Splendentes* Buser ex Camus

Schimmernder Frauenmantel *Rosaceae*
∗ P4 A4 G$\overline{1}$

Krautig. Blütenstand: **kahl bis spärlich behaart**. Speicherorgane: meist kurzlebige Rhizome. Stängel: **kahl o. *nur* mit anliegenden Haaren**. Primärblatt: **meist 5-lappig**. Grundblätter: buchtig bis gelappt, **5–11-teilig, Einschnitte der Blattlappen < 33 % des Spreitenradius tief**, rundlich; Blattlappen: ringsum gezähnt, **8–12-zähnig**.

Die Sektion umfasst mehrere oft nur schlecht charakterisierte Taxa.

- einheimisch
- subalpin bis alpin
- Grünland, Schutt- u. Felsfluren

J F M A M J J A S O N D

Alchemilla sect. *Flabellatae* S. E. Fröhner

Fächer-Frauenmantel *Rosaceae*
∗ P4 A4 G$\overline{1}$

Krautig. Speicherorgane: meist kurzlebige Rhizome. Stängel: **einige mit abstehenden Haaren**. Primärblatt: **meist 5-lappig**. Grundblätter: auch ältere meist gefaltet, buchtig bis gelappt, **5–13-teilig**, Einschnitte der Blattlappen < 66 % des Spreitenradius tief, rundlich; Blattlappen: ringsum gezähnt, **9–15-zähnig**, Blattstiele. abstehend behaart, Haare aufrecht abstehend.

Die Sektion umfasst mehrere oft nur schlecht charakterisierte Taxa.

- einheimisch
- subalpin bis alpin
- Extensivgrünland u. Magerrasen, Schutt- u. Felsfluren
- an nährstoffarmen Standorten

J F M A M J J A S O N D

Alchemilla sect. *Glaciales* S. E. Fröhner

Gletscher Frauenmantel *Rosaceae*
∗ P4 A4 G$\overline{1}$

Niederliegender Zwergstrauch. Blütenstiele: **länger als die Blüten**. Speicherorgane: meist langlebige Rhizome. Stängel: **zumindest basal verholzt**, basal *ohne* sterile Rosettentriebe. Nebenblätter: **meist mit dem Blattstiel verwachsen**. Primärblatt: **tief 3-lappig**. Grundblätter: **tief gelappt bis fiederspaltig, 7–9-teilig, Einschnitte der Blattlappen > 75 % des Spreitenradius tief**, rundlich; unterseitig: **dicht anliegend silbrig bis weißlich behaart**; Blattlappen: **nur distal gezähnt**; Zähne: **1–5 % des Spreitenradius lang**.

Die Sektion umfasst mehrere oft nur schlecht charakterisierte Taxa.

- einheimisch
- subalpin bis alpin
- Extensivgrünland u. Magerrasen, Schutt- u. Felsfluren

J F M A M J J A S O N D

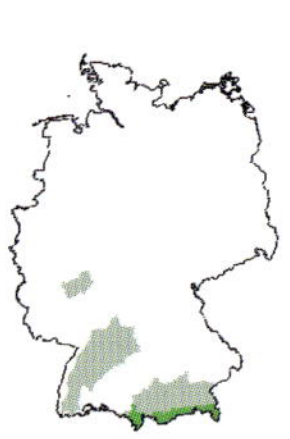

Alchemilla sect. *Alpinae* Buser ex Camus

Alpen-Frauenmantel *Rosaceae*
∗ P4 A4 G$\overline{1}$

Niederliegender Zwergstrauch. BLÜTENSTAND: **Teilblütenstände ± kugelig.** AUSSENKELCH: **mit kurzen Zipfeln.** SPEICHERORGANE: meist langlebige Rhizome. STÄNGEL: **zumindest basal verholzt.** NEBENBLÄTTER: **mit dem Blattstiel u. miteinander verwachsen.** PRIMÄRBLATT: **meist 3-lappig.** GRUNDBLÄTTER: **tief gelappt bis gefiedert, 5–9-teilig, Einschnitte der Blattlappen 40–100 % des Spreitenradius tief,** rundlich; UNTERSEITIG: **dicht anliegend silbrig bis weißlich behaart;** BLATTLAPPEN: **nur distal gezähnt, 3–21-zähnig;** ZÄHNE: **1–2 % des Spreitenradius lang;** BLATTSTIELE: **oberseits (schwach) rinnig.**

Die Sektion umfasst mehrere oft nur schlecht charakterisierte Taxa.

- einheimisch
- montan bis alpin
- Extensivgrünland u. Magerrasen, Schutt- u. Felsfluren, Zier- bzw. Nutzpflanze

J F M A **M J J A S O** N D

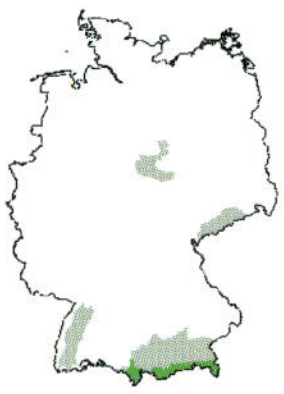

Aphanes arvensis L.

Gewöhnlicher Ackerfrauenmantel *Rosaceae*
∗ P4 A1 G$\overline{1}$

Bis 20 cm hoch. PFLANZEN: 1-jährig, meist blau- bis graugrün. BLÜTENSTAND: seitenständig, **knäuelig.** AUSSENKELCH: 4-blättrig. BLÜTENSTIELE: **1,5–2,5 mm lang.** BLÜTENACHSE: krugförmig. BLÜTENHÜLLE: von den Kelchblättern gebildetes Perigon. KELCHBLÄTTER: **mit Achsenbecher 2–3 mm lang.** FRÜCHTE: einsamige Nüsschen, **1,4–2 mm lang.** STÄNGEL: *ohne* grundständige Blattrosette. BLATTSTELLUNG: wechselständig. BLÄTTER: **3–5-teilig.** GRUNDBLÄTTER: fiederspaltig, rundlich.

- Archaeophyt
- planar bis montan
- Staudenfluren, Äcker, Ruderalvegetation, Zier- bzw. Nutzpflanze

J F M **A M J J A S O** N D

Aphanes australis Rydb.

Südlicher Ackerfrauenmantel *Rosaceae*
∗ P4 A1 G$\overline{1}$ RL V

Bis 15 cm hoch. PFLANZEN: 1-jährig. BLÜTENSTAND: seitenständig, knäuelig. AUSSENKELCH: 4-blättrig. BLÜTENSTIELE: **0,5–1,2 mm lang.** BLÜTENACHSE: krugförmig. BLÜTENHÜLLE: von den Kelchblättern gebildetes Perigon. KELCHBLÄTTER: **mit Achsenbecher 1–2 mm lang.** FRÜCHTE: einsamige Nüsschen, **0,7–1,4 mm lang.** STÄNGEL: *ohne* grundständige Blattrosette. BLATTSTELLUNG: wechselständig. BLÄTTER: **3–5-teilig.** GRUNDBLÄTTER: fiederspaltig, rundlich.

- Archaeophyt
- planar bis collin
- trockenfallende Ufer, Extensivgrünland u. Magerrasen, Staudenfluren, Äcker, Ruderalvegetation
- an trockenen Standorten

J F M **A M J J A S** O N D

Argentina anserina (L.) Rydb.

Gänse-Fingerkraut *Rosaceae*
∗ K5 C5 A∞ G$\underline{\infty}$

10–40 cm hoch. AUSSENKELCH: vorhanden. BLÜTEN: einzeln, gelblich. BLÜTENACHSE: flach bis gewölbt. KRONE: **± 2-mal so lang wie der Kelch.** KRONBLÄTTER: oval, **distal meist ausgerandet.** GRIFFEL: nicht verdickt, **fadenförmig.** FRÜCHTE: einsamige Nüsschen. STÄNGEL: niederliegend. AUSLÄUFER: **an den Knoten einwurzelnd.** GRUNDBLÄTTER: **unterbrochen gefiedert, 9–21-teilig,** < 25 cm lang, **unterseits silbrig behaart.**

- einheimisch
- planar bis montan
- Grünland, Ruderalvegetation, Trittfluren, Zier- bzw. Nutzpflanze
- auch an salzhaltigen Standorten

J F M **A M J J A S** O N D

US

Comarum palustre L.

Blutauge *Rosaceae*
∗ K5 C5 A∞ G$\underline{\infty}$

30–100 cm hoch. AUSSENKELCH: vorhanden. BLÜTEN: **Kelch u. Krone bräunlich bis rötlich.** BLÜTENACHSE: flach bis gewölbt, **während der Fruchtreife schwammig-fleischig.** KRONE: **kürzer als der Kelch.** KRONBLÄTTER: lanzettlich, spitz, **bleibend.** FRÜCHTE: einsamige Nüsschen. TEILFRÜCHTE: **kahl.** BLÄTTER: **gefiedert bis gefingert**, am Rand spitz gesägt. FIEDERBLÄTTCHEN: länglich bis lanzettlich. GRUNDBLÄTTER: **gefiedert o. gefingert, 3–7-teilig.**

- einheimisch
- planar bis subalpin
- Moore u. Seggenriede, Zier- bzw. Nutzpflanze
- an nährstoffarmen, sauren, nassen, zuweilen überfluteten Standorten

J F M A **M J J A** S O N D

Dasiphora fruticosa (L.) Rydb.

Strauch-Fingerkraut *Rosaceae*
∗ K5 C5 A∞ G$\underline{\infty}$

Strauch, 50–120 cm hoch. AUSSENKELCH: vorhanden. BLÜTEN: **gelblich *oder* weißlich.** BLÜTENACHSE: flach bis gewölbt. KRONBLÄTTER: oval. FRÜCHTE: einsamige Nüsschen. TEILFRÜCHTE: **behaart.** BLATTSTELLUNG: wechselständig. BLÄTTER: **gefiedert**, Stängelblätter 3–9-teilig; UNTERSEITS: **seidig behaart.** FIEDERBLÄTTCHEN: mittleres sitzend bis kurz gestielt, ± **ganzrandig.** ENDFIEDER: sitzend bis kurz gestielt.

- in Einbürgerung befindlicher Neophyt, urspr. aus Süd-, Ost- u. Westeuropa
- planar bis montan
- Gehölze, Ruderalvegetation, Zier- bzw. Nutzpflanze

J F M A **M J J A** S O N D

Drymocallis rupestris (L.) Soják

Steinfingerkraut *Rosaceae*
∗ K5 C5 A∞ G$\underline{\infty}$ RL 3

30–50 cm hoch. AUSSENKELCH: vorhanden. BLÜTEN: **weißlich.** BLÜTENACHSE: flach bis gewölbt. KRONE: länger als der Kelch. GRIFFEL: **in der Mitte verdickt.** FRÜCHTE: einsamige Nüsschen. TEILFRÜCHTE: **kahl.** BLÄTTER: **gefiedert bis gefingert**, Stängelblätter 3–9-teilig. FIEDERBLÄTTCHEN: **gesägt.** GRUNDBLÄTTER: **gefiedert, 5–9-teilig.**

- einheimisch
- planar bis montan
- Extensivgrünland u. Magerrasen, Staudenfluren, Gehölze, Schutt- u. Felsfluren, Ruderalvegetation, an Mauern, Zier- bzw. Nutzpflanze
- an nährstoffarmen Standorten

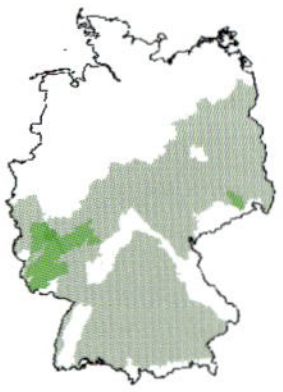

J F M **A M J J A** S O N D

Potentilla: meist krautig. BLÜTEN: mit Außenkelch. KRONBLÄTTER: meist 5, oval. FRUCHTBLÄTTER: 1-samig. BLÜTENACHSE: flach bis gewölbt. FRÜCHTE: einsamige Nüsschen. BLÄTTER: zusammengesetzt, mit Nebenblättern.

Potentilla collina agg.

Hügel-Fingerkraut *Rosaceae*
∗ K5 C5 A∞ G$\underline{\infty}$ RL 3

Bis 40 cm hoch. BLÜTEN: gelblich. GRIFFEL: unten verdickt, oben (schwach) verdickt. FRÜCHTE: einsamige Nüsschen. FIEDERBLÄTTCHEN: mittleres sitzend. GRUNDBLÄTTER: gefingert, **5–7-teilig**; BLATTSTIELE: alle Haare ± gleich lang; NEBENBLÄTTER: lanzettlich, ganzrandig bis gezähnt.

In Deutschland kommen 7 Arten der Artengruppe *Potentilla collina* agg. vor: *P. collina*, *P. leucopolitana*, *P. lindackeri*, *P. praecox*, *P. rhenana*, *P. schultzii* und *P. wismariensis* (vgl. S. 1429).

- einheimisch
- planar bis montan
- Extensivgrünland u. Magerrasen, Schutt- u. Felsfluren, Ruderalvegetation
- an nährstoffarmen, sauren, trockenen Standorten

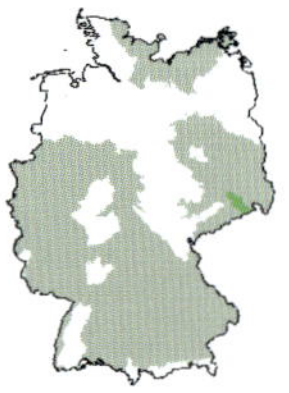

J F **M A M J J A** S O N D

US

Potentilla verna agg.

Frühlings-Fingerkraut *Rosaceae*
∗ K5 C5 A∞ G$\underline{\infty}$ RL V

Bis 15 cm hoch. BLÜTEN: gelblich. GRIFFEL: unten *nicht* verdickt. FRÜCHTE: einsamige Nüsschen. BLÄTTER: Blattlappen vor allem distal gezähnt UNTERSEITS: ***ohne* krause wollige Haare**. GRUNDBLÄTTER: gefingert; OBERSEITIG: **glänzend**; NEBENBLÄTTER: lanzettlich, ganzrandig bis gezähnt.

P. incana (Sand-Fingerkraut): GRUNDBLÄTTER: 3–5-teilig; UNTERSEITS: dicht behaart, mit Sternhaaren.
P. tabernaemontani (Frühlings-Fingerkraut): GRUNDBLÄTTER: 5–7-teilig; UNTERSEITIG: *ohne* Sternhaare.

- einheimisch
- planar bis montan
- Extensivgrünland u. Magerrasen, Zwergstrauchheiden, Gehölze, Wälder, Schutt- u. Felsfluren, Zier- bzw. Nutzpflanze
- an nährstoffarmen, basenreichen, trockenen Standorten

J **F M A M J** J A S O N D

Potentilla alba L.

Weißes Fingerkraut *Rosaceae*
∗ K5 C5 A∞ G$\underline{\infty}$ RL 3

Bis 20 cm hoch. BLÜTENSTAND: **kaum höher als die Grundblätter**. BLÜTEN: **weißlich**. KRONBLÄTTER: **distal meist ausgerandet**. STAUBFÄDEN: **kahl**. FRÜCHTE: einsamige Nüsschen. TEILFRÜCHTE: **allenfalls basal behaart**. BLÄTTER: UNTERSEITS: **silbrig, seidig behaart**, *ohne* Drüsen. GRUNDBLÄTTER: gefingert, **5-teilig**.

- einheimisch
- planar bis montan
- Grünland, Staudenfluren, Gehölze, Wälder

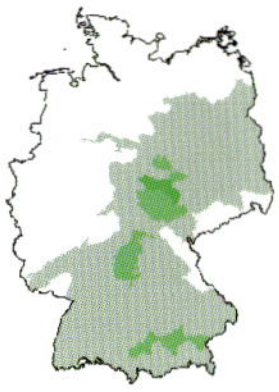

J F **M A M J** J A S O N D

Potentilla anglica Laichard.

Englisches Fingerkraut *Rosaceae*
∗ K4–5 C4–5 A∞ G$\underline{\infty}$ RL V

15–80 cm hoch. BLÜTEN: gelblich. KRONE: **1–2-mal so lang wie der Kelch, überwiegend 4-blättrig**. GRIFFEL: unten *nicht* verdickt. FRÜCHTE: einsamige Nüsschen. STÄNGEL: niederliegend. AUSLÄUFER: **an den Knoten meist einwurzelnd**. GRUNDBLÄTTER: gefingert, **3–5-teilig**. UNTERE STÄNGELBLÄTTER: **1–2 cm lang gestielt**.

- einheimisch
- planar bis montan
- Extensivgrünland u. Magerrasen, Wälder
- an basenreichen Standorten

J F M A M **J J A S** O N D

Potentilla argentea L.

Silber-Fingerkraut *Rosaceae*
∗ K5 C5 A∞ G$\underline{\infty}$

20–50 cm hoch. BLÜTEN: 8–16 mm ⌀, gelblich. GRIFFEL: unten verdickt, oben *nicht* verdickt. FRÜCHTE: einsamige Nüsschen. BLÄTTER: **der Rand nach unten umgebogen**; OBERSEITS: ± kahl; UNTERSEITS: weißlich, **filzig behaart, mit krausen wolligen Haaren**. GRUNDBLÄTTER: gefingert, **5–7-teilig**; BLATTSTIELE: nur mit einem Haartyp; NEBENBLÄTTER: ganzrandig bis gezähnt.

- einheimisch
- planar bis montan
- Extensivgrünland u. Magerrasen, Staudenfluren, Schutt- u. Felsfluren, Ruderalvegetation, an Mauern, Zier- bzw. Nutzpflanze
- an nährstoffarmen, sauren, trockenen Standorten

J F M A **M J J A S O** N D

US

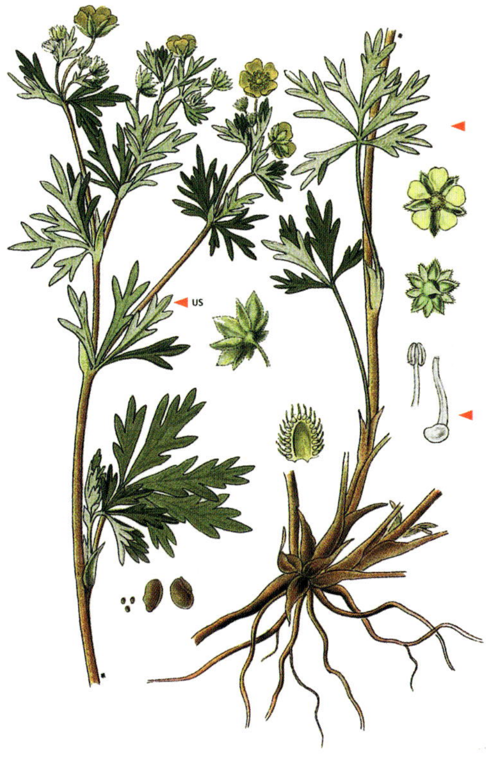
US

Potentilla aurea L.

Gold-Fingerkraut *Rosaceae*
∗ K5 C5 A∞ G$\underline{\infty}$

Bis 20 cm hoch. Blüten: gelblich, **basal mit orangenem Fleck**. Krone: **± 2-mal so lang wie der Kelch**. Griffel: unten *nicht* verdickt. Früchte: einsamige Nüsschen. Stängel: **anliegend behaart**. Blätter: **am Rand silbrig glänzend behaart**, Haare dem Rand anliegend; unterseits: *ohne* Sternhaare. Grundblätter: gefingert, **5-teilig**; Nebenblätter: ganzrandig bis gezähnt.

- einheimisch
- montan bis alpin
- Extensivgrünland u. Magerrasen, Zier- bzw. Nutzpflanze
- an nährstoffarmen, sauren Standorten

J F M A **M J J A S** O N D

Potentilla brauneana Hoppe

Zwerg-Fingerkraut *Rosaceae*
∗ K5 C5 A∞ G$\underline{\infty}$

Bis 5 cm hoch. Blüten: 6–14 mm ⌀, gelblich. Krone: **1–2-mal so lang wie der Kelch**. Griffel: unten *nicht* verdickt. Früchte: einsamige Nüsschen. Blätter: **gefiedert bis gefingert**, Stängelblätter meist 3-teilig; unterseits: *ohne* Sternhaare. Grundblätter: gefingert, **3-teilig**.

- einheimisch
- subalpin bis alpin
- Extensivgrünland u. Magerrasen, Schutt- u. Felsfluren, Schneetälchen
- an kalkreichen Standorten

J F M A M **J J A** S O N D

Potentilla caulescens L.

Stängel-Fingerkraut *Rosaceae*
∗ K5 C5 A∞ G$\underline{\infty}$

Bis 30 cm hoch. Blüten: **weißlich**. Kronblätter: **distal meist ausgerandet**. Staubfäden: **zumindest unten behaart**. Früchte: einsamige Nüsschen. Teilfrüchte: **auf der ganzen Fläche behaart**. Grundblätter: gefingert, **5–7-teilig**.

- einheimisch
- montan bis alpin
- Schutt- u. Felsfluren
- an nährstoffarmen, kalkreichen, meist trockenen Standorten

J F M A M **J J A S** O N D

Potentilla clusiana Jacq.

Ostalpen-Fingerkraut *Rosaceae*
∗ K5 C5 A∞ G$\underline{\infty}$ RL R

Bis 10 cm hoch. Blütenstand: lang gestielt, **die Grundblätter weit überragend**. Blüten: **weißlich**, oft rötlich überlaufen. Kronblätter: **distal meist ausgerandet**. Staubfäden: **kahl**. Früchte: einsamige Nüsschen. Teilfrüchte: **auf der ganzen Fläche behaart**. Grundblätter: gefingert, **5-teilig**.

- einheimisch
- montan bis alpin
- Schutt- u. Felsfluren
- an nährstoffarmen, kalkreichen, meist trockenen Standorten

J F M A **M J J A** S O N D

Potentilla crantzii (Crantz) Fritsch

Zottiges Fingerkraut *Rosaceae*
∗ K5 C5 A∞ G$\underline{\infty}$

Bis 15 cm hoch. Blüten: gelblich, **basal oft mit orangem Fleck**. Griffel: unten *nicht* verdickt. Früchte: einsamige Nüsschen. Stängel: **aufrecht-abstehend behaart**. Blattstellung: **an sterilen Trieben meist 2-zeilig**. Blätter: Haare vom Rand abstehend; unterseits: behaart, *ohne* Sternhaare. Grundblätter: gefingert, **5-teilig**; Nebenblätter: oval, ganzrandig bis gezähnt.

- einheimisch
- subalpin bis alpin
- Extensivgrünland u. Magerrasen, Schutt- u. Felsfluren
- an nährstoffarmen, basenreichen Standorten

J F M **A M J J A S** O N D

Potentilla erecta (L.) Räusch.

Blutwurz *Rosaceae*
∗ K4 C4 A∞ G$\underline{\infty}$

Bis 30 cm hoch. Blüten: gelblich. Blütenhülle: **je Kreis 4-blättrig**. Griffel: unten *nicht* verdickt. Früchte: einsamige Nüsschen. Speicherorgane: innen rote Rhizome. Ausläufer: an den Knoten *nicht* einwurzelnd. Grundblätter: gefingert, **3-teilig**. untere Stängelblätter: **sitzend**.

- einheimisch
- planar bis alpin
- Moore u. Seggenriede, Extensivgrünland u. Magerrasen, Zwergstrauchheiden, Staudenfluren, Gehölze, Wälder, Ruderalvegetation, Zier- bzw. Nutzpflanze
- an nährstoffarmen Standorten

J F M **A M J J A S** O N D

Potentilla heptaphylla L.

Rötliches Fingerkraut *Rosaceae*
∗ K5 C5 A∞ G$\underline{\infty}$ RL V

Bis 15 cm hoch. Blüten: gelblich. Blütenstiele: **drüsig behaart**. Griffel: unten *nicht* verdickt. Früchte: einsamige Nüsschen. Grundblätter: gefingert, 5–9-teilig, **meist 7-teilig**; unterseitig: ***ohne* Sternhaare**; Nebenblätter: ganzrandig bis gezähnt.

- einheimisch
- planar bis montan
- Extensivgrünland u. Magerrasen, Wälder
- an nährstoffarmen, kalkreichen, meist trockenen Standorten

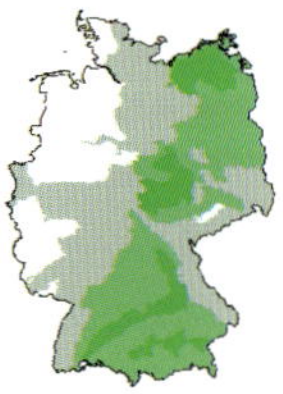

J F **M A M J** J A S O N D

Potentilla inclinata Vill.

Graues Fingerkraut *Rosaceae*
∗ K5 C5 A∞ G$\underline{\infty}$ RL 3

15–50 cm hoch. Blüten: gelblich. Griffel: unten verdickt, oben *nicht* verdickt. Früchte: einsamige Nüsschen. Blätter: unterseits: gräulich, **filzig behaart**, *ohne* krause wollige Haare. Grundblätter: gefingert, **5–7-teilig**; Nebenblätter: ganzrandig bis gezähnt.

- einheimisch
- planar bis montan
- Extensivgrünland u. Magerrasen, Schutt- u. Felsfluren, Ruderalvegetation, an Mauern, Zier- bzw. Nutzpflanze
- an nährstoffarmen, trockenen Standorten

J F M **A M J J A** S O N D

US

Potentilla intermedia L.

Mittleres Fingerkraut *Rosaceae*
∗ K5 C5 A∞ G∞

20–50 cm hoch. Pflanzen: **meist 1–2-jährig**. Blüten: 6–16 mm ⌀, gelblich. Krone: **höchstens so lang wie der Kelch**. Griffel: unten verdickt. Früchte: einsamige Nüsschen. Stängel: **auch in der basalen Hälfte (stark) verzweigt, weichhaarig-filzig**. Blätter: unterseits: behaart, *ohne* krause wollige Haare. Fiederblättchen: **mittleres 2–6 mm lang gestielt, am ganzen Rand gezähnt**. Grundblätter: **gefiedert o. gefingert, 3–5-teilig**; Nebenblätter: lanzettlich, ganzrandig bis gezähnt.

- eingebürgerter Neophyt, urspr. aus Osteuropa
- planar bis collin
- Staudenfluren, Ruderalvegetation
- meist an trockenen Standorten

J F M A **M J J A S** O N D

Potentilla micrantha DC.

Kleinblütiges Fingerkraut *Rosaceae*
∗ K5 C5 A∞ G∞ RL V

Bis 10 cm hoch. Blüten: meist weißlich, selten rosa. Kronblätter: **distal meist ausgerandet**. Kelchblätter: **innen oft rötlich überlaufen**. Staubfäden: **im QS abgeflacht, zumindest unten behaart**. Früchte: einsamige Nüsschen. Teilfrüchte: **nur basal behaart**. Blätter: unterseits: grünlich. Grundblätter: gefingert, **3-teilig**, selten 5-teilig, beidseits mit 6–11 Zähnen.

- einheimisch
- planar bis montan
- Grünland, Staudenfluren, Gehölze, Wälder, Schutt- u. Felsfluren, Ruderalvegetation, an Mauern
- an basenreichen Standorten

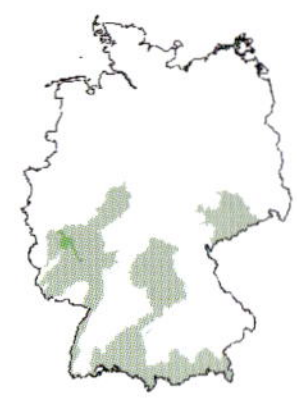

J **F M A M J** J A S O N D

Potentilla norvegica L.

Norwegisches Fingerkraut *Rosaceae*
∗ K5 C5 A∞ G∞

15–50 cm hoch. Pflanzen: **meist 1–2-jährig**. Blüten: gelblich. Krone: **höchstens so lang wie der Kelch**. Griffel: unten verdickt. Früchte: einsamige Nüsschen. Stängel: **auch in der basalen Hälfte (stark) verzweigt, abstehend rauhaarig**. Blätter: **gefiedert bis gefingert**, Stängelblätter meist 3-teilig; unterseits: behaart, *ohne* krause wollige Haare. Grundblätter: zur Blütezeit meist vergilbt o. abgestorben, **gefiedert o. gefingert, 3–5-teilig**.

- einheimisch
- planar bis montan
- Moore u. Seggenriede, Grünland, Staudenfluren, Ruderalvegetation, Trittfluren, Zier- bzw. Nutzpflanze

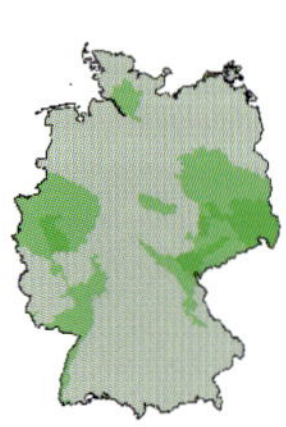

J F M A **M J J A S O** N D

Potentilla recta L.

Aufrechtes Fingerkraut *Rosaceae*
∗ K5 C5 A∞ G∞

10–80 cm hoch. Pflanzen: mehrjährig. Blüten: **20–40 mm** ⌀, gelblich. Krone: mindestens so lang wie der Kelch. Griffel: unten verdickt. Früchte: einsamige Nüsschen. Stängel: meist nur in der distalen Hälfte verzweigt. Blätter: unterseits: behaart, *ohne* krause wollige Haare. Grundblätter: gefingert, **5–7-teilig**; Blattstiele: **mit langen *und* kurzen Haaren**; Nebenblätter: **tief fiederspaltig**.

- Archaeophyt
- planar bis montan
- Extensivgrünland u. Magerrasen, Staudenfluren, Schutt- u. Felsfluren, Äcker, Ruderalvegetation, Zier- bzw. Nutzpflanze
- an nährstoffarmen, meist trockenen Standorten

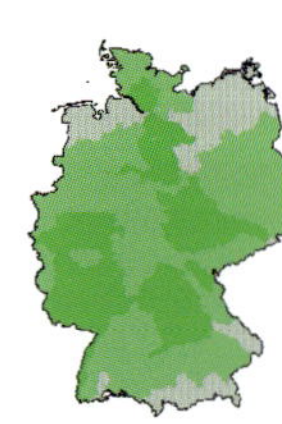

J F M A **M J J** A S O N D

Potentilla reptans L.

Kriechendes Fingerkraut *Rosaceae*
∗ K5 C5 A∞ G$\underline{\infty}$

Bis 20 cm hoch. Blüten: **15–30 mm ⌀,** gelblich. Griffel: unten *nicht* verdickt. Früchte: einsamige Nüsschen. Stängel: niederliegend. Ausläufer: **an den Knoten einwurzelnd**. Grundblätter: gefingert, **5–7-teilig**.

- einheimisch
- planar bis montan
- Grünland, Staudenfluren, Ruderalvegetation, Trittfluren, Zier- bzw. Nutzpflanze

J F M A M J J A S O N D

Potentilla sterilis (L.) Garcke

Erdbeer-Fingerkraut *Rosaceae*
∗ K5 C5 A∞ G$\underline{\infty}$

Bis 10 cm hoch. Blüten: **weißlich**, selten rosa. Kronblätter: **distal meist ausgerandet**. Kelchblätter: **innen gelblich-grünlich**. Staubfäden: im QS rundlich, **kahl**. Früchte: einsamige Nüsschen. Teilfrüchte: **nur basal behaart**. Grundblätter: gefingert, **meist 3-teilig**, selten 5-teilig, beidseits mit 4–6 Zähnen; unterseitig: grünlich, **drüsig behaart**.

- einheimisch
- planar bis montan
- Grünland, Gehölze, Wälder, Ruderalvegetation, Zier- bzw. Nutzpflanze

J F M A M J J A S O N D

Potentilla supina L.

Niedriges Fingerkraut *Rosaceae*
∗ K5 C5 A∞ G$\underline{\infty}$ RL V

10–40 cm hoch. Pflanzen: **meist 1–2-jährig**. Blüten: gelblich. Krone: **höchstens so lang wie der Kelch**. Griffel: unten verdickt. Früchte: einsamige Nüsschen. Blätter: **gefiedert bis gefingert, 3–15-teilig**; unterseits: behaart, *ohne* krause wollige Haare. Grundblätter: **gefiedert, 5–15-teilig**.

subsp. *supina* (Niedriges Fingerkraut): Fruchtstand: meist aufrecht. Früchte: tief gefurcht.
subsp. *costata* (Gerippfrüchtiges Niedriges Fingerkraut): Fruchtstand: meist überhängend. Früchte: schwach gefurcht.

- einheimisch
- planar bis montan
- trockenfallende Ufer, Grünland, Staudenfluren, Ruderalvegetation, Zier- bzw. Nutzpflanze
- an feuchten bis nassen, zuweilen überfluteten, auch salzhaltigen Standorten

J F M A M J J A S O N D

Potentilla thuringiaca Link

Thüringisches Fingerkraut *Rosaceae*
∗ K5 C5 A∞ G$\underline{\infty}$ RL 2

15–30 cm hoch. Pflanzen: mehrjährig. Blüten: **8–25 mm ⌀,** gelblich. Krone: mindestens so lang wie der Kelch. Griffel: unten verdickt. Früchte: einsamige Nüsschen. Stängel: meist nur in der distalen Hälfte verzweigt. Blätter: unterseits: behaart, *ohne* krause wollige Haare. Grundblätter: gefingert, **7–9-teilig**; Nebenblätter: ganzrandig bis gezähnt.

- einheimisch
- collin bis montan
- Grünland, Staudenfluren, Wälder, Ruderalvegetation, an Mauern

J F M A M J J A S O N D

US

Potentilla indica (Jacks.) Th. Wolf

Scheinerdbeer-Fingerkraut *Rosaceae*
∗ K5 C5 A∞ G$\underline{\infty}$

Bis 30 cm hoch. AUSSENKELCH: **3-spitzig**. BLÜTEN: gelblich. FRÜCHTE: **erdbeerähnliche Sammelnussfrüchte, 10–20 mm ⌀, rötlich**. AUSLÄUFER: **an den Knoten einwurzelnd**. GRUNDBLÄTTER: gefingert.

- in Einbürgerung befindlicher Neophyt, urspr. aus Südostasien
- planar bis montan
- Staudenfluren, Gehölze, Ruderalvegetation, an Mauern, Zier- bzw. Nutzpflanze

J F M **A M J J A S O** N D

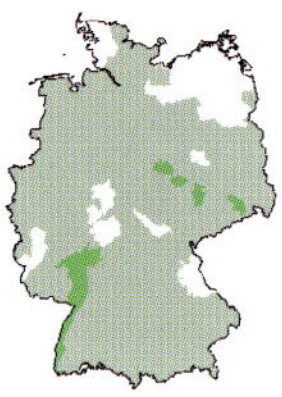

Sibbaldia procumbens L.

Gelbling *Rosaceae*
∗ K5 C5 A4–10 G$\underline{\infty}$

Bis 5 cm hoch. PFLANZEN: mehrjährig. BLÜTENSTAND: endständig, rispen- bis thyrsenartig. AUSSENKELCH: vorhanden. BLÜTEN: **grünlich bis gelblich**. BLÜTENACHSE: flach bis gewölbt. KRONE: 1–3 mm lang, **kürzer als der Kelch**, früh abfallend, selten fehlend. STAUBBLÄTTER: **meist 5**. FRÜCHTE: einsamige Nüsschen. STÄNGEL: mit grundständiger Blattrosette. BLÄTTER: **3-teilig**.

- einheimisch
- montan bis alpin
- Extensivgrünland u. Magerrasen, Schutt- u. Felsfluren, Schneetälchen, Zier- bzw. Nutzpflanze
- an sauren Standorten

J F M A **M J J A** S O N D

Fragaria ananassa (Weston) Rozier

Garten-Erdbeere *Rosaceae*
∗ K5 C4–6 A∞ G$\underline{\infty}$

Hybride aus *F. chiloensis* u. *F. virginiana*, 10–50 cm hoch. AUSSENKELCH: vorhanden, ganzrandig. BLÜTEN: 20–40 mm ⌀, meist weißlich. BLÜTENSTIELE: behaart. BLÜTENACHSE: kegelförmig gewölbt, während der Fruchtreife saftig-fleischig, stark vergrößert. KRONBLÄTTER: distal abgerundet. FRUCHTKELCH: **abstehend bis zurückgebogen**. FRÜCHTE: Sammelnussfrüchte, **< 40 mm ⌀**. AUSLÄUFER: **mit 1 Niederblatt zwischen den Tochterrosetten**. BLÄTTER: 3-teilig; UNTERSEITS: meist behaart.

- unbeständiger Neophyt, Kulturhybride
- planar bis montan
- Äcker, Ruderalvegetation, Zier- bzw. Nutzpflanze

J F M **A M J** J A S O N D

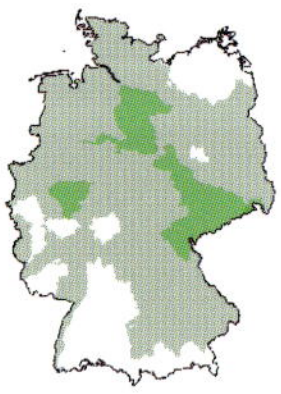

Fragaria moschata Weston

Zimt-Erdbeere *Rosaceae*
∗ K5 C4–6 A∞ G$\underline{\infty}$ RL V

10–25 cm hoch. AUSSENKELCH: vorhanden, ganzrandig. BLÜTEN: 15–30 mm ⌀, meist weißlich, selten gelblich. BLÜTENSTIELE: **abwärts bis waagerecht abstehend behaart**. BLÜTENACHSE: kegelförmig gewölbt, während der Fruchtreife saftig-fleischig, stark vergrößert. KRONBLÄTTER: distal abgerundet. FRUCHTKELCH: **abstehend bis zurückgebogen**. FRÜCHTE: Sammelnussfrüchte, < 20 mm ⌀. AUSLÄUFER: **mit 1 Niederblatt zwischen den Tochterrosetten**. BLÄTTER: 3-teilig; UNTERSEITS: **locker abstehend behaart**.

- einheimisch
- planar bis montan
- Gehölze, Wälder, Zier- bzw. Nutzpflanze

J F M **A M J** J A S O N D

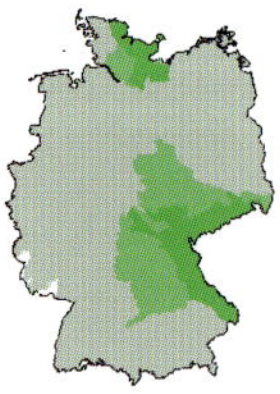

US

Fragaria vesca L.

Wald-Erdbeere *Rosaceae*
∗ K5 C4–6 A∞ G$\underline{\infty}$

Bis 20 cm hoch. AUSSENKELCH: vorhanden, ganzrandig. BLÜTEN: 10–20 mm ⌀, meist weißlich. BLÜTENSTIELE: **aufrecht bis anliegend behaart**. BLÜTENACHSE: kegelförmig gewölbt, während der Fruchtreife saftig-fleischig, stark vergrößert. KRONBLÄTTER: distal abgerundet. FRUCHTKELCH: **abstehend bis zurückgebogen**. FRÜCHTE: Sammelnussfrüchte, < 20 mm ⌀. AUSLÄUFER: **mit 1 Niederblatt zwischen den Tochterrosetten**. BLÄTTER: 3-teilig; UNTERSEITS: **dicht anliegend behaart**.

- einheimisch
- planar bis montan
- Staudenfluren, Gehölze, Wälder, Ruderalvegetation, Zier- bzw. Nutzpflanze

J F M **A M J J** A S O N D

Fragaria viridis Weston

Bastard-Erdbeere *Rosaceae*
∗ K5 C4–6 A∞ G$\underline{\infty}$

Bis 15 cm hoch. AUSSENKELCH: vorhanden, ganzrandig. BLÜTEN: 10–30 mm ⌀, weißlich. BLÜTENACHSE: kegelförmig gewölbt, während der Fruchtreife saftig-fleischig, stark vergrößert. KRONBLÄTTER: distal abgerundet. FRUCHTKELCH: **zusammenneigend, der Scheinfrucht anliegend**. FRÜCHTE: Sammelnussfrüchte, < 20 mm ⌀. AUSLÄUFER: ***ohne* Niederblätter zwischen den Tochterrosetten**. BLÄTTER: 3-teilig.

- einheimisch
- planar bis montan
- Extensivgrünland u. Magerrasen, Staudenfluren, Gehölze, Wälder, Zier- bzw. Nutzpflanze
- an basenreichen, meist trockenen Standorten

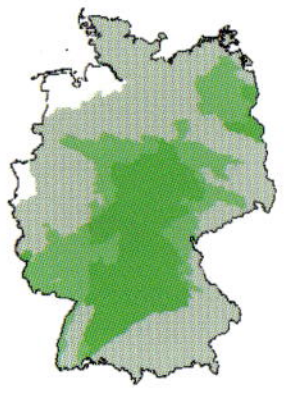

J F M **A M J** J A S O N D

Geum montanum L.

Berg-Nelkenwurz *Rosaceae*
∗ K5 C4–6 A∞ G$\underline{\infty}$

Zur Fruchtzeit bis 50 cm hoch. BLÜTENSTAND: **Stängel 1-blütig**. AUSSENKELCH: vorhanden. BLÜTEN: gelblich. BLÜTENACHSE: flach bis gewölbt. KRONE: meist 5-blättrig. GRIFFEL: zur Fruchtzeit verlängert, **ungegliedert, dicht u. lang behaart**. FRÜCHTE: einsamige Nüsschen. AUSLÄUFER: **fehlend**. BLÄTTER: gefiedert. ENDFIEDER: **viel größer als die Seitenfiedern**. GRUNDBLÄTTER: **unterbrochen gefiedert**.

- einheimisch
- subalpin bis alpin
- Extensivgrünland u. Magerrasen, Schutt- u. Felsfluren
- an nährstoffarmen, sauren Standorten

J F M **A M J J A S O** N D

Geum reptans L.

Kriechende Nelkenwurz *Rosaceae*
∗ K5 C4–6 A∞ G$\underline{\infty}$ RL R

Zur Fruchtzeit bis 15 cm hoch. BLÜTENSTAND: **Stängel 1-blütig**. AUSSENKELCH: vorhanden. BLÜTEN: gelblich. BLÜTENACHSE: flach bis gewölbt. KRONE: meist 5-blättrig. GRIFFEL: zur Fruchtzeit verlängert, **ungegliedert, dicht u. lang behaart**. FRÜCHTE: einsamige Nüsschen. AUSLÄUFER: **oberirdisch, bis 1 m lang, meist rötlich überlaufen**. BLÄTTER: gefiedert. ENDFIEDER: **etwas größer als die Seitenfiedern**. GRUNDBLÄTTER: **unterbrochen gefiedert**.

- einheimisch
- alpin
- trockenfallende Ufer, Staudenfluren, Schutt- u. Felsfluren
- an nährstoffarmen, sauren Standorten

J F M A M **J J A** S O N D

Geum rivale L.

Bach-Nelkenwurz *Rosaceae*
∗ K5 C4–6 A∞ G$\underline{\infty}$

30–80 cm hoch. BLÜTENSTAND: **Stängel mehrblütig**. AUSSENKELCH: vorhanden. BLÜTEN: **überhängend, gelblich bis rötlich**. BLÜTENACHSE: flach bis gewölbt. KRONE: meist 5-blättrig. KRONBLÄTTER: **in langen Nagel u. Platte gegliedert**. KELCHBLÄTTER: **rotbraun**. FRUCHTKELCH: aufgerichtet. GRIFFEL: zur Fruchtzeit verlängert, **hakig gegliedert, oberes Glied während der Fruchtreife abfallend, unteres Glied behaart**. FRÜCHTE: einsamige Nüsschen. BLÄTTER: gefiedert. GRUNDBLÄTTER: **(unterbrochen) gefiedert**.

- einheimisch
- planar bis subalpin
- Grünland, Staudenfluren, Gehölze, Wälder, Zier- bzw. Nutzpflanze
- an wechselfeuchten bis nassen Standorten

J F **M A M J J A** S O N D

Geum urbanum L.

Echte Nelkenwurz *Rosaceae*
∗ K5 C4–6 A∞ G$\underline{\infty}$

25–100 cm hoch. BLÜTENSTAND: **Stängel mehrblütig**. AUSSENKELCH: vorhanden. BLÜTEN: **aufrecht**, gelblich. BLÜTENACHSE: flach bis gewölbt. KRONE: meist 5-blättrig. KRONBLÄTTER: *nicht* in Nagel u. Platte gegliedert. KELCHBLÄTTER: **grünlich**. FRUCHTKELCH: zurückgeschlagen. GRIFFEL: zur Fruchtzeit verlängert, **hakig gegliedert, oberes Glied während der Fruchtreife abfallend, unteres Glied kahl**. FRÜCHTE: einsamige Nüsschen. BLÄTTER: gefiedert. GRUNDBLÄTTER: **(unterbrochen) gefiedert**.

- einheimisch
- planar bis montan
- Staudenfluren, Gehölze, Wälder, Ruderalvegetation, Zier- bzw. Nutzpflanze

J F M **A M J J A S O** N D

Dryas octopetala L.

Weiße Silberwurz *Rosaceae*
∗ K7–9 C7–9 A∞ G$\underline{\infty}$

Niederliegender Zwergstrauch, bis 25 cm hoch. AUSSENKELCH: fehlt. BLÜTEN: einzeln, **lang gestielt, weißlich**. BLÜTENACHSE: flach bis gewölbt. GRIFFEL: **zur Fruchtzeit verlängert, dicht u. lang behaart**. FRÜCHTE: einsamige Nüsschen. BLATTSTELLUNG: wechselständig. BLÄTTER: immergrün, **am Rand stumpf gekerbt**; UNTERSEITS: **weißlich, dicht filzig behaart**.

- einheimisch
- subalpin bis alpin
- Extensivgrünland u. Magerrasen, Schutt- u. Felsfluren, Zier- bzw. Nutzpflanze
- an basenreichen Standorten

J F M A **M J J A** S O N D

Prunus: Bäume, seltener Sträucher. BLÜTENACHSE: krug- bis röhrenförmig, bei der Fruchtreife abfallend. FRÜCHTE: Steinfrüchte, 1-samig. BLÄTTER: wechselständig, ungeteilt; SEITENNERVEN 1. ORDNUNG: fiedrig verzweigt, der 2. deutlich entwickelte Nerv etwas oberhalb der Spreitenbasis beginnend. NEBENBLÄTTER: vorhanden. WINTERKNOSPEN: mehrschuppig.

Prunus tenella Batsch

Zwerg-Mandel *Rosaceae*
∗ K5 C5 A∞ G$\overline{1}$

Baum- o. strauchförmig, bis 3 m hoch. BLÜTENSTAND: **1–3-blütig**. BLÜTEN: **sitzend bis kurz gestielt, rosa bis rötlich**. FRÜCHTE: **8–25 mm ⌀, grünlich bis gelblich o. gräulich, dicht behaart**. FRUCHTWAND: **fest, ± trocken**. BLÄTTER: **in Knospenlage gefaltet, länglich bis oval, Spreite der Kurztriebblätter 2–6 cm lang, 10–25 mm breit**, basal verschmälert, am Rand gezähnt.

- in Einbürgerung befindlicher Neophyt, urspr. aus Südosteuropa u. Westasien
- planar bis collin
- Gehölze, Wälder, Zier- bzw. Nutzpflanze
- an trockenen Standorten

J **F M A M** J J A S O N D

Prunus persica (L.) Batsch

Pfirsich *Rosaceae*
∗ K5 C5 A∞ G$\overline{1}$

Meist baumförmig, bis 10 m hoch. Blüten: **meist einzeln, sitzend bis kurz gestielt**, 20–40 mm ⌀, **rosa bis rötlich**. Früchte: **4–10 cm** ⌀, grünlich bis rötlich, **samtartig behaart** *oder* glatt (Nektarine – *P. persica* var. *nucipersica*). Fruchtwand: fleischig. Steinkern: **tief gefurcht**. Blätter: **in Knospenlage gefaltet, länglich bis oval, Spreite der Kurztriebblätter 6–18 cm lang, 20–50 mm breit**, am Rand gezähnt. – Zahlreiche Sorten, u. a. mit weißlichem, gelblichem o. rötlichem Fruchtfleisch.

- in Einbürgerung befindlicher Neophyt, urspr. aus Ostasien
- planar bis collin
- Gehölze, Zier- bzw. Nutzpflanze

J F M A M J J A S O N D

Prunus avium (L.) L.

Vogel-Kirsche *Rosaceae*
∗ K5 C5 A∞ G$\overline{1}$

Meist baumförmig, bis 25 m hoch. Blütenstand: **doldenartig, 2–4-blütig, *ohne* Laubblätter über den Knospenschuppen**. Blüten: gestielt, weißlich. Fruchtknoten: kahl bis spärlich behaart. Griffel: **gefurcht**. Fruchtstiele: **> 2-mal so lang wie die Frucht**. Früchte: **8–18 mm ⌀, rötlich bis schwarz**, seltener gelblich. Blattstiele: **mit 1–3 Drüsen, Drüsen meist rötlich**. Blätter: **in Knospenlage gefaltet, (undeutlich) runzelig**, am Rand gezähnt; unterseits: **behaart**.

- einheimisch
- planar bis montan
- Gehölze, Wälder, Zier- bzw. Nutzpflanze

J F M A M J J A S O N D

Prunus cerasus L.

Weichsel *Rosaceae*
∗ K5 C5 A∞ G$\overline{1}$

Meist baumförmig, bis 10 m hoch. Blütenstand: **doldenartig, 2–4-blütig, mit 1–5 Laubblättern über den Knospenschuppen**. Blüten: gestielt, weißlich. Fruchtknoten: kahl bis spärlich behaart. Griffel: **gefurcht**. Fruchtstiele: **> 2-mal so lang wie die Frucht**. Früchte: **8–18 mm ⌀, rötlich**, selten gelblich. Blattstiele: meist *ohne* Drüsen, Drüsen (wenn vorhanden) grünlich. Blätter: **in Knospenlage gefaltet, glatt, Spreite der Kurztriebblätter 6–14 cm lang**, am Rand gezähnt; unterseits: **kahl**.

- eingebürgerter Neophyt, urspr. aus Westasien
- planar bis montan
- Gehölze, Zier- bzw. Nutzpflanze

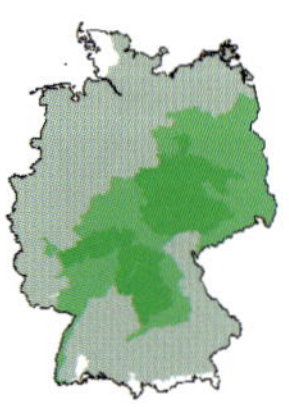

J F M A M J J A S O N D

Prunus fruticosa Pall.

Strauch-Kirsche *Rosaceae*
∗ K5 C5 A∞ G$\overline{1}$ RL 2

Baum- o. strauchförmig, bis 4 m hoch. Blütenstand: **doldenartig, 2–4-blütig, mit 1–5 Laubblättern *über* den Knospenschuppen**. Blüten: gestielt, weißlich. Fruchtknoten: kahl bis spärlich behaart. Griffel: **gefurcht**. Fruchtstiele: **> 2-mal so lang wie die Frucht**. Früchte: **3–8 mm ⌀, rötlich bis schwarz**. Stängel: *ohne* Dornen. Blattstiele: meist *ohne* Drüsen, Drüsen (wenn vorhanden) grünlich. Blätter: **in Knospenlage gefaltet, glatt, Spreite der Kurztriebblätter 3–6 cm lang**, am Rand gezähnt; unterseits: kahl.

- einheimisch
- planar bis collin
- Gehölze, Zier- bzw. Nutzpflanze
- an basenreichen, meist trockenen Standorten

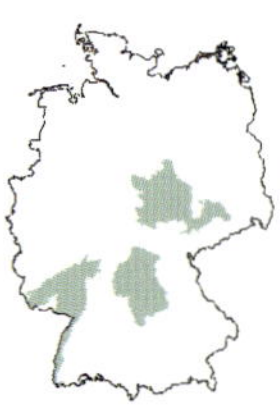

J F M A M J J A S O N D

Prunus mahaleb L.

Felsen-Kirsche *Rosaceae*
∗ K5 C5 A∞ G$\overline{1}$

Baum- o. strauchförmig, bis 8 m hoch. Blütenstand: **traubenartig**, schirmförmig, **3–14-blütig**. Blüten: gestielt, weißlich. Fruchtknoten: kahl bis spärlich behaart. Griffel: **gefurcht**. Früchte: **5–10 mm ⌀, dunkelrot bis schwarz**. Blätter: vor den Blüten erscheinend, **in Knospenlage gefaltet**, **Spreite der Kurztriebblätter 3–8 cm lang**, basal abgerundet bis ausgerandet, am Rand gezähnt.

- einheimisch
- planar bis montan
- Gehölze, Wälder, Schutt- u. Felsfluren, Zier- bzw. Nutzpflanze
- an nährstoffarmen, basenreichen, meist trockenen Standorten

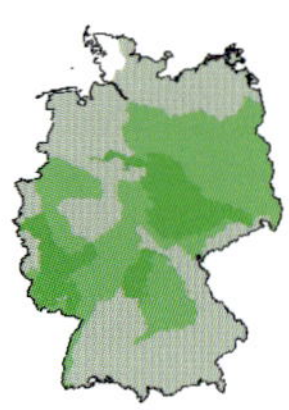

J F **M A M J** J A S O N D

Prunus laurocerasus L.

Lorbeer-Kirsche *Rosaceae*
∗ K5 C5 A∞ G$\overline{1}$
stark giftig

Meist strauchförmig, bis 8 m hoch. Blütenstand: **traubenartig**, 8–15 cm lang, ≥ **12-blütig**. Blüten: gestielt, weißlich. Fruchtknoten: kahl bis spärlich behaart. Früchte: kugelig-eiförmig, **schwarz**. Blätter: **überwinternd grün**, **derb**, **ganzrandig bis schwach gezähnt**; oberseits: **dunkelgrün, glänzend**; unterseits: frischgrün, kahl.

- in Einbürgerung befindlicher Neophyt, urspr. aus Westasien
- planar bis collin
- Gehölze, Wälder, Zier- bzw. Nutzpflanze

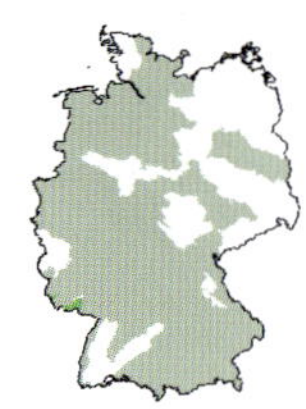

J F **M A M** J J A S O N D

Prunus padus L.

Gewöhnliche Trauben-Kirsche *Rosaceae*
∗ K5 C5 A∞ G$\overline{1}$
giftig

Baum- o. strauchförmig. Blütenstand: **traubenartig**, ≥ **12-blütig**. Blüten: gestielt, weißlich. Fruchtknoten: kahl bis spärlich behaart. Griffel: *nicht* gefurcht. Früchte: **schwarz**, selten rötlich. Blätter: sommergrün, **in Knospenlage gefaltet**, **am Rand spitz gesägt**; oberseits: **matt**.

subsp. *padus* (Gewöhnliche Trauben-Kirsche): planar bis montan, meist baumförmig, bis 25 m hoch. Blütenstand: meist überhängend. Blüten: wohlriechend. Jungtriebe: verkahlend. Blätter: weich, oft runzelig; unterseits: oft graugrün bereift, auf der Fläche kahl.
subsp. *borealis* (Felsen-Trauben-Kirsche): hochmontan u. subalpin, meist strauchförmig, bis 3 m hoch. Blütenstand: meist aufrecht-abstehend. Blüten: kaum riechend. Jungtriebe: behaart. Blätter: derb; unterseits: auf der Fläche behaart.

- einheimisch
- planar bis montan
- Gehölze, Wälder, Schutt- u. Felsfluren, Zier- bzw. Nutzpflanze
- oft an feuchten bis nassen, zuweilen überfluteten Standorten

J F **M A M J** J A S O N D

Prunus serotina Ehrh.

Späte Trauben-Kirsche *Rosaceae*
∗ K5 C5 A∞ G$\overline{1}$
giftig

Baum- o. strauchförmig, bis 15 m hoch. Blütenstand: **traubenartig**, ≥ **12-blütig**. Blüten: gestielt, weißlich. Fruchtknoten: kahl bis spärlich behaart. Griffel: *nicht* gefurcht. Früchte: **dunkelrot bis schwarz**. Blätter: sommergrün, **in Knospenlage gefaltet, derb, am Rand gekerbt**; oberseits: **meist frischgrün, glänzend**; unterseits: meist gelbgrün.

- eingebürgerter Neophyt, urspr. aus Nordamerika
- planar bis montan
- Gehölze, Wälder, Zier- bzw. Nutzpflanze

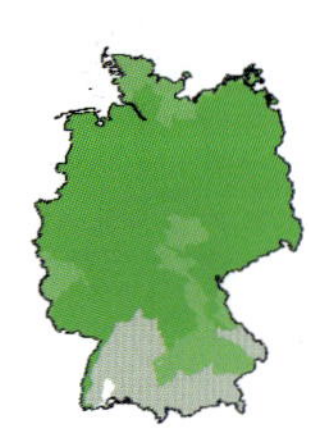

J F M **A M J J** A S O N D

Prunus virginiana L.

Virginische Traubenkirsche *Rosaceae*
∗ K5 C5 A∞ $G\overline{1}$

Baum- o. strauchförmig, bis 5 m hoch. BLÜTENSTAND: **traubenartig, ≥ 12-blütig**. BLÜTEN: gestielt, weißlich. FRUCHTKNOTEN: kahl bis spärlich behaart. GRIFFEL: *nicht* gefurcht. FRÜCHTE: **dunkelrot bis schwarz**. BLÄTTER: sommergrün, **in Knospenlage gefaltet**, am Rand gezähnt; OBERSEITS: **dunkelgrün, matt**; UNTERSEITS: blau- bzw. graugrün.

- in Einbürgerung befindlicher Neophyt, urspr. aus Nordamerika
- planar bis collin
- Gehölze, Wälder, Zier- bzw. Nutzpflanze

J F M **A M J** J A S O N D

Prunus armeniaca L.

Aprikose *Rosaceae*
∗ K5 C5 A∞ $G\overline{1}$

Meist baumförmig, bis 5 m hoch. BLÜTENSTAND: **1–2-blütig**. BLÜTEN: **sitzend bis kurz gestielt**, weißlich, oft rötlich überlaufen. FRÜCHTE: **40–80 mm ⌀**, **gelblich bis orange, kurz behaart**. FRUCHTWAND: fleischig. STEINKERN: **± glatt**. BLATTSTIELE: **mit 1–5 Drüsen, Drüsen meist rötlich**. BLÄTTER: **in Knospenlage gerollt, meist oval bis herzförmig, Spreite der Kurztriebblätter 4–10 cm lang**, kahl, am Rand gezähnt.

- in Einbürgerung befindlicher Neophyt, urspr. aus Zentral- u. Ostasien
- planar bis collin
- Gehölze, Zier- bzw. Nutzpflanze

J **F M A M** J J A S O N D

Prunus cerasifera Ehrh.

Kirsch-Pflaume *Rosaceae*
∗ K5 C5 A∞ $G\overline{1}$

Meist baumförmig, meist 3–8 m hoch. BLÜTEN: **meist einzeln**, gestielt, weißlich. KRONBLÄTTER: **8–12 mm lang**. FRUCHTKNOTEN: kahl bis spärlich behaart. FRUCHTSTIELE: **< 1,5-mal so lang wie die Frucht**. FRÜCHTE: rötlich, gelblich o. schwarz bis dunkelblau-violett, meist kahl. STEINKERN: kugelig-eiförmig. STÄNGEL: selten mit Dornen. BLÄTTER: **in Knospenlage gerollt**, am Rand gezähnt.

- eingebürgerter Neophyt, urspr. aus Westasien
- planar bis montan
- Gehölze, Wälder, Zier- bzw. Nutzpflanze

J **F M A M** J J A S O N D

Prunus domestica L.

Zwetschge *Rosaceae*
∗ K5 C5 A∞ $G\overline{1}$ RL V

Baum- o. strauchförmig, bis 12 m hoch. BLÜTEN: gestielt. FRUCHTKNOTEN: kahl bis spärlich behaart. FRUCHTSTIELE: **< 1,5-mal so lang wie die Frucht**. FRÜCHTE: **bläulich, rötlich, orange o. gelblich**, kahl. STEINKERN: **abgeflacht**. BLÄTTER: **in Knospenlage gerollt**, am Rand gezähnt. – Formenreiche Gruppe, zahlreiche Unterarten u. Zuchtformen.

subsp. *domestica* (Zwetschge): baumförmig, meist 3–12 m hoch. BLÜTEN: grünlich bis weißlich. FRÜCHTE: länglich-eiförmig, bereift. STÄNGEL: *ohne* Dornen. JUNGTRIEBE: kahl.
subsp. *insititia* (Hafer-Pflaume): meist strauchförmig, bis 5 m hoch. BLÜTEN: weißlich. FRÜCHTE: ± kugelig, oft mit rötlichem Saft. STÄNGEL: zuweilen mit Dornen.

- Archaeophyt, urspr. aus dem Kaukasus
- planar bis montan
- Gehölze, Wälder, Zier- bzw. Nutzpflanze
- an trockenen Standorten

J F **M A M** J J A S O N D

Prunus spinosa L.

Schlehe *Rosaceae*
∗ K5 C5 A∞ G$\overline{1}$

Meist strauchförmig, bis 4 m hoch. BLÜTEN: **meist einzeln**, gestielt, **8–15 mm ⌀**, weißlich. KRONBLÄTTER: **5–8 mm lang**. FRUCHTKNOTEN: kahl bis spärlich behaart. FRUCHTSTIELE: < 1,5-mal so lang wie die Frucht. FRÜCHTE: **8–15 mm ⌀, dunkelblau bis schwarz**, bereift, meist kahl. STEINKERN: kugelig-eiförmig. STÄNGEL: **mit Dornen**. JUNGTRIEBE: samtartig behaart. BLÄTTER: **nach den Blüten erscheinend, in Knospenlage gerollt, Spreite der Kurztriebblätter 2–5 cm lang, 10–20 mm breit**, am Rand gezähnt.

- einheimisch
- planar bis montan
- Gehölze, Wälder, Zier- bzw. Nutzpflanze

J F **M A M** J J A S O N D

Aruncus dioicus (Walter) Fernald

Wald-Geißbart *Rosaceae*
♂ ∗ K4–6 C4–6 A∞ | ♀ ∗ K4–6 C4–6 G$\overline{1-4}$

80–150 cm hoch. PFLANZEN: **2-häusig**. BLÜTENSTAND: **Teilblütenstände ährenartig, in rispenartigem** Gesamtblütenstand. AUSSENKELCH: fehlt. BLÜTEN: **♀ weiß, ♂ weißlich-gelblich**. STAUBBLÄTTER: meist 20–30. FRUCHTKNOTEN: meist 3. GRIFFEL: meist 3. FRÜCHTE: **Bälge**. BLATTSTELLUNG: wechselständig. BLÄTTER: **2–3-fach gefiedert**. NEBENBLÄTTER: **fehlen**.

- einheimisch
- collin bis montan
- Staudenfluren, Gehölze, Wälder, Zier- bzw. Nutzpflanze
- an nährstoffreichen Standorten

J F M A **M J J A** S O N D

Spiraea alba Du Roi

Weißer Spierstrauch *Rosaceae*
∗ K5 C5 A∞ G$\underline{4-5}$

Strauch, bis 2 m hoch. BLÜTENSTAND: **rispenartig**, länger als breit. BLÜTEN: **weißlich**. FRUCHTKNOTEN: **basal mit geschlossenem Nektarring**. GRIFFEL: **3–5**. FRÜCHTE: **Bälge**. BLATTSTELLUNG: wechselständig. BLÄTTER: länglich bis lanzettlich, Spreite 3–10 cm lang, 15–30 mm breit, am Rand gesägt; SEITENNERVEN 1. ORDNUNG: fiedrig verzweigt, der 2. deutlich entwickelte Nerv etwas oberhalb der Spreitenbasis beginnend; UNTERSEITS: grünlich, kaum heller als oberseits, **auf der Fläche kahl**, allenfalls auf den Nerven u. am Rand behaart. NEBENBLÄTTER: **fehlen**.

- eingebürgerter Neophyt, urspr. aus Nordamerika
- planar bis montan
- Gehölze, Wälder, Zier- bzw. Nutzpflanze

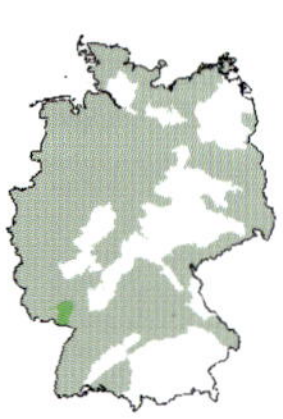

J F M A **M J J A** S O N D

Spiraea billardii Hérincq

Billards Spierstrauch *Rosaceae*
∗ K5 C5 A∞ G$\underline{4-5}$

Strauch, bis 2 m hoch. BLÜTENSTAND: **rispenartig**, länger als breit. BLÜTEN: **rötlich**. FRUCHTKNOTEN: **basal *ohne* o. mit voneinander separierten Nektardrüsen**. GRIFFEL: **3–5**. FRÜCHTE: **Bälge**. BLATTSTELLUNG: wechselständig. BLÄTTER: länglich bis oval, Spreite 4–8 cm lang, 15–25 mm breit, am Rand gesägt; SEITENNERVEN 1. ORDNUNG: fiedrig verzweigt, der 2. deutlich entwickelte Nerv etwas oberhalb der Spreitenbasis beginnend, bogig; UNTERSEITS: grünlich, kaum heller als oberseits, **dünn filzig behaart**. NEBENBLÄTTER: **fehlen**.

- eingebürgerter Neophyt, in Frankreich entstandener Hybride
- planar bis montan
- Gehölze, Wälder, Zier- bzw. Nutzpflanze
- an feuchten bis nassen, zuweilen überfluteten Standorten

J F M A **M J J** A S O N D

US

Spiraea chamaedryfolia L.

Ulmen-Spierstrauch *Rosaceae*
∗ K5 C5 A∞ G4–5

Strauch, bis 2 m hoch. Blütenstand: endständig, **traubenartig**, länger als breit. Blüten: **weißlich**. Fruchtknoten: **basal mit geschlossenem Nektarring**. Griffel: **3–5**. Früchte: **Bälge**. Blattstellung: wechselständig. Blätter: länglich bis oval, am Rand einfach o. doppelt gesägt; Seitennerven 1. Ordnung: fiedrig verzweigt, der 2. deutlich entwickelte Nerv etwas oberhalb der Spreitenbasis beginnend; unterseits: grünlich, kaum heller als oberseits, **auf der Fläche kahl**, zuweilen mit Achselbärten. Nebenblätter: **fehlen**.

- in Einbürgerung befindlicher Neophyt, urspr. aus Südosteuropa u. Asien
- planar bis collin
- Gehölze, Zier- bzw. Nutzpflanze

J F M **A M J J** A S O N D

Spiraea douglasii Hook.

Douglas' Spierstrauch *Rosaceae*
∗ K5 C5 A∞ G4–5

Strauch, bis 2 m hoch. Blütenstand: **rispenartig**, länger als breit. Blüten: **rötlich**. Fruchtknoten: kahl, **basal *ohne* o. mit voneinander separierten Nektardrüsen**. Griffel: **3–5**. Früchte: **Bälge**. Blattstellung: wechselständig. Blätter: länglich bis oval, Spreite 4–9 cm lang, am Rand gesägt; Seitennerven 1. Ordnung: fiedrig verzweigt, der 2. deutlich entwickelte Nerv etwas oberhalb der Spreitenbasis beginnend; unterseits: **weißlich**, deutlich heller als oberseits, **meist dicht filzig behaart**, selten kahl. Nebenblätter: **fehlen**.

- eingebürgerter Neophyt, urspr. aus Nordamerika
- planar bis collin
- Gehölze, Dünen, Zier- bzw. Nutzpflanze

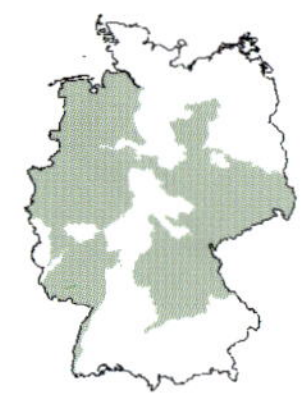

J F M A **M J J A** S O N D

Spiraea japonica L. f.

Japanischer Spierstrauch *Rosaceae*
∗ K5 C5 A∞ G4–5

Strauch, bis 1,5 m hoch. Blütenstand: **rispenartig, ± so lang wie breit, schirmförmig**. Blüten: **rötlich**. Fruchtknoten: **basal *ohne* o. mit voneinander separierten Nektardrüsen**. Griffel: **3–5**. Früchte: **Bälge**. Blattstellung: wechselständig. Blätter: länglich bis lanzettlich, Spreite 2–8 cm lang, am Rand gesägt; Seitennerven 1. Ordnung: fiedrig verzweigt, der 2. deutlich entwickelte Nerv etwas oberhalb der Spreitenbasis beginnend; unterseits: **graugrün**, deutlich heller als oberseits, **auf der Fläche kahl**, allenfalls auf den Nerven u. am Rand behaart. Nebenblätter: **fehlen**.

- in Einbürgerung befindlicher Neophyt, urspr. aus Ostasien
- planar bis collin
- Gehölze, Wälder, Zier- bzw. Nutzpflanze

J F M A M **J J A** S O N D

Spiraea salicifolia L.

Weidenblättriger Spierstrauch *Rosaceae*
∗ K5 C5 A∞ G4–5

Strauch, bis 2 m hoch. Blütenstand: **rispenartig**, länger als breit. Blüten: **hellrosa**. Fruchtknoten: **basal mit geschlossenem Nektarring**. Griffel: **3–5**. Früchte: **Bälge**. Blattstellung: wechselständig. Blätter: länglich bis lanzettlich, Spreite 4–8 cm lang, 15–25 mm breit, am Rand gesägt; Seitennerven 1. Ordnung: fiedrig verzweigt, der 2. deutlich entwickelte Nerv etwas oberhalb der Spreitenbasis beginnend; unterseits: **auf der Fläche kahl**, allenfalls auf den Nerven u. am Rand behaart. Nebenblätter: **fehlen**.

- eingebürgerter Neophyt, urspr. aus Südosteuropa u. Westasien
- planar bis collin
- Gehölze, Wälder, Zier- bzw. Nutzpflanze
- an feuchten bis nassen Standorten

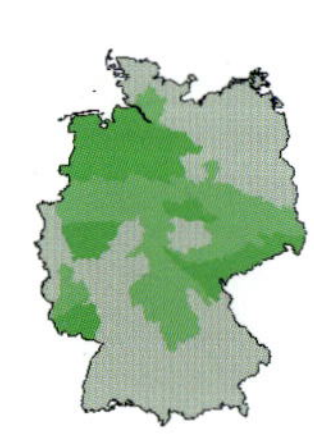

J F M A **M J J** A S O N D

US

US

US

Spiraea tomentosa L.

Filziger Spierstrauch *Rosaceae*
∗ K5 C5 A∞ G$\underline{4-5}$

Strauch, bis 1,2 m hoch. BLÜTENSTAND: **rispenartig**, länger als breit. BLÜTEN: **hellrosa**, selten weißlich. FRUCHTKNOTEN: **behaart, basal *ohne* o. mit voneinander separierten Nektardrüsen**. GRIFFEL: **3–5**. FRÜCHTE: **Bälge**. BLATTSTELLUNG: wechselständig. BLÄTTER: länglich bis oval, Spreite bis 8 cm lang, am Rand gesägt; SEITENNERVEN 1. ORDNUNG: fiedrig verzweigt, der 2. deutlich entwickelte Nerv etwas oberhalb der Spreitenbasis beginnend; UNTERSEITS: **gräulich-gelblich bis bräunlich**, deutlich heller als oberseits, **dicht filzig behaart**. NEBENBLÄTTER: **fehlen.**

- eingebürgerter Neophyt, urspr. aus Nordamerika
- planar bis collin
- Moore u. Seggenriede, Gehölze, Zier- bzw. Nutzpflanze
- an nährstoffarmen, sauren Standorten

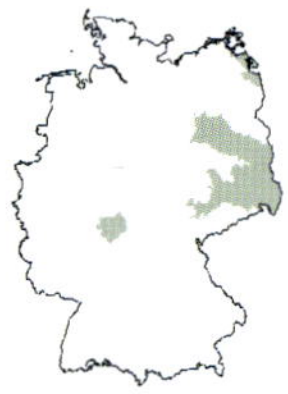

J F M A M **J J A S** O N D

Amelanchier alnifolia (Nutt.) M. Roem.

Erlenblättrige Felsenbirne *Rosaceae*
∗ K5 C5 A∞ G($\overline{5}$)
schwach giftig

Strauch, bis 5 m hoch. BLÜTEN: weißlich. KRONBLÄTTER: **kahl**. FRUCHTBLÄTTER: mit der fleischig werdenden Blütenachse verwachsen, durch falsche Scheidewand 2-fächrig. GRIFFEL: 5, **zumindest basal verwachsen, deutlich aus dem Achsenbecher ragend**. FRÜCHTE: apfelartige Scheinfrüchte, rötlich bis schwarz, 4–10-fächrig. FRUCHTWAND: hart, verholzend. STÄNGEL: aufrecht. BLÄTTER: **zur Blütezeit voll entfaltet**, am Rand grob gesägt, **Zähne 2–5 mm breit**; UNTERSEITS: **blau- bis graugrün**, verkahlend. NEBENBLÄTTER: vorhanden.

- eingebürgerter Neophyt, urspr. aus Nordamerika
- planar bis collin
- Gehölze, Wälder, Zier- bzw. Nutzpflanze

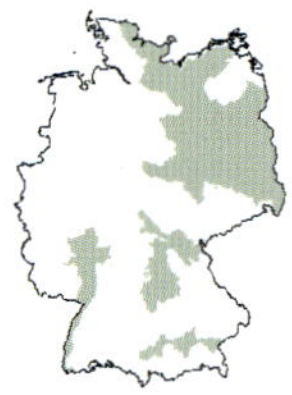

J F **M A M** J J A S O N D

Amelanchier lamarckii F. G. Schroed.

Kupfer-Felsenbirne *Rosaceae*
∗ K5 C5 A∞ G($\overline{5}$)
schwach giftig

Strauch, bis 10 m hoch. BLÜTENSTAND: **überhängend**. BLÜTEN: weißlich. KRONBLÄTTER: **kahl, 8–15 mm lang**. FRUCHTBLÄTTER: mit der fleischig werdenden Blütenachse verwachsen, durch falsche Scheidewand 2-fächrig. GRIFFEL: 5, **zumindest basal verwachsen, deutlich aus dem Achsenbecher ragend**. FRÜCHTE: apfelartige Scheinfrüchte, zunächst rötlich, später bläulich, 4–10-fächrig. FRUCHTWAND: hart, verholzend. STÄNGEL: aufrecht. BLÄTTER: **zur Blütezeit *nicht* voll entfaltet, oft rötlich überlaufen**, am Rand fein gesägt, Zähne < 2 mm breit; UNTERSEITS: **zunächst mit glänzenden Haaren**, verkahlend. NEBENBLÄTTER: vorhanden.

- eingebürgerter Neophyt, urspr. aus Nordamerika
- planar bis collin
- Gehölze, Wälder, Zier- bzw. Nutzpflanze
- an sauren Standorten

J F **M A M** J J A S O N D

Amelanchier ovalis Medik.

Gewöhnliche Felsenbirne *Rosaceae*
∗ K5 C5 A∞ G($\overline{5}$)
schwach giftig

Strauch, bis 4 m hoch. BLÜTEN: weißlich. KRONBLÄTTER: **auf der Fläche behaart, 8–22 mm lang**. FRUCHTBLÄTTER: mit der fleischig werdenden Blütenachse verwachsen, durch falsche Scheidewand 2-fächrig. GRIFFEL: 5, ***nicht* verwachsen, *nicht* aus dem Achsenbecher ragend**. FRÜCHTE: apfelartige Scheinfrüchte, bläulich bis schwarz, 4–10-fächrig. FRUCHTWAND: hart, verholzend. STÄNGEL: aufrecht. BLATTSTIELE: 0,8–2,5 cm lang. BLÄTTER: am Rand gezähnt. NEBENBLÄTTER: vorhanden.

- einheimisch
- planar bis subalpin
- Gehölze, Wälder, Schutt- u. Felsfluren, Zier- bzw. Nutzpflanze
- meist an trockenen Standorten

J F **M A M J** J A S O N D

US

Amelanchier spicata (Lam.) K. Koch

Besen-Felsenbirne *Rosaceae*
∗ K5 C5 A∞ $G(\overline{5})$ schwach giftig

Strauch, bis 5 m hoch. Blütenstand: **aufrecht**. Blüten: weißlich. Kronblätter: **am Rand bewimpert, 5–10 mm lang**. Fruchtblätter: mit der fleischig werdenden Blütenachse verwachsen, durch falsche Scheidewand 2-fächrig. Griffel: meist 5, **zumindest basal verwachsen, deutlich aus dem Achsenbecher ragend**. Früchte: apfelartige Scheinfrüchte, zunächst rötlich, später bläulich, 4–10-fächrig. Fruchtwand: hart, verholzend. Stängel: aufrecht. Blätter: am Rand fein gesägt, Zähne < 2 mm breit; unterseits: **zunächst gelb- bis weißfilzig behaart**, verkahlend. Nebenblätter: vorhanden.

- eingebürgerter Neophyt, urspr. aus Nordamerika
- planar bis collin
- Gehölze, Wälder, Dünen, Zier- bzw. Nutzpflanze
- an sauren Standorten

J F **M A M** J J A S O N D

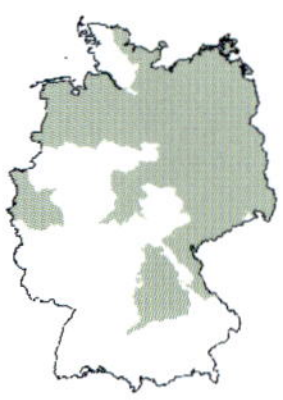

Cotoneaster divaricatus Rehder & E. H. Wilson

Gespreizte Zwergmispel *Rosaceae*
∗ K5 C5 A∞ $G(\overline{1-3})$ schwach giftig

Strauch, bis 3 m hoch. Blütenstand: **2–5-blütig**. Blüten: < 5 mm ⌀, weißlich bis rosa. Kronblätter: **nach innen gebogen**. Fruchtblätter: mit der fleischig werdenden Blütenachse verwachsen. Früchte: apfelartige Scheinfrüchte, rötlich, 2-samig, 5-fächrig. Fruchtwand: hart, verholzend. Blätter: ungeteilt, **Spreite 0,5–3 cm lang, 5–18 mm breit**, ganzrandig, spitz. Nebenblätter: vorhanden.

- eingebürgerter Neophyt, urspr. aus Ostasien
- planar bis montan
- Gehölze, Zier- bzw. Nutzpflanze

J F M **A M J** J A S O N D

Cotoneaster integerrimus Medik.

Gewöhnliche Zwergmispel *Rosaceae*
∗ K5 C5 A∞ $G(\overline{2-5})$ schwach giftig RL V § BNatG b

Strauch, bis 2,5 m hoch. Blütenstand: **1–4-blütig**. Blüten: < 5 mm ⌀, weißlich bis rosa. Kronblätter: **nach innen gebogen**. Kelchblätter: **kahl**. Fruchtblätter: mit der fleischig werdenden Blütenachse verwachsen. Fruchtknoten: meist 2. Früchte: apfelartige Scheinfrüchte, meist rötlich, selten weißlich, **kahl**, 2–3-samig, 5-fächrig. Fruchtwand: hart, verholzend. Blätter: ungeteilt, **Spreite > 1,5 cm lang**, ganzrandig; unterseits: **filzig behaart**. Nebenblätter: vorhanden.

- einheimisch
- collin bis subalpin
- Gehölze, Wälder, Schutt- u. Felsfluren, Zier- bzw. Nutzpflanze
- an nährstoffarmen, meist trockenen Standorten

J F **M A M J** J A S O N D

Cotoneaster tomentosus (Aiton) Lindl.

Filz-Zwergmispel *Rosaceae*
∗ K5 C5 A∞ $G(\overline{3-5})$ schwach giftig RL V

Strauch, bis 3 m hoch. Blütenstand: **3–16-blütig**. Blüten: < 5 mm ⌀, weißlich bis rosa. Kronblätter: **nach innen gebogen**. Kelchblätter: **dicht behaart**. Fruchtblätter: mit der fleischig werdenden Blütenachse verwachsen. Früchte: apfelartige Scheinfrüchte, rötlich, **behaart**, 3–5-samig, 5-fächrig. Fruchtwand: hart, verholzend. Blätter: ungeteilt, **Spreite 2,5–7 cm lang**, ganzrandig, distal abgerundet, oft mit kleiner aufgesetzter Spitze; unterseits: **filzig behaart**. Nebenblätter: vorhanden.

- einheimisch
- collin bis montan
- Gehölze, Wälder, Schutt- u. Felsfluren
- an nährstoffarmen, kalkreichen, meist trockenen Standorten

J F **M A M J** J A S O N D

US

US

Crataegus germanica (L.) Kuntze

Echte Mispel *Rosaceae*
$*$ K5 C5 A∞ G($\overline{5}$) RL V

Meist baumförmig, bis 8 m hoch. Blütenstand: endständig. Blüten: **einzeln, weißlich**. Kelchblätter: **länger als die Kronblätter**, ganzrandig. Fruchtblätter: mit der fleischig werdenden Blütenachse verwachsen. Früchte: apfelartige Scheinfrüchte, **bräunlich**. Fruchtwand: **pergamentartig**. Stängel: zuweilen mit Dornen. Blätter: **länglich bis lanzettlich**, Spreite 6–15 cm lang, im unteren Drittel ganzrandig; Seitennerven 1. Ordnung: fiedrig verzweigt, der 2. deutlich entwickelte Nerv etwas oberhalb der Spreitenbasis beginnend; oberseits: dunkelgrün; unterseits: heller als oberseits, behaart. Nebenblätter: früh abfallend.

- Archaeophyt
- planar bis collin
- Gehölze, Wälder, Schutt- u. Felsfluren, Zier- bzw. Nutzpflanze

J F M A M J J A S O N D

Crataegus laevigata (Poir.) DC.

Zweigriffliger Weißdorn *Rosaceae*
$*$ K5 C5 A∞ G($\overline{2–3}$)

Baum- o. strauchförmig, bis 10 m hoch. Blüten: weißlich. Kelchblätter: **breit 3-eckig**. Staubbeutel: rötlich. Fruchtblätter: mit der fleischig werdenden Blütenachse verwachsen. Griffel: **2–3**. Früchte: apfelartige Scheinfrüchte, rötlich, **2–3-samig**. Fruchtwand: hart, verholzend. Stängel: mit ungeteilten Kurztriebsdornen. Blätter: **ungelappt bis gelappt**. Blattlappen: am Rand ± stumpf gekerbt. Nebenblätter: vorhanden.

- einheimisch
- planar bis montan
- Gehölze, Wälder, Zier- bzw. Nutzpflanze

J F M A M J J A S O N D

Crataegus macrocarpa Hegetschw.

Großfrüchtiger Weißdorn *Rosaceae*
$*$ K5 C5 A∞ G($\overline{1–3}$)

Baum- o. strauchförmig, bis 10 m hoch. Blüten: weißlich. Kelchblätter: meist zurückgebogen u. der Frucht anliegend, **zumindest einige schmal 3-eckig**, zumindest einige länger als breit. Kelchzipfel: spitz. Staubbeutel: rötlich. Fruchtblätter: mit der fleischig werdenden Blütenachse verwachsen. Griffel: **1–3, einige Blüten mehrgriffelig**. Früchte: apfelartige Scheinfrüchte, eiförmig bis kugelig, meist 10–18 mm lang, meist 8–14 mm breit, dunkelrot, 1–3-samig. Fruchtwand: hart, verholzend. Stängel: mit ungeteilten Kurztriebsdornen. Blätter: gelappt; unterseits: heller als oberseits. Blattlappen: am Rand ± spitz gesägt. Nebenblätter: vorhanden.

- einheimisch
- planar bis montan
- Gehölze, Wälder

J F M A M J J A S O N D

Crataegus monogyna Jacq.

Eingriffliger Weißdorn *Rosaceae*
$*$ K5 C5 A∞ G($\overline{1}$)

Baum- o. strauchförmig, bis 12 m hoch. Blüten: weißlich. Kelchblätter: **breit 3-eckig**, < 2-mal so lang wie breit. Staubbeutel: rötlich. Fruchtblätter: mit der fleischig werdenden Blütenachse verwachsen. Griffel: **1**. Früchte: apfelartige Scheinfrüchte, rötlich, **1-samig**. Fruchtwand: hart, verholzend. Stängel: mit ungeteilten Kurztriebsdornen. Blätter: **meist gelappt, die Blattlappen allenfalls distal gesägt**. Nebenblätter: vorhanden, **ganzrandig o. mit wenigen groben Zähnen**.

- einheimisch
- planar bis montan
- Gehölze, Wälder, Zier- bzw. Nutzpflanze
- an basenreichen Standorten

J F M A M J J A S O N D

Crataegus rhipidophylla Gand.

Kranzkelchiger Weißdorn *Rosaceae*
∗ K5 C5 A∞ G($\bar{1}$) RL 2

Baum- o. strauchförmig, bis 6 m hoch. BLÜTEN: weißlich. KELCHBLÄTTER: zurückgebogen u. der Frucht ± anliegend, **schmal, lanzettlich**, 2–3-mal so lang wie breit. STAUBBEUTEL: rötlich. FRUCHTBLÄTTER: mit der fleischig werdenden Blütenachse verwachsen. GRIFFEL: **1**. FRÜCHTE: apfelartige Scheinfrüchte, eiförmig bis kugelig, hellrot, **1-samig**. FRUCHTWAND: hart, verholzend. STÄNGEL: mit ungeteilten Kurztriebsdornen. BLÄTTER: **alle Blattlappen am Rand fein gesägt**. NEBENBLÄTTER: vorhanden, **fein gesägt**, **Zähne meist drüsig**.

- einheimisch
- planar bis montan
- Gehölze, Wälder, Zier- bzw. Nutzpflanze

J F M **A M J** J A S O N D

Cydonia oblonga Mill.

Quitte *Rosaceae*
∗ K5 C5 A∞ G($\bar{5}$)

Baum- o. strauchförmig, bis 10 m hoch. BLÜTENSTAND: endständig. BLÜTEN: einzeln, meist weiß, zuweilen rötlich überlaufen. KELCHBLÄTTER: kürzer als die Kronblätter, gezähnt. KELCHZIPFEL: **drüsig behaart**. FRUCHTBLÄTTER: mit der fleischig werdenden Blütenachse verwachsen, vielsamig. GRIFFEL: 5, *nicht* verwachsen, behaart. FRÜCHTE: apfelartige Scheinfrüchte, **bei der Wildform 3–5 cm ⌀, bei Zuchtformen bis 10 cm ⌀, gelblich, oft wollig behaart, vielsamig**. FRUCHTWAND: pergamentartig. BLATTSTIELE: < 2 cm lang. BLÄTTER: oval, Spreite 4–12 cm lang, 4–9 cm breit, ganzrandig; UNTERSEITS: **neben der Mittelrippe dicht behaart**.

- in Einbürgerung befindlicher Neophyt, urspr. aus Westasien
- planar bis collin
- Gehölze, Wälder, Zier- bzw. Nutzpflanze
- an basenreichen Standorten

J F M **A M J J** A S O N D

Malus pumila Mill.

Kultur-Apfel *Rosaceae*
∗ K5 C5 A∞ G($\bar{5}$)

Bis 15 m hoher Laubbaum. BLÜTENSTAND: **meist dicht behaart**. BLÜTEN: weißlich; außen rötlich überlaufen. STAUBBEUTEL: **gelblich**. FRUCHTBLÄTTER: mit der fleischig werdenden Blütenachse verwachsen. GRIFFEL: 5, **basal verwachsen**. FRÜCHTE: apfelartige Scheinfrüchte, **± kugelig**, **bis 12 cm ⌀**, meist 10-samig. FRUCHTWAND: pergamentartig, *ohne* Steinzellen. STÄNGEL: ***ohne* Dornen**. JUNGTRIEBE: **dicht behaart**. BLÄTTER: oval, am Rand gezähnt, spitz, beidseits mit je 3–9 Seitennerven; UNTERSEITS: **zunächst filzig behaart, später verkahlend**.

- Archaeophyt
- planar bis montan
- Gehölze, Wälder, Zier- bzw. Nutzpflanze

J F **M A M** J J A S O N D

Malus sylvestris (L.) Mill.

Wild-Apfel *Rosaceae*
∗ K5 C5 A∞ G($\bar{5}$) RL V

Bis 15 m hoher Laubbaum. BLÜTENSTAND: **meist locker behaart**. BLÜTEN: weißlich; außen rötlich überlaufen. STAUBBEUTEL: **gelblich**. FRUCHTBLÄTTER: mit der fleischig werdenden Blütenachse verwachsen. GRIFFEL: 5, **basal verwachsen**. FRÜCHTE: apfelartige Scheinfrüchte, **± kugelig**, **< 3,5 cm** ⌀, meist 10-samig. FRUCHTWAND: pergamentartig, *ohne* Steinzellen. STÄNGEL: **meist mit Dornen**. JUNGTRIEBE: **locker behaart**. BLÄTTER: oval, am Rand gezähnt, spitz, beidseits mit je 3–9 Seitennerven; UNTERSEITS: **kahl bis spärlich behaart**.

- einheimisch
- planar bis montan
- Gehölze, Wälder, Zier- bzw. Nutzpflanze

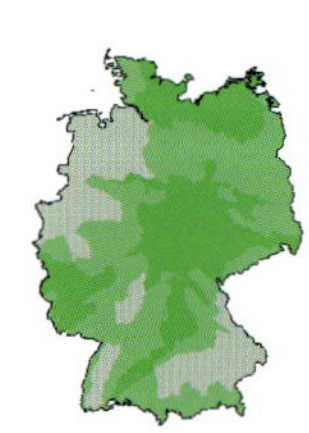

J F M **A M J** J A S O N D

Pyrus communis L.

Kultur-Birne *Rosaceae*
∗ K5 C5 A∞ G$(\overline{5})$

Bis 25 m hoher Laubbaum. Blüten: meist weiß, selten rosa. Staubbeutel: **rötlich**. Fruchtblätter: mit der fleischig werdenden Blütenachse verwachsen. Griffel: 5, ***nicht* verwachsen**. Früchte: apfelartige Scheinfrüchte, meist 10-samig. Fruchtwand: pergamentartig, **mit Steinzellen**. Blattstiele: > 1,5 cm lang. Blätter: oval, **ganzrandig**, selten fein gesägt, beidseits mit je ≥ 5 Seitennerven; unterseits: **blau- bzw. graugrün *oder* silbrig bis weißlich**.

Im Gebiet kommen 2 Unterarten vor: subsp. *communis* und subsp. *pyraster* (vgl. S. 1430).

- Archaeophyt
- planar bis montan
- Gehölze, Wälder, Zier- bzw. Nutzpflanze
- an basenreichen Standorten

J F **M A M** J J A S O N D

Sorbus aucuparia L.

Gewöhnliche Vogelbeere *Rosaceae*
∗ K5 C5 A∞ G$(\overline{2–4})$
schwach giftig

Baum- o. strauchförmig, bis 20 m hoch. Blütenstand: rispenartig, **meist > 150-blütig**. Blüten: weißlich. Krone: **6–12 mm ⌀**. Fruchtblätter: mit der fleischig werdenden Blütenachse verwachsen. Griffel: meist 3. Früchte: apfelartige Scheinfrüchte, **6–14 mm ⌀, rötlich**. Fruchtwand: pergamentartig. Borke: **glatt**. Blätter: **unpaarig gefiedert**, meist 11–15-teilig, **Zähne *ohne* Drüsenspitze**. Fiederblättchen: gesägt. Nebenblätter: vorhanden. Winterknospen: **dunkelbraun bis schwarz**, zumindest zunächst behaart.

Im Gebiet kommen 2 Unterarten vor: subsp. *aucuparia* und subsp. *glabrata* (vgl. S. 1430).

- einheimisch
- planar bis subalpin
- Moore u. Seggenriede, Gehölze, Wälder, Zier- bzw. Nutzpflanze

J F M **A M J** J A S O N D

Sorbus domestica L.

Speierling *Rosaceae*
∗ K5 C5 A∞ G$(\overline{2–5})$
RL 3

Bis 30 m hoher Laubbaum. Blütenstand: rispenartig, < **80-blütig**. Blüten: weißlich. Blütenstiele: 10–50 mm lang. Krone: **14–25 mm ⌀**. Fruchtblätter: mit der fleischig werdenden Blütenachse verwachsen. Griffel: meist 5. Früchte: apfelartige Scheinfrüchte, **meist ei- bis birnenförmig**, 15–40 mm ⌀, **bräunlich bis rötlich**. Fruchtwand: pergamentartig. Borke: **rau**. Blätter: **unpaarig gefiedert**, 13–19-teilig, **Zähne mit (früh abfallender) bräunlicher Drüsenspitze**. Fiederblättchen: gesägt. Nebenblätter: vorhanden. Winterknospen: klebrig, **rötlich bis bräunlich, kahl**.

- einheimisch
- planar bis collin
- Gehölze, Wälder, Zier- bzw. Nutzpflanze
- an basenreichen Standorten

J F M **A M J** J A S O N D

Sorbus subg. *Aria*

Mehlbeere *Rosaceae*
∗ K5 C5 A∞ G$(\overline{2–4})$

Baum- o. strauchförmig. Blütenstand: rispenartig. Blüten: weißlich. Blütenstiele: 10–30 mm lang. Fruchtblätter: mit der fleischig werdenden Blütenachse verwachsen. Früchte: apfelartige Scheinfrüchte, **rötlich**, punktiert. Fruchtwand: pergamentartig. Blätter: **seicht gelappt bis gezähnt**, oval bis länglich-lanzettlich, am Rand meist ungleichmäßig doppelt gesägt, **beidseits mit je 5–11 Seitennerven**; Seitennerven 1. Ordnung: ± gerade, den Blattrand ± erreichend; unterseits: **weißlich, filzig behaart**. Nebenblätter: vorhanden.

In Deutschland kommen *S. aria*, *S. danubialis*, *S. graeca* u. *S. pannonica* vor.

- einheimisch
- collin bis montan
- Gehölze, Wälder, Schutt- u. Felsfluren, Zier- bzw. Nutzpflanze

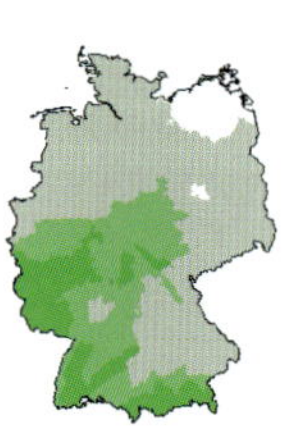

J F M **A M J** J A S O N D

US

Sorbus torminalis (L.) Crantz

Elsbeere *Rosaceae*
∗ K5 C5 A∞ G($\overline{2-5}$)

Bis 15 m hoher Laubbaum, selten strauchförmig. Blütenstand: rispenartig. Blüten: weißlich. Blütenstiele: 10–30 mm lang. Fruchtblätter: mit der fleischig werdenden Blütenachse verwachsen. Früchte: apfelartige Scheinfrüchte, **bräunlich**, punktiert. Fruchtwand: pergamentartig. Blätter: gelappt, **Einschnitte der Blattlappen < 50 % des Spreitenradius tief, Blattlappen spitz, beidseits mit je 3–5 Seitennerven**; unterseits: **frischgrün**, zunächst locker filzig behaart, später verkahlend. Nebenblätter: vorhanden.

- einheimisch
- planar bis montan
- Gehölze, Wälder, Zier- bzw. Nutzpflanze

J F M **A M J J** A S O N D

Sorbus chamaemespilus (L.) Crantz

Zwerg-Mehlbeere *Rosaceae*
∗ K5 C5 A∞ G($\overline{2-5}$)

Strauch, bis 2 m hoch. Blütenstand: rispenartig. Blüten: **weißlich bis rosa**. Blütenstiele: **3–12 mm lang**. Kronblätter: aufrecht. Fruchtblätter: mit der fleischig werdenden Blütenachse verwachsen. Früchte: apfelartige Scheinfrüchte, **rötlich**. Fruchtwand: pergamentartig. Blattstiele: < 1 cm lang. Blätter: **ungeteilt**, basal verschmälert, am Rand einfach bis doppelt gesägt, **beidseits mit je 5–8 Seitennerven**; Seitennerven 1. Ordnung: vor dem Blattrand verzweigt u. den Rand nicht erreichend; unterseits: **blau- bzw. graugrün, kahl bis spärlich behaart**. Nebenblätter: vorhanden.

- einheimisch
- montan bis alpin
- Zwergstrauchheiden, Gehölze, Wälder
- an nährstoffarmen, basenreichen Standorten

J F M A **M J J** A S O N D

Sorbus intermedia (Ehrh.) Pers.

Schwedische Mehlbeere *Rosaceae*
∗ K5 C5 A∞ G($\overline{2-5}$) RL R

Bis 12 m hoher Laubbaum, selten strauchförmig. Blütenstand: rispenartig. Blüten: weißlich. Blütenstiele: 10–30 mm lang. Fruchtblätter: mit der fleischig werdenden Blütenachse verwachsen. Früchte: apfelartige Scheinfrüchte, **rötlich**, punktiert. Fruchtwand: pergamentartig. Blätter: **gelappt, Einschnitte der Blattlappen basal < 30 % des Spreitenradius tief, Zähne mit bräunlicher Drüsenspitze, beidseits mit je 7–9 Seitennerven**; unterseits: **gelblich bis gräulich, filzig behaart**. Nebenblätter: vorhanden.

- einheimisch
- planar bis montan
- Gehölze, Wälder, Zier- bzw. Nutzpflanze

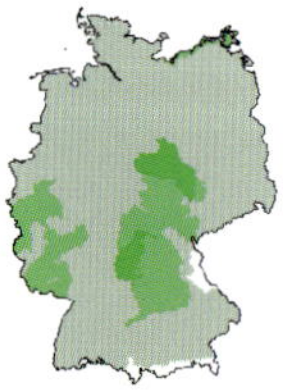

J F M **A M J** J A S O N D

Sorbus subg. *Hedlundia* Májovský & Bernátová

Berg-Mehlbeeren *Rosaceae*
∗ K5 C5 A∞ G($\overline{2-5}$)

Bis 20 m hoch Laubbaum, selten strauchförmig. Blütenstand: rispenartig. Blüten: weißlich. Blütenstiele: 10–30 mm lang. Fruchtblätter: mit der fleischig werdenden Blütenachse verwachsen. Früchte: apfelartige Scheinfrüchte, **rötlich**. Fruchtwand: pergamentartig. Blätter: **ungeteilt, gelappt o. gefiedert**, am Rand einfach bis doppelt gesägt, **Zähne *ohne* Drüsenspitze, beidseits mit je 6–12 Seitennerven**; unterseits: **weißlich, filzig behaart**. Nebenblätter: vorhanden.

In Deutschland kommen ± 9 Arten vor, darunter *S. austriaca*, *S. mougeotii* u. *S. pseudothuringiaca*.

- einheimisch
- collin bis montan
- Zwergstrauchheiden, Gehölze, Wälder, Zier- bzw. Nutzpflanze

J F M **A M J** J A S O N D

US

Sorbus subg. *Karpatiosorbus* Májovský & Bernátová

Karparten-Mehlbeeren *Rosaceae*
$* \; K5 \; C5 \; A\infty \; G(\overline{2-5})$

Baum- o. strauchförmig, bis 20 m hoch. BLÜTENSTAND: rispenartig. BLÜTEN: **weißlich o. rosa**. BLÜTENSTIELE: 10–30 mm lang. FRUCHTBLÄTTER: mit der fleischig werdenden Blütenachse verwachsen. FRÜCHTE: apfelartige Scheinfrüchte, **meist orange o. gelblich-bräunlich**, selten rötlich, meist punktiert. FRUCHTWAND: pergamentartig. BLÄTTER: **meist gelappt, seltener ungeteilt**, Einschnitte der Blattlappen < 20 % des Spreitenradius tief, **Zähne mit bräunlicher Drüsenspitze, beidseits mit je 7–12 Seitennerven**; UNTERSEITS: **gelbgrün o. graugrün bis weißlich, filzig behaart**. NEBENBLÄTTER: vorhanden.

In Deutschland kommen ± 27 Arten vor, u. a. *S. badensis*, *S. decipiens*, *S. franconica* u. *S. latifolia*.

- einheimisch
- planar bis montan
- Gehölze, Wälder

J F M **A M J** J A S O N D

Elaeagnus angustifolia L.

Schmalblättrige Ölweide *Elaeagnaceae*
$* \; [P(4) \; A4] \; G\underline{1}$

Baum- o. strauchförmig, bis 10 m hoch. BLÜTEN: ⚥ **o.** ♂, **gelblich**. FRÜCHTE: **Steinfrüchte**, **eiförmig**, 8–25 mm lang, gelblich bis rötlich. STÄNGEL: **meist mit Dornen**. BLATTSTELLUNG: wechselständig. BLÄTTER: länglich-lanzettlich, Spreite 4–10 cm lang, 6–30 mm breit, **ober- u. unterseits mit silbrigen Schuppenhaaren**, ganzrandig.

- eingebürgerter Neophyt, urspr. aus dem westlichen Zentralasien
- planar bis collin
- Gehölze, Zier- bzw. Nutzpflanze

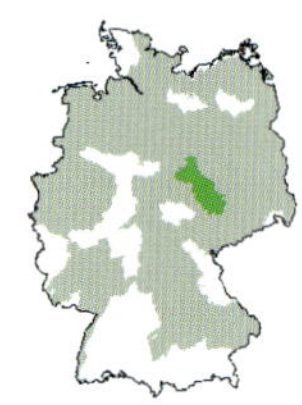

J F M **A M J J** A S O N D

Hippophaë rhamnoides L.

Gewöhnlicher Sanddorn *Elaeagnaceae*
♂ $* \; [P2 \; A4]$ | ♀ $* \; P(5) \; G\underline{1}$

Strauch, bis 5 m hoch. PFLANZEN: **2-häusig**. BLÜTEN: grünlich bis gelblich. ♀ BLÜTEN: Perigonblätter zu becherförmiger Röhre verwachsen. ♂ BLÜTEN: Perigon spelzenartig, allenfalls basal verwachsen. FRÜCHTE: **Steinfrüchte**, kugelig bis kurz-zylindrisch, 5–10 mm lang, **orange**. STÄNGEL: **dornig**. BLATTSTELLUNG: wechselständig. BLÄTTER: länglich-lanzettlich, Spreite 4–10 cm lang, ganzrandig; OBERSEITS: kahl bis spärlich behaart; UNTERSEITS: **mit silbrigen bis orangen Schuppenhaaren**.

Im Gebiet kommen 3 Unterarten vor: subsp. *rhamnoides*, subsp. *carpatica* und subsp. *fluviatilis* (vgl. S. 1430).

- einheimisch
- planar bis collin
- trockenfallende Ufer, Gehölze, Wälder, Dünen, Zier- bzw. Nutzpflanze
- an basenreichen Standorten

J **F M A M J** J A S O N D

Frangula alnus Mill.

Echter Faulbaum *Rhamnaceae*
$* \; K(5) \; C5 \; A5 \; G(\underline{2-3})$ stark giftig

Baum- o. strauchförmig, im Mitteleuropa meist < 6 m hoch. BLÜTEN: weißlich. KRONE: **kürzer als der Kelch**. KRONBLÄTTER: **genagelt**, **die Staubblätter einhüllend**. KELCHBLÄTTER: **kronblattartig**, **weißlich**. GRIFFEL: Griffeläste kurz bis fehlend. FRÜCHTE: Steinfrüchte, **zunächst rötlich, später schwarz**, 2–3-samig. STÄNGEL: ***ohne* Dornen o. Stacheln**. BLATTSTELLUNG: **wechselständig**. BLATTSTIELE: 0,3–2 cm lang. BLÄTTER: ganzrandig, beidseits mit je 5–12 Seitennerven; SEITENNERVEN 1. ORDNUNG: fiedrig verzweigt, der 2. deutlich entwickelte Nerv etwas oberhalb der Spreitenbasis beginnend, bogig.

- einheimisch
- planar bis montan
- Moore u. Seggenriede, Gehölze, Wälder, Zier- bzw. Nutzpflanze
- an feuchten bis nassen, zuweilen überfluteten Standorten

J F M **A M J** J A S O N D

us

us

Rhamnus cathartica L.

Purgier-Kreuzdorn *Rhamnaceae*
∗ K(4) C4 A4 G(4) giftig

Meist strauchförmig, bis 6 m hoch. BLÜTEN: 1-geschlechtig o. ⚥, grünlich bis gelblich. KRONE: selten 5-blättrig. KRONBLÄTTER: *nicht* genagelt. GRIFFEL: Griffeläste meist 4-spaltig. FRÜCHTE: Steinfrüchte, **schwarz**, 2–4-samig. STÄNGEL: aufrecht, **meist dornig**. BLATTSTELLUNG: **zumindest teilweise ± gegenständig**. BLÄTTER: **Spreite 2–10 cm lang**, am Rand stumpf gekerbt, **beidseits mit je 2–5 Seitennerven**; SEITENNERVEN 1. ORDNUNG: fiedrig verzweigt, der 2. deutlich entwickelte Nerv etwas oberhalb der Spreitenbasis beginnend, bogig, zur Spitze gerichtet.

- einheimisch
- planar bis montan
- Gehölze, Wälder, Zier- bzw. Nutzpflanze
- an basenreichen Standorten

J F M **A M J** J A S O N D

Rhamnus pumila Turra

Zwerg-Kreuzdorn *Rhamnaceae*
∗ K(4) C4 A4 G(4) giftig

Zwergstrauch, bis 30 cm hoch. BLÜTEN: 1-geschlechtig o. ⚥, grünlich bis gelblich. KRONE: selten 5-blättrig. KRONBLÄTTER: *nicht* genagelt. GRIFFEL: Griffeläste meist 4-spaltig. FRÜCHTE: Steinfrüchte, **dunkelblau bis schwarz**, oft bereift, 2–4-samig. STÄNGEL: **niederliegend, *ohne* Dornen o. Stacheln**. BLATTSTELLUNG: **wechselständig**. BLÄTTER: **Spreite 1–5 cm lang**, am Rand stumpf gekerbt, **beidseits mit je 3–12 Seitennerven**; SEITENNERVEN 1. ORDNUNG: fiedrig verzweigt, der 2. deutlich entwickelte Nerv etwas oberhalb der Spreitenbasis beginnend, bogig, zur Spitze gerichtet.

- einheimisch
- montan bis alpin
- Zwergstrauchheiden, Schutt- u. Felsfluren, Zier- bzw. Nutzpflanze
- an nährstoffarmen, kalkreichen, meist trockenen Standorten

J F M A **M J J A** S O N D

Rhamnus saxatilis Jacq.

Felsen-Kreuzdorn *Rhamnaceae*
∗ K(4) C4 A4 G(4) giftig

Strauch, 20–150 cm hoch. BLÜTEN: 1-geschlechtig o. ⚥, grünlich bis gelblich. BLÜTENHÜLLE: Krone bei ♀ Blüten oft fehlend. KRONE: selten 5-blättrig. KRONBLÄTTER: *nicht* genagelt. GRIFFEL: Griffeläste meist 4-spaltig. FRÜCHTE: Steinfrüchte, **schwarz**, 2–4-samig. STÄNGEL: aufrecht, **meist dornig**. BLATTSTELLUNG: **zumindest teilweise ± gegenständig**. BLÄTTER: **Spreite 0,8–4 cm lang**, am Rand stumpf gekerbt, **beidseits mit je 2–5 Seitennerven**; SEITENNERVEN 1. ORDNUNG: fiedrig verzweigt, der 2. deutlich entwickelte Nerv etwas oberhalb der Spreitenbasis beginnend, bogig, zur Spitze gerichtet.

- einheimisch
- collin bis montan
- Zwergstrauchheiden, Gehölze, Wälder, Schutt- u. Felsfluren, Zier- bzw. Nutzpflanze
- an nährstoffarmen, kalkreichen, meist trockenen Standorten

J F **M A M J** J A S O N D

Ulmus minor Mill.

Feld-Ulme *Ulmaceae*
∗ P(4–5) A3–6 G(2)

Bis 40 m hoher Laubbaum, selten strauchförmig. BLÜTENSTAND: an vorjährigen Ästen, doldenartig. NARBEN: **rötlich**. FRUCHTSTAND: **aufrecht**. FRÜCHTE: **kurz gestielt**, breit geflügelt, 12–22 mm lang, **kahl**. BLATTSTIELE: **< 0,5 cm lang**. BLÄTTER: basal meist asymmetrisch, **zunächst mit roten Drüsen**, am Rand doppelt gesägt, **kurz zugespitzt**, beidseits mit je 10–22 Seitennerven; SEITENNERVEN 1. ORDNUNG: fiedrig verzweigt, der 2. deutlich entwickelte Nerv etwas oberhalb der Spreitenbasis beginnend, ± gerade, den Blattrand ± erreichend; OBERSEITS: kahl bis spärlich behaart, **± glatt**. WINTERKNOSPEN: schwarz bis bräunlich.

- einheimisch
- planar bis montan
- Gehölze, Wälder, Zier- bzw. Nutzpflanze
- an basenreichen Standorten

J **F M A M** J J A S O N D

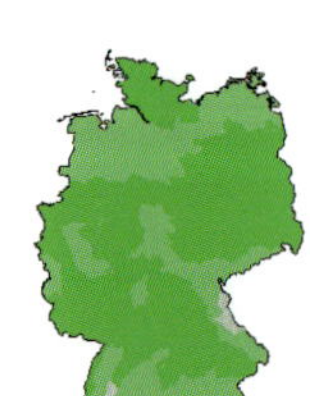

Ulmus glabra Huds.

Berg-Ulme *Ulmaceae*
∗ P(4–8) A3–6 G(2)

Bis 35 m hoher Laubbaum. BLÜTENSTAND: an vorjährigen Ästen, doldenartig. NARBEN: **rötlich.** FRUCHTSTAND: **aufrecht**. FRÜCHTE: **kurz gestielt**, breit geflügelt, 18–35 mm lang, **kahl**. BLATTSTIELE: **< 0,5 cm lang**. BLÄTTER: basal meist asymmetrisch, auch jung *ohne* rote Drüsen, am Rand doppelt gesägt, **lang zugespitzt**, beidseits mit je 6–16 Seitennerven; SEITENNERVEN 1. ORDNUNG: fiedrig verzweigt, der 2. deutlich entwickelte Nerv etwas oberhalb der Spreitenbasis beginnend, ± gerade, den Blattrand ± erreichend; OBERSEITS: behaart, **rau**. WINTERKNOSPEN: schwarz bis bräunlich.

- einheimisch
- planar bis montan
- Wälder, Zier- bzw. Nutzpflanze

J F M A M J J A S O N D

Ulmus laevis Pall.

Flatter-Ulme *Ulmaceae*
∗ P(4–8) A5–8 G(2) RL V

Bis 40 m hoher Laubbaum. BLÜTENSTAND: an vorjährigen Ästen, doldenartig. NARBEN: **weißlich**. FRUCHTSTAND: **überhängend**. FRÜCHTE: **lang gestielt**, breit geflügelt, 8–14 mm lang, **am Rand bewimpert**. BLATTSTIELE: **0,5–2 cm lang**. BLÄTTER: basal meist asymmetrisch, auch jung *ohne* rote Drüsen, am Rand doppelt gesägt, **kurz zugespitzt**, beidseits mit je 10–20 Seitennerven; SEITENNERVEN 1. ORDNUNG: fiedrig verzweigt, der 2. deutlich entwickelte Nerv etwas oberhalb der Spreitenbasis beginnend, ± gerade, den Blattrand ± erreichend; OBERSEITS: kahl bis spärlich behaart, **± glatt**. WINTERKNOSPEN: hellbraun.

- einheimisch
- planar bis collin
- Wälder, Zier- bzw. Nutzpflanze
- an feuchten bis nassen, zuweilen überfluteten Standorten

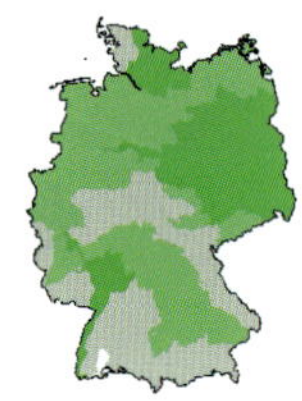

J F M A M J J A S O N D

Cannabis sativa L.

Hanf *Cannabaceae*
♂ ∗ P5 A5 | ♀ ∗ P(5) G(2) giftig

Bis 4 m hoch. PFLANZEN: **1-jährig, meist 2-häusig**. ♀ BLÜTEN: **zu wenigen in den Blattachseln**, Blütenhülle becherförmig verwachsen. ♂ BLÜTEN: **in mehreren Rispen**. FRÜCHTE: **Nüsse, vom bleibenden Perigon umschlossen**. STÄNGEL: aufrecht. BLÄTTER: **gefingert, 5–11-teilig**; SEITENNERVEN 1. ORDNUNG: fiedrig verzweigt, der 2. deutlich entwickelte Nerv etwas oberhalb der Spreitenbasis beginnend.

- in Einbürgerung befindlicher Neophyt, urspr. aus Asien
- planar bis collin
- Staudenfluren, Äcker, Ruderalvegetation, Zier- bzw. Nutzpflanze

J F M A M J J A S O N D

Humulus lupulus L.

Gewöhnlicher Hopfen *Cannabaceae*
♂ ∗ P5 A5 | ♀ ∗ P5 G(2)

Mehrjährige Kletterpflanze, rechtswindend, **meist 2-häusig**. ♀ BLÜTEN: **in eiförmigen Scheinähren**. ♂ BLÜTEN: **in mehreren Rispen**. FRUCHTSTAND: **mit gelben Drüsenhaaren**. FRÜCHTE: **Nüsse, vom bleibenden Perigon umschlossen**. STÄNGEL: **mit kleinen Kletterhaaren**. BLÄTTER: **gebuchtet bis gelappt, meist 3–9-teilig, im Umriss oft herzförmig**; SEITENNERVEN 1. ORDNUNG: fiedrig verzweigt, der 2. deutlich entwickelte Nerv etwas oberhalb der Spreitenbasis beginnend.

- einheimisch
- planar bis montan
- Staudenfluren, Gehölze, Wälder, Ruderalvegetation, Zier- bzw. Nutzpflanze
- an nährstoffreichen, feuchten bis nassen, zuweilen überfluteten Standorten

J F M A M J J A S O N D

Morus alba L.

Weißer Maulbeerbaum *Moraceae*
♂ * P4 A4 | ♀ * P4 G(2)

Baum- o. strauchförmig, bis 10 m hoch. Pflanzen: **mit Milchsaft**, 1-häusig, ♂ Blüten u. ♀ Blüten in getrennten Ähren. Perigonblätter: **kahl**. Fruchtstand: **deutlich gestielt, meist < 2-mal so lang wie der Stiel**. Früchte: **Sammelbeerenfrüchte, weißlich bis hellrot**. Blätter: ungeteilt bis gelappt, oval bis herzförmig, am Rand gezähnt; Seitennerven 1. Ordnung: handförmig verzweigt, mehrere Nerven direkt am Spreitengrund beginnend; oberseits: **kahl bis spärlich behaart, glatt**; unterseits: grünlich, **auf der Fläche kahl**, allenfalls auf den Nerven behaart.

- in Einbürgerung befindlicher Neophyt, urspr. aus Ostasien
- planar bis collin
- Gehölze, Zier- bzw. Nutzpflanze

J F M **A M J** J A S O N D

Morus nigra L.

Schwarzer Maulbeerbaum *Moraceae*
♂ * P4 A4 | ♀ * P4 G(2)

Baum- o. strauchförmig, bis 15 m hoch. Pflanzen: **mit Milchsaft**, 1-häusig, ♂ Blüten u. ♀ Blüten in getrennten Ähren. Perigonblätter: **behaart**. Fruchtstand: **sitzend bis kurz gestielt, meist > 2-mal so lang wie der Stiel**. Früchte: **Sammelbeerenfrüchte, dunkelrot bis schwarz**. Blätter: ungeteilt bis gelappt, oval bis herzförmig, am Rand gezähnt; Seitennerven 1. Ordnung: handförmig verzweigt, mehrere Nerven direkt am Spreitengrund beginnend; oberseits: **behaart, rau**; unterseits: grünlich, **behaart**.

- in Einbürgerung befindlicher Neophyt, urspr. aus Westasien
- planar bis collin
- Gehölze, Zier- bzw. Nutzpflanze

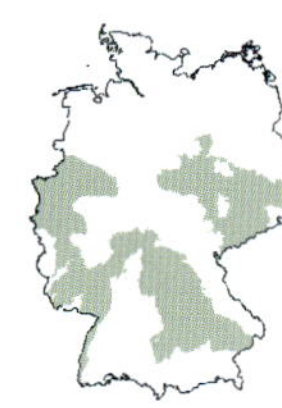

J F M **A M J** J A S O N D

Parietaria judaica L.

Ausgebreitetes Glaskraut *Urticaceae*
* P2–5 A4 G1

Bis 40 cm hoch. Pflanzen: **mehrjährig**. Blütenstand: knäuelig, **dichtblütig, ≥ 5-blütig**. Tragblätter der Blüten: **basal verwachsen, kürzer o. wenig länger als die Blüten**. Blüten: 1-geschlechtig *und* ⚥. Perigonblätter: allenfalls basal verwachsen. Früchte: Nüsse, **schwarz**. Stängel: **oft niederliegend o. kletternd, meist stark verzweigt**, *ohne* Brennhaare. Blätter: ungeteilt, **Spreite 2–8 cm lang**, ganzrandig. Nebenblätter: fehlen.

- Archaeophyt
- planar bis montan
- Schutt- u. Felsfluren, Ruderalvegetation, an Mauern, Zier- bzw. Nutzpflanze
- an basenreichen Standorten

J F M A **M J J A S O** N D

Parietaria officinalis L.

Aufrechtes Glaskraut *Urticaceae*
* P2–5 A4 G1 RL V

30–100 cm hoch. Pflanzen: **mehrjährig**. Blütenstand: knäuelig, **dichtblütig, ≥ 5-blütig**. Tragblätter der Blüten: **frei, kürzer o. wenig länger als die Blüten**. Blüten: 1-geschlechtig *und* ⚥. Perigonblätter: allenfalls basal verwachsen. Früchte: Nüsse, **schwarz**. Stängel: **aufrecht, nicht bis wenig verzweigt**, *ohne* Brennhaare. Blätter: ungeteilt, **Spreite 8–20 cm lang**, ganzrandig. Nebenblätter: fehlen.

- Archaeophyt
- planar bis collin
- Staudenfluren, Gehölze, Ruderalvegetation, an Mauern, Zier- bzw. Nutzpflanze

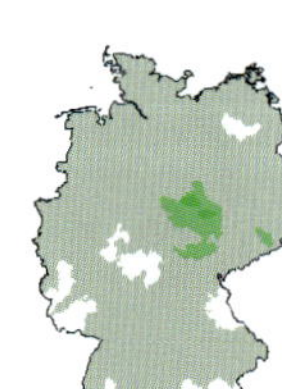

J F M A **M J J A S O** N D

us

us

Parietaria pensylvanica Willd.

Pennsylvanisches Glaskraut *Urticaceae*
∗ P2–5 A4 G$\underline{1}$

20–80 cm hoch. PFLANZEN: **1-jährig**. BLÜTENSTAND: knäuelig, **lockerblütig, meist ≤ 5-blütig**. TRAGBLÄTTER DER BLÜTEN: **deutlich länger als die Blüten**. BLÜTEN: 1-geschlechtig *und* ⚥. PERIGONBLÄTTER: allenfalls basal verwachsen. FRÜCHTE: Nüsse, **bräunlich**. STÄNGEL: **aufrecht**, *ohne* Brennhaare. BLÄTTER: ungeteilt, ganzrandig. NEBENBLÄTTER: fehlen.

- eingebürgerter Neophyt, urspr. aus Nordamerika
- planar
- Staudenfluren, Äcker, Ruderalvegetation, Zier- bzw. Nutzpflanze
- an nährstoffreichen Standorten

J F M **A M J J A S O N D**

Urtica dioica L.

Große Brennnessel *Urticaceae*
♂ ∗ P4 A4 | ♀ ∗ P(2–5) G$\underline{1}$ kann Hautreizungen verursachen

30–200 cm hoch. PFLANZEN: **mehrjährig, 2-häusig**. BLÜTENSTAND: rispenartig, länger als der Stiel des Tragblattes. PERIGONBLÄTTER: basal zuweilen kurz verwachsen. STÄNGEL: **aufrecht**. BLATTSTELLUNG: gegenständig. BLÄTTER: ungeteilt, meist herzförmig bis 3-eckig, am Rand grob gesägt, **lang zugespitzt**. UNTERE STÄNGELBLÄTTER: **Spreite 4–18 cm lang**. OBERE STÄNGELBLÄTTER: **Nebenblätter frei**.

subsp. *dioica* (Große Brennnessel): BLÜTENSTAND: unterster Teilblütenstand unterhalb des 15. Knotens. STÄNGEL: mit Brennhaaren *und* mit kürzeren Borstenhaaren. BLÄTTER: dunkelgrün, mit Brennhaaren.
subsp. *subinermis* (Auen-Brennnessel): an Ufern u. in Auwäldern. BLÜTENSTAND: unterster Teilblütenstand oberhalb des 13. Knotens. STÄNGEL U. BLÄTTER: *ohne* Brennhaare. BLÄTTER: gelbgrün.

- einheimisch
- planar bis subalpin
- Staudenfluren, Gehölze, Wälder, Ruderalvegetation, an Mauern, Zier- bzw. Nutzpflanze
- an nährstoffreichen Standorten

J F M A M **J J A S O** N D

Urtica kioviensis Rogow.

Röhricht-Brennnessel *Urticaceae*
♂ ∗ P4 A4 | ♀ ∗ P(2–5) G$\underline{1}$ kann Hautreizungen verursachen

60–200 cm hoch. PFLANZEN: **mehrjährig, 1-häusig**. BLÜTENSTAND: rispenartig, länger als der Stiel des Tragblattes. PERIGONBLÄTTER: basal zuweilen kurz verwachsen. STÄNGEL: **basal oft niederliegend, *nur* mit (wenigen) Brennhaaren**. BLATTSTELLUNG: gegenständig. BLÄTTER: ungeteilt, meist herzförmig bis 3-eckig, am Rand grob gesägt, **lang zugespitzt**. UNTERE STÄNGELBLÄTTER: **Spreite 4–18 cm lang**. OBERE STÄNGELBLÄTTER: **Nebenblätter bis über die Mitte miteinander verwachsen**.

- einheimisch
- planar
- Gewässer, Röhrichte, Zier- bzw. Nutzpflanze
- an nassen, zuweilen überfluteten Standorten

J F M A M **J J A** S O N D

Urtica urens L.

Kleine Brennnessel *Urticaceae*
♂ ∗ P4 A4 | ♀ ∗ P(2–5) G$\underline{1}$ kann Hautreizungen verursachen

10–60 cm hoch. PFLANZEN: **1-jährig, 1-häusig**. BLÜTENSTAND: rispenartig, **kürzer als der Stiel des Tragblattes**. PERIGONBLÄTTER: basal zuweilen kurz verwachsen. STÄNGEL: mit Brennhaaren. BLATTSTELLUNG: gegenständig. BLÄTTER: ungeteilt, meist oval, am Rand grob gesägt, **distal abgerundet bis kurz zugespitzt**. NEBENBLÄTTER: vorhanden. UNTERE STÄNGELBLÄTTER: **Spreite 1–5 cm lang**.

- Archaeophyt
- planar bis montan
- Staudenfluren, Äcker, Ruderalvegetation, Zier- bzw. Nutzpflanze
- an nährstoffreichen Standorten

J F M A **M J J A S O** N D

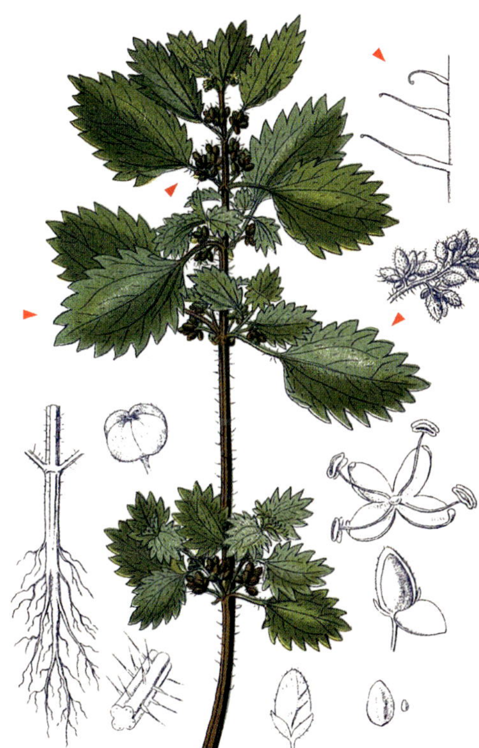

Castanea sativa Mill.

Ess-Kastanie *Fagaceae*
♂ ∗ P6 A8–12 | ♀ ∗ P6 G($\overline{4-8}$)

Bis 40 m hoher Laubbaum. Pflanzen: 1-häusig. Blütenhülle: unscheinbar. ♀ Blüten: in (reduzierten) Dichasien, meist zu 3. ♂ Blüten: **in aufrechten Kätzchen**. Fruchthülle: **stachelig, 2–3 Früchte umschließend**. Früchte: (Kastanien), kugelig, meist breiter als lang. Blätter: ***vor* den Blüten erscheinend**, ungeteilt, länglich bis lanzettlich, Spreite 10–30 cm lang, **am Rand stachelspitzig**; Seitennerven 1. Ordnung: ± gerade, den Blattrand ± erreichend; oberseits: dunkelgrün, glänzend; unterseits: frischgrün.

- Archaeophyt
- planar bis montan
- Wälder, Zier- bzw. Nutzpflanze

J F M A **M J J** A S O N D

Fagus sylvatica L.

Gewöhnliche Buche *Fagaceae*
♂ ∗ P5–6 A4–15 | ♀ ∗ P6 G($\overline{3}$) schwach giftig

Bis 35 m hoher Laubbaum. Pflanzen: 1-häusig. Blütenhülle: unscheinbar. ♀ Blüten: in (reduzierten) Dichasien, meist zu 2. ♂ Blüten: **in kugeligen bis kurz-zylindrischen Kätzchen**. Fruchthülle: **stachelig, 2 Früchte umschließend**. Früchte: Nüsse (Bucheckern), länglich-eiförmig, **im QS scharf 3-kantig**. Rinde: **bleibend, gräulich, glatt**. Blätter: *gleichzeitig* mit den Blüten erscheinend, ungeteilt, Spreite 3–12 cm lang, **ganzrandig**, selten mit wenigen kleinen Zähnen; Seitennerven 1. Ordnung: ± gerade, den Blattrand ± erreichend; unterseits: grünlich.

- einheimisch
- planar bis montan
- Wälder, Zier- bzw. Nutzpflanze

J F **M A M J** J A S O N D

Quercus: 1-häusige windbestäubte Laubbäume. Blütenhülle: unscheinbar. ♀ Blüten: einzeln oder zu wenigen. ♂ Blüten: in hängenden länglichen ährenartigen Blütenständen (Kätzchen). Früchte: Nüsse (Eicheln), an der Basis von einer verholzten, becherförmigen mit Schuppenblättern bedeckten Fruchthülle umgeben. Blätter: ungeteilt, meist buchtig oder gelappt, zumindest einige Buchten zwischen den Blattlappen sind abgerundet.

Quercus frainetto Ten.

Ungarische Eiche *Fagaceae*
♂ ∗ P6–8 A6–10 | ♀ ∗ P6 G($\overline{3}$) giftig

Bis 40 m hoher Laubbaum. Fruchtstand: aus 2–4 Eicheln bestehend, **sitzend o. < 2 cm lang gestielt**. Fruchthülle: **1 Frucht basal zu 30–50 % umschließend**. Blattstiele: < 1 cm lang. Blätter: beidseits je 6–10-lappig, Einschnitte der Blattlappen < 50 % des Spreitenradius tief, Spreite 10–20 cm lang, basal meist abgerundet bis keilförmig verschmälert; oberseits: zunächst behaart, später verkahlend; unterseits: **mit kurzen Sternhaaren**.

- in Einbürgerung befindlicher Neophyt, urspr. aus Südosteuropa
- planar bis collin
- Wälder, Zier- bzw. Nutzpflanze

J F M **A M J J** A S O N D

Quercus petraea (Matt.) Liebl.

Trauben-Eiche *Fagaceae*
♂ ∗ P6–8 A6–10 | ♀ ∗ P6 G($\overline{3}$) giftig

Bis 35 m hoher Laubbaum. Fruchtstand: aus 2–5 Eicheln bestehend, **sitzend o. < 2 cm lang gestielt**. Fruchthülle: **1 Frucht basal zu < 30 % umschließend**, kahl. Jungtriebe: kahl bis spärlich behaart. Blattstiele: 1–3 cm lang, kahl bis spärlich behaart. Blätter: beidseits je 5–10-lappig, Spreite 8–12 cm lang, **basal meist abgerundet bis keilförmig verschmälert (meist symmetrisch)**; oberseits: kahl; unterseits: **mit kurzen Sternhaaren**. Nebenblätter: früh abfallend.

- einheimisch
- planar bis montan
- Wälder, Schutt- u. Felsfluren, Zier- bzw. Nutzpflanze

J F M **A M J** J A S O N D

Quercus pubescens Willd.

Flaum-Eiche *Fagaceae*
♂ ∗ P6–8 A6–10 | ♀ ∗ P6 G($\overline{3}$) giftig RL 3

Bis 20 m hoher Laubbaum. FRUCHTSTAND: aus 2–4 Eicheln bestehend, **sitzend bis kurz gestielt**. FRUCHTHÜLLE: **1 Frucht basal zu 30–50 % umschließend**, **filzig behaart**. JUNGTRIEBE: **dicht filzig behaart**. BLATTSTIELE: < 1,5 cm lang, **dicht behaart**. BLÄTTER: beidseits je 4–8-lappig, Spreite 5–12 cm lang; OBERSEITS: zunächst behaart, später verkahlend; UNTERSEITS: **oft mit längeren krausen Haaren**. NEBENBLÄTTER: früh abfallend.

- einheimisch
- planar bis montan
- Gehölze, Wälder, Schutt- u. Felsfluren, Zier- bzw. Nutzpflanze
- an basenreichen, meist trockenen Standorten

J F M **A M J** J A S O N D

Quercus robur L.

Stiel-Eiche *Fagaceae*
♂ ∗ P6–8 A6–10 | ♀ ∗ P6 G($\overline{3}$) giftig

Bis 35 m hoher Laubbaum. FRUCHTSTAND: aus 2–4 Eicheln bestehend, **2–6 cm lang gestielt**. FRUCHTHÜLLE: **1 Frucht basal zu < 30 % umschließend**, kahl. JUNGTRIEBE: kahl bis spärlich behaart. BLATTSTIELE: 0,1–0,7 cm lang, kahl bis spärlich behaart. BLÄTTER: beidseits je 4–6-lappig, Spreite 5–12 cm lang, **basal meist ausgerandet bis geöhrt (oft asymmetrisch)**; OBERSEITS: kahl; UNTERSEITS: **kahl**. NEBENBLÄTTER: früh abfallend.

- einheimisch
- planar bis montan
- Wälder, Zier- bzw. Nutzpflanze

J F M **A M J** J A S O N D

Quercus palustris Münchh.

Sumpf-Eiche *Fagaceae*
♂ ∗ P6–8 A6–10 | ♀ ∗ P6 G($\overline{3}$) giftig

Bis 30 m hoher Laubbaum. FRUCHTSTAND: aus 1–4 Eicheln bestehend, **sitzend o. < 2 cm lang gestielt**. FRUCHTHÜLLE: **1 Frucht basal zu < 30 % umschließend**. BLATTSTIELE: < 6 cm lang. BLÄTTER: beidseits je 2–5-lappig, Einschnitte der Blattlappen > 50 % des Spreitenradius tief, Spreite bis 15 cm lang, **basal gerade bis keilförmig verschmälert, am Rand spitz gesägt**; OBERSEITS: **glänzend**, kahl; UNTERSEITS: grünlich, schwach glänzend, **auf der Fläche kahl, in den Nervenwinkeln meist behaart**. BLATTLAPPEN: **meist in 2–3 Spitzen ausgezogen**.

- in Einbürgerung befindlicher Neophyt, urspr. aus Nordamerika
- planar bis collin
- Wälder, Zier- bzw. Nutzpflanze

J F M **A M J** J A S O N D

Quercus rubra L.

Rot-Eiche *Fagaceae*
♂ ∗ P6–8 A6–10 | ♀ ∗ P6 G($\overline{3}$) giftig

Bis 35 m hoher Laubbaum. FRUCHTSTAND: **sitzend o. < 2 cm lang gestielt**. FRUCHTHÜLLE: **1 Frucht basal zu < 30 % umschließend**, kahl. BLATTSTIELE: < 5 cm lang. BLÄTTER: beidseits je 4–7-lappig, Spreite 10–25 cm lang, **basal gerade bis keilförmig verschmälert, am Rand spitz gesägt**; OBERSEITS: dunkelgrün, **matt**, kahl; UNTERSEITS: frischgrün bis graugrün, matt, **auf der Fläche kahl, in den Nervenwinkeln meist behaart**. BLATTLAPPEN: **meist in 2–3 Spitzen ausgezogen**.

- eingebürgerter Neophyt, urspr. aus Nordamerika
- planar bis montan
- Wälder, Zier- bzw. Nutzpflanze

J F M **A M J** J A S O N D

Quercus cerris L.

Zerr-Eiche *Fagaceae*
♂ ∗ P6–8 A6–10 | ♀ ∗ P6 G($\overline{3}$) giftig

Bis 40 m hoher Laubbaum. FRUCHTSTAND: **Früchte meist einzeln**, selten zu zweit, **sitzend o. < 2 cm lang gestielt**. FRUCHTHÜLLE: **stachelig**, **1 Frucht basal 30–80 % umschließend**, **filzig behaart**. BLATTSTIELE: < 2 cm lang, **dicht behaart**. BLÄTTER: beidseits je 4–12-lappig, Spreite 6–12 cm lang, basal meist abgerundet bis keilförmig verschmälert; OBERSEITS: zunächst behaart, später verkahlend; UNTERSEITS: **mit kurzen Sternhaaren**. NEBENBLÄTTER: **lange erhaltend bleibend**.

- in Einbürgerung befindlicher Neophyt, urspr. aus Südosteuropa
- planar bis collin
- Wälder, Zier- bzw. Nutzpflanze

J F **M A M** J J A S O N D

Myrica gale L.

Moor-Gagel *Myricaceae*
♂ ∗ A2–8 | ♀ ∗ G($\underline{2}$) giftig RL 3

Strauch, bis 2,5 m hoch. PFLANZEN: **meist 2-häusig**. BLÜTENSTAND: **ährenartig (Kätzchen)**, aufrecht-abstehend. STAUBBLÄTTER: **meist 3–5**. ♀ BLÜTEN: Teilblütenstände dichasial. ♂ BLÜTEN: in hängenden Kätzchen. FRÜCHTE: Nüsse, geschnäbelt, **gelbdrüsig**. STÄNGEL: aufrecht. SEITENÄSTE: dunkelbraun. BLÄTTER: ***nach* den Blüten erscheinend**, **stark aromatisch riechend**, lanzettlich bis spatelförmig, Spreite 3–8 cm lang, 5–20 mm breit, **basal keilförmig verschmälert**, **drüsig behaart**, am Rand gezähnt, im unteren Drittel ganzrandig.

- einheimisch
- planar
- Moore u. Seggenriede, Gehölze, Wälder, Zier- bzw. Nutzpflanze
- an nährstoffarmen, sauren, nassen Standorten

J F **M A M** J J A S O N D

Juglans nigra L.

Schwarznuss *Juglandaceae*
♂ ∗ P3–6 A6–30 | ♀ ∗ P4 G($\overline{2}$) schwach giftig

Bis 30 m hoher Laubbaum. PFLANZEN: 1-häusig. BLÜTENHÜLLE: unscheinbar. ♀ BLÜTEN: in (reduzierten) Dichasien, zu 2–3, am Ende der Äste. ♂ BLÜTEN: **in hängenden Kätzchen**, Blüten mit 1 Tragblatt u. 2 Vorblättern. FRUCHTHÜLLE: **dick**, **faserig**, **rau bis höckrig**, meist grünlich. FRÜCHTE: Nüsse (Walnüsse). BLÄTTER: **unpaarig gefiedert**, Endfieder zuweilen fehlend, **11-25-teilig**, aromatisch riechend. FIEDERBLÄTTCHEN: **am Rand gesägt**.

- in Einbürgerung befindlicher Neophyt, urspr. aus Nordamerika
- planar bis collin
- Wälder, Zier- bzw. Nutzpflanze
- an kalkreichen Standorten

J F M **A M J** J A S O N D

Juglans regia L.

Echte Walnuss *Juglandaceae*
♂ ∗ P3–6 A15–50 | ♀ ∗ P4 G($\overline{2}$) schwach giftig

Bis 30 m hoher Laubbaum. PFLANZEN: 1-häusig. BLÜTENHÜLLE: unscheinbar. ♀ BLÜTEN: in (reduzierten) Dichasien, zu 2–3, am Ende der Äste. ♂ BLÜTEN: **in hängenden Kätzchen**, Blüten mit 1 Tragblatt u. 2 Vorblättern. FRUCHTHÜLLE: **dick**, **faserig**, **glatt**, meist grünlich-gelblich. FRÜCHTE: Nüsse (Walnüsse). BLÄTTER: **unpaarig gefiedert**, Endfieder zuweilen fehlend, **7–11-teilig**, aromatisch riechend. FIEDERBLÄTTCHEN: ± **ganzrandig**, zumindest basal *ohne* Zähne.

- Archaeophyt
- planar bis montan
- Wälder, Zier- bzw. Nutzpflanze
- an basenreichen Standorten

J F M **A M J** J A S O N D

US

Alnus glutinosa (L.) Gaertn.

Schwarz-Erle *Betulaceae*
♂ ∗ P(4) A4 | ♀ ∗ G($\overline{2}$)

Bis 35 m hoher Laubbaum. PFLANZEN: 1-häusig. BLÜTENHÜLLE: bei ♀ fehlend, bei ♂ aus unscheinbarem Perigon. ♀ BLÜTEN: in ährenartigen Blütenständen (Kätzchen), Kätzchen zu 3–5. Teilblütenstände dichasial. ♂ BLÜTEN: in hängenden, **gestielten** Kätzchen. FRUCHTSTAND: zapfenartig, verholzt. FRÜCHTE: in der Achsel von 4–5-lappigen verholzenden Schuppen, geflügelt. BLÄTTER: ***lange nach* den Blüten erscheinend**, spatelförmig bis oval, **am Rand seicht (doppelt) gesägt, distal meist abgerundet o. seicht ausgerandet, beidseits mit je 5–8 Seitennerven**; OBERSEITS: kahl. WINTERKNOSPEN: klebrig.

- einheimisch
- planar bis montan
- Moore u. Seggenriede, Wälder, Zier- bzw. Nutzpflanze
- an nassen, zuweilen überfluteten, auch salzhaltigen Standorten

J **F M A** M J J A S O N D

Alnus incana (L.) Moench

Grau-Erle *Betulaceae*
♂ ∗ P(4) A4 | ♀ ∗ G($\overline{2}$)

Meist baumförmig, bis 30 m hoch. PFLANZEN: 1-häusig. BLÜTENHÜLLE: bei ♀ fehlend, bei ♂ aus unscheinbarem Perigon. ♀ BLÜTEN: in ährenartigen Blütenständen (Kätzchen), Kätzchen zu 3–5. Teilblütenstände dichasial. ♂ BLÜTEN: in hängenden, **gestielten** Kätzchen. FRUCHTSTAND: zapfenartig, verholzt. FRÜCHTE: in der Achsel von 4–5-lappigen verholzenden Schuppen, geflügelt. BLÄTTER: ***lange nach* den Blüten erscheinend**, oval, am Rand spitz doppelt gesägt, **zugespitzt**, **beidseits mit je 8–15 Seitennerven**; UNTERSEITS: zunächst filzig behaart, später verkahlend. WINTERKNOSPEN: *nicht* klebrig.

Im Gebiet kommen 2 Unterarten vor: subsp. *incana* und subsp. *rugosa* (vgl. S. 1430).

- einheimisch
- planar bis montan
- Wälder, Zier- bzw. Nutzpflanze
- an basenreichen, feuchten, zuweilen überfluteten Standorten

J **F M A M** J J A S O N D

Alnus viridis (Chaix) DC.

Grün-Erle *Betulaceae*
♂ ∗ P(4) A4 | ♀ ∗ G($\overline{2}$)

Bis 4 m hoher Strauch, selten baumförmig, 1-häusig. BLÜTENHÜLLE: bei ♀ fehlend, bei ♂ aus unscheinbarem Perigon. ♀ BLÜTEN: in ährenartigen Blütenständen (Kätzchen), Kätzchen zu 3–5. Teilblütenstände dichasial. ♂ BLÜTEN: in hängenden, **sitzenden** Kätzchen. FRUCHTSTAND: zapfenartig, verholzt. FRÜCHTE: in der Achsel von 4–5-lappigen verholzenden Schuppen, geflügelt. BLÄTTER: ***gleichzeitig* mit den Blüten erscheinend**, am Rand spitz doppelt gesägt, zugespitzt, **beidseits mit je ≤ 8 Seitennerven**; UNTERSEITS: **kahl**.

- einheimisch
- collin bis subalpin
- Gehölze, Wälder, Schutt- u. Felsfluren, Zier- bzw. Nutzpflanze
- an nährstoffreichen Standorten

J F **M A M J J** A S O N D

Betula humilis Schrank

Niedrige Birke *Betulaceae*
♂ ∗ P(3–4) A2 | ♀ ∗ G($\overline{2}$) RL 2

Strauch, 50–200 cm hoch. PFLANZEN: 1-häusig. BLÜTENHÜLLE: bei ♀ fehlend, bei ♂ aus unscheinbarem Perigon. STAUBBEUTEL: 2-teilig. ♀ BLÜTEN: in ährenartigen Blütenständen (Kätzchen), Kätzchen einzeln, Teilblütenstände dichasial. ♂ BLÜTEN: in aufrechten Kätzchen, Blütenhülle mit unscheinbarem Perigon. FRÜCHTE: in der Achsel von 3-lappigen Schuppen, geflügelt. SEITENÄSTE: **drüsig behaart**. BLATTSTIELE: 0,1–0,6 cm lang. BLÄTTER: **oval bis rundlich**, **Spreite 1–3 cm lang**, **länger als breit**, am Rand meist spitz gesägt, **beidseits mit je 4–6 Seitennerven**.

- einheimisch
- collin bis montan
- Moore u. Seggenriede, Gehölze, Wälder
- an nährstoffarmen, nassen Standorten

J F **M A M J** J A S O N D

US

Betula nana L.

Zwerg-Birke *Betulaceae*
♂ * P(3–4) A2 | ♀ * G($\overline{2}$) RL 1 § BNatG b

Zwergstrauch, 30–80 cm hoch. PFLANZEN: 1-häusig. BLÜTENHÜLLE: bei ♀ fehlend, bei ♂ aus unscheinbarem Perigon. STAUBBEUTEL: 2-teilig. ♀ BLÜTEN: in ährenartigen Blütenständen (Kätzchen), Kätzchen einzeln, Teilblütenstände dichasial. ♂ BLÜTEN: in aufrechten Kätzchen, Blütenhülle mit unscheinbarem Perigon. FRÜCHTE: in der Achsel von 3-lappigen Schuppen, geflügelt. SEITENÄSTE: **samtartig behaart**. BLATTSTIELE: 0,1–0,6 cm lang. BLÄTTER: **rundlich, Spreite 0,4–1,2 cm lang**, breiter als lang, am Rand meist stumpf gekerbt, spitz, **beidseits mit je 2–4 Seitennerven**.

- einheimisch
- collin bis subalpin
- Moore u. Seggenriede, Wälder, Gehölze, Zier- bzw. Nutzpflanze
- an nährstoffarmen, sauren, nassen Standorten

J F M A M J J A S O N D

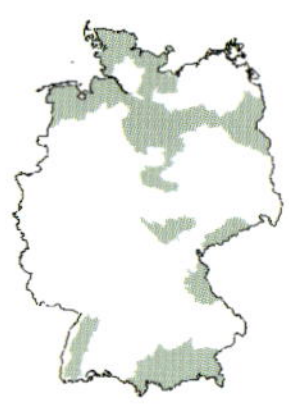

Betula pendula Roth

Hänge-Birke *Betulaceae*
♂ * P(3–4) A2 | ♀ * G($\overline{2}$)

Bis 25 m hoher Laubbaum. PFLANZEN: 1-häusig. BLÜTENHÜLLE: bei ♀ fehlend, bei ♂ aus unscheinbarem Perigon. STAUBBEUTEL: 2-teilig. ♀ BLÜTEN: in ährenartigen Blütenständen (Kätzchen), Kätzchen einzeln, Teilblütenstände dichasial. ♂ BLÜTEN: in hängenden Kätzchen, Blütenhülle mit unscheinbarem Perigon. FRÜCHTE: in der Achsel von 3-lappigen Schuppen, geflügelt. RINDE: **weißlich**, querrissig. SEITENÄSTE: **in der Krone herabhängend, dicht warzig**, harzig, **früh verkahlend**. BLATTSTIELE: 0,8–3,5 cm lang. BLÄTTER: **rautenförmig bis 3-eckig**, Spreite 2,5–8 cm lang, am Rand spitz gesägt.

- einheimisch
- planar bis montan
- Moore u. Seggenriede, Gehölze, Wälder, Zier- bzw. Nutzpflanze

J F M A M J J A S O N D

Betula pubescens Ehrh.

Moor-Birke *Betulaceae*
♂ * P(3–4) A2 | ♀ * G($\overline{2}$)

Bis 25 m hoher Laubbaum. PFLANZEN: 1-häusig. BLÜTENHÜLLE: bei ♀ fehlend, bei ♂ aus unscheinbarem Perigon. STAUBBEUTEL: 2-teilig. ♀ BLÜTEN: in ährenartigen Blütenständen (Kätzchen), Kätzchen einzeln, Teilblütenstände dichasial. ♂ BLÜTEN: in hängenden Kätzchen, Blütenhülle mit unscheinbarem Perigon. FRÜCHTE: in der Achsel von 3-lappigen Schuppen, geflügelt. RINDE: **gelblich-weißlich bis rötlich-bräunlich**, querrissig. SEITENÄSTE: **in der Krone aufrecht-abstehend, kaum warzig**. BLATTSTIELE: 0,8–3,5 cm lang. BLÄTTER: **rautenförmig bis 3-eckig**, Spreite 2,5–6 cm lang, am Rand spitz gesägt.

- einheimisch
- planar bis subalpin
- Moore u. Seggenriede, Gehölze, Wälder, Zier- bzw. Nutzpflanze
- an nährstoffarmen, sauren, feuchten bis nassen Standorten

J F M A M J J A S O N D

Carpinus betulus L.

Hainbuche *Betulaceae*
♂ * A4–12 | ♀ * P(2–4) G($\overline{2}$)

Bis 20 m hoher Laubbaum, selten strauchförmig, 1-häusig. BLÜTENHÜLLE: bei ♀ aus unscheinbarem Perigon, bei ♂ fehlend. NARBEN: rötlich. ♀ BLÜTEN: Teilblütenstände dichasial, Blütenhülle meist verwachsen, Perigon unscheinbar. ♂ BLÜTEN: in hängenden Kätzchen. FRUCHTHÜLLE: **flach bis gewölbt, 3-lappig, die Frucht nur basal bedeckend**. RINDE: **bleibend, gräulich, meist mit Längswülsten**. JUNGTRIEBE: **spärlich behaart**. BLÄTTER: in Knospenlage am Mittelnerv *und* an den Seitennerven gefaltet, *gleichzeitig* mit den Blüten erscheinend, länglich bis oval, am Rand spitz doppelt gesägt, zugespitzt; OBERSEITS: kahl.

- einheimisch
- planar bis montan
- Gehölze, Wälder, Zier- bzw. Nutzpflanze

J F M A M J J A S O N D

Ostrya carpinifolia Scop.

Hopfenbuche *Betulaceae*
♂ ∗ A3–14 | ♀ ∗ P(2–4) G($\bar{2}$)

Bis 25 m hoher Laubbaum, selten strauchförmig, 1-häusig. BLÜTENHÜLLE: bei ♀ aus unscheinbarem Perigon, bei ♂ fehlend. ♀ BLÜTEN: Teilblütenstände dichasial, Blütenhülle meist verwachsen, Perigon unscheinbar. ♂ BLÜTEN: in hängenden Kätzchen. FRUCHTHÜLLE: **sack- bis becherförmig, ± ganzrandig, die Frucht vollständig einhüllend**. FRÜCHTE: Nüsse. BORKE: **längsrissig**. BLÄTTER: in Knospenlage nur am Mittelnerv gefaltet, *gleichzeitig* mit den Blüten erscheinend, länglich bis oval, am Rand spitz doppelt gesägt; OBERSEITS: kahl.

- in Einbürgerung befindlicher Neophyt, urspr. aus Südeuropa
- planar bis collin
- Wälder, Zier- bzw. Nutzpflanze

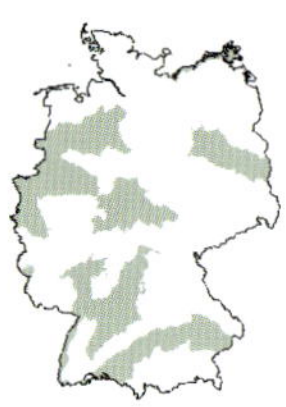

J F **M A M J** J A S O N D

Corylus avellana L.

Gewöhnliche Hasel *Betulaceae*
♂ ∗ A4 | ♀ ∗ P(2–4) G($\bar{2}$)

Bis 12 m hoher Strauch, selten baumförmig, 1-häusig. BLÜTENHÜLLE: bei ♀ aus unscheinbarem Perigon, bei ♂ fehlend. ♀ BLÜTEN: **klein, knospenförmig**, Teilblütenstände dichasial, **sitzend**, Blütenhülle meist verwachsen, Perigon unscheinbar. ♂ BLÜTEN: in hängenden Kätzchen. FRUCHTHÜLLE: **sack- bis becherförmig, zerschlitzt, die Frucht nur basal bedeckend**. FRÜCHTE: Nüsse (Haselnüsse). JUNGTRIEBE: **rotdrüsig**. BLATTSTIELE: **rotdrüsig**. BLÄTTER: in Knospenlage nur am Mittelnerv gefaltet, *lange nach* den Blüten erscheinend, rundlich-oval bis herzförmig, beidseits behaart, am Rand spitz doppelt gesägt.

- einheimisch
- planar bis montan
- Gehölze, Wälder, Zier- bzw. Nutzpflanze

J **F M A M** J J A S O N D

Bryonia alba L.

Weiße Zaunrübe *Cucurbitaceae*
♂ ∗ K(5) C(5) A(5) | ♀ ∗ K(5) C(5) G($\bar{3}$) stark giftig RL V

Mehrjährige Kletterpflanze. PFLANZEN: meist mit unverzweigten Ranken, 1-häusig. BLÜTEN: **meist < 20 mm ⌀**, weißlich *oder* gelblich-grünlich. KRONE: **± so lang wie der Kelch**. ♀ BLÜTEN: in trauben- bis doldenartigen Blütenständen. FRÜCHTE: Beeren mit harter, verdickter Fruchtwand, ± kugelig, **0,5–1,2 cm ⌀, schwarz**. BLÄTTER: gelappt, 3–7-teilig, herzförmig, **am Rand meist grob spitz gesägt**. BLATTLAPPEN: **der mittlere deutlich länger als die seitlichen**.

- Archaeophyt
- planar bis collin
- Staudenfluren, Gehölze, Ruderalvegetation, an Mauern, Zier- bzw. Nutzpflanze

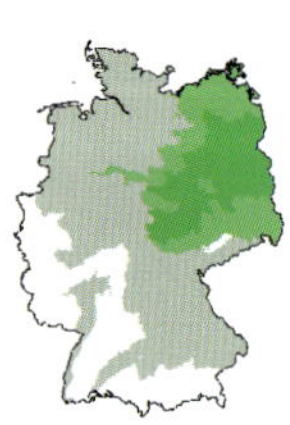

J F M A **M J J A** S O N D

Bryonia dioica Jacq.

Rotbeerige Zaunrübe *Cucurbitaceae*
♂ ∗ K(5) C(5) A(5) | ♀ ∗ K(5) C(5) G($\bar{3}$) stark giftig

Mehrjährige Kletterpflanze. PFLANZEN: meist mit unverzweigten Ranken, 2-häusig. BLÜTEN: **meist < 20 mm ⌀**, weißlich *oder* gelblich-grünlich. KRONE: **± 2-mal so lang wie der Kelch**. ♀ BLÜTEN: in trauben- bis doldenartigen Blütenständen. FRÜCHTE: Beeren mit harter, verdickter Fruchtwand, ± kugelig, **0,5–1,2 cm ⌀, rötlich**. BLÄTTER: gelappt, 3–7-teilig, herzförmig, **am Rand ganzrandig bis stumpf gekerbt**. BLATTLAPPEN: **der mittlere kaum länger als die seitlichen**.

- einheimisch
- planar bis montan
- Staudenfluren, Gehölze, Ruderalvegetation, an Mauern, Zier- bzw. Nutzpflanze
- an basenreichen Standorten

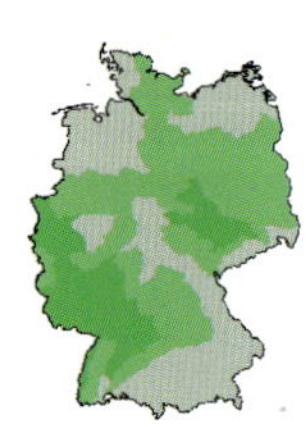

J F M A **M J J A S** O N D

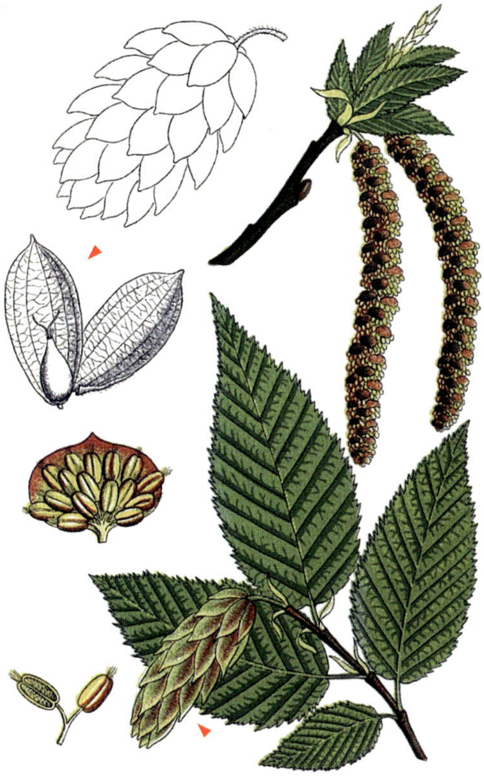

Cucumis melo L.

Melone *Cucurbitaceae*
♂ ∗ K(5) C(5) A(5) | ♀ ∗ K(5) C(5) G($\overline{3}$) giftig

1-jährige Kletterpflanze. Pflanzen: mit unverzweigten Ranken, 1-häusig. Blüten: **meist 20–30 mm** ⌀, gelblich. Kronblätter: nur basal verwachsen. ♀ Blüten: einzeln o. zu wenigen. Früchte: Beeren mit harter, verdickter Fruchtwand, **kugelig bis kurz-zylindrisch, bis 50 cm** ⌀, **grünlich, weichhaarig**. Blattstiele: *ohne* Drüsen. Blätter: **ungeteilt bis seicht 3–5-lappig**, am Rand grob spitz gesägt.

- unbeständiger Neophyt, urspr. aus Nordafrika u. Asien
- planar bis collin
- Ruderalvegetation, Zier- bzw. Nutzpflanze

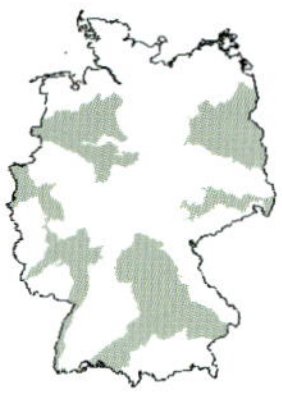

J F M A **M J J A S** O N D

Cucumis sativus L.

Gurke *Cucurbitaceae*
♂ ∗ K(5) C(5) A(5) | ♀ ∗ K(5) C(5) G($\overline{3}$) giftig

1-jährige Kletterpflanze. Pflanzen: mit unverzweigten Ranken, 1-häusig. Blüten: **meist 20–30 mm** ⌀, gelblich. Kronblätter: nur basal verwachsen. ♀ Blüten: einzeln o. zu wenigen. Früchte: Beeren, **zylindrisch, bis 100 cm lang, grünlich, rauhaarig**. Blattstiele: *ohne* Drüsen. Blätter: **herzförmig**, am Rand grob spitz gesägt.

- unbeständiger Neophyt, urspr. aus Ostasien
- planar bis collin
- Äcker, Ruderalvegetation, Zier- bzw. Nutzpflanze

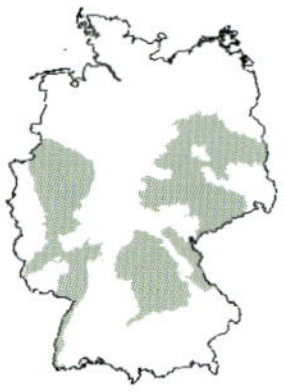

J F M A **M J J A S O** N D

Cucurbita maxima Duchesne

Riesen-Kürbis *Cucurbitaceae*
♂ ∗ K(5) C(5) A(5) | ♀ ∗ K(5) C(5) G($\overline{3}$) giftig

1-jährige Kletterpflanze. Pflanzen: mit verzweigten Ranken, 1-häusig. Blüten: **meist 50–100 mm** ⌀, gelblich, zuweilen orange-rötlich überlaufen. Kronblätter: ± bis zur Hälfte verwachsen. ♀ Blüten: einzeln o. zu wenigen. Fruchtstiele: ***nicht* verholzt, im QS rund**. Früchte: Beeren mit harter, verdickter Fruchtwand, **kugelig bis breit zylindrisch**, oft breiter als hoch, **bis 120 cm** ⌀, **meist gelblich bis rötlich**. Samen: weißlich bis bräunlich, **20–30 mm lang**. Blattstiele: *ohne* Drüsen. Blätter: ungeteilt bis gelappt.

- unbeständiger Neophyt, urspr. aus Mittelamerika
- planar bis collin
- Äcker, Ruderalvegetation, Zier- bzw. Nutzpflanze

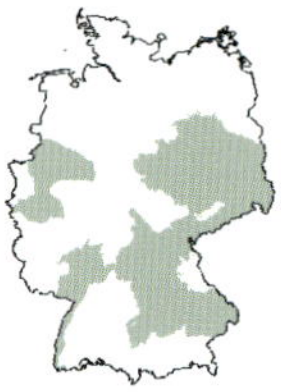

J F M A **M J J A S O** N D

Cucurbita pepo L.

Kürbis *Cucurbitaceae*
♂ ∗ K(5) C(5) A(5) | ♀ ∗ K(5) C(5) G($\overline{3}$) giftig

1-jährige Kletterpflanze. Pflanzen: mit verzweigten Ranken, 1-häusig. Blüten: **meist 50–100 mm** ⌀, gelblich, zuweilen orange-rötlich überlaufen. Kronblätter: ± bis zur Hälfte verwachsen. ♀ Blüten: einzeln o. zu wenigen. Fruchtstiele: **verholzt, im QS 5-kantig**. Früchte: Beeren mit harter, verdickter Fruchtwand, **(abgeflacht)-kugelig bis kurz-zylindrisch, bis 150 cm** ⌀, **gelblich-grünlich**. Samen: grünlich bis gelblich-weißlich, **7–20 mm lang**. Blattstiele: *ohne* Drüsen. Blätter: ungeteilt bis gelappt.

- unbeständiger Neophyt, urspr. aus Mittel- u. Nordamerika
- planar bis collin
- Äcker, Ruderalvegetation, Zier- bzw. Nutzpflanze

J F M A **M J J A** S O N D

Ecballium elaterium (L.) A. Rich.

Spritzgurke *Cucurbitaceae*
♂ ∗ K(5) C(5) A(5) | ♀ ∗ K(5) C(5) G($\overline{3-5}$) giftig

1-jährige Kletterpflanze. Pflanzen: Ranken meist fehlend, 2-häusig. Blüten: **meist 50–100 mm ⌀, gelblich.** Griffel: frei. Narben: 3–5. ♀ Blüten: **in trauben- bis doldenartigen Blütenständen.** Früchte: **Schleuderfrüchte mit harter, verdickter Fruchtwand, länglich-eiförmig, 3–6 cm lang, grünlich bis gelblich.** Blätter: ungeteilt bis gelappt.

- in Einbürgerung befindlicher Neophyt, urspr. aus dem Mittelmeergebiet u. Zentralasien
- planar bis collin
- Ruderalvegetation, Zier- bzw. Nutzpflanze
- an basenreichen Standorten

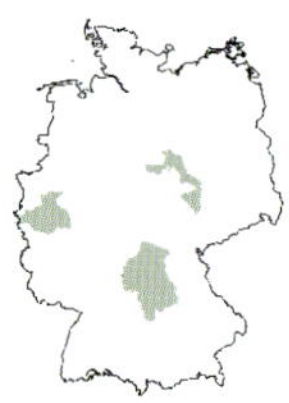

J F M A **M J J A** S O N D

Echinocystis lobata (Michx.) Torr. & A. Gray

Gelappte Stachelgurke *Cucurbitaceae*
♂ ∗ K(6) C(6) A(6) | ♀ ∗ K(6) C(6) G($\overline{2-3}$) giftig

1-jährige Kletterpflanze. Pflanzen: mit verzweigten Ranken, 1-häusig. Blüten: **10–30 mm ⌀**, weißlich *oder* gelblich-grünlich. Blütenhülle: **je Kreis 6-blättrig.** Fruchtknoten: meist 2. ♀ Blüten: **einzeln o. zu wenigen.** Früchte: **Beeren (bzw. Kapseln) mit harter, verdickter Fruchtwand, länglich-eiförmig, 3–7 cm lang, 3–5 cm ⌀, grünlich bis gelblich, mit stacheligen Borsten**, 2-fächrig. Blätter: gelappt, 5-teilig, ± kahl.

- eingebürgerter Neophyt, urspr. aus Nordamerika
- planar bis collin
- Staudenfluren, Gehölze, Ruderalvegetation, Zier- bzw. Nutzpflanze
- an nährstoffreichen, basenreichen, oft nassen Standorten

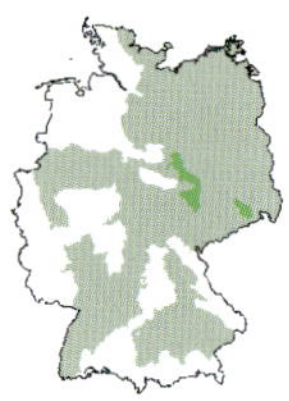

J F M A **M J J A** S O N D

Euonymus europaeus L.

Europäisches Pfaffenhütchen *Celastraceae*
∗ K4 C4 A4–5 G($\underline{4}$) stark giftig

Baum- o. strauchförmig, bis 4 m hoch. Blüten: **grünlich bis gelblich.** Krone: **4-blättrig.** Staubblätter: **meist 4.** Früchte: Kapseln, rötlich. Samen: mit oranger Hülle. Seitenäste: **meist mit Korkleisten.** Jungtriebe: **diesjährige Äste im QS 4-kantig.** Blattstellung: gegenständig. Blattstiele: **0,5–1 cm lang.** Blätter: lanzettlich bis oval, **Spreite 3–10 cm lang**, am Rand gezähnt, beidseits mit je ≥ 6 Seitennerven; unterseits: kahl.

- einheimisch
- planar bis montan
- Gehölze, Wälder, Zier- bzw. Nutzpflanze
- an basenreichen Standorten

J F M **A M J J** A S O N D

Euonymus latifolius (L.) Mill.

Breitblättriges Pfaffenhütchen *Celastraceae*
∗ K5 C5 A4–5 G($\underline{4}$) stark giftig

Baum- o. strauchförmig, bis 6 m hoch. Blüten: **grünlich, meist rötlich überlaufen.** Krone: **5-blättrig.** Staubblätter: **meist 5.** Früchte: Kapseln, rötlich. Samen: mit oranger Hülle. Seitenäste: ***ohne* Korkwarzen.** Jungtriebe: **diesjährige Äste im QS rundlich, glatt.** Blattstellung: gegenständig. Blattstiele: **0,5–1 cm lang.** Blätter: lanzettlich bis oval, **Spreite 6–18 cm lang**, am Rand gezähnt, beidseits mit je ≥ 6 Seitennerven; unterseits: kahl.

- einheimisch
- collin bis montan
- Wälder, Zier- bzw. Nutzpflanze
- an basenreichen Standorten

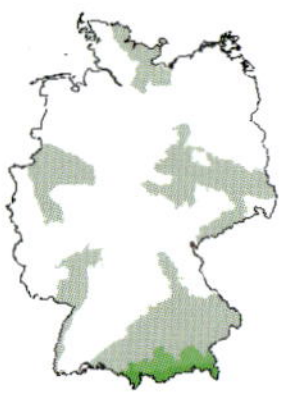

J F M **A M J** J A S O N D

Parnassia palustris L.

Sumpf-Herzblatt *Celastraceae*
∗ K5 C5 A5 G($\overline{4}$) RL 3 § BNatG b

10–25 cm hoch. Blüten: **lang gestielt, weißlich, mit auffallender Aderung**. Staubblätter: **5, sowie 5 sterile Staminodien, Staminodien gefranst, distal mit gelben Drüsenköpfen**. Früchte: Kapseln. Stängel: mit grundständiger Blattrosette, meist 1-blättrig. Blätter: **rundlich bis herzförmig**, ganzrandig. Grundblätter: lang gestielt. Stängelblätter: **sitzend**, basal (halb-) stängelumfassend.

- einheimisch
- planar bis alpin
- Moore u. Seggenriede, Extensivgrünland u. Magerrasen, Staudenfluren, Quellfluren, Dünentäler, Zier- bzw. Nutzpflanze
- an nährstoffarmen, kalkreichen, wechselfeuchten bis nassen Standorten

J F M A M **J J A S O** N D

Oxalis acetosella L.

Wald-Sauerklee *Oxalidaceae*
∗ K5 C5 A10 G($\underline{5}$) giftig

Bis 15 cm hoch. Vorblätter unter den Blüten: paarig, in der Mitte des Blütenstiels, klein. Blüten: **meist einzeln, lang gestielt, weißlich, am Grunde oft gelblich, mit dunklen Adern**, zuweilen rötlichviolett überlaufen. Staubblätter: basal etwas verwachsen. Fruchtstiele: **überhängend**. Früchte: Kapseln, **3–4 mm lang**, kahl. Stängel: kurz o. fehlend, **mit grundständiger Blattrosette, *ohne* Laubblätter**. Ausläufer: mit sukkulent verdickten Blattbasen. Blätter: grünlich, gefingert, meist 3-teilig.

- einheimisch
- planar bis subalpin
- Staudenfluren, Gehölze, Wälder, Zier- bzw. Nutzpflanze

J F **M A M** J J A S O N D

Oxalis corniculata L.

Gehörnter Sauerklee *Oxalidaceae*
∗ K5 C5 A10 G($\underline{5}$) giftig

10–50 cm hoch. Blütenstand: doldenartig, lang gestielt, meist 2–6-blütig. Blüten: **gelblich bis orange**. Staubblätter: basal etwas verwachsen. Fruchtstiele: **überhängend**. Früchte: Kapseln, **12–30 mm lang, mit zahlreichen kurzen abwärts gerichteten Haaren**. Samen: mit (*nicht* weißlichen) Querrippen. Stängel: **niederliegend**, *ohne* grundständige Blattrosette. Ausläufer: an den Knoten einwurzelnd. Blattstellung: **wechselständig**. Blätter: **oft rötlich bis bräunlich überlaufen**, gefingert, meist 3-teilig.

- Archaeophyt
- planar bis montan
- Grünland, Äcker, Ruderalvegetation, an Mauern, Trittfluren, Zier- bzw. Nutzpflanze

J F M A **M J J A S O** N D

Oxalis dillenii Jacq.

Dillens Sauerklee *Oxalidaceae*
∗ K5 C5 A10 G($\underline{5}$) giftig

10–40 cm hoch. Blütenstand: doldenartig, lang gestielt, meist 2–6-blütig. Blüten: **gelblich bis orange**. Staubblätter: basal etwas verwachsen. Fruchtstiele: **überhängend**. Früchte: Kapseln, **12–30 mm lang, mit zahlreichen kurzen abwärts gerichteten Haaren**. Samen: mit weißlichen Querrippen. Stängel: **aufrecht**, *ohne* grundständige Blattrosette. Blattstellung: **± gegenständig o. quirlig**. Blätter: **oft rötlich bis bräunlich überlaufen**, gefingert, meist 3-teilig.

- eingebürgerter Neophyt, urspr. aus Nordamerika
- planar bis montan
- Äcker, Ruderalvegetation, Zier- bzw. Nutzpflanze

J F M A M **J J A S O** N D

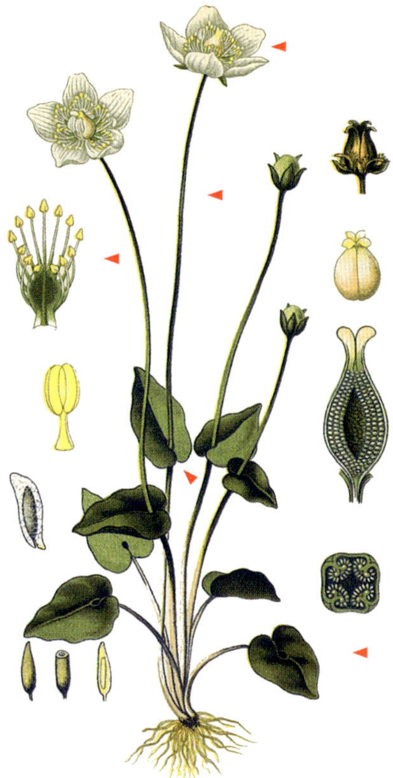

Oxalis fontana Bunge

Steifer Sauerklee *Oxalidaceae*
∗ K5 C5 A10 G(5) giftig

10–40 cm hoch. Blütenstand: doldenartig, lang gestielt, meist 2–4-blütig. Blüten: **gelblich bis orange**. Staubblätter: basal etwas verwachsen. Fruchtstiele: **aufrecht bis waagerecht**. Früchte: Kapseln, **8–15 mm lang**, kahl bis behaart, *ohne* abwärts gerichtete Haare. Stängel: basal niederliegend o. aufrecht, *ohne* grundständige Blattrosette. Blattstellung: wechselständig, ± quirlig o. ± gegenständig. Blätter: grünlich, gefingert, meist 3-teilig.

- eingebürgerter Neophyt, urspr. aus Nordamerika u. Ostasien
- planar bis montan
- Staudenfluren, Äcker, Ruderalvegetation, Zier- bzw. Nutzpflanze

J F M A **M J J A S O** N D

Hypericum maculatum agg.

Kanten-Hartheu *Hypericaceae*
∗ K5 C5 A50–100 G(3) giftig

20–100 cm hoch. Blüten: gelblich; **Kronblätter mit schwarzen Drüsen**. Kelchblätter: ganzrandig bis fein-gesägt, **meist *ohne* Drüsen**. Staubblätter: **50–100**. Früchte: Kapseln, 3-fächrig. Stängel: aufrecht; unten: **im QS 4-kantig**; oben: kahl. Blattstellung: gegenständig. Blätter: kahl, ***nicht* o. spärlich durchscheinend punktiert**.

H. maculatum (Kanten-Hartheu): Kronblätter: auf der Fläche *mit*, am Rand meist *ohne* schwarze Drüsen, 8–12 mm lang. Kelchblätter: breit-oval, distal abgerundet.
H. dubium (Stumpfliches Hartheu): Kronblätter: auf der Fläche u. am Rand mit schwarzen Drüsen, 12–18 mm lang. Kelchblätter: länglich-oval, spitz.

- einheimisch
- planar bis montan
- Grünland, Zwergstrauchheiden, Staudenfluren, Gehölze, Zier- bzw. Nutzpflanze

J F M A **M J J A S** O N D

Hypericum elegans Willd.

Zierliches Hartheu *Hypericaceae*
∗ K5 C5 A30–100 G(3) RL 2

15–30 cm hoch. Blüten: gelblich; **Kronblätter am Rand mit schwarzen Drüsen**. Kelchblätter: **lineal bis lanzettlich, am Rand schwarz drüsig-gesägt, spitz**. Staubblätter: **30–100**. Früchte: Kapseln, 3-fächrig. Stängel: unten: **mit 2 Längsleisten**; oben: kahl. Blattstellung: gegenständig. Blätter: kahl.

- einheimisch
- planar bis collin
- Extensivgrünland u. Magerrasen, Staudenfluren, Zier- bzw. Nutzpflanze
- an nährstoffarmen, kalkreichen, meist trockenen Standorten

J F M A **M J J** A S O N D

Hypericum elodes L.

Sumpf-Hartheu *Hypericaceae*
∗ K5 C5 A12–20 G(3) RL 2 § BNatG b

10–30 cm hoch. Blüten: gelblich. Kelchblätter: **am Rand mit roten gestielten Drüsen**. Staubblätter: **12–20**. Früchte: Kapseln, 1-fächrig. Stängel: unten: **im QS rundlich**; oben: **weißlich behaart**. Blattstellung: gegenständig. Blätter: **weißlich behaart, schwarz punktiert**.

- einheimisch
- planar
- trockenfallende Ufer
- an nährstoffarmen, sauren, nassen, zuweilen überfluteten Standorten

J F M A M J **J A S** O N D

Hypericum hirsutum L.

Behaartes Hartheu *Hypericaceae*
∗ K5 C5 A20–40 G(3)

40–100 cm hoch. Blüten: gelblich. Kelchblätter: **lineal bis lanzettlich, am Rand schwarz drüsig-gesägt, spitz**. Staubblätter: **20–40**. Früchte: Kapseln, 3-fächrig. Stängel: unten: **im QS rundlich**; oben: **dicht behaart**. Blattstellung: gegenständig. Blätter: **behaart**.

- einheimisch
- planar bis montan
- Staudenfluren, Gehölze, Wälder, Ruderalvegetation
- an kalkreichen Standorten

J F M A M **J J A** S O N D

Hypericum humifusum L.

Liegendes Hartheu *Hypericaceae*
∗ K5 C5 A15–20 G(3)

Bis 15 cm hoch. Blüten: gelblich; **Kronblätter *ohne* Drüsen**. Kelchblätter: **am Rand schwarz drüsig-gesägt**. Staubblätter: **15–20**. Früchte: Kapseln, 3-fächrig. Stängel: **basal niederliegend**, dünn; unten: **im QS 2-kantig bis geflügelt**; oben: kahl. Blattstellung: gegenständig. Blätter: kahl.

- einheimisch
- planar bis montan
- trockenfallende Ufer, Extensivgrünland u. Magerrasen, Gehölze, Äcker, Ruderalvegetation, Zier- bzw. Nutzpflanze

J F M A **M J J A S O** N D

Hypericum montanum L.

Berg-Hartheu *Hypericaceae*
∗ K5 C5 A30–100 G(3) RL V

30–60 cm hoch. Blüten: gelblich; **Kronblätter *ohne* Drüsen**. Kelchblätter: **lineal bis lanzettlich, am Rand schwarz drüsig-gesägt, spitz**. Staubblätter: **30–100**. Früchte: Kapseln, 3-fächrig. Stängel: unten: **im QS rundlich**; oben: kahl. Blattstellung: gegenständig. Blätter: kahl, **schwarz punktiert**.

- einheimisch
- planar bis montan
- Extensivgrünland u. Magerrasen, Staudenfluren, Gehölze, Wälder
- an basenreichen Standorten

J F M A **M J J A** S O N D

Hypericum perforatum L.

Tüpfel-Hartheu *Hypericaceae*
∗ K5 C5 A50–100 G(3) giftig

10–80 cm hoch. Blüten: gelblich; **Kronblätter mit Drüsen**. Kronblätter: 8–15 mm lang. Kelchblätter: ganzrandig bis fein-gesägt, **meist *ohne* Drüsen**. Staubblätter: **50–100**. Früchte: Kapseln, 3-fächrig. Stängel: aufrecht; unten: **im QS 2-kantig bis geflügelt**, mit Mark; oben: kahl. Blattstellung: gegenständig. Blätter: kahl, **dicht durchscheinend punktiert**.

subsp. *perforatum* (Tüpfel-Hartheu): Blüten: 20–40 mm ⌀. Kronblätter: überwiegend mit schwarzen Drüsen. Blätter: gestielt, allenfalls die obersten sitzend, mit flachem Rand.
subsp. *veronense* (Veronenser Tüpfel-Hartheu): selten, Blüten: 8–25 mm ⌀. Kronblätter: überwiegend mit hellen Drüsen. Blätter: alle sitzend, meist mit nach unten gerolltem Rand, die mittleren am Rand umgerollt.

- einheimisch
- planar bis montan
- Grünland, Staudenfluren, Gehölze, Wälder, Ruderalvegetation, Zier- bzw. Nutzpflanze

J F M A M **J J A S** O N D

Hypericum pulchrum L.

Schönes Hartheu *Hypericaceae*
∗ K5 C5 A30–100 G(3)

30–60 cm hoch. Blüten: gelblich; **Kronblätter *ohne* Drüsen**. Kronblätter: 6–10 mm lang. Kelchblätter: **oval, am Rand schwarz drüsig-gesägt, distal abgerundet**. Staubblätter: **30–100**. Früchte: Kapseln, 3-fächrig. Stängel: unten: **im QS rundlich**; oben: kahl. Blattstellung: gegenständig. Blätter: kahl, ***nicht* punktiert**.

- einheimisch
- planar bis montan
- Extensivgrünland u. Magerrasen, Zwergstrauchheiden, Gehölze, Wälder, Zier- bzw. Nutzpflanze
- an nährstoffarmen, sauren Standorten

J F M A M **J J A S** O N D

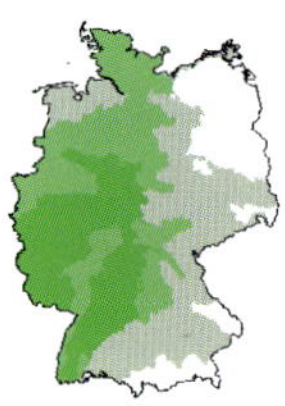

Hypericum tetrapterum Fr.

Flügel-Hartheu *Hypericaceae*
∗ K5 C5 A30–60 G(3) giftig

30–60 cm hoch. Blüten: gelblich; **Kronblätter *ohne* o. mit < 5 schwarzen Drüsen**. Kronblätter: **5–8 mm lang**. Kelchblätter: ganzrandig bis fein-gesägt, **meist *ohne* Drüsen**. Staubblätter: **30–60**. Früchte: Kapseln, 3-fächrig. Stängel: aufrecht; unten: **im QS 4-kantig bis geflügelt**, meist (undeutlich) hohl; oben: kahl. Blattstellung: gegenständig. Blätter: kahl, **dicht durchscheinend punktiert**.

- einheimisch
- planar bis montan
- Gewässer, trockenfallende Ufer, Röhrichte, Grünland, Staudenfluren, Wälder, Zier- bzw. Nutzpflanze
- an feuchten bis nassen, zuweilen überfluteten Standorten

J F M A M **J J A** S O N D

Elatine hydropiper L.

Wasserpfeffer-Tännel *Elatinaceae*
∗ K4 C4 A8 G(4) RL 3

Wasser- o. Sumpfpflanze. Blüten: **sitzend o. < 1 mm lang gestielt, meist rosa**. Krone: **4-blättrig**. Kelch: **4-blättrig**. Staubblätter: **8**. Früchte: Kapseln, **sitzend, ± kugelig**, distal (undeutlich) ausgerandet. Samen: **± hakenförmig gekrümmt**. Stängel: 2–15 cm lang. Blattstellung: **gegenständig**. Blätter: **sitzend o. < 1 mm lang gestielt**, länglich-oval bis spatelförmig.

- einheimisch
- planar bis montan
- trockenfallende Ufer
- an nährstoffarmen, sauren, feuchten bis nassen, zuweilen überfluteten Standorten

J F M A **M J J A S O** N D

Elatine orthosperma Düben

Geradsamiges Tännel *Elatinaceae*
∗ K4 C4 A8 G(4)

Wasser- o. Sumpfpflanze. Blüten: **1–4 mm lang gestielt, meist rosa**. Krone: **4-blättrig**. Kelch: **4-blättrig**. Staubblätter: **8**. Früchte: Kapseln, **sitzend, eiförmig**, distal abgerundet. Samen: **gerade bis kommaförmig**. Stängel: 2–15 cm lang. Blattstellung: **gegenständig**. Blätter: **1–4 mm lang gestielt**, länglich-oval bis spatelförmig.

- einheimisch
- planar bis collin
- trockenfallende Ufer
- an feuchten bis nassen, zuweilen überfluteten Standorten

J F M A **M J J A S O** N D

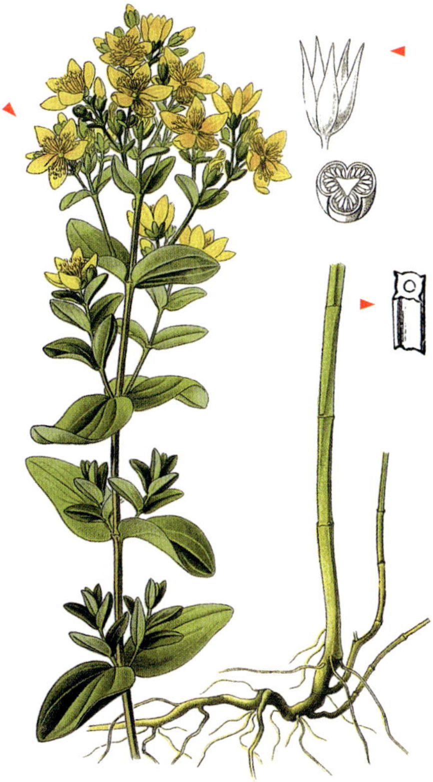

Elatine alsinastrum L.

Quirl-Tännel *Elatinaceae*
∗ K4 C4 A8 G(4) RL 2

Wasser- o. Sumpfpflanze. BLÜTEN: **grünlich**. KRONE: **4-blättrig**. KELCH: **4-blättrig**. STAUBBLÄTTER: **8**. FRÜCHTE: Kapseln. STÄNGEL: 2–50 cm lang. KNOTEN: **Überwasserknoten meist 3–4-blättrig, Unterwasserknoten 8–16 blättrig**. BLÄTTER: sitzend, länglich bis oval.

- einheimisch
- planar bis collin
- trockenfallende Ufer
- an nassen, zuweilen überfluteten Standorten

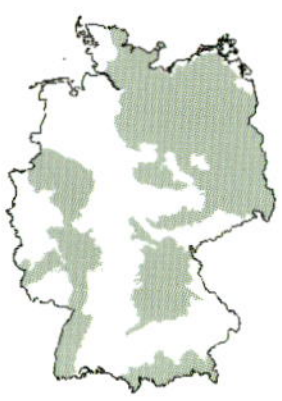

J F M A M J J A S O N D

Elatine hexandra (Lapierre) DC.

Sechsmänniges Tännel *Elatinaceae*
∗ K3 C3 A6 G(3) RL 3

Wasser- o. Sumpfpflanze. BLÜTEN: **0,5–10 mm lang gestielt, meist rosa**. KRONE: **3-blättrig**. KELCH: **3-blättrig**. STAUBBLÄTTER: **6**. FRUCHTSTIELE: 0,5–10 mm lang. FRÜCHTE: Kapseln, **gestielt**, distal ausgerandet. STÄNGEL: 2–15 cm lang. BLATTSTELLUNG: **gegenständig**. BLÄTTER: länglich bis oval.

- einheimisch
- planar bis montan
- Gewässer, trockenfallende Ufer
- an nährstoffarmen, sauren, nassen, zuweilen überfluteten Standorten

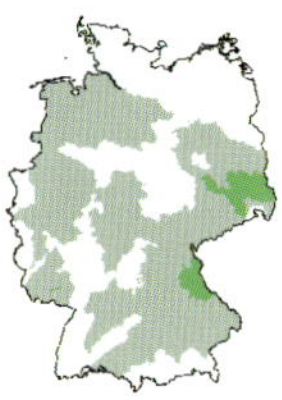

J F M A M J J A S O N D

Elatine triandra Schkuhr

Dreimänniges Tännel *Elatinaceae*
∗ K3 C3 A3 G(5) RL 3

Wasser- o. Sumpfpflanze. BLÜTEN: sitzend, **meist rosa**. KRONE: **3-blättrig**. KELCH: **3-blättrig**. STAUBBLÄTTER: **3**. FRÜCHTE: Kapseln, **sitzend**, distal ausgerandet. STÄNGEL: 2–10 cm lang. BLATTSTELLUNG: **gegenständig**. BLÄTTER: länglich bis oval.

- einheimisch
- planar bis montan
- Gewässer, trockenfallende Ufer
- an nassen, meist überfluteten Standorten

J F M A M J J A S O N D

Viola tricolor L.

Wildes Stiefmütterchen *Violaceae*
↓ K5 C5 A5 G(3)

10–40 cm hoch. BLÜTEN: Färbung sehr variabel, meist mit gelblichem Zentrum. KRONBLÄTTER: **die 3 oberen meist aufwärts gerichtet**, 15–40 mm lang, **länger als die Kelchblätter**. SPORN: **< 8 mm lang**, < 0,5-mal so lang wie die Kronblätter. KELCHBLÄTTER: **spitz**. NARBEN: **kopfig**, **1-lippig**, **Lippe > 0,2-mal so lang wie das Köpfchen**. FRÜCHTE: Kapseln. STÄNGEL: **mit grundständiger Blattrosette, mit Laubblättern**. BLÄTTER: lanzettlich bis oval, länger als breit, basal verschmälert. NEBENBLÄTTER: fiederspaltig, **ihr Mittellappen größer als die seitlichen, Mittellappen breit u. oval bis lanzettlich u. gekerbt**.

Im Gebiet kommen 4 Unterarten vor: subsp. *tricolor*, subsp. *alpestris*, subsp. *ammotropha* und subsp. *polychroma* (vgl. S. 1430).

- einheimisch
- planar bis subalpin
- Extensivgrünland u. Magerrasen, Staudenfluren, Schutt- u. Felsfluren, Dünen, Zier- bzw. Nutzpflanze
- an nährstoffarmen Standorten

J F M A M J J A S O N D

Viola arvensis Murray

Feld-Stiefmütterchen *Violaceae*
↓ K5 C5 A5 G(3)

Bis 40 cm hoch. Pflanzen: **meist 1–2-jährig**. Blüten: meist weißlich-gelblich, seltener violett. Kronblätter: **die 3 oberen meist aufwärts gerichtet**. Sporn: < 8 mm lang, < 0,5-mal so lang wie die Kronblätter. Kelchblätter: **spitz**. Narben: **kopfig, 1-lippig, Lippe < 0,2-mal so lang wie das Köpfchen**. Blätter: lanzettlich bis oval, länger als breit, basal verschmälert. Nebenblätter: fiederspaltig; Mittellappen: **größer als die seitlichen, schmal u. oval bis lanzettlich**.

subsp. *arvensis* (Feld-Stiefmütterchen): Blüten: *ohne* Geruch. Kronblätter: 4–16 mm lang, höchstens so lang wie die Kelchblätter.
subsp. *megalantha* (Großblütiges Feld-Stiefmütterchen): Blüten: meist wohlriechend, oft bläulich bis rötlich überlaufen. Kronblätter: 15–30 mm lang, meist länger als die Kelchblätter.

- Archaeophyt
- planar bis montan
- Extensivgrünland u. Magerrasen, Staudenfluren, Äcker, Ruderalvegetation, Zier- bzw. Nutzpflanze

J F M A M J J A S O N D

Viola calaminaria (Ging.) Lej.

Gelbes Galmei-Stiefmütterchen *Violaceae*
↓ K5 C5 A5 G(3) RL 2 § BNatG b

10–30 cm hoch. Blüten: **gelblich**, zuweilen bläulich bis rötlich überlaufen. Kronblätter: **die 3 oberen meist aufwärts gerichtet**. Sporn: < 8 mm lang, < 0,5-mal so lang wie die Kronblätter. Kelchblätter: **spitz**. Narben: **kopfig**, 1-lippig. Früchte: Kapseln. Stängel: ***ohne* grundständige Blattrosette**. Blätter: lanzettlich bis oval, länger als breit, basal verschmälert. Nebenblätter: fiederspaltig; Mittellappen: **größer als die seitlichen**.

- einheimisch
- planar bis montan
- Extensivgrünland u. Magerrasen, Schutt- u. Felsfluren
- an nährstoffarmen, basenreichen, schwermetallhaltigen Standorten

J F M A M J J A S O N D

Viola guestphalica Nauenb.

Violettes Galmei-Stiefmütterchen *Violaceae*
↓ K5 C5 A5 G(3) RL R § BNatG b

Bis 40 cm hoch. Blüten: **meist violett**. Kronblätter: **die 3 oberen meist aufwärts gerichtet**. Sporn: < 8 mm lang, < 0,5-mal so lang wie die Kronblätter. Kelchblätter: **spitz**. Narben: **kopfig**, 1-lippig. Früchte: Kapseln. Stängel: ***ohne* grundständige Blattrosette**. Blätter: lanzettlich bis oval, länger als breit, basal verschmälert. Nebenblätter: fiederspaltig, **ihr Mittellappen größer als die seitlichen**.

- einheimisch
- collin bis montan
- Extensivgrünland u. Magerrasen, Staudenfluren
- an nährstoffarmen, basenreichen, meist trockenen, schwermetallhaltigen Standorten

J F M A M J J A S O N D

Viola kitaibeliana Schult.

Kleines Stiefmütterchen *Violaceae*
↓ K5 C5 A5 G(3) RL R

Bis 10 cm hoch. Blüten: **hellgelb, oft violett überlaufen**. Kronblätter: **die 3 oberen meist aufwärts gerichtet**, 4–16 mm lang, **meist kürzer als die Kelchblätter**. Sporn: < 8 mm lang, < 0,5-mal so lang wie die Kronblätter. Kelchblätter: **spitz**. Narben: **kopfig**, 1-lippig, **Lippe < 0,2-mal so lang wie das Köpfchen**. Früchte: Kapseln. Stängel: **mit grundständiger Blattrosette**. Blätter: lanzettlich bis oval, länger als breit, basal verschmälert. Nebenblätter: ± **fingerförmig geteilt**, alle Lappen ± gleich groß.

- einheimisch
- collin bis montan
- Extensivgrünland u. Magerrasen, Schutt- u. Felsfluren, Ruderalvegetation
- an nährstoffarmen, trockenen Standorten

J F M A M J J A S O N D

Viola lutea Huds.

Gelbes Galmei-Veilchen *Violaceae*
↓ K5 C5 A5 G(3)

10–30 cm hoch. Blüten: **gelblich**. Kronblätter: **die 3 oberen meist aufwärts gerichtet**. Sporn: < 8 mm lang, < 0,5-mal so lang wie die Kronblätter. Kelchblätter: **spitz**. Narben: **kopfig**, 1-lippig, Lippe > 0,2-mal so lang wie das Köpfchen. Früchte: Kapseln. Ausläufer: kurz. Blätter: lanzettlich bis oval, länger als breit, basal verschmälert. Nebenblätter: **± fingerförmig geteilt, ihr Mittellappen schmal-lineal u. ganzrandig**. – Vermutlich identisch mit *V. calaminaria*?

- einheimisch
- montan bis subalpin
- Extensivgrünland u. Magerrasen, Schutt- und Felsfluren, Zier- bzw. Nutzpflanze
- an nährstoffarmen basenreichen, schwermetallhaltigen Standorten

J F M A **M J J A** S O N D

Viola alba Besser

Weißes Veilchen *Violaceae*
↓ K5 C5 A5 G(3) RL 3

Bis 10 cm hoch. Blüten: wohlriechend, **meist weißlich**. Kronblätter: **die 2 seitlichen waagerecht abstehend bis abwärts gerichtet**. Kelchblätter: **distal abgerundet**. Narben: **geschnäbelt**, **hakig gebogen**. Fruchtstiele: **niederliegend**. Früchte: Kapseln, **± kugelig**. Stängel: **mit grundständiger Blattrosette**, ***ohne*** **Laubblätter**, allenfalls mit beblätterten Ausläufern. Blätter: **überwinternd grün**, herzförmig, 1–1,8-mal so lang wie breit, basal deutlich ausgerandet, **behaart**, meist spitz. Nebenblätter: lineal-lanzettlich, am Rand lang bewimpert. untere Nebenblätter: **4–8-mal so lang wie breit**.

- einheimisch
- planar bis montan
- Staudenfluren, Gehölze, Wälder, Ruderalvegetation, Zier- bzw. Nutzpflanze

J **F M A M** J J A S O N D

Viola biflora L.

Zweiblütiges Veilchen *Violaceae*
↓ K5 C5 A5 G(3)

Bis 15 cm hoch. Blüten: **gelblich**. Kronblätter: **die 3 oberen meist aufwärts gerichtet**. Sporn: < 0,5-mal so lang wie die Kronblätter. Kelchblätter: **spitz**. Narben: **kopfig**, **± 2-lippig**. Früchte: Kapseln. Stängel: ***ohne*** **grundständige Blattrosette**. Blätter: herzförmig bis nierenförmig, **breiter als lang**, basal ausgerandet, am Rand gezähnt. untere Nebenblätter: **ungeteilt u. ganzrandig**, klein.

- einheimisch
- montan bis alpin
- Staudenfluren, Gehölze, Wälder, Zier- bzw. Nutzpflanze

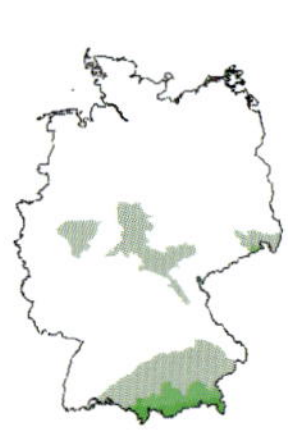

J F M **A M J J A** S O N D

Viola calcarata L.

Sporn-Stiefmütterchen *Violaceae*
↓ K5 C5 A5 G(3) RL R § BNatG b

Bis 10 cm hoch. Blüten: **meist dunkelviolett**, seltener weißlich o. gelblich. Kronblätter: **die 3 oberen meist aufwärts gerichtet**. Sporn: **8–18 mm lang**, **mindestens so lang wie die Kronblätter**. Kelchblätter: **spitz**. Narben: **kopfig**, **1-lippig**. Früchte: Kapseln. Stängel: **mit kurzen Internodien**, **mit grundständiger Blattrosette**, ***ohne*** **Laubblätter**. Blätter: lanzettlich bis oval, länger als breit, basal verschmälert. untere Nebenblätter: **ungeteilt u. ganzrandig**.

- einheimisch
- subalpin bis alpin
- Extensivgrünland u. Magerrasen, Schutt- u. Felsfluren, Zier- bzw. Nutzpflanze
- an nährstoffarmen, basenreichen Standorten

J F M A **M J J** A S O N D

Viola canina L.

Hunds-Veilchen *Violaceae*
↓ K5 C5 A5 G(3) RL V

Bis 40 cm hoch. Blüten: bläulich bis weißlich; **Sporn weißlich bis gelblich-grünlich**. Kronblätter: **die 2 seitlichen waagerecht abstehend bis abwärts gerichtet**. Sporn: **4–8 mm lang, deutlich länger als die Kelchanhängsel**. Kelchblätter: **spitz**. Narben: **geschnäbelt, hakig gebogen**. Fruchtstiele: aufrecht. Früchte: Kapseln. Stängel: ***ohne* grundständige Blattrosette**. Blätter: basal ausgerandet. untere Nebenblätter: **0,2–0,5-mal so lang wie der Blattstiel**.

Im Gebiet kommen 3 Unterarten vor: subsp. *canina*, subsp. *ruppii* und subsp. *schultzii* (vgl. S. 1430).

- einheimisch
- planar bis montan
- Moore u. Seggenriede, Extensivgrünland u. Magerrasen, Zwergstrauchheiden, Gehölze, Wälder, Ruderalvegetation
- an sauren Standorten

J F M **A M J** J A S O N D

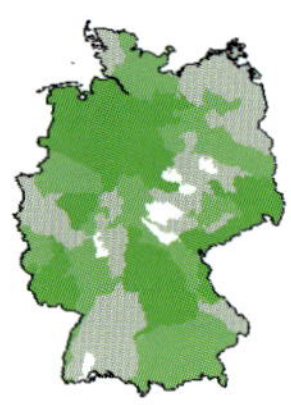

Viola collina Besser

Hügel-Veilchen *Violaceae*
↓ K5 C5 A5 G(3) RL 2

Bis 15 cm hoch. Blüten: wohlriechend, **hellblau bis violett**. Kronblätter: **die 2 seitlichen waagerecht abstehend bis abwärts gerichtet**. Kelchblätter: **distal abgerundet, behaart**. Narben: **geschnäbelt, hakig gebogen**. Fruchtstiele: **niederliegend**. Früchte: Kapseln, **± kugelig, behaart**. Stängel: **mit grundständiger Blattrosette, *ohne* Laubblätter**. Blätter: herzförmig, basal deutlich ausgerandet. Nebenblätter: lineal-lanzettlich, am Rand lang bewimpert.

- einheimisch
- collin bis montan
- Gehölze, Wälder
- an nährstoffarmen, kalkreichen, meist trockenen Standorten

J F **M A M** J J A S O N D

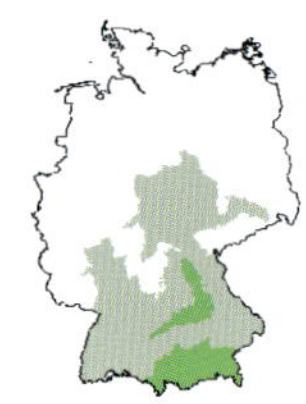

Viola elatior Fr.

Hohes Veilchen *Violaceae*
↓ K5 C5 A5 G(3) RL 2

10–40 cm hoch. Blüten: **hellblau**, mit hellem Zentrum; **Sporn grünlich bis gelblich**. Kronblätter: **die 2 seitlichen waagerecht abstehend bis abwärts gerichtet, 20–30 mm lang**. Sporn: **2–4 mm lang, kaum länger als die Kelchanhängsel**. Kelchblätter: **spitz**. Narben: **geschnäbelt, hakig gebogen**. Fruchtstiele: aufrecht. Früchte: Kapseln. Stängel: **aufrecht, *ohne* grundständige Blattrosette**; oben: **behaart**. Blätter: basal gerade bis verschmälert, **behaart**. untere Nebenblätter: **0,8–1,3-mal so lang wie der Blattstiel**.

- einheimisch
- planar bis collin
- Extensivgrünland u. Magerrasen, Wälder, Zier- bzw. Nutzpflanze
- an nährstoffarmen, basenreichen, wechselfeuchten bis nassen Standorten

J F M **A M J J** A S O N D

Viola epipsila Ledeb.

Torf-Veilchen *Violaceae*
↓ K5 C5 A5 G(3) RL 1

Bis 15 cm hoch. Blüten: **meist violett**. Kronblätter: **die 2 seitlichen waagerecht abstehend bis abwärts gerichtet**. Kelchblätter: **distal abgerundet**. Narben: **kopfig, scheibenförmig, schief**. Fruchtstiele: aufrecht. Früchte: Kapseln. Stängel: **mit grundständiger Blattrosette, *ohne* Laubblätter**, allenfalls mit beblätterten Ausläufern. Blätter: nierenförmig, basal ausgerandet; unterseits: zerstreut behaart. Nebenblätter: frei.

- einheimisch
- planar
- Moore u. Seggenriede
- an nährstoffarmen, sauren, nassen, zuweilen überfluteten Standorten

J F M **A M J** J A S O N D

Viola hirta L.

Behaartes Veilchen *Violaceae*
↓ K5 C5 A5 G(3)

Bis 10 cm hoch. BLÜTEN: **meist violett**. KRONBLÄTTER: **die 2 seitlichen waagerecht abstehend bis abwärts gerichtet**. KELCHBLÄTTER: **distal abgerundet, behaart**. NARBEN: **geschnäbelt, hakig gebogen**. FRUCHTSTIELE: **niederliegend**. FRÜCHTE: Kapseln, ± **kugelig, behaart**. STÄNGEL: **mit grundständiger Blattrosette, *ohne* Laubblätter**. BLÄTTER: herzförmig, basal deutlich ausgerandet. NEBENBLÄTTER: oval bis lanzettlich, am Rand kahl bis kurz bewimpert.

- einheimisch
- planar bis montan
- Extensivgrünland u. Magerrasen, Staudenfluren, Gehölze, Wälder, Zier- bzw. Nutzpflanze
- an basenreichen, meist trockenen Standorten

J F M A M J J A S O N D

Viola mirabilis L.

Wunder-Veilchen *Violaceae*
↓ K5 C5 A5 G(3) RL V

10–30 cm hoch. BLÜTEN: wohlriechend, **hellviolett bis bläulich**. KRONBLÄTTER: **die 2 seitlichen waagerecht abstehend bis abwärts gerichtet**. KELCHBLÄTTER: **spitz**. NARBEN: **geschnäbelt, hakig gebogen**. FRUCHTSTIELE: aufrecht. FRÜCHTE: Kapseln. STÄNGEL: **mit grundständiger Blattrosette**. BLATTSTIELE: **1-reihig behaart**. BLÄTTER: herzförmig, basal ausgerandet.

- einheimisch
- planar bis montan
- Gehölze, Wälder, Zier- bzw. Nutzpflanze
- an basenreichen Standorten

J F M A M J J A S O N D

Viola odorata L.

März-Veilchen *Violaceae*
↓ K5 C5 A5 G(3)

Bis 10 cm hoch. BLÜTEN: wohlriechend, **meist dunkelviolett**. KRONBLÄTTER: **die 2 seitlichen waagerecht abstehend bis abwärts gerichtet**. KELCHBLÄTTER: **distal abgerundet**. NARBEN: **geschnäbelt, hakig gebogen**. FRUCHTSTIELE: **niederliegend**. FRÜCHTE: Kapseln, **kugelig bis eiförmig**. STÄNGEL: **mit grundständiger Blattrosette, *ohne* Laubblätter**, allenfalls mit beblätterten Ausläufern. BLÄTTER: **überwinternd grün**, herzförmig, basal ausgerandet, **behaart**. NEBENBLÄTTER: oval bis lanzettlich, am Rand kahl bis kurz bewimpert. UNTERE NEBENBLÄTTER: **1–4-mal so lang wie breit**.

- Archaeophyt
- planar bis montan
- Staudenfluren, Gehölze, Ruderalvegetation, Zier- bzw. Nutzpflanze
- an nährstoffreichen Standorten

J F M A M J J A S O N D

Viola palustris L.

Sumpf-Veilchen *Violaceae*
↓ K5 C5 A5 G(3)

Bis 15 cm hoch. BLÜTEN: **meist violett**. KRONBLÄTTER: **die 2 seitlichen waagerecht abstehend bis abwärts gerichtet**. KELCHBLÄTTER: **distal abgerundet**. NARBEN: **kopfig, scheibenförmig, schief**. FRUCHTSTIELE: aufrecht. FRÜCHTE: Kapseln, **im QS 3-kantig**, spitz. STÄNGEL: **mit grundständiger Blattrosette, *ohne* Laubblätter**, allenfalls mit beblätterten Ausläufern. BLÄTTER: nierenförmig, basal ausgerandet; UNTERSEITS: kahl. NEBENBLÄTTER: frei. UNTERE NEBENBLÄTTER: **2–3-mal so lang wie breit**.

- einheimisch
- planar bis subalpin
- Moore u. Seggenriede, Extensivgrünland u. Magerrasen, Wälder, Quellfluren, Zier- bzw. Nutzpflanze
- an nährstoffarmen, sauren, nassen, zuweilen überfluteten Standorten

J F M A M J J A S O N D

Viola pumila Chaix

Zwerg-Veilchen *Violaceae*
↓ K5 C5 A5 G(3) RL 2

10–30 cm hoch. Blüten: **hellviolett, mit dunklen Adern; Sporn grünlich bis gelblich.** Kronblätter: **die 2 seitlichen waagerecht abstehend bis abwärts gerichtet, 10–20 mm lang.** Sporn: **2–4 mm lang, kaum länger als die Kelchanhängsel.** Kelchblätter: **spitz.** Narben: **geschnäbelt, hakig gebogen.** Fruchtstiele: aufrecht. Früchte: Kapseln. Stängel: **aufrecht, *ohne* grundständige Blattrosette**; oben: **kahl.** Blätter: rundlich bis herzförmig, basal gerade bis verschmälert, **kahl.** untere Nebenblätter: **0,8–1,3-mal so lang wie der Blattstiel.**

- einheimisch
- planar bis collin
- Extensivgrünland u. Magerrasen
- an wechselfeuchten Standorten

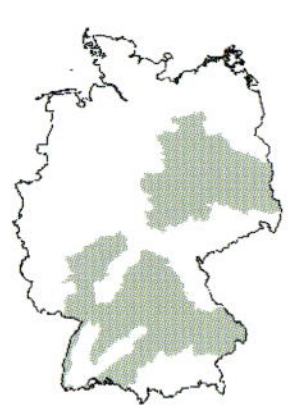

J F M **A M J** J A S O N D

Viola pyrenaica DC.

Pyrenäen-Veilchen *Violaceae*
↓ K5 C5 A5 G(3) RL R

Bis 10 cm hoch. Vorblätter unter den Blüten: ± in der Mitte des Blütenstandes. Blüten: wohlriechend, **hellblau.** Kronblätter: **die 2 seitlichen waagerecht abstehend bis abwärts gerichtet.** Kelchblätter: **distal abgerundet**, kahl. Narben: **geschnäbelt, hakig gebogen.** Fruchtstiele: **niederliegend.** Früchte: Kapseln, **± kugelig**, kahl. Stängel: **mit grundständiger Blattrosette, *ohne* Laubblätter**, allenfalls mit beblätterten Ausläufern. Blätter: herzförmig, basal deutlich ausgerandet, **± kahl**; oberseits: gelbgrün, glänzend.

- einheimisch
- montan bis alpin
- Staudenfluren, Schutt- u. Felsfluren
- an nährstoffreichen, basenreichen Standorten

J F **M A M J J A** S O N D

Viola reichenbachiana Boreau

Wald-Veilchen *Violaceae*
↓ K5 C5 A5 G(3)

10–25 cm hoch. Blüten: **meist violett; Sporn violett, nicht *oder* kaum heller als die Krone.** Kronblätter: **die 2 seitlichen waagerecht abstehend bis abwärts gerichtet.** Sporn: **schlank, abgerundet.** Kelchblätter: **spitz.** Anhängsel der Kelchblätter: **0,5–1 mm lang.** Fruchtknoten: **kahl.** Narben: **geschnäbelt, hakig gebogen.** Fruchtstiele: aufrecht. Früchte: Kapseln, **eiförmig bis zylindrisch.** Stängel: **mit grundständiger Blattrosette.** Blätter: Spreite meist > 2 cm lang, 20–50 mm breit, basal ausgerandet, kahl bis spärlich behaart.

- einheimisch
- planar bis montan
- Wälder

J **F M A M J** J A S O N D

Viola riviniana Rchb.

Hain-Veilchen *Violaceae*
↓ K5 C5 A5 G(3)

Bis 30 cm hoch. Blüten: **meist violett; Sporn weißlich bis hellviolett, deutlich heller als die Krone.** Kronblätter: **die 2 seitlichen waagerecht abstehend bis abwärts gerichtet.** Sporn: **dick, gefurcht.** Kelchblätter: **spitz.** Anhängsel der Kelchblätter: **2–3 mm lang.** Fruchtknoten: **kahl.** Narben: **geschnäbelt, hakig gebogen.** Fruchtstiele: aufrecht. Früchte: Kapseln, **eiförmig bis zylindrisch.** Stängel: **mit grundständiger Blattrosette.** Blätter: Spreite meist > 2 cm lang, 20–50 mm breit, basal ausgerandet, kahl bis spärlich behaart.

- einheimisch
- planar bis montan
- Extensivgrünland u. Magerrasen, Gehölze, Wälder

J F **M A M J** J A S O N D

Viola rupestris F. W. Schmidt

Sand-Veilchen *Violaceae*
↓ K5 C5 A5 G(3) RL 2 § FFH IV, BNatG s

Bis 10 cm hoch. Blüten: **blauviolett bis weißlich.** Kronblätter: **die 2 seitlichen waagerecht abstehend bis abwärts gerichtet.** Kelchblätter: **spitz.** Fruchtknoten: **behaart.** Narben: **geschnäbelt, hakig gebogen.** Fruchtstiele: aufrecht. Früchte: Kapseln. Stängel: **mit grundständiger Blattrosette.** Blätter: **Spreite bis 2 cm lang, 10–25 mm breit**, basal ausgerandet, **meist dicht behaart.**

- einheimisch
- planar bis montan
- Extensivgrünland u. Magerrasen, Gehölze, Wälder
- an nährstoffarmen, basenreichen, meist trockenen Standorten

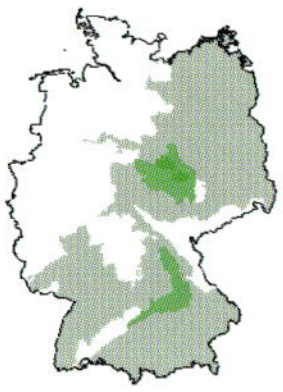

J F M **A M J** J A S O N D

Viola stagnina Schult.

Graben-Veilchen *Violaceae*
↓ K5 C5 A5 G(3) RL 2

10–20 cm hoch. Blüten: **weißlich, mit dunklen Adern; Sporn grünlich bis gelblich.** Kronblätter: **die 2 seitlichen waagerecht abstehend bis abwärts gerichtet, 8–15 mm lang.** Sporn: **2–4 mm lang, kaum länger als die Kelchanhängsel.** Kelchblätter: **spitz.** Narben: **geschnäbelt, hakig gebogen.** Fruchtstiele: aufrecht. Früchte: Kapseln. Stängel: **aufrecht, *ohne* grundständige Blattrosette.** Blätter: basal gerade bis verschmälert, **behaart.** untere Nebenblätter: **0,5–0,75-mal so lang wie der Blattstiel.**

- einheimisch
- planar bis collin
- Moore u. Seggenriede, Extensivgrünland u. Magerrasen
- an nassen Standorten

J F M A **M J J** A S O N D

Viola suavis M. Bieb.

Blaues Veilchen *Violaceae*
↓ K5 C5 A5 G(3)

Bis 20 cm hoch. Vorblätter unter den Blüten: unterhalb der Mitte der Blütenstiele. Blüten: wohlriechend, **meist violett.** Kronblätter: **die 2 seitlichen waagerecht abstehend bis abwärts gerichtet.** Kelchblätter: **distal abgerundet.** Narben: **geschnäbelt, hakig gebogen.** Fruchtstiele: **niederliegend.** Früchte: Kapseln, **± kugelig.** Stängel: **mit grundständiger Blattrosette, *ohne* Laubblätter**, allenfalls mit beblätterten Ausläufern. Blätter: sommergrün, herzförmig, basal ausgerandet, **kahl**; oberseits: grünlich, glänzend.

- eingebürgerter Neophyt, urspr. aus Südosteuropa
- planar bis collin
- Staudenfluren, Gehölze, Wälder, Ruderalvegetation, Zier- bzw. Nutzpflanze

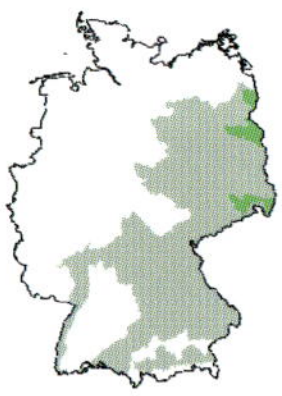

J **F M A M** J J A S O N D

Viola uliginosa Besser

Moor-Veilchen *Violaceae*
↓ K5 C5 A5 G(3) RL 1

Bis 15 cm hoch. Blüten: **meist violett.** Kronblätter: **die 2 seitlichen waagerecht abstehend bis abwärts gerichtet.** Kelchblätter: **distal abgerundet.** Narben: **kopfig, scheibenförmig, schief.** Fruchtstiele: aufrecht. Früchte: Kapseln. Stängel: **mit grundständiger Blattrosette, *ohne* Laubblätter**, allenfalls mit beblätterten Ausläufern. Blätter: herzförmig bis nierenförmig, basal ausgerandet. Nebenblätter: zu > 50 % mit dem Blattstiel verwachsen.

- einheimisch
- planar bis montan
- Moore u. Seggenriede, Wälder
- an nährstoffarmen, feuchten bis nassen Standorten

J **F M A M** J J A S O N D

***Populus*:** 2-häusige windbestäubte Laubbäume. Blütenstand: ährenartige Kätzchen, herabhängend. Tragblätter der Blüten: gezähnt bis zerschlitzt. Perigonblätter: (scheinbar) fehlend, krugartig verwachsen. Früchte: Kapseln. Samen: lang behaart. Blattstiele: meist ≥ 2 cm lang. Blätter: wechselständig, an der Basis gerade bis schwach herzförmig; Seitennerven 1. Ordnung: handförmig verzweigt, mehrere Nerven direkt am Spreitengrund beginnend. Winterknospen: mehrschuppig.

Populus carolinensis Moench

Kanadische Schwarz-Pappel *Salicaceae*

♂ * A30–60 | ♀ * G(3–4)

Bis 25 m hoher Laubbaum. Tragblätter der Blüten: kahl bis spärlich bewimpert. Staubblätter: **30–60**. Seitenäste: **im QS durch Korkleisten kantig**. Blattstiele: **seitlich zusammengedrückt**. Blätter: herzförmig bis 3-eckig, **mit 2–3 Drüsen am Stielansatz, am Rand dicht bewimpert, am Rand fein gesägt**; unterseits: grünlich. Winterknospen: **klebrig**.

- in Einbürgerung befindlicher Neophyt, urspr. aus Nordamerika
- planar bis collin
- Wälder, Zier- bzw. Nutzpflanze

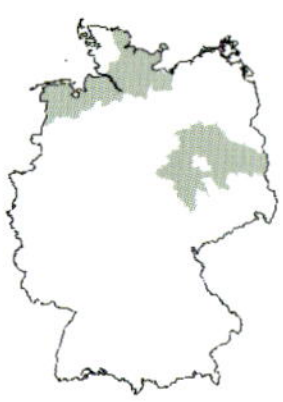

J F **M A M** J J A S O N D

Populus nigra L.

Schwarz-Pappel *Salicaceae*

♂ * A15–30 | ♀ * G(2) RL 3

Bis 30 m hoher Laubbaum. Tragblätter der Blüten: kahl bis spärlich bewimpert. Staubblätter: **15–30**. Narben: **2**. Seitenäste: im QS *ohne* Korkleisten. Blattstiele: **seitlich zusammengedrückt**. Blätter: herzförmig bis 3-eckig, *ohne* Drüsen am Stielansatz, **am Rand fein gesägt**; unterseits: grünlich. Winterknospen: **klebrig**.

subsp. *nigra* (Schwarz-Pappel): Jungtriebe: gräulich bis (hell-) bräunlich, kahl. Blätter: kahl.
subsp. *betulifolia* (Birkenblättrige Schwarzpappel): Jungtriebe: orange-bräunlich, zunächst behaart. Blätter: zunächst behaart, später verkahlend.

- einheimisch
- planar bis montan
- Wälder, Zier- bzw. Nutzpflanze
- an feuchten bis nassen, zuweilen überfluteten Standorten

J F **M A M** J J A S O N D

Populus alba L.

Silber-Pappel *Salicaceae*

♂ * A5–12 | ♀ * G(3)

Bis 30 m hoher Laubbaum. Tragblätter der Blüten: spärlich bewimpert. Staubblätter: **5–12**. Jungtriebe: dicht weißfilzig. Blattstiele: **4-kantig bis rundlich**. Blätter: **Langtriebblätter deutlich gelappt**, 3–5-teilig, *ohne* Drüsen am Stielansatz, am Rand gezähnt; oberseits: **dunkelgrün, glänzend**; unterseits: **zunächst gräulich, bei den Langtriebblättern filzig behaart**, bei den Kurztriebblättern (schwach) filzig behaart. Winterknospen: *nicht* klebrig.

- einheimisch
- planar bis montan
- Wälder, Zier- bzw. Nutzpflanze
- an basenreichen Standorten

J F **M A M** J J A S O N D

Populus tremula L.

Zitter-Pappel *Salicaceae*

♂ * A5–12 | ♀ * G(3–4)

Bis 25 m hoher Laubbaum. Tragblätter der Blüten: dicht bewimpert. Staubblätter: **5–12**. Blattstiele: **seitlich zusammengedrückt**. Blätter: **meist rundlich, an Langtrieben auch 3-eckig, mit 1–3 Drüsen am Stielansatz, am Rand grob gekerbt**; unterseits: frischgrün. Winterknospen: schwach klebrig.

- einheimisch
- planar bis montan
- Gehölze, Wälder, Zier- bzw. Nutzpflanze

J F **M A M** J J A S O N D

US

US

Populus balsamifera L.

Balsam-Pappel *Salicaceae*
♂ * A20–30 | ♀ * G(3–4)

Bis 20 m hoher Laubbaum. Tragblätter der Blüten: zerschlitzt. Staubblätter: **20–30**. Früchte: **2-klappig**, **eiförmig**. Seitenäste: kahl. Blattstiele: **4-kantig bis rundlich**. Blätter: oval bis herzförmig, am Rand gezähnt; unterseits: **blau- bzw. graugrün**, kahl bis spärlich behaart. Winterknospen: 15–25 mm lang, **klebrig**.

- in Einbürgerung befindlicher Neophyt, urspr. aus Nordamerika
- planar bis collin
- Wälder, Zier- bzw. Nutzpflanze

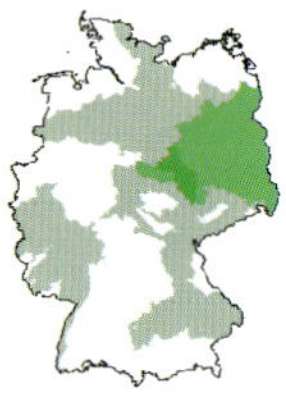

J F **M A M** J J A S O N D

Populus trichocarpa Hook.

Westliche Balsam-Pappel *Salicaceae*
♂ * A30–50 | ♀ * G(3)

Bis 30 m hoher Laubbaum. Tragblätter der Blüten: zerschlitzt. Staubblätter: **30–50**. Früchte: **3–4-klappig**, **± kugelig**. Blattstiele: **4-kantig bis rundlich**. Blätter: am Rand gezähnt; unterseits: **blau- bzw. graugrün**, kahl bis spärlich behaart. Winterknospen: 10–15 mm lang, **klebrig**.

- in Einbürgerung befindlicher Neophyt, urspr. aus Nordamerika
- planar bis collin
- Wälder, Zier- bzw. Nutzpflanze

J F **M A M** J J A S O N D

Salix: 2-häusige insektenbestäubte Sträucher oder Laubbäume. Blütenstand: ährenartige Kätzchen, meist aufrecht. Tragblätter der Blüten: ganzrandig. Blütenhülle: fehlend (bzw. stark reduziert). Staubblätter: fast immer 2, sehr selten mehr als 5. Nektardrüsen: an der Basis der Blüten. Früchte: Kapseln. Samen: lang behaart. Blätter: wechselständig, an der Basis abgerundet bis verschmälert.

Salix reticulata L.

Netz-Weide *Salicaceae*
♂ * A2 | ♀ * G(2)

Niederliegender Zwergstrauch, 10–20 cm hoch. Ährchenstiele: *ohne* Blätter. ♂ Ährchen: **länglich-zylindrisch**, 15–50 mm lang. Tragblätter der Blüten: **1-farbig**, **hellbraun bis rosa**. Staubfäden: basal behaart. Fruchtknoten: **± sitzend**, behaart. ♀ Blüten: mit 2 Drüsen. ♂ Blüten: mit 2 Drüsen. Blattstellung: wechselständig. Blattstiele: 0,8–2,5 cm lang. Blätter: **oval bis rundlich**, **1–4-mal so lang wie breit**, **mit sehr stark eingesenkter Nervatur**; oberseits: dunkelgrün; unterseits: **weißlich bis grünlich**.

- einheimisch
- subalpin bis alpin
- Extensivgrünland u. Magerrasen, Schutt- u. Felsfluren, Schneetälchen, Zier- bzw. Nutzpflanze
- an kalkreichen Standorten

J F M A M **J J A** S O N D

Salix herbacea L.

Kraut-Weide *Salicaceae*
♂ * A2 | ♀ * G(2)

Niederliegender Zwergstrauch, bis 10 cm hoch. Ährchenstiele: *ohne* Blätter. ♂ Ährchen: **kugelig bis kurz-zylindrisch**, 4–18 mm lang. Tragblätter der Blüten: **1-farbig**, **gelblich-grünlich**. Fruchtknoten: gestielt, kahl. ♀ Blüten: mit 2 Drüsen. ♂ Blüten: mit 2 Drüsen. Stängel: **diesjährige Triebe 2-blättrig**. Blattstellung: wechselständig. Blätter: **oval bis rundlich**, **0,8–1,5-mal so lang wie breit**, am Rand gezähnt, mit (schwach) eingesenkter Nervatur; unterseits: grünlich.

- einheimisch
- subalpin bis alpin
- Extensivgrünland u. Magerrasen, Schutt- u. Felsfluren, Schneetälchen, Zier- bzw. Nutzpflanze
- an sauren Standorten

J F M A **M J J A** S O N D

Salix retusa L.

Stumpfblättrige Weide *Salicaceae*
♂ ∗ A2 | ♀ ∗ G(2)

Niederliegender Zwergstrauch, 10–30 cm hoch. ÄHRCHENSTIELE: *ohne* Blätter. ♀ ÄHRCHEN: **zylindrisch-eiförmig bis kurz-zylindrisch, 5–25 mm lang**. ♂ ÄHRCHEN: **kurz-zylindrisch**, 4–18 mm lang. TRAGBLÄTTER DER BLÜTEN: **1-farbig, gelblich-grünlich**. FRUCHTKNOTEN: gestielt, kahl. ♂ BLÜTEN: mit 2 Drüsen. BLATTSTELLUNG: wechselständig. BLATTSTIELE: < 0,6 cm lang. BLÄTTER: **länglich bis oval, Spreite 0,8–3,5 cm lang, 3–15 mm breit, 1–4-mal so lang wie breit, beidseits mit je 4–6 Seitennerven, *kaum* netznervig**.

- einheimisch
- subalpin bis alpin
- Extensivgrünland u. Magerrasen, Schutt- u. Felsfluren, Schneetälchen, Zier- bzw. Nutzpflanze
- an kalkreichen Standorten

J F M A **M J J** A S O N D

Salix serpillifolia Scop.

Quendelblättrige Weide *Salicaceae*
♂ ∗ A2 | ♀ ∗ G(2)

Niederliegender Zwergstrauch, 10–20 cm hoch. ÄHRCHENSTIELE: *ohne* Blätter. ♀ ÄHRCHEN: **kugelig bis kurz-zylindrisch, < 6 mm lang**. ♂ ÄHRCHEN: **kugelig bis kurz-zylindrisch**, 3–7 mm lang. TRAGBLÄTTER DER BLÜTEN: **1-farbig, gelblich-grünlich**. FRUCHTKNOTEN: gestielt, kahl. ♂ BLÜTEN: mit 2 Drüsen. BLATTSTELLUNG: wechselständig. BLATTSTIELE: < 0,6 cm lang. BLÄTTER: **länglich bis oval, Spreite 0,3–1 cm lang, 2–4 mm breit, 1–4-mal so lang wie breit, beidseits mit je 2–4 Seitennerven, *kaum* netznervig**.

- einheimisch
- subalpin bis alpin
- Extensivgrünland u. Magerrasen, Schutt- u. Felsfluren
- an nährstoffarmen, kalkreichen Standorten

J F M A M **J J A** S O N D

Salix myrtilloides L.

Heidelbeer-Weide *Salicaceae*
♂ ∗ A2 | ♀ ∗ G(2) RL 1

Zwergstrauch, 30–50 cm hoch. ÄHRCHENSTIELE: beblättert. TRAGBLÄTTER DER BLÜTEN: **2-farbig, distal gelblich bis hellbraun**. STAUBBEUTEL: zuweilen rötlich. FRUCHTKNOTEN: lang gestielt. STÄNGEL: **unterirdisch kriechend, mit bogig aufsteigenden Ästen**. BLATTSTELLUNG: wechselständig. BLÄTTER: ***gleichzeitig* mit den Kätzchen erscheinend**, unterseits meist deutlich heller als oberseits, **1–4-mal so lang wie breit**, ganzrandig; OBERSEITS: **blau- bzw. graugrün**, matt; UNTERSEITS: **hellblau- bzw. graugrün bis weißlich, kahl**.

- einheimisch
- montan
- Moore u. Seggenriede, Gehölze, Wälder
- an nährstoffarmen, nassen, zuweilen überfluteten Standorten

J F **M A M J** J A S O N D

Salix alpina Scop.

Alpen-Weide *Salicaceae*
♂ ∗ A2 | ♀ ∗ G(2) RL 1

Zwergstrauch, bis 30 cm hoch. ÄHRCHENSTIELE: *ohne* Blätter. ♂ ÄHRCHEN: 8–40 mm lang. TRAGBLÄTTER DER BLÜTEN: **1-farbig, gelblich-grünlich**. STAUBBEUTEL: rötlich bis violett. FRUCHTKNOTEN: gestielt, behaart, oft verkahlend. STÄNGEL: **im Boden kriechend bis niederliegend**. BLATTSTELLUNG: wechselständig. BLATTSTIELE: < 0,6 cm lang. BLÄTTER: ***gleichzeitig* mit den Kätzchen erscheinend**, unterseits meist deutlich heller als oberseits, **oval bis rundlich, 1–4-mal so lang wie breit**, am Rand gezähnt; OBERSEITS: dunkelgrün, glänzend; UNTERSEITS: **frischgrün**.

- einheimisch
- subalpin bis alpin
- Grünland, Zwergstrauchheiden, Gehölze, Schutt- u. Felsfluren
- an basenreichen Standorten

J F M A **M J J** A S O N D

US

Salix breviserrata Flod.

Matten-Weide *Salicaceae*
♂ * A2 | ♀ * G(2) RL 1

Zwergstrauch, bis 30 cm hoch. Ährchenstiele: *ohne* Blätter. ♂ Ährchen: 8–40 mm lang. Tragblätter der Blüten: **1-farbig, gelblich-grünlich**. Staubbeutel: rötlich bis violett. Fruchtknoten: gestielt, behaart, oft verkahlend. Stängel: **im Boden kriechend bis niederliegend**. Blattstellung: wechselständig. Blattstiele: < 0,6 cm lang. Blätter: ***gleichzeitig* mit den Kätzchen erscheinend**, unterseits meist deutlich heller als oberseits, **oval bis rundlich, 1–4-mal so lang wie breit, am Rand drüsig gezähnt**; oberseits: dunkelgrün, glänzend; unterseits: **frischgrün**.

- einheimisch
- subalpin bis alpin
- Gehölze, Schutt- u. Felsfluren

J F M A **M J J** A S O N D

Salix triandra L.

Mandel-Weide *Salicaceae*
♂ * A2–5 | ♀ * G(2)

Meist strauchförmig, bis 4 m hoch. Ährchenstiele: beblättert. Tragblätter der Blüten: **1-farbig, gelblich-grünlich**, kahl bis spärlich drüsig behaart, **bis zur Reife bleibend**. Staubblätter: **meist 3**. Fruchtknoten: kahl; Stiel: 1–3 mm lang. ♂ Blüten: mit 2 Drüsen. Blattstellung: wechselständig. Blätter: mit *oder* vor den Kätzchen erscheinend, **länglich-lanzettlich, 2–8-mal so lang wie breit**, in *oder* unter der Mitte am breitesten, bis zum Grund spitz gesägt, **mit kurzer Spitze**; Seitennerven 1. Ordnung: **stumpf- bis rechtwinklig abzweigend**.

- einheimisch
- planar bis montan
- Gehölze, Wälder, Zier- bzw. Nutzpflanze
- an feuchten bis nassen, zuweilen überfluteten Standorten

J F **M A M** J J A S O N D

Salix pentandra L.

Lorbeer-Weide *Salicaceae*
♂ * A2–10 | ♀ * G(2)

Baum- o. strauchförmig, bis 12 m hoch. Ährchenstiele: beblättert. Tragblätter der Blüten: **1-farbig, gelblich-grünlich, dicht drüsig behaart**. Staubblätter: **meist 5**. Staubfäden: behaart. Fruchtknoten: kurz gestielt, kahl. ♀ Blüten: mit 2 Drüsen. ♂ Blüten: mit 2 Drüsen. Blattstellung: wechselständig. Blätter: **länglich-lanzettlich, 2–8-mal so lang wie breit**, in *oder* unter der Mitte am breitesten, **mit 4–10 Drüsen am Stielansatz, am Rand ± bis zum Grund spitz drüsig gesägt**.

- einheimisch
- planar bis montan
- Moore u. Seggenriede, Grünland, Gehölze, Wälder, Zier- bzw. Nutzpflanze
- an wechselfeuchten bis nassen Standorten

J F M **A M J** J A S O N D

Salix alba L.

Silber-Weide *Salicaceae*
♂ * A2 | ♀ * G(2)

Meist baumförmig, bis 35 m hoch. Ährchenstiele: beblättert. Tragblätter der Blüten: **1-farbig, gelblich-grünlich**. Staubfäden: bis zur Mitte behaart. Fruchtknoten: **± sitzend**, kahl. ♀ Blüten: mit 1–2 Drüsen. ♂ Blüten: mit 2 Drüsen. Jungtriebe: **1–2-jährige Zweige biegsam, *nicht* brechend**. Blattstellung: wechselständig. Blätter: mit *oder* vor den Kätzchen erscheinend, **länglich-lanzettlich, 4–12-mal so lang wie breit**, in *oder* unter der Mitte am breitesten, **mit ≤ 4 Drüsen am Stielansatz**, bis zum Grund spitz gesägt, mit lang ausgezogener Spitze; unterseits: **zumindest zunächst dicht seidenhaarig**.

- einheimisch
- planar bis montan
- Gehölze, Wälder, Zier- bzw. Nutzpflanze
- an basenreichen, feuchten bis nassen, zuweilen überfluteten Standorten

J F **M A M J** J A S O N D

Salix babylonica L.

Trauer-Weide *Salicaceae*
♂ * A2 | ♀ * G(2)

Im Gebiet v. a. Hybriden, z. B. *Salix* x *sepulcralis* (*Salix babylonica* x *alba*), bis 18 m hoher Laubbaum. Ährchenstiele: beblättert. ♀ Ährchen: ± ungestielt, meist < 20 mm lang. Tragblätter der Blüten: **1-farbig**, **gelblich-grünlich**, kahl bis spärlich drüsig behaart. Staubfäden: behaart. Fruchtknoten: kahl. ♀ Blüten: mit 1–2 Drüsen. ♂ Blüten: mit 2 Drüsen. Seitenäste: **bogig herabhängend**. Jungtriebe: **1-2-jährige Zweige biegsam,** ***nicht*** **brechend**. Blattstellung: wechselständig. Blätter: mit *oder* vor den Kätzchen erscheinend, **länglich-lanzettlich**, **4–12-mal so lang wie breit**, in *oder* unter der Mitte am breitesten, **mit ≤ 4 Drüsen am Stielansatz**, bis zum Grund spitz gesägt, mit lang ausgezogener Spitze.

- in Einbürgerung befindlicher Neophyt, urspr. aus Ostasien
- planar bis collin
- Gehölze, Zier- bzw. Nutzpflanze

J F M A M J J A S O N D

Salix euxina I. V. Belyaeva

Bruch-Weide *Salicaceae*
♂ * A2 | ♀ * G(2)

Meist baumförmig, bis 25 m hoch. Ährchenstiele: beblättert. Tragblätter der Blüten: **1-farbig**, **gelblich-grünlich**. Staubfäden: nur basal behaart. Fruchtknoten: kahl. ♀ Blüten: mit 1–2 Drüsen. ♂ Blüten: mit 2 Drüsen. Jungtriebe: **1–2-jährige Zweige spröde, leicht brechend**, **vorjährige bräunlich bis gelblich**. Blattstellung: wechselständig. Blätter: **länglich-lanzettlich**, **4–12-mal so lang wie breit**, in *oder* unter der Mitte am breitesten, **mit ≤ 4 Drüsen am Stielansatz**, bis zum Grund spitz gesägt, mit lang ausgezogener Spitze; unterseits: **kahl, allenfalls am Rand bewimpert**. Winterknospen: **3-schuppig**.

- einheimisch
- planar bis montan
- Gehölze, Wälder, Zier- bzw. Nutzpflanze
- an feuchten bis nassen, zuweilen überfluteten Standorten

J F M A M J J A S O N D

Salix bicolor Willd.

Zweifarben-Weide *Salicaceae*
♂ * A2 | ♀ * G(2) RL 0

Strauch, 60–150 cm hoch. Ährchenstiele: beblättert. ♂ Ährchen: kurz gestielt, 8–20 mm lang. Tragblätter der Blüten: **2-farbig**, distal dunkelrotbraun bis schwarz. Staubblätter: kahl bis spärlich behaart. Fruchtknoten: behaart. Blattstellung: wechselständig. Blätter: *nach* den Kätzchen erscheinend, unterseits meist deutlich heller als oberseits, **1–4-mal so lang wie breit**, **ganzrandig bis seicht gezähnt**; unterseits: **bis in die Spitze blau- bzw. graugrün bis weißlich**, **kahl**.

- ausgestorben
- collin bis montan
- Gehölze, Wälder, Zier- bzw. Nutzpflanze
- an nährstoffarmen Standorten

J F M A M J J A S O N D

Salix glabra Scop.

Kahle Weide *Salicaceae*
♂ * A2 | ♀ * G(2)

Zwergstrauch, 50–100 cm hoch. Pflanzen: **Blätter beim Trocknen schwarz werdend**. Ährchenstiele: beblättert. Tragblätter der Blüten: **2-farbig**, distal dunkelrotbraun bis schwarz. Blattstellung: wechselständig. Blätter: ***gleichzeitig*** **mit den Kätzchen erscheinend**, unterseits meist deutlich heller als oberseits, **1–4-mal so lang wie breit**, am Rand gezähnt; oberseits: grünlich, stark glänzend; unterseits: **bis in die Spitze blau- bzw. graugrün bis weißlich**, **kahl**.

- einheimisch
- montan bis alpin
- Gehölze, Wälder, Schutt- u. Felsfluren, Zier- bzw. Nutzpflanze
- an basenreichen, wechselfeuchten bis nassen Standorten

J F M A M J J A S O N D

us

us

Salix waldsteiniana Willd.

Bäumchen-Weide *Salicaceae*
♂ * A2 | ♀ * G(2)

Zwergstrauch, 30–100 cm hoch. Ährchenstiele: beblättert. ♂ Ährchen: 8–40 mm lang. Tragblätter der Blüten: **2-farbig**, distal dunkelrotbraun bis schwarz. Fruchtknoten: **weißfilzig behaart**. Blattstellung: wechselständig. Blätter: ***gleichzeitig* mit den Kätzchen erscheinend**, unterseits meist deutlich heller als oberseits, **1–4-mal so lang wie breit**, am Rand gezähnt, **am Rand mit kleinen dunklen Drüsen**; unterseits: **bis in die Spitze blau- bzw. graugrün bis weißlich, kahl**.

- einheimisch
- montan bis alpin
- Gehölze, Wälder, Schutt- u. Felsfluren, Zier- bzw. Nutzpflanze
- an basenreichen Standorten

J F M A **M J J** A S O N D

Salix eleagnos Scop.

Lavendel-Weide *Salicaceae*
♂ * A(2) | ♀ * G(2) RL V

Meist strauchförmig, bis 8 m hoch. Ährchenstiele: beblättert. ♀ Ährchen: **gestielt**, < 30-blütig, lockerblütig, < 80 mm lang. Tragblätter der Blüten: **2-farbig**, distal dunkelrotbraun bis schwarz. Staubblätter: **zu < 50 % verwachsen**. Fruchtknoten: kurz gestielt. Blattstellung: wechselständig. Blätter: am Rand nach unten gerollt, mit *oder* nach den Kätzchen erscheinend, **länglich-lineal**, **6–20-mal so lang wie breit**; unterseits: **gräulich bis weißlich**, matt, **filzig behaart**.

- einheimisch
- collin bis montan
- Gehölze, Wälder, Zier- bzw. Nutzpflanze
- an basenreichen Standorten

J F **M A M** J J A S O N D

Salix daphnoides Vill.

Reif-Weide *Salicaceae*
♂ * A2 | ♀ * G(2) RL 2

Baum- o. strauchförmig, bis 20 m hoch. Ährchenstiele: beblättert. ♀ Ährchen: **sitzend**, dichtblütig. Tragblätter der Blüten: **2-farbig**, distal dunkelrotbraun bis schwarz. Fruchtknoten: gestielt. Rinde: **innen gelblich**. Jungtriebe: **1–2-jährige Zweige biegsam, *nicht* brechend**. Blattstellung: wechselständig. Blätter: *nach* den Kätzchen erscheinend; oberseits: dunkelgrün, glänzend; unterseits: blau- bzw. graugrün bis weißlich, kahl.

subsp. *daphnoides* (Reif-Weide): ♀ Ährchen: bis 80 mm lang. Jungtriebe: bläulich bis weißlich bereift. Blätter: 2–8-mal so lang wie breit.
subsp. *acutifolia* (Spitzblättrige Weide): zuweilen als Ziergehölz gepflanzt, urspr. aus Osteuropa. ♀ Ährchen: < 40 mm lang. Jungtriebe: *nicht* bläulich bis weißlich bereift. Blätter: 4–12-mal so lang wie breit.

- einheimisch
- planar bis montan
- Gehölze, Wälder, Dünen, Zier- bzw. Nutzpflanze
- an basenreichen, wechselfeuchten bis nassen Standorten

J **F M A** M J J A S O N D

Salix hastata L.

Spieß-Weide *Salicaceae*
♂ * A2 | ♀ * G(2) RL R

Strauch, 30–180 cm hoch. Ährchenstiele: beblättert. ♂ Ährchen: < 60 mm lang. Tragblätter der Blüten: **2-farbig**, distal dunkelrotbraun bis schwarz. Blattstellung: wechselständig. Blätter: ***gleichzeitig* mit den Kätzchen erscheinend**, unterseits meist deutlich heller als oberseits, **1–4-mal so lang wie breit**, kahl, **distal fast ganzrandig**; unterseits: **blau- bzw. graugrün bis weißlich, kahl**.

- einheimisch
- montan bis alpin
- Grünland, Gehölze, Wälder, Schutt- u. Felsfluren, Zier- bzw. Nutzpflanze

J F M **A M J J** A S O N D

us

us

us

Salix caesia Vill.

Blaugrüne Weide *Salicaceae*
♂ ∗ A2 | ♀ ∗ G(2) RL R

Strauch, 50–100 cm hoch. ÄHRCHENSTIELE: beblättert. TRAGBLÄTTER DER BLÜTEN: **1-farbig, gelblich-grünlich**. STAUBBLÄTTER: frei *oder* zu < 50 % verwachsen. STAUBFÄDEN: basal behaart. FRUCHTKNOTEN: dicht behaart. BLATTSTELLUNG: wechselständig. BLÄTTER: **am Rand nach unten gerollt, *gleichzeitig* mit den Kätzchen erscheinend**, unterseits meist deutlich heller als oberseits, Spreite 2–5 cm lang, **1–4-mal so lang wie breit**; OBERSEITS: **blau- bzw. graugrün**, matt; UNTERSEITS: **blau- bzw. graugrün bis weißlich, kahl**.

- einheimisch
- montan bis subalpin
- Gehölze, Wälder, Quellfluren, Zier- bzw. Nutzpflanze
- an basenreichen, zuweilen überfluteten Standorten

J F M A M J J A S O N D

Salix purpurea L.

Purpur-Weide *Salicaceae*
♂ ∗ A(2) | ♀ ∗ G(2)

Baum- o. strauchförmig, bis 5 m hoch. ÄHRCHENSTIELE: beblättert. TRAGBLÄTTER DER BLÜTEN: **2-farbig**, distal dunkelrotbraun bis schwarz. STAUBBLÄTTER: **zu > 50 % verwachsen**. STAUBBEUTEL: zuweilen rötlich. FRUCHTKNOTEN: **sitzend**, dicht behaart; STIEL: < 0,3-mal so lang wie der Fruchtknoten. HOLZ 2–4-JÄHRIGER ZWEIGE: *ohne* o. mit < 0,5 cm langen Striemen. BLATTSTELLUNG: **wechselständig, basal auch ± gegenständig**. BLÄTTER: **schmal ovallanzettlich, 4–12-mal so lang wie breit, über der Mitte am breitesten, in der distalen Hälfte gesägt, zum Grund hin ganzrandig, im unteren Drittel ganzrandig**.

- einheimisch
- planar bis montan
- Gehölze, Wälder, Zier- bzw. Nutzpflanze
- an basenreichen, feuchten bis nassen, zuweilen überfluteten Standorten

J F M A M J J A S O N D

Salix repens L.

Kriech-Weide *Salicaceae*
♂ ∗ A2 | ♀ ∗ G(2)

Strauch, 20–180 cm hoch. ÄHRCHENSTIELE: beblättert. TRAGBLÄTTER DER BLÜTEN: **2-farbig, distal dunkelbraun bis rötlich**. STAUBBLÄTTER: frei *oder* zu < 50 % verwachsen. STAUBBEUTEL: zuweilen rötlich. FRUCHTKNOTEN: anliegend behaart. STÄNGEL: **unterirdisch kriechend, mit bogig aufsteigenden Ästen**. BLATTSTELLUNG: wechselständig. BLÄTTER: unterseits meist deutlich heller als oberseits, **lanzettlich bis rundlich, 1–5-mal so lang wie breit**; UNTERSEITS: behaart.

Im Gebiet kommen 2 Unterarten vor: subsp. *repens* und subsp. *rosmarinifolia* (vgl. S. 1431).

- einheimisch
- planar bis montan
- Moore u. Seggenriede, Extensivgrünland u. Magerrasen, Gehölze, Wälder, Dünen, Zier- bzw. Nutzpflanze

J F M A M J J A S O N D

Salix myrsinifolia Salisb.

Schwarz-Weide *Salicaceae*
♂ ∗ A2 | ♀ ∗ G(2) RL V

Strauch, bis 5 m hoch. ÄHRCHENSTIELE: beblättert. TRAGBLÄTTER DER BLÜTEN: **2-farbig**, distal dunkelrotbraun bis schwarz. STAUBBLÄTTER: **basal dicht behaart**. HOLZ 2–4-JÄHRIGER ZWEIGE: **mit bis 3 cm langen Striemen**. SEITENÄSTE: **meist dicht behaart**. BLATTSTELLUNG: wechselständig. BLÄTTER: *nach* den Kätzchen erscheinend, unterseits meist deutlich heller als oberseits, **1–4-mal so lang wie breit**, am Rand gezähnt; UNTERSEITS: **bis in die Spitze blau- bzw. graugrün bis weißlich**.

- einheimisch
- collin bis subalpin
- Gehölze, Wälder, Zier- bzw. Nutzpflanze
- an basenreichen, feuchten bis nassen, zuweilen überfluteten Standorten

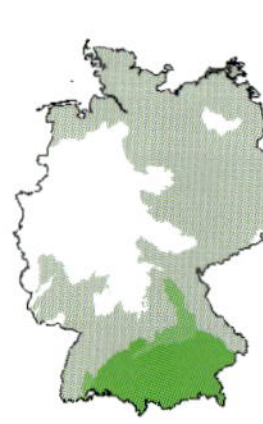

J F M A M J J A S O N D

US

US

US

Salix appendiculata Vill.

Großblättrige Weide *Salicaceae*
♂ * A2 | ♀ * G(2)

Meist strauchförmig, bis 10 m hoch. Ährchenstiele: beblättert. ♀ Ährchen: < 35 mm lang. Tragblätter der Blüten: **2-farbig**, distal dunkelrotbraun bis schwarz. Staubfäden: basal behaart. Fruchtknoten: behaart. Narben: **abstehend bis zurückgebogen**. Holz 2–4-jähriger Zweige: *ohne* o. mit < 0,5 cm langen Striemen, **mit weißem Mark**. Seitenäste: kahl. Blattstellung: wechselständig. Blätter: **2–4-mal so lang wie breit, über der Mitte am breitesten**; unterseits: **blau- bzw. graugrün bis weißlich**, behaart.

- einheimisch
- montan bis subalpin
- Gehölze, Wälder, Schutt- u. Felsfluren, Zier- bzw. Nutzpflanze
- an basenreichen Standorten

J F **M A M** J J A S O N D

Salix aurita L.

Ohr-Weide *Salicaceae*
♂ * A2 | ♀ * G(2)

Strauch, bis 4 m hoch. Ährchenstiele: beblättert. Tragblätter der Blüten: **2-farbig**, distal dunkelrotbraun bis schwarz. Staubblätter: frei *oder* zu < 50 % verwachsen. Staubfäden: basal behaart. Fruchtknoten: behaart. Holz 2–4-jähriger Zweige: **mit bis 3 cm langen Striemen**. Seitenäste: kahl. Blattstellung: wechselständig. Blätter: *nach* den Kätzchen erscheinend, **1–3-mal so lang wie breit**; unterseits: behaart. Winterknospen: kahl.

- einheimisch
- planar bis montan
- Moore u. Seggenriede, Gehölze, Wälder, Zier- bzw. Nutzpflanze
- an nährstoffarmen, wechselfeuchten bis nassen Standorten

J **F M A** M J J A S O N D

Salix caprea L.

Sal-Weide *Salicaceae*
♂ * A2 | ♀ * G(2)

Meist strauchförmig, bis 12 m hoch. Ährchenstiele: beblättert. ♀ Ährchen: < 120 mm lang. Tragblätter der Blüten: **2-farbig**, distal dunkelrotbraun bis schwarz. Fruchtknoten: behaart. Narben: **aufrecht**. Holz 2–4-jähriger Zweige: *ohne* o. mit < 0,5 cm langen Striemen, **mit braunem Mark**. Blattstellung: wechselständig. Blätter: *nach* den Kätzchen erscheinend, **1–3-mal so lang wie breit, in *oder* unter der Mitte am breitesten**; unterseits: **weißlich**, behaart.

- einheimisch
- planar bis subalpin
- Gehölze, Wälder, Zier- bzw. Nutzpflanze

J **F M A** M J J A S O N D

Salix cinerea L.

Grau-Weide *Salicaceae*
♂ * A2 | ♀ * G(2)

Strauch, bis 10 m hoch. Ährchenstiele: beblättert. Tragblätter der Blüten: **2-farbig**, distal dunkelrotbraun bis schwarz. Staubblätter: frei *oder* zu < 50 % verwachsen. Staubfäden: basal behaart. Fruchtknoten: behaart. Holz 2–4-jähriger Zweige: **mit bis 3 cm langen Striemen**. Blattstellung: wechselständig. Blätter: *nach* den Kätzchen erscheinend, **2–8-mal so lang wie breit**.

subsp. *cinerea* (Grau-Weide): Zweige: 2-jährige gräulich filzig behaart. Blätter: oberseits: runzelig; unterseits: weiß- bis graufilzig behaart. Winterknospen: behaart.
subsp. *oleifolia* (Rostrote Weide): in Rheinlandpfalz u. Franken, selten. Zweige: 2-jährige ± kahl. Blätter: oberseits: kaum runzelig; unterseits: auf den Nerven rötlich behaart. Winterknospen: kahl.

- einheimisch
- planar bis montan
- Moore u. Seggenriede, Gehölze, Wälder, Zier- bzw. Nutzpflanze
- an wechselnassen Standorten

J **F M A** M J J A S O N D

us

us

Salix starkeana Willd.

Bleiche Weide *Salicaceae*
♂ ∗ A2 | ♀ ∗ G(2) RL 1

Zwergstrauch, 20–100 cm hoch. Ährchenstiele: beblättert. ♂ Ährchen: gestielt, < 35 mm lang. Tragblätter der Blüten: 1-farbig bis (undeutlich) 2-farbig, **gelblich bis hellbraun, distal etwas dunkler**. Fruchtknoten: **lang gestielt**, behaart. Holz 2–4-jähriger Zweige: *ohne* o. mit < 0,5 cm langen Striemen. Blattstellung: wechselständig. Blätter: *nach* den Kätzchen erscheinend, **1-4-mal so lang wie breit, über der Mitte am breitesten**; unterseits: behaart.

- einheimisch
- collin bis montan
- Moore u. Seggenriede, Extensivgrünland u. Magerrasen, Gehölze, Wälder
- an wechselfeuchten bis nassen Standorten

J F **M A M** J J A S O N D

Salix viminalis L.

Korb-Weide *Salicaceae*
♂ ∗ A2 | ♀ ∗ G(2)

Baum- o. strauchförmig, bis 10 m hoch. Ährchenstiele: beblättert. Tragblätter der Blüten: **2-farbig**, distal dunkelrotbraun bis schwarz. Fruchtknoten: **± sitzend**, behaart. Früchte: behaart. Rinde: **innen grünlich**. Holz 2–4-jähriger Zweige: *ohne* o. mit < 0,5 cm langen Striemen. Jungtriebe: **1–2-jährige Zweige biegsam,** ***nicht*** **brechend**. Blattstellung: wechselständig. Blätter: am Rand nach unten gerollt, *nach* den Kätzchen erscheinend, **länglich-lineal, 4–12-mal so lang wie breit**; unterseits: **silbrig, glänzend, dicht anliegend behaart**.

- einheimisch
- planar bis montan
- Gehölze, Wälder, Zier- bzw. Nutzpflanze
- an feuchten bis nassen, zuweilen überfluteten Standorten

J **F M A M** J J A S O N D

Salix gmelinii Pall.

Filzast-Weide *Salicaceae*
♂ ∗ A2 | ♀ ∗ G(2)

Strauch, bis 6 m hoch. Ährchenstiele: beblättert. Tragblätter der Blüten: **2-farbig**, distal dunkelrotbraun bis schwarz. Fruchtknoten: **± sitzend**, behaart. Früchte: behaart. Rinde: **innen grünlich**. Holz 2–4-jähriger Zweige: **mit > 0,5 cm langen Striemen**. Jungtriebe: **dicht gräulich bis schwarz behaart**. Blattstellung: wechselständig. Blätter: am Rand nach unten gerollt, *nach* den Kätzchen erscheinend, **länglich-lineal, 2–8-mal so lang wie breit**; unterseits: **silbrig, glänzend, dicht anliegend behaart**.

- eingebürgerter Neophyt, urspr. aus Asien
- planar bis montan
- Gehölze, Wälder
- an feuchten bis nassen, zuweilen überfluteten Standorten

J **F M A** M J J A S O N D

Euphorbia: Pflanzen mit meist weißem Milchsaft, 1-häusig. Blütenstand: Cyathien (Scheinblüten) mit Nektardrüsen, meist in doldenartigem Gesamtblütenstand (Pleichochasien), meist mit Hochblättern unter den Cyathien. Blüten: 1-geschlechtig (Cyathien meist zwittrig). Blütenhülle: fehlend, ♀ Blüten bestehen nur aus dem 3-blättrigen Fruchtknoten, ♂ aus 1 Staubblatt. Früchte: 3-fächrige Kapseln.

Euphorbia humifusa Willd.

Niederliegende Zwerg-Wolfsmilch *Euphorbiaceae*
♂ ∗ A1 | ♀ ∗ G(3) giftig

Bis 15 cm hoch. Pflanzen: **niederliegend, 1-jährig**. Blütenstand: Cyathien in knäueligem bis doldenartigem Gesamtblütenstand. Früchte: kahl. Samen: **glatt**. Stängel: kahl. Blattstellung: **gegenständig**, 2-zeilig. Blätter: Spreite 0,3–0,9 cm lang, basal asymmetrisch, **kahl**. Nebenblätter: **vorhanden**.

- eingebürgerter Neophyt, urspr. aus Zentral- zu. Ostasien
- planar bis collin
- Staudenfluren, Äcker, Ruderalvegetation, Trittfluren, Zier- bzw. Nutzpflanze

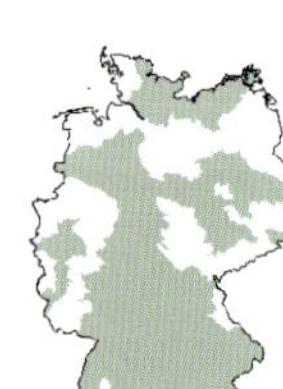

J F M A **M J J A S O** N D

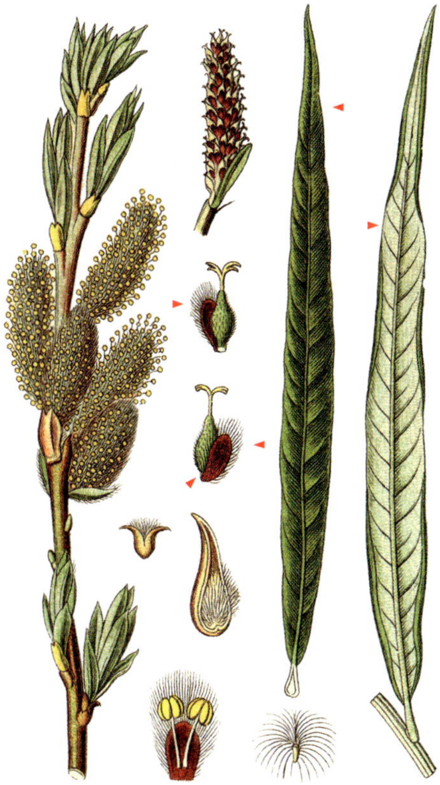

us

Euphorbia maculata L.

Gefleckte Zwerg-Wolfsmilch *Euphorbiaceae*
♂ ∗ A1 | ♀ ∗ G(3) giftig

Bis 5 cm hoch. Pflanzen: **niederliegend, 1-jährig.** Blütenstand: Cyathien in knäueligem bis doldenartigem Gesamtblütenstand. Früchte: **anliegend behaart.** Stängel: **behaart.** Blattstellung: **gegenständig,** 2-zeilig. Blätter: **meist dunkel gefleckt,** Spreite 0,3–0,9 cm lang, basal asymmetrisch, **behaart.** Nebenblätter: **vorhanden.**

- eingebürgerter Neophyt, urspr. aus Nordamerika
- planar bis montan
- Staudenfluren, Ruderalvegetation, Trittfluren, Zier- bzw. Nutzpflanze
- an trockenen Standorten

J F M A **M J J A S** O N D

Euphorbia cyparissias L.

Zypressen-Wolfsmilch *Euphorbiaceae*
♂ ∗ A1 | ♀ ∗ G(3) stark giftig

15–30 cm hoch. Pflanzen: mehrjährig. Blütenstand: Cyathien in doldenartigem Gesamtblütenstand; Drüsen: **halbmondförmig bis 2-hörnig,** die Außenkante nach innen gewölbt (konvex). Dolden: endständige ≥ 5-strahlig. Hochblätter unter den Blüten: **gelblich bis rötlich.** Früchte: **feinwarzig.** Samen: **glatt.** Stängel: aufrecht, kahl, basal oft mit sterilen Trieben. Blattstellung: **wechselständig.** Blätter: **lineal, mit nach unten gerolltem Rand.** Nebenblätter: fehlen. mittlere Stängelblätter: **1–3,5 cm lang, 1–3 mm breit.**

- einheimisch
- planar bis alpin
- Extensivgrünland u. Magerrasen, Staudenfluren, Ruderalvegetation, Zier- bzw. Nutzpflanze
- an nährstoffarmen, meist trockenen Standorten

J F **M A M** J J A S O N D

Euphorbia esula L.

Esels-Wolfsmilch *Euphorbiaceae*
♂ ∗ A1 | ♀ ∗ G(3) stark giftig

30–120 cm hoch. Pflanzen: mehrjährig. Blütenstand: Cyathien in doldenartigem Gesamtblütenstand; Drüsen: **halbmondförmig bis 2-hörnig,** die Außenkante nach innen gewölbt (konvex). Dolden: endständige ≥ 5-strahlig. Hochblätter unter den Blüten: gelblich-grünlich. Früchte: **feinwarzig.** Samen: **glatt.** Stängel: aufrecht, kahl. Blattstellung: **wechselständig.** Blätter: **länglich bis lanzettlich.** Nebenblätter: fehlen. mittlere Stängelblätter: über der Mitte am breitesten, **3–10 mm breit.**

Im Gebiet kommen 3 Unterarten vor: subsp. *esula*, subsp. *pseudovirgata* und subsp. *tommasiniana* (vgl. S. 1431).

- einheimisch
- planar bis montan
- Grünland, Staudenfluren, Äcker, Ruderalvegetation, Zier- bzw. Nutzpflanze
- an basenreichen Standorten

J F M **A M J J A** S O N D

Euphorbia lucida Waldst. & Kit.

Glanz-Wolfsmilch *Euphorbiaceae*
♂ ∗ A1 | ♀ ∗ G(3) giftig RL 2 § EG B, BNatG b

40–150 cm hoch. Pflanzen: mehrjährig. Blütenstand: Cyathien in doldenartigem Gesamtblütenstand; Drüsen: **halbmondförmig bis 2-hörnig,** die Außenkante gerade bis nach innen gewölbt. Dolden: endständige ≥ 5-strahlig. Früchte: **glatt.** Samen: **glatt.** Stängel: aufrecht, kahl, basal *ohne* sterile Triebe. Blattstellung: **wechselständig.** Blätter: **länglich bis lanzettlich;** Seitennerven 1. Ordnung: **± rechtwinklig abzweigend;** oberseits: **stark glänzend.** Nebenblätter: fehlen. mittlere Stängelblätter: **0,6–3,5 cm lang, 10–35 mm breit.**

- einheimisch
- planar bis montan
- Grünland, Staudenfluren, Zier- bzw. Nutzpflanze

J F M **A M J J** A S O N D

Euphorbia salicifolia Host

Weidenblatt-Wolfsmilch *Euphorbiaceae*
♂ * A1 | ♀ * G(3) giftig

30–80 cm hoch. Pflanzen: mehrjährig. Blütenstand: Cyathien in doldenartigem Gesamtblütenstand; Drüsen: **halbmondförmig bis 2-hörnig**, die Außenkante nach innen gewölbt (konvex). Dolden: endständige ≥ 5-strahlig. Früchte: **warzig**. Samen: **glatt**. Stängel: aufrecht, **meist behaart**. Blattstellung: **wechselständig**. Blätter: **lanzettlich, drüsig behaart**, am Rand bewimpert. Fiederblättchen: lanzettlich. Nebenblätter: fehlen.

- eingebürgerter Neophyt, urspr. aus Ost- u. Südosteuropa
- collin bis montan
- Extensivgrünland u. Magerrasen, Staudenfluren, Ruderalvegetation, Zier- bzw. Nutzpflanze
- an basenreichen Standorten

J F M **A M J** J A S O N D

Euphorbia exigua L.

Kleine Wolfsmilch *Euphorbiaceae*
♂ * A1 | ♀ * G(3) giftig

Bis 20 cm hoch. Pflanzen: **1-jährig**. Blütenstand: Cyathien in doldenartigem Gesamtblütenstand; Drüsen: **halbmondförmig bis 2-hörnig**, die Außenkante gerade bis nach innen gewölbt (konvex). Hüllchenblätter: **länger als breit**. Dolden: **endständige 3–4-strahlig**. Früchte: **glatt**, *nicht* geflügelt, kahl. Samen: **warzig bis grubig**. Stängel: meist aufrecht. Blattstellung: **wechselständig**. Nebenblätter: fehlen. obere Stängelblätter: **lineal-lanzettlich**.

- Archaeophyt
- planar bis montan
- Äcker, Ruderalvegetation, Zier- bzw. Nutzpflanze
- an kalkreichen Standorten

J F M A **M J J A S O** N D

Euphorbia angulata Jacq.

Kanten-Wolfsmilch *Euphorbiaceae*
♂ * A1 | ♀ * G(3) giftig RL 2

20–60 cm hoch. Pflanzen: mehrjährig. Blütenstand: Cyathien in doldenartigem Gesamtblütenstand; Drüsen: **quer-oval bis rundlich**, die Außenkante gerade bis nach außen gewölbt (konkav). Hüllchenblätter: fein gezähnt, **kaum länger als breit**. Dolden: endständige 3–5-strahlig. Früchte: **mit kugligen bis kurz-zylindrischen Warzen**. Stängel: aufrecht; oben: scharfkantig, kahl. Blattstellung: **wechselständig**. Nebenblätter: fehlen. obere Stängelblätter: **basal verschmälert**.

- einheimisch
- montan
- Extensivgrünland u. Magerrasen, Staudenfluren, Zier- bzw. Nutzpflanze
- an nährstoffarmen, basenreichen, meist trockenen Standorten

J F M **A M J** J A S O N D

Euphorbia dulcis L.

Süße Wolfsmilch *Euphorbiaceae*
♂ * A1 | ♀ * G(3) giftig

20–60 cm hoch. Pflanzen: mehrjährig. Blütenstand: Cyathien in doldenartigem Gesamtblütenstand; Drüsen: **quer-oval bis rundlich**, die Außenkante gerade bis nach außen gewölbt (konkav), zunächst gelblich-grünlich, später dunkelrot bis schwarz. Hüllchenblätter: fein gezähnt, **deutlich länger als breit**. Dolden: endständige 3–5-strahlig. Früchte: **mit kugeligen bis kurz-zylindrischen Warzen**. Stängel: aufrecht; oben: im QS rundlich, meist spärlich behaart. Ausläufer: unterirdisch, waagerecht wachsend. Blattstellung: **wechselständig**. Nebenblätter: fehlen. obere Stängelblätter: **basal verschmälert**.

subsp. *dulcis* (Süße Wolfsmilch): Früchte: behaart.
subsp. *purpurata* (Purpur-Wolfsmilch): Früchte: verkahlend.

- einheimisch
- collin bis montan
- Gehölze, Wälder, Zier- bzw. Nutzpflanze
- an basenreichen Standorten

J F M **A M J** J A S O N D

Euphorbia epithymoides L.

Vielfarbige Wolfsmilch *Euphorbiaceae*
♂ ∗ A1 | ♀ ∗ G(3) giftig RL 0

30–50 cm hoch. PFLANZEN: mehrjährig. BLÜTENSTAND: Cyathien in doldenartigem Gesamtblütenstand; DRÜSEN: **quer-oval bis rundlich**, die Außenkante gerade bis nach außen gewölbt (konkav). HÜLLCHENBLÄTTER: meist ganzrandig. DOLDEN: endständige 3–5-strahlig. FRÜCHTE: **mit länglichen fadenförmigen Warzen**. STÄNGEL: aufrecht. BLATTSTELLUNG: **wechselständig**. BLÄTTER: **länglich bis spatelförmig**; UNTERSEITS: **dicht behaart**. NEBENBLÄTTER: fehlen. OBERE STÄNGELBLÄTTER: **basal verschmälert**.

- ausgestorben
- collin bis montan
- Staudenfluren, Gehölze, Zier- bzw. Nutzpflanze
- an nährstoffarmen, basenreichen, meist trockenen Standorten

J F M **A M J** J A S O N D

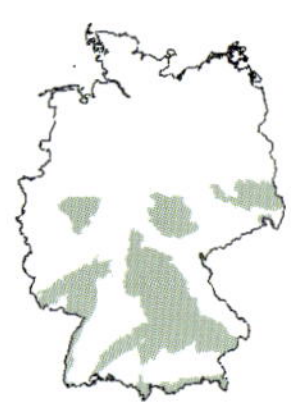

Euphorbia helioscopia L.

Sonnenwend-Wolfsmilch *Euphorbiaceae*
♂ ∗ A1 | ♀ ∗ G(3) stark giftig

10–30 cm hoch. PFLANZEN: **1-jährig**. BLÜTENSTAND: Cyathien in doldenartigem Gesamtblütenstand; DRÜSEN: **quer-oval bis rundlich**, die Außenkante gerade bis nach außen gewölbt (konkav). HÜLLCHENBLÄTTER: in der distalen Hälfte fein gezähnt. DOLDEN: endständige 5-strahlig. FRÜCHTE: **glatt**. STÄNGEL: aufrecht. BLATTSTELLUNG: **wechselständig**. NEBENBLÄTTER: fehlen.

- Archaeophyt
- planar bis montan
- Äcker, Ruderalvegetation, Zier- bzw. Nutzpflanze

J F M A **M J J A S O** N D

Euphorbia illirica Lam.

Wollige Wolfsmilch *Euphorbiaceae*
♂ ∗ A1 | ♀ ∗ G(3) giftig RL 1

50–80 cm hoch. PFLANZEN: mehrjährig. BLÜTENSTAND: Cyathien in doldenartigem Gesamtblütenstand; DRÜSEN: **quer-oval bis rundlich**, die Außenkante gerade bis nach außen gewölbt (konkav). DOLDEN: endständige ≥ 5-strahlig. FRÜCHTE: **glatt**, **behaart**. STÄNGEL: aufrecht. BLATTSTELLUNG: **wechselständig**. BLÄTTER: **länglich bis oval**; UNTERSEITS: **behaart**. NEBENBLÄTTER: fehlen.

- einheimisch
- collin bis montan
- Extensivgrünland u. Magerrasen, Zier- bzw. Nutzpflanze

J F M **A M J J** A S O N D

Euphorbia palustris L.

Sumpf-Wolfsmilch *Euphorbiaceae*
♂ ∗ A1 | ♀ ∗ G(3) stark giftig RL 3 § WA II, EG B, BNatG b

50–150 cm hoch. PFLANZEN: mehrjährig. BLÜTENSTAND: Cyathien in doldenartigem Gesamtblütenstand; DRÜSEN: **quer-oval bis rundlich**, die Außenkante gerade bis nach außen gewölbt (konkav). DOLDEN: endständige ≥ 5-strahlig. FRÜCHTE: **warzig**. STÄNGEL: aufrecht, < 18 mm ⌀, kahl. BLATTSTELLUNG: **wechselständig**. BLÄTTER: **länglich bis lanzettlich, kahl**. NEBENBLÄTTER: fehlen.

- einheimisch
- planar bis collin
- Gewässer, Extensivgrünland u. Magerrasen, Staudenfluren, Ruderalvegetation, Zier- bzw. Nutzpflanze
- an basenreichen, wechselfeuchten bis nassen, auch salzhaltigen Standorten

J F M **A M J** J A S O N D

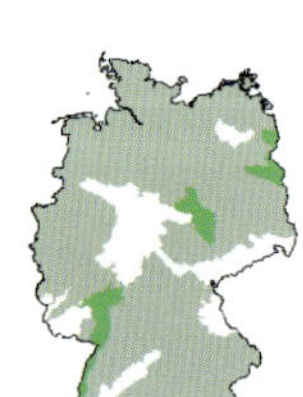

US

US

Euphorbia platyphyllos L.

Breitblättrige Wolfsmilch *Euphorbiaceae*
♂ * A1 | ♀ * G(3) giftig RL 3

25–60 cm hoch. Pflanzen: **1-jährig**. Blütenstand: Cyathien in doldenartigem Gesamtblütenstand; Drüsen: **quer-oval bis rundlich**, die Außenkante gerade bis nach außen gewölbt (konkav). Hüllchenblätter: in der distalen Hälfte fein gezähnt. Dolden: endständige 3–5-strahlig. Früchte: 3–5 mm lang, **mit kugeligen Warzen**. Stängel: aufrecht. Blattstellung: **wechselständig**. Blätter: **länglich bis oval**; unterseits: **behaart**. Nebenblätter: fehlen. obere Stängelblätter: sitzend, **basal gerade bis ausgerandet**.

- Archaeophyt
- planar bis montan
- Grünland, Staudenfluren, Äcker, Ruderalvegetation, Zier- bzw. Nutzpflanze
- an basenreichen Standorten

J F M A M **J J A S** O N D

Euphorbia stricta L.

Steife Wolfsmilch *Euphorbiaceae*
♂ * A1 | ♀ * G(3) giftig

15–50 cm hoch. Pflanzen: **1-jährig**. Blütenstand: Cyathien in doldenartigem Gesamtblütenstand; Drüsen: **quer-oval bis rundlich**, die Außenkante gerade bis nach außen gewölbt (konkav). Hüllchenblätter: in der distalen Hälfte fein gezähnt. Dolden: endständige 3–5-strahlig. Früchte: 1,5–3 mm lang, **mit kurz-zylindrischen Warzen**. Stängel: aufrecht. Blattstellung: **wechselständig**. Blätter: **kahl**. Nebenblätter: fehlen. obere Stängelblätter: sitzend, **basal gerade bis ausgerandet**.

- einheimisch
- planar bis montan
- Staudenfluren, Ruderalvegetation, Zier- bzw. Nutzpflanze
- an basenreichen Standorten

J F M A **M J J A S** O N D

Euphorbia verrucosa L.

Warzen-Wolfsmilch *Euphorbiaceae*
♂ * A1 | ♀ * G(3) giftig RL V

30–50 cm hoch. Pflanzen: mehrjährig. Blütenstand: Cyathien in doldenartigem Gesamtblütenstand; Drüsen: **quer-oval bis rundlich**, die Außenkante gerade bis nach außen gewölbt (konkav), gelblich-grünlich. Hüllchenblätter: in der distalen Hälfte fein gezähnt. Dolden: endständige 3–5-strahlig. Früchte: **mit kugeligen bis kurz-zylindrischen Warzen**. Stängel: aufrecht. Ausläufer: unterirdisch, senkrecht wachsend. Blattstellung: **wechselständig**. Nebenblätter: fehlen. obere Stängelblätter: **basal verschmälert**.

- einheimisch
- collin bis montan
- Extensivgrünland u. Magerrasen, Wälder, Zier- bzw. Nutzpflanze
- an kalkreichen, meist trockenen Standorten

J F M **A M J** J A S O N D

Euphorbia lathyris L.

Spring-Wolfsmilch *Euphorbiaceae*
♂ * A1 | ♀ * G(3) stark giftig

20–100 cm hoch. Pflanzen: rasig wachsend, **1-jährig**. Blütenstand: Cyathien in doldenartigem Gesamtblütenstand; Drüsen: **halbmondförmig bis 2-hörnig**, die Außenkante nach innen gewölbt (konvex). Dolden: **endständige 2–4-strahlig**. Früchte: **glatt**. Stängel: aufrecht. Blattstellung: 4-zeilig, **gekreuzt-gegenständig**. Blätter: Spreite 6–12 cm lang. Nebenblätter: fehlen.

- Archaeophyt
- planar bis montan
- Staudenfluren, Ruderalvegetation, Zier- bzw. Nutzpflanze

J F M A **M J J A** S O N D

US

Euphorbia amygdaloides L.

Mandelblättrige Wolfsmilch *Euphorbiaceae*
♂ ∗ A1 | ♀ ∗ G(3) giftig

30–60 cm hoch. Pflanzen: mehrjährig. Blütenstand: Cyathien in doldenartigem Gesamtblütenstand; Drüsen: **halbmondförmig bis 2-hörnig**, die Außenkante nach innen gewölbt (konvex). Hüllchenblätter: **basal verwachsen**. Dolden: endständige ≥ 5-strahlig. Früchte: **glatt**. Samen: **glatt**. Stängel: aufrecht. Blattstellung: **wechselständig**. Blätter: **überwinternd grün**. Nebenblätter: fehlen.

- einheimisch
- collin bis montan
- Wälder, Zier- bzw. Nutzpflanze
- an basenreichen Standorten

J F **M A M J** J A S O N D

Euphorbia falcata L.

Sichel-Wolfsmilch *Euphorbiaceae*
♂ ∗ A1 | ♀ ∗ G(3) giftig RL 1

Bis 40 cm hoch. Pflanzen: **1-jährig**. Blütenstand: Cyathien in doldenartigem Gesamtblütenstand; Drüsen: **halbmondförmig bis 2-hörnig**, die Außenkante gerade bis nach innen gewölbt (konvex). Hüllchenblätter: oft schief, meist breiter als lang. Dolden: **endständige 3–4-strahlig**. Früchte: **glatt**, *nicht* geflügelt, kahl. Samen: **warzig bis grubig**. Stängel: aufrecht. Blattstellung: **wechselständig**. Blätter: blau- bzw. graugrün. Nebenblätter: fehlen. obere Stängelblätter: **spatelförmig bis lanzettlich**.

- Archaeophyt
- planar bis collin
- Staudenfluren, Äcker, Ruderalvegetation, Zier- bzw. Nutzpflanze
- an kalkreichen Standorten

J F M A **M J J A S O** N D

Euphorbia seguieriana Neck.

Steppen-Wolfsmilch *Euphorbiaceae*
♂ ∗ A1 | ♀ ∗ G(3) giftig RL 3

15–60 cm hoch. Pflanzen: mehrjährig. Blütenstand: Cyathien in doldenartigem Gesamtblütenstand; Drüsen: **halbmondförmig bis 2-hörnig**, die Außenkante gerade bis nach innen gewölbt (konvex), an den Ecken abgerundet, einzelne auch quer-oval. Dolden: endständige ≥ 8-strahlig. Früchte: **glatt**, kahl. Samen: **glatt**. Stängel: aufrecht. Blattstellung: **wechselständig**. Blätter: blau- bzw. graugrün, **über der Mitte am breitesten**. Nebenblätter: fehlen.

- einheimisch
- planar bis collin
- Extensivgrünland u. Magerrasen, Ruderalvegetation, Zier- bzw. Nutzpflanze
- an nährstoffarmen, basenreichen, trockenen Standorten

J F M A **M J J A** S O N D

Euphorbia peplus L.

Garten-Wolfsmilch *Euphorbiaceae*
♂ ∗ A1 | ♀ ∗ G(3) stark giftig

10–30 cm hoch. Pflanzen: **1-jährig**. Blütenstand: Cyathien in doldenartigem Gesamtblütenstand; Drüsen: **halbmondförmig bis 2-hörnig**, die Außenkante gerade bis nach innen gewölbt (konvex), mit langen, haarfeinen Hörnern. Dolden: **endständige 3–4-strahlig**. Früchte: **glatt**, **geflügelt**, kahl. Samen: **warzig bis grubig**. Stängel: aufrecht. Blattstellung: **wechselständig**. Nebenblätter: fehlen. obere Stängelblätter: **breit-oval**.

- Archaeophyt
- planar bis montan
- Äcker, Ruderalvegetation, Zier- bzw. Nutzpflanze

J F M A M **J J A S O** N D

Mercurialis annua L.

Einjähriges Bingelkraut *Euphorbiaceae*
♂ ∗ P3 A8–12 | ♀ ∗ P3 G(2) giftig

15–40 cm hoch. PFLANZEN: **1-jährig**, *ohne* Milchsaft, meist 2-häusig. BLÜTENSTAND: knäuelig, in ähren- bis rispenartigem Gesamtblütenstand. ♀ BLÜTEN: **± sitzend**. FRÜCHTE: Kapseln, **mit haarfein ausgezogenen Warzen**. STÄNGEL: **meist verzweigt, gleichmäßig beblättert**.

- Archaeophyt
- planar bis montan
- Staudenfluren, Äcker, Ruderalvegetation, Zier- bzw. Nutzpflanze
- an nährstoffreichen Standorten

J F M A **M J J A S O** N D

Mercurialis ovata Sternb. & Hoppe

Eiblatt-Bingelkraut *Euphorbiaceae*
♂ ∗ P3 A8–12 | ♀ ∗ P3 G(2) giftig RL 3

10–40 cm hoch. PFLANZEN: **mehrjährig**, *ohne* Milchsaft, meist 2-häusig. BLÜTENSTAND: knäuelig, in ähren- bis rispenartigem Gesamtblütenstand. ♀ BLÜTEN: **kurz gestielt**. FRÜCHTE: Kapseln, *ohne* spitze Warzen, **behaart**. STÄNGEL: **meist *nicht* verzweigt, vor allem oben beblättert, unten nur mit schuppenartigen Niederblättern**. BLÄTTER: **± sitzend, Stiele < 0,5 cm lang**, rundlich bis breit-oval.

- einheimisch
- collin bis montan
- Gehölze, Wälder, Zier- bzw. Nutzpflanze
- an trockenen, basenreichen Standorten

J F **M A M J** J A S O N D

Mercurialis perennis L.

Ausdauerndes Bingelkraut *Euphorbiaceae*
♂ ∗ P3 A8–12 | ♀ ∗ P3 G(2) stark giftig

10–40 cm hoch. PFLANZEN: **mehrjährig**, *ohne* Milchsaft, meist 2-häusig. BLÜTENSTAND: knäuelig, in ähren- bis rispenartigem Gesamtblütenstand. ♀ BLÜTEN: **kurz gestielt**. FRÜCHTE: Kapseln, *ohne* spitze Warzen, **behaart**. STÄNGEL: **meist *nicht* verzweigt, vor allem oben beblättert, unten nur kleinen Laubblättern**. BLATTSTIELE: **0,5–2,5 cm lang**. BLÄTTER: länglich-oval bis breit-lanzettlich.

- einheimisch
- planar bis montan
- Wälder, Zier- bzw. Nutzpflanze
- an basenreichen Standorten

J F **M A M** J J A S O N D

Ricinus communis L.

Rizinus *Euphorbiaceae*
♂ ∗ P3–5 A∞ | ♀ ∗ P3 G(3) stark giftig

Bis 3 m hoch. PFLANZEN: *ohne* Milchsaft, **1-häusig**. BLÜTENSTAND: **knäuelig**, in trauben- bis rispenartigem Gesamtblütenstand, **oben mit ♀, unten mit ♂ Knäueln**. STAUBBEUTEL: **gelblich**. NARBEN: **rötlich**. FRÜCHTE: Kapseln, **stachelig**. STÄNGEL: meist krautig. BLÄTTER: **gefingert, 5–13-teilig, Spreite 30–100 cm lang**.

- in Einbürgerung befindlicher Neophyt, urspr. aus Westasien u. Nordostafrika
- planar bis montan
- Zier- bzw. Nutzpflanze

J F M A M J **J A S O** N D

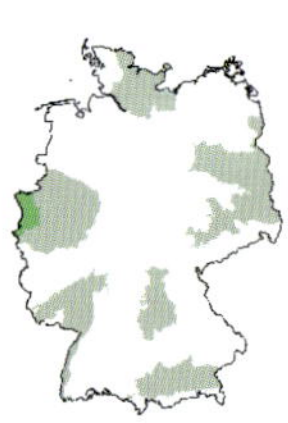

Linum alpinum Jacq.

Alpen-Lein *Linaceae*
∗ K5 C5 A5 G(5) RL R § BNatG b

20–30 cm hoch. PFLANZEN: in kleinen Gruppen wachsend, mehrjährig. BLÜTENSTAND: Stängel meist 3–12-blütig. BLÜTEN: bläulich. KRONBLÄTTER: 10–18 mm lang, **4–9 mm breit**. KELCHBLÄTTER: **am Rand kahl**. STAUBBLÄTTER: 5, zuweilen außerdem 5 Staminodien, basal zuweilen verwachsen. FRUCHTKNOTEN: Blüten heterostyl, Griffel kürzer als Staubblätter. FRUCHTSTIELE: **meist aufrecht**. FRÜCHTE: Kapseln, ± kugelig, durch falsche Scheidewände meist 10-fächrig. SAMEN: mit deutlichem Hautrand. STÄNGEL: **aufrecht**, kahl, **basal mit sterilen Trieben**. UNTERE STÄNGELBLÄTTER: wechselständig. MITTLERE STÄNGELBLÄTTER: **0,5–3 mm breit, meist 1-nervig**.

- einheimisch
- subalpin bis alpin
- Extensivgrünland u. Magerrasen, Gehölze, Schutt- u. Felsfluren, Zier- bzw. Nutzpflanze
- an nährstoffarmen, kalkreichen Standorten

J F M A M J J A S O N D

Linum austriacum L.

Österreichischer Lein *Linaceae*
∗ K5 C5 A5 G(5) § BNatG b

10–80 cm hoch. PFLANZEN: in kleinen Gruppen wachsend, mehrjährig. BLÜTENSTAND: Stängel meist ≥ 8-blütig. BLÜTEN: bläulich. KRONBLÄTTER: 10–18 mm lang. KELCHBLÄTTER: **am Rand kahl**. STAUBBLÄTTER: 5, zuweilen außerdem 5 Staminodien, basal zuweilen verwachsen. FRUCHTKNOTEN: Blüten heterostyl, Griffel kürzer als Staubblätter. FRUCHTSTIELE: **abwärts gebogen**. FRÜCHTE: Kapseln, ± kugelig, durch falsche Scheidewände meist 10-fächrig. STÄNGEL: **aufrecht**, kahl, **basal mit sterilen Trieben**. UNTERE STÄNGELBLÄTTER: wechselständig. MITTLERE STÄNGELBLÄTTER: **0,5–3 mm breit, meist 1-nervig**.

- eingebürgerter Neophyt, urspr. aus dem östlichen Mittelmeergebiet
- planar bis montan
- Extensivgrünland u. Magerrasen, Schutt- u. Felsfluren, Zier- bzw. Nutzpflanze
- an nährstoffarmen, basenreichen, meist trockenen Standorten

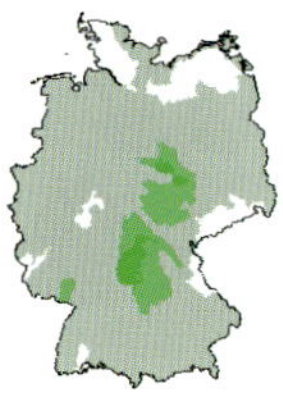

J F M A M J J A S O N D

Linum catharticum L.

Purgier-Lein *Linaceae*
∗ K5 C5 A5 G(5) § BNatG b

Bis 30 cm hoch. PFLANZEN: **meist 1-jährig**. BLÜTEN: **weißlich, basal gelblich**. KRONBLÄTTER: **3–6 mm lang**. STAUBBLÄTTER: 5, zuweilen außerdem 5 Staminodien, basal zuweilen verwachsen. FRÜCHTE: Kapseln, ± kugelig, durch falsche Scheidewände meist 10-fächrig. STÄNGEL: ***ohne* sterile Triebe**. UNTERE STÄNGELBLÄTTER: **gegenständig**.

- einheimisch
- planar bis alpin
- Extensivgrünland u. Magerrasen, Quellfluren, Zier- bzw. Nutzpflanze
- an nährstoffarmen, basenreichen, auch salzhaltigen Standorten

J F M A M J J A S O N D

Linum flavum L.

Gelber Lein *Linaceae*
∗ K5 C5 A5 G(5) RL 2 § BNatG b

20–60 cm hoch. PFLANZEN: mehrjährig. BLÜTEN: **gelblich**. KRONBLÄTTER: 14–22 mm lang. KELCHBLÄTTER: **am Rand drüsig bewimpert**. STAUBBLÄTTER: 5, zuweilen außerdem 5 Staminodien, basal zuweilen verwachsen. FRÜCHTE: Kapseln, ± kugelig, durch falsche Scheidewände meist 10-fächrig. STÄNGEL: **im QS oben scharfkantig**. BLÄTTER: basal beidseits mit einer Drüse, **am Rand rau bis fein-stachelig**. UNTERE STÄNGELBLÄTTER: wechselständig.

- einheimisch
- collin bis montan
- Extensivgrünland u. Magerrasen, Zier- bzw. Nutzpflanze
- an nährstoffarmen, basenreichen Standorten

J F M A M J J A S O N D

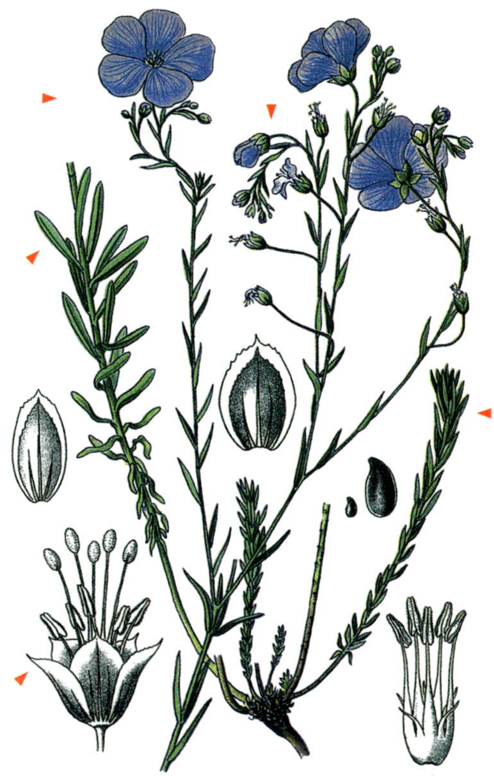

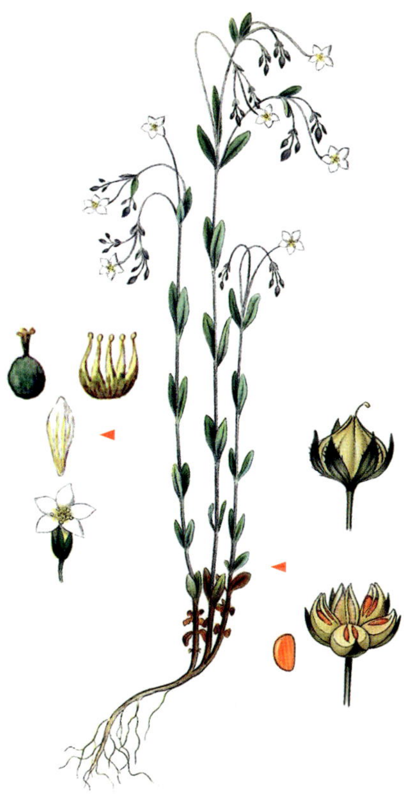

Linum leonii F. W. Schultz

Lothringer Lein *Linaceae*
∗ K5 C5 A5 G(5) RL 3 § BNatG b

Bis 30 cm hoch. Pflanzen: in kleinen Gruppen wachsend, mehrjährig. Blütenstand: Stängel meist ≤ 8-blütig. Blüten: bläulich. Kronblätter: 3–14 mm lang. Kelchblätter: **am Rand kahl.** Staubblätter: 5, zuweilen außerdem 5 Staminodien, basal zuweilen verwachsen. Fruchtknoten: ± so lang wie Staubblätter. Fruchtstiele: **meist aufrecht**. Früchte: Kapseln, ± kugelig, durch falsche Scheidewände meist 10-fächrig. Samen: allenfalls mit undeutlichem Hautrand. Stängel: **basal niederliegend bis bogig aufsteigend**, kahl, **basal mit sterilen Trieben**. untere Stängelblätter: wechselständig. mittlere Stängelblätter: **0,5–3 mm breit, meist 1-nervig**.

- einheimisch
- planar bis montan
- Extensivgrünland u. Magerrasen, Zier- bzw. Nutzpflanze
- an nährstoffarmen, kalkreichen, meist trockenen Standorten

J F M **A M J J** A S O N D

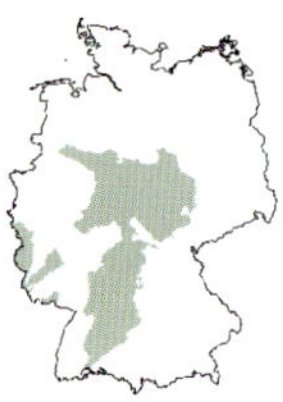

Linum perenne L.

Ausdauernder Lein *Linaceae*
∗ K5 C5 A5 G(5) RL 2 § BNatG b

20–100 cm hoch. Pflanzen: in kleinen Gruppen wachsend, mehrjährig. Blütenstand: Stängel meist ≥ 5-blütig. Blüten: bläulich. Kronblätter: 14–22 mm lang, **8–14 mm breit**. Kelchblätter: **am Rand kahl**. Staubblätter: 5, zuweilen außerdem 5 Staminodien, basal zuweilen verwachsen. Fruchtknoten: Blüten heterostyl, Griffel kürzer als Staubblätter. Fruchtstiele: **meist aufrecht**. Früchte: Kapseln, ± kugelig, durch falsche Scheidewände meist 10-fächrig. Stängel: **aufrecht**, kahl, **basal mit sterilen Trieben**. untere Stängelblätter: wechselständig. mittlere Stängelblätter: **0,5–3 mm breit, meist 1-nervig**.

- einheimisch
- planar bis montan
- Extensivgrünland u. Magerrasen, Zier- bzw. Nutzpflanze
- an nährstoffarmen, basenreichen, meist trockenen Standorten

J F M A **M J J A** S O N D

Linum tenuifolium L.

Schmalblättriger Lein *Linaceae*
∗ K5 C5 A5 G(5) RL 3 § BNatG b

15–50 cm hoch. Pflanzen: mehrjährig. Blüten: weißlich o. bläulich bis rötlich. Kronblätter: 14–30 mm lang. Kelchblätter: **am Rand drüsig bewimpert**. Staubblätter: 5, zuweilen außerdem 5 Staminodien, basal zuweilen verwachsen. Früchte: Kapseln, ± kugelig, durch falsche Scheidewände meist 10-fächrig. Stängel: **aufrecht, im QS oben stumpfkantig**; oben: **kahl**. Blätter: **am Rand rau bis fein-stachelig**. untere Stängelblätter: wechselständig. mittlere Stängelblätter: **länglich-lineal, 1–2 mm breit**.

- einheimisch
- planar bis montan
- Extensivgrünland u. Magerrasen, Schutt- u. Felsfluren
- an nährstoffarmen, kalkreichen, trockenen Standorten

J F M A **M J J A** S O N D

Linum usitatissimum L.

Flachs *Linaceae*
∗ K5 C5 A5 G(5) stark giftig § BNatG b

30–60 cm hoch. Pflanzen: **meist einzeln wachsend, meist 1-jährig**. Blüten: meist bläulich. Kronblätter: 10–18 mm lang. Kelchblätter: **am Rand drüsenlos bewimpert**. Staubblätter: 5, zuweilen außerdem 5 Staminodien, basal zuweilen verwachsen. Früchte: Kapseln, ± kugelig, durch falsche Scheidewände meist 10-fächrig. Stängel: kahl, ***ohne* sterile Triebe**. untere Stängelblätter: wechselständig. mittlere Stängelblätter: **3–6 mm breit, 3-nervig**.

- Archaeophyt
- planar bis montan
- Äcker, Ruderalvegetation, Zier- bzw. Nutzpflanze

J F M A **M J J A** S O N D

Linum viscosum L.

Klebriger Lein *Linaceae*
∗ K5 C5 A5 G(5)
RL 2 § BNatG b

30–60 cm hoch. Pflanzen: mehrjährig. Blüten: weißlich o. bläulich bis rötlich. Kronblätter: 10–20 mm lang. Kelchblätter: **am Rand drüsig bewimpert**. Staubblätter: 5, zuweilen außerdem 5 Staminodien, basal zuweilen verwachsen. Früchte: Kapseln, ± kugelig, durch falsche Scheidewände meist 10-fächrig. Stängel: **aufrecht, im QS oben stumpfkantig, mit langen Haaren**. Blätter: **am Rand drüsig bewimpert**. untere Stängelblätter: wechselständig. mittlere Stängelblätter: **länglich-lanzettlich, 4–12 mm breit**.

- einheimisch
- montan bis subalpin
- Extensivgrünland u. Magerrasen, Zier- bzw. Nutzpflanze
- an nährstoffarmen, basenreichen Standorten

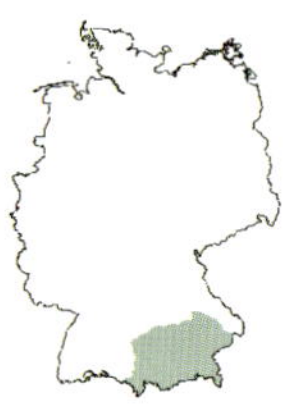

J F M **A M J J** A S O N D

Radiola linoides Roth

Zwergflachs *Linaceae*
∗ K4 C4 A4 G(4)
RL 2

Bis 10 cm hoch. Pflanzen: **1-jährig**. Blüten: **weißlich**. Blütenhülle: **je Kreis 4-blättrig**. Kronblätter: **1–2 mm lang, ± so lang wie die Kelchblätter**. Kelchblätter: **distal 2–3-zähnig**. Staubblätter: basal zuweilen verwachsen. Früchte: Kapseln, ± kugelig, 0,5–2 mm ⌀, durch falsche Scheidewände meist 8-fächrig. Blattstellung: **gegenständig**.

- einheimisch
- planar bis montan
- trockenfallende Ufer, Dünentäler
- an nährstoffarmen, sauren, feuchten, zuweilen überfluteten Standorten

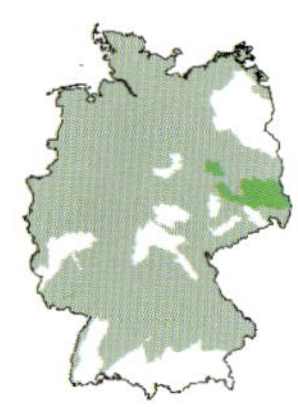

J F M A M **J J A** S O N D

Erodium cicutarium agg.

Gewöhnlicher Reiherschnabel *Geraniaceae*
∗ K5 C5 A5 G(5)

10–80 cm hoch. Blüten: rötlich bis violett. Staubblätter: **5, außerdem 5 Staminodien**. Früchte: Nüsse *oder* Spaltfrüchte; Schnabel: **sich bei der Fruchtreife korkenzieherartig einrollend**. Stängel: behaart. Blätter: fiederspaltig bis gefiedert. Fiederblättchen: **sitzend, tief gelappt bis fiederspaltig**. Grundblätter: länglich.

E. cicutarium (Gewöhnlicher Reiherschnabel): Blütenstand: 4–10-blütig. Früchte: mit Schnabel 30–50 mm lang, Teilfrüchte distal mit von ringförmiger Furche umgebener tiefer Grube. Stängel: kaum drüsig.
E. lebelii (Drüsiger Reiherschnabel): Blütenstand: 3–6-blütig. Früchte: mit Schnabel 15–30 mm lang, Teilfrüchte distal mit flacher Grube, *ohne* ringförmige Furche. Stängel: dicht drüsig behaart.

- einheimisch
- planar bis montan
- Extensivgrünland u. Magerrasen, Äcker, Ruderalvegetation, Zier- bzw. Nutzpflanze

J F **M A M J J A S O** N D

Erodium moschatum (L.) L'Hér.

Moschus-Reiherschnabel *Geraniaceae*
∗ K5 C5 A5 G(5)

Bis 40 cm hoch. Blüten: rötlich bis violett. Staubblätter: **5, außerdem 5 Staminodien**. Früchte: Nüsse *oder* Spaltfrüchte, **mit Schnabel 25–50 mm lang, distal mit flacher Grube, *ohne* ringförmige Furche**; Schnabel: **sich bei der Fruchtreife korkenzieherartig einrollend**. Blätter: fiederspaltig bis gefiedert. Fiederblättchen: **gestielt, gezähnt bis gelappt**, am Rand gezähnt.

- in Einbürgerung befindlicher Neophyt, urspr. aus dem Mittelmeergebiet
- planar bis montan
- Staudenfluren, Ruderalvegetation, Zier- bzw. Nutzpflanze

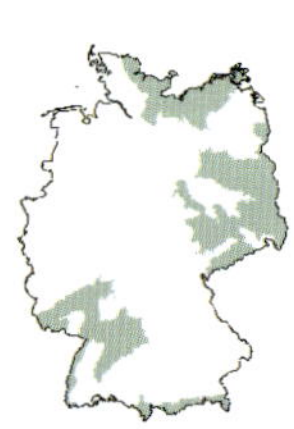

J F M **A M J** J A S O N D

Geranium phaeum L.

Grünlicher Storchschnabel *Geraniaceae*
∗ K5 C5 A10 G(5) RL 3

30–60 cm hoch. PFLANZEN: mehrjährig. BLÜTEN: **schüssel- bis krugförmig, rotbraun bis dunkelviolett**. KRONBLÄTTER: **basal verschmälert bis kurz genagelt, 10–25 mm lang, 1,5 bis 2-mal so lang wie die Kelchblätter, am Rand wellig**. FRÜCHTE: Schleuderfrüchte; KLAPPEN: glatt; SCHNABEL: nach der Ausstreu aufwärts gebogen. STÄNGEL: OBEN: *ohne* Drüsenhaare. GRUNDBLÄTTER: handförmig gelappt bis geteilt, 5–7-teilig, **Einschnitte der Blattlappen überwiegend > 66 % des Spreitenradius tief**, 50–120 mm breit.

- einheimisch
- planar bis montan
- Grünland, Staudenfluren, Zier- bzw. Nutzpflanze

J F M **A M J J** A S O N D

Geranium dissectum L.

Schlitzblättriger Storchschnabel *Geraniaceae*
∗ K5 C5 A10 G(5)

Bis 40 cm hoch. PFLANZEN: 1-jährig. BLÜTEN: rötlich bis violett. BLÜTENSTIELE: 5–15 mm lang. KRONBLÄTTER: **basal verschmälert bis kurz genagelt, 4–8 mm lang, < 1,5-mal so lang wie die Kelchblätter, distal ausgerandet**. KELCHBLÄTTER: spitz. FRÜCHTE: Schleuderfrüchte; KLAPPEN: glatt, **drüsig behaart**; SCHNABEL: nach der Ausstreu aufwärts gebogen. STÄNGEL: OBEN: mit Drüsenhaaren. GRUNDBLÄTTER: handförmig gelappt bis geteilt, 5–7-teilig, **Einschnitte der Blattlappen überwiegend > 66 % des Spreitenradius tief**, 20–80 mm breit; BLATTLAPPEN: **mit lineal-lanzettlichen Zipfeln**.

- Archaeophyt
- planar bis montan
- Staudenfluren, Äcker, Ruderalvegetation, Zier- bzw. Nutzpflanze
- an kalkreichen Standorten

J F M **A M J J A S** O N D

Geranium columbinum L.

Tauben-Storchschnabel *Geraniaceae*
∗ K5 C5 A10 G(5)

10–60 cm hoch. PFLANZEN: 1-jährig. BLÜTEN: rötlich bis violett. BLÜTENSTIELE: 15–60 mm lang. KRONBLÄTTER: **basal verschmälert bis kurz genagelt, 6–12 mm lang, < 1,5-mal so lang wie die Kelchblätter, distal ausgerandet**. KELCHBLÄTTER: begrannt. FRÜCHTE: Schleuderfrüchte; KLAPPEN: glatt, **spärlich behaart**; SCHNABEL: nach der Ausstreu aufwärts gebogen. STÄNGEL: behaart; OBEN: anliegend behaart, *ohne* Drüsenhaare. GRUNDBLÄTTER: handförmig gelappt bis geteilt, 5–7-teilig, **Einschnitte der Blattlappen überwiegend > 66 % des Spreitenradius tief**, 20–80 mm breit; BLATTLAPPEN: **mit lineal-lanzettlichen Zipfeln**.

- Archaeophyt
- planar bis montan
- Grünland, Schutt- u. Felsfluren, Äcker, Ruderalvegetation

J F M A **M J J A** S O N D

Geranium palustre L.

Sumpf-Storchschnabel *Geraniaceae*
∗ K5 C5 A10 G(5)

25–100 cm hoch. PFLANZEN: mehrjährig. BLÜTEN: meist rötlich. KRONBLÄTTER: **basal verschmälert bis kurz genagelt, 10–20 mm lang, 1,5 bis 2-mal so lang wie die Kelchblätter, distal abgerundet**. KELCHBLÄTTER: begrannt. FRUCHTSTIELE: **abwärts gebogen**. FRÜCHTE: Schleuderfrüchte; KLAPPEN: glatt; SCHNABEL: nach der Ausstreu aufwärts gebogen. STÄNGEL: OBEN: anliegend behaart, *ohne* Drüsenhaare. GRUNDBLÄTTER: handförmig gelappt bis geteilt, 5–7-teilig, **Einschnitte der Blattlappen überwiegend > 66 % des Spreitenradius tief**, 50–200 mm breit.

- einheimisch
- planar bis montan
- Grünland, Staudenfluren, Ruderalvegetation, Zier- bzw. Nutzpflanze
- an basenreichen Standorten

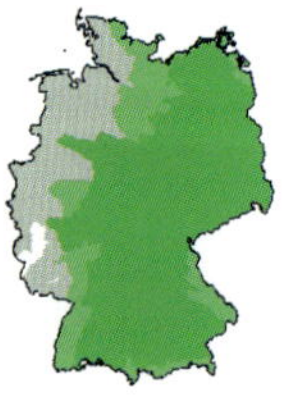

J F M A **M J J A S O** N D

Geranium pratense L.

Wiesen-Storchschnabel *Geraniaceae*
∗ K5 C5 A10 G(5)

25–60 cm hoch. PFLANZEN: mehrjährig. BLÜTEN: **flach ausgebreitet, meist hellblau bis hellviolett.** KRONBLÄTTER: **basal verschmälert bis kurz genagelt, 10–25 mm lang, 1,5 bis 2-mal so lang wie die Kelchblätter, distal abgerundet.** STAUBFÄDEN: 3-eckig, **plötzlich verjüngt, basal 1–2 mm breit.** FRUCHTSTIELE: **meist abwärts gebogen.** FRÜCHTE: Schleuderfrüchte; KLAPPEN: glatt; SCHNABEL: nach der Ausstreu aufwärts gebogen. STÄNGEL: OBEN: **meist mit Drüsenhaaren.** GRUNDBLÄTTER: handförmig gelappt bis geteilt, 5–7-teilig, **Einschnitte der Blattlappen überwiegend > 66 % des Spreitenradius tief, Fiedern ihrerseits gelappt bis fiederspaltig,** 50–200 mm breit.

- einheimisch
- planar bis montan
- Grünland, Staudenfluren, Ruderalvegetation, Zier- bzw. Nutzpflanze
- an basenreichen Standorten

J F M A **M J J A** S O N D

Geranium rotundifolium L.

Rundblättriger Storchschnabel *Geraniaceae*
∗ K5 C5 A10 G(5)

10–30 cm hoch. PFLANZEN: 1–2-jährig. BLÜTEN: rötlich bis violett. KRONBLÄTTER: **basal verschmälert bis kurz genagelt,** basal kahl bis bewimpert, **länglich-oval, 3–8 mm lang, ± so lang wie die Kelchblätter, distal abgerundet.** FRÜCHTE: Schleuderfrüchte; KLAPPEN: glatt, **meist behaart;** SCHNABEL: nach der Ausstreu aufwärts gebogen. SAMEN: **grubig-punktiert.** STÄNGEL: OBEN: mit Drüsenhaaren. GRUNDBLÄTTER: handförmig gelappt bis geteilt, 7–9-teilig, **Einschnitte der Blattlappen überwiegend < 75 % des Spreitenradius tief,** 10–80 mm breit.

- eingebürgerter Neophyt, urspr. aus dem Mittelmeergebiet
- planar bis montan
- Äcker, Ruderalvegetation, an Mauern, Zier- bzw. Nutzpflanze

J F M A **M J J A S O** N D

Geranium sanguineum L.

Blut-Storchschnabel *Geraniaceae*
∗ K5 C5 A10 G(5) RL V

15–50 cm hoch. PFLANZEN: mehrjährig. BLÜTENSTAND: Blüten einzeln. BLÜTEN: rötlich bis violett. KRONBLÄTTER: **basal verschmälert bis kurz genagelt, 10–25 mm lang, ± 2-mal so lang wie die Kelchblätter, distal ausgerandet bis gezähnt.** FRÜCHTE: Schleuderfrüchte; KLAPPEN: glatt; SCHNABEL: nach der Ausstreu aufwärts gebogen. STÄNGEL: stark verzweigt, abstehend behaart. GRUNDBLÄTTER: handförmig gelappt bis geteilt, 5–7-teilig, **Einschnitte der Blattlappen überwiegend > 66 % des Spreitenradius tief,** 30–60 mm breit; BLATTLAPPEN: **mit lineal-lanzettlichen Zipfeln.**

- einheimisch
- planar bis montan
- Staudenfluren, Gehölze, Wälder, Schutt- u. Felsfluren, Zier- bzw. Nutzpflanze
- an basenreichen, meist trockenen Standorten

J F M A **M J J A S** O N D

Geranium sylvaticum L.

Wald-Storchschnabel *Geraniaceae*
∗ K5 C5 A10 G(5)

20–60 cm hoch. PFLANZEN: mehrjährig. BLÜTEN: **krugförmig bis ausgebreitet, rötlich- bis bläulich-violett.** KRONBLÄTTER: **basal verschmälert bis kurz genagelt, 10–25 mm lang, 1,5 bis 2-mal so lang wie die Kelchblätter, distal abgerundet.** KELCHBLÄTTER: begrannt. STAUBFÄDEN: lanzettlich, **allmählich verjüngt, basal < 1 mm breit.** FRUCHTSTIELE: **aufrecht.** FRÜCHTE: Schleuderfrüchte; KLAPPEN: glatt; SCHNABEL: nach der Ausstreu aufwärts gebogen. STÄNGEL: OBEN: **meist mit Drüsenhaaren.** GRUNDBLÄTTER: handförmig gelappt bis geteilt, 5–7-teilig, **Einschnitte der Blattlappen überwiegend > 66 % des Spreitenradius tief, Fiedern am Rand gezähnt bis gelappt,** 50–200 mm breit.

- einheimisch
- collin bis subalpin
- Grünland, Staudenfluren, Gehölze, Wälder, Ruderalvegetation, Zier- bzw. Nutzpflanze

J F M **A M J J A** S O N D

Geranium bohemicum L.

Böhmischer Storchschnabel *Geraniaceae*
∗ K5 C5 A10 G(5) RL 1

25–100 cm hoch. Pflanzen: 1-jährig. Blüten: rötlich bis violett. Kronblätter: **basal verschmälert bis kurz genagelt, 6–10 mm lang, < 1,5-mal so lang wie die Kelchblätter, distal ausgerandet**. Kelchblätter: begrannt. Staubblätter: **lang behaart**. Früchte: Schleuderfrüchte; Klappen: glatt, **mit langen Haaren**; Schnabel: nach der Ausstreu aufwärts gebogen. Samen: **grubig-punktiert**. Stängel: oben: mit Drüsenhaaren. Grundblätter: handförmig gelappt bis geteilt, 5–7-teilig, **Einschnitte der Blattlappen überwiegend < 75 % des Spreitenradius tief**, 20–80 mm breit; Blattlappen: **mit rautenförmigen bis ovalen Zipfeln.**

- einheimisch
- planar bis montan
- Gehölze, Wälder, Äcker, Ruderalvegetation

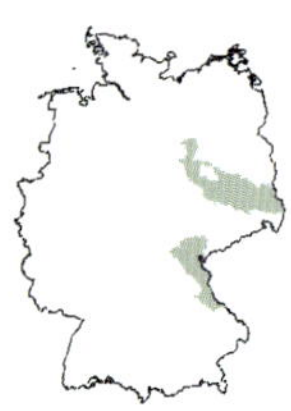

J F M A **M J J A** S O N D

Geranium molle agg.

Weicher Storchschnabel *Geraniaceae*
∗ K5 C5 A10 G(5)

10–40 cm hoch. Pflanzen: 1–2-jährig. Blüten: rötlich bis violett. Kronblätter: **basal verschmälert bis kurz genagelt**, basal kahl bis bewimpert, **3–8 mm lang, ± so lang wie die Kelchblätter, distal ausgerandet bis eingeschnitten**. Kelchblätter: spitz. Früchte: Schleuderfrüchte; Schnabel: nach der Ausstreu aufwärts gebogen. Stängel: behaart; oben: **mit Drüsenhaaren**. Grundblätter: handförmig gelappt bis geteilt, 7–9-teilig, **Einschnitte der Blattlappen überwiegend < 75 % des Spreitenradius tief**, 10–80 mm breit.

G. molle (Weicher Storchschnabel): Kronblätter: 4,5–8 mm lang. Früchte: kahl bis spärlich bewimpert; Fruchtklappen querrunzelig.
G. aequale (Glattfrüchtiger Storchschnabel): selten, Kronblätter: 3–5 mm lang. Früchte: basal dicht behaart; Fruchtklappen glatt.

- Archaeophyt
- planar bis montan
- Grünland, Staudenfluren, Äcker, Ruderalvegetation, Zier- bzw. Nutzpflanze

J F M **A M J J A S O** N D

Geranium pusillum L.

Zwerg-Storchschnabel *Geraniaceae*
∗ K5 C5 A10 G(5)

10–25 cm hoch. Pflanzen: 1–2-jährig. Blüten: rötlich bis violett. Kronblätter: **basal verschmälert bis kurz genagelt**, basal kahl bis bewimpert, **herzförmig, 2–8 mm lang, ± so lang wie die Kelchblätter, distal seicht ausgerandet**. Früchte: Schleuderfrüchte; Klappen: glatt, **meist behaart**; Schnabel: nach der Ausstreu aufwärts gebogen. Samen: **glatt**. Stängel: behaart, Haare < 1 mm lang; oben: **mit Drüsenhaaren**. Grundblätter: handförmig gelappt bis geteilt, 7–9-teilig, **Einschnitte der Blattlappen überwiegend < 75 % des Spreitenradius tief**, obere Stängelblätter ± bis zum Grund geteilt, 10–80 mm breit.

- Archaeophyt
- planar bis montan
- Staudenfluren, Äcker, Ruderalvegetation, Zier- bzw. Nutzpflanze

J F M **A M J J A S O** N D

Geranium pyrenaicum Burm. f.

Pyrenäen-Storchschnabel *Geraniaceae*
∗ K5 C5 A10 G(5)

25–80 cm hoch. Pflanzen: mehrjährig. Blüten: rötlich bis violett. Kronblätter: **basal verschmälert bis kurz genagelt, basal meist abstehend behaart, 8–12 mm lang, ± 2-mal so lang wie die Kelchblätter, distal tief eingeschnitten**. Früchte: Schleuderfrüchte; Schnabel: nach der Ausstreu aufwärts gebogen. Stängel: oft rötlich überlaufen. Grundblätter: handförmig gelappt bis geteilt, 7–9-teilig, **Einschnitte der Blattlappen überwiegend < 75 % des Spreitenradius tief**, 10–80 mm breit.

- eingebürgerter Neophyt, urspr. aus dem Mittelmeergebiet
- planar bis montan
- Grünland, Staudenfluren, Gehölze, Ruderalvegetation, Zier- bzw. Nutzpflanze
- an nährstoffreichen Standorten

J F M **A M J J A S O** N D

Geranium divaricatum Ehrh.

Spreizender Storchschnabel *Geraniaceae*
∗ K5 C5 A10 G(5) RL 1

25–60 cm hoch. Pflanzen: 1-jährig. Blüten: rötlich bis violett. Kronblätter: **basal verschmälert bis kurz genagelt, 5–10 mm lang, < 1,5-mal so lang wie die Kelchblätter, distal ausgerandet**. Kelchblätter: begrannt. Staubblätter: kahl. Früchte: Schleuderfrüchte; Klappen: **querrunzelig**, mit kurzen Haaren; Schnabel: nach der Ausstreu aufwärts gebogen. Samen: **glatt**. Stängel: behaart, Haare 1–2 mm lang; oben: **mit Drüsenhaaren**. Grundblätter: handförmig gelappt bis geteilt, 5–7-teilig, **Einschnitte der Blattlappen überwiegend < 75 % des Spreitenradius tief**, 20–80 mm breit; Blattlappen: **mit rautenförmigen bis ovalen Zipfeln**.

- Archaeophyt
- planar bis montan
- Staudenfluren, Gehölze, Ruderalvegetation

J F M A M J J A S O N D

Geranium lucidum L.

Glänzender Storchschnabel *Geraniaceae*
∗ K5 C5 A10 G(5)

15–30 cm hoch. Pflanzen: 1–2-jährig, oft rötlich überlaufen. Blüten: rötlich bis violett. Kronblätter: **genagelt, ± so lang wie die Kelchblätter, distal abgerundet**. Kelchblätter: **die Frucht umschließend**. Früchte: Schleuderfrüchte; Schnabel: nach der Ausstreu aufwärts gebogen. Stängel: oben: **± kahl**. Blätter: **± kahl**. Grundblätter: handförmig gelappt bis geteilt, meist 5-lappig, **Einschnitte der Blattlappen überwiegend < 75 % des Spreitenradius tief**.

- einheimisch
- planar bis montan
- Staudenfluren, Gehölze, Wälder, Schutt- u. Felsfluren, Ruderalvegetation, Zier- bzw. Nutzpflanze
- an nährstoffreichen Standorten

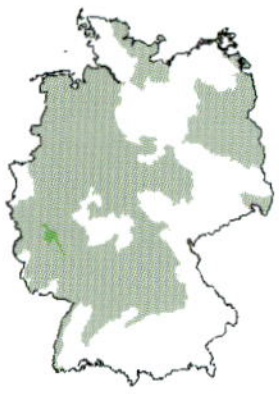

J F M A M J J A S O N D

Geranium purpureum Vill.

Purpur-Storchschnabel *Geraniaceae*
∗ K5 C5 A10 G(5)

15–50 cm hoch. Pflanzen: 1–2-jährig, oft rötlich überlaufen. Blüten: rötlich bis violett. Kronblätter: **genagelt, 5–9 mm lang, distal abgerundet**; Platte: **2–4 mm lang**. Kelchblätter: **die Frucht umschließend**, begrannt. Staubbeutel: **gelblich**. Früchte: Schleuderfrüchte; Klappen: (schwach) grubig; Schnabel: nach der Ausstreu aufwärts gebogen. Blätter: *nicht* o. wenig unangenehm riechend, **mit wenigen langen Haaren, mit ± ungeteilten Nerven**. Grundblätter: fiederspaltig bis doppelt gefiedert, 3–5-teilig; Blattlappen: **mit rautenförmigen bis länglich-ovalen Zipfeln**.

- eingebürgerter Neophyt, urspr. aus dem Mittelmeergebiet
- planar bis collin
- Staudenfluren, Gehölze, Schutt- u. Felsfluren, Ruderalvegetation, an Mauern
- an trockenen Standorten

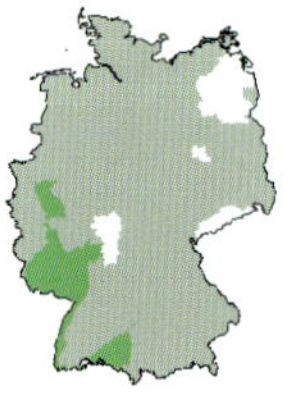

J F M A M J J A S O N D

Geranium robertianum L.

Stinkender Storchschnabel *Geraniaceae*
∗ K5 C5 A10 G(5)

15–50 cm hoch. Pflanzen: 1–2-jährig, oft rötlich überlaufen. Blüten: rötlich bis violett. Kronblätter: **genagelt, 9–14 mm lang, distal abgerundet**; Platte: **5–8 mm lang**. Kelchblätter: **die Frucht umschließend**, begrannt. Staubbeutel: **rötlich bis bräunlich**. Früchte: Schleuderfrüchte; Klappen: (schwach) grubig; Schnabel: nach der Ausstreu aufwärts gebogen. Blätter: **stark unangenehm riechend,** mit gabelig geteilten Nerven. Grundblätter: fiederspaltig bis doppelt gefiedert, 3–5-teilig; Blattlappen: **mit rautenförmigen bis länglich-ovalen Zipfeln**.

- einheimisch
- planar bis montan
- Staudenfluren, Gehölze, Wälder, Ruderalvegetation, an Mauern, Dünen, Zier- bzw. Nutzpflanze

J F M A M J J A S O N D

Lythrum hyssopifolia L.

Ysop-Blutweiderich *Lythraceae*
∗ K6 C6 A2–6 G($\underline{2}$) RL 2

Bis 30 cm hoch. Pflanzen: **1-jährig**. Blütenstand: **Blüten meist einzeln**. Blüten: rötlich. Blütenboden: krugförmig bis röhrig. Kronblätter: **2–4 mm lang**. Staubblätter: meist 4–6. Früchte: Kapseln. Stängel: **niederliegend**. Blattstellung: **überwiegend wechselständig**.

- einheimisch
- planar bis collin
- trockenfallende Ufer, Äcker, Zier- bzw. Nutzpflanze
- an sauren, feuchten, zuweilen überfluteten, auch salzhaltigen Standorten

J F M A M **J J A S O** N D

Lythrum portula (L.) D. A. Webb

Gewöhnlicher Sumpfquendel *Lythraceae*
∗ K6 C6 A3–9 G($\underline{2}$) RL V

Bis 20 cm hoch. Pflanzen: **1-jährig**. Blütenstand: **Blüten meist einzeln**. Blüten: rötlich bis weißlich. Blütenboden: **glockig bis schüsselförmig**. Krone: zuweilen fehlend. Kronblätter: **fehlend o. < 2 mm lang**. Früchte: Kapseln *oder* Nüsse. Stängel: **niederliegend**. Blattstellung: **überwiegend gegenständig**. Blätter: spatelförmig bis oval.

- einheimisch
- planar bis montan
- trockenfallende Ufer, Äcker
- an nährstoffarmen, sauren, feuchten, zuweilen überfluteten Standorten

J F M A M **J J A S O** N D

Lythrum salicaria L.

Gewöhnlicher Blutweiderich *Lythraceae*
∗ K6 C6 A12 G($\underline{2}$)

50–150 cm hoch. Pflanzen: **mehrjährig**. Blütenstand: **knäuelig**, in ährenartigem Gesamtblütenstand. Blüten: rötlich. Blütenboden: krugförmig bis röhrig. Kronblätter: **6–14 mm lang**. Früchte: Kapseln. Stängel: **aufrecht**. Blattstellung: **überwiegend gegenständig**.

- einheimisch
- planar bis montan
- Moore u. Seggenriede, Grünland, Staudenfluren, Zier- bzw. Nutzpflanze
- an wechselfeuchten bis nassen, auch salzhaltigen Standorten

J F M A M **J J A S** O N D

Trapa natans L.

Gewöhnliche Wassernuss *Lythraceae*
∗ K4 C4 A4 G($\underline{2}$) RL 2 § BNatG b

Freischwimmende Wasserpflanze. Pflanzen: **1-jährig**. Blüten: weißlich. Früchte: Nüsse, **bis 4 cm ⌀, mit 4 kurzen Dornen**. Stängel: bis 3 m lang. Schwimmblätter: rosettig angeordnet, **mit aufgeblasenem Stiel, rautenförmig, distal gezähnt**.

- einheimisch
- planar bis collin
- Gewässer, Zier- bzw. Nutzpflanze
- an nährstoffreichen, dauerhaft überfluteten Standorten

J F M A M **J J A S** O N D

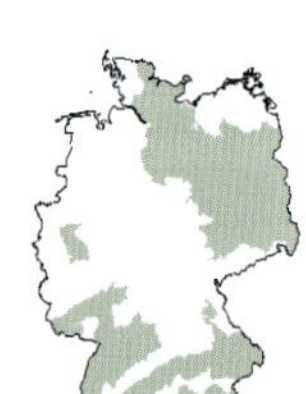

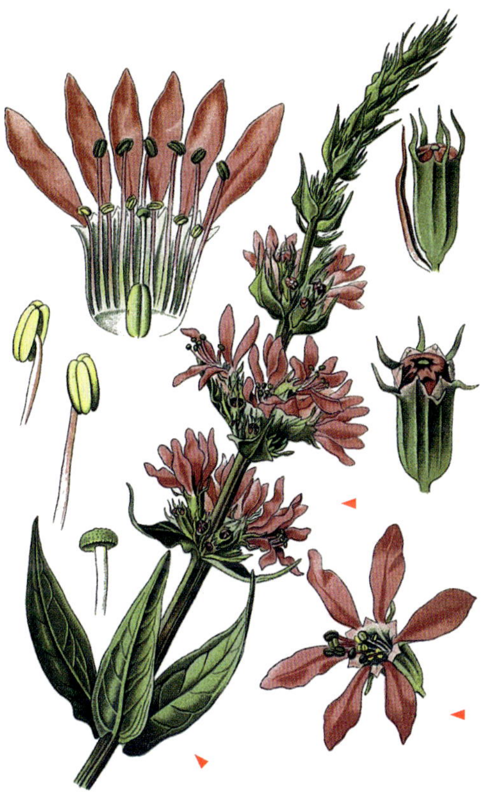

Circaea alpina L.

Alpen-Hexenkraut *Onagraceae*
∗ K2 C2 A2 $G(\bar{2})$

Bis 30 cm hoch. Blütenstand: traubenartig, **sich erst nach der Blüte verlängernd**. Tragblätter der Blüten: **klein, borstlich, auch fehlend**. Blüten: **weißlich**, oft rötlich überlaufen. Blütenachse: lang röhrenförmig, den Fruchtknoten überragend. Krone: **kürzer als der Kelch**. Kronblätter: **0,5–1,5 mm lang, 0,4–1 mm breit**. Narben: **kopfig, etwas ausgerandet**. Früchte: Nüsse, birnenförmig, **1–2,5 mm lang, 0,5–1,5 mm breit**, mit hakigen Borsten, **1-fächrig**. Ausläufer: unterirdisch. Blattstiele: kahl *oder* nur oberseits behaart. Blätter: **matt, basal deutlich ausgerandet**.

- einheimisch
- planar bis montan
- Wälder, Zier- bzw. Nutzpflanze

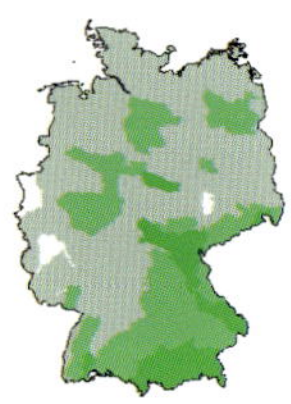

J F M A **M J J A** S O N D

Circaea intermedia Ehrh.

Mittleres Hexenkraut *Onagraceae*
∗ K2 C2 A2 $G(\bar{2})$

10–50 cm hoch. Blütenstand: traubenartig, **bereits vor der Blüte verlängert**. Tragblätter der Blüten: **klein, borstlich, auch fehlend**. Blüten: überwiegend steril, **weißlich**, oft rötlich überlaufen. Blütenachse: lang röhrenförmig, den Fruchtknoten überragend. Krone: **± so lang wie der Kelch**. Kronblätter: **1,5–4 mm lang, 2–6 mm breit**. Narben: **deutlich 2-lappig**. Früchte: Nüsse, birnenförmig, **1–2,5 mm lang, 0,5–1,5 mm breit**, mit hakigen Borsten, **2-fächrig, beide Fächer verschieden groß**. Ausläufer: unterirdisch. Blattstiele: kahl *oder* nur oberseits behaart. Blätter: **matt, basal deutlich ausgerandet**.

- einheimisch
- planar bis montan
- Wälder

J F M A **M J J A** S O N D

Circaea lutetiana L.

Großes Hexenkraut *Onagraceae*
∗ K2 C2 A2 $G(\bar{2})$

20–80 cm hoch. Blütenstand: traubenartig, **bereits vor der Blüte verlängert**. Tragblätter der Blüten: **fehlen**. Blüten: **weißlich**, oft rötlich überlaufen. Blütenachse: lang röhrenförmig, den Fruchtknoten überragend. Krone: **± so lang wie der Kelch**. Kronblätter: **1,5–4 mm lang, 2–6 mm breit**. Narben: **deutlich 2-lappig**. Früchte: Nüsse, birnenförmig, **3–4 mm lang, 2–3 mm breit**, mit hakigen Borsten, **2-fächrig, beide Fächer gleich groß**. Ausläufer: unterirdisch. Blattstiele: **ringsum behaart**. Blätter: **glänzend, basal abgerundet bis seicht ausgerandet**.

- einheimisch
- planar bis montan
- Staudenfluren, Gehölze, Wälder, Ruderalvegetation, Zier- bzw. Nutzpflanze

J F M A **M J J A** S O N D

Epilobium: überwiegend Kräuter, seltener Halbsträucher. Blütenstand: meist traubenartig. Blüten: rötlich. Blütenachse: lang röhrenförmig, den Fruchtknoten überragend. Früchte: Spaltkapseln, 4-klappig. Samen: mit langem Haarschopf.

Epilobium angustifolium L.

Schmalblättriges Weidenröschen *Onagraceae*
↓ K4 C4 A8 $G(\bar{4})$

60–200 cm hoch. Blüten: **(schwach) zygomorph, ± offen ausgebreitet, 20–30 mm** ⌀, rötlich. Kronblätter: **deutlich genagelt, > 7 mm lang**. Staubfäden: nach unten gebogen. Griffel: nach unten gebogen. Narben: **4-lappig**. Blattstellung: **wechselständig**. Blätter: lanzettlich, **8–25 mm breit**; unterseits: blau- bzw. graugrün.

- einheimisch
- planar bis subalpin
- Staudenfluren, Gehölze, Wälder, Schutt- u. Felsfluren, Ruderalvegetation, Zier- bzw. Nutzpflanze
- an nährstoffreichen Standorten

J F M A M **J J A** S O N D

Epilobium dodonaei Vill.

Rosmarin-Weidenröschen *Onagraceae*
↓ K4 C4 A8 $G(\overline{4})$

Halbstrauch, 20–100 cm hoch. BLÜTEN: **(schwach) zygomorph**, ± **offen ausgebreitet**, **20–50 mm ⌀**, rötlich. KRONBLÄTTER: **> 7 mm lang**. STAUBFÄDEN: nach unten gebogen. GRIFFEL: nach unten gebogen, ± **so lang wie die längeren Staubblätter**, **nur im unteren Drittel behaart**. NARBEN: **4-lappig**. BLATTSTELLUNG: **wechselständig**. BLÄTTER: **lineal bis lanzettlich**, **< 6 mm breit**, **beidseits dicht anliegend behaart**, am Rand gezähnt; UNTERSEITS: grünlich.

- Archaeophyt
- planar bis montan
- trockenfallende Ufer, Extensivgrünland u. Magerrasen, Staudenfluren, Schutt- u. Felsfluren, Zier- bzw. Nutzpflanze
- an nährstoffarmen, kalkreichen, trockenen Standorten

J F M A M **J J A S O** N D

Epilobium fleischeri Hochst.

Fleischers Weidenröschen *Onagraceae*
↓ K4 C4 A8 $G(\overline{4})$ RL 1

Halbstrauch, 20–40 cm hoch. BLÜTEN: **(schwach) zygomorph**, ± **offen ausgebreitet**, **20–50 mm ⌀**, rötlich. KRONBLÄTTER: **> 7 mm lang**. STAUBFÄDEN: nach unten gebogen. GRIFFEL: nach unten gebogen, ± **so lang wie die kürzeren Staubblätter**, **bis zur Mitte behaart**. NARBEN: **4-lappig**. BLATTSTELLUNG: **wechselständig**. BLÄTTER: **lineal bis lanzettlich**, **< 6 mm breit**, **kahl**, am Rand gezähnt; UNTERSEITS: grünlich.

- einheimisch
- montan bis alpin
- trockenfallende Ufer, Staudenfluren, Schutt- u. Felsfluren, Zier- bzw. Nutzpflanze
- an nährstoffarmen Standorten

J F M A M **J J A S** O N D

Epilobium brachycarpum C. Presl

Kurzfrüchtiges Weidenröschen *Onagraceae*
∗ K4 C4 A8 $G(\overline{4})$

30–80 cm hoch. PFLANZEN: **1-jährig**. BLÜTENSTAND: **rispenartig**, **mit seitlich abstehenden Ästen**, **sehr lockerblütig**. BLÜTEN: **3–20 mm ⌀**, rötlich. KRONBLÄTTER: **4–7 mm lang**. NARBEN: **kopfig bis keulenförmig**. BLÜTENKNOSPEN: oft aufrecht. STÄNGEL: **im QS kantig**. BLATTSTELLUNG: unten meist gegen- u. oben wechselständig. BLÄTTER: sitzend bis kurz gestielt, **lineal bis lanzettlich**, **2–10 mm breit**, am Rand dicht gezähnt.

- eingebürgerter Neophyt, urspr. aus Nordamerika
- planar bis collin
- Staudenfluren, Ruderalvegetation, Zier- bzw. Nutzpflanze
- an nährstoffarmen, sauren Standorten

J F M A M **J J A S** O N D

Epilobium alpestre (Jacq.) Krock.

Quirl-Weidenröschen *Onagraceae*
∗ K4 C4 A8 $G(\overline{4})$

20–100 cm hoch. BLÜTEN: rötlich. NARBEN: **kopfig bis keulenförmig**. BLÜTENKNOSPEN: oft überhängend. STÄNGEL: **im QS kantig**. BLATTSTELLUNG: **quirlig**. KNOTEN: **3–4-blättrig**. BLÄTTER: lanzettlich bis länglich-oval; OBERSEITS: glänzend.

- einheimisch
- montan bis alpin
- Staudenfluren, Gehölze, Ruderalvegetation
- an nährstoffreichen Standorten

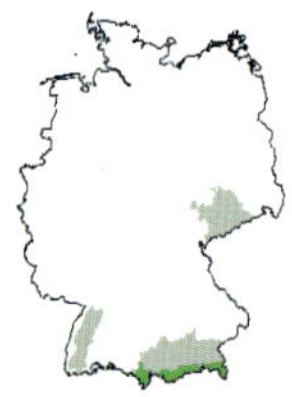

J F M A M **J J A** S O N D

Epilobium alsinifolium Vill.

Mieren-Weidenröschen *Onagraceae*
⁎ K4 C4 A8 G(4̅)

10–30 cm hoch. Blütenstand: **Stängel meist 2–6-blütig**; Hauptachse: *ohne* Drüsenhaare. Blüten: rötlich. Kronblätter: **8–12 mm lang**. Narben: **kopfig bis keulenförmig**. Blütenknospen: oft überhängend. Früchte: kahl *oder* abstehend behaart, **oft mit Drüsenhaaren**. Stängel: **im QS kantig**. Ausläufer: **unterirdisch**, mit Schuppenblättern. Blattstellung: unten meist gegen- u. oben wechselständig. Blätter: sitzend bis kurz gestielt, lanzettlich bis länglich-oval, am Rand dicht gezähnt.

- einheimisch
- montan bis alpin
- Moore u. Seggenriede, Wälder, Quellfluren
- an nassen Standorten

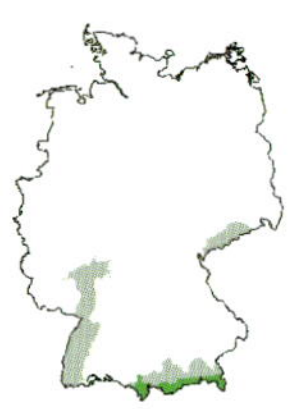

J F M A M **J J A** S O N D

Epilobium anagallidifolium Lam.

Gauchheil-Weidenröschen *Onagraceae*
⁎ K4 C4 A8 G(4̅) RL 2

Bis 15 cm hoch. Pflanzen: meist rasenbildend. Blütenstand: Hauptachse: *ohne* Drüsenhaare. Blüten: rötlich. Kronblätter: **3–5 mm lang**. Narben: **kopfig bis keulenförmig**. Blütenknospen: oft überhängend. Früchte: zunächst behaart, später verkahlend, **oft mit Drüsenhaaren**. Stängel: **im QS kantig, an den Kanten behaart**; oben: kahl. Ausläufer: **oberirdisch**, mit Laubblättern. Blattstellung: unten meist gegen- u. oben wechselständig. Blätter: lanzettlich bis oval, ganzrandig bis entfernt gezähnt.

- einheimisch
- montan bis alpin
- trockenfallende Ufer, Staudenfluren, Quellfluren, Schneetälchen

J F M A M **J J A** S O N D

Epilobium ciliatum Raf.

Drüsiges Weidenröschen *Onagraceae*
⁎ K4 C4 A8 G(4̅)

20–180 cm hoch. Blütenstand: Hauptachse: **drüsig behaart**. Blüten: rötlich bis weißlich. Kronblätter: **2–3 mm lang**. Narben: **kopfig bis keulenförmig**. Blütenknospen: oft überhängend. Früchte: drüsig behaart. Samen: mit winzigen **spitzen weißen Papillen**, Papillen in Reihen angeordnet. Stängel: **im QS kantig**. Ausläufer: **fehlend**. Blattstellung: unten meist gegen- u. oben wechselständig. Blätter: sitzend bis kurz gestielt, länglich bis lanzettlich, **Spreite 3–10 cm lang, 16–35 mm breit, basal abgerundet bis gerade**, am Rand dicht gezähnt.

Im Gebiet kommen 3 Unterarten vor: subsp. *ciliatum*, subsp. *adenocaulon* und subsp. *glandulosum* (vgl. S. 1431).

- eingebürgerter Neophyt, urspr. aus Nordamerika
- planar bis montan
- Grünland, Staudenfluren, Ruderalvegetation, Zier- bzw. Nutzpflanze

J F M A **M J J A S O** N D

Epilobium collinum C. C. Gmel.

Hügel-Weidenröschen *Onagraceae*
⁎ K4 C4 A8 G(4̅) RL V

10–40 cm hoch. Blüten: **3–7 mm lang**. Narben: **4-lappig**. Blütenknospen: oft überhängend. Stängel: **auch unten verzweigt, im QS meist rundlich**. Blattstellung: unten meist gegen- u. oben wechselständig. Blätter: (kurz) gestielt, *nicht* am Stängel herablaufend, länglich bis oval, **Spreite 1–4 cm lang, 5–10 mm breit, basal abgerundet bis ausgerandet**.

- einheimisch
- collin bis subalpin
- Schutt- u. Felsfluren, an Mauern, Zier- bzw. Nutzpflanze
- an nährstoffarmen, sauren Standorten

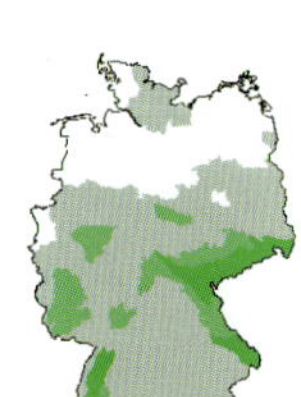

J F M A **M J J A S** O N D

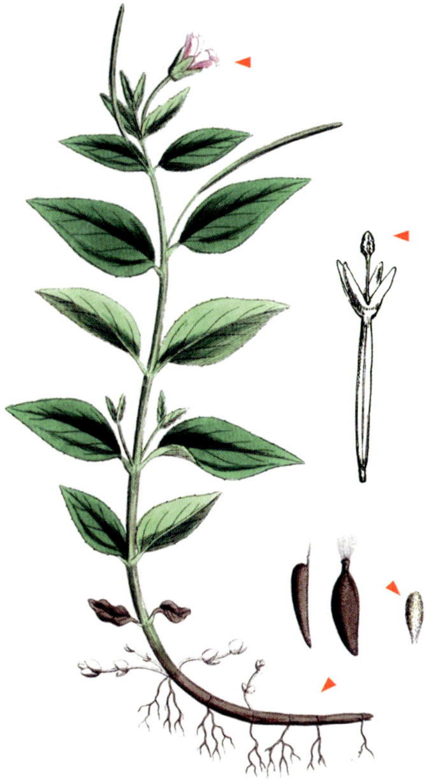

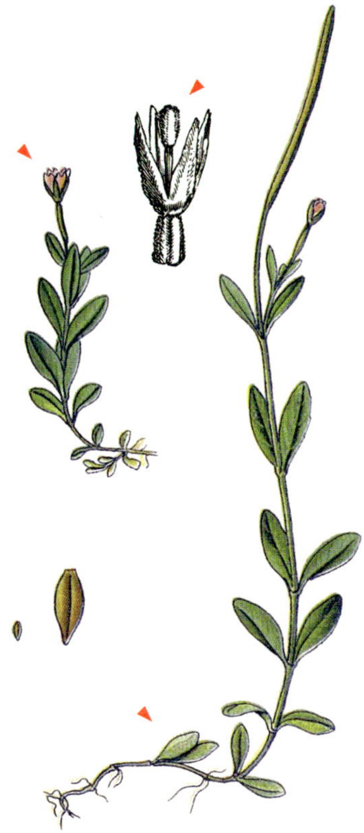

Epilobium duriaei Godr.

Durieus Weidenröschen *Onagraceae*
∗ K4 C4 A8 G(4) RL R

10–40 cm hoch. Blüten: **3–8 mm lang**, rötlich. Narben: **4-lappig**. Blütenknospen: oft überhängend. Stängel: **einfach o. wenig verzweigt, im QS meist rundlich**. Ausläufer: **unterirdisch, bis 15 cm lang**, mit Schuppenblättern. Blattstellung: unten meist gegen- u. oben wechselständig. Blätter: (kurz) gestielt, *nicht* am Stängel herablaufend, länglich bis oval, **Spreite 2–6 cm lang, 15–40 mm breit, basal abgerundet bis ausgerandet**.

- einheimisch
- montan bis subalpin
- Staudenfluren, Gehölze, Schutt- u. Felsfluren

J F M A M **J J A** S O N D

Epilobium hirsutum L.

Behaartes Weidenröschen *Onagraceae*
∗ K4 C4 A8 G(4)

80–150 cm hoch. Blüten: **15–30 mm ⌀, 10–20 mm lang**, rötlich. Narben: **4-lappig**. Blütenknospen: **aufrecht**. Stängel: **im QS meist rundlich, abstehend behaart, längste Haare 2–5 mm lang**. Blattstellung: unten meist gegen- u. oben wechselständig. Blätter: ± sitzend, (undeutlich) am Stängel herablaufend, länglich bis lanzettlich, **Spreite 5–15 cm lang, basal (halb-) stängelumfassend**.

- einheimisch
- planar bis montan
- Gewässer, Grünland, Staudenfluren, Wälder, Ruderalvegetation, Zier- bzw. Nutzpflanze
- an nährstoffreichen, basenreichen, feuchten bis nassen, zuweilen überfluteten, auch salzhaltigen Standorten

J F M A **M J J A S O** N D

Epilobium lanceolatum Sebast. & Mauri

Lanzett-Weidenröschen *Onagraceae*
∗ K4 C4 A8 G(4)

30–60 cm hoch. Blüten: **5–12 mm lang**, rötlich. Narben: **4-lappig**. Blütenknospen: oft überhängend. Stängel: **im QS meist rundlich**. Blattstellung: unten meist gegen- u. oben wechselständig. Blätter: (kurz) gestielt, *nicht* am Stängel herablaufend, länglich bis lanzettlich, **Spreite 3–6 cm lang, 5–15 mm breit, basal verschmälert**.

- einheimisch
- planar bis montan
- Staudenfluren, Wälder, Schutt- u. Felsfluren, Ruderalvegetation
- an sauren Standorten

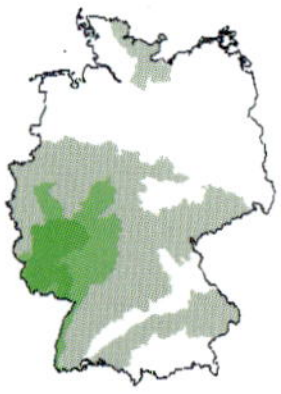

J F M A **M J J A S** O N D

Epilobium montanum L.

Berg-Weidenröschen *Onagraceae*
∗ K4 C4 A8 G(4)

15–80 cm hoch. Blüten: **6–14 mm lang**, rötlich. Narben: **4-lappig**. Blütenknospen: oft überhängend. Stängel: **einfach o. wenig verzweigt, im QS meist rundlich**. Ausläufer: **fehlend**. Blattstellung: unten meist gegen- u. oben wechselständig. Blätter: (kurz) gestielt, *nicht* am Stängel herablaufend, länglich bis oval, **Spreite 4–9 cm lang, 15–40 mm breit, basal abgerundet bis (undeutlich) ausgerandet**.

- einheimisch
- planar bis montan
- Staudenfluren, Gehölze, Wälder, Ruderalvegetation

J F M A **M J J A S** O N D

Epilobium nutans F. W. Schmidt

Nickendes Weidenröschen *Onagraceae*
∗ K4 C4 A8 G($\overline{4}$) RL 2

Bis 20 cm hoch. Pflanzen: meist einzeln wachsend. Blütenstand: Hauptachse: *ohne* Drüsenhaare. Blüten: rötlich. Kronblätter: **3–5 mm lang**. Narben: **kopfig bis keulenförmig**. Blütenknospen: oft überhängend. Früchte: **behaart, *ohne* Drüsenhaare**. Stängel: **im QS kantig**; oben: behaart. Ausläufer: **oberirdisch**, mit Laubblättern. Blattstellung: unten meist gegen- u. oben wechselständig. Blätter: sitzend bis kurz gestielt, lanzettlich bis oval, ganzrandig bis entfernt gezähnt.

- einheimisch
- subalpin bis alpin
- Gewässer, Extensivgrünland u. Magerrasen, Schutt- u. Felsfluren, Quellfluren
- an sauren, nassen Standorten

J F M A M **J J A** S O N D

Epilobium obscurum Schreb.

Dunkelgrünes Weidenröschen *Onagraceae*
∗ K4 C4 A8 G($\overline{4}$) RL V

60–100 cm hoch. Blütenstand: Hauptachse: *ohne* Drüsenhaare. Blüten: rötlich. Narben: **kopfig bis keulenförmig**. Blütenknospen: oft überhängend. Früchte: **mit wenigen Drüsenhaaren**. Stängel: **im QS kantig**; unten: **meist mit 2 Leisten**, kahl; oben: behaart. Ausläufer: **oberirdisch**, lang. Blattstellung: unten meist gegen- u. oben wechselständig. Blätter: sitzend bis kurz gestielt, länglich bis lanzettlich, am Rand dicht gezähnt.

- einheimisch
- planar bis montan
- Staudenfluren, Gehölze, Ruderalvegetation, Quellfluren
- an feuchten bis nassen Standorten

J F M A **M J J A S O** N D

Epilobium palustre L.

Sumpf-Weidenröschen *Onagraceae*
∗ K4 C4 A8 G($\overline{4}$) RL V

10–50 cm hoch. Blüten: rötlich. Narben: **kopfig bis keulenförmig**. Blütenknospen: oft überhängend. Stängel: **im QS meist rundlich, mit 2 Haarleisten**. Ausläufer: **unterirdisch**, *ohne* Laubblätter. Blattstellung: unten meist gegen- u. oben wechselständig. Blätter: **am Rand nach unten gerollt**, lanzettlich bis länglich-oval, ganzrandig bis entfernt gezähnt, am Rand stark behaart.

- einheimisch
- planar bis montan
- Röhrichte, Moore u. Seggenriede, Extensivgrünland u. Magerrasen, Staudenfluren, Quellfluren, Zier- bzw. Nutzpflanze
- an nährstoffarmen, sauren, nassen Standorten

J F M A M **J J A S O** N D

Epilobium parviflorum Schreb.

Kleinblütiges Weidenröschen *Onagraceae*
∗ K4 C4 A8 G($\overline{4}$)

30–80 cm hoch. Blüten: **5–12 mm ⌀, 7–14 mm lang**, rötlich. Narben: **4-lappig**. Blütenknospen: oft aufrecht. Stängel: **im QS meist rundlich, abstehend behaart, längste Haare 1–2 mm lang**. Blattstellung: unten meist gegen- u. oben wechselständig. Blätter: ± sitzend, *nicht* am Stängel herablaufend, länglich bis lanzettlich, **Spreite 2–8 cm lang, basal verschmälert**.

- einheimisch
- planar bis montan
- Röhrichte, Grünland, Staudenfluren, Ruderalvegetation, Zier- bzw. Nutzpflanze
- an basenreichen, nassen, zuweilen überfluteten Standorten

J F M A **M J J A S O** N D

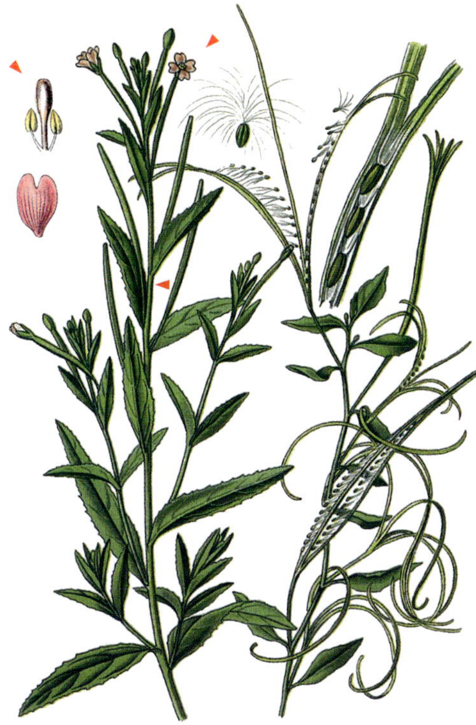

Epilobium roseum Schreb.

Rosenrotes Weidenröschen *Onagraceae*
∗ K4 C4 A8 G($\overline{4}$)

20–100 cm hoch. Blütenstand: Hauptachse: **drüsig behaart**. Blüten: **weißlich bis hellrosa, oft mit dunklen Adern**. Narben: **kopfig bis keulenförmig**. Blütenknospen: oft überhängend. Samen: mit winzigen **runden, braunen Papillen**. Stängel: **im QS kantig**. Blattstellung: unten meist gegen- u. oben wechselständig. Blattstiele: 0,5–2 cm lang. Blätter: länglich bis oval, **basal verschmälert**, am Rand dicht gezähnt.

- einheimisch
- planar bis montan
- Gewässer, Staudenfluren, Ruderalvegetation, Zier- bzw. Nutzpflanze
- an nährstoffreichen, basenreichen, nassen, zuweilen überfluteten Standorten

J F M A M **J J A S O** N D

Epilobium tetragonum L.

Vierkantiges Weidenröschen *Onagraceae*
∗ K4 C4 A8 G($\overline{4}$)

Blütenstand: *ohne* Drüsenhaare. Blüten: rötlich. Kronblätter: **3–7 mm lang**. Narben: **kopfig bis keulenförmig**. Blütenknospen: oft überhängend. Stängel: **im QS kantig**; unten: **meist mit 4 Leisten**. Ausläufer: **fehlend**. Blattstellung: unten meist gegen- u. oben wechselständig. Blätter: sitzend bis kurz gestielt, lanzettlich bis länglich-oval, **3–12 mm breit**, am Rand dicht gezähnt. untere Stängelblätter: sitzend bis kurz gestielt.

subsp. *tetragonum* (Vierkantiges Weidenröschen): 20–150 cm hoch. Samen: oft mit Elaiosom. Blätter: unterseits: silbrig bis weißlich, dicht anliegend behaart. untere Stängelblätter: kurz am Stängel herablaufend.
subsp. *lamyi* (Graugrünes Weidenröschen): 20–80 cm hoch. Samen: *ohne* Elaiosom. Blätter: unterseits: auf den Nerven behaart. untere Stängelblätter: *nicht* am Stängel herablaufend.

- einheimisch
- planar bis montan
- Staudenfluren, Ruderalvegetation, Zier- bzw. Nutzpflanze
- an feuchten bis nassen Standorten

J F M A M **J J A S** O N D

Ludwigia palustris (L.) Elliott

Sumpf-Heusenkraut *Onagraceae*
∗ P4 A4 G($\overline{4}$) RL 2

15–30 cm hoch. Pflanzen: **1-jährig**, kahl. Blüten: **einzeln, grünlich bis gelblich**. Blütenachse: **den Fruchtknoten *nicht* überragend**. Blütenhülle: **von den Kelchblättern gebildetes Perigon**. Früchte: **Porenkapseln**. Stängel: niederliegend bis flutend. Ausläufer: einwurzelnd. Blattstellung: **gegenständig**. Blätter: länglich lanzettlich bis rundlich.

- einheimisch
- planar bis collin
- trockenfallende Ufer, Zier- bzw. Nutzpflanze
- an nassen, zuweilen überfluteten Standorten

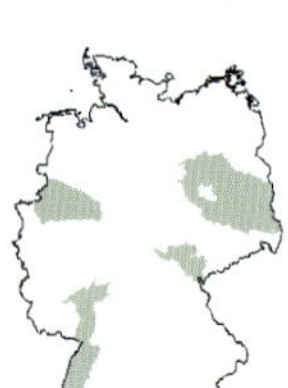

J F M A M **J J A** S O N D

Oenothera sect. *Oenothera* L.

Nachtkerze *Onagraceae*
∗ K4 C4 A8 G($\overline{4}$)

40–200 cm hoch. Blütenstand: ähren- bis traubenartig, meist dichtblütig. Blüten: **gelblich**. Blütenachse: **lang röhrenförmig, den Fruchtknoten überragend**. Kronblätter: **6–60 mm lang**. Früchte: Kapseln, **4-klappige Spaltkapseln**, zylindrisch, **< 6-mal so lang wie breit**. Samen: **kantig, *ohne* Haarschopf**. Blätter: frischgrün.

Die Sektion umfasst mehrere dutzend oft nur schlecht charakterisierte Taxa.

- eingebürgerter Neophyt, urspr. aus Nordamerika
- planar bis montan
- Staudenfluren, Schutt- u. Felsfluren, Ruderalvegetation

J F M A **M J J A S O** N D

Staphylea pinnata L.

Gefiederte Pimpernuss *Staphyleaceae*
∗ K5 C5 A5 G(2–3) RL 3

Meist strauchförmig, bis 6 m hoch. BLÜTENSTAND: **trauben- bis rispenartig, meist überhängend**, 10–20-blütig. BLÜTEN: **weißlich, zuweilen rötlich bis bräunlich überlaufen.** BLÜTENHÜLLE: Kelch- u. Kronblätter ähnlich gestaltet. FRÜCHTE: **häutig-aufgeblasene Kapseln, 20–50 mm ⌀, bräunlich bis gelblich**. SAMEN: hellbraun, glänzend, ± kugelig. JUNGTRIEBE: glatt. BLATTSTELLUNG: **meist gegenständig**. BLÄTTER: **unpaarig gefiedert, 5–7-teilig.** FIEDERBLÄTTCHEN: sitzend bis kurz gestielt. NEBENBLÄTTER: klein, früh abfallend, dann nur ihre Narben sichtbar.

- einheimisch
- planar bis montan
- Gehölze, Wälder, Zier- bzw. Nutzpflanze
- an basenreichen Standorten

J F M **A M J J** A S O N D

Cotinus coggygria Scop.

Gewöhnlicher Perückenstrauch *Anacardiaceae*
∗ K5 C5 A5 G(3)

Strauch, bis 3 m hoch. BLÜTENSTAND: **rispenartig, stark verzweigt, mit langen Blütenstielen**. BLÜTENSTIELE: **lang behaart**. FRÜCHTE: Nüsse. SEITENÄSTE: kahl. BLATTSTIELE: 2–6 cm lang. BLÄTTER: **ungeteilt, oval bis rundlich, ganzrandig**; SEITENNERVEN 1. ORDNUNG: ± rechtwinklig abzweigend.

- eingebürgerter Neophyt, urspr. aus dem Mittelmeergebiet u. Westasien
- planar bis montan
- Gehölze, Wälder, Schutt- u. Felsfluren, Zier- bzw. Nutzpflanze
- meist an trockenen Standorten

J F M A **M J J** A S O N D

Rhus typhina L.

Kolben-Sumach *Anacardiaceae*
♂ ∗ K(5) C5 A5 | ♀ ∗ K(5) C(5) G(3) schwach giftig

Baum- o. strauchförmig, bis 6 m hoch. PFLANZEN: 2-häusig. BLÜTENSTAND: **3-eckig bis schmal-kegelförmig, dichtblütig**. BLÜTEN: ♀ rötlich, ♂ gelblichgrünlich. KRONBLÄTTER: meist frei. KELCHBLÄTTER: meist verwachsen, basal meist verwachsen. ♀ BLÜTEN: Blütenhülle meist frei. FRÜCHTE: Steinfrüchte. SEITENÄSTE: braun behaart. BLATTSTELLUNG: wechselständig. BLATTSTIELE: mit Milchsaft. BLÄTTER: unpaarig gefiedert, **11–35-teilig, bis 60 cm lang**. FIEDERBLÄTTCHEN: gesägt.

- eingebürgerter Neophyt, urspr. aus Nordamerika
- planar bis montan
- Gehölze, Wälder, Zier- bzw. Nutzpflanze

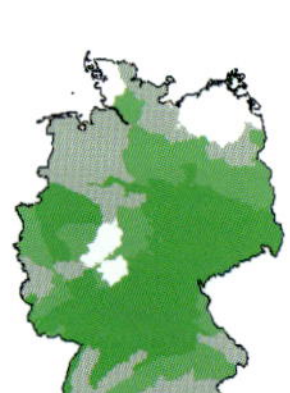

J F M A **M J J** A S O N D

Acer campestre L.

Feld-Ahorn *Sapindaceae*
∗ K(5) C4–5 A8 G(2)

Baum- o. strauchförmig, bis 15 m hoch. PFLANZEN: meist 1-häusig. BLÜTENSTAND: rispenartig, überhängend. BLÜTEN: ⚥ o. funktional 1-geschlechtig. FRÜCHTE: 2-teilige Spaltfrüchte, Flügel meist 2–3 cm lang, **in einem 180° Winkel zueinander stehend.** BLATTSTELLUNG: gegenständig. BLATTSTIELE: **mit Milchsaft.** BLÄTTER: handförmig gelappt, 3–7-teilig, Spreite 4–8 cm lang. BLATTLAPPEN: mit gezähntem Rand.

- einheimisch
- planar bis montan
- Extensivgrünland u. Magerrasen, Gehölze, Wälder, Zier- bzw. Nutzpflanze

J F M **A M J** J A S O N D

Acer monspessulanum L.

Französischer Ahorn *Sapindaceae*
∗ K(5) C4–5 A8 G(2)

Baum- o. strauchförmig, bis 25 m hoch. Pflanzen: meist 1-häusig. Blütenstand: rispenartig, überhängend. Blüten: ⚥ o. funktional 1-geschlechtig. Früchte: 2-teilige Spaltfrüchte, Flügel meist 3–5 cm lang, **spitzwinklig zueinander stehend**. Blattstellung: gegenständig. Blattstiele: *ohne* Milchsaft. Blätter: handförmig gelappt, **3-teilig**, Spreite 3–6 cm lang. Blattlappen: **ganzrandig**.

- einheimisch
- planar bis montan
- Gehölze, Wälder, Zier- bzw. Nutzpflanze
- an basenreichen, meist trockenen Standorten

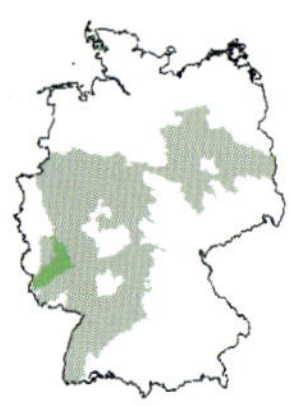

J F **M A M** J J A S O N D

Acer negundo L.

Eschen-Ahorn *Sapindaceae*
♂ ∗ P4–5 A3–6 | ♀ ∗ P4–5 G(2)

Bis 20 m hoher Laubbaum. Blütenstand: rispenartig, überhängend. Blütenhülle: **von den Kelchblättern gebildetes Perigon**. Früchte: 2-teilige Spaltfrüchte, Flügel meist 3–5 cm lang, **spitz- bis rechtwinklig zueinander stehend**. Jungtriebe: glatt, oft bläulich bereift. Blattstellung: gegenständig. Blätter: **unpaarig gefiedert**, 3–9-teilig. Fiederblättchen: gestielt.

- eingebürgerter Neophyt, urspr. aus Nordamerika
- planar bis montan
- Wälder, Zier- bzw. Nutzpflanze

J F **M A M** J J A S O N D

Acer opalus Mill.

Schweizer Ahorn *Sapindaceae*
∗ K(5) C4–5 A8 G(2) RL R

Bis 20 m hoher Laubbaum. Blütenstand: rispenartig, überhängend. Blüten: ⚥ o. funktional 1-geschlechtig. Früchte: 2-teilige Spaltfrüchte, Flügel meist 1,5–4 cm lang, **spitz- bis rechtwinklig zueinander stehend**. Blattstellung: gegenständig. Blattstiele: *ohne* Milchsaft. Blätter: handförmig gelappt, 3–5-teilig. Blattlappen: mit gezähntem Rand.

- einheimisch
- planar bis montan
- Gehölze, Wälder, Zier- bzw. Nutzpflanze
- an basenreichen Standorten

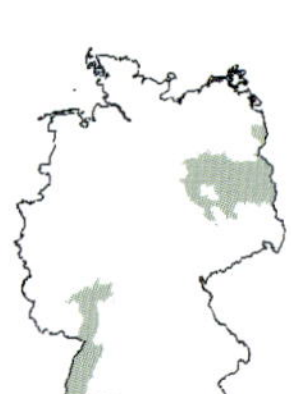

J F **M A M** J J A S O N D

Acer platanoides L.

Spitz-Ahorn *Sapindaceae*
∗ K(5) C4–5 A8 G(2)

Bis 25 m hoher Laubbaum. Pflanzen: meist 1-häusig. Blütenstand: rispenartig, **aufrecht**. Blüten: ⚥ o. funktional 1-geschlechtig. Früchte: 2-teilige Spaltfrüchte, Flügel meist 2–5 cm lang, **stumpfwinklig bis in einem 180° Winkel zueinander stehend**. Blattstellung: gegenständig. Blattstiele: **mit Milchsaft**. Blätter: handförmig gelappt, **mit runden Buchten u. langen spitzen Zähnen**, 5–7-teilig, Spreite 8–20 cm lang. Blattlappen: mit gezähntem Rand.

- einheimisch
- planar bis montan
- Wälder, Zier- bzw. Nutzpflanze

J F **M A M** J J A S O N D

Acer pseudoplatanus L.

Berg-Ahorn *Sapindaceae*
∗ K(5) C4–5 A8 G(2)

Bis 25 m hoher Laubbaum. Pflanzen: meist 1-häusig. Blütenstand: rispenartig, überhängend, **verlängert**. Blüten: ⚥ o. funktional 1-geschlechtig. Früchte: 2-teilige Spaltfrüchte, Flügel meist 2–4 cm lang, **spitz- bis stumpfwinklig zueinander stehend**. Blattstellung: gegenständig. Blattstiele: *ohne* Milchsaft. Blätter: handförmig gelappt, 5–7-teilig, Spreite 8–20 cm lang. Blattlappen: mit gezähntem Rand.

- einheimisch
- planar bis montan
- Gehölze, Wälder, Zier- bzw. Nutzpflanze

J F M **A M J** J A S O N D

Acer saccharinum L.

Silber-Ahorn *Sapindaceae*
∗ P4–5 A8 G(2)

Bis 45 m hoher Laubbaum. Pflanzen: meist 1-häusig. Blütenstand: rispenartig, überhängend. Blüten: ⚥ o. funktional 1-geschlechtig. Blütenhülle: **von den Kelchblättern gebildetes Perigon**. Früchte: 2-teilige Spaltfrüchte, Flügel meist 3–6 cm lang, **spitz- bis stumpfwinklig zueinander stehend**. Blattstellung: gegenständig. Blattstiele: *ohne* Milchsaft. Blätter: handförmig gelappt, **mit runden Buchten u. spitzen Zähnen**, 5–7-teilig, Spreite 6–18 cm lang; unterseits: **silbrig bis gräulich**, **behaart**. Blattlappen: mit gezähntem Rand.

- in Einbürgerung befindlicher Neophyt, urspr. aus Nordamerika
- planar bis collin
- Wälder, Zier- bzw. Nutzpflanze

J **F M A M** J J A S O N D

Acer saccharum Marshall

Zucker-Ahorn *Sapindaceae*
∗ K(5) C4–5 A8 G(2)

Bis 40 m hoher Laubbaum. Pflanzen: meist 1-häusig. Blütenstand: rispenartig, überhängend. Blüten: ⚥ o. funktional 1-geschlechtig. Früchte: 2-teilige Spaltfrüchte, Flügel meist 2–4 cm lang, **spitzwinklig zueinander stehend**. Blattstellung: gegenständig. Blattstiele: *ohne* Milchsaft. Blätter: handförmig gelappt, 5–7-teilig, Spreite 6–14 cm lang; unterseits: **weißlich bis graugrün**, kahl. Blattlappen: mit gezähntem Rand.

- in Einbürgerung befindlicher Neophyt, urspr. aus Nordamerika
- planar bis montan
- Wälder, Zier- bzw. Nutzpflanze

J F **M A M** J J A S O N D

Aesculus hippocastanum L.

Gewöhnliche Rosskastanie *Sapindaceae*
↓ K5 C5 A8 G(3) schwach giftig

Bis 20 m hoher Laubbaum. Blütenstand: rispenartig, aufrecht. Blüten: **weißlich, zunächst mit gelblichen, später mit rötlichen Flecken**. Früchte: 3-klappige Spaltkapseln, mit 1 Samen (Kastanie), **mit zahlreichen derben Stacheln**. Blattstellung: gegenständig. Blätter: **gefingert**, **5–7-teilig**. Fiederblättchen: **alle sitzend**. Winterknospen: klebrig.

- in Einbürgerung befindlicher Neophyt, urspr. aus Südosteuropa
- planar bis montan
- Wälder, Zier- bzw. Nutzpflanze

J F M **A M J J** A S O N D

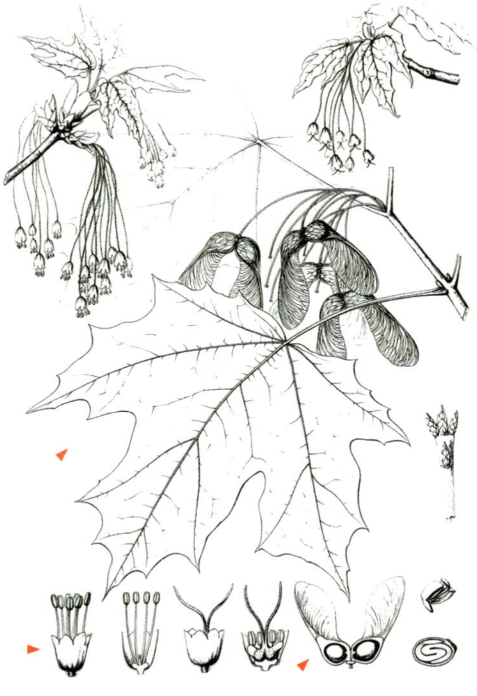

Aesculus x carnea Hayne

Fleischrote Rosskastanie *Sapindaceae*
↓ K5 C5 A8 G(3) schwach giftig

Hybride aus der südosteuropäischen *A. hippocastanum* u. der nordamerikanischen *A. pavia*, bis 20 m hoher Laubbaum. BLÜTENSTAND: rispenartig, aufrecht. BLÜTEN: **rosa bis rötlich**. FRÜCHTE: 3-klappige Spaltkapseln, mit 1 Samen (Kastanie), ***ohne*** **o. mit wenigen weichen Stacheln**. BLATTSTELLUNG: gegenständig. BLÄTTER: **gefingert, 5–7-teilig**. FIEDERBLÄTTCHEN: **das mittlere kurz gestielt**. WINTERKNOSPEN: *nicht* o. schwach klebrig.

- in Einbürgerung befindlicher Neophyt, Kulturhybride
- planar bis montan
- Wälder, Zier- bzw. Nutzpflanze

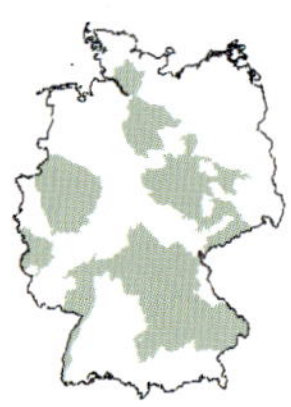

J F M **A M J J** A S O N D

Dictamnus albus L.

Gewöhnlicher Diptam *Rutaceae*
kann Hautreizungen verursachen RL 3 § BNatG b
↓ K(5) C5 A10 G(5)

60–120 cm hoch. BLÜTENSTAND: **traubenartig, drüsig behaart**. BLÜTEN: **meist rosa**, selten weißlich, **mit roten Adern**. KRONE: **35–70 mm ⌀**. FRÜCHTE: Kapseln. BLATTSTELLUNG: wechselständig. BLÄTTER: **drüsig behaart, unpaarig gefiedert, aromatisch riechend**.

- einheimisch
- planar bis collin
- Staudenfluren, Gehölze, Wälder, Schutt- u. Felsfluren, Zier- bzw. Nutzpflanze
- an nährstoffarmen, basenreichen, meist trockenen Standorten

J F M **A M J** J A S O N D

Ruta graveolens L.

Wein-Raute *Rutaceae*
∗ K(4–5) C4–5 A8 G(5) kann Hautreizungen verursachen RL 3

Halbstrauch, 30–50 cm hoch. BLÜTEN: offen ausgebreitet, **gelblich, drüsig punktiert**. KRONE: **Platte plötzlich in den Nagel verschmälert**, 8–22 mm ⌀, an Endblüten 5-blättrig, sonst 4-blättrig. KRONBLÄTTER: **an Rand gewellt, distal kahn- bis schüsselförmig gewölbt**. FRÜCHTE: Kapseln. BLÄTTER: **durch Öldrüsen durchscheinend punktiert, 2–3-fach gefiedert, aromatisch riechend**.

- Archaeophyt
- planar bis collin
- Extensivgrünland u. Magerrasen, Staudenfluren, Schutt- u. Felsfluren, Ruderalvegetation, Zier- bzw. Nutzpflanze
- an basenreichen, trockenen Standorten

J F M A **M J J A** S O N D

Ailanthus altissima (Mill.) Swingle

Drüsiger Götterbaum *Simaroubaceae*
∗ K(5) C5 A10 G4–6 giftig § IAS

Bis 25 m hoher Laubbaum, selten strauchförmig. BLÜTENSTAND: **rispen- bis thyrsenartig**. BLÜTEN: grünlich bis gelblich. KELCHBLÄTTER: basal verwachsen. FRUCHTSTAND: **überhängend**. FRÜCHTE: einsamige Nüsschen, **geflügelt**, 30–70 mm lang. BLÄTTER: **unpaarig gefiedert, 13–30-teilig, Spreite 30–150 cm lang**. FIEDERBLÄTTCHEN: ± ganzrandig, basal mit wenigen Zähnen.

- eingebürgerter Neophyt, urspr. aus Ostasien
- planar bis collin
- Wälder, Zier- bzw. Nutzpflanze
- an nährstoffreichen Standorten

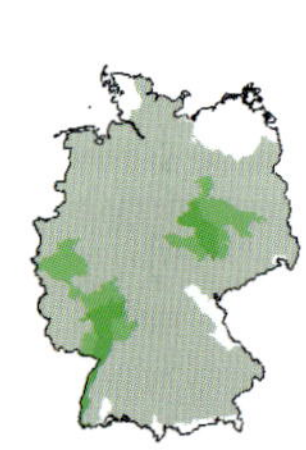

J F M A M **J J A** S O N D

Tilia cordata Mill.

Winter-Linde *Malvaceae*
∗ K5 C5 A∞ G(5)

Bis 35 m hoher Laubbaum. Blütenstand: zunächst aufrecht-abstehend, später überhängend, **4–12-blütig**. Früchte: Nüsse, in Fruchtverband mit gemeinsamen flügelartigem Hochblatt, im QS undeutlich kantig. Fruchtwand: **dünn, kaum verholzt**. Jungtriebe: **kahl**. Blattstellung: wechselständig. Blätter: herzförmig, am Rand gezähnt; Seitennerven 1. Ordnung: handförmig verzweigt, mehrere Nerven direkt am Spreitengrund beginnend; oberseits: dunkelgrün, matt, **kahl**; unterseits: blau- bzw. graugrün, **in den Nervenwinkeln mit bräunlichen bis gelblichen Haarbüscheln**.

- einheimisch
- planar bis montan
- Gehölze, Wälder, Zier- bzw. Nutzpflanze

J F M A **M J J A** S O N D

Tilia platyphyllos Scop.

Sommer-Linde *Malvaceae*
∗ K5 C5 A∞ G(5)

Bis 30 m hoher Laubbaum. Blütenstand: überhängend, **2–5-blütig**. Früchte: Nüsse, in Fruchtverband mit gemeinsamen flügelartigem Hochblatt, im QS kantig. Fruchtwand: **dick, verholzt**. Jungtriebe: meist behaart. Blattstellung: wechselständig. Blätter: herzförmig, am Rand gezähnt; Seitennerven 1. Ordnung: handförmig verzweigt, mehrere Nerven direkt am Spreitengrund beginnend; oberseits: dunkelgrün, matt, oft behaart; unterseits: blau- bzw. graugrün, **in den Nervenwinkeln mit weißlichen Haarbüscheln**.

- einheimisch
- planar bis montan
- Gehölze, Wälder, Zier- bzw. Nutzpflanze

J F M A **M J J** A S O N D

Tilia tomentosa Moench

Silber-Linde *Malvaceae*
∗ K5 C5 A∞ G(5)

Bis 30 m hoher Laubbaum. Blütenstand: überhängend, 2–12-blütig. Früchte: Nüsse, in Fruchtverband mit gemeinsamen flügelartigem Hochblatt. Blattstellung: wechselständig. Blätter: herzförmig, am Rand gezähnt; Seitennerven 1. Ordnung: handförmig verzweigt, mehrere Nerven direkt am Spreitengrund beginnend; unterseits: **weißfilzig behaart**.

- in Einbürgerung befindlicher Neophyt, urspr. aus Südosteuropa u. Westasien
- planar bis montan
- Zier- bzw. Nutzpflanze

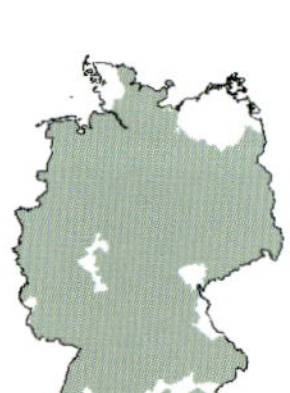

J F M A M **J J A** S O N D

Abutilon theophrasti Medik.

Samtpappel *Malvaceae*
∗ K5 C5 A(∞) G(15–20)

80–200 cm hoch. Pflanzen: **1-jährig**. Blütenstand: **traubenartig**. Aussenkelch: **fehlend**. Blüten: **gelblich bis orange**. Kronblätter: **5–18 mm lang**. Staubblätter: röhrig verwachsen. Früchte: mehrteilige Spaltfrüchte. Blätter: **ungeteilt**, herzförmig.

- Archaeophyt
- planar bis collin
- Äcker, Ruderalvegetation, Zier- bzw. Nutzpflanze

J F M A M **J J A S** O N D

US

US

US

Alcea rosea L.

Stockrose *Malvaceae*
∗ K5 C5 A(∞) G(15–25)

Hybride aus *A. biennis* u. einer weiteren *Alcea*-Art, 100–250 cm hoch. PFLANZEN: mehrjährig. BLÜTENSTAND: Blüten zu wenigen bis knäuelig, in ährenartigem Gesamtblütenstand. AUSSENKELCH: 6–9-blättrig. BLÜTEN: (dunkel-) rötlich-violett, selten weißlich o. gelblich. KRONBLÄTTER: **40–60 mm lang, am Rand überlappend, distal seicht eingeschnitten**. STAUBBLÄTTER: röhrig verwachsen. FRÜCHTE: mehrteilige Spaltfrüchte. STÄNGEL: **locker behaart**. BLÄTTER: **5–7-eckig bis gelappt**.

- in Einbürgerung befindlicher Neophyt
- planar bis collin
- Ruderalvegetation, Zier- bzw. Nutzpflanze

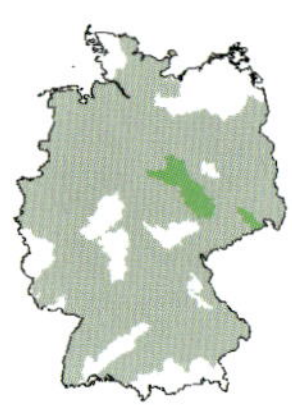

J F M A **M J J A S O** N D

Althaea hirsuta L.

Rauhaar-Eibisch *Malvaceae*
∗ K5 C5 A(∞) G(10–15) RL 3

15–50 cm hoch. PFLANZEN: mehrjährig. BLÜTENSTAND: **Blüten meist einzeln**. AUSSENKELCH: 6–9-blättrig. BLÜTEN: meist rötlich, selten weißlich. BLÜTENSTIELE: länger als die Tragblätter. KRONBLÄTTER: 10–20 mm lang. STAUBBLÄTTER: röhrig verwachsen. STAUBBEUTEL: **gelblich**. FRÜCHTE: mehrteilige Spaltfrüchte. STÄNGEL: **abstehend behaart**. BLÄTTER: **ungeteilt bis handförmig gelappt**.

- Archaeophyt
- planar bis montan
- Äcker, Ruderalvegetation
- an kalkreichen Standorten

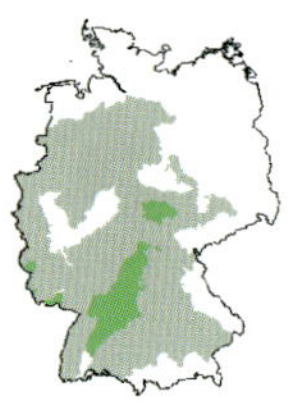

J F M A M **J J A S** O N D

Althaea officinalis L.

Echter Eibisch *Malvaceae*
∗ K5 C5 A(∞) G(8–25) RL 3 § BNatG b

60–120 cm hoch. PFLANZEN: **mehrjährig**. BLÜTENSTAND: end- o. seitenständig, **Blüten zu wenigen bis knäuelig**. AUSSENKELCH: 6–9-blättrig. BLÜTEN: hellviolett. KRONBLÄTTER: 10–20 mm lang. STAUBBLÄTTER: röhrig verwachsen. STAUBBEUTEL: **violett**. FRÜCHTE: mehrteilige Spaltfrüchte. STÄNGEL: **samtartig bis filzig behaart**. BLÄTTER: **ungeteilt bis handförmig gelappt**.

- einheimisch
- planar bis collin
- Grünland, Staudenfluren, Ruderalvegetation, Salzwiesen, Zier- bzw. Nutzpflanze
- an basenreichen, feuchten, zuweilen überfluteten, auch salzhaltigen Standorten

J F M A M **J J A S** O N D

Malva alcea L.

Spitzblatt-Malve *Malvaceae*
∗ K5 C5 A(∞) G(16–22)

40–150 cm hoch. BLÜTENSTAND: **Blüten meist einzeln**. AUSSENKELCH: 3–4-blättrig, *nicht* verwachsen, *nicht* auffallend vergrößert, **Zipfel lanzettlich bis oval**. BLÜTEN: rötlich bis weißlich. KRONBLÄTTER: **20–40 mm lang**, distal ausgerandet. STAUBBLÄTTER: röhrig verwachsen. FRÜCHTE: mehrteilige Spaltfrüchte, ± **kahl**. STÄNGEL: OBEN: **mit Sternhaaren**. MITTLERE STÄNGELBLÄTTER: **tief handförmig gelappt bis gefingert, 5-teilig**.

- Archaeophyt
- planar bis montan
- Staudenfluren, Ruderalvegetation, Zier- bzw. Nutzpflanze
- an basenreichen Standorten

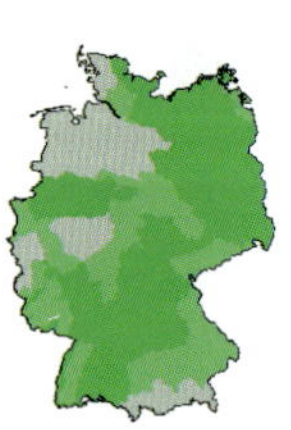

J F M A **M J J A S O** N D

Malva moschata L.

Moschus-Malve *Malvaceae*
∗ K5 C5 A(∞) G(10–16)

20–80 cm hoch. Blütenstand: **Blüten meist einzeln**. Aussenkelch: 3–4-blättrig, *nicht* verwachsen, *nicht* auffallend vergrößert, **Zipfel lanzettlich bis oval**. Blüten: rötlich bis weißlich. Kronblätter: **20–40 mm lang**, distal ausgerandet. Staubblätter: röhrig verwachsen. Früchte: mehrteilige Spaltfrüchte, **dicht behaart**. Stängel: oben: **nur mit einfachen Haaren**. mittlere Stängelblätter: **tief handförmig gelappt bis gefingert, 5-teilig**.

- Archaeophyt
- planar bis montan
- Grünland, Staudenfluren, Ruderalvegetation, Zier- bzw. Nutzpflanze

J F M A **M J J A S O** N D

Malva neglecta Wallr.

Weg-Malve *Malvaceae*
∗ K5 C5 A(∞) G(10–16)

15–50 cm hoch. Blütenstand: **Blüten zu mehreren genähert bis knäuelig**. Aussenkelch: 3–4-blättrig, *nicht* verwachsen, *nicht* auffallend vergrößert, **Zipfel lanzettlich bis oval**. Blüten: rötlich bis weißlich. Kronblätter: **8–20 mm lang, 2–3-mal so lang wie die Kelchblätter**, distal ausgerandet. Staubblätter: röhrig verwachsen. Fruchtstiele: **waagerecht bis abwärts gebogen**. Früchte: mehrteilige Spaltfrüchte. mittlere Stängelblätter: **handförmig gelappt, 5–7-teilig**.

- Archaeophyt
- planar bis montan
- Staudenfluren, Äcker, Ruderalvegetation, Zier- bzw. Nutzpflanze
- an nährstoffreichen Standorten

J F M A **M J J A S O** N D

Malva pusilla Sm.

Nordische Malve *Malvaceae*
∗ K5 C5 A(∞) G(9–12) RL 3

Bis 30 cm hoch. Blütenstand: **Blüten zu mehreren genähert bis knäuelig**. Aussenkelch: 3–4-blättrig, *nicht* verwachsen, *nicht* auffallend vergrößert, **Zipfel lanzettlich bis oval**. Blüten: rötlich bis weißlich. Kronblätter: **4–6 mm lang, < 1,5-mal so lang wie die Kelchblätter**, distal schwach ausgerandet. Staubblätter: röhrig verwachsen. Fruchtstiele: **waagerecht bis abwärts gebogen**. Früchte: mehrteilige Spaltfrüchte. mittlere Stängelblätter: **handförmig gelappt, 5–7-teilig**.

- Archaeophyt
- planar bis collin
- Grünland, Äcker, Ruderalvegetation, Trittfluren, Zier- bzw. Nutzpflanze
- auch an salzhaltigen Standorten

J F M A **M J J A S** O N D

Malva sylvestris L.

Wilde Malve *Malvaceae*
∗ K5 C5 A(∞) G(8–14)

30–100 cm hoch. Blütenstand: **Blüten zu mehreren genähert bis knäuelig**. Aussenkelch: 3–4-blättrig, *nicht* verwachsen, *nicht* auffallend vergrößert, **Zipfel lanzettlich bis oval**. Blüten: rötlich bis weißlich. Kronblätter: **15–30 mm lang, 3–4-mal so lang wie die Kelchblätter**, distal ausgerandet. Staubblätter: röhrig verwachsen. Fruchtstiele: **aufrecht-abstehend**. Früchte: mehrteilige Spaltfrüchte. mittlere Stängelblätter: **handförmig gelappt, 5–7-teilig**.

- Archaeophyt
- planar bis montan
- Staudenfluren, Ruderalvegetation, Zier- bzw. Nutzpflanze
- an nährstoffreichen Standorten

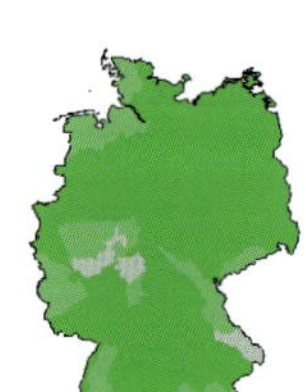

J F M A **M J J A S O** N D

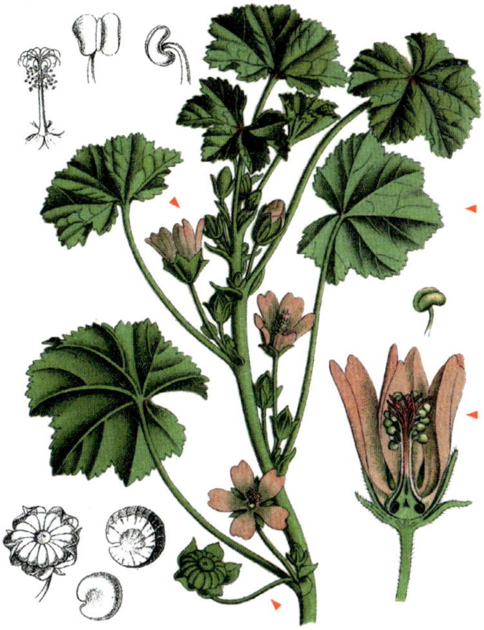

Malva thuringiaca (L.) Vis.

Thüringer Strauchpappel *Malvaceae*
∗ K5 C5 A(∞) G($\underline{9–25}$) RL 3

50–150 cm hoch. BLÜTENSTAND: **Blüten meist einzeln**. AUSSENKELCH: 3–4-blättrig, **verwachsen, hüllenartig vergrößert, Zipfel breit-oval**. BLÜTEN: rötlich bis weißlich. KRONBLÄTTER: **20–50 mm lang**, distal ausgerandet. STAUBBLÄTTER: röhrig verwachsen. FRÜCHTE: mehrteilige Spaltfrüchte. MITTLERE STÄNGELBLÄTTER: **handförmig gelappt, 3–5-teilig**.

- einheimisch
- planar bis montan
- Staudenfluren, Ruderalvegetation, Salzwiesen, Zier- bzw. Nutzpflanze
- auch an salzhaltigen Standorten

J F M A M **J J A** S O N D

Daphne cneorum L.

Rosmarin-Seidelbast *Thymelaeaceae*
∗ K(5) C(4) A8 G($\underline{4}$) stark giftig RL 2 § BNatG b

Zwergstrauch, 10–40 cm hoch. BLÜTENSTAND: **endständig**, 2–15-blütig. TRAGBLÄTTER DER BLÜTEN: **behaart**. BLÜTEN: glockig-trichterförmig bis langröhrig, **rötlich**. ACHSENBECHER: zylindrisch, früh abfallend, kronblattartig gefärbt, **kahl**. FRÜCHTE: Steinfrüchte, **bräunlich bis gelblich**. STÄNGEL: **gleichmäßig beblättert**. BLATTSTELLUNG: wechselständig. BLÄTTER: **immergrün**, derb, **lineal bis lanzettlich**, **Spreite 0,6–3 cm lang**, 0,3–0,6 mm breit, meist 4–6-mal so lang wie breit, ganzrandig.

- einheimisch
- collin bis montan
- Extensivgrünland u. Magerrasen, Gehölze, Wälder, Schutt- u. Felsfluren, Zier- bzw. Nutzpflanze
- an nährstoffarmen, kalkreichen, trockenen Standorten

J F M **A M J J A S** O N D

Daphne laureola L.

Lorbeer-Seidelbast *Thymelaeaceae*
∗ K(5) C(4) A8 G($\underline{4}$) stark giftig RL R § BNatG b

Strauch, 40–120 cm hoch. BLÜTENSTAND: **seitenständig, in den Achseln von Laubblättern**, 1–7-blütig. BLÜTEN: glockig-trichterförmig bis langröhrig, **grünlich bis gelblich**. ACHSENBECHER: zylindrisch, früh abfallend, kronblattartig gefärbt. FRÜCHTE: Steinfrüchte, **lange grünlich, später schwarz**. STÄNGEL: **gleichmäßig beblättert**. BLATTSTELLUNG: wechselständig. BLÄTTER: **immergrün**, derb, länglich bis oval, **Spreite 3–12 cm lang**, ganzrandig.

- einheimisch
- planar bis montan
- Gehölze, Wälder, Zier- bzw. Nutzpflanze
- an basenreichen Standorten

J **F M A M** J J A S O N D

Daphne mezereum L.

Gewöhnlicher Seidelbast *Thymelaeaceae*
∗ K(5) C(4) A8 G($\underline{4}$) stark giftig § BNatG b

Strauch, 40–120 cm hoch. BLÜTENSTAND: **seitenständig, in den Achseln der Blattnarben der vorjährigen Blätter**, 1–7-blütig. BLÜTEN: glockig-trichterförmig bis langröhrig, **rosa bis violett**, selten weißlich. ACHSENBECHER: zylindrisch, früh abfallend, kronblattartig gefärbt. FRÜCHTE: Steinfrüchte, **meist rot**, selten gelblich. STÄNGEL: **Blätter oft distal gehäuft**. BLATTSTELLUNG: wechselständig. BLÄTTER: **sommergrün, weich, meist *nach* den Blüten erscheinend**, länglich bis oval, **Spreite 3–12 cm lang**, ganzrandig.

- einheimisch
- planar bis subalpin
- Gehölze, Wälder, Schutt- u. Felsfluren, Zier- bzw. Nutzpflanze
- an basenreichen Standorten

J **F M A M** J J A S O N D

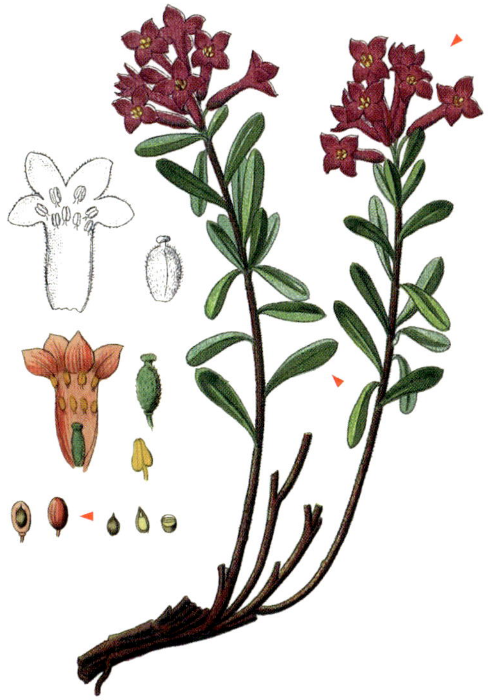

Daphne striata Tratt.

Gestreifter Seidelbast *Thymelaeaceae*
∗ K(5) C(4) A8 G(4̲) stark giftig § BNatG b

Zwergstrauch, 10–40 cm hoch. BLÜTENSTAND: **endständig**, 2–15-blütig. TRAGBLÄTTER DER BLÜTEN: **kahl**. BLÜTEN: glockig-trichterförmig bis langröhrig, **rosa**, **oft längsgestreift**. ACHSENBECHER: zylindrisch, früh abfallend, kronblattartig gefärbt, **kahl**. FRÜCHTE: Steinfrüchte, **orange bis rötlich**. STÄNGEL: **Blätter oft distal gehäuft**. BLATTSTELLUNG: wechselständig. BLÄTTER: **immergrün**, derb, länglich bis oval, **Spreite 1,5–3 cm lang**, 0,3–0,6 mm breit, meist 2–4-mal so lang wie breit, ganzrandig, meist mit aufgesetzter Spitze.

- einheimisch
- subalpin bis alpin
- Zwergstrauchheiden, Gehölze, Zier- bzw. Nutzpflanze
- an nährstoffarmen, basenreichen Standorten

J F M **A M J J A** S O N D

Thymelaea passerina (L.) Coss. & Germ.

Acker-Spatzenzunge *Thymelaeaceae*
∗ K(4) C(4) A8 G(4̲) giftig RL 2

15–40 cm hoch. PFLANZEN: **1-jährig**. BLÜTENSTAND: **Blüten einzeln o. wenige genähert bis knäuelig**. BLÜTEN: **2–4 mm lang**, **grünlich bis gelblich**. ACHSENBECHER: **krugförmig**, bleibend, grünlich. FRÜCHTE: **Nüsse**, **durch die bleibende Blütenhülle geschnäbelt**. STÄNGEL: aufrecht. BLATTSTELLUNG: wechselständig. BLÄTTER: **sommergrün**, **lineal bis lanzettlich**, bis 2 cm lang.

- einheimisch
- planar bis montan
- Grünland, Äcker, Ruderalvegetation, Zier- bzw. Nutzpflanze
- an kalkreichen Standorten

J F M A M **J J A S** O N D

Fumana procumbens (Dunal) Gren. & Godr.

Gewöhnliches Nadelröschen *Cistaceae*
∗ K5 C5 A∞ G(3̲) RL 2

Zwergstrauch, 10–20 cm hoch. BLÜTEN: **gelblich**. KELCH: meist aus 3 größeren u. 2 kleineren Blättern bestehend. STAUBBLÄTTER: ≥ 12, äußere *ohne* Staubbeutel. FRÜCHTE: Kapseln. BLATTSTELLUNG: **wechselständig**. BLÄTTER: **immergrün**, **lineal**, Spreite 4–20 cm lang, **< 1 mm breit**, ganzrandig, am Rand entfernt gewimpert, mit Grannenspitze. UNTERE STÄNGELBLÄTTER: **wechselständig**. UNTERE NEBENBLÄTTER: **fehlen**.

- einheimisch
- planar bis montan
- Extensivgrünland u. Magerrasen, Schutt- u. Felsfluren
- an nährstoffarmen, kalkreichen, trockenen Standorten

J F M A **M J J A S O** N D

Helianthemum alpestre (Jacq.) DC.

Alpen-Sonnenröschen *Cistaceae*
∗ K5 C5 A∞ G(3̲)

Halbstrauch, bis 15 cm hoch. BLÜTENSTAND: trauben- bis wickelartig, mit Vorblättern (meist ± gegenüber den Blütenstielen). BLÜTEN: **gelblich**. KELCH: meist aus 3 größeren u. 2 kleineren Blättern bestehend. KELCHBLÄTTER: **die größeren 5–7 mm lang**. FRÜCHTE: Kapseln. BLATTSTELLUNG: gegenständig. BLÄTTER: überwinternd grün, grünlich, länglich bis oval, **Spreite 0,5–2,5 cm lang**, **2–5 mm breit**, ganzrandig; UNTERSEITS: **zerstreut behaart**, **mit (zumindest einzelnen) Drüsenhaaren**. UNTERE STÄNGELBLÄTTER: kurz gestielt. UNTERE NEBENBLÄTTER: **fehlen**.

- einheimisch
- subalpin bis alpin
- Extensivgrünland u. Magerrasen, Schutt- u. Felsfluren
- an nährstoffarmen, kalkreichen Standorten

J F M A **M J J A** S O N D

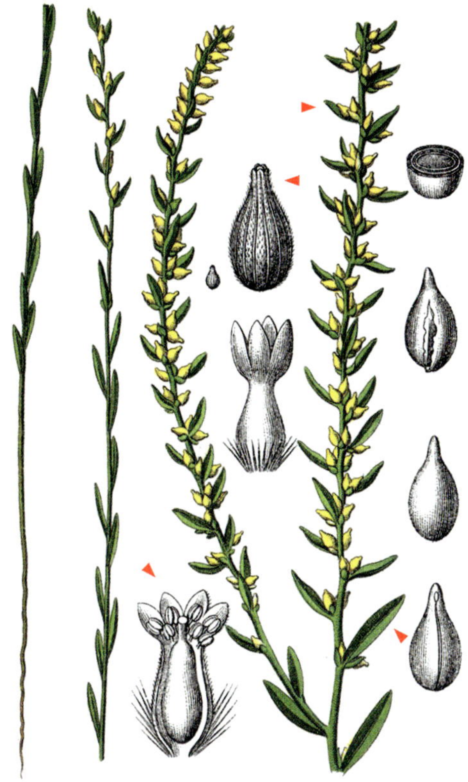

us

Helianthemum apenninum (L.) Mill.

Apenninen-Sonnenröschen *Cistaceae*
∗ K5 C5 A∞ G(3) RL 3 § BNatG b

Halbstrauch, 10–30 cm hoch. Blütenstand: trauben- bis wickelartig, mit Vorblättern (meist ± gegenüber den Blütenstielen). Blüten: **weißlich**. Kelch: meist aus 3 größeren u. 2 kleineren Blättern bestehend. Kelchblätter: **die größeren 5–10 mm lang**. Früchte: Kapseln. Blattstellung: gegenständig. Blätter: überwinternd grün, **lineal bis länglich**, **> 2 mm breit**, ganzrandig. untere Stängelblätter: kurz gestielt. untere Nebenblätter: **fadenförmig, ± so lang wie der Blattstiel**.

- einheimisch
- planar bis collin
- Extensivgrünland u. Magerrasen, Schutt- u. Felsfluren, Zier- bzw. Nutzpflanze
- an nährstoffarmen, basenreichen, trockenen Standorten

J F M A M J J A S O N D

Helianthemum canum (L.) Baumg.

Graues Sonnenröschen *Cistaceae*
∗ K5 C5 A∞ G(3) RL 3 § BNatG b

Halbstrauch, 10–20 cm hoch. Blütenstand: trauben- bis wickelartig, mit Vorblättern (meist ± gegenüber den Blütenstielen). Blüten: **gelblich**. Kelch: meist aus 3 größeren u. 2 kleineren Blättern bestehend. Kelchblätter: **die größeren 3–6 mm lang**. Früchte: Kapseln. Blattstellung: gegenständig. Blätter: überwinternd grün, länglich bis oval, **Spreite 0,5–3 cm lang, 2–5 mm breit**, ganzrandig; oberseits: graugrün; unterseits: weißlich, **filzig behaart, mit (zumindest einzelnen) Drüsenhaaren**. untere Stängelblätter: kurz gestielt. untere Nebenblätter: **fehlen**.

- einheimisch
- planar bis montan
- Extensivgrünland u. Magerrasen, Schutt- u. Felsfluren
- an nährstoffarmen, kalkreichen, trockenen Standorten

J F M A M J J A S O N D

Helianthemum nummularium (L.) Mill.

Gewöhnliches Sonnenröschen *Cistaceae*
∗ K5 C5 A∞ G(3) RL V § BNatG b

Halbstrauch, 10–30 cm hoch. Blütenstand: trauben- bis wickelartig, mit Vorblättern (meist ± gegenüber den Blütenstielen). Blüten: **gelblich**. Kelch: meist aus 3 größeren u. 2 kleineren Blättern bestehend. Kelchblätter: **die größeren 5–14 mm lang**. Früchte: Kapseln. Blattstellung: gegenständig. Blätter: überwinternd grün, länglich bis oval, **> 2 mm breit**, ganzrandig. untere Stängelblätter: kurz gestielt. untere Nebenblätter: **lanzettlich, länger als der Blattstiel**.

Im Gebiet kommen 4 Unterarten vor: subsp. *nummularium*, subsp. *glabrum*, subsp. *grandiflorum* und subsp. *obscurum* (vgl. S. 1431).

- einheimisch
- planar bis alpin
- Extensivgrünland u. Magerrasen, Wälder, Zier- bzw. Nutzpflanze
- an nährstoffarmen, trockenen Standorten

J F M A M J J A S O N D

Tuberaria guttata (L.) Fourr.

Geflecktes Sandröschen *Cistaceae*
∗ K5 C5 A∞ G(3) RL 1

Bis 30 cm hoch. Blütenstand: trauben- bis wickelartig, ***ohne* Vorblätter**. Blüten: lang gestielt, **meist gelblich, basal oft dunkel gefleckt**. Früchte: Kapseln. Blattstellung: **überwiegend gegenständig**. Blätter: sommergrün, oval bis rundlich, 3-nervig. untere Stängelblätter: **ungestielt**. untere Nebenblätter: meist vorhanden.

- einheimisch
- planar
- Extensivgrünland u. Magerrasen, Staudenfluren, Gehölze, Wälder
- an nährstoffarmen, trockenen Standorten

J F M A M J J A S O N D

us

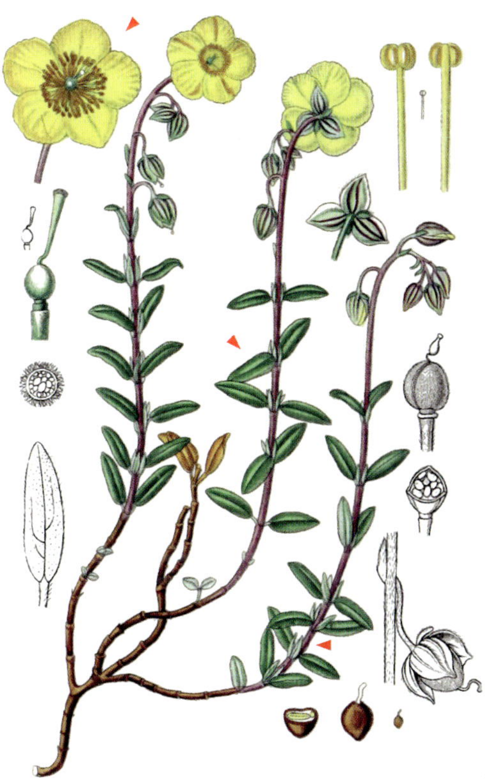

Reseda lutea L.

Gelbe Resede *Resedaceae*
↓ K5–6 C6 A∞ G(5–6)

20–60 cm hoch. PFLANZEN: 1- bis mehrjährig. BLÜTENSTAND: ähren- bis traubenartig. BLÜTEN: gelblich. BLÜTENSTIELE: > **2,5 mm lang**. KRONE: **6-blättrig**. KRONBLÄTTER: **die beiden obersten 2–3-zipfelig**. KELCH: **meist 6-blättrig**. FRÜCHTE: Kapseln, **zylindrisch, 6–14 mm lang**. BLATTSTELLUNG: wechselständig. BLÄTTER: **gelappt bis fiederspaltig**.

- Archaeophyt
- planar bis montan
- Grünland, Staudenfluren, Ruderalvegetation, Zier- bzw. Nutzpflanze
- an basenreichen, meist trockenen Standorten

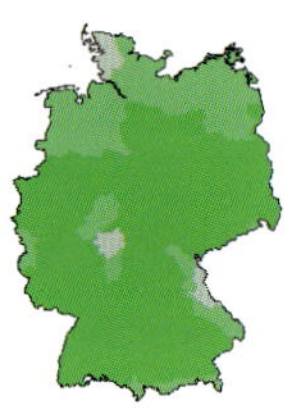

J F M **A M J J A S O** N D

Reseda luteola L.

Färber-Resede *Resedaceae*
↓ K3–4 C4 A∞ G(4)

40–120 cm hoch. PFLANZEN: mehrjährig. BLÜTENSTAND: ähren- bis traubenartig. BLÜTEN: gelblich. BLÜTENSTIELE: < **2,5 mm lang**. KRONE: **4-blättrig**. KRONBLÄTTER: **das oberste 4–5-zipfelig, die seitlichen 3-zipfelig**. KELCH: **meist 4-blättrig**. NARBEN: 4. FRÜCHTE: Kapseln, **eiförmig bis kugelig, 3–5 mm lang**. BLATTSTELLUNG: wechselständig. BLÄTTER: **ungeteilt**.

- Archaeophyt
- planar bis montan
- Staudenfluren, Schutt- u. Felsfluren, Ruderalvegetation, Zier- bzw. Nutzpflanze
- an kalkreichen Standorten

J F M A **M J J A S O** N D

Aethionema saxatile (L.) W. T. Aiton

Steintäschel *Brassicaceae*
+ K4 C4 A6 G(4) RL 1

Bis 25 cm hoch. BLÜTEN: **weißlich o. rötlich bis violett**. STAUBFÄDEN: **basal verbreitert bzw. gezähnt**. FRÜCHTE: **Schötchen *oder* Nüsse, im QS abgeflacht, geflügelt, Scheidewand schmal** (senkrecht zu den breiten Seiten der Frucht). BLÄTTER: blau- bzw. graugrün, ungeteilt, oval, kahl, **ganzrandig**. OBERE STÄNGELBLÄTTER: basal verschmälert bis abgerundet.

- einheimisch
- collin bis subalpin
- Extensivgrünland u. Magerrasen, Schutt- u. Felsfluren, Zier- bzw. Nutzpflanze
- an nährstoffarmen, kalkreichen, trockenen Standorten

J F **M A M J** J A S O N D

Conringia orientalis (L.) Dumort.

Ackerkohl *Brassicaceae*
+ K4 C4 A6 G(4) RL 1

10–50 cm hoch. BLÜTEN: **hellgelblich bis weißlich**. KRONBLÄTTER: **10–14 mm lang**. GRIFFEL: 1–2 mm lang. FRUCHTSTIELE: aufrecht bis abstehend. FRÜCHTE: Schoten, lineal, **im QS 4-kantig**, Samen in den Fruchtfächern jeweils 1-reihig; KLAPPEN: **1-nervig**; SCHNABEL: fehlend. BLÄTTER: **bläulich bereift**. GRUNDBLÄTTER: **ungeteilt**. OBERE STÄNGELBLÄTTER: sitzend, ungeteilt, **basal herz- bis pfeilförmig, ganzrandig, distal abgerundet, kahl**.

- Archaeophyt
- planar bis montan
- Staudenfluren, Äcker, Ruderalvegetation, Zier- bzw. Nutzpflanze
- an kalkreichen, meist trockenen Standorten

J F M **A M J J A** S O N D

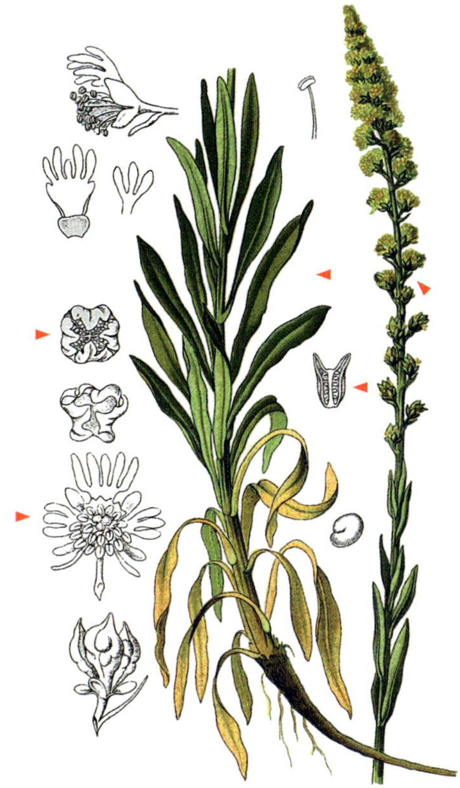

Bunias orientalis L.

Orientalische Zackenschote *Brassicaceae*
+ K4 C4 A6 G(4)

25–100 cm hoch. Blüten: **gelblich**. Früchte: **Schötchen *oder* Nussfrucht**, **schief-eiförmig**, **1-samig**, im QS rundlich bis kantig, **meist mit Warzen bzw. Höckern**, **1–2-fächrig**. Grundblätter: **meist buchtig bis fiederspaltig, selten ungeteilt**, länglich. Stängelblätter: meist ungeteilt bis gelappt, basal verschmälert.

- eingebürgerter Neophyt, urspr. aus Osteuropa u. Westasien
- planar bis montan
- Staudenfluren, Äcker, Ruderalvegetation, Zier- bzw. Nutzpflanze
- an basenreichen Standorten

J F M **A M J J A** S O N D

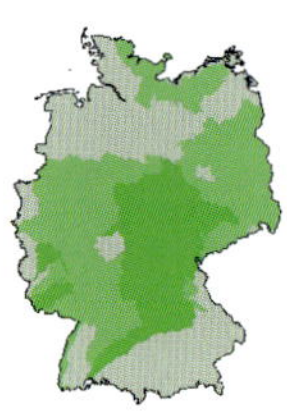

Kernera saxatilis (L.) Sweet

Felsen-Kugelschötchen *Brassicaceae*
+ K4 C4 A6 G(4)

10–30 cm hoch. Blüten: **weißlich**. Früchte: Schötchen, ± **kugelig**, ≥ 8-samig, im QS rundlich bis kantig, **2–3-fächrig**. Stängel: mit Laubblättern. Blätter: behaart. Grundblätter: **gelappt bis fiederspaltig**. obere Stängelblätter: sitzend, ungeteilt, basal verschmälert.

- einheimisch
- montan bis alpin
- Schutt- u. Felsfluren, Ruderalvegetation
- an nährstoffarmen, kalkreichen, meist trockenen Standorten

J F M A **M J J A** S O N D

Petrocallis pyrenaica (L.) W. T. Aiton

Pyrenäen-Steinschmückel *Brassicaceae*
+ K4 C4 A6 G(4) § BNatG b

Bis 10 cm hoch. Pflanzen: **dichtrasig bis polsterförmig**. Blüten: **rötlich bis violett**. Fruchtstiele: aufrecht bis abstehend. Früchte: **Schötchen**, eiförmig, 2–4-samig, **im QS abgeflacht**, **Scheidewand breit** (senkrecht zu den schmalen Seiten der Frucht). Stängel: mit grundständiger Blattrosette. Blätter: **gelappt bis fiederspaltig**, **3–5-teilig**.

- einheimisch
- subalpin bis alpin
- Schutt- u. Felsfluren, Ruderalvegetation
- an nährstoffarmen, kalkreichen Standorten

J F M A **M J J A** S O N D

Alliaria petiolata (M. Bieb.) Cavara & Grande

Lauchhederich *Brassicaceae*
+ K4 C4 A6 G(4)

40–100 cm hoch. Blüten: **weißlich**. Fruchtstiele: aufrecht bis abstehend. Früchte: **Schoten**, 35–70 mm lang, 1–3 mm breit, **im QS 4-kantig**, **Samen in den Fruchtfächern jeweils 1-reihig**; Klappen: **3-nervig**. Blätter: **nach Knoblauch riechend**. Grundblätter: ungeteilt, **herz- bis nierenförmig**, **am Rand grob gekerbt**. Stängelblätter: **gestielt**.

- einheimisch
- planar bis montan
- Staudenfluren, Gehölze, Wälder, Ruderalvegetation, Zier- bzw. Nutzpflanze
- an nährstoffreichen Standorten

J F **M A M J** J A S O N D

Thlaspi alliaceum L.

Lauch-Hellerkraut *Brassicaceae*
+ K4 C4 A6 G(4) RL 3

20–60 cm hoch. Pflanzen: **mehrjährig**, kahl. Blütenstand: traubenartig. Blüten: **weißlich**. Kronblätter: **2–3 mm lang**. Früchte: **Schötchen, im Umriss oval, 5–10 mm lang**, kahl, **im QS rundlich bis kantig, nur distal geflügelt**, Scheidewand schmal (senkrecht zu den breiten Seiten der Frucht). Samen: dunkelbraun bis schwarz, **runzelig bis gerippt**. Stängel: im QS kantig, ***ohne* grundständige Blattrosette**, mit Laubblättern; unten: **zerstreut langhaarig**. Blätter: ungeteilt, nach Lauch riechend, gezähnt bis seicht gelappt. Grundblätter: länglich bis lanzettlich, in einen Stiel verschmälert. mittlere Stängelblätter: länglich, **basal pfeil- bzw. spießförmig**, (halb-) stängelumfassend.

- einheimisch
- collin bis montan
- Äcker, Ruderalvegetation
- an kalkreichen Standorten

J F **M A M J** J A S O N D

Thlaspi arvense L.

Acker-Hellerkraut *Brassicaceae*
+ K4 C4 A6 G(4)

10–50 cm hoch. Pflanzen: **1-jährig**, kahl. Blütenstand: traubenartig. Blüten: **weißlich**. Kronblätter: **3–4 mm lang**. Früchte: **Schötchen, im Umriss ± kreisrund, 10–20 mm lang**, kahl, **im QS abgeflacht, ringsum breit geflügelt**, Scheidewand schmal (senkrecht zu den breiten Seiten der Frucht). Samen: dunkelbraun bis schwarz, **runzelig bis gerippt**. Stängel: im QS kantig, ***ohne* grundständige Blattrosette**, mit Laubblättern; unten: **kahl**. Blätter: ungeteilt, gezähnt bis seicht gelappt. Grundblätter: länglich bis lanzettlich, in einen Stiel verschmälert. mittlere Stängelblätter: länglich, **basal pfeil- bzw. spießförmig**, (halb-) stängelumfassend.

- Archaeophyt
- planar bis montan
- Staudenfluren, Äcker, Ruderalvegetation, Zier- bzw. Nutzpflanze

J F **M A M J J A S** O N D

Microthlaspi perfoliatum (L.) F. K. Mey.

Durchwachsenblättriges Kleintäschelkraut *Brassicaceae*
+ K4 C4 A6 G(4)

Bis 20 cm hoch. Pflanzen: **1-jährig**, kahl. Blüten: **weißlich**. Griffel: 0,1–0,3 mm lang. Früchte: **Schötchen, ± herzförmig**, kahl, **im QS abgeflacht, geflügelt, Scheidewand schmal** (senkrecht zu den breiten Seiten der Frucht). Samen: **gelblich bis orange, glatt**. Stängel: **im QS rundlich**, basal *ohne* sterile Rosettentriebe, **mit grundständiger Blattrosette**, mit Laubblättern. Blätter: blau- bzw. graugrün, ungeteilt. obere Stängelblätter: basal herz- bis pfeilförmig, **am Rand meist seicht gezähnt**.

- einheimisch
- planar bis montan
- Extensivgrünland u. Magerrasen, Schutt- u. Felsfluren, Äcker, Ruderalvegetation
- an nährstoffarmen, basenreichen Standorten

J **F M A M J J** A S O N D

Noccaea caerulescens (J. Presl & C. Presl) F. K. Mey.

Gebirgs-Täschelkraut *Brassicaceae*
+ K4 C4 A6 G(4) RL V

10–30 cm hoch. Pflanzen: mehrjährig, kahl. Blütenstand: traubenartig, **verlängert**. Blüten: **weißlich**, zuweilen rötlich überlaufen. Kronblätter: **2–4 mm lang**. Kelchblätter: **1–2,2 mm lang**. Staubbeutel: **bläulich bis schwarz *oder* rötlich**. Griffel: 0,5–3 mm lang. Früchte: Schötchen, ± herzförmig, kahl, im QS abgeflacht, **geflügelt**, Scheidewand schmal. Samen: rotbraun bis bräunlich, glatt. Stängel: im QS rundlich, **basal mit sterilen Rosettentrieben**, mit Laubblättern. Blätter: **blau- bzw. graugrün**, ungeteilt. obere Stängelblätter: basal herz- bis pfeilförmig.

Im Gebiet kommen 2 Unterarten vor: subsp. *caerulescens* und subsp. *sylvestris* (vgl. S. 1431).

- einheimisch
- planar bis montan
- Grünland, Schutt- u. Felsfluren, Zier- bzw. Nutzpflanze
- auch an schwermetallhaltigen Standorten

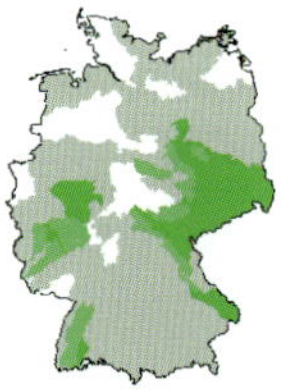

J F **M A M J** J A S O N D

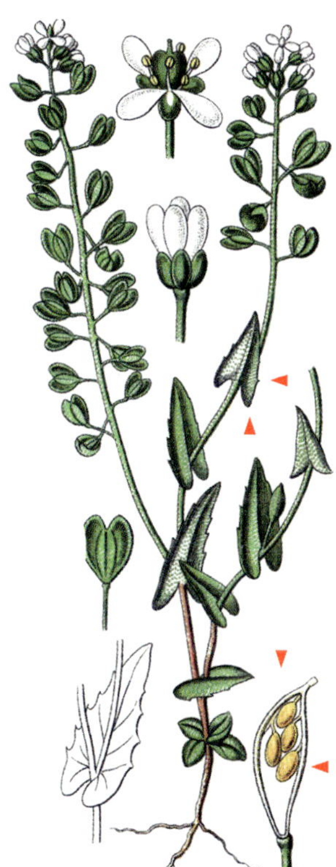

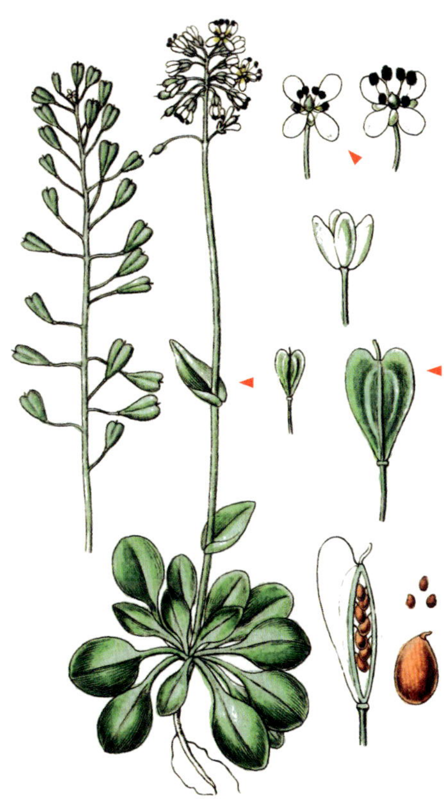

Noccaea montana (L.) F. K. Mey.

Berg-Täschelkraut *Brassicaceae*
+ K4 C4 A6 G(4) RL 3

10–20 cm hoch. Pflanzen: mehrjährig, kahl. Blütenstand: traubenartig, **verlängert**. Blüten: **weißlich**. Kronblätter: **5–9 mm lang**. Kelchblätter: **2–3 mm lang**. Staubbeutel: **gelb**. Griffel: 0,5–3 mm lang. Früchte: Schötchen, (schief) eiförmig bis herzförmig, kahl, im QS abgeflacht, **geflügelt**, Scheidewand schmal (senkrecht zu den breiten Seiten der Frucht). Samen: rotbraun bis bräunlich, glatt. Stängel: im QS rundlich, **basal mit sterilen Rosettentrieben**, mit grundständiger Blattrosette, mit Laubblättern. Blätter: **frischgrün**, ungeteilt. obere Stängelblätter: basal herz- bis pfeilförmig.

- einheimisch
- collin bis montan
- Extensivgrünland u. Magerrasen, Gehölze, Wälder, Schutt- u. Felsfluren
- an nährstoffarmen, kalkreichen Standorten

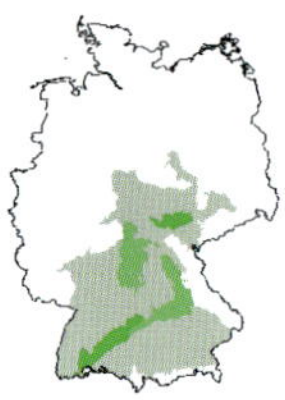

J F **M A M J** J A S O N D

Noccaea rotundifolia (L.) Moench

Rundblättriges Täschelkraut *Brassicaceae*
+ K4 C4 A6 G(4)

Bis 15 cm hoch. Pflanzen: mehrjährig, kahl. Blütenstand: traubenartig, oft kurz-traubig- bis schirmförmig, **kurz**. Blüten: **meist violett**, selten weißlich. Griffel: 0,5–3 mm lang. Früchte: Schötchen, (schief) eiförmig bis herzförmig, kahl, im QS abgeflacht, **ungeflügelt**, Scheidewand schmal (senkrecht zu den breiten Seiten der Frucht). Samen: rotbraun bis bräunlich, glatt. Stängel: im QS rundlich, **basal mit sterilen Rosettentrieben**, mit grundständiger Blattrosette, mit Laubblättern. Blätter: **blau- bzw. graugrün**, ungeteilt. obere Stängelblätter: basal herz- bis pfeilförmig.

- einheimisch
- subalpin bis alpin
- Schutt- u. Felsfluren, Ruderalvegetation
- an kalkreichen Standorten

J F M A **M J J A S O** N D

Isatis tinctoria L.

Färber-Waid *Brassicaceae*
+ K4 C4 A6 G(4)

50–100 cm hoch. Pflanzen: oberwärts blau- bis graugrün. Blüten: gelblich. Früchte: **Nussfrucht**, seltener Schötchen, **überhängend**, im QS abgeflacht, **breit geflügelt**. Stängel: oben kahl, *ohne* grundständige Blattrosette. Grundblätter: ungeteilt. Stängelblätter: ungeteilt. obere Stängelblätter: **sitzend, basal herz- bis pfeilförmig**, oberseits kahl.

- Archaeophyt
- planar bis collin
- Staudenfluren, Äcker, Ruderalvegetation, Zier- bzw. Nutzpflanze
- an basenreichen, meist trockenen Standorten

J F M **A M J J A** S O N D

Myagrum perfoliatum L.

Hohldotter *Brassicaceae*
+ K4 C4 A6 G(4)

20–50 cm hoch. Pflanzen: **blau- bis graugrün, kahl**. Blüten: **gelblich**. Früchte: Schötchen, meist (schief) eiförmig, im QS rundlich bis kantig, **3-fächrig, obere Fächer leer, unteres 1-samig**. Stängel: mit grundständiger Blattrosette. Blätter: unangenehm riechend. Grundblätter: gezähnt bis gelappt. obere Stängelblätter: sitzend, **basal herz- bis pfeilförmig**.

- eingebürgerter Neophyt, urspr. aus dem östlichen Mittelmeergebiet
- planar bis montan
- Staudenfluren, Äcker, Ruderalvegetation
- an kalkreichen, trockenen Standorten

J F M **A M J J** A S O N D

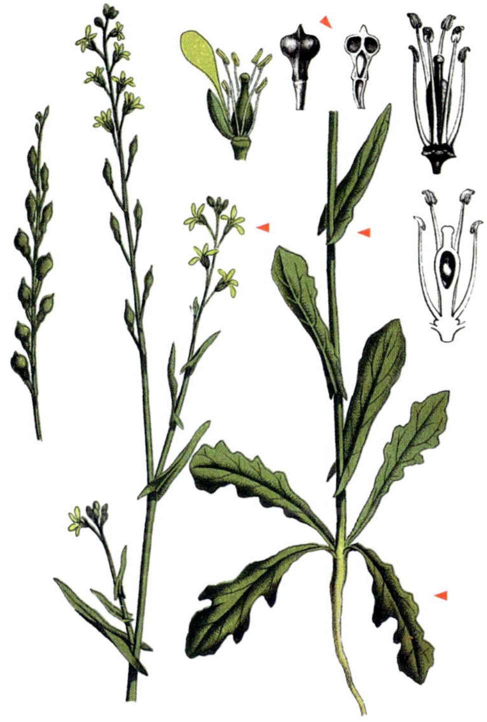

Sisymbrium altissimum L.

Hohe Rauke *Brassicaceae*
+ K4 C4 A6 G(4)

30–60 cm hoch. Pflanzen: 1-jährig, grün. Blütenstand: traubenartig. Blüten: gelblich. Fruchtstiele: (etwas) vom Stängel abstehend. Früchte: Schoten, lineal, **50–100 mm lang, ± so dick wie ihr Stiel**, im QS rundlich bis kantig, Samen in den Fruchtfächern jeweils 2-reihig; Klappen: 3–5-nervig; Schnabel: < 3 mm lang oder fehlend. Samen: eiförmig bis länglich. Stängel: aufrecht, **nur basal behaart**, gleichmäßig beblättert. Blätter: gelappt bis 1-fach gefiedert, behaart. obere Stängelblätter: meist sitzend, basal meist verschmälert bis abgerundet.

- eingebürgerter Neophyt, urspr. aus Osteuropa u. Westasien
- planar bis collin
- Staudenfluren, Gehölze, Wälder, Ruderalvegetation, Zier- bzw. Nutzpflanze

J F M **A M J J A** S O N D

Sisymbrium austriacum Jacq.

Österreichische Rauke *Brassicaceae*
+ K4 C4 A6 G(4) RL 3

30–60 cm hoch. Pflanzen: mehrjährig. Blütenstand: traubenartig. Blüten: gelblich. Kronblätter: **3–8 mm lang, ± 2-mal so lang wie die Kelchblätter**. Kelchblätter: **3–4 mm lang**. Fruchtstiele: (etwas) vom Stängel abstehend. Früchte: Schoten, lineal, **10–60 mm lang**, dicker als ihr Stiel, im QS rundlich bis kantig, Samen in den Fruchtfächern jeweils 2-reihig; Klappen: 3–5-nervig; Schnabel: < 3 mm lang oder fehlend. Samen: eiförmig bis länglich. Stängel: aufrecht, kahl *oder* behaart, **Haare aufwärts gerichtet**, gleichmäßig beblättert. Blätter: gelappt bis 1-fach gefiedert, kahl *oder* behaart. obere Stängelblätter: basal meist verschmälert bis abgerundet.

- einheimisch
- planar bis montan
- Schutt- u. Felsfluren, Ruderalvegetation, an Mauern
- an nährstoffreichen, basenreichen Standorten

J F M **A M J** J A S O N D

Sisymbrium irio L.

Glanz-Rauke *Brassicaceae*
+ K4 C4 A6 G(4)

10–50 cm hoch. Pflanzen: 1-jährig. Blütenstand: traubenartig. Blüten: gelblich. Kronblätter: **3–5 mm lang, kaum länger als die Kelchblätter**. Kelchblätter: **2–3 mm lang**. Fruchtstiele: (etwas) vom Stängel abstehend. Früchte: Schoten, lineal, **10–60 mm lang**, dicker als ihr Stiel, im QS rundlich bis kantig, Samen in den Fruchtfächern jeweils 2-reihig; Klappen: 3–5-nervig; Schnabel: < 3 mm lang oder fehlend. Samen: eiförmig bis länglich. Stängel: aufrecht, bis oben kurz behaart, gleichmäßig beblättert. Blätter: gelappt bis 1-fach gefiedert, behaart. obere Stängelblätter: basal meist verschmälert bis abgerundet.

- eingebürgerter Neophyt, urspr. aus dem Mittelmeergebiet
- planar bis collin
- Staudenfluren, Ruderalvegetation, Zier- bzw. Nutzpflanze
- meist an trockenen Standorten

J F M **A M J J A** S O N D

Sisymbrium loeselii L.

Loesels Rauke *Brassicaceae*
+ K4 C4 A6 G(4)

30–60 cm hoch. Pflanzen: 1-jährig. Blütenstand: traubenartig. Blüten: gelblich. Kronblätter: **3–8 mm lang, ± 2-mal so lang wie die Kelchblätter**. Kelchblätter: **3–4 mm lang**. Fruchtstiele: (etwas) vom Stängel abstehend. Früchte: Schoten, lineal, **10–60 mm lang**, dicker als ihr Stiel, im QS rundlich bis kantig, Samen in den Fruchtfächern jeweils 2-reihig; Klappen: 3–5-nervig; Schnabel: < 3 mm lang oder fehlend. Samen: eiförmig bis länglich. Stängel: aufrecht, behaart, **Haare lang u. abwärts gerichtet**, gleichmäßig beblättert. Blätter: gelappt bis 1-fach gefiedert, behaart. obere Stängelblätter: basal meist verschmälert bis abgerundet.

- eingebürgerter Neophyt, urspr. aus Osteuropa u. Westasien
- planar bis collin
- Staudenfluren, Äcker, Ruderalvegetation, Zier- bzw. Nutzpflanze

J F M A **M J J A S** O N D

Sisymbrium officinale (L.) Scop.

Wege-Rauke *Brassicaceae*
+ K4 C4 A6 G(4) schwach giftig

30–60 cm hoch. Pflanzen: 1-jährig. Blütenstand: traubenartig. Blüten: gelblich. Kronblätter: **2–3 mm lang**. Fruchtstiele: **eng an den Stängel angedrückt**. Früchte: Schoten, länglich-lanzettlich, **vom Grunde an zur Spitze verschmälert, 7–25 mm lang**, im QS rundlich bis kantig, Samen in den Fruchtfächern jeweils 2-reihig; Klappen: 3–5-nervig; Schnabel: < 3 mm lang oder fehlend. Samen: eiförmig bis länglich. Stängel: aufrecht, gleichmäßig beblättert. Blätter: gelappt bis 1-fach gefiedert, behaart. obere Stängelblätter: basal meist verschmälert bis abgerundet.

- Archaeophyt
- planar bis montan
- Staudenfluren, Äcker, Ruderalvegetation, Zier- bzw. Nutzpflanze

J F M **A M J J A S O** N D

Sisymbrium orientale L.

Orientalische Rauke *Brassicaceae*
+ K4 C4 A6 G(4)

40–60 cm hoch. Pflanzen: 1-jährig, **grauhaarig**. Blütenstand: traubenartig. Blüten: gelblich. Fruchtstiele: (etwas) vom Stängel abstehend. Früchte: Schoten, lineal, **50–100 mm lang, ± so dick wie ihr Stiel**, im QS rundlich bis kantig, Samen in den Fruchtfächern jeweils 2-reihig; Klappen: 3–5-nervig; Schnabel: < 3 mm lang oder fehlend. Samen: eiförmig bis länglich. Stängel: aufrecht, **bis oben dicht behaart**, gleichmäßig beblättert. Blätter: gelappt bis 1-fach gefiedert, behaart. obere Stängelblätter: **gestielt**, basal meist verschmälert bis abgerundet.

- eingebürgerter Neophyt, urspr. aus dem Mittelmeergebiet
- planar bis montan
- Staudenfluren, Ruderalvegetation
- an trockenen Standorten

J F M A **M J J A** S O N D

Sisymbrium strictissimum L.

Steife Rauke *Brassicaceae*
+ K4 C4 A6 G(4) RL V

50–100 cm hoch. Pflanzen: mehrjährig. Blütenstand: traubenartig. Blüten: gelblich. Fruchtstiele: (etwas) vom Stängel abstehend. Früchte: Schoten, im QS (schwach) vierkantig, Samen in den Fruchtfächern jeweils 2-reihig; Klappen: 3–5-nervig; Schnabel: < 3 mm lang oder fehlend. Samen: eiförmig bis länglich. Stängel: aufrecht, gleichmäßig beblättert. Blätter: **alle ungeteilt, oval o. lanzettlich bis 3-eckig**, 15–35 mm breit, behaart, oft grob gezähnt; unterseits: **dicht weichhaarig**. obere Stängelblätter: basal meist verschmälert bis abgerundet.

- einheimisch
- planar bis montan
- Staudenfluren, Gehölze, Ruderalvegetation
- an basenreichen Standorten

J F M A **M J J A** S O N D

Sisymbrium supinum L.

Niedrige Rauke *Brassicaceae*
+ K4 C4 A6 G(4) § FFH IV, BNatG s

Bis 25 cm hoch. Pflanzen: 1-jährig. Tragblätter der Blüten: **vorhanden, laubblattartig**. Blüten: **weißlich**. Fruchtstiele: (etwas) vom Stängel abstehend. Früchte: Schoten, **12–30 mm lang**, im QS rundlich bis kantig, **Samen in den Fruchtfächern jeweils 1-reihig**; Klappen: **1-nervig**; Schnabel: < 3 mm lang oder fehlend. Samen: eiförmig bis länglich. Stängel: **(basal) niederliegend**, gleichmäßig beblättert. Blätter: behaart. Grundblätter: gelappt bis fiederspaltig. obere Stängelblätter: basal meist verschmälert bis abgerundet.

- in Einbürgerung befindlicher Neophyt, urspr. aus Westeuropa
- collin bis montan
- trockenfallende Ufer, Staudenfluren
- an feuchten, zuweilen überfluteten, auch salzhaltigen Standorten

J F M A M **J J A** S O N D

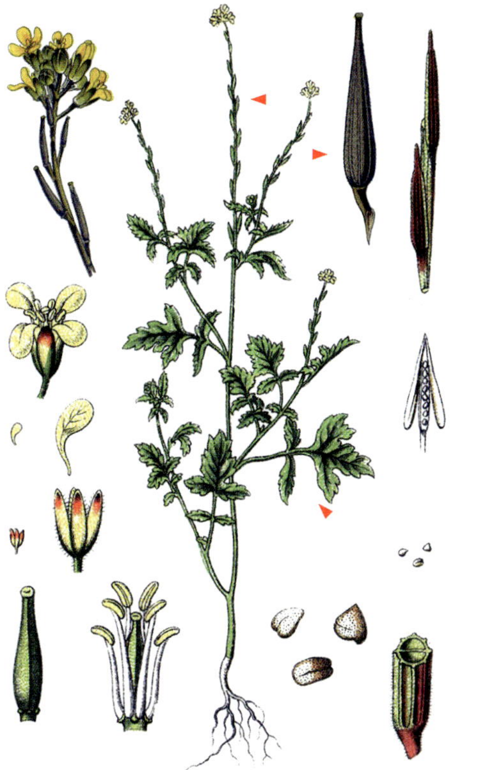

US

Brassica elongata Ehrh.

Langrispiger Kohl *Brassicaceae*
+K4 C4 A6 G(4)

50–100 cm hoch. BLÜTEN: gelblich. FRUCHTSTIELE: (etwas) vom Stängel abstehend. FRÜCHTE: Schoten, **oberhalb des Kelchs 1–3 mm lang gestielt**, 12–30 mm lang, 1–3 mm breit, im QS rundlich bis kantig, Samen in den Fruchtfächern jeweils 1-reihig; KLAPPEN: 1-nervig; SCHNABEL: **1–3 mm lang**. SAMEN: ± kugelig. STÄNGEL: gleichmäßig beblättert. BLÄTTER: behaart. GRUNDBLÄTTER: ungeteilt bis fiederspaltig. OBERE STÄNGELBLÄTTER: gestielt o. stielartig verschmälert, ungeteilt, **basal verschmälert bis abgerundet**.

- in Einbürgerung befindlicher Neophyt, urspr. aus Osteuropa u. Asien
- planar bis montan
- Grünland, Ruderalvegetation, Zier- bzw. Nutzpflanze
- an basenreichen Standorten

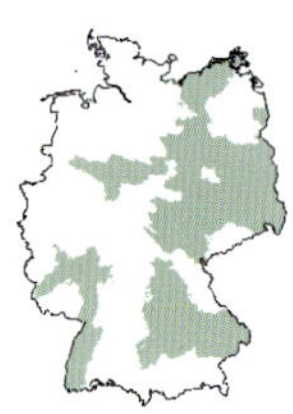

J F M A **M J J A S** O N D

Brassica napus L.

Raps *Brassicaceae*
+K4 C4 A6 G(4)

100–150 cm hoch. BLÜTEN: gelblich. KRONBLÄTTER: **10–15 mm lang**, ± 2-mal so lang wie die Kelchblätter. KELCHBLÄTTER: **abstehend**. FRUCHTSTIELE: (etwas) vom Stängel abstehend. FRÜCHTE: Schoten, im QS rundlich bis kantig, Samen in den Fruchtfächern jeweils 1-reihig; KLAPPEN: 1-nervig. SAMEN: ± kugelig. STÄNGEL: subsp. *rapifera* unten mit verdickter Knolle, gleichmäßig beblättert. BLÄTTER: behaart. GRUNDBLÄTTER: ungeteilt bis fiederspaltig, **blau- bzw. graugrün**. OBERE STÄNGELBLÄTTER: **sitzend**, ungeteilt, **basal herz- bis pfeilförmig**. – Zuchtformen: Raps (subsp. *oleifera*) u. Steckrübe (subsp. *rapifera*).

- eingebürgerter Neophyt, urspr. aus dem östlichen Mittelmeergebiet
- planar bis montan
- Staudenfluren, Äcker, Ruderalvegetation, Zier- bzw. Nutzpflanze

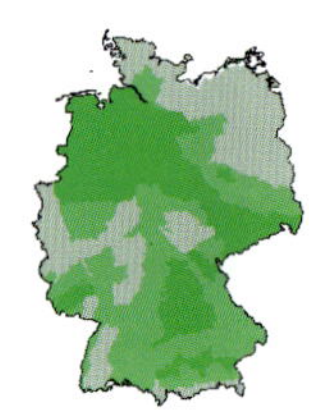

J F **M A M J J A S** O N D

Brassica nigra (L.) W. D. J. Koch

Senf-Kohl *Brassicaceae*
+K4 C4 A6 G(4)

50–100 cm hoch. BLÜTEN: gelblich. KRONBLÄTTER: **5–10 mm lang**, ± 1,5-mal so lang wie die Kelchblätter. FRUCHTSTIELE: **eng an den Stängel angedrückt**. FRÜCHTE: Schoten, lineal, **10–25 mm lang**, 1–2 mm breit, im QS rundlich bis kantig, mit kielartigem Mittelnerv, Samen in den Fruchtfächern jeweils 1-reihig; KLAPPEN: 1-nervig. SAMEN: ± kugelig. STÄNGEL: gleichmäßig beblättert. BLÄTTER: behaart. OBERE STÄNGELBLÄTTER: meist ungeteilt, **basal verschmälert bis abgerundet**.

- Archaeophyt
- planar bis montan
- trockenfallende Ufer, Staudenfluren, Äcker, Ruderalvegetation, Zier- bzw. Nutzpflanze
- an basenreichen, feuchten bis nassen, zuweilen überfluteten Standorten

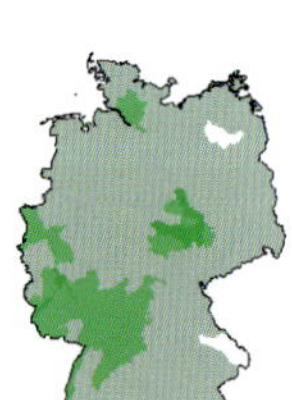

J F M A **M J J A S O** N D

Brassica oleracea L.

Gemüse-Kohl *Brassicaceae*
+K4 C4 A6 G(4) RL R

40–120 cm hoch. BLÜTEN: gelblich. KELCHBLÄTTER: **aufrecht**. FRUCHTSTIELE: (etwas) vom Stängel abstehend. FRÜCHTE: Schoten, im QS rundlich bis kantig, Samen in den Fruchtfächern jeweils 1-reihig; KLAPPEN: 1-nervig; SCHNABEL: **6–30 mm lang**. SAMEN: ± kugelig. GRUNDBLÄTTER: ungeteilt bis fiederspaltig. OBERE STÄNGELBLÄTTER: **sitzend**, meist ungeteilt, **basal verschmälert bis abgerundet**.

Im Gebiet kommen 5 Unterarten vor: subsp. *oleracea*, subsp. *botrytis*, subsp. *capitata*, subsp. *caulorapa* und subsp. *fruticosa* (vgl. S. 1431).

- einheimisch
- planar bis montan
- Staudenfluren, Schutt- u. Felsfluren, Äcker, Ruderalvegetation, Wildform an Küstenfelsen, Zier- bzw. Nutzpflanze
- an nährstoffreichen Standorten

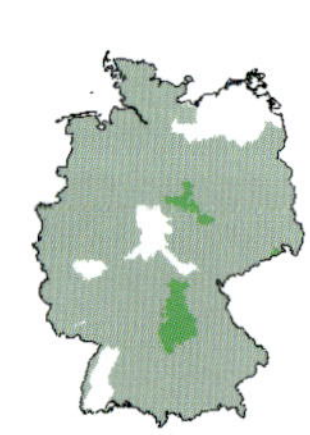

J F M **A M J J A S** O N D

Brassica rapa (L.) L.

Rübsen *Brassicaceae*
+ K4 C4 A6 G(4)

40–120 cm hoch. BLÜTEN: gelblich. KRONBLÄTTER: **5–10 mm lang**, ± 1,5-mal so lang wie die Kelchblätter. KELCHBLÄTTER: **abstehend**. FRUCHTSTIELE: (etwas) vom Stängel abstehend. FRÜCHTE: Schoten, im QS rundlich bis kantig, Samen in den Fruchtfächern jeweils 1-reihig; KLAPPEN: 1-nervig. SAMEN: ± kugelig. BLÄTTER: behaart. GRUNDBLÄTTER: ungeteilt bis fiederspaltig, **frischgrün**. OBERE STÄNGELBLÄTTER: **sitzend**, ungeteilt, **basal herz- bis pfeilförmig**.

Im Gebiet kommen 5 Unterarten vor: subsp. *rapa*, subsp. *campestris*, subsp. *chinensis*, subsp. *oleifera* und subsp. *pekinensis* (vgl. S. 1431).

- Archaeophyt
- planar bis montan
- Staudenfluren, Äcker, Ruderalvegetation, Zier- bzw. Nutzpflanze

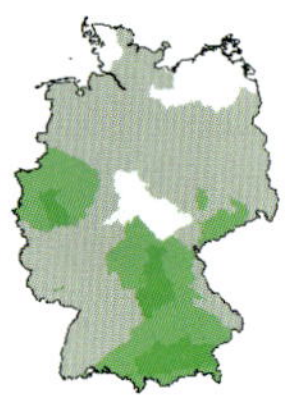

J F M A M J J A S O N D

Cakile maritima Scop.

Europäischer Meersenf *Brassicaceae*
+ K4 C4 A6 G(4)

15–30 cm hoch. BLÜTEN: **hellviolett**. FRÜCHTE: **Schötchen *oder* Nussfrucht, durch *Quer*gliederung (undeutlich) 2-gliedrig, trapezförmig**, oberes Fruchtglied länger, 8–25 mm lang, 4–6 mm breit, **spitz**. BLÄTTER: **sukkulent**. OBERE STÄNGELBLÄTTER: ungeteilt bis gelappt, basal verschmälert bis abgerundet.

subsp. *maritima* (Europäischer Meersenf): v. a. an der Nordseeküste. FRÜCHTE: unteres Fruchtglied basal ± *ohne* pfeilförmige Ausrandungen. GRUNDBLÄTTER: ungeteilt bis fiederspaltig, Endabschnitt < 5-mal so lang wie breit.
subsp. *baltica* (Baltischer Meersenf): v. a. an der Ostseeküste. FRÜCHTE: unteres Fruchtglied basal mit pfeilförmigen Ausrandungen. GRUNDBLÄTTER: 1–2-fach fiederspaltig, Endabschnitt 10–20-mal so lang wie breit.

- einheimisch
- planar
- Salzwiesen, Küstenspülsäume, Dünentäler, Zier- bzw. Nutzpflanze
- an nährstoffreichen, zuweilen überfluteten, oft salzhaltigen Standorten

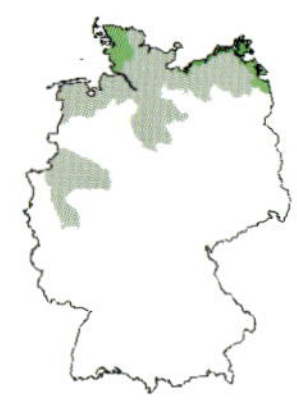

J F M A M J J A S O N D

Coincya monensis (L.) Greuter & Burdet

Schnabelsenf *Brassicaceae*
+ K4 C4 A6 G(4)

40–80 cm hoch. BLÜTEN: **gelblich**, meist mit dunklen Adern. KELCHBLÄTTER: aufrecht. FRUCHTSTIELE: aufrecht bis abstehend. FRÜCHTE: Schoten, **14–60-samig**, Samen in den Fruchtfächern jeweils 1-reihig; KLAPPEN: **3–5-nervig**; SCHNABEL: 10–30 mm lang, im QS abgeflacht, von der Frucht deutlich abgesetzt. SAMEN: ± kugelig. BLÄTTER: behaart. GRUNDBLÄTTER: **gelappt bis fiederspaltig**. OBERE STÄNGELBLÄTTER: gelappt bis fiederspaltig, basal verschmälert bis abgerundet.

- einheimisch
- planar bis montan
- Grünland, Staudenfluren, Schutt- u. Felsfluren, Äcker, Ruderalvegetation, Zier- bzw. Nutzpflanze

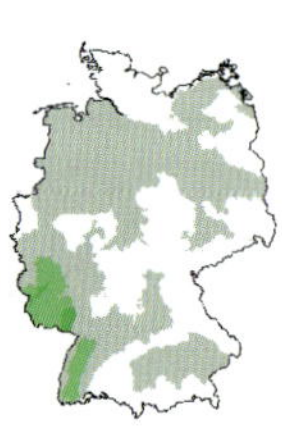

J F M A M J J A S O N D

Crambe maritima L.

Echter Meerkohl *Brassicaceae*
+ K4 C4 A6 G(4) RL 3 § BNatG b

30–80 cm hoch. PFLANZEN: kahl. BLÜTEN: **weißlich**. FRÜCHTE: **Schötchen *oder* Nussfrucht, durch *Quer*gliederung 2-gliedrig, im reifen Zustand (scheinbar) 1-gliedrig, unteres Fruchtglied leer, stielartig, oberes Fruchtglied groß, kugelig, distal abgerundet**, im QS rundlich bis kantig. STÄNGEL: mit Laubblättern. BLÄTTER: **sukkulent, blau- bzw. graugrün**, ungeteilt, meist grob gesägt bis gelappt. OBERE STÄNGELBLÄTTER: basal verschmälert bis abgerundet.

- einheimisch
- planar
- Röhrichte, Salzwiesen, Dünentäler, Zier- bzw. Nutzpflanze
- an nährstoffreichen, zuweilen überfluteten, meist salzhaltigen Standorten

J F M A M J J A S O N D

Diplotaxis muralis (L.) DC.

Mauer-Doppelsame *Brassicaceae*
+ K4 C4 A6 G(4)

10–80 cm hoch. BLÜTEN: gelblich. BLÜTENSTIELE: **deutlich länger als der Kelch**. KRONBLÄTTER: **4–9 mm lang**. STAUBBLÄTTER: 6, **alle fertil**. FRUCHTSTIELE: (etwas) vom Stängel abstehend. FRÜCHTE: Schoten, **oberhalb des Kelchs sitzend o. < 0,6 mm lang gestielt**, im QS abgeflacht, Samen in den Fruchtfächern jeweils 2-reihig; KLAPPEN: 1-nervig. SAMEN: eiförmig. STÄNGEL: **mit grundständiger Blattrosette, *ohne* o. mit wenigen unten angeordneten Laubblättern**. BLÄTTER: behaart. BLATTLAPPEN: breit oval-lanzettlich. GRUNDBLÄTTER: meist gelappt bis fiederspaltig. OBERE STÄNGELBLÄTTER: basal verschmälert bis abgerundet.

- eingebürgerter Neophyt, urspr. aus dem Mittelmeergebiet
- planar bis montan
- Staudenfluren, Äcker, Ruderalvegetation, Zier- bzw. Nutzpflanze
- an kalkreichen Standorten

J F M A **M J J A S O** N D

Diplotaxis tenuifolia (L.) DC.

Schmalblättriger Doppelsame *Brassicaceae*
+ K4 C4 A6 G(4)

25–100 cm hoch. BLÜTEN: gelblich. BLÜTENSTIELE: **deutlich länger als der Kelch**. KRONBLÄTTER: **8–16 mm lang**. STAUBBLÄTTER: 6, **alle fertil**. FRUCHTSTIELE: (etwas) vom Stängel abstehend. FRÜCHTE: Schoten, **oberhalb des Kelchs 0,8–2 mm lang gestielt**, **20–40 mm lang**, 1,5–2,5 mm breit, im QS abgeflacht, Samen in den Fruchtfächern jeweils 2-reihig; KLAPPEN: 1-nervig. SAMEN: eiförmig. STÄNGEL: ***ohne* grundständige Blattrosette**, **mit 3–6 Laubblättern**. BLÄTTER: behaart. GRUNDBLÄTTER: meist gelappt bis fiederspaltig. OBERE STÄNGELBLÄTTER: **mit lineal-lanzettlichen Blattlappen**, basal verschmälert bis abgerundet.

- eingebürgerter Neophyt, urspr. aus dem Mittelmeergebiet
- planar bis montan
- Grünland, Staudenfluren, Ruderalvegetation, Zier- bzw. Nutzpflanze
- meist an trockenen Standorten

J F M **A M J J A S O** N D

Diplotaxis viminea (L.) DC.

Ruten-Doppelsame *Brassicaceae*
+ K4 C4 A4–6 G(4)

10–25 cm hoch. BLÜTEN: gelblich. BLÜTENSTIELE: **± so lang wie bis wenig länger als der Kelch**. KRONBLÄTTER: **2–5 mm lang**. STAUBBLÄTTER: 4–6, **kurze (äußere) fehlend o. steril**. FRUCHTSTIELE: (etwas) vom Stängel abstehend. FRÜCHTE: Schoten, **oberhalb des Kelchs sitzend o. < 0,6 mm lang gestielt**, im QS abgeflacht, Samen in den Fruchtfächern jeweils 2-reihig; KLAPPEN: 1-nervig. SAMEN: eiförmig. STÄNGEL: **mit grundständiger Blattrosette, *ohne* o. mit wenigen unten angeordneten Laubblättern**. BLÄTTER: behaart. BLATTLAPPEN: oval-lanzettlich. GRUNDBLÄTTER: meist gelappt bis fiederspaltig. OBERE STÄNGELBLÄTTER: basal verschmälert bis abgerundet.

- eingebürgerter Neophyt, urspr. aus dem Mittelmeergebiet
- planar bis collin
- Äcker, Ruderalvegetation, Zier- bzw. Nutzpflanze
- an basenreichen Standorten

J F M A **M J J A S** O N D

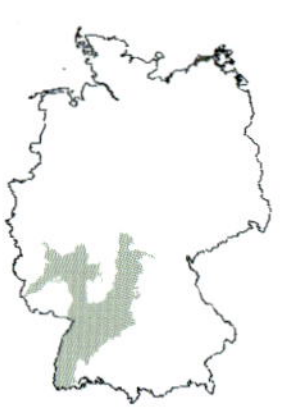

Eruca vesicaria (L.) Cav.

Senfrauke *Brassicaceae*
+ K4 C4 A6 G(4)

Bis 40 cm hoch. BLÜTENSTAND: traubenartig. BLÜTEN: **gelblich-weißlich, mit dunklen Adern**. NARBEN: **(undeutlich) 2-lappig**. FRUCHTSTIELE: aufrecht bis abstehend. FRÜCHTE: **Schoten, Samen in den Fruchtfächern jeweils 2-reihig**; SCHNABEL: **lang, im QS abgeflacht**. BLÄTTER: **unangenehm riechend**, behaart. GRUNDBLÄTTER: gelappt bis fiederspaltig. OBERE STÄNGELBLÄTTER: gelappt bis fiederspaltig, basal verschmälert bis abgerundet.

- in Einbürgerung befindlicher Neophyt, urspr. aus dem Mittelmeergebiet
- planar bis montan
- Staudenfluren, Äcker, Ruderalvegetation, Zier- bzw. Nutzpflanze

J F M **A M J J** A S O N D

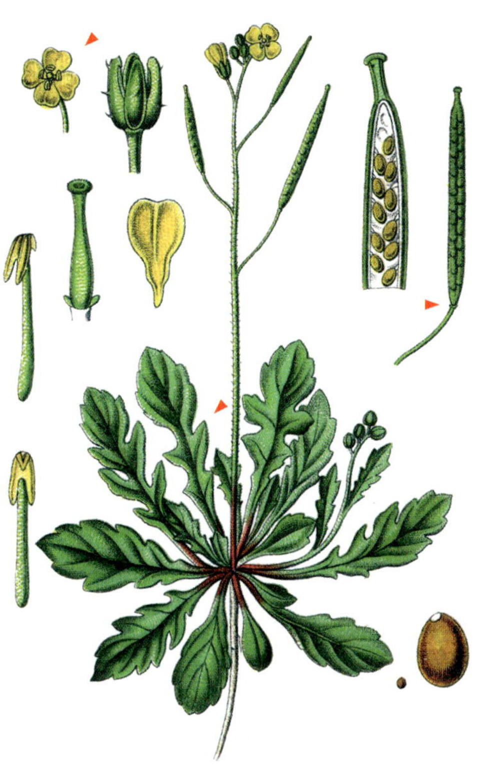

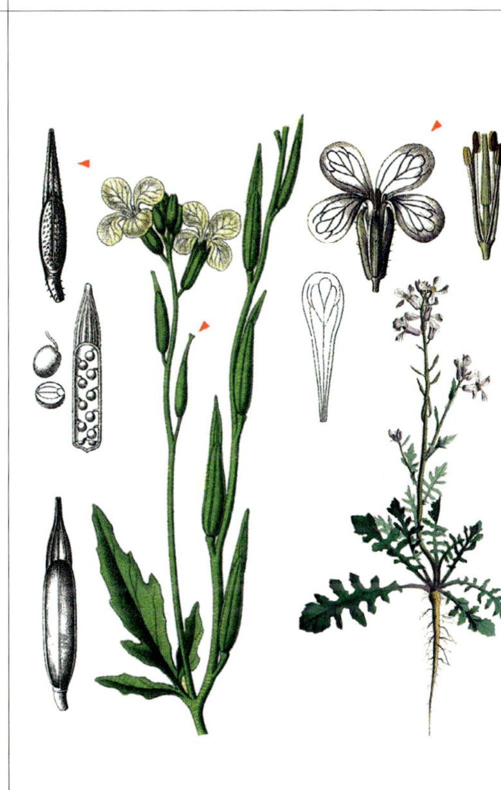

Erucastrum gallicum (Willd.) O. E. Schulz

Französische Hundsrauke *Brassicaceae*
+ K4 C4 A6 G(4) RL V

30–60 cm hoch. Blüten: **weißlich-gelblich**. Kronblätter: **6–8 mm lang**. Kelchblätter: **aufrecht**. Tragblätter der unteren Blüten: **vorhanden**. Fruchtstiele: (etwas) vom Stängel abstehend. Früchte: Schoten, 20–120 mm lang, Samen in den Fruchtfächern jeweils 1-reihig; Klappen: 1-nervig; Schnabel: **zylindrisch**, 2–4 mm lang, **meist *ohne* Samen**. Samen: eiförmig bis länglich. Stängel: gleichmäßig beblättert. Blätter: behaart. Grundblätter: gelappt bis fiederspaltig. obere Stängelblätter: gelappt bis fiederspaltig, basal verschmälert bis abgerundet.

- Archaeophyt
- planar bis montan
- Staudenfluren, Äcker, Ruderalvegetation, Zier- bzw. Nutzpflanze
- an kalkreichen Standorten

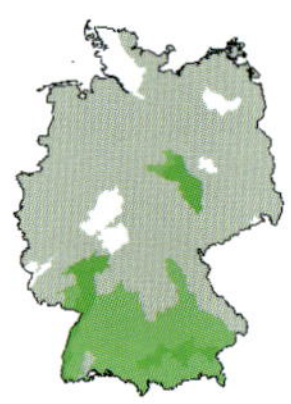

J F M **A M J J A S O** N D

Erucastrum nasturtiifolium (Poir.) O. E. Schulz

Stumpfkantige Hundsrauke *Brassicaceae*
+ K4 C4 A6 G(4)

30–80 cm hoch. Blüten: **kräftig gelb**. Kronblätter: **8–14 mm lang**. Kelchblätter: **abstehend**. Tragblätter der unteren Blüten: **meist fehlend**. Fruchtstiele: (etwas) vom Stängel abstehend. Früchte: Schoten, 20–120 mm lang, Samen in den Fruchtfächern jeweils 1-reihig; Klappen: 1-nervig; Schnabel: **lanzettlich bis kegelförmig**, 2–4 mm lang, **meist mit 1 Samen**. Samen: eiförmig bis länglich. Stängel: gleichmäßig beblättert. Blätter: behaart. Grundblätter: gelappt bis fiederspaltig. obere Stängelblätter: gelappt bis fiederspaltig, basal verschmälert bis abgerundet.

- einheimisch
- planar bis montan
- Extensivgrünland u. Magerrasen, Staudenfluren, Wälder, Schutt- u. Felsfluren, Ruderalvegetation, Spülsäume
- an basenreichen Standorten

J F M **A M J J A** S O N D

Hirschfeldia incana (L.) Lagr.-Foss.

Grausenf *Brassicaceae*
+ K4 C4 A6 G(4)

20–100 cm hoch. Blüten: **gelblich**. Fruchtstiele: **aufrecht, der Hauptachse dicht anliegend**. Früchte: **Schoten**, Samen in den Fruchtfächern jeweils 1-reihig; Klappen: 1-nervig; Schnabel: **zylindrisch**, 2–4 mm lang. Samen: eiförmig bis länglich. Blätter: **dicht grau behaart**. Grundblätter: **gelappt bis fiederspaltig**. obere Stängelblätter: ungeteilt bis gelappt, basal verschmälert bis abgerundet.

- eingebürgerter Neophyt, urspr. aus dem Mittelmeergebiet
- planar bis montan
- Staudenfluren, Äcker, Ruderalvegetation, Zier- bzw. Nutzpflanze
- meist an trockenen Standorten

J F M **A M J J A S O** N D

Raphanus raphanistrum L.

Acker-Rettich *Brassicaceae*
+ K4 C4 A6 G(4)

30–60 cm hoch. Blüten: **meist gelblich**, seltener weißlich, **meist mit dunklen Adern**. Kronblätter: 12–22 mm lang. Früchte: **meist durch Quergliederung perlschnurartig gegliederte Spaltfrüchte**, > 3-mal so lang wie breit. Blätter: behaart. Grundblätter: gelappt bis fiederspaltig. obere Stängelblätter: ungeteilt bis gelappt, basal verschmälert bis abgerundet.

- Archaeophyt
- planar bis montan
- Äcker, Ruderalvegetation, Zier- bzw. Nutzpflanze

J F M A **M J J A S O** N D

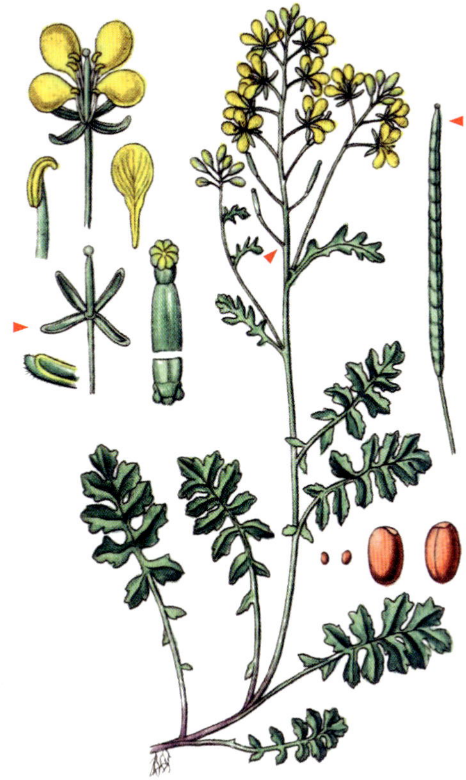

Raphanus sativus L.

Garten-Rettich *Brassicaceae*
+K4 C4 A6 G(4)

30–100 cm hoch. BLÜTEN: **weißlich bis rötlich-violett, meist mit dunklen Adern**. KRONBLÄTTER: 12–22 mm lang. FRÜCHTE: **meist aufgeblasene bis fleischige Schließfrüchte, *nicht* gegliedert**, > 3-mal so lang wie breit. STÄNGEL: **mit verdicktem Hypokotyl bzw. Wurzeln**. GRUNDBLÄTTER: gelappt bis fiederspaltig. OBERE STÄNGELBLÄTTER: meist ungeteilt, basal verschmälert bis abgerundet. – Zuchtformen: u. a. Radieschen (subsp. *sativus*) u. Rettich (subsp. *niger*).

- in Einbürgerung befindlicher Neophyt, urspr. aus dem östlichen Mittelmeergebiet
- planar bis montan
- Staudenfluren, Äcker, Ruderalvegetation, Zier- bzw. Nutzpflanze

J F M **A M J J** A S O N D

Rapistrum perenne (L.) All.

Ausdauernder Windsbock *Brassicaceae*
+K4 C4 A6 G(4) RL 3

30–100 cm hoch. BLÜTEN: gelblich. BLÜTENSTIELE: **länger als der Kelch**. GRIFFEL: **kurz kegelförmig**. FRÜCHTE: **meist durch *Quer*gliederung 2-gliedrige Spaltfrüchte, im reifen Zustand (scheinbar) 1-gliedrig, oberes Fruchtglied ± 2-mal so lang wie der Griffel, oberes Fruchtglied kahl**. GRUNDBLÄTTER: **fiederspaltig, mit ± rechtwinklig abstehenden Blattlappen**. OBERE STÄNGELBLÄTTER: gezähnt bis gelappt, basal verschmälert.

- einheimisch
- planar bis montan
- Grünland, Staudenfluren, Ruderalvegetation
- an kalkreichen, meist trockenen Standorten

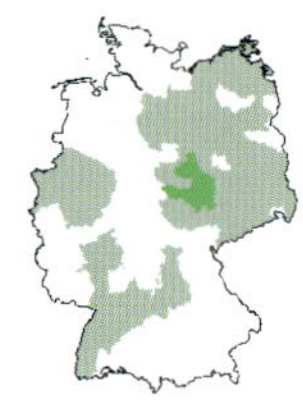

J F M A **M J J A** S O N D

Rapistrum rugosum (L.) All.

Runzliger Windsbock *Brassicaceae*
+K4 C4 A6 G(4)

25–60 cm hoch. BLÜTEN: gelblich. BLÜTENSTIELE: **höchstens so lang wie der Kelch**. GRIFFEL: **fadenförmig**. FRÜCHTE: **meist durch *Quer*gliederung 2-gliedrige Spaltfrüchte, im reifen Zustand (scheinbar) 1-gliedrig, oberes Fruchtglied ± so lang wie der Griffel, oberes Fruchtglied oft behaart**. GRUNDBLÄTTER: **gelappt bis fiederspaltig, leierförmig**. OBERE STÄNGELBLÄTTER: gezähnt bis gelappt, basal verschmälert.

- Archaeophyt
- planar bis montan
- Staudenfluren, Äcker, Ruderalvegetation, Zier- bzw. Nutzpflanze
- an kalkreichen Standorten

J F M A **M J J A S O** N D

Sinapis alba L.

Weißer Senf *Brassicaceae*
+K4 C4 A6 G(4)

30–60 cm hoch. BLÜTEN: gelblich. KELCHBLÄTTER: **abstehend**. FRUCHTSTIELE: (etwas) vom Stängel abstehend. FRÜCHTE: Schoten, **meist 4–8-samig**, Samen in den Fruchtfächern jeweils 1-reihig; KLAPPEN: **3–5-nervig**; SCHNABEL: **kegelförmig**, 10–30 mm lang. SAMEN: **bräunlich-gelblich**, ± kugelig. BLÄTTER: **fiederspaltig**, behaart.

subsp. *alba* (Kultur-Senf): PFLANZEN: steifhaarig. FRÜCHTE: steif borstig behaart. BLÄTTER: Endabschnitt viel größer als die Seitenabschnitte.

subsp. *dissecta* (Schlitzblättriger Weißer Senf): selten, unbeständig PFLANZEN: verkahlend. FRÜCHTE: verkahlend. BLÄTTER: Endabschnitt etwas größer als die Seitenabschnitte.

- in Einbürgerung befindlicher Neophyt, urspr. aus dem Mittelmeergebiet
- planar bis montan
- Äcker, Ruderalvegetation, Zier- bzw. Nutzpflanze

J F M A **M J J A** S O N D

Sinapis arvensis L.

Acker-Senf *Brassicaceae*
+ K4 C4 A6 G(4)

30–60 cm hoch. BLÜTEN: gelblich. KELCHBLÄTTER: **abstehend**. FRUCHTSTIELE: (etwas) vom Stängel abstehend. FRÜCHTE: Schoten, **kahl bis spärlich behaart**, **meist 8–14-samig**, Samen in den Fruchtfächern jeweils 1-reihig; KLAPPEN: **3–5-nervig**; SCHNABEL: 10–30 mm lang, **im QS abgeflacht, von der Frucht deutlich abgesetzt**. SAMEN: **bräunlich bis schwarz**, ± kugelig. BLÄTTER: **ungeteilt bis gelappt**, behaart, **grob gezähnt**.

- Archaeophyt
- planar bis montan
- Äcker, Ruderalvegetation, Zier- bzw. Nutzpflanze
- an kalkreichen Standorten

J F M A **M J J A S O** N D

Biscutella laevigata L.

Glattes Brillenschötchen *Brassicaceae*
+ K4 C4 A6 G(4) § BNatG b

15–40 cm hoch. BLÜTEN: **gelblich**. FRÜCHTE: **meist brillenförmige Spaltfrüchte**, **basal ausgerandet**, **distal ausgerandet**, im QS abgeflacht, **Scheidewand breit** (senkrecht zu den schmalen Seiten der Frucht). STÄNGEL: mit Laubblättern. BLÄTTER: ungeteilt, meist länglich bis lanzettlich. GRUNDBLÄTTER: ungeteilt bis gelappt.

Im Gebiet kommen 3 Unterarten vor: subsp. *laevigata*, subsp. *kerneri* und subsp. *varia* (vgl. S. 1431).

- einheimisch
- planar bis alpin
- Extensivgrünland u. Magerrasen, Wälder, Schutt- u. Felsfluren
- an nährstoffarmen, meist basenreichen, trockenen Standorten

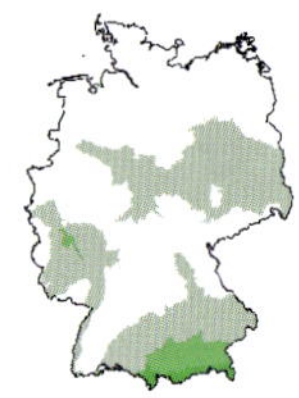

J F M **A M J J A** S O N D

Lunaria annua L.

Einjähriges Silberblatt *Brassicaceae*
+ K4 C4 A6 G(4)

30–100 cm hoch. BLÜTEN: **violett bis weißlich**. FRÜCHTE: Schötchen, überhängend, lang gestielt, **im LS rundlich bis oval**, **30–70 mm lang**, **30–70 mm breit**, **distal abgerundet**, oft mit aufgesetztem Schnabel, im QS abgeflacht. BLÄTTER: ungeteilt. OBERE STÄNGELBLÄTTER: **sitzend**, **basal verschmälert bis abgerundet**.

- eingebürgerter Neophyt, urspr. aus Südosteuropa
- planar bis montan
- Staudenfluren, Ruderalvegetation, Zier- bzw. Nutzpflanze

J F **M A M J** J A S O N D

Lunaria rediviva L.

Ausdauerndes Silberblatt *Brassicaceae*
+ K4 C4 A6 G(4) § BNatG b

30–150 cm hoch. BLÜTEN: **violett bis weißlich**. FRÜCHTE: Schötchen, überhängend, lang gestielt, **im LS oval bis länglich**, **30–90 mm lang**, **15–40 mm breit**, **spitz**, oft mit aufgesetztem Schnabel, **im QS abgeflacht**. BLÄTTER: ungeteilt. OBERE STÄNGELBLÄTTER: **gestielt**, **basal herz- bis pfeilförmig**.

- einheimisch
- collin bis montan
- Wälder, Zier- bzw. Nutzpflanze
- an nährstoffreichen Standorten

J F M **A M J J** A S O N D

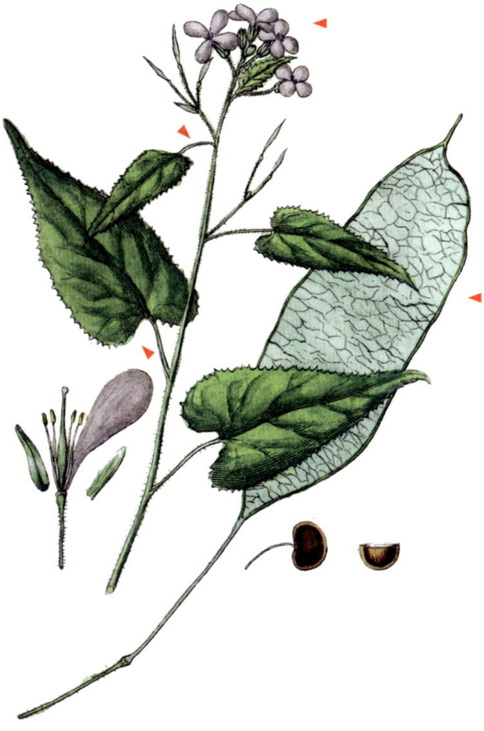

Calepina irregularis (Asso) Thell.

Wendich *Brassicaceae*
+ K4 C4 A6 G(4)

20–50 cm hoch. Blüten: **weißlich**. Kronblätter: **2–3 mm lang**. Früchte: Schötchen, eiförmig, **1-samig**, im QS rundlich bis kantig, **1-fächrig**. Stängel: mit grundständiger Blattrosette. Grundblätter: **gezähnt bis regelmäßig fiederteilig**. Stängelblätter: ungeteilt. obere Stängelblätter: sitzend, **basal herz- bis pfeilförmig**.

- eingebürgerter Neophyt, urspr. aus dem Mittelmeergebiet
- planar bis collin
- Grünland, Staudenfluren, Äcker, Ruderalvegetation, Zier- bzw. Nutzpflanze
- an basenreichen, meist trockenen, auch salzhaltigen Standorten

J F M **A M J** J A S O N D

Arabis alpina L.

Alpen-Gänsekresse *Brassicaceae*
+ K4 C4 A6 G(4)

Bis 40 cm hoch. Pflanzen: mehrjährig, **behaart**. Blüten: weißlich. Kronblätter: **8–18 mm lang**. Kelchblätter: **3–6 mm lang**. Fruchtstiele: aufrecht bis abstehend. Früchte: Schoten, Samen in den Fruchtfächern jeweils 1-reihig; Klappen: über den Samen flach, 1-nervig. Stängel: basal mit sterilen Rosettentrieben. Blätter: ungeteilt bis gelappt. obere Stängelblätter: **basal herz- bis pfeilförmig**.

subsp. *alpina* (Alpen-Gänsekresse): Pflanzen: ± borstig behaart. Kronblätter: allmählich in den Nagel verschmälert, 8–10 mm lang. Kelchblätter: 3–4 mm lang.
subsp. *caucasica* (Garten-Gänsekresse): Zierpflanze in Steingärten, auch verwildert, urspr. aus Südosteuropa u. dem Kaukasus. Pflanzen: graufilzig behaart. Kronblätter: plötzlich in den Nagel verschmälert, 8–18 mm lang. Kelchblätter: 4–6 mm lang.

- einheimisch
- montan bis alpin
- Schutt- u. Felsfluren, Zier- bzw. Nutzpflanze
- an kalkreichen Standorten

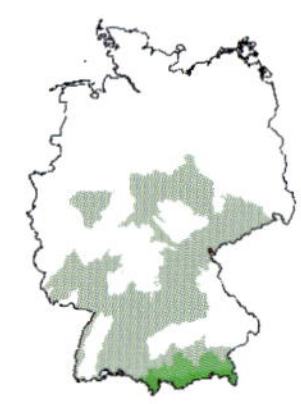

J **F M A M J J A S O** N D

Arabis auriculata Lam.

Öhrchen-Gänsekresse *Brassicaceae*
+ K4 C4 A6 G(4) RL 2

10–40 cm hoch. Pflanzen: 1-jährig. Blüten: weißlich. Kronblätter: **< 6 mm lang**. Fruchtstiele: aufrecht bis abstehend. Früchte: Schoten, Samen in den Fruchtfächern jeweils 1-reihig; Klappen: über den Samen flach, 1-nervig. Stängel: ***ohne* sterile Rosettentriebe**. Blätter: ungeteilt. obere Stängelblätter: **basal herz- bis pfeilförmig**.

- einheimisch
- planar bis montan
- Extensivgrünland u. Magerrasen, Schutt- u. Felsfluren
- an basenreichen, meist trockenen Standorten

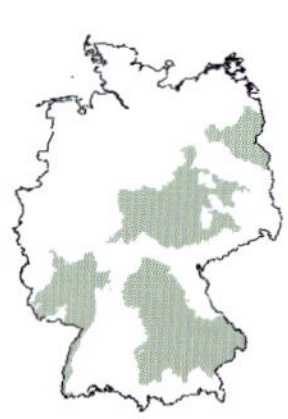

J F **M A M J** J A S O N D

Arabis caerulea (All.) Haenke

Blaue Gänsekresse *Brassicaceae*
+ K4 C4 A6 G(4)

Bis 15 cm hoch. Pflanzen: mehrjährig. Blüten: **hellblau bis violett**. Fruchtstiele: aufrecht bis abstehend. Früchte: Schoten, Samen in den Fruchtfächern jeweils 1-reihig; Klappen: über den Samen flach, 1-nervig. Stängel: mit grundständiger Blattrosette, mit Laubblättern. Blätter: ungeteilt. obere Stängelblätter: **basal verschmälert bis abgerundet**.

- einheimisch
- subalpin bis alpin
- Schutt- u. Felsfluren, Schneetälchen
- an kalkreichen Standorten

J F M A M **J J A** S O N D

Arabis ciliata Clairv.

Dolden-Gänsekresse *Brassicaceae*
+ K4 C4 A6 G(4)

Bis 20 cm hoch. Pflanzen: 2- bis mehrjährig. Blüten: weißlich. Kronblätter: **4–5 mm lang**. Fruchtstiele: aufrecht bis abstehend. Früchte: Schoten, Samen in den Fruchtfächern jeweils 1-reihig; Klappen: über den Samen flach, 1-nervig. Samen: ***nicht* geflügelt**. Blätter: **matt**, ungeteilt, behaart, **am Rand bewimpert**. obere Stängelblätter: **basal verschmälert bis abgerundet**.

- einheimisch
- subalpin bis alpin
- Extensivgrünland u. Magerrasen, Schutt- u. Felsfluren
- an nährstoffarmen, kalkreichen Standorten

J F M **A M J J A** S O N D

Arabis hirsuta (L.) Scop.

Behaarte Gänsekresse *Brassicaceae*
+ K4 C4 A6 G(4)
RL V

10–80 cm hoch. Pflanzen: 2- bis mehrjährig. Blüten: weißlich. Kronblätter: **4–6 mm lang**. Fruchtstiele: aufrecht bis abstehend. Früchte: Schoten, 18–40 mm lang, **1–2,5 mm breit**, Samen in den Fruchtfächern jeweils 1-reihig; Klappen: über den Samen flach, 1-nervig. Stängel: mit grundständiger Blattrosette, **mit 5–30 Laubblättern**; unten: **mit 2–4-ästigen Haaren, ästige Haare abstehend**, oft auch mit einfachen Haaren; oben: meist mit 2–4-ästigen Haaren. Blätter: ungeteilt. obere Stängelblätter: **basal herz- bis pfeilförmig, mit < 1 mm langen abgerundeten Öhrchen**.

- einheimisch
- collin bis montan
- Extensivgrünland u. Magerrasen, Ruderalvegetation
- an basenreichen Standorten

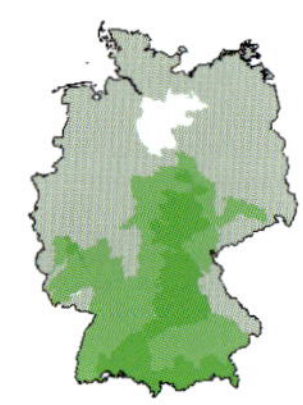

J F M **A M J J A** S O N D

Arabis planisiliqua (Pers.) Rchb.

Flachschotige Gänsekresse *Brassicaceae*
+ K4 C4 A6 G(4)
RL 3

20–120 cm hoch. Pflanzen: 2- bis mehrjährig. Blüten: weißlich. Kronblätter: **4–6 mm lang**. Fruchtstiele: aufrecht bis abstehend. Früchte: Schoten, 25–60 mm lang, **0,5–1 mm breit**, Samen in den Fruchtfächern jeweils 1-reihig; Klappen: über den Samen flach, 1-nervig. Stängel: mit grundständiger Blattrosette, **mit 15–100 Laubblättern**; unten: **meist mit 2 (-4) -ästigen Haaren, ästige Haare anliegend**, oft auch mit einfachen Haaren; oben: kahl. Blätter: ungeteilt. obere Stängelblätter: **basal herz- bis pfeilförmig, mit < 1 mm langen abgerundeten Öhrchen**.

- einheimisch
- planar bis montan
- Grünland, Wälder

J F M **A M J J A** S O N D

Arabis pumila Jacq.

Zwerg-Gänsekresse *Brassicaceae*
+ K4 C4 A6 G(4)

Bis 15 cm hoch. Pflanzen: mehrjährig. Blüten: weißlich. Kronblätter: **5–8 mm lang**. Fruchtstiele: aufrecht bis abstehend. Früchte: Schoten, Samen in den Fruchtfächern jeweils 1-reihig; Klappen: über den Samen flach, 1-nervig. Samen: **geflügelt**. Stängel: mit grundständiger Blattrosette, **meist mit 3–6 Laubblättern**. Blätter: **glänzend**, ungeteilt. Grundblätter: behaart, **Haare am Rand meist 3–4-teilig**. obere Stängelblätter: **basal verschmälert bis abgerundet**.

- einheimisch
- subalpin bis alpin
- Schutt- u. Felsfluren, Ruderalvegetation
- an nährstoffarmen, kalkreichen Standorten

J F M A **M J J A** S O N D

Arabis sagittata (Bertol.) DC.

Pfeilblättrige Gänsekresse *Brassicaceae*
+K4 C4 A6 G(4) RL 3

10–40 cm hoch. PFLANZEN: 2- bis mehrjährig. BLÜTEN: weißlich. KRONBLÄTTER: **5–7 mm lang**. FRUCHTSTIELE: **eng an den Stängel angedrückt**. FRÜCHTE: Schoten, 20–70 mm lang, **0,7–1,2 mm breit**, Samen in den Fruchtfächern jeweils 1-reihig; KLAPPEN: über den Samen flach, 1-nervig. STÄNGEL: mit grundständiger Blattrosette, **mit 10–50 Laubblättern**; UNTEN: **abstehend behaart, meist nur mit einfachen Haaren**. BLÄTTER: ungeteilt, **behaart**. OBERE STÄNGELBLÄTTER: **basal herz- bis pfeilförmig, mit < 1-2 mm langen spitzen Öhrchen**.

- einheimisch
- planar bis montan
- Extensivgrünland u. Magerrasen, Staudenfluren, Gehölze

J F M A M J J A S O N D

Arabis soyeri Reut. & A. Huet

Soyers Gänsekresse *Brassicaceae*
+K4 C4 A6 G(4)

15–30 cm hoch. PFLANZEN: mehrjährig. BLÜTEN: weißlich. KRONBLÄTTER: **5–8 mm lang**. FRUCHTSTIELE: aufrecht bis abstehend. FRÜCHTE: Schoten, Samen in den Fruchtfächern jeweils 1-reihig; KLAPPEN: über den Samen flach, 1-nervig. SAMEN: **geflügelt**. STÄNGEL: **kahl**, mit grundständiger Blattrosette, **mit 4–12 Laubblättern**. BLÄTTER: **glänzend**, ungeteilt. OBERE STÄNGELBLÄTTER: **basal verschmälert bis abgerundet**.

- einheimisch
- subalpin bis alpin
- Schutt- u. Felsfluren, Quellfluren
- an nährstoffarmen, kalkreichen, nassen, zuweilen überfluteten Standorten

J F M A M J J A S O N D

Arabis stellulata Bertol.

Sternhaar-Gänsekresse *Brassicaceae*
+K4 C4 A6 G(4)

Bis 10 cm hoch. PFLANZEN: mehrjährig. BLÜTEN: weißlich. KRONBLÄTTER: **5–8 mm lang**. FRUCHTSTIELE: aufrecht bis abstehend. FRÜCHTE: Schoten, Samen in den Fruchtfächern jeweils 1-reihig; KLAPPEN: über den Samen flach, 1-nervig. SAMEN: **geflügelt**. STÄNGEL: mit grundständiger Blattrosette, **meist mit 2–3 Laubblättern**. BLÄTTER: **glänzend**, ungeteilt. GRUNDBLÄTTER: behaart, **Haare am Rand meist 2-teilig**. OBERE STÄNGELBLÄTTER: **basal verschmälert bis abgerundet**.

- einheimisch
- subalpin bis alpin
- Schutt- u. Felsfluren
- an basenreichen, trockenen Standorten

J F M A M J J A S O N D

Turritis glabra L.

Turmkraut *Brassicaceae*
+K4 C4 A6 G(4)

60–120 cm hoch. BLÜTENSTAND: traubenartig. BLÜTEN: **hellgelblich bis weißlich**. FRUCHTSTIELE: aufrecht bis abstehend. FRÜCHTE: Schoten, mehrfach länger als ihr Stiel, **Samen in den Fruchtfächern jeweils 2-reihig**. BLÄTTER: **bläulich bereift**. OBERE STÄNGELBLÄTTER: ungeteilt, **basal herz- bis pfeilförmig, (halb-) stängelumfassend, ganzrandig**, spitz, **kahl**.

- einheimisch
- planar bis montan
- Staudenfluren, Gehölze, Schutt- u. Felsfluren, Ruderalvegetation, Dünen, Zier- bzw. Nutzpflanze
- an basenreichen, meist trockenen Standorten

J F M A M J J A S O N D

Draba aizoides L.

Immergrünes Felsenblümchen *Brassicaceae*
+ K4 C4 A6 G(4) RL 3 § BNatG b

Bis 10 cm hoch. PFLANZEN: **polsterförmig**, mehrjährig. BLÜTEN: **gelblich**. KRONBLÄTTER: distal abgerundet o. etwas ausgerandet. STAUBBLÄTTER: **± so lang wie die Kronblätter**. GRIFFEL: **> 1,2 mm lang**. FRÜCHTE: Schötchen, eiförmig bis lanzettlich o. kurz zylindrisch, **5–15 mm lang**, **kahl o. am Rand bewimpert**, im QS abgeflacht, Scheidewand breit (senkrecht zu den schmalen Seiten der Frucht). STÄNGEL: mit grundständiger Blattrosette, ***ohne* Laubblätter**. BLÄTTER: **starr**, ungeteilt, **am Rand abstehend bewimpert**; UNTERSEITS: **gekielt**.

- einheimisch
- montan bis alpin
- Extensivgrünland u. Magerrasen, Schutt- u. Felsfluren, Zier- bzw. Nutzpflanze
- an nährstoffarmen, kalkreichen, meist trockenen Standorten

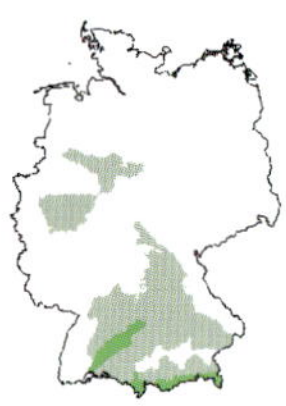

J F M A M J J A S O N D

Draba dubia Suter

Eis-Felsenblümchen *Brassicaceae*
+ K4 C4 A6 G(4) RL R § BNatG b

Bis 20 cm hoch. PFLANZEN: **polsterförmig**, mehrjährig. BLÜTEN: **weißlich**. KRONBLÄTTER: **3–6 mm lang**, distal abgerundet o. etwas ausgerandet. FRÜCHTE: Schötchen, eiförmig bis lanzettlich o. kurz zylindrisch, **an den Enden spitz**, **5–15 mm lang**, **2–5 mm breit**, **kahl o. am Rand bewimpert**, im QS abgeflacht, Scheidewand breit (senkrecht zu den schmalen Seiten der Frucht). STÄNGEL: mit grundständiger Blattrosette, **mit 1–4 Laubblättern**. BLÄTTER: weich, ungeteilt, **mit einfachen Haaren u. Sternhaaren**, Sternhaare lang gestielt.

- einheimisch
- alpin
- Schutt- u. Felsfluren
- an nährstoffarmen, meist trockenen Standorten

J F M A M J J A S O N D

Draba fladnizensis Wulfen

Flattnitzer Felsenblümchen *Brassicaceae*
+ K4 C4 A6 G(4) RL R § BNatG b

Bis 10 cm hoch. PFLANZEN: **polsterförmig**, mehrjährig. BLÜTEN: **weißlich**. KRONBLÄTTER: distal abgerundet o. etwas ausgerandet. FRÜCHTE: Schötchen, eiförmig bis lanzettlich o. kurz zylindrisch, 2–8 mm lang, **kahl**, im QS abgeflacht, Scheidewand breit (senkrecht zu den schmalen Seiten der Frucht). STÄNGEL: **meist kahl**, mit grundständiger Blattrosette, **mit 1–4 Laubblättern**. BLÄTTER: weich, ungeteilt, **kahl**, am Rand gewimpert.

- einheimisch
- alpin
- Extensivgrünland u. Magerrasen, Schutt- u. Felsfluren
- an nährstoffarmen Standorten

J F M A M J J A S O N D

Draba incana L.

Graues Felsenblümchen *Brassicaceae*
+ K4 C4 A6 G(4) RL R § BNatG b

Bis 35 cm hoch. PFLANZEN: **rasig wachsend *oder* mit einzelnen Stängeln**, mehrjährig. BLÜTEN: **weißlich**. KRONBLÄTTER: distal abgerundet o. etwas ausgerandet. FRÜCHTE: Schötchen, eiförmig bis lanzettlich o. kurz zylindrisch, **5–15 mm lang**, **mit (wenigen) Gabel- u. Sternhaaren**, im QS abgeflacht, Scheidewand breit (senkrecht zu den schmalen Seiten der Frucht). STÄNGEL: mit grundständiger Blattrosette, **mit ≥5 Laubblättern**. BLÄTTER: weich, ungeteilt, **mit einfachen u. gabeligen Haaren**.

- einheimisch
- subalpin bis alpin
- Schutt- u. Felsfluren, Zier- bzw. Nutzpflanze

J F M A M J J A S O N D

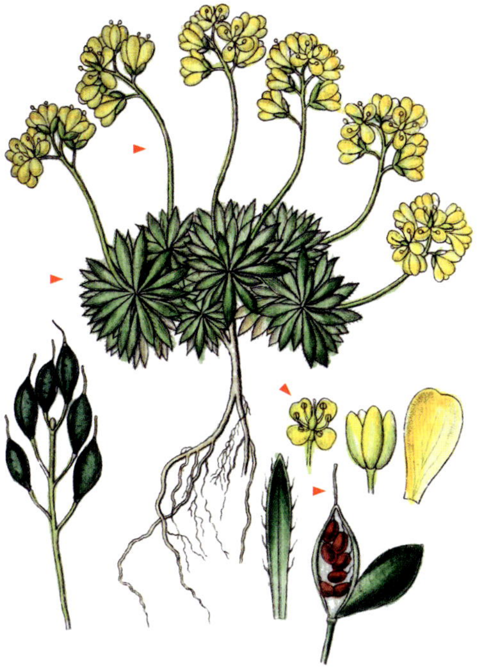

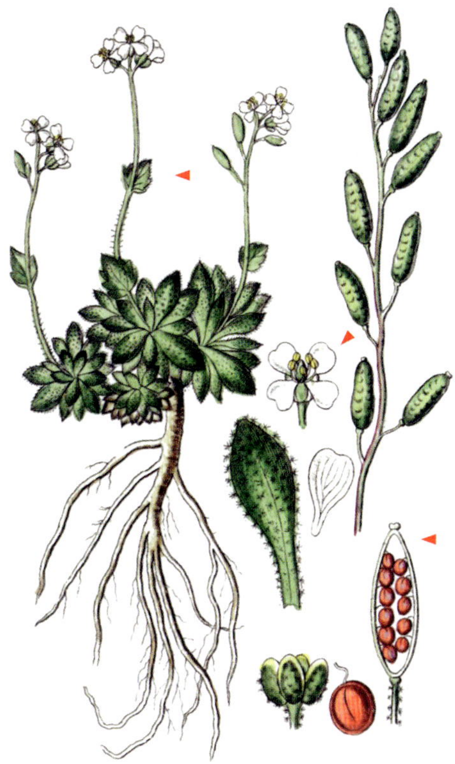

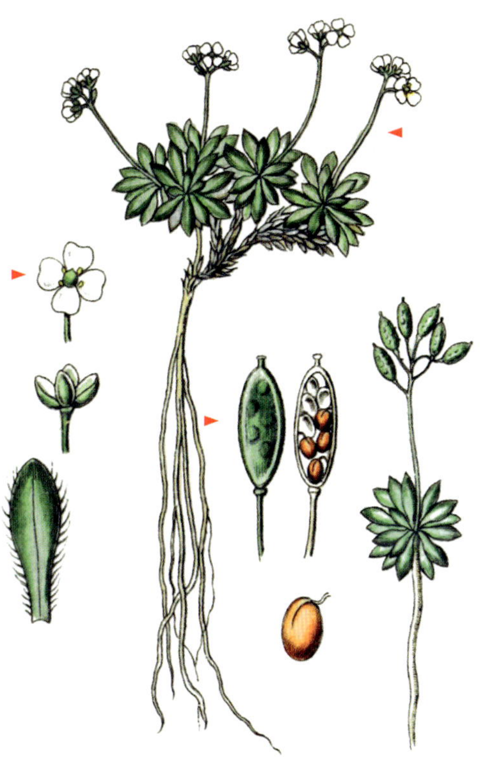

Draba nemorosa L.

Hain-Felsenblümchen *Brassicaceae*
+K4 C4 A6 G($\underline{4}$) § BNatG b

10–40 cm hoch. Pflanzen: **rasig wachsend *oder* mit einzelnen Stängeln, meist 1-jährig**. Blüten: **weißlich bis gelblich**. Kronblätter: distal etwas ausgerandet. Früchte: Schötchen, eiförmig bis lanzettlich o. kurz zylindrisch, 3–8 mm lang, **kahl o. mit einfachen Haaren**, > 25-samig, im QS abgeflacht, Scheidewand breit (senkrecht zu den schmalen Seiten der Frucht). Stängel: mit grundständiger Blattrosette, **mit Laubblättern**. Blätter: weich, ungeteilt, **mit Sternhaaren**.

- eingebürgerter Neophyt, urspr. aus Süd- u. Osteuropa
- planar bis montan
- Extensivgrünland u. Magerrasen, Schutt- u. Felsfluren, an Mauern, Zier- bzw. Nutzpflanze
- an nährstoffarmen, trockenen Standorten

J F M **A M J** J A S O N D

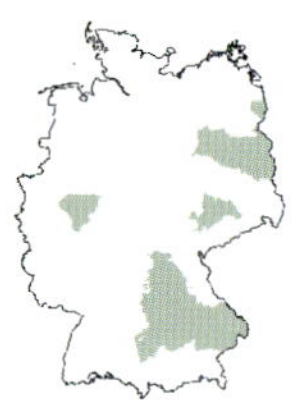

Draba sauteri Hoppe

Sauters Felsenblümchen *Brassicaceae*
+K4 C4 A6 G($\underline{4}$) RL R § BNatG b

Bis 10 cm hoch. Pflanzen: **rasig wachsend *oder* lockere Polster bildend**, mehrjährig. Blüten: **gelblich**. Kronblätter: distal abgerundet o. etwas ausgerandet. Staubblätter: **< 0,8-mal so lang wie die Kronblätter**. Griffel: **< 1,2 mm lang**. Früchte: Schötchen, eiförmig bis lanzettlich o. kurz zylindrisch, **2–8 mm lang**, im QS abgeflacht, Scheidewand breit (senkrecht zu den schmalen Seiten der Frucht). Stängel: mit grundständiger Blattrosette, ***ohne* Laubblätter**. Blätter: **starr**, ungeteilt, **am Rand abstehend bewimpert**; unterseits: **gekielt**.

- einheimisch
- subalpin bis alpin
- Schutt- u. Felsfluren
- an nährstoffarmen, kalkreichen Standorten

J F M A **M J J A** S O N D

Draba siliquosa M. Bieb.

Kärntner Felsenblümchen *Brassicaceae*
+K4 C4 A6 G($\underline{4}$) RL R § BNatG b

Bis 20 cm hoch. Pflanzen: **polsterförmig**, mehrjährig. Blüten: **weißlich**. Kronblätter: **2–3 mm lang**, distal abgerundet o. etwas ausgerandet. Früchte: Schötchen, eiförmig bis lanzettlich o. kurz zylindrisch, **3–10 mm lang**, **1–3 mm breit**, **meist kahl, zuweilen am Rand bewimpert**, im QS abgeflacht, Scheidewand breit (senkrecht zu den schmalen Seiten der Frucht). Stängel: mit grundständiger Blattrosette, **mit 1–4 Laubblättern**. Blätter: weich, ungeteilt, kahl o. behaart, **mit Sternhaaren**, Sternhaare lang gestielt.

- einheimisch
- subalpin bis alpin
- Extensivgrünland u. Magerrasen, Schutt- u. Felsfluren
- an nährstoffarmen Standorten

J F M **A M J J** A S O N D

Draba tomentosa Clairv.

Filz-Felsenblümchen *Brassicaceae*
+K4 C4 A6 G($\underline{4}$) § BNatG b

Bis 15 cm hoch. Pflanzen: **polsterförmig**, mehrjährig. Blüten: **weißlich**. Kronblätter: **3–6 mm lang**, distal abgerundet o. etwas ausgerandet. Früchte: Schötchen, eiförmig bis lanzettlich o. kurz zylindrisch, **an den Enden abgerundet**, **5–15 mm lang**, **2–5 mm breit**, **dicht behaart**, im QS abgeflacht, Scheidewand breit (senkrecht zu den schmalen Seiten der Frucht). Stängel: **filzig behaart**, mit grundständiger Blattrosette, **mit 1–4 Laubblättern**. Blätter: weich, ungeteilt, **mit einfachen Haaren u. Sternhaaren**, Sternhaare lang gestielt.

- einheimisch
- subalpin bis alpin
- Schutt- u. Felsfluren
- an nährstoffarmen, kalkreichen, trockenen Standorten

J F M A **M J J A** S O N D

Drabella muralis (L.) Fourr.

Mauer-Felsenblümchen *Brassicaceae*
+ K4 C4 A6 G(4) § BNatG b

10–30 cm hoch. PFLANZEN: **meist 1-jährig**. BLÜTEN: weißlich. KRONBLÄTTER: distal abgerundet. FRÜCHTE: Schötchen, **eiförmig bis breit lanzettlich, kahl, < 20-samig, im QS abgeflacht**, Scheidewand breit (senkrecht zu den schmalen Seiten der Frucht). STÄNGEL: mit grundständiger Blattrosette, **mit 4–10 Laubblättern**. BLÄTTER: weich, ungeteilt, **basal (halb-) stängelumfassend**, mit Sternhaaren. GRUNDBLÄTTER: gestielt, lanzettlich bis oval.

- einheimisch
- planar bis montan
- Grünland, Staudenfluren, Ruderalvegetation, an Mauern, Zier- bzw. Nutzpflanze
- an basenreichen Standorten

J F M A M J J A S O N D

Erophila verna (L.) Chevall.

Frühlings-Hungerblümchen *Brassicaceae*
+ K4 C4 A6 G(4)

Bis 15 cm hoch. PFLANZEN: 1-jährig. BLÜTEN: weißlich. KRONBLÄTTER: **distal tief eingeschnitten**. FRÜCHTE: Schötchen, **eiförmig bis breit lanzettlich, im QS abgeflacht**, Scheidewand breit (senkrecht zu den schmalen Seiten der Frucht). STÄNGEL: mit grundständiger Blattrosette, ***ohne* Laubblätter**. BLÄTTER: ungeteilt, behaart.

subsp. *verna* (Frühlings-Hungerblümchen): FRÜCHTE: 4–12 mm lang, 2–5-mal so lang wie breit. BLÄTTER: oberseits meist *ohne* einfache Haare, dicht sternhaarig.
subsp. *praecox* (Frühes Hungerblümchen): FRÜCHTE: 2–8 mm lang, 1,5–2,5-mal so lang wie breit. BLÄTTER: oberseits dicht (einfach) behaart, mit wenigen Sternhaaren.
subsp. *spathulata* (Rundfrüchtiges Hungerblümchen): FRÜCHTE: 2–8 mm lang, 1–2-mal so lang wie breit. BLÄTTER: oberseits mit Sternhaaren.

- einheimisch
- planar bis montan
- Extensivgrünland u. Magerrasen, Schutt- u. Felsfluren, Äcker, Ruderalvegetation, an Mauern, Zier- bzw. Nutzpflanze
- an nährstoffarmen Standorten

J F M A M J J A S O N D

Fourraea alpina (L.) Greuter & Burdet

Wenigblütige Kohlkresse *Brassicaceae*
+ K4 C4 A6 G(4) RL V

30–100 cm hoch. BLÜTEN: **weißlich**. FRUCHTSTIELE: aufrecht bis abstehend. FRÜCHTE: Schoten, **Samen in den Fruchtfächern jeweils 1-reihig**; KLAPPEN: 1-nervig; SCHNABEL: fehlend. SAMEN: *nicht* geflügelt. STÄNGEL: **kahl**. BLÄTTER: **bläulich bereift**, ungeteilt. GRUNDBLÄTTER: **zuweilen bewimpert**. OBERE STÄNGELBLÄTTER: ungeteilt, **basal herz- bis pfeilförmig, (halb-) stängelumfassend, ganzrandig**.

- einheimisch
- planar bis montan
- Staudenfluren, Gehölze, Wälder, Schutt- u. Felsfluren
- an basenreichen, meist trockenen Standorten

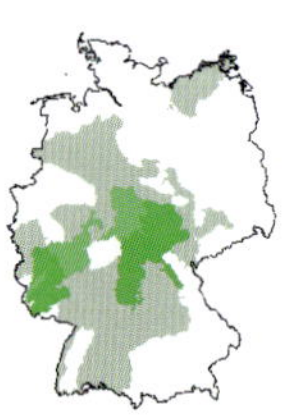

J F M A M J J A S O N D

Cochlearia officinalis agg.

Gebräuchliches Löffelkraut *Brassicaceae*
+ K4 C4 A6 G(4) RL 3 § BNatG b

10–50 cm hoch. PFLANZEN: kahl. BLÜTEN: weißlich. KRONE: **4–12 mm ⌀**. FRÜCHTE: Schötchen, **kugelig bis kurz-zylindrisch**, 3–6 mm lang, im QS rundlich bis kantig, 2-fächrig; KLAPPEN: mit deutlichem Mittelnerv. SAMEN: **1–3 mm lang**. GRUNDBLÄTTER: lang gestielt, **herz- bis nierenförmig**. OBERE STÄNGELBLÄTTER: sitzend, **basal ausgerandet.**

C. officinalis (Gebräuchliches Löffelkraut): FRUCHTSTIELE: waagerecht abstehend. FRÜCHTE: kugelig bis eiförmig. SAMEN: 1–1,8 mm lang.
C. bavarica (Bayerisches Löffelkraut): FRUCHTSTIELE: aufrecht bis abstehend. FRÜCHTE: eiförmig bis kurz-zylindrisch. SAMEN: 1,4–2,6 mm lang.
C. pyrenaica (Pyrenäen-Löffelkraut): FRUCHTSTIELE: aufrecht bis abstehend. FRÜCHTE: eiförmig bis kurz-zylindrisch. SAMEN: 1,4–3 mm lang.

- einheimisch
- planar bis montan
- Gewässer, Staudenfluren, Ruderalvegetation, Salzwiesen, Zier- bzw. Nutzpflanze
- an feuchten, zuweilen überfluteten, auch salzhaltigen Standorten

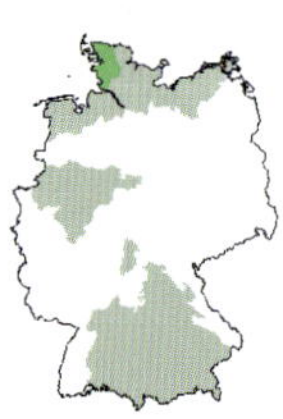

J F M A M J J A S O N D

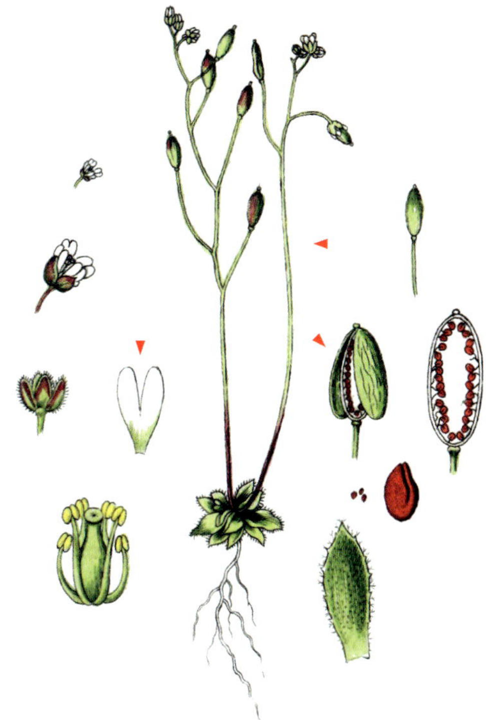

Cochlearia anglica L.

Englisches Löffelkraut *Brassicaceae*
+ K4 C4 A6 G(4) RL V § BNatG b

20–40 cm hoch. PFLANZEN: kahl. BLÜTEN: weißlich. KRONE: **8–16 mm** ⌀. FRÜCHTE: Schötchen, **länglich-eiförmig**, **8–16 mm lang**, im QS rundlich bis kantig, 2-fächrig; KLAPPEN: mit deutlichem Mittelnerv. GRUNDBLÄTTER: lang gestielt, **oval bis rundlich**, **basal abgerundet bis verschmälert**. OBERE STÄNGELBLÄTTER: sitzend, **basal ausgerandet**, **(halb-) stängelumfassend**.

- einheimisch
- planar
- Salzwiesen
- an feuchten bis nassen, zuweilen überfluteten, meist salzhaltigen Standorten

J F M **A M J J** A S O N D

Cochlearia danica L.

Dänisches Löffelkraut *Brassicaceae*
+ K4 C4 A6 G(4) § BNatG b

10–20 cm hoch. PFLANZEN: kahl. BLÜTEN: weißlich. KRONE: **3–8 mm** ⌀. FRÜCHTE: Schötchen, **eiförmig**, 3–6 mm lang, im QS rundlich bis kantig, 2-fächrig; KLAPPEN: mit deutlichem Mittelnerv. SAMEN: **0,8–1,2 mm lang**. GRUNDBLÄTTER: lang gestielt, **herz- bis nierenförmig**. STÄNGELBLÄTTER: **3–7-eckig, mit großen Blattlappen (efeuähnlich)**. OBERE STÄNGELBLÄTTER: **gestielt**, **basal verschmälert bis abgerundet**.

- einheimisch
- planar bis collin
- Ruderalvegetation, Salzwiesen
- an basenreichen, feuchten bis nassen, zuweilen überfluteten, meist salzhaltigen Standorten

J F M **A M J** J A S O N D

Hesperis matronalis L.

Gewöhnliche Nachtviole *Brassicaceae*
+ K4 C4 A6 G(4) schwach giftig

40–120 cm hoch. BLÜTEN: 15–30 mm ⌀, wohlriechend, **weißlich bis violett**. NARBEN: **2-lappig**, Lappen flach, aneinanderliegend. FRÜCHTE: Schoten, Samen in den Fruchtfächern jeweils 1-reihig. BLÄTTER: **lanzettlich bis oval**, am Rand gezähnt. GRUNDBLÄTTER: ungeteilt. STÄNGELBLÄTTER: kurz gestielt. OBERE STÄNGELBLÄTTER: basal verschmälert bis abgerundet.

- Archaeophyt, urspr. aus Südosteuropa u. Westasien
- planar bis montan
- Staudenfluren, Gehölze, Wälder, Ruderalvegetation, Zier- bzw. Nutzpflanze
- an feuchten, zuweilen überfluteten Standorten

J F M **A M J J** A S O N D

Lobularia maritima (L.) Desv.

Strand-Silberkraut *Brassicaceae*
+ K4 C4 A6 G(4)

10–25 cm hoch. BLÜTEN: **meist weißlich**, selten violett. FRÜCHTE: Schötchen, **eiförmig bis breit lanzettlich**, 2-samig, **im QS abgeflacht**. STÄNGEL: *ohne* grundständige Blattrosette, mit Laubblättern. BLÄTTER: **ungeteilt**, behaart, mit 2-schenkligen Haaren, ganzrandig. OBERE STÄNGELBLÄTTER: basal verschmälert bis abgerundet, ganzrandig.

- in Einbürgerung befindlicher Neophyt, urspr. aus dem westlichen Mittelmeergebiet
- planar bis montan
- Staudenfluren, Ruderalvegetation, Zier- bzw. Nutzpflanze
- an trockenen Standorten

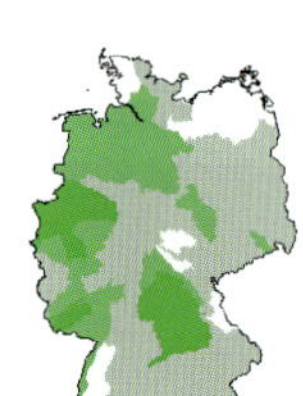

J F M A **M J J A S O** N D

Iberis amara L.

Bittere Schleifenblume *Brassicaceae*
+ K4 C4 A6 G(4) schwach giftig RL 0

10–30 cm hoch. BLÜTEN: meist weißlich, selten hellviolett. KRONBLÄTTER: **die beiden äußeren viel länger als die inneren**. FRÜCHTE: Schötchen, **distal mit 2 spitzen ± flügelartigen Anhängen, 2-samig**, im QS abgeflacht. STÄNGEL: **mit Laubblättern**. BLÄTTER: **ungeteilt bis fiederspaltig, länglich bis keilförmig, am Rand beidseits mit je 2–3 Lappen bzw. Zähnen, distal abgerundet**. GRUNDBLÄTTER: ungeteilt bis fiederspaltig.

- ausgestorbener Archaeophyt
- planar bis montan
- Staudenfluren, Äcker, Ruderalvegetation, Zier- bzw. Nutzpflanze
- an kalkreichen, trockenen Standorten

J F M A M J J A S O N D

Iberis linifolia L.

Mittlere Schleifenblume *Brassicaceae*
+ K4 C4 A6 G(4) RL 2

30–60 cm hoch. BLÜTEN: weißlich bis rötlich. KRONBLÄTTER: **die beiden äußeren viel länger als die inneren**. FRÜCHTE: Schötchen, **distal mit 2 spitzen ± flügelartigen Anhängen, 2-samig**, im QS abgeflacht. STÄNGEL: mit grundständiger Blattrosette, **mit Laubblättern**. BLÄTTER: **ungeteilt, lineal-lanzettlich, ganzrandig, spitz**.

- einheimisch
- planar bis montan
- Extensivgrünland u. Magerrasen, Staudenfluren, Schutt- u. Felsfluren, Äcker, Ruderalvegetation, Zier- bzw. Nutzpflanze
- an kalkreichen, trockenen Standorten

J F M A M J J A S O N D

Teesdalia nudicaulis (L.) W. T. Aiton

Bauernsenf *Brassicaceae*
+ K4 C4 A6 G(4)

Meist < 10 cm hoch. PFLANZEN: **1-jährig**. BLÜTEN: **weißlich**. KRONBLÄTTER: **die beiden äußeren länger als die inneren**. STAUBFÄDEN: **basal mit Anhängsel**. FRÜCHTE: Schötchen, **herzförmig, 4-samig, im QS abgeflacht**, Scheidewand schmal (senkrecht zu den breiten Seiten der Frucht). STÄNGEL: mit grundständiger Blattrosette, **meist *ohne* Laubblätter**, selten mit 1–2 kleinen Laubblättern. GRUNDBLÄTTER: **in den Stiel verschmälert, meist fiederschnittig, leierförmig**.

- einheimisch
- planar bis collin
- Extensivgrünland u. Magerrasen, Schutt- u. Felsfluren, Äcker, Ruderalvegetation
- an nährstoffarmen, sauren, meist trockenen Standorten

J F M A M J J A S O N D

Descurainia sophia (L.) Webb ex Prantl

Gewöhnliche Besenrauke *Brassicaceae*
+ K4 C4 A6 G(4)

20–80 cm hoch. PFLANZEN: **1-jährig**. BLÜTEN: **hellgelb bis grünlich**. KRONBLÄTTER: 1–3 mm lang, **kürzer als die Kelchblätter**. FRUCHTSTIELE: aufrecht bis abstehend. FRÜCHTE: Schoten, im QS rundlich bis kantig, **Samen in den Fruchtfächern jeweils 1-reihig**; KLAPPEN: **3–5-nervig**. SAMEN: eiförmig bis länglich. BLÄTTER: **2–3-fach gefiedert**, behaart. FIEDERBLÄTTCHEN: **lineal**. OBERE STÄNGELBLÄTTER: basal verschmälert bis abgerundet.

- Archaeophyt
- planar bis montan
- Staudenfluren, Schutt- u. Felsfluren, Äcker, Ruderalvegetation, Zier- bzw. Nutzpflanze
- an trockenen Standorten

J F M A M J J A S O N D

Hornungia alpina (L.) O. Appel

Alpen-Gämskresse *Brassicaceae*
+ K4 C4 A6 G(4)

Bis 15 cm hoch. Pflanzen: **mehrjährig**. Blüten: weißlich. Kronblätter: 1–3 mm lang, **± 2-mal so lang wie die Kelchblätter**. Früchte: Schötchen, breit-lanzettlich, **2–4-samig**, im QS abgeflacht, Scheidewand schmal (senkrecht zu den breiten Seiten der Frucht). Stängel: mit grundständiger Blattrosette, ***ohne* Laubblätter**. Grundblätter: **ungeteilt bis tief 3–5-teilig fiederspaltig**.

- einheimisch
- subalpin bis alpin
- Schutt- u. Felsfluren
- an nährstoffarmen, kalkreichen Standorten

J F M **A M J J A** S O N D

Hornungia petraea (L.) Rchb.

Zwerg-Steppenkresse *Brassicaceae*
+ K4 C4 A6 G(4) RL 2

Bis 15 cm hoch. Pflanzen: **1-jährig**. Blüten: weißlich. Kronblätter: **0,5–1,5-mal so lang wie die Kelchblätter**. Früchte: Schötchen, eiförmig bis breit-lanzettlich, **meist 4-samig**, im QS abgeflacht, Scheidewand schmal (senkrecht zu den breiten Seiten der Frucht). Stängel: mit grundständiger Blattrosette, mit Laubblättern. Grundblätter: **fiederspaltig bis gefiedert**. Stängelblätter: **meist gelappt bis fiederspaltig**.

- einheimisch
- planar bis montan
- Extensivgrünland u. Magerrasen, Schutt- u. Felsfluren
- an nährstoffarmen, kalkreichen, trockenen Standorten

J **F M A M J** J A S O N D

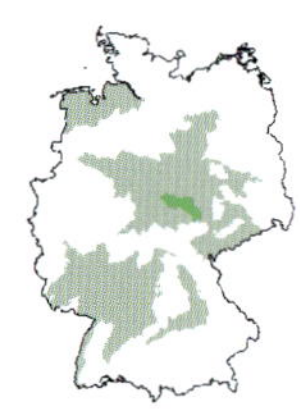

Hornungia procumbens (L.) Hayek

Salztäschel *Brassicaceae*
+ K4 C4 A6 G(4) RL V

Bis 15 cm hoch. Pflanzen: **1-jährig**. Blüten: weißlich. Kronblätter: **0,5–1,5-mal so lang wie die Kelchblätter**. Früchte: Schötchen, eiförmig bis breit-lanzettlich, **6–20-samig**, im QS abgeflacht, Scheidewand schmal (senkrecht zu den breiten Seiten der Frucht). Stängel: mit grundständiger Blattrosette, mit Laubblättern. Grundblätter: **ungeteilt bis fiederspaltig**. Stängelblätter: **meist ungeteilt**.

- einheimisch
- planar bis collin
- trockenfallende Ufer, Schutt- u. Felsfluren, Salzwiesen
- an wechselnassen, auch salzhaltigen Standorten

J F **M A M J** J A S O N D

Arabidopsis arenosa (L.) Lawalrée

Sand-Schmalwand *Brassicaceae*
+ K4 C4 A6 G(4)

15–40 cm hoch. Blüten: weißlich *oder* violett. Kronblätter: **5–9 mm lang**. Fruchtstiele: aufrecht bis abstehend. Früchte: Schoten, Samen in den Fruchtfächern jeweils 1-reihig; Klappen: über den Samen gewölbt, 1-nervig. Stängel: aufrecht, mit grundständiger Blattrosette, mit Laubblättern. Ausläufer: **fehlend**. Grundblätter: **in einen kurzen Stiel verschmälert, tief gelappt bis fiederspaltig**. obere Stängelblätter: basal verschmälert bis abgerundet, **am Rand gezähnt bis fiederspaltig, behaart**.

Im Gebiet kommen 2 Unterarten vor: subsp. *arenosa* und subsp. *borbasii* (vgl. S. 1432).

- einheimisch
- planar bis montan
- trockenfallende Ufer, Staudenfluren, Gehölze, Äcker, Ruderalvegetation, an Mauern
- an nährstoffarmen Standorten

J F **M A M J J A** S O N D

Arabidopsis halleri (L.) O'Kane & Al-Shehbaz

Hallers Schmalwand *Brassicaceae*
+ K4 C4 A6 G(4)

15–50 cm hoch. Blüten: meist weißlich, selten violett. Blütenstiele: 3–12 mm lang. Kronblätter: **4–7 mm lang**. Fruchtstiele: aufrecht bis abstehend. Früchte: Schoten, Samen in den Fruchtfächern jeweils 1-reihig; Klappen: über den Samen gewölbt, 1-nervig. Stängel: basal niederliegend, mit grundständiger Blattrosette, mit Laubblättern. Ausläufer: **oft einwurzelnd**. Grundblätter: **lang gestielt, mit rundlicher bis herzförmiger Spreite bzw. Endfieder, meist fiederspaltig**. Obere Stängelblätter: basal verschmälert bis abgerundet, **am Rand gezähnt bis fiederspaltig**.

- einheimisch
- collin bis montan
- Grünland, Staudenfluren, Wälder, Schutt- u. Felsfluren, Ruderalvegetation
- an sauren, auch schwermetallhaltigen Standorten

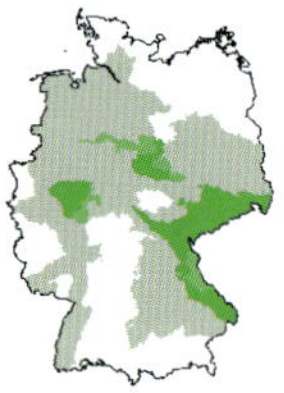

J F M A M J J A S O N D

Arabidopsis petraea (L.) V.I. Dorof.

Felsen-Schaumkresse *Brassicaceae*
+ K4 C4 A6 G(4) RL 2

10–25 cm hoch. Blüten: meist weißlich, selten violett. Kronblätter: **5–9 mm lang**. Fruchtstiele: aufrecht bis abstehend. Früchte: Schoten, Samen in den Fruchtfächern jeweils 1-reihig; Klappen: über den Samen gewölbt, 1-nervig. Stängel: aufrecht, mit grundständiger Blattrosette, mit Laubblättern. Ausläufer: **fehlend**. Grundblätter: **in einen kurzen Stiel verschmälert, ganzrandig bis seicht gezähnt**. Obere Stängelblätter: basal verschmälert bis abgerundet, **meist ganzrandig, kahl**.

- einheimisch
- collin bis montan
- Schutt- u. Felsfluren, Ruderalvegetation
- an nährstoffarmen, kalkreichen, meist trockenen Standorten

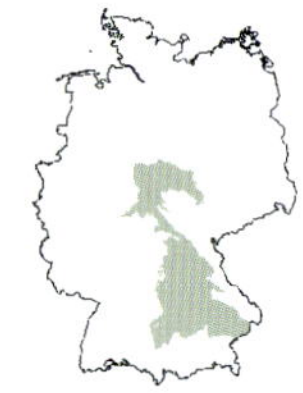

J F M A M J J A S O N D

Arabidopsis thaliana (L.) Heynh.

Acker-Schmalwand *Brassicaceae*
+ K4 C4 A6 G(4)

Bis 30 cm hoch. Blüten: meist weißlich. Kronblätter: **2–5 mm lang**. Fruchtstiele: aufrecht bis abstehend. Früchte: Schoten, Samen in den Fruchtfächern jeweils 1-reihig; Klappen: über den Samen gewölbt, 1-nervig. Stängel: aufrecht, mit grundständiger Blattrosette, mit Laubblättern. Ausläufer: **fehlend**. Grundblätter: **in einen kurzen Stiel verschmälert, ganzrandig bis seicht gezähnt**. Obere Stängelblätter: basal verschmälert bis abgerundet, **am Rand gezähnt, meist behaart**.

- Archaeophyt
- planar bis montan
- Extensivgrünland u. Magerrasen, Schutt- u. Felsfluren, Äcker, Ruderalvegetation, an Mauern, Zier- bzw. Nutzpflanze

J F M A M J J A S O N D

Camelina alyssum (Mill.) Thell.

Gezähnter Leindotter *Brassicaceae*
+ K4 C4 A6 G(4) RL 0

15–80 cm hoch. Pflanzen: meist 1-jährig. Blüten: hell-gelb. Kronblätter: **4,5–7 mm lang**. Früchte: Schötchen, birnenförmig bis 3-eckig, mit aufgesetztem bleibendem Griffel, **ohne Griffel 8–9 mm lang, 3–7 mm breit**, ≥ 6-samig, im QS rundlich bis kantig, 2-fächrig. Fruchtwand: weich. Samen: **1,8–3 mm lang**. Stängel: ± kahl, **mit wenigen Sternhaaren**. Grundblätter: fiederspaltig bis gefiedert. Obere Stängelblätter: sitzend, basal herz- bis pfeilförmig, (halb-) stängelumfassend.

- ausgestorben
- planar bis montan
- Äcker, als Begleiter in Sommersaaten

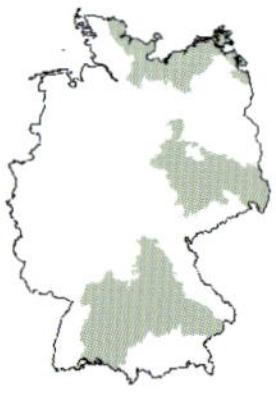

J F M A M J J A S O N D

Camelina microcarpa DC.

Kleinfrüchtiger Leindotter *Brassicaceae*
+ K4 C4 A6 G(4) RL V

30–70 cm hoch. PFLANZEN: 1–2-jährig. BLÜTEN: hell-gelb. KRONBLÄTTER: **2–4,5 mm lang**. FRÜCHTE: Schötchen, birnenförmig bis eiförmig, mit aufgesetztem bleibendem Griffel, **ohne Griffel 4–7 mm lang**, **1,5–3 mm breit**, ≥ 6-samig, im QS rundlich bis kantig, 2-fächrig. STÄNGEL: behaart, **mit einfachen Haaren *und* Gabelhaaren**. OBERE STÄNGELBLÄTTER: sitzend, basal herz- bis pfeilförmig, (halb-) stängelumfassend.

- Archaeophyt
- planar bis montan
- Staudenfluren, Äcker, Ruderalvegetation, als Begleiter in Wintersaaten
- an basenreichen, trockenen Standorten

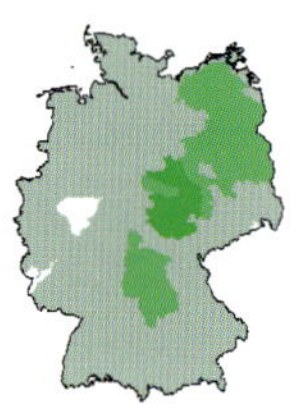

J F M A M J J A S O N D

Camelina sativa (L.) Crantz

Saat-Leindotter *Brassicaceae*
+ K4 C4 A6 G(4)

30–100 cm hoch. PFLANZEN: meist 1-jährig. BLÜTEN: hell-gelb. KRONBLÄTTER: **4–5 mm lang**. FRÜCHTE: Schötchen, birnenförmig bis eiförmig, mit aufgesetztem bleibendem Griffel, **ohne Griffel 7–8 mm lang**, **3–7 mm breit**, ≥ 6-samig, im QS rundlich bis kantig, 2-fächrig. FRUCHTWAND: hart. SAMEN: **1,5–2 mm lang**. STÄNGEL: spärlich behaart, **mit wenigen Sternhaaren**. OBERE STÄNGELBLÄTTER: sitzend, basal herz- bis pfeilförmig, (halb-) stängelumfassend.

- Archaeophyt
- planar bis montan
- Staudenfluren, Äcker, Ruderalvegetation, als Begleiter in Sommersaaten, Zier- bzw. Nutzpflanze

J F M A M J J A S O N D

Capsella bursa-pastoris (L.) Medik.

Gewöhnliches Hirtentäschel *Brassicaceae*
+ K4 C4 A6 G(4)

Bis 80 cm hoch. PFLANZEN: **1-jährig**. BLÜTEN: **weiß**. KRONE: zuweilen fehlend. FRÜCHTE: Schötchen, **3-eckig bis herzförmig**, ≥ 6-samig, **im QS abgeflacht**, **Scheidewand schmal** (senkrecht zu den breiten Seiten der Frucht). STÄNGEL: mit grundständiger Blattrosette, mit Laubblättern. BLÄTTER: behaart. GRUNDBLÄTTER: ungeteilt bis fiederspaltig, länglich. OBERE STÄNGELBLÄTTER: **ungeteilt**, **basal herz- bis pfeilförmig**, **(halb-) stängelumfassend**, **ganzrandig**.

- einheimisch
- planar bis subalpin
- Grünland, Staudenfluren, Äcker, Ruderalvegetation, Zier- bzw. Nutzpflanze

J F M A M J J A S O N D

Neslia paniculata (L.) Desv.

Gewöhnlicher Finkensame *Brassicaceae*
+ K4 C4 A6 G(4) RL 3

15–80 cm hoch. PFLANZEN: 1-jährig, rau behaart, mit 3-schenkligen Sternhaaren. BLÜTEN: **gelblich**. FRÜCHTE: **Nussfrucht**, **kugelig**, **mit aufgesetztem bleibendem Griffel**, 1–3 mm breit, 1–2-samig, im QS rundlich bis kantig, 2-fächrig. BLÄTTER: lanzettlich. GRUNDBLÄTTER: ungeteilt. OBERE STÄNGELBLÄTTER: **sitzend**, **basal herz- bis pfeilförmig**, **(halb-) stängelumfassend**.

- Archaeophyt
- planar bis montan
- Staudenfluren, Äcker, Ruderalvegetation, Zier- bzw. Nutzpflanze
- an basenreichen Standorten

J F M A M J J A S O N D

Armoracia rusticana P. Gaertn., B. Mey. & Scherb.

Meerrettich *Brassicaceae*
+ K4 C4 A6 G(4) schwach giftig

60–120 cm hoch. Pflanzen: mehrjährig. Blüten: **weißlich**. Kronblätter: **distal abgerundet**. Früchte: Schoten, **kugelig bis kurz-eiförmig**, im QS rundlich bis kantig, 2-fächrig; Klappen: ***ohne* deutlichen Mittelnerv**. Wurzeln: mehrköpfig, verdickt. Blätter: behaart. Grundblätter: **gestielt, ungeteilt, länglich bis oval, 15–80 cm lang, bis 20 cm breit**. Stängelblätter: **ungeteilt**. obere Stängelblätter: basal verschmälert bis abgerundet.

- eingebürgerter Neophyt, urspr. aus Osteuropa u. Westasien
- planar bis montan
- Staudenfluren, Ruderalvegetation, Zier- bzw. Nutzpflanze
- an nährstoffreichen Standorten

J F M **A M J J** A S O N D

Barbarea intermedia Boreau

Mittlere Winterkresse *Brassicaceae*
+ K4 C4 A6 G(4)

20–60 cm hoch. Blüten: gelblich. Fruchtstiele: aufrecht bis abstehend. Früchte: Schoten, **15–35 mm lang**, mit kielartigem Mittelnerv, Samen in den Fruchtfächern jeweils 1-reihig; Klappen: 1-nervig; Schnabel: 0,5–1,5 mm lang. Samen: eiförmig bis länglich. Grundblätter: **unpaarig gefiedert, 5–13-teilig**. Stängelblätter: **gefiedert**. obere Stängelblätter: **basal herz- bis pfeilförmig, (halb-) stängelumfassend**.

- einheimisch
- planar bis montan
- Staudenfluren, Schutt- u. Felsfluren, Äcker, Ruderalvegetation, Zier- bzw. Nutzpflanze

J F **M A M** J J A S O N D

Barbarea stricta Andrz.

Steife Winterkresse *Brassicaceae*
+ K4 C4 A6 G(4)

60–100 cm hoch. Blüten: gelblich. Kronblätter: **< 1,4-mal so lang wie die Kelchblätter**. Fruchtstiele: **eng an den Stängel angedrückt**, 3–5 mm lang. Früchte: Schoten, mit kielartigem Mittelnerv, Samen in den Fruchtfächern jeweils 1-reihig; Klappen: 1-nervig; Schnabel: 0,5–1,5 mm lang. Samen: eiförmig bis länglich. Grundblätter: **gelappt bis gefiedert**. Stängelblätter: **gelappt bis fiederspaltig**. obere Stängelblätter: **basal herz- bis pfeilförmig, (halb-) stängelumfassend**.

- einheimisch
- planar bis montan
- Intensivgrünland, Staudenfluren, Ruderalvegetation, Zier- bzw. Nutzpflanze
- an nährstoffreichen, feuchten, zuweilen überfluteten Standorten

J F **M A M J** J A S O N D

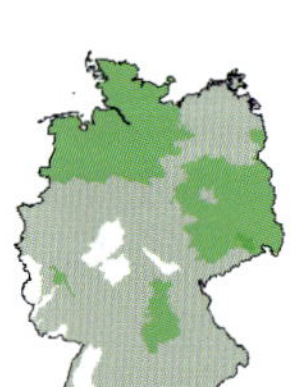

Barbarea verna (Mill.) Asch.

Frühe Winterkresse *Brassicaceae*
+ K4 C4 A6 G(4)

20–80 cm hoch. Blüten: gelblich. Fruchtstiele: aufrecht bis abstehend. Früchte: Schoten, **35–100 mm lang**, mit kielartigem Mittelnerv, Samen in den Fruchtfächern jeweils 1-reihig; Klappen: 1-nervig; Schnabel: 0,5–1,5 mm lang. Samen: eiförmig bis länglich. Grundblätter: **unpaarig gefiedert, 11–23-teilig**. Stängelblätter: **unpaarig gefiedert**. obere Stängelblätter: **basal herz- bis pfeilförmig, (halb-) stängelumfassend**.

- in Einbürgerung befindlicher Neophyt, urspr. aus Südwesteuropa
- planar bis montan
- Staudenfluren, Ruderalvegetation, Zier- bzw. Nutzpflanze

J F **M A M J** J A S O N D

Barbarea vulgaris W. T. Aiton

Echte Winterkresse *Brassicaceae*
+ K4 C4 A6 G(4)

20–100 cm hoch. BLÜTEN: gelblich. KRONBLÄTTER: **> 1,5-mal so lang wie die Kelchblätter**. FRUCHTSTIELE: aufrecht bis abstehend, 4–6 mm lang. FRÜCHTE: Schoten, mit kielartigem Mittelnerv, Samen in den Fruchtfächern jeweils 1-reihig; KLAPPEN: 1-nervig. SAMEN: eiförmig bis länglich. GRUNDBLÄTTER: **gelappt bis gefiedert**. STÄNGELBLÄTTER: **gelappt bis fiederspaltig**. OBERE STÄNGELBLÄTTER: **basal herz- bis pfeilförmig, (halb-) stängelumfassend**.

Im Gebiet kommen 3 Unterarten vor: subsp. *vulgaris*, subsp. *arcuata* und subsp. *rivularis* (vgl. S. 1432).

- einheimisch
- planar bis montan
- Grünland, Staudenfluren, Äcker, Ruderalvegetation, Zier- bzw. Nutzpflanze

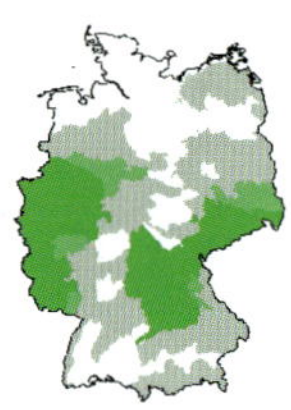

J F **M A M J J** A S O N D

Cardamine amara L.

Kressen-Schaumkraut *Brassicaceae*
+ K4 C4 A6 G(4)

10–60 cm hoch. BLÜTEN: **weißlich**. KRONBLÄTTER: ausgebreitet, **4–12 mm lang**, **> 2,5-mal so lang wie Kelchblätter**. FRUCHTSTIELE: aufrecht bis abstehend. FRÜCHTE: Schoten, im QS abgeflacht, Samen in den Fruchtfächern jeweils 1-reihig; KLAPPEN: über den Samen flach, *ohne* deutlichen Mittelnerv. STÄNGEL: ***ohne* grundständige Blattrosette**. BLÄTTER: **alle fiederspaltig bis gefiedert**.

subsp. *amara* (Kressen-Schaumkraut): meist planar bis collin. STÄNGEL: meist mit 2–8 Stängelblättern. UNTERE STÄNGELBLÄTTER: meist mit 2–4 Fiederblattpaaren.
subsp. *austriaca* (Österreichisches Schaumkraut): meist montan bis alpin. STÄNGEL: meist mit 5–15 Stängelblättern. UNTERE STÄNGELBLÄTTER: meist mit 4–10 Fiederblattpaaren.

- einheimisch
- planar bis subalpin
- Moore u. Seggenriede, Wälder, Quellfluren, Zier- bzw. Nutzpflanze
- an nassen, meist überfluteten Standorten

J F **M A M J** J A S O N D

Cardamine dentata Schult.

Zahn-Schaumkraut *Brassicaceae*
+ K4 C4 A6 G(4)

20–50 cm hoch. PFLANZEN: **meist mit einzelnen Stängeln wachsend**. BLÜTEN: **violett**. KRONBLÄTTER: ausgebreitet, **12–20 mm lang**, **> 2,5-mal so lang wie Kelchblätter**. KELCHBLÄTTER: **4–6 mm lang**. FRUCHTSTIELE: aufrecht bis abstehend. FRÜCHTE: Schoten, 25–60 mm lang, im QS abgeflacht, Samen in den Fruchtfächern jeweils 1-reihig; KLAPPEN: über den Samen flach, *ohne* deutlichen Mittelnerv. STÄNGEL: **mit grundständiger Blattrosette, mit 2–5 Laubblättern**. GRUNDBLÄTTER: **fiederspaltig bis gefiedert**, **Fiederblättchen gestielt, mit 3–12 Fiederpaaren**, **Endfieder *nicht* größer als die Seitenfiedern**. STÄNGELBLÄTTER: **gefiedert**.

- einheimisch
- planar bis montan
- Röhrichte, Moore u. Seggenriede, Grünland
- an nassen, zuweilen überfluteten Standorten

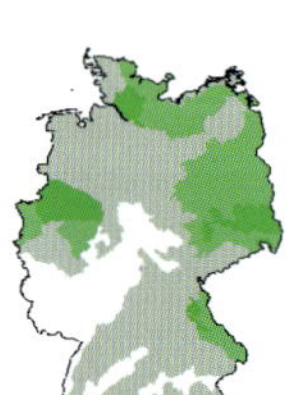

J F **M A M J J** A S O N D

Cardamine pratensis L.

Wiesen-Schaumkraut *Brassicaceae*
+ K4 C4 A6 G(4)

10–60 cm hoch. PFLANZEN: **meist mit einzelnen Stängeln wachsend**. BLÜTEN: **hellviolett**. KRONBLÄTTER: ausgebreitet, **6–20 mm lang**, **> 2,5-mal so lang wie Kelchblätter**. KELCHBLÄTTER: 2–4 mm lang. FRUCHTSTIELE: aufrecht bis abstehend. FRÜCHTE: Schoten, 15–50 mm lang, im QS abgeflacht, Samen in den Fruchtfächern jeweils 1-reihig; KLAPPEN: über den Samen flach, *ohne* deutlichen Mittelnerv. STÄNGEL: **mit grundständiger Blattrosette, mit 3–8 Laubblättern**. GRUNDBLÄTTER: **fiederspaltig bis gefiedert**, **Fiederblättchen sitzend, mit 2–15 Fiederpaaren**, **Endfieder größer als die Seitenfiedern**. STÄNGELBLÄTTER: **fiederspaltig bis gefiedert**.

- einheimisch
- planar bis montan
- Moore u. Seggenriede, Grünland, Wälder, Zier- bzw. Nutzpflanze

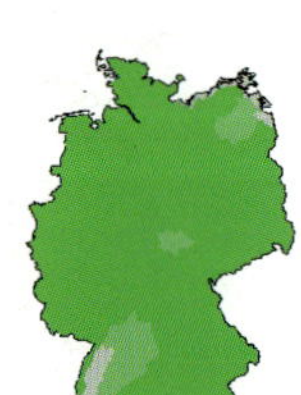

J F **M A M J J** A S O N D

Cardamine flexuosa With.

Wald-Schaumkraut *Brassicaceae*
+K4 C4 A4–6 G(4)

10–50 cm hoch. Blüten: **weißlich**. Kronblätter: **oft aufrecht, 2–4 mm lang, ± 2-mal so lang wie Kelchblätter**. Staubblätter: **4 *oder* 6**. Fruchtstiele: aufrecht bis abstehend. Früchte: Schoten, im QS abgeflacht, Samen in den Fruchtfächern jeweils 1-reihig; Klappen: über den Samen flach, *ohne* deutlichen Mittelnerv. Stängel: **dicht behaart, mit grundständiger Blattrosette**. Blätter: **alle fiederspaltig bis gefiedert**. Stängelblätter: basal verschmälert o. abgerundet.

- einheimisch
- planar bis montan
- Wälder, Quellfluren, Zier- bzw. Nutzpflanze
- an feuchten bis nassen Standorten

J F M A M J J A S O N D

Cardamine impatiens L.

Spring-Schaumkraut *Brassicaceae*
+K4 C4 A6 G(4)

10–100 cm hoch. Blüten: **weißlich**. Krone: zuweilen fehlend. Kronblätter: **< 4 mm lang, ± 2-mal so lang wie Kelchblätter**. Fruchtstiele: aufrecht bis abstehend. Früchte: Schoten, im QS abgeflacht, Samen in den Fruchtfächern jeweils 1-reihig; Klappen: über den Samen flach, *ohne* deutlichen Mittelnerv. Stängel: **mit grundständiger Blattrosette**. Blätter: **alle fiederspaltig bis gefiedert**. Stängelblätter: **basal mit geöhrtem Stiel**.

- einheimisch
- planar bis montan
- Staudenfluren, Gehölze, Wälder, Ruderalvegetation, an Mauern, Zier- bzw. Nutzpflanze
- an nährstoffreichen Standorten

J F M A M J J A S O N D

Cardamine parviflora L.

Kleinblütiges Schaumkraut *Brassicaceae*
+K4 C4 A6 G(4) RL 3

Bis 25 cm hoch. Blüten: **weißlich**. Kronblätter: **oft aufrecht, 2–4 mm lang, ± 2-mal so lang wie Kelchblätter**. Fruchtstiele: aufrecht bis abstehend. Früchte: Schoten, im QS abgeflacht, Samen in den Fruchtfächern jeweils 1-reihig; Klappen: über den Samen flach, *ohne* deutlichen Mittelnerv. Stängel: **kahl**. Blätter: **alle fiederspaltig bis gefiedert**. Stängelblätter: basal verschmalert o. abgerundet.

- einheimisch
- planar
- Grünland, Ruderalvegetation
- an feuchten, zuweilen überfluteten Standorten

J F M A M J J A S O N D

Cardamine alpina Willd.

Alpen-Schaumkraut *Brassicaceae*
+K4 C4 A6 G(4) RL R

Bis 15 cm hoch. Blüten: **weißlich**. Fruchtstiele: aufrecht bis abstehend. Früchte: Schoten, im QS abgeflacht, Samen in den Fruchtfächern jeweils 1-reihig; Klappen: über den Samen flach, *ohne* deutlichen Mittelnerv. Stängel: **mit grundständiger Blattrosette**. Blätter: **überwinternd grün**. Grundblätter: (undeutlich) sukkulent, **ungeteilt**. Stängelblätter: **ungeteilt, zuweilen seicht gelappt**, basal verschmälert o. abgerundet.

- einheimisch
- subalpin bis alpin
- Schutt- u. Felsfluren, Quellfluren, Schneetälchen

J F M A M J J A S O N D

Cardamine resedifolia L.

Reseden-Schaumkraut *Brassicaceae*
+ K4 C4 A6 G(4) RL R

Bis 15 cm hoch. Blüten: **weißlich**. Fruchtstiele: aufrecht bis abstehend. Früchte: Schoten, im QS abgeflacht, Samen in den Fruchtfächern jeweils 1-reihig; Klappen: über den Samen flach, *ohne* deutlichen Mittelnerv. Stängel: **mit grundständiger Blattrosette**. Blätter: **überwinternd grün**. Grundblätter: **ungeteilt**. Stängelblätter: **tief gelappt bis fiederspaltig**, meist 3–9-teilig, **basal mit geöhrtem Stiel**.

- einheimisch
- subalpin bis alpin
- Extensivgrünland u. Magerrasen, Schutt- u. Felsfluren
- an nährstoffarmen, sauren Standorten

J F M A M J J A S O N D

Cardamine hirsuta L.

Viermänniges Schaumkraut *Brassicaceae*
+ K4 C4 A4 G(4)

Bis 30 cm hoch. Blüten: **weißlich**. Krone: zuweilen fehlend. Kronblätter: **oft aufrecht, 2–4 mm lang, ± 2-mal so lang wie die Kelchblätter**. Staubblätter: **4**. Fruchtstiele: aufrecht bis abstehend. Früchte: Schoten, im QS abgeflacht, Samen in den Fruchtfächern jeweils 1-reihig; Klappen: über den Samen flach, *ohne* deutlichen Mittelnerv. Stängel: **kahl bis spärlich behaart, mit grundständiger Blattrosette**. Blätter: **alle fiederspaltig bis gefiedert**. Stängelblätter: basal verschmälert o. abgerundet.

- einheimisch
- planar bis montan
- Grünland, Staudenfluren, Äcker, Ruderalvegetation, Zier- bzw. Nutzpflanze

J F M A M J J A S O N D

Cardamine bulbifera (L.) Crantz

Zwiebel-Schaumkraut *Brassicaceae*
+ K4 C4 A6 G(4)

30–60 cm hoch. Pflanzen: **meist mit dunklen Bulbillen in den Blattachseln**. Blüten: **meist hellviolett bis rosa**, selten weißlich. Fruchtstiele: aufrecht bis abstehend. Früchte: Schoten, im QS abgeflacht, Samen in den Fruchtfächern jeweils 1-reihig; Klappen: über den Samen flach, *ohne* deutlichen Mittelnerv. Stängel: ***ohne* grundständige Blattrosette**. Ausläufer: unterirdisch, **dick, mit (schwach) sukkulenten Niederblättern**. Blätter: **gefiedert**. Stängelblätter: **untere gefiedert, obere ungeteilt**.

- einheimisch
- planar bis montan
- Wälder

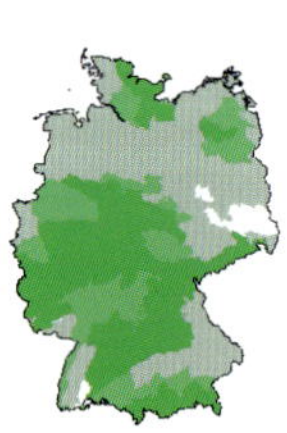

J F M A M J J A S O N D

Cardamine enneaphyllos (L.) Crantz

Quirl-Schaumkraut *Brassicaceae*
+ K4 C4 A6 G(4) RL V

20–30 cm hoch. Pflanzen: *ohne* Bulbillen. Blüten: **weißlich-gelblich**. Fruchtstiele: aufrecht bis abstehend. Früchte: Schoten, im QS abgeflacht, Samen in den Fruchtfächern jeweils 1-reihig; Klappen: über den Samen flach, *ohne* deutlichen Mittelnerv. Stängel: ***ohne* grundständige Blattrosette**. Ausläufer: unterirdisch, **dick, mit (schwach) sukkulenten Niederblättern**. Blattstellung: **± wirtelig**. Blätter: **fingerförmig gelappt bis gefingert**. Stängelblätter: 3–5-teilig.

- einheimisch
- montan bis subalpin
- Staudenfluren, Gehölze, Wälder

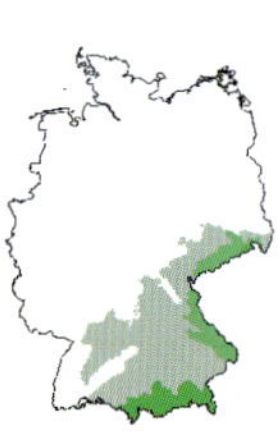

J F M A M J J A S O N D

Cardamine heptaphylla (Vill.) O. E. Schulz

Fieder-Schaumkraut *Brassicaceae*
+ K4 C4 A6 G(4)

30–60 cm hoch. PFLANZEN: *ohne* Bulbillen. BLÜTEN: **weißlich o. hellviolett bis rosa.** FRUCHTSTIELE: aufrecht bis abstehend. FRÜCHTE: Schoten, im QS abgeflacht, Samen in den Fruchtfächern jeweils 1-reihig; KLAPPEN: über den Samen flach, *ohne* deutlichen Mittelnerv. STÄNGEL: ***ohne* grundständige Blattrosette**. AUSLÄUFER: unterirdisch, **dick, mit (schwach) sukkulenten Niederblättern**. BLÄTTER: **gefiedert**.

- einheimisch
- collin bis montan
- Wälder, Zier- bzw. Nutzpflanze
- an basenreichen Standorten

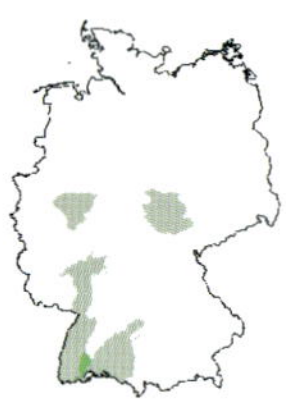

J F M A M J J A S O N D

Cardamine pentaphyllos (L.) Crantz

Finger-Schaumkraut *Brassicaceae*
+ K4 C4 A6 G(4)

25–50 cm hoch. PFLANZEN: *ohne* Bulbillen. BLÜTEN: **meist rötlich bis violett**. FRUCHTSTIELE: aufrecht bis abstehend. FRÜCHTE: Schoten, im QS abgeflacht, Samen in den Fruchtfächern jeweils 1-reihig; KLAPPEN: über den Samen flach, *ohne* deutlichen Mittelnerv. STÄNGEL: ***ohne* grundständige Blattrosette**. AUSLÄUFER: unterirdisch, **dick, mit (schwach) sukkulenten Niederblättern**. BLÄTTER: **gefiedert bis gefingert**.

- einheimisch
- collin bis montan
- Wälder, Zier- bzw. Nutzpflanze

J F M A M J J A S O N D

Cardamine trifolia L.

Kleeblatt-Schaumkraut *Brassicaceae*
+ K4 C4 A6 G(4)

20–30 cm hoch. BLÜTEN: **meist weißlich**, selten rosa. FRUCHTSTIELE: aufrecht bis abstehend. FRÜCHTE: Schoten, im QS abgeflacht, Samen in den Fruchtfächern jeweils 1-reihig; KLAPPEN: über den Samen flach, *ohne* deutlichen Mittelnerv. STÄNGEL: ***ohne* grundständige Blattrosette**. BLÄTTER: **überwinternd grün, gefingert**.

- einheimisch
- collin bis montan
- Wälder, Zier- bzw. Nutzpflanze
- an basenreichen Standorten

J F M A M J J A S O N D

Nasturtium officinale agg.

Gewöhnliche Brunnenkresse *Brassicaceae*
+ K4 C4 A6 G(4)

Wasser- o. Sumpfpflanze, 20–80 cm hoch. PFLANZEN: **kahl**. BLÜTEN: **weißlich**. FRUCHTSTIELE: aufrecht bis abstehend. FRÜCHTE: Schoten, ± so lang wie der Fruchtstiel, im QS rundlich bis kantig; KLAPPEN: **über den Samen gewölbt**; SCHNABEL: fehlend. STÄNGEL: **hohl, *ohne* grundständige Blattrosette**. BLÄTTER: **gefiedert**. OBERE STÄNGELBLÄTTER: basal verschmälert bis abgerundet.

N. officinale (Gewöhnliche Brunnenkresse): FRÜCHTE: 8–20 mm lang, 2–3 mm breit, Samen in den Fruchtfächern jeweils 2-reihig. SAMEN: beidseits mit 20–50 Waben. BLÄTTER: im Herbst vergilbend.
N. microphyllum (Einreihige Brunnenkresse): FRÜCHTE: 15–25 mm lang, 1–2 mm breit, Samen in den Fruchtfächern jeweils 1-reihig. SAMEN: beidseits mit > 100 Waben. BLÄTTER: auch im Herbst u. Winter grün.

- einheimisch
- planar bis subalpin
- Gewässer, Röhrichte, Quellfluren, Zier- bzw. Nutzpflanze
- an nassen, zuweilen trockenfallenden Standorten

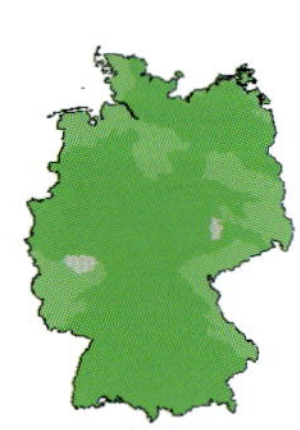

J F M A M J J A S O N D

Rorippa amphibia (L.) Besser

Wasser-Sumpfkresse *Brassicaceae*
+ K4 C4 A6 G(4)

40–120 cm hoch. BLÜTEN: **kräftig gelb**. KRONBLÄTTER: **deutlich länger als die Kelchblätter**. FRUCHTSTIELE: aufrecht bis abstehend. FRÜCHTE: Schoten, **eiförmig**, **3–7 mm lang**, ≥ 8-samig, im QS rundlich bis kantig, 2-fächrig, Samen in den Fruchtfächern jeweils 2-reihig; KLAPPEN: *ohne* deutlichen Mittelnerv; SCHNABEL: fehlend. STÄNGEL: gleichmäßig beblättert. BLÄTTER: behaart. GRUNDBLÄTTER: fiederspaltig bis gefiedert. STÄNGELBLÄTTER: **ungeteilt bis gelappt**. OBERE STÄNGELBLÄTTER: basal verschmälert bis abgerundet.

- einheimisch
- planar bis montan
- Gewässer, trockenfallende Ufer, Röhrichte, Grünland, Zier- bzw. Nutzpflanze
- an nährstoffreichen, nassen, zuweilen trockenfallenden Standorten

J F M A M J J A S O N D

Rorippa austriaca (Crantz) Besser

Österreichische Sumpfkresse *Brassicaceae*
+ K4 C4 A6 G(4)

40–100 cm hoch. BLÜTEN: **kräftig gelb**. KRONBLÄTTER: **deutlich länger als die Kelchblätter**. FRUCHTSTIELE: aufrecht bis abstehend. FRÜCHTE: Schoten, **± kugelig**, **2–4 mm lang**, ≥ 8-samig, im QS rundlich bis kantig, 2-fächrig, Samen in den Fruchtfächern jeweils 2-reihig; KLAPPEN: *ohne* deutlichen Mittelnerv; SCHNABEL: fehlend. STÄNGEL: ± kahl, gleichmäßig beblättert. GRUNDBLÄTTER: **ungeteilt bis gelappt**, **oberseits kahl**, unterseits mit kurzen einfachen Haaren. STÄNGELBLÄTTER: **ungeteilt bis gelappt**. OBERE STÄNGELBLÄTTER: sitzend, **basal herz- bis pfeilförmig**, **(halb-) stängelumfassend**.

- einheimisch
- planar bis montan
- Grünland, Staudenfluren, Ruderalvegetation, Trittfluren, Zier- bzw. Nutzpflanze
- an nährstoffreichen, basenreichen, feuchten, zuweilen überfluteten Standorten

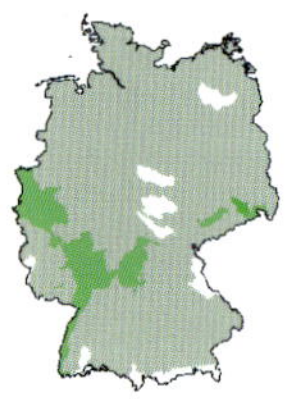

J F M A M J J A S O N D

Rorippa islandica (Gunnerus) Borbás

Isländische Sumpfkresse *Brassicaceae*
+ K4 C4 A6 G(4) RL R

Bis 30 cm hoch. BLÜTEN: hellgelb. KRONBLÄTTER: **höchstens so lang wie die Kelchblätter**. FRUCHTSTIELE: aufrecht bis abstehend. FRÜCHTE: Schoten, **länglich-eiförmig**, **2–8 mm lang**, ≥ 8-samig, im QS rundlich bis kantig, 2-fächrig, Samen in den Fruchtfächern jeweils 2-reihig; KLAPPEN: *ohne* deutlichen Mittelnerv; SCHNABEL: fehlend. STÄNGEL: gleichmäßig beblättert. BLÄTTER: behaart. GRUNDBLÄTTER: fiederspaltig bis gefiedert. STÄNGELBLÄTTER: gestielt, **fiederspaltig bis gefiedert**. OBERE STÄNGELBLÄTTER: basal verschmälert bis abgerundet.

- einheimisch
- subalpin bis alpin
- trockenfallende Ufer, Grünland, Schutt- u. Felsfluren, Ruderalvegetation, Trittfluren, Zier- bzw. Nutzpflanze

J F M A M J J A S O N D

Rorippa palustris (L.) Besser

Gewöhnliche Sumpfkresse *Brassicaceae*
+ K4 C4 A6 G(4)

10–80 cm hoch. BLÜTEN: hellgelb. KRONBLÄTTER: **höchstens so lang wie die Kelchblätter**. FRUCHTSTIELE: aufrecht bis abstehend. FRÜCHTE: Schoten, **länglich-eiförmig**, **5–14 mm lang**, ≥ 8-samig, im QS rundlich bis kantig, 2-fächrig, Samen in den Fruchtfächern jeweils 2-reihig; KLAPPEN: *ohne* deutlichen Mittelnerv; SCHNABEL: fehlend. STÄNGEL: gleichmäßig beblättert. BLÄTTER: behaart. GRUNDBLÄTTER: fiederspaltig bis gefiedert. STÄNGELBLÄTTER: **fiederspaltig bis gefiedert**. OBERE STÄNGELBLÄTTER: basal verschmälert bis abgerundet.

- einheimisch
- planar bis montan
- trockenfallende Ufer, Staudenfluren, Ruderalvegetation, Zier- bzw. Nutzpflanze
- an feuchten bis nassen Standorten

J F M A M J J A S O N D

Rorippa pyrenaica (All.) Rchb.

Pyrenäen-Sumpfkresse *Brassicaceae*
+ K4 C4 A6 G(4) RL 3

Bis 40 cm hoch. BLÜTEN: **kräftig gelb**. KRONBLÄTTER: **deutlich länger als die Kelchblätter**. FRUCHTSTIELE: aufrecht bis abstehend. FRÜCHTE: Schoten, **eiförmig**, **2–6 mm lang**, ≥ 8-samig, im QS rundlich bis kantig, 2-fächrig, Samen in den Fruchtfächern jeweils 2-reihig; KLAPPEN: *ohne* deutlichen Mittelnerv; SCHNABEL: fehlend. STÄNGEL: gleichmäßig beblättert. BLÄTTER: behaart. GRUNDBLÄTTER: fiederspaltig bis gefiedert. STÄNGELBLÄTTER: **fiederspaltig bis gefiedert**. OBERE STÄNGELBLÄTTER: **basal mit schmalen Öhrchen, (halb-) stängelumfassend**.

- einheimisch
- planar bis montan
- Grünland, Schutt- u. Felsfluren, Ruderalvegetation, Zier- bzw. Nutzpflanze

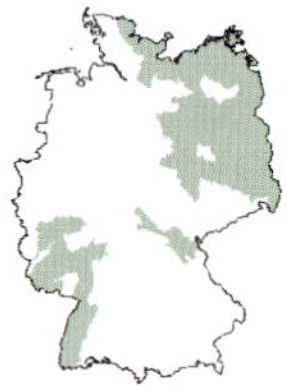

J F M A M J J A S O N D

Rorippa sylvestris (L.) Besser

Wilde Sumpfkresse *Brassicaceae*
+ K4 C4 A6 G(4)

20–60 cm hoch. BLÜTEN: **kräftig gelb**. KRONBLÄTTER: **deutlich länger als die Kelchblätter**. FRUCHTSTIELE: aufrecht bis abstehend. FRÜCHTE: Schoten, **meist länglich-zylindrisch**, **6–20 mm lang**, ≥ 8-samig, im QS rundlich bis kantig, 2-fächrig, Samen in den Fruchtfächern jeweils 2-reihig; KLAPPEN: *ohne* deutlichen Mittelnerv; SCHNABEL: fehlend. STÄNGEL: gleichmäßig beblättert. BLÄTTER: behaart. GRUNDBLÄTTER: fiederspaltig bis gefiedert. STÄNGELBLÄTTER: **fiederspaltig bis gefiedert**. OBERE STÄNGELBLÄTTER: basal verschmälert bis abgerundet.

- einheimisch
- planar bis montan
- Grünland, Staudenfluren, Äcker, Ruderalvegetation, Trittfluren, Zier- bzw. Nutzpflanze
- an basenreichen, feuchten bis nassen, zuweilen überfluteten Standorten

J F M A M J J A S O N D

Subularia aquatica L.

Pfriemenkresse *Brassicaceae*
+ K4 C4 A6 G(4) RL 0

Wasser- o. Sumpfpflanze, bis 10 cm hoch. BLÜTENSTAND: traubenartig, **2–10-blütig**. BLÜTEN: **weißlich**. FRÜCHTE: Schötchen, **im QS abgeflacht, Scheidewand breit** (senkrecht zu den schmalen Seiten der Frucht); KLAPPEN: 1-nervig. STÄNGEL: **mit grundständiger Blattrosette**, *ohne* Laubblätter, vor allem unten beblättert. BLÄTTER: **ungeteilt**, lineal bis lanzettlich, **allmählich in die Spitze verschmälert**.

- ausgestorben
- planar bis montan
- Gewässer
- an nährstoffarmen, sauren, nassen, zuweilen trockenfallenden Standorten

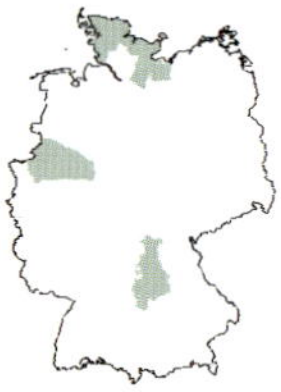

J F M A M J J A S O N D

Alyssum alyssoides (L.) L.

Kelch-Steinkraut *Brassicaceae*
+ K4 C4 A6 G(4) RL 3

Bis 30 cm hoch. PFLANZEN: **1–2-jährig**. BLÜTENSTAND: traubenartig, **länglich**. BLÜTEN: **meist hellgelb bis weißlich**. KRONBLÄTTER: 3–6 mm lang, distal ausgerandet bis eingeschnitten. FRUCHTKELCH: **bleibend**. FRÜCHTE: Schötchen, kugelig bis eiförmig, behaart, meist 2–4-samig, im QS abgeflacht, Scheidewand breit (senkrecht zu den schmalen Seiten der Frucht). STÄNGEL: oft mit grundständiger Blattrosette, mit Laubblättern. BLÄTTER: ungeteilt. OBERE STÄNGELBLÄTTER: sitzend, basal verschmälert bis abgerundet.

- einheimisch
- planar bis montan
- Extensivgrünland u. Magerrasen, Schutt- u. Felsfluren, Äcker, Ruderalvegetation, Zier- bzw. Nutzpflanze
- an nährstoffarmen, basenreichen, meist trockenen Standorten

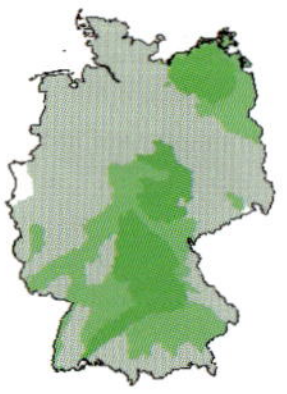

J F M A M J J A S O N D

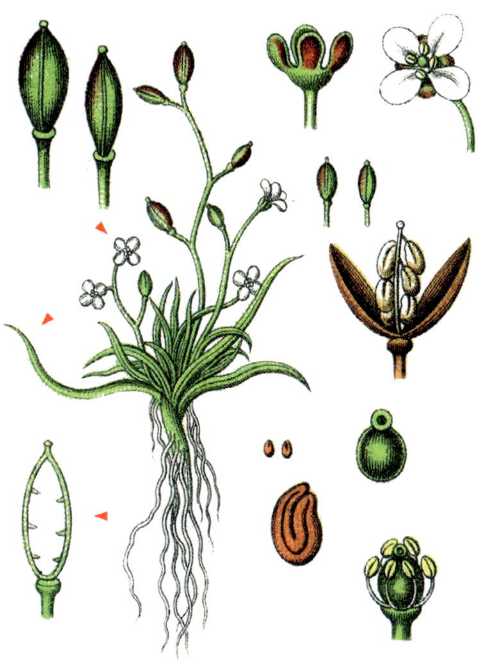

Alyssum gmelinii Jord. & Fourr.

Dünen-Steinkraut *Brassicaceae*
+ K4 C4 A6 G(4) RL 2

10–20 cm hoch. Pflanzen: mehrjährig. Blütenstand: traubenartig, **länglich**. Blüten: **hellgelb**. Kronblätter: 3–4 mm lang, distal ausgerandet bis eingeschnitten. Fruchtkelch: **früh abfallend**. Früchte: Schötchen, kugelig bis eiförmig, behaart, meist 2–4-samig, im QS abgeflacht, Scheidewand breit (senkrecht zu den schmalen Seiten der Frucht). Stängel: **meist aufrecht**, *ohne* grundständige Blattrosette, mit Laubblättern. Blätter: ungeteilt. obere Stängelblätter: sitzend, basal verschmälert bis abgerundet.

- einheimisch
- planar bis collin
- Extensivgrünland u. Magerrasen
- an nährstoffarmen, trockenen Standorten

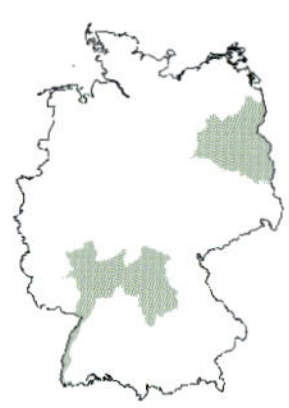

J **F M A M** J J A S O N D

Alyssum montanum L.

Berg-Steinkraut *Brassicaceae*
+ K4 C4 A6 G(4) RL 3 § BNatG b

10–20 cm hoch. Pflanzen: mehrjährig. Blütenstand: traubenartig, **länglich**. Blüten: **gelb**. Kronblätter: 4–6 mm lang, distal ausgerandet bis eingeschnitten. Fruchtkelch: **früh abfallend**. Früchte: Schötchen, kugelig bis eiförmig, behaart, meist 2–4-samig, im QS abgeflacht, Scheidewand breit (senkrecht zu den schmalen Seiten der Frucht). Stängel: basal niederliegend bis aufrecht, *ohne* grundständige Blattrosette, mit Laubblättern. Blätter: ungeteilt. obere Stängelblätter: sitzend, basal verschmälert bis abgerundet.

- einheimisch
- planar bis montan
- Extensivgrünland u. Magerrasen, Schutt- u. Felsfluren, Zier- bzw. Nutzpflanze
- an nährstoffarmen, basenreichen, trockenen Standorten

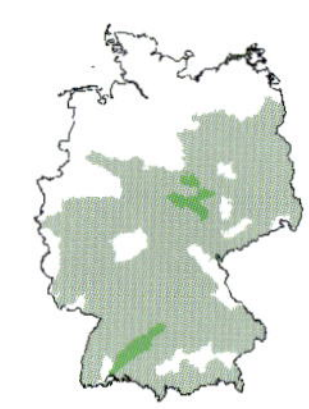

J **F M A M** J J A S O N D

Aurinia saxatilis (L.) Desv.

Felsensteinkraut *Brassicaceae*
+ K4 C4 A6 G(4) RL 3 § BNatG b

Halbstrauch, 15–40 cm hoch. Pflanzen: **gräulich behaart**. Blüten: **gelblich**. Kronblätter: kahl. Früchte: Schötchen, kugelig bis eiförmig, kahl, 4-samig, im QS abgeflacht. Stängel: mit grundständiger Blattrosette, mit Laubblättern. Blätter: ungeteilt, **am Rand entfernt gezähnt bis buchtig gelappt**. obere Stängelblätter: sitzend, basal verschmälert bis abgerundet.

- einheimisch
- planar bis montan
- Extensivgrünland u. Magerrasen, Schutt- u. Felsfluren, Ruderalvegetation, an Mauern, Zier- bzw. Nutzpflanze
- an nährstoffarmen, basenreichen, trockenen Standorten

J F **M A M J** J A S O N D

Berteroa incana (L.) DC.

Graukresse *Brassicaceae*
+ K4 C4 A6 G(4) giftig

30–80 cm hoch. Pflanzen: **mit grauen Sternhaaren**. Blüten: **weißlich**. Kronblätter: **distal tief eingeschnitten**. Staubfäden des äusseren Kreises: **basal gezähnt**. Früchte: Schötchen, kugelig bis eiförmig. Stängel: mit grundständiger Blattrosette, mit Laubblättern. Blätter: **ungeteilt**. obere Stängelblätter: basal verschmälert bis abgerundet.

- eingebürgerter Neophyt, urspr. aus Osteuropa u. Asien
- planar bis montan
- Staudenfluren, Ruderalvegetation, Zier- bzw. Nutzpflanze
- meist an trockenen Standorten

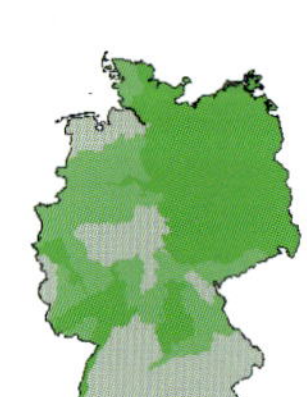

J F M A **M J J A S O** N D

Odontarrhena muralis (Waldst. & Kit.) Endl.

Mauer-Steinkraut *Brassicaceae*
+ K4 C4 A6 G(4)

25–80 cm hoch. Pflanzen: mehrjährig. Blütenstand: traubenartig, **schirmförmig**. Blüten: **gelblich**. Kronblätter: 2–4 mm lang, **distal abgerundet**. Früchte: Schötchen, kugelig bis eiförmig, **behaart**, **meist 2-samig**, **im QS abgeflacht**, Scheidewand breit (senkrecht zu den schmalen Seiten der Frucht). Stängel: mit Laubblättern. Blätter: **ungeteilt**. Grundblätter: lanzettlich bis oval. obere Stängelblätter: sitzend, basal verschmälert bis abgerundet.

- in Einbürgerung befindlicher Neophyt, urspr. aus Südosteuropa
- planar bis montan
- Extensivgrünland u. Magerrasen, Schutt- u. Felsfluren, Ruderalvegetation, an Mauern, Zier- bzw. Nutzpflanze
- an trockenen Standorten

J F **M A M J J** A S O N D

Erysimum hieracifolium agg.

Ruten-Schöterich *Brassicaceae*
+ K4 C4 A6 G(4)

20–120 cm hoch. Pflanzen: mehrjährig. Blüten: gelblich. Blütenstiele: höchstens so lang wie der Kelch. Kronblätter: **6–14 mm lang**. Staubblätter: kahl. Narben: kopfig bis ausgerandet. Fruchtstiele: **3–10 mm lang**. Früchte: Schoten, **anliegend bis aufrecht**, ***ohne* Griffel 20–50 mm lang**, 1–2 mm ⌀, **überwiegend mit 3–4-ästigen Haaren**, im QS 4-kantig, Samen in den Fruchtfächern jeweils 1-reihig; Klappen: 1-nervig. Blattstiele: **mit 2–4-ästigen Haaren**. Blätter: behaart. Grundblätter: ungeteilt. obere Stängelblätter: basal verschmälert bis abgerundet.

In Deutschland kommen 2 Arten der Artengruppe *Erysimum hieracifolium* agg. vor: *E. hieracifolium* und *E. marschallianum* (vgl. S. 1432).

- einheimisch
- planar bis montan
- trockenfallende Ufer, Grünland, Staudenfluren, Ruderalvegetation, Zier- bzw. Nutzpflanze

J F M **A M J J A S** O N D

Erysimum cheiranthoides L.

Acker-Schöterich *Brassicaceae*
+ K4 C4 A6 G(4)

20–60 cm hoch. Pflanzen: **1-jährig**. Blüten: gelblich. Blütenstiele: **2–3-mal so lang wie der Kelch**. Kronblätter: **2–9 mm lang**. Narben: 2-lappig. Fruchtstiele: **6–14 mm lang**. Früchte: Schoten, abstehend bis waagerecht, **Winkel zwischen reifer Schote u. Hauptachse des Blütenstandes > 40°**, ***ohne* Griffel 12–30 mm lang**, im QS 4-kantig, Samen in den Fruchtfächern jeweils 1-reihig; Klappen: 1-nervig. Blätter: behaart, **hauptsächlich mit 3–4-ästigen Sternhaaren**. Grundblätter: ungeteilt. obere Stängelblätter: basal verschmälert bis abgerundet.

- einheimisch
- planar bis montan
- Staudenfluren, Äcker, Ruderalvegetation, Zier- bzw. Nutzpflanze

J F M **A M J J A S** O N D

Erysimum cheiri (L.) Crantz

Goldlack *Brassicaceae*
+ K4 C4 A6 G(4) giftig

20–60 cm hoch. Pflanzen: mehrjährig. Blüten: wohlriechend, gelblich. Kronblätter: **10–22 mm lang**. Narben: **deutlich 2-lappig**. Früchte: Schoten, aufrecht bis abstehend, **Winkel zwischen reifer Schote u. Hauptachse des Blütenstandes < 50°**, **2–4 mm ⌀**, **im QS abgeflacht**, Samen in den Fruchtfächern jeweils 1-reihig; Klappen: 1-nervig. Stängel: **oft basal verholzt**. Blätter: behaart, **fast nur mit 2-ästigen Gabelhaaren**. Grundblätter: ungeteilt. obere Stängelblätter: basal verschmälert bis abgerundet.

- Archaeophyt
- planar bis montan
- Staudenfluren, Schutt- u. Felsfluren, Ruderalvegetation, an Mauern, Zier- bzw. Nutzpflanze
- an kalkreichen Standorten

J F M **A M J J** A S O N D

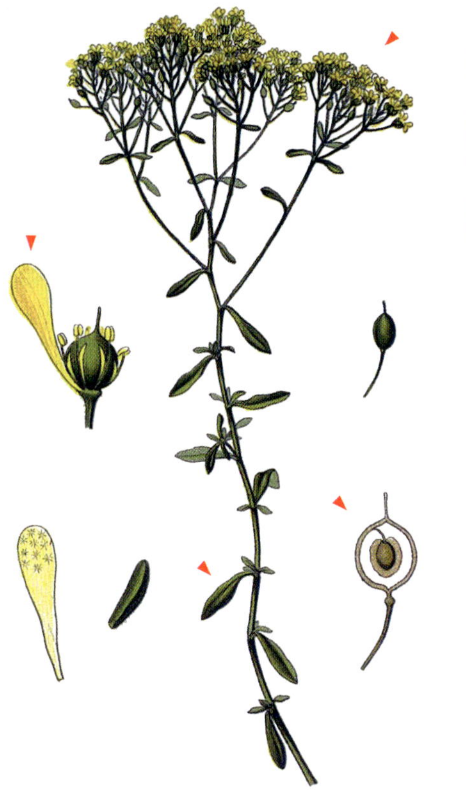

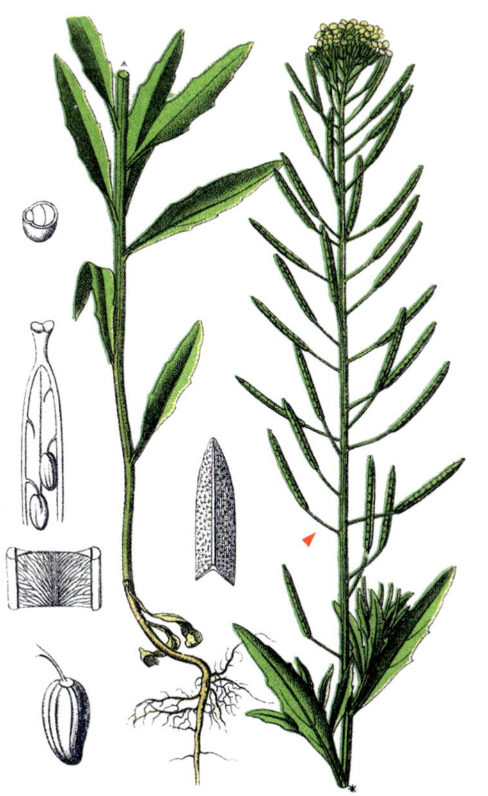

Erysimum crepidifolium Rchb.

Bleicher Schöterich *Brassicaceae*
+ K4 C4 A6 G(4)

15–60 cm hoch. Pflanzen: mehrjährig. Blüten: gelblich. Blütenstiele: **1–3 mm lang**, höchstens so lang wie der Kelch. Kronblätter: **> 6 mm lang**. Narben: kopfig bis ausgerandet. Früchte: Schoten, aufrecht bis abstehend, **Winkel zwischen reifer Schote u. Hauptachse des Blütenstandes < 30°**, 1–2 mm ⌀, im QS 4-kantig, Samen in den Fruchtfächern jeweils 1-reihig; Klappen: 1-nervig. Blätter: behaart, **fast nur mit 2-ästigen Gabelhaaren**. Grundblätter: ungeteilt bis gelappt. obere Stängelblätter: basal verschmälert bis abgerundet.

- einheimisch
- planar bis montan
- Extensivgrünland u. Magerrasen, Staudenfluren, Schutt- u. Felsfluren, Ruderalvegetation, Zier- bzw. Nutzpflanze
- an nährstoffarmen, trockenen Standorten

J F **M A M J J** A S O N D

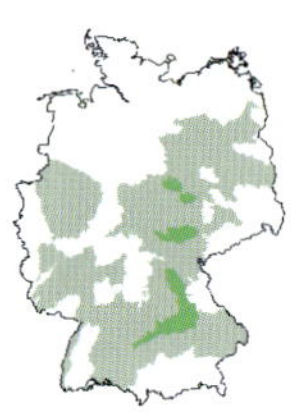

Erysimum odoratum Ehrh.

Duft-Schöterich *Brassicaceae*
+ K4 C4 A6 G(4) RL 3

20–100 cm hoch. Pflanzen: mehrjährig. Blüten: gelblich. Blütenstiele: höchstens so lang wie der Kelch. Kronblätter: **10–22 mm lang**. Staubblätter: **behaart**. Narben: kopfig bis ausgerandet. Früchte: Schoten, aufrecht bis abstehend, **Winkel zwischen reifer Schote u. Hauptachse des Blütenstandes < 50°**, 1–2 mm ⌀, **überwiegend mit 2-ästigen Haaren**, im QS 4-kantig, Samen in den Fruchtfächern jeweils 1-reihig; Klappen: 1-nervig. Blattstiele: **mit 2–3-teiligen Haaren**. Blätter: behaart, **hauptsächlich mit 3-ästigen Sternhaaren**. Grundblätter: ungeteilt. obere Stängelblätter: basal verschmälert bis abgerundet.

- einheimisch
- collin bis montan
- Extensivgrünland u. Magerrasen, Ruderalvegetation, Zier- bzw. Nutzpflanze
- an nährstoffarmen, basenreichen, trockenen Standorten

J F M A **M J J** A S O N D

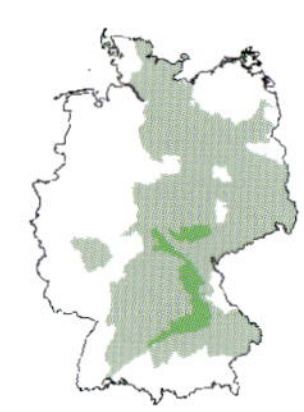

Erysimum repandum L.

Spreiz-Schöterich *Brassicaceae*
+ K4 C4 A6 G(4) RL 2

15–40 cm hoch. Pflanzen: **1-jährig**. Blüten: gelblich. Blütenstiele: höchstens so lang wie der Kelch. Kronblätter: **2–9 mm lang**. Narben: kopfig bis ausgerandet. Fruchtstiele: **2–6 mm lang**. Früchte: Schoten, **abstehend bis waagerecht, Winkel zwischen reifer Schote u. Hauptachse des Blütenstandes > 40°, *ohne* Griffel 30–100 mm lang**, 1–2 mm ⌀, im QS rundlich, Samen in den Fruchtfächern jeweils 1-reihig; Klappen: 1-nervig. Blätter: behaart, **mit 2-ästigen Gabelhaaren u. mehrästigen Sternhaaren**. Grundblätter: gelappt bis fiederspaltig. obere Stängelblätter: basal verschmälert bis abgerundet.

- einheimisch
- planar bis collin
- Staudenfluren, Äcker, Ruderalvegetation, Zier- bzw. Nutzpflanze
- an basenreichen, auch salzhaltigen Standorten

J F M **A M J J A** S O N D

Lepidium campestre (L.) W. T. Aiton

Feld-Kresse *Brassicaceae*
+ K4 C4 A6 G(4)

20–60 cm hoch. Pflanzen: **meist 1-stängelig**. Blütenstand: endständig, traubenartig. Blüten: weißlich. Griffel: **0,4–0,6 mm lang**. Früchte: Schötchen, eiförmig bis undeutlich herzförmig, **4–7 mm lang, distal abgerundet, dicht mit schuppigen Bläschen bedeckt**, 2-samig, im QS abgeflacht, **breit geflügelt**, Scheidewand schmal (senkrecht zu den breiten Seiten der Frucht). Stängel: mit Laubblättern. Blätter: behaart. Grundblätter: **ungeteilt**. obere Stängelblätter: **ungeteilt, basal herz- bis pfeilförmig, (halb-) stängelumfassend**.

- Archaeophyt
- planar bis montan
- Staudenfluren, Äcker, Ruderalvegetation, Zier- bzw. Nutzpflanze
- an kalkreichen Standorten

J F M **A M J J** A S O N D

Lepidium coronopus (L.) Al-Shehbaz

Gewöhnlicher Krähenfuß *Brassicaceae*
+ K4 C4 A6 G(4) RL 3

Bis 30 cm hoch. Blütenstand: **mehrere blattachselständige Trauben**. Blüten: weißlich. Früchte: **meist Nüsse, 2-knotig bis nierenförmig, gezähnt**, im QS abgeflacht, **ungeflügelt**, Scheidewand schmal (senkrecht zu den breiten Seiten der Frucht). Stängel: mit Laubblättern. Blätter: behaart. Grundblätter: **fiederspaltig bis gefiedert**. obere Stängelblätter: **fiederspaltig bis gefiedert**.

- Archaeophyt
- planar bis montan
- Grünland, Staudenfluren, Ruderalvegetation, Trittfluren, Zier- bzw. Nutzpflanze
- auch an salzhaltigen Standorten

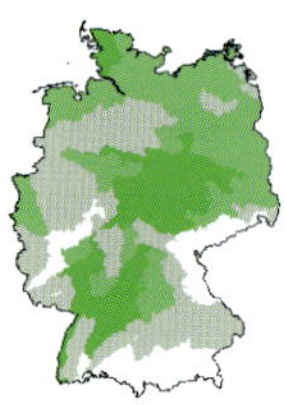

J F M A M J J A S O N D

Lepidium densiflorum Schrad.

Dichtblütige Kresse *Brassicaceae*
+ K4 C4 A6 G(4)

20–40 cm hoch. Blütenstand: endständig, traubenartig. Krone: weißlich, klein *oder* fehlend. Früchte: Schötchen, eiförmig bis undeutlich herzförmig, **1–4 mm lang, (etwas) länger als breit, distal ausgerandet**, 2-samig, im QS abgeflacht, **nur distal (schmal) geflügelt**, Scheidewand schmal (senkrecht zu den breiten Seiten der Frucht). Stängel: mit Laubblättern. Blätter: behaart. Grundblätter: **fiederspaltig bis gefiedert**. mittlere Stängelblätter: ungeteilt, **länglich-lanzettlich, gesägt, mit Seitennerven**. obere Stängelblätter: **ungeteilt, basal verschmälert bis abgerundet**.

- eingebürgerter Neophyt, urspr. aus Nordamerika
- planar bis montan
- Äcker, Ruderalvegetation, Zier- bzw. Nutzpflanze
- an trockenen Standorten

J F M A M J J A S O N D

Lepidium didymum L.

Zweiknotiger Krähenfuß *Brassicaceae*
+ K4 C4 A2–4 G(4)

10–30 cm hoch. Blütenstand: **mehrere blattachselständige Trauben**. Krone: gelblich, klein *oder* fehlend. Staubblätter: **2, seltener 4**. Früchte: **Nüsse o. 2-knotige Spaltfrüchte, distal ausgerandet, glatt**, im QS abgeflacht, **ungeflügelt**, Scheidewand schmal (senkrecht zu den breiten Seiten der Frucht). Stängel: mit Laubblättern. Blätter: behaart. Grundblätter: **fiederspaltig bis gefiedert**. obere Stängelblätter: **fiederspaltig bis gefiedert**.

- eingebürgerter Neophyt, urspr. aus Südamerika
- planar bis montan
- Grünland, Staudenfluren, Ruderalvegetation, Trittfluren, Zier- bzw. Nutzpflanze

J F M A M J J A S O N D

Lepidium draba L.

Pfeil-Kresse *Brassicaceae*
+ K4 C4 A6 G(4)

20–60 cm hoch. Pflanzen: **blau- bzw. graugrün**. Blütenstand: endständig, traubenartig. Blüten: weißlich. Früchte: **meist Nüsse, herzförmig, spitz, glatt**, 2-samig, im QS abgeflacht, **ungeflügelt**, Scheidewand schmal (senkrecht zu den breiten Seiten der Frucht). Stängel: mit Laubblättern. Blätter: behaart. Grundblätter: **ungeteilt**. obere Stängelblätter: **ungeteilt, basal herz- bis pfeilförmig, (halb-) stängelumfassend**.

- eingebürgerter Neophyt, urspr. aus dem Mittelmeergebiet
- planar bis montan
- Grünland, Staudenfluren, Ruderalvegetation, Zier- bzw. Nutzpflanze
- an basenreichen, meist trockenen Standorten

J F M A M J J A S O N D

Lepidium graminifolium L.

Grasblättrige Kresse *Brassicaceae*
+ K4 C4 A6 G(4)

40–80 cm hoch. Blütenstand: endständig, traubenartig. Blüten: weißlich. Früchte: Schötchen, eiförmig bis undeutlich herzförmig, **1–4 mm lang**, **spitz**, kahl, 2-samig, im QS abgeflacht, **ungeflügelt**, Scheidewand schmal (senkrecht zu den breiten Seiten der Frucht). Stängel: mit Laubblättern. Blätter: behaart. Grundblätter: **fiederspaltig bis gefiedert**. obere Stängelblätter: **ungeteilt**, **basal verschmälert bis abgerundet**.

- einheimisch
- planar bis montan
- Grünland, Staudenfluren, Ruderalvegetation, Zier- bzw. Nutzpflanze
- meist an trockenen Standorten

J F M A **M J J A S** O N D

Lepidium heterophyllum Benth.

Verschiedenblättrige Kresse *Brassicaceae*
+ K4 C4 A6 G(4)

15–50 cm hoch. Pflanzen: **vielstängelig**. Blütenstand: endständig, traubenartig. Blüten: weißlich. Griffel: **> 0,8 mm lang**. Früchte: Schötchen, eiförmig bis undeutlich herzförmig, **4–7 mm lang**, **distal ausgerandet**, kahl *oder* mit wenigen schuppigen Bläschen, 2-samig, im QS abgeflacht, **breit geflügelt**, Scheidewand schmal (senkrecht zu den breiten Seiten der Frucht). Stängel: mit Laubblättern. Blätter: behaart. Grundblätter: **ungeteilt bis gelappt**. obere Stängelblätter: **ungeteilt**, **basal herz- bis pfeilförmig**, **(halb-) stängelumfassend**.

- eingebürgerter Neophyt, urspr. aus West- u. Südwesteuropa
- planar bis montan
- Staudenfluren, Ruderalvegetation

J F M **A M J** J A S O N D

Lepidium latifolium L.

Breitblättrige Kresse *Brassicaceae*
+ K4 C4 A6 G(4)

50–100 cm hoch. Pflanzen: kahl. Blütenstand: endständig, trauben- bis rispenartig. Blüten: weißlich. Früchte: Schötchen, eiförmig bis undeutlich herzförmig, **1–4 mm lang**, **distal abgerundet**, oft mit aufgesetztem Griffel, **behaart**, 2-samig, im QS abgeflacht, **ungeflügelt**, Scheidewand schmal (senkrecht zu den breiten Seiten der Frucht). Stängel: mit Laubblättern. Grundblätter: **ungeteilt**. obere Stängelblätter: **ungeteilt**, **basal verschmälert bis abgerundet**.

- einheimisch
- planar bis collin
- Intensivgrünland, Staudenfluren, Schutt- u. Felsfluren, Ruderalvegetation, Trittfluren, an Mauern, Dünen, Küstenspülsäume, Zier- bzw. Nutzpflanze
- an nährstoffreichen, oft salzhaltigen Standorten

J F M **A M J J A** S O N D

Lepidium perfoliatum L.

Durchwachsenblättrige Kresse *Brassicaceae*
+ K4 C4 A6 G(4)

20–40 cm hoch. Blütenstand: endständig, traubenartig. Blüten: **hellgelblich**. Früchte: Schötchen, eiförmig bis undeutlich herzförmig, **1–4 mm lang**, **distal abgerundet bis ausgerandet**, 4-samig, im QS abgeflacht, **geflügelt**, Scheidewand schmal (senkrecht zu den breiten Seiten der Frucht). Stängel: mit Laubblättern. Blätter: behaart. Grundblätter: 2-fach fiederspaltig. obere Stängelblätter: **ungeteilt**, **basal herz- bis pfeilförmig**, **(halb-) stängelumfassend**.

- in Einbürgerung befindlicher Neophyt, urspr. aus Osteuropa u. Westasien
- planar bis montan
- Grünland, Staudenfluren, Ruderalvegetation, Trittfluren, Zier- bzw. Nutzpflanze
- auch an salzhaltigen Standorten

J F M **A M J** J A S O N D

Lepidium ruderale L.

Schutt-Kresse *Brassicaceae*
+K4 C4 A6 G(4)

10–30 cm hoch. BLÜTENSTAND: endständig, traubenartig. BLÜTEN: weißlich. KRONE: klein *oder* fehlend. FRÜCHTE: Schötchen, eiförmig bis undeutlich herzförmig, **1–4 mm lang, distal ausgerandet**, 2-samig, im QS abgeflacht, **allenfalls distal (schmal) geflügelt**, Scheidewand schmal (senkrecht zu den breiten Seiten der Frucht). STÄNGEL: mit Laubblättern. BLÄTTER: behaart. GRUNDBLÄTTER: **fiederspaltig bis gefiedert**. OBERE STÄNGELBLÄTTER: **ungeteilt bis gelappt, basal verschmälert bis abgerundet**.

- Archaeophyt
- planar bis montan
- Grünland, Staudenfluren, Äcker, Ruderalvegetation, Trittfluren, Zier- bzw. Nutzpflanze

J F M **A M J J A S O** N D

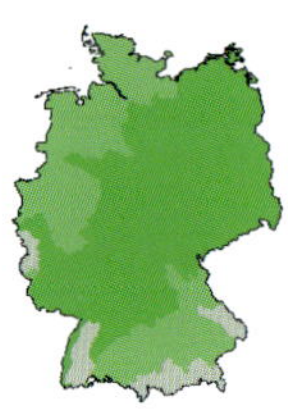

Lepidium sativum L.

Garten-Kresse *Brassicaceae*
+K4 C4 A6 G(4)

20–40 cm hoch. BLÜTENSTAND: endständig, traubenartig. BLÜTEN: weißlich. FRÜCHTE: Schötchen, eiförmig bis undeutlich herzförmig, **4–7 mm lang, distal abgerundet bis ausgerandet**, 2-samig, im QS abgeflacht, **breit geflügelt**, Scheidewand schmal (senkrecht zu den breiten Seiten der Frucht). STÄNGEL: mit Laubblättern. BLÄTTER: behaart. GRUNDBLÄTTER: **fiederspaltig bis gefiedert**. OBERE STÄNGELBLÄTTER: ungeteilt bis fiederspaltig, **basal verschmälert bis abgerundet**.

- unbeständiger Neophyt, urspr. aus Westasien
- planar bis collin
- Äcker, Ruderalvegetation, Zier- bzw. Nutzpflanze

J F M **A M J J A** S O N D

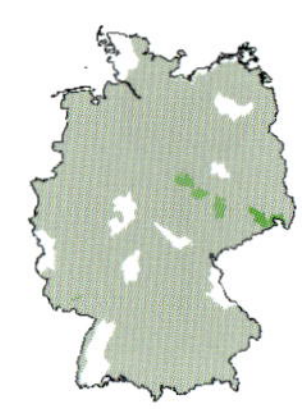

Lepidium virginicum L.

Virginische Kresse *Brassicaceae*
+K4 C4 A6 G(4)

30–50 cm hoch. BLÜTENSTAND: endständig, traubenartig. BLÜTEN: weißlich. FRÜCHTE: Schötchen, eiförmig bis undeutlich herzförmig, **1–4 mm lang, distal abgerundet bis ausgerandet**, 2-samig, im QS abgeflacht, **nur distal (schmal) geflügelt**, Scheidewand schmal (senkrecht zu den breiten Seiten der Frucht). STÄNGEL: mit Laubblättern. BLÄTTER: behaart. GRUNDBLÄTTER: **ungeteilt bis gelappt**, spitz gezähnt. OBERE STÄNGELBLÄTTER: **ungeteilt, basal verschmälert bis abgerundet**, spitz gezähnt.

- eingebürgerter Neophyt, urspr. aus Nordamerika
- planar bis montan
- Staudenfluren, Äcker, Ruderalvegetation, Zier- bzw. Nutzpflanze

J F M **A M J J A S** O N D

Pseudoturritis turrita (L.) Al-Shehbaz

Turmgänsekresse *Brassicaceae*
+K4 C4 A6 G(4) RL 3

10–80 cm hoch. BLÜTENSTAND: traubenartig. BLÜTEN: **hellgelblich bis weißlich**. FRÜCHTE: Schoten, **einseitig überhängend, Samen in den Fruchtfächern jeweils 1-reihig**. BLÄTTER: ungeteilt. OBERE STÄNGELBLÄTTER: ungeteilt, **basal herz- bis pfeilförmig, (halb-) stängelumfassend, gezähnt, mit Sternhaaren**.

- einheimisch
- collin bis montan
- Staudenfluren, Gehölze, Wälder, Schutt- u. Felsfluren
- an kalkreichen, meist trockenen Standorten

J F **M A M J** J A S O N D

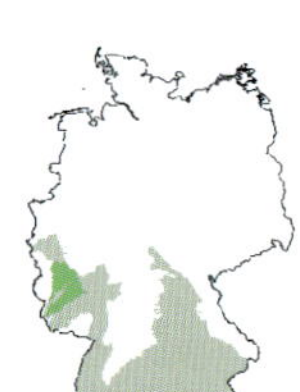

Thesium alpinum L.

Alpen-Vermeinkraut *Santalaceae*
∗ P(3–5) A3–5 G($\overline{3}$) RL 3

Chlorophyllhaltiger Halbparasit, bis 25 cm hoch. Blütenstand: **± einseitswendig, meist unverzweigt, bis in die Spitze mit Blüten**. Tragblätter der Blüten: **vorhanden, ihr Stiel (kurz) mit dem Blütenstiel verwachsen.** Vorblätter unter den Blüten: **2**, kleiner als die Tragblätter. Blüten: weißlich. Blütenhülle: **meist 4-blättrig**. Perigonblätter: am Rand beidseits meist mit je 1 Zähnchen, **2–3-mal so lang wie die Frucht**. Staubblätter: **meist 4**. Tragblätter der oberen Blüten: am Rand glatt. Früchte: Nüsse, **gestielt**, aufrecht-abstehend. Blätter: sommergrün, lineal bis länglich-lanzettlich, **1-nervig**.

- einheimisch
- montan bis alpin
- Extensivgrünland u. Magerrasen, Staudenfluren, Gehölze, Schutt- u. Felsfluren
- an nährstoffarmen, basenreichen Standorten

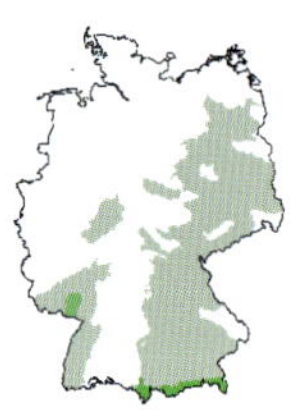

J F M A **M J J A** S O N D

Thesium ebracteatum Hayne

Vorblattloses Vermeinkraut *Santalaceae*
∗ P(4–5) A4–5 G($\overline{3}$) RL 1 § FFH IV, BNatG s

Chlorophyllhaltiger Halbparasit, 10–30 cm hoch. Blütenstand: **distal mit Schopf aus Blättern (*ohne* Blüten)**. Tragblätter der Blüten: **vorhanden, ihr Stiel (kurz) mit dem Blütenstiel verwachsen.** Vorblätter unter den Blüten: **fehlen**. Blüten: weißlich. Blütenhülle: meist 5-blättrig. Perigonblätter: am Rand beidseits meist mit je 1 Zähnchen, **höchstens so lang wie die Frucht**. Staubblätter: meist 5. Früchte: Nüsse, **gestielt**. Ausläufer: unterirdisch. Blätter: sommergrün, lineal bis länglich-lanzettlich.

- einheimisch
- planar
- Extensivgrünland u. Magerrasen, Schutt- u. Felsfluren
- an nährstoffarmen, sauren Standorten

J F M **A M J** J A S O N D

Thesium linophyllon L.

Mittleres Vermeinkraut *Santalaceae*
∗ P(4–5) A4–5 G($\overline{3}$) RL 3

Chlorophyllhaltiger Halbparasit, 10–60 cm hoch. Blütenstand: **bis in die Spitze mit Blüten**. Tragblätter der Blüten: **vorhanden, ihr Stiel (kurz) mit dem Blütenstiel verwachsen.** Vorblätter unter den Blüten: **2**, kleiner als die Tragblätter. Blüten: weißlich. Blütenhülle: meist 5-blättrig. Perigonblätter: am Rand beidseits meist mit je 1 Zähnchen, **zur Fruchtzeit bis zum Grund eingerollt, viel kürzer als die Frucht**. Staubblätter: meist 5. Früchte: Nüsse, **gestielt**. Blätter: sommergrün, lineal bis länglich-lanzettlich.

subsp. *linophyllon* (Mittleres Vermeinkraut): 10–30 cm hoch. Ausläufer: unterirdisch. Blätter: meist gelbgrün, lineal, meist 1–3 mm breit, 1–3-nervig.
subsp. *montanum* (Bayerisches Vermeinkraut): 25–60 cm hoch. Ausläufer: fehlend. Blätter: dunkelgrün, lanzettlich, meist 3–7 mm breit, 3–5-nervig.

- einheimisch
- planar bis montan
- Extensivgrünland u. Magerrasen, Wälder
- an nährstoffarmen, basenreichen, trockenen Standorten

J F M A **M J J A** S O N D

Thesium pyrenaicum Pourr.

Pyrenäen-Vermeinkraut *Santalaceae*
∗ P(4–5) A4–5 G($\overline{3}$) RL 3

Chlorophyllhaltiger Halbparasit, 10–50 cm hoch. Blütenstand: allseitswendig, oft verzweigt, **bis in die Spitze mit Blüten**. Tragblätter der Blüten: **vorhanden, ihr Stiel (kurz) mit dem Blütenstiel verwachsen.** Vorblätter unter den Blüten: **2**, kleiner als die Tragblätter. Blüten: weißlich. Blütenhülle: meist 5-blättrig. Perigonblätter: am Rand beidseits meist mit je 1 Zähnchen, **zur Fruchtzeit röhrig, nur distal eingerollt, 1–2-mal so lang wie die Frucht**. Staubblätter: meist 5. Tragblätter der oberen Blüten: am Rand rau. Früchte: Nüsse, **gestielt**, ± waagerecht abstehend. Blätter: sommergrün, lineal bis länglich-lanzettlich, (undeutlich) 3-nervig.

- einheimisch
- collin bis alpin
- Extensivgrünland u. Magerrasen, Zwergstrauchheiden, Schutt- u. Felsfluren, Ruderalvegetation
- an nährstoffarmen Standorten

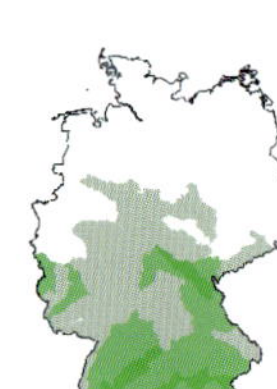

J F M A **M J J A** S O N D

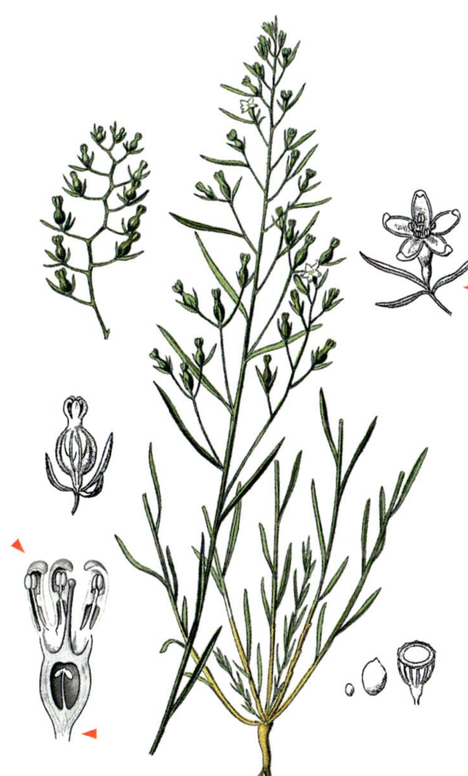

Thesium rostratum Mert. & W. D. J. Koch

Geschnäbeltes Vermeinkraut *Santalaceae*

∗ P(4–5) A4–5 $G(\overline{3})$ RL 3

Chlorophyllhaltiger Halbparasit, 20–30 cm hoch. BLÜTENSTAND: **distal mit Schopf aus Blättern (*ohne* Blüten)**. TRAGBLÄTTER DER BLÜTEN: **vorhanden, ihr Stiel (kurz) mit dem Blütenstiel verwachsen**. VORBLÄTTER UNTER DEN BLÜTEN: **fehlen**. BLÜTEN: weißlich. BLÜTENHÜLLE: meist 5-blättrig. PERIGONBLÄTTER: am Rand beidseits meist mit je 1 Zähnchen, **2–3-mal so lang wie die Frucht**. STAUBBLÄTTER: meist 5. FRÜCHTE: Nüsse, **sitzend**. AUSLÄUFER: fehlend. BLÄTTER: sommergrün, lineal bis länglich-lanzettlich.

- einheimisch
- collin bis montan
- Extensivgrünland u. Magerrasen, Gehölze, Wälder
- an nährstoffarmen, kalkreichen, meist trockenen Standorten

J F M **A M J J** A S O N D

Loranthus europaeus Jacq.

Europäische Riemenblume *Loranthaceae*

∗ [P4–6 A4–5] $G(\overline{2})$ RL R

Auf Bäumen parasitierende Halbparasiten, ± **kugelig wachsend, bis 80 cm** ⌀. BLÜTENSTAND: **ähren- bis traubenartig**. BLÜTEN: **meist** ⚥, basal mit einer kelchähnlichen Erweiterung, grünlich bis gelblich. STAUBBLÄTTER: meist 5. GRIFFEL: **fadenförmig**. FRÜCHTE: Beeren, **hellgelb**. STÄNGEL: **ältere Zweige dunkelgrau bis bräunlich**. SEITENÄSTE: **dichasial verzweigt**. BLATTSTELLUNG: **± gegenständig**. BLÄTTER: **sommergrün**, dunkelgrün, ungeteilt.

- einheimisch
- planar bis collin
- meist auf Eichen, selten auf Esskastanien parasitierend, Zier- bzw. Nutzpflanze

J F **M A M** J J A S O N D

Viscum album L.

Mistel *Loranthaceae*

♂ ∗ [P(4) A4] | ♀ ∗ P(4) $G(\overline{2})$ schwach giftig

Auf Bäumen parasitierende Halbparasiten, ± **kugelig wachsend, bis 150 cm** ⌀. PFLANZEN: 2-häusig. BLÜTENSTAND: knäuelig (dichasial). BLÜTEN: **1-geschlechtig**, grünlich bis gelblich. PERIGONBLÄTTER: basal verwachsen. GRIFFEL: fehlen. FRÜCHTE: Beeren, **sitzend**. STÄNGEL: verholzend, **alle Zweige grünlich**. SEITENÄSTE: **dichasial verzweigt**. BLATTSTELLUNG: **gegenständig**. BLÄTTER: **überwinternd grün**, ungeteilt, **(scheinbar) parallelnervig**.

Im Gebiet kommen 3 Unterarten vor: subsp. *album*, subsp. *abietis* und subsp. *austriacum* (vgl. S. 1432).

- einheimisch
- planar bis montan
- auf Laubbäumen und Sträuchern (subsp. *album*), Tannen (subsp. *abietis*) *oder* Kiefern (subsp. *austriacum*), Zier- bzw. Nutzpflanze

J **F M A M** J J A S O N D

Myricaria germanica (L.) Desv.

Rispelstrauch *Tamaricaceae*

∗ K5 C4–5 A(10) $G(\underline{3})$ RL 1

Strauch, 60–200 cm hoch. BLÜTENSTAND: endständig, **ährenartig bis traubenartig**. BLÜTEN: **weißlich bis hellrosa**. STAUBBLÄTTER: basal verwachsen. FRÜCHTE: **Kapseln**. SAMEN: **mit einem gestieltem Schopf aus langen Haaren (pappusartig)**. SEITENÄSTE: **rutenförmig**. BLATTSTELLUNG: wechselständig. BLÄTTER: **schuppenförmig**, sommergrün, **den Stängel komplett bedeckend**, blau- bzw. graugrün.

- einheimisch
- collin bis montan
- Gehölze, Wälder, Zier- bzw. Nutzpflanze
- an basenreichen, feuchten bis nassen, zuweilen überfluteten Standorten

J F M A **M J J A** S O N D

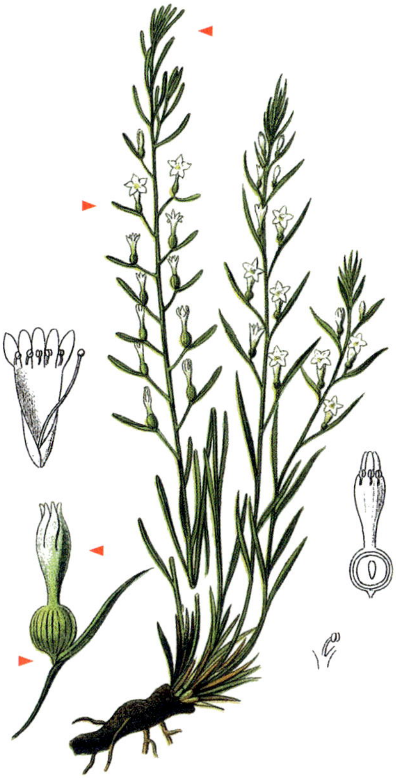

Armeria arenaria (Pers.) Schult.

Wegerich-Grasnelke *Plumbaginaceae*
∗ K(5) C(5) A5 G(5) RL 0 § BNatG b

20–50 cm hoch. Blütenstand: **köpfchenartig**. Blüten: **meist hellrot**. Staubblätter: zuweilen basal verwachsen. Stängel: unverzweigt, mit grundständiger Blattrosette, *ohne* Laubblätter. Blätter: **länglich bis lanzettlich**, 5–15 cm lang, **3–12 mm breit**, **3–7-nervig**.

- ausgestorben
- planar bis collin
- Extensivgrünland u. Magerrasen, Schutt- u. Felsfluren
- an nährstoffarmen, meist trockenen Standorten

J F M A **M J J A** S O N D

Armeria maritima (Mill.) Willd.

Gewöhnliche Grasnelke *Plumbaginaceae*
∗ K(5) C(5) A5 G(5) RL V § BNatG b

10–50 cm hoch. Blütenstand: **köpfchenartig**. Hochblätter unter den Blüten: 2–30 mm lang. Staubblätter: zuweilen basal verwachsen. Stängel: unverzweigt, mit grundständiger Blattrosette, *ohne* Laubblätter. Blätter: **schmal-lineal**, **3-nervig**, **meist (undeutlich) nervig**.

subsp. *elongata* (Sand-Grasnelke): Blütenstand: Stiel: kahl, 15–60 cm lang. Köpfchen: 15–30 mm ⌀. Hochblätter: bleich, 10–30 mm lang. Blüten: meist hellrot. Blätter: 4–25 cm lang, 1–3 mm breit, meist spitz.

subsp. *purpurea* (Purpur-Grasnelke): Südlich der Donau, sehr selten. Köpfchen: 15–25 mm ⌀. Hochblätter: bräunlich, 10–22 mm lang. Blüten: meist dunkelrot. Blätter: 3–15 cm lang, 1–3 mm breit, distal meist abgerundet.

- einheimisch
- planar bis montan
- Extensivgrünland u. Magerrasen, Schutt- u. Felsfluren, Salzwiesen, Dünentäler, Zier- bzw. Nutzpflanze
- an nährstoffarmen, auch schwermetall- o. salzhaltigen Standorten

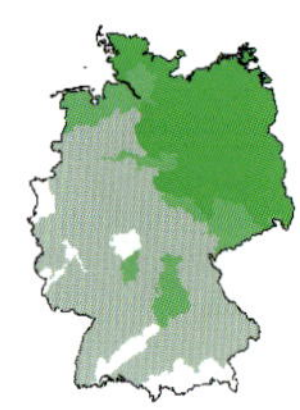

J F M **A M J J A S O** N D

Limonium vulgare Mill.

Gewöhnlicher Strandflieder *Plumbaginaceae*
∗ K(5) C(5) A5 G(5) § BNatG b

20–50 cm hoch. Blütenstand: **rispenartig**. Blüten: **bläulich bis violett**. Staubblätter: zuweilen basal verwachsen. Narben: **fadenförmig**. Stängel: verzweigt, mit grundständiger Blattrosette, *ohne* Laubblätter. Blätter: länglich bis oval, **4–18 cm lang**, **5–40 mm breit**, **kahl**, oft stachelspitzig.

- einheimisch
- planar
- Salzwiesen, Zier- bzw. Nutzpflanze
- an feuchten, zuweilen überfluteten, meist salzhaltigen Standorten

J F M A M J **J A S** O N D

Bistorta officinalis Delarbre

Schlangen-Wiesenknöterich *Polygonaceae*
∗ P5 A4–8 G(3)

30–120 cm hoch. Blütenstand: endständig, ähren- bis ährenrispenartig, *ohne* Bulbillen, **1–2 cm breit**, dichtblütig. Blüten: **rosa**. Nektardrüsen: an der Basis der Blüten. Staubblätter: zuweilen basal verwachsen. Staubbeutel: weißlich bis rötlich. Griffel: *nicht* verwachsen. Narben: kopfig, glatt, glänzend. Stängel: unverzweigt, mit grundständiger Blattrosette. Blätter: länglich bis 3-eckig, **5–15 cm lang**, **> 20 mm breit**, **in den geflügelten Blattstiel verschmälert**.

- einheimisch
- planar bis subalpin
- Grünland, Staudenfluren, Gehölze, Wälder, Zier- bzw. Nutzpflanze

J F M **A M J J A** S O N D

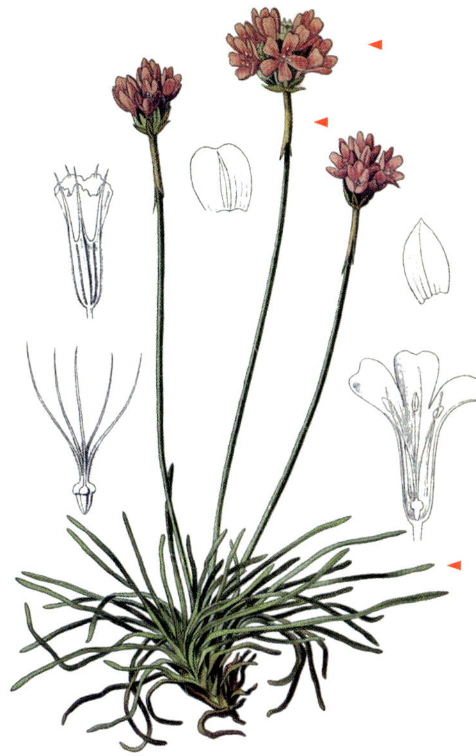

Bistorta vivipara (L.) Delarbre

Knöllchen-Wiesenknöterich *Polygonaceae*
∗ P5 A4–8 G(3)

Bis 25 cm hoch. Blütenstand: endständig, ähren- bis ährenrispenartig, **basal meist mit Bulbillen, 0,3–1 cm breit**, dichtblütig. Blüten: **weißlich**, oft rötlich überlaufen. Nektardrüsen: an der Basis der Blüten. Staubblätter: zuweilen basal verwachsen. Staubbeutel: weißlich bis rötlich. Griffel: *nicht* verwachsen. Narben: kopfig, glatt, glänzend. Stängel: unverzweigt, mit grundständiger Blattrosette. Blätter: länglich bis lanzettlich, **1–5 cm lang, 5–20 mm breit, in den *nicht* geflügelten Blattstiel verschmälert**.

- einheimisch
- montan bis alpin
- Moore u. Seggenriede, Extensivgrünland u. Magerrasen, Staudenfluren, Gehölze, Schutt- u. Felsfluren, Zier- bzw. Nutzpflanze
- an nährstoffarmen Standorten

J F M **A M J J A** S O N D

Fagopyrum esculentum Moench

Echter Buchweizen *Polygonaceae*
∗ P5 A4–8 G(3)

15–60 cm hoch. Pflanzen: aufrecht, *nicht* windend. Blüten: **weißlich, oft rötlich überlaufen.** Perigonblätter: **3–4 mm lang.** Staubblätter: zuweilen basal verwachsen. Narben: kopfig. Früchte: 2-mal so lang wie das Perigon, **im QS 3-kantig, Kanten ganzrandig**. Stängel: oben: mit Haarleiste. Blätter: herzförmig bis 3-eckig, 1–1,5-mal so lang wie breit, basal tief ausgerandet.

- Archaeophyt
- planar bis collin
- Staudenfluren, Äcker, Ruderalvegetation, Zier- bzw. Nutzpflanze

J F M A M **J J A S O** N D

Fagopyrum tataricum (L.) Gaertn.

Tataren-Buchweizen *Polygonaceae*
∗ P5 A4–8 G(3) RL 0

30–80 cm hoch. Pflanzen: aufrecht, *nicht* windend. Blüten: **grünlich bis weißlich.** Perigonblätter: **1,5–2,5 mm lang.** Staubblätter: zuweilen basal verwachsen. Narben: kopfig. Früchte: 2-mal so lang wie das Perigon, **im QS 3-kantig, Kanten gezähnt.** Stängel: oben: mit Haarleiste. Blätter: herzförmig bis 3-eckig, 1–1,5-mal so lang wie breit, basal tief ausgerandet.

- ausgestorbener Neophyt, urspr. aus Asien
- planar bis collin
- Äcker, Ruderalvegetation, Zier- bzw. Nutzpflanze

J F M A M **J J A S O** N D

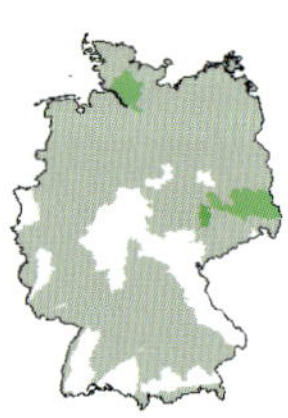

Fallopia baldschuanica (Regel) Holub

Schling-Knöterich *Polygonaceae*
∗ P5 A4–8 G(3)

Mehrjährige Kletterpflanze, bis 15 m hoch kletternd. Pflanzen: **mit windender Sprossachse.** Blütenstand: rispenartig. Blüten: rötlich bis weißlich. Perigonblätter: **4–6 mm lang.** Äussere Perigonblätter: **gekielt bis geflügelt.** Staubblätter: zuweilen basal verwachsen. Narben: kopfig. Fruchtstiele: ***nicht* gegliedert.** Stängel: oft verholzend. Blattstellung: wechselständig. Blätter: **herz- bis pfeilförmig**, ganzrandig; unterseits: grünlich.

- unbeständiger Neophyt, urspr. aus Zentralasien
- planar bis montan
- Gehölze, an Mauern, Zier- bzw. Nutzpflanze

J F M A M **J J A S O** N D

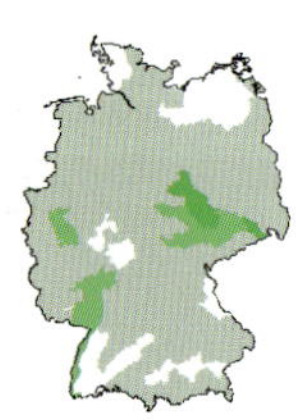

Fallopia convolvulus (L.) Á. Löve

Acker-Flügelknöterich *Polygonaceae*
∗ P5 A4–8 G(3)

1-jährige Kletterpflanze, bis 1 m hoch. Pflanzen: **mit windender Sprossachse**. Blüten: rötlich bis weißlich, **drüsig punktiert**. Perigonblätter: **3–4 mm lang**. Äussere Perigonblätter: **gekielt bis geflügelt**. Staubblätter: zuweilen basal verwachsen. Narben: kopfig. Fruchtstiele: **(scheinbar) oberhalb der Mitte gegliedert, 1–4 mm lang**. Früchte: **matt, feinkörnig, im QS gekielt bis schmal geflügelt**, Flügel basal plötzlich verschmälert. Stängel: **rau**. Blätter: **herzförmig**.

- Archaeophyt
- planar bis montan
- Äcker, Ruderalvegetation, Zier- bzw. Nutzpflanze

J F M A M **J J A S O** N D

Fallopia dumetorum (L.) Holub

Hecken-Flügelknöterich *Polygonaceae*
∗ P5 A4–8 G(3)

1-jährige Kletterpflanze, bis 3 m hoch. Pflanzen: **mit windender Sprossachse**. Blüten: grünlich bis weißlich, *nicht* drüsig punktiert. Perigonblätter: **3–4 mm lang**. Äussere Perigonblätter: **gekielt bis geflügelt**. Staubblätter: zuweilen basal verwachsen. Narben: kopfig. Fruchtstiele: **(scheinbar) in *oder* unterhalb der Mitte gegliedert, 4–10 mm lang**. Früchte: **glänzend, glatt, im QS breit geflügelt**, Flügel basal allmählich verschmälert. Stängel: **glatt**. Blätter: **herzförmig**.

- einheimisch
- planar bis montan
- Staudenfluren, Gehölze, Wälder, Ruderalvegetation, Zier- bzw. Nutzpflanze

J F M A M **J J A S O** N D

Oxyria digyna (L.) Hill

Alpen-Säuerling *Polygonaceae*
∗ P4 A6 G(2) schwach giftig

Bis 15 cm hoch. Blütenstand: **trauben- bis rispenartig**, lockerblütig. Blüten: grünlich, oft rötlich überlaufen. Staubblätter: zuweilen basal verwachsen. Narben: **gefranst**. Früchte: basal ausgerandet, **breit geflügelt, reife Flügel rötlich**. Stängel: mit grundständiger Blattrosette, **meist *ohne* Laubblätter**, seltener 1–2 blättrig. Blätter: **lang gestielt, nierenförmig**, Spreite 0,5–3 cm lang, 1–4 cm breit, kahl, am Rand seicht gebuchtet.

- einheimisch
- subalpin bis alpin
- Schutt- u. Felsfluren, Schneetälchen, Zier- bzw. Nutzpflanze
- an nährstoffarmen, sauren Standorten

J F M A **M J J A** S O N D

Persicaria amphibia (L.) Delarbre

Wasser-Knöterich *Polygonaceae*
∗ P5 A4–8 G(2–3)

Im Boden wurzelnde Wasserpflanze, bildet auch Landformen aus, 30–80 cm hoch. Pflanzen: **mehrjährig**. Blütenstand: endständig, **ährenartig, darunter zuweilen 1 weitere Scheinähre, Scheinähren 0,5–2 cm breit, dichtblütig**. Nektardrüsen: an der Basis der Blüten. Staubblätter: zuweilen basal verwachsen. Staubbeutel: weißlich bis rötlich. Griffel: basal verwachsen. Narben: kopfig, warzig, matt. Früchte: bräunlich, glänzend. Stängel: distal mit Blüten, verzweigt. Ausläufer: **oberirdisch, bewurzelt**. Blattstiele: **(scheinbar) über der Mitte der Ochrea abzweigend**. Blätter: der Landformen behaart.

- einheimisch
- planar bis montan
- Gewässer, Grünland, Äcker, Zier- bzw. Nutzpflanze
- an dauerhaft überfluteten bis zuweilen trockenfallenden Standorten

J F M A **M J J A S O** N D

Persicaria dubia (Stein) Fourr.

Milder Knöterich *Polygonaceae*
∗ P5 A4–8 G(2–3)

10–60 cm hoch. Pflanzen: 1-jährig. Blütenstand: Scheinähren in rispenartigem Gesamtblütenstand, meist überhängend, **Scheinähren 0,2–0,5 cm breit, lockerblütig**. Tragblätter der Blüten: **mit zahlreichen 1–2 mm langen Wimpern**. Blüten: ***nicht* o. spärlich drüsig punktiert**. Nektardrüsen: an der Basis der Blüten. Staubblätter: **meist 6**, zuweilen basal verwachsen. Staubbeutel: weißlich bis rötlich. Griffel: basal verwachsen. Narben: kopfig, warzig, matt. Früchte: 2–3,5 mm lang. Stängel: distal mit Blüten, verzweigt. Blätter: länglich bis lanzettlich, 5–20 mm breit, beidseits verschmälert, mit gleich langen Wimpern; unterseits: **auf den Nerven behaart**. Ochrea: **auf der Fläche behaart, distal 3–5 mm lang bewimpert**.

- einheimisch
- planar bis montan
- trockenfallende Ufer, Staudenfluren, Wälder, Ruderalvegetation, Zier- bzw. Nutzpflanze
- an feuchten bis nassen Standorten

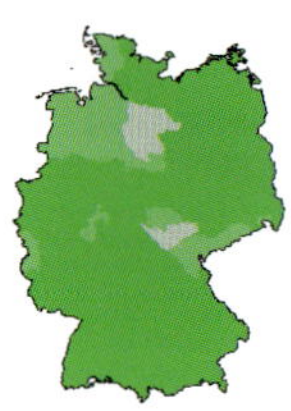

J F M A M J J A S O N D

Persicaria hydropiper (L.) Delarbre

Pfeffer-Knöterich *Polygonaceae*
∗ P4–5 A4–8 G(2–3)

25–60 cm hoch. Pflanzen: 1-jährig. Blütenstand: Scheinähren in rispenartigem Gesamtblütenstand, **Scheinähren 0,2–0,5 cm breit, lockerblütig**. Tragblätter der Blüten: **mit wenigen ± 0,5 mm langen Wimpern**. Blüten: **dicht drüsig punktiert**. Blütenhülle: meist 4-blättrig. Nektardrüsen: an der Basis der Blüten. Staubblätter: zuweilen basal verwachsen. Staubbeutel: weißlich bis rötlich. Griffel: basal verwachsen. Narben: kopfig, warzig, matt. Stängel: distal mit Blüten, verzweigt. Blätter: **pfefferartig schmeckend**, länglich bis lanzettlich. Ochrea: **auf der Fläche ± kahl, distal 1–2 mm lang bewimpert**.

- einheimisch
- planar bis montan
- trockenfallende Ufer, Staudenfluren, Wälder, Äcker, Ruderalvegetation, Zier- bzw. Nutzpflanze
- an nährstoffreichen, feuchten bis nassen, zuweilen überfluteten Standorten

J F M A M J J A S O N D

Persicaria lapathifolia (L.) Delarbre

Ampfer-Knöterich *Polygonaceae*
∗ P5 A4–8 G(2–3)

20–160 cm hoch. Pflanzen: 1-jährig. Blütenstand: Scheinähren in rispenartigem Gesamtblütenstand, **Scheinähren 0,5–1,5 cm breit, dichtblütig**; Hauptachse: **drüsig behaart**. Nektardrüsen: an der Basis der Blüten. Staubblätter: zuweilen basal verwachsen. Staubbeutel: weißlich bis rötlich. Griffel: basal verwachsen. Narben: kopfig, warzig, matt. Früchte: 1,5–3 mm lang, schwarz bis dunkelbraun, glänzend. Stängel: distal mit Blüten, verzweigt. Blattstiele: am unteren Ende der Ochrea abzweigend. Ochrea: **auf der Fläche kahl, distal kahl *oder* < 0,6 mm lang bewimpert**.

Im Gebiet kommen 5 Unterarten vor: subsp. *lapathifolia*, subsp. *brittingeri*, subsp. *leptoclada*, subsp. *mesomorpha* und subsp. *pallida* (vgl. S. 1432).

- einheimisch
- planar bis montan
- trockenfallende Ufer, Staudenfluren, Äcker, Ruderalvegetation, Zier- bzw. Nutzpflanze
- an nährstoffreichen Standorten

J F M A M J J A S O N D

Persicaria maculosa Gray

Floh-Knöterich *Polygonaceae*
∗ P5 A4–8 G(2–3)

10–80 cm hoch. Pflanzen: 1-jährig. Blütenstand: Scheinähren in rispenartigem Gesamtblütenstand, aufrecht, **Scheinähren 0,8–5 cm lang, Scheinähren 0,5–1,5 cm breit**, dichtblütig; Hauptachse: ***ohne* Drüsen**. Nektardrüsen: an der Basis der Blüten. Staubblätter: zuweilen basal verwachsen. Staubbeutel: weißlich bis rötlich. Griffel: basal verwachsen. Narben: kopfig, warzig, matt. Früchte: schwarz, glänzend. Stängel: distal mit Blüten, verzweigt, kahl. Blattstiele: am unteren Ende der Ochrea abzweigend. Blätter: länglich bis lanzettlich, Spreite 4–12 cm lang; unterseits: **angedrückt behaart**. Ochrea: **auf der Fläche behaart, distal 1–2 mm lang bewimpert**.

- einheimisch
- planar bis montan
- Staudenfluren, Äcker, Ruderalvegetation, Zier- bzw. Nutzpflanze

J F M A M J J A S O N D

Persicaria minor (Huds.) Opiz

Kleiner Knöterich *Polygonaceae*
∗ P5 A4–8 G(2–3)

10–40 cm hoch. PFLANZEN: 1-jährig. BLÜTENSTAND: Scheinähren in rispenartigem Gesamtblütenstand, meist aufrecht, **Scheinähren 0,2–0,5 cm breit, lockerblütig**. TRAGBLÄTTER DER BLÜTEN: **mit zahlreichen 1–2 mm langen Wimpern**. BLÜTEN: *nicht* drüsig punktiert. NEKTARDRÜSEN: an der Basis der Blüten. STAUBBLÄTTER: **meist 5**, zuweilen basal verwachsen. STAUBBEUTEL: weißlich bis rötlich. GRIFFEL: basal verwachsen. NARBEN: kopfig, warzig, matt. FRÜCHTE: 1,5–2,5 mm lang. STÄNGEL: distal mit Blüten, verzweigt. BLÄTTER: lineal bis lanzettlich, 2–10 mm breit, bis zur Mitte oft kaum verschmälert, mit verschieden langen Wimpern. OCHREA: **auf der Fläche behaart, distal 3–5 mm lang bewimpert**.

- einheimisch
- planar bis montan
- trockenfallende Ufer, Staudenfluren, Wälder, Ruderalvegetation, Zier- bzw. Nutzpflanze
- an nährstoffreichen, feuchten bis nassen, zuweilen überfluteten Standorten

J F M A M **J J A S O** N D

Polygonum aviculare agg.

Echter Vogelknöterich *Polygonaceae*
∗ P(5) A7–8 G(3)

BLÜTENSTAND: Blüten einzeln bis knäuelig. PERIGONBLÄTTER: tief eingeschnitten, weniger als das basale Drittel verwachsen. STAUBFÄDEN: basal deutlich verbreitert u. ± verwachsen. STAUBBEUTEL: gelblich. NARBEN: kopfig. FRÜCHTE: **1–3 mm lang**, < 1,5-mal so lang wie das Perigon, **rötlich-bräunlich**. STÄNGEL: **aufrecht *oder* niederliegend**, distal mit Laubblättern. BLATTSTIELE: basal mit Trenngewebe. BLÄTTER: kahl.

In Deutschland kommen 2 Arten der Artengruppe *Polygonum aviculare* agg. vor: *P. aviculare* und *P. depressum* (vgl. S. 1432).

- einheimisch
- planar bis montan
- Grünland, Äcker, Ruderalvegetation, Trittfluren, Dünen
- auch an salzhaltigen Standorten

J F M **A M J J A S O N** D

Polygonum oxyspermum Ledeb.

Strand-Vogelknöterich *Polygonaceae*
∗ P(5) A4–8 G(3) RL R

BLÜTENSTAND: Blüten einzeln bis knäuelig. PERIGONBLÄTTER: **sich am Rand *kaum* überdeckend**. STAUBFÄDEN: basal deutlich verbreitert u. ± verwachsen. STAUBBEUTEL: gelblich. NARBEN: kopfig. FRÜCHTE: **3–6 mm lang, ± 1,5-mal so lang wie das Perigon, bräunlich bis grünlich**. STÄNGEL: **komplett niederliegend**, distal mit Laubblättern. BLATTSTIELE: basal mit Trenngewebe. BLÄTTER: kahl.

- einheimisch
- planar
- Salzwiesen, Küstenspülsäume
- an zuweilen überfluteten, meist salzhaltigen Standorten

J F M A M **J J A S** O N D

Polygonum raii Bab.

Rays Vogelknöterich *Polygonaceae*
∗ P(5) A4–8 G(3) RL R

BLÜTENSTAND: Blüten einzeln bis knäuelig. PERIGONBLÄTTER: basal verwachsen, **sich am Rand überdeckend**. STAUBFÄDEN: basal deutlich verbreitert u. ± verwachsen. STAUBBEUTEL: gelblich. NARBEN: kopfig. FRÜCHTE: **3–6 mm lang, ± 1,3-mal so lang wie das Perigon, dunkelbraun bis schwarz**. STÄNGEL: **komplett niederliegend**, distal mit Laubblättern. BLATTSTIELE: basal mit Trenngewebe. BLÄTTER: kahl.

- einheimisch
- planar
- Salzwiesen, Küstenspülsäume
- an nährstoffreichen, feuchten, zuweilen überfluteten, meist salzhaltigen Standorten

J F M A M **J J A S** O N D

Reynoutria japonica Houtt.

Japanischer Flügelknöterich *Polygonaceae*
♂ ∗ P5 A4–8 | ♀ ∗ P5 G(3)

Bis 3 m hoch. Pflanzen: **mehrjährig**, aufrecht, *nicht* windend. Blüten: weißlich. Äussere Perigonblätter: **gekielt bis geflügelt**. Staubblätter: zuweilen basal verwachsen. Narben: gefranst. Früchte: Nüsse. Stängel: distal mit Blüten, **glatt, zuweilen rötlich gefleckt o. überlaufen**. Ausläufer: mit ausgedehntem, stark verzweigtem Rhizom. Blätter: **herzförmig bis 3-eckig, Spreite 10–20 cm lang, < 15 cm breit, basal gerade bis schwach ausgerandet, kahl**.

- eingebürgerter Neophyt, urspr. aus Ostasien
- planar bis montan
- Staudenfluren, Gehölze, Ruderalvegetation, Zier- bzw. Nutzpflanze
- an feuchten bis nassen, zuweilen überfluteten Standorten

J F M A M J J A S O N D

Reynoutria sachalinensis (F. Schmidt) Nakai

Sachalin-Flügelknöterich *Polygonaceae*
♂ ∗ P5 A4–8 | ♀ ∗ P5 G(3)

Bis 5 m hoch. Pflanzen: **mehrjährig**, aufrecht, *nicht* windend. Blüten: grünlich bis weißlich. Äussere Perigonblätter: **gekielt bis geflügelt**. Staubblätter: zuweilen basal verwachsen. Narben: gefranst. Früchte: Nüsse. Stängel: distal mit Blüten, **mit korkigen Längsstreifen**, selten rötlich gefleckt o. überlaufen. Ausläufer: mit ausgedehntem, stark verzweigtem Rhizom. Blätter: **herzförmig, Spreite 20–50 cm lang, bis 30 cm breit, basal deutlich ausgerandet**; unterseits: **mit 1–2 mm langen Haaren**.

- eingebürgerter Neophyt, urspr. aus Ostasien
- planar bis montan
- Staudenfluren, Gehölze, Ruderalvegetation, Zier- bzw. Nutzpflanze
- an nährstoffreichen, feuchten bis nassen, zuweilen überfluteten Standorten

J F M A M J J A S O N D

Reynoutria bohemica Chrtek & Chrtková

Bastard-Flügelknöterich *Polygonaceae*
♂ ∗ P5 A4–8 | ♀ ∗ P5 G(3)

Steriler Hybride (*Fallopia sachalinensis* x *japonica*), **bis 4 m hoch**. Pflanzen: **mehrjährig**, aufrecht, *nicht* windend. Äussere Perigonblätter: **gekielt bis geflügelt**. Staubblätter: zuweilen basal verwachsen. Narben: gefranst. Stängel: distal mit Blüten, **zuweilen rötlich gefleckt o. überlaufen**. Ausläufer: mit ausgedehntem, stark verzweigtem Rhizom. Blätter: **herzförmig bis 3-eckig, Spreite 20–30 cm lang, bis 25 cm breit, basal gerade bis ausgerandet**; unterseits: **mit bis 0,8 mm langen Haaren auf den Nerven**.

- eingebürgerter Neophyt, in Europa entstandener Hybride
- planar bis montan
- Staudenfluren, Gehölze
- an nährstoffreichen Standorten

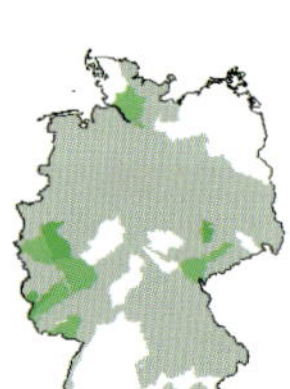

J F M A M J J A S O N D

Rheum rhabarbarum L.

Gewöhnlicher Rhabarber *Polygonaceae*
∗ P6 A9 G(3) schwach giftig

Bis 3 m hoch. Blüten: grünlich, oft rötlich überlaufen. innere Perigonblätter: *nicht* größer als die äußeren. Staubblätter: **9**, zuweilen basal verwachsen. Früchte: geflügelt. Stängel: distal mit Blüten. Blattstiele: **> 40 cm lang, 20–50 mm ⌀**. Blätter: **länglich-herzförmig bis 3-eckig, Spreite 40–80 cm lang, 30–60 cm breit**, kraus, ganzrandig.

- in Einbürgerung befindlicher Neophyt, urspr. aus Zentralasien
- planar bis collin
- Staudenfluren, Ruderalvegetation, Zier- bzw. Nutzpflanze
- an nährstoffreichen Standorten

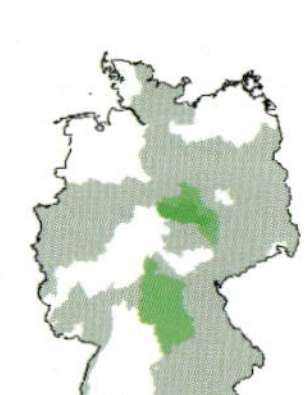

J F M A M J J A S O N D

Rumex: Kräuter. INNERE PERIGONBLÄTTER: der Frucht anliegend, größer als die äußeren, oft mit knorpelartigen Verdickungen (Schwielen). NARBEN: pinselförmig. FRÜCHTE: Nussfrüchte, meist von den inneren Perigonblättern eingehüllt.

Rumex acetosa L.

Wiesen-Sauer-Ampfer *Polygonaceae*
♂ ∗ P6 A6 | ♀ ∗ P6 G($\underline{3}$) schwach giftig

30–120 cm hoch. PFLANZEN: mehrjährig, **2-häusig, Blüten 1-geschlechtig**. BLÜTENSTAND: knäuelig, in rispenartigem Gesamtblütenstand, Knäuel entfernt, Seitenzweige unverzweigt. INNERE PERIGONBLÄTTER: **mit kurzer Schwiele**. ÄUSSERE PERIGONBLÄTTER: **zurückgeschlagen, basal verwachsen**. FRÜCHTE: **1,5–2,5 mm lang**, meist schwarz bis dunkelbraun, glänzend. BLÄTTER: sauer schmeckend. OCHREA: **gezähnt bis stark zerschlitzt**. UNTERE STÄNGELBLÄTTER: **2–6-mal so lang wie breit, basal pfeil- bzw. spießförmig**.

- einheimisch
- planar bis montan
- Grünland, Ruderalvegetation, Zier- bzw. Nutzpflanze

J F M **A M J J A** S O N D

Rumex arifolius All.

Gebirgs-Sauer-Ampfer *Polygonaceae*
♂ ∗ P6 A6 | ♀ ∗ P6 G($\underline{3}$) schwach giftig

30–100 cm hoch. PFLANZEN: mehrjährig, **2-häusig, Blüten 1-geschlechtig**. BLÜTENSTAND: knäuelig, in rispenartigem Gesamtblütenstand, Knäuel entfernt, Seitenzweige unverzweigt. INNERE PERIGONBLÄTTER: **mit kurzer Schwiele**. ÄUSSERE PERIGONBLÄTTER: **zurückgeschlagen, basal verwachsen**. FRÜCHTE: **2,5–3,5 mm lang**, meist gelblich bis bräunlich, matt. BLÄTTER: sauer schmeckend. OCHREA: **± ganzrandig, erst spät zerreißend**. UNTERE STÄNGELBLÄTTER: **< 2,5-mal so lang wie breit, basal pfeil- bzw. spießförmig**.

- einheimisch
- montan bis alpin
- Staudenfluren, Gehölze, Wälder, Zier- bzw. Nutzpflanze
- an basenreichen Standorten

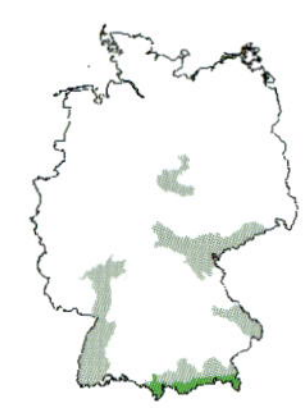

J F M A **M J J A** S O N D

Rumex acetosella L.

Kleiner Sauer-Ampfer *Polygonaceae*
♂ ∗ P6 A6 | ♀ ∗ P6 G($\underline{3}$) schwach giftig

10–30 cm hoch. PFLANZEN: mehrjährig, **2-häusig, Blüten 1-geschlechtig**. INNERE PERIGONBLÄTTER: ***ohne* Schwielen**. ÄUSSERE PERIGONBLÄTTER: **der Frucht anliegend**. BLÄTTER: sauer schmeckend. UNTERE STÄNGELBLÄTTER: > **2-mal so lang wie breit**.

subsp. *acetosella* (Kleiner Sauer-Ampfer): INNERE PERIGONBLÄTTER: sich leicht von der Frucht lösend. FRÜCHTE: breiter als lang. UNTERE STÄNGELBLÄTTER: basal mit 1 Paar spießförmiger Seitenlappen.
subsp. *acetoselloides* (Südöstlicher Kleiner Sauerampfer): INNERE PERIGONBLÄTTER: sich leicht von der Frucht lösend. FRÜCHTE: breiter als lang. UNTERE STÄNGELBLÄTTER: basal mit ≥ 2 Paaren linealer Seitenlappen.
subsp. *angiocarpus* (Hüllfrüchtiger Sauer-Ampfer): INNERE PERIGONBLÄTTER: mit der Frucht fest verwachsen. FRÜCHTE: länger als breit. UNTERE STÄNGELBLÄTTER: mit 1 Paar spießförmiger Seitenlappen.

- einheimisch
- planar bis montan
- Extensivgrünland u. Magerrasen, Wälder, Äcker, Ruderalvegetation, Zier- bzw. Nutzpflanze
- an sauren Standorten

J F M **A M J J A** S O N D

Rumex alpinus L.

Alpen-Ampfer *Polygonaceae*
∗ P6 A6 G($\underline{3}$) schwach giftig

50–150 cm hoch. PFLANZEN: mehrjährig, Blüten meist ⚥, wenn 1-geschlechtig: dann 1-häusig. INNERE PERIGONBLÄTTER: ***ohne* Schwielen**, 4–6 mm lang, 3–5 mm breit, **ganzrandig**. UNTERE STÄNGELBLÄTTER: **1–2-mal so lang wie breit, meist breiter als 15 cm, basal ausgerandet**, distal abgerundet bis kurz zugespitzt.

- einheimisch
- montan bis alpin
- Intensivgrünland, Staudenfluren, Schutt- u. Felsfluren, Ruderalvegetation, Zier- bzw. Nutzpflanze
- an nährstoffreichen Standorten

J F M A **M J J A** S O N D

Rumex aquaticus L.

Wasser-Ampfer *Polygonaceae*
∗ P6 A6 G(3) schwach giftig RL V

80–180 cm hoch. PFLANZEN: mehrjährig, Blüten meist ⚥, wenn 1-geschlechtig: dann 1-häusig. INNERE PERIGONBLÄTTER: ***ohne* Schwielen**, 5–9 mm lang, 5–7 mm breit, **ganzrandig**. UNTERE STÄNGELBLÄTTER: **1,5–2,5-mal so lang wie breit**, **basal ausgerandet**, lang zugespitzt.

- einheimisch
- planar bis montan
- Gewässer, Röhrichte, Moore u. Seggenriede, Grünland, Zier- bzw. Nutzpflanze
- an nährstoffreichen, feuchten bis nassen, zuweilen überfluteten Standorten

J F M A M J J A S O N D

Rumex conglomeratus Murray

Knäuel-Ampfer *Polygonaceae*
∗ P6 A6 G(3) schwach giftig

30–80 cm hoch. PFLANZEN: mehrjährig, Blüten meist ⚥, wenn 1-geschlechtig: dann 1-häusig. BLÜTENSTAND: knäuelig, in rispenartigem Gesamtblütenstand, Knäuel entfernt. BLÜTENSTIELE: kaum länger als die inneren Perigonblätter. INNERE PERIGONBLÄTTER: **meist *alle* mit Schwiele**, **länglich-lanzettlich**, 3–4 mm lang, **ganzrandig**, selten mit 1–2 kurzen Zähnen, Zähne < 0,5 mm lang; Schwielen > 2-mal so lang wie breit. UNTERE STÄNGELBLÄTTER: **> 3-mal so lang wie breit**.

- einheimisch
- planar bis montan
- Grünland, Staudenfluren, Gehölze, Ruderalvegetation, Trittfluren, Zier- bzw. Nutzpflanze
- an nährstoffreichen Standorten

J F M A M J J A S O N D

Rumex crispus L.

Krauser Ampfer *Polygonaceae*
∗ P6 A6 G(3) schwach giftig

30–150 cm hoch. PFLANZEN: mehrjährig, Blüten meist ⚥, wenn 1-geschlechtig: dann 1-häusig. BLÜTENSTAND: knäuelig, in rispenartigem Gesamtblütenstand, Knäuel genähert. INNERE PERIGONBLÄTTER: **mindestens *eins* mit Schwiele**, **herzförmig**, 3–7 mm lang, **ganzrandig**, selten mit 1–2 kurzen Zähnen, Zähne < 0,5 mm lang; Schwielen 1–2-mal so lang wie breit. UNTERE STÄNGELBLÄTTER: Blattstiele oberseits flach, Spreite 15–50 cm lang, **3–6-mal so lang wie breit**, **stark kraus**, lang zugespitzt, dunkelgrün.

- einheimisch
- planar bis montan
- Grünland, Staudenfluren, Ruderalvegetation, Trittfluren, Zier- bzw. Nutzpflanze
- an feuchten bis nassen, zuweilen überfluteten Standorten

J F M A M J J A S O N D

Rumex hydrolapathum Huds.

Fluß-Ampfer *Polygonaceae*
∗ P6 A6 G(3) schwach giftig

100–200 cm hoch. PFLANZEN: mehrjährig, Blüten meist ⚥, wenn 1-geschlechtig: dann 1-häusig. BLÜTENSTAND: knäuelig, in rispenartigem Gesamtblütenstand, Knäuel genähert. INNERE PERIGONBLÄTTER: ***alle* mit Schwiele**, **3-eckig**, 4–8 mm lang, **ganzrandig**, selten mit 1–2 kurzen Zähnen, Zähne < 0,5 mm lang; Schwielen > 2-mal so lang wie breit. UNTERE STÄNGELBLÄTTER: Blattstiele oberseits flach, **Spreite 40–100 cm lang**, **> 3-mal so lang wie breit**.

- einheimisch
- planar bis collin
- Gewässer, Röhrichte, Moore u. Seggenriede, Zier- bzw. Nutzpflanze
- an nassen, zuweilen trockenfallenden Standorten

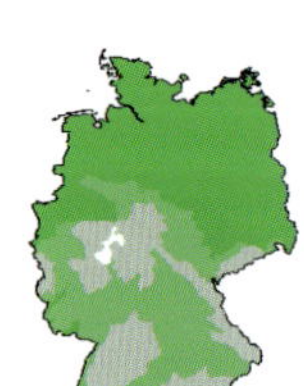

J F M A M J J A S O N D

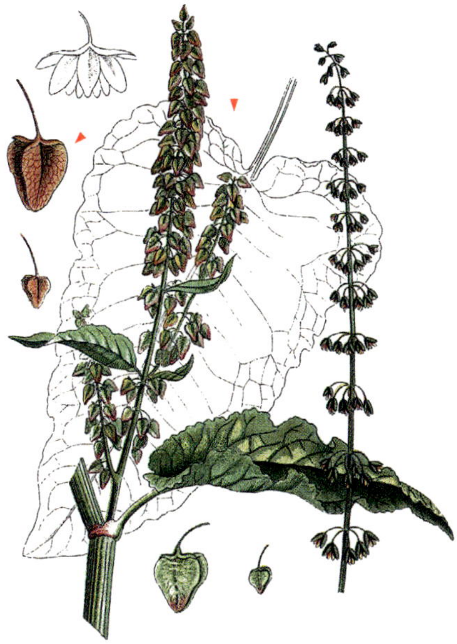

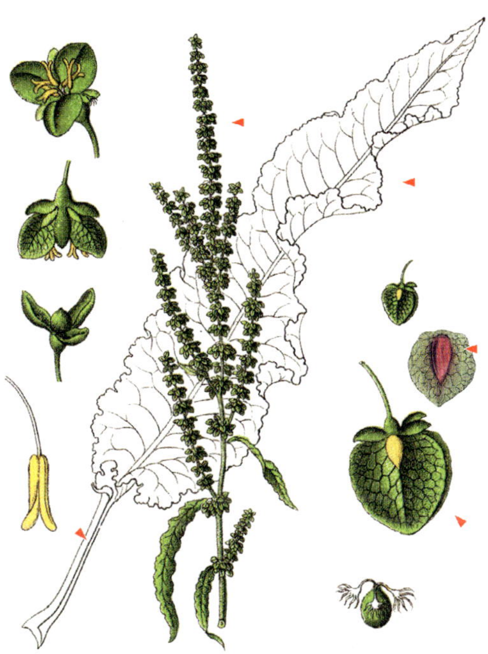

Rumex longifolius DC.

Nordischer Ampfer *Polygonaceae*
∗ P6 A6 G(3) schwach giftig

60–150 cm hoch. PFLANZEN: mehrjährig, Blüten meist ⚥, wenn 1-geschlechtig: dann 1-häusig. INNERE PERIGONBLÄTTER: *ohne* o. mit undeutlichen Schwielen, 4–6,5 mm lang, 5–7 mm breit, **ganzrandig bis kurz gezähnt**. UNTERE STÄNGELBLÄTTER: **3–4-mal so lang wie breit, basal verschmälert**.

- eingebürgerter Neophyt, urspr. aus Europa u. Asien
- planar bis montan
- Intensivgrünland, Staudenfluren, Ruderalvegetation
- an nährstoffreichen Standorten

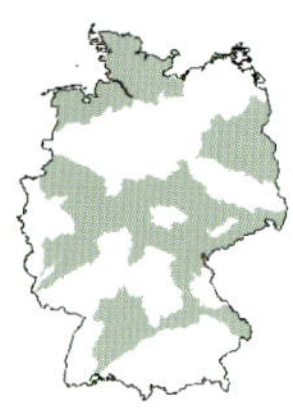

J F M A M **J J A** S O N D

Rumex maritimus L.

Strand-Ampfer *Polygonaceae*
∗ P6 A6 G(3) schwach giftig

10–60 cm hoch. PFLANZEN: **1–2-jährig**, Blüten meist ⚥, wenn 1-geschlechtig: dann 1-häusig, **zur Fruchtzeit gelblich**. INNERE PERIGONBLÄTTER: **mindestens *eins* mit Schwiele**, 2–3 mm lang, **beidseits meist mit je 2–3 Zähnen, Zähne ± 2-mal so lang wie die zentrale Fläche der Perigonblätter breit**; Schwielen > 2-mal so lang wie breit. UNTERE STÄNGELBLÄTTER: **basal verschmälert**. MITTLERE STÄNGELBLÄTTER: **4–10-mal so lang wie breit**.

- einheimisch
- planar bis montan
- trockenfallende Ufer, Moore u. Seggenriede, Staudenfluren, Zier- bzw. Nutzpflanze
- an nährstoffreichen, basenreichen, nassen, meist überfluteten, auch salzhaltigen Standorten

J F M A M **J J A S** O N D

Rumex nivalis Hegetschw.

Schnee-Sauer-Ampfer *Polygonaceae*
♂ ∗ P6 A6 | ♀ ∗ P6 G(3) schwach giftig RL R

10–20 cm hoch. PFLANZEN: mehrjährig, **2-häusig, Blüten 1-geschlechtig**. INNERE PERIGONBLÄTTER: **mit kurzer Schwiele**. ÄUSSERE PERIGONBLÄTTER: **zurückgeschlagen, basal verwachsen**. STÄNGEL: **meist unverzweigt, mit ≤ 2 Laubblättern**. BLÄTTER: **schwach sukkulent**, sauer schmeckend. UNTERE STÄNGELBLÄTTER: **< 2-mal so lang wie breit, basal pfeil- bzw. spießförmig**.

- einheimisch
- subalpin bis alpin
- Schutt- u. Felsfluren, Schneetälchen, Zier- bzw. Nutzpflanze
- an kalkreichen Standorten

J F M A M **J J A S** O N D

Rumex obtusifolius L.

Stumpfblättriger Ampfer *Polygonaceae*
∗ P6 A6 G(3) schwach giftig

50–120 cm hoch. PFLANZEN: mehrjährig, Blüten meist ⚥, wenn 1-geschlechtig: dann 1-häusig. BLÜTENSTIELE: **1,5–2,5-mal so lang wie die inneren Perigonblätter**, dünn. INNERE PERIGONBLÄTTER: **mindestens *eins* mit Schwiele, meist gezähnt**; Schwielen > 2-mal so lang wie breit. UNTERE STÄNGELBLÄTTER: Spreite 15–50 cm lang, **< 3-mal so lang wie breit, basal ausgerandet, distal abgerundet bis kurz zugespitzt**.

Im Gebiet kommen 3 Unterarten vor: subsp. *obtusifolius*, subsp. *silvestris* und subsp. *transiens* (vgl. S. 1432).

- einheimisch
- planar bis montan
- Intensivgrünland, Staudenfluren, Ruderalvegetation, Trittfluren, Zier- bzw. Nutzpflanze
- an nährstoffreichen Standorten

J F M A M **J J A** S O N D

Rumex palustris Sm.

Sumpf-Ampfer *Polygonaceae*
∗ P6 A6 G(3) schwach giftig RL V

10–80 cm hoch. PFLANZEN: **1–2-jährig,** Blüten meist ⚥, wenn 1-geschlechtig: dann 1-häusig. INNERE PERIGONBLÄTTER: **mindestens *eins* mit Schwiele,** 3–4 mm lang, **beidseits meist mit je 2–3 Zähnen, Zähne ± so lang wie die zentrale Fläche der Perigonblätter breit;** Schwielen 1–2-mal so lang wie breit. UNTERE STÄNGELBLÄTTER: **basal verschmälert.** MITTLERE STÄNGELBLÄTTER: **4–10-mal so lang wie breit.**

- einheimisch
- planar bis montan
- trockenfallende Ufer, Moore u. Seggenriede, Staudenfluren, Ruderalvegetation
- an nährstoffreichen, kalkreichen, nassen, meist überfluteten Standorten

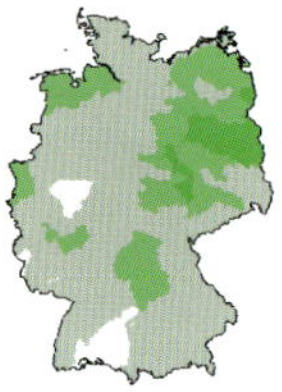

J F M A M J J A S O N D

Rumex patientia L.

Garten-Ampfer *Polygonaceae*
∗ P6 A6 G(3) schwach giftig

80–150 cm hoch. PFLANZEN: mehrjährig, Blüten meist ⚥, wenn 1-geschlechtig: dann 1-häusig. BLÜTENSTAND: knäuelig, in rispenartigem Gesamtblütenstand, Knäuel genähert. INNERE PERIGONBLÄTTER: **meist nur *eins* mit Schwiele, herzförmig,** 4–8 mm lang, **ganzrandig,** selten mit 1–2 kurzen Zähnen; Schwielen 1–2-mal so lang wie breit. UNTERE STÄNGELBLÄTTER: **Blattstiele oberseits gefurcht,** Spreite 15–50 cm lang, **2–4-mal so lang wie breit,** zugespitzt, frischgrün.

- unbeständiger Neophyt, urspr. aus dem östlichen Mittelmeergebiet
- planar bis collin
- Staudenfluren, Ruderalvegetation, Zier- bzw. Nutzpflanze

J F M A M J J A S O N D

Rumex pulcher L.

Schöner Ampfer *Polygonaceae*
∗ P6 A6 G(3) schwach giftig

15–60 cm hoch. PFLANZEN: mehrjährig, Blüten meist ⚥, wenn 1-geschlechtig: dann 1-häusig. BLÜTENSTIELE: höchstens so lang wie die inneren Perigonblätter, dick. INNERE PERIGONBLÄTTER: **mindestens *eins* mit Schwiele, beidseits meist mit je 3–8 Zähnen, die längeren Zähne ± so lang wie die zentrale Fläche der Perigonblätter breit;** Schwielen > 2-mal so lang wie breit. UNTERE STÄNGELBLÄTTER: **schwach sukkulent, meist leierförmig,** Spreite 5–15 cm lang, **basal ausgerandet, distal abgerundet bis kurz zugespitzt.**

- Archaeophyt
- planar bis montan
- Staudenfluren, Ruderalvegetation, Zier- bzw. Nutzpflanze
- meist an trockenen Standorten

J F M A M J J A S O N D

Rumex sanguineus L.

Blut-Ampfer *Polygonaceae*
∗ P6 A6 G(3) schwach giftig

50–80 cm hoch. PFLANZEN: mehrjährig, Blüten meist ⚥, wenn 1-geschlechtig: dann 1-häusig. BLÜTENSTAND: knäuelig, in rispenartigem Gesamtblütenstand, Knäuel entfernt. BLÜTENSTIELE: **> 1,5-mal so lang wie die inneren Perigonblätter.** INNERE PERIGONBLÄTTER: **mindestens *eins* mit Schwiele, länglich-lanzettlich,** 3–4 mm lang, **ganzrandig,** selten mit 1–2 kurzen Zähnen, Zähne < 0,5 mm lang; Schwielen 0,75–1,25-mal so lang wie breit. UNTERE STÄNGELBLÄTTER: länglich-oval bis lanzettlich, Spreite 5–15 cm lang, **3–5-mal so lang wie breit, basal verschmälert.**

- einheimisch
- planar bis montan
- Staudenfluren, Gehölze, Wälder, Ruderalvegetation, Zier- bzw. Nutzpflanze
- an feuchten bis nassen Standorten

J F M A M J J A S O N D

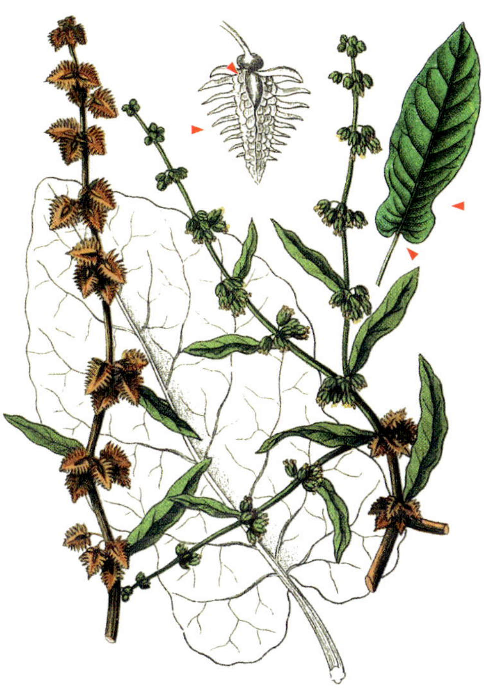

Rumex scutatus L.

Schild-Ampfer *Polygonaceae*
♂ ∗ P6 A6 | ♀ ∗ P6 G($\underline{3}$) schwach giftig

20–40 cm hoch. PFLANZEN: mehrjährig, **2-häusig, Blüten 1-geschlechtig**. INNERE PERIGONBLÄTTER: ***ohne* Schwielen**. ÄUSSERE PERIGONBLÄTTER: **der Frucht anliegend, *nicht* verwachsen**. BLÄTTER: sauer schmeckend. UNTERE STÄNGELBLÄTTER: **herz- bis nierenförmig, < 2-mal so lang wie breit, basal herzförmig bis undeutlich pfeil- bzw. spießförmig**.

- einheimisch
- collin bis subalpin
- Extensivgrünland u. Magerrasen, Staudenfluren, Schutt- u. Felsfluren, Ruderalvegetation, Zier- bzw. Nutzpflanze

J F M **A M J J A** S O N D

Rumex stenophyllus Ledeb.

Schmalblättriger Ampfer *Polygonaceae*
∗ P6 A6 G($\underline{3}$) schwach giftig

60–100 cm hoch. PFLANZEN: mehrjährig, Blüten meist ⚥, wenn 1-geschlechtig: dann 1-häusig. BLÜTENSTAND: knäuelig, in rispenartigem Gesamtblütenstand, Knäuel genähert. INNERE PERIGONBLÄTTER: ***alle* mit Schwiele, herzförmig**, 3–5 mm lang, **ganzrandig**, selten mit 1–2 kurzen Zähnen, Zähne 0,3–1 mm lang. UNTERE STÄNGELBLÄTTER: Blattstiele oberseits flach, **länglich-lineal**, Spreite 15–50 cm lang, **3–8-mal so lang wie breit, basal verschmälert**, allenfalls schwach kraus, dunkelgrün.

- eingebürgerter Neophyt, urspr. aus Südosteuropa
- planar bis collin
- Intensivgrünland, Ruderalvegetation
- an basenreichen, feuchten, zuweilen überfluteten, auch salzhaltigen Standorten

J F M A M **J J A** S O N D

Rumex thyrsiflorus Fingerh.

Rispen-Sauer-Ampfer *Polygonaceae*
♂ ∗ P6 A6 | ♀ ∗ P6 G($\underline{3}$) schwach giftig

30–100 cm hoch. PFLANZEN: mehrjährig, **2-häusig, Blüten 1-geschlechtig**. BLÜTENSTAND: knäuelig, in rispenartigem Gesamtblütenstand, Knäuel genähert, **Seitenzweige meist mehrfach verzweigt**. INNERE PERIGONBLÄTTER: **mit kurzer Schwiele**. ÄUSSERE PERIGONBLÄTTER: **zurückgeschlagen, basal verwachsen**. WURZELN: mit langer Pfahlwurzel. BLÄTTER: sauer schmeckend. OCHREA: **gezähnt bis stark zerschlitzt**. UNTERE STÄNGELBLÄTTER: **4–16-mal so lang wie breit, basal pfeil- bzw. spießförmig**.

- einheimisch
- planar bis collin
- Grünland, Staudenfluren, Ruderalvegetation, Zier- bzw. Nutzpflanze
- meist an trockenen Standorten

J F M A M **J J A S** O N D

Rumex triangulivalvis (Danser) Rech. f.

Weidenblatt-Ampfer *Polygonaceae*
∗ P6 A6 G($\underline{3}$) schwach giftig

30–100 cm hoch. PFLANZEN: mehrjährig, Blüten meist ⚥, wenn 1-geschlechtig: dann 1-häusig. BLÜTENSTAND: knäuelig, in rispenartigem Gesamtblütenstand, Knäuel entfernt. BLÜTENSTIELE: kaum länger als die inneren Perigonblätter. INNERE PERIGONBLÄTTER: **mindestens *eins* mit Schwiele, oval bis 3-eckig, ganzrandig**, selten mit 1–2 kurzen Zähnen, Zähne < 0,5 mm lang. UNTERE STÄNGELBLÄTTER: **länglich-lanzettlich**, Spreite 10–20 cm lang, **> 3-mal so lang wie breit, basal verschmälert**.

- eingebürgerter Neophyt, urspr. aus Nordamerika
- planar bis collin
- Grünland, Ruderalvegetation, Zier- bzw. Nutzpflanze

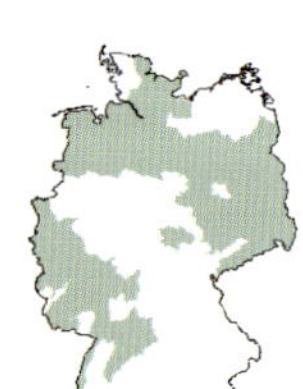

J F M A **M J J A S** O N D

Aldrovanda vesiculosa L.

Wasserfalle *Droseraceae*
∗ K(5) C5 A5 G(3) RL 0 § FFH IV, BNatG s

Insektivore freischwimmende Wasserpflanze, allenfalls die Blüten aus dem Wasser ragend. Blüten: grünlich bis weißlich. Kelchblätter: basal verwachsen. Früchte: Kapseln. Wurzeln: fehlen. Stängel: 10–30 cm lang, biegsam, nicht zerbrechlich. Knoten: **6–10-blättrig**. Blattstiele: **abgeflacht**. Blätter: **aus mehreren Fühlborsten u. Fangblase bestehend**.

- ausgestorben
- planar bis collin
- Gewässer, Moore u. Seggenriede
- an dauerhaft überfluteten Standorten

J F M A M **J J A** S O N D

Drosera intermedia Hayne

Mittlerer Sonnentau *Droseraceae*
∗ K(5) C5 A5 G(3) RL 3 § BNatG b

Insektivore Pflanze mit klebrigen Blättern, bis 15 cm hoch. Blütenstand: wickelartig, **< 1,5-mal so lang wie die Blätter**; Stiel: **seitlich aus der Rosette entspringend, bogig aufsteigend**. Blüten: weißlich. Kelchblätter: basal verwachsen. Früchte: Kapseln, **von hervortretenden Nerven längs-gefurcht**. Stängel: mit grundständiger Blattrosette, *ohne* Laubblätter. Blätter: **allmählich in den Stiel übergehend, länglich bis spatelförmig, Spreite 0,7–1 cm lang, 2–5 mm breit, 2–4-mal so lang wie breit**.

- einheimisch
- planar bis montan
- Moore u. Seggenriede, Zier- bzw. Nutzpflanze
- an nährstoffarmen, sauren, nassen, zuweilen überfluteten Standorten

J F M A M **J J A** S O N D

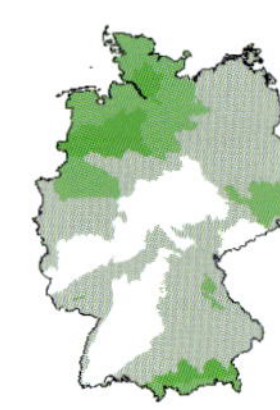

Drosera longifolia L.

Langblättriger Sonnentau *Droseraceae*
∗ K(5) C5 A5 G(3) RL 2 § BNatG b

Insektivore Pflanze mit klebrigen Blättern, bis 25 cm hoch. Blütenstand: wickelartig, **meist 2–3-mal so lang wie die Blätter**; Stiel: **(scheinbar) dem Zentrum der Rosette entspringend, aufrecht**. Blüten: weißlich. Kelchblätter: basal verwachsen. Früchte: Kapseln, **glatt, deutlich länger als die Kelchblätter**. Stängel: mit grundständiger Blattrosette, *ohne* Laubblätter. Blätter: **allmählich in den Stiel übergehend, länglich bis oval, Spreite 1–4 cm lang, 3–7 mm breit, 4–10-mal so lang wie breit**.

- einheimisch
- planar bis montan
- Moore u. Seggenriede, Zier- bzw. Nutzpflanze
- an nährstoffarmen, nassen, zuweilen überfluteten Standorten

J F M A M **J J A** S O N D

Drosera rotundifolia L.

Rundblättriger Sonnentau *Droseraceae*
∗ K(5) C5 A5 G(3) RL 3 § BNatG b

Insektivore Pflanze mit klebrigen Blättern, bis 20 cm hoch. Blütenstand: wickelartig, **> 3-mal so lang wie die Blätter**. Blüten: weißlich. Kelchblätter: basal verwachsen. Früchte: Kapseln, **glatt**. Stängel: mit grundständiger Blattrosette, *ohne* Laubblätter. Blattstiele: 1,2–6 cm lang. Blätter: **plötzlich in den Stiel verschmälert, oval bis rundlich, Spreite 0,5–1 cm lang, 5–15 mm breit, 0,6–1,4-mal so lang wie breit**.

- einheimisch
- planar bis montan
- Moore u. Seggenriede, Zwergstrauchheiden, Zier- bzw. Nutzpflanze
- an nährstoffarmen, sauren, nassen Standorten

J F M A M **J J A** S O N D

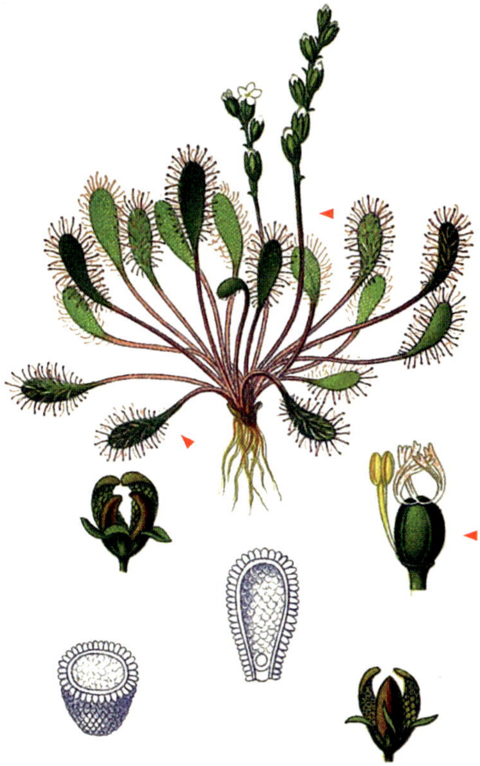

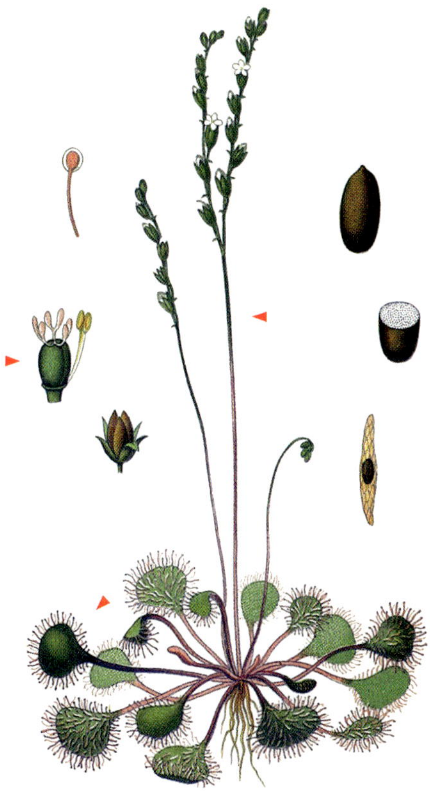

Corrigiola litoralis L.

Hirschsprung *Caryophyllaceae*
⁎ K5 C5 A5 G(3) RL 3

Bis 10 cm hoch. Blüten: **weißlich**, oft rötlich überlaufen. Kronblätter: **etwas kürzer als die Kelchblätter**. Kelchblätter: distal ± abgerundet. Früchte: 1-samige Nüsse. Samen: Embryo stark gekrümmt. Stängel: < 50 cm lang, **basal niederliegend**, stark verzweigt. Blattstellung: wechselständig. Blätter: **länglich-lineal**. Nebenblätter: **vorhanden**.

- einheimisch
- planar bis collin
- trockenfallende Ufer, Grünland, Staudenfluren, Äcker, Ruderalvegetation, Trittfluren, Zier- bzw. Nutzpflanze

J F M A M **J J A S O** N D

Herniaria glabra L.

Kahles Bruchkraut *Caryophyllaceae*
⁎ K5 C5 A5 G(2)

Bis 30 cm hoch. Blütenstand: blattachselständig, knäuelig. Blüten: grünlich bis weißlich. Kelchblätter: unbegrannt, **± kahl**. Früchte: 1-samige Nüsse, **mindestens so lang wie der Kelch**. Samen: Embryo stark gekrümmt. Stängel: niederliegend, **Stängelglieder 2–6 mm lang, meist kürzer als die Blätter**. Blattstellung: gegenständig. Blätter: länglich bis oval, **± kahl**. Nebenblätter: vorhanden.

- Archaeophyt
- planar bis montan
- trockenfallende Ufer, Extensivgrünland u. Magerrasen, Ruderalvegetation, Trittfluren, Zier- bzw. Nutzpflanze
- an nährstoffarmen, meist trockenen Standorten

J F M A **M J J A S O** N D

Herniaria hirsuta L.

Behaartes Bruchkraut *Caryophyllaceae*
⁎ K5 C5 A5 G(2)

Bis 20 cm hoch. Blütenstand: blattachselständig, knäuelig. Blüten: grünlich bis weißlich. Kelchblätter: unbegrannt, **behaart**. Früchte: 1-samige Nüsse, **kürzer als der Kelch**. Samen: Embryo stark gekrümmt. Stängel: niederliegend. Blattstellung: gegenständig. Blätter: länglich bis oval, **behaart**. Nebenblätter: vorhanden.

- eingebürgerter Neophyt, urspr. aus dem Mittelmeergebiet
- planar bis montan
- trockenfallende Ufer, Grünland, Äcker, Ruderalvegetation, Zier- bzw. Nutzpflanze
- meist an trockenen Standorten

J F M A M **J J A S** O N D

Illecebrum verticillatum L.

Quirlige Knorpelmiere *Caryophyllaceae*
⁎ K5 C5 A3–5 G(2) RL 2

Bis 25 cm hoch. Blütenstand: blattachselständig, **knäuelig**. Blüten: **weißlich**. Krone: **kürzer als die Kelchblätter, oft fehlend**. Kelchblätter: **knorpelig-weißlich verdickt**, **grannenspitzig**. Früchte: 1-samige Nüsse. Samen: Embryo ± gerade. Stängel: **niederliegend**. Blattstellung: gegenständig. Blätter: **lanzettlich bis oval, kahl**. Nebenblätter: vorhanden.

- einheimisch
- planar
- trockenfallende Ufer
- an nährstoffarmen, sauren Standorten

J F M A M **J J A S** O N D

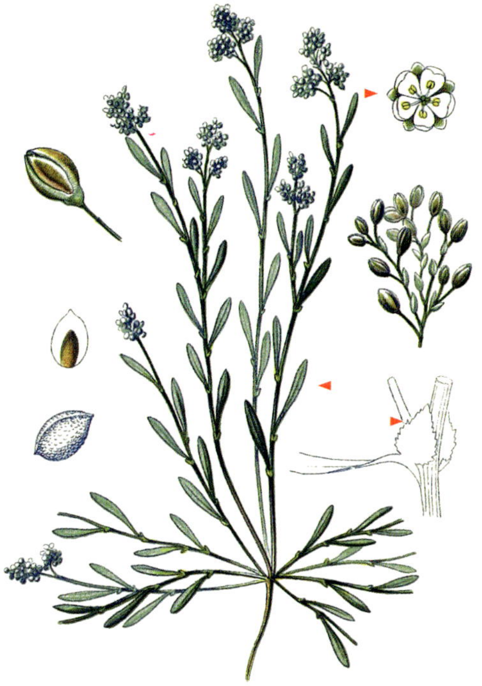

Polycarpon tetraphyllum (L.) L.

Vierblättriges Nagelkraut *Caryophyllaceae*
∗ K5 C5 A3–5 G(3)

Bis 15 cm hoch. PFLANZEN: meist mehrstängelig, **kahl.** BLÜTENSTAND: dichasial. BLÜTEN: meist weißlich. KRONBLÄTTER: **kürzer als der Kelch.** FRÜCHTE: Kapseln. STÄNGEL: stark verzweigt. BLATTSTELLUNG: **(scheinbar) quirlig.** KNOTEN: **meist 4- seltener 6-blättrig.** NEBENBLÄTTER: vorhanden.

- eingebürgerter Neophyt, urspr. aus dem Mittelmeergebiet
- planar bis collin
- Grünland, Staudenfluren, Ruderalvegetation, Trittfluren, Zier- bzw. Nutzpflanze
- meist an trockenen Standorten

J F M A M **J J A S** O N D

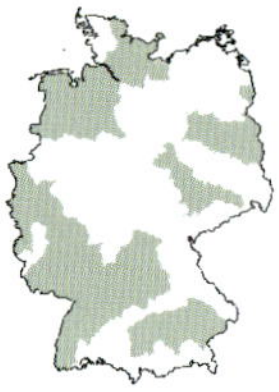

Spergula arvensis L.

Acker-Spergel *Caryophyllaceae*
∗ K5 C5 A10 G(5)

Meist 10–50 cm hoch, zuweilen höher. BLÜTEN: weißlich. KRONBLÄTTER: meist breit-oval, distal ± abgerundet. KELCHBLÄTTER: **drüsig behaart.** STAUBBLÄTTER: **10.** FRÜCHTE: Kapseln, 5-zähnig. SAMEN: 0,7–3 mm ⌀, **mit hellem Hautrand, Hautrand < 0,2 mm breit.** BLATTSTELLUNG: (scheinbar) quirlig. KNOTEN: **≥ 6-blättrig.** BLÄTTER: lineal; UNTERSEITS: **mit Längsfurche.** NEBENBLÄTTER: vorhanden.

- Archaeophyt
- planar bis montan
- Äcker, Ruderalvegetation, Zier- bzw. Nutzpflanze
- an sauren Standorten

J F M A **M J J A S O** N D

Spergula morisonii Boreau

Frühlings-Spergel *Caryophyllaceae*
∗ K5 C5 A6–10 G(4–5) RL V

Bis 20 cm hoch. BLÜTEN: weißlich. KRONBLÄTTER: meist breit-oval, sich am Rand berührend, distal ± abgerundet. STAUBBLÄTTER: **meist 10.** FRUCHTKNOTEN: meist 5-blättrig. FRÜCHTE: Kapseln, 5-zähnig. SAMEN: **mit bräunlichem Hautrand, Hautrand 0,3–0,5 mm breit.** BLATTSTELLUNG: (scheinbar) quirlig. KNOTEN: **≥ 6-blättrig.** BLÄTTER: lineal bis länglich; UNTERSEITS: *ohne* Längsfurche. NEBENBLÄTTER: vorhanden.

- einheimisch
- planar bis collin
- Extensivgrünland u. Magerrasen, Schutt- u. Felsfluren, Dünen
- an nährstoffarmen, meist trockenen Standorten

J F **M A M J** J A S O N D

Spergula pentandra L.

Fünfmänniger Spergel *Caryophyllaceae*
∗ K5 C5 A5 G(5) RL 2

Bis 25 cm hoch. BLÜTEN: weißlich. KRONBLÄTTER: meist lanzettlich, sich am Rand nicht berührend, ± spitz. STAUBBLÄTTER: **5.** GRIFFEL: 5. FRÜCHTE: Kapseln, 5-zähnig. SAMEN: **mit hellem Hautrand, Hautrand 0,5–0,8 mm breit.** BLATTSTELLUNG: (scheinbar) quirlig. KNOTEN: **≥ 6-blättrig.** BLÄTTER: lineal bis länglich; UNTERSEITS: *ohne* Längsfurche. NEBENBLÄTTER: vorhanden.

- einheimisch
- planar bis montan
- Extensivgrünland u. Magerrasen, Schutt- u. Felsfluren
- an nährstoffarmen, trockenen Standorten

J F **M A M** J J A S O N D

Spergularia echinosperma (Celak.) Asch. & Graebn.

Igelsamige Schuppenmiere *Caryophyllaceae*
∗ K5 C5 A1–5 G(3)

Bis 10 cm hoch. Blüten: **6–9 mm ⌀, rosa bis rötlich**. Kelchblätter: krautig, grünlich, mit Hautrand. Staubblätter: **1–5**. Früchte: Kapseln, **4–6 mm lang, 0,8–1,5-mal so lang wie der Kelch**, 3-zähnig. Samen: ***ohne* o. mit schmalem Hautrand, am Rand mit kleinen Stacheln**. Blattstellung: gegenständig. Nebenblätter: vorhanden.

- einheimisch
- planar
- trockenfallende Ufer, Staudenfluren
- an nährstoffreichen, feuchten, zuweilen überfluteten Standorten

J F M A M J J A S O N D

Spergularia marina (L.) Griseb.

Salz-Schuppenmiere *Caryophyllaceae*
∗ K5 C5 A5 G(3)

Bis 20 cm hoch. Blüten: **6–9 mm ⌀, (dunkel)-rosa**. Kelchblätter: krautig, grünlich, mit Hautrand. Staubblätter: **5**. Früchte: Kapseln, **4–6 mm lang, 1–1,5-mal so lang wie der Kelch**, 3-zähnig. Samen: ***ohne* o. mit schmalem Hautrand**, rau bis warzig, *ohne* Stacheln. Blattstellung: gegenständig. Blätter: distal abgerundet. Nebenblätter: vorhanden.

- einheimisch
- planar bis montan
- Ruderalvegetation, Salzwiesen, Zier- bzw. Nutzpflanze
- an kalkreichen, feuchten bis nassen, zuweilen überfluteten, meist salzhaltigen Standorten

J F M A M J J A S O N D

Spergularia media (L.) C. Presl

Flügelsamige Schuppenmiere *Caryophyllaceae*
∗ K5 C5 A8–10 G(3)

Bis 40 cm hoch. Blüten: **8–14 mm ⌀, hellrosa, am Grund weißlich**. Kelchblätter: krautig, grünlich, mit Hautrand. Staubblätter: **meist 10**. Früchte: Kapseln, **6–14 mm lang, ± 2-mal so lang wie der Kelch**, 3-zähnig. Samen: **mit breitem Hautrand**. Blattstellung: gegenständig. Nebenblätter: vorhanden.

- einheimisch
- planar bis collin
- Salzwiesen, Zier- bzw. Nutzpflanze
- an feuchten bis nassen, zuweilen überfluteten, meist salzhaltigen Standorten

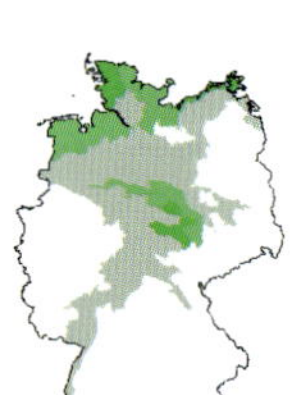

J F M A M J J A S O N D

Spergularia rubra (L.) J. Presl & C. Presl

Rote Schuppenmiere *Caryophyllaceae*
∗ K5 C5 A10 G(3)

Bis 20 cm hoch. Blüten: **6–9 mm ⌀, rosa bis violett**. Kelchblätter: krautig, grünlich, mit Hautrand. Staubblätter: **10**. Früchte: Kapseln, **4–6 mm lang, ± so lang wie der Kelch**, 3-zähnig. Samen: ***ohne* o. mit schmalem Hautrand**, rau bis warzig, *ohne* Stacheln. Blattstellung: gegenständig. Blätter: **stachelspitzig**. Nebenblätter: vorhanden.

- Archaeophyt
- planar bis montan
- Grünland, Äcker, Ruderalvegetation, Trittfluren, Zier- bzw. Nutzpflanze
- an sauren, trockenen Standorten

J F M A M J J A S O N D

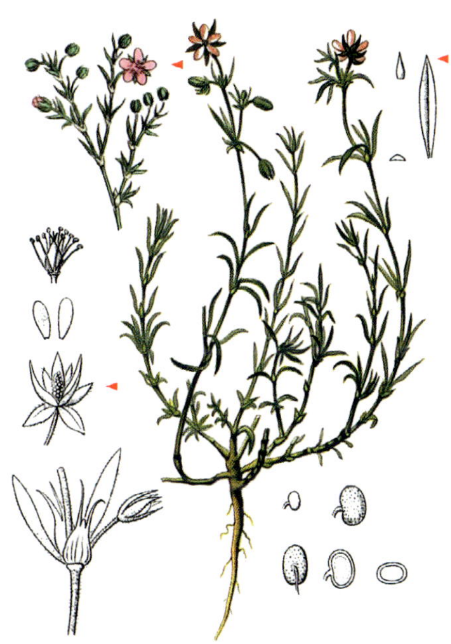

Spergularia segetalis (L.) G. Don

Saat-Schuppenmiere *Caryophyllaceae*
∗ K5 C5 A5–10 G(3) RL 0

Bis 10 cm hoch. BLÜTEN: < **5 mm** ⌀, **weißlich**. KELCHBLÄTTER: **trockenhäutig, weißlich, mit 2 grünlichen Streifen neben dem Mittelnerv**. STAUBBLÄTTER: **5–10**. FRÜCHTE: Kapseln, **meist kürzer als der Kelch**, 3-zähnig. SAMEN: ***ohne* o. mit schmalem Hautrand**. STÄNGEL: aufrecht. BLATTSTELLUNG: gegenständig. NEBENBLÄTTER: vorhanden.

- ausgestorben
- planar bis montan
- trockenfallende Ufer, Äcker, Ruderalvegetation
- an feuchten bis nassen Standorten

J F M A **M J J** A S O N D

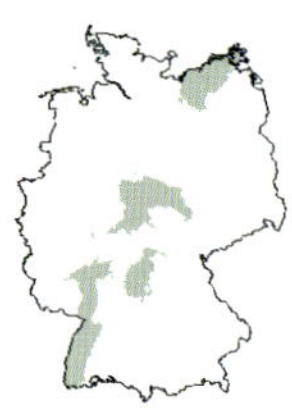

Scleranthus annuus agg.

Einjähriger Knäuel *Caryophyllaceae*
∗ P5 A5 G(2)

Bis 20 cm hoch. PFLANZEN: **1-jährig**. BLÜTEN: grünlich bis weißlich. BLÜTENBODEN: röhren- bis becherförmig. BLÜTENHÜLLE: von den Kelchblättern gebildetes Perigon. PERIGONBLÄTTER: gemeinsam mit der Nuss abfallend, **1–3 mm lang, 2–4-mal so lang wie die Staubblätter, mit schmalem trockenhäutigem Saum, spitz**. STAUBBLÄTTER: **meist 5, zuweilen zusätzlich bis 5 Staminodien**. FRÜCHTE: 1-samige Nüsse.

In Deutschland kommen 3 Arten der Artengruppe *Scleranthus annuus* agg. vor: *S. annuus*, *S. polycarpos* und *S. verticillatus* (vgl. S. 1433).

- einheimisch
- planar bis montan
- Extensivgrünland u. Magerrasen, Schutt- u. Felsfluren, Äcker, Ruderalvegetation
- an nährstoffarmen, trockenen Standorten

J F **M A M J J A S O** N D

Scleranthus perennis L.

Ausdauernder Knäuel *Caryophyllaceae*
∗ P5 A10 G(2) RL V

Bis 20 cm hoch. PFLANZEN: **mehrjährig**. BLÜTEN: grünlich bis weißlich. BLÜTENBODEN: röhren- bis becherförmig. BLÜTENHÜLLE: von den Kelchblättern gebildetes Perigon. PERIGONBLÄTTER: gemeinsam mit der Nuss abfallend, **2–4 mm lang, 1–1,5-mal so lang wie die Staubblätter, mit breitem trockenhäutigem Saum, distal abgerundet**. STAUBBLÄTTER: **10**. FRÜCHTE: 1-samige Nüsse.

- einheimisch
- planar bis montan
- Extensivgrünland u. Magerrasen, Schutt- u. Felsfluren, Ruderalvegetation
- an nährstoffarmen, trockenen Standorten

J F M **A M J J A S** O N D

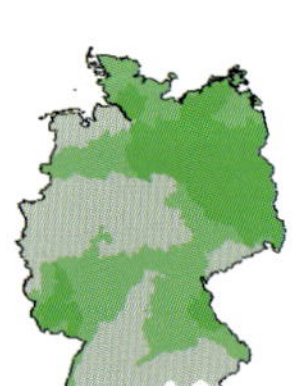

Arenaria ciliata L.

Wimper-Sandkraut *Caryophyllaceae*
∗ K5 C5 A10 G(3) RL R § FFH IV, BNatG s

Bis 10 cm hoch. PFLANZEN: mehrjährig. BLÜTENSTAND: **meist 1–3-blütig**. BLÜTEN: **10–16 mm** ⌀, weißlich. KRONBLÄTTER: 5–10 mm lang, **1,3–2-mal so lang wie die Kelchblätter**. KELCHBLÄTTER: spitz. FRÜCHTE: Kapseln, 6-zähnig, distal zu < 30 % eingeschnitten. SAMEN: nierenförmig. BLÄTTER: lanzettlich bis oval, 0,2–0,8 cm lang, **2–4-mal so lang wie breit, in der basalen Hälfte bewimpert**. UNTERE STÄNGELBLÄTTER: gestielt.

- einheimisch
- subalpin bis alpin
- Extensivgrünland u. Magerrasen, Schutt- u. Felsfluren
- an nährstoffarmen, basenreichen Standorten

J F M A M **J J A** S O N D

Arenaria moehringioides Murr

Vielstängliges Wimper-Sandkraut *Caryophyllaceae*
∗ K5 C5 A10 G(3) RL R

Bis 10 cm hoch. PFLANZEN: mehrjährig. BLÜTENSTAND: **meist 3–10-blütig**. BLÜTEN: **7–10 mm ⌀**, weißlich. KRONBLÄTTER: 4–7 mm lang, **1,3–1,5-mal so lang wie die Kelchblätter**. KELCHBLÄTTER: spitz. FRÜCHTE: Kapseln, 6-zähnig, distal zu < 30 % eingeschnitten. SAMEN: nierenförmig. BLÄTTER: lanzettlich bis oval, 0,2–0,8 cm lang, **2–4-mal so lang wie breit, in der basalen Hälfte bewimpert**. UNTERE STÄNGELBLÄTTER: gestielt.

- einheimisch
- subalpin bis alpin
- Extensivgrünland u. Magerrasen, Schutt- u. Felsfluren

J F M A M **J J A S** O N D

Arenaria leptoclados (Rchb.) Guss.

Dünnstängliges Sandkraut *Caryophyllaceae*
∗ K5 C5 A10 G(3)

Bis 15 cm hoch. PFLANZEN: 1–2-jährig, **gelbgrün**. BLÜTENSTAND: **meist aus wenigen wickelartigen Ästen bestehend**, lockerblütig. BLÜTEN: **3–5 mm ⌀**, weißlich. KRONBLÄTTER: **kürzer als die Kelchblätter**. KELCHBLÄTTER: 1,5–3 mm lang, spitz. FRUCHTSTIELE: 2–3-mal so lang wie der Kelch. FRÜCHTE: Kapseln, **schmal-eiförmig**, 6-zähnig, distal zu < 30 % eingeschnitten. SAMEN: nierenförmig. BLÄTTER: lanzettlich bis oval, 0,2–0,6 cm lang, **2–4-mal so lang wie breit**. UNTERE STÄNGELBLÄTTER: sitzend bis kurz gestielt.

- einheimisch
- planar bis montan
- Grünland, Schutt- u. Felsfluren, Ruderalvegetation
- an trockenen Standorten

J F M **A M J J A S** O N D

Arenaria serpyllifolia L.

Quendel-Sandkraut *Caryophyllaceae*
∗ K5 C5 A10 G(3)

Bis 30 cm hoch. PFLANZEN: 1–2-jährig, **blau- bis graugrün**. BLÜTENSTAND: dichasial, lockerblütig. BLÜTEN: **5–9 mm ⌀**, weißlich. KRONBLÄTTER: **kürzer als die Kelchblätter**. KELCHBLÄTTER: 3–6 mm lang, spitz. FRUCHTSTIELE: 1–3-mal so lang wie der Kelch. FRÜCHTE: Kapseln, **breit-eiförmig**, **basal bauchig verdickt**, 6-zähnig, distal zu < 30 % eingeschnitten. SAMEN: nierenförmig. BLÄTTER: lanzettlich bis oval, 0,2–0,6 cm lang, **1–3-mal so lang wie breit**. UNTERE STÄNGELBLÄTTER: sitzend bis kurz gestielt.

- einheimisch
- planar bis montan
- Grünland, Schutt- u. Felsfluren, Ruderalvegetation, Zier- bzw. Nutzpflanze

J F M **A M J J A S** O N D

Cerastium alpinum L.

Alpen-Hornkraut *Caryophyllaceae*
∗ K5 C5 A10 G(5) RL R

Bis 20 cm hoch. PFLANZEN: **mehrjährig**. TRAGBLÄTTER DER BLÜTEN: **obere *ohne* Hautrand**. BLÜTEN: weißlich. KRONBLÄTTER: **> 1,5-mal so lang wie die Kelchblätter**, distal zu < 50 % eingeschnitten. GRIFFEL: 5, *vor* den Kelchblättern stehend. FRÜCHTE: Kapseln, zylindrisch, 10-zähnig. STÄNGEL: blühende Triebe *ohne* vegetative Kurztriebe in den Laubblattachseln, **basal mit sterilen Trieben**. BLÄTTER: alle sitzend, kahl bis flaumig behaart o. wollig behaart (var. *lanatum*).

- einheimisch
- subalpin bis alpin
- Extensivgrünland u. Magerrasen, Schutt- u. Felsfluren
- an nährstoffarmen Standorten

J F M A M **J J A S** O N D

Cerastium arvense L.

Acker-Hornkraut *Caryophyllaceae*
∗ K5 C5 A10 G(5)

Bis 30 cm hoch. PFLANZEN: **mehrjährig**. TRAGBLÄTTER DER BLÜTEN: **obere mit Hautrand**. BLÜTEN: weißlich. KRONBLÄTTER: > **1,5-mal so lang wie die Kelchblätter**, distal zu < 50 % eingeschnitten. GRIFFEL: 5, *vor* den Kelchblättern stehend. FRUCHTSTIELE: herabgebogen. FRÜCHTE: Kapseln, zylindrisch, 10-zähnig. STÄNGEL: blühende Triebe zuweilen mit vegetativen Kurztrieben in den Laubblattachseln, **basal mit sterilen Trieben**.

- einheimisch
- planar bis subalpin
- Grünland, Staudenfluren, Ruderalvegetation, Zier- bzw. Nutzpflanze

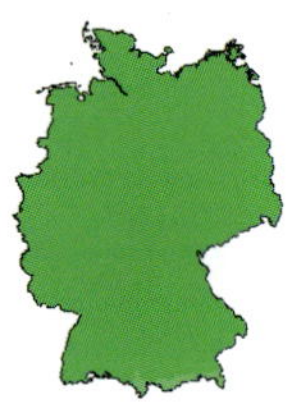

J F M A M J J A S O N D

Cerastium brachypetalum Pers.

Kleinblütiges Hornkraut *Caryophyllaceae*
∗ K5 C5 A10 G(5)

Bis 40 cm hoch. PFLANZEN: **1-jährig**. BLÜTENSTAND: lockerblütig. TRAGBLÄTTER DER BLÜTEN: **obere *ohne* Hautrand, distal bewimpert**. BLÜTEN: weißlich. KRONBLÄTTER: **kürzer als die Kelchblätter**, distal zu < 50 % eingeschnitten. KELCHBLÄTTER: **distal mit drüsenlosen Haaren**. STAUBFÄDEN: basal behaart. GRIFFEL: 5, *vor* den Kelchblättern stehend. FRUCHTSTIELE: 2–5-mal so lang wie der Kelch. FRÜCHTE: Kapseln, zylindrisch, 10-zähnig. STÄNGEL: **basal *ohne* sterile Triebe**.

subsp. *brachypetalum* (Kleinblütiges Hornkraut): BLÜTENSTIELE: mit (aufwärts) abstehenden Haaren. KELCHBLÄTTER: mit (aufwärts) abstehenden Haaren.
subsp. *tenoreanum* (Tenores Hornkraut): in Bayern, selten. BLÜTENSTIELE: mit anliegenden Haaren. KELCHBLÄTTER: mit anliegenden Haaren.

- einheimisch
- planar bis montan
- Extensivgrünland u. Magerrasen, Schutt- u. Felsfluren, Ruderalvegetation
- an nährstoffarmen, basenreichen, meist trockenen Standorten

J F M A M J J A S O N D

Cerastium cerastoides (L.) Britton

Dreigriffliges Hornkraut *Caryophyllaceae*
∗ K5 C5 A10 G(3–5)

Bis 15 cm hoch. PFLANZEN: **mehrjährig**. TRAGBLÄTTER DER BLÜTEN: **obere *ohne* Hautrand**. BLÜTEN: weißlich. KRONBLÄTTER: > **1,5-mal so lang wie die Kelchblätter, distal tief eingeschnitten bis 2-spaltig**. GRIFFEL: **meist 3**, *vor* den Kelchblättern stehend. FRUCHTSTIELE: aufrecht-abstehend. FRÜCHTE: Kapseln, zylindrisch, **meist 6-zähnig**. STÄNGEL: blühende Triebe mit vegetativen Kurztrieben in den Laubblattachseln, **1-reihig behaart, basal mit sterilen Trieben**.

- einheimisch
- subalpin bis alpin
- Schutt- u. Felsfluren, Quellfluren, Schneetälchen
- an feuchten bis nassen Standorten

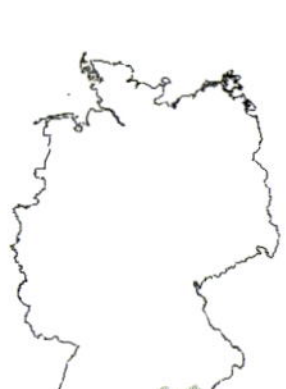

J F M A M J J A S O N D

Cerastium diffusum Pers.

Viermänniges Hornkraut *Caryophyllaceae*
∗ K4–5 C4–5 A4–5 G(4–5) RL 3

Bis 15 cm hoch. PFLANZEN: **1-jährig**. TRAGBLÄTTER DER BLÜTEN: **obere *ohne* Hautrand**. BLÜTEN: weißlich. BLÜTENHÜLLE: **je Kreis meist 4-blättrig**. KRONBLÄTTER: **(etwas) kürzer als die Kelchblätter**, distal zu < 50 % eingeschnitten. STAUBBLÄTTER: **meist 4**. GRIFFEL: **meist 4**, *vor* den Kelchblättern stehend. FRÜCHTE: Kapseln, zylindrisch, **meist 4- *oder* 8-zähnig**. STÄNGEL: **basal *ohne* sterile Triebe**.

- einheimisch
- planar
- Extensivgrünland u. Magerrasen, Dünen
- an nährstoffarmen Standorten

J F M A M J J A S O N D

Cerastium dubium (Bastard) Guépin

Drüsiges Hornkraut *Caryophyllaceae*
∗ K5 C5 A10 G(3)

Bis 30 cm hoch. Pflanzen: oft 1–2-jährig, **drüsig-klebrig behaart**. Tragblätter der Blüten: **obere *ohne* Hautrand**. Blüten: weißlich. Kronblätter: **1–1,5-mal so lang wie die Kelchblätter, distal tief eingeschnitten bis 2-spaltig**. Griffel: **3**, *vor* den Kelchblättern stehend. Früchte: Kapseln, zylindrisch, **6-zähnig**. Stängel: **drüsig behaart**, **basal zuweilen mit sterilen Trieben**.

- einheimisch
- planar bis collin
- trockenfallende Ufer, Grünland, Ruderalvegetation
- an feuchten bis nassen, zuweilen überfluteten, auch salzhaltigen Standorten

J F M A M J J A S O N D

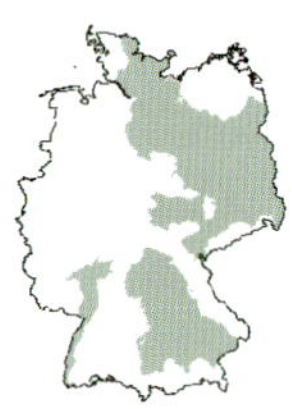

Cerastium fontanum Baumg.

Quellen-Hornkraut *Caryophyllaceae*
∗ K5 C5 A10 G(5)

20–60 cm hoch. Pflanzen: **mehrjährig**. Tragblätter der Blüten: **zumindest die oberen mit Hautrand**. Blüten: weißlich. Kronblätter: **meist 1–1,5-mal so lang wie die Kelchblätter**, distal zu < 50 % eingeschnitten. Kelchblätter: **6–9 mm lang**. Griffel: 5, *vor* den Kelchblättern stehend. Früchte: Kapseln, zylindrisch, **12–20 mm lang**, 10-zähnig. Stängel: **basal mit sterilen Trieben**.

Im Gebiet kommen 3 Unterarten vor: subsp. *fontanum*, subsp. *lucorum* und subsp. *vulgare* (vgl. S. 1433).

- einheimisch
- planar bis alpin
- Extensivgrünland u. Magerrasen, Wälder, Ruderalvegetation

J F M A M J J A S O N D

Cerastium glomeratum Thuill.

Knäuel-Hornkraut *Caryophyllaceae*
∗ K5 C5 A5–10 G(5)

Bis 50 cm hoch. Pflanzen: **1-jährig**. Blütenstand: **knäuelig, dichtblütig**. Tragblätter der Blüten: **obere *ohne* Hautrand, distal bewimpert**. Blüten: weißlich. Kronblätter: ± so lang wie die Kelchblätter, distal zu < 50 % eingeschnitten. Kelchblätter: **distal mit drüsenlosen Haaren**. Staubfäden: kahl. Griffel: 5, *vor* den Kelchblättern stehend. Fruchtstiele: **höchstens so lang wie der Kelch**. Früchte: Kapseln, zylindrisch, 10-zähnig. Stängel: **basal *ohne* sterile Triebe**.

- Archaeophyt
- planar bis montan
- Äcker, Ruderalvegetation, Zier- bzw. Nutzpflanze

J F M A M J J A S O N D

Cerastium latifolium L.

Breitblättriges Hornkraut *Caryophyllaceae*
∗ K5 C5 A10 G(5) RL R

Bis 10 cm hoch. Pflanzen: **mehrjährig**. Tragblätter der Blüten: **obere *ohne* Hautrand**. Blüten: weißlich. Kronblätter: **> 1,5-mal so lang wie die Kelchblätter**, distal zu < 50 % eingeschnitten. Griffel: 5, *vor* den Kelchblättern stehend. Früchte: Kapseln, zylindrisch, 10-zähnig. Stängel: blühende Triebe *ohne* vegetative Kurztriebe in den Laubblattachseln, **basal mit sterilen Trieben**. Blätter: 1,2–3,5 cm lang, **4–12 mm breit**. Stängelblätter: in der basalen Hälfte am breitesten.

- einheimisch
- subalpin bis alpin
- Extensivgrünland u. Magerrasen, Schutt- u. Felsfluren
- an kalkreichen Standorten

J F M A M J J A S O N D

Cerastium pumilum Curtis

Dunkles Zwerg-Hornkraut *Caryophyllaceae*
∗ K5 C5 A5–10 G(5)

Bis 15 cm hoch. Pflanzen: **1-jährig**. Blütenstand: lockerblütig. Tragblätter der Blüten: **obere höchstens in den oberen 20 % hautrandig**, distal kahl. Blüten: weißlich. Kronblätter: **± so lang wie die Kelchblätter**, distal < 50 % tief eingeschnitten. Kelchblätter: **distal *nicht* bewimpert**, drüsig behaart. Staubblätter: **meist 5**. Griffel: 5, *vor* den Kelchblättern stehend. Fruchtstiele: aufrecht-abstehend. Früchte: Kapseln, zylindrisch, 10-zähnig. Samen: 0,7–0,9 mm lang. Stängel: **basal *ohne* sterile Triebe**.

Im Gebiet kommen 2 Unterarten vor: subsp. *pumilum* und subsp. *glutinosum* (vgl. S. 1433).

- einheimisch
- planar bis collin
- Extensivgrünland u. Magerrasen, Schutt- u. Felsfluren, Äcker, Ruderalvegetation
- an nährstoffarmen, basenreichen, trockenen Standorten

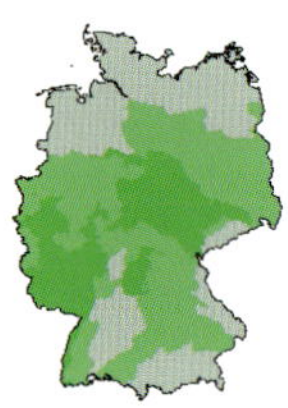

J F M A M J J A S O N D

Cerastium semidecandrum L.

Fünfmänniges Hornkraut *Caryophyllaceae*
∗ K5 C5 A5–10 G(5)

Bis 20 cm hoch. Pflanzen: **1-jährig**. Tragblätter der Blüten: **alle mit Hautrand, obere mindestens in den oberen 30 % hautrandig**, distal kahl. Blüten: weißlich. Kronblätter: ± so lang wie die Kelchblätter, distal < 50 % tief eingeschnitten. Kelchblätter: **distal *nicht* bewimpert**. Staubblätter: **meist 5**. Griffel: 5, *vor* den Kelchblättern stehend. Fruchtstiele: herabgebogen, länger als der Kelch. Früchte: Kapseln, zylindrisch, 10-zähnig. Samen: **0,3–0,7 mm lang**. Stängel: **basal *ohne* sterile Triebe**.

- einheimisch
- planar bis montan
- Extensivgrünland u. Magerrasen, Schutt- u. Felsfluren, Äcker, Ruderalvegetation
- meist an trockenen Standorten

J F M A M J J A S O N D

Cerastium uniflorum Clairv.

Einblütiges Hornkraut *Caryophyllaceae*
∗ K5 C5 A10 G(5) RL R

Bis 10 cm hoch. Pflanzen: **mehrjährig**. Tragblätter der Blüten: **obere *ohne* Hautrand**. Blüten: weißlich. Kronblätter: **> 1,5-mal so lang wie die Kelchblätter**, distal zu < 50 % eingeschnitten. Griffel: 5, *vor* den Kelchblättern stehend. Früchte: Kapseln, zylindrisch, 10-zähnig. Stängel: blühende Triebe *ohne* vegetative Kurztriebe in den Laubblattachseln, **basal mit sterilen Trieben**. Blätter: 0,4–2 cm lang, **2–6 mm breit**. Stängelblätter: in der distalen Hälfte am breitesten.

- einheimisch
- subalpin bis alpin
- Extensivgrünland u. Magerrasen, Schutt- u. Felsfluren
- an basenreichen Standorten

J F M A M J J A S O N D

Holosteum umbellatum L.

Spurre *Caryophyllaceae*
∗ K5 C5 A3–10 G(3)

Bis 25 cm hoch. Blütenstand: **lang gestielt, doldenartig**. Blüten: zumindest einige lang gestielt, weißlich. Kronblätter: **distal gezähnt**. Kelchblätter: distal abgerundet. Staubblätter: meist 5. Früchte: Kapseln, **6-zähnig**. Samen: **schildförmig gewölbt**. Blätter: blau- bzw. graugrün.

- einheimisch
- planar bis montan
- Extensivgrünland u. Magerrasen, Schutt- u. Felsfluren, Äcker, Ruderalvegetation, an Mauern, Zier- bzw. Nutzpflanze
- an nährstoffarmen, meist trockenen Standorten

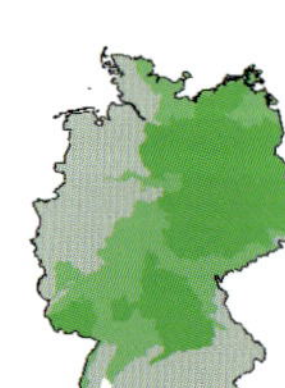

J F M A M J J A S O N D

Honckenya peploides (L.) Ehrh.

Salzmiere *Caryophyllaceae*
∗ K5 C5 A10 G(3)

10–30 cm hoch. BLÜTEN: weißlich. FRÜCHTE: Kapseln, **3-zähnig**. SAMEN: **oval**. BLÄTTER: **schwach sukkulent, oval**.

- einheimisch
- planar
- Küstenspülsäume, Dünentäler, Zier- bzw. Nutzpflanze
- an zuweilen überfluteten, meist salzhaltigen Standorten

J F M A M J J A S O N D

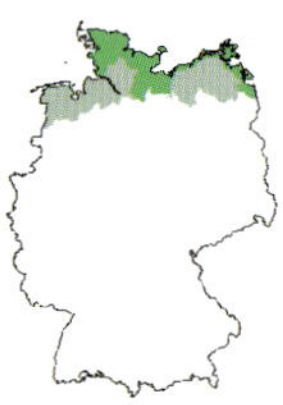

Minuartia austriaca (Jacq.) Hayek

Österreichische Miere *Caryophyllaceae*
∗ K5 C5 A10 G(3)
RL R

Bis 20 cm hoch. PFLANZEN: **mehrjährig**. BLÜTEN: weißlich. KRONBLÄTTER: **± 2-mal so lang wie die Kelchblätter**. KELCHBLÄTTER: spitz. FRÜCHTE: Kapseln, 3-zähnig. STÄNGEL: **basal mit sterilen Trieben**. BLÄTTER: lineal bis lanzettlich, 1–4 cm lang, > **4-mal so lang wie breit**.

- einheimisch
- montan bis subalpin
- Extensivgrünland u. Magerrasen, Schutt- u. Felsfluren
- an nährstoffarmen, kalkreichen Standorten

J F M A M J J A S O N D

Minuartia cherlerioides (Hoppe) Bech.

Polster-Miere *Caryophyllaceae*
∗ P4 A8 G(3)
RL R

Bis 5 cm hoch. PFLANZEN: **polsterförmig, mehrjährig**. BLÜTEN: grünlich bis weißlich. KRONBLÄTTER: **fehlend *oder* schmal-lineal, kürzer als die Kelchblätter**. KELCHBLÄTTER: spitz. STAUBBLÄTTER: 8. FRÜCHTE: Kapseln, 3-zähnig. STÄNGEL: **basal mit sterilen Trieben**. BLÄTTER: **schwach sukkulent, länglich bis oval**, 1–4 cm lang, **3–10-mal so lang wie breit**, distal abgerundet (selten stachelspitzig); OBERSEITS: **rinnig**.

- einheimisch
- alpin
- Schutt- u. Felsfluren
- an nährstoffarmen, kalkreichen, meist trockenen Standorten

J F M A M J J A S O N D

Minuartia hybrida (Vill.) Schischk.

Schmalblättrige Miere *Caryophyllaceae*
∗ K5 C5 A10 G(3)
RL 3

Bis 20 cm hoch. PFLANZEN: **1–2-jährig**. BLÜTEN: weißlich. KRONBLÄTTER: **kürzer als die Kelchblätter**. KELCHBLÄTTER: mit schmalem hellem Hautrand, lanzettlich bis eiförmig, spitz, kahl o. drüsig behaart. FRÜCHTE: Kapseln, **4–6 mm lang, länger als die Kelchblätter**, 3-zähnig. STÄNGEL: **basal *ohne* sterile Triebe**. BLÄTTER: lineal bis lanzettlich, > **8-mal so lang wie breit**.

- einheimisch
- planar bis montan
- Extensivgrünland u. Magerrasen, Schutt- u. Felsfluren, Äcker, Ruderalvegetation
- an nährstoffarmen, basenreichen, meist trockenen Standorten

J F M A M J J A S O N D

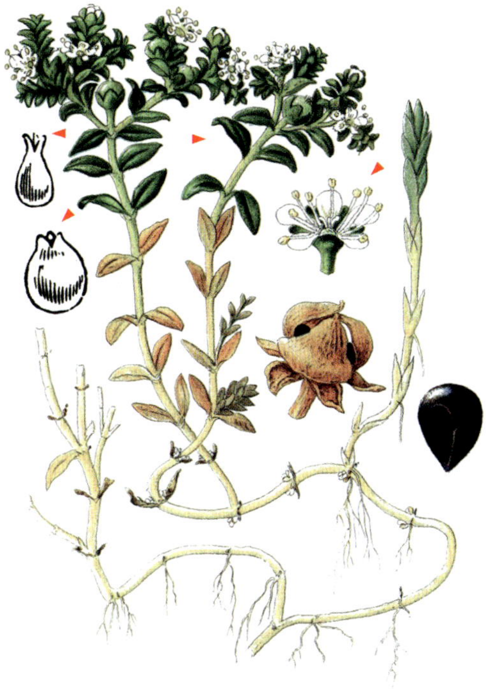

Minuartia rubra (Scop.) McNeill

Büschel-Miere *Caryophyllaceae*
∗ K5 C5 A10 G(3) RL 2

Bis 40 cm hoch. PFLANZEN: **1–2-jährig**. BLÜTEN: weißlich. KRONBLÄTTER: **deutlich kürzer als die Kelchblätter**. KELCHBLÄTTER: **knorpelig**, weißlich, mit 2 grünlichen Streifen neben dem Mittelnerv, lang zugespitzt. FRÜCHTE: Kapseln, < **3 mm lang, höchstens so lang wie die Kelchblätter**, 3-zähnig. STÄNGEL: **basal *ohne* sterile Triebe**. BLÄTTER: lineal bis lanzettlich, > **8-mal so lang wie breit**.

- einheimisch
- planar bis montan
- Extensivgrünland u. Magerrasen, Schutt- u. Felsfluren, Ruderalvegetation, an Mauern
- an nährstoffarmen, basenreichen, trockenen Standorten

J F M A M J J A S O N D

Minuartia rupestris (Scop.) Schinz & Thell.

Felsen-Miere *Caryophyllaceae*
∗ K5 C5 A10 G(3) RL R

Bis 15 cm hoch. PFLANZEN: **mehrjährig**. BLÜTEN: weißlich. KRONBLÄTTER: **etwas länger als die Kelchblätter**. KELCHBLÄTTER: spitz. FRÜCHTE: Kapseln, 3-zähnig. STÄNGEL: **basal mit sterilen Trieben**. BLÄTTER: **lanzettlich, 2–4-mal so lang wie breit**, spitz; OBERSEITS: flach.

- einheimisch
- subalpin bis alpin
- Schutt- u. Felsfluren
- an nährstoffarmen, kalkreichen, meist trockenen Standorten

J F M A M J J A S O N D

Minuartia sedoides (L.) Hiern

Zwerg-Miere *Caryophyllaceae*
∗ P5 A10 G(3)

Bis 10 cm hoch. PFLANZEN: **polsterförmig**, mehrjährig. BLÜTEN: weißlich. KRONBLÄTTER: **fehlend *oder* fädlich, kürzer als die Kelchblätter**. KELCHBLÄTTER: mit schmalem hellem Hautrand, distal abgerundet bis kurz zugespitzt. FRÜCHTE: Kapseln, 3-zähnig. STÄNGEL: krautig, zuweilen basal verholzt, **basal mit sterilen Trieben**. BLÄTTER: lineal bis lanzettlich, 1–4 cm lang, **3–10-mal so lang wie breit**.

- einheimisch
- subalpin bis alpin
- Extensivgrünland u. Magerrasen, Schutt- u. Felsfluren
- an nährstoffarmen Standorten

J F M A M J J A S O N D

Minuartia setacea (Thuill.) Hayek

Borsten-Miere *Caryophyllaceae*
∗ K5 C5 A10 G(3) RL 2

Bis 20 cm hoch. PFLANZEN: **mehrjährig**. BLÜTEN: weißlich. KRONBLÄTTER: **etwas länger als die Kelchblätter**. KELCHBLÄTTER: oft trockenhäutig, hellgrün bis weißlich, mit 2 grünlichen Streifen neben dem Mittelnerv, spitz. FRÜCHTE: Kapseln, 3-zähnig. STÄNGEL: **basal mit sterilen Trieben**. BLÄTTER: lineal bis lanzettlich, > **4-mal so lang wie breit**.

- einheimisch
- collin bis montan
- Extensivgrünland u. Magerrasen
- an nährstoffarmen, trockenen Standorten

J F M A M J J A S O N D

Minuartia stricta (Sw.) Hiern

Steife Miere *Caryophyllaceae*
∗ K5 C5 A10 G(3) RL 1

Bis 20 cm hoch. PFLANZEN: mehrjährig. BLÜTEN: weißlich. KRONBLÄTTER: **mindestens so lang wie die Kelchblätter**. KELCHBLÄTTER: distal abgerundet bis kurz zugespitzt, kahl. FRÜCHTE: Kapseln, 3-zähnig. STÄNGEL: **kahl, basal mit sterilen Trieben**. BLÄTTER: lineal bis lanzettlich, 1–4 cm lang, **> 4-mal so lang wie breit, unterseits 1-nervig o. *ohne* Nerven**.

- einheimisch
- collin bis montan
- Gewässer, Moore u. Seggenriede
- an nährstoffarmen, sauren, nassen Standorten

J F M A **M J J A** S O N D

Minuartia verna (L.) Hiern

Herzynische Miere *Caryophyllaceae*
∗ K5 C5 A10 G(3) RL 3

Bis 15 cm hoch. PFLANZEN: **mehrjährig**. BLÜTEN: weißlich. BLÜTENSTIELE: behaart. KRONBLÄTTER: **mindestens so lang wie die Kelchblätter**, distal abgerundet. KELCHBLÄTTER: spitz, kahl o. drüsig behaart. FRÜCHTE: Kapseln, 3-zähnig. STÄNGEL: **drüsig behaart, basal mit sterilen Trieben**. BLÄTTER: lineal bis lanzettlich, 1–4 cm lang, > **4-mal so lang wie breit, unterseits zumindest basal 3-nervig**. – Inkl. *M. gerardii*.

- einheimisch
- collin bis alpin
- Extensivgrünland u. Magerrasen, Schutt- u. Felsfluren
- an nährstoffarmen, auch schwermetallhaltigen Standorten

J F M **A M J J A** S O N D

Minuartia viscosa (Schreb.) Schinz & Thell.

Klebrige Miere *Caryophyllaceae*
∗ K5 C5 A10 G(3) RL 1

Bis 10 cm hoch. PFLANZEN: **1–2-jährig**. BLÜTEN: weißlich. KRONBLÄTTER: **kürzer als die Kelchblätter**. KELCHBLÄTTER: mit schmalem hellem Hautrand, **schmal-lanzettlich**, spitz, drüsig behaart. FRÜCHTE: Kapseln, **2–3 mm lang, höchstens so lang wie die Kelchblätter**, 3-zähnig. STÄNGEL: **basal *ohne* sterile Triebe**; OBEN: **meist drüsig behaart**. BLÄTTER: lineal bis lanzettlich, > **8-mal so lang wie breit**.

- einheimisch
- planar bis collin
- Extensivgrünland u. Magerrasen, Schutt- u. Felsfluren, Äcker, Ruderalvegetation
- an nährstoffarmen, meist trockenen Standorten

J F M **A M J J** A S O N D

Moehringia ciliata (Scop.) Dalla Torre

Wimper-Nabelmiere *Caryophyllaceae*
∗ K5 C5 A10 G(3)

Bis 20 cm hoch. PFLANZEN: mehrjährig, **frischgrün**. BLÜTEN: weißlich. KRONBLÄTTER: **etwas länger als die Kelchblätter**. KELCHBLÄTTER: **distal abgerundet**. FRÜCHTE: Kapseln, **6-zähnig**, distal zu > 30 % eingeschnitten. SAMEN: mit weißem Elaiosom am Nabel. BLÄTTER: **schwach sukkulent, lineal, bis 1,2 cm lang**, > **4-mal so lang wie breit, bewimpert**.

- einheimisch
- subalpin bis alpin
- Extensivgrünland u. Magerrasen, Schutt- u. Felsfluren
- an nährstoffarmen, basenreichen Standorten

J F M A **M J J A** S O N D

Moehringia muscosa L.

Moos-Nabelmiere *Caryophyllaceae*
∗ K4 C4 A8 G(2)

Bis 20 cm hoch. PFLANZEN: mehrjährig. BLÜTEN: weißlich. BLÜTENHÜLLE: **je Kreis 4-blättrig**. KRONBLÄTTER: **1–1,5-mal so lang wie die Kelchblätter**. KELCHBLÄTTER: **spitz**. STAUBBLÄTTER: **8**. FRUCHTKNOTEN: **2-blättrig**. FRÜCHTE: Kapseln, **4–6-zähnig**, distal zu > 30 % eingeschnitten. SAMEN: mit weißem Elaiosom am Nabel. BLÄTTER: **lineal, bis 4 cm lang, < 1 mm breit, > 8-mal so lang wie breit, kahl**.

- einheimisch
- montan bis subalpin
- Schutt- u. Felsfluren, Ruderalvegetation
- an nährstoffarmen, kalkreichen Standorten

J F M **A M J J A S** O N D

Moehringia trinervia (L.) Clairv.

Dreinervige Nabelmiere *Caryophyllaceae*
∗ K5 C5 A10 G(3)

10–30 cm hoch. PFLANZEN: mehrjährig. BLÜTEN: weißlich. KRONBLÄTTER: **< 0,5-mal so lang wie die Kelchblätter**. KELCHBLÄTTER: **spitz**. FRÜCHTE: Kapseln, 6-zähnig, distal zu > 30 % eingeschnitten. SAMEN: mit weißem Elaiosom am Nabel. BLÄTTER: **lanzettlich bis oval, 0,6–3 cm lang, < 4-mal so lang wie breit, bewimpert**. UNTERE STÄNGELBLÄTTER: **deutlich gestielt**. MITTLERE STÄNGELBLÄTTER: **3–5-nervig**.

- einheimisch
- planar bis montan
- Staudenfluren, Gehölze, Wälder, Ruderalvegetation

J F M **A M J J** A S O N D

Moenchia erecta (L.) P. Gaertn., B. Mey. & Scherb.

Aufrechte Weißmiere *Caryophyllaceae*
∗ K4 C4 A4 G(4) RL 1

Bis 10 cm hoch. PFLANZEN: **1-jährig**. BLÜTENSTAND: **1–2-blütig**. BLÜTEN: weißlich. BLÜTENHÜLLE: **je Kreis 4-blättrig**. KRONBLÄTTER: **kürzer als die Kelchblätter**. KELCHBLÄTTER: **hautrandig, lang zugespitzt**. GRIFFEL: **4**, *vor* den Kelchblättern stehend. FRÜCHTE: Kapseln, zylindrisch, **8-zähnig**.

- einheimisch
- planar bis montan
- Extensivgrünland u. Magerrasen
- an nährstoffarmen, trockenen Standorten

J F **M A M** J J A S O N D

Myosoton aquaticum (L.) Moench

Wasser-Sternmiere *Caryophyllaceae*
∗ K5 C5 A10 G(5)

BLÜTEN: weißlich. KRONBLÄTTER: distal zu > 75 % eingeschnitten. KELCHBLÄTTER: distal abgerundet. GRIFFEL: **5**, *zwischen* den Kelchblättern stehend. FRÜCHTE: Kapseln, kugelig bis eiförmig, **5-zähnig, Kapselzähne distal ausgerandet bis 2-zähnig**. STÄNGEL: 15–140 cm lang, **niederliegend *oder* klimmend, im QS unten kantig, unten kahl, oben drüsenhaarig**. BLÄTTER: **2–4-mal so lang wie breit**, basal ausgerandet. UNTERE STÄNGELBLÄTTER: **gestielt**.

- einheimisch
- planar bis montan
- Staudenfluren, Wälder, Äcker, Ruderalvegetation, Zier- bzw. Nutzpflanze
- an nährstoffreichen, feuchten bis nassen, zuweilen überfluteten Standorten

J F M A **M J J A S O** N D

Sagina apetala Ard.

Wimper-Mastkraut *Caryophyllaceae*
∗ K4 C4 A4 G(4) RL 3

Bis 10 cm hoch. Pflanzen: **1-jährig**. Blütenstand: Blüten einzeln bzw. dichasial. Blüten: weißlich. Blütenhülle: **je Kreis 4-blättrig**. Kronblätter: **(etwas) kürzer als die Kelchblätter, oft fehlend bzw. früh abfallend**. Kelchblätter: ± so lang wie die Kapsel, **die äußeren spitz, die inneren distal abgerundet**. Staubblätter: **4**. Griffel: **4**, *zwischen* den Kelchblättern stehend. Früchte: Kapseln, **schmal-eiförmig**, **4-zähnig**. Blätter: **meist bewimpert**, mit Stachelspitze, **Stachelspitze länger als die Spreite breit**.

- einheimisch
- planar bis collin
- trockenfallende Ufer, Extensivgrünland u. Magerrasen, Äcker, Ruderalvegetation, Trittfluren
- an trockenen Standorten

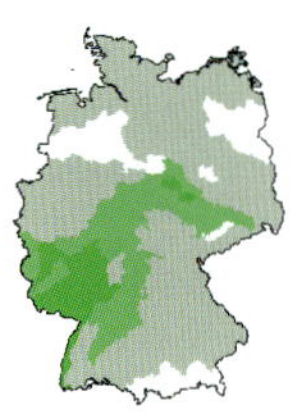

J F M **A M J J A S O** N D

Sagina maritima Don

Strand-Mastkraut *Caryophyllaceae*
∗ K4 C4 A4 G(4) RL V

Bis 10 cm hoch. Pflanzen: **1-jährig**. Blütenstand: Blüten einzeln bzw. dichasial. Blüten: weißlich. Blütenhülle: **je Kreis 4-blättrig**. Kronblätter: **(etwas) kürzer als die Kelchblätter, oft fehlend bzw. früh abfallend**. Kelchblätter: **alle distal abgerundet**. Staubblätter: **4**. Griffel: **4**, *zwischen* den Kelchblättern stehend. Früchte: Kapseln, zur Fruchtzeit aufrecht, **4-zähnig**. Stängel: **meist aufrecht**, *ohne* zentrale Blattrosette. Blätter: ***ohne* Stachelspitze**.

- einheimisch
- planar
- Salzwiesen
- an basenreichen, feuchten, zuweilen überfluteten, meist salzhaltigen Standorten

J F M **A M J J A** S O N D

Sagina nodosa (L.) Fenzl

Knotiges Mastkraut *Caryophyllaceae*
∗ K5 C5 A10 G(5) RL 2

Bis 15 cm hoch. Pflanzen: **mehrjährig**. Blütenstand: Blüten einzeln bzw. dichasial. Blüten: weißlich. Blütenhülle: **je Kreis 5-blättrig**. Kronblätter: **± 2-mal so lang wie die Kelchblätter**. Staubblätter: **10**. Griffel: **5**, *zwischen* den Kelchblättern stehend. Früchte: Kapseln, **5-zähnig**. Stängel: blühende Triebe mit vegetativen Kurztrieben in den Laubblattachseln. Blätter: 1–2 cm lang.

- einheimisch
- planar bis collin
- trockenfallende Ufer, Moore u. Seggenriede, Grünland, Ruderalvegetation, Dünen
- an basenreichen, feuchten bis nassen, zuweilen überfluteten, auch salzhaltigen Standorten

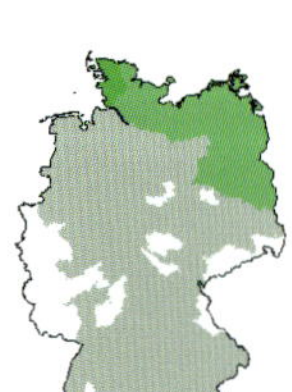

J F M A **M J J A** S O N D

Sagina procumbens L.

Liegendes Mastkraut *Caryophyllaceae*
∗ K4 C4 A4 G(4)

Bis 15 cm hoch. Pflanzen: **mehrjährig**. Blütenstand: Blüten einzeln bzw. dichasial. Blüten: weißlich. Blütenhülle: **je Kreis 4-blättrig**. Kronblätter: **(etwas) kürzer als die Kelchblätter, oft fehlend bzw. früh abfallend**. Kelchblätter: **alle distal abgerundet**. Staubblätter: **4**. Griffel: **meist 4**, *zwischen* den Kelchblättern stehend. Früchte: Kapseln, zur Fruchtzeit herabgebogen, **meist 4-zähnig**. Stängel: **meist niederliegend**, mit zentraler Blattrosette. Blätter: mit Stachelspitze.

- einheimisch
- planar bis montan
- Äcker, Ruderalvegetation, Trittfluren, Zier- bzw. Nutzpflanze
- auch an salzhaltigen Standorten

J F M **A M J J A S O** N D

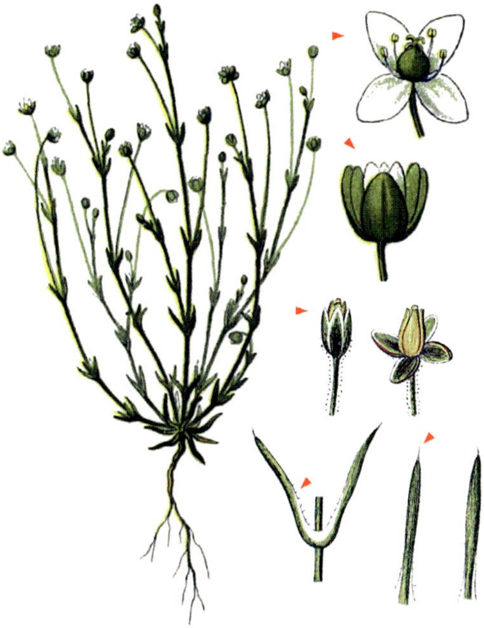

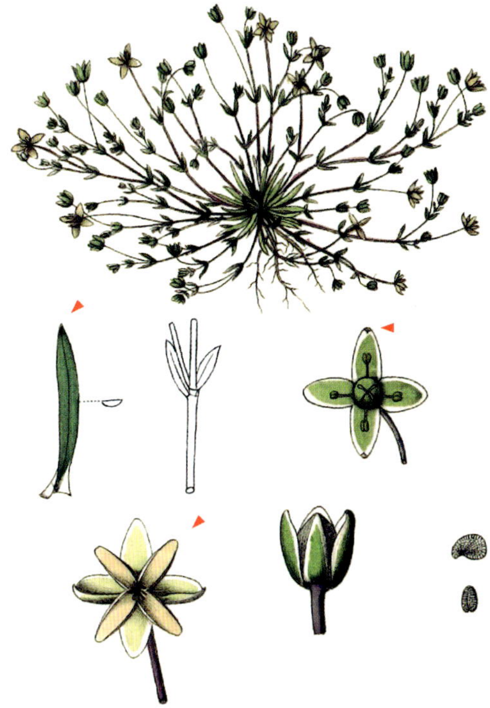

Sagina saginoides (L.) H. Karst.

Alpen-Mastkraut *Caryophyllaceae*
∗ K5 C5 A10 G(5)

Bis 10 cm hoch. Pflanzen: **mehrjährig**. Blütenstand: Blüten einzeln bzw. dichasial. Blüten: weißlich. Blütenhülle: **je Kreis 5-blättrig**. Kronblätter: **± so lang wie die Kelchblätter**. Kelchblätter: kahl. Staubblätter: **meist 10**, selten 5. Griffel: **5**, *zwischen* den Kelchblättern stehend. Früchte: Kapseln, **± 1,25–2-mal so lang wie der Kelch, 5-zähnig**. Blätter: kahl, mit Stachelspitze, **Stachelspitze ± 0,5-mal so lang wie die Spreite breit**.

- einheimisch
- montan bis alpin
- Extensivgrünland u. Magerrasen, Quellfluren, Schneetälchen, Zier- bzw. Nutzpflanze

J F M A **M J J A** S O N D

Sagina subulata (Sw.) C. Presl

Pfriemen-Mastkraut *Caryophyllaceae*
∗ K5 C5 A10 G(5)
RL 1

Bis 10 cm hoch. Pflanzen: **mehrjährig**. Blütenstand: Blüten einzeln bzw. dichasial. Blüten: weißlich. Blütenhülle: **je Kreis 5-blättrig**. Kronblätter: **± so lang wie die Kelchblätter**. Kelchblätter: **meist drüsig behaart**. Staubblätter: **10**. Griffel: **5**, *zwischen* den Kelchblättern stehend. Früchte: Kapseln, **etwas länger als der Kelch, 5-zähnig**. Blätter: **drüsig behaart**, mit Stachelspitze, **Stachelspitze > 0,5-mal so lang wie die Spreite breit**.

- einheimisch
- planar bis collin
- trockenfallende Ufer, Grünland, Schutt- u. Felsfluren, Ruderalvegetation

J F M A **M J J A** S O N D

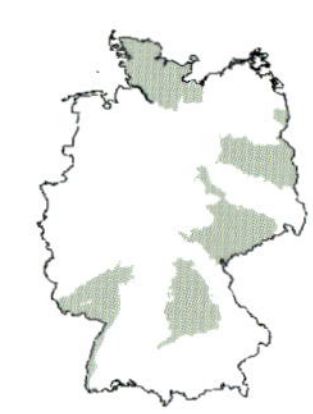

Stellaria media agg.

Vogel-Sternmiere *Caryophyllaceae*
∗ K5 C5 A1–10 G(3)

Bis 80 cm hoch. Blüten: weißlich. Kronblätter: **höchstens so lang wie die Kelchblätter**, distal tief eingeschnitten bis 2-spaltig. Kelchblätter: 2–8 mm lang. Staubbeutel: meist rötlich-violett. Früchte: Kapseln, eiförmig bis kurz zylindrisch, 6-zähnig. Stängel: **im QS unten rundlich**. Blätter: **gestielt, oval**, bis 4 cm lang, **2–4-mal so lang wie breit**, kahl.

In Deutschland kommen 3 Arten der Artengruppe *Stellaria media* agg. vor: *S. media*, *S. neglecta* und *S. pallida* (vgl. S. 1433).

- einheimisch
- planar bis montan
- Staudenfluren, Wälder, Äcker, Ruderalvegetation, Zier- bzw. Nutzpflanze

J F M A M J J A S O N D

Stellaria alsine Grimm

Quell-Sternmiere *Caryophyllaceae*
∗ K5 C5 A10 G(3)

10–40 cm hoch. Tragblätter der Blüten: **obere mit Hautrand *oder* komplett häutig**, kahl. Blüten: weißlich. Kronblätter: **kürzer als die Kelchblätter**, distal zu > 75 % eingeschnitten. Kelchblätter: 2–4 mm lang. Staubblätter: **10**. Früchte: Kapseln, eiförmig bis kurz zylindrisch, 6-zähnig. Stängel: **im QS unten kantig**, kahl. Blätter: **sitzend, länglich bis lanzettlich**, 1,5–4 cm lang, am Rand glatt.

- einheimisch
- planar bis montan
- trockenfallende Ufer, Wälder, Quellfluren, Zier- bzw. Nutzpflanze
- an feuchten bis nassen Standorten

J F M **A M J J A** S O N D

Stellaria crassifolia Ehrh.

Dickblättrige Sternmiere *Caryophyllaceae*
∗ K5 C5 A10 G(3) RL 0

Bis 15 cm hoch. Tragblätter der Blüten: **obere krautig, *ohne* Hautrand**, kahl. Blüten: weißlich. Kronblätter: distal zu > 75 % eingeschnitten. Staubblätter: **10**. Früchte: Kapseln, eiförmig bis kurz zylindrisch, 6-zähnig. Stängel: **im QS unten kantig**, kahl. Blätter: **sitzend, schwach sukkulent, länglich bis lanzettlich**, bis 5 cm lang.

- ausgestorben
- planar bis collin
- Moore u. Seggenriede
- an nährstoffarmen, nassen Standorten

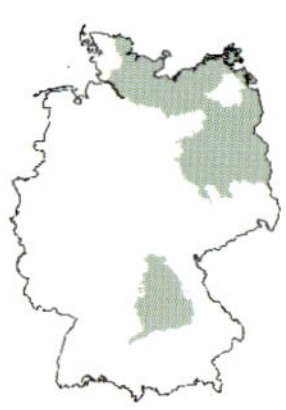

J F M A M J J A S O N D

Stellaria graminea L.

Gras-Sternmiere *Caryophyllaceae*
∗ K5 C5 A10 G(3)

10–50 cm hoch. Tragblätter der Blüten: **obere mit Hautrand *oder* komplett häutig, bewimpert**. Blüten: weißlich. Kronblätter: **etwas länger als die Kelchblätter**, distal zu > 75 % eingeschnitten. Kelchblätter: 4–8 mm lang, **bewimpert**. Staubblätter: **10**. Früchte: Kapseln, eiförmig bis kurz zylindrisch, 6-zähnig. Stängel: **schlaff, im QS unten kantig**, kahl. Blätter: **sitzend**, frischgrün, **länglich bis lanzettlich**, bis 5 cm lang, **bewimpert**, am Rand glatt.

- einheimisch
- planar bis montan
- Moore u. Seggenriede, Extensivgrünland u. Magerrasen, Zwergstrauchheiden, Gehölze, Äcker, Ruderalvegetation, Zier- bzw. Nutzpflanze
- an nährstoffarmen Standorten

J F M A M J J A S O N D

Stellaria holostea L.

Echte Sternmiere *Caryophyllaceae*
∗ K5 C5 A10 G(3)

15–30 cm hoch. Blüten: weißlich. Kronblätter: **etwas länger als die Kelchblätter, distal zu 25–75 % eingeschnitten**. Kelchblätter: 5–10 mm lang, spitz. Staubblätter: **10**. Früchte: Kapseln, eiförmig bis kurz zylindrisch, 6-zähnig. Stängel: **im QS unten kantig**, kahl. Blätter: **sitzend, länglich bis lanzettlich**, 3–10 cm lang.

- einheimisch
- planar bis montan
- Staudenfluren, Gehölze, Wälder, Ruderalvegetation, Zier- bzw. Nutzpflanze

J F M A M J J A S O N D

Stellaria longifolia Willd.

Langblättrige Sternmiere *Caryophyllaceae*
∗ K5 C5 A10 G(3) RL 3

10–25 cm hoch. Tragblätter der Blüten: **obere mit Hautrand *oder* komplett häutig**. Blüten: weißlich. Kronblätter: **etwas länger als die Kelchblätter**, distal zu > 75 % eingeschnitten. Kelchblätter: 2–4 mm lang. Staubblätter: **10**. Früchte: Kapseln, eiförmig bis kurz zylindrisch, 6-zähnig. Stängel: **im QS unten kantig**, kahl; oben: **rau**. Blätter: **sitzend, lineal bis lanzettlich**, 0,5–4 cm lang, am Rand rau.

- einheimisch
- collin bis montan
- Moore u. Seggenriede, Zwergstrauchheiden, Wälder
- an nährstoffarmen, sauren Standorten

J F M A M J J A S O N D

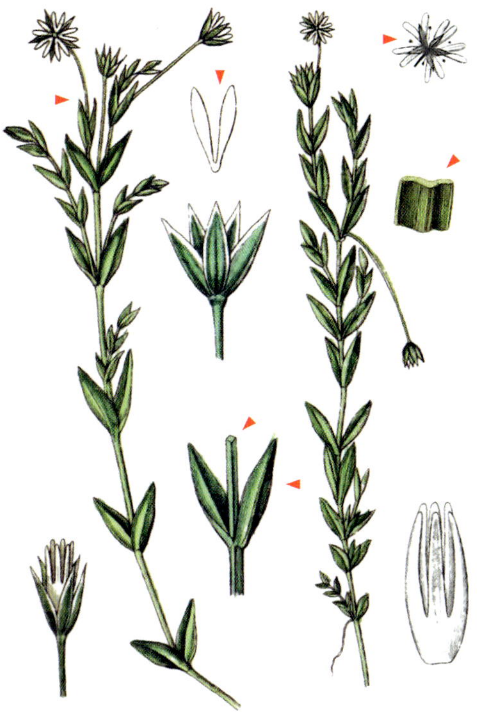

Stellaria nemorum L.

Hain-Sternmiere *Caryophyllaceae*
∗ K5 C5 A10 G(3)

10–60 cm hoch. Blüten: weißlich. Kronblätter: **± 2-mal so lang wie die Kelchblätter**, distal tief eingeschnitten bis 2-spaltig. Staubblätter: **10**. Früchte: Kapseln, eiförmig bis kurz zylindrisch, 6-zähnig. Samen: höckrig. Stängel: **im QS unten rundlich**; oben: **allseits behaart**. Blätter: **gestielt, oval bis herzförmig**, 3–10 cm lang, **2–4-mal so lang wie breit, bewimpert**.

subsp. *nemorum* (Gewöhnliche Hain-Sternmiere): 20–60 cm hoch. Blütenstand: Blätter zur Spitze allmählich kleiner werdend. Fruchtstiele: < 4-mal so lang wie die Tragblätter. Samen: *ohne* Widerhaken.
subsp. *montana* (Stachelsamige Sternmiere): 10–30 cm hoch. Blütenstand: Blätter zur Spitze schnell kleiner werdend. Fruchtstiele: 5–10-mal so lang wie die Tragblätter. Samen: mit Widerhaken.

- einheimisch
- planar bis subalpin
- Staudenfluren, Wälder, Ruderalvegetation, Zier- bzw. Nutzpflanze

J F M **A M J J A S O** N D

Stellaria palustris Hoffm.

Graugrüne Sternmiere *Caryophyllaceae*
∗ K5 C5 A10 G(3) RL 3

10–50 cm hoch. Tragblätter der Blüten: **obere mit Hautrand *oder* komplett häutig**, kahl. Blüten: weißlich. Kronblätter: **etwas länger als die Kelchblätter**, distal zu > 75 % eingeschnitten. Kelchblätter: 4–8 mm lang, kahl. Staubblätter: **10**. Früchte: Kapseln, eiförmig bis kurz zylindrisch, 6-zähnig. Stängel: **(steif) aufrecht, im QS unten kantig**, kahl. Blätter: **sitzend, schwach sukkulent, blau- bzw. graugrün, länglich bis lanzettlich**, bis 5 cm lang, kahl, am Rand glatt.

- einheimisch
- planar bis montan
- Gewässer, Moore u. Seggenriede, Extensivgrünland u. Magerrasen
- an nährstoffarmen, wechselnassen Standorten

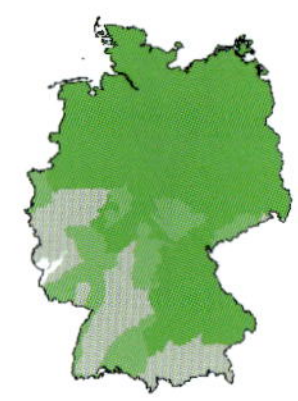

J F M **A M J J** A S O N D

Dianthus arenarius L.

Sand-Nelke *Caryophyllaceae*
∗ K(5) C5 A10 G(2) RL 1 § FFH IV, BNatG s

20–50 cm hoch. Blütenstand: **Blüten einzeln o. zu wenigen dichasial**. Hochblätter unter den Blüten: außenkelch- bis hüllenartig. Blüten: **weißlich bis violett-rötlich**. Blütenstiele: **lang**. Kronblätter: genagelt, **± bis zur Mitte der Platte zerschlitzt**. Früchte: Kapseln. Samen: Embryo ± gerade. Stängel: **kahl**. Blätter: **lineal**, < 2 mm breit.

- einheimisch
- planar
- Extensivgrünland u. Magerrasen, Ruderalvegetation, Zier- bzw. Nutzpflanze
- an nährstoffarmen Standorten

J F M A **M J J A S** O N D

Dianthus armeria L.

Raue Nelke *Caryophyllaceae*
∗ K(5) C5 A10 G(2) § BNatG b

30–60 cm hoch. Blütenstand: **am Stängelende köpfchenartig gehäuft**. Hochblätter unter den Blüten: außenkelch- bis hüllenartig, **behaart**. Blüten: **violett**, meist mit heller u. dunkler Zeichnung. Blütenstiele: **kurz bis fehlend**. Kronblätter: genagelt, **distal gezähnt**. Früchte: Kapseln. Samen: Embryo ± gerade. Stängel: **behaart**. Blätter: **behaart**.

- einheimisch
- planar bis montan
- Extensivgrünland u. Magerrasen, Staudenfluren, Gehölze, Wälder, Ruderalvegetation
- an nährstoffarmen Standorten

J F M A **M J J A** S O N D

Dianthus carthusianorum L.

Kartäuser-Nelke *Caryophyllaceae*
∗ K(5) C5 A10 G(2) RL V § BNatG b

15–50 cm hoch. BLÜTENSTAND: **am Stängelende köpfchenartig gehäuft**. KÖPFCHEN: **2–12-blütig**. HOCHBLÄTTER UNTER DEN BLÜTEN: außenkelch- bis hüllenartig, kahl, **mit langer Stachelspitze**. BLÜTEN: **violett, mit dunklen Adern**. BLÜTENSTIELE: **kurz bis fehlend**. KRONBLÄTTER: genagelt, **distal gezähnt**. FRÜCHTE: Kapseln. SAMEN: Embryo ± gerade. STÄNGEL: **kahl**. BLÄTTER: **lineal bis lanzettlich**, 2–5 mm breit, auf der Fläche kahl.

- einheimisch
- planar bis montan
- Extensivgrünland u. Magerrasen, Zier- bzw. Nutzpflanze
- an nährstoffarmen, meist trockenen Standorten

J F M A **M J J A S O** N D

Dianthus deltoides L.

Heide-Nelke *Caryophyllaceae*
∗ K(5) C5 A10 G(2) RL V § BNatG b

15–40 cm hoch. BLÜTENSTAND: **Blüten einzeln o. zu wenigen dichasial**. HOCHBLÄTTER UNTER DEN BLÜTEN: außenkelch- bis hüllenartig. BLÜTEN: **rötlich bis violett, mit weißlichen Punkten, mit dunklem Ring**. BLÜTENSTIELE: **lang**. KRONBLÄTTER: genagelt, **mit wenigen langen Haaren, distal gezähnt**. FRÜCHTE: Kapseln. SAMEN: Embryo ± gerade. STÄNGEL: **behaart**.

- einheimisch
- planar bis montan
- Extensivgrünland u. Magerrasen, Zwergstrauchheiden, Gehölze, Zier- bzw. Nutzpflanze
- an nährstoffarmen, sauren, meist trockenen Standorten

J F M A **M J J A S** O N D

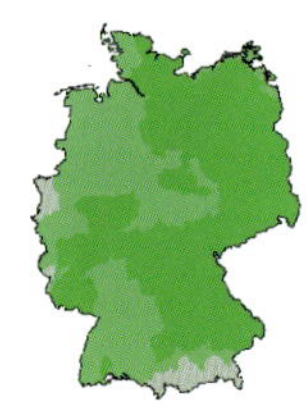

Dianthus gratianopolitanus Vill.

Pfingst-Nelke *Caryophyllaceae*
∗ K(5) C5 A10 G(2) RL 3 § BNatG b

10–25 cm hoch. BLÜTENSTAND: **Blüten einzeln o. zu wenigen dichasial**. HOCHBLÄTTER UNTER DEN BLÜTEN: außenkelch- bis hüllenartig. BLÜTEN: **hellrot bis violett**, *nicht* gezeichnet. BLÜTENSTIELE: **lang**. KRONBLÄTTER: genagelt, **Schlund kurz-behaart, distal gezähnt**. FRÜCHTE: Kapseln. SAMEN: Embryo ± gerade. STÄNGEL: **kahl**. BLÄTTER: blau- bzw. graugrün.

- einheimisch
- collin bis montan
- Extensivgrünland u. Magerrasen, Schutt- u. Felsfluren, Zier- bzw. Nutzpflanze
- an nährstoffarmen, kalkreichen, trockenen Standorten

J F M **A M J J** A S O N D

Dianthus plumarius L.

Feder-Nelke *Caryophyllaceae*
∗ K(5) C5 A10 G(2) § BNatG b

15–30 cm hoch. BLÜTENSTAND: Stängel 1–5-blütig. HOCHBLÄTTER UNTER DEN BLÜTEN: außenkelch- bis hüllenartig. BLÜTEN: **weißlich bis violett-rötlich**. BLÜTENSTIELE: **lang**. KRONBLÄTTER: genagelt, **± bis zur Mitte der Platte zerschlitzt**. FRÜCHTE: Kapseln. SAMEN: Embryo ± gerade. STÄNGEL: im QS kantig.

- in Einbürgerung befindlicher Neophyt, urspr. aus Nordamerika
- planar bis collin
- Ruderalvegetation, Zier- bzw. Nutzpflanze

J F **M A M J J A** S O N D

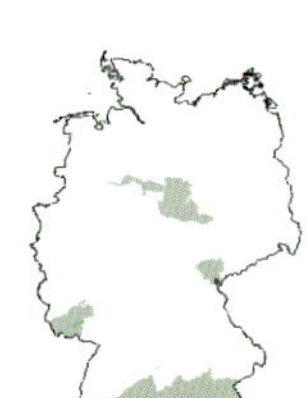

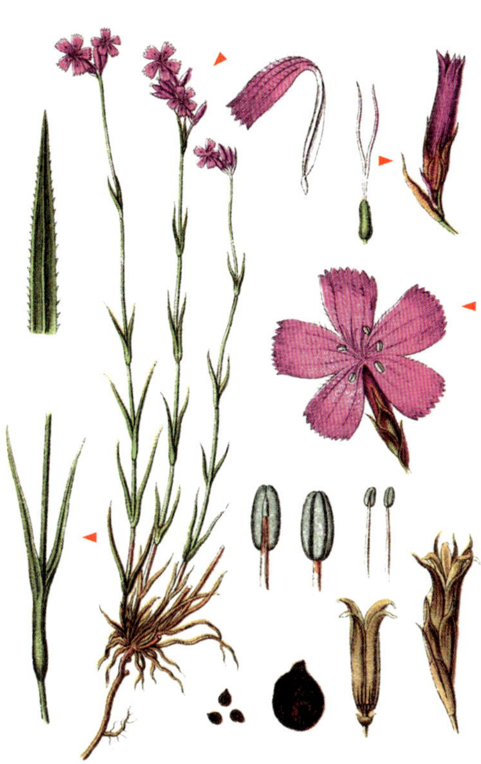

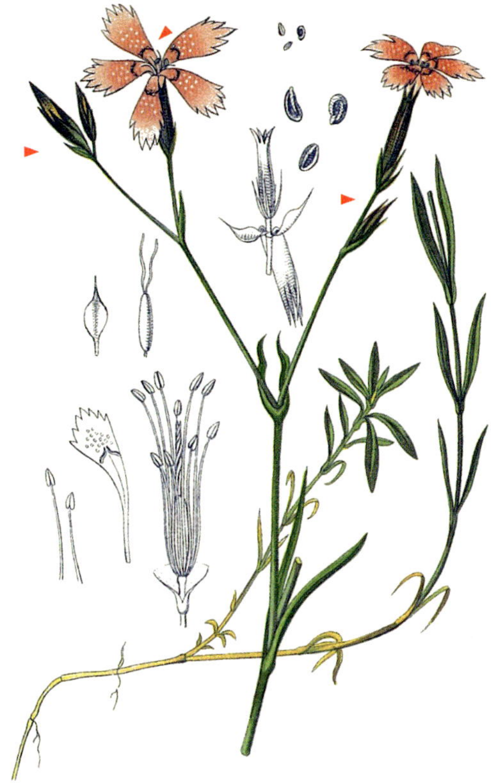

Dianthus seguieri Vill.

Busch-Nelke *Caryophyllaceae*
∗ K(5) C5 A10 G(2) RL 3 § BNatG b

25–50 cm hoch. Blütenstand: **Blüten einzeln o. zu wenigen dichasial**. Hochblätter unter den Blüten: außenkelch- bis hüllenartig. Blüten: **hellrot, mit dunkler Zeichnung**. Blütenstiele: **kurz bis fehlend**. Kronblätter: genagelt, **distal gezähnt**. Früchte: Kapseln. Samen: Embryo ± gerade. Stängel: **kahl**. Blätter: blau- bzw. graugrün.

- einheimisch
- collin bis montan
- Extensivgrünland u. Magerrasen, Zwergstrauchheiden, Gehölze, Wälder
- an nährstoffarmen, sauren Standorten

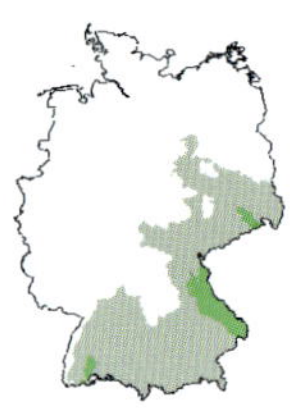

J F M A M J J A S O N D

Dianthus superbus L.

Pracht-Nelke *Caryophyllaceae*
∗ K(5) C5 A10 G(2) RL 3 § BNatG b

30–60 cm hoch. Hochblätter unter den Blüten: außenkelch- bis hüllenartig. Blüten: duftend, **weißlich bis violett-rötlich**. Blütenstiele: **lang**. Kronblätter: genagelt, **± bis zur Mitte der Platte zerschlitzt**. Früchte: Kapseln. Samen: Embryo ± gerade. Stängel: **kahl**. Blätter: **lineal bis lanzettlich**, 2–8 mm breit.

subsp. *superbus* (Pracht-Nelke): planar bis montan. Blütenstand: Blüten meist einzeln. Blüten: basal grün gepunktet. Stängel: niederliegend bis aufsteigend, grünlich.
subsp. *alpestris* (Alpen-Pracht-Nelke): subalpin u. alpin. Blütenstand: Blüten meist zu 2–3. Blüten: basal schwarz gepunktet. Stängel: aufrecht, bläulich überlaufen.

- einheimisch
- planar bis alpin
- Extensivgrünland u. Magerrasen, Schutt- u. Felsfluren, Zier- bzw. Nutzpflanze
- an nährstoffarmen, basenreichen Standorten

J F M A M J J A S O N D

Dianthus sylvestris Wulfen

Stein-Nelke *Caryophyllaceae*
∗ K(5) C5 A10 G(2) RL R § BNatG b

Bis 40 cm hoch. Blütenstand: **Blüten einzeln o. zu wenigen dichasial**. Hochblätter unter den Blüten: außenkelch- bis hüllenartig. Blüten: **meist rosa**, *nicht* gezeichnet. Blütenstiele: **lang**. Kronblätter: genagelt, **Schlund kahl, distal gezähnt**. Früchte: Kapseln. Samen: Embryo ± gerade. Stängel: **kahl**. Blätter: blau- bzw. graugrün, 1–2 mm breit.

- einheimisch
- montan bis alpin
- Extensivgrünland u. Magerrasen, Schutt- u. Felsfluren
- an nährstoffarmen, trockenen Standorten

J F M A M J J A S O N D

Gypsophila fastigiata L.

Ebensträußiges Gipskraut *Caryophyllaceae*
∗ K(5) C5 A10 G(2) RL 3 § BNatG b

20–80 cm hoch. Pflanzen: mehrjährig. Blütenstand: behaart. Blüten: rötlich bis weißlich. Blütenstiele: < 1,5-mal so lang wie der Kelch. Kronblätter: **drüsig behaart, 2–5 mm lang, kürzer als die Staubblätter u. Griffel, < 2-mal so lang wie die Kelchblätter**, distal abgerundet. Kelchblätter: mit schmalen trockenhäutigen Streifen. Früchte: Kapseln. Samen: nierenförmig, Embryo gekrümmt. Stängel: basal mit sterilen Trieben; oben: **drüsig behaart**. Blätter: **lineal bis lanzettlich, < 10 mm breit**, 1-nervig.

- einheimisch
- planar bis collin
- Extensivgrünland u. Magerrasen, Schutt- u. Felsfluren, Zier- bzw. Nutzpflanze
- an nährstoffarmen, trockenen Standorten

J F M A M J J A S O N D

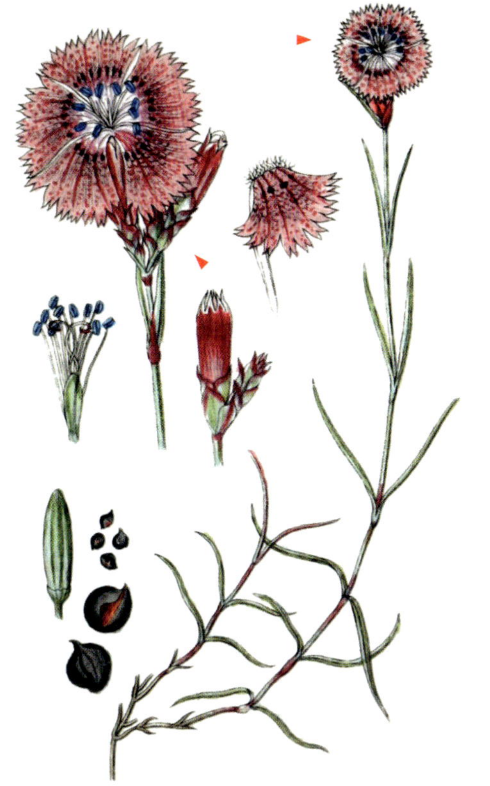

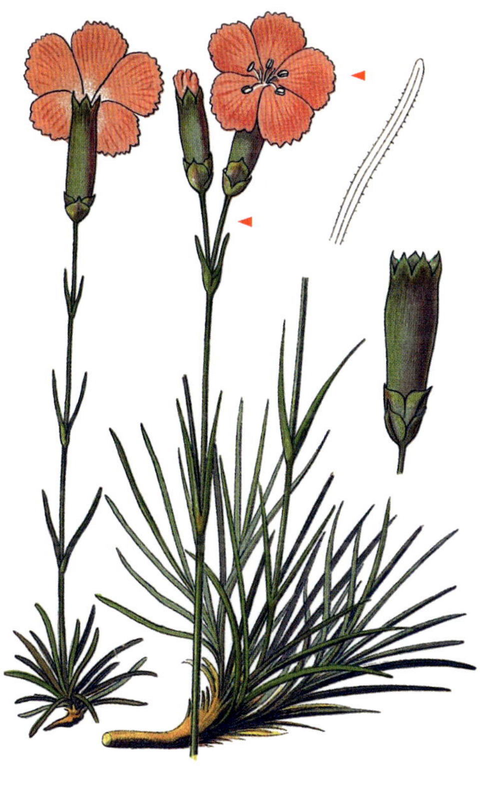

Gypsophila muralis L.

Acker-Gipskraut *Caryophyllaceae*
∗ K(5) C5 A10 G(2) RL 3

Bis 25 cm hoch. PFLANZEN: **1-jährig**. BLÜTEN: rosa. BLÜTENSTIELE: > 2-mal so lang wie der Kelch. KRONBLÄTTER: **2–5 mm lang, < 2-mal so lang wie die Kelchblätter, distal (undeutlich) eingeschnitten o. gezähnt**. KELCHBLÄTTER: mit schmalen trockenhäutigen Streifen. FRÜCHTE: Kapseln. SAMEN: nierenförmig, Embryo gekrümmt. STÄNGEL: ***ohne* sterile Triebe**; UNTEN: behaart. BLÄTTER: **lineal bis lanzettlich**, **< 10 mm breit**, 1-nervig.

- Archaeophyt
- planar bis montan
- trockenfallende Ufer, Äcker, Ruderalvegetation
- an sauren, feuchten bis nassen, zuweilen überfluteten Standorten

J F M A M J J A S O N D

Gypsophila perfoliata L.

Durchwachsenblättriges Gipskraut *Caryophyllaceae*
∗ K(5) C5 A10 G(2)

30–80 cm hoch. PFLANZEN: mehrjährig, **gelbgrün**. BLÜTENSTAND: kahl. BLÜTEN: außen violett; innen rosa. KELCHBLÄTTER: mit schmalen trockenhäutigen Streifen. FRÜCHTE: Kapseln. SAMEN: nierenförmig, Embryo gekrümmt. STÄNGEL: auch unten verzweigt, basal mit sterilen Trieben; UNTEN: **drüsig behaart**, selten kahl. BLÄTTER: **lanzettlich bis oval**, **> 10 mm breit**, **2–5-mal so lang wie breit**, **≥ 3-nervig**.

- eingebürgerter Neophyt, urspr. aus Osteuropa u. Asien
- planar bis collin
- Staudenfluren, Ruderalvegetation, Salzwiesen, Zier- bzw. Nutzpflanze
- auch an salzhaltigen Standorten

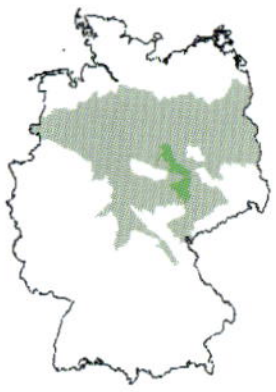

J F M A M J J A S O N D

Gypsophila repens L.

Kriechendes Gipskraut *Caryophyllaceae*
∗ K(5) C5 A10 G(2)

Bis 25 cm hoch. PFLANZEN: mehrjährig, **blau- bis graugrün**. BLÜTENSTAND: kahl. BLÜTEN: weißlich bis hellrosa. KRONBLÄTTER: **4–7 mm lang**, **länger als die Staubblätter u. Griffel**, **> 2-mal so lang wie die Kelchblätter**. KELCHBLÄTTER: mit schmalen trockenhäutigen Streifen. FRÜCHTE: Kapseln. SAMEN: nierenförmig, Embryo gekrümmt. STÄNGEL: basal mit sterilen Trieben; UNTEN: kahl. BLÄTTER: **lineal bis lanzettlich**, **< 10 mm breit**, 1-nervig.

- einheimisch
- montan bis alpin
- trockenfallende Ufer, Extensivgrünland u. Magerrasen, Staudenfluren, Schutt- u. Felsfluren, Zier- bzw. Nutzpflanze
- an nährstoffarmen, kalkreichen Standorten

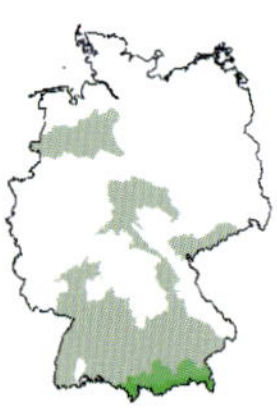

J F M A M J J A S O N D

Gypsophila scorzonerifolia Ser.

Schwarzwurzelblättriges Gipskraut *Caryophyllaceae*
∗ K(5) C5 A10 G(2)

50–180 cm hoch. PFLANZEN: mehrjährig, **blau- bis graugrün**. BLÜTENSTAND: behaart. BLÜTEN: außen hellrosa bis violett; innen ± weiß. KRONBLÄTTER: **drüsig behaart**, **distal deutlich eingeschnitten**. KELCHBLÄTTER: mit schmalen trockenhäutigen Streifen. FRÜCHTE: Kapseln. SAMEN: nierenförmig, Embryo gekrümmt. STÄNGEL: vorwiegend in der distalen Hälfte verzweigt, basal mit sterilen Trieben; UNTEN: kahl. BLÄTTER: **länglich bis lanzettlich**, **> 10 mm breit**, **5–10-mal so lang wie breit**, **≥ 3-nervig**.

- eingebürgerter Neophyt, urspr. aus Osteuropa
- planar bis collin
- Grünland, Staudenfluren, Ruderalvegetation
- an trockenen, auch salzhaltigen Standorten

J F M A M J J A S O N D

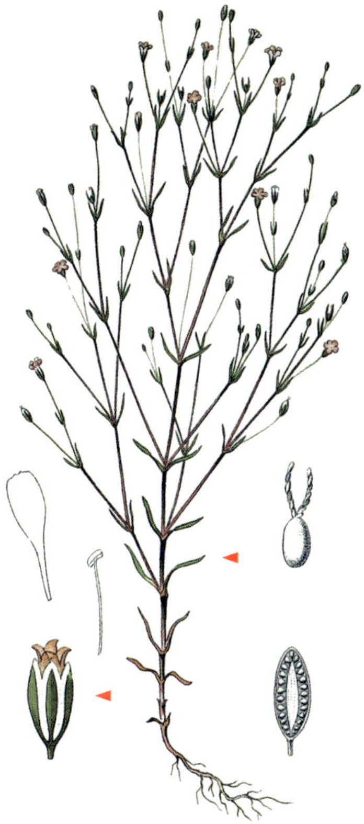

Petrorhagia prolifera (L.) P. W. Ball & Heywood

Sprossendes Nelkenköpfchen *Caryophyllaceae*
∗ K(5) C5 A10 G(2)

10–40 cm hoch. Pflanzen: **meist mit einzelnen Stängeln, 1-jährig**. Blütenstand: **Blüten in wenigblütigen Köpfchen**. Hochblätter unter den Blüten: **hüllenartig**. Blüten: **kurz gestielt bis sitzend**, rosa. Kelchblätter: **3–8 mm lang**, mit schmalen trockenhäutigen Streifen. Früchte: Kapseln. Samen: Embryo ± gerade. Stängel: aufrecht.

- einheimisch
- planar bis montan
- Extensivgrünland u. Magerrasen, Schutt- u. Felsfluren, Äcker
- an nährstoffarmen, meist trockenen Standorten

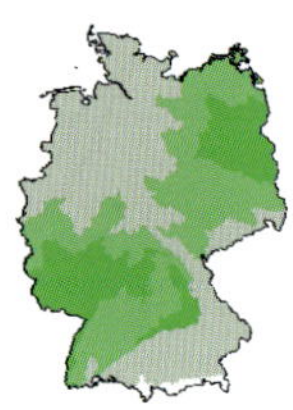

J F M A M J J A S O N D

Petrorhagia saxifraga (L.) Link

Felsennelke *Caryophyllaceae*
∗ K(5) C5 A10 G(2) RL 3

10–40 cm hoch. Pflanzen: **± dichtrasig, mehrjährig**. Hochblätter unter den Blüten: **außenkelchartig**. Blüten: **einzeln, lang gestielt, einzeln**, hellviolett bis rosa, mit dunklen Adern. Kelchblätter: **8–15 mm lang**, mit schmalen trockenhäutigen Streifen. Früchte: Kapseln. Samen: Embryo ± gerade.

- einheimisch
- planar bis montan
- Extensivgrünland u. Magerrasen, Schutt- u. Felsfluren, Zier- bzw. Nutzpflanze
- an nährstoffarmen, basenreichen, trockenen Standorten

J F M A M J J A S O N D

Saponaria ocymoides L.

Rotes Seifenkraut *Caryophyllaceae*
∗ K(5) C5 A10 G(2) RL 2

10–30 cm hoch. Pflanzen: mehrjährig. Blüten: meist rosa bis rötlich. Krone: **< 14 mm ⌀**. Kronblätter: genagelt. Nebenkrone: vorhanden. Kelch: im QS rundlich bis kantig. Kelchblätter: **klebrig-drüsig behaart**. Früchte: Kapseln. Samen: Embryo gekrümmt. Blätter: **1–4 cm lang, 4–15 mm breit**.

- einheimisch
- planar bis subalpin
- Extensivgrünland u. Magerrasen, Wälder, Schutt- u. Felsfluren, Zier- bzw. Nutzpflanze
- an nährstoffarmen, kalkreichen, meist trockenen Standorten

J F M A M J J A S O N D

Saponaria officinalis L.

Echtes Seifenkraut *Caryophyllaceae*
∗ K(5) C5 A10 G(2)

30–80 cm hoch. Pflanzen: mehrjährig. Blüten: meist rosa bis rötlich. Krone: **20–50 mm ⌀**. Kronblätter: genagelt. Nebenkrone: vorhanden. Kelch: im QS rundlich bis kantig. Kelchblätter: kahl *oder* behaart, aber nicht drüsig. Früchte: Kapseln. Samen: Embryo gekrümmt. Stängel: aufrecht. Blätter: **4–16 cm lang, 15–40 mm breit**.

- einheimisch
- planar bis montan
- Grünland, Staudenfluren, Ruderalvegetation, Zier- bzw. Nutzpflanze

J F M A M J J A S O N D

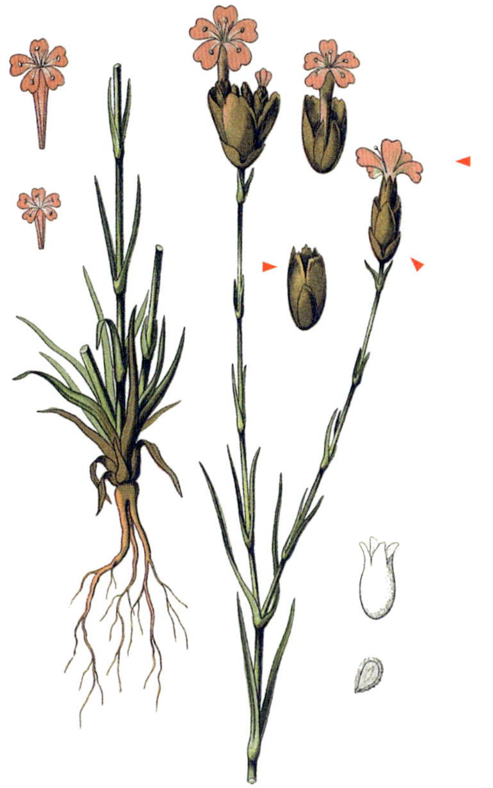

Vaccaria hispanica (Mill.) Rauschert

Saat-Kuhnelke *Caryophyllaceae*
∗ K(5) C5 A10 G(2) RL 1

10–100 cm hoch. Pflanzen: **1-jährig**. Blüten: **meist rosa bis rötlich**. Kronblätter: **genagelt**. Kelch: etwas vergrößert, **im QS kantig bis geflügelt**. Früchte: Kapseln. Samen: Embryo rundlich. Blätter: länglich bis lanzettlich.

- Archaeophyt
- planar bis montan
- Staudenfluren, Äcker, Schutt- u. Felsfluren, Ruderalvegetation, Zier- bzw. Nutzpflanze
- an kalkreichen, trockenen Standorten

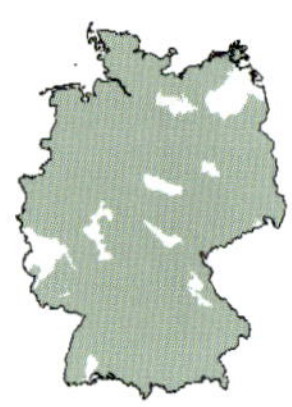

J F M A M J J A S O N D

Agrostemma githago L.

Korn-Rade *Caryophyllaceae*
∗ K(5) C5 A10 G(5) stark giftig RL 2

40–100 cm hoch. Pflanzen: **1-jährig**, dicht langhaarig. Blüten: **rötlich bis violett**. Kronblätter: **20–50 mm lang**, **distal abgerundet bis ausgerandet**. Kelchblätter: länglich-lineal, **länger als die Kronblätter**, spitz, **behaart**. Griffel: 5, zwischen den Kelchblättern stehend. Früchte: Kapseln, **5-zähnig**.

- Archaeophyt
- planar bis montan
- Staudenfluren, Äcker, Ruderalvegetation, Zier- bzw. Nutzpflanze

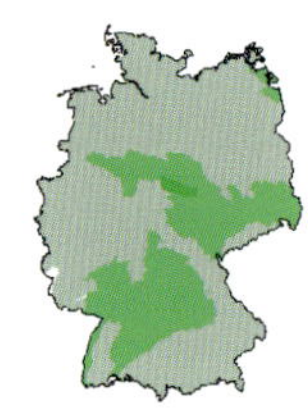

J F M A M J J A S O N D

Silene armeria L.

Echtes Nelkenleimkraut *Caryophyllaceae*
∗ K(5) C5 A10 G(3) RL 3

15–60 cm hoch. Pflanzen: **1-jährig**, blau- bis graugrün, **kahl**. Blütenstand: doldig wirkende, meist zusammengesetzte Dichasien. Blüten: rötlich bis violett. Kronblätter: **distal abgerundet bis ausgerandet**. Nebenkrone: **vorhanden**. Kelch: 10-nervig. Kelchblätter: **12–25 mm lang**. Griffel: **3**, *vor* den Kelchblättern stehend. Früchte: Kapseln, basal 3–6-fächrig, **6-zähnig**. Stängel: **unter den Knoten klebrig**.

- einheimisch
- planar bis montan
- Extensivgrünland u. Magerrasen, Staudenfluren, Gehölze, Wälder, Schutt- u. Felsfluren, Zier- bzw. Nutzpflanze
- an nährstoffarmen Standorten

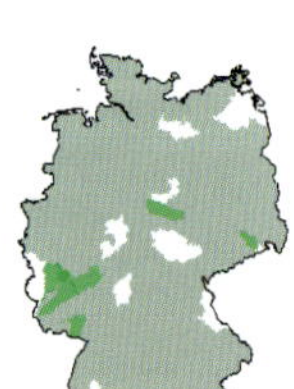

J F M A M J J A S O N D

Silene rupestris L.

Felsen-Nelkenleimkraut *Caryophyllaceae*
∗ K(5) C5 A10 G(3)

10–25 cm hoch. Pflanzen: mehrjährig, blau- bis graugrün, **kahl**. Blütenstand: gabelig verzweigte, meist zusammengesetzte Dichasien. Blüten: rosa bis weißlich. Kronblätter: **distal abgerundet bis ausgerandet**. Nebenkrone: **vorhanden**. Kelch: 10-nervig. Kelchblätter: **2–8 mm lang**. Griffel: **3**, *vor* den Kelchblättern stehend. Früchte: Kapseln, basal 3–6-fächrig, **6-zähnig**. Stängel: unter den Knoten *nicht* klebrig.

- einheimisch
- montan bis alpin
- Extensivgrünland u. Magerrasen, Schutt- u. Felsfluren
- an nährstoffarmen, sauren, meist trockenen Standorten

J F M A M J J A S O N D

Silene pusilla Waldst. & Kit.

Kleiner Strahlensame *Caryophyllaceae*
∗ K(5) C5 A10 G(3)

Bis 25 cm hoch. Pflanzen: mehrjährig. Blüten: meist weißlich, selten rosa. Kronblätter: **distal gezähnt**. Kelchblätter: 2–8 mm lang. Griffel: **3**. Früchte: Kapseln, basal 1-fächrig, **6-zähnig**. Samen: **mit 2-reihig angeordneten Schuppen**. Blätter: länglich.

- einheimisch
- montan bis alpin
- Schutt- u. Felsfluren, Quellfluren
- an nährstoffarmen, kalkreichen, nassen, zuweilen überfluteten Standorten

J F M A **M J J A S** O N D

Silene flos-cuculi (L.) Clairv.

Kuckucks-Lichtnelke *Caryophyllaceae*
∗ K(5) C5 A10 G(5)

30–80 cm hoch. Pflanzen: mehrjährig. Blütenstand: Blüten einzeln bzw. dichasial. Blüten: rosa bis rötlich. Kronblätter: 12–30 mm lang, **tief 4-spaltig**. Kelchblätter: **5–10 mm lang**. Griffel: **5**, *vor* den Kelchblättern stehend. Früchte: Kapseln, basal 1-fächrig, **5-zähnig**. Stängel: unter den Knoten *nicht* klebrig.

- einheimisch
- planar bis montan
- Moore u. Seggenriede, Grünland, Ruderalvegetation, Zier- bzw. Nutzpflanze

J F M **A M J J A** S O N D

Silene conica L.

Kegel-Leimkraut *Caryophyllaceae*
∗ K(5) C5 A10 G(3) RL 3

Bis 100 cm hoch. Pflanzen: **1-jährig, drüsig behaart**. Blüten: rötlich bis hellviolett. Kronblätter: **distal tief eingeschnitten bis 2-spaltig**. Nebenkrone: **vorhanden**. Kelch: etwas vergrößert, **30-nervig**, *nicht* netznervig. Kelchblätter: **drüsig behaart**. Griffel: **3**. Früchte: Kapseln, basal 3–6-fächrig, **6-zähnig**.

- einheimisch
- planar bis collin
- Extensivgrünland u. Magerrasen, Schutt- u. Felsfluren, Äcker, Ruderalvegetation, Zier- bzw. Nutzpflanze
- an nährstoffarmen, trockenen Standorten

J F M A **M J J A** S O N D

Silene noctiflora L.

Acker-Leimkraut *Caryophyllaceae*
∗ K(5) C5 A10 G(3) RL 3

10–40 cm hoch. Pflanzen: **1-jährig**. Blütenstand: Blüten einzeln bzw. dichasial. Blüten: hellrosa bis weißlich. Kronblätter: **distal tief eingeschnitten bis 2-spaltig**. Nebenkrone: **vorhanden**. Kelch: **10-nervig**. Kelchröhre: **16–25 mm lang**. Griffel: **3**. Früchte: Kapseln, basal 1-fächrig, **6-zähnig**. Stängel: **oben unter den Knoten klebrig**, basal *ohne* sterile Triebe. Blätter: ganzrandig.

- Archaeophyt
- planar bis montan
- Staudenfluren, Äcker, Ruderalvegetation, Zier- bzw. Nutzpflanze
- an kalkreichen, meist trockenen Standorten

J F M A **M J J A S O** N D

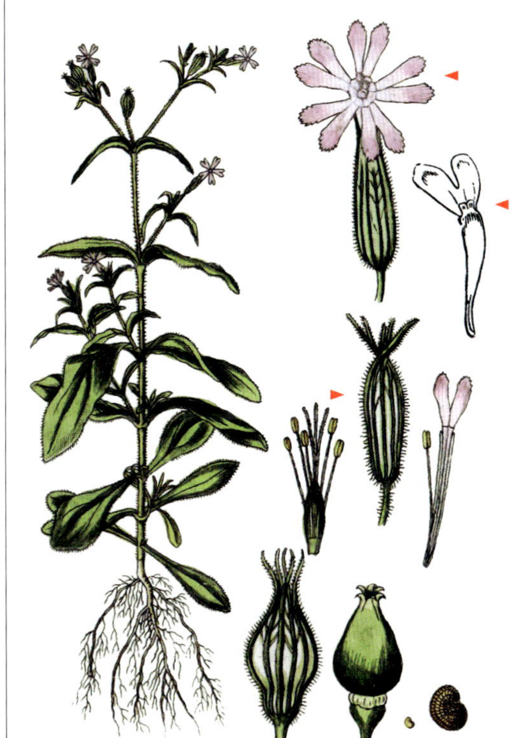

Silene vulgaris (Moench) Garcke

Gewöhnliches Leimkraut *Caryophyllaceae*
∗ K(5) C5 A10 G(3)

Bis 100 cm hoch. Pflanzen: mehrjährig. Blüten: weißlich. Kronblätter: **distal tief eingeschnitten bis 2-spaltig**. Nebenkrone: fehlend *oder* vorhanden. Kelch: **stark vergrößert, 20-nervig, netznervig**. Kelchblätter: kahl. Griffel: **3**. Früchte: Kapseln, basal 3–6-fächrig, **6-zähnig**.

subsp. *vulgaris* (Gewöhnliches Leimkraut): meist 30–100 cm hoch. Blütenstand: Stängel 5–25-blütig. Blüten: meist *ohne* Nebenkrone. Stängelblätter 3–15 cm lang, Form sehr variabel.
subsp. *glareosa* (Geröll-Taubenkropf): subalpin u. alpin, auf Kalk, 10–30 cm hoch. Blütenstand: Stängel 2–7-blütig. Blüten: mit Nebenkrone. Stängelblätter: 1–3 cm lang, lineal bis lanzettlich.

- einheimisch
- planar bis alpin
- Extensivgrünland u. Magerrasen, Ruderalvegetation, Zier- bzw. Nutzpflanze
- auch an schwermetallhaltigen Standorten

J F M **A M J J A S O** N D

Silene dichotoma Ehrh.

Gabel-Leimkraut *Caryophyllaceae*
∗ K(5) C5 A10 G(3)

Bis 100 cm hoch. Pflanzen: **1–2-jährig**. Blütenstand: **meist einseitswendige Wickel**. Blüten: weißlich bis gelblich. Kronblätter: **distal tief eingeschnitten bis 2-spaltig**. Nebenkrone: **vorhanden**. Kelch: **10-nervig**. Kelchröhre: **8–16 mm lang**. Griffel: **3**. Früchte: Kapseln, basal 3–6-fächrig, **6-zähnig**. Stängel: basal *ohne* sterile Triebe.

- eingebürgerter Neophyt, urspr. aus Osteuropa
- planar bis montan
- Staudenfluren, Äcker, Ruderalvegetation

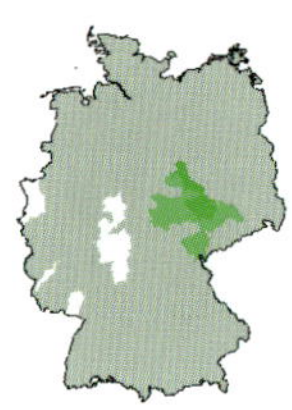

J F M A **M J J A** S O N D

Silene dioica (L.) Clairv.

Rote Lichtnelke *Caryophyllaceae*
♂ ∗ K(5) C5 A10 | ♀ ∗ K(5) C(5) G(5)

30–100 cm hoch. Pflanzen: **1-jährig, 2-häusig**. Blütenstand: Blüten einzeln bzw. dichasial. Blüten: rötlich. Kronblätter: 15–30 mm lang, **distal tief eingeschnitten bis 2-spaltig**. Nebenkrone: **vorhanden**. Kelchzipfel: **breit-lanzettlich**. Griffel: **5**, *vor* den Kelchblättern stehend. Früchte: Kapseln, basal 1-fächrig, **10-zähnig, Kapselzähne zurückgebogen**.

- einheimisch
- planar bis subalpin
- Grünland, Staudenfluren, Gehölze, Wälder, Ruderalvegetation, Zier- bzw. Nutzpflanze
- an nährstoffreichen Standorten

J F **M A M J J A S O** N D

Silene latifolia Poir.

Breitblättrige Lichtnelke *Caryophyllaceae*
♂ ∗ K(5) C5 A10 | ♀ ∗ K(5) C(5) G(5)

20–120 cm hoch. Pflanzen: mehrjährig, **2-häusig**. Blütenstand: Blüten einzeln bzw. dichasial. Blüten: **duftend**, meist weißlich, selten rosa. Kronblätter: 25–35 mm lang, **distal tief eingeschnitten bis 2-spaltig**. Nebenkrone: **vorhanden**. Kelchzipfel: **schmal-lanzettlich**. Griffel: **5**, *vor* den Kelchblättern stehend. Früchte: Kapseln, basal 1-fächrig, **10-zähnig, Kapselzähne aufrecht**.

- einheimisch
- planar bis montan
- Grünland, Staudenfluren, Äcker, Ruderalvegetation, Zier- bzw. Nutzpflanze

J F M A **M J J A S O** N D

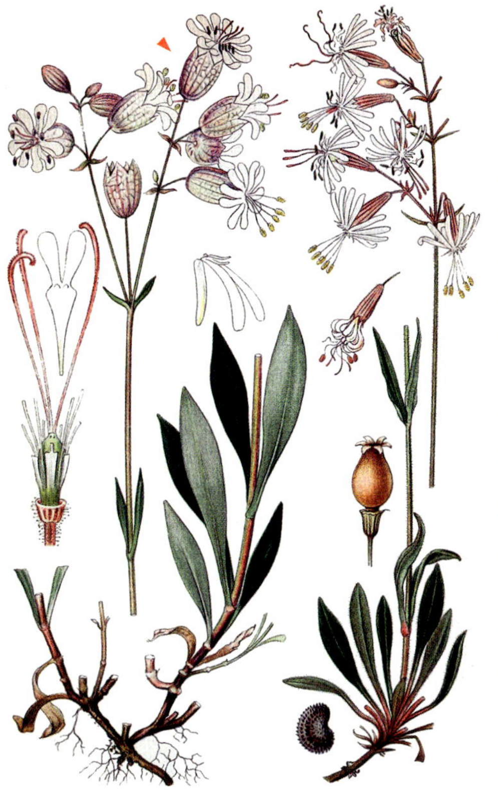

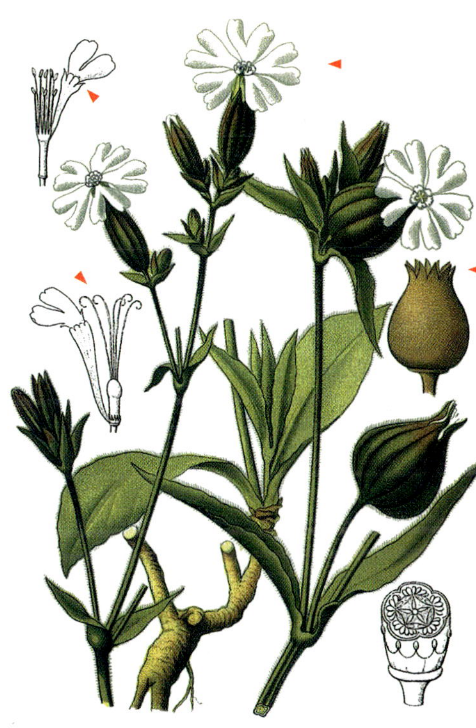

Silene viscosa (L.) Pers.

Klebriges Leimkraut *Caryophyllaceae*

∗ K(5) C5 A10 G(3) RL 1

30–80 cm hoch. PFLANZEN: **2- bis mehrjährig, drüsig-klebrig behaart**. BLÜTENSTAND: Blüten einzeln bzw. dichasial. BLÜTEN: weißlich. KRONBLÄTTER: **distal tief eingeschnitten bis 2-spaltig**. NEBENKRONE: **fehlend**. KELCH: **10-nervig**. KELCHBLÄTTER: **drüsig behaart**. GRIFFEL: **3**. FRÜCHTE: Kapseln, basal 3–6-fächrig, 6-zähnig. STÄNGEL: **unter den Knoten klebrig**. BLÄTTER: am Rand gesägt bis wellig.

- einheimisch
- planar
- Extensivgrünland u. Magerrasen, Dünen
- an nährstoffarmen, sauren, trockenen Standorten

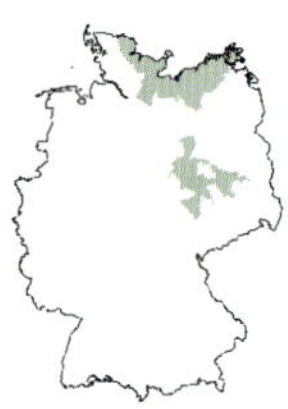

J F M **A M J J** A S O N D

Silene baccifera (L.) Roth

Hühnerbiss *Caryophyllaceae*

∗ K(5) C5 A10 G(3) schwach giftig RL 3

Mehrjährige krautige Kletterpflanze, 60–120 cm hoch. PFLANZEN: oft als Spreizklimmer kletternd. BLÜTENSTAND: Blüten einzeln bzw. dichasial. BLÜTEN: grünlich bis weißlich. KRONBLÄTTER: **distal tief eingeschnitten bis 2-spaltig**. NEBENKRONE: **fehlend**. GRIFFEL: **3**. FRÜCHTE: **Beeren, schwarz**.

- einheimisch
- planar bis collin
- Staudenfluren, Gehölze, Wälder, Ruderalvegetation, Zier- bzw. Nutzpflanze
- an basenreichen, nassen Standorten

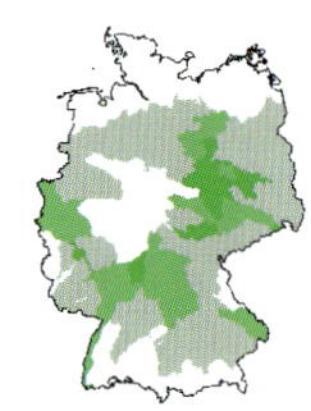

J F M A M **J J A S O** N D

Silene linicola C. C. Gmel.

Flachs-Leimkraut *Caryophyllaceae*

∗ K(5) C5 A10 G(3) RL 0

30–60 cm hoch. PFLANZEN: **1–2-jährig**, behaart. BLÜTENSTAND: Blüten einzeln bzw. dichasial, lockerblütig. BLÜTEN: rosa bis rötlich. KRONBLÄTTER: **distal tief eingeschnitten bis 2-spaltig**. NEBENKRONE: **vorhanden**. KELCH: **10-nervig**. GRIFFEL: **3**. FRÜCHTE: Kapseln, basal 3–6-fächrig, **6-zähnig**. STÄNGEL: unter den Knoten *nicht* klebrig.

- ausgestorben
- collin bis montan
- Äcker, Ruderalvegetation
- an basenreichen Standorten

J F M A **M J J A S** O N D

Silene gallica L.

Französisches Leimkraut *Caryophyllaceae*

∗ K(5) C5 A10 G(3) RL 1

10–50 cm hoch. PFLANZEN: **1–2-jährig**, behaart. BLÜTENSTAND: **meist einseitswendige Wickel**. BLÜTEN: meist rosa bis rötlich. KRONBLÄTTER: 10–16 mm lang, **distal ausgerandet bis eingeschnitten**. NEBENKRONE: **vorhanden**. KELCH: **10-nervig**. KELCHBLÄTTER: **8–12 mm lang**. GRIFFEL: **3**. FRÜCHTE: Kapseln, basal 3–6-fächrig, **6-zähnig**.

- Archaeophyt
- planar bis montan
- Staudenfluren, Äcker, Ruderalvegetation, Zier- bzw. Nutzpflanze
- an trockenen Standorten

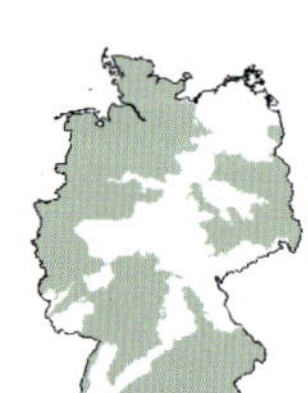

J F M A **M J J A** S O N D

Silene chlorantha (Willd.) Ehrh.

Grünblütiges Leimkraut *Caryophyllaceae*
∗ K(5) C5 A10 G(3) RL 2

30–60 cm hoch. Pflanzen: mehrjährig. Blütenstand: **meist einseitswendige Wickel**. Blüten: grünlich bis gelblich. Kronblätter: **distal ausgerandet bis eingeschnitten**. Nebenkrone: **vorhanden**. Kelch: **10-nervig**. Griffel: **3**. Früchte: Kapseln, basal 3–6-fächrig, **6-zähnig**.

- einheimisch
- planar bis collin
- Extensivgrünland u. Magerrasen, Wälder, Schutt- u. Felsfluren, Zier- bzw. Nutzpflanze
- an nährstoffarmen, basenreichen, trockenen Standorten

J F M A **M J J A** S O N D

Silene acaulis (L.) Jacq.

Stängelloses Leimkraut *Caryophyllaceae*
∗ K(5) C5 A10 G(3)

Bis 5 cm hoch. Pflanzen: **polsterförmig**, mehrjährig. Blütenstand: Blüten einzeln bzw. dichasial. Blüten: violett bis rötlich. Kronblätter: **distal ausgerandet bis eingeschnitten**. Kelchblätter: **3–10 mm lang**. Griffel: **3**. Früchte: Kapseln, basal 3–6-fächrig, **6-zähnig**.

- einheimisch
- subalpin bis alpin
- Extensivgrünland u. Magerrasen, Schutt- u. Felsfluren, Zier- bzw. Nutzpflanze
- an nährstoffarmen, basenreichen Standorten

J F M A **M J J A S** O N D

Silene nemoralis Waldst. & Kit.

Hain-Leimkraut *Caryophyllaceae*
∗ K(5) C5 A10 G(3) RL 1

Bis 100 cm hoch. Pflanzen: **2- bis mehrjährig**. Blütenstand: dichtblütig. Blüten: **meist aufrecht**, meist weißlich, mit grünlichen o. violetten Adern. Kronblätter: **Nagel meist kahl**, **distal tief eingeschnitten bis 2-spaltig**. Nebenkrone: **fehlend**. Kelch: **10-nervig**. Kelchblätter: **drüsig behaart**. Griffel: **3**. Früchte: Kapseln, basal 3–6-fächrig, **6-zähnig**. Stängel: **unter den Knoten klebrig**.

- einheimisch
- planar bis collin
- Staudenfluren, Wälder

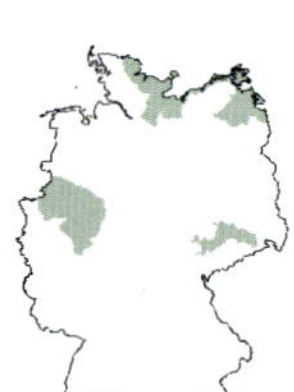

J F M **A M J J** A S O N D

Silene otites (L.) Wibel

Ohrlöffel-Leimkraut *Caryophyllaceae*
♂ ∗ K(5) C5 A10 | ♀ ∗ K(5) C(5) G(3) RL 3

20–80 cm hoch. Pflanzen: mehrjährig, **2-häusig**, selten mit einzelnen ⚥ Blüten. Blütenstand: traubenartig bis knäuelig. Blüten: meist 1-geschlechtig, grünlich bis gelblich. Kronblätter: **ungeteilt**, **distal abgerundet**. Nebenkrone: **fehlend**. Kelchblätter: **2–8 mm lang**. Griffel: **3**. Früchte: Kapseln, basal 3–6-fächrig, **6-zähnig**.

- einheimisch
- planar bis collin
- Extensivgrünland u. Magerrasen, Schutt- u. Felsfluren, Zier- bzw. Nutzpflanze
- an nährstoffarmen, trockenen Standorten

J F M **A M J J A** S O N D

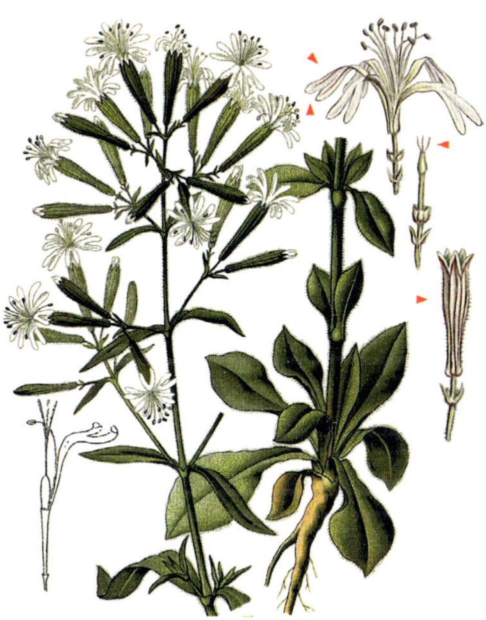

Silene tatarica (L.) Pers.

Tataren-Leimkraut *Caryophyllaceae*
∗ K(5) C5 A10 G(3) RL 2

30–60 cm hoch. PFLANZEN: mehrjährig. BLÜTENSTAND: Blüten einzeln bzw. dichasial. BLÜTEN: grünlich bis weißlich. KRONBLÄTTER: **distal tief eingeschnitten bis 2-spaltig**. NEBENKRONE: **fehlend**. KELCH: **10-nervig**. GRIFFEL: **3**. FRÜCHTE: Kapseln, basal 3–6-fächrig, **6-zähnig**.

- einheimisch
- planar bis collin
- Extensivgrünland u. Magerrasen
- an nährstoffarmen, trockenen Standorten

J F M A M **J J A S** O N D

Silene nutans L.

Nickendes Leimkraut *Caryophyllaceae*
∗ K(5) C5 A10 G(3)

Bis 100 cm hoch. PFLANZEN: mehrjährig. BLÜTEN: **meist überhängend**, weißlich bis gelblich *oder* rosa. KRONBLÄTTER: **distal tief eingeschnitten bis 2-spaltig**. NEBENKRONE: **vorhanden**. SCHLUNDSCHUPPEN: spitz. KELCH: **10-nervig**. GRIFFEL: **3**. FRÜCHTE: Kapseln, basal 3–6-fächrig, **6-zähnig**. STÄNGEL: basal mit sterilen Trieben.

- einheimisch
- planar bis alpin
- Extensivgrünland u. Magerrasen, Staudenfluren, Gehölze, Wälder, Zier- bzw. Nutzpflanze
- meist an trockenen Standorten

J F M **A M J J A** S O N D

Silene cretica L.

Kreta-Leimkraut *Caryophyllaceae*
∗ K(5) C5 A10 G(3) RL 0

10–80 cm hoch. PFLANZEN: mehrjährig. BLÜTENSTAND: Blüten einzeln bzw. dichasial, lockerblütig. BLÜTEN: rosa bis rötlich. KRONBLÄTTER: **distal tief eingeschnitten bis 2-spaltig**. NEBENKRONE: **vorhanden**. KELCH: **10-nervig**. GRIFFEL: **3**. FRÜCHTE: Kapseln, basal 3–6-fächrig, **6-zähnig**. STÄNGEL: **unter den Knoten klebrig**; OBEN: kahl.

- ausgestorbener Archaeophyt
- planar bis collin
- Äcker

J F M A **M J J** A S O N D

Silene viscaria (L.) Jess.

Gewöhnliche Pechnelke *Caryophyllaceae*
∗ K(5) C5 A10 G(5) RL V

25–80 cm hoch. PFLANZEN: mehrjährig. BLÜTENSTAND: Blüten einzeln bzw. dichasial. BLÜTEN: meist ☿, violett. KRONBLÄTTER: 10–20 mm lang, **distal ausgerandet bis eingeschnitten**. KELCHBLÄTTER: **10–18 mm lang**. GRIFFEL: **5**, *vor* den Kelchblättern stehend. FRÜCHTE: Kapseln, **5-zähnig**. STÄNGEL: **unter den Knoten klebrig**.

- einheimisch
- planar bis montan
- Extensivgrünland u. Magerrasen, Staudenfluren, Gehölze, Wälder, Zier- bzw. Nutzpflanze
- an nährstoffarmen, meist trockenen Standorten

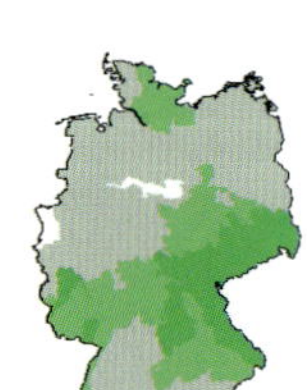

J F M **A M J J A** S O N D

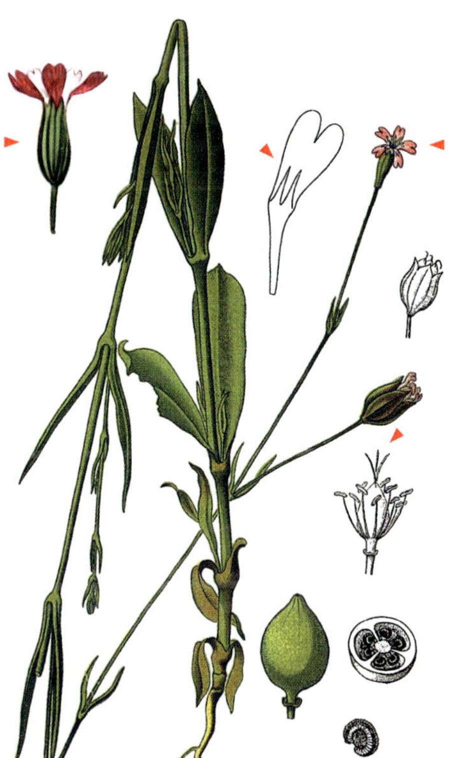

Polycnemum arvense agg.

Acker-Knorpelkraut *Amaranthaceae*
∗ P5 A3 G(2) RL 1

Bis 30 cm hoch. Pflanzen: 1-jährig. Blütenstand: Blüten einzeln o. zu wenigen. Tragblätter der Blüten: **2–4-mal so lang wie das Perigon**. Vorblätter unter den Blüten: 2, krautig. Perigonblätter: auf dem Rücken *ohne* Höcker, **1–2 mm lang**. Vorblätter unter den ♀ Blüten: **1–2 mm lang, kaum länger als das Perigon**. Früchte: **meist Nüsse**. Blätter: ungestielt, lineal bis länglich, < 5 mm breit, basal verbreitert, stachelspitzig, Stachelspitze bis 0,5 mm lang.

P. arvense (Acker-Knorpelkraut): Perigonblätter: 1–1,5 mm lang. Stängel: selten rötlich überlaufen. Seitenäste: gerade bis bogig aufsteigend.
P. verrucosum (Warzen-Knorpelkraut): ausgestorben. Perigonblätter: 1,5–2 mm lang. Stängel: oft rötlich überlaufen. Seitenäste: ± geschlängelt.

- Archaeophyt
- planar bis montan
- Extensivgrünland u. Magerrasen, Schutt- u. Felsfluren, Äcker, Zier- bzw. Nutzpflanze
- an nährstoffarmen, meist trockenen Standorten

J F M A M J J A S O N D

Polycnemum majus A. Braun

Großes Knorpelkraut *Amaranthaceae*
∗ P5 A3 G(2) RL 2

10–20 cm hoch. Pflanzen: 1-jährig. Blütenstand: Blüten einzeln o. zu wenigen. Tragblätter der Blüten: **> 4-mal so lang wie das Perigon**. Vorblätter unter den Blüten: 2, krautig. Perigonblätter: **2–3 mm lang**. Vorblätter unter den ♀ Blüten: **2,2–5 mm lang, deutlich länger als das Perigon**. Früchte: **meist Nüsse**. Blätter: ungestielt, lineal bis länglich, < 5 mm breit, basal verbreitert, stachelspitzig, Stachelspitze bis 0,5 mm lang.

- Archaeophyt
- planar bis montan
- Äcker, Ruderalvegetation
- an kalkreichen, trockenen Standorten

J F M A M J J A S O N D

Amaranthus: 1-jährig. Blütenstand: knäuelig. Vorblätter unter den Blüten: 3. Blüten: 1-geschlechtig. Perigonblätter: trockenhäutig. Stängel: krautig. Blätter: oft stachelspitzig.

Amaranthus blitum agg.

Aufsteigender Amarant *Amaranthaceae*
♂ ∗ P2–3 A5 | ♀ ∗ P2–3 G(2–3) RL 3

Bis 100 cm hoch. Blütenstand: **Knäuel in endständigem (oft auch seitenständigen) ähren- bis ährenrispenartigem Gesamtblütenstand**. Vorblätter unter den ♀ Blüten: **< 0,5-mal so lang wie das Perigon, mit kurzer Spitze**. Früchte: **meist Nüsse, 1,5–2,5 mm lang**. Stängel: **oben kahl**. Blätter: oft blau- bzw. graugrün.

In Deutschland kommen 2 Arten der Artengruppe *Amaranthus blitum* agg. vor: *A. blitum* und *A. emarginatus* (vgl. S. 1433).

- Archaeophyt
- planar bis montan
- Staudenfluren, Äcker, Ruderalvegetation, Zier- bzw. Nutzpflanze
- an nährstoffreichen Standorten

J F M A M J J A S O N D

Amaranthus hybridus agg.

Ausgebreiteter Amarant *Amaranthaceae*
♂ ∗ P3–5 A3–5 | ♀ ∗ P3–5 G(2–3)

20–120 cm hoch. Blütenstand: **Knäuel in endständigem (oft auch seitenständigen) ähren- bis ährenrispenartigem Gesamtblütenstand**. ♀ Blüten: Perigonblätter unterhalb der Mitte am breitesten. Vorblätter unter den ♀ Blüten: **meist länger als das Perigon, mit langer Spitze**. Stängel: **aufrecht**.

In Deutschland kommen 3 Arten der Artengruppe *Amaranthus hybridus* agg. vor: *A. hybridus*, *A. bouchonii* und *A. powellii* (vgl. S. 1433).

- eingebürgerter Neophyt, urspr. aus Mittel- u. Nordamerika
- planar bis montan
- Staudenfluren, Äcker, Ruderalvegetation, Zier- bzw. Nutzpflanze
- auch an salzhaltigen Standorten

J F M A M J J A S O N D

Amaranthus albus L.

Weißer Amarant *Amaranthaceae*
♂ * P1–3 A3 | ♀ * P1–3 G(2–3)

10–60 cm hoch. Blütenstand: **Knäuel blattachselständig o. in kurzen Thyrsen.** ♀ Blüten: **Perigonblätter 0,6–1,3 mm lang.** Vorblätter unter den ♀ Blüten: **± 2-mal so lang wie das Perigon, mit langer dorniger Spitze.** Früchte: Kapseln. Stängel: **aufrecht**, abstehend verzweigt, **oben kahl.** Blätter: Spreite 0,5–3 cm lang, Stachelspitze 0,5–1 mm lang.

- eingebürgerter Neophyt, urspr. aus Mittel- u. Nordamerika
- planar bis collin
- Staudenfluren, Äcker, Ruderalvegetation, Zier- bzw. Nutzpflanze
- an trockenen, auch salzhaltigen Standorten

J F M A M **J J A S O** N D

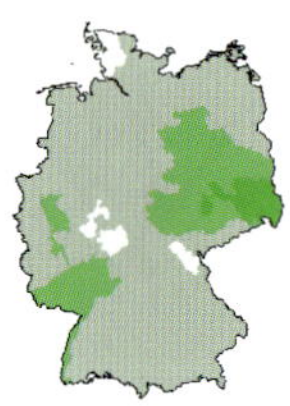

Amaranthus blitoides S. Watson

Westamerikanischer Amarant *Amaranthaceae*
♂ * P4–5 A4 | ♀ * P4–5 G(2–3)

15–50 cm hoch. Blütenstand: **Knäuel blattachselständig o. in kurzen Thyrsen.** Vorblätter unter den ♀ Blüten: **kürzer als das Perigon.** Früchte: Kapseln. Stängel: **aufrecht bis bogig aufsteigend.**

- eingebürgerter Neophyt, urspr. aus Nordamerika
- planar bis collin
- Staudenfluren, Äcker, Ruderalvegetation, Zier- bzw. Nutzpflanze
- an nährstoffreichen, meist trockenen Standorten

J F M A M **J J A S** O N D

Amaranthus deflexus L.

Herabgebogener Amarant *Amaranthaceae*
♂ * P4–5 A4 | ♀ * P4–5 G(2–3)

20–40 cm hoch. Blütenstand: **Knäuel in endständigem (oft auch seitenständigen) ähren- bis rispenartigem Gesamtblütenstand.** ♀ Blüten: **Perigonblätter 1–1,5 mm lang.** Vorblätter unter den ♀ Blüten: **< 0,5-mal so lang wie das Perigon, mit kurzer Spitze.** Früchte: Nüsse *oder* Kapseln, **2,5–3 mm lang.** Stängel: **aufrecht, oben dicht behaart.** Blätter: frischgrün, ungefleckt, ***ohne*** **Stachelspitze.**

- eingebürgerter Neophyt, urspr. aus Südamerika
- planar bis collin
- Grünland, Staudenfluren, Ruderalvegetation, Trittfluren, Zier- bzw. Nutzpflanze

J F M A **M J J A S O** N D

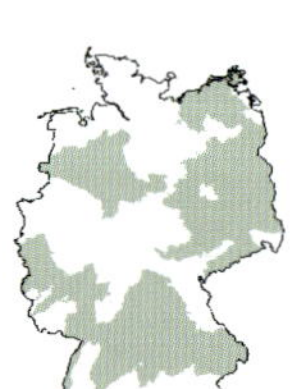

Amaranthus graecizans L.

Wilder Amarant *Amaranthaceae*
♂ * P4–5 A4 | ♀ * P4–5 G(2–3)

20–100 cm hoch. Blütenstand: **Knäuel blattachselständig o. in kurzen Thyrsen.** ♀ Blüten: **Perigonblätter 1,2–2,2 mm lang.** Vorblätter unter den ♀ Blüten: **0,7–1-mal so lang wie das Perigon, mit kurzer Spitze.** Früchte: Kapseln. Stängel: **aufrecht**, mit vielen bogigen Seitenzweigen, **oben kahl.** Blätter: Spreite 2–5 cm lang, Stachelspitze < 0,5 mm lang.

- eingebürgerter Neophyt, urspr. aus dem Mittelmeergebiet u. Asien
- planar bis collin
- Staudenfluren, Äcker, Ruderalvegetation, Zier- bzw. Nutzpflanze
- an nährstoffreichen, kalkreichen, meist trockenen Standorten

J F M A M **J J A S O** N D

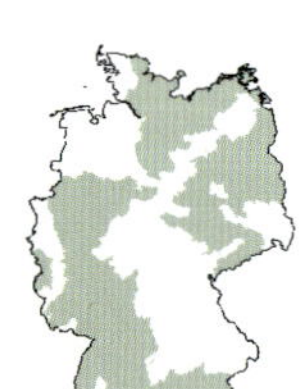

Amaranthus retroflexus L.

Zurückgebogener Amarant *Amaranthaceae*
♂ ∗ P4–5 A4 | ♀ ∗ P4–5 G(2–3)

15–100 cm hoch. BLÜTENSTAND: **Knäuel in endständigem (oft auch seitenständigen) ähren- bis rispenartigem Gesamtblütenstand**. VORBLÄTTER UNTER DEN ♀ BLÜTEN: **1,5–2-mal so lang wie das Perigon, mit langer Spitze**. FRÜCHTE: Kapseln, **kürzer als das Perigon**. STÄNGEL: **aufrecht**.

- eingebürgerter Neophyt, urspr. aus Nordamerika
- planar bis montan
- Staudenfluren, Äcker, Ruderalvegetation, Zier- bzw. Nutzpflanze
- auch an salzhaltigen Standorten

J F M A M J J A S O N D

Beta vulgaris L.

Runkelrübe *Amaranthaceae*
∗ P5 A5 G(2)

50–150 cm hoch. PFLANZEN: **kahl**. BLÜTENSTAND: knäuelig, in ähren- bis rispenartigem Gesamtblütenstand. KNÄUEL: 2–8-blütig. VORBLÄTTER UNTER DEN BLÜTEN: fehlen. BLÜTEN: meist ⚥, grünlich. FRUCHTKNOTEN: meist mittelständig. FRUCHTHÜLLE: **vergrößert u. verholzend**. FRÜCHTE: **meist nussartig**. STÄNGEL: **mit grundständiger Blattrosette**. BLÄTTER: **länglich-lanzettlich bis pfeil- bzw. spießförmig, am Rand oft gewellt**.

subsp. *vulgaris* (Zuckerrübe): 1–2-jährig. WURZELN: schwach bis stark verdickt. STÄNGEL: aufrecht. BLÄTTER: großblättrig – zahlreiche Kulturformen: u. a. Runkelrübe, Rote Beete, Mangold (*Inkl. B. vulgaris* subsp. *rapacea*).
subsp. *maritima* (Wilde Runkelrübe): mehrjährig. WURZELN: kaum verdickt. STÄNGEL: niederliegend. BLÄTTER: kleinblättrig.

- einheimisch
- planar bis montan
- Äcker, Ruderalvegetation, Wildform an Küstenspülsäumen, Zier- bzw. Nutzpflanze
- an nährstoffreichen, auch salzhaltigen Standorten

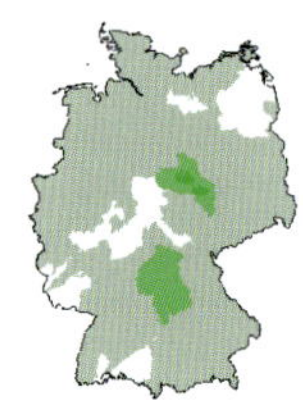

J F M A M J J A S O N D

Blitum bonus-henricus (L.) Rchb.

Guter Heinrich *Amaranthaceae*
∗ P2–5 A2–5 G(2–5) RL 3

20–60 cm hoch. PFLANZEN: 1-jährig, *ohne* unangenehmen Geruch. BLÜTENSTAND: knäuelig, in ährenartigem Gesamtblütenstand, **mehlig bestäubt**. KNÄUEL: ≥ 8-blütig. TRAGBLÄTTER DER BLÜTEN: fehlen. VORBLÄTTER UNTER DEN BLÜTEN: fehlen. BLÜTEN: meist ⚥, grünlich. BLÜTENHÜLLE: **an der Endblüte 5-blättrig, sonst 2–4-blättrig**. FRUCHTE: **Nüsse**. WURZELSTOCK: vorhanden. STÄNGEL: aufrecht. BLÄTTER: gestielt, **pfeil- bzw. spießförmig, Spreite 5–25 cm lang, 30–150 mm breit**. UNTERE STÄNGELBLÄTTER: *ohne* Drüsenhaare.

- einheimisch
- planar bis subalpin
- Staudenfluren, Ruderalvegetation, Zier- bzw. Nutzpflanze
- an nährstoffreichen Standorten

J F M A M J J A S O N D

Blitum virgatum L.

Durchblätterter Erdbeerspinat *Amaranthaceae*
∗ P2–5 A1–3 G(2–5)

15–80 cm hoch. PFLANZEN: 1-jährig. BLÜTENSTAND: knäuelig, in ähren- bis rispenartigem Gesamtblütenstand, *nicht* mehlig bestäubt, **bis zur Spitze beblättert**. TRAGBLÄTTER DER BLÜTEN: fehlen. VORBLÄTTER UNTER DEN BLÜTEN: fehlen. BLÜTEN: meist ⚥, grünlich. BLÜTENHÜLLE: **an der Endblüte 5-blättrig, sonst 2–4-blättrig**. FRUCHTSTAND: **± kugelig**. FRÜCHTE: **Nüsse, vom bleibenden rötlichen ± fleischigem Perigon umschlossen**. BLÄTTER: gestielt, **rautenförmig bis 3-eckig**, in den Stiel verschmälert, **am Rand buchtig gezähnt**; UNTERSEITS: *nicht* mehlig bestäubt. UNTERE STÄNGELBLÄTTER: *ohne* Drüsenhaare.

- eingebürgerter Neophyt, urspr. aus Südosteuropa, Nordwestafrika u. Westasien
- planar bis montan
- Staudenfluren, Ruderalvegetation, Zier- bzw. Nutzpflanze
- an nährstoffreichen Standorten

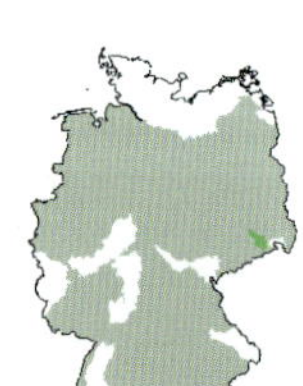

J F M A M J J A S O N D

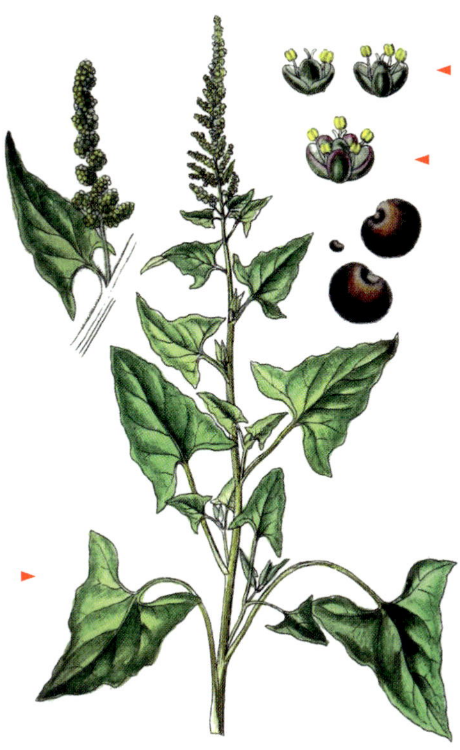

Lipandra polysperma (L.) S. Fuentes & al.

Vielsamiger Gänsefuß *Amaranthaceae*
∗ P5 A1–3 G(2–5)

15–60 cm hoch. Pflanzen: 1-jährig, *ohne* unangenehmen Geruch, ± kahl. Blütenstand: knäuelig, in ähren- bis rispenartigem Gesamtblütenstand, *nicht* mehlig bestäubt. Tragblätter der Blüten: fehlen. Vorblätter unter den Blüten: fehlen. Blüten: meist ⚥, grünlich. Früchte: Nüsse. Blätter: gestielt, **länglich bis oval**, **Spreite 3–12 cm lang**, **15–60 mm breit**, in den Stiel verschmälert, **± ganzrandig**, zuweilen mit 1–2 Zähnen an der Blattbasis. untere Stängelblätter: *ohne* Drüsenhaare.

- einheimisch
- planar bis montan
- Staudenfluren, Äcker, Ruderalvegetation
- an nährstoffreichen Standorten

J F M A M J J A S O N D

Oxybasis chenopodioides (L.) S. Fuentes & al.

Dickblättriger Gänsefuß *Amaranthaceae*
∗ P(2–5) A2–5 G(2–5) RL 2

Bis 30 cm hoch. Pflanzen: 1-jährig, oft rötlich überlaufen. Blütenstand: knäuelig, in ähren- bis rispenartigem Gesamtblütenstand, *nicht* mehlig bestäubt, **bis zur Spitze beblättert**. Tragblätter der Blüten: fehlen. Vorblätter unter den Blüten: fehlen. Blüten: meist ⚥, grünlich. Blütenhülle: **an der Endblüte 5-blättrig, sonst 2–4-blättrig**. Perigonblätter: **der Randblüten ± bis zur Spitze verwachsen**. Staubblätter: **2–5**. Früchte: Nüsse, **vom bleibenden Perigon umschlossen**. Blätter: gestielt, **(schwach) sukkulent**, **rautenförmig bis 3-eckig**, in den Stiel verschmälert, am Rand buchtig gezähnt bis gelappt; unterseits: *nicht* mehlig bestäubt. untere Stängelblätter: *ohne* Drüsenhaare.

- einheimisch
- planar bis collin
- trockenfallende Ufer, Staudenfluren, Salzwiesen, Küstenspülsäume
- an nährstoffreichen, zuweilen überfluteten, auch salzhaltigen Standorten

J F M A M J J A S O N D

Oxybasis glauca (L.) S. Fuentes & al.

Graugrüner Gänsefuß *Amaranthaceae*
∗ P(2–5) A1–2 G(2–5)

10–50 cm hoch. Pflanzen: 1-jährig. Blütenstand: knäuelig, in ähren- bis rispenartigem Gesamtblütenstand, *nicht* mehlig bestäubt. Tragblätter der Blüten: fehlen. Vorblätter unter den Blüten: fehlen. Blüten: meist ⚥, grünlich. Blütenhülle: **an der Endblüte 5-blättrig, sonst 2–4-blättrig**. Perigonblätter: **der Randblüten ± bis zur Spitze verwachsen**. Staubblätter: **1–2**. Früchte: Nüsse. Blätter: gestielt, in den Stiel verschmälert, am Rand buchtig gezähnt bis gelappt; oberseits: dunkelgrün; unterseits: **blau- bzw. graugrün**, **mehlig bestäubt**. untere Stängelblätter: *ohne* Drüsenhaare.

- einheimisch
- planar bis montan
- trockenfallende Ufer, Staudenfluren, Äcker, Ruderalvegetation, Salzwiesen, Küstenspülsäume, Zier- bzw. Nutzpflanze
- an nährstoffreichen, zuweilen überfluteten, oft salzhaltigen Standorten

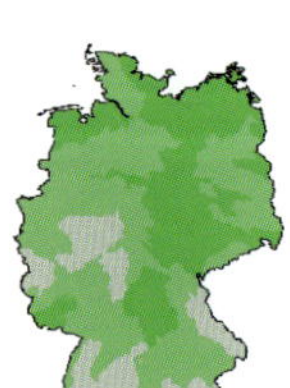

J F M A M J J A S O N D

Oxybasis rubra (L.) S. Fuentes & al.

Roter Gänsefuß *Amaranthaceae*
∗ P(2–5) A2–5 G(2–5)

Bis 80 cm hoch. Pflanzen: 1-jährig, oft rötlich überlaufen. Blütenstand: knäuelig, in ähren- bis rispenartigem Gesamtblütenstand, *nicht* mehlig bestäubt, **bis zur Spitze beblättert**. Tragblätter der Blüten: fehlen. Vorblätter unter den Blüten: fehlen. Blüten: meist ⚥, grünlich, oft rötlich überlaufen. Blütenhülle: **an der Endblüte 5-blättrig, sonst 2–4-blättrig**. Perigonblätter: **der Randblüten zu < 50 % verwachsen**. Staubblätter: **2–5**. Früchte: Nüsse, *nicht* von dem Perigon umschlossen. Blätter: gestielt, **(schwach) sukkulent**, **rautenförmig bis 3-eckig**, in den Stiel verschmälert, am Rand buchtig gezähnt bis gelappt; unterseits: *nicht* mehlig bestäubt. untere Stängelblätter: *ohne* Drüsenhaare.

- einheimisch
- planar bis montan
- trockenfallende Ufer, Staudenfluren, Äcker, Ruderalvegetation, Salzwiesen, Küstenspülsäume
- an nährstoffreichen, zuweilen überfluteten, oft salzhaltigen Standorten

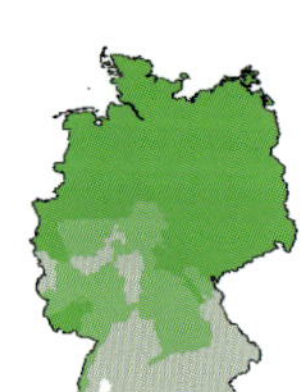

J F M A M J J A S O N D

US

Oxybasis urbica (L.) S. Fuentes & al.

Straßen-Gänsefuß *Amaranthaceae*
∗ P(5) A5 G(2–5) RL 1

30–100 cm hoch. PFLANZEN: 1-jährig, *ohne* unangenehmen Geruch, grünlich. BLÜTENSTAND: knäuelig, in ähren- bis rispenartigem Gesamtblütenstand, **zunächst mehlig bestäubt, distal *ohne* Blätter**; SEITENÄSTE: steif aufrecht. TRAGBLÄTTER DER BLÜTEN: fehlen. VORBLÄTTER UNTER DEN BLÜTEN: fehlen. BLÜTEN: meist ⚥, grünlich. BLÜTENHÜLLE: **5-blättrig**. PERIGONBLÄTTER: zumindest basal verwachsen. STAUBBLÄTTER: **5**. FRÜCHTE: Nüsse. BLÄTTER: gestielt, **rautenförmig bis 3-eckig, Spreite 3–20 cm lang, 30–150 mm breit, basal gestutzt**, am Rand buchtig gezähnt bis gelappt; OBERSEITS: dunkelgrün, glänzend. UNTERE STÄNGELBLÄTTER: *ohne* Drüsenhaare. OBERE STÄNGELBLÄTTER: länger als breit.

- Archaeophyt
- planar bis montan
- Staudenfluren, Äcker, Ruderalvegetation, Zier- bzw. Nutzpflanze
- an nährstoffreichen Standorten

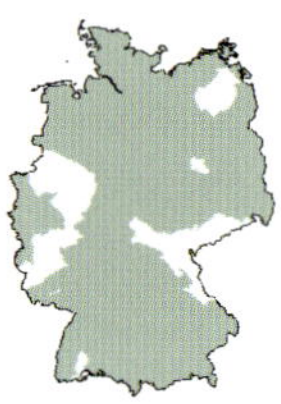

J F M A M **J J A S** O N D

Dysphania ambrosioides (L.) Mosyakin & Clemants

Wohlriechender Gänsefuß *Amaranthaceae*
∗ P4–5 A5 G(3–4)

25–80 cm hoch. PFLANZEN: 1-jährig, **stark aromatisch riechend, mit gelblichen Drüsenhaaren**. BLÜTENSTAND: knäuelig, in ähren- bis rispenartigem Gesamtblütenstand, *nicht* mehlig bestäubt. KNÄUEL: **sitzend, < 5 mm lang, 1–3 mm ⌀.** TRAGBLÄTTER DER BLÜTEN: fehlen. VORBLÄTTER UNTER DEN BLÜTEN: fehlen. BLÜTEN: meist ⚥. NARBEN: **3–4**. FRÜCHTE: Nüsse. BLÄTTER: gestielt, ungeteilt, lanzettlich, **Spreite 4–15 cm lang**, am Rand gezähnt bis gelappt.

- in Einbürgerung befindlicher Neophyt, urspr. aus Mittel- u. Südamerika
- planar bis montan
- trockenfallende Ufer, Staudenfluren, Ruderalvegetation, Zier- bzw. Nutzpflanze

J F M A **M J J A S O** N D

Dysphania botrys (L.) Mosyakin & Clemants

Klebriger Drüsengänsefuß *Amaranthaceae*
∗ P5 A1–5 G(2)

30–80 cm hoch. PFLANZEN: 1-jährig, **aromatisch riechend, mit gelblichen Drüsenhaaren**. BLÜTENSTAND: knäuelig, in ähren- bis rispenartigem Gesamtblütenstand, *nicht* mehlig bestäubt. KNÄUEL: **gestielt, 5–40 mm lang**. TRAGBLÄTTER DER BLÜTEN: fehlen. VORBLÄTTER UNTER DEN BLÜTEN: fehlen. BLÜTEN: meist ⚥. NARBEN: **2**. FRÜCHTE: Nüsse. BLÄTTER: gestielt, gelappt bis fiederspaltig.

- eingebürgerter Neophyt, urspr. aus Südosteuropa u. Asien
- planar bis montan
- Staudenfluren, Äcker, Ruderalvegetation, Zier- bzw. Nutzpflanze
- an trockenen Standorten

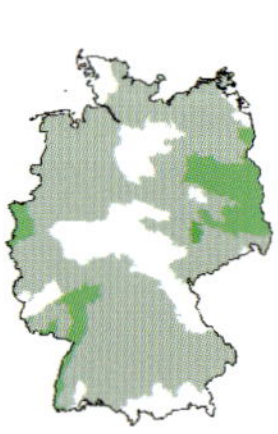

J F M A M **J J A S** O N D

Dysphania pumilio (R. Br.) Mosyakin & Clemants

Australischer Drüsengänsefuß *Amaranthaceae*
∗ P5 A1–5 G(2)

20–80 cm hoch. PFLANZEN: 1-jährig, allenfalls schwach aromatisch riechend, **mit gelblichen Drüsenhaaren**. BLÜTENSTAND: knäuelig, in ähren- bis rispenartigem Gesamtblütenstand, *nicht* mehlig bestäubt. KNÄUEL: **sitzend, < 5 mm lang, 3–6 mm ⌀.** TRAGBLÄTTER DER BLÜTEN: fehlen. VORBLÄTTER UNTER DEN BLÜTEN: fehlen. BLÜTEN: meist ⚥. NARBEN: **2**. FRÜCHTE: Nüsse. BLÄTTER: gestielt, ungeteilt, oval bis rautenförmig, **Spreite 1–5 cm lang**, am Rand gezähnt bis gelappt.

- eingebürgerter Neophyt, urspr. aus Australien
- planar bis collin
- Staudenfluren, Äcker, Ruderalvegetation, Zier- bzw. Nutzpflanze
- an nährstoffreichen Standorten

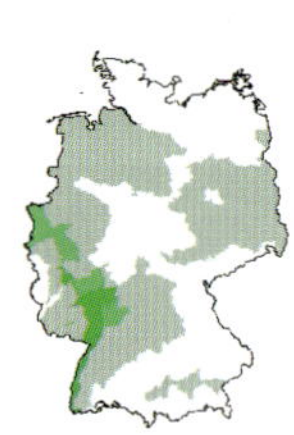

J F M A **M J J A S** O N D

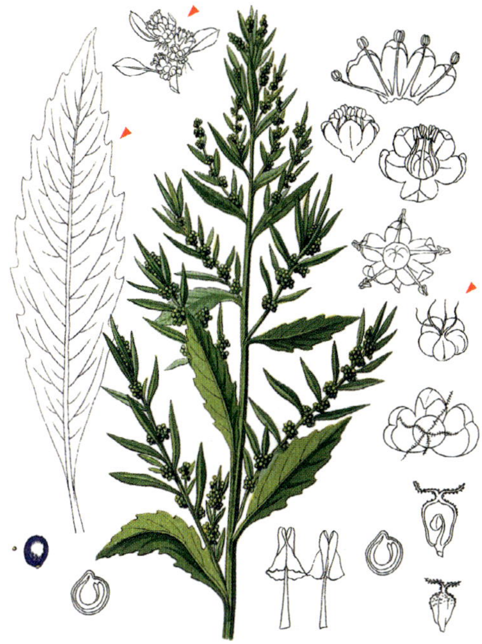

Atriplex: 1-jährige 1-häusige Kräuter, oft durch Blasenhaare mehlig bestäubt. BLÜTEN: in Knäulen, in ähren- bis rispenartigem Gesamtblütenstand, 1-geschlechtig. BLÜTENHÜLLE: bei ♂ Blüten 3–5-blättrig, bei ♀ Blüten meist fehlend. GRIFFEL: 2. FRÜCHTE: Nussfrüchte mit Fruchthülle, die aus 2 Vorblättern der Blüten gebildet wird. FRUCHTHÜLLE: meist bis über die Hälfte verwachsen.

Atriplex longipes agg.

Gestieltfrüchtige Melde *Amaranthaceae*
♂ * P4–5 A5 | ♀ * G(2)

20–100 cm hoch. BLÜTENSTAND: knäuelig, in ähren- bis rispenartigem Gesamtblütenstand. FRUCHTHÜLLE: **bis über Mitte verwachsen, basal verhärtend, 3-eckig bis rautenförmig**. BLÄTTER: **länglich-lanzettlich bis rautenförmig**.

In Deutschland kommen 2 Arten der Artengruppe *Atriplex longipes* agg. vor: *A. longipes* und *A. praecox* (vgl. S. 1433).

- einheimisch
- planar bis collin
- Ruderalvegetation, Salzwiesen, Küstenspülsäume
- an nährstoffreichen, zuweilen überfluteten, meist salzhaltigen Standorten

J F M A M J J A S O N D

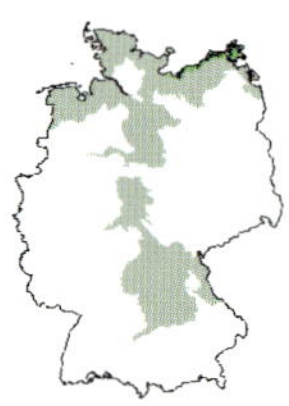

Atriplex laciniata L.

Gelapptblättrige Melde *Amaranthaceae*
♂ * P4–5 A5 | ♀ * G(2) RL 1

30–60 cm hoch. PFLANZEN: blau- bis graugrün. BLÜTENSTAND: knäuelig, in ähren- bis rispenartigem Gesamtblütenstand. FRUCHTHÜLLE: **bis über Mitte verwachsen, basal verhärtend, 3-eckig bis rautenförmig**, mindestens so breit wie lang, gezähnt bis gelappt, < 10 mm lang, auf der Fläche oft höckrig. BLÄTTER: **lanzettlich bis oval, < 1,5-mal so lang wie breit, basal gerade bis spießförmig**, am Rand seicht gezähnt bis gelappt, Blattnerven dunkelgrün, Fläche dazwischen heller. OBERE STÄNGELBLÄTTER: lanzettlich bis spießförmig.

- einheimisch
- planar
- Salzwiesen, Küstenspülsäume
- an nährstoffreichen, feuchten, zuweilen überfluteten, meist salzhaltigen Standorten

J F M A M J J A S O N D

Atriplex tatarica L.

Tataren-Melde *Amaranthaceae*
♂ * P4–5 A5 | ♀ * G(2)

30–100 cm hoch. PFLANZEN: blau- bis graugrün. BLÜTENSTAND: knäuelig, in ähren- bis rispenartigem Gesamtblütenstand, endständige Ähre nur basal beblättert. FRUCHTHÜLLE: **bis über Mitte verwachsen, basal verhärtend, 3-eckig bis rautenförmig**, mindestens so lang wie breit, **gezähnt**, spitz. BLÄTTER: **pfeil- bzw. spießförmig bis 3-eckig, < 1,5-mal so lang wie breit, basal gerade bis spießförmig**, am Rand grob gezähnt bis gelappt, Blattnerven dunkelgrün, Fläche dazwischen heller.

- eingebürgerter Neophyt, urspr. aus Ost- u. Südosteuropa u. Asien
- planar bis collin
- Äcker, Ruderalvegetation, Zier- bzw. Nutzpflanze
- meist an trockenen, auch salzhaltigen Standorten

J F M A M J J A S O N D

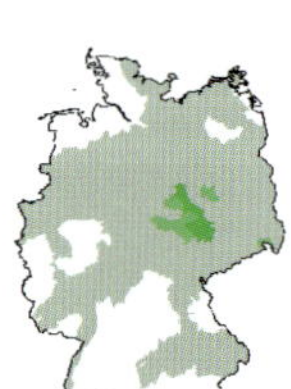

Atriplex calotheca (Rafn) Fr.

Pfeilblättrige Melde *Amaranthaceae*
♂ * P4–5 A5 | ♀ * G(2) RL 2

30–100 cm hoch. PFLANZEN: **frischgrün**. BLÜTENSTAND: knäuelig, in ähren- bis rispenartigem Gesamtblütenstand. FRUCHTHÜLLE: **nur basal verwachsen, auch basal krautig, 3-eckig bis rautenförmig**, tief gezähnt bis gelappt, 7–22 mm lang. BLÄTTER: **pfeil- bzw. spießförmig bis 3-eckig, < 2-mal so lang wie breit, basal gerade bis spießförmig**.

- einheimisch
- planar
- Salzwiesen, Küstenspülsäume
- an nährstoffreichen, zuweilen überfluteten, meist salzhaltigen Standorten

J F M A M J J A S O N D

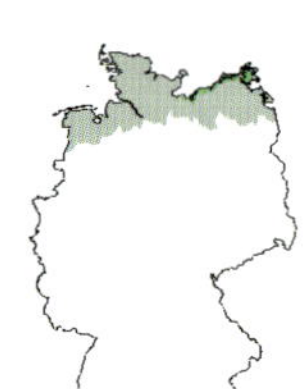

Atriplex glabriuscula Edmondston

Kahle Melde *Amaranthaceae*
♂ ∗ P4–5 A5 | ♀ ∗ G(2) RL 2

30–60 cm hoch. PFLANZEN: blau- bis graugrün. BLÜTENSTAND: knäuelig, in ähren- bis rispenartigem Gesamtblütenstand, endständige Ähre bis zur Spitze beblättert. FRUCHTHÜLLE: **bis über Mitte verwachsen, basal verhärtend, 3-eckig bis rautenförmig, gezähnt bis gelappt**. BLÄTTER: **pfeil- bzw. spießförmig bis 3-eckig, < 1,5-mal so lang wie breit, basal gerade bis spießförmig**.

- einheimisch
- planar
- Salzwiesen, Küstenspülsäume
- an nährstoffreichen, feuchten, zuweilen überfluteten, meist salzhaltigen Standorten

J F M A **M J J A S** O N D

Atriplex hortensis L.

Garten-Melde *Amaranthaceae*
♂ ∗ P4–5 A5 | ♀ ∗ P0–5 G(2)

30–150 cm hoch. BLÜTENSTAND: knäuelig, in ähren- bis rispenartigem Gesamtblütenstand. ♀ BLÜTEN: **senkrechte *ohne* Perigon u. mit großen Vorblättern, waagerechte mit 4–5-zipfeligem Perigon u. kleinen Vorblättern**. FRUCHTHÜLLE: **nur basal verwachsen, ± kreisrund, ganzrandig**, distal abgerundet, < 15 mm lang, **Hauptnerv 1–3 mm über dem Spreitengrund verzweigt, mit Verbindungsnerven**. FRUCHTSTIELE: 2–4 mm lang. FRÜCHTE: gestielt. BLÄTTER: **pfeil- bzw. spießförmig bis 3-eckig, basal gerade bis spießförmig**, ganzrandig bis seicht gezähnt; OBERSEITS: **frisch- bis graugrün, matt**; UNTERSEITS: **oft rötlich überlaufen**.

- in Einbürgerung befindlicher Neophyt, urspr. aus Westasien
- planar bis montan
- Äcker, Ruderalvegetation, Zier- bzw. Nutzpflanze
- an nährstoffreichen Standorten

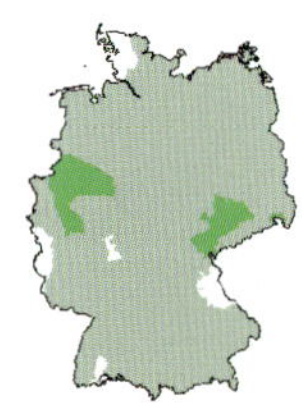

J F M A M **J J A S** O N D

Atriplex littoralis L.

Strand-Melde *Amaranthaceae*
♂ ∗ P4–5 A4–5 | ♀ ∗ G(2)

25–100 cm hoch. BLÜTENSTAND: knäuelig, in ähren- bis rispenartigem Gesamtblütenstand. FRUCHTHÜLLE: **bis über Mitte verwachsen, auch basal krautig, 3-eckig bis rautenförmig, gezähnt**, distal oft ganzrandig, **mit 2 verdickten Höckern**. BLÄTTER: **lineal bis länglich, 4–12-mal so lang wie breit**, ganzrandig bis seicht gezähnt.

- einheimisch
- planar
- Ruderalvegetation, Salzwiesen, Küstenspülsäume
- an nährstoffreichen, zuweilen überfluteten, meist salzhaltigen Standorten

J F M A M **J J A S** O N D

Atriplex micrantha Ledeb.

Verschiedensamige Melde *Amaranthaceae*
♂ ∗ P4–5 A5 | ♀ ∗ G(2)

30–150 cm hoch. BLÜTENSTAND: knäuelig, in ähren- bis rispenartigem Gesamtblütenstand. ♀ BLÜTEN: **alle senkrecht stehend, mit großen Vorblättern**. FRUCHTHÜLLE: **nur basal verwachsen, oval, zugespitzt, ganzrandig, Hauptnerv direkt am Spreitengrund verzweigt, *ohne* Verbindungsnerven**. FRÜCHTE: sitzend. BLATTSTIELE: 2–6 cm lang. BLÄTTER: **pfeil- bzw. spießförmig bis 3-eckig, Spreite bis 15 cm lang, basal gerade bis spießförmig**, am Rand gezähnt bis seicht gelappt.

- eingebürgerter Neophyt, urspr. aus Westasien
- planar bis montan
- Äcker, Ruderalvegetation
- auch an salzhaltigen Standorten

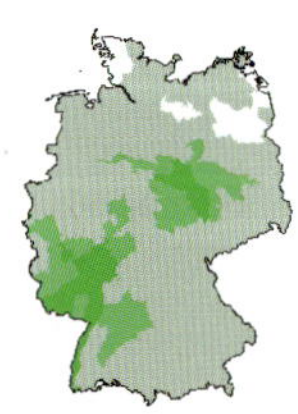

J F M A M **J J A S** O N D

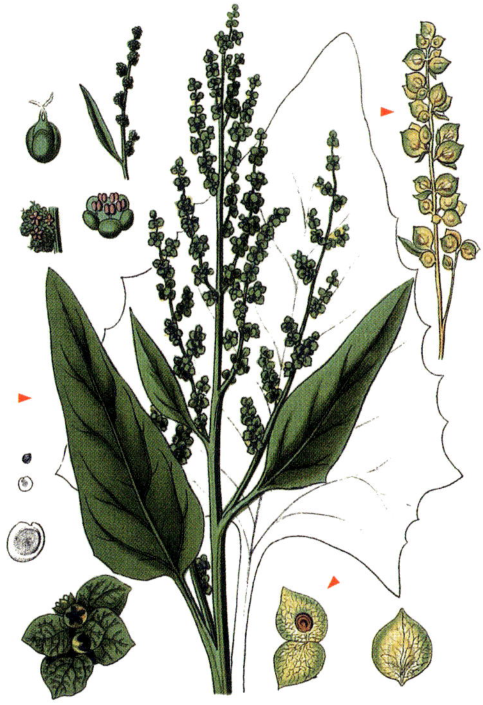

Atriplex oblongifolia Waldst. & Kit.

Langblättrige Melde *Amaranthaceae*
♂ ∗ P4–5 A5 | ♀ ∗ G(2)

30–120 cm hoch. Blütenstand: knäuelig, in ähren- bis rispenartigem Gesamtblütenstand. ♀ Blüten: **alle senkrecht stehend, mit großen Vorblättern.** Fruchthülle: **nur basal verwachsen, oval, zugespitzt, oberhalb der Mitte ganzrandig, basal mit 1–2 kleinen Zähnen, Hauptnerv direkt am Spreitengrund verzweigt, *ohne* Verbindungsnerven.** Früchte: sitzend. Blattstiele: 0,5–2 cm lang. Blätter: **länglich-lanzettlich bis rautenförmig, Spreite bis 7 cm lang, basal keilförmig verschmälert bis spießförmig,** ganzrandig bis gezähnt.

- Archaeophyt
- planar bis montan
- Intensivgrünland, Äcker, Ruderalvegetation
- auch an salzhaltigen Standorten

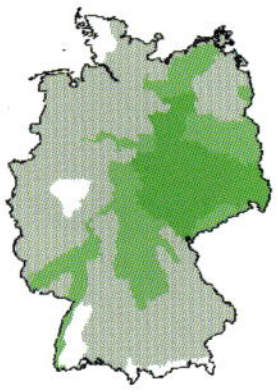

J F M A M **J J A S** O N D

Atriplex patula L.

Spreizende Melde *Amaranthaceae*
♂ ∗ P4–5 A4–5 | ♀ ∗ G(2)

30–80 cm hoch. Blütenstand: knäuelig, in ähren- bis rispenartigem Gesamtblütenstand. Blüten: sitzend bis kurz gestielt. Fruchthülle: **bis über Mitte verwachsen, auch basal krautig, 3-eckig bis rautenförmig, gezähnt bis gelappt.** Seitenäste: untere Äste auffallend lang. Blätter: **länglich-lanzettlich bis rautenförmig, < 2-mal so lang wie breit, basal keilförmig verschmälert bis spießförmig.**

- Archaeophyt
- planar bis montan
- Staudenfluren, Äcker, Ruderalvegetation, Zier- bzw. Nutzpflanze

J F M A M **J J A S O** N D

Atriplex prostrata DC.

Spießblättrige Melde *Amaranthaceae*
♂ ∗ P4–5 A5 | ♀ ∗ G(2)

30–100 cm hoch. Blütenstand: knäuelig, in ähren- bis rispenartigem Gesamtblütenstand. Fruchthülle: **meist nur basal verwachsen, auch basal krautig, 3-eckig bis rautenförmig, ganzrandig bis seicht gezähnt,** 2–8 mm lang. Blattstellung: untere Stängelblätter auch gegenständig. Blätter: **pfeil- bzw. spießförmig bis 3-eckig, Spreite 1–4 cm lang, < 1,5-mal so lang wie breit, basal gerade bis spießförmig.**

- einheimisch
- planar bis montan
- trockenfallende Ufer, Staudenfluren, Äcker, Ruderalvegetation, Küstenspülsäume, Zier- bzw. Nutzpflanze
- an nährstoffreichen, auch salzhaltigen Standorten

J F M A M **J J A S** O N D

Atriplex rosea L.

Rosen-Melde *Amaranthaceae*
♂ ∗ P4–5 A5 | ♀ ∗ G(2) RL 3

25–80 cm hoch. Pflanzen: blau- bis graugrün. Blütenstand: **überwiegend blattachselständige Knäuel in ähren- bis rispenartigem Gesamtblütenstand,** endständige Ähre bis zur Spitze beblättert. Fruchthülle: **bis über Mitte verwachsen, basal verhärtend, 3-eckig bis rautenförmig, gezähnt,** < 5 mm lang, auf der Fläche oft höckrig. Blätter: **lanzettlich bis pfeil- bzw. spießförmig, < 1,5-mal so lang wie breit, basal keilförmig verschmälert,** am Rand gezähnt bis gelappt, Blattnerven dunkelgrün, Fläche dazwischen heller. Obere Stängelblätter: oval bis rautenförmig.

- Archaeophyt
- planar bis collin
- Äcker, Ruderalvegetation, Zier- bzw. Nutzpflanze
- auch an salzhaltigen Standorten

J F M A M **J J A S** O N D

Atriplex sagittata Borkh.

Glänzende Melde *Amaranthaceae*
♂ * P4–5 A5 | ♀ * P0–5 G(2)

60–150 cm hoch. BLÜTENSTAND: knäuelig, in ähren- bis rispenartigem Gesamtblütenstand. ♀ BLÜTEN: **senkrechte *ohne* Perigon u. mit großen Vorblättern, waagerechte mit 4–5-zipfeligem Perigon u. kleinen Vorblättern**. FRUCHTHÜLLE: **nur basal verwachsen, oval, zugespitzt, ganzrandig,** < 10 mm lang, **Hauptnerv 1–3 mm über dem Spreitengrund verzweigt, mit Verbindungsnerven**. FRUCHTSTIELE: < 1,5 mm lang. FRÜCHTE: gestielt. BLÄTTER: **pfeil- bzw. spießförmig bis 3-eckig, basal gerade bis spießförmig**, am Rand gezähnt bis gelappt; OBERSEITS: **dunkelgrün, stark glänzend**; UNTERSEITS: **blau- bzw. graugrün, oft mehlig bestäubt**.

- Archaeophyt
- planar bis montan
- Äcker, Ruderalvegetation, Zier- bzw. Nutzpflanze

J F M A M **J J A S** O N D

Chenopodiastrum hybridum (L.) S. Fuentes & al.

Stechapfelblättriger Gänsefuß *Amaranthaceae*
* P5 A5 G(2–5)

30–100 cm hoch. PFLANZEN: 1-jährig. BLÜTENSTAND: knäuelig, in ähren- bis rispenartigem Gesamtblütenstand, *nicht* mehlig bestäubt. TRAGBLÄTTER DER BLÜTEN: fehlen. VORBLÄTTER UNTER DEN BLÜTEN: fehlen. BLÜTEN: meist ⚥. FRÜCHTE: Nüsse. SAMEN: matt, **warzig punktiert**, im QS stumpfkantig. BLÄTTER: gestielt, **pfeil- bzw. spießförmig bis 3-eckig**, Spreite 5–25 cm lang, **50–180 mm breit, basal (seicht) herz- bis spießförmig, am Rand buchtig gezähnt**, spitz. UNTERE STÄNGELBLÄTTER: *ohne* Drüsenhaare.

- Archaeophyt
- planar bis montan
- Staudenfluren, Äcker, Ruderalvegetation, Zier- bzw. Nutzpflanze
- an nährstoffreichen, kalkreichen Standorten

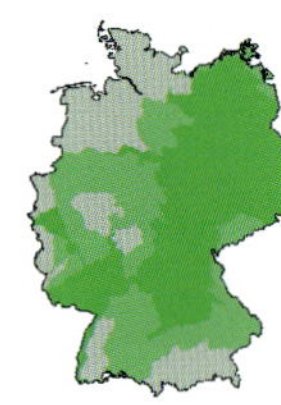

J F M A **M J J A S O** N D

Chenopodiastrum murale (L.) S. Fuentes & al.

Mauer-Gänsefuß *Amaranthaceae*
* P5 A5 G(2–5) RL 2

15–60 cm hoch. PFLANZEN: 1-jährig, grünlich. BLÜTENSTAND: knäuelig, in ähren- bis rispenartigem Gesamtblütenstand, **mehlig bestäubt**. TRAGBLÄTTER DER BLÜTEN: fehlen. VORBLÄTTER UNTER DEN BLÜTEN: fehlen. BLÜTEN: meist ⚥. FRÜCHTE: Nüsse, **vom bleibenden Perigon umschlossen**, graugrün. SAMEN: matt, **warzig punktiert, im QS scharfkantig bis gekielt**. BLÄTTER: gestielt, unangenehm riechend, **oval bis rautenförmig**, Spreite 1–10 cm lang, **4–50 mm breit, keilförmig verschmälert**, am Rand gezähnt bis gelappt. UNTERE STÄNGELBLÄTTER: *ohne* Drüsenhaare.

- Archaeophyt
- planar bis collin
- Äcker, Ruderalvegetation, an Mauern, Zier- bzw. Nutzpflanze
- an nährstoffreichen, basenreichen Standorten

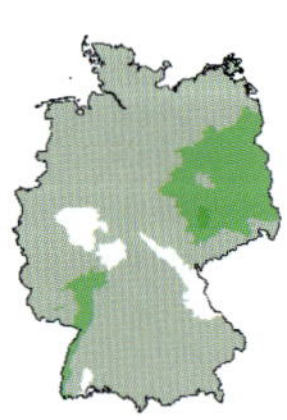

J F M A M **J J A S O** N D

> ***Chenopodium***: 1-jährig. BLÜTENSTAND: knäuelig. TRAGBLÄTTER DER BLÜTEN: fehlen. VORBLÄTTER UNTER DEN BLÜTEN: fehlen. BLÜTEN: überwiegend zwittrig. BLÄTTER: gestielt. UNTERE STÄNGELBLÄTTER: *ohne* Drüsenhaare.

Chenopodium strictum agg.

Gestreifter Gänsefuß *Amaranthaceae*
* P5 A5 G(2–5)

10–100 cm hoch. PFLANZEN: **oft rötlich überlaufen**. FRÜCHTE: *nicht* vom Perigon umschlossen, schwarz. SAMEN: **0,9–1,3 mm lang**, ± glatt, im QS stumpfkantig. STÄNGEL: **meist rötlich gestreift**. SEITENÄSTE: **die unteren waagerecht abstehend *oder* niederliegend**. BLÄTTER: **lanzettlich bis oval**, am Rand gezähnt bis gelappt.

In Deutschland kommen 2 Arten der Artengruppe *Chenopodium strictum* agg. vor: *C. strictum* und *C. striatiforme* (vgl. S. 1433).

- eingebürgerter Neophyt, urspr. aus Süd- u. Osteuropa
- planar bis montan
- Ruderalvegetation
- an trockenen Standorten

J F M A M J **J A S O** N D

US

Chenopodium album L.

Weißer Gänsefuß *Amaranthaceae*
∗ P5 A5 G(2–5)

20–150 cm hoch. BLÜTENSTAND: **mehlig bestäubt.** FRÜCHTE: **vom bleibenden Perigon umschlossen**, schwarz. SAMEN: **1,2–1,5 mm lang**, ± glatt, im QS stumpfkantig. STÄNGEL: **meist rötlich gestreift**. SEITENÄSTE: **die unteren aufrecht-abstehend.** BLÄTTER: am Rand meist grünlich, **länglich bis oval o. rautenförmig, basal zuweilen auch 3-lappig, Spreite 4–15 cm lang**, untere > 2-mal so lang wie breit, am Rand gezähnt bis gelappt, selten ganzrandig. OBERE STÄNGELBLÄTTER: > 2-mal so lang wie breit.

- Archaeophyt
- planar bis montan
- Staudenfluren, Äcker, Ruderalvegetation, Zier- bzw. Nutzpflanze

J F M A M J J A S O N D

Chenopodium ficifolium Sm.

Feigenblättriger Gänsefuß *Amaranthaceae*
∗ P5 A5 G(2–5)

30–100 cm hoch. BLÜTENSTAND: **mehlig bestäubt.** FRÜCHTE: **vom bleibenden Perigon umschlossen**, schwarz. SAMEN: **0,6–1 mm lang, warzig punktiert**, im QS stumpfkantig. BLÄTTER: **länglich bis oval, basal 3-lappig**, untere > 2-mal so lang wie breit, am Rand gezähnt bis gelappt.

- einheimisch
- planar bis montan
- trockenfallende Ufer, Staudenfluren, Äcker, Ruderalvegetation, Zier- bzw. Nutzpflanze

J F M A M J J A S O N D

Chenopodium opulifolium W. D. J. Koch & Ziz

Schneeballblättriger Gänsefuß *Amaranthaceae*
∗ P5 A5 G(2–5) RL 3

30–100 cm hoch. BLÜTENSTAND: **mehlig bestäubt.** FRÜCHTE: **vom bleibenden Perigon umschlossen**, schwarz. SAMEN: **1,1–1,3 mm lang**, ± glatt, im QS stumpfkantig. BLÄTTER: **oval bis rundlich, basal undeutlich 3-lappig, Spreite 1–5 cm lang, 10–50 mm breit**, untere < 2-mal so lang wie breit, am Rand gezähnt bis gelappt. OBERE STÄNGELBLÄTTER: < 2-mal so lang wie breit.

- Archaeophyt
- planar bis montan
- Staudenfluren, Äcker, Ruderalvegetation, Zier- bzw. Nutzpflanze

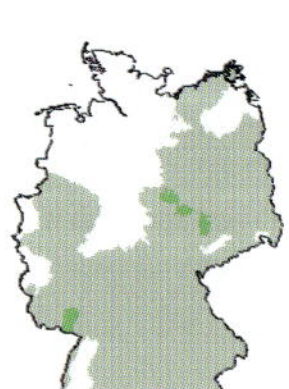

J F M A M J J A S O N D

Chenopodium suecicum Murr

Grüner Gänsefuß *Amaranthaceae*
∗ P5 A5 G(2–5)

30–100 cm hoch. PFLANZEN: graugrün bis frischgrün. BLÜTENSTAND: **mehlig bestäubt.** FRÜCHTE: **vom bleibenden Perigon umschlossen**, schwarz. SAMEN: **1–2 mm lang, warzig punktiert**, im QS stumpfkantig. SEITENÄSTE: meist abstehend. BLÄTTER: **länglich bis oval, basal meist 3-lappig, Spreite > 3 cm lang**, untere > 2-mal so lang wie breit, am Rand gezähnt bis gelappt. OBERE STÄNGELBLÄTTER: > 2-mal so lang wie breit.

- Archaeophyt
- planar bis montan
- Äcker, Ruderalvegetation

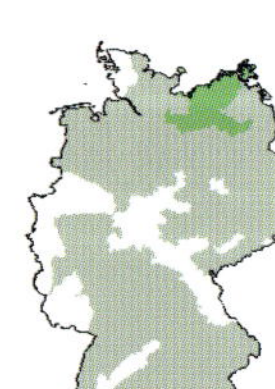

J F M A M J J A S O N D

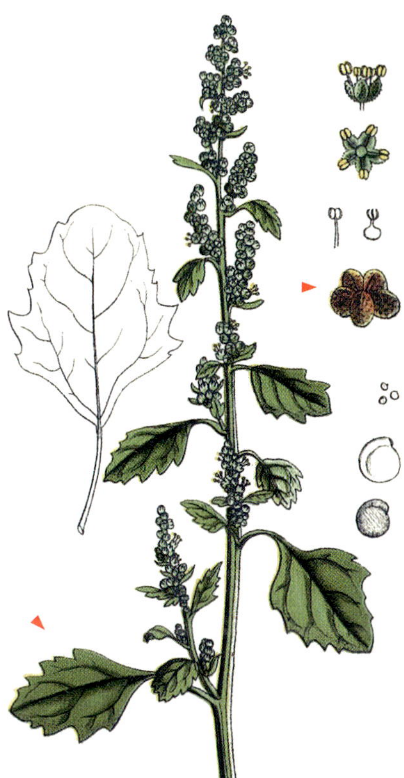

Chenopodium vulvaria L.

Stink-Gänsefuß *Amaranthaceae*
∗ P5 A5 G(2–5) RL 2

15–40 cm hoch. Blütenstand: **mehlig bestäubt**. Stängel: **basal niederliegend**. Blätter: unangenehm riechend, **oval bis rautenförmig**, **Spreite 1–3 cm lang**, **10–20 mm breit**, untere < 2-mal so lang wie breit, ± **ganzrandig**, zuweilen mit 1–2 Zähnen an der Blattbasis.

- Archaeophyt
- planar bis montan
- Staudenfluren, Äcker, Ruderalvegetation, Trittfluren, Zier- bzw. Nutzpflanze
- an nährstoffreichen Standorten

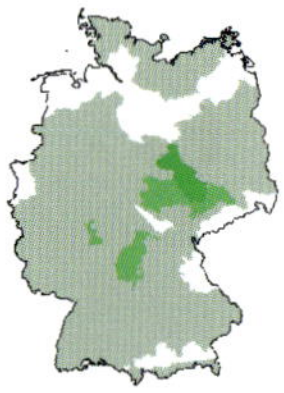

J F M A **M J J A S** O N D

Halimione pedunculata (L.) Aellen

Salz-Melde *Amaranthaceae*
♂ ∗ P4–5 A5 | ♀ ∗ G(2) RL 3

10–30 cm hoch. Pflanzen: **1-jährig**, 1-häusig, **blau- bis graugrün**. Blütenstand: **überwiegend lang gestielte blattachselständige Scheinähren**. Vorblätter unter den Blüten: 2. Fruchthülle: aus den 2 Vorblättern gebildet, ± **bis zur Spitze verwachsen, in o. unterhalb der Mitte breitesten, 2–3-lappig, basal verhärtend, mittlerer Zipfel viel kleiner als die seitlichen**. Früchte: Nüsse, **lang gestielt**. Blätter: sitzend, **länglich bis oval, meist > 2-mal so lang wie breit**, ganzrandig. mittlere Stängelblätter: wechselständig.

- einheimisch
- planar
- Ruderalvegetation, Salzwiesen
- an nährstoffreichen, feuchten bis nassen, zuweilen überfluteten, meist salzhaltigen Standorten

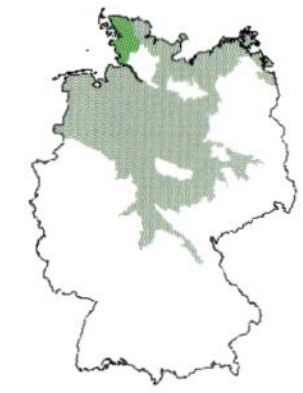

J F M A M **J J A S O** N D

Halimione portulacoides (L.) Aellen

Ausdauernde Melde *Amaranthaceae*
♂ ∗ P4–5 A5 | ♀ ∗ G(2)

Halbstrauch, 30–80 cm hoch. Pflanzen: 1-häusig, **blau- bis graugrün**. Blütenstand: **überwiegend sitzende bis kurz gestielte Scheinähren in endständigem ähren- bis rispenartigem Gesamtblütenstand**. Vorblätter unter den Blüten: 2. Fruchthülle: aus den 2 Vorblättern gebildet, **± bis zur Spitze verwachsen, in o. unterhalb der Mitte breitesten, 2–3-lappig, basal verhärtend, mittlerer Zipfel mindestens so groß wie die seitlichen**. Früchte: Nüsse, ± sitzend. Stängel: krautig, zuweilen basal verholzt. Blattstellung: wechselständig. Blätter: sitzend, **länglich bis oval, meist > 2-mal so lang wie breit**, ganzrandig. mittlere Stängelblätter: **gegenständig**.

- einheimisch
- planar
- Salzwiesen, Zier- bzw. Nutzpflanze
- an feuchten, zuweilen überfluteten, meist salzhaltigen Standorten

J F M A M **J J A S** O N D

Corispermum marschallii Steven

Marschalls Wanzensame *Amaranthaceae*
∗ P1–3 A3 G(2)

20–40 cm hoch. Pflanzen: 1-jährig. Vorblätter unter den Blüten: **fehlen**, krautig. Blüten: in kurzen Ähren o. einzeln. Blütenhülle: **1–3-blättrig, schuppenförmig, früh abfallend**. Früchte: Nüsse, mit flügelartigem Rand, **Flügel dünnhäutig, > 0,3-mal so breit wie der Same, am Rand gezähnt**. Stängel: **zunächst behaart, später verkahlend, meist mit (wenigen) verzweigten Haaren**. Blätter: ungestielt, lineal bis lanzettlich, < 5 mm breit, stachelspitzig, Stachelspitze < 0,5 mm lang.

- eingebürgerter Neophyt, urspr. aus Südeuropa
- planar bis collin
- Ruderalvegetation, Binnendünen
- an basenreichen Standorten

J F M A M **J J A S** O N D

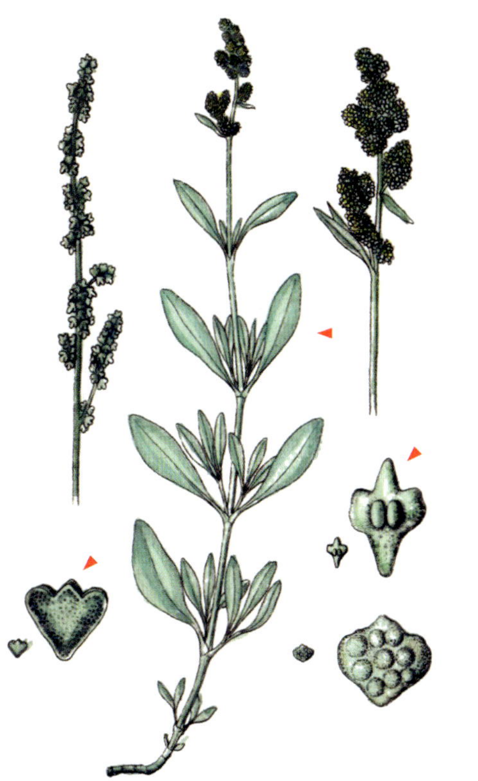

Corispermum intermedium Schweigg.

Schmalflügeliger Wanzensame *Amaranthaceae*
∗ P1–3 A3 G(2)

10–60 cm hoch. Pflanzen: 1-jährig. Vorblätter unter den Blüten: **fehlen**, krautig. Blüten: in kurzen Ähren o. einzeln. Blütenhülle: **1–3-blättrig, schuppenförmig, früh abfallend**. Früchte: Nüsse, mit flügelartigem Rand, **Flügel derb, < 0,3-mal so breit wie der Same, ± ganzrandig**. Stängel: **zunächst dicht sternhaarig**. Blätter: ungestielt, lineal bis lanzettlich, < 5 mm breit, stachelspitzig, Stachelspitze < 0,5 mm lang.

- eingebürgerter Neophyt, urspr. aus Nordamerika
- planar bis collin
- Ruderalvegetation, Dünen
- meist an trockenen Standorten

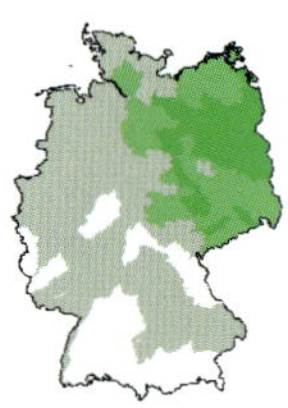

J F M A M J J A S O N D

Salsola kali L.

Küsten-Salzkraut *Amaranthaceae*
∗ P5 A5 G(2)

10–60 cm hoch. Pflanzen: 1-jährig. Blütenstand: Blüten einzeln o. zu wenigen. Vorblätter unter den Blüten: 2, starr, stechend, grünlich. Perigonblätter: auf dem Rücken mit Höckern, **mit derbem saumartigem Anhängsel, Anhängsel mit ± gerader, linealer dornartiger Spitze**. Früchte: Nüsse. Stängel: **basal meist niederliegend**, steif-abstehend verzweigt. Blätter: ungestielt, **sukkulent**, länglich bis 3-eckig, < 5 mm breit, basal (undeutlich) verbreitert, **stachelspitzig**, Stachelspitze 1–2 mm lang u. gelblich.

- einheimisch
- planar
- Salzwiesen, Küstenspülsäume, Dünen, Zier- bzw. Nutzpflanze
- an nährstoffreichen, zuweilen überfluteten, meist salzhaltigen Standorten

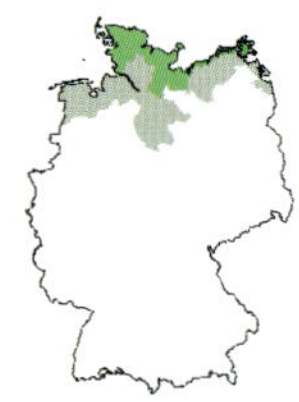

J F M A M J J A S O N D

Salsola tragus L.

Bocks-Salzkraut *Amaranthaceae*
∗ P5 A5 G(2)

10–100 cm hoch. Pflanzen: 1-jährig. Blütenstand: Blüten einzeln o. zu wenigen. Vorblätter unter den Blüten: 2, starr, stechend, grünlich. Blüten: grünlich bis weißlich, mit rosa Nerven. Perigonblätter: auf dem Rücken mit Höckern, **mit häutigem saumartigem Anhängsel, Anhängsel zuweilen mit ± gebogener u. allmählich verschmälerter Spitze**. Früchte: Nüsse. Stängel: **meist aufrecht**, steif-abstehend verzweigt. Blätter: ungestielt, kaum sukkulent, länglich bis 3-eckig, < 5 mm breit, basal (undeutlich) verbreitert, stachelspitzig, Stachelspitze 1–2 mm lang u. gelblich.

- eingebürgerter Neophyt, urspr. aus dem Mittelmeergebiet, West-, Südwest- u. Zentralasien
- planar bis collin
- Staudenfluren, Ruderalvegetation, Salzwiesen, Dünen, Zier- bzw. Nutzpflanze
- an basenreichen, auch salzhaltigen Standorten

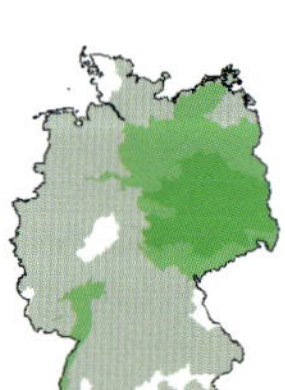

J F M A M J J A S O N D

Bassia hirsuta (L.) Asch.

Rauhaarige Dornmelde *Amaranthaceae*
∗ P5 A5 G(2) RL 2

Bis 30 cm hoch. Pflanzen: 1-jährig, behaart o. kahl. Blütenstand: **1–2-blütig**; Hauptachse: **zur Fruchtreife meist korkenzieherartig verdreht**. Fruchthülle: **mit dornigen, hakig gekrümmten Anhängseln**. Früchte: Nüsse. Stängel: nur mit unverzweigten Haaren. Blätter: ungestielt, lineal bis lanzettlich, < 5 mm breit.

- einheimisch
- planar
- Dünen, Salzwiesen, Küstenspülsäume
- an feuchten bis nassen, zuweilen überfluteten, meist salzhaltigen Standorten

J F M A M J J A S O N D

Bassia laniflora (S. G. Gmel.) A. J. Scott

Sand-Radmelde *Amaranthaceae*
∗ P5 A5 G(2) RL 2

10–40 cm hoch. Pflanzen: 1-jährig, behaart. Blütenstand: Blüten einzeln o. zu wenigen. Fruchthülle: **mit ± saumartigen Anhängseln, Anhängsel trockenhäutig, lang, deutlich voneinander getrennt**. Früchte: Nüsse. Stängel: **basal meist niederliegend**, nur mit unverzweigten Haaren. Blätter: ungestielt, lineal bis lanzettlich, < 5 mm breit, am Rand *nicht* bewimpert, **1-nervig**.

- einheimisch
- planar bis collin
- Extensivgrünland u. Magerrasen, Schutt- u. Felsfluren, Äcker, Ruderalvegetation
- an nährstoffarmen, basenreichen, trockenen Standorten

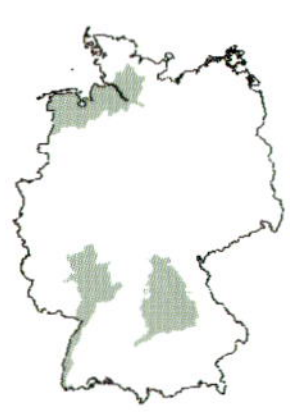

J F M A M J **J A S O** N D

Bassia scoparia (L.) A. J. Scott

Besen-Radmelde *Amaranthaceae*
∗ P5 A5 G(2)

30–150 cm hoch. Pflanzen: 1-jährig, (spärlich) behaart. Blütenstand: Blüten einzeln o. zu wenigen. Fruchthülle: **mit ± saumartigen Anhängseln, Anhängsel krautig, kurz, *nicht* deutlich voneinander getrennt**. Früchte: Nüsse. Stängel: **aufrecht**, nur mit unverzweigten Haaren. Blätter: ungestielt, lineal bis lanzettlich, < 5 mm breit, **am Rand zuweilen bewimpert, 1–3-nervig**.

- eingebürgerter Neophyt, urspr. aus Asien
- planar bis collin
- Äcker, Ruderalvegetation, Zier- bzw. Nutzpflanze
- an trockenen Standorten

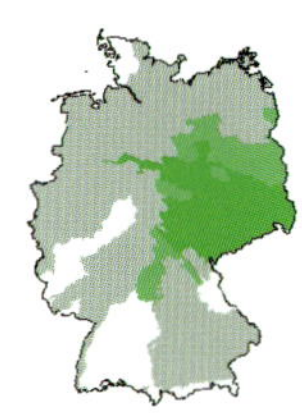

J F M A M **J J A S O** N D

Salicornia europaea agg.

Gewöhnlicher Queller *Amaranthaceae*
∗ P3 A1–2 G(2)

Bis 50 cm hohe sukkulente Pflanze. Pflanzen: 1-jährig. Blütenstand: **Blüten meist zu 3, sitzend in den Achseln der spreitenlosen Stängelblätter, < 5 cm lang**. Blüten: **Mittelblüte > 2-mal so lang wie der sichtbare Teil der Seitenblüten**. Staubblätter: **0,2–0,5 mm lang**. Früchte: Kapseln. Samen: **rundlich, 1–1,7 mm lang**. Stängel: durch dicht anliegende sukkulente Blätter sukkulent wirkend, an den Knoten eingeschnürt, (scheinbar) blattlos. Seitenäste: **schräg abstehend (Winkel > 45°)**.

S. europaea (Gewöhnlicher Queller): in Watten, Pflanzen: hellgrün, im Sommer meist gelblich bis rötlich überlaufen. Blütenstand: < 5 cm lang, < 3 mm ⌀.
S. appressa (Ästiger Queller): in Senken in Salzwiesen, auch im Binnenland. Pflanzen: dunkelgrün, im Sommer meist rötlich überlaufen. Blütenstand: < 3 cm lang, > 3 mm ⌀.

- einheimisch
- planar bis collin
- Watten, Salzwiesen, im Binnenland auch ruderal, Zier- bzw. Nutzpflanze
- an feuchten bis nassen, zuweilen überfluteten, meist salzhaltigen Standorten

J F M A M J **J A S O** N D

Salicornia procumbens agg.

Sandwatt-Queller *Amaranthaceae*
∗ P3 A1–2 G(2)

Bis 50 cm hohe sukkulente Pflanze. Pflanzen: 1-jährig. Blütenstand: **Blüten meist zu 3, sitzend in den Achseln der spreitenlosen Stängelblätter, 3–20 cm lang, 3–8 mm ⌀**. Blüten: **Mittelblüte < 2-mal so lang wie der sichtbare Teil der Seitenblüten**. Staubblätter: **0,6–1,5 mm lang**. Früchte: Kapseln. Samen: **oval, 1,4–2,2 mm lang**. Stängel: durch dicht anliegende sukkulente Blätter sukkulent wirkend, an den Knoten eingeschnürt, (scheinbar) blattlos. Seitenäste: **aufrecht (Winkel < 45°)**.

In Deutschland kommen 2 Arten der Artengruppe *Salicornia procumbens* agg. vor: *S. procumbens* und *S. stricta* (vgl. S. 1433).

- einheimisch
- planar
- Watten
- an feuchten bis nassen, zuweilen überfluteten, meist salzhaltigen Standorten

J F M A M J **J A S O** N D

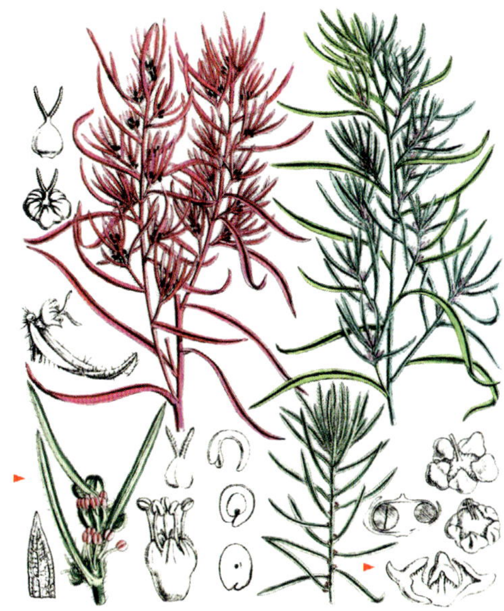

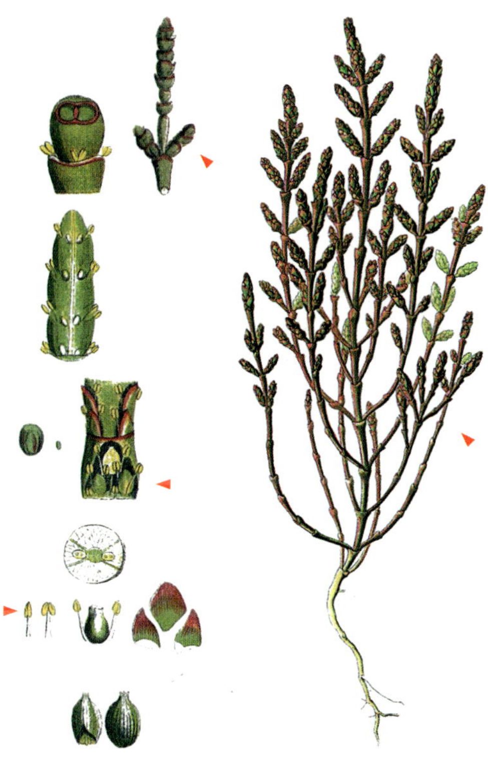

Suaeda maritima (L.) Dumort.

Strand-Sode *Amaranthaceae*
∗ P5 A5 G(2–5)

10–60 cm hoch. Pflanzen: 1-jährig, **kahl**. Blütenstand: Blüten einzeln o. zu wenigen, in ährenartigem Gesamtblütenstand, **1–5-blütig**. Fruchthülle: **glatt**, *ohne* trockenhäutige Anhängsel. Früchte: Nüsse. Stängel: **kahl**. Blätter: ungestielt, lineal bis länglich, Spreite 1,5–4 cm lang, < 5 mm breit.

- einheimisch
- planar bis collin
- Ruderalvegetation, Küstenspülsäume, Salzwiesen, Zier- bzw. Nutzpflanze
- an feuchten bis nassen, zuweilen überfluteten, meist salzhaltigen Standorten

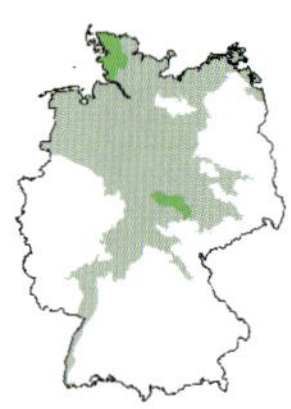

J F M A M **J J A S** O N D

Phytolacca acinosa Roxb.

Asiatische Kermesbeere *Phytolaccaceae*
∗ P4–5 A8 G1–8

80–250 cm hoch. Pflanzen: mehrjährig. Blütenstand: **traubenartig, aufrecht**. Blüten: weißlich. Fruchtblätter: **zunächst frei**, später basal verwachsend. Früchte: **beerenartige Scheinfrüchte, zunächst violett, später schwarz, auch reif deutlich gefurcht**. Stängel: grünlich. Blätter: länglich bis oval, Spreite 10–50 cm lang.

- eingebürgerter Neophyt, urspr. aus Ostasien
- planar bis collin
- Staudenfluren, Ruderalvegetation, Zier- bzw. Nutzpflanze

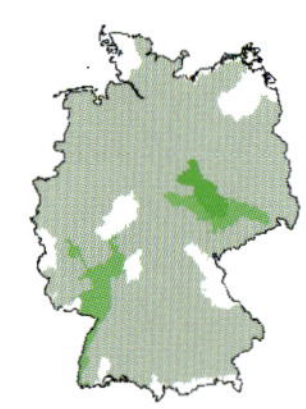

J F M A M **J J A** S O N D

Claytonia perfoliata Willd.

Tellerkraut *Montiaceae*
∗ P5 A3–5 G(3)

Bis 30 cm hoch. Pflanzen: **1-jährig**. Hochblätter unter den Blüten: **2, frei, kelchartig, außerdem 2 verwachsene laubblattartige unterhalb der Blütenstände**. Blüten: **weißlich**. Früchte: 3-klappige Spaltkapseln, **vielsamig**. Stängel: mit grundständiger Blattrosette. Grundblätter: lang gestielt, lanzettlich bis spatelförmig. obere Stängelblätter: gegenständig, sitzend, breit miteinander verwachsen, herzförmig-oval bis rundlich.

- eingebürgerter Neophyt, urspr. aus Nordamerika
- planar bis collin
- Staudenfluren, Äcker, Ruderalvegetation, Zier- bzw. Nutzpflanze

J F **M A M J** J A S O N D

Montia arvensis Wallr.

Acker-Quellkraut *Montiaceae*
∗ P5 A3 G(3) RL 3

Bis 30 cm hoch. Hochblätter unter den Blüten: **2, frei, kelchartig**. Blüten: weißlich. Kronblätter: 1–3 mm lang. Früchte: 3-klappige Spaltkapseln, 3-samig. Samen: **matt bis schwach glänzend**, ± kugelig, **0,8–1,4 mm ⌀, auf der ganzen Oberfläche mit stumpfen Warzen bedeckt**, seitliche Zellen kaum verlängert. Blattstellung: gegenständig. Blätter: basal leicht scheidig erweitert, länglich bis spatelförmig. Grundblätter: sitzend bis kurz gestielt.

- einheimisch
- planar bis collin
- Gewässer, trockenfallende Ufer, Extensivgrünland u. Magerrasen, Äcker, Ruderalvegetation, Quellfluren
- an sauren, feuchten bis nassen, zuweilen überfluteten Standorten

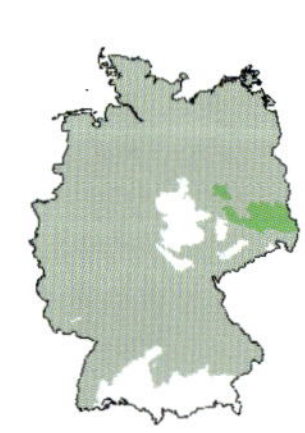

J F **M A M** J J A S O N D

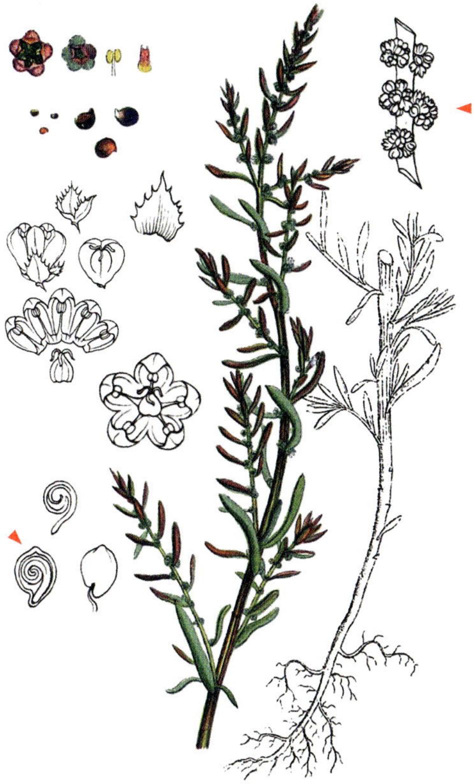

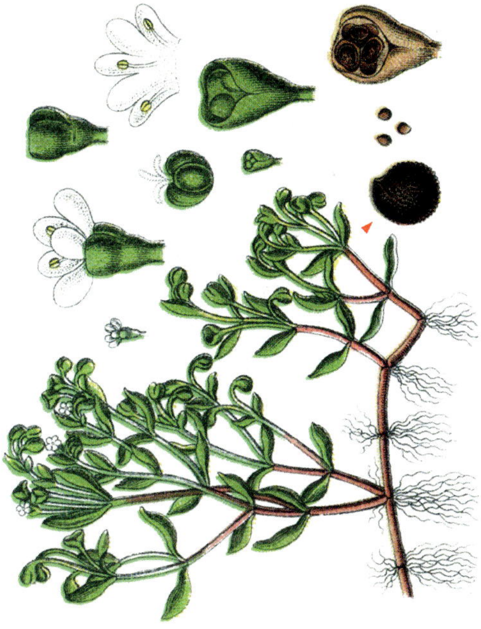

Montia fontana L.

Bach-Quellkraut *Montiaceae*
∗ P5 A3 G(3) RL V

Bis 30 cm hoch. Hochblätter unter den Blüten: **2, frei, kelchartig.** Blüten: weißlich. Kronblätter: 1–3 mm lang. Früchte: 3-klappige Spaltkapseln, 3-samig. Samen: ± kugelig, seitliche Zellen verlängert. Blattstellung: gegenständig. Blätter: basal leicht scheidig erweitert, länglich bis spatelförmig. Grundblätter: sitzend bis kurz gestielt.

subsp. *fontana* (Bach-Quellkraut): Samen: stark glänzend, 0,8–1,6 mm ⌀, ± glatt.
subsp. *amporitana* (Mittleres Quellkraut): Samen: schwach glänzend, 0,5–1,2 mm ⌀, mit in Reihen angeordneten dünnen, ± spitzen Warzen.

- einheimisch
- planar bis montan
- Gewässer, Äcker, Quellfluren
- an nassen Standorten

J F M A M J J A S O N D

Portulaca oleracea L.

Gemüse-Portulak *Portulacaceae*
∗ P4–5 A8–16 G(3–4)

10–30 cm hoch. Pflanzen: 1-jährig. Hochblätter unter den Blüten: **2, verwachsen, kelchartig.** Blüten: **gelblich.** Kronblätter: 6–8 mm lang. Früchte: **Deckelkapseln.** Blätter: **oft sukkulent**, länglich bis spatelförmig.

- Archaeophyt
- planar bis montan
- Grünland, Äcker, Ruderalvegetation, Trittfluren, Zier- bzw. Nutzpflanze

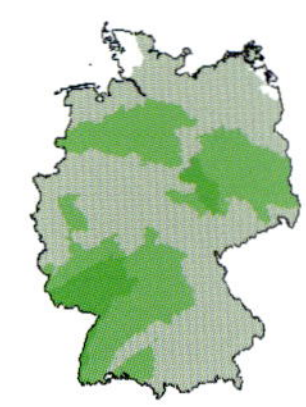

J F M A M J J A S O N D

Cornus mas L.

Kornelkirsche *Cornaceae*
∗ K(4) C4 A4 G($\bar{2}$)

Meist strauchförmig, bis 8 m hoch. Blütenstand: **doldenartig bis knäuelig.** Hochblätter unter den Blüten: klein, **die Knospe des Blütenstandes einhüllend, nach der Blüte abfallend, gelblich bis grünlich.** Blüten: **gelblich.** Früchte: Steinfrüchte, **eiförmig, rötlich.** Blattstellung: gegenständig. Blätter: sommergrün, ***nach* den Blüten erscheinend**, ungeteilt, ganzrandig, beidseits mit je 2–5 Seitennerven; Seitennerven 1. Ordnung: bogig, zur Spitze gerichtet; unterseits: **in den Nervenwinkeln abstehend behaart.**

- einheimisch
- planar bis montan
- Gehölze, Wälder, Zier- bzw. Nutzpflanze
- an basenreichen Standorten

J F M A M J J A S O N D

Cornus sanguinea L.

Blutroter Hartriegel *Cornaceae*
∗ K(4) C4 A4 G($\bar{2}$) schwach giftig

Meist strauchförmig, bis 8 m hoch. Blütenstand: **rispenartig.** Hochblätter unter den Blüten: fehlen. Blüten: **weißlich.** Früchte: Steinfrüchte, **± kugelig, schwarz**, seltener dunkelblau. Seitenäste: **meist rötlich überlaufen.** Blattstellung: gegenständig. Blätter: sommergrün, ***vor* den Blüten erscheinend**, ungeteilt, ganzrandig, beidseits mit je 3–4 Seitennerven; Seitennerven 1. Ordnung: bogig, zur Spitze gerichtet; unterseits: in den Nervenwinkeln *nicht* auffallend behaart.

subsp. *sanguinea* (Blutroter Hartriegel): Blätter: unterseits: nur abstehend behaart, Haare oft kraus.
subsp. *australis* (Südlicher Hartriegel): Blätter: unterseits: nur anliegend behaart, Haare 2-armig.
subsp. *hungarica* (Ungarischer Hartriegel): Blätter: unterseits: anliegend *und* abstehend behaart, anliegende Haare 2-armig.

- einheimisch
- planar bis montan
- Gehölze, Wälder, Zier- bzw. Nutzpflanze
- an basenreichen Standorten

J F M A M J J A S O N D

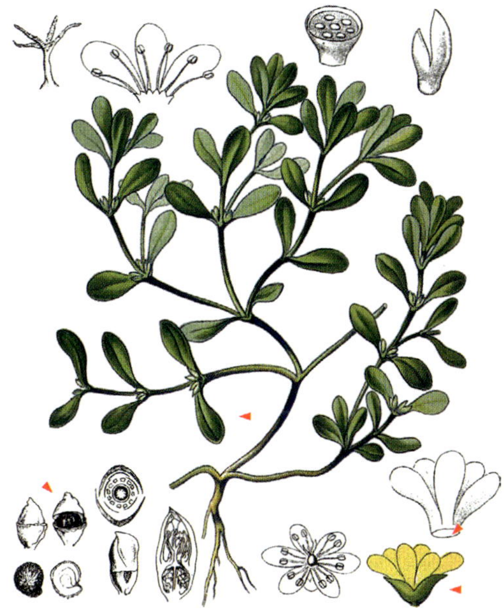

Cornus suecica L.

Schwedischer Hartriegel *Cornaceae*
∗ K(4) C4 A4 G($\overline{2}$) RL 1 § BNatG b

Bis 25 cm hoch. Blütenstand: **doldenartig bis knäuelig**, Doldenstrahlen kurz bis fehlend, **durch die weißen Hochblätter einer Einzelblüte ähnlich**. Hochblätter unter den Blüten: **groß, bleibend, weißlich.** Blüten: **rötlich bis weißlich.** Früchte: Steinfrüchte, ± **kugelig, rötlich.** Stängel: **krautig, meist mit 2–6 voneinander entfernten Laubblattpaaren.** Blattstellung: gegenständig. Blätter: sommergrün.

- einheimisch
- planar
- Extensivgrünland u. Magerrasen, Zwergstrauchheiden, Wälder, Zier- bzw. Nutzpflanze
- an nährstoffarmen, sauren Standorten

J F M **A M J** J A S O N D

Impatiens capensis Meerb.

Orangefarbenes Springkraut *Balsaminaceae*
↓ K3 C5 A5 G($\underline{5}$)

20–80 cm hoch. Pflanzen: 1-jährig. Blütenstand: traubenartig, **Stängel 3–6-blütig.** Blüten: **überhängend, gelblich, mit rötlicher bis bräunlicher Musterung.** Krone: **20–40 mm lang.** Sporn: **gebogen,** 4–10 mm lang. Früchte: Schleuderfrüchte. Blattstellung: wechselständig. Blätter: oval, **am Rand spitz gesägt.**

- eingebürgerter Neophyt, urspr. aus Nordamerika
- planar bis montan
- Staudenfluren, Ruderalvegetation, Zier- bzw. Nutzpflanze
- an nährstoffreichen, feuchten bis nassen, zuweilen überfluteten Standorten

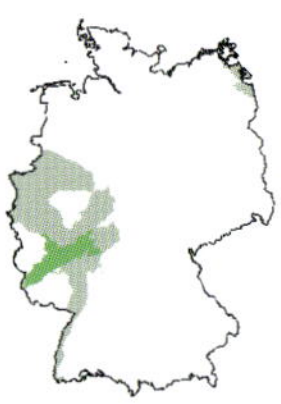

J F M A M **J J A S O** N D

Impatiens glandulifera Royle

Drüsiges Springkraut *Balsaminaceae*
↓ K3 C5 A5 G($\underline{5}$) § IAS

50–250 cm hoch. Pflanzen: 1-jährig. Blütenstand: traubenartig, **Stängel 6–30-blütig.** Blüten: **überhängend, rötlich bis violett.** Krone: **20–50 mm lang.** Sporn: **gebogen.** Früchte: Schleuderfrüchte. Stängel: aufrecht. Blattstellung: **zumindest unten quirlig *oder* gegenständig.** Blätter: oval, **am Rand spitz gesägt.**

- eingebürgerter Neophyt, urspr. aus dem Himalaya
- planar bis montan
- Staudenfluren, Wälder, Ruderalvegetation, Zier- bzw. Nutzpflanze
- an feuchten bis nassen, zuweilen überfluteten Standorten

J F M A M **J J A S O** N D

Impatiens noli-tangere L.

Großes Springkraut *Balsaminaceae*
↓ K3 C5 A5 G($\underline{5}$)

30–120 cm hoch. Pflanzen: 1-jährig. Blütenstand: traubenartig, **Stängel 3–6-blütig.** Blüten: **überhängend, goldgelb.** Krone: **15–40 mm lang.** Sporn: **gebogen, 5–14 mm lang.** Früchte: Schleuderfrüchte. Blattstellung: überwiegend wechselständig. Blätter: oval, **am Rand meist stumpf gekerbt.**

- einheimisch
- planar bis montan
- Staudenfluren, Wälder, Ruderalvegetation, Zier- bzw. Nutzpflanze

J F M A M **J J A S** O N D

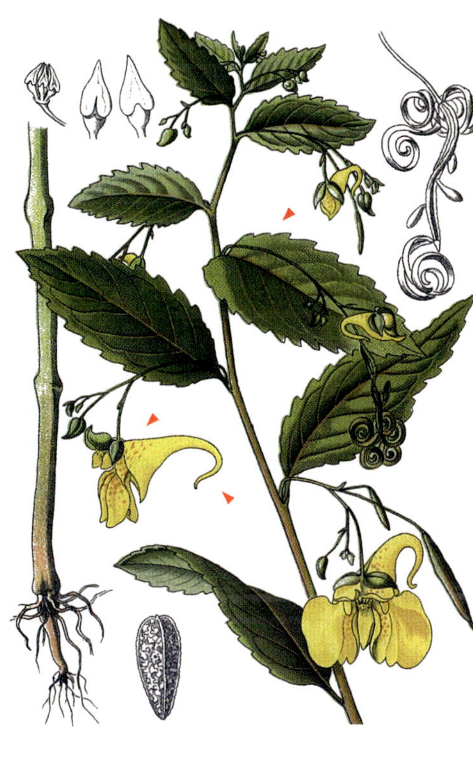

Impatiens parviflora DC.

Kleinblütiges Springkraut *Balsaminaceae*
↓ K3 C5 A5 G(5)

30–80 cm hoch. Pflanzen: 1-jährig. Blütenstand: traubenartig, **Stängel 4–30-blütig**. Blüten: **± aufrecht, hellgelb**. Krone: **5–20 mm lang**. Sporn: **gerade, < 8 mm lang**. Früchte: Schleuderfrüchte. Blattstellung: wechselständig. Blätter: oval, **am Rand spitz gesägt**.

- eingebürgerter Neophyt, urspr. aus Zentral- u. Ostasien
- planar bis montan
- Staudenfluren, Wälder, Ruderalvegetation, Zier- bzw. Nutzpflanze

J F M A **M J J A S O** N D

Collomia grandiflora Lindl.

Großblütige Leimsaat *Polemoniaceae*
∗ K(5) C(5) A5 G(3)

30–60 cm hoch. Blütenstand: **köpfchenartig**. Hochblätter unter den Blüten: **oval, unterhalb des Köpfchens**. Blüten: **stieltellerförmig, gelblich bis rötlich**. Kronröhre: **2–4-mal so lang wie der Kelch**. Staubblätter: **länger als die Kronröhre**. Blattstellung: wechselständig. Blätter: ungeteilt. untere Stängelblätter: lineal bis länglich-lanzettlich.

- eingebürgerter Neophyt, urspr. aus Nordamerika
- planar bis montan
- Äcker, Ruderalvegetation, Zier- bzw. Nutzpflanze

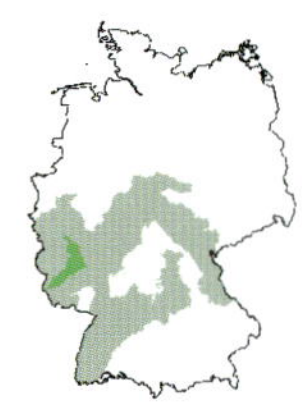

J F M A **M J J** A S O N D

Phlox paniculata L.

Rispen-Phlox *Polemoniaceae*
∗ K(5) C(5) A5 G(3)

80–150 cm hoch. Blütenstand: **meist rispenartig**. Blüten: stieltellerförmig, **meist rötlich bis violett**. Kronröhre: **2–4-mal so lang wie der Kelch**. Staubblätter: **kürzer als die Kronröhre**. Blätter: ungeteilt. untere Stängelblätter: ± gegenständig, länglich bis oval.

- in Einbürgerung befindlicher Neophyt, urspr. aus Nordamerika
- planar bis montan
- Ruderalvegetation, Zier- bzw. Nutzpflanze

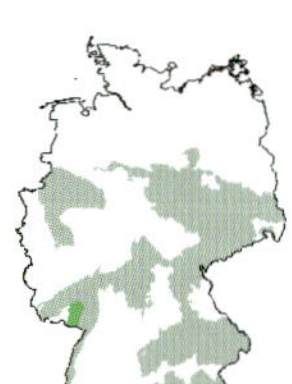

J F M A M **J J A S O** N D

Polemonium caeruleum L.

Blaue Himmelsleiter *Polemoniaceae*
∗ K(5) C(5) A5 G(3) RL 3 § BNatG b

30–80 cm hoch. Blütenstand: **rispenartig**. Blüten: offen ausgebreitet bis stieltellerförmig, **bläulich o. weißlich**. Kronröhre: **< 2-mal so lang wie der Kelch**. Blattstellung: wechselständig. Blätter: unpaarig gefiedert, meist 15–27-teilig. Fiederblättchen: **lanzettlich**.

- einheimisch
- collin bis montan
- Grünland, Staudenfluren, Gehölze, Ruderalvegetation, Zier- bzw. Nutzpflanze
- an basenreichen Standorten

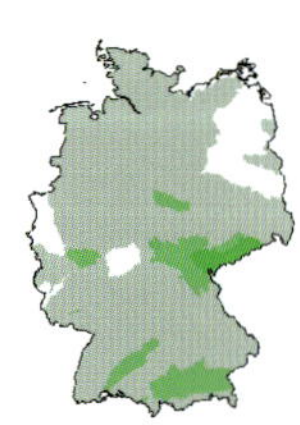

J F M A **M J J A** S O N D

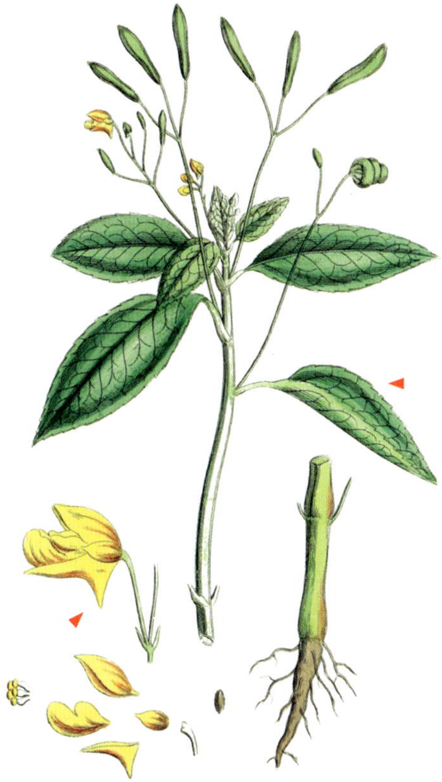

Samolus valerandi L.

Salzbunge *Primulaceae*
∗ K(5) [C(5) A5] G($\overline{5}$) RL 2

10–50 cm hoch. Blütenstand: **endständig, traubenartig**. Blüten: **lang gestielt**, offen ausgebreitet bis glockig-trichterförmig, **weißlich**. Kronzipfel: **> 2-mal so lang wie die Kronröhre**. Kelchblätter: **einem den Fruchtknoten einhüllenden Achsenbecher bildend**. Früchte: **Deckelkapseln**. Stängel: mit grundständiger Blattrosette. Blattstellung: wechselständig. Blätter: **spatelförmig bis oval**.

- einheimisch
- planar bis collin
- trockenfallende Ufer, Röhrichte, Grünland, Salzwiesen, Dünentäler, Zier- bzw. Nutzpflanze
- an feuchten bis nassen, zuweilen überfluteten, oft salzhaltigen Standorten

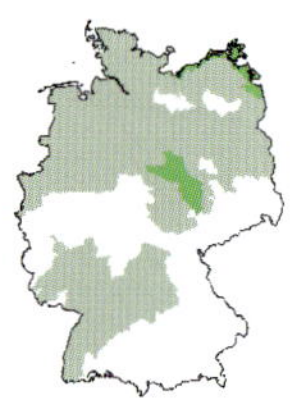

J F M A **M J J A S O** N D

Cortusa matthioli L.

Heilglöckchen *Primulaceae*
∗ K(5) [C(5) A5] G($\underline{5}$) RL R § BNatG b

20–50 cm hoch. Blütenstand: doldenartig, **Stängel 3–14-blütig**. Blüten: **glockig**, wohlriechend, **rötlich bis violett**. Krone: 6–15 mm lang, ± 2-mal so lang wie der Kelch. Kronzipfel: **länger als die Kronröhre**. Schlundschuppen: fehlen. Kelch: **im QS rund**. Früchte: **Spaltkapseln**. Stängel: mit grundständiger Blattrosette, *ohne* Laubblätter. Blätter: **rundlich bis herzförmig, am Rand grob gezähnt bis gelappt**.

- einheimisch
- montan bis subalpin
- Staudenfluren, Gehölze
- an nährstoffreichen Standorten

J F M A M **J J A** S O N D

Hottonia palustris L.

Wasserfeder *Primulaceae*
∗ K(5) [C(5) A5] G($\underline{5}$) RL V § BNatG b

Im Boden wurzelnde Wasserpflanze, 15–50 cm hoch. Blütenstand: quirlig, in traubenartigem Gesamtblütenstand. Blüten: **glockig-trichterförmig bis langröhrig, rötlich bis weißlich**; **Schlund gelblich**. Kelchblätter: tief gespalten. Früchte: **Deckelkapseln**. Blattstellung: quirlig. Tauchblätter: **kammförmig gefiedert**.

- einheimisch
- planar bis collin
- Gewässer, Zier- bzw. Nutzpflanze
- an dauerhaft überfluteten Standorten

J F M **A M J J A** S O N D

Primula farinosa L.

Mehl-Primel *Primulaceae*
∗ K(5) [C(5) A5] G($\underline{5}$) RL 3 § BNatG b

Bis 25 cm hoch. Blütenstand: lang gestielt, doldenartig. Blüten: stieltellerförmig, **rötlich bis violett**; **Schlund gelblich**. Kronzipfel: < 0,75-mal so lang wie die Kronröhre. Schlundschuppen: fehlen. Kelch: **im QS kantig**. Früchte: Spaltkapseln. Stängel: mit grundständiger Blattrosette, *ohne* Laubblätter. Blätter: in Knospenlage nach oben gerollt, länglich bis lanzettlich; oberseits: **kahl, glatt bis schwach runzelig**; unterseits: **mehlig bestäubt, kahl**, mit hervorstehenden Nerven.

- einheimisch
- collin bis alpin
- Moore u. Seggenriede, Extensivgrünland u. Magerrasen, Zier- bzw. Nutzpflanze
- an nährstoffarmen, kalkreichen, wechselfeuchten bis nassen Standorten

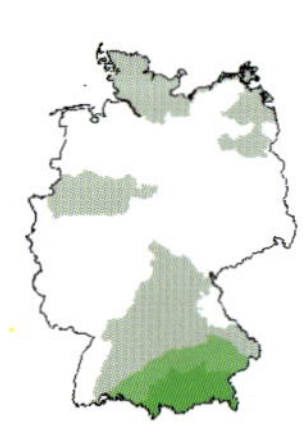

J F M **A M J J A** S O N D

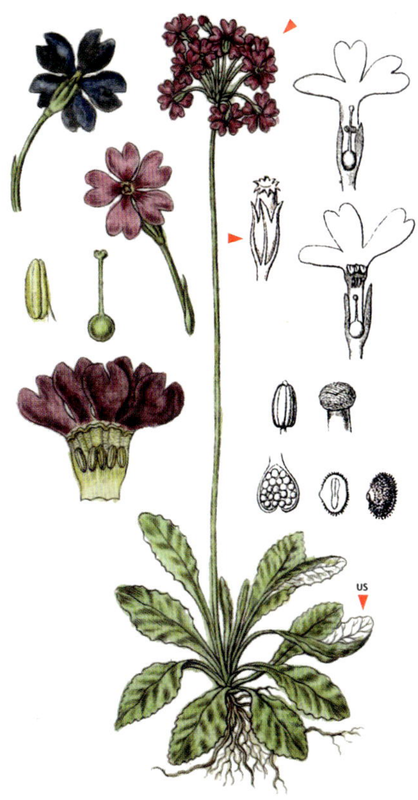
US

Primula auricula L.

Alpen-Aurikel *Primulaceae*
∗ K(5) [C(5) A5] G(5) RL 3 § BNatG b

Bis 25 cm hoch. Blütenstand: lang gestielt, doldenartig, Stängel meist > 5-blütig. Tragblätter der Blüten: **kürzer als die Blütenstiele**. Blüten: stieltellerförmig, **gelblich**. Kronzipfel: < 0,75-mal so lang wie die Kronröhre. Schlundschuppen: fehlen. Kelch: **im QS rund**. Früchte: Spaltkapseln. Stängel: mit grundständiger Blattrosette, *ohne* Laubblätter. Blätter: in Knospenlage nach oben gerollt, **schwach sukkulent**, länglich bis lanzettlich, **± kahl, allenfalls am Rand bewimpert**; oberseits: **glatt bis schwach runzelig**; unterseits: **zunächst mehlig bestäubt**, *ohne* hervorstehende Nerven.

- einheimisch
- subalpin bis alpin
- Extensivgrünland u. Magerrasen, Schutt- u. Felsfluren, Ruderalvegetation, Zier- bzw. Nutzpflanze
- an nährstoffarmen, kalkreichen Standorten

J F **M A M J** J A S O N D

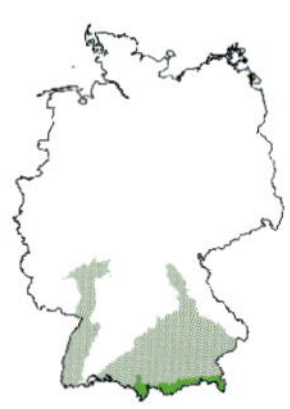

Primula clusiana Tausch

Clusius' Primel *Primulaceae*
∗ K(5) [C(5) A5] G(5) RL R § BNatG b

Bis 10 cm hoch. Blütenstand: lang gestielt, ± doldenartig, **Stängel meist 2-blütig**. Tragblätter der Blüten: **länger als die Blütenstiele**. Blüten: stieltellerförmig, **rötlich bis violett**. Kronzipfel: < 0,75-mal so lang wie die Kronröhre. Schlundschuppen: fehlen. Kelch: **im QS rund**. Früchte: Spaltkapseln. Stängel: mit grundständiger Blattrosette, *ohne* Laubblätter. Blätter: in Knospenlage nach oben gerollt, länglich bis lanzettlich, **distal abgerundet**; unterseits: *ohne* hervorstehende Nerven.

- einheimisch
- montan bis alpin
- Schutt- u. Felsfluren, Ruderalvegetation
- an nährstoffarmen, kalkreichen Standorten

J F M **A M J J** A S O N D

Primula hirsuta All.

Behaarte Primel *Primulaceae*
∗ K(5) [C(5) A5] G(5) RL R § BNatG b

Bis 10 cm hoch. Blütenstand: lang gestielt, doldenartig. Tragblätter der Blüten: **kürzer als die Blütenstiele**. Blüten: stieltellerförmig, **rötlich bis violett; Schlund weißlich**. Kronzipfel: < 0,75-mal so lang wie die Kronröhre. Schlundschuppen: fehlen. Kelch: **im QS rund**. Früchte: Spaltkapseln. Stängel: mit grundständiger Blattrosette, *ohne* Laubblätter. Blätter: in Knospenlage nach oben gerollt, länglich bis lanzettlich, **am Rand lang bewimpert**; unterseits: *ohne* hervorstehende Nerven.

- einheimisch
- subalpin bis alpin
- Schutt- u. Felsfluren, Zier- bzw. Nutzpflanze
- an nährstoffarmen, sauren Standorten

J F **M A M J J** A S O N D

Primula minima L.

Zwerg-Primel *Primulaceae*
∗ K(5) [C(5) A5] G(5) RL R § BNatG b

Bis 5 cm hoch. Blütenstand: **Blüten meist einzeln, kurz gestielt**. Tragblätter der Blüten: **länger als die Blütenstiele**. Blüten: stieltellerförmig, **rötlich bis violett**. Kronzipfel: < 0,75-mal so lang wie die Kronröhre. Schlundschuppen: fehlen. Kelch: **im QS rund**. Früchte: Spaltkapseln. Stängel: mit grundständiger Blattrosette, *ohne* Laubblätter. Blätter: in Knospenlage nach oben gerollt, 3-eckig bis oval, **± kahl, distal gezähnt**; unterseits: *ohne* hervorstehende Nerven.

- einheimisch
- subalpin bis alpin
- Extensivgrünland u. Magerrasen, Schutt- u. Felsfluren, Schneetälchen
- an nährstoffarmen, sauren Standorten

J F M A M **J J A** S O N D

US

Primula acaulis (L.) L.

Schaftlose Primel *Primulaceae*
∗ K(5) [C(5) A5] G(5) RL 3 § BNatG b

Bis 15 cm hoch. Blütenstand: **Blüten lang gestielt, in den Achseln der Grundblätter**, Stängel > 5-blütig. Blüten: lang gestielt, stieltellerförmig, weißlich bis hellgelb, Zuchtformen auch rötlich bis bläulich; **Schlund oft dunkler o. andersfarbig**. Kronzipfel: < 0,75-mal so lang wie die Kronröhre. Schlundschuppen: fehlen. Kelch: **im QS kantig**. Fruchtstiele: **schlaff, niederliegend**. Früchte: Spaltkapseln. Stängel: mit grundständiger Blattrosette, *ohne* Laubblätter. Blätter: in Knospenlage nach oben gerollt, **Spreite zum Grund hin allmählich verschmälert, *kein* deutlicher Stiel ausgebildet**, länglich bis lanzettlich; oberseits: **kahl, runzelig**; unterseits: behaart, mit hervorstehenden Nerven.

- einheimisch
- planar bis montan
- Grünland, Gehölze, Wälder, Ruderalvegetation, Zier- bzw. Nutzpflanze

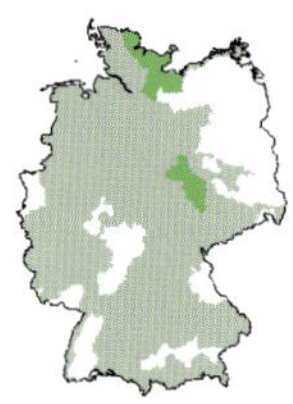

J **F M A M** J J A S O N D

Primula elatior (L.) L.

Hohe Primel *Primulaceae*
∗ K(5) [C(5) A5] G(5) § BNatG b

10–30 cm hoch. Blütenstand: lang gestielt, doldenartig, Stängel > 5-blütig. Blüten: glockig-trichterförmig bis stieltellerförmig, allenfalls schwach duftend, **gelblich**; **Schlund oft dunkler**. Kronzipfel: < 0,75-mal so lang wie die Kronröhre. Schlundschuppen: fehlen. Kelch: **im QS kantig, der Kapsel ± eng anliegend**. Fruchtstiele: steif aufrecht. Früchte: Spaltkapseln, **länger als der Kelch**. Stängel: mit grundständiger Blattrosette, *ohne* Laubblätter. Blätter: in Knospenlage nach oben gerollt, **Spreite deutlich vom Stiel abgesetzt**, länglich bis lanzettlich; oberseits: **behaart, runzelig**; unterseits: behaart, mit hervorstehenden Nerven.

- einheimisch
- planar bis subalpin
- Grünland, Staudenfluren, Gehölze, Wälder, Ruderalvegetation, Zier- bzw. Nutzpflanze

J **F M A M J** J A S O N D

Primula veris L.

Wiesen-Primel *Primulaceae*
∗ K(5) [C(5) A5] G(5) schwach giftig RL V § BNatG b

10–30 cm hoch. Blütenstand: lang gestielt, doldenartig, Stängel > 5-blütig. Blüten: glockig-trichterförmig bis stieltellerförmig, wohlriechend, **gelblich**; **Schlund meist mit 5 orangen Flecken**. Kronzipfel: < 0,75-mal so lang wie die Kronröhre. Schlundschuppen: fehlen. Kelch: **im QS kantig, weit glockenförmig**. Fruchtstiele: steif aufrecht. Früchte: Spaltkapseln, **kürzer als der Kelch**. Stängel: mit grundständiger Blattrosette, *ohne* Laubblätter. Blätter: in Knospenlage nach oben gerollt, **Spreite deutlich vom Stiel abgesetzt**, länglich bis lanzettlich; oberseits: **behaart, runzelig**; unterseits: behaart, mit hervorstehenden Nerven.

- einheimisch
- planar bis montan
- Extensivgrünland u. Magerrasen, Zier- bzw. Nutzpflanze
- an basenreichen Standorten

J F **M A M J** J A S O N D

Soldanella minima agg.

Kleinstes Alpenglöckchen *Primulaceae*
∗ K(5) [C(5) A5] G(5) RL R § BNatG b

Bis 10 cm hoch. Blütenstand: **Stängel meist 1-blütig**. Blüten: glockig-trichterförmig, hellviolett, selten weißlich. Kronzipfel: **kürzer als die Kronröhre, gleichmäßig gefranst**. Schlundschuppen: **fehlen**. Griffel: ***nicht* aus der Blüte ragend**. Früchte: Deckelkapseln, 5-zähnig. Stängel: mit grundständiger Blattrosette, *ohne* Laubblätter. Blätter: meist ± rundlich, **3–10 mm breit**, ganzrandig bis seicht gekerbt.

S. minima (Kleinstes Alpenglöckchen): Blätter: ± rundlich, mindestens so lang wie breit, drüsig behaart, *kaum* verkahlend.
S. austriaca (Österreichisches Alpenglöckchen): Blätter: (undeutlich) nierenförmig, *nicht* länger als breit, zunächst drüsig behaart, später verkahlend.

- einheimisch
- alpin
- Schutt- u. Felsfluren, Schneetälchen, Zier- bzw. Nutzpflanze
- an basenreichen Standorten

J F M **A M J J** A S O N D

US

Soldanella alpina L.

Gewöhnliches Alpenglöckchen *Primulaceae*
∗ K(5) [C(5) A5] G(5) § BNatG b

Bis 20 cm hoch. Blütenstand: **Stängel 2–5-blütig.** Blüten: glockig-trichterförmig, meist bläulich bis violett. Kronzipfel: **länger als die Kronröhre, unregelmäßig gefranst.** Schlundschuppen: **breiter als lang.** Griffel: **aus der Blüte ragend.** Früchte: Deckelkapseln, meist 10-zähnig. Stängel: mit grundständiger Blattrosette, *ohne* Laubblätter. Blätter: rundlich bis nierenförmig, **12–50 mm breit,** zunächst drüsig behaart, später verkahlend, ± ganzrandig.

- einheimisch
- subalpin bis alpin
- Extensivgrünland u. Magerrasen, Schutt- u. Felsfluren, Schneetälchen, Zier- bzw. Nutzpflanze
- an basenreichen, feuchten bis nassen Standorten

J F M A M J J A S O N D

Soldanella montana Willd.

Berg-Alpenglöckchen *Primulaceae*
∗ K(5) [C(5) A5] G(5) RL 3 § BNatG b

10–40 cm hoch. Blütenstand: **Stängel 3–10-blütig.** Blüten: glockig-trichterförmig, meist bläulich bis violett. Kronzipfel: **länger als die Kronröhre, unregelmäßig gefranst.** Schlundschuppen: **länger als breit.** Griffel: **aus der Blüte ragend.** Früchte: Deckelkapseln. Stängel: mit grundständiger Blattrosette, *ohne* Laubblätter. Blätter: herz- bis nierenförmig, **20–80 mm breit,** dicht drüsig behaart, am Rand seicht stumpf gekerbt.

- einheimisch
- montan
- Zwergstrauchheiden, Wälder
- an nährstoffarmen, sauren Standorten

J F M A M J J A S O N D

Soldanella pusilla Baumg.

Zwerg-Alpenglöckchen *Primulaceae*
∗ K(5) [C(5) A5] G(5) § BNatG b

Bis 10 cm hoch. Blütenstand: **Stängel meist 1-blütig.** Blüten: glockig-trichterförmig, meist rötlich bis violett; innen oft bläulich gestreift. Kronzipfel: **kürzer als die Kronröhre, gleichmäßig gefranst.** Schlundschuppen: **fehlen.** Griffel: ***nicht* aus der Blüte ragend.** Früchte: Deckelkapseln, 5-zähnig. Stängel: mit grundständiger Blattrosette, *ohne* Laubblätter. Blätter: herz- bis nierenförmig, **5–12 mm breit,** dicht drüsig behaart, ganzrandig bis seicht gekerbt; oberseits: mit deutlich hervortretenden Nerven.

- einheimisch
- subalpin bis alpin
- Schutt- u. Felsfluren, Schneetälchen
- an nährstoffarmen, sauren Standorten

J F M A M J J A S O N D

Androsace chamaejasme Wulfen

Wimper-Mannsschild *Primulaceae*
∗ K(5) [C(5) A5] G(5) § BNatG b

Bis 10 cm hoch. Pflanzen: mehrjährig, behaart. Blütenstand: doldenartig, Dolde lang gestielt, **mit einfachen Haaren *und* Drüsenhaaren.** Tragblätter der Blüten: **mindestens so lang wie die Blütenstiele.** Blüten: stieltellerförmig, weißlich; Schlundschuppen gelblich. Schlund: verengt. Kronzipfel: länger als die Kronröhre. Kelchblätter: **drüsig behaart.** Früchte: Spaltkapseln. Stängel: **basal mit sterilen Rosettentrieben,** mit grundständiger Blattrosette. Blätter: länglich bis lanzettlich, Spreite > 1 cm lang.

- einheimisch
- subalpin bis alpin
- Extensivgrünland u. Magerrasen, Schutt- u. Felsfluren
- an nährstoffarmen, kalkreichen Standorten

J F M A M J J A S O N D

Androsace elongata L.

Langstieliger Mannsschild *Primulaceae*
∗ K(5) [C(5) A5] G(5) RL 1

Bis 10 cm hoch. PFLANZEN: **1–2-jährig**. BLÜTENSTAND: doldenartig, Dolde lang gestielt. TRAGBLÄTTER DER BLÜTEN: **viel kürzer als die Blütenstiele**. BLÜTEN: stieltellerförmig, weißlich; Schlundschuppen gelblich. SCHLUND: verengt. KRONZIPFEL: länger als die Kronröhre. KELCHBLÄTTER: **3–5 mm lang, länger als die Kronblätter, mit Sternhaaren**. FRÜCHTE: Spaltkapseln, **kürzer als der Kelch**. STÄNGEL: **mit Sternhaaren**, basal *ohne* sterile Rosettentriebe, mit grundständiger Blattrosette. BLÄTTER: länglich bis lanzettlich.

- Archaeophyt
- planar bis collin
- Extensivgrünland u. Magerrasen, Schutt- u. Felsfluren, Äcker, Ruderalvegetation
- an nährstoffarmen, trockenen Standorten

J F M A M J J A S O N D

Androsace hausmannii Leyb.

Dolomiten-Mannsschild *Primulaceae*
∗ K(5) [C(5) A5] G(5) RL R § BNatG b

Bis 5 cm hoch. PFLANZEN: **lockere grünliche Polster bildend**, mehrjährig, **mit zahlreichen ≥ 3-ästigen Haaren**. BLÜTEN: einzeln, stieltellerförmig, **meist rosa bis rötlich**; Schlundschuppen gelblich. BLÜTENSTIELE: **2–8 mm lang**, behaart. SCHLUND: verengt. KRONZIPFEL: länger als die Kronröhre. FRÜCHTE: Spaltkapseln. STÄNGEL: **basal mit sterilen Rosettentrieben**, mit grundständiger Blattrosette. BLÄTTER: länglich bis lanzettlich, < 1 mm lang.

- einheimisch
- alpin
- Schutt- u. Felsfluren
- an nährstoffarmen, kalkreichen, meist trockenen Standorten

J F M A M J J A S O N D

Androsace helvetica (L.) All.

Schweizer Mannsschild *Primulaceae*
∗ K(5) [C(5) A5] G(5) § BNatG b

Bis 5 cm hoch. PFLANZEN: **dichte blau- bzw. graugrüne Polster bildend**, mehrjährig, **überwiegend mit 1–2-ästigen Haaren**. BLÜTEN: einzeln, stieltellerförmig, weißlich; Schlundschuppen gelblich. BLÜTENSTIELE: **< 2 mm lang**, behaart. SCHLUND: verengt. KRONZIPFEL: länger als die Kronröhre. FRÜCHTE: Spaltkapseln. STÄNGEL: **basal mit sterilen Rosettentrieben**, mit grundständiger Blattrosette. BLÄTTER: länglich bis lanzettlich, < 0,7 mm lang.

- einheimisch
- subalpin bis alpin
- Schutt- u. Felsfluren
- an nährstoffarmen, kalkreichen, trockenen Standorten

J F M A M J J A S O N D

Androsace lactea L.

Milchweißer Mannsschild *Primulaceae*
∗ K(5) [C(5) A5] G(5) RL 3 § BNatG b

Bis 20 cm hoch. PFLANZEN: mehrjährig, **± kahl**. BLÜTENSTAND: doldenartig, Dolde lang gestielt. BLÜTEN: stieltellerförmig, weißlich; Schlundschuppen gelblich. SCHLUND: verengt. KRONZIPFEL: länger als die Kronröhre. KELCHBLÄTTER: **kahl**. FRÜCHTE: Spaltkapseln. STÄNGEL: **basal mit sterilen Rosettentrieben**, mit grundständiger Blattrosette. BLÄTTER: länglich bis lanzettlich, Spreite 1–2 cm lang.

- einheimisch
- montan bis alpin
- Extensivgrünland u. Magerrasen, Schutt- u. Felsfluren
- an nährstoffarmen, kalkreichen Standorten

J F M A M J J A S O N D

Androsace maxima L.

Riesen-Mannsschild *Primulaceae*
∗ K(5) [C(5) A5] G(5) RL 0

Bis 15 cm hoch. PFLANZEN: **1–2-jährig**. BLÜTENSTAND: doldenartig, Dolde lang gestielt. TRAGBLÄTTER DER BLÜTEN: **mindestens so lang wie die Blütenstiele**. BLÜTEN: stieltellerförmig, weißlich, zuweilen rötlich überlaufen; Schlundschuppen gelblich. KRONE: früh abfallend. SCHLUND: verengt. KRONZIPFEL: länger als die Kronröhre. KELCHBLÄTTER: **2–4 mm lang, länger als die Kronblätter, mit einfachen Haaren**. FRÜCHTE: Spaltkapseln, **länger als der Kelch**. STÄNGEL: **nur mit einfachen Haaren**, basal *ohne* sterile Rosettentriebe, mit grundständiger Blattrosette. BLÄTTER: länglich bis lanzettlich.

- ausgestorben
- planar bis collin
- Staudenfluren, Äcker, Ruderalvegetation
- an kalkreichen, auch salzhaltigen Standorten

J F **M A M** J J A S O N D

Androsace obtusifolia All.

Stumpfblättriger Mannsschild *Primulaceae*
∗ K(5) [C(5) A5] G(5) RL 1 § BNatG b

Bis 10 cm hoch. PFLANZEN: mehrjährig, behaart. BLÜTENSTAND: doldenartig, Dolde lang gestielt, **mit Sternhaaren**. TRAGBLÄTTER DER BLÜTEN: **kürzer als die Blütenstiele**. BLÜTEN: stieltellerförmig, rötlich bis weißlich; Schlundschuppen gelblich. SCHLUND: verengt. KRONZIPFEL: länger als die Kronröhre. KELCHBLÄTTER: **mit Sternhaaren**. FRÜCHTE: Spaltkapseln. STÄNGEL: **basal mit sterilen Rosettentrieben**, mit grundständiger Blattrosette. BLÄTTER: länglich bis lanzettlich, Spreite > 1 cm lang.

- einheimisch
- subalpin bis alpin
- Extensivgrünland u. Magerrasen, Schutt- u. Felsfluren
- an nährstoffarmen, sauren Standorten

J F M A **M J J A** S O N D

Androsace septentrionalis L.

Nördlicher Mannsschild *Primulaceae*
∗ K(5) [C(5) A5] G(5) RL 1

Bis 20 cm hoch. PFLANZEN: **1–2-jährig**. BLÜTENSTAND: doldenartig, Dolde lang gestielt. TRAGBLÄTTER DER BLÜTEN: **viel kürzer als die Blütenstiele**. BLÜTEN: stieltellerförmig, rötlich bis weißlich; Schlundschuppen gelblich. SCHLUND: verengt. KRONZIPFEL: länger als die Kronröhre. KELCHBLÄTTER: **kürzer als die Kronblätter, kahl**. FRÜCHTE: Spaltkapseln. STÄNGEL: **mit Sternhaaren**, basal *ohne* sterile Rosettentriebe, mit grundständiger Blattrosette. BLÄTTER: länglich bis lanzettlich.

- einheimisch
- planar bis collin
- Extensivgrünland u. Magerrasen, Schutt- u. Felsfluren, Äcker, Ruderalvegetation, an Mauern, Zier- bzw. Nutzpflanze
- an nährstoffarmen, trockenen Standorten

J F **M A M J** J A S O N D

Anagallis arvensis L.

Acker-Gauchheil *Primulaceae*
∗ K(5) [C(5) A5] G(5) giftig

Bis 20 cm hoch. BLÜTEN: einzeln, offen ausgebreitet, **meist rötlich**. BLÜTENSTIELE: **meist länger als die Tragblätter**. BLÜTENHÜLLE: **je Kreis 5-blättrig**. KRONE: **1–2-mal so lang wie der Kelch, 3–6 mm ⌀**. KRONBLÄTTER: **am Rand dicht drüsig behaart**. KRONZIPFEL: > 3-mal so lang wie die Kronröhre. FRÜCHTE: Deckelkapseln, ± kugelig, 5-zähnig. BLATTSTELLUNG: gegenständig. BLÄTTER: **sitzend**, länglich bis oval, **Spreite 1–2 cm lang**.

- Archaeophyt
- planar bis montan
- Äcker, Ruderalvegetation, Zier- bzw. Nutzpflanze

J F M A **M J J A S O** N D

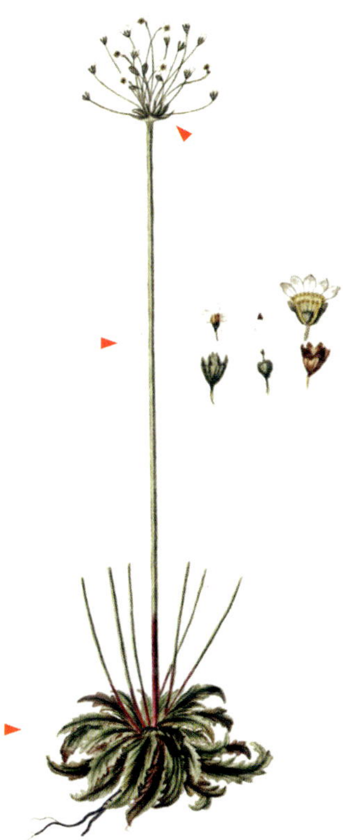

Anagallis foemina Mill.

Blauer Gauchheil *Primulaceae*
∗ K(5) [C(5) A5] G($\underline{5}$) RL 3

Bis 30 cm hoch. BLÜTEN: einzeln, offen ausgebreitet, **bläulich**. BLÜTENSTIELE: **höchstens so lang wie die Tragblätter**. BLÜTENHÜLLE: **je Kreis 5-blättrig**. KRONE: **1–2-mal so lang wie der Kelch, 1–4 mm ⌀**. KRONBLÄTTER: **am Rand spärlich drüsig behaart**. KRONZIPFEL: > 3-mal so lang wie die Kronröhre. FRÜCHTE: Deckelkapseln, ± kugelig, 5-zähnig. BLATTSTELLUNG: gegenständig. BLÄTTER: **sitzend**, länglich bis oval, **Spreite 1–2 cm lang**.

- Archaeophyt
- planar bis montan
- Äcker, Ruderalvegetation, Zier- bzw. Nutzpflanze
- an kalkreichen Standorten

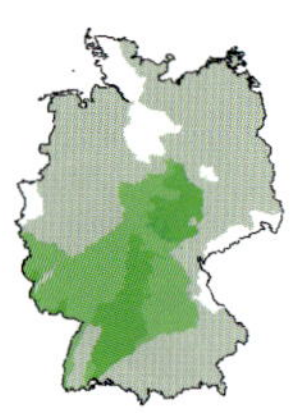

J F M A **M J J A S O** N D

Anagallis minima (L.) E. H. L. Krause

Zwerg-Gauchheil *Primulaceae*
∗ K(4) [C(4) A4] G($\underline{4}$) RL 2

Bis 10 cm hoch. BLÜTEN: einzeln, glockig-trichterförmig, **rötlich bis weißlich**. BLÜTENHÜLLE: **je Kreis 4-blättrig**. KRONE: **kürzer als der Kelch, 1–3 mm ⌀**. KRONZIPFEL: ± **Kronzipfel so lang wie die Kronröhre**. FRÜCHTE: Deckelkapseln, ± kugelig, 4-zähnig. STÄNGEL: **aufrecht**. BLATTSTELLUNG: wechselständig. BLÄTTER: kurz gestielt, lanzettlich bis oval.

- einheimisch
- planar bis montan
- trockenfallende Ufer, Äcker, Ruderalvegetation, Dünentäler
- an nährstoffarmen Standorten

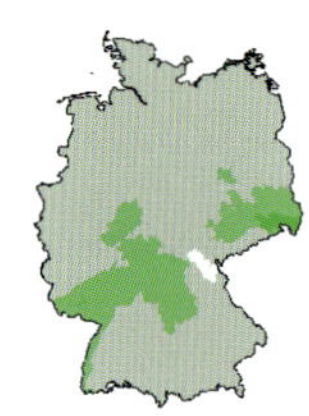

J F M **A M J J A S** O N D

Anagallis tenella (L.) L.

Zarter Gauchheil *Primulaceae*
∗ K(5) [C(5) A5] G($\underline{5}$) RL 2 § BNatG s

Bis 20 cm hoch. BLÜTEN: einzeln, glockig-trichterförmig, **rötlich**, mit dunkleren Adern. BLÜTENHÜLLE: **je Kreis 5-blättrig**. KRONE: **2–3-mal so lang wie der Kelch, 1–4 mm ⌀**. KRONZIPFEL: > 3-mal so lang wie die Kronröhre. FRÜCHTE: Deckelkapseln, ± kugelig, 5-zähnig. STÄNGEL: **niederliegend**. BLATTSTELLUNG: gegenständig. BLÄTTER: gestielt, lanzettlich bis rundlich, **Spreite 0,3–1 cm lang**.

- einheimisch
- planar bis montan
- trockenfallende Ufer, Moore u. Seggenriede, Extensivgrünland u. Magerrasen, Wälder, Quellfluren
- an nährstoffarmen, nassen Standorten

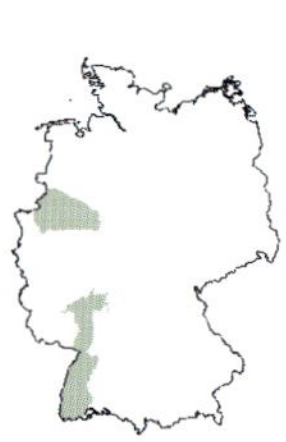

J F M A M **J J A** S O N D

Cyclamen purpurascens Mill.

Wildes Alpenveilchen *Primulaceae*
∗ K(5) [C(5) A5] G($\underline{5}$) giftig RL 3 § WA II, EG B, BNatG b

Bis 15 cm hoch. BLÜTEN: **einzeln, in der Achsel der grundständigen Laubblätter, hellrot bis violett**. KRONZIPFEL: **zurückgebogen, basal *nicht* geöhrt**. FRUCHTSTIELE: **spiralig eingerollt**. WURZELSTOCK: **knollig verdickt**, Knollen (vor allem) in der distalen Hälfte bewurzelt. STÄNGEL: mit grundständiger Blattrosette, *ohne* Laubblätter. BLÄTTER: **überwinternd grün**, herz- bis nierenförmig; OBERSEITS: oft gefleckt; UNTERSEITS: oft rötlich.

- einheimisch
- collin bis montan
- Wälder, Zier- bzw. Nutzpflanze
- an kalkreichen Standorten

J F M A M **J J A S O** N D

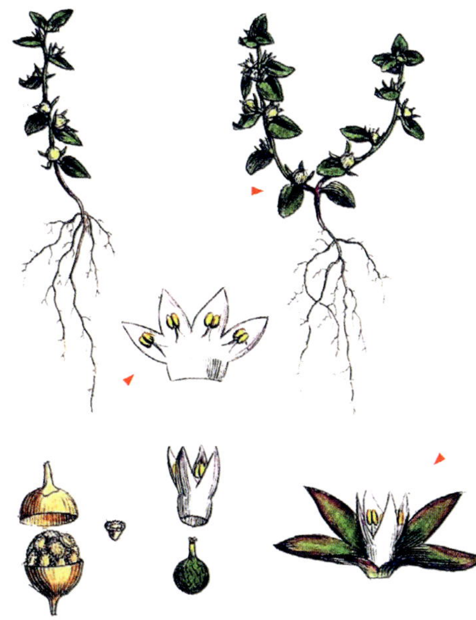

Glaux maritima L.

Strand-Milchkraut *Primulaceae*
∗ [P(5) A5] G($\underline{5}$)

Bis 20 cm hoch. Blüten: einzeln, **glockig-trichterförmig, rosa bis rötlich**. Blütenhülle: **von den Kelchblättern gebildetes Perigon**. Perigonblätter: Zipfel länger als die Röhre. Kronzipfel: > 0,75-mal so lang wie die Kronröhre. Staubbeutel: rosa. Früchte: **Spaltkapseln**, ± kugelig. Blattstellung: **unten gegen- oben wechselständig**. Blätter: **sitzend, sukkulent, lanzettlich bis oval**, ganzrandig, 1-nervig.

- einheimisch
- planar bis collin
- Salzwiesen, Zier- bzw. Nutzpflanze
- an feuchten, zuweilen überfluteten, meist salzhaltigen Standorten

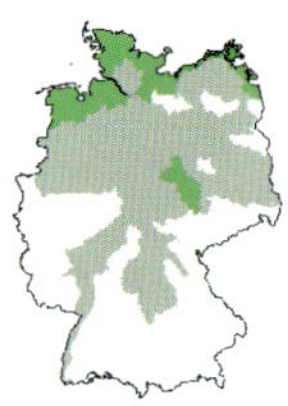

J F M **A M J J A** S O N D

Lysimachia nemorum L.

Hain-Gilbweiderich *Primulaceae*
∗ K(5) [C(5) A5] G($\underline{5}$)

Bis 20 cm hoch. Blüten: **lang gestielt**, gelblich. Krone: **4–10 mm ⌀**. Kronblätter: unterseits *nicht* drüsig punktiert. Kronzipfel: länger als die Kronröhre. Kelchblätter: **< 2 mm breit**. Kelchzipfel: **lineal-lanzettlich**. Früchte: Spaltkapseln. Stängel: 10–30 cm lang, **niederliegend**. Ausläufer: einwurzelnd. Blattstellung: **gegenständig**. Blätter: **oval, spitz**.

- einheimisch
- planar bis montan
- Staudenfluren, Gehölze, Wälder, Ruderalvegetation, Quellfluren, Zier- bzw. Nutzpflanze

J F M **A M J J A** S O N D

Lysimachia nummularia L.

Pfennig-Gilbweiderich *Primulaceae*
∗ K(5) [C(5) A5] G($\underline{5}$)

Bis 5 cm hoch. Blüten: **lang gestielt**, gelblich. Krone: **8–20 mm ⌀**. Kronblätter: **unterseits drüsig punktiert**. Kronzipfel: länger als die Kronröhre. Kelchblätter: **2–6 mm breit**. Kelchzipfel: **herzförmig**. Früchte: Spaltkapseln. Stängel: 10–50 cm lang, **niederliegend**. Ausläufer: einwurzelnd. Blattstellung: **gegenständig**. Blätter: **oval bis rundlich, distal abgerundet**.

- einheimisch
- planar bis montan
- Grünland, Staudenfluren, Wälder, Ruderalvegetation, Zier- bzw. Nutzpflanze

J F M **A M J J A** S O N D

Lysimachia punctata L.

Drüsiger Gilbweiderich *Primulaceae*
∗ K(5) [C(5) A5] G($\underline{5}$)

50–100 cm hoch. Blütenstand: **blattachselständige Trauben**, Rispen ± sitzend. Blüten: gelblich, basal oft rötlich. Krone: **8–15 mm ⌀**. Kronzipfel: länger als die Kronröhre, **am Rand drüsig bewimpert**. Kelchblätter: **am Rand grünlich**. Früchte: Spaltkapseln. Stängel: **aufrecht**. Blattstellung: **gegenständig u. in 3-zähligen Wirteln**. Blätter: **lanzettlich bis oval**.

- eingebürgerter Neophyt, urspr. aus Osteuropa
- planar bis montan
- Staudenfluren, Gehölze, Wälder, Ruderalvegetation, Zier- bzw. Nutzpflanze
- an basenreichen Standorten

J F M A **M J J A** S O N D

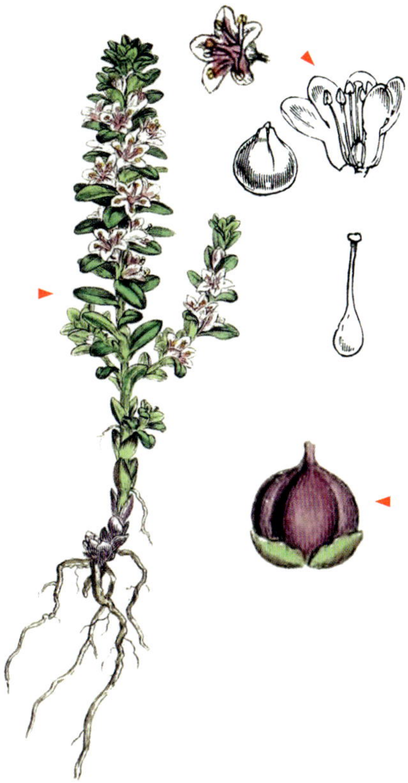

us

Lysimachia vulgaris L.

Gewöhnlicher Gilbweiderich *Primulaceae*
∗ K(5) [C(5) A5] G(5)

50–150 cm hoch. BLÜTENSTAND: **blattachselständige Rispen**, Rispen ± sitzend. BLÜTEN: gelblich, basal oft rötlich. KRONE: **8–15 mm ⌀.** KRONZIPFEL: länger als die Kronröhre, **am Rand kahl.** KELCHBLÄTTER: **am Rand meist rötlich.** FRÜCHTE: Spaltkapseln. STÄNGEL: **aufrecht.** BLATTSTELLUNG: **gegenständig u. in 3-zähligen Wirteln.** BLÄTTER: **lanzettlich bis oval.**

- einheimisch
- planar bis montan
- Gewässer, Grünland, Wälder, Zier- bzw. Nutzpflanze
- an wechselfeuchten bis nassen Standorten

J F M A M J J A S O N D

Lysimachia thyrsiflora L.

Strauß-Gilbweiderich *Primulaceae*
∗ K(6–7) [C(6–7) A6–7] G(5) RL V

30–80 cm hoch. BLÜTENSTAND: lang gestielte dichtblütige Trauben, **Trauben lang gestielt.** BLÜTEN: gelblich. KRONE: **3–8 mm ⌀, 6–7-blättrig.** KRONZIPFEL: länger als die Kronröhre. KELCH: **6–7-blättrig.** KELCHZIPFEL: **lineal-lanzettlich.** FRÜCHTE: Spaltkapseln. STÄNGEL: **aufrecht.** BLATTSTELLUNG: **gegenständig.** BLÄTTER: **länglich bis lanzettlich.**

- einheimisch
- planar bis montan
- Gewässer, Moore u. Seggenriede, Wälder, Zier- bzw. Nutzpflanze
- an nassen, zuweilen überfluteten Standorten

J F M A M J J A S O N D

Trientalis europaea L.

Europäischer Siebenstern *Primulaceae*
∗ K(6–8) [C(6–8) A6–8] G(5)

Bis 20 cm hoch. BLÜTENSTAND: **Blüten einzeln o. zu wenigen.** BLÜTEN: **lang gestielt, offen ausgebreitet, weißlich.** KRONE: **10–20 mm ⌀, meist 7-blättrig.** KRONZIPFEL: länger als die Kronröhre. FRÜCHTE: Spaltkapseln, 5–9-samig. STÄNGEL: aufrecht. AUSLÄUFER: unterirdisch. BLATTSTELLUNG: wechselständig, **distal ± quirlig genähert.** BLÄTTER: ungeteilt, spatelförmig bis länglich-oval, meist ganzrandig.

- einheimisch
- planar bis montan
- Moore u. Seggenriede, Extensivgrünland u. Magerrasen, Zwergstrauchheiden, Wälder
- an nährstoffarmen, sauren Standorten

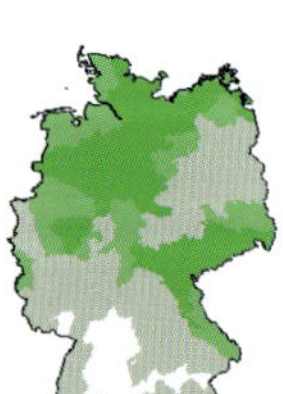

J F M A M J J A S O N D

Chimaphila umbellata (L.) W. P. C. Barton

Dolden-Winterlieb *Ericaceae*
∗ K5 C5 A10 G(5) RL 2 § BNatG b

Zwergstrauch, bis 15 cm hoch. BLÜTENSTAND: **doldenartige Traube mit stark verkürzten Internodien.** BLÜTEN: **offen ausgebreitet, weißlich,** oft rötlich überlaufen. KRONE: **10–15 mm ⌀.** NARBEN: **kopfig.** FRÜCHTE: sich von der Spitze her öffnend. STÄNGEL: mit grundständiger Blattrosette, mit Laubblättern. BLATTSTELLUNG: wechselständig. BLATTSTIELE: allmählich in die Spreite übergehend. BLÄTTER: **immergrün, 2–4-mal so lang wie breit, am Rand spitz gesägt.**

- einheimisch
- planar bis collin
- Extensivgrünland u. Magerrasen, Wälder, Zier- bzw. Nutzpflanze
- an nährstoffarmen Standorten

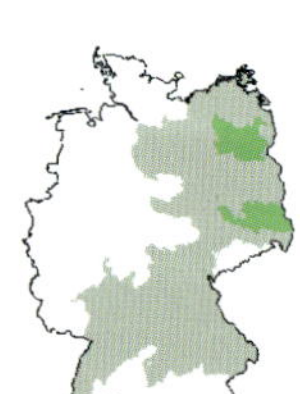

J F M A M J J A S O N D

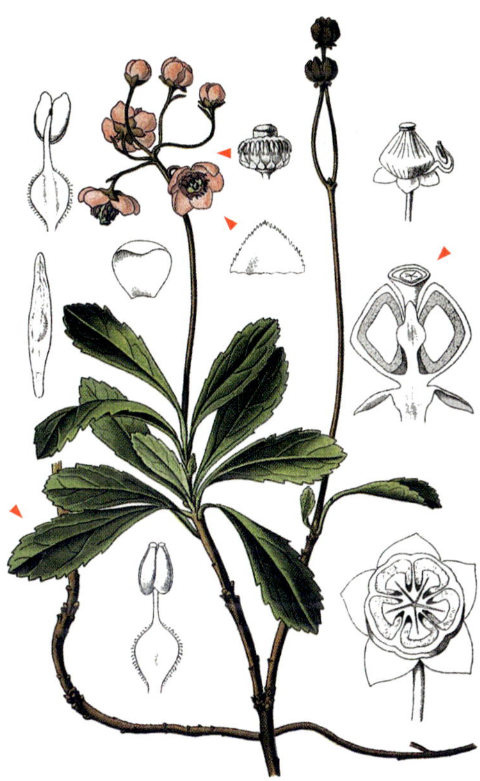

Moneses uniflora (L.) A. Gray

Einblütiges Moosauge *Ericaceae*
∗ K5 C5 A10 G(5) RL 2

Bis 10 cm hoch. Blüten: **offen ausgebreitet, einzeln, weißlich**. Krone: **12–25 mm ⌀. Narben: kopfig bis 5-lappig**. Früchte: sich von der Basis her öffnend. Stängel: mit grundständiger Blattrosette, mit Laubblättern *oder ohne* Laubblätter, mit 1–2 kleinen Blättern, mit 1 Schuppenblatt. Blattstiele: mindestens so lang wie die Spreite, deutlich von der Spreite abgesetzt. Blätter: **1–2-mal so lang wie breit, ganzrandig bis seicht gekerbt**.

- einheimisch
- planar bis montan
- Zwergstrauchheiden, Wälder, Zier- bzw. Nutzpflanze
- an nährstoffarmen Standorten

J F M **A M J J A** S O N D

Orthilia secunda (L.) House

Nickendes Birngrün *Ericaceae*
∗ K5 C5 A10 G(5) RL V

Zwergstrauch o. basal verholzter Halbstrauch, bis 25 cm hoch. Blütenstand: **traubenartig, einseitswendig**. Blüten: **glockig-trichterförmig, weißlich o. gelblich-grünlich**, zuweilen rötlich überlaufen. Krone: **4–8 mm ⌀**. Narben: kopfig bis 5-lappig. Früchte: sich von der Basis her öffnend. Stängel: **mit kleinen Blättern**. Blattstellung: **Grundblätter ± quirlig bis rosettenartig, mit etwas verlängerten Internodien**. Blattstiele: kürzer als die Spreite, deutlich von der Spreite abgesetzt. Blätter: **immergrün, 1–2-mal so lang wie breit, ganzrandig bis seicht gekerbt**.

- einheimisch
- planar bis subalpin
- Zwergstrauchheiden, Gehölze, Wälder, Zier- bzw. Nutzpflanze
- an nährstoffarmen Standorten

J F M A **M J J A** S O N D

Pyrola media Sw.

Mittleres Wintergrün *Ericaceae*
∗ K5 C5 A10 G(5) RL 2

15–30 cm hoch. Blütenstand: traubenartig. Blüten: **kugelig bis krugförmig, weißlich**, oft rötlich überlaufen. Krone: 5–15 mm ⌀. Kelchzipfel: 3-eckig bis lanzettlich, ± 2-mal so lang wie breit. Fruchtkelch: **abstehend**. Griffel: **während der Blüte gerade, erst später gekrümmt, 3–6 mm lang, etwas aus der Blüte ragend**. Narben: 5-lappig. Früchte: sich von der Basis her öffnend. Stängel: mit grundständiger Blattrosette, *ohne* Laubblätter, mit 1–5 Schuppenblättern. Blattstiele: mindestens so lang wie die Spreite, deutlich von der Spreite abgesetzt. Blätter: 1–2-mal so lang wie breit, ganzrandig bis seicht gekerbt.

- einheimisch
- montan bis subalpin
- Extensivgrünland u. Magerrasen, Zwergstrauchheiden, Wälder, Zier- bzw. Nutzpflanze
- an nährstoffarmen Standorten

J F M A **M J J A** S O N D

Pyrola minor L.

Kleines Wintergrün *Ericaceae*
∗ K5 C5 A10 G(5) RL 3

Bis 25 cm hoch. Blütenstand: traubenartig. Blüten: **kugelig bis krugförmig, weißlich**, oft rötlich überlaufen. Krone: 5–15 mm ⌀. Kelchzipfel: 3-eckig bis lanzettlich, ± so lang wie breit. Fruchtkelch: **anliegend**. Griffel: **± gerade, 1–3 mm lang, kaum aus der Blüte ragend**. Narben: 5-lappig. Früchte: sich von der Basis her öffnend. Stängel: mit grundständiger Blattrosette, *ohne* Laubblätter, mit < 2 Schuppenblättern. Blattstiele: mindestens so lang wie die Spreite, deutlich von der Spreite abgesetzt. Blätter: 1–2-mal so lang wie breit, ganzrandig bis seicht gekerbt.

- einheimisch
- planar bis subalpin
- Extensivgrünland u. Magerrasen, Zwergstrauchheiden, Wälder
- an nährstoffarmen, sauren Standorten

J F M A **M J J A** S O N D

Pyrola chlorantha Sw.

Grünblütiges Wintergrün *Ericaceae*
∗ K5 C5 A10 G(5) RL 2

10–25 cm hoch. Blütenstand: traubenartig, **Stängel 2–10-blütig**. Blüten: **glockig bis trichterförmig, grünlich-weißlich**. Krone: 5–15 mm ⌀. Kelchzipfel: 3-eckig bis lanzettlich, < **0,3-mal so lang wie die Kronblätter**. Fruchtkelch: **anliegend**. Griffel: **gekrümmt, 3–12 mm lang, aus der Blüte ragend**. Narben: 5-lappig. Früchte: sich von der Basis her öffnend. Stängel: **im QS unten scharfkantig**, mit grundständiger Blattrosette, *ohne* Laubblätter, mit 1–5 Schuppenblättern. Blattstiele: mindestens so lang wie die Spreite, deutlich von der Spreite abgesetzt. Blätter: 1–2-mal so lang wie breit, ganzrandig bis seicht gekerbt.

- einheimisch
- planar bis montan
- Extensivgrünland u. Magerrasen, Wälder, Zier- bzw. Nutzpflanze
- an nährstoffarmen Standorten

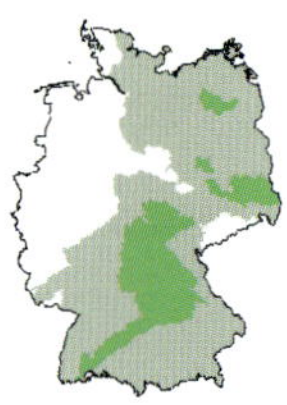

J F M A **M J J A** S O N D

Pyrola rotundifolia L.

Rundblättriges Wintergrün *Ericaceae*
∗ K5 C5 A10 G(5) RL 3

15–40 cm hoch. Blütenstand: traubenartig, **Stängel 10–40-blütig**. Blüten: **glockig bis trichterförmig, weißlich**, oft rötlich überlaufen. Krone: 5–15 mm ⌀. Kelchzipfel: 3-eckig bis lanzettlich, **± 0,5-mal so lang wie die Kronblätter**. Fruchtkelch: **abstehend**. Griffel: **gekrümmt, aus der Blüte ragend**. Narben: 5-lappig. Früchte: sich von der Basis her öffnend. Stängel: **im QS unten stumpfkantig**, mit grundständiger Blattrosette, *ohne* Laubblätter. Blattstiele: mindestens so lang wie die Spreite, deutlich von der Spreite abgesetzt. Blätter: 1–2-mal so lang wie breit, ganzrandig bis seicht gekerbt.

Im Gebiet kommen 2 Unterarten vor: subsp. *rotundifolia* und subsp. *maritima* (vgl. S. 1433).

- einheimisch
- planar bis montan
- Zwergstrauchheiden, Wälder, Dünen, Zier- bzw. Nutzpflanze
- an nährstoffarmen Standorten

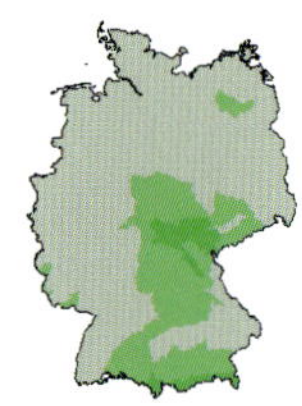

J F M A **M J J A** S O N D

Hypopitys hypophegea (Wallr.) G. Don

Kahler Fichtenspargel *Ericaceae*
∗ K4–5 C4–5 A8–10 G(4–5)

± chlorophyllloser Epi-Parasit, 10–25 cm hoch. Pflanzen: gelblich. Blütenstand: traubenartig, zunächst überhängend, später aufrecht, **lockerblütig, meist 3–10 blütig**. Blüten: ± radiärsymmetrisch, glockig-trichterförmig bis langröhrig, gelblich-grünlich. Krone: an der Endblüte 5-blättrig, sonst 4-blättrig. Kronblätter: **meist 8–10 mm lang**. Früchte: Spaltkapseln. Stängel: verdickt, oben kahl. Blätter: **alle schuppenförmig**, gelblich, distal meist rötlich.

- einheimisch
- planar bis montan
- Gehölze, Wälder

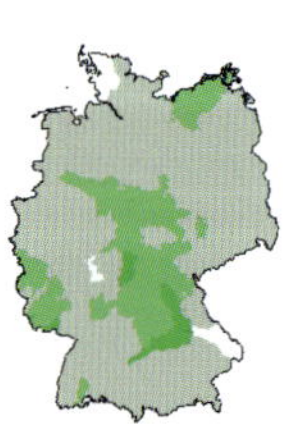

J F M A **M J J A** S O N D

Hypopitys monotropa Crantz

Echter Fichtenspargel *Ericaceae*
∗ K4–5 C4–5 A8–10 G(4–5) RL V

± chlorophyllloser Epi-Parasit, 10–25 cm hoch. Pflanzen: gelblich. Blütenstand: traubenartig, zunächst überhängend, später aufrecht, **dichtblütig, meist 10–16 blütig**. Blüten: ± radiärsymmetrisch, glockig-trichterförmig bis langröhrig, gelblich-grünlich. Krone: an der Endblüte 5-blättrig, sonst 4-blättrig. Kronblätter: **meist 10–16 mm lang**. Früchte: Spaltkapseln. Stängel: verdickt, oben kahl *oder* behaart. Blätter: **alle schuppenförmig**, gelblich, distal meist rötlich.

- einheimisch
- planar bis montan
- Gehölze, Wälder, Zier- bzw. Nutzpflanze
- an nährstoffarmen, sauren Standorten

J F M A **M J J A** S O N D

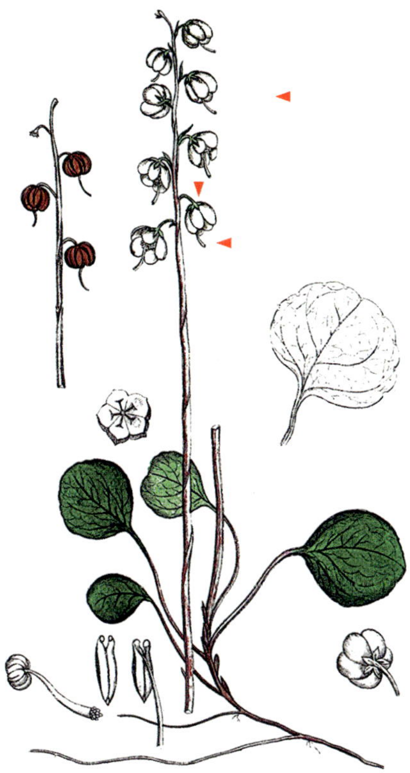

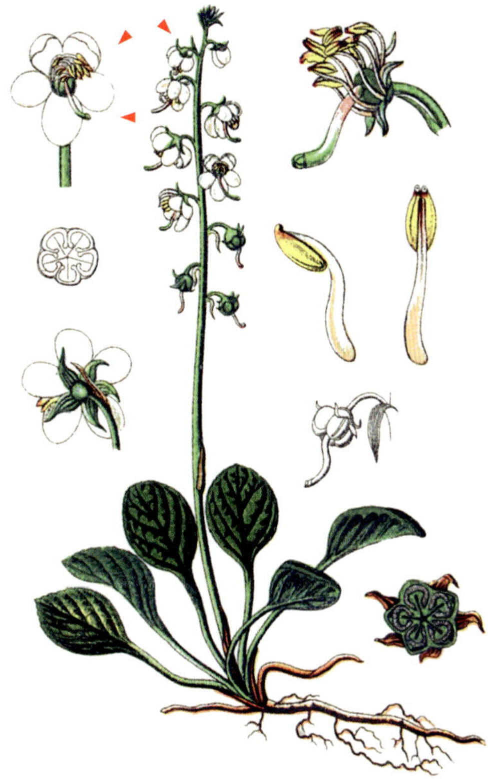

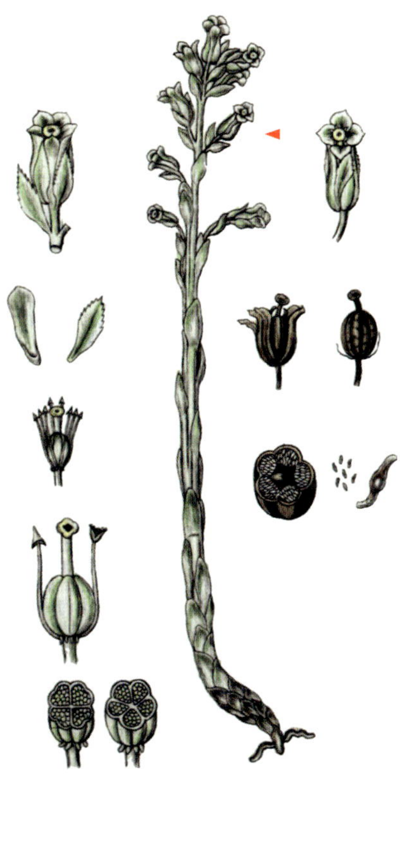

Arctostaphylos alpinus (L.) Spreng.

Alpen-Bärentraube *Ericaceae*
∗ K5 C(5) A10 G(5)

Zwergstrauch, 10–30 cm hoch. Blütenstand: traubenartig, **aufrecht**. Trauben: 3–10-blütig. Blüten: kugelig bis krugförmig, **weißlich**. Blütenstiele: kürzer als die Tragblätter. Krone: 3–8 mm lang. Kronzipfel: **< 0,25-mal so lang wie die Kronröhre**. Früchte: Steinfrüchte, **schwarz**, seltener bläulich. Stängel: basal niederliegend. Blattstellung: wechselständig. Blätter: **sommergrün**, lanzettlich bis oval, **am Rand gezähnt**, distal abgerundet.

- einheimisch
- montan bis alpin
- Zwergstrauchheiden, Schutt- u. Felsfluren, Schneetälchen, Zier- bzw. Nutzpflanze
- an nährstoffarmen Standorten

J F M **A M J** J A S O N D

Arctostaphylos uva-ursi (L.) Spreng.

Echte Bärentraube *Ericaceae*
∗ K5 C(5) A10 G(5) RL 2 § EG D, BNatG b

Zwergstrauch, 20–60 cm hoch. Blütenstand: traubenartig, **überhängend**. Trauben: 3–10-blütig. Blüten: kugelig bis krugförmig, **weißlich, meist rötlich überlaufen**. Blütenstiele: kürzer als die Tragblätter. Krone: 3–8 mm lang. Kronzipfel: **< 0,25-mal so lang wie die Kronröhre**. Früchte: Steinfrüchte, **rötlich**. Stängel: basal niederliegend. Blattstellung: wechselständig. Blätter: **immergrün**, lanzettlich bis oval, **ganzrandig**, distal abgerundet; oberseits: glänzend.

- einheimisch
- planar bis alpin
- Extensivgrünland u. Magerrasen, Gehölze, Wälder, Schutt- u. Felsfluren, Zier- bzw. Nutzpflanze
- an nährstoffarmen, basenreichen, meist trockenen Standorten

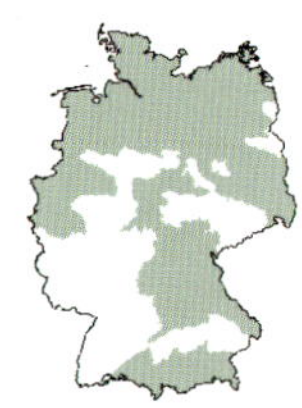

J **F M A M J J A** S O N D

Kalmia angustifolia L.

Schmalblättrige Lorbeerrose *Ericaceae*
∗ K5 C(5) A10 G(4–5) giftig

Zwergstrauch, 50–100 cm hoch. Blütenstand: seitenständig. Blüten: lang gestielt, ± radiärsymmetrisch, glockig bis trichterförmig, rötlich. Krone: 6–14 mm lang. Kronzipfel: **kürzer als die Kronröhre**. Kelchblätter: kürzer als die Krone. Früchte: Kapseln. Stängel: aufrecht. Blattstellung: **zumindest einige Blätter gegenständig o. quirlig**. Blätter: immergrün, länglich bis oval, **Spreite 2–8 cm lang**, **> 5 mm breit**, ganzrandig.

- eingebürgerter Neophyt, urspr. aus Nordamerika
- planar bis montan
- Moore u. Seggenriede, Zwergstrauchheiden, Zier- bzw. Nutzpflanze
- an nährstoffarmen, sauren, feuchten bis nassen Standorten

J F M A **M J J A** S O N D

Loiseleuria procumbens (L.) Desv.

Gämsheide *Ericaceae*
∗ K5 C(5) A5 G(4–5) giftig

Niederliegender Zwergstrauch, bis 25 cm hoch. Blütenstand: **gehäuft am Ende der Triebe**. Blüten: **glockig bis trichterförmig**, rötlich. Krone: 4–10 mm lang. Kronzipfel: **0,5–2-mal so lang wie die Kronröhre**. Kelchblätter: kürzer als die Krone. Früchte: Kapseln. Blattstellung: **gegenständig**. Blätter: immergrün, **Spreite 0,3–0,8 cm lang**, **< 2 mm breit**, **der Rand nach unten gerollt**, ganzrandig, am Rand kahl.

- einheimisch
- subalpin bis alpin
- Extensivgrünland u. Magerrasen, Zwergstrauchheiden, Schutt- u. Felsfluren, Zier- bzw. Nutzpflanze
- an nährstoffarmen, sauren Standorten

J F M A **M J J A** S O N D

US

Rhodothamnus chamaecistus (L.) Rchb.

Zwergalpenrose *Ericaceae*
∗ K5 C(5) A10 G(5) giftig

Zwergstrauch, 20–40 cm hoch. BLÜTENSTAND: **gehäuft am Ende der Triebe**. BLÜTEN: ± radiärsymmetrisch, **radförmig ausgebreitet bis trichterförmig, rosa bis hellviolett**. KRONE: > 8 mm lang. KRONZIPFEL: > **3-mal so lang wie die Kronröhre**. KELCHBLÄTTER: kürzer als die Krone, **drüsig bewimpert**. STAUBBLÄTTER: **deutlich länger als die Krone**. FRÜCHTE: Kapseln. STÄNGEL: aufrecht. BLATTSTELLUNG: quirlig *oder* wechselständig. BLÄTTER: **immergrün, Spreite 0,5–1,2 cm lang, am Rand bewimpert**.

- einheimisch
- montan bis alpin
- Gehölze, Wälder, Zier- bzw. Nutzpflanze
- an nährstoffarmen, basenreichen Standorten

J F M A **M J J** A S O N D

Calluna vulgaris (L.) Hull

Heidekraut *Ericaceae*
∗ K4 C(4) A8 G(4–5)

Zwergstrauch, 30–100 cm hoch. BLÜTENSTAND: Blüten einzeln bis traubenartig. AUSSENKELCH: grünlich. BLÜTEN: **glockig bis trichterförmig**, rosa. KRONZIPFEL: > **3-mal so lang wie die Kronröhre**. KELCH: **4-blättrig**. KELCHBLÄTTER: **länger als die Krone, kräftig rosa**. FRÜCHTE: **Kapseln**. BLATTSTELLUNG: **gegenständig**. BLÄTTER: **schuppenförmig, immergrün**, lineal, Spreite 0,1–0,4 cm lang, **< 2 mm breit, basal mit 2 abwärts gerichteten Öhrchen**, ganzrandig.

- einheimisch
- planar bis alpin
- Moore u. Seggenriede, Extensivgrünland u. Magerrasen, Zwergstrauchheiden, Gehölze, Wälder, Dünen, Zier- bzw. Nutzpflanze
- an nährstoffarmen, sauren Standorten

J F M A M J **J A S O** N D

Erica carnea L.

Schnee-Heide *Ericaceae*
∗ K3 C(4–5) A8 G(4–5) RL V

Zwergstrauch, 15–30 cm hoch. BLÜTENSTAND: **quirlig, in traubenartigem** Gesamtblütenstand, **meist einseitswendig, Stängel meist > 15-blütig**. BLÜTEN: glockig bis trichterförmig, rötlich bis weißlich. KRONZIPFEL: **< 0,25-mal so lang wie die Kronröhre**. KELCH: kronblattartig gefärbt. KELCHBLÄTTER: kürzer als die Krone. STAUBBLÄTTER: ***ohne* Anhängsel an der Basis des Staubbeutels, deutlich länger als die Krone**. FRÜCHTE: Kapseln. BLATTSTELLUNG: ± quirlig. KNOTEN: meist 3–4-blättrig. BLÄTTER: immergrün, lineal, Spreite 0,3–1 cm lang, < 2 mm breit, kahl, ganzrandig, spitz.

- einheimisch
- collin bis alpin
- Extensivgrünland u. Magerrasen, Gehölze, Wälder, Zier- bzw. Nutzpflanze
- an nährstoffarmen, basenreichen, meist trockenen Standorten

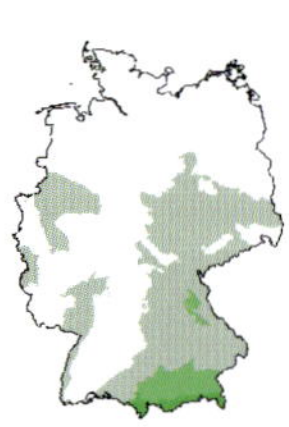

J **F M A M J** J A S O N D

Erica cinerea L.

Grau-Heide *Ericaceae*
∗ K4 C(4–5) A8 G(4–5) RL 2

Zwergstrauch, 20–60 cm hoch. BLÜTENSTAND: **quirlig, in traubenartigem** Gesamtblütenstand, **meist allseitswendig, Stängel meist > 15-blütig**. BLÜTEN: glockig bis trichterförmig, rosa. KRONZIPFEL: **< 0,25-mal so lang wie die Kronröhre**. KELCH: kronblattartig gefärbt. KELCHBLÄTTER: kürzer als die Krone. STAUBBLÄTTER: **mit Anhängsel an der Basis des Staubbeutels, kürzer als die Krone**. FRÜCHTE: Kapseln. BLATTSTELLUNG: ± quirlig. KNOTEN: meist 3–4-blättrig. BLÄTTER: immergrün, lineal, Spreite 0,3–1 cm lang, < 2 mm breit, kahl, ganzrandig, spitz.

- einheimisch
- planar bis collin
- Extensivgrünland u. Magerrasen, Zwergstrauchheiden, Zier- bzw. Nutzpflanze
- an nährstoffarmen, sauren Standorten

J F M A **M J J** A S O N D

Erica tetralix L.

Glocken-Heide *Ericaceae*
∗ K4 C(4–5) A8 G(4–5) RL V

Zwergstrauch, 15–50 cm hoch. BLÜTENSTAND: **endständig, dolden- bis köpfchenartig, Stängel meist < 15-blütig**. BLÜTEN: glockig bis trichterförmig, rosa. KRONZIPFEL: **< 0,25-mal so lang wie die Kronröhre**. KELCH: kronblattartig gefärbt. KELCHBLÄTTER: kürzer als die Krone. STAUBBLÄTTER: **mit Anhängsel an der Basis des Staubbeutels, kürzer als die Krone**. FRÜCHTE: Kapseln. BLATTSTELLUNG: ± quirlig. KNOTEN: meist 3–4-blättrig. BLÄTTER: immergrün, lineal, Spreite 0,3–1 cm lang, < 2 mm breit, **lang bewimpert**, ganzrandig, distal ± abgerundet.

- einheimisch
- planar bis collin
- Moore u. Seggenriede, Extensivgrünland u. Magerrasen, Zwergstrauchheiden, Wälder, Zier- bzw. Nutzpflanze
- an nährstoffarmen, sauren, feuchten bis nassen Standorten

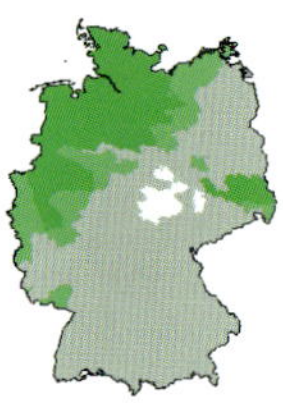

J F M A M J J A S O N D

Empetrum nigrum agg.

Gewöhnliche Krähenbeere *Ericaceae*
∗ K3 C(3) A2–3 G(2–9) RL V

Zwergstrauch, 10–60 cm hoch. BLÜTEN: glockig-trichterförmig, meist rötlich, selten weißlich. KRONZIPFEL: **> 3-mal so lang wie die Kronröhre**. STAUBBLÄTTER: meist 3. FRÜCHTE: Steinfrüchte, schwarz. BLATTSTELLUNG: wechselständig. BLÄTTER: **immergrün, im QS hohl**, lineal, **Spreite 0,3–1 cm lang, < 2 mm breit**, ganzrandig; UNTERSEITS: **mit weißer Furche**.

E. nigrum (Gewöhnliche Krähenbeere): planar bis subalpin. PFLANZEN: 2-häusig. BLÜTEN: 1-geschlechtig. SEITENÄSTE: Triebe zunächst rötlich, später rötlich bis bräunlich. BLÄTTER: meist 3–4-mal so lang wie breit.
E. hermaphroditum (Zwittrige Krähenbeere): subalpin u. alpin. BLÜTEN: ⚥. SEITENÄSTE: Triebe zunächst grünlich, später bräunlich. BLÄTTER: meist 2–3-mal so lang wie breit.

- einheimisch
- planar bis alpin
- Moore u. Seggenriede, Extensivgrünland u. Magerrasen, Zwergstrauchheiden, Gehölze, Wälder, Schutt- u. Felsfluren, Dünen, Zier- bzw. Nutzpflanze

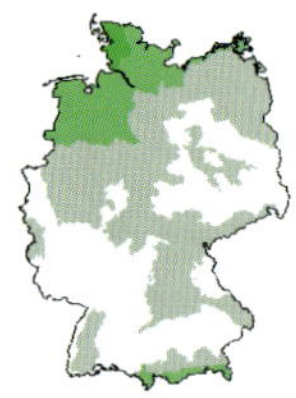

J F M A M J J A S O N D

Rhododendron ferrugineum L.

Rostblättrige Alpenrose *Ericaceae*
∗ K5 C(5) A10 G(5) giftig

Strauch, 30–150 cm hoch. BLÜTEN: ± radiärsymmetrisch, **glockig-trichterförmig bis langröhrig, rötlich bis violett**. KRONE: > 8 mm lang. KRONZIPFEL: **0,25–1-mal so lang wie die Kronröhre**. STAUBBLÄTTER: kürzer bis ± so lang wie als die Krone. FRÜCHTE: Kapseln. STÄNGEL: aufrecht. BLATTSTELLUNG: wechselständig. BLÄTTER: immergrün, Spreite 1,2–4 cm lang, am Rand kahl; UNTERSEITS: **zunächst grünlich, später dicht rötlich-bräunlich behaart**.

- einheimisch
- montan bis alpin
- Extensivgrünland u. Magerrasen, Gehölze, Wälder, Schutt- u. Felsfluren, Zier- bzw. Nutzpflanze
- an nährstoffarmen, sauren Standorten

J F M A M J J A S O N D

Rhododendron hirsutum L.

Bewimperte Alpenrose *Ericaceae*
∗ K5 C(5) A10 G(5) giftig

Strauch, 20–120 cm hoch. BLÜTEN: ± radiärsymmetrisch, **glockig-trichterförmig bis langröhrig, rötlich bis violett**. KRONE: > 8 mm lang. KRONZIPFEL: **0,25–1-mal so lang wie die Kronröhre**. STAUBBLÄTTER: kürzer bis ± so lang wie als die Krone. FRÜCHTE: Kapseln. STÄNGEL: aufrecht. BLATTSTELLUNG: wechselständig. BLÄTTER: immergrün, Spreite 1,2–4 cm lang, **am Rand lang bewimpert**; UNTERSEITS: **grünlich**.

- einheimisch
- montan bis alpin
- Zwergstrauchheiden, Gehölze, Wälder, Schutt- u. Felsfluren, Zier- bzw. Nutzpflanze
- an nährstoffarmen, basenreichen Standorten

J F M A M J J A S O N D

Rhododendron tomentosum Harmaja

Sumpf-Porst *Ericaceae*
∗ K5 C(5) A10 G($\underline{5}$) giftig RL 3 § BNatG b

Strauch, 60–150 cm hoch. BLÜTEN: ± radiärsymmetrisch, **radförmig ausgebreitet bis trichterförmig, weißlich bis gelblich**. KRONE: > 8 mm lang. KRONZIPFEL: **0,25–1-mal so lang wie die Kronröhre**. STAUBBLÄTTER: kürzer bis ± so lang wie als die Krone. FRÜCHTE: Kapseln. STÄNGEL: aufrecht. BLATTSTELLUNG: wechselständig. BLÄTTER: immergrün, **am Rand nach unten gerollt**, derb, lineal bis lanzettlich, Spreite 2–4 cm lang, 2–4 mm breit, **> 8-mal so lang wie breit**; UNTERSEITS: **dicht rötlich-bräunlich behaart**.

- einheimisch
- planar bis collin
- Moore u. Seggenriede, Zier- bzw. Nutzpflanze
- an nährstoffarmen, sauren, nassen Standorten

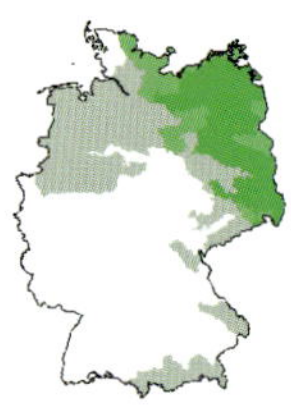

J F M **A M J J** A S O N D

Andromeda polifolia L.

Polei-Gränke *Ericaceae*
∗ K5 C(5) A10 G($\underline{5}$) giftig RL 3

Zwergstrauch, 10–30 cm hoch. TRAUBEN: **2-8-blütig**. BLÜTEN: **kugelig bis krugförmig, weißlich, meist rötlich überlaufen**. BLÜTENSTIELE: so lang wie o. länger als die Tragblätter. KRONE: **3–8 mm lang**. KRONZIPFEL: **< 0,25-mal so lang wie die Kronröhre**. FRÜCHTE: **Kapseln**. STÄNGEL: **niederliegend**. BLATTSTELLUNG: wechselständig. BLÄTTER: **immergrün, länglich bis lanzettlich**, Spreite 1–3 cm lang, 1–4 mm breit, **der Rand nach unten gerollt, ganzrandig, spitz**; UNTERSEITS: **dicht gräulich bis weißlich behaart**.

- einheimisch
- planar bis montan
- Moore u. Seggenriede, Wälder, Zier- bzw. Nutzpflanze
- an nährstoffarmen, sauren, nassen Standorten

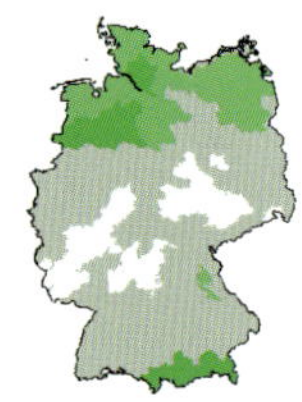

J F M **A M J J A** S O N D

Chamaedaphne calyculata (L.) Moench

Torfgränke *Ericaceae*
∗ K5 C(5) A10 G($\underline{5}$) giftig

Zwergstrauch, 20–60 cm hoch. BLÜTENSTAND: **meist Blüten einzeln**. BLÜTEN: **glockig-trichterförmig bis langröhrig, weißlich**. KRONE: **3–8 mm lang**. KRONZIPFEL: **< 0,25-mal so lang wie die Kronröhre**. STAUBBLÄTTER: kürzer als die Krone. FRÜCHTE: **Kapseln**. STÄNGEL: **aufrecht**. BLATTSTELLUNG: wechselständig. BLÄTTER: **immergrün**, zunächst oft abwischbar bräunlich behaart, meist oval, Spreite 1,5–3,5 cm lang, > 4 mm breit, **der Rand nach unten gerollt**, seicht gezähnt.

- in Einbürgerung befindlicher Neophyt, urspr. aus Nordamerika
- planar bis montan
- Zwergstrauchheiden, Wälder, Zier- bzw. Nutzpflanze
- an nährstoffarmen, sauren, feuchten bis nassen Standorten

J F M **A M J J** A S O N D

Vaccinium macrocarpon Aiton

Großfrüchtige Moosbeere *Ericaceae*
∗ K4 C(4) A8 G($\overline{4–5}$)

Niederliegender Zwergstrauch, 20–100 cm hoch. BLÜTENSTAND: einzeln o. zu wenigen. VORBLÄTTER UNTER DEN BLÜTEN: in der Mitte des Blütenstiels. BLÜTEN: **offen ausgebreitet**, rosa. BLÜTENSTIELE: **mehrfach länger als die Blüten**, dünn, rötlich. KRONZIPFEL: **zurückgeschlagen, 6–12 mm lang, > 3-mal so lang wie die Kronröhre**. FRÜCHTE: Beeren, **10–22 mm ⌀, rötlich**. STÄNGEL: **dünn, kriechend**. BLÄTTER: **immergrün**, am Rand allenfalls undeutlich nach unten gebogen, länglich-lanzettlich bis oval, **Spreite 0,5–2 cm lang, > 2 mm breit**, ganzrandig, **distal abgerundet**.

- eingebürgerter Neophyt, urspr. aus Nordamerika
- planar bis montan
- Moore u. Seggenriede, Extensivgrünland u. Magerrasen, Zier- bzw. Nutzpflanze
- an nährstoffarmen, sauren, feuchten bis nassen Standorten

J F M A **M J J** A S O N D

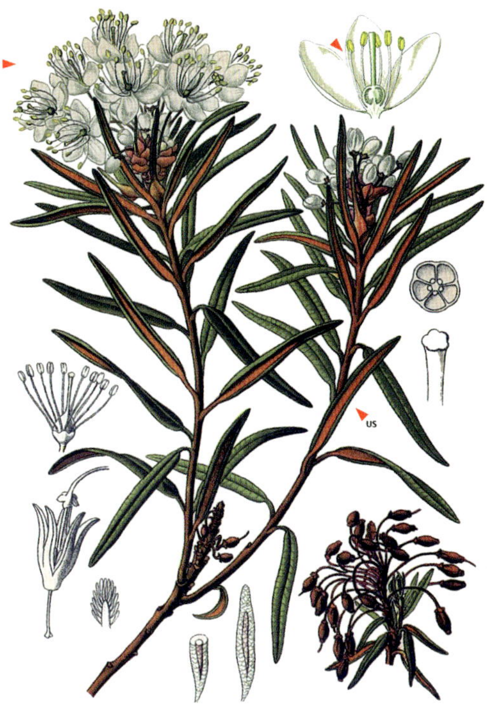
US

US

US

Vaccinium oxycoccos L.

Gewöhnliche Moosbeere *Ericaceae*
∗ K4 C(4) A8 G($\overline{4–5}$) RL 3

Niederliegender Zwergstrauch, 10–80 cm hoch. BLÜTENSTAND: einzeln o. zu wenigen. VORBLÄTTER UNTER DEN BLÜTEN: direkt unter den Blüten. BLÜTEN: **offen ausgebreitet**, rosa. BLÜTENSTIELE: **mehrfach länger als die Blüten**, dünn, rötlich, behaart. KRONZIPFEL: **zurückgeschlagen, 5–7 mm lang, > 3-mal so lang wie die Kronröhre**. FRÜCHTE: Beeren, **5–12 mm ⌀, rötlich**. STÄNGEL: **dünn, kriechend**. BLÄTTER: **immergrün, am Rand deutlich nach unten gerollt**, länglich-lanzettlich bis oval, **Spreite 0,3–0,9 cm lang**, **< 2 mm breit**, ganzrandig, **spitz**.

- einheimisch
- planar bis montan
- Moore u. Seggenriede, Wälder, Zier- bzw. Nutzpflanze
- an nährstoffarmen, sauren, nassen Standorten

J F M A M **J J A** S O N D

Vaccinium myrtillus L.

Heidelbeere *Ericaceae*
∗ K5 C(5) A10 G($\overline{5}$)

Halbstrauch, 15–50 cm hoch. BLÜTENSTAND: **Blüten meist einzeln in den Achseln von Laubblättern**, seltener 2-blütig. BLÜTEN: **glockig-trichterförmig**, grünlich bis rötlich. KRONZIPFEL: **< 0,25-mal so lang wie die Kronröhre**. FRÜCHTE: Beeren, **bläulich bis schwarz**. STÄNGEL: aufrecht. SEITENÄSTE: **grünlich, im QS scharfkantig**. BLÄTTER: **sommergrün, frischgrün**, Spreite 1,5–4 cm lang, am Rand gezähnt.

- einheimisch
- planar bis alpin
- Moore u. Seggenriede, Extensivgrünland u. Magerrasen, Zwergstrauchheiden, Gehölze, Wälder, Zier- bzw. Nutzpflanze
- an nährstoffarmen, sauren Standorten

J F **M A M J J A** S O N D

Vaccinium uliginosum L.

Gebirgs-Moorbeere *Ericaceae*
∗ K5 C(5) A10 G($\overline{4–5}$) giftig RL V

Zwergstrauch, bis 100 cm hoch. BLÜTENSTAND: einzeln o. zu wenigen. TRAUBEN: **1–5-blütig**. BLÜTEN: **glockig-trichterförmig**, rötlich bis weißlich. KRONZIPFEL: **< 0,25-mal so lang wie die Kronröhre**. FRÜCHTE: Beeren, **bläulich bis schwarz**. STÄNGEL: basal niederliegend bis aufrecht. SEITENÄSTE: gräulich bis bräunlich. BLÄTTER: **sommergrün, blau- bzw. graugrün**, Spreite 0,5–5 cm lang, ganzrandig, unterseits netzadrig.

- einheimisch
- planar bis subalpin
- Moore u. Seggenriede, Extensivgrünland u. Magerrasen, Zwergstrauchheiden, Gehölze, Wälder, Dünentäler, Zier- bzw. Nutzpflanze
- an nährstoffarmen, sauren Standorten

J F M **A M J J** A S O N D

Vaccinium vitis-idaea L.

Preiselbeere *Ericaceae*
∗ K5 C(5) A10 G($\overline{4–5}$)

Zwergstrauch, bis 40 cm hoch. BLÜTENSTAND: traubenartig. BLÜTEN: **glockig-trichterförmig**, rötlich bis weißlich. KRONZIPFEL: **< 0,25-mal so lang wie die Kronröhre**. FRÜCHTE: Beeren, **rötlich**. STÄNGEL: aufrecht. BLÄTTER: **immergrün, am Rand nach unten gerollt**, derb, Spreite > 1,5 cm lang, 4–15 mm breit, ganzrandig; OBERSEITS: **dunkelgrün, glänzend**; UNTERSEITS: frischgrün, **drüsig punktiert**.

- einheimisch
- planar bis alpin
- Moore u. Seggenriede, Extensivgrünland u. Magerrasen, Zwergstrauchheiden, Gehölze, Wälder, Zier- bzw. Nutzpflanze
- an nährstoffarmen, sauren Standorten

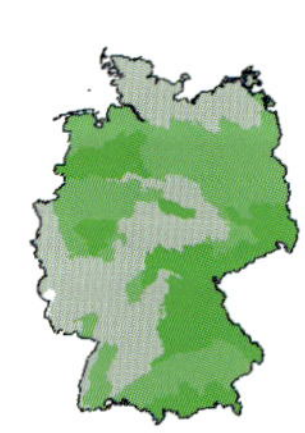

J F M **A M J J A** S O N D

US

US

Asperula arvensis L.

Acker-Meier *Rubiaceae*
* [P(4) A4] G($\bar{2}$) RL 0

15–30 cm hoch. Pflanzen: 1-jährig. Blütenstand: endständig, **köpfchenartig, in den Achseln des obersten Laubblattquirls**. Blüten: glockig-trichterförmig, **(hell-) bläulich bis weißlich**. Blütenstiele: kürzer als die Blüte. Blütenhülle: **je Kreis 4-blättrig**. Kelch: **fehlt**. Früchte: meist Spaltfrüchte. Knoten: **4–8-blättrig**. Blätter: lineal bis lanzettlich, 1-nervig. mittlere Stängelblätter: **1–2 mm breit**.

- ausgestorbener Archaeophyt
- planar bis montan
- Äcker, Ruderalvegetation
- an kalkreichen Standorten

J F M **A M J J** A S O N D

Asperula cynanchica L.

Hügel-Meier *Rubiaceae*
* [P(4) A4] G($\bar{2}$) RL V

Bis 50 cm hoch. Pflanzen: mehrjährig. Blütenstand: lockere Zymen. Blüten: glockig-trichterförmig, **weißlich bis rosa**. Blütenstiele: kürzer als die Blüte. Blütenhülle: **4-blättrig**. Perigonblätter: **außen rau**. Kelch: **fehlt**. Früchte: meist Spaltfrüchte. Stängel: **mittlere Internodien meist länger als die Blätter**. Knoten: **4–6-blättrig**. Blätter: lineal bis lanzettlich, 1-nervig. untere Stängelblätter: **zur Blütezeit meist verwelkt**.

- einheimisch
- planar bis montan
- Extensivgrünland u. Magerrasen
- an nährstoffarmen, basenreichen, meist trockenen Standorten

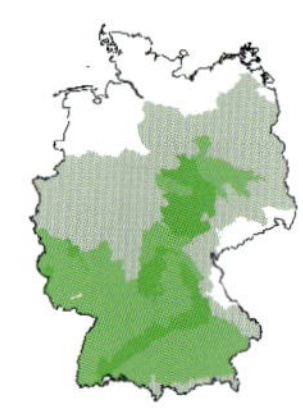

J F M A **M J J A S** O N D

Asperula neilreichii Beck

Felsen-Meier *Rubiaceae*
* [P(4) A4] G($\bar{2}$) RL R

Bis 20 cm hoch. Pflanzen: mehrjährig. Blütenstand: lockere Zymen. Blüten: glockig-trichterförmig, **rosa**. Blütenstiele: kürzer als die Blüte. Blütenhülle: **4-blättrig**. Perigonblätter: **außen glatt**. Kelch: **fehlt**. Früchte: meist Spaltfrüchte. Stängel: **mittlere Internodien höchstens so lang wie die Blätter**. Knoten: **4–6-blättrig**. Blätter: lineal bis lanzettlich. untere Stängelblätter: **zur Blütezeit noch vorhanden**.

- einheimisch
- montan bis alpin
- Extensivgrünland u. Magerrasen, Schutt- u. Felsfluren
- an basenreichen, trockenen Standorten

J F M A **M J J A S** O N D

Asperula tinctoria L.

Färber-Meier *Rubiaceae*
* [P(3) A3] G($\bar{2}$) RL 3

30–60 cm hoch. Pflanzen: mehrjährig. Blütenstand: lockere Zymen. Blüten: glockig-trichterförmig, **weißlich**. Blütenstiele: kürzer als die Blüte. Blütenhülle: **meist 3-blättrig**. Kelch: **fehlt**. Früchte: meist Spaltfrüchte. Knoten: **4–6-blättrig**. Blätter: lineal bis lanzettlich, 1-nervig. mittlere Stängelblätter: **1–2 mm breit**.

- einheimisch
- planar bis montan
- Extensivgrünland u. Magerrasen, Staudenfluren, Wälder, Schutt- u. Felsfluren, Zier- bzw. Nutzpflanze
- an kalkreichen, trockenen Standorten

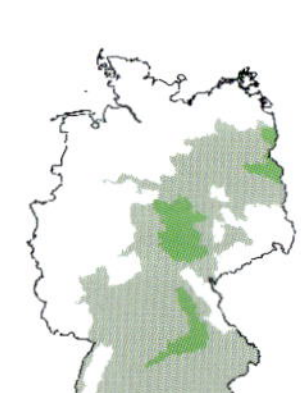

J F M A **M J J A** S O N D

Cruciata glabra (L.) Ehrend.

Kahles Kreuzlabkraut *Rubiaceae*
♂ ∗ K(4) [C(4) A4] | ♀ ∗ K(4) C(4) G($\bar{2}$)

10–30 cm hoch. Pflanzen: 1-häusig, **kahl bis spärlich behaart**. Blütenstand: **Teilblütenstände höchstens so lang wie die Tragblätter u. *ohne* Hochblätter**. Blüten: offen ausgebreitet bis glockig-trichterförmig, gelblich-grünlich. Kronzipfel: länger als die Kronröhre. Früchte: meist Spaltfrüchte. Stängel: **mit wenigen < 0,5 mm langen Haaren**. Knoten: meist 4-blättrig. Blätter: länglich bis oval, 3-nervig.

- eingebürgerter Neophyt, urspr. aus Südosteuropa
- planar bis montan
- Grünland, Staudenfluren, Gehölze, Wälder

J F **M A M J** J A S O N D

Cruciata laevipes Opiz

Gewimpertes Kreuzlabkraut *Rubiaceae*
♂ ∗ K(4) [C(4) A4] | ♀ ∗ K(4) C(4) G($\bar{2}$)

15–50 cm hoch. Pflanzen: 1-häusig, **lang abstehend behaart**. Blütenstand: **Teilblütenstände höchstens so lang wie die Tragblätter u. mit kleinen Hochblättern**. Blüten: offen ausgebreitet bis glockig-trichterförmig, gelblich-grünlich. Kronzipfel: länger als die Kronröhre. Früchte: meist Spaltfrüchte. Stängel: **mit zahlreichen 0,6–2 mm langen Haaren**. Knoten: meist 4-blättrig. Blätter: länglich bis oval, 3-nervig.

- einheimisch
- planar bis montan
- Grünland, Staudenfluren, Gehölze, Ruderalvegetation, Zier- bzw. Nutzpflanze

J F **M A M J** J A S O N D

Galium elongatum C. Presl

Hohes Labkraut *Rubiaceae*
∗ K(4) [C(4) A4] G($\bar{2}$)

30–120 cm hoch. Blütenstand: Teilblütenstände länger als die Tragblätter. Blüten: offen ausgebreitet bis glockig-trichterförmig, weißlich. Krone: **4–5 mm** ⌀. Kronzipfel: länger als die Kronröhre. Staubbeutel: **rötlich**. Früchte: meist Spaltfrüchte, **1,6–2,8 mm lang, fein warzig**. Teilfrüchte: ± kugelig. Stängel: **mit hellen Kanten, durch abwärts gerichtete Stacheln rau**. Knoten: **4–6-blättrig**. Blätter: lineal bis lanzettlich, ganzrandig. Mittlere Stängelblätter: **1,4–2,2 cm lang**, **1–3 mm breit**.

- einheimisch
- planar bis montan
- Gewässer, Grünland, Wälder
- an nassen Standorten

J F M **A M J J A S** O N D

Galium palustre L.

Sumpf-Labkraut *Rubiaceae*
∗ K(4) [C(4) A4] G($\bar{2}$)

Bis 60 cm hoch. Blütenstand: Teilblütenstände länger als die Tragblätter. Blüten: offen ausgebreitet bis glockig-trichterförmig, weißlich. Krone: **2–4 mm** ⌀. Kronzipfel: länger als die Kronröhre. Staubbeutel: **rötlich**. Früchte: meist Spaltfrüchte, **1–1,8 mm lang, fein warzig**. Teilfrüchte: ± kugelig. Stängel: *ohne* helle Kanten, **durch abwärts gerichtete Stacheln rau**. Blattstellung: quirlig. Knoten: **≤ 4-blättrig**. Blätter: lineal bis lanzettlich, ganzrandig. Mittlere Stängelblätter: **0,4–1,6 cm lang, 1–3 mm breit**.

- einheimisch
- planar bis montan
- Moore u. Seggenriede, Grünland, Zier- bzw. Nutzpflanze
- an nassen, zuweilen überfluteten Standorten

J F M **A M J J A S** O N D

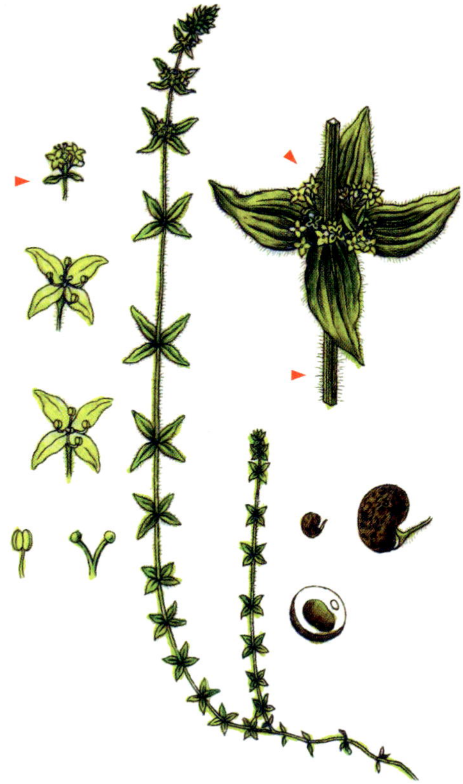

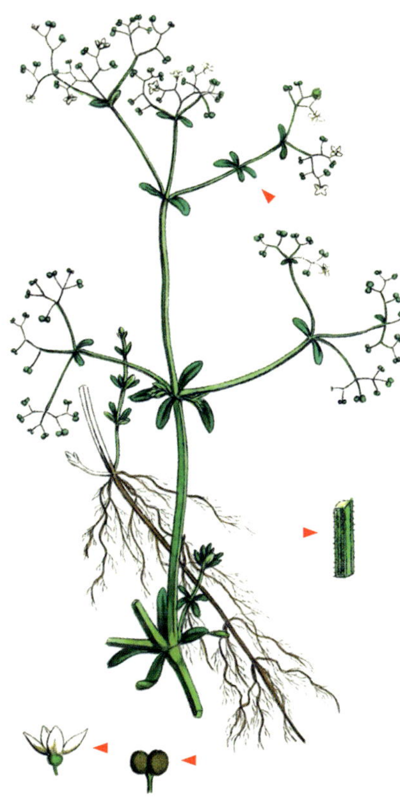

Galium boreale L.

Nordisches Labkraut *Rubiaceae*
∗ K(4) [C(4) A4] G($\overline{2}$) RL V

20–60 cm hoch. BLÜTENSTAND: Teilblütenstände länger als die Tragblätter. BLÜTEN: offen ausgebreitet bis glockig-trichterförmig, weißlich. KRONZIPFEL: länger als die Kronröhre. FRÜCHTE: meist Spaltfrüchte, **mit kurzen gekrümmten Borsten**. STÄNGEL: **steif-aufrecht**. KNOTEN: **meist 4-blättrig**. BLÄTTER: **3-nervig**. MITTLERE STÄNGELBLÄTTER: **3–8 mm breit**, **> 3-mal so lang wie breit**.

- einheimisch
- planar bis subalpin
- Extensivgrünland u. Magerrasen, Staudenfluren, Gehölze, Wälder, Zier- bzw. Nutzpflanze
- an nährstoffarmen, basenreichen Standorten

J F M A M J J A S O N D

Galium rotundifolium L.

Rundblatt-Labkraut *Rubiaceae*
∗ K(4) [C(4) A4] G($\overline{2}$)

15–30 cm hoch. BLÜTENSTAND: Teilblütenstände länger als die Tragblätter. BLÜTEN: offen ausgebreitet bis glockig-trichterförmig, weißlich. KRONZIPFEL: länger als die Kronröhre. FRÜCHTE: meist Spaltfrüchte, **meist mit hakigen Borsten**. STÄNGEL: **schlaff**. KNOTEN: **meist 4-blättrig**. BLÄTTER: borstig bewimpert, **stachelspitzig**, **3-nervig**. MITTLERE STÄNGELBLÄTTER: **5–12 mm breit**, **1–2,5-mal so lang wie breit**.

- einheimisch
- collin bis montan
- Gehölze, Wälder, Zier- bzw. Nutzpflanze

J F M A M J J A S O N D

Galium uliginosum L.

Moor-Labkraut *Rubiaceae*
∗ K(4) [C(4) A4] G($\overline{2}$)

15–60 cm hoch. BLÜTENSTAND: Teilblütenstände länger als die Tragblätter. BLÜTEN: offen ausgebreitet bis glockig-trichterförmig, weißlich. KRONZIPFEL: länger als die Kronröhre. STAUBBEUTEL: **gelblich**. FRÜCHTE: meist Spaltfrüchte, **fein warzig**. STÄNGEL: **durch abwärts gerichtete Stacheln rau**. KNOTEN: **5–8-blättrig**. BLÄTTER: lineal bis lanzettlich, **am Rand mit zur Blattbasis gerichteten hakig gekrümmten Haaren**, **mit bis 0,2 mm langer Stachelspitze**. MITTLERE STÄNGELBLÄTTER: **1–2 mm breit**.

- einheimisch
- planar bis montan
- Moore u. Seggenriede, Extensivgrünland u. Magerrasen
- an nährstoffarmen, wechselfeuchten bis nassen Standorten

J F M A M J J A S O N D

Galium glaucum L.

Blaugrünes Labkraut *Rubiaceae*
∗ K(4) [C(4) A4] G($\overline{2}$) RL V

30–60 cm hoch. BLÜTENSTAND: Teilblütenstände länger als die Tragblätter. BLÜTEN: **glockig-trichterförmig**, weißlich. KRONZIPFEL: **± Kronzipfel so lang wie die Kronröhre**. FRÜCHTE: meist Spaltfrüchte, **± glatt**. STÄNGEL: UNTEN: kahl; OBEN: im QS rundlich. KNOTEN: **6–10-blättrig**. BLÄTTER: **am Rand nach unten gerollt**, lineal bis länglich. MITTLERE STÄNGELBLÄTTER: **1–3 mm breit**.

- einheimisch
- planar bis montan
- Extensivgrünland u. Magerrasen, Staudenfluren, Gehölze, Ruderalvegetation
- an nährstoffarmen, kalkreichen, trockenen Standorten

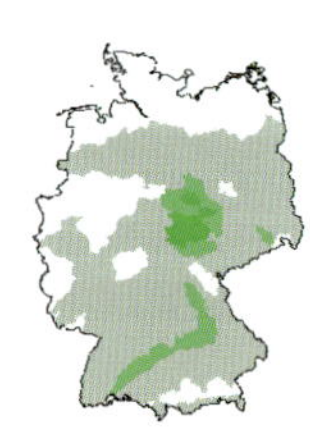

J F M A M J J A S O N D

Galium verum L.

Echtes Labkraut *Rubiaceae*
∗ K(4) [C(4) A4] $G(\overline{2})$

20–80 cm hoch. Blütenstand: Teilblütenstände länger als die Tragblätter. Blüten: offen ausgebreitet bis glockig-trichterförmig, **gelb**. Kronzipfel: länger als die Kronröhre. Früchte: meist Spaltfrüchte. Stängel: unten: im QS rundlich. Knoten: **8–12-blättrig**. Blätter: **der Rand nach unten umgebogen**.

Im Gebiet kommen 2 Unterarten vor: subsp. *verum* und subsp. *wirtgenii* (vgl. S. 1434).

- einheimisch
- planar bis montan
- Extensivgrünland u. Magerrasen, Zier- bzw. Nutzpflanze
- an nährstoffarmen Standorten

J F M **A M J J A S** O N D

Galium mollugo agg.

Wiesen-Labkraut *Rubiaceae*
∗ K(4) [C(4) A4] $G(\overline{2})$

20–150 cm hoch. Blütenstand: schmal ei- bis kegelförmig, Teilblütenstände länger als die Tragblätter. Blüten: offen ausgebreitet bis glockig-trichterförmig. Kronzipfel: länger als die Kronröhre, **mit aufgesetzter Grannenspitze**. Früchte: meist Spaltfrüchte. Stängel: **im QS kantig**. Knoten: **4–8-blättrig**. Blätter: lineal bis lanzettlich, **am Rand meist glatt**. Mittlere Stängelblätter: **0,5–2,4 mm breit, > 2-mal so lang wie breit**.

In Deutschland kommen 3 Arten der Artengruppe *Galium mollugo* agg. vor: *G. mollugo*, *G. album* und *G. truniacum* (vgl. S. 1434).

- einheimisch
- planar bis montan
- Grünland, Staudenfluren, Gehölze, Wälder, Schutt- u. Felsfluren, Ruderalvegetation, Zier- bzw. Nutzpflanze

J F M **A M J J A S O** N D

Galium aristatum L.

Grannen-Labkraut *Rubiaceae*
∗ K(4) [C(4) A4] $G(\overline{2})$

20–60 cm hoch. Blütenstand: breit-eiförmig bis schirmförmig, Teilblütenstände länger als die Tragblätter. Blüten: meist ⚥, **einzelne auch 1-geschlechtig**, offen ausgebreitet bis glockig-trichterförmig, weißlich. Blütenstiele: **haarfein**. Krone: **flach**. Kronzipfel: länger als die Kronröhre, **mit aufgesetzter Grannenspitze**. Früchte: meist Spaltfrüchte, **± glatt**. Stängel: **im QS kantig**; unten: kahl. Knoten: **6–8-blättrig**. Blätter: lineal bis lanzettlich, **allmählich zugespitzt**; unterseits: **blau- bzw. graugrün**. Mittlere Stängelblätter: **4–7 cm lang, 3–5 mm breit**.

- einheimisch
- collin bis montan
- Gehölze, Wälder

J F M A **M J J A** S O N D

Galium megalospermum All.

Schweizer Labkraut *Rubiaceae*
∗ K(4) [C(4) A4] $G(\overline{2})$

Bis 10 cm hoch. Blütenstand: gehäuft am Stängelende, rispenartig, Teilblütenstände länger als die Tragblätter. Blüten: offen ausgebreitet bis glockig-trichterförmig, gelblich-weißlich. Kronzipfel: länger als die Kronröhre, **allmählich zugespitzt**. Fruchtstiele: gerade, **2–3 mm lang**. Früchte: meist Spaltfrüchte, **2–3 mm lang**, **± glatt**. Stängel: **basal niederliegend**; unten: **fadenförmig**, < 1,2 mm ⌀; oben: im QS rundlich. Knoten: **meist 6-blättrig**. Blätter: **am Rand mit zur Blattbasis gerichteten hakig gekrümmten Haaren, mit kurzer entfärbter Knorpelspitze**. Mittlere Stängelblätter: **< 5-mal so lang wie breit**.

- einheimisch
- subalpin bis alpin
- Schutt- u. Felsfluren
- an kalkreichen Standorten

J F M A M **J J A** S O N D

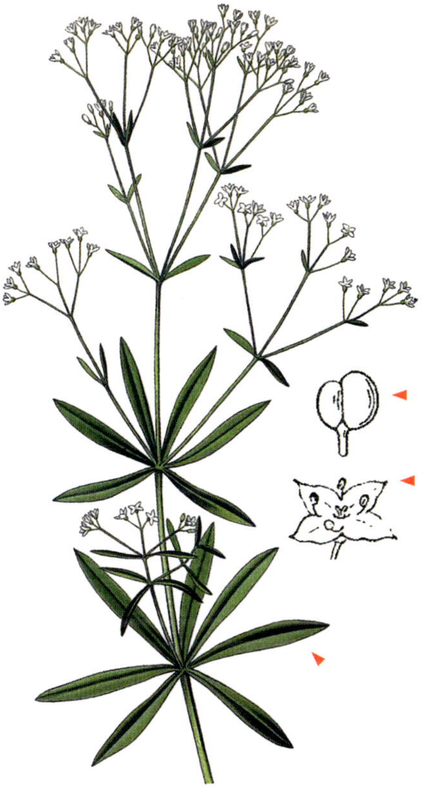

Galium sylvaticum L.

Wald-Labkraut *Rubiaceae*
∗ K(4) [C(4) A4] G($\overline{2}$)

30–100 cm hoch. BLÜTENSTAND: breit-eiförmig bis schirmförmig, Teilblütenstände länger als die Tragblätter. BLÜTEN: offen ausgebreitet bis glockig-trichterförmig, weißlich. BLÜTENSTIELE: **haarfein.** KRONE: **schüsselförmig**. KRONZIPFEL: länger als die Kronröhre, **allmählich zugespitzt**. FRÜCHTE: meist Spaltfrüchte, **± glatt**. STÄNGEL: UNTEN: im QS mit 4 Rippen, kahl; OBEN: im QS rundlich. KNOTEN: **6–8-blättrig**. BLÄTTER: lineal bis lanzettlich; UNTERSEITS: **blau- bzw. graugrün**. MITTLERE STÄNGELBLÄTTER: **2–4 cm lang, 3–10 mm breit**.

- einheimisch
- planar bis montan
- Gehölze, Wälder

J F M A M **J J A S** O N D

Galium tricornutum Dandy

Dreihörniges Labkraut *Rubiaceae*
∗ K(4) [C(4) A4] G($\overline{2}$) RL 2

15–50 cm hoch. PFLANZEN: 1-jährig. BLÜTENSTAND: **Teilblütenstände höchstens so lang wie die Tragblätter**. ZYME: meist 3-blütig. BLÜTEN: offen ausgebreitet bis glockig-trichterförmig, weißlich. KRONZIPFEL: länger als die Kronröhre. FRUCHTSTIELE: **herabgebogen**. FRÜCHTE: meist Spaltfrüchte, **warzig bis kurz stachelig**. STÄNGEL: **durch abwärts gerichtete Stacheln rau**. KNOTEN: **5–8-blättrig**. BLÄTTER: **am Rand mit zur Blattbasis gerichteten hakig gekrümmten Haaren, stachelspitzig**.

- Archaeophyt
- planar bis montan
- Staudenfluren, Äcker, Ruderalvegetation
- an kalkreichen, meist trockenen Standorten

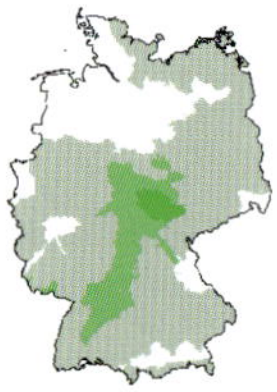

J F M A M **J J A S O** N D

Galium verrucosum Huds.

Anis-Labkraut *Rubiaceae*
∗ K(4) [C(4) A4] G($\overline{2}$)

Bis 20 cm hoch. PFLANZEN: 1-jährig. BLÜTENSTAND: **Teilblütenstände höchstens so lang wie die Tragblätter**. ZYME: meist 1–3-blütig. BLÜTEN: offen ausgebreitet bis glockig-trichterförmig, weißlich. KRONZIPFEL: länger als die Kronröhre. FRUCHTSTIELE: **herabgebogen**. FRÜCHTE: meist Spaltfrüchte, 3–6 mm ⌀, **warzig**. STÄNGEL: **durch abwärts gerichtete Stacheln rau**. KNOTEN: **6–8-blättrig**. BLÄTTER: **am Rand mit zur Spitze gerichteten hakig gekrümmten Haaren**. MITTLERE STÄNGELBLÄTTER: **0,6–1,4 cm lang**.

- unbeständiger Neophyt, urspr. aus dem Mittelmeergebiet u. Westasien
- planar bis montan
- Äcker

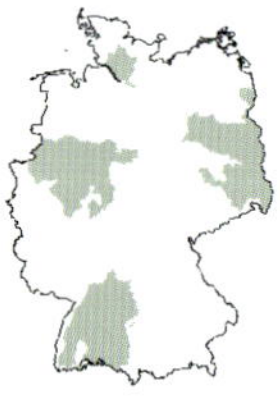

J F M A **M J J** A S O N D

Galium aparine L.

Kletten-Labkraut *Rubiaceae*
∗ K(4) [C(4) A4] G($\overline{2}$)

50–200 cm hoch. PFLANZEN: 1-jährig. BLÜTENSTAND: Teilblütenstände länger als die Tragblätter. BLÜTEN: offen ausgebreitet bis glockig-trichterförmig, weißlich. KRONE: **1,5–3 mm** ⌀. KRONZIPFEL: länger als die Kronröhre. FRUCHTSTIELE: gerade. FRÜCHTE: meist Spaltfrüchte, **mit hakigen Borsten**. STÄNGEL: **durch abwärts gerichtete Stacheln rau**; OBEN: im QS kantig. KNOTEN: **6–10-blättrig**. BLÄTTER: **am Rand mit zur Blattbasis gerichteten hakig gekrümmten Haaren, mit 0,5–1,4 mm langer Stachelspitze**. MITTLERE STÄNGELBLÄTTER: **3–8 mm breit**.

- einheimisch
- planar bis montan
- Staudenfluren, Gehölze, Äcker, Ruderalvegetation, Zier- bzw. Nutzpflanze
- an nährstoffreichen Standorten

J F M A **M J J A S O** N D

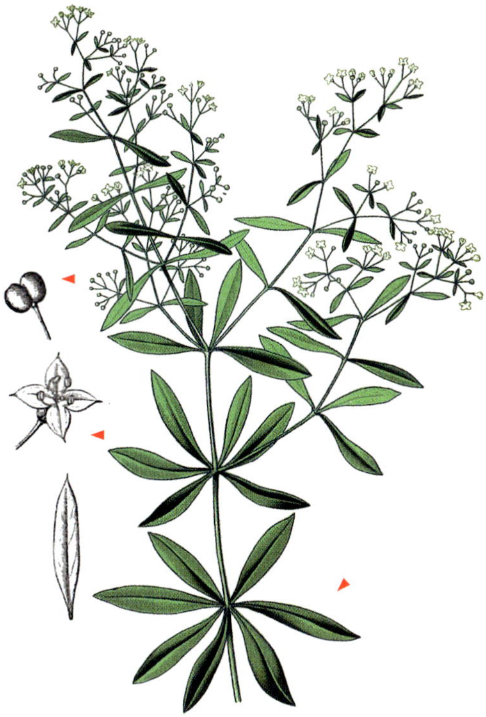

Galium intermedium Schult.

Glattes Labkraut *Rubiaceae*
∗ K(4) [C(4) A4] G($\overline{2}$) RL 2

30–120 cm hoch. Blütenstand: breit-eiförmig bis schirmförmig, Teilblütenstände länger als die Tragblätter. Blüten: offen ausgebreitet bis glockig-trichterförmig, weißlich. Blütenstiele: **haarfein**. Kronzipfel: länger als die Kronröhre, **mit aufgesetzter Grannenspitze**. Früchte: meist Spaltfrüchte, **± glatt**. Stängel: unten: im QS rundlich, behaart; oben: im QS kantig. Ausläufer: **bewurzelt**. Knoten: **6–8-blättrig**. Blätter: lineal bis lanzettlich, **plötzlich zugespitzt**; unterseits: **blau- bzw. graugrün**. mittlere Stängelblätter: **2–6 cm lang, 3–12 mm breit**.

- einheimisch
- planar bis montan
- Wälder

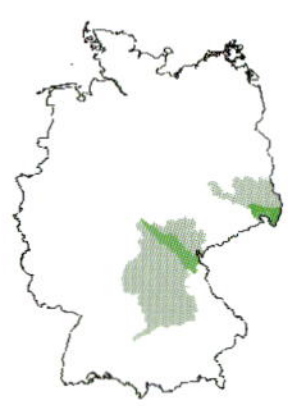

J F M A **M J J A S** O N D

Galium spurium L.

Kleinfrüchtiges Kletten-Labkraut *Rubiaceae*
∗ K(4) [C(4) A4] G($\overline{2}$) RL 3

30–100 cm hoch, 1-jährig. Blütenstand: Teilblütenstände länger als die Tragblätter. Blüten: offen ausgebreitet bis glockig-trichterförmig, weißlich. Krone: **0,6–1,4 mm ⌀**. Kronzipfel: länger als die Kronröhre. Fruchtstiele: gerade. Früchte: meist Spaltfrüchte. Stängel: **durch abwärts gerichtete Stacheln rau**. Knoten: **6–10-blättrig**. Blätter: **mit 0,5–1,4 mm langer Stachelspitze**. mittlere Stängelblätter: **2–3 mm breit**.

subsp. *spurium* (Kleinfrüchtiges Kletten-Labkraut): Früchte: glatt *oder* mit hakigen Borsten, 1,5–3 mm lang. Blätter: mit zur Blattbasis gerichteten hakig gekrümmten Haaren.
subsp. *vaillantii* (Warzenfrüchtiges Labkraut): Früchte: mit weißlichen Höckern, 2,5–3 mm lang. Blätter: mit zur Blattspitze gerichteten hakig gekrümmten Haaren.

- Archaeophyt
- planar bis montan
- Staudenfluren, Gehölze, Äcker, Ruderalvegetation
- an kalkreichen Standorten

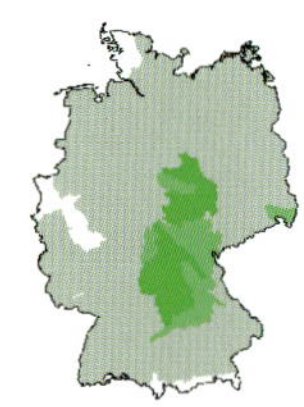

J F M **A M J J A S O** N D

Galium pusillum agg.

Kleines Labkraut *Rubiaceae*
∗ K(4) [C(4) A4] G($\overline{2}$) RL V

Bis 60 cm hoch. Blütenstand: Teilblütenstände länger als die Tragblätter. Blüten: offen ausgebreitet bis glockig-trichterförmig, weißlich. Kronzipfel: länger als die Kronröhre, **allmählich zugespitzt**. Früchte: meist Spaltfrüchte, 1–2 mm lang. Stängel: unten: **fadenförmig**, < 1,2 mm ⌀; oben: im QS kantig. Blätter: **am Rand mit zur Blattbasis gerichteten hakig gekrümmten Haaren**.

In Deutschland kommen 6 Arten der Artengruppe *Galium pusillum* agg. vor: *G. anisophyllon*, *G. pumilum*, *G. saxatile*, *G. sterneri*, *G. suecicum* und *G. valdepilosum* (vgl. S. 1434).

- einheimisch
- planar bis alpin
- Extensivgrünland u. Magerrasen, Gehölze, Schutt- u. Felsfluren
- an nährstoffarmen Standorten

J F M A M **J J A S O** N D

Galium noricum Ehrend.

Norisches Labkraut *Rubiaceae*
∗ K(4) [C(4) A4] G($\overline{2}$) RL R

Bis 10 cm hoch. Blütenstand: Teilblütenstände länger als die Tragblätter. Blüten: offen ausgebreitet bis glockig-trichterförmig, gelblich-weißlich. Krone: 1–2,5 mm ⌀. Kronzipfel: länger als die Kronröhre, **allmählich zugespitzt**. Früchte: meist Spaltfrüchte, **± glatt**. Stängel: unten: **fadenförmig**, < 1,2 mm ⌀; oben: im QS kantig. Knoten: **6–10-blättrig**. Blätter: ganzrandig, **am Rand glatt**, **mit kurzer entfärbter Knorpelspitze**, Knorpelspitze bis 0,2 mm lang.

- einheimisch
- alpin
- Extensivgrünland u. Magerrasen, Schutt- u. Felsfluren, Schneetälchen
- an basenreichen Standorten

J F M A M **J J A S** O N D

Galium parisiense L.

Pariser Labkraut *Rubiaceae*
∗ K(4) [C(4) A4] $G(\overline{2})$ RL 1

An Ruderalstandorten, 10–20 cm hoch. PFLANZEN: 1-jährig. BLÜTENSTAND: Teilblütenstände länger als die Tragblätter. BLÜTEN: offen ausgebreitet bis glockig-trichterförmig, **gelblich-grünlich o. weißlich**, oft rötlich überlaufen. KRONE: **0,3–0,7 mm** ⌀. KRONZIPFEL: länger als die Kronröhre, **allmählich zugespitzt**. FRUCHTSTIELE: gerade. FRÜCHTE: meist Spaltfrüchte, **glatt bis hakig-borstig**. STÄNGEL: **durch abwärts gerichtete Stacheln rau**. KNOTEN: **4–8-blättrig**. BLÄTTER: **am Rand mit zur Spitze gerichteten hakig gekrümmten Haaren**. MITTLERE STÄNGELBLÄTTER: **1–3 mm breit**.

- Archaeophyt
- planar bis montan
- Extensivgrünland u. Magerrasen, Äcker, Ruderalvegetation
- an nährstoffarmen, meist trockenen Standorten

J F M A **M J J A** S O N D

Galium odoratum (L.) Scop.

Waldmeister *Rubiaceae*
∗ K(4) [C(4) A4] $G(\overline{2})$ schwach giftig

15–30 cm hoch. BLÜTENSTAND: Teilblütenstände länger als die Tragblätter. BLÜTEN: **glockig-trichterförmig**, weißlich. KRONZIPFEL: **± Kronzipfel so lang wie die Kronröhre**, allmählich zugespitzt. FRÜCHTE: meist Spaltfrüchte, **mit hakigen Borsten**. KNOTEN: **6–9-blättrig**. BLÄTTER: **mit Cumaringeruch**. MITTLERE STÄNGELBLÄTTER: **5–18 mm breit**.

- einheimisch
- planar bis montan
- Gehölze, Wälder, Zier- bzw. Nutzpflanze

J F M **A M J** J A S O N D

Sherardia arvensis L.

Ackerröte *Rubiaceae*
∗ K(4–6) [C(3–4) A4] $G(\overline{2})$ RL V

Bis 20 cm hoch. PFLANZEN: **1-jährig**. BLÜTENSTAND: **endständig, köpfchenartig**; TRAGBLÄTTER: **6–12**. BLÜTEN: **langröhrig bis stieltellerförmig**, **violett**, selten weißlich. KRONZIPFEL: < **0,5-mal so lang wie die Kronröhre**. KELCH: 4–6-zipfelig. KELCHBLÄTTER: **basal verwachsen, deutlich entwickelt**. FRÜCHTE: meist Spaltfrüchte. KNOTEN: **4–6-blättrig**. BLÄTTER: 1-nervig.

- Archaeophyt
- planar bis montan
- Extensivgrünland u. Magerrasen, Äcker, Ruderalvegetation
- an kalkreichen Standorten

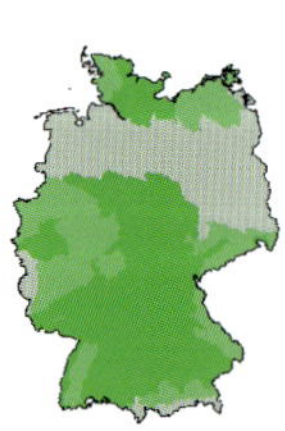

J F M A **M J J A S O** N D

Blackstonia perfoliata (L.) Huds.

Durchwachsenblättriger Bitterling *Gentianaceae*
∗ K(6–8) [C(6–8) A6–8] $G(\underline{2})$ RL 2

10–50 cm hoch. PFLANZEN: 1-jährig. BLÜTENSTAND: dichasial. BLÜTEN: **gelblich**. SCHLUND: *nicht* behaart o. gefranst. KELCHBLÄTTER: basal verwachsen. GRIFFEL: deutlich vom Fruchtknoten abgesetzt. FRÜCHTE: Kapseln. BLÄTTER: blau- bzw. graugrün, breit 3-eckig bis oval, **mit dem gegenüberliegendem Blatt verwachsen**.

Im Gebiet kommen 2 Unterarten vor: subsp. *perfoliata* und subsp. *serotina* (vgl. S. 1434).

- einheimisch
- planar bis montan
- trockenfallende Ufer, Extensivgrünland u. Magerrasen
- an nährstoffarmen, kalkreichen Standorten

J F M A **M J J A S** O N D

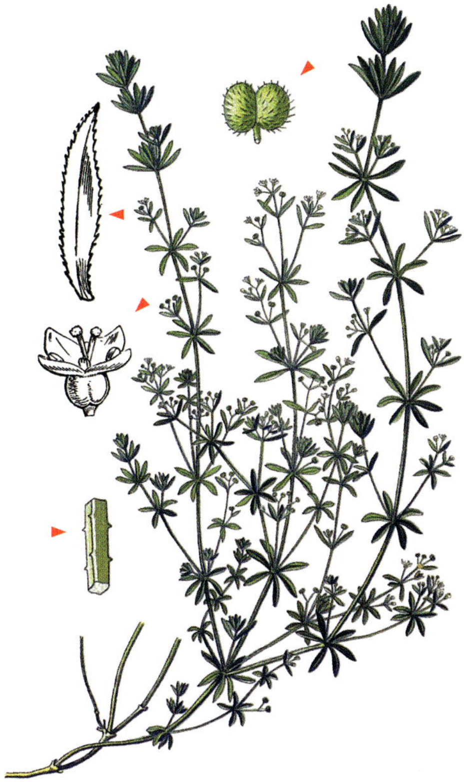

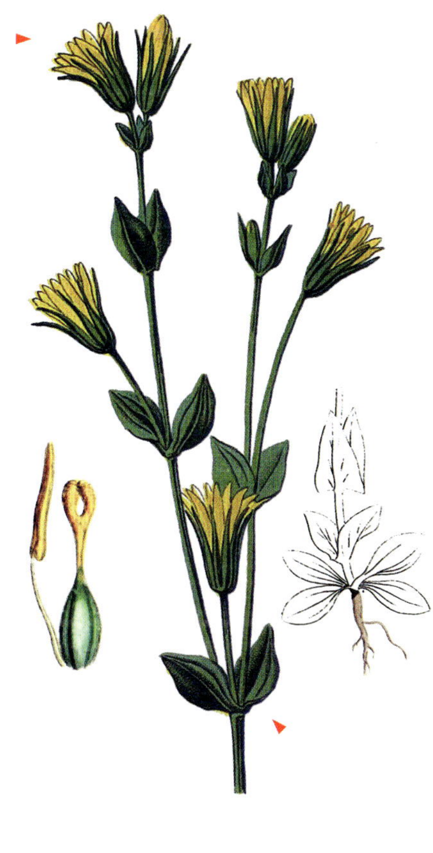

Centaurium erythraea Rafn

Echtes Tausendgüldenkraut *Gentianaceae*
∗ K(5) [C(5) A5] G(2) § BNatG b

Bis 40 cm hoch. Blütenstand: endständig, dichasial, meist dichtblütig. Blüten: **sitzend bis kurz gestielt**, rötlich bis violett. Schlund: *nicht* behaart o. gefranst. Kronzipfel: **4–10 mm lang**. Kelchblätter: zumindest basal verwachsen. Griffel: deutlich vom Fruchtknoten abgesetzt. Früchte: Kapseln. Stängel: **vor allem in der distalen Hälfte verzweigt**, **mit grundständiger Blattrosette**. Stängelblätter: **länglich bis oval, meist 5-nervig**. untere Stängelblätter: **> 5 mm breit**.

- einheimisch
- planar bis montan
- Grünland, Staudenfluren, Gehölze, Dünen, Zier- bzw. Nutzpflanze

J F M A M **J J A S O** N D

Centaurium littorale (Turner) Gilmour

Strand-Tausendgüldenkraut *Gentianaceae*
∗ K(5) [C(5) A5] G(2) § BNatG b

Bis 25 cm hoch. Blütenstand: endständig, dichasial, meist dichtblütig. Blüten: **sitzend bis kurz gestielt**, rötlich bis violett. Schlund: *nicht* behaart o. gefranst. Kelchblätter: zumindest basal verwachsen. Griffel: deutlich vom Fruchtknoten abgesetzt. Früchte: Kapseln. Stängel: **vor allem in der distalen Hälfte verzweigt, mit grundständiger Blattrosette**. Stängelblätter: **lineal bis lanzettlich, meist 3-nervig**. untere Stängelblätter: **< 5 mm breit**.

subsp. *littorale* (Strand-Tausendgüldenkraut): an der Küste. Kronzipfel: 6–8 mm lang. Stängel: unten: kahl. Blätter: am Rand kahl.
subsp. *compressum* (Sumpf-Tausendgüldenkraut): im Binnenland. Kronzipfel: 3–6 mm lang. Stängel: unten: kurz behaart. Blätter: am Rand kurz behaart.

- einheimisch
- planar
- Grünland, Ruderalvegetation, Salzwiesen, Zier- bzw. Nutzpflanze
- an basenreichen, meist feuchten, auch salzhaltigen Standorten

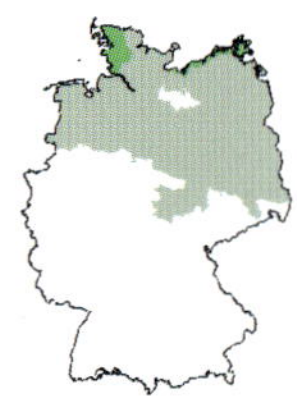

J F M A M **J J A S** O N D

Centaurium pulchellum (Sw.) Druce

Zierliches Tausendgüldenkraut *Gentianaceae*
∗ K(5) [C(5) A5] G(2) RL V § BNatG b

Bis 15 cm hoch. Blütenstand: endständig, dichasial, meist lockerblütig. Blüten: **deutlich gestielt**, rötlich bis violett. Schlund: *nicht* behaart o. gefranst. Kronzipfel: **2–5 mm lang**. Kelchblätter: zumindest basal verwachsen. Griffel: deutlich vom Fruchtknoten abgesetzt. Früchte: Kapseln. Stängel: **auch unten verzweigt, *ohne* grundständige Blattrosette**.

- einheimisch
- planar bis montan
- trockenfallende Ufer, Ruderalvegetation, Salzwiesen, Zier- bzw. Nutzpflanze
- an kalkreichen, feuchten bis nassen, zuweilen überfluteten, auch salzhaltigen Standorten

J F M A M **J J A S O** N D

Cicendia filiformis (L.) Delarbre

Heide-Zindelkraut *Gentianaceae*
∗ K(4) [C(4) A4] G(2) RL 2

Bis 10 cm hoch. Pflanzen: **1-jährig**. Blüten: **stieltellerförmig, gelblich**. Krone: **4-blättrig**. Schlund: *nicht* behaart o. gefranst. Kelchblätter: **im unteren Viertel miteinander verwachsen**. Griffel: deutlich vom Fruchtknoten abgesetzt. Früchte: Kapseln.

- einheimisch
- planar bis collin
- trockenfallende Ufer
- an nährstoffarmen, sauren, feuchten bis nassen, zuweilen überfluteten, auch salzhaltigen Standorten

J F M A M **J J A S O** N D

Gentiana bavarica L.

Bayerischer Enzian *Gentianaceae*
* K(5) [C(5) A5] G(2) § BNatG b

Bis 20 cm hoch. Pflanzen: mehrjährig. Blütenstand: **Stängel meist unverzweigt, 1-blütig**. Blüten: **stieltellerförmig**, bläulich. Krone: mit deutlich entwickelter Kronröhre, faltig. Kronröhre: **10–25 mm lang**. Schlund: *nicht* behaart o. gefranst. Kronzipfel: kürzer als die Kronröhre. Kelchröhre: **1–2 mm breit geflügelt**. Griffel: allmählich in den Fruchtknoten verschmälert, **2-lappig**. Früchte: Kapseln. Stängel: basal meist mit sterilen Rosettentrieben. Blattstellung: gegenständig. Blätter: Spreite bis 1,5 cm lang. Grundblätter: oft dicht stehend, aber keine Rosette bildend, **unterste Stängelblätter *nicht* größer als die oberen**.

- einheimisch
- subalpin bis alpin
- Schutt- u. Felsfluren, Schneetälchen, Zier- bzw. Nutzpflanze
- an nährstoffarmen, kalkreichen Standorten

J F M A M **J J A** S O N D

Gentiana nivalis L.

Schnee-Enzian *Gentianaceae*
* K(5) [C(5) A5] G(2) § BNatG b

Bis 15 cm hoch. Pflanzen: **1-jährig**. Blütenstand: **Stängel meist verzweigt, mehrblütig**. Blüten: **stieltellerförmig**, bläulich. Krone: mit deutlich entwickelter Kronröhre, faltig. Kronröhre: **10–20 mm lang**. Schlund: *nicht* behaart o. gefranst. Kronzipfel: **3–6 mm lang**, kürzer als die Kronröhre. Kelchröhre: **schmal (bis 0,5 mm) geflügelt, mit Flügeln 2–4 mm breit**. Griffel: allmählich in den Fruchtknoten verschmälert. Früchte: Kapseln. Stängel: basal *ohne* sterile Rosettentriebe, mit grundständiger Blattrosette.

- einheimisch
- subalpin bis alpin
- Extensivgrünland u. Magerrasen, Schutt- u. Felsfluren

J F M A M **J J A** S O N D

Gentiana orbicularis Schur

Rundblättriger Enzian *Gentianaceae*
* K(5) [C(5) A5] G(2) § BNatG b

Bis 20 cm hoch. Pflanzen: mehrjährig. Blütenstand: **Stängel meist unverzweigt, 1-blütig**. Blüten: **stieltellerförmig**, bläulich. Krone: mit deutlich entwickelter Kronröhre, faltig. Schlund: *nicht* behaart o. gefranst. Kronzipfel: kürzer als die Kronröhre. Kelchröhre: **schmal (bis 0,5 mm) geflügelt**. Griffel: allmählich in den Fruchtknoten verschmälert, **ungeteilt**. Früchte: Kapseln. Stängel: basal meist mit sterilen Rosettentrieben, **mit grundständiger Blattrosette**. Grundblätter: **größer als die Stängelblätter**, **0,4–1,2 cm lang**.

- einheimisch
- alpin
- Extensivgrünland u. Magerrasen, Schutt- u. Felsfluren, Zier- bzw. Nutzpflanze
- an basenreichen Standorten

J F M A M **J J A** S O N D

Gentiana utriculosa L.

Schlauch-Enzian *Gentianaceae*
* K(5) [C(5) A5] G(2) RL 2 § BNatG b

Bis 25 cm hoch. Pflanzen: **1-jährig**. Blütenstand: **Stängel meist verzweigt, mehrblütig**. Blüten: **stieltellerförmig**, bläulich. Krone: mit deutlich entwickelter Kronröhre, faltig. Kronröhre: **15–25 mm lang**. Schlund: *nicht* behaart o. gefranst. Kronzipfel: **5–10 mm lang**, kürzer als die Kronröhre. Kelchröhre: **2–4 mm breit geflügelt**, **mit Flügeln 4–10 mm breit**. Fruchtkelch: **vergrößert**. Griffel: allmählich in den Fruchtknoten verschmälert. Früchte: Kapseln. Stängel: basal *ohne* sterile Rosettentriebe, mit grundständiger Blattrosette.

- einheimisch
- montan bis subalpin
- Moore u. Seggenriede, Extensivgrünland u. Magerrasen
- an nährstoffarmen, kalkreichen, wechselnassen Standorten

J F M **A M J J A** S O N D

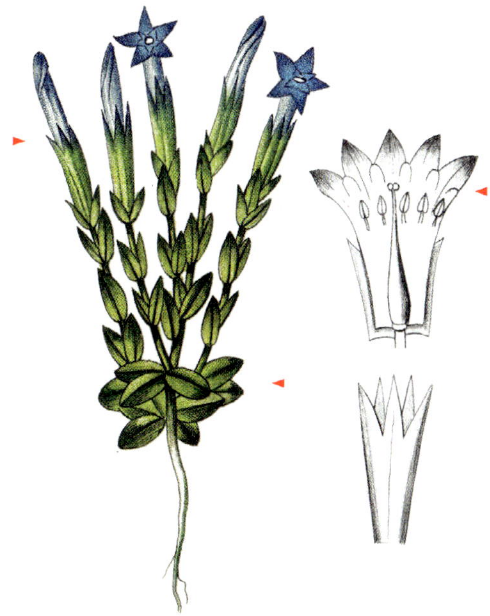

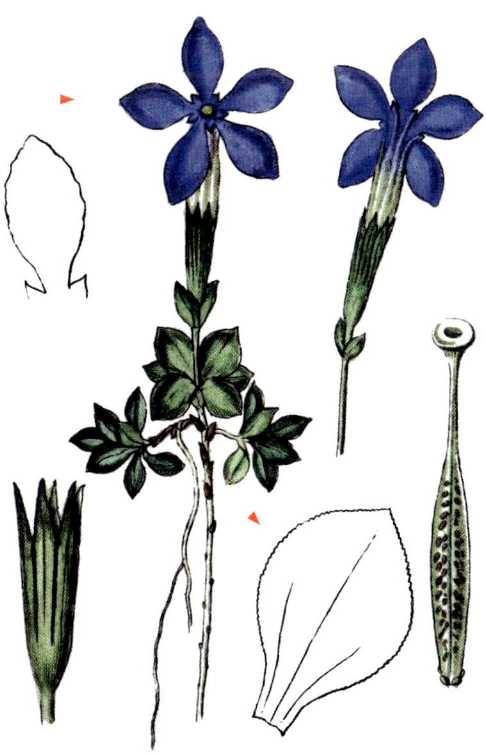

Gentiana verna L.

Frühlings-Enzian *Gentianaceae*
∗ K(5) [C(5) A5] G(2) RL 3 § BNatG b

Bis 20 cm hoch. PFLANZEN: mehrjährig. BLÜTENSTAND: **Stängel meist unverzweigt, 1-blütig**. BLÜTEN: **stieltellerförmig**, bläulich. KRONE: mit deutlich entwickelter Kronröhre, faltig. SCHLUND: *nicht* behaart o. gefranst. KRONZIPFEL: kürzer als die Kronröhre. KELCHZIPFEL: **< 0,5-mal so lang wie die Kelchröhre**. GRIFFEL: allmählich in den Fruchtknoten verschmälert, **ungeteilt**. FRÜCHTE: Kapseln. STÄNGEL: basal meist mit sterilen Rosettentrieben, **mit grundständiger Blattrosette**, mit Laubblättern. GRUNDBLÄTTER: **größer als die Stängelblätter, 1,2–3 cm lang**.

- einheimisch
- collin bis alpin
- Extensivgrünland u. Magerrasen, Schutt- u. Felsfluren, Zier- bzw. Nutzpflanze
- an nährstoffarmen, basenreichen Standorten

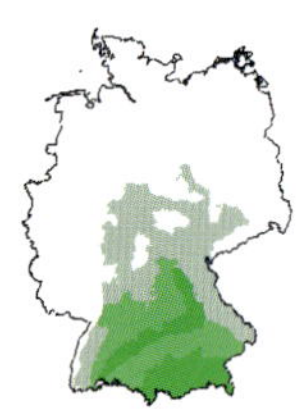

J F M A M J J A S O N D

Gentiana acaulis L.

Kiesel-Glocken-Enzian *Gentianaceae*
∗ K(5) [C(5) A5] G(2) RL 3 § BNatG b

Bis 10 cm hoch. PFLANZEN: mehrjährig. BLÜTENSTAND: **Stängel meist unverzweigt, 1-blütig**. BLÜTEN: **glockig-trichterförmig**, bläulich, **innen mit dunklen Punkten *und* grünlichen Flecken**. KRONE: mit deutlich entwickelter Kronröhre, faltig, 40–70 mm lang. SCHLUND: *nicht* behaart o. gefranst. KRONZIPFEL: kürzer als die Kronröhre. KELCHZIPFEL: **spatelig**, < 0,5-mal so lang wie die Kelchröhre. KELCHBUCHTEN: **abgerundet**. GRIFFEL: allmählich in den Fruchtknoten verschmälert. FRÜCHTE: Kapseln. STÄNGEL: basal meist mit sterilen Rosettentrieben, **mit grundständiger Blattrosette**. BLÄTTER: **am Rand glatt**. GRUNDBLÄTTER: größer als die Stängelblätter.

- einheimisch
- subalpin bis alpin
- Extensivgrünland u. Magerrasen, Schutt- u. Felsfluren, Zier- bzw. Nutzpflanze
- an nährstoffarmen, sauren Standorten

J F M A M J J A S O N D

Gentiana clusii E. P. Perrier & Songeon

Kalk-Glocken-Enzian *Gentianaceae*
∗ K(5) [C(5) A5] G(2) RL V § BNatG b

Bis 15 cm hoch. PFLANZEN: mehrjährig. BLÜTENSTAND: **Stängel meist unverzweigt, 1-blütig**. BLÜTEN: **glockig-trichterförmig**, bläulich, innen oft mit dunklen Punkten, *nicht* mit grünlichen Flecken. KRONE: mit deutlich entwickelter Kronröhre, faltig, 40–70 mm lang. SCHLUND: *nicht* behaart o. gefranst. KRONZIPFEL: kürzer als die Kronröhre. KELCHZIPFEL: **lanzettlich, > 0,5-mal so lang wie die Kelchröhre**. KELCHBUCHTEN: **spitz**. GRIFFEL: allmählich in den Fruchtknoten verschmälert. FRÜCHTE: Kapseln. STÄNGEL: basal meist mit sterilen Rosettentrieben, **mit grundständiger Blattrosette**. BLÄTTER: **am Rand etwas rau**. GRUNDBLÄTTER: **größer als die Stängelblätter**.

- einheimisch
- montan bis alpin
- Moore u. Seggenriede, Extensivgrünland u. Magerrasen, Wälder, Schutt- u. Felsfluren, Zier- bzw. Nutzpflanze
- an nährstoffarmen, kalkreichen Standorten

J F M A M J J A S O N D

Gentiana cruciata L.

Kreuz-Enzian *Gentianaceae*
∗ K(4) [C(4) A4] G(2) RL 2 § BNatG b

15–80 cm hoch. PFLANZEN: mehrjährig. BLÜTENSTAND: **Blüten am Stängelende kopfig gehäuft, darunter auch seitenständige Blüten, knäuelig**, in ährenartigem Gesamtblütenstand. BLÜTEN: **glockig-trichterförmig**, bläulich, **außen graugrün überlaufen**. KRONE: mit deutlich entwickelter Kronröhre, faltig. SCHLUND: *nicht* behaart o. gefranst. KRONZIPFEL: kürzer als die Kronröhre. GRIFFEL: allmählich in den Fruchtknoten verschmälert. FRÜCHTE: Kapseln. BLÄTTER: **gegenüberliegende kurz scheidig verwachsen**, 3–5-nervig.

- einheimisch
- collin bis montan
- Extensivgrünland u. Magerrasen, Staudenfluren, Gehölze, Wälder, Zier- bzw. Nutzpflanze
- an nährstoffarmen, basenreichen, meist trockenen Standorten

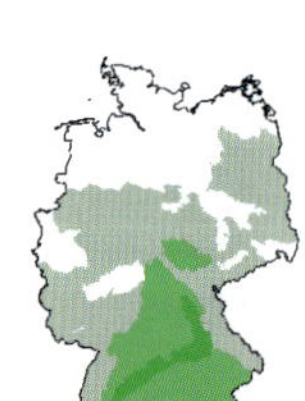

J F M A M J J A S O N D

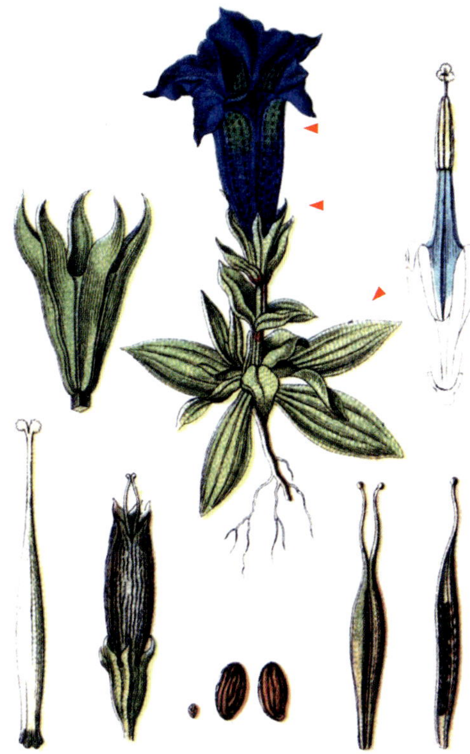

Gentiana lutea L.

Gelber Enzian *Gentianaceae*
∗ K(5) [C(5–9) A5] G(2) RL 3 § EG D, BNatG b

40–180 cm hoch. PFLANZEN: mehrjährig. BLÜTENSTAND: **knäuelig**, in ährenartigem Gesamtblütenstand. BLÜTEN: **offen ausgebreitet bis glockig-trichterförmig, gelblich**. KRONE: ***ohne* deutlich entwickelte Kronröhre**. KRONBLÄTTER: **nur basal verwachsen**. SCHLUND: *nicht* behaart o. gefranst. KELCH: **tief zerteilt**. GRIFFEL: allmählich in den Fruchtknoten verschmälert. FRÜCHTE: Kapseln. BLÄTTER: blau- bzw. graugrün, 5–9-nervig.

- einheimisch
- montan bis alpin
- Extensivgrünland u. Magerrasen, Staudenfluren, Gehölze, Wälder, Zier- bzw. Nutzpflanze
- an nährstoffarmen Standorten

J F M A **M J J A** S O N D

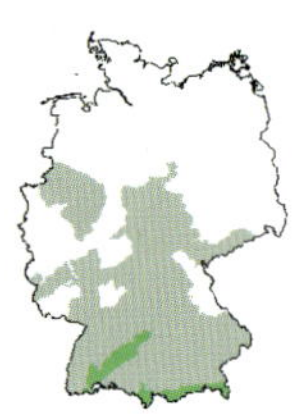

Gentiana pannonica Scop.

Ungarn-Enzian *Gentianaceae*
∗ K(5) [C(5–9) A5] G(2) § BNatG b

20–60 cm hoch. PFLANZEN: mehrjährig. BLÜTENSTAND: **Blüten am Stängelende kopfig gehäuft u. darunter einzeln o. wenigen in den Achseln der Laubblätter**. BLÜTEN: **glockig-trichterförmig, dunkelrot bis violett, innen basal oft gelblich**. KRONE: mit deutlich entwickelter Kronröhre, faltig. SCHLUND: *nicht* behaart o. gefranst. KRONZIPFEL: kürzer als die Kronröhre. KELCH: **5–8-zipfelig**. KELCHZIPFEL: **zurückgebogen**. GRIFFEL: allmählich in den Fruchtknoten verschmälert. FRÜCHTE: Kapseln. BLÄTTER: 5–9-nervig.

- einheimisch
- subalpin bis alpin
- Grünland, Staudenfluren, Gehölze, Schutt- u. Felsfluren, Zier- bzw. Nutzpflanze
- an nährstoffarmen, sauren Standorten

J F M A M **J J A S** O N D

Gentiana punctata L.

Tüpfel-Enzian *Gentianaceae*
∗ K(5) [C(5–9) A5] G(2) RL 3 § BNatG b

20–60 cm hoch. PFLANZEN: mehrjährig. BLÜTENSTAND: **Blüten am Stängelende kopfig gehäuft u. darunter einzeln o. wenigen in den Achseln der Laubblätter**. BLÜTEN: **glockig-trichterförmig, gräulich-gelb, dunkel punktiert**. KRONE: mit deutlich entwickelter Kronröhre, faltig. SCHLUND: *nicht* behaart o. gefranst. KRONZIPFEL: kürzer als die Kronröhre. KELCH: **5–8-zipfelig**. KELCHZIPFEL: **aufrecht**. GRIFFEL: allmählich in den Fruchtknoten verschmälert. FRÜCHTE: Kapseln. BLÄTTER: 5–9-nervig.

- einheimisch
- subalpin bis alpin
- Extensivgrünland u. Magerrasen, Zwergstrauchheiden, Zier- bzw. Nutzpflanze
- an nährstoffarmen, sauren Standorten

J F M A M **J J A** S O N D

Gentiana purpurea L.

Purpur-Enzian *Gentianaceae*
∗ K(5) [C(5–9) A5] G(2) RL R § BNatG b

25–60 cm hoch. PFLANZEN: mehrjährig. BLÜTENSTAND: **Blüten am Stängelende kopfig gehäuft u. darunter einzeln o. wenigen in den Achseln der Laubblätter**. BLÜTEN: **glockig-trichterförmig, violett, innen basal oft gelblich**. KRONE: mit deutlich entwickelter Kronröhre, faltig. SCHLUND: *nicht* behaart o. gefranst. KRONZIPFEL: kürzer als die Kronröhre. KELCH: **tief zerteilt, 2-zipfelig**. KELCHZIPFEL: **aufrecht**. GRIFFEL: allmählich in den Fruchtknoten verschmälert. FRÜCHTE: Kapseln. BLÄTTER: 5–9-nervig.

- einheimisch
- subalpin bis alpin
- Extensivgrünland u. Magerrasen, Zwergstrauchheiden, Staudenfluren, Gehölze, Schutt- u. Felsfluren, Zier- bzw. Nutzpflanze
- an nährstoffarmen, sauren Standorten

J F M A M **J J A S** O N D

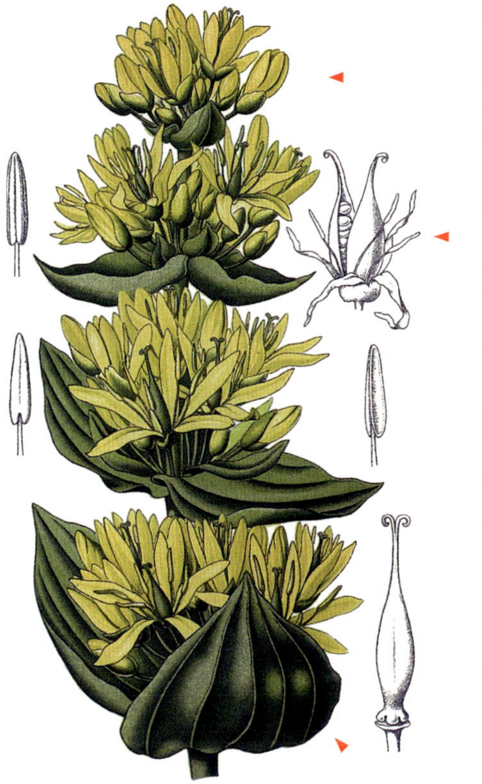

Gentiana asclepiadea L.

Schwalbenwurz-Enzian *Gentianaceae*
∗ K(5) [C(5) A5] G(2) § BNatG b

30–80 cm hoch. PFLANZEN: mehrjährig. BLÜTENSTAND: Blüten einzeln o. zu wenigen, in ährenartigem Gesamtblütenstand, oft einseitswendig, **Stängel mehrblütig**. BLÜTEN: **glockig-trichterförmig**, bläulich, **innen violett gezeichnet**. KRONE: mit deutlich entwickelter Kronröhre, faltig, 20–50 mm lang. SCHLUND: *nicht* behaart o. gefranst. KRONZIPFEL: kürzer als die Kronröhre. KELCHZIPFEL: **< 0,5-mal so lang wie die Kelchröhre**. GRIFFEL: allmählich in den Fruchtknoten verschmälert. FRÜCHTE: Kapseln, **geflügelt**. STÄNGEL: basal meist mit sterilen Rosettentrieben. BLÄTTER: **lanzettlich bis oval**, > 10 mm breit, 5-nervig.

- einheimisch
- collin bis subalpin
- Extensivgrünland u. Magerrasen, Staudenfluren, Gehölze, Wälder, Zier- bzw. Nutzpflanze
- an nährstoffarmen, basenreichen Standorten

J F M A M **J J A S O** N D

Gentiana pneumonanthe L.

Lungen-Enzian *Gentianaceae*
∗ K(5) [C(5) A5] G(2) RL 2 § BNatG b

15–50 cm hoch. PFLANZEN: mehrjährig. BLÜTENSTAND: Blüten einzeln o. zu wenigen, in ährenartigem Gesamtblütenstand, **Stängel mehrblütig**. BLÜTEN: **glockig-trichterförmig**, bläulich, **innen mit grünlich punktierten Streifen**. KRONE: mit deutlich entwickelter Kronröhre, faltig, 20–50 mm lang. SCHLUND: *nicht* behaart o. gefranst. KRONZIPFEL: kürzer als die Kronröhre. KELCHZIPFEL: **0,5–2-mal so lang wie die Kelchröhre**. GRIFFEL: allmählich in den Fruchtknoten verschmälert. FRÜCHTE: Kapseln, **ungeflügelt**. STÄNGEL: basal meist mit sterilen Rosettentrieben. BLÄTTER: **lineal bis lanzettlich**, < 10 mm breit, **1-nervig**.

- einheimisch
- planar bis montan
- Moore u. Seggenriede, Extensivgrünland u. Magerrasen, Zier- bzw. Nutzpflanze
- an nährstoffarmen Standorten

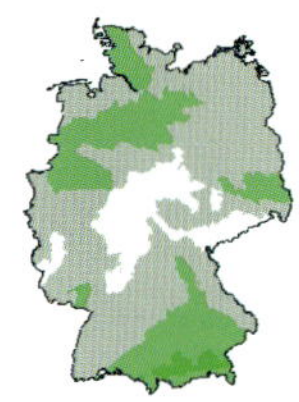

J F M A M **J J A S O** N D

Gentianella germanica agg.

Deutscher Kranzenzian *Gentianaceae*
∗ K(4–5) [C(4–5) A4–5] G(2) RL V § BNatG b

Bis 60 cm hoch. PFLANZEN: mehrjährig. BLÜTENSTAND: schirmförmig. BLÜTEN: rötlich bis violett. BLÜTENHÜLLE: **je Kreis überwiegend 5-blättrig**. KRONE: mit deutlich entwickelter Kronröhre, 18–40 mm lang. SCHLUND: **abstehend behaart**. KELCHBLÄTTER: im unteren Viertel miteinander verwachsen. KELCHZIPFEL: alle gleich gestaltet, länger als die Kelchröhre. FRUCHTKNOTEN: **bis 6 mm lang gestielt**. GRIFFEL: allmählich in den Fruchtknoten verschmälert. FRÜCHTE: Kapseln.

In Deutschland kommen 4 Arten der Artengruppe *Gentianella germanica* agg. vor: *G. germanica*, *G. aspera*, *G. lutescens* und *G. praecox* (vgl. S. 1434).

- einheimisch
- collin bis alpin
- Extensivgrünland u. Magerrasen, Zwergstrauchheiden, Schutt- u. Felsfluren, Zier- bzw. Nutzpflanze

J F M **A M J J A S O** N D

Gentianella amarella (L.) Börner

Bitterer Kranzenzian *Gentianaceae*
∗ K(4–5) [C(4–5) A4–5] G(2) RL 2 § BNatG b

Bis 50 cm hoch. PFLANZEN: **1-jährig**. BLÜTEN: rötlich-violett, selten gelblich-weißlich. BLÜTENHÜLLE: **je Kreis überwiegend 5-blättrig**. KRONE: mit deutlich entwickelter Kronröhre, 8–20 mm lang. SCHLUND: **abstehend behaart**. KELCHBLÄTTER: im unteren Viertel miteinander verwachsen. KELCHZIPFEL: alle gleich gestaltet, länger als die Kelchröhre. KELCHBUCHTEN: **spitz**. FRUCHTKNOTEN: **ungestielt**. GRIFFEL: allmählich in den Fruchtknoten verschmälert. FRÜCHTE: Kapseln, ungestielt. KEIMBLÄTTER: **zur Blütezeit verwelkt**.

- einheimisch
- planar bis montan
- Moore u. Seggenriede, Extensivgrünland u. Magerrasen, Zier- bzw. Nutzpflanze
- an nährstoffarmen, basenreichen Standorten

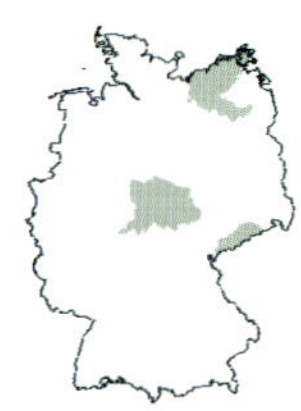

J F M A M **J J A S O** N D

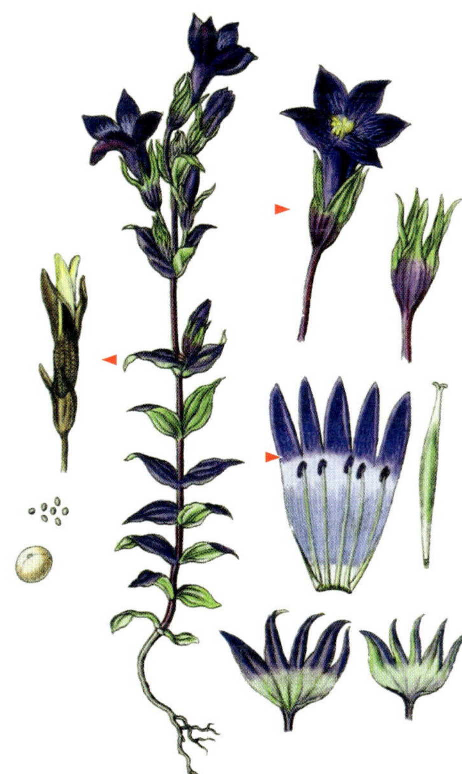

Gentianella uliginosa (Willd.) Börner

Sumpf-Kranzenzian *Gentianaceae*
∗ K(4–5) [C(4–5) A4–5] G(2) RL 1 § BNatG b

Bis 20 cm hoch. Pflanzen: **meist 2-jährig**. Blüten: rötlich-violett, selten gelblich-weißlich. Blütenhülle: **je Kreis überwiegend 5-blättrig**. Krone: mit deutlich entwickelter Kronröhre, 8–20 mm lang. Schlund: **abstehend behaart**. Kelchblätter: im unteren Viertel miteinander verwachsen. Kelchzipfel: alle gleich gestaltet, länger als die Kelchröhre. Kelchbuchten: **spitz**. Fruchtknoten: **ungestielt**. Griffel: allmählich in den Fruchtknoten verschmälert. Früchte: Kapseln. Keimblätter: **zur Blütezeit noch vorhanden**.

- einheimisch
- planar
- Moore u. Seggenriede, Extensivgrünland u. Magerrasen, Dünentäler
- an nährstoffarmen, basenreichen Standorten

J F M A M J **J A S O** N D

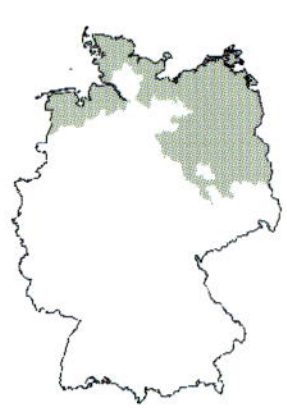

Gentianella campestris (L.) Börner

Feld-Kranzenzian *Gentianaceae*
∗ K(4–5) [C(4–5) A4–5] G(2) RL 3 § BNatG b

Bis 40 cm hoch. Pflanzen: meist mehrjährig. Blüten: rötlich bis violett. Blütenhülle: **je Kreis überwiegend 4-blättrig**. Krone: mit deutlich entwickelter Kronröhre, **15–30 mm lang**. Schlund: **abstehend behaart**. Kelchblätter: im unteren Viertel miteinander verwachsen. Kelchzipfel: **die äußeren viel breiter als die inneren**, länger als die Kelchröhre. Griffel: allmählich in den Fruchtknoten verschmälert. Früchte: Kapseln.

- einheimisch
- planar bis alpin
- Extensivgrünland u. Magerrasen, Zwergstrauchheiden, Wälder, Zier- bzw. Nutzpflanze
- an nährstoffarmen Standorten

J F M **A M J J A S O** N D

Gentianella ciliata (L.) Borkh.

Fransenenzian *Gentianaceae*
∗ K(4) [C(4) A4] G(2) RL V § BNatG b

Bis 40 cm hoch. Pflanzen: meist mehrjährig. Blütenstand: **endständig**. Blüten: bläulich. Blütenhülle: **je Kreis 4-blättrig**. Krone: mit deutlich entwickelter Kronröhre, 25–55 mm lang. Schlund: **lang gefranst**. Kelchblätter: im unteren Viertel miteinander verwachsen. Griffel: allmählich in den Fruchtknoten verschmälert, **kurz bis fehlend**. Früchte: Kapseln.

- einheimisch
- collin bis subalpin
- Extensivgrünland u. Magerrasen, Schutt- u. Felsfluren
- an nährstoffarmen, basenreichen, meist trockenen Standorten

J F M A M J **J A S O** N D

Gentianella tenella (Rottb.) Börner

Zarter Haarschlund *Gentianaceae*
∗ K(4) [C(4) A4] G(2) RL R § BNatG b

Bis 15 cm hoch. Pflanzen: **1-jährig**. Blüten: **meist einzeln, stieltellerförmig, gräulich-violett**. Blütenhülle: **je Kreis meist 4-blättrig, selten 5-blättrig**. Krone: mit deutlich entwickelter Kronröhre. Schlund: **abstehend behaart**. Kelchblätter: ± vollständig geteilt. Kelchzipfel: länger als die Kelchröhre. Griffel: allmählich in den Fruchtknoten verschmälert. Früchte: Kapseln.

- einheimisch
- subalpin bis alpin
- Grünland, Schutt- u. Felsfluren, Zier- bzw. Nutzpflanze
- an nährstoffarmen Standorten

J F M A M J **J A S** O N D

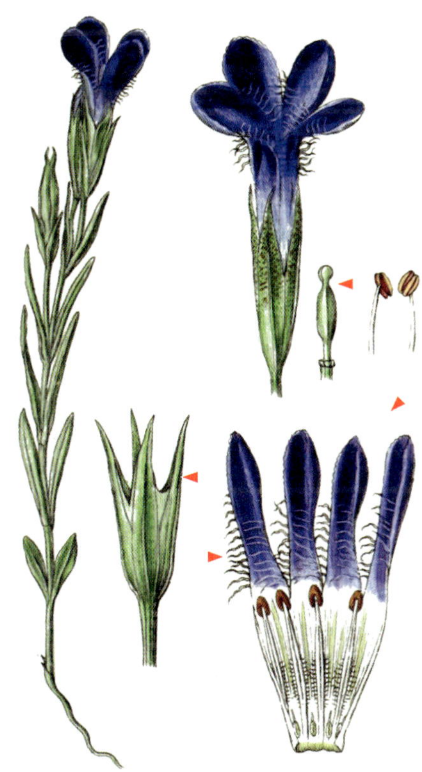

Lomatogonium carinthiacum (Wulfen) Rchb.

Kärntner Saumnarbe *Gentianaceae*
∗ K(5) [C(5) A5] G(2) RL R § BNatG b

Bis 15 cm hoch. Pflanzen: **1-jährig**. Blüten: **lang gestielt, offen ausgebreitet, hellblau bis weißlich**. Perigonblätter: zumindest basal verwachsen. Krone: ***ohne* deutlich entwickelte Kronröhre**, 10–18 mm ⌀. Kronblätter: **basal mit 2 gefransten Nektardrüsen**. Schlund: *nicht* behaart o. gefranst. Kelch: **tief 5-teilig**. Kelchblätter: zumindest basal verwachsen. Griffel: allmählich in den Fruchtknoten verschmälert, **kurz bis fehlend**. Narben: **am Griffel herablaufend**. Früchte: Kapseln. Stängel: **auch unten verzweigt**.

- einheimisch
- subalpin bis alpin
- trockenfallende Ufer, Extensivgrünland u. Magerrasen, Staudenfluren, Schutt- u. Felsfluren
- an nährstoffarmen Standorten

J F M A M J **J A S** O N D

Swertia perennis L.

Blauer Tarant *Gentianaceae*
∗ K(5) [C(5) A5] G(2) RL 2 § BNatG b

Bis 60 cm hoch. Pflanzen: **mehrjährig**. Blütenstand: **trauben- bis rispenartig**. Blüten: **offen ausgebreitet, bläulich bis violett**. Blütenstiele: (undeutlich) 4-kantig geflügelt. Perigonblätter: basal verwachsen. Krone: ***ohne* deutlich entwickelte Kronröhre**, 8–18 mm ⌀. Kronblätter: **basal mit 2 gefransten Nektardrüsen**. Schlund: *nicht* behaart o. gefranst. Kelch: **tief 5-teilig**. Griffel: allmählich in den Fruchtknoten verschmälert, **kurz bis fehlend**. Früchte: Kapseln. Stängel: **unverzweigt**.

- einheimisch
- collin bis montan
- Moore u. Seggenriede, Extensivgrünland u. Magerrasen, Zier- bzw. Nutzpflanze
- an nährstoffarmen, kalkreichen, nassen, zuweilen überfluteten Standorten

J F M A **M J J A** S O N D

Asclepias syriaca L.

Echte Seidenpflanze *Apocynaceae*
∗ K(5) C(5) A5 G2 giftig § IAS

80–200 cm hoch. Blütenstand: **doldenartig**. Blüten: **rötlich bis violett**. Kronzipfel: **zurückgeschlagen**. Staubbeutel: **eine Nebenkrone ausbildend**. Fruchtblätter: ± frei, distal zu einem Griffel- u. Narbenkopf verklebt. Fruchtknoten: mit Nektardrüsen in den 5 Falten des Griffelkopfes. Narben: am Ende des Griffels. Früchte: 2 Balgfrüchte, **mit weichen Stacheln**. Samen: **mit langem Haarschopf**. Stängel: aufrecht. Blattstellung: quirlig *oder* gegenständig. Blätter: sitzend, sommergrün, länglich bis oval.

- eingebürgerter Neophyt, urspr. aus Nordamerika
- planar bis collin
- Staudenfluren, Ruderalvegetation, Zier- bzw. Nutzpflanze

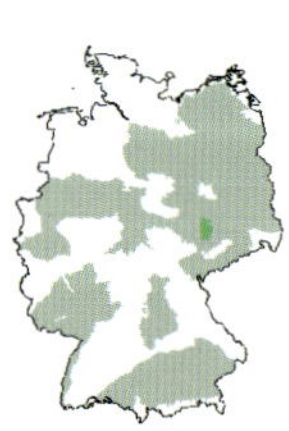

J F M A **M J J A** S O N D

Vinca major L.

Großes Immergrün *Apocynaceae*
∗ K(5) C(5) A5 G2 giftig

10–40 cm hoch. Pflanzen: mit klarem Milchsaft. Blüten: einzeln, lang gestielt, **mit ± schief gestellten Kronblattzipfeln**, bläulich bis violett. Krone: **30–60 mm ⌀**. Kelchblätter: **am Rand bewimpert**. Fruchtblätter: ± frei, distal zu einem Griffel- u. Narbenkopf verklebt. Fruchtknoten: basal mit 2 Nektardrüsen. Narben: ringförmig unterhalb des Griffelendes. Früchte: 2 Balgfrüchte. Stängel: **verholzend**, niederliegend. Blattstellung: gegenständig. Blätter: immergrün, **oval, basal abgerundet bis (schwach) ausgerandet, am Rand bewimpert**, ganzrandig.

- eingebürgerter Neophyt, urspr. aus dem Mittelmeergebiet u. Westasien
- planar bis montan
- Gehölze, Wälder, Zier- bzw. Nutzpflanze

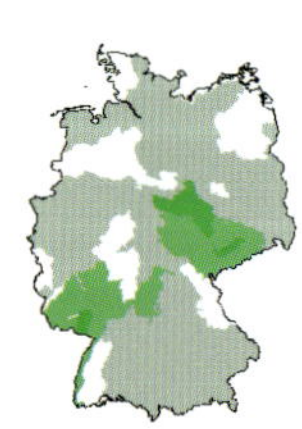

J F **M A M J J** A S O N D

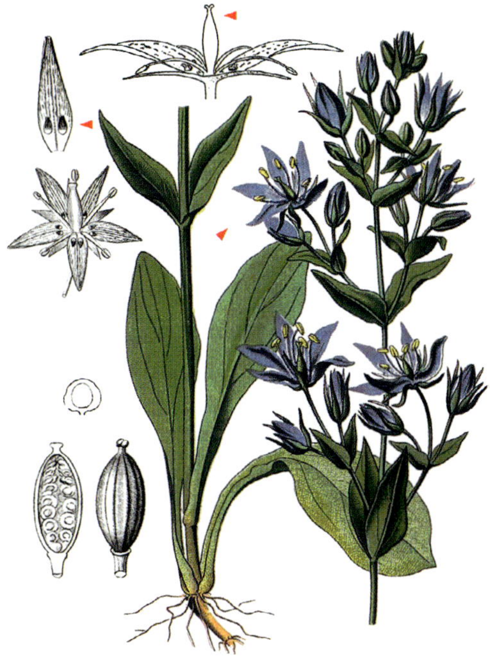

Vinca minor L.

Kleines Immergrün *Apocynaceae*
⁎ K(5) C(5) A5 G2 giftig

10–20 cm hoch. Pflanzen: mit klarem Milchsaft. Blüten: einzeln, lang gestielt, **mit schief gestellten Kronblattzipfeln**, bläulich bis violett. Krone: **20–35 mm ⌀**. Kelchblätter: **kahl**. Fruchtblätter: ± frei, distal zu einem Griffel- u. Narbenkopf verklebt. Fruchtknoten: basal mit 2 Nektardrüsen. Narben: ringförmig unterhalb des Griffelendes. Früchte: 2 Balgfrüchte. Stängel: **verholzend**, niederliegend. Blattstellung: gegenständig. Blätter: immergrün, **lanzettlich bis oval**, **basal verschmälert**, **kahl**, ganzrandig.

- Archaeophyt
- planar bis montan
- Gehölze, Wälder, Zier- bzw. Nutzpflanze

J F M A M J J A S O N D

Vincetoxicum hirundinaria Medik.

Weiße Schwalbenwurz *Apocynaceae*
⁎ K(5) C(5) A5 G2 giftig

25–120 cm hoch. Blüten: **weißlich bis gelblich**, basal grünlich. Kronzipfel: **schüsselförmig bis radförmig ausgebreitet**. Staubbeutel: **eine Nebenkrone ausbildend**. Fruchtblätter: ± frei, distal zu einem Griffel- u. Narbenkopf verklebt. Fruchtknoten: mit Nektardrüsen in den 5 Falten des Griffelkopfes. Narben: am Ende des Griffels. Früchte: 2 Balgfrüchte. Samen: **mit langem Haarschopf**. Stängel: aufrecht. Blattstellung: meist gegenständig, selten quirlig. Blätter: gestielt, sommergrün, oval bis 3-eckig.

- einheimisch
- planar bis montan
- Extensivgrünland u. Magerrasen, Staudenfluren, Gehölze, Wälder, Schutt- u. Felsfluren, Zier- bzw. Nutzpflanze
- an nährstoffarmen, meist trockenen Standorten

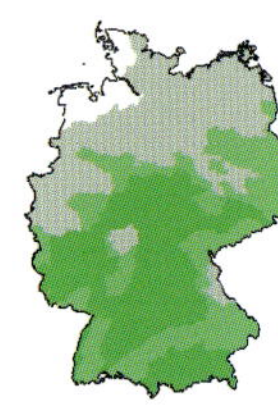

J F M A M J J A S O N D

Aegonychon purpurocaeruleum (L.) Holub

Purpurblaue Rindszunge *Boraginaceae*
⁎ K(5) [C(5) A5] G(2) RL V

30–60 cm hoch. Pflanzen: rau behaart. Blüten: **bläulich bis rötlich**. Krone: **12–20 mm lang, 10–18 mm ⌀**. Kronröhre: **mit Haarstreifen auf der Innenseite**. Schlundschuppen: **fehlen**. Kelchzipfel: lineal-lanzettlich, > **4-mal so lang wie die Kelchröhre**. Früchte: in 4 nussähnliche Teilfrüchte zerfallend. Teilfrüchte: **weißlich, glänzend**. Ausläufer: oberirdisch, mit Laubblättern. Blätter: länglich bis lanzettlich; unterseits: meist mit 1 Hauptnerv u. Seitennerven.

- einheimisch
- planar bis montan
- Gehölze, Wälder, Zier- bzw. Nutzpflanze
- an basenreichen Standorten

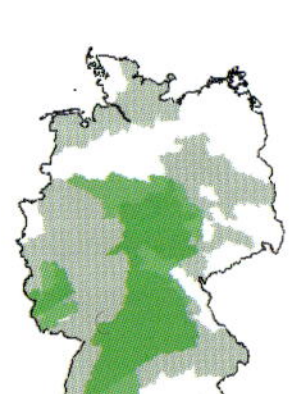

J F M A M J J A S O N D

Buglossoides arvensis (L.) I. M. Johnst.

Acker-Rindszunge *Boraginaceae*
⁎ K(5) [C(5) A5] G(2) RL V

Bis 60 cm hoch. Pflanzen: rau behaart. Blüten: **meist weißlich**. Krone: **4–10 mm lang, 3–6 mm ⌀**. Kronröhre: **mit Haarstreifen auf der Innenseite**. Schlundschuppen: **fehlen**. Kelchzipfel: lineal-lanzettlich, > **4-mal so lang wie die Kelchröhre**. Fruchtstiele: **aufrecht-abstehend, dünn**. Früchte: in 4 nussähnliche Teilfrüchte zerfallend. Teilfrüchte: **bräunlich**, matt. Stängel: unverzweigt *oder* nur in der distalen Hälfte verzweigt, locker beblättert. Blätter: länglich bis lanzettlich; unterseits: 1-nervig.

- Archaeophyt
- planar bis montan
- Staudenfluren, Äcker, Ruderalvegetation, Zier- bzw. Nutzpflanze
- an kalkreichen Standorten

J F M A M J J A S O N D

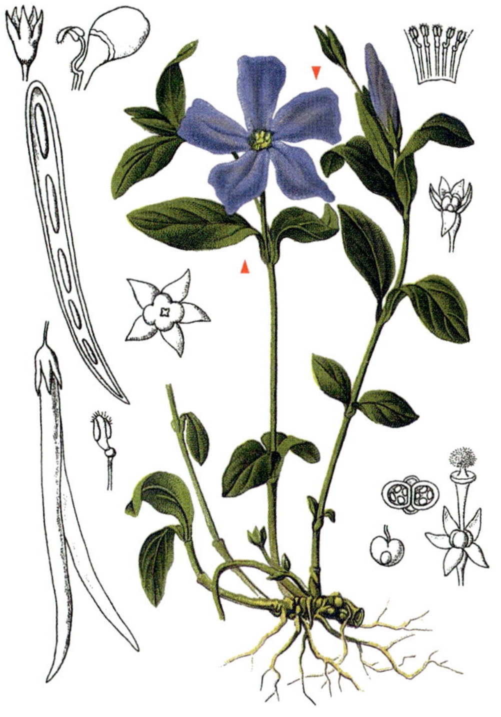

Buglossoides incrassata (Guss.) I. M. Johnst.

Dickstielige Rindszunge *Boraginaceae*
∗ K(5) [C(5) A5] G(2) RL 3

Bis 60 cm hoch. Pflanzen: rau behaart. Blüten: **meist bläulich**. Krone: **4–10 mm lang, 3–6 mm ⌀**. Kronröhre: **mit Haarstreifen auf der Innenseite**. Schlundschuppen: fehlen. Kelchzipfel: lineal-lanzettlich, > **4-mal so lang wie die Kelchröhre**. Fruchtstiele: **der Blütenstandsachse anliegend, verdickt**. Früchte: in 4 nussähnliche Teilfrüchte zerfallend. Teilfrüchte: **bräunlich**, matt, 2–4 mm lang. Stängel: auch unten verzweigt. Blätter: länglich bis lanzettlich; unterseits: 1-nervig.

- einheimisch
- planar bis collin
- Extensivgrünland u. Magerrasen, Wälder, Äcker, Ruderalvegetation

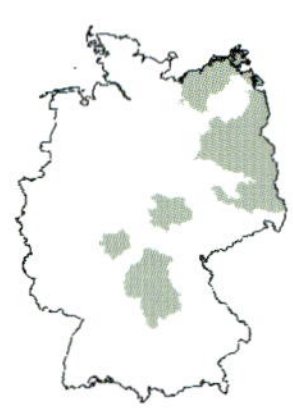

J F **M A M J** J A S O N D

Cerinthe glabra Mill.

Alpen-Wachsblume *Boraginaceae*
∗ K(5) [C(5) A5] G(2)

30–60 cm hoch. Pflanzen: **blau- bis graugrün**, kahl. Blütenstand: wickelartig, meist überhängend. Blüten: langröhrig, **gelblich**, zuweilen rötlich bis bräunlich gezeichnet. Krone: 8–13 mm lang. Kronzipfel: **zurückgebogen, oval, < 0,5-mal so lang wie die Kronröhre, abgerundet**. Schlundschuppen: fehlen. Fruchtknoten: zur Blütezeit 2-teilig. Früchte: in 2 je 2-samige, nussähnliche Teilfrüchte zerfallend. Blätter: ***nicht* weißlich gefleckt**. obere Stängelblätter: (halb-) stängelumfassend.

- einheimisch
- subalpin bis alpin
- Staudenfluren, Schutt- u. Felsfluren
- an nährstoffreichen, basenreichen Standorten

J F M **A M J J A** S O N D

Cerinthe minor L.

Kleine Wachsblume *Boraginaceae*
∗ K(5) [C(5) A5] G(2) RL 3

15–60 cm hoch. Pflanzen: **blau- bis graugrün**, kahl. Blütenstand: wickelartig, meist überhängend. Blüten: langröhrig, **hellgelb**, zuweilen rötlich bis bräunlich gezeichnet. Krone: 9–16 mm lang. Kronzipfel: **aufrecht bis zusammenneigend, länglich-lanzettlich, 0,25–1,5-mal so lang wie die Kronröhre, spitz**. Schlundschuppen: fehlen. Fruchtknoten: zur Blütezeit 2-teilig. Früchte: in 2 je 2-samige, nussähnliche Teilfrüchte zerfallend. Blätter: **oft weißlich gefleckt**. obere Stängelblätter: (halb-) stängelumfassend.

- Archaeophyt
- planar bis montan
- Staudenfluren, Schutt- u. Felsfluren, Äcker, Ruderalvegetation, Zier- bzw. Nutzpflanze
- an basenreichen Standorten

J F M **A M J J A** S O N D

Echium vulgare L.

Gewöhnlicher Natternkopf *Boraginaceae*
↓ K(5) [C(5) A5] G(2)

25–140 cm hoch. Pflanzen: rau behaart. Blüten: schwach zygomorph, **Kronzipfel etwas verschieden gestaltet, Blüte dadurch schwach zygomorph, bläulich bis rötlich-violett**. Krone: **15–40 mm lang**. Schlundschuppen: **fehlen**. Staubblätter: gebogen, **aus der Kronröhre ragend**. Früchte: in 4 nussähnliche Teilfrüchte zerfallend.

- Archaeophyt
- planar bis montan
- Grünland, Staudenfluren, Ruderalvegetation, Zier- bzw. Nutzpflanze
- an basenreichen Standorten

J F M **A M J J A** S O N D

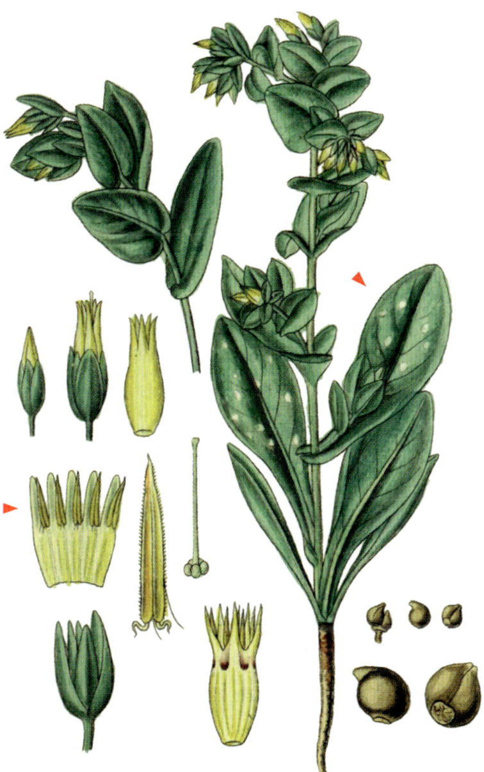

Lithospermum officinale L.

Echter Steinsame *Boraginaceae*
∗ K(5) [C(5) A5] G(2) RL V

20–120 cm hoch. Pflanzen: rau behaart. Blüten: **grünlich bis gelblich *oder* weißlich**. Krone: **4–10 mm lang**. Schlundschuppen: **als behaarte Leisten o. Falten ausgebildet**, < 2-mal so lang wie breit. Kelchzipfel: lineal-lanzettlich, > **4-mal so lang wie die Kelchröhre**. Früchte: in 4 nussähnliche Teilfrüchte zerfallend. Teilfrüchte: **weißlich, glänzend**. Stängel: auch unten verzweigt, dicht beblättert. Blätter: länglich bis oval.

- einheimisch
- planar bis montan
- Grünland, Staudenfluren, Gehölze, Wälder, Schutt- u. Felsfluren, Ruderalvegetation, Zier- bzw. Nutzpflanze
- an basenreichen Standorten

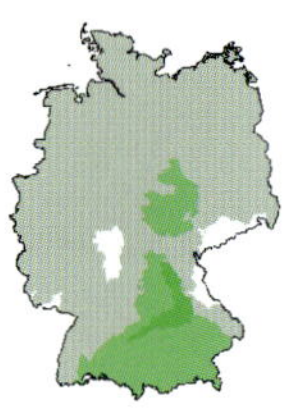

J F M **A M J J A** S O N D

Onosma arenaria Waldst. & Kit.

Sand-Lotwurz *Boraginaceae*
∗ K(5) [C(5) A5] G(2) RL 1 § BNatG s

30–50 cm hoch. Pflanzen: rau behaart. Blütenstand: wickelartig, meist überhängend. Blüten: **langröhrig, gelblich**. Krone: 12–20 mm ⌀. Schlundschuppen: **fehlen**. Fruchtstiele: **aufrecht**. Früchte: in 4 nussähnliche Teilfrüchte zerfallend. Stängel: **basal mit sterilen Rosettentrieben**. Blätter: länglich bis lanzettlich.

- einheimisch
- planar bis collin
- Extensivgrünland u. Magerrasen, Gehölze, Wälder, Schutt- u. Felsfluren
- an nährstoffarmen, kalkreichen, meist trockenen Standorten

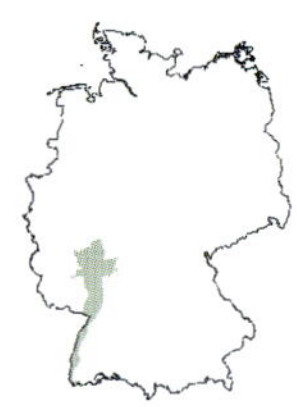

J F M **A M J** J A S O N D

Anchusa azurea Mill.

Italienische Ochsenzunge *Boraginaceae*
∗ K(5) [C(5) A5] G(2) giftig

50–150 cm hoch. Blütenstand: wickelartig, dichtblütig. Blüten: langröhrig, bläulich; Schlundschuppen weißlich. Krone: 10–20 mm ⌀. Kronröhre: **gerade**. Schlund: geschlossen. Schlundschuppen: **länglich**, < 2-mal so lang wie breit, distal abgerundet, **mit langen Haaren**. Kelchzipfel: > **4-mal so lang wie die Kelchröhre**. Früchte: in 4 nussähnliche Teilfrüchte zerfallend. Blätter: lanzettlich, *nicht* gewellt, **ganzrandig**.

- in Einbürgerung befindlicher Neophyt, urspr. aus dem Mittelmeergebiet u. Westasien
- planar bis collin
- Staudenfluren, Ruderalvegetation, Zier- bzw. Nutzpflanze
- an trockenen Standorten

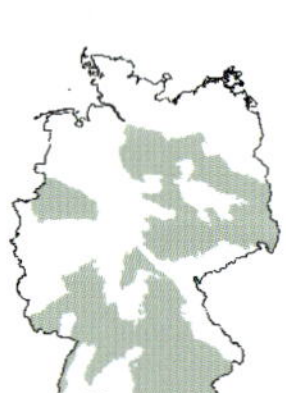

J F M **A M J J A S O** N D

Anchusa officinalis L.

Gebräuchliche Ochsenzunge *Boraginaceae*
∗ K(5) [C(5) A5] G(2) giftig RL V

30–80 cm hoch. Blütenstand: wickelartig, dichtblütig. Blüten: glockig-trichterförmig bis langröhrig, bläulich bis rötlich; Schlundschuppen weißlich. Kronröhre: **gerade**. Schlund: geschlossen. Kronzipfel: 0,25–1-mal so lang wie die Kronröhre. Schlundschuppen: **3-eckig bis oval**, < 2-mal so lang wie breit, distal abgerundet, **papillös bis samtig behaart**. Kelchzipfel: **0,5–4-mal so lang wie die Kelchröhre**. Früchte: in 4 nussähnliche Teilfrüchte zerfallend. Blätter: lanzettlich, *nicht* gewellt, **ganzrandig**.

- Archaeophyt
- planar bis montan
- Staudenfluren, Ruderalvegetation, Zier- bzw. Nutzpflanze
- meist an trockenen Standorten

J F M **A M J J A S** O N D

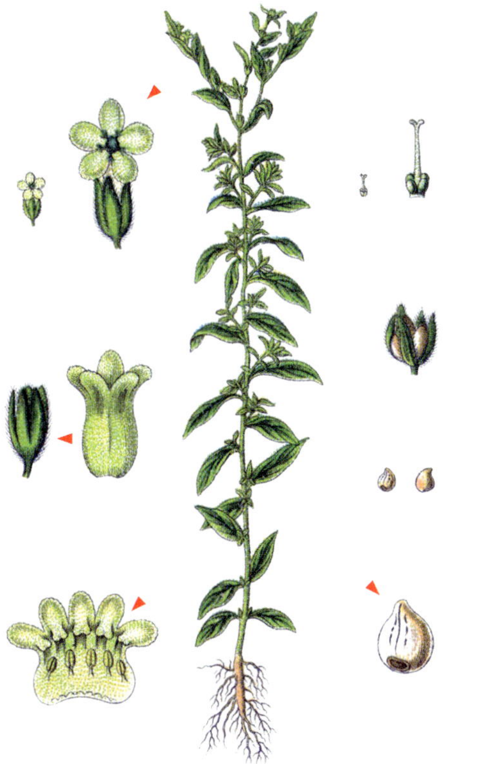

Borago officinalis L.

Boretsch *Boraginaceae*
∗ K(5) [C(5) A5] G(2)

15–60 cm hoch. BLÜTEN: **meist bläulich**, Zuchtformen auch weißlich. KRONRÖHRE: **kurz bis fehlend**, **< 3 mm lang**. KRONZIPFEL: **schmal 3-eckig**, länger als die Kronröhre, **spitz**. SCHLUNDSCHUPPEN: **kahl**. STAUBBLÄTTER: **kegelförmig zusammenneigend**. STAUBFÄDEN: **mit nebenkronenartigem Anhängsel**. STAUBBEUTEL: länger als die Kronröhre. FRÜCHTE: in 4 nussähnliche Teilfrüchte zerfallend. GRUNDBLÄTTER: gestielt, basal verschmälert.

- in Einbürgerung befindlicher Neophyt, urspr. aus dem Mittelmeergebiet u. Westasien
- planar bis montan
- Staudenfluren, Ruderalvegetation, Zier- bzw. Nutzpflanze

J F M A **M J J A** S O N D

Lycopsis arvensis L.

Acker-Ochsenzunge *Boraginaceae*
↓ K(5) [C(5) A5] G(2) giftig

20–60 cm hoch. BLÜTENSTAND: wickelartig, dichtblütig. BLÜTEN: **schwach zygomorph**, langröhrig, **hellblau**; **Schlundschuppen weißlich**; **Kronröhre weißlich**. KRONE: 6–14 mm lang. KRONRÖHRE: **gebogen**, 3–12 mm lang. SCHLUND: geschlossen. KRONZIPFEL: 0,25–1-mal so lang wie die Kronröhre. SCHLUNDSCHUPPEN: < 2-mal so lang wie breit, distal abgerundet, behaart. FRÜCHTE: in 4 nussähnliche Teilfrüchte zerfallend. BLÄTTER: länglich bis lanzettlich, **stark gewellt**, **am Rand gezähnt**.

- Archaeophyt
- planar bis montan
- Staudenfluren, Äcker, Ruderalvegetation, Zier- bzw. Nutzpflanze

J F M **A M J J A S O** N D

Nonea pulla DC.

Braunes Mönchskraut *Boraginaceae*
∗ K(5) [C(5) A5] G(2) RL 3

20–50 cm hoch. BLÜTEN: **dunkel rötlich-violett bis bräunlich**. SCHLUNDSCHUPPEN: **als behaarte Leisten o. Falten ausgebildet**, < 2-mal so lang wie breit. KELCH: **im QS kantig**. KELCHZIPFEL: breit oval bis 3-eckig, 0,25–1-mal so lang wie die Kelchröhre. FRUCHTKELCH: **meist auffallend vergrößert**. FRÜCHTE: in 4 nussähnliche Teilfrüchte zerfallend. TEILFRÜCHTE: **gerippt**.

- einheimisch
- planar bis collin
- Grünland, Äcker, Ruderalvegetation, Zier- bzw. Nutzpflanze
- an nährstoffarmen, kalkreichen, meist trockenen Standorten

J F M **A M J J A** S O N D

Pulmonaria mollis agg.

Weiches Lungenkraut *Boraginaceae*
∗ K(5) [C(5) A5] G(2) RL 3 § BNatG b

10–40 cm hoch. BLÜTENSTAND: **oft drüsig-klebrig behaart**. BLÜTEN: rötlich, bläulich o. violett. SCHLUNDSCHUPPEN: als behaarte Leisten o. Falten ausgebildet, < 2-mal so lang wie breit. KELCH: im QS rundlich. KELCHZIPFEL: breit oval bis 3-eckig, 0,25–1-mal so lang wie die Kelchröhre. FRUCHTKELCH: vergrößert. FRÜCHTE: in 4 nussähnliche Teilfrüchte zerfallend. TEILFRÜCHTE: glatt. GRUNDBLÄTTER: ***nicht* gefleckt**, **breit-lanzettlich bis länglich-oval**, **> 5 cm breit**, **3–6-mal so lang wie breit**, allmählich in den Stiel verschmälert, behaart, *ohne* Stachelborsten.

In Deutschland kommen 3 Arten der Artengruppe *Pulmonaria mollis* agg. vor: *P. mollis*, *P. collina* und *P. montana* (vgl. S. 1435).

- einheimisch
- collin bis montan
- Staudenfluren, Gehölze, Wälder, Zier- bzw. Nutzpflanze
- an basenreichen Standorten

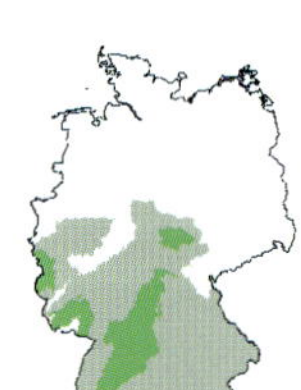

J **F M A M** J J A S O N D

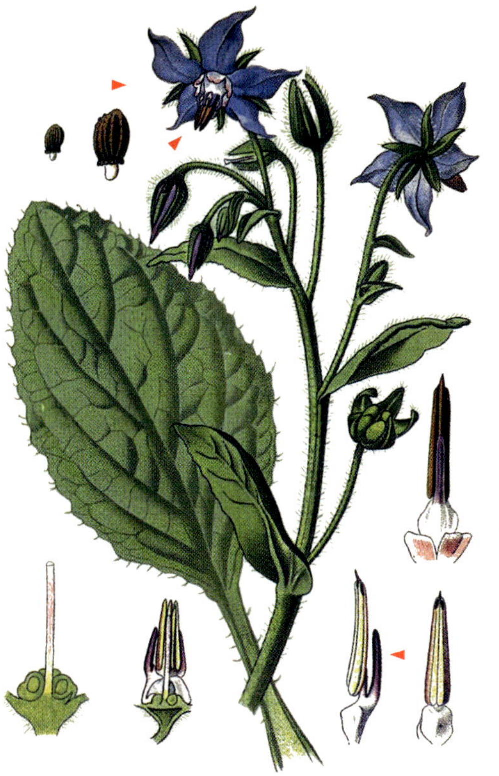

Pulmonaria angustifolia L.

Schmalblättriges Lungenkraut *Boraginaceae*
* K(5) [C(5) A5] G(2) RL 2 § BNatG b

10–30 cm hoch. BLÜTEN: rötlich, bläulich o. violett. SCHLUNDSCHUPPEN: als behaarte Leisten o. Falten ausgebildet, < 2-mal so lang wie breit. KELCH: im QS rundlich. KELCHZIPFEL: breit oval bis 3-eckig, 0,25–1-mal so lang wie die Kelchröhre. FRUCHTKELCH: vergrößert. FRÜCHTE: in 4 nussähnliche Teilfrüchte zerfallend. TEILFRÜCHTE: glatt. GRUNDBLÄTTER: **schmal-lanzettlich, < 5 cm breit, > 6-mal so lang wie breit**, allmählich in den Stiel verschmälert, **weich behaart**, *ohne* Stachelborsten.

- einheimisch
- planar bis montan
- Gehölze, Wälder, Zier- bzw. Nutzpflanze

J F M A M J J A S O N D

Pulmonaria obscura Dumort.

Dunkles Lungenkraut *Boraginaceae*
* K(5) [C(5) A5] G(2)

10–30 cm hoch. BLÜTEN: rötlich, bläulich o. violett. SCHLUNDSCHUPPEN: als behaarte Leisten o. Falten ausgebildet, < 2-mal so lang wie breit. KELCH: > 2,5-mal so lang wie breit. KELCHZIPFEL: breit oval bis 3-eckig, 0,25–1-mal so lang wie die Kelchröhre. FRUCHTKELCH: vergrößert. FRÜCHTE: in 4 nussähnliche Teilfrüchte zerfallend. TEILFRÜCHTE: glatt. GRUNDBLÄTTER: **selten überwinternd, Stiele meist länger als die Spreite, meist weich, dunkelgrün**, ungefleckt *oder* grünlich gefleckt, **oval bis herzförmig, > 5 cm breit, plötzlich in den Stiel übergehend, mit kleinen Stachelborsten auf der Oberseite**.

- einheimisch
- planar bis montan
- Wälder, Zier- bzw. Nutzpflanze
- an basenreichen Standorten

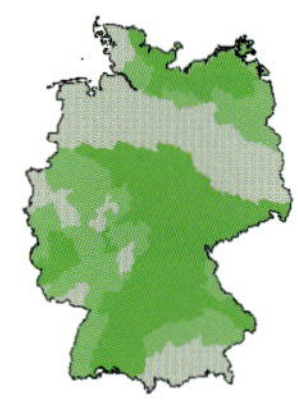

J F M A M J J A S O N D

Pulmonaria officinalis L.

Geflecktes Lungenkraut *Boraginaceae*
* K(5) [C(5) A5] G(2)

10–30 cm hoch. BLÜTEN: rötlich, bläulich o. violett. SCHLUNDSCHUPPEN: als behaarte Leisten o. Falten ausgebildet, < 2-mal so lang wie breit. KELCH: < 2,5-mal so lang wie breit. KELCHZIPFEL: breit oval bis 3-eckig, 0,25–1-mal so lang wie die Kelchröhre. FRUCHTKELCH: vergrößert. FRÜCHTE: in 4 nussähnliche Teilfrüchte zerfallend. TEILFRÜCHTE: glatt. GRUNDBLÄTTER: **oft überwinternd, Stiele meist kürzer als die Spreite, meist derb, frischgrün, meist weißlich gefleckt, oval bis herzförmig, > 5 cm breit, plötzlich in den Stiel übergehend, mit kleinen Stachelborsten auf der Oberseite**.

- einheimisch
- planar bis montan
- Gehölze, Wälder, Zier- bzw. Nutzpflanze
- an basenreichen Standorten

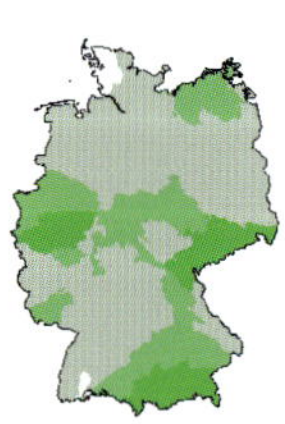

J F M A M J J A S O N D

Symphytum bulbosum K. F. Schimp.

Knollen-Beinwell *Boraginaceae*
* K(5) [C(5) A5] G(2)

25–50 cm hoch. BLÜTENSTAND: wickelartig, meist überhängend. BLÜTEN: glockig-trichterförmig bis langröhrig, **weißlich-gelblich**. KRONZIPFEL: < 0,25-mal so lang wie die Kronröhre. SCHLUNDSCHUPPEN: schmal-lanzettlich, **die Kronzipfel überragend**, > 2-mal so lang wie breit, spitz, behaart. STAUBFÄDEN: schmäler als die Staubbeutel. FRÜCHTE: in 4 nussähnliche Teilfrüchte zerfallend. TEILFRÜCHTE: rau. STÄNGEL: unverzweigt *oder* nur in der distalen Hälfte verzweigt. AUSLÄUFER: unterirdisch, **dünn, mit rundlichen Knollen**. BLÄTTER: lanzettlich bis länglich-oval.

- eingebürgerter Neophyt, urspr. aus dem östlichen Mittelmeergebiet
- planar bis montan
- Extensivgrünland u. Magerrasen, Staudenfluren, Gehölze, Ruderalvegetation, Zier- bzw. Nutzpflanze

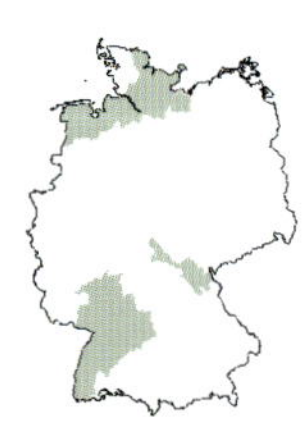

J F M A M J J A S O N D

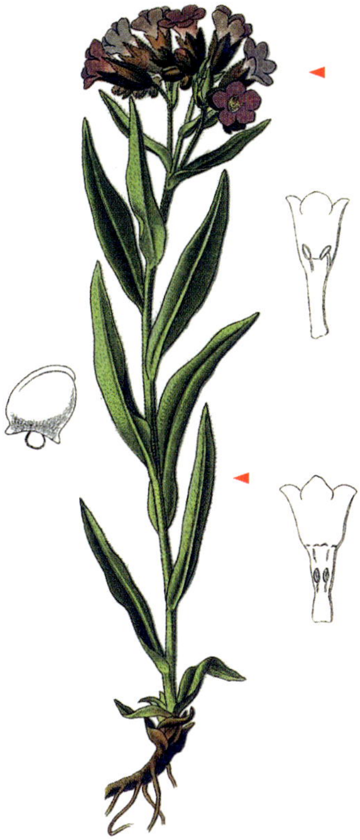

k

Symphytum officinale L.

Gewöhnlicher Beinwell *Boraginaceae*
∗ K(5) [C(5) A5] G(2̲)

30–120 cm hoch. Blütenstand: wickelartig, meist überhängend. Blüten: glockig-trichterförmig bis langröhrig, **rötlich bis violett**, bei Zuchtformen auch weißlich. Kronzipfel: < 0,25-mal so lang wie die Kronröhre. Schlundschuppen: schmal-lanzettlich, **die Kronzipfel *nicht* überragend**, > 2-mal so lang wie breit, spitz, behaart. Staubfäden: **± so breit wie die Staubbeutel**. Früchte: in 4 nussähnliche Teilfrüchte zerfallend. Teilfrüchte: **glatt**. Stängel: **auch unten verzweigt**, mit geraden Borsten. Blätter: lanzettlich bis länglich-oval. obere Stängelblätter: **bis zum nächsten Blatt herablaufend, Stängel dadurch geflügelt**.

- einheimisch
- planar bis collin
- Grünland, Staudenfluren, Wälder, Ruderalvegetation, Zier- bzw. Nutzpflanze
- an feuchten bis nassen Standorten

J F M **A M J J A** S O N D

Symphytum tuberosum L.

Knoten-Beinwell *Boraginaceae*
∗ K(5) [C(5) A5] G(2̲)

15–30 cm hoch. Blütenstand: wickelartig, meist überhängend. Blüten: glockig-trichterförmig bis langröhrig, **weißlich-gelblich**. Kronzipfel: < 0,25-mal so lang wie die Kronröhre. Schlundschuppen: schmal-lanzettlich, **die Kronzipfel *nicht* überragend**, > 2-mal so lang wie breit, spitz, behaart. Staubfäden: schmäler als die Staubbeutel. Früchte: in 4 nussähnliche Teilfrüchte zerfallend. Teilfrüchte: rau. Stängel: unverzweigt *oder* nur in der distalen Hälfte verzweigt. Ausläufer: unterirdisch, **knotig verdickt**. Blätter: lanzettlich bis länglich-oval.

- einheimisch
- collin bis montan
- Staudenfluren, Gehölze, Wälder, Zier- bzw. Nutzpflanze

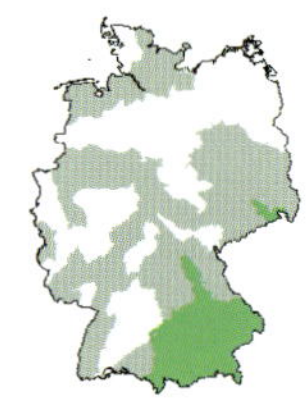

J F **M A M** J J A S O N D

Symphytum x uplandicum Nyman

Futter-Beinwell *Boraginaceae*
∗ K(5) [C(5) A5] G(2̲)

80–150 cm hoch. Blütenstand: wickelartig, meist überhängend. Blüten: glockig-trichterförmig bis langröhrig, **meist bläulich bis violett**. Kronzipfel: < 0,25-mal so lang wie die Kronröhre. Schlundschuppen: schmal-lanzettlich, **die Kronzipfel überragend**, > 2-mal so lang wie breit, spitz, behaart. Staubfäden: schmäler als die Staubbeutel. Früchte: in 4 nussähnliche Teilfrüchte zerfallend. Teilfrüchte: rau. Stängel: **auch unten verzweigt, mit hakigen bis stacheligen Borsten**. Ausläufer: unterirdisch. Blätter: lanzettlich bis länglich-oval.

- eingebürgerter Neophyt, urspr. aus Asien
- planar bis montan
- Grünland, Staudenfluren, Ruderalvegetation, Zier- bzw. Nutzpflanze
- an nährstoffreichen Standorten

J F M A **M J J A S** O N D

Asperugo procumbens L.

Schlangenäuglein *Boraginaceae*
∗ K(5) [C(5) A5] G(2̲) RL 2

20–50 cm hoch. Blüten: **bläulich**, zuweilen rötlich überlaufen. Schlundschuppen: **deutlich entwickelt**. Kelchblätter: **mit mehreren Zähnchen**. Fruchtkelch: **auffallend vergrößert, abgeflacht**. Früchte: in 4 nussähnliche Teilfrüchte zerfallend. Stängel: basal oft niederliegend, **unten mit hakig gekrümmten Haaren**.

- Archaeophyt
- planar bis montan
- Staudenfluren, Äcker, Ruderalvegetation, Zier- bzw. Nutzpflanze
- an nährstoffreichen, basenreichen Standorten

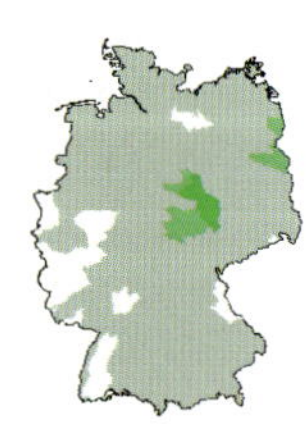

J F M **A M J J A** S O N D

Hackelia deflexa (Wahlenb.) Opiz

Herabgebogener Igelsame *Boraginaceae*
∗ K(5) [C(5) A5] G(2) RL 2

20–60 cm hoch. Blüten: **hellblau**; Schlundschuppen weißlich-gelblich. Krone: 3–4 mm lang. Schlundschuppen: behaart. Fruchtstiele: meist zurückgebogen. Früchte: in 4 nussähnliche Teilfrüchte zerfallend. Teilfrüchte: 3-eckig bis eiförmig, **mit hakig gekrümmten Stacheln, Stacheln nur an den Kanten der Frucht**. Stängel: **abstehend behaart**. Blätter: **abstehend behaart**.

- einheimisch
- collin bis montan
- Staudenfluren, Schutt- u. Felsfluren, Äcker, Ruderalvegetation
- an nährstoffreichen Standorten

J F M A **M J J A** S O N D

Lappula squarrosa (Retz.) Dumort.

Kletten-Igelsame *Boraginaceae*
∗ K(5) [C(5) A5] G(2) RL 2

10–40 cm hoch. Blüten: **hellblau**; Schlundschuppen weißlich-gelblich. Schlundschuppen: behaart. Fruchtstiele: aufrecht-abstehend. Früchte: in 4 nussähnliche Teilfrüchte zerfallend. Teilfrüchte: 3-eckig bis eiförmig, **mit hakig gekrümmten Stacheln, Stacheln mehrreihig auf der gesamten Oberfläche der Frucht**. Stängel: **anliegend behaart**. Blätter: **anliegend behaart**.

- Archaeophyt
- planar bis montan
- Staudenfluren, Äcker, Ruderalvegetation, an Mauern, Zier- bzw. Nutzpflanze
- meist an trockenen Standorten

J F M A **M J J A** S O N D

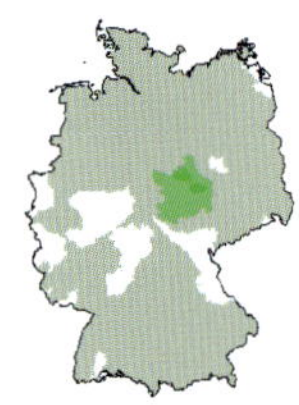

Cynoglossum germanicum Jacq.

Deutsche Hundszunge *Boraginaceae*
∗ K(5) [C(5) A5] G(2) RL V

30–100 cm hoch. Blüten: **rötlich-violett**. Krone: 4–8 mm lang. Schlundschuppen: behaart. Früchte: in 4 nussähnliche Teilfrüchte zerfallend. Teilfrüchte: abgeflacht, **mit hakig gekrümmten Stacheln, Stacheln auf der gesamten Oberfläche, am Rand *nicht* verdickt**. Blätter: länglich bis oval; oberseits: **glänzend, ± kahl**.

- einheimisch
- planar bis montan
- Staudenfluren, Wälder, Ruderalvegetation
- an nährstoffreichen, basenreichen Standorten

J F M **A M J J A** S O N D

Cynoglossum officinale L.

Echte Hundszunge *Boraginaceae*
∗ K(5) [C(5) A5] G(2) giftig RL V

30–80 cm hoch. Blüten: **bräunlich-violett**. Krone: 4–8 mm lang. Schlundschuppen: behaart. Früchte: in 4 nussähnliche Teilfrüchte zerfallend. Teilfrüchte: abgeflacht, **mit hakig gekrümmten Stacheln, Stacheln auf der gesamten Oberfläche, am Rand verdickt**. Blätter: länglich bis oval; oberseits: **graufilzig behaart**.

- einheimisch
- planar bis montan
- Grünland, Staudenfluren, Gehölze, Ruderalvegetation, Zier- bzw. Nutzpflanze
- an trockenen Standorten

J F M **A M J J A** S O N D

Omphalodes scorpioides (Haenke) Schrank

Wald-Gedenkemein *Boraginaceae*
∗ K(5) [C(5) A5] G($\underline{2}$) RL 2

10–30 cm hoch. Pflanzen: **1-jährig**. Blütenstand: **Blüten einzeln o. zu wenigen**. Blüten: **lang gestielt**, bläulich; Schlundschuppen weißlich. Kronröhre: **kurz bis fehlend**. Schlund: **geschlossen**. Schlundschuppen: < 2-mal so lang wie breit, distal abgerundet. Früchte: in 4 nussähnliche Teilfrüchte zerfallend. Teilfrüchte: **schüsselförmig**. Stängel: **basal niederliegend**. Grundblätter: **gegenständig, sitzend bis kurz gestielt**, < 60 mm breit, **basal verschmälert u. ± allmählich in den Stiel übergehend**.

- einheimisch
- planar bis montan
- Staudenfluren, Wälder, Ruderalvegetation
- an basenreichen Standorten

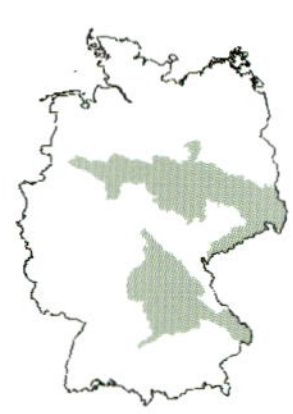

J F **M A M** J J A S O N D

Omphalodes verna Moench

Frühlings-Gedenkemein *Boraginaceae*
∗ K(5) [C(5) A5] G($\underline{2}$)

Bis 20 cm hoch. Pflanzen: **mehrjährig**. Blütenstand: **Blüten einzeln o. zu wenigen**. Blüten: **lang gestielt**, bläulich; Schlundschuppen gelblich. Kronröhre: **kurz bis fehlend**. Schlund: **geschlossen**. Schlundschuppen: < 2-mal so lang wie breit, distal abgerundet. Früchte: in 4 nussähnliche Teilfrüchte zerfallend. Teilfrüchte: **schüsselförmig**. Stängel: **aufrecht**. Grundblätter: **rosettig gehäuft**, **Stiel viel länger als die Spreite**, < 60 mm breit, **basal abgerundet bis seicht ausgerandet u. deutlich vom Stiel abgesetzt**.

- eingebürgerter Neophyt, urspr. aus Südosteuropa
- planar bis montan
- Wälder, Ruderalvegetation, Zier- bzw. Nutzpflanze

J F **M A M** J J A S O N D

Myosotis alpestris F. W. Schmidt

Alpen-Vergissmeinnicht *Boraginaceae*
∗ K(5) [C(5) A5] G($\underline{2}$)

Bis 20 cm hoch. Blüten: bläulich, zuweilen rötlich überlaufen; Schlundschuppen gelblich. Krone: 4–12 mm ⌀. Kronzipfel: **flach ausgebreitet**. Kelch: im QS kantig. Kelchblätter: **überwiegend mit anliegenden u. nur mit wenigen abstehenden Haaren**, Haare oft hakig gekrümmt. Fruchtkelch: **bleibend**. Staubbeutel: kürzer als die Kronröhre. Früchte: in 4 nussähnliche Teilfrüchte zerfallend, gestielt. Teilfrüchte: eiförmig, oft abgeflacht, **schwarz, 2–3 mm lang, distal abgerundet**. Stängel: **dicht behaart**. Blätter: derb.

- einheimisch
- montan bis alpin
- Extensivgrünland u. Magerrasen, Staudenfluren, Gehölze, Schutt- u. Felsfluren, Schneetälchen, Zier- bzw. Nutzpflanze
- an kalkreichen Standorten

J F M A **M J J A S** O N D

Myosotis arvensis (L.) Hill

Acker-Vergissmeinnicht *Boraginaceae*
∗ K(5) [C(5) A5] G($\underline{2}$)

10–60 cm hoch. Blütenstand: **kaum länger als der übrige Stängel**. Blüten: bläulich, zuweilen rötlich überlaufen; Schlundschuppen gelblich. Kronröhre: **kaum länger als der Kelch**. Kronzipfel: **(undeutlich) schüsselförmig vertieft**. Kelch: im QS kantig. Kelchblätter: **abstehend behaart**, Haare oft hakig gekrümmt. Fruchtkelch: anliegend. Staubbeutel: kürzer als die Kronröhre. Fruchtstiele: **1,5–3-mal so lang wie der Kelch**. Früchte: in 4 nussähnliche Teilfrüchte zerfallend. Teilfrüchte: eiförmig, oft abgeflacht, **schwarz**. Blätter: derb.

Im Gebiet kommen 2 Unterarten vor: subsp. *arvensis* und subsp. *umbrata* (vgl. S. 1435).

- Archaeophyt
- planar bis montan
- Grünland, Staudenfluren, Äcker, Ruderalvegetation, Zier- bzw. Nutzpflanze

J F **M A M J J A S O** N D

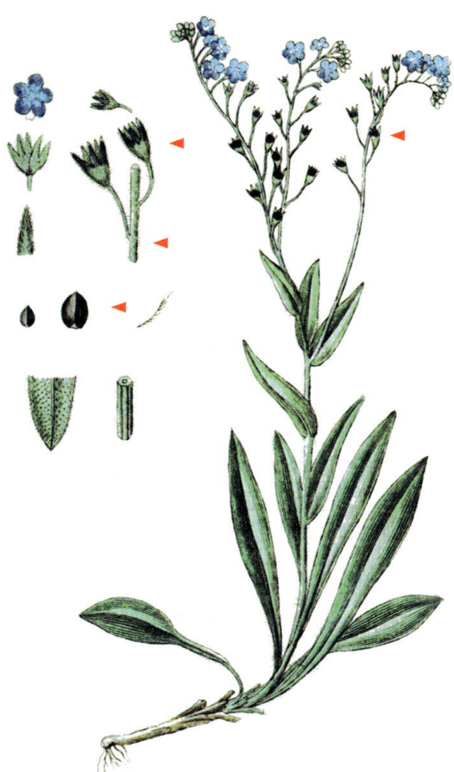

Myosotis decumbens Host

Niederliegendes Vergissmeinnicht *Boraginaceae*
∗ K(5) [C(5) A5] G(2) RL R

20–40 cm hoch. Blüten: bläulich, zuweilen rötlich überlaufen; Schlundschuppen gelblich. Krone: 4–12 mm ⌀. Kronröhre: **länger als der Kelch**. Kronzipfel: **flach ausgebreitet**. Kelch: im QS kantig. Kelchblätter: **überwiegend mit abstehenden Haaren**, Haare oft hakig gekrümmt. Kelchzipfel: **breit 3-eckig**. Fruchtkelch: **abfallend**. Staubbeutel: kürzer als die Kronröhre. Fruchtstiele: **2–5 mm lang**. Früchte: in 4 nussähnliche Teilfrüchte zerfallend, gestielt. Teilfrüchte: eiförmig, oft abgeflacht, **schwarz**, **1–2 mm lang**, **spitz**. Stängel: locker behaart. Blätter: derb. Grundblätter: Spreite allmählich in den Stiel übergehend.

- einheimisch
- montan bis subalpin
- Staudenfluren, Gehölze, Ruderalvegetation, Quellfluren
- an nährstoffreichen Standorten

J F M A **M J J A** S O N D

Myosotis discolor Pers.

Buntes Vergissmeinnicht *Boraginaceae*
∗ K(5) [C(5) A5] G(2) RL V

Bis 60 cm hoch. Blütenstand: **kaum länger als der übrige Stängel**. Blüten: zunächst gelblich, später bläulich, zuweilen rötlich überlaufen; Schlundschuppen gelblich bis rötlich. Krone: 2–6 mm ⌀. Kronröhre: **< 2-mal so lang wie der Kelch**. Kronzipfel: **(undeutlich) schüsselförmig vertieft**. Kelch: im QS kantig. Kelchblätter: **abstehend behaart**, Haare oft hakig gekrümmt. Staubbeutel: kürzer als die Kronröhre. Fruchtstiele: **kürzer als der Kelch**. Früchte: in 4 nussähnliche Teilfrüchte zerfallend. Teilfrüchte: eiförmig, oft abgeflacht, **dunkelbraun**.

- einheimisch
- planar bis montan
- Extensivgrünland u. Magerrasen, Schutt- u. Felsfluren, Äcker, Ruderalvegetation
- an nährstoffarmen Standorten

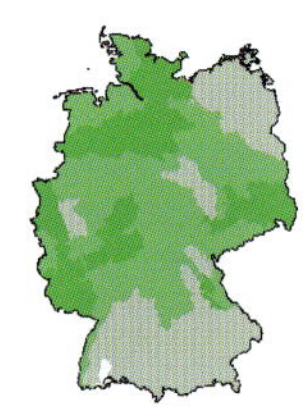

J F **M A M J** J A S O N D

Myosotis laxa Lehm.

Rasen-Vergissmeinnicht *Boraginaceae*
∗ K(5) [C(5) A5] G(2)

20–50 cm hoch. Pflanzen: meist 2-jährig. Blütenstand: wickelartig, **unten beblättert**. Blüten: bläulich, zuweilen rötlich überlaufen; Schlundschuppen gelblich. Krone: 2–8 mm ⌀. Kelch: **im QS ± rundlich**. Kelchzipfel: **0,5–2-mal so lang wie die Kelchröhre**. Staubbeutel: kürzer als die Kronröhre. Griffel: **± 0,5-mal so lang wie der Kelch**. Fruchtstiele: **4–25 mm lang**. Früchte: in 4 nussähnliche Teilfrüchte zerfallend, gestielt. Teilfrüchte: eiförmig, oft abgeflacht. Stängel: **unten stark verzweigt**, im QS stumpfkantig, **behaart**.

- einheimisch
- planar bis montan
- Gewässer, Röhrichte, Moore u. Seggenriede, Zier- bzw. Nutzpflanze
- an nassen, zuweilen überfluteten Standorten

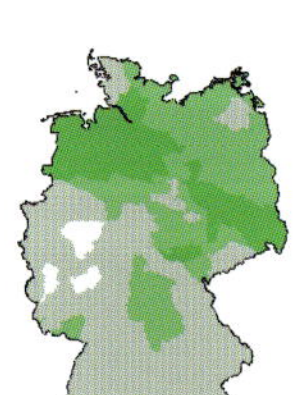

J F M **A M J J** A S O N D

Myosotis nemorosa Besser

Hain-Vergissmeinnicht *Boraginaceae*
∗ K(5) [C(5) A5] G(2)

15–50 cm hoch. Pflanzen: meist 2-jährig. Blütenstand: wickelartig, **unbeblättert**. Blüten: bläulich, zuweilen rötlich überlaufen; Schlundschuppen gelblich. Krone: 3–10 mm ⌀. Kelch: im QS kantig. Kelchblätter: **anliegend behaart**, *ohne* hakig gekrümmte Haare. Kelchzipfel: **< 0,5-mal so lang wie die Kelchröhre**. Staubbeutel: kürzer als die Kronröhre. Griffel: ± so lang wie der Kelch. Früchte: in 4 nussähnliche Teilfrüchte zerfallend, gestielt. Teilfrüchte: eiförmig, oft abgeflacht. Stängel: **im QS scharfkantig**, **basal meist *ohne* sterile Triebe**; unten: kahl, anliegend *oder* abwärts abstehend behaart. untere Stängelblätter: **mit zur Blattbasis gerichteten Haaren**.

- einheimisch
- collin bis montan
- Gewässer, Moore u. Seggenriede, Grünland, Wälder
- an feuchten bis nassen Standorten

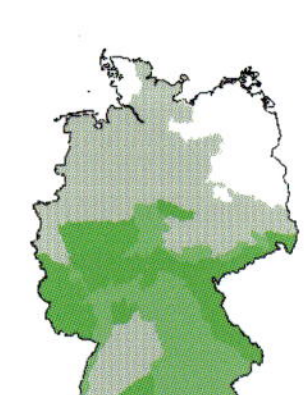

J F M **A M J J A** S O N D

Myosotis ramosissima Rochel

Hügel-Vergissmeinnicht *Boraginaceae*
∗ K(5) [C(5) A5] G(2̲)

Bis 60 cm hoch. Blütenstand: **viel länger als der übrige Stängel.** Blüten: bläulich, zuweilen rötlich überlaufen; Schlundschuppen gelblich. Krone: 2–6 mm ⌀. Kronröhre: **kaum länger als der Kelch.** Kronzipfel: **(undeutlich) schüsselförmig vertieft.** Kelch: im QS kantig. Kelchblätter: **abstehend behaart,** Haare oft hakig gekrümmt. Fruchtkelch: offen. Staubbeutel: kürzer als die Kronröhre. Fruchtstiele: **± so lang wie der Kelch.** Früchte: in 4 nussähnliche Teilfrüchte zerfallend. Teilfrüchte: eiförmig, oft abgeflacht, **bräunlich bis gelblich.**

- einheimisch
- planar bis montan
- Extensivgrünland u. Magerrasen, Schutt- u. Felsfluren, Äcker, Ruderalvegetation, an Mauern
- an nährstoffarmen, trockenen Standorten

J F **M A M J** J A S O N D

Myosotis rehsteineri (Hausm.) Reut.

Bodensee-Vergissmeinnicht *Boraginaceae*
∗ K(5) [C(5) A5] G(2̲) RL 1 § FFH IV, BNatG s

Bis 10 cm hoch. Pflanzen: rasig wachsend, mehrjährig. Blütenstand: wickelartig, **unbeblättert.** Blüten: bläulich, zuweilen rötlich überlaufen; Schlundschuppen gelblich. Krone: 6–14 mm ⌀. Kelch: im QS kantig. Kelchblätter: **anliegend behaart,** *ohne* hakig gekrümmte Haare. Kelchzipfel: **< 0,5-mal so lang wie die Kelchröhre.** Staubbeutel: kürzer als die Kronröhre. Griffel: ± so lang wie der Kelch. Fruchtstiele: **1–8 mm lang.** Früchte: in 4 nussähnliche Teilfrüchte zerfallend, meist gestielt. Teilfrüchte: eiförmig, oft abgeflacht. Stängel: **basal niederliegend, meist kahl.**

- einheimisch
- collin bis montan
- Gewässer, trockenfallende Ufer, Extensivgrünland u. Magerrasen
- an nährstoffarmen, kalkreichen, nassen, zuweilen überfluteten Standorten

J F **M A M J** J A S O N D

Myosotis scorpioides L.

Sumpf-Vergissmeinnicht *Boraginaceae*
∗ K(5) [C(5) A5] G(2̲)

10–100 cm hoch. Pflanzen: mehrjährig. Blütenstand: wickelartig, **unbeblättert.** Blüten: bläulich, zuweilen rötlich überlaufen; Schlundschuppen gelblich. Krone: 3–14 mm ⌀. Kelch: im QS kantig. Kelchblätter: *ohne* hakig gekrümmte Haare. Kelchzipfel: **< 0,5-mal so lang wie die Kelchröhre.** Staubbeutel: kürzer als die Kronröhre. Griffel: ± so lang wie der Kelch. Früchte: in 4 nussähnliche Teilfrüchte zerfallend, gestielt. Teilfrüchte: eiförmig, oft abgeflacht, 1–3 mm lang. Stängel: **basal meist mit zahlreichen sterilen Trieben.** untere Stängelblätter: **mit zur Blattspitze gerichteten Haaren.**

Im Gebiet kommen 2 Unterarten vor: subsp. *scorpioides* und subsp. *praecox* (vgl. S. 1435).

- einheimisch
- planar bis montan
- Moore u. Seggenriede, Grünland, Zier- bzw. Nutzpflanze
- an wechselfeuchten bis nassen Standorten

J F M **A M J J A S** O N D

Myosotis sparsiflora Pohl

Zerstreutblütiges Vergissmeinnicht *Boraginaceae*
∗ K(5) [C(5) A5] G(2̲) RL 3

10–40 cm hoch. Wickel: 2–6-blütig. Vorblätter unter den Blüten: **unter den untersten Blüten vorhanden.** Blüten: bläulich, zuweilen rötlich überlaufen; Schlundschuppen gelblich. Krone: 2–6 mm ⌀. Kronröhre: **kaum länger als der Kelch.** Kelch: im QS kantig. Kelchblätter: **abstehend behaart,** Haare oft hakig gekrümmt. Staubbeutel: kürzer als die Kronröhre. Früchte: in 4 nussähnliche Teilfrüchte zerfallend. Teilfrüchte: eiförmig, oft abgeflacht, **bräunlich bis gelblich, mit weißlichem Elaiosom.** Blätter: zart, ***nicht* rauhaarig.**

- einheimisch
- planar bis collin
- Staudenfluren, Ruderalvegetation

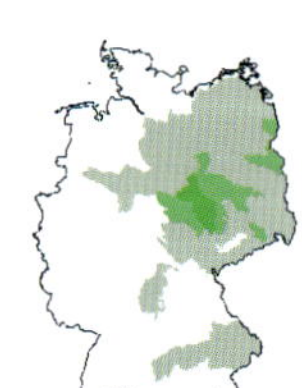

J F **M A M J** J A S O N D

Myosotis stricta Roem. & Schult.

Sand-Vergissmeinnicht *Boraginaceae*
∗ K(5) [C(5) A5] G(2)

Bis 20 cm hoch. Blüten: bläulich, zuweilen rötlich überlaufen; Schlundschuppen gelblich. Krone: 2–6 mm ⌀. Kronröhre: **kaum länger als der Kelch**. Kronzipfel: **(undeutlich) schüsselförmig vertieft**. Kelch: im QS kantig. Kelchblätter: **abstehend behaart**, Haare oft hakig gekrümmt. Staubbeutel: kürzer als die Kronröhre. Fruchtstiele: **kürzer als der Kelch**. Früchte: in 4 nussähnliche Teilfrüchte zerfallend. Teilfrüchte: eiförmig, oft abgeflacht, **bräunlich bis gelblich**. Stängel: **unten mit hakig gekrümmten Haaren**. Blätter: derb, länglich bis oval; unterseits: **mit hakig gekrümmten Haaren**.

- Archaeophyt
- planar bis montan
- Extensivgrünland u. Magerrasen, Wälder, Schutt- u. Felsfluren, Äcker, Ruderalvegetation
- an nährstoffarmen, meist trockenen Standorten

J **F M A M J J** A S O N D

Myosotis sylvatica Hoffm.

Wald-Vergissmeinnicht *Boraginaceae*
∗ K(5) [C(5) A5] G(2)

10–40 cm hoch. Blüten: bläulich, zuweilen rötlich überlaufen; Schlundschuppen gelblich. Krone: 4–12 mm ⌀. Kronröhre: **höchstens so lang wie der Kelch**. Kronzipfel: **flach ausgebreitet**. Kelch: im QS kantig. Kelchblätter: **überwiegend mit abstehenden Haaren**, Haare oft hakig gekrümmt. Kelchzipfel: **lineal-lanzettlich**. Fruchtkelch: **abfallend**. Staubbeutel: kürzer als die Kronröhre. Fruchtstiele: **5–20 mm lang**. Früchte: in 4 nussähnliche Teilfrüchte zerfallend, gestielt. Teilfrüchte: eiförmig, oft abgeflacht, **schwarz**, **1–2 mm lang**, **spitz**. Stängel: locker behaart. Blätter: derb. Grundblätter: Spreite allmählich in den Stiel übergehend.

- einheimisch
- planar bis montan
- Grünland, Staudenfluren, Gehölze, Wälder, Zier- bzw. Nutzpflanze
- an nährstoffreichen Standorten

J F M **A M J J A** S O N D

Heliotropium europaeum L.

Europäische Sonnenwende *Boraginaceae*
∗ K(5) [C(5) A5] G(2) stark giftig RL 2

15–30 cm hoch. Pflanzen: rau behaart. Blütenstand: **meist endständige Doppelwickel**. Blüten: **glockig-trichterförmig bis langröhrig**, **weißlich**, seltener hellblau. Krone: **2–5 mm ⌀**. Schlundschuppen: **fehlen**. Fruchtknoten: **zur Blütezeit ungeteilt**. Griffel: **endständig**. Früchte: in 4 nussähnliche Teilfrüchte zerfallend. Blätter: weichhaarig.

- Archaeophyt
- planar bis collin
- Staudenfluren, Äcker, Ruderalvegetation, Zier- bzw. Nutzpflanze
- an kalkreichen Standorten

J F M A M **J J A S O** N D

Phacelia tanacetifolia Benth.

Rainfarn-Büschelschön *Boraginaceae*
∗ K(5) [C(5) A5] G(2)

30–80 cm hoch. Blütenstand: wickelartig, **eingerollt**, dichtblütig. Blüten: **hellblau bis violett**. Krone: 5–12 mm ⌀. Schlundschuppen: **fehlen**. Staubblätter: **deutlich länger als die Krone**. Früchte: **Kapseln**, 2-samig. Blätter: **gefiedert**, **mit fiederspaltigen Fiedern**.

- in Einbürgerung befindlicher Neophyt, urspr. aus Nordamerika
- planar bis montan
- Grünland, Staudenfluren, Äcker, Ruderalvegetation, Zier- bzw. Nutzpflanze

J F M A **M J J A S O** N D

Calystegia pulchra Brummitt & Heywood

Schöne Zaunwinde *Convolvulaceae*
∗ K(5) [C(5) A5] G(2)

Mehrjährige Kletterpflanze. VORBLÄTTER UNTER DEN BLÜTEN: direkt unter dem Kelch sitzend, **den Kelch vollständig einhüllend**, **vergrößert**, oval bis rundlich, **breiter als lang**, meist 12–30 mm breit. BLÜTEN: **rosa, meist mit 5 weißlichen Streifen**. BLÜTENSTIELE: zunächst behaart, später verkahlend. KRONE: **50–90 mm lang**. NARBEN: flächig entwickelt. FRÜCHTE: Kapseln, 2-fächrig. STÄNGEL: bis 3 m lang, meist windend. BLÄTTER: **herz- bzw. pfeil- bis spießförmig**, spitz.

- eingebürgerter Neophyt, urspr. aus Asien (?)
- planar bis montan
- Staudenfluren, Ruderalvegetation

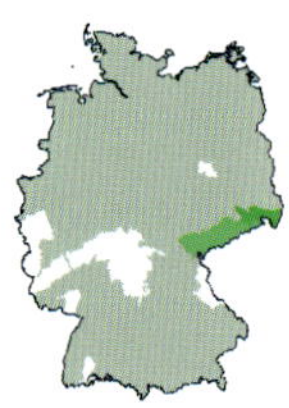

J F M A M J J A S O N D

Calystegia sepium (L.) R. Br.

Gewöhnliche Zaunwinde *Convolvulaceae*
∗ K(5) [C(5) A5] G(2)

Mehrjährige Kletterpflanze. VORBLÄTTER UNTER DEN BLÜTEN: direkt unter dem Kelch sitzend, **den Kelch nur teilweise bedeckend**, oval bis rundlich, **länger als breit**, < 18 mm breit. BLÜTENSTIELE: ± kahl. NARBEN: flächig entwickelt. FRÜCHTE: Kapseln, 2-fächrig. STÄNGEL: bis 3 m lang, meist windend. BLÄTTER: **herz- bzw. pfeil- bis spießförmig**, spitz.

subsp. *sepium* (Gewöhnliche Zaunwinde): VORBLÄTTER UNTER DEN BLÜTEN: kahl. BLÜTEN: meist weißlich, selten mit 5 rosa Streifen. KRONE: 30–45 mm lang. KELCHZIPFEL: oval-lanzettlich.
subsp. *baltica* (Baltische Gewöhnliche Zaunwinde): an der Ostseeküste. VORBLÄTTER UNTER DEN BLÜTEN: fein behaart o. gezähnt. BLÜTEN: weißlich bis rosa, meist mit 5 weißlichen Streifen. KRONE: meist 45–55 mm lang. KELCHZIPFEL: schmal lanzettlich.

- einheimisch
- planar bis montan
- Staudenfluren, Gehölze, Ruderalvegetation, Dünen, Röhrichte, Zier- bzw. Nutzpflanze
- an nährstoffreichen Standorten

J F M A M J J A S O N D

Calystegia soldanella (L.) Roem. & Schult.

Strand-Zaunwinde *Convolvulaceae*
∗ K(5) [C(5) A5] G(2) RL 1 § BNatG s

VORBLÄTTER UNTER DEN BLÜTEN: direkt unter dem Kelch sitzend, **den Kelch nur teilweise bedeckend**, oval bis rundlich. BLÜTEN: **rosa, mit 5 weißlichen Streifen**. KRONE: **30–60 mm lang**. NARBEN: flächig entwickelt. FRÜCHTE: Kapseln, 2-fächrig. STÄNGEL: < 0,5 m lang, **meist niederliegend**. BLÄTTER: **(undeutlich) sukkulent**, **nierenförmig**, **distal abgerundet**.

- einheimisch
- planar
- Dünen, Zier- bzw. Nutzpflanze
- an basenreichen Standorten

J F M A M J J A S O N D

Convolvulus arvensis L.

Acker-Winde *Convolvulaceae*
∗ K(5) [C(5) A5] G(2)

Mehrjährige Kletterpflanze, niederliegend o. windend. VORBLÄTTER UNTER DEN BLÜTEN: **deutlich von den Blüten entfernt**, **den Kelch nicht bedeckend**, **lineal-lanzettlich**. BLÜTEN: weißlich bis rosa. KRONE: **14–30 mm lang**. NARBEN: **fädlich**. FRÜCHTE: Kapseln. STÄNGEL: < 0,8 m lang, **niederliegend**. OBERE STÄNGELBLÄTTER: gestielt.

- einheimisch
- planar bis montan
- Grünland, Staudenfluren, Schutt- u. Felsfluren, Äcker, Ruderalvegetation, Zier- bzw. Nutzpflanze

J F M A M J J A S O N D

Cuscuta campestris Yunck.

Nordamerikanische Seide *Convolvulaceae*
∗ K(5) [C(5) A5] G(2)

Chlorophyllloser Parasit, auf anderen Arten windend, meist orange. Blütenstand: knäuelig, dichtblütig. Vorblätter unter den Blüten: mindestens so lang wie die Kronröhre. Blüten: gestielt. Krone: < 3 mm ⌀. Schlundschuppen: gefranst, **mindestens so lang wie die Kronröhre**. Griffel: meist 2 (selten 4). Narben: **kopfig**. Früchte: Kapseln, ± kugelig, abgeflacht. Stängel: **0,9–1,6 mm ⌀**, glatt.

- eingebürgerter Neophyt, urspr. aus Nordamerika
- planar bis collin
- Grünland, Staudenfluren, Äcker, Ruderalvegetation, Zier- bzw. Nutzpflanze

J F M A M **J J A S** O N D

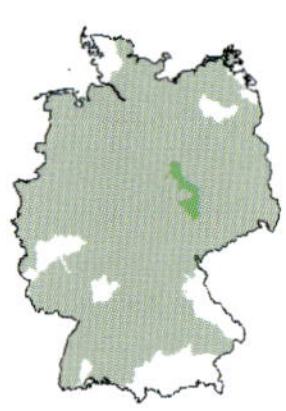

Cuscuta epilinum Weihe

Flachs-Seide *Convolvulaceae*
∗ K(5) [C(5) A5] G(2) RL 0

Chlorophyllloser Parasit, auf *Linum usitatissimum* windend, meist weißlich-gelblich. Blütenstand: knäuelig, dichtblütig. Blüten: sitzend, grünlich bis gelblich *oder* weißlich. Krone: < 3 mm ⌀, **5-blättrig**. Schlundschuppen: **kürzer als die Kronröhre**. Griffel: meist 2 (selten 4), inklusive Narbe kürzer als der Fruchtknoten. Narben: **fädlich**. Früchte: Kapseln. Stängel: **meist unverzweigt**, selten 1–2-mal verzweigt.

- ausgestorben
- planar bis montan
- Äcker, Zier- bzw. Nutzpflanze

J F M A **M J J A** S O N D

Cuscuta epithymum (L.) L.

Quendel-Seide *Convolvulaceae*
∗ K(5) [C(5) A5] G(2) RL 3

Chlorophyllloser Parasit, auf anderen Arten windend, meist rötlich. Blütenstand: knäuelig, dichtblütig. Blüten: sitzend. Krone: < 3 mm ⌀, **5-blättrig**. Kronröhre: **mit geschlossenem Schlund**. Kronzipfel: **< 0,75-mal so lang wie die Kronröhre**. Schlundschuppen: **kürzer als die Kronröhre**. Griffel: meist 2 (selten 4), inklusive Narbe kürzer als der Fruchtknoten. Narben: **fädlich**. Früchte: Kapseln. Stängel: **mehrfach verzweigt**.

- einheimisch
- planar bis montan
- Extensivgrünland u. Magerrasen, Zwergstrauchheiden, Staudenfluren, Äcker, Ruderalvegetation, Zier- bzw. Nutzpflanze
- an nährstoffarmen Standorten

J F M A M **J J A S O** N D

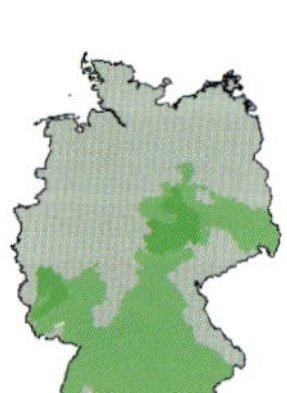

Cuscuta europaea L.

Europäische Seide *Convolvulaceae*
∗ K(4–5) [C(4–5) A4] G(2)

Chlorophyllloser Parasit, auf anderen Arten windend, meist rötlich. Blüten: sitzend. Krone: < 3 mm ⌀, **überwiegend 4-blättrig**. Kronröhre: **mit offenem Schlund**. Kronzipfel: **± so lang wie die Kronröhre**. Schlundschuppen: **kürzer als die Kronröhre**. Griffel: meist 2 (selten 4), inklusive Narbe kürzer als der Fruchtknoten. Narben: **fädlich**. Früchte: Kapseln. Stängel: **mehrfach verzweigt**.

- einheimisch
- planar bis montan
- Staudenfluren, Gehölze, Wälder, Ruderalvegetation, Zier- bzw. Nutzpflanze

J F M A **M J J A S** O N D

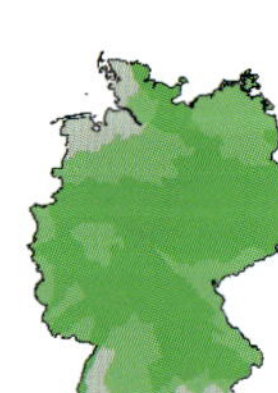

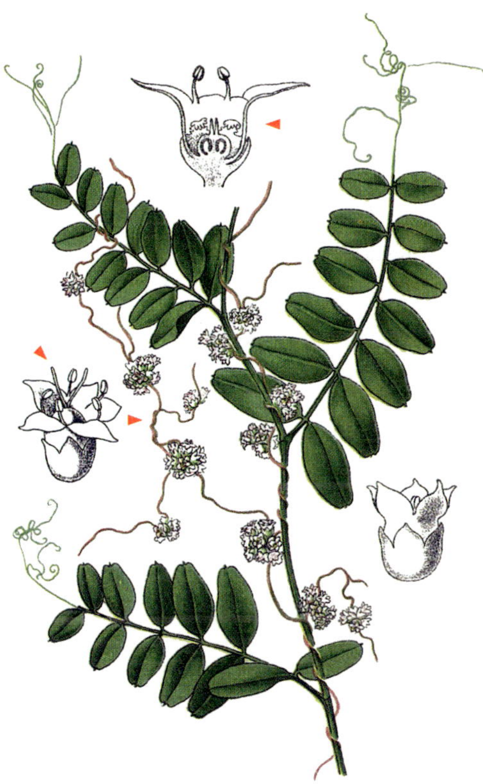

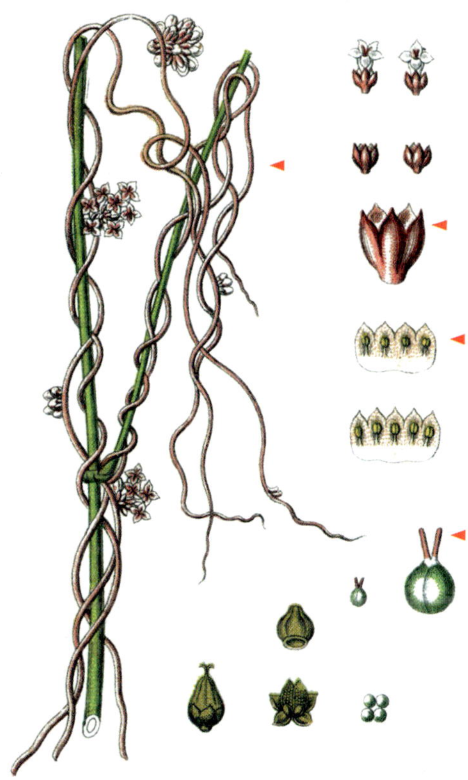

Cuscuta gronovii Schult.

Gronovius' Seide *Convolvulaceae*
∗ K(5) [C(5) A5] G(2)

Chlorophyllloser Parasit, auf anderen Arten windend, meist orange. BLÜTENSTAND: knäuelig, dichtblütig. VORBLÄTTER UNTER DEN BLÜTEN: kürzer als die Kronröhre. BLÜTEN: gestielt. KRONE: < 3 mm ⌀. SCHLUNDSCHUPPEN: gefranst, **kürzer als die Kronröhre**. GRIFFEL: meist 2 (selten 4). NARBEN: **kopfig**. FRÜCHTE: Kapseln, eiförmig. STÄNGEL: **0,9–1,6 mm** ⌀, etwas rau.

- eingebürgerter Neophyt, urspr. aus Nordamerika
- planar bis montan
- Staudenfluren, Gehölze, Wälder, Ruderalvegetation, Zier- bzw. Nutzpflanze
- an nährstoffreichen, feuchten bis nassen Standorten

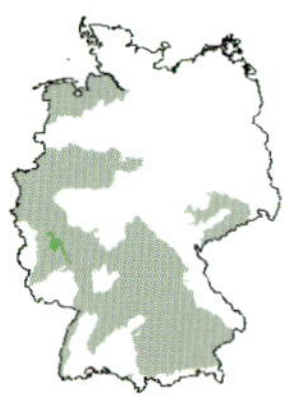

J F M A M J **J A S** O N D

Cuscuta lupuliformis Krock.

Pappel-Seide *Convolvulaceae*
∗ K(5) [C(5) A5] G(2)

Chlorophyllloser Parasit, auf anderen Arten windend, gelblich bis rötlich. BLÜTENSTAND: ähren- bis rispenartige angeordnete Knäuel. BLÜTEN: rötlich bis weißlich. KRONE: < 3 mm ⌀. GRIFFEL: **1, inklusive Narbe ± so lang wie o. länger als der Fruchtknoten**. NARBEN: **2-lappig**. FRÜCHTE: Kapseln.

- einheimisch
- planar bis collin
- Staudenfluren, Gehölze, Wälder, Ruderalvegetation
- an nährstoffreichen, feuchten bis nassen Standorten

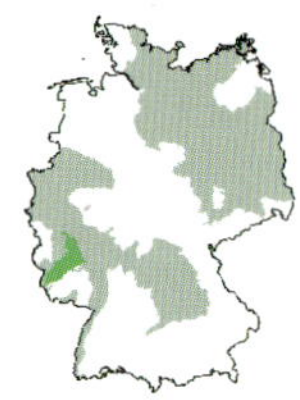

J F M A M **J J A S** O N D

Nicotiana rustica L.

Bauern-Tabak *Solanaceae*
∗ K(5) [C(5) A5] G(2) stark giftig

60–120 cm hoch. PFLANZEN: 1-jährig. BLÜTENSTAND: rispenartig (verzweigte Wickel), oben mit Drüsenhaaren. BLÜTEN: gestielt, glockig-trichterförmig bis langröhrig, **gelblich**. KRONE: **10–30 mm lang**. KRONZIPFEL: < 0,5-mal so lang wie die Kronröhre. FRÜCHTE: Kapseln. STÄNGEL: **von unten an verzweigt**. BLÄTTER: ungeteilt, ± ganzrandig. UNTERE STÄNGELBLÄTTER: **gestielt**.

- in Einbürgerung befindlicher Neophyt, urspr. aus Mittel- u. Südamerika
- planar bis collin
- Äcker, Ruderalvegetation, Zier- bzw. Nutzpflanze

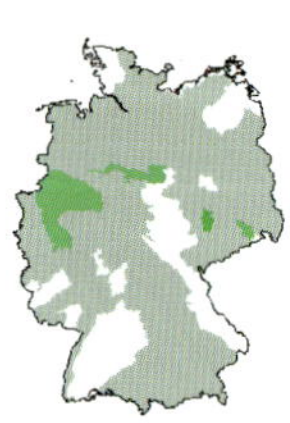

J F M A **M J J A S O** N D

Nicotiana tabacum L.

Virginischer Tabak *Solanaceae*
∗ K(5) [C(5) A5] G(2) stark giftig

Bis 3 m hoch. PFLANZEN: 1-jährig. BLÜTENSTAND: rispenartig (verzweigte Wickel), oben mit Drüsenhaaren. BLÜTEN: gestielt, glockig-trichterförmig bis langröhrig, **Kronzipfel rosa bis rötlich; Kronröhre meist gelblich**. KRONE: **30–70 mm lang**. KRONZIPFEL: < 0,5-mal so lang wie die Kronröhre. FRÜCHTE: Kapseln. STÄNGEL: **unten meist unverzweigt**. BLÄTTER: ungeteilt, ± ganzrandig. UNTERE STÄNGELBLÄTTER: **sitzend**, basal oft am Stängel herablaufend.

- in Einbürgerung befindlicher Neophyt, urspr. aus Südamerika
- planar bis collin
- Staudenfluren, Äcker, Ruderalvegetation, Zier- bzw. Nutzpflanze

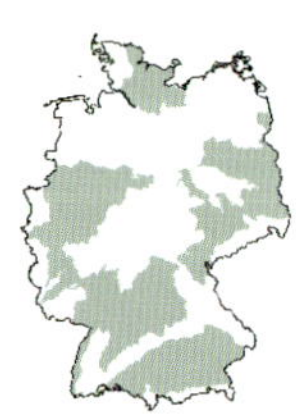

J F M A **M J J A S O** N D

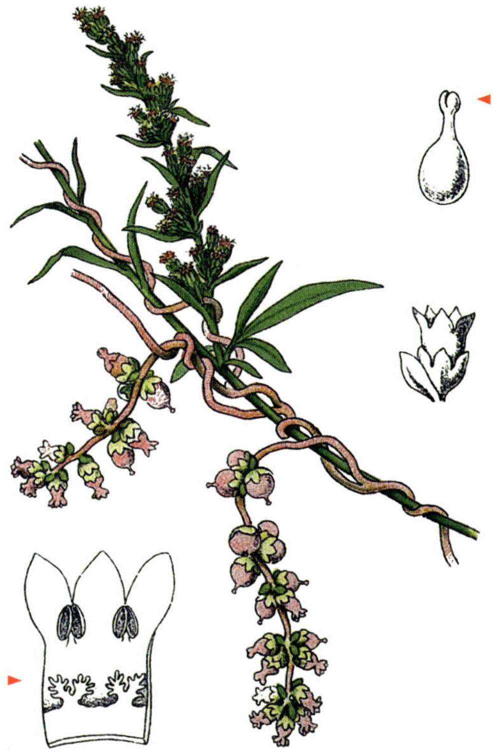

Lycopersicon esculentum Mill.

Tomate *Solanaceae*
∗ K(5) [C(5) A5] G(2) giftig

40–150 cm hoch. PFLANZEN: 1-jährig. BLÜTENSTAND: dichasial bis wickelartig, oft eine Scheindolde bildend. BLÜTEN: offen ausgebreitet, **gelblich**. KRONE: **± so lang wie der Kelch**. STAUBBLÄTTER: kegelförmig zusammenneigend. FRÜCHTE: Beeren, **rötlich**. BLÄTTER: sommergrün, **1-2-fach (unterbrochen) gefiedert**.

- in Einbürgerung befindlicher Neophyt, urspr. aus Südamerika
- planar bis montan
- Staudenfluren, Ruderalvegetation, Zier- bzw. Nutzpflanze
- an nährstoffreichen Standorten

J F M A M **J J A S O** N D

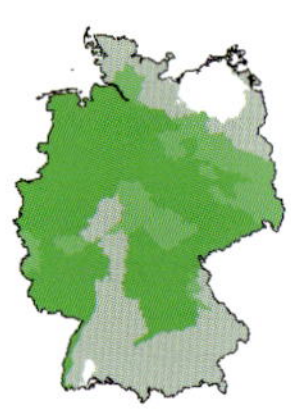

Solanum dulcamara L.

Bittersüßer Nachtschatten *Solanaceae*
∗ K(5) [C(5) A5] G(2) stark giftig

Halbstrauch, oft als Spreizklimmer wachsend, 30–200 cm hoch. BLÜTENSTAND: dichasial bis wickelartig, oft eine Scheindolde bildend. BLÜTEN: offen ausgebreitet, **violett**. STAUBBLÄTTER: kegelförmig zusammenneigend. FRÜCHTE: Beeren, **eiförmig, rötlich**. BLÄTTER: sommergrün, **± ungeteilt, zuweilen basal mit 1–2 Fiederblättchen**.

- einheimisch
- planar bis montan
- Staudenfluren, Gehölze, Wälder, Zier- bzw. Nutzpflanze
- an nährstoffreichen, wechselfeuchten bis nassen Standorten

J F M A **M J J A** S O N D

Solanum nigrum L.

Schwarzer Nachtschatten *Solanaceae*
∗ K(5) [C(5) A5] G(2) stark giftig

Bis 80 cm hoch. PFLANZEN: 1-jährig. BLÜTENSTAND: dichasial bis wickelartig, **10–35 mm lang gestielt**, oft eine Scheindolde bildend, **meist 4–12-blütig**. BLÜTEN: offen ausgebreitet, **weißlich**. KELCHZIPFEL: **breit oval, durch spitze Buchten getrennt**. FRUCHTKELCH: **nur die Basis der Frucht bedeckend**. STAUBBLÄTTER: kegelförmig zusammenneigend. FRÜCHTE: Beeren, kugelig, **meist schwarz**. STÄNGEL: krautig. BLÄTTER: sommergrün, **ungeteilt**.

subsp. *nigrum* (Schwarzer Nachtschatten): STÄNGEL: kahl bis spärlich behaart; OBEN: *ohne* Drüsenhaare. BLÄTTER: ganzrandig bis seicht buchtig gezähnt.
subsp. *schultesii* (Täuschender Nachtschatten): STÄNGEL: dicht behaart; OBEN: drüsig behaart. BLÄTTER: buchtig gezähnt.

- Archaeophyt
- planar bis montan
- Staudenfluren, Äcker, Ruderalvegetation, Zier- bzw. Nutzpflanze
- an nährstoffreichen Standorten

J F M A **M J J A S O** N D

Solanum physalifolium Rusby

Argentinischer Nachtschatten *Solanaceae*
∗ K(5) [C(5) A5] G(2) giftig

10–40 cm hoch. PFLANZEN: 1-jährig. BLÜTENSTAND: dichasial bis wickelartig, oft eine Scheindolde bildend. BLÜTEN: offen ausgebreitet, **weißlich**. FRUCHTKELCH: **die Frucht ± bis zur Mitte bedeckend**. STAUBBLÄTTER: kegelförmig zusammenneigend. FRÜCHTE: Beeren, kugelig, **dunkelgrün *oder* bräunlich bis violett**. STÄNGEL: krautig. BLÄTTER: sommergrün, **ungeteilt**.

- eingebürgerter Neophyt, urspr. aus Südamerika
- planar bis collin
- Äcker, Ruderalvegetation, Zier- bzw. Nutzpflanze

J F M A **M J J A S O** N D

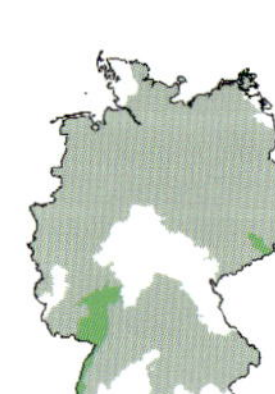

Solanum tuberosum L.

Kartoffel *Solanaceae*
∗ K(5) [C(5) A5] G(2) giftig

40–100 cm hoch. Pflanzen: **mehrjährig**. Blütenstand: dichasial bis wickelartig, oft eine Scheindolde bildend. Blüten: offen ausgebreitet, weißlich *oder* bläulich bis violett. Krone: **± 2-mal so lang wie der Kelch**. Staubblätter: kegelförmig zusammenneigend. Früchte: Beeren, kugelig, **grünlich**. Speicherorgane: **knollig verdickte Ausläufer**. Stängel: krautig. Blätter: sommergrün, **1–2-fach (unterbrochen) gefiedert**.

- in Einbürgerung befindlicher Neophyt, urspr. aus Südamerika
- planar bis montan
- Staudenfluren, Äcker, Ruderalvegetation, Zier- bzw. Nutzpflanze
- an nährstoffreichen Standorten

J F M A M J J A S O N D

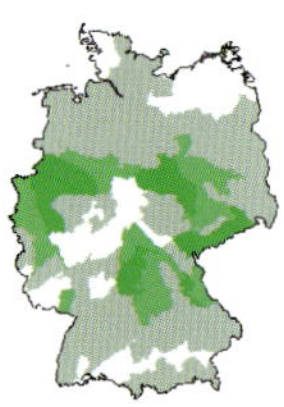

Solanum villosum Mill.

Gelbbeeriger Nachtschatten *Solanaceae*
∗ K(5) [C(5) A5] G(2) stark giftig

10–50 cm hoch. Pflanzen: 1-jährig. Blütenstand: dichasial bis wickelartig, **5–15 mm lang gestielt**, oft eine Scheindolde bildend, **meist 2–6-blütig**. Blüten: offen ausgebreitet, **weißlich**. Kelchzipfel: **3-eckig, durch abgerundete Buchten getrennt**. Fruchtkelch: **nur die Basis der Frucht bedeckend**. Staubblätter: kegelförmig zusammenneigend. Früchte: Beeren, kugelig, **gelblich bis orange**, selten rötlich. Stängel: krautig, **dicht behaart**; oben: drüsig behaart. Blätter: sommergrün, **ungeteilt**.

- eingebürgerter Neophyt, urspr. aus Südeuropa u. Asien
- planar bis montan
- Staudenfluren, Äcker, Ruderalvegetation, Zier- bzw. Nutzpflanze

J F M A M J J A S O N D

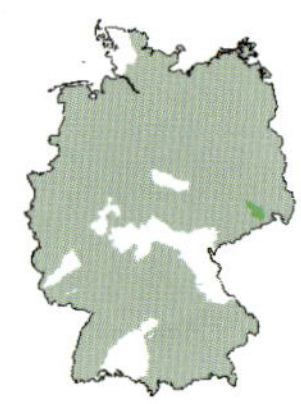

Capsicum annuum L.

Paprika *Solanaceae*
∗ K(5) [C(5) A5] G(2) giftig

Bis 160 cm hoch. Pflanzen: **1-jährig**. Blüten: offen ausgebreitet bis glockig-trichterförmig, **grünlich bis gelblich *oder* weißlich**. Früchte: **Beeren**, meist rötlich, **innen hohl**. Blätter: **ungeteilt**.

- in Einbürgerung befindlicher Neophyt, urspr. aus Mittelamerika
- planar bis montan
- Ruderalvegetation, Zier- bzw. Nutzpflanze

J F M A M J J A S O N D

Physalis alkekengi L.

Gewöhnliche Blasenkirsche *Solanaceae*
∗ K(5) [C(5) A5] G(2) schwach giftig RL 3

25–100 cm hoch. Pflanzen: **mehrjährig**. Blüten: **glockig-trichterförmig, weißlich**. Krone: **10–50 mm lang, 10–30 mm ⌀**. Fruchtkelch: **gelblich bis rötlich**. Früchte: **Beeren, vom aufgeblasenen Fruchtkelch umschlossen, orange bis rötlich**. Blätter: gestielt, **ungeteilt**, ± ganzrandig.

- einheimisch
- planar bis montan
- Staudenfluren, Gehölze, Wälder, Ruderalvegetation, Zier- bzw. Nutzpflanze
- an basenreichen Standorten

J F M A M J J A S O N D

Datura stramonium L.

Weißer Stechapfel *Solanaceae*
∗ K(5) [C(5) A5] G(2) stark giftig

30–120 cm hoch. Pflanzen: 1-jährig. Blüten: **langröhrig**, meist weißlich, selten bläulich. Krone: **mit langer Kronröhre, bis 30 cm lang**. Kronzipfel: < 0,25-mal so lang wie die Kronröhre. Früchte: **Spaltkapseln, stachelig**. Blätter: **ungeteilt bis gelappt**, grob gezähnt.

- eingebürgerter Neophyt, urspr. aus Mittelamerika
- planar bis montan
- Staudenfluren, Äcker, Ruderalvegetation, Zier- bzw. Nutzpflanze
- an nährstoffreichen, auch salzhaltigen Standorten

J F M A M J J A S O N D

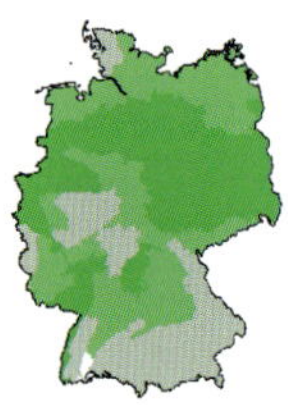

Nicandra physalodes (L.) Gaertn.

Giftbeere *Solanaceae*
∗ K(5) [C(5) A5] G(3–5) giftig

30–100 cm hoch. Pflanzen: **1-jährig**. Blüten: **glockig-trichterförmig**, **hellblau bis violett**, basal weißlich. Krone: **20–30 mm lang**, **20–35 mm ⌀**. Fruchtkelch: **zunächst grünlich, später bräunlich**. Früchte: **Beeren, vom aufgeblasenen Fruchtkelch umschlossen, hartschalig, bräunlich**. Blätter: **ungeteilt bis gelappt**, grob gezähnt bis gelappt.

- eingebürgerter Neophyt, urspr. aus Südamerika
- planar bis collin
- Staudenfluren, Äcker, Ruderalvegetation, Zier- bzw. Nutzpflanze

J F M A M J J A S O N D

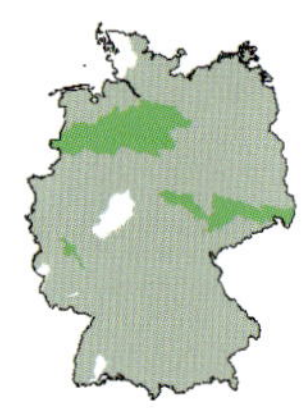

Atropa bella-donna L.

Echte Tollkirsche *Solanaceae*
∗ K(5) [C(5) A5] G(2) stark giftig

50–150 cm hoch. Pflanzen: **mehrjährig**. Blüten: einzeln, **glockig-trichterförmig**, **gräulich-violett**. Krone: **10–40 mm lang**, **8–20 mm ⌀**. Kronzipfel: < 0,5-mal so lang wie die Kronröhre. Fruchtkelch: mit abstehenden Kelchzipfeln. Früchte: **Beeren, ± kugelig, schwarz, glänzend**. Blätter: gestielt, **ungeteilt**, ganzrandig.

- einheimisch
- planar bis montan
- Staudenfluren, Gehölze, Wälder, Ruderalvegetation, Zier- bzw. Nutzpflanze
- an nährstoffreichen, kalkreichen Standorten

J F M A M J J A S O N D

Hyoscyamus niger L.

Schwarzes Bilsenkraut *Solanaceae*
∗ K(5) [C(5) A5] G(2) stark giftig RL 3

20–80 cm hoch. Pflanzen: 1–2-jährig. Blütenstand: **ährenartig (unverzweigte Wickel), oben mit Drüsenhaaren**. Blüten: **± sitzend, durch ungleich große Kronzipfel schwach zygomorph, glockig-trichterförmig, gelblich, mit violetten Adern**, Schlund zuweilen bräunlich-rötlich. Krone: **20–30 mm lang, 20–30 mm ⌀**. Kronzipfel: < 0,5-mal so lang wie die Kronröhre. Früchte: **Deckelkapseln**. Blätter: **grob gezähnt bis fiederspaltig**.

- Archaeophyt
- planar bis montan
- Staudenfluren, Ruderalvegetation, Küstenspülsäume, Zier- bzw. Nutzpflanze
- an nährstoffreichen Standorten

J F M A M J J A S O N D

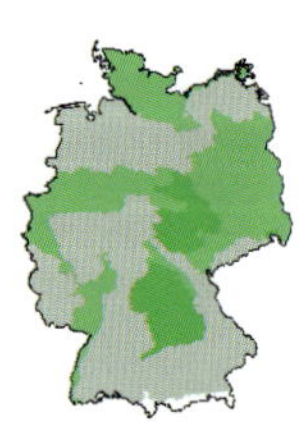

Lycium barbarum L.

Gewöhnlicher Bocksdorn *Solanaceae*
∗ K(5) [C(5) A5] G(2) schwach giftig

Meist strauchförmig, bis 3 m hoch. Blütenstand: **Blüten einzeln o. zu wenigen**. Blüten: **glockig-trichterförmig bis langröhrig, rosa bis rötlich**. Krone: **3–8 mm ⌀**. Früchte: **Beeren, eiförmig, rötlich**. Stängel: **meist dornig**. Seitenäste: überhängend. Blattstellung: wechselständig. Blätter: sommergrün, **ungeteilt bis gelappt**, ganzrandig; unterseits: grünlich.

- eingebürgerter Neophyt, urspr. aus Ostasien
- planar bis collin
- Gehölze, Wälder, Ruderalvegetation, Dünen, Zier- bzw. Nutzpflanze
- auch an salzhaltigen Standorten

J F M A M J J A S O N D

Forsythia x intermedia Zabel

Hybrid-Forsythie *Oleaceae*
∗ K(4) [C(4) A2] G(2)

Bis 3 m hoher Strauch. Blütenstand: trauben- bis rispenartig, **in den Achseln der Narben der vorjährigen Blätter**. Blüten: **kräftig gelb**. Kelchblätter: basal verwachsen. Früchte: **Kapseln, eiförmig**. Blattstellung: gegenständig. Blätter: ***nach* den Blüten erscheinend, meist ungeteilt**, selten 3-teilig gefiedert, länglich bis oval, am Rand gezähnt.

- unbeständiger Neophyt, in Europa entstandener Hybride
- planar bis collin
- Gehölze, Ruderalvegetation, Zier- bzw. Nutzpflanze

J F M A M J J A S O N D

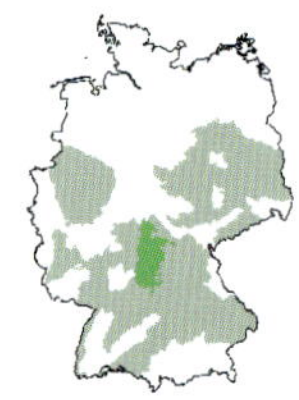

Fraxinus excelsior L.

Gewöhnliche Esche *Oleaceae*
∗ A2 G(2)

Bis 40 m hoher Laubbaum. Blütenstand: trauben- bis rispenartig, **in den Achseln der Narben der vorjährigen Blätter**. Blüten: **⚥ u. ♂**. Blütenhülle: **fehlt**. Früchte: bis in den Winter am Baum verbleibend, Nüsse, geflügelt, **die Nuss im QS abgeflacht**. Blattstellung: gegenständig. Blätter: *nach* den Blüten erscheinend, unpaarig gefiedert, **9–15-teilig**. Fiederblättchen: **seitliche Blättchen ± sitzend**, 15–50 mm breit, am Rand gesägt. Winterknospen: **meist breiter als lang, schwarz**.

- einheimisch
- planar bis montan
- Gehölze, Wälder, Zier- bzw. Nutzpflanze

J F M A M J J A S O N D

Fraxinus pennsylvanica Marshall

Rot-Esche *Oleaceae*
♂ ∗ A2 | ♀ ∗ G(2)

Bis 40 m hoher Laubbaum. Pflanzen: 2-häusig. Blütenstand: trauben- bis rispenartig, **in den Achseln der Narben der vorjährigen Blätter**. Blütenhülle: **fehlt**. Früchte: Nüsse, geflügelt, **die Nuss im QS rundlich, der Flügel bis zur Mitte der Nuss reichend**. Seitenäste: **zunächst meist behaart**. Blattstellung: gegenständig. Blätter: *nach* den Blüten erscheinend, unpaarig gefiedert, **meist 7–9-teilig**; unterseits: **frischgrün**. Fiederblättchen: **seitliche Blättchen 1–6 mm lang gestielt**, 20–60 mm breit, zumindest distal gesägt. Winterknospen: **meist länger als breit, bräunlich**.

- eingebürgerter Neophyt, urspr. aus Nordamerika
- planar bis collin
- Wälder, Zier- bzw. Nutzpflanze
- an feuchten bis nassen, zuweilen überfluteten Standorten

J F M A M J J A S O N D

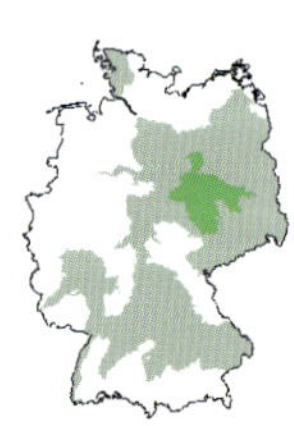

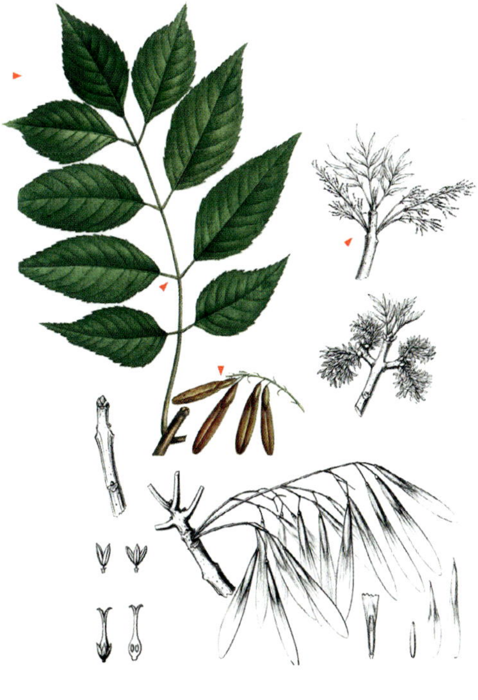

Fraxinus ornus L.

Blumen-Esche *Oleaceae*
∗ K(4) [C(4) A2] G(2)

Bis 8 m hoher Laubbaum. BLÜTENSTAND: am Ende der Äste, trauben- bis rispenartig, **in den Achseln diesjähriger Blätter**. BLÜTEN: ⚥ **u.** ♂, **weißlich**. BLÜTENHÜLLE: **mit Kelch u. Krone**. KRONBLÄTTER: **lineal, 6–15 mm lang**. KRONZIPFEL: > 4-mal so lang wie die Kronröhre. FRÜCHTE: Nüsse, geflügelt, **die Nuss im QS abgeflacht**. BLATTSTELLUNG: gegenständig. BLÄTTER: unpaarig gefiedert, **7–11-teilig**; UNTERSEITS: an den Nerven oft bräunlich behaart. FIEDERBLÄTTCHEN: **seitliche Blättchen 2–6 mm lang gestielt**, 30–120 mm lang, am Rand gesägt. WINTERKNOSPEN: gräulich bis bräunlich.

- eingebürgerter Neophyt, urspr. aus Südosteuropa u. Westasien
- planar bis collin
- Gehölze, Wälder, Zier- bzw. Nutzpflanze
- an basenreichen, meist trockenen Standorten

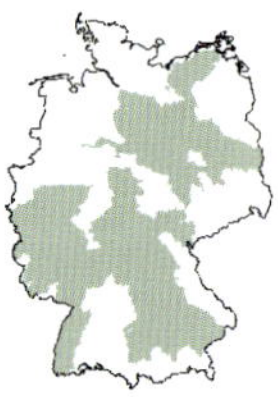

J F **M A M** J J A S O N D

Ligustrum vulgare L.

Gewöhnlicher Liguster *Oleaceae*
∗ K(4) [C(4) A2] G(2) giftig

Strauch, bis 6 m hoch. BLÜTEN: **derb, weißlich**. KRONE: 4–7 mm lang. STAUBBLÄTTER: **länger als die Kronröhre**. FRÜCHTE: **Beeren**, ± kugelig, **schwarz, glänzend**. BLATTSTELLUNG: **gegenständig**. BLATTSTIELE: < 0,5 cm lang. BLÄTTER: **sommergrün bis überwinternd grün**, *vor* den Blüten erscheinend, **länglich bis lanzettlich**, > 3-mal so lang wie breit, ganzrandig; SEITENNERVEN 1. ORDNUNG: bogig; OBERSEITS: dunkelgrün; UNTERSEITS: frischgrün.

- einheimisch
- planar bis montan
- Gehölze, Wälder, Zier- bzw. Nutzpflanze
- an basenreichen Standorten

J F M A **M J J A** S O N D

Syringa vulgaris L.

Gewöhnlicher Flieder *Oleaceae*
∗ K(4) [C(4) A2] G(2) schwach giftig

Meist strauchförmig, bis 8 m hoch. BLÜTEN: **derb, meist wohlriechend**, rötlich bis violett *oder* weißlich. KRONE: 8–20 mm lang. STAUBBLÄTTER: **kürzer als die Kronröhre**. FRÜCHTE: **Kapseln**, länglich. SAMEN: geflügelt. BLATTSTELLUNG: **gegenständig**. BLATTSTIELE: 1,5–5 cm lang. BLÄTTER: *vor* den Blüten erscheinend, **herzförmig**, < 3-mal so lang wie breit, ganzrandig; SEITENNERVEN 1. ORDNUNG: bogig. – Zahlreiche Zuchtformen u. Hybride.

- eingebürgerter Neophyt, urspr. aus Südosteuropa
- planar bis montan
- Gehölze, Wälder, Zier- bzw. Nutzpflanze

J F **M A M** J J A S O N D

Plantago uniflora L.

Europäischer Strandling *Plantaginaceae*
♂ ∗ K4 [C(4) A4] | ♀ ∗ K3–4 C3–4 G(2) RL 2

Wasser- o. Sumpfpflanze, bis 15 cm hoch. PFLANZEN: **1-häusig**. BLÜTENSTAND: ♂ **Blüten lang gestielt, mit 2–3 am Stielgrund sitzenden ♀ Blüten**. BLÜTEN: nur bei Landformen ausgebildet. STAUBBLÄTTER: **weit aus der Blüte ragend**. STAUBBEUTEL: **meist gelblich**. FRÜCHTE: Nüsse, **1-samig**. STÄNGEL: mit grundständiger Blattrosette, *ohne* Laubblätter. AUSLÄUFER: oberirdisch, **lang, meist Tochterrosetten bildend**. BLÄTTER: ungeteilt, **schmal-lineal**, 1–4 mm breit. BLATTSCHEIDEN: vorhanden.

- einheimisch
- planar bis collin
- Gewässer, trockenfallende Ufer, Dünentäler
- an nährstoffarmen, nassen, zuweilen trockenfallenden, auch salzhaltigen Standorten

J F M **A M J J A S** O N D

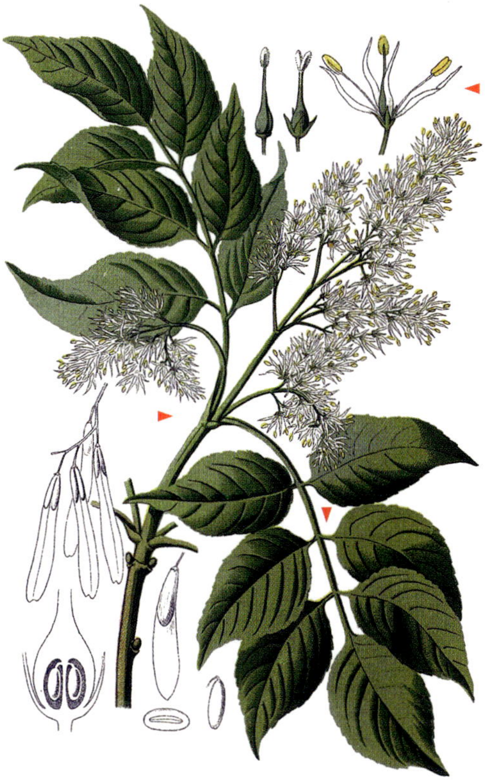

Plantago coronopus L.

Krähenfuß-Wegerich *Plantaginaceae*
∗ K4 [C(4) A4] G(2)

Bis 30 cm hoch. Blütenstand: ährenartig, meist länglich-zylindrisch. Tragblätter der Blüten: **2–3 mm lang**. Schlund: außen ± kahl, allenfalls mit wenigen krausen Haaren. Staubbeutel: **meist rötlich**. Früchte: Deckelkapseln. Stängel: mit grundständiger Blattrosette, *ohne* Laubblätter. Blätter: **gelappt bis fiederspaltig**, lineal bis lanzettlich.

- einheimisch
- planar bis collin
- Grünland, Ruderalvegetation, Trittfluren, Salzwiesen, Zier- bzw. Nutzpflanze
- an feuchten, zuweilen überfluteten, oft salzhaltigen Standorten

J F M A M J J A S O N D

Plantago alpina L.

Alpen-Wegerich *Plantaginaceae*
∗ K4 [C(4) A4] G(2)

Bis 15 cm hoch. Blütenstand: köpfchen- bis ährenartig, **länglich-eiförmig bis kurz-zylindrisch, 1–5 cm lang**. Kronröhre: **außen behaart**. Staubbeutel: **meist gelblich**. Früchte: Deckelkapseln, **1–2-samig**. Stängel: mit grundständiger Blattrosette, *ohne* Laubblätter; unten: **von abgestorbener Laubblattscheide umgeben**. Blätter: ungeteilt, **lineal bis lanzettlich**, 2–8 mm breit, 5–25-mal so lang wie breit, **3-nervig, Nerven kaum hervortretend**.

- einheimisch
- subalpin bis alpin
- Extensivgrünland u. Magerrasen, Schutt- u. Felsfluren, Schneetälchen
- an nährstoffarmen, sauren Standorten

J F M A M J J A S O N D

Plantago maritima L.

Strand-Wegerich *Plantaginaceae*
∗ K4 [C(4) A4] G(2)

10–40 cm hoch. Blütenstand: ährenartig, länglich-zylindrisch. Kronröhre: **außen behaart**. Staubbeutel: gelblich. Früchte: Deckelkapseln, **1–5-samig**. Stängel: mit grundständiger Blattrosette, *ohne* Laubblätter, **von abgestorbener Laubblattscheide umgeben**. Blätter: ungeteilt, zuweilen mit wenigen entfernten Zähnen, **lineal bis lanzettlich**, 2–8 mm breit, > 10-mal so lang wie breit, **kahl, 3-nervig, Nerven kaum hervortretend**.

subsp. *maritima* (Strand-Wegerich): auf salzhaltigen Böden. Kelchblätter: kahl, allenfalls kurz bewimpert. Früchte: 2–5-samig. Blätter: sukkulent; oberseits: Blätter zunächst mit Längsfurche.
subsp. *serpentina* (Schlangen-Wegerich): in den Alpen. Kelchblätter: bewimpert. Früchte: 1–2-samig. Blätter: oberseits: *ohne* Furche.

- einheimisch
- planar bis montan
- Extensivgrünland u. Magerrasen, Schutt- u. Felsfluren, Ruderalvegetation, Salzwiesen, Zier- bzw. Nutzpflanze
- an basenreichen, auch salzhaltigen Standorten

J F M A M J J A S O N D

Plantago major L.

Breit-Wegerich *Plantaginaceae*
∗ K4 [C(4) A4] G(2)

Bis 40 cm hoch. Blütenstand: ährenartig, **länglich-zylindrisch**; Stiel: **kürzer o. wenig länger als die Blätter**, im QS rund. Kronröhre: außen kahl. Staubfäden: grünlich bis weißlich, 1–3 mm lang. Staubbeutel: **meist rötlich**. Früchte: Deckelkapseln, **4–35-samig**. Stängel: mit grundständiger Blattrosette, *ohne* Laubblätter. Blattstiele: **± so lang wie die Spreite**. Blätter: meist mit (etwas) aufgerichteter Spreite, ungeteilt.

Im Gebiet kommen 3 Unterarten vor: subsp. *major*, subsp. *intermedia* und subsp. *winteri* (vgl. S. 1435).

- einheimisch
- planar bis subalpin
- Grünland, Äcker, Ruderalvegetation, Trittfluren, Salzwiesen, Zier- bzw. Nutzpflanze
- auch an salzhaltigen Standorten

J F M A M J J A S O N D

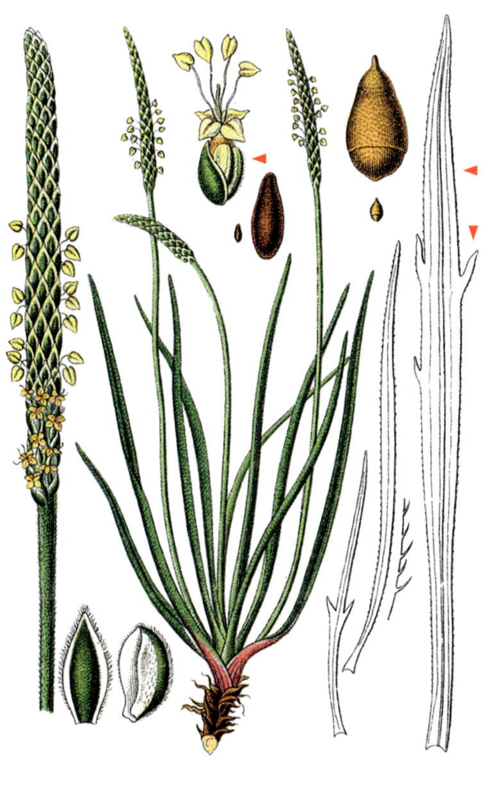

Plantago media L.

Mittel-Wegerich *Plantaginaceae*
∗ K4 [C(4) A4] G(2)

10–50 cm hoch. Blütenstand: ährenartig, **(kurz-) zylindrisch, 2–6 cm lang**; Stiel: **viel länger als die Blätter**, im QS rund. Kronröhre: außen kahl. Staubfäden: **meist violett, 5–12 mm lang**. Staubbeutel: **meist gelblich**. Früchte: Deckelkapseln, **2–5-samig**. Stängel: mit grundständiger Blattrosette, *ohne* Laubblätter. Blattstiele: **kurz bis fehlend**. Blätter: ungeteilt, **breit-oval**.

- einheimisch
- planar bis montan
- Extensivgrünland u. Magerrasen, Zwergstrauchheiden, Ruderalvegetation, Zier- bzw. Nutzpflanze

J F M **A M J J A S** O N D

Plantago lanceolata L.

Spitz-Wegerich *Plantaginaceae*
∗ K4 [C(4) A4] G(2)

10–50 cm hoch. Blütenstand: köpfchenartig, **länglich-eiförmig bis (kurz-) zylindrisch, 0,5–6 cm lang**; Stiel: **im QS kantig gefurcht**. Kronröhre: außen kahl. Staubbeutel: meist gelblich. Früchte: Deckelkapseln, **1–2-samig**. Stängel: mit grundständiger Blattrosette, *ohne* Laubblätter. Blätter: ungeteilt, **länglich bis lanzettlich**, 5–50 mm breit, **3–7-nervig, Nerven deutlich hervortretend**.

- einheimisch
- planar bis montan
- Grünland, Staudenfluren, Ruderalvegetation, Zier- bzw. Nutzpflanze

J F M **A M J J A S O** N D

Plantago atrata Hoppe

Berg-Wegerich *Plantaginaceae*
∗ K4 [C(4) A4] G(2)

Bis 20 cm hoch. Blütenstand: köpfchen- bis ährenartig, **kugelig bis eiförmig, 0,5–3 cm lang**; Stiel: im QS rund. Kronröhre: außen kahl. Staubbeutel: meist gelblich. Früchte: Deckelkapseln, **1–2-samig**. Stängel: mit grundständiger Blattrosette, *ohne* Laubblätter. Blätter: ungeteilt, **lineal bis lanzettlich**, 2–15 mm breit, **3–7-nervig**, **Nerven deutlich hervortretend**.

- einheimisch
- subalpin bis alpin
- Grünland, Schutt- u. Felsfluren, Schneetälchen, Zier- bzw. Nutzpflanze
- an basenreichen Standorten

J F M **A M J J A** S O N D

Plantago arenaria Waldst. & Kit.

Sand-Wegerich *Plantaginaceae*
∗ K4 [C(4) A4] G(2)

15–30 cm hoch. Pflanzen: **1-jährig**. Blütenstand: **mehrere doldig angeordnete Köpfchen**. Köpfchen: **kugelig bis eiförmig, 0,5–2 mm lang**. Staubbeutel: meist gelblich. Früchte: Deckelkapseln. Stängel: **mit Laubblättern**. Blattstellung: gegenständig. Blätter: ungeteilt, **lineal bis lanzettlich**.

- einheimisch
- planar bis collin
- Staudenfluren, Schutt- u. Felsfluren, Äcker, Ruderalvegetation, Zier- bzw. Nutzpflanze
- an trockenen Standorten

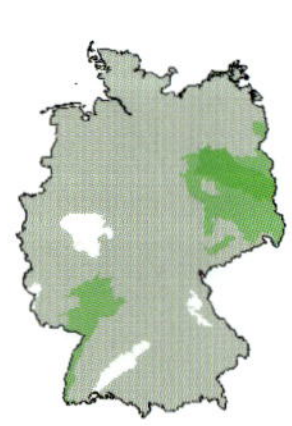

J F M A **M J J A S O** N D

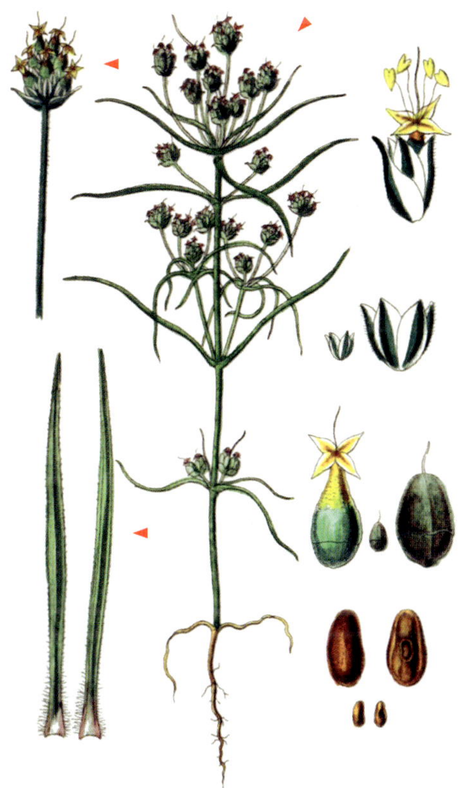

Gratiola officinalis L.

Gottes-Gnadenkraut *Plantaginaceae*
↓ K5 [C(5) A2] G(2) stark giftig RL 2 § BNatG b

15–40 cm hoch. Vorblätter unter den Blüten: **2, kelchblattartig.** Blüten: einzeln, **deutlich gestielt**, undeutlich zygomorph, hellrot bis weißlich, **Gaumen gelblich**. Blütenstiele: **länger als die Blüten**. Krone: 8–18 mm lang. Staubblätter: **2, sowie 2 sterile Staminodien**. Früchte: **Spaltkapseln**. Blätter: länglich-lanzettlich, Spreite 3–6 cm lang.

- einheimisch
- planar bis collin
- Moore u. Seggenriede, Extensivgrünland u. Magerrasen, Zier- bzw. Nutzpflanze
- an wechselfeuchten bis nassen, auch salzhaltigen Standorten

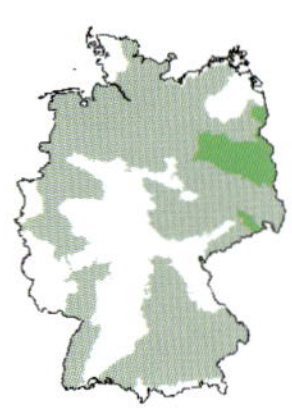

J F M A M J J A S O N D

Anarrhinum bellidifolium (L.) Willd.

Gänseblümchen-Lochschlund *Plantaginaceae*
↓ K5 [C(5) A4] G(2) RL 2

25–80 cm hoch. Blütenstand: traubenartig. Blüten: **gespornt**, hellviolett *oder* weißlich. Blütenstiele: **kürzer als die Blüten**. Krone: mit Sporn 7–12 mm lang. Früchte: **Spaltkapseln**. Stängel: kahl. Blätter: länglich-lanzettlich.

- einheimisch
- collin bis montan
- Staudenfluren, Schutt- u. Felsfluren, Äcker

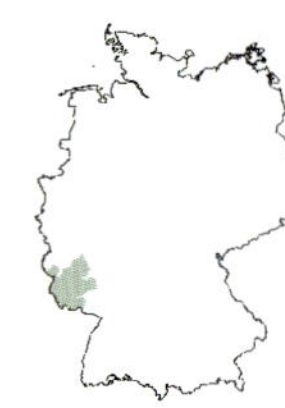

J F M A M J J A S O N D

Antirrhinum majus L.

Garten-Löwenmaul *Plantaginaceae*
↓ K5 [C(5) A4] G(2)

30–100 cm hoch. Pflanzen: **1-jährig**. Blütenstand: traubenartig. Blüten: kurz gestielt, **basal mit kurzer sackartiger Ausstülpung, viel länger als die Tragblätter, rötlich bis violett, Gaumen gelblich**. Kelchzipfel: **oval, kürzer als die Kapsel**. Früchte: **Deckelkapseln**. Blattstellung: meist wechselständig. Blätter: lineal bis lanzettlich.

- Archaeophyt
- planar bis montan
- Schutt- u. Felsfluren, Ruderalvegetation, an Mauern, Zier- bzw. Nutzpflanze
- an basenreichen Standorten

J F M A M J J A S O N D

Asarina procumbens Mill.

Liegende Asarine *Plantaginaceae*
↓ K5 [C(5) A4] G(2)

10–50 cm hoch. Pflanzen: **mehrjährig**. Blüten: **deutlich gestielt, basal mit kurzer sackartiger Ausstülpung, meist gelblich**. Stängel: niederliegend; unten: behaart; oben: drüsig-behaart. Blattstellung: **gegenständig**. Blätter: **rundlich bis herzförmig**, am Rand meist gekerbt.

- in Einbürgerung befindlicher Neophyt, urspr. aus dem westlichen Mittelmeergebiet
- planar bis collin
- Schutt- u. Felsfluren, Ruderalvegetation, an Mauern, Zier- bzw. Nutzpflanze
- an trockenen Standorten

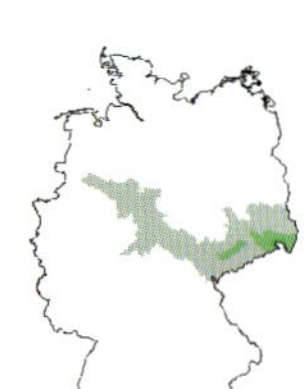

J F M A M J J A S O N D

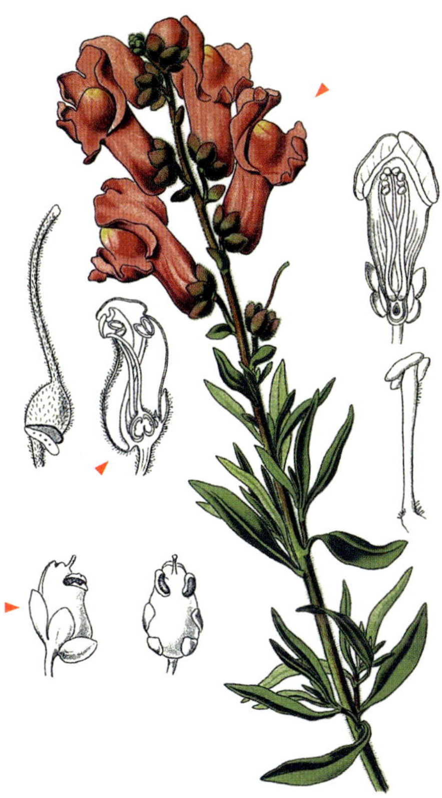

Cymbalaria muralis P. Gaertn., B. Mey. & Scherb.

Mauer-Zimbelkraut *Plantaginaceae*
↓ K5 [C(5) A4] G(2)

10–40 cm hoch. Blüten: einzeln, **lang gestielt, gespornt, violett bis rosa, Unterlippe meist weißlich o. heller, Gaumen gelblich**. Schlund: **durch Ausstülpungen der Unterlippe geschlossen**. Früchte: **Porenkapsel**. Stängel: niederliegend. Blattstiele: **länger als die Spreite**. Blätter: rundlich bis nierenförmig, am Rand seicht gelappt.

- eingebürgerter Neophyt, urspr. aus dem Mittelmeergebiet
- planar bis montan
- Schutt- u. Felsfluren, an Mauern, Zier- bzw. Nutzpflanze
- an basenreichen Standorten

J F M A **M J J A S O** N D

Kickxia elatine (L.) Dumort.

Spießblättriges Tännelkraut *Plantaginaceae*
↓ K5 [C(5) A4] G(2) RL 3

Bis 40 cm hoch. Blüten: einzeln, gespornt, **gelblich, Oberlippe violett**. Blütenstiele: **länger als die Blüten, ± kahl**. Krone: **mit Sporn 3–15 mm lang**. Schlund: durch Ausstülpungen der Unterlippe geschlossen. Sporn: **gerade**. Früchte: Deckelkapseln. Stängel: niederliegend, behaart. Blätter: behaart, ganzrandig. mittlere Stängelblätter: **basal pfeil- bzw. spießförmig**.

- Archaeophyt
- planar bis montan
- Äcker, Ruderalvegetation, Zier- bzw. Nutzpflanze

J F M A M **J J A S O** N D

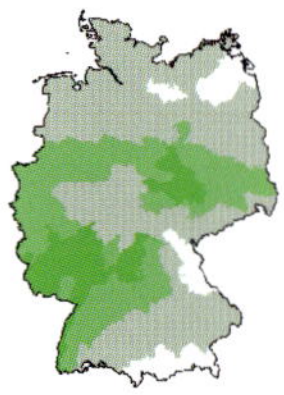

Kickxia spuria (L.) Dumort.

Eiblättriges Tännelkraut *Plantaginaceae*
↓ K5 [C(5) A4] G(2) RL 3

Bis 40 cm hoch. Blüten: einzeln, gespornt, **gelblich, Oberlippe schwarz bis dunkelviolett**. Blütenstiele: **länger als die Blüten, mit langen Haaren**. Krone: **mit Sporn 8–14 mm lang**. Schlund: durch Ausstülpungen der Unterlippe geschlossen. Sporn: **gebogen**. Früchte: Deckelkapseln. Stängel: niederliegend, behaart. Blätter: behaart, ganzrandig. mittlere Stängelblätter: **basal abgerundet**.

- Archaeophyt
- planar bis montan
- Äcker, Ruderalvegetation, Zier- bzw. Nutzpflanze
- an kalkreichen Standorten

J F M A M **J J A S O** N D

Linaria alpina (L.) Mill.

Alpen-Leinkraut *Plantaginaceae*
↓ K5 [C(5) A4] G(2)

Bis 10 cm hoch. Pflanzen: mehrjährig. Blütenstand: traubenartig. Blüten: gespornt, **bläulich bis violett, Gaumen meist rötlich bis orange**. Blütenstiele: **höchstens so lang wie die Blüten**. Schlund: durch Ausstülpungen der Unterlippe geschlossen. Früchte: Spaltkapseln. Stängel: **niederliegend**. Blattstellung: **Blätter (überwiegend) quirlig**. Knoten: **3–5-blättrig**. Blattstiele: kurz bis fehlend. Blätter: länglich-lanzettlich bis spatelförmig, in den Stiel verschmälert.

- einheimisch
- montan bis alpin
- Schutt- u. Felsfluren, Zier- bzw. Nutzpflanze
- an nährstoffarmen, basenreichen Standorten

J F M A **M J J A** S O N D

Linaria arvensis (L.) Desf.

Acker-Leinkraut *Plantaginaceae*
↓ K5 [C(5) A4] G(2) RL 1

15–30 cm hoch. Pflanzen: **1-jährig**. Blütenstand: traubenartig. Blüten: gespornt, **bläulich bis violett, Gaumen weißlich**. Blütenstiele: **höchstens so lang wie die Blüten**. Krone: **mit Sporn 8–16 mm lang**. Schlund: durch Ausstülpungen der Unterlippe geschlossen. Sporn: gerade, 3–6 mm lang. Früchte: Spaltkapseln. Samen: **abgeflacht, glatt, mit flügelartigem Saum**. Stängel: aufrecht. Blattstiele: kurz bis fehlend. Blätter: länglich-lanzettlich bis spatelförmig, in den Stiel verschmälert. obere Stängelblätter: wechselständig.

- Archaeophyt
- planar bis collin
- Staudenfluren, Äcker, Ruderalvegetation

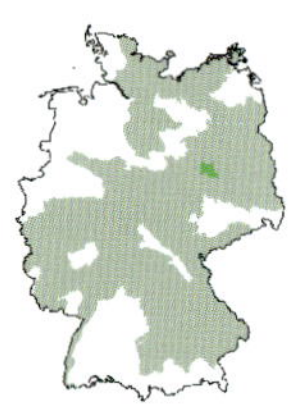

J F M A M **J J A S** O N D

Linaria genistifolia (L.) Mill.

Ginsterblättriges Leinkraut *Plantaginaceae*
↓ K5 [C(5) A4] G(2)

30–100 cm hoch. Pflanzen: mehrjährig. Blütenstand: traubenartig. Blüten: gespornt, **gelblich, Gaumen dunkler**. Blütenstiele: **± so lang wie die Blüten**. Schlund: durch Ausstülpungen der Unterlippe geschlossen. Früchte: Spaltkapseln. Stängel: aufrecht. Blattstiele: kurz bis fehlend. Blätter: **derb, die unteren oval-lanzettlich, die oberen länglich-lanzettlich, 3–5-nervig**. obere Stängelblätter: wechselständig.

subsp. *genistifolia* (Ginsterblättriges Leinkraut): Krone: mit Sporn 12–25 mm lang. Sporn: 5–12 mm lang. Blätter: meist 2–14 mm breit, 4–10-mal so lang wie breit.
subsp. *dalmatica* (Dalmatinisches Leinkraut): Krone: mit Sporn 20–50 mm lang. Sporn: 12–20 mm lang. Blätter: meist 9–30 mm breit, < 4-mal so lang wie breit.

- eingebürgerter Neophyt, urspr. aus Mittel-, Ost- u. Südeuropa u. Asien
- planar bis montan
- Extensivgrünland u. Magerrasen, Staudenfluren, Ruderalvegetation
- an trockenen Standorten

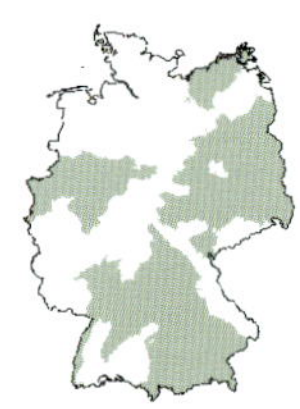

J F M A **M J J A S O** N D

Linaria repens (L.) Mill.

Streifen-Leinkraut *Plantaginaceae*
↓ K5 [C(5) A4] G(2)

20–80 cm hoch. Pflanzen: mehrjährig. Blütenstand: traubenartig. Blüten: gespornt, **hellblau *oder* weißlich-gelblich, Gaumen gelblich**. Blütenstiele: **höchstens so lang wie die Blüten**. Krone: **mit Sporn 12–25 mm lang**. Schlund: durch Ausstülpungen der Unterlippe geschlossen. Früchte: Spaltkapseln. Samen: **kantig-eiförmig, ungeflügelt**. Stängel: aufrecht. Blattstiele: kurz bis fehlend. Blätter: lineal bis lanzettlich. obere Stängelblätter: wechselständig.

- einheimisch
- planar bis montan
- Staudenfluren, Schutt- u. Felsfluren, Ruderalvegetation, Zier- bzw. Nutzpflanze

J F M A M **J J A S** O N D

Linaria vulgaris Mill.

Gewöhnliches Leinkraut *Plantaginaceae*
↓ K5 [C(5) A4] G(2)

20–80 cm hoch. Pflanzen: mehrjährig. Blütenstand: traubenartig. Blüten: gespornt, **gelblich, Gaumen dunkler**. Blütenstiele: höchstens so lang wie die Blüten. Krone: **mit Sporn 15–40 mm lang**. Schlund: durch Ausstülpungen der Unterlippe geschlossen. Früchte: Spaltkapseln. Stängel: aufrecht. Blattstiele: kurz bis fehlend. Blätter: lineal bis lanzettlich, 1–3 mm breit, 1–3-nervig. obere Stängelblätter: wechselständig.

- einheimisch
- planar bis montan
- Intensivgrünland, Staudenfluren, Ruderalvegetation, Zier- bzw. Nutzpflanze

J F M A **M J J A S O** N D

Microrrhinum minus (L.) Fourr.

Kleiner Orant *Plantaginaceae*
↓ K5 [C(5) A4] G(2)

Bis 25 cm hoch. BLÜTENSTAND: traubenartig. BLÜTEN: **gespornt, hellviolett, Gaumen gelblich**. BLÜTENSTIELE: **länger als die Blüten**. KRONE: **mit Sporn 7–12 mm lang**. FRÜCHTE: **Deckelkapseln, Fruchtfächer verschieden groß**. STÄNGEL: behaart.

- einheimisch
- planar bis montan
- Schutt- u. Felsfluren, Äcker, Ruderalvegetation, Zier- bzw. Nutzpflanze
- an kalkreichen Standorten

J F M A M J J A S O N D

Misopates orontium (L.) Raf.

Gewöhnliches Katzenmaul *Plantaginaceae*
↓ K5 [C(5) A4] G(2) RL 3

10–30 cm hoch. PFLANZEN: mehrjährig. BLÜTENSTAND: traubenartig. BLÜTEN: kurz gestielt, **basal mit kurzer sackartiger Ausstülpung, kaum länger als die Tragblätter, rosa bis violett**, mit dunkler Aderung. BLÜTENSTIELE: **höchstens so lang wie die Blüten**. KRONE: **10–16 mm lang**. KELCHZIPFEL: **lineal-lanzettlich, länger als die Kapsel**. FRÜCHTE: **Deckelkapseln**. STÄNGEL: aufrecht; UNTEN: behaart; OBEN: **drüsig-behaart**. BLÄTTER: lineal bis lanzettlich, spitz.

- Archaeophyt
- planar bis montan
- Äcker, Ruderalvegetation, Zier- bzw. Nutzpflanze
- an nährstoffarmen Standorten

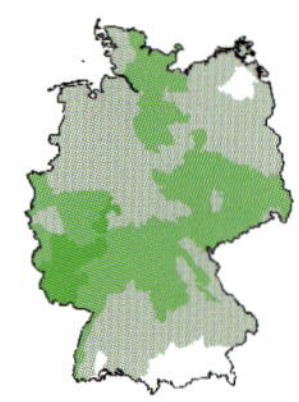

J F M A M J J A S O N D

Callitriche hermaphroditica L.

Herbst-Wasserstern *Plantaginaceae*
♂ ↓ A1 | ♀ ↓ G(2) RL 2

Im Boden wurzelnde Wasserpflanze. VORBLÄTTER UNTER DEN BLÜTEN: fehlen. BLÜTEN: einzeln. FRÜCHTE: in 4 nussähnliche Teilfrüchte zerfallend. TEILFRÜCHTE: ± **komplett getrennt, im LS rund, 1,5–2 mm lang, im QS geflügelt**. STÄNGEL: 10–60 cm lang, gleichmäßig beblättert. BLÄTTER: ganzrandig. SCHWIMMBLÄTTER: **fehlen**. TAUCHBLÄTTER: gegenständig, **dünn, durchscheinend, länglich-lineal, basal verbreitert, *ohne* Sternhaare**.

- einheimisch
- planar
- Gewässer
- an dauerhaft überfluteten Standorten

J F M A M J J A S O N D

Callitriche truncata Guss.

Gestutzter Wasserstern *Plantaginaceae*
♂ ↓ A1 | ♀ ↓ G(2)

Im Boden wurzelnde Wasserpflanze. VORBLÄTTER UNTER DEN BLÜTEN: fehlen. BLÜTEN: einzeln. FRÜCHTE: in 4 nussähnliche Teilfrüchte zerfallend. TEILFRÜCHTE: ± **komplett getrennt, im LS breiteiförmig, 1–1,2 mm lang, im QS meist ungeflügelt**. STÄNGEL: < 20 cm lang, gleichmäßig beblättert. BLÄTTER: ganzrandig. SCHWIMMBLÄTTER: **fehlen**. TAUCHBLÄTTER: gegenständig, **dünn, durchscheinend, länglich-lineal, basal verbreitert, *ohne* Sternhaare**.

- einheimisch
- planar bis montan
- Gewässer, trockenfallende Ufer
- an nassen, zuweilen trockenfallenden Standorten

J F M A M J J A S O N D

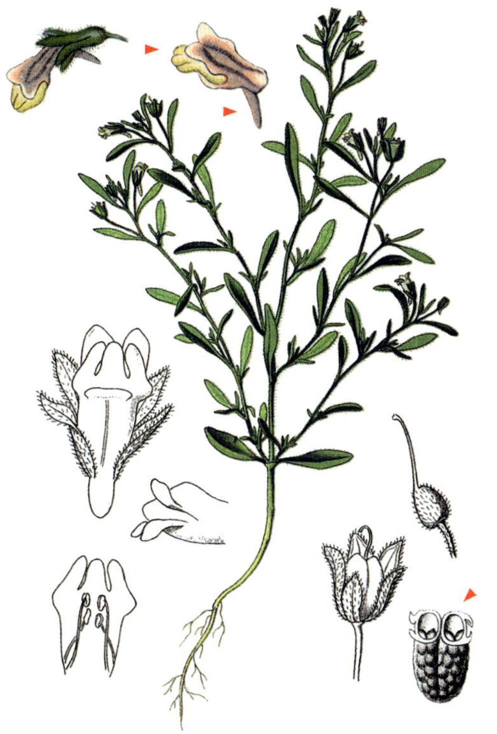

Callitriche palustris agg.

Sumpf-Wasserstern *Plantaginaceae*
♂ ↓ A1 | ♀ ↓ G(2)

Wasser- o. Sumpfpflanze. Vorblätter unter den Blüten: 2. Blüten: einzeln. Früchte: in 4 nussähnliche Teilfrüchte zerfallend. Teilfrüchte: **bis über die Hälfte miteinander verwachsen, 0,7–2 mm lang.** Stängel: 10–100 cm lang, gleichmäßig beblättert. Blätter: ganzrandig. Schwimmblätter: **meist vorhanden**, quirlig, schmal-spatelig. Tauchblätter: gegenständig, grün, undurchsichtig, **spatelig bis länglich-lanzettlich, basal meist verschmälert, mit Sternhaaren.**

In Deutschland kommen 7 Arten der Artengruppe *Callitriche palustris* agg. vor: *C. palustris*, *C. brutia*, *C. cophocarpa*, *C. hamulata*, *C. obtusangula*, *C. platycarpa* und *C. stagnalis* (vgl. S. 1435).

- einheimisch
- planar bis subalpin
- Gewässer, trockenfallende Ufer
- an nassen, zuweilen trockenfallenden Standorten

J F M A **M J J A** S O N D

Hippuris vulgaris L.

Gewöhnlicher Tannenwedel *Plantaginaceae*
↓ [P(4–5) A1] G(1) RL V

Im Boden wurzelnde Wasserpflanze, 10–50 cm hoch. Blütenstand: **Blüten sitzend, in den Achseln der wirteligen Laubblätter.** Blüten: meist ⚥, zuweilen 1-geschlechtig. Blütenhülle: **von den Kelchblättern gebildetes stark reduziertes Perigon.** Früchte: **Steinfrüchte**, 1-samig. Blattstellung: **quirlig.** Knoten: **5–20-blättrig.** Blätter: **lineal**, 1–4 mm breit.

- einheimisch
- planar bis montan
- Gewässer, Röhrichte, Zier- bzw. Nutzpflanze
- an basenreichen, nassen, zuweilen trockenfallenden Standorten

J F M **A M J J A** S O N D

Digitalis grandiflora Mill.

Großblütiger Fingerhut *Plantaginaceae*
↓ K5 [C(5) A4] G(2) stark giftig RL V § BNatG b

60–120 cm hoch. Pflanzen: meist 2-jährig. Blütenstand: endständig, ährenrispen- bis traubenartig. Blüten: undeutlich zygomorph, glockig-trichterförmig, mit bauchig-glockig erweiterter Kronröhre, **gelblich, innen mit bräunlicher bis rötlicher Zeichnung.** Krone: **25–50 mm lang, 12–25 mm ⌀.** Kronblätter: außen drüsig behaart. Früchte: Spaltkapseln. Stängel: aufrecht; oben: **behaart.** Blattstellung: Stängelblätter wechselständig, im ersten Jahr oft nur eine Grundblattrosette ausgebildet. Blätter: länglich bis oval; unterseits: **behaart.**

- einheimisch
- collin bis montan
- Grünland, Staudenfluren, Gehölze, Wälder, Schutt- u. Felsfluren, Zier- bzw. Nutzpflanze

J F M A **M J J A S** O N D

Digitalis lutea L.

Gelber Fingerhut *Plantaginaceae*
↓ K5 [C(5) A4] G(2) stark giftig § BNatG b

30–80 cm hoch. Pflanzen: meist mehrjährig. Blütenstand: endständig, ährenrispen- bis traubenartig. Blüten: undeutlich zygomorph, glockig-trichterförmig, mit bauchig-glockig erweiterter Kronröhre, **gelblich, *ohne* auffallende Musterung.** Krone: **18–30 mm lang, 4–10 mm ⌀.** Kronblätter: außen drüsig behaart. Früchte: Spaltkapseln. Stängel: aufrecht; oben: **kahl.** Blattstellung: Stängelblätter wechselständig, im ersten Jahr oft nur eine Grundblattrosette ausgebildet. Blätter: länglich bis oval; unterseits: **± kahl.**

- einheimisch
- collin bis montan
- Staudenfluren, Gehölze, Wälder, Schutt- u. Felsfluren, Zier- bzw. Nutzpflanze

J F M A **M J J A** S O N D

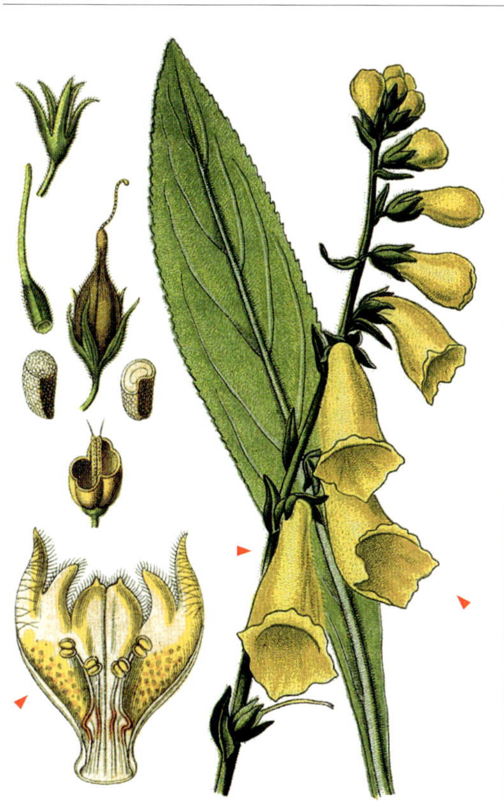

Digitalis purpurea L.

Roter Fingerhut *Plantaginaceae*
↓ K5 [C(5) A4] G(2) stark giftig

40–150 cm hoch. PFLANZEN: meist 2-jährig. BLÜTENSTAND: endständig, ährenrispen- bis traubenartig. BLÜTEN: undeutlich zygomorph, glockig-trichterförmig, mit bauchig-glockig erweiterter Kronröhre, **rötlich, innen mit dunklen, hellumrandeten Flecken**. KRONE: 25–50 mm lang. KRONBLÄTTER: außen kahl, innen meist mit langen Haaren. FRÜCHTE: Spaltkapseln. STÄNGEL: aufrecht; OBEN: **behaart**. BLATTSTELLUNG: Stängelblätter wechselständig, im ersten Jahr oft nur eine Grundblattrosette ausgebildet. BLÄTTER: länglich bis oval; UNTERSEITS: **graufilzig behaart**.

- einheimisch
- planar bis montan
- Staudenfluren, Gehölze, Wälder, Zier- bzw. Nutzpflanze
- an sauren Standorten

J F M A M J J A S O N D

Veronica longifolia L.

Strand-Ehrenpreis *Plantaginaceae*
↓ K5 [C(4–5) A2] G(2) RL V § BNatG b

50–140 cm hoch. PFLANZEN: mehrjährig. BLÜTENSTAND: **endständige Traube vorhanden**. TRAGBLÄTTER DER BLÜTEN: **klein, *alle* von den Laubblättern verschieden**. BLÜTEN: undeutlich zygomorph, offen ausgebreitet, bläulich bis violett. BLÜTENSTIELE: **kürzer als die Tragblätter, behaart**. KRONRÖHRE: **länger als breit**. KELCH: **5-blättrig**. KELCHBLÄTTER: alle ± gleich groß. FRÜCHTE: Spaltkapseln. BLÄTTER: basal abgerundet bis ausgerandet, **am Rand bis zum Grund meist spitz gesägt**. MITTLERE STÄNGELBLÄTTER: **in 3–4 zähligen Quirlen, < 2 mm lang gestielt**.

- einheimisch
- planar bis montan
- Grünland, Staudenfluren, Wälder, Zier- bzw. Nutzpflanze
- an wechselfeuchten bis nassen Standorten

J F M A M J J A S O N D

Veronica spicata L.

Ähren-Ehrenpreis *Plantaginaceae*
↓ K5 [C(4–5) A2] G(2) RL 3 § BNatG b

Bis 60 cm hoch. PFLANZEN: mehrjährig. BLÜTENSTAND: **endständige Traube vorhanden**. TRAGBLÄTTER DER BLÜTEN: **klein, *alle* von den Laubblättern verschieden**. BLÜTEN: undeutlich zygomorph, offen ausgebreitet, bläulich bis violett. BLÜTENSTIELE: **kürzer als die Tragblätter, drüsig behaart**. KRONRÖHRE: **länger als breit**. KELCH: **5-blättrig**. KELCHBLÄTTER: alle ± gleich groß. FRÜCHTE: Spaltkapseln. BLÄTTER: **am Rand meist stumpf gekerbt, basal meist ganzrandig**. MITTLERE STÄNGELBLÄTTER: **gegenständig, sitzend**.

- einheimisch
- planar bis montan
- Extensivgrünland u. Magerrasen, Staudenfluren, Gehölze, Wälder, Schutt- u. Felsfluren, Zier- bzw. Nutzpflanze
- an nährstoffarmen, meist trockenen Standorten

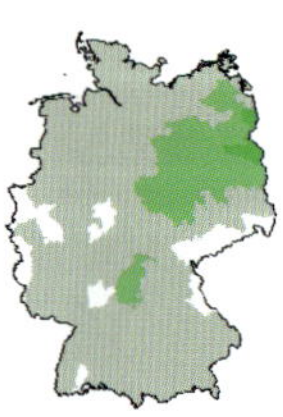

J F M A M J J A S O N D

Veronica spuria L.

Rispen-Ehrenpreis *Plantaginaceae*
↓ K5 [C(4–5) A2] G(2) RL 0

60–150 cm hoch. PFLANZEN: mehrjährig. BLÜTENSTAND: **endständige Traube vorhanden**. TRAGBLÄTTER DER BLÜTEN: **klein, *alle* von den Laubblättern verschieden**. BLÜTEN: undeutlich zygomorph, offen ausgebreitet, bläulich bis violett. BLÜTENSTIELE: **mindestens so lang wie die Tragblätter**, kahl. KRONRÖHRE: **länger als breit**. KELCH: **5-blättrig**. KELCHBLÄTTER: alle ± gleich groß. FRÜCHTE: Spaltkapseln. BLÄTTER: basal verschmälert, **am Rand bis zum Grund meist spitz gesägt**. MITTLERE STÄNGELBLÄTTER: **in 3–4 zähligen Quirlen, < 2 mm lang gestielt**.

- ausgestorben
- planar bis montan
- Staudenfluren, Gehölze, Wälder
- an nährstoffarmen, basenreichen, trockenen Standorten

J F M A M J J A S O N D

US

Veronica anagallis-aquatica agg.

Wasser-Ehrenpreis *Plantaginaceae*
↓ K4 [C(4) A2] G(2)

15–80 cm hoch. Blütenstand: endständige Traube *fehlend*, **mit mehreren seitenständigen Trauben**, spärlich drüsenhaarig. Tragblätter der Blüten: **klein, *alle* von den Laubblättern verschieden**. Blüten: undeutlich zygomorph, offen ausgebreitet, weißlich bis violett. Kronröhre: breiter als lang. Griffel: **0,6–2,5 mm lang**. Früchte: Spaltkapseln. Stängel: im QS kantig. Blätter: sitzend, **lanzettlich bis oval**, kahl. mittlere Stängelblätter: **sitzend**.

In Deutschland kommen 3 Arten der Artengruppe *Veronica anagallis-aquatica* agg. vor: *V. anagallis-aquatica*, *V. anagalloides* und *V. catenata* (vgl. S. 1435).

- einheimisch
- planar bis montan
- Gewässer, trockenfallende Ufer, Röhrichte, Grünland, Staudenfluren, Zier- bzw. Nutzpflanze
- an feuchten bis nassen, zuweilen überfluteten Standorten

J F **M A M J J A S O** N D

Veronica acinifolia L.

Kölme-Ehrenpreis *Plantaginaceae*
↓ K4 [C(4) A2] G(2) RL 1

Bis 15 cm hoch. Pflanzen: 1-jährig. Blütenstand: **endständige Traube vorhanden**, verlängert. Tragblätter der Blüten: **die *unteren* den Laubblättern gleichend, die *oberen* kleiner u. einfacher gebaut**. Blüten: undeutlich zygomorph, offen ausgebreitet, bläulich. Blütenstiele: **1,5–2,5-mal so lang wie der Kelch**. Kronröhre: breiter als lang. Griffel: **0,8–2,5 mm lang, deutlich länger als die Ausrandung der Frucht**. Tragblätter der oberen Blüten: sitzend. Früchte: Spaltkapseln, **viel breiter als hoch, distal zu 50 % eingeschnitten**. Blätter: ± kahl, am Rand stumpf gekerbt.

- einheimisch
- planar bis montan
- trockenfallende Ufer, Äcker, Ruderalvegetation
- an wechselfeuchten Standorten

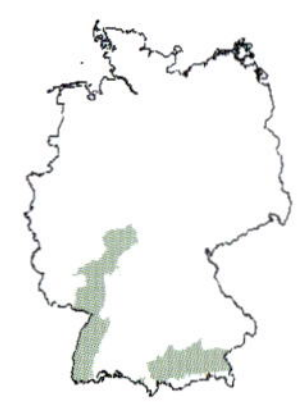

J F **M A M J** J A S O N D

Veronica beccabunga L.

Bach-Ehrenpreis *Plantaginaceae*
↓ K4 [C(4) A2] G(2)

Wasser- o. Sumpfpflanze, 20–60 cm hoch. Pflanzen: mehrjährig. Blütenstand: endständige Traube *fehlend*, **mit mehreren seitenständigen Trauben**. Tragblätter der Blüten: **klein, *alle* von den Laubblättern verschieden**. Blüten: undeutlich zygomorph, offen ausgebreitet, bläulich. Kronröhre: breiter als lang. Früchte: Spaltkapseln. Stängel: dichtrasig, **blühende Triebe am Grund niederliegend**, im QS rundlich, markig. Blätter: **lanzettlich bis oval**, kahl. mittlere Stängelblätter: **kurz gestielt**.

- einheimisch
- planar bis alpin
- Gewässer, Röhrichte, Quellfluren, Zier- bzw. Nutzpflanze
- an nassen, zuweilen trockenfallenden Standorten

J F M **A M J J A** S O N D

Veronica peregrina L.

Fremder Ehrenpreis *Plantaginaceae*
↓ K4 [C(4) A2] G(2)

Bis 20 cm hoch. Pflanzen: 1-jährig. Blütenstand: **endständige Traube vorhanden**, verlängert. Trauben: meist ≥ 8-blütig. Tragblätter der Blüten: **die *unteren* den Laubblättern gleichend, die *oberen* kleiner u. einfacher gebaut**. Blüten: undeutlich zygomorph, offen ausgebreitet, weißlich bis bläulichviolett. Blütenstiele: **viel kürzer als der Kelch**. Kronröhre: breiter als lang. Griffel: **0,1–0,4 mm lang, kürzer als die Ausrandung der Frucht**. Tragblätter der oberen Blüten: sitzend. Früchte: Spaltkapseln, ***nur* mit Drüsenhaaren**. Blätter: **länglich-lanzettlich bis spatelig**, 3–5-mal so lang wie breit, **ganzrandig bis entfernt gezähnt**. Grundblätter: basal verschmälert.

- eingebürgerter Neophyt, urspr. aus Mittel- zu. Nordamerika
- planar bis montan
- trockenfallende Ufer, Grünland, Staudenfluren, Äcker, Ruderalvegetation, Zier- bzw. Nutzpflanze
- meist an basenreichen, wechselfeuchten bis nassen Standorten

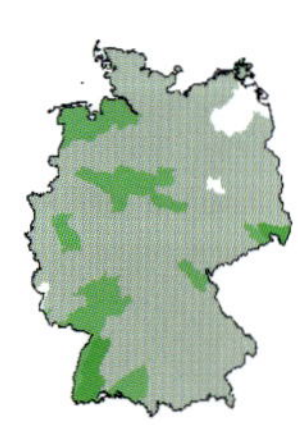

J F M **A M J** J A S O N D

Veronica serpyllifolia L.

Quendel-Ehrenpreis *Plantaginaceae*
↓ K4 [C(4) A2] G($\underline{2}$)

Bis 25 cm hoch. Pflanzen: mehrjährig. Blütenstand: **endständige Traube vorhanden**. Tragblätter der Blüten: **die *unteren* den Laubblättern gleichend, die *oberen* kleiner u. einfacher gebaut**. Blüten: undeutlich zygomorph, offen ausgebreitet, mit blauen Adern. Blütenstiele: **mindestens so lang wie der Kelch**. Krone: 5–9 mm ⌀. Kronröhre: breiter als lang. Tragblätter der oberen Blüten: sitzend. Früchte: Spaltkapseln, **breiter als hoch**, **distal bis 25 % tief eingeschnitten**. Stängel: niederliegend. Blätter: ganzrandig bis seicht gekerbt.

Im Gebiet kommen 2 Unterarten vor: subsp. *serpyllifolia* und subsp. *humifusa* (vgl. S. 1435).

- einheimisch
- planar bis alpin
- Grünland, Äcker, Ruderalvegetation, Zier- bzw. Nutzpflanze

J F M **A M J J A S** O N D

Veronica chamaedrys agg.

Gamander-Ehrenpreis *Plantaginaceae*
↓ K4 [C(4) A2] G($\underline{2}$)

15–40 cm hoch. Pflanzen: mehrjährig. Blütenstand: endständige Traube *fehlend*, **mit mehreren seitenständigen Trauben**. Tragblätter der Blüten: **klein, *alle* von den Laubblättern verschieden**. Blüten: undeutlich zygomorph, offen ausgebreitet, meist bläulich. Kronröhre: breiter als lang. Kelchblätter: behaart. Griffel: **3–6 mm lang**. Fruchtstiele: meist 1–2-mal so lang wie die Tragblätter. Früchte: Spaltkapseln, **breiter als hoch**, im QS stark abgeflacht. Stängel: unten: **2-zeilig behaart**. mittlere Stängelblätter: **sitzend o. < 5 mm lang gestielt, ungeteilt, grob gezähnt**.

In Deutschland kommen 2 Arten der Artengruppe *Veronica chamaedrys* agg. vor: *V. chamaedrys* und *V. vindobonensis* (vgl. S. 1435).

- einheimisch
- planar bis subalpin
- Grünland, Staudenfluren, Wälder, Ruderalvegetation, Zier- bzw. Nutzpflanze

J **F M A M J J A S** O N D

Veronica verna agg.

Frühlings-Ehrenpreis *Plantaginaceae*
↓ K4 [C(4) A2] G($\underline{2}$) RL V

Bis 25 cm hoch. Pflanzen: 1- bis mehrjährig. Blütenstand: **endständige Traube vorhanden**. Tragblätter der Blüten: **die *unteren* den Laubblättern gleichend, die *oberen* kleiner u. einfacher gebaut**. Blüten: undeutlich zygomorph, offen ausgebreitet, bläulich. Blütenstiele: **kürzer als der Kelch**. Krone: 2–6 mm ⌀. Kronröhre: breiter als lang. Griffel: **0,4–2 mm lang, (etwas) länger als die Ausrandung der Frucht**. Tragblätter der unteren Blüten: gelappt bis gefiedert. Tragblätter der oberen Blüten: sitzend. Früchte: Spaltkapseln. mittlere Stängelblätter: **fiederspaltig o. gefiedert**.

In Deutschland kommen 2 Arten der Artengruppe *Veronica verna* agg. vor: *V. verna* und *V. dillenii* (vgl. S. 1436).

- einheimisch
- planar bis montan
- Extensivgrünland u. Magerrasen, Schutt- u. Felsfluren, Äcker, Ruderalvegetation, an Mauern

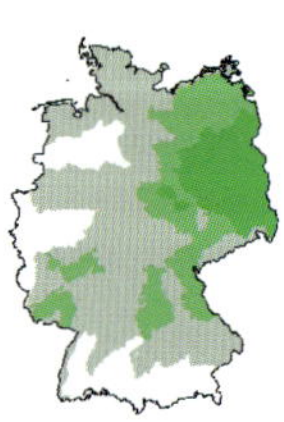

J F **M A M** J J A S O N D

Veronica arvensis L.

Feld-Ehrenpreis *Plantaginaceae*
↓ K4 [C(4) A2] G($\underline{2}$)

Bis 25 cm hoch. Pflanzen: 1-jährig. Blütenstand: **endständige Traube vorhanden**, verlängert. Tragblätter der Blüten: **die *unteren* den Laubblättern gleichend, die *oberen* kleiner u. einfacher gebaut**. Blüten: undeutlich zygomorph, offen ausgebreitet, bläulich. Blütenstiele: **viel kürzer als der Kelch**. Kronröhre: breiter als lang. Griffel: **0,3–1,2 mm lang, kaum länger als die Ausrandung der Frucht**. Tragblätter der oberen Blüten: sitzend. Früchte: Spaltkapseln, behaart. Blätter: **breit-oval**, < 2,5-mal so lang wie breit, am Rand meist gezähnt. Grundblätter: **gestielt**, basal abgerundet.

- Archaeophyt
- planar bis montan
- Extensivgrünland u. Magerrasen, Schutt- u. Felsfluren, Äcker, Ruderalvegetation

J **F M A M J J A S O** N D

Veronica hederifolia agg.

Efeu-Ehrenpreis *Plantaginaceae*
↓ K4 [C(4) A2] G($\underline{2}$)

Bis 40 cm hoch. PFLANZEN: 1- bis mehrjährig. BLÜTEN: **einzeln**, undeutlich zygomorph, offen ausgebreitet, bläulich. BLÜTENSTIELE: **mit Haarleiste**. KRONE: 3–8 mm ⌀. KRONRÖHRE: breiter als lang. KELCHBLÄTTER: herzförmig. KELCHZIPFEL: bewimpert. FRÜCHTE: Spaltkapseln. STÄNGEL: niederliegend. BLÄTTER: gekerbt bis gelappt, **herz- bis nierenförmig**, < 3-mal so lang wie breit. GRUNDBLÄTTER: **gestielt.**

In Deutschland kommen 3 Arten der Artengruppe *Veronica hederifolia* agg. vor: *V. hederifolia*, *V. sublobata* und *V. triloba* (vgl. S. 1436).

- einheimisch
- planar bis montan
- Extensivgrünland u. Magerrasen, Äcker, Ruderalvegetation

J **F M A M** J J A S O N D

Veronica praecox All.

Früher Ehrenpreis *Plantaginaceae*
↓ K4 [C(4) A2] G($\underline{2}$) RL V

Bis 15 cm hoch. PFLANZEN: 1-jährig. BLÜTENSTAND: **endständige Traube vorhanden**, verlängert. TRAGBLÄTTER DER BLÜTEN: **die *unteren* den Laubblättern gleichend, die *oberen* kleiner u. einfacher gebaut**. BLÜTEN: undeutlich zygomorph, offen ausgebreitet, hellblau. BLÜTENSTIELE: **mindestens so lang wie der Kelch**. KRONRÖHRE: breiter als lang. GRIFFEL: **0,8–2,5 mm lang, deutlich länger als die Ausrandung der Frucht**. TRAGBLÄTTER DER UNTEREN BLÜTEN: gelappt bis gefiedert. TRAGBLÄTTER DER OBEREN BLÜTEN: sitzend. FRÜCHTE: Spaltkapseln, **höher als breit, distal zu < 25 % eingeschnitten**. SAMEN: schüsselförmig gewölbt. GRUNDBLÄTTER: sitzend bis kurz gestielt, basal abgerundet bis verschmälert.

- einheimisch
- planar bis montan
- Extensivgrünland u. Magerrasen, Schutt- u. Felsfluren, Äcker, Ruderalvegetation
- an nährstoffarmen, basenreichen, trockenen Standorten

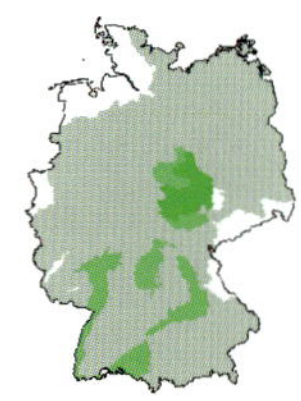

J **F M A M** J J A S O N D

Veronica triphyllos L.

Finger-Ehrenpreis *Plantaginaceae*
↓ K4 [C(4) A2] G($\underline{2}$) RL V

Bis 15 cm hoch. PFLANZEN: 1- bis mehrjährig. BLÜTEN: **einzeln**, undeutlich zygomorph, offen ausgebreitet, **dunkelblau**. BLÜTENSTIELE: **mindestens so lang wie der Kelch**. KRONRÖHRE: breiter als lang. TRAGBLÄTTER DER UNTEREN BLÜTEN: gelappt bis gefiedert. FRÜCHTE: Spaltkapseln. SAMEN: schüsselförmig gewölbt. GRUNDBLÄTTER: sitzend bis kurz gestielt. MITTLERE STÄNGELBLÄTTER: **handförmig 3–5-teilig gelappt.**

- Archaeophyt
- planar bis montan
- Äcker, Ruderalvegetation
- an trockenen Standorten

J **F M A M** J J A S O N D

Veronica austriaca L.

Österreichischer Ehrenpreis *Plantaginaceae*
↓ K4–5 [C(4–5) A2] G($\underline{2}$) RL 2

20–40 cm hoch. PFLANZEN: mehrjährig. BLÜTENSTAND: *ohne* endständige Traube, **mit mehreren seitenständigen Trauben**. TRAGBLÄTTER DER BLÜTEN: **klein, *alle* von den Laubblättern verschieden**. BLÜTEN: undeutlich zygomorph, offen ausgebreitet, bläulich. KRONRÖHRE: breiter als lang. KELCH: **meist 5-blättrig**. KELCHBLÄTTER: **das hintere Kelchblatt kleiner, meist behaart**. FRUCHTSTIELE: meist 1–2-mal so lang wie die Tragblätter. FRÜCHTE: Spaltkapseln, **höher als breit, meist behaart**. STÄNGEL: **blühende *und* nichtblühende Triebe aufrecht**. BLÄTTER: länglich bis oval.

Im Gebiet kommen 4 Unterarten vor: subsp. *austriaca*, subsp. *dentata*, subsp. *jacquinii* und subsp. *teucrium* (vgl. S. 1436).

- einheimisch
- collin bis montan
- Extensivgrünland u. Magerrasen, Staudenfluren, Gehölze
- an nährstoffarmen, kalkreichen, meist trockenen Standorten

J F M **A M J J A** S O N D

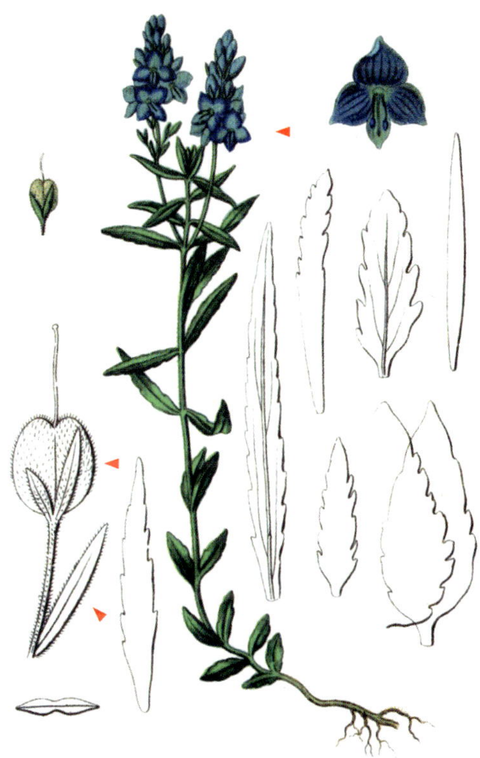

Veronica orsiniana Ten.

Orsinis Ehrenpreis *Plantaginaceae*
↓ K4–5 [C(4–5) A2] G(2) RL 2

Bis 20 cm hoch. Pflanzen: mehrjährig. Blütenstand: *ohne* endständige Traube, **mit mehreren seitenständigen Trauben**. Tragblätter der Blüten: **klein, *alle* von den Laubblättern verschieden**. Blüten: undeutlich zygomorph, offen ausgebreitet, bläulich. Kronröhre: breiter als lang. Kelch: **meist 5-blättrig**. Kelchblätter: **das hintere Kelchblatt kleiner, meist behaart**. Griffel: **4–5 mm lang**. Früchte: Spaltkapseln, **meist behaart**. Stängel: **nichtblühende Triebe niederliegend**. Blätter: ungeteilt, länglich bis oval. untere Stängelblätter: **1–3-mal so lang wie breit**. mittlere Stängelblätter: > 5 cm lang. obere Stängelblätter: am Rand gezähnt.

- einheimisch
- planar bis montan
- Extensivgrünland u. Magerrasen
- an nährstoffarmen, trockenen Standorten

J F M A M J J A S O N D

Veronica prostrata L.

Liegender Ehrenpreis *Plantaginaceae*
↓ K4–5 [C(4–5) A2] G(2) RL 3

Bis 60 cm hoch. Pflanzen: meist mehrstängelig, mehrjährig. Blütenstand: *ohne* endständige Traube, **mit mehreren seitenständigen Trauben**. Trauben: 15–50-blütig. Tragblätter der Blüten: **klein, *alle* von den Laubblättern verschieden**. Blüten: undeutlich zygomorph, offen ausgebreitet, hellblau. Krone: 4–10 mm ⌀. Kronröhre: breiter als lang. Kelch: **meist 5-blättrig**. Kelchblätter: **das hintere Kelchblatt kleiner, kahl o. am Rand bewimpert**. Griffel: **3–4,5 mm lang**. Früchte: Spaltkapseln, **höher als breit, kahl**. Stängel: **nichtblühende Triebe niederliegend**. Blätter: ungeteilt, länglich bis oval, dicht behaart, Haare < 0,3 mm lang. untere Stängelblätter: **1–3-mal so lang wie breit**.

- einheimisch
- planar bis collin
- Extensivgrünland u. Magerrasen, Zier- bzw. Nutzpflanze
- an nährstoffarmen, basenreichen, trockenen Standorten

J F M A M J J A S O N D

Veronica agrestis L.

Acker-Ehrenpreis *Plantaginaceae*
↓ K4 [C(4) A2] G(2)

10–30 cm hoch. Pflanzen: 1–2-jährig. Blüten: **einzeln**, undeutlich zygomorph, offen ausgebreitet, weißlich *oder* hellblau bis rosa. Blütenstiele: **allseits behaart**. Krone: 4–6 mm ⌀. Kronröhre: breiter als lang. Kelchblätter: oval. Früchte: Spaltkapseln, > **2-mal so breit wie hoch**, distal abgerundet bis ausgerandet, ***nur* mit Drüsenhaaren**. Stängel: niederliegend. Blätter: **oval**, < 3-mal so lang wie breit.

- Archaeophyt
- planar bis montan
- Äcker, Ruderalvegetation, Zier- bzw. Nutzpflanze

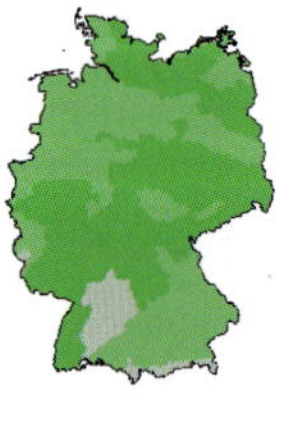

J F M A M J J A S O N D

Veronica filiformis Sm.

Faden-Ehrenpreis *Plantaginaceae*
↓ K4 [C(4) A2] G(2)

Bis 30 cm hoch. Pflanzen: mehrjährig. Blüten: **einzeln**, undeutlich zygomorph, offen ausgebreitet, bläulich. Blütenstiele: **deutlich länger als die Tragblätter, allseits behaart**. Krone: 8–18 mm ⌀. Kronröhre: breiter als lang. Kelchblätter: oval. Griffel: meist gekrümmt, **2,5–6 mm lang**. Fruchtstiele: 3–4-mal so lang wie der Kelch. Früchte: Spaltkapseln, 4–6 mm breit. Stängel: niederliegend, **fadenförmig**. Ausläufer: **einwurzelnd**. Blätter: **oval**, 8–18 mm breit, < 3-mal so lang wie breit.

- eingebürgerter Neophyt, urspr. aus Westasien
- planar bis montan
- Grünland, Ruderalvegetation, Zier- bzw. Nutzpflanze

J F M A M J J A S O N D

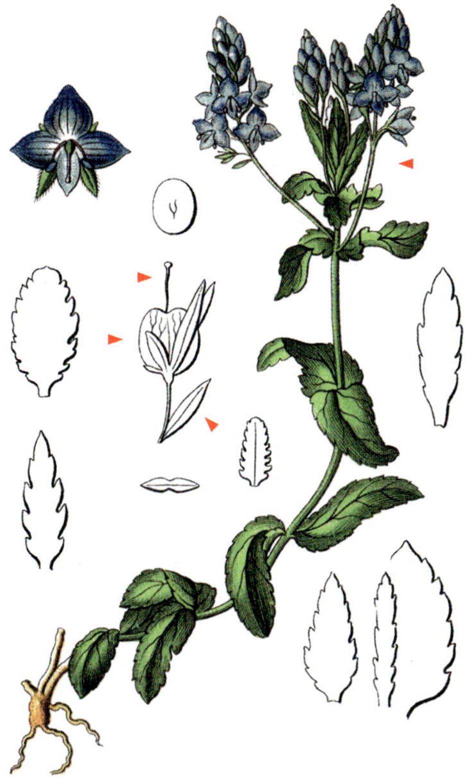

Veronica opaca Fr.

Glanzloser Ehrenpreis *Plantaginaceae*
↓ K4 [C(4) A2] G(2) RL 3

Bis 25 cm hoch. PFLANZEN: 1–2-jährig. BLÜTEN: **einzeln**, undeutlich zygomorph, offen ausgebreitet, bläulich. BLÜTENSTIELE: **allseits behaart**. KRONE: 4–8 mm ⌀. KRONRÖHRE: breiter als lang. KELCHBLÄTTER: schmal-eiförmig bis länglich, < 2,8 mm breit. KELCHZIPFEL: distal abgerundet. GRIFFEL: **kaum länger als die Ausrandung der Frucht**. FRÜCHTE: Spaltkapseln, **± so breit wie hoch**, distal abgerundet bis ausgerandet, **mit kurzen drüsenlosen Haaren *und* längeren Drüsenhaaren**. STÄNGEL: niederliegend. BLÄTTER: **oval**, < 3-mal so lang wie breit.

- Archaeophyt
- planar bis montan
- Äcker, Ruderalvegetation
- an kalkreichen Standorten

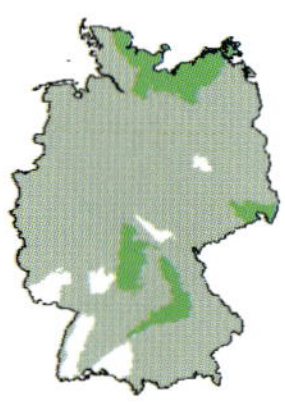

J F M A M J J A S O N D

Veronica persica Poir.

Persischer Ehrenpreis *Plantaginaceae*
↓ K4 [C(4) A2] G(2)

Bis 40 cm hoch. PFLANZEN: 1–2-jährig. BLÜTEN: **einzeln**, undeutlich zygomorph, offen ausgebreitet, bläulich. BLÜTENSTIELE: **deutlich länger als die Tragblätter**, **allseits behaart**. KRONE: 8–18 mm ⌀. KRONRÖHRE: breiter als lang. KELCHBLÄTTER: oval. GRIFFEL: meist gekrümmt, **1,5–6 mm lang**. FRÜCHTE: Spaltkapseln, 8–12 mm breit, distal abgerundet bis ausgerandet. STÄNGEL: niederliegend, kräftig. BLÄTTER: **oval**, 8–18 mm breit, < 3-mal so lang wie breit.

- eingebürgerter Neophyt, urspr. aus Westasien
- planar bis montan
- Gehölze, Äcker, Ruderalvegetation, Zier- bzw. Nutzpflanze

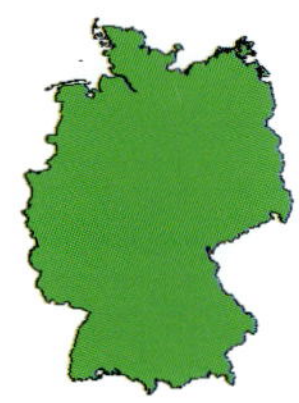

J F M A M J J A S O N D

Veronica polita Fr.

Glanz-Ehrenpreis *Plantaginaceae*
↓ K4 [C(4) A2] G(2)

Bis 25 cm hoch. PFLANZEN: 1–2-jährig. BLÜTEN: **einzeln**, undeutlich zygomorph, offen ausgebreitet, meist dunkelblau. BLÜTENSTIELE: **allseits behaart**. KRONE: 3–8 mm ⌀. KRONRÖHRE: breiter als lang. KELCHBLÄTTER: breit-eiförmig, > 2,5 mm breit. KELCHZIPFEL: spitz. GRIFFEL: **viel länger als die Ausrandung der Frucht**. FRÜCHTE: Spaltkapseln, **> 2-mal so breit wie hoch**, distal abgerundet bis ausgerandet, **mit kurzen drüsenlosen Haaren *und* längeren Drüsenhaaren**. STÄNGEL: niederliegend. BLÄTTER: **oval**, < 3-mal so lang wie breit.

- Archaeophyt
- planar bis montan
- Äcker, Ruderalvegetation
- an kalkreichen Standorten

J F M A M J J A S O N D

Veronica fruticans Jacq.

Felsen-Ehrenpreis *Plantaginaceae*
↓ K4 [C(4) A2] G(2)

Halbstrauch, bis 15 cm hoch. PFLANZEN: mehrjährig. BLÜTENSTAND: **endständiger Traube vorhanden**. TRAUBEN: 1–10-blütig. TRAGBLÄTTER DER BLÜTEN: **die *unteren* den Laubblättern gleichend, die *oberen* kleiner u. einfacher gebaut**. BLÜTEN: undeutlich zygomorph, offen ausgebreitet, bläulich, Schlund weiß. KRONRÖHRE: breiter als lang. GRIFFEL: **3–6 mm lang**. TRAGBLÄTTER DER OBEREN BLÜTEN: sitzend. FRÜCHTE: 4-klappige Spaltkapseln, **höher als breit**. STÄNGEL: niederliegend, meist unverzweigt. BLÄTTER: ± kahl.

- einheimisch
- subalpin bis alpin
- Extensivgrünland u. Magerrasen, Zwergstrauchheiden, Schutt- u. Felsfluren
- an nährstoffarmen Standorten

J F M A M J J A S O N D

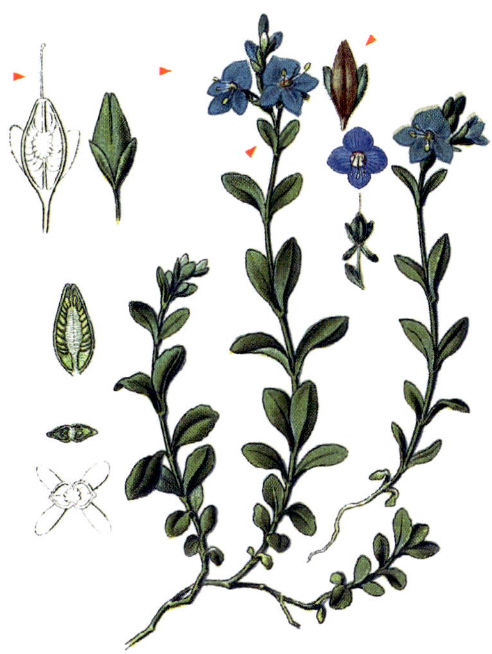

Veronica fruticulosa L.

Halbstrauch-Ehrenpreis *Plantaginaceae*
↓ K4 [C(4) A2] G(2) RL R

Halbstrauch, 10–30 cm hoch. Pflanzen: mehrjährig. Blütenstand: **endständiger Traube vorhanden**, drüsig behaart. Trauben: 5–20-blütig. Tragblätter der Blüten: **die *unteren* den Laubblättern gleichend, die *oberen* kleiner u. einfacher gebaut**. Blüten: undeutlich zygomorph, offen ausgebreitet, hellrosa bis weißlich, mit rötlichen Adern. Kronröhre: breiter als lang. Griffel: **3–6 mm lang**. Tragblätter der oberen Blüten: sitzend. Früchte: 4-klappige Spaltkapseln, **höher als breit**. Stängel: meist unverzweigt. Blätter: ± kahl.

- einheimisch
- subalpin bis alpin
- Schutt- u. Felsfluren
- an nährstoffarmen, kalkreichen Standorten

J F M A **M J J** A S O N D

Veronica alpina L.

Alpen-Ehrenpreis *Plantaginaceae*
↓ K4 [C(4) A2] G(2)

Bis 15 cm hoch. Pflanzen: mehrjährig. Blütenstand: **endständiger Traube vorhanden**, kurz. Tragblätter der Blüten: **die *unteren* den Laubblättern gleichend, die *oberen* kleiner u. einfacher gebaut**. Blüten: undeutlich zygomorph, offen ausgebreitet, meist bläulich. Kronröhre: breiter als lang. Griffel: **0,4–2 mm lang**. Tragblätter der oberen Blüten: sitzend. Früchte: 2-klappige Spaltkapseln, **höher als breit**, behaart, *ohne* Drüsenhaare. Stängel: niederliegend, meist unverzweigt. Grundblätter: *nicht* rosettig gehäuft, **kleiner als die Stängelblätter**.

- einheimisch
- subalpin bis alpin
- Extensivgrünland u. Magerrasen, Staudenfluren, Schutt- u. Felsfluren, Schneetälchen

J F M A M **J J A** S O N D

Veronica aphylla L.

Nacktstiel-Ehrenpreis *Plantaginaceae*
↓ K4 [C(4) A2] G(2)

Bis 10 cm hoch. Pflanzen: mehrjährig. Blütenstand: **endständiger Traube vorhanden**, drüsig behaart. Trauben: 2–6-blütig. Tragblätter der Blüten: **klein, *alle* von den Laubblättern verschieden**. Blüten: undeutlich zygomorph, offen ausgebreitet, bläulich bis hellviolett. Blütenstiele: kürzer als die Tragblätter. Kronröhre: breiter als lang. Griffel: **2–5 mm lang**. Früchte: 2-klappige Spaltkapseln, **höher als breit, drüsig behaart**. Stängel: mit grundständiger Blattrosette, **meist *ohne* Laubblätter**, selten mit 1–2 Laubblättern. Blattstellung: gegenständig. Blätter: **lanzettlich bis oval**. Grundblätter: **kleiner als die Stängelblätter**.

- einheimisch
- subalpin bis alpin
- Extensivgrünland u. Magerrasen, Schutt- u. Felsfluren, Schneetälchen
- an nährstoffarmen, kalkreichen Standorten

J F M A **M J J A** S O N D

Veronica bellidioides L.

Gänseblümchen-Ehrenpreis *Plantaginaceae*
↓ K4 [C(4) A2] G(2) RL R

Bis 20 cm hoch. Pflanzen: mehrjährig. Blütenstand: **endständiger Traube vorhanden**, kurz, drüsig behaart. Trauben: 5–12-blütig. Tragblätter der Blüten: **die *unteren* den Laubblättern gleichend, die *oberen* kleiner u. einfacher gebaut**. Blüten: undeutlich zygomorph, offen ausgebreitet, dunkelblau bis violett. Blütenstiele: **länger als die Tragblätter**. Kronröhre: breiter als lang. Griffel: **2–5 mm lang**. Tragblätter der oberen Blüten: sitzend. Früchte: 2-klappige Spaltkapseln, **höher als breit, drüsig behaart**. Stängel: meist unverzweigt. Blätter: Spreite 0,6–1,8 cm lang. Grundblätter: **rosettig gehäuft**, größer als die Stängelblätter, 1,5–3 cm lang.

- einheimisch
- subalpin bis alpin
- Extensivgrünland u. Magerrasen, Zwergstrauchheiden, Schutt- u. Felsfluren
- an nährstoffarmen, sauren Standorten

J F M A M **J J A** S O N D

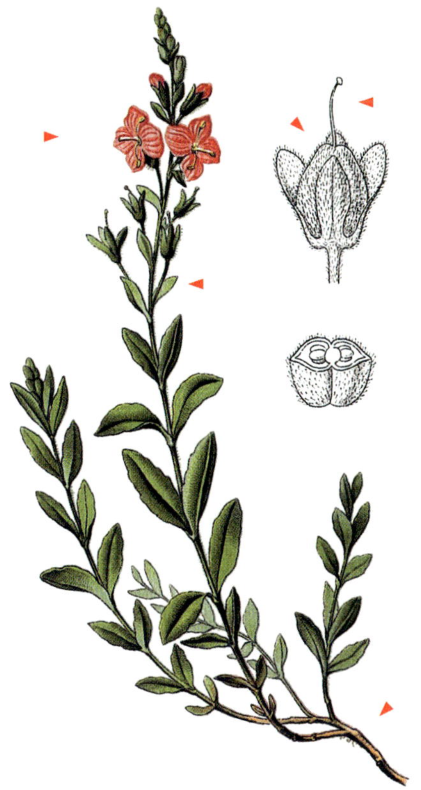

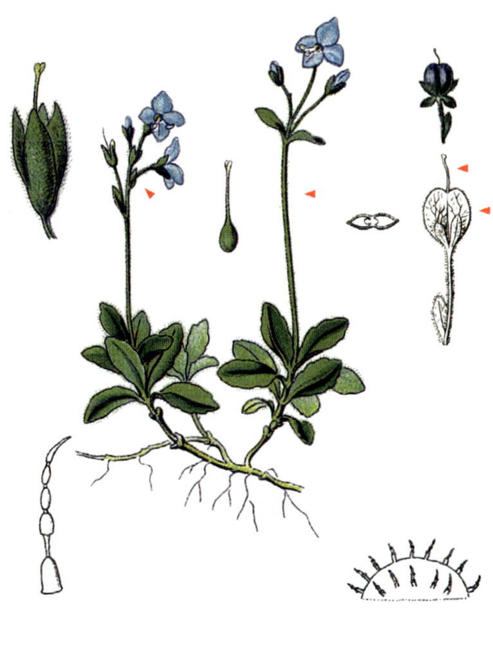

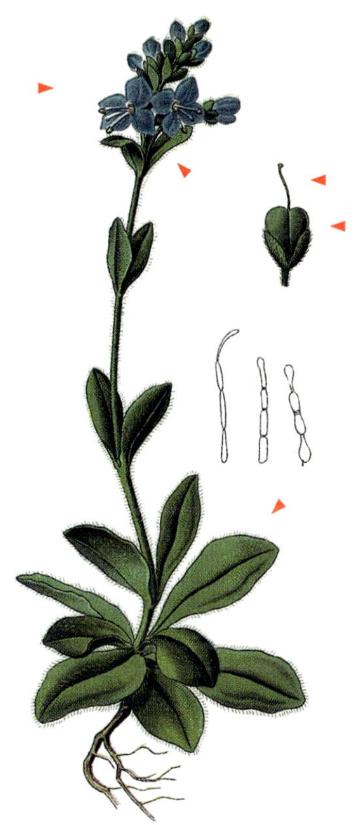

Veronica montana L.

Berg-Ehrenpreis *Plantaginaceae*
↓ K4 [C(4) A2] G(2)

15–80 cm hoch. Pflanzen: mehrjährig. Blütenstand: *ohne* endständige Traube, **mit mehreren seitenständigen Trauben**. Trauben: 2–8-blütig. Tragblätter der Blüten: **klein, *alle* von den Laubblättern verschieden**. Blüten: undeutlich zygomorph, offen ausgebreitet, bläulich. Kronröhre: breiter als lang. Früchte: Spaltkapseln, **breiter als hoch**. Stängel: niederliegend, mit 3–8 Laubblättern; unten: gleichmäßig behaart. Blätter: **lanzettlich bis oval**, Spreite 1,8–4 cm lang. mittlere Stängelblätter: **1–2 cm lang gestielt**. obere Stängelblätter: am Rand spitz gesägt.

- einheimisch
- planar bis montan
- Gehölze, Wälder, Quellfluren

J F M **A M J** J A S O N D

Veronica officinalis L.

Echter Ehrenpreis *Plantaginaceae*
↓ K4 [C(4) A2] G(2)

Bis 20 cm hoch. Pflanzen: mehrjährig. Blütenstand: *ohne* endständige Traube, **mit mehreren seitenständigen Trauben**, drüsig behaart. Trauben: 12–40-blütig. Tragblätter der Blüten: **klein, *alle* von den Laubblättern verschieden**. Blüten: undeutlich zygomorph, offen ausgebreitet, bläulich. Blütenstiele: meist kürzer als die Kapsel. Kronröhre: breiter als lang. Kelchblätter: drüsig behaart. Früchte: Spaltkapseln. Stängel: niederliegend; unten: gleichmäßig behaart. Blätter: **lanzettlich bis oval**; oberseits: Haare > 0,4 mm lang. mittlere Stängelblätter: **< 1 cm lang gestielt**. obere Stängelblätter: am Rand stumpf gekerbt, distal abgerundet.

- einheimisch
- planar bis montan
- Grünland, Wälder, Zier- bzw. Nutzpflanze
- an sauren Standorten

J F M A **M J J A** S O N D

Veronica scutellata L.

Schild-Ehrenpreis *Plantaginaceae*
↓ K4 [C(4) A2] G(2)

10–50 cm hoch. Pflanzen: mehrjährig. Blütenstand: *ohne* endständige Traube, **mit mehreren seitenständigen Trauben, seitliche Trauben wechselständig**. Tragblätter der Blüten: **klein, *alle* von den Laubblättern verschieden**. Blüten: undeutlich zygomorph, offen ausgebreitet, bläulich. Kronröhre: breiter als lang. Früchte: Spaltkapseln, im QS stark abgeflacht. Blätter: **lineal bis lanzettlich**, 1–4 mm breit.

- einheimisch
- planar bis montan
- Gewässer, trockenfallende Ufer, Moore u. Seggenriede
- an nährstoffarmen, sauren, nassen, zuweilen überfluteten Standorten

J F M A **M J J A S O** N D

Veronica urticifolia Jacq.

Nesselblatt-Ehrenpreis *Plantaginaceae*
↓ K4 [C(4) A2] G(2)

20–60 cm hoch. Pflanzen: mehrjährig. Blütenstand: *ohne* endständige Traube, **mit mehreren seitenständigen Trauben**. Tragblätter der Blüten: **klein, *alle* von den Laubblättern verschieden**. Blüten: undeutlich zygomorph, offen ausgebreitet, meist hellrot bis rosa. Blütenstiele: mindestens so lang wie die Kapsel. Kronröhre: breiter als lang. Tragblätter der oberen Blüten: sitzend. Fruchtstiele: **> 2-mal so lang wie die Tragblätter**. Früchte: Spaltkapseln. Stängel: unten: gleichmäßig behaart. Blätter: **lanzettlich bis oval**. mittlere Stängelblätter: **sitzend**. obere Stängelblätter: am Rand spitz gesägt, spitz.

- einheimisch
- montan bis subalpin
- Staudenfluren, Gehölze, Wälder
- an basenreichen Standorten

J F M A **M J J A** S O N D

Globularia bisnagarica L.

Gewöhnliche Kugelblume *Plantaginaceae*
↓ K(5) [C(5) A4] G(2) giftig RL 3 § BNatG b

Bis 60 cm hoch. BLÜTENSTAND: köpfchenartig. KÖPFCHEN: 10–20 mm ⌀. BLÜTEN: undeutlich zygomorph, bläulich. KRONE: **5–10 mm lang.** FRÜCHTE: Nüsse, vom bleibenden Kelch umschlossen, 1-samig. STÄNGEL: **basal meist verholzt**, mit grundständiger Blattrosette, **mit > 3 kleinen Laubblättern.** BLÄTTER: immergrün, ungeteilt, länglich bis spatelförmig, **Spreite 2–5 cm lang.**

- einheimisch
- collin bis montan
- Extensivgrünland u. Magerrasen, Zier- bzw. Nutzpflanze
- an nährstoffarmen, kalkreichen, trockenen Standorten

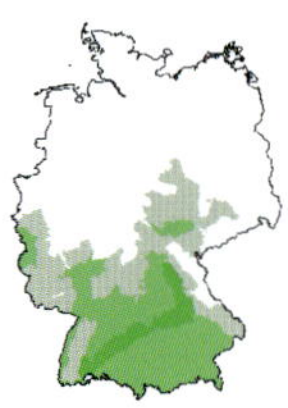

J F M **A M J J** A S O N D

Globularia cordifolia L.

Herzblättrige Kugelblume *Plantaginaceae*
↓ K(5) [C(5) A4] G(2) giftig § BNatG b

Bis 10 cm hoch. BLÜTENSTAND: köpfchenartig. KÖPFCHEN: 10–20 mm ⌀. BLÜTEN: undeutlich zygomorph, bläulich. KRONE: **10–15 mm lang.** FRÜCHTE: Nüsse, vom bleibenden Kelch umschlossen, 1-samig. STÄNGEL: **verholzt**, mit grundständiger Blattrosette, **mit < 3 (kleinen) Laub- bzw. Schuppenblättern.** BLÄTTER: immergrün, ungeteilt, länglich bis spatelförmig, **Spreite 1–5 cm lang, 2–15 mm breit.**

- einheimisch
- montan bis alpin
- Extensivgrünland u. Magerrasen, Schutt- u. Felsfluren, Zier- bzw. Nutzpflanze
- an nährstoffarmen, kalkreichen Standorten

J F M **A M J J A** S O N D

Globularia nudicaulis L.

Nacktstängel-Kugelblume *Plantaginaceae*
↓ K(5) [C(5) A4] G(2) giftig § BNatG b

Bis 30 cm hoch. BLÜTENSTAND: köpfchenartig. KÖPFCHEN: 15–30 mm ⌀. BLÜTEN: undeutlich zygomorph, bläulich. KRONE: **5–10 mm lang.** FRÜCHTE: Nüsse, vom bleibenden Kelch umschlossen, 1-samig. STÄNGEL: **meist krautig**, mit grundständiger Blattrosette, **mit < 3 kleinen Laub- bzw. Schuppenblättern.** BLÄTTER: immergrün, ungeteilt, länglich bis spatelförmig, **Spreite 4–15 cm lang, 10–30 mm breit.**

- einheimisch
- subalpin bis alpin
- Extensivgrünland u. Magerrasen, Gehölze, Schutt- u. Felsfluren, Zier- bzw. Nutzpflanze
- an nährstoffarmen, basenreichen Standorten

J F M **A M J J** A S O N D

Buddleja davidii Franch.

Gewöhnlicher Sommerflieder *Scrophulariaceae*
↓ K(4) [C(4) A4] G(2) schwach giftig

Strauch, bis 2,5 m hoch. BLÜTENSTAND: **ährenrispen- bis rispenartig, langkegelig.** BLÜTEN: undeutlich zygomorph, rosa bis hellviolett. KRONRÖHRE: > 4-mal länger als breit. FRÜCHTE: **Kapseln.** SAMEN: **geflügelt, länglich.** BLATTSTELLUNG: gegenständig. BLÄTTER: **länglich bis lanzettlich, > 3-mal so lang wie breit**, am Rand gezähnt; UNTERSEITS: **weißlich bis gräulich, filzig behaart.**

- eingebürgerter Neophyt, urspr. aus Ostasien
- planar bis montan
- Gehölze, Wälder, Ruderalvegetation, Zier- bzw. Nutzpflanze

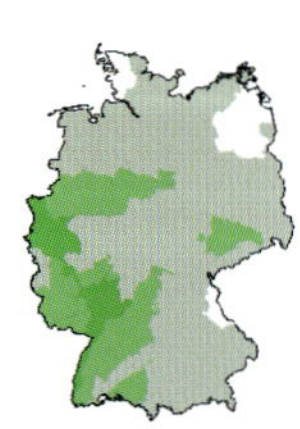

J F M A M **J J A** S O N D

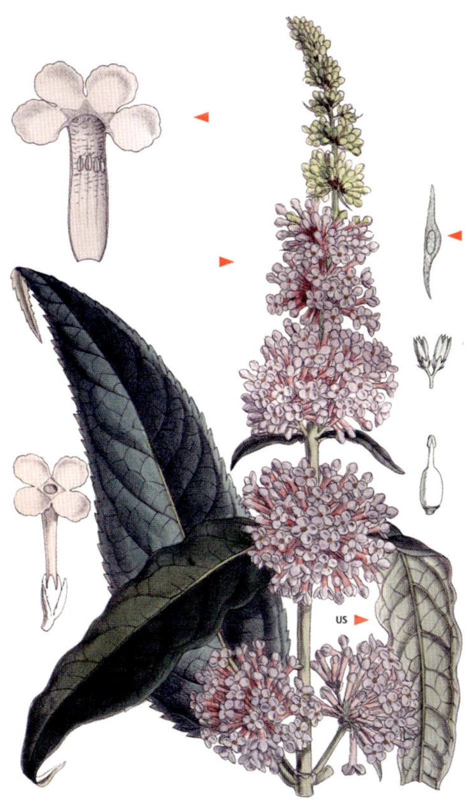
US

Limosella aquatica L.

Gewöhnliches Schlammkraut *Scrophulariaceae*
↓ K5 [C(5) A4] G(2) RL 3

Bis 10 cm hoch. PFLANZEN: **1-jährig**. BLÜTEN: einzeln, undeutlich zygomorph, **hellviolett bis weißlich, Röhre grünlich**. BLÜTENSTIELE: **kürzer als ihr Tragblatt**. FRÜCHTE: **Kapseln**. STÄNGEL: mit grundständiger Blattrosette, *ohne* Laubblätter. AUSLÄUFER: oberirdisch, **bis 30 cm lang, meist Tochterrosetten bildend**.

- einheimisch
- planar bis montan
- trockenfallende Ufer, Zier- bzw. Nutzpflanze
- an feuchten bis nassen, zuweilen überfluteten Standorten

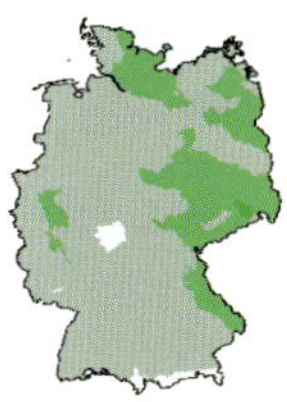

J F M A M J J A S O N D

Scrophularia auriculata L.

Wasser-Braunwurz *Scrophulariaceae*
↓ K5 [C(5) A4] G(2)

40–100 cm hoch. BLÜTENSTAND: trauben- bis rispenartig. BLÜTEN: undeutlich zygomorph, **bräunlich bis violett o. grünlich**. KRONE: undeutlich 2-lippig, kugelig-eiförmig, 5–10 mm lang. KELCHZIPFEL: **mit breitem Hautrand**. STAUBBLÄTTER: 4, sowie 1 meist gelapptes Staminodium. FRÜCHTE: Kapseln. STÄNGEL: im QS 4-kantig, **geflügelt**. BLÄTTER: **meist ungeteilt**, zuweilen beidseits mit je 1 Lappen, **am Rand seicht gezähnt**. UNTERE STÄNGELBLÄTTER: ± kahl.

- einheimisch
- planar bis collin
- Gewässer, Röhrichte, Staudenfluren, Ruderalvegetation, Zier- bzw. Nutzpflanze
- an nährstoffreichen, nassen, zuweilen überfluteten Standorten

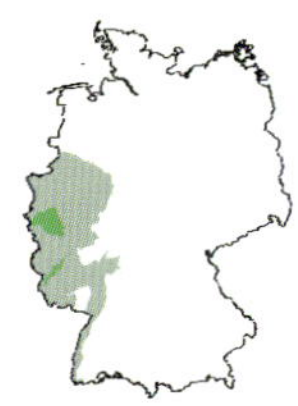

J F M A M J J A S O N D

Scrophularia canina L.

Hunds-Braunwurz *Scrophulariaceae*
↓ K5 [C(5) A4] G(2)

20–60 cm hoch. BLÜTENSTAND: trauben- bis rispenartig. BLÜTEN: undeutlich zygomorph, **meist rötlich bis violett**. KRONE: undeutlich 2-lippig, kugelig-eiförmig, **4–6 mm lang**. STAUBBLÄTTER: 4, sowie 1 meist gelapptes Staminodium. FRÜCHTE: Kapseln. BLÄTTER: **fiederspaltig bis gefiedert, am Rand gezähnt**.

- einheimisch
- planar bis montan
- Staudenfluren, Schutt- u. Felsfluren, Ruderalvegetation
- an basenreichen Standorten

J F M A M J J A S O N D

Scrophularia nodosa L.

Knoten-Braunwurz *Scrophulariaceae*
↓ K5 [C(5) A4] G(2)

40–120 cm hoch. BLÜTENSTAND: trauben- bis rispenartig. BLÜTEN: undeutlich zygomorph, **bräunlich bis violett**. KRONE: undeutlich 2-lippig, kugelig-eiförmig, 7–12 mm lang. KELCHZIPFEL: ***ohne* o. mit schmalem Hautrand**. STAUBBLÄTTER: 4, sowie 1 meist gelapptes Staminodium. FRÜCHTE: Kapseln. STÄNGEL: im QS 4-kantig, **ungeflügelt**. BLÄTTER: **meist ungeteilt**, zuweilen beidseits mit je 1 Lappen, **am Rand gezähnt**. UNTERE STÄNGELBLÄTTER: ± kahl.

- einheimisch
- planar bis montan
- Staudenfluren, Gehölze, Wälder, Ruderalvegetation, Zier- bzw. Nutzpflanze

J F M A M J J A S O N D

Scrophularia umbrosa Dumort.

Flügel-Braunwurz *Scrophulariaceae*
↓ K5 [C(5) A4] G(2)

Wasser- o. Sumpfpflanze, 50–150 cm hoch. BLÜTENSTAND: trauben- bis rispenartig. BLÜTEN: undeutlich zygomorph, **bräunlich-violett o. grünlich**. KRONE: undeutlich 2-lippig, kugelig-eiförmig, 6–9 mm lang. KELCHZIPFEL: **mit breitem Hautrand**. STAUBBLÄTTER: 4, sowie 1 meist gelapptes Staminodium. FRÜCHTE: Kapseln. STÄNGEL: im QS 4-kantig, **geflügelt**. BLÄTTER: **meist ungeteilt**, zuweilen beidseits mit je 1 Lappen, **basal abgerundet bis verschmälert, am Rand gezähnt**. UNTERE STÄNGELBLÄTTER: ± kahl.

Im Gebiet kommen 2 Unterarten vor: subsp. *umbrosa* und subsp. *neesii* (vgl. S. 1436).

- einheimisch
- planar bis montan
- trockenfallende Ufer, Staudenfluren, Ruderalvegetation
- an basenreichen, nassen, zuweilen überfluteten Standorten

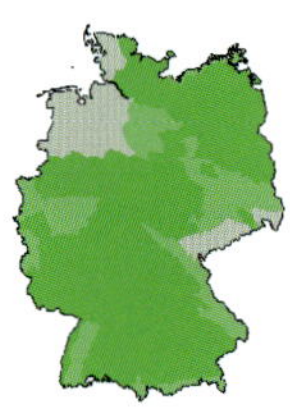

J F M A **M J J A S** O N D

Scrophularia vernalis L.

Frühlings-Braunwurz *Scrophulariaceae*
↓ K5 [C(5) A4] G(2)

30–80 cm hoch. BLÜTENSTAND: **lang gestielte Trugdolden, in den Achseln von Laubblättern**. BLÜTEN: undeutlich zygomorph, **± radiärsymmetrisch**, becherförmig, **hellgelb**. KRONE: undeutlich 2-lippig, kugelig-eiförmig. STAUBBLÄTTER: 4, sowie 1 meist gelapptes Staminodium. FRÜCHTE: Kapseln. BLÄTTER: **meist ungeteilt**, selten beidseits mit je 1 Lappen, basal ausgerandet, **drüsig behaart, am Rand doppelt gezähnt**.

- eingebürgerter Neophyt, urspr. aus Süd- u. Osteuropa
- planar bis montan
- Staudenfluren, Gehölze, Wälder, Ruderalvegetation

J F M **A M J J** A S O N D

Verbascum blattaria L.

Motten-Königskerze *Scrophulariaceae*
↓ K5 [C(5) A5] G(2) RL 3

50–120 cm hoch. PFLANZEN: meist 2-jährig. BLÜTENSTAND: **trauben- bis rispenartig**. BLÜTEN: undeutlich zygomorph, gelblich. BLÜTENSTIELE: **± 2-mal so lang wie der Kelch**. KRONE: trichterförmig bis radförmig ausgebreitet. STAUBFÄDEN: **violett, *alle* wollig behaart**. FRÜCHTE: Kapseln. BLATTSTELLUNG: wechselständig, im ersten Jahr meist nur eine Grundblattrosette ausgebildet. BLÄTTER: ungeteilt, ± kahl.

- Archaeophyt
- planar bis collin
- Staudenfluren, Ruderalvegetation, Zier- bzw. Nutzpflanze
- meist an trockenen Standorten

J F M A **M J J A** S O N D

Verbascum densiflorum Bertol.

Großblütige Königskerze *Scrophulariaceae*
↓ K5 [C(5) A5] G(2)

50–250 cm hoch. PFLANZEN: meist 2-jährig. BLÜTENSTAND: knäuelig, in ähren- bis traubenartigem Gesamtblütenstand, **dichtblütig**. BLÜTEN: undeutlich zygomorph, gelblich. BLÜTENSTIELE: **1–2-mal so lang wie der Kelch**. KRONE: radförmig ausgebreitet, 25–60 mm ⌀. STAUBFÄDEN: **weißlich-gelblich, die längeren 0,5–2-mal so lang wie die Staubbeutel, 3 behaart, 2 ± kahl**. FRÜCHTE: Kapseln. BLATTSTELLUNG: wechselständig, im ersten Jahr meist nur eine Grundblattrosette ausgebildet. BLÄTTER: ungeteilt, **wollig-filzig behaart**. GRUNDBLÄTTER: sitzend. OBERE STÄNGELBLÄTTER: **bis zum nächsten Blatt herablaufend, Stängel dadurch geflügelt**.

- Archaeophyt
- planar bis montan
- Staudenfluren, Schutt- u. Felsfluren, Ruderalvegetation, Zier- bzw. Nutzpflanze
- an basenreichen Standorten

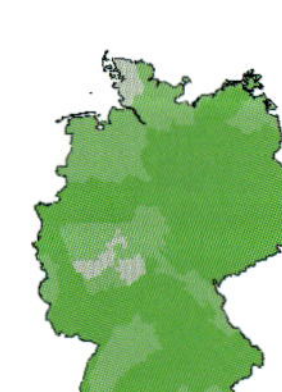

J F M A M **J J A S O** N D

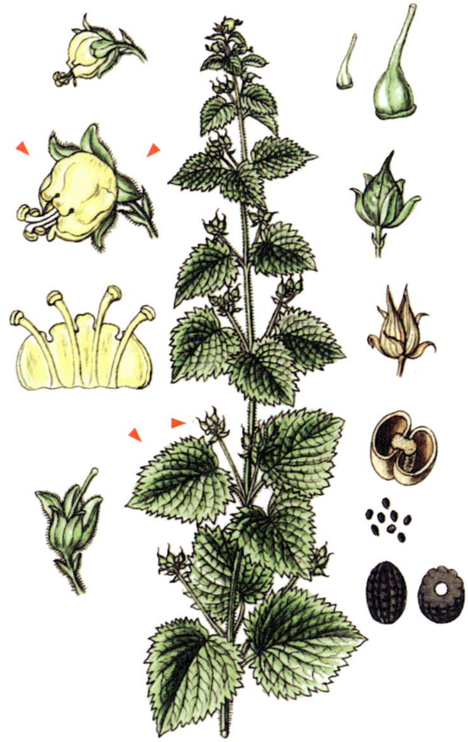

US

Verbascum lychnitis L.

Mehlige Königskerze *Scrophulariaceae*
↓ K5 [C(5) A5] G(2)

60–120 cm hoch. Pflanzen: meist 2-jährig. Blütenstand: knäuelig, **in trauben- bis rispenartigem Gesamtblütenstand, lockerblütig**. Blüten: undeutlich zygomorph, gelblich *oder* weißlich. Blütenstiele: **± 2-mal so lang wie der Kelch**. Krone: trichterförmig bis radförmig ausgebreitet, 10–15 mm ⌀. Staubfäden: **weißlich-gelblich, *alle* wollig behaart**. Früchte: Kapseln. Stängel: **im QS oben kantig**. Blattstellung: wechselständig, im ersten Jahr meist nur eine Grundblattrosette ausgebildet. Blätter: ungeteilt; oberseits: **kahl bis spärlich kurzhaarig**; unterseits: **kurzhaarig filzig behaart**. obere Stängelblätter: *nicht* am Stängel herablaufend.

- einheimisch
- planar bis montan
- Grünland, Staudenfluren, Gehölze, Schutt- u. Felsfluren, Ruderalvegetation, Zier- bzw. Nutzpflanze
- an nährstoffarmen, meist trockenen Standorten

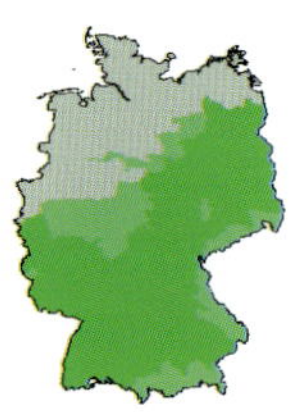

J F M A **M J J A S** O N D

Verbascum nigrum L.

Schwarze Königskerze *Scrophulariaceae*
↓ K5 [C(5) A5] G(2)

50–120 cm hoch. Pflanzen: mehrjährig. Blütenstand: knäuelig, in ähren- bis traubenartigem Gesamtblütenstand, nicht bis wenig verzweigt. Blüten: undeutlich zygomorph, gelblich. Blütenstiele: **± 2-mal so lang wie der Kelch**. Krone: trichterförmig bis radförmig ausgebreitet. Staubfäden: **violett, *alle* wollig behaart**. Früchte: Kapseln. Blattstellung: wechselständig, im ersten Jahr meist nur eine Grundblattrosette ausgebildet. Blätter: ungeteilt; oberseits: **± kahl**; unterseits: **kurzhaarig-filzig**.

- einheimisch
- planar bis montan
- Staudenfluren, Gehölze, Ruderalvegetation, Zier- bzw. Nutzpflanze

J F M A **M J J A S** O N D

Verbascum phlomoides L.

Windblumen-Königskerze *Scrophulariaceae*
↓ K5 [C(5) A5] G(2)

50–200 cm hoch. Pflanzen: meist 2-jährig. Blütenstand: knäuelig, in ähren- bis traubenartigem Gesamtblütenstand, **dichtblütig**. Blüten: undeutlich zygomorph, gelblich. Blütenstiele: **1–2-mal so lang wie der Kelch**. Krone: radförmig ausgebreitet, 25–60 mm ⌀. Staubfäden: **weißlich-gelblich, die längeren 0,5–2-mal so lang wie die Staubbeutel, 3 behaart, 2 ± kahl**. Früchte: Kapseln. Blattstellung: wechselständig, im ersten Jahr meist nur eine Grundblattrosette ausgebildet. Blätter: ungeteilt, **wollig-filzig behaart**. Grundblätter: gestielt. obere Stängelblätter: etwas am Stängel herablaufend, aber *nicht* bis zum nächsten Blatt.

- Archaeophyt
- planar bis montan
- Staudenfluren, Gehölze, Schutt- u. Felsfluren, Ruderalvegetation, Zier- bzw. Nutzpflanze
- an basenreichen Standorten

J F M A M **J J A S** O N D

Verbascum phoeniceum L.

Purpur-Königskerze *Scrophulariaceae*
↓ K5 [C(5) A5] G(2) RL 2

30–80 cm hoch. Pflanzen: mehrjährig. Blütenstand: **traubenartig**. Blüten: undeutlich zygomorph, **dunkelviolett**. Blütenstiele: **3–4-mal so lang wie der Kelch**. Krone: trichterförmig bis radförmig ausgebreitet. Staubfäden: **violett, *alle* wollig behaart**. Früchte: Kapseln. Blattstellung: wechselständig, im ersten Jahr meist nur eine Grundblattrosette ausgebildet. Blätter: ungeteilt; oberseits: **± kahl**; unterseits: **kurz behaart**.

- einheimisch
- planar bis collin
- Extensivgrünland u. Magerrasen, Staudenfluren, Ruderalvegetation, Zier- bzw. Nutzpflanze
- an nährstoffarmen, meist trockenen Standorten

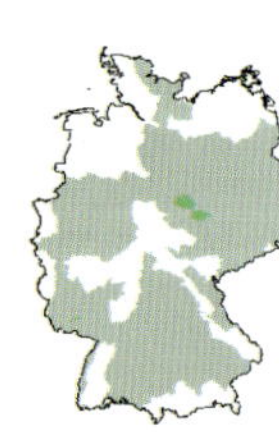

J F M **A M J J A** S O N D

us
os

Verbascum pulverulentum Vill.

Flockige Königskerze *Scrophulariaceae*
↓ K5 [C(5) A5] G(2) RL 3

60–150 cm hoch. Pflanzen: meist 2-jährig. Blütenstand: knäuelig, in rispenartigem Gesamtblütenstand, **lockerblütig**. Blüten: undeutlich zygomorph, gelblich. Blütenstiele: **± 2-mal so lang wie der Kelch**. Krone: trichterförmig bis radförmig ausgebreitet, 14–22 mm ⌀. Staubfäden: **weißlich-gelblich, *alle* wollig behaart**. Früchte: Kapseln. Stängel: **im QS oben rundlich**. Blattstellung: wechselständig, im ersten Jahr meist nur eine Grundblattrosette ausgebildet. Blätter: ungeteilt; oberseits: **gräulich behaart, meist verkahlend**; unterseits: **wollig-filzig behaart, verkahlend**. Obere Stängelblätter: *nicht* am Stängel herablaufend.

- Archaeophyt
- planar bis montan
- Grünland, Staudenfluren, Ruderalvegetation
- an kalkreichen, meist trockenen Standorten

J F M A M **J J A S** O N D

Verbascum thapsus L.

Kleinblütige Königskerze *Scrophulariaceae*
↓ K5 [C(5) A5] G(2)

30–180 cm hoch. Pflanzen: meist 2-jährig. Blütenstand: knäuelig, in ähren- bis traubenartigem Gesamtblütenstand. Blüten: undeutlich zygomorph, gelblich. Blütenstiele: **1–2-mal so lang wie der Kelch**. Krone: trichterförmig, 10–35 mm ⌀. Staubfäden: **weißlich-gelblich, die längeren 3–4-mal so lang wie die Staubbeutel, 3 behaart, 2 ± kahl**. Früchte: Kapseln. Blattstellung: wechselständig, im ersten Jahr meist nur eine Grundblattrosette ausgebildet. Blätter: ungeteilt, gräulich-gelblich filzig behaart. Obere Stängelblätter: **bis zum nächsten Blatt herablaufend, Stängel dadurch geflügelt**.

- einheimisch
- planar bis montan
- Staudenfluren, Gehölze, Ruderalvegetation, Zier- bzw. Nutzpflanze

J F M A M **J J A S O** N D

Lindernia dubia (L.) Pennell

Großes Büchsenkraut *Linderniaceae*
↓ K5 [C(5) A2] G(2)

Bis 15 cm hoch. Blüten: einzeln, lang gestielt, rosa bis weißlich, außen oft rötlich überlaufen. Blütenstiele: **länger als ihr Tragblatt**. Krone: **6–12 mm lang, länger als der Kelch**. Schlund: offen. Staubblätter: 2, sowie 2 sterile Staminodien. Früchte: Kapseln, 1–2-fächrig. Stängel: niederliegend, kahl. Blattstellung: gegenständig. Blätter: oval, Spreite bis 3 cm lang. Obere Stängelblätter: **ganzrandig, 3-nervig**.

- eingebürgerter Neophyt, urspr. aus Nordamerika
- planar bis collin
- trockenfallende Ufer
- an feuchten bis nassen, zuweilen überfluteten Standorten

J F M A M J **J A S** O N D

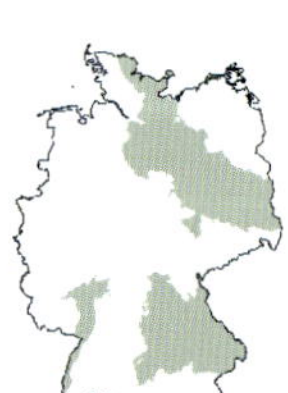

Lindernia procumbens (Krock.) Philcox

Gewöhnliches Büchsenkraut *Linderniaceae*
↓ K5 [C(5) A4] G(2) RL 2 § FFH IV, BNatG s

Bis 10 cm hoch. Blüten: einzeln, gestielt, rosa bis weißlich, außen oft rötlich überlaufen. Blütenstiele: **höchstens so lang wie ihr Tragblatt**. Krone: **3–8 mm lang, kaum länger als der Kelch**. Schlund: offen. Staubblätter: 4, alle mit Staubbeuteln. Früchte: Kapseln, 1–2-fächrig. Stängel: niederliegend, kahl. Blattstellung: gegenständig. Blätter: oval, Spreite bis 3 cm lang. Obere Stängelblätter: **am Rand (entfernt) gezähnt, 5-nervig**.

- einheimisch
- planar bis collin
- trockenfallende Ufer, Zier- bzw. Nutzpflanze
- an feuchten bis nassen, zuweilen überfluteten Standorten

J F M A M J **J A S O** N D

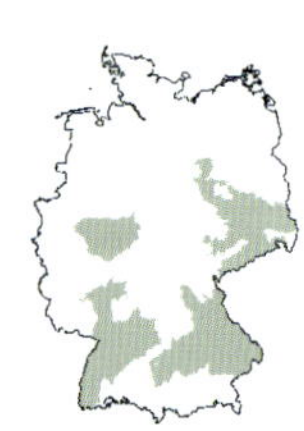

US

US

Catalpa bignonioides Walter

Gewöhnlicher Trompetenbaum *Bignoniaceae*
↓ K5 [C(5) A2] G(2) schwach giftig

Bis 15 m hoher Laubbaum. BLÜTEN: **weißlich, innen mit gelblicher bis rötlicher Zeichnung**. KRONE: **20–60 mm lang**. STAUBBLÄTTER: 2, sowie 3 sterile Staminodien. FRÜCHTE: **Kapseln, schmalzylindrisch, 15–50 cm lang**, 4–8 mm breit. SAMEN: geflügelt. BLATTSTELLUNG: gegenständig. BLÄTTER: ungeteilt, **herzförmig, 15–30 cm breit**, ganzrandig.

- in Einbürgerung befindlicher Neophyt, urspr. aus Nordamerika
- planar bis collin
- Gehölze, Wälder, Zier- bzw. Nutzpflanze

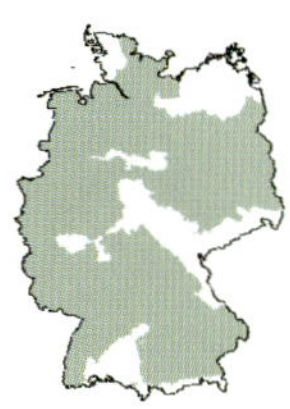

J F M A **M J J A** S O N D

Pinguicula alpina L.

Alpen-Fettkraut *Lentibulariaceae*
↓ K5 [C(5) A2] G(2) RL 3 § BNatG b

Insektivore Pflanze mit klebrigen Blättern, bis 15 cm hoch. BLÜTEN: einzeln, gespornt, **weißlich**, mit gelblichem Schlund. BLÜTENSTIELE: **± drüsenlos**. KRONE: **8–22 mm lang**. SCHLUND: offen. SPORN: **kurz, sackförmig, dick, 2–5 mm lang**. FRÜCHTE: Kapseln, **2,5–4-mal so lang wie breit**. STÄNGEL: mit grundständiger Blattrosette, *ohne* Laubblätter. BLÄTTER: gelbgrün, klebrig-drüsig, ***ohne* Drüsen über dem Hauptnerv**.

- einheimisch
- subalpin bis alpin
- Moore u. Seggenriede, Extensivgrünland u. Magerrasen, Wälder, Schutt- u. Felsfluren, Quellfluren, Zier- bzw. Nutzpflanze
- an nährstoffarmen, basenreichen, wechselnassen Standorten

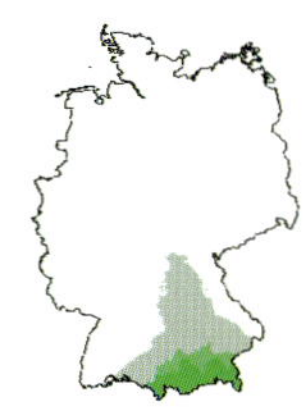

J F M **A M J J** A S O N D

Pinguicula vulgaris L.

Echtes Fettkraut *Lentibulariaceae*
↓ K5 [C(5) A2] G(2) RL 3 § BNatG b

Insektivore Pflanze mit klebrigen Blättern, bis 15 cm hoch. BLÜTEN: einzeln, gespornt, **bläulich bis violett**, mit weißlichem Schlund. BLÜTENSTIELE: **drüsig behaart**. KRONE: **9–30 mm lang**. SCHLUND: offen. SPORN: **lang, fadenförmig, dünn, 3–10 mm lang**. FRÜCHTE: Kapseln, **1-2-mal so lang wie breit**. STÄNGEL: mit grundständiger Blattrosette, *ohne* Laubblätter. BLÄTTER: frischgrün, klebrig-drüsig, **mit Drüsen über dem Hauptnerv**.

- einheimisch
- collin bis subalpin
- Moore u. Seggenriede, Quellfluren, Zier- bzw. Nutzpflanze
- an nährstoffarmen, kalkreichen, feuchten bis nassen Standorten

J F M **A M J J** A S O N D

Utricularia intermedia agg.

Mittlerer Wasserschlauch *Lentibulariaceae*
↓ K(5) [C(5) A2] G(2) RL 2

Insektivore Wasserpflanze mit Fangblasen an den Blättern, bis 20 cm hoch. PFLANZEN: meist im Boden verankert. BLÜTENSTAND: traubenartig. BLÜTEN: gespornt, gelblich. KRONE: **10–16 mm lang**. SCHLUND: geschlossen. SPORN: **länger als breit**. KELCHBLÄTTER: basal verwachsen. FRÜCHTE: Kapseln. STÄNGEL: **mit grünen Wassersprossen *und* farblosen Erdsprossen**. TAUCHBLÄTTER: fiederspaltig, **6–30-teilig**.

In Deutschland kommen 3 Arten der Artengruppe *Utricularia intermedia* agg. vor: *U. intermedia*, *U. ochroleuca* und *U. stygia* (vgl. S. 1436).

- einheimisch
- planar bis montan
- Gewässer, Moore u. Seggenriede
- an dauerhaft überfluteten Standorten

J F M A M **J J A** S O N D

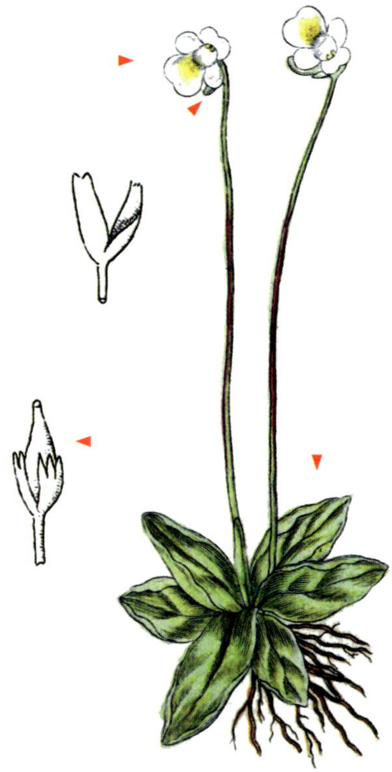

Utricularia minor agg.

Kleiner Wasserschlauch *Lentibulariaceae*
↓ K(5) [C(5) A2] G(2) RL 3

Insektivore Wasserpflanze mit Fangblasen an den Blättern, bis 30 cm hoch. PFLANZEN: meist im Boden verankert. BLÜTENSTAND: traubenartig. BLÜTEN: gespornt, meist hellgelb. KRONE: **6–12 mm lang**. SCHLUND: geschlossen. SPORN: **± so lang wie breit**. KELCHBLÄTTER: basal verwachsen. FRÜCHTE: Kapseln. STÄNGEL: **mit grünen Wassersprossen *und* farblosen Erdsprossen**. FANGBLASEN: **an allen Tauchblätter, ≤ 10 pro Blatt**. TAUCHBLÄTTER: fiederspaltig, Endzipfel *ohne* Borsten.

U. minor (Kleiner Wasserschlauch): BLÜTENSTAND: 2–6-blütig. BLÜTEN: UNTERLIPPE: länglich-oval, 5–7 mm breit, nach unten gebogen. TAUCHBLÄTTER: meist 5–20-teilig. ***U. bremii*** (Zierlicher Wasserschlauch): BLÜTENSTAND: 2–14-blütig. BLÜTEN: UNTERLIPPE: ± kreisrund, 8–12 mm breit, ± flach. TAUCHBLÄTTER: meist 10–50-teilig.

- einheimisch
- planar bis montan
- Gewässer, Moore u. Seggenriede
- an nährstoffarmen, dauerhaft überfluteten Standorten

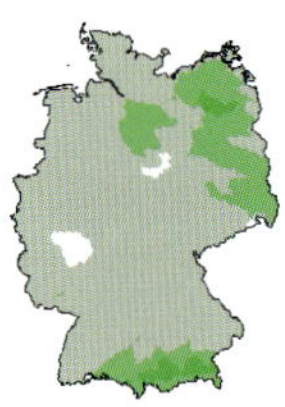

J F M A M J J A S O N D

Utricularia vulgaris agg.

Gewöhnlicher Wasserschlauch *Lentibulariaceae*
↓ K(5) [C(5) A2] G(2) RL V

Insektivore Wasserpflanze mit Fangblasen an den Blättern, 10–60 cm hoch. PFLANZEN: freischwimmend. BLÜTENSTAND: traubenartig. BLÜTEN: gespornt, gelblich. BLÜTENSTIELE: **meist 3–6-mal länger als ihr Tragblatt**. KRONE: **10–22 mm lang**. SCHLUND: geschlossen. OBERLIPPE: **recht- bis stumpfwinklig zur Unterlippe angeordnet, ± 2-mal so lang wie der Gaumen der Unterlippe**. SPORN: **länger als breit**. KELCHBLÄTTER: basal verwachsen. FRÜCHTE: Kapseln. STÄNGEL: ***nur* mit grünen Wassersprossen**. FANGBLASEN: **8–200 pro Blatt**. TAUCHBLÄTTER: fiederspaltig, **40–200-teilig**, Endzipfel borstig bewimpert.

In Deutschland kommen 2 Arten der Artengruppe *Utricularia vulgaris* agg. vor: *U. vulgaris* und *U. australis* (vgl. S. 1436).

- einheimisch
- planar bis montan
- Gewässer, Zier- bzw. Nutzpflanze
- an dauerhaft überfluteten Standorten

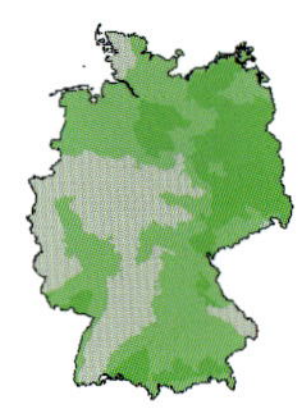

J F M A M J J A S O N D

Verbena officinalis L.

Echtes Eisenkraut *Verbenaceae*
↓ K(5) [C(5) A4] G(2)

30–100 cm hoch. BLÜTENSTAND: **ährenartig, in trauben- bis rispenartigem Gesamtblütenstand, schmal, langgestreckt, dichtblütig**. BLÜTEN: **meist rosa bis hellviolett**, selten weißlich. KELCHBLÄTTER: drüsig behaart. FRÜCHTE: in 4 nussähnliche Teilfrüchte zerfallend. STÄNGEL: aufrecht; UNTEN: **dicht rauhaarig**. BLATTSTELLUNG: gegenständig. BLÄTTER: **behaart**.

- Archaeophyt
- planar bis montan
- Grünland, Staudenfluren, Äcker, Ruderalvegetation, Zier- bzw. Nutzpflanze

J F M A M J J A S O N D

Galeopsis angustifolia Ehrh. ex Hoffm.

Schmalblättriger Hohlzahn *Lamiaceae*
↓ K(5) [C(5) A4] G(2)

10–50 cm hoch. BLÜTEN: **meist rötlich**, selten weißlich. KRONE: 10–28 mm lang. UNTERLIPPE: im Schlund mit nach oben aufgewölbtem Höcker; SEITENLAPPEN: distal abgerundet. KELCH: alle Zipfel ± gleich groß. STÄNGEL: **unter den Knoten kaum verdickt, mit weichen, abwärts anliegenden Haaren, *ohne* abstehende Borstenhaare, Haare kürzer als 0,6 mm**, oft auch mit Drüsenhaaren. BLÄTTER: lineal bis lanzettlich, **3–8 mm breit**, **4–16-mal so lang wie breit, ganzrandig o. beidseits mit je 1–4 seichten Zähnen**. UNTERE STÄNGELBLÄTTER: ungeteilt.

- Archaeophyt
- collin bis montan
- Extensivgrünland u. Magerrasen, Schutt- u. Felsfluren, Äcker, Ruderalvegetation
- an basenreichen, trockenen Standorten

J F M A M J J A S O N D

Galeopsis bifida Boenn.

Kleinblütiger Hohlzahn *Lamiaceae*
↓ K(5) [C(5) A4] G($\underline{2}$)

30–80 cm hoch. Blütenstand: meist mit hellen Drüsenhaaren. Blüten: **meist rötlich-violett**, selten gelblich. Krone: 10–25 mm lang, **± 1,5-mal so lang wie der Kelch**. Unterlippe: im Schlund mit nach oben aufgewölbtem Höcker; mittlerer Lappen: **länger als breit, distal deutlich eingeschnitten**; Seitenlappen: distal abgerundet. Kelch: alle Zipfel ± gleich groß. Früchte: in 4 nussähnliche Teilfrüchte zerfallend. Stängel: **unter den Knoten deutlich verdickt, zumindest unter den Knoten abstehend borstig behaart, Haare länger als 0,8 mm**. untere Stängelblätter: ungeteilt.

- einheimisch
- planar bis montan
- Staudenfluren, Gehölze, Äcker, Ruderalvegetation

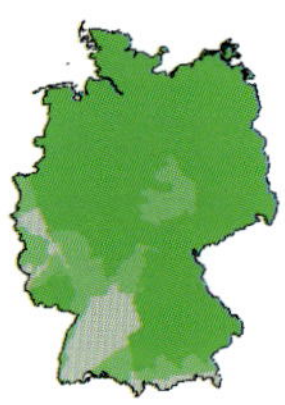

J F M A **M J J A S O** N D

Galeopsis ladanum L.

Acker-Hohlzahn *Lamiaceae*
↓ K(5) [C(5) A4] G($\underline{2}$) RL 2

10–80 cm hoch. Blüten: **meist rötlich**, selten weißlich. Krone: 10–28 mm lang. Unterlippe: im Schlund mit nach oben aufgewölbtem Höcker; Seitenlappen: distal abgerundet. Kelch: alle Zipfel ± gleich groß. Früchte: in 4 nussähnliche Teilfrüchte zerfallend. Stängel: **unter den Knoten kaum verdickt, mit weichen, abwärts anliegenden Haaren, *ohne* abstehende Borstenhaare, Haare kürzer als 0,6 mm**, oft auch mit Drüsenhaaren. Blätter: lanzettlich bis oval, **7–25 mm breit, 1,5–4-mal so lang wie breit, am Rand beidseits mit je 4–10 groben Zähnen**. untere Stängelblätter: ungeteilt.

- einheimisch
- planar bis montan
- Schutt- u. Felsfluren, Äcker, Ruderalvegetation, Zier- bzw. Nutzpflanze
- an basenreichen Standorten

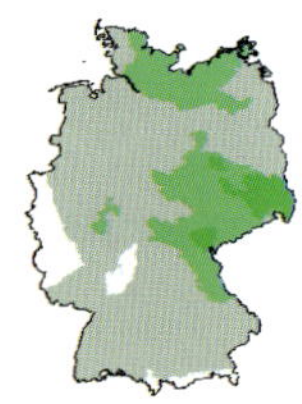

J F M A **M J J A S O** N D

Galeopsis pubescens Besser

Weichhaariger Hohlzahn *Lamiaceae*
↓ K(5) [C(5) A4] G($\underline{2}$)

20–50 cm hoch. Blütenstand: meist mit schwarzen Drüsenhaaren. Blüten: **rötlich bis violett *oder* gelblich**. Krone: 18–30 mm lang, **2–3-mal so lang wie der Kelch**. Unterlippe: im Schlund mit nach oben aufgewölbtem Höcker; Seitenlappen: distal abgerundet. Kelch: alle Zipfel ± gleich groß. Früchte: in 4 nussähnliche Teilfrüchte zerfallend. Stängel: **unter den Knoten meist verdickt, zumindest unter den Knoten abstehend borstig behaart, Haare länger als 0,8 mm**. untere Stängelblätter: ungeteilt.

- einheimisch
- planar bis montan
- Staudenfluren, Gehölze, Äcker, Ruderalvegetation

J F M A M **J J A S O** N D

Galeopsis segetum Neck.

Saat-Hohlzahn *Lamiaceae*
↓ K(5) [C(5) A4] G($\underline{2}$) RL V

10–50 cm hoch. Blüten: **weißlich-gelblich, selten rötlich**. Krone: 18–35 mm lang. Unterlippe: im Schlund mit nach oben aufgewölbtem Höcker; Seitenlappen: distal abgerundet. Kelch: alle Zipfel ± gleich groß. Früchte: in 4 nussähnliche Teilfrüchte zerfallend. Stängel: **unter den Knoten kaum verdickt, mit weichen, abwärts anliegenden Haaren, *ohne* abstehende Borstenhaare, Haare kürzer als 0,6 mm**, oft auch mit Drüsenhaaren. untere Stängelblätter: ungeteilt.

- einheimisch
- planar bis montan
- Staudenfluren, Schutt- u. Felsfluren, Äcker, Ruderalvegetation, Zier- bzw. Nutzpflanze
- an sauren Standorten

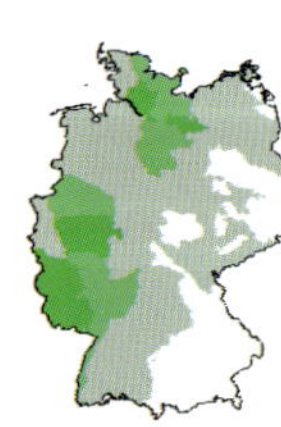

J F M A **M J J A** S O N D

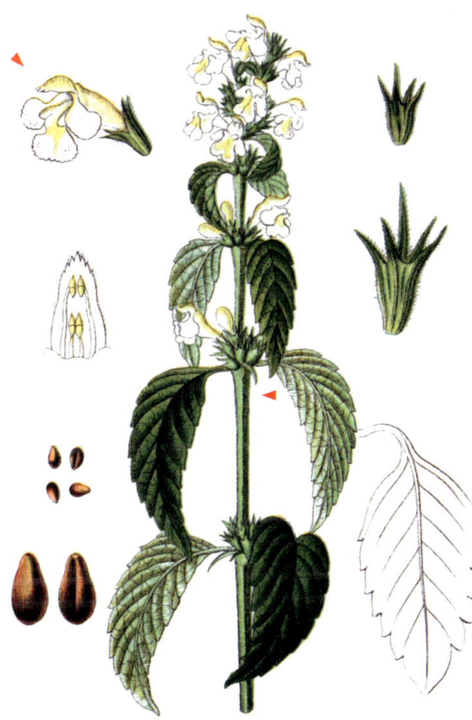

Galeopsis speciosa Mill.

Bunter Hohlzahn *Lamiaceae*
↓ K(5) [C(5) A4] G(2)

50–100 cm hoch. Blütenstand: meist mit hellen Drüsenhaaren. Blüten: **gelblich, Mittellappen der Unterlippe rötlich-violett**. Krone: 18–40 mm lang. Unterlippe: im Schlund mit nach oben aufgewölbtem Höcker; Seitenlappen: distal abgerundet. Kelch: alle Zipfel ± gleich groß. Früchte: in 4 nussähnliche Teilfrüchte zerfallend. Stängel: **unter den Knoten deutlich verdickt, zumindest unter den Knoten abstehend borstig behaart, Haare länger als 0,8 mm**, oft auch mit Drüsenhaaren. untere Stängelblätter: ungeteilt.

- einheimisch
- planar bis montan
- Staudenfluren, Gehölze, Äcker, Ruderalvegetation
- an nährstoffreichen Standorten

J F M A **M J J A S O** N D

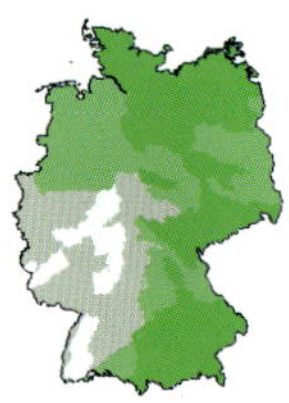

Galeopsis tetrahit L.

Stechender Hohlzahn *Lamiaceae*
↓ K(5) [C(5) A4] G(2)

10–80 cm hoch. Blütenstand: meist mit schwarzen Drüsenhaaren. Blüten: **rötlich *oder* weißlich, Mittellappen der Unterlippe meist weißlich berandet**. Krone: 15–25 mm lang, ± **1,5-mal so lang wie der Kelch**. Unterlippe: im Schlund mit nach oben aufgewölbtem Höcker; mittlerer Lappen: **± so lang wie breit, distal seicht eingeschnitten**; Seitenlappen: distal abgerundet. Kelch: alle Zipfel ± gleich groß. Früchte: in 4 nussähnliche Teilfrüchte zerfallend. Stängel: **unter den Knoten deutlich verdickt, zumindest unter den Knoten abstehend borstig behaart, Haare länger als 0,8 mm**. untere Stängelblätter: ungeteilt.

- einheimisch
- planar bis montan
- Staudenfluren, Gehölze, Äcker, Ruderalvegetation, Zier- bzw. Nutzpflanze
- an nährstoffreichen Standorten

J F M A **M J J A S O** N D

Melittis melissophyllum L.

Immenblatt *Lamiaceae*
↓ K(5) [C(5) A4] G(2) RL 3 § BNatG b

20–50 cm hoch. Tragblätter der Knäuel: laubblattartig. Blüten: **weißlich bis rosa, mit rötlicher Unterlippe**. Krone: **25–50 mm lang**. Oberlippe: **flach bis etwas zurückgebogen**. Kelch: **2-lippig**, glockig, 4–5-zipfelig. Kelchzipfel: distal abgerundet. Früchte: in 4 nussähnliche Teilfrüchte zerfallend. Stängel: aufrecht. Blätter: oval.

- einheimisch
- collin bis montan
- Gehölze, Wälder, Zier- bzw. Nutzpflanze

J F M **A M J** J A S O N D

Sideritis montana L.

Berg-Gliedkraut *Lamiaceae*
↓ K(5) [C(5) A2–4] G(2)

20–30 cm hoch. Pflanzen: **1-jährig, zottig behaart**. Blütenstand: **Tragblätter der mittleren Knäuel überwiegend kürzer als die Knäuel**. Tragblätter der Knäuel: laubblattartig. Blüten: **gelblich, am Rand rötlich-bräunlich**. Oberlippe: **flach bis etwas zurückgebogen**. Kelch: alle Zipfel ± gleich groß. Staubblätter: 2–4, **oft nur 2 fertile, kürzer als die Kronröhre**. Früchte: in 4 nussähnliche Teilfrüchte zerfallend. Blätter: länglich bis spatelförmig, behaart.

- in Einbürgerung befindlicher Neophyt, urspr. aus dem Mittelmeergebiet, Osteuropa u. Asien
- planar bis montan
- Ruderalvegetation, Zier- bzw. Nutzpflanze
- an trockenen Standorten

J F M A M **J J A S** O N D

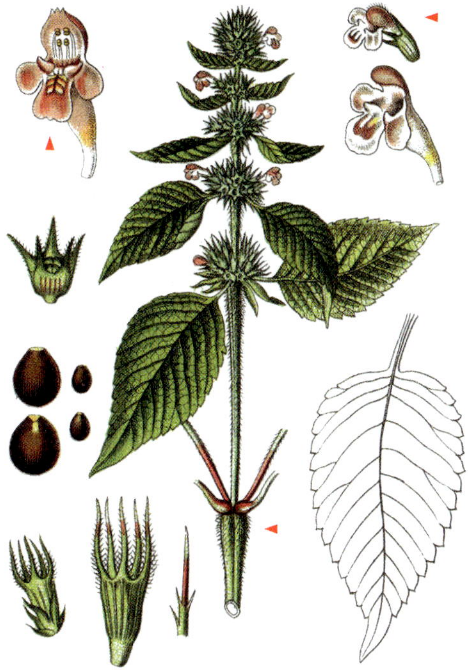

Stachys alopecuros (L.) Benth.

Gelbe Betonie *Lamiaceae*
↓ K(5) [C(5) A4] G(2)

20–50 cm hoch. Pflanzen: mehrjährig. Blütenstand: dicht angeordnete Knäuel, **Tragblätter der mittleren Knäuel überwiegend kürzer als die Knäuel**. Knäuel: 8–15-blütig, sitzend. Blüten: **weißlich-gelblich**. Schlund: mit Haarring. Kelch: 5–10-nervig. Früchte: in 4 nussähnliche Teilfrüchte zerfallend. Stängel: **Blätter überwiegend in grundständiger Rosette, mit 2–8 Laubblättern**. Blätter: **1–2-mal so lang wie breit**, gekerbt. Grundblätter: oval bis herzförmig.

- einheimisch
- subalpin bis alpin
- Extensivgrünland u. Magerrasen, Staudenfluren, Gehölze, Schutt- u. Felsfluren
- an basenreichen Standorten

J F M A M J J A S O N D

Stachys officinalis (L.) Trevis.

Heil-Ziest *Lamiaceae*
↓ K(5) [C(5) A4] G(2) RL V

30–100 cm hoch. Pflanzen: mehrjährig. Blütenstand: dicht angeordnete Knäuel. Knäuel: 8–15-blütig, sitzend. Blüten: **meist rötlich**. Schlund: **kahl**. Kelch: 5–10-nervig. Früchte: in 4 nussähnliche Teilfrüchte zerfallend. Stängel: **gleichmäßig beblättert**, **Blätter überwiegend in grundständiger Rosette, mit 2–8 Laubblättern**. Blätter: **2–4-mal so lang wie breit**, am Rand gezähnt. Grundblätter: oval bis herzförmig.

- einheimisch
- planar bis montan
- Extensivgrünland u. Magerrasen, Staudenfluren, Gehölze, Wälder, Zier- bzw. Nutzpflanze

J F M A M J J A S O N D

Stachys alpina L.

Alpen-Ziest *Lamiaceae*
↓ K(5) [C(5) A4] G(2)

40–100 cm hoch. Pflanzen: mehrjährig. Blütenstand: Knäuel, die in lockeren Scheinähren angeordnet sind, **Tragblätter der mittleren Knäuel überwiegend länger als die Knäuel**. Knäuel: **10–35-blütig**, sitzend. Vorblätter unter den Blüten: **die längeren ± so lang wie der Kelch**. Blüten: rötlich-violett. Kronblätter: lang behaart. Schlund: mit Haarring. Kelch: 5–10-nervig. Kelchblätter: **drüsig behaart**. Früchte: in 4 nussähnliche Teilfrüchte zerfallend. Stängel: **abstehend behaart, gleichmäßig beblättert**; oben: **drüsig behaart**. Blätter: frischgrün, **basal ausgerandet bis abgerundet**, am Rand gezähnt.

- einheimisch
- montan bis subalpin
- Staudenfluren, Gehölze, Wälder, Schutt- u. Felsfluren, Ruderalvegetation
- an nährstoffreichen, kalkreichen Standorten

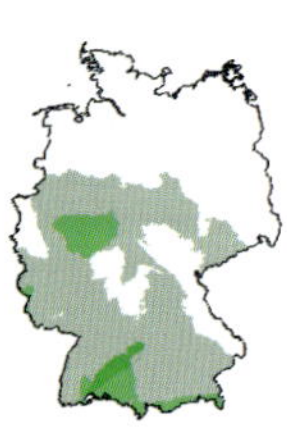

J F M A M J J A S O N D

Stachys annua (L.) L.

Einjähriger Ziest *Lamiaceae*
↓ K(5) [C(5) A4] G(2) RL 2

10–30 cm hoch. Pflanzen: **1-jährig**. Blütenstand: Knäuel, die in lockeren Scheinähren angeordnet sind, **Tragblätter der mittleren Knäuel überwiegend länger als die Knäuel**. Knäuel: **3–10-blütig**, sitzend. Blüten: **weißlich bis gelblich**. Schlund: mit Haarring. Kelch: 5–10-nervig. Früchte: in 4 nussähnliche Teilfrüchte zerfallend. Stängel: **gleichmäßig beblättert**. Blätter: **basal verschmälert**, am Rand gezähnt. Untere Stängelblätter: **ihr Stiel > 0,25-mal so lang wie die Spreite**.

- Archaeophyt
- planar bis montan
- Staudenfluren, Äcker, Ruderalvegetation, Zier- bzw. Nutzpflanze
- an kalkreichen, meist trockenen Standorten

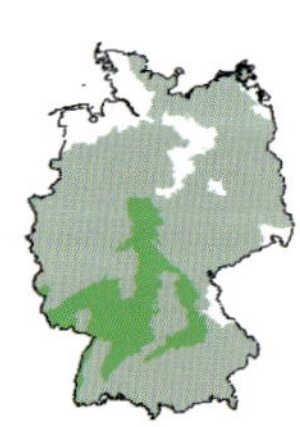

J F M A M J J A S O N D

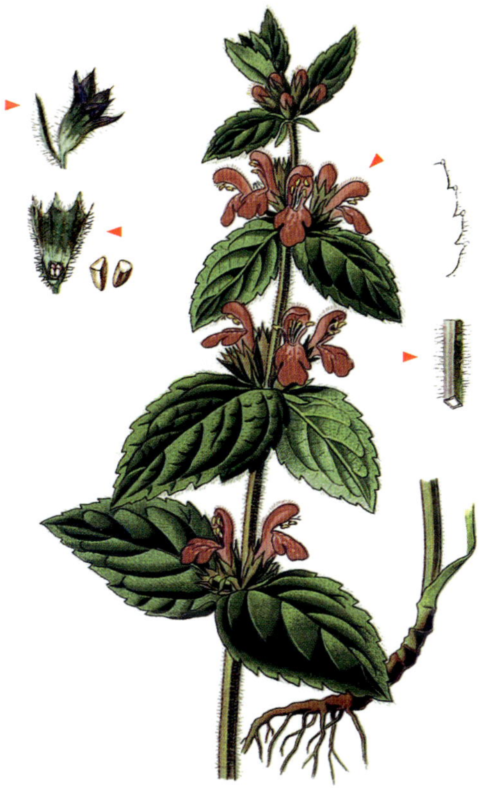

Stachys arvensis (L.) L.

Acker-Ziest *Lamiaceae*
↓ K(5) [C(5) A4] G(2) RL 3

10–30 cm hoch. Pflanzen: **1-jährig**. Blütenstand: Knäuel, die in lockeren Scheinähren angeordnet sind, **Tragblätter der mittleren Knäuel überwiegend länger als die Knäuel**. Knäuel: **3–10-blütig**, sitzend. Vorblätter unter den Blüten: < 0,5-mal so lang wie der Kelch. Blüten: **hellrosa**. Krone: **< 1,5-mal so lang wie der Kelch**. Kronblätter: kurz behaart. Schlund: mit Haarring. Kelch: 5–10-nervig. Früchte: in 4 nussähnliche Teilfrüchte zerfallend. Stängel: **gleichmäßig beblättert**. Ausläufer: fehlend. Blätter: **rundlich bis herzförmig**, Spreite 1–4 cm lang, **basal ausgerandet bis abgerundet**, am Rand gezähnt.

- Archaeophyt
- planar bis montan
- Äcker, Ruderalvegetation, Zier- bzw. Nutzpflanze
- an sauren Standorten

J F M A M **J J A S O** N D

Stachys germanica L.

Deutscher Ziest *Lamiaceae*
↓ K(5) [C(5) A4] G(2) RL 3

30–120 cm hoch. Pflanzen: mehrjährig. Blütenstand: Knäuel, die in lockeren Scheinähren angeordnet sind, **Tragblätter der mittleren Knäuel überwiegend länger als die Knäuel**. Knäuel: **10–35-blütig**, sitzend. Vorblätter unter den Blüten: **die längeren ± so lang wie der Kelch**. Blüten: rötlich-violett. Kronblätter: lang behaart. Schlund: mit Haarring. Kelch: 5–10-nervig. Kelchblätter: behaart. Früchte: in 4 nussähnliche Teilfrüchte zerfallend. Stängel: **wollig-filzig behaart, gleichmäßig beblättert**; oben: ± *ohne* Drüsen. Blätter: **graugrün, basal abgerundet bis verschmälert**, am Rand gezähnt.

- Archaeophyt
- planar bis montan
- Grünland, Staudenfluren, Ruderalvegetation, Zier- bzw. Nutzpflanze
- an basenreichen, meist trockenen Standorten

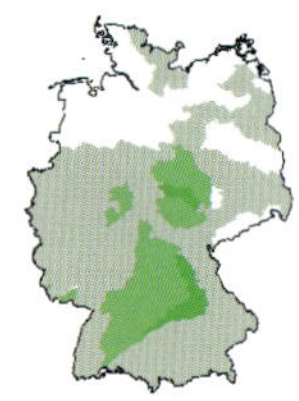

J F M A **M J J A** S O N D

Stachys palustris L.

Sumpf-Ziest *Lamiaceae*
↓ K(5) [C(5) A4] G(2)

30–100 cm hoch. Pflanzen: mehrjährig. Blütenstand: Knäuel, die in lockeren Scheinähren angeordnet sind. Knäuel: **3–10-blütig**, sitzend. Vorblätter unter den Blüten: < 0,5-mal so lang wie der Kelch. Blüten: **dunkelrot**. Krone: > 1,5-mal so lang wie der Kelch. Kronblätter: kurz behaart. Schlund: mit Haarring. Kelch: 5–10-nervig. Früchte: in 4 nussähnliche Teilfrüchte zerfallend. Stängel: **gleichmäßig beblättert**. Ausläufer: unterirdisch, verdickt. Blätter: ± geruchslos, **länglich, meist undeutlich herzförmig**, am Rand gezähnt. Grundblätter: **länglich bis lanzettlich**. untere Stängelblätter: **ihr Stiel < 0,25-mal so lang wie die Spreite**. obere Stängelblätter: **sitzend**.

- einheimisch
- planar bis montan
- Grünland, Staudenfluren, Wälder, Äcker, Zier- bzw. Nutzpflanze

J F M A **M J J A S O** N D

Stachys recta L.

Aufrechter Ziest *Lamiaceae*
↓ K(5) [C(5) A4] G(2) RL V

20–60 cm hoch. Pflanzen: mehrjährig. Blütenstand: Knäuel, die in lockeren Scheinähren angeordnet sind, **Tragblätter der mittleren Knäuel überwiegend länger als die Knäuel**. Knäuel: **3–10-blütig**, sitzend. Blüten: **weißlich bis gelblich**. Schlund: mit Haarring. Kelch: 5–10-nervig. Früchte: in 4 nussähnliche Teilfrüchte zerfallend. Stängel: **gleichmäßig beblättert**. Blätter: **basal verschmälert**, am Rand gezähnt. untere Stängelblätter: **ihr Stiel < 0,25-mal so lang wie die Spreite**.

- einheimisch
- planar bis montan
- Extensivgrünland u. Magerrasen, Staudenfluren, Gehölze, Wälder, Ruderalvegetation, Zier- bzw. Nutzpflanze
- an nährstoffarmen, kalkreichen, meist trockenen Standorten

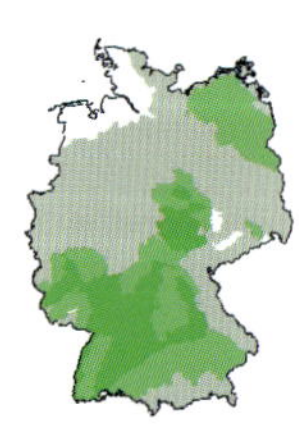

J F M A **M J J A S O** N D

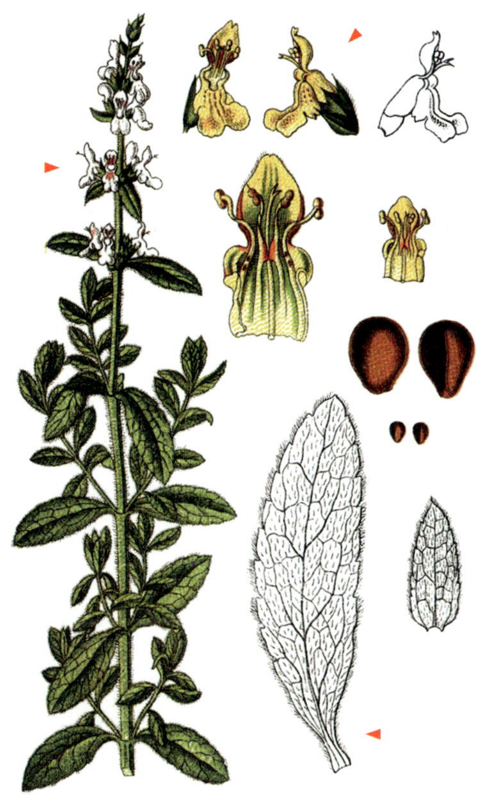

Stachys sylvatica L.

Wald-Ziest *Lamiaceae*
↓ K(5) [C(5) A4] G(2̲)

30–100 cm hoch. Pflanzen: mehrjährig. Blütenstand: Knäuel, die in lockeren Scheinähren angeordnet sind. Knäuel: **3–10-blütig**, sitzend. Vorblätter unter den Blüten: < 0,5-mal so lang wie der Kelch. Blüten: **dunkelrot**. Krone: > 1,5-mal so lang wie der Kelch. Kronblätter: kurz behaart. Schlund: mit Haarring. Kelch: 5–10-nervig. Früchte: in 4 nussähnliche Teilfrüchte zerfallend. Stängel: **gleichmäßig beblättert**. Ausläufer: unterirdisch, *nicht* verdickt. Blätter: unangenehm riechend, **breit herzförmig**, am Rand gezähnt. Grundblätter: **oval bis herzförmig**. untere Stängelblätter: **ihr Stiel > 0,25-mal so lang wie die Spreite**. obere Stängelblätter: **gestielt**.

- einheimisch
- planar bis montan
- Staudenfluren, Gehölze, Wälder, Ruderalvegetation, Zier- bzw. Nutzpflanze

J F M A M J J A S O N D

Chaiturus marrubiastrum (L.) Ehrh. ex Rchb.

Andorn-Herzgespann *Lamiaceae*
↓ K(5) [C(5) A4] G(2̲) RL 3

50–120 cm hoch. Blütenstand: **Tragblätter der mittleren Knäuel überwiegend länger als die Knäuel**. Blüten: rosa. Krone: 4–7 mm lang, **wenig länger als der Kelch**. Kronröhre: gerade. Schlund: **mit Haarring**. Unterlippe: 3-lappig; Seitenlappen: distal abgerundet. Kelch: **alle Zipfel ± gleich groß**, 5–10-nervig. Früchte: in 4 nussähnliche Teilfrüchte zerfallend. Blätter: am Rand grob gezähnt. untere Stängelblätter: **gezähnt bis buchtig gelappt**, länglich-oval, basal verschmälert.

- einheimisch
- planar bis collin
- Staudenfluren, Ruderalvegetation
- an nährstoffreichen, basenreichen Standorten

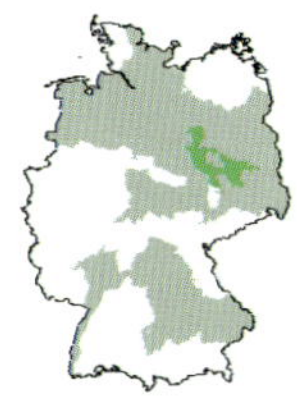

J F M A M J J A S O N D

Leonurus cardiaca L.

Echtes Herzgespann *Lamiaceae*
↓ K(5) [C(5) A4] G(2̲) RL 2

30–100 cm hoch. Blütenstand: **Tragblätter der mittleren Knäuel überwiegend länger als die Knäuel**. Blüten: rosa. Krone: 4–7 mm lang, **deutlich länger als der Kelch**. Kronröhre: gebogen. Schlund: **kahl**. Unterlippe: 3-lappig; Seitenlappen: distal abgerundet. Kelch: alle Zipfel ± gleich groß, 5–10-nervig. Früchte: in 4 nussähnliche Teilfrüchte zerfallend. untere Stängelblätter: **handförmig, 3–7-teilig gelappt**.

- Archaeophyt
- planar bis montan
- Staudenfluren, Ruderalvegetation, Zier- bzw. Nutzpflanze
- an nährstoffreichen, basenreichen Standorten

J F M A M J J A S O N D

Ballota nigra L.

Gewöhnliche Schwarznessel *Lamiaceae*
↓ K(5) [C(5) A4] G(2̲)

40–140 cm hoch. Blütenstand: **Tragblätter der mittleren Knäuel überwiegend länger als die Knäuel**. Knäuel: 6–25-blütig, **1–10 mm lang gestielt**. Blüten: **rosa bis rötlich, Unterlippe weißlich gemustert**. Unterlippe: 3-lappig; Seitenlappen: distal abgerundet. Kelch: **alle Zipfel ± gleich groß**, 10-nervig. Früchte: in 4 nussähnliche Teilfrüchte zerfallend. Blätter: oval bis herzförmig, gekerbt.

subsp. ***nigra*** (Gewöhnliche Schwarznessel): Kelchzipfel lang zugespitzt, 2,5–6,5 mm lang. mittlere Stängelblätter: 3–7 cm lang.
subsp. ***foetida*** (Stinkende Schwarznessel): Kelchzipfel kurz zugespitzt, 1–2,5 mm lang. mittlere Stängelblätter: 2–5 cm lang.

- Archaeophyt
- planar bis montan
- Staudenfluren, Ruderalvegetation, an Mauern, Zier- bzw. Nutzpflanze
- an nährstoffreichen Standorten

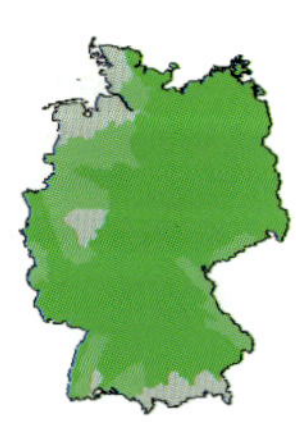

J F M A M J J A S O N D

Marrubium peregrinum L.

Wander-Andorn *Lamiaceae*
↓ K(5) [C(5) A4] G(2) RL 1

30–60 cm hoch. Pflanzen: mehrjährig, **filzig behaart**. Blütenstand: **Tragblätter der mittleren Knäuel überwiegend länger als die Knäuel**. Blüten: **weißlich**. Oberlippe: **flach bis etwas zurückgebogen**. Kelch: 5-zipfelig, **alle Zipfel ± gleich groß**, 5–10-nervig. Kelchzipfel: **gerade**. Staubblätter: **kürzer als die Kronröhre**. Früchte: in 4 nussähnliche Teilfrüchte zerfallend. Blätter: spatelförmig bis oval, am Rand meist gezähnt; oberseits: filzig behaart; unterseits: filzig behaart.

- Archaeophyt
- planar bis collin
- Staudenfluren, Ruderalvegetation, Zier- bzw. Nutzpflanze
- an trockenen Standorten

J F M A M **J J A** S O N D

Marrubium vulgare L.

Gewöhnlicher Andorn *Lamiaceae*
↓ K(5) [C(5) A4] G(2) RL 1

40–50 cm hoch. Pflanzen: mehrjährig, **filzig behaart**. Blütenstand: **Tragblätter der mittleren Knäuel überwiegend länger als die Knäuel**. Blüten: **weißlich**. Oberlippe: **flach bis etwas zurückgebogen**. Kelch: **10-zipfelig**, 5–10-nervig. Kelchzipfel: **hakig gekrümmt**. Staubblätter: **kürzer als die Kronröhre**. Früchte: in 4 nussähnliche Teilfrüchte zerfallend. Blätter: spatelförmig bis oval, am Rand meist stumpf gekerbt; oberseits: zuweilen verkahlend, runzelig; unterseits: filzig behaart.

- Archaeophyt
- planar bis montan
- Staudenfluren, Ruderalvegetation, Zier- bzw. Nutzpflanze
- an nährstoffreichen, basenreichen Standorten

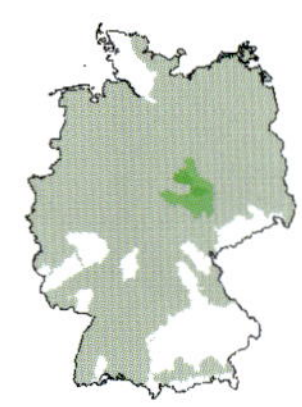

J F M A **M J J A S** O N D

Lamium album L.

Weiße Taubnessel *Lamiaceae*
↓ K(5) [C(5) A4] G(2)

20–50 cm hoch. Pflanzen: **mehrjährig**. Tragblätter der Knäuel: **2–4-mal so lang wie breit**. Blüten: **weißlich**. Krone: 18–35 mm lang. Oberlippe: abstehend behaart, Haare ± 1,5 mm lang. Unterlippe: 2–3-lappig, selten ungeteilt; Seitenlappen: fädlich *oder* fehlend, spitz. Kelch: alle Zipfel ± gleich groß. Früchte: in 4 nussähnliche Teilfrüchte zerfallend. Blätter: herzförmig bis 3-eckig, > **1,5-mal so lang wie breit**, am Rand gezähnt. obere Stängelblätter: **lang zugespitzt**.

- Archaeophyt
- planar bis montan
- Staudenfluren, Gehölze, Ruderalvegetation, Zier- bzw. Nutzpflanze
- an nährstoffreichen Standorten

J F **M A M J J A S O** N D

Lamium amplexicaule L.

Stängelumfassende Taubnessel *Lamiaceae*
↓ K(5) [C(5) A4] G(2)

10–30 cm hoch. Pflanzen: **1-jährig**. Tragblätter der unteren Knäuel: **(halb-) stängelumfassend, ungestielt**. Blüten: **oft geschlossen bleibend**, rötlich bis violett. Krone: 10–20 mm lang. Kronröhre: ± gerade, wenn entwickelt deutlich länger als der Kelch. Unterlippe: 2–3-lappig, selten ungeteilt; Seitenlappen: fädlich *oder* fehlend, spitz. Kelch: alle Zipfel ± gleich groß. Früchte: in 4 nussähnliche Teilfrüchte zerfallend. Blätter: oval bis rundlich, < **1,5-mal so lang wie breit**, am Rand gezähnt.

- Archaeophyt
- planar bis montan
- Grünland, Staudenfluren, Äcker, Ruderalvegetation, Zier- bzw. Nutzpflanze

J F **M A M J J A** S O N D

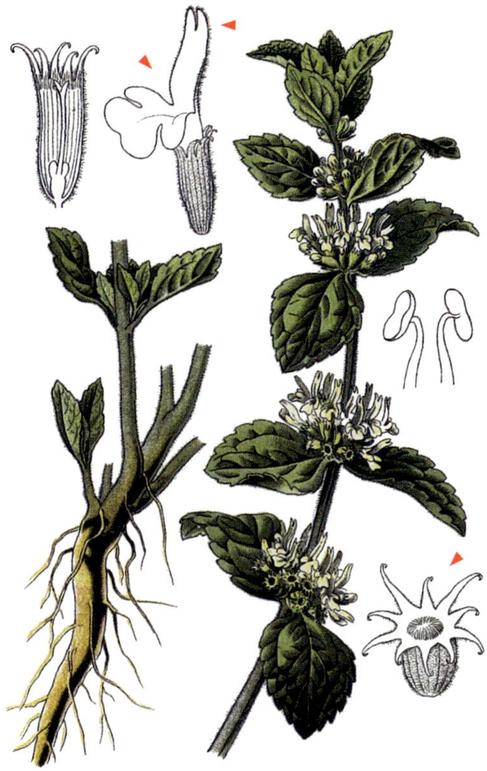

Lamium confertum Fr.

Mittlere Taubnessel *Lamiaceae*
↓ K(5) [C(5) A4] G(2)

Bis 30 cm hoch. Pflanzen: **1-jährig**. Tragblätter der unteren Knäuel: **gestielt**. Blüten: rosa. Krone: 15–25 mm lang. Kronröhre: ± gerade. Unterlippe: 2–3-lappig, selten ungeteilt; mittlerer Lappen: **3–4 mm lang**; Seitenlappen: fädlich *oder* fehlend, spitz. Kelch: alle Zipfel ± gleich groß. Kelchblätter: 7–12 mm lang. Kelchzipfel: länger als die Kelchröhre. Früchte: in 4 nussähnliche Teilfrüchte zerfallend. Blätter: oval bis rundlich, < **1,5-mal so lang wie breit**, am Rand unregelmäßig gezähnt bis fiederspaltig, **Zähne länger als breit**.

- Archaeophyt
- planar bis collin
- Äcker, Ruderalvegetation
- an nährstoffreichen Standorten

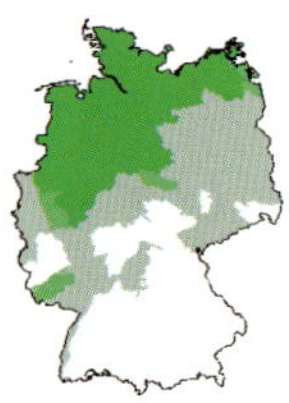

J F M A M J J A S O N D

Lamium maculatum (L.) L.

Gefleckte Taubnessel *Lamiaceae*
↓ K(5) [C(5) A4] G(2)

15–60 cm hoch. Pflanzen: **mehrjährig**. Tragblätter der Knäuel: **1–2-mal so lang wie breit**. Blüten: meist rötlich, selten weißlich; Kronröhre meist heller. Krone: **18–35 mm lang**. Kronröhre: aufwärts gebogen. Oberlippe: anliegend behaart, Haare < 1 mm lang. Unterlippe: 2–3-lappig, selten ungeteilt; Seitenlappen: fädlich *oder* fehlend, spitz. Kelch: alle Zipfel ± gleich groß. Früchte: in 4 nussähnliche Teilfrüchte zerfallend. Blätter: herzförmig bis 3-eckig, > **1,5-mal so lang wie breit**, am Rand gezähnt. obere Stängelblätter: **kurz zugespitzt**.

- einheimisch
- planar bis montan
- Staudenfluren, Gehölze, Wälder, Ruderalvegetation, Zier- bzw. Nutzpflanze
- an nährstoffreichen Standorten

J F M A M J J A S O N D

Lamium purpureum L.

Purpurrote Taubnessel *Lamiaceae*
↓ K(5) [C(5) A4] G(2)

Bis 40 cm hoch. Pflanzen: **1-jährig**. Blütenstand: **Knäuel gehäuft an der Spitze des Stängels**. Tragblätter der unteren Knäuel: **gestielt**. Blüten: meist rötlich-violett. Krone: **10–20 mm lang**. Kronröhre: ± gerade. Unterlippe: 2–3-lappig, selten ungeteilt; mittlerer Lappen: **1,5–2,5 mm lang**; Seitenlappen: fädlich *oder* fehlend, spitz. Kelch: alle Zipfel ± gleich groß. Kelchblätter: 5–10 mm lang. Kelchzipfel: ± Kelchzipfel so lang wie die Kelchröhre. Früchte: in 4 nussähnliche Teilfrüchte zerfallend. Blätter: herzförmig bis 3-eckig, **< 1,5-mal so lang wie breit, am Rand regelmäßig stumpf gekerbt, Zähne breiter als lang**.

- Archaeophyt
- planar bis montan
- Äcker, Ruderalvegetation, Zier- bzw. Nutzpflanze

J F M A M J J A S O N D

Lamium galeobdolon (L.) Crantz

Goldnessel *Lamiaceae*
↓ K(5) [C(5) A4] G(2)

15–60 cm hoch. Blütenstand: Knäuel in ährenartigem Gesamtblütenstand. Blüten: **gelblich**, Unterlippe oft mit rötlicher Zeichnung. Krone: 10–30 mm lang. Oberlippe: 5–12 mm breit. Unterlippe: **3-lappig**; Seitenlappen: distal abgerundet. Kelch: alle Zipfel ± gleich groß. Früchte: in 4 nussähnliche Teilfrüchte zerfallend. Stängel: meist behaart.

Im Gebiet kommen 4 Unterarten vor: subsp. *galeobdolon*, subsp. *flavidum*, subsp. *montanum* und subsp. *argentatum* (vgl. S. 1436).

- einheimisch
- planar bis subalpin
- Gehölze, Wälder, Ruderalvegetation, Zier- bzw. Nutzpflanze

J F M A M J J A S O N D

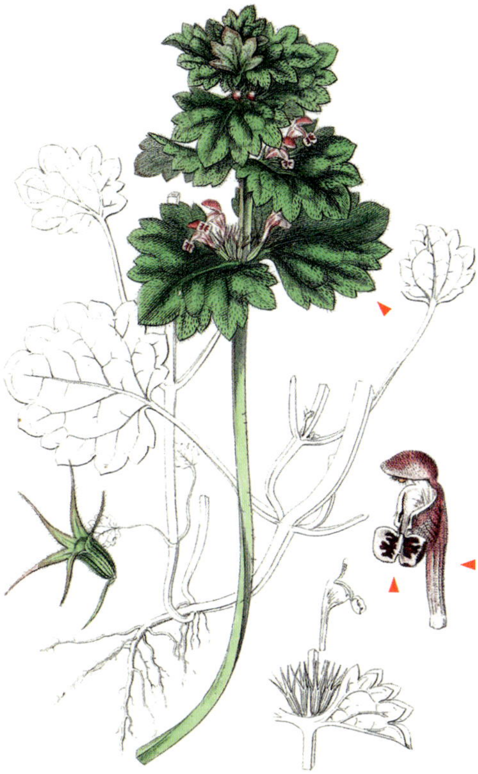

Clinopodium acinos (L.) Kuntze

Gewöhnlicher Steinquendel *Lamiaceae*
↓ K(5) [C(5) A4] G(2) RL V

10–30 cm hoch. Blütenstand: knäuelig, **Knäueläste unverzweigt**. Knäuel: **3–8-blütig**, > 5 mm lang gestielt. Blüten: violett. Krone: **6–12 mm lang**. Oberlippe: flach bis etwas zurückgebogen. Unterlippe: Seitenlappen: ± so groß wie der Mittellappen. Kelch: 2-lippig, zylindrisch, **basal bauchig gewölbt**. Fruchtkelch: **verschlossen**. Früchte: in 4 nussähnliche Teilfrüchte zerfallend. Stängel: krautig. Blätter: stark aromatisch riechend, lanzettlich bis oval, der Rand oft nach unten gebogen; oberseits: drüsig punktiert; unterseits: **meist mit hervortretenden Nerven**.

- einheimisch
- planar bis montan
- Extensivgrünland u. Magerrasen, Schutt- u. Felsfluren, Äcker, Ruderalvegetation
- an nährstoffarmen, trockenen Standorten

J F M A **M J J A S O** N D

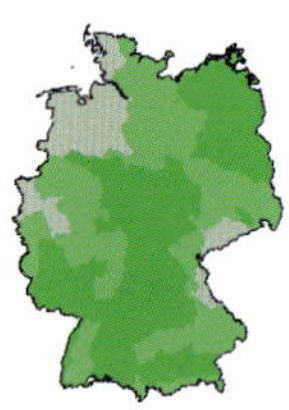

Clinopodium alpinum (L.) Kuntze

Alpen-Steinquendel *Lamiaceae*
↓ K(5) [C(5) A4] G(2)

10–25 cm hoch. Blütenstand: knäuelig, **Knäueläste unverzweigt**. Knäuel: **3–8-blütig**, > 5 mm lang gestielt. Blüten: violett. Krone: **14–22 mm lang**. Oberlippe: flach bis etwas zurückgebogen. Unterlippe: Seitenlappen: ± so groß wie der Mittellappen. Kelch: 2-lippig, zylindrisch, **basal bauchig gewölbt**. Fruchtkelch: **offen**. Früchte: in 4 nussähnliche Teilfrüchte zerfallend. Stängel: basal zuweilen verholzt. Blätter: überwinternd grün, stark aromatisch riechend, lanzettlich bis oval, der Rand *nicht* nach unten gerollt; oberseits: drüsig punktiert; unterseits: ***ohne* hervortretende Nerven**.

- einheimisch
- collin bis alpin
- Extensivgrünland u. Magerrasen, Schutt- u. Felsfluren, Zier- bzw. Nutzpflanze
- an nährstoffarmen, kalkreichen Standorten

J F M A M **J J A S O** N D

Clinopodium menthifolium (Host) Stace

Wald-Bergminze *Lamiaceae*
↓ K(5) [C(5) A4] G(2)

20–80 cm hoch. Blütenstand: knäuelig, **Knäueläste verzweigt**. Knäuel: **3–10-blütig**, > 5 mm lang gestielt. Blüten: bläulich bis rötlich. Krone: **14–25 mm lang**. Oberlippe: flach bis etwas zurückgebogen. Unterlippe: Seitenlappen: ± so groß wie der Mittellappen. Kelch: 2-lippig, zylindrisch, *nicht* bauchig gewölbt. Kelchblätter: **6–12 mm lang**. Früchte: in 4 nussähnliche Teilfrüchte zerfallend. Stängel: krautig. Blätter: stark aromatisch riechend, lanzettlich bis oval; oberseits: drüsig punktiert. mittlere Stängelblätter: **2–5 cm lang gestielt**.

- einheimisch
- planar bis montan
- Staudenfluren, Gehölze, Wälder, Ruderalvegetation, Zier- bzw. Nutzpflanze
- an basenreichen, trockenen Standorten

J F M A M **J J A S O** N D

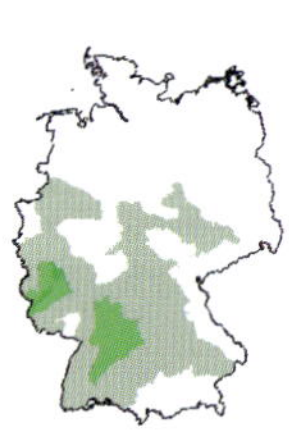

Clinopodium nepeta (L.) Kuntze

Kleinblütige Bergminze *Lamiaceae*
↓ K(5) [C(5) A4] G(2) RL 1

20–60 cm hoch. Blütenstand: knäuelig, **Knäueläste verzweigt**. Tragblätter der Knäuel: deutlich kürzer als die Knäuel. Knäuel: **8–25-blütig**, > 5 mm lang gestielt. Blüten: bläulich bis rötlich. Krone: **6–14 mm lang**. Oberlippe: flach bis etwas zurückgebogen. Unterlippe: Seitenlappen: ± so groß wie der Mittellappen. Kelch: 2-lippig, zylindrisch, *nicht* bauchig gewölbt. Kelchblätter: **3–8 mm lang**. Früchte: in 4 nussähnliche Teilfrüchte zerfallend. Stängel: krautig. Blätter: stark aromatisch riechend, lanzettlich bis oval; oberseits: drüsig punktiert. mittlere Stängelblätter: **< 2 cm lang gestielt**.

- einheimisch
- planar bis collin
- Extensivgrünland u. Magerrasen, Wälder, Schutt- u. Felsfluren, Zier- bzw. Nutzpflanze
- an nährstoffarmen, kalkreichen, meist trockenen Standorten

J F M A M **J J A S O** N D

US

Clinopodium vulgare L.

Wirbeldost *Lamiaceae*
↓ K(5) [C(5) A4] G(2̲)

30–60 cm hoch. Blütenstand: knäuelig. Knäuel: **8–25-blütig, < 5 mm lang gestielt, dichtblütig, basal mit einer Hülle aus lang-behaarten borstlichen Blättern**. Blüten: **meist bläulich bis violett**. Krone: **10–25 mm lang**. Oberlippe: flach bis etwas zurückgebogen. Unterlippe: Seitenlappen: **± so groß wie der Mittellappen**. Kelch: 2-lippig, zylindrisch. Früchte: in 4 nussähnliche Teilfrüchte zerfallend. Stängel: krautig. Blätter: schwach aromatisch riechend, lanzettlich bis oval; oberseits: *nicht* drüsig punktiert.

- einheimisch
- planar bis montan
- Extensivgrünland u. Magerrasen, Staudenfluren, Gehölze, Wälder, Zier- bzw. Nutzpflanze
- an nährstoffarmen Standorten

J F M A M **J J A S O** N D

Dracocephalum ruyschiana L.

Nordischer Drachenkopf *Lamiaceae*
↓ K(5) [C(5) A4] G(2̲)
RL 0 § BNatG b

30–60 cm hoch. Blütenstand: köpfchen- bis ährenartig, lockerblütig. Tragblätter der Knäuel: **lineal-lanzettlich**. Blüten: **bläulich bis violett**. Krone: **20–40 mm lang**. Kelch: alle Zipfel ± gleich groß. Früchte: in 4 nussähnliche Teilfrüchte zerfallend. Blätter: **an vegetativen Trieben ungeteilt, lineal-lanzettlich, an blühenden Trieben zuweilen fiederspaltig mit linealen Blattlappen**, 2–5 mm breit, ganzrandig.

- ausgestorben
- planar bis collin
- Extensivgrünland u. Magerrasen, Staudenfluren, Gehölze, Zier- bzw. Nutzpflanze
- an nährstoffarmen, trockenen Standorten

J F M A M **J J A** S O N D

Glechoma hederacea L.

Gewöhnlicher Gundermann *Lamiaceae*
↓ K(5) [C(5) A4] G(2̲)

10–40 cm hoch. Blütenstand: **Knäuel zu 2–5-blütig**. Blüten: **bläulich bis violett, Unterlippe dunkel gemustert**. Kronblätter: am Schlund behaart. Oberlippe: **flach bis etwas zurückgebogen**. Unterlippe: distal abgerundet; Seitenlappen: distal abgerundet. Kelch: alle Zipfel ± gleich groß. Früchte: in 4 nussähnliche Teilfrüchte zerfallend. Stängel: **niederliegend, oft einwurzelnd**. Ausläufer: oberirdisch. Blätter: **nierenförmig, am Rand grob gekerbt**.

- einheimisch
- planar bis montan
- Grünland, Staudenfluren, Ruderalvegetation, Zier- bzw. Nutzpflanze

J F **M A M J** J A S O N D

Horminum pyrenaicum L.

Pyrenäen-Drachenmaul *Lamiaceae*
↓ K(5) [C(5) A4] G(2̲)
RL R § BNatG b

10–40 cm hoch. Blütenstand: knäuelig, in ährenartigem Gesamtblütenstand, (undeutlich) einseitswendig. Tragblätter der Knäuel: viel kleiner als die Laubblätter. Blüten: **bläulich bis violett**. Krone: 15–25 mm lang. Oberlippe: **flach bis etwas zurückgebogen**. Kelch: alle Zipfel ± gleich groß. Staubblätter: oben zusammenneigend. Früchte: in 4 nussähnliche Teilfrüchte zerfallend. Stängel: **± alle Blätter in grundständiger Rosette, wenigblättrig, Laubblätter viel kleiner als die Rosettenblätter**. Blätter: *ohne* auffällig aromatischen Geruch, **am Rand meist stumpf gekerbt**.

- einheimisch
- subalpin bis alpin
- Extensivgrünland u. Magerrasen, Schutt- u. Felsfluren
- an nährstoffarmen, kalkreichen Standorten

J F M A **M J J A S** O N D

Hyssopus officinalis L.

Echter Ysop *Lamiaceae*
↓ K(5) [C(5) A4] G(2)

30–50 cm hoch. BLÜTENSTAND: knäuelig, **einseitswendig**. BLÜTEN: (dunkel) bläulich *oder* weißlich. OBERLIPPE: **flach bis etwas zurückgebogen, 2-lappig**. KELCH: alle Zipfel ± gleich groß. STAUBBLÄTTER: **abstehend, die längeren deutlich länger als die Oberlippe**. FRÜCHTE: in 4 nussähnliche Teilfrüchte zerfallend. STÄNGEL: basal zuweilen verholzt. BLÄTTER: **überwinternd grün**, länglich bis oval, **ganzrandig**.

- eingebürgerter Neophyt, urspr. aus dem Mittelmeergebiet u. Westasien
- planar bis montan
- Extensivgrünland u. Magerrasen, Schutt- u. Felsfluren, Ruderalvegetation, Zier- bzw. Nutzpflanze
- an nährstoffarmen, trockenen Standorten

J F M A M J J A S O N D

Lycopus europaeus L.

Ufer-Wolfstrapp *Lamiaceae*
↓ K(5) [C(4) A2] G(2)

20–150 cm hoch. TRAGBLÄTTER DER KNÄUEL: laubblattartig. BLÜTEN: undeutlich zygomorph, ± radiärsymmetrisch, **weißlich**, oft rötlich gefleckt. KRONE: ± radiär. KELCHZIPFEL: länger als die Kelchröhre, behaart. STAUBBLÄTTER: 2, **sowie 2 sterile Staminodien**. FRÜCHTE: in 4 nussähnliche Teilfrüchte zerfallend. BLÄTTER: **ungeteilt bis gelappt, am Rand grob gekerbt**. UNTERE STÄNGELBLÄTTER: **meist < 40 mm breit**. OBERE STÄNGELBLÄTTER: **ungeteilt, grob gekerbt**.

- einheimisch
- planar bis montan
- Gewässer, Röhrichte, Moore u. Seggenriede, Wälder, Zier- bzw. Nutzpflanze
- an nassen, zuweilen überfluteten Standorten

J F M A M J J A S O N D

Lycopus exaltatus L. f.

Hoher Wolfstrapp *Lamiaceae*
↓ K(5) [C(4) A2] G(2) RL 0

60–120 cm hoch. TRAGBLÄTTER DER KNÄUEL: laubblattartig. BLÜTEN: undeutlich zygomorph, ± radiärsymmetrisch, **weißlich**, oft rötlich gefleckt. KRONE: ± radiär. KELCHZIPFEL: ± Kelchzipfel so lang wie die Kelchröhre, ± kahl. STAUBBLÄTTER: 2, **sowie 2 sterile Staminodien**. FRÜCHTE: in 4 nussähnliche Teilfrüchte zerfallend. BLÄTTER: **gelappt bis fiederspaltig, am Rand grob gekerbt bis gelappt**. UNTERE STÄNGELBLÄTTER: **meist > 40 mm breit**. OBERE STÄNGELBLÄTTER: **fiederspaltig**.

- ausgestorben
- planar bis collin
- Gewässer, Wälder
- an nährstoffreichen, basenreichen, nassen, zuweilen überfluteten, auch salzhaltigen Standorten

J F M A M J J A S O N D

Melissa officinalis L.

Zitronen-Melisse *Lamiaceae*
↓ K(5) [C(5) A4] G(2)

30–80 cm hoch. TRAGBLÄTTER DER KNÄUEL: laubblattartig. BLÜTEN: **weißlich**. KRONRÖHRE: **gebogen**. UNTERLIPPE: *ohne* Höcker; SEITENLAPPEN: **kleiner als der Mittellappen**. KELCH: **2-lippig, glockig**. FRÜCHTE: in 4 nussähnliche Teilfrüchte zerfallend. BLÄTTER: **runzelig**.

- Archaeophyt
- planar bis collin
- Staudenfluren, Ruderalvegetation, Zier- bzw. Nutzpflanze

J F M A M J J A S O N D

Mentha aquatica L.

Wasser-Minze *Lamiaceae*
↓ K(5) [C(4) A4] G($\underline{2}$)

20–100 cm hoch. Blütenstand: knäuelig, in ährenartigem Gesamtblütenstand, **Ähre unterbrochen, mit entfernt stehenden Knäueln, Knäuel am Stängelende kopfig gehäuft**. Tragblätter der Knäuel: **deutlich von den Laubblättern verschieden**. Blüten: undeutlich zygomorph bis ± radiärsymmetrisch, meist hellviolett, seltener weißlich. Kelch: alle Zipfel ± gleich groß. Früchte: in 4 nussähnliche Teilfrüchte zerfallend. Blattstiele: **0,2–1 cm lang**. mittlere Stängelblätter: gestielt.

- einheimisch
- planar bis montan
- Gewässer, Röhrichte, Moore u. Seggenriede, Grünland, Wälder, Zier- bzw. Nutzpflanze
- an nassen, zuweilen überfluteten Standorten

J F M A M **J J A S O** N D

Mentha arvensis L.

Acker-Minze *Lamiaceae*
↓ K(5) [C(4) A4] G($\underline{2}$)

15–50 cm hoch. Blütenstand: knäuelig, in ährenartigem Gesamtblütenstand, **Ähre unterbrochen, mit entfernt stehenden Knäueln**, **Stängel mit Laubblättern endend**, Knäuel am Stängelende *nicht* kopfig gehäuft. Tragblätter der Knäuel: **laubblattartig, > 3-mal so lang wie die Blüten**. Blüten: undeutlich zygomorph bis ± radiärsymmetrisch, rötlich-violett. Kelch: alle Zipfel ± gleich groß, 10-nervig, Nerven wenig hervortretend. Kelchzipfel: **breit-3-eckig, höchstens so lang wie breit**. Fruchtkelch: **durch einen Haarring verschlossen**. Früchte: in 4 nussähnliche Teilfrüchte zerfallend. Blattstiele: **0,3–1,6 cm lang**.

- einheimisch
- planar bis montan
- Grünland, Staudenfluren, Wälder, Äcker, Ruderalvegetation, Zier- bzw. Nutzpflanze

J F M A **M J J A S O** N D

Mentha longifolia (L.) L.

Ross-Minze *Lamiaceae*
↓ K(5) [C(4) A4] G($\underline{2}$)

40–100 cm hoch. Blütenstand: knäuelig, in ährenartigem Gesamtblütenstand, **Ähre meist dichtblütig, Knäuel genähert**, **Stängel mit Blüten endend**. Tragblätter der Knäuel: **deutlich von den Laubblättern verschieden**. Blüten: ± sitzend, undeutlich zygomorph bis ± radiärsymmetrisch, rötlich-violett. Kelch: alle Zipfel ± gleich groß. Früchte: in 4 nussähnliche Teilfrüchte zerfallend. Stängel: unten: **weichhaarig**. Blattstiele: **< 0,2 cm lang**. Blätter: länglich bis lanzettlich, > **2-mal so lang wie breit**, spitz; unterseits: **anliegend behaart**. mittlere Stängelblätter: sitzend.

- einheimisch
- planar bis montan
- Grünland, Ruderalvegetation, Trittfluren, Zier- bzw. Nutzpflanze
- an kalkreichen, feuchten bis nassen, zuweilen überfluteten Standorten

J F M A M **J J A S** O N D

Mentha piperita L.

Pfeffer-Minze *Lamiaceae*
↓ K(5) [C(4) A4] G($\underline{2}$)

50–100 cm hoch. Blütenstand: knäuelig, in ährenartigem Gesamtblütenstand, **Ähre meist dichtblütig, Knäuel genähert**, **Stängel mit Blüten endend**. Tragblätter der Knäuel: **deutlich von den Laubblättern verschieden**. Blüten: gestielt, undeutlich zygomorph bis ± radiärsymmetrisch, rötlich-violett. Kelch: alle Zipfel ± gleich groß. Früchte: in 4 nussähnliche Teilfrüchte zerfallend. Blattstiele: **0,2–1 cm lang**. mittlere Stängelblätter: gestielt.

- einheimisch
- planar bis montan
- Staudenfluren, Äcker, Ruderalvegetation, Zier- bzw. Nutzpflanze

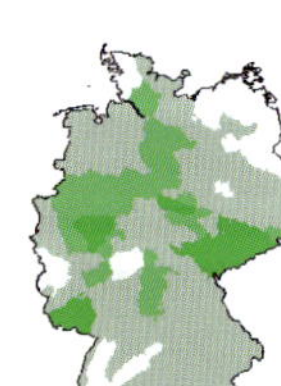

J F M A **M J J** A S O N D

US

US

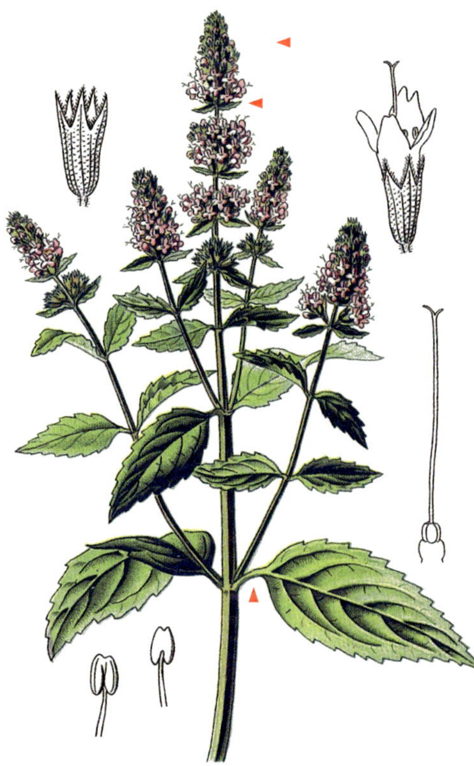

Mentha pulegium L.

Polei-Minze *Lamiaceae*
↓ K(5) [C(4) A4] G($\underline{2}$) RL 3

10–30 cm hoch. BLÜTENSTAND: knäuelig, in ährenartigem Gesamtblütenstand, **Ähre unterbrochen, mit entfernt stehenden Knäueln, Stängel mit Laubblättern endend**, Knäuel am Stängelende *nicht* kopfig gehäuft. TRAGBLÄTTER DER KNÄUEL: **laubblattartig, < 3-mal so lang wie die Blüten.** BLÜTEN: undeutlich zygomorph bis ± radiärsymmetrisch, rötlich-violett. KELCH: **die beiden unteren Zähne etwas schmaler u. länger als die 3 oberen.** KELCHRÖHRE: **innen dicht behaart.** FRÜCHTE: in 4 nussähnliche Teilfrüchte zerfallend. AUSLÄUFER: **überwiegend oberirdisch.** BLÄTTER: Spreite 1–2 cm lang, < 12 mm breit.

- einheimisch
- planar bis collin
- trockenfallende Ufer, Moore u. Seggenriede, Grünland, Ruderalvegetation, Trittfluren, Zier- bzw. Nutzpflanze
- an feuchten, zuweilen überfluteten, auch salzhaltigen Standorten

J F M A M **J J A S** O N D

Mentha spicata L.

Ähren-Minze *Lamiaceae*
↓ K(5) [C(4) A4] G($\underline{2}$)

40–100 cm hoch. BLÜTENSTAND: knäuelig, in ährenartigem Gesamtblütenstand, **Ähre meist dichtblütig, Knäuel genähert, Stängel mit Blüten endend.** TRAGBLÄTTER DER KNÄUEL: **deutlich von den Laubblättern verschieden.** BLÜTEN: ± sitzend, undeutlich zygomorph bis ± radiärsymmetrisch, meist hellviolett o. rosa, seltener weißlich. KELCH: alle Zipfel ± gleich groß. FRÜCHTE: in 4 nussähnliche Teilfrüchte zerfallend. STÄNGEL: UNTEN: **± kahl.** AUSLÄUFER: **überwiegend oberirdisch.** BLATTSTIELE: **< 0,2 cm lang.** BLÄTTER: länglich bis oval; UNTERSEITS: **kahl *oder* nur auf den Nerven behaart.** MITTLERE STÄNGELBLÄTTER: sitzend.

- eingebürgerter Neophyt, urspr. aus Südosteuropa
- planar bis montan
- Staudenfluren, Äcker, Ruderalvegetation, Zier- bzw. Nutzpflanze

J F M A M **J J A S** O N D

Mentha suaveolens Ehrh.

Rundblättrige Minze *Lamiaceae*
↓ K(5) [C(4) A4] G($\underline{2}$)

30–50 cm hoch. BLÜTENSTAND: knäuelig, in ährenartigem Gesamtblütenstand, **Ähre meist dichtblütig, Knäuel genähert, Stängel mit Blüten endend.** TRAGBLÄTTER DER KNÄUEL: **deutlich von den Laubblättern verschieden.** BLÜTEN: ± sitzend, undeutlich zygomorph bis ± radiärsymmetrisch, hellviolett bis weißlich. KELCH: alle Zipfel ± gleich groß. FRÜCHTE: in 4 nussähnliche Teilfrüchte zerfallend. STÄNGEL: UNTEN: **weichhaarig.** BLATTSTIELE: **< 0,2 cm lang.** BLÄTTER: oval bis rundlich, **1–2-mal so lang wie breit**, distal abgerundet; UNTERSEITS: **filzig behaart.** MITTLERE STÄNGELBLÄTTER: sitzend.

- einheimisch
- planar bis collin
- Grünland, Ruderalvegetation, Trittfluren, Zier- bzw. Nutzpflanze
- an feuchten bis nassen, zuweilen überfluteten, auch salzhaltigen Standorten

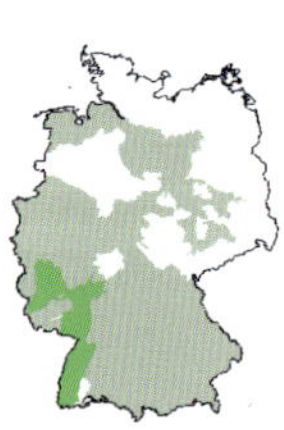

J F M A M **J J A S** O N D

Nepeta cataria L.

Echte Katzenminze *Lamiaceae*
↓ K(5) [C(5) A4] G($\underline{2}$) RL 3

40–100 cm hoch. BLÜTENSTAND: Teilblütenstände mittlere Knäuel länger als die Tragblätter. BLÜTEN: weißlich bis hellviolett, **Unterlippe violett gefleckt.** KRONE: 6–12 mm lang. KRONRÖHRE: gebogen. OBERLIPPE: **flach bis etwas zurückgebogen.** UNTERLIPPE: schüsselförmig gewölbt, distal gekerbt; SEITENLAPPEN: distal abgerundet. KELCH: **obere Zipfel etwas größer als die unteren**, 15-nervig. FRÜCHTE: in 4 nussähnliche Teilfrüchte zerfallend. STÄNGEL: UNTEN: **behaart.** BLÄTTER: **herzförmig**, am Rand gezähnt; UNTERSEITS: **bleibend grauhaarig.** MITTLERE STÄNGELBLÄTTER: **gestielt.**

- Archaeophyt
- planar bis montan
- Staudenfluren, Schutt- u. Felsfluren, Ruderalvegetation, Zier- bzw. Nutzpflanze
- an nährstoffreichen Standorten

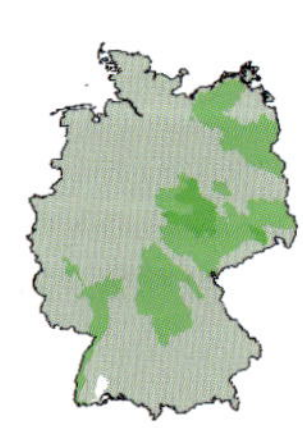

J F M A M **J J A S** O N D

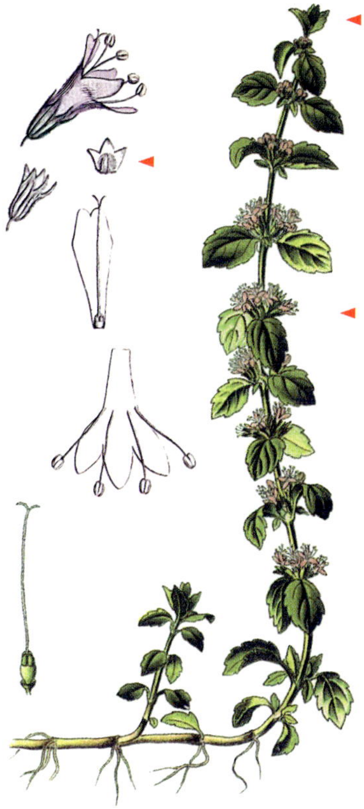

US

US

Nepeta nuda L.

Pannonische Katzenminze *Lamiaceae*
↓ K(5) [C(5) A4] G(2) RL 2

50–100 cm hoch. BLÜTENSTAND: Teilblütenstände mittlere Knäuel länger als die Tragblätter. BLÜTEN: bläulich bis violett *oder* weißlich. KRONE: 5–9 mm lang. KRONRÖHRE: ± gerade. OBERLIPPE: **flach bis etwas zurückgebogen**. UNTERLIPPE: schüsselförmig gewölbt, distal gekerbt; SEITENLAPPEN: distal abgerundet. KELCH: **alle Zipfel ± gleich groß**, 15-nervig. FRÜCHTE: in 4 nussähnliche Teilfrüchte zerfallend. STÄNGEL: UNTEN: **± kahl**. BLÄTTER: **länglich bis oval**, am Rand gezähnt; UNTERSEITS: **verkahlend**. MITTLERE STÄNGELBLÄTTER: **sitzend**.

- einheimisch
- planar bis montan
- Extensivgrünland u. Magerrasen, Staudenfluren, Gehölze, Ruderalvegetation, Zier- bzw. Nutzpflanze
- an basenreichen, trockenen Standorten

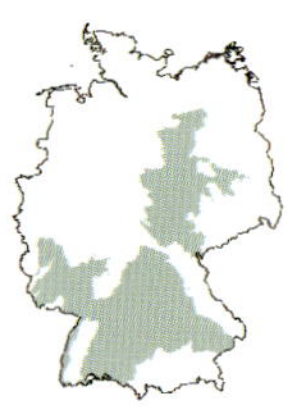

J F M A M **J J A** S O N D

Origanum vulgare L.

Gewöhnlicher Dost *Lamiaceae*
↓ K(5) [C(5) A4] G(2)

20–60 cm hoch. BLÜTENSTAND: knäuelig, **in rispenartigem** Gesamtblütenstand. BLÜTEN: **rosa bis rötlich**. OBERLIPPE: **flach bis etwas zurückgebogen**. KELCH: **alle Zipfel ± gleich groß**. STAUBBLÄTTER: **die längeren deutlich länger als die Oberlippe**. FRÜCHTE: in 4 nussähnliche Teilfrüchte zerfallend. STÄNGEL: krautig. BLÄTTER: **stark aromatisch riechend**; UNTERSEITS: **drüsig punktiert**.

- einheimisch
- planar bis subalpin
- Extensivgrünland u. Magerrasen, Staudenfluren, Gehölze, Wälder, Ruderalvegetation, Zier- bzw. Nutzpflanze
- an nährstoffarmen, basenreichen, meist trockenen Standorten

J F M A M **J J A S O** N D

Prunella grandiflora (L.) Scholler

Große Braunelle *Lamiaceae*
↓ K(5) [C(5) A4] G(2) RL V

10–30 cm hoch. BLÜTENSTAND: 1 endständiges Knäuel, dichtblütig, **etwas Abstand zu den obersten Laubblättern**. TRAGBLÄTTER DER KNÄUEL: viel kleiner als die Laubblätter, breit oval- bis herzförmig, ganzrandig, oft rötlich überlaufen. BLÜTEN: **bläulich bis violett**. KRONE: **18–30 mm lang, 2–3-mal so lang wie der Kelch**. KELCH: 2-lippig. FRÜCHTE: in 4 nussähnliche Teilfrüchte zerfallend. OBERE STÄNGELBLÄTTER: **ungeteilt, ganzrandig**.

- einheimisch
- collin bis subalpin
- Extensivgrünland u. Magerrasen, Gehölze, Wälder, Ruderalvegetation, Zier- bzw. Nutzpflanze
- an nährstoffarmen, basenreichen, meist trockenen Standorten

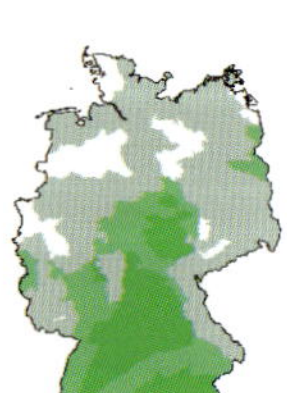

J F M A **M J J A S** O N D

Prunella laciniata (L.) L.

Weiße Braunelle *Lamiaceae*
↓ K(5) [C(5) A4] G(2) RL 3

Bis 30 cm hoch. BLÜTENSTAND: 1 endständiges Knäuel, dichtblütig, **direkt über den obersten Laubblättern**. TRAGBLÄTTER DER KNÄUEL: viel kleiner als die Laubblätter, breit oval- bis herzförmig, ganzrandig, oft rötlich überlaufen. BLÜTEN: **weißlich-gelblich**. KRONE: **14–20 mm lang, < 2-mal so lang wie der Kelch**. KELCH: 2-lippig. FRÜCHTE: in 4 nussähnliche Teilfrüchte zerfallend. OBERE STÄNGELBLÄTTER: **meist fiederspaltig**.

- einheimisch
- planar bis montan
- Extensivgrünland u. Magerrasen
- an nährstoffarmen, kalkreichen, meist trockenen Standorten

J F M A **M J J A** S O N D

US

Prunella vulgaris L.

Gewöhnliche Braunelle *Lamiaceae*
↓ K(5) [C(5) A4] G($\underline{2}$)

Bis 30 cm hoch. Blütenstand: 1 endständiges Knäuel, dichtblütig, **direkt über den obersten Laubblättern**. Tragblätter der Knäuel: viel kleiner als die Laubblätter, breit oval- bis herzförmig, ganzrandig, oft rötlich überlaufen. Blüten: **bläulich bis violett**. Krone: **5–15 mm lang, < 2-mal so lang wie der Kelch**. Kelch: 2-lippig. Früchte: in 4 nussähnliche Teilfrüchte zerfallend. obere Stängelblätter: **ungeteilt, ganzrandig**.

- einheimisch
- planar bis subalpin
- Grünland, Ruderalvegetation, Trittfluren, Zier- bzw. Nutzpflanze

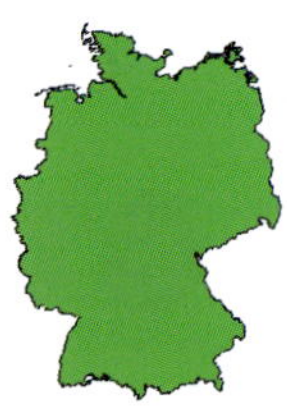

J F M A M J J A S O N D

Rosmarinus officinalis L.

Rosmarin *Lamiaceae*
↓ K(5) [C(5) A2] G($\underline{2}$)

Strauch, bis 150 cm hoch. Blüten: **rötlich-violett *oder* weißlich**. Oberlippe: **flach bis etwas zurückgebogen**. Kelch: **2-lippig**. Staubblätter: **2**, deutlich länger als die Oberlippe. Früchte: in 4 nussähnliche Teilfrüchte zerfallend. Stängel: **verholzt**. Blätter: **immergrün, lineal, der Rand nach unten umgebogen, ganzrandig**; unterseits: **weißfilzig behaart**.

- in Einbürgerung befindlicher Neophyt, urspr. aus dem Mittelmeergebiet
- planar bis collin
- Extensivgrünland u. Magerrasen, Gehölze, Schutt- u. Felsfluren, Zier- bzw. Nutzpflanze
- an trockenen Standorten

J F M A M J J A S O N D

Salvia glutinosa L.

Kleb-Salbei *Lamiaceae*
↓ K(5) [C(5) A2] G($\underline{2}$)

40–80 cm hoch. Knäuel: 2–15-blütig. Blüten: **gelblich**. Krone: **30–50 mm lang**. Kelch: 2-lippig, **Oberlippe ganzrandig**. Staubblätter: 2, sowie 2 schuppenförmige Staminodien, **beweglich, Bestäubung mit Hilfe eines Hebelmechanismus**. Früchte: in 4 nussähnliche Teilfrüchte zerfallend. Stängel: krautig, **stark klebrig, drüsig behaart**. Blätter: **basal spießförmig**, am Rand gezähnt. untere Stängelblätter: ungeteilt.

- einheimisch
- collin bis montan
- Staudenfluren, Gehölze, Wälder, Zier- bzw. Nutzpflanze

J F M A M J J A S O N D

Salvia nemorosa L.

Steppen-Salbei *Lamiaceae*
↓ K(5) [C(5) A2] G($\underline{2}$)

30–80 cm hoch. Blütenstand: mit sitzenden Drüsen. Tragblätter der Knäuel: meist rötlich überlaufen. Knäuel: 2–15-blütig. Blüten: meist bläulich-violett. Krone: **8–20 mm lang**. Kelch: 2-lippig, **Oberlippe 3-spitzig**. Kelchzipfel: kurz, spitz, *nicht* stechend. Stasubblätter: 2, sowie 2 schuppenförmige Staminodien, **beweglich, Bestäubung mit Hilfe eines Hebelmechanismus**. Früchte: in 4 nussähnliche Teilfrüchte zerfallend. Stängel: krautig, allenfalls schwach klebrig, **gleichmäßig beblättert, mit 10–18 Laubblättern**. Blätter: basal abgerundet bis ausgerandet, am Rand gezähnt. Grundblätter: **zur Blütezeit verwelkt**. untere Stängelblätter: ungeteilt.

- einheimisch
- planar bis montan
- Grünland, Staudenfluren, Schutt- u. Felsfluren, Ruderalvegetation
- an kalkreichen Standorten

J F M A M J J A S O N D

Salvia officinalis L.

Echter Salbei *Lamiaceae*
↓ K(5) [C(5) A2] G(2)

Halbstrauch, 20–80 cm hoch. Knäuel: 2–15-blütig. Blüten: meist violett. Kelch: 2-lippig. Kelchzipfel: kurz, spitz, *nicht* stechend. Staubblätter: 2, sowie 2 schuppenförmige Staminodien, **beweglich, Bestäubung mit Hilfe eines Hebelmechanismus**. Früchte: in 4 nussähnliche Teilfrüchte zerfallend. Blätter: stark aromatisch riechend, runzelig, **basal verschmälert**, **zunächst weißfilzig**, am Rand gezähnt. untere Stängelblätter: ungeteilt.

- Archaeophyt
- planar bis collin
- Grünland, Schutt- u. Felsfluren, Ruderalvegetation, Zier- bzw. Nutzpflanze
- an trockenen Standorten

J F M A M J J A S O N D

Salvia pratensis L.

Wiesen-Salbei *Lamiaceae*
↓ K(5) [C(5) A2] G(2) RL V

30–60 cm hoch. Blütenstand: **mit gestielten Drüsen**. Knäuel: 2–15-blütig. Blüten: meist violett. Krone: **18–35 mm lang**. Kelch: 2-lippig, **Oberlippe 3-spitzig**. Staubblätter: 2, sowie 2 schuppenförmige Staminodien, **beweglich, Bestäubung mit Hilfe eines Hebelmechanismus**. Früchte: in 4 nussähnliche Teilfrüchte zerfallend. Stängel: krautig, allenfalls schwach klebrig, **vor allem unten beblättert, mit 2–8 Laubblättern**. Blätter: **basal abgerundet bis ausgerandet**, am Rand gezähnt. Grundblätter: **zur Blütezeit noch vorhanden**. untere Stängelblätter: ungeteilt.

- einheimisch
- planar bis montan
- Grünland, Ruderalvegetation, Zier- bzw. Nutzpflanze
- an basenreichen, meist trockenen Standorten

J F M A M J J A S O N D

Salvia verticillata L.

Quirl-Salbei *Lamiaceae*
↓ K(5) [C(5) A2] G(2)

30–60 cm hoch. Knäuel: **12–40-blütig**. Blüten: meist violett. Krone: **8–20 mm lang**. Kelch: 2-lippig. Staubblätter: 2, sowie 2 schuppenförmige Staminodien, unbeweglich, *ohne* Hebelmechanismus. Früchte: in 4 nussähnliche Teilfrüchte zerfallend. Stängel: krautig. Blätter: **basal abgerundet bis ausgerandet**, am Rand gezähnt. untere Stängelblätter: meist ungeteilt, zuweilen gelappt bis gefiedert mit großem Endlappen.

- Archaeophyt, urspr. aus dem östlichen Mittelmeergebiet
- planar bis montan
- Grünland, Staudenfluren, Ruderalvegetation
- an basenreichen Standorten

J F M A M J J A S O N D

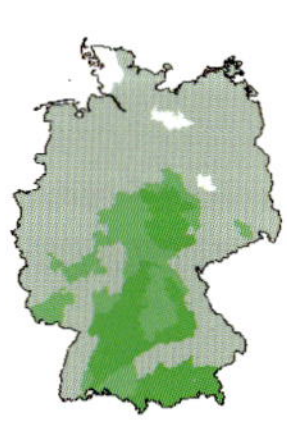

Thymus alpestris (Celak.) Tausch ex A. Kern.

Hochgebirgs-Thymian *Lamiaceae*
↓ K(5) [C(5) A4] G(2) RL R

Zwergstrauch, bis 15 cm hoch. Blüten: rötlich bis violett. Oberlippe: flach bis etwas zurückgebogen. Kelch: 2-lippig. Kelchblätter: **3,5–5 mm lang**. Kelchzipfel: **meist kahl**. Staubblätter: die längeren deutlich länger als die Oberlippe. Früchte: in 4 nussähnliche Teilfrüchte zerfallend. Stängel: zumindest basal verholzt, niederliegend, **im QS scharf 4-kantig**, **nur an den Kanten behaart**, **zur Blütezeit mit sterilen Trieben**, **blühende Triebe meist seitenständig**. Blätter: immergrün, **stark aromatisch riechend**, basal gewimpert, der Rand *nicht* o. wenig nach unten gerollt.

- einheimisch
- montan bis alpin
- Grünland, Schutt- u. Felsfluren

J F M A M J J A S O N D

Thymus praecox Opiz

Frühblühender Thymian *Lamiaceae*
↓ K(5) [C(5) A4] G(2)

Zwergstrauch, bis 15 cm hoch. Blüten: rosa bis rötlich. Oberlippe: flach bis etwas zurückgebogen. Kelch: 2-lippig. Kelchzipfel: **schmal 3-eckig**. Staubblätter: die längeren deutlich länger als die Oberlippe. Früchte: in 4 nussähnliche Teilfrüchte zerfallend. Stängel: zumindest basal verholzt, niederliegend, **im QS stumpf 4-kantig bis rundlich**, zur Blütezeit basal *ohne* sterile Triebe. Blätter: gestielt, immergrün, ***ohne* auffällig aromatischen Geruch**, **Spreite 0,3–1,5 cm lang, 2–8 mm breit**, basal gewimpert, der Rand *nicht* o. wenig nach unten gerollt; unterseits: **distal mit verdicktem Randnerv**.

subsp. *praecox* (Frühblühender Thymian): Stängel: allseits behaart.
subsp. *polytrichus* (Alpen-Thymian): in den Alpen u. dem Alpenvorland. Stängel: an 2 Seiten behaart.

- einheimisch
- collin bis alpin
- Extensivgrünland u. Magerrasen, Zier- bzw. Nutzpflanze
- an nährstoffarmen, basenreichen, meist trockenen Standorten

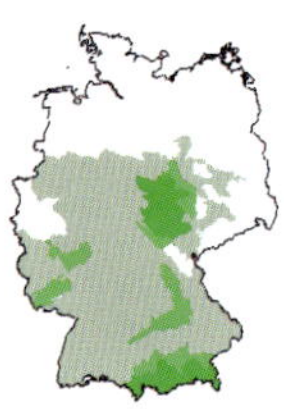

J F M **A M J J A** S O N D

Thymus pulegioides L.

Arznei-Thymian *Lamiaceae*
↓ K(5) [C(5) A4] G(2)

Zwergstrauch, **bis 30 cm hoch**. Blüten: rosa bis rötlich. Oberlippe: flach bis etwas zurückgebogen. Kelch: 2-lippig. Kelchblätter: **2,5–4 mm lang**. Staubblätter: die längeren deutlich länger als die Oberlippe. Früchte: in 4 nussähnliche Teilfrüchte zerfallend. Stängel: zumindest basal verholzt, niederliegend, zur Blütezeit basal *ohne* sterile Triebe. Blätter: immergrün, **stark aromatisch riechend**, **Spreite 0,4–3 cm lang**, basal gewimpert, der Rand *nicht* o. wenig nach unten gerollt.

Im Gebiet kommen 3 Unterarten vor: subsp. *pulegioides*, subsp. *chamaedrys* und subsp. *pannonicus* (vgl. S. 1437).

- einheimisch
- planar bis alpin
- Extensivgrünland u. Magerrasen, Zwergstrauchheiden, Gehölze, Schutt- u. Felsfluren, Ruderalvegetation
- an nährstoffarmen Standorten

J F M **A M J J A** S O N D

Thymus serpyllum L.

Sand-Thymian *Lamiaceae*
↓ K(5) [C(5) A4] G(2) RL V

Zwergstrauch, bis 10 cm hoch. Blüten: rosa bis rötlich. Oberlippe: flach bis etwas zurückgebogen. Kelch: 2-lippig. Kelchblätter: **3,5–5 mm lang**. Kelchzipfel: **obere breit-3-eckig**. Staubblätter: die längeren deutlich länger als die Oberlippe. Früchte: in 4 nussähnliche Teilfrüchte zerfallend. Stängel: zumindest basal verholzt, niederliegend, **im QS stumpf 4-kantig bis rundlich, allseits behaart**, zur Blütezeit basal *ohne* sterile Triebe. Blätter: sitzend bis kurz gestielt, immergrün, ***ohne* auffällig aromatischen Geruch**, **Spreite 0,3–1,5 cm lang, 1–3 mm breit**, basal gewimpert, der Rand *nicht* o. wenig nach unten gerollt.

- einheimisch
- planar bis collin
- Extensivgrünland u. Magerrasen, Wälder, Schutt- u. Felsfluren, Zier- bzw. Nutzpflanze
- an nährstoffarmen, trockenen Standorten

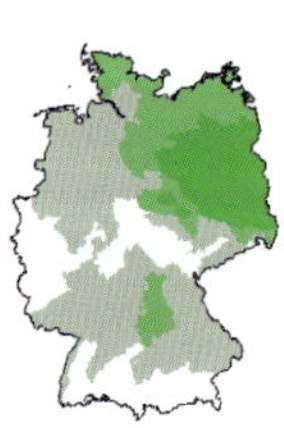

J F M A **M J J A** S O N D

Thymus vulgaris L.

Garten-Thymian *Lamiaceae*
↓ K(5) [C(5) A4] G(2)

Zwergstrauch, **20–40 cm hoch**. Blüten: rosa bis rötlich. Oberlippe: flach bis etwas zurückgebogen. Kelch: 2-lippig. Staubblätter: die längeren deutlich länger als die Oberlippe. Früchte: in 4 nussähnliche Teilfrüchte zerfallend. Stängel: zumindest basal verholzt, **aufrecht**. Blätter: immergrün, **stark aromatisch riechend**, Spreite bis 2 cm lang, **basal *nicht* gewimpert**, **der Rand deutlich nach unten gerollt**; unterseits: **dicht weißlich behaart**.

- Archaeophyt
- planar bis montan
- Grünland, Zwergstrauchheiden, Schutt- u. Felsfluren, Ruderalvegetation, Zier- bzw. Nutzpflanze
- an trockenen Standorten

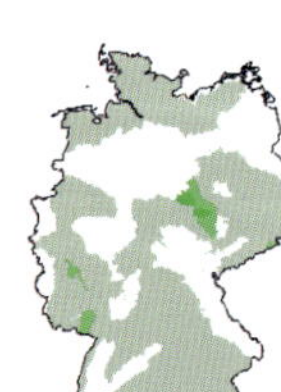

J F M **A M J J A S O** N D

US

US

Lavandula angustifolia Mill.

Lavendel *Lamiaceae*
↓ K(5) [C(5) A4] G($\underline{2}$)

Halbstrauch, 20–80 cm hoch. Tragblätter der Knäuel: deutlich von den Laubblättern verschieden. Blüten: **bläulich bis violett**. Oberlippe: **flach bis etwas zurückgebogen**. Kelch: **12–16-nervig**. Staubblätter: **kürzer als die Kronröhre**. Früchte: in 4 nussähnliche Teilfrüchte zerfallend. Blätter: **immergrün, der Rand deutlich nach unten gerollt**, am Rand gezähnt.

- in Einbürgerung befindlicher Neophyt, urspr. aus dem westlichen Mittelmeergebiet
- planar bis montan
- Extensivgrünland u. Magerrasen, Schutt- u. Felsfluren, Ruderalvegetation, an Mauern, Zier- bzw. Nutzpflanze
- an trockenen Standorten

J F M A M J J A S O N D I F M A M J

Ajuga chamaepitys (L.) Schreb.

Gelber Günsel *Lamiaceae*
↓ K(5) [C(5) A4] G($\underline{2}$) RL 2

Bis 15 cm hoch. Pflanzen: **1–2-jährig**. Tragblätter der Knäuel: **laubblattartig, 3-lappig**. Tragblätter der oberen Knäuel: **± 2-mal so lang wie die Blüten**. Blüten: **gelblich**. Krone: ± 1-lippig, Oberlippe sehr kurz, Unterlippe 3-lappig. Kronblätter: innen mit Haarring. Früchte: in 4 nussähnliche Teilfrüchte zerfallend. Blätter: **fiederspaltig mit linealen Blattlappen; *seltener* ungeteilt, lineal-lanzettlich**. Grundblätter: zur Blütezeit meist vergilbt, **nicht rosettig**.

- Archaeophyt
- planar bis montan
- Staudenfluren, Äcker, Ruderalvegetation, Zier- bzw. Nutzpflanze
- an nährstoffarmen, kalkreichen Standorten

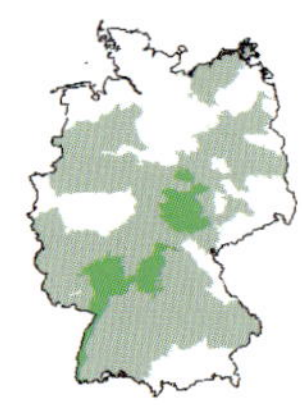

Ajuga genevensis L.

Heide-Günsel *Lamiaceae*
↓ K(5) [C(5) A4] G($\underline{2}$) RL V

Bis 30 cm hoch. Pflanzen: mehrjährig. Tragblätter der Knäuel: allmählich in die Laubblätter übergehend, **ganzrandig bis gezähnt**. Tragblätter der oberen Knäuel: **kaum länger als die Blüten**. Blüten: bläulich bis rötlich. Krone: ± 1-lippig, Oberlippe sehr kurz, Unterlippe 3-lappig. Kronblätter: innen mit Haarring. Früchte: in 4 nussähnliche Teilfrüchte zerfallend. Stängel: oben: **rundum behaart**. Blätter: **ungeteilt, oval**. Grundblätter: **entfernt o. in lockerer Rosette**.

- einheimisch
- planar bis montan
- Extensivgrünland u. Magerrasen, Staudenfluren, Äcker, Ruderalvegetation, Zier- bzw. Nutzpflanze
- an nährstoffarmen, meist trockenen Standorten

J F M A M J J A S O N D

Ajuga pyramidalis L.

Pyramiden-Günsel *Lamiaceae*
↓ K(5) [C(5) A4] G($\underline{2}$)

Bis 30 cm hoch. Pflanzen: mehrjährig. Tragblätter der Knäuel: allmählich in die Laubblätter übergehend, **ganzrandig bis gezähnt**. Tragblätter der oberen Knäuel: **± 2-mal so lang wie die Blüten**. Blüten: bläulich bis rötlich. Krone: ± 1-lippig, Oberlippe sehr kurz, Unterlippe 3-lappig. Kronblätter: innen mit Haarring. Früchte: in 4 nussähnliche Teilfrüchte zerfallend. Stängel: oben: **rundum behaart**. Blätter: **ungeteilt, oval**. Grundblätter: zur Blütezeit meist noch vorhanden, **in dichter Rosette**.

- einheimisch
- montan bis alpin
- Extensivgrünland u. Magerrasen, Zwergstrauchheiden, Wälder, Zier- bzw. Nutzpflanze
- an nährstoffarmen, sauren Standorten

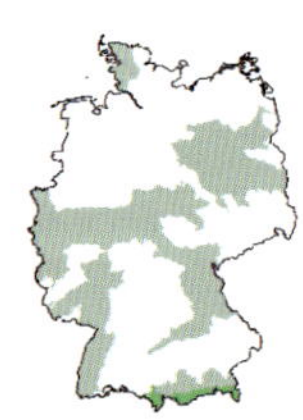

J F M A M J J A S O N D

Ajuga reptans L.

Kriech-Günsel *Lamiaceae*
↓ K(5) [C(5) A4] G($\underline{2}$)

Bis 30 cm hoch. Pflanzen: mehrjährig. Tragblätter der Knäuel: allmählich in die Laubblätter übergehend, **ganzrandig bis gezähnt**. Tragblätter der oberen Knäuel: **meist kürzer als die Blüten**. Blüten: bläulich bis rötlich. Krone: ± 1-lippig, Oberlippe sehr kurz, Unterlippe 3-lappig. Kronblätter: innen mit Haarring. Früchte: in 4 nussähnliche Teilfrüchte zerfallend. Stängel: oben: **kahl *oder* 2-seitig behaart**. Ausläufer: oberirdisch, **10–30 cm lang**. Blätter: **ungeteilt, oval**. Grundblätter: **rosettig gehäuft**.

- einheimisch
- planar bis subalpin
- Grünland, Staudenfluren, Gehölze, Wälder, Ruderalvegetation, Zier- bzw. Nutzpflanze

J F M **A M J J A S** O N D

Teucrium botrys L.

Trauben-Gamander *Lamiaceae*
↓ K(5) [C(5) A4] G($\underline{2}$) RL V

10–40 cm hoch. Pflanzen: **1–2-jährig**. Blütenstand: knäuelig, in ährenartigem Gesamtblütenstand. Tragblätter der oberen Knäuel: **länger als die Blüten**. Blüten: **rosa bis rötlich**. Krone: scheinbar 1-lippig u. 5-lappig: Oberlippe der Unterlippe genähert u. tief zweispaltig. Kelch: alle Zipfel ± gleich groß. Kelchröhre: **basal bauchig gewölbt**. Früchte: in 4 nussähnliche Teilfrüchte zerfallend. Stängel: krautig. Blätter: sommergrün, **tief gelappt bis gefiedert**; unterseits: grünlich, behaart.

- Archaeophyt
- planar bis montan
- Extensivgrünland u. Magerrasen, Schutt- u. Felsfluren, Äcker, Ruderalvegetation, Zier- bzw. Nutzpflanze
- an nährstoffarmen, basenreichen, trockenen Standorten

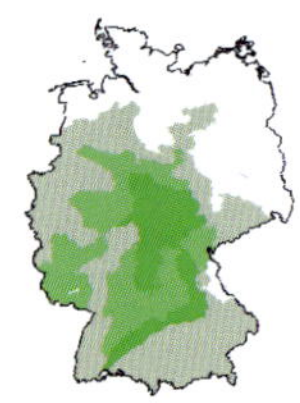

J F M A M **J J A S O** N D

Teucrium chamaedrys L.

Edel-Gamander *Lamiaceae*
↓ K(5) [C(5) A4] G($\underline{2}$)

Halbstrauch, 10–40 cm hoch. Blütenstand: knäuelig, in ährenartigem Gesamtblütenstand. Tragblätter der oberen Knäuel: **meist kürzer als die Blüten**. Blüten: rosa bis rötlich. Krone: scheinbar 1-lippig u. 5-lappig: Oberlippe der Unterlippe genähert u. tief zweispaltig. Kelch: alle Zipfel ± gleich groß. Früchte: in 4 nussähnliche Teilfrüchte zerfallend. Blätter: sommergrün, **grob gezähnt bis gebuchtet**, **lanzettlich bis oval**; unterseits: grünlich, behaart.

- einheimisch
- collin bis montan
- Extensivgrünland u. Magerrasen, Gehölze, Wälder, Schutt- u. Felsfluren, Zier- bzw. Nutzpflanze
- an nährstoffarmen, basenreichen, trockenen Standorten

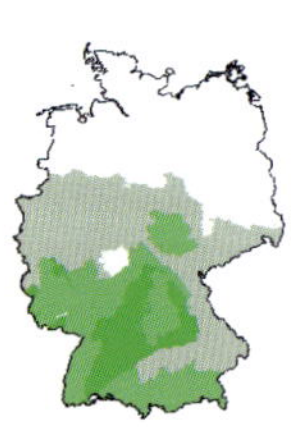

J F M A M **J J A S** O N D

Teucrium montanum L.

Berg-Gamander *Lamiaceae*
↓ K(5) [C(5) A4] G($\underline{2}$) RL V

Halbstrauch. Blütenstand: knäuelig, **in endständigem köpfchenartigem Gesamtblütenstand**. Tragblätter der oberen Knäuel: **meist kürzer als die Blüten**. Blüten: **weißlich-gelblich**. Krone: scheinbar 1-lippig u. 5-lappig: Oberlippe der Unterlippe genähert u. tief zweispaltig. Kelch: alle Zipfel ± gleich groß. Früchte: in 4 nussähnliche Teilfrüchte zerfallend. Blätter: **überwinternd grün**, **ungeteilt**, **länglich bis oval**, **ganzrandig**, unterseits: **weißlich, filzig behaart**.

- einheimisch
- collin bis subalpin
- Extensivgrünland u. Magerrasen, Wälder, Schutt- u. Felsfluren, Zier- bzw. Nutzpflanze
- an nährstoffarmen, kalkreichen, trockenen Standorten

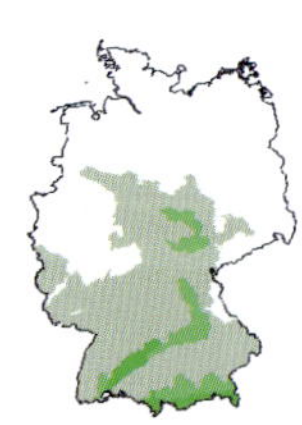

J F M A M **J J A S** O N D

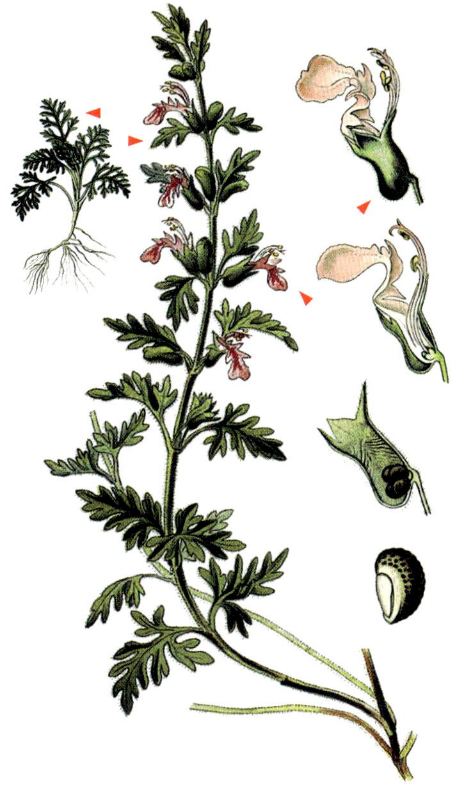

US

Teucrium scordium L.

Lauch-Gamander *Lamiaceae*
↓ K(5) [C(5) A4] G($\underline{2}$) RL 2

10–60 cm hoch. Pflanzen: mehrjährig. Blütenstand: knäuelig, in ährenartigem Gesamtblütenstand. Tragblätter der oberen Knäuel: **länger als die Blüten**. Blüten: **rötlich**. Krone: scheinbar 1-lippig u. 5-lappig: Oberlippe der Unterlippe genähert u. tief zweispaltig. Kelch: alle Zipfel ± gleich groß. Früchte: in 4 nussähnliche Teilfrüchte zerfallend. Stängel: krautig. Blätter: **zuweilen überwinternd grün**, **ungeteilt**, aromatisch riechend, **länglich bis oval**, am Rand gezähnt; unterseits: grünlich, behaart.

- einheimisch
- planar bis montan
- trockenfallende Ufer, Moore u. Seggenriede, Grünland, Gehölze, Zier- bzw. Nutzpflanze
- an basenreichen, feuchten bis nassen, zuweilen überfluteten, auch salzhaltigen Standorten

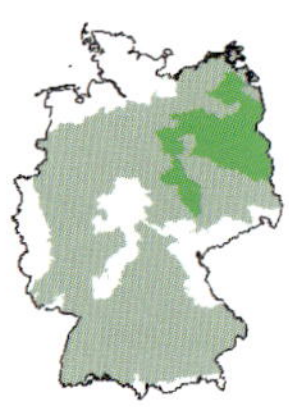

J F M A M **J J A** S O N D

Teucrium scorodonia L.

Salbei-Gamander *Lamiaceae*
↓ K(5) [C(5) A4] G($\underline{2}$)

30–50 cm hoch. Pflanzen: mehrjährig. Blütenstand: knäuelig, **in endständigem verzweigtem, ähren- bis rispenartigem Gesamtblütenstand**. Tragblätter der oberen Knäuel: **meist kürzer als die Blüten**. Blüten: **gelblich-grünlich**. Krone: scheinbar 1-lippig u. 5-lappig: Oberlippe der Unterlippe genähert u. tief zweispaltig. Kelch: **der obere Zipfel viel größer als die übrigen**. Früchte: in 4 nussähnliche Teilfrüchte zerfallend. Stängel: krautig. Blätter: **überwinternd grün**, **ungeteilt**, **meist herzförmig**, **runzelig**, am Rand gezähnt; unterseits: grünlich, behaart.

- einheimisch
- planar bis montan
- Extensivgrünland u. Magerrasen, Zwergstrauchheiden, Staudenfluren, Gehölze, Wälder, Zier- bzw. Nutzpflanze
- an nährstoffarmen, sauren Standorten

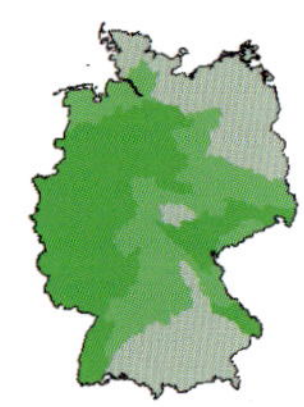

J F M A M **J J A S** O N D

Scutellaria galericulata L.

Gewöhnliches Helmkraut *Lamiaceae*
↓ K(5) [C(5) A4] G($\underline{2}$)

10–40 cm hoch. Tragblätter der mittleren Knäuel: laubblattartig, **deutlich länger als die Blüten**. Blüten: **bläulich**, selten weißlich. Krone: **10–22 mm lang**. Kronröhre: aufwärts gebogen. Kelch: 2-lippig, Oberlippe mit schüsselförmigem Anhängsel. Kelchblätter: *ohne* Drüsenhaare. Früchte: in 4 nussähnliche Teilfrüchte zerfallend. Blätter: **länglich bis lanzettlich, am Rand regelmäßig seicht gezähnt**.

- einheimisch
- planar bis montan
- Gewässer, Moore u. Seggenriede, Grünland, Wälder, Zier- bzw. Nutzpflanze
- an nassen, zuweilen überfluteten Standorten

J F M A **M J J A S O** N D

Scutellaria hastifolia L.

Spießblättriges Helmkraut *Lamiaceae*
↓ K(5) [C(5) A4] G($\underline{2}$) RL 2

10–40 cm hoch. Tragblätter der mittleren Knäuel: laubblattartig, **kürzer o. wenig länger als die Blüten**. Blüten: bläulich bis violett. Krone: **15–30 mm lang**. Kronröhre: aufwärts gebogen. Kelch: 2-lippig, Oberlippe mit schüsselförmigem Anhängsel. Kelchblätter: **drüsig behaart**. Früchte: in 4 nussähnliche Teilfrüchte zerfallend. Blätter: **länglich bis lanzettlich**, **distal ganzrandig, basal beidseits mit je 1–2 spießförmigen Zähnen**.

- einheimisch
- planar bis collin
- Grünland, Staudenfluren
- an feuchten bis nassen, zuweilen überfluteten Standorten

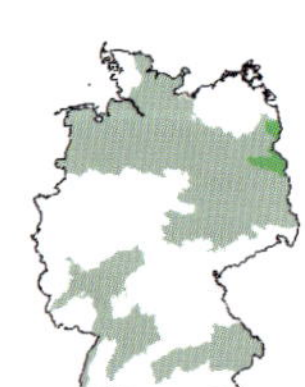

J F M A **M J J A** S O N D

Scutellaria minor Huds.

Kleines Helmkraut *Lamiaceae*
↓ K(5) [C(5) A4] G(2) RL 2

10–25 cm hoch. Tragblätter der mittleren Knäuel: laubblattartig. Blüten: rötlich bis violett. Krone: **5–10 mm lang**. Kronröhre: ± gerade. Kelch: 2-lippig, Oberlippe mit schüsselförmigem Anhängsel. Kelchblätter: *ohne* Drüsenhaare. Früchte: in 4 nussähnliche Teilfrüchte zerfallend. Blätter: **lanzettlich bis 3-eckig, ganzrandig *oder* basal beidseits mit je 1–2 Zähnen.**

- einheimisch
- planar bis montan
- Moore u. Seggenriede, Extensivgrünland u. Magerrasen, Wälder
- an nährstoffarmen, sauren, nassen Standorten

J F M A M **J J A S** O N D

Mimulus guttatus DC.

Gefleckte Gauklerblume *Phrymaceae*
↓ K(5) [C(5) A4] G(2)

25–60 cm hoch. Blütenstand: endständig, Blüten meist einzeln in den Achseln von Laubblättern. Blüten: **gelblich, mit rötlicher Zeichnung im Schlund.** Krone: 2-lippig, röhrig-glockig, **18–50 mm lang.** Schlund: offen. Kelch: **Zipfel deutlich verschieden groß.** Früchte: Kapseln. Stängel: **aufrecht**; unten: **kahl.** Blattstellung: gegenständig. Blätter: **kahl.** obere Stängelblätter: **sitzend.**

- eingebürgerter Neophyt, urspr. aus Nordamerika
- planar bis montan
- Gewässer, Röhrichte, Staudenfluren, Zier- bzw. Nutzpflanze
- an nassen, zuweilen überfluteten Standorten

J F M A **M J J A S O** N D

Mimulus moschatus Lindl.

Moschus-Gauklerblume *Phrymaceae*
↓ K(5) [C(5) A4] G(2)

10–25 cm hoch. Blütenstand: endständig, Blüten meist einzeln in den Achseln von Laubblättern. Blüten: **gelblich, oft mit rötlicher Zeichnung im Schlund.** Krone: 2-lippig, röhrig-glockig, **15–30 mm lang.** Schlund: offen. Kelch: **Zipfel ± gleich groß.** Früchte: Kapseln. Stängel: **niederliegend**; unten: **klebrig-drüsig behaart.** Blattstellung: gegenständig. Blätter: nach Moschus duftend, **drüsig behaart.** obere Stängelblätter: **gestielt.**

- eingebürgerter Neophyt, urspr. aus Nordamerika
- collin bis montan
- Gewässer, Röhrichte, Staudenfluren, Zier- bzw. Nutzpflanze
- an nassen, zuweilen überfluteten Standorten

J F M A **M J J A** S O N D

Paulownia tomentosa (Thunb.) Siebold & Zucc.

Blauglockenbaum *Paulowniaceae*
↓ K(5) [C(5) A4] G(2)

Bis 15 m hoher Laubbaum. Blüten: **hellviolett.** Krone: **40–70 mm lang.** Kelchblätter: **samtig braun behaart.** Früchte: **Kapseln, herz- bis eiförmig,** 30–80 mm lang, 20–50 mm breit, spitz. Samen: geflügelt. Blattstellung: gegenständig. Blätter: **lang gestielt,** ungeteilt, **herzförmig, 10–60 cm breit,** ganzrandig.

- eingebürgerter Neophyt, urspr. aus Ostasien
- planar bis collin
- Gehölze, Wälder, Zier- bzw. Nutzpflanze

J F **M A M** J J A S O N D

Orobanche alba Willd.

Quendel-Sommerwurz *Orobanchaceae*
↓ K(4) [C(5) A4] G($\underline{2}$) RL 2

± chlorophyllloser Parasit, auf *Acinos, Clinopodium, Origanum, Thymus*, 20–60 cm hoch. Pflanzen: gelblich bis bräunlich. Vorblätter unter den Blüten: fehlen. Blüten: sitzend, meist weißlich bis rötlich-violett, seltener gelblich, mit dunklen Adern. Kronröhre: nach oben erweitert, **distal stärker gekrümmt als in der Mitte**. Oberlippe: **mit dunklen Drüsenhaaren**. Staubblätter: **nahe dem Blütenboden inseriert**. Staubfäden: **unten behaart**. Narben: **rötlich bis bräunlich**. Früchte: Kapseln.

- einheimisch
- planar bis subalpin
- Extensivgrünland u. Magerrasen, Schutt- u. Felsfluren, Zier- bzw. Nutzpflanze
- an kalkreichen, meist trockenen Standorten

J F M A **M J J A** S O N D

Orobanche alsatica Kirschl.

Elsässer Sommerwurz *Orobanchaceae*
↓ K(4) [C(5) A4] G($\underline{2}$) RL 2

± chlorophyllloser Parasit, auf *Cervaria, Peucedanum, Laserpitium, Seseli*, 15–80 cm hoch. Pflanzen: gelblich bis bräunlich. Blütenstand: dichtblütig. Vorblätter unter den Blüten: fehlen. Blüten: sitzend, bräunlich bis gelblich. Krone: **15–25 mm lang**. Kronröhre: nach oben erweitert, **gleichmäßig gekrümmt**. Oberlippe: **abstehend bis zurückgeschlagen**. Staubblätter: > 2 mm über dem Blütenboden inseriert. Staubfäden: **oben ± kahl, unten behaart**. Griffel: **meist drüsig behaart**. Narben: **bräunlich bis gelblich**. Früchte: Kapseln.

- einheimisch
- planar bis montan
- Extensivgrünland u. Magerrasen, Staudenfluren, Gehölze
- an nährstoffarmen, basenreichen, meist trockenen Standorten

J F M A **M J J A** S O N D

Orobanche amethystea Thuill.

Amethyst-Sommerwurz *Orobanchaceae*
↓ K(4) [C(5) A4] G($\underline{2}$) RL 2

± chlorophyllloser Parasit, auf *Eryngium*, 10–50 cm hoch. Pflanzen: gelblich bis bräunlich, **meist violett überlaufen**. Vorblätter unter den Blüten: fehlen. Blüten: sitzend, meist weißlich, selten violett, mit dunklen Adern. Krone: **12–28 mm lang**. Kronröhre: nach oben erweitert, **gleichmäßig gekrümmt**. Oberlippe: **abstehend bis zurückgeschlagen**, mit hellen Drüsenhaaren. Staubblätter: > 2 mm über dem Blütenboden inseriert. Staubfäden: **behaart**. Griffel: **meist drüsig behaart**. Narben: **rötlich bis bräunlich**. Früchte: Kapseln.

- einheimisch
- planar bis collin
- Extensivgrünland u. Magerrasen
- an nährstoffarmen, basenreichen, trockenen Standorten

J F M A **M J J** A S O N D

Orobanche artemisiae-campestris Gaudin

Panzer-Sommerwurz *Orobanchaceae*
↓ K(4) [C(5) A4] G($\underline{2}$) RL 2

± chlorophyllloser Parasit, auf *Artemisia*, 15–40 cm hoch. Pflanzen: gelblich bis bräunlich. Vorblätter unter den Blüten: fehlen. Blüten: sitzend, meist gelblich, mit dunklen Adern. Krone: **12–28 mm lang**. Kronröhre: nach oben erweitert, **distal stärker gekrümmt als in der Mitte**. Oberlippe: **abstehend bis zurückgeschlagen**, mit hellen Drüsenhaaren. Kelchzipfel: länger als die Kelchröhre. Staubblätter: > 2 mm über dem Blütenboden inseriert. Staubfäden: **oben drüsig behaart, unten behaart**. Griffel: **drüsig behaart**. Narben: **rötlich bis bräunlich**. Früchte: Kapseln.

- einheimisch
- planar bis collin
- Grünland, Schutt- u. Felsfluren
- an basenreichen, trockenen Standorten

J F M A **M J J** A S O N D

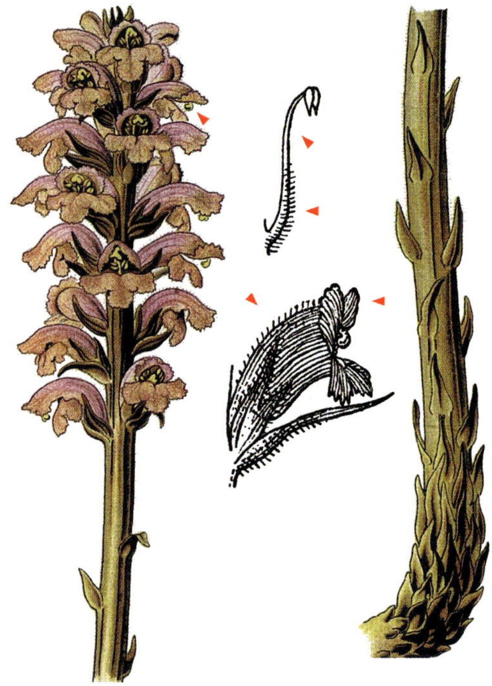

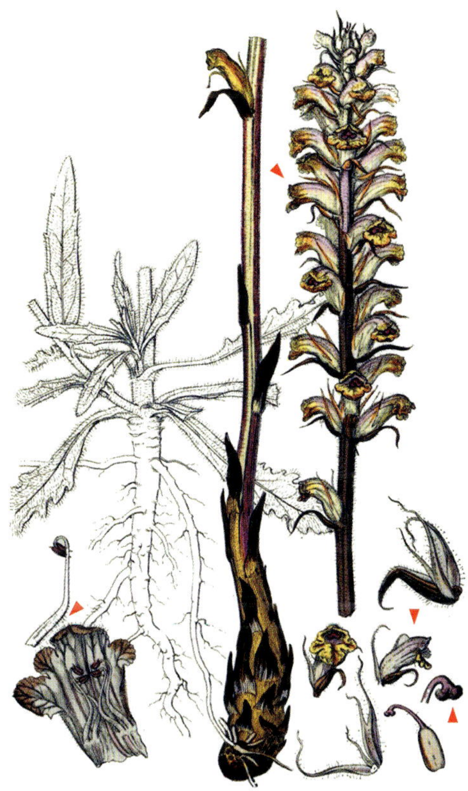

Orobanche caryophyllacea Sm.

Gewöhnliche Sommerwurz *Orobanchaceae*
↓ K(4) [C(5) A4] G($\underline{2}$) RL 3

± chlorophyllloser Parasit, auf *Galium*, 20–50 cm hoch. PFLANZEN: gelblich bis bräunlich. VORBLÄTTER UNTER DEN BLÜTEN: fehlen. BLÜTEN: sitzend, meist rötlich *oder* bräunlich bis violett, selten weißlich-gelblich. KRONRÖHRE: nach oben erweitert, **distal stärker gekrümmt als in der Mitte**. STAUBBLÄTTER: **nahe dem Blütenboden inseriert**. STAUBFÄDEN: **unten behaart**. NARBEN: **rötlich bis bräunlich**. FRÜCHTE: Kapseln.

- einheimisch
- planar bis montan
- Extensivgrünland u. Magerrasen, Staudenfluren, Ruderalvegetation, Zier- bzw. Nutzpflanze
- an nährstoffarmen, kalkreichen, meist trockenen Standorten

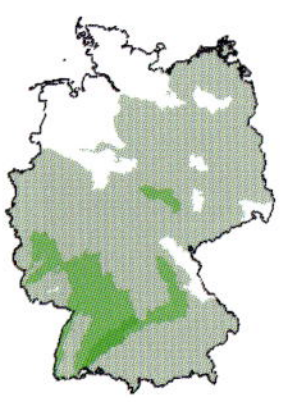

J F M A M J J A S O N D

Orobanche coerulescens Stephan

Bläuliche Sommerwurz *Orobanchaceae*
↓ K(4) [C(5) A4] G($\underline{2}$) RL 1

± chlorophyllloser Parasit, auf *Artemisia*, 10–40 cm hoch. PFLANZEN: gelblich bis bräunlich. VORBLÄTTER UNTER DEN BLÜTEN: fehlen. BLÜTEN: sitzend, **bläulich bis violett**, basal weißlich. KRONRÖHRE: **in der Mitte verengt**, **distal stärker gekrümmt als in der Mitte**. OBERLIPPE: mit hellen Drüsenhaaren. STAUBBLÄTTER: **in der Mitte der Blüte inseriert**. STAUBFÄDEN: **± kahl**. FRÜCHTE: Kapseln.

- einheimisch
- collin bis montan
- Extensivgrünland u. Magerrasen, Zier- bzw. Nutzpflanze
- an nährstoffarmen, basenreichen, trockenen Standorten

J F M A M J J A S O N D

Orobanche elatior Sutton

Große Sommerwurz *Orobanchaceae*
↓ K(4) [C(5) A4] G($\underline{2}$) RL 3

± chlorophyllloser Parasit, auf *Centaurea*, 30–60 cm hoch. PFLANZEN: gelblich bis bräunlich. VORBLÄTTER UNTER DEN BLÜTEN: fehlen. BLÜTEN: sitzend, rötlich bis gelblich. KRONRÖHRE: nach oben erweitert, **gleichmäßig gekrümmt**. OBERLIPPE: **ungeteilt, allenfalls distal etwas ausgerandet**. STAUBBLÄTTER: > 2 mm über dem Blütenboden inseriert. STAUBFÄDEN: **oben drüsig behaart, unten behaart**. GRIFFEL: **drüsig behaart**. NARBEN: **bräunlich bis gelblich**. FRÜCHTE: Kapseln.

- einheimisch
- planar bis montan
- Extensivgrünland u. Magerrasen
- an basenreichen Standorten

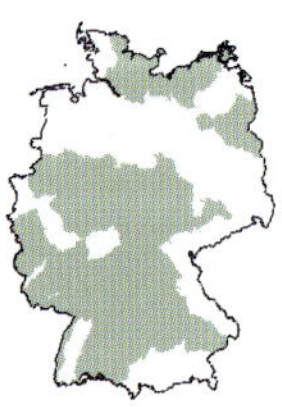

J F M A M J J A S O N D

Orobanche flava F. W. Schultz

Pestwurz-Sommerwurz *Orobanchaceae*
↓ K(4) [C(5) A4] G($\underline{2}$) RL 3

± chlorophyllloser Parasit, auf *Adenostyles, Petasites, Tussilago*, 15–40 cm hoch. PFLANZEN: gelblich bis bräunlich. VORBLÄTTER UNTER DEN BLÜTEN: fehlen. BLÜTEN: sitzend, bräunlich bis gelblich, Oberlippe oft rötlich. KRONRÖHRE: nach oben erweitert, **gleichmäßig gekrümmt**. OBERLIPPE: **abstehend bis zurückgeschlagen, 2-lappig**, kahl bis spärlich helldrüsig behaart. STAUBBLÄTTER: > 2 mm über dem Blütenboden inseriert. STAUBFÄDEN: **oben drüsig behaart, unten behaart**. GRIFFEL: **kahl bis spärlich drüsig behaart**. NARBEN: **bräunlich bis gelblich**. FRÜCHTE: Kapseln.

- einheimisch
- montan bis subalpin
- Extensivgrünland u. Magerrasen, Staudenfluren, Schutt- u. Felsfluren
- an nährstoffarmen, kalkreichen Standorten

J F M A M J J A S O N D

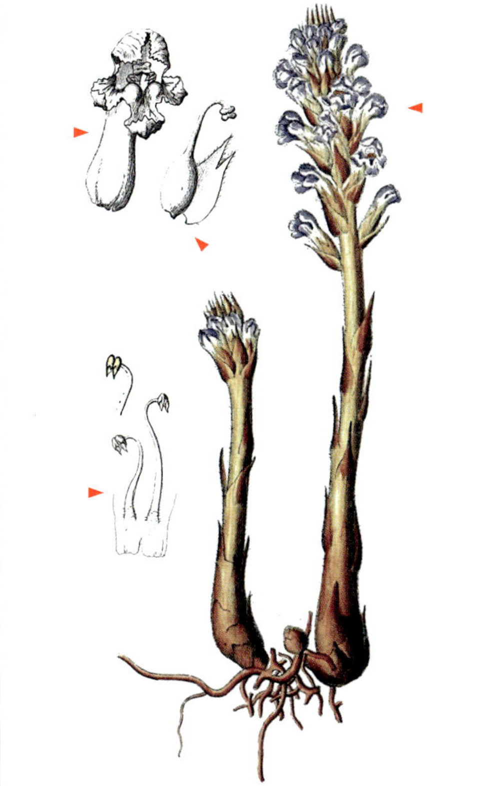

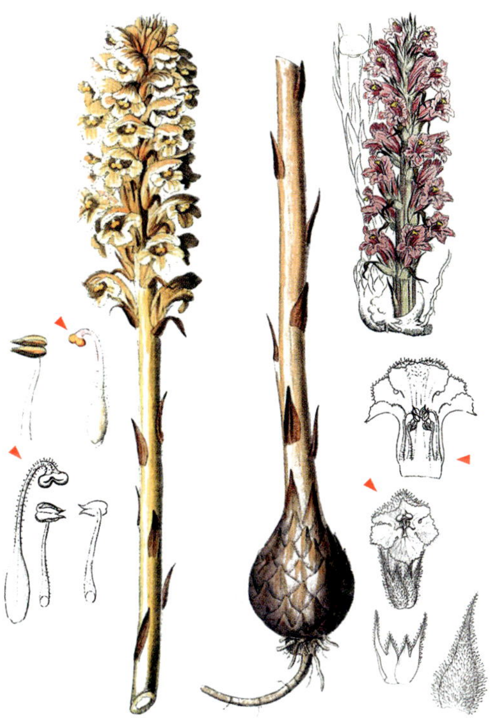

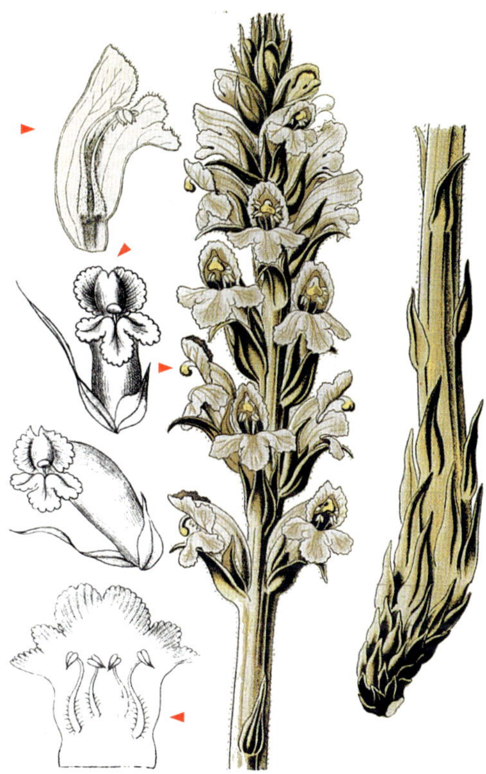

Orobanche gracilis Sm.

Blutrote Sommerwurz *Orobanchaceae*
↓ K(4) [C(5) A4] G(2) RL 3

± chlorophyllloser Parasit, auf *Cytisus, Dorycnium, Lotus, Trifolium, Hippocrepis, Genista*, 10–60 cm hoch. Pflanzen: gelblich bis bräunlich. Vorblätter unter den Blüten: fehlen. Blüten: sitzend, gelblich bis rötlich, oft mit dunklen Adern; außen gelblich; **innen dunkelrot glänzend**. Kronröhre: nach oben erweitert, **gleichmäßig gekrümmt**. Oberlippe: mit Drüsenhaaren. Staubblätter: **nahe dem Blütenboden inseriert**. Staubfäden: **oben drüsig behaart, unten behaart**. Narben: **bräunlich bis gelblich**. Früchte: Kapseln.

- einheimisch
- collin bis montan
- Extensivgrünland u. Magerrasen, Ruderalvegetation
- an nährstoffarmen, basenreichen, meist trockenen Standorten

J F M **A M J J A** S O N D

Orobanche hederae Duby

Efeu-Sommerwurz *Orobanchaceae*
↓ K(4) [C(5) A4] G(2) RL 3

± chlorophyllloser Parasit, auf *Hedera*, 30–60 cm hoch. Pflanzen: gelblich bis bräunlich. Vorblätter unter den Blüten: fehlen. Blüten: sitzend, weißlich bis gelblich, meist rötlich-violett überlaufen, oft mit dunklen Adern. Kronröhre: **nach oben verengt, gleichmäßig gekrümmt**. Oberlippe: kahl bis spärlich helldrüsig behaart. Staubblätter: > 2 mm über dem Blütenboden inseriert. Staubfäden: **± kahl**. Narben: **bräunlich bis gelblich**. Früchte: Kapseln.

- einheimisch
- planar bis collin
- Gehölze, Wälder, Zier- bzw. Nutzpflanze

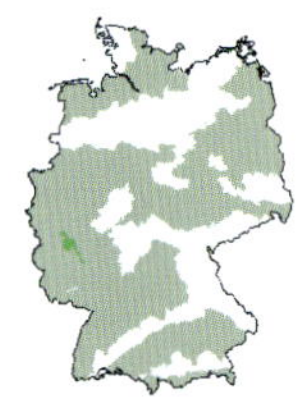

J F M **A M J J A** S O N D

Orobanche kochii F. W. Schultz

Kochs Sommerwurz *Orobanchaceae*
↓ K(4) [C(5) A4] G(2) RL R

± chlorophyllloser Parasit, auf *Centaurea, Echinops*, 10–80 cm hoch. Pflanzen: gelblich bis bräunlich. Vorblätter unter den Blüten: fehlen. Blüten: sitzend, rötlich bis gelblich. Kronröhre: nach oben erweitert, **gleichmäßig gekrümmt**. Staubfäden: **oben drüsig behaart, unten behaart**. Narben: **bräunlich bis gelblich**. Früchte: Kapseln.

- einheimisch
- planar bis montan
- Extensivgrünland u. Magerrasen, Staudenfluren
- an trockenen Standorten

J F M A M **J J A** S O N D

Orobanche lucorum F. W. Schultz

Berberitzen-Sommerwurz *Orobanchaceae*
↓ K(4) [C(5) A4] G(2) RL 2

± chlorophyllloser Parasit, auf *Berberis, Crataegus, Rubus*, 10–20 cm hoch. Pflanzen: gelblich bis bräunlich. Blütenstand: lockerblütig. Vorblätter unter den Blüten: fehlen. Blüten: sitzend, gelblich bis rötlich. Kronröhre: nach oben erweitert, **gleichmäßig gekrümmt**. Oberlippe: **vorgestreckt bis abstehend**, mit hellen Drüsenhaaren. Staubfäden: **oben ± kahl, unten behaart**. Griffel: **kahl bis spärlich drüsig behaart**. Narben: **bräunlich bis gelblich**. Früchte: Kapseln.

- einheimisch
- planar bis montan
- Gehölze, Wälder
- an basenreichen Standorten

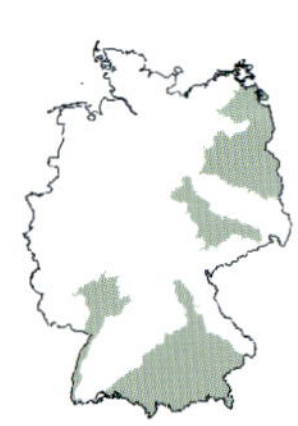

J F M A **M J J A** S O N D

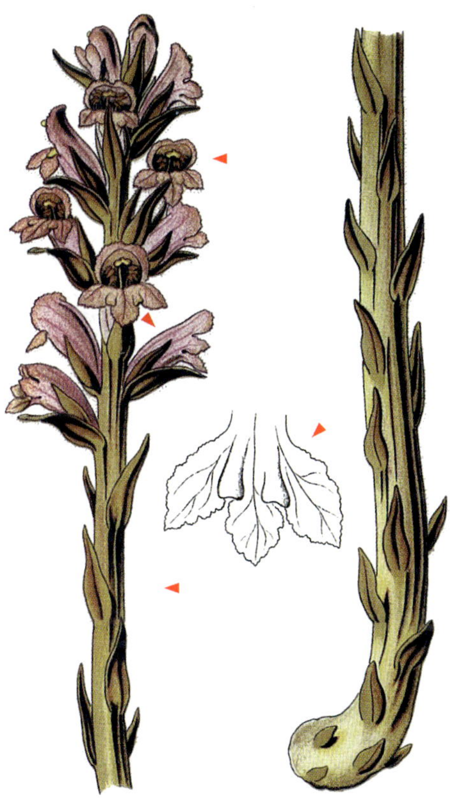

Orobanche lutea Baumg.

Gelbe Sommerwurz *Orobanchaceae*
↓ K(4) [C(5) A4] G(2) RL 3

± chlorophyllloser Parasit, **auf *Medicago, Melilotus, Trifolium***, 30–50 cm hoch. Pflanzen: gelblich bis bräunlich, zuweilen violett überlaufen. Vorblätter unter den Blüten: fehlen. Blüten: sitzend, bräunlich bis gelblich, oft rötlich überlaufen. Kronröhre: nach oben erweitert, **distal stärker gekrümmt als in der Mitte**. Staubblätter: > 2 mm über dem Blütenboden inseriert. Staubfäden: **oben drüsig behaart, unten behaart**. Griffel: **drüsig behaart**. Narben: **bräunlich bis gelblich**. Früchte: Kapseln.

- einheimisch
- planar bis montan
- Grünland, Staudenfluren
- an basenreichen, meist trockenen Standorten

J F M **A M J J** A S O N D

Orobanche minor Sm.

Kleine Sommerwurz *Orobanchaceae*
↓ K(4) [C(5) A4] G(2) RL 3

± chlorophyllloser Parasit, **auf *Medicago, Onobrychis, Ornithopus, Trifolium***, 10–50 cm hoch. Pflanzen: gelblich bis bräunlich. Vorblätter unter den Blüten: fehlen. Blüten: sitzend, weißlich bis rötlich, zuweilen mit dunklen Adern. Krone: **8–20 mm lang**. Kronröhre: nach oben erweitert, **gleichmäßig gekrümmt**. Oberlippe: **vorgestreckt bis abstehend**, mit hellen Drüsenhaaren. Staubblätter: > 2 mm über dem Blütenboden inseriert. Staubfäden: **± kahl**. Griffel: **± kahl**. Narben: **rötlich bis bräunlich**. Früchte: Kapseln.

- Archaeophyt
- planar bis montan
- Grünland, Staudenfluren, Äcker, Ruderalvegetation, Zier- bzw. Nutzpflanze

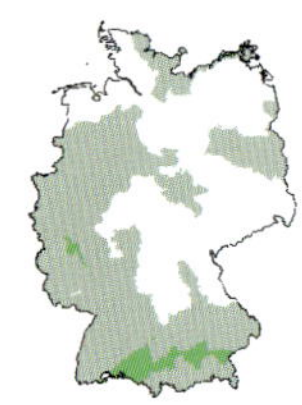

J F M A **M J J A** S O N D

Orobanche rapum-genistae Thuill.

Ginster-Sommerwurz *Orobanchaceae*
↓ K(4) [C(5) A4] G(2) RL 3

± chlorophyllloser Parasit, **auf *Cytisus, Genista, Ulex***, 30–80 cm hoch. Pflanzen: gelblich bis bräunlich. Vorblätter unter den Blüten: fehlen. Blüten: sitzend, gelblich-bräunlich *oder* rötlich. Kronröhre: nach oben erweitert, **gleichmäßig gekrümmt**. Oberlippe: mit hellen Drüsenhaaren. Staubblätter: **nahe dem Blütenboden inseriert**. Staubfäden: **± kahl**. Narben: **bräunlich bis gelblich**. Früchte: Kapseln.

- einheimisch
- planar bis montan
- Gehölze, Ruderalvegetation
- an nährstoffarmen, sauren Standorten

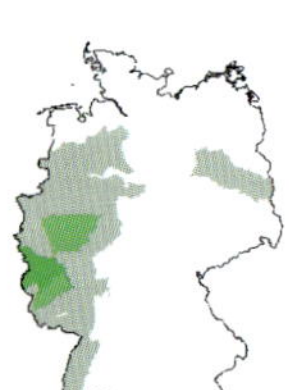

J F M **A M J J** A S O N D

Orobanche reticulata Wallr.

Distel-Sommerwurz *Orobanchaceae*
↓ K(4) [C(5) A4] G(2) RL 3

± chlorophyllloser Parasit, **auf *Carlina, Carduus, Cirsium, Knautia, Scabiosa***, 30–60 cm hoch. Pflanzen: gelblich bis bräunlich. Vorblätter unter den Blüten: fehlen. Blüten: sitzend, weißlich bis gelblich. Krone: **12–28 mm lang**. Kronröhre: nach oben erweitert, **distal stärker gekrümmt als in der Mitte**. Oberlippe: **abstehend bis zurückgeschlagen, mit (wenigen) dunklen Drüsenhaaren**. Staubblätter: > 2 mm über dem Blütenboden inseriert. Staubfäden: **± kahl**. Narben: **rötlich bis bräunlich**. Früchte: Kapseln.

- einheimisch
- montan bis subalpin
- Extensivgrünland u. Magerrasen, Staudenfluren, Schutt- u. Felsfluren, Ruderalvegetation
- an basenreichen Standorten

J F M A **M J J A** S O N D

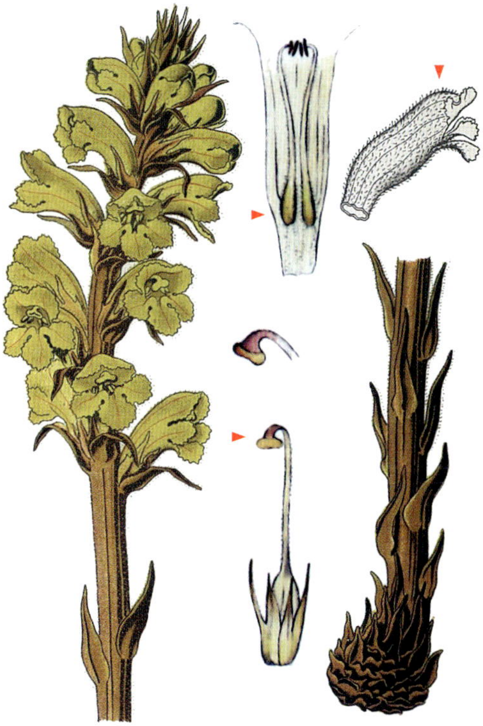

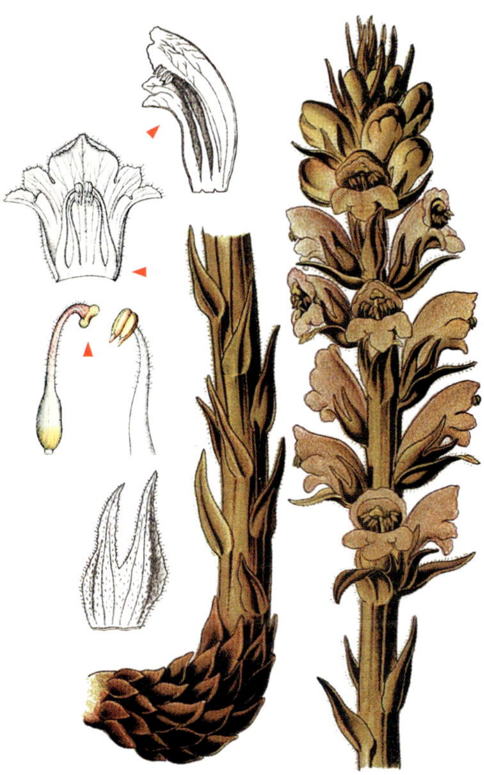

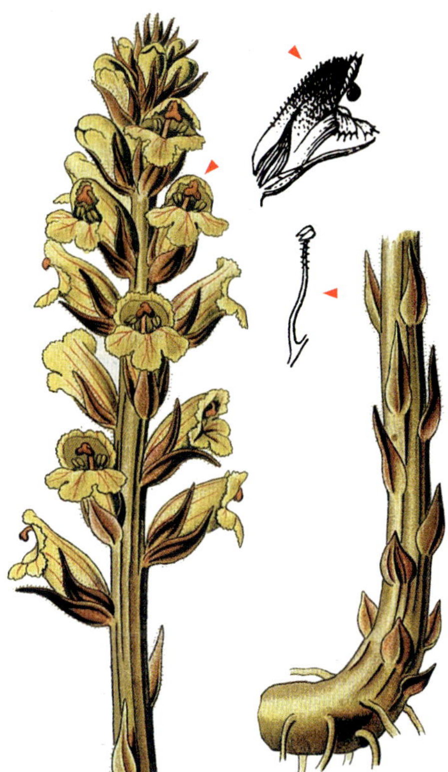

Orobanche salviae F. W. Schultz

Salbei-Sommerwurz *Orobanchaceae*
↓ K(4) [C(5) A4] G(2) RL 2

± chlorophyllloser Parasit, auf *Salvia*, 15–60 cm hoch. Pflanzen: gelblich bis bräunlich. Blütenstand: lockerblütig. Vorblätter unter den Blüten: fehlen. Blüten: sitzend, bräunlich bis gelblich. Kronröhre: nach oben erweitert, **gleichmäßig gekrümmt**. Oberlippe: **vorgestreckt bis abstehend**, mit hellen Drüsenhaaren. Staubblätter: > 2 mm über dem Blütenboden inseriert. Staubfäden: **oben ± kahl, unten behaart**. Griffel: **drüsig behaart**. Narben: **bräunlich bis gelblich**. Früchte: Kapseln.

- einheimisch
- montan bis subalpin
- Staudenfluren, Wälder
- an basenreichen Standorten

J F M A M **J J A** S O N D

Orobanche teucrii Holandre

Gamander-Sommerwurz *Orobanchaceae*
↓ K(4) [C(5) A4] G(2) RL 3

± chlorophyllloser Parasit, auf *Teucrium*, 15–40 cm hoch. Pflanzen: gelblich bis bräunlich. Tragblätter der Blüten: meist kürzer als die Blüten. Vorblätter unter den Blüten: fehlen. Blüten: sitzend, bräunlich bis violett, basal weißlich bis gelblich. Kronröhre: nach oben erweitert, **distal stärker gekrümmt als in der Mitte**. Oberlippe: mit hellen Drüsenhaaren. Kelchzipfel: kürzer als die Kelchröhre. Staubblätter: > 2 mm über dem Blütenboden inseriert. Staubfäden: **oben drüsig behaart, unten behaart**. Griffel: **spärlich drüsig behaart**. Narben: **rötlich bis bräunlich**. Früchte: Kapseln.

- einheimisch
- collin bis montan
- Extensivgrünland u. Magerrasen
- an nährstoffarmen, kalkreichen, trockenen Standorten

J F M A **M J J A** S O N D

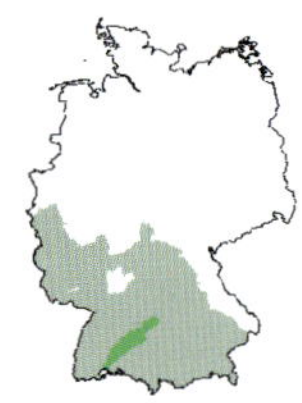

Phelipanche arenaria (Borkh.) Pomel

Sand-Sommerwurz *Orobanchaceae*
↓ K(5) [C(5) A4] G(2) RL 2

± chlorophyllloser Parasit, auf *Artemisia*, 30–50 cm hoch. Pflanzen: gelblich bis bräunlich. Vorblätter unter den Blüten: **2**. Blüten: kurz gestielt, **hellblau bis violett**. Krone: **16–40 mm lang**. Staubbeutel: **wollig behaart**. Früchte: Kapseln. Stängel: **meist unverzweigt**.

- einheimisch
- planar bis montan
- Extensivgrünland u. Magerrasen, Zwergstrauchheiden, Schutt- u. Felsfluren
- an nährstoffarmen, meist trockenen Standorten

J F M A **M J J** A S O N D

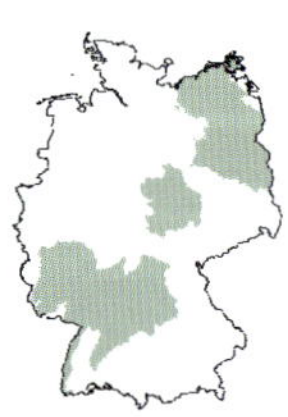

Phelipanche purpurea (Jacq.) Soják

Böhmische Sommerwurz *Orobanchaceae*
↓ K(5) [C(5) A4] G(2) RL 3

± chlorophyllloser Parasit, auf *Achillea, Artemisia, Cirsium*, 15–60 cm hoch. Pflanzen: gelblich bis bräunlich. Blütenstand: 10–25-blütig. Vorblätter unter den Blüten: **2**. Blüten: kurz gestielt, **bläulich bis violett**, mit dunklen Adern. Krone: **16–32 mm lang**. Staubbeutel: **kahl bis spärlich behaart**, weißlich. Früchte: Kapseln. Stängel: **meist unverzweigt**.

- einheimisch
- planar bis montan
- Extensivgrünland u. Magerrasen, Zwergstrauchheiden, Ruderalvegetation
- an nährstoffarmen Standorten

J F M A **M J J A** S O N D

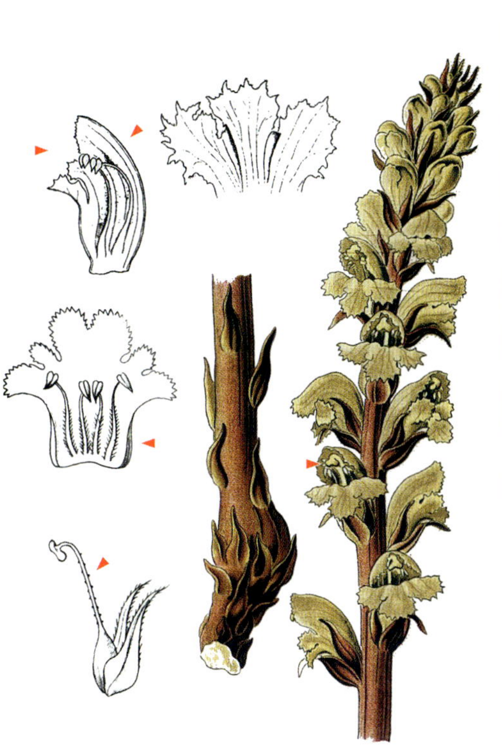

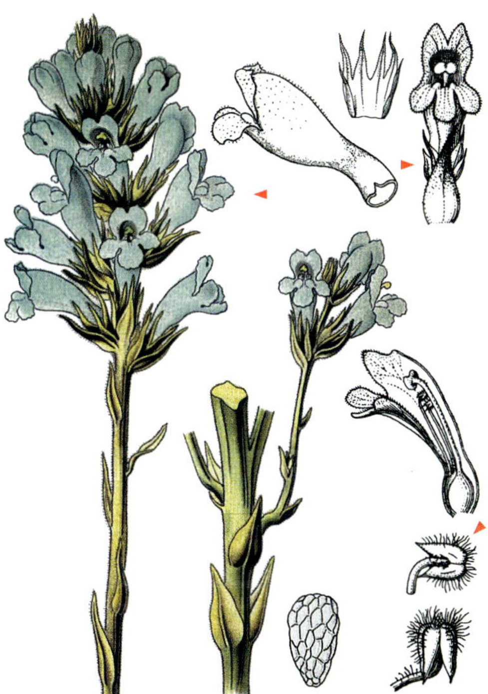

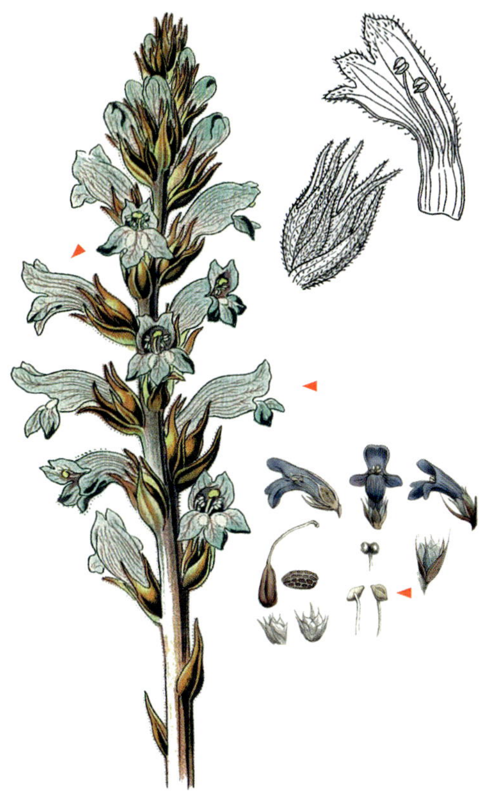

Phelipanche ramosa (L.) Pomel

Ästige Sommerwurz *Orobanchaceae*
↓ K(4) [C(5) A4] G(2) RL 2

± chlorophyllloser Parasit, auf *Cannabis, Nicotiana, Solanum*, 15–40 cm hoch. Pflanzen: gelblich bis bräunlich. Vorblätter unter den Blüten: **2**. Blüten: **kurz gestielt, hellgelb *oder* hellblau**. Krone: **8–14 mm lang**. Früchte: Kapseln. Stängel: **meist verzweigt**.

- Archaeophyt
- planar bis montan
- Äcker, Ruderalvegetation, Zier- bzw. Nutzpflanze

J F M A M **J J A S** O N D

Lathraea squamaria L.

Gewöhnliche Schuppenwurz *Orobanchaceae*
↓ K(4) [C(5) A4] G(2)

± chlorophyllloser Parasit, 10–30 cm hoch. Pflanzen: **mehrjährig, rosa bis weißlich**. Blütenstand: traubenartig, **einseitswendig**. Blüten: **rosa bis rötlich**. Krone: 2-lippig. Kelchblätter: 8–14 mm lang. Früchte: Kapseln. Ausläufer: **dicht mit in 4 Reihen angeordneten schuppigen Niederblättern bedeckt**.

subsp. *squamaria* (Gewöhnliche Schuppenwurz): an Laubbaum-Wurzeln (v. a. *Populus*, *Alnus* u. *Corylus*). Oberlippe: ± 5 mm breit. Unterlippe: ± 4 mm breit. Griffel: kahl. Stängel: kahl.
subsp. *tatrica* (Tatra-Schuppenwurz): in Bayern, selten, an Nadelbaum-Wurzeln (*Picea*). Oberlippe: ± 8 mm breit. Unterlippe: ± 6 mm breit. Griffel: zumindest in der Mitte behaart. Stängel: spärlich behaart.

- einheimisch
- planar bis montan
- Wälder, Zier- bzw. Nutzpflanze

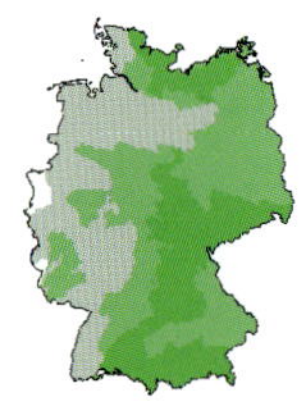

J **F M A M J** J A S O N D

Melampyrum arvense L.

Acker-Wachtelweizen *Orobanchaceae*
↓ K(4) [C(5) A4] G(2) RL 3

Chlorophyllhaltiger Halbparasit, 15–50 cm hoch. Pflanzen: 1-jährig. Blütenstand: **allseitswendig**, meist dichtblütig. Tragblätter der Blüten: **lanzettlich bis oval, lang fransig gezähnt, violett, flach**. Blüten: gelblich *oder* rötlich bis violett, Gaumen gelblich. Krone: 2-lippig, **20–26 mm lang**. Oberlippe: seitlich zusammengedrückt. Unterlippe: mit 2 kleinen Höckern am Schlund. Früchte: Kapseln, 1–4-samig. Blätter: länglich bis lanzettlich, ganzrandig.

- einheimisch
- planar bis montan
- Extensivgrünland u. Magerrasen, Staudenfluren, Gehölze, Äcker, Ruderalvegetation, Zier- bzw. Nutzpflanze
- an kalkreichen Standorten

J F M A **M J J A S** O N D

Melampyrum cristatum L.

Kamm-Wachtelweizen *Orobanchaceae*
↓ K(4) [C(5) A4] G(2) RL 3

Chlorophyllhaltiger Halbparasit, 10–50 cm hoch. Pflanzen: 1-jährig. Blütenstand: **allseitswendig**, meist dichtblütig, im QS oft 4-kantig. Tragblätter der Blüten: **breit oval- bis herzförmig, kammförmig gezähnt, mit langer Spitze, meist grünlich bis weißlich, gefaltet**. Blüten: gelblich, oft rötlich überlaufen, Gaumen gelblich. Krone: 2-lippig, **12–18 mm lang**. Oberlippe: seitlich zusammengedrückt. Unterlippe: mit 2 kleinen Höckern am Schlund. Früchte: Kapseln, 1–4-samig. Blätter: länglich bis lanzettlich, ganzrandig.

- einheimisch
- planar bis montan
- Extensivgrünland u. Magerrasen, Staudenfluren, Gehölze, Wälder, Ruderalvegetation
- an nährstoffarmen, basenreichen, meist trockenen Standorten

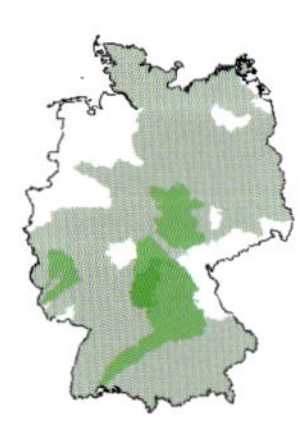

J F M A **M J J A S** O N D

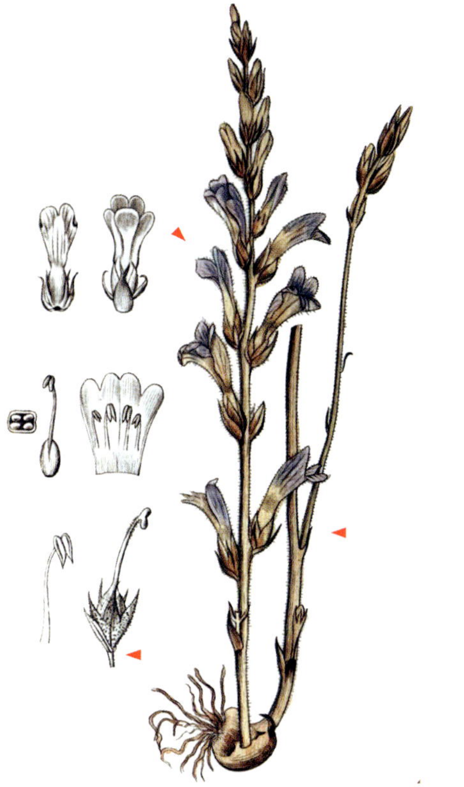

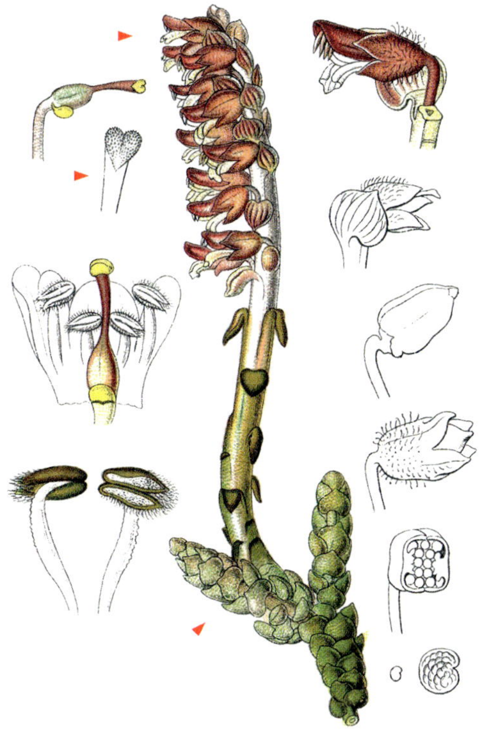

Melampyrum nemorosum L.

Hain-Wachtelweizen *Orobanchaceae*
↓ K(4) [C(5) A4] G(2) RL V

Chlorophyllhaltiger Halbparasit, 20–60 cm hoch. Pflanzen: 1-jährig. Blütenstand: **einseitswendig**, meist lockerblütig. Tragblätter der Blüten: **grannig gezähnt, bläulich bis violett überlaufen**. Blüten: **dunkelgelb**. Krone: 2-lippig. Oberlippe: seitlich zusammengedrückt. Unterlippe: mit 2 kleinen Höckern am Schlund. Kelchblätter: mit > 0,5 mm langen Haaren. Früchte: Kapseln, 1–4-samig. Blätter: länglich bis breit lanzettlich, **20–50 mm breit**, ganzrandig.

- einheimisch
- planar bis montan
- Gehölze, Wälder, Zier- bzw. Nutzpflanze

J F M **A M J J A S** O N D

Melampyrum pratense L.

Wiesen-Wachtelweizen *Orobanchaceae*
↓ K(4) [C(5) A4] G(2)

Chlorophyllhaltiger Halbparasit, 10–60 cm hoch. Pflanzen: 1-jährig. Blütenstand: **einseitswendig**, meist lockerblütig. Tragblätter der Blüten: **grannig gezähnt, grünlich**. Blüten: **hellgelb bis weißlich**, zuweilen rötlich überlaufen. Krone: 2-lippig, **12–22 mm lang**. Kronröhre: **± gerade, 14–20 mm lang**. Oberlippe: seitlich zusammengedrückt. Unterlippe: mit 2 kleinen Höckern am Schlund. Kelchblätter: ± kahl, Haare < 0,5 mm lang. Früchte: Kapseln, 1–4-samig. Blätter: länglich bis lanzettlich, **5–20 mm breit**, ganzrandig.

- einheimisch
- planar bis subalpin
- Moore u. Seggenriede, Extensivgrünland u. Magerrasen, Staudenfluren, Gehölze, Wälder, Zier- bzw. Nutzpflanze
- an nährstoffarmen, sauren Standorten

J F M A **M J J A S O** N D

Melampyrum sylvaticum L.

Wald-Wachtelweizen *Orobanchaceae*
↓ K(4) [C(5) A4] G(2)

Chlorophyllhaltiger Halbparasit, 10–40 cm hoch. Pflanzen: 1-jährig. Blütenstand: **einseitswendig**, meist lockerblütig. Tragblätter der Blüten: **ganzrandig o. mit wenigen kurzen, stumpfen Zähnen, grünlich**. Blüten: **dunkelgelb**, oft rötlich bis violett überlaufen, Unterlippe orange bis gelblich. Krone: 2-lippig, **6–12 mm lang**. Kronröhre: **leicht aufwärts gekrümmt, 5–12 mm lang**. Oberlippe: seitlich zusammengedrückt. Unterlippe: mit 2 kleinen Höckern am Schlund. Kelchblätter: ± kahl, Haare < 0,5 mm lang. Kelchzipfel: abgespreizt. Früchte: Kapseln, 1–4-samig. Blätter: länglich bis lanzettlich, ganzrandig.

- einheimisch
- planar bis montan
- Moore u. Seggenriede, Zwergstrauchheiden, Staudenfluren, Gehölze, Wälder, Zier- bzw. Nutzpflanze
- an nährstoffarmen, sauren Standorten

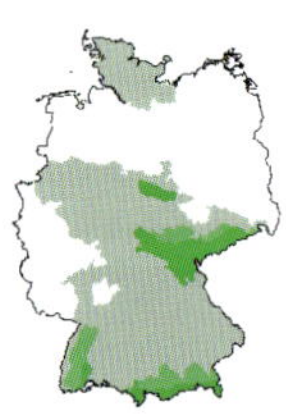

J F M A **M J J A S O** N D

Rhinanthus alectorolophus (Scop.) Pollich

Zottiger Klappertopf *Orobanchaceae*
↓ K(4) [C(5) A4] G(2)

Chlorophyllhaltiger Halbparasit, bis 80 cm hoch. Pflanzen: 1-jährig. Tragblätter der Blüten: gezähnt, Zähne *ohne* Grannen, obere Zähne etwas kleiner als die unteren, **mit langen Haaren**. Blüten: gelblich, mit bläulichem bis violettem Höcker. Krone: 2-lippig, **18–24 mm lang**. Kronröhre: **mit geschlossenem Schlund**, aufwärts gebogen, mindestens so lang wie der Kelch. Oberlippe: helmförmig gebogen, seitlich zusammengedrückt; an der Spitze: gezähnt, Zähne > 0,8 mm lang. Kelchblätter: **dicht wollig behaart**. Fruchtkelch: vergrößert. Früchte: Kapseln. Samen: stark abgeflacht, flügelartig gesäumt. Stängel: oben dicht abstehend behaart. Blätter: am Rand gezähnt.

- einheimisch
- planar bis subalpin
- Extensivgrünland u. Magerrasen, Schutt- u. Felsfluren, Äcker, Ruderalvegetation, Dünen
- an basenreichen Standorten

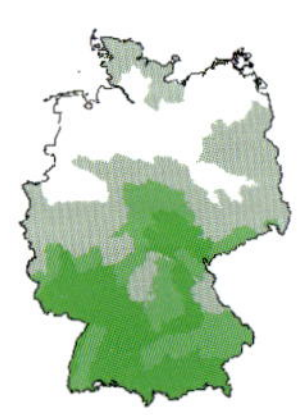

J F M **A M J J A S** O N D

Rhinanthus alpinus Baumg.

Alpen-Klappertopf *Orobanchaceae*
↓ K(4) [C(5) A4] G(2) RL 0

Chlorophyllhaltiger Halbparasit, 10–50 cm hoch. PFLANZEN: 1-jährig. TRAGBLÄTTER DER BLÜTEN: gezähnt, Zähne *ohne* Grannen, obere Zähne etwas kleiner als die unteren, kahl. BLÜTEN: gelblich, mit bläulichem bis violettem Höcker. KRONE: 2-lippig, **12–18 mm lang**. KRONRÖHRE: **mit offenem Schlund, plötzlich aufwärts gebogen**, mindestens so lang wie der Kelch. OBERLIPPE: helmförmig gebogen, seitlich zusammengedrückt; AN DER SPITZE: gezähnt, Zähne > 0,8 mm lang. KELCHBLÄTTER: auf der Fläche ± kahl, am Rand oft bewimpert. FRUCHTKELCH: vergrößert. FRÜCHTE: Kapseln. SAMEN: stark abgeflacht, flügelartig gesäumt. BLÄTTER: am Rand gezähnt.

- ausgestorben
- montan
- Extensivgrünland u. Magerrasen, Ruderalvegetation

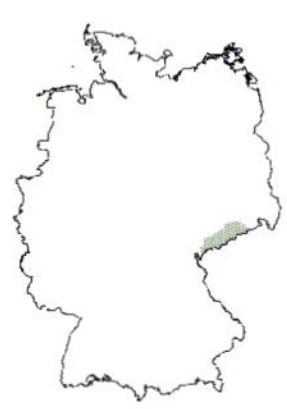

J F M A M J J A S O N D

Rhinanthus angustifolius C. C. Gmel.

Großer Klappertopf *Orobanchaceae*
↓ K(4) [C(5) A4] G(2) RL 3

Chlorophyllhaltiger Halbparasit, bis 80 cm hoch. PFLANZEN: 1-jährig. TRAGBLÄTTER DER BLÜTEN: obere Zähne etwas kleiner als die unteren, kahl. BLÜTEN: gelblich, mit bläulichem bis violettem Höcker. KRONE: 2-lippig, **14–25 mm lang**. KRONRÖHRE: **mit geschlossenem Schlund, allmählich aufwärts gebogen**, mindestens so lang wie der Kelch. OBERLIPPE: helmförmig gebogen, seitlich zusammengedrückt; AN DER SPITZE: gezähnt, Zähne > 0,8 mm lang. UNTERLIPPE: der Oberlippe anliegend. KELCHBLÄTTER: auf der Fläche ± kahl, am Rand oft bewimpert. FRUCHTKELCH: vergrößert. FRÜCHTE: Kapseln. SAMEN: stark abgeflacht, flügelartig gesäumt. BLÄTTER: am Rand gezähnt.

- einheimisch
- planar bis montan
- Extensivgrünland u. Magerrasen, Äcker, Dünen
- an nährstoffarmen Standorten

J F M A M J J A S O N D

Rhinanthus glacialis Personnat

Begrannter Klappertopf *Orobanchaceae*
↓ K(4) [C(5) A4] G(2) RL V

Chlorophyllhaltiger Halbparasit, 10–60 cm hoch. PFLANZEN: 1-jährig. TRAGBLÄTTER DER BLÜTEN: **mit begrannten Zähnen, obere Zähne viel kleiner als die unteren**, kahl. BLÜTEN: gelblich, mit bläulichem bis violettem Höcker. KRONE: 2-lippig, **14–20 mm lang**. KRONRÖHRE: **mit offenem Schlund, aufwärts gebogen**, mindestens so lang wie der Kelch. OBERLIPPE: helmförmig gebogen, seitlich zusammengedrückt; AN DER SPITZE: gezähnt, Zähne > 0,8 mm lang. UNTERLIPPE: **von der Oberlippe abgespreizt**. KELCHBLÄTTER: auf der Fläche ± kahl, am Rand oft bewimpert. FRUCHTKELCH: vergrößert. FRÜCHTE: Kapseln. SAMEN: stark abgeflacht, flügelartig gesäumt. BLÄTTER: am Rand gezähnt.

Im Gebiet kommen 5 Unterarten vor: subsp. *glacialis*, subsp. *aristatus*, subsp. *gracilis*, subsp. *simplex* und subsp. *subalpinus* (vgl. S. 1437).

- einheimisch
- collin bis alpin
- Extensivgrünland u. Magerrasen, Schutt- u. Felsfluren
- an nährstoffarmen Standorten

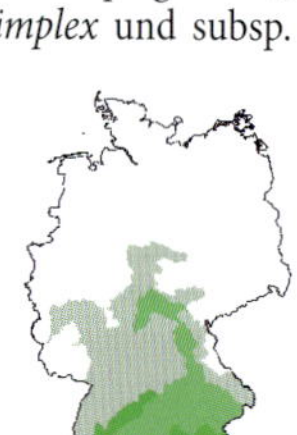

J F M A M J J A S O N D

Rhinanthus minor L.

Kleiner Klappertopf *Orobanchaceae*
↓ K(4) [C(5) A4] G(2)

Chlorophyllhaltiger Halbparasit, 10–60 cm hoch. PFLANZEN: 1-jährig. TRAGBLÄTTER DER BLÜTEN: gezähnt, Zähne *ohne* Grannen, obere Zähne etwas kleiner als die unteren, kahl. BLÜTEN: gelblich, mit weißlichem *oder* bläulichem Höcker. KRONE: 2-lippig, **12–16 mm lang**. KRONRÖHRE: **mit offenem Schlund**, ± gerade, **kürzer als der Kelch**. OBERLIPPE: helmförmig gebogen, seitlich zusammengedrückt; AN DER SPITZE: gezähnt, Zähne < 0,8 mm lang. KELCHBLÄTTER: auf der Fläche ± kahl, am Rand oft bewimpert. FRUCHTKELCH: vergrößert. FRÜCHTE: Kapseln. SAMEN: stark abgeflacht, flügelartig gesäumt. BLÄTTER: am Rand gezähnt.

- einheimisch
- planar bis montan
- Moore u. Seggenriede, Extensivgrünland u. Magerrasen, Ruderalvegetation, Zier- bzw. Nutzpflanze

J F M A M J J A S O N D

Rhinanthus rumelicus Velen.

Drüsiger Klappertopf *Orobanchaceae*
↓ K(4) [C(5) A4] G(2)

Chlorophyllhaltiger Halbparasit, 10–60 cm hoch. PFLANZEN: 1-jährig. TRAGBLÄTTER DER BLÜTEN: gezähnt, Zähne *ohne* Grannen, obere Zähne etwas kleiner als die unteren, **mit hellen Drüsenhaaren**. BLÜTEN: gelblich, mit bläulichem bis violettem Höcker. KRONE: 2-lippig, **16–22 mm lang**. KRONRÖHRE: **mit geschlossenem Schlund**, aufwärts gebogen, mindestens so lang wie der Kelch. OBERLIPPE: helmförmig gebogen, seitlich zusammengedrückt. KELCHBLÄTTER: **mit hellen Drüsenhaaren**. FRUCHTKELCH: vergrößert. FRÜCHTE: Kapseln. SAMEN: stark abgeflacht, flügelartig gesäumt. STÄNGEL: **meist schwarz gefleckt**; OBEN: **mit hellen Drüsenhaaren u. Wimpern**. BLÄTTER: am Rand gezähnt.

- eingebürgerter Neophyt, urspr. aus Südosteuropa
- collin bis montan
- Extensivgrünland u. Magerrasen
- an nährstoffarmen, basenreichen, trockenen Standorten

J F M A **M J J A** S O N D

Bartsia alpina L.

Alpen-Bartschie *Orobanchaceae*
↓ K(4) [C(5) A4] G(2)

Chlorophyllhaltiger Halbparasit, bis 30 cm hoch. PFLANZEN: **mehrjährig**. TRAGBLÄTTER DER BLÜTEN: **trübviolett, oft glänzend**. BLÜTEN: **trübviolett**. KRONE: undeutlich 2-lippig, **langröhrig mit kurzen Kronzipfeln**, 14–25 mm lang. STAUBBLÄTTER: **weiß behaart**. FRÜCHTE: Kapseln.

- einheimisch
- montan bis alpin
- Gewässer, trockenfallende Ufer, Moore u. Seggenriede, Extensivgrünland u. Magerrasen, Quellfluren, Zier- bzw. Nutzpflanze
- an nährstoffarmen, kalkreichen, wechselfeuchten bis nassen Standorten

J F M A **M J J A** S O N D

Euphrasia minima agg.

Alpen-Augentrost *Orobanchaceae*
↓ K(4) [C(5) A4] G(2)

Chlorophyllhaltiger Halbparasit, bis 25 cm hoch. PFLANZEN: 1-jährig. BLÜTENSTAND: ährenartig. TRAGBLÄTTER DER BLÜTEN: **mit spitzen Zähnen, die unteren beidseits je 5–9-zähnig**. BLÜTEN: **gelblich bis violett *oder* weißlich**. KRONE: 2-lippig, **4–8 mm lang**. OBERLIPPE: flach bis helmförmig, 2-lappig, meist kürzer als die Unterlippe. UNTERLIPPE: 3-lappig. TRAGBLÄTTER DER UNTEREN BLÜTEN: *ohne* gestielte Drüsen. FRÜCHTE: Kapseln. BLÄTTER: oval.

E. minima (Alpen-Augentrost): in den Alpen, subalpin u. alpin. BLÜTEN: gelblich bis violett *oder* weißlich. STÄNGEL: aufrecht. MITTLERE STÄNGELBLÄTTER: meist kurz gestielt.
E. frigida (Skandinavischer Augentrost): nördlich der Donau, collin bis montan. BLÜTEN: violett bis weißlich. STÄNGEL: oft zickzackförmig gebogen. MITTLERE STÄNGELBLÄTTER: sitzend bis kurz gestielt.

- einheimisch
- montan bis alpin
- Extensivgrünland u. Magerrasen, Zwergstrauchheiden, Schutt- u. Felsfluren, Ruderalvegetation

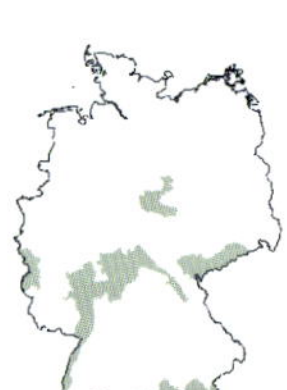

J F M A M **J J A S O** N D

Euphrasia officinalis agg.

Echter Augentrost *Orobanchaceae*
↓ K(4) [C(5) A4] G(2) RL 3

Chlorophyllhaltiger Halbparasit, bis 50 cm hoch. PFLANZEN: 1-jährig. BLÜTENSTAND: ährenartig. BLÜTEN: meist weißlich, oft violett überlaufen o. mit violetter Aderung, Unterlippe oft gelblich. KRONE: 2-lippig, **7–15 mm lang**. OBERLIPPE: flach bis helmförmig, 2-lappig, meist kürzer als die Unterlippe. UNTERLIPPE: 3-lappig. FRÜCHTE: Kapseln. BLÄTTER: oval.

In Deutschland kommen 3 Arten der Artengruppe *Euphrasia officinalis* agg. vor: *E. kerneri*, *E. picta* und *E. rostkoviana* (vgl. S. 1437).

- einheimisch
- planar bis alpin
- Moore u. Seggenriede, Grünland, Schutt- u. Felsfluren, Ruderalvegetation, Zier- bzw. Nutzpflanze

J F M **A M J J A S O** N D

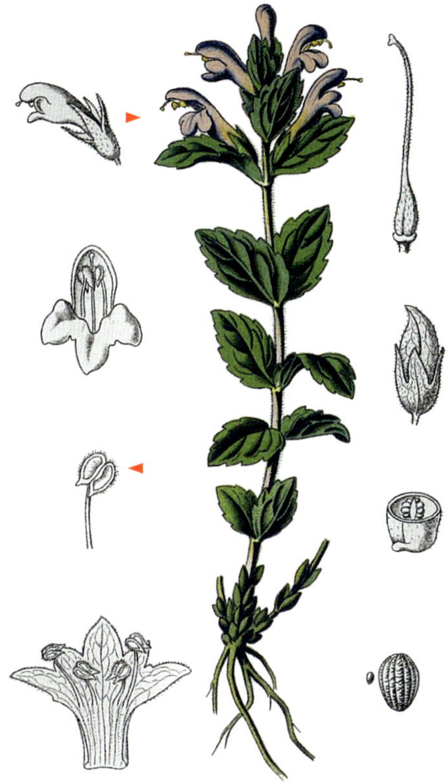

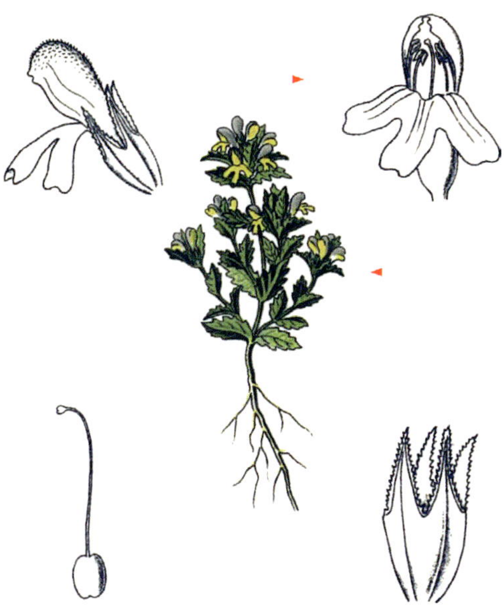

Euphrasia hirtella Reut.

Zottiger Augentrost *Orobanchaceae*
↓ K(4) [C(5) A4] G(2) RL R

Chlorophyllhaltiger Halbparasit, bis 25 cm hoch. Pflanzen: 1-jährig. Blütenstand: ährenartig, **oft kopfig gedrängt**. Tragblätter der Blüten: **basal abgerundet bis ausgerandet**, **mit stumpfen Zähnen**, **die unteren beidseits je 7–15-zähnig**, **mit gestielten Drüsen**. Krone: 2-lippig, **3–10 mm lang**. Oberlippe: flach bis helmförmig, 2-lappig, meist kürzer als die Unterlippe. Unterlippe: 3-lappig. Früchte: Kapseln. Blätter: oval.

- einheimisch
- subalpin bis alpin
- Extensivgrünland u. Magerrasen, Zwergstrauchheiden, Schutt- u. Felsfluren
- an nährstoffarmen Standorten

J F M A **M J J A S** O N D

Euphrasia micrantha Rchb.

Schlanker Augentrost *Orobanchaceae*
↓ K(4) [C(5) A4] G(2) RL 2

Chlorophyllhaltiger Halbparasit, bis 15 cm hoch. Pflanzen: 1-jährig, **meist rötlich überlaufen**. Blütenstand: ährenartig, **Ähre meist lockerblütig**. Tragblätter der Blüten: **aufrecht**, **mit spitzen Zähnen**, **am Rand stark glänzend**, *ohne* gestielte Drüsen. Blüten: meist weißlich, oft violett überlaufen o. mit violetter Aderung, Unterlippe oft mit gelblichem Fleck. Krone: 2-lippig, **3–7 mm lang**. Oberlippe: flach bis helmförmig, 2-lappig, meist kürzer als die Unterlippe. Unterlippe: 3-lappig. Tragblätter der oberen Blüten: **mit unbegrannten bis kurz begrannten Zähnen**. Früchte: Kapseln. Stängel: distal mit 2–10 Paaren dünner Seitenäste. Blätter: meist *nicht* rötlich überlaufen, oval, **Spreite 0,2–0,6 cm lang**.

- einheimisch
- planar bis montan
- Extensivgrünland u. Magerrasen, Zwergstrauchheiden
- an nährstoffarmen, sauren Standorten

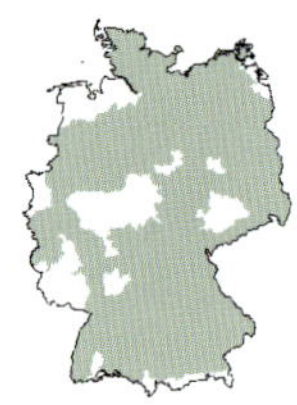

J F M A M **J J A S O** N D

Euphrasia nemorosa (Pers.) Wallr.

Hain-Augentrost *Orobanchaceae*
↓ K(4) [C(5) A4] G(2) RL 3

Chlorophyllhaltiger Halbparasit, bis 40 cm hoch. Pflanzen: 1-jährig, **grün, *nicht* rötlich überlaufen**. Blütenstand: ährenartig, **Ähre meist dichtblütig**. Tragblätter der Blüten: **abstehend bis zurückgeschlagen**, am Rand kaum glänzend, *ohne* gestielte Drüsen. Blüten: meist weißlich, oft violett überlaufen o. mit violetter Aderung, Unterlippe oft mit gelblichem Fleck. Krone: 2-lippig, **4–8 mm lang**. Oberlippe: flach bis helmförmig, 2-lappig, meist kürzer als die Unterlippe. Unterlippe: 3-lappig. Tragblätter der oberen Blüten: **mit unbegrannten bis kurz begrannten Zähnen**. Früchte: Kapseln. Blätter: **oft rötlich überlaufen**, oval, **Spreite 0,3–1,2 cm lang**.

- einheimisch
- planar bis montan
- Extensivgrünland u. Magerrasen, Zwergstrauchheiden
- an nährstoffarmen Standorten

J F M **A M J J A S** O N D

Euphrasia salisburgensis Funck

Salzburger Augentrost *Orobanchaceae*
↓ K(4) [C(5) A4] G(2)

Chlorophyllhaltiger Halbparasit, bis 20 cm hoch. Pflanzen: 1-jährig, **oft rötlich überlaufen**. Blütenstand: ähren- bis traubenartig. Tragblätter der Blüten: **die unteren beidseits je > 3-zähnig**. Blüten: violett bis weißlich. Krone: 2-lippig, **4–9 mm lang**. Oberlippe: flach bis helmförmig, 2-lappig, meist kürzer als die Unterlippe. Unterlippe: 3-lappig. Früchte: Kapseln. Stängel: distal mit 1–10 Paaren kräftiger Seitenäste. Blätter: lanzettlich. untere Stängelblätter: < 3-mal so lang wie breit.

- einheimisch
- montan bis alpin
- Extensivgrünland u. Magerrasen, Schutt- u. Felsfluren
- an basenreichen Standorten

J F M A M **J J A S O** N D

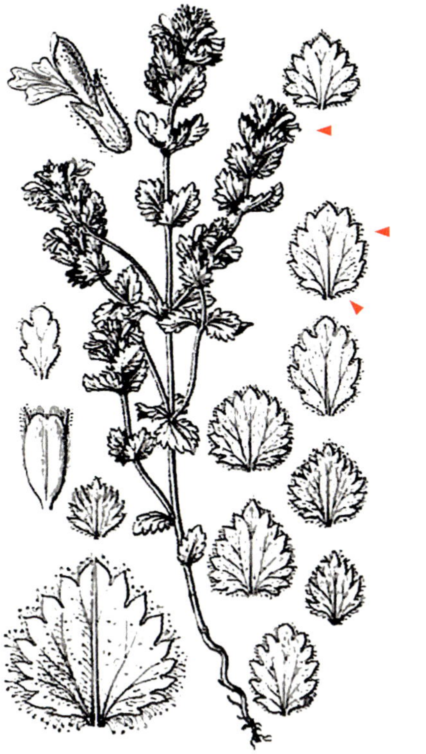

Euphrasia stricta J. F. Lehm.

Steifer Augentrost *Orobanchaceae*
↓ K(4) [C(5) A4] G(2)

Chlorophyllhaltiger Halbparasit, bis 50 cm hoch. Pflanzen: 1-jährig, **meist rötlich überlaufen**. Blütenstand: ährenartig. Tragblätter der Blüten: **basal keilförmig, mit spitzen, oft begrannten Zähnen**, *ohne* gestielte Drüsen. Blüten: meist weißlich, oft violett überlaufen o. mit violetter Aderung, Unterlippe oft mit gelblichem Fleck. Krone: 2-lippig, **6–11 mm lang**. Oberlippe: flach bis helmförmig, 2-lappig, meist kürzer als die Unterlippe. Unterlippe: 3-lappig. Tragblätter der oberen Blüten: **mit lang begrannten Zähnen**. Früchte: Kapseln. Blätter: oval.

- einheimisch
- planar bis subalpin
- Extensivgrünland u. Magerrasen, Ruderalvegetation, Zier- bzw. Nutzpflanze
- an nährstoffarmen, trockenen Standorten

J F M A M **J J A S** O N D

Tozzia alpina L.

Alpenrachen *Orobanchaceae*
↓ K(4) [C(5) A4] G(2)

Chlorophyllhaltiger Halbparasit, 10–50 cm hoch. Pflanzen: **mehrjährig**. Blüten: **undeutlich 2-lippig, gelblich, mit rötlichen Punkten**. Blütenstiele: **3–10 mm lang**. Krone: **undeutlich 2-lippig**, 5–10 mm lang. Kronzipfel: **± senkrecht von der Kronröhre abstehend**. Früchte: Nüsse, 1-samig. Samen: *ohne* o. mit sehr schmalem flügelartigen Saum. Stängel: im QS 4-kantig. Blätter: sitzend.

- einheimisch
- montan bis alpin
- Staudenfluren, Gehölze
- an basenreichen Standorten

J F M A **M J J A** S O N D

Odontites vernus agg.

Acker-Zahntrost *Orobanchaceae*
↓ K(4) [C(5) A4] G(2)

Chlorophyllhaltiger Halbparasit, bis 50 cm hoch. Pflanzen: 1-jährig. Blütenstand: ährenartig, einseitswendig. Blüten: **rötlich bis violett**. Krone: 2-lippig, **9–12 mm lang**. Kronblätter: **filzig behaart**. Oberlippe: flach bis helmförmig, mindestens so lang wie die Unterlippe. Unterlippe: 3-lappig. Staubblätter: **filzig behaart**. Früchte: Kapseln.

In Deutschland kommen 3 Arten der Artengruppe *Odontites vernus* agg. vor: *O. vernus*, *O. litoralis* und *O. vulgaris* (vgl. S. 1437).

- einheimisch
- planar bis montan
- Grünland, Äcker, Ruderalvegetation, Salzwiesen, Trittfluren

J F M **A M J J A S O** N D

Odontites luteus (L.) Clairv.

Gelber Zahntrost *Orobanchaceae*
↓ K(4) [C(5) A4] G(2) RL 3

Chlorophyllhaltiger Halbparasit, 15–50 cm hoch. Pflanzen: 1-jährig. Blütenstand: ährenartig, einseitswendig. Blüten: **gelblich**. Krone: 2-lippig, **5–8 mm lang**. Kronblätter: **kahl bis bewimpert**. Oberlippe: flach bis helmförmig, mindestens so lang wie die Unterlippe. Unterlippe: 3-lappig. Staubblätter: **weit aus der Blüte ragend, kahl**. Früchte: Kapseln. Stängel: Internodien ± so lang wie die Blätter.

- einheimisch
- planar bis montan
- Extensivgrünland u. Magerrasen, Wälder, Schutt- u. Felsfluren
- an nährstoffarmen, kalkreichen, meist trockenen Standorten

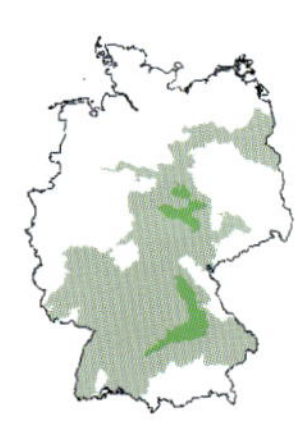

J F M A M **J J A S O** N D

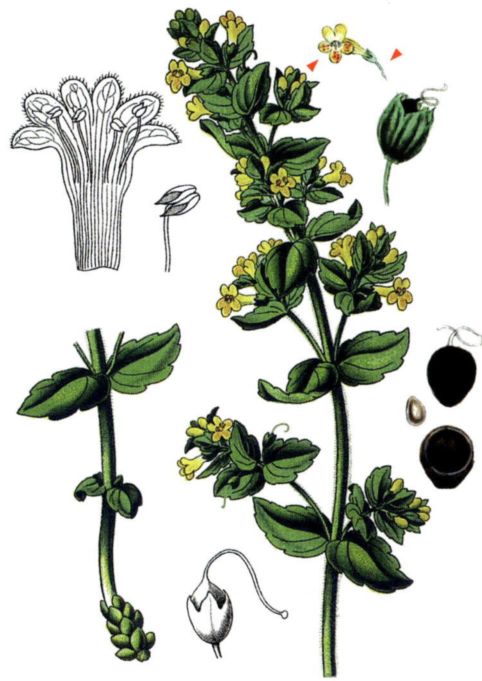

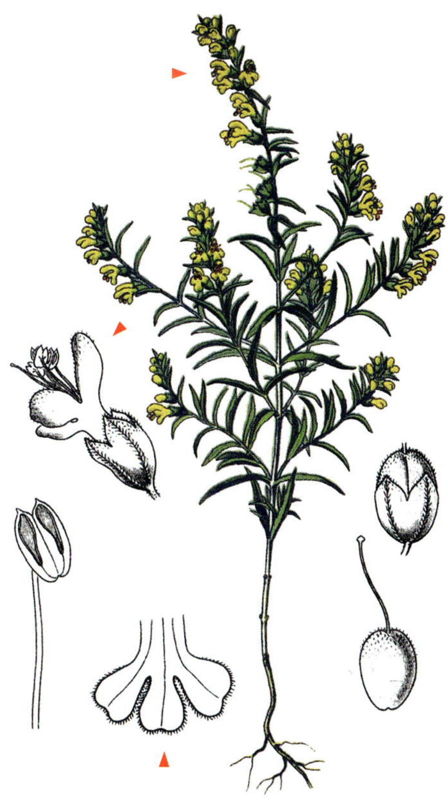

Pedicularis foliosa L.

Reichblättriges Läusekraut *Orobanchaceae*
↓ K(5) [C(5) A4] G($\underline{2}$) § BNatG b

Chlorophyllhaltiger Halbparasit, 15–50 cm hoch. PFLANZEN: mehrjährig. TRAGBLÄTTER DER BLÜTEN: **fiederspaltig, länger als die Blüten**. BLÜTEN: **gelblich, Oberlippe einfarbig gelblich**. KRONE: 2-lippig, 10–30 mm lang. KRONRÖHRE: mit offenem Schlund. OBERLIPPE: **außen behaart, meist ungeschnäbelt**. FRÜCHTE: Kapseln. BLATTSTELLUNG: wechselständig. BLÄTTER: **2–3-fach gefiedert, Spreite 8–35 cm lang, 2–10 cm breit**.

- einheimisch
- montan bis alpin
- Grünland, Staudenfluren, Gehölze, Schutt- u. Felsfluren, Zier- bzw. Nutzpflanze
- an basenreichen Standorten

J F M A **M J J A** S O N D

Pedicularis oederi Vahl

Buntes Läusekraut *Orobanchaceae*
↓ K(5) [C(5) A4] G($\underline{2}$) RL R § BNatG b

Chlorophyllhaltiger Halbparasit, bis 20 cm hoch. PFLANZEN: mehrjährig. TRAGBLÄTTER DER BLÜTEN: **ungeteilt, kürzer als die Blüten**. BLÜTEN: **gelblich, Oberlippe distal bräunlich-rötlich**. KRONE: 2-lippig, 10–30 mm lang. KRONRÖHRE: mit offenem Schlund. OBERLIPPE: **außen kahl, meist ungeschnäbelt**. FRÜCHTE: Kapseln. BLATTSTELLUNG: wechselständig. BLÄTTER: gelappt bis 1-fach gefiedert, **Spreite 2–10 cm lang, 0,4–1,2 cm breit**.

- einheimisch
- subalpin bis alpin
- Extensivgrünland u. Magerrasen, Schutt- u. Felsfluren
- an nährstoffarmen, kalkreichen Standorten

J F M A **M J J A** S O N D

Pedicularis palustris L.

Sumpf-Läusekraut *Orobanchaceae*
↓ K(5) [C(5) A4] G($\underline{2}$) RL 2 § BNatG b

Chlorophyllhaltiger Halbparasit, bis 80 cm hoch. PFLANZEN: 1–2-jährig. BLÜTENSTAND: **10–25-blütig**. BLÜTEN: **meist rötlich bis violett**, selten weißlich. KRONE: 2-lippig. OBERLIPPE: **geschnäbelt**; SCHNABEL: kurz, ± gerade, **distal mit 2 kleinen Zähnen**. UNTERLIPPE: am Rand gewimpert. FRÜCHTE: Kapseln. STÄNGEL: aufrecht. BLATTSTELLUNG: wechselständig. BLÄTTER: gelappt bis 2-fach gefiedert.

subsp. *palustris* (Sumpf-Läusekraut): KRONE: 16–28 mm lang. SEITENÄSTE: untere länger als die oberen. RHACHIS: oberseits flach, 1,5–2,5 mm breit.
subsp. *opsiantha* (Schmalblättriges Sumpf-Läusekraut): an der Ostseeküste in Mecklenburg-Vorpommern, selten. KRONE: 12–18 mm lang. SEITENÄSTE: alle ± gleich lang. RHACHIS: oberseits (schwach) rinnig, 0,6–1,2 mm breit.

- einheimisch
- planar bis montan
- Moore u. Seggenriede, Extensivgrünland u. Magerrasen, Zier- bzw. Nutzpflanze
- an nährstoffarmen, nassen, zuweilen überfluteten Standorten

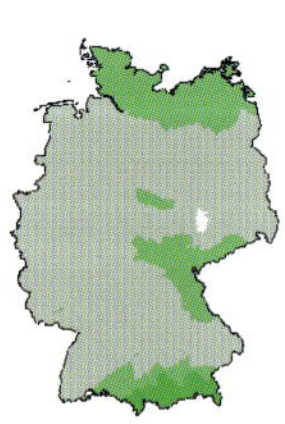

J F M **A M J J A** S O N D

Pedicularis recutita L.

Gestutztes Läusekraut *Orobanchaceae*
↓ K(5) [C(5) A4] G($\underline{2}$) § BNatG b

Chlorophyllhaltiger Halbparasit, 20–60 cm hoch. PFLANZEN: mehrjährig. BLÜTENSTAND: **ährenartig, deutlich länger als breit**. BLÜTEN: **rötlich bis bräunlich**. KRONE: 2-lippig, 10–15 mm lang. KRONRÖHRE: mit offenem Schlund. OBERLIPPE: **meist ungeschnäbelt**; AN DER SPITZE: abgerundet. KELCHBLÄTTER: auf der Fläche kahl, allenfalls am Rand bewimpert. FRÜCHTE: Kapseln. BLATTSTELLUNG: wechselständig. BLÄTTER: gelappt bis 1-fach gefiedert.

- einheimisch
- subalpin bis alpin
- Grünland, Gehölze, Schutt- u. Felsfluren
- an basenreichen Standorten

J F M A M **J J A** S O N D

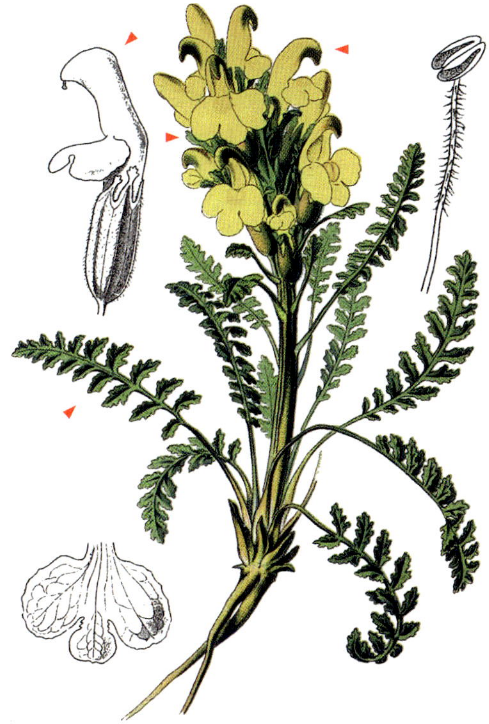

Pedicularis rostratocapitata Crantz

Kopfiges Läusekraut *Orobanchaceae*
↓ K(5) [C(5) A4] G(2) § BNatG b

Chlorophyllhaltiger Halbparasit, bis 25 cm hoch. Pflanzen: mehrjährig. Blütenstand: **kurz-kopfig, kaum länger als breit**. Blüten: **rötlich bis violett**. Krone: 2-lippig, 14–28 mm lang. Oberlippe: **geschnäbelt**; Schnabel: **lang, sichelförmig gebogen**, ungezähnt. Unterlippe: am Rand gewimpert. Kelchblätter: kahl bis spärlich behaart. Kelchzipfel: gezähnt. Früchte: Kapseln. Blattstellung: gegen- o. wechselständig. Blätter: gelappt bis 1-fach gefiedert.

- einheimisch
- subalpin bis alpin
- Extensivgrünland u. Magerrasen, Schutt- u. Felsfluren
- an kalkreichen Standorten

J F M A **M J J A** S O N D

Pedicularis rostratospicata Crantz

Ähren-Läusekraut *Orobanchaceae*
↓ K(5) [C(5) A4] G(2) RL R § BNatG b

Chlorophyllhaltiger Halbparasit, 15–50 cm hoch. Pflanzen: mehrjährig. Blütenstand: **ährenartig, deutlich länger als breit**. Blüten: **meist rötlich bis violett**, selten weißlich. Krone: 2-lippig, 10–18 mm lang. Oberlippe: **geschnäbelt**; Schnabel: **lang, sichelförmig gebogen**, ungezähnt. Kelchblätter: **wollig behaart**. Kelchzipfel: **zumindest an den oberen Blüten ganzrandig**. Früchte: Kapseln. Blattstellung: wechselständig. Blätter: gelappt bis 2-fach gefiedert.

- einheimisch
- subalpin bis alpin
- Extensivgrünland u. Magerrasen, Schutt- u. Felsfluren
- an kalkreichen Standorten

J F M A M **J J A** S O N D

Pedicularis sceptrum-carolinum L.

Karlszepter *Orobanchaceae*
↓ K(5) [C(5) A4] G(2) RL 2 § BNatG s

Chlorophyllhaltiger Halbparasit, 30–100 cm hoch. Pflanzen: mehrjährig. Blüten: **gelblich, Spitze der Unterlippe bräunlich-rötlich**. Krone: 2-lippig, **mit röhrig-glockiger Kronröhre, 20–40 mm lang**. Kronröhre: **mit geschlossenem Schlund**. Oberlippe: **ungeschnäbelt**. Früchte: Kapseln. Blattstellung: **gegenständig**. Blätter: gelappt bis 1-fach gefiedert.

- einheimisch
- collin bis montan
- Moore u. Seggenriede, Extensivgrünland u. Magerrasen
- an nährstoffarmen, basenreichen, wechselfeuchten bis nassen Standorten

J F M A **M J J A** S O N D

Pedicularis sylvatica L.

Wald-Läusekraut *Orobanchaceae*
↓ K(5) [C(5) A4] G(2) RL 3 § BNatG b

Chlorophyllhaltiger Halbparasit, bis 25 cm hoch. Pflanzen: meist 1–2-jährig. Blütenstand: **3–12-blütig**. Blüten: **meist rötlich bis violett**, selten weißlich. Krone: 2-lippig. Oberlippe: **geschnäbelt**; Schnabel: kurz, ± gerade, **distal mit 2 kleinen Zähnen**. Früchte: Kapseln, kürzer als der Kelch. Stängel: basal niederliegend. Blattstellung: wechselständig. Blätter: gelappt bis 2-fach gefiedert.

- einheimisch
- planar bis montan
- Moore u. Seggenriede, Extensivgrünland u. Magerrasen, Zwergstrauchheiden, Wälder, Zier- bzw. Nutzpflanze
- an nährstoffarmen, sauren, feuchten bis nassen, zuweilen überfluteten Standorten

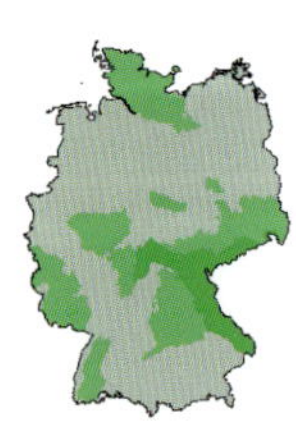

J F M **A M J J** A S O N D

Pedicularis verticillata L.

Quirlblättriges Läusekraut *Orobanchaceae*
↓ K(5) [C(5) A4] G($\underline{2}$) RL R § BNatG b

Chlorophyllhaltiger Halbparasit, bis 30 cm hoch. Pflanzen: mehrjährig. Blüten: **meist rötlich bis violett**, selten weißlich. Krone: 2-lippig, 10–20 mm lang. Oberlippe: **meist ungeschnäbelt**; an der Spitze: abgerundet. Kelchblätter: **behaart**. Früchte: Kapseln. Blattstellung: **gegenständig o. in 3–4-blättrigen Wirteln**. Blätter: gelappt bis 1-fach gefiedert.

- einheimisch
- subalpin bis alpin
- Moore u. Seggenriede, Extensivgrünland u. Magerrasen, Schutt- u. Felsfluren
- an nährstoffarmen, basenreichen Standorten

J F M A **M J J A** S O N D

Ilex aquifolium L.

Europäische Stechpalme *Aquifoliaceae*
♂ ∗ K(4) C(4) A4 | ♀ ∗ K(4) C(4) G($\underline{4}$) stark giftig § BNatG b

Baum- o. strauchförmig, bis 12 m hoch. Blütenstand: **knäuelig**. Blüten: **weißlich**. Krone: meist 4-blättrig. ♀ Blüten: meist mit 4 Staminodien. ♂ Blüten: meist mit rudimentärem Fruchtknoten. Früchte: **Steinfrüchte, ± kugelig, rötlich**. Stängel: aufrecht. Blattstellung: wechselständig. Blätter: **immergrün, derb, am Rand stachelig gezähnt**; Seitennerven 1. Ordnung: fiedrig verzweigt, der 2. deutlich entwickelte Nerv etwas oberhalb der Spreitenbasis beginnend; unterseits: kahl.

- einheimisch
- planar bis montan
- Wälder, Zier- bzw. Nutzpflanze

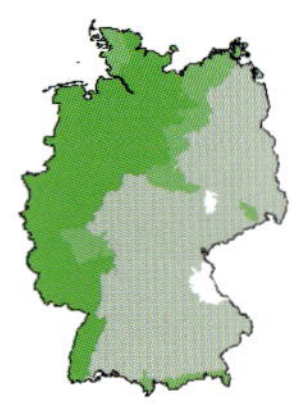

J F M **A M J J** A S O N D

Lobelia dortmanna L.

Wasser-Lobelie *Campanulaceae*
↓ K5 C(5) A5 G($\overline{2}$) RL 1 § BNatG s

Im Boden wurzelnde Wasserpflanze, allenfalls die Blüten aus dem Wasser ragend, 20–80 cm hoch. Blütenstand: **traubenartig**, 3-15-blütig. Blüten: **± 2-lippig, untere Kronzipfel größer als die oberen**, hellblau bis weißlich; Kronröhre meist bläulich. Kronzipfel: zunächst miteinander verwachsen, später ± bis zum Grund aufreißend, 0,5–1,5-mal so lang wie die Kronröhre. Staubbeutel: **röhrig verwachsen**. Früchte: Kapseln. Stängel: **unverzweigt**, mit grundständiger Blattrosette, *ohne* Laubblätter. Blätter: **mit 2 Hohlräumen, länglich-lineal**, Spreite bis 12 cm lang.

- einheimisch
- planar
- Gewässer
- an nährstoffarmen, nassen, dauerhaft überfluteten Standorten

J F M A M **J J A** S O N D

Adenophora liliifolia (L.) A. DC.

Wohlriechende Schellenblume *Campanulaceae*
∗ K5 C(5) A5 G($\overline{3}$) RL 1 § FFH IV, BNatG s

30–100 cm hoch. Pflanzen: mehrjährig. Blütenstand: trauben- bis rispenartig. Blüten: **überhängend**, gestielt, **glockig-trichterförmig, wohlriechend, hellblau bis violett**. Krone: 10–25 mm lang. Kronzipfel: oval bis 3-eckig, **kürzer als die Kronröhre**. Kelchblätter: schmal 3-eckig. Griffel: **basal mit kleinem, becherförmigen Drüsenring, deutlich aus der Blüte ragend**. Früchte: Kapseln. Stängel: aufrecht.

- einheimisch
- collin bis montan
- Grünland, Staudenfluren, Gehölze, Wälder, Zier- bzw. Nutzpflanze
- an nährstoffarmen, basenreichen Standorten

J F M A M **J J A S** O N D

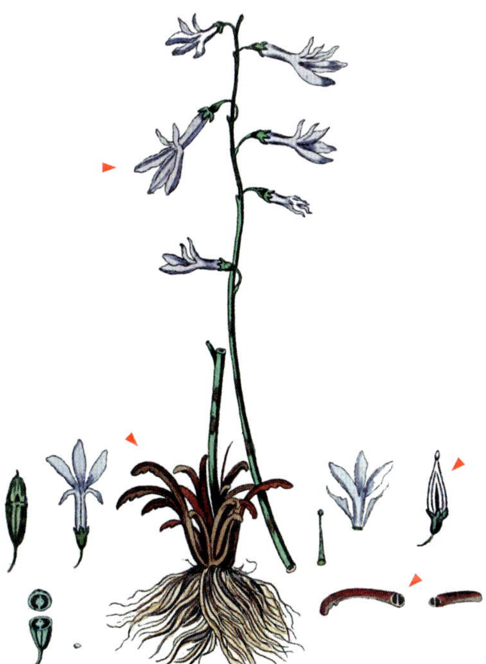

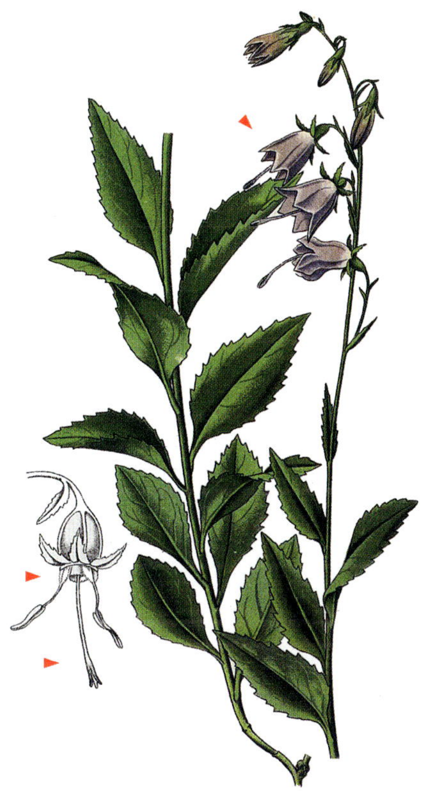

Campanula rotundifolia agg.

Rundblättrige Glockenblume *Campanulaceae*
∗ K5 C(5) A5 G($\overline{3}$)

10–30 cm hoch. Pflanzen: lockerrasig. Blütenstand: Blüten einzeln bis traubenartig. Blüten: gestielt, glockig-trichterförmig, **einzeln**, bläulich bis violett, selten weißlich. Kelchblätter: **± 0,5-mal so lang wie die Krone**. Früchte: Kapseln, mit 3 basalen Öffnungen, überhängend. Stängel: zur Blütezeit basal meist *ohne* sterile Rosettentriebe. Grundblätter: **oval bis herzförmig**. mittlere Stängelblätter: **lineal-lanzettlich**.

In Deutschland kommen 3 Arten der Artengruppe *Campanula rotundifolia* agg. vor: *C. rotundifolia*, *C. baumgartenii* und *C. scheuchzeri* (vgl. S. 1437).

- einheimisch
- planar bis alpin
- Extensivgrünland u. Magerrasen, Zwergstrauchheiden, Staudenfluren, Wälder, Schutt- u. Felsfluren, Ruderalvegetation, Zier- bzw. Nutzpflanze
- an nährstoffarmen Standorten

J F M A M J J A S O N D

Campanula alpina Jacq.

Alpen-Glockenblume *Campanulaceae*
∗ K5 C(5) A5 G($\overline{3}$) RL R

Bis 20 cm hoch. Blütenstand: traubenartig. Blüten: gestielt, glockig-trichterförmig, bläulich bis violett. Kelchblätter: **> 0,5-mal so lang wie die Krone**. Anhängsel der Kelchblätter: **< 1 mm lang**. Früchte: Kapseln, mit 3 basalen Öffnungen, überhängend.

- einheimisch
- subalpin bis alpin
- Extensivgrünland u. Magerrasen, Zwergstrauchheiden, Schutt- u. Felsfluren
- an nährstoffarmen Standorten

J F M A M J J A S O N D

Campanula barbata L.

Bärtige Glockenblume *Campanulaceae*
∗ K5 C(5) A5 G($\overline{3}$)

10–40 cm hoch. Blütenstand: traubenartig, **einseitswendig**. Blüten: gestielt, glockig-trichterförmig, **hellblau bis hellviolett**. Kronblätter: **innen lang behaart**. Kelchblätter: **< 0,5-mal so lang wie die Krone**. Anhängsel der Kelchblätter: **1,5–3 mm lang**. Früchte: Kapseln, mit 3 basalen Öffnungen, überhängend. Grundblätter: **rosettig**.

- einheimisch
- subalpin bis alpin
- Extensivgrünland u. Magerrasen, Schutt- u. Felsfluren, Zier- bzw. Nutzpflanze
- an nährstoffarmen, sauren Standorten

J F M A M J J A S O N D

Campanula bononiensis L.

Bologneser Glockenblume *Campanulaceae*
∗ K5 C(5) A5 G($\overline{3}$) RL 2 § BNatG b

40–100 cm hoch. Blütenstand: trauben- bis rispenartig. Blüten: gestielt, glockig-trichterförmig, bläulich bis violett. Krone: **10–25 mm lang**. Kelchblätter: **3-eckig**. Tragblätter der unteren Blüten: **viel kleiner als die Laubblätter**. Fruchtstiele: **kürzer bis etwas länger als die Kapsel mit Kelch**. Früchte: Kapseln, mit 3 basalen Öffnungen, überhängend. Stängel: im QS oben rundlich. Blätter: **unterseits blau- bzw. graugrün**, unterseits samtig behaart. untere Stängelblätter: **gestielt**. mittlere Stängelblätter: **länglich oval bis herzförmig**.

- einheimisch
- planar bis collin
- Staudenfluren, Gehölze, Wälder
- an nährstoffarmen, basenreichen, meist trockenen Standorten

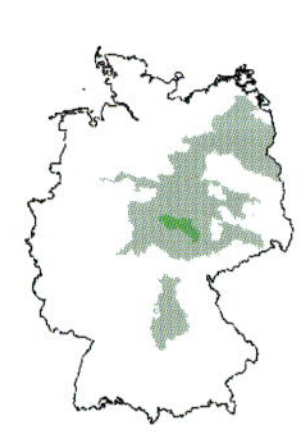

J F M A M J J A S O N D

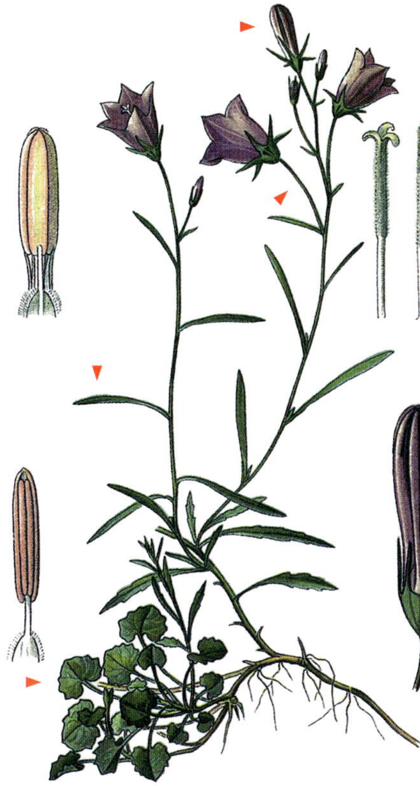

Campanula cervicaria L.

Borstige Glockenblume *Campanulaceae*
∗ K5 C(5) A5 G($\overline{3}$)
RL 1 § BNatG b

40–80 cm hoch. Pflanze: **steif-borstig behaart.** Blütenstand: **ein endständiges Köpfchen, darunter meist seitenständige Köpfchen**. Blüten: **sitzend**, glockig-trichterförmig, bläulich bis violett. Früchte: Kapseln, mit 3 basalen Öffnungen, überhängend. Grundblätter: **allmählich in den Stiel verschmälert.** mittlere Stängelblätter: **länglich-lanzettlich**.

- einheimisch
- planar bis montan
- Extensivgrünland u. Magerrasen, Staudenfluren, Gehölze, Wälder, Zier- bzw. Nutzpflanze
- an basenreichen Standorten

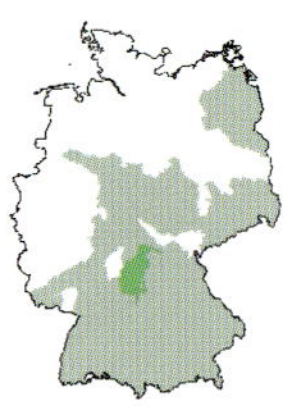

J F M A **M J J A** S O N D

Campanula cochleariifolia Lam.

Zwerg-Glockenblume *Campanulaceae*
∗ K5 C(5) A5 G($\overline{3}$)

Bis 15 cm hoch. Pflanzen: dichtrasig. Blütenstand: trauben- bis rispenartig. Blüten: gestielt, glockig-trichterförmig, meist hellblau. Fruchtknoten: glatt. Fruchtstiele: **deutlich länger als die Kapsel mit Kelch**. Früchte: Kapseln, mit 3 basalen Öffnungen, überhängend. Stängel: **zur Blütezeit basal meist mit sterilen Rosettentrieben**; unten: behaart. Grundblätter: **zur Blütezeit vorhanden**, oval bis rundlich. mittlere Stängelblätter: **lineal-lanzettlich**.

- einheimisch
- collin bis alpin
- Schutt- u. Felsfluren, an Mauern, Zier- bzw. Nutzpflanze
- an basenreichen Standorten

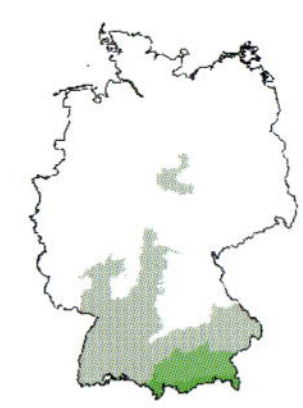

J F M A **M J J A S** O N D

Campanula glomerata L.

Knäuel-Glockenblume *Campanulaceae*
∗ K5 C(5) A5 G($\overline{3}$)
RL 3

30–60 cm hoch. Pflanze: kahl o. (weich) behaart Blütenstand: **ein endständiges Köpfchen, darunter meist seitenständige Köpfchen**. Blüten: **sitzend**, glockig-trichterförmig, bläulich bis violett. Früchte: Kapseln, mit 3 basalen Öffnungen, überhängend. Grundblätter: **plötzlich in den Stiel verschmälert, basal abgerundet o. ausgerandet.** mittlere Stängelblätter: **länglich-oval bis lanzettlich**.

- einheimisch
- planar bis montan
- Extensivgrünland u. Magerrasen, Staudenfluren, Gehölze, Zier- bzw. Nutzpflanze
- an nährstoffarmen, basenreichen Standorten

J F M A **M J J A S O** N D

Campanula latifolia L.

Breitblättrige Glockenblume *Campanulaceae*
∗ K5 C(5) A5 G($\overline{3}$)
§ BNatG b

60–100 cm hoch. Blütenstand: trauben- bis rispenartig. Blüten: gestielt, glockig-trichterförmig, meist hellviolett. Krone: **30–55 mm lang**. Kelchblätter: **3-eckig**. Tragblätter der unteren Blüten: **laubblattartig**. Fruchtstiele: **kürzer bis etwas länger als die Kapsel mit Kelch**. Früchte: Kapseln, mit 3 basalen Öffnungen, überhängend. Stängel: im QS stumpfkantig, weichhaarig; oben: im QS rundlich. untere Stängelblätter: **gestielt**. mittlere Stängelblätter: **länglich-lanzettlich bis oval**.

- einheimisch
- planar bis montan
- Staudenfluren, Wälder, Ruderalvegetation, Zier- bzw. Nutzpflanze
- an nährstoffreichen, basenreichen Standorten

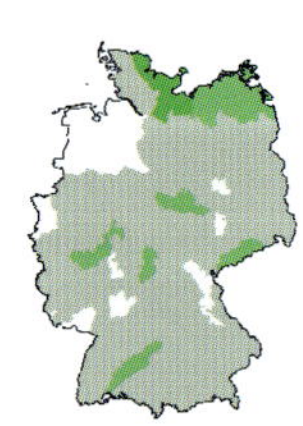

J F M A **M J J A** S O N D

Campanula patula L.

Wiesen-Glockenblume *Campanulaceae*
∗ K5 C(5) A5 G($\overline{3}$) RL V

25–120 cm hoch. Blütenstand: rispenartig, **breit**; Seitenäste: ± **waagerecht abstehend**. Vorblätter unter den Blüten: **2, in der Mitte des Blütenstiels.** Blüten: gestielt, glockig-trichterförmig, meist hellrötlich bis violett. Krone: meist trichterförmig, **15–30 mm lang**. Kelchblätter: **schmal lineal bis 3-eckig, basal < 1 mm breit.** Fruchtstiele: **deutlich länger als die Kapsel mit Kelch**. Früchte: Kapseln, mit 3 basalen Öffnungen, **aufrecht**. Grundblätter: **länglich bis spatelförmig**. Mittlere Stängelblätter: **lineal-lanzettlich.**

- einheimisch
- planar bis montan
- Grünland, Ruderalvegetation, Zier- bzw. Nutzpflanze

J F M **A M J J A** S O N D

Campanula persicifolia L.

Pfirsichblättrige Glockenblume *Campanulaceae*
∗ K5 C(5) A5 G($\overline{3}$)

25–120 cm hoch. Blütenstand: traubenartig. Blüten: gestielt, glockig-trichterförmig, meist hellblau bis violett, selten weißlich. Krone: weit glockig, **25–50 mm lang**. Kelchblätter: **3-eckig, basal > 1 mm breit**. Fruchtstiele: **deutlich länger als die Kapsel mit Kelch**. Früchte: Kapseln, mit 3 basalen Öffnungen, **aufrecht**. Grundblätter: **länglich bis spatelförmig**. Mittlere Stängelblätter: **lineal-lanzettlich**.

- einheimisch
- planar bis montan
- Staudenfluren, Gehölze, Wälder, Zier- bzw. Nutzpflanze
- an basenreichen Standorten

J F M A **M J J A S** O N D

Campanula rapunculoides L.

Acker-Glockenblume *Campanulaceae*
∗ K5 C(5) A5 G($\overline{3}$)

30–80 cm hoch. Blütenstand: trauben- bis rispenartig. Blüten: gestielt, glockig-trichterförmig, bläulich bis violett. Kelchblätter: **3-eckig, basal 3–7 mm breit**. Tragblätter der unteren Blüten: **viel kleiner als die Laubblätter**. Fruchtstiele: **kürzer bis etwas länger als die Kapsel mit Kelch**. Früchte: Kapseln, mit 3 basalen Öffnungen, überhängend. Stängel: im QS unten scharfkantig, kahl *oder* weichhaarig. Blätter: unterseits grünlich. Untere Stängelblätter: **gestielt**. Mittlere Stängelblätter: **länglich-oval bis herzförmig**.

- einheimisch
- planar bis montan
- Grünland, Staudenfluren, Gehölze, Wälder, Äcker, Ruderalvegetation, Zier- bzw. Nutzpflanze

J F M A **M J J A S O** N D

Campanula rapunculus L.

Rapunzel-Glockenblume *Campanulaceae*
∗ K5 C(5) A5 G($\overline{3}$)

50–80 cm hoch. Blütenstand: rispenartig, **schmal**; Seitenäste: **aufrecht**. Vorblätter unter den Blüten: **1–2, an der Basis des Blütenstiels**. Blüten: gestielt, glockig-trichterförmig, meist hellblau bis violett. Krone: meist trichterförmig, **15–30 mm lang**. Kelchblätter: **basal < 1 mm breit**. Fruchtstiele: **deutlich länger als die Kapsel mit Kelch**. Früchte: Kapseln, mit 3 basalen Öffnungen, **aufrecht**. Grundblätter: **länglich bis spatelförmig**. Mittlere Stängelblätter: **lineal-lanzettlich**.

- einheimisch
- planar bis montan
- Grünland, Staudenfluren, Gehölze, Wälder, Ruderalvegetation, Zier- bzw. Nutzpflanze
- meist an trockenen Standorten

J F M A **M J J A** S O N D

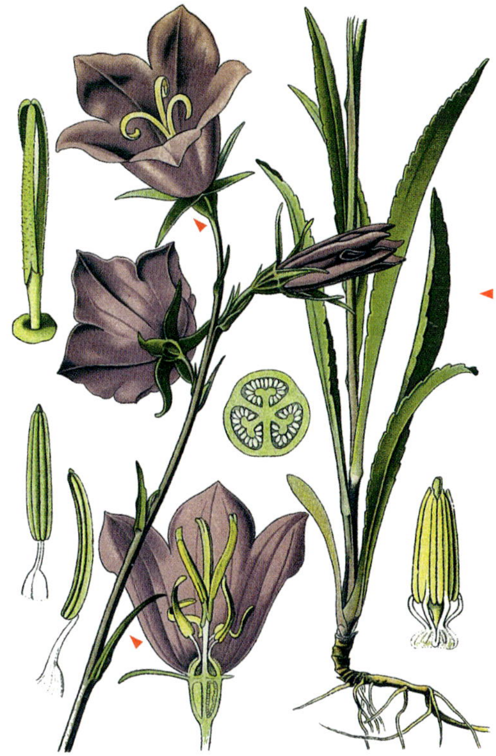

Campanula rhomboidalis L.

Rautenblättrige Glockenblume *Campanulaceae*
∗ K5 C(5) A5 G($\overline{3}$)

20–80 cm hoch. Blütenstand: trauben- bis rispenartig. Blüten: gestielt, glockig-trichterförmig, bläulich bis violett. Kelchblätter: **schmal lineal bis 3-eckig**. Fruchtstiele: **kürzer bis etwas länger als die Kapsel mit Kelch**. Früchte: Kapseln, mit 3 basalen Öffnungen, überhängend. Untere Stängelblätter: **sitzend**. Mittlere Stängelblätter: **oval bis rautenförmig**.

- eingebürgerter Neophyt, urspr. aus den Westalpen, Pyrenäen u. Westeuropa
- collin bis montan
- Grünland, Ruderalvegetation
- an basenreichen Standorten

J F M A **M J J A** S O N D

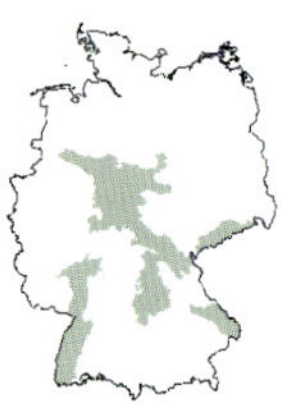

Campanula sibirica L.

Sibirische Glockenblume *Campanulaceae*
∗ K5 C(5) A5 G($\overline{3}$) RL 2

15–50 cm hoch. Blütenstand: trauben- bis rispenartig. Blüten: gestielt, glockig-trichterförmig, bläulich bis violett. Kronblätter: innen ± kahl. Kelchblätter: **< 0,5-mal so lang wie die Krone**. Anhängsel der Kelchblätter: **1,5–3 mm lang**. Früchte: Kapseln, mit 3 basalen Öffnungen, überhängend. Grundblätter: **rosettig**.

- einheimisch
- planar
- Extensivgrünland u. Magerrasen
- an nährstoffarmen, basenreichen, trockenen Standorten

J F M A **M J J** A S O N D

Campanula thyrsoides L.

Strauß-Glockenblume *Campanulaceae*
∗ K5 C(5) A5 G($\overline{3}$) RL 3 § BNatG b

10–40 cm hoch. Pflanzen: steif behaart. Blütenstand: **ährenrispenartig**. Blüten: **sitzend**, glockig-trichterförmig, **gelblich**. Früchte: Kapseln, mit 3 basalen Öffnungen, überhängend. Grundblätter: **rosettig**.

- einheimisch
- subalpin bis alpin
- Extensivgrünland u. Magerrasen, Schutt- u. Felsfluren
- an basenreichen Standorten

J F M A M **J J A** S O N D

Campanula trachelium L.

Nesselblättrige Glockenblume *Campanulaceae*
∗ K5 C(5) A5 G($\overline{3}$)

60–100 cm hoch. Blütenstand: trauben- bis rispenartig. Blüten: gestielt, glockig-trichterförmig, bläulich bis violett. Kelchblätter: **3-eckig, basal 1–3 mm breit**. Tragblätter der unteren Blüten: **laubblattartig**. Fruchtstiele: **kürzer bis etwas länger als die Kapsel mit Kelch**. Früchte: Kapseln, mit 3 basalen Öffnungen, überhängend. Stängel: im QS unten scharfkantig, borstig behaart. Untere Stängelblätter: **gestielt**. Mittlere Stängelblätter: **oval bis herzförmig, grob gezähnt**.

- einheimisch
- planar bis montan
- Staudenfluren, Gehölze, Wälder, Ruderalvegetation, Zier- bzw. Nutzpflanze
- an nährstoffreichen, basenreichen Standorten

J F M A M **J J A S** O N D

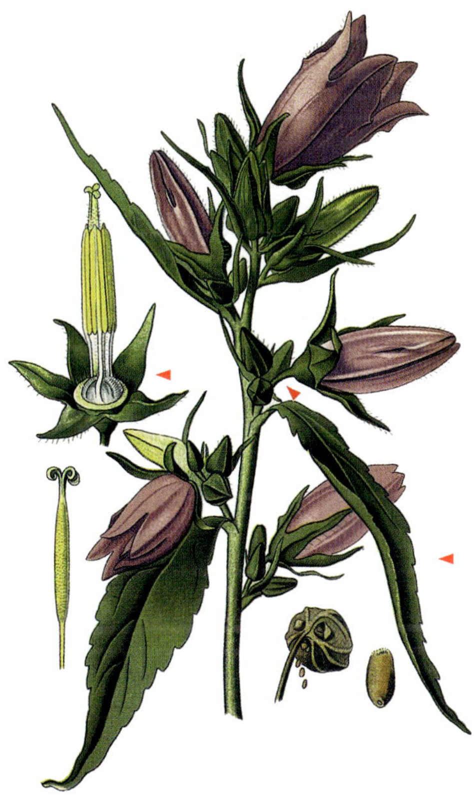

Jasione laevis Lam.

Ausdauernde Jasione *Campanulaceae*
∗ K5 C(5) A5 G($\overline{3}$) RL 3

25–60 cm hoch. Blütenstand: köpfchenartig. Köpfchen: **25–35 mm ⌀.** Tragblätter der Blüten: fehlen. Blüten: kurz gestielt, bläulich bis violett. Krone: gerade. Kronzipfel: lineal. Kelchzipfel: **kahl**. Früchte: Kapseln. Ausläufer: **oberirdisch**. Blätter: **am Rand *nicht* wellig**.

- einheimisch
- montan
- Extensivgrünland u. Magerrasen, Zier- bzw. Nutzpflanze
- an nährstoffarmen, sauren Standorten

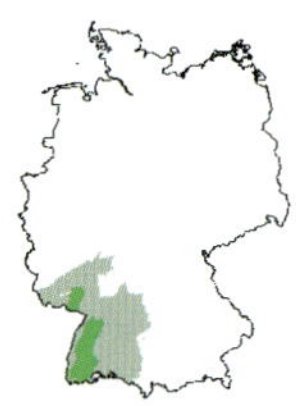

J F M A M **J J A** S O N D

Jasione montana L.

Berg-Jasione *Campanulaceae*
∗ K5 C(5) A5 G($\overline{3}$) § FFH IV, BNatG s

10–50 cm hoch. Blütenstand: **köpfchenartig**. Köpfchen: **12–25 mm ⌀.** Tragblätter der Blüten: fehlen. Blüten: kurz gestielt, bläulich. Krone: gerade. Kronzipfel: lineal. Kelchzipfel: **behaart**. Früchte: Kapseln. Ausläufer: **fehlend**. Blätter: **am Rand meist wellig**.

- einheimisch
- planar bis montan
- Extensivgrünland u. Magerrasen, Schutt- u. Felsfluren, Dünen, Zier- bzw. Nutzpflanze
- an nährstoffarmen, sauren, meist trockenen Standorten

J F M A **M J J A** S O N D

Legousia hybrida (L.) Delarbre

Kleinblütiger Frauenspiegel *Campanulaceae*
∗ K5 C(5) A5 G($\overline{3}$) RL 2

15–25 cm hoch. Pflanzen: 1-jährig. Blütenstand: **trauben- bis rispenartig, gehäuft am Ende der Äste**. Blüten: offen ausgebreitet, **rötlich bis violett, basal meist grünlich bis gelblich**. Krone: kürzer als der Fruchtknoten, **5–18 mm ⌀.** Kronzipfel: oval bis 3-eckig, 0,5–2-mal so lang wie die Kronröhre. Kelchblätter: **deutlich länger als die Kronblätter**. Früchte: Kapseln.

- Archaeophyt
- planar bis collin
- Äcker, Ruderalvegetation, Zier- bzw. Nutzpflanze
- an kalkreichen Standorten

J F M A **M J J** A S O N D

Legousia speculum-veneris (L.) Chaix

Echter Frauenspiegel *Campanulaceae*
∗ K5 C(5) A5 G($\overline{3}$) RL 2

10–40 cm hoch. Pflanzen: 1-jährig. Blütenstand: **trauben- bis rispenartig, lockerblütig**. Blüten: meist offen ausgebreitet, **dunkelviolett, basal meist grünlich bis gelblich**. Krone: kürzer als der Fruchtknoten, **18–30 mm ⌀.** Kronzipfel: oval bis 3-eckig, 0,5–2-mal so lang wie die Kronröhre. Kelchblätter: **kürzer bis etwas länger als die Kronblätter**. Früchte: Kapseln.

- Archaeophyt
- planar bis montan
- Äcker, Ruderalvegetation, Zier- bzw. Nutzpflanze
- an kalkreichen Standorten

J F M A **M J J A** S O N D

Phyteuma orbiculare agg.

Kugel-Teufelskralle *Campanulaceae*
∗ K5 C(5) A5 G($\overline{2-3}$)

10–50 cm hoch. BLÜTENSTAND: **köpfchenartig, kugelig bis kurz-eiförmig, < 2,5 cm lang**. BLÜTEN: sitzend, dunkelblau bis violett. KRONE: gebogen. KRONZIPFEL: zunächst miteinander verwachsen, später ± bis zum Grund aufreißend, lineal. FRÜCHTE: Kapseln. BLÄTTER: gekerbt bis grob gesägt. GRUNDBLÄTTER: **länglich-lanzettlich bis herzförmig, 1,5–4-mal so lang wie breit**.

P. orbiculare (Kugel-Teufelskralle): HÜLLBLÄTTER: länglich-oval bis lanzettlich, ± so lang wie das Köpfchen. KELCHZIPFEL: 2–3 mm lang. NARBEN: meist 3. STÄNGEL: locker beblättert. BLÄTTER: gekerbt bis grob gesägt.
P. tenerum (Zarte Kugel-Teufelskralle): HÜLLBLÄTTER: rundlich bis breit-oval, meist kürzer als das Köpfchen. KELCHZIPFEL: 1–2 mm lang. NARBEN: meist 2. STÄNGEL: dicht beblättert. BLÄTTER: scharf gesägt.

- einheimisch
- collin bis alpin
- Extensivgrünland u. Magerrasen, Zier- bzw. Nutzpflanze
- an nährstoffarmen, basenreichen Standorten

J F M **A M J J A S** O N D

Phyteuma betonicifolium Vill.

Betonien-Teufelskralle *Campanulaceae*
∗ K5 C(5) A5 G($\overline{2-3}$)
RL R

15–60 cm hoch. BLÜTENSTAND: **ährenartig, länglich-eiförmig bis zylindrisch, meist > 2,5 cm lang**. BLÜTEN: sitzend, bläulich bis violett. KRONE: gebogen. KRONZIPFEL: zunächst miteinander verwachsen, später ± bis zum Grund aufreißend, lineal. FRÜCHTE: Kapseln. GRUNDBLÄTTER: **länglich bis lanzettlich, 2–6-mal so lang wie breit**.

- einheimisch
- montan bis alpin
- Extensivgrünland u. Magerrasen, Wälder, Schutt- u. Felsfluren, Zier- bzw. Nutzpflanze
- an nährstoffarmen, sauren Standorten

J F M A **M J J A S** O N D

Phyteuma hemisphaericum L.

Halbkuglige Teufelskralle *Campanulaceae*
∗ K5 C(5) A5 G($\overline{3}$)
RL 1

Bis 20 cm hoch. BLÜTENSTAND: **köpfchenartig, kugelig bis kurz-eiförmig**. BLÜTEN: sitzend, dunkelblau bis violett. KRONE: gebogen. KRONZIPFEL: zunächst miteinander verwachsen, später ± bis zum Grund aufreißend, lineal. FRÜCHTE: Kapseln. GRUNDBLÄTTER: **lineal, > 8-mal so lang wie breit**.

- einheimisch
- subalpin bis alpin
- Extensivgrünland u. Magerrasen, Schutt- u. Felsfluren, Zier- bzw. Nutzpflanze
- an nährstoffarmen, sauren Standorten

J F M A M **J J A** S O N D

Phyteuma nigrum F. W. Schmidt

Schwarze Teufelskralle *Campanulaceae*
∗ K5 C(5) A5 G($\overline{2}$)
RL V

20–50 cm hoch. PFLANZEN: kahl. BLÜTENSTAND: **ährenartig, länglich-eiförmig bis zylindrisch, meist > 2,5 cm lang**. BLÜTEN: sitzend, dunkelblau bis violett. KRONE: gebogen. KRONZIPFEL: zunächst miteinander verwachsen, später ± bis zum Grund aufreißend, lineal. NARBEN: 2. FRÜCHTE: Kapseln. GRUNDBLÄTTER: **herzförmig, 1,5–2,5-mal so lang wie breit, basal meist seicht ausgerandet**. MITTLERE STÄNGELBLÄTTER: **basal keilförmig verschmälert**.

- einheimisch
- planar bis montan
- Grünland, Staudenfluren, Gehölze, Wälder, Zier- bzw. Nutzpflanze

J F M **A M J J** A S O N D

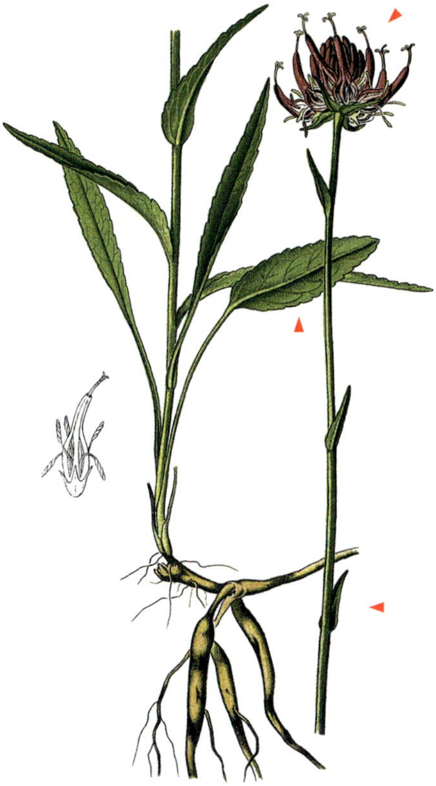

Phyteuma ovatum Honck.

Hallers Teufelskralle — *Campanulaceae*
$*$ K5 C(5) A5 G($\overline{2}$) RL R

30–80 cm hoch. PFLANZEN: kahl. BLÜTENSTAND: **ährenartig, länglich-eiförmig bis zylindrisch, meist > 2,5 cm lang**. BLÜTEN: sitzend, dunkelblau bis violett. KRONE: gebogen. KRONZIPFEL: zunächst miteinander verwachsen, später ± bis zum Grund aufreißend, lineal. NARBEN: 2. FRÜCHTE: Kapseln. GRUNDBLÄTTER: **herzförmig, 0,8–1,5-mal so lang wie breit, basal meist tief ausgerandet**. MITTLERE STÄNGELBLÄTTER: **basal abgerundet**.

- einheimisch
- montan bis subalpin
- Grünland, Staudenfluren, Gehölze, Wälder, Zier- bzw. Nutzpflanze

J F M A M **J J A** S O N D

Phyteuma spicatum L.

Ährige Teufelskralle — *Campanulaceae*
$*$ K5 C(5) A5 G($\overline{2}$)

30–80 cm hoch. PFLANZEN: kahl. BLÜTENSTAND: **ährenartig, länglich-eiförmig bis zylindrisch, meist > 2,5 cm lang**. BLÜTEN: sitzend, **weißlich-gelblich**. KRONE: gebogen. KRONZIPFEL: zunächst miteinander verwachsen, später ± bis zum Grund aufreißend, lineal. NARBEN: 2. FRÜCHTE: Kapseln. GRUNDBLÄTTER: **herzförmig, 1-2-mal so lang wie breit, basal meist tief ausgerandet**.

- einheimisch
- planar bis subalpin
- Grünland, Wälder, Zier- bzw. Nutzpflanze

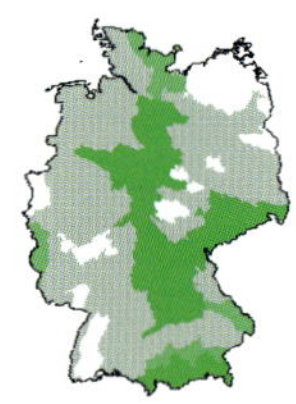

J F M **A M J J A** S O N D

Wahlenbergia hederacea (L.) Rchb.

Efeu-Moorglöckchen — *Campanulaceae*
$*$ K5 C(5) A5 G($\overline{3–5}$) RL 2 § BNatG b

Bis 30 cm hoch. BLÜTEN: **lang gestielt, hellblau bis violett**. KRONE: **5–15 mm lang**. KRONZIPFEL: oval bis 3-eckig. FRUCHTKNOTEN: meist unterständig. GRIFFEL: frei. FRÜCHTE: Kapseln. STÄNGEL: **niederliegend**. AUSLÄUFER: **einwurzelnd**. BLÄTTER: **lang gestielt, oval bis herzförmig**, am Rand grob gezähnt bis seicht gelappt.

- einheimisch
- planar bis collin
- Moore u. Seggenriede, Wälder
- an nährstoffarmen, nassen Standorten

J F M A **M J J A S** O N D

Menyanthes trifoliata L.

Fieberklee — *Menyanthaceae*
$*$ K5 [C(5) A5] G($\underline{2}$) schwach giftig RL 3 § EG D, BNatG b

Im Boden wurzelnde Wasserpflanze, seltener terrestrisch, 15–30 cm hoch. BLÜTENSTAND: **traubenartig, dichtblütig**. BLÜTEN: **glockig-trichterförmig, weißlich, zuweilen rosa überlaufen**. KRONBLÄTTER: **innen dicht abstehend behaart**. KRONZIPFEL: **zurückgerollt**, 0,5–2-mal so lang wie die Kronröhre. FRÜCHTE: Kapseln. BLÄTTER: **3-teilig**.

- einheimisch
- planar bis subalpin
- Gewässer, Moore u. Seggenriede, Zier- bzw. Nutzpflanze
- an nährstoffarmen, nassen, meist überfluteten Standorten

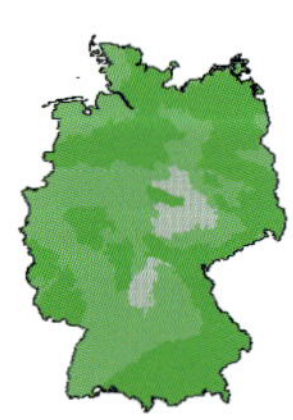

J F M **A M J** J A S O N D

Nymphoides peltata (S. G. Gmel.) Kuntze

Gewöhnliche Seekanne *Menyanthaceae*
∗ K5 [C(5) A5] G($\underline{2}$) RL 3 § BNatG b

Im Boden wurzelnde Wasserpflanze, seltener terrestrisch. BLÜTEN: **offen ausgebreitet, gelblich.** KRONE: 15–40 mm ⌀. KRONZIPFEL: **nur basal verwachsen, am Rand bewimpert.** FRÜCHTE: Kapseln. STÄNGEL: 80–150 cm lang. SCHWIMMBLÄTTER: dunkelgrün glänzend, **nieren- bis herzförmig.**

- einheimisch
- planar bis montan
- Gewässer, Zier- bzw. Nutzpflanze
- an basenreichen, dauerhaft überfluteten Standorten

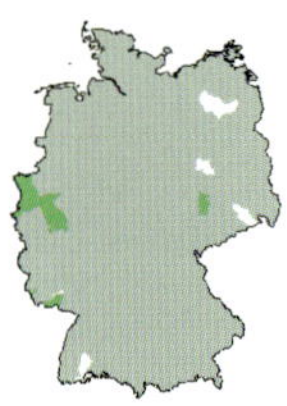

J F M A M J J A S O N D

Arctium lappa L.

Große Klette *Asteraceae*
∗ [P(5) A(5)] G($\overline{2}$)

80–150 cm hoch. PFLANZEN: *ohne* Milchsaft. BLÜTENSTAND: von Hüllkelch umgebene Köpfchen, in traubenartigem Gesamtblütenstand. KÖPFCHEN: nur mit Röhrenblüten, **25–60 mm** ⌀; STIELE: **3–10 cm lang**. KÖPFCHENBODEN: *mit* Spreublättern bzw. -borsten. HÜLLBLÄTTER: ***alle* mit starrer, hakig gekrümmter Spitze, distal meist weißlich**, kahl bis locker spinnwebig behaart. BLÜTEN: rötlich bis violett. FRÜCHTE: 5–8 mm lang. PAPPUS: fehlend o. kurzborstig. BLÄTTER: ungeteilt. GRUNDBLÄTTER: **mit unten markigem Stiel.**

- Archaeophyt
- planar bis montan
- Staudenfluren, Ruderalvegetation, Zier- bzw. Nutzpflanze
- an nährstoffreichen Standorten

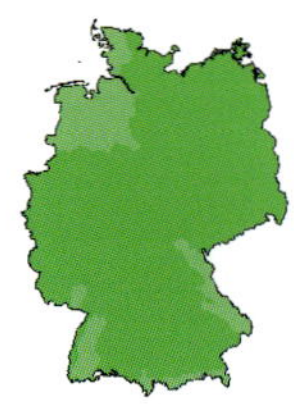

J F M A M J J A S O N D

Arctium minus (Hill) Bernh.

Kleine Klette *Asteraceae*
∗ [P(5) A(5)] G($\overline{2}$)

40–140 cm hoch. PFLANZEN: *ohne* Milchsaft. BLÜTENSTAND: von Hüllkelch umgebene Köpfchen, in ähren- bis rispenartigem Gesamtblütenstand. KÖPFCHEN: nur mit Röhrenblüten, **15–20 mm lang, 12–30 mm** ⌀; STIELE: **< 1,5 cm lang**. KÖPFCHENBODEN: *mit* Spreublättern bzw. -borsten. HÜLLBLÄTTER: ***alle* mit starrer, hakig gekrümmter Spitze, distal meist rötlich**, kahl bis locker spinnwebig behaart. BLÜTEN: rötlich bis violett. RÖHRENBLÜTEN: **länger als die inneren Hüllblätter**. FRÜCHTE: 5–8 mm lang. PAPPUS: fehlend o. kurzborstig. BLÄTTER: ungeteilt. GRUNDBLÄTTER: **mit auch unten hohlem Stiel.**

- einheimisch
- planar bis montan
- Staudenfluren, Ruderalvegetation, Zier- bzw. Nutzpflanze
- an nährstoffreichen Standorten

J F M A M J J A S O N D

Arctium nemorosum Lej.

Hain-Klette *Asteraceae*
∗ [P(5) A(5)] G($\overline{2}$)

100–250 cm hoch. PFLANZEN: *ohne* Milchsaft. BLÜTENSTAND: von Hüllkelch umgebene Köpfchen. KÖPFCHEN: nur mit Röhrenblüten, **20–25 mm lang, 25–40 mm** ⌀; STIELE: **< 1,5 cm lang**. KÖPFCHENBODEN: *mit* Spreublättern bzw. -borsten. HÜLLBLÄTTER: ***alle* mit starrer, hakig gekrümmter Spitze, distal meist rötlich**, kahl bis locker spinnwebig behaart. BLÜTEN: rötlich bis violett. RÖHRENBLÜTEN: **± so lang wie die inneren Hüllblatter**. FRÜCHTE: 6–12 mm lang. PAPPUS: fehlend o. kurzborstig. BLÄTTER: ungeteilt; UNTERSEITS: ± kahl. GRUNDBLÄTTER: **mit auch unten hohlem Stiel.**

- einheimisch
- planar bis montan
- Staudenfluren, Gehölze, Wälder, Ruderalvegetation, Zier- bzw. Nutzpflanze
- an nährstoffreichen Standorten

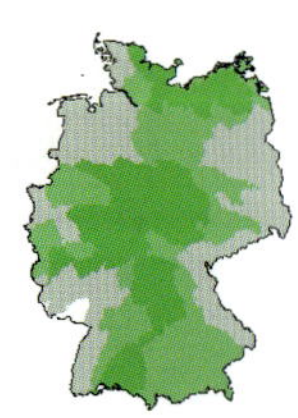

J F M A M J J A S O N D

Arctium tomentosum Mill.

Filz-Klette *Asteraceae*
∗ [P(5) A(5)] $G(\bar{2})$

60–150 cm hoch. Pflanzen: *ohne* Milchsaft. Blütenstand: von Hüllkelch umgebene Köpfchen, in traubenartigem Gesamtblütenstand. Köpfchen: nur mit Röhrenblüten, **12–35 mm** ⌀; Stiele: **3–10 cm lang**. Köpfchenboden: *mit* Spreublättern bzw. -borsten. Hüllblätter: ***äußere*** **mit starrer, hakig gekrümmter Spitze,** ***innere*** **mit gerader Stachelspitze, dicht spinnwebig behaart**. Blüten: rötlich bis violett. Pappus: fehlend o. kurzborstig. Blätter: ungeteilt; oberseits: dunkelgrün; unterseits: **dicht graufilzig behaart**.

- Archaeophyt
- planar bis montan
- Staudenfluren, Ruderalvegetation, Zier- bzw. Nutzpflanze
- an nährstoffreichen, basenreichen Standorten

J F M A M J J A S O N D

Carduus acanthoides L.

Weg-Distel *Asteraceae*
∗ [P(5) A(5)] $G(\bar{2})$

30–150 cm hoch. Pflanzen: distelartig, *ohne* Milchsaft. Blütenstand: von Hüllkelch umgebene Köpfchen, in ähren- bis rispenartigem Gesamtblütenstand, **Köpfchen meist knäuelig genähert, meist 1–3 Köpfchen pro Knäuel**. Köpfchen: nur mit Röhrenblüten, 15–30 mm ⌀. Köpfchenboden: *mit* Spreublättern bzw. -borsten. Blüten: rötlich bis violett. Pappus: basal ringförmig verwachsen, als Ganzes abfallend. Stängel: **stachelig geflügelt**. Blätter: mit langen, derben Stacheln, **beidseits frischgrün, fiederspaltig**; unterseits: **± kahl**.

- Archaeophyt
- planar bis montan
- Staudenfluren, Äcker, Ruderalvegetation, Zier- bzw. Nutzpflanze
- an basenreichen, trockenen Standorten

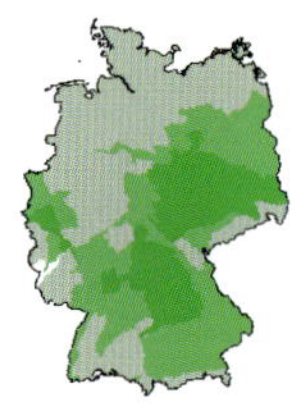

J F M A M J J A S O N D

Carduus crispus L.

Krause Distel *Asteraceae*
∗ [P(5) A(5)] $G(\bar{2})$

60–150 cm hoch. Pflanzen: distelartig, *ohne* Milchsaft. Blütenstand: von Hüllkelch umgebene Köpfchen, in ähren- bis rispenartigem Gesamtblütenstand, **Köpfchen meist knäuelig genähert, meist 3–5 Köpfchen pro Knäuel**. Köpfchen: nur mit Röhrenblüten, 15–30 mm ⌀. Köpfchenboden: *mit* Spreublättern bzw. -borsten. Äussere Hüllblätter: kürzer als die inneren. Blüten: rötlich bis violett. Pappus: basal ringförmig verwachsen, als Ganzes abfallend. Stängel: **stachelig geflügelt**. Obere Stängelblätter: gelappt bis fiederspaltig, basal verschmälert.

Im Gebiet kommen 2 Unterarten vor: subsp. *crispus* und subsp. *multiflorus* (vgl. S. 1437).

- einheimisch
- planar bis montan
- Staudenfluren, Ruderalvegetation, Zier- bzw. Nutzpflanze
- an nährstoffreichen Standorten

J F M A M J J A S O N D

Carduus defloratus L.

Berg-Distel *Asteraceae*
∗ [P(5) A(5)] $G(\bar{2})$ RL V

30–60 cm hoch. Pflanzen: distelartig, *ohne* Milchsaft. Blütenstand: von Hüllkelch umgebene Köpfchen, **Köpfchen einzeln**. Köpfchen: ≤ 3 pro Stängel, nur mit Röhrenblüten, 15–30 mm ⌀. Köpfchenboden: *mit* Spreublättern bzw. -borsten. Blüten: rötlich bis violett. Pappus: basal ringförmig verwachsen, als Ganzes abfallend. Stängel: ***nicht*** **stachelig geflügelt**. Blätter: **ungeteilt**; unterseits: **± kahl**.

- einheimisch
- montan bis alpin
- Extensivgrünland u. Magerrasen, Staudenfluren, Gehölze, Wälder, Schutt- u. Felsfluren
- an basenreichen Standorten

J F M A M J J A S O N D

Carduus nutans L.

Nickende Distel *Asteraceae*
∗ [P(5) A(5)] G($\overline{2}$)

30–100 cm hoch. PFLANZEN: distelartig, *ohne* Milchsaft. BLÜTENSTAND: von Hüllkelch umgebene Köpfchen, meist überhängend, **Köpfchen einzeln**. KÖPFCHEN: ≤ 3 pro Stängel, nur mit Röhrenblüten, **30–80 mm** ⌀. KÖPFCHENBODEN: *mit* Spreublättern bzw. -borsten. HÜLLBLÄTTER: **mit starrer, hakig gekrümmter bis zurückgebogener Spitze**. BLÜTEN: rötlich bis violett. PAPPUS: basal ringförmig verwachsen, als Ganzes abfallend. STÄNGEL: **stachelig geflügelt**. BLÄTTER: mit langen, derben Stacheln, **fiederspaltig**; UNTERSEITS: **zumindest auf den Nerven behaart**.

Im Gebiet kommen 4 Unterarten vor: subsp. *nutans*, subsp. *alpicola*, subsp. *leiophyllus* und subsp. *platylepis* (vgl. S. 1437).

- einheimisch
- planar bis montan
- Grünland, Schutt- u. Felsfluren, Ruderalvegetation, Zier- bzw. Nutzpflanze
- an basenreichen, meist trockenen Standorten

J F M A M **J J A S** O N D

Carduus personata (L.) Jacq.

Kletten-Distel *Asteraceae*
∗ [P(5) A(5)] G($\overline{2}$) RL V

60–200 cm hoch. PFLANZEN: distelartig, *ohne* Milchsaft. BLÜTENSTAND: von Hüllkelch umgebene Köpfchen, in ähren- bis rispenartigem Gesamtblütenstand, **Köpfchen meist knäuelig genähert**, **meist 3–5 Köpfchen pro Knäuel**. KÖPFCHEN: nur mit Röhrenblüten, 15–30 mm ⌀. KÖPFCHENBODEN: *mit* Spreublättern bzw. -borsten. ÄUSSERE HÜLLBLÄTTER: länger als die inneren. BLÜTEN: rötlich bis violett. PAPPUS: basal ringförmig verwachsen, als Ganzes abfallend. BLÄTTER: stachelig, **ungeteilt bis fiederspaltig**; UNTERSEITS: **meist graugrün**, ± dicht behaart. OBERE STÄNGELBLÄTTER: **ungeteilt**, **basal abgerundet bis ausgerandet**.

- einheimisch
- montan bis alpin
- Staudenfluren, Gehölze, Wälder, Ruderalvegetation
- an nährstoffreichen, basenreichen, feuchten bis nassen Standorten

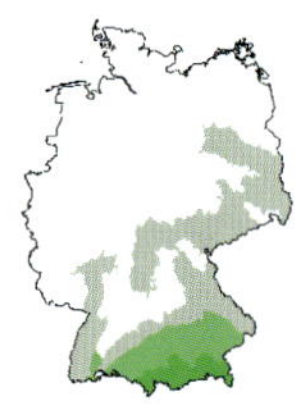

J F M A M **J J A** S O N D

Cirsium acaulon (L.) Scop.

Stängellose Kratzdistel *Asteraceae*
∗ [P(5) A(5)] G($\overline{2}$) RL V

Bis 25 cm hoch. PFLANZEN: distelartig, *ohne* Milchsaft. BLÜTENSTAND: von Hüllkelch umgebene Köpfchen, **Stängel 1- bis wenigköpfig**, Köpfchen meist einzeln. KÖPFCHEN: nur mit Röhrenblüten. KÖPFCHENBODEN: *mit* Spreublättern bzw. -borsten. BLÜTEN: rötlich bis violett. PAPPUS: mehrreihig, mit verzweigten Borsten, basal ringförmig verwachsen, als Ganzes abfallend. STÄNGEL: fehlend bzw. < 10 cm lang. BLÄTTER: stachelig, **gelappt bis fiederspaltig**.

- einheimisch
- planar bis montan
- Extensivgrünland u. Magerrasen
- an nährstoffarmen, basenreichen, meist trockenen Standorten

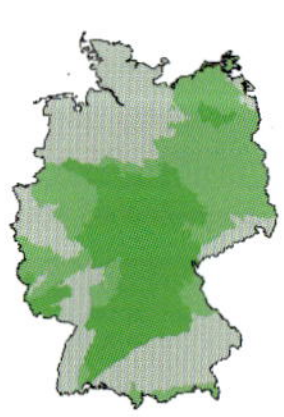

J F M A M **J J A S** O N D

Cirsium arvense (L.) Scop.

Acker-Kratzdistel *Asteraceae*
♂ ∗ [P(5) A(5)] | ♀ ∗ P(5) G($\overline{2}$)

60–120 cm hoch. PFLANZEN: distelartig, *ohne* Milchsaft, **unvollständig 2-häusig**, **Blüten überwiegend 1-geschlechtig**. BLÜTENSTAND: von Hüllkelch umgebene Köpfchen, **in vielköpfigen ähren- bis rispenartigem Gesamtblütenstand**. KÖPFCHEN: nur mit Röhrenblüten, 4–12 mm ⌀. KÖPFCHENBODEN: *mit* Spreublättern bzw. -borsten. BLÜTEN: meist 1-geschlechtig, rötlich bis violett. KRONZIPFEL: > 3 mm lang. PAPPUS: mehrreihig, mit verzweigten Borsten, basal ringförmig verwachsen, als Ganzes abfallend. WURZELN: weit kriechend, mit Wurzelsprossen. STÄNGEL: ***nicht* stachelig geflügelt**. BLÄTTER: stachelig, **ungeteilt bis gelappt**.

- einheimisch
- planar bis montan
- Intensivgrünland, Staudenfluren, Äcker, Ruderalvegetation, Zier- bzw. Nutzpflanze
- auch an salzhaltigen Standorten

J F M A M **J J A S O** N D

Cirsium canum (L.) All.

Graue Kratzdistel *Asteraceae*
∗ [P(5) A(5)] G($\overline{2}$) RL 2

30–100 cm hoch. PFLANZEN: distelartig, *ohne* Milchsaft. BLÜTENSTAND: von Hüllkelch umgebene Köpfchen, **Stängel 1- bis wenigköpfig**, Köpfchen meist einzeln. KÖPFCHEN: nur mit Röhrenblüten. KÖPFCHENBODEN: *mit* Spreublättern bzw. -borsten. BLÜTEN: rötlich bis violett. KRONZIPFEL: ± 2 mm lang. PAPPUS: mehrreihig, mit verzweigten Borsten, basal ringförmig verwachsen, als Ganzes abfallend. STÄNGEL: **allenfalls unten stachelig geflügelt**, vor allem unten beblättert. BLÄTTER: stachelig, **ungeteilt bis gelappt**.

- einheimisch
- planar bis collin
- Grünland, Zier- bzw. Nutzpflanze
- an wechselfeuchten bis nassen Standorten

J F M A M **J J A S** O N D

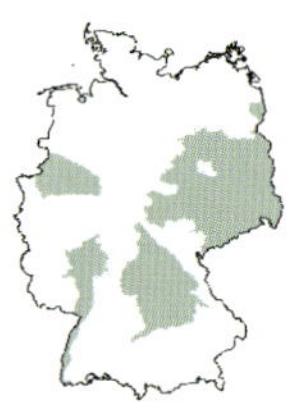

Cirsium dissectum (L.) Hill

Englische Kratzdistel *Asteraceae*
∗ [P(5) A(5)] G($\overline{2}$) RL 2

30–100 cm hoch. PFLANZEN: distelartig, *ohne* Milchsaft. BLÜTENSTAND: von Hüllkelch umgebene Köpfchen, **Stängel 1- bis wenigköpfig**, Köpfchen meist einzeln. KÖPFCHEN: nur mit Röhrenblüten, > 12 mm ⌀. KÖPFCHENBODEN: *mit* Spreublättern bzw. -borsten. BLÜTEN: rötlich bis violett. PAPPUS: mehrreihig, mit verzweigten Borsten, basal ringförmig verwachsen, als Ganzes abfallend. STÄNGEL: ***nicht* stachelig geflügelt**. BLÄTTER: stachelig, **ungeteilt bis gelappt**; UNTERSEITS: **gräulich, dicht behaart**.

- einheimisch
- planar
- Extensivgrünland u. Magerrasen, Wälder
- an nährstoffarmen, feuchten bis nassen Standorten

J F M A **M J J** A S O N D

Cirsium eriophorum (L.) Scop.

Wollkopf-Kratzdistel *Asteraceae*
∗ [P(5) A(5)] G($\overline{2}$)

80–180 cm hoch. PFLANZEN: distelartig, *ohne* Milchsaft. BLÜTENSTAND: von Hüllkelch umgebene Köpfchen, **Stängel 1- bis wenigköpfig**, Köpfchen meist einzeln. KÖPFCHEN: nur mit Röhrenblüten, > 25 mm ⌀. KÖPFCHENBODEN: *mit* Spreublättern bzw. -borsten. HÜLLBLÄTTER: **dicht spinnwebig behaart**. BLÜTEN: rötlich bis violett. PAPPUS: mehrreihig, mit verzweigten Borsten, basal ringförmig verwachsen, als Ganzes abfallend. STÄNGEL: ***nicht* stachelig geflügelt**. BLÄTTER: stachelig, **fiederspaltig**; OBERSEITS: **borstig-stachelig**.

- einheimisch
- collin bis montan
- Grünland, Staudenfluren, Schutt- u. Felsfluren, Ruderalvegetation, Zier- bzw. Nutzpflanze
- an kalkreichen Standorten

J F M A M **J J A S O** N D

Cirsium heterophyllum (L.) Hill

Verschiedenblättrige Kratzdistel *Asteraceae*
∗ [P(5) A(5)] G($\overline{2}$) RL V

40–100 cm hoch. PFLANZEN: distelartig, *ohne* Milchsaft. BLÜTENSTAND: von Hüllkelch umgebene Köpfchen, **Stängel 1- bis wenigköpfig**, Köpfchen meist einzeln. KÖPFCHEN: nur mit Röhrenblüten, > 12 mm ⌀. KÖPFCHENBODEN: *mit* Spreublättern bzw. -borsten. BLÜTEN: rötlich bis violett. KRONZIPFEL: ± 2 mm lang. PAPPUS: mehrreihig, mit verzweigten Borsten, basal ringförmig verwachsen, als Ganzes abfallend. STÄNGEL: ***nicht* stachelig geflügelt**. BLÄTTER: stachelig, **ungeteilt bis fiederspaltig**, meist nur mit wenigen Seitenlappen; UNTERSEITS: **weißlich, filzig behaart**.

- einheimisch
- montan bis subalpin
- Grünland, Staudenfluren
- an feuchten bis nassen Standorten

J F M A **M J J A** S O N D

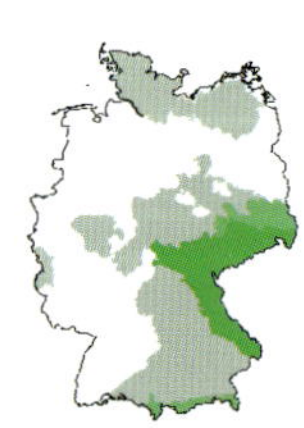

US

US

US

Cirsium oleraceum (L.) Scop.

Kohl-Kratzdistel *Asteraceae*
∗ [P(5) A(5)] G($\overline{2}$)

50–150 cm hoch. Pflanzen: distelartig, *ohne* Milchsaft. Blütenstand: von Hüllkelch umgebene Köpfchen, **Stängel 1- bis wenigköpfig**, Köpfchen meist knäuelig genähert, **von gelblichen Hochblättern umgeben, Hochblätter ungeteilt, oval bis länglich-lanzettlich, borstig-stachelig**. Köpfchen: nur mit Röhrenblüten. Köpfchenboden: *mit* Spreublättern bzw. -borsten. Blüten: **weißlich-gelblich**. Pappus: mehrreihig, mit verzweigten Borsten, basal ringförmig verwachsen, als Ganzes abfallend. Stängel: ***nicht* stachelig geflügelt**, gleichmäßig beblättert, locker beblättert. Blätter: stachelig, weich, **ungeteilt bis fiederspaltig**.

- einheimisch
- planar bis montan
- Grünland, Staudenfluren, Wälder, Zier- bzw. Nutzpflanze

J F M A M J J A S O N D

Cirsium palustre (L.) Scop.

Sumpf-Kratzdistel *Asteraceae*
∗ [P(5) A(5)] G($\overline{2}$)

50–150 cm hoch. Pflanzen: distelartig, *ohne* Milchsaft. Blütenstand: von Hüllkelch umgebene Köpfchen, **Stängel 1- bis wenigköpfig**, Köpfchen meist knäuelig genähert, **> 6 Köpfchen pro Knäuel**. Köpfchen: nur mit Röhrenblüten. Köpfchenboden: *mit* Spreublättern bzw. -borsten. Blüten: rötlich bis violett. Kronzipfel: ± 2 mm lang. Pappus: mehrreihig, mit verzweigten Borsten, basal ringförmig verwachsen, als Ganzes abfallend. Stängel: **± durchgehend stachelig geflügelt**, gleichmäßig beblättert. Blätter: stachelig, **gelappt bis fiederspaltig**.

- einheimisch
- planar bis montan
- Moore u. Seggenriede, Extensivgrünland u. Magerrasen, Staudenfluren, Gehölze, Wälder, Ruderalvegetation
- an nährstoffarmen, feuchten bis nassen Standorten

J F M A M J J A S O N D

Cirsium rivulare (Jacq.) All.

Bach-Kratzdistel *Asteraceae*
∗ [P(5) A(5)] G($\overline{2}$) RL 3

40–100 cm hoch. Pflanzen: distelartig, *ohne* Milchsaft. Blütenstand: von Hüllkelch umgebene Köpfchen, **Stängel 1- bis wenigköpfig**, Köpfchen meist knäuelig genähert, **meist 2–6 Köpfchen pro Knäuel**. Köpfchen: nur mit Röhrenblüten, > 12 mm ⌀. Köpfchenboden: *mit* Spreublättern bzw. -borsten. Blüten: rötlich bis violett. Kronzipfel: ± 2 mm lang. Pappus: mehrreihig, mit verzweigten Borsten, basal ringförmig verwachsen, als Ganzes abfallend. Stängel: ***nicht* stachelig geflügelt**. Blätter: stachelig, **gelappt bis fiederspaltig**.

- einheimisch
- collin bis montan
- Moore u. Seggenriede, Grünland, Quellfluren
- an basenreichen Standorten

J F M A M J J A S O N D

Cirsium spinosissimum (L.) Scop.

Alpen-Kratzdistel *Asteraceae*
∗ [P(5) A(5)] G($\overline{2}$)

15–80 cm hoch. Pflanzen: distelartig, *ohne* Milchsaft. Blütenstand: von Hüllkelch umgebene Köpfchen, **Stängel 1- bis wenigköpfig**, Köpfchen meist knäuelig genähert, **von gelblichen Hochblättern umgeben, Hochblätter fiederspaltig, derb stachelig**. Köpfchen: nur mit Röhrenblüten. Köpfchenboden: *mit* Spreublättern bzw. -borsten. Blüten: **weißlich-gelblich**. Pappus: mehrreihig, mit verzweigten Borsten, basal ringförmig verwachsen, als Ganzes abfallend. Stängel: ***nicht* stachelig geflügelt**, gleichmäßig beblättert, **dicht beblättert**. Blätter: mit vielen festen Stacheln, derb, **fiederspaltig**.

- einheimisch
- subalpin bis alpin
- Grünland, Staudenfluren, Schutt- u. Felsfluren, Schneetälchen
- an nährstoffreichen Standorten

J F M A M J J A S O N D

Cirsium tuberosum (L.) All.

Knollen-Kratzdistel *Asteraceae*
∗ [P(5) A(5)] G($\overline{2}$) RL 3

30–120 cm hoch. Pflanzen: distelartig, *ohne* Milchsaft. Blütenstand: von Hüllkelch umgebene Köpfchen, **Stängel 1- bis wenigköpfig**, Köpfchen meist einzeln. Köpfchen: nur mit Röhrenblüten, > 12 mm ⌀. Köpfchenboden: *mit* Spreublättern bzw. -borsten. Blüten: rötlich bis violett. Kronzipfel: ± 2 mm lang. Pappus: mehrreihig, mit verzweigten Borsten, basal ringförmig verwachsen, als Ganzes abfallend. Stängel: ***nicht* stachelig geflügelt**. Blätter: stachelig, **gelappt bis fiederspaltig**.

- einheimisch
- planar bis montan
- Moore u. Seggenriede, Extensivgrünland u. Magerrasen, Gehölze
- an nährstoffarmen, basenreichen, meist wechselfeuchten Standorten

J F M A M **J J A** S O N D

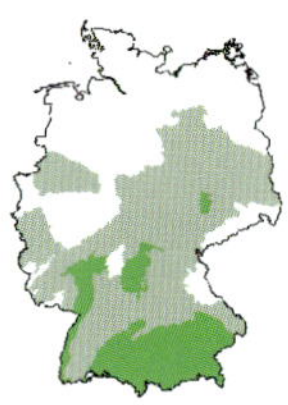

Cirsium vulgare (Savi) Ten.

Lanzett-Kratzdistel *Asteraceae*
∗ [P(5) A(5)] G($\overline{2}$)

60–120 cm hoch. Pflanzen: distelartig, *ohne* Milchsaft. Blütenstand: von Hüllkelch umgebene Köpfchen, **in vielköpfigen ähren- bis rispenartigem Gesamtblütenstand**, Köpfchen meist einzeln. Köpfchen: nur mit Röhrenblüten, > 25 mm ⌀. Köpfchenboden: *mit* Spreublättern bzw. -borsten. Hüllblätter: kahl bis spärlich behaart. Blüten: rötlich bis violett. Kronzipfel: ± 2 mm lang. Pappus: mehrreihig, mit verzweigten Borsten, basal ringförmig verwachsen, als Ganzes abfallend. Stängel: **± durchgehend stachelig geflügelt**. Blätter: stachelig, **fiederspaltig**; oberseits: **borstig-stachelig**.

- einheimisch
- planar bis montan
- Staudenfluren, Ruderalvegetation, Zier- bzw. Nutzpflanze
- an nährstoffreichen Standorten

J F M A **M J J A S O** N D

Carlina acaulis L.

Große Eberwurz *Asteraceae*
∗ [P(5) A(5)] G($\overline{2}$) RL V § BNatG b

Bis 60 cm hoch. Pflanzen: distelartig, mehrjährig, *ohne* Milchsaft. Blütenstand: von Hüllkelch umgebene Köpfchen. Köpfchen: nur mit Röhrenblüten, **30–100 mm** ⌀. Köpfchenboden: mit Spreublättern bzw. -borsten. Hüllblätter: trockenhäutig. innere Hüllblätter: abstehend bis ausgebreitet, **30–60 mm lang, silbrig bis gräulich-weißlich**. äussere Hüllblätter: mit *mehreren* Stacheln. Blüten: bräunlich bis gelblich. Zungenblüten: < 20 mm lang. Pappus: mit verzweigten Borsten. Blätter: stachelig, fiederspaltig, Spreite 8–25 cm lang.

Im Gebiet kommen 2 Unterarten vor: subsp. *acaulis* und subsp. *caulescens* (vgl. S. 1438).

- einheimisch
- collin bis subalpin
- Extensivgrünland u. Magerrasen, Wälder
- an nährstoffarmen Standorten

J F M A M **J J A S O** N D

Carlina biebersteinii Hornem.

Langblättrige Eberwurz *Asteraceae*
∗ [P(5) A(5)] G($\overline{2}$) RL 3

20–70 cm hoch. Pflanzen: distelartig, meist 2-jährig, *ohne* Milchsaft. Blütenstand: von Hüllkelch umgebene Köpfchen. Köpfchen: nur mit Röhrenblüten. Köpfchenboden: mit Spreublättern bzw. -borsten. Hüllblätter: trockenhäutig. innere Hüllblätter: abstehend bis ausgebreitet, **strohfarben bis goldgelb**. äussere Hüllblätter: mit *mehreren* Stacheln. Blüten: bräunlich bis gelblich. Zungenblüten: < 20 mm lang. Pappus: mit verzweigten Borsten. Blätter: stachelig, **nach oben allmählich kleiner werdend**. mittlere Stängelblätter: **flach, ungeteilt bis gelappt, 5–15 cm lang**.

Im Gebiet kommen 2 Unterarten vor: subsp. *biebersteinii* und subsp. *brevibracteata* (vgl. S. 1438).

- einheimisch
- planar bis subalpin
- Extensivgrünland u. Magerrasen, Wälder, Schutt- u. Felsfluren, Zier- bzw. Nutzpflanze
- an nährstoffarmen, basenreichen Standorten

J F M A **M J J A S** O N D

Carlina vulgaris L.

Kleine Eberwurz *Asteraceae*
∗ [P(5) A(5)] G($\bar{2}$)

Bis 60 cm hoch. Pflanzen: distelartig, meist 2-jährig, *ohne* Milchsaft. Blütenstand: von Hüllkelch umgebene Köpfchen. Köpfchen: nur mit Röhrenblüten, **15–30 mm ⌀.** Köpfchenboden: mit Spreublättern bzw. -borsten. Hüllblätter: trockenhäutig. Innere Hüllblätter: abstehend bis ausgebreitet, **10–20 mm lang, strohfarben bis goldgelb.** Äussere Hüllblätter: mit *mehreren* Stacheln. Blüten: bräunlich bis gelblich. Zungenblüten: < 20 mm lang. Pappus: mit verzweigten Borsten. Blätter: stachelig, **nach oben plötzlich kleiner werdend.** Mittlere Stängelblätter: **meist kraus gewellt, gelappt bis fiederspaltig, 2–8 cm lang.**

- einheimisch
- planar bis montan
- Extensivgrünland u. Magerrasen, Staudenfluren, Wälder, Zier- bzw. Nutzpflanze
- an nährstoffarmen, trockenen Standorten

J F M A **M J J A S** O N D

Centaurea jacea agg.

Wiesen-Flockenblume *Asteraceae*
∗ [P(5) A(5)] G($\bar{2}$)

20–120 cm hoch. Pflanzen: *ohne* Milchsaft. Blütenstand: von Hüllkelch umgebene Köpfchen. Köpfchen: nur mit Röhrenblüten. Köpfchenboden: *mit* Spreublättern bzw. -borsten. Äussere Hüllblätter: distal mit trockenhäutigem Anhängsel; Anhängsel: schwarz bis dunkelbraun *oder* weißlich, **mit Fransen.** Blüten: rötlich bis violett. Pappus: **fehlend *oder* aus wenigen kurzen Borsten bestehend.** Obere Stängelblätter: **ungeteilt.**

In Deutschland kommen 3 Arten der Artengruppe *Centaurea jacea* agg. vor: *C. jacea*, *C. decipiens* und *C. thuillieri* (vgl. S. 1438).

- einheimisch
- planar bis subalpin
- Grünland, Zwergstrauchheiden, Staudenfluren, Wälder, Schutt- u. Felsfluren, Ruderalvegetation, Zier- bzw. Nutzpflanze

J F M A **M J J A S O** N D

Centaurea calcitrapa L.

Stern-Flockenblume *Asteraceae*
∗ [P(5) A(5)] G($\bar{2}$)

15–50 cm hoch. Pflanzen: *ohne* Milchsaft. Blütenstand: von Hüllkelch umgebene Köpfchen. Köpfchen: nur mit Röhrenblüten. Köpfchenboden: *mit* Spreublättern bzw. -borsten. Äussere Hüllblätter: distal mit trockenhäutigem Anhängsel; Anhängsel: **mit linealem Mittellappen u. beidseits 1–2 viel kürzeren Seitenfransen, spitz, stechend.** Randblüten: **vergrößert.** Blüten: rötlich bis violett *oder* weißlich. Früchte: 3–8 mm lang. Blätter: grünlich. Obere Stängelblätter: **ungeteilt bis gelappt.**

- eingebürgerter Neophyt, urspr. aus dem Mittelmeergebiet u. Asien
- planar bis collin
- Grünland, Staudenfluren, Ruderalvegetation, Trittfluren, Zier- bzw. Nutzpflanze

J F M A M **J J A S** O N D

Centaurea diffusa Lam.

Sparrige Flockenblume *Asteraceae*
∗ [P(5) A(5)] G($\bar{2}$)

10–60 cm hoch. Pflanzen: *ohne* Milchsaft. Blütenstand: von Hüllkelch umgebene Köpfchen. Köpfchen: nur mit Röhrenblüten. Köpfchenboden: *mit* Spreublättern bzw. -borsten. Äussere Hüllblätter: distal mit trockenhäutigem Anhängsel; Anhängsel: **mit basal verbreitertem stechendem Mittellappen u. beidseits 3–4 Seitenfransen.** Randblüten: **vergrößert.** Blüten: rötlich bis violett *oder* weißlich. Früchte: 2–3 mm lang. Blätter: **graugrün.** Obere Stängelblätter: **gelappt bis fiederspaltig.**

- eingebürgerter Neophyt, urspr. aus Süd- u. Osteuropa u. Westasien
- planar bis montan
- Staudenfluren, Ruderalvegetation
- an nährstoffarmen, basenreichen, meist trockenen Standorten

J F M A M **J J A** S O N D

Centaurea nemoralis Jord.

Hain-Flockenblume *Asteraceae*
∗ [P(5) A(5)] G($\overline{2}$)

20–80 cm hoch. Pflanzen: *ohne* Milchsaft. Blütenstand: von Hüllkelch umgebene Köpfchen. Köpfchen: nur mit Röhrenblüten. Köpfchenboden: *mit* Spreublättern bzw. -borsten. Äussere Hüllblätter: distal mit trockenhäutigem Anhängsel; Anhängsel: **aufrecht, bräunlich, 3-eckig bis lanzettlich, mit Fransen**. Randblüten: ***kaum* vergrößert**. Blüten: rötlich bis violett. Pappus: **Borsten vorhanden, zuweilen aber kurz**. obere Stängelblätter: **ungeteilt**.

- einheimisch
- planar bis montan
- Extensivgrünland u. Magerrasen, Staudenfluren, Gehölze, Wälder

J F M A M J J A S O N D (highlighted: J A S O)

Centaurea nigra L.

Schwarze Flockenblume *Asteraceae*
∗ [P(5) A(5)] G($\overline{2}$)

20–90 cm hoch. Pflanzen: *ohne* Milchsaft. Blütenstand: von Hüllkelch umgebene Köpfchen. Köpfchen: nur mit Röhrenblüten. Köpfchenboden: *mit* Spreublättern bzw. -borsten. Äussere Hüllblätter: distal mit trockenhäutigem Anhängsel; Anhängsel: **meist zurückgebogen, schwarz bis dunkelbraun, oval bis rundlich, mit Fransen**. Randblüten: ***kaum* vergrößert**. Blüten: rötlich bis violett. Pappus: **Borsten vorhanden, zuweilen aber kurz**. obere Stängelblätter: **ungeteilt**.

- einheimisch
- planar bis montan
- Grünland, Zier- bzw. Nutzpflanze
- an sauren Standorten

J F M A M J J A S O N D (highlighted: J J A S O)

Centaurea nigrescens Willd.

Schwärzliche Flockenblume *Asteraceae*
∗ [P(5) A(5)] G($\overline{2}$)

30–100 cm hoch. Pflanzen: *ohne* Milchsaft. Blütenstand: von Hüllkelch umgebene Köpfchen. Köpfchen: nur mit Röhrenblüten. Köpfchenboden: *mit* Spreublättern bzw. -borsten. Äussere Hüllblätter: distal mit trockenhäutigem Anhängsel; Anhängsel: **schwarz, 3-eckig, > 2 mm lang**. Randblüten: **vergrößert**. Blüten: rötlich bis violett. Pappus: **fehlend *oder* nur aus wenigen Borsten bestehend**. obere Stängelblätter: **ungeteilt, oval bis lanzettlich**.

subsp. *nigrescens* (Schwärzliche Flockenblume): Innere Hüllblätter: Anhängsel: kammförmig gefranst.
subsp. *transalpina* (Südliche Flockenblume): Innere Hüllblätter: Anhängsel: den grünen Teil der darüber liegenden Hüllblätter ± verdeckend, rundlich, ± unregelmäßig zerschlitzt, 1,5–2 mm lang.

- eingebürgerter Neophyt, urspr. aus Süd- u. Südosteuropa
- planar bis montan
- Grünland, Ruderalvegetation

J F M A M J J A S O N D (highlighted: J J A S O)

Centaurea phrygia L.

Phrygische Flockenblume *Asteraceae*
∗ [P(5) A(5)] G($\overline{2}$) RL 1

15–140 cm hoch. Pflanzen: *ohne* Milchsaft. Blütenstand: von Hüllkelch umgebene Köpfchen. Köpfchen: ≤ 3 pro Stängel, nur mit Röhrenblüten. Köpfchenboden: *mit* Spreublättern bzw. -borsten. Äussere Hüllblätter: distal mit trockenhäutigem Anhängsel; Anhängsel: (undeutlich) zurückgebogen, bräunlich bis schwarz, **oval bis lanzettlich, mit langer gefranster Grannenspitze**. Randblüten: **vergrößert**. Blüten: rötlich bis violett. Pappus: **Borsten vorhanden, zuweilen aber kurz**. obere Stängelblätter: **ungeteilt**.

Im Gebiet kommen 3 Unterarten vor: subsp. *phrygia*, subsp. *pseudophrygia* und subsp. *stenolepis* (vgl. S. 1438).

- einheimisch
- planar bis subalpin
- Intensivgrünland, Staudenfluren, Gehölze, Wälder, Ruderalvegetation

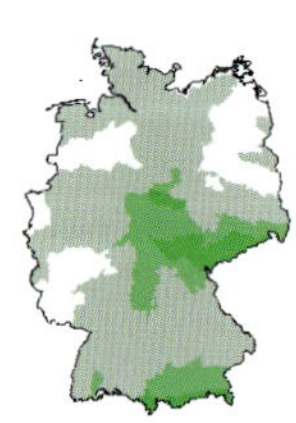

J F M A M J J A S O N D (highlighted: J J A S)

Centaurea scabiosa L.

Skabiosen-Flockenblume *Asteraceae*
∗ [P(5) A(5)] G($\overline{2}$)

Meist 30–120 cm hoch. PFLANZEN: *ohne* Milchsaft. BLÜTENSTAND: von Hüllkelch umgebene Köpfchen. KÖPFCHEN: nur mit Röhrenblüten, 16–24 mm lang. KÖPFCHENBODEN: *mit* Spreublättern bzw. -borsten. ÄUSSERE HÜLLBLÄTTER: distal mit trockenhäutigem Anhängsel; ANHÄNGSEL: **schwarz, oval bis lanzettlich, (sehr) kurz am Rand des Hüllblattes herablaufend, mit Fransen, 1–8 mm lang**. RANDBLÜTEN: **vergrößert**. BLÜTEN: rötlich bis violett. BLÄTTER: grünlich, **fiederspaltig**. BLATTLAPPEN: breit lanzettlich. OBERE STÄNGELBLÄTTER: **gelappt bis fiederspaltig**.

Im Gebiet kommen 3 Unterarten vor: subsp. *scabiosa*, subsp. *alpestris* und subsp. *sadleriana* (vgl. S. 1438).

- einheimisch
- planar bis alpin
- Extensivgrünland u. Magerrasen, Zier- bzw. Nutzpflanze
- an basenreichen, meist trockenen Standorten

J F M A M **J J A S** O N D

Centaurea solstitialis L.

Sonnwend-Flockenblume *Asteraceae*
∗ [P(5) A(5)] G($\overline{2}$)

30–80 cm hoch. PFLANZEN: *ohne* Milchsaft. BLÜTENSTAND: von Hüllkelch umgebene Köpfchen. KÖPFCHEN: nur mit Röhrenblüten. KÖPFCHENBODEN: *mit* Spreublättern bzw. -borsten. ÄUSSERE HÜLLBLÄTTER: distal mit trockenhäutigem Anhängsel; ANHÄNGSEL: **spitz, stechend**. RANDBLÜTEN: ***kaum* vergrößert**. BLÜTEN: **gelblich**. STÄNGEL: **durch herablaufende Blattbasen geflügelt**. UNTERE STÄNGELBLÄTTER: gelappt bis fiederspaltig. OBERE STÄNGELBLÄTTER: **ungeteilt**, länglich-lineal.

- eingebürgerter Neophyt, urspr. aus dem Mittelmeergebiet
- planar bis montan
- Staudenfluren, Äcker, Ruderalvegetation, Zier- bzw. Nutzpflanze

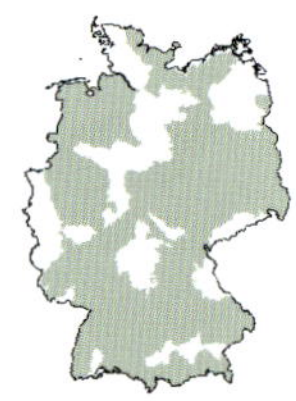

J F M A M **J J A S O** N D

Centaurea stoebe L.

Gefleckte Flockenblume *Asteraceae*
∗ [P(5) A(5)] G($\overline{2}$)

30–100 cm hoch. PFLANZEN: *ohne* Milchsaft. BLÜTENSTAND: von Hüllkelch umgebene Köpfchen. KÖPFCHEN: nur mit Röhrenblüten, < 15 mm lang, 5–12 mm ⌀. KÖPFCHENBODEN: *mit* Spreublättern bzw. -borsten. ÄUSSERE HÜLLBLÄTTER: distal mit trockenhäutigem Anhängsel; ANHÄNGSEL: **oval bis lanzettlich, (sehr) kurz am Rand des Hüllblattes herablaufend, mit Fransen**. RANDBLÜTEN: **vergrößert**. BLÜTEN: rötlich bis violett. BLÄTTER: **graugrün**. BLATTLAPPEN: schmal lineal. OBERE STÄNGELBLÄTTER: **gelappt bis fiederspaltig**.

Im Gebiet kommen 2 Unterarten vor: subsp. *stoebe* und subsp. *australis* (vgl. S. 1438).

- einheimisch
- planar bis collin
- Grünland, Staudenfluren, Ruderalvegetation
- an nährstoffarmen, trockenen Standorten

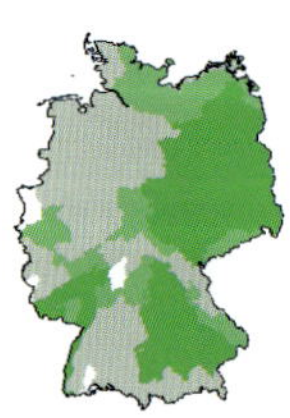

J F M A M **J J A S O** N D

Cyanus montanus (L.) Hill

Berg-Flockenblume *Asteraceae*
∗ [P(5) A(5)] G($\overline{2}$)

40–120 cm hoch. PFLANZEN: **mehrjährig**, *ohne* Milchsaft. BLÜTENSTAND: von Hüllkelch umgebene Köpfchen. KÖPFCHEN: nur mit Röhrenblüten. KÖPFCHENBODEN: *mit* Spreublättern bzw. -borsten. ÄUSSERE HÜLLBLÄTTER: distal mit trockenhäutigem Anhängsel; ANHÄNGSEL: **kammförmig gefranst, schwarz, am Rand des Hüllblattes herablaufend, mit hellen Fransen**. RANDBLÜTEN: **vergrößert**. BLÜTEN: Randblüten blau, zentrale blau o. violett. BLÄTTER: **länglich bis oval**. MITTLERE STÄNGELBLÄTTER: **> 10 mm breit, basal am Stängel herablaufend**. OBERE STÄNGELBLÄTTER: ungeteilt.

- einheimisch
- collin bis subalpin
- Grünland, Staudenfluren, Gehölze, Wälder, Ruderalvegetation, Zier- bzw. Nutzpflanze

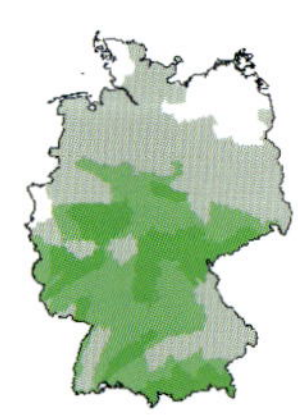

J F M **A M J J A S O** N D

Cyanus segetum Hill

Korn-Flockenblume *Asteraceae*
* [P(5) A(5)] G($\overline{2}$) RL V

30–60 cm hoch. Pflanzen: **1-jährig**, *ohne* Milchsaft. Blütenstand: von Hüllkelch umgebene Köpfchen. Köpfchen: nur mit Röhrenblüten. Köpfchenboden: *mit* Spreublättern bzw. -borsten. Äussere Hüllblätter: distal mit trockenhäutigem Anhängsel; Anhängsel: **am Rand des Hüllblattes herablaufend**. Randblüten: **vergrößert**. Blüten: Randblüten blau, zentrale blau o. violett. mittlere Stängelblätter: **< 10 mm breit**, **basal *nicht* am Stängel herablaufend**. obere Stängelblätter: ungeteilt.

- Archaeophyt
- planar bis montan
- Äcker, Ruderalvegetation, Zier- bzw. Nutzpflanze

J F M A **M J J A S O** N D

Cyanus triumfettii (All.) Á. Löve & D. Löve

Filzige Flockenblume *Asteraceae*
* [P(5) A(5)] G($\overline{2}$) RL 1

Bis 60 cm hoch. Pflanzen: **mehrjährig**, *ohne* Milchsaft. Blütenstand: von Hüllkelch umgebene Köpfchen. Köpfchen: nur mit Röhrenblüten. Köpfchenboden: *mit* Spreublättern bzw. -borsten. Äussere Hüllblätter: distal mit trockenhäutigem Anhängsel; Anhängsel: **kammförmig gefranst**, **schwarz**, **am Rand des Hüllblattes herablaufend**, **mit schwarzen Fransen**. Randblüten: **vergrößert**. Blüten: Randblüten blau, zentrale blau o. violett. Blätter: **lanzettlich**, beidseits weißfilzig behaart. mittlere Stängelblätter: **> 10 mm breit**, **basal am Stängel herablaufend**. obere Stängelblätter: ungeteilt.

- einheimisch
- collin bis montan
- Extensivgrünland u. Magerrasen, Staudenfluren, Wälder, Zier- bzw. Nutzpflanze

J F M **A M J J A** S O N D

Rhaponticum repens (L.) Hidalgo

Kriechende Federblume *Asteraceae*
* [P(5) A(5)] G($\overline{2}$)

40–80 cm hoch. Pflanzen: *ohne* Milchsaft. Blütenstand: von Hüllkelch umgebene Köpfchen. Köpfchen: **nur mit Röhrenblüten**. Köpfchenboden: *mit* Spreublättern bzw. -borsten. Äussere Hüllblätter: **distal mit trockenhäutigem Anhängsel**; Anhängsel: **± ganzrandig**. Randblüten: ***kaum* vergrößert**. Blüten: **rötlich bis violett**. Pappus: **früh abfallend**, Borsten vorhanden, zuweilen aber kurz. Stängel: reich verzweigt. Blätter: **ungeteilt**.

- eingebürgerter Neophyt, urspr. aus Südosteuropa u. Asien
- planar bis collin
- Staudenfluren, Ruderalvegetation, Zier- bzw. Nutzpflanze

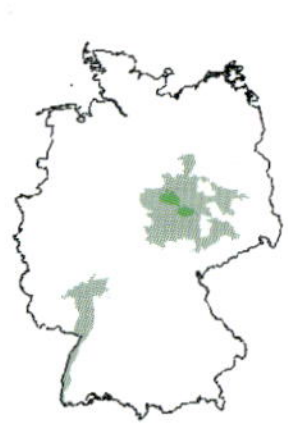

J F M A M **J J A S** O N D

Serratula tinctoria L.

Färber-Scharte *Asteraceae*
* [P(5) A(5)] G($\overline{2}$) RL 3

20–100 cm hoch. Pflanzen: *ohne* Milchsaft. Blütenstand: von Hüllkelch umgebene Köpfchen. Köpfchen: **nur mit Röhrenblüten**. Köpfchenboden: *mit* Spreublättern bzw. -borsten. Randblüten: *nicht* vergrößert. Blüten: **rötlich bis violett**. Pappus: **mehrreihig, innere Borsten länger als die äußeren**. Stängel: ***nicht* stachelig geflügelt**. Blätter: ungeteilt bis fiederspaltig.

- einheimisch
- planar bis montan
- Extensivgrünland u. Magerrasen, Staudenfluren, Gehölze, Wälder, Schutt- u. Felsfluren, Zier- bzw. Nutzpflanze

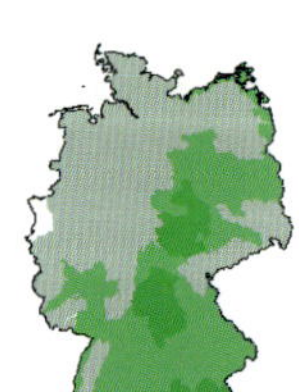

J F M A M **J J A S O** N D

Echinops exaltatus Schrad.

Drüsenlose Kugeldistel *Asteraceae*
∗ [P(5) A(5)] G($\overline{2}$)

40–150 cm hoch. PFLANZEN: distelartig, *ohne* Milchsaft. BLÜTENSTAND: dicht gedrängte 1-blütige Köpfchen in kugeligen Blütenständen. KÖPFCHEN: nur mit Röhrenblüten. HÜLLBLÄTTER: **mit gebogener Spitze, *ohne* Drüsenhaare.** BLÜTEN: bläulich bis gräulich. PAPPUS: aus Borsten bzw. Haaren. BLÄTTER: stachelig gezähnt; UNTERSEITS: ***ohne* Drüsenhaare.**

- eingebürgerter Neophyt, urspr. aus Südosteuropa
- planar bis collin
- Staudenfluren, Gehölze, Ruderalvegetation, Zier- bzw. Nutzpflanze

J F M A M **J J A S** O N D

Echinops sphaerocephalus L.

Drüsige Kugeldistel *Asteraceae*
∗ [P(5) A(5)] G($\overline{2}$)

60–150 cm hoch. PFLANZEN: distelartig, *ohne* Milchsaft. BLÜTENSTAND: dicht gedrängte 1-blütige Köpfchen in kugeligen Blütenständen. KÖPFCHEN: nur mit Röhrenblüten. HÜLLBLÄTTER: **mit ± gerader Spitze, drüsig behaart.** BLÜTEN: bläulich bis gräulich. PAPPUS: aus Borsten bzw. Haaren. BLÄTTER: stachelig gezähnt; UNTERSEITS: **drüsig behaart.**

- Archaeophyt, urspr. aus Südosteuropa u. Asien
- planar bis montan
- Staudenfluren, Schutt- u. Felsfluren, Ruderalvegetation, Zier- bzw. Nutzpflanze
- an nährstoffreichen, basenreichen Standorten

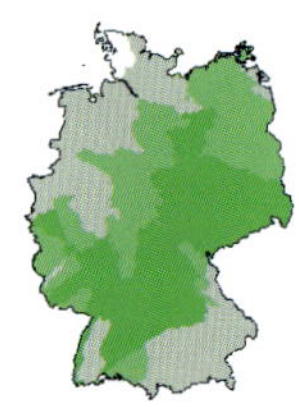

J F M A **M J J A S** O N D

Jurinea cyanoides (L.) Rchb.

Sand-Silberscharte *Asteraceae*
∗ [P(5) A(5)] G($\overline{2}$) RL 2 § FFH IV, BNatG s

30–50 cm hoch. PFLANZEN: *ohne* Milchsaft. BLÜTENSTAND: von Hüllkelch umgebene Köpfchen. KÖPFCHEN: **meist einzeln**, nur mit Röhrenblüten, **20–30 mm ⌀.** KÖPFCHENBODEN: *mit* Spreublättern bzw. -borsten. HÜLLBLÄTTER: graugrün, behaart. BLÜTEN: rötlich bis violett. FRÜCHTE: glatt. BLÄTTER: **fiederspaltig**; UNTERSEITS: **weißlich, filzig behaart.** OBERE STÄNGELBLÄTTER: sitzend, länglich-lineal.

- einheimisch
- planar bis collin
- Extensivgrünland u. Magerrasen, Schutt- u. Felsfluren, Dünen
- an nährstoffarmen, trockenen Standorten

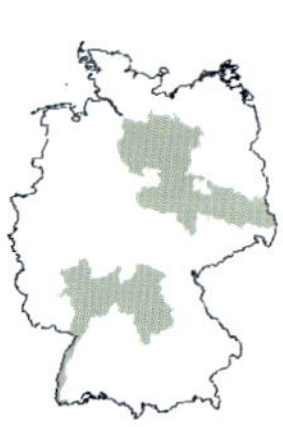

J F M A M **J J A S** O N D

Saussurea alpina (L.) DC.

Echte Alpenscharte *Asteraceae*
∗ [P(5) A(5)] G($\overline{2}$) RL R § FFH IV, BNatG s

10–40 cm hoch. PFLANZEN: *ohne* Milchsaft. BLÜTENSTAND: von Hüllkelch umgebene Köpfchen. KÖPFCHEN: meist 2–20 pro Stängel, nur mit Röhrenblüten, **5–20 mm ⌀.** KÖPFCHENBODEN: *mit* Spreublättern bzw. -borsten. BLÜTEN: rötlich bis violett. PAPPUS: **2-reihig, mit verzweigten Borsten, innere Borsten länger als die äußeren.** BLÄTTER: ungeteilt; UNTERSEITS: **grauwollig behaart.** GRUNDBLÄTTER: **Spreite basal allmählich verschmälert, länglich bis lanzettlich.** OBERE STÄNGELBLÄTTER: sitzend, länglich-lanzettlich.

- einheimisch
- subalpin bis alpin
- Extensivgrünland u. Magerrasen, Schutt- u. Felsfluren
- an nährstoffarmen Standorten

J F M A M **J J A S O** N D

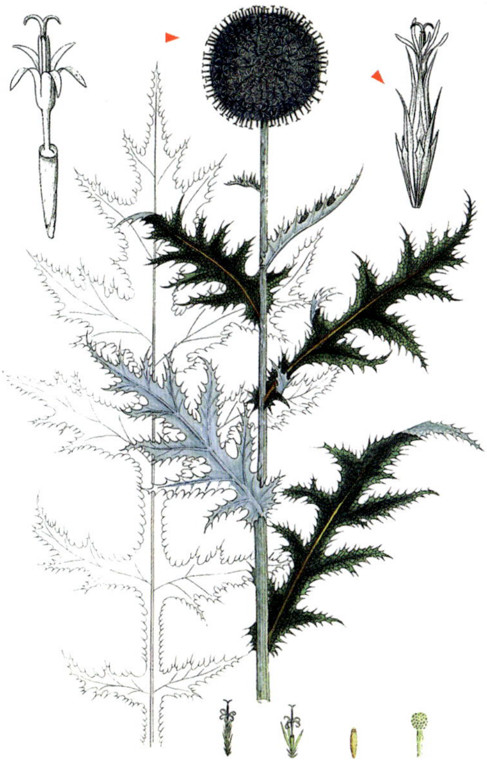

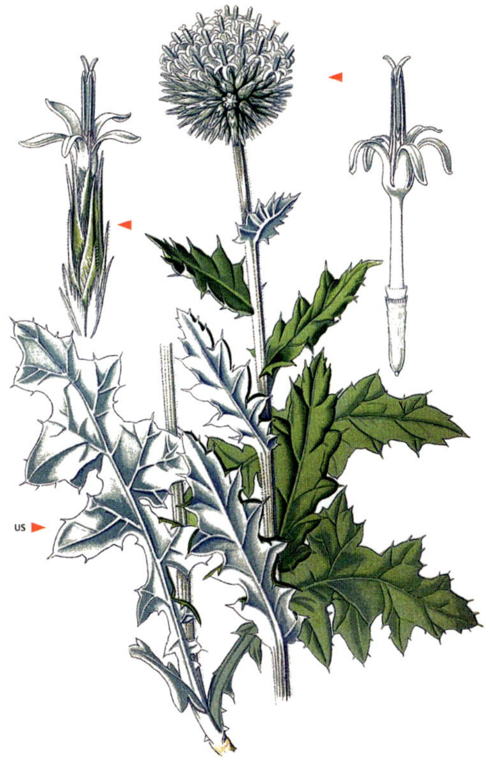
US

US

US

Saussurea discolor (Willd.) DC.

Zweifarbige Alpenscharte *Asteraceae*
∗ [P(5) A(5)] G($\overline{2}$) RL R

10–40 cm hoch. PFLANZEN: *ohne* Milchsaft. BLÜTENSTAND: von Hüllkelch umgebene Köpfchen. KÖPFCHEN: meist 2–20 pro Stängel, nur mit Röhrenblüten, **5–20 mm ⌀.** KÖPFCHENBODEN: *mit* Spreublättern bzw. -borsten. BLÜTEN: rötlich bis violett. PAPPUS: **2-reihig, mit verzweigten Borsten, innere Borsten länger als die äußeren.** BLÄTTER: ungeteilt; UNTERSEITS: **schneeweißfilzig behaart.** GRUNDBLÄTTER: **Spreite deutlich vom Blattstiel abgesetzt, herzförmig bis 3-eckig.** OBERE STÄNGELBLÄTTER: sitzend, länglich-lanzettlich.

- einheimisch
- subalpin bis alpin
- Extensivgrünland u. Magerrasen, Schutt- u. Felsfluren
- an nährstoffarmen, basenreichen Standorten

J F M A M **J J A S O** N D

Saussurea pygmaea (Jacq.) Spreng.

Zwerg-Alpenscharte *Asteraceae*
∗ [P(5) A(5)] G($\overline{2}$) RL R

Bis 20 cm hoch. PFLANZEN: *ohne* Milchsaft. BLÜTENSTAND: **1 von Hüllkelch umgebenes Köpfchen.** KÖPFCHEN: nur mit Röhrenblüten, **20–40 mm ⌀.** KÖPFCHENBODEN: *mit* Spreublättern bzw. -borsten. BLÜTEN: rötlich bis violett. PAPPUS: **2-reihig, mit verzweigten Borsten, innere Borsten länger als die äußeren.** STÄNGEL: **weißwollig behaart.** BLÄTTER: ungeteilt. GRUNDBLÄTTER: **Spreite basal allmählich verschmälert, lineal bis lanzettlich.** OBERE STÄNGELBLÄTTER: sitzend, länglich-lineal.

- einheimisch
- subalpin bis alpin
- Extensivgrünland u. Magerrasen, Schutt- u. Felsfluren
- an nährstoffarmen, basenreichen Standorten

J F M A M **J J A** S O N D

Onopordum acanthium L.

Gewöhnliche Eselsdistel *Asteraceae*
∗ [P(5) A(5)] G($\overline{2}$)

30–200 cm hoch. PFLANZEN: **distelartig,** *ohne* Milchsaft. BLÜTENSTAND: von Hüllkelch umgebene Köpfchen. KÖPFCHEN: nur mit Röhrenblüten, **25–55 mm ⌀.** KÖPFCHENBODEN: *ohne* Spreublätter bzw. -borsten. HÜLLBLÄTTER: **mit gerader stechender Spitze.** BLÜTEN: **rötlich bis violett.** STÄNGEL: **breit stachelig geflügelt.** BLÄTTER: **stachelig, gelappt bis fiederspaltig.**

- Archaeophyt
- planar bis montan
- Staudenfluren, Schutt- u. Felsfluren, Ruderalvegetation, Zier- bzw. Nutzpflanze
- an nährstoffreichen Standorten

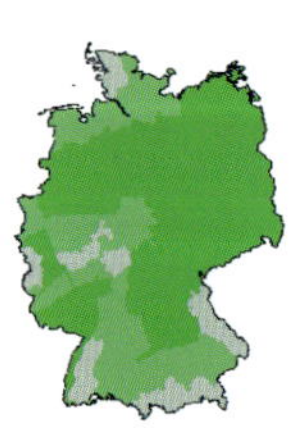

J F M A M **J J A S** O N D

Silybum marianum (L.) Gaertn.

Mariendistel *Asteraceae*
∗ [P(5) A(5)] G($\overline{2}$)

30–150 cm hoch. PFLANZEN: **distelartig,** *ohne* Milchsaft. BLÜTENSTAND: von Hüllkelch umgebene Köpfchen. KÖPFCHEN: nur mit Röhrenblüten, **35–55 mm ⌀.** KÖPFCHENBODEN: *mit* Spreublättern bzw. -borsten. ÄUSSERE HÜLLBLÄTTER: derb, **mit zurückgebogener, stechender Spitze.** BLÜTEN: **rötlich bis violett.** ZUNGENBLÜTEN: 3-zähnig. PAPPUS: mehrreihig, innere Borsten kürzer als die äußeren, basal ringförmig verwachsen, als Ganzes abfallend. STÄNGEL: *nicht* stachelig geflügelt. BLÄTTER: **stachelig, glänzend, weißlich geadert o. gefleckt, ungeteilt.**

- in Einbürgerung befindlicher Neophyt, urspr. aus dem Mittelmeergebiet
- planar bis montan
- Ruderalvegetation, Zier- bzw. Nutzpflanze

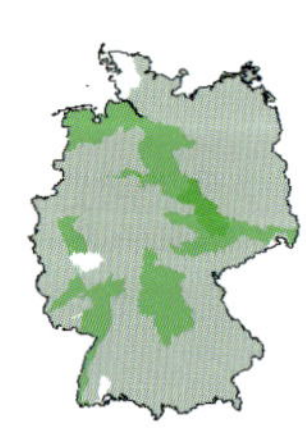

J F M A M **J J A S** O N D

US

Aposeris foetida (L.) Less.

Hainsalat *Asteraceae*
↓ [P(5) A(5)] G($\overline{2}$)

Bis 25 cm hoch. Pflanzen: mit Milchsaft, **mit weißlichem unangenehm riechendem Milchsaft**. Blütenstand: von Hüllkelch umgebene Köpfchen. Köpfchen: meist einzeln, **nur mit Zungenblüten**; Stiele: unter den Köpfchen *nicht* keulenförmig verdickt. Köpfchenboden: *ohne* Spreublätter bzw. -borsten. Hülle: **5–12-blättrig**. Blüten: gelblich. Pappus: **aus mehreren Schuppen bestehend**. Stängel: mit grundständiger Blattrosette, *ohne* Laubblätter. Blätter: gelappt, mit regelmäßig angeordneten ± 3-eckigen Blattlappen

- einheimisch
- collin bis montan
- Gehölze, Wälder, Zier- bzw. Nutzpflanze

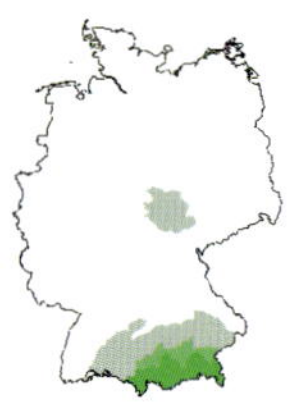

J F M A **M J J A** S O N D

Arnoseris minima (L.) Schweigg. & Körte

Lämmersalat *Asteraceae*
↓ [P(5) A(5)] G($\overline{2}$) RL 2

10–30 cm hoch. Pflanzen: mit Milchsaft. Blütenstand: von Hüllkelch umgebene Köpfchen. Köpfchen: ≤ 5 pro Stängel, **nur mit Zungenblüten**; Stiele: **unter den Köpfchen keulenförmig verdickt**. Köpfchenboden: *ohne* Spreublätter bzw. -borsten. Hülle: **14–25-blättrig**. Blüten: gelblich. Pappus: **aus mehreren Schuppen bestehend**. Stängel: mit grundständiger Blattrosette, *ohne* Laubblätter. Blätter: grob gezähnt.

- einheimisch
- planar bis montan
- Äcker, Ruderalvegetation
- an sauren Standorten

J F M A **M J J A S** O N D

Chondrilla chondrilloides (Ard.) H. Karst.

Alpen-Knorpellattich *Asteraceae*
↓ [P(5) A(5)] G($\overline{2}$) RL 1

10–30 cm hoch. Pflanzen: mit Milchsaft. Blütenstand: von Hüllkelch umgebene Köpfchen. Köpfchen: nur mit Zungenblüten, 5–16-blütig. Blüten: gelblich. Früchte: **lang geschnäbelt**, **unter dem Schnabel mit 5 krönchenartigen Schuppen**. Stängel: **vor allem oben verzweigt**, mit grundständiger Blattrosette, unbeblättert *oder* mit wenigen Laubblättern; oben: kahl. Grundblätter: zur Blütezeit vorhanden, **ungeteilt**.

- einheimisch
- montan bis subalpin
- trockenfallende Ufer, Staudenfluren, Schutt- u. Felsfluren
- an nährstoffarmen, kalkreichen, meist wechseltrockenen Standorten

J F M A M **J J A** S O N D

Chondrilla juncea L.

Großer Knorpellattich *Asteraceae*
↓ [P(5) A(5)] G($\overline{2}$)

30–100 cm hoch. Pflanzen: mit Milchsaft. Blütenstand: von Hüllkelch umgebene Köpfchen. Köpfchen: nur mit Zungenblüten, 5–16-blütig. Blüten: gelblich. Früchte: **lang geschnäbelt**, **unter dem Schnabel mit 5 krönchenartigen Schuppen**. Stängel: **stark verzweigt**, mit grundständiger Blattrosette, unbeblättert *oder* mit wenigen Laubblättern; oben: kahl. Grundblätter: zur Blütezeit meist vertrocknet, **gelappt bis fiederspaltig**.

- einheimisch
- planar bis collin
- Grünland, Staudenfluren, Ruderalvegetation
- meist an trockenen Standorten

J F M A M **J J A S O** N D

Cichorium endivia L.

Endivie *Asteraceae*
↓ [P(5) A(5)] G($\overline{2}$)

50–150 cm hoch. Pflanzen: mit Milchsaft. Blütenstand: von Hüllkelch umgebene Köpfchen, Köpfchen meist knäuelig genähert, in rispenartigem Gesamtblütenstand. Köpfchen: nur mit Zungenblüten. Hüllblätter: 2-reihig. Blüten: **meist blau**, selten weißlich. Früchte: distal krönchenartig. Pappus: **aus mehreren Schuppen bestehend**. Stängel: vor allem unten beblättert. Blätter: unterseits **kahl**. Untere Stängelblätter: **ungeteilt bis gelappt**. Obere Stängelblätter: **breit ei- bis herzförmig**.

- in Einbürgerung befindlicher Neophyt, urspr. aus dem westlichen Mittelmeergebiet
- planar bis collin
- Äcker, Ruderalvegetation, Zier- bzw. Nutzpflanze

J F M A M **J J A S O** N D

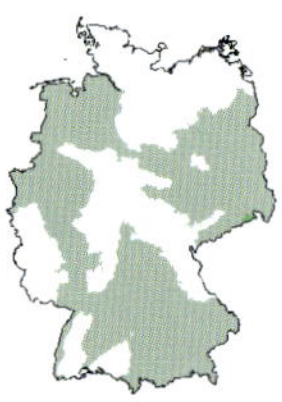

Cichorium intybus L.

Gewöhnliche Wegwarte *Asteraceae*
↓ [P(5) A(5)] G($\overline{2}$)

30–150 cm hoch. Pflanzen: mit Milchsaft. Blütenstand: von Hüllkelch umgebene Köpfchen, Köpfchen meist knäuelig genähert, in rispenartigem Gesamtblütenstand. Köpfchen: nur mit Zungenblüten. Hüllblätter: 2-reihig. Blüten: **meist blau**, selten weißlich. Früchte: distal krönchenartig. Pappus: **aus mehreren Schuppen bestehend**. Stängel: vor allem unten beblättert. Blätter: unterseits **borstig-stachelig**. Untere Stängelblätter: **gelappt bis fiederspaltig**. Obere Stängelblätter: **länglich-lanzettlich**.

- Archaeophyt
- planar bis montan
- Grünland, Staudenfluren, Äcker, Ruderalvegetation, Zier- bzw. Nutzpflanze
- an basenreichen Standorten

J F M A M **J J A S O** N D

Crepis alpestris (Jacq.) Tausch

Alpen-Pippau *Asteraceae*
↓ [P(5) A(5)] G($\overline{2}$) RL 3

10–30 cm hoch. Pflanzen: mehrjährig, mit Milchsaft. Blütenstand: von Hüllkelch umgebene Köpfchen. Köpfchen: **≤ 3 pro Stängel**, nur mit Zungenblüten. Hüllblätter: meist 2-reihig, äußere kürzer als die inneren, **graufilzig behaart**. Blüten: gelblich. Griffel: gelblich. Früchte: ***nicht* geschnäbelt**, distal verschmälert, 10–15-rippig. Pappus: mehrreihig, flexibel, weißlich. Stängel: **graufilzig behaart**, mit grundständiger Blattrosette, unbeblättert *oder* mit wenigen Laubblättern. Blätter: **ungeteilt**, länglich bis lanzettlich, am Rand gezähnt.

- einheimisch
- montan bis alpin
- Extensivgrünland u. Magerrasen, Staudenfluren, Gehölze, Wälder, Schutt- u. Felsfluren
- an nährstoffarmen, basenreichen Standorten

J F M A **M J J A** S O N D

Crepis aurea (L.) Cass.

Gold-Pippau *Asteraceae*
↓ [P(5) A(5)] G($\overline{2}$)

Bis 20 cm hoch. Pflanzen: mehrjährig, mit Milchsaft. Blütenstand: von Hüllkelch umgebene Köpfchen. Köpfchen: **≤ 3 pro Stängel**, nur mit Zungenblüten. Hüllblätter: meist 2-reihig, äußere kürzer als die inneren. Blüten: **orange bis rötlich**. Früchte: ***nicht* geschnäbelt**, distal verschmälert, ± 20-rippig. Pappus: mehrreihig, flexibel, weißlich. Stängel: mit grundständiger Blattrosette, ***ohne* Laubblätter**, allenfalls mit wenigen kleinen Schuppenblättern.

- einheimisch
- montan bis alpin
- Grünland, Staudenfluren, Schneetälchen
- an nährstoffreichen Standorten

J F M A **M J J A S** O N D

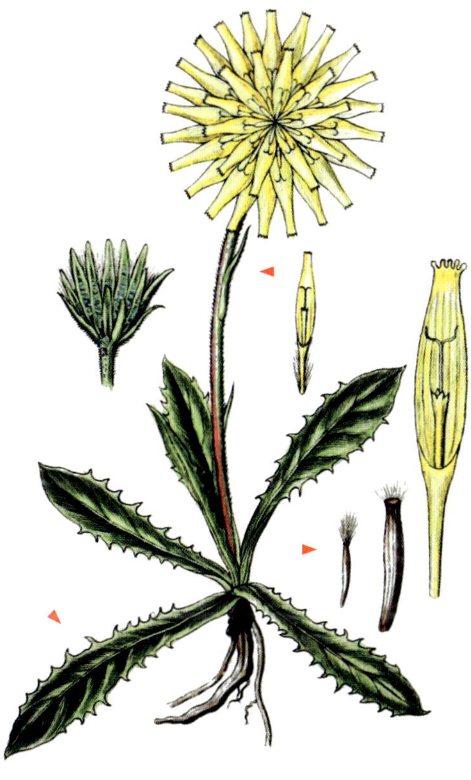

Crepis biennis L.

Wiesen-Pippau *Asteraceae*
↓ [P(5) A(5)] G($\underline{2}$)

50–120 cm hoch. Pflanzen: meist 2-jährig, mit Milchsaft. Blütenstand: von Hüllkelch umgebene Köpfchen. Köpfchen: ≥ **4 pro Stängel**, nur mit Zungenblüten, 25–40 mm ⌀. Hüllblätter: meist 2-reihig, äußere kürzer als die inneren, behaart. Innere Hüllblätter: anliegend behaart. Äussere Hüllblätter: **abstehend**. Blüten: gelblich. Griffel: gelblich. Früchte: ***nicht* geschnäbelt**, distal verschmälert, 10–15-rippig. Pappus: mehrreihig, flexibel, weißlich. Stängel: mit grundständiger Blattrosette, mit Laubblättern. Mittlere Stängelblätter: basal verschmälert.

- Archaeophyt
- planar bis montan
- Grünland, Staudenfluren, Ruderalvegetation

J F M **A M J J A S** O N D

Crepis capillaris (L.) Wallr.

Kleinköpfiger Pippau *Asteraceae*
↓ [P(5) A(5)] G($\underline{2}$)

10–50 cm hoch. Pflanzen: 1-jährig, mit Milchsaft. Blütenstand: von Hüllkelch umgebene Köpfchen. Köpfchen: ≥ **4 pro Stängel**, nur mit Zungenblüten, **8–20 mm** ⌀. Hüllblätter: meist 2-reihig, äußere kürzer als die inneren, behaart. Innere Hüllblätter: kahl. Äussere Hüllblätter: anliegend bis nach innen gebogen. Blüten: gelblich, unterseits oft rötlich. Griffel: gelblich. Früchte: ***nicht* geschnäbelt**, distal verschmälert, 10–15-rippig. Pappus: mehrreihig, flexibel, weißlich. Stängel: mit grundständiger Blattrosette, mit Laubblättern. Mittlere Stängelblätter: **basal pfeilförmig geöhrt**.

- Archaeophyt
- planar bis montan
- Grünland, Staudenfluren, Äcker, Ruderalvegetation, Zier- bzw. Nutzpflanze

J F M A **M J J A S O** N D

Crepis conyzifolia (Gouan) A. Kern.

Großköpfiger Pippau *Asteraceae*
↓ [P(5) A(5)] G($\underline{2}$) RL 3

15–40 cm hoch. Pflanzen: mehrjährig, mit Milchsaft. Blütenstand: von Hüllkelch umgebene Köpfchen. Köpfchen: ≥ **4 pro Stängel**, nur mit Zungenblüten, 16–20 mm lang; Stiele: **unter dem Köpfchen (etwas) verdickt**. Hüllblätter: meist 2-reihig, äußere kürzer als die inneren, **drüsig behaart**. Blüten: gelblich. Griffel: gelblich. Früchte: ***nicht* geschnäbelt**, distal verschmälert, ± 20-rippig. Pappus: mehrreihig, flexibel, weißlich. Stängel: mit grundständiger Blattrosette, mit Laubblättern.

- einheimisch
- subalpin bis alpin
- Extensivgrünland u. Magerrasen
- an nährstoffarmen, sauren Standorten

J F M A M **J J A S** O N D

Crepis foetida L.

Stink-Pippau *Asteraceae*
↓ [P(5) A(5)] G($\underline{2}$) RL V

10–40 cm hoch. Pflanzen: 1-jährig, mit Milchsaft. Blütenstand: von Hüllkelch umgebene Köpfchen. Köpfchen: ≥ **4 pro Stängel**, **vor dem Aufblühen überhängend**, nur mit Zungenblüten. Hüllblätter: meist 2-reihig, äußere kürzer als die inneren. Blüten: gelblich. Griffel: gelblich. Früchte: **lang geschnäbelt**. Pappus: mehrreihig, flexibel, weißlich. Stängel: mit grundständiger Blattrosette, mit Laubblättern. Blätter: **fiederspaltig**.

- Archaeophyt
- planar bis montan
- Staudenfluren, Schutt- u. Felsfluren, Äcker, Ruderalvegetation
- an nährstoffarmen Standorten

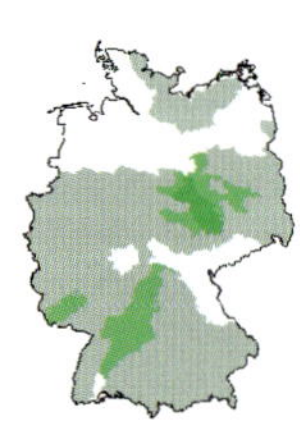

J F M A **M J J A S** O N D

Crepis jacquinii Tausch

Felsen-Pippau *Asteraceae*
↓ [P(5) A(5)] G($\overline{2}$)

Bis 30 cm hoch. Pflanzen: mehrjährig, mit Milchsaft. Blütenstand: von Hüllkelch umgebene Köpfchen. Köpfchen: **≤ 5 pro Stängel**, nur mit Zungenblüten. Hüllblätter: meist 2-reihig, äußere kürzer als die inneren. Blüten: gelblich. Früchte: ***nicht* geschnäbelt**, distal verschmälert. Pappus: mehrreihig, starr, zerbrechlich, gräulich bis gelblich. Stängel: mit grundständiger Blattrosette, mit Laubblättern. Grundblätter: **ungeteilt**, länglich bis spatelförmig, meist entfernt gezähnt. Stängelblätter: **buchtig gezähnt, mit schmalen Seitenlappen**.

- einheimisch
- subalpin bis alpin
- Extensivgrünland u. Magerrasen, Schutt- u. Felsfluren
- an nährstoffarmen, kalkreichen Standorten

J F M A M **J J A** S O N D

Crepis mollis (Jacq.) Asch.

Weicher Pippau *Asteraceae*
↓ [P(5) A(5)] G($\overline{2}$) RL 3

30–60 cm hoch. Pflanzen: mehrjährig, mit Milchsaft. Blütenstand: von Hüllkelch umgebene Köpfchen. Köpfchen: **≥ 4 pro Stängel**, nur mit Zungenblüten, 8–14 mm lang, 20–40 mm ⌀. Hüllblätter: meist 2-reihig, äußere kürzer als die inneren. Blüten: gelblich. Griffel: **grünlich *oder* dunkelbraun bis schwarz**. Früchte: ***nicht* geschnäbelt**, distal verschmälert, ± 20-rippig. Pappus: mehrreihig, flexibel, weißlich. Stängel: mit grundständiger Blattrosette, mit Laubblättern. mittlere Stängelblätter: basal abgerundet bis ausgerandet.

- einheimisch
- collin bis montan
- Grünland, Ruderalvegetation

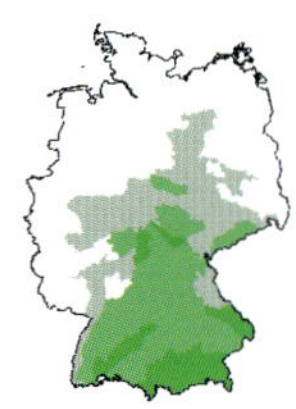

J F M A **M J J A** S O N D

Crepis paludosa (L.) Moench

Sumpf-Pippau *Asteraceae*
↓ [P(5) A(5)] G($\overline{2}$)

40–80 cm hoch. Pflanzen: mehrjährig, mit Milchsaft. Blütenstand: von Hüllkelch umgebene Köpfchen. Köpfchen: **≥ 4 pro Stängel**, nur mit Zungenblüten. Hüllblätter: meist 2-reihig, äußere kürzer als die inneren. Blüten: gelblich. Früchte: ***nicht* geschnäbelt**, distal gestutzt bis verschmälert. Pappus: mehrreihig, starr, zerbrechlich, gräulich bis gelblich. Stängel: **hohl**, mit grundständiger Blattrosette, mit Laubblättern. Stängelblätter: **buchtig gezähnt**. mittlere Stängelblätter: **basal pfeilförmig geöhrt**.

- einheimisch
- planar bis subalpin
- Grünland, Staudenfluren, Gehölze, Wälder, Quellfluren
- an basenreichen, wechselfeuchten bis nassen Standorten

J F M A **M J J A** S O N D

Crepis pontana (L.) Dalla Torre

Berg-Pippau *Asteraceae*
↓ [P(5) A(5)] G($\overline{2}$) RL 3

20–60 cm hoch. Pflanzen: mehrjährig, mit Milchsaft. Blütenstand: von Hüllkelch umgebene Köpfchen. Köpfchen: **≤ 3 pro Stängel**, nur mit Zungenblüten, **35–70 mm** ⌀; Stiele: **unter dem Köpfchen verdickt**. Hüllblätter: meist 2-reihig, äußere kürzer als die inneren. Blüten: gelblich. Griffel: gelblich. Früchte: ***nicht* geschnäbelt**, distal gestutzt bis verschmälert. Pappus: mehrreihig, starr, zerbrechlich, gräulich bis gelblich. Stängel: mit grundständiger Blattrosette, mit Laubblättern. Blätter: **ungeteilt**, lanzettlich bis oval.

- einheimisch
- subalpin bis alpin
- Extensivgrünland u. Magerrasen, Schutt- u. Felsfluren
- an basenreichen Standorten

J F M A **M J J A** S O N D

Crepis praemorsa (L.) Walther

Abbiss-Pippau *Asteraceae*
↓ [P(5) A(5)] G($\overline{2}$) RL 2

15–50 cm hoch. Pflanzen: mehrjährig, mit Milchsaft. Blütenstand: von Hüllkelch umgebene Köpfchen. Köpfchen: **6–25 pro Stängel**, nur mit Zungenblüten. Hüllblätter: meist 2-reihig, äußere kürzer als die inneren. Blüten: **hellgelb**. Griffel: gelblich. Früchte: ***nicht* geschnäbelt**, distal verschmälert. Pappus: mehrreihig, flexibel, weißlich. Stängel: mit grundständiger Blattrosette, **unbeblättert, selten mit 1 Laubblatt**.

- einheimisch
- collin bis montan
- Extensivgrünland u. Magerrasen, Staudenfluren, Gehölze, Wälder
- an kalkreichen, meist trockenen Standorten

J F M A M J J A S O N D

Crepis pulchra L.

Schöner Pippau *Asteraceae*
↓ [P(5) A(5)] G($\overline{2}$)

30–80 cm hoch. Pflanzen: 1-jährig, mit Milchsaft. Blütenstand: von Hüllkelch umgebene Köpfchen. Köpfchen: **≥ 4 pro Stängel**, nur mit Zungenblüten. Hüllblätter: meist 2-reihig, äußere kürzer als die inneren, **kahl**. Blüten: gelblich. Griffel: gelblich. Früchte: ***nicht* geschnäbelt**, distal gestutzt bis verschmälert, 10–15-rippig. Pappus: mehrreihig, flexibel, weißlich. Stängel: mit grundständiger Blattrosette, mit Laubblättern.

- einheimisch
- planar bis collin
- Staudenfluren, Gehölze, Äcker, Ruderalvegetation
- an basenreichen Standorten

J F M A M J J A S O N D

Crepis pyrenaica (L.) Greuter

Pyrenäen-Pippau *Asteraceae*
↓ [P(5) A(5)] G($\overline{2}$)

25–80 cm hoch. Pflanzen: mehrjährig, mit Milchsaft. Blütenstand: von Hüllkelch umgebene Köpfchen. Köpfchen: **≥ 4 pro Stängel**, nur mit Zungenblüten, 14–18 mm lang, 25–50 mm ⌀; Stiele: unter dem Köpfchen *nicht* verdickt. Hüllblätter: meist 2-reihig, **äußere u. innere ± gleich lang, mit gräulichen Haaren**, *ohne* Drüsenhaare. Blüten: gelblich. Griffel: gelblich. Früchte: ***nicht* geschnäbelt**, distal gestutzt bis verschmälert, ± 20-rippig. Pappus: mehrreihig, flexibel, weißlich. Stängel: mit *oder ohne* grundständige Blattrosette, mit Laubblättern.

- einheimisch
- montan bis subalpin
- Grünland, Staudenfluren, Gehölze

J F M A M J J A S O N D

Crepis setosa Haller f.

Borsten-Pippau *Asteraceae*
↓ [P(5) A(5)] G($\overline{2}$)

15–50 cm hoch. Pflanzen: 1-jährig, mit Milchsaft. Blütenstand: von Hüllkelch umgebene Köpfchen. Köpfchen: **≤ 12 pro Stängel, vor dem Aufblühen aufrecht**, nur mit Zungenblüten. Köpfchenboden: kahl. Hüllblätter: meist 2-reihig, äußere kürzer als die inneren, **gelblich steifborstig behaart**. Blüten: gelblich. Griffel: **dunkelbraun bis grünlich**. Früchte: **lang geschnäbelt**. Pappus: mehrreihig, flexibel, weißlich. Stängel: mit grundständiger Blattrosette, mit Laubblättern.

- eingebürgerter Neophyt, urspr. aus Süd- u. Osteuropa u. Westasien
- planar bis montan
- Staudenfluren, Äcker, Ruderalvegetation
- an trockenen Standorten

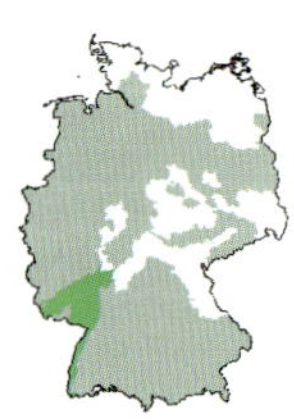

J F M A M J J A S O N D

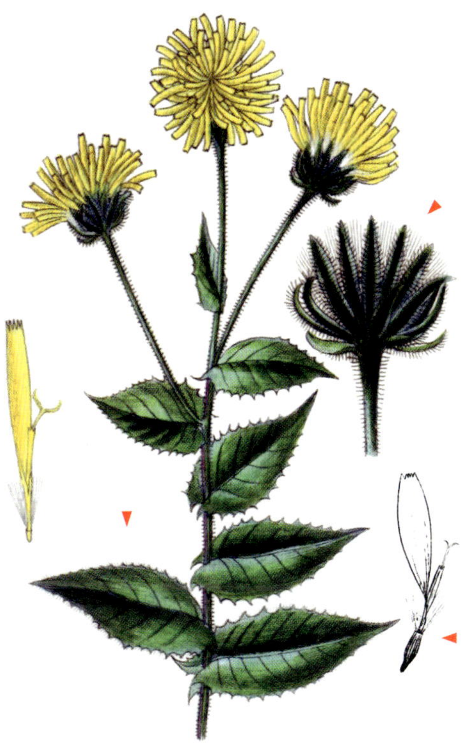

Crepis tectorum L.

Dach-Pippau *Asteraceae*
↓ [P(5) A(5)] G($\overline{2}$) § FFH IV, BNatG s

10–60 cm hoch. PFLANZEN: 1-jährig, mit Milchsaft, graugrün. BLÜTENSTAND: von Hüllkelch umgebene Köpfchen. KÖPFCHEN: ≥ **4 pro Stängel**, nur mit Zungenblüten, 15–25 mm ⌀. HÜLLBLÄTTER: meist 2-reihig, äußere kürzer als die inneren, behaart. BLÜTEN: gelblich. GRIFFEL: **bräunlich bis grünlich**. FRÜCHTE: ***nicht* geschnäbelt**, distal verschmälert, 10–15-rippig. PAPPUS: mehrreihig, flexibel, weißlich. STÄNGEL: mit grundständiger Blattrosette, mit Laubblättern. MITTLERE STÄNGELBLÄTTER: **basal pfeilförmig geöhrt**. OBERE STÄNGELBLÄTTER: am Rand nach unten gerollt.

- einheimisch
- planar bis montan
- Äcker, Ruderalvegetation, Zier- bzw. Nutzpflanze

J F M **A M J J A S O** N D

Crepis terglouensis (Hacq.) A. Kern.

Triglav-Pippau *Asteraceae*
↓ [P(5) A(5)] G($\overline{2}$)

Bis 10 cm hoch. PFLANZEN: mehrjährig, mit Milchsaft. BLÜTENSTAND: von Hüllkelch umgebene Köpfchen. KÖPFCHEN: ≤ **3 pro Stängel**, nur mit Zungenblüten. HÜLLBLÄTTER: meist 2-reihig, äußere kürzer als die inneren, **schwarz behaart**. BLÜTEN: gelblich. FRÜCHTE: ***nicht* geschnäbelt**, distal gestutzt bis verschmälert, 10–15-rippig. PAPPUS: mehrreihig, flexibel, weißlich. STÄNGEL: **mit abstehenden schwarzen Haaren**, mit grundständiger Blattrosette, mit Laubblättern. BLÄTTER: **gelappt bis fiederspaltig**. BLATTLAPPEN: **breit 3-eckig bis oval**.

- einheimisch
- subalpin bis alpin
- Schutt- u. Felsfluren
- an kalkreichen Standorten

J F M A M **J J A** S O N D

Crepis vesicaria L.

Blasen-Pippau *Asteraceae*
↓ [P(5) A(5)] G($\overline{2}$)

30–80 cm hoch. PFLANZEN: meist 2-jährig, mit Milchsaft. BLÜTENSTAND: von Hüllkelch umgebene Köpfchen. KÖPFCHEN: ≥ **4 pro Stängel, vor dem Aufblühen aufrecht**, nur mit Zungenblüten. KÖPFCHENBODEN: **behaart**. HÜLLBLÄTTER: meist 2-reihig, äußere kürzer als die inneren, kahl bis spärlich dunkel behaart. BLÜTEN: gelblich, unterseits meist rötlich. GRIFFEL: **dunkelbraun bis grünlich**. FRÜCHTE: **lang geschnäbelt**. PAPPUS: mehrreihig, flexibel, weißlich. STÄNGEL: mit grundständiger Blattrosette, mit Laubblättern.

- Archaeophyt
- planar bis montan
- Grünland, Staudenfluren, Äcker, Ruderalvegetation, Zier- bzw. Nutzpflanze
- an basenreichen Standorten

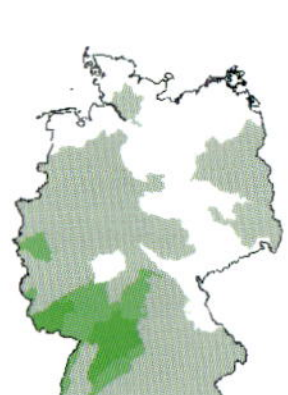

J F M **A M J** J A S O N D

Helminthotheca echioides (L.) Holub

Wurmlattich *Asteraceae*
↓ [P(5) A(5)] G($\overline{2}$)

30–60 cm hoch. PFLANZEN: mit Milchsaft. BLÜTENSTAND: von Hüllkelch umgebene Köpfchen. KÖPFCHEN: **nur mit Zungenblüten**. AUSSENHÜLLE: **vorhanden**. ÄUSSERE HÜLLBLÄTTER: **die unteren herz- bis eiförmig, 5–8 mm breit**. BLÜTEN: gelblich. FRÜCHTE: **lang geschnäbelt**. PAPPUS: **mit verzweigten Borsten**. BLÄTTER: ungeteilt bis gelappt.

- eingebürgerter Neophyt, urspr. aus dem Mittelmeergebiet
- planar bis collin
- Staudenfluren, Äcker, Ruderalvegetation, Zier- bzw. Nutzpflanze
- an basenreichen Standorten

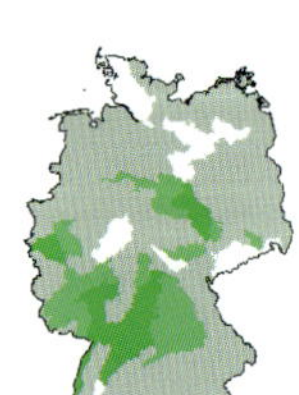

J F M A M **J J A S** O N D

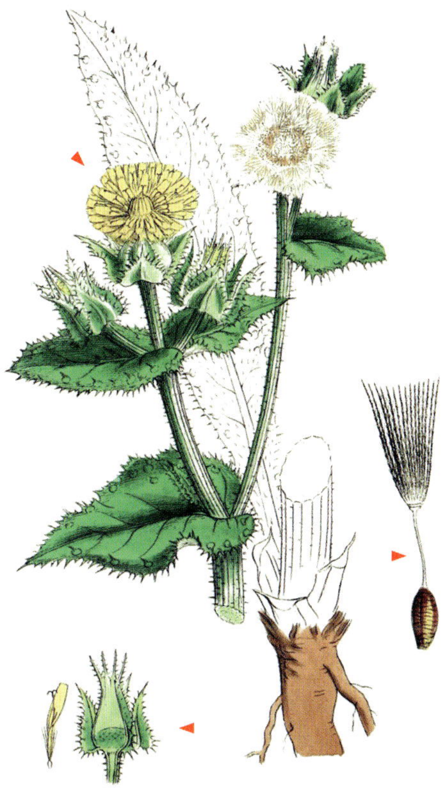

Hieracium: Kräuter mit Milchsaft. Köpfchen: nur mit Zungenblüten, *ohne* Spreublätter bzw. -borsten. Hüllblätter: dachziegelartig angeordnet. Zungenblüten: 5-zähnig. Früchte: an der Spitze gestutzt, Achäne meist 3–5 mm lang, gerippt, Rippen distal zu ringförmigem Wulst verwachsen. Pappus: einfach, starr, zerbrechlich, gräulich bis gelblich, innere u. äußere Borsten unterschiedlich lang. Stängel: *ohne* oberirdische Ausläufer. Blätter: gezähnt bis gelappt. *Hieracium* zählt mit mehreren dutzend Taxa zu den artenreichsten und am schwierigsten zu bestimmenden Gattungen der heimischen Flora. Im Folgenden wird eine Übersicht der Hauptarten gegeben.

Hieracium prenanthoides Vill.

Hasenlattich-Habichtskraut *Asteraceae*
↓ [P(5) A(5)] G($\overline{2}$) RL 3

30–140 cm hoch. Blütenstand: Köpfchen in rispenartigem Gesamtblütenstand. Köpfchen: **6–20 pro Stängel**, 8–14 mm lang. Hüllblätter: **mit Sternhaaren**, Haare < 2,5 mm lang, **dicht drüsig behaart**, *ohne* o. mit wenigen einfachen Haaren. Zungenblüten: **bewimpert**. Stängel: ***ohne*** **grundständige Blattrosette, mit 10–40 Laubblättern.** Mittlere Stängelblätter: **basal meist (halb-) stängelumfassend.**

- einheimisch
- montan bis subalpin
- Staudenfluren, Gehölze, Wälder

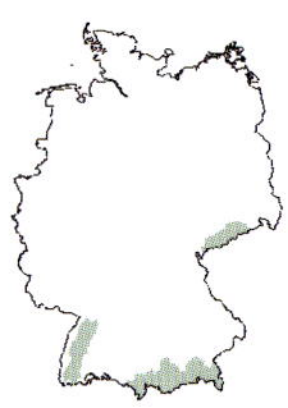

J F M A M **J J A S O** N D

Hieracium sabaudum L.

Savoyer Habichtskraut *Asteraceae*
↓ [P(5) A(5)] G($\overline{2}$)

50–160 cm hoch. Blütenstand: Köpfchen in rispenartigem Gesamtblütenstand. Köpfchen: **20–60 pro Stängel**, 10–12 mm lang. Köpfchenboden: mit lang gezähnten Grubenrändern. Hüllblätter: **die kurzen äußeren abrupt in die längeren inneren übergehend**, abgerundet, Haare < 2,5 mm lang, *ohne* o. mit wenigen einfachen Haaren, mit kleinen Drüsen, oft mit Sternhaaren. Zungenblüten: kahl. Früchte: schwarz bis dunkelbraun. Stängel: gleichmäßig beblättert, **mit 10–70 Laubblättern**. Grundblätter: < 6-mal so lang wie breit. Mittlere Stängelblätter: basal verschmälert.

- einheimisch
- planar bis montan
- Extensivgrünland u. Magerrasen, Staudenfluren, Wälder, Schutt- u. Felsfluren, Ruderalvegetation
- an nährstoffarmen Standorten

J F M A M J **J A S O** N D

Hieracium alpinum L.

Alpen-Habichtskraut *Asteraceae*
↓ [P(5) A(5)] G($\overline{2}$)

Bis 30 cm hoch. Köpfchen: **meist ≤ 3 pro Stängel**, 10–20 mm lang. Hüllblätter: ***ohne*** **Sternhaare, dicht einfach behaart, dicht drüsig behaart**. Zungenblüten: **bewimpert**. Früchte: schwarz bis dunkelbraun. Stängel: **mit grundständiger Blattrosette, meist außerdem mit bis 3 Hochblättern**. Grundblätter: frisch- bis blau- bzw. graugrün, länglich bis lanzettlich, basal in den Stiel verschmälert, fein gezähnt bis ganzrandig, behaart, **am Rand drüsig behaart**; Blattstiele: breit geflügelt.

- einheimisch
- subalpin bis alpin
- Extensivgrünland u. Magerrasen, Schutt- u. Felsfluren
- an nährstoffarmen, sauren Standorten

J F M A M **J J A** S O N D

Hieracium amplexicaule L.

Stängelumfassendes Habichtskraut *Asteraceae*
↓ [P(5) A(5)] G($\overline{2}$)

10–50 cm hoch. Pflanzen: **klebrig-drüsig behaart.** Blütenstand: Köpfchen in rispenartigem Gesamtblütenstand. Köpfchen: **2–25 pro Stängel**, 8–18 mm lang. Hüllblätter: ***ohne*** **einfache Haare, drüsig behaart,** ***ohne*** **Sternhaare**. Zungenblüten: **bewimpert**. Stängel: **mit grundständiger Blattrosette, mit 3–8 Laubblättern**. Blätter: oval. Grundblätter: gezähnt bis buchtig gelappt, kahl bis behaart, **am Rand drüsig behaart**. Mittlere Stängelblätter: **basal meist (halb-) stängelumfassend.**

- einheimisch
- collin bis montan
- Schutt- u. Felsfluren, Ruderalvegetation
- meist an trockenen Standorten

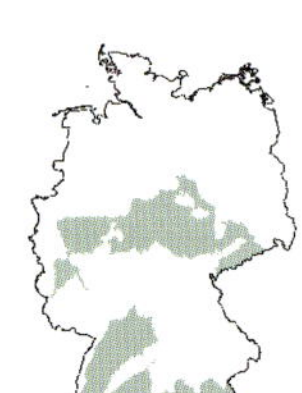

J F M A **M J J A** S O N D

Hieracium bifidum Hornem.

Gabel-Habichtskraut *Asteraceae*
↓ [P(5) A(5)] G($\overline{2}$) RL V

10–40 cm hoch. Blütenstand: Köpfchen in rispenartigem Gesamtblütenstand. Köpfchen: **2–15 pro Stängel**, 8–14 mm lang. Köpfchenboden: mit kurz gezähnten Grubenrändern. Hüllblätter: **die kurzen äußeren abrupt in die längeren inneren übergehend, mit einfachen Haaren, mit Sternhaaren.** Stängel: **mit grundständiger Blattrosette, mit ≤ 2 Laubblättern.** Grundblätter: gestielt, **blau- bzw. graugrün, oft dunkel gefleckt,** lanzettlich bis oval, behaart.

- einheimisch
- montan bis subalpin
- Extensivgrünland u. Magerrasen, Wälder, Schutt- u. Felsfluren
- an nährstoffarmen, basenreichen Standorten

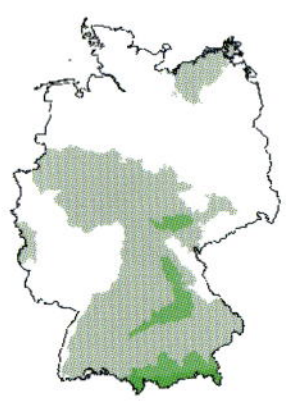

J F M A M J J A S O N D

Hieracium bupleuroides C. C. Gmel.

Hasenohr-Habichtskraut *Asteraceae*
↓ [P(5) A(5)] G($\overline{2}$) RL 3

20–40 cm hoch. Blütenstand: Köpfchen in rispenartigem Gesamtblütenstand, vor allem oben verzweigt. Köpfchen: **2–10 pro Stängel,** 10–16 mm lang. Hüllblätter: **die äußeren allmählich in die inneren übergehend, mit einfachen Haaren, drüsig behaart, mit Sternhaaren,** Haare < 2,5 mm lang. Stängel: **mit grundständiger Blattrosette, mit 4–15 Laubblättern.** Grundblätter: zur Blütezeit 3–8, ungestielt, **blau- bzw. graugrün,** basal kaum verschmälert, ganzrandig bis gezähnt. Mittlere Stängelblätter: lineal-lanzettlich.

- einheimisch
- montan bis subalpin
- Schutt- u. Felsfluren
- an nährstoffarmen, kalkreichen Standorten

J F M A M J J A S O N D

Hieracium caesium (Fr.) Fr.

Blaugraues Habichtskraut *Asteraceae*
↓ [P(5) A(5)] G($\overline{2}$) RL 2

10–50 cm hoch. Blütenstand: Köpfchen in rispenartigem Gesamtblütenstand. Köpfchen: **2–12 pro Stängel,** 8–14 mm lang. Köpfchenboden: mit kurz gezähnten Grubenrändern. Hüllblätter: **die kurzen äußeren abrupt in die längeren inneren übergehend, mit einfachen Haaren,** meist *ohne* Drüsenhaare, **mit Sternhaaren,** Haare < 1,5 mm lang. Griffel: **gelblich bis bräunlich.** Zungenblüten: kahl. Stängel: **mit grundständiger Blattrosette, mit 1–10 Laubblättern.** Grundblätter: zahlreich, **blau- bzw. graugrün, oft dunkel gefleckt,** lanzettlich bis oval, basal in den Stiel verschmälert, gezähnt, behaart. Mittlere Stängelblätter: lanzettlich-oval, meist 3–5-mal so lang wie breit.

- einheimisch
- planar bis subalpin
- Extensivgrünland u. Magerrasen, Schutt- u. Felsfluren
- an nährstoffarmen, basenreichen Standorten

J F M A M J J A S O N D

Hieracium glaucum All.

Blaugrünes Habichtskraut *Asteraceae*
↓ [P(5) A(5)] G($\overline{2}$)

20–60 cm hoch. Blütenstand: Köpfchen in rispenartigem Gesamtblütenstand, auch unten verzweigt. Köpfchen: **3–15 pro Stängel,** 8–14 mm lang. Hüllblätter: **die äußeren allmählich in die inneren übergehend, filzig behaart, mit Sternhaaren,** Haare < 2,5 mm lang, allenfalls mit wenigen einfachen Haaren, drüsenlos bis spärlich drüsig behaart. Stängel: **mit grundständiger Blattrosette, mit 2–15 Laubblättern.** Grundblätter: zur Blütezeit ≥ 6, gestielt, **blau- bzw. graugrün,** basal in den Stiel verschmälert, gezähnt, am Rand behaart. Mittlere Stängelblätter: lineal-lanzettlich.

- einheimisch
- collin bis subalpin
- Extensivgrünland u. Magerrasen, Schutt- u. Felsfluren
- an nährstoffarmen, kalkreichen Standorten

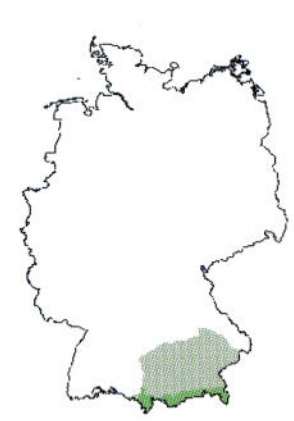

J F M A M J J A S O N D

Hieracium humile Jacq.

Niedriges Habichtskraut *Asteraceae*
↓ [P(5) A(5)] G($\overline{2}$)

10–30 cm hoch. BLÜTENSTAND: Köpfchen in rispenartigem Gesamtblütenstand. KÖPFCHEN: **2–10 pro Stängel**, 8–14 mm lang. HÜLLBLÄTTER: **mit einfachen Haaren, drüsig behaart**. ZUNGENBLÜTEN: kahl. STÄNGEL: oft schwach zickzackförmig gebogen, **mit grundständiger Blattrosette, mit 1–5 Laubblättern**. GRUNDBLÄTTER: frischgrün bis dunkelgrün, oval, basal in den Stiel verschmälert, buchtig gezähnt, drüsig behaart.

- einheimisch
- collin bis subalpin
- Schutt- u. Felsfluren, an Mauern
- an nährstoffarmen, kalkreichen Standorten

J F M A M J J A S O N D

Hieracium lachenalii Suter

Gewöhnliches Habichtskraut *Asteraceae*
↓ [P(5) A(5)] G($\overline{2}$)

25–100 cm hoch. BLÜTENSTAND: Köpfchen in rispenartigem Gesamtblütenstand. KÖPFCHEN: **6–40 pro Stängel**, 8–12 mm lang. KÖPFCHENBODEN: mit kurz gezähnten Grubenrändern. HÜLLBLÄTTER: **die kurzen äußeren abrupt in die längeren inneren übergehend, drüsig behaart**, Haare < 1,5 mm lang, *ohne* o. mit wenigen einfachen Haaren, oft mit Sternhaaren. GRIFFEL: oft dunkel. ZUNGENBLÜTEN: kahl. STÄNGEL: **mit grundständiger Blattrosette, mit 2–10 Laubblättern**. GRUNDBLÄTTER: zur Blütezeit 1–10, frischgrün, lanzettlich bis oval, basal in den Stiel verschmälert, gezähnt bis buchtig gelappt. MITTLERE STÄNGELBLÄTTER: lanzettlich-oval, nach oben allmählich kleiner werdend, meist 3–5-mal so lang wie breit.

- einheimisch
- planar bis montan
- Extensivgrünland u. Magerrasen, Staudenfluren, Gehölze, Wälder, Schutt- u. Felsfluren
- an nährstoffarmen Standorten

J F M A M J J A S O N D

Hieracium laevigatum Willd.

Glattes Habichtskraut *Asteraceae*
↓ [P(5) A(5)] G($\overline{2}$)

30–100 cm hoch. BLÜTENSTAND: Köpfchen in rispenartigem Gesamtblütenstand. KÖPFCHEN: **6–40 pro Stängel**, 8–12 mm lang. HÜLLBLÄTTER: **die kurzen äußeren abrupt in die längeren inneren übergehend, innere spitz, äußere abgerundet, drüsig behaart**, Haare < 2,5 mm lang, *ohne* o. mit wenigen einfachen Haaren, oft mit Sternhaaren. GRIFFEL: oft dunkel. ZUNGENBLÜTEN: kahl. STÄNGEL: **mit 4–40 Laubblättern**. GRUNDBLÄTTER: **zur Blütezeit meist verdorrt**, selten 1–4 grüne Blätter, behaart. MITTLERE STÄNGELBLÄTTER: schmal-oval bis lanzettlich, 3–8-mal so lang wie breit.

- einheimisch
- planar bis montan
- Extensivgrünland u. Magerrasen, Staudenfluren, Gehölze, Wälder
- an nährstoffarmen, sauren Standorten

J F M A M J J A S O N D

Hieracium murorum L.

Wald-Habichtskraut *Asteraceae*
↓ [P(5) A(5)] G($\overline{2}$)

20–40 cm hoch. BLÜTENSTAND: Köpfchen in rispenartigem Gesamtblütenstand. KÖPFCHEN: **3–20 pro Stängel**, 8–12 mm lang. KÖPFCHENBODEN: mit kurz gezähnten Grubenrändern. HÜLLBLÄTTER: **die kurzen äußeren abrupt in die längeren inneren übergehend**, meist *ohne* einfache Haare, Haare < 2,5 mm lang, dicht drüsig behaart, oft mit Sternhaaren. ZUNGENBLÜTEN: kahl. STÄNGEL: **mit grundständiger Blattrosette, mit ≤ 3 Laubblättern**. GRUNDBLÄTTER: zur Blütezeit 3–10, gestielt, frischgrün bis dunkelgrün, lanzettlich bis oval, basal ausgerandet, gestutzt *oder* in den Stiel verschmälert, behaart; OBERSEITIG: behaart.

- einheimisch
- planar bis subalpin
- Grünland, Staudenfluren, Gehölze, Wälder, Schutt- u. Felsfluren, Ruderalvegetation, Zier- bzw. Nutzpflanze

J F M A M J J A S O N D

Hieracium piliferum Hoppe

Haartragendes Habichtskraut *Asteraceae*
↓ [P(5) A(5)] G($\overline{2}$) RL R

Bis 20 cm hoch. KÖPFCHEN: **meist ≤ 4 pro Stängel**, 10–16 mm lang. KÖPFCHENBODEN: mit kurz gezähnten Grubenrändern. HÜLLBLÄTTER: **die äußeren allmählich in die inneren übergehend, mit einfachen Haaren, drüsig behaart, *ohne* Sternhaare, Haare 3–6 mm lang**. ZUNGENBLÜTEN: kahl. STÄNGEL: **mit grundständiger Blattrosette, mit ≤ 2 Laubblättern**. GRUNDBLÄTTER: zahlreich, **blau- bzw. graugrün**, lanzettlich bis oval, ganzrandig bis gezähnt, behaart.

- einheimisch
- subalpin bis alpin
- Extensivgrünland u. Magerrasen, Schutt- u. Felsfluren
- an nährstoffarmen, sauren Standorten

J F M A M **J J A** S O N D

Hieracium pilosum Froel.

Weißhaariges Habichtskraut *Asteraceae*
↓ [P(5) A(5)] G($\overline{2}$)

15–30 cm hoch. PFLANZEN: **dicht lang weißhaarig**. BLÜTENSTAND: Köpfchen in rispenartigem Gesamtblütenstand. KÖPFCHEN: **2–8 pro Stängel**, 14–22 mm lang. HÜLLBLÄTTER: **die äußeren allmählich in die inneren übergehend, mit einfachen Haaren, *ohne* Sternhaare**, Haare < 2,5 mm lang, oft mit kleinen Drüsenhaaren. ÄUSSERE HÜLLBLÄTTER: meist locker anliegend. ZUNGENBLÜTEN: **bewimpert**. STÄNGEL: dicht behaart, *ohne* o. mit wenigen Drüsenhaaren, mit zahlreichen langen Haaren, **mit grundständiger Blattrosette, mit ≤ 10 Laubblättern**. GRUNDBLÄTTER: ungestielt, **blau- bzw. graugrün**, ganzrandig bis gezähnt.

- einheimisch
- subalpin bis alpin
- Extensivgrünland u. Magerrasen, Schutt- u. Felsfluren
- an nährstoffarmen, kalkreichen Standorten

J F M A M **J J A** S O N D

Hieracium schmidtii Tausch

Bleiches Habichtskraut *Asteraceae*
↓ [P(5) A(5)] G($\overline{2}$) RL 3

10–50 cm hoch. BLÜTENSTAND: Köpfchen in rispenartigem Gesamtblütenstand. KÖPFCHEN: **2–12 pro Stängel**, 10–14 mm lang. KÖPFCHENBODEN: mit lang gezähnten Grubenrändern. HÜLLBLÄTTER: **die kurzen äußeren abrupt in die längeren inneren übergehend, mit Sternhaaren**, Haare < 2,5 mm lang, *ohne* o. mit wenigen einfachen Haaren, mit kleinen Drüsen. ZUNGENBLÜTEN: **meist bewimpert**. STÄNGEL: **mit grundständiger Blattrosette, mit ≤ 2 Laubblättern**. GRUNDBLÄTTER: **blau- bzw. graugrün**, lanzettlich bis oval, basal ausgerandet, gestutzt *oder* abgerundet, behaart, **mit kleinen Drüsenhaaren, am Rand drüsig behaart**.

- einheimisch
- collin bis alpin
- Wälder, Schutt- u. Felsfluren
- an nährstoffarmen, sauren, trockenen Standorten

J F M **A M J J A** S O N D

Hieracium umbellatum L.

Doldiges Habichtskraut *Asteraceae*
↓ [P(5) A(5)] G($\overline{2}$)

10–120 cm hoch. BLÜTENSTAND: **Köpfchen in doldenartigem Gesamtblütenstand**. KÖPFCHEN: **5–100 pro Stängel**, 8–12 mm lang. HÜLLBLÄTTER: **die kurzen äußeren abrupt in die längeren inneren übergehend**, abgerundet, **zurückgebogen**, meist *ohne* einfache Haare, ***ohne* Drüsenhaare, *ohne* Sternhaare**, Haare < 2,5 mm lang. ÄUSSERE HÜLLBLÄTTER: meist abstehend. ZUNGENBLÜTEN: kahl. STÄNGEL: ***ohne* grundständige Blattrosette, mit 10–70 Laubblättern**. GRUNDBLÄTTER: 4–15-mal so lang wie breit. MITTLERE STÄNGELBLÄTTER: basal verschmälert.

- einheimisch
- planar bis montan
- Extensivgrünland u. Magerrasen, Zwergstrauchheiden, Staudenfluren, Gehölze, Wälder, Ruderalvegetation, Dünen, Zier- bzw. Nutzpflanze
- an nährstoffarmen Standorten

J F M A M **J J A S O** N D

Hieracium villosum Jacq.

Woll-Habichtskraut *Asteraceae*
↓ [P(5) A(5)] G($\overline{2}$)

15–30 cm hoch. Pflanzen: **dicht mit langen weißen Haaren bedeckt**. Blütenstand: Köpfchen in rispenartigem Gesamtblütenstand. Köpfchen: **2–8 pro Stängel**, eiförmig bis kugelig, 14–22 mm lang. Hüllblätter: **die äußeren allmählich in die inneren übergehend, mit einfachen Haaren, *ohne* Sternhaare**, Haare < 2,5 mm lang, oft mit kleinen Drüsenhaaren. Stängel: dicht behaart, **mit grundständiger Blattrosette, mit 3–15 Laubblättern**. Grundblätter: zur Blütezeit ≤ 6, ungestielt, **blau- bzw. graugrün**, lineal bis lanzettlich, ganzrandig bis gezähnt.

- einheimisch
- subalpin bis alpin
- Extensivgrünland u. Magerrasen, Schutt- u. Felsfluren
- an nährstoffarmen, kalkreichen Standorten

J F M A M **J J A** S O N D

Pilosella: Kräuter mit Milchsaft. Köpfchen: nur mit Zungenblüten. Köpfchenboden: *ohne* Spreublätter bzw. -borsten. Hüllblätter: dachziegelartig angeordnet. Zungenblüten: 5-zähnig. Früchte: an der Spitze gestutzt, Achäne 1–3 mm lang, gerippt, Rippen enden in kurzem Zahn. Pappus: einfach, starr, zerbrechlich, gräulich bis gelblich, alle Borsten gleich lang. Stängel: häufig mit oberirdischen Ausläufern. Blätter: ganzrandig bis schwach gezähnt, allmählich verschmälert. *Pilosella* zählt mit mehreren dutzend Taxa zu den artenreichsten und am schwierigsten zu bestimmenden Gattungen der heimischen Flora. Im Folgenden wird eine Übersicht der Hauptarten gegeben.

Pilosella caespitosa (Dumort.) P. D. Sell & C. West

Wiesen-Habichtskraut *Asteraceae*
↓ [P(5) A(5)] G($\overline{2}$) RL V

20–80 cm hoch. Blütenstand: Köpfchen in rispenartigem Gesamtblütenstand. Köpfchen: **7–40 pro Stängel**, 5–9 mm lang. Hüllblätter: **mit einfachen Haaren, drüsig behaart, mit Sternhaaren**. Blüten: gelblich. Griffel: **bräunlich bis grünlich**. Stängel: lang behaart, Haare 2–6 mm lang, **mit 1–6 Laubblättern**. Ausläufer: 5–20 cm lang, 1–2 mm ⌀, Blätter distal kleiner werdend. Grundblätter: meist frischgrün; unterseitig: mit Sternhaaren.

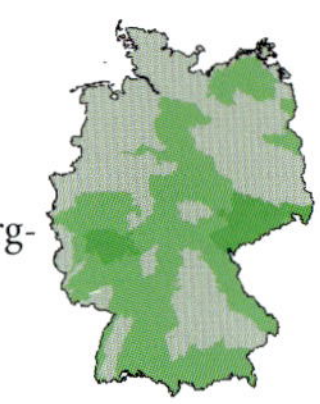

- einheimisch
- planar bis montan
- Extensivgrünland u. Magerrasen, Zwergstrauchheiden

J F M **A M J J A S** O N D

Pilosella echioides (Lumn.) F. W. Schultz & Sch. Bip.

Natterkopf-Habichtskraut *Asteraceae*
↓ [P(5) A(5)] G($\overline{2}$) RL 3

20–100 cm hoch. Blütenstand: **Köpfchen in rispen- bis doldenartigem Gesamtblütenstand**. Köpfchen: **7–35 pro Stängel**, 6–9 mm lang; Stiele: *ohne* Drüsenhaare. Hüllblätter: **filzig behaart, mit einfachen Haaren, mit Sternhaaren**, oft mit wenigen Drüsenhaaren. Äussere Hüllblätter: 0,6–1,2 mm breit. Blüten: meist gelblich. Stängel: **mit 3–20 Laubblättern**. Ausläufer: fehlend. Grundblätter: **zur Blütezeit meist vertrocknet, blau- bzw. graugrün**; oberseitig: **mit Sternhaaren**; unterseitig: mit Sternhaaren.

- einheimisch
- planar bis collin
- Extensivgrünland u. Magerrasen, Schutt- u. Felsfluren
- an nährstoffarmen, trockenen Standorten

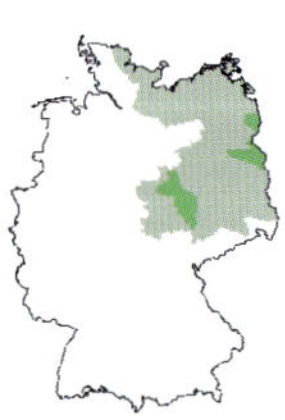

J F M A M **J J A** S O N D

Pilosella bauhini (Schult.) Arv.-Touv.

Bauhins Habichtskraut *Asteraceae*
↓ [P(5) A(5)] G($\overline{2}$)

10–80 cm hoch. Blütenstand: Köpfchen in rispenartigem Gesamtblütenstand. Köpfchen: **2–60 pro Stängel**, 8–14 mm lang. Hüllblätter: **drüsig behaart**, *ohne* o. mit wenigen einfachen Haaren, oft mit Sternhaaren. Blüten: gelblich. Stängel: **mit 1–6 Laubblättern**. Ausläufer: oberirdisch, 5–60 cm lang. Grundblätter: meist blau- bzw. graugrün, lanzettlich, basal in den Stiel verschmälert, behaart; oberseitig: *ohne* Sternhaare.

- einheimisch
- planar bis montan
- Extensivgrünland u. Magerrasen, Ruderalvegetation
- an nährstoffarmen, meist trockenen Standorten

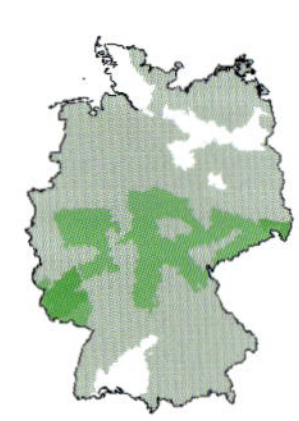

J F M **A M J J A** S O N D

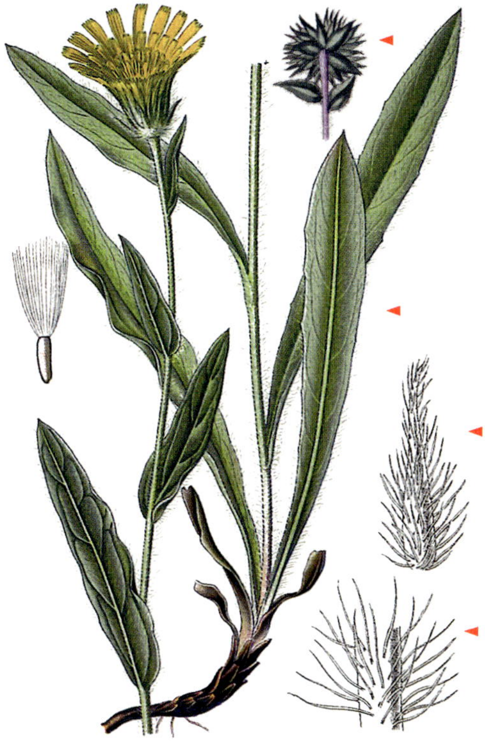

Pilosella piloselloides (Vill.) Soják

Florentiner Habichtskraut *Asteraceae*
↓ [P(5) A(5)] G($\bar{2}$)

20–80 cm hoch. Blütenstand: Köpfchen in rispenartigem Gesamtblütenstand. Köpfchen: **7–60 pro Stängel**, 5–9 mm lang. Hüllblätter: **drüsig behaart**, *ohne* o. mit wenigen einfachen Haaren, oft mit Sternhaaren. Äussere Hüllblätter: 0,6–1,2 mm breit. Blüten: gelblich. Stängel: **mit 1–5 Laubblättern**. Ausläufer: fehlend. Grundblätter: meist blau- bzw. graugrün, lanzettlich; oberseitig: kahl bis spärlich behaart, *ohne* Sternhaare.

- einheimisch
- planar bis subalpin
- trockenfallende Ufer, Staudenfluren, Schutt- u. Felsfluren
- an nährstoffarmen, basenreichen, meist wechseltrockenen Standorten

J F M **A M J J** A S O N D

Pilosella aurantiaca (L.) F. W. Schultz & Sch. Bip.

Orangerotes Habichtskraut *Asteraceae*
↓ [P(5) A(5)] G($\bar{2}$)

20–70 cm hoch. Blütenstand: **Köpfchen in rispen- bis doldenartigem Gesamtblütenstand**. Köpfchen: 6–10 mm lang; Stiele: 1–6 cm lang. Blüten: **orange bis rötlich**. Stängel: **mit 1–5 Laubblättern**. Grundblätter: frischgrün bis dunkelgrün; oberseitig: dicht behaart, *ohne* Sternhaare; unterseitig: mit Sternhaaren.

- einheimisch
- planar bis subalpin
- Extensivgrünland u. Magerrasen, Staudenfluren, Gehölze, Ruderalvegetation, Zier- bzw. Nutzpflanze
- an nährstoffarmen Standorten

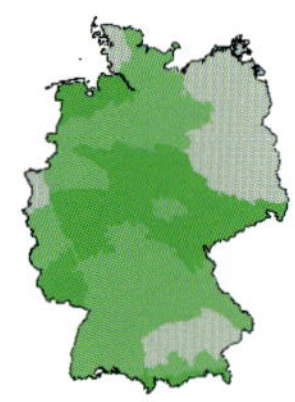

J F M A **M J J A** S O N D

Pilosella cymosa (L.) F. W. Schultz & Sch. Bip.

Trugdoldiges Habichtskraut *Asteraceae*
↓ [P(5) A(5)] G($\bar{2}$) RL 3

30–100 cm hoch. Blütenstand: **Köpfchen in knäueligem bis doldenartigem Gesamtblütenstand**. Köpfchen: **15–80 pro Stängel**, 5–8 mm lang. Hüllblätter: **drüsig behaart, mit Sternhaaren**, *ohne* o. mit wenigen einfachen Haaren. Blüten: gelblich. Stängel: **mit 1–6 Laubblättern**. Grundblätter: frischgrün bis gelbgrün; unterseitig: lang behaart, mit Sternhaaren.

- einheimisch
- planar bis montan
- Extensivgrünland u. Magerrasen, Staudenfluren, Schutt- u. Felsfluren, Ruderalvegetation
- an nährstoffarmen, basenreichen, meist trockenen Standorten

J F M **A M J J A** S O N D

Pilosella glacialis (Reyn.) F. W. Schultz & Sch. Bip.

Gletscher-Habichtskraut *Asteraceae*
↓ [P(5) A(5)] G($\bar{2}$) RL R

10–40 cm hoch. Blütenstand: Köpfchen in rispenartigem Gesamtblütenstand. Köpfchen: **2–8 pro Stängel**, 6–10 mm lang. Hüllblätter: **mit einfachen Haaren, mit Sternhaaren**, oft drüsig behaart. Äussere Hüllblätter: $<$ 1 mm breit. Blüten: gelblich. Stängel: **mit ≤ 2 Laubblättern**. Ausläufer: meist fehlend, $<$ 5 cm lang. Grundblätter: frischgrün bis blau- bzw. graugrün, länglich bis lanzettlich; unterseitig: mit Sternhaaren.

- einheimisch
- subalpin bis alpin
- Extensivgrünland u. Magerrasen, Schutt- u. Felsfluren
- an nährstoffarmen, sauren Standorten

J F M A M **J J A** S O N D

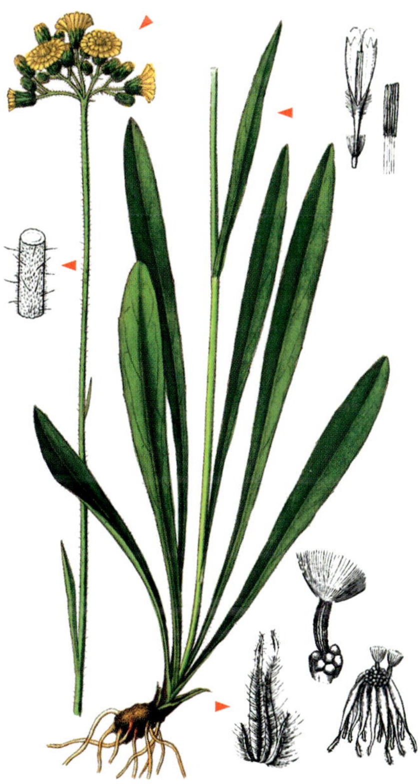

Pilosella hoppeana (Schult.) F. W. Schultz & Sch. Bip.

Hoppes Habichtskraut *Asteraceae*
↓ [P(5) A(5)] G($\underline{2}$)

Bis 40 cm hoch. Blütenstand: **1 von Hüllkelch umgebenes Köpfchen**. Köpfchen: ± kugelig. Hüllblätter: **drüsig behaart**, **mit Sternhaaren**, *ohne* o. mit einfachen Haaren. Äussere Hüllblätter: 1,4–4 mm breit. Blüten: gelblich, **Randblüten unterseits oft rötlich**. Stängel: ***ohne* Laubblätter**. Ausläufer: oberirdisch, < 10 cm lang, 1–2 mm ⌀. Grundblätter: frischgrün bis gelbgrün; oberseitig: *ohne* Sternhaare; unterseitig: **weißfilzig**, mit Sternhaaren.

Im Gebiet kommen 2 Unterarten vor: subsp. *hoppeana* und subsp. *testimonialis* (vgl. S. 1438).

- einheimisch
- montan bis alpin
- Extensivgrünland u. Magerrasen, Schutt- u. Felsfluren
- an nährstoffarmen Standorten

J F M **A M J J A** S O N D

Pilosella lactucella (Wallr.) P. D. Sell & C. West

Geöhrtes Habichtskraut *Asteraceae*
↓ [P(5) A(5)] G($\underline{2}$) RL 3

Bis 50 cm hoch. Blütenstand: Köpfchen in rispenartigem Gesamtblütenstand. Köpfchen: **2–7 pro Stängel**, kugelig bis kegelförmig, 4–8 mm lang; Stiele: *ohne* einfache Haare. Hüllblätter: **drüsig behaart**, **mit Sternhaaren**, *ohne* o. mit wenigen einfachen Haaren. Äussere Hüllblätter: < 1,2 mm breit. Blüten: gelblich. Stängel: **mit 1–2 Laubblättern**. Ausläufer: bis 20 cm lang, 0,5–1,5 mm ⌀. Grundblätter: **blau- bzw. graugrün**, spatelförmig, kahl bis spärlich behaart; unterseitig: ***ohne* Sternhaare**.

- einheimisch
- collin bis subalpin
- Moore u. Seggenriede, Extensivgrünland u. Magerrasen, Zwergstrauchheiden, Ruderalvegetation
- an nährstoffarmen Standorten

J F M **A M J J A S** O N D

Pilosella officinarum Vaill.

Kleines Habichtskraut *Asteraceae*
↓ [P(5) A(5)] G($\underline{2}$)

Bis 35 cm hoch. Blütenstand: **1 von Hüllkelch umgebenes Köpfchen**. Köpfchen: eiförmig bis kugelig, 6–13 mm lang. Hüllblätter: **mit Sternhaaren**, *ohne* o. mit wenigen einfachen Haaren, oft drüsig behaart. Äussere Hüllblätter: 0,5–2 mm breit. Blüten: gelblich, **Randblüten unterseits oft rötlich**. Stängel: ***ohne* Laubblätter**. Ausläufer: oberirdisch, 5–30 cm lang, < 1,5 mm ⌀, Blätter distal kleiner werdend. Grundblätter: meist blau- bzw. graugrün; oberseitig: **mit Sternhaaren**; unterseitig: **grau- bis weißfilzig**, mit Sternhaaren.

- einheimisch
- planar bis subalpin
- Extensivgrünland u. Magerrasen, Zwergstrauchheiden, Ruderalvegetation, Zier- bzw. Nutzpflanze
- an nährstoffarmen Standorten

J F M A M **J J A S** O N D

Pilosella peleteriana (Mérat) F. W. Schultz & Sch. Bip.

Lepeletiers Habichtskraut *Asteraceae*
↓ [P(5) A(5)] G($\underline{2}$)

Bis 30 cm hoch. Blütenstand: **1 von Hüllkelch umgebenes Köpfchen**. Köpfchen: eiförmig, 8–14 mm lang. Hüllblätter: **mit einfachen Haaren, mit Sternhaaren**, oft drüsig behaart. Äussere Hüllblätter: 1,5–3 mm breit. Blüten: gelblich, **Randblüten unterseits oft rötlich**. Stängel: ***ohne* Laubblätter**. Ausläufer: oberirdisch, < 5 cm lang. Grundblätter: frischgrün bis gelbgrün; oberseitig: *ohne* Sternhaare; unterseitig: **weißfilzig**, mit Sternhaaren.

- einheimisch
- planar bis montan
- Extensivgrünland u. Magerrasen, Wälder, Schutt- u. Felsfluren
- an nährstoffarmen, meist trockenen Standorten

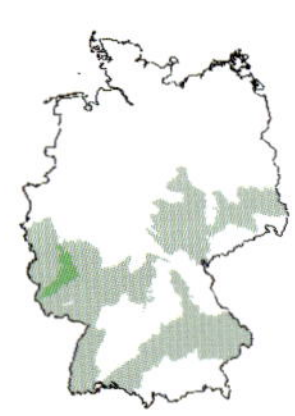

J F M **A M J J** A S O N D

US

US

Schlagintweitia intybacea (All.) Griseb.

Zichorien-Habichtskraut *Asteraceae*
↓ [P(5) A(5)] G($\overline{2}$) RL R

Bis 30 cm hoch. Pflanzen: mit Milchsaft, **klebrig-drüsig behaart**. Blütenstand: von Hüllkelch umgebene Köpfchen. Köpfchen: **≤ 5 pro Stängel, nur mit Zungenblüten, ± kugelig**, 14–18 mm lang. Hüllblätter: dachziegelartig, ***ohne* einfache Haare, klebrig drüsig behaart**, spärlich sternhaarig. Äussere Hüllblätter: abstehend. Blüten: **weißlich bis gelblich**. Zungenblüten: kahl. Früchte: distal gestutzt, Rippen distal einen ringförmigen Wulst bildend. Pappus: **starr, zerbrechlich**. Stängel: verzweigt, **mit 8–18 Laubblättern**. Blätter: länglich bis lanzettlich. Grundblätter: **zur Blütezeit meist verdorrt**.

- einheimisch
- subalpin bis alpin
- Extensivgrünland u. Magerrasen, Schutt- u. Felsfluren
- an nährstoffarmen Standorten

J F M A M **J J A S** O N D

Hypochaeris glabra L.

Kahles Ferkelkraut *Asteraceae*
↓ [P(5) A(5)] G($\overline{2}$) RL 2

15–30 cm hoch. Pflanzen: mit Milchsaft. Blütenstand: von Hüllkelch umgebene Köpfchen. Köpfchen: einzeln bis wenige, nur mit Zungenblüten; Stiele: allenfalls direkt unter dem Köpfchen etwas verdickt, oben kahl. Blüten: gelblich. Früchte: **die inneren lang geschnäbelt, die äußeren *ohne* Schnabel**. Pappus: 2-reihig, **nur die längeren äußeren Borsten gefiedert**, innere Borsten rau. Stängel: **blau- bzw. graugrün**, mit grundständiger Blattrosette, ***ohne* Laubblätter, zuweilen mit Schuppenblättern**. Blätter: ungeteilt bis gelappt, kahl.

- einheimisch
- planar bis montan
- Extensivgrünland u. Magerrasen, Äcker, Ruderalvegetation, Zier- bzw. Nutzpflanze
- an nährstoffarmen, sauren, meist trockenen Standorten

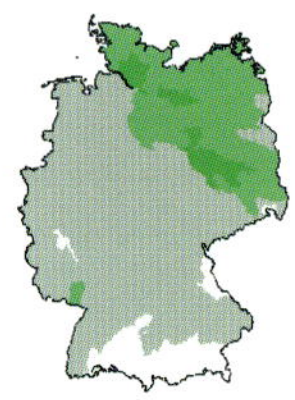

J F M A **M J J A S O** N D

Hypochaeris maculata L.

Geflecktes Ferkelkraut *Asteraceae*
↓ [P(5) A(5)] G($\overline{2}$) RL 2

30–100 cm hoch. Pflanzen: mit Milchsaft. Blütenstand: von Hüllkelch umgebene Köpfchen. Köpfchen: einzeln bis wenige, nur mit Zungenblüten; Stiele: allenfalls direkt unter dem Köpfchen etwas verdickt, **oben rauhaarig**. Blüten: gelblich. Früchte: lang geschnäbelt. Pappus: 1-reihig, **alle Borsten gefiedert**. Stängel: mit grundständiger Blattrosette, **meist mit 1–2 kleinen Laubblättern**. Blätter: **meist rötlich bis bräunlich gefleckt**, ungeteilt bis gelappt.

- einheimisch
- collin bis montan
- Extensivgrünland u. Magerrasen, Staudenfluren, Wälder
- an nährstoffarmen Standorten

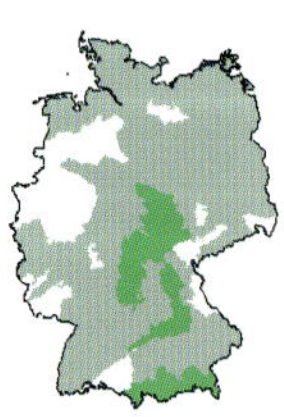

J F M **A M J J A** S O N D

Hypochaeris radicata L.

Gewöhnliches Ferkelkraut *Asteraceae*
↓ [P(5) A(5)] G($\overline{2}$)

15–50 cm hoch. Pflanzen: mit Milchsaft. Blütenstand: von Hüllkelch umgebene Köpfchen. Köpfchen: einzeln bis wenige, nur mit Zungenblüten; Stiele: allenfalls direkt unter dem Köpfchen etwas verdickt, oben kahl. Blüten: gelblich. Früchte: lang geschnäbelt. Pappus: 2-reihig, **nur die längeren äußeren Borsten gefiedert**, innere Borsten rau. Stängel: frischgrün, mit grundständiger Blattrosette, ***ohne* Laubblätter, zuweilen mit Schuppenblättern**. Blätter: ungeteilt bis gelappt, spärlich behaart.

- einheimisch
- planar bis montan
- Extensivgrünland u. Magerrasen, Zwergstrauchheiden, Ruderalvegetation, Zier- bzw. Nutzpflanze
- auch an salzhaltigen Standorten

J F M A **M J J A S O** N D

Hypochaeris uniflora Vill.

Einköpfiges Ferkelkraut *Asteraceae*
↓ [P(5) A(5)] G($\overline{2}$) RL R

15–50 cm hoch. Pflanzen: mit Milchsaft. Blütenstand: **1 von Hüllkelch umgebenes Köpfchen**. Köpfchen: nur mit Zungenblüten; Stiele: **nach oben hin deutlich verdickt, oben borstig u. graufilzig behaart**. Köpfchenboden: *mit* Spreublättern bzw. -borsten. Blüten: gelblich. Früchte: lang geschnäbelt. Pappus: 1-reihig, **alle Borsten gefiedert**. Stängel: mit grundständiger Blattrosette, ***ohne* Laubblätter, zuweilen mit Schuppenblättern**. Blätter: ungeteilt bis gelappt.

- einheimisch
- subalpin bis alpin
- Extensivgrünland u. Magerrasen, Schutt- u. Felsfluren
- an nährstoffarmen Standorten

J F M A M **J J A S** O N D

Lactuca alpina (L.) A. Gray

Alpen-Milchlattich *Asteraceae*
↓ [P(5) A(5)] G($\overline{2}$)

60–120 cm hoch. Pflanzen: mit Milchsaft, **oben drüsig behaart**. Blütenstand: von Hüllkelch umgebene Köpfchen, **in trauben- bis rispenartigem Gesamtblütenstand, meist höher als breit**. Köpfchen: nur mit Zungenblüten, 5–18-blütig. Hülle: meist ≥ 6-blättrig. Hüllblätter: 1–2 reihig. Blüten: **meist bläulich bis violett**. Früchte: ***nicht* geschnäbelt**, im QS kantig, mehrrippig. Pappus: 1–2-reihig, äußere Reihe der Borsten kurz. Blätter: **mit großem 3-eckigen bis spießförmigem Endlappen u. 1–3 Paaren kleiner Seitenlappen**, ± **kahl**.

- einheimisch
- montan bis subalpin
- Staudenfluren, Gehölze, Wälder
- an nährstoffreichen Standorten

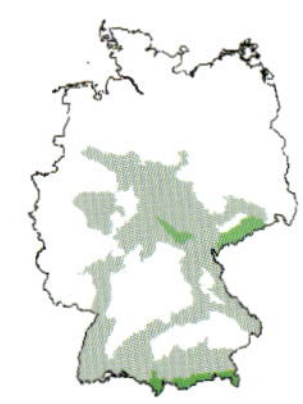

J F M A M **J J A S** O N D

Lactuca macrophylla (Willd.) A. Gray

Großblättriger Milchlattich *Asteraceae*
↓ [P(5) A(5)] G($\overline{2}$)

60–180 cm hoch. Pflanzen: mit Milchsaft, **oben drüsig behaart**. Blütenstand: von Hüllkelch umgebene Köpfchen, **in rispenartigem** Gesamtblütenstand, **meist breiter als hoch**. Köpfchen: nur mit Zungenblüten, 5–18-blütig. Hülle: meist ≥ 6-blättrig. Hüllblätter: 1–2 reihig. Blüten: **meist rötlich bis violett**. Früchte: ***nicht* geschnäbelt**, im QS kantig, mehrrippig; Schnabel: < 0,5-mal so lang wie die Frucht. Pappus: 1–2-reihig, äußere Reihe der Borsten kurz. Blätter: **mit großem herzförmigem bis ovalem Endlappen u. zuweilen 1 Paar kleiner Seitenlappen, behaart, mit Drüsenhaaren**.

- eingebürgerter Neophyt, urspr. aus dem Kaukasus
- planar bis collin
- Staudenfluren, Ruderalvegetation, Zier- bzw. Nutzpflanze

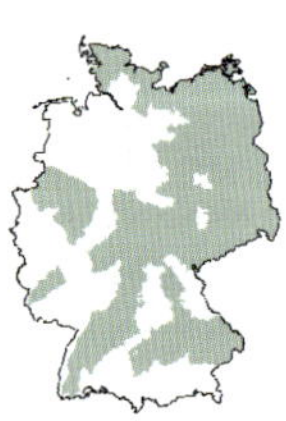

J F M A M **J J A** S O N D

Lactuca plumieri (L.) Gren. & Godr.

Französischer Milchlattich *Asteraceae*
↓ [P(5) A(5)] G($\overline{2}$) RL R

60–150 cm hoch. Pflanzen: mit Milchsaft, **kahl**. Blütenstand: von Hüllkelch umgebene Köpfchen, **in rispenartigem** Gesamtblütenstand, **meist breiter als hoch**. Köpfchen: nur mit Zungenblüten, 5–18-blütig. Hülle: meist ≥ 6-blättrig. Hüllblätter: 1–2 reihig. Blüten: **meist hellblau**. Früchte: *nicht* geschnäbelt, im QS abgeflacht, mehrrippig. Pappus: 1–2-reihig, äußere Reihe der Borsten kurz. Blätter: **fiederspaltig, mit kaum vergrößertem Endlappen u. > 3 Paaren Seitenlappen, kahl**.

- einheimisch
- montan bis subalpin
- Extensivgrünland u. Magerrasen, Staudenfluren, Gehölze, Wälder

J F M A M **J J A** S O N D

Lactuca muralis (L.) Gaertn.

Gewöhnlicher Mauerlattich *Asteraceae*
↓ [P(5) A(5)] G($\overline{2}$)

60–80 cm hoch. Pflanzen: mit Milchsaft. Blütenstand: von Hüllkelch umgebene Köpfchen, in rispenartigem Gesamtblütenstand. Köpfchen: **aufrecht, nur mit Zungenblüten, 5–7-blütig**. Hüllblätter: **dachziegelartig**. Blüten: **gelblich**. Früchte: **geschnäbelt**, im QS abgeflacht, mehrrippig; Schnabel: **< 0,5-mal so lang wie die Frucht**. Pappus: 1–2-reihig, äußere Reihe der Borsten kurz. Blätter: **gelappt bis fiederspaltig, Endlappen meist größer als die Seitenlappen**.

- einheimisch
- planar bis montan
- Staudenfluren, Gehölze, Wälder, Ruderalvegetation, an Mauern, Zier- bzw. Nutzpflanze

J F M A M **J J A S** O N D

Lactuca perennis L.

Blauer Lattich *Asteraceae*
↓ [P(5) A(5)] G($\overline{2}$) RL 3

30–50 cm hoch. Pflanzen: **mehrjährig**, mit Milchsaft, **blau- bzw. graugrün**. Blütenstand: von Hüllkelch umgebene Köpfchen. Köpfchen: nur mit Zungenblüten, **5–18-blütig**. Hüllblätter: dachziegelartig. Blüten: **bläulich bis violett**. Früchte: **geschnäbelt**, im QS abgeflacht, mehrrippig; Schnabel: **1–2,5-mal so lang wie die Frucht**. Pappus: mehrreihig. Ausläufer: unterirdisch. Blätter: fiederspaltig, **kahl**. Blattlappen: lanzettlich.

- einheimisch
- planar bis montan
- Extensivgrünland u. Magerrasen, Staudenfluren, Schutt- u. Felsfluren, Ruderalvegetation
- an nährstoffarmen, basenreichen, trockenen Standorten

J F M **A M J** J A S O N D

Lactuca quercina L.

Eichen-Lattich *Asteraceae*
↓ [P(5) A(5)] G($\overline{2}$) RL 2

60–120 cm hoch. Pflanzen: 1–2-jährig, mit Milchsaft. Blütenstand: von Hüllkelch umgebene Köpfchen. Köpfchen: nur mit Zungenblüten, **8–16-blütig**. Hüllblätter: dachziegelartig. Blüten: **gelblich**. Früchte: **geschnäbelt**, im QS abgeflacht, mehrrippig; Schnabel: **< 0,75-mal so lang wie die Frucht**. Pappus: mehrreihig. Stängel: **meist hohl, grünlich, oft rötlich überlaufen**. Blätter: **basal pfeilförmig bis (halb-) stängelumfassend**. Mittlere Stängelblätter: **fiederspaltig**.

- einheimisch
- planar bis collin
- Staudenfluren, Wälder, Ruderalvegetation, Zier- bzw. Nutzpflanze
- an basenreichen Standorten

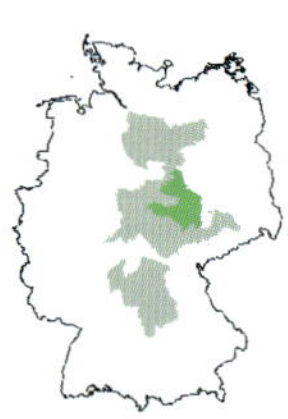

J F M A M **J J A S** O N D

Lactuca saligna L.

Weidenblättriger Lattich *Asteraceae*
↓ [P(5) A(5)] G($\overline{2}$) RL 1

30–60 cm hoch. Pflanzen: 1–2-jährig, mit Milchsaft. Blütenstand: von Hüllkelch umgebene Köpfchen. Köpfchen: nur mit Zungenblüten, **8–18-blütig**. Hüllblätter: dachziegelartig. Blüten: **gelblich**. Früchte: **geschnäbelt**, im QS abgeflacht, mehrrippig; Schnabel: **1,5–2,5-mal so lang wie die Frucht**. Pappus: mehrreihig. Stängel: markig, **gelblich-grünlich bis bräunlich**. Blätter: **basal pfeilförmig bis (halb-) stängelumfassend**. Untere Stängelblätter: fiederspaltig. Mittlere Stängelblätter: **lineal**, ganzrandig.

- einheimisch
- planar bis collin
- Grünland, Staudenfluren, Äcker, Ruderalvegetation, Zier- bzw. Nutzpflanze
- an basenreichen, trockenen, auch salzhaltigen Standorten

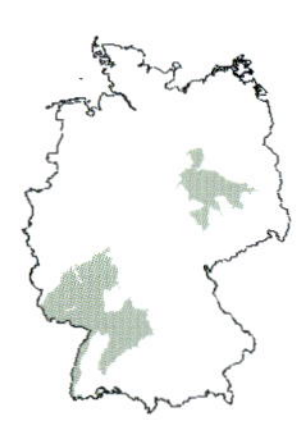

J F M A M **J J A S** O N D

Lactuca sativa L.

Garten-Lattich *Asteraceae*
↓ [P(5) A(5)] G($\overline{2}$)

60–100 cm hoch. Pflanzen: 1-2-jährig, mit Milchsaft. Blütenstand: von Hüllkelch umgebene Köpfchen. Köpfchen: nur mit Zungenblüten, **8–18-blütig**. Hüllblätter: dachziegelartig. Blüten: **gelblich**. Zungenblüten: länger als die Hülle. Früchte: **geschnäbelt**, im QS abgeflacht, mehrrippig; Schnabel: **1–2,5-mal so lang wie die Frucht**. Pappus: mehrreihig. Stängel: markig, **gelblich-grünlich bis bräunlich**. Blätter: **ungeteilt bis gelappt, basal ausgerandet bis (halb-) stängelumfassend**; Mittelrippe: unterseits *nicht* borstig-stachelig. – Aus *L. serriola* gezüchtet, **Zuchtformen: u. a. Kopfsalat, Schnittsalat, Römischer Salat**.

- in Einbürgerung befindlicher Neophyt, Kulturform
- planar bis montan
- Äcker, Ruderalvegetation, Zier- bzw. Nutzpflanze

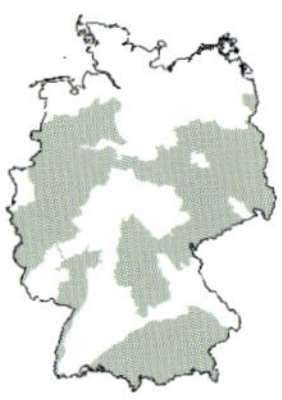

J F M A **M J J A** S O N D

Lactuca serriola L.

Kompass-Lattich *Asteraceae*
↓ [P(5) A(5)] G($\overline{2}$)

60–120 cm hoch. Pflanzen: 1-2-jährig, mit Milchsaft. Blütenstand: von Hüllkelch umgebene Köpfchen. Köpfchen: nur mit Zungenblüten, **8–18-blütig**. Hüllblätter: dachziegelartig. Blüten: **gelblich**. Früchte: **geschnäbelt, distal behaart**, im QS abgeflacht, mehrrippig; Schnabel: **1–1,5-mal so lang wie die Frucht**. Pappus: mehrreihig. Stängel: markig, **gelblich-grünlich bis bräunlich**. Blätter: **basal pfeilförmig bis (halb-) stängelumfassend**; Mittelrippe: **unterseits meist borstig-stachelig**. mittlere Stängelblätter: **± senkrecht gestellt**.

- einheimisch
- planar bis montan
- Intensivgrünland, Staudenfluren, Äcker, Ruderalvegetation, Zier- bzw. Nutzpflanze

J F M A M **J J A S O** N D

Lactuca tatarica (L.) C. A. Mey.

Tataren-Lattich *Asteraceae*
↓ [P(5) A(5)] G($\overline{2}$)

30–80 cm hoch. Pflanzen: **mehrjährig**, mit Milchsaft. Blütenstand: von Hüllkelch umgebene Köpfchen. Köpfchen: nur mit Zungenblüten, **5–18-blütig**. Hüllblätter: dachziegelartig. Blüten: **bläulich bis violett**. Früchte: **geschnäbelt**, im QS abgeflacht, mehrrippig; Schnabel: **kürzer als die Frucht**. Pappus: mehrreihig. Ausläufer: fehlend. untere Stängelblätter: **grob gezähnt bis fiederspaltig, mit breit 3-eckigen Blattlappen**. obere Stängelblätter: **ungeteilt**, länglich-lanzettlich, ± regelmäßig gezähnt.

- eingebürgerter Neophyt, urspr. aus Osteuropa, Asien u. Nordamerika
- planar
- Grünland, Staudenfluren, Ruderalvegetation, Dünen, Küstenspülsäume, Zier- bzw. Nutzpflanze
- an basenreichen, auch salzhaltigen Standorten

J F M A M **J J A** S O N D

Lactuca viminea (L.) J. Presl & C. Presl

Ruten-Lattich *Asteraceae*
↓ [P(5) A(5)] G($\overline{2}$) RL 0

30–60 cm hoch. Pflanzen: 1–2-jährig, mit Milchsaft. Blütenstand: von Hüllkelch umgebene Köpfchen. Köpfchen: nur mit Zungenblüten, **5–8-blütig**. Hüllblätter: dachziegelartig. Blüten: **gelblich**. Früchte: **geschnäbelt**, im QS abgeflacht, mehrrippig; Schnabel: **1–2,5-mal so lang wie die Frucht**. Pappus: mehrreihig. Stängel: markig. Blätter: **fiederspaltig bis gefiedert, basal mit am Stängel herablaufendem Blattgrund**.

- ausgestorben
- planar bis collin
- Extensivgrünland u. Magerrasen, Staudenfluren, Schutt- u. Felsfluren, Ruderalvegetation, Zier- bzw. Nutzpflanze
- meist an trockenen Standorten

J F M A M **J J A** S O N D

us

Lactuca virosa L.

Gift-Lattich *Asteraceae*
↓ [P(5) A(5)] G($\overline{2}$) stark giftig

50–150 cm hoch. PFLANZEN: 1–2-jährig, mit Milchsaft. BLÜTENSTAND: von Hüllkelch umgebene Köpfchen. KÖPFCHEN: nur mit Zungenblüten, **8–18-blütig**. HÜLLBLÄTTER: dachziegelartig. BLÜTEN: **gelblich**. FRÜCHTE: **geschnäbelt**, distal kahl, im QS abgeflacht, mehrrippig; SCHNABEL: **1–1,5-mal so lang wie die Frucht**. PAPPUS: mehrreihig. STÄNGEL: markig, **gelblich-grünlich bis bräunlich**. BLÄTTER: **basal pfeilförmig bis (halb-) stängelumfassend**; MITTELRIPPE: **unterseits meist borstig-stachelig**. MITTLERE STÄNGELBLÄTTER: waagerecht gestellt, **länglich-oval**, gezähnt bis fiederspaltig.

- einheimisch
- planar bis montan
- Staudenfluren, Schutt- u. Felsfluren, Ruderalvegetation, Zier- bzw. Nutzpflanze

J F M A M J J A S O N D

Lapsana communis L.

Gewöhnlicher Rainkohl *Asteraceae*
↓ [P(5) A(5)] G($\overline{2}$)

20–140 cm hoch. PFLANZEN: mit Milchsaft. BLÜTENSTAND: von Hüllkelch umgebene Köpfchen. KÖPFCHEN: **nur mit Zungenblüten**, 5–12 mm lang. BLÜTEN: **gelblich**. PAPPUS: **fehlend**. GRUNDBLÄTTER: **gelappt bis fiederspaltig, mit großem Endlappen**.

subsp. *communis* (Gewöhnlicher Rainkohl): KÖPFCHEN: 5–8 mm lang. BLÜTEN: hellgelb. ZUNGENBLÜTEN: < 1,5-mal so lang wie die Hülle. GRUNDBLÄTTER: Seitenlappen schmäler als der Endlappen.

subsp. *intermedia* (Mittlerer Rainkohl): im Sauerland, selten, in Einbürgerung befindlicher Neophyt, ursp. aus Ost- u. Südosteuropa. KÖPFCHEN: 7–12 mm lang. BLÜTEN: kräftig gelb. ZUNGENBLÜTEN: 1,5–2,5-mal so lang wie die Hülle. GRUNDBLÄTTER: Seitenlappen meist ± so breit wie der Endlappen.

- einheimisch
- planar bis montan
- Staudenfluren, Äcker, Ruderalvegetation, Zier- bzw. Nutzpflanze

J F M A M J J A S O N D

Leontodon dubius (Hoppe) Poir.

Zweifelhafter Steifhaariger Löwenzahn *Asteraceae*
↓ [P(5) A(5)] G($\overline{2}$) RL R

10–30 cm hoch. PFLANZEN: mit Milchsaft. BLÜTENSTAND: 1 von Hüllkelch umgebenes Köpfchen. KÖPFCHEN: nur mit Zungenblüten. HÜLLBLÄTTER: dachziegelartig. BLÜTEN: **rein hellgelb**. FRÜCHTE: Randfrüchte mit Pappus. PAPPUS: **2-reihig, innere Borsten verzweigt, äußere Borsten kürzer als die inneren**, gräulich-weißlich bis bräunlich. WURZELSTOCK: waagerecht bis schräg wachsend. STÄNGEL: unverzweigt, mit grundständiger Blattrosette, *ohne* Laubblätter, mit ≤ 2 Schuppenblättern. BLATTSTIELE: meist grünlich. BLÄTTER: ungeteilt bis gelappt; UNTERSEITS: **grünlich, behaart, mit 2–4-ästigen Haaren, Stiel der Gabelhaare 5–10-mal so lang wie die Arme**.

- einheimisch
- subalpin bis alpin
- Staudenfluren, Schutt- u. Felsfluren
- an kalkreichen Standorten

J F M A M J J A S O N D

Leontodon hispidus L.

Steifhaariger Löwenzahn *Asteraceae*
↓ [P(5) A(5)] G($\overline{2}$)

10–80 cm hoch. PFLANZEN: mit Milchsaft. BLÜTENSTAND: 1 von Hüllkelch umgebenes Köpfchen. KÖPFCHEN: nur mit Zungenblüten. HÜLLBLÄTTER: dachziegelartig. BLÜTEN: **gelb, Zungenblüten unterseits oft bläulich-rötlich überlaufen**. FRÜCHTE: Randfrüchte mit Pappus. PAPPUS: **2-reihig, innere Borsten verzweigt, äußere Borsten kürzer als die inneren**, gräulich-weißlich bis bräunlich. WURZELSTOCK: waagerecht bis schräg wachsend. STÄNGEL: unverzweigt, mit grundständiger Blattrosette, *ohne* Laubblätter, mit ≤ 2 Schuppenblättern. BLATTSTIELE: meist grünlich. BLÄTTER: ungeteilt bis gelappt; UNTERSEITS: **grünlich, kahl *oder* behaart, mit 2–4-ästigen Haaren, Stiel der Gabelhaare meist 1–3-mal so lang wie die Arme**.

- einheimisch
- planar bis alpin
- Grünland, Zwergstrauchheiden, Schutt- u. Felsfluren, Ruderalvegetation

J F M A M J J A S O N D

US

Leontodon hyoseroides Rchb.

Schlitzblättriger Steifhaariger Löwenzahn *Asteraceae*
↓ [P(5) A(5)] G($\overline{2}$)

10–30 cm hoch. PFLANZEN: mit Milchsaft. BLÜTENSTAND: 1 von Hüllkelch umgebenes Köpfchen. KÖPFCHEN: nur mit Zungenblüten. HÜLLBLÄTTER: dachziegelartig. BLÜTEN: **meist rein gelb**. FRÜCHTE: Randfrüchte mit Pappus. PAPPUS: **2-reihig, innere Borsten verzweigt, äußere Borsten kürzer als die inneren**, gräulich-weißlich bis bräunlich. WURZELSTOCK: waagerecht bis schräg wachsend. STÄNGEL: unverzweigt, mit grundständiger Blattrosette, *ohne* Laubblätter, mit ≤ 2 Schuppenblättern. BLATTSTIELE: meist rötlich überlaufen. BLÄTTER: ungeteilt bis gelappt; UNTERSEITS: **grünlich, ± kahl, mit 2–4-ästigen Haaren, Stiel der Gabelhaare meist 1–3-mal so lang wie die Arme**.

- einheimisch
- collin bis alpin
- Staudenfluren, Schutt- u. Felsfluren
- an kalkreichen Standorten

J F M A M J J A S O N D

Leontodon incanus (L.) Schrank

Grauer Löwenzahn *Asteraceae*
↓ [P(5) A(5)] G($\overline{2}$) RL 3

15–50 cm hoch. PFLANZEN: mit Milchsaft. BLÜTENSTAND: 1 von Hüllkelch umgebenes Köpfchen. KÖPFCHEN: nur mit Zungenblüten. HÜLLBLÄTTER: dachziegelartig. BLÜTEN: gelblich. FRÜCHTE: Randfrüchte mit Pappus. PAPPUS: **2-reihig, innere Borsten verzweigt, äußere Borsten kürzer als die inneren**, gräulich-weißlich bis bräunlich. WURZELSTOCK: senkrecht wachsend. STÄNGEL: unverzweigt, blau- bzw. graugrün, filzig behaart, mit 3–4-ästigen Haaren, mit grundständiger Blattrosette, *ohne* Laubblätter, mit ≤ 2 Schuppenblättern. BLÄTTER: länglich bis lanzettlich; UNTERSEITS: **gräulich, filzig behaart, mit 3–4-ästigen Haaren, Stiel der Gabelhaare kürzer als die Arme**.

- einheimisch
- collin bis subalpin
- Extensivgrünland u. Magerrasen, Gehölze, Wälder
- an nährstoffarmen, kalkreichen, meist trockenen Standorten

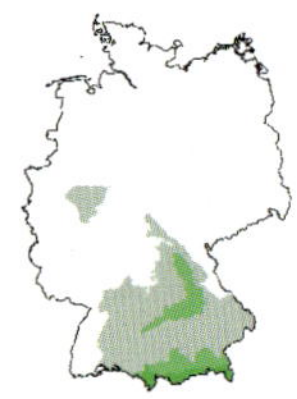

J F M A M J J A S O N D

Leontodon saxatilis Lam.

Nickender Löwenzahn *Asteraceae*
↓ [P(5) A(5)] G($\overline{2}$)

Bis 40 cm hoch. PFLANZEN: mit Milchsaft. BLÜTENSTAND: 1 von Hüllkelch umgebenes Köpfchen. KÖPFCHEN: nur mit Zungenblüten. HÜLLBLÄTTER: dachziegelartig, **mit schwarzem Rand**. BLÜTEN: gelblich. FRÜCHTE: **Randfrüchte *ohne* Pappus, mit Krönchen**. PAPPUS: **2-reihig, innere Borsten verzweigt, äußere Borsten kürzer als die inneren**, gräulich-weißlich bis bräunlich. STÄNGEL: unverzweigt, mit grundständiger Blattrosette, *ohne* Laubblätter, mit ≤ 2 Schuppenblättern. BLÄTTER: ungeteilt bis gelappt.

- einheimisch
- planar bis collin
- Grünland, Zwergstrauchheiden, Staudenfluren, Ruderalvegetation, Salzwiesen, Trittfluren
- auch an salzhaltigen Standorten

J F M A M J J A S O N D

Picris hieracioides L.

Gewöhnliches Bitterkraut *Asteraceae*
↓ [P(5) A(5)] G($\overline{2}$)

30–80 cm hoch. PFLANZEN: mit Milchsaft. BLÜTENSTAND: von Hüllkelch umgebene Köpfchen. KÖPFCHEN: nur mit Zungenblüten. AUSSENHÜLLE: fehlend. ÄUSSERE HÜLLBLÄTTER: **die unteren lineal-lanzettlich, < 3 mm breit**. BLÜTEN: gelblich. FRÜCHTE: ***nicht* geschnäbelt**. PAPPUS: **mit verzweigten Borsten**. BLÄTTER: ungeteilt bis gelappt.

Im Gebiet kommen 4 Unterarten vor: subsp. *hieracioides*, subsp. *grandiflora*, subsp. *spinulosa* und subsp. *umbellata* (vgl. S. 1439).

- einheimisch
- planar bis montan
- Grünland, Staudenfluren, Ruderalvegetation, Zier- bzw. Nutzpflanze
- an basenreichen Standorten

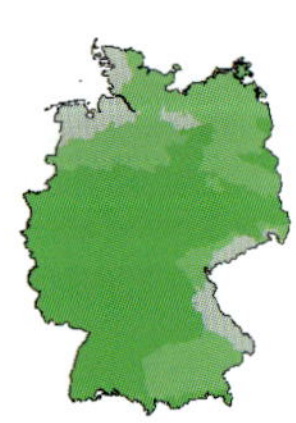

J F M A M J J A S O N D

US

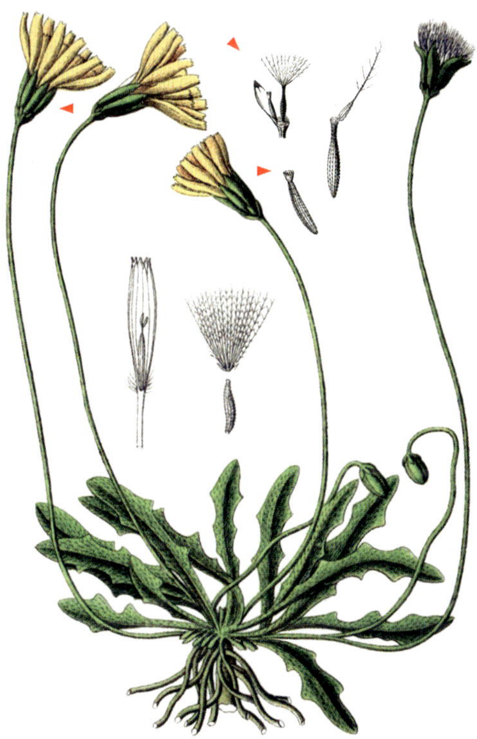

Podospermum laciniatum (L.) DC.

Schlitzblatt-Schwarzwurzel *Asteraceae*
↓ [P(5) A(5)] G($\overline{2}$) RL 3

15–50 cm hoch. PFLANZEN: **1-2-jährig**, mit Milchsaft. BLÜTENSTAND: von Hüllkelch umgebene Köpfchen. KÖPFCHEN: nur mit Zungenblüten, **10–15 mm ⌀.** HÜLLBLÄTTER: dachziegelartig, äußere kürzer als die inneren. RANDBLÜTEN: **1–1,5-mal so lang wie die Hüllblätter**. BLÜTEN: gelblich. PAPPUS: **mit verzweigten Borsten**, Borsten *nicht* verflochten. STÄNGEL: **mit ≥ 3 Laubblättern**. BLÄTTER: **tief-buchtig bis fiederspaltig**, mit länglich-linealen Blattlappen, obere Stängelblätter auch lineal.

- einheimisch
- planar bis montan
- Grünland, Staudenfluren, Ruderalvegetation, an Mauern, Zier- bzw. Nutzpflanze
- an basenreichen, meist trockenen, auch salzhaltigen Standorten

J F M **A M J J A** S O N D

Podospermum purpureum (L.) W. D. J. Koch & Ziz

Violette Schwarzwurzel *Asteraceae*
↓ [P(5) A(5)] G($\overline{2}$) RL 2 § BNatG s

25–50 cm hoch. PFLANZEN: mehrjährig, mit Milchsaft. BLÜTENSTAND: von Hüllkelch umgebene Köpfchen. KÖPFCHEN: ≤ 5 pro Stängel, nur mit Zungenblüten. HÜLLBLÄTTER: dachziegelartig, äußere kürzer als die inneren. RANDBLÜTEN: **± 2-mal so lang wie die Hüllblätter**. BLÜTEN: **rötlich bis violett**. FRÜCHTE: **10–14 mm lang**. PAPPUS: **mit verzweigten Borsten, Borsten miteinander verflochten**. STÄNGEL: **mit ≥ 3 Laubblättern**. BLÄTTER: im QS rinnig, **ungeteilt, lineal bis länglich**, (scheinbar) parallelnervig.

- einheimisch
- planar bis montan
- Extensivgrünland u. Magerrasen, Zier- bzw. Nutzpflanze
- an nährstoffarmen, basenreichen, trockenen Standorten

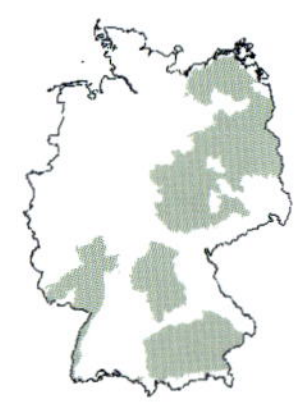

J F M **A M J** J A S O N D

Prenanthes purpurea L.

Purpur-Hasenlattich *Asteraceae*
↓ [P(5) A(5)] G($\overline{2}$)

50–150 cm hoch. PFLANZEN: mit Milchsaft. BLÜTENSTAND: von Hüllkelch umgebene Köpfchen, in rispenartigem Gesamtblütenstand. KÖPFCHEN: **überhängend, nur mit Zungenblüten, 4–6-blütig**. HÜLLE: meist 5–10-blättrig. HÜLLBLÄTTER: **1–2 reihig**. BLÜTEN: **rötlich bis violett**. FRÜCHTE: **im QS rund**. BLÄTTER: **basal ausgerandet, (halb-) stängelumfassend**, kahl, entfernt gezähnt. GRUNDBLÄTTER: **mit großem 3-eckigen bis spießförmigem Endlappen u. wenigen kleineren Seitenlappen**. MITTLERE STÄNGELBLÄTTER: ungeteilt, länglich-lanzettlich.

- einheimisch
- collin bis alpin
- Staudenfluren, Gehölze, Wälder

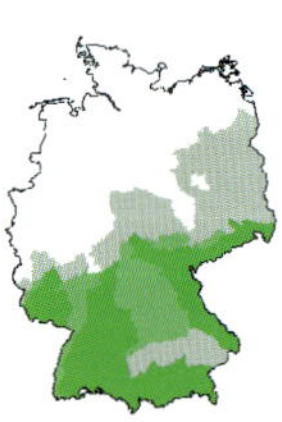

J F M A M **J J A S** O N D

Scorzonera austriaca Willd.

Österreichische Schwarzwurzel *Asteraceae*
↓ [P(5) A(5)] G($\overline{2}$) RL 1 § BNatG s

Bis 40 cm hoch. PFLANZEN: mehrjährig, mit Milchsaft. BLÜTENSTAND: **1 von Hüllkelch umgebenes Köpfchen**. KÖPFCHEN: nur mit Zungenblüten. HÜLLBLÄTTER: dachziegelartig, äußere kürzer als die inneren. RANDBLÜTEN: ± 2-mal so lang wie die Hüllblätter. BLÜTEN: gelblich. PAPPUS: mit verzweigten Borsten, Borsten miteinander verflochten. STÄNGEL: ***ohne* o. mit < 4 (kleinen) Laubblättern**; UNTEN: **unter der Rosette mit abgestorbener Laubblattscheide**. BLÄTTER: blau- bzw. graugrün, ungeteilt, (scheinbar) parallelnervig.

- einheimisch
- collin bis montan
- Extensivgrünland u. Magerrasen, Schutt- u. Felsfluren
- an nährstoffarmen, basenreichen, meist trockenen Standorten

J F **M A M J** J A S O N D

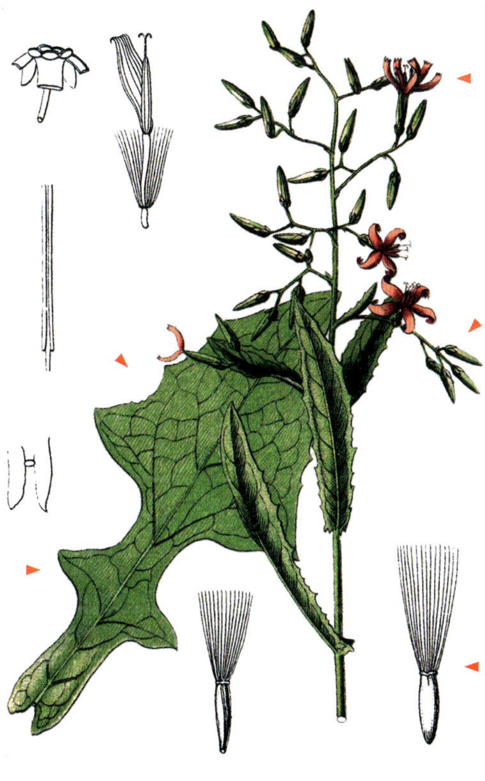

Scorzonera hispanica L.

Garten-Schwarzwurzel *Asteraceae*
↓ [P(5) A(5)] G($\overline{2}$) RL 3 § BNatG b

60–120 cm hoch. PFLANZEN: mehrjährig, mit Milchsaft. BLÜTENSTAND: von Hüllkelch umgebene Köpfchen. KÖPFCHEN: meist mehrere, nur mit Zungenblüten, **25–50 mm ⌀.** HÜLLBLÄTTER: dachziegelartig, äußere kürzer als die inneren. RANDBLÜTEN: ± 2-mal so lang wie die Hüllblätter. BLÜTEN: gelblich. FRÜCHTE: 6–10 mm lang. PAPPUS: mit verzweigten Borsten, Borsten miteinander verflochten. STÄNGEL: meist mehrfach verzweigt, **mit ≥ 3 Laubblättern**; UNTEN: *ohne* abgestorbene Laubblattscheide. BLÄTTER: blau- bzw. graugrün, ungeteilt, (scheinbar) parallelnervig. GRUNDBLÄTTER: **schmal länglich-lanzettlich**.

- einheimisch
- planar bis montan
- Extensivgrünland u. Magerrasen, Staudenfluren, Ruderalvegetation, Zier- bzw. Nutzpflanze
- an nährstoffarmen, basenreichen Standorten

J F M A **M J J A** S O N D

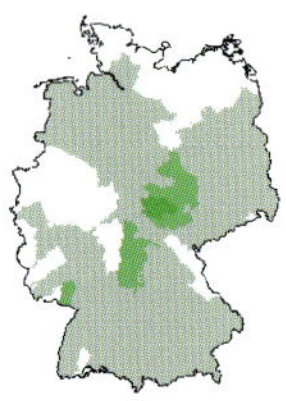

Scorzonera humilis L.

Niedrige Schwarzwurzel *Asteraceae*
↓ [P(5) A(5)] G($\overline{2}$) RL 3 § BNatG b

10–40 cm hoch. PFLANZEN: mehrjährig, mit Milchsaft. BLÜTENSTAND: von Hüllkelch umgebene Köpfchen. KÖPFCHEN: ≤ 3 pro Stängel, nur mit Zungenblüten, **25–50 mm ⌀.** HÜLLBLÄTTER: dachziegelartig, äußere kürzer als die inneren. RANDBLÜTEN: ± 2-mal so lang wie die Hüllblätter. BLÜTEN: gelblich. FRÜCHTE: 6–10 mm lang. PAPPUS: mit verzweigten Borsten, Borsten miteinander verflochten. STÄNGEL: unverzweigt o. < 3-mal verzweigt, ***ohne* o. mit < 3 (kleinen) Laubblättern**; UNTEN: *ohne* abgestorbene Laubblattscheide. BLÄTTER: ungeteilt, (scheinbar) parallelnervig. GRUNDBLÄTTER: **breit lanzettlich.**

- einheimisch
- planar bis montan
- Extensivgrünland u. Magerrasen, Gehölze, Wälder, Zier- bzw. Nutzpflanze
- an nährstoffarmen Standorten

J F M **A M J J** A S O N D

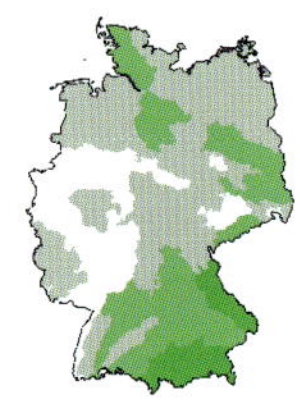

Scorzonera parviflora Jacq.

Kleinköpfige Schwarzwurzel *Asteraceae*
↓ [P(5) A(5)] G($\overline{2}$) RL 2

20–40 cm hoch. PFLANZEN: mit Milchsaft. BLÜTENSTAND: von Hüllkelch umgebene Köpfchen. KÖPFCHEN: ≤ 3 pro Stängel, nur mit Zungenblüten, **< 20 mm** ⌀. HÜLLBLÄTTER: dachziegelartig, äußere kürzer als die inneren. RANDBLÜTEN: **± so lang wie die Hüllblätter**. BLÜTEN: gelblich. PAPPUS: mit verzweigten Borsten, Borsten miteinander verflochten. STÄNGEL: **mit ≥ 3 Laubblättern**; UNTEN: *ohne* abgestorbene Laubblattscheide. BLÄTTER: ungeteilt, (scheinbar) parallelnervig.

- einheimisch
- planar bis collin
- Salzwiesen
- an basenreichen, feuchten, zuweilen überfluteten, meist salzhaltigen Standorten

J F M **A M J J** A S O N D

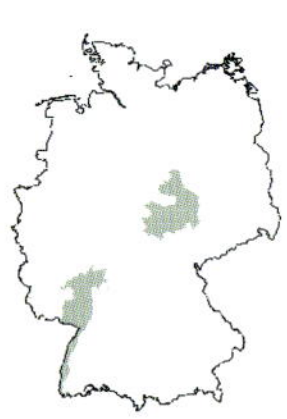

Scorzoneroides helvetica (Mérat) Holub

Schweizer Schuppenlöwenzahn *Asteraceae*
↓ [P(5) A(5)] G($\overline{2}$)

10–30 cm hoch. PFLANZEN: mit Milchsaft. BLÜTENSTAND: **1 von Hüllkelch umgebenes Köpfchen**. KÖPFCHEN: **nur mit Zungenblüten**. HÜLLBLÄTTER: dachziegelartig, grünlich. BLÜTEN: gelblich. PAPPUS: 2-reihig, **die inneren Borsten gefiedert, die äußeren meist gezähnt**, äußere Borsten kürzer als die inneren, **gräulich-weißlich bis bräunlich**. STÄNGEL: **unverzweigt**, mit grundständiger Blattrosette, *ohne* Laubblätter, zuweilen mit wenigen Schuppenblättern. BLÄTTER: **ungeteilt bis gelappt**, lanzettlich bis oval; UNTERSEITS: grünlich, kahl bis spärlich behaart, **nur mit einfachen Haaren**.

- einheimisch
- subalpin bis alpin
- Extensivgrünland u. Magerrasen, Schutt- u. Felsfluren, Schneetälchen
- an nährstoffarmen, sauren Standorten

J F M A M **J J A S** O N D

Scorzoneroides autumnalis (L.) Moench

Herbst-Schuppenlöwenzahn *Asteraceae*
↓ [P(5) A(5)] G($\overline{2}$)

15–50 cm hoch. Pflanzen: mit Milchsaft. Blütenstand: von Hüllkelch umgebene Köpfchen. Köpfchen: nur mit Zungenblüten. Hüllblätter: dachziegelartig, grünlich. Blüten: gelblich. Pappus: 2-reihig, **alle Borsten gefiedert, innere u. äußere Borsten gleich lang**. Stängel: **meist gabelig verzweigt**, mit grundständiger Blattrosette, *ohne* Laubblätter, zuweilen mit wenigen Schuppenblättern. Blätter: **buchtig bis fiederspaltig**.

- einheimisch
- planar bis alpin
- Grünland, Ruderalvegetation
- auch an salzhaltigen Standorten

J F M A M **J J A S O** N D

Scorzoneroides montana (Lam.) Holub

Berg-Schuppenlöwenzahn *Asteraceae*
↓ [P(5) A(5)] G($\overline{2}$)

Bis 10 cm hoch. Pflanzen: mit Milchsaft. Blütenstand: **1 von Hüllkelch umgebenes Köpfchen**. Köpfchen: nur mit Zungenblüten; Stiele: unter den Köpfchen verdickt. Hüllblätter: dachziegelartig, grünlich, behaart. Blüten: gelblich. Pappus: 2-reihig, **die inneren Borsten gefiedert, die äußeren meist gezähnt, äußere Borsten kürzer als die inneren**. Stängel: **unverzweigt**, mit grundständiger Blattrosette, *ohne* Laubblätter, zuweilen mit wenigen Schuppenblättern. Blätter: **ungeteilt bis gelappt**.

- einheimisch
- subalpin bis alpin
- Schutt- u. Felsfluren, Schneetälchen
- an kalkreichen Standorten

J F M A M **J J A** S O N D

Sonchus arvensis L.

Acker-Gänsedistel *Asteraceae*
↓ [P(5) A(5)] G($\overline{2}$)

50–150 cm hoch. Pflanzen: mehrjährig, mit Milchsaft. Blütenstand: von Hüllkelch umgebene Köpfchen. Köpfchen: nur mit Zungenblüten, **35–60 mm ⌀**. Blüten: gelblich. Früchte: im QS abgeflacht, **mit ± 10 Längsrippen**. Stängel: **unverzweigt**. Blätter: *ohne* Stacheln, meist spitz gesägt, **basal mit anliegenden abgerundeten Öhrchen**.

subsp. *arvensis* (Acker-Gänsedistel): an Ruderalstandorten. Köpfchen: Stiele: dicht drüsenhaarig. Hüllblätter: dicht drüsenhaarig, Drüsenhaare gelblich.
subsp. *uliginosus* (Sumpf-Acker-Gänsedistel): an feuchten bis nassen, auch salzhaltigen Standorte. Köpfchen: Stiele: ± *ohne* Drüsen. Hüllblätter: *ohne* o. mit wenigen Drüsenhaaren.

- einheimisch
- planar bis montan
- Staudenfluren, Äcker, Ruderalvegetation, Küstenspülsäume, Zier- bzw. Nutzpflanze
- auch an salzhaltigen Standorten

J F M A M **J J A S O** N D

Sonchus asper (L.) Hill

Raue Gänsedistel *Asteraceae*
↓ [P(5) A(5)] G($\overline{2}$)

20–80 cm hoch. Pflanzen: 1-jährig, mit Milchsaft. Blütenstand: von Hüllkelch umgebene Köpfchen. Köpfchen: nur mit Zungenblüten. Hüllblätter: kahl bis spärlich behaart. Blüten: gelblich. Früchte: im QS abgeflacht, **mit ± 6 Längsrippen, zwischen den Rippen glatt**. Stängel: **verzweigt**. Blätter: borstig-stachelig, **basal mit anliegenden abgerundeten Öhrchen**. untere Stängelblätter: **ungeteilt bis gelappt**.

- einheimisch
- planar bis montan
- Staudenfluren, Äcker, Ruderalvegetation, Zier- bzw. Nutzpflanze
- an nährstoffreichen, auch salzhaltigen Standorten

J F M A **M J J A S O** N D

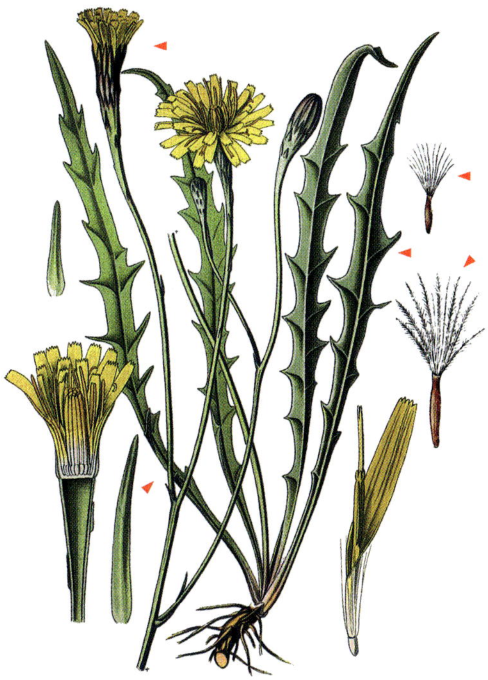

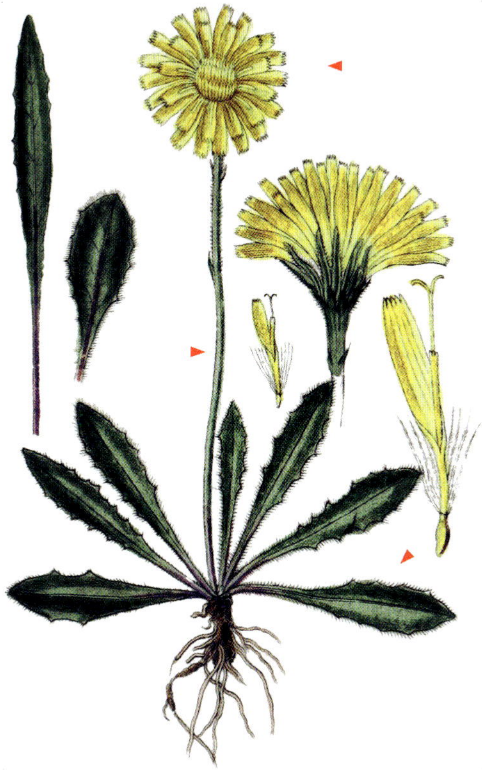

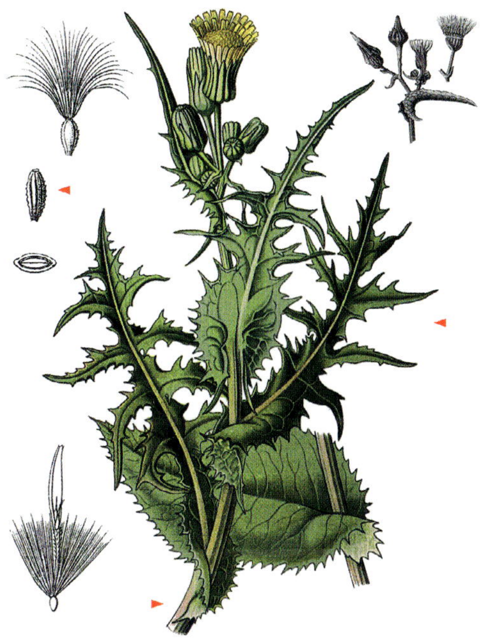

Sonchus oleraceus L.

Kohl-Gänsedistel *Asteraceae*
↓ [P(5) A(5)] G($\overline{2}$)

30–100 cm hoch. Pflanzen: 1-jährig, mit Milchsaft. Blütenstand: von Hüllkelch umgebene Köpfchen. Köpfchen: nur mit Zungenblüten. Hüllblätter: kahl bis spärlich behaart. Blüten: gelblich. Früchte: im QS abgeflacht, **mit ± 6 Längsrippen, zwischen den Rippen warzig bis borstig**. Stängel: **verzweigt**. Blätter: *ohne* Stacheln, zuweilen spitz gesägt, **basal mit abstehenden spitzen Öhrchen**. untere Stängelblätter: **fiederspaltig**.

- einheimisch
- planar bis montan
- Staudenfluren, Äcker, Ruderalvegetation, Zier- bzw. Nutzpflanze
- an nährstoffreichen, kalkreichen Standorten

J F M A **M J J A S O** N D

Sonchus palustris L.

Sumpf-Gänsedistel *Asteraceae*
↓ [P(5) A(5)] G($\overline{2}$)

100–300 cm hoch. Pflanzen: mehrjährig, mit Milchsaft. Blütenstand: von Hüllkelch umgebene Köpfchen. Köpfchen: nur mit Zungenblüten, **25–40 mm ⌀**. Hüllblätter: **meist drüsig behaart, Drüsenhaare schwarz**. Blüten: gelblich. Früchte: im QS abgeflacht, **mit ± 10 Längsrippen**. Stängel: **unverzweigt**. Blätter: *ohne* Stacheln, zuweilen spitz gesägt, **basal mit abstehenden spitzen Öhrchen**.

- einheimisch
- planar
- Grünland, Staudenfluren, Ruderalvegetation
- an wechselfeuchten bis nassen, auch salzhaltigen Standorten

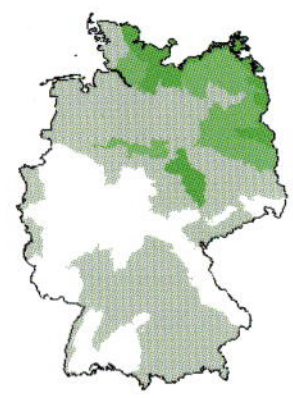

J F M A M **J J A S** O N D

Taraxacum: krautige, mehrjährige Rosettenpflanzen mit weißem Milchsaft. Blütenstand: 1 endständiges von Hüllkelch umgebenes Köpfchen auf hohlem unbeblättertem Stiel. Köpfchen: nur mit 5-zähnigen Zungenblüten. Köpfchenboden: *ohne* Spreublätter bzw. -borsten. Früchte: lang geschnäbelt, mit Pappus. Pappus: mit einfachen Borsten, weiß, flexibel. Blätter: alle in grundständiger Rosette, meist gelappt bis gebuchtet, in den Stiel verschmälert. Die Gattung *Taraxacum* zählt mit mehreren hundert Taxa zu den artenreichsten und am schwierigsten zu bestimmenden Gattungen der heimischen Flora. Im Folgenden wird eine Übersicht der Sektionen gegeben.

Taraxacum sect. *Alpestria* Soest

Gebirgs-Löwenzahn *Asteraceae*
↓ [P(5) A(5)] G($\overline{2}$) schwach giftig

Pflanzen: kräftig. Köpfchen: 20–30 mm lang. Hüllblätter: *nicht* verdickt. Äussere Hüllblätter: **3-eckig, < 10 mm lang**. Blüten: **gold- bis orangegelb**. Zungenblüten: flach. Früchte: Achäne meist < 4 mm lang, gräulich bis beige, **oberhalb der Zähne meist zylindrisch**; Schnabel: 6–14 mm lang. Grundblätter: **meist aufrecht**.

Die Sektion umfasst mehrere dutzend oft nur schlecht charakterisierte Taxa.

- einheimisch
- montan bis alpin
- Extensivgrünland u. Magerrasen, Schutt- u. Felsfluren

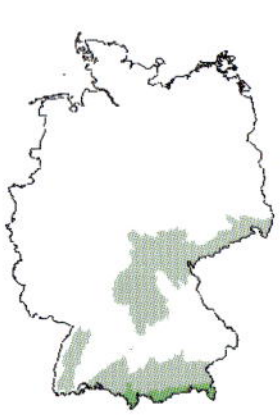

J F M **A M J J A** S O N D

Taraxacum sect. *Alpina* G. E. Haglund

Alpen-Löwenzahn *Asteraceae*
↓ [P(5) A(5)] G($\overline{2}$) schwach giftig

Köpfchen: 20–30 mm lang. Hüllblätter: *nicht* verdickt. Äussere Hüllblätter: **den inneren anliegend, lanzettlich bis oval**, *ohne* weißlichen Rand, **4–8 mm lang**. Blüten: gelblich. Zungenblüten: flach. Früchte: gräulich bis beige, **oberhalb der Zähne meist kegelförmig**; Schnabel: **3–6 mm lang**. Grundblätter: **meist niederliegend**.

Die Sektion umfasst mehrere dutzend oft nur schlecht charakterisierte Taxa.

- einheimisch
- montan bis alpin
- Grünland, Staudenfluren, Schutt- u. Felsfluren, Schneetälchen

J F M A **M J J A S O** N D

Taraxacum sect. *Borea* A. J. Richards

Nordischer Löwenzahn *Asteraceae*
↓ [P(5) A(5)] $G(\overline{2})$ schwach giftig

Pflanzen: **zart**. Hüllblätter: *nicht* verdickt. Äussere Hüllblätter: **mit weißlichem Rand**, > 10 mm lang, grünlich bis schwarz, *ohne* dunklen Mittelstreif. Blüten: gelblich. Zungenblüten: flach. Früchte: Achäne meist < 4 mm lang, gräulich bis beige, **oberhalb der Zähne meist zylindrisch**; Schnabel: 6–14 mm lang. Blätter: **zuweilen mit kleinen dunklen Flecken, gelappt bis fiederspaltig, beidseits mit 1–3 Seitenlappen**.

Die Sektion umfasst mehrere dutzend oft nur schlecht charakterisierte Taxa.

- einheimisch
- planar bis collin
- Salzwiesen
- an feuchten bis nassen Standorten

J F M A M J J A S O N D

Taraxacum sect. *Cucullata* Soest

Kapuzen-Löwenzahn *Asteraceae*
↓ [P(5) A(5)] $G(\overline{2})$ schwach giftig RL R

Hüllblätter: *nicht* verdickt. Blüten: **strohfarben**. Zungenblüten: **eingerollt, distal kapuzenförmig verwachsen**. Früchte: gräulich bis beige, **oberhalb der Zähne meist kegelförmig**.

Die Sektion umfasst mehrere oft nur schlecht charakterisierte Taxa.

- einheimisch
- subalpin bis alpin
- Schutt- u. Felsfluren, Schneetälchen

J F M A M J J A S O N D

Taraxacum sect. *Celtica* A. J. Richards

Moor-Löwenzahn *Asteraceae*
↓ [P(5) A(5)] $G(\overline{2})$ schwach giftig RL V

Hüllblätter: *nicht* verdickt. Äussere Hüllblätter: > 10 mm lang, **bläulich, außen oft mit dunklem Mittelstreif**. Blüten: gelblich. Zungenblüten: flach. Früchte: Achäne meist < 4 mm lang, gräulich bis beige, **oberhalb der Zähne meist kegelförmig**; Schnabel: 6–14 mm lang. Blattstiele: zuweilen rötlich überlaufen bzw. gemustert. Blätter: ungefleckt.

Die Sektion umfasst mehrere dutzend oft nur schlecht charakterisierte Taxa.

- einheimisch
- planar bis montan
- Extensivgrünland u. Magerrasen,
- an feuchten bis nassen, auch salzhaltigen Standorten

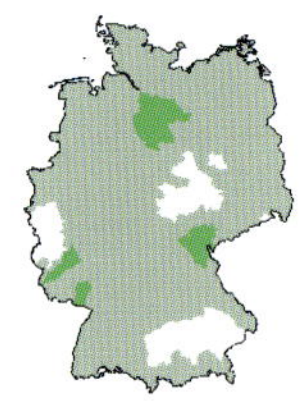

J F M A M J J A S O N D

Taraxacum sect. *Erythrosperma* (H. Lindb.) Dahlst.

Rotfrucht-Löwenzahn *Asteraceae*
↓ [P(5) A(5)] $G(\overline{2})$ schwach giftig

Hüllblätter: **unterhalb der Spitze verdickt**. Äussere Hüllblätter: *ohne* weißlichen Rand. Blüten: **hellgelb**. Zungenblüten: meist flach. Früchte: **bräunlich bis rötlich *oder* gräulich bis beige, oberhalb der Zähne meist zylindrisch**; unten: **meist von abgestorbener Laubblattscheide umgeben**. Blattstiele: schmal. Blätter: tief gelappt bis fiederspaltig.

Die Sektion umfasst mehrere dutzend oft nur schlecht charakterisierte Taxa.

- einheimisch
- planar bis montan
- Grünland, Schutt- u. Felsfluren, Ruderalvegetation, Dünen
- an nährstoffarmen, meist trockenen Standorten

J F M A M J J A S O N D

Taraxacum sect. *Fontana* Soest

Quell-Löwenzahn *Asteraceae*
↓ [P(5) A(5)] G($\overline{2}$) schwach giftig RL R

Pflanzen: **zart**. Köpfchen: 20–30 mm lang. Hüllblätter: *nicht* verdickt. Äussere Hüllblätter: **den inneren anliegend, 3-eckig**. Blüten: gelblich. Zungenblüten: flach. Früchte: Achäne meist > 3 mm lang, gräulich bis beige, **oberhalb der Zähne meist zylindrisch**; Schnabel: 6–14 mm lang. Blattstiele: **breit geflügelt**. Grundblätter: **meist aufrecht**.

Die Sektion umfasst ca. 20 oft nur schlecht charakterisierte Taxa.

- einheimisch
- montan bis alpin
- Moore u. Seggenriede, Extensivgrünland u. Magerrasen, Quellfluren
- an feuchten bis nassen Standorten

J F M A M J J A S O N D

Taraxacum sect. *Hamata* H. Øllg.

Haken-Löwenzahn *Asteraceae*
↓ [P(5) A(5)] G($\overline{2}$) schwach giftig

Pflanzen: kräftig. Hüllblätter: *nicht* verdickt. innere Hüllblätter: **bläulich bis schwarz**, bereift. Äussere Hüllblätter: > 10 mm lang. Blüten: gelblich. Zungenblüten: flach. Früchte: Achäne meist < 4 mm lang, gräulich bis beige; Schnabel: 6–14 mm lang. Blattstiele: **meist rötlich überlaufen bzw. gemustert**. Blätter: ungefleckt.

Die Sektion umfasst mehrere dutzend oft nur schlecht charakterisierte Taxa.

- einheimisch
- planar bis montan
- Grünland, Ruderalvegetation,
- an nährstoffreichen Standorten

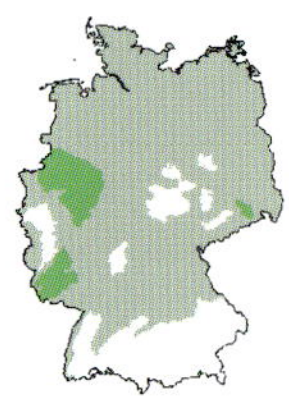

J F M A M J J A S O N D

Taraxacum sect. *Naevosa* M. P. Christ.

Flecken-Löwenzahn *Asteraceae*
↓ [P(5) A(5)] G($\overline{2}$) schwach giftig RL 1

Hüllblätter: *nicht* verdickt. Äussere Hüllblätter: > 10 mm lang. Blüten: gelblich. Zungenblüten: flach. Früchte: Achäne meist > 3 mm lang, gräulich bis beige; Schnabel: 6–14 mm lang. Blattstiele: **meist rötlich überlaufen bzw. gemustert**. Blätter: **meist mit großen dunklen Flecken, dicht behaart**.

Die Sektion umfasst mehrere dutzend oft nur schlecht charakterisierte Taxa.

- einheimisch
- planar bis montan
- Moore u. Seggenriede, Extensivgrünland u. Magerrasen, Salzwiesen
- an nährstoffarmen, auch salzhaltigen Standorten

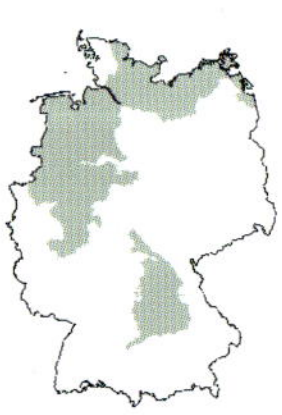

J F M A M J J A S O N D

Taraxacum sect. *Obliqua* Dahlst.

Dünen-Löwenzahn *Asteraceae*
↓ [P(5) A(5)] G($\overline{2}$) schwach giftig RL 3

Hüllblätter: **unterhalb der Spitze verdickt**. Blüten: **gold- bis orangegelb**. Zungenblüten: **zumindest distal eingerollt**. Früchte: gräulich bis beige, **oberhalb der Zähne meist kegelförmig**. Blattstiele: **schmal**. Blätter: tief gelappt bis fiederspaltig.

Die Sektion umfasst mehrere dutzend oft nur schlecht charakterisierte Taxa.

- einheimisch
- planar bis collin
- Extensivgrünland u. Magerrasen, Schutt- u. Felsfluren, Dünen
- an nährstoffarmen Standorten

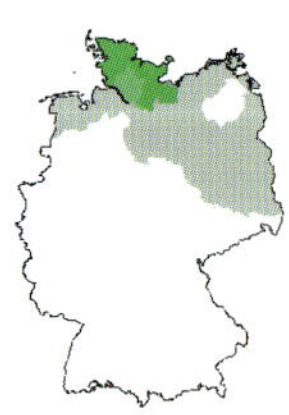

J F M A M J J A S O N D

Taraxacum sect. *Palustria* (H. Lindb.) Dahlst.

Sumpf-Löwenzahn *Asteraceae*
↓ [P(5) A(5)] G($\overline{2}$) schwach giftig RL 3

PFLANZEN: **zart**. KÖPFCHEN: 10–20 mm lang. HÜLLBLÄTTER: *nicht* verdickt. ÄUSSERE HÜLLBLÄTTER: **den inneren anliegend o. aufrecht abstehend, mit weißlichem Rand**. BLÜTEN: gelblich. ZUNGENBLÜTEN: flach. FRÜCHTE: gräulich bis beige, **oberhalb der Zähne meist zylindrisch**. BLATTSTIELE: schmal, **ungeflügelt bis schwach geflügelt**. BLÄTTER: ungefleckt, **ungeteilt bis seicht gelappt**, lineal bis länglich.

Die Sektion umfasst mehrere dutzend oft nur schlecht charakterisierte Taxa.

- einheimisch
- planar bis alpin
- Moore u. Seggenriede, Extensivgrünland u. Magerrasen, Salzwiesen, Quellfluren
- an nährstoffarmen, meist basenreichen, wechselfeuchten bis nassen, auch salzhaltigen Standorten

J F **M A M J** J A S O N D

Taraxacum sect. *Spectabilia* (Dahlst.) Dahlst.

Stattlicher Löwenzahn *Asteraceae*
↓ [P(5) A(5)] G($\overline{2}$) schwach giftig

PFLANZEN: **zart**. KÖPFCHEN: 20–30 mm lang. HÜLLBLÄTTER: *nicht* verdickt. ÄUSSERE HÜLLBLÄTTER: **den inneren anliegend**, **3-eckig**. BLÜTEN: gelblich. ZUNGENBLÜTEN: flach. FRÜCHTE: Achäne meist > 3 mm lang, gräulich bis beige, **oberhalb der Zähne meist zylindrisch**; SCHNABEL: 6–14 mm lang. BLATTSTIELE: **breit geflügelt, oft rot**. BLÄTTER: **oft mit großen dunklen Flecken**, tief gelappt bis fiederspaltig, breit.

- einheimisch
- planar bis collin
- Moore u. Seggenriede, Extensivgrünland u. Magerrasen, Salzwiesen
- auch an salzhaltigen Standorten

J F M **A M J J** A S O N D

Taraxacum sect. *Taraxacum* F. H. Wigg.

Wiesen-Löwenzahn *Asteraceae*
↓ [P(5) A(5)] G($\overline{2}$) schwach giftig

Bis 50 cm hoch, robust. PFLANZEN: kräftig. KÖPFCHEN: 20–30 mm lang. HÜLLBLÄTTER: *nicht* knorpelig verdickt. ÄUSSERE HÜLLBLÄTTER: **abstehend bis zurückgebogen, lineal-lanzettlich**, *ohne* weißlichen Rand, > 10 mm lang, grünlich bis schwarz, ***ohne* dunklen Mittelstreif**. BLÜTEN: gelblich. ZUNGENBLÜTEN: flach. FRÜCHTE: Achäne meist < 4 mm lang, gräulich bis beige, **oberhalb der Zähne meist kegelförmig**; SCHNABEL: 6–14 mm lang. BLÄTTER: ungefleckt.

Die Sektion umfasst mehrere hundert oft nur schlecht charakterisierte Taxa.

- einheimisch
- planar bis alpin
- Grünland, Staudenfluren, Gehölze, Äcker, Ruderalvegetation, Zier- bzw. Nutzpflanze
- an nährstoffreichen, auch salzhaltigen Standorten

J **F M A M J J** A S O N D

Tolpis staticifolia (All.) Sch. Bip.

Grasnelkenhabichtskraut *Asteraceae*
↓ [P(5) A(5)] G($\overline{2}$) RL V

15–40 cm hoch. PFLANZEN: **mehrjährig**, mit Milchsaft. BLÜTENSTAND: von Hüllkelch umgebene Köpfchen. KÖPFCHEN: **≤ 5 pro Stängel**, **nur mit Zungenblüten**, **18–35 mm** ⌀. HÜLLBLÄTTER: meist 2-reihig, äußere kürzer als die inneren. BLÜTEN: **gelblich**. GRIFFEL: **gelblich-grünlich**. FRÜCHTE: *nicht* geschnäbelt, distal gestutzt, Rippen distal einen ringförmigen Wulst bildend. PAPPUS: **einreihig**, **flexibel**, weißlich bis gräulich. STÄNGEL: **graufilzig behaart**, mit grundständiger Blattrosette, **unbeblättert o. mit wenigen kleinen Laubblättern**.

- einheimisch
- montan bis subalpin
- trockenfallende Ufer, Staudenfluren, Schutt- u. Felsfluren
- an nährstoffarmen, basenreichen Standorten

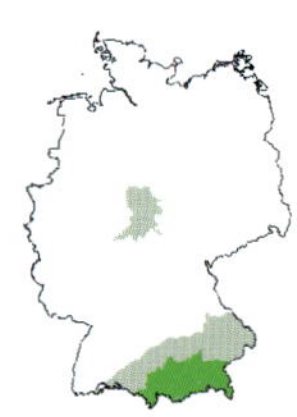

J F M A **M J J A S** O N D

Tragopogon dubius Scop.

Großer Bocksbart *Asteraceae*
↓ [P(5) A(5)] G($\overline{2}$)

30–80 cm hoch. Pflanzen: mit Milchsaft. Blütenstand: von Hüllkelch umgebene Köpfchen. Köpfchen: nur mit Zungenblüten; Stiele: **unter dem Köpfchen stark verdickt, hohl**. Aussenhülle: zuweilen vorhanden, viel kürzer als die Hülle. Hülle: 6–14-blättrig. Hüllblätter: 1-reihig, **länger als die Blüten**. Blüten: gelblich. Früchte: lang geschnäbelt, **Achäne *ohne* Schnabel 20–40 mm lang**. Pappus: mit verzweigten Borsten, Borsten miteinander verflochten. Blätter: ungeteilt, (scheinbar) parallelnervig.

- einheimisch
- planar bis montan
- Grünland, Staudenfluren, Ruderalvegetation, Zier- bzw. Nutzpflanze
- an basenreichen, trockenen Standorten

J F M **A M J J** A S O N D

Tragopogon porrifolius L.

Haferwurz *Asteraceae*
↓ [P(5) A(5)] G($\overline{2}$)

60–140 cm hoch. Pflanzen: mit Milchsaft. Blütenstand: von Hüllkelch umgebene Köpfchen. Köpfchen: nur mit Zungenblüten; Stiele: **unter dem Köpfchen stark verdickt**. Aussenhülle: zuweilen vorhanden, viel kürzer als die Hülle. Hülle: 6–14-blättrig. Hüllblätter: 1-reihig, **länger als die Blüten**. Blüten: **violett**. Früchte: lang geschnäbelt. Pappus: mit verzweigten Borsten, Borsten miteinander verflochten. Blätter: ungeteilt, (scheinbar) parallelnervig.

- in Einbürgerung befindlicher Neophyt, urspr. aus dem Mittelmeergebiet u. Zentralasien
- planar bis montan
- Grünland, Ruderalvegetation, Zier- bzw. Nutzpflanze

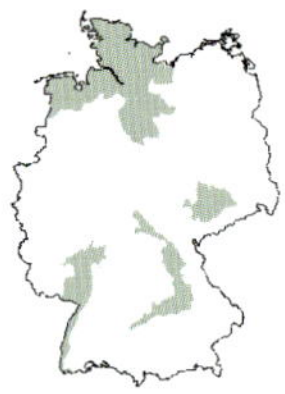

J F M A **M J J** A S O N D

Tragopogon pratensis L.

Wiesen-Bocksbart *Asteraceae*
↓ [P(5) A(5)] G($\overline{2}$)

20–90 cm hoch. Pflanzen: mit Milchsaft. Blütenstand: von Hüllkelch umgebene Köpfchen. Köpfchen: nur mit Zungenblüten, 20–80 mm ⌀; Stiele: unter dem Köpfchen nicht bis wenig verdickt, meist markig. Aussenhülle: zuweilen vorhanden, viel kürzer als die Hülle. Hülle: 6–14-blättrig. Hüllblätter: 1-reihig, **höchstens so lang wie die Blüten**. Blüten: gelblich. Früchte: lang geschnäbelt, **Achäne *ohne* Schnabel 15–20 mm lang**. Pappus: mit verzweigten Borsten, Borsten miteinander verflochten. Blätter: ungeteilt, lineal bis länglich, (scheinbar) parallelnervig.

Im Gebiet kommen 3 Unterarten vor: subsp. *pratensis*, subsp. *minor* und subsp. *orientalis* (vgl. S. 1439).

- einheimisch
- planar bis montan
- Intensivgrünland, Ruderalvegetation, Zier- bzw. Nutzpflanze

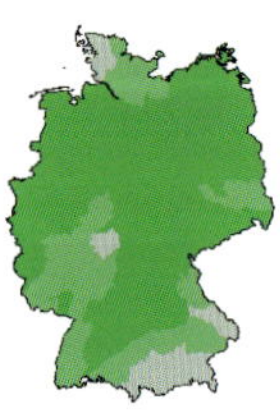

J F M **A M J J** A S O N D

Willemetia stipitata (Jacq.) Dalla Torre

Gewöhnlicher Krönchenlattich *Asteraceae*
↓ [P(5) A(5)] G($\overline{2}$) RL V

15–50 cm hoch. Pflanzen: mit Milchsaft. Blütenstand: von Hüllkelch umgebene Köpfchen. Köpfchen: **nur mit Zungenblüten**. Blüten: **gelblich**. Zungenblüten: länger als die Hülle. Früchte: **lang geschnäbelt**, **unter dem Schnabel mit 5 krönchenartigen Schuppen**. Stängel: zuweilen niederliegend, mit grundständiger Blattrosette, unbeblättert *oder* mit wenigen Laubblättern; oben behaart. Blätter: oft blau- bzw. graugrün, kahl. Grundblätter: länglich bis oval.

- einheimisch
- montan bis subalpin
- Moore u. Seggenriede, Grünland, Quellfluren
- an nassen Standorten

J F M A **M J J A** S O N D

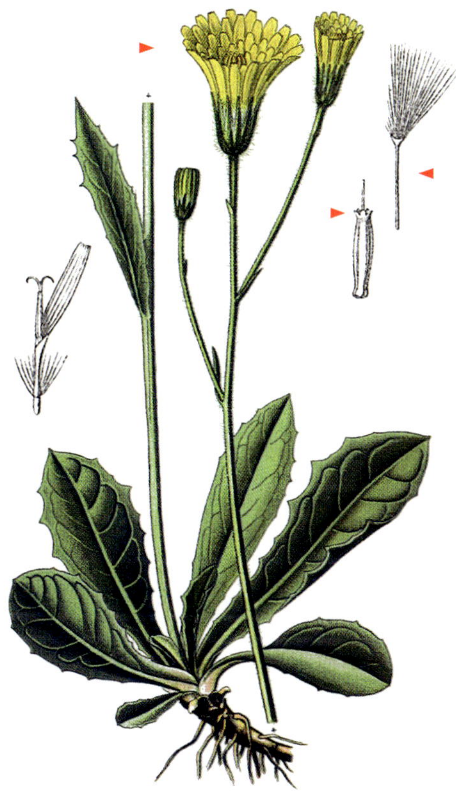

Adenostyles alliariae (Gouan) A. Kern.

Grauer Alpendost *Asteraceae*
∗ [P(5) A(5)] G($\overline{2}$)

50–120 cm hoch. Pflanzen: *ohne* Milchsaft. Blütenstand: von Hüllkelch umgebene Köpfchen, in rispenartigem Gesamtblütenstand, schirmförmig. Köpfchen: nur mit Röhrenblüten, **meist 2–5-blütig**. Aussenhülle: zuweilen vorhanden, viel kürzer als die Hülle. Hülle: meist 2–6-blättrig. Hüllblätter: 1-reihig. Blüten: rötlich bis violett. Blätter: herz- bis nierenförmig, **unregelmäßig gezähnt**, **Nervatur weitmaschig**, **Nerven kaum hervortretend**; unterseits: graugrün, **dünn filzig behaart**. Obere Stängelblätter: sitzend *oder* gestielt, **Spreite bzw. Stiel geöhrt bis (halb-) stängelumfassend**.

- einheimisch
- montan bis alpin
- Staudenfluren, Gehölze, Wälder
- an nährstoffreichen Standorten

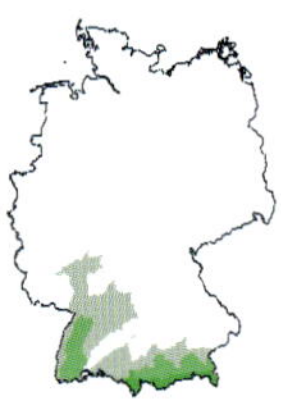

J F M A M **J J A S** O N D

Adenostyles alpina (L.) Bluff & Fingerh.

Kahler Alpendost *Asteraceae*
∗ [P(5) A(5)] G($\overline{2}$)

40–100 cm hoch. Pflanzen: *ohne* Milchsaft. Blütenstand: von Hüllkelch umgebene Köpfchen, in rispenartigem Gesamtblütenstand, schirmförmig. Köpfchen: nur mit Röhrenblüten, **meist 3–10-blütig**. Aussenhülle: zuweilen vorhanden, viel kürzer als die Hülle. Hülle: meist 2–6-blättrig. Hüllblätter: 1-reihig. Blüten: rötlich bis violett. Blätter: herz- bis nierenförmig, **regelmäßig gezähnt**, **Nervatur engmaschig**, **Nerven deutlich hervortretend**; unterseits: graugrün, **auf der Fläche kahl, nur auf den Nerven behaart**. Obere Stängelblätter: **gestielt**, Stiel *nicht* geöhrt o. (halb-) stängelumfassend.

- einheimisch
- montan bis alpin
- Staudenfluren, Wälder, Schutt- u. Felsfluren
- an basenreichen Standorten

J F M A M **J J A S** O N D

Doronicum austriacum Jacq.

Österreichische Gämswurz *Asteraceae*
∗ ↓ [P(5) A(5)] G($\overline{2}$)

30–150 cm hoch. Pflanzen: *ohne* Milchsaft. Blütenstand: von Hüllkelch umgebene Köpfchen. Köpfchen: **5–20 pro Stängel**, mit Röhren- *und* Zungenblüten, flach-schüsselförmig, 40–70 mm ⌀. Aussenhülle: zuweilen vorhanden, viel kürzer als die Hülle. Hüllblätter: 2-reihig. Blüten: gelblich. Zungenblüten: 3-zähnig. Pappus: **bei Scheibenblüten vorhanden, bei Randblüten fehlend**. Stängel: aufrecht, **zur Blütezeit *ohne* grundständige Blattrosette**; unten: kahl; oben: behaart, mit Drüsenhaaren. Blätter: länglich bis oval. Grundblätter: **spatelförmig, kleiner als die mittleren Stängelblätter**. Stängelblätter: basal ausgerandet, (halb-) stängelumfassend.

- einheimisch
- montan bis subalpin
- Staudenfluren, Gehölze

J F M A M **J J A** S O N D

Doronicum columnae Ten.

Herzblättrige Gämswurz *Asteraceae*
∗ ↓ [P(5) A(5)] G($\overline{2}$) RL R

15–60 cm hoch. Pflanzen: *ohne* Milchsaft. Blütenstand: von Hüllkelch umgebene Köpfchen. Köpfchen: **1–3 pro Stängel**, mit Röhren- *und* Zungenblüten, flach-schüsselförmig, 20–70 mm ⌀. Aussenhülle: zuweilen vorhanden, viel kürzer als die Hülle. Hüllblätter: 2-reihig. Blüten: gelblich. Zungenblüten: 3-zähnig. Pappus: **bei Scheibenblüten vorhanden, bei Randblüten fehlend**. Stängel: mit grundständiger Blattrosette. Ausläufer: **fehlend**. Blätter: **kahl**. Grundblätter: gestielt, **herz- bis nierenförmig**, **basal ausgerandet**, **deutlich vom Blattstiel abgesetzt**. Stängelblätter: basal ausgerandet, (halb-) stängelumfassend.

- einheimisch
- subalpin bis alpin
- Staudenfluren, Gehölze, Schutt- u. Felsfluren
- an basenreichen Standorten

J F M **A M J J A** S O N D

US

US

Doronicum glaciale (Wulfen) Nyman

Gletscher-Gämswurz *Asteraceae*
∗ ↓ [P(5) A(5)] G($\bar{2}$) RL R

Bis 25 cm hoch. Pflanzen: *ohne* Milchsaft. Blütenstand: **1 von Hüllkelch umgebenes Köpfchen**. Köpfchen: **einzeln**, mit Röhren- *und* Zungenblüten, flach-schüsselförmig, 20–80 mm ⌀. Außenhülle: zuweilen vorhanden, viel kürzer als die Hülle. Hüllblätter: 2-reihig. Blüten: gelblich. Zungenblüten: 3-zähnig. Pappus: **bei allen Blüten vorhanden**. Stängel: mit grundständiger Blattrosette. Grundblätter: gestielt, **länglich bis spatelförmig, allmählich in den Blattstiel verschmälert**. Stängelblätter: basal ausgerandet, (halb-) stängelumfassend.

- einheimisch
- subalpin bis alpin
- Schutt- u. Felsfluren, Schneetälchen
- an basenreichen Standorten

J F M A M **J J A** S O N D

Doronicum grandiflorum Lam.

Großblütige Gämswurz *Asteraceae*
∗ ↓ [P(5) A(5)] G($\bar{2}$)

Bis 60 cm hoch. Pflanzen: *ohne* Milchsaft. Blütenstand: von Hüllkelch umgebene Köpfchen. Köpfchen: **1–5 pro Stängel**, mit Röhren- *und* Zungenblüten, flach-schüsselförmig, 30–70 mm ⌀. Außenhülle: zuweilen vorhanden, viel kürzer als die Hülle. Hüllblätter: 2-reihig. Blüten: gelblich. Zungenblüten: 3-zähnig. Pappus: **bei allen Blüten vorhanden**. Stängel: mit grundständiger Blattrosette. Grundblätter: gestielt, **breit-oval, basal abgerundet bis verschmälert, deutlich vom Blattstiel abgesetzt**. Stängelblätter: basal ausgerandet, (halb-) stängelumfassend.

- einheimisch
- subalpin bis alpin
- Staudenfluren, Schutt- u. Felsfluren, Zier- bzw. Nutzpflanze
- an kalkreichen Standorten

J F M A M **J J A** S O N D

Doronicum pardalianches L.

Kriechende Gämswurz *Asteraceae*
∗ ↓ [P(5) A(5)] G($\bar{2}$)

50–100 cm hoch. Pflanzen: *ohne* Milchsaft. Blütenstand: von Hüllkelch umgebene Köpfchen. Köpfchen: **2–8 pro Stängel**, mit Röhren- *und* Zungenblüten, flach-schüsselförmig, 30–90 mm ⌀. Außenhülle: zuweilen vorhanden, viel kürzer als die Hülle. Hüllblätter: 2-reihig. Blüten: gelblich. Zungenblüten: 3-zähnig. Pappus: bei **Scheibenblüten vorhanden, bei Randblüten fehlend**. Stängel: lang behaart, mit grundständiger Blattrosette. Ausläufer: **unterirdisch**, am Ende mit Blattrosetten. Blätter: **beidseits behaart**. Grundblätter: **oval bis herzförmig, basal ausgerandet, deutlich vom Blattstiel abgesetzt**. Stängelblätter: basal ausgerandet, (halb-) stängelumfassend.

- einheimisch
- planar bis montan
- Staudenfluren, Gehölze, Wälder, Ruderalvegetation, Zier- bzw. Nutzpflanze

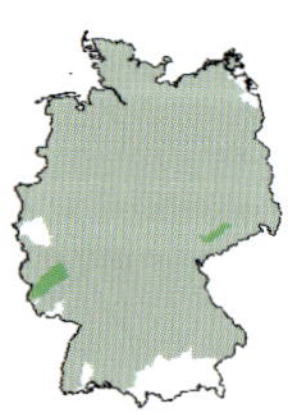

J F M **A M J** J A S O N D

Erechtites hieraciifolius (L.) DC.

Amerikanisches Scheingreiskraut *Asteraceae*
∗ ↓ [P(5) A(5)] G($\bar{2}$)

50–120 cm hoch. Pflanzen: *ohne* Milchsaft. Blütenstand: von Hüllkelch umgebene Köpfchen. Köpfchen: **nur mit Röhrenblüten *oder* mit Röhren- *und* Zungenblüten**, becherförmig bis zylindrisch, 10–22 mm lang, 4–12 mm ⌀. Außenhülle: kürzer als die Hülle. Hüllblätter: 1-reihig, **schmal-lineal, mit weißem Hautsaum**, spitz, oft bräunlich bis rötlich überlaufen. Blüten: **hellgelb**. Zungenblüten: 3-zähnig. Stängel: **hohl, zerbrechlich**. Blätter: ungeteilt bis gelappt, länglich, am Rand doppelt gezähnt.

- eingebürgerter Neophyt, urspr. aus Nordamerika
- collin bis montan
- Ruderalvegetation, Zier- bzw. Nutzpflanze

J F M A M **J J A S** O N D

Homogyne alpina (L.) Cass.

Gewöhnlicher Alpenlattich *Asteraceae*
∗ [P(5) A(5)] G($\overline{2}$)

15–30 cm hoch. PFLANZEN: *ohne* Milchsaft. BLÜTENSTAND: **1 von Hüllkelch umgebenes Köpfchen.** KÖPFCHEN: lang gestielt, nur mit Röhrenblüten. AUSSENHÜLLE: zuweilen vorhanden, viel kürzer als die Hülle. HÜLLBLÄTTER: 1-reihig. BLÜTEN: rosa bis rötlich. STÄNGEL: mit grundständiger Blattrosette, blattlos *oder* mit 1–3 kleinen Hochblättern. BLÄTTER: **nierenförmig, 12–40 mm breit**; UNTERSEITS: **grünlich, kahl bis spärlich behaart.**

- einheimisch
- montan bis alpin
- Extensivgrünland u. Magerrasen, Zwergstrauchheiden, Staudenfluren, Gehölze, Wälder
- an nährstoffarmen Standorten

J F M **A M J J A** S O N D

Homogyne discolor (Jacq.) Cass.

Filziger Alpenlattich *Asteraceae*
∗ [P(5) A(5)] G($\overline{2}$) RL R

15–25 cm hoch. PFLANZEN: *ohne* Milchsaft. BLÜTENSTAND: **1 von Hüllkelch umgebenes Köpfchen.** KÖPFCHEN: lang gestielt, nur mit Röhrenblüten. AUSSENHÜLLE: zuweilen vorhanden, viel kürzer als die Hülle. HÜLLBLÄTTER: 1-reihig. BLÜTEN: rosa bis rötlich. STÄNGEL: mit grundständiger Blattrosette, blattlos *oder* mit 1–3 kleinen Hochblättern. BLÄTTER: **rundlich bis nierenförmig, 8–20 mm breit**; UNTERSEITS: **weißfilzig.**

- einheimisch
- subalpin bis alpin
- Schutt- u. Felsfluren, Schneetälchen
- an basenreichen Standorten

J F M A **M J J A** S O N D

Petasites albus (L.) Gaertn.

Weiße Pestwurz *Asteraceae*
∗ [P(5) A(5)] G($\overline{2}$)

Bis 80 cm hoch. PFLANZEN: *ohne* Milchsaft. BLÜTENSTAND: von Hüllkelch umgebene Köpfchen, in rispenartigem Gesamtblütenstand; STIEL: mit kleinen lineal-lanzettlichen Blättern. KÖPFCHEN: nur mit Röhrenblüten. AUSSENHÜLLE: zuweilen vorhanden, viel kürzer als die Hülle. HÜLLBLÄTTER: 1-reihig. BLÜTEN: 1-geschlechtig *oder* ⚥, **weißlich bis gelblich.** STÄNGEL: mit grundständiger Blattrosette. BLATTSTIELE: **oberseits seicht gefurcht.** BLÄTTER: *nach* den Blüten erscheinend, rundlich bis herzförmig, **20–40 cm breit, mit offener Basalbucht, doppelt gezähnt, Zähne spitz bis stachelspitzig**; UNTERSEITS: **graufilzig.**

- einheimisch
- collin bis subalpin
- Staudenfluren, Gehölze, Wälder, Ruderalvegetation, Zier- bzw. Nutzpflanze

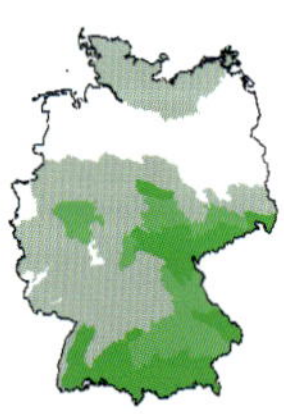

J F **M A M** J J A S O N D

Petasites hybridus (L.) G. Gaertn. & al.

Gewöhnliche Pestwurz *Asteraceae*
∗ [P(5) A(5)] G($\overline{2}$)

15–100 cm hoch. PFLANZEN: *ohne* Milchsaft. BLÜTENSTAND: von Hüllkelch umgebene Köpfchen, in rispenartigem Gesamtblütenstand; STIEL: mit kleinen lineal-lanzettlichen Blättern. KÖPFCHEN: nur mit Röhrenblüten. AUSSENHÜLLE: zuweilen vorhanden, viel kürzer als die Hülle. HÜLLBLÄTTER: 1-reihig. BLÜTEN: 1-geschlechtig *oder* ⚥, **rötlich.** STÄNGEL: mit grundständiger Blattrosette. BLATTSTIELE: **oberseits tief rinnig.** BLÄTTER: *nach* den Blüten erscheinend, rundlich bis herzförmig, **20–60 cm breit, meist mit sich überlappenden basalen Blattlappen**, am Rand regelmäßig gezähnt, Zähne spitz; UNTERSEITS: **graufilzig, verkahlend.**

- einheimisch
- planar bis montan
- Staudenfluren, Gehölze, Wälder, Ruderalvegetation, Zier- bzw. Nutzpflanze
- an nährstoffreichen, feuchten bis nassen, zuweilen überfluteten Standorten

J F **M A M** J J A S O N D

US

US

US

OS

Petasites paradoxus (Retz.) Baumg.

Alpen-Pestwurz *Asteraceae*
∗ [P(5) A(5)] G($\overline{2}$)

15–60 cm hoch. Pflanzen: *ohne* Milchsaft. Blütenstand: von Hüllkelch umgebene Köpfchen, in rispenartigem Gesamtblütenstand; Stiel: mit kleinen lineal-lanzettlichen Blättern. Köpfchen: nur mit Röhrenblüten. Aussenhülle: zuweilen vorhanden, viel kürzer als die Hülle. Hüllblätter: 1-reihig. Blüten: 1-geschlechtig *oder* ⚥, **rötlich bis weißlich**. Stängel: mit grundständiger Blattrosette. Blattstiele: **oberseits seicht gefurcht**. Blätter: *nach* den Blüten erscheinend, rundlich bis herzförmig, **10–20 cm breit, meist so lang wie breit, mit offener Basalbucht**, gezähnt; unterseits: **dicht weißfilzig**.

- einheimisch
- montan bis alpin
- Staudenfluren, Gehölze, Schutt- u. Felsfluren
- an basenreichen Standorten

J F **M A M** J J A S O N D

Petasites spurius (Retz.) Rchb.

Filzige Pestwurz *Asteraceae*
∗ [P(5) A(5)] G($\overline{2}$) RL 3

10–30 cm hoch. Pflanzen: *ohne* Milchsaft. Blütenstand: von Hüllkelch umgebene Köpfchen, in rispenartigem Gesamtblütenstand; Stiel: mit kleinen lineal-lanzettlichen Blättern. Köpfchen: nur mit Röhrenblüten. Aussenhülle: zuweilen vorhanden, viel kürzer als die Hülle. Hüllblätter: 1-reihig. Blüten: 1-geschlechtig *oder* ⚥, **weißlich bis gelblich**. Stängel: mit grundständiger Blattrosette. Blattstiele: **oberseits seicht gefurcht**. Blätter: *nach* den Blüten erscheinend, **3-eckig bis herzförmig, 25–50 cm breit, meist breiter als lang, mit offener Basalbucht**, gezähnt, **Zähne oft abgerundet**; unterseits: **dicht weißfilzig**.

- einheimisch
- planar
- Extensivgrünland u. Magerrasen, Staudenfluren, Ruderalvegetation, Dünen, Zier- bzw. Nutzpflanze

J F **M A M** J J A S O N D

Jacobaea aquatica (Hill) G. Gaertn. & al.

Wasser-Greiskraut *Asteraceae*
∗ ↓ [P(5) A(5)] G($\overline{2}$) giftig RL V

15–60 cm hoch. Pflanzen: *ohne* Milchsaft. Blütenstand: von Hüllkelch umgebene Köpfchen. Köpfchen: ≥ 5 pro Stängel, mit Röhren- *und* Zungenblüten, **mit ± 13 Zungenblüten**, becherförmig bis zylindrisch. Aussenhülle: kürzer als die Hülle. Hülle: **± 13-blättrig**. Hüllblätter: 1-reihig, grünlich, mit schwarzer Spitze. Zungenblüten: 3-zähnig. Früchte: **der Röhrenblüten kurzhaarig, der Zungenblüten kahl**. Pappus: leicht abfallend. Stängel: **nur distal mit ± aufrechten Ästen**. Blätter: gelbgrün, **fiederspaltig bis gefiedert, Fiedern spitzwinklig abstehend**, beidseits je 6–10-teilig, in den Buchten mit wenigen Zähnen. Grundblätter: zur Blütezeit vorhanden, **mit 3–4 Fiederpaaren u. länglichem Endlappen**.

- einheimisch
- planar bis montan
- Moore u. Seggenriede, Grünland, Zier- bzw. Nutzpflanze
- an feuchten bis nassen Standorten

J F M A M **J J A S** O N D

Jacobaea erratica (Bertol.) Fourr.

Spreizblättriges Greiskraut *Asteraceae*
∗ ↓ [P(5) A(5)] G($\overline{2}$) giftig

30–100 cm hoch. Pflanzen: *ohne* Milchsaft. Blütenstand: von Hüllkelch umgebene Köpfchen. Köpfchen: ≥ 5 pro Stängel, mit Röhren- *und* Zungenblüten, **mit ± 13 Zungenblüten**, becherförmig bis zylindrisch. Aussenhülle: kürzer als die Hülle. Hülle: **± 13-blättrig**. Hüllblätter: 1-reihig, grünlich, mit schwarzer Spitze. Zungenblüten: 3-zähnig. Früchte: **der Röhrenblüten kurzhaarig, der Zungenblüten kahl**. Pappus: leicht abfallend. Stängel: **von der Mitte an mit abstehenden Ästen**. Blätter: dunkelgrün, **fiederspaltig bis gefiedert, Fiedern rechtwinklig abstehend**, beidseits je 2–6-teilig, in den Buchten mit wenigen Zähnen. Grundblätter: zur Blütezeit vorhanden, **mit 1–2 Fiederpaaren u. großem ovalem Endlappen**.

- einheimisch
- planar bis collin
- trockenfallende Ufer, Grünland, Staudenfluren, Wälder, Ruderalvegetation, Zier- bzw. Nutzpflanze

J F M A M **J J A S O** N D

US

US

Jacobaea erucifolia (L.) G. Gaertn. & al.

Raukenblättriges Greiskraut *Asteraceae*
∗ ↓ [P(5) A(5)] G($\overline{2}$) giftig

30–150 cm hoch. Pflanzen: *ohne* Milchsaft. Blütenstand: von Hüllkelch umgebene Köpfchen. Köpfchen: ≥ 5 pro Stängel, mit Röhren- *und* Zungenblüten, **mit ± 13 Zungenblüten**, becherförmig bis zylindrisch. Aussenhülle: **3–8-blättrig, ± 0,5-mal so lang wie die Hüllblätter**. Hülle: **± 13-blättrig**. Hüllblätter: 1-reihig, grünlich, mit schwarzer Spitze. Blüten: gelblich. Zungenblüten: 3-zähnig. Früchte: **kurz behaart**. Pappus: bleibend. Ausläufer: oberirdisch. Blätter: **fiederspaltig bis gefiedert**, in den Buchten mit wenigen Zähnen.

- einheimisch
- planar bis montan
- Grünland, Staudenfluren, Gehölze, Ruderalvegetation, Zier- bzw. Nutzpflanze
- an basenreichen, meist trockenen Standorten

J F M A M **J J A S O** N D

Jacobaea vulgaris Gaertn.

Jakobs-Greiskraut *Asteraceae*
∗ ↓ [P(5) A(5)] G($\overline{2}$) giftig

Bis 100 cm hoch. Pflanzen: *ohne* Milchsaft. Blütenstand: von Hüllkelch umgebene Köpfchen. Köpfchen: ≥ 5 pro Stängel, mit Röhren- *und* Zungenblüten, **mit ± 13 Zungenblüten, diese selten fehlend**, becherförmig bis zylindrisch. Aussenhülle: **2–5-blättrig, ± 0,25-mal so lang wie die Hüllblätter**. Hülle: **± 13-blättrig**. Hüllblätter: 1-reihig, grünlich, mit schwarzer Spitze. Blüten: gelblich. Zungenblüten: 3-zähnig. Früchte: **der Röhrenblüten kurzhaarig, der Zungenblüten kahl**. Pappus: leicht abfallend. Blätter: **fiederspaltig bis gefiedert**, in den Buchten mit wenigen Zähnen. Grundblätter: zur Blütezeit meist verwelkt.

Im Gebiet kommen 2 Unterarten vor: subsp. *vulgaris* und subsp. *dunensis* (vgl. S. 1439).

- einheimisch
- planar bis montan
- Grünland, Staudenfluren, Ruderalvegetation, Dünen, Zier- bzw. Nutzpflanze

J F M A M **J J A S O** N D

Jacobaea abrotanifolia (L.) Moench

Eberrauten-Greiskraut *Asteraceae*
∗ ↓ [P(5) A(5)] G($\overline{2}$) giftig

15–40 cm hoch. Pflanzen: *ohne* Milchsaft. Blütenstand: von Hüllkelch umgebene Köpfchen. Köpfchen: ≥ 5 pro Stängel, mit Röhren- *und* Zungenblüten, **mit ± 13 Zungenblüten**, becherförmig bis zylindrisch. Aussenhülle: kürzer als die Hülle. Hülle: **± 21-blättrig**. Hüllblätter: 1-reihig, grünlich, mit schwarzer Spitze. Blüten: gelblich bis orange. Zungenblüten: 3-zähnig. Blätter: **überwinternd grün, fiederspaltig bis gefiedert**, in den Buchten mit wenigen Zähnen. Blattlappen: **schmal lineal bis lanzettlich**.

- einheimisch
- montan bis subalpin
- Extensivgrünland u. Magerrasen, Zwergstrauchheiden, Staudenfluren, Gehölze, Wälder, Schutt- u. Felsfluren, Zier- bzw. Nutzpflanze
- an nährstoffarmen, basenreichen Standorten

J F M A M **J J A S O** N D

Jacobaea alpina (L.) Moench

Alpen-Greiskraut *Asteraceae*
∗ ↓ [P(5) A(5)] G($\overline{2}$) giftig

30–100 cm hoch. Pflanzen: *ohne* Milchsaft. Blütenstand: von Hüllkelch umgebene Köpfchen. Köpfchen: ≥ 5 pro Stängel, mit Röhren- *und* Zungenblüten, **mit 12–18 Zungenblüten**, becherförmig bis zylindrisch, 25–45 mm ⌀. Aussenhülle: kürzer als die Hülle. Hüllblätter: 1-reihig, grünlich, mit schwarzer Spitze. Blüten: gelblich. Zungenblüten: 3-zähnig. Blätter: **ungeteilt**; unterseits: **meist graugrün, oft dicht behaart**. Untere Stängelblätter: **basal ausgerandet**. Obere Stängelblätter: mit ungeflügeltem Stiel, **1,2–2-mal so lang wie breit**.

- einheimisch
- montan bis alpin
- Intensivgrünland, Staudenfluren, Ruderalvegetation, Zier- bzw. Nutzpflanze
- an nährstoffreichen, basenreichen Standorten

J F M A M **J J A S** O N D

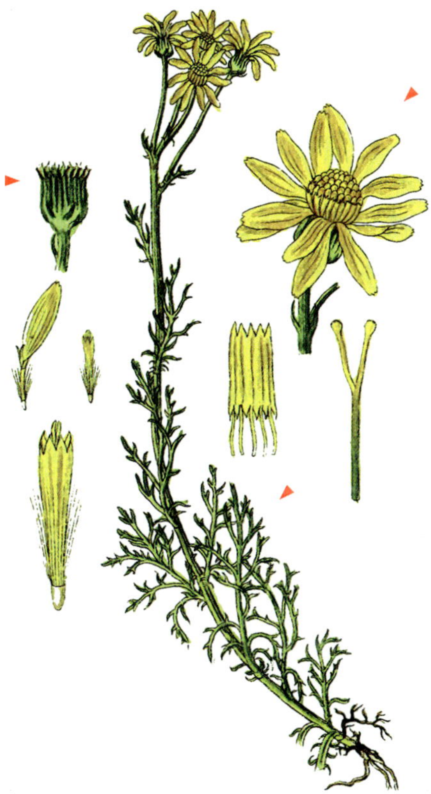

Jacobaea incana (L.) Veldkamp

Krainer Greiskraut *Asteraceae*
∗ ↓ [P(5) A(5)] G($\bar{2}$) giftig RL 1 § BNatG b

Bis 15 cm hoch. PFLANZEN: *ohne* Milchsaft. BLÜTENSTAND: von Hüllkelch umgebene Köpfchen. KÖPFCHEN: ≥ 5 pro Stängel, mit Röhren- *und* Zungenblüten, **mit 2–6 Zungenblüten**, becherförmig bis zylindrisch, 10–15 mm ⌀. AUSSENHÜLLE: kürzer als die Hülle. HÜLLE: **6–10-blättrig**. HÜLLBLÄTTER: 1-reihig, grünlich, mit schwarzer Spitze. BLÜTEN: dottergelb. ZUNGENBLÜTEN: 3-zähnig. BLÄTTER: **fiederspaltig bis gefiedert**, **meist graufilzig**, selten kahl, in den Buchten mit wenigen Zähnen.

- einheimisch
- subalpin bis alpin
- Extensivgrünland u. Magerrasen, Schutt- u. Felsfluren, Zier- bzw. Nutzpflanze
- an nährstoffarmen, sauren Standorten

J F M A M **J J A S** O N D

Jacobaea paludosa (L.) G. Gaertn. & al.

Sumpf-Greiskraut *Asteraceae*
∗ ↓ [P(5) A(5)] G($\bar{2}$) giftig RL 3

80–180 cm hoch. PFLANZEN: *ohne* Milchsaft. BLÜTENSTAND: von Hüllkelch umgebene Köpfchen. KÖPFCHEN: ≥ 5 pro Stängel, mit Röhren- *und* Zungenblüten, **mit 10–22 Zungenblüten**, becherförmig bis zylindrisch, 20–40 mm ⌀. AUSSENHÜLLE: ≥ **10-blättrig**, kürzer als die Hülle. HÜLLBLÄTTER: 1-reihig, grünlich, mit schwarzer Spitze. BLÜTEN: hellgelb. ZUNGENBLÜTEN: 3-zähnig. BLÄTTER: **ungeteilt**, länglich bis lanzettlich, gezähnt, **Zähne zur Blattspitze gebogen**. UNTERE STÄNGELBLÄTTER: basal abgerundet bis verschmälert.

- einheimisch
- planar bis montan
- Gewässer, Moore u. Seggenriede, Grünland, Zier- bzw. Nutzpflanze
- an nassen, zuweilen überfluteten Standorten

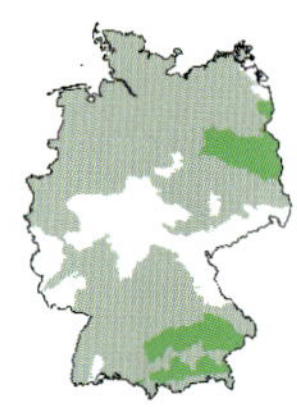

J F M A M **J J A** S O N D

Jacobaea subalpina (W. D. J. Koch) Pelser & Veldkamp

Berg-Greiskraut *Asteraceae*
∗ ↓ [P(5) A(5)] G($\bar{2}$) giftig

30–80 cm hoch. PFLANZEN: *ohne* Milchsaft. BLÜTENSTAND: von Hüllkelch umgebene Köpfchen. KÖPFCHEN: ≥ 5 pro Stängel, mit Röhren- *und* Zungenblüten, **mit ± 21 Zungenblüten**, becherförmig bis zylindrisch, 25–45 mm ⌀. AUSSENHÜLLE: kürzer als die Hülle. HÜLLBLÄTTER: 1-reihig, grünlich, mit schwarzer Spitze. BLÜTEN: gelblich. ZUNGENBLÜTEN: 3-zähnig. BLÄTTER: **fiederspaltig bis gefiedert**, gezähnt; UNTERSEITS: allenfalls auf den Nerven behaart. UNTERE STÄNGELBLÄTTER: **basal ausgerandet**. OBERE STÄNGELBLÄTTER: **mit kurzem geflügeltem Stiel, 0,7–1,3-mal so lang wie breit**.

- einheimisch
- montan bis subalpin
- Grünland, Staudenfluren, Wälder, Zier- bzw. Nutzpflanze
- an nährstoffreichen, feuchten bis nassen Standorten

J F M A M **J J A S** O N D

Senecio nemorensis L.

Hain-Greiskraut *Asteraceae*
∗ ↓ [P(5) A(5)] G($\bar{2}$) giftig

60–140 cm hoch. PFLANZEN: *ohne* Milchsaft. BLÜTENSTAND: von Hüllkelch umgebene Köpfchen. KÖPFCHEN: ≥ 5 pro Stängel, mit Röhren- *und* Zungenblüten, **mit 5–7 Zungenblüten**, becherförmig bis zylindrisch, 20–40 mm ⌀. AUSSENHÜLLE: **3–8-blättrig, 0,8–1,5-mal so lang wie die Hülle, am Rand meist bewimpert**. HÜLLE: **10–12-blättrig**. HÜLLBLÄTTER: 1-reihig, grünlich, mit schwarzer Spitze, *ohne* Drüsenhaare. BLÜTEN: gelblich. ZUNGENBLÜTEN: 3-zähnig. STÄNGEL: meist grünlich, meist behaart. BLÄTTER: **ungeteilt**, gezähnt, **Zähne gerade abstehend**. UNTERE STÄNGELBLÄTTER: basal abgerundet bis verschmälert. OBERE STÄNGELBLÄTTER: **gestielt *oder* sitzend, basal verschmälert**.

Im Gebiet kommen 2 Unterarten vor: subsp. *glabratus* und subsp. *jacquinianus* (vgl. S. 1439).

- einheimisch
- collin bis montan
- Staudenfluren, Gehölze, Wälder, Zier- bzw. Nutzpflanze
- an nährstoffreichen Standorten

J F M A M **J J A S** O N D

Senecio hercynicus Herborg

Herzynisches Hain-Greiskraut *Asteraceae*
∗ ↓ [P(5) A(5)] G($\overline{2}$) giftig

60–150 cm hoch. PFLANZEN: *ohne* Milchsaft. BLÜTENSTAND: von Hüllkelch umgebene Köpfchen. KÖPFCHEN: ≥ 5 pro Stängel, mit Röhren- *und* Zungenblüten, **mit 4–10 Zungenblüten**, becherförmig bis zylindrisch, 20–40 mm ⌀. AUSSENHÜLLE: **3–8-blättrig, 1–1,5-mal so lang wie die Hülle, drüsig behaart.** HÜLLE: **10–12-blättrig.** HÜLLBLÄTTER: 1-reihig, grünlich, mit schwarzer Spitze, mit Drüsenhaaren. BLÜTEN: gelblich. ZUNGENBLÜTEN: 3-zähnig. STÄNGEL: meist grünlich, meist behaart. BLÄTTER: **ungeteilt**, gezähnt, **Zähne gerade abstehend.** UNTERE STÄNGELBLÄTTER: basal abgerundet bis verschmälert. OBERE STÄNGELBLÄTTER: **sitzend, zuweilen (halb-) stängelumfassend.**

- einheimisch
- montan bis subalpin
- Grünland, Staudenfluren, Gehölze, Wälder, Zier- bzw. Nutzpflanze
- an nährstoffreichen Standorten

J F M A M J J A S O N D

Senecio ovatus (G. Gaertn. & al.) Hoppe

Fuchssches Greiskraut *Asteraceae*
∗ ↓ [P(5) A(5)] G($\overline{2}$) giftig

60–150 cm hoch. PFLANZEN: *ohne* Milchsaft. BLÜTENSTAND: von Hüllkelch umgebene Köpfchen. KÖPFCHEN: ≥ 5 pro Stängel, mit Röhren- *und* Zungenblüten, **mit 3–5 Zungenblüten**, becherförmig bis zylindrisch, 20–40 mm ⌀. AUSSENHÜLLE: **3–8-blättrig, meist kürzer als die Hülle, kahl bis spärlich behaart.** HÜLLE: **7–8-blättrig.** HÜLLBLÄTTER: 1-reihig, grünlich, mit schwarzer Spitze, *ohne* Drüsenhaare. BLÜTEN: gelblich. ZUNGENBLÜTEN: 3-zähnig. STÄNGEL: oft violett bis bräunlich überlaufen, kahl. BLÄTTER: **ungeteilt**, gezähnt, **Zähne gerade abstehend.** UNTERE STÄNGELBLÄTTER: basal abgerundet bis verschmälert. OBERE STÄNGELBLÄTTER: **gestielt *oder* sitzend, basal verschmälert.**

Im Gebiet kommen 2 Unterarten vor: subsp. *ovatus* und subsp. *alpestris* (vgl. S. 1439).

- einheimisch
- collin bis subalpin
- Staudenfluren, Gehölze, Wälder, Zier- bzw. Nutzpflanze
- an nährstoffreichen Standorten

J F M A M J J A S O N D

Senecio doronicum (L.) L.

Gämswurz-Greiskraut *Asteraceae*
∗ ↓ [P(5) A(5)] G($\overline{2}$) giftig

20–40 cm hoch. PFLANZEN: *ohne* Milchsaft. BLÜTENSTAND: von Hüllkelch umgebene Köpfchen. KÖPFCHEN: **1–3 pro Stängel**, mit Röhren- *und* Zungenblüten, **mit 10–22 Zungenblüten**, becherförmig bis zylindrisch, **35–65 mm ⌀.** AUSSENHÜLLE: **≥ 10-blättrig**, kürzer als die Hülle. HÜLLBLÄTTER: 1-reihig, grünlich, mit schwarzer Spitze. BLÜTEN: gelblich. ZUNGENBLÜTEN: 3-zähnig. BLÄTTER: **ungeteilt**, lanzettlich bis oval, gezähnt, **Zähne gerade abstehend.** UNTERE STÄNGELBLÄTTER: basal abgerundet bis verschmälert.

- einheimisch
- subalpin bis alpin
- Extensivgrünland u. Magerrasen, Staudenfluren, Schutt- u. Felsfluren, Zier- bzw. Nutzpflanze
- an nährstoffarmen, basenreichen Standorten

J F M A M J J A S O N D

Senecio inaequidens DC.

Schmalblättriges Greiskraut *Asteraceae*
∗ ↓ [P(5) A(5)] G($\overline{2}$) giftig

30–100 cm hoch. PFLANZEN: *ohne* Milchsaft. BLÜTENSTAND: von Hüllkelch umgebene Köpfchen. KÖPFCHEN: ≥ 5 pro Stängel, mit Röhren- *und* Zungenblüten, **mit 10–22 Zungenblüten**, becherförmig bis zylindrisch. AUSSENHÜLLE: **≥ 10-blättrig**, kürzer als die Hülle. HÜLLBLÄTTER: 1-reihig, grünlich, mit schwarzer Spitze. BLÜTEN: gelblich. ZUNGENBLÜTEN: 3-zähnig. BLÄTTER: **ungeteilt**, 1–4 mm breit, **ganzrandig bis entfernt gezähnt**, spitz. UNTERE STÄNGELBLÄTTER: basal abgerundet bis verschmälert.

- eingebürgerter Neophyt, urspr. aus Südafrika
- planar bis montan
- Staudenfluren, Ruderalvegetation, Zier- bzw. Nutzpflanze
- meist an trockenen, oft salzhaltigen Standorten

J F M A M J J A S O N D

Senecio leucanthemifolius Poir.

Margeritenblättriges Greiskraut *Asteraceae*
∗ ↓ [P(5) A(5)] G($\overline{2}$) giftig

Bis 50 cm hoch. Pflanzen: *ohne* Milchsaft. Blütenstand: von Hüllkelch umgebene Köpfchen. Köpfchen: ≥ 5 pro Stängel, mit Röhren- *und* Zungenblüten, **mit ± 13 Zungenblüten**, becherförmig bis zylindrisch. Aussenhülle: **6–14-blättrig, ± 0,2-mal so lang wie die Hülle**. Hüllblätter: 1-reihig, grünlich, mit schwarzer Spitze. Blüten: gelblich. Zungenblüten: 3-zähnig. Früchte: **behaart**. Pappus: bleibend. Blätter: meist gelappt bis gefiedert, in den Buchten mit zahlreichen Zähnen.

- eingebürgerter Neophyt, urspr. aus dem Mittelmeergebiet; Osteuropa u. Westasien
- planar bis montan
- Extensivgrünland u. Magerrasen, Wälder, Ruderalvegetation, Zier- bzw. Nutzpflanze
- auch an salzhaltigen Standorten

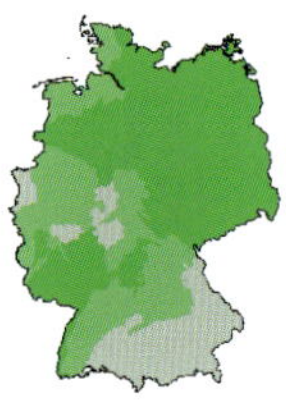

J F M A M J J A S O N D

Senecio sarracenicus L.

Fluss-Greiskraut *Asteraceae*
∗ ↓ [P(5) A(5)] G($\overline{2}$) giftig RL 3

60–150 cm hoch. Pflanzen: *ohne* Milchsaft. Blütenstand: von Hüllkelch umgebene Köpfchen. Köpfchen: ≥ 5 pro Stängel, mit Röhren- *und* Zungenblüten, **mit 6–10 Zungenblüten**, becherförmig bis zylindrisch, 20–40 mm ⌀. Aussenhülle: **3–8-blättrig**, **± 0,2-mal so lang wie die Hülle**. Hüllblätter: 1-reihig, grünlich, mit schwarzer Spitze. Blüten: gelblich. Zungenblüten: 3-zähnig. Blätter: **ungeteilt**, gezähnt, **Zähne zur Blattspitze gebogen**. Untere Stängelblätter: basal abgerundet bis verschmälert.

- einheimisch
- planar bis montan
- Staudenfluren, Gehölze, Zier- bzw. Nutzpflanze
- an nährstoffreichen, nassen, zuweilen überfluteten Standorten

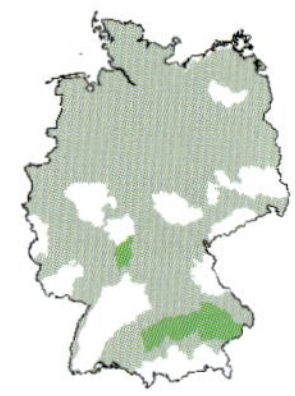

J F M A M J J A S O N D

Senecio squalidus L.

Felsen-Greiskraut *Asteraceae*
∗ ↓ [P(5) A(5)] G($\overline{2}$) giftig

20–60 cm hoch. Pflanzen: *ohne* Milchsaft. Blütenstand: von Hüllkelch umgebene Köpfchen. Köpfchen: ≥ 5 pro Stängel, mit Röhren- *und* Zungenblüten, **mit ± 13 Zungenblüten**, becherförmig bis zylindrisch. Aussenhülle: **6–14-blättrig, ± 0,2-mal so lang wie die Hülle**. Hülle: **± 21-blättrig**. Hüllblätter: 1-reihig, grünlich, mit schwarzer Spitze. Blüten: gelblich. Zungenblüten: 3-zähnig. Früchte: **behaart**. Pappus: leicht abfallend. Blätter: **fiederspaltig bis gefiedert**, in den Buchten mit wenigen Zähnen.

- einheimisch
- montan bis subalpin
- Staudenfluren, Ruderalvegetation, Zier- bzw. Nutzpflanze
- an nährstoffreichen Standorten

J F M A M J J A S O N D

Senecio sylvaticus L.

Wald-Greiskraut *Asteraceae*
∗ ↓ [P(5) A(5)] G($\overline{2}$) giftig

15–80 cm hoch. Pflanzen: *ohne* Milchsaft, behaart. Blütenstand: von Hüllkelch umgebene Köpfchen. Köpfchen: ≥ 5 pro Stängel, mit Röhren- *und* Zungenblüten, **mit ± 13 Zungenblüten**, becherförmig bis zylindrisch, 6–10 mm lang. Aussenhülle: **2–3-blättrig**, **± 0,2-mal so lang wie die Hülle**. Hülle: **± 13-blättrig**. Hüllblätter: 1-reihig, grünlich, mit schwarzer Spitze. Blüten: gelblich. Röhrenblüten: kurz. Zungenblüten: **zurückgerollt**, 3-zähnig. Früchte: **behaart**. Pappus: reif ± 3-mal so lang wie die Frucht, gräulich-weißlich. Blätter: **fiederspaltig bis gefiedert**, in den Buchten mit wenigen Zähnen.

- einheimisch
- planar bis montan
- Gehölze, Wälder, Zier- bzw. Nutzpflanze
- an nährstoffreichen Standorten

J F M A M J J A S O N D

Senecio viscosus L.

Klebriges Greiskraut *Asteraceae*
* ↓ [P(5) A(5)] G($\overline{2}$) giftig

15–50 cm hoch. PFLANZEN: *ohne* Milchsaft, **drüsig-klebrig behaart**. BLÜTENSTAND: von Hüllkelch umgebene Köpfchen. KÖPFCHEN: ≥ 5 pro Stängel, mit Röhren- *und* Zungenblüten, **mit ± 13 Zungenblüten**, becherförmig bis zylindrisch, 8–12 mm lang. AUSSENHÜLLE: **± 0,5-mal so lang wie die Hülle**. HÜLLE: **± 21-blättrig**. HÜLLBLÄTTER: 1-reihig, grünlich, mit schwarzer Spitze. BLÜTEN: gelblich. RÖHRENBLÜTEN: kurz. ZUNGENBLÜTEN: **zurückgerollt**, 3-zähnig. PAPPUS: reif < 2-mal so lang wie die Frucht, weißlich. BLÄTTER: **fiederspaltig bis gefiedert**, in den Buchten mit zahlreichen Zähnen.

- einheimisch
- planar bis montan
- Staudenfluren, Gehölze, Schutt- u. Felsfluren, Äcker, Ruderalvegetation, Dünen, Zier- bzw. Nutzpflanze
- meist an trockenen Standorten

J F M A M J J A S O N D

Senecio vulgaris L.

Gewöhnliches Greiskraut *Asteraceae*
* [P(5) A(5)] G($\overline{2}$) giftig

10–30 cm hoch. PFLANZEN: *ohne* Milchsaft. BLÜTENSTAND: von Hüllkelch umgebene Köpfchen. KÖPFCHEN: ≥ 5 pro Stängel, Zungenblüten meist fehlend, becherförmig bis zylindrisch. AUSSENHÜLLE: **meist 8–10-blättrig, ± 0,2-mal so lang wie die Hülle**. HÜLLE: **± 21-blättrig**. HÜLLBLÄTTER: 1–2-reihig, grünlich, mit schwarzer Spitze. BLÜTEN: gelblich. FRÜCHTE: **zumindest die Röhrenblüten behaart**. BLÄTTER: **fiederspaltig bis gefiedert**, in den Buchten mit zahlreichen Zähnen.

subsp. *vulgaris* (Gewöhnliches Greiskraut): KÖPFCHEN: Zungenblüten ± stets fehlend. FRÜCHTE: alle ± dicht behaart. **subsp. *denticulatus*** (Strahlendes Gewöhnliches Greiskraut): in Küstendünen. KÖPFCHEN: Zungenblüten vorhanden. FRÜCHTE: Randfrüchte kahl.

- einheimisch
- planar bis montan
- Gehölze, Äcker, Ruderalvegetation, Dünen, Zier- bzw. Nutzpflanze
- an nährstoffreichen Standorten

J F M A M J J A S O N D

Tephroseris crispa (Jacq.) Rchb.

Krauses Aschenkraut *Asteraceae*
* ↓ [P(5) A(5)] G($\overline{2}$) RL 3

30–100 cm hoch. PFLANZEN: *ohne* Milchsaft. BLÜTENSTAND: von Hüllkelch umgebene Köpfchen, in trauben- bis rispenartigem Gesamtblütenstand. KÖPFCHEN: **5–16 pro Stängel**, mit Röhren- *und* **15–21 Zungenblüten, 8–12 mm lang, 25–40 mm ⌀.** AUSSENHÜLLE: fehlend. HÜLLBLÄTTER: 1-reihig, grünlich. BLÜTEN: gelblich bis rötlich. ZUNGENBLÜTEN: 3-zähnig. FRÜCHTE: **± kahl**. STÄNGEL: < 10 mm ⌀. BLÄTTER: **ungeteilt bis gelappt, grob gezähnt**. GRUNDBLÄTTER: **zur Blütezeit vergilbt**. UNTERE STÄNGELBLÄTTER: mit breit geflügeltem Stiel, **basal ausgerandet**.

- einheimisch
- montan bis subalpin
- Grünland, Gehölze, Wälder, Quellfluren
- an feuchten bis nassen Standorten

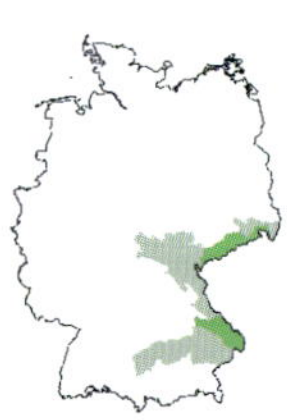

J F M A M J J A S O N D

Tephroseris helenitis (L.) B. Nord.

Spatelblättriges Aschenkraut *Asteraceae*
* ↓ [P(5) A(5)] G($\overline{2}$) RL 2

30–100 cm hoch. PFLANZEN: *ohne* Milchsaft. BLÜTENSTAND: von Hüllkelch umgebene Köpfchen, in trauben- bis rispenartigem Gesamtblütenstand. KÖPFCHEN: **6–20 pro Stängel**, mit Röhren- *und* Zungenblüten, **8–12 mm lang, 20–25 mm ⌀.** AUSSENHÜLLE: fehlend. HÜLLBLÄTTER: 1-reihig, grünlich. BLÜTEN: gelblich. ZUNGENBLÜTEN: 3-zähnig. STÄNGEL: < 10 mm ⌀. BLÄTTER: ungeteilt, **ganzrandig bis entfernt gezähnt**; OBERSEITS: grünlich, **behaart**; UNTERSEITS: **weißlich, zunächst filzig behaart, später verkahlend**. GRUNDBLÄTTER: **zur Blütezeit vergilbt, Spreite höchstens so lang wie der Stiel, gezähnt**.

Im Gebiet kommen 2 Unterarten vor: subsp. *helenitis* und subsp. *salisburgensis* (vgl. S. 1439).

- einheimisch
- collin bis montan
- Moore u. Seggenriede, Extensivgrünland u. Magerrasen
- an nährstoffarmen Standorten

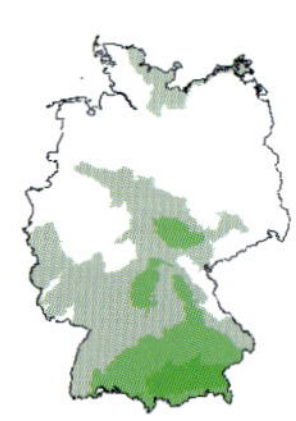

J F M A M J J A S O N D

Tephroseris integrifolia (L.) Holub

Steppen-Aschenkraut *Asteraceae*
$* \downarrow [P(5)\ A(5)]\ G(\bar{2})$ RL 2

15–60 cm hoch. PFLANZEN: *ohne* Milchsaft. BLÜTENSTAND: Köpfchen, in trauben- bis rispenartigem Gesamtblütenstand. KÖPFCHEN: **3–16 pro Stängel,** mit Röhren- *und* ± **13 Zungenblüten**, Zungenblüten zuweilen fehlend, **6–8 mm lang**, 15–25 mm ⌀. AUSSENHÜLLE: fehlend. HÜLLBLÄTTER: 1-reihig, gelblich-grünlich bis rötlich. RÖHRENBLÜTEN: gelblich. ZUNGENBLÜTEN: gelblich, orange o. rot, 3-zähnig. STÄNGEL: < 10 mm ⌀. BLÄTTER: grünlich, **beidseits behaart, ganzrandig bis entfernt gezähnt.** GRUNDBLÄTTER: **zur Blütezeit vorhanden, Spreite oft etwas länger als der Stiel.** UNTERE STÄNGELBLÄTTER: basal verschmälert bis abgerundet.

Im Gebiet kommen 2 Unterarten vor: subsp. *integrifolia* und subsp. *vindelicorum* (vgl. S. 1439).

- einheimisch
- planar bis montan
- Extensivgrünland u. Magerrasen, Schutt- u. Felsfluren, Zier- bzw. Nutzpflanze
- an nährstoffarmen, basenreichen Standorten

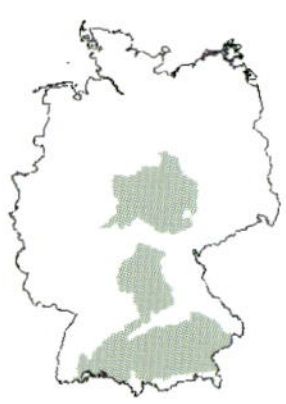

J F M **A M J J** A S O N D

Tephroseris longifolia (Jacq.) Griseb. & Schenk

Schweizer Aschenkraut *Asteraceae*
$* \downarrow [P(5)\ A(5)]\ G(\bar{2})$ RL R § FFH IV, BNatG s

20–80 cm hoch. PFLANZEN: *ohne* Milchsaft. BLÜTENSTAND: von Hüllkelch umgebene Köpfchen, in trauben- bis rispenartigem Gesamtblütenstand. KÖPFCHEN: **3–16 pro Stängel,** mit Röhren *und* **18–21 Zungenblüten, 8–12 mm lang, 30–40 mm ⌀.** AUSSENHÜLLE: fehlend. HÜLLBLÄTTER: 1-reihig, grünlich. BLÜTEN: gelblich. ZUNGENBLÜTEN: 3-zähnig. STÄNGEL: < 10 mm ⌀. BLÄTTER: ungeteilt, **grob gezähnt.** GRUNDBLÄTTER: **zur Blütezeit meist vergilbt, (seicht) gezähnt.**

- einheimisch
- subalpin bis alpin
- Staudenfluren, Schutt- u. Felsfluren
- an nährstoffreichen, basenreichen Standorten

J F M **A M J J A** S O N D

Tephroseris palustris (L.) Rchb.

Moor-Aschenkraut *Asteraceae*
$* \downarrow [P(5)\ A(5)]\ G(\bar{2})$ RL V

15–100 cm hoch. PFLANZEN: *ohne* Milchsaft. BLÜTENSTAND: von Hüllkelch umgebene Köpfchen, in trauben- bis rispenartigem Gesamtblütenstand. KÖPFCHEN: **> 15 pro Stängel,** mit Röhren- *und* **± 21 Zungenblüten.** AUSSENHÜLLE: fehlend. HÜLLBLÄTTER: 1-reihig, grünlich. BLÜTEN: gelblich. ZUNGENBLÜTEN: 3-zähnig. STÄNGEL: im QS kantig, **10–50 mm ⌀, hohl.** BLÄTTER: ungeteilt, **gezähnt.** UNTERE STÄNGELBLÄTTER: sitzend, **(halb-) stängelumfassend.**

- einheimisch
- planar
- trockenfallende Ufer, Staudenfluren, Zier- bzw. Nutzpflanze
- an nassen, zuweilen überfluteten Standorten

J F M A **M J J** A S O N D

Tussilago farfara L.

Huflattich *Asteraceae*
$* \downarrow [P(5)\ A(5)]\ G(\bar{2})$ giftig

Bis 30 cm hoch. PFLANZEN: *ohne* Milchsaft. BLÜTENSTAND: 1 von Hüllkelch umgebenes Köpfchen; STIEL: **nur mit Schuppenblättern**, Schuppenblätter meist rötlich bis bräunlich überlaufen. KÖPFCHEN: **einzeln,** mit Röhren- *und* Zungenblüten. BLÜTEN: **gelblich.** ZUNGENBLÜTEN: 3-zähnig. STÄNGEL: mit grundständiger Blattrosette. AUSLÄUFER: **unterirdisch, bis 2 m lang.** BLATTSTIELE: **im QS U-förmig.** BLÄTTER: ***nach* den Blüten erscheinend, rundlich bis nierenförmig, 8–35 cm breit, mit offener Basalbucht,** am Rand mit wenigen Zähnen; UNTERSEITS: **weißfilzig.**

- einheimisch
- planar bis alpin
- Extensivgrünland u. Magerrasen, Staudenfluren, Ruderalvegetation, Zier- bzw. Nutzpflanze
- an basenreichen Standorten

J **F M A M** J J A S O N D

Achillea: überwiegend mehrjährige Kräuter. Blütenstand: von Hüllkelch umgebene Köpfchen, in dolden- bis rispenartigem, oft schirmförmigem Gesamtblütenstand. Köpfchen: mit Röhren- *und* Zungenblüten. Köpfchenboden: mit Spreublättern. Blüten: meist weißlich, selten gelb. Zungenblüten: oval-rundlich, 3-zähnig. Früchte: Pappus fehlend bzw. als kleines Krönchen ausgebildet. Blätter: wechselständig, meist gefiedert.

Achillea ptarmica agg.

Sumpf-Schafgarbe *Asteraceae*

∗ ↓ [P(5) A(5)] G($\overline{2}$)

15–150 cm hoch. Köpfchen: **mit 7–14 Zungenblüten**. Blätter: **ungeteilt, lineal bis länglich, am Rand gezähnt**.

A. ptarmica (Sumpf-Schafgarbe): Köpfchen: mit 8–14 Zungenblüten, 12–18 mm ⌀. Zungenblüten: 4–7 mm lang. Blätter: *nicht* drüsig punktiert.
A. salicifolia (Weidenblatt-Schafgarbe): östlich der Elbe. Köpfchen: mit 7–9 Zungenblüten, 8–12 mm ⌀. Zungenblüten: 2–4 mm lang. Blätter: drüsig punktiert.

- einheimisch
- planar bis montan
- Grünland, Staudenfluren, Gehölze, Zier- bzw. Nutzpflanze
- an wechselfeuchten bis nassen Standorten

J F M A M **J J A S** O N D

Achillea atrata L.

Schwarzrandige Schafgarbe *Asteraceae*

∗ ↓ [P(5) A(5)] G($\overline{2}$) § BNatG b

Bis 25 cm hoch. Köpfchen: **mit 6–14 Zungenblüten**, 4–8 mm lang. Zungenblüten: **5–7 mm lang**. Blätter: *nicht* drüsig punktiert, **1-2-fach fiederspaltig**, kahl bis spärlich behaart. Blattlappen: **0,5–1,5 mm breit**. Rhachis: **1–2 mm breit**. mittlere Stängelblätter: > 2-mal so lang wie breit.

- einheimisch
- subalpin bis alpin
- Staudenfluren, Schutt- u. Felsfluren, Zier- bzw. Nutzpflanze
- an basenreichen Standorten

J F M A M **J J A S** O N D

Achillea clavennae L.

Bittere Schafgarbe *Asteraceae*

∗ ↓ [P(5) A(5)] G($\overline{2}$) § BNatG b

10–25 cm hoch. Köpfchen: **mit 5–20 Zungenblüten**, 4–8 mm lang. Hüllblätter: **mit schwarz- bis dunkelbraunem Hautrand**. Blätter: **1–2-fach fiederspaltig, anliegend dicht weißlich bis gräulich behaart**. Blattlappen: **1–4 mm breit**. Rhachis: **2–5 mm breit**. mittlere Stängelblätter: > 2-mal so lang wie breit.

- einheimisch
- subalpin bis alpin
- Extensivgrünland u. Magerrasen, Schutt- u. Felsfluren, Zier- bzw. Nutzpflanze
- an nährstoffarmen, basenreichen Standorten

J F M A M **J J A S** O N D

Achillea macrophylla L.

Großblättrige Schafgarbe *Asteraceae*

∗ ↓ [P(5) A(5)] G($\overline{2}$) RL R

30–120 cm hoch. Köpfchen: **mit 5–8 Zungenblüten**, 4–8 mm lang. Blätter: **1–2-fach fiederspaltig**. Blattlappen: spitz gesägt, **5–12 mm breit**. Grundblätter: mit lanzettlichen Blattlappen. mittlere Stängelblätter: **< 2-mal so lang wie breit**.

- einheimisch
- subalpin bis alpin
- Staudenfluren, Gehölze, Schutt- u. Felsfluren
- an nährstoffreichen Standorten

J F M A M **J J A S** O N D

Achillea millefolium agg.

Gewöhnliche Schafgarbe *Asteraceae*
∗ ↓ [P(5) A(5)] G($\bar{2}$)

15–110 cm hoch. KÖPFCHEN: **mit 4–8 Zungenblüten**, 2–6 mm lang. BLÄTTER: **2–3-fach fiederspaltig**.

In Deutschland kommen 7 Arten der Artengruppe *Achillea millefolium* agg. vor: *A. millefolium*, *A. aspleniifolia*, *A. collina*, *A. pannonica*, *A. pratensis*, *A. roseoalba* und *A. setacea* (vgl. S. 1439).

- einheimisch
- planar bis alpin
- Grünland, Zwergstrauchheiden, Staudenfluren, Gehölze, Wälder, Schutt- u. Felsfluren, Ruderalvegetation, Zier- bzw. Nutzpflanze

J F M **A M J J A S O** N D

Achillea nobilis L.

Edle Schafgarbe *Asteraceae*
∗ ↓ [P(5) A(5)] G($\bar{2}$) RL V

20–60 cm hoch. KÖPFCHEN: **mit 4–8 Zungenblüten**, 2–6 mm lang. ZUNGENBLÜTEN: **Perigonröhre mindestens so lang wie die Zunge**. BLÄTTER: **2–3-fach fiederspaltig**. MITTLERE STÄNGELBLÄTTER: **1–3-mal so lang wie breit**.

- einheimisch
- planar bis montan
- Extensivgrünland u. Magerrasen, Staudenfluren, Schutt- u. Felsfluren, Ruderalvegetation, Zier- bzw. Nutzpflanze
- an nährstoffarmen, basenreichen Standorten

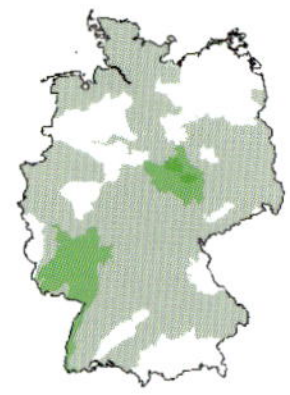

J F M A **M J J A S O** N D

Artemisia absinthium L.

Wermut *Asteraceae*
∗ [P(5) A(5)] G($\bar{2}$) giftig

60–120 cm hoch. PFLANZEN: mehrjährig, *ohne* Milchsaft. BLÜTENSTAND: von Hüllkelch umgebene Köpfchen, in rispenartigem Gesamtblütenstand. KÖPFCHEN: nur mit Röhrenblüten, 2–4 mm ⌀. KÖPFCHENBODEN: **behaart**. HÜLLBLÄTTER: dachziegelartig, äußere kürzer als die inneren, **filzig behaart**. BLÜTEN: gelblich. PAPPUS: **fehlend**. STÄNGEL: **basal meist verholzt**. BLÄTTER: **2–3-fach fiederspaltig**, aromatisch riechend, **silbergrau filzig behaart**. BLATTLAPPEN: **1–6 mm breit**, gezähnt. UNTERE STÄNGELBLÄTTER: ***ohne*** **Öhrchen**.

- Archaeophyt
- planar bis montan
- Grünland, Staudenfluren, Schutt- u. Felsfluren, Äcker, Ruderalvegetation, Zier- bzw. Nutzpflanze
- an nährstoffreichen Standorten

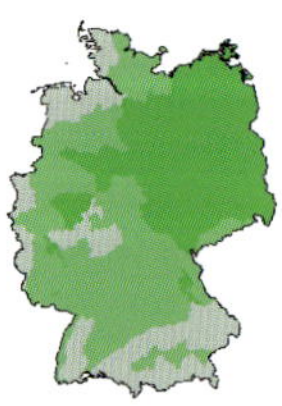

J F M A M **J J A S** O N D

Artemisia rupestris L.

Felsen-Beifuß *Asteraceae*
∗ [P(5) A(5)] G($\bar{2}$) RL 1 § BNatG s

Bis 40 cm hoch. PFLANZEN: mehrjährig, *ohne* Milchsaft. BLÜTENSTAND: von Hüllkelch umgebene Köpfchen, in rispenartigem Gesamtblütenstand. KÖPFCHEN: nur mit Röhrenblüten, **4–6 mm ⌀**. KÖPFCHENBODEN: **behaart**. HÜLLBLÄTTER: dachziegelartig, äußere kürzer als die inneren, **kahl**. BLÜTEN: meist gelblich. PAPPUS: **fehlend**. BLÄTTER: **1–2-fach fiederspaltig**. BLATTLAPPEN: **schmal-lineal, < 1,5 mm breit**.

- einheimisch
- planar bis collin
- Salzwiesen, Zier- bzw. Nutzpflanze
- an basenreichen, feuchten, zuweilen überfluteten, meist salzhaltigen Standorten

J F M A M J J **A S O** N D

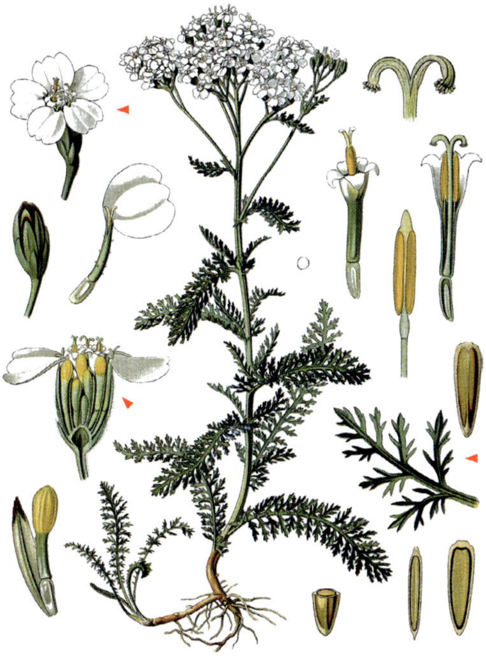

Artemisia tournefortiana Rchb.

Armenischer Beifuß *Asteraceae*
∗ [P(5) A(5)] G($\underline{2}$)

50–100 cm hoch. Pflanzen: **1-jährig**, *ohne* Milchsaft. Blütenstand: von Hüllkelch umgebene Köpfchen, in rispenartigem Gesamtblütenstand. Köpfchen: meist aufrecht, nur mit Röhrenblüten, **3–5 mm lang**, 2–6 mm ⌀. Hüllblätter: dachziegelartig, äußere kürzer als die inneren, **oval-länglich**, mit breitem Hautrand, **kahl**. Blüten: meist gelblich. Pappus: **fehlend**. Blätter: **2-fach fiederspaltig, meist mit Zwischenfiedern**, *ohne* aromatischen Geruch, **kahl**. Blattlappen: **1–6 mm breit**, gezähnt.

- eingebürgerter Neophyt, urspr. aus West- u. Zentralasien
- planar bis collin
- Äcker, Ruderalvegetation
- an trockenen Standorten

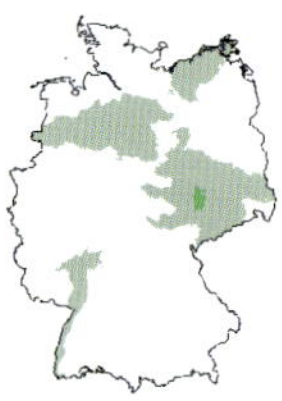

J F M A M **J J A S** O N D

Artemisia umbelliformis Lam.

Edelraute *Asteraceae*
∗ [P(5) A(5)] G($\underline{2}$) RL R § BNatG b

Bis 20 cm hoch. Pflanzen: mehrjährig, *ohne* Milchsaft. Blütenstand: von Hüllkelch umgebene Köpfchen, in bis rispenartigem Gesamtblütenstand. Köpfchen: meist aufrecht, nur mit Röhrenblüten, 3–5 mm ⌀. Hüllblätter: dachziegelartig, äußere kürzer als die inneren, **dicht behaart**. Blüten: meist gelblich. Zungenblüten: behaart. Pappus: **fehlend**. Blätter: **1–3-fach fiederspaltig, silbergrau filzig behaart**. Blattlappen: **1–6 mm breit**, gezähnt. Grundblätter: gefiedert, ± **handförmig gelappt bis gefingert, 3–7-teilig**. untere Stängelblätter: *ohne* Öhrchen.

- einheimisch
- subalpin bis alpin
- Extensivgrünland u. Magerrasen, Schutt- u. Felsfluren, Zier- bzw. Nutzpflanze
- an nährstoffarmen, meist trockenen Standorten

J F M A M **J J A S** O N D

Artemisia austriaca Jacq.

Österreichischer Beifuß *Asteraceae*
∗ [P(5) A(5)] G($\underline{2}$)

20–60 cm hoch. Pflanzen: mehrjährig, *ohne* Milchsaft. Blütenstand: von Hüllkelch umgebene Köpfchen, in rispenartigem Gesamtblütenstand. Köpfchen: nur mit Röhrenblüten, **4–8 mm lang**, 2–4 mm ⌀. Hüllblätter: dachziegelartig, äußere kürzer als die inneren, **kurz behaart**. Randblüten: ♀. Blüten: gelblich bis bräunlich-rötlich. Pappus: **fehlend**. Blätter: **2–3-fach fiederspaltig, weiß- bis graufilzig behaart**. Blattlappen: **schmal-lineal, 5–14 mm lang, < 1,5 mm breit**. untere Stängelblätter: mit Öhrchen an der Basis des Blattstiels.

- eingebürgerter Neophyt, urspr. aus Mittel-, Ost- u. Südeuropa
- planar bis montan
- Staudenfluren, Ruderalvegetation, Zier- bzw. Nutzpflanze
- an nährstoffarmen, trockenen Standorten

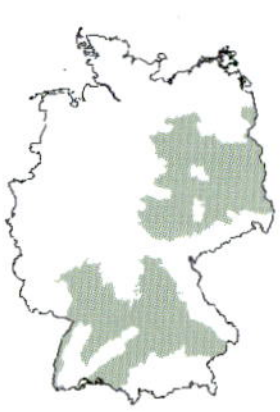

J F M A M **J J A S** O N D

Artemisia annua L.

Einjähriger Beifuß *Asteraceae*
∗ [P(5) A(5)] G($\underline{2}$)

50–150 cm hoch. Pflanzen: **1-jährig**, *ohne* Milchsaft. Blütenstand: von Hüllkelch umgebene Köpfchen, in rispenartigem Gesamtblütenstand. Köpfchen: **überhängend**, nur mit Röhrenblüten, **< 2 mm lang**, 2–4 mm ⌀. Hüllblätter: dachziegelartig, äußere kürzer als die inneren, **kahl**. Randblüten: ♀. Blüten: meist gelblich. Pappus: **fehlend**. Blätter: **2–3-fach fiederspaltig**, aromatisch riechend, **kahl**. Blattlappen: **länglich-lanzettlich, 1–6 mm breit**, ganzrandig bis fiederspaltig. untere Stängelblätter: mit Öhrchen an der Basis des Blattstiels.

- eingebürgerter Neophyt, urspr. aus Südosteuropa u. Asien
- planar bis collin
- Staudenfluren, Äcker, Ruderalvegetation, Zier- bzw. Nutzpflanze

J F M A M J **J A S O** N D

Artemisia biennis Willd.

Zweijähriger Beifuß *Asteraceae*
∗ [P(5) A(5)] G($\overline{2}$)

30–100 cm hoch. Pflanzen: **1–2-jährig**, *ohne* Milchsaft. Blütenstand: von Hüllkelch umgebene Köpfchen, in rispenartigem Gesamtblütenstand. Köpfchen: meist aufrecht, nur mit Röhrenblüten, **3–5 mm lang**, 2–6 mm ⌀. Hüllblätter: dachziegelartig, äußere kürzer als die inneren, **rundlich-oval**, mit schmalem Hautrand, **kahl**. Blüten: meist gelblich. Pappus: **fehlend**. Blätter: **1–2-fach fiederspaltig**, *ohne* Zwischenfiedern, schwach aromatisch riechend, **kahl**. Blattlappen: **1–6 mm breit**, gezähnt.

- eingebürgerter Neophyt, urspr. aus Asien u. Nordamerika
- planar bis collin
- Staudenfluren, Ruderalvegetation, Zier- bzw. Nutzpflanze
- an trockenen Standorten

J F M A M **J J A S O** N D

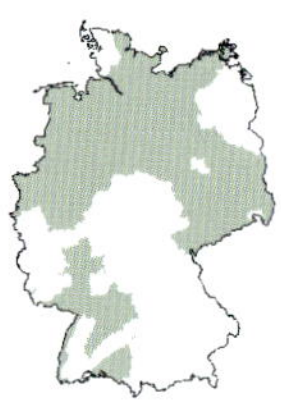

Artemisia laciniata Willd.

Schlitzblatt-Beifuß *Asteraceae*
∗ [P(5) A(5)] G($\overline{2}$)
RL 0 § FFH IV, BNatG s

10–50 cm hoch. Pflanzen: mehrjährig, *ohne* Milchsaft. Blütenstand: von Hüllkelch umgebene Köpfchen, in rispenartigem Gesamtblütenstand. Köpfchen: nur mit Röhrenblüten, 2–6 mm ⌀. Hüllblätter: dachziegelartig, äußere kürzer als die inneren, **kahl**. Blüten: meist gelblich. Pappus: **fehlend**. Blätter: **2–3-fach fiederspaltig**, *ohne* aromatischen Geruch, **± kahl**. Blattlappen: **1–6 mm breit**, gezähnt. untere Stängelblätter: ***ohne* Öhrchen**.

- ausgestorben
- planar
- Salzwiesen
- an zuweilen überfluteten, meist salzhaltigen Standorten

J F M A M J **J A S O** N D

Artemisia pontica L.

Pontischer Beifuß *Asteraceae*
∗ [P(5) A(5)] G($\overline{2}$)

40–80 cm hoch. Pflanzen: mehrjährig, *ohne* Milchsaft. Blütenstand: von Hüllkelch umgebene Köpfchen, in rispenartigem Gesamtblütenstand. Köpfchen: nur mit Röhrenblüten, **3–5 mm lang**, 3–5 mm ⌀. Hüllblätter: dachziegelartig, äußere kürzer als die inneren, **anliegend behaart**. Randblüten: ♀. Blüten: meist gelblich. Pappus: **fehlend**. Blätter: **2–3-fach fiederspaltig**, **grün- bis graufilzig behaart**; unterseits: **verkahlend**. Blattlappen: **schmal-lineal**, **2–5 mm lang**, **< 1,5 mm breit**. untere Stängelblätter: **mit Öhrchen an der Basis des Blattstiels**.

- Archaeophyt
- planar bis collin
- Grünland, Staudenfluren, Ruderalvegetation, an Mauern, Zier- bzw. Nutzpflanze
- meist an trockenen Standorten

J F M A M J **J A S O** N D

Artemisia verlotiorum Lamotte

Verlots Beifuß *Asteraceae*
∗ [P(5) A(5)] G($\overline{2}$)

150–250 cm hoch. Pflanzen: mehrjährig, *ohne* Milchsaft. Blütenstand: von Hüllkelch umgebene Köpfchen, in rispenartigem Gesamtblütenstand. Köpfchen: nur mit Röhrenblüten, 2–6 mm ⌀. Hüllblätter: dachziegelartig, äußere kürzer als die inneren, **länglich-lineal**, **verkahlend**. Randblüten: ♀. Blüten: meist gelblich. Pappus: **fehlend**. Stängel: **basal mit Rosettentrieben**. Ausläufer: **bis 1 m lang**. Blätter: **1-fach fiederspaltig**; oberseits: **dunkelgrün**, **kahl bis spärlich behaart**; unterseits: weißlich, **filzig behaart**. Blattlappen: **schmal-lineal**, **> 2 mm breit**. untere Stängelblätter: **mit Öhrchen an der Basis des Blattstiels**. obere Stängelblätter: **mit länglich-linealen, ganzrandigen Blattlappen**.

- eingebürgerter Neophyt, urspr. aus Osteuropa u. Westasien
- collin bis montan
- Staudenfluren, Ruderalvegetation, Zier- bzw. Nutzpflanze
- an nährstoffreichen Standorten

J F M A M J J **A S O N D**

US

Artemisia vulgaris L.

Gemeiner Beifuß *Asteraceae*
∗ [P(5) A(5)] G($\overline{2}$)

60–250 cm hoch. PFLANZEN: mehrjährig, *ohne* Milchsaft. BLÜTENSTAND: von Hüllkelch umgebene Köpfchen, rispenartigem Gesamtblütenstand. KÖPFCHEN: nur mit Röhrenblüten, 2–6 mm ⌀. HÜLLBLÄTTER: dachziegelartig, äußere kürzer als die inneren, **oval, filzig behaart**. RANDBLÜTEN: ♀. BLÜTEN: meist bräunlich bis rötlich. PAPPUS: **fehlend**. BLÄTTER: **ungeteilt bis 1-fach fiederspaltig**; OBERSEITS: **dunkelgrün, kahl bis spärlich behaart**; UNTERSEITS: **weißlich, filzig behaart**. BLATTLAPPEN: **länglich-lanzettlich, > 2 mm breit**. UNTERE STÄNGELBLÄTTER: **mit Öhrchen an der Basis des Blattstiels**. OBERE STÄNGELBLÄTTER: **mit lanzettlichen, am Rand tief-gesägten Blattlappen**.

- einheimisch
- planar bis montan
- Staudenfluren, Ruderalvegetation, Zier- bzw. Nutzpflanze
- an nährstoffreichen Standorten

J F M A M **J J A S O N D**

Artemisia campestris L.

Feld-Beifuß *Asteraceae*
∗ [P(5) A(5)] G($\overline{2}$) § FFH IV, BNatG s

Bis 80 cm hoch. PFLANZEN: mehrjährig, *ohne* Milchsaft. BLÜTENSTAND: von Hüllkelch umgebene Köpfchen, rispenartigem Gesamtblütenstand. KÖPFCHEN: nur mit Röhrenblüten, 1,5–5 mm lang, 1,5–6 mm ⌀. HÜLLBLÄTTER: dachziegelartig, äußere kürzer als die inneren, **kahl**. RANDBLÜTEN: ♀. BLÜTEN: meist gelblich. PAPPUS: **fehlend**. STÄNGEL: **basal meist verholzt**. BLÄTTER: **1–3-fach fiederspaltig**, *ohne* aromatischen Geruch, oft verkahlend. BLATTLAPPEN: **< 1,5 mm breit**. UNTERE STÄNGELBLÄTTER: **mit Öhrchen an der Basis des Blattstiels**.

Im Gebiet kommen 3 Unterarten vor: subsp. *campestris*, subsp. *inodora* und subsp. *lednicensis* (vgl. S. 1440).

- einheimisch
- planar bis montan
- Extensivgrünland u. Magerrasen, Schutt- u. Felsfluren, Ruderalvegetation, Dünen, Zier- bzw. Nutzpflanze
- an nährstoffarmen, trockenen Standorten

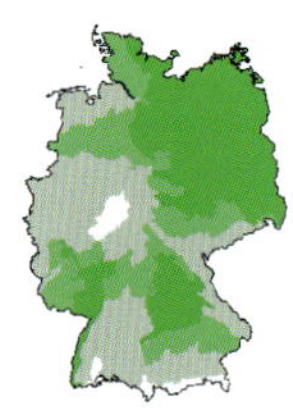

J F M A M J **J A S O** N D

Artemisia dracunculus L.

Estragon *Asteraceae*
∗ [P(5) A(5)] G($\overline{2}$)

50–120 cm hoch. PFLANZEN: mehrjährig, *ohne* Milchsaft. BLÜTENSTAND: von Hüllkelch umgebene Köpfchen, in rispenartigem Gesamtblütenstand. KÖPFCHEN: meist aufrecht, nur mit Röhrenblüten, **2–3 mm ⌀.** HÜLLBLÄTTER: dachziegelartig, äußere kürzer als die inneren. BLÜTEN: meist gelblich. PAPPUS: **fehlend**. BLÄTTER: **überwiegend ungeteilt**, allenfalls die unteren 3-lappig, aromatisch riechend, **länglich bis lanzettlich**, ganzrandig bis seicht gesägt. UNTERE STÄNGELBLÄTTER: *ohne* Öhrchen.

- eingebürgerter Neophyt, urspr. aus Osteuropa, Asien u. Nordamerika
- planar bis montan
- Staudenfluren, Ruderalvegetation, Zier- bzw. Nutzpflanze

J F M A M J **J A S O** N D

Artemisia scoparia Waldst. & Kit.

Besen-Beifuß *Asteraceae*
∗ [P(5) A(5)] G($\overline{2}$) RL 1

30–60 cm hoch. PFLANZEN: **1-jährig**, *ohne* Milchsaft. BLÜTENSTAND: von Hüllkelch umgebene Köpfchen, in rispenartigem Gesamtblütenstand. KÖPFCHEN: **überhängend**, nur mit Röhrenblüten, **1–2 mm** ⌀. HÜLLBLÄTTER: dachziegelartig, äußere kürzer als die inneren, **kahl**. RANDBLÜTEN: ♀. BLÜTEN: meist gelblich. PAPPUS: **fehlend**. BLÄTTER: **1–3-fach fiederspaltig, kahl**. BLATTLAPPEN: **< 1,5 mm breit**. UNTERE STÄNGELBLÄTTER: mit Öhrchen an der Basis des Blattstiels.

- einheimisch
- planar bis montan
- Extensivgrünland u. Magerrasen, Staudenfluren, Ruderalvegetation, Zier- bzw. Nutzpflanze
- an nährstoffarmen, trockenen Standorten

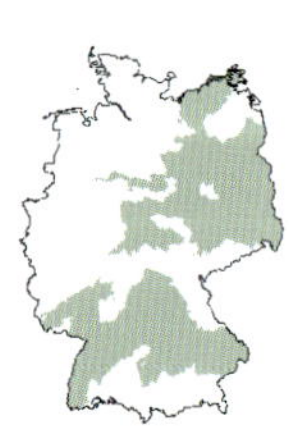

J F M A M J **J A S O** N D

OS
US

Artemisia maritima L.

Strand-Beifuß *Asteraceae*

∗ [P(5) A(5)] G($\overline{2}$)

20–80 cm hoch. Pflanzen: mehrjährig, *ohne* Milchsaft. Blütenstand: von Hüllkelch umgebene Köpfchen, in rispenartigem Gesamtblütenstand. Köpfchen: nur mit Röhrenblüten, **2–3 mm lang, 1–2 mm ⌀**. Hüllblätter: dachziegelartig, äußere kürzer als die inneren, **filzig behaart**. Randblüten: ⚥. Blüten: meist gelblich. Pappus: **fehlend**. Stängel: **basal meist verholzt**. Blätter: **2–3-fach fiederspaltig, weiß- bis graufilzig behaart**. Blattlappen: **länglich-lineal, < 1,5 mm breit**. untere Stängelblätter: **mit Öhrchen an der Basis des Blattstiels**.

- einheimisch
- planar
- Salzwiesen, Zier- bzw. Nutzpflanze
- meist an salzhaltigen Standorten

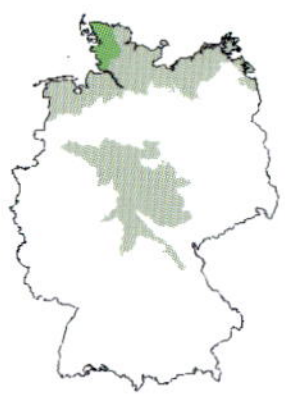

J F M A M J J **A S O** N D

Anthemis arvensis L.

Acker-Hundskamille *Asteraceae*

∗ ↓ [P(5) A(5)] G($\overline{2}$) RL V

10–40 cm hoch. Pflanzen: 1-jährig, *ohne* Milchsaft. Blütenstand: von Hüllkelch umgebene Köpfchen. Köpfchen: einzeln bis wenige, mit Röhren- *und* Zungenblüten. Köpfchenboden: **kegelig bis zylindrisch, innen markig**, mit Spreublättern; Spreublätter: **lanzettlich, in der Mitte am breitesten, allmählich in eine Stachelspitze verschmälert**. Röhrenblüten: **gelblich**. Zungenblüten: **weißlich**, meist fertil, 3-zähnig; Zunge: länglich-lineal. Früchte: im QS 4-kantig, ***nicht* abgeflacht**. Pappus: **fehlend**. Blätter: 1–2-fach fiederspaltig, **Blattlappen *nicht* regelmäßig angeordnet**, ± *ohne* Geruch.

- Archaeophyt
- planar bis montan
- Staudenfluren, Äcker, Ruderalvegetation, Zier- bzw. Nutzpflanze

J F M **A M J J A S O** N D

Anthemis cotula L.

Stink-Hundskamille *Asteraceae*

∗ ↓ [P(5) A(5)] G($\overline{2}$) RL V

15–50 cm hoch. Pflanzen: 1-jährig, *ohne* Milchsaft. Blütenstand: von Hüllkelch umgebene Köpfchen. Köpfchen: einzeln bis wenige, mit Röhren- *und* Zungenblüten. Köpfchenboden: **kegelig bis zylindrisch, innen markig**, mit Spreublättern; Spreublätter: **schmal-lineal**. Röhrenblüten: **gelblich**. Zungenblüten: **weißlich, steril**, 3-zähnig; Zunge: länglich-lineal. Früchte: **im QS rund, *nicht* abgeflacht**. Pappus: **fehlend**. Blätter: 1–2-fach fiederspaltig, unangenehm riechend.

- Archaeophyt
- planar bis montan
- Staudenfluren, Äcker, Ruderalvegetation, Zier- bzw. Nutzpflanze

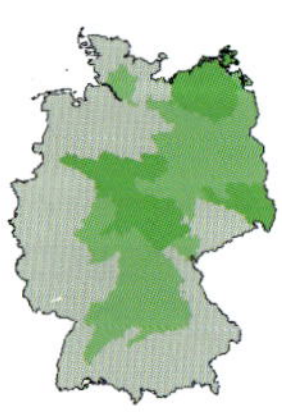

J F M A **M J J A S O** N D

Anthemis ruthenica M. Bieb.

Russische Hundskamille *Asteraceae*

∗ ↓ [P(5) A(5)] G($\overline{2}$)

25–50 cm hoch. Pflanzen: 1-jährig, *ohne* Milchsaft. Blütenstand: von Hüllkelch umgebene Köpfchen. Köpfchen: einzeln bis wenige, mit Röhren- *und* Zungenblüten. Köpfchenboden: **kegelig bis zylindrisch, innen markig**, mit Spreublättern; Spreublätter: **lanzettlich, dicht unter der Spitze am breitesten, plötzlich in eine Stachelspitze verschmälert**. Röhrenblüten: **gelblich**. Zungenblüten: **weißlich**, meist fertil, 3-zähnig; Zunge: länglich-lineal. Früchte: im QS 4-kantig, ***nicht* abgeflacht**. Pappus: **fehlend**. Blätter: 1–2-fach fiederspaltig, **Blattlappen *nicht* regelmäßig angeordnet**, aromatisch riechend.

- Archaeophyt
- planar bis collin
- Äcker, Ruderalvegetation
- meist an trockenen Standorten

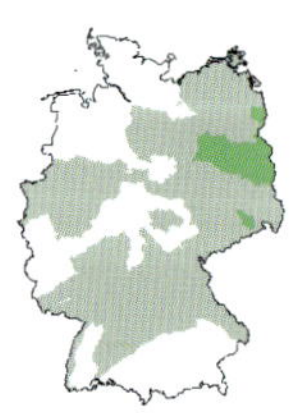

J F M **A M J J A** S O N D

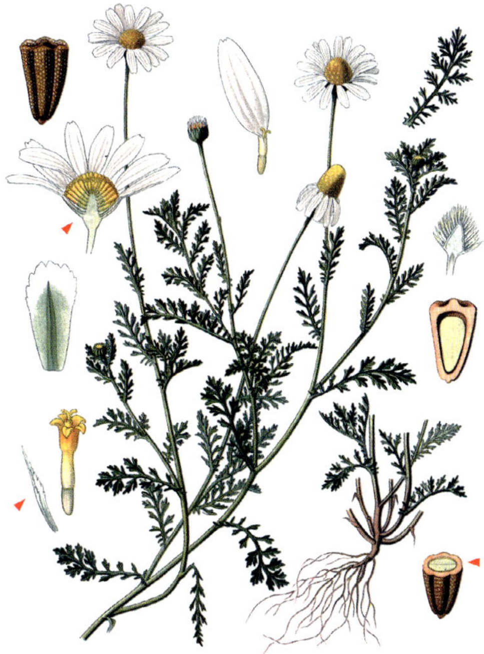

Cota austriaca (Jacq.) Sch. Bip.

Österreichische Hundskamille *Asteraceae*
∗ ↓ [P(5) A(5)] G($\overline{2}$) RL V

30–50 cm hoch. Pflanzen: **1-2-jährig**, *ohne* Milchsaft. Blütenstand: von Hüllkelch umgebene Köpfchen. Köpfchen: einzeln bis wenige, mit Röhren- *und* Zungenblüten. Köpfchenboden: halbkugelig, innen markig, **mit Spreublättern**. Röhrenblüten: **gelblich**. Zungenblüten: **weißlich**, meist fertil, 3-zähnig; Zunge: länglich-lineal. Früchte: im QS 4-kantig, **abgeflacht**. Pappus: **fehlend**. Blätter: 2-fach fiederspaltig, **mit regelmäßig angeordneten Blattlappen**.

- Archaeophyt
- planar bis montan
- Äcker, Ruderalvegetation
- an kalkreichen, meist trockenen Standorten

J F M A M **J J A S** O N D

Cota tinctoria (L.) J. Gay

Färber-Hundskamille *Asteraceae*
∗ ↓ [P(5) A(5)] G($\overline{2}$)

30–60 cm hoch. Pflanzen: **mehrjährig**, *ohne* Milchsaft. Blütenstand: von Hüllkelch umgebene Köpfchen. Köpfchen: einzeln bis wenige, Zungenblüten selten fehlend. Köpfchenboden: halbkugelig, innen markig, **mit Spreublättern**. Blüten: **gelblich**. Zungenblüten: meist fertil, 3-zähnig; Zunge: länglich-lineal. Früchte: im QS 4-kantig, **abgeflacht**. Pappus: **fehlend**. Blätter: ≤ 2-fach fiederspaltig.

- Archaeophyt
- planar bis montan
- Grünland, Staudenfluren, Äcker, Ruderalvegetation, Zier- bzw. Nutzpflanze
- meist an trockenen Standorten

J F M A **M J J A S** O N D

Cotula coronopifolia L.

Krähenfuß-Laugenblume *Asteraceae*
∗ [P(5) A(5)] G($\overline{2}$)

Bis 20 cm hoch. Pflanzen: **1-jährig**, *ohne* Milchsaft. Blütenstand: von Hüllkelch umgebene Köpfchen. Köpfchen: **einzeln bis wenige, nur mit Röhrenblüten, 5–12 mm ⌀**. Köpfchenboden: ***ohne* Spreublätter bzw. -borsten**. Blüten: **gelblich**. Pappus: **fehlend**. Blätter: **gelappt bis fiederspaltig, basal den Stängel scheidig umgebend**.

- eingebürgerter Neophyt, urspr. aus dem Südlichen Afrika
- planar
- Grünland, Ruderalvegetation, Salzwiesen
- an zuweilen überfluteten, meist salzhaltigen Standorten

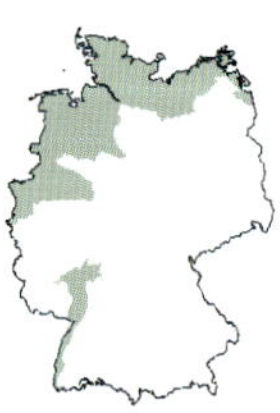

J F M A M **J J A** S O N D

Glebionis segetum (L.) Fourr.

Saat-Wucherblume *Asteraceae*
∗ ↓ [P(5) A(5)] G($\overline{2}$) RL V

20–60 cm hoch. Pflanzen: **1-jährig**, *ohne* Milchsaft, **kahl**. Blütenstand: von Hüllkelch umgebene Köpfchen. Köpfchen: **einzeln bis wenige, mit Röhren- *und* Zungenblüten, 20–50 mm ⌀**. Köpfchenboden: ***ohne* Spreublätter bzw. -borsten**. Hüllblätter: **dachziegelartig, äußere kürzer als die inneren, abgerundet, distal trockenhäutig**. Blüten: **gelblich**. Zungenblüten: 3-zähnig. Pappus: **fehlend**. Blätter: **tief gelappt bis fiederspaltig**.

- Archaeophyt
- planar bis montan
- Staudenfluren, Äcker, Ruderalvegetation, Zier- bzw. Nutzpflanze

J F M A M **J J A S O** N D

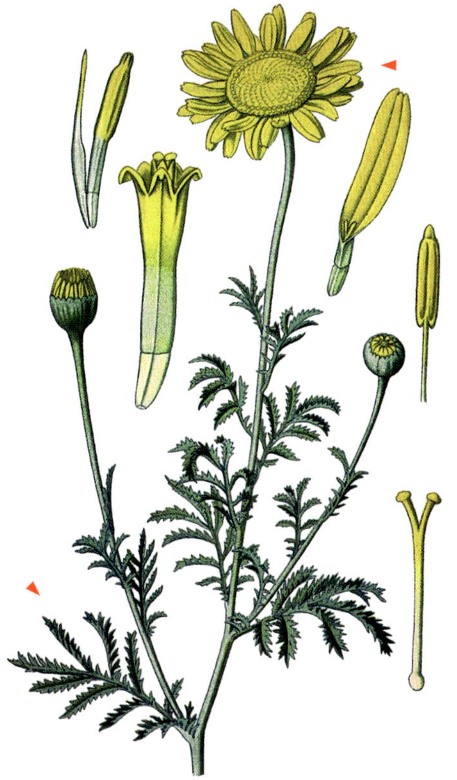

Leucanthemopsis alpina (L.) Heywood

Echte Alpenmargerite *Asteraceae*
* ↓ [P(5) A(5)] G($\overline{2}$) RL 2

Bis 15 cm hoch. Pflanzen: **mehrjährig**, *ohne* Milchsaft. Blütenstand: **1 von Hüllkelch umgebenes Köpfchen**. Köpfchen: **lang gestielt**, mit Röhren- *und* Zungenblüten, **18–25 mm ⌀**. Köpfchenboden: ***ohne* Spreublätter bzw. -borsten**. Hüllblätter: **dachziegelartig, äußere kürzer als die inneren**, grünlich, **mit schwarzem Hautrand**. Röhrenblüten: **gelblich**. Zungenblüten: **weißlich**, 3-zähnig. Früchte: **distal mit kleinem schuppenartigen Krönchen**. Pappus: **fehlend**. Blätter: am Rand grob gezähnt, **überwiegend grundständig**, obere Stängelblätter: lineal-lanzettlich.

- einheimisch
- subalpin bis alpin
- Extensivgrünland u. Magerrasen, Schutt- u. Felsfluren, Schneetälchen
- an nährstoffarmen, sauren Standorten

J F M A M **J J A** S O N D

Leucanthemum halleri (Vitman) Ducommun

Hallers Margerite *Asteraceae*
* ↓ [P(5) A(5)] G($\overline{2}$)

10–30 cm hoch. Pflanzen: mehrjährig, *ohne* Milchsaft. Blütenstand: von Hüllkelch umgebene Köpfchen. Köpfchen: **meist einzeln**, mit Röhren- *und* Zungenblüten. Hüllblätter: dachziegelartig, äußere kürzer als die inneren, grünlich, **mit schwarzem Hautrand**. Röhrenblüten: gelblich. Zungenblüten: weißlich, 3-zähnig. Früchte: **distal mit Krönchen**. Pappus: **fehlend**. Blätter: ungeteilt bis gelappt. mittlere Stängelblätter: **in der Mitte am breitesten, basal verschmälert bis abgerundet**. obere Stängelblätter: am Rand gezähnt.

- einheimisch
- subalpin bis alpin
- Schutt- u. Felsfluren
- an nährstoffarmen, kalkreichen Standorten

J F M A M **J J A S O** N D

Leucanthemum vulgare agg.

Wiesen-Margerite *Asteraceae*
* ↓ [P(5) A(5)] G($\overline{2}$)

20–100 cm hoch. Pflanzen: mehrjährig, *ohne* Milchsaft. Blütenstand: von Hüllkelch umgebene Köpfchen. Köpfchen: mit Röhren- *und* Zungenblüten. Hüllblätter: dachziegelartig, äußere kürzer als die inneren. Röhrenblüten: gelblich. Zungenblüten: weißlich, 3-zähnig. Früchte: **distal abgerundet**. Pappus: **fehlend**. Blätter: ungeteilt bis gelappt. obere Stängelblätter: am Rand gezähnt.

In Deutschland kommen 3 Arten der Artengruppe *Leucanthemum vulgare* agg. vor: *L. vulgare*, *L. adustum* und *L. ircutianum* (vgl. S. 1440).

- einheimisch
- planar bis alpin
- Grünland, Staudenfluren, Gehölze, Ruderalvegetation

J F M A **M J J A S O** N D

Matricaria chamomilla L.

Echte Kamille *Asteraceae*
* ↓ [P(5) A(5)] G($\overline{2}$)

10–40 cm hoch. Pflanzen: **1-jährig**, *ohne* Milchsaft. Blütenstand: von Hüllkelch umgebene Köpfchen. Köpfchen: **> 2 cm lang gestielt, mit Röhren- *und* Zungenblüten**. Köpfchenboden: **kegelförmig, innen hohl**. Hüllblätter: 2- bis mehrreihig, innere u. äußere ± gleich lang. Blüten: **stark nach Kamille riechend**. Röhrenblüten: **gelblich, 5-zipfelig**. Zungenblüten: **weißlich**, 3-zähnig. Pappus: **fehlend**. Blätter: 2–3-fach fiederspaltig. Blattlappen: schmal-lineal.

- Archaeophyt
- planar bis montan
- Äcker, Ruderalvegetation, Zier- bzw. Nutzpflanze

J F M **A M J J A S** O N D

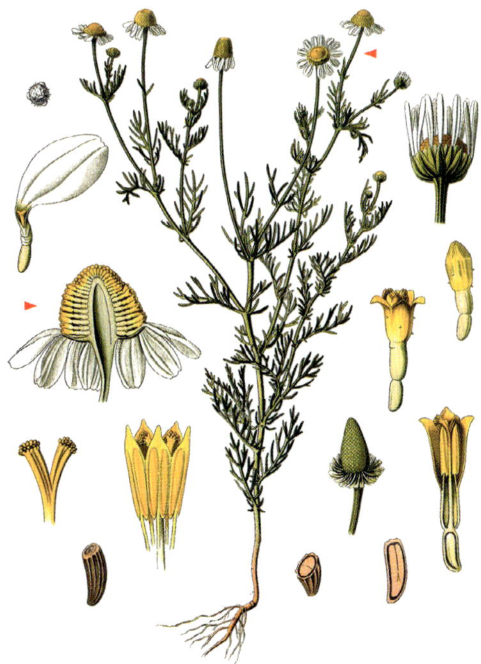

Matricaria discoidea DC.

Strahlenlose Kamille *Asteraceae*
∗ ↓ [P(4–5) A(5)] G($\overline{2}$)

Bis 30 cm hoch. PFLANZEN: **mehrjährig**, *ohne* Milchsaft. BLÜTENSTAND: von Hüllkelch umgebene Köpfchen. KÖPFCHEN: **< cm lang gestielt, meist nur mit Röhrenblüten**. KÖPFCHENBODEN: **kegelförmig, innen hohl**. HÜLLBLÄTTER: 2- bis mehrreihig, innere u. äußere ± gleich lang. BLÜTEN: **stark nach Kamille riechend, grünlich bis gelblich**. RÖHRENBLÜTEN: **4-zipfelig**. PAPPUS: **fehlend**. BLÄTTER: 2–3-fach fiederspaltig. BLATTLAPPEN: schmal-lineal, ganzrandig.

- eingebürgerter Neophyt, urspr. aus Nordamerika u. Ostasien
- planar bis montan
- Grünland, Äcker, Ruderalvegetation, Trittfluren, Zier- bzw. Nutzpflanze
- an nährstoffreichen Standorten

J F M A **M J J A S** O N D

Tanacetum corymbosum (L.) Sch. Bip.

Gewöhnliche Straußmargerite *Asteraceae*
∗ ↓ [P(5) A(5)] G($\overline{2}$) RL V

50–100 cm hoch. PFLANZEN: mehrjährig, *ohne* Milchsaft. BLÜTENSTAND: von Hüllkelch umgebene Köpfchen, in wenigköpfigem trauben- bis rispenartigem Gesamtblütenstand, oft schirmförmig. KÖPFCHEN: mit Röhren- *und* Zungenblüten, **20–50 mm ⌀**. HÜLLBLÄTTER: dachziegelartig, äußere kürzer als die inneren. RÖHRENBLÜTEN: gelblich. ZUNGENBLÜTEN: **weißlich**, 3-zähnig, **10–20 mm lang**, **± 2-mal so lang wie die Hülle**. FRÜCHTE: distal mit kleinem Krönchen. PAPPUS: **fehlend**. BLÄTTER: meist fiederspaltig mit gezähnten bis fiederspaltigen Blattlappen, **6–15-teilig**, ± *ohne* Geruch. BLATTLAPPEN: länglich-lanzettlich bis oval.

- einheimisch
- planar bis montan
- Extensivgrünland u. Magerrasen, Staudenfluren, Gehölze, Wälder
- an basenreichen Standorten

J F M A **M J J A** S O N D

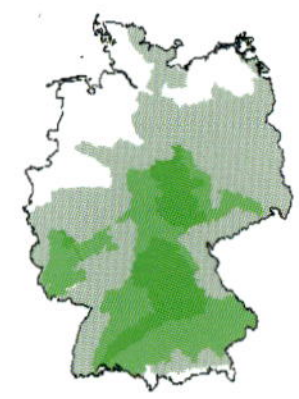

Tanacetum parthenium (L.) Sch. Bip.

Mutterkraut *Asteraceae*
∗ ↓ [P(5) A(5)] G($\overline{2}$)

Bis 60 cm hoch. PFLANZEN: mehrjährig, *ohne* Milchsaft. BLÜTENSTAND: von Hüllkelch umgebene Köpfchen, in wenigköpfigem trauben- bis rispenartigem Gesamtblütenstand, oft schirmförmig. KÖPFCHEN: mit Röhren- *und* Zungenblüten, **12–25 mm ⌀**; STIELE: **steif-aufrecht**. HÜLLBLÄTTER: dachziegelartig, äußere kürzer als die inneren. RÖHRENBLÜTEN: gelblich. ZUNGENBLÜTEN: **weißlich**, 3-zähnig, **2–8 mm lang, kaum länger als die Hülle**. FRÜCHTE: distal mit kleinem Krönchen. PAPPUS: **fehlend**. BLÄTTER: **frisch- bis gelbgrün**, meist fiederspaltig mit gezähnten bis fiederspaltigen Blattlappen, **3–6-teilig**, aromatisch riechend, **spärlich behaart**. BLATTLAPPEN: länglich-lanzettlich bis oval.

- Archaeophyt
- planar bis montan
- Staudenfluren, Ruderalvegetation, Zier- bzw. Nutzpflanze

J F M A **M J J A** S O N D

Tanacetum vulgare L.

Rainfarn *Asteraceae*
∗ ↓ [P(5) A(5)] G($\overline{2}$) giftig

60–120 cm hoch. PFLANZEN: mehrjährig, *ohne* Milchsaft. BLÜTENSTAND: von Hüllkelch umgebene Köpfchen, **in vielköpfigem rispenartigen Gesamtblütenstand**, schirmförmig. KÖPFCHEN: **meist *ohne* Zungenblüten**, **7–12 mm ⌀**. HÜLLBLÄTTER: dachziegelartig, äußere kürzer als die inneren. BLÜTEN: **gelblich**. ZUNGENBLÜTEN: wenn vorhanden kaum länger als die Hülle. FRÜCHTE: distal mit kleinem Krönchen. PAPPUS: **fehlend**. BLÄTTER: meist fiederspaltig mit gezähnten bis fiederspaltigen Blattlappen, aromatisch riechend. BLATTLAPPEN: länglich-lanzettlich bis oval, gezähnt.

- einheimisch
- planar bis montan
- Staudenfluren, Gehölze, Ruderalvegetation, Zier- bzw. Nutzpflanze
- an basenreichen Standorten

J F M A M **J J A S O** N D

Tripleurospermum inodorum (L.) Sch. Bip.

Falsche Strandkamille *Asteraceae*
∗ ↓ [P(5) A(5)] G($\overline{2}$)

10–50 cm hoch. Pflanzen: **1–2-jährig**, *ohne* Milchsaft. Blütenstand: von Hüllkelch umgebene Köpfchen. Köpfchen: mit Röhren- *und* Zungenblüten, **mit 12–22 Zungenblüten.** Köpfchenboden: **halbkugelig, innen markig.** Blüten: *kaum* nach Kamille riechend. Röhrenblüten: gelblich. Zungenblüten: weißlich, 3-zähnig. Früchte: **mit 2–4 Rippen, auf der Rückseite mit kreisrunden Öldrüsen**, distal mit kleinem Krönchen. Pappus: **fehlend.** Stängel: **aufrecht, überwiegend in der distalen Hälfte verzweigt.** Blätter: *nicht* sukkulent, 2–3-fach fiederspaltig. Blattlappen: schmal-lineal.

- Archaeophyt
- planar bis montan
- Staudenfluren, Äcker, Ruderalvegetation, Zier- bzw. Nutzpflanze

J F M A **M J J A S O** N D

Tripleurospermum maritimum (L.) W. D. J. Koch

Echte Strandkamille *Asteraceae*
∗ ↓ [P(5) A(5)] G($\overline{2}$)

10–50 cm hoch. Pflanzen: **2- bis mehrjährig**, *ohne* Milchsaft. Blütenstand: von Hüllkelch umgebene Köpfchen. Köpfchen: mit Röhren- *und* Zungenblüten, **mit 18–35 Zungenblüten.** Köpfchenboden: **halbkugelig, innen markig.** Blüten: *kaum* nach Kamille riechend. Röhrenblüten: gelblich. Zungenblüten: weißlich, 3-zähnig. Früchte: **gleichmäßig dicht gerippt, auf der Rückseite mit elliptischen Öldrüsen, diese > 2-mal länger als breit**, distal mit kleinem Krönchen. Pappus: **fehlend.** Stängel: **basal meist niederliegend bis bogig aufsteigend, auch unten verzweigt.** Blätter: schwach sukkulent, 2–3-fach fiederspaltig. Blattlappen: schmal-lineal.

- einheimisch
- planar bis collin
- Salzwiesen, Küstenspülsäume
- an nährstoffreichen, zuweilen überfluteten, meist salzhaltigen Standorten

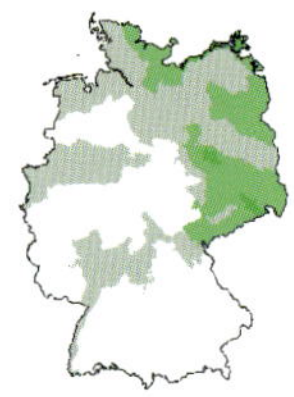

J F M A **M J J A S O** N D

Bellidiastrum michelii Cass.

Alpenmaßlieb *Asteraceae*
∗ ↓ [P(5) A(5)] G($\overline{2}$)

10–30 cm hoch. Pflanzen: **mehrjährig**, *ohne* Milchsaft. Blütenstand: 1 von Hüllkelch umgebenes Köpfchen. Köpfchen: **mit Röhren- *und* Zungenblüten.** Hüllblätter: 2- bis mehrreihig, innere u. äußere ± gleich lang, **spitz.** Röhrenblüten: gelblich bis bräunlich. Zungenblüten: **weißlich**, zuweilen rötlich bis violett überlaufen, meist 1-reihig, ausgebreitet, > 1,5-mal so lang wie die Röhrenblüten, meist > 1 mm breit; Zunge: länglich-lanzettlich. Pappus: **mit einfachen Borsten.** Stängel: **mit grundständiger Blattrosette, *ohne* Laubblätter.** Blätter: lanzettlich bis länglich-oval.

- einheimisch
- collin bis alpin
- Moore u. Seggenriede, Extensivgrünland u. Magerrasen, Wälder, Schutt- u. Felsfluren, Quellfluren, Zier- bzw. Nutzpflanze
- an basenreichen Standorten

J F **M A M J J A S** O N D

Bellis perennis L.

Ausdauerndes Gänseblümchen *Asteraceae*
∗ ↓ [P(5) A(5)] G($\overline{2}$) schwach giftig

Bis 20 cm hoch. Pflanzen: **mehrjährig**, *ohne* Milchsaft. Blütenstand: von Hüllkelch umgebene Köpfchen, **Köpfchen einzeln**; Stiel: **unbeblättert, anliegend behaart.** Köpfchen: **mit Röhren- *und* Zungenblüten**, 8–35 mm ⌀. Hüllblätter: 2- bis mehrreihig, innere u. äußere ± gleich lang, **abgerundet.** Röhrenblüten: gelblich bis bräunlich. Zungenblüten: **weißlich, oft mit rötlich-violetter Spitze, > 1,5-mal so lang wie die Röhrenblüten**, meist > 1 mm breit; Zunge: länglich-lanzettlich. Pappus: **fehlend.** Stängel: **mit grundständiger Blattrosette**, *ohne* Laubblätter. Grundblätter: **spatelförmig.**

- Archaeophyt
- planar bis subalpin
- Grünland, Ruderalvegetation, Trittfluren, Salzwiesen, Zier- bzw. Nutzpflanze
- auch an salzhaltigen Standorten

J F M A M J J A S O N D

Galatella linosyris (L.) Rchb. f.

Gold-Steppenaster *Asteraceae*
∗ ↓ [P(5) A(5)] G($\overline{2}$) RL 3

15–50 cm hoch. Pflanzen: *ohne* Milchsaft. Blütenstand: von Hüllkelch umgebene Köpfchen. Köpfchen: **nur mit Röhrenblüten**. Hüllblätter: 2- bis mehrreihig, innere u. äußere ± gleich lang. Äussere Hüllblätter: *ohne* stechende Spitze. Röhrenblüten: **gelblich**. Stängel: **mit Laubblättern**. Blätter: **lineal**, **1–4 mm breit**, **ganzrandig**.

- einheimisch
- planar bis montan
- Extensivgrünland u. Magerrasen, Staudenfluren, Wälder, Schutt- u. Felsfluren
- an nährstoffarmen, basenreichen, trockenen Standorten

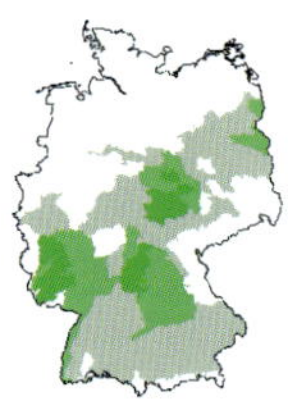

J F M A M J **J A S O** N D

Aster alpinus L.

Alpen-Aster *Asteraceae*
∗ ↓ [P(5) A(5)] G($\overline{2}$) § BNatG b

Bis 25 cm hoch. Pflanzen: mehrjährig, *ohne* Milchsaft. Blütenstand: von Hüllkelch umgebene Köpfchen. Köpfchen: **meist einzeln**, mit Röhren- *und* Zungenblüten, 25–60 mm ⌀. Hüllblätter: 2- bis mehrreihig, innere u. äußere ± gleich lang. Röhrenblüten: gelblich bis bräunlich. Zungenblüten: **meist bläulich bis violett**, meist 1-reihig, ausgebreitet, > 1,5-mal so lang wie die Röhrenblüten, meist > 1 mm breit; Zunge: länglich-lanzettlich. Stängel: **mit grundständiger Blattrosette**, **mit Laubblättern**. Blätter: lanzettlich bis länglich-oval, **nahe der Spitze am breitesten**, **ganzrandig**.

- einheimisch
- subalpin bis alpin
- Extensivgrünland u. Magerrasen, Schutt- u. Felsfluren, Zier- bzw. Nutzpflanze
- an nährstoffarmen Standorten

J F M A **M J J A** S O N D

Aster amellus L.

Berg-Aster *Asteraceae*
∗ ↓ [P(5) A(5)] G($\overline{2}$) RL 3 § BNatG b

20–40 cm hoch. Pflanzen: mehrjährig, *ohne* Milchsaft. Blütenstand: von Hüllkelch umgebene Köpfchen. Köpfchen: **≥ 5 pro Stängel**, mit Röhren- *und* Zungenblüten, 20–50 mm ⌀. Hüllblätter: 2- bis mehrreihig, innere u. äußere ± gleich lang. Röhrenblüten: gelblich bis bräunlich. Zungenblüten: **bläulich bis violett**, meist 1-reihig, ausgebreitet, > 1,5-mal so lang wie die Röhrenblüten, meist > 1 mm breit; Zunge: länglich-lanzettlich. Stängel: **mit grundständiger Blattrosette**, **mit Laubblättern**. Blätter: lanzettlich bis oval, lanzettlich bis länglich-oval, **in der Mitte am breitesten**, **ganzrandig o. entfernt gezähnt**.

- einheimisch
- planar bis montan
- Extensivgrünland u. Magerrasen, Staudenfluren, Wälder, Zier- bzw. Nutzpflanze
- an nährstoffarmen, kalkreichen Standorten

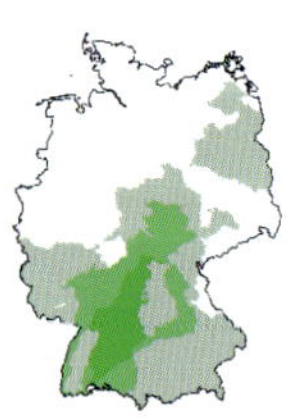

J F M A M **J J A S O** N D

Tripolium pannonicum (Jacq.) Dobrocz.

Pannonische Salzaster *Asteraceae*
∗ ↓ [P(5) A(5)] G($\overline{2}$)

15–60 cm hoch. Pflanzen: *ohne* Milchsaft. Blütenstand: von Hüllkelch umgebene Köpfchen. Köpfchen: mit Röhren- *und* Zungenblüten, 10–40 mm ⌀. Hüllblätter: **2–3-reihig**, innere u. äußere ± gleich lang, **1,5–3 mm breit**, **abgerundet**, oft rötlich überlaufen. Röhrenblüten: gelblich bis bräunlich. Zungenblüten: **meist hellblau bis violett**, meist 1-reihig, ausgebreitet, > 1,5-mal so lang wie die Röhrenblüten, meist > 1 mm breit; Zunge: länglich-lanzettlich. Blätter: **schwach sukkulent**, **lineal bis lanzettlich**.

- einheimisch
- planar bis collin
- Salzwiesen
- an basenreichen, zuweilen überfluteten, meist salzhaltigen Standorten

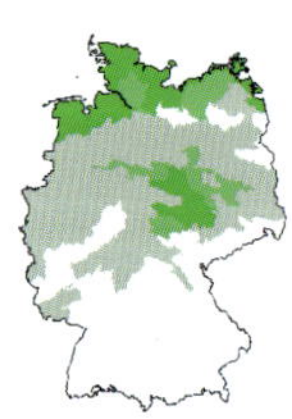

J F M A M **J J A S O** N D

Symphyotrichum laeve (L.) Á. Löve & D. Löve

Glatte Herbstaster *Asteraceae*
∗ ↓ [P(5) A(5)] G($\bar{2}$)

60–150 cm hoch. Pflanzen: *ohne* Milchsaft, **bläulich bereift**. Blütenstand: von Hüllkelch umgebene Köpfchen. Köpfchen: mit Röhren- *und* Zungenblüten, 20–35 mm ⌀. Hüllblätter: **dachziegelartig, äußere kürzer als die inneren**, 0,5–1,5 mm breit, in der Mitte fast nur in der distalen Hälfte grünlich, *ohne* Drüsenhaare. Äussere Hüllblätter: **0,8–1,3 mm breit**. Röhrenblüten: gelblich bis bräunlich. Zungenblüten: weißlich *oder* bläulich bis violett, meist 1-reihig, ausgebreitet, > 1,5-mal so lang wie die Röhrenblüten, **> 1,5 mm breit**. Stängel: oben: **kahl**. mittlere Stängelblätter: **stielartig verschmälert**, länglich-lanzettlich, **basal (halb-) stängelumfassend, meist kahl**.

- eingebürgerter Neophyt, urspr. aus Nordamerika
- planar bis montan
- Staudenfluren, Ruderalvegetation, Zier- bzw. Nutzpflanze
- an nährstoffreichen, basenreichen Standorten

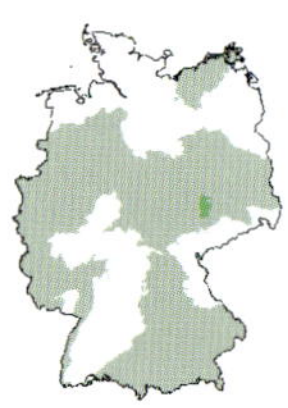

J F M A M J J **A S O** N D

Symphyotrichum novae-angliae (L.) G. L. Nesom

Raublatt-Herbstaster *Asteraceae*
∗ ↓ [P(5) A(5)] G($\bar{2}$)

100–150 cm hoch. Pflanzen: *ohne* Milchsaft. Blütenstand: von Hüllkelch umgebene Köpfchen. Köpfchen: mit Röhren- *und* Zungenblüten, 20–45 mm ⌀. Hüllblätter: **2- bis mehrreihig, innere u. äußere ± gleich lang**, 0,5–1,5 mm breit, **drüsig behaart**. Röhrenblüten: gelblich bis bräunlich. Zungenblüten: weißlich *oder* bläulich bis violett, meist 1-reihig, ausgebreitet, > 1,5-mal so lang wie die Röhrenblüten, meist > 1 mm breit. Stängel: oben: **drüsig behaart**. mittlere Stängelblätter: **± sitzend**, länglich-lanzettlich.

- eingebürgerter Neophyt, urspr. aus Nordamerika
- planar bis collin
- Staudenfluren, Gehölze, Wälder, Ruderalvegetation, Zier- bzw. Nutzpflanze
- an nährstoffreichen, feuchten, zuweilen überfluteten Standorten

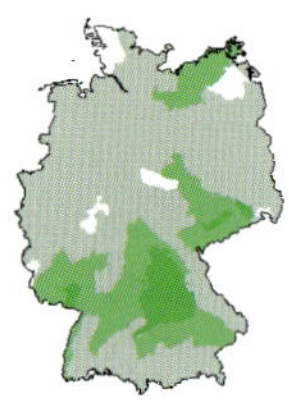

J F M A M J J **A S O N D**

Symphyotrichum novi-belgii (L.) G. L. Nesom

Neubelgische Aster *Asteraceae*
∗ ↓ [P(5) A(5)] G($\bar{2}$)

40–160 cm hoch. Pflanzen: *ohne* Milchsaft. Blütenstand: von Hüllkelch umgebene Köpfchen. Köpfchen: mit Röhren- *und* Zungenblüten, 10–45 mm ⌀. Hüllblätter: **2- bis mehrreihig, innere u. äußere ± gleich lang**, 0,5–1,5 mm breit, in der Mitte bis zur Basis grünlich, *ohne* Drüsenhaare. Äussere Hüllblätter: **> 0,7 mm breit**. Röhrenblüten: gelblich bis bräunlich. Zungenblüten: weißlich *oder* bläulich bis violett, meist 1-reihig, ausgebreitet, > 1,5-mal so lang wie die Röhrenblüten, **> 1,5 mm breit**. Stängel: oben: **meist mit Haarleisten**. mittlere Stängelblätter: **± sitzend**, länglich-lanzettlich, **basal (halb-) stängelumfassend, auf der Fläche dicht behaart**.

- eingebürgerter Neophyt, urspr. aus Nordamerika
- planar bis montan
- Grünland, Staudenfluren, Gehölze, Wälder, Ruderalvegetation, Zier- bzw. Nutzpflanze
- an nährstoffreichen, zuweilen überfluteten Standorten

J F M A M J **J A S O** N D

Symphyotrichum salignum (Willd.) G. L. Nesom

Weidenblatt-Herbstaster *Asteraceae*
∗ ↓ [P(5) A(5)] G($\bar{2}$)

Hybride aus *S. novi-belgii* u. *S. lanceolatum*, 40–150 cm hoch. Pflanzen: *ohne* Milchsaft. Blütenstand: von Hüllkelch umgebene Köpfchen. Köpfchen: mit Röhren- *und* Zungenblüten, 20–35 mm ⌀. Hüllblätter: **2- bis mehrreihig, innere u. äußere ± gleich lang**, 0,5–1,5 mm breit, *ohne* Drüsenhaare. Äussere Hüllblätter: **< 0,7 mm breit**. Röhrenblüten: gelblich bis bräunlich. Zungenblüten: weißlich *oder* bläulich bis violett, meist 1-reihig, ausgebreitet, > 1,5-mal so lang wie die Röhrenblüten, **> 1,5 mm breit**. Stängel: oben: **meist mit Haarleisten**. mittlere Stängelblätter: **stielartig verschmälert**, länglich-lanzettlich, **basal verschmälert bis undeutlich (halb-) stängelumfassend**.

- eingebürgerter Neophyt, (Kultur-?) Hybride
- planar bis collin
- Staudenfluren, Gehölze, Ruderalvegetation, Zier- bzw. Nutzpflanze
- an nährstoffreichen, basenreichen, zuweilen überfluteten Standorten

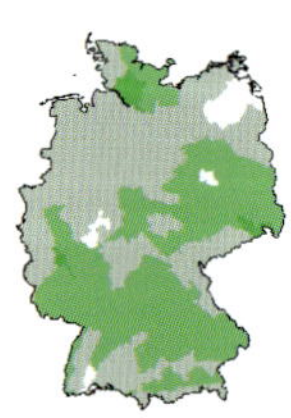

J F M A M J J **A S O** N D

Symphyotrichum parviflorum (Nees) Greuter

Kleinköpfige Herbstaster *Asteraceae*
* ↓ [P(5) A(5)] G($\overline{2}$)

60–120 cm hoch. Pflanzen: *ohne* Milchsaft. Blütenstand: von Hüllkelch umgebene Köpfchen. Köpfchen: mit Röhren- *und* Zungenblüten, 10–30 mm ⌀. Hülle: **meist < 3 mm ⌀.** Hüllblätter: **dachziegelartig, äußere kürzer als die inneren,** in der Mitte bis zur Basis grünlich, *ohne* Drüsenhaare. Äussere Hüllblätter: **0,4–0,8 mm breit.** Röhrenblüten: gelblich bis bräunlich, **distal zu ± 25–40 % eingeschnitten.** Zungenblüten: weißlich *oder* bläulich bis violett, meist 1-reihig, ausgebreitet, > 1,5-mal so lang wie die Röhrenblüten, **0,8–1,5 mm breit.** Stängel: oben: **mit Haarleisten.** mittlere Stängelblätter: **± sitzend,** länglich-lanzettlich, **auf der Fläche behaart.**

- eingebürgerter Neophyt, urspr. aus Nordamerika
- planar bis montan
- Staudenfluren, Gehölze, Wälder, Ruderalvegetation, Zier- bzw. Nutzpflanze

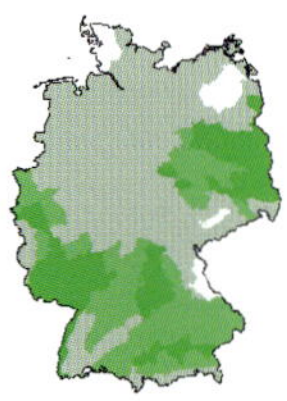

J F M A M J **J A S O N** D

Symphyotrichum lanceolatum (Willd.) G. L. Nesom

Lanzett-Herbstaster *Asteraceae*
* ↓ [P(5) A(5)] G($\overline{2}$)

60–120 cm hoch, *ohne* Milchsaft. Blütenstand: von Hüllkelch umgebene Köpfchen. Köpfchen: mit Röhren- *und* Zungenblüten, 10–40 mm ⌀. Hülle: **meist > 3 mm ⌀.** Hüllblätter: **dachziegelartig, äußere kürzer als die inneren,** in der Mitte bis zur Basis grünlich, *ohne* Drüsenhaare. Äussere Hüllblätter: **0,4–0,8 mm breit.** Röhrenblüten: gelblich bis bräunlich, **distal zu ± bis 50 % eingeschnitten.** Zungenblüten: weißlich *oder* bläulich-violett, meist 1-reihig, ausgebreitet, > 1,5-mal so lang wie die Röhrenblüten, **0,8–1,5 mm breit.** Stängel: oben: **mit Haarleisten.** mittlere Stängelblätter: **± sitzend,** länglich-lanzettlich, **auf den Nerven behaart.**

- eingebürgerter Neophyt, urspr. aus Nordamerika
- planar bis montan
- Staudenfluren, Gehölze, Wälder, Ruderalvegetation, Zier- bzw. Nutzpflanze
- an nährstoffreichen, zuweilen überfluteten Standorten

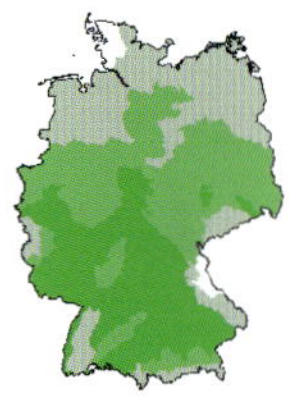

J F M A M J J **A S O N** D

Eurybia macrophylla (L.) Cass.

Großblättrige Aster *Asteraceae*
* ↓ [P(5) A(5)] G($\overline{2}$)

50–120 cm hoch. Pflanzen: *ohne* Milchsaft. Blütenstand: von Hüllkelch umgebene Köpfchen, **drüsig behaart.** Köpfchen: **mit Röhren- *und* Zungenblüten.** Hüllblätter: 2- bis mehrreihig, innere u. äußere ± gleich lang. Röhrenblüten: **gelblich bis bräunlich.** Zungenblüten: **weißlich *oder* rötlich bis violett,** meist 1-reihig, ausgebreitet, **> 1,5-mal so lang wie die Röhrenblüten,** meist > 1 mm breit; Zunge: länglich lanzettlich. untere Stängelblätter: gestielt, **herzförmig,** 50–180 mm breit, 5–18 cm breit. obere Stängelblätter: **sitzend, oval.**

- eingebürgerter Neophyt, urspr. aus Nordamerika
- planar bis montan
- Ruderalvegetation, Zier- bzw. Nutzpflanze

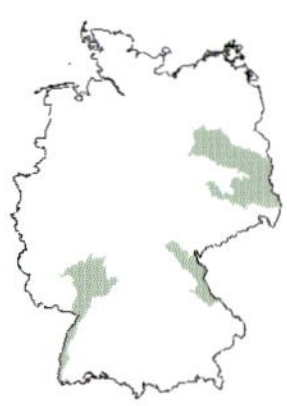

J F M A M J **J A S O** N D

Erigeron alpinus agg.

Alpen-Berufkraut *Asteraceae*
* ↓ [P(5) A(5)] G($\overline{2}$)

Bis 30 cm hoch. Pflanzen: *ohne* Milchsaft. Blütenstand: von Hüllkelch umgebene Köpfchen. Köpfchen: **mit engröhrigen fadenförmigen ♀ Blüten zwischen den Röhren- u. Zungenblüten, > 14 mm ⌀.** Hüllblätter: 2- bis mehrreihig, innere u. äußere ± gleich lang. Röhrenblüten: gelblich-grünlich. Zungenblüten: **weißlich *oder* rötlich bis violett,** meist mehrreihig, **ausgebreitet, > 1,5 mal so lang wie die Röhrenblüten,** < 1 mm breit; Zunge: schmal-lineal. Pappus: 1–2-reihig, 3–6 mm lang. Stängel: *ohne* Drüsenhaare. Blätter: länglich bis spatelförmig.

In Deutschland kommen 2 Arten der Artengruppe *Erigeron alpinus* agg. vor: *E. alpinus* und *E. neglectus* (vgl. S. 1440).

- einheimisch
- subalpin bis alpin
- Extensivgrünland u. Magerrasen, Schutt- u. Felsfluren

J F M A M **J J A S** O N D

Erigeron acris L.

Scharfes Berufkraut *Asteraceae*
∗ ↓ [P(5) A(5)] G($\overline{2}$)

10–80 cm hoch. PFLANZEN: *ohne* Milchsaft. BLÜTENSTAND: von Hüllkelch umgebene Köpfchen, in trauben- bis rispenartigem Gesamtblütenstand. KÖPFCHEN: **< 50 pro Stängel**, mit Röhren- *und* Zungenblüten, **5–14 mm** ⌀. HÜLLBLÄTTER: 2- bis mehrreihig, innere u. äußere ± gleich lang. RÖHRENBLÜTEN: gelblich-grünlich. ZUNGENBLÜTEN: meist mehrreihig, **< 1,5-mal so lang wie die Röhrenblüten**, < 1 mm breit; ZUNGE: schmal-lineal.

Im Gebiet kommen 4 Unterarten vor: subsp. *acris*, subsp. *angulosus*, subsp. *droebachiensis* und subsp. *serotinus* (vgl. S. 1440).

- einheimisch
- planar bis montan
- trockenfallende Ufer, Extensivgrünland u. Magerrasen, Staudenfluren, Schutt- u. Felsfluren, Ruderalvegetation, Zier- bzw. Nutzpflanze
- an nährstoffarmen, basenreichen Standorten

J F M A M J J A S O N D

Erigeron annuus (L.) Desf.

Feinstrahl-Berufkraut *Asteraceae*
∗ ↓ [P(5) A(5)] G($\overline{2}$)

50–100 cm hoch. PFLANZEN: *ohne* Milchsaft. BLÜTENSTAND: von Hüllkelch umgebene Köpfchen, in trauben- bis rispenartigem Gesamtblütenstand. KÖPFCHEN: **5–100 pro Stängel**, mit Röhren- *und* Zungenblüten, > **14 mm** ⌀. HÜLLBLÄTTER: 2- bis mehrreihig, innere u. äußere ± gleich lang. RÖHRENBLÜTEN: gelblich-grünlich. ZUNGENBLÜTEN: **weißlich *oder* rötlich bis violett**, 2-reihig, **ausgebreitet**, **> 1,5-mal so lang wie die Röhrenblüten**, < 1 mm breit; ZUNGE: schmal-lineal. PAPPUS: 1–2-reihig, an den Röhrenblüten innen mit langen u. außen mit kurzen Borsten, 1,5–3 mm lang. STÄNGEL: *ohne* Drüsenhaare.

- eingebürgerter Neophyt, urspr. aus Nordamerika
- planar bis montan
- Grünland, Staudenfluren, Ruderalvegetation, Trittfluren, Zier- bzw. Nutzpflanze
- an nährstoffreichen Standorten

J F M A M J J A S O N D

Erigeron atticus Vill.

Attisches Berufkraut *Asteraceae*
∗ ↓ [P(5) A(5)] G($\overline{2}$) RL 1

20–60 cm hoch. PFLANZEN: *ohne* Milchsaft. BLÜTENSTAND: von Hüllkelch umgebene Köpfchen. KÖPFCHEN: < 20 pro Stängel, mit Röhren- *und* Zungenblüten, > **14 mm** ⌀. HÜLLBLÄTTER: 2- bis mehrreihig, innere u. äußere ± gleich lang. RÖHRENBLÜTEN: gelblich-grünlich. ZUNGENBLÜTEN: **weißlich *oder* rötlich bis violett**, meist mehrreihig, **ausgebreitet**, **3–5 mm länger als die Hülle**, **> 1,5-mal so lang wie die Röhrenblüten**, < 1 mm breit; ZUNGE: schmal-lineal. PAPPUS: 3–6 mm lang. STÄNGEL: **steif aufrecht**, kräftig, **drüsig behaart**, meist dicht beblättert.

- einheimisch
- alpin
- Extensivgrünland u. Magerrasen, Schutt- u. Felsfluren

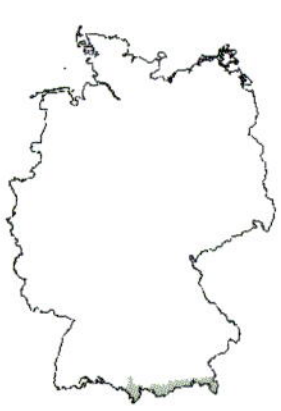

J F M A M J J A S O N D

Erigeron canadensis L.

Kanadisches Berufkraut *Asteraceae*
∗ ↓ [P(5) A(5)] G($\overline{2}$)

20–100 cm hoch. PFLANZEN: *ohne* Milchsaft. BLÜTENSTAND: von Hüllkelch umgebene Köpfchen, in rispenartigem Gesamtblütenstand. KÖPFCHEN: **> 50 pro Stängel**, mit Röhren- *und* Zungenblüten, 2–4 mm lang, **2–6 mm** ⌀. HÜLLBLÄTTER: 2- bis mehrreihig, innere u. äußere ± gleich lang, ± kahl. RÖHRENBLÜTEN: gelblich-grünlich, **meist 4-zipfelig**. ZUNGENBLÜTEN: **weißlich-gelblich**, **± aufrecht**, **< 1,5-mal so lang wie die Röhrenblüten**, < 1 mm breit; ZUNGE: schmal-lineal. PAPPUS: meist 2–3 mm lang. UNTERE STÄNGELBLÄTTER: **fast nur auf den Nerven u. am Rand behaart**.

- eingebürgerter Neophyt, urspr. aus Nordamerika
- planar bis montan
- Staudenfluren, Gehölze, Äcker, Ruderalvegetation, Zier- bzw. Nutzpflanze

J F M A M J J A S O N D

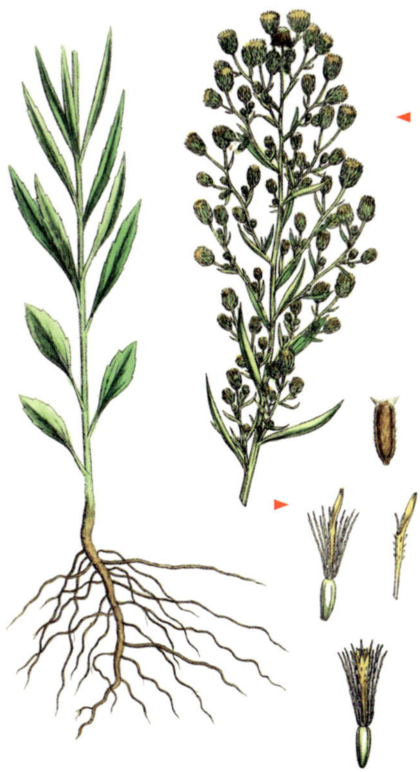

Erigeron glabratus Bluff & Fingerh.

Kahles Berufkraut *Asteraceae*
∗ ↓ [P(5) A(5)] G($\overline{2}$)

Bis 30 cm hoch. PFLANZEN: *ohne* Milchsaft. BLÜTENSTAND: von Hüllkelch umgebene Köpfchen, in trauben- bis rispenartigem Gesamtblütenstand. KÖPFCHEN: **1–6 pro Stängel**, *ohne* engröhrige fadenförmige ♀ Blüten zwischen den Röhren- u. Zungenblüten, **15–30 mm** ⌀. HÜLLBLÄTTER: 2- bis mehrreihig, innere u. äußere ± gleich lang, kahl bis spärlich behaart. RÖHRENBLÜTEN: gelblich-grünlich. ZUNGENBLÜTEN: **violett bis rosa**, meist mehrreihig, **ausgebreitet**, **> 1,5-mal so lang wie die Röhrenblüten**, < 1 mm breit; ZUNGE: schmal-lineal. PAPPUS: 1-reihig, 3–6 mm lang. STÄNGEL: *ohne* Drüsenhaare.

- einheimisch
- montan bis alpin
- Extensivgrünland u. Magerrasen, Schutt- u. Felsfluren
- an nährstoffarmen, kalkreichen Standorten

J F M A M **J J A S** O N D

Erigeron schleicheri Gremli

Gaudins Berufkraut *Asteraceae*
∗ ↓ [P(5) A(5)] G($\overline{2}$) RL R

Bis 30 cm hoch. PFLANZEN: *ohne* Milchsaft. BLÜTENSTAND: 1 von Hüllkelch umgebenes Köpfchen. KÖPFCHEN: < 20 pro Stängel, mit Röhren- *und* Zungenblüten, **> 14 mm** ⌀. HÜLLBLÄTTER: 2- bis mehrreihig, innere u. äußere ± gleich lang. RÖHRENBLÜTEN: gelblich-grünlich. ZUNGENBLÜTEN: **weißlich *oder* rötlich bis violett**, meist mehrreihig, **ausgebreitet**, **5–8 mm länger als die Hülle**, **> 1,5-mal so lang wie die Röhrenblüten**, < 1 mm breit; ZUNGE: schmal-lineal. PAPPUS: 3–6 mm lang. STÄNGEL: **oft bogig aufsteigend**, schwach, **drüsig behaart**, meist locker beblättert. BLÄTTER: länglich bis spatelförmig.

- einheimisch
- subalpin bis alpin
- Schutt- u. Felsfluren
- an nährstoffarmen, trockenen Standorten

J F M A M **J J A** S O N D

Erigeron sumatrensis Retz.

Weißliches Berufkraut *Asteraceae*
∗ ↓ [P(5) A(5)] G($\overline{2}$)

30–150 cm hoch. PFLANZEN: *ohne* Milchsaft. BLÜTENSTAND: von Hüllkelch umgebene Köpfchen, in rispenartigem Gesamtblütenstand. KÖPFCHEN: **> 50 pro Stängel**, mit Röhren- *und* Zungenblüten, 4–6 mm lang, **2–6 mm** ⌀. HÜLLBLÄTTER: 2- bis mehrreihig, innere u. äußere ± gleich lang, behaart. RÖHRENBLÜTEN: gelblich-grünlich, **meist 5-zipfelig**. ZUNGENBLÜTEN: **weißlich-gelblich**, **± aufrecht**, **< 1,5-mal so lang wie die Röhrenblüten**, < 1 mm breit; ZUNGE: schmal-lineal. PAPPUS: meist 3–4 mm lang. UNTERE STÄNGELBLÄTTER: **meist kurzhaarig, am Rand *nicht* bewimpert**.

- eingebürgerter Neophyt, urspr. aus Südamerika
- planar bis collin
- Staudenfluren, Äcker, Ruderalvegetation, Zier- bzw. Nutzpflanze

J F M A **M J J A S O** N D

Erigeron uniflorus L.

Einköpfiges Berufkraut *Asteraceae*
∗ ↓ [P(5) A(5)] G($\overline{2}$)

Bis 15 cm hoch. PFLANZEN: *ohne* Milchsaft. BLÜTENSTAND: von Hüllkelch umgebene Köpfchen. KÖPFCHEN: **einzeln**, *ohne* engröhrige fadenförmige ♀ Blüten zwischen den Röhren- u. Zungenblüten, **10–30 mm** ⌀. HÜLLBLÄTTER: 2- bis mehrreihig, innere u. äußere ± gleich lang, **unterseits wollig-filzig behaart**. RÖHRENBLÜTEN: **rötlich bis violett**. ZUNGENBLÜTEN: **weißlich *oder* rötlich bis violett**, meist mehrreihig, **ausgebreitet**, **> 1,5-mal so lang wie die Röhrenblüten**, < 1 mm breit; ZUNGE: schmal-lineal. PAPPUS: 1–2-reihig, an den Röhrenblüten innen mit langen u. außen mit kurzen Borsten, 3–6 mm lang. STÄNGEL: *ohne* Drüsenhaare.

- einheimisch
- subalpin bis alpin
- Extensivgrünland u. Magerrasen, Schutt- u. Felsfluren, Zier- bzw. Nutzpflanze
- an nährstoffarmen Standorten

J F M A M **J J A S O** N D

Solidago canadensis L.

Kanadische Goldrute *Asteraceae*
∗ ↓ [P(5) A(5)] G($\overline{2}$)

70–250 cm hoch. PFLANZEN: *ohne* Milchsaft. BLÜTENSTAND: von Hüllkelch umgebene Köpfchen, in ± aufrechtem rispenartigem Gesamtblütenstand; SEITENÄSTE: **schon vor der Blüte bogig überhängend**. KÖPFCHEN: **gestielt**, mit Röhren- *und* ≤ 10 Zungenblüten, **3–7 mm lang**. HÜLLBLÄTTER: dachziegelartig, äußere kürzer als die inneren. BLÜTEN: gelblich. ZUNGENBLÜTEN: **kaum länger als die Hülle, ± so lang wie die Röhrenblüten**. PAPPUS: **mit 20–30 Borsten, 1,5–2 mm lang**. STÄNGEL: UNTEN: **kurzhaarig**. BLÄTTER: gesägt.

- eingebürgerter Neophyt, urspr. aus Nordamerika
- planar bis montan
- Staudenfluren, Gehölze, Ruderalvegetation, Zier- bzw. Nutzpflanze

J F M A M J **J A S O** N D

Solidago gigantea Aiton

Riesen-Goldrute *Asteraceae*
∗ ↓ [P(5) A(5)] G($\overline{2}$)

50–250 cm hoch. PFLANZEN: *ohne* Milchsaft. BLÜTENSTAND: von Hüllkelch umgebene Köpfchen, in ± aufrechtem rispenartigem Gesamtblütenstand; SEITENÄSTE: **vor der Blüte ± aufrecht**. KÖPFCHEN: **gestielt**, mit Röhren- *und* ≤ 10 Zungenblüten, **3–7 mm lang**. HÜLLBLÄTTER: dachziegelartig, äußere kürzer als die inneren. BLÜTEN: gelblich. ZUNGENBLÜTEN: **kaum länger als die Hülle, deutlich länger als die Röhrenblüten**. PAPPUS: **mit 30–50 Borsten, 2,5–3,5 mm lang**. STÄNGEL: UNTEN: **kahl**. BLÄTTER: gesägt.

- eingebürgerter Neophyt, urspr. aus Nordamerika
- planar bis montan
- Staudenfluren, Gehölze, Ruderalvegetation, Zier- bzw. Nutzpflanze

J F M A M J **J A S O** N D

Solidago virgaurea L.

Gewöhnliche Goldrute *Asteraceae*
∗ ↓ [P(5) A(5)] G($\overline{2}$)

Bis 100 cm hoch. PFLANZEN: *ohne* Milchsaft. BLÜTENSTAND: von Hüllkelch umgebene Köpfchen, **in trauben- bis rispenartigem Gesamtblütenstand, Gesamtblütenstand aufrecht**. KÖPFCHEN: mit Röhren- *und* ≤ 10 Zungenblüten. HÜLLBLÄTTER: äußere kürzer als die inneren, zuweilen dachziegelartig. BLÜTEN: gelblich. ZUNGENBLÜTEN: **deutlich länger als die Hülle**. BLÄTTER: gesägt.

subsp. *virgaurea* (Gewöhnliche Goldrute): BLÜTENSTAND: Köpfchen in meist rispenartigem Gesamtblütenstand. KÖPFCHEN: 5–8 mm lang, 10–15 mm ⌀. BLÄTTER: 3–4-mal so lang wie breit.
subsp. *minuta* (Gebirgs-Goldrute): (hoch-) montan bis alpin. BLÜTENSTAND: Köpfchen in meist traubenartigem Gesamtblütenstand. KÖPFCHEN: 8–12 mm lang, 15–22 mm ⌀. BLÄTTER: 4–6-mal so lang wie breit.

- einheimisch
- planar bis alpin
- Extensivgrünland u. Magerrasen, Staudenfluren, Gehölze, Wälder, Zier- bzw. Nutzpflanze

J F M A M **J J A S O** N D

Euthamia graminifolia (L.) Nutt.

Grasblättrige Goldrute *Asteraceae*
∗ ↓ [P(5) A(5)] G($\overline{2}$)

50–80 cm hoch. PFLANZEN: *ohne* Milchsaft. BLÜTENSTAND: von Hüllkelch umgebene Köpfchen, **in rispenartigem** Gesamtblütenstand, **schirmförmig**, dichtblütig. KÖPFCHEN: **± sitzend**, mit Röhren- *und* ≤ 10 Zungenblüten, **3–7 mm lang**. KÖPFCHENBODEN: mit Spreuborsten. HÜLLBLÄTTER: dachziegelartig, äußere kürzer als die inneren. BLÜTEN: **gelblich**. ZUNGENBLÜTEN: **kaum länger als die Hülle**. BLÄTTER: **lineal bis länglich, ganzrandig**.

- eingebürgerter Neophyt, urspr. aus Nordamerika
- planar bis montan
- Staudenfluren, Gehölze, Ruderalvegetation, Zier- bzw. Nutzpflanze

J F M A M **J J A S O** N D

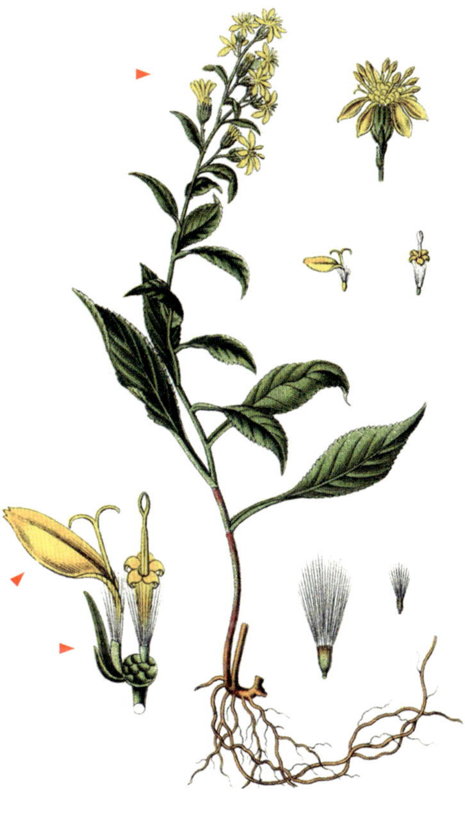

Calendula arvensis (Vaill.) L.

Acker-Ringelblume *Asteraceae*
∗ ↓ [P(5) A(5)] G($\bar{2}$) RL 1

10–20 cm hoch. PFLANZEN: *ohne* Milchsaft. BLÜTENSTAND: von Hüllkelch umgebene Köpfchen. KÖPFCHEN: mit Röhren- *und* Zungenblüten, **8–25 mm ⌀.** HÜLLBLÄTTER: 2-reihig, innere u. äußere ± gleich lang. BLÜTEN: **hellgelb**. ZUNGENBLÜTEN: 3-zähnig. FRUCHTSTAND: **meist überhängend**. FRÜCHTE: **äußere eingerollt, innere gerade, warzig bis stachelig**. PAPPUS: **fehlend**. BLÄTTER: länglich bis oval, ganzrandig bis seicht gezähnt. UNTERE STÄNGELBLÄTTER: **lineal-lanzettlich**.

- Archaeophyt
- planar bis collin
- Äcker, Ruderalvegetation, Zier- bzw. Nutzpflanze
- an kalkreichen, trockenen Standorten

J F M A **M J J A S O** N D

Calendula officinalis L.

Gemeine Ringelblume *Asteraceae*
∗ ↓ [P(5) A(5)] G($\bar{2}$)

30–50 cm hoch. PFLANZEN: *ohne* Milchsaft. BLÜTENSTAND: von Hüllkelch umgebene Köpfchen. KÖPFCHEN: mit Röhren- *und* Zungenblüten, **25–60 mm ⌀.** HÜLLBLÄTTER: 2-reihig, innere u. äußere ± gleich lang. BLÜTEN: **orange bis gelblich**. ZUNGENBLÜTEN: 3-zähnig. FRUCHTSTAND: **meist aufrecht**. FRÜCHTE: **gebogen, warzig bis stachelig**. PAPPUS: **fehlend.** BLÄTTER: länglich bis oval, ganzrandig bis seicht gezähnt. UNTERE STÄNGELBLÄTTER: **spatelförmig**.

- unbeständiger Neophyt, urspr. aus dem Mittelmeergebiet
- planar bis montan
- Staudenfluren, Äcker, Ruderalvegetation, Zier- bzw. Nutzpflanze

J F M A **M J J A S O** N D

Antennaria carpatica (Wahlenb.) Bluff & Fingerh.

Karpaten-Katzenpfötchen *Asteraceae*
♂ ∗ [P(5) A(5)] | ♀ ∗ P(5) G($\bar{2}$) RL 3

Bis 20 cm hoch. PFLANZEN: mehrjährig, *ohne* Milchsaft, 2-häusig. BLÜTENSTAND: von Hüllkelch umgebene Köpfchen, in ± schirmförmigen Gesamtblütenstand. KÖPFCHEN: nur mit Röhrenblüten, 5–14 mm ⌀. HÜLLBLÄTTER: dachziegelartig, äußere kürzer als die inneren, trockenhäutig, kahl. INNERE HÜLLBLÄTTER: oft abstehend bis ausgebreitet. ÄUSSERE HÜLLBLÄTTER: **mit bräunlichen Anhängseln**. STÄNGEL: **basal *ohne* Rosettentriebe**. AUSLÄUFER: **fehlend**.

- einheimisch
- subalpin bis alpin
- Extensivgrünland u. Magerrasen, Schutt- u. Felsfluren
- an nährstoffarmen Standorten

J F M A **M J J A** S O N D

Antennaria dioica (L.) Gaertn.

Gewöhnliches Katzenpfötchen *Asteraceae*
♂ ∗ [P(5) A(5)] | ♀ ∗ P(5) G($\bar{2}$) RL 3 § BNatG b

Bis 30 cm hoch. PFLANZEN: mehrjährig, *ohne* Milchsaft, 2-häusig. BLÜTENSTAND: von Hüllkelch umgebene Köpfchen. KÖPFCHEN: nur mit Röhrenblüten, 5–14 mm ⌀. HÜLLBLÄTTER: dachziegelartig, äußere kürzer als die inneren, trockenhäutig, kahl. INNERE HÜLLBLÄTTER: oft abstehend bis ausgebreitet. ÄUSSERE HÜLLBLÄTTER: **mit weißlichen (♂ Pflanzen) o. rötlichen Anhängseln (♀ Pflanzen)**. STÄNGEL: **basal mit sterilen Rosettentrieben mit spatelförmigen Blättern**. AUSLÄUFER: **oberirdisch**.

- einheimisch
- planar bis alpin
- Extensivgrünland u. Magerrasen, Zwergstrauchheiden, Wälder, Zier- bzw. Nutzpflanze
- an nährstoffarmen, sauren Standorten

J F M **A M J J** A S O N D

Filago germanica (L.) Huds.

Deutsches Filzkraut *Asteraceae*
∗ [P(5) A(5)] G($\overline{2}$) RL 3

10–40 cm hoch. PFLANZEN: *ohne* Milchsaft. BLÜTENSTAND: von Hüllkelch umgebene Köpfchen. KÖPFCHEN: **20–35 pro Knäuel**, nur mit Röhrenblüten, 1–5 mm ⌀, **im QS rundlich**. HÜLLBLÄTTER: dachziegelartig, äußere kürzer als die inneren, nur am Rand u. der Spitze trockenhäutig, filzig behaart, meist aufrecht. MITTLERE HÜLLBLÄTTER: **mit grannenartiger Spitze**, allenfalls undeutlich gekielt. BLÜTEN: ⚥ u. ♀. BLÄTTER: **kürzer bis etwas länger als die Köpfchen**.

- einheimisch
- planar bis collin
- Extensivgrünland u. Magerrasen, Schutt- u. Felsfluren, Ruderalvegetation
- an nährstoffarmen, meist trockenen Standorten

J F M A M **J J A S O** N D

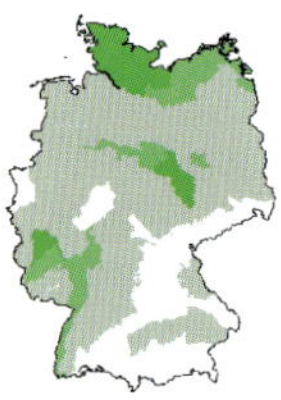

Filago lutescens Jord.

Gelbliches Filzkraut *Asteraceae*
∗ [P(5) A(5)] G($\overline{2}$) RL 2

Bis 30 cm hoch. PFLANZEN: *ohne* Milchsaft, locker gelblich bis gräulich behaart. BLÜTENSTAND: von Hüllkelch umgebene Köpfchen. KÖPFCHEN: **8–30 pro Knäuel**, nur mit Röhrenblüten, 1–5 mm ⌀, **im QS kantig**. HÜLLBLÄTTER: dachziegelartig, äußere kürzer als die inneren, nur am Rand u. der Spitze trockenhäutig, filzig behaart, meist aufrecht. MITTLERE HÜLLBLÄTTER: **mit grannenartiger Spitze, distal vor der Blüte rötlich, gekielt**. BLÜTEN: ⚥ u. ♀. SEITENÄSTE: **± aufrecht**. BLÄTTER: **kürzer bis etwas länger als die Köpfchen**.

- einheimisch
- planar bis montan
- Extensivgrünland u. Magerrasen, Ruderalvegetation
- an nährstoffarmen, meist trockenen Standorten

J F M A M **J J A S** O N D

Filago pyramidata L.

Spatelblättriges Filzkraut *Asteraceae*
∗ [P(5) A(5)] G($\overline{2}$) RL 1

Bis 30 cm hoch. PFLANZEN: *ohne* Milchsaft, dicht weißlich bis gräulich behaart. BLÜTENSTAND: von Hüllkelch umgebene Köpfchen. KÖPFCHEN: **8–30 pro Knäuel**, nur mit Röhrenblüten, 1–5 mm ⌀, im QS kantig. HÜLLBLÄTTER: dachziegelartig, äußere kürzer als die inneren, nur am Rand u. der Spitze trockenhäutig, filzig behaart, meist aufrecht. MITTLERE HÜLLBLÄTTER: **mit grannenartiger Spitze, distal vor der Blüte gelblich, *nicht* rötlich, gekielt**. BLÜTEN: ⚥ u. ♀. SEITENÄSTE: **± waagerecht abstehend**. BLÄTTER: **kürzer bis etwas länger als die Köpfchen**.

- einheimisch
- planar bis collin
- Extensivgrünland u. Magerrasen, Schutt- u. Felsfluren, Ruderalvegetation
- an nährstoffarmen, trockenen Standorten

J F M A M **J J A S O** N D

Filago arvensis L.

Acker-Filzkraut *Asteraceae*
∗ [P(5) A(5)] G($\overline{2}$)

Bis 40 cm hoch. PFLANZEN: *ohne* Milchsaft. BLÜTENSTAND: von Hüllkelch umgebene Köpfchen. KÖPFCHEN: **2–8 pro Knäuel**, nur mit Röhrenblüten, 3–6 mm lang, **kürzer als die Tragblätter**, 1–5 mm ⌀. HÜLLBLÄTTER: dachziegelartig, äußere kürzer als die inneren, nur am Rand u. der Spitze trockenhäutig, **bis zur Spitze filzig behaart**, ± abstehend. MITTLERE HÜLLBLÄTTER: **abgerundet bis kurz zugespitzt**, *nicht* gekielt. BLÜTEN: ⚥ u. ♀. SEITENÄSTE: **viel kürzer als die Hauptachse**. BLÄTTER: **kürzer bis etwas länger als die Köpfchen, < 4-mal so lang wie breit**.

- einheimisch
- planar bis montan
- Extensivgrünland u. Magerrasen, Schutt- u. Felsfluren, Äcker, Ruderalvegetation, Zier- bzw. Nutzpflanze
- an nährstoffarmen, meist trockenen Standorten

J F M A M **J J A S O** N D

Filago gallica L.

Französisches Filzkraut *Asteraceae*
⁎ [P(5) A(5)] G($\overline{2}$) RL 0

Bis 15 cm hoch. PFLANZEN: *ohne* Milchsaft. BLÜTENSTAND: von Hüllkelch umgebene Köpfchen. KÖPFCHEN: nur mit Röhrenblüten, **kegelförmig, zur Spitze verschmälert**, 1–5 mm ⌀. HÜLLBLÄTTER: dachziegelartig, äußere kürzer als die inneren, nur am Rand u. der Spitze trockenhäutig, filzig behaart. MITTLERE HÜLLBLÄTTER: **nach außen gebogen, gekielt**. ÄUSSERE HÜLLBLÄTTER: **breit-oval**. BLÜTEN: ⚥ u. ♀. BLÄTTER: lineal, **die Köpfchen deutlich überragend**, > **6-mal so lang wie breit**.

- ausgestorben
- planar bis collin
- Extensivgrünland u. Magerrasen, Ruderalvegetation
- an nährstoffarmen, trockenen Standorten

J F M A **M J J A S** O N D

Filago minima (Sm.) Pers.

Zwerg-Filzkraut *Asteraceae*
⁎ [P(5) A(5)] G($\overline{2}$)

Bis 30 cm hoch. PFLANZEN: *ohne* Milchsaft. BLÜTENSTAND: von Hüllkelch umgebene Köpfchen. KÖPFCHEN: **2–8 pro Knäuel**, nur mit Röhrenblüten, 2–4 mm lang, **mindestens so lang wie die Tragblätter**, 1–5 mm ⌀. HÜLLBLÄTTER: dachziegelartig, äußere kürzer als die inneren, nur am Rand u. der Spitze trockenhäutig, **nur basal filzig behaart**, ± abstehend. MITTLERE HÜLLBLÄTTER: **abgerundet bis kurz zugespitzt, gekielt**. BLÜTEN: ⚥ u. ♀. SEITENÄSTE: **lang**. BLÄTTER: **kürzer bis etwas länger als die Köpfchen**, < 1,5 mm breit, < **4-mal so lang wie breit**.

- einheimisch
- planar bis montan
- Extensivgrünland u. Magerrasen, Schutt- u. Felsfluren, Äcker, Ruderalvegetation
- an nährstoffarmen, trockenen Standorten

J F M A M **J J A S O** N D

Gnaphalium hoppeanum W. D. J. Koch

Hoppes Ruhrkraut *Asteraceae*
⁎ [P(5) A(5)] G($\overline{2}$)

Bis 10 cm hoch. PFLANZEN: mehrjährig, *ohne* Milchsaft. BLÜTENSTAND: von Hüllkelch umgebene Köpfchen, **in knäueligem** Gesamtblütenstand. KÖPFCHEN: **≤ 12 pro Stängel**, nur mit Röhrenblüten, 3–7 mm lang. HÜLLBLÄTTER: dachziegelartig, äußere bis 0,5-mal so lang wie die inneren, trockenhäutig, meist schwarz bis dunkelbraun, allenfalls basal filzig. BLÜTEN: 3–4 mm lang. FRÜCHTE: *ohne* Pappus 1–2 mm lang. PAPPUS: Borsten basal *nicht* miteinander verwachsen, 2–5 mm lang. BLÄTTER: **1–4 mm breit**.

- einheimisch
- subalpin bis alpin
- Extensivgrünland u. Magerrasen, Schutt- u. Felsfluren, Schneetälchen
- an kalkreichen Standorten

J F M A M **J J A** S O N D

Gnaphalium norvegicum Gunnerus

Norwegisches Ruhrkraut *Asteraceae*
⁎ [P(5) A(5)] G($\overline{2}$)

10–40 cm hoch. PFLANZEN: mehrjährig, *ohne* Milchsaft. BLÜTENSTAND: von Hüllkelch umgebene Köpfchen, **in ähren- bis rispenartigem Gesamtblütenstand**. KÖPFCHEN: **≥ 12 pro Stängel, 2–3 pro Knäuel**, nur mit Röhrenblüten, 3–7 mm lang. HÜLLBLÄTTER: dachziegelartig, äußere kürzer als die inneren, trockenhäutig, **ganzrandig**, grünlich bis dunkelbraun, mit dunklem Rand, allenfalls basal filzig. BLÜTEN: 3–4 mm lang. FRÜCHTE: *ohne* Pappus 1–2 mm lang. PAPPUS: **Borsten basal miteinander verwachsen**, 2–5 mm lang. BLÄTTER: **5–10 mm breit**. MITTLERE STÄNGELBLÄTTER: **3-nervig**.

- einheimisch
- montan bis alpin
- Extensivgrünland u. Magerrasen, Staudenfluren, Gehölze, Wälder

J F M A M **J J A S** O N D

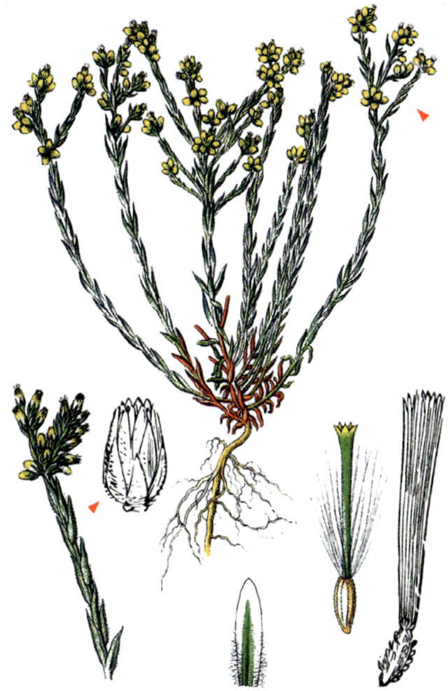

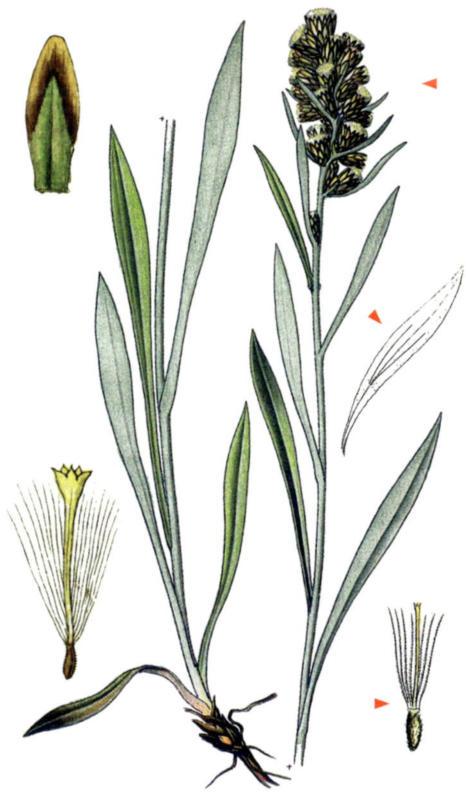

Gnaphalium supinum L.

Zwerg-Ruhrkraut *Asteraceae*
∗ [P(5) A(5)] G($\overline{2}$)

Bis 10 cm hoch. PFLANZEN: mehrjährig, *ohne* Milchsaft. BLÜTENSTAND: von Hüllkelch umgebene Köpfchen, **in ähren- bis rispenartigem Gesamtblütenstand**, zuweilen von den oberen Stängelblättern überragt. KÖPFCHEN: **≤ 12 pro Stängel**, nur mit Röhrenblüten, 3–7 mm lang. HÜLLBLÄTTER: dachziegelartig, äußere ± 0,7-mal so lang wie die inneren, trockenhäutig, hellbraun, allenfalls basal filzig. BLÜTEN: 3–4 mm lang. FRÜCHTE: *ohne* Pappus 1–2 mm lang. PAPPUS: Borsten basal *nicht* miteinander verwachsen, 2–5 mm lang. AUSLÄUFER: **oberirdisch**. BLÄTTER: **0,8–2 mm breit**.

- einheimisch
- subalpin bis alpin
- Extensivgrünland u. Magerrasen, Staudenfluren, Schneetälchen
- an sauren Standorten
- meist an wechselfeuchten bis nassen Standorten

J F M A **M J J A S** O N D

Gnaphalium sylvaticum L.

Wald-Ruhrkraut *Asteraceae*
∗ [P(5) A(5)] G($\overline{2}$)

10–60 cm hoch. PFLANZEN: mehrjährig, *ohne* Milchsaft. BLÜTENSTAND: von Hüllkelch umgebene Köpfchen, **in ähren- bis rispenartigem Gesamtblütenstand**. KÖPFCHEN: **≥ 12 pro Stängel, 2–8 pro Knäuel**, nur mit Röhrenblüten, 3–7 mm lang. HÜLLBLÄTTER: dachziegelartig, äußere kürzer als die inneren, trockenhäutig, **am Rand gezähnt bis zerschlitzt**, grünlich bis dunkelbraun, mit hellem Rand, allenfalls basal filzig. BLÜTEN: 3–4 mm lang. FRÜCHTE: *ohne* Pappus 1–2 mm lang. PAPPUS: **Borsten basal miteinander verwachsen**, 2–5 mm lang. BLÄTTER: **2–5 mm breit**. MITTLERE STÄNGELBLÄTTER: **1-nervig**.

- einheimisch
- planar bis subalpin
- Grünland, Gehölze, Wälder

J F M A M **J J A S** O N D

Gnaphalium uliginosum L.

Sumpf-Ruhrkraut *Asteraceae*
∗ [P(5) A(5)] G($\overline{2}$)

Bis 20 cm hoch. PFLANZEN: 1-jährig, *ohne* Milchsaft. BLÜTENSTAND: von Hüllkelch umgebene Köpfchen, **in knäueligem** Gesamtblütenstand, **von grünlichen, filzig behaarten Hochblättern umgeben**, häufig von den oberen Stängelblättern überragt. KÖPFCHEN: nur mit Röhrenblüten, 3–7 mm lang. HÜLLBLÄTTER: dachziegelartig, äußere kürzer als die inneren, trockenhäutig, bräunlich, allenfalls basal filzig. BLÜTEN: 1–2 mm lang. FRÜCHTE: *ohne* Pappus 0,4–1 mm lang. PAPPUS: 1–2 mm lang. BLÄTTER: **1–4 mm breit**.

- einheimisch
- planar bis montan
- trockenfallende Ufer, Äcker, Ruderalvegetation, Zier- bzw. Nutzpflanze
- meist an wechselfeuchten bis nassen Standorten

J F M A M **J J A S** O N D

Helichrysum arenarium (L.) Moench

Sand-Strohblume *Asteraceae*
∗ [P(5) A(5)] G($\overline{2}$) RL 3 § BNatG b

10–30 cm hoch. PFLANZEN: **mehrjährig**, *ohne* Milchsaft, **weißlich bis graufilzig behaart**. BLÜTENSTAND: von Hüllkelch umgebene Köpfchen, **in dichtem bis lockerem rispenartigem Gesamtblütenstand**. KÖPFCHEN: **kurz gestielt**, nur mit Röhrenblüten, **3–7 mm lang, 5–7 mm ⌀**. HÜLLBLÄTTER: dachziegelartig, äußere kürzer als die inneren, trockenhäutig, **gelblich o. orange**, kahl. INNERE HÜLLBLÄTTER: oft abstehend bis ausgebreitet.

- einheimisch
- planar bis collin
- Extensivgrünland u. Magerrasen, Schutt- u. Felsfluren, Dünen, Zier- bzw. Nutzpflanze
- an nährstoffarmen, trockenen Standorten

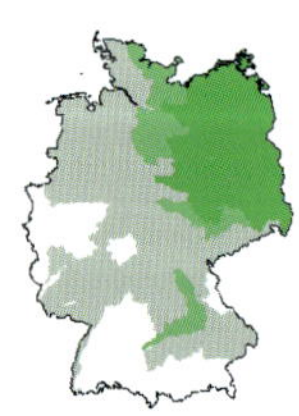

J F M A M **J J A** S O N D

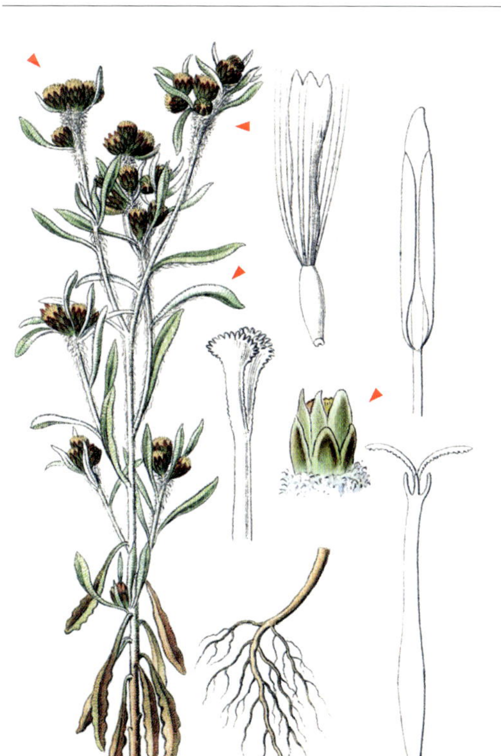

Laphangium luteoalbum (L.) Tzvelev

Gelbweiße Strohblume *Asteraceae*
∗ [P(5) A(5)] G($\overline{2}$) RL 2

15–30 cm hoch. PFLANZEN: **1-jährig**, *ohne* Milchsaft, **graufilzig behaart.** BLÜTENSTAND: von Hüllkelch umgebene Köpfchen, **in dichtem, kopfigem bis rispenartigem Gesamtblütenstand.** KÖPFCHEN: **± sitzend**, nur mit Röhrenblüten, **3–7 mm lang, 4–5 mm ⌀.** HÜLLBLÄTTER: dachziegelartig, äußere kürzer als die inneren, trockenhäutig, **gelblich-weißlich bis strohfarben**, kahl. INNERE HÜLLBLÄTTER: oft abstehend bis ausgebreitet. BLÜTEN: 2–3 mm lang. BLÄTTER: OBERSEITS: oft verkahlend.

- einheimisch
- planar bis collin
- trockenfallende Ufer, Staudenfluren, Äcker, Ruderalvegetation, Zier- bzw. Nutzpflanze

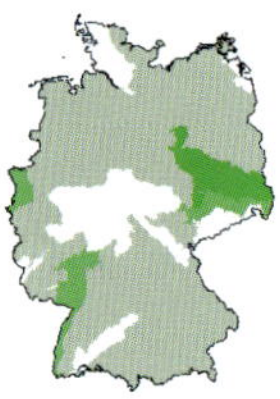

J F M A M **J J A S O** N D

Leontopodium nivale (Ten.) Hand.-Mazz.

Schnee-Edelweiß *Asteraceae*
∗ [P(5) A(5)] G($\overline{2}$) RL 2

Bis 20 cm hoch. PFLANZEN: mehrjährig, *ohne* Milchsaft, **grau bis weißwollig-filzig behaart.** BLÜTENSTAND: **mehrere am Stängelende dicht zusammengedrängte Köpfchen, von sternförmig ausgebreiteten, weißfilzigen Hochblättern umgeben.** KÖPFCHEN: nur mit Röhrenblüten. HÜLLBLÄTTER: dachziegelartig, äußere kürzer als die inneren, **dicht wollig behaart.**

- einheimisch
- subalpin bis alpin
- Extensivgrünland u. Magerrasen, Schutt- u. Felsfluren, Zier- bzw. Nutzpflanze
- an nährstoffarmen, basenreichen Standorten

J F M A M **J J A S O** N D

Eupatorium cannabinum L.

Gewöhnlicher Wasserdost *Asteraceae*
∗ [P(5) A(5)] G($\overline{2}$) giftig

50–150 cm hoch. PFLANZEN: **mehrjährig**, *ohne* Milchsaft. BLÜTENSTAND: von Hüllkelch umgebene Köpfchen, in rispenartigem Gesamtblütenstand, **schirmförmig, dichtblütig**; STIEL: beblättert. KÖPFCHEN: **nur mit Röhrenblüten**, 3–8-blütig, 1–5 mm ⌀. KÖPFCHENBODEN: ***ohne* Spreublätter bzw. -borsten.** BLÜTEN: **meist rosa bis rötlich**, selten weißlich. NARBEN: **weit aus dem Köpfchen ragend, rosa bis weißlich.** BLÄTTER: **gefingert, 3–5-teilig.** UNTERE STÄNGELBLÄTTER: **gegenständig.**

- einheimisch
- planar bis montan
- Grünland, Staudenfluren, Gehölze, Wälder, Ruderalvegetation, Zier- bzw. Nutzpflanze
- an nährstoffreichen Standorten

J F M A M **J J A S O** N D

Arnica montana L.

Berg-Wohlverleih *Asteraceae*
∗ ↓ [P(5) A(5)] G($\overline{2}$) schwach giftig RL 3 § EG D, BNatG b

20–50 cm hoch. PFLANZEN: **mehrjährig**, *ohne* Milchsaft. BLÜTENSTAND: von Hüllkelch umgebene Köpfchen, **Stängel 1- bis wenigköpfig.** KÖPFCHEN: **mit Röhren- *und* Zungenblüten, 40–90 mm ⌀.** KÖPFCHENBODEN: ***mit* Spreublättern bzw. -borsten.** BLÜTEN: gelblich. ZUNGENBLÜTEN: 3-zähnig. STÄNGEL: mit grundständiger Blattrosette. BLATTSTELLUNG: **gegenständig.** BLÄTTER: länglich bis oval, **ganzrandig.**

- einheimisch
- planar bis alpin
- Moore u. Seggenriede, Extensivgrünland u. Magerrasen, Zwergstrauchheiden, Zier- bzw. Nutzpflanze
- an nährstoffarmen, sauren Standorten

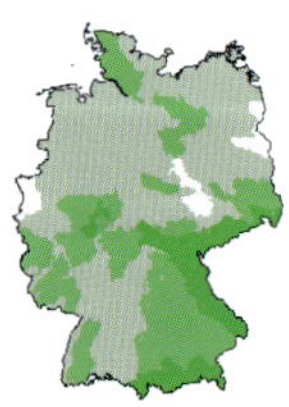

J F M A **M J J A** S O N D

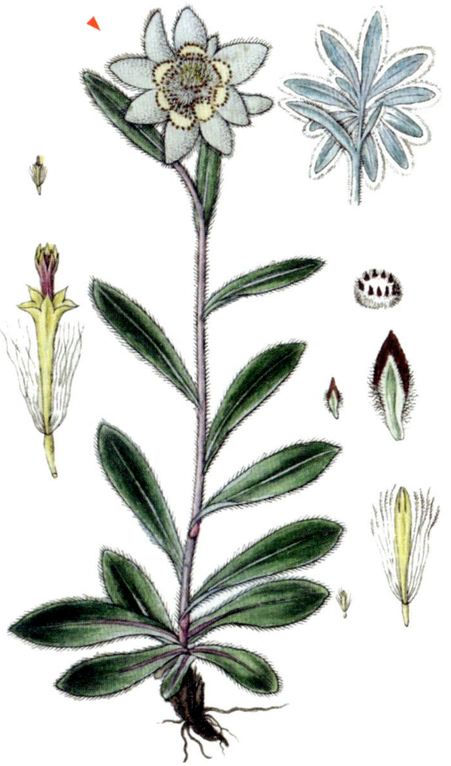

Ambrosia artemisiifolia L.

Beifuß-Ambrosie *Asteraceae*
♂ * [P(5) A(5)] | ♀ * P(5) G($\overline{2}$)

20–250 cm hoch. PFLANZEN: **1-jährig**, *ohne* Milchsaft, **meist 1-häusig**. BLÜTENSTAND: von Hüllkelch umgebene Köpfchen, nur mit Röhrenblüten, ♂ Köpfchen vielblütig u. hängend in aufrechtem rispen- bis traubenförmigem Gesamtblütenstand, ♀ Köpfchen 1-blütig in den Achseln von Tragblättern, ♂ **Köpfchen kahl bis spärlich behaart**. BLÜTEN: grünlich bis gelblich. PAPPUS: meist als wenigzackiges Krönchen ausgebildet. BLÄTTER: **1–2-fach fiederspaltig bis gefiedert**.

- eingebürgerter Neophyt, urspr. aus Nordamerika
- planar bis montan
- Staudenfluren, Äcker, Ruderalvegetation, Zier- bzw. Nutzpflanze
- an basenreichen Standorten

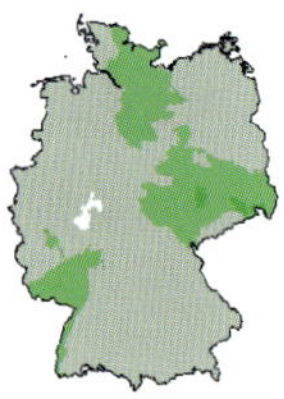

J F M A M J **J A S O** N D

Ambrosia psilostachya DC.

Stauden-Ambrosie *Asteraceae*
♂ * [P(5) A(5)] | ♀ * P(5) G($\overline{2}$)

30–80 cm hoch. PFLANZEN: **mehrjährig**, *ohne* Milchsaft, **oft 2-häusig**. BLÜTENSTAND: von Hüllkelch umgebene Köpfchen, nur mit Röhrenblüten, ♂ Köpfchen vielblütig u. hängend in aufrechtem rispen- bis traubenförmigem Gesamtblütenstand, ♀ Köpfchen 1-blütig in den Achseln von Tragblättern, ♂ **Köpfchen dicht behaart**. BLÜTEN: grünlich bis gelblich. PAPPUS: meist als wenigzackiges Krönchen ausgebildet. BLÄTTER: **1–2-fach fiederspaltig bis gefiedert**.

- eingebürgerter Neophyt, urspr. aus Nordamerika
- planar bis collin
- Staudenfluren, Ruderalvegetation, Zier- bzw. Nutzpflanze
- an basenreichen, meist trockenen Standorten

J F M A M J **J A S O** N D

Ambrosia trifida L.

Dreispaltige Ambrosie *Asteraceae*
♂ * [P(5) A(5)] | ♀ * P(5) G($\overline{2}$)

80–250 cm hoch. PFLANZEN: **1-jährig**, *ohne* Milchsaft. BLÜTENSTAND: von Hüllkelch umgebene Köpfchen, nur mit Röhrenblüten, ♂ Köpfchen vielblütig u. hängend in aufrechtem rispen- bis traubenförmigem Gesamtblütenstand, ♀ Köpfchen 1-blütig in den Achseln von Tragblättern. BLÜTEN: grünlich bis gelblich. PAPPUS: meist als wenigzackiges Krönchen ausgebildet. BLÄTTER: **meist tief gelappt, überwiegend 3-lappig, die oberen auch ungeteilt**.

- eingebürgerter Neophyt, urspr. aus Nordamerika
- planar bis collin
- Staudenfluren, Ruderalvegetation, Zier- bzw. Nutzpflanze

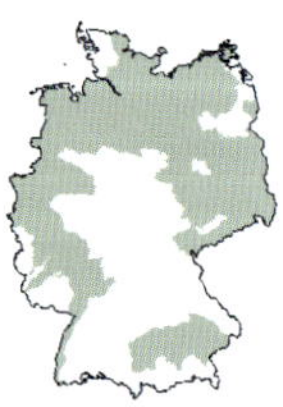

J F M A M J **J A S O** N D

Bidens cernuus L.

Nickender Zweizahn *Asteraceae*
* ↓ [P(5) A(5)] G($\overline{2}$)

Bis 100 cm hoch. PFLANZEN: *ohne* Milchsaft. BLÜTENSTAND: von Hüllkelch umgebene Köpfchen. KÖPFCHEN: **überhängend, mit 6–10 Zungenblüten**, 8–18 mm lang, **20–40 mm ⌀**. RÖHRENBLÜTEN: bräunlich bis gelblich. ZUNGENBLÜTEN: gelblich, 3-zähnig. FRÜCHTE: **am ganzen Rand mit Widerhaken, distal mit 3–4 ± gleich langen widerhakigen Grannen**. BLÄTTER: **ungeteilt**, grob gezähnt. UNTERE STÄNGELBLÄTTER: gegenständig. OBERE STÄNGELBLÄTTER: **sitzend**, basal paarweise verwachsen.

- einheimisch
- planar bis montan
- trockenfallende Ufer, Staudenfluren, Ruderalvegetation, Zier- bzw. Nutzpflanze
- an nährstoffreichen, nassen, zuweilen überfluteten Standorten

J F M A M J **J A S O** N D

Bidens connatus Willd.

Verwachsenblättriger Zweizahn *Asteraceae*
∗ [P(5) A(5)] G($\overline{2}$)

15–100 cm hoch. Pflanzen: *ohne* Milchsaft. Blütenstand: von Hüllkelch umgebene Köpfchen. Köpfchen: aufrecht, meist nur mit Röhrenblüten, selten mit < 5 Zungenblüten, 10–20 mm ⌀. Röhrenblüten: bräunlich bis gelblich. Zungenblüten: gelblich. Früchte: **nur in der distalen Hälfte mit Widerhaken, distal mit 3–4 ± gleich langen widerhakigen Grannen**. Blätter: **meist ungeteilt, selten undeutlich fiederspaltig**. untere Stängelblätter: gegenständig. obere Stängelblätter: **kurz gestielt**.

- eingebürgerter Neophyt, urspr. aus Nordamerika
- planar bis collin
- trockenfallende Ufer, Staudenfluren
- an nährstoffreichen, nassen, zuweilen überfluteten Standorten

J F M A M J **J A S O** N D

Bidens frondosus L.

Schwarzfrüchtiger Zweizahn *Asteraceae*
∗ [P(5) A(5)] G($\overline{2}$)

Bis 100 cm hoch. Pflanzen: *ohne* Milchsaft. Blütenstand: von Hüllkelch umgebene Köpfchen. Köpfchen: aufrecht, meist nur mit Röhrenblüten, selten mit < 5 Zungenblüten. Röhrenblüten: bräunlich bis gelblich. Zungenblüten: gelblich. Früchte: **distal mit 2 widerhakigen Grannen**. Blätter: **fiederspaltig bis gefiedert, 3–5-teilig**. untere Stängelblätter: gegenständig.

- eingebürgerter Neophyt, urspr. aus Nordamerika
- planar bis montan
- trockenfallende Ufer, Staudenfluren, Ruderalvegetation, Zier- bzw. Nutzpflanze
- an nährstoffreichen, feuchten bis nassen, zuweilen überfluteten Standorten

J F M A M J **J A S O** N D

Bidens radiatus Thuill.

Strahlender Zweizahn *Asteraceae*
∗ [P(5) A(5)] G($\overline{2}$)

15–100 cm hoch. Pflanzen: *ohne* Milchsaft. Blütenstand: von Hüllkelch umgebene Köpfchen. Köpfchen: aufrecht, meist nur mit Röhrenblüten, selten mit < 5 Zungenblüten, **viel breiter als hoch**; Spreublätter: **schmal-lineal, ± so lang wie die Achäne mit den Grannen**. äussere Hüllblätter: **blattartig, 9–14**. Röhrenblüten: bräunlich bis gelblich. Zungenblüten: gelblich. Früchte: **distal mit 2 langen sowie zuweilen 1–2 kurzen widerhakigen Grannen**. Blätter: **frischgrün, gezähnt bis fiederspaltig, 3–5 teilig**. untere Stängelblätter: gegenständig.

- einheimisch
- planar bis montan
- trockenfallende Ufer, Staudenfluren, Wälder
- an nährstoffreichen, nassen, zuweilen überfluteten Standorten

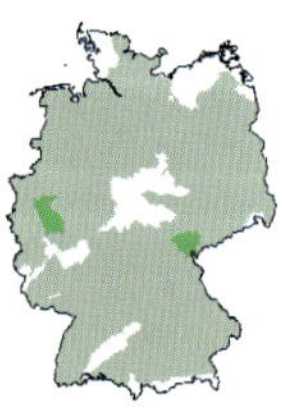

J F M A M J **J A S O** N D

Bidens tripartitus L.

Dreiteiliger Zweizahn *Asteraceae*
∗ [P(5) A(5)] G($\overline{2}$)

15–100 cm hoch. Pflanzen: *ohne* Milchsaft. Blütenstand: von Hüllkelch umgebene Köpfchen. Köpfchen: aufrecht, meist nur mit Röhrenblüten, selten mit < 5 Zungenblüten; Spreublätter: **breitlineal, ± so lang wie die Achäne *ohne* Grannen**. äussere Hüllblätter: **blattartig, 4–9**. Röhrenblüten: bräunlich bis gelblich. Zungenblüten: gelblich. Früchte: **distal mit 2 langen sowie zuweilen 1–2 kurzen widerhakigen Grannen**. Blätter: **dunkelgrün, gelappt bis fiederspaltig, 3–5-teilig**. untere Stängelblätter: gegenständig.

- einheimisch
- planar bis montan
- trockenfallende Ufer, Staudenfluren, Ruderalvegetation, Zier- bzw. Nutzpflanze
- an nährstoffreichen, nassen, zuweilen überfluteten Standorten

J F M A M **J J A S O** N D

Coreopsis lanceolata L.

Lanzettblättriges Mädchenauge *Asteraceae*
∗ ↓ [P(5) A(5)] G($\overline{2}$)

40–80 cm hoch. Pflanzen: *ohne* Milchsaft. Blütenstand: von Hüllkelch umgebene Köpfchen. Köpfchen: 10–35 cm lang gestielt, mit Röhren- *und* Zungenblüten, mit 6–15 Zungenblüten, 40–60 mm ⌀. Blüten: gelblich. Zungenblüten: 3-zähnig. Früchte: breit geflügelt, distal mit kleinem Krönchen. Pappus: **fehlend**. Stängel: vor allem unten beblättert, **mit 2–5 Blattpaaren**. Blattstellung: **gegenständig**. Blätter: **meist ungeteilt**.

- in Einbürgerung befindlicher Neophyt, urspr. aus Nordamerika
- planar bis montan
- Ruderalvegetation, Zier- bzw. Nutzpflanze

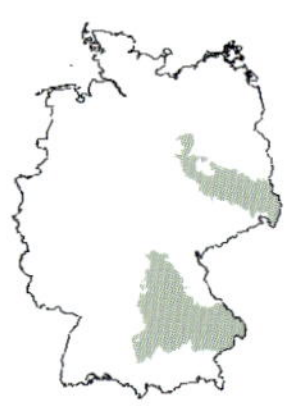

J F M A **M J J A S O** N D

Galinsoga parviflora Cav.

Kleinblütiges Franzosenkraut *Asteraceae*
∗ ↓ [P(5) A(5)] G($\overline{2}$)

10–60 cm hoch. Pflanzen: *ohne* Milchsaft. Blütenstand: von Hüllkelch umgebene Köpfchen. Köpfchen: mit Röhren- *und* Zungenblüten, mit 4–6 Zungenblüten, 4–14 mm ⌀; Stiele: kahl o. anliegend, kaum drüsig; Spreublätter: **distal verbreitert bis 3-lappig**. Röhrenblüten: gelblich. Zungenblüten: weißlich, 3-zähnig, **< 0,5-mal so lang wie der Durchmesser des Köpfchens**. Pappus: aus mehreren Schuppen bestehend, **an den Zungenblüten nur spärlich entwickelt, mit wenigen kurzen Schuppen**. Stängel: **kahl bis zerstreut behaart**. Blattstellung: **gegenständig**.

- eingebürgerter Neophyt, urspr. aus Südamerika
- planar bis montan
- Staudenfluren, Äcker, Ruderalvegetation, Zier- bzw. Nutzpflanze
- an nährstoffreichen Standorten

J F M **A M J J A S O** N D

Galinsoga quadriradiata Ruiz & Pav.

Zottiges Franzosenkraut *Asteraceae*
∗ ↓ [P(5) A(5)] G($\overline{2}$)

10–80 cm hoch. Pflanzen: *ohne* Milchsaft. Blütenstand: von Hüllkelch umgebene Köpfchen. Köpfchen: mit Röhren- *und* Zungenblüten, mit 4–6 Zungenblüten, 4–14 mm ⌀; Stiele: **dicht behaart, mit vielen Drüsenhaaren**; Spreublätter: **lineal-lanzettlich**. Hüllblätter: kahl o. anliegend kurzhaarig. Röhrenblüten: gelblich. Zungenblüten: weißlich, 3-zähnig, **> 0,5-mal so lang wie der Durchmesser des Köpfchens**. Pappus: aus mehreren Schuppen bestehend, **auch an den Zungenblüten deutlich entwickelt, mit zahlreichen langen Schuppen**. Stängel: **dicht abstehend behaart**. Blattstellung: **gegenständig**.

- eingebürgerter Neophyt, urspr. aus Mittel- u. Südamerika
- planar bis montan
- Staudenfluren, Äcker, Ruderalvegetation, Zier- bzw. Nutzpflanze

J F M **A M J J A S O** N D

Helianthus decapetalus L.

Zehnstrahlige Sonnenblume *Asteraceae*
∗ ↓ [P(5) A(5)] G($\overline{2}$)

60–200 cm hoch. Pflanzen: mehrjährig, *ohne* Milchsaft. Blütenstand: von Hüllkelch umgebene Köpfchen; Stiel: bis unter die Köpfchen beblättert. Köpfchen: mit Röhren- *und* Zungenblüten, **30–120 mm ⌀**. Köpfchenboden: **flach**, mit Spreublättern. Hülle: **18–28-blättrig**. Hüllblätter: **abstehend bis zurückgebogen**, lang zugespitzt. Röhrenblüten: **bräunlich bis gelblich**. Zungenblüten: gelblich, 3-zähnig. Pappus: **fehlend**. Blätter: **lanzettlich bis oval, < 3-mal so lang wie breit**. Untere Stängelblätter: gegenständig.

- in Einbürgerung befindlicher Neophyt, urspr. aus Nordamerika
- planar bis montan
- Ruderalvegetation, Zier- bzw. Nutzpflanze

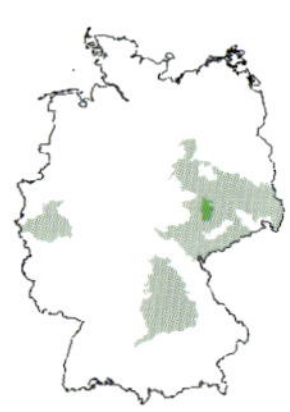

J F M A M **J J A S O** N D

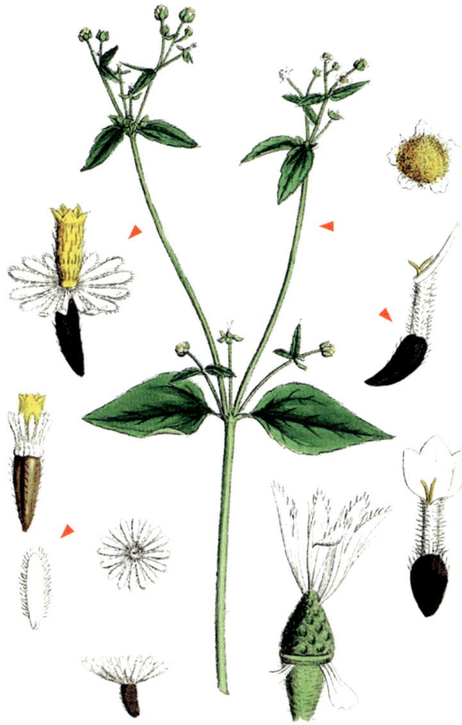

Helianthus tuberosus L.

Topinambur *Asteraceae*
∗ ↓ [P(5) A(5)] G($\overline{2}$)

1–5 m groß. PFLANZEN: mehrjährig, *ohne* Milchsaft. BLÜTENSTAND: von Hüllkelch umgebene Köpfchen; STIEL: bis unter die Köpfchen beblättert. KÖPFCHEN: aufrecht, mit Röhren- *und* Zungenblüten, **30–100 mm ⌀**. KÖPFCHENBODEN: **flach**, mit Spreublättern. HÜLLE: **20–40-blättrig**. HÜLLBLÄTTER: **abstehend bis zurückgebogen**, lang zugespitzt. RÖHRENBLÜTEN: **bräunlich bis gelblich**. ZUNGENBLÜTEN: gelblich, 3-zähnig. PAPPUS: **fehlend**. SPEICHERORGANE: **Knollen**. BLÄTTER: **lanzettlich bis oval, < 3-mal so lang wie breit**. UNTERE STÄNGELBLÄTTER: gegenständig.

- eingebürgerter Neophyt, urspr. aus Nordamerika
- planar bis montan
- Staudenfluren, Ruderalvegetation, Zier- bzw. Nutzpflanze
- an nährstoffreichen Standorten

J F M A M J **J A S O N** D

Iva xanthiifolia Nutt.

Spitzkletten-Rispenkraut *Asteraceae*
♂ ∗ [P(5) A(5)] | ♀ ∗ P(5) G($\overline{2}$)

80–200 cm hoch. PFLANZEN: **1-jährig**, *ohne* Milchsaft. BLÜTENSTAND: von Hüllkelch umgebene Köpfchen. KÖPFCHEN: **nur mit Röhrenblüten, innen mit 6–25 ♂ Blüten, außen mit 1–5 ♀ Blüten, ± so breit wie hoch**. BLÜTEN: grünlich bis gelblich. PAPPUS: **fehlend**. STÄNGEL: UNTEN: ± kahl; OBEN: lang behaart. BLÄTTER: gestielt, **länglich-lanzettlich bis 3-eckig**.

- eingebürgerter Neophyt, urspr. aus Nordamerika
- planar bis collin
- Äcker, Ruderalvegetation, Zier- bzw. Nutzpflanze

J F M A M J **J A S O** N D

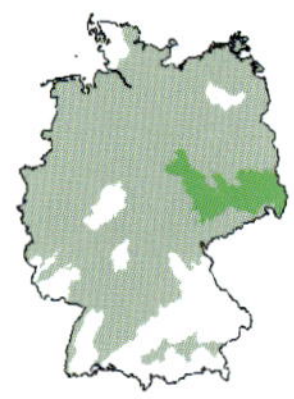

Rudbeckia hirta L.

Rauhaarige Rudbeckie *Asteraceae*
∗ ↓ [P(5) A(5)] G($\overline{2}$)

Bis 50 cm hoch. PFLANZEN: *ohne* Milchsaft. BLÜTENSTAND: von Hüllkelch umgebene Köpfchen. KÖPFCHEN: mit Röhren- *und* Zungenblüten, **40–150 mm ⌀**. KÖPFCHENBODEN: **kegelförmig**, mit Spreublättern. RÖHRENBLÜTEN: **bräunlich bis rötlich**. ZUNGENBLÜTEN: gelblich, 3-zähnig, **18–35 mm lang**. PAPPUS: **fehlend**. STÄNGEL: meist wenig verzweigt, **behaart**. UNTERE STÄNGELBLÄTTER: **ungeteilt, länglich bis lanzettlich**. OBERE STÄNGELBLÄTTER: **ungeteilt**.

- eingebürgerter Neophyt, urspr. aus Nordamerika
- planar bis montan
- Staudenfluren, Ruderalvegetation, Zier- bzw. Nutzpflanze
- an basenreichen Standorten

J F M A M **J J A S O** N D

Rudbeckia laciniata L.

Schlitzblatt-Rudbeckie *Asteraceae*
∗ ↓ [P(5) A(5)] G($\overline{2}$)

100–200 cm hoch. PFLANZEN: *ohne* Milchsaft. BLÜTENSTAND: von Hüllkelch umgebene Köpfchen. KÖPFCHEN: mit Röhren- *und* Zungenblüten, **40–150 mm ⌀**. KÖPFCHENBODEN: **kegelförmig**, mit Spreublättern. RÖHRENBLÜTEN: **grünlich bis gelblich**. ZUNGENBLÜTEN: gelblich, 3-zähnig, **35–60 mm lang**. PAPPUS: **fehlend**. STÄNGEL: meist verzweigt, **kahl**. UNTERE STÄNGELBLÄTTER: **fiederspaltig**. OBERE STÄNGELBLÄTTER: **gelappt, 3–5-teilig**.

- eingebürgerter Neophyt, urspr. aus Nordamerika
- planar bis montan
- Staudenfluren, Ruderalvegetation, Zier- bzw. Nutzpflanze
- an wechselfeuchten bis nassen Standorten

J F M A M **J J A S** O N D

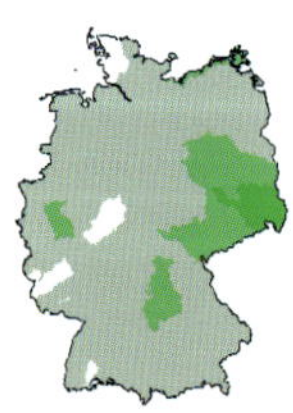

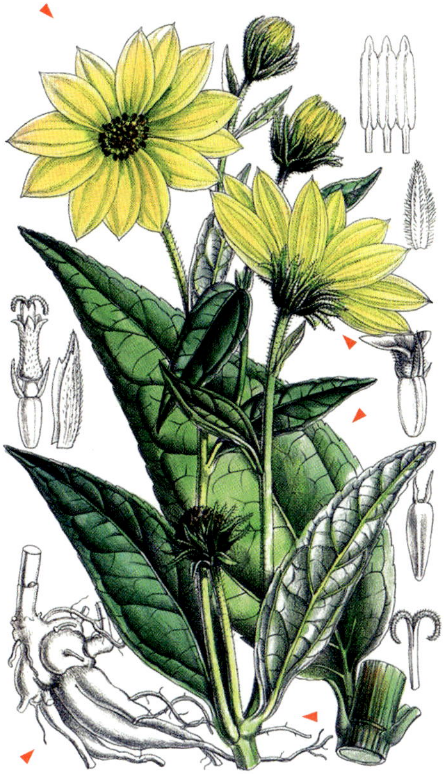

Rudbeckia triloba L.

Dreilappiger Sonnenhut *Asteraceae*
∗ ↓ [P(5) A(5)] G($\overline{2}$)

30–150 cm hoch. PFLANZEN: *ohne* Milchsaft. BLÜTENSTAND: von Hüllkelch umgebene Köpfchen. KÖPFCHEN: mit Röhren- *und* Zungenblüten, **40–150 mm ⌀.** KÖPFCHENBODEN: **kegelförmig**, mit Spreublättern. RÖHRENBLÜTEN: **bräunlich bis gelblich**. ZUNGENBLÜTEN: gelblich, 3-zähnig. PAPPUS: **fehlend**. UNTERE STÄNGELBLÄTTER: **fiederspaltig, meist 3-teilig**. OBERE STÄNGELBLÄTTER: **ungeteilt**.

- in Einbürgerung befindlicher Neophyt, urspr. aus Nordamerika
- planar bis montan
- Staudenfluren, Ruderalvegetation, Zier- bzw. Nutzpflanze

J F M A M **J J A S** O N D

Sigesbeckia serrata DC.

Herzblatt-Sigesbeckie *Asteraceae*
∗ ↓ [P(5) A(5)] G($\overline{2}$)

50–150 cm hoch. PFLANZEN: *ohne* Milchsaft. BLÜTENSTAND: von Hüllkelch umgebene Köpfchen. KÖPFCHEN: **mit Röhren- *und* Zungenblüten**, 20–35 mm ⌀. HÜLLBLÄTTER: **äußere lineal, distal spatelig verbreitert, *mehrfach* länger als die ovalen inneren, dicht drüsig behaart**. BLÜTEN: gelblich. ZUNGENBLÜTEN: 3-zähnig. PAPPUS: **fehlend**.

- eingebürgerter Neophyt, urspr. aus Südamerika
- planar
- Staudenfluren, Äcker, Ruderalvegetation
- an nährstoffreichen, basenreichen Standorten

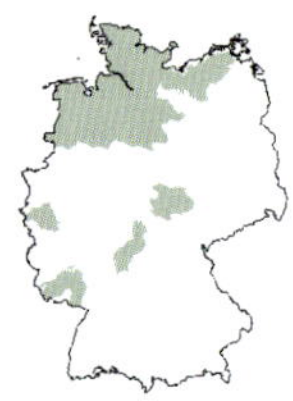

J F M A M J **J A S** O N D

Xanthium orientale L.

Großfrüchtige Spitzklette *Asteraceae*
♂ ∗ [P(5) A(5)] | ♀ ∗ P(5) G($\overline{2}$)

30–100 cm hoch. PFLANZEN: *ohne* Milchsaft, Köpfchen 1-geschlechtig. BLÜTENSTAND: von Hüllkelch umgebene Köpfchen, nur mit Röhrenblüten, ♂ Köpfchen in den Achseln von Tragblättern u. vielblütig, ♀ Köpfchen knäuelig gehäuft u. 2-blütig. FRÜCHTE: **mit gebogenen Schnäbeln, inkl. Schnabel 15–30 mm lang, zur Fruchtreife bräunlich**, mit Stacheln, **Stacheln distal meist hakig gebogen, borstig behaart**. PAPPUS: **fehlend**. STÄNGEL: *ohne* Dornen, rauhaarig. BLÄTTER: unterseits grünlich.

Im Gebiet kommen 3 Unterarten vor: subsp. *orientale*, subsp. *italicum* und subsp. *riparium* (vgl. S. 1440).

- unbeständiger Neophyt, urspr. aus Nordamerika
- planar bis montan
- Staudenfluren, Ruderalvegetation

J F M A M J **J A S O** N D

Xanthium spinosum L.

Dornige Spitzklette *Asteraceae*
♂ ∗ [P(5) A(5)] | ♀ ∗ P(5) G($\overline{2}$)

30–100 cm hoch. PFLANZEN: *ohne* Milchsaft, Köpfchen 1-geschlechtig. BLÜTENSTAND: von Hüllkelch umgebene Köpfchen, nur mit Röhrenblüten, ♂ Köpfchen in den Achseln von Tragblättern u. vielblütig, ♀ Köpfchen knäuelig gehäuft u. 2-blütig. FRÜCHTE: **inkl. Schnabel 8–14 mm lang**, mit Stacheln, **Stacheln mit ± geraden Spitzen**. PAPPUS: **fehlend**. STÄNGEL: **mit 3-teiligen Dornen an den Knoten**. BLÄTTER: **unterseits weißlich, filzig behaart**.

- in Einbürgerung befindlicher Neophyt, urspr. aus Südamerika
- planar bis collin
- Staudenfluren, Gehölze, Ruderalvegetation, Zier- bzw. Nutzpflanze
- an nährstoffreichen Standorten

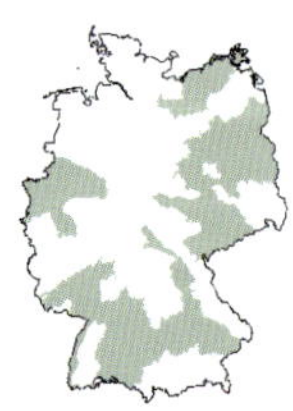

J F M A M J **J A S** O N D

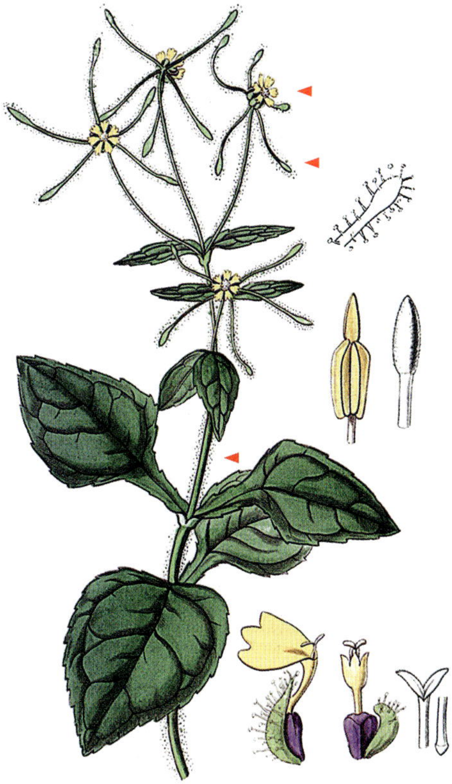

Xanthium strumarium L.

Gewöhnliche Spitzklette *Asteraceae*
♂ ∗ [P(5) A(5)] | ♀ ∗ P(5) G($\overline{2}$) RL 2

15–120 cm hoch. Pflanzen: *ohne* Milchsaft, Köpfchen 1-geschlechtig. Blütenstand: von Hüllkelch umgebene Köpfchen, nur mit Röhrenblüten, ♂ Köpfchen in den Achseln von Tragblättern u. vielblütig, ♀ Köpfchen knäuelig gehäuft u. 2-blütig. Früchte: **mit ± geraden Schnäbeln, inkl. Schnabel 12–17 mm lang, zur Fruchtreife gräulich bis grünlich**, mit Stacheln, **Stacheln mit ± geraden Spitzen, weichhaarig**. Pappus: **fehlend**. Stängel: *ohne* Dornen, weichhaarig. Blätter: unterseits grünlich, weichhaarig.

- Archaeophyt
- planar bis collin
- trockenfallende Ufer, Staudenfluren, Äcker, Ruderalvegetation, Zier- bzw. Nutzpflanze
- an nährstoffreichen, feuchten bis nassen, zuweilen überfluteten Standorten

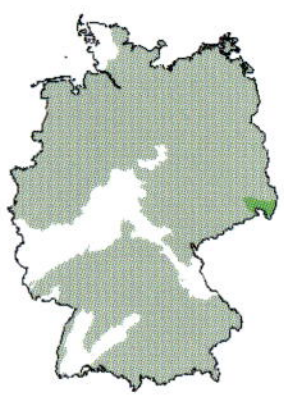

J F M A M **J J A S O** N D

Buphthalmum salicifolium L.

Weidenblatt-Rindsauge *Asteraceae*
∗ ↓ [P(5) A(5)] G($\overline{2}$)

15–80 cm hoch. Pflanzen: *ohne* Milchsaft. Blütenstand: von Hüllkelch umgebene Köpfchen. Köpfchen: **mit Röhren- *und* Zungenblüten**. Köpfchenboden: mit Spreublättern. Blüten: **gelblich**. Zungenblüten: 3-zähnig, **10–20 mm lang, 2–3 mm breit**. Pappus: **fehlend**. Blätter: **länglich-lanzettlich**.

- einheimisch
- collin bis subalpin
- Extensivgrünland u. Magerrasen, Staudenfluren, Gehölze, Wälder, Zier- bzw. Nutzpflanze
- an basenreichen Standorten

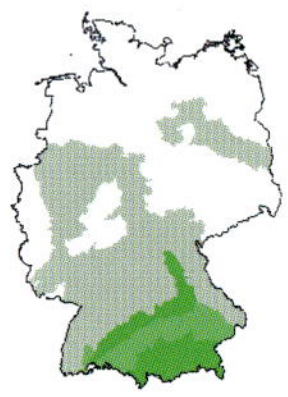

J F M A **M J J A S O** N D

Carpesium cernuum L.

Nickende Kragenblume *Asteraceae*
∗ [P(5) A(5)] G($\overline{2}$) RL 0

20–80 cm hoch. Pflanzen: *ohne* Milchsaft. Blütenstand: von Hüllkelch umgebene Köpfchen. Köpfchen: **nur mit Röhrenblüten**. Äussere Hüllblätter: laubblattartig. Blüten: **gelblich**. Früchte: **drüsig-klebrig geschnäbelt**. Pappus: **fehlend**. Stängel: lang behaart. Blätter: **oval bis rautenförmig**.

- ausgestorben
- collin bis montan
- Staudenfluren, Gehölze, Zier- bzw. Nutzpflanze

J F M A M **J J A S** O N D

Dittrichia graveolens (L.) Greuter

Klebalant *Asteraceae*
∗ ↓ [P(5) A(5)] G($\overline{2}$)

20–150 cm hoch. Pflanzen: **1-jährig**, *ohne* Milchsaft, **drüsig-klebrig behaart**. Blütenstand: von Hüllkelch umgebene Köpfchen. Köpfchen: **mit Röhren- *und* Zungenblüten**. Hüllblätter: dachziegelartig, äußere kürzer als die inneren. Blüten: **gelblich**. Staubbeutel: basal mit borstlichen Anhängseln. Zungenblüten: 3-zähnig, meist kaum länger als die Hülle. Pappus: **basal ringartig verwachsen**. Blätter: **lineal**.

- eingebürgerter Neophyt, urspr. aus dem Mittelmeergebiet
- planar bis collin
- Äcker, Ruderalvegetation, Zier- bzw. Nutzpflanze
- an basenreichen, auch salzhaltigen Standorten

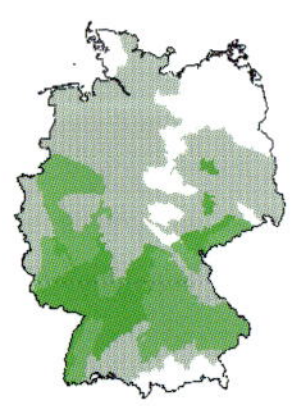

J F M A M J **J A S O** N D

Inula britannica L.

Wiesen-Alant *Asteraceae*

∗ ↓ [P(5) A(5)] $G(\overline{2})$ RL V

20–60 cm hoch. Pflanzen: mehrjährig, *ohne* Milchsaft. Blütenstand: von Hüllkelch umgebene Köpfchen, **in trauben- bis rispenartigem Gesamtblütenstand**. Köpfchen: mit Röhren- *und* Zungenblüten. Hüllblätter: dachziegelartig, äußere kürzer als die inneren. Staubbeutel: basal mit borstlichen Anhängseln. Zungenblüten: goldgelb, 3-zähnig, **> 3 mm länger als die Hülle**. Stängel: oben: **behaart**. obere Stängelblätter: **basal ausgerandet, (halb-) stängelumfassend**.

- einheimisch
- planar bis collin
- Grünland, Staudenfluren, Ruderalvegetation
- an basenreichen, feuchten, zuweilen überfluteten, auch salzhaltigen Standorten

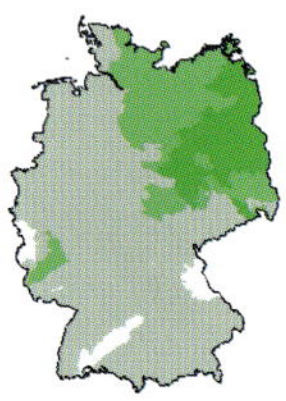

J F M A M **J J A S** O N D

Inula conyzae (Griess.) DC.

Dürrwurz-Alant *Asteraceae*

∗ ↓ [P(5) A(5)] $G(\overline{2})$

50–80 cm hoch. Pflanzen: mehrjährig, *ohne* Milchsaft. Blütenstand: von Hüllkelch umgebene Köpfchen, **in rispenartigem Gesamtblütenstand**. Köpfchen: mit Röhren- *und* Zungenblüten, **Zungenblüten oft klein (scheinbar fehlend)**, 7–12 mm lang, < 50 mm ⌀. Hüllblätter: dachziegelartig, äußere kürzer als die inneren. Staubbeutel: basal mit borstlichen Anhängseln. Zungenblüten: **gräulich-gelb**, 3-zähnig. obere Stängelblätter: **basal verschmälert bis abgerundet**.

- einheimisch
- planar bis montan
- Extensivgrünland u. Magerrasen, Staudenfluren, Gehölze, Wälder, Ruderalvegetation

J F M A **M J J A S O** N D

Inula ensifolia L.

Schwert-Alant *Asteraceae*

∗ ↓ [P(5) A(5)] $G(\overline{2})$ RL 0

10–60 cm hoch. Pflanzen: mehrjährig, *ohne* Milchsaft. Blütenstand: von Hüllkelch umgebene Köpfchen, **Stängel 1-köpfig *oder* mit wenigen Köpfchen**. Köpfchen: mit Röhren- *und* Zungenblüten. Hüllblätter: dachziegelartig, äußere kürzer als die inneren. Staubbeutel: basal mit borstlichen Anhängseln. Zungenblüten: goldgelb, 3-zähnig, **> 3 mm länger als die Hülle**. Stängel: oben: **behaart**. obere Stängelblätter: **lineal-lanzettlich**, 2–8 mm breit, **basal verschmälert bis abgerundet**.

- ausgestorben
- planar bis montan
- Extensivgrünland u. Magerrasen, Gehölze, Zier- bzw. Nutzpflanze
- an trockenen Standorten

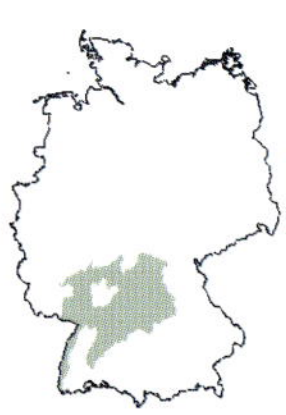

J F M A M **J J A** S O N D

Inula germanica L.

Deutscher Alant *Asteraceae*

∗ ↓ [P(5) A(5)] $G(\overline{2})$ RL 3 § BNatG b

30–60 cm hoch. Pflanzen: mehrjährig, *ohne* Milchsaft. Blütenstand: von Hüllkelch umgebene Köpfchen, **in trauben- bis rispenartigem Gesamtblütenstand**. Köpfchen: mit Röhren- *und* Zungenblüten. Hüllblätter: dachziegelartig, äußere kürzer als die inneren. Staubbeutel: basal mit borstlichen Anhängseln. Zungenblüten: goldgelb, 3-zähnig, **1–3 mm länger als die Hülle**. Stängel: oben: **behaart**. obere Stängelblätter: **basal ausgerandet, (halb-) stängelumfassend**.

- einheimisch
- planar bis collin
- Extensivgrünland u. Magerrasen, Staudenfluren, Ruderalvegetation, Zier- bzw. Nutzpflanze
- an nährstoffarmen, basenreichen, meist trockenen Standorten

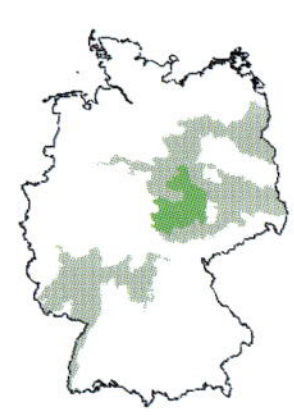

J F M A M **J J A** S O N D

Inula helenium L.

Echter Alant *Asteraceae*
$* \downarrow [P(5)\ A(5)]\ G(\overline{2})$

100–200 cm hoch. Pflanzen: mehrjährig, *ohne* Milchsaft. Blütenstand: von Hüllkelch umgebene Köpfchen, **in trauben- bis rispenartigem Gesamtblütenstand**. Köpfchen: mit Röhren- *und* Zungenblüten, **50–80 mm ⌀**. Hüllblätter: dachziegelartig, äußere kürzer als die inneren. Staubbeutel: basal mit borstlichen Anhängseln. Zungenblüten: goldgelb, 3-zähnig. Blätter: **Spreite 30–80 cm lang, 15–20 cm breit**. obere Stängelblätter: **basal verschmälert bis abgerundet**.

- eingebürgerter Neophyt, urspr. aus Südosteuropa
- planar bis montan
- Staudenfluren, Gehölze, Ruderalvegetation, Zier- bzw. Nutzpflanze

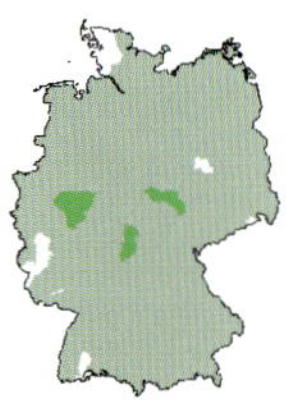

J F M A M **J J A S** O N D

Inula helvetica Weber

Schweizer Alant *Asteraceae*
$* \downarrow [P(5)\ A(5)]\ G(\overline{2})$ RL 1

30–60 cm hoch. Pflanzen: mehrjährig, *ohne* Milchsaft. Blütenstand: von Hüllkelch umgebene Köpfchen, **in trauben- bis rispenartigem Gesamtblütenstand**. Köpfchen: mit Röhren- *und* Zungenblüten, **15–25 mm ⌀**. Hüllblätter: dachziegelartig, äußere kürzer als die inneren. Staubbeutel: basal mit borstlichen Anhängseln. Zungenblüten: goldgelb, 3-zähnig. Stängel: oben: **behaart**. obere Stängelblätter: **basal verschmälert bis abgerundet**.

- einheimisch
- planar bis collin
- Staudenfluren, Gehölze, Ruderalvegetation
- an nährstoffreichen, basenreichen, wechselfeuchten bis nassen Standorten

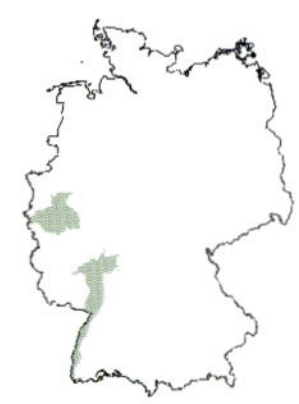

J F M A M **J J A S** O N D

Inula hirta L.

Rauhaariger Alant *Asteraceae*
$* \downarrow [P(5)\ A(5)]\ G(\overline{2})$ RL 3

15–50 cm hoch. Pflanzen: mehrjährig, *ohne* Milchsaft. Blütenstand: von Hüllkelch umgebene Köpfchen, **Stängel 1-köpfig *oder* mit wenigen Köpfchen**. Köpfchen: mit Röhren- *und* Zungenblüten, **25–50 mm ⌀**. Hüllblätter: dachziegelartig, äußere kürzer als die inneren. Staubbeutel: basal mit borstlichen Anhängseln. Zungenblüten: goldgelb, 3-zähnig, **> 3 mm länger als die Hülle**. Stängel: oben: **behaart**. obere Stängelblätter: **länglich-oval, basal verschmälert bis abgerundet**.

- einheimisch
- planar bis montan
- Extensivgrünland u. Magerrasen, Staudenfluren, Wälder, Schutt- u. Felsfluren
- an basenreichen, meist trockenen Standorten

J F M A **M J J A** S O N D

Inula salicina L.

Weidenblättriger Alant *Asteraceae*
$* \downarrow [P(5)\ A(5)]\ G(\overline{2})$ RL V

25–80 cm hoch. Pflanzen: mehrjährig, *ohne* Milchsaft. Blütenstand: von Hüllkelch umgebene Köpfchen, **Stängel 1-köpfig *oder* mit wenigen Köpfchen**. Köpfchen: mit Röhren- *und* Zungenblüten. Hüllblätter: dachziegelartig, äußere kürzer als die inneren. Staubbeutel: basal mit borstlichen Anhängseln. Zungenblüten: goldgelb, 3-zähnig, **> 3 mm länger als die Hülle**. Stängel: oben: **kahl bis spärlich behaart**. obere Stängelblätter: **basal ausgerandet, (halb-) stängelumfassend**.

- einheimisch
- planar bis montan
- Moore u. Seggenriede, Extensivgrünland u. Magerrasen, Staudenfluren, Gehölze, Ruderalvegetation
- an kalkreichen, auch salzhaltigen Standorten

J F M A **M J J A S O** N D

Pulicaria dysenterica (L.) Bernh.

Großes Flohkraut *Asteraceae*
∗ ↓ [P(5) A(5)] G($\overline{2}$) RL V

30–60 cm hoch. Pflanzen: **mehrjährig**, *ohne* Milchsaft. Blütenstand: von Hüllkelch umgebene Köpfchen. Köpfchen: mit Röhren- *und* Zungenblüten, **15–30 mm ⌀.** Hüllblätter: dachziegelartig, äußere kürzer als die inneren. Blüten: gelblich, **Zungenblüten distal goldgelb.** Staubbeutel: basal mit borstlichen Anhängseln. Zungenblüten: 3-zähnig, **viel länger als die Hülle.** Früchte: **distal mit krönchenartigen Schuppen *und* Pappus.**

- einheimisch
- planar bis montan
- Grünland, Ruderalvegetation, Trittfluren, Zier- bzw. Nutzpflanze

J F M A M **J J A S** O N D

Pulicaria vulgaris Gaertn.

Kleines Flohkraut *Asteraceae*
∗ ↓ [P(5) A(5)] G($\overline{2}$) RL 3

10–30 cm hoch. Pflanzen: **1-jährig**, *ohne* Milchsaft. Blütenstand: von Hüllkelch umgebene Köpfchen. Köpfchen: mit Röhren- *und* Zungenblüten, **8–14 mm ⌀.** Hüllblätter: dachziegelartig, äußere kürzer als die inneren. Blüten: gelblich, **Zungenblüten distal oft gräulich-gelblich.** Staubbeutel: basal mit borstlichen Anhängseln. Zungenblüten: 3-zähnig, **kaum länger als die Hülle.** Früchte: **distal mit krönchenartigen Schuppen *und* Pappus.**

- einheimisch
- planar bis collin
- trockenfallende Ufer, Grünland, Staudenfluren, Ruderalvegetation, Zier- bzw. Nutzpflanze
- an nährstoffreichen, feuchten bis nassen, zuweilen überfluteten, auch salzhaltigen Standorten

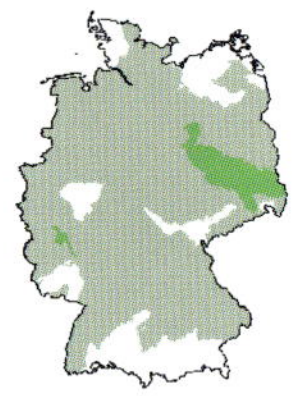

J F M A M **J J A** S O N D

Telekia speciosa (Schreb.) Baumg.

Gewöhnliche Telekie *Asteraceae*
∗ ↓ [P(5) A(5)] G($\overline{2}$)

60–200 cm hoch. Pflanzen: *ohne* Milchsaft. Blütenstand: von Hüllkelch umgebene Köpfchen. Köpfchen: **mit Röhren- *und* Zungenblüten, 20–80 mm ⌀.** Köpfchenboden: mit Spreublättern. Hüllblätter: dachziegelartig, äußere kürzer als die inneren. Blüten: **gelblich.** Zungenblüten: 3-zähnig, **20–30 mm lang, 1–2 mm breit.** Früchte: **distal mit krönchenartigen Schuppen *und* Pappus.** Pappus: **fehlend.** Speicherorgane: Knollen. Blätter: ungeteilt, **länglich bis oval, Spreite 20–80 cm lang, basal abgerundet bis ausgerandet.** untere Stängelblätter: oval.

- eingebürgerter Neophyt, urspr. aus Südosteuropa
- planar bis montan
- Staudenfluren, Ruderalvegetation, Zier- bzw. Nutzpflanze

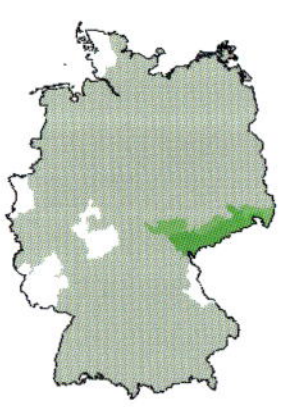

J F M A **M J J A** S O N D

Adoxa moschatellina L.

Moschuskraut *Adoxaceae*
∗ K(2–3) [C(4–5) A(4–5)] G($\overline{4–5}$)

Bis 15 cm hoch. Blütenstand: **köpfchenartig, ± würfelförmig, 4–5-blütig.** Blüten: 3–7 mm ⌀, **grünlich-gelblich.** Krone: an der Endblüte 5-blättrig, sonst 4-blättrig. Früchte: Steinfrüchte, vom bleibenden Kelch umschlossen. Stängel: 1–2-blättrig. Ausläufer: unterirdisch, **mit sukkulenten Niederblättern u. lang gestielten Laubblättern.** Blätter: **1–2-fach gefiedert, 3-teilig;** unterseits: frischgrün, glänzend.

- einheimisch
- planar bis montan
- Staudenfluren, Gehölze, Wälder, Ruderalvegetation, Zier- bzw. Nutzpflanze
- an nährstoffreichen Standorten

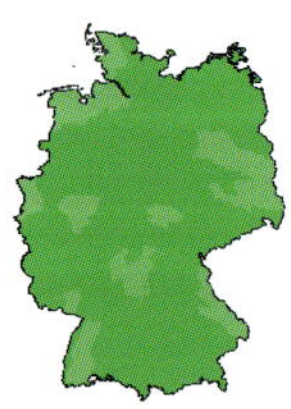

J **F M A M J** J A S O N D

Sambucus ebulus L.

Zwerg-Holunder *Adoxaceae*
∗ K(5) [C(5) A(5)] $G(\overline{3})$ giftig

60–200 cm hohe Staude. Blütenstand: **schirmförmig, breiter als hoch**. Blüten: weißlich, meist rötlich bis violett überlaufen. Staubbeutel: rötlich. Früchte: Steinfrüchte, 4–7 mm ⌀, **schwarz**, 1–3-samig. Blattstellung: gegenständig. Blätter: gefiedert. Fiederblättchen: sitzend bis kurz gestielt. Nebenblätter: **groß, kleinen Fiederblättern gleichend**.

- einheimisch
- collin bis montan
- Staudenfluren, Gehölze, Ruderalvegetation, Zier- bzw. Nutzpflanze
- an kalkreichen Standorten

J F M A **M J J A** S O N D

Sambucus nigra L.

Schwarzer Holunder *Adoxaceae*
∗ K(5) [C(5) A(5)] $G(\overline{3})$ schwach giftig

Meist strauchförmig, bis 8 m hoch. Blütenstand: aufrecht, **schirmförmig, breiter als hoch**. Blüten: weißlich-gelblich. Staubbeutel: gelblich. Früchte: Steinfrüchte, 4–7 mm ⌀, **schwarz**, 1–3-samig. Seitenäste: **mit weißlichem Mark**. Jungtriebe: warzig. Blattstellung: gegenständig. Blätter: ***lange vor* den Blüten erscheinend**, gefiedert, 5–7-teilig. Fiederblättchen: sitzend bis kurz gestielt. Nebenblätter: klein, früh abfallend, dann ihre Narben sichtbar.

- einheimisch
- planar bis montan
- Gehölze, Wälder, Dünen, Zier- bzw. Nutzpflanze
- an nährstoffreichen Standorten

J F M A **M J J** A S O N D

Sambucus racemosa L.

Roter Holunder *Adoxaceae*
∗ K(5) [C(5) A(5)] $G(\overline{3})$ schwach giftig

Meist strauchförmig, bis 5 m hoch. Blütenstand: aufrecht, **schmal-pyramiden- bis eiförmig, meist höher als breit**, 3–8 mm ⌀. Blüten: weißlich. Staubbeutel: gelblich. Früchte: Steinfrüchte, 3–6 mm ⌀, **rötlich**, 1–3-samig. Seitenäste: **mit bräunlichem bis gelblichem Mark**. Jungtriebe: warzig. Blattstellung: gegenständig. Blätter: ***gleichzeitig* mit den Blüten erscheinend**, gefiedert, 5–7-teilig. Fiederblättchen: sitzend bis kurz gestielt. Nebenblätter: klein, früh abfallend, dann ihre Narben sichtbar.

- einheimisch
- planar bis subalpin
- Gehölze, Wälder, Schutt- u. Felsfluren, Zier- bzw. Nutzpflanze
- an nährstoffreichen Standorten

J F **M A M J** J A S O N D

Viburnum lantana L.

Wolliger Schneeball *Adoxaceae*
∗ K(5) [C(5) A(5)] $G(\overline{2})$ giftig

Meist strauchförmig, bis 3 m hoch. Blütenstand: schirmförmig. Randblüten: nicht *oder* kaum vergrößert. Blüten: weißlich. Narben: 3-lappig. Früchte: Steinfrüchte, **zunächst rötlich, später schwarz**, 1-samig. Blattstellung: gegenständig. Blätter: **oval**, *ohne* Drüsen am Stielansatz, am Rand gezähnt, beidseits mit je ≥ 6 Seitennerven; oberseits: **dunkelgrün, mit Sternhaaren, runzelig**; unterseits: **weißlich bis graugrün, dicht behaart**.

- einheimisch
- planar bis montan
- Gehölze, Wälder, Zier- bzw. Nutzpflanze
- an kalkreichen Standorten

J F **M A M J** J A S O N D

Viburnum opulus L.

Gewöhnlicher Schneeball *Adoxaceae*
∗ K(5) [C(5) A(5)] G($\overline{2}$) giftig

Meist strauchförmig, bis 5 m hoch. BLÜTENSTAND: schirmförmig, 8–25 mm ⌀. RANDBLÜTEN: **stark vergrößert**. BLÜTEN: weißlich. NARBEN: 3-lappig. FRÜCHTE: Steinfrüchte, **rötlich**, 1-samig. BLATTSTELLUNG: gegenständig. BLÄTTER: blau- bzw. graugrün, **gelappt, 3–5-teilig**, am Übergang zum Stiel mit mehreren Drüsen, am Rand gezähnt, beidseits mit je ≥ 6 Seitennerven; OBERSEITS: **frischgrün, kahl**, glatt; UNTERSEITS: frischgrün.

- einheimisch
- planar bis montan
- Gehölze, Wälder, Zier- bzw. Nutzpflanze

J F M **A M J J** A S O N D

Dipsacus fullonum L.

Wilde Karde *Caprifoliaceae*
↓ K(4) C(4) A4 G($\overline{2}$)

60–200 cm hoch. BLÜTENSTAND: köpfchenartig, **aufrecht**; TRAGBLÄTTER: **aufwärts gebogen, viel länger als die Spreublätter**. KÖPFCHEN: **eiförmig bis zylindrisch**. KÖPFCHENBODEN: mit Spreublättern. HÜLLBLÄTTER: **starr bis stechend**. BLÜTEN: radiärsymmetrisch bis zygomorph, **violett o. weißlich**. STAUBBEUTEL: **violett**. STÄNGEL: **mit zahlreichen festen Stacheln**. BLATTSTELLUNG: gegenständig. BLÄTTER: zuweilen an den Mittelnerven unterseits stachelig, **ungeteilt**, kahl o. spärlich stachelig. STÄNGELBLÄTTER: **sitzend, basal mit dem gegenüberliegendem Blatt verwachsen.**

- Archaeophyt
- planar bis montan
- Staudenfluren, Ruderalvegetation, Zier- bzw. Nutzpflanze
- an basenreichen Standorten

J F M A M **J J A** S O N D

Dipsacus laciniatus L.

Schlitzblatt-Karde *Caprifoliaceae*
↓ K(4) C(4) A4 G($\overline{2}$)

50–120 cm hoch. BLÜTENSTAND: köpfchenartig, **aufrecht**; TRAGBLÄTTER: **meist abstehend, viel länger als die Spreublätter**. KÖPFCHEN: **eiförmig bis zylindrisch**. KÖPFCHENBODEN: mit Spreublättern. HÜLLBLÄTTER: **starr bis stechend**. BLÜTEN: radiärsymmetrisch bis zygomorph, **violett o. weißlich**. STAUBBEUTEL: **violett**. STÄNGEL: **mit zahlreichen festen Stacheln**. BLATTSTELLUNG: gegenständig. BLÄTTER: an den Mittelnerven unterseits stachelig, **gelappt bis fiederspaltig**, am Rand bewimpert. STÄNGELBLÄTTER: **sitzend, basal mit dem gegenüberliegendem Blatt verwachsen**.

- eingebürgerter Neophyt, urspr. aus dem östlichen Mittelmeergebiet
- planar bis collin
- Staudenfluren, Gehölze, Ruderalvegetation, Zier- bzw. Nutzpflanze
- an basenreichen Standorten

J F M A M **J J A** S O N D

Dipsacus pilosus L.

Behaarte Karde *Caprifoliaceae*
↓ K(4) C(4) A4 G($\overline{2}$)

60–120 cm hoch. BLÜTENSTAND: köpfchenartig, **in Knospe meist überhängend**; TRAGBLÄTTER: abstehend, **kaum länger als die Spreublätter**. KÖPFCHEN: **(halb-) kugelig**. KÖPFCHENBODEN: mit Spreublättern; SPREUBLÄTTER: **8–13 mm lang, distal plötzlich verschmälert, bis zur Spitze bewimpert**. HÜLLBLÄTTER: ± weich. BLÜTEN: radiärsymmetrisch bis zygomorph, **weißlich**. STAUBBEUTEL: **(dunkel-) violett**. FRUCHTSTAND: **15–25 mm** ⌀. STÄNGEL: mit wenigen kurzen Stacheln. BLATTSTELLUNG: gegenständig. BLÄTTER: **gelappt bis fiederspaltig**. STÄNGELBLÄTTER: **kurz gestielt**.

- einheimisch
- planar bis montan
- Staudenfluren, Gehölze, Ruderalvegetation, Zier- bzw. Nutzpflanze
- an basenreichen Standorten

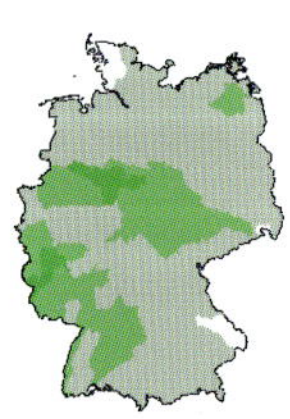

J F M A M **J J A** S O N D

Dipsacus strigosus Roem. & Schult.

Schlanke Karde *Caprifoliaceae*
↓ K(4) C(4) A4 G($\overline{2}$)

80–200 cm hoch. Blütenstand: köpfchenartig, **in Knospe meist überhängend**; Tragblätter: abstehend, **kaum länger als die Spreublätter**. Köpfchen: **(halb-) kugelig**. Köpfchenboden: mit Spreublättern; Spreublätter: **13–22 mm lang, distal allmählich verschmälert, an der Spitze kahl**. Hüllblätter: ± weich. Blüten: radiärsymmetrisch bis zygomorph, **hellgelb**. Staubbeutel: **grünlich**. Fruchtstand: **25–45 mm** ⌀. Stängel: mit wenigen kurzen Stacheln. Blattstellung: gegenständig. Blätter: **gelappt bis fiederspaltig**. Stängelblätter: **kurz gestielt, basal mit dem gegenüberliegendem Blatt verwachsen**.

- eingebürgerter Neophyt, urspr. aus Osteuropa u. Westasien
- collin bis montan
- Staudenfluren, Ruderalvegetation
- an basenreichen Standorten

J F M A M **J J A** S O N D

Knautia arvensis agg.

Wiesen-Witwenblume *Caprifoliaceae*
↓ K(4–5) C(4) A4 G($\overline{2}$)

20–80 cm hoch. Blütenstand: köpfchenartig. Köpfchen: zur Fruchtzeit schwach gewölbt. Köpfchenboden: behaart, *ohne* Spreublätter. Blüten: ⚥ *oder* ♀, radiärsymmetrisch bis zygomorph, violett *oder* gelblich-weißlich. Kelchborsten: **8**. Stängel: krautig. Ausläufer: unterirdisch. Blattstellung: gegenständig.

K. arvensis (Wiesen-Witwenblume): Blüten: rot- bis blauviolett. Stängel: unten oft rötlich gefleckt. obere Stängelblätter: gelappt bis fiederspaltig, mit ≤ 8 Blattlappen, Endfieder kleiner als das übrige Blatt.
K. kitaibelii (Gelbe Witwenblume): ausgestorben. Blüten: gelblich bis weißlich. Stängel: unten *nicht* rötlich gefleckt. Stängelblätter: alle ungeteilt.

- einheimisch
- planar bis montan
- Grünland, Ruderalvegetation, Zier- bzw. Nutzpflanze

J F M **A M J J A S O** N D

Knautia dipsacifolia Kreutzer

Wald-Witwenblume *Caprifoliaceae*
↓ K(4–5) C(4) A4 G($\overline{2}$) RL 2

40–100 cm hoch. Blütenstand: köpfchenartig; Stiel: *ohne* o. mit Drüsenhaaren. Köpfchen: zur Fruchtzeit schwach gewölbt. Köpfchenboden: behaart, *ohne* Spreublätter. Blüten: ⚥ *oder* ♀, radiärsymmetrisch bis zygomorph, rötlich-violett. Kelchborsten: **8**. Stängel: krautig. Ausläufer: unterirdisch, am Ende mit einem Blühtrieb. Blattstellung: gegenständig. mittlere Stängelblätter: **beidseits mit je ≤ 10 Zähnen**. obere Stängelblätter: sitzend, **ungeteilt, oberhalb der Mitte am breitesten**.

Im Gebiet kommen 2 Unterarten vor: subsp. *dipsacifolia* und subsp. *gracilis* (vgl. S. 1440).

- einheimisch
- planar bis subalpin
- Grünland, Staudenfluren, Wälder

J F M A **M J J A S O** N D

Knautia drymeia Heuff.

Ungarische Witwenblume *Caprifoliaceae*
↓ K(4–5) C(4) A4 G($\overline{2}$) RL 2

25–100 cm hoch. Blütenstand: köpfchenartig. Köpfchen: zur Fruchtzeit schwach gewölbt. Köpfchenboden: behaart, *ohne* Spreublätter. Blüten: ⚥ *oder* ♀, radiärsymmetrisch bis zygomorph, rötlich-violett. Kelchborsten: **8–16**. Stängel: krautig; unten: **behaart**. Ausläufer: unterirdisch, am Ende mit einer Blattrosette. Blattstellung: gegenständig. mittlere Stängelblätter: **beidseits mit je ≥ 10 Zähnen**. obere Stängelblätter: **ungeteilt, oberhalb der Mitte am breitesten**.

- einheimisch
- planar bis montan
- Gehölze, Wälder

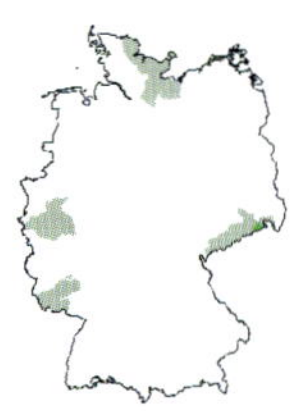

J F M **A M J J A S O** N D

Scabiosa canescens Waldst. & Kit.

Graue Skabiose *Caprifoliaceae*
↓ K(4–5) C(5) A4 G($\overline{2}$) RL 3

20–50 cm hoch. BLÜTENSTAND: köpfchenartig. KÖPFCHENBODEN: mit Spreublättern. RANDBLÜTEN: vergrößert. AUSSENKELCH: distal mit Hautrand. BLÜTEN: radiärsymmetrisch bis zygomorph, meist hellblau bis violett. KELCHBORSTEN: **4–5, 1,5–2,5-mal so lang wie der Saum des Außenkelchs, weißlich bis gelblich**. STÄNGEL: krautig. BLATTSTELLUNG: gegenständig. GRUNDBLÄTTER: **ungeteilt**. STÄNGELBLÄTTER: **gelappt bis fiederspaltig**. MITTLERE STÄNGELBLÄTTER: fiederspaltig.

- einheimisch
- planar bis montan
- Extensivgrünland u. Magerrasen, Staudenfluren, Gehölze, Wälder, Ruderalvegetation
- an basenreichen, meist trockenen Standorten

J F M A M **J J A S O N D**

Scabiosa columbaria L.

Tauben-Skabiose *Caprifoliaceae*
↓ K(4–5) C(5) A4 G($\overline{2}$)

20–80 cm hoch. BLÜTENSTAND: köpfchenartig. KÖPFCHENBODEN: mit Spreublättern. RANDBLÜTEN: vergrößert. AUSSENKELCH: distal mit Hautrand. BLÜTEN: radiärsymmetrisch bis zygomorph, rötlich bis violett. KELCHBORSTEN: **5, im QS rundlich, < 5 mm lang, meist 3–5-mal so lang wie der Saum des Außenkelchs, dunkelbraun bis schwarz**. STÄNGEL: krautig. BLATTSTELLUNG: gegenständig. BLÄTTER: matt. GRUNDBLÄTTER: **ungeteilt bis fiederspaltig**. STÄNGELBLÄTTER: **gelappt bis fiederspaltig**. MITTLERE STÄNGELBLÄTTER: fiederspaltig.

Im Gebiet kommen 2 Unterarten vor: subsp. *columbaria* und subsp. *pratensis* (vgl. S. 1440).

- einheimisch
- planar bis montan
- Grünland, Zier- bzw. Nutzpflanze
- an kalkreichen, trockenen Standorten

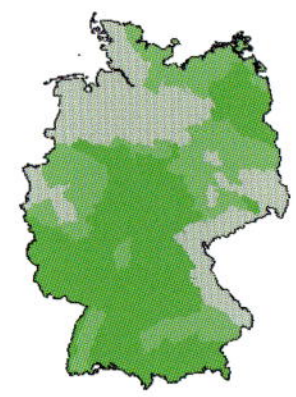

J F M A M **J J A S O N D**

Scabiosa lucida Vill.

Glanz-Skabiose *Caprifoliaceae*
↓ K(4–5) C(5) A4 G($\overline{2}$)

10–60 cm hoch. BLÜTENSTAND: köpfchenartig. KÖPFCHENBODEN: mit Spreublättern. RANDBLÜTEN: vergrößert. AUSSENKELCH: distal mit Hautrand. BLÜTEN: radiärsymmetrisch bis zygomorph, rötlich bis blauviolett. KELCHBORSTEN: **5, im QS gekielt, 5–10 mm lang, meist 3–5-mal so lang wie der Saum des Außenkelchs, dunkelbraun bis schwarz**. STÄNGEL: krautig. BLATTSTELLUNG: gegenständig. BLÄTTER: (schwach) glänzend. GRUNDBLÄTTER: **ungeteilt**. MITTLERE STÄNGELBLÄTTER: **ungeteilt**.

- einheimisch
- montan bis alpin
- Extensivgrünland u. Magerrasen, Schutt- u. Felsfluren
- an basenreichen Standorten

J F M A M **J J A S** O N D

Scabiosa ochroleuca L.

Gelbe Skabiose *Caprifoliaceae*
↓ K(4–5) C(5) A4 G($\overline{2}$) RL 3

25–60 cm hoch. BLÜTENSTAND: köpfchenartig. KÖPFCHENBODEN: mit Spreublättern. RANDBLÜTEN: vergrößert. AUSSENKELCH: distal mit Hautrand. BLÜTEN: radiärsymmetrisch bis zygomorph, **weißlich-gelblich**. KELCHBORSTEN: **5, meist 2–3-mal so lang wie der Saum des Außenkelchs, meist rötlich**. STÄNGEL: krautig. BLATTSTELLUNG: gegenständig. GRUNDBLÄTTER: ungeteilt bis gelappt. MITTLERE STÄNGELBLÄTTER: fiederspaltig.

- einheimisch
- planar bis montan
- Extensivgrünland u. Magerrasen, Staudenfluren, Schutt- u. Felsfluren, Ruderalvegetation, Zier- bzw. Nutzpflanze
- an nährstoffarmen, basenreichen, meist trockenen Standorten

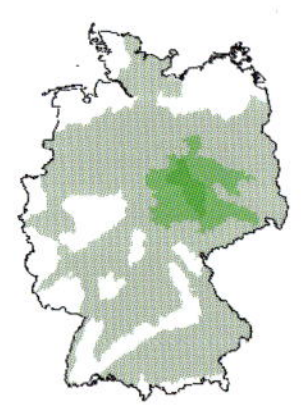

J F M A M **J J A S O** N D

Succisa pratensis Moench

Gewöhnlicher Teufelsabbiss *Caprifoliaceae*
↓ K(5) C(4) A4 G($\overline{2}$) RL V

15–80 cm hoch. Blütenstand: köpfchenartig. Köpfchen: **zur Fruchtzeit stark gewölbt bis kugelig, 15–40 mm ⌀.** Köpfchenboden: mit Spreublättern. Randblüten: ***kaum* vergrößert.** Aussenkelch: **im QS 4-kantig, behaart.** Blüten: radiärsymmetrisch bis zygomorph, dunkelblau bis violett. Krone: **4-blättrig.** Kronblätter: behaart. Kelchborsten: **4–5.** Früchte: distal allmählich verjüngt. Stängel: krautig. Ausläufer: unterirdisch, kurz. Blattstellung: gegenständig. Blätter: **ungeteilt,** ganzrandig bis seicht gezähnt.

- einheimisch
- planar bis montan
- Moore u. Seggenriede, Extensivgrünland u. Magerrasen, Zwergstrauchheiden, Staudenfluren, Gehölze, Wälder, Zier- bzw. Nutzpflanze
- an nährstoffarmen Standorten

J F M A M **J J A S O** N D

Succisella inflexa (Kluk) Beck

Eingebogener Moorabbiss *Caprifoliaceae*
↓ K(5) C(4) A4 G($\overline{2}$) RL 1

30–100 cm hoch. Blütenstand: köpfchenartig. Köpfchen: **zur Fruchtzeit stark gewölbt bis kugelig, 8–25 mm ⌀.** Köpfchenboden: mit Spreublättern. Randblüten: ***kaum* vergrößert.** Aussenkelch: **im QS rundlich bis 8-furchig, kahl.** Blüten: radiärsymmetrisch bis zygomorph, hellblau bis violett. Krone: **4-blättrig.** Kronblätter: kahl bis spärlich behaart. Kelchborsten: **fehlen.** Früchte: distal gestutzt *oder* abrupt verjüngt. Stängel: krautig. Ausläufer: unterirdisch, lang. Blattstellung: gegenständig. Blätter: **ungeteilt,** ganzrandig bis seicht gezähnt.

- einheimisch
- collin bis montan
- Extensivgrünland u. Magerrasen
- an nährstoffarmen, feuchten bis nassen Standorten

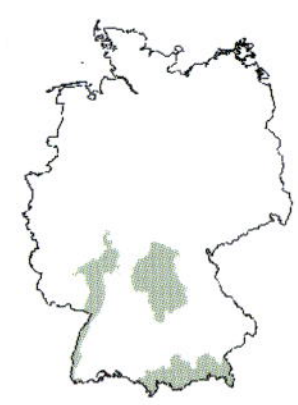

J F M A **M J J A S** O N D

Centranthus ruber (L.) DC.

Spornbaldrian *Caprifoliaceae*
ϟ K(4–5) C(5) A1 G($\overline{2}$)

30–80 cm hoch. Blütenstand: rispen- bis thyrsenartig. Blüten: undeutlich asymmetrisch, **langröhrig, gespornt, rötlich,** selten weißlich. Kronröhre: **8–12 mm lang.** Sporn: **fadenförmig, basal gebogen, ± so lang wie die Perigonröhre.** Kelchborsten: **10–30, distal mit fedriger Haarkrone.** Blattstellung: gegenständig. Blätter: ungeteilt. Grundblätter: gestielt, oval.

- eingebürgerter Neophyt, urspr. aus dem Mittelmeergebiet
- planar bis montan
- Schutt- u. Felsfluren, Ruderalvegetation, an Mauern, Zier- bzw. Nutzpflanze
- an basenreichen, trockenen Standorten

J F M **A M J J** A S O N D

Valeriana officinalis agg.

Arznei-Baldrian *Caprifoliaceae*
ϟ K(5) C(5) A3 G($\overline{2}$)

30–200 cm hoch. Pflanzen: mehrjährig. Blütenstand: **rispen- bis zymenartig.** Blüten: undeutlich asymmetrisch, glockig-trichterförmig, weißlich bis hellrosa. Früchte: distal mit fedriger Haarkrone. Blattstellung: gegenständig. Blätter: **alle gefiedert.**

In Deutschland kommen 4 Arten der Artengruppe *Valeriana officinalis* agg. vor: *V. officinalis, V. excelsa, V. pratensis* und *V. stolonifera* (vgl. S. 1440).

- einheimisch
- planar bis subalpin
- Extensivgrünland u. Magerrasen, Wälder, Zier- bzw. Nutzpflanze

J F M **A M J J A** S O N D

Valeriana dioica L.

Kleiner Baldrian *Caprifoliaceae*
♂ ♃ P(5) A3 | ♀ ♃ K(5) C(5) G($\bar{2}$)

10–30 cm hoch. PFLANZEN: mehrjährig, **meist 2-häusig**. BLÜTENSTAND: **schirmförmig**. BLÜTEN: undeutlich asymmetrisch, glockig-trichterförmig, **♀ weißlich, ♂ rosa**. FRÜCHTE: distal mit fedriger Haarkrone. BLATTSTELLUNG: gegenständig. GRUNDBLÄTTER: **gezähnt bis seicht gelappt, ganzrandig**. OBERE STÄNGELBLÄTTER: **5–13-zählig gefiedert, Fiederblättchen ± ganzrandig**.

- einheimisch
- planar bis montan
- Moore u. Seggenriede, Extensivgrünland u. Magerrasen, Wälder, Zier- bzw. Nutzpflanze
- an nährstoffarmen, feuchten bis nassen Standorten

J F M **A M J J** A S O N D

Valeriana montana L.

Berg-Baldrian *Caprifoliaceae*
♃ K(5) C(5) A3 G($\bar{2}$)

20–60 cm hoch. PFLANZEN: mehrjährig. BLÜTENSTAND: **schirmförmig**. BLÜTEN: meist ⚥ *und* 1-geschlechtig, undeutlich asymmetrisch, glockig-trichterförmig, weißlich bis rosa. FRÜCHTE: distal mit fedriger Haarkrone. STÄNGEL: **mit 6–18 Laubblättern**; UNTEN: behaart. BLATTSTELLUNG: gegenständig. GRUNDBLÄTTER: Spreite allmählich in den Blattstiel übergehend, ungeteilt, **ganzrandig bis seicht gezähnt**. OBERE STÄNGELBLÄTTER: **ungeteilt**, überwiegend **oval**, allenfalls das oberste Paar lineal.

- einheimisch
- montan bis alpin
- Staudenfluren, Schutt- u. Felsfluren
- an nährstoffarmen, kalkreichen Standorten

J F **M A M J J A** S O N D

Valeriana saxatilis L.

Felsen-Baldrian *Caprifoliaceae*
♃ K(5) C(5) A3 G($\bar{2}$)

Bis 30 cm hoch. PFLANZEN: mehrjährig. BLÜTENSTAND: **schirmförmig**. BLÜTEN: meist ⚥ *und* 1-geschlechtig, undeutlich asymmetrisch, glockig-trichterförmig, weißlich. FRÜCHTE: distal mit fedriger Haarkrone. STÄNGEL: **mit ≤ 2 Laubblättern**; UNTEN: kahl. BLATTSTELLUNG: gegenständig. GRUNDBLÄTTER: Spreite allmählich in den Blattstiel übergehend, ungeteilt, länglich bis oval. OBERE STÄNGELBLÄTTER: **ungeteilt, lineal bis länglich**.

- einheimisch
- montan bis alpin
- Schutt- u. Felsfluren
- an nährstoffarmen, kalkreichen Standorten

J F M A **M J J A** S O N D

Valeriana supina Ard.

Zwerg-Baldrian *Caprifoliaceae*
♃ K(5) C(5) A3 G($\bar{2}$)

Bis 15 cm hoch. PFLANZEN: mehrjährig. BLÜTENSTAND: **köpfchenartig**. HOCHBLÄTTER UNTER DEN BLÜTEN: **laubblattartig**. BLÜTEN: meist ⚥ *und* 1-geschlechtig, undeutlich asymmetrisch, glockig-trichterförmig, weißlich bis rosa. FRÜCHTE: distal mit fedriger Haarkrone. BLATTSTELLUNG: gegenständig. GRUNDBLÄTTER: Spreite allmählich in den Blattstiel übergehend, ungeteilt, spatelförmig bis oval. OBERE STÄNGELBLÄTTER: **ungeteilt, länglich bis oval**.

- einheimisch
- subalpin bis alpin
- Schutt- u. Felsfluren, Schneetälchen
- an kalkreichen Standorten

J F M A M **J J A** S O N D

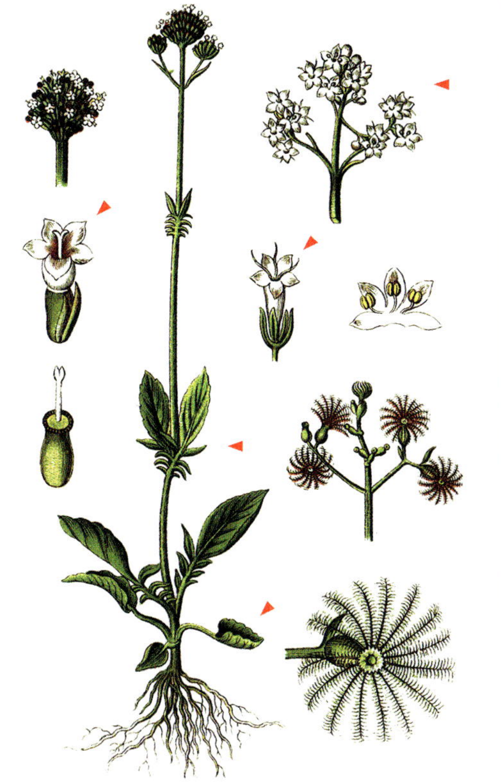

Valeriana tripteris L.

Stein-Baldrian *Caprifoliaceae*
↯ K(5) C(5) A3 $G(\overline{2})$

10–60 cm hoch. PFLANZEN: mehrjährig. BLÜTENSTAND: **rispen- bis zymenartig, schirmförmig.** BLÜTEN: meist ⚥ *und* 1-geschlechtig, undeutlich asymmetrisch, glockig-trichterförmig, weißlich bis hellrosa. FRÜCHTE: distal mit fedriger Haarkrone. BLATTSTELLUNG: gegenständig. GRUNDBLÄTTER: **Spreite deutlich vom Blattstiel abgesetzt**, ungeteilt, spatelförmig bis oval, **basal oft grob gesägt**. OBERE STÄNGELBLÄTTER: **3–5-zählig gefiedert, Fiederblättchen grob gesägt**.

- einheimisch
- montan bis alpin
- Schutt- u. Felsfluren
- an nährstoffarmen Standorten

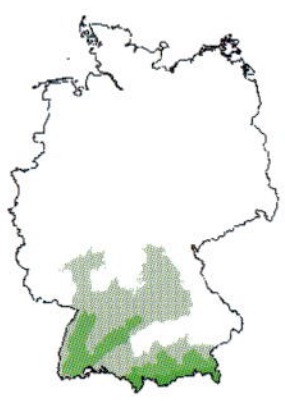

J F **M A M J J** A S O N D

Valerianella carinata Loisel.

Gekieltes Rapünzchen *Caprifoliaceae*
↯ K(5) C(5) A3 $G(\overline{2})$

10–40 cm hoch. PFLANZEN: 1-jährig. BLÜTENSTAND: oft knäuelig genähert. BLÜTEN: undeutlich asymmetrisch, glockig-trichterförmig, violett bis weißlich. FRUCHTKELCH: **fehlend o. undeutlich entwickelt**. FRÜCHTE: **im LS länglich, im QS gekielt, leere Fruchtfächer breit, ± aneinander stoßend.** STÄNGEL: mehrfach dichotom verzweigt. BLATTSTELLUNG: gegenständig. BLÄTTER: **ungeteilt.** OBERE STÄNGELBLÄTTER: **ganzrandig bis fein gezähnt.**

- einheimisch
- planar bis montan
- Extensivgrünland u. Magerrasen, Schutt- u. Felsfluren, Äcker, Ruderalvegetation
- an kalkreichen Standorten

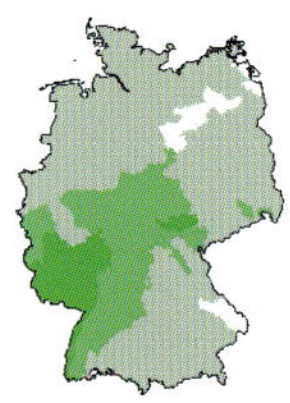

J F **M A M J** J A S O N D

Valerianella dentata (L.) Pollich

Gezähntes Rapünzchen *Caprifoliaceae*
↯ K(3) C(5) A3 $G(\overline{2})$ RL V

10–40 cm hoch. PFLANZEN: 1-jährig. BLÜTENSTAND: oft knäuelig genähert. BLÜTEN: undeutlich asymmetrisch, glockig-trichterförmig, violett bis weißlich. FRUCHTKELCH: **distal häutig, kragenförmig, meist 3-zähnig**. FRÜCHTE: **im LS oval-länglich, im QS abgeflacht, leere Fruchtfächer schmal, deutlich voneinander getrennt**. STÄNGEL: mehrfach dichotom verzweigt. BLATTSTELLUNG: gegenständig. BLÄTTER: **ungeteilt bis gelappt**. OBERE STÄNGELBLÄTTER: **basal grob gezähnt bis gelappt, distal ganzrandig bis fein gezähnt**.

- einheimisch
- planar bis montan
- Extensivgrünland u. Magerrasen, Schutt- u. Felsfluren, Äcker, Ruderalvegetation

J F M A **M J J A** S O N D

Valerianella eriocarpa Desv.

Wollfrucht-Rapünzchen *Caprifoliaceae*
↯ K(5–6) C(5) A3 $G(\overline{2})$

10–30 cm hoch. PFLANZEN: 1-jährig. BLÜTENSTAND: oft knäuelig genähert. BLÜTEN: undeutlich asymmetrisch, glockig-trichterförmig, violett bis weißlich. FRUCHTKELCH: **distal häutig, kragenförmig, meist 5–6-zähnig**. FRÜCHTE: **im LS oval-länglich, im QS abgeflacht, leere Fruchtfächer schmal, deutlich voneinander getrennt**. STÄNGEL: mehrfach dichotom verzweigt. BLATTSTELLUNG: gegenständig. BLÄTTER: **ungeteilt.** OBERE STÄNGELBLÄTTER: **meist mit mehreren Zähnen.**

- eingebürgerter Neophyt, urspr. aus dem Mittelmeergebiet
- planar bis montan
- Äcker, Ruderalvegetation
- an kalkreichen, trockenen Standorten

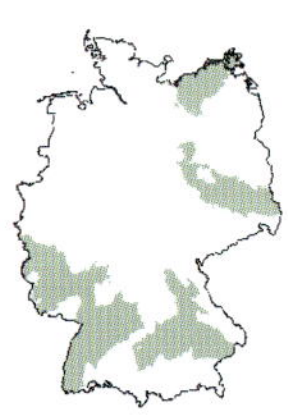

J F **M A M J** J A S O N D

Valerianella locusta (L.) Laterr.

Gewöhnliches Rapünzchen *Caprifoliaceae*
↯ K(5) C(5) A3 G($\bar{2}$)

Bis 25 cm hoch. PFLANZEN: 1-jährig. BLÜTENSTAND: oft knäuelig genähert. BLÜTEN: undeutlich asymmetrisch, glockig-trichterförmig, violett bis weißlich. FRUCHTKELCH: **fehlend o. undeutlich entwickelt.** FRÜCHTE: **im LS rund-oval, im QS oval, leere Fruchtfächer breit, aneinander stoßend**. STÄNGEL: mehrfach dichotom verzweigt. BLATTSTELLUNG: gegenständig. BLÄTTER: **ungeteilt**. OBERE STÄNGELBLÄTTER: **meist entfernt gezähnt**.

- einheimisch
- planar bis montan
- Grünland, Äcker, Ruderalvegetation, Zier- bzw. Nutzpflanze

J F M A M J J A S O N D

Valerianella rimosa Bastard

Gefurchtes Rapünzchen *Caprifoliaceae*
↯ K(3) C(5) A3 G($\bar{2}$) RL 3

10–30 cm hoch. PFLANZEN: 1-jährig. BLÜTENSTAND: oft knäuelig genähert. BLÜTEN: undeutlich asymmetrisch, glockig-trichterförmig, violett bis weißlich. FRUCHTKELCH: **distal häutig, kragenförmig, meist 3-zähnig**. FRÜCHTE: **im LS rund bis oval, im QS rundlich bis stumpfkantig, leere Fruchtfächer breit, aneinander stoßend**. STÄNGEL: mehrfach dichotom verzweigt. BLATTSTELLUNG: gegenständig. BLÄTTER: **ungeteilt bis gelappt**. OBERE STÄNGELBLÄTTER: **basal mit ± senkrecht abstehenden Seitenlappen**.

- einheimisch
- planar bis montan
- Äcker, Ruderalvegetation

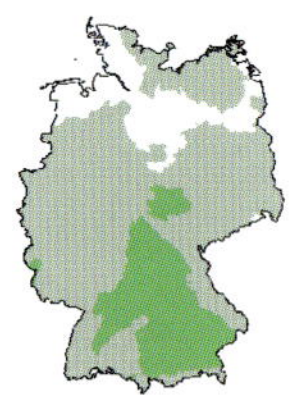

J F M A M J J A S O N D

Linnaea borealis L.

Moosglöckchen *Caprifoliaceae*
∗ K(5) C(5) A4 G($\bar{2}$) RL 1 § BNatG b

Niederliegender Halbstrauch, bis 15 cm hoch. BLÜTENSTAND: Blüten einzeln o. zu wenigen. HOCHBLÄTTER UNTER DEN BLÜTEN: **2, den Fruchtknoten basal bedeckend**. BLÜTEN: **überhängend, lang gestielt, glockig-trichterförmig, weißlich bis rötlich-violett**, innen basal zuweilen gelblich. KRONE: **6–14 mm lang**. FRÜCHTE: **Kapseln**. STÄNGEL: **bis 1 m weit kriechend, 0,5–2 mm ⌀.** BLATTSTELLUNG: **gegenständig**. BLÄTTER: **oval bis rundlich**, Spreite bis 1,5 cm lang, ganzrandig.

- einheimisch
- planar
- Extensivgrünland u. Magerrasen, Zwergstrauchheiden, Wälder, Zier- bzw. Nutzpflanze
- an nährstoffarmen, sauren Standorten

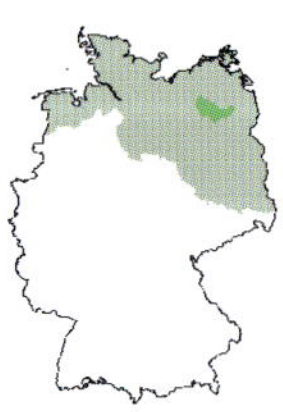

J F M A M J J A S O N D

Lonicera alpigena L.

Alpen-Heckenkirsche *Caprifoliaceae*
↓ K(5) C(5) A5 G($\bar{2}$) giftig

Strauch, 40–150 cm hoch. BLÜTENSTAND: **gestielt, 2-blütig**; STIEL: **3–4 cm lang, > 2-mal so lang wie die Blüten**; TRAGBLÄTTER: gegenüberstehende *nicht* verwachsen. BLÜTEN: sitzend, auf gemeinsamem Stiel, meist gelblich bis bräunlich *oder* rötlich, selten weißlich. FRÜCHTE: **Doppelbeeren, auf der ganzen Länge miteinander verwachsen, rötlich**. SEITENÄSTE: im QS markig. BLATTSTELLUNG: gegenständig. BLÄTTER: gegenüberliegende durch eine Linie verbunden, ganzrandig.

- einheimisch
- montan bis subalpin
- Gehölze, Wälder, Zier- bzw. Nutzpflanze
- an basenreichen Standorten

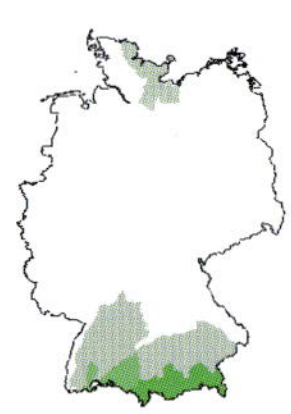

J F M A M J J A S O N D

Lonicera caerulea L.

Blaue Heckenkirsche *Caprifoliaceae*
↓ K(5) C(5) A5 G($\overline{2}$) giftig

Strauch, 50–150 cm hoch. BLÜTENSTAND: **2-blütig**; STIEL: **0,5–1,2 cm lang, kürzer als die Blüten**; TRAGBLÄTTER: gegenüberstehende *nicht* verwachsen. BLÜTEN: sitzend, auf gemeinsamem Stiel, schwach zygomorph bis radiärsymmetrisch, gelblich bis weißlich. FRÜCHTE: **Doppelbeeren, auf der ganzen Länge miteinander verwachsen, schwarz bis bläulich**. SEITENÄSTE: im QS markig. BLATTSTELLUNG: gegenständig. BLÄTTER: gegenüberliegende durch eine Linie verbunden, ganzrandig.

- einheimisch
- montan bis subalpin
- Moore u. Seggenriede, Zwergstrauchheiden, Wälder, Schutt- u. Felsfluren, Zier- bzw. Nutzpflanze
- an nährstoffarmen, sauren, feuchten bis nassen Standorten

J F **M A M** J J A S O N D

Lonicera caprifolium L.

Echtes Geißblatt *Caprifoliaceae*
↓ K(5) C(5) A5 G($\overline{2}$) giftig

Liane. BLÜTENSTAND: **köpfchenartig, sitzend, 3–10-blütig**; TRAGBLÄTTER: **gegenüberstehende breit miteinander verwachsen**. BLÜTEN: sitzend, auf gemeinsamem Stiel, wohlriechend, weißlich-gelblich, oft rötlich überlaufen. FRÜCHTE: Beeren, **nur basal miteinander verwachsen, rötlich**. BLATTSTELLUNG: gegenständig. BLÄTTER: gegenüberliegende durch eine Linie verbunden, ganzrandig; OBERSEITS: dunkelgrün; UNTERSEITS: blau- bzw. graugrün.

- einheimisch
- planar bis montan
- Gehölze, Wälder, Zier- bzw. Nutzpflanze
- an nährstoffarmen, basenreichen Standorten

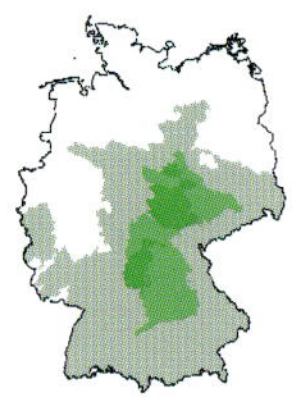

J F M **A M J J** A S O N D

Lonicera etrusca Santi

Etrusker Geißblatt *Caprifoliaceae*
↓ K(5) C(5) A5 G($\overline{2}$) giftig

Liane. BLÜTENSTAND: **köpfchenartig, gestielt, 3–10-blütig**; TRAGBLÄTTER: **gegenüberstehende (meist schmal) miteinander verwachsen**. BLÜTEN: sitzend, auf gemeinsamem Stiel, weißlich-gelblich, oft rötlich überlaufen. FRÜCHTE: Beeren, **nur basal miteinander verwachsen, rötlich**. BLATTSTELLUNG: gegenständig. BLÄTTER: gegenüberliegende durch eine Linie verbunden, ganzrandig; OBERSEITS: dunkelgrün; UNTERSEITS: blau- bzw. graugrün.

- in Einbürgerung befindlicher Neophyt, urspr. aus dem Mittelmeergebiet
- planar bis collin
- Wälder, Ruderalvegetation, Zier- bzw. Nutzpflanze
- meist an trockenen Standorten

J F M **A M J J** A S O N D

Lonicera henryi Hemsl.

Henry-Heckenkirsche *Caprifoliaceae*
↓ K(5) C(5) A5 G($\overline{2}$) giftig

Liane. BLÜTENSTAND: **köpfchenartig, sitzend, 3–30-blütig**; TRAGBLÄTTER: gegenüberstehende *nicht* verwachsen. BLÜTEN: sitzend, auf gemeinsamem Stiel, rötlich bis gelblich. FRÜCHTE: Beeren, **nur basal miteinander verwachsen, schwarz, oft bläulich überlaufen**. BLATTSTELLUNG: gegenständig. BLÄTTER: gegenüberliegende durch eine Linie verbunden, ganzrandig.

- in Einbürgerung befindlicher Neophyt, urspr. aus Ostasien
- planar bis montan
- Gehölze, Wälder, Zier- bzw. Nutzpflanze

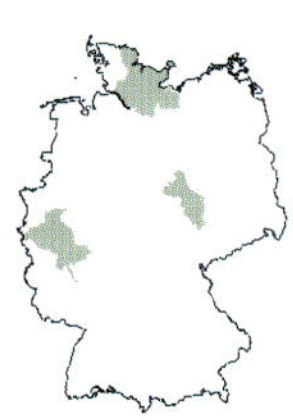

J F M A **M J J A** S O N D

Lonicera nigra L.

Schwarze Heckenkirsche *Caprifoliaceae*
↓ K(5) C(5) A5 $G(\overline{2})$ giftig

Strauch, bis 4 m hoch. BLÜTENSTAND: **gestielt, 2-blütig**; STIEL: **> 2-mal so lang wie die Blüten**; TRAGBLÄTTER: gegenüberstehende *nicht* verwachsen. BLÜTEN: sitzend, auf gemeinsamem Stiel, weißlich, oft rötlich überlaufen. FRÜCHTE: Beeren, **nur basal miteinander verwachsen, schwarz, zuweilen bläulich überlaufen**. SEITENÄSTE: im QS markig. BLATTSTELLUNG: gegenständig. BLÄTTER: gegenüberliegende durch eine Linie verbunden, ganzrandig; OBERSEITS: **kahl**.

- einheimisch
- collin bis montan
- Gehölze, Wälder, Zier- bzw. Nutzpflanze

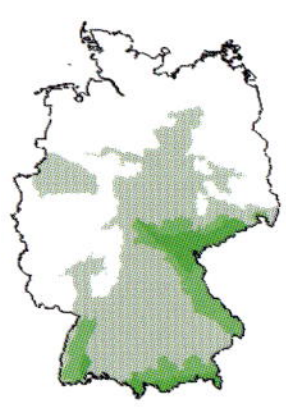

J F M **A M J** J A S O N D

Lonicera periclymenum L.

Deutsches Geißblatt *Caprifoliaceae*
↓ K(5) C(5) A5 $G(\overline{2})$ giftig

Liane. BLÜTENSTAND: **köpfchenartig, gestielt, 3–10-blütig**; TRAGBLÄTTER: gegenüberstehende *nicht* verwachsen. BLÜTEN: sitzend, auf gemeinsamem Stiel, wohlriechend, weißlich-gelblich, oft rötlich überlaufen. FRÜCHTE: Beeren, **nur basal miteinander verwachsen, rötlich**. BLATTSTELLUNG: gegenständig. BLÄTTER: gegenüberliegende durch eine Linie verbunden, ganzrandig; OBERSEITS: dunkelgrün; UNTERSEITS: blau- bzw. graugrün.

- einheimisch
- planar bis montan
- Gehölze, Wälder, Zier- bzw. Nutzpflanze
- an sauren Standorten

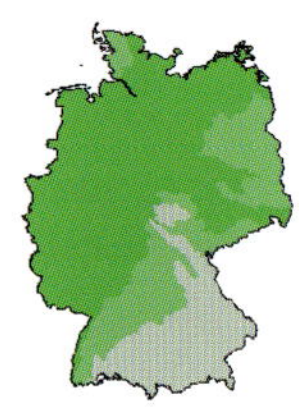

J F M A **M J J A** S O N D

Lonicera xylosteum L.

Rote Heckenkirsche *Caprifoliaceae*
↓ K(5) C(5) A5 $G(\overline{2})$ giftig

Strauch, bis 4 m hoch. BLÜTENSTAND: **gestielt, 2-blütig**; STIEL: **1–2,2 cm lang, länger als die Blüten**; TRAGBLÄTTER: gegenüberstehende *nicht* verwachsen. BLÜTEN: sitzend, auf gemeinsamem Stiel, weißlich-gelblich. FRÜCHTE: Beeren, **nur basal miteinander verwachsen, rötlich**. SEITENÄSTE: **im QS hohl**. BLATTSTELLUNG: gegenständig. BLÄTTER: gegenüberliegende durch eine Linie verbunden, ganzrandig; OBERSEITS: **behaart**.

- einheimisch
- planar bis montan
- Gehölze, Wälder, Zier- bzw. Nutzpflanze
- an basenreichen Standorten

J F M **A M J J** A S O N D

Symphoricarpos albus (L.) S. F. Blake

Weiße Schneebeere *Caprifoliaceae*
∗ K(4–5) C(4–5) A4–5 $G(\overline{2})$ giftig

Strauch, bis 2,5 m hoch. BLÜTENSTAND: **knäuelig, in ährenartigem** Gesamtblütenstand. BLÜTEN: **glockig-trichterförmig, rötlich bis weißlich**. KRONE: **4–8 mm lang**. FRÜCHTE: **Beeren, ± kugelig**, 8–18 mm ⌀, **weißlich**, zuweilen rötlich überlaufen, meist 2-samig. BLATTSTELLUNG: **gegenständig**. BLÄTTER: **gegenüberliegende durch eine Linie verbunden**, unterseits meist heller als oberseits, **oval bis rundlich**, kahl, ganzrandig; SEITENNERVEN 1. ORDNUNG: bogig.

- eingebürgerter Neophyt, urspr. aus Nordamerika
- planar bis montan
- Gehölze, Wälder, Zier- bzw. Nutzpflanze
- an feuchten bis nassen Standorten

J F M A M **J J A** S O N D

us
os

Hedera helix L.

Gewöhnlicher Efeu *Araliaceae*
∗ K5 C(5) A5 G($\overline{2}$) giftig

Mit Haftwurzeln kletternde Liane. Blütenstand: **doldenartig, in traubenartigem** Gesamtblütenstand. Blüten: **grünlich bis gelblich.** Blütenstiele: mit weißlichen Sternhaaren. Früchte: **Beeren,** ± kugelig, **5–9 mm ⌀, schwarz.** Fruchtwand: **fest, ± trocken.** Stängel: verholzt, kletternd, selten niederliegend. Blattstellung: wechselständig. Blattstiele: **2–14 cm lang.** Blätter: **immergrün, derb, 3–5-lappig** *oder* **ungeteilt u. oval, an den Kriechtrieben bis 8 cm lang u. breit, zu < 50 % eingeschnitten,** ganzrandig.

- einheimisch
- planar bis montan
- Wälder, Schutt- u. Felsfluren, an Mauern, Zier- bzw. Nutzpflanze

J F M A M J J **A S O N** D

Hydrocotyle vulgaris L.

Gewöhnlicher Wassernabel *Araliaceae*
∗ K5 C(5) A5 G($\overline{2}$)

Im Boden wurzelnde Wasserpflanze, seltener terrestrisch, bis 20 cm hoch. Blütenstand: **köpfchenförmige Dolden.** Blüten: < 2,5 mm ⌀, grünlich-gelblich bis weißlich. Stängel: **bis 1 m weit kriechend,** kriechend. Blattstellung: wechselständig. Blätter: **schildförmig, der Blattstiel der Mitte der Spreitenunterseite entspringend,** seicht gekerbt.

- einheimisch
- planar bis collin
- Gewässer, trockenfallende Ufer, Moore u. Seggenriede, Extensivgrünland u. Magerrasen, Zier- bzw. Nutzpflanze
- an nährstoffarmen, sauren, wechselnassen, auch salzhaltigen Standorten

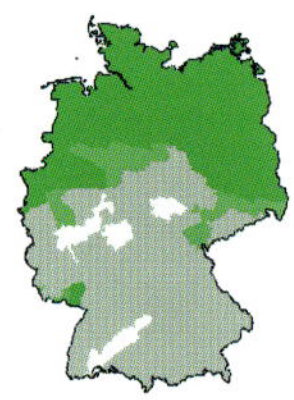

J F M A M **J J A** S O N D

Astrantia bavarica F. W. Schultz

Bayerische Sterndolde *Apiaceae*
∗ K(5) C(5) A5 G($\overline{2}$) RL 3

20–50 cm hoch. Pflanzen: mit ⚥ u. meist auch eingeschlechtige Blüten. Blütenstand: **köpfchenförmige Dolden.** Hülle: 8–25-blättrig. Hüllblätter: **häutig, dünn, nicht hüllenartig,** weißlich bis rosa *oder* grünlich. Blüten: weißlich, zuweilen rötlich überlaufen. Kelch: aufrecht. Kelchblätter: **0,5–1,2 mm lang.** Kelchzipfel: **oval, abgerundet o. kurz stachelspitzig.** Früchte: länglich-eiförmig, auf dem Rücken gerippt. Grundblätter: handförmig gelappt, ≤ 5-teilig, **2–10 cm breit.**

- einheimisch
- montan bis subalpin
- Extensivgrünland u. Magerrasen, Staudenfluren, Gehölze, Schutt- u. Felsfluren
- an basenreichen Standorten

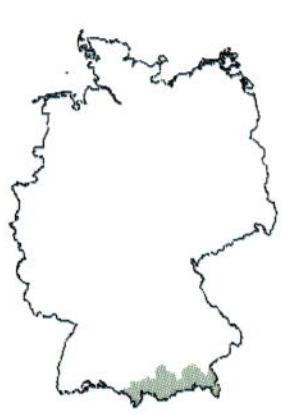

J F M A **M J J A S** O N D

Astrantia major L.

Große Sterndolde *Apiaceae*
∗ K(5) C(5) A5 G($\overline{2}$)

30–100 cm hoch. Pflanzen: mit ⚥ Blüten u. meist auch mit langstieligen ♂ u. kurzstieligen ♀ Blüten. Blütenstand: **köpfchenförmige Dolden.** Hülle: 8–25-blättrig. Hüllblätter: **derb, die Basis der Dolde hüllkelchartig umschließend,** oval bis spatelförmig, weißlich *oder* grünlich. Blüten: weißlich, zuweilen rötlich überlaufen. Kelch: aufrecht. Kelchzipfel: **schmal-lanzettlich, lang zugespitzt.** Früchte: länglich-eiförmig, auf dem Rücken gerippt. Grundblätter: handförmig gelappt, 3–7-teilig, **5–20 cm breit.**

Im Gebiet kommen 2 Unterarten vor: subsp. *major* und subsp. *involucrata* (vgl. S. 1441).

- einheimisch
- collin bis subalpin
- Grünland, Staudenfluren, Zier- bzw. Nutzpflanze
- an basenreichen Standorten

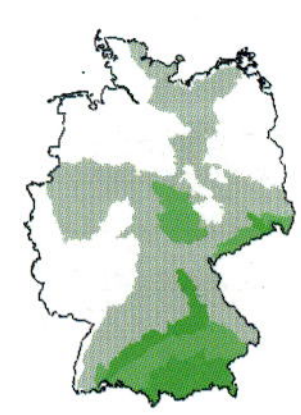

J F M A **M J J A** S O N D

Eryngium campestre L.

Feld-Mannstreu *Apiaceae*
∗ K(5) C(5) A5 G($\overline{2}$) RL V § BNatG b

15–60 cm hoch. Pflanzen: **graugrün bis gräulich.** Blütenstand: **köpfchenförmige Dolden**. Hüllblätter: **sich randlich *nicht* überlappend**, steif begrannt bis stachelig, **lineal-lanzettlich**. Blüten: **gräulich bis grünlich**. Kelchzipfel: in eine Stachelspitze auslaufend. Grundblätter: **fiederspaltig**, 3–5-teilig, mit fiederspaltigen Blattlappen, am Rand dornig gezähnt.

- einheimisch
- planar bis collin
- Extensivgrünland u. Magerrasen, Ruderalvegetation, Zier- bzw. Nutzpflanze
- an nährstoffarmen, basenreichen, meist trockenen Standorten

J F M A M J J A S O N D

Eryngium maritimum L.

Strand-Mannstreu *Apiaceae*
∗ K(5) C(5) A5 G($\overline{2}$) RL 2 § BNatG b

20–60 cm hoch. Pflanzen: **graugrün bis gräulich, oft bläulich überlaufen, oben bläulich überlaufen.** Blütenstand: **köpfchenförmige Dolden**. Hüllblätter: **sich randlich überlappend**, steif begrannt bis stachelig, **oval bis 3-lappig**. Blüten: **bläulich bis gräulich**. Kelchzipfel: in eine Stachelspitze auslaufend. Grundblätter: **gelappt bis fiederspaltig**, 3–5-teilig, mit buchtig gelappten bis fiederspaltigen Blattlappen, am Rand dornig gezähnt.

- einheimisch
- planar
- Dünen, Zier- bzw. Nutzpflanze
- auch an salzhaltigen Standorten

J F M A M J J A S O N D

Eryngium planum L.

Flachblättriger Mannstreu *Apiaceae*
∗ K(5) C(5) A5 G($\overline{2}$) RL 1

30–60 cm hoch. Pflanzen: **grünlich**. Blütenstand: **köpfchenförmige Dolden**. Hüllblätter: **sich randlich *nicht* überlappend**, steif begrannt bis stachelig, **lanzettlich**. Blüten: **bläulich bis gräulich**. Kelchzipfel: in eine Stachelspitze auslaufend. Grundblätter: **ungeteilt, rundlich bis herzförmig**, am Rand gezähnt.

- einheimisch
- planar bis montan
- Extensivgrünland u. Magerrasen, Zier- bzw. Nutzpflanze
- an nährstoffarmen, trockenen Standorten

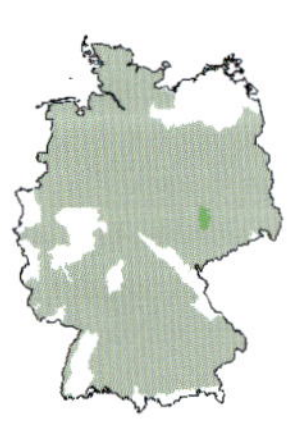

J F M A M J J A S O N D

Hacquetia epipactis (Scop.) DC.

Schaftdolde *Apiaceae*
∗ K(5) C(5) A5 G($\overline{2}$)

10–30 cm hoch. Blütenstand: **köpfchenförmige Dolden**. Hülle: **5–8-blättrig**. Hüllblätter: die Blüten weit überragend, gelblich-grünlich. Blüten: **grünlich-gelblich**. Kelchblätter: früh abfallend. Teilfrüchte: glatt. Grundblätter: **handförmig gelappt, 3–5-teilig**.

- in Einbürgerung befindlicher Neophyt, urspr. aus dem südlichen u. östlichen Mitteleuropa
- planar bis montan
- Wälder, Zier- bzw. Nutzpflanze
- an basenreichen Standorten

J F M A M J J A S O N D

Sanicula europaea L.

Wald-Sanikel *Apiaceae*
∗ K(5) C(5) A5 G($\overline{2}$)

20–50 cm hoch. Blütenstand: **köpfchenförmige Dolden**, in spirrenartigem Gesamtblütenstand. Hülle: **4–8-blättrig**. Hüllblätter: **lineal-lanzettlich, spitz**. Blüten: weißlich, zuweilen rötlich überlaufen. Kelchzipfel: lineal. Früchte: **± kugelig, mit langen stachelartigen Borsten**. Grundblätter: **handförmig gelappt, 3–5-teilig**.

- einheimisch
- planar bis montan
- Wälder, Zier- bzw. Nutzpflanze
- an basenreichen Standorten

J F M **A M J J** A S O N D

Bupleurum falcatum L.

Sichel-Hasenohr *Apiaceae*
∗ K(5) C(5) A5 G($\overline{2}$) RL V

20–100 cm hoch. Pflanzen: mehrjährig. Hülle: 2–6-blättrig. Hüllchenblätter: **< 2 mm breit, grünlich**. Dolden: 4–12-strahlig. Blüten: gelblich. Kelchblätter: fehlend bzw. als schmaler Saum ausgebildet. Früchte: glatt. Blätter: ungeteilt, **länglich bis lanzettlich**, 5–7-nervig, mit Zwischennerven, **(scheinbar) parallelnervig**. Grundblätter: **zur Fruchtzeit vorhanden**. obere Stängelblätter: **basal mit verschmälertem bis stielartigem Grund**.

- einheimisch
- planar bis montan
- Extensivgrünland u. Magerrasen, Staudenfluren, Wälder, Zier- bzw. Nutzpflanze
- an nährstoffarmen, kalkreichen, meist trockenen Standorten

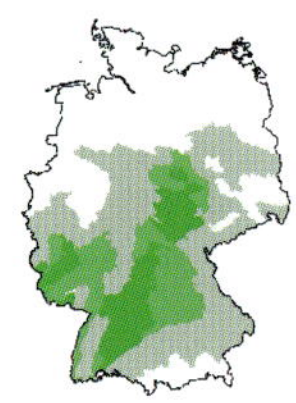

J F M A M **J J A S O** N D

Bupleurum longifolium L.

Langblättriges Hasenohr *Apiaceae*
∗ K(5) C(5) A5 G($\overline{2}$) RL 3

30–100 cm hoch. Pflanzen: mehrjährig. Hülle: 2–6-blättrig. Hüllchen: 4–8-blättrig. Hüllchenblätter: **nur basal verwachsen**. Dolden: 4–10-strahlig. Blüten: gelblich. Kelchblätter: fehlend bzw. als schmaler Saum ausgebildet. Früchte: glatt. Blätter: ungeteilt, **länglich bis oval, netznervig**. Grundblätter: **zur Fruchtzeit vergilbt bis fehlend**. obere Stängelblätter: **basal stängelumfassend mit ausgerandetem Grund**.

- einheimisch
- collin bis montan
- Extensivgrünland u. Magerrasen, Staudenfluren, Gehölze, Wälder, Schutt- u. Felsfluren, Zier- bzw. Nutzpflanze
- an kalkreichen Standorten

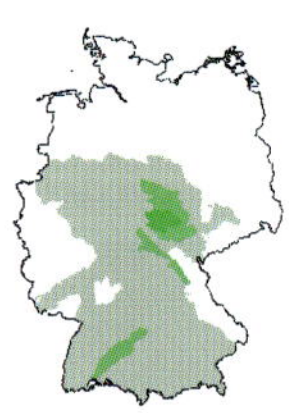

J F M A M **J J A** S O N D

Bupleurum ranunculoides L.

Hahnenfuß-Hasenohr *Apiaceae*
∗ K(5) C(5) A5 G($\overline{2}$) RL R

10–50 cm hoch. Pflanzen: mehrjährig. Hülle: 3-blättrig. Hüllchen: 3–6-blättrig. Hüllchenblätter: **> 2 mm breit, meist gelblich-grünlich**. Dolden: 4–12-strahlig. Blüten: gelblich. Kelchblätter: fehlend bzw. als schmaler Saum ausgebildet. Früchte: glatt. Blätter: ungeteilt, **lineal-lanzettlich bis länglich, (scheinbar) parallelnervig**. Grundblätter: **zur Fruchtzeit vorhanden**. obere Stängelblätter: **basal (halb-) stängelumfassend mit verbreitertem Grund**.

- einheimisch
- montan bis alpin
- Extensivgrünland u. Magerrasen, Schutt- u. Felsfluren, Zier- bzw. Nutzpflanze
- an nährstoffarmen, kalkreichen Standorten

J F M A M **J J A** S O N D

Bupleurum rotundifolium L.

Rundblättriges Hasenohr *Apiaceae*
∗ K(5) C(5) A5 $G(\overline{2})$ RL 2

15–50 cm hoch. PFLANZEN: 1-jährig. HÜLLE: **fehlend**. HÜLLCHEN: 2–6-blättrig. DOLDEN: 4–10-strahlig. BLÜTEN: grünlich bis gelblich. KELCHBLÄTTER: fehlend bzw. als schmaler Saum ausgebildet. FRÜCHTE: glatt. BLÄTTER: ungeteilt, **oval bis rundlich**, **(scheinbar) parallelnervig**. OBERE STÄNGELBLÄTTER: **basal vom Stängel durchwachsen**.

- Archaeophyt
- planar bis montan
- Staudenfluren, Äcker, Ruderalvegetation, Zier- bzw. Nutzpflanze
- an kalkreichen, meist trockenen Standorten

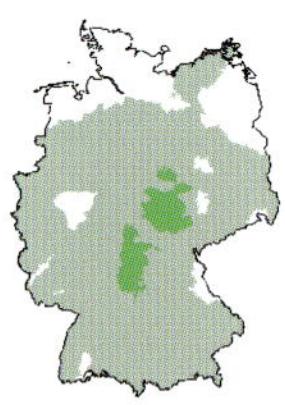

J F M A **M J J A** S O N D

Bupleurum tenuissimum L.

Salz-Hasenohr *Apiaceae*
∗ K(5) C(5) A5 $G(\overline{2})$ RL 2

Bis 30 cm hoch. PFLANZEN: 1-jährig. HÜLLE: 2–6-blättrig. DOLDEN: **mit kurzen Strahlen, meist 2–7-strahlig**. BLÜTEN: grünlich bis gelblich, zuweilen bläulich überlaufen. KELCHBLÄTTER: fehlend bzw. als schmaler Saum ausgebildet. FRÜCHTE: **warzig-rau**. BLÄTTER: ungeteilt, **lineal bis länglich**, 5–7-nervig, **(scheinbar) parallelnervig**. GRUNDBLÄTTER: **zur Fruchtzeit vergilbt bis fehlend**. OBERE STÄNGELBLÄTTER: **basal mit verschmälertem bis stielartigem Grund**.

- einheimisch
- planar bis collin
- Grünland, Ruderalvegetation, Salzwiesen
- an basenreichen, meist salzhaltigen Standorten

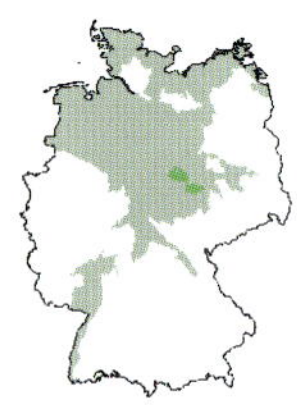

J F M A M J **J A S** O N D

Bupleurum virgatum Cav.

Ruten-Hasenohr *Apiaceae*
∗ K(5) C(5) A5 $G(\overline{2})$ RL 1

20–60 cm hoch. PFLANZEN: mehrjährig. HÜLLE: 2–6-blättrig. DOLDEN: 4–8-strahlig. BLÜTEN: gelblich. KELCHBLÄTTER: fehlend bzw. als schmaler Saum ausgebildet. FRÜCHTE: glatt. BLÄTTER: ungeteilt, **lineal bis lanzettlich**, 3–5-nervig, **(scheinbar) parallelnervig**. OBERE STÄNGELBLÄTTER: **basal sitzend, mit verschmälertem Grund**.

- einheimisch
- planar bis montan
- Extensivgrünland u. Magerrasen, Gehölze
- an sauren, trockenen Standorten

J F M A M **J J A** S O N D

Ammi majus L.

Knorpelmöhre *Apiaceae*
∗ K(5) C(5) A5 $G(\overline{2})$

30–100 cm hoch. PFLANZEN: **1-jährig**. HÜLLE: **≥ 3-blättrig**. HÜLLBLÄTTER: **fiederspaltig, mit schmal-linealen Zipfeln**. HÜLLCHEN: **≥ 3-blättrig**. BLÜTEN: weißlich. KELCHBLÄTTER: fehlend bzw. als schmaler Saum ausgebildet. FRÜCHTE: kahl. BLÄTTER: 2–3-fach gefiedert.

- in Einbürgerung befindlicher Neophyt, urspr. aus dem Mittelmeergebiet
- planar bis collin
- Staudenfluren, Äcker, Ruderalvegetation, Zier- bzw. Nutzpflanze
- an basenreichen Standorten

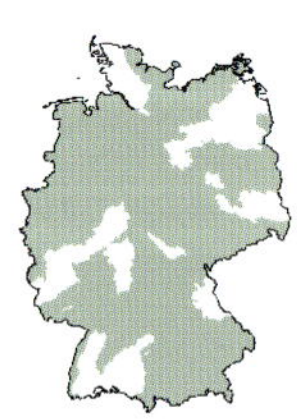

J F M A **M J J A S O** N D

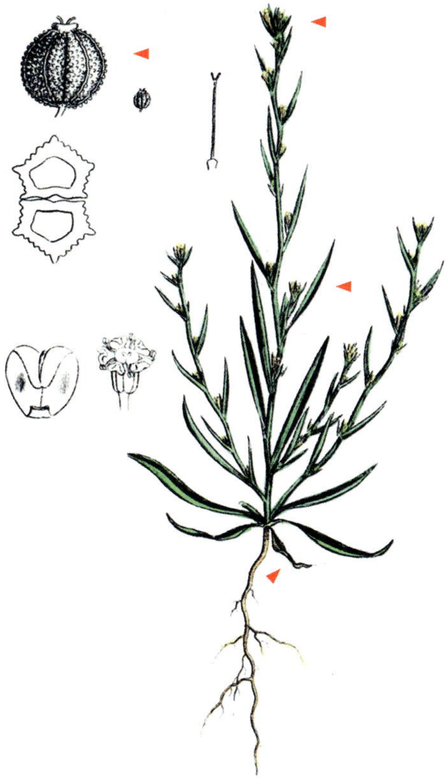

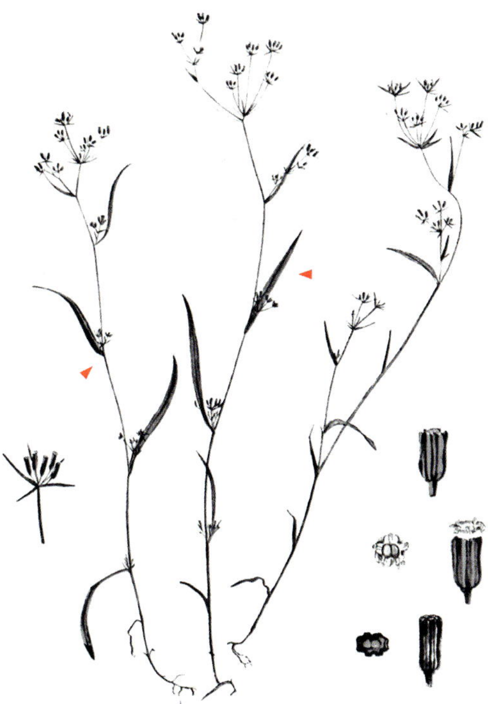

Apium graveolens L.

Sellerie *Apiaceae*
∗ K(5) C(5) A5 G($\overline{2}$) RL 3

30–100 cm hoch. PFLANZEN: **kahl**. HÜLLE: **fehlend**. HÜLLCHEN: **fehlend**. DOLDEN: **einige (scheinbar) seitenständig, den Blättern gegenüber stehend, < 5 cm lang gestielt bis sitzend, Stiele kaum länger als die Strahlen**, 5–15-strahlig. BLÜTEN: grünlich-gelblich *oder* weißlich. KRONBLÄTTER: < 1 mm lang. KELCHBLÄTTER: fehlend bzw. als schmaler Saum ausgebildet. FRÜCHTE: breit-eiförmig, 1–2,5 mm lang, kahl. BLÄTTER: **fiederspaltig bis gefiedert, nach Sellerie riechend**.

- einheimisch
- planar bis collin
- Grünland, Äcker, Ruderalvegetation, Salzwiesen, Zier- bzw. Nutzpflanze
- an feuchten bis nassen, oft salzhaltigen Standorten

J F M A M **J J A S O** N D

Foeniculum vulgare Mill.

Echter Fenchel *Apiaceae*
∗ K(5) C(5) A5 G($\overline{2}$)

80–180 cm hoch. PFLANZEN: **blau- bis graugrün**. HÜLLCHEN: **≤ 2-blättrig**. DOLDEN: 6–30-strahlig. BLÜTEN: **grünlich-gelblich**. KELCHBLÄTTER: fehlend bzw. als schmaler Saum ausgebildet. FRÜCHTE: 4–14 mm lang, **im QS rundlich, auf dem Rücken gerippt**; UNTEN: **von abgestorbener Laubblattscheide umgeben**. BLÄTTER: **2–4-fach fiederspaltig**. BLATTLAPPEN: **lineal, haarfein-fadenförmig**.

- eingebürgerter Neophyt, urspr. aus dem Mittelmeergebiet
- planar bis collin
- Äcker, Ruderalvegetation, an Mauern, Zier- bzw. Nutzpflanze

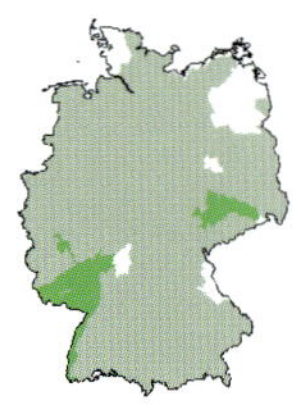

J F M A M **J J A S O** N D

Aegopodium podagraria L.

Gewöhnlicher Giersch *Apiaceae*
∗ K(5) C(5) A5 G($\overline{2}$)

50–80 cm hoch. HÜLLE: **fehlend**. HÜLLCHEN: **fehlend**. BLÜTEN: weißlich, zuweilen rötlich überlaufen. KELCHBLÄTTER: fehlend bzw. als schmaler Saum ausgebildet. FRÜCHTE: kahl. STÄNGEL: **im QS kantig, gefurcht**. BLÄTTER: **2-fach gefiedert**, 3–5-teilig, **basale Fieder an ihrer Basis oft mit tiefem Einschnitt**; UNTERSEITS: kurz behaart. FIEDERBLÄTTCHEN: **oval**.

- einheimisch
- planar bis montan
- Staudenfluren, Wälder, Ruderalvegetation, Zier- bzw. Nutzpflanze
- an nährstoffreichen Standorten

J F M A **M J J A** S O N D

Carum carvi L.

Wiesen-Kümmel *Apiaceae*
∗ K(5) C(5) A5 G($\overline{2}$)

30–80 cm hoch. HÜLLE: **fehlend *oder* ≤ 3-blättrig**. HÜLLCHEN: **fehlend**. BLÜTEN: weißlich, zuweilen rötlich überlaufen. KELCHBLÄTTER: fehlend bzw. als schmaler Saum ausgebildet. FRÜCHTE: kahl, **auf dem Rücken gerippt**. BLÄTTER: 2–3-fach fiederspaltig, basal mit nebenblattartig abgesetztem, vielzipfeligen Fiederabschnitt, **nach Kümmel riechend**. BLATTLAPPEN: lineal, ± **gegenständig an der Rhachis angeordnet**.

- einheimisch
- planar bis subalpin
- Grünland, Ruderalvegetation, Zier- bzw. Nutzpflanze
- auch an salzhaltigen Standorten

J F M **A M J J A** S O N D

Carum verticillatum (L.) W. D. J. Koch

Quirl-Kümmel *Apiaceae*
∗ K(5) C(5) A5 G($\overline{2}$) RL 0

30–80 cm hoch. Hülle: ≥ **3-blättrig**. Hüllchen: ≥ **3-blättrig**. Blüten: weißlich, zuweilen rötlich überlaufen. Kelchblätter: fehlend bzw. als schmaler Saum ausgebildet. Früchte: kahl, **auf dem Rücken gerippt**. Blätter: 2–3-fach fiederspaltig, **nach Kümmel riechend**. Blattlappen: lineal, ± **quirlig an der Rhachis angeordnet**.

- ausgestorben
- planar bis collin
- Extensivgrünland u. Magerrasen
- an nährstoffarmen, wechselfeuchten bis nassen Standorten

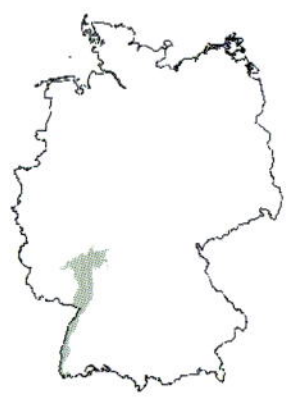

J F M A M **J J A** S O N D

Falcaria vulgaris Bernh.

Gewöhnliche Sichelmöhre *Apiaceae*
∗ K(5) C(5) A5 G($\overline{2}$)

30–80 cm hoch. Hülle: 4–10-blättrig. Hüllchen: 3–10-blättrig. Blüten: weißlich. Kelchblätter: deutlich entwickelt. Früchte: schmal-länglich, kahl; unten: von abgestorbener Laubblattscheide umgeben. Blätter: derb, ± starr abstehend, fiederspaltig bis gefiedert. Blattlappen: **länglich-lineal, am Rand knorpelig-grannenspitzig gezähnt**.

- einheimisch
- planar bis montan
- Grünland, Staudenfluren, Äcker, Ruderalvegetation, Zier- bzw. Nutzpflanze
- an kalkreichen, meist trockenen Standorten

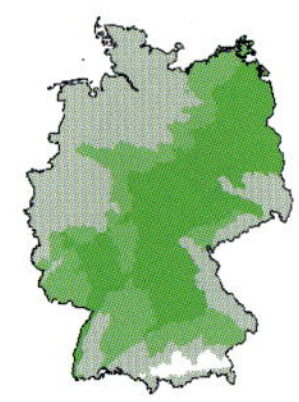

J F M A M **J J A S O** N D

Ligusticum mutellina (L.) Crantz

Adonisblättrige Mutterwurz *Apiaceae*
∗ K(5) C(5) A5 G($\overline{2}$)

10–50 cm hoch. Blütenstand: **meist 2–3 Doppeldolden**. Hülle: **meist fehlend**, selten 1–2-blättrig. Hüllchen: ≥ 3-blättrig. Hüllchenblätter: meist mit Hautrand. Dolden: **5–15-strahlig**. Blüten: weißlich, meist rötlich überlaufen. Kelchblätter: fehlend bzw. als schmaler Saum ausgebildet. Früchte: kahl, **ungeflügelt**. Stängel: **meist mit 1–2 Laubblättern**, seltener blattlos; unten: von abgestorbener Laubblattscheide umgeben. Blätter: 2–3-fach gefiedert. Blattlappen: lineal bis lanzettlich.

- einheimisch
- subalpin bis alpin
- Extensivgrünland u. Magerrasen, Staudenfluren, Gehölze, Schutt- u. Felsfluren, Schneetälchen, Zier- bzw. Nutzpflanze

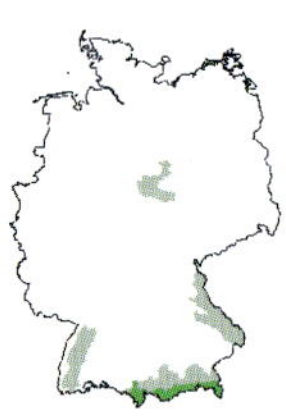

J F M A **M J J A** S O N D

Ligusticum mutellinoides (Crantz) Vill.

Zwerg-Mutterwurz *Apiaceae*
∗ K(5) C(5) A5 G($\overline{2}$) RL R

Bis 15 cm hoch. Blütenstand: **meist nur 1 Doppeldolde**. Hülle: **4–12-blättrig**. Hüllblätter: **2–5-spaltig**. Hüllchen: 4–12-blättrig. Hüllchenblätter: meist mit Hautrand. Dolden: **12–35-strahlig**. Blüten: weißlich o. rosa. Kelchblätter: fehlend bzw. als schmaler Saum ausgebildet. Früchte: kahl, **am Rand geflügelt**. Stängel: unverzweigt, **meist blattlos**; unten: von abgestorbener Laubblattscheide umgeben. Blätter: 2–3-fach gefiedert. Blattlappen: lineal bis lanzettlich.

- einheimisch
- subalpin bis alpin
- Extensivgrünland u. Magerrasen, Schutt- u. Felsfluren
- an nährstoffarmen, sauren Standorten

J F M A M **J J A** S O N D

Meum athamanticum Jacq.

Bärwurz *Apiaceae*
∗ K(5) C(5) A5 G($\overline{2}$) RL V

15–50 cm hoch. HÜLLE: ≤ 8-blättrig. HÜLLCHEN: 3–10-blättrig. DOLDEN: 5–18-strahlig. BLÜTEN: weißlich, zuweilen rötlich überlaufen. KELCHBLÄTTER: fehlend bzw. als schmaler Saum ausgebildet. FRÜCHTE: kahl, mit glatten Rippen. STÄNGEL: Stängelglieder 20–50 mm lang; UNTEN: **von abgestorbener Laubblattscheide umgeben**. BLÄTTER: **2–3-fach gefiedert, stark aromatisch riechend**. BLATTLAPPEN: **haarfein-fadenförmig**. FIEDERBLÄTTCHEN: **< 0,3 mm breit**.

- einheimisch
- collin bis montan
- Extensivgrünland u. Magerrasen, Zwergstrauchheiden, Gehölze, Zier- bzw. Nutzpflanze
- an nährstoffarmen, sauren Standorten

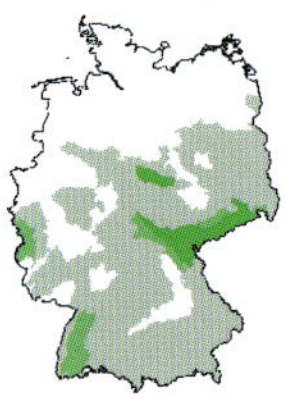

J F M **A M J J** A S O N D

Conium maculatum L.

Gefleckter Schierling *Apiaceae*
∗ K(5) C(5) A5 G($\overline{2}$) stark giftig

80–180 cm hoch. PFLANZEN: kahl. HÜLLE: **3–6-blättrig**. HÜLLBLÄTTER: **breit-lanzettlich**, kürzer als das Döldchen. HÜLLCHEN: **3–6-blättrig**. HÜLLCHENBLÄTTER: **einseitswendig**. DOLDEN: 6–25-strahlig. BLÜTEN: weißlich, zuweilen rötlich überlaufen. KELCHBLÄTTER: fehlend bzw. als schmaler Saum ausgebildet. GRIFFEL: 0,5–1,2 mm lang. FRÜCHTE: **eiförmig-kugelig**, kahl, mit gezähnten Rippen. BLÄTTER: ≥ 2-fach gefiedert.

- Archaeophyt
- planar bis montan
- Staudenfluren, Ruderalvegetation, Küstenspülsäume, Zier- bzw. Nutzpflanze
- an nährstoffreichen Standorten

J F M A **M J J A S O** N D

Bifora radians M. Bieb.

Strahlen-Hohlsame *Apiaceae*
∗ K(5) C(5) A5 G($\overline{2}$)

15–40 cm hoch. PFLANZEN: kahl. HÜLLE: ≤ 1-blättrig. HÜLLCHEN: 2–4-blättrig. HÜLLCHENBLÄTTER: **einseitswendig**. DOLDEN: 2–10-strahlig. RANDBLÜTEN: **deutlich vergrößert**. BLÜTEN: weißlich. KELCHBLÄTTER: fehlend bzw. als schmaler Saum ausgebildet. GRIFFEL: 1,5–2,5 mm lang. FRÜCHTE: **in 2 kugelige Teilfrüchte zerfallend, 2-knotig**, kahl. BLÄTTER: 2–3-fach gefiedert o. fiederspaltig, **unangenehm riechend**. GRUNDBLÄTTER: **gestielt, mit länglich-lanzettlichen Blattlappen**. OBERE STÄNGELBLÄTTER: **sitzend, mit schmal-linealen Blattlappen**.

- eingebürgerter Neophyt, urspr. aus Südosteuropa u. Westasien
- planar bis montan
- Äcker, Ruderalvegetation
- an kalkreichen, meist trockenen Standorten

J F M **A M J J A** S O N D

Coriandrum sativum L.

Koriander *Apiaceae*
∗ K(5) C(5) A5 G($\overline{2}$)

30–50 cm hoch. PFLANZEN: kahl. HÜLLE: **fehlend *oder* ≤ 1-blättrig**. HÜLLCHEN: **2–5-blättrig**. HÜLLCHENBLÄTTER: **einseitswendig**. DOLDEN: 2–10-strahlig. RANDBLÜTEN: **deutlich vergrößert**. BLÜTEN: weißlich, zuweilen rötlich überlaufen. KELCHBLÄTTER: deutlich entwickelt. GRIFFEL: 1,5–2,5 mm lang. FRÜCHTE: *nicht* in Teilfrüchte zerfallend, **kugelig bis breit eiförmig**, kahl. BLÄTTER: 2–3-fach gefiedert o. fiederspaltig, **unangenehm riechend**. BLATTLAPPEN: **der Stängelblätter schmal-lineal, der Grundblätter breit-oval bis keilförmig**.

- in Einbürgerung befindlicher Neophyt, urspr. aus dem östlichen Mittelmeergebiet
- planar bis montan
- Äcker, Ruderalvegetation, Zier- bzw. Nutzpflanze

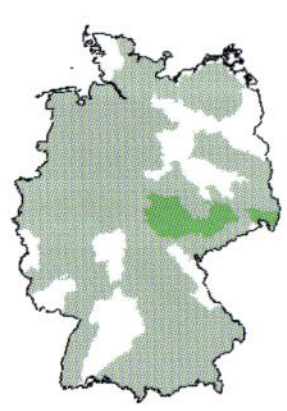

J F M A **M J J A** S O N D

Berula erecta (Huds.) Coville

Berle *Apiaceae*
∗ K(5) C(5) A5 $G(\bar{2})$

Wasser- o. Sumpfpflanze, 30–80 cm hoch. Blütenstand: **mehrere Dolden in den Achseln von Laubblättern**. Hülle: **≥ 3-blättrig**. Hüllchen: **≥ 3-blättrig**. Dolden: 8–25-strahlig. Blüten: weißlich. Kelchblätter: deutlich entwickelt. Früchte: breit-eiförmig, kahl, **mit breiten, wenig vorspringenden Rippen**. Stängel: **im QS rundlich, oft mit feinen Rillen**. Ausläufer: unterirdisch. Blätter: ≤ 1-fach gefiedert.

- einheimisch
- planar bis montan
- Gewässer, Röhrichte, Moore u. Seggenriede, Quellfluren, Zier- bzw. Nutzpflanze
- an basenreichen, nassen, zuweilen trockenfallenden, auch salzhaltigen Standorten

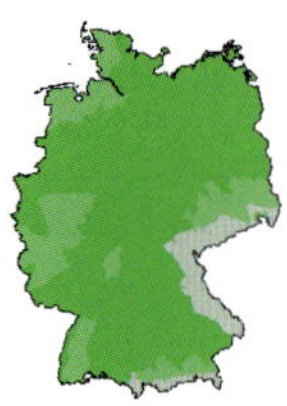

J F M A M **J J A S** O N D

Cicuta virosa L.

Gift-Wasserschierling *Apiaceae*
∗ K(5) C(5) A5 $G(\bar{2})$ stark giftig RL V

60–120 cm hoch. Hülle: **fehlend *oder* ≤ 2-blättrig**. Hüllchen: **5–10-blättrig**. Blüten: weißlich. Kelchblätter: deutlich entwickelt. Früchte: **kugelig bis breit eiförmig**, 1,5–2,5 mm breit, kahl. Ausläufer: unterirdisch, **hohl**, **durch Querwände gekammert**. Blätter: 2–3-fach gefiedert. Fiederblättchen: **länglich bis lanzettlich**, **meist > 3 mm breit**, am Rand gezähnt.

- einheimisch
- planar bis montan
- Gewässer, Röhrichte, Moore u. Seggenriede, Wälder, Zier- bzw. Nutzpflanze
- an nassen, zuweilen überfluteten Standorten

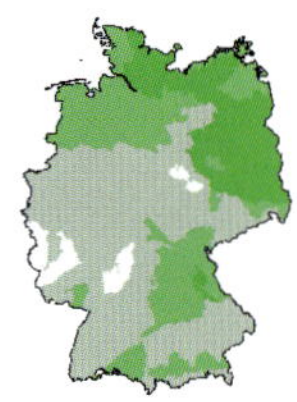

J F M A M **J J A S** O N D

Helosciadium inundatum (L.) W. D. J. Koch

Untergetauchter Sumpfschirm *Apiaceae*
∗ K(5) C(5) A5 $G(\bar{2})$ RL 2 § BNatG b

Wasser- o. Sumpfpflanze, 10–60 cm hoch. Hülle: **fehlend**. Hüllchen: **2–6-blättrig**. Dolden: **2–3-strahlig**. Blüten: grünlich bis weißlich. Kelchblätter: fehlend bzw. als schmaler Saum ausgebildet. Früchte: breit-eiförmig, kahl. Stängel: niederliegend. Ausläufer: **an den Knoten bewurzelt**. Blätter: **Überwasserblätter 1-fach 3–7-teilig gefiedert, Tauchblätter 2–4-fach gefiedert o. fiederspaltig**. Fiederblättchen: der Überwasserblätter lanzettlich bis oval, am Rand gezähnt. Tauchblätter: **mit haarfeinen Blattlappen**.

- einheimisch
- planar
- Gewässer, trockenfallende Ufer
- an nährstoffarmen, nassen, zuweilen trockenfallenden Standorten

J F M A **M J J** A S O N D

Helosciadium nodiflorum (L.) W. D. J. Koch

Knotenblütiger Sumpfschirm *Apiaceae*
∗ K(5) C(5) A5 $G(\bar{2})$ RL 3

30–60 cm hoch. Hülle: **≤ 2-blättrig**. Hüllchen: **4–7-blättrig**. Dolden: **kurz gestielt bis sitzend, Stiele kaum länger als die Strahlen, 4–12-strahlig**. Blüten: grünlich bis weißlich. Kelchblätter: fehlend bzw. als schmaler Saum ausgebildet. Früchte: breit-eiförmig, kahl. Stängel: niederliegend. Ausläufer: an den Knoten *nicht* einwurzelnd. Blätter: **unpaarig gefiedert**. Fiederblättchen: lanzettlich bis oval, **± gleichmäßig gezähnt**.

- einheimisch
- planar bis collin
- Gewässer, Röhrichte
- an nassen, zuweilen überfluteten, auch salzhaltigen Standorten

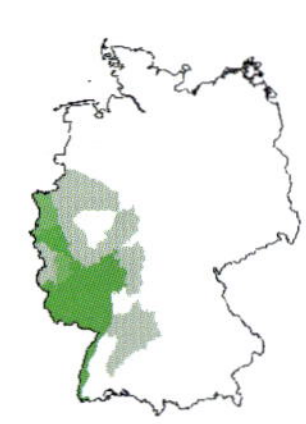

J F M A M **J J A S** O N D

Heolsciadium repens (Jacq.) W. D. J. Koch

Kriechender Sumpfschirm *Apiaceae*
∗ K(5) C(5) A5 G($\bar{2}$) RL 2 § FFH IV, BNatG s

10–30 cm hoch. Hülle: **2–8-blättrig**. Hüllchen: **5–10-blättrig**. Dolden: **lang gestielt, Stiele < 3-mal so lang wie die Strahlen, 2–8-strahlig**. Blüten: grünlich bis weißlich. Kelchblätter: fehlend bzw. als schmaler Saum ausgebildet. Früchte: breit-eiförmig, kahl. Stängel: niederliegend. Ausläufer: **an den Knoten einwurzelnd**. Blätter: **unpaarig gefiedert**. Fiederblättchen: lanzettlich bis oval, **± ungleichmäßig grob gezähnt**.

- einheimisch
- planar bis montan
- Grünland, Ruderalvegetation, Trittfluren
- an feuchten, zuweilen überfluteten, auch salzhaltigen Standorten

J F M A M **J J A S** O N D

Oenanthe aquatica (L.) Poir.

Wasser-Pferdesaat *Apiaceae*
∗ K(5) C(5) A5 G($\bar{2}$) stark giftig

Wasser- o. Sumpfpflanze, 30–120 cm hoch. Blütenstand: mehrere Dolden in den Achseln von Laubblättern, gestielt; Stiel: **< 3 cm lang**. Hülle: **fehlend**. Hüllchen: **5–8-blättrig**. Dolden: 5–20-strahlig. Randblüten: **nicht bis schwach vergrößert**, meist ⚥. Blüten: ***alle* lang gestielt**, weißlich. Kelchblätter: deutlich entwickelt. Fruchtstiele: **1–3 mm lang**. Früchte: 3–5 mm lang, kahl. Wurzeln: *nicht* verdickt. Ausläufer: zuweilen vorhanden. Blätter: 2–3-fach gefiedert. Grundblätter: **mit schmal-linealen Blattlappen**, als Tauchblätter ± haarfein zerschlitzt. obere Stängelblätter: mit 2–6 mm langen ovalen Blattlappen. Tauchblätter: oft fehlend.

- einheimisch
- planar bis montan
- Gewässer, Röhrichte, Zier- bzw. Nutzpflanze
- an nassen, zuweilen überfluteten Standorten

J F M A **M J J A** S O N D

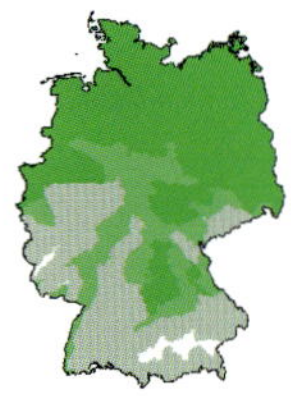

Oenanthe conioides Lange

Schierlings-Pferdesaat *Apiaceae*
∗ K(5) C(5) A5 G($\bar{2}$) stark giftig RL 1 § FFH IV, BNatG s

Wasser- o. Sumpfpflanze, 30–200 cm hoch, nur im Gezeitenbereich der Elbe. Blütenstand: mehrere Dolden in den Achseln von Laubblättern, gestielt; Stiel: **< 3 cm lang**. Hülle: **fehlend**. Hüllchen: **≥ 3-blättrig**. Dolden: 5–15-strahlig. Randblüten: **nicht bis schwach vergrößert**, meist ⚥. Blüten: ***alle* lang gestielt**, weißlich. Kelchblätter: deutlich entwickelt. Fruchtstiele: **1–3 mm lang**. Früchte: 5–7 mm lang, kahl. Wurzeln: *nicht* verdickt. Ausläufer: zuweilen vorhanden. Blätter: 2–3-fach gefiedert. Grundblätter: **mit oval-lanzettlichen Blattlappen**, als Tauchblätter ± schmal-lineal. obere Stängelblätter: mit 15–30 mm langen ovalen Blattlappen. Tauchblätter: meist fehlend.

- einheimisch
- planar
- Gewässer, Röhrichte, Zier- bzw. Nutzpflanze
- an nährstoffreichen, nassen, meist überfluteten, auch salzhaltigen Standorten

J F M A M **J J A** S O N D

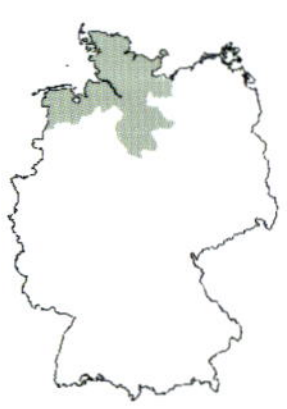

Oenanthe fistulosa L.

Röhrige Pferdesaat *Apiaceae*
∗ K(5) C(5) A5 G($\bar{2}$) stark giftig RL 3

Wasser- o. Sumpfpflanze, 30–60 cm hoch. Blütenstand: mehrere Dolden in den Achseln von Laubblättern, gestielt; Stiel: **> 4 cm lang**. Hülle: **fehlend *oder* ≤ 2-blättrig**. Hüllchen: **5–10-blättrig**. Dolden: 2–6-strahlig. Doldenstrahlen: **weitröhrig**. Randblüten: **meist vergrößert**, ♂. Blüten: **nur die Randblüten lang gestielt**, weißlich, zuweilen rötlich überlaufen. Kelchblätter: deutlich entwickelt. Fruchtstiele: **< 1 mm lang**. Früchte: kahl. Wurzeln: **oft keulenförmig verdickt**. Stängel: **im QS rundlich, oft mit feinen Rillen, hohl**. Blätter: 2–3-fach gefiedert bis fiederspaltig. Grundblätter: **mit schmal-linealen Blattlappen**.

- einheimisch
- planar bis collin
- Gewässer, Moore u. Seggenriede, Grünland, Zier- bzw. Nutzpflanze
- an basenreichen, nassen, zuweilen überfluteten Standorten

J F M A **M J J A** S O N D

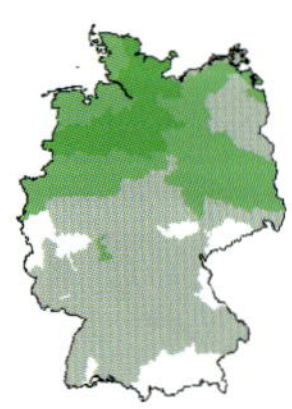

Oenanthe fluviatilis (Bab.) Coleman

Fluss-Pferdesaat *Apiaceae*
∗ K(5) C(5) A5 G($\overline{2}$) stark giftig RL 0

Wasser- o. Sumpfpflanze. Blütenstand: mehrere Dolden in den Achseln von Laubblättern, gestielt; Stiel: **< 3 cm lang**. Hülle: **fehlend**. Hüllchen: **≥ 3-blättrig**. Dolden: 6–14-strahlig. Randblüten: **nicht bis schwach vergrößert**, meist ⚥. Blüten: ***alle* lang gestielt**, weißlich. Kelchblätter: deutlich entwickelt. Fruchtstiele: **1–3 mm lang**. Früchte: 4–7 mm lang, kahl. Wurzeln: *nicht* verdickt. Stängel: basal oft niederliegend. Blätter: 2–3-fach gefiedert. Tauchblätter: **mit schmal-linealen Blattlappen**. obere Stängelblätter: mit 15–30 mm langen ovalen am Rand gezähnten Blattlappen. Tauchblätter: meist vorhanden.

- ausgestorben
- planar bis montan
- Gewässer, Zier- bzw. Nutzpflanze
- an basenreichen, dauerhaft überfluteten Standorten

J F M A **M J J** A S O N D

Oenanthe lachenalii C. C. Gmel.

Wiesen-Pferdesaat *Apiaceae*
∗ K(5) C(5) A5 G($\overline{2}$) stark giftig RL 3

40–60 cm hoch. Blütenstand: mehrere Dolden in den Achseln von Laubblättern, gestielt; Stiel: **> 4 cm lang**. Hülle: **3–8-blättrig**. Hüllchen: **≥ 3-blättrig**. Dolden: 6–20-strahlig. Doldenstrahlen: markig bis engröhrig. Randblüten: **meist vergrößert**, ♂. Blüten: **nur die Randblüten lang gestielt**, weißlich. Kelchblätter: deutlich entwickelt. Fruchtstiele: **< 1 mm lang**. Früchte: kahl. Wurzeln: **oft keulenförmig verdickt**. Stängel: im QS kantig, gefurcht, meist markig. Blätter: 2–3-fach gefiedert bis fiederspaltig. Grundblätter: **mit keilförmigen bis oval-lanzettlichen Blattlappen**.

- einheimisch
- planar bis collin
- Gewässer, Extensivgrünland u. Magerrasen, Salzwiesen, Zier- bzw. Nutzpflanze
- an basenreichen, feuchten bis nassen, zuweilen überfluteten, oft salzhaltigen Standorten

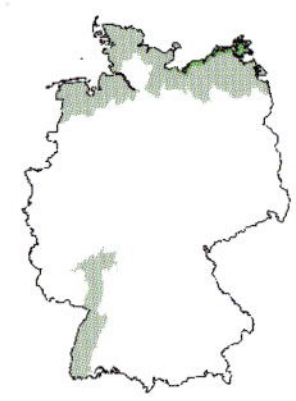

J F M A M **J J A S O** N D

Oenanthe peucedanifolia Pollich

Haarstrang-Pferdesaat *Apiaceae*
∗ K(5) C(5) A5 G($\overline{2}$) stark giftig RL 2

30–60 cm hoch. Blütenstand: mehrere Dolden in den Achseln von Laubblättern, gestielt; Stiel: **> 4 cm lang**. Hülle: **fehlend *oder* ≤ 2-blättrig**. Hüllchen: **≥ 3-blättrig**. Dolden: 4–14-strahlig. Doldenstrahlen: markig bis engröhrig. Randblüten: **meist vergrößert**, ♂. Blüten: **nur die Randblüten lang gestielt**, weißlich. Kelchblätter: deutlich entwickelt. Griffel: **± so lang wie die Frucht**. Fruchtstiele: **< 1 mm lang**, < 1 mm ⌀. Früchte: kahl. Wurzeln: **oft keulenförmig verdickt**. Stängel: im QS kantig, gefurcht, meist markig. Blätter: 2–3-fach gefiedert bis fiederspaltig. Rhachis: im QS ± rund. Grundblätter: **mit schmal-linealen Blattlappen**.

- einheimisch
- planar bis collin
- Extensivgrünland u. Magerrasen, Wälder, Zier- bzw. Nutzpflanze
- an nährstoffarmen, wechselnassen Standorten

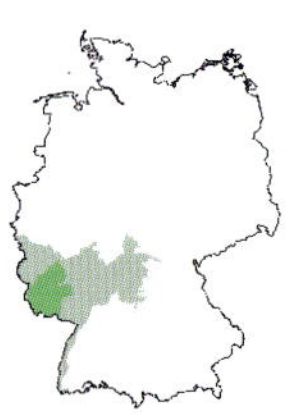

J F M A **M J J A** S O N D

Oenanthe silaifolia M. Bieb.

Silau-Pferdesaat *Apiaceae*
∗ K(5) C(5) A5 G($\overline{2}$) stark giftig RL 0

30–60 cm hoch. Blütenstand: mehrere Dolden in den Achseln von Laubblättern, gestielt; Stiel: **> 4 cm lang**. Hülle: **fehlend *oder* ≤ 2-blättrig**. Hüllchen: **≥ 3-blättrig**. Dolden: 4–14-strahlig. Doldenstrahlen: markig bis engröhrig. Randblüten: **meist vergrößert**, ♂. Blüten: **nur die Randblüten lang gestielt**, weißlich. Kelchblätter: deutlich entwickelt. Griffel: **± 0,5-mal so lang wie die Frucht**. Fruchtstiele: **< 1 mm lang**, **1,5–3 mm** ⌀. Früchte: kahl. Wurzeln: **oft keulenförmig verdickt**. Stängel: im QS kantig, gefurcht, meist markig. Blätter: 2–3-fach gefiedert bis fiederspaltig. Rhachis: im QS flach bis halbrund. Grundblätter: **mit schmal-linealen Blattlappen**.

- ausgestorben
- planar bis montan
- Grünland, Zier- bzw. Nutzpflanze
- an wechselfeuchten bis nassen, auch salzhaltigen Standorten

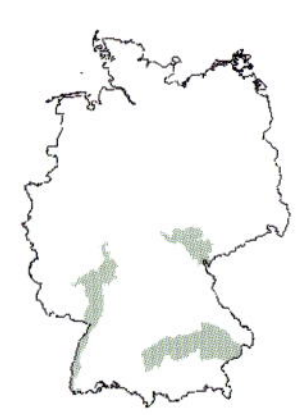

J F M **A M J J** A S O N D

Sium latifolium L.

Breitblättriger Merk *Apiaceae*
∗ K(5) C(5) A5 G($\overline{2}$) giftig

Wasser- o. Sumpfpflanze, 60–150 cm hoch. Hülle: **2–6-blättrig**. Hüllblätter: **mit weißlichem Hautrand**. Hüllchen: **2–6-blättrig**. Hüllchenblätter: **mit weißlichem Hautrand**. Dolden: **15–40-strahlig**. Blüten: weißlich. Kelchblätter: deutlich entwickelt. Früchte: eiförmig, kahl, **mit deutlich vorspringenden Rippen**. Stängel: **im QS kantig, gefurcht**. Blätter: **Überwasserblätter fiederspaltig bis 1-fach gefiedert, Tauchblätter < 2-fach gefiedert**.

- einheimisch
- planar bis montan
- Gewässer, Röhrichte, Moore u. Seggenriede, Zier- bzw. Nutzpflanze
- an nassen, zuweilen überfluteten Standorten

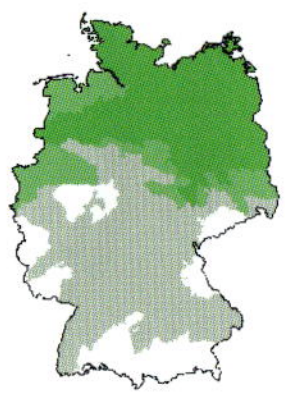

J F M A M **J J A** S O N D

Pimpinella major (L.) Huds.

Große Pimpinelle *Apiaceae*
∗ K(5) C(5) A5 G($\overline{2}$)

20–100 cm hoch. Hülle: fehlend *oder* ≤ 2-blättrig. Hüllchen: ≤ 2-blättrig. Kelchblätter: fehlend bzw. als schmaler Saum ausgebildet. Griffel: **länger als der Fruchtknoten**. Früchte: schmal-eiförmig, 2–6 mm lang, kahl. Teilfrüchte: im QS abgerundet bis stumpfkantig. Stängel: **im QS kantig, gefurcht, meist hohl**. Blätter: **meist 1-fach gefiedert**, mit ovalen bis lanzettlichen Fiederblättchen. Fiederblättchen: **die basalen gestielt**.

subsp. *major* (Große Pimpinelle): 50–100 cm hoch. Blüten: weißlich bis hellrosa.
subsp. *rubra* (Rotblütige Bibernelle): in den Alpen, 20–50 cm hoch. Blüten: dunkelrosa.

- einheimisch
- planar bis subalpin
- Grünland, Staudenfluren, Gehölze, Ruderalvegetation, Zier- bzw. Nutzpflanze

J F M A **M J J A S** O N D

Pimpinella nigra Mill.

Schwarze Pimpinelle *Apiaceae*
∗ K(5) C(5) A5 G($\overline{2}$)

40–80 cm hoch. Hülle: fehlend *oder* ≤ 2-blättrig. Hüllchen: ≤ 2-blättrig. Blüten: weißlich, zuweilen rötlich überlaufen. Kelchblätter: fehlend bzw. als schmaler Saum ausgebildet. Griffel: **kürzer als der Fruchtknoten**. Früchte: schmal-eiförmig, 2–6 mm lang, kahl. Teilfrüchte: im QS deutlich kantig. Stängel: **im QS fein gerillt**, allenfalls mit kleinem Hohlraum, behaart, **Haare verlängert u. gewellt, Grundblätter u. Laubblätter deutlich verschieden**. Fiederblättchen: sitzend. Grundblätter: 1-fach gefiedert, mit ovalen bis lanzettlichen Fiederblättchen, **Fiederblättchen sitzend**. mittlere Stängelblätter: fiederspaltig bis gefiedert, mit schmalen lineal-lanzettlichen Blattlappen.

- einheimisch
- planar bis collin
- Extensivgrünland u. Magerrasen, Wälder, Schutt- u. Felsfluren
- an nährstoffarmen, basenreichen, trockenen Standorten

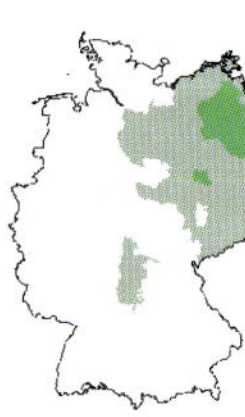

J F M A M **J J A S** O N D

Pimpinella saxifraga L.

Kleine Pimpinelle *Apiaceae*
∗ K(5) C(5) A5 G($\overline{2}$)

Bis 60 cm hoch. Hülle: fehlend *oder* ≤ 2-blättrig. Hüllchen: ≤ 2-blättrig. Blüten: weißlich, zuweilen rötlich überlaufen. Kelchblätter: fehlend bzw. als schmaler Saum ausgebildet. Griffel: **kürzer als der Fruchtknoten**. Früchte: schmal-eiförmig, 2–6 mm lang, kahl. Teilfrüchte: im QS deutlich kantig. Stängel: **im QS rundlich, oft mit feinen Rillen**, allenfalls mit kleinem Hohlraum, behaart, **Haare kurz u. gerade, Grundblätter u. Laubblätter deutlich verschieden**. Fiederblättchen: sitzend. Grundblätter: 1-fach gefiedert, mit ovalen bis lanzettlichen Fiederblättchen, **Fiederblättchen sitzend**. mittlere Stängelblätter: fiederspaltig bis gefiedert, mit schmalen lineal-lanzettlichen Blattlappen.

- einheimisch
- planar bis alpin
- Extensivgrünland u. Magerrasen, Wälder, Zier- bzw. Nutzpflanze
- an nährstoffarmen, meist trockenen Standorten

J F M A M **J J A S** O N D

Pleurospermum austriacum (L.) Hoffm.

Österreichischer Rippensame *Apiaceae*
∗ K(5) C(5) A5 G($\bar{2}$)

60–120 cm hoch. HÜLLE: ≥ **3-blättrig**. HÜLLBLÄTTER: **fiederspaltig, mit oval-lanzettlichen Zipfeln**. HÜLLCHEN: ≥ 3-blättrig. BLÜTEN: weißlich, zuweilen rötlich überlaufen. KELCHBLÄTTER: deutlich entwickelt. FRÜCHTE: kahl, **auf dem Rücken gerippt**; UNTEN: **von abgestorbener Laubblattscheide umgeben**. BLÄTTER: 2–3-fach gefiedert, **mit breit lanzettlichen bis ovalen Fiederblättchen**.

- einheimisch
- montan bis subalpin
- Grünland, Staudenfluren, Gehölze, Wälder
- an basenreichen Standorten

J F M A **M J J A** S O N D

Bunium bulbocastanum L.

Echter Knollenkümmel *Apiaceae*
∗ K(5) C(5) A5 G($\bar{2}$) RL 3

20–60 cm hoch. PFLANZEN: **kahl**. HÜLLE: **4–8-blättrig**. HÜLLCHEN: **4–8-blättrig**. DOLDEN: 8–25-strahlig. BLÜTEN: weißlich. KELCHBLÄTTER: fehlend bzw. als schmaler Saum ausgebildet. FRÜCHTE: im QS *ohne* tiefe Furche, 2,5–3,5 mm lang, kahl, **auf dem Rücken gerippt**. STÄNGEL: markig; UNTEN: **mit bis 4 cm breiter kugeliger Knolle**. BLÄTTER: 2–3-fach gefiedert bis fiederspaltig. BLATTLAPPEN: **lineal**.

- Archaeophyt
- planar bis montan
- Grünland, Gehölze, Äcker, Ruderalvegetation, Zier- bzw. Nutzpflanze
- an kalkreichen Standorten

J F M A **M J J A** S O N D

Crithmum maritimum L.

Meerfenchel *Apiaceae*
∗ K(5) C(5) A5 G($\bar{2}$) RL R

30–60 cm hoch. HÜLLE: ≥ **3-blättrig**. HÜLLCHEN: ≥ **3-blättrig**. DOLDEN: 6–35-strahlig. BLÜTEN: **grünlich bis gelblich *oder* weißlich**. KELCHBLÄTTER: deutlich entwickelt. FRÜCHTE: **eiförmig bis kurz zylindrisch**, 3–8 mm lang, kahl. BLÄTTER: **schwach sukkulent**, 1–3-fach gefiedert bis fiederspaltig. BLATTLAPPEN: **lineal-lanzettlich, spitz**.

- eingebürgerter Neophyt, urspr. aus Süd- u. Westeuropa
- planar
- Küstenfelsen, Zier- bzw. Nutzpflanze
- oft an salzhaltigen Standorten

J F M A M **J J A S O** N D

Anthriscus sylvestris agg.

Wiesen-Kerbel *Apiaceae*
∗ K(5) C(5) A5 G($\bar{2}$)

50–150 cm hoch, mehrjährig. HÜLLE: fehlend *oder* ≤ 2-blättrig. HÜLLCHEN: **4–10-blättrig**. DOLDEN: **5–16-strahlig**. BLÜTEN: weißlich. KELCHBLÄTTER: fehlend bzw. als schmaler Saum ausgebildet. FRÜCHTE: länglich-zylindrisch, ± lang geschnäbelt; SCHNABEL: **1–2 mm lang**. STÄNGEL: **im QS kantig, gefurcht**. BLÄTTER: ≥ 2-fach gefiedert, Buchten zwischen den Blattlappen rund. BLATTLAPPEN: lanzettlich bis oval, > 2 mm lang.

A. sylvestris (Wiesen-Kerbel): RANDBLÜTEN: *nicht* o. kaum vergrößert. GRIFFEL: > 1,5-mal so lang wie das Griffelpolster. FRÜCHTE: 6–12 mm lang. BLÄTTER: *ohne* auffallenden Geruch. STÄNGEL: unten *nicht* rötlich überlaufen.
A. nitidus (Glanz-Kerbel): in montanen Wäldern. RANDBLÜTEN: deutlich vergrößert. GRIFFEL: ± so lang wie das Griffelpolster. FRÜCHTE: 4–8 mm lang. BLÄTTER: stark aromatisch riechend.

- einheimisch
- planar bis subalpin
- Intensivgrünland, Staudenfluren, Gehölze, Wälder, Schutt- u. Felsfluren, Ruderalvegetation

J F M **A M J J A** S O N D

Anthriscus caucalis M. Bieb.

Hunds-Kerbel *Apiaceae*
∗ K(5) C(5)) A5 G($\overline{2}$)

15–80 cm hoch. Pflanzen: **1-jährig**. Hülle: **meist fehlend**. Hüllchen: **2-6-blättrig**. Dolden: **2-6-strahlig**. Doldenstrahlen: kahl bis spärlich lang behaart. Blüten: weißlich. Kelchblätter: fehlend bzw. als schmaler Saum ausgebildet. Griffel: **viel kürzer als das basale Nektarium**. Früchte: **eiförmig**, ± lang geschnäbelt, **4-6 mm lang, mit kurzen gekrümmten Borsten**; Schnabel: **2–4 mm lang**. Stängel: **im QS rundlich, oft mit feinen Rillen**. Blätter: ≥ 2-fach gefiedert, **stark aromatisch riechend**.

- Archaeophyt
- planar bis collin
- Staudenfluren, Äcker, Ruderalvegetation

J F M **A M J** J A S O N D

Anthriscus cerefolium (L.) Hoffm.

Garten-Kerbel *Apiaceae*
∗ K(5) C(5)) A5 G($\overline{2}$)

20–80 cm hoch. Pflanzen: **1-jährig**. Hülle: **meist fehlend**. Hüllchen: **1-4-blättrig**. Dolden: **2-6-strahlig**. Doldenstrahlen: **dicht kurz behaart**. Blüten: weißlich. Kelchblätter: fehlend bzw. als schmaler Saum ausgebildet. Griffel: **> 1,5-mal so lang wie das basale Nektarium**. Früchte: länglich-zylindrisch, ± lang geschnäbelt, 6–12 mm lang, **kahl (Zuchtform) *oder* mit kurzen gekrümmten Borsten (Wildform)**; Schnabel: **2–4 mm lang**. Stängel: **im QS rundlich, oft mit feinen Rillen**. Blätter: ≥ 2-fach gefiedert, **stark aromatisch riechend**.

- Archaeophyt
- planar bis montan
- Staudenfluren, Gehölze, Ruderalvegetation, Zier- bzw. Nutzpflanze
- an nährstoffreichen Standorten

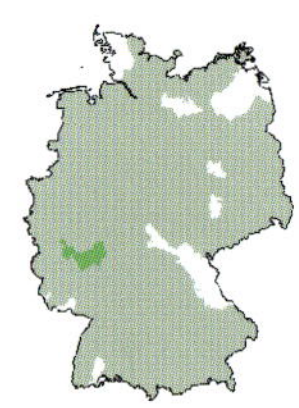

J F M **A M J J A** S O N D

Athamanta cretensis L.

Zottige Augenwurz *Apiaceae*
∗ K(5) C(5) A5 G($\overline{2}$)

10–40 cm hoch. Hülle: **1-3-blättrig**. Hüllchen: **3-6-blättrig**. Dolden: 4–15-strahlig. Blüten: weißlich. Kronblätter: **behaart**. Kelchblätter: deutlich entwickelt. Früchte: **lang zottig behaart**. Stängel: behaart; unten: **von abgestorbener Laubblattscheide umgeben**. Blätter: **2–3-fach gefiedert, Fiederblättchen 1. Ordnung gestielt, mit lineal-lanzettlichen Blattlappen**. Fiederblättchen: Blättchen 1. Ordnung gestielt, lineal bis lanzettlich.

- einheimisch
- montan bis alpin
- Schutt- u. Felsfluren, Zier- bzw. Nutzpflanze
- an nährstoffarmen, kalkreichen Standorten

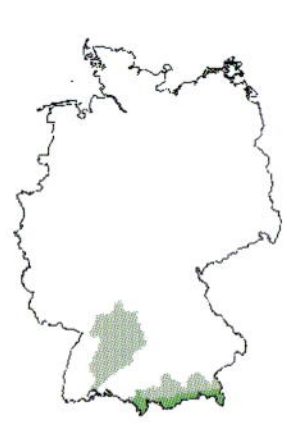

J F M **A M J J A** S O N D

Caucalis platycarpos L.

Acker-Haftdolde *Apiaceae*
∗ K(5) C(5) A5 G($\overline{2}$) RL 2

10–30 cm hoch. Hülle: ≤ 2-blättrig. Hüllchen: 3–5-blättrig. Dolden: 2–5-strahlig. Randblüten: **2–3-mal so lang wie die zentralen Blüten**. Blüten: weißlich, zuweilen rötlich überlaufen. Kronblätter: kahl. Kelchblätter: deutlich entwickelt. Früchte: **mit langen stachelartigen Borsten, Borsten auf Haupt- u. Nebenrippen jeweils 1-reihig angeordnet**. Stängel: im QS kantig, gefurcht, borstig behaart. Blätter: 2–3-fach gefiedert. Fiederblättchen: Blättchen 1. Ordnung gestielt. Blattscheiden: am Rand bewimpert.

- Archaeophyt
- planar bis montan
- Äcker, Ruderalvegetation
- an kalkreichen, trockenen Standorten

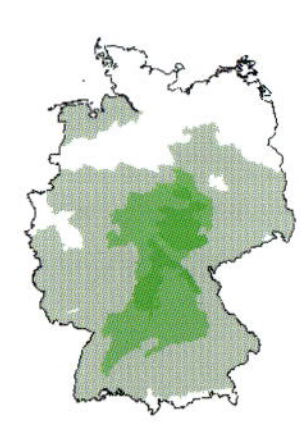

J F M **A M J J A** S O N D

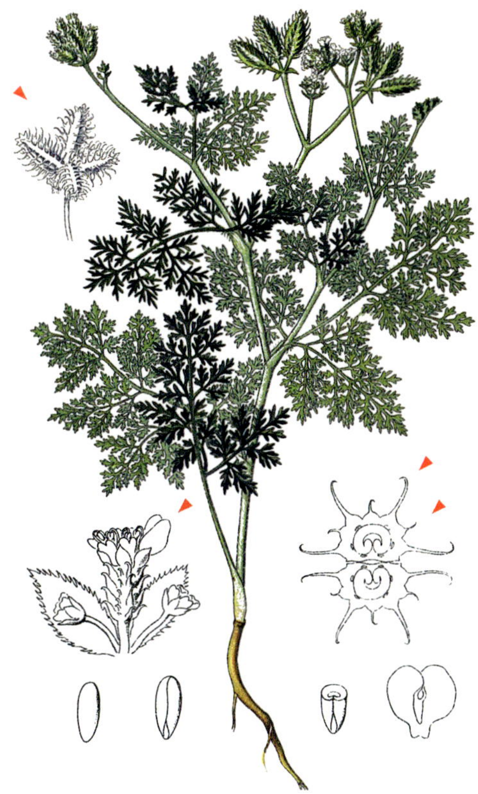

Chaerophyllum aromaticum L.

Aromatischer Kälberkropf *Apiaceae*
∗ K(5) C(5) A5 G($\overline{2}$)

60–120 cm hoch. Pflanzen: mehrjährig. Hülle: fehlend *oder* ≤ 3-blättrig. Hüllchen: ≥ 3-blättrig. Hüllchenblätter: **bewimpert**. Blüten: weißlich. Kronblätter: kahl. Kelchblätter: fehlend bzw. als schmaler Saum ausgebildet. Griffel: > **2-mal so lang wie das basale Nektarium, Griffeläste einen stumpfen bis rechten Winkel zueinander bildend**. Früchte: kahl. Stängel: unter den Knoten (schwach) verdickt; unten: behaart. Blätter: 2–3-fach gefiedert, 3-teilig, aromatisch riechend. Fiederblättchen: **ungeteilt, breit oval,** am Rand doppelt gezähnt, **kurz zugespitzt**.

- einheimisch
- planar bis montan
- Staudenfluren, Ruderalvegetation
- an nährstoffreichen Standorten

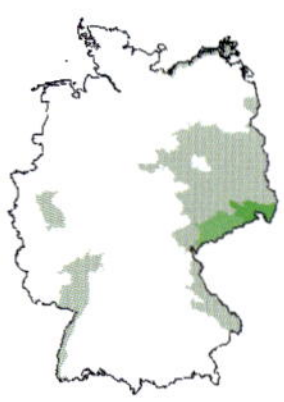

J F M A M **J J A** S O N D

Chaerophyllum aureum L.

Gold-Kälberkropf *Apiaceae*
∗ K(5) C(5) A5 G($\overline{2}$)

60–120 cm hoch. Pflanzen: mehrjährig. Hülle: fehlend *oder* ≤ 2-blättrig. Hüllchen: 4–12-blättrig. Hüllchenblätter: **bewimpert**. Blüten: weißlich. Kronblätter: kahl. Kelchblätter: fehlend bzw. als schmaler Saum ausgebildet. Griffel: > **2-mal so lang wie das basale Nektarium, Griffeläste einen stumpfen bis rechten Winkel zueinander bildend**. Früchte: 6–14 mm lang, kahl. Stängel: unter den Knoten (schwach) verdickt; unten: behaart. Blätter: 3–4-fach gefiedert. Fiederblättchen: basal fiederspaltig, schmal lanzettlich, **lang zugespitzt**.

- einheimisch
- collin bis montan
- Staudenfluren, Gehölze, Ruderalvegetation, Zier- bzw. Nutzpflanze
- an nährstoffreichen, kalkreichen Standorten

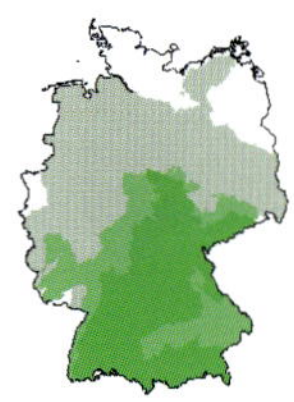

J F M A **M J J A** S O N D

Chaerophyllum bulbosum L.

Rüben-Kälberkropf *Apiaceae*
∗ K(5) C(5) A5 G($\overline{2}$)

80–150 cm hoch. Pflanzen: 1–2-jährig. Hülle: fehlend *oder* ≤ 3-blättrig. Hüllchen: 4–8-blättrig. Hüllchenblätter: **meist kahl**, selten spärlich behaart. Blüten: weißlich. Kronblätter: kahl. Kelchblätter: fehlend bzw. als schmaler Saum ausgebildet. Griffel: **± so lang wie das basale Nektarium, Griffeläste einen stumpfen bis rechten Winkel zueinander bildend**. Früchte: 3–8 mm lang, kahl. Stängel: unter den Knoten (schwach) verdickt; unten: **mit bis 4 cm breiter Knolle**, behaart; oben: ± **kahl**. Blätter: 2–3-fach gefiedert. Fiederblättchen: basal fiederspaltig, schmal lanzettlich.

- einheimisch
- planar bis montan
- Staudenfluren, Gehölze, Wälder, Ruderalvegetation, Zier- bzw. Nutzpflanze
- an nährstoffreichen, basenreichen Standorten

J F M A **M J J A** S O N D

Chaerophyllum hirsutum L.

Rauhaariger Kälberkropf *Apiaceae*
∗ K(5) C(5) A5 G($\overline{2}$)

50–120 cm hoch. Pflanzen: mehrjährig. Hülle: fehlend *oder* ≤ 2-blättrig. Hüllchen: 4–12-blättrig. Blüten: weißlich, zuweilen rötlich überlaufen. Kronblätter: **bewimpert**. Kelchblätter: fehlend bzw. als schmaler Saum ausgebildet. Griffel: **Griffeläste einen spitzen Winkel zueinander bildend**. Früchte: **Fruchthalter distal < 30 % gespalten**, 4–14 mm lang, kahl. Stängel: unter den Knoten *nicht* verdickt; unten: behaart. Blätter: 2–3-fach gefiedert, **unterste Fieder ± so groß wie der Rest der Spreite**. Fiederblättchen: oval bis breit lanzettlich.

- einheimisch
- collin bis montan
- Grünland, Staudenfluren, Zier- bzw. Nutzpflanze
- an feuchten bis nassen Standorten

J F M **A M J J A** S O N D

Chaerophyllum temulum L.

Betäubender Kälberkropf *Apiaceae*
∗ K(5) C(5) A5 G($\overline{2}$) giftig

30–100 cm hoch. PFLANZEN: 1-2-jährig. HÜLLE: fehlend *oder* ≤ 2-blättrig. HÜLLCHEN: 4–10-blättrig. HÜLLCHENBLÄTTER: **bewimpert.** BLÜTEN: weißlich, zuweilen rötlich überlaufen. KRONBLÄTTER: kahl. KELCHBLÄTTER: fehlend bzw. als schmaler Saum ausgebildet. GRIFFEL: **± so lang wie das basale Nektarium, Griffeläste einen stumpfen bis rechten Winkel zueinander bildend.** FRÜCHTE: 3–8 mm lang, kahl. STÄNGEL: unter den Knoten (schwach) verdickt; UNTEN: behaart; OBEN: **behaart.** BLÄTTER: 2–3-fach gefiedert. FIEDERBLÄTTCHEN: basal fiederspaltig, oval bis breit lanzettlich.

- einheimisch
- planar bis montan
- Staudenfluren, Gehölze, Wälder, Ruderalvegetation, Zier- bzw. Nutzpflanze
- an nährstoffreichen Standorten

J F M **A M J J A** S O N D

Chaerophyllum villarsii W. D. J. Koch

Alpen-Kälberkropf *Apiaceae*
∗ K(5) C(5) A5 G($\overline{2}$)

50–100 cm hoch. PFLANZEN: mehrjährig. HÜLLE: fehlend *oder* ≤ 2-blättrig. HÜLLCHEN: 4–12-blättrig. BLÜTEN: weißlich, zuweilen rötlich überlaufen. KRONBLÄTTER: **bewimpert.** KELCHBLÄTTER: fehlend bzw. als schmaler Saum ausgebildet. GRIFFEL: **Griffeläste einen spitzen Winkel zueinander bildend.** FRÜCHTE: **Fruchthalter distal > 50% gespalten,** 6–25 mm lang, kahl. STÄNGEL: unter den Knoten *nicht* verdickt; UNTEN: behaart. BLÄTTER: 2–3-fach gefiedert, **unterste Fieder 1. Ordnung viel kleiner als der Rest der Spreite.** FIEDERBLÄTTCHEN: oval bis breit lanzettlich.

- einheimisch
- montan bis alpin
- Staudenfluren, Gehölze
- an nährstoffreichen Standorten

J F M A **M J J A** S O N D

Conopodium majus (Gouan) Loret

Französische Erdkastanie *Apiaceae*
∗ K(5) C(5) A5 G($\overline{2}$)

20–50 cm hoch. HÜLLE: ≤ 2-blättrig. HÜLLCHEN: 2–6-blättrig, früh abfallend. DOLDEN: 5–15-strahlig. RANDBLÜTEN: (undeutlich) vergrößert. BLÜTEN: weißlich. KELCHBLÄTTER: fehlend bzw. als schmaler Saum ausgebildet. FRÜCHTE: länglich-eiförmig, **im QS gefurcht,** 3–4 mm lang, kahl. STÄNGEL: krautig, **hohl;** UNTEN: **mit bis 4 cm breiter kugeliger Knolle.** BLÄTTER: 2–3-fach gefiedert bis fiederspaltig. BLATTLAPPEN: **lineal-lanzettlich.**

- einheimisch
- planar bis montan
- Grünland, Ruderalvegetation, Zier- bzw. Nutzpflanze

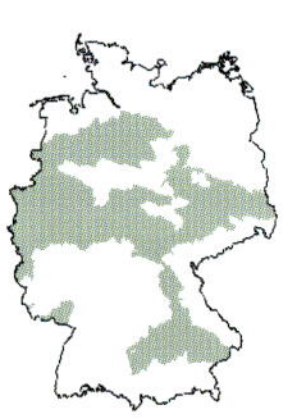

J F M **A M J** J A S O N D

Daucus carota L.

Gewöhnliche Möhre *Apiaceae*
∗ K(5) C(5) A5 G($\overline{2}$)

30–100 cm hoch. BLÜTENSTAND: **Dolden sich nach der Blüte zusammenneigend u. sich bei trockener Witterung öffnend.** HÜLLE: **≥ 3-blättrig.** HÜLLBLÄTTER: **3-lappig bis fiederspaltig.** HÜLLCHEN: ≥ 3-blättrig. BLÜTEN: weißlich, zuweilen rötlich überlaufen. KELCHBLÄTTER: deutlich entwickelt. FRÜCHTE: **mit langen stachelartigen Borsten.** BLÄTTER: ≥ 2-fach gefiedert bis fiederspaltig, nach Möhren riechend.

subsp. ***carota*** (Gewöhnliche Möhre): Wildform. WURZELN: dünn, zäh, scharf schmeckend.
subsp. ***sativus*** (Garten-Möhre): Kulturform. WURZELN: rübenartig verdickt, weich, süß schmeckend, gelblich-orange.

- einheimisch
- planar bis montan
- Grünland, Staudenfluren, Äcker, Ruderalvegetation, Zier- bzw. Nutzpflanze

J F M A **M J J A S** O N D

Laser trilobum (L.) Borkh.

Gewöhnlicher Rosskümmel *Apiaceae*
∗ K(5) C(5) A5 G($\overline{2}$) RL 3 § BNatG b

30–120 cm hoch. HÜLLE: **fehlend *oder* ≤ 3-blättrig**. HÜLLCHEN: ≤ **3-blättrig**. DOLDEN: 12–25-strahlig. BLÜTEN: **weißlich**. KELCHBLÄTTER: deutlich entwickelt. FRÜCHTE: kugelig, kahl. STÄNGEL: im QS rundlich, oft mit feinen Rillen; UNTEN: **von abgestorbener Laubblattscheide umgeben**. BLÄTTER: **2–3-fach gefiedert, 3-teilig, aromatisch riechend**; UNTERSEITS: **blau- bzw. graugrün bereift**. FIEDERBLÄTTCHEN: **oval bis rundlich, am Rand gekerbt bis gelappt**.

- einheimisch
- planar bis collin
- Staudenfluren, Zier- bzw. Nutzpflanze
- an nährstoffarmen, kalkreichen Standorten

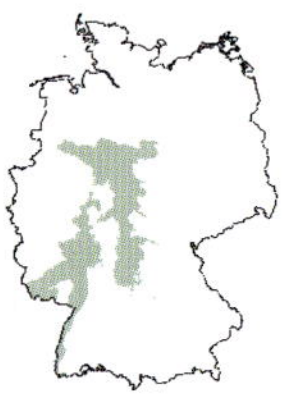

J F M **A M J** J A S O N D

Laserpitium latifolium L.

Breitblättriges Laserkraut *Apiaceae*
∗ K(5) C(5) A5 G($\overline{2}$) RL V

60–150 cm hoch. HÜLLE: ≥ 4-blättrig. HÜLLBLÄTTER: kahl. HÜLLCHEN: ≥ 3-blättrig. HÜLLCHENBLÄTTER: kahl. DOLDEN: 15–50-strahlig. BLÜTEN: weißlich, zuweilen rötlich überlaufen. KELCHBLÄTTER: deutlich entwickelt. FRÜCHTE: kahl, auf dem Rücken mit ± flügelartigen Rippen, am Rand geflügelt. STÄNGEL: **im QS rundlich, oft mit feinen Rillen**; UNTEN: **von abgestorbener Laubblattscheide umgeben**. BLÄTTER: **2-fach gefiedert, 3-teilig**. FIEDERBLÄTTCHEN: **oval bis herzförmig, am Rand gezähnt**.

- einheimisch
- collin bis subalpin
- Extensivgrünland u. Magerrasen, Staudenfluren, Gehölze, Wälder, Schutt- u. Felsfluren, Zier- bzw. Nutzpflanze
- an nährstoffarmen, kalkreichen Standorten

J F M A M **J J A** S O N D

Laserpitium prutenicum L.

Preußisches Laserkraut *Apiaceae*
∗ K(5) C(5) A5 G($\overline{2}$) RL 2

30–100 cm hoch. HÜLLE: ≥ 4-blättrig. HÜLLBLÄTTER: **bewimpert**. HÜLLCHEN: ≥ 4-blättrig. HÜLLCHENBLÄTTER: bewimpert. DOLDEN: 8–30-strahlig. BLÜTEN: gelblich *oder* weißlich. KELCHBLÄTTER: deutlich entwickelt. FRÜCHTE: **meist kurz behaart**, auf dem Rücken mit ± flügelartigen Rippen, am Rand geflügelt. STÄNGEL: **im QS kantig, gefurcht**; UNTEN: *ohne* abgestorbene Laubblattscheide. BLÄTTER: **2-fach gefiedert**, ≥ 3-teilig. FIEDERBLÄTTCHEN: **lanzettlich bis rautenförmig, gelappt bis fiederspaltig**.

- einheimisch
- planar bis montan
- Extensivgrünland u. Magerrasen, Gehölze, Wälder
- an nährstoffarmen, feuchten bis nassen, zuweilen überfluteten Standorten

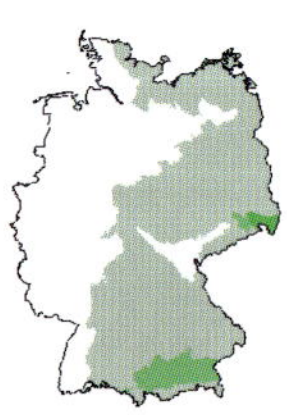

J F M A M **J J A S** O N D

Laserpitium siler L.

Berg-Laserkraut *Apiaceae*
∗ K(5) C(5) A5 G($\overline{2}$) RL 3

30–100 cm hoch. HÜLLE: ≥ 4-blättrig. HÜLLBLÄTTER: kahl. HÜLLCHEN: ≥ 3-blättrig. HÜLLCHENBLÄTTER: kahl. DOLDEN: 20–60-strahlig. BLÜTEN: weißlich, zuweilen rötlich überlaufen. KELCHBLÄTTER: deutlich entwickelt. FRÜCHTE: kahl, auf dem Rücken mit ± flügelartigen Rippen, am Rand geflügelt. STÄNGEL: **im QS rundlich, oft mit feinen Rillen**; UNTEN: **von abgestorbener Laubblattscheide umgeben**. BLÄTTER: **3–4-fach gefiedert**, ≥ 3-teilig. FIEDERBLÄTTCHEN: **lineal bis lanzettlich, ganzrandig**.

- einheimisch
- montan bis subalpin
- Staudenfluren, Gehölze, Wälder, Schutt- u. Felsfluren, Zier- bzw. Nutzpflanze
- an nährstoffarmen, kalkreichen Standorten

J F M A **M J J A** S O N D

Myrrhis odorata (L.) Scop.

Echte Süßdolde *Apiaceae*
∗ K(5) C(5) A5 G($\overline{2}$) RL R

60–120 cm hoch. Hülle: **fehlend**. Hüllchen: 3–8-blättrig. Blüten: weißlich. Kelchblätter: fehlend bzw. als schmaler Saum ausgebildet. Früchte: zylindrisch, **15–30 mm lang, auf den Kanten kurz borstig, behaart, auf dem Rücken gerippt**; Schnabel: **kürzer als die Frucht**. Blätter: ≥ 2-fach gefiedert, **stark aromatisch riechend**.

- einheimisch
- planar bis subalpin
- Grünland, Staudenfluren, Gehölze, Ruderalvegetation, Zier- bzw. Nutzpflanze

J F M A **M J J A** S O N D

Orlaya grandiflora (L.) Hoffm.

Strahlen-Breitsame *Apiaceae*
∗ K(5) C(5) A5 G($\overline{2}$) RL 1

10–30 cm hoch. Hülle: **3–5-blättrig**. Hüllblätter: **mit weißlichem Hautrand**. Hüllchen: ≥ 3-blättrig. Dolden: 4–15-strahlig. Randblüten: **5–8-mal so lang wie die zentralen Blüten, Kronblätter fast bis zur Basis 2-spaltig**. Blüten: weißlich, zuweilen rötlich überlaufen. Kelchblätter: deutlich entwickelt. Früchte: **mit langen stachelartigen Borsten, im QS abgeflacht**. Stängel: **im QS kantig, gefurcht, kahl**. Blätter: 2–3-fach gefiedert. Blattlappen: lanzettlich bis rautenförmig. Blattscheiden: kahl.

- Archaeophyt
- planar bis montan
- Äcker, Ruderalvegetation, Zier- bzw. Nutzpflanze
- an kalkreichen, meist trockenen Standorten

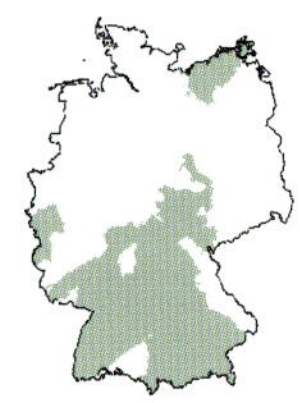

J F M A **M J J A** S O N D

Scandix pecten-veneris L.

Gewöhnlicher Nadelkerbel *Apiaceae*
∗ K(5) C(5) A5 G($\overline{2}$) RL 2

15–30 cm hoch. Hülle: fehlend. Hüllchen: 3–8-blättrig. Blüten: weißlich. Kelchblätter: fehlend bzw. als schmaler Saum ausgebildet. Früchte: **lang geschnäbelt, inkl. Schnabel 25–100 mm lang, auf dem Rücken gerippt**; Schnabel: **20–90 mm lang, mehrfach länger als die Frucht**. Blätter: 2–3-fach gefiedert.

- Archaeophyt
- planar bis montan
- Äcker, Ruderalvegetation, Zier- bzw. Nutzpflanze
- an kalkreichen, meist trockenen Standorten

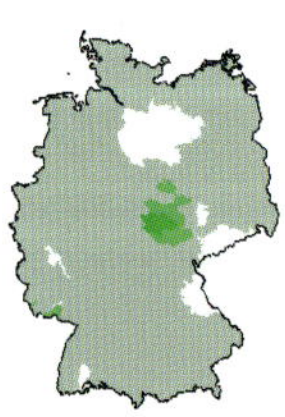

J F M **A M J J** A S O N D

Torilis arvensis (Huds.) Link

Feld-Klettenkerbel *Apiaceae*
∗ K(5) C(5) A5 G($\overline{2}$)

Bis 100 cm hoch. Hülle: **fehlend *oder* ≤ 2-blättrig**. Hüllchen: ≥ 3-blättrig. Dolden: **lang gestielt**. Doldenstrahlen: **mit aufwärts gerichteten ± anliegenden Borsten**. Blüten: weißlich, zuweilen rötlich überlaufen. Kelchblätter: deutlich entwickelt. Griffel: **basal borstig behaart**. Früchte: 2–6 mm lang, **mit langen stachelartigen Borsten, Borsten distal mit Widerhaken**. Stängel: im QS rundlich, oft mit feinen Rillen, mit borstigen, abwärts gerichteten bis anliegenden Haaren. Blätter: 1–3-fach gefiedert.

Im Gebiet kommen 2 Unterarten vor: subsp. *neglecta* und subsp. *recta* (vgl. S. 1441).

- Archaeophyt
- planar bis montan
- Äcker, Ruderalvegetation, Zier- bzw. Nutzpflanze
- an basenreichen Standorten

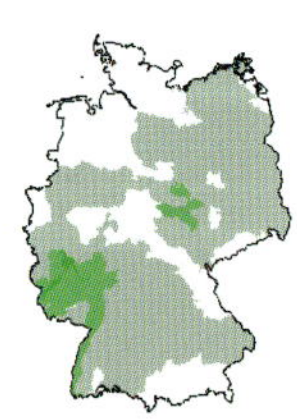

J F M A M **J J A** S O N D

Torilis japonica (Houtt.) DC.

Gewöhnlicher Klettenkerbel *Apiaceae*
∗ K(5) C(5) A5 G($\overline{2}$)

30–120 cm hoch. HÜLLE: ≥ **5-blättrig**. HÜLLCHEN: ≥ 3-blättrig. DOLDEN: **lang gestielt**. DOLDENSTRAHLEN: **mit aufwärts gerichteten ± anliegenden Borsten**. BLÜTEN: weißlich, zuweilen rötlich überlaufen. KELCHBLÄTTER: deutlich entwickelt. FRÜCHTE: 2–6 mm lang, **mit langen stachelartigen Borsten, Borsten gerade o. gebogen, *ohne* Widerhaken**. STÄNGEL: im QS rundlich, oft mit feinen Rillen, mit borstigen, abwärts gerichteten bis anliegenden Haaren. BLÄTTER: ≥ 2-fach gefiedert.

- einheimisch
- planar bis montan
- Staudenfluren, Gehölze, Ruderalvegetation, Zier- bzw. Nutzpflanze
- an nährstoffreichen, basenreichen Standorten

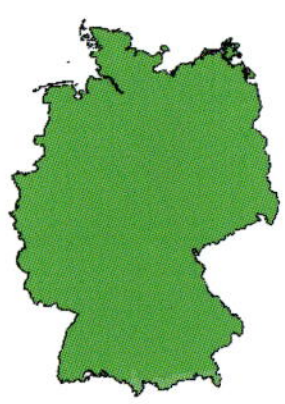

J F M A **M J J A** S O N D

Torilis nodosa (L.) Gaertn.

Knäuel-Klettenkerbel *Apiaceae*
∗ K(5) C(5) A5 G($\overline{2}$)

15–30 cm hoch. HÜLLE: **fehlend**. HÜLLCHEN: ≥ 3-blättrig. DOLDEN: **kurz gestielt bis sitzend**. BLÜTEN: weißlich, zuweilen rötlich überlaufen. KELCHBLÄTTER: deutlich entwickelt. GRIFFEL: **kürzer als das basale Nektarium, basal kahl**. FRÜCHTE: 2–6 mm lang, **mit langen stachelartigen Borsten, Borsten gerade o. gebogen, *ohne* Widerhaken**. STÄNGEL: im QS rundlich, oft mit feinen Rillen, mit borstigen, abwärts gerichteten bis anliegenden Haaren. BLÄTTER: 2–3-fach gefiedert.

- eingebürgerter Neophyt, urspr. aus Südosteuropa u. Asien
- planar bis collin
- Äcker, Ruderalvegetation, Zier- bzw. Nutzpflanze

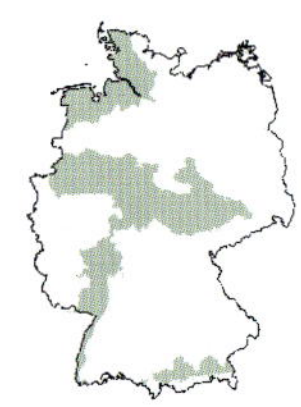

J F **M A M J** J A S O N D

Turgenia latifolia (L.) Hoffm.

Breitblättrige Turgenie *Apiaceae*
∗ K(5) C(5) A5 G($\overline{2}$) RL 1

15–50 cm hoch. HÜLLE: **2–6-blättrig**. HÜLLCHEN: **4–8-blättrig**. HÜLLCHENBLÄTTER: **breit-hautrandig**. BLÜTEN: weißlich, zuweilen rötlich überlaufen. KELCHBLÄTTER: deutlich entwickelt. FRÜCHTE: **mit langen stachelartigen Borsten, Borsten gerade, *ohne* Widerhaken**. STÄNGEL: mit kurzen Haaren u. Borsten. BLÄTTER: meist einfach gefiedert, meist mit 6–10 Fiederblättchen.

- Archaeophyt
- planar bis montan
- Extensivgrünland u. Magerrasen, Äcker, Ruderalvegetation, Zier- bzw. Nutzpflanze
- an kalkreichen, meist trockenen Standorten

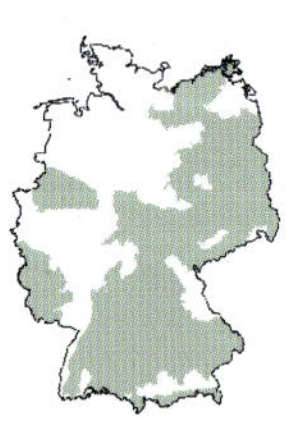

J F M A **M J J A** S O N D

Aethusa cynapium L.

Hundspetersilie *Apiaceae*
∗ K(5) C(5) A5 G($\overline{2}$) stark giftig

Bis 220 cm hoch. PFLANZEN: **kahl**. HÜLLE: **fehlend *oder* ≤ 2-blättrig**. HÜLLCHEN: **2–5-blättrig**. HÜLLCHENBLÄTTER: **einseitswendig**. DOLDEN: 8–25-strahlig. BLÜTEN: weißlich, zuweilen rötlich überlaufen. KELCHBLÄTTER: fehlend bzw. als schmaler Saum ausgebildet. GRIFFEL: 0,5–1,2 mm lang. FRÜCHTE: kahl, **mit deutlich vorspringenden Rippen**. BLÄTTER: **2–3-fach gefiedert**.

subsp. *cynapium* (Hundspetersilie): an Ruderalstandorten, bis 40 (80) cm hoch. STÄNGEL: auch in der unteren Hälfte verzweigt, basal 2–5 (12) mm ⌀. BLATTLAPPEN: oval.
subsp. *elata* (Hohe Hundspetersilie): in Wäldern, Säumen u. an Ufern, 120–220 cm hoch. STÄNGEL: nur in der oberen Hälfte verzweigt, basal 6–15 (25) mm ⌀. BLATTLAPPEN: lineal bis länglich.

- einheimisch
- planar bis montan
- Staudenfluren, Gehölze, Wälder, Äcker, Ruderalvegetation, Zier- bzw. Nutzpflanze

J F M A **M J J A S O** N D

Angelica archangelica L.

Echte Engelwurz *Apiaceae*
∗ K(5) C(5) A5 G($\overline{2}$) giftig

120–250 cm hoch. Hülle: ≤ 3-blättrig. Hüllchen: ≥ 3-blättrig. Blüten: **grünlich bis gelblich**. Kronblätter: **Nagel fehlend o. sehr kurz**. Kelchblätter: fehlend *oder* deutlich entwickelt. Früchte: kahl, im QS abgeflacht, auf dem Rücken gerippt, am Rand geflügelt. Stängel: **im QS rundlich**. Blattstiele: **oberseits gewölbt**. Blätter: 2–3-fach gefiedert; unterseits: **kahl**. Fiederblättchen: **lanzettlich bis oval**.

subsp. *archangelica* (Echte Engelwurz): Kulturform. Hüllchenblätter: lineal, höchstens so lang wie die Döldchen. Früchte: 6–9 mm lang, 4–5 mm breit. Blätter: angenehm riechend.
subsp. *litoralis* (Küsten-Engelwurz): Wildform. Hüllchenblätter: lanzettlich, länger als die Döldchen. Früchte: 5–9 mm lang, 3,5–4,5 mm breit. Blätter: scharf riechend.

- einheimisch
- planar bis collin
- Röhrichte, Staudenfluren, Zier- bzw. Nutzpflanze
- an nährstoffreichen, nassen, zuweilen überfluteten, auch salzhaltigen Standorten

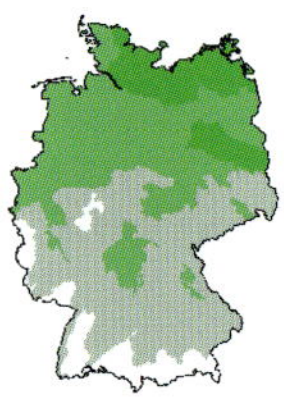

J F M A **M J J A** S O N D

Angelica palustris (Besser) Hoffm.

Sumpf-Engelwurz *Apiaceae*
∗ K(5) C(5) A5 G($\overline{2}$) RL 2 § FFH IV, BNatG s

50–100 cm hoch. Hülle: ≤ 3-blättrig. Hüllchen: ≥ 3-blättrig. Blüten: **weißlich**, zuweilen rötlich überlaufen. Kronblätter: **in Platte u. deutlich entwickelten Nagel gegliedert**. Kelchblätter: **deutlich entwickelt, mit Kelchzipfeln**. Früchte: 4–8 mm lang, kahl, im QS abgeflacht, auf dem Rücken gerippt, am Rand geflügelt. Stängel: **im QS kantig, gefurcht**. Blätter: 2–4-fach gefiedert; unterseits: **auf den Nerven behaart**. Fiederblättchen: **oval**.

- einheimisch
- planar bis collin
- Grünland, Zier- bzw. Nutzpflanze
- an feuchten bis nassen Standorten

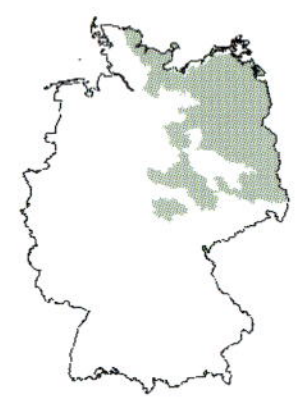

J F M A M **J J A** S O N D

Angelica sylvestris L.

Wilde Engelwurz *Apiaceae*
∗ K(5) C(5) A5 G($\overline{2}$) giftig

80–150 cm hoch. Hülle: ≤ 3-blättrig. Hüllchen: ≥ 3-blättrig. Blüten: **weißlich**, zuweilen rötlich überlaufen. Kronblätter: **Nagel fehlend o. sehr kurz**. Kelchblätter: fehlend bzw. als schmaler Saum ausgebildet. Früchte: kahl, im QS abgeflacht, auf dem Rücken gerippt, am Rand geflügelt. Stängel: **im QS rundlich**. Blattstiele: **oberseits rinnig**. Blätter: 2–3-fach gefiedert; unterseits: **kahl**.

subsp. *sylvestris* (Wilde Engelwurz): Früchte: 3–6 mm lang, 3–5 mm breit. Fiederblättchen: lanzettlich bis oval, kaum an der Rhachis herablaufend.
subsp. *bernardae* (Berg-Engelwurz): in montanen bis subalpinen Staudenfluren, selten. Früchte: 6–9 mm lang, 4,5–6 mm breit. Fiederblättchen: länglich bis lanzettlich, an der Rhachis herablaufend.

- einheimisch
- planar bis subalpin
- Moore u. Seggenriede, Grünland, Staudenfluren, Gehölze, Wälder, Ruderalvegetation, Zier- bzw. Nutzpflanze
- an feuchten bis nassen Standorten

J F M A M **J J A S O** N D

Dichoropetalum carvifolia (Vill.) Pimenov & Kljuykov

Kümmelblatt-Haarstrang *Apiaceae*
∗ K(5) C(5) A5 G($\overline{2}$) RL 3

30–100 cm hoch. Hülle: **fehlend *oder* ≤ 2-blättrig**. Hüllchen: **meist fehlend**. Dolden: 5–20-strahlig. Blüten: grünlich bis gelblich *oder* weißlich. Kelchblätter: fehlend bzw. als schmaler Saum ausgebildet. Früchte: kahl, im QS abgeflacht, auf dem Rücken nicht o. undeutlich gerippt. Wurzeln: dünn. Stängel: markig; unten: **von abgestorbener Laubblattscheide umgeben**. Blätter: **fiederspaltig bis gefiedert**. Fiederblättchen: **Blattlappen 1. Ordnung sitzend bis kurz gestielt, lineal bis länglich**, 1–5 mm breit.

- einheimisch
- collin bis montan
- Grünland, Staudenfluren, Gehölze, Schutt- u. Felsfluren, Ruderalvegetation, Zier- bzw. Nutzpflanze

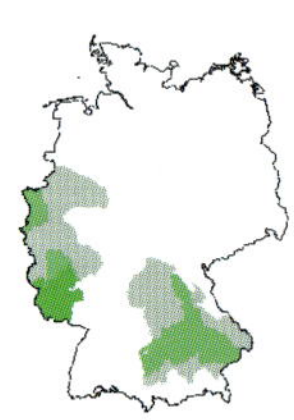

J F M A **M J J A S** O N D

us

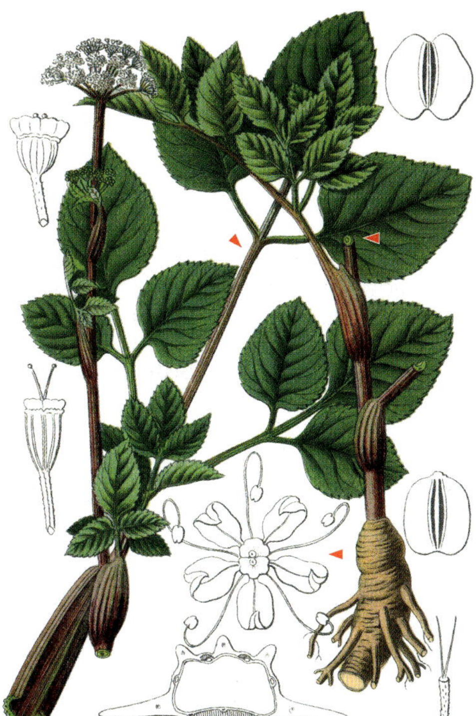

Petroselinum crispum (Mill.) Fuss

Blatt-Petersilie *Apiaceae*
∗ K(5) C(5) A5 G($\overline{2}$)

30–100 cm hoch. Hülle: **1–3-blättrig**. Hüllchen: **4–10-blättrig**. Dolden: 8–25-strahlig. Blüten: **grünlich bis gelblich**. Kelchblätter: fehlend bzw. als schmaler Saum ausgebildet. Früchte: kahl, **auf dem Rücken gerippt**. Blätter: 2–3-fach gefiedert. Blattlappen: länglich-lanzettlich bis rautenförmig, distal oft weißlich. – **Zuchtformen auch mit stark krausen Blättern.**

- in Einbürgerung befindlicher Neophyt, urspr. aus dem Mittelmeergebiet
- planar bis collin
- Äcker, Ruderalvegetation, Zier- bzw. Nutzpflanze

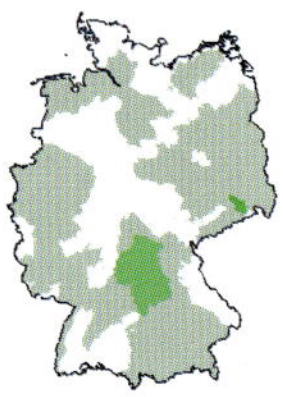

J F M A M J J A S O N D

Peucedanum alsaticum L.

Elsässer Haarstrang *Apiaceae*
∗ K(5) C(5) A5 G($\overline{2}$) RL 3

60–120 cm hoch. Hülle: ≥ **3-blättrig**. Hüllchen: 4–10-blättrig. Dolden: 5–25-strahlig. Doldenstrahlen: glatt, allenfalls distal rau. Blüten: grünlich bis gelblich *oder* weißlich. Kelchblätter: deutlich entwickelt. Früchte: kahl, im QS abgeflacht, **auf dem Rücken gerippt**, am Rand meist geflügelt. Stängel: **hohl**; unten: von abgestorbener Laubblattscheide umgeben. Blätter: **2–3-fach gefiedert**. Blattlappen: **länglich-lanzettlich bis rautenförmig**. Fiederblättchen: **spitzwinklig von der Rhachis abstehend, 1–5 mm breit**.

- einheimisch
- planar bis montan
- Staudenfluren, Gehölze, Ruderalvegetation
- an kalkreichen Standorten

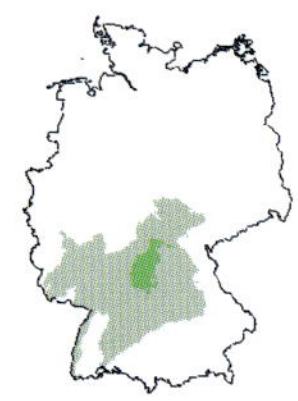

J F M A M J J A S O N D

Peucedanum cervaria (L.) Lapeyr.

Hirsch-Haarstrang *Apiaceae*
∗ K(5) C(5) A5 G($\overline{2}$) RL V

50–100 cm hoch. Hülle: ≥ **3-blättrig**. Hüllchen: ≥ 3-blättrig. Doldenstrahlen: **rau bis behaart**. Blüten: weißlich, zuweilen rötlich überlaufen. Kelchblätter: deutlich entwickelt. Früchte: kahl, im QS abgeflacht, auf dem Rücken nicht o. undeutlich gerippt, am Rand oft geflügelt. Stängel: im QS rundlich, oft mit feinen Rillen; unten: von abgestorbener Laubblattscheide umgeben. Blätter: **2–3-fach gefiedert**. Fiederblättchen: **spitzwinklig von der Rhachis abstehend, rautenförmig bis oval**. Grundblätter: 2-fach gefiedert.

- einheimisch
- planar bis montan
- Extensivgrünland u. Magerrasen, Staudenfluren, Wälder, Zier- bzw. Nutzpflanze
- an basenreichen, meist trockenen Standorten

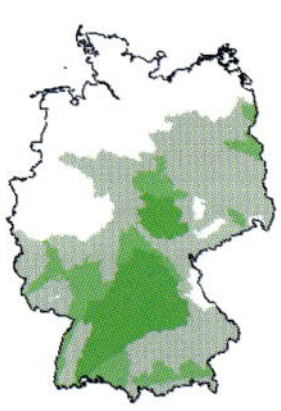

J F M A M J J A S O N D

Peucedanum officinale L.

Echter Haarstrang *Apiaceae*
∗ K(5) C(5) A5 G($\overline{2}$) RL 3

60–150 cm hoch. Hülle: **fehlend *oder* ≤ 2-blättrig**. Hüllchen: ≥ 3-blättrig. Dolden: 8–50-strahlig. Blüten: **gelblich**. Kelchblätter: deutlich entwickelt. Früchte: kahl, im QS abgeflacht, auf dem Rücken nicht o. undeutlich gerippt, meist ungeflügelt. Wurzeln: dick. Stängel: markig; unten: von abgestorbener Laubblattscheide umgeben. Blätter: **2–4-fach gefiedert bis fiederspaltig**. Blattlappen: 1. Ordnung lang gestielt, **länglich-lineal**, **< 3 mm breit**.

- einheimisch
- planar bis montan
- Extensivgrünland u. Magerrasen, Staudenfluren, Wälder, Zier- bzw. Nutzpflanze
- an nährstoffarmen, basenreichen Standorten

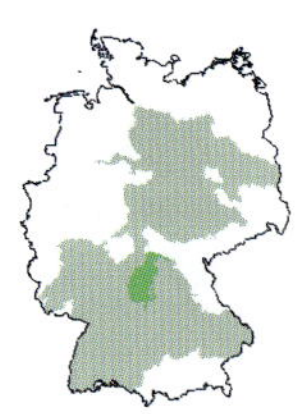

J F M A M J J A S O N D

Peucedanum oreoselinum (L.) Moench

Berg-Haarstrang *Apiaceae*
∗ K(5) C(5) A5 G($\overline{2}$) RL V

30–120 cm hoch. Hülle: ≥ **3-blättrig**. Hüllchen: ≥ 3-blättrig. Doldenstrahlen: **rau bis behaart**. Blüten: weißlich, zuweilen rötlich überlaufen. Kelchblätter: deutlich entwickelt. Früchte: kahl, im QS abgeflacht, auf dem Rücken nicht o. undeutlich gerippt, meist ungeflügelt. Stängel: im QS rundlich, oft mit feinen Rillen; unten: von abgestorbener Laubblattscheide umgeben. Blätter: **2–3-fach gefiedert**. Fiederblättchen: **recht- bis stumpfwinklig von der Rhachis abstehend, länglich-lanzettlich bis oval**. Grundblätter: 3-fach gefiedert.

- einheimisch
- planar bis montan
- Extensivgrünland u. Magerrasen, Staudenfluren, Gehölze, Wälder, Zier- bzw. Nutzpflanze
- an nährstoffarmen, meist trockenen Standorten

J F M A M J J A S O N D

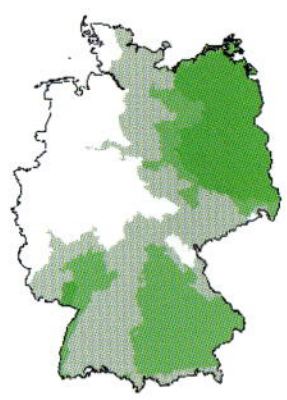

Peucedanum ostruthium (L.) W. D. J. Koch

Meisterwurz *Apiaceae*
∗ K(5) C(5) A5 G($\overline{2}$)

30–100 cm hoch. Hülle: **fehlend *oder* ≤ 1-blättrig**. Hüllchen: ≤ 2-blättrig. Blüten: weißlich. Kelchblätter: fehlend bzw. als schmaler Saum ausgebildet. Früchte: kahl, im QS abgeflacht, auf dem Rücken nicht o. undeutlich gerippt, am Rand oft geflügelt. Stängel: im QS rundlich, oft mit feinen Rillen, **hohl**; unten: von abgestorbener Laubblattscheide umgeben. Blätter: **1–2-fach gefiedert, 3-teilig**. Fiederblättchen: **lanzettlich bis rautenförmig, > 10 mm breit**.

- einheimisch
- montan bis alpin
- Grünland, Staudenfluren, Gehölze, Ruderalvegetation, Zier- bzw. Nutzpflanze

J F M A M J J A S O N D

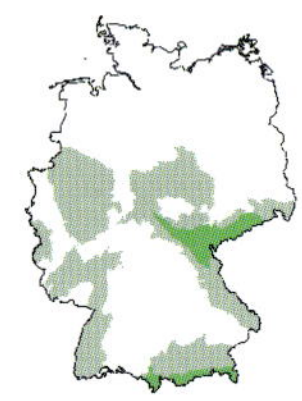

Peucedanum palustre (L.) Moench

Sumpf-Haarstrang *Apiaceae*
∗ K(5) C(5) A5 G($\overline{2}$)

80–150 cm hoch. Hülle: ≥ **3-blättrig**. Hüllchen: ≥ 3-blättrig. Doldenstrahlen: **rau bis behaart**. Blüten: weißlich, zuweilen rötlich überlaufen. Kelchblätter: deutlich entwickelt. Früchte: kahl, im QS abgeflacht, auf dem Rücken nicht o. undeutlich gerippt, am Rand oft geflügelt. Stängel: **im QS kantig, gefurcht, hohl**; unten: von abgestorbener Laubblattscheide umgeben, **violett bis bräunlich**. Blätter: **2–3-fach gefiedert**, **3–7-teilig**. Fiederblättchen: **spitzwinklig von der Rhachis abstehend, lineal bis länglich, 1–5 mm breit**.

- einheimisch
- planar bis montan
- Gewässer, Moore u. Seggenriede, Grünland, Wälder, Zier- bzw. Nutzpflanze
- an nassen, zuweilen überfluteten Standorten

J F M A M J J A S O N D

Selinum carvifolia (L.) L.

Kümmel-Silge *Apiaceae*
∗ K(5) C(5) A5 G($\overline{2}$) RL V

30–100 cm hoch. Hülle: fehlend *oder* ≤ 3-blättrig. Hüllchen: ≥ 3-blättrig. Dolden: 12–25-strahlig. Blüten: weißlich. Kelchblätter: fehlend bzw. als schmaler Saum ausgebildet. Früchte: kahl, **im QS abgeflacht, mit ± flügelartigen Rippen, am Rand geflügelt**; unten: *ohne* abgestorbene Laubblattscheide. Blattstiele: oberseits rinnig. Blätter: 2–3-fach gefiedert. Blattlappen: länglich-lineal.

- einheimisch
- planar bis montan
- Extensivgrünland u. Magerrasen, Wälder

J F M A M J J A S O N D

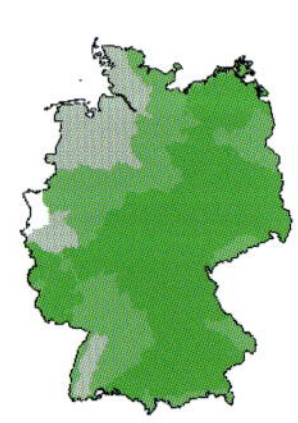

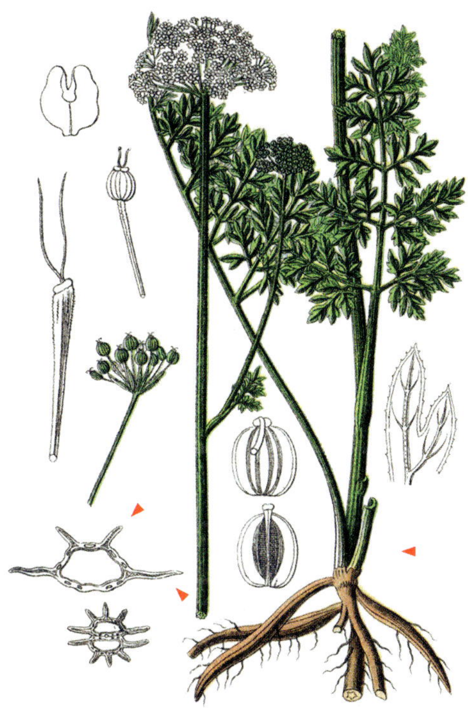

Selinum dubium (Schkuhr) Leute

Brenndolden-Silge *Apiaceae*
∗ K(5) C(5) A5 $G(\overline{2})$ RL 2

30–100 cm hoch. Hülle: fehlend *oder* ≤ 2-blättrig. Hüllchen: ≥ 3-blättrig. Dolden: **12–40-strahlig**. Blüten: weißlich. Kelchblätter: fehlend bzw. als schmaler Saum ausgebildet. Früchte: kahl, **mit deutlich vorspringenden Rippen**; unten: **von abgestorbener Laubblattscheide umgeben**. Blätter: 2–3-fach gefiedert. Blattlappen: länglich-lineal.

- einheimisch
- planar bis collin
- Grünland, Zier- bzw. Nutzpflanze
- an wechselfeuchten bis nassen Standorten

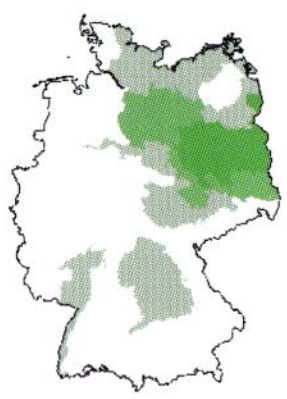

J F M A M J **J A S** O N D

Seseli annuum L.

Steppen-Sesel *Apiaceae*
∗ K(5) C(5) A5 $G(\overline{2})$ RL 3

10–100 cm hoch. Hülle: fehlend *oder* ≤ 2-blättrig. Hüllchen: ≥ 3-blättrig. Hüllchenblätter: frei, **mindestens so lang wie die Fruchtstiele**. Dolden: **10–40-strahlig**. Doldenstrahlen: **behaart**. Blüten: weißlich, zuweilen rötlich überlaufen. Kelchblätter: deutlich entwickelt. Früchte: eiförmig bis kurz zylindrisch, behaart, später verkahlend. Stängel: **im QS rundlich, oft mit feinen Rillen**, kahl; unten: von abgestorbener Laubblattscheide umgeben. Blätter: 2–3-fach gefiedert. Fiederblättchen: Blättchen 1. Ordnung gestielt, **± 1 mm breit**.

- einheimisch
- planar bis montan
- Extensivgrünland u. Magerrasen, Wälder
- an nährstoffarmen, kalkreichen, meist trockenen Standorten

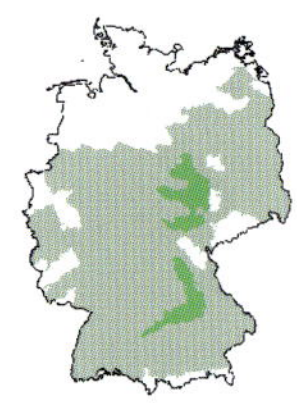

J F M A M **J J A S O** N D

Seseli hippomarathrum Jacq.

Pferde-Sesel *Apiaceae*
∗ K(5) C(5) A5 $G(\overline{2})$ RL 2

15–50 cm hoch. Hülle: fehlend *oder* ≤ 2-blättrig. Hüllchen: ≥ 3-blättrig. Hüllchenblätter: **kelchartig verwachsen**. Dolden: **4–14-strahlig**. Doldenstrahlen: **behaart**. Blüten: weißlich, zuweilen rötlich überlaufen. Kelchblätter: deutlich entwickelt. Früchte: eiförmig bis kurz zylindrisch, kahl. Stängel: **im QS rundlich, oft mit feinen Rillen**, kahl; unten: von abgestorbener Laubblattscheide umgeben. Blätter: 2–3-fach gefiedert bis fiederspaltig. Fiederblättchen: Blättchen 1. Ordnung gestielt, **± 1 mm breit**.

- einheimisch
- planar bis collin
- Extensivgrünland u. Magerrasen
- an nährstoffarmen, kalkreichen, trockenen Standorten

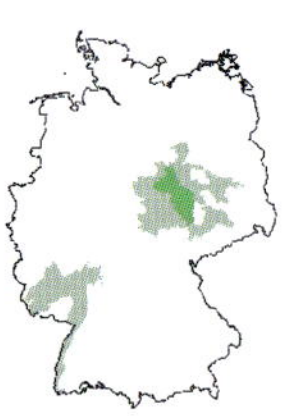

J F M A M **J J A S** O N D

Seseli libanotis (L.) W. D. J. Koch

Berg-Heilwurz *Apiaceae*
∗ K(5) C(5) A5 $G(\overline{2})$ RL 3

60–120 cm hoch. Hülle: ≥ **3-blättrig**. Hüllchen: ≥ 2-blättrig. Hüllchenblätter: frei, lineal-lanzettlich. Dolden: **15–50-strahlig**. Blüten: weißlich, zuweilen rötlich überlaufen. Kelchblätter: deutlich entwickelt. Früchte: eiförmig bis kurz zylindrisch, behaart, später verkahlend. Stängel: **im QS kantig, gefurcht**; unten: von abgestorbener Laubblattscheide umgeben. Blätter: 2–3-fach gefiedert. Fiederblättchen: sitzend, Blättchen 1. Ordnung ungestielt, > **2 mm breit**.

- einheimisch
- collin bis subalpin
- Extensivgrünland u. Magerrasen, Staudenfluren, Schutt- u. Felsfluren, Zier- bzw. Nutzpflanze
- an nährstoffarmen, basenreichen, meist trockenen Standorten

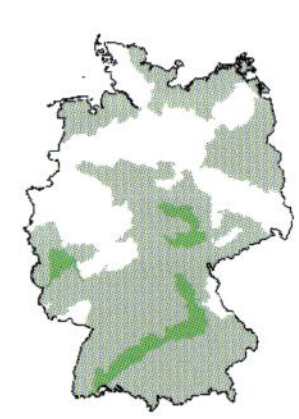

J F M A M **J J A S O** N D

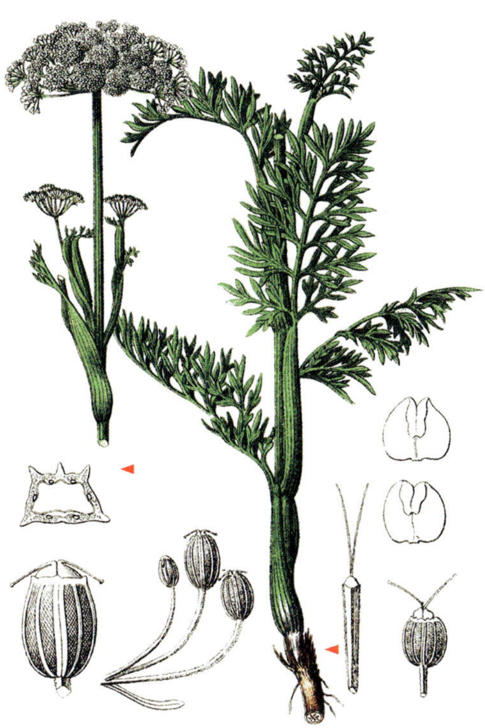

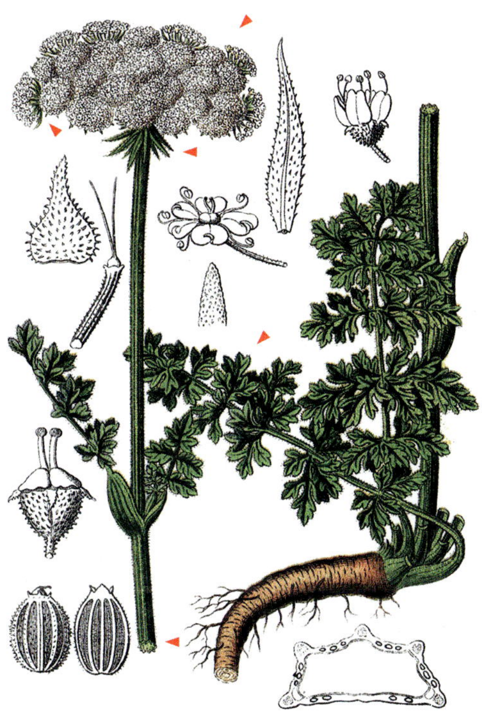

Seseli montanum L.

Berg-Sesel *Apiaceae*
∗ K(5) C(5) A5 G($\bar{2}$) RL 1

30–60 cm hoch. Hülle: fehlend *oder* ≤ 2-blättrig. Hüllchen: ≥ 3-blättrig. Hüllchenblätter: frei, **± 0,5-mal so lang wie die Fruchtstiele**. Dolden: **4–14-strahlig**. Doldenstrahlen: kahl. Blüten: weißlich, zuweilen rötlich überlaufen. Kelchblätter: deutlich entwickelt. Kelchzipfel: kurz, 3-eckig. Früchte: eiförmig bis kurz zylindrisch, kahl. Stängel: **im QS rundlich, oft mit feinen Rillen**, kahl; unten: von abgestorbener Laubblattscheide umgeben. Blätter: 2–3-fach gefiedert bis fiederspaltig. Fiederblättchen: Blättchen 1. Ordnung gestielt, **± 1 mm breit**.

- einheimisch
- planar bis montan
- Extensivgrünland u. Magerrasen
- an nährstoffarmen, basenreichen, trockenen Standorten

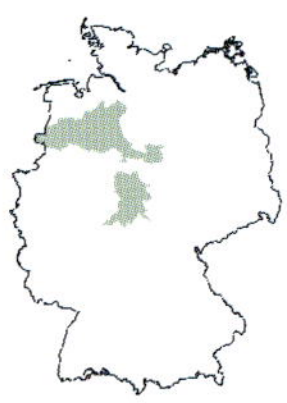

J F M A M **J J A S O** N D

Trinia glauca (L.) Dumort.

Blaugrüner Faserschirm *Apiaceae*
♂ ∗ K5 C5 A5 | ♀ ∗ K5 C5 G($\bar{2}$) RL 2

15–50 cm hoch. Pflanzen: **meist 2-häusig, blau- bis graugrün, kahl**. Hülle: **fehlend**. Hüllchen: **≤ 3-blättrig**. Blüten: weißlich o. rötlich, **♂ oft mit grünlichem, ♀ oft mit rötlichem Mittelstreif**. Kelchblätter: fehlend bzw. als schmaler Saum ausgebildet. Früchte: kahl, auf dem Rücken nicht o. undeutlich gerippt; unten: **von abgestorbener Laubblattscheide umgeben**. Blätter: 1-fach gefiedert. Blattlappen: länglich-lineal.

- einheimisch
- planar bis montan
- Extensivgrünland u. Magerrasen, Schutt- u. Felsfluren, Dünen
- an nährstoffarmen, basenreichen, trockenen Standorten

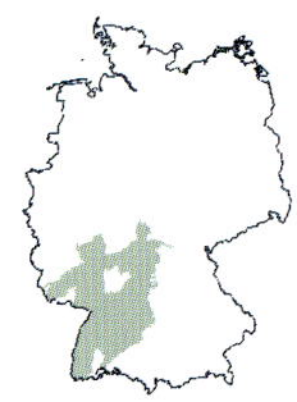

J F **M A M J** J A S O N D

Levisticum officinale W. D. J. Koch

Liebstöckel *Apiaceae*
∗ K(5) C(5) A5 G($\bar{2}$)

100–200 cm hoch. Hülle: ≥ **3-blättrig**. Hüllchen: ≥ 4-blättrig. Dolden: 10–25-strahlig. Blüten: **gelblich**. Kelchblätter: fehlend bzw. als schmaler Saum ausgebildet. Früchte: kahl, im QS abgeflacht, **auf dem Rücken gerippt**; unten: **von abgestorbener Laubblattscheide umgeben**. Blätter: 2–3-fach gefiedert. Fiederblättchen: länglich-lanzettlich bis oval.

- in Einbürgerung befindlicher Neophyt, urspr. aus Westasien
- planar bis montan
- Äcker, Ruderalvegetation, Zier- bzw. Nutzpflanze

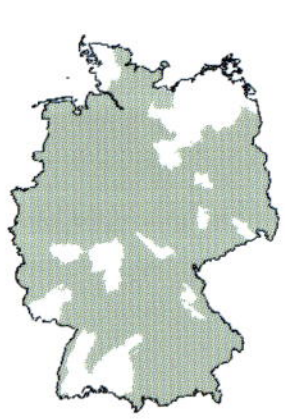

J F M A M **J J A** S O N D

Silaum silaus (L.) Schinz & Thell.

Wiesen-Silau *Apiaceae*
∗ K(5) C(5) A5 G($\bar{2}$) RL V

30–100 cm hoch. Hülle: ≤ **3-blättrig**. Hüllchen: ≥ **3-blättrig**. Dolden: 4–12-strahlig. Blüten: **grünlich bis gelblich**. Kelchblätter: fehlend bzw. als schmaler Saum ausgebildet. Früchte: kahl, **auf dem Rücken gerippt**; unten: **von abgestorbener Laubblattscheide umgeben**. Blätter: **2–4-fach gefiedert**. Blattlappen: länglich-lineal, distal oft rötlich.

- einheimisch
- planar bis montan
- Moore u. Seggenriede, Extensivgrünland u. Magerrasen, Wälder, Ruderalvegetation, Zier- bzw. Nutzpflanze

J F M A **M J J A S O** N D

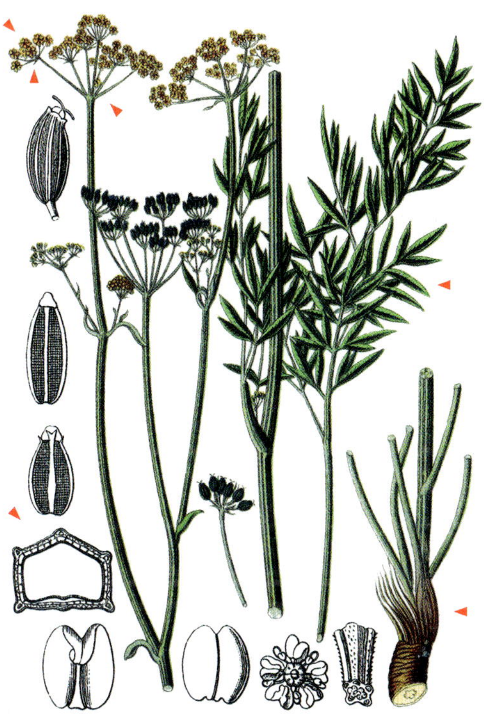

Smyrnium perfoliatum L.

Stängelumfassende Gelbdolde *Apiaceae*
∗ K(5) C(5) A5 G($\overline{2}$)

50–80 cm hoch. HÜLLE: **fehlend *oder* ≤ 3-blättrig.** HÜLLCHEN: **meist fehlend.** BLÜTEN: grünlich bis gelblich. KELCHBLÄTTER: fehlend bzw. als schmaler Saum ausgebildet. FRÜCHTE: 2,5–4 mm lang, kahl, **auf dem Rücken gerippt**, **am Rand geflügelt.** GRUNDBLÄTTER: **1–2-fach gefiedert**, 3-teilig. OBERE STÄNGELBLÄTTER: **basal ausgerandet bis (fast) durchwachsen, ungeteilt, rundlich bis oval, gezähnt.**

- eingebürgerter Neophyt, urspr. aus dem Mittelmeergebiet
- planar bis montan
- Staudenfluren, Gehölze, Ruderalvegetation, Zier- bzw. Nutzpflanze

J F M A M J J A S O N D

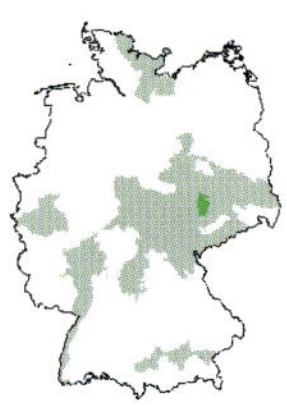

Heracleum austriacum L.

Österreichische Bärenklau *Apiaceae*
∗ K(5) C(5) A5 G($\overline{2}$) kann Hautreizungen verursachen RL R

10–60 cm hoch. HÜLLE: **fehlend *oder* ≤ 2-blättrig.** HÜLLCHEN: ≥ 3-blättrig. DOLDEN: **8–15-strahlig,** < 10 cm ⌀. RANDBLÜTEN: **vergrößert.** BLÜTEN: weißlich, zuweilen rötlich überlaufen. KELCHBLÄTTER: deutlich entwickelt. FRÜCHTE: 6–10 mm lang, im QS abgeflacht, am Rand geflügelt. STÄNGEL: **im QS mit Rillen o. undeutlichen Furchen, basal 2–6 mm ⌀,** kahl *oder* behaart, *nicht* steifborstig. BLÄTTER: gelappt bis gefiedert, **untere Seitenlappen sitzend bis kurz gestielt, mit Stiel < 60 cm lang.** FIEDERBLÄTTCHEN: oft gelappt.

- einheimisch
- subalpin
- Extensivgrünland u. Magerrasen, Staudenfluren, Gehölze, Schutt- u. Felsfluren
- an basenreichen Standorten

J F M A M J J A S O N D

Heracleum mantegazzianum Sommier & Levier

Riesen-Bärenklau *Apiaceae*
∗ K(5) C(5) A5 G($\overline{2}$)
kann schwere Hautreizungen verursachen § IAS

200–400 cm hoch. HÜLLE: **fehlend *oder* ≤ 2-blättrig.** HÜLLCHEN: ≥ 3-blättrig. DOLDEN: **40–180-strahlig,** 20–60 cm ⌀. BLÜTEN: weißlich, zuweilen rötlich überlaufen. KELCHBLÄTTER: deutlich entwickelt. FRÜCHTE: 10–15 mm lang, im QS abgeflacht, am Rand geflügelt. STÄNGEL: **im QS mit tiefen Rillen, basal 25–120 mm ⌀,** mit steifen Borsten. BLÄTTER: fiederspaltig bis gefiedert, **mit Stiel bis 3 m lang.** FIEDERBLÄTTCHEN: oft gelappt.

- eingebürgerter Neophyt, urspr. aus dem Kaukasus
- planar bis montan
- Staudenfluren, Gehölze, Ruderalvegetation, Zier- bzw. Nutzpflanze
- an nährstoffreichen Standorten

J F M A M J J A S O N D

Heracleum sphondylium L.

Gewöhnliche Bärenklau *Apiaceae*
∗ K(5) C(5) A5 G($\overline{2}$) kann Hautreizungen verursachen

40–200 cm hoch. HÜLLE: **fehlend *oder* ≤ 6-blättrig.** HÜLLCHEN: ≥ 3-blättrig. DOLDEN: **8–50-strahlig.** BLÜTEN: **weißlich o. gelblich-grünlich.** KELCHBLÄTTER: fehlend bzw. als schmaler Saum ausgebildet. FRÜCHTE: 6–10 mm lang, im QS abgeflacht, am Rand geflügelt. STÄNGEL: **im QS kantig, gefurcht, basal 4–25 mm ⌀,** mit steifen Borsten. BLÄTTER: gelappt bis gefiedert, **untere Seitenlappen deutlich gestielt, mit Stiel bis 120 cm lang;** UNTERSEITS: behaart. FIEDERBLÄTTCHEN: oft gelappt.

Im Gebiet kommen 3 Unterarten vor: subsp. *sphondylium*, subsp. *elegans* und subsp. *sibiricum* (vgl. S. 1441).

- einheimisch
- planar bis subalpin
- Intensivgrünland, Zier- bzw. Nutzpflanze
- an nährstoffreichen Standorten

J F M A M J J A S O N D

Pastinaca sativa L.

Gewöhnlicher Pastinak *Apiaceae*
∗ K(5) C(5) A5 G($\overline{2}$)

HÜLLE: **fehlend *oder* ≤ 2-blättrig**. HÜLLCHEN: **meist fehlend**. DOLDEN: 4–25-strahlig. BLÜTEN: **grünlich-gelblich**. KELCHBLÄTTER: fehlend bzw. als schmaler Saum ausgebildet. FRÜCHTE: kahl, im QS abgeflacht, **auf dem Rücken gerippt, am Rand geflügelt**. BLÄTTER: **meist 1-fach gefiedert**. FIEDERBLÄTTCHEN: **oval bis rundlich**.

subsp. *sativa* (Gewöhnlicher Pastinak): 30–160 cm hoch. DOLDEN: Enddolden flach u. > 8-strahlig. FRÜCHTE: breit-eiförmig. STÄNGEL: im QS kantig. GRUNDBLÄTTER: Fiederblättchen spitz, 12–28-teilig.
subsp. *urens* (Brenn-Pastinak): in West- u. Süddeutschland, eingebürgerter Neophyt, urspr. aus Süd- u. Osteuropa u. Asien, meist 150–200 cm hoch. DOLDEN: Enddolden gewölbt u. < 8-strahlig. FRÜCHTE: schmal-eiförmig. STÄNGEL: im QS ± stielrund. GRUNDBLÄTTER: Fiederblättchen abgerundet, 6–12-teilig.

- einheimisch
- planar bis montan
- Grünland, Staudenfluren, Äcker, Ruderalvegetation, Zier- bzw. Nutzpflanze
- an basenreichen Standorten

J F M A M J J A S O N D

Tordylium maximum L.

Große Zirmet *Apiaceae*
∗ K(5) C(5) A5 G($\overline{2}$) RL 1

60–120 cm hoch. PFLANZEN: **1-2-jährig, kurzborstig behaart**. HÜLLE: **≥ 3-blättrig**. HÜLLCHEN: **≥ 3-blättrig**. DOLDEN: 4–20-strahlig. BLÜTEN: **weißlich**, zuweilen rötlich überlaufen. KELCHBLÄTTER: deutlich entwickelt. FRÜCHTE: **mit kurzen stachelartigen Borsten, am Rand geflügelt**. BLÄTTER: gefiedert. FIEDERBLÄTTCHEN: **oval.**

- Archaeophyt
- planar bis collin
- Grünland, Staudenfluren, Ruderalvegetation
- meist an trockenen Standorten

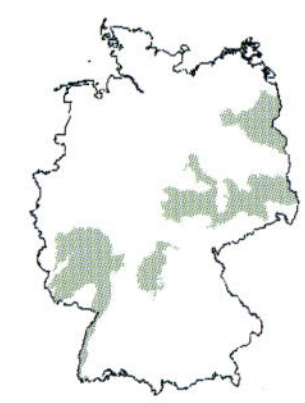

J F M A M J J A S O N D

Weitere Taxa

Lycopodiaceae

Lycopodium* sect. *Complanata (S. 100)
Lycopodium complanatum L. (Gewöhnlicher Flachbärlapp): SPOROPHYLLSTÄNDE: in Gruppen von 2–6. STÄNGEL: im QS abgeflacht. BLÄTTER: frischgrün, bis 0,2 cm lang, Spitze der Seitenblätter deutlich umgebogen.

Lycopodium alpinum L. (Alpen-Flachbärlapp): SPOROPHYLLSTÄNDE: einzeln. STÄNGEL: im QS *nicht* abgeflacht. BLÄTTER: blau- bzw. graugrün, 0,2–0,3 cm lang, Spitze der Seitenblätter allenfalls undeutlich umgebogen.

Lycopodium issleri (Rouy) Domin (Isslers Flachbärlapp): SPOROPHYLLSTÄNDE: einzeln. STÄNGEL: im QS abgeflacht. BLÄTTER: blau- bzw. graugrün, 0,2–0,3 cm lang, Spitze der Seitenblätter allenfalls undeutlich umgebogen.

Lycopodium oellgaardii (Stoor & al.) B. Bock (Øllgaards Flachbärlapp): SPOROPHYLLSTÄNDE: in Gruppen von 2–6. STÄNGEL: im QS abgeflacht. BLÄTTER: blau- bzw. graugrün, 0,2–0,3 cm lang, Spitze der Seitenblätter allenfalls undeutlich umgebogen.

Lycopodium tristachyum Pursh (Zypressen-Flachbärlapp): SPOROPHYLLSTÄNDE: in Gruppen von 2–6. STÄNGEL: im QS abgeflacht bis kantig. BLÄTTER: blau- bzw. graugrün, 0,2–0,3 cm lang, Spitze der Seitenblätter *nicht* umgebogen.

Lycopodium zeilleri (Rouy) Greuter & Burdet (Zeillers Flachbärlapp): SPOROPHYLLSTÄNDE: in Gruppen von 2–6. STÄNGEL: im QS abgeflacht. BLÄTTER: 0,2–0,3 cm lang; OBERSEITS: blau- bzw. graugrün bis dunkelgrün; UNTERSEITS: gelbgrün.

Aspleniaceae

Asplenium trichomanes (S. 122)
subsp. *trichomanes* L. (Braunstieliger Streifenfarn): SPOREN: hellbraun. AUSLÄUFER: mit < 3,5 mm langen Schuppen. BLÄTTER: vom Boden abstehend, 25–60-teilig, im Umriss lineal bis länglich, 5–35 cm lang. MITTLERE FIEDERBLÄTTCHEN: oval bis rundlich, 2,5–7,5 mm lang.

subsp. *hastatum* (H. Christ) S. Jess. (Spießfiedriger Braunstieliger Streifenfarn): SPOREN: hell- o. dunkelbraun. BLÄTTER: vom Boden abstehend, meist 20–50-teilig, im Umriss länglich bis lanzettlich, meist < 15 cm lang, OBERSEITS: meist gelblich-grünlich; UNTERSEITS: mit kurzen Drüsenhaaren. MITTLERE FIEDERBLÄTTCHEN: länglich bis rautenförmig, 4–12 mm lang.

subsp. *pachyrachis* (H. Christ) Lovis & Reichst. (Dickstieliger Braunstieliger Streifenfarn): SPOREN: hellbraun, ± durchsichtig. BLÄTTER: an den Boden angedrückt, meist 20–50-teilig, im Umriss länglich bis lanzettlich, meist 1–15 cm lang; OBERSEITS: meist blau- bzw. graugrün; UNTERSEITS: mit kurzen Drüsenhaaren. MITTLERE FIEDERBLÄTTCHEN: länglich bis rautenförmig, 4–12 mm lang.

subsp. *quadrivalens* D. E. Mey. (Tetraploider Braunstieliger Streifenfarn): SPOREN: meist dunkelbraun. AUSLÄUFER: mit 3,5–5 mm langen Schuppen. BLÄTTER: vom Boden abstehend, meist 30–70-teilig, im Umriss lineal bis länglich, 5–35 cm lang. MITTLERE FIEDERBLÄTTCHEN: länglich bis oval, 4–12 mm lang.

Dryopteridaceae

***Dryopteris affinis* agg.** (S. 130)
Dryopteris affinis (Lowe) Fraser-Jenk. (Spreuschuppiger Wurmfarn): INDUSIUM: bei der Reife einreißend u. *nicht* abfallend. BLATTSTIELE U. RHACHIS: mit glänzenden zweifarbigen dunkelbraun u. rotbraun gefärbten schmalen Spreuschuppen. BLÄTTER: meist überwinternd grün, bis 150 cm lang. STIELE DER FIEDERBLÄTTCHEN: basal schwarz bis dunkelviolett.

Dryopteris borreri (Newman) Oberh. & Tavel (Borrers Schuppen-Wurmfarn): INDUSIUM: bei der Reife *nicht* einreißend sondern schrumpfend u. abfallend. BLATTSTIELE U. RHACHIS: mit einfarbigen (hell-) braunen Spreuschuppen. BLÄTTER: meist überwinternd grün, bis 50 cm lang, distal meist abgerundet; OBERSEITS: *ohne* eingesenkte Nervatur. STIELE DER FIEDERBLÄTTCHEN: basal schwarz bis dunkelviolett. FIEDERBLÄTTCHEN: mit ± parallelem Rand.

Dryopteris cambrensis (Fraser-Jenk.) Beitel & W. R. Buck (Walisischer Schuppen-Wurmfarn): INDUSIUM: bei der Reife einreißend u. *nicht* abfallend. BLATTSTIELE U. RHACHIS : mit glänzenden zweifarbigen kupferfarben u. rotbraun gefärbten breiten Spreuschuppen. BLÄTTER: meist überwinternd grün, bis 120 cm lang. STIELE DER FIEDERBLÄTTCHEN: basal schwarz bis dunkelviolett.

Dryopteris lacunosa S. Jess. & al. (Lückiger Schuppen-Wurmfarn): INDUSIUM: bei der Reife *nicht* einreißend sondern schrumpfend u. abfallend. BLATTSTIELE U. RHACHIS: mit einfarbigen (hell-) braunen Spreuschuppen. BLÄTTER: meist überwinternd grün, bis 50 cm lang, mit spitzen Zähnen; OBERSEITS: mit eingesenkter Nervatur. STIELE DER FIEDERBLÄTTCHEN: basal schwarz bis dunkelviolett. FIEDERBLÄTTCHEN: mit ± parallelem Rand.

Dryopteris pseudodisjuncta (Fraser-Jenk.) Fraser-Jenk. (Eleganter Schuppen-Wurmfarn): INDUSIUM: bei der Reife *nicht* einreißend sondern schrumpfend u. abfallend. BLATTSTIELE U. RHACHIS: mit einfarbigen (hell-) braunen Spreuschuppen. BLÄTTER: meist überwinternd grün, bis 120 cm lang. STIELE DER FIEDERBLÄTTCHEN: basal schwarz bis dunkelviolett. FIEDERBLÄTTCHEN: ± rautenförmig.

Dryopteris oreades Fomin (Geröll-Wurmfarn): BLATTSTIELE U. RHACHIS: mit einfarbigen (hell-) braunen Spreuschuppen. BLÄTTER: meist sommergrün, bis 100 cm lang; UNTERSEITS: mit kleinen Drüsen. STIELE DER FIEDERBLÄTTCHEN: basal bräunlich.

***Dryopteris carthusiana* agg.** (S. 130)
Dryopteris carthusiana (Vill.) H. P. Fuchs (Dorniger Wurmfarn): BLATTSTIELE: basal bräunlich, mit einfarbigen, hellbraunen Spreuschuppen, *ohne* Drüsen. BLÄTTER: meist gelbgrün, bis 60 cm lang. FIEDERBLÄTTCHEN: asymmetrisch, zum Grund gerichtete Blättchen deutlich länger als die zur Spitze gerichteten.

Dryopteris dilatata (Hoffm.) A. Gray (Breitblättriger Wurmfarn): BLATTSTIELE: mit Spreuschuppen mit dunklem Mittelstreifen, außerdem mit gelben Drüsen. BLÄTTER: meist überwinternd grün, meist dunkelgrün, bis 150 cm lang; UNTERSEITS: mit gelben Drüsen. RHACHIS: mit gelben Drüsen. FIEDERBLÄTTCHEN: symmetrisch, zum Grund gerichtete Blättchen ± so lang wie die zur Spitze gerichteten.

Dryopteris expansa (C. Presl) Fraser-Jenk. & Jermy (Feingliedriger Wurmfarn): BLATTSTIELE: mit Spreuschuppen mit dunklem Mittelstreifen, Blattstiel mit gelben Drüsen. BLÄTTER: sommergrün, meist frischgrün, bis 150 cm lang; UNTERSEITS: mit gelben Drüsen. RHACHIS: mit gelben Drüsen. FIEDERBLÄTTCHEN: symmetrisch, zum Grund gerichtete Blättchen ± so lang wie die zur Spitze gerichteten.

Dryopteris remota (Döll) Druce (Entferntfiedriger Wurmfarn): BLATTSTIELE: basal schwarz bis dunkelviolett, mit Spreuschuppen, diese basal dunkler als distal, *ohne* Drüsen. BLÄTTER: meist dunkelgrün, bis 90 cm lang. FIEDERBLÄTTCHEN: asymmetrisch, zum Grund gerichtete Blättchen deutlich länger als die zur Spitze gerichteten.

Pinaceae

Pinus mugo (S. 136)
subsp. *mugo* Turra (Krummholz-Kiefer): in subalpinen Gebüschen, bis 3 m hoch, stets strauchförmig. ZAPFEN: ± sitzend, Stiel gerade u. in der Mitte der Zapfen endend, symmetrisch. SAMENSCHUPPEN: *nicht* verdickt, Schild flach bis schwach gewölbt.

subsp. *rotundata* (Link) Janch. & H. Neumayer (Moor-Kiefer): in Mooren u. Moorwäldern, bis 15 m hoch, strauch- o. baumförmig. ZAPFEN: ± sitzend, Stiel gekrümmt u. exzentrisch am Zapfen endend, basal asymmetrisch. SAMENSCHUPPEN: verdickt, Schild deutlich gewölbt *oder* mit schwach hakenförmig gekrümmtem Fortsatz.

Liliaceae

***Gagea pratensis* agg.** (S. 188)
Gagea pratensis (Pers.) Dumort. (Wiesen-Goldstern): BLÜTENSTAND: 1–5-blütig. PERIGONBLÄTTER: 10–20 mm lang, distal ± abgerundet. ZWIEBELN: meist 3 pro Stängel. GRUNDBLÄTTER: 1–2, 2–10 mm breit, blau- bzw. graugrün, basal of violett überlaufen; UNTERSEITIG: deutlich gekielt.

Gagea marchica Henker, Kiesew., U. Raabe & Rätzel (Märkischer Goldstern): BLÜTENSTAND: 3–10-blütig. PERIGONBLÄTTER: 14–18 mm lang, ± spitz. ZWIEBELN: meist 1–2 pro Stängel. GRUNDBLÄTTER: 1–2, meist 4–8 mm breit, grün- bis dunkelgrün; UNTERSEITIG: undeutlich gekielt.

Gagea megapolitana Henker (Mecklenburger Goldstern): BLÜTENSTAND: 3–10-blütig. PERIGONBLÄTTER: 8–25 mm lang, ± spitz. ZWIEBELN: meist 2 pro Stängel. GRUNDBLÄTTER: 1, blau- bzw. graugrün, 5–16 mm breit; UNTERSEITIG: allenfalls undeutlich gekielt.

Orchidaceae

***Epipactis helleborine* agg.** (S. 196)
Epipactis helleborine (L.) Crantz (Breitblättrige Ständelwurz): BLÜTEN: grünlich-bräunlich, meist rötlich überlaufen, Lippe oft rötlich. VORDERES LIPPENGLIED: breit-oval. STAUBFÄDEN: kurz o. fehlend. ROSTELLUM: meist deutlich entwickelt. BLÄTTER: beidseits grünlich, das größte > 6 cm lang u. 20–70 mm breit.

Epipactis albensis Nováková & Rydlo (Elbe-Ständelwurz): BLÜTENSTAND: 3–15-blütig; HAUPTACHSE: dicht kraushaarig, Haare dunkel. BLÜTEN: 8–15 mm ⌀, außen oft rötlich überlaufen, vorderes Lippenglied gelblich-grünlich, hinteres Lippenglied innen rötlich bis bräunlich. VORDERES LIPPENGLIED: breit-oval. STAUBFÄDEN: kurz o. fehlend. ROSTELLUM: klein o. fehlend. STÄNGEL: meist einzeln, mit ≤ 4 Stängelblättern. BLÄTTER: 10–20 mm breit.

Epipactis bugacensis Robatsch (Ungarische Ständelwurz): BLÜTENSTAND: HAUPTACHSE: dicht kraushaarig, mit dunklen Haaren. BLÜTEN: grünlich, außen oft rötlich überlaufen. VORDERES LIPPENGLIED: breit-oval. STAUBFÄDEN: kurz o. fehlend. ROSTELLUM: klein o. fehlend. STÄNGEL: meist zu mehreren, mit 4–6 Stängelblättern. BLÄTTER: 20–30 mm breit.

Epipactis phyllanthes G. E. Sm. (Grünblütige Ständelwurz): BLÜTENSTAND: HAUPTACHSE: kurz behaart bis kahl, mit dunklen Haaren. BLÜTEN: grünlich, Lippe oft rötlich. VORDERES LIPPENGLIED: breit-oval. STAUBFÄDEN: kurz o. fehlend. ROSTELLUM: klein o. fehlend.

Epipactis leptochila (Godfery) Godfery (Schmallippige Ständelwurz): BLÜTENSTAND: HAUPTACHSE: dicht kraushaarig. BLÜTEN: grünlich-bräunlich, meist rötlich überlaufen. STAUBFÄDEN: *nicht* mit dem Gymnostemium verwachsen, deutlich entwickelt. ROSTELLUM: klein o. fehlend.

Epipactis muelleri Godfery (Müllers Ständelwurz): BLÜTENSTAND: 10–50-blütig; Hauptachse dicht kraushaarig. BLÜTEN: grünlich, Lippe oft rötlich. VORDERES LIPPENGLIED: breit-oval. STAUBFÄDEN: mit der Säule (Gymnostemium) verwachsen, kurz o. fehlend. ROSTELLUM: klein o. fehlend.

Anacamptis palustris (S. 210)
subsp. *palustris* (Jacq.) R. M. Bateman, Pridgeon & M. W. Chase (Sumpf-Knabenkraut): LIPPE: deutlich 3–4-lappig. BLÄTTER: 8–15 mm breit.

subsp. *elegans* (Heuff.) R. M. Bateman, Pridgeon & M. W. Chase (Hohes Sumpf-Knabenkraut): LIPPE: ganzrandig o. undeutlich 3-lappig. BLÄTTER: 15–30 mm breit.

***Dactylorhiza maculata* agg.** (S. 212)
Dactylorhiza maculata (L.) Soó (Gefleckte Fingerwurz): LIPPE: ungeteilt bis seicht 2–3-lappig; MITTELLAPPEN: kleiner bis etwas größer als die Seitenlappen, distal meist zu < 30 % eingeschnitten. SPORN: < 10 mm lang.

Dactylorhiza fuchsii (Druce) Soó (Fuchs'sche Fingerwurz): LIPPE: deutlich 3-lappig; MITTELLAPPEN: deutlich größer als die Seitenlappen, distal meist zu > 50 % eingeschnitten. SPORN: bis 15 mm lang.

***Dactylorhiza majalis* agg.** (S. 212)
Dactylorhiza majalis (Rchb.) P. F. Hunt & Summerh. (Breitblättrige Fingerwurz): BLÜTENSTAND: 10–60-blütig. LIPPE: ungeteilt bis 3-lappig. SPORN: 8–16 mm lang. STÄNGEL: mit 3–10 Stängelblättern. BLÄTTER: ungefleckt *oder* oberseits gefleckt, bis 16-mal so lang wie breit.

Dactylorhiza incarnata (L.) Soó (Steifblättrige Fingerwurz): BLÜTENSTAND: 10–60-blütig. BLÜTEN: meist rötlich bis violett, selten gelb. LIPPE: 3-lappig. SPORN: < 12 mm lang. STÄNGEL: mit 1–8 Stängelblättern. BLÄTTER: > 6-mal so lang wie breit, in der distalen Hälfte am breitesten.

Dactylorhiza lapponica (Laest. ex Hartm.) Soó (Lappland-Fingerwurz): fast nur in den Alpen. BLÜTENSTAND: 5–25-blütig. BLÜTEN: rötlich bis violett, Lippe mit farblich abweichender Zeichnung. LIPPE: 3-lappig. SPORN: < 10 mm lang. STÄNGEL: mit 2–5 Stängelblättern. BLÄTTER: 4–6-mal so lang wie breit, in der distalen Hälfte am breitesten.

Dactylorhiza praetermissa (Druce) Soó (Übersehene Fingerwurz): in West- u. Norddeutschland. LIPPE: 3-lappig. BLÜTEN: rötlich-violett. SPORN: 5–10 mm lang, meist kürzer als die Lippe. BLÄTTER: 3–8-mal so lang wie breit, in der distalen Hälfte am breitesten.

Dactylorhiza russowii (Klinge) Holub (Ostsee-Fingerwurz): in Nordostdeutschland. Blütenstand: lockerblütig; Hauptachse dick, gerade. Blüten: rötlich bis violett, Lippe mit farblich abweichender Zeichnung. Lippe: 3-lappig. Sporn: < 10 mm lang. Stängel: mit 2–5 Stängelblättern. Blätter: 8–10-mal so lang wie breit, in der distalen Hälfte am breitesten.

Dactylorhiza traunsteineri (Saut. ex Rchb.) Soó (Traunsteiners Fingerwurz): in Süddeutschland. Blütenstand: dichtblütig, 5–25-blütig; Hauptachse: dünn, oft gewunden. Blüten: rötlich bis violett, Lippe mit farblich abweichender Zeichnung. Lippe: 3-lappig. Sporn: < 10 mm lang. Stängel: oben markig, mit 2–6 Stängelblättern. Blätter: 6–10-mal so lang wie breit, in der distalen Hälfte am breitesten.

Gymnadenia* sect. *Nigritella (S. 216)
Gymnadenia austriaca (Teppner & E. Klein) P. Delforge (Österreichisches Kohlröschen): Blütenstand: kugelig bis halbkugelig, ± so lang wie breit. Blüten: rötlich bis bräunlich. Lippe: vorderer Abschnitt flach, wenig eingeschnürt, *ohne* Sporn 7–10 mm lang.

Gymnadenia nigra (L.) Rchb. f. (Rotes Kohlröschen): Blütenstand: kugelig bis halbkugelig, ± so lang wie breit. Blüten: rötlich. Lippe: vorderer Abschnitt flach.

Gymnadenia rhellicani (Teppner & E. Klein) Teppner & E. Klein (Gewöhnliches Kohlröschen): Blütenstand: eiförmig, länger als breit. Blüten: meist dunkelrot bis bräunlich, selten gelblich. Lippe: vorderer Abschnitt flach, wenig eingeschnürt, *ohne* Sporn 5–8 mm lang.

Gymnadenia rubra Wettst. (Dolomiten-Kohlröschen): Blütenstand: kugelig bis kurz-zylindrisch, länger als breit. Blüten: leuchtend dunkelrot. Lippe: vorderer Abschnitt tütenförmig zusammengerollt, stark eingeschnürt, *ohne* Sporn 7–8 mm lang.

Gymnadenia widderi (Teppner & E. Klein) Teppner & E. Klein (Widders Kohlröschen): Blütenstand: kugelig bis eiförmig. Blüten: hellviolett bis rosa. Lippe: vorderer Abschnitt tütenförmig zusammengerollt, stark eingeschnürt, *ohne* Sporn 6–9 mm lang.

Typhaceae

***Sparganium erectum* agg.** (S. 248)
Sparganium erectum L. (Ästiger Igelkolben): Früchte: meist 6–12 mm lang, 4–7 mm ⌀; Oberteil deutlich vom Unterteil abgesetzt, oben ± flach, plötzlich in den < 2 mm langen Schnabel verschmälert, bräunlich bis schwarz; Unterteil hellbraun bis rotbraun, matt. Steinkern: glatt.

Sparganium microcarpum (Neuman) Celak. (Kleinfrüchtiger Igelkolben): Früchte: meist 5–7 mm lang, 2–4 mm ⌀; Oberteil deutlich vom Unterteil abgesetzt, oben gewölbt, plötzlich in den < 2 mm langen Schnabel verschmälert, bräunlich bis schwarz; Unterteil hellbraun bis rotbraun, matt. Steinkern: längs-gefurcht.

Sparganium neglectum Beeby (Unbeachteter Igelkolben): Früchte: meist 7–9 mm lang, 2–4 mm ⌀, bräunlich; Oberteil kaum vom Unterteil abgesetzt, oben gewölbt, allmählich in den 2–5 mm langen Schnabel verschmälert. Steinkern: glatt.

Cyperaceae

***Bolboschoenus maritimus* agg.** (S. 278)
Bolboschoenus maritimus (L.) Palla (Gewöhnliche Strandsimse): Blütenstand: mit 1–2 Seitenästen; Seitenäste: < 2-mal so lang wie die Ährchen. Perigonborsten: an der reifen Frucht oft abgefallen. Narben: meist 3. Früchte: im QS 3-kantig, die Kanten (schwach) gewölbt. Fruchtwand: äußere Fruchtwandschicht ± 2-mal so dick wie die mittlere.

Bolboschoenus laticarpus Marhold & al. (Breitfrüchtige Strandsimse): Blütenstand: mit 2–15 Seitenästen; Seitenäste: > 2-mal so lang wie die Ährchen. Perigonborsten: meist auch an der reifen Frucht vorhanden. Narben: 2–3. Früchte: 2–2,5 mm ⌀, im QS scharf-3-kantig, mit einer (etwas) längeren Kante. Fruchtwand: äußere Fruchtwandschicht < 0,1-mal so dick wie die mittlere.

Bolboschoenus planiculmis (F. W. Schmidt) T. V. Egorova (Flachfrüchtige Strandsimse): Blütenstand: mit 1–2 Seitenästen; Seitenäste: < 2-mal so lang wie die Ährchen. Perigonborsten: an der reifen Frucht oft abgefallen. Narben: meist 2. Früchte: im QS abgeflacht bis stumpf 3-kantig. Fruchtwand: äußere Fruchtwandschicht ± so dick wie die mittlere.

Bolboschoenus yagara (Ohwi) A. E. Kozhevn. (Verkannte Strandsimse): Blütenstand: mit 2–15 Seitenästen; Seitenäste: > 2-mal so lang wie die Ährchen. Perigonborsten: meist auch an der reifen Frucht vorhanden. Narben: 2–3. Früchte: 1,5–2 mm ⌀, im QS scharf-3-kantig, mit einer (etwas) längeren Kante. Fruchtwand: äußere Fruchtwandschicht > 0,25-mal so dick wie die mittlere.

Eleocharis mamillata (S. 280)
subsp. *mamillata* H. Lindb. (Zitzen-Sumpfsimse): Perigonborsten: meist 6–8, selten 4–5. Griffel: breiter als hoch, 0,5–0,7-mal so breit wie die Frucht. Stängel: mit 8–12 Leitbündeln.

subsp. *austriaca* (Hayek) Strandh. (Österreichische Sumpfsimse): Perigonborsten: meist 5, selten 6. Griffel: höher als breit, 0,3–0,5-mal so breit wie die Frucht. Stängel: mit 12–16 Leitbündeln.

Carex atrata (S. 314)
subsp. *atrata* L. (Trauer-Segge): 10–30 cm hoch. ♀ Ährchen: 10–20 mm lang. untere Ährchen: meist überhängend. Blütenstiele: 1–2 mm lang. Utriculus: 3–4 mm lang, gelblich-bräunlich. Stängel: oben glatt. Blätter: 3–8 mm breit.

subsp. *aterrima* (Hoppe) Celak. (Kohlschwarze Segge): 30–60 cm hoch. ♀ Ährchen: 15–40 mm lang. untere Ährchen: meist aufrecht. Blütenstiele: 1,5–3,5 mm lang. Utriculus: 4–5 mm lang, dunkelviolett *bis* schwarz. Stängel: oben rau. Blätter: 5–12 mm breit.

Carex elata (S. 334)
subsp. *elata* All. (Steife Segge): ♂ Ährchen: 1–3. Tragblätter der Blüten: distal abgerundet o. spitz. Utriculus: mit deutlicher Nervatur, 5–7-nervig. Blätter: 4–6 mm breit.

subsp. *omskiana* (Meinsh.) Jalas (Omsker Steife Segge): in Norddeutschland, selten. ♂ Ährchen: 1–2. Tragblätter der Blüten: spitz. Tragblätter der ♀Blüten: spitz. Utriculus: *ohne* bzw. mit undeutlicher Nervatur. Blätter: meist 2–4 mm breit.

Poaceae

Melica ciliata (S. 344)
subsp. *ciliata* L. (Wimper-Perlgras): BLÜTENSTAND: allseitswendig, zuweilen schwach violett überlaufen. ÄHRCHEN: meist 6–6,5 mm lang. BLÄTTER: OBERSEITS: behaart; UNTERSEITS: (undeutlich) gekielt. OBERE STÄNGELBLÄTTER: an den 2 obersten Knoten unterhalb des Blütenstandes *ohne* Spreiten.

subsp. *glauca* (F. W. Schultz) K. Richt. (Blaugrünes Wimper-Perlgras): BLÜTENSTAND: (undeutlich) einseitswendig, oft kräftig violett überlaufen. ÄHRCHEN: 6,5–8 mm lang. BLÄTTER: UNTERSEITS: *nicht* gekielt. OBERE STÄNGELBLÄTTER: allenfalls am obersten Knoten unterhalb des Blütenstandes *ohne* Spreite.

***Agrostis alpina* agg.** (S. 346)
Agrostis alpina Scop. (Alpen-Straußgras): 10–20 cm hoch. HÜLLSPELZEN: mit zwei < 0,3 mm langen Grannenspitzen. DECKSPELZEN: 2–3 mm lang. BLÄTTER: bis 2 mm breit.

Agrostis schleicheri Jord. & Verl. (Schleichers Straußgras): 20–40 cm hoch. HÜLLSPELZEN: mit zwei 0,4–0,7 mm langen Grannenspitzen. DECKSPELZEN: 3–4 mm lang. BLÄTTER: < 1 mm breit.

***Agrostis canina* agg.** (S. 346)
Agrostis canina L. (Hunds-Straußgras): an nassen Standorten. AUSLÄUFER: oberirdisch, zuweilen mit kurzen unterirdischen Ausläufern, diese dann mit < 4 Schuppenblättern. STÄNGELBLÄTTER: 1–3 mm breit, ± flach ausgebreitet, blau- bzw. graugrün.

Agrostis vinealis Schreb. (Schmalrispiges Straußgras): an trockenen Standorten. AUSLÄUFER: unterirdisch, lang, mit > 3 Schuppenblättern. STÄNGELBLÄTTER: 1–2 mm breit, meist zusammengerollt, frischgrün.

Aira caryophyllea (S. 350)
subsp. *caryophyllea* L. (Nelken-Haferschmiele): meist < 25 cm hoch. BLÜTENSTAND: meist ausgebreitet; HAUPTACHSE: ± gerade. ÄHRCHEN: ± violett, 2,5–3,5 mm lang. STÄNGEL: einzeln o. zu wenigen.

subsp. *plesiantha* (Boreau) K. Richt. (Vielblütige Nelken-Haferschmiele): 20–40 cm hoch. BLÜTENSTAND: zusammengezogen; HAUPTACHSE: geschlängelt. ÄHRCHEN: grünlich, ± 2,5 mm lang. STÄNGEL: meist in Gruppen von > 20.

Calamagrostis canescens (S. 360)
subsp. *canescens* (Weber) Roth (Sumpf-Reitgras): ÄHRCHENACHSE: unterhalb der Blüte mit (sehr) kurz behaarten Fortsatz. GRANNE: fehlend o. sehr kurz, ± zwischen den Spitzen der Deckspelze entspringend.

subsp. *vilnensis* (Besser) H. Scholz (Litauisches Sumpf-Reitgras): sehr selten. ÄHRCHENACHE: unterhalb der Blüte mit lang behaarten Fortsatz. GRANNE: kurz aber deutlich entwickelt, etwas unterhalb der Spitzen der Deckspelze entspringend.

Deschampsia cespitosa (S. 364)
subsp. *cespitosa* (L.) P. Beauv. (Rasen-Schmiele): ÄHRCHEN: 2–3-blütig, 3–5 mm lang. HÜLLSPELZEN: breit; OBERE: 3–4 mm lang. DECKSPELZEN: 3–4 mm lang; GRANNE: < 4 mm lang, die Deckspelze *nicht* o. < 1 mm überragend. STAUBBEUTEL: 1,3–1,6 mm lang. LIGULA: 6–8 mm lang. BLÄTTER DER ERNEUERUNGSSPROSSE: *nicht* bis zum Blütenstand reichend, 2–7 mm ⌀, Rippen im QS spitz, mit ≥ 10 Leitbündeln.

subsp. *paludosa* (Schübl. & G. Martens) G. C. S. Clarke (Wibels Schmiele): im Gezeitenbereich der Elbe. ÄHRCHEN: meist 2-blütig, 4–6 mm lang. HÜLLSPELZEN: schmal; OBERE: 5–6 mm lang. DECKSPELZEN: 3–5 mm lang; GRANNE: 3–6 mm lang, die Deckspelze *nicht* o. < 1 mm überragend. LIGULA: 2–5 mm lang. BLÄTTER DER ERNEUERUNGSSPROSSE: 2–4 mm ⌀, Rippen im QS abgerundet, mit 5–11 Leitbündeln.

subsp. *parviflora* (Thuill.) Dumort. (Kleinblütige Rasen-Schmiele): selten. ÄHRCHEN: 1–2-blütig, 2–3 mm lang. HÜLLSPELZEN: breit; OBERE: 3–4 mm lang. DECKSPELZEN: 3–4 mm lang; GRANNE: < 4 mm lang, die Deckspelze *nicht* o. < 1 mm überragend. STAUBBEUTEL: 1–1,2 mm lang. LIGULA: 6–8 mm lang. BLÄTTER DER ERNEUERUNGSSPROSSE: bis zum Blütenstand reichend, 2–3 mm ⌀, Rippen im QS spitz, mit ≥ 10 Leitbündeln.

subsp. *rhenana* (Gremli) Kerguélen (Bodensee-Schmiele): am Ufer des Bodensee. ÄHRCHEN: meist 2-blütig, 6–8 mm lang, oft zu Laubsprossen auswachsend. HÜLLSPELZEN: OBERE: 5–6 mm lang. DECKSPELZEN: 3–5 mm lang; GRANNE: 3–5 mm lang, die Deckspelze > 1 mm überragend. LIGULA: 2–5 mm lang. BLÄTTER DER ERNEUERUNGSSPROSSE: 2–3 mm ⌀, Rippen im QS abgerundet, mit 7–10 Leitbündeln.

Avenula pubescens (S. 368)
subsp. *pubescens* (Huds.) Dumort. (Flaumiger Wiesenhafer): planar bis montan. ÄHRCHEN: 3–4-blütig, 10–15 mm lang. DECKSPELZEN: 9–16 mm lang. UNTERE BLATTSCHEIDEN: meist behaart.

subsp. *laevigata* (Schur) Holub (Glatter Wiesenhafer): subalpin u. alpin. ÄHRCHEN: 2–3-blütig, 15–20 mm lang. DECKSPELZEN: 15–20 mm lang. UNTERE BLATTSCHEIDEN: kahl.

***Koeleria pyramidata* agg.** (S. 370)
Koeleria pyramidata (Lam.) P. Beauv. (Großes Schillergras): v. a. westlich der Elbe. ÄHRCHEN: 5–7 mm lang. DECKSPELZEN: 4–6 mm lang. BLÄTTER: am Rand bewimpert; OBERSEITS: kahl. BLÄTTER DER ERNEUERUNGSSPROSSE: 2–3 mm ⌀. UNTERE BLATTSCHEIDEN: kahl bis dicht behaart.

Koeleria grandis Gorski (Polnisches Schillergras): östlich der Elbe. ÄHRCHEN: 5–7 mm lang. DECKSPELZEN: 5–7 mm lang. STÄNGEL: behaart. BLÄTTER: am Rand bewimpert; OBERSEITS: behaart. BLÄTTER DER ERNEUERUNGSSPROSSE: 2–3 mm ⌀. UNTERE BLATTSCHEIDEN: behaart.

Koeleria macrantha (Ledeb.) Schult. (Zierliches Schillergras): ÄHRCHEN: 4–5 mm lang. DECKSPELZEN: 4–5 mm lang, kahl. STÄNGEL: meist kahl. BLÄTTER: am Rand *nicht* bewimpert; OBERSEITS: behaart. BLÄTTER DER ERNEUERUNGSSPROSSE: < 1 mm ⌀. UNTERE BLATTSCHEIDEN: behaart.

Dactylis glomerata (S. 384)
subsp. *glomerata* L. (Gewöhnliches Knaulgras): PFLANZEN: graugrün. BLÜTENSTAND: breit, Ährchen in zahlreichen Knäueln am Ende langer Rispenäste. HÜLLSPELZEN: behaart u. auf dem Kiel bewimpert; UNTERE: 1-nervig. DECKSPELZEN: spitz, am Kiel lang behaart, auf der Fläche rau bis kurz behaart. LIGULA: 5–10 mm lang.

subsp. *hispanica* (Roth) Nyman (Spanisches Knaulgras): sehr selten. PFLANZEN: graugrün. BLÜTENSTAND: schmal, Ährchen in wenigen Knäueln am Ende kurzer Rispenäste. HÜLLSPELZEN: behaart u. auf dem Kiel bewimpert; UNTERE: 1-nervig. DECKSPELZEN: eingekerbt, am Kiel lang behaart. LIGULA: 5–10 mm lang.

subsp. ***lobata*** (Drejer) H. Lindb. (Wald-Knaulgras): in Wäldern u. Gehölzen. PFLANZEN: frischgrün. BLÜTENSTAND: Ährchen in dichten Knäueln am Ende langer Rispenäste. ÄHRCHEN: 2–3-blütig, 5–6 mm lang. HÜLLSPELZEN: kahl bis kurz bewimpert; UNTERE: 1–3-nervig. DECKSPELZEN: 4–5 mm lang, spitz, am Kiel kurz behaart, Haare 0,1 mm lang. LIGULA: 2–5 mm lang.

subsp. ***slovenica*** (Domin) Domin (Slowakisches Knaulgras): in Südostdeutschland, selten. PFLANZEN: graugrün. BLÜTENSTAND: breit, Ährchen in ± zahlreichen Knäueln am Ende langer Rispenäste. HÜLLSPELZEN: behaart u. auf dem Kiel bewimpert; UNTERE: 1-nervig. DECKSPELZEN: spitz, am Kiel lang behaart, auf der Fläche glatt u. kahl. STÄNGEL: UNTEN: knollig verdickt. LIGULA: 5–10 mm lang.

Festuca ovina **agg.** (S. 386)
Festuca ovina L. (Schaf-Schwingel): ÄHRCHEN: 3–9-blütig, 5–8 mm lang. DECKSPELZEN: 3–5 mm lang; GRANNE: 1–2 mm lang. STAUBBEUTEL: 1,5–2 mm lang. BLATTSCHEIDEN: basal oft verwachsen, rau. BLÄTTER DER ERNEUERUNGSSPROSSE: 0,4–0,8 mm ⌀, 2–4-furchig, mit 1 durchgehenden Sklerenchymscheide.

Festuca airoides Lam. (Kleiner Schwingel): ÄHRCHEN: 3–4-blütig, 6–7 mm lang, zuweilen zu Laubsprossen auswachsend. DECKSPELZEN: 3–5 mm lang; GRANNE: < 2 mm lang. BLATTSCHEIDEN: in der unteren Hälfte verwachsen, glatt. BLÄTTER DER ERNEUERUNGSSPROSSE: 2–4-furchig, mit 7 Leitbündeln, mit 3–5 getrennten Sklerenchymsträngen *oder* einer durchgehenden Sklerenchymscheide.

Festuca csikhegyensis Simonk. (Blaugrüner Schwingel): ÄHRCHEN: 3–9-blütig, 10–12 mm lang. DECKSPELZEN: 3–5 mm lang; GRANNE: 1–3 mm lang. BLÄTTER: blau- bzw. graugrün. BLÄTTER DER ERNEUERUNGSSPROSSE: 4–8-furchig, mit 7 Leitbündeln, mit 1 durchgehenden Sklerenchymscheide.

Festuca duvalii (St.-Yves) Markgr.-Dann. (Duvals Schwingel): ÄHRCHEN: 3–5-blütig, 5–8 mm lang. HÜLLSPELZEN: 1,3–1,5 mm breit. DECKSPELZEN: 4–5 mm lang; GRANNE: < 2 mm lang. BLÄTTER DER ERNEUERUNGSSPROSSE: 4–6-furchig, mit 7 Leitbündeln, mit 3–7 Sklerenchymsträngen.

Festuca filiformis Pourr. (Haar-Schwingel): ÄHRCHEN: 3–8-blütig, 4–5 mm lang. DECKSPELZEN: 2–4 mm lang, unbegrannt. BLATTSCHEIDEN: basal oft verwachsen. BLÄTTER DER ERNEUERUNGSSPROSSE: 2-furchig, mit 5 Leitbündeln, mit 1 durchgehenden Sklerenchymscheide.

Festuca heteropachys (St.-Yves) Auquier (Schlaffer Schwingel): ÄHRCHEN: 3–6-blütig, 7–8 mm lang. DECKSPELZEN: 4–6 mm lang; GRANNE: 2–3 mm lang. BLÄTTER DER ERNEUERUNGSSPROSSE: 0,5–1,5 mm ⌀, 4–6-furchig, mit 7–11 Leitbündeln, mit 1 durchgehenden Sklerenchymscheide. UNTERE BLATTSCHEIDEN: behaart.

Festuca laevigata Gaudin (Glatter Schwingel): ÄHRCHEN: 3–9-blütig, 5–10 mm lang. DECKSPELZEN: 4–8 mm lang; GRANNE: 2–3 mm lang. BLATTSCHEIDEN: in der unteren Hälfte verwachsen. BLÄTTER DER ERNEUERUNGSSPROSSE: 4-furchig, mit 7–11 Leitbündeln, mit 1 durchgehenden Sklerenchymscheide.

Festuca longifolia Thuill. (Langblättriger Schwingel): DECKSPELZEN: begrannt; GRANNE: 1–2 mm lang.

Festuca pallens Host (Bleicher Schwingel): ÄHRCHEN: 4–7-blütig, 7–11 mm lang. DECKSPELZEN: 4–5 mm lang; GRANNE: 1–2 mm lang. BLÄTTER DER ERNEUERUNGSSPROSSE: 4–6-furchig, mit 9–11 Leitbündeln, mit 1 durchgehenden Sklerenchymscheide.

Festuca polesica Zapal. (Dünen-Schwingel): BLÜTENSTAND: meist mit behaarten Seitenästen. ÄHRCHEN: 4–6-blütig, 6–10 mm lang. DECKSPELZEN: 4–5 mm lang; GRANNE: 1–2 mm lang. BLÄTTER: frischgrün. BLÄTTER DER ERNEUERUNGSSPROSSE: 4–6-furchig, mit 7–9 Leitbündeln, mit 1 durchgehenden Sklerenchymscheide. OBERE BLATTSCHEIDEN: meist kahl, zuweilen behaart.

Festuca psammophila (Celak.) Fritsch (Sand-Schwingel): BLÜTENSTAND: meist mit kahlen Seitenästen. ÄHRCHEN: 3–8-blütig, 6–8 mm lang. DECKSPELZEN: 3–5 mm lang, behaart; GRANNE: < 2 mm lang. BLÄTTER: blau- bzw. graugrün. BLÄTTER DER ERNEUERUNGSSPROSSE: 4–6-furchig, mit 9–13 Leitbündeln, mit 1 durchgehenden Sklerenchymscheide.

Festuca rhenana Korneck & T. Gregor (Rheinischer Schwingel): ÄHRCHEN: 3–9-blütig. DECKSPELZEN: begrannt; GRANNE: 1–3 mm lang.

Festuca stricta Host (Steifer Schaf-Schwingel): ÄHRCHEN: 3–6-blütig. DECKSPELZEN: begrannt. UNTERE BLATTSCHEIDEN: behaart.

Festuca valesiaca Gaudin (Walliser Schwingel): GRANNE: 1–3 mm lang. BLÄTTER: oft bläulich bereift. BLÄTTER DER ERNEUERUNGSSPROSSE: 0,3–0,6 mm ⌀, 4-furchig, mit 5 Leitbündeln, mit 3–5 Sklerenchymsträngen.

Festuca rubra **agg.** (S. 386)
Festuca rubra L. (Rot-Schwingel): rasig wachsend. ÄHRCHEN: 3–9-blütig, 6–10 mm lang. DECKSPELZEN: 4–10 mm lang, kahl o. kurzhaarig; Granne < 1 mm lang. BLÄTTER DER ERNEUERUNGSSPROSSE: 4–6-furchig, mit 7–9 Leitbündeln, mit 5–11 Sklerenchymsträngen.

Festuca arenaria Osbeck (Sand-Rot-Schwingel): in Küstendünen, sehr selten im Binneland, rasig wachsend. ÄHRCHEN: 9–15 mm lang. DECKSPELZEN: 5–7 mm lang, dicht lang behaart; Granne < 1 mm lang. AUSLÄUFER: lang. BLÄTTER DER ERNEUERUNGSSPROSSE: 4–6-furchig, mit 7–9 Leitbündeln, mit 5–9 Sklerenchymsträngen.

Festuca heteromalla Pourr. (Vielblütiger Schwingel): rasig wachsend. ÄHRCHEN: 5–11-blütig, 10–14 mm lang. DECKSPELZEN: 6–8 mm lang, meist kahl; Granne < 1 mm lang. AUSLÄUFER: lang. BLÄTTER DER ERNEUERUNGSSPROSSE: 6–8-furchig, mit 9–13 Leitbündeln, mit 5–7 Sklerenchymsträngen.

Festuca nigrescens Lam. (Horst-Schwingel): ± horstförmig. ÄHRCHEN: 3–8-blütig, 7–12 mm lang. DECKSPELZEN: 4–6 mm lang, kahl o. kurzhaarig; Granne 1–4 mm lang. AUSLÄUFER: kurz. BLÄTTER DER ERNEUERUNGSSPROSSE: 4-furchig, mit 5–7 Leitbündeln, mit 7–9 Sklerenchymsträngen. UNTERE BLATTSCHEIDEN: behaart.

Festuca trichophylla (Gaudin) K. Richt. (Haarblättriger Schwingel): sehr selten, rasig wachsend. ÄHRCHEN: 5–7-blütig, 7–11 mm lang. DECKSPELZEN: 4–5 mm lang. AUSLÄUFER: lang. BLÄTTER DER ERNEUERUNGSSPROSSE: im QS 6-kantig, 2–4-furchig, mit 5 Leitbündeln, mit 7 Sklerenchymsträngen.

Festuca violacea **agg.** (S. 386)
Festuca melanopsis Foggi & al. (Schwarzvioletter Schwingel): subalpin bis alpin. ÄHRCHEN: 4–7-blütig. DECKSPELZEN: 5–7 mm lang; GRANNE: 2–4 mm lang. BLATTSCHEIDEN: netzartig zerfasernd. BLÄTTER DER ERNEUERUNGSSPROSSE: 4-furchig, mit 5 Leitbündeln, mit 7 Sklerenchymsträngen.

Festuca norica (Hack.) K. Richt. (Norischer Schwingel): ÄHRCHEN: 4–5-blütig. DECKSPELZEN: 4–7 mm lang, behaart; GRANNE: 1–3 mm lang. BLATTSCHEIDEN: derb, lange erhaltend bleibend, in der unteren Hälfte verwachsen. Blätter der Erneuerungssprosse: 6–8-furchig, mit 7–9 Leitbündeln, mit 11–13 Sklerenchymsträngen, Sklerenchymstränge an allen Leitbündeln, auch auf der Oberseite der Blätter.

Schedonorus arundinaceus (S. 390)
subsp. *arundinaceus* (Schreb.) Dumont (Rohr-Schwingel): Blütenstand: lockerblütig; Seitenäste: lang. Ährchen: 10–12 mm lang. Hüllspelzen: untere 3,5–4,5 mm lang, obere etwas länger. Deckspelzen: 6–8 mm lang, unbegrannt o. kurz begrannt; Granne: < 0,5 mm lang. Ausläufer: unterirdisch. Blätter: 4–12 mm breit.

subsp. *fenas* (Lag.) H. Scholz (Fenas-Rohr-Schwingel): meist an salzhaltigen Standorten. Blütenstand: meist zusammengezogen, dichtblütig; Seitenäste: kurz. Ährchen: 5–10 mm lang. Deckspelzen: 5–9 mm lang, meist begrannt; Granne: 1–4 mm lang. Ausläufer: fehlend. Blätter: 3–4 mm breit.

subsp. *orientalis* (Hack.) H. Scholz & Valdés (Östlicher Rohr-Schwingel): in Franken. sehr selten. Blütenstand: lockerblütig; Seitenäste: lang. Ährchen: 10–12 mm lang. Hüllspelzen: untere 2–3 mm lang, beide gleich lang. Deckspelzen: 5–7 mm lang; Granne: 1–4 mm lang. Ausläufer: unterirdisch. Blätter: 4–12 mm breit.

Schedonorus pratensis (S. 390)
subsp. *pratensis* (Huds.) P. Beauv. (Wiesen-Schwingel): Ährchen: 8–15 mm lang. Deckspelzen: 5–7 mm lang, 1-spitzig, unbegrannt. Blätter: 3–5 mm breit. Ligula: < 1 mm lang. untere Blattscheiden: bis unten offen.

subsp. *apenninus* (De Not.) H. Scholz & Valdés (Apenninen-Schwingel): in den Alpen. Ährchen: 10–20 mm lang. Deckspelzen: 7–9 mm lang, 2-spitzig; Granne: 2–4 mm lang, gerade. Blätter: 4–8 mm breit. Ligula: < 0,3 mm lang. untere Blattscheiden: bis zur Mitte geschlossen.

Leucopoa pulchella (S. 394)
subsp. *pulchella* (Schrad.) H. Scholz & Foggi (Zierlicher Schwingel): rasig wachsend. Blätter der Erneuerungssprosse: flach ausgebreitet, mit 13–21 Leitbündeln, alle Sklerenchymstränge durchgehend, d. h. auch auf der Oberseite der Blätter.

subsp. *jurana* (Gren.) H. Scholz & Foggi (Jura-Schwingel): horstförmig. Blätter der Erneuerungssprosse: gefaltet bis rinnig, mit 11–13 Leitbündeln, durchgehende Sklerenchymstränge nur über den 3 größten Leitbündeln.

Poa pratensis (S. 402)
subsp. *pratensis* L. (Wiesen-Rispengras): überwiegend collin bis montan, 20–100 cm hoch. Blütenstand: unterster Knoten mit 2–8 Ästen. Ährchen: grünlich. Hüllspelzen: untere u. obere unterschiedlich lang. Blätter: frischgrün, bis 30 cm lang. Ligula: kahl, zuweilen rau.

subsp. *irrigata* (Lindm.) H. Lindb. (Bläuliches Wiesen-Rispengras): subalpin bis alpin, bis 50 cm hoch. Blütenstand: unterster Knoten mit 1–2 Ästen. Ährchen: blaugrün bis violett bereift. Hüllspelzen: untere u. obere ± gleich lang; untere: 3-nervig. Blätter: blau- bzw. graugrün, bis 15 cm lang. Blattscheiden: selten etwas abgeflacht. Ligula: behaart.

Puccinellia distans (S. 404)
subsp. *distans* (Jacq.) Parl. (Gewöhnlicher Salzschwaden): an der Küste u. im Binnenland, häufig. Ährchen: 3–6-blütig, 3–7 mm lang. Deckspelzen: unterste 1,8–2,2 mm lang. Staubbeutel: 0,5–1 mm lang. Blätter: 1–4 mm breit; oberseits: kaum gerippt; unterseits: *ohne* Papillen.

subsp. *limosa* (Schur) Soó & Jáv. (Sumpf-Salzschwaden): im Binnenland, selten. Ährchen: meist 5–6-blütig, 5–8 mm lang. Deckspelzen: unterste 2,2–2,8 mm lang. Staubbeutel: 1–1,5 mm lang. Blätter: 1–2 mm breit, distal oft kahnförmig; oberseits: gerippt; unterseits: mit Papillen.

***Glyceria fluitans* agg.** (S. 408)
Glyceria fluitans (L.) R. Br. (Flutender Schwaden): Ährchen: 8–15-blütig, 12–32 mm lang. Deckspelzen: 6–8 mm lang. Vorspelzen: die Spitzen die Deckspelzen *nicht* überragend, distal abgerundet, kaum eingeschnitten. Staubbeutel: 2–3 mm lang. Ausläufer: lang. Blätter: 3–10 mm breit. Ligula: 5–15 mm lang, distal gerade bis abgerundet.

Glyceria declinata Bréb. (Blaugrüner Schwaden): Ährchen: 8–15-blütig, 12–24 mm lang. Deckspelzen: 4–5 mm lang, meist 3-spitzig, alle Nerven ± gleich lang u. dick. Vorspelzen: die Spitzen die Deckspelzen (etwas) überragend, distal verschmälert u. tief eingeschnitten. Staubbeutel: < 1 mm lang. Ausläufer: fehlend o. kurz. Blätter: 4–8 mm breit. Ligula: 4–9 mm lang, spitz.

Glyceria nemoralis (R. Uechtr.) R. Uechtr. & Körn. (Hain-Schwaden): in Norddeutschland östlich der Elbe. Ährchen: 6–10-blütig, 10–14 mm lang. Deckspelzen: 3–4 mm lang, distal abgerundet, mit 3 langen dicken u. 4 kurzen dünnen Nerven. Staubbeutel: 1–2 mm lang. Ausläufer: lang. Blätter: 4–6 mm breit. Ligula: 1–2 mm lang, distal gerade bis abgerundet.

Glyceria notata Chevall. (Falt-Schwaden): Ährchen: 7–12-blütig, 10–25 mm lang. Deckspelzen: 3–5 mm lang, distal abgerundet, alle Nerven ± gleich lang u. dick. Staubbeutel: 1–2 mm lang. Ausläufer: lang. Blätter: 3–12 mm breit. Ligula: 2–4 mm lang, distal gerade bis abgerundet.

***Stipa pennata* agg.** (S. 410)
Stipa pennata L. (Echtes Federgras): Ährchen: 30–50 mm lang. Deckspelzen: 12–18 mm lang; Granne: bis 35 cm lang. Kallus: basal hakenförmig gebogen, mittlere Kallushaare länger als die randlichen. Blätter: frischgrün, bis 50 cm lang, < 1 mm breit, distal mit einem Büschel 1–3 mm langer Haare; unterseits: behaart. Ligula: 3–5 mm lang.

Stipa borysthenica Prokudin (Sand-Federgras): Ährchen: 50–60 mm lang. Deckspelzen: 13–22 mm lang; Granne: bis 45 cm lang. Kallus: basal ± gerade, mittlere Kallushaare länger als die randlichen. Blätter: blau- bzw. graugrün, bis 80 cm lang, bis 3 mm breit, distal meist *ohne* Haarbüschel; unterseits: kahl. Ligula: 3–7 mm lang. untere Blattscheiden: behaart.

Stipa dasyphylla (Lindem.) Trautv. (Weichhaariges Federgras): Ährchen: 50–70 mm lang. Deckspelzen: 15–22 mm lang; Granne: bis 45 cm lang. Kallus: mittlere Kallushaare ± so lang wie die randlichen. Blätter: bis 40 cm lang, < 1 mm breit; oberseits: behaart; unterseits: behaart, Haare ± 1 mm lang. Ligula: 4–5 mm lang.

Stipa eriocaulis Borbás (Zierliches Federgras): sehr selten. Ährchen: 40–50 mm lang. Deckspelzen: 10–20 mm lang; Granne: bis 30 cm lang. Kallus: mittlere Kallushaare kürzer als die randlichen. Blätter: bis 40 cm lang, < 1 mm breit; oberseits: behaart; unterseits: behaart. Ligula: 2–4 mm lang.

Stipa pulcherrima K. Koch (Großes Federgras): Ährchen: 60–80 mm lang. Deckspelzen: 18–26 mm lang; Granne:

bis 50 cm lang. Kallus: mittlere Kallushaare ± so lang wie die randlichen. Blätter: bis 80 cm lang, bis 3 mm breit; oberseits: behaart; unterseits: kahl *oder* kurz behaart, Haare kürzer als 0,3 mm. Ligula: 5–7 mm lang.

Stipa tirsa Steven (Rossschweif-Federgras): Ährchen: 40–50 mm lang. Deckspelzen: 13–20 mm lang; Granne: bis 40 cm lang. Kallus: mittlere Kallushaare ± so lang wie die randlichen. Blätter: bis 50 cm lang, < 1 mm breit; oberseits: behaart; unterseits: behaart. Blattscheiden: rau. Ligula: < 1,5 mm lang.

***Bromus secalinus* agg.** (S. 416)
Bromus secalinus L. (Roggen-Trespe): Ährchen: 4–20-blütig, 6–24 mm lang. Deckspelzen: oval bis lanzettlich, ausgebreitet 4–6 mm breit, meist 7-nervig; Granne: 2–12 mm lang, meist gerade. Blätter: 4–10 mm breit. Ligula: kahl. untere Blattscheiden: kahl (zuweilen rau). obere Blattscheiden: kahl.

Bromus grossus DC. (Dicke Trespe): Ährchen: 7–12-blütig, 20–40 mm lang. Deckspelzen: rautenförmig, der Rand mit deutlichem Knick, 10–12 mm lang, ausgebreitet 6–7 mm breit, 7–9-nervig; Granne: 8–12 mm lang. Blätter: 3–5 mm breit, am Rand meist bewimpert. Ligula: behaart. untere Blattscheiden: kahl (zuweilen rau). obere Blattscheiden: behaart.

Bromus pseudosecalinus P. M. Sm. (Schein-Roggen-Trespe): Ährchen: 4–8-blütig, 14–24 mm lang, Ährchenachse von der Seite sichtbar. Deckspelzen: oval bis lanzettlich, der Rand gleichmäßig gebogen, 5–6 mm lang, ausgebreitet 4–6 mm breit, meist 7-nervig; Granne: 2–10 mm lang. Blätter: 2–4 mm breit, behaart. untere Blattscheiden: locker lang behaart.

Bromus arvensis (S. 416)
subsp. *arvensis* L. (Acker-Trespe): Blütenstand: zur Fruchtzeit meist überhängend. Ährchen: 15–25 mm lang. Deckspelzen: 7–9 mm lang; Granne: 6–10 mm lang. Staubbeutel: 3–5 mm lang.

subsp. *parviflorus* (Desf.) H. Scholz (Kleinblütige Acker-Trespe): Blütenstand: zur Fruchtzeit meist aufrecht. Ährchen: meist 10–15 mm lang. Deckspelzen: 5–7 mm lang; Granne: 5–7 mm lang. Staubbeutel: 0,5–3 mm lang. Karyopse: dünn.

subsp. *segetalis* H. Scholz (Saat-Acker-Trespe): vermutlich ausgestorben. Blütenstand: zur Fruchtzeit meist aufrecht. Ährchen: meist 10–15 mm lang. Deckspelzen: 5–7 mm lang; Granne: 5–7 mm lang. Staubbeutel: 0,5–3 mm lang. Karyopse: im QS U-förmig, dick.

Bromus hordeaceus (S. 418)
subsp. *hordeaceus* L. (Flaum-Trespe): Blütenstand: lockerblütig. Ährchenstiele: < 3-mal so lang wie die Ährchen. Ährchen: 6–12-blütig, 14–22 mm lang. Deckspelzen: 8–11 mm lang.

subsp. *longipedicellatus* Spalton (Langstielige Flaum-Trespe): Blütenstand: lockerblütig. Ährchenstiele: > 3-mal so lang wie die Ährchen. Ährchen: 6–12-blütig, 14–22 mm lang. Deckspelzen: 8–11 mm lang, behaart.

subsp. *mediterraneus* (H. Scholz & F. M. Vázquez) H. Scholz (Mediterrane Flaum-Trespe): bis 20 cm hoch. Blütenstand: dichtblütig. Ährchenstiele: kürzer als die Ährchen. Ährchen: 6–12-blütig, 14–22 mm lang. Deckspelzen: 8–11 mm lang, ausgebreitet 2–3,5 mm breit, behaart.

subsp. *pseudothominei* (P. M. Sm.) H. Scholz (Kleinere Flaum-Trespe): Blütenstand: lockerblütig. Ährchenstiele: < 3-mal so lang wie die Ährchen. Ährchen: 6–12-blütig, 14–22 mm lang. Deckspelzen: 6–8 mm lang.

subsp. *thominei* (Hardouin) Braun-Blanq. (Thomines Flaum-Trespe): Blütenstand: dichtblütig. Ährchenstiele: kürzer als die Ährchen. Ährchen: 3–7-blütig, 8–10 mm lang. Deckspelzen: 6–6,5 mm lang, ausgebreitet 3–5 mm breit, meist 7-nervig, meist kahl. Stängel: oft niederliegend. Blätter: < 5 cm lang, < 2 mm breit, am Rand bewimpert. Ligula: < 1 mm lang.

Hordeum murinum (S. 426)
subsp. *murinum* L. (Mäuse-Gerste): mittleres Ährchen: < 1 mm lang gestielt, deutlich kürzer als die Seitenährchen, Granne länger als die der Seitenährchen.

subsp. *leporinum* (Link) Arcang. (Südliche Mäuse-Gerste): sehr selten. mittleres Ährchen: 1–2 mm lang gestielt, ± so lang wie die Seitenährchen, Granne kürzer als die der Seitenährchen.

Triticum aestivum (S. 428)
subsp. *aestivum* L. (Saat-Weizen): häufig kultiviert. Ähre:: bei der Reife *nicht* in einzelne Glieder zerfallend, die Früchte einzeln abfallend. Ährchen: ohne Granne 6–18 cm lang, lockerblütig, an der Ansatzstelle der Ährchen kahl. Früchte: locker von Vor- u. Deckspelzen umgeben.

subsp. *compactum* (Host) Mackey (Zwerg-Weizen): ob noch kultiviert? Ähren ohne Granne 3–6 cm lang, dichtblütig, an der Ansatzstelle der Ährchen kahl, bei der Reife *nicht* in einzelne Glieder zerfallend, die Früchte einzeln abfallend. Ährchen: 3–6-blütig, mittlere Spindelglieder 1–3 mm lang. Früchte: locker von Vor- u. Deckspelzen umgeben.

subsp. *spelta* (L.) Thell. (Dinkel): selten kultiviert. Ähren: ohne Granne 10–16 cm lang, lockerblütig, an der Ansatzstelle der Ährchen spärlich behaart, bei der Reife in einzelne Glieder zerfallend. Ährchen: 4–5-blütig, mittlere Spindelglieder 5–8 mm lang, *nicht* zerfallend, gemeinsam mit Teil der Ährenachse abfallend. Früchte: fest von Vor- u. Deckspelzen eingeschlossen.

Papaveraceae

Fumaria vaillantii (S. 450)
subsp. *vaillantii* Loisel. (Vaillants Erdrauch): Blütenstand: (kurz) gestielt, kaum länger als der Stiel. Blütenstiele: ± 1,3-mal so lang wie das Tragblatt. Sporn: aufwärts gebogen. Früchte: distal abgerundet, runzelig-warzig.

subsp. *schrammii* (Asch.) Nyman (Schramms Erdrauch): Blütenstand: ± sitzend, deutlich länger als der Stiel. Blütenstiele: ± 2-mal so lang wie das Tragblatt. Sporn: herabgebogen. Früchte: distal abgerundet mit aufgesetzter Spitze, kaum runzelig.

***Papaver dubium* agg.** (S. 454)
Papaver dubium L. (Saat-Mohn): subsp. *dubium*: Milchsaft: frisch weißlich bis beige, eingetrocknet dunkelgelb bis schwarz. Früchte: basal ± stielartig, konkav verschmälert, 1,3–2,5-mal so lang wie breit. obere Stängelblätter: Seitenlappen länglich, meist 2–4 mm breit. – subsp. *confine*: Milchsaft: frisch weißlich bis farblos, eingetrocknet hellgelb bis rötlich. Früchte: basal ± bauchig, stielartig, konkav verschmälert, 2–4-mal so lang wie breit. obere Stängelblätter: Seitenlappen lineal, meist < 2 mm breit.

Papaver lecoqii Lamotte (Gelbmilchender Mohn): MILCHSAFT: frisch gelblich bis orange, eingetrocknet rötlich. FRÜCHTE: basal ± bauchig, konvex bis keilförmig verschmälert, 1,3–2,5-mal so lang wie breit. OBERE STÄNGELBLÄTTER: Seitenlappen lineal, meist < 2 mm breit.

Ranunculaceae

Thalictrum minus (S. 460)
subsp. *minus* L. (Kleine Wiesenraute): im Hochsommer blühend. STAUBBEUTEL: meist < 2,5 mm lang. STÄNGEL: ± gleichmäßig beblättert. BLÄTTER: UNTERSEITS: frischgrün, nur die Hauptnerven hervortretend. FIEDERBLÄTTCHEN: 4–15 mm breit. NEBENBLÄTTER: vorhanden.

subsp. *majus* (Crantz) Hook. f. (Alpine Kleine Wiesenraute): selten. STÄNGEL: vor allem unten beblättert. BLÄTTER: UNTERSEITS: graugrün, mit stark hervortretender u. fein verzweigter Nervatur; MITTELRIPPE: im QS rundlich. FIEDERBLÄTTCHEN: meist 3-lappig, 10–30 mm breit.

subsp. *pratense* (F. W. Schultz) Hand (Frühe Wiesenraute): im Frühjahr u. Frühsommer blühend. STAUBBEUTEL: meist > 2,3 mm lang. STÄNGEL: ± gleichmäßig beblättert. BLÄTTER: UNTERSEITS: frischgrün, nur die Hauptnerven hervortretend. FIEDERBLÄTTCHEN: meist 3-lappig. NEBENBLÄTTER: fehlen.

subsp. *saxatile* Ces. (Stein-Wiesenraute): STÄNGEL: vor allem unten beblättert. BLÄTTER: UNTERSEITS: frischgrün, mit Papillen, mit stark hervortretender u. fein verzweigter Nervatur. BLÄTTER: MITTELRIPPE: im QS kantig. FIEDERBLÄTTCHEN: < 2 mm breit.

Thalictrum simplex (S. 462)
subsp. *simplex* L. (Einfache Wiesenraute): in Deutschland ausgestorben. 30–120 cm hoch. BLÄTTER: 2–4-fach gefiedert; OBERSEITS: matt; UNTERSEITS: blau- bzw. graugrün. FIEDERBLÄTTCHEN DER OBEREN BLÄTTER: 3–5 mm breit, meist gezähnt.

subsp. *galioides* (DC.) Korsh. (Labkraut-Wiesenraute): 15–50 cm hoch. BLÄTTER: 3–4-fach gefiedert; OBERSEITS: oft glänzend; UNTERSEITS: mit Papillen. FIEDERBLÄTTCHEN DER OBEREN BLÄTTER: < 2 mm breit, meist ganzrandig.

subsp. *tenuifolium* (Hartm.) Sterner (Mittlere Wiesenraute): 15–150 cm hoch. BLÄTTER: 3–4-fach gefiedert; OBERSEITS: oft glänzend. FIEDERBLÄTTCHEN DER OBEREN BLÄTTER: < 2 mm breit, meist gezähnt.

***Aconitum variegatum* agg.** (S. 464)
Aconitum variegatum L. (Bunter Eisenhut): BLÜTENSTIELE: kahl o. behaart. PERIGONBLÄTTER: außen kahl. HELM: meist 1,5–2-mal höher als breit. SPORN: zurückgebogen. NEKTARBLÄTTER: mit geradem Stiel. FRUCHTKNOTEN: kahl.

Aconitum degenii Gáyer (Rispen-Eisenhut): BLÜTENSTIELE: behaart, mit Drüsenhaaren. PERIGONBLÄTTER: außen behaart. HELM: etwas höher als breit. SPORN: ± gerade. NEKTARBLÄTTER: mit gekrümmtem Stiel. FRUCHTKNOTEN: kahl.

Aconitum pilipes (Rchb.) Gáyer (Garten-Eisenhut): in den Alpen, selten. BLÜTENSTIELE: kahl o. behaart. PERIGONBLÄTTER: außen drüsig behaart. HELM: meist 1,5–2-mal höher als breit. SPORN: zurückgebogen. NEKTARBLÄTTER: mit geradem Stiel. FRUCHTKNOTEN: behaart.

Pulsatilla alpina (S. 476)
subsp. *alpina* (L.) Delarbre (Alpen-Küchenschelle): 20–60 cm hoch, an basenreichen Standorten. BLÜTEN: 40–70 mm ⌀, weißlich, zuweilen bläulich bis rötlich überlaufen. FIEDERBLÄTTCHEN: Teilung der Endfieder bis zur Rhachis reichend. GRUNDBLÄTTER: Spreite gegen den Stiel meist abgewinkelt.

subsp. *alba* Zämelis & Paegle (Brocken-Küchenschelle): 15–30 cm hoch, an sauren Standorten. BLÜTEN: 20–50 mm ⌀, weißlich, zuweilen bläulich bis rötlich überlaufen. FIEDERBLÄTTCHEN: Teilung der Endfieder *nicht* bis zur Rhachis reichend. GRUNDBLÄTTER: Spreite gegen den Stiel meist *nicht* abgewinkelt.

subsp. *apiifolia* (Scop.) Nyman (Gelbe Alpen-Küchenschelle): 20–60 cm hoch, an sauren Standorten. BLÜTEN: 30–50 mm ⌀, hellgelb. FIEDERBLÄTTCHEN: Teilung der Endfieder *nicht* bis zur Rhachis reichend. GRUNDBLÄTTER: Spreite gegen den Stiel meist *nicht* abgewinkelt.

Pulsatilla vulgaris (S. 478)
subsp. *vulgaris* Mill. (Gewöhnliche Küchenschelle): PERIGONBLÄTTER: schmal-oval. GRUNDBLÄTTER: vor bzw. gleichzeitig mit den Blüten erscheinend, mit 100–200 Blattzipfeln.

subsp. *grandis* (Wender.) Zamelis (Große Küchenschelle): selten. PERIGONBLÄTTER: breit-oval. GRUNDBLÄTTER: nach den Blüten erscheinend, mit 40–100 Blattzipfeln.

***Ranunculus aquatilis* agg.** (S. 482)
Ranunculus aquatilis L. (Gewöhnlicher Wasser-Hahnenfuß): BLÜTEN: 10–30 mm ⌀, basal gelblich. BLÜTENSTIELE: < 2-mal so lang wie der Stiel des gegenüberliegenden Blattes. NEKTARDRÜSEN: ± rund. KELCHBLÄTTER: 3–6 mm lang. STAUBBLÄTTER: 1,2–2-mal so lang wie die Frucht. FRÜCHTE: 20–50 Teilfrüchte pro Blüte, meist behaart. SCHWIMMBLÄTTER: 3–5-lappig, ± bis zur Rhachis eingeschnitten. TAUCHBLÄTTER: außerhalb des Wassers meist schlaff, 4–10 cm lang, kürzer als die Internodien des Stängels.

Ranunculus ololeucos J. Lloyd (Reinweißer Wasser-Hahnenfuß): BLÜTEN: 12–35 mm ⌀, *ohne* gelbliche Basis. NEKTARDRÜSEN: ± sichelförmig. KELCHBLÄTTER: 3–5 mm lang. FRÜCHTE: 15–30 Teilfrüchte pro Blüte, meist behaart. SCHWIMMBLÄTTER: unterseits u. am Rand behaart. TAUCHBLÄTTER: zuweilen fehlend.

Ranunculus peltatus Schrank (Schild-Wasser-Hahnenfuß): BLÜTEN: basal gelblich. SCHWIMMBLÄTTER: bei subsp. *baudotii* wechselständig, meist 5–7-lappig, zu < 66 % eingeschnitten. TAUCHBLÄTTER: außerhalb des Wassers meist steif aufrecht, Blattlappen spreizend, 4–10 cm lang, kürzer als die Internodien des Stängels.

Ranunculus penicillatus (Dumort.) Bab. (Pinselblättriger Wasser-Hahnenfuß): BLÜTEN: 10–50 mm ⌀, basal gelblich. KELCHBLÄTTER: 3–8 mm lang. FRÜCHTE: 15–50 Teilfrüchte pro Blüte, meist behaart. SCHWIMMBLÄTTER: fehlend *oder* am Rand stumpf gekerbt, meist 5–7-lappig, zu < 66 % eingeschnitten. TAUCHBLÄTTER: Blattlappen in einer Ebene liegend.

Ranunculus rionii Lagger (Kleinblütiger Wasser-Hahnenfuß): BLÜTEN: 4–12 mm ⌀, basal gelblich. KELCHBLÄTTER: 1–3 mm lang. FRÜCHTE: > 50 Teilfrüchte pro Blüte, ± kugelig, < 1 mm lang. STÄNGEL: 10–100 cm lang. SCHWIMMBLÄTTER: fehlen. TAUCHBLÄTTER: Blattlappen unregelmäßig angeordnet.

Ranunculus trichophyllus Chaix (Gewöhnlicher Haarblättriger Wasser-Hahnenfuß): BLÜTEN: 5–15 mm ⌀, basal gelblich. KRONBLÄTTER: 3–6 mm lang. FRÜCHTE: 15–50 Teilfrüchte pro Blüte, eiförmig, > 1,5 mm lang, kahl bis spärlich behaart. SCHWIMMBLÄTTER: fehlen. TAUCHBLÄTTER: Blattlappen unregelmäßig angeordnet.

Ranunculus tripartitus DC. (Dreiteiliger Wasser-Hahnenfuß): BLÜTEN: 3–12 mm ⌀, *ohne* gelbliche Basis. BLÜTENSTIELE: bis 4-mal so lang wie der Stiel des gegenüberliegenden Blattes. NEKTARDRÜSEN: ± sichelförmig. KELCHBLÄTTER: 1–5 mm lang, distal meist bläulich. FRÜCHTE: 5–35 Teilfrüchte pro Blüte. SCHWIMMBLÄTTER: meist 3-lappig, ± bis zur Rhachis eingeschnitten. TAUCHBLÄTTER: zuweilen fehlend, Blattlappen unregelmäßig angeordnet.

Ranunculus polyanthemos (S. 492)
subsp. *polyanthemos* L. (Vielblütiger Hahnenfuß): FRÜCHTE: SCHNABEL: 0,3–0,5-mal so lang wie die Frucht, gekrümmt bis hakenförmig. STÄNGEL: UNTEN: mit abstehenden Haaren; OBEN: mit anliegenden Haaren. GRUNDBLÄTTER: meist 3-teilig, bis zum Grund eingeschnitten, mittlerer Abschnitt bis 1 cm lang gestielt u. tief 3-teilig, seitliche Abschnitte 2-spaltig.

subsp. *nemorosus* (DC.) Schübl. & G. Martens (Hain-Hahnenfuß): FRÜCHTE: SCHNABEL: 0,3–0,5-mal so lang wie die Frucht, hakig eingerollt. STÄNGEL: aufrecht, *ohne* sterile Blattrosetten; OBEN: mit abstehenden Haaren. GRUNDBLÄTTER: meist 3-teilig, meist zu < 66 % eingeschnitten, Mittellappen *nicht* gestielt u. 3-lappig bis 3-teilig, seitliche Abschnitte 2-spaltig. UNTERE STÄNGELBLÄTTER: einfacher gebaut als die Grundblätter.

subsp. *polyanthemoides* (Boreau) Ahlfv. (Falscher Vielblütiger Hahnenfuß): FRÜCHTE: SCHNABEL: 0,2–0,5-mal so lang wie die Frucht, gerade bis gebogen. GRUNDBLÄTTER: meist 3-teilig, meist zu < 66 % eingeschnitten, mittlerer Abschnitt ungestielt u. 3-lappig bis 3-teilig, seitliche Abschnitte 2-teilig bis 2-schnittig.

subsp. *polyanthemophyllus* (W. Koch & H. E. Hess) Baltisb. (Schlitzblättriger Vielblütiger Hahnenfuß): FRÜCHTE: SCHNABEL: < 0,2-mal so lang wie die Frucht, eingerollt. STÄNGEL: OBEN: mit abstehenden Haaren. GRUNDBLÄTTER: 3–5-teilig, bis zum Grund eingeschnitten, Blattlappen schmal, mittlerer Abschnitt bis 1 cm lang gestielt u. tief 3-teilig, seitliche Abschnitte 2-spaltig.

subsp. *serpens* (Schrank) Baltisb. (Wurzelnder Hahnenfuß): FRÜCHTE: SCHNABEL: 0,3–0,5-mal so lang wie die Frucht, hakig eingerollt. STÄNGEL: aufrecht bis niederliegend, mit sterilen Blattrosetten, vor allem unten beblättert; OBEN: mit abstehenden Haaren. GRUNDBLÄTTER: meist 3-teilig, meist zu < 66 % eingeschnitten, mittlerer Abschnitt ungestielt u. 3-lappig bis 3-teilig, seitliche Abschnitte 2-spaltig. UNTERE STÄNGELBLÄTTER: den Grundblättern gleichend.

Crassulaceae

Jovibarba globifera (S. 520)
subsp. *globifera* (L.) J. Parn. (Sprossende Fransen-Hauswurz): GRUNDBLÄTTER: ± zusammenneigend, eine geschlossene bis halboffene Rosette bildend, schmäler als die Stängelblätter, über der Mitte am breitesten, distal oft bräunlich-rötlich. MITTLERE STÄNGELBLÄTTER: mindestens so breit wie die Rosettenblätter.

subsp. *arenaria* (W. D. J. Koch) J. Parn. (Fransen-Hauswurz): KELCHBLÄTTER: mit Drüsenhaaren. BLÄTTER: am Rand mit 0,2–0,4 mm langen Wimpern. GRUNDBLÄTTER: breiter als die Stängelblätter. MITTLERE STÄNGELBLÄTTER: schmäler als die Rosettenblätter.

Fabaceae

Anthyllis vulneraria (S. 532)
subsp. *vulneraria* L. (Echter Wundklee): BLÜTENSTAND: TRAGBLÄTTER: mit lanzettlichen Fiederblättchen. KELCHBLÄTTER: in der Mitte heller, oft mit roter Spitze. STÄNGEL: aufrecht, unten anliegend behaart. BLÄTTER: bis 17-teilig.

subsp. *alpestris* (Schult.) Asch. & Graebn. (Alpen-Wundklee): BLÜTENSTAND: TRAGBLÄTTER: mit lineal-lanzettlichen Fiederblättchen. KELCHBLÄTTER: 12–18 mm lang, meist abstehend behaart, Haare gräulich-weißlich. BLÄTTER: ≤ 9-teilig. ENDFIEDER: an den oberen Stängelblättern deutlich größer als die seitlichen. GRUNDBLÄTTER: oft nur die Endfieder ausgebildet.

subsp. *carpatica* (Pant.) Nyman (Karpaten-Wundklee): BLÜTENSTAND: TRAGBLÄTTER: mit lineal-lanzettlichen Fiederblättchen. KELCHBLÄTTER: 8–12 mm lang, meist anliegend behaart, Haare hell-gelblich. BLÄTTER: ≤ 9-teilig. ENDFIEDER: an den oberen Stängelblättern deutlich größer als die seitlichen.

subsp. *maritima* (Hagen) Corb. (Strand-Wundklee): BLÜTENSTAND: TRAGBLÄTTER: mit lanzettlichen Fiederblättchen. STÄNGEL: niederliegend bis aufsteigend, unten anliegend behaart. BLÄTTER: bis 17-teilig. ENDFIEDER: an den oberen Stängelblättern allenfalls etwas größer als die seitlichen.

subsp. *polyphylla* (DC.) Nyman (Steppen-Wundklee): BLÜTENSTAND: TRAGBLÄTTER: mit lanzettlichen Fiederblättchen. BLÜTEN: selten rötlich überlaufen. KELCHBLÄTTER: in der Mitte ± weißlich, *ohne* rote Spitze. STÄNGEL: basal verholzt, aufsteigend bis aufrecht, unten abstehend behaart *oder* kahl. BLÄTTER: bis 17-teilig. ENDFIEDER: an den oberen Stängelblättern allenfalls etwas größer als die seitlichen.

Dorycnium pentaphyllum (S. 534)
subsp. *germanicum* (Gremli) Gams (Seidiger Backenklee): BLÜTENSTAND: 5–15-blütig. KRONE: 4–9 mm lang. FAHNE: 5–7 mm lang. KELCHBLÄTTER: lang seidig behaart. FRÜCHTE: eiförmig, 3–5 mm lang, 2–4 mm ⌀. BLÄTTER: anliegend behaart *oder* kahl.

subsp. *herbaceum* (Vill.) Bonnier & Layens (Krautiger Backenklee): BLÜTENSTAND: 12–30-blütig. KRONE: 2–6 mm lang. FAHNE: 3–5 mm lang. KELCHBLÄTTER: zerstreut behaart. FRÜCHTE: eiförmig bis kurz zylindrisch, 3–4 mm lang, 1–2 mm ⌀. BLÄTTER: locker abstehend behaart *oder* kahl.

Ononis spinosa (S. 554)
subsp. *spinosa* L. (Dornige Hauhechel): BLÜTEN: meist einzeln. KELCHZIPFEL: ausgebreitet. FRÜCHTE: mindestens so lang wie der Kelch. STÄNGEL: ± aufrecht, fast immer mit Dornen; UNTEN: 1–2-reihig behaart. FIEDERBLÄTTCHEN: spitz.

subsp. *austriaca* (Beck) Gams (Stinkende Hauhechel): BLÜTEN: meist einzeln. KELCHZIPFEL: zurückgebogen. FRÜCHTE: mindestens so lang wie der Kelch. STÄNGEL: ± aufrecht, fast immer *ohne* Dornen; UNTEN: 1–2-reihig behaart. FIEDERBLÄTTCHEN: spitz.

subsp. *hircina* (Jacq.) Gams (Bocks-Hauhechel): BLÜTENSTAND: Blüten: meist zu 2. FRÜCHTE: meist kürzer als der Kelch. STÄNGEL: ± aufrecht, meist *ohne* Dornen; UNTEN: auch auf den Flächen behaart, mit Drüsenhaaren. FIEDERBLÄTTCHEN: spitz.

subsp. *procurrens* (Wallr.) Briq. (Kriechende Hauhechel): BLÜTEN: meist einzeln. FRÜCHTE: meist kürzer als der Kelch.

STÄNGEL: niederliegend bis aufsteigend, selten mit Dornen, diese allenfalls schwach verholzt; UNTEN: auch auf den Flächen behaart, mit Drüsenhaaren. AUSLÄUFER: einwurzelnd. FIEDERBLÄTTCHEN: distal abgerundet bis ausgerandet.

Trifolium hybridum (S. 560)
subsp. *hybridum* L. (Schweden-Klee): BLÜTENSTAND: 2–2,8 cm breit. KRONE: 7–13 mm lang, 6–7-mal so lang wie die Kelchröhre. FAHNE: 7–8 mm lang. STÄNGEL: aufrecht, hohl. BLÄTTER: meist kahl. FIEDERBLÄTTCHEN: beidseits mit je < 20 Seitennerven.

subsp. *elegans* (Savi) Asch. & Graebn. (Schöner Schweden-Klee): BLÜTENSTAND: 1,4–2,2 cm breit. KRONE: 4–7 mm lang, 4–5-mal so lang wie die Kelchröhre. FAHNE: 5–6 mm lang. STÄNGEL: niederliegend, markig. BLÄTTER: OBERSEITS: weichhaarig. FIEDERBLÄTTCHEN: beidseits mit je ± 40 Seitennerven.

Pisum sativum (S. 576)
subsp. *sativum* L. (Saat-Erbse): BLÜTENSTAND: Stiel kaum länger als die Nebenblätter des Tragblattes. BLÜTEN: weißlich *oder* rötlich bis bläulich, basal meist mit dunklem Fleck. FRÜCHTE: meist > 12 mm ⌀; wenn schmäler: Nebenblätter mit dunklem Fleck. NEBENBLÄTTER: oft mit dunklem Fleck.

subsp. *elatius* (M. Bieb.) Asch. & Graebn. (Wild-Erbse): BLÜTENSTAND: Stiel 2–3-mal so lang wie die Nebenblätter des Tragblattes. BLÜTEN: meist rötlich bis bläulich. FRÜCHTE: < 12 mm ⌀. NEBENBLÄTTER: *ohne* dunklen Fleck. – Inkl. subsp. *arvense*.

Vicia sativa (S. 580)
subsp. *sativa* L. (Getreide-Wicke): KRONE: 20–35 mm lang. KELCHZIPFEL: ± so lang wie die Kelchröhre. FRÜCHTE: 30–100 mm lang, 5–12 mm ⌀, bräunlich, zwischen den Samen eingeschnürt, 7–9-samig, im QS abgeflacht. BLÄTTER: 8–20-teilig. FIEDERBLÄTTCHEN: länglich-lanzettlich bis oval, > 5 mm breit.

subsp. *cordata* (Hoppe) Batt. (Herzblättrige Futterwicke): KRONE: 20–35 mm lang. KELCHZIPFEL: ± so lang wie die Kelchröhre. FRÜCHTE: 20–55 mm lang, 4–7 mm ⌀, glatt, 7–9-samig, im QS rundlich. BLÄTTER: 2–16-teilig. FIEDERBLÄTTCHEN: länglich-lanzettlich bis oval, > 5 mm breit.

subsp. *nigra* (L.) Ehrh. (Schmalblättrige Futterwicke): KRONE: 8–20 mm lang. KELCHBLÄTTER: 8–12 mm lang. KELCHZIPFEL: ± 0,6-mal so lang die Kelchröhre. FRÜCHTE: abstehend, 20–60 mm lang, meist 10-samig. BLÄTTER: 2–14-teilig. FIEDERBLÄTTCHEN: lineal bis länglich-lanzettlich, 2–6 mm breit. – Inkl. *V. segetalis*.

Polygalaceae

Polygala vulgaris (S. 592)
subsp. *vulgaris* L. (Gewöhnliches Kreuzblümchen): TRAGBLÄTTER DER BLÜTEN: zum Zeitpunkt der Blüte ± so lang wie die Blütenstiele. BLÜTEN: meist bläulich, seltener rötlich-violett. KRONBLÄTTER: distal 12–32-lappig. FLÜGEL: 6–9 mm lang, 6–20 Felder bildend. KELCHBLÄTTER: 2,5–5 mm lang. GRIFFEL: ± so lang wie der Fruchtknoten. STÄNGEL: aufrecht, zu vielen. UNTERE STÄNGELBLÄTTER: kaum kleiner als die oberen.

subsp. *collina* (Rchb.) Borbás (Hügel-Kreuzblümchen): BLÜTENSTAND: kurz, dichtblütig, wenigblütig. TRAGBLÄTTER DER BLÜTEN: zum Zeitpunkt der Blüte kürzer als der Blütenstiele. BLÜTEN: meist hellblau bis grünlich-weißlich. KRONBLÄTTER: distal 8–16-lappig. FLÜGEL: 4–6 mm lang, 4–8 Felder bildend. KELCHBLÄTTER: 4–6 mm lang. GRIFFEL: länger als der Fruchtknoten. STÄNGEL: ± bogig aufsteigend, zu wenigen. UNTERE STÄNGELBLÄTTER: deutlich kleiner als die oberen.

subsp. *oxyptera* (Rchb.) Schübl. & G. Martens (Spitzflügliges Kreuzblümchen): BLÜTENSTAND: lang, lockerblütig, vielblütig. TRAGBLÄTTER DER BLÜTEN: zum Zeitpunkt der Blüte ± so lang wie die Blütenstiele. BLÜTEN: meist hellblau bis grünlich-weißlich. KRONBLÄTTER: distal 8–16-lappig. FLÜGEL: 6–8 mm lang, 4–8 Felder bildend. GRIFFEL: länger als der Fruchtknoten. STÄNGEL: ± bogig aufsteigend, zu wenigen. UNTERE STÄNGELBLÄTTER: kaum kleiner als die oberen.

Rosaceae

***Rosa canina* agg.** (S. 592)
Rosa canina L. (Hunds-Rose): GRIFFELKANAL: 0,5–0,8 mm ⌀. FRUCHTKELCH: zurückgeschlagen, früh abfallend. BLÄTTER: UNTERSEITS: ± kahl, *ohne* Drüsenhaare.

Rosa abietina Christ (Tannen-Rose): BLÜTENSTIELE: drüsig behaart. GRIFFELKANAL: meist 0,8–1,2 mm ⌀. FRUCHTKELCH: aufgerichtet, zur Fruchtreife vorhanden. BLÄTTER: UNTERSEITS: dicht behaart, mit kurzen Drüsen u. längeren Haaren.

Rosa balsamica Besser (Flaum-Rose): BLÜTENSTIELE: *ohne* Drüsenhaare. GRIFFELKANAL: 0,5–0,8 mm ⌀. FRUCHTKELCH: zurückgeschlagen, früh abfallend. BLÄTTER: UNTERSEITS: ± kahl, *ohne* Drüsenhaare.

Rosa caesia Sm. (Lederblättrige Rose): GRIFFELKANAL: 1–2,5 mm ⌀. FRUCHTKELCH: aufgerichtet, zur Fruchtreife vorhanden. FRÜCHTE: kugelig bis kurz-eiförmig. SEITENÄSTE: oft rötlich bis bläulich bereift. BLÄTTER: OBERSEITS: blau- bzw. graugrün; UNTERSEITS: behaart, zuweilen mit wenigen Drüsenhaaren.

Rosa corymbifera Borkh. (Hecken-Rose): BLÜTENSTIELE: meist *ohne* Drüsenhaare. GRIFFELKANAL: 0,5–0,8 mm ⌀. FRUCHTKELCH: zurückgeschlagen, früh abfallend. BLÄTTER: UNTERSEITS: behaart, *ohne* Drüsenhaare.

Rosa dumalis Bechst. (Vogesen-Rose): GRIFFELKANAL: 1–2,5 mm ⌀. FRUCHTKELCH: aufgerichtet, zur Fruchtreife vorhanden. SEITENÄSTE: oft rötlich bis bläulich bereift. BLÄTTER: OBERSEITS: jung blau- bzw. graugrün; UNTERSEITS: ± kahl, zuweilen mit einzelnen Drüsen auf den Nerven.

Rosa stylosa Desv. (Verwachsengrifflige Rose): GRIFFELKANAL: 0,3–0,5 mm ⌀. FRUCHTKELCH: zurückgeschlagen, früh abfallend. GRIFFEL: meist frei, aus dem Blütenbecher herausragend, ± 0,5-mal so lang wie die Staubblätter. NARBEN: frei. NEBENBLÄTTER: ungeteilt.

Rosa subcanina (Christ) Vuk. (Falsche Hunds-Rose): GRIFFELKANAL: meist 0,8–1,2 mm ⌀. KELCHBLÄTTER: 3–5 mm breit. FRUCHTKELCH: aufgerichtet, zur Fruchtreife vorhanden. SEITENÄSTE: oft rötlich bis bläulich bereift. BLÄTTER: OBERSEITS: blau- bzw. graugrün; UNTERSEITS: ± kahl, *ohne* Drüsenhaare.

Rosa subcollina (Christ) Vuk. (Falsche Hecken-Rose): BLÜTENSTIELE: *ohne* Drüsenhaare. GRIFFELKANAL: meist 0,8–1,2 mm ⌀. FRUCHTKELCH: aufgerichtet, zur Fruchtreife vorhanden. BLÄTTER: OBERSEITS: meist frischgrün, *nicht* rötlich überlaufen; UNTERSEITS: behaart, *ohne* Drüsenhaare.

***Potentilla collina* agg.** (S. 616)
Potentilla collina Wibel (Echtes Hügel-Fingerkraut): STÄNGEL: bogig aufsteigend, zur Blütezeit *ohne* sterile Rosettentriebe. BLÄTTER: UNTERSEITS: weißlich bis silbergrau, dicht

filzig behaart. FIEDERBLÄTTCHEN: am Rand in der oberen Hälfte gezähnt. GRUNDBLÄTTER: 5–7-teilig.

Potentilla leucopolitana P. J. Müll. (Weißenburger Fingerkraut): in Rheinlandpfalz, selten. KRONE: 1–2-mal so lang wie der Kelch. STÄNGEL: schlaff, oft zickzackförmig gebogen, weißfilzig behaart, zur Blütezeit meist mit sterilen Rosettentrieben. BLÄTTER: UNTERSEITS: gräulich, filzig behaart. FIEDERBLÄTTCHEN: am Rand in der oberen Hälfte gezähnt. GRUNDBLÄTTER: 5–7-teilig.

Potentilla lindackeri Tausch (Lindackers Fingerkraut): in Sachsen, selten. BLÜTEN: 6–14 mm ⌀. KRONE: 1–2-mal so lang wie der Kelch. STÄNGEL: zur Blütezeit meist mit sterilen Rosettentrieben. BLÄTTER: UNTERSEITS: grünlich, meist locker behaart. FIEDERBLÄTTCHEN: am Rand in der oberen Hälfte gezähnt. GRUNDBLÄTTER: 5–7-teilig.

Potentilla praecox F. W. Schultz (Schaffhausener Fingerkraut): in Baden-Württemberg, selten. KRONE: > 2-mal so lang wie der Kelch. STÄNGEL: zur Blütezeit meist mit sterilen Rosettentrieben; OBEN: abstehend behaart. BLÄTTER: UNTERSEITS: gräulich, filzig behaart. FIEDERBLÄTTCHEN: am Rand in der oberen Hälfte gezähnt. GRUNDBLÄTTER: 5-teilig.

Potentilla rhenana Zimmeter (Rheinisches Fingerkraut): in Rheinlandpfalz, selten. BLÜTEN: 13–18 mm ⌀. KRONE: > 2-mal so lang wie der Kelch. STÄNGEL: zur Blütezeit meist mit sterilen Rosettentrieben. BLÄTTER: UNTERSEITS: grünlich, meist locker behaart. FIEDERBLÄTTCHEN: am Rand in der oberen Hälfte gezähnt. GRUNDBLÄTTER: 5-teilig.

Potentilla schultzii P. J. Müll. ex F. W. Schultz (Schultz' Fingerkraut): in Rheinlandpfalz, selten. KRONE: > 2-mal so lang wie der Kelch. STÄNGEL: weißfilzig behaart, zur Blütezeit meist mit sterilen Rosettentrieben. BLÄTTER: UNTERSEITS: gräulich, filzig behaart, mit Sternhaaren, mit krausen wolligen Haaren. FIEDERBLÄTTCHEN: mittleres sitzend, am Rand in der oberen Hälfte gezähnt. NEBENBLÄTTER: mit 3–8 Zähnen, gefingert. GRUNDBLÄTTER: 5–7-teilig.

Potentilla wismariensis T. Gregor & Henker (Wismarer Fingerkraut): in Mecklenburg-Vorpommern, selten. KRONE: > 2-mal so lang wie der Kelch. STÄNGEL: weißfilzig behaart, zur Blütezeit meist mit sterilen Rosettentrieben. BLÄTTER: UNTERSEITS: gräulich, filzig behaart. FIEDERBLÄTTCHEN: nur distal gezähnt. NEBENBLÄTTER: mit 1–4 Zähnen. GRUNDBLÄTTER: 5–7-teilig, meist 5-teilig.

Pyrus communis (S. 652)
subsp. *communis* L. (Kultur-Birne): FRÜCHTE: meist birnenförmig, 5–18 cm lang, 35–60 mm ⌀, süß schmeckend. FRUCHTWAND: kaum verholzt. STÄNGEL: meist *ohne* Dornen. BLÄTTER: UNTERSEITS: silbrig bis weißlich, dicht anliegend behaart.

subsp. *pyraster* (L.) Ehrh. (Wild-Birne): FRÜCHTE: ± kugelig, < 5 cm lang, < 35 mm ⌀, *nicht* süß schmeckend. FRUCHTWAND: stark verholzt. STÄNGEL: meist mit Dornen. BLÄTTER: UNTERSEITS: blaugrün, kahl bis spärlich behaart.

Sorbus aucuparia (S. 652)
subsp. *aucuparia* L. (Gewöhnliche Vogelbeere): meist baumförmig, bis 20 m hoch. FRÜCHTE: ± kugelig. JUNGTRIEBE: behaart. BLÄTTER: UNTERSEITS: behaart. WINTERKNOSPEN: *nicht* klebrig, bleibend behaart.

subsp. *glabrata* (Wimm. & Grab.) Hedl. (Kahle Vogelbeere): hochmontan u. subalpin, meist strauchförmig, < 3 m hoch. FRÜCHTE: ± eiförmig. JUNGTRIEBE: verkahlend. BLÄTTER: UNTERSEITS: verkahlend. WINTERKNOSPEN: oft klebrig, verkahlend.

Elaeagnaceae

Hippophaë rhamnoides (S. 656)
subsp. *rhamnoides* L. (Gewöhnlicher Sanddorn): an der Küste. FRÜCHTE: kurz zylindrisch. SAMEN: im QS abgeflacht. BLÄTTER: 5–12 mm breit.

subsp. *carpatica* Rousi (Karpaten-Sanddorn): im Binnenland. FRÜCHTE: ± kugelig. SAMEN: im QS abgeflacht. BLÄTTER: 5–12 mm breit.

subsp. *fluviatilis* Soest (Fluss-Sanddorn): im Binnenland. FRÜCHTE: kugelig bis eiförmig. SAMEN: eiförmig, im QS *nicht* abgeflacht. BLÄTTER: 2–8 mm breit.

Betulaceae

Alnus incana (S. 672)
subsp. *incana* (L.) Moench (Grau-Erle): meist baumförmig. FRUCHTSTAND: *ohne* vorspringenden Schuppen. FRÜCHTE: 13–16 mm lang. BLÄTTER: beidseits mit je 8–12 Seitennerven; UNTERSEITS: zunächst gräulich behaart.

subsp. *rugosa* (Du Roi) R. T. Clausen (Runzelblättrige Erle): selten gepflanzter Neophyt, urspr. aus Nordamerika, meist < 6 m hoch. FRUCHTSTAND: mit vorspringenden Schuppen. FRÜCHTE: 10–17 mm lang. JUNGTRIEBE: meist rötlich-gelblich behaart. BLÄTTER: beidseits mit je 10–15 Seitennerven; UNTERSEITS: zunächst rötlich-gelblich behaart.

Violaceae

Viola tricolor (S. 690)
subsp. *tricolor* L. (Wildes Stiefmütterchen): meist 1–2-jährig. BLÜTEN: Färbung sehr variabel; gelblich, weißlich o. bläulich bis violett. SPORN: 3–5 mm lang. MITTLERE STÄNGELBLÄTTER: allmählich in den Stiel verschmälert.

subsp. *alpestris* (Ging.) Ces. (Gebirgs-Stiefmütterchen): montan u. subalpin, mehrjährig. BLÜTEN: gelblich, zuweilen bläulich überlaufen.

subsp. *ammotropha* Wittr. (Sand-Stiefmütterchen): küstennah, mehrjährig. BLÜTEN: meist violett. MITTLERE STÄNGELBLÄTTER: basal abgerundet bis ausgerandet.

subsp. *polychroma* (A. Kern.) Nyman (Vielfarbiges Stiefmütterchen): montan u. subalpin, mehrjährig. BLÜTEN: rötlich bis violett *oder* gelblich. SPORN: 5–6 mm lang. MITTLERE STÄNGELBLÄTTER: basal abgerundet bis ausgerandet.

Viola canina (S. 696)
subsp. *canina* L. (Hunds-Veilchen): BLÜTEN: dunkelblau; Sporn gelblich-grünlich. SPORN: ± gerade, 1,5–2-mal so lang wie die Kelchanhängsel. BLÄTTER: distal ± abgerundet. UNTERE NEBENBLÄTTER: 0,2–0,3-mal so lang wie der Blattstiel, ± 5 mm lang.

subsp. *ruppii* (All.) Schübl. & G. Martens (Berg-Veilchen): in Süddeutschland. BLÜTEN: hellblau bis weißlich; Sporn weißlich. KRONBLÄTTER: breit-oval. SPORN: ± gerade, 1,5–2-mal so lang wie die Kelchanhängsel. BLÄTTER: zugespitzt. UNTERE NEBENBLÄTTER: 0,3–0,5-mal so lang wie der Blattstiel, meist > 10 mm lang.

subsp. *schultzii* (Billot) Kirschl. (Schultz' Veilchen): BLÜTEN: hellblau bis weißlich; Sporn weißlich. KRONBLÄTTER: schmal-oval. SPORN: gebogen, 2–3-mal so lang wie die Kelchanhängsel. UNTERE NEBENBLÄTTER: 0,3–0,5-mal so lang wie der Blattstiel, meist > 10 mm lang.

Salicaceae

Salix repens (S. 716)
subsp. *repens* L. (Kriech-Weide): BLÜTENSTAND: eiförmig bis kurz zylindrisch. FRÜCHTE: auf der ganzen Fläche behaart. BLÄTTER: meist mit den Kätzchen erscheinend, lanzettlich bis oval, 1–5-mal so lang wie breit, beidseits mit je 5–10 Seitennerven, Spitze meist zurückgebogen. – Inkl. subsp. *dunensis*.

subsp. *rosmarinifolia* (L.) Andersson (Rosmarin-Weide): BLÜTENSTAND: kugelig. FRÜCHTE: oft kahl. BLÄTTER: *nach* den Kätzchen erscheinend, länglich-lanzettlich, 4–12-mal so lang wie breit, beidseits mit je 10–12 Seitennerven, Spitze ± flach.

Euphorbiaceae

Euphorbia esula (S. 722)
subsp. *esula* L. (Esels-Wolfsmilch): STÄNGEL: basal oft mit sterilen Trieben. MITTLERE STÄNGELBLÄTTER: basal meist allmählich verschmälert, 0,3–1,3 cm lang, 3–7 mm breit.

subsp. *pseudovirgata* (Schur) Govaerts (Scheinruten-Wolfsmilch): STÄNGEL: basal *ohne* sterile Triebe. MITTLERE STÄNGELBLÄTTER: basal plötzlich verschmälert bis keilförmig, 0,3–1,3 cm lang, 4–5 mm breit.

subsp. *tommasiniana* (Bertol.) Kuzmanov (Ruten-Wolfsmilch): STÄNGEL: basal *ohne* sterile Triebe. MITTLERE STÄNGELBLÄTTER: basal abgerundet bis breit keilförmig, 0,4–0,6 cm lang, 3–10 mm breit.

Onagraceae

Epilobium ciliatum (S. 754)
subsp. *ciliatum* Raf. (Wimper-Weidenröschen): BLÜTENSTAND: (stark) verzweigt, > 30-blütig. TRAGBLÄTTER DER BLÜTEN: deutlich kleiner als die mittleren Stängelblätter. BLÜTEN: weißlich, selten rosa. FRUCHTSTIELE: 8–40 mm lang. FRÜCHTE: mit abstehenden Drüsenhaaren, mit anliegenden einfachen Haaren. STÄNGEL: auch unten verzweigt.

subsp. *adenocaulon* (Hausskn.) Hand & Buttler (Drüsiges Weidenröschen): BLÜTENSTAND: (stark) verzweigt, > 30-blütig. TRAGBLÄTTER DER BLÜTEN: deutlich kleiner als die mittleren Stängelblätter. BLÜTEN: rötlich, selten weißlich. FRUCHTSTIELE: 4–10 mm lang. FRÜCHTE: mit abstehenden Drüsenhaaren, mit anliegenden einfachen Haaren. STÄNGEL: meist nur oben verzweigt.

subsp. *glandulosum* (Lehm.) Hoch & P. H. Raven (Drüsiges Wimper-Weidenröschen): BLÜTENSTAND: meist unverzweigt, 5–30-blütig. TRAGBLÄTTER DER BLÜTEN: ± so groß wie die mittleren Stängelblätter. BLÜTEN: rosa bis rötlich. FRUCHTSTIELE: meist 10–15 mm lang. FRÜCHTE: mit sehr vielen abstehenden Drüsenhaaren, mit (sehr) wenigen anliegenden einfachen Haaren.

Cistaceae

Helianthemum nummularium (S. 780)
subsp. *nummularium* (L.) Mill. (Gewöhnliches Sonnenröschen): KRONBLÄTTER: 7–14 mm lang. KELCHBLÄTTER: die größeren 5–9 mm lang. BLÄTTER: Spreite 0,6–3,5 cm lang, 2–10 mm breit; UNTERSEITS: filzig behaart, Sternhaare überwiegend kurz.

subsp. *glabrum* (W. D. J. Koch) Wilczek (Kahles Sonnenröschen): in den Alpen. KRONBLÄTTER: 10–16 mm lang. KELCHBLÄTTER: die größeren 6–14 mm lang. BLÄTTER: Spreite 1–3,5 cm lang, 2–12 mm breit; UNTERSEITS: ± kahl, allenfalls am Rand u. auf den Nerven behaart.

subsp. *grandiflorum* (Scop.) Schinz & Thell. (Großblütiges Sonnenröschen): vor allem in den Alpen. KRONBLÄTTER: 10–20 mm lang. KELCHBLÄTTER: die größeren 6–14 mm lang. BLÄTTER: Spreite 1–4 cm lang, 5–15 mm breit; UNTERSEITS: kahl bis zerstreut behaart, Sternhaare überwiegend lang.

subsp. *obscurum* (Celak.) Holub (Dunkles Sonnenröschen): KRONBLÄTTER: 8–16 mm lang. KELCHBLÄTTER: die größeren 5–9 mm lang. BLÄTTER: Spreite 0,6–3,5 cm lang, 1,5–10 mm breit; UNTERSEITS: zerstreut behaart, Sternhaare überwiegend lang.

Brassicaceae

Noccaea caerulescens (S. 786)
subsp. *caerulescens* (J. Presl & C. Presl) F. K. Mey. (Gebirgs-Täschelkraut): STAUBBEUTEL: bläulich-schwarz. FRÜCHTE: 8–12-samig.

subsp. *sylvestris* (Jord.) F. K. Mey. (Westliches Gebirgs-Täschelkraut): auf schwermetallhaltigen Böden. STAUBBEUTEL: rötlich, verbleichend FRÜCHTE: 4–8-samig.

Brassica oleracea (S. 794)
subsp. *oleracea* L. (Wildkohl): STÄNGEL: zuweilen gestaucht, in den Achseln *ohne* vergrößerte Knospen. GRUNDBLATTROSETTE: (wenn vorhanden) kopfartig, sich *nicht* öffnend. – Zuchtformen: u. a. Grünkohl, Gemüsekohl, Wildform in Deutschland nur auf Helgoland.

subsp. *botrytis* (L.) Duchesne (Blumenkohl): STÄNGEL: gestaucht, mit stark verkürzten Internodien. GRUNDBLATTROSETTE: sich öffnend, *nicht* kopfartig.

subsp. *capitata* (L.) Duchesne (Kopfkohl): STÄNGEL: gestaucht, mit stark verkürzten Internodien. GRUNDBLATTROSETTE: kopfartig.

subsp. *caulorapa* (DC.) Metzg. (Kohlrabi): STÄNGEL: gestaucht, mit stark verkürzten Internodien, UNTEN: mit verdickter Knolle. GRUNDBLATTROSETTE: sich öffnend, *nicht* kopfartig.

subsp. *fruticosa* Metzg. (Rosen-Kohl): STÄNGEL: *nicht* gestaucht, in den Achseln mit vergrößerten Knospen, *ohne* Grundblattrosette.

Brassica rapa (S. 796)
subsp. *rapa* L. (Rübsen): STÄNGEL. basal mit Knollen. GRUNDBLATTROSETTE: sich öffnend, *nicht* kopfartig.

subsp. *campestris* (L.) A. R. Clapham (Wild-Rübsen): GRUNDBLATTROSETTE: sich öffnend, *nicht* kopfartig.

subsp. *chinensis* (L.) Hanelt (China-Kohl): STÄNGELBLÄTTER: schmal. GRUNDBLATTROSETTE: kopfartig.

subsp. *oleifera* (DC.) Metzg. (Öl-Rübsen): GRUNDBLATTROSETTE: sich öffnend, *nicht* kopfartig.

subsp. *pekinensis* (Lour.) Hanelt (Peking-Kohl): STÄNGELBLÄTTER: breit. GRUNDBLATTROSETTE: kopfartig.

Biscutella laevigata (S. 804)
subsp. *laevigata* L. (Glattes Brillenschötchen): in den Alpen u. dem Vorland. FRÜCHTE: meist kahl. GRUNDBLÄTTER: ungeteilt, 3,5–12 cm lang, meist 8–12 (20) mm breit, am Rand gezähnt.

subsp. *kerneri* Mach.-Laur. (Kerners Brillenschötchen): präalpin. Früchte: behaart. Grundblätter: ungeteilt, 5–8 cm lang, 6–10 mm breit, am Rand gezähnt.

subsp. *varia* (Bluff & Fingerh.) Rouy & Foucaud (Zierliches Brillenschötchen): in Mitteldeutschland. Früchte: meist kahl. Grundblätter: tief gebuchtet, 3,5–8 cm lang, 5–12 mm breit. – Inkl. subsp. *gracilis, guestphalica, subaphylla* u. *tenuifolia.*

Arabidopsis arenosa (S. 822)
subsp. *arenosa* (L) Lawalrée (Sand-Schmalwand): Blüten: meist weißlich, selten violett. Früchte: 0,5–1,2 mm breit. Samen: *ohne* Hautrand, 0,5–1,2 mm lang. Grundblätter: 2–12-teilig, Endlappen deutlich größer als die Seitenlappen.

subsp. *borbasii* (Zapal.) O'Kane & Al-Shehbaz (Rotblütige Sand-Schmalwand): Blüten: meist violett, selten weißlich. Früchte: 0,8–2 mm breit. Samen: meist mit Hautrand, 1–1,6 mm lang. Grundblätter: 8–20-teilig, Endlappen kaum größer als die Seitenlappen.

Barbarea vulgaris (S. 830)
subsp. *vulgaris* R. Br. (Echte Winterkresse): Blütenstand: meist breiter als lang, zumindest zunächst dichtblütig. Fruchtstiele: gerade abstehend bis aufrecht. Früchte: Schnabel: 2,5–3,5 mm lang. Grundblätter: Endfieder basal ausgerandet.

subsp. *arcuata* (Opiz) Hayek (Krummfrüchtige Winterkresse): Blütenstand: meist länger als breit, lockerblütig. Fruchtstiele: bogig aufsteigend. Früchte: Schnabel: 1,5–2,5 mm lang. Grundblätter: Endfieder basal verschmälert.

subsp. *rivularis* (Martrin-Donos) Rothm. (Ufer-Winterkresse): Blütenstand: meist breiter als lang, zumindest zunächst dichtblütig. Fruchtstiele: gerade abstehend bis aufrecht. Früchte: Schnabel: 2,5–3,5 mm lang. Grundblätter: Endfieder basal ausgerandet.

***Erysimum hieracifolium* agg.** (S. 844)
Erysimum hieracifolium L. (Ruten-Schöterich): Blüten: *ohne* auffälligen Geruch, dunkelgelb. Kronblätter: ± spatelförmig, 8–14 mm lang. Griffel: 1,2–2,5 mm lang. Früchte: aufrecht, Winkel zwischen reifer Schote u. Hauptachse des Blütenstandes < 20°, *ohne* Griffel 30–50 mm lang; Fruchtstiele: 4–10 mm lang. Stängel: im QS ± scharfkantig. Blätter: spärlich behaart.

Erysimum marschallianum M. Bieb. (Harter Schöterich): Blüten: wohlriechend, hellgelb. Kronblätter: ± rautenförmig, 6–9 mm lang. Griffel: < 1,2 mm lang. Früchte: der Hauptachse ± eng anliegend, Winkel zwischen reifer Schote u. Hauptachse des Blütenstandes < 10°, *ohne* Griffel 20–40 mm lang; Fruchtstiele: 3–6 mm lang. Stängel: im QS ± stumpfkantig. Blätter: dicht grauhaarig.

Loranthaceae

Viscum album (S. 856)
subsp. *album* L. (Laubholz-Mistel): auf Laubbäumen u. Sträuchern, ⌀. Früchte: meist rundlich, meist weißlich, Kern (Same) im QS flach, mit 2–3 Embryos. Blätter: gelbgrün, 3–4-mal so lang wie breit.

subsp. *abietis* (Wiesb.) Janchen (Tannen-Mistel): auf Tannen. Früchte: meist eiförmig, meist weißlich, Kern (Same) im QS flach, mit 2–3 Embryos. Blätter: gelbgrün bis dunkelgrün, 2–3-mal so lang wie breit.

subsp. *austriacum* (Wiesb.) Vollm. (Kiefern-Mistel): auf Kiefern (selten auf Fichten). Früchte: meist eiförmig, meist gelblich, Kern (Same) im QS mit gewölbten Seiten, mit 1(-2) Embryos. Blätter: gelbgrün, 4–6-mal so lang wie breit.

Polygonaceae

Persicaria lapathifolia (S. 864)
subsp. *lapathifolia* (L.) Delarbre (Ampfer-Knöterich): an nassen bis feuchten Standorten. Blütenstand: oft überhängend. Früchte: 1,5–2,3 mm lang. Stängel: ± aufrecht, oft rötlich überlaufen, mit 14–30 Stängelblättern. Blätter: oval bis lineal-lanzettlich; unterseits: *nicht* filzig behaart. untere Stängelblätter: 3–8-mal so lang wie breit.

subsp. *brittingeri* (Opiz) Soják (Donau-Ampfer-Knöterich): an nassen bis feuchten Standorten. Blütenstand: oft überhängend. Früchte: 1,5–2,3 mm lang. Stängel: meist niederliegend, oft rötlich überlaufen, mit 14–30 Stängelblättern. Blätter: (breit-) oval; unterseits: filzig behaart. untere Stängelblätter: 1,5–2,5-mal so lang wie breit.

subsp. *leptoclada* (Danser) Wissk. (Lein-Ampfer-Knöterich): an Ruderalstandorten. Blütenstand: gerade bis gebogen. Früchte: an der Pflanze verbleibend, 2,3–3 mm lang. Stängel: selten rötlich überlaufen, mit 7–14 Stängelblättern. Blätter: schmal-lanzettlich. untere Stängelblätter: 3–8-mal so lang wie breit.

subsp. *mesomorpha* (Danser) Soják (Mittlerer Ampfer-Knöterich): an Ruderalstandorten. Blütenstand: gerade bis gebogen. Früchte: 2–2,5 mm lang. Stängel: zuweilen rötlich überlaufen, mit 10–20 Stängelblättern. Blätter: unterseits: filzig behaart. untere Stängelblätter: 1,5–6-mal so lang wie breit.

subsp. *pallida* (With.) Á. Löve & D. Löve (Filziger Ampfer-Knöterich): an Ruderalstandorten. Blütenstand: gerade bis gebogen. Früchte: abfallend, 2,3–3 mm lang. Stängel: selten rötlich überlaufen, mit 7–14 Stängelblättern. Blätter: breit-lanzettlich; unterseits: filzig behaart. untere Stängelblätter: 1,5–4-mal so lang wie breit.

***Polygonum aviculare* agg.** (S. 866)
Polygonum aviculare L. (Echter Vogelknöterich): Perigonblätter: tief eingeschnitten, weniger als das basale Drittel verwachsen. Früchte: im QS mit geraden bis konkaven Seiten. Stängel: aufrecht *oder* niederliegend. Blätter: am Haupttrieb viel größer als an den Seitenzweigen.

Polygonum depressum Meisn. (Gleichblättriger Vogelknöterich): Perigonblätter: mindestens das basale Drittel verwachsen. Früchte: im QS mit konvexen Seiten. Stängel: komplett niederliegend. Blätter: am Haupttrieb u. den Seitenzweigen ± gleich groß.

Rumex obtusifolius (S. 874)
subsp. *obtusifolius* L. (Stumpfblättriger Ampfer): Innere Perigonblätter: 3-eckig bis länglich, 4,5–6 mm lang, beidseits meist mit je 2–8 Zähnen, Zähne ± so lang wie die zentrale Fläche der Perigonblätter breit.

subsp. *silvestris* Celak. (Östlicher Stumpfblättriger Ampfer): Innere Perigonblätter: schmal-lineal, 3–4 mm lang, ganzrandig o. nur am Grund gezähnt.

subsp. *transiens* (Simonk.) Rech. f. (Mittlerer Stumpfblättriger Ampfer): Innere Perigonblätter: 3-eckig bis länglich, 4–5 mm lang, beidseits meist mit je 2–8 Zähnen, Zähne ± 0,5-mal so lang wie die zentrale Fläche der Perigonblätter breit.

Caryophyllaceae

***Scleranthus annuus* agg.** (S. 888)
Scleranthus annuus L. (Einjähriger Knäuel): PFLANZEN: frischgrün. PERIGONBLÄTTER: alle ± gleich lang, mit gerader o. nach außen gebogener Spitze, der Kapsel anliegend. FRÜCHTE: basal spitz, 3–6 mm lang.

Scleranthus polycarpos L. (Triften-Knäuel): PFLANZEN: frischgrün. PERIGONBLÄTTER: alle ± gleich lang, mit gerader o. nach außen gebogener Spitze, meist von der Kapsel abstehend. FRÜCHTE: basal abgerundet, 2–4 mm lang.

Scleranthus verticillatus Tausch (Quirl-Knäuel): PFLANZEN: gelbgrün. PERIGONBLÄTTER: 3 längere u. 2 kürzere, (einige) mit nach innen gebogener Spitze. FRÜCHTE: 1–3 mm lang.

Cerastium fontanum (S. 894)
subsp. *fontanum* Baumg. (Quellen-Hornkraut): in Äckern u. Wiesen. TRAGBLÄTTER DER BLÜTEN: die unteren oft krautig u. *ohne* Hautrand, die oberen mit Hautrand. KRONBLÄTTER: ± 1,5-mal so lang wie die Kelchblätter. KELCHBLÄTTER: 6–9 mm lang. FRÜCHTE: 12–20 mm lang. BLÄTTER: 1–2,5 cm lang, 5–15 mm breit.

subsp. *lucorum* (Schur) Soó (Großfrüchtiges Hornkraut): selten, an feuchten schattigen Standorten. PFLANZEN: dicht drüsenhaarig. TRAGBLÄTTER DER BLÜTEN: alle mit Hautrand. KRONBLÄTTER: ± so lang wie die Kelchblätter. KELCHBLÄTTER: 6–10 mm lang. FRÜCHTE: 12–20 mm lang. BLÄTTER: 2,5–7 cm lang, 12–30 mm breit.

subsp. *vulgare* (Hartm.) Greuter & Burdet (Gewöhnliches Hornkraut): subalpin u. alpin. PFLANZEN: dicht behaart, *ohne* o. mit wenigen Drüsenhaaren. TRAGBLÄTTER DER BLÜTEN: alle mit Hautrand. KRONBLÄTTER: ± 1,5-mal so lang wie die Kelchblätter. KELCHBLÄTTER: 3–7 mm lang. FRÜCHTE: 6–12 mm lang. BLÄTTER: 1–2,5 cm lang, 3–12 mm breit.

Cerastium pumilum (S. 896)
subsp. *pumilum* Curtis (Dunkles Zwerg-Hornkraut): PFLANZEN: meist dunkelgrün. TRAGBLÄTTER DER BLÜTEN: die unteren krautig u. *ohne* Hautrand, beidseits behaart. KELCHBLÄTTER: Drüsenhaare > 0,6 mm lang. GRIFFEL: Griffeläste 1–2 mm lang.

subsp. *glutinosum* (Fr.) Jalas (Bleiches Zwerg-Hornkraut): PFLANZEN: meist gelbgrün. TRAGBLÄTTER DER BLÜTEN: alle mit Hautrand, oberseits kahl. KELCHBLÄTTER: Drüsenhaare < 0,4 mm lang. GRIFFEL: Griffeläste 0,5–1 mm lang.

***Stellaria media* agg.** (S. 908)
Stellaria media (L.) Cirillo (Vogel-Sternmiere): bis 40 cm hoch, Pflanzen grünlich. BLÜTENSTIELE: 1-reihig behaart. KRONBLÄTTER: höchstens so lang wie die Kelchblätter, 3–5 mm lang. STAUBBLÄTTER: meist 3–5. SAMEN: rötlich-bräunlich, 0,8–1,5 mm ⌀, Höcker ± so hoch wie breit.

Stellaria neglecta (Lej.) Weihe (Auwald-Sternmiere): 20–80 cm hoch, Pflanzen grünlich. BLÜTENSTIELE: kahl o. auf allen Seiten behaart. KRONBLÄTTER: kürzer als die Kelchblätter, 5–8 mm lang, zuweilen fehlend. STAUBBLÄTTER: meist 10. SAMEN: rötlich-bräunlich, 1–1,6 mm ⌀, Höcker viel höher als breit.

Stellaria pallida (Dumort.) Piré (Bleiche Sternmiere): bis 25 cm hoch, Pflanzen gelblich-grünlich. BLÜTENSTIELE: 1-reihig behaart: KRONBLÄTTER: kürzer als die Kelchblätter, 2–4 mm lang, zuweilen fehlend. STAUBBLÄTTER: meist 1–2. SAMEN: gelblich-bräunlich, 0,5–0,9 mm ⌀, höckrig, Höcker ± so hoch wie breit.

Amaranthaceae

***Amaranthus blitum* agg.** (S. 934)
Amaranthus blitum L. (Aufsteigender Amarant): meist aufrecht. PFLANZEN: dunkelgrün bis blaugrün, oft rötlich überlaufen. ♀-BLÜTEN: Perigonblätter meist spitz, 1,5–2,2 mm lang. BLÄTTER: oft mit einem Fleck.

Amaranthus emarginatus Uline & W. L. Bray (Kerb-Amarant): niederliegend (subsp. *emarginatus*) o. aufrecht (subsp. *pseudogracilis*). PFLANZEN: meist hellgrün, *nicht* rötlich überlaufen. ♀-BLÜTEN: Perigonblätter distal abgerundet, 0,6–1,4 mm lang. BLÄTTER: ungefleckt.

***Amaranthus hybridus* agg.** (S. 934)
Amaranthus hybridus L. (Ausgebreiteter Amarant): BLÜTENSTAND: grünlich. VORBLÄTTER UNTER DEN ♀ BLÜTEN: 2–4 mm lang, 1–1,5-mal so lang wie das Perigon. FRÜCHTE: Kapseln. STÄNGEL: oben behaart.

Amaranthus bouchonii Thell. (Bouchons Amarant): BLÜTENSTAND: meist rötlich überlaufen. VORBLÄTTER UNTER DEN ♀ BLÜTEN: 3–6 mm lang, 1,5–2,5-mal so lang wie das Perigon. PERIGONBLÄTTER: die inneren kürzer als die äußeren, innere kürzer als die Frucht. FRÜCHTE: meist Nussfrüchte. STÄNGEL: oben behaart.

Amaranthus powellii S. Watson (Grünähriger Amarant): BLÜTENSTAND: grünlich, später auch rötlich überlaufen. VORBLÄTTER UNTER DEN ♀ BLÜTEN: 4–8 mm lang, ± 2-mal so lang wie das Perigon. FRÜCHTE: Kapseln. STÄNGEL: oben ± kahl.

***Atriplex longipes* agg.** (S. 944)
Atriplex longipes Drejer (Gestieltfrüchtige Melde): BLÜTEN: lang gestielt. FRUCHTHÜLLE: meist ganzrandig, 20–35 mm lang, meist 3-nervig. BLÄTTER: (undeutlich) sukkulent, gräulich überlaufen, Spreite > 4 cm lang.

Atriplex praecox Hülph. (Frühe Melde): BLÜTEN: sitzend bis kurz gestielt. FRUCHTHÜLLE: 4–12 mm lang, gezähnt bis gelappt, meist 1-nervig. BLÄTTER: Spreite < 4 cm lang.

***Chenopodium strictum* agg.** (S. 950)
Chenopodium strictum Roth (Gestreifter Gänsefuß): BLÜTENSTAND: *nicht* bis wenig mehlig bestäubt. BLÄTTER: Spreite 3–8 cm lang, < 2-mal so lang wie breit.

Chenopodium striatiforme Murr (Kleinblättriger Gänsefuß): BLÜTENSTAND: mehlig bestäubt. BLÄTTER: Spreite 1–5 cm lang, > 2-mal so lang wie breit.

***Salicornia procumbens* agg.** (S. 958)
Salicornia procumbens Sm. (Sandwatt-Queller): PFLANZEN: im Sommer gelblich bis bräunlich überlaufen. BLÜTENSTAND: 3–20 cm lang, 4–8 mm ⌀. BLÜTEN: Mittelblüte distal abgerundet, ± so lang wie der sichtbare Teil der Seitenblüten. STÄNGEL: oft niederliegend.

Salicornia stricta Dumort. (Schlickwatt-Queller): PFLANZEN: bis in den Herbst grünlich. BLÜTENSTAND: 3–10 cm lang, 3–4 mm ⌀. BLÜTEN: Mittelblüte spitz, 1,5–2 so lang wie der sichtbare Teil der Seitenblüten. STÄNGEL: aufrecht.

Ericaceae

Pyrola rotundifolia (S. 988)
subsp. *rotundifolia* L. (Rundblättriges Wintergrün): BLÜTENSTIELE: 4–6 mm lang. KELCHZIPFEL: schmal-lanzettlich, ± spitz. GRIFFEL: 7–8 mm lang. STÄNGEL: mit 1–2 Schuppenblättern.

subsp. *maritima* E. F. Warb. (Dünen-Wintergrün): Küstendünen, sehr selten. Blütenstiele: 2–5 mm lang. Kelchzipfel: oval, distal ± abgerundet. Griffel: 4–7 mm lang. Stängel: mit 2–5 Schuppenblättern.

Rubiaceae

Galium verum (S. 1006)
subsp. *verum* L. (Echtes Labkraut): Blütenstand: *nicht* unterbrochen: die längsten Teilblütenstände länger als die darüberliegenden Internodien. Blüten: angenehm riechend. Blätter: glänzend, Rand bis zur Mittelrippe nach unten gebogen. mittlere Stängelblätter: 0,5–1,5 mm breit.

subsp. *wirtgenii* (F. W. Schultz) Oborný (Wirtgens Labkraut): Blütenstand: unterbrochen: die längsten Teilblütenstände kürzer als die darüberliegenden Internodien. Blüten: *ohne* auffälligen Geruch. Blätter: matt, Rand nach unten gebogen, aber *nicht* bis zur Mittelrippe. mittlere Stängelblätter: 1–2,5 mm breit.

***Galium mollugo* agg.** (S. 1006)
Galium mollugo L. (Wiesen-Labkraut): Blüten: weißlich. Blütenstiele: 3–4 mm lang. Krone: 2–3 mm ⌀. Fruchtstiele: recht- bis stumpfwinklig verzweigt, Fruchtstand dadurch locker. Früchte: runzelig. mittlere Stängelblätter: 1,5–2,4 mm breit, 2–4-mal so lang wie breit.

Galium album Mill. (Weißes Labkraut): Blüten: weißlich. Blütenstiele: 1–3 mm lang. Krone: 3–5 mm ⌀. Fruchtstiele: spitzwinklig abstehend, Fruchtstand dadurch gedrängt. Früchte: runzelig. mittlere Stängelblätter: 1,5–2,4 mm breit, 3–7-mal so lang wie breit.

Galium truniacum (Ronniger) Ronniger (Traunsee-Labkraut): Blüten: gelblich-grünlich. Früchte: ± glatt. Blätter: Rand nach unten umgebogen. mittlere Stängelblätter: 0,5–2,4 mm breit, > 7-mal so lang wie breit.

***Galium pusillum* agg.** (S. 1010)
Galium anisophyllon Vill. (Ungleichblättriges Labkraut): in den Alpen u. im Jura. Blütenstand: breit-kegelförmig bis schirmförmig, < 2-mal so lang wie breit. Blütenstiele: 1–1,6 mm lang. Früchte: ± glatt *oder* mit abgerundeten Warzen. Stängel: mit zahlreichen sterilen Trieben; unten: < 1,2 mm ⌀. Knoten: 5–8-blättrig. Blätter: stachelspitzig. mittlere Stängelblätter: < 2 cm lang, < 2 mm breit, 4–12-mal so lang wie breit.

Galium pumilum Murray (Heide-Labkraut): v. a. in den Mittelgebirgen. Blütenstand: schmal kegelförmig, > 2 mal so lang wie breit. Blütenstiele: 1–1,6 mm lang. Früchte: ± glatt *oder* mit abgerundeten Warzen. Stängel: nur in der oberen Hälfte verzweigt, mittlere Internodien 1–3-mal so lang wie die Blätter; unten: < 1,2 mm ⌀. Seitenäste: lang. Knoten: 6–8-blättrig. Blätter: lineal bis lanzettlich, meist sichelförmig gekrümmt, stachelspitzig. mittlere Stängelblätter: 7–14-mal so lang wie breit.

Galium saxatile L. (Harzer Labkraut): Blütenstiele: 1–1,6 mm lang. Fruchtstiele: herabgebogen. Früchte: mit spitzen Warzen. Stängel: unten: < 1,2 mm ⌀. Knoten: meist 6-blättrig. Blätter: mit kurzer entfärbter Knorpelspitze. mittlere Stängelblätter: 0,5–1 cm lang, 1–2 mm breit, < 5-mal so lang wie breit.

Galium sterneri Ehrend. (Sterners Labkraut): in Küstennähe, sehr selten. Blütenstand: breit-kegelförmig bis schirmförmig, < 2-mal so lang wie breit. Blütenstiele: 1–1,6 mm lang. Früchte: mit spitzen Warzen. Stängel: niederliegend, auch unten verzweigt, mittlere Internodien 3–6-mal so lang wie die Blätter, mit zahlreichen sterilen Trieben; unten: < 0,7 mm ⌀. Seitenäste: lang. Knoten: 6–10-blättrig. Blätter: lanzettlich bis oval, stachelspitzig. mittlere Stängelblätter: 0,5–1,4 cm lang, 6–8-mal so lang wie breit.

Galium suecicum (Sterner) Ehrend. (Schwedisches Labkraut): ob in Deutschland? Blütenstand: breit-kegelförmig bis schirmförmig, < 2-mal so lang wie breit. Blütenstiele: 0,3–0,5 mm lang. Stängel: *ohne* o. mit wenigen sterilen Trieben. mittlere Stängelblätter: 0,7–1,5 cm lang, 0,15–0,3-mal so lang wie Stängelglieder, 8–16-mal so lang wie breit.

Galium valdepilosum Heinr. Braun (Mährisches Labkraut): im Harz, Süd- u. Südostdeutschland. Blütenstand: meist > 2-mal so lang wie breit. Blütenstiele: 0,7–1,2 mm lang. Früchte: fein warzig. Stängel: auch unten verzweigt, mittlere Internodien 3–6-mal so lang wie die Blätter, *ohne* o. mit wenigen sterilen Trieben; unten: oft rötlich, 0,7–1,2 mm ⌀. Knoten: 6–8-blättrig. Blätter: länglich, stachelspitzig. mittlere Stängelblätter: 1–2,5 cm lang, 0,25–0,6-mal so lang wie Stängelglieder, 8–16-mal so lang wie breit.

Gentianaceae

Blackstonia perfoliata (S. 1012)
subsp. *perfoliata* (L.) Huds. (Durchwachsenblättriger Bitterling): Krone: 8–18 mm lang. Kelchblätter: etwas kürzer als die Krone. Fruchtkelch: von der Kapsel abstehend. Stängel: mit grundständiger Blattrosette. Blätter: breit 3-eckig bis oval, basal kaum verschmälert, auf der ganzen Breite mit dem gegenüberliegendem Blatt verwachsen.

subsp. *serotina* (Rchb.) Vollm. (Später Bitterling): Krone: 6–12 mm lang. Kelchblätter: ± so lang wie die Krone. Fruchtkelch: der Kapsel anliegend. Stängel: zuweilen *ohne* grundständige Blattrosette. Blätter: oval, basal verschmälert bis abgerundet, nur an der verschmälerten Basis mit dem gegenüberliegendem Blatt verwachsen.

***Gentianella germanica* agg.** (S. 1022)
Gentianella germanica (Willd.) Börner (Deutscher Kranzenzian): auf Kalk. Krone: 18–40 mm lang. Kelchzipfel: 3-eckig bis länglich, meist papillös, kahl. Kelchbuchten: spitz. Fruchtknoten: bis 4 mm lang gestielt.

Gentianella aspera (Hegetschw. & Heer) Skalický, Chrtek & J. Gill (Rauer Kranzenzian): vor allem südlich der Donau, auf Kalk. Krone: 18–30 mm lang. Kelchzipfel: 3-eckig bis länglich, am Rand bewimpert, auf der Fläche oft behaart. Kelchbuchten: spitz. Fruchtknoten: 2–6 mm lang gestielt.

Gentianella lutescens (Velen.) Holub (Karpaten-Kranzenzian): im Erzgebirge, selten. Blütenstand: schirmförmig. Krone: 18–30 mm lang. Kelchzipfel: lineal, kaum länger als Kelchröhre, meist glatt. Kelchbuchten: abgerundet. Stängel: untere Seitenäste lang.

Gentianella praecox (A. Kern. & Jos. Kern.) E. Mayer (Früher Kranzenzian): im Bayrischen Wald, auf sauren Böden. Blütenstand: länglich. Krone: 18–40 mm lang. Kelchzipfel: deutlich länger als Kelchröhre, meist papillös. Kelchbuchten: an einem Individuum sowohl abgerundet als auch spitz. Stängel: untere Seitenäste kurz.

Boraginaceae

***Pulmonaria mollis* agg.** (S. 1034)
Pulmonaria mollis Hornem. (Weiches Lungenkraut): GRUNDBLÄTTER: Stiele > 0,75-mal so lang wie die Spreite, frischgrün bis graugrün, 3–4-mal so lang wie breit.

Pulmonaria collina W. Sauer (Hügel-Lungenkraut): BLÜTENSTAND: oft drüsig-klebrig behaart. GRUNDBLÄTTER: Stiele < 0,75-mal so lang wie die Spreite, dunkelgrün, 4–6-mal so lang wie breit, weich behaart. OBERE STÄNGELBLÄTTER: basal abgerundet.

Pulmonaria montana Lej. (Knolliges Lungenkraut): GRUNDBLÄTTER: Stiele < 0,75-mal so lang wie die Spreite, dunkelgrün, 4–6-mal so lang wie breit, weich behaart. OBERE STÄNGELBLÄTTER: basal ausgerandet bis (halb-) stängelumfassend.

Myosotis arvensis (S. 1042)
subsp. *arvensis* (L.) Hill (Acker-Vergissmeinnicht): in Äckern u. kurzlebiger Ruderalvegetation. KRONE: 2–4 mm ⌀. KELCHBLÄTTER: Haare < 0,4 mm lang. FRUCHTKNOTEN: < 5 mm lang.

subsp. *umbrata* (Rouy) O. Schwarz (Hain-Acker-Vergissmeinnicht): in Wäldern, Gebüschen u. Säumen. KRONE: 4–6 mm ⌀. KELCHBLÄTTER: Haare 0,5–0,7 mm lang. FRUCHTKNOTEN: > 6 mm lang.

Myosotis scorpioides (S. 1046)
subsp. *scorpioides* L. (Sumpf-Vergissmeinnicht): KRONE: 3–8 mm ⌀. BLÜTEN: meist zwittrig. TEILFRÜCHTE: 1–2 mm lang. STÄNGEL: UNTEN: meist aufwärts anliegend behaart.

subsp. *praecox* (Hülph.) Dickoré (Ostsee-Vergissmeinnicht): an der Ostseeküste. BLÜTEN: auch 1-geschlechtig. KRONE: bei ♀ Blüten 10–12 mm ⌀; bei ♂ Blüten 4–8 mm ⌀. TEILFRÜCHTE: 2–3 mm lang. STÄNGEL: UNTEN: waagerecht abstehend bis aufwärts abstehend behaart.

Plantaginaceae

Plantago major (S. 1066)
subsp. *major* L. (Breit-Wegerich): BLÜTENSTAND: meist aufrecht, Ähre meist > 12 cm lang. FRÜCHTE: 4–16-samig. SAMEN: 1,3–2 mm lang. BLÄTTER: meist mit (etwas) aufgerichteter Spreite, derb, breit-oval, < 1,5-mal so lang wie breit, kahl, ganzrandig bis fein gezähnt, meist 5–7-nervig.

subsp. *intermedia* (Gilib.) Lange (Kleiner Wegerich): BLÜTENSTAND: meist niederliegend bis bogig aufsteigend, Ähre meist > 12 cm lang. FRÜCHTE: 14–40-samig. BLÄTTER: meist mit niederliegender Spreite, weich, schmal-oval, 1,5–3-mal so lang wie breit, kurz behaart, in der unteren Hälfte gezähnt bis gelappt, meist 3–5-nervig.

subsp. *winteri* (Geisenh.) W. Ludw. (Salz-Breit-Wegerich): auf salzhaltigen Böden. BLÜTENSTAND: meist aufrecht, Ähre < 8 cm lang. FRÜCHTE: 8–12-samig. SAMEN: 0,6–1,2 mm lang. BLÄTTER: meist mit (etwas) aufgerichteter Spreite, etwas sukkulent, breit-oval, < 1,5-mal so lang wie breit, kurz behaart, ganzrandig bis fein gezähnt, meist 3-nervig.

***Callitriche palustris* agg.** (S. 1078)
Callitriche palustris L. (Sumpf-Wasserstern): TEILFRÜCHTE: 0,8–1,4 mm lang, im LS eiförmig, nur oben geflügelt, 0,8–1,2 mm lang, 0,6–1 mm breit, länger als breit.

Callitriche brutia Petagna (Stielfrüchtiger Wasserstern): in Schleswig-Holstein. TEILFRÜCHTE: 1–1,5 mm lang, im LS eiförmig bis rundlich, geflügelt.

Callitriche cophocarpa Sendtn. (Stumpfkantiger Wasserstern): TEILFRÜCHTE: 0,7–1,4 mm lang, im LS rund, rundlich bis kantig, breiter als lang.

Callitriche hamulata W. D. J. Koch (Haken-Wasserstern): NARBEN: zurückgebogen, der Frucht anliegend. TEILFRÜCHTE: 1,2–1,6 mm lang, im LS rund, scharf-kantig bis geflügelt, breiter als lang.

Callitriche obtusangula Le Gall (Nussfrüchtiger Wasserstern): v. a. westlich der Elbe. TEILFRÜCHTE: 1,5–2 mm lang, im LS eiförmig, rundlich, 1,5–2,2 mm lang, 1–1,8 mm breit, länger als breit.

Callitriche platycarpa Kütz. (Flachfrüchtiger Wasserstern): STAUBBLÄTTER: 2–5 mm lang. NARBEN: aufrecht o. fehlend. TEILFRÜCHTE: 1,2–2 mm lang, dunkelbraun, im LS rund, schmal-geflügelt, breiter als lang. MITTLERE STÄNGELBLÄTTER: länglich-lineal.

Callitriche stagnalis Scop. (Teich-Wasserstern): NARBEN: aufrecht. FRÜCHTE: . TEILFRÜCHTE: 1,2–2 mm lang, hellbraun, im LS rund, breit-geflügelt, breiter als lang. MITTLERE STÄNGELBLÄTTER: oval.

***Veronica anagallis-aquatica* agg.** (S. 1082)
Veronica anagallis-aquatica L. (Blauer Wasser-Ehrenpreis): meist mehrjährig. BLÜTEN: bläulich bis hellviolett. GRIFFEL: 1,6–2,4 mm lang. FRUCHTSTIELE: meist aufrecht. FRÜCHTE: kugelig-eiförmig. STÄNGEL: meist hohl. BLÄTTER: < 4-mal so lang wie breit. UNTERE STÄNGELBLÄTTER: kurz gestielt.

Veronica anagalloides Guss. (Schlamm-Ehrenpreis): meist 1-jährig. BLÜTENSTAND: dicht drüsenhaarig. BLÜTEN: weißlich bis rosa *oder* hellblau. GRIFFEL: 0,6–1,5 mm lang. FRUCHTSTIELE: meist aufrecht, länger als die Tragblätter. FRÜCHTE: länglich-eiförmig, < 2-mal so hoch wie breit, dicht drüsig behaart. BLÄTTER: oft zu 3–4 quirlig, sitzend, 2–6 mm breit, > 4-mal so lang wie breit.

Veronica catenata Pennell (Roter Wasser-Ehrenpreis): meist 1-jährig. BLÜTENSTAND: spärlich drüsenhaarig. BLÜTEN: weißlich bis rosa. GRIFFEL: 1,3–2,2 mm lang. FRUCHTSTIELE: meist waagerecht abstehend, meist kürzer als die Tragblätter. FRÜCHTE: ± kugelig, ± so hoch wie breit, spärlich drüsig behaart. STÄNGEL: meist hohl. BLÄTTER: gegenständig, sitzend, > 4-mal so lang wie breit.

Veronica serpyllifolia (S. 1084)
subsp. *serpyllifolia* L. (Quendel-Ehrenpreis): BLÜTENSTAND: zur Blütezeit 5–10 cm lang, meist 20–50-blütig. BLÜTEN: bläulich. KRONE: 5–7 mm ⌀. BLÄTTER: lanzettlich bis oval, Spreite meist 1–2,5 cm lang, 1,5–2,5-mal so lang wie breit.

subsp. *humifusa* (Dicks.) Syme (Niederliegender Quendel-Ehrenpreis): im Schwarzwald u. den Alpen. BLÜTENSTAND: zur Blütezeit < 5 cm lang, meist 5–20-blütig. BLÜTEN: weißlich. KRONE: 6–9 mm ⌀. BLÄTTER: oval bis rundlich, Spreite 0,5–1,2 cm lang, 1–1,7-mal so lang wie breit.

***Veronica chamaedrys* agg.** (S. 1084)
Veronica chamaedrys L. (Gamander-Ehrenpreis): BLÜTEN: meist blau. KELCHBLÄTTER: locker behaart, Haare 0,3–1,4 mm lang, meist mit Drüsenhaaren. GRIFFEL: 4–6 mm lang. FRÜCHTE: 4–5 mm lang, 5–6 mm breit. MITTLERE STÄNGELBLÄTTER: sitzend, oval bis länglich.

Veronica vindobonensis (M. A. Fisch.) M. A. Fisch. (Wiener Ehrenpreis): in Bayern (Donau u. Jura), BLÜTEN: hellblau bis rosa. KELCHBLÄTTER: dicht behaart, Haare < 0,4 mm lang. GRIFFEL: 3–5 mm lang. FRÜCHTE: 3–4 mm lang, 4–5 mm breit. mittlere Stängelblätter: bis 5 mm lang gestielt, ± 3-eckig.

***Veronica verna* agg.** (S. 1084)
Veronica verna L. (Frühlings-Ehrenpreis): Krone: 2–4 mm ⌀. Griffel: 0,4–0,8 mm lang, etwas länger als die Ausrandung der Frucht. Früchte: Fruchtfächer mit je 5–10 Samen. Stängel: kahl bis spärlich drüsig behaart.

Veronica dillenii Crantz (Dillens Ehrenpreis): in Silikatmagerrasen u. -felsfluren, Krone: 3–6 mm ⌀. Griffel: 1–2 mm lang, viel länger als die Ausrandung der Frucht. Früchte: Fruchtfächer mit je 8–15 Samen. Stängel: dicht drüsig behaart.

***Veronica hederifolia* agg.** (S. 1086)
Veronica hederifolia L. (Efeu-Ehrenpreis): Blüten: hellblau, meist mit deutlich abgegrenztem weißem Zentrum. Krone: 5–8 mm ⌀. Griffel: 0,6–1,2 mm lang. Fruchtstiele: 5–25 mm lang, 2-4-mal so lang wie der Kelch. Blätter: meist 5-lappig.

Veronica sublobata M. A. Fisch. (Hecken-Ehrenpreis): Blüten: hellviolett, weißliches Zentrum nur undeutlich abgegrenzt. Krone: 3–5 mm ⌀. Griffel: 0,2–0,7 mm lang. Fruchtstiele: 5–25 mm lang, 2-4-mal so lang wie der Kelch. Blätter: meist 5-lappig.

Veronica triloba (Opiz) Opiz (Dreilappen-Ehrenpreis): Blüten: dunkelblau, meist mit deutlich abgegrenztem weißem Zentrum. Krone: 3–5 mm ⌀. Griffel: 0,5–1,2 mm lang. Fruchtstiele: 2–10 mm lang, 1-2-mal so lang wie der Kelch. Blätter: meist 3-lappig.

Veronica austriaca (S. 1086)
subsp. *austriaca* L. (Österreichischer Ehrenpreis): in Süd- u. Westdeutschland. Tragblätter der Blüten: lineal, meist ganzrandig. untere Stängelblätter: ungeteilt, 3–8-mal so lang wie breit. mittlere Stängelblätter: ungeteilt, lineal-länglich, < 5 mm breit. obere Stängelblätter: ganzrandig.

subsp. *dentata* (F. W. Schmidt) Watzl (Gezähnter Österreichischer Ehrenpreis): in Süddeutschland. Tragblätter der Blüten: lineal, meist ganzrandig. untere Stängelblätter: ungeteilt, 3–8-mal so lang wie breit. mittlere Stängelblätter: ungeteilt, lineal-länglich, < 5 mm breit. obere Stängelblätter: ganzrandig.

subsp. *jacquinii* (Baumg.) Eb. Fisch. (Jacquins Ehrenpreis): in Brandenburg, selten. Tragblätter der Blüten: lineal, meist ganzrandig. Griffel: 4,5–5 mm lang. untere Stängelblätter: fiederspaltig bis fiederteilig.

subsp. *teucrium* (L.) D. A. Webb (Großer Ehrenpreis): Tragblätter der Blüten: länglich-lanzettlich, gekerbt. Griffel: 4–7 mm lang. untere Stängelblätter: ungeteilt, 1–3-mal so lang wie breit. mittlere Stängelblätter: ungeteilt, lanzettlich-oval, > 5 mm breit. obere Stängelblätter: am Rand gezähnt.

Scrophulariaceae

Scrophularia umbrosa (S. 1100)
subsp. *umbrosa* Dumort. (Flügel-Braunwurz): Blüten: grünlich, außen bräunlich bis violett. Staubblätter: Lappen an der Spitze des sterilen Staubblattes ± 3-mal so breit wie lang u. deutlich ausgerandet. untere Stängelblätter: am Rand ± spitz gesägt.

subsp. *neesii* (Wirtg.) E. Mayer (Nees' Flügel-Braunwurz): Blüten: kräftig bräunlich bis violett, nur basal grünlich. Staubblätter: Lappen an der Spitze des sterilen Staubblattes > 3-mal so breit wie lang u. schwach ausgerandet. untere Stängelblätter: am Rand ± stumpf gekerbt.

Lentibulariaceae

***Utricularia intermedia* agg.** (S. 1106)
Utricularia intermedia Hayne (Mittlerer Wasserschlauch): Blüten: gelblich. Sporn: 5–10 mm lang. Fangblasen: nur an den Blättern der Erdsprosse. Tauchblätter: distal abgerundet, mit aufgesetzter Spitze, Endzipfel beidseits mit je 3–14 Borsten.

Utricularia ochroleuca R. W. Hartm. (Ockergelber Wasserschlauch): Blüten: hellgelb. Sporn: 3–6 mm lang. Fangblasen: nur an einigen Tauchblättern, 1–3 pro Blatt. Tauchblätter: allmählich zugespitzt, Endzipfel beidseits mit je 2–5 Borsten (Borsten zuweilen fehlend).

Utricularia stygia G. Thor (Dunkler Wasserschlauch): Blüten: gelblich, oft rötlich überlaufen. Sporn: 3–5 mm lang. Fangblasen: nur an einigen Tauchblättern, 1–3 pro Blatt. Tauchblätter: Endzipfel beidseits mit je 2–7 Borsten.

***Utricularia vulgaris* agg.** (S. 1108)
Utricularia vulgaris L. (Gewöhnlicher Wasserschlauch): Blüten: dunkelgelb. Blütenstiele: meist 2–3-mal länger als ihr Tragblatt. Oberlippe: spitzwinklig zur Unterlippe angeordnet, ± so lang wie der Gaumen der Unterlippe. Unterlippe: nach unten gebogen. Sporn: 5–12 mm lang. Fruchtstiele: 5–25 mm lang.

Utricularia australis R. Br. (Südlicher Wasserschlauch): Blüten: hellgelb. Blütenstiele: meist 3–6-mal länger als ihr Tragblatt. Oberlippe: recht- bis stumpfwinklig zur Unterlippe angeordnet, ± 2-mal so lang wie der Gaumen der Unterlippe. Unterlippe: flach. Sporn: 5–9 mm lang. Fruchtstiele: 25–50 mm lang. Früchte: in Deutschland meist *nicht* fertil.

Lamiaceae

Lamium galeobdolon (S. 1122)
subsp. *galeobdolon* (L.) Crantz (Echte Goldnessel): Quirle: 2–8-blütig. Krone: 16–25 mm lang. Oberlippe: 5–9 mm breit. Stängel: unten fast nur an den Kanten behaart. Ausläufer: oberirdisch, ihre Blätter meist 3–4 cm lang, eiförmig. Blätter: allenfalls *einige* mit silbrigen bis weißlichen Flecken.

subsp. *flavidum* (F. Herm.) Á. Löve & D. Löve (Blassgelbe Goldnessel): in den Alpen u. im Alpenvorland, meist montan u. subalpin. Quirle: 8–16-blütig. Blüten: hellgelb. Krone: 10–20 mm lang. Ausläufer: fehlen. Blätter: allenfalls *einige* mit silbrigen bis weißlichen Flecken.

subsp. *montanum* (Pers.) Hayek (Berg-Goldnessel): Quirle: 7–18-blütig. Krone: 16–25 mm lang. Oberlippe: 5–9 mm breit. Stängel: unten rundum abstehend behaart. Ausläufer: oberirdisch, ihre Blätter meist 4–7 cm lang, lang zugespitzt. Blätter: allenfalls *einige* mit silbrigen bis weißlichen Flecken.

subsp. *argentatum* (Smejkal) J. Duvign. (Silberblättrige Goldnessel): in Kultur entstandene Zuchtform, meist in Siedlungsnähe. Quirle: 5–10-blütig. Krone: 16–30 mm lang. Oberlippe: 7–12 mm breit. Stängel: unten fast nur an den Kanten behaart. Ausläufer: oberirdisch. Blätter: ± *alle* mit silbrigen bis weißlichen Flecken.

Thymus pulegioides (S. 1140)
subsp. *pulegioides* L. (Arznei-Thymian): STÄNGEL: im QS scharf 4-kantig, nur an den Kanten behaart, Haare lang, abstehend. BLÄTTER: nach oben ± gleich groß bleibend, beidseits behaart.

subsp. *chamaedrys* (Fr.) Gusul. (Gewöhnlicher Thymian): STÄNGEL: im QS scharf 4-kantig, nur an den Kanten behaart, Haare kurz, anliegend. BLÄTTER: nach oben deutlich größer werdend, kahl.

subsp. *pannonicus* (All.) Kerguélen (Steppen-Thymian): selten. STÄNGEL: im QS stumpf 4-kantig bis rundlich, allseits behaart.

Orobanchaceae

Rhinanthus glacialis (S. 1164)
subsp. *glacialis* Personnat (Begrannter Klappertopf): in den Alpen u. den Mittelgebirgen. Blütezeit: 6–7. STÄNGEL: mit zahlreichen Seitenästen, mit ≤ 2 Blattpaaren zwischen oberstem Seitenast u. Blütenstand. BLÄTTER: 2–8 mm breit.

subsp. *aristatus* (Celak.) Rauschert (Grannen-Klappertopf): Blütezeit: 8–9. STÄNGEL: mit zahlreichen Seitenästen, mit 2–5 Blattpaaren zwischen oberstem Seitenast u. Blütenstand.

subsp. *gracilis* (Chabert) Dostál (Zierlicher Klappertopf): in den Mittelgebirgen, selten. STÄNGEL: mit 1–2 Seitenastpaaren. BLÄTTER: 2–5 mm breit.

subsp. *simplex* (Sterneck) Dostál (Einfacher Begrannter Klappertopf): in den Mittelgebirgen, selten. STÄNGEL: mit 1–2 Seitenastpaaren. BLÄTTER: 5–12 mm breit.

subsp. *subalpinus* (Sterneck) Dostál (Hochlagen Begrannter Klappertopf): subalpin u. alpin der Alpen. STÄNGEL: mit zahlreichen Seitenästen, mit ≤ 2 Blattpaaren zwischen oberstem Seitenast u. Blütenstand. BLÄTTER: 5–12 mm breit.

***Euphrasia officinalis* agg.** (S. 1166)
Euphrasia kerneri Wettst. (Großblütiger Augentrost): südlich der Donau, meist in dealpinen Mooren: KRONE: 8–15 mm lang. TRAGBLÄTTER DER UNTEREN BLÜTEN: mit schmaler keilförmiger Basis, ± kahl, *ohne* Drüsen, am Rand beidseits mit je 5–9 Zähnen.

Euphrasia picta Wimm. (Bunter Augentrost): in den Alpen u. dem Alpenvorland, meist subalpin u. alpin: KRONE: 6–11 mm lang. TRAGBLÄTTER DER UNTEREN BLÜTEN: mit abgerundeter bis keilförmiger Basis, drüsenlos o. mit sitzenden Drüsen, am Rand beidseits mit je 2–5 Zähnen.

Euphrasia rostkoviana Hayne (Echter Augentrost): planar bis (sub-) alpin. KRONE: 7–15 mm lang. TRAGBLÄTTER DER UNTEREN BLÜTEN: mit abgerundeter bis keilförmiger Basis, mit gestielten Drüsen, am Rand beidseits mit je 2–5 Zähnen.

***Odontites vernus* agg.** (S. 1170)
Odontites vernus (Bellardi) Dumort. (Acker-Zahntrost): BLÜTENSTAND: meist > 20-blütig. TRAGBLÄTTER DER BLÜTEN: 10–20 mm lang, länger als die Krone. KELCHZIPFEL: lanzettlich bis 3-eckig. GRIFFEL: oft aus der Krone ragend. STÄNGEL: nur in der oberen Hälfte verzweigt, Internodien ± so lang wie die Blätter, mit ≤ 3 Blattpaaren zwischen oberstem Seitenast u. Blütenstand. SEITENÄSTE: spitzwinkelig vom Stängel abstehend, Winkel < 50°, gerade, kurz. STÄNGELBLÄTTER: *nicht* sukkulent, spitz.

Odontites litoralis (Fr.) Fr. (Salz-Zahntrost): an der Küste. BLÜTENSTAND: meist < 20-blütig. KELCHZIPFEL: kurz 3-eckig. GRIFFEL: *nicht* aus der Krone ragend. STÄNGEL: meist unverzweigt, Internodien länger als die Blätter, mit ≤ 3 Blattpaaren zwischen oberstem Seitenast u. Blütenstand. SEITENÄSTE: spitzwinkelig vom Stängel abstehend, Winkel < 50°, gerade, kurz. STÄNGELBLÄTTER: (undeutlich) sukkulent, distal abgerundet.

Odontites vulgaris Moench (Roter Zahntrost): BLÜTENSTAND: meist > 20-blütig. TRAGBLÄTTER DER BLÜTEN: 6–12 mm lang, kürzer als die Krone. KELCHZIPFEL: lanzettlich bis 3-eckig. STÄNGEL: auch unten verzweigt, Internodien meist kürzer als die Blätter, mit 3–12 Blattpaaren zwischen obersten Seitenast u. Blütenstand. SEITENÄSTE: stumpf- bis rechtwinkelig vom Stängel abstehend, Winkel > 50°, bogig aufsteigend, lang.

Campanulaceae

***Campanula rotundifolia* agg.** (S. 1178)
Campanula rotundifolia L. (Rundblättrige Glockenblume): BLÜTENSTAND: meist ≥ 6-blütig. FRUCHTKNOTEN: meist (schwach) papillös. BLÜTENKNOSPEN: aufrecht. STÄNGEL: unten meist behaart. UNTERE STÄNGELBLÄTTER: gestielt. MITTLERE STÄNGELBLÄTTER: 2–8 mm breit, *nicht* bewimpert.

Campanula baumgartenii Becker (Lanzettblättrige Glockenblume): im Pfälzerwald u. Taunus, montan. BLÜTENSTAND: meist ≥ 6-blütig. FRUCHTKNOTEN: glatt. BLÜTENKNOSPEN: überhängend. STÄNGEL: unten lang behaart. MITTLERE STÄNGELBLÄTTER: 3–12 mm breit.

Campanula scheuchzeri Vill. (Scheuchzers Glockenblume): im Schwarzwald u. den Alpen, hochmontan bis alpin. BLÜTENSTAND: Blüten 1–8-blütig. FRUCHTKNOTEN: glatt. BLÜTENKNOSPEN: überhängend. STÄNGEL: unten meist kahl. UNTERE STÄNGELBLÄTTER: ungestielt. MITTLERE STÄNGELBLÄTTER: 3–12 mm breit, bewimpert.

Asteraceae

Carduus crispus (S. 1194)
subsp. *crispus* L. (Krause Distel): MITTLERE STÄNGELBLÄTTER: fiederlappig, meist 4–6-teilig, am Rand mit < 2,5 mm langen Stacheln; unterseits dicht graufilzig behaart.

subsp. *multiflorus* (Gaudin) Franco (Vielblütige Krause Distel): im Westen von Rheinlandpfalz. MITTLERE STÄNGELBLÄTTER: fiederteilig, meist 6–8–teilig, am Rand mit 3–5 mm langen Stacheln; unterseits grünlich, spärlich behaart.

Carduus nutans (S. 1196)
subsp. *nutans* L. (Nickende Distel): BLÜTENSTAND: meist überhängend, locker spinnwebig behaart. KÖPFCHEN: 30–50 mm ⌀. MITTLERE HÜLLBLÄTTER: deutlich eingeschnürt, oberer Teil 2–3 mm breit u. höchstens so breit wie der untere, distal allmählich zugespitzt, Stachelspitze > 3 mm lang. BLÄTTER: am Rand mit > 4 mm langen Stacheln.

subsp. *alpicola* (Gillot) Chass. & Arènes (Alpische Nickende Distel): im Jura u. Donautal. selten. BLÜTENSTAND: meist überhängend, dicht spinnwebig behaart. KÖPFCHEN: 50–80 mm ⌀. MITTLERE HÜLLBLÄTTER: deutlich eingeschnürt, oberer Teil 5–8 mm breit u. breiter als der untere, distal allmählich zugespitzt, Stachelspitze > 3 mm lang. BLÄTTER: am Rand mit > 4 mm langen Stacheln.

subsp. *leiophyllus* (Petrovic) Stoj. & Stef. (Glatte Nickende Distel): in Einbürgerung befindlicher Neophyt, urspr. aus Süd- u. Osteuropa u. Westasien. BLÜTENSTAND: meist überhängend, kahl bis spärlich behaart. KÖPFCHEN: 50–80 mm ⌀. MITTLERE HÜLLBLÄTTER: deutlich eingeschnürt, oberer Teil 5–8 mm breit u. breiter als der untere, distal allmählich zugespitzt, Stachelspitze > 3 mm lang. ÄUSSERE HÜLLBLÄTTER: meist abstehend. BLÄTTER: am Rand mit > 4 mm langen Stacheln; UNTERSEITS: allenfalls auf den Nerven behaart.

subsp. *platylepis* (Rchb. & Saut.) Nyman (Breitschuppige Nickende Distel): in Süddeutschland. selten. BLÜTENSTAND: meist aufrecht. KÖPFCHEN: 30–80 mm ⌀. MITTLERE HÜLLBLÄTTER: undeutlich eingeschnürt, oberer Teil 5–8 mm breit u. breiter als der untere, distal plötzlich zugespitzt, Stachelspitze < 3 mm lang. ÄUSSERE HÜLLBLÄTTER: meist anliegend. BLÄTTER: am Rand mit < 3 mm langen Stacheln; UNTERSEITS: dicht wollig behaart.

Carlina acaulis (S. 1202)
subsp. *acaulis* L. (Große Eberwurz): im Erzgebirge u. Bayrischen Wald. Bis 15 cm hoch. STÄNGEL: meist gestaucht. BLÄTTER: flach bis schwach kraus gewellt. MITTLERE FIEDERBLÄTTCHEN: höchstens bis zur Mitte fiederspaltig, basal *nicht* verschmälert. ENDFIEDER: basal > 6 mm breit.

subsp. *caulescens* (Lam.) Schübl. & G. Martens (Hochstänglige Große Eberwurz): 20–60 cm hoch. STÄNGEL: meist gestreckt. BLÄTTER: stark kraus gewellt, Fiederabschnitt mit breitem Grund. MITTLERE FIEDERBLÄTTCHEN: bis über die Mitte fiederspaltig, basal verschmälert. ENDFIEDER: basal < 6 mm breit.

Carlina biebersteinii (S. 1202)
subsp. *biebersteinii* Hornem. (Langblättrige Eberwurz): KÖPFCHEN: einzeln bis wenige pro Stängel, 15–45 mm ⌀. ÄUSSERE HÜLLBLÄTTER: 15–30 mm lang. BLÄTTER: UNTERSEITS: zunächst mit krausen Haaren, später verkahlend. OBERE STÄNGELBLÄTTER: den mittleren gleichend, mit zahlreichen großen u. kleinen stacheligen Zähnen.

subsp. *brevibracteata* (Andrae) K. Werner (Mittlere Eberwurz): KÖPFCHEN: mehrere pro Stängel, 15–25 mm ⌀. ÄUSSERE HÜLLBLÄTTER: 12–20 mm lang. BLÄTTER: UNTERSEITS: dicht grauhaarig. OBERE STÄNGELBLÄTTER: von den mittleren verschieden, beidseits mit 3–5 stacheligen krausen Blattlappen.

***Centaurea jacea* agg.** (S. 1204)
Centaurea jacea L. (Wiesen-Flockenblume): ANHÄNGSEL: schwarz bis dunkelbraun o. weißlich, rundlich. RANDBLÜTEN: vergrößert. PAPPUS: fehlend *oder* aus wenigen kurzen Borsten bestehend.

Centaurea decipiens Thuill. (Kleinfedrige Flockenblume): in Rheinland-Pfalz u. Nordrhein-Westfalen. PFLANZE: graugrün, mit langen Haaren. KÖPFCHEN: ± eiförmig, < 14 mm lang. ANHÄNGSEL: schwarz bis dunkelbraun, meist grünlich gemustert, oval bis lanzettlich. RANDBLÜTEN: *kaum* vergrößert. PAPPUS: fehlend.

Centaurea thuillieri J. Duvign. & Lambinon (Thuilliers Flockenblume): in West- u. Südwestdeutschland. PFLANZE: grünlich, kahl bis spärlich behaart. KÖPFCHEN: ± kugelig, 14–18 mm lang. ANHÄNGSEL: dunkelbraun, basal grünlich, kahl bis spärlich behaart, oval bis lanzettlich, mit Fransen, > 2 mm lang. RANDBLÜTEN: vergrößert. PAPPUS: meist vorhanden, aus wenigen kurzen Borsten bestehend.

Centaurea phrygia (S. 1206)
subsp. *phrygia* L. (Phrygische Flockenblume): in Ostdeutschland. INNERE HÜLLBLÄTTER: ANHÄNGSEL: schwarz bis dunkelbraun, gefranst, mit 2–3 mm langer ± linealer Spitze. ÄUSSERE HÜLLBLÄTTER: ANHÄNGSEL: mit bis 6 mm langer gefranster Spitze, Spitze kaum zurückgebogen. OBERE STÄNGELBLÄTTER: basal *nicht* (halb-) stängelumfassend.

subsp. *pseudophrygia* (C. A. Mey.) Gugler (Perücken-Flockenblume): INNERE HÜLLBLÄTTER: ANHÄNGSEL: hellbraun bis dunkelbraun, ungeteilt. ÄUSSERE HÜLLBLÄTTER: ANHÄNGSEL: mit bis 12 mm langer gefranster Spitze, Spitze deutlich zurückgebogen. PAPPUS: innere Borsten < 0,6-mal so lang wie die Frucht. OBERE STÄNGELBLÄTTER: basal (halb-) stängelumfassend.

subsp. *stenolepis* (A. Kern.) Gugler (Schmalschuppige Flockenblume): in Bayern u. Baden-Württemberg. INNERE HÜLLBLÄTTER: ANHÄNGSEL: hellbraun bis dunkelbraun, am Rand fein gezähnt. ÄUSSERE HÜLLBLÄTTER: ANHÄNGSEL: mit langer gefranster Spitze, Spitze deutlich zurückgebogen. PAPPUS: innere Borsten ± so lang wie die Frucht. OBERE STÄNGELBLÄTTER: basal verschmälert.

Centaurea scabiosa (S. 1208)
subsp. *scabiosa* L. (Skabiosen-Flockenblume): planar bis (hoch-) montan. KÖPFCHEN: meist einzeln. HÜLLE: schwarzgrün gescheckt, 18–25 mm ⌀. MITTLERE HÜLLBLÄTTER: 3-eckig, beidseits mit 8–12 Fransen, mit schwarzer Spitze. ÄUSSERE HÜLLBLÄTTER: ANHÄNGSEL: 3-eckig, beidseits mit 5–15 Fransen, 1–5 mm lang. STÄNGEL: nur in der oberen Hälfte verzweigt, mit wenigen (meist 1–2) Seitenzweigen.

subsp. *alpestris* (Hegetschw.) Nyman (Alpische Skabiosen-Flockenblume): subalpin u. alpin. KÖPFCHEN: meist mehrere. HÜLLE: schwarz, meist 20–40 mm ⌀. MITTLERE HÜLLBLÄTTER: mit schwarzer Spitze. ÄUSSERE HÜLLBLÄTTER: ANHÄNGSEL: beidseits mit > 15 Fransen, 5–8 mm lang.

subsp. *sadleriana* (Janka) Asch. & Graebn. (Sadlers Flockenblume): in Einbürgerung befindlicher Neophyt aus Osteuropa. KÖPFCHEN: meist mehrere. HÜLLE: schwarzgrün gescheckt. MITTLERE HÜLLBLÄTTER: weißlich, rundlich, mit schwarzem Zentrum. ÄUSSERE HÜLLBLÄTTER: ANHÄNGSEL: mit weißlichem Rand, rundlich, beidseits mit 5–15 Fransen, 1–5 mm lang.

Centaurea stoebe (S. 1208)
subsp. *stoebe* L. (Gefleckte Flockenblume): PFLANZEN: meist 1-stängelig, *ohne* sterile Blattrosetten. KÖPFCHEN: 6,5–12 mm ⌀. ÄUSSERE HÜLLBLÄTTER: ANHÄNGSEL: beidseits mit 6–10 hellen Fransen. PAPPUS: Borsten ± 0,5-mal so lang wie die Frucht.

subsp. *australis* (A. Kern.) Greuter (Südliche Flockenblume): selten. PFLANZEN: mehrstängelig bzw. unten verzweigt, mit sterilen Blattrosetten. KÖPFCHEN: 5–8 mm ⌀. ÄUSSERE HÜLLBLÄTTER: ANHÄNGSEL: beidseits mit 4–8 dunklen Fransen. PAPPUS: Borsten < 0,3-mal so lang wie die Frucht.

Pilosella hoppeana (S. 1240)
subsp. *hoppeana* (Schult.) F. W. Schultz & Sch. Bip. (Hoppes Habichtskraut): KÖPFCHEN: 8–14 mm lang. HÜLLBLÄTTER: mit an der Basis meist schwarzen Drüsen, *ohne* o. mit wenigen einfachen Haaren. INNERE HÜLLBLÄTTER: distal abgerundet. ÄUSSERE HÜLLBLÄTTER: 1,5–4 mm breit.

subsp. *testimonialis* (Peter) P. D. Sell & C. West (Großköpfiges Habichtskraut): KÖPFCHEN: 10–12 mm lang. HÜLLBLÄTTER: mit an der Basis meist hellen Drüsen, *ohne* o. mit einfachen Haaren. INNERE HÜLLBLÄTTER: spitz. ÄUSSERE HÜLLBLÄTTER: 1,4–3 mm breit.

Picris hieracioides (S. 1252)
subsp. *hieracioides* L. (Gewöhnliches Bitterkraut): KÖPFCHEN: seitliche deutlich gestielt, 8–13 mm lang. HÜLLBLÄTTER: meist weißlich bis hellgrau behaart. ZUNGENBLÜTEN: die äußersten meist rötlich gestreift. STÄNGEL: im QS oft gerillt; OBEN: borstig behaart. BLÄTTER: basal abgerundet, OBERSEITS: behaart.

subsp. *grandiflora* (Ten.) Arcang. (Großblütiges Bitterkraut): in den Alpen, selten präalpin. KÖPFCHEN: 10–16 mm lang. HÜLLBLÄTTER: meist dunkelgrau bis schwärzlich behaart. ZUNGENBLÜTEN: die äußersten nur selten rötlich gestreift.

subsp. *spinulosa* (Guss.) Arcang. (Dorniges Bitterkraut): unbeständig, selten. KÖPFCHEN: seitliche ± sitzend, 8–13 mm lang. HÜLLBLÄTTER: kahl *oder* weißlich bis hellgrau behaart. STÄNGEL: OBEN: borstig behaart.

subsp. *umbellata* (Schrank) Ces. (Pippau-Bitterkraut): in den Alpen, selten. KÖPFCHEN: seitliche deutlich gestielt, 8–13 mm lang. HÜLLBLÄTTER: meist weißlich bis hellgrau behaart. ZUNGENBLÜTEN: die äußersten nur selten rötlich gestreift. STÄNGEL: im QS oft gerillt; OBEN: kahl. BLÄTTER: basal ± ausgerandet; OBERSEITS: kahl.

Tragopogon pratensis (S. 1268)
subsp. *pratensis* L. (Wiesen-Bocksbart): KÖPFCHEN: meist 20–40 mm ⌀. BLÜTEN: hellgelb. FRÜCHTE: Randfrüchte ± glatt.

subsp. *minor* (Mill.) Hartm. (Kleinköpfiger Bocksbart): KÖPFCHEN: meist 20–40 mm ⌀. BLÜTEN: hellgelb. FRÜCHTE: Randfrüchte rau bis stachelig.

subsp. *orientalis* (L.) Celak. (Orientalischer Bocksbart): KÖPFCHEN: 50–80 mm ⌀. BLÜTEN: goldgelb. FRÜCHTE: Randfrüchte rau bis stachelig.

Jacobaea vulgaris (S. 1278)
subsp. *vulgaris* Gaertn. (Jakobs-Greiskraut): bis 100 cm hoch. KÖPFCHEN: mit Röhren- *und* Zungenblüten, meist mit 13 Zungenblüten.

subsp. *dunensis* (Dumort.) Pelser & Meijden (Dünen-Jakobs-Greiskraut): in Küstendünen, bis 40 cm hoch. PFLANZEN: dicht spinnwebig-wollig behaart. KÖPFCHEN: nur mit Röhrenblüten.

Senecio nemorensis (S. 1280)
subsp. *glabratus* (Herborg) Oberpr. (Verkahlendes Deutsches Greiskraut): in den Alpen u. im Alpenvorland,collinen bis montan. STÄNGEL: *ohne* basale Seitentriebe; UNTEN: kahl bis spärlich anliegend behaart, *ohne* gekräuselte Haare. AUSLÄUFER: 10–30 cm lang.

subsp. *jacquinianus* (Rchb.) Celak. (Deutsches Greiskraut): montan bis subalpin. STÄNGEL: häufig mit basalen Seitentrieben; UNTEN: mit gekräuselten Haaren. AUSLÄUFER: fehlend.

Senecio ovatus (S. 1282)
subsp. *ovatus* (G. Gaertn. & al.) Hoppe (Fuchssches Greiskraut): KÖPFCHEN: mit 8–15 Röhrenblüten, mit meist 5 Zungenblüten; STIELE: 10–25 cm lang.

subsp. *alpestris* (Gaudin) Herborg (Voralpines Fuchssches Greiskraut): in den Alpen u. im Schwarzwald. KÖPFCHEN: mit 3–8 Röhrenblüten, mit meist 3 Zungenblüten; STIELE: 5–10 cm lang.

Tephroseris helenitis (S. 1286)
subsp. *helenitis* (L.) B. Nord. (Spatelblättriges Aschenkraut): KÖPFCHEN: Zungenblüten meist 11–15 (selten fehlend). FRÜCHTE: behaart. BLÄTTER: OBERSEITS: grünlich, behaart. GRUNDBLÄTTER: plötzlich in den Stiel verschmälert, dicht spinnwebig-wollig behaart. UNTERE STÄNGELBLÄTTER: basal gerade bis schwach ausgerandet, plötzlich in den Stiel übergehend.

subsp. *salisburgensis* (Cufod.) B. Nord. (Salzburger Aschenkraut): in den Alpen u. im Alpenvorland, KÖPFCHEN: Zungenblüten meist fehlend *oder* 15–18. FRÜCHTE: kahl. GRUNDBLÄTTER U. UNTERE STÄNGELBLÄTTER: basal verschmälert, allmählich in den Stiel übergehend.

Tephroseris integrifolia (S. 1288)
subsp. *integrifolia* (L.) Holub (Steppen-Aschenkraut): nördlich der Donau, HÜLLBLÄTTER: gelblich-grünlich. ZUNGENBLÜTEN: 5,5–7 mm lang. UNTERE STÄNGELBLÄTTER: Spreite 2,5–5 cm lang, 1,6–3 mm breit.

subsp. *vindelicorum* Krach (Lechtaler Steppen-Aschenkraut): entlang des Lech. KÖPFCHEN: oft fehlend. HÜLLBLÄTTER: grünlich, distal oft rötlich. ZUNGENBLÜTEN: 3–6,5 mm lang. UNTERE STÄNGELBLÄTTER: Spreite 2–3 cm lang, 1–1,8 mm breit.

***Achillea millefolium* agg.** (S. 1292)
Achillea millefolium L. (Gewöhnliche Schafgarbe): BLÜTENSTAND: Hauptschirm 4–15 cm ⌀. ZUNGENBLÜTEN: zuweilen rötlich überlaufen, Perigonröhre höchstens so lang wie die Zunge. UNTERE STÄNGELBLÄTTER: meist ± sitzend. MITTLERE STÄNGELBLÄTTER: 5–15-mal so lang wie breit.

Achillea aspleniifolia Vent. (Farnblättrige Schafgarbe): meist siedlungsnah, in Einbürgerung befindlicher Neophyt, urspr. aus Südosteuropa. BLÜTENSTAND: Hauptschirm 1–4 cm ⌀. BLÜTEN: oft rötlich überlaufen. ZUNGENBLÜTEN: Perigonröhre höchstens so lang wie die Zunge. BLATTLAPPEN: am Rand oft mit sehr schmaler heller Knorpelleiste. UNTERE STÄNGELBLÄTTER: meist gestielt. MITTLERE STÄNGELBLÄTTER: 5–15-mal so lang wie breit.

Achillea collina (Wirtg.) Heimerl (Hügel-Schafgarbe): BLÜTENSTAND: Hauptschirm 2–3 cm ⌀. BLÜTEN: *nie* rötlich überlaufen. ZUNGENBLÜTEN: Perigonröhre mindestens so lang wie die Zunge. BLATTLAPPEN: flach (2-dimensional) angeordnet, länglich bis oval, so breit wie lang, meist > 0,3 mm breit. GRUNDBLÄTTER: meist < 0,5-mal so lang wie der Stängel. UNTERE STÄNGELBLÄTTER: meist ± sitzend. MITTLERE STÄNGELBLÄTTER: 3–15-mal so lang wie breit.

Achillea pannonica Scheele (Ungarische Schafgarbe): BLÜTENSTAND: Hauptschirm 4–8 cm ⌀. BLÜTEN: *nie* rötlich überlaufen. ZUNGENBLÜTEN: Perigonröhre höchstens so lang wie die Zunge. BLATTLAPPEN: flach (2-dimensional) angeordnet, länglich bis oval, meist > 0,3 mm breit. GRUNDBLÄTTER: meist > 0,5-mal so lang wie der Stängel. MITTLERE STÄNGELBLÄTTER: 3–15-mal so lang wie breit.

Achillea pratensis Saukel & R. Länger (Wiesen-Schafgarbe): BLÜTENSTAND: Hauptschirm 1–4 cm ⌀. BLÜTEN: oft rötlich überlaufen. ZUNGENBLÜTEN: Perigonröhre höchstens so lang wie die Zunge. RHACHIS: meist geflügelt. MITTLERE STÄNGELBLÄTTER: 3–6-mal so lang wie breit.

Achillea roseoalba Ehrend. (Blassrote Schafgarbe): selten, BLÜTENSTAND: Hauptschirm 1–4 cm ⌀. BLÜTEN: oft rötlich überlaufen. ZUNGENBLÜTEN: Perigonröhre höchstens so lang wie die Zunge. BLATTLAPPEN: länglich bis oval, länger als breit. UNTERE STÄNGELBLÄTTER: meist ± sitzend. MITTLERE STÄNGELBLÄTTER: 5–15-mal so lang wie breit.

Achillea setacea Waldst. & Kit. (Feinblättrige Schafgarbe): BLÜTEN: *nie* rötlich überlaufen. ZUNGENBLÜTEN: Perigonröhre mindestens so lang wie die Zunge. BLATTLAPPEN: 3-dimensional angeordnet, haarfein-lineal, meist < 0,3 mm breit. MITTLERE STÄNGELBLÄTTER: 3–15-mal so lang wie breit.

Artemisia campestris (S. 1298)
subsp. *campestris* L. (Feld-Beifuß): STÄNGEL: oft rötlich überlaufen, verkahlend. BLÄTTER: verkahlend. BLATTLAPPEN: ± 1 mm breit.

subsp. *inodora* Nyman (Duftloser Feld-Beifuß): in Dünen an der Ostsee. BLÜTENSTAND: überhängend. STÄNGEL U. BLÄTTER: seidenhaarig. BLATTLAPPEN: 1–1,5 mm breit.

subsp. *lednicensis* (Spreng.) Greuter & Raab-Straube (Filziger Feld-Beifuß): BLÜTENSTAND: aufrecht. STÄNGEL U. BLÄTTER: seidenhaarig. BLATTLAPPEN: ± 1 mm breit.

***Leucanthemum vulgare* agg.** (S. 1304)
Leucanthemum vulgare (Vaill.) Lam. (Frühe Margerite): KÖPFCHEN: einzeln bis wenige. HÜLLBLÄTTER: mit hellbraunem Hautrand. STÄNGEL: meist verzweigt. MITTLERE STÄNGELBLÄTTER: im oberen Drittel am breitesten, in der Mitte verschmälert, basal verbreitert, untere Blattlappen öhrchenartig, (halb-) stängelumfassend.

Leucanthemum adustum (W. D. J. Koch) Gremli (Berg-Margerite): im Jura u. den Alpen. KÖPFCHEN: meist einzeln. HÜLLBLÄTTER: mit dunkelbraunem Hautrand. STÄNGEL: unverzweigt. MITTLERE STÄNGELBLÄTTER: in der Mitte am breitesten, basal verschmälert bis abgerundet.

Leucanthemum ircutianum DC. (Wiesen-Margerite): KÖPFCHEN: einzeln bis wenige. HÜLLBLÄTTER: mit hellbraunem bis dunkelbraunem Hautrand. STÄNGEL: meist verzweigt. MITTLERE STÄNGELBLÄTTER: im oberen Drittel am breitesten, in der Mitte verschmälert, basal verbreitert, untere Blattlappen *kaum* öhrchenartig ausgebildet.

***Erigeron alpinus* agg.** (S. 1314)
Erigeron alpinus L. (Alpen-Berufkraut): STÄNGEL: meist 2–15-blütig. PAPPUS: 1–2-reihig, an den Röhrenblüten innen mit langen u. außen mit kurzen Borsten. BLÄTTER: auch auf der Fläche lang behaart.

Erigeron neglectus A. Kern. (Verkanntes Berufkraut): STÄNGEL: meist 1-blütig. PAPPUS: 1-reihig. BLÄTTER: ± kahl, am Rand bewimpert.

Erigeron acris (S. 1316)
subsp. *acris* L. (Scharfes Berufkraut): HÜLLBLÄTTER: dicht behaart. ZUNGENBLÜTEN: ± aufrecht. STÄNGEL: in den Blattachseln *ohne* kurze sterile Seitenzweige, mit 8–12 Stängelblättern; OBEN: meist grün, (dicht) steifhaarig. BLÄTTER: beidseits behaart. UNTERE STÄNGELBLÄTTER: flach ausgebreitet, 1–2,5-mal so lang wie die Stängelglieder.

subsp. *angulosus* (Gaudin) Vacc. (Kantiges Berufkraut): südlich der Donau. HÜLLBLÄTTER: kahl bis spärlich behaart. ZUNGENBLÜTEN: ± aufrecht. STÄNGEL: OBEN: kahl bis spärlich behaart. BLÄTTER: auf den Flächen ± kahl, am Rand bewimpert. UNTERE STÄNGELBLÄTTER: flach ausgebreitet, 1–2,5-mal so lang wie die Stängelglieder.

subsp. *droebachiensis* (O. F. Müll.) Arcang. (Dröbach-Berufkraut): in Brandenburg u. Berlin. HÜLLBLÄTTER: ± kahl, zuweilen mit sitzenden Drüsen. ZUNGENBLÜTEN: ± aufrecht. STÄNGEL: OBEN: behaart. BLÄTTER: auf den Flächen ± kahl. UNTERE STÄNGELBLÄTTER: flach ausgebreitet, 1–2,5-mal so lang wie die Stängelglieder.

subsp. *serotinus* (Weihe) Greuter (Mauer-Berufkraut): HÜLLBLÄTTER: grünlich, mit violetter Spitze, dicht behaart. ZUNGENBLÜTEN: ± ausgebreitet. STÄNGEL: in den Blattachseln oft mit kurzen sterilen Seitenzweigen, mit 12–30 Stängelblättern; OBEN: oft rötlich überlaufen, (dicht) steifhaarig. BLÄTTER: beidseits behaart. UNTERE STÄNGELBLÄTTER: ± rinnig, 2–5-mal so lang wie die Stängelglieder.

Xanthium orientale (S. 1340)
subsp. *orientale* L. (Großfrüchtige Spitzklette): FRÜCHTE: im Umriss schlank, inkl. Schnabel 15–22 mm lang, mit locker stehenden Stacheln (Abstand meist 2–3 mm), Stacheln distal hakig gebogen.

subsp. *italicum* (Moretti) Greuter (Italienische Spitzklette): FRÜCHTE: im Umriss dicklich, inkl. Schnabel 15–30 mm lang, mit dicht stehenden Stacheln (Abstand ± 1 mm), Stacheln distal hakig gebogen. STÄNGEL: mit kleinen braunen Flecken.

subsp. *riparium* (Celak.) Greuter (Elbe-Spitzklette): FRÜCHTE: im Umriss dicklich, inkl. Schnabel 15–22 mm lang, mit dicht stehenden Stacheln (Abstand ± 1 mm), Stacheln distal kaum gebogen. STÄNGEL: mit rötlichen bis dunkelbräunlichen Strichen.

Caprifoliaceae

Knautia dipsacifolia (S. 1354)
subsp. *dipsacifolia* Kreutzer (Gewöhnliche Wald-Witwenblume): BLÜTENSTAND: STIEL: meist mit Drüsenhaaren. STÄNGEL: UNTEN: behaart. UNTERE STÄNGELBLÄTTER: behaart. OBERE STÄNGELBLÄTTER: basal abgerundet, (halb-) stängelumfassend.

subsp. *gracilis* (Szabó) Ehrend. (Zierliche Witwenblume): BLÜTENSTAND: STIEL: meist *ohne* Drüsenhaare. STÄNGEL: UNTEN: verkahlend. UNTERE STÄNGELBLÄTTER: verkahlend. OBERE STÄNGELBLÄTTER: basal verschmälert.

Scabiosa columbaria (S. 1356)
subsp. *columbaria* L. (Tauben-Skabiose): STÄNGEL: vor allem unten beblättert, mit 4–8 Stängelblättern. STÄNGELBLÄTTER: 5–15-teilig, nach oben rasch kleiner werdend. GRUNDBLÄTTER: ungeteilt bis fiederspaltig.

subsp. *pratensis* (Jord.) Braun-Blanq. (Wiesen-Skabiose): STÄNGEL: ± gleichmäßig beblättert, mit 6–10 Stängelblättern. STÄNGELBLÄTTER: gelappt bis fiederspaltig, 11–19-teilig, nach oben nur wenig kleiner werdend. GRUNDBLÄTTER: fiederspaltig.

***Valeriana officinalis* agg.** (S. 1358)
Valeriana officinalis L. (Arznei-Baldrian): Pflanzen mehrstängelig. KRONE: 2–6 mm lang. FRÜCHTE: 2–4 mm lang. STÄNGEL: UNTEN: oft rötlich überlaufen, kahl. AUSLÄUFER: fehlend. BLÄTTER: UNTERSEITS: kahl. FIEDERBLÄTTCHEN: 2–8-mal so lang wie breit, basal deutlich an der Rhachis herablaufend, seitliche beidseits mit je 2–10 Zähnen. ENDFIEDER: höchstens so breit wie die Seitenfiedern. MITTLERE STÄNGELBLÄTTER: beidseits 6–9-teilig.

Valeriana excelsa Poir. (Kriech-Baldrian): Pflanzen mehrstängelig. KRONE: 4–8 mm lang. FRÜCHTE: 3–6 mm lang. FIEDERBLÄTTCHEN: basal allenfalls undeutlich an der Rhachis herablaufend. ENDFIEDER: meist breiter als die Seitenfiedern.

Valeriana pratensis Dierb. (Wiesen-Baldrian): Pflanzen einstängelig. KRONE: 2–6 mm lang. FRÜCHTE: 2–4 mm lang. AUSLÄUFER: unterirdisch, zuweilen fehlend, kurz.

Blattstiele: längster Blattstiel 7–15 cm lang. Fiederblättchen: bis 20-mal so lang wie breit, basal deutlich an der Rhachis herablaufend, ganzrandig bis seicht gezähnt. Endfieder: höchstens so breit wie die Seitenfiedern.

Valeriana stolonifera Czern. (Hügel-Baldrian): Pflanzen einstängelig. Krone: 2–6 mm lang. Früchte: 2–4 mm lang. Stängel: unten: behaart. Ausläufer: unterirdisch, zuweilen fehlend, kurz. Blattstiele: längster Blattstiel < 7 cm lang. Blätter: unterseits: behaart. Fiederblättchen: bis 20-mal so lang wie breit, basal deutlich an der Rhachis herablaufend, ganzrandig bis seicht gezähnt. Endfieder: höchstens so breit wie die Seitenfiedern. mittlere Stängelblätter: beidseits 6–15-teilig.

Apiaceae

Astrantia major (S. 1370)
subsp. *major* L. (Große Sterndolde): Hüllblätter: kürzer o. nur wenig länger als die Dolde, *nicht* rötlich überlaufen. Kelchblätter: 1–2 mm lang, kürzer bis wenig länger als die Kronblätter.

subsp. *involucrata* (W. D. J. Koch) Ces. (Kärtner Sterndolde): in den Alpen, selten. Hüllblätter: fast 2-mal so lang wie die Dolde, oft rötlich überlaufen. Kelchblätter: 2–3 mm lang, deutlich länger als die Kronblätter.

Torilis arvensis (S. 1402)
subsp. *neglecta* (Spreng.) Thell. (Übersehener Feld-Klettenkerbel): unbeständig, bis 100 cm hoch. Kronblätter: randliche deutlich größer als die inneren u. > 2 mm lang. Griffel: 3–6-mal länger als das Griffelpolster.

subsp. *recta* Jury (Aufrechter Feld-Klettenkerbel): 30–100 cm hoch. Kronblätter: randliche kaum größer als die inneren u. < 1,5 mm lang. Griffel: 2–3-mal länger als das Griffelpolster. Stängel: wenig verzweigt.

Heracleum sphondylium (S. 1416)
subsp. *sphondylium* L. (Gewöhnliche Bärenklau): Randblüten: deutlich vergrößert. Blüten: weißlich, zuweilen rötlich überlaufen. Früchte: kahl. Blätter: meist gelappt, größere Stängelblätter 3-teilig gelappt.

subsp. *elegans* (Jacq.) Schübl. & G. Martens (Berg-Bärenklau): in den Alpen, selten präalpin. Randblüten: deutlich vergrößert. Blüten: weißlich. Blätter: meist 1-fach gefiedert, größere Stängelblätter gefiedert, mit 5–9 Blättchen. Grundblätter: 3–7-fach gefiedert, Abschnitte distal spitz; unterseitig: zwischen den Nerven kahl.

subsp. *sibiricum* (L.) Simonk. (Grünblühende Bärenklau): Randblüten: kaum vergrößert. Blüten: grünlich-gelblich bis grünlich-weißlich. Kronröhre: höchstens so lang wie die Kronzipfel. Früchte: kahl. Grundblätter: gelappt.

Literatur

Adler, W., K. Oswald & R. Fischer (1994ff): Exkursionsflora von Österreich. Stuttgart: Ulmer (auch folgende Auflagen).
Aeschimann, D., K. Lauber, D. Moser & J.P. Theurillat (2004): Flora alpina: Ein Atlas sämtlicher 4500 Gefässpflanzen der Alpen. 3 Bände. Bern: Haupt.
Afonin, A.N., S.L. Greene, N.I. Dzyubenko & A.N. Frolov (Hrsg.) (2008ff): Interactive Agricultural Ecological Atlas of Russia and Neighboring Countries. Economic Plants and their Diseases, Pests and Weeds. Online Ressource: www.agroatlas.ru – zuletzt abgerufen am: 15.10.21.
Albach, D.C., H.M. Meudt & B. Oxelman (2005): Piecing together the "new" Plantaginaceae. In: American Journal of Botany 92: 297–315.
Amarell, U., F. Hoffer-Massard & J. Röthlisberger (2014): Panicum barbipulvinatum Nash (= Panicum riparium H. Scholz) – Eine übersehene Art in der Schweiz. In: Bauhinia 25: 59–68.
Angiosperm Phylogeny Group (2016): An update of the Angiosperm Phylogeny Group classification for the orders and families of flowering plants: APG IV. In: Botanical Journal of the Linnean Society, 181: 1–20.
Asmussen, C.B. & A. Liston (1998): Chloroplast D characters, phylogeny, and classification of Lathyrus (Fabaceae). In: American Journal of Botany 85: 387–401.
Bacic, T. & J.D. Koce (2019): Diversification and distribution patterns of Luzula sect. Luzula (Juncaceae) in the Eastern Alps: a cytogenetic approach combined with extensive herbarium revisions. In: Alpine Botany 129: 149–161.
BfN (Hrsg.) (2020ff): Artenschutzdatenbank des Bundesamt für Naturschutz. Wissenschaftliches Informationssystem zum Internationalen Artenschutz. Online Ressource: www.wisia.de – zuletzt abgerufen am: 21.02.22.
Bojanský, V. & A. Fargašová (2007): Atlas of seeds and fruits of Central and East-European flora. The Carpathian Mountains region. Dordrecht: Springer.
Botanische Staatssammlung München und SNSB IT Center (2015ff): Bayernflora. Online Ressource: www.bayernflora.de – zuletzt abgerufen am: 31.07.21.
Brouillet, L., F. Coursol, S.J. Meades, M. Favreau, M. Anions, P. Bélisle & P. Desmet (2010ff): VASCAN, the Database of Vascular Plants of Canada. Online Ressource: http://data.canadensys.net/vascan – zuletzt abgerufen am: 31.07.21.
BSBI (2007ff): Botanical Society of Britain & Ireland. Taxonomy Database. Online Ressource: https://bsbi.org/maps-and-data – zuletzt abgerufen am: 31.07.21.
Bundesamt für Naturschutz (Hrsg.) (2003ff): FloraWeb. Online Ressource: www.floraweb.de – zuletzt abgerufen am: 11.02.22.
Buttler, K.P. & R. Hand (2008): Liste der Gefäßpflanzen Deutschlands. In: Kochia, Beiheft 1: 1–107.
Canadian Journal of Plant Sciences (Hrsg.) (1972ff): The Biology of Canadian Weeds – Artikelserie zu Biologischen Merkmalen von zahlreichen Pflanzenarten. In: Canadian Journal of Plant Sciences.
Chase, M.W., J.L. Reveal & M.F. Michael (2009): A subfamilial classification for the expanded asparagalean families Amaryllidaceae, Asparagaceae and Xanthorrhoeaceae. In: Botanical Journal of the Linnean Society 161: 132–136.
Christenhusz, M.J.M., J.L. Reveal, A. Farjon, M.F. Gardner, R.R. Mill & M. W. Chase (2011): A new classification and linear sequence of extant gymnosperms. In: Phytotaxa 19 (1): 55–70.
Cincura, F., L. Somsak & J. Záborský (1988): Bäume und Sträucher unserer Heimat. Bindlach: Gondrom.
Conert, H.J. (2000): Pareys Gräserbuch – Die Gräser Deutschlands erkennen und bestimmen. Berlin: Parey.
Denk, T., G.W. Grimm, P.S. Manos, M. Deng & A.L. Hipp (2017): An Updated Infrageneric Classification of the Oaks: Review of Previous Taxonomic Schemes and Synthesis of Evolutionary Patterns. – Oaks Physiological Ecology. Exploring the Functional Diversity of Genus Quercus L. Band 7. Cham: Springer.
Diazgranados, M., B. Allkin, N. Black, R. Cämara-Leret, C. Canteiro, J. Carretero, R. Eastwood, S. Hargreaves, A. Hudson, W. Milliken, M. Nesbitt, I. Ondo, K. Patmore, S. Pironon, R. Turner & T. Ulian (2020): World Checklist of Useful Plant Species. Kew: Royal Botanic Gardens.
Dierschke, H. & G. Briemle (2002): Kulturgrasland: Wiesen, Weiden und verwandte Staudenfluren. Stuttgart: Ulmer.
Dobes, C. & J. Paule (2010): A comprehensive chloroplast D-based phylogeny of the genus Potentilla (Rosaceae): implications for its geographic origin, phylogeography and generic circumscription. In: Molecular Phylogenetics and Evolution 56: 156–75.
Dorsey, B.L., T. Haevermans, X. Aubriot, J.J. Morawetz, R. Riina, V.W. Steinmann & P.E. Berry (2013): Phylogenetics, morphological evolution, and classification of Euphorbia subgenus Euphorbia. In: Taxon 62: 291–315.
Drábková, L.Z. (2010): Phylogenetic Relationships within Juncaceae: Evidence from all three Genomic Compartments with Notes to the Morphology. In: Seberg, O., G. Petersen, A.S. Barford & J.I. Davis: Diversity, phylogeny, and evolution in the monocotyledons: 389–416. Aarhus: Aarhus University Press.
Dressler, S., T. Gregor, F.H. Hellwig, H. Korsch, K. Wesche, J. Wesenberg & C.M. Ritz. (2015): Bestimmungskritische Taxa der deutschen Flora. Online Ressource: http://webapp.senckenberg.de/bestikri – zuletzt abgerufen am: 31.07.21.
Earle, C.J. (2018ff): The Gymnosperm Database. Online Ressource: www.conifers.org – zuletzt abgerufen am: 11.02.22.
Efloras-Consortium (2017ff): Efloras.org. Online Ressource: www.efloras.org – zuletzt abgerufen am: 12.02.22.
Ehrendorfer, F., M.H.J. Barfuss, J.-F. Manen & G.M. Schneeweiss (2018): Phylogeny, character evolution and spatiotemporal diversification of the species-rich and world-wide distributed tribe Rubieae (Rubiaceae). In: PLoS ONE 13: e0207615.
Ellenberg, H., H.E. Weber, R. Düll, V. Wirth, W. Werner & D. Paulißen (1992): Zeigerwerte von Pflanzen in Mitteleuropa. Scripta Geobotanica. Göttingen: Goltze.
Ellison, N.W., A. Liston, J.J. Steiner & N.L. Taylor (2006): Molecular phylogenetics of the clover genus (Trifolium–Leguminosae). In: Molecular Phylogenetics and Evolution 39: 688–705.
EMA (1995ff): European Medicines Agency. Herbal Medicines. Online Ressource: www.ema.europa.eu/en/medicines/herbal – zuletzt abgerufen am: 01.07.21.
EOL-Consortium (2014ff): Enyclopedia of Life. Online Ressource: www.eol.org – zuletzt abgerufen am: 31.07.21.
EPPO (2018ff): European and Mediterranean Plant Protection Organization. EPPO Global Database. Online Ressource: https://gd.eppo.int – zuletzt abgerufen am: 31.07.21.
Euro+Med (2006ff): Euro+Med PlantBase – the information resource for Euro-Mediterranean plant diversity. Online Ressource: ww2.bgbm.org/EuroPlusMed – zuletzt abgerufen am: 31.07.21.
Fitschen, J. (Begr.) (1983ff): Gehölzflora. Quelle & Meyer: Wiebelsheim (auch folgende Auflagen).

Fitter, A.H. & Peat, H.J. (1994): The Ecological Flora Database. In: Journal of Ecology 82: 415–425.

Flora of North America Editorial Committee (Hrsg.) (1993ff): Flora of North America North of Mexico. 18 Bände. Online Ressource: floranorthamerica.org – zuletzt abgerufen am: 31.07.21.

Frank, D. & S. Klotz (1990): Biologisch-ökologische Daten zur Flora der DDR. In: Wissenschaftliche Beiträge der Martin-Luther-Universität Halle-Wittenberg 41: 1–167.

Frankis, M.P. (1988): Generic Inter-Relationships in Pinaceae. In: Notes of the Royal Botanical Garden Edinburgh 45: 527–548.

Friesen, N., R.M. Fritsch & F.R. Blattner (2006): Phylogeny and new intrageneric classification of Allium (Alliaceae) based on nuclear rD ITS sequences. In: Aliso 22: 372–395.

Frohne D. & H.J. Pfänder (2004): Giftpflanzen. Ein Handbuch für Apotheker, Ärzte, Toxikologen und Biologen. 5. Auflage. Stuttgart: Wissenschaftliche Verlagsgesellschaft.

Fuentes-Bazan, S., P. Uotila & T. Borsch (2012): A novel phylogeny-based generic classification for Chenopodium sensu lato, and a tribal rearrangement of Chenopodioideae (Chenopodiaceae). In: Willdenowia 42: 5–24.

Garcke, C.A.F. (1908ff): llustrierte Flora von Deutschland. Singhofen: Parey (auch folgende Auflagen).

Gauer, J. & F. Kroiher (2012): Waldökologische Naturräume Deutschlands. Braunschweig: Johann Heinrich von Thünen Institut.

GBIF (Hrsg.) (2020ff): The Global Biodiversity Information Facility. Online Ressource: www.gbif.org – zuletzt abgerufen am: 05.03.21.

GRIN (Hrsg.) (2020ff): Germplasm Resources Information Network. U.S. National Plant Germplasm System. U.S. Department of Agriculture, Agricultural Research Service. Online Ressource: www.ars-grin.gov – zuletzt abgerufen am: 31.07.21.

GIZ Bonn (Hrsg.) (2020ff): Informationen über Giftpflanzen. Informationszentrale gegen Vergiftungen, Zentrum für Kinderheilkunde, Universitätsklinikum Bonn. Online Ressource: https://gizbonn.de/giftzentrale-bonn/pflanzen – zuletzt abgerufen am: 05.03.21.

Götz, E. (2003): Pflanzen bestimmen mit dem PC: Farn- und Blütenpflanzen Deutschlands. Stuttgart: Ulmer.

Graf, J. (1975): Tafelwerk zur Pflanzensystematik. München: Lehmann.

Grass Phylogeny Working Group – N.P. Barker, L.G. Clark, J.I. Davis, M.R. Duvall, G.F. Guala, C. Hsiao, E.A. Kellogg & H.P. Linde (2001): Phylogeny and Subfamilial Classification of the Grasses (Poaceae). In: Annals of the Missouri Botanical Garden 88: 373–457.

Gregor, T., L. Meierrott & J. Paule (2016): Morphologische Variabilität bei tetraploider Valeriana officinalis s. l. in Deutschland: Valeriana pratensis subsp. franconica Meierott & T.Gregor, subsp. nov. In: Berichte der Bayerischen Botanischen Gesellschaft 86: 27–36.

Gurk, C. & C. Hepp (2004ff): Baumkunde.de. Online Ressource: www.baumkunde.de – zuletzt abgerufen am: 11.02.22.

Hegi, G. (Begr.) (1908ff): Illustrierte Flora von Mittel-Europa. Mit besonderer Berücksichtigung von Deutschland, Oesterreich und der Schweiz. 7 Bände. München: Lehmanns.

Hess, H.E., E. Landolt & R. Hirzel (1976): Flora der Schweiz. Basel: Birkhäuser.

Hess, H.E., E. Landolt, R. Hirzel & M. Baltisberger (1991): Bestimmungsschlüssel zur Flora der Schweiz und angrenzender Gebiete. Basel: Birkhäuser.

Hintze, C., F. Heydel, C. Hoppe, S. Cunze, A. König & O. Tackenberg (2013): D^3: The Dispersal and Diaspore Database – Baseline data and statistics on seed dispersal. In: Perspectives in Plant Ecology, Evolution & Systematics 15: 180–192.

Hoskovec, L. (Hrsg.) (2016ff): Botany.cz. Online Ressource: www.botany.cz – zuletzt abgerufen am: 11.02.22.

Info Flora (Hrsg.) (2012ff): Info Flora. Das nationale Daten- und Informationszentrum der Schweizer Flora. Online Ressource: www.infoflora.ch – zuletzt abgerufen am: 18.01.22.

Institut für Veterinärpharmakologie und -toxikologie (Hrsg.) (2020ff): Online Ressource: www.giftpflanzen.ch – zuletzt abgerufen am: 05.03.21.

IPNI (Hrsg.) (2008ff): The International Plant Names Index. Online Ressource: www.ipni.org – zuletzt abgerufen am: 31.07.21.

ITIS (Hrsg.) (2012ff): Integrated Taxonomic Information System. Online Ressource: www.itis.gov – zuletzt abgerufen am: 31.07.21.

Jackel, A.-K., A. Dannemann, O. Tackenberg, M. Kleyer & P. Poschlod (2006): BIOPOP – Funktionelle Merkmale von Pflanzen und ihre Anwendungsmöglichkeiten im Arten-, Biotop- und Naturschutz. (Datenbank und Expertensystem). Münster: Landwirtschaftsverlag.

Jäger, E.J., F. Ebel, P. Hanelt & K. Müller (Hrsg.) (2008): Exkursionsflora von Deutschland. Krautige Zier- und Nutzpflanzen. Rothmaler Band 5. Berlin: Spektrum.

Jalas, J. & J. Suominen (Begr.) (1991): Atlas Florae Europaeae. 16 Bände. Cambridge & Helsinki: Cambridge University Press & Societas Biologica Fennica Vanamo.

Jansen, F. & J. Dengler (2008): GermanSL – Eine universelle taxonomische Referenzliste für Vegetationsdatenbanken in Deutschland. In: Tuexenia 28: 239–253.

Jiménez-Mejías, P., M. Hahn, K. Lueders, J.R. Starr, B.H. Brown, B.N. Chouinard, K.-S. Chung, M. Escudero, B.A. Ford, K.A. Ford, S. Gebauer, B. Gehrke, M.H. Hoffmann, X.-F. Jin, J. Jung, S. Kim, M. Luceño, E. Maguilla, S. Martín-Bravo, M. Míguez, A. Molina, R.F.C. Naczi, J.E. Pender, A.A. Reznicek, T. Villaverde, M. J. Waterway, K.L. Wilson, J.-C. Yang, S. Zhang, A.L. Hipp & E.H. Roalson (2016): Megaphylogenetic Specimen-level Approaches to the Carex (Cyperaceae) Phylogeny using ITS, ETS, and matK Sequences: Implications for Classification. In: Systematic Botany 41: 500-518.

Journal of Ecology (Hrsg.) (1941ff): The Biological Flora of the British Isles – Artikelserie zu Biologischen Merkmalen von zahlreichen Pflanzenarten. In: Journal of Ecology.

Kadereit, G., L. Mucina & H. Freitag (2006a): Phylogeny of Salicornioideae (Chenopodiaceae): diversification, biogeography, and evolutionary trends in leaf and flower morphology. In: Taxon 55: 617–642.

Kadereit, G., S. Hohmann & J.W. Kadereit (2006b): A synopsis of Chenopodiaceae subfam. Betoideae and notes on the taxonomy of Beta. In: Willdenowia 36: 9–19.

Kadereit, G., E.V. Mavrodiev, E.H. Zacharias & A.P. Sukhorukov (2010): Molecular phylogeny of Atripliceae (Chenopodioideae, Chenopodiaceae): Implications for systematics, biogeography, flower and fruit evolution, and the origin of C4 Photosynthesis. In: American Journal of Botany 97: 1664–1687.

Kenicer, G.J., T. Kajita, R.T. Pennington & J. Murata (2005): Systematics and biogeography of Lathyrus (Leguminosae) based on internal transcribed spacer and cpD sequence data. In: American Journal of Botany 92: 1199–1209.

Kirchner, O., E. Loew & C. Schröter (Hrsg.) (1904ff): Lebensgeschichte der Blütenpflanzen Mitteleuropas. 4 Bände. Stuttgart: Ulmer.
Kirkbride, J.H., C.R. Gunn & M.J. Dallwitz (2006): Family Guide for Fruits and Seeds. Online Ressource: https://nt.ars-grin.gov/seedsfruits/rptSeedsFruitsFam.cfm – zuletzt abgerufen am: 31.07.21.
Kirschner, J. (Hrsg.) (2002): Juncaceae. Species Plantarum. Flora of the World 6–8. Australian Biological Resources Study. 3 Bände. Canberra: Commonwealth of Australia. Department of the Environment and Heritage.
Klein, E. (2005): Versuch einer Gliederung der Gattung Epipactis Zinn (Orchidaceae-Neottieae). In: Journal Europäischer Orchideen 37: 121–130.
Kleyer, M., R.M. Bekker, I.C. Knevel, J.P. Bakker, K. Thompson, M. Sonnenschein, P. Poschlod, J.M. van Groenendael, L. Klimeš, J. Klimešova, S. Klotz, G.M. Rusch, M. Hermy, D. Adriaens, G. Boedeltje, A. Dannemann, P. Endels, L. Götzenberger, J.G. Hodgson, A.K. Jackel, I. Kühn, D. Kunzmann, W.A. Ozinga, C. Römermann, M. Stadler, J. Schlegelmilch, H.J. Steendam, O. Tackenberg, B. Wilmann, J.H.C. Cornelissen, O. Eriksson, E. Garnier & B. Peco (2008): The LEDA Traitbase: a database of life-history traits of the Northwest European flora. In: Journal of Ecology 96: 1266–1274.
Klimeš, L. & J. Klimešova (1999): CLO-PLA2 – A database of clonal plants in central Europe. In: Plant Ecology 141: 9–19.
Klotz, S., I. Kühn & W. Durka (2002): BIOLFLOR – Eine Datenbank mit biologisch-ökologischen Merkmalen zur Flora von Deutschland. Münster: Landwirtschaftsverlag.
Koch, M. A. & I.A. Al-Shehbaz (2009): Molecular systematics and evolution of „wild“ crucifers (Brassicaceae or Cruciferae). In: S. K. Gupta: Biology and breeding of Crucifers: 1–19.
Korneck, D., M. Schnittler, F. Klingenstein, G. Ludwig, G., M. Takla, U. Bohn & R. May (1998): Warum verarmt unsere Flora? Auswertung der Roten Liste der Farn- und Blütenpflanzen Deutschlands. In: Schriftenreihe für Vegetationskunde 29: 299–444.
Kubitzki, K. (Hrsg.) (1990ff): The Families and Genera of Flowering Plants. 5 Bände. Berlin: Springer.
Kupicha, F.K. (1983): The infrageneric structure of Lathyrus. In: Notes Roy. Bot. Gard. Edinburgh 41: 209–244.
Lauber, K. & G. Wagner (2001ff): Flora Helvetica. Bern: Haupt (auch folgende Auflagen).
Legume Phylogeny Working Group (2017): A new subfamily classification of the Leguminosae based on a taxonomically comprehensive phylogeny. In: Taxon 66: 44–77.
Leskinen, E. & C. Alström-Rapport (1999): Molecular phylogeny of Salicaceae and closely related Flacourtiaceae: Evidence from 5.8 S, ITS 1 and ITS 2 of the rD. In: Plant Systematics & Evolution 215: 209–227.
Mao, K., R.I. Milne, L. Zhang, Y. Peng, J. Liu, P. Thomas, R.R. Mill & S.S. Renner (2012): Distribution of living Cupressaceae reflects the breakup of Pangea. In: Proceedings of the National Academy of Sciences 109: 7793–7798.
McAllister, H. (2005): The Genus Sorbus: Mountain Ash and Other Rowans. Kew: Royal Botanic Gardens.
McArthur, E.D. & B.L. Welch (1986): Proceedings: Symposium on the Biology of Artemisia and Chrysothamnus, Provo, Utah. Ogden: Intermountain Research Station, Forest Service, U.S. Dept. of Agriculture.
McNeal, J.R., J.R. Bennett, A.D Wolfe & S. Mathews (2013): Phylogeny and origins of holoparasitism in Orobanchaceae. In: American Journal of Botany. 100: 971–983.
Metzing, D., N. Hofbauer, G. Ludwig & G. Matzke-Hajek (2018): Rote Liste gefährdeter Tiere, Pflanzen und Pilze Deutschlands. Band 7: Pflanzen. Naturschutz und Biologische Vielfalt. 70 Bände. Bonn: Bundesamt für Naturschutz.
Mort, M.E., D.E. Soltis, P.S. Soltis, J. Francisco-Ortega & A. Santos-Guerra (2001): Phylogenetic relationships and evolution of Crassulaceae inferred from matK sequence data. In: American Journal of Botany 88: 76–91.
Müller, K. & T. Borsch (2005): Phylogenetics of Amaranthaceae using matK/trnK sequence data – evidence from parsimony, likelihood and Bayesian approaches. In: Annals of the Missouri Botanical Garden 92: 66–102.
Netzwerk Phytodiversität Deutschland & Bundesamt für Naturschutz (Hrsg.) (2013): Verbreitungsatlas der Farn- und Blütenpflanzen Deutschlands. Münster: Landwirtschaftsverlag.
Nikulin, V.Y., S.B. Gontcharova, R. Stephenson & A.A. Gontcharov (2016): Phylogenetic relationships between Sedum L. and related genera (Crassulaceae) based on ITS rD sequence comparisons. In: Flora 224: 218–229.
Oberdorfer, E. (1994ff): Pflanzensoziologische Exkursionsflora. Stuttgart: Ulmer (auch folgende Auflagen).
Olmstead, R.G. (Hrsg.) (2005): A Synoptical Classification of the Lamiales. Vers. 2. Online Ressource: www.depts.washington.edu/phylo/classifications/Lamiales.vers.2.pdf – zuletzt abgerufen am: 16.09.21.
Oxelman, B., A. Rautenberg, M. Thollesson, A. Larsson, B. Frajman, F. Eggens, A. Petri, M. Töpel & A. Brandtberg-Falkman (2013): Sileneae taxonomy and systematics. Online Ressource: http://www.sileneae.info – zuletzt abgerufen am: 16.09.21.
Panero, J.L. & V.A. Funk (2002): Toward a phylogenetic subfamilial classification for the Compositae (Asteraceae). In: Proceedings of the Biological Society of Washington 115: 909–922.
Paun, O., C. Lehnebach, P.J. Lockhart & E. Hörandl (2005): Phylogenetic Relationships and Biogeography of Ranunculus and Allied Genera (Ranunculaceae) in the Mediterranean Region and in the European Alpine System. In: Taxon 54: 911–930.
Pellicer, J., J. Vallès J, A.A. Korobkov & T. Garnatje (2011): Phylogenetic relationships of Artemisia subg. Dracunculus (Asteraceae) based on ribosomal and chloroplast D sequences. In: Taxon 60: 691–704.
Pellicer J., O. Hidalgo, T. Garnatje, K. Kondo & J. Vallès (2014): Life cycle versus systematic placement: phylogenetic and cytogenetic studies in annual Artemisia (Asteraceae, Anthemideae). In: Turkish Journal of Botany. 38: 1112–1122.
Potter, D., T. Eriksson, R.C. Evans, S. Oh, J.E.E. Smedmark, D.R. Morgan, M. Kerr, K.R. Robertson, M. Arsenault, T.A. Dickinson & C.S. Campbell (2007): Phylogeny and classification of Rosaceae. In: Plant Systematics and Evolution 266, 2007: 5–43.
Pteridophyte Phylogeny Group (2016): A community-derived classification for extant lycophytes and ferns. In: Journal of Systematica and Evolution 54: 563–603.
Rasmussen, F.N. (1999): The Development of Orchid Classification. In: A.M. Pridgeon, P. Cribb, M.W. Chase & F.N. Rasmussen (Hrsg.): Genera Orchidacearum 1: 3–12. Oxford: Oxford University Press.
Raunkiær, C.C. (1934): The Life Forms of Plants and Statistical Plant Geography. Oxford: Oxford University Press.
Rivera, D. (2010): Phylogenetics of Eurasian plums, Prunus L. section Prunus (Rosaceae), according to coding and non-coding chloroplast D sequences. In: Tree Genetics & Genomes 6: 37–45.
Roalson, E. (2005): Phylogenetic Relationships in the Juncaceae Inferred from Nuclear Ribosomal D Internal Transcribed Spacer Sequence Data. In: International Journal of Plant Sciences 166: 397–413.

Roquet, C., L. Sáez, J. Aldasoro, A. Susanna, M. Alarcón & M. Garcia-Jacas (2008): Natural delineation, molecular phylogeny and floral evolution in Campanula. Systematic Botany 33: 203–217.
Rothmaler, W. (Begr.) (1987ff): Exkursionsflora von Deutschland. Gefäßpflanzen Grundband. Berlin: Volk und Wissen (auch folgende bei Fischer, Spektrum & Springer erschienene Auflagen).
Rothmaler, W. (Begr.) (1990ff): Exkursionsflora von Deutschland. Kritischer Band. Berlin: Volk und Wissen (auch folgende bei Fischer, Spektrum & Springer erschienene Auflagen).
Royal Botanic Gardens (Hrsg.) (2008ff): Seed Information Database (SID). Online Ressource: http://data.kew.org/sid – zuletzt abgerufen am: 31.07.21.
Royal Botanic Gardens (Hrsg.) (2020ff): World Checklist of Selected Plant Families. Facilitated by the Royal Botanic Gardens, Kew. Online Ressource: https://wcsp.science.kew.org – zuletzt abgerufen am: 22.02.22.
Runesson, U.T. (2016ff): Borealforest. Online Ressource: www.borealforest.org – zuletzt abgerufen am: 11.02.22.
Sánchez del-Pino, I., T. Borsch & T.J. Motle (2009): TrnL-F and rpl16 Sequence Data and Dense Taxon Sampling Reveal Monophyly of Unilocular Anthered Gomphrenoideae (Amaranthaceae) and an Improved Picture of Their Internal Relationships. In: Systematic Botany 34: 57–67.
Scheen, A.-C., M. Bendiksby, O. Ryding, C. Mathiesen, V.A. Albert & C. Lindqvist (2010): Molecular Phylogenetics, Character Evolution, and Suprageneric Classification of Lamioideae (Lamiaceae). In: Annals of the Missouri Botanical Garden 97: 191–217.
Schmeil, O. & J. Fitschen (Begr.) (2000ff): Flora von Deutschland und angrenzender Länder. Wiebelsheim: Quelle & Meyer (auch folgende Auflagen).
Shi, S., L. Jinlu, J. Sun, Y. Jing & Z. Shiliang (2013): Phylogeny and Classification of Prunus sensu lato (Rosaceae). Journal of Integrative Plant Biology 55: 1069–1079.
Smithsonian Museum of Natural History (Hrsg.) (2017): Onagraceae. Online Ressource: https://naturalhistory2.si.edu/botany/onagraceae/classification.cfm – zuletzt abgerufen am: 22.02.22.
Soreng, R.J., G. Davidse, P.M. Peterson, F.O. Zuloaga, E.J. Judziewicz, T.S. Filgueiras, O. Morrone & K. Romaschenko (2017): A worldwide phylogenetic classification of the Poaceae (Gramineae) II: An update and a comparison of two 2015 classifications. In: Journal of Systematics and Evolution 55: 259–290.
Sun, F.-J. & S.R. Downie (2010): Phylogenetic analyses of morphological and molecular data reveal major clades within the perennial, endemic western North American Apiaceae subfamily Apioideae. In: The Journal of the Torrey Botanical Society: 137: 133–156.
The Saxifrage Society (Hrsg.) (2020): SaxBase – The online database of Saxifrages. http://www.saxbase.org – zuletzt abgerufen am: 31.07.21.
Tropicos (2011): Missouri Botanical Garden. www.tropicos.org – zuletzt abgerufen am: 31.07.21.
TRY initiative (2011): TRY – a global database of plant traits. In: Global Change Biology 17: 2905–2935.
Turland, N.J., J.H. Wiersema, F.R. Barrie, W. Greuter, D.L. Hawksworth, P.S. Herendeen, S. Knapp, W.-H. Kusber, D.-Z. Li, K. Marhold, T.W. May, J. McNeill, A.M. Monro, J. Prado, M. J. Price & G.F. Smith (Hrsg.) (2018): International Code of Nomenclature for algae, fungi, and plants (Melbourne Code). Glashütten: Goeltze.
Tutin, T.G., V.H. Heywood, N.A. Burges, D.M. Moore, D.H. Valentine, S.M. Walters & D.A. Webb (Hrsg.) (1964–80): Flora Europaea. 5 Bände. Cambridge: Cambridge University Press.
USDA & NRCS (2010ff). The PLANTS Database. United States Department of Agriculture & Natural Resources Conservation Service. National Plant Data Team. Online Ressource: plants.usda.gov – zuletzt abgerufen am: 31.07.21.
van Ham, R.C.H. & H. 't Henk (1998): Phylogenetic relationships in the Crassulaceae inferred from chloroplast D restriction-site variation. In: American Journal of Botany 85: 123–134.
Wagner, W.L., P.C. Hoch & P.H. Raven (2007): Revised classification of the Onagraceae. In: Systematic botany monographs 83. Ann Arbor: American Society of Plant Taxonomists.
Wang, M., L. Zang, Z. Zhang, M. Li, D. Wang, X. Zhang, Z. Xi, K. Keefover-Ring, L.B. Smart, S.P. DiFazio, M.S. Olson, T. Yin, J. Liu & T. Ma (2020): Phylogenomics of the genus Populus reveals extensive interspecific gene flow and balancing selection. In: New Phytologist 225: 1370–1382.
Warwick, S.I., K. Mummenhoff, C.A. Sauder, M.A. Koch & I.A. Al-Shehbaz (2010): Closing the gaps: phylogenetic relationships in the Brassicaceae based on D sequence data of nuclear ribosomal ITS region. In: Plant Systematics and Evolution 285: 209–232.
Watson, L. & M.J. Dallwitz (1992ff): The families of flowering plants: descriptions, illustrations, identification, and information retrieval. www.delta-intkey.com – zuletzt abgerufen am: 31.07.21.
Watson, L. & M.J. Dallwitz (2004ff): British ferns (Filicopsida). www.delta-intkey.com – zuletzt abgerufen am: 31.07.21.
Watson, L. & M.J. Dallwitz (2008ff): The families of gymnosperms. www.delta-intkey.com – zuletzt abgerufen am: 31.07.21.
Wen, J., S.T. Berggren, C.-H. Lee, S. Ickert-Bond, T.-S. Yi, K.-O. Yoo, L. Xie, J. Shaw & D. Potter (2008): Phylogenetic inferences in Prunus (Rosaceae) using chloroplast ndhF and nuclear ribosomal ITS sequences. In: Journal of Systematics and Evolution 46: 322–332.
WFO (Hrsg.) (2020ff): World Flora Online. Online Ressource: www.worldfloraonline.org – zuletzt abgerufen am: 21.02.22.
Wikispecies (Hrsg.) (2004ff). Online Ressource: https://species.wikimedia.org – zuletzt abgerufen am: 31.07.21.
Wisskirchen, R. & H. Haeupler (1998): Standardliste der Farn- und Blütenpflanzen Deutschlands. Stuttgart: Ulmer.
Wolf, T. (1908): Monographie der Gattung Potentilla. – Bibliotheka Botanica 16: 1–714. Stuttgart: Schweizerbart.
Wolfe, A.D., C. P. Randle, L. Liu & K. E. Steiner (2005): Phylogeny and Biogeography of Orobanchaceae. In: Folia Geobotanica 40: 115–134.
Wu, J., T. Nyman, D.-C. Wang, G. Argus, Yang, Y.-P. & Chen J.-H. (2015): Phylogeny of Salix subgenus Salix s. l. (Salicaceae): delimitation, biogeography, and reticulate evolution. In: BMC Evolutionary Biology 15: 311.
Záveská D.L. & J. Kirschner (2013): Oreojuncus, A New Genus in the Juncaceae. In: Preslia 85: 483–503.
Zicha, O., J. Hrb, M. Manas & J. Novák (1999ff): BioLib. Biological Library. Online Ressource: www.biolib.cz – zuletzt abgerufen am: 11.02.22

Bildquellenverzeichnis

Abhandlungen aus dem Gebiete der Naturwissenschaften (1846–1884).
- *Lysimachia punctata*

Acta Horti Bergani (1907).
- *Taraxacum* sect. *Cucullata*

AG Pflanzenökologie (Hrsg.) Goethe Universität Frankfurt. Fachbereich Biowissenschaften. Diasporen-Datenbank (Fotos: Barbara Kramer).
- *Bidens frondosus, Hordeum jubatum*

Andrews, H.C. (1802-1809): Coloured engravings of heaths. 4 Bände. London: Bensley.
- *Scilla siberica*

Annales de flore et de pomone (1832-1847).
- *Lathyrus pannonicus*

Annales de la Société royale d'Agriculture et de Botanique de Gand (1845-1849).
- *Hyacinthoides hispanica*

Annales du Muséum National d'Histoire Naturelle (1802-1827).
- *Sedum spurium*

Antoine, F. (1840): Die Coniferen nach Lambert, Loudon und Anderen. 11 Bände. Wien: Beck'sche Universitätsbuchhandlung.
- *Abies grandis, Araucaria araucana, Pinus uncinata, Tsuga canadensis*

Arter project group (Hrsg.) Species recordings from the Danish National portal Arter.dk. Miljøstyrelsen. (Fotos) – Online Ressource: Zugriff über www.gbif.org – zuletzt abgerufen am 27.7.2022: – Lizenz: CC BY 4.0.
- *Calystegia pulchra*

Baillon, H.E. (1866-1895): Histoire des plantes. 13 Bände. Paris: Librairie Hachette.
- *Legousia speculum-veneris, Myagrum perfoliatum, Platanus hispanica, Saxifraga tridactylites, Scrophularia auriculata, Silybum marianum, Symphoricarpos albus*

Berg, Christian (Fotos): – Lizenz: CC BY 4.0.
- *Galium noricum*

Berg, O.C. & C.F. Schmidt (1891-1902): Atlas der officinellen Pflanzen. 2. Auflage. 3 Bände. Leipzig: Felix.
- *Malva neglecta*

Besler, B. (1613ff): Hortus Eystettensis. Nüremberg. (auch folgende Auflagen).
- *Fragaria ananassa*

Bessa, Pancrace (1772-1835): Botanischer Illustrator.
- *Phlox paniculata*

Bettfreund, C. (1898-1901): Flora Argentina. 3 Bände. Buenos Aires: van Woerden.
- *Amaranthus hybridus*

Blackwell, E. (1737-1739): A curious herbal. 2 Bände. London: Harding.
- *Cucumis sativus*

Blackwell, E. (1750-1773): Herbarium Blackwellianum. 6 Bände. Norimbergae: Fleischmanni.
- *Lactuca sativa, Petasites hybridus*

Blanco, M. (1875): Flora de Filipinas. 3. Auflage. Manila: Sto. Tomás por D. Candido Lope.
- *Cucurbita maxima*

Bonelli, G. (1771-1793): Hortus Romanus. 8 Bände. Roma: Junchi.
- *Gypsophila perfoliata, Rheum rhabarbarum*

Botanical Register (1815-1828).
- *Amorpha fruticosa, Jasione laevis, Lupinus polyphyllus, Mimulus moschatus, Rosa glauca, Rudbeckia triloba, Sigesbeckia serrata, Symphyotrichum novae-angliae, Aesculus* x *carnea*

Brandis, D. (1874): Illustrations of the forest flora of North-West and Central India. London: Allen.
- *Salix babylonica*

Britton, N.L. & A. Brown (1913): An illustrated flora of the northern United States, Canada and the British Possessions. New York: Scribner's Sons.
- *Myriophyllum heterophyllum, Potamogeton rutilus, Rumex triangulivalvis*

Bulliard, P. (1776-1781): Flora Parisiensis. 5 Bände. Paris: Didot.
- *Pedicularis palustris*

Carson, J., J.H. Colen & R.P. Smith (1847): Illustrations of medical botany. 2 Bände. Philadelphia: Smith.
- *Prunus serotina*

Cavanilles, A.J. (1791-1801): Icones et descriptiones plantarum. Matriti: Gayguer.
- *Lotus pedunculatus, Malva alcea, M. moschata*

Chagnoux, S. (Hrsg.) Herbarium specimens of Jardins botaniques and Conservatoire Botanique of Nancy (NCY) and at the Herbarium of the Muséum national d'Histoire Naturelle (MNHN – Paris). (Fotos) – Online Ressource: Zugriff über www.gbif.org – zuletzt abgerufen am 27.7.2022. – Lizenz: CC BY 4.0.
- *Alchemilla* sect. *Flabellatae, Asperula neilreichii, Luzula desvauxii, Taraxacum* sect. *Naevosa*

Chaumeton, F.P. (1814ff): Flore médicale. 6 Bände. Paris: Panckouck (auch folgende Auflagen).
- *Astragalus glycyphyllos, Galega officinalis, Rheum rhabarbarum*

Clarke, C.B. (1909): Illustrations of Cyperaceae. London: Williams & Norgate.
- *Euthamia graminifolia*

Correll, D.S. & H.B. Correll (1972): Aquatic and wetland plants of southwestern United States. Washington: Environmental Protection Agency.
- *Lindernia dubia, Spergularia echinosperma*

Cosson, E.S.C. (1882-1897): Illustrationes florae atlanticae. 7 Bände. Paris: Reipublicae typographeo.
- *Succisa pratensis*
Coste, H. (1900-1906): Flore descriptive et illustrée de la France, de la Corse et des contrées limitrophes. Paris: Klincksieck.
- *Euphorbia illirica, Galium aristatum, G. sylvaticum, Lactuca plumieri, Poa hybrida, Triticum monococcum*
Curtis Botanical Magazine (1801-1920).
- *Liriodendron tulipifera, Sedum spurium, Reynoutria sachalinensis, Veronica alpina, Ribes sanguineum, Paulownia tomentosa, Epipogium aphyllum, Sequoiadendron giganteum, Chamaecyparis lawsoniana, Taxodium distichum, Prunus cerasifera, Reynoutria japonica, Tilia tomentosa, Muscari neglectum, Abies nordmanniana, Fallopia baldschuanica, Hacquetia epipactis, Sorbus* subg. *Aria, Lonicera henryi*
Curtis, J. (1823-1840): British entomology. 16 Bände. London: Printed for the author.
- *Luzula congesta*
Curtis, W. (1777-1798): Flora Londinensis, or, Plates and descriptions of such plants as grow wild in the environs of London. 6 Bände. London: Curtis.
- *Alisma lanceolatum, Anagallis minima, A. tenella, Coreopsis lanceolata, Crepis tectorum, Echinochloa crus-galli, Epilobium hirsutum, Erica cinerea, Geranium dissectum, Helianthus decapetalus, Montia fontana, Poa trivialis, Primula acaulis, Rumex crispus, Samolus valerandi, Sedum dasyphyllum, Thymus serpyllum, Viola canina*
d'Orbigny, A.D. (1841-1849): Dictionnaire universel d'histoire naturelle. 13 Bände. Paris: Renard, Martinet.
- *Acer opalus, Ribes aureum*
Dallimore, W. & A. Bruce (1923): A handbook of Coniferae. New York: Longmans, Green & Co.
- *Picea omorika*
de Pedro, M. (Fotos): – Lizenz: CC BY 4.0.
- *Viola kitaibeliana*
de Saint-Hilaire, A.F.C.P. (1824a): Histoire des plantes les plus remarquables du Brésil. Paris: Belin.
- *Alopecurus bulbosus, Apera interrupta, Carlina biebersteinii, Collomia grandiflora, Dorycnium hirsutum, Jacobaea erucifolia, Linum tenuifolium, Silene pusilla, Symphyotrichum parviflorum*
de Tournefort, J.P. (1700-1703): Institutiones rei herbariæ. 3 Bände. Paris: Typographia Regia.
- *Lycopersicon esculentum*
Delessert, B. & A.P. de Candolle (1820-1846): Icones selectae plantarum. Parisiis: Fortin Masson et Sociorum.
- *Galinsoga quadriradiata*
Descourtilz, M.E. (1821-1829): Flore médicale des Antilles. 9 Bände. Paris: Pichard.
- *Lepidium virginicum*
Dietrich, A.G. (1833-1844): Flora regni borussici. 12 Bände. Berlin: Oehmigke.
- *Anagallis foemina, Anarrhinum bellidifolium, Aster amellus, Berula erecta, Centaurea stoebe, Cirsium arvense, C. palustre, Euphorbia cyparissias, Gagea pratensis, Helosciadium repens, Hieracium schmidtii, Hottonia palustris, Hypericum pulchrum, Jurinea cyanoides, Lactuca quercina, Lathyrus heterophyllus, Melilotus altissimus, Ornithogalum nutans, Orobanche alba, O. coerulescens, O. elatior, O. rapum-genistae, Phyteuma orbiculare, Pilosella cymosa, P. peleteriana, Podospermum purpureum, Pulsatilla patens, Radiola linoides, Rhinanthus angustifolius, Scorzonera humilis, Seseli annuum, Silene chlorantha, Symphytum tuberosum, Tofieldia calyculata, Veronica verna*
Dillenius, J.J. (1732): Hortus Elthamensis. 2 Bände. London: Sumptibus auctoris.
- *Gypsophila perfoliata*
Dodart, D. (1788): Recueil des plantes gravées par ordre du roi Louis XIV. 3 Bände. Paris: Imprimerie Impériale.
- *Delphinium elatum*
Drake, Sarah Ann (1803-1857): Botanische Illustratorin.
- *Impatiens glandulifera*
Duhamel du Monceau, H.L. (1755-1768ff): Traité des arbres et arbustes. 2 Bände. Paris: Michel & Bertrand (auch folgende Auflagen).
- *Ailanthus altissima, Pinus contorta, P. uncinata, Quercus cerris, Q. frainetto, Salix babylonica, Sorbus* subg. *Karpatiosorbus*
Edwards Botanical Register (1829-1844).
- *Mahonia aquifolium, Symphyotrichum lanceolatum*
Edwards, Sydenham Teast (1768-1819): Botanischer Illustrator.
- *Trifolium spadiceum*
Emerton, J.H. & D.C. Eaton (1881): Beautiful ferns. Boston: Estes and Lauriat.
- *Onoclea struthiopteris*
Engler, A. (1887): Die natürlichen Pflanzenfamilien. 4 Bände. Leipzig: Engelmann.
- *Triticum monococcum*
Engler, A. (1900-1937): Das Pflanzenreich: regni vegetablilis conspectus. 102 Bände. Leipzig: Engelmann.
- *Aldrovanda vesiculosa, Brassica oleracea, Bupleurum ranunculoides, Carex buekii, C. davalliana, Glaucium corniculatum, Orobanche alba, O. alsatica, O. reticulata, Phelipanche arenaria, Potamogeton compressus, P. crispus, Saxifraga moschata, Soldanella montana*
Everaarts, A.P: Botanischer Illustrator.
- *Fumaria rostellata*
Fawcett, W. & A.B. Rendle (1910-1936): Flora of Jamaica. 7 Bände. London: Trustees of the British Museum.
- *Erechtites hieraciifolius*
Finnish Biodiversity Information Facility (Hrsg.) Vascular Plant Herbarium: Herbarium Generale. (Fotos) – Online Ressource: Zugriff über www.gbif.org – zuletzt abgerufen am 27.7.2022: – Lizenz: CC BY 4.0.
- *Elodea callitrichoides*
Fischer, Christian (Fotos): – Lizenz: CC BY 3.0.
- *Elodea nuttallii*
Fitch, W.H., W.G. Smith et al. (Begr.) (1880ff): llustrations of the British flora. 5. Auflage. London: Reeve & Co. (auch folgende Auflagen).

- *Azolla filiculoides, Briza media, Calamagrostis neglecta, Centranthus ruber, Drymocallis rupestris, Elatine hydropiper, Epilobium anagallidifolium, E. montanum, Equisetum variegatum, Euphorbia platyphyllos, Filago germanica, F. minima, Galium boreale, G. parisiense, G. tricornutum, G. uliginosum, Geranium pratense, G. pusillum, Glaux maritima, Hedera helix, Helianthemum canum, Helosciadium nodiflorum, Herminium monorchis, Hesperis matronalis, Hirschfeldia incana, Honckenya peploides, Huperzia selago, Hypericum tetrapterum, Legousia hybrida, Lythrum hyssopifolia, Melica nutans, M. uniflora, Melilotus albus, M. officinalis, Minuartia hybrida, Nasturtium officinale, Parapholis strigosa, Poa bulbosa, P. compressa, P. minor, P. nemoralis, Polygonum aviculare, Rorippa amphibia, Ruppia maritima, Sagina nodosa, S. saginoides, Saussurea alpina, Schoenoplectus pungens, Schoenus nigricans, Sedum rupestre, S. villosum, Silene conica, S. otites, Thelypteris palustris, Vinca major*

Fitch, Walter Hood (1817-1892): Botanischer Illustrator.

- *Eleocharis parvula, Iris aphylla, Phacelia tanacetifolia, Sedum dasyphyllum, Senecio doronicum, Spiraea douglasii, S. japonica*

Gartenflora (1852-1940).

- *Vaccinium macrocarpon, Reynoutria sachalinensis, Aquilegia einseleana*

Gesellschaft Kräuterkenner (Hrsg.) (1778-1794): Plantarum indigenarum et exoticarum icones ad vivum coloratae. Wien: Hochenleiter.

- *Nonea pulla, Papaver alpinum, Podospermum laciniatum*

Gorshkova, Lubov (Fotos): – Lizenz: CC BY-SA 4.0.

- *Erigeron schleicheri*

Gray, A. (1849-1859): Plates prepared between the years 1849 and 1859, to accompany a report on the forest trees of North America. Smithsonian Institution publication 800. Washington: Smithsonian Institution.

- *Prunus virginiana*

Gunnar, Aaron (Fotos): – Lizenz: CC BY 4.0.

- *Parietaria pensylvanica*

Gussone, G. (1826): Plantae rariores. Neapoli: Regia Typographia.

- *Callitriche truncata, Podospermum laciniatum*

Hart, James Turpin (1835-1899): Botanischer Illustrator.

- *Erigeron atticus*

Hartinger, A. & K. W. von Dalla Torre (1806ff): Atlas der Alpenflora. München: Deutscher Alpenverein (auch folgende Auflagen).

- *Amelanchier ovalis, Androsace hausmannii, Arabis stellulata, Artemisia umbelliformis, Cerastium uniflorum, Cortusa matthioli, Crepis pontana, Doronicum austriacum, Epilobium dodonaei, Galium megalospermum, Gentiana clusii, Globularia cordifolia, Hypochaeris uniflora, Leucanthemopsis alpina, Linum alpinum, Minuartia rupestris, Moehringia muscosa, Phyteuma betonicifolium, Polygala alpestris, Potentilla aurea, P. crantzii, Primula clusiana, P. farinosa, P. hirsuta, Rhamnus pumila, Rhinanthus glacialis, Rhododendron hirsutum, Rosa pendulina, Saxifraga bryoides, Sedum atratum, Sorbus chamaemespilus, Taraxacum* sect. *Alpestria, T.* sect. *Alpina, Tolpis staticifolia, Valeriana montana, Willemetia stipitata*

Häyhä, Teppo (Fotos) – Online Ressource: Zugriff über www.gbif.org – zuletzt abgerufen am 29.7.2022: – Lizenz: CC BY-SA 4.0.

- *Elatine orthosperma*

Hayne, F.G. (Begr.) (1805-1856): Getreue Darstellung und Beschreibung der in der Arzneykunde gebräuchlichen Gewächse. 13 Bände. Berlin.

- *Aconitum tauricum*

Hegi, G. (Begr.) (1908ff): Illustrierte Flora von Mittel-Europa. Mit besonderer Berücksichtigung von Deutschland, Oesterreich und der Schweiz. Zahlreiche Bände in drei Auflagen. München: Lehmanns; Singhofen: Parey. Berlin: Blackwell; Jena: Weisdorn.

- *Alchemilla* sect. *Splendentes, Carex buekii, Cystopteris sudetica, Euphorbia humifusa, Euphrasia hirtella, Helictotrichon parlatorei, Orobanche teucrii, Polycnemum majus, Trifolium retusum*

Hempel, G. & K. Wilhelm (1889): Bäume und Sträucher des Waldes in botanischer und forstwirthschaftlicher Beziehung. Wien. Hölzel.

- *Picea omorika, Quercus pubescens*

Heyland, Jean Cristoph (1792-1866): Botanischer Illustrator.

- *Aethionema saxatile, Cuscuta gronovii*

Hoffmann, D.G.F. (1803): Phytographische Blätter. Göttingen: Schröder.

- *Symphyotrichum laeve*

Hooker, W.J. & R.K. Greville (1831): Icones filicum. 2 Bände. London: Reuter.

- *Botrychium simplex*

Hooker, W.J. (1829-1840): Flora boreali-americana. 2 Bände. London: Bohn.

- *Asplenium obovatum, Ceratochloa carinata*

Hooker, W.J. (1838-1842): Genera filicum; or Illustrations of the ferns, and other allied genera; from the original coloured drawings of the late Francis Bauer; with additions and descriptive letterpress. London: Bohn.

- *Trichomanes speciosum*

Hooker, William Jackson (1785-1865): Botanischer Illustrator.

- *Lathyrus bauhinii, Ranunculus montanus, Symphyotrichum novi-belgii*

Host, N.T. (1801-1809): Icones et descriptiones graminum austriacorum. 4 Bände. Wien: Schmidt.

- *Bromus squarrosus, Ochlopoa supina, Setaria italica, Stipa capillata, S. pennata*

Host, N.T. (1828): Salix. Wien: Straus.

- *Salix appendiculata, S. aurita*

Institute of Botany, SAS, Bratislava (Hrsg.) (Fotos) – Online Ressource: Zugriff über www.gbif.org – zuletzt abgerufen am 27.7.2022: – Lizenz: CC BY 4.0.
- *Taraxacum* sect. *Fontana*
Jaume Saint-Hilaire, J.H. (1824b): Traité des arbres forestiers. Paris: Didot.
- *Platanus orientalis*
Jaume Saint-Hilaire, J.H. (1825): Traité des arbrisseaux et des arbustes cultivés en France. Paris.
- *Rhus typhina, Rosa glauca*
Jaume Saint-Hilaire, J.H. (1828-1833): La flore et la pomone francaises. 6 Bände. Paris.
- *Alchemilla* sect. *Plicatae, Asarina procumbens, Carduus personata, Gentiana bavarica, G. nivalis, Horminum pyrenaicum, Rhododendron ferrugineum, Rudbeckia hirta, Symphoricarpos albus, Viola biflora, V. calcarata*
Kirchner, O., E. Loew & C. Schröter (Hrsg.) (1904ff): Lebensgeschichte der Blütenpflanzen Mitteleuropas. 4 Bände. Stuttgart: Ulmer.
- *Potamogeton berchtoldii*
Kirtikar, K.R. & B.D. Basu (1918): Indian medicinal plants. Bahadurganj: Sudhindra Nath Basu.
- *Dysphania ambrosioides, Platanus orientalis, Portulaca oleracea, Raphanus sativus, Vaccaria hispanica*
Kohl, F.G. (1891-1895): Die officinellen Pflanzen der Pharmacopoea Germanica. Leipzig: Barth.
- *Platanthera bifolia, Ricinus communis, Viola tricolor*
Köhler, H.A. (Begr.) (1883-1898ff): Köhler's Medizinal-Pflanzen in naturgetreuen Abbildungen mit kurz erläuterndem Texte. 4 Bände. Gera: Köhler (auch folgende Auflagen).
- *Achillea millefolium, Aconitum napellus, Acorus calamus, Alcea rosea, Althaea officinalis, Angelica archangelica, Anthemis arvensis, A. cotula, Arctostaphylos uva-ursi, Beta vulgaris, Calendula officinalis, Capsicum annuum, Carum carvi, Chaerophyllum bulbosum, Colchicum autumnale, Conium maculatum, Convallaria majalis, Cydonia oblonga, Datura stramonium, Dryopteris filix-mas, Elytrigia repens, Juglans regia, Juniperus communis, J. sabina, Larix decidua, Lavandula angustifolia, Levisticum officinale, Linum usitatissimum, Malva sylvestris, Matricaria chamomilla, Melissa officinalis, Menyanthes trifoliata, Nigella damascena, Ononis spinosa, Papaver somniferum, Peucedanum ostruthium, Picea abies, Pimpinella saxifraga, Pinus nigra, P. sylvestris, Prunus laurocerasus, Rosmarinus officinalis, Tanacetum parthenium, Taraxacum* sect. *Taraxacum, Thymus vulgaris, Tripleurospermum inodorum, Triticum aestivum, Valeriana officinalis, Veratrum album, Verbascum phlomoides*
Kops, J. (Begr.) (1800-1934): Flora Batava. 28 Bände. Amsterdam: Sepp en Zoon.
- *Agrostis scabra, Alopecurus rendlei, Amaranthus albus, Amelanchier lamarckii, Anthemis ruthenica, Anthoxanthum aristatum, Artemisia annua, A. tournefortiana, Asclepias syriaca, Avena fatua, Azolla filiculoides, Bidens cernuus, B. connatus, Brassica napus, Bupleurum virgatum, Camelina sativa, Campanula latifolia, Carex dioica, C. trinervis, Ceratophyllum submersum, Chondrilla juncea, Cicendia filiformis, Cichorium endivia, Cirsium acaulon, C. oleraceum, Cochlearia anglica, C. officinalis, Crepis foetida, Cuscuta gronovii, Deschampsia cespitosa, Dipsacus laciniatus, Doronicum glaciale, Elytrigia campestris, Equisetum telmateia, Euphorbia amygdaloides, Gentianella uliginosa, Geranium pratense, G. pusillum, Helichrysum arenarium, Hypericum elodes, H. hirsutum, H. montanum, H. pulchrum, Hypochaeris radicata, Iva xanthiifolia, Jacobaea paludosa, Lactuca macrophylla, Laserpitium siler, Lepidium campestre, Linum catharticum, Lobelia dortmanna, Lolium multiflorum, L. remotum, Matricaria discoidea, Melampyrum arvense, Melilotus indicus, Mentha pulegium, Narcissus pseudonarcissus, Nicandra physalodes, Ornithopus sativus, Orobanche lutea, Oxybasis glauca, O. rubra, Panicum capillare, Phacelia tanacetifolia, Phelipanche purpurea, Pilosella lactucella, Poa chaixii, Populus carolinensis, Potamogeton alpinus, Primula veris, Pulmonaria officinalis, Rhynchospora alba, Rosa arvensis, R. gallica, Rubus caesius, R. odoratus, Rudbeckia hirta, Rumex patientia, R. triangulivalvis, Salix caprea, S. gmelinii, Salvia nemorosa, Scilla siberica, Scorzonera hispanica, Scrophularia auriculata, Scutellaria minor, Silene cretica, S. viscaria, Sinapis arvensis, Sisymbrium altissimum, S. irio, S. loeselii, S. orientale, Solanum physalifolium, Spiraea salicifolia, Stellaria media, Teucrium montanum, Thelypteris limbosperma, Torilis nodosa, Tuberaria guttata, Vaccaria hispanica, Verbascum lychnitis, V. nigrum, V. phoeniceum, Viburnum lantana, Vicia narbonensis, Viola arvensis, V. hirta, V. stagnina, X Schedolium loliaceum*
Krauss, J.C. (1802ff): Afbeeldingen der fraaiste, meest uitheemsche boomen en heesters. Amsterdam: Allart.
- *Acer negundo, A. platanoides, A. pseudoplatanus, A. saccharinum, Amelanchier alnifolia, Catalpa bignonioides, Cotoneaster integerrimus, Daphne laureola, Lonicera nigra, L. periclymenum, Rhodothamnus chamaecistus, Spiraea tomentosa*
Krebs, F.L. (1826-1832): Vollständige Beschreibung und Abbildung der Sämmtlichen Holzarten, welche im mittlern und nördlichen Deutschland wild wachsen: Für Gutsbesitzer, Forstmänner, Oekonomen und Freunde der Natur. 2 Bände. Braunschweig: Vieweg.
- *Colutea arborescens, Robinia pseudoacacia*
Kunth, K.S. (1829-1834): Révision des gramineées. Paris: Gide.
- *Glyceria striata*
Lambert, A.B. (1803-1824ff): A description of the genus Pinus. 2 Bände. London: White (auch folgende Auflagen).
- *Pinus cembra, P. mugo, P. strobus*
Lefnaer, Stefan (Fotos): – Lizenz: CC BY-SA 4.0.
- *Eragrostis albensis*
Léveillé, A.A.H. (1911): Iconographie du Genre Epilobium, Epilobes d'Amérique, Epilobes d'Europe. Le Mans: Monnoyer.
- *Epilobium ciliatum*
Lindman, C.A.M. (1901-1905ff): Bilder ur Nordens Flora. 4 Bände. Stockholm: Wahlström & Widstrand (auch folgende Auflagen).
- *Ambrosia trifida, Ammophila arenaria, Antennaria carpatica, Arnoseris minima, Asperugo procumbens, Astragalus danicus, Bassia hirsuta, Brachypodium pinnatum, Bromopsis benekenii, Calamagrostis neglecta, Centaurea nigra, Ceratophyllum demersum, Chamaedaphne calyculata, Circaea alpina, Crataegus macrocarpa, C. rhipidophylla, Crepis praemorsa, Descurainia sophia, Elatine hydropiper, E. triandra, Elodea canadensis, Galium aparine, G. verum, Glyceria maxima, Gnaphalium uliginosum, Gypsophila fastigiata, Halimione pedunculata, Hippocrepis emerus, Honckenya peploides, Isoetes lacustris, Koeleria glauca, Lactuca muralis, Leymus arenarius, Linum catharticum, Loiseleuria procumbens, Lycopsis arvensis, Lysimachia nummularia, L. thyrsiflora, Melica ciliata, Minuartia stricta, Molinia caerulea, Moneses uniflora,*

Myrrhis odorata, Nymphaea candida, Pedicularis sceptrum-carolinum, Peucedanum palustre, Polypodium vulgare, Populus tremula, Potentilla sterilis, Prunus avium, P. domestica, Pseudorchis albida, Pteridium aquilinum, Puccinellia maritima, Ranunculus glacialis, R. hederaceus, R. illyricus, R. platanifolius, Rhododendron tomentosum, Rorippa islandica, Rosa rubiginosa, Rubus chamaemorus, R. saxatilis, Ruppia cirrhosa, Salix pentandra, Salsola tragus, Saussurea alpina, Saxifraga aizoides, S. oppositifolia, Scheuchzeria palustris, Selaginella selaginoides, Sherardia arvensis, Silene acaulis, S. viscaria, S. vulgaris, Sisymbrium austriacum, Sium latifolium, Sorbus subg. *Aria, Sparganium emersum, Spergula arvensis, Taraxacum* sect. *Erythrosperma, T.* sect. *Palustria, Torilis japonica, Tragopogon porrifolius, Tripleurospermum maritimum, Viola biflora, Xanthium spinosum, Zannichellia major*

Loddiges, George (1784-1846): Botanischer Illustrator.
- *Symphoricarpos albus*

Lowe, E.J. (1839-1860): A history of Ferns: British and exotic. 8 Bände. London: Groombridge.
- *Thelypteris palustris*

Marloth, H.W.R. (1913-1932): The flora of South Africa. 4 Bände. Cape Town: Darter Bros & Co.
- *Equisetum ramosissimum*

Masclef, A. (1890-1893): Atlas des plantes de France. 3 Bände. Paris: Klicksieck.
- *Calendula arvensis, Lycopus europaeus, Teucrium botrys*

Maw, G. (1886): A monograph of the genus Crocus. London: Dulau & Co.
- *Crocus tommasinianus, C. vernus*

Meijer, J.G. (1880-1905): Botanische onderwijsplaten. Amsterdam: UVA.
- *Paeonia officinalis*

Meise Botanic Garden (Hrsg.) Meise Botanic Garden Herbarium (BR). (Fotos) – Online Ressource: Zugriff über www.gbif.org – zuletzt abgerufen am 27.7.2022: – Lizenz: CC BY-SA 4.0.
- *Bromus lepidus, Dipsacus strigosus*

Michaux, F.A. (1817-1819): The North American sylva. 3 Bände. Philadelphia: Rice, Rutter & Co.
- *Fraxinus pennsylvanica, Juglans nigra, Quercus palustris, Q. rubra, Taxodium distichum*

Millspaugh, C.F. (1892): American medicinal plants. 2 Bände. New York: Boericke & Tafel.
- *Ambrosia artemisiifolia, Pulsatilla patens, Thuja occidentalis*

Moore, T. (1855ff): The ferns of Great Britain and Ireland. London: Bradbury & Evans (auch folgende Auflagen).
- *Polystichum setiferum*

Morris, R. & W. Clarke (1826): Flora conspicua: a selection of the most ornamental flowering, hardy, exotic and indigenous trees, shrubs, and herbaceous plants, for embellishing flower-gardens and pleasure-grounds. London: Longman, Rees & Co.
- *Lathyrus pannonicus*

Mouillefert, P. (1892-1898): Traité des arbres et arbrissaux, forestiers, industriels et d'ornement. 2 Bände. Paris: Klincksieck.
- *Gleditsia triacanthos, Pseudotsuga menziesii*

Munting, A. (1696): Naauwkeurige beschrijving der aardgewassen.
- *Rumex patientia*

Natural History Museum Vienna Herbarium Wien (Fotos) – Online Ressource: Zugriff über www.gbif.org – zuletzt abgerufen am 27.7.2022: – Lizenz: CC BY 4.0.
- *Poa langiana*

Nees von Esenbeck, T.F.L. & M.F. Wijhe (1828-1833): Plantae medicinales. 2 Bände. Düsseldorf: Arnz.
- *Peucedanum oreoselinum*

Oeder, G.C. (Begr.) (1766-1883): Flora Danica. 17 Bände. Kopenhagen: Möller.
- *Allium angulosum, A. strictum, Androsace septentrionalis, Aphanes arvensis, Asperula tinctoria, Atriplex longipes, Bidens radiatus, Botrychium matricariifolium, B. virginianum, Brassica oleracea, B. rapa, Carex aquatilis, C. demissa, Dasiphora fruticosa, Elatine hexandra, Equisetum variegatum, Galium elongatum, G. glaucum, Geranium bohemicum, Gymnocarpium robertianum, Hordeum marinum, H. secalinum, Isoetes echinospora, Juncus anceps, J. stygius, Kobresia myosuroides, K. simpliciuscula, Luzula glabrata, Malus sylvestris, Malva thuringiaca, Melica ciliata, Myosotis stricta, Oxalis dillenii, Oxybasis chenopodioides, Phleum nodosum, Phragmites australis, Pilosella caespitosa, Pleurospermum austriacum, Poa glauca, P. remota, Polygonum oxyspermum, Potamogeton berchtoldii, P. nodosus, P. trichoides, Puccinellia capillaris, Ribes spicatum, Rosa inodora, R. tomentosa, Rumex longifolius, R. thyrsiflorus, Sagina apetala, Salvinia natans, Sisymbrium supinum, Sorbus intermedia, Sparganium angustifolium, S. natans, Spergularia marina, Stellaria alsine, S. crassifolia, S. holostea, Stuckenia filiformis, Viola canina, V. elatior, V. epipsila, Zannichellia pedunculata, Zostera noltii*

Oltmanns, F. (1927): Pflanzenleben des Schwarzwaldes. Freiburg: Badischer Schwarzwaldverein.
- *Adenostyles alliariae, Persicaria amphibia, Pulmonaria obscura*

Oskamp, D.L., A. Ypey, J. Zorn & S. Jan (1796-1800): Afbeeldingen der artseny-gewassen met derzelver Nederduitsche en Latynsche beschryvingen. Amsterdam: Sepp.
- *Artemisia dracunculus, Limonium vulgare, Populus balsamifera, Rhododendron ferrugineum, Solanum tuberosum*

Peter, A. (1901): Botanische Wandtafeln.
- *Asclepias syriaca*

Pirie, Michael D. (Fotos): – Lizenz: CC BY 4.0.
- *Rhinanthus rumelicus*

Pursh, F. (1814): Flora Americae septentrionalis. 2 Bände. London: White, Cochrane & Co.
- *Mahonia aquifolium*

Quirin, Chris (Fotos): – Lizenz: CC BY 4.0.
- *Rhaponticum repens*

Reichenbach, H.G.L. (1823-1832): Iconographia botanica seu plantae criticae. 10 Bände. Leipzig: Hofmeister.
- *Echinops exaltatus, Helianthemum alpestre, Inula conyzae, Leontodon saxatilis, Orobanche coerulescens, O. elatior, O. minor, Phyteuma hemisphaericum, Pilosella cymosa, Primula hirsuta, P. minima, Prunella laciniata, Salvia nemorosa, Scabiosa canescens, S. lucida, Sedum alpestre, S. annuum, S. forsterianum, S. hispanicum, Senecio hercynicus, S. leucanthemifolius,*

S. ovatus, S. squalidus, Silene nemoralis, S. nutans, S. pusilla, Stachys alopecuros, Succisella inflexa, Swertia perennis, Telekia speciosa, Tephroseris crispa, T. helenitis, T. integrifolia, T. longifolia

Reichenbach, H.G.L. (1850-1912): Icones florae Germanicae et Helveticae. 2. Auflage. 24 Bände. Leipzig: Hofmeister.

- *Epilobium duriaei, E. nutans, Inula helvetica, Oenanthe conioides*

Reichenbach, Heinrich Gustav (1824-1889): Botanischer Illustrator.

- *Hyacinthoides hispanica, Hypericum elegans*

Ristow, M. Vegetationsökologie & Naturschutz, Universität Potsdam, Am Mühlenberg 3, 14476 Potsdam, ristow@uni-potsdam.de. (Fotos).

- *Scolochloa marchica*

Rydberg, P.A. (1898): A monograph of the North American Potentilleae. Lancaster, PA: New Era Printing.

- *Potentilla intermedia, P. supina*

Sargent, C.S. (1891-1902ff): The silva of North America: a description of the tree which grow naturally in North America exclusive of Mexico. 14 Bände. Boston: Houghton, Mifflin & Co. (auch folgende Auflagen).

- *Abies concolor, A. grandis, Acer saccharum, Fraxinus pennsylvanica, Picea pungens, P. sitchensis, Pinus contorta, Populus trichocarpa, Quercus palustris, Q. rubra, Rhus typhina, Robinia pseudoacacia, Sequoiadendron giganteum, Tsuga canadensis*

Saunders, W.W., H.G.R. Reichenbach & J.G. Baker, (1869-1879): Refugium botanicum. 4 Bände. London: van Voorst.

- *Sedum rubens*

Schkuhr, C. (1801): Beschreibung und Abbildung der theils bekannten, theils noch nicht beschriebenen Arten von Riedgräsern. 2 Bände. Wittenberg.

- *Carex hordeistichos*

Scholz, H., M. Ristow & M. Düvel (2011): Scolochloa marchica sp. nova (Poaceae), ein neues Röhrichtgras aus Mitteleuropa. In: Feddes Repertorium 112, 331-341. Figure 1, verändert. – Copyright Wiley-VCH Verlag GmbH. Reproduced with permission.

- *Scolochloa marchica*

Schott, H.W. (1852): Wilde Blendlinge oesterreichischer Primeln. Wien: Gerold & Sohn.

- *Primula clusiana*

Schrader, H.A. (1809-1811): Hortus Gottingensis. Göttingen: Dieterich.

- *Echinops exaltatus, Symphyotrichum salignum*

Seboth, J. & F. Graf (1879-1884): Die Alpenpflanzen nach der Natur gemalt. 4 Bände. Prag: Temposky.

- *Androsace obtusifolia, Festuca alpina, Helianthemum alpestre, Scorzoneroides helvetica*

Sharp, H. (1892-1910): Water color sketches of plants of North America and Europe. 18 Bände.

- *Ailanthus altissima*

Sibthorp, J. & J.E. Smith (1806-1840): Flora Graeca. 10 Bände. London: Taylor.

- *Anchusa azurea, Aremonia agrimonoides, Brachypodium rupestre, Dittrichia graveolens, Dorycnium pentaphyllum, Lathyrus sativus, Lupinus angustifolius, Lycopus exaltatus, Smyrnium perfoliatum*

Smith, Matilda (1854-1926): Botanische Illustratorin.

- *Bassia scoparia, Buddleja davidii, Cytisus ratisbonensis, Forsythia* x *intermedia, Helianthus tuberosus, Parthenocissus tricuspidata, Rosa villosa*

Sowerby, J.E. (Begr.) (1790-1813ff): English Botany. 36 Bände. London: R. Hardwicke (auch folgende Auflagen).

- *Amaranthus blitum, Armeria arenaria, Asperula cynanchica, Asplenium adiantum-nigrum, A. fontanum, Atriplex glabriuscula, Barbarea intermedia, Botrychium lunaria, Bupleurum rotundifolium, B. tenuissimum, Callitriche hermaphroditica, Carum verticillatum, Centaurea calcitrapa, Centranthus ruber, Claytonia perfoliata, Conopodium majus, Consolida ajacis, Crataegus monogyna, Crepis biennis, C. capillaris, C. paludosa, C. vesicaria, Cymbalaria muralis, Cystopteris montana, Descurainia sophia, Doronicum pardalianches, Dryopteris carthusiana, D. villarii, Epilobium alsinifolium, E. lanceolatum, Equisetum arvense, E. fluviatile, E. hyemale, E. palustre, E. sylvaticum, Erica cinerea, Erigeron alpinus, E. canadensis, Euphorbia stricta, Euphrasia micrantha, Filago gallica, F. pyramidata, Fumaria muralis, Galinsoga parviflora, Galium mollugo, G. palustre, G. pusillum, G. spurium, G. uliginosum, G. verrucosum, Genista anglica, G. pilosa, G. tinctoria, Gentianella campestris, Geranium columbinum, G. lucidum, G. pyrenaicum, G. rotundifolium, G. sanguineum, G. sylvaticum, Glaux maritima, Gnaphalium norvegicum, Helminthotheca echioides, Helosciadium inundatum, Hieracium amplexicaule, H. caesium, H. lachenalii, Hirschfeldia incana, Hymenophyllum tunbrigense, Hypericum maculatum, Hypochaeris maculata, Impatiens capensis, I. parviflora, Jacobaea erucifolia, J. vulgaris, Lactuca muralis, L. saligna, Lamium confertum, L. maculatum, Lathyrus aphaca, L. japonicus, L. latifolius, L. linifolius, L. nissolia, L. palustris, L. pratensis, L. tuberosus, Lemna gibba, L. trisulca, Leontodon hispidus, Lepidium heterophyllum, Linaria repens, Lotus corniculatus, L. tenuis, Lycopodiella inundata, Lycopodium annotinum, L. clavatum, Lysimachia nemorum, L. nummularia, L. punctata, Malva pusilla, Medicago arabica, M. falcata, M. minima, M. sativa, Mentha suaveolens, Myriophyllum alterniflorum, M. spicatum, M. verticillatum, Najas flexilis, Nymphoides peltata, Odontites vernus, Oenanthe silaifolia, Ophioglossum vulgatum, Orlaya grandiflora, Ornithopus perpusillus, Orobanche artemisiae-campestris, O. hederae, Orthilia secunda, Papaver hybridum, Parietaria judaica, Petasites albus, Petroselinum crispum, Peucedanum officinale, Pilosella aurantiaca, Pilularia globulifera, Polygala amarella, P. calcarea, Polygonum raii, Polypodium interjectum, Polystichum setiferum, Potamogeton coloratus, P. friesii, P. natans, Pulicaria dysenterica, P. vulgaris, Ranunculus circinatus, R. fluitans, R. repens, R. reptans, Rosa agrestis, R. arvensis, R. micrantha, R. spinosissima, Ruppia maritima, Sagina nodosa, S. saginoides, Salicornia procumbens, Salix bicolor, S. cinerea, S. repens, Saxifraga tridactylites, Scabiosa columbaria, Sedum forsterianum, S. sexangulare, Senecio squalidus, S. sylvaticus, S. viscosus, Silene gallica, Sisymbrium irio, Sonchus oleraceus, S. palustris, Sorbus torminalis, Stuckenia pectinata, Tephroseris palustris, Teucrium scorodonia, Tragopogon pratensis, Trifolium campestre, T. dubium, T. fragiferum, T. hybridum, T. incarnatum, T. micranthum, T. ornithopodioides, T. scabrum, Trinia glauca, Turgenia latifolia, Typha latifolia, Vaccinium oxycoccos, Valerianella dentata, V. rimosa, Veratrum lobelianum, Veronica agrestis, Vicia orobus, V. parviflora, Viola palustris, V. reichenbachiana, V. riviniana, V. rupestris, V. stagnina, Wolffia arrhiza, Woodsia alpina*

Spach, E. (1834-1847): Histoire naturelle des végétaux, Atlas. Paris: Librairie encyclopédique de Roret.

- *Glaucium flavum, Ribes sanguineum, Sparganium erectum, Tulipa gesneriana*

Step, E., B. Herincq, W. Watson & D. Bois (1896-1897): Favourite flowers of garden and greenhouse. 4 Bände. London: Partridge.

- *Cyanus montanus, Solidago canadensis*

Sturm, J. (Begr.) (1796ff): Flora von Deutschland in Abbildungen nach der Natur. Nürnberg: Sturm (auch folgende Auflagen).

- *Acer campestre, Achillea clavennae, A. ptarmica, Adenostyles alpina, Adonis vernalis, Aegopodium podagraria, Alchemilla fissa, A.* sect. *Alchemilla, A.* sect. *Alpinae, Alyssum alyssoides, A. gmelinii, Ammi majus, Angelica palustris, A. sylvestris, Artemisia verlotiorum, Aruncus dioicus, Aster alpinus, Astragalus arenarius, A. australis, A. penduliflorus, Atriplex littoralis, A. prostrata, Aurinia saxatilis, Blitum bonus-henricus, Bromus japonicus, Butomus umbellatus, Calamagrostis arundinacea, Camelina microcarpa, Campanula rhomboidalis, Cardamine heptaphylla, Carduus defloratus, Carex appropinquata, C. canescens, C. caryophyllea, C. davalliana, C. dioica, C. hartmanii, C. limosa, C. montana, C. obtusata, C. pallescens, C. remota, Centaurea nemoralis, C. phrygia, Cerastium dubium, Ceratocephala falcata, Cerinthe glabra, C. minor, Chaiturus marrubiastrum, Chenopodium vulvaria, Cicuta virosa, Circaea alpina, C. lutetiana, Cladium mariscus, Clinopodium acinos, C. menthifolium, C. nepeta, Cornus suecica, Cota austriaca, Crepis alpestris, C. aurea, C. jacquinii, C. pyrenaica, C. setosa, Cruciata laevipes, Cuscuta europaea, Descurainia sophia, Dianthus armeria, D. carthusianorum, D. gratianopolitanus, D. seguieri, Digitalis grandiflora, Diplotaxis muralis, D. tenuifolia, D. viminea, Draba aizoides, D. dubia, D. fladnizensis, D. incana, D. nemorosa, D. sauteri, D. tomentosa, Dracocephalum ruyschiana, Dryas octopetala, Eleocharis palustris, E. quinqueflora, Epilobium fleischeri, E. obscurum, E. parviflorum, E. roseum, E. tetragonum, Erica carnea, Erophila verna, Eruca vesicaria, Erucastrum gallicum, E. nasturtiifolium, Erysimum cheiranthoides, Euphorbia exigua, E. falcata, E. helioscopia, E. lathyris, Falcaria vulgaris, Filago arvensis, F. minima, Fraxinus excelsior, Fumaria officinalis, F. parviflora, F. vaillantii, Galanthus nivalis, Galeopsis angustifolia, G. bifida, G. ladanum, G. pubescens, G. segetum, G. speciosa, G. tetrahit, Gentiana acaulis, G. orbicularis, G. pneumonanthe, G. utriculosa, G. verna, Gentianella amarella, G. ciliata, G. tenella, Geranium divaricatum, G. molle, G. phaeum, G. robertianum, Geum montanum, G. reptans, G. urbanum, Gladiolus imbricatus, Glebionis segetum, Glechoma hederacea, Gnaphalium norvegicum, G. supinum, G. uliginosum, Hackelia deflexa, Halimione portulacoides, Helianthemum nummularium, Hieracium murorum, H. piliferum, H. villosum, Holosteum umbellatum, Hornungia alpina, H. petraea, H. procumbens, Hyacinthoides non-scripta, Hydrocharis morsus-ranae, Hypericum perforatum, Hypochaeris glabra, Hypopitys hypophegea, Iris pumila, Jacobaea abrotanifolia, Jasione montana, Juncus capitatus, J. compressus, J. conglomeratus, J. effusus, J. filiformis, J. squarrosus, J. tenageia, J. tenuis, Kickxia elatine, K. spuria, Lactuca perennis, Lamium galeobdolon, Laphangium luteoalbum, Lappula squarrosa, Laser trilobum, Laserpitium latifolium, Lathraea squamaria, Lathyrus hirsutus, Lemna minor, Leontodon incanus, L. saxatilis, Leontopodium nivale, Leonurus cardiaca, Leopoldia comosa, Lepidium draba, L. graminifolium, L. latifolium, Leucojum vernum, Limosella aquatica, Linaria arvensis, Lindernia procumbens, Linum flavum, Liparis loeselii, Lithospermum officinale, Ludwigia palustris, Lunaria annua, L. rediviva, Luzula alpina, L. campestris, L. luzulina, L. luzuloides, L. multiflora, L. nivea, L. pallescens, L. sylvatica, Lythrum portula, Malva neglecta, Melilotus dentatus, Melittis melissophyllum, Mercurialis annua, M. ovata, Meum athamanticum, Microrrhinum minus, Microthlaspi perfoliatum, Minuartia austriaca, M. setacea, M. verna, Misopates orontium, Montia arvensis, Myosotis alpestris, M. discolor, M. laxa, M. nemorosa, M. ramosissima, M. scorpioides, M. sparsiflora, M. sylvatica, Myosurus minimus, Najas marina, Narthecium ossifragum, Neottia ovata, Nepeta cataria, N. nuda, Noccaea caerulescens, N. montana, N. rotundifolia, Nuphar lutea, Omphalodes scorpioides, O. verna, Ononis natrix, Origanum vulgare, Orobanche caryophyllacea, Oxalis corniculata, Oxybasis chenopodioides, O. urbica, Oxyria digyna, Oxytropis jacquinii, O. pilosa, Pastinaca sativa, Petasites paradoxus, P. spurius, Peucedanum cervaria, Phleum alpinum, Pilosella bauhini, P. echioides, Pimpinella major, Pinguicula alpina, Pisum sativum, Plantago arenaria, P. atrata, P. coronopus, P. major, P. maritima, P. media, P. uniflora, Poa badensis, Podospermum purpureum, Polemonium caeruleum, Polygonum aviculare, Potentilla alba, P. argentea, P. caulescens, P. collina, P. erecta, P. inclinata, P. micrantha, P. norvegica, P. recta, P. reptans, P. sterilis, P. supina, P. thuringiaca, P. verna, Prenanthes purpurea, Primula farinosa, Pseudofumaria alba, Pulsatilla patens, Pyrola minor, P. rotundifolia, Ranunculus arvensis, R. breyninus, R. bulbosus, R. carinthiacus, R. circinatus, R. flammula, R. fluitans, R. hederaceus, R. sceleratus, Raphanus raphanistrum, Rhinanthus minor, Rhynchospora alba, R. fusca, Ribes petraeum, Rorippa pyrenaica, Rosa canina, R. gallica, R. mollis, R. pendulina, Rubus saxatilis, Rumex acetosa, R. acetosella, R. conglomeratus, R. crispus, R. hydrolapathum, R. maritimus, R. obtusifolius, R. pulcher, Sagina procumbens, Salix alba, S. alpina, S. aurita, S. daphnoides, S. eleagnos, S. euxina, S. glabra, S. purpurea, S. reticulata, S. triandra, S. viminalis, Saxifraga aphylla, S. burseriana, S. moschata, S. mutata, S. paniculata, S. rosacea, S. rotundifolia, Scirpoides holoschoenus, Scirpus radicans, S. sylvaticus, Scleranthus annuus, S. perennis, Scorzonera humilis, Scorzoneroides autumnalis, S. montana, Scrophularia vernalis, Sedum rubens, Selinum carvifolia, S. dubium, Senecio leucanthemifolius, S. vulgaris, Serratula tinctoria, Seseli annuum, S. libanotis, Sibbaldia procumbens, Sideritis montana, Silaum silaus, Silene armeria, S. noctiflora, S. rupestris, Sinapis alba, Sisymbrium officinale, Solidago virgaurea, Sonchus asper, S. palustris, Sorbus domestica, Spirodela polyrhiza, Stachys alpina, S. annua, S. arvensis, S. germanica, S. palustris, S. recta, S. sylvatica, Staphylea pinnata, Stellaria crassifolia, S. graminea, S. longifolia, S. nemorum, S. palustris, Subularia aquatica, Symphytum officinale, Tanacetum corymbosum, Taxus baccata, Tephroseris longifolia, Thalictrum aquilegiifolium, Thlaspi arvense, Thymelaea passerina, Thymus pulegioides, T. serpyllum, Tilia platyphyllos, Tofieldia calyculata, T. pusilla, Tordylium maximum, Torilis arvensis, Tozzia alpina, Tragopogon dubius, Trientalis europaea, Trifolium aureum, T. badium, T. medium, T. ochroleucon, T. pratense, T. rubens, T. striatum, Triglochin maritima, T. palustris, Tripolium pannonicum, Tulipa sylvestris, Turritis glabra, Utricularia intermedia, U. minor, U. vulgaris, Valeriana dioica, Verbascum densiflorum, Verbena officinalis, Veronica aphylla, V. austriaca, V. fruticans, V. hederifolia, V. montana, V. officinalis, V. opaca, V. persica, V. praecox, V. prostrata, V. scutellata, V. serpyllifolia, V. urticifolia, Vicia articulata, V. cassubica, V. cracca, V. ervilia, V. hirsuta, V. lathyroides, V. lutea, V. sylvatica, V. tetrasperma, Viola alba, V. collina, V. epipsila, V. odorata, V. suavis, V. uliginosa*

Svensk Botanik (1803-1843).

- *Anthoxanthum alpinum, Astragalus alpinus, Briza media, Buglossoides arvensis, Cakile maritima, Campanula latifolia, Centaurium littorale, Comarum palustre, Falcaria vulgaris, Geranium palustre, Hammarbya paludosa, Isatis tinctoria, Lonicera caerulea, Pinguicula alpina, Polygala comosa, Pyrola chlorantha, P. media, Ranunculus repens, Rorippa palustris, Salix herbacea, S. myrtilloides, Scolochloa festucacea, Scutellaria galericulata, Sorbus* subg. *Hedlundia, Spergula morisonii, Stellaria longifolia, Trifolium striatum, Tripolium pannonicum*

Tackenberg, Oliver (Fotos).

- *Alchemilla mollis, A.* sect. *Coriaceae, A.* sect. *Decumbentes, A.* sect. *Glaciales, A.* sect. *Ultravulgares, Alisma gramineum, Allium paradoxum, Amaranthus blitoides, Ambrosia psilostachya, Amelanchier spicata, Aphanes australis, Arenaria leptoclados, A. moehringioides, Asplenium adulterinum, Astrantia bavarica, Bidens frondosus, Bromus japonicus, Buglossoides incrassata, Cardamine dentata, Carex randalpina, Centaurea diffusa, Chenopodium strictum, C. suecicum, Consolida hispanica, Cuscuta campestris, Dryopteris affinis, Dysphania pumilio, Echinochloa muricata, Echinocystis lobata, Eleocharis mamillata, Elytrigia arenosa, E. atherica, E. obtusiflora, Epilobium brachycarpum, E. collinum, Eragrostis multicaulis, Erigeron glabratus, E. sumatrensis, Euphorbia humifusa, E. maculata, Euphrasia stricta, Eurybia macrophylla, Festuca amethystina, F. rupicaprina, F. violacea, Ficaria calthifolia, Fumaria schleicheri, Galium elongatum, G. intermedium, Geranium purpureum, Gypsophila scorzonerifolia, Helictotrichon parlatorei, Heracleum mantegazzianum, Hieracium pilosum, Hordeum jubatum, Knautia drymeia, Koeleria arenaria, Lactuca tatarica, Lathyrus laevigatus, Lemna turionifera, Leontodon dubius, L. hyoseroides, Lepidium densiflorum, Luzula divulgata, Melica picta, Metasequoia glyptostroboides, Myosotis rehsteineri, Onobrychis montana, Phytolacca acinosa, Pilosella aurantiaca, P. bauhinii, P. glacialis, P. hoppeana, P. lactucella, P. peleteriana, P. pilosellodie, Poa alpina, P. angustifolia, Polycnemum majus, Polystichum braunii, Reynoutria bohemica, Rosa marginata, R. pseudoscabriuscula, R. sherardii, Rudbeckia laciniata, Rumex stenophyllus, Salix breviserrata, Senecio inaequidens, Solanum physalifolium, Solidago gigantea, Spiraea alba, Symphytum* x *uplandicum, Taraxacum* sect. *Celtica, T.* sect. *Hamata, T.* sect. *Obliqua, Thalictrum lucidum, Thymus alpestris, T. praecox, Typha shuttleworthii, Urtica kioviensis, Veronica filiformis, V. orsiniana, Viola calaminaria, V. guestphalica, X Triticosecale rimpaui*

The botanical cabinet (1817-1833).

- *Rudbeckia hirta, R. triloba*

Thomé, O.W. (1885ff): Flora von Deutschland, Österreich und der Schweiz. Gera: Zezschwitz (auch folgende Auflagen).

- *Actaea spicata, Agrimonia eupatoria, Androsace helvetica, Antennaria dioica, Arctium minus, Asparagus officinalis, Asplenium ceterach, Bassia laniflora, Buphthalmum salicifolium, Bupleurum rotundifolium, Buxus sempervirens, Calla palustris, Callitriche palustris, Castanea sativa, Chaerophyllum temulum, Cynoglossum officinale, Cystopteris fragilis, Dictamnus albus, Dioscorea communis, Epimedium alpinum, Epipogium aphyllum, Eranthis hyemalis, Erodium cicutarium, Eupatorium cannabinum, Filago lutescens, Filipendula ulmaria, Genista germanica, Hippuris vulgaris, Iris pseudacorus, Lathyrus vernus, Leucanthemum vulgare, Lotus corniculatus, Luzula pilosa, Lycium barbarum, Mibora minima, Mimulus guttatus, Myrica gale, Narcissus poeticus, Nymphaea alba, Oenanthe aquatica, Oenothera* sect. *Oenothera, Onobrychis viciifolia, Ophrys apifera, Osmunda regalis, Platanthera bifolia, Populus nigra, Pyrus communis, Ranunculus acris, Rhinanthus angustifolius, Rosa majalis, Salicornia europaea, Salix hastata, S. myrtilloides, S. serpillifolia, Sanguisorba minor, Secale cereale, Silene baccifera, S. conica, S. dioica, S. flos-cuculi, S. nutans, Sorbus aucuparia, Thalictrum flavum, Thesium linophyllon, Trapa natans, Trifolium arvense, Zannichellia palustris*

Trew, C.J., G.G. Ehret & J.J. Haid (1750-1773): Plantae selectae quarum imagines ad exemplaria naturalia Londini, in hortis curiosorum nutrita. 10 Bände. London.

- *Kalmia angustifolia, Liriodendron tulipifera*

Trinius, K.B. (1828-1836): Species graminum. Petropoli: Impensis Academiae Imperialis Scientiarum.

- *Deschampsia media, Setaria italica, S. viridis*

University of Oslo (Hrsg.) Vascular Plant Herbarium, Oslo (O). (Fotos) – Online Ressource: Zugriff über www.gbif.org – zuletzt abgerufen am 27.7.2022: – Lizenz: CC BY-SA 4.0.

- *Taraxacum* sect. *Borea, T.* sect. *Spectabilia*

Utah State University (Hrsg.) Intermountain Herbarium (Vascular plants & algae). (Fotos) – Online Ressource: Zugriff über www.gbif.org – zuletzt abgerufen am 27.7.2022: – Lizenz: CC0 1.0.

- *Panicum barbipulvinatum*

Vallentin, E.F. & E.M. Cotton (1921): Illustrations of the flowering plants and ferns of the Falklands Islands. London: Reeve & Co.

- *Spergularia media*

van Houtte, L.B. (1845-1880): Flore des serres et des jardin de l'Europe. 23 Bände. Gent: van Houtte.

- *Phaseolus vulgaris, Rhodothamnus chamaecistus, Thuja plicata*

Verhandlungen der Zoologisch-Botanischen Gesellschaft in Wien (1851-1857).

- *Gymnadenia densiflora*

Vestre, Ola (Fotos): – Lizenz: CC BY 4.0.

- *Cotoneaster divaricatus*

Vietz, F.B. (1800-1822ff): Icones plantarum medico-oeconomico-technologicarum. 3 Bände. Wien: Schalbaecher (auch folgende Auflagen).

- *Cucumis melo, Cucurbita pepo*

Visconti, Piero (Fotos) – Online Ressource: Zugriff über www.gbif.org – zuletzt abgerufen am 29.7.2022: – Lizenz: CC0 1.0.

- *Arum cylindraceum*

von Jacquin, N.J. (1770-1776): Hortus botanicus Vindobonensis. 3 Bände. Vindobonae: Kaliwoda.

- *Androsace elongata, Crithmum maritimum*

von Jacquin, N.J. (1773-1778): Florae Austriaceae. 5 Bände. Vindobonae: Kaliwoda.

- *Saxifraga caesia*

von Jacquin, N.J. (1781-1793): Icones plantarum rariorum. 3 Bände. Vindobonae: Wappler.

- *Saxifraga mutata*

von Jacquin, N.J. (1809): Fragmenta botanica, figuris coloratis illustrata. Vindobonae: Schmidt.

- *Rosa spinosissima*

von Jacquin, Nikolaus Joseph (1727-1817): Botanischer Illustrator.

- *Androsace chamaejasme, Artemisia biennis, Astragalus cicer, A. frigidus, Atriplex tatarica, Carpesium cernuum, Chaerophyllum hirsutum, Cirsium canum, Cyperus longus, Hedysarum hedysaroides, Helianthemum canum, Lactuca viminea, Leontodon incanus, Plantago alpina, Primula auricula, Sisymbrium strictissimum* von Ledebour, C.F. (1829-1834): Icones plantarum novarum vel imperfecte cognitarum floram Rossicam, imprimis Altaicam, illustrantes. Riga: Deubner.

- *Atriplex micrantha, Carex atherodes, Ligusticum mutellinoides, Rumex stenophyllus*

von Martius, C., A.W. Eichler & I. Urban (1840-1904): Flora Brasiliensis. München & Leipzig: Oldenbourg.

- *Lemna minuta*

von Schlechtendal, D.F.L. (Hrsg.) (1840ff): Flora von Deutschland. 24 Bände. Jena: Mauke (auch folgende Auflagen).

- *Abies alba, Abutilon theophrasti, Acer monspessulanum, Achillea atrata, A. macrophylla, A. nobilis, Achnatherum calamagrostis, Aconitum lycoctonum, A. variegatum, Adenophora liliifolia, Adenostyles alliariae, Adonis aestivalis, A. flammea, A. vernalis, Adoxa moschatellina, Aegonychon purpurocaeruleum, Aesculus hippocastanum, Aethusa cynapium, Agrimonia procera, Agrostemma githago, Agrostis alpina, A. canina, A. capillaris, A. rupestris, A. schraderiana, A. stolonifera, Aira caryophyllea, A. praecox, Ajuga chamaepitys, A. genevensis, A. pyramidalis, A. reptans, Aldrovanda vesiculosa, Alisma plantago-aquatica, Alliaria petiolata, Allium ampeloprasum, A. carinatum, A. cepa, A. lusitanicum, A. oleraceum, A. rotundum, A. sativum, A. schoenoprasum, A. scorodoprasum, A. sphaerocephalon, A. strictum, A. suaveolens, A. ursinum, A. victorialis, A. vineale, Alnus glutinosa, A. incana, A. viridis, Alopecurus aequalis, A. arundinaceus, A. geniculatus, A. myosuroides, A. pratensis, Althaea hirsuta, Alyssum montanum, Amaranthus deflexus, A. graecizans, A. retroflexus, Amelanchier ovalis, Anacamptis coriophora, A. morio, A. palustris, A. pyramidalis, Anagallis arvensis, Anarrhinum bellidifolium, Anchusa officinalis, Andromeda polifolia, Androsace lactea, A. maxima, A. obtusifolia, Anemonastrum narcissiflorum, Anemone baldensis, A. nemorosa, A. ranunculoides, A. sylvestris, Anisantha sterilis, A. tectorum, Antennaria carpatica, A. dioica, Anthericum liliago, A. ramosum, Anthoxanthum odoratum, Anthriscus caucalis, A. cerefolium, A. sylvestris, Anthyllis vulneraria, Antirrhinum majus, Apera spica-venti, Apium graveolens, Aposeris foetida, Aquilegia atrata, A. vulgaris, Arabidopsis arenosa, A. halleri, A. petraea, A. thaliana, Arabis alpina, A. auriculata, A. caerulea, A. ciliata, A. hirsuta, A. planisiliqua, A. pumila, A. sagittata, A. soyeri, Arctium lappa, A. nemorosum, A. tomentosum, Arctostaphylos alpinus, Aremonia agrimonoides, Arenaria ciliata, A. serpyllifolia, Argentina anserina, Aristavena setacea, Aristolochia clematitis, Armeria maritima, Armoracia rusticana, Arnica montana, Arrhenatherum elatius, Artemisia absinthium, A. austriaca, A. campestris, A. dracunculus, A. laciniata, A. maritima, A. pontica, A. rupestris, A. scoparia, A. vulgaris, Arum maculatum, Asarum europaeum, Asperula arvensis, A. cynanchica, Asplenium fissum, A. ruta-muraria, A. scolopendrium, A. seelosii, A. septentrionale, A. trichomanes, A. viride, Aster amellus, Astragalus alpinus, A. cicer, Astrantia major, Athamanta cretensis, Athyrium distentifolium, A. filix-femina, Atriplex calotheca, A. hortensis, A. laciniata, A. oblongifolia, A. patula, A. rosea, A. sagittata, Atropa bella-donna, Avena sativa, A. strigosa, Avenella flexuosa, Avenula pubescens, Baldellia ranunculoides, Ballota nigra, Barbarea stricta, B. verna, B. vulgaris, Bartsia alpina, Bellidiastrum michelii, Bellis perennis, Berberis vulgaris, Berteroa incana, Berula erecta, Betula humilis, B. nana, B. pendula, B. pubescens, Bidens tripartitus, Bifora radians, Biscutella laevigata, Bistorta officinalis, B. vivipara, Blackstonia perfoliata, Blechnum spicant, Blitum virgatum, Blysmopsis rufa, Blysmus compressus, Bolboschoenus maritimus, Borago officinalis, Bothriochloa ischaemum, Botrychium multifidum, Brachypodium sylvaticum, Brassica nigra, Bromopsis erecta, B. inermis, B. ramosa, Bromus arvensis, B. brachystachys, B. commutatus, B. hordeaceus, B. racemosus, B. secalinus, Bryonia alba, B. dioica, Bunias orientalis, Bunium bulbocastanum, Bupleurum falcatum, B. longifolium, B. ranunculoides, Butomus umbellatus, Calamagrostis arundinacea, C. canescens, C. epigejos, C. pseudophragmites, C. varia, C. villosa, Caldesia parnassifolia, Calepina irregularis, Calluna vulgaris, Caltha palustris, Calystegia sepium, C. soldanella, Camelina alyssum, Campanula alpina, C. barbata, C. bononiensis, C. cervicaria, C. cochleariifolia, C. glomerata, C. patula, C. persicifolia, C. rapunculoides, C. rapunculus, C. rotundifolia, C. sibirica, C. thyrsoides, C. trachelium, Cannabis sativa, Capsella bursa-pastoris, Cardamine alpina, C. amara, C. bulbifera, C. enneaphyllos, C. flexuosa, C. hirsuta, C. impatiens, C. parviflora, C. pentaphyllos, C. pratensis, C. resedifolia, C. trifolia, Carduus acanthoides, C. crispus, C. nutans, Carex acuta, C. acutiformis, C. alba, C. arenaria, C. atrata, C. baldensis, C. bigelowii, C. binervis, C. bohemica, C. brachystachys, C. brizoides, C. brunnescens, C. buxbaumii, C. capillaris, C. capitata, C. cespitosa, C. chordorrhiza, C. colchica, C. cuprina, C. curvula, C. depauperata, C. diandra, C. digitata, C. distans, C. disticha, C. divulsa, C. echinata, C. elata, C. elongata, C. ericetorum, C. extensa, C. ferruginea, C. filiformis, C. firma, C. flacca, C. flava, C. frigida, C. fuliginosa, C. halleriana, C. heleonastes, C. hirta, C. hostiana, C. humilis, C. laevigata, C. lasiocarpa, C. lepidocarpa, C. leporina, C. loliacea, C. magellanica, C. melanostachya, C. michelii, C. microglochin, C. montana, C. mucronata, C. muricata, C. nigra, C. ornithopoda, C. pallescens, C. panicea, C. paniculata, C. parviflora, C. pauciflora, C. pendula, C. pilosa, C. pilulifera, C. praecox, C. pseudocyperus, C. pulicaris, C. punctata, C. riparia, C. rostrata, C. rupestris, C. secalina, C. sempervirens, C. spicata, C. strigosa, C. supina, C. sylvatica, C. umbrosa, C. vaginata, C. vesicaria, C. viridula, C. vulpina, Carlina acaulis, C. vulgaris, Carpesium cernuum, Carpinus betulus, Carum verticillatum, Catabrosa aquatica, Catapodium rigidum, Caucalis platycarpos, Centaurea jacea, C. nigrescens, C. scabiosa, C. solstitialis, Centaurium erythraea, C. pulchellum, Cephalanthera damasonium, C. longifolia, C. rubra, Cerastium alpinum, C. arvense, C. brachypetalum, C. cerastoides, C. diffusum, C. fontanum, C. glomeratum, C. latifolium, C. pumilum, C. semidecandrum, Ceratocapnos claviculata, Chaerophyllum aromaticum, C. aureum, C. villarsii, Chamorchis alpina, Chelidonium majus, Chenopodiastrum hybridum, C. murale, Chenopodium album, C. ficifolium, C. opulifolium, Chimaphila umbellata, Chondrilla chondrilloides, C. juncea, Chrysosplenium alternifolium, C. oppositifolium, Cichorium intybus, Circaea alpina, C. intermedia, Cirsium dissectum, C. eriophorum, C. heterophyllum, C. rivulare, C. spinosissimum, C. tuberosum, C. vulgare, Clematis alpina, C. recta, C. vitalba, Clinopodium alpinum, C. vulgare, Cochlearia anglica, C. danica, Coincya monensis, Coleanthus subtilis, Collomia grandiflora, Colutea arborescens, Conringia orientalis, Consolida regalis, Convolvulus arvensis, Corallorhiza trifida, Coriandrum sativum, Corispermum intermedium, C. marschallii, Cornus mas, C. sanguinea, Coronilla coronata, C. vaginalis, Corrigiola litoralis, Cortusa matthioli, Corydalis cava, C. intermedia, C. pumila, C. solida, Corylus avellana, Corynephorus canescens, Cota tinctoria, Cotinus coggygria, Cotoneaster tomentosus, Cotula coronopifolia, Crambe maritima, Crassula aquatica, C. tillaea, Crataegus germanica, C. laevigata, C. monogyna, Crepis conyzifolia, C. jacquinii, C. mollis, C. paludosa, C. pulchra, C. pyrenaica, C. terglouensis, C. vesicaria, Cruciata glabra, Cryptogramma crispa, Cuscuta epilinum, C. epithymum, C. lupuliformis, Cyanus segetum, Cyclamen purpurascens, Cynodon dactylon, Cynoglossum germanicum, C. officinale, Cynosurus cristatus, C. echinatus, Cyperus esculentus, C. flavescens, C. fuscus, C. longus, C. michelianus, Cypripedium calceolus, Cystopteris sudetica, Cytisus hirsutus, C. scoparius, Dactylis glomerata, Dactylorhiza maculata, D. majalis, D. sambucina, D. viridis, Danthonia alpina,*

D. decumbens, Daphne cneorum, D. laureola, D. mezereum, D. striata, Dasiphora fruticosa, Daucus carota, Delphinium elatum, Deschampsia cespitosa, Dianthus arenarius, D. deltoides, D. plumarius, D. superbus, D. sylvestris, Dichoropetalum carvifolia, Digitalis grandiflora, D. lutea, D. purpurea, Digitaria ischaemum, D. sanguinalis, Dipsacus fullonum, D. pilosus, Doronicum austriacum, D. columnae, D. glaciale, D. grandiflorum, D. pardalianches, Dorycnium hirsutum, D. pentaphyllum, Draba siliquosa, Drabella muralis, Drosera intermedia, D. longifolia, D. rotundifolia, Drymocallis rupestris, Drymochloa sylvatica, Dryopteris cristata, Dysphania ambrosioides, D. botrys, Ecballium elaterium, Echinochloa crus-galli, Echinops sphaerocephalus, Echium vulgare, Elaeagnus angustifolia, Elatine alsinastrum, E. hexandra, E. triandra, Eleocharis acicularis, E. multicaulis, E. ovata, E. uniglumis, Elodea canadensis, Elymus caninus, Elytrigia intermedia, E. juncea, Empetrum nigrum, Epilobium alpestre, E. anagallidifolium, E. angustifolium, E. dodonaei, E. fleischeri, E. hirsutum, E. montanum, E. obscurum, E. palustre, E. roseum, E. tetragonum, Epipactis atrorubens, E. helleborine, E. microphylla, E. palustris, E. purpurata, Equisetum arvense, E. fluviatile, E. pratense, E. ramosissimum, E. telmateia, Eragrostis cilianensis, E. minor, E. pilosa, Erica tetralix, Erigeron acris, E. annuus, E. uniflorus, Eriophorum angustifolium, E. gracile, E. latifolium, E. scheuchzeri, E. vaginatum, Erodium moschatum, Eryngium campestre, E. maritimum, E. planum, Erysimum cheiri, E. crepidifolium, E. hieracifolium, E. odoratum, E. repandum, Euonymus europaeus, E. latifolius, Euphorbia amygdaloides, E. angulata, E. cyparissias, E. dulcis, E. epithymoides, E. esula, E. illirica, E. lucida, E. palustris, E. peplus, E. platyphyllos, E. salicifolia, E. seguieriana, E. stricta, E. verrucosa, Euphrasia minima, E. nemorosa, E. officinalis, E. salisburgensis, Fagopyrum esculentum, F. tataricum, Fagus sylvatica, Fallopia convolvulus, F. dumetorum, Festuca heterophylla, F. ovina, F. quadriflora, F. rubra, Ficaria verna, Filago arvensis, F. germanica, Filipendula vulgaris, Foeniculum vulgare, Fourraea alpina, Fragaria moschata, F. vesca, F. viridis, Frangula alnus, Fraxinus excelsior, F. ornus, Fritillaria meleagris, Fumana procumbens, Gagea bohemica, G. liotardii, G. lutea, G. minima, G. spathacea, G. villosa, Galatella linosyris, Galium aristatum, G. boreale, G. glaucum, G. mollugo, G. odoratum, G. parisiense, G. pusillum, G. rotundifolium, G. sylvaticum, G. tricornutum, Gaudinia fragilis, Genista pilosa, G. sagittalis, Gentiana asclepiadea, G. cruciata, G. lutea, G. pannonica, G. pneumonanthe, G. punctata, G. purpurea, G. verna, Gentianella germanica, G. tenella, Geranium columbinum, G. palustre, G. phaeum, G. robertianum, G. rotundifolium, Geum montanum, G. rivale, Gladiolus imbricatus, G. palustris, Glaucium corniculatum, G. flavum, Glebionis segetum, Glechoma hederacea, Globularia bisnagarica, G. cordifolia, G. nudicaulis, Glyceria fluitans, Gnaphalium hoppeanum, G. norvegicum, G. supinum, G. sylvaticum, Goodyera repens, Gratiola officinalis, Groenlandia densa, Gymnadenia conopsea, G. odoratissima, G. sect. *Nigritella, Gymnocarpium dryopteris, Gypsophila muralis, G. repens, Hammarbya paludosa, Hedera helix, Hedysarum hedysaroides, Helianthemum apenninum, Helichrysum arenarium, Helictochloa pratensis, H. versicolor, Heliotropium europaeum, Helleborus niger, Helosciadium inundatum, H. nodiflorum, H. repens, Hepatica nobilis, Heracleum austriacum, H. sphondylium, Herminium monorchis, Herniaria glabra, H. hirsuta, Hesperis matronalis, Hieracium alpinum, H. bifidum, H. bupleuroides, H. glaucum, H. humile, H. laevigatum, H. prenanthoides, H. sabaudum, H. umbellatum, H. villosum, Hierochloë australis, H. odorata, Himantoglossum hircinum, Hippocrepis comosa, H. emerus, Hippophaë rhamnoides, Holcus lanatus, H. mollis, Homogyne alpina, H. discolor, Hordelymus europaeus, Hordeum murinum, H. vulgare, Humulus lupulus, Huperzia selago, Hydrocotyle vulgaris, Hylotelephium maximum, H. telephium, H. vulgare, Hyoscyamus niger, Hypericum elegans, H. elodes, H. hirsutum, H. humifusum, H. montanum, H. tetrapterum, Hypopitys monotropa, Hyssopus officinalis, Iberis amara, I. linifolia, Ilex aquifolium, Illecebrum verticillatum, Impatiens noli-tangere, Inula britannica, I. conyzae, I. ensifolia, I. germanica, I. helenium, I. hirta, I. salicina, Iris germanica, I. sibirica, I. spuria, I. variegata, Isatis tinctoria, Isolepis fluitans, I. setacea, Jacobaea alpina, J. aquatica, J. erratica, J. incana, J. paludosa, J. subalpina, J. vulgaris, Jovibarba globifera, Juncus acutiflorus, J. alpinoarticulatus, J. articulatus, J. atratus, J. balticus, J. bufonius, J. bulbosus, J. gerardii, J. inflexus, J. jacquinii, J. maritimus, J. monanthos, J. pygmaeus, J. sphaerocarpus, J. stygius, J. subnodulosus, J. trifidus, J. triglumis, Jurinea cyanoides, Kernera saxatilis, Knautia arvensis, K. dipsacifolia, Koeleria pyramidata, K. vallesiana, Lactuca alpina, L. perennis, L. plumieri, L. quercina, L. saligna, L. sativa, L. viminea, L. virosa, Lamium album, L. amplexicaule, L. galeobdolon, L. maculatum, L. purpureum, Lapsana communis, Laserpitium prutenicum, Lathyrus heterophyllus, L. niger, L. sylvestris, Leersia oryzoides, Legousia hybrida, L. speculum-veneris, Lembotropis nigricans, Lens culinaris, Leontodon hispidus, Leopoldia tenuiflora, Lepidium campestre, L. coronopus, L. didymum, L. latifolium, L. perfoliatum, L. ruderale, L. sativum, Leucanthemum halleri, Leucojum aestivum, Leucopoa pulchella, Ligusticum mutellina, L. mutellinoides, Ligustrum vulgare, Lilium bulbiferum, L. martagon, Limodorum abortivum, Limonium vulgare, Linaria alpina, L. genistifolia, L. repens, L. vulgaris, Linnaea borealis, Linum alpinum, L. austriacum, L. leonii, L. perenne, L. tenuifolium, L. viscosum, Lipandra polysperma, Liparis loeselii, Lloydia serotina, Lobularia maritima, Lolium perenne, L. temulentum, Lomatogonium carinthiacum, Lonicera alpigena, L. caprifolium, L. etrusca, L. nigra, L. xylosteum, Loranthus europaeus, Lotus maritimus, L. pedunculatus, L. tenuis, Lupinus angustifolius, Luronium natans, Luzula alpinopilosa, L. forsteri, L. glabrata, L. pallescens, L. spicata, L. sudetica, Lycium barbarum, Lycopodium* sect. *Complanata, Lysimachia vulgaris, Lythrum hyssopifolia, L. salicaria, Maianthemum bifolium, Malaxis monophyllos, Malus pumila, Malva alcea, M. moschata, M. thuringiaca, Marrubium peregrinum, M. vulgare, Marsilea quadrifolia, Medicago falcata, M. lupulina, M. minima, M. polymorpha, Melampyrum arvense, M. cristatum, M. nemorosum, M. pratense, M. sylvaticum, Melica nutans, M. transsilvanica, M. uniflora, Melilotus albus, M. altissimus, M. dentatus, M. indicus, M. officinalis, Mentha aquatica, M. arvensis, M. longifolia, M. piperita, M. pulegium, M. spicata, Mercurialis perennis, Meum athamanticum, Micropyrum tenellum, Microrrhinum minus, Milium effusum, Minuartia austriaca, M. cherlerioides, M. hybrida, M. rubra, M. sedoides, M. setacea, M. verna, M. viscosa, Moehringia ciliata, M. muscosa, M. trinervia, Moenchia erecta, Molinia arundinacea, M. caerulea, Morus alba, M. nigra, Muscari botryoides, Myagrum perfoliatum, Myosotis arvensis, M. decumbens, Myosoton aquaticum, Myricaria germanica, Najas minor, Nardus stricta, Nasturtium officinale, Neotinea tridentata, N. ustulata, Neottia cordata, N. nidus-avis, Neslia paniculata, Nicandra physalodes, Nicotiana rustica, N. tabacum, Nigella arvensis, N. sativa, Nonea pulla, Nuphar pumila, Ochlopoa annua, Odontarrhena muralis, Odontites luteus, Oenanthe fistulosa, O. fluviatilis, O. lachenalii, O. peucedanifolia, O. silaifolia, Onobrychis arenaria, Onoclea struthiopteris, Ononis natrix, Onopordum acanthium, Onosma arenaria, Ophrys apifera, O. holoserica, O. insectifera, O. sphegodes, Orchis anthropophora, O. mascula, O. militaris, O. pallens, O. purpurea, O. simia, O. spitzelii, Oreochloa disticha, Orlaya grandiflora, Ornithogalum boucheanum, O. nutans, O. pyrenaicum, O. umbellatum, Ornithopus perpusillus, O. sativus, Orobanche alsatica, O. amethystea, O. caryophyllacea, O. flava, O. gracilis, O. hederae, O. kochii, O. lucorum, O. lutea, O. minor, O. rapum-genistae, O. reticulata, O. salviae, O. teucrii, Ostrya carpinifolia, Oxalis acetosella,*

O. fontana, Oxybasis glauca, O. rubra, O. urbica, Oxytropis jacquinii, Panicum miliaceum, Papaver alpinum, P. argemone, P. dubium, P. hybridum, P. rhoeas, Parapholis strigosa, Parietaria judaica, P. officinalis, Paris quadrifolia, Parnassia palustris, Parthenocissus inserta, Pedicularis foliosa, P. oederi, P. recutita, P. rostratocapitata, P. rostratospicata, P. sceptrum-carolinum, P. sylvatica, P. verticillata, Persicaria amphibia, P. dubia, P. hydropiper, P. lapathifolia, P. maculosa, P. minor, Petasites albus, P. hybridus, P. paradoxus, P. spurius, Petrocallis pyrenaica, Petrorhagia prolifera, P. saxifraga, Petroselinum crispum, Peucedanum alsaticum, P. cervaria, P. officinale, P. oreoselinum, Phalaris canariensis, Phalaroides arundinacea, Phaseolus vulgaris, Phegopteris connectilis, Phelipanche arenaria, P. purpurea, P. ramosa, Phleum arenarium, P. hirsutum, P. paniculatum, P. phleoides, P. pratense, P. rhaeticum, Phragmites australis, Physalis alkekengi, Phyteuma hemisphaericum, P. nigrum, P. orbiculare, P. ovatum, P. spicatum, Picris hieracioides, Pilosella caespitosa, P. glacialis, P. officinarum, P. piloselloides, Pimpinella nigra, Pinguicula vulgaris, Pinus uncinata, Plantago alpina, P. lanceolata, Platanthera chlorantha, Pleurospermum austriacum, Poa alpina, P. bulbosa, P. cenisia, P. chaixii, P. compressa, P. hybrida, P. minor, P. nemoralis, P. palustris, P. pratensis, Podospermum laciniatum, Polemonium caeruleum, Polycarpon tetraphyllum, Polycnemum arvense, Polygala amara, P. chamaebuxus, P. serpyllifolia, P. vulgaris, Polygonatum multiflorum, P. odoratum, P. verticillatum, Polystichum aculeatum, P. lonchitis, Populus alba, Portulaca oleracea, Potamogeton acutifolius, P. alpinus, P. coloratus, P. compressus, P. crispus, P. gramineus, P. lucens, P. natans, P. obtusifolius, P. perfoliatus, P. polygonifolius, P. praelongus, P. pusillus, P. rutilus, Potentilla alba, P. anglica, P. argentea, P. aurea, P. brauneana, P. caulescens, P. clusiana, P. crantzii, P. heptaphylla, P. sterilis, Primula auricula, P. elatior, P. minima, P. veris, Prunella grandiflora, P. laciniata, P. vulgaris, Prunus armeniaca, P. avium, P. cerasus, P. domestica, P. fruticosa, P. mahaleb, P. padus, P. persica, P. spinosa, P. tenella, Pseudofumaria lutea, Pseudorchis albida, Pseudoturritis turrita, Puccinellia distans, Pulicaria dysenterica, P. vulgaris, Pulmonaria angustifolia, P. mollis, Pulsatilla alpina, P. pratensis, P. vernalis, Quercus petraea, Q. robur, Ranunculus aconitifolius, R. acris, R. alpestris, R. aquatilis, R. auricomus coll., R. bulbosus, R. glacialis, R. hybridus, R. illyricus, R. lanuginosus, R. lingua, R. parnassiifolius, R. polyanthemos, R. repens, R. sardous, R. sceleratus, R. villarsii, Raphanus sativus, Rapistrum perenne, R. rugosum, Reseda lutea, R. luteola, Reynoutria japonica, Rhamnus cathartica, R. saxatilis, Rhinanthus alectorolophus, R. alpinus, R. minor, Rhodiola rosea, Rhododendron ferrugineum, R. hirsutum, R. tomentosum, Rhodothamnus chamaecistus, Rhynchospora fusca, Ribes alpinum, R. nigrum, R. petraeum, R. rubrum, R. uva-crispa, Robinia pseudoacacia, Rorippa amphibia, R. austriaca, R. palustris, R. pyrenaica, R. sylvestris, Rosa arvensis, R. gallica, R. micrantha, R. pendulina, Rubus caesius, R. idaeus, R. sect. *Corylifolii, R.* sect. *Rubus, Rumex acetosa, R. alpinus, R. aquaticus, R. arifolius, R. conglomeratus, R. hydrolapathum, R. nivalis, R. palustris, R. pulcher, R. sanguineus, R. scutatus, Ruta graveolens, Sagina apetala, S. subulata, Sagittaria sagittifolia, Salicornia europaea, Salix appendiculata, S. caesia, S. caprea, S. cinerea, S. eleagnos, S. herbacea, S. myrsinifolia, S. repens, S. reticulata, S. retusa, S. starkeana, S. waldsteiniana, Salsola kali, Salvia glutinosa, S. officinalis, S. pratensis, S. verticillata, Sambucus ebulus, S. nigra, S. racemosa, Sanguisorba officinalis, Sanicula europaea, Saponaria ocymoides, S. officinalis, Saussurea alpina, S. discolor, S. pygmaea, Saxifraga aizoides, S. androsacea, S. biflora, S. bryoides, S. caesia, S. granulata, S. hirculus, S. paniculata, S. rosacea, S. stellaris, Scabiosa canescens, S. columbaria, S. lucida, S. ochroleuca, Scandix pecten-veneris, Schedonorus arundinaceus, S. giganteus, S. pratensis, Scheuchzeria palustris, Schlagintweitia intybacea, Schoenoplectus lacustris, S. mucronatus, S. pungens, S. supinus, S. triqueter, Schoenus ferrugineus, S. nigricans, Scilla bifolia, Scirpoides holoschoenus, Sclerochloa dura, Scorzonera austriaca, S. hispanica, S. humilis, S. parviflora, Scorzoneroides autumnalis, Scrophularia canina, S. nodosa, S. umbrosa, Scutellaria hastifolia, S. minor, Securigera varia, Sedum acre, S. album, S. alpestre, S. annuum, S. atratum, S. hispanicum, S. rupestre, S. sexangulare, S. villosum, Selaginella helvetica, Sempervivum arachnoideum, S. montanum, S. tectorum, Senecio leucanthemifolius, S. nemorensis, S. sarracenicus, S. sylvaticus, S. viscosus, S. vulgaris, Serratula tinctoria, Seseli hippomarathrum, S. montanum, Sesleria caerulea, S. ovata, Setaria pumila, S. verticillata, S. viridis, Sherardia arvensis, Silene chlorantha, S. cretica, S. dichotoma, S. latifolia, S. linicola, S. nemoralis, S. otites, S. rupestris, S. tatarica, S. viscosa, Silybum marianum, Sisymbrium austriacum, S. irio, S. loeselii, S. officinale, S. orientale, S. strictissimum, Smyrnium perfoliatum, Solanum dulcamara, S. nigrum, S. tuberosum, S. villosum, Soldanella alpina, S. minima, S. montana, S. pusilla, Solidago canadensis, Sonchus arvensis, S. asper, S. oleraceus, S. palustris, Sorbus chamaemespilus, S. torminalis, Sorghum bicolor, S. halepense, Sparganium angustifolium, S. emersum, S. erectum, S. natans, Spartina townsendii, Spergula pentandra, Spergularia rubra, S. segetalis, Spiraea billardii, S. chamaedryfolia, Spiranthes aestivalis, S. spiralis, Stachys alopecuros, S. alpina, S. officinalis, Staphylea pinnata, Stellaria holostea, S. nemorum, S. palustris, Stratiotes aloides, Streptopus amplexifolius, Suaeda maritima, Succisa pratensis, Succisella inflexa, Swertia perennis, Symphyotrichum salignum, Symphytum bulbosum, S. officinale, S. tuberosum, Syringa vulgaris, Tanacetum corymbosum, T. vulgare, Taxus baccata, Teesdalia nudicaulis, Telekia speciosa, Tephroseris crispa, T. helenitis, T. integrifolia, T. longifolia, T. palustris, Teucrium botrys, T. chamaedrys, T. montanum, T. scordium, T. scorodonia, Thalictrum aquilegiifolium, T. minus, T. simplex, Thelypteris palustris, Thesium alpinum, T. ebracteatum, T. linophyllon, T. pyrenaicum, T. rostratum, Thlaspi alliaceum, T. arvense, Thymus vulgaris, Tilia cordata, T. platyphyllos, Tolpis staticifolia, Torilis arvensis, T. nodosa, Tozzia alpina, Tragopogon dubius, T. pratensis, Tragus racemosus, Traunsteinera globosa, Trichophorum alpinum, T. cespitosum, Trientalis europaea, Trifolium alpestre, T. arvense, T. campestre, T. fragiferum, T. hybridum, T. incarnatum, T. medium, T. micranthum, T. montanum, T. ochroleucon, T. pratense, T. repens, T. resupinatum, T. retusum, T. rubens, T. spadiceum, T. striatum, T. thalii, Trisetum distichophyllum, T. flavescens, T. spicatum, Triticum monococcum, Trollius europaeus, Tuberaria guttata, Tulipa gesneriana, T. sylvestris, Turgenia latifolia, Turritis glabra, Tussilago farfara, Typha angustifolia, T. latifolia, T. minima, Ulex europaeus, Ulmus glabra, U. laevis, U. minor, Urtica dioica, U. urens, Vaccinium myrtillus, V. uliginosum, V. vitis-idaea, Valeriana montana, V. saxatilis, V. supina, V. tripteris, Valerianella carinata, V. eriocarpa, V. locusta, Ventenata dubia, Veratrum lobelianum, Verbascum blattaria, V. lychnitis, V. phoeniceum, V. pulverulentum, V. thapsus, Veronica acinifolia, V. anagallis-aquatica, V. aphylla, V. arvensis, V. beccabunga, V. bellidioides, V. chamaedrys, V. fruticans, V. fruticulosa, V. longifolia, V. peregrina, V. polita, V. spicata, V. spuria, V. triphyllos, Viburnum opulus, Vicia articulata, V. cassubica, V. cracca, V. dumetorum, V. faba, V. grandiflora, V. hirsuta, V. lathyroides, V. lutea, V. oroboides, V. pannonica, V. pisiformis, V. sativa, V. sepium, V. sylvatica, V. tenuifolia, V. villosa, Vinca major, V. minor, Vincetoxicum hirundinaria, Viola calcarata, V. elatior, V. lutea, V. mirabilis, V. pumila, V. pyrenaica, Viscum album, Vitis vinifera, Vulpia bromoides, V. myuros, Wahlenbergia hederacea, Willemetia stipitata, Woodsia ilvensis, W. pulchella, X Calammophila baltica, Xanthium orientale, X. spinosum, X. strumarium, Zea mays, Zostera marina*

von Siebold, P.F.B & J.G. Zuccarini (1835-1875): Flora Japonica. Lugduni Batavorum.
- *Chamaecyparis pisifera, Ginkgo biloba, Larix kaempferi, Platycladus orientalis, Rosa rugosa*
von Wettstein, R. (1901ff): Handbuch der systematischen Botanik. 2 Bände. Wien: Deuticke.
- *Soldanella montana*
Walcott, M.V. (1925-1927): North American wild flowers. Washington, D.C: Smithsonian Institution.
- *Thuja plicata*
Waldstein-Wartenberg, F. de Paula & P. von Kitaibel (1799-1812): Descriptiones et icones plantarum rariorum Hungariae. 3 Bände. Wien: Schmidt.
- *Artemisia scoparia, Brassica elongata, Cruciata glabra, Cyanus triumfettii, Scabiosa lucida*
Weinmann, J.W. (1737-1745): Phytanthoza iconographia. Ratisbonae: Lentzium.
- *Lycopersicon esculentum, Platanus hispanica*
Wight, R. (1840-1850): Illustrations of Indian botany, or figures illustrative of each of the natural orders of Indian plants. 2 Bände. Madras: Pharoah.
- *Sonchus oleraceus, Suaeda maritima*
Wight, R. (1846-1851): Spicilegium Neilgherrense. 2 Bände. Madras.
- *Potentilla indica*
Willdenow, C.L. (1806-1816): Hortus Berolinensis.
- *Scrophularia auriculata*
Willkomm, H.M. (1881-1885): Illustrationes florae Hispaniae insularumque Balearium. 2 Bände. Stuttgart: Schweizerbart.
- *Eruca vesicaria, Sagina maritima*
Winkler, E. (1854): Sämmtliche Giftgewächse Deutschlands: naturgetreu dargestellt und allgemein fasslich beschrieben. 3. Auflage. Leipzig: Voigt.
- *Daphne cneorum, Euphorbia palustris, Helleborus foetidus, H. viridis, Laburnum anagyroides, Lactuca serriola, Pedicularis palustris, Pulsatilla vulgaris, Sium latifolium*
Wolkenberg, Sandy (Fotos): – Lizenz: CC BY 4.0.
- *Rubus allegheniensis*
Wood, J.M. & M.S. Evans (1898-1912): Natal plants. 6 Bände. Durban: Bennett & Davis.
- *Panicum capillare*
Woodville, W. (1790-1794ff): Medical botany. 4 Bände. London: Phillips (auch folgende Auflagen).
- *Astragalus exscapus, Rheum rhabarbarum*
Zorn, J. (1781ff): Icones plantarum medicinalium. 5 Bände. Nürnberg: Raspische Buchhandlung.
- *Galium verum*

Glossar

Abteilung: Eine Abteilung bezeichnet eine große, monophyletische Pflanzengruppe. Der Abteilung übergeordnet ist das Reich, ihr untergeordnet die Klasse. Der wissenschaftliche Name von Abteilungen des Pflanzenreichs endet auf ›phyta‹, z. B. bei den *Tracheophyta* – Gefäßpflanzen.

Achäne: Eine Achäne ist eine einsamige Nuss, die aus zwei Fruchtblättern eines unterständigen Fruchtknotens entsteht (z. B. bei *Matricaria recutita* – Echte Kamille und anderen *Asteraceae* – Korbblütengewächsen).

Achselbart: Ein Achselbart ist ein Haarbüschel, der sich in den Verzweigungen der Nerven der Unterseite von Laubblättern befindet (z. B. bei *Tilia platyphyllos* – Sommerlinde).

Achsenbecher: Ein Achsenbecher (Blütenbecher, Hypanthium) ist eine krug- bis röhrenförmig ausgebildete Blütenachse (z. B. bei *Epilobium* – Weidenröschen oder *Alchemilla* – Frauenmantel). Häufig geht der Achsenbecher nahtlos in den Kelch bzw. eine Kelchröhre über.

adossierte Blattstellung: Bei der adossierten Blattstellung steht das Vorblatt des Seitensprosses zwischen Hauptachse und Seitenspross (siehe auch transversale Blattstellung). Adossierte Vorblätter sind für Einkeimblättrige typisch, so kann z. B. die obere Hüllspelze im Ährchen der *Poaceae* – Süßgräser als adossiertes Vorblatt der Ährchenachse gedeutet werden.

Aerenchym: Ein Aerenchym ist ein interzellularenreiches Durchlüftungsgewebe. Es ist vor allem in Sprossachsen, Wurzeln oder Blattstielen von Wasserpflanzen und Pflanzen nasser Böden ausgebildet (z. B. in der Sprossachse von *Juncus effusus* – Flatter-Binse).

Aggregat: Als Aggregat (Sammelart, Abkürzung: ›agg.‹) wird eine Artengruppe bezeichnet, die aus mehreren, meist nur schwer unterscheidbaren Arten besteht (z. B. *Sorbus latifolia* agg. – Bastard-Mehlbeere).

Ährchen: Ein Ährchen ist ein ährenartiger Teilblütenstand, der vor allem bei den *Poaceae* – Süßgräsern und *Cyperaceae* – Sauergräsern zu finden ist. Bei den *Poaceae* sitzen an der Basis des Ährchens typischerweise zwei Hüllspelzen (z. B. bei *Avena sativa* – Saat-Hafer).

Ährchenachse: Die Ährchenachse ist die Hauptachse eines Ährchens. Bei den *Poaceae* – Süßgräsern beginnt die Ährchenachse oberhalb der Hüllspelzen.

Ährchenstiel: Der Ährchenstiel ist der Stiel eines Ährchen. Bei den *Poaceae* – Süßgräsern befindet sich der Ährchenstiel unterhalb der Hüllspelzen.

Ähre: Eine Ähre ist ein Blütenstand, in dem die Blüten einzeln und ungestielt an der unverzweigten Hauptachse sitzen (z. B. bei *Plantago major* – Breit-Wegerich) (siehe auch Ährchen, Ährengras).

Ährenachse: Die Ährenachse ist die Hauptachse einer Ähre, an der die Blüten (bzw. Ährchen bei Ährengräsern) entspringen.

Ährengras: Ein Ährengras hat einen zusammengesetzten ährenartigen Blütenstand, bei dem sich an Stelle der Blüten Ährchen befinden (z. B. bei *Lolium multiflorum* – Vielblütiges Weidelgras).

Ährenrispe: Eine Ährenrispe ist ein Blütenstand, dessen Verzweigungen einer Rispe entsprechen, bei dem die Blütenstiele (bzw. Ährchenstiele) aber so kurz sind, dass er einer Ähre ähnelt (z. B. bei *Phleum pratense* – Wiesen-Lieschgras). Der Begriff Ährenrispe wird vor allem bei den *Poaceae* – Süßgräsern verwendet.

alpin: Als alpin bezeichnet man die Höhenstufe oberhalb der geschlossenen Waldgrenze. Sie ist in den (deutschen) Alpen, je nach Standort, oberhalb von 1800 m bis 2500 m zu finden.

Androeceum: Als Androeceum wird die Gesamtheit der Staubblätter einer Blüte bezeichnet.

Angiospermae: siehe Bedecktsamer

Anthere: siehe Staubbeutel

annuelle Pflanze: siehe einjährige Pflanze

Anulus: Als Anulus wird eine ringförmige Struktur an Sporangien bezeichnet, an der sich diese öffnen und die Sporen freigesetzt werden (z. B. bei *Dryopteris* – Wurmfarn).

Apfelfrucht: Eine Apfelfrucht besteht aus 2–5 Fruchtblättern, die *nicht* untereinander, aber mit der Innenwand des krugförmigen Blütenbodens verwachsen sind. Der Blütenboden von Apfelfrüchten vergrößert sich während der Fruchtreife, wird fleischig und schließt dann die Fruchtblätter ein. Das Fruchtfleisch wird somit vom Blütenboden gebildet, während die Fruchtblätter das Kerngehäuse bilden (z. B. bei *Malus pumila* – Kultur-Apfel, *Pyrus communis* – Kultur-Birne, *Sorbus aucuparia* – Vogelbeere und anderen *Rosaceae* – Rosengewächsen).

apokarper Fruchtknoten: siehe apokarpes Gynoeceum

apokarpes Gynoeceum: Bei einem apokarpen (chorikarpen) Gynoeceum sind die Fruchtblätter frei, d. h. nicht miteinander verwachsen: entweder findet sich in der Blüte nur ein 1-blättriger Fruchtknoten (z. B. bei *Consolida* – Rittersporn) oder es gibt mehrere, *nicht* miteinander verwachsene Fruchtblätter, aus denen einzeln ausgebreitete Diasporen entstehen (z. B. bei *Geum urbanum* – Gewöhnliche Nelkenwurz) (siehe auch coenokarpes Gynoeceum).

Archäophyt: Als Archäophyten werden Pflanzen bezeichnet, die in einem Gebiet *nicht* einheimisch sind, sondern durch den Menschen *vor* 1492 dorthin gebracht wurden (z. B. gilt *Centaurea cyanus* – Kornblume in Deutschland als Archäophyt).

Arillus: Als Arillus wird ein fleischiger Auswuchs an der Basis von Samen bezeichnet, der i. d. R. der Anlockung von Tieren zum Zwecke der Samenausbreitung dient. Z. B. dient der rote Arillus bei *Taxus baccata* – Europäische Eibe der Anlockung von Vögeln oder das Elaiosom bei *Euphorbia verrucosa* – Warzen-Wolfsmilch der Anlockung von Ameisen.

Art: Die Art (Spezies) ist die Grundeinheit der biologischen Systematik. Allerdings gibt es unterschiedliche Definitionen des Artbegriffs. Häufig wird der biologische Artbegriff verwendet, nach dem eine Art eine Gruppe natürlicher Populationen ist, die sich untereinander kreuzen können und von anderen Gruppen reproduktiv isoliert sind. Gerade im Pflanzenreich ist der biologische Artbegriff aber nicht unproblematisch, u. a., weil es zahlreiche sich rein ungeschlechtig (apomiktisch) fortpflanzende Taxa gibt (z. B. viele Arten der Gattung *Hieracium* – Habichtskraut) und es außerdem häufig zu Kreuzungen zwischen üblicherweise als Art aufgefassten Taxa kommt (z. B. bei *Salix* – Weiden). Arten werden gemäß der binären Nomenklatur benannt (z. B. *Quercus petraea* – Trauben-Eiche).

asymmetrische Blüte: Asymmetrische Blüten sind weder spiegelsymmetrisch noch drehsymmetrisch. Sie sind relativ selten ausgebildet, z. B. bei *Valeriana officinalis* – Arznei-Baldrian, dessen Blüten einen einseitig angelegten Sporn besitzen.

Atemwurzel: Atemwurzeln (Pneumatophoren) sind die Erdoberfläche erreichende Wurzeln. Sie werden vor allem von Bäumen dauerhaft nasser Standorte ausgebildet und dienen der Sauerstoffversorgung der Wurzeln in sauerstoffarmen Böden. Atemwurzeln weisen in der Regel Lentizellen und ein Aerenchym auf (z. B. die knieförmig ausgebildeten Atemwurzeln bei *Taxodium distichum* – Echte Sumpfzypresse).

aufgesetzte Spitze: Die Spitze eines Blattes wird als aufgesetzt bezeichnet, wenn aus einem ansonsten abgerundeten Blattende plötzlich eine (Stachel-) Spitze entspringt.

ausgerandet: Als ausgerandet (eingeschnitten) werden Blattenden bezeichnet, die an der Spitze eingekerbt sind. In Bezug auf Blattbasen bezeichnet der Begriff eine herzförmige Basis.

Ausläufer: Als Ausläufer bezeichnet man horizontal wachsende und am oder im Boden kriechende Seitensprosse von Pflanzen. Oberirdische Ausläufer nennt man Stolone (z. B.

bei *Fragaria vesca* – Wald-Erdbeere), unterirdische werden als Rhizome bezeichnet (z. B. bei *Elymus repens* – Quecke).
Außenhülle: Als Außenhülle werden die äußeren Blätter des Hüllkelchs der *Asteraceae* – Korbblütengewächse bezeichnet, wenn sie sich morphologisch deutlich von den inneren Blättern des Hüllkelchs unterscheiden oder etwas entfernt davon stehen (z. B. bei *Senecio jacobaea* – Jakobsgreiskraut).
Außenkelch: Ein Außenkelch ist ein sich unterhalb der Kelchblätter befindender Kreis aus kelchblattartigen Hochblättern (z. B. bei *Potentilla erecta* – Blutwurz und anderen *Rosaceae* – Rosengewächsen).
axilläre Verzweigung: Bei der axillären Verzweigung erfolgt die Verzweigung der Sprossachse aus den Achseln von Tragblättern. Bei Samenpflanzen gelten, im Gegensatz zu den Farnpflanzen, *alle* Verzweigungen als axillär.
Balg: Ein Balg ist eine Öffnungsfrucht (z. B. bei *Consolida* – Rittersporn) bzw. ein sich öffnendes Früchtchen (z. B. bei *Trollius* – Trollblume). Ein Balg wird aus einem Fruchtblatt gebildet wird und öffnet sich bei der Fruchtreife nur an der Bauchnaht.
basal: Als basal bezeichnet man den Bereich eines Organs, welcher der Basis der Sprossachse am nächsten steht (siehe auch distal).
Bauchnaht: Als Bauchnaht wird die Verwachsungsnaht der beiden Ränder eines Fruchtblattes bezeichnet.
Baum: Als Baum werden verholzte Pflanzen bezeichnet, die mit einem basal *nicht* verzweigten Stamm wachsen, an dessen Ende sich eine Krone mit verzweigten Ästen befindet.
Bedecktsamer: Die *Angiospermae* – Bedecktsamer bilden die größte und evolutiv fortschrittlichste Gruppe innerhalb der Samenpflanzen, die unter anderem durch das Vorhandensein von Fruchtblättern gekennzeichnet ist. Vertreter ursprünglicher Taxa sind z. B. die *Magnoliaceae* – Magnoliengewächse oder die *Aristolochiaceae* – Osterluzeigewächse, abgeleitete Taxa sind z. B. *Campanulaceae* – Glockenblumengewächse oder *Asteraceae* – Korbblütengewächse.
Beere: Eine Beere ist eine Schließfrucht mit fleischig-saftigem Fruchtfleisch (genauer: Endo- oder Mesokarp) und häutigem Exokarp (z. B. bei *Vaccinium* – Heidelbeere).
Beiknospe: Wenn in den Achseln eines Tragblattes mehrere Knospen zu finden sind, nennt man die zusätzlichen Knospen Beiknospen. Stehen diese vertikal über der Hauptknospe, handelt es sich um seriale Beiknospen (z. B. bei *Lonicera* – Heckenkirsche), stehen sie horizontal neben der Hauptknospe, spricht man von lateralen Beiknospen (z. B. im Blütenstand von *Musa* – Banane).
Bewehrung: Pflanzen mit Dornen, Stacheln oder stechenden Haaren (Brennhaaren) werden als bewehrt bezeichnet.
binäre Nomenklatur: Die wissenschaftliche Benennung von Arten erfolgt gemäß den Regeln der binären Nomenklatur, die von Carl von Linné eingeführt wurden. Der Name einer Art besteht demnach aus zwei Teilen, dem Namen der Gattung (z. B. *Fagus* für die Gattung der Buchen) und einem Art-Epitheton (z. B. *sylvatica*). Außerdem wird der (abgekürzte) Autoren-Name angegeben, mit dem die Wissenschaftler genannt werden, welche die Art zuerst beschrieben haben (z. B. ›L.‹ für Carl von Linné). Üblicherweise werden Gattungsname und Art-Epitheton kursiv gesetzt. Der vollständige wissenschaftliche Name der Rotbuche ist demnach *Fagus sylvatica* L.
Blatt: Das Blatt ist eines der drei Grundorgane von Kormophyten. Als Laubblatt dient es vor allem dazu Fotosynthese zu betreiben, bei einigen Arten haben Blätter aber auch weitere Aufgaben übernommen. Je nach Lage und Funktion werden eine Vielzahl unterschiedlicher Blatttypen unterschieden: u. a. Keimblatt, Primärblatt, Folgeblatt, Laubblatt, Niederblatt, Knospenschuppe, Hochblatt, Blütenhüllblatt, Tepale, Kelchblatt, Kronblatt, Nektarblatt, Staubblatt, Fruchtblatt, Tragblatt, Deckblatt, Vorblatt.
Blattachsel: Als Blattachsel wird bei Samenpflanzen der Bereich der Sprossachse direkt oberhalb der Ansatzstelle von Blättern (bzw. Blattstielen) bezeichnet, aus dem bei Samenpflanzen die Verzweigung der Sprossachse erfolgt (axilläre Verzweigung).
Blattbasis: Als Blattbasis (Blattgrund) wird der basale Abschnitt von Blättern bezeichnet, der den Übergang zur Sprossachse darstellt.
Blättchen: Als Blättchen bezeichnet man die blattähnlichen Organe von Moosen oder die einzelnen Abschnitte von gefiederten Blättern (besser: Fiederblättchen).
Blattgrund: siehe Blattbasis
Blatthäutchen: Das Blatthäutchen (Ligula) ist ein meist kragenförmiges Häutchen am Übergang zwischen Blatt und Sprossachse, welches nur bei manchen Artengruppen ausgebildet ist (z. B. bei *Dactylis* – Knäuelgras und anderen *Poaceae* – Süßgräsern). Die Ligula kann auch haarförmig ausgebildet sein (z. B. bei *Phragmites* – Schilf).
Blattnarbe: Als Blattnarben bezeichnet man die Narben an der Sprossachse, die entstehen, wenn die Blätter abfallen. Blattnarben erlauben oft Rückschlüsse auf die Blattstellung, selbst wenn die Blätter bereits abgefallen sind.
Blattnerv: Als Blattnerven werden die Leitbündel der Blätter bezeichnet. Die Blattnerven sind oft gut sichtbar, weil sie durch Festigungsgewebe verdickt sind. Je nach Verzweigung der Nerven unterscheidet man gabelnervige, parallelnervige und fiedernervige bzw. netznervige Blätter.
Blattscheide: Die Blattscheide ist ein Auswuchs des Blattgrundes, der die Sprossachse als häutige Scheide umgibt. Sie ist nur bei manchen Artengruppen ausgebildet, so z. B. bei *Rumex* – Ampfer (siehe auch Ochrea), *Poaceae* – Süßgräsern oder *Cyperaceae* – Sauergräsern.
Blattspindel: siehe Rhachis
Blattstellung: Die Blattstellung beschreibt die Anordnung der Blätter an der Sprossachse. Unterschieden werden die wirtelige Blattstellung, die gegenständige Blattstellung sowie die wechselständige Blattstellung, zu der die spiralige Blattstellung und die zweizeilige Blattstellung gehören.
Blattstiel: Der Blattstiel befindet sich zwischen Sprossachse bzw. Blattgrund und Spreite und ist meist schmal-lineal und deutlich von der Spreite abgesetzt (z. B. bei *Acer* – Ahorn). Bei anderen Arten geht der Blattstiel allmählich in die Spreite über (z. B. bei *Taraxacum* – Löwenzahn) oder fehlt komplett (z. B. bei den *Poaceae* – Süßgräsern).
Blume: Als Blume wird eine bestäubungsbiologische Einheit bezeichnet. Bei den meisten Arten entspricht die bestäubungsbiologische Einheit einer Blüte. Eine Blüte kann aber auch aus mehreren bestäubungsbiologischen Einheiten bestehen (z. B. bei *Iris* – Iris) oder mehrere Blüten fungieren gemeinsam als bestäubungsbiologische Einheit (Scheinblüte, z. B. bei vielen *Asteraceae* – Korbblütengewächsen).
Blütchen: Als Blütchen werden die Blüten der *Poaceae* – Süßgräser bezeichnet, die in ein- bis vielblütigen Ährchen angeordnet sind. Die Süßgräser werden durch Wind bestäubt und haben stark reduzierte und hochspezialisierte Blüten, die stark vom normalen Blüten-Bauplan abweichen. Nach einer der beiden gängigen Interpretationen der Süßgrasblüte steht an der Basis der Blüte die Deckspelze, die als Tragblatt der Blüte gedeutet wird und damit nicht zur Blüte im engeren Sinne gehört. Das unterste Blütenorgan ist eine (meist zweispitzige) Vorspelze, die als zwei miteinander verwachsene Perigonblätter des äußeren Kreises gedeutet wird. Das dritte Perigonblatt fehlt. Als nächste Organe kommen 2 (3) Schwellkörper (Lodiculae), die durch Aufnahme bzw. Abgabe von Wasser das Öffnen und Schließen der Blüten bewirken. Die Schwellkörper werden als umgewandelte Perigonblätter des inneren Kreises gedeutet. Im Inneren der Blüte folgen 3 (2) Staubblätter und ein oberständiger, einsamiger Fruchtknoten, der aus 2 (3) Fruchtblättern gebildet wird und 2 (3) endständige Narben aufweist. Die Hüllspelzen sind nicht Bestandteil der Blüte, sondern stehen an der Basis des Ährchens.
Blüte: Eine Blüte ist ein Kurztrieb, der im Dienste der

sexuellen Fortpflanzung steht und i. d. R. aus männlichen (Staubblätter) und/oder weiblichen (Fruchtblätter) Fortpflanzungsorganen sowie aus Blütenhüllblättern besteht. Die Blütenorgane werden zusammenfassend als Blütenblätter bezeichnet und sind meist in Wirteln angeordnet. Ein Staubblatt entspricht einem Mikrosporophyll und ein Fruchtblatt einem Makrosporophyll, sodass die Blüte auch als Sporophyllstand begrenzten Wachstums definiert werden kann.

Blütenachse: Die Blütenachse (Blütenboden) ist der auf den Blütenstiel folgende Abschnitt der Sprossachse, an dem die Blütenblätter stehen. Bei den meisten Arten ist die Blütenachse kurz und kaum als solche erkennbar, bei anderen ist sie auffällig verlängert oder verbreitert (z. B. bei *Myosurus minimus* – Kleines Mäuseschwänzchen). Ist sie krug- oder röhrenförmig ausgebildet, spricht man von einem Blütenbecher oder Achsenbecher (Hypanthium) (z. B. bei *Epilobium* – Weidenröschen).

Blütenbecher: siehe Achsenbecher

Blütenblatt: Als Blütenblätter werden die meist in Wirteln angeordneten Organe in der Blüte bezeichnet: i. d. R. handelt es sich dabei um männliche (Staubblätter) und weibliche (Fruchtblätter) Fortpflanzungsorgane sowie um sterile Blütenhüllblätter, die in Kelchblätter und Kronblätter differenziert sein können.

Blütenboden: siehe Blütenachse

Blütenformel: Die für die Bestimmung wichtigsten Merkmale einer Blüte werden in einer Blütenformel zusammengefasst. Beispielsweise lautet die Blütenformel eines typischen Lippenblütlers ↓ K(5) [C(5) A4] G($\underline{2}$) (siehe auch Kapitel ›Blütenformel‹).

Blütenhüllblatt: Blütenhüllblatt ist die Bezeichnung für die sterilen Blattorgane der Blütenhülle. Die Blütenhülle ist oft aus sich morphologisch unterscheidenden Kelchblättern und Kronblättern aufgebaut (z. B. bei *Rosa* – Rose). Sind Kelch- und Kronblätter gleichartig (z. B. bei *Tulipa* – Tulpe) *oder* ist nur Kreis von Blütenhüllblättern vorhanden (z. B. bei *Scleranthus* – Knäuel), spricht man von Perigonblättern (Tepalen). Zuweilen sind auch sterile und kronblattartig ausgebildete Staubblätter (Staminodien) am Aufbau der Blütenhülle beteiligt (z. B. bei einigen *Ranunculaceae* – Hahnenfußgewächsen).

Blütenhülle: siehe Perianth

Blütenknospe: Blütenknospe sind die Knospen, aus denen sich Blüten entwickeln.

Blütenstand: Ein Blütenstand ist der (laubblattlose) Abschnitt von Sprossachsen, der eine Gruppe von Blüten umfasst und ein charakteristisches Verzweigungsmuster aufweist (z. B. Ähre, Traube, Rispe, Dolde). Blütenstände können endständig sein oder in der Achsel von Tragblättern stehen. In vielen Blütenständen finden sich Hochblätter.

Blütenstandstiel: Der Blütenstandstiel ist der gemeinsame Stiel eines Blütenstandes.

Blütenstiel: Der Blütenstiel ist der unverzweigte Sprossabschnitt zwischen einer Blüte und ihrem Tragblatt.

Borke: Als Borke bezeichnet man das tertiäre Abschlussgewebe des Stammes von Gehölzen, dass bei den meisten Bäumen und einigen Sträuchern zu finden ist. Nach Epidermis und Rinde ist es das dritte Abschlussgewebe, welches angelegt wird, wenn die Rinde durch das Dickenwachstum aufreißt. Je nach Struktur werden unterschiedliche Borkentypen unterschieden: längsrissige Borke (z. B. bei *Robinia* – Robinie), querrissige Borke (z. B. bei *Prunus avium* – Vogelkirsche), netzartige Borke (z. B. bei *Quercus* – Eiche) und schuppige Borke (z. B. bei *Platanus x hispanica* – Gewöhnliche Platane). Die Borkentypen gehen bei vielen Taxa fließend ineinander über und ändern sich oft auch mit dem Alter, sodass sie als Bestimmungsmerkmal nur bedingt geeignet sind.

Borste: Als Borsten werden derbe, steife Haare bezeichnet (z. B. im Blütenstand von *Setaria* – Borstenhirse).

borstenförmiges Blatt: Borstenförmige Blätter sind sehr schmal (meist weniger als 2 mm breit). Ihre Spreite ist zusammengerollt oder stark gefaltet und kann nicht (oder nur sehr schwer) entfaltet werden, ohne das Blatt zu beschädigen (z. B. bei *Festuca ovina* – Schafschwingel).

Braktee: siehe Hochblatt

Brennhaar: Ein Brennhaar ist ein Haar, das durch Freisetzung chemischer Wirkstoffe bzw. Widerhaken ein Brennen auf der Haut verursacht. Brennhaare dienen dem Schutz vor Herbivoren (z. B. bei *Urtica* – Brennnessel).

Brutknospe: Eine Brutknospe (Bulbille) ist ein spezialisierter Kurztrieb, welcher sich von der Elternpflanze lösen kann und der Ausbreitung und vegetativen Vermehrung dient (z. B. bei *Cardamine bulbifera* – Zwiebelzahnwurz).

Brutzwiebel: Als Brutzwiebeln werden Zwiebeln bezeichnet, die in Blattachseln oder Blütenstand gebildet werden. Brutzwiebeln können sich von der Elternpflanze lösen und dienen der Ausbreitung und vegetativen Vermehrung (z. B. bei *Allium vineale* – Weinbergslauch).

Bulbille: siehe Brutknospe

Calyx: siehe Kelch

Carnivore Pflanze: siehe Insektivore Pflanze

Carpelle: siehe Fruchtblatt

Chamaephyt: Chamaephyt bezeichnet eine der Lebensformen nach Raunkiaer: die Innovationsknospen befinden sich ca. 10–50 cm über dem Boden und sind in kalten Gebieten im Winter typischerweise von einer Schneedecke geschützt. Chamaephyten können verholzt oder krautig sein. Es handelt sich um Zwergsträucher (z. B. *Erica tetralix* – Glockenheide), Halbsträucher (z. B. *Vaccinium myrtillus* – Blaubeere) oder Kräuter (z. B. *Galeobdolon luteum* – Goldnessel).

Chlorophyll: Chlorophyll (Blattgrün) sind grüne Farbstoffe, die zentraler Bestandteil des Fotosyntheseapparates von Pflanzen sind.

chorikarpes Gynoeceum: siehe apokarpes Gynoeceum

coenokarpes Gynoeceum: Bei einem coenokarpen Gynoeceum sind mehrere Fruchtblätter zu einem Fruchtknoten verwachsen, dieser kann entweder einfächrig (parakarp) (z. B. bei *Viola* – Veilchen) oder mehrfächrig (synkarp) (z. B. bei *Allium* – Lauch) ausgebildet sein (siehe auch apokarpes Gynoeceum).

collin: Mit collin wird die Höhenstufe des Hügellandes bezeichnet.

Cormophyt: siehe Kormophyt

Cormus: siehe Kormus

Corolla: siehe Krone

cymöser Blütenstand: siehe Zyme

dachziegelartige Beblätterung: Bei dachziegelartiger Beblätterung stehen die Blätter in mehreren Reihen dicht und regelmäßig nebeneinander, sodass keine Zwischenräume entstehen (z. B. im Hüllkelch von *Leucanthemum* – Margerite).

Deckblatt: siehe Tragblatt

Deckelkapsel: Deckelkapseln sind Öffnungsfrüchte, die sich öffnen, indem der obere Teil der Kapsel, meist entlang einer vordefinierten Sollbruchstelle, abfällt und dann die Samen ausgestreut werden (z. B. bei *Anagallis* – Gauchheil) (siehe auch Spaltkapsel, Porenkapsel).

Deckschuppe: Als Deckschuppe wird das Tragblatt der Blüte von Nacktsamern bezeichnet. In den Zapfen sind Deckschuppen und Samenschuppen meist verwachsen.

Deckspelze: Als Deckpelzen werden spelzenartige Tragblätter der Blüten bezeichnet (z. B. bei *Poaceae* – Süßgräsern oder *Cyperaceae* – Sauergräsern). Bei den Süßgräsern ist die Deckspelze die untere und typischerweise größere Spelze an der Basis eines Blütchens (siehe auch Vorspelze). Die Deckspelze ist zuweilen begrannt (z. B. bei *Bromus* – Trespe).

dekussierte Blattstellung: siehe gegenständige Blattstellung

Dichasium: Ein Dichasium ist ein zymöser Blütenstand, dessen Hauptachse mit einer Blüte abschließt und dessen Wachstum von zwei Seitenzweigen fortgesetzt wird (z. B. bei *Stellaria* – Sternmiere und anderen *Caryophyllaceae* – Nelkengewächsen).

dichotome Nervatur: siehe gabelnervig
Dikotyle: Als Dikotyle (auch Dikotyledonae – Zweikeimblättrige) wird eine Pflanzengruppe innerhalb der Bedecktsamer bezeichnet, die durch zwei Keimblätter (und zahlreiche weitere Merkmale) gekennzeichnet ist.
Diskus: Als Diskus wird eine an der Basis des Fruchtknotens sitzende, meist ringförmige Nektardrüse bezeichnet (z. B. bei *Acer* – Ahorn).
distal: Als distal bezeichnet man den Bereich eines Organs, der am weitesten von der Basis der Sprossachse entfernt ist (siehe auch basal).
disymmetrische Blüte: Durch disymmetrische Blüten lassen sich genau zwei Symmetrie-Ebenen legen (z. B. bei *Brassica* – Kohl und anderen *Brassicaceae* – Kreuzblütlern).
Döldchen: Als Döldchen werden die Dolden zweiter Ordnung in den Doppeldolden der *Apiaceae* – Doldengewächse bezeichnet.
Dolde: Eine Dolde ist ein endständiger, racemöser, einfach verzweigter Blütenstand, bei dem an einem Knoten mehr als zwei gestielte Blüten in den Achseln von (manchmal fehlenden) wirtelig angeordneten Hochblättern stehen (z. B. bei *Hedera* – Efeu).
Doppelbeere: Als Doppelbeere werden Scheinfrüchte bezeichnet, die von zwei miteinander verwachsenen Beeren gebildet werden (z. B. bei *Lonicera caerulea* – Blaue Heckenkirsche).
Doppeldolde: Eine Doppeldolde ist ein mehrfach verzweigter Blütenstand, der aus Dolden aufgebaut ist, bei denen an Stelle der Blüten Dolden, die als Döldchen (Dolden zweiter Ordnung) bezeichnet werden, stehen (z. B. bei *Heracleum* – Bärenklau und anderen *Apiaceae* – Doldengewächsen).
Doppelrinne: Bei einigen *Poaceae* – Süßgräsern mit gefalteter Knospenlage ist die Blattspreite auf der Oberseite links *und* rechts des Mittelnervs rinnenartig vertieft. Dies wird als Doppelrinne oder ›Skispur‹ bezeichnet (z. B. bei *Poa pratensis* – Wiesen-Rispengras).
doppelt gezähnter Blattrand: Bei einem doppelt gezähnten Blattrand finden sich am Blattrand unterschiedlich große Zähne (z. B. bei *Corylus avellana* – Gewöhnliche Hasel).
Dorn: Dornen sind spitze, stechende und meist vollständig verholzte Organe wie Kurztriebe (z. B. bei *Crataegus* – Weißdorn) oder umgewandelte (Neben-) Blätter (z. B. bei *Robinia* – Robinie).
drehsymmetrische Blüte: In einer drehsymmetrischen Blüte lassen sich die Blütenblätter nur durch Drehung um die Blütenachse und nicht durch Spiegelung zur Deckung bringen (z. B. bei *Vinca* – Immergrün).
Drüse: Drüsen scheiden aktiv Substanzen in die Umwelt aus. Bei Pflanzen handelt es sich meist um Nektardrüsen, die in den Blüten zu finden sind (z. B. bei *Helleborus* – Nieswurz). Drüsen können aber auch außerhalb von Blüten vorkommen, z. B. als extraflorale Nektarien (z. B. am Übergang zwischen Blattstiel und Spreite bei *Prunus avium* – Vogel-Kirsche) oder als Kalkdrüsen (z. B. an den Blättern von *Saxifraga paniculata* – Rispen-Steinbrech).
Drüsenhaar: Als Drüsenhaare bezeichnet man Haare, die als Drüsen fungieren.
Eichel: Als Eichel werden die an der Basis von einer Fruchthülle (Cupula) umgebenen Nussfrüchte von *Quercus* – Eiche) bezeichnet.
Einblattfrucht: Eine Einblattfrucht wird aus einem Fruchtblatt gebildet (z. B. die Hülsen der *Fabaceae* – Schmetterlingsblütler oder die Bälge der *Ranunculaceae* – Hahnenfußgewächse).
einfaches Blatt: Bei einfachen (ungeteilten) Blättern ist die Spreite *nicht* in separate Fiederblättchen zerteilt, sondern bildet eine zusammenhängende Einheit (z. B. bei *Fagus* – Buche). Die Spreite kann allerdings durch Buchten in Blattlappen gegliedert sein (z. B. bei *Quercus* – Eiche).
einfaches Haar: Ein einfaches Haar besteht aus einer Zelle und ist nicht geteilt oder gegliedert.
eingeschlechtige Blüte: In eingeschlechtigen Blüten finden sich nur weibliche (Fruchtblätter) *oder* männliche (Staubblätter) Fortpflanzungsorgane (z. B. bei *Corylus* – Gewöhnliche Hasel). Zuweilen ist das andere Geschlecht angelegt, aber nicht fertil (z. B. häufig bei *Acer platanoides* – Spitzahorn).
eingeschnitten: Als eingeschnitten (ausgerandet) werden Blattenden bezeichnet, die an der Spitze eingekerbt sind.
einhäusig: Eine einhäusige Pflanze hat sowohl rein weibliche Blüten (mit Fruchtblättern) als auch rein männliche Blüten (mit Staubblättern) (z. B. bei *Corylus* – Gewöhnliche Hasel). Zuweilen ist das andere Geschlecht zwar angelegt, aber nicht fertil (z. B. häufig bei *Acer platanoides* – Spitzahorn).
einheimische Art: Als einheimisch werden Pflanzenarten bezeichnet, die in einem Gebiet einheimisch sind, also *nicht* erst durch den Menschen dorthin gebracht wurden (z. B. *Corylus* – Gewöhnliche Hasel in Deutschland) (siehe auch Archäophyt, Neophyt, invasive Art).
einjährige Pflanze: Einjährige Pflanzen (Annuelle Pflanzen, Therophyten) sterben nach spätestens einem Jahr ab und überdauern die ungünstige Jahreszeit als Same (z. B. *Hordeum* – Gerste und andere Getreide).
Elaiosom: Ein Elaiosom ist ein fleischiges, nährstoffreiches (häufig fetthaltiges) Anhängsel an Samen, welches der Anlockung von Ameisen dient, die sich vom Elaiosom ernähren und dabei die Samen ausbreiten (z. B. bei vielen Arten der Gattungen *Viola* – Veilchen oder *Euphorbia* – Wolfsmilch).
Endknospe: Die Endknospe (Terminalknospe) ist die Knospe am distalen Ende eines Sprosses. Bei monopodial wachsenden Gehölzen setzt die Endknospe das Wachstum fort, während sie sich bei sympodial wachsenden Gehölzen zu einer Blüte (oder einem Blütenstand) entwickelt oder verkümmert (siehe auch Seitenknospe).
Endokarp: Das Endokarp ist die innere Schicht der Fruchtwand (Perikarp).
Endosperm: Endosperm ist ein Nährgewebe in Samen, welches den Embryo umgibt. Es entsteht aus befruchteten Zellen, enthält also genetische Information von beiden Eltern. Endosperm ist bei den meisten Pflanzengruppen entwickelt, fehlt aber z. B. bei den *Orchidaceae* – Orchideengewächsen (siehe auch Perisperm).
Epidermis: Die Epidermis ist das primäre Abschlussgewebe von Sprossachsen und Blättern, bei Wurzeln wird das Abschlussgewebe als Rhizodermis bezeichnet. Die Epidermis von Pflanzen ist normalerweise einschichtig und enthält kein Chlorophyll.
Epiparasit: Epiparasiten sind (fast) chlorophylllose Parasiten, die ihre Nährstoffe (inklusiv der Kohlenhydrate) unter Vermittlung einer dritten Art (meist eines Pilzes) aus anderen Wirtspflanzen beziehen (z. B. *Neottia nidus-avis* – Vogel-Nestwurz). Früher wurden diese Arten als Saprophyten oder mycotrophe Arten bezeichnet.
Epiphyt: Epiphyten sind auf Bäumen (oder Sträuchern) wachsende Pflanzen. Epiphyten sind im winterkalten Klima Mitteleuropas vergleichsweise selten (z. B. der Parasit *Viscum* – Mistel; zuweilen auch *Polypodium* – Tüpfelfarn).
Erneuerungsspross: Als Erneuerungssprosse werden die Sprosse mit aktiven Knospen bezeichnet. Bei den *Poaceae* – Süßgräsern finden sich die Erneuerungssprosse an der Basis der älteren Grashalme. Ihre Blätter können wichtige Bestimmungsmerkmale liefern (z. B. bei *Festuca* – Schwingel) (siehe auch Knospenlage).
eusporangiat: Bei einem eusporangiaten Farn besteht die Wand der Sporangien aus mehreren Zellschichten (z. B. bei *Botrychium* – Mondraute und anderen *Ophioglossaceae* – Natternzungengewächsen).
Exokarp: Das Exokarp ist die äußere Schicht der Fruchtwand (Perikarp).
extraflorales Nektarium: Ein extraflorales Nektarium befindet sich außerhalb des Blütenbereichs. Bei *Prunus avium* – Vogel-Kirsche befinden sich z. B. am Übergang zwischen Blattstiel und Spreite Nektardrüsen.

Fahne: Als Fahne wird das obere Kronblatt bei Schmetterlingsblüten bezeichnet, welches oft vergrößert ist und nach oben absteht (z. B. bei *Cytisus scoparius* – Besenginster und anderen *Fabaceae* – Schmetterlingsblütlern).
Familie: Der Begriff Familie wird in der Pflanzensystematik verwendet, um eine monophyletische Gruppe von nahe verwandten Sippen zu kennzeichnen. Der Familie übergeordnet ist die Ordnung, ihr untergeordnet die Gattung. Die wissenschaftlichen Namen von Pflanzenfamilien enden auf ›ceae‹ (z. B. bei den *Poaceae* – Süßgräsern).
Fangblase: Als Fangblasen werden die Fallen bei einigen im Wasser oder auf dauerhaft nassen Böden wachsenden insektivoren Pflanzen bezeichnet. Bei *Utricularia* – Wasserschlauch handelt sich um umgewandelte Blätter, die wenige Millimeter große, blasenartige Hohlräume ausbilden, in denen ein Unterdruck aufgebaut wird. Bei Berührung der Fühlborsten öffnen und schließen sich die Deckel der Fangblasen blitzartig und saugen dabei Beutetiere ein, die anschließend enzymatisch verdaut werden.
Farnpflanze: Die Farnpflanzen (*Pteridophyta* – Farne i. w. S.) umfassen die *Equisetopsida* – Schachtelhalme, *Selaginellales* – Moosfarne, *Lycopodiales* – Bärlappe, *Isoetales* – Brachsenkräuter sowie die *Ophioglossales* – Natterzungenartigen und die *Polypodiopsida* – Farne i. e. S.
Fiederblättchen: Als Fiederblättchen bezeichnet man die separaten, nur durch die Rhachis miteinander verbundenen Spreitenabschnitte bei zusammengesetzten Blättern (z. B. bei *Fraxinus* – Esche).
fiedernervig: Bei der Fiedernervatur sind die Nerven des Blattes ein- bis mehrfach verzweigt (typisch für Zweikeimblättrige, z. B. bei *Quercus* – Eiche). Wenn deutliche Querverbindungen zwischen den Nerven erkennbar sind, spricht man häufig von Netznervatur.
Filament: siehe Staubfaden
fingerförmig geteilte Spreite: Arten mit fingerförmig geteilten (gefingerten) Spreiten haben zusammengesetzte Blätter, deren Spreite in separate Fiederblättchen aufgeteilt ist, die wie die Finger einer Hand strahlig von einem Punkt ausgehen. Die Fiederblättchen sind dabei nur durch die Rhachis und *nicht* durch flächig ausgebildete Spreitenabschnitte miteinander verbunden (z. B. bei *Aesculus* – Rosskastanie).
Flächenblatt: Flächenblätter sind die auf der Oberseite (selten auf der Unterseite) der Sprossachse stehenden Blätter. Der Begriff wird angewendet, wenn die Blätter in deutlichen Zeilen angeordnet sind (z. B. bei *Selaginella* – Moosfarn) (siehe auch Seitenblatt).
fleischige Frucht: Fleischige Früchte besitzen ein meist saftiges Fruchtfleisch, welches in der Regel der Anlockung von Tieren zur Samenausbreitung dient. Es handelt es sich um Beeren (z. B. bei *Ribes* – Stachelbeere), Steinfrüchte (z. B. bei *Prunus* – Kirsche), Panzerbeeren (z. B. bei *Bryonia* – Zaunrube), Sammelfrüchte mit Fruchtfleisch (z. B. bei *Fragaria* – Erdbeere) sowie um fleischige Fruchtstände (z. B. bei *Morus* – Maulbeere). Die fleischigen Samenstände einiger Nacktsamer (z. B. bei *Juniperus* – Wacholder) sind definitionsgemäß keine Früchte.
Flügel: Die seitlich abstehenden Kronblätter der Schmetterlingsblüten werden als Flügel bezeichnet (z. B. bei *Cytisus scoparius* – Besenginster und anderen *Fabaceae* – Schmetterlingsblütlern). Außerdem wird der Begriff auch für weitere flügelartige Strukturen verwendet (z. B. an den Früchten von *Acer* – Ahorn oder an der Sprossachse von *Cirsium vulgare* – Gewöhnliche Kratzdistel)
Folgeblatt: Als Folgeblätter werden die Laubblätter bezeichnet, die sich nach den Keimblättern und Primärblättern entwickeln.
freies Blatt: Freie Blätter sind *nicht* miteinander verwachsen. Meist bezieht sich der Begriff auf Blütenblätter. Z. B. sind bei *Rosa* – Rose alle Blütenblätter (Kronblätter, Kelchblätter, Staubblätter und Fruchtblätter) frei.
Frucht: Als Frucht bezeichnet man die Blüte von bedecktsamigen Blütenpflanzen im Zustand der Samenreife: sie besteht aus dem Samen und den meist schlauchförmigen Fruchtblättern, in denen die Samen gebildet werden.
Fruchtblatt: Das Fruchtblatt (Carpell, Karpell) ist ein schlauchförmig verwachsenes, von einem Blatt abzuleitendes Organ innerhalb der Blüte von Bedecktsamern, in dessen Inneren die Samenanlagen entstehen.
Früchtchen: Mit Begriff ›Früchtchen‹ im engeren Sinne werden die aus einem apokarpen Gynoeceum entstehenden Früchtchen verstanden (z. B. bei *Geum* – Nelkenwurz oder *Potentilla* – Fingerkraut). Man unterscheidet v. a. Nüsschen (z. B. bei *Fragaria* – Erdbeere), Steinfrüchtchen (z. B. bei *Rubus* – Brombeere) oder Bälge (z. B. bei *Trollius* – Trollblume). Im weiteren Sinne umfasst der Begriff auch die aus einer Spaltfrucht entstehenden Teilfrüchte.
Fruchtfleisch: Bei fleischigen Früchten sind die Samen bzw. Steinkerne von saftigem Fruchtfleisch umgeben, welches in der Regel der Anlockung von Tieren zur Samenausbreitung dient.
Fruchthalter: Als Fruchthalter (Karpophor) wird das Verbindungsstück zwischen den beiden Hälften der Spaltfrucht der *Apiaceae* – Doldengewächse bezeichnet (z. B. bei *Anthriscus* – Kerbel).
Fruchthülle: Als Fruchthülle wird eine aus sterilen Blattorganen gebildete Hülle bezeichnet, welche die Frucht umgibt (z. B. bei *Ostrya* – Hopfenbuche).
Fruchtknoten: Der Fruchtknoten ist der basale, bauchige Teil des Stempels, in dem sich die Samenanlagen befinden.
Fruchtstand: Ein Fruchtstand ist der oft endständige Abschnitt von Sprossachsen, der eine Gruppe von Früchten enthält und meist ein charakteristisches Verzweigungsmuster aufweist. Bei einigen Arten (z. B. bei *Tilia* – Linde) fungieren die Fruchtstände als Ausbreitungseinheit. Die Klassifizierung der Fruchtstände entspricht der der Blütenstände.
Fruchtverband: Von einem Fruchtverband spricht man, wenn die Früchte mehrerer Blüten eine zusammenhängende Einheit bilden (z. B. bei *Ananas* – Ananas, *Morus* – Maulbeere).
Fruchtwand: siehe Perikarp
Fühlborste: Fühlborsten findet man im Pflanzenreich bei insektivoren Pflanzenarten. Sie ermöglichen es den Pflanzen die Annäherung eines Tieres zu bemerken und darauf zu reagieren (z. B. bei *Utricularia* – Wasserschlauch).
Funiculus: siehe Samenstiel
Gabelhaar: Gabelhaare sind Haare, die an der Spitze gabelig geteilt sind (z. B. bei *Camelina microcarpa* – Kleinfrüchtiger Leindotter).
gabelnervig: Als gabelnervig bezeichnet man Blätter mit dichotom verzweigten Nerven (z. B. bei *Ginkgo biloba* – Ginkgo und einigen Farnen i. e. S.).
Gameten: Gameten sind Zellen, aus denen nach einer Befruchtung ein Nachkomme entsteht. Bei Pflanzen handelt es sich meist um Eizellen (weibliche Gameten) und Spermazellen (männliche Gameten).
Gametophyt: Gametophyten sind Organismen, welche sich durch Gameten fortpflanzen. Im Gegensatz dazu pflanzen sich Sporophyten durch Sporen fort.
Gattung: Der Begriff Gattung wird in der Pflanzensystematik verwendet, um eine monophyletische Gruppe von nahe verwandten Sippen zu kennzeichnen, z. B. *Quercus* – Eiche). Der Gattung übergeordnet ist die Familie, ihr untergeordnet die Art. Der Name der Gattung bildet nach der binären Nomenklatur den ersten Teil des wissenschaftlichen Artnamens, z. B. bei *Quercus petraea* – Trauben-Eiche).
Gaumen: Als Gaumen wird eine Aufwölbung der Unterlippe bei Lippenblüten bezeichnet, die den Schlund teilweise (z. B. bei *Chaenorhinum minus* – Kleines Leinkraut) oder komplett (z. B. bei *Linaria vulgaris* – Gewöhnliches Leinkraut) verschließen kann.

gefaltete Knospenlage: siehe Knospenlage
gefiederte Spreite: Bei Blättern mit gefiederten Spreiten ist die Spreite in separate Fiederblättchen aufgeteilt, die Fiederblättchen sind nur durch die Rhachis miteinander verbunden. Es handelt sich also um zusammengesetzte Blätter (z. B. bei *Fraxinus* – Esche).
gefingerte Spreite: siehe fingerförmig geteilte Spreite
gegenständige Blattstellung: Bei der gegenständigen (dekussierten) Blattstellung stehen an jedem Knoten zwei Blätter, die Blätter an den aufeinanderfolgenden Knoten stehen fast immer in einem 90° Winkel zueinander (gekreuzt-gegenständige Blattstellung, z. B. bei *Lamium* – Taubnessel und anderen *Lamiaceae* – Lippenblütlern) (siehe auch wechselständige Blattstellung, wirtelige Blattstellung).
gekerbter Blattrand: Ein gekerbter Blattrand ist durch abgerundete (stumpfe) Zähne gekennzeichnet (z. B. bei *Glechoma hederacea* – Efeu-Gunderman) (siehe auch gesägter Blattrand und gezähnter Blattrand).
gekniete Granne: Eine gekniete Granne ist in zwei Teile gegliedert, Untergranne und Obergranne bilden dabei einem (von 180° verschiedenen) Winkel zueinander.
gekreuzt-gegenständige Blattstellung: siehe gegenständige Blattstellung
gelappte Spreite: Bei einer gelappten Spreite ist die Spreite durch Buchten oder Einschnitte gegliedert. Die Spreite bildet dabei eine zusammenhängende Einheit und ist nicht in separate Fiederblättchen aufgeteilt (z. B. bei *Quercus robur* – Stiel-Eiche). Im Unterschied zu Blättern mit gezähntem Rand sind die Einschnitte tiefer und erreichen mindestens ca. 25 % der Spreitenbreite.
genageltes Kronblatt: Als genagelt bezeichnet man ein Kronblatt, dessen basales Ende (der Nagel) schmal und lang gezogen ist und dadurch stielartig wirkt, während das distale Ende (die Platte) breit und flächig ausgebildet ist (z. B. bei *Dianthus* – Nelke oder *Geranium* – Storchschnabel).
Geophyt: Geophyt bezeichnet eine der Lebensformen nach Raunkiaer: die oberirdischen Pflanzenteile sterben im Winter ab, während die Innovationsknospen im Boden überdauern. Je nach Art der unterirdischen Organe werden Zwiebelgeophyten (z. B. *Lilium* – Lilie), Rhizomgeophyten (z. B. *Anemone* – Windröschen), Knollengeophyten (z. B. *Ranunculus ficaria* – Scharbockskraut) und Wurzelgeophyten (z. B. *Cirsium arvense* – Acker-Kratzdistel) unterschieden.
gerollte Knospenlage: siehe Knospenlage
gesägter Blattrand: Ein gesägter Blattrand ist durch spitze Zähne gekennzeichnet (z. B. bei *Carpinus* – Hainbuche) (siehe auch gekerbter Blattrand, gezähnter Blattrand, gelappte Spreite).
gezähnter Blattrand: Ein gezähnter Blattrand hat Einschnitte oder Kerben, die nicht tiefer als ca. 25 % der Breite der Spreite reichen (vgl. gelappte Spreite). Es wird unterschieden zwischen gekerbtem Blattrand (mit stumpfen bzw. abgerundeten Zähnen, z. B. bei *Glechoma hederacea* – Efeu-Gunderman) und gesägtem Blattrand (mit spitzen Zähnen, z. B. bei *Carpinus* – Hainbuche).
Gliederhaare: Gliederhaare bestehen aus mehreren Zellen (z. B. im Blütenstand von *Medicago arabica* – Arabischer Schneckenklee).
glockenförmige Blüte: Bei glocken- oder trichterförmigen Blüten sind die Blütenhüllblätter zu einer sich nach oben erweiternden Röhre verwachsen, die nicht (kaum) länger als breit ist (z. B. bei *Campanula* – Glockenblume) (vgl. auch Röhrenblüte).
Granne: Grannen sind schlanke, borstenartige Anhänge von Blattorganen, die deutlich von der Spreite abgesetzt sind (z. B. die Grannen der Deckspelze bei *Hordeum* – Gerste und anderen *Poaceae* – Süßgräsern).
Grannenspitze: Eine Grannenspitze ist eine lange dünne Spitze von Blattorganen, diese ist aber (im Gegensatz zur Granne) *nicht* deutlich von der Spreite abgesetzt, sondern geht allmählich in diese über (z. B. an den Blättern und Kronblättern von *Galium mollugo* – Gemeines Labkraut).
Grasartige: Der Begriff *Grasartige* i. e. S. umfasst die *Poaceae* – Süßgräser, *Cyperaceae* – Sauergräser, *Juncaceae* – Binsen. Im weiteren Sinn werden darunter alle Arten mit grasartigem Habitus verstanden (z. B. auch *Plantago lanceolata* – Spitz-Wegerich).
Griffel: Der Griffel ist ein verlängerter Abschnitt des Stempels zwischen Fruchtknoten und Narbe (z. B. bei *Crocus* – Krokus), der Griffel kann fehlen oder sehr kurz sein (z. B. bei *Tulipa* – Tulpe).
Griffelkanal: Bei Hagebutten, den Früchten von *Rosa* – Rose, bildet die Blütenachse eine krugartige Frucht, die an der Spitze offen ist. Die Öffnung, aus der die Griffel ragen, wird als Griffelkanal bezeichnet.
Griffelpolster: Als Griffelpolster wird eine meist ringförmige Nektardrüse bezeichnet, die zwischen Fruchtknoten und der Basis des Griffels sitzt (z. B. bei *Ammi* – Sichelmöhre und anderen *Apiaceae* – Doldengewächsen).
Grundachse: Der basale Abschnitt der Sprossachse wird zuweilen als Grundachse bezeichnet, insbesondere, wenn diese spezielle Anpassungen zeigt: z. B. findet sich bei *Fragaria* – Erdbeere eine kriechende Grundachse (Rhizom).
Grundblatt: Als Grundblätter werden die unteren Blätter an der Sprossachse bezeichnet. Grundblätter sind zuweilen rosettig angeordnet und unterscheiden sich morphologisch oft von den folgenden Stängelblättern (z. B. bei *Verbascum* – Königskerze).
Gymnospermae: siehe Nacktsamer
Gymnostemium: Das Gymnostemium (Säule) ist eine säulenartige Struktur in den Blüten der *Orchidaceae* – Orchideengewächse, welche durch Verwachsung von Fruchtblättern und Staubblättern entsteht.
Gynoeceum: Als Gynoeceum wird die Gesamtheit der Fruchtblätter einer Blüte bezeichnet.
Haar: Ein Haar ist ein Auswuchs der Epidermis. Je nach Morphologie und Funktion unterscheidet man z. B. einfache Haare, Gliederhaare, Gabelhaare, Sternhaare, Kletterhaare, Brennhaare, Drüsenhaare.
Habitus: Als Habitus wird das äußere Erscheinungsbild eines Organismus bezeichnet.
Haftwurzel: Einige Kletterpflanzen, z. B. *Hedera helix* – Gewöhnlicher Efeu, haben spezielle Luftwurzeln ausgebildet, mit denen sie sich an anderen Pflanzen oder Substrat wie Felsen oder Mauern festhalten können.
Hagebutte: Als Hagebutte wird die Frucht von *Rosa* – Rose bezeichnet. Es handelt sich um eine Sammelnussfrucht mit einer fleischigen, krugförmigen Blütenachse (Achsenbecher). Die Öffnung an der Spitze der Hagebutte wird als Griffelkanal bezeichnet.
Halbparasit: Als Halbparasiten (Hemiparasiten) werden Pflanzen bezeichnet, die ihren Wirtspflanzen mithilfe spezieller Saugorgane (Haustorien) Wasser und Nährsalze entziehen. Halbparasiten sind grün, betreiben also selbst Fotosynthese (z. B. *Viscum* – Mistel oder *Melampyrum* – Wachtelweizen).
Halbrosettenpflanze: Halbrosettenpflanzen haben eine grundständige Rosette *und* eine beblätterte Sprossachse (z. B. *Verbascum* – Königskerze).
Halbstrauch: Halbsträucher sind nur an ihrer Basis verholzt, die oberen Seitenäste bleiben krautig und sterben im Winter ab (z. B. *Vaccinium myrtillus* – Blaubeere).
Halbtrockenrasen: Halbtrockenrasen sind extensiv genutzte, artenreiche Grünlandökosysteme. Sie sind auf trockenen Böden zu finden und werden meist durch Beweidung und/oder Mahd offengehalten. Auf kalkreichem Untergrund handelt es sich oft um Kalkmagerrasen bezeichnet, auf sandigen Böden um Sandmagerrasen.
handförmig gelappte Spreite: Eine handförmig gelappte Spreite ist durch Buchten oder Einschnitte gegliedert, die wie

die Finger einer Hand von einem zentralen Punkt ausgehen. Die Spreite bildet dabei eine zusammenhängende Einheit und ist *nicht* in separate Fiederblättchen aufgeteilt (z. B. bei *Acer campestre* – Feld-Ahorn).
haplochlamydeische Blüte: Haplochlamydeische Blüten haben ein einfaches Perigon, d. h. es ist nur ein Kreis von Blütenhüllblättern ausgebildet
Haustorium: Als Haustorien werden die Saugorgane von parasitär lebenden Blütenpflanzen bezeichnet (z. B. bei *Cuscuta* – Seide oder *Viscum* – Mistel).
Helm: Als Helm bezeichnet man die bei manchen Lippenblüten deutlich gewölbte Oberlippe, die über den anderen Blütenorganen steht (z. B. bei *Orchis militaris* – Helm-Knabenkraut).
Hemikryptophyt: Hemikryptophyt bezeichnet eine der Lebensformen nach Raunkiaer: die Innovationsknospen befinden sich direkt an der Bodenoberfläche und sind im Winter durch die Streuschicht oder absterbende Pflanzenteile geschützt (z. B. *Alopecurus pratensis* – Wiesen-Fuchsschwanzgras).
Hemiparasit: siehe Halbparasit
Herbivor: Herbivoren sind Pflanzenfresser.
heterochlamydeische Blüte: Heterochlamydeische Blüten sind in Kelch und Krone gegliedert
Heterosporie: Von Heterosporie spricht man bei Sporenpflanzen (Algen, Farne, Moose), die morphologisch unterschiedliche Typen von Sporen (Mikrosporen, Megasporen) produzieren (z. B. bei *Selaginella* – Moosfarn) (siehe auch Isosporie).
Hilum: siehe Nabel
Hochblatt: Als Hochblatt werden Blätter bezeichnet, die im Bereich der Blüten oder Blütenstände stehen und sich in Farbe, Größe oder Morphologie deutlich von den Laubblättern unterscheiden. So wird die auffällige, große weiße Spatha um den Blütenstand von *Arum* – Aronstab von einem Hochblatt gebildet. Hochblätter können aber auch klein und schuppenartig sein (z. B. die Hüllchenblätter der *Apiaceae* – Doldengewächse).
Höhenstufe: Höhenstufen beschreiben die Abhängigkeit von Vegetation von der Höhe über dem Meer. Die wichtigsten Höhenstufen sind: collin, montan, subalpin und alpin.
Holoparasit: siehe Vollparasit
homochlamydeische Blüte: Homochlamydeische Blüten haben ein Perigon, d. h. sie sind nicht in Kelch und Krone gegliedert.
Homorhizie: Homorhiz sind Wurzelsysteme, die aus gleichwertigen, oft unverzweigten Wurzeln bestehen, sodass die meisten Wurzeln direkt an der Sprossachse beginnen (z. B. bei *Poaceae* – Süßgräsern und den meisten Monocotylen – Einkeimblättrigen).
Honigblatt: siehe Nektarblatt
Horstpflanze: Horstpflanzen haben zahlreiche, aufrecht wachsende Sprossachsen, die dicht gedrängt zusammenstehen. Die Pflanzen sind meist grasartig (z. B. *Festuca ovina* – Schafschwingel oder *Carex paniculata* – Rispen-Segge).
Hüllchen: Als Hüllchen bezeichnet man die Hochblätter unterhalb der Döldchenstrahlen (Dolden zweiter Ordnung) bei den *Apiaceae* – Doldengewächsen.
Hülle: Als Hülle bezeichnet man meist dichtstehende Hochblätter im Bereich des Blütenstandes. Bei den *Apiaceae* – Doldengewächsen bezieht sich der Begriff auf die Hochblätter unterhalb der Doldenstrahlen (Dolden erster Ordnung). Bei den *Asteraceae* – Korbblütengewächsen sind die Hochblätter unterhalb der Köpfchen gemeint, welche den Hüllkelch bilden.
Hüllkelch: Bei den *Apiaceae* – Doldengewächsen bezieht sich der Begriff Hüllkelch auf die Hochblätter unterhalb der Doldenstrahlen (Dolden erster Ordnung). Bei den *Asteraceae* – Korbblütengewächsen sind mit Hüllkelch die Hochblätter unterhalb der Köpfchen gemeint.
Hüllspelze: Als Hüllspelzen werden zwei Spelzen an der Basis des Ährchens der *Poaceae* – Süßgräser bezeichnet (z. B. bei Hafer – *Avena*), selten ist nur eine Hüllspelze ausgebildet (z. B. bei *Lolium* – Weidelgras). Die untere Hüllspelze wird als Tragblatt des Ährchens, die obere als adossiertes Vorblatt der Ährchenachse gedeutet.
Hülse: Die Hülse ist eine Öffnungsfrucht, die aus einem Fruchtblatt besteht, welches sich an Bauchnaht *und* Rückennaht öffnet (z. B. bei *Robinia* – Robinie und anderen Schmetterlingsblütlern).
Hybride: Als Hybride bezeichnet man Organismen, die durch Kreuzung von Eltern unterschiedlicher Taxa entstanden sind. Im wissenschaftlichen Namen werden Hybride häufig durch ›x‹ bzw. ›X‹ gekennzeichnet. Die Eltern gehören meist einer Gattung an (z. B. ist *Salix* x *sepulcralis* eine Kreuzung aus *Salix alba* und *Salix babylonica*). Es sind aber auch Hybride bekannt, deren Eltern aus unterschiedlichen Gattungen stammen: so ist z. B. X *Calammophila baltica* aus einer Kreuzung aus *Ammophila arenaria* und *Calamagrostis epigejos* entstanden.
Hydathode: Eine Hydathode ist eine drüsenartige Struktur (meist eine umgewandelte Spaltöffnung) aus welcher Wasser ausgeschieden wird (z. B. an den Blattspitzen von *Alchemilla* – Frauenmantel).
Hydrophyt: Hydrophyt (Wasserpflanze) bezeichnet eine der Lebensformen nach Raunkiaer: es handelt sich um Sumpf- und Wasserpflanzen, deren Innovationsknospen unter Wasser überdauern (z. B. *Nymphaea* – Seerose).
Hypanthium: siehe Achsenbecher
immergrünes Blatt: Immergrüne Blätter werden mehrere Jahre alt, sind im Sommer wie im Winter grün und meistens derb (z. B. bei *Hedera* – Efeu).
Indusium: Als Indusium wird ein Häutchen bezeichnet, das bei vielen Farnen i. e. S. den Sorus einhüllt (z. B. bei *Dryopteris* – Wurmfarn).
Innovationsknospe: Als Innovationsknospen (Winterknospen) werden die Knospen bezeichnet, die den Winter überdauern und aus der die Pflanze in der nächsten Vegetationsperiode neu austreiben kann.
Insektenbestäubung: Von Insektenbestäubung spricht man, wenn die Pollen durch Insekten von einer Blüte zur anderen transportiert werden. Viele insektenbestäubte Blüten bieten den Insekten Nektar (z. B. bei *Lamium* – Taubnessel) oder Pollen (z. B. bei *Magnolia* – Magnolie) als Nahrung und locken sie durch auffällig gefärbte Kronblätter (z. B. bei *Ranunculus* – Hahnenfuß) bzw. Geruch (z. B. bei *Berberis* – Berberitze) an.
Insektivore Pflanze: Insektivore Pflanzen decken einen Teil ihres Nährstoffbedarfs, vor allem bezüglich Stickstoffs und Phosphors, durch Fangen und Verdauen von Tieren, überwiegend Insekten. Alle insektivoren Pflanzen sind chlorophyllhaltig und betreiben Fotosynthese (z. B. *Drosera* – Sonnentau).
Internodium: Als Internodien (Stängelglieder) werden die Abschnitte der Sprossachse bezeichnet, an denen keine Blätter sitzen, wenn sie sich deutlich von den Bereichen unterscheiden, an denen die Blätter sitzen (siehe Knoten) (z. B. bei *Poaceae* – Süßgräsern).
invasive Art: Als invasiv werden Neophyten bezeichnet, die sich gegenwärtig (stark) ausbreiten und die zumindest potenziell unerwünschte Auswirkungen auf die Umwelt (bzw. den Menschen) haben können (z. B. die aus Nordamerika stammende Beifußblättrige Ambrosie – *Ambrosia artemisiifolia*, deren Pollen hochallergen ist).
Isosporie: Von Isosporie spricht man bei Sporenpflanzen (Algen, Farne, Moose), die nur einen Typ von Sporen produzieren (siehe auch Heterosporie).
Kalkdrüse: Mithilfe von Kalkdrüsen können Pflanzen überschüssiges Kalzium ausscheiden. Kalkdrüsen finden sich vor allem bei Pflanzen kalkreicher Standorte (z. B. an den Blättern von *Saxifraga paniculata* – Rispen-Steinbrech).

Kallus: Als Kallus wird der untere Teil der Deckspelze der Blütchen der *Poaceae* – Süßgräser bezeichnet, der die Ährchenachse umschließt.
Kapsel: Kapseln sind Öffnungsfrüchte, die aus mehreren Fruchtblättern bestehen und sich während der Fruchtreife öffnen, um die Samen freizusetzen. Nach ihrem Öffnungsmechanismus unterscheidet man Spaltkapseln (z. B. bei *Epilobium* – Weidenröschen), Deckelkapseln (z. B. bei *Anagallis* – Gauchheil) und Porenkapseln (z. B. bei *Papaver* – Mohn).
Karpell: siehe Fruchtblatt
Karpophor: siehe Fruchthalter
Karyopse: Als Karyopsen bezeichnet man die einsamigen Nussfrüchte der *Poaceae* – Süßgräser, die von einem oberständigen, mehrblättrigen Fruchtknoten gebildet werden.
Kätzchen: Als Kätzchen werden dichte, trauben- bis ährenartige Blüten- und Fruchtstände bezeichnet, die aus zahlreichen, unscheinbaren Einzelblüten bestehen (z. B. bei *Salix* – Weide).
Keimblatt: Als Keimblätter werden die ersten Blätter des keimenden Embryos bezeichnet, die meist einfacher gebaut sind als die folgenden Blätter. Bei Einkeimblättrigen ist meist ein Keimblatt sichtbar, bei Zweikeimblättrigen sind es meist zwei (siehe auch Primärblatt, Folgeblatt).
Kelch: Als Kelch (Calyx) wird die Gesamtheit der Kelchblätter einer Blüte bezeichnet.
Kelchblatt: Als Kelchblätter (Sepalen) werden die äußeren (meist unauffällig) gestalteten Blütenhüllblätter bezeichnet, wenn die Blütenhüllblätter des inneren und äußeren Kreises unterschiedlich gestaltet sind (siehe auch Perigon).
Kiefernartige: siehe Nadelbäume
Kiel: Als Kiel bezeichnet man kielförmige Strukturen auf der Unterseite von Blattorganen. Sie werden meist von verstärkten Blattnerven gebildet (z. B. bei Blättern von *Dactylis* – Knäuelgras).
Klade: Eine Klade ist eine ranglose monophyletische Abstammungsgemeinschaft.
Klasse: Der Begriff Klasse wird in der Pflanzensystematik verwendet, um eine große monophyletische Gruppe von Sippen zu kennzeichnen. Der Klasse übergeordnet ist die Abteilung, ihr untergeordnet die Ordnung. Die wissenschaftlichen Namen von Pflanzenklassen enden auf ›opsida‹, z. B. bei den *Magnoliopsida* – Bedecktsamern.
Klause: Als Klausen bezeichnet man die einsamigen Spaltfrüchte, die aus einem 2-blättrigen Fruchtknoten durch Einziehen von Scheidewänden entstehen (z. B. bei *Cynoglossum* – Hundszunge und anderen *Boraginaceae* – Raublattgewächsen).
Klebkörper: Als Klebkörper bezeichnet man eine klebende, oft scheibenförmige Struktur am Stielchen der Pollinarien vieler *Orchidaceae* – Orchideengewächse. Der Klebkörper dient der Anheftung der Pollinarien (und den darin enthaltenen Pollen) an bestäubende Insekten.
Kletterhaar: Als Kletterhaare werden nach unten gerichtete oder widerhakige Haare bezeichnet, mit denen sich Kletterpflanzen an anderen Pflanzen oder Substrat wie Felsen festhalten (z. B. bei *Humulus lupulus* – Gewöhnlicher Hopfen).
Kletterpflanze: Kletterpflanzen haben keine selbsttragende Sprossachse, sondern stützten sich mithilfe von Ranken (z. B. bei *Vitis* – Wein), Haftwurzeln (z. B. bei *Hedera* – Efeu), Widerhaken (z. B. bei *Galium aparine* – Kletten-Labkraut), Kletterhaaren (z. B. bei *Humulus lupulus* – Gewöhnlicher Hopfen) oder einer windenden Sprossachse (z. B. bei *Calystegia* – Zaunwinde) an anderen Pflanzen oder Substrat wie Felsen oder Mauern ab, um besser ans Licht zu gelangen.
Kletterwurzel: siehe Haftwurzel
Knäuel: Knäuel ist ein Sammelbegriff für dicht stehende, blattachselständige Blütenstände. Oft handelt es sich um Rispen, Thyrsen oder Zymen (z. B. bei *Rumex* – Ampfer).
Knolle: Knollen sind verdickte Speicherorgane, die vor allem im Bereich der Sprossachsen oder Wurzeln gebildet werden (z. B. bei *Corydalis* – Lerchensporn).
Knospe: Als Knospe wird der juvenile Zustand von Sprossachsen bezeichnet. In Knospen hat das Längenwachstum noch nicht begonnen, oft sind aber bereits Blätter (bzw. Knospenschuppen) angelegt und schützen das Bildungsgewebe. Nach Funktion und Lage werden Blütenknospen, Innovationsknospen, Seitenknospen und Endknospen unterschieden.
Knospenlage: Als Knospenlage wird die Form des Querschnittes von Blättern in Knospen bzw. im juvenilen Zustand bezeichnet. Sie stellt ein wichtiges vegetatives Bestimmungsmerkmal bei den *Poaceae* – Süßgräsern dar und kann am besten an Erneuerungssprossen untersucht werden. Es werden gerollte Knospenlage (z. B. bei *Bromus hordeaceus* – Weiche Trespe) und gefaltete Knospenlage (z. B. bei *Dactylis glomerata* – Gewöhnliches Knäuelgras) unterschieden.
Knospenschuppe: Knospenschuppen sind die meist kleinen, schuppenförmigen Blätter, welche Knospen, v. a. Innovationsknospen, vor Kälte und Trockenheit schützen.
Knoten: Als Knoten (Nodium) werden die Abschnitte der Sprossachse bezeichnet, an denen die Blätter sitzen, wenn sie auffallend verdickt und stabil gebaut sind und sich deutlich von den dazwischenliegenden, i. d. R. hohlen Abschnitten (Internodien) unterscheiden (z. B. bei *Poaceae* – Süßgräsern).
Kolben: Kolben sind Blütenstände, bei denen die Blüten ungestielt an einer ± fleischig verdickten Hauptachse sitzen (z. B. bei *Zea* – Mais).
Koniferen: siehe Nadelbäume
Köpfchen: Köpfchen sind dichtblütige, oft kugelige bis kurzeiförmige Blütenstände, die meist endständig an der Sprossachse angeordnet sind (z. B. bei *Jasione* – Sandglöckchen). Oft bildet ein Köpfchen eine bestäubungsbiologische Einheit (siehe auch Blume, Pseudanthium).
Körbchen: Als Körbchen wird ein meist scheiben- bis köpfchenförmiger Blütenstand bezeichnet, bei dem die Blüten von einer gemeinsamen Hülle aus meist grünlichen, dicht stehenden Hochblättern umgeben sind (z. B. bei *Carduus* – Distel und anderen *Asteraceae* – Korbblütengewächsen).
Korkpore: Korkporen (Lentizellen) sind kleine Bereiche der Rinde bzw. Borke von Gehölzen, in denen die oberste Zellschicht aufreißt, was einen verbesserten Gasaustausch ermöglicht. Meist entwickelt sich darunter ein lockeres Gewebe aus abgestorbenen Korkzellen (z. B. bei *Sambucus* – Holunder).
Kormophyt: Kormophyten (Cormopyhten) sind Pflanzen, die aus Sprossachse, Blättern und Wurzeln aufgebaut sind. Es handelt es sich um Bärlappe, Farne, Nacktsamer oder Bedecktsamer.
Kormus: Der Kormus bezeichnet den Grundbauplan von Kormophyten, der aus den Grundorgane Sprossachse, Blatt und Wurzel aufgebaut ist.
Kronblatt: Kronblätter sind der innere (meist auffällig gestaltete) Kreis von Blütenhüllblättern, wenn die Blütenhüllblätter des inneren und äußeren Kreises unterschiedlich gestaltet sind (Perigon). Die Kronblätter werden auch Petalen genannt.
Krone: Krone bezeichnet die Gesamtheit der Kronblätter einer Blüte.
krugförmige Blüte: siehe glockenförmige Blüte
Kurztrieb: Ein Kurztrieb ist ein Sprossabschnitt, dessen Längenwachstum (im Vergleich zum Langtrieb) stark reduziert ist, sodass Blätter (bzw. Blüten) deshalb dicht gedrängt (oft scheinbar wirtelig) angeordnet sind. Der Begriff wird vor allem verwendet, um das Wachstum von Gehölzen zu beschreiben (z. B. bei *Prunus* – Kirsche).
laminale Plazentation: Bei der laminalen Plazentation sitzen die Samenanlagen auf der gesamten Fläche der Fruchtblätter (z. B. bei *Nymphaea* – Seerose).
längliche Spreite: Bei einer länglichen Spreite ist die Spreite mindestens ca. 3–4-mal länger als breit (z. B. bei *Salix alba* – Silber-Weide).
Langtrieb: Ein Langtrieb ist ein Sprossabschnitt mit deutlichem Längenwachstum (im Vergleich zum Kurztrieb). Der

Begriff wird vor allem verwendet, um das Wachstum von Gehölzen zu beschreiben.

lanzettliche Spreite: Eine lanzettliche Spreite ist sowohl zur Blattbasis als auch zur Spitze hin verschmälert (z. B. bei *Betula pendula* – Hängebirke).

laterale Beiknospen: Wenn in den Achseln eines Tragblattes mehrere Knospen zu finden sind, nennt man diese zusätzlichen Knospen Beiknospen. Stehen diese horizontal neben der Hauptknospe handelt es sich um lateral angeordnete Beiknospen (z. B. im Blütenstand von *Musa* – Banane und bei anderen Einkeimblättrigen) (siehe auch seriale Beiknospen).

Laubblatt: Als Laubblätter werden die ›normal‹ ausgebildeten Blätter an der Sprossachse bezeichnet, die vor allem der Fotosynthese dienen (siehe auch Blatt).

Lebensform: Als Lebensform wird die durch den Bauplan der Pflanze weitgehend vorgegebene, durch die Umwelt aber noch modifizierbare äußere Gestalt von Pflanzen bezeichnet. Es gibt hierzu eine Vielzahl unterschiedlicher Klassifikationen, bewährt hat sich vor allem das System von Raunkiaer, welches auf der Lage der Überdauerungsorgane (Innovationsknospen) beruht: Chamaephyt, Geophyt, Hemikryptophyt, Hydrophyt, Phanerophyt, Therophyt.

Leitbündel: Leitbündel sind die auf den Transport von Wasser, Nährstoffen und Assimilaten spezialisierten Gewebe von Pflanzen. Typischerweise bestehen sie aus lang gestreckten Zellen, die ein von den Wurzeln bis in die Blätter reichendes Kanalsystem bilden.

Lentizelle: siehe Korkpore

leptosporangiat: Bei einem leptosporangiaten Farn besteht die Wand der Sporangien aus einer Zellschicht (z. B. bei *Dryopteris* – Wurmfarm).

Liane: Eine Liane ist eine verholzende Kletterpflanze (z. B. *Hedera helix* – Gewöhnlicher Efeu).

Ligula: siehe Blatthäutchen

lineale Spreite: Bei einer linealen Spreite verlaufen die Blattränder (fast) parallel. Die Spreite ist länglich, das heißt (viel) mehr als 3–4-mal länger als breit (z. B. bei *Abies* – Tanne oder *Salix eleagnos* – Lavendel-Weide).

Lippenblüte: Bei den verwachsenen und zygomorphen Lippenblüten bilden die Kron- bzw. Perigonblätter eine Oberlippe und Unterlippe aus (z. B. bei *Lamium* – Taubnessel oder anderen Lippenblütlern). Zuweilen ist die Oberlippe helmförmig (z. B. bei *Aconitum* – Eisenhut) oder es ist nur eine Lippe (meist die Unterlippe) ausgebildet (z. B. bei *Ajuga* – Günsel).

Lodiculae: Im Blütchen der *Poaceae* – Süßgräser finden sich 2 (3) Schwellkörper (Lodiculae), die durch Aufnahme bzw. Abgabe von Wasser das Öffnen und Schließen der Deckspelze bewirken. Die Schwellkörper werden als umgewandelte Perigonblätter des inneren Kreises gedeutet.

Magerrasen: Als Magerrasen werden artenreiche, nährstoffarme Grünlandökosysteme bezeichnet (siehe auch Trockenrasen, Halbtrockenrasen).

Makrospore: siehe Megaspore

marginale Plazentation: Bei der marginalen Plazentation sitzen die Samenanlagen nahe der Bauchnaht am Rand eines Fruchtblattes (z. B. bei *Drimys* – Winterrinde).

maskierte Röhrenblüte: Bei einer maskierten Röhrenblüte sind die Blütenhüllblätter zu einer länglichen Röhre verwachsen, die durch Auswüchse der Kronblätter verdeckt ist, sodass der Nektar *nicht* direkt zugänglich ist (z. B. bei *Linaria vulgaris* – Gewöhnliches Leinkraut).

Megaphyll: Als Megaphyll (Makrophyll) bezeichnet man die Blätter der Samenpflanzen und Farne i. e. S. Megaphylle sind dadurch gekennzeichnet, dass sie in der Regel mehr als ein Leitbündel haben und ihre Spreite aus mehreren Zellschichten besteht (siehe auch Mikrophyll).

mehrfach gefiederte Spreite: Bei mehrfach gefiederten Spreiten sind die Fiederblättchen erster Ordnung ihrerseits mindestens 1-mal gefiedert. Z. B. hat *Chaerophyllum temulum* – Hecken-Kälberkropf 2- bis 3-fach gefiederte Blätter.

Mesokarp: Das Mesokarp ist die mittlere Schicht der Fruchtwand (Perikarp).

Mikrophyll: Als Mikrophyll bezeichnet man Blätter, die nur ein unverzweigtes Leitbündel haben. Sie sind meist klein und einfach gebaut und ihre Spreite ist meist nur eine oder wenige Zellschichten dick (z. B. bei Bärlappen, Schachtelhalmen). Die Blätter der Samenpflanzen sind hingegen als Megaphylle ausgebildet.

Milchsaft: Als Milchsaft wird weißer oder farbiger, oft giftiger Saft bezeichnet, der bei Verletzungen aus Sprossachsen oder Blättern (seltener auch aus Wurzeln) austritt und die Wunde rasch verschließt (z. B. bei *Euphorbia* – Wolfsmilch).

Mittelrippe: Die Mittelrippe ist der mittlere Blattnerv.

mittelständiger Fruchtknoten: Bei einem mittelständigen Fruchtknoten ist der Fruchtknoten teilweise in den Blütenboden eingesenkt (z. B. bei *Saxifraga bryoides* – Moos-Steinbrech). Zuweilen werden Fruchtknoten auch als mittelständig bezeichnet, wenn sie in einem von der Blütenachse gebildeten Krug stehen (z. B. bei *Prunus* – Kirsche) (siehe auch Achsenbecher, oberständiger Fruchtknoten, unterständiger Fruchtknoten).

Monochasium: Ein Monochasium ist ein zymöser Blütenstand, dessen Hauptachse mit einer Blüte abschließt und dessen Wachstum von einem Seitenzweig fortgesetzt wird. Man unterscheidet vor allem Schraubel (z. B. bei *Myosotis* – Vergissmeinnicht) und Wickel (z. B. bei *Echium* – Natternkopf).

Monokotyledonae: Die Monokotyledonae bzw. Monokotyle – Einkeimblättrige sind eine monophyletische Gruppe innerhalb der *Angiospermae* (Bedecktsamer), die ein Keimblatt haben und durch zahlreiche weitere Merkmale (z. B. Parallelnervatur der Blätter) gekennzeichnet sind (z. B. *Lilium* – Lilie).

Monophyllum: Ein Monophylum (monophyletische Gruppe) umfasst genau die Taxa, die auf einen gemeinsamen Vorfahren zurückgehen.

monopodiale Verzweigung: Bei der monopodialen Verzweigung wird das Wachstum der Sprossachse nach dem Winter vom Haupttrieb fortgesetzt. Der Begriff wird hauptsächlich dazu verwendet, das Wachstum von Gehölzen zu beschreiben (z. B. bei *Araucaria* – Araukarie und anderen Nadelbäumen).

montan: Montan bezeichnet die Höhenstufe des Berglandes, in der natürlicherweise Wälder dominieren. Sie reicht in Deutschland in den Mittelgebirgen von etwa 300 m bis maximal 1500 m und in den Alpen von etwa 700 m bis 1850 m.

Morphologie: Die Morphologie beschreibt die äußere Gestalt und Struktur.

mycotrophe Pflanze: siehe Epiparasit

Nabel: Als Nabel (Hilum) wird die Ansatzstelle des Samenstiels (Funiculus) am Samen bezeichnet. Der Nabel ist bei vielen Arten auch noch an bereits ausgestreuten Samen durch eine andere Farbe oder Oberflächenstruktur erkennbar (z. B. bei *Brassica napus* – Raps).

Nacktsamer: Die *Gymnospermae* – Nacktsamer sind eine Gruppe innerhalb der Samenpflanzen, die sich unter anderem dadurch auszeichnet, dass die Samen auf der Oberfläche von Blättern gebildet werden, während schlauchförmig verwachsene Fruchtblätter fehlen. Die Nacktsamer umfassen die *Ginkgoopsida* – Ginkgogewächse, *Pinopsida* – Nadelgehölze sowie die *Cycadopsida* – Palmfarne.

Nadelbäume: Die *Pinopsida* – Nadelbäume (Koniferen, Kiefernartige, Nadelgehölze) sind die größte, heute noch lebende Pflanzengruppe der Nacktsamer (z. B. *Pinus* – Kiefer, *Abies* – Tanne, *Larix* – Lärche).

Nadelblatt: Als Nadelblätter werden lange, dünne Blätter mit parallelen Rändern und einer linealen Spreite bezeichnet, die man bei vielen Nadelbäumen findet (z. B. bei *Pinus* – Kiefer).

Nagel: Als Nagel bezeichnet man das schmale, lang gezogene und dadurch stielartig wirkende basale Ende von genagelten Kronblättern (z. B. bei *Geranium pratense* – Wiesen-Storchschnabel) (siehe auch Platte).
Narbe: Die Narbe ist der (meist) distale Abschnitt des Stempels, welcher der Aufnahme der Pollen dient.
Naturraum: Als Naturraum wird eine durch Umweltfaktoren wie Klima, Relief, Wasserhaushalt, Boden, geologischer Bau und die Biosphäre charakterisierte Landschaftseinheit verstanden (z. B. die Rhön).
Nebenblatt: Nebenblätter sind (meist) blattartige Auswüchse des Blattgrundes am Übergang zwischen Blattstiel und Sprossachse (z. B. bei *Salix* – Weide). Die Ligula der *Poaceae* – Süßgräser und Ochrea der *Polygonaceae* – Knöterichgewächse können von Nebenblättern abgeleitet werden.
Nebenkrone: Als Nebenkrone werden Auswüchse der Oberseite der Kronblätter bezeichnet. Meist findet man sie bei genagelten Kronblättern am Übergang zwischen Nagel und Platte (z. B. bei *Narcissus* – Narzisse).
Nebenzwiebel: siehe Tochterzwiebel
Nektarblatt: Ein Nektarblatt (Honigblatt) ist ein Blütenblatt, das eine Nektardrüse besitzt (z. B. bei *Ranunculus* – Hahnenfuß).
Nektardrüse: Nektardrüsen (Nektarien) sind nektarproduzierende Drüsen. Sie sind oft in den Blüten (z. B. bei *Helleborus* – Nieswurz), aber auch als extraflorale Nektarien z. B. an Blättern zu finden (z. B. bei *Prunus avium* – Vogelkirsche).
Nektarium: siehe Nektardrüse
Neophyt: Als Neophyten werden Pflanzen bezeichnet, die in einem Gebiet *nicht* ursprünglich vorkamen, sondern erst *ab* 1492 durch den Menschen in das betreffende Gebiet gebracht wurden (z. B. *Senecio canadensis* in Deutschland).
Nervatur: Als Nervatur wird die Gesamtheit der Nerven (Leitbündel) eines Blattes bezeichnet. Man unterscheidet unter anderem Blätter mit Fiedernervatur (Netznervatur) (bei den meisten Zweikeimblättrigen, z. B. bei *Quercus* – Eiche), Parallelnervatur (bei den meisten Einkeimblättrigen, z. B. bei *Deschampsia caespitosa* – Rasen-Schmiele) und gabelnerviger (dichotomer) Nervatur (bei vielen Farnen und Nacktsamern, z. B. *Ginkgo*).
netznervig: siehe fiedernervig
Niederblatt: Als Niederblätter werden einfach gebaute, oft schuppenartige Blätter außerhalb des Blütenstandes bezeichnet (z. B. am Rhizom von *Phragmites* – Schilf)
Nodium: siehe Knoten
nom. cons. prop.: Nom. cons. prop. ist die Abkürzung für ›nomen conservandum propositus‹. Damit wird ein Pflanzenname bezeichnet, der weiterhin benutzt werden kann, obwohl dies den Nomenklaturregeln widersprechen könnte (z. B. *Rumex acetosa* L. nom. cons. prop.).
Nomenklaturregeln: Nomenklaturregeln sind international einheitliche Regeln zur wissenschaftlich korrekten und eindeutigen Benennung von Lebewesen (siehe auch binäre Nomenklatur).
Nuss: Eine Nuss ist eine Frucht mit hartem (holzigem) Perikarp, fleischiges Fruchtfleisch fehlt (z. B. die Eichel bei *Quercus* – Eiche).
Nüsschen: Als Nüsschen werden die Früchtchen einer Sammelfrucht bezeichnet, wenn sie während der Fruchtreife geschlossen bleiben und ein hartes Perikarp haben (z. B. bei *Ranunculus* – Hahnenfuß).
Obergranne: Als Obergranne bezeichnet man den oberen, distalen Teil einer Granne, wenn sich dieser deutlich vom unteren Teil abgrenzen lässt (z. B. bei *Poaceae* – Süßgräsern mit geknieten Grannen wie *Arrhenatherum* – Glatthafer).
oberständiger Fruchtknoten: Bei einem oberständigen Fruchtknoten liegt die Basis des Fruchtknotens oberhalb der Ansatzstelle der Blütenhüllblätter (z. B. bei *Lilium* – Lilie) (siehe auch mittelständiger Fruchtknoten, unterständiger Fruchtknoten).
Ochrea: Eine Ochrea ist eine Blattscheide, die aus Nebenblättern gebildet wird (z. B. bei *Polygonum* – Knöterich).
offene Blüte: Offene Blüten haben ausgebreitete Kron- bzw. Perigonblätter, sodass Pollen bzw. Nektar für die Bestäuber einfach zugänglich sind. Die Kron- bzw. Perigonblätter sind oft frei und die Blüten meist radiärsymmetrisch (z. B. bei *Ranunculus* – Hahnenfuß).
Öffnungsfrucht: Öffnungsfrüchte (Streufrüchte) öffnen sich während der Fruchtreife und setzen die Samen frei: Es handelt sich um Kapseln (z. B. bei *Agrostemma* – Kornrade), Hülsen (z. B. bei *Vicia* – Wicke) oder Bälge (z. B. bei *Trollius* – Trollblume).
Öhrchen: Als Öhrchen (Blattöhrchen) werden kleine Auswüchse des Blattgrundes verstanden, welche die Sprossachse ganz oder teilweise umfassen (z. B. bei *Triticum* – Weizen). Seltener sind Öhrchen nach oben gerichtet (z. B. bei *Festuca ovina* – Schaf-Schwingel).
Ordnung: Der Begriff Ordnung wird in der Pflanzensystematik verwendet, um eine große monophyletische Gruppe von Sippen zu kennzeichnen. Der Ordnung übergeordnet ist die Klasse, ihr untergeordnet die Familie. Die wissenschaftlichen Namen von Pflanzenordnungen enden auf ›ales‹, z. B. bei den *Nymphaeales* – Seerosenartigen.
p. p.: p. p. ist die Abkürzung für ›pro parte‹ und wird bei taxomomischen Bezeichnungen verwendet, um zu verdeutlichen, dass nur ein Teil der betreffenden Sippe gemeint ist.
paarig gefiederte Spreite: Eine paarig gefiederte Spreite hat eine gerade Anzahl von Fiederblättchen, die Endfieder fehlt oder ist zu Ranken oder Dornen umgewandelt (z. B. bei *Vicia* – Wicke).
Panzerbeere: Panzerbeeren sind kürbis- oder melonenartige Früchte, deren saftiges Fruchtfleisch (Mesokarp) von einer harten Außenschicht (Exokarp) geschützt ist (z. B. bei vielen *Cucurbitaceae* – Kürbisgewächsen).
Papille: Als Papillen bezeichnet man kleine, meist rundliche, warzenähnliche Erhebungen (oder Haare) auf der Oberfläche von Blättern, Sprossachsen, Früchten oder Samen (z. B. bei den Samen von *Arenaria serpyllifolia* – Quendel-Sandkraut).
Pappus: Als Pappus wird der umgewandelte Kelch bei den *Asteraceae* – Korbblütengewächsen bezeichnet. Er sitzt über dem unterständigen Fruchtknoten und kann aus gefiederten Haaren (z. B. bei *Tragopogon* – Bocksbart), Borsten (z. B. bei *Centaurea* – Flockenblumen), Haken (z. B. bei *Bidens* – Zweizahn) oder kleinen Schuppen (z. B. bei *Leucanthemum* – Margerite) bestehen.
parakarper Fruchtknoten: Bei einem parakarpen Fruchtknoten sind mehrere Fruchtblätter zu einem Fruchtknoten verwachsen, in dem ein zentrales Fach ausgebildet ist, in welchem die Samen sitzen (z. B. bei *Agrostemma* – Kornrade).
parallelnervig: Bei der Parallelnervatur sind die Nerven des Blattes zueinander parallel ausgerichtet und haben keine (sichtbaren) Verzweigungen oder Querverbindungen (bei fast allen Einkeimblättrigen).
Parasiten: Parasiten ernähren sich von einem Wirtsorganismus, ohne dass dieser dabei obligat getötet wird. Bei Blütenpflanzen wird zwischen Vollparasiten (Holoparasiten, z. B. *Orobanche* – Sommerwurz) und Halbparasiten (Hemiparasiten, z. B. *Rhinanthus* – Klappertopf) unterschieden (siehe auch Epiparasiten).
parietale Plazentation: Bei der parietalen Plazentation ragen die Samenanlagen in mehreren Reihen vom Rand in das zentrale Fruchtknotenfach hinein (z. B. bei *Cucurbitaceae* – Kürbisgewächsen).
Perianth: Die Blütenhülle wird als Perianth bezeichnet.
Perigon: Als Perigon wird die Gesamtheit der Blütenhüllblätter einer Blüte bezeichnet, wenn diese *nicht* in Kelch- und Kronblätter differenziert sind.
Perigonblatt: Wenn der innere und äußere Kreis der Blütenhüllblätter gleich gestaltet ist *oder* nur ein Kreis von Blütenhüllblättern vorhanden ist, werden die Blütenhüllblätter als

Perigonblätter oder Tepalen bezeichnet (z. B. bei *Lilium* – Lilie). Blüten mit Perigon sind haplo- bzw. homochlamydeisch.
Perikarp: Als Perikarp (Fruchtwand) wird das den Samen umhüllende Gewebe der Frucht bezeichnet, häufig sind drei Schichten erkennbar: Endokarp, Mesokarp und Exokarp.
Perisperm: Das Perisperm ist ein Nährgewebe im Samen mancher Pflanzen, das den Embryo umgibt und das von Zellen des Nucellus (der zur Mutterpflanze gehört) gebildet wird (z. B. bei vielen *Caryophyllaceae* – Nelkengewächsen) (siehe auch Endosperm).
Petale: siehe Kronblatt
Pfahlwurzel: Eine senkrecht nach unten wachsende und meist dicke Wurzel wird als Pfahlwurzel bezeichnet (z. B. bei *Taraxacum* – Löwenzahn).
pfeilförmige Spreite: Bei einer pfeilförmigen Spreite ist die Spreite länglich und spitz, der Blattgrund tief ausgerandet und die basalen Blattzipfel *nicht* deutlich außen gerichtet (z. B. bei *Rumex acetosa* – Großer Sauerampfer) (siehe auch spießförmige Spreite).
Phanerophyt: Phanerophyt bezeichnet eine der Lebensformen nach Raunkiaer, bei der sich die Innovationsknospen über der durchschnittlichen Höhe der Schneedecke befinden: Es handelt sich um Bäume (z. B. *Fagus sylvatica* – Rotbuche), Sträucher (z. B. *Corylus avellana* – Gewöhnliche Hasel) oder Lianen (z. B. *Hedera* – Efeu).
Phänologie: Die Phänologie befasst sich mit den im Jahresablauf periodisch wiederkehrenden Entwicklungen in der Natur, z. B. den Blühperioden von Pflanzen.
Phyllokladium: Phyllokladien sind umgewandelte Sprossachsen, die abgeflacht sind und in nennenswertem Umfang Fotosynthese betreiben (z. B. bei *Asparagus* – Spargel).
pinselartige Blüte: Pinselartige Blüten haben lange, auffällige Staubblätter, die weit aus den Blüten herausragen. Meist fehlt die Blütenhülle oder ist reduziert (z. B. bei *Salix* – Weide).
planar: Als planar wird die Höhenstufe des Flachlandes bezeichnet.
Platte: Als Platte bezeichnet man das flächig ausgebildete distale Ende von genagelten Kronblättern (z. B. bei *Geranium pratense* – Wiesen-Storchschnabel) (siehe auch Nagel).
Plazentation: Plazentation beschreibt die Lage der Samenanlagen innerhalb des Fruchtknotens. U. a. werden unterschieden: laminale Plazentation, marginale Plazentation, parietale Plazentation und zentrale Plazentation.
Pleiochasium: Als Pleiochasium wird ein zymöser Blütenstand bezeichnet, dessen Hauptachse mit einer Blüte abschließt und dessen Wachstum von mehreren Seitenzweigen fortgesetzt wird (z. B. bei *Euphorbia* – Wolfsmilch).
Pneumatophor: siehe Atemwurzel
Pollen: Pollen werden in den Staubblättern durch meiotische Teilung gebildet, keimen auf dem Fruchtblatt aus und befruchten dann die Eizelle.
Pollensack: Als Pollensäcke werden die meist vier Fächer von Staubbeuteln bezeichnet, in denen die Pollen gebildet werden. Ein Pollensack entspricht einem Mikrosporangium.
Pollinarium: Ein Pollinarium umfasst das Pollinium und sein Anhefteorgan (Stielchen bzw. Klebkörper). Pollinarien finden sich bei vielen *Orchidaceae* – Orchideengewächsen und dienen der Ausbreitung der Pollen bzw. Bestäubung.
Pollinium: Als Pollinium wird das aus zusammenklebenden Pollen bestehende Paket bezeichnet, das bei vielen *Orchidaceae* – Orchideengewächsen der Verbreitung der Pollen bzw. Bestäubung dient.
Polsterpflanze: Polsterpflanzen sind niedrigwüchsige Pflanzen, deren Sprossachsen dicht gedrängt stehen und eine kompakte Einheit bilden. Die Wuchsform ist eine Anpassung an extremes Klima, z. B. bei *Saxifraga oppositifolia* – Roter Steinbrech als Anpassung an Trockenheit und Kälte in der alpinen Höhenstufe.
Porenkapsel: Porenkapseln sind Öffnungsfrüchte, die sich öffnen, indem an vordefinierten Stellen Löcher entstehen, aus denen die Samen herausfallen (z. B. bei *Papaver* – Mohn) (siehe auch Deckelkapsel, Spaltkapsel).
präalpin: Präalpin bezeichnet die montane (und subalpine) Höhenstufe der süd-, mittel- und osteuropäischen Gebirge ohne die Alpen.
Primärblatt: Als Primärblätter werden die ersten, auf das Keimblatt folgenden, oft einfach gebauten Laubblätter bezeichnet (siehe auch Folgeblatt).
proterandrisch: siehe vormännliche Blüte
proterogyn: siehe vorweibliche Blüte
Pseudanthium: siehe Scheinblüte
Pseudoviviparie: Bei der Pseudoviviparie entstehen im Blütenstand vegetativ gebildete Brutknospen, die bereits zu keimen beginnen, während sie noch mit der Mutterpflanze verbunden sind (z. B. bei *Poa bulbosa* – Zwiebel-Rispengras).
Quirl: Als Quirl i. e. S. werden wirtelig angeordnete, meist blattachselständige Blütenstände bezeichnet. Bei den meisten Pflanzenarten (z. B. vielen *Lamiaceae* – Lippenblütlern) handelt es sich aber nicht um Quirle i. e. S., sondern um Scheinquirle, die eigentlich als Zymen anzusprechen sind (siehe auch Knäuel, wirtelige Blattstellung).
quirlige Blattstellung: siehe wirtelige Blattstellung
racemöser Blütenstand: Als racemös bezeichnet man Blütenstände, die von einer durchgehenden Hauptachse gebildet werden (siehe auch Zyme). Hierzu zählen u. a. endständige Blüten (z. B. bei *Tulipa* – Tulpe), Trauben (z. B. bei *Sinapis* – Senf und anderen *Brassicaceae* – Kreuzblütlern), Rispen (z. B. bei *Poa* – Rispengras) oder Dolden (z. B. bei *Hedera* – Efeu). Dieser Verzweigungstyp entspricht der monopodialen Verzweigung bei Gehölzen.
radiärsymmetrische Blüte: Durch radiärsymmetrische Blüten lassen sich mehr als zwei Symmetrie-Ebenen legen (z. B. bei *Tulipa* – Tulpe).
Randblüte: Als Randblüten werden die randständigen Blüten eines kompakten Blütenstandes (z. B. Körbchen, Dolde) bezeichnet, besonders dann, wenn sie sich von den zentral stehenden Blüten unterscheiden (z. B. die weißen randlich stehenden Zungenblüten bei *Bellis* – Gänseblümchen oder die vergrößerten Randblüten bei *Viburnum opulus* – Gewöhnlicher Schneeball).
Ranke: Als Ranke werden umgewandelte Sprosse (z. B. bei *Vitis* – Wein) oder Blätter (z. B. bei *Lathyrus* – Platterbse) bezeichnet, mit deren Hilfe Kletterpflanzen sich an anderen Pflanzen oder Substrat wie Felsen oder Mauern festhalten.
Rapellum: Das Rapellum (Rahmen) ist ein Teil der Schote der *Brassicaceae* – Kreuzblütler. Es wird von zwei schmalen Fruchtblättern gebildet, an denen sich auch die Samenanlagen befinden. Bei der Fruchtreife bleibt das Rapellum gemeinsam mit einer falschen Scheidewand in der Regel stehen, während die von zwei sterilen Fruchtblättern gebildeten Fruchtklappen oft abfallen (z. B. bei *Lunaria* – Silberblatt).
rautenförmige Spreite: Bei einer rautenförmigen Spreite hat die Spreite die Form einer Raute (z. B. bei einigen Blättern von *Betula pendula* – Hängebirke).
Reich: Der Begriff Reich wird in der Systematik verwendet, um eine große monophyletische Gruppe von Sippen zu kennzeichnen, z. B. die *Plantae* (Pflanzen, Pflanzenreich). Das Reich ist die oberste Ebene der Systematik, ihr untergeordnet ist die Abteilung.
Rhachis: Als Rhachis (Blattspindel) wird bei zusammengesetzten Blättern der der Mittelrippe entsprechende Abschnitt bezeichnet, welcher die einzelnen Fiederblättchen miteinander verbindet.
Rhizom: Als Rhizom werden unterirdisch wachsende Ausläufer bezeichnet (z. B. bei *Anemone* – Windröschen).
Rinde: Als Rinde bezeichnet man das sekundäre Abschlussgewebe. Die Rinde wird angelegt, wenn das primäre Abschlussgewebe, die Epidermis, durch das Dickenwachstum aufreißt. Die Rinde ist meist glatt und wenig strukturiert und wird bei den meisten Bäumen im Alter durch die Borke

(tertiäres Abschlussgewebe) abgelöst. Nur bei wenigen Arten bleibt die Rinde lange erhalten (z. B. bei *Fagus* – Buche).
Rispe: Eine Rispe ist ein racemöser Blütenstand, der mehrfach verzweigt ist und der aus einzelnstehenden, gestielten Blüten zusammengesetzt ist (z. B. bei *Syringa* – Flieder). Bei Rispengräsern stehen an Stelle der Blüten Ährchen (z. B. bei *Poa* – Rispengras).
Röhrenblüte: Bei Röhrenblüten sind die Blütenhüllblätter zu einer langen Röhre verwachsen (z. B. bei *Crocus* – Krokus oder den Röhrenblüten der *Asteraceae* – Korbblütengewächse).
Rosette: Von einer Rosette spricht man, wenn viele Laubblätter dicht gedrängt am Grunde der Sprossachse angeordnet sind. Die Blattstellung in der Rosette ist meist wechselständig, allerdings ist das Längenwachstum der Sprossachse im Bereich der Rosette unterdrückt, sodass die Blätter scheinbar wirtelig stehen. Man unterscheidet Rosettenpflanzen (z. B. *Taraxacum* – Löwenzahn) und Halbrosettenpflanzen (z. B. *Verbascum* – Königskerze).
Rosettenpflanze: Bei Rosettenpflanzen sind *alle* Laubblätter in einer grundständigen Rosette angeordnet, die Sprossachse ist blattlos (z. B. *Taraxacum* – Löwenzahn) oder mit allenfalls kleinen Schuppenblättern besetzt (z. B. *Hieracium pilosella* – Kleines Habichtskraut) (siehe auch Halbrosettenpflanze).
Rostellum: Als Rostellum bezeichnet man den sterilen, mittleren Teil der Narbe bei den *Orchidaceae* – Orchideengewächsen, welcher die Narbe von den Pollinarien trennt. Am Rostellum können Klebkörper ausgebildet sein, die über ein Stielchen mit den Pollinarien verbunden sind.
Rückennaht: Die Rückennaht entspricht dem zentralen Leitbündel eines Fruchtblattes. Hülsen öffnen sich an Rücken- *und* Bauchnaht (z. B. bei *Robinia* – Robinie und anderen *Fabaceae* – Schmetterlingsblütlern).
Ruderalpflanze: Ruderalpflanzen wachsen an von Menschen geschaffenen und meist häufig gestörten Standorten wie Straßenrändern (z. B. *Hordeum murinum* – Mäusegerste).
s. l.: s. l. ist die Abkürzung für ›sensu lato‹ und bedeutet ›im weiteren Sinn‹.
s. str.: s. str ist die Abkürzung für ›sensu strictu‹ und bedeutet ›im engeren Sinn‹.
Same: Samen dienen der Ausbreitung und Vermehrung. Sie sind typischerweise aus Embryo, Nährgewebe und Samenschale (Testa) aufgebaut.
Samenanlage: Aus der Samenanlage entwickelt sich nach der Befruchtung der Samen. Die Samenanlage befindet sich bei Bedecktsamern im Fruchtblatt und bei Nacktsamern auf der Samenschuppe.
Samenpflanzen: Die Samenpflanzen sind die evolutiv fortschrittlichste Gruppe der Landpflanzen, welche die *Angiospermae* – Bedecktsamer und *Gymnospermae* – Nacktsamer umfasst.
Samenschale: siehe Testa
Samenschuppe: Als Samenschuppe wird das Megasporophyll der Nacktsamer bezeichnet. Im Zapfen ist sie meist mit dem Tragblatt der weiblichen Blüte (Deckschuppe) verwachsen.
Samenstand: Der Zapfen der Nacktsamer kann (in Analogie zum Fruchtstand) als Samenstand bezeichnet werden, weil die Nacktsamer per Definition keine Früchte haben.
Samenstiel: Als Samenstiel (Funiculus) bezeichnet man die Verbindung zwischen Samen (bzw. den Samenanlagen) und der Plazenta des Fruchtblattes.
Sammelbeerenfrucht: Bei einer Sammelbeerenfrucht verwachsen die zur Blütezeit zunächst *nicht* miteinander verwachsenen Fruchtblätter während der Fruchtreife zu einer strukturellen Einheit. Die Früchtchen entsprechen im Aufbau ihrer Fruchtwand einer Beere (z. B. bei *Morus* – Maulbeere).
Sammelfrucht: Bei einer Sammelfrucht verwachsen die zur Blütezeit zunächst *nicht* miteinander verwachsenen Fruchtblätter während der Fruchtreife zu einer strukturellen Einheit. Man unterscheidet u. a. Sammelnussfrüchte (z. B. bei *Fragaria* – Erdbeere), Sammelsteinfrüchte (z. B. bei *Rubus* – Brombeere) und Sammelbeerenfrüchte (z. B. bei *Morus* – Maulbeere).
Sammelnussfrucht: Bei einer Sammelnussfrucht verwachsen die zur Blütezeit zunächst *nicht* miteinander verwachsenen Fruchtblätter während der Fruchtreife zu einer strukturellen Einheit. Die Früchtchen entsprechen im Aufbau ihrer Fruchtwand einer Nuss (z. B. bei *Fragaria* – Erdbeere).
Sammelsteinfrucht: Bei einer Sammelsteinfrucht verwachsen die zur Blütezeit zunächst *nicht* miteinander verwachsenen Fruchtblätter während der Fruchtreife zu einer strukturellen Einheit. Die Früchtchen entsprechen im Aufbau ihrer Fruchtwand einer Steinfrucht (z. B. bei *Rubus* – Brombeere).
Saprophyt: siehe Epiparasit
Sarcotesta: Als Sarcotesta bezeichnet man eine fleischige Schicht der Samenschale (z. B. die äußeren Schichten der Samen von *Ginkgo* oder vielen *Cycadopsida* – Palmfarnen) (siehe auch Sklerotesta).
Säule: siehe Gymnostemium
Scheinblüte: Als Scheinblüte (Pseudanthium) bezeichnet man Blütenstände, bei denen mehrere Blüten eng zusammenstehen und als bestäubungsbiologische Einheit (Blume) fungieren (z. B. bei *Bellis* – Gänseblümchen und anderen *Asteraceae* – Korbblütengewächsen).
Scheinfrucht: Von einer Scheinfrucht spricht man bei Sammelfrüchten oder Fruchtverbänden, wenn an der Ausbildung der Diasporen nicht nur die Frucht im engeren Sinne, sondern auch weitere Gewebe beteiligt sind (z. B. die Blütenachse bei *Fragaria* – Erdbeere oder ganze Fruchtstände bei *Morus* – Maulbeere).
Schiffchen: Als Schiffchen werden die beiden unteren Kronblätter bei Schmetterlingsblüten bezeichnet. Diese sind oft verwachsen und bilden eine kahnförmige Röhre (z. B. bei *Cytisus scoparius* – Besenginster und anderen *Fabaceae* – Schmetterlingsblütlern).
Schirmrispe: Eine Schirmrispe ist eine Rispe, die durch Streckung der Seitenäste und Verkürzung der Hauptachse eine ebene bis leicht gewölbte, schirmförmige Oberfläche aufweist (z. B. bei *Sambucus nigra* – Schwarzer Holunder oder *Achillea* – Schafgarbe).
Schließfrucht: Bei einer Schließfrucht sind die Samen von einer trockenen, pergamentartigen bis verholzten Fruchtwand umgeben, die während der Fruchtreife geschlossen bleibt. Es handelt sich u. a. um Beeren (z. B. bei *Vaccinium* – Heidelbeere), Steinfrüchte (z. B. bei *Prunus* – Kirsche), Nüsse (z. B. bei *Quercus* – Eiche), Nüsschen (z. B. bei *Ranunculus* – Hahnenfuß), Achänen (z. B. bei *Ambrosia* – Ambrosie und anderen *Asteraceae* – Korbblütengewächsen) und Karyopsen (z. B. bei *Setaria* – Borstenhirse und anderen *Poaceae* – Süßgräsern).
Schlund: Den Übergangsbereich zwischen Kronröhre und Kronzipfeln bezeichnet man bei verwachsenblättrigen Blüten als Schlund (z. B. bei *Myosotis* – Vergissmeinnicht).
Schlundschuppen: Als Schlundschuppen werden schuppenartige Strukturen, Haare, Falten oder Auswüchse am Übergangsbereich zwischen Kronröhre und Kronzipfeln bezeichnet (z. B. bei *Myosotis* – Vergissmeinnicht).
Schmetterlingsblüte: Eine Schmetterlingsblüte ist eine zygomorphe Blüte, bei der die seitlichen Kronblätter (Flügel) seitlich von den beiden unteren (Schiffchen) und dem oberen (Fahne) abstehen (z. B. bei *Cytisus scoparius* – Besenginster und anderen *Fabaceae* – Schmetterlingsblütlern).
Schötchen: Ein Schötchen ist eine Schote i. w. S. (Frucht der *Brassicaceae* – Kreuzblütler), die weniger als 3-mal so lang wie breit ist (z. B. bei *Draba* – Hungerblümchen oder *Biscutella* – Brillenschötchen).
Schote: Als Schote wird die Öffnungsfrucht bei den *Brassicaceae* – Kreuzblütlern bezeichnet. Diese besteht aus vier (nach älteren Deutungen aus zwei) Fruchtblättern: zwei schmale Fruchtblätter sind fertil und bilden den Rahmen (Rapellum), an dem die Plazenta mit den Samenanlagen

sitzt. Die zwei breiten Fruchtblätter sind steril und lösen sich meist zur Fruchtreife als Klappen von der Frucht. Die meist ausgebildete Scheidewand wird *nicht* aus einem Fruchtblatt gebildet und wird deshalb als falsche Scheidewand bezeichnet. Oft wird auch zwischen Schote i. e. S. (Frucht mindestens 3-mal so lang wie breit, z. B. bei *Erysimum* – Schöterich) und Schötchen (Frucht höchstens 3-mal so lang wie breit, z. B. bei *Thlaspi* – Hellerkraut) unterschieden.

Schraubel: Ein Schraubel ist ein zymöser Blütenstand, dessen Hauptachse mit einer Endblüte abschließt und dessen Wachstum von einem Seitenspross fortgeführt wird (Monochasium). Dabei stehen die Blüten immer auf einer Seite, sodass oft ein einseitig überhängender Blütenstand entsteht (z. B. bei *Myosotis* – Vergissmeinnicht) (siehe auch Wickel).

Schuppenblatt: Bei einem Schuppenblatt ist die Blattspreite reduziert, oft handelt es sich um trockene Spelzen (z. B. im Blütenstand der *Poaceae* – Süßgräser) oder um stark reduzierte Blätter im Bereich der Sprossachse (z. B. am Blütenstandsschaft von *Tussilago farfara* – Huflattich).

Schwellkörper: siehe Lodiculae

Schwiele: Als Schwielen werden knorpelartige Verdickungen an den inneren Perigonblättern (Valven) bei einigen Arten der Gattung *Rumex* – Ampfer bezeichnet (z. B. bei *Rumex conglomeratus* – Knäuelblütiger Ampfer).

sect.: sect. ist die Abkürzung für ›Sektion‹

Seitenblatt: Seitenblätter sind die an der Seite der Sprossachse stehenden Blätter. Der Begriff wird angewendet, wenn die Blätter in deutlichen Zeilen angeordnet sind (z. B. bei *Selaginella* – Moosfarn) (siehe auch Flächenblatt).

Seitenknospe: Aus Seitenknospen, die in den Achseln von Tragblättern stehen, entwickeln sich Seitensprosse (siehe auch Endknospe).

Seitenspross: Als Seitensprosse bezeichnet man die Sprosse, die sich aus Seitenknospen, also aus den Achseln von Tragblättern entwickeln und *nicht* aus der Endknospe.

Sektion: Sektion (Abkürzung: ›sect.‹) ist die Bezeichnung für eine eng miteinander verwandte Pflanzengruppe. Der Sektion übergeordnet ist die (Unter-) Gattung, ihr untergeordnet die Art. Die hierarchische Rangstufe der Sektion wird vor allem bei artenreichen und taxonomisch schwierigen Sippen wie *Taraxacum* – Löwenzahn oder *Rubus* – Brombeere verwendet.

Sepale: siehe Kelchblatt

seriale Beiknospen: Wenn in den Achseln eines Tragblattes mehrere Knospen zu finden sind, nennt man diese zusätzlichen Knospen Beiknospen. Stehen diese vertikal über der Hauptknospe, handelt es sich um serial angeordnete Beiknospen (z. B. bei *Lonicera* – Heckenkirsche) (siehe auch laterale Beiknospen).

Sippe: siehe Taxon

Sklerenchym: Sklerenchym ist Festigungsgewebe, das verholzt ist. Es ist beispielsweise in den Sprossachsen der meisten Pflanzen zu finden. In Blättern ist es fast immer in den Blattnerven zu finden. Das Festigungsgewebe kann als Sklerenchymstrang oder Sklerenchymscheide ausgebildet sein.

Sklerenchymscheide: Als Sklerenchymscheide wird Festigungsgewebe bezeichnet, das ein anderes Gewebe als ± geschlossene Scheide umgibt (z. B. in den Blättern von *Festuca ovina* s. str. – Schafschwingel).

Sklerenchymstrang: Sklerenchymstränge sind Festigungsgewebe, die in länglichen, meist voneinander isolierten Strängen vorliegen (z. B. in den Blättern von *Deschampsia caespitosa* – Rasenschmiele).

Sklerotesta: Als Sklerotesta bezeichnet man eine verholzte Schicht der Samenschale (Testa) (z. B. die innere Schicht der Samen von *Ginkgo*) (siehe auch Sarcotesta).

sommergrünes Blatt: Sommergrüne Blätter treiben im Frühjahr (oder Sommer) aus und sterben im Herbst (oder Winter) desselben Jahres wieder ab (z. B. bei *Fagus* – Buche).

Sorus: Als Sori bezeichnet man Gruppen von Sporangien, die bei den meisten Farnen i. e. S. auf der Unterseite der Wedel zu finden sind (z. B. bei *Dryopteris* – Wurmfarn).

Spaltfrucht: Bei einer Spaltfrucht (Zerfallsfrucht) zerfällt die zunächst zusammenhängende Frucht bei der Fruchtreife in mehrere Teilfrüchte, die i. d. R. unabhängig voneinander ausgebreitet werden (z. B. bei *Ammi* – Sichelmöhre und anderen *Apiaceae* – Doldengewächsen, *Acer* – Ahorn oder *Malva* – Malve).

Spaltkapsel: Spaltkapseln sind Öffnungsfrüchte, bei denen während der Fruchtreife (meist) an den Seiten Spalte bzw. Risse entstehen, aus denen die Samen herausfallen (z. B. bei *Epilobium* – Weidenröschen) (siehe auch Deckelkapsel, Porenkapsel).

spatelförmige Spreite: Eine spatelförmige Spreite ist am distalen Ende verbreitert (z. B. bei *Bellis* – Gänseblümchen).

Speicherwurzel: Speicherwurzeln dienen der Speicherung von Nährstoffen und sind meist verdickt (z. B. bei *Daucus* – Möhre).

Spelze: Eine Spelze ist ein trockenes, pergamentartiges Hochblatt im Bereich des Blütenstandes (z. B. die Hüllspelzen an der Basis der Ährchen der *Poaceae* – Süßgräser).

Spezies: siehe Art

spießförmige Spreite: Bei einer spießförmigen Spreite ist die Spreite länglich und meist spitz, der Blattgrund tief ausgerandet und die basalen Blattzipfel nach außen gerichtet (z. B. bei *Rumex acetosella* – Kleiner Sauerampfer) (siehe auch pfeilförmige Spreite).

Spindel: siehe Rhachis

spiralige Blattstellung: Bei der spiraligen Blattstellung steht an jedem Knoten nur ein Blatt (wechselständige Blattstellung) und die Blätter sind in Spiralen an der Sprossachse angeordnet (z. B. bei *Salix alba* – Silber-Weide).

spiralige Blüte: In spiraligen Blüten sind Blütenhüllblätter, Staub- bzw. Fruchtblätter *nicht* wirtelig, sondern spiralig angeordnet. Blüten, bei den alle Blütenorgane spiralig angeordnet sind, sind v. a. bei ursprünglichen Pflanzengruppen wie *Magnolia* – Magnolie anzutreffen. Spiralig angeordnete Fruchtblätter finden sich z. B. bei *Myosurus minimus* – Kleines Mäuseschwänzchen und anderen *Ranunculaceae* – Hahnenfußgewächsen.

Spirre: Eine Spirre (Trichterrispe) ist ein rispig verzweigter Blütenstand, bei dem die basalen Äste des Blütenstandes verlängert sind und die distalen deutlich überragen, sodass ein Trichter entsteht (z. B. bei *Filipendula* – Mädesüß oder vielen *Juncaceae* – Binsengewächsen).

Sporangium: In Sporangien werden Sporen gebildet. Wenn unterschiedliche Sporentypen ausgebildet werden, unterscheidet man Mikrosporangien und Megasporangien. Bei den Farnen i. e. S. sind die Sporangien meist auf der Blattunterseite von Sporophyllen angeordnet. Bei den Schachtelhalmen finden sich Sporangien an den Enden der Sprossachsen auf der Unterseite von tischförmigen Sporophyllen. Bei den Bärlappgewächsen finden sich die Sporangien auf der Oberseite von blättchenartigen Sporophyllen, die meist in endständigen Sporophyllständen (die einer Blüte entsprechen) angeordnet sind. Bei den Samenpflanzen entspricht ein Pollensack des Staubbeutels einem Mikrosporangium und der Nucellus im Inneren des Fruchtblatts einem Megasporangium.

Spore: Sporen sind Zellen, aus denen sich ohne Befruchtung ein Nachkomme entwickeln kann. Bei einigen Farnen, z. B. bei *Lycopodium* – Bärlapp (im Prinzip aber auch bei den Samenpflanzen) gibt es zwei Typen von Sporen, die großen Sporen nennt man Makro- oder Megasporen, die kleinen Mikrosporen.

Sporn: Als Sporn bezeichnet man eine sackartige Ausstülpung an der Basis von Blüten mit verwachsenen Kronblättern, an deren Grund meist Nektardrüsen sitzen (z. B. bei *Consolida* – Rittersporn).

Sporokarp: Als Sporokarp bezeichnet man einen kugeligen

bis eiförmigen Sporangienbehälter (z. B. bei Schwimmfarnen wie *Salvinia* oder *Azolla*).

Sporophyll: Ein Sporophyll ist ein Blatt, an dem in Sporangien Sporen ausgebildet werden. Wenn unterschiedliche Sporentypen ausgebildet werden, unterscheidet man Mikrosporophylle und Megasporophylle. Bei den Farnen i. e. S. ähneln die Sporophylle meist den normalen Wedeln, nur dass auf der Blattunterseite Sporangien zu finden sind. Man spricht deshalb auch von Sporo-Trophophyllen. Bei den Schachtelhalmen sind tischförmige Sporophylle am Ende der Sprossachsen zu finden, die sich deutlich von den Trophophyllen unterscheiden. Bei den Bärlappgewächsen finden sich meist endständige Sporophyllstände (die einer Blüte entsprechen). Bei den Samenpflanzen entspricht das Staubblatt einem Mikrosporophyll und das Fruchtblatt einem Megasporophyll (siehe auch Trophophyll, Sporo-Trophophyll).

Sporophyllstand: Wenn die Sporophylle an einem speziellen Abschnitt der Sprossachse angeordnet sind, der deutlich von den Sprossabschnitten abgesetzt ist, an denen die Trophophylle sitzen, spricht man von einem Sporophyllstand. Wenn Sporophyllstände ein begrenztes Wachstum haben, d. h. mit einem Sporophyll enden, können sie auch als Blüten bezeichnet werden.

Sporophyt: Sporophyten sind Organismen, welche sich durch Sporen fortpflanzen. Im Gegensatz dazu pflanzen sich Gametophyten durch Gameten fort.

Spreite: Als Spreite bezeichnet man den flächig ausgebildeten Abschnitt von Blättern, welcher bei Laubblättern vor allem der Fotosynthese dient.

Spreitengrund: Als Spreitengrund (Spreitenbasis) wird der basale Abschnitt der Blattspreite bezeichnet.

Spreizklimmer: Spreizklimmer sind Kletterpflanzen, die sich mithilfe von nach unten gerichteten oder hakenförmigen Haaren (Kletterhaaren) bzw. spreizenden Seitenästen an anderen Pflanzen oder Substrat wie Felsen oder Mauern abstützen können (z. B. *Galium aparine* – Kletten-Labkraut).

Spreublatt: Als Spreublätter werden schuppenförmige Tragblätter der Blüten bezeichnet, die auf dem Boden der Köpfchen bei einigen *Asteraceae* – Korbblütengewächsen zu finden sind (z. B. bei *Helianthus* – Sonnenblume).

Spreuschuppen: Bei Farnen werden flächenhaft ausgebildete Haare als Spreuschuppen bezeichnet, die vor allem im Bereich des Blattstiels, der Spindel, aber auch an der Spreite vorkommen können.

Sprossachse: Die Sprossachse (Stängel, bei Bäumen Stamm) ist eines der drei Grundorgane von Kormophyten und dient vor allem dazu, Blätter (und Blüten) in eine günstige Position zu bringen.

Stachel: Ein Stachel ist ein spitzer Auswuchs, meist an Blättern oder Sprossachsen. Stacheln sind (im Gegensatz zu Dornen) nicht komplett verholzt und können meist relativ leicht abgebrochen werden (z. B. bei *Rosa* – Rose).

Stamen: siehe Staubblatt

Staminodium: Staminodien sind sterile Staubblätter, in denen sich kein Pollen entwickelt. Die Staubbeutel können dabei verkümmert sein oder komplett fehlen (z. B. bei *Parnassia palustris* – Sumpf-Herzblatt).

Stammsukkulente: Pflanzen mit verdickten Sprossachsen, in denen Wasser gespeichert wird, werden als Stammsukkulente bezeichnet. Stammsukkulenz ist in Mitteleuropa bei nur wenigen Arten anzutreffen, z. B. (scheinbar) bei *Salicornia* – Queller. Sie kommt außerdem, zusätzlich zur häufiger vorkommenden Blattsukkulenz, auch bei einigen *Crassulaceae* – Dickblattgewächsen vor.

Stängel: siehe Sprossachse

Stängelglied: siehe Internodium

Staubbeutel: Als Staubbeutel (Anthere) bezeichnet man den distalen, fertilen Abschnitt der Staubblätter, in dem die Pollen gebildet werden. Staubbeutel bestehen meist aus zwei Theken mit je zwei Pollensäcken.

Staubblatt: Das Staubblatt (Stamen) ist ein von einem Blatt abzuleitendes Organ innerhalb der Blüte, in welchem sich die Pollen entwickeln. Ein Staubblatt und ist typischerweise in Staubfäden (Filament) und zwei Staubbeutel (Antheren) gegliedert. Jeder Staubbeutel besteht aus zwei Theken, die durch ein steriles Mittelstück (Konnektiv) miteinander verbunden sind. Jede Theka besteht wiederum aus 2 Pollensäcken.

Staubfaden: Als Staubfaden (Filament) bezeichnet man den basalen, sterilen Stiel der Staubblätter.

Steinfrucht: Eine Steinfrucht hat ein häutchenartiges Exokarp, ein fleischiges Mesokarp und ein hartes Endokarp. Der zentrale Kern, der aus Endokarp und dem Samen besteht, wird als Steinkern bezeichnet (z. B. bei *Prunus* – Kirsche und anderem Steinobst).

Steinfrüchtchen: Als Steinfrüchtchen werden die Früchtchen einer Sammelfrucht bezeichnet, wenn sie ein häutchenartiges Exokarp, ein fleischiges Mesokarp und ein hartes Endokarp aufweisen (z. B. bei *Rubus* – Brombeere).

Steinkern: Als Steinkern bezeichnet man den inneren, harten Kern von Steinfrüchten, der vom holzigen Endokarp gebildet wird und den Samen enthält (z. B. bei *Prunus* – Kirsche und anderem Steinobst).

Steinzelle: Als Steinzellen werden verholzte Zellen bezeichnet, die eine ± kugelige Form haben, also nicht länglich-faserartig ausgebildet sind (z. B. in den Früchten von *Pyrus* – Birne).

Stempel: Als Stempel bezeichnet man das von den verwachsenen Fruchtblättern gebildete Gynoeceum, wenn es in Fruchtknoten, Griffel und Narbe differenziert ist.

Steppenroller: Steppenroller sind Pflanzen, bei denen oberirdische Pflanzenteile abbrechen und durch den Wind verweht werden können (z. B. *Eryngium campestre* – Feld-Mannstreu).

Sternhaar: Sternhaare sind an ihrem Ende in mehrere Abschnitte aufgespalten (z. B. am Blatt von *Quercus* – Eiche oder bei *Hippophaë* – Sanddorn).

stieltellerförmige Blüte: Bei den Kronblättern der stieltellerförmigen Blüten sind die Spitzen des Kronblätter ± waagerecht (tellerförmig) ausgebreitet und deutlich vom unteren Abschnitt abgesetzt. Die Krone kann dabei verwachsen (z. B. bei *Gentiana verna* – Frühlingsenzian) oder frei (z. B. bei *Geranium* – Storchschnabel) sein.

Stipel: siehe Nebenblatt

Stolon: Als Stolone bezeichnet man auf der Erdoberfläche, also oberirdisch, kriechende Ausläufer (z. B. bei *Fragaria* – Erdbeere).

Stomium: Die mundförmige Öffnung der Sporangien der *Ophioglossaceae* – Natternzungengewächse wird als Stomium bezeichnet.

Strauch: Als Strauch werden verholzte Pflanzen bezeichnet, die mit mehreren Stämmen wachsen bzw. bei denen sich die verholzte Sprossachse bereits vom Boden an verzweigt *und* die demzufolge *nicht* in Stamm und Krone gegliedert sind.

Streufrucht: siehe Öffnungsfrucht

subalpin: Als subalpin wird die Höhenstufe im Bereich der Waldgrenze bezeichnet. Sie ist in den (deutschen) Alpen – je nach Standort – zwischen 1500 m bis 2500 m zu finden.

subg.: subg. ist die Abkürzung für ›Subgenus‹ (Untergattung).

subsp.: subsp. ist die Abkürzung für ›Subspecies‹ (Unterart).

sukkulent: Als sukkulent werden Pflanzen bezeichnet, die in ihren Organen (in Mitteleuropa meist in den Blättern) größere Mengen Wasser speichern können (z. B. bei *Sedum* – Fetthenne).

sympodiale Verzweigung: Bei der sympodialen Verzweigung wird das Wachstum der Sprossachse nach dem Winter von Seitenknospen bzw. -zweigen fortgesetzt (z. B. bei *Tilia* – Linde). Der Begriff wird hauptsächlich dazu verwendet, das Wachstum von Gehölzen zu beschreiben.

synkarper Fruchtknoten: In einem synkarpen Fruchtknoten sind mehrere Fruchtblätter so miteinander verwachsen, dass der Fruchtknoten in mehrere, separate Fächer aufgeteilt ist, in denen sich die Samen befinden (z. B. bei *Lilium* – Lilie).

Systematik: Die biologische Systematik beschäftigt sich vor allem mit der Klassifikation, Benennung und Bestimmung von Organismen. Zur Klassifikation wird in der Regel ein hierarchisches System verwendet, dessen wichtigste Rangstufen Art, Gattung, Familie, Ordnung, Klasse, Abteilung und Reich sind. Die Benennung der Taxa folgt der binären Nomenklatur.

Tauchblatt: Als Tauchblatt werden die sich ± komplett unter Wasser befindlichen Blätter von Wasserpflanzen bezeichnet (z. B. bei *Ranunculus trichophyllus* – Haarblättriger Wasserhahnenfuß).

Taxon: Taxon (Sippe) bezeichnet eine als systematische Einheit anerkannte Gruppe unabhängig von der Rangstufe.

Taxonomie: Die Taxonomie ist eine Disziplin der biologischen Systematik, die sich mit der Klassifikation, Benennung und Einteilung der Organismen beschäftigt.

Teilfrucht: Als Teilfrüchte werden die bei Zerfall einer Spaltfrucht entstehenden Teile bezeichnet (z. B. bei *Ammi* – Sichelmöhre und anderen *Apiaceae* – Doldengewächsen, *Acer* – Ahorn oder *Malva* – Malve).

Tepale: siehe Perigonblatt

Terminalknospe: siehe Endknospe

Testa: Als Testa wird die Schale von Samen bezeichnet. Sie entwickelt sich aus den äußeren Schichten (Integumenten) des Nucellus.

Theka: siehe Pollensack

Therophyt: Therophyt bezeichnet eine der Lebensformen nach Raunkiaer: der Lebenszyklus ist auf eine Vegetationsperiode beschränkt, die ungünstige Jahreszeit wird als Same (z. B. *Papaver* – Mohn), oder mithilfe von sich von der Mutterpflanze lösenden Überdauerungsknospen (z. B. Turionen bei *Trapa* – Wassernuss) überdauert (siehe auch einjährige Pflanze).

Thyrsus: Ein Thyrsus ist ein zusammengesetzter Blütenstand, bei dem mehrere Zymen an einer monopodial wachsenden Hauptachse stehen.

tief gelappte Spreite: Eine tief gelappte Spreite ist durch Buchten oder Einschnitte gegliedert, die tiefer als ca. 50 % der Breite der Spreite reichen. Die Spreite bildet dabei eine zusammenhängende Einheit und ist nicht in separate Fiederblättchen aufgeteilt (z. B. bei *Quercus rubra* – Roteiche).

Tochterzwiebel: Als Tochterzwiebel (Nebenzwiebel) werden seitlich von der Hauptachse gebildete Zwiebeln bezeichnet (z. B. bei *Allium sativum* – Knoblauch).

Tragblatt: Als Tragblätter werden die Blätter bezeichnet, in deren Achsel ein Seitenspross bzw. eine Blüte steht. Das Tragblatt einer Blüte wird auch als Deckblatt bezeichnet.

transversale Blattstellung: Bei der transversalen Blattstellung stehen zwei gegenständig angeordnete Vorblätter seitlich zur Hauptachse. Transversal angeordnete Vorblätter sind für Zweikeimblättrige typisch und sind z. B. bei *Nerium* – Oleander gut erkennbar (siehe auch adossierte Blattstellung).

Traube: Eine Traube ist ein endständiger, einfacher, racemöser Blütenstand, bei dem die Blüten gestielt und einzeln an der unverzweigten Hauptachse des Blütenstandes stehen (z. B. bei *Sinapis* – Senf und anderen *Brassicaceae* – Kreuzblütlern).

Tribus: Der Begriff Tribus wird in der Pflanzensystematik verwendet, um eine monophyletische Gruppe von verwandten Sippen innerhalb von großen Familien zu kennzeichnen. Dem Tribus übergeordnet ist die (Unter-) Familie, ihr untergeordnet die Gattung. Die wissenschaftlichen Namen von Pflanzentriben endet auf ›-eae‹, z. B. gehören die Gattung *Prunus* – Kirsche zum Tribus *Amygdaleae* innerhalb der Unterfamilie *Spiraeoideae* der Familie der *Rosaceae* – Rosengewächse.

trichterförmige Blüte: siehe glockenförmige Blüte

Trichterrispe: siehe Spirre

Trockenrasen: Trockenrasen sind natürlicherweise waldfreie und meist artenreiche Grünlandökosysteme auf extrem trockenen Böden.

Trophophyll: Ein Trophophyll ist ein Blatt, welches hauptsächlich im Dienste der Fotosynthese steht und *nicht* der generativen Vermehrung dient. Der Begriff wird vor allem verwendet, um unterschiedliche Blatttypen bei Farnen zu charakterisieren (z. B. bei *Blechnum* – Rippenfarn) (siehe auch Sporophyll, Sporo Trophophyll).

Turion: Als Turionen werden die sich von der Mutterpflanze ablösenden und auf den Gewässergrund absinkenden Überdauerungsknospen von Wasserpflanzen bezeichnet (z. B. bei *Trapa* – Wassernuss).

überwinternd grünes Blatt: Überwinternd grüne Blätter sind auch im Winter grün, sterben aber im Laufe der folgenden Vegetationsperiode ab (z. B. bei *Stellaria media* – Vogelmiere). Sie sind meist deutlich weniger derb als immergrüne Blätter. Bei vielen Arten ist nur ein Teil der Blätter wintergrün (meist die Grundblätter), während die Stängelblätter sommergrün sind.

unpaarig gefiederte Spreite: Eine unpaarig gefiederte Spreite hat eine ungerade Anzahl von Fiederblättchen, eine Endfieder ist also vorhanden (z. B. bei *Fraxinus* – Esche).

Unterart: Der Begriff Unterart (Abkürzung: ›subsp.‹) wird in der Pflanzensystematik verwendet, um nahe verwandten Sippen zu unterscheiden, die zu einer Art gehören. Z. B. können bei *Juniperus communis* die Unterarten *Juniperus communis* subsp. *communis* L. – Gewöhnlicher Wacholder und *Juniperus communis* subsp. *nana* (Willd.) Syme – Zwerg-Wacholder unterschieden werden.

unterbrochen gefiederte Spreite: Eine unterbrochen gefiederte Spreite ist eine spezielle Form eines gefiederten Blattes, bei dem größere und kleinere Fiederblätter abwechselnd an der Rhachis stehen (z. B. bei *Filipendula* – Mädesüß und einigen anderen Rosaceae – Rosengewächsen).

Untergranne: Als Untergranne bezeichnet man den unteren, basalen Teil einer Granne, wenn sich dieser deutlich vom oberen, distalen Teil abgrenzen lässt. Bei vielen *Poaceae* – Süßgräsern mit geknieten Grannen ist die Untergranne gedreht (z. B. bei *Arrhenatherum* – Glatthafer).

unterständiger Fruchtknoten: Bei einem unterständigen Fruchtknoten liegt die Ansatzstelle der Blütenhüllblätter oberhalb des Fruchtknotens (z. B. bei *Galanthus* – Schneeglöckchen) (siehe auch oberständiger Fruchtknoten, mittelständiger Fruchtknoten).

Utriculus: Als Utriculus wird ein schlauch- bis krugförmiges Hochblatt bei *Carex* – Seggen bezeichnet, welches die Frucht umschließt, sodass ein luftgefüllter Hohlraum entsteht und die Diasporen schwimmfähig sind und durch Wasser ausgebreitet werden können.

Valve: Als Valven werden die inneren Perigonblätter bei *Rumex* – Ampfer bezeichnet.

vegetative Diasporen: Unter vegetativen Diasporen versteht man Ausbreitungseinheiten, die nicht durch sexuelle Rekombination und meist außerhalb von Blüten gebildet werden (z. B. die blattachselständigen Bulbillen bei *Cardamine bulbifera* – Zwiebelzahnwurz).

verwachsenes Blatt: Verwachsene Laubblätter sind mit der Sprossachse verwachsen (z. B. bei *Lonicera* – Geißblatt). Sie laufen an der Sprossachse herab (z. B. bei *Echium* – Natternkopf und anderen *Boraginaceae* – Raublattgewächsen oder umfassen sie (z. B. bei *Bupleurum rotundifolium* – Rundblättriges Hasenohr). Blütenblätter werden als verwachsen bezeichnet, wenn sie miteinander verwachsen sind. Verwachsene Kronblätter sind z. B. typisch für *Gentiana* – Enzian, verwachsene Kelchblätter für *Dianthus* – Nelke, verwachsene Fruchtblätter für *Papaver* – Mohn und verwachsene Staubblätter für *Malva* – Malve. Bei manchen Arten sind außerdem die Staubfäden mit den Kronblättern verwachsen (z. B. bei *Gentiana verna* – Frühlings-Enzian).

Viviparie: Von (echter) Viviparie spricht man in der Botanik, wenn die Samen bereits zu keimen beginnen, wenn sie noch mit der Mutterpflanze verbunden sind (z. B. bei *Rhizophora mangle* – Rote Mangrove) (siehe auch Pseudoviviparie).
Vollparasit: Vollparasiten (Holoparasiten) sind chlorophylllos und entziehen ihren Wirtspflanzen mithilfe spezieller Saugorgane (Haustorien) Wasser, Nährsalze *und* Assimilate (z. B. *Orobanche* – Sommerwurz).
Vorblatt: Als Vorblatt werden die ersten 1–2 Blätter an einem Seitenspross bezeichnet. Sie zeichnen sich durch eine besondere Blattstellung und oft durch eine besondere Morphologie (sie sind oft schuppenartig) aus. Bei den meisten Einkeimblättrigen findet sich nur ein Vorblatt, das zwischen Hauptachse und Seitenspross steht (adossiertes Vorblatt), bei den meisten Zweikeimblättrigen finden sich zwei Vorblätter, die gegenständig angeordnet sind und dabei seitlich zur Hauptachse stehen (transversale Vorblätter).
vormännliche Blüte: In einer vormännlichen (proterandischen) Blüte reifen zuerst die Staubblätter und erst danach die Fruchtblätter (typisch für die meisten Samenpflanzen).
vorsommergrünes Blatt: Bei vorsommergrünen Blättern vergilben die Laubblätter während des Frühjahrs (oder Frühsommers), werden rückgebildet und sind im Sommer nicht mehr sichtbar (z. B. bei *Anemone nemorosa* – Busch-Windröschen und andere Frühjahrsgeophyten).
Vorspelze: Als Vorspelze wird das obere und typischerweise kleinere Hochblatt an der Basis der Blütchen der *Poaceae* – Süßgräser bezeichnet. Die Vorspelze wird meist als adossiertes Vorblatt der Ährchenachse gedeutet.
vorweibliche Blüte: In einer vorweiblichen (proterogynen) Blüte reifen zuerst die Fruchtblätter und erst danach die Staubblätter (z. B. bei *Atropa* – Tollkirsche).
Wasserpflanze: siehe Hydrophyt
wechselständige Blattstellung: Bei der wechselständigen Blattstellung steht an jedem Knoten nur ein Blatt. Je nach Ausrichtung der Blätter wird unterschieden zwischen der spiraligen Blattstellung und der zweizeiligen Blattstellung (siehe auch gegenständige Blattstellung, wirtelige Blattstellung).
Wedel: Als Wedel werden die Blätter der Farne i. e. S. bezeichnet.
Wickel: Ein Wickel ist ein zymöser Blütenstand, dessen Hauptachse mit einer Endblüte abschließt und dessen Wachstum von einem Seitenspross fortgeführt wird (Monochasium). Dabei stehen die Blüten abwechselnd links und rechts der Hauptachse (z. B. bei *Echium* – Natternkopf und anderen Raublattgewächsen) (siehe auch Schraubel).
Wimper: Als Wimpern bezeichnet man ± elastische Haare, die ± regelmäßig und gerade vom Blattrand abstehen (z. B. bei *Bromus erectus* – Aufrechte Trespe) (vgl. auch Borste).
Windbestäubung: Von Windbestäubung spricht man, wenn die Pollen durch Wind von einer Blüte zur anderen transportiert werden. Viele windbestäubte Blüten zeichnen sich durch eine fehlende oder reduzierte Blütenhülle, lang gestielte Staubblätter und eine fedrige Narbe aus (z. B. bei *Poaceae* – Süßgräsern, *Fagus* – Buche).
wintergrünes Blatt: siehe überwinternd grünes Blatt
Winterknospe: siehe Innovationsknospe
wirtelige Blattstellung: Bei der wirteligen (quirligen) Blattstellung stehen an jedem Knoten mehr als zwei Blätter (z. B. bei *Galium odoratum* – Waldmeister) (siehe auch gegenständige Blattstellung, wechselständige Blattstellung).
Wurzel: Die Wurzel ist eines der drei Grundorgane von Kormophyten, das vor allem der Nährstoffaufnahme und Verankerung im Boden dient.
Wurzelstock: Als Wurzelstock wird hier der Übergangsbereich zwischen Wurzel und Sprossachse bezeichnet.
Zapfen: Zapfen bezeichnet im Allgemeinen einen Fruchtstand, bei dem die Früchte ungestielt an einer verdickten, holzigen Hauptachse sitzen (z. B. bei *Alnus* – Erle). Meist bezieht sich der Begriff auf den weiblichen Blüten- und Samenstand der Nacktsamer: hier steht in der Achsel der Deckschuppe (die einem Tragblatt entspricht) eine stark reduzierte Blüte, die nur aus einer Samenschuppe mit meist zwei Samenanlagen besteht. Zuweilen wird der Begriff Zapfen auch fälschlicherweise für die männlichen Blüten der Nacktsamer verwendet.
Zapfenspindel: Als Zapfenspindel wird die verholzte Hauptachse der Zapfen von Nadelbäumen bezeichnet. Bei *Abies* – Tanne bleibt die Zapfenspindel aufrecht am Baum stehen, weil sich die Samenschuppen zur Fruchtreife von ihr lösen. Bei den meisten anderen Nadelbäumen (z. B. bei *Picea* – Fichte) lösen sich die Samenschuppen *nicht* von der Zapfenspindel und die Zapfen fallen als Ganzes ab.
zentrale Plazentation: Bei der zentralen Plazentation ragen die Samenanlagen in mehreren Reihen vom Zentrum in den Fruchtknoten hinein (z. B. bei *Primula* – Primel und anderen *Primulaceae* – Primelgewächsen).
Zerfallsfrucht: siehe Spaltfrucht
Zungenblüte: Eine Zungenblüte ist eine zygomorphe Blüte, bei der ein oder mehrere Blütenhüllblätter eine längliche, zungen- bzw. fahnenartige Form haben. Zungenblüten sind vor allem bei den *Asteraceae* – Korbblütengewächsen zu finden (siehe auch Röhrenblüten) und steht dann in dichten Köpfchen bzw. Körbchen, die oft wie eine einzelne Blüte wirken (z. B. bei *Taraxacum* – Löwenzahn oder *Bellis* – Gänseblümchen).
zusammengesetztes Blatt: Bei zusammengesetzten Blättern, ist die Spreite in separate, nur über die Rhachis miteinander verbundene Fiederblättchen aufgeteilt (z. B. bei *Fraxinus* – Esche).
zweihäusig: Bei zweihäusigen Pflanzen gibt es sowohl rein weibliche Pflanzen (alle Blüten nur mit Fruchtblättern) als auch rein männliche Pflanzen (alle Blüten nur mit Staubblättern) (z. B. bei *Salix* – Weide). Zuweilen ist das jeweils andere Geschlecht angelegt, aber nicht fertil.
Zweikeimblättrige: siehe Dikotyle
zweizeilige Blattstellung: Bei der zweizeiligen Blattstellung steht an jedem Knoten nur ein Blatt (wechselständige Blattstellung) und die Blätter sind in zwei Zeilen ausgerichtet *und* stehen oft ± waagerecht von der Sprossachse ab (z. B. bei *Taxus* – Eibe). Bei vielen Gehölzen ist an Schattenzweigen eine ± zweizeilige Blattstellung ausgebildet, während an Sonnenzweigen eine ± spiralige Blattstellung ausgebildet ist.
Zwergstrauch: Als Zwergsträucher werden niedrige, bis ca. 100 cm hoch werdende Sträucher und Halbsträucher bezeichnet (z. B. *Calluna* – Besenheide).
Zwiebel: Als Zwiebeln werden Speicherorgane bezeichnet, welche die Nährstoffe in meist fleischigen Niederblättern und/oder Blattbasen speichern, die an einer verkürzten Sprossachse stehen. Meist werden Zwiebeln unterirdisch gebildet (z. B. bei *Allium* – Zwiebel). Brutzwiebeln können aber auch oberirdisch angelegt werden (z. B. bei *Allium oleraceum* – Gemüse-Lauch).
zwittrige Blüte: In einer zwittrigen-Blüte sind sowohl Fruchtblätter (weiblich) als auch Staubblätter (männlich) zu finden. Oft sind die beiden Geschlechter aber nicht gleichzeitig reif (z. B. bei *Lilium* – Lilie).
zygomorphe Blüte: Durch zygomorphe Blüten lässt sich genau eine Symmetrie-Ebene legen (z. B. bei *Lamium* – Taubnessel).
Zyme: Als Zymen bezeichnet man Blütenstände, deren Hauptachse mit einer Blüte abschließen, während das Wachstum des Blütenstandes von einem (Monochasium), zwei (Dichasium) oder mehreren (Pleiochasium) Seitenzweigen fortgesetzt wird (siehe auch racemöser Blütenstand). Dieser Verzweigungstyp entspricht der sympodialen Verzweigung von Gehölzen.

Register der Pflanzennamen

Im Register sind die gültigen wissenschaftlichen Namen und gebräuchliche Synonyme der in dieser Flora berücksichtigten Taxa enthalten. Für Gattungen und Familien sind auch deutsche Namen aufgeführt. Wissenschaftliche Namen sind kursiv und Familiennamen fett gedruckt. Die Seitenzahlen verweisen auf die Artbeschreibungen, bei Familien mit mehr als einer Gattung wird zusätzlich auf die entsprechende Seite der Bestimmungsschlüssel verwiesen.

Die iFlora-App

Unser wichtigstes Ziel bei der Entwicklung der iFlora-Smartphone-App war es, das sichere und schnelle **Bestimmen von in Deutschland und Europa wild wachsenden Pflanzen zu ermöglichen**. Hierzu haben wir die technischen Möglichkeiten von Smartphones konsequent genutzt, um Bestimmungs-Apps zu entwickeln, die es Ihnen ermöglichen, die Pflanzen auch ohne botanische Fachkenntnisse zu bestimmen. Alle für die Bestimmung wichtigen Merkmale werden in iFlora sowohl über **intuitiv zu bedienende Icons** als auch über **verständlich geschriebene Texte** beschrieben und können in beliebiger Reihenfolge ausgewählt werden. Anschließend erhält man eine Übersicht der in Frage kommenden Arten.

In der App stehen Ihnen ca. 12 000 Bilder aus historischen Florenwerken und Fotos sowie weitere Informationen zu wichtigen Merkmalen der Pflanzen, Taxonomie und Systematik, ihrer Verbreitung in Deutschland bzw. Europa sowie zur Ökologie zur Verfügung.

350 Merkmale | **2800** Arten | **12 000** Abbildungen

iFlora

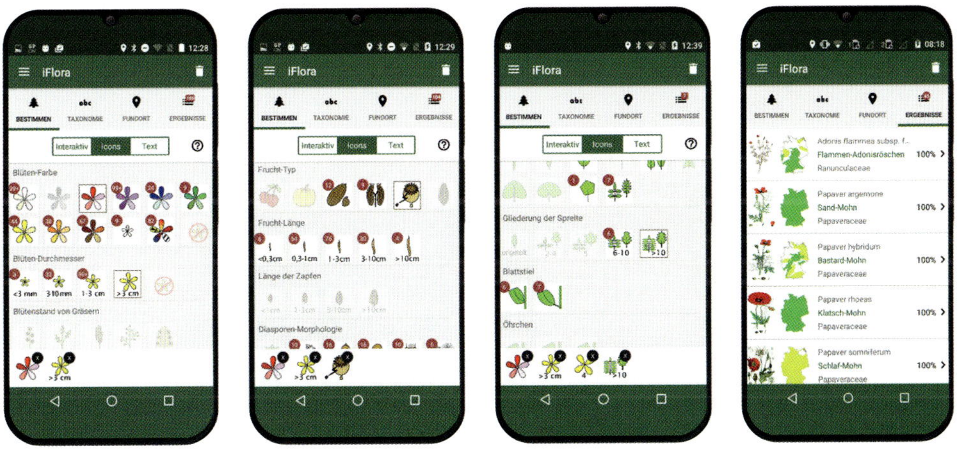

Das innovative Bestimmungskonzept ermöglicht es, die meisten Pflanzen durch die **Angabe weniger Merkmale** zu bestimmen. Die iFlora-App macht Ihnen während der Bestimmung sogar konkrete Vorschläge, wie Sie die Bestimmung mit wenigen Schritten und doch sicher durchführen.

Interessiert?

Dann probieren Sie iFlora doch einfach unverbindlich aus. Hierzu können Sie eine kostenlose Testversion installieren und auf Herz und Nieren prüfen, bevor Sie die gewünschten Module und Erweiterungen anschließend in der App kaufen.

Weitere Informationen finden sie auf **www.i-flora.com**

Erhältlich im App Store | JETZT BEI Google Play

Flora und Fauna in der Favoritenpresse

Blühende Kakteen

Alle Tafeln der *Iconographia Cactacearum*
neu editiert von Dr. Detlev Metzing

Die durch ihre Farbenpracht und detaillierte Darstellung beeindruckenden Zeichnungen der Bandes Blühende Kakteen zeigen die Vielfalt und Schönheit dieser in Deutschland immer beliebter werden Pflanzengattung. Längst sind die Kakteen keine Spinnerei schrulliger Pflanzennerds mehr: Kakteenfreund:innen finden sich inzwischen in den städtischen Hinterhoffenstern sowie in den ländlichen Bauerngärten.

Die in diesem Band abgebildeten Kakteen, gezeichnet von Toni Gürke, sind auf Grund ihres Detailreichtums ein ganz besonderer Schatz. Gürke vermochte es, die Kakteen in einer Präzision zu zeichnen, die ein Foto nicht zu vermitteln vermag.

Unser Band zeigt alle 180 Tafeln dieses beeindruckenden Werkes. Mit einem fachkundigen Vorwort führt der Kakteenexperte und Herausgeber dieses Bandes Dr. Detlev Metzing in das Buch ein. Seine Ergänzungen führen den ursprünglichen Text ins 21. Jahrhundert. Der ultimative Band für alle Kakteenbegeisterten.

Von Karl Schumann und Max Gürke
(1900-1921)
21 x 31 cm, 192 S., alle 180 Tafeln, gebunden

ISBN 978-3-96849-051-9

Frühblüher. Heimische Arten. Erkennen & Bestimmen

Herausgegeben von Dr. Oliver Tackenberg
18 x 25 cm, 272 S., ca. 400 Abb., gebunden

ISBN 978-3-96849-044-1

Johann Friedrich Naumann
Die Vögel Mitteleuropas

Mit einem Vorwort von Klaus Nottmeyer.
Erstmals als Gegenüberstellung von Kupferstichen (1820-1844) und Lithografien (1897-1905)
24 x 33 cm, 208 S., 200 Abb. und Tafeln, gebunden

ISBN 978-3-96849-002-1

Mehr Bücher zu Flora und Fauna

Herausgegeben von der Stiftung Vogelmonitoring Deutschland und dem Dachverband Deutscher Avifaunisten.
22 x 30 cm, 800 S., 2000 Abb., gebunden

ISBN 978-3-96849-065-6

Atlas deutscher Brutvogelarten (ADEBAR)
Atlas of german breeding birds

An diesem einzigartigen Gemeinschaftsprojekt haben über 4000 Mitarbeiter:innen über 500.000 Stunden gearbeitet und ein Grundlagenwerk für den nachhaltigen Vogelschutz in Deutschland geschaffen, das bisher einmalig ist. Das 800 Seiten starke Werk bietet das aktuelle Wissen rund um unsere Brutvögel in einem nie dagewesenen Überblick.

Den 280 in Deutschland vorkommenden Arten wird jeweils eine Doppelseite gewidmet, detaillierte Verbreitungskarten und genaue Beschreibung der Arten geben eine einmalige Übersicht über die Bestandsentwicklung der heimischen Brutvogelarten. Der ADEBAR dient als Grundlage zur Bewertung der Landschaftsqualität und ist unentbehrlich für Vogelkundler:innen, Naturschützer:innen, Planungsbüros und hilft allen, eigene Beobachtungen einordnen und bewerten zu können.

Die Ziele von ADEBAR gehen weit über die der bisherigen Atlanten hinaus. Es sind

- die bundesweite Darstellung und Interpretation der Verbreitung und Häufigkeit aller Brutvogelarten,
- die Abschätzung der Größe der Brutbestände in Deutschland,
- die Ermittlung der Verbreitungsschwerpunkte geschützter oder gefährdeter Vogelarten zur Unterstützung bestehender Instrumente des Flächennaturschutzes (z. B. zur Identifikation von Schutzgebieten) sowie
- die Etablierung bundesländerübergreifender methodischer Standards zur Absicherung der wissenschaftlichen Belastbarkeit der Ergebnisse und zur Gewährleistung der Reproduzierbarkeit bei der Erarbeitung künftiger Atlanten.

Jacob Sturm
Die Flora von Deutschland

Mit einem Vorwort von Dr. Oliver Tackenberg
18 x 25 cm, 224 S., ca. 120 Abb., gebunden

ISBN 978-3-96849-014-4

Der große historische Heilpflanzen-Atlas
Köhler's Medizinal-Pflanzen – neu editiert

Herausgegeben von Dr. Oliver Tackenberg
Mit einem Essay von Karl Eugen Heilmann
21 x 31 cm, 240 S., 100 Tafeln, gebunden

ISBN 978-3-96849-029-8

Editorische Notiz

Die Inhalte dieses Buches wurden mit größtmöglicher Sorgfalt erstellt und auf ihre Richtigkeit und korrekte Darstellung überprüft. Es wird aber keine Garantie, Gewähr oder Haftung für die Richtigkeit, Vollständigkeit und Aktualität dieser Informationen übernommen.

Der Autor

Dr. Oliver Tackenberg ist freiberuflich arbeitender Biologe. Zuvor arbeitete er an der Goethe-Universität Frankfurt und leitete dort unter anderem Bestimmungsübungen für Pflanzen. Er ist außerdem Herausgeber der iFlora-Smartphone-App zum Pflanzenbestimmen (www.i-flora.de).

Impressum

ISBN: 978-3-96849-064-9

ISBN der Vorzugsausgabe handgebunden in Leinen: 978-3-96849-076-2

***2. Auflage,* Berlin 2023**

Konzept und Inhalt: Dr. Oliver Tackenberg, www.i-flora.com
Gestaltung: Christin Albert, www.calbert.de
Gedruckt in Europa, vermittelt durch: Couleurs Print & More GmbH, www.couleurs-print.com

Information zum Verlagsprogramm: www.favoritenpresse.de

Register der Pflanzenfamilien (wissenschaftliche Namen)